JN440652

사람의 건강과 미생물학의 관계가 궁금하다!

강의와 실습, 실생활과 연결하기

토토라 미생물학 11판은 인간의 건강과 미생물학의 관계에 대한 학생들의 이해를 도모하여 책에 나온 미생물학 이론을 실제 응용과 연결할 수 있도록 하였다.

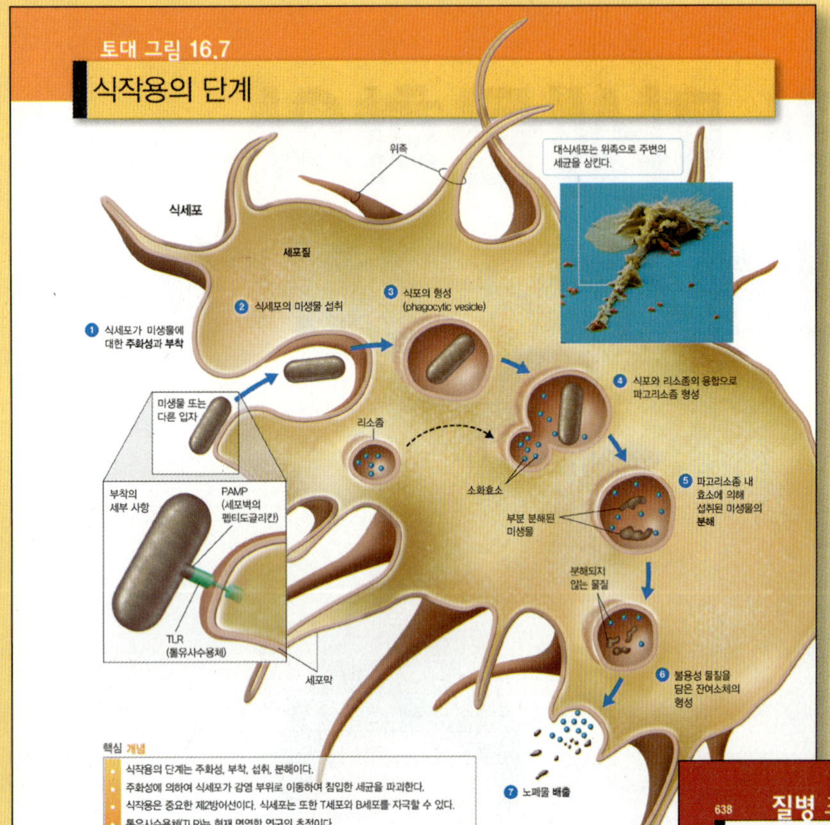

확 바뀐 토대 그림

토대 그림은 미생물학에서 특히 중요한 주제에 초점을 맞췄다.
전체 과정을 보여주는 그림은 각 단계를 번호로 명확하게 표시하여 이해하기 쉽게 했으며, "핵심 개념"은 공부한 내용을 되짚어 보도록 하여 생각해볼 거리를 강조하였다.

638 **질병** 초점 22.3

신경학적 증상 또는 마비를 일으키는 미생물 관련 질병

두 어린이가 통조림 칠리를 먹은 후에 뇌신경마비를 겪고 이어서 내려가면서 마비가 일어났다. 이 아이들은 지금 기계로 인공 호흡을 하는 상태이다. 남은 칠리 통조림은 실험용 쥐에 생체 시험 중이다. 아래 표를 감별진단에 이용하여 아이들의 증상이 어떤 감염에 의한 것인지 알아내 보시오.

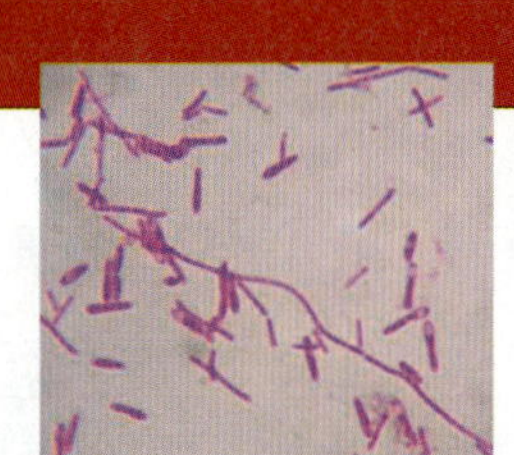

칠리 통조림 내용물의 그람염색

질병	병원체	증상	전염 경로	치료	예방
세균성 질병					
파상풍	*Clostridium tetani*	뻣뻣한 턱; 근육 경련	찔린 상처	파상풍 면역글로불린; 항생제	변성독소 백신 (DTaP, Td)
보툴리누스 중독	*Clostridium botulinum*	이완성 마비	식중독	항독소	올바른 통조림 제조; 유아는 꿀 섭취 금지
나병	*Mycobacterium leprae, M. lepromatosis*	피부 감각 소실; 보기 흉한 결절	나병균에 오염된 분비물에 장기간 접촉	답손, 리팜핀, 클로팍시민	BCG 백신 가능
바이러스성 질병					
소아마비	소아마비 바이러스	두통, 인후염, 목 경직; 운동신경이 감염되면 마비	오염된 물 섭취 (대변-구강 경로)	인공호흡 보조기	불활성화 소아마비 백신(E-IPV)
광견병	*Lyssavirus*	치명적; 흥분, 근육 경련, 삼키기 어려움	감염 동물에 물림	노출후 치료: 광견병 면역글로불린과 백신 병행	고위험군에 사람 2배체 세포 백신; 집에 기르는 동물에 예방접종
원생동물성 질병					
아프리카 수면증	*Trypanosoma brucei rhodesiense, T. b. gambiense*	치명적; 초기 증상(두통, 열) 혼수상태로 진행	체체파리	수라민; 펜타미딘	매개 곤충 통제
프리온 질병					
크로이펠츠 야곱병	프리온	치명적 감염; 떨림 등의 신경학적 증상	유전성; 섭취; 이식	없음	없음
쿠루	프리온	크로이펠츠 야곱병과 동일	접촉 또는 섭취	없음	없음

질병 초점

여기서는 학생들 각자가 임상의사의 입장에 간략한 임상 자료를 근거로 감별진단을 해보게 한다.
질병 초점에는 유사 질병 또는 감염에 초점을 둔 질병 표가 있다. 이 표는 최대한 임상에 적합하도록 증상과 병원체를 중심으로 작성되어 있다.

임상 사례: 미세한 상해

42세의 마케팅 임원이자 세 아이의 엄마인 매리앤(Maryanne)은 가끔 재택 근무도 하지만, 집에서는 사무실에서 일할 때만큼 해내지 못한다고 항상 느끼고 있다. 그녀는 복통이 재발되고 더 악화되고 있는 것처럼 보인다. 매리앤은 남편에게 펩토-비스몰(Pepto-Bismol)을 아주 많이 샀기 때문에 그 제약회사의 주식을 사야 한다고 농담도 한다. 남편이 재촉해서 마침내 그녀는 담당의사를 만날 약속을 잡는다. 매리앤이 펩토-비스몰을 복용하자마자 나아진 것처럼 느낀다는 말을 듣고 의사는 매리앤이 *Helicobacter pylori*(헬리코박터 파이로리)와 관련된 소화성 궤양에 걸렸다고 의심하였다.

Helicobacter pylori(헬리코박터 파이로리)가 무엇인가? 알아보자.

54 64 69 71

새로 추가! 임상 사례

각 장마다 있는 임상사례는 그 장의 내용을 비판적으로 생각해보게 하고 보건의료 관련 연구에서 미생물학이 실제로 어떻게 응용되는 지를 보여준다. 사례의 세부 내용마다 해당 장에서 배운 내용과 관련하여 비판적 사고를 해보게 하는 질문이 있다.

임상 초점

미국 질병통제예방센터에서 발간하는 주간 질병과 사망 소식지 자료를 토대로 구성한 임상문제 해결 시나리오를 읽으면서 비판적 사고 능력을 기른다.

142 **임상 초점** 주간 질병과 사망 소식지(*Morbidity and Mortality Weekly Report*)에서

인간 결핵 – 텍사스 주 달라스

이 상자글을 읽으면서 실험실의 연구원이 세균을 동정하면서 자신들에게 물어보는 질문들을 보게 될 것이다. 다음 문제로 넘어가기 전에 각 질문에 답하도록 노력해 보시오.

1. 12개월 된 미국 흑인 여아 다리아(Daria)를 부모가 텍사스 달라스에 있는 병원의 응급실로 싣고 왔다. 다리아는 체온이 39℃이고 복부 팽창과 약간의 복통, 설사 증세가 있다. 다리아는 실험실과 방사선 검사 결과를 기다리는 동안 병원의 소아 병실로 입원이 허가되었다. 복막 결핵이라는 검사 결과가 나왔다. *Mycobacterium tuberculosis*(결핵균) 복합체에 속하는 몇몇 관련 종에 의해 유발된 TB 는 미국에서는 신고 의무가 있다. 복막 결핵은 내장과 복강의 질병이다.
일반적으로 어떤 기관이 결핵과 관련되는가? 어떻게 복막 결핵에 걸릴 수 있나?

2. 폐결핵은 이 세균의 흡입하여 걸린다. 이 세균의 섭취는 내막 결핵을 일으킬 수 있다. 복강경 검사 결과, 다리아의 복강에서 결절의 존재가 드러났다. 조직검사를 위해 이 결절의 일부를 떼어내어 항산성 세균의 존재 여부를 관측할 수 있게 되었다. 복부 결절의 존재를 기반으로 다리아의 담당의사는 전통적인 항결핵치료를 시작했다. 이 장기 치료는 12개월까지 지속될 수도 있다.
다음 단계로 무엇을 해야 하는가?

3. 실험실 검사 결과, 항산성 세균이 정말로 다리아의 복강에 존재하는 것으로 확인되었다. 이제 실험실에서 이 *Mycobacterium* 종을 동정해야 한다. *M. tuberculosis* 복합체의 종 분류는 표준실험에서의 생화학 검사로 이루어진다(그림 A). 세균을 배양배지에서 키워야 한다. 느리게 자라는 마이코박테리아(mycobacteria)는 콜로니가 형성되는데 6주가 걸리기도 한다.
콜로니가 분리된 다음의 단계는 무엇인가?

4. 2주 후, 실험 결과는 세균이 늦게 자란다는 것을 보여준다. 식별 체계에 따라서 요소가수분해효소(urease) 검사가 수행되어야 한다.
그림 B에서 보는 결과는 무엇인가?

5. 요소가수분해효소 검사가 양성이기 때문에 질산 환원 검사를 수행해야 한다. 그 결과 세균이 질산 환원효소를 생산하지 않는 것으로 보였다. 다리아의 담당의사는 그녀의 부모에게 다리아의 병을 일으키는 병원균을 곧 확인할 수 있을 것이라고 알려준다.
그 세균이 무엇인가?

6. *M. bovis*는 주로 소에 감염되는 병원균이다. 그러나 사람도 저온살균하지 않은 유제품을 소비하거나 소에게서 감염된 작은 물방울을 흡입하여 감염될 수 있다. 사람에서 사람으로의 전염은 아주 드물게 발생한다. *M. bovis* TB의 임상 및 병리학적 특성은 *M. tuberculosis* TB의 것과 구별되지 않지만, 세균의 동정은 예방과 치료에 중요하다. 아이들은 높은 위험에 빠질 수 있다. 한 연구 결과, 배양 가능한 소아 결핵의 거의 절반이 *M. bovis*에 의해 일어난다.

불행히도 다리아는 병에서 회복되지 않았다. 심혈관계가 붕괴되어 사망했다. 공식적인 사망 원인은 *M. bovis*에 의한 복막 결핵이다. 만일 그 세균이 소에 흔한 나라에서 수입된 우유라면 *M. bovis*의 전염 위험이 있기 때문에 저온살균하지 않은 우유로 만든 제품을 소비하지 않도록 모두가 조심해야 한다.

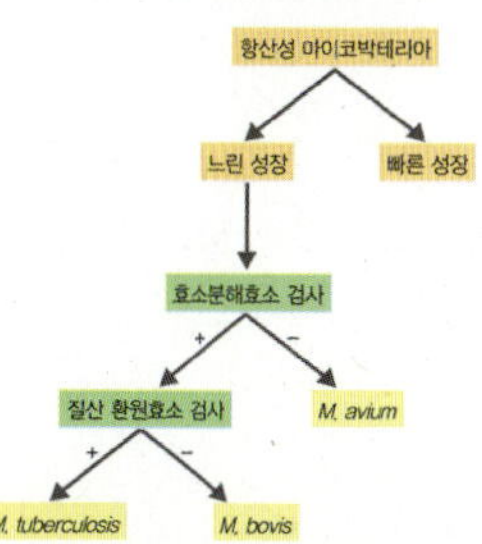

그림 A 느리게 성장하는 마이코박테리아의 종을 결정하기 위한 식별 체계

그림 B 요소분해효소 검사. 양성 반응에서 세균의 요소분해효소가 요소를 가수분해하여 암모니아를 생산한다. 암모니아가 pH를 증가시키고 배지에 있는 지시약은 적보라색으로 변한다.

출처: Adapted from Rodwell T.C., Moore M., Moser K.S., Brodine S.K., Strathdee S.A. "Mycobacterium bovis Tuberculosis in Binational Communities," Emerging Infectious Diseases, June 2008, Volume 14 (6), pp. 909–916. Available from http://www.cdc.gov/eid/content/14/6/909. htm.

1 촌충 성체가 알을 방출한다.

중간숙주

2 중간숙주인 사람이 알을 먹는다. 막다른 길.

알(30~38 μm)

6 포낭에서 생성된 머리마디가 장막에 부착되고 성체로 자란다.

촌충 성체

LM 0.7 mm

머리마디

유성생식

무성생식

중간숙주

2 중간숙 주가 알을 먹는다.

최종숙주

LM 10 cm

유충

3 알이 부화하여 유충이 간이나 폐로 이동한다.

5 최종숙주가 중간숙주를 먹으면서 포낭을 함께 섭취한다.

포충낭

번식포

머리마디

4 유충이 포충낭으로 발달한다.

그림 12.28 촌충(*Echinococcus* spp)의 생활사. 개는 *E. granulosus*의 가장 일반적인 최종숙주이다. *E. multilocularis*는 사람을 거의 감염시키지 않는다. 중간숙주를 먹은 최종숙주가 촌충의 포낭 형태를 섭취할 때 생활사가 완성될 수 있다.

새로 추가! 생활사 그림

복잡한 생활사 과정이 단계별로 일목요연하게 나누어져 있어 이해하기 쉽다. 생활사 그림에서 유성생식이나 무성생식에 관련된 단계는 색깔로 구별되어 있다.

제11판

토토라 미생물학

Microbiology AN INTRODUCTON

Gerard J. Tortora Berdell R. Funke Christine L. Case

김응빈 · 강범식 · 노영택 · 조은희 · 황은주

BIOSCIENCE (주)바이오사이언스출판

이 도서의 국립중앙도서관 출판시 도서목록 (CIP)은 e-CIP 홈페이지 (http://www.nl.go.kr/cip.php)에서 이용하실 수 있습니다.
(CIP 제어번호: 2014006954)

토토라 미생물학 제11판

초판 인쇄: 2014년 3월 3일
초판 발행: 2014년 3월 10일
저 자: Tortora • Funke • Case
역 자: 김응빈, 강범식, 노영태, 조은희, 황은주
발행인: 문정구
편집총괄: 이종률
교정교열: 홍수희
영업총괄: 한상정
기획총괄: 최성원
발행처: (주)바이오사이언스출판
주 소: 137-060 서울특별시 서초구 효령로2길 10, 201호(방배동 호산빌딩)
전 화: (02)581-4057~8 팩 스: (02)581-4059
이메일: inquiry@biosciencepub.com
홈페이지: http://www.biobooks.co.kr
ISBN: 978-89-6824-017-1 93470
등록 번호: 제22-3079호

값 46,000원

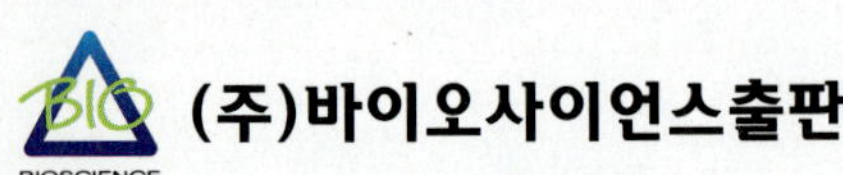

저자 소개

Gerard J. Tortora 토토라 교수는 미국 뉴저지 주의 베르겐 커뮤니티 칼리지 생물학과에서 미생물학과 인체해부학, 심리학 등을 가르치고 있다. 1965년에 몬트클레어 주립대학에서 석사 학위를 받았으며 현재는 미국 미생물학회(ASM), 인체해부생리학회(HAPS), 미국과학진흥협회(AAAS), 미국교육협회(NEA), 뉴저지교육협회(NJEA), 뉴욕시생물학교수연합회(MACUB) 등 생물학/미생물학 학술단체 회원으로 활동 중이다. 생물학 분야에 많은 저술이 있으며 1995년에 베르겐 커뮤니티 칼리지에서 최우수 교수로 뽑혀 특임교수로 임명되었다. 1996에는 텍사스 대학에서 NISOD 우수상을 받았으며, 커뮤니티 칼리지가 고등교육에 기여하는 바를 알리기 위한 운동에 버겐 커뮤니티 칼리지 대표로 활동하였다.

Berdell R. Funke 펀크 교수는 캔사스 주립대학교에서 미생물학 전공으로 학사와 석사, 박사 학위를 받았다. 노스다코다 주립대학교에서 교수로 재직하며 실험과목과 일반미생물학, 식품미생물학, 토양미생물학, 임상기생충학, 병원미생물학 등 미생물학개론 과목을 강의해 오고 있다. 노스다코다 주립 시험소에서 연구원으로도 활동하면서 토양미생물학과 식품미생물학 분야의 많은 연구 논문을 발표했다.

Christine L. Case 케이스 교수는 샌프란시스코 주립대학교에서 미생물학 전공으로 석사 학위를 받았고 노바 사우스이스턴 대학교에서 교육학 박사 학위를 취득했다. 캘리포니아 샌브루노에 있는 스카이라인 대학에서 지난 40년간 미생물학 교수로 재직하고 있다. 미국산업미생물학회(SIM) 이사를 역임했고 ASM과 북캘리포니아 SIM 회원으로 활발한 활동을 하고 있다. ASM과 캘리포니아 헤이워드 우수교육자상을 수상한 바 있다. 2008년에는 헌신적인 학생 지도로 SACNAS 우수지도자상을 받았다. 지도했던 학생들 가운데 일부는 대학생 학술대회에서 발표하여 상을 타기도 했다. 교육뿐만 아니라 집필활동도 꾸준히 하고 있으며 새로운 교수법을 개발하여, 과학의 전수와 사회적 중요성 전파에 매진하고 있다. 또한 열렬한 아마추어 사진작가이기도 한데, 이 책에 그녀의 사진이 여러 장 실려 있다.

서문

거의 30년 전에 토토라 미생물학(*Microbiology: An Introduction*)이 처음 출판된 이후로 지금까지 100만 명 이상의 학생들이 세계 각지에서 이 책으로 공부하였고 그 결과 이 책은 미생물학을 처음 배우는 학생들을 위한 1등 교재로 자리잡았다. 11번째 개정판 역시 생물학이나 화학을 선수과목으로 이수하지 않고도 이해할 수 있는 포괄적인 개론서로 엮었다. 이 책은 생물학, 보건과학, 환경과학, 동물학, 임학, 농학, 생활과학, 심지어 인문학 등 다양한 전공의 학생들이 널리 활용할 수 있다.

이번 개정판은 이 책이 인기를 끌게 만들었던 장점들을 그대로 가지고 있다:

- **미생물학의 기초와 응용 간 균형 및 의학과 다른 분야에서의 응용 간 균형**. 응용보다는 미생물학의 기초 원리를 더 강조했으며 보건과 관련된 응용 사례들을 다루었다.
- **복잡한 주제에 대한 간단명료한 설명**. 학생의 입장에서 집필했다.
- **명확하고 정확하며 교육효과를 높이는 일러스트와 사진들**. 생생한 설명과 잘 조화되어 있는 단계별 다이어그램으로 학생들이 개념을 이해하기가 쉽다.
- **유연한 구성**. 저자들이 유용하다고 생각하는 순서로 주제를 배열하여 책을 구성하였으나, 다른 순서로도 강의를 효과적으로 진행할 수 있다. 다른 순서를 선호하는 교수를 위해서 최대한 각 장을 하나의 전체 틀에 얽매이지 않게 했고 많은 상호 인용을 실었다. 케이스 교수가 집필한 교안은 책에 담긴 내용을 어떻게 여러 방식으로 조합할 수 있는지 설명하고 있다.

11판에 새롭게 추가된 내용

11번째 개정판에 대한 자세한 설명은 앞에 있는 시각자료에 잘 나타나 있다. 이번 판에서 학생들은 각자의 수준에 맞게 공부할 수 있게, 교수들은 다양한 수준의 학생들을 가르쳐야 하는 가장 어려운 도전에 대처할 수 있게 하였다. 11판에 새로 추가된 내용으로 조리 있는 교수법과 명확한 해설이 더 향상되었다. 주요 특징은 다음과 같다.

- **미생물학을 실제 상황에 접목시킨 새로운 임상 사례들**. 학생들은 배운 내용을 임상 사례를 통해 실제 상황에 접목시킬 수 있다. 매 장을 읽어 나가면서 학생들은 임상 사례를 살펴보고 직전에 읽은 내용과 직접적으로 관련된 비판적 사고 질문에 답해 보게 된다.
- **이해를 돕는 그림과 사진들**. 학생들의 이해를 증진시키기 위해 토대 그림과 생활사 그림을 대폭 수정하였다. 토대 그림은 학생들이 미생물학의 핵심 개념을 잘 이해할 수 있도록 글과 시각 자료를 통합한 것인데, 여기에 핵심 개념의 목록이 추가되었다. 토대 그림과 생활사 그림을 비롯한 모든 단계적 그림은 따로 설명이 필요 없도록 고안되어 학생들이 긴 캡션을 읽지 않고도 이해할 수 있도록 하였다. 이번 개정판에는 고화질의 새로운 전자현미경과 광학현미경 사진이 100개 이상 실려 있다.
- **각 장 끝에 있는 학습 질문에 이름 답하기! 추가**. 이 질문에서는 해당 미생물의 물리적, 생화학적 특성과 그 미생물로 인한 질병의 징후와 증상, 치료법 등에 대한 단서를 제공한 다음에, 학생들이 비판적 사고를 통하여 그 미생물을 알아내도록 한다.

각 장의 개정 내용

이 책의 모든 장은 전면 개정되었다. 책에 담긴 자료와 도표, 임상 초점, 수치들은 2011년 2월까지의 최신 내용이다. 각 장의 주요 개정 사항은 다음과 같다.

1장

- H1N1 독감(돼지 독감)에 관한 절 새로 추가
- 다약제내성 결핵에 관한 절 새로 추가
- 토대 그림인 그림 1.3

2장

- 화학결합에 대한 표 새로 추가
- DNA와 RNA를 비교하는 새로운 표

5장

- 인산화에 대한 설명 개정

6장

- 극한 환경에서 사는 생물을 다루는 새로운 '미생물학의 응용" 상자글

8장

- 미소 RNA와 후성유전학 내용 추가

9장

- 유전자 침묵과 법미생물학에 대한 설명 개정
- rDNA 기술과 나노기술의 수의학적 응용 사례 포함
- 최소유전체사업 소개

10장

- 계통 간 수평유전자이동에 대한 새로운 정보를 담아 생명의 나무 수정
- 분자시계 소개
- 핵산증폭검사 설명

11장

- 비가변세균 그람음성세균 절 재구성
- 자색 및 녹색 광합성 세균에 대한 내용 대폭 개정 Deinococci에 대한 설명 추가

12장

- 진균과 원생동물 분류의 최신 변화 포함
- 기회감염성 병원체로 대두되고 있는 microsporidia에 대한 설명 포함

13장

- 독감이 대유행하고 종의 장벽을 넘어서는 상황에 대한 최신 논의 포함

14장

- 전염병학 도표의 자료를 2010까지로 업데이트
- 인체 미생물군집 프로젝트에 관한 절 추가
- 의료시설 연관 감염에 관한 절 추가

15장

- 스트렙토키나제를 다룬 새로운 미생물학의 응용 상자글

16장

- 염증에 관한 절 개정
- 선천성 면역에 관한 표 수정

17장

- T_H17 T세포와 특정 감염에 대한 다른 T세포의 무효과에 대한 설명을 크게 늘림

18장

- 다양한 형태의 백신에 대한 설명 대폭 업데이트 및 수정
- 항원보강제에 대한 설명 대폭 업데이트 및 수정
- 무침 백신에 대한 설명 추가
- 단일클론 항체 이름의 철자법에 대한 중요성 설명

19장

- HIV/AIDS 대한 설명 대폭 업데이트 및 수정

20장

- Pleuromutilins과 같은 일부 새로운 항생제에 대한 설명 추가
- 아르테미시닌-기반 말라리아 치료에 대한 설명 포함
- 항생제 내성 슈퍼버그에 대한 설명 확장
- 향후 화학약물치료제에 대한 견해 추가

21장

- 임상 사례에서 *Pseudomonas* 피부염 발생 설명

22장

- 수막염구균에 의한 질병과 소아마비 바이러스 백신에 대한 설명 대폭 수정
- 지도와 도표 다른 자료 업데이트 및 수정

23장

- 미국 내에서 걸린 최초의 뎅기열 사례를 임상 초점에서 설명

24장

- 일반 감기의 병인론과 증상에 대한 설명 확장
- 결핵 진단에 대한 설명 수정 및 확장
- 독감에 대한 설명 확장 및 수정

25장

- 여행자 설사(*E. coli* 위장염)와 B형 간염에 대한 설명 대폭 수정
- *Clostridium difficile* 관련 설사에 대한 설명 포함

26장

- 임균에 대한 논의에서 Opa 단백질 설명
- 선천성 허피스와 생식기 사마귀에 대한 설명 업데이트 및 수정

27장

- 황 순환 그림 수정

28장

- 임상 사례에서 품질관리 미생물학의 역할을 보여줌

역자 소개

대표역자

김응빈
연세대학교 생명시스템대학 시스템생물학과
eungbin@yonsei.ac.kr

강범식
경북대학교 자연과학대학 생명과학부(생명공학전공)
bskang2@knu.ac.kr

노영태
건국대학교 의학전문대학원 생화학교실
ytaero@kku.ac.kr

조은희
조선대학교 사범대학 생물교육과
ehcho@chosun.ac.kr

황은주
경희대학교 동서의학대학원 동서의과학과
ehwang@khu.ac.kr

역자 서문

"지난 30년간 전 세계에서 100만 부 이상이 판매된 세계 3대 미생물학 교재입니다"라는 책 소개와 함께 번역 의뢰를 받았을 때, 솔직히 예의상 말했을 뿐이었다. "네 한번 검토해 보겠습니다." 말 그대로 검토만 하고 그럴싸한 이유를 들어 정중히 거절할 심산이었다. 이미 좋은 미생물학 교재들이 충분히 있고, 또 그 내용이 다 거기서 거기지 뭐 별다른 것이 있겠냐는 확신(?)과 처음 보는 책이 주는 낯섦 때문이었다. 그런데 이리저리 책을 뒤적이면서 되려 그 낯섦에 끌리게 되었고, "오호!"라는 감탄사와 함께 귓등으로 들었던 책 소개의 이유를 알게 되었다. 결국, 미생물학의 기초 원리를 강조하면서 이를 실제 응용과 연결할 수 있도록 균형 있게 엮었다는 저자들의 주장에 찬성표를 던지고 번역을 시작하게 되었다.

우선 총 5개의 단원에 맞춰 대표역자를 포함하여 다섯 명의 전문가로 역자진을 구성하였다. 여러 번의 토의를 거쳐 학생들이 읽기 편한 교과서를 만들어 보기로 뜻을 모았다. 이를 위해서 원문에 충실하되 번역의 흔적을 최소화하여 최대한 우리말답게 쓰려고 노력하였다. 그리고 학생들의 이해를 도모하기 위해서 원어 용어를 병기하였고, 오해의 소지가 있는 기존 용어에 대해서는 새로운 제안도 하였다. 대표적으로 '혐기성 세균'이라는 용어는 이들이 산소를 혐오한다는 듯한 인상을 준다. 대부분의 혐기성 세균은 산소 없이도 살지만, 산소가 있으면 더 잘 사는데도 말이다. 혐기성 세균은 공기(산소)가 없다는 뜻의 'anaerobic'을 일본식 한자로 번역하면서 생긴 오류라고 판단된다. '산소비요구성 세균'이 더 정확한 표현이라는 데에 의견이 모아져, 이 책에서는 '호기성' 세균과 '혐기성' 세균 대신에 각각 '산소요구성'과 '산소비요구성'이라는 용어를 사용하였다. 마찬가지로 '통성 혐기성 세균'과 '절대 혐기성 세균'의 경우에도 각각 '조건부 산소비요구성 세균'과 '절대 무산소 세균'이라고 하였다. 또한 필요에 따라 역자주를 달아서 학생들이 쉽게 공부할 수 있도록 보충설명도 했다.

사실상 미생물학은 질병에 대한 일련의 연구로 시작된 과학이고, 미생물학의 눈부신 발전 덕분에 오늘날 대부분의 전염성 질병을 제어할 수 있게 되었다. 물론 일부 병원성 미생물이 여전히 인류 보건에 심각한 위협이 되고 있는 것도 사실이다. 그럼에도 불구하고 대다수의 미생물은 사람에게 전혀 해를 주지 않고 오히려 큰 혜택을 준다. 다양한 대사 능력 덕분에 심해의 화산 분화구에서 동물의 소화관까지 미생물은 지구에 존재하는 생물 중 가장 널리 퍼져 있으며 미생물의 다양성은 지구상 다른 생물의 다양성을 모두 합친 것보다도 크다. 그러나 이 중에서 현재의 기술로 배양할 수 있는 것은 약 1퍼센트에 불과하다. 자연계에는 아직 우리가 접하지 못한 무수한 미지의 미생물들이 있다. 인간이 환경을 침범해 나가면서 생태계를 파괴하고 더 많은 생물들에게 영향을 미치게 되면 우리는 많은 생물을 파괴하고 우리가 모르는 사이에 세상의 미생물 균형에 문제를 일으킬 수 있다. 우리는 미생물의 세계 안에서 살아간다. 우리가 무언가를 하면 그들은 변화하고, 그러면 다시 우리에게 영향을 준다. 이러한 미생물과의 상호작용은 인간이 존재하는 한 계속될 것이다. 한 가지 분명한 사실은 미생물 없는 삶은 곧 종말이라는 것이다. 따라서 미생물학은 인류의 복지와 안녕을 위해서 꼭 필요한 아주 매력적이고 흥미진진한 연구 분야다. "토토라 미생물학 11판" 책이 미생물 탐험 여행에 처음 나서는 학생들에게 좋은 길잡이 겸 벗이 되기를 소망한다.

끝으로 제한된 시간에 좋은 책을 만들어 주신 (주)바이오사이언스출판의 문정구 대표이사님을 비롯한 편집부 직원 모두에게 고마운 마음을 전합니다.

2014. 2.

대표역자 김응빈

차례

9 생명공학과 DNA 기술 244

2단원 미생물의 개요

10 미생물의 분류 272

11 원핵생물: 진정세균 영역과 고세균 영역 299

12 진핵생물: 진균류, 조류, 원생동물, 연충류 330

13 바이러스, 바이로이드, 프리온 369

17 후천성 면역: 숙주의 특이적 방어체계 478

18 면역학의 응용 504

19 면역계 관련 질환 527

20 항미생물제 558

4단원 미생물과 질병

26 미생물에 의한 비뇨생식계 질병 749

5단원 환경 및 응용 미생물학

27 환경미생물학 772

28 응용 산업 미생물학 799

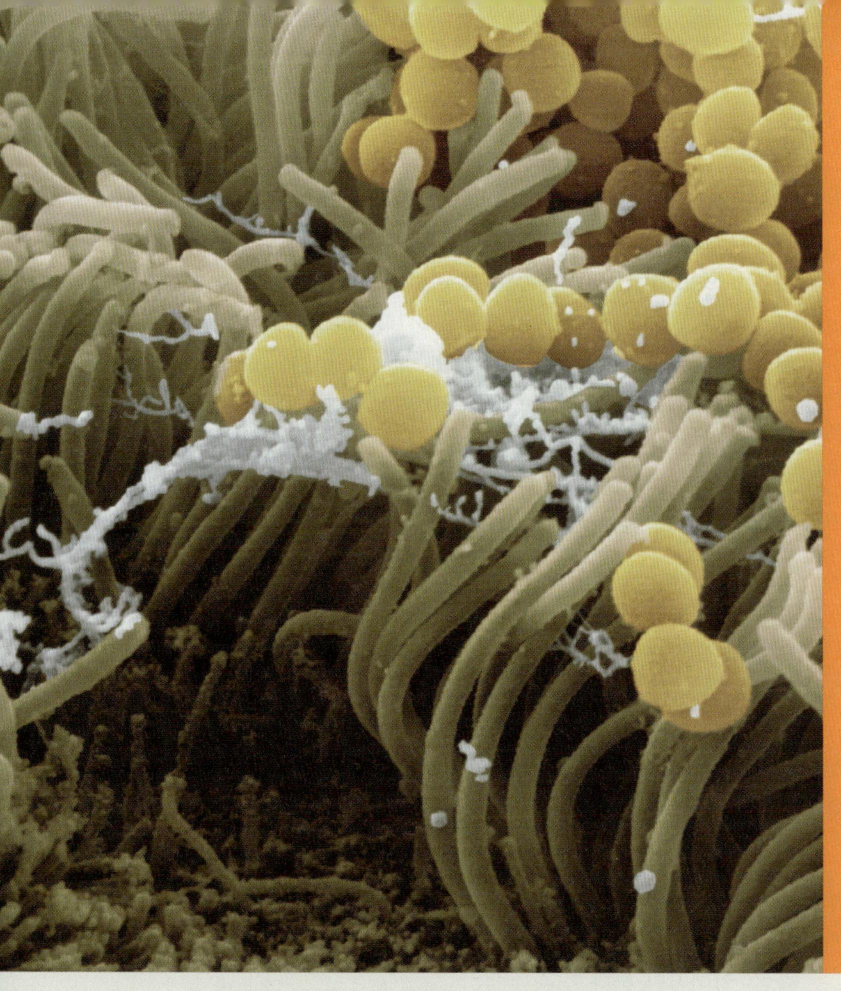

미생물과 우리

이 책의 전체 주제는 미생물(아주 작은 생물이며 보기 위해서는 현미경이 필요하다)과 우리 삶과의 관계이다. 이 관계에는 질병이나 음식물 부패와 같이 일부 미생물에 의해 잘 알려진 피해뿐만 아니라 많은 혜택이 포함된다. 이번 장에서는 미생물이 우리 삶에 영향을 주는 여러 방식 중 몇 가지를 소개한다. 미생물은 오랜 시간 동안 생산적인 연구의 대상이었다. 우리는 여러분에게 미생물의 명명과 분류에 대한 소개로 이번 장을 시작하여 수백 년 남짓한 기간에 인류가 미생물에 대해 얼마나 많이 알게 되었는지를 보여주는 미생물학의 역사를 간략히 이야기할 것이다. 그러고 나서 어떻게 미생물이 생명체와 토양, 공기 중에 있는 탄소와 질소 같은 화학원소를 재활용하여 환경의 균형을 유지하는지에 대한 언급을 통해, 미생물의 놀라운 다양성과 생태계에서의 중요성에 대해 논의한다. 또한 어떻게 미생물이 식품, 화학물질, 의약품(항생제 같은) 등의 생산과 하수 처리, 해충 박멸, 오염물 제거 등과 같은 상공업적인 응용에 활용되는지를 알아본다. 조류 독감과 웨스트 나일(West Nile) 뇌염, 광우병, 설사, 출혈성 발열, 에이즈 등과 같은 질병을 유발하는 미생물에 대해서도 논의할 것이다. 아울러 항생제 내성 세균으로 인해 증가되는 공공 보건 문제도 검토해 본다. 사진에 보이는 세균은 사람 코의 상피세포에 있는 황색포도상구균(*Staphylococcus aureus*)이다. 이 세균은 피부나 코의 안쪽에서 사람에게 해를 끼치지 않고 산다. 항생제의 남용으로 메티실린 내성 황색포도상구균(methicillin-resistant *S. aureus*, MRSA) 같은 항생제 내성 유전자를 갖는 세균이 늘고 있다. 임상 사례에서 설명하는 것처럼 이들 세균에 의해 유발되는 감염은 항생제 치료에 대해 저항성을 갖는다.

생활 속 미생물

학습 목표

1-1 미생물이 우리 생활에 영향을 끼치는 여러 가지 방식을 알아본다.

균(germ)과 미생물(microbe)이라는 단어를 들으면 대부분 사람들은 "동물, 식물, 광물 중 어느 것인가?"라는 옛날식 질문의 어느 범주에도 들지 않는 작은 피조물을 일단 마음에 떠올릴 것이다. **미생물(microbe 혹은 microorganism)**은 보통 너무 작아서 개별적으로는 육안으로 볼 수 없는 작은 생명체들이다. 여기에는 세균(11장)과 균류(효모와 곰팡이), 원생동물, 미세조류(12장)가 포함된다. 또한 바이러스도 미생물에 포함되는데, 이런 비세포성 존재는 때때로 생명체과 비생명체의 경계에 걸쳐 있는 것으로 간주되기도 한다(13장). 이들 미생물 그룹의 각각을 곧 소개할 것이다.

사람들은 후천성 면역 결핍증과 같은 주요 질병이나 성가신 감염 또는 음식물 부패와 같은 일상적인 불편함만을 이들 작은 생물체와 연결하는 경향이 있다. 그러나 실제로는 미생물의 대부분은 살아 있는 생물과 환경의 화학물질 사이의 균형을 유지하는 데 도움을 준다. 해양 및 담수 미생물은 바다와 호수, 하천에서 먹이사슬의 기초를 형성한다. 토양 미생물은 쓰레기의 분해를 돕고 공기로부터 질소 가스를 유기물로 통합하는 것을 도움으로써 토양과 물, 생명체, 공기 사이의 화학원소의 재활용을 돕는다. 어떤 미생물은 지구상의 생명체에 필요한 영양물과 산소를 만드는 과정인 **광합성(photosynthesis)**에 있어 중요한 역할을 한다. 사람과 많은 다른 동물은 소화와 대사에 필요한 비타민 B나 혈액응고를 위한 비타민 K를 비롯하여 몸에 필요한 비타민의 합성을 자신들의 장에 있는 미생물에 의존한다.

미생물은 또한 상업적으로 많이 응용된다. 이들은 비타민, 유기산, 효소, 알코올, 그리고 많은 의약품과 같은 화학 제품의 합성에 이용된다. 예를 들면 미생물을 이용하여 아세톤과 부탄올을 생산하고 비타민 B_2(리보플라빈)와 비타민 B_{12}(코발라민, cobalamin)를 생화학적으로 만든다. 미생물이 아세톤과 부탄올을 생산하는 과정은 영국에서 연구를 하던 러시아 태생의 화학자 하임 바이츠만(Chaim Weizmann)이 1914년에 밝혔다. 그 해 8월에 1차 세계 대전의 발발과 함께 아세톤의 생산은 코르다이트(군수품에 사용되는 끈 모양의 무연화약)을 만드는 데에 매우 중요해졌다. 바이츠만의 발견은 전쟁의 승패를 결정짓는 데 중대한 역할을 하였다.

또한 식품산업에서도 미생물을 이용하는데, 식초, 김치, 피클, 간장, 치즈, 요구르트, 빵, 알코올 음료 등이 예다. 이제는 미생물 유래 효소를 조작하여 섬유소, 소화 보조제, 하수관 청소제 등과 인슐린을 비롯한 중요한 치료 물질처럼 일반적으로 미생물이 합성하지 않는 물질을 생산하도록 할 수 있다. 미생물 효소는 여러분이 좋아하는 청바지를 만드는 데에도 도움을 줄 수 있다(3쪽 상자 참조).

비록 소수의 미생물만이 **병원성(pathogenic)**이지만 의학과 관련된 보건과학에는 미생물에 대한 실용적 지식이 필요하다. 예를 들면 병원에서 일하는 사람은 보통은 해롭지 않지만 아프거나 부상을 당했을 때는 위협이 될 수 있는 흔한 미생물로부터 환자를 보호할 수 있어야만 한다.

오늘날 미생물은 거의 모든 곳에서 발견되는 것으로 알려져 있다. 그러나 현미경이 발명되기 전까지는 과학자들조차도 미생물을 알지 못했다. 수천 명의 사람들이 치명적인 전염병으로 원인도 모르는 채 죽어 갔다. 감염과 싸울 예방 접종과 항생제가 없었기 때문에 가족 전체가 죽기도 했다.

우리의 생활을 바꾼 미생물학의 몇 가지 역사적인 이정표를 살펴보면 미생물학의 현재의 개념이 어떻게 정립되었는지를 알 수 있다.

임상 사례: 단순한 벌레 물림?

안드레아(Andrea)는 평범한 22살의 건강한 대학생으로 어머니와 고등학교 체조 선수인 여동생과 함께 살고 있다. 그녀는 심리학 수업 과제를 작성 중인데, 빨갛게 부어오른 오른쪽 손목의 상처 때문에 타이핑하기가 어렵다. "왜 거미에 물린 이 상처가 낫질 않지?" 그녀는 궁금해 한다. "이게 며칠째야". 그녀는 의사에게 아픈 상처를 보여주기 위해 의사와 약속을 잡았다. 안드레아는 열은 없지만 세균 감염을 나타내는 백혈구 수치가 높다. 담당 의사는 이것이 거미에 물린 것이 전혀 아니고 포도상구균에 감염된 것으로 의심했다. 그는 베타-락탐 항생제인 세팔로스포린(cephalosporin)을 처방한다. 안드레아의 질병에 대한 발전은 다음 페이지에서 더 알아보시오.

포도상구균은 무엇인가? 알아보자.

2 17 19 20 21

이해도 확인하기

✔ 미생물의 해로운 작용과 유익한 작용을 몇 가지 설명하시오. **1-1***

미생물의 명명과 분류

학습 목표

1-2 속명과 종명을 사용하는 이명법의 과학적인 명명 체계를 이해한다.

1-3 각 그룹의 미생물의 주요 특징을 구별한다.

1-4 세 가지 영역을 나열한다.

* 이해도 확인하기 뒤에 있는 숫자는 해당 학습 목표를 의미한다.

유명 청바지: 미생물이 생산

1873년에 레비 스트라우스(Levi Strauss)와 제이콥 데이비스(Jacob Davis)가 캘리포니아 금광의 광부를 위해 데님 청바지를 처음 만든 이후로 데님 청바지는 점점 더 인기를 끌고 있다. 지금 청바지 제조회사는 독성 폐기물과 관련된 비용을 최소화할 수 있는 환경 친화적인 생산방법을 개발하기 위해 미생물학 쪽으로 눈을 돌리고 있다.

돌 세척?

"돌 세척 처리(stone-washed)"라고 하는 부드러운 데님은 1980년대에 처음 소개되었다. 트리코더마(*Trichoderma*) 곰팡이에서 나온 섬유소분해효소(cellulase)를 이용하여 면화의 섬유질을 분해하여 면화를 부드럽게 만들어 돌 세척의 효과를 낸다. 대부분의 화학반응과는 달리 효소는 보통 안전한 온도와 pH에서 작용한다. 게다가 효소는 단백질이기에 쉽게 분해되어 폐수에서 제거된다.

직물

면 생산에는 대규모 토지와 제초제, 비료가 필요하고 그 수확량은 날씨에 따라 좌우된다. 그러나 세균은 환경에 영향을 적게 주면서 면과 폴리에스터 모두를 생산할 수 있다. 글루코노박터 자일라너스(*Gluconacetobacter xylinus*) 세균은 세포벽의 외막에서 포도당 단위체를 간단한 사슬 형태로 연결하여 섬유소를 생산한다. 섬유소 미세섬유는 외막의 구멍을 통해 밀려 나와서 다발을 이루어 리본 형태로 꼬인다.

표백제

과산화물은 염소보다 안전한 표백제이고 효소를 이용하여 직물과 폐수에서 쉽게 제거할 수 있다. 노보 노르디스크 바이오텍(Novo Nordisk Biotech)의 연구자들은 버섯의 과산화효소(peroxidase) 유전자를 효모에 복제하고 이 효모를 세탁기의 사용조건에서 키웠다. 세탁기에서 살아남은 효모를 과산화효소 생산용 균주로 선택하였다.

인디고

인디고(indigo)의 화학적 합성은 높은 pH가 필요하고 공기와 접촉하면 폭발하는 폐기물을 만들어낸다. 그러나 캘리포니아 바이오텍 회사인 제넨코르(Genencor)는 세균을 이용하여 인디고를 생산하는 방법을 개발하였다. 연구자들은 토양 세균인 슈도모나스 퓨티다(*Pseudomonas putida*)에서 세균의 부산물인 인돌(indole)을 인디고로 전환하는 한 유전자를 찾아냈다. 이 유전자를 대장균에 넣으면 대장균이 청색으로 변한다.

바이오 플라스틱

미생물로 청바지용 플라스틱 지퍼와 포장 재료도 만들 수 있다. 25종 이상의 세균이 영양분 저장을 위해 폴리히드록시알카노에이트(polyhydroxyalkanoate, PHA) 봉입 과립을 만든다. PHA는 보통 플라스틱과 비슷하고 세균이 만들기 때문에 대부분 세균에 의해 쉽게 분해될 수 있다. PHA는 석유로 만드는 기존의 플라스틱을 대신할 생분해성 대체물이 될 수 있다.

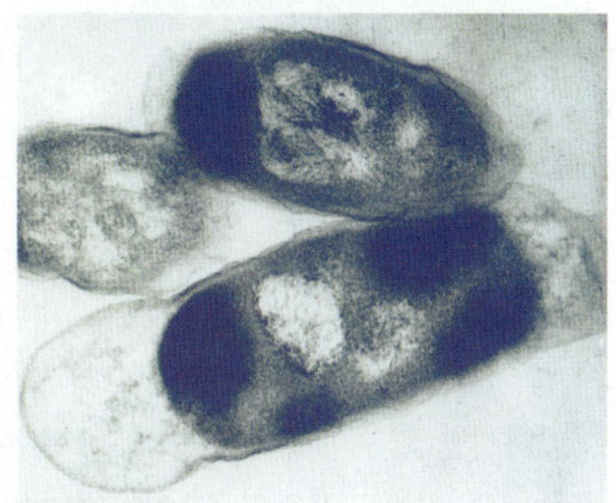

인디고 생산 대장균

대장균은 트립토판(tryptophan)에서 인디고를 생산한다.

명명법

현재 사용하는 생물의 명칭 체계는 1735년 카롤로스 린네(Carolus Linnaeus)가 정립했다. 당시 학자들은 전통적으로 라틴어를 사용했었기 때문에 과학적 명칭이 라틴어로 되었다. 각 생물의 과학적 명칭에 두 개의 이름이 부여되었다. **속명(genus**, 복수형은 *genera*)이 첫 번째 이름이고 항상 대문자로 시작한다. 그 다음에 **종명(specific epithet, species** name)이 따르는데 대문자를 쓰지 않는다. 생물은 속명과 종명을 함께 사용하여 지칭하고, 두 이름에 밑줄을 치거나 이탤릭체로 한다. 관습적으로 학명은 한번 언급된 다음에는 속명의 첫 글자와 종 이름으로 축약할 수 있다.

학명은 생물을 지칭하는 것 외에 특정 연구자를 기리거나 그 종의 서식지 등 기타 다른 사항을 나타내기도 한다. 예를 들어 사람의 피부에서 흔히 발견되는 세균인 *Staphylococcus aureus*(staf-i-lō-kok′kus ô′rē-us)를 살펴보면 *Staphylo*-는 세포의 뭉쳐진 형태의 배열을 설명하고 *coccus*는 이들의 모양이 구형이라는 것을 가리킨다. 종명인 *aureus*는 라틴어로 금색을 의미하는데 이는 이 세균 콜로니(군체, colony)의 색깔이다. 대장균, *Escherichia coli*(esh-ë-rik′-ē-ä kō′lī 또는 kō′lē)의 속명은 과학자의 이름, *Theodor Escherich*을 따온 반면, 종명인 *coli*는 대장균이 결장 혹은 대장에서 사는 것임을 알려준다. 더 많은 사례가 표 1.1 에 있다.

이해도 확인하기

✓ 속명과 종명을 구별하시오. **1-2**

미생물의 종류

미생물의 분류와 동정에 대해서는 10장에서 설명하기로 하고, 여기서는 주요 그룹에 대한 개요를 설명한다.

세균

세균(Bacteria, 단수형은 **bacterium)**은 비교적 간단한 단세포 생물이다. 이들의 유전물질은 별도의 핵막으로 둘러싸여 있지 않다. 세균을 핵이 생기기 이전을 의미하는 그리스어를 따라 **원핵생물(prokaryotes**, prō-kar′e-ōts)이라고 한다. 원핵생물에는 세균과 고세균 모두가 포함된다.

표 1.1 학명과 친숙해지기

부록 E에 있는 어원을 이용하여 이름의 의미를 찾아보자. 직접 이름을 번역해 보면 그리 생소하지는 않을 것이다. 새로운 이름을 보면 큰 소리로 말하도록 연습하자. 정확한 발음은 친숙해지는 것만큼 중요하지는 않다. 발음에 대한 지침은 부록 D에 있다.

다음은 대중 매체나 실험실에서 만날 수 있는 미생물 이름의 몇 가지 예다.

	발음	속명의 기원	종명의 기원
Salmonella enterica (세균)	살모넬라 엔터리카 (sal-mōn-el lä en-ter i-kä)	공중 위생 미생물학자 Daniel Salmon에게 경의를 표함	장에서 발견(*entero–*)
Streptococcus pyogenes (세균)	스트렙토코커스 피아제니즈 (strep-tō-kok kus pī-äj en-ēz)	사슬형태의 세포모양(*strepto–*)	고름을 형성(*pyo–*)
Saccharomyces cerevisiae (효모)	사카로미세스 세리비세이 (sak-ä-rō-mī ses se-ri-vis ē-ī)	설탕을(*saccharo–*) 이용하는 균류(*–myces*)	맥주를 생산(*cerevisia*)
Penicillium chrysogenum (균류)	페니실리움 크리소제눔 (pen-i-sil lē-um krī-so jen-um)	극히 작은 술 같은 혹은 붓(*penicill–*) 형태	노란(*chryso–*) 색소를 생산
Trypanosoma cruzi (원생동물)	트리파노소마 크루지 (tri-pa-nō-sō mä krūz ē)	타래송곳– (*trypano–*, 송곳; *soma–*, 몸체)	전염병학자 Oswaldo Cruz에게 경의를 표함

일반적으로 세균의 세포는 몇 가지 모습 중 하나이다. 그림 1.1a에서 보는 간균(*Bacillus*, 막대모양; bä-sil′lus), 구균(*coccus*, 구형이나 타원형; kok′kus), 나선균(*spiral*, 코르크 마개뽑이 모양 또는 곡선형)이 가장 일반적인 형태이지만 일부 세균은 별 모양 또는 사각형이다(77~78쪽 그림 4.1~4.5 참조). 개개의 세균은 쌍(pair) 혹은 사슬, 덩어리 또는 다른 형태의 무리를 형성할 수 있다. 이러한 형성은 일반적으로 세균의 특정한 속 또는 종의 특징이다.

세균은 주로 펩티도글리칸(peptidoglycan)이라는 탄수화물과 단백질 복합체로 구성된 세포벽에 둘러싸여 있다. (대조적으로 섬유소는 식물과 조류 세포벽의 주요 물질임.) 세균은 일반적으로 동일한 두 개의 세포로 분할하여 번식하는데 이 과정을 이분법(binary fission)이라고 한다. 대부분의 세균은 죽었거나 살아 있는 생명체로부터 나오는 유기 화학물질을 영양분으로 이용한다. 일부 세균은 그들 자신의 영양분을 광합성으로 생산하고 일부 세균은 무기물질로부터 영양분을 얻을 수 있다. 많은 세균은 편모(flagella)라는 움직이는 부속물을 이용하여 헤엄칠 수 있다. (세균에 대한 자세한 설명은 11장 참조)

고세균

세균처럼 **고세균(archaea,** är′kē-ä)은 원핵세포로 구성되어 있지만 펩티도글리칸이 없는 세포벽을 가지고 있다. 종종 극한 환경에서 발견되는 고세균은 세 가지 주요 그룹으로 나누어진다. 메탄생성세균(methanogens)은 호흡으로 나오는 배설물로 메탄을 생산한다. 극호염세균(extreme halophiles, *halo* = 소금; *philic* = 좋아하는)은 그레이트 솔트 호수(Great Salt Lake)나 사해(Dead Sea)처럼 염도가 극도로 높은 환경에서 산다. 극호열세균(extreme thermophiles, *therm* = 열)은 옐로스톤 국립공원의 온천과 같이 뜨거운 유황 물에서 산다. 사람에게 질병을 일으키는 고세균은 알려져 있지 않다.

진균

진균 또는 **곰팡이(Fungi,** 단수형은 **fungus)**는 **진핵생물(eukaryotes,** yū-kar′ē-ōts)로 이들의 세포는 핵막이라는 특수한 껍질에 둘러싸여 구별되는 핵 안에 세포의 유전물질(DNA)을 갖는다. 진균은 단세포이거나 다세포일 수 있다(12장 331쪽 참조). 버섯 같은 큰 다세포 진균류는 식물처럼 보일 수도 있으나 대부분은 식물과 달리 광합성을 수행할 수 없다. 진짜 진균은 주로 키틴(chitin)이라는 물질로 구성된 세포벽을 갖는다. 단세포 형태의 진균인 효모(yeast)는 세균보다 큰 둥근 미생물이다. 가장 전형적인 진균류는 사상균(mold, 그림 1.1b)으로 분지되고 서로 꼬인 긴 필라멘트인 균사(*hyphae*)로 이루어진 균사체(mycelium)라는 볼 수 있는 크기의 덩어리를 형성한다. 종종 빵이나 과일에서 발견되는 솜처럼 자라는 것이 곰팡이 균사체이다. 진균류는 유성 혹은 무성 생식을 한다. 이들은 이들 환경(흙, 해수, 담수, 혹은 동물 또는 식물 숙주 등)에서 유기물 용액을 흡수하여 영양분을 얻는다. 점균(slime mold)이라고 불리는 생명체는 진균과 아메바의 특징을 모두 갖는다. 이에 대해서는 12장에서 자세히 다룰 것이다.

원생동물

원생동물(protozoa, 단수형은 **protozoan)**은 단세포성 진핵 미생물이다(12장 348쪽 참조). 원생동물은 위족이나 편모 혹은 섬모를 이용하여 움직인다. 아메바(그림 1.1c)는 세포질의 확장인 위족(pseudopods)이라는 확장된 세포질을 이용하여 이동한다. 다른 원생동물은 긴 편모(flagella) 또는 다수의 섬모(cilia)라는 운동을 위한 짧은 부속지를 갖는다. 원생동물은 모양이 다양하고 자유 또는 기생(살아 있는 숙주로부터 영양물을 얻음) 생활을 하면서 환경에서 유기 화합물을 빨아들이거나 섭취한다. 유글레나(*Euglena*) 같은 원생동물은 광합성을 할 수 있다. 이들은 빛을 에너지원으로 그리고 이

그림 1.1 미생물의 종류. 주의: 이 책을 통하여 현미경 사진 아래의 붉은 아이콘은 인위적으로 현미경 사진이 색칠되어 있음을 가리킨다. (a) 폐렴을 일으키는 세균 중 하나인 막대 모양의 세균 *Haemophilus influenzae*. (b) 흔한 빵곰팡이 *Mucor*는 균류의 한 종류이다. 포자낭에서 방출되어 선호하는 표면에 안착된 포자는 발아하여 영양분을 흡수하기 위해 균사로 그물망을 만든다. (c) 먹이 입자로 접근하는 원생동물 아메바. (d) 민물 조류 *Volvox*. (e) $CD4^+$ T세포에서 출아하는 에이즈를 일으키는 인간면역결핍바이러스.

Q 세균과 고세균, 균류, 원생동물, 조류, 바이러스를 어떻게 세포 구조를 기반으로 구별하는가?

산화탄소를 당을 만드는 탄소의 주된 공급원으로 사용한다. 원생동물은 유성 혹은 무성 생식을 한다.

조류

조류(algae, 단수형은 **alga)**는 광합성을 하는 진핵생물로 매우 다양한 모습을 하고 있으며 유성과 무성 생식 모두를 한다(그림 1.1d). 미생물학자가 관심을 갖는 조류는 보통 단세포성이다(12장 343쪽 참조). 많은 조류에서 세포벽은 섬유소(cellulose)라고 하는 탄수화물로 되어 있다. 조류는 담수와 해수, 흙에 많이 있고 식물과 관련되어 있다. 광합성 수행자로 조류는 영양분의 생산과 성장에 빛, 물, 이산화탄소를 필요로 하지만 일반적으로 환경으로부터 유기 화합물을 필요로 하지는 않는다. 조류는 광합성의 결과로 산소와 탄소를 생산하고 동물을 포함한 다른 생명체는 이를 이용한다. 따라서 이들은 자연의 균형에 중요한 역할을 한다.

바이러스

바이러스(viruses, 그림 1.1e)는 여기서 언급한 미생물 그룹과는 매우 다르다. 이들은 너무 작아서 전자현미경으로만 볼 수 있고 비세포성(세포가 아니다)이다. 구조가 매우 단순한 바이러스 입자는 DNA 또는 RNA 한 종류로 된 코어(core)를 갖고 있다. 이 코어는 단백질 껍질로 둘러싸여 있고, 가끔 외막(envelop)이라고 불리는 지질막으로 둘러싸인 경우도 있다. 모든 살아 있는 세포는 RNA와 DNA를 갖고 있고 화학반응을 수행할 수 있는 자급자족 단위체로 스스로 복제할 수 있다. 반면 바이러스는 다른 생물의 세포 내 장치를 이용해서만 복제할 수 있다. 따라서 바이러스는 이들이 감염한 숙주세포에서 증식할 때만 살아 있는 것으로 간주된다. 이런 의미에서 바이러스는 다른 형태의 기생생물이다. 다른 한편으로 바이러스는 살아 있는 숙주 밖에서 비활성이기 때문에 살아 있는 것으로 간주되지 않는다. (바이러스는 13장에서 자세히 다룬다.)

다세포성 동물 기생충

다세포성 동물 기생충은 엄밀히 미생물은 아니지만 의학적으로 중요하기에 여기서 논의한다. 동물 기생충은 진핵생물이다. 두 가지 주된 종인 편충(편형동물)과 회충(선형동물)을 합쳐서 **연충(helminths)**이라고 부른다(12장 354쪽 참조). 기생충은 생활사의 일부 단계에서 현미경적 크기이다. 이들 기생충을 실험실에서 확인하는 데에는 미생물을 식별하는 것과 같은 기술이 많이 사용된다.

이해도 확인하기

어떤 그룹의 미생물이 원핵생물인가? 어떤 것이 진핵생물인가? **1-3**

미생물의 분류

미생물의 존재가 알려지기 전에 모든 생물은 동물계와 식물계로 분류되었다. 동물과 식물의 특성을 갖는 현미경적인 생명체가 17세기 후반에 발견되면서 새로운 분류시스템이 필요했다. 1970년대 후반까지도 생물학자들은 이들 새로운 생물을 분류하는 기준에 대해 합의하지 못했다.

1978년에 칼 우즈(Carl Woese)는 생명체의 세포 조직을 기반으로 분류 체계를 고안해냈다. 이것은 모든 생물을 다음과 같이 세 개의 영역(domain)으로 분류한다.

1. 세균(펩티도글리칸 이라는 단백질-탄수화물 복합체를 갖는 세포벽)
2. 고세균(세포벽이 있다면 펩티도글리칸이 결핍)
3. 다음을 포함하는 진핵생물(Eukarya)
   - 원생생물(점균, 원생동물, 조류)
   - 균류(단세포 효모, 다세포 진균, 버섯)
   - 식물(이끼, 양치류, 침엽수, 현화식물)
   - 동물(해면, 벌레, 곤충, 척추동물)

분류에 대해서는 10장에서 12장에 거쳐 자세히 논의될 것이다.

이해도 확인하기

세 가지 영역은 무엇인가? **1-4**

간략한 미생물학의 역사

학습 목표

1-5 후크(Hooke)와 반 레벤후크(van Leeuwenhoek)의 관찰 결과의 중요성을 설명한다.

1-6 자연발생설(spontaneous generation)과 생물속생설(biogenesis)을 비교한다.

1-7 니담(Needham)과 스팔란자니(Spallanzani), 비르코우(Virchow), 파스퇴르(Pasteur)가 미생물학에 끼친 공헌을 알아본다.

1-8 파스퇴르(Pasteur)의 업적이 리스트(Lister)와 코흐(Koch)에 준 영향을 설명한다.

1-9 코흐 원칙(Koch's postulate)의 중요성에 대해 알아본다.

1-10 제너(Jenner)의 업적의 중요성에 대해 알아본다.

1-11 에를리히(Ehrlich)와 플라밍(Fleming)이 미생물학에 끼친 공헌을 알아본다.

1-12 세균학(bacteriology), 균학(mycology), 기생충학(parasitology), 면역학(immunology), 바이러스학(virology)을 정의한다.

1-13 미생물 유전학과 분자생물학의 중요성에 대해 설명한다.

미생물학이라는 과학분야의 시작은 불과 200년 전으로 거슬러간다. 최근에 3000년 된 이집트 미라에서 결핵균(*Mycobacterium tuberculosis*; mī-kō-bak-ti′rē-um tü-bėr-ku-lō′sis)의 DNA가 발견된 것은 우리들에게 미생물이 아주 오래 전부터 주위에 있었음을 상기시켜준다. 사실 세균의 조상은 지구상에 나타난 최초의 살아 있는 세포이었다. 비록 옛날 사람들이 질병의 원인과 전염, 치료에 대하여 어떻게 생각했었는지에 대해서 알려진 바는 별로 없지만, 지난 몇백 년의 역사에 대해서는 충분히 알고 있다. 이제 미생물학을 현재의 과학기술 상태로 오기까지 박차를 가했던 미생물학의 몇 가지 주요 사건을 살펴보자.

첫 발견

생물학에 있어 가장 중요한 발견 중의 하나가 1655년에 일어났다. 영국인인 로버트 후크(Robert Hooke)는 얇은 코르크 조작을 비교적 조잡한 현미경을 통해 관측한 후, 생명의 가장 작은 구조 단위를 그가 그것을 부르는 대로 "작은 상자" 혹은 "세포"라고 세상에 보고했다. 후크는 개선된 복합현미경(두 개의 렌즈 쌍을 이용한 것)을 이용하여 개개의 세포를 관측할 수 있었다. 후크의 발견은 모든 살아 있는 것은 세포로 구성되어 있다는 **세포설(cell theory)**의 시작을 의미한다. 세포의 구조와 기능에 대한 후속 연구는 이 이론을 기초로 하였다.

후크의 현미경이 큰 세포를 볼 수 있는 능력이 있었지만 해상도가 낮아 미생물을 확실히 볼 수는 없었다. 실제로 살아 있는 미생물을 최초로 관찰한 사람은 아마도 네덜란드 상인이자 아마추어 과학자인 안톤 반 레벤후크(Anton van Leeuwenhoek)일 것이다. 그는 자신이 제작한 400개가 넘는 현미경의 확대 렌즈을 통해 살아 있는 미생물 관찰했다. 1673년과 1723년 사이에 그는 간단한 단일렌즈 현미경을 통해 본 "극미동물(animalcule)"을 설명하는 일련의 편지를 런던 왕립학회에 보냈다. 반 레벤후크는 빗물과 자신의 대변 그리고 치아에서 긁어낸 물질에서 발견한 "극미동물"의 자세한 그림을 그렸다. 이 그림들은 그 후 세균과 원생동물을 묘사한 것으로 확인되었다(그림 1.2).

이해도 확인하기

세포설이란 무엇인가? **1-5**

자연발생설에 대한 논쟁

반 레벤후크가 이전에 보이지 않던 미생물의 세계를 발견한 후, 그 당시 과학계는 이런 작은 살아 있는 것의 기원에 대해 흥미를 갖기 시작했다. 19세기 후반까지 많은 과학자와 철학자는 생명의 어떤 형태는 무생물로부터 우연히 발생한다고 믿었다. 이들은 이런 가설적 과정을 **자연발생(spontaneous generation)**이라고 불렀다. 백여 년 전만 해도 사람들은 두꺼비, 뱀, 생쥐 등은 습한 토양에서 탄생할 수 있다고 보통 믿었다. 파리가 퇴비에서 나오고 구더기(지금 우리는 파리의 애벌레로 알고 있는)는 부패된 시체에서 발생한다는 것이다.

(a) 현미경을 이용하고 있는 반 레벤후크

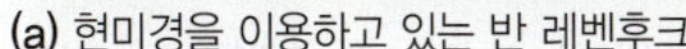

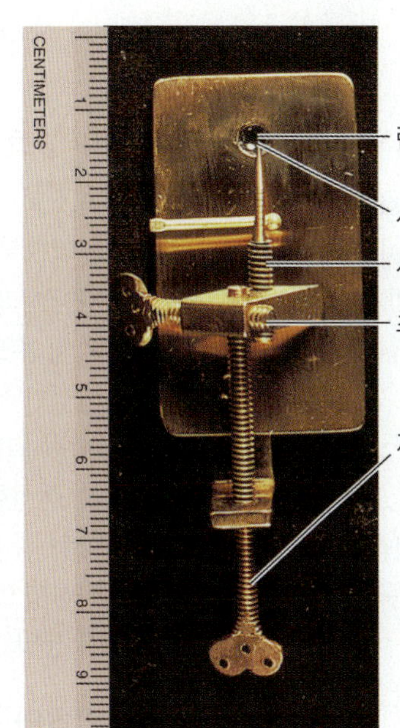

(b) 현미경 복제품

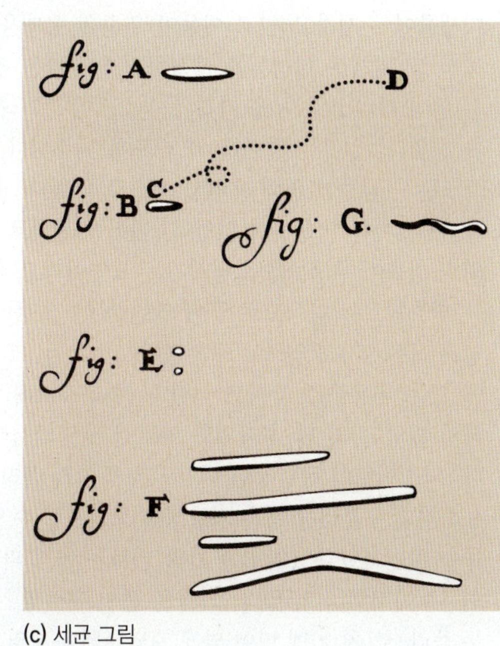

(c) 세균 그림

그림 1.2 안톤 반 레벤후크의 현미경 관찰. (a) 황동 현미경을 잡고 광원을 향하여 반 레벤후크는 맨눈으로 보기에 너무 작은 살아 있는 미생물을 관찰할 수 있었다. (b) 시료를 조정 가능한 지점의 끝에 놓고 작은 거의 구형의 렌즈를 통해 다른 쪽으로부터 관측했다. 그의 현미경의 가능한 최대 배율은 약 300배였다. (c) 1683년에 반 레벤후크가 그린 세균 그림의 일부. 문자는 세균의 다양한 모습을 표시한다. C~D는 관찰된 운동방향을 의미한다.

 왜 반 레벤후크의 발견이 그렇게 중요한가?

찬반양론의 증거

자연발생에 대한 강력한 반대자인 이탈리아의 의사 프란체스코 레디(Francesco Redi)는 1668년에 부패하는 고기에서 구더기가 자연적으로 발생하지 않는다는 것을 증명하기를 시작했다. 레디는 두 개의 단지를 부패된 고기로 채웠다. 첫 번째 것은 봉인하지 않았고 거기에 파리가 알을 낳고 그 알이 애벌레로 성장했다. 두 번째 단지는 봉인했고 파리가 고기에 알을 낳지 못하였기에 구더기가 보이지 않았다. 그래도 레디의 반대자들은 확신하지 않았고 자연발생에는 신선한 공기가 필요하다고 주장했다. 그래서 레디는 두 번째 실험을 설정하였다. 이 실험에서 단지를 봉인하는 대신 아주 가는 망으로 단지를 덮었다. 가제로 덮은 단지에는 공기가 있음에도 불구하고 애벌레가 보이지 않았다. 구더기는 파리가 고기에 알을 남길 수 있을 때만 나타났다.

레디의 결과는 무생물에서 큰 형태의 생명이 발생한다는 오랜 신념에 심각한 타격을 주었다. 그러나 많은 과학자들이 여전히 반 레벤후크의 "극미동물(animalcules)"과 같은 작은 생명체는 살아 있지 않은 물질에서 발생하기에 충분히 단순하다고 믿고 있었다.

미생물의 자연발생의 경우, 영국인 존 니담(John Needham)이 영양액(닭고기 국물과 옥수수 수프로 만든)을 뚜껑 덮인 플라스크 안으로 붓기 전에 끓였다 하더라도, 식은 용액이 미생물로 곧 가득하게 되는 것을 발견하였던 1745년에는 강화되는 듯하였다. 니담은 액체에서 자발적으로 미생물이 발생하였다고 주장하였다. 20년 후 이탈리아 과학자 나자로 스팔란자니(Lazzaro Spallanzani)는 니담의 용액이 끓인 다음에 아마 공기로부터 미생물이 들어갔을 것이라는 제안을 하였다. 스팔란자니는 밀봉한 다음에 가열한 영양용액에서는 미생물의 성장이 발생하지 않았음을 보여주었다. 니담은 자연발생에 필요한 "생명력(vital force)"이 가열에 의해 파괴되고 봉인에 의해 격리되었다는 주장으로 반응하였다.

이 무형의 "생명력"은 스팔란자니의 실험 이후 곧 안톤 로랑 라부아지에(Anton Laurent Lavoisier)가 생명에 있어 산소의 중요성을 보여주면서 더욱 신빙성을 얻었다.

생물속생설

이러한 논쟁은 1858년 독일 과학자 루돌프 피르호(Rudolf Virchow)가 살아 있는 세포는 이미 존재하는 살아 있는 세포로부터만 생길 수 있다고 주장하는 **생물속생(biogenesis)**의 개념을 가지고 자연발생설에 도전할 때까지도 여전히 풀리지 않았다. 그는 과학적인 증거를 제공할 수 없었기 때문에 자연발생에 대한 논쟁은 1861년에 프랑스의 과학자 루이 파스퇴르(Louis Pasteur)가 마침내 이 문제를 해결할 때까지 계속되었다.

독창적이고 설득력 있는 일련의 실험으로 파스퇴르는 공기 중에 미생물이 존재하고 있고 이들이 멸균된 용액을 오염할 수 있지만, 공기 그 자체는 미생물을 생성하지 않는다는 것을 보여주었다. 그는 여러 개의 짧은 목을 가진 플라스크에 고기국물을 채우고 내용물을 끓였다. 일부는 열어둔 채 식도록 놔두었다. 며칠 안에 이 플라스크는 미생물에 의해 오염된 것으로 나왔다. 끓인 후 봉인한 다른 플라스크에는 미생물이 없었다. 이러한 결과로 파스퇴르는 공기 중의 미생물이 무생물을 오염시키는 요인이라고 추론하였다.

파스퇴르는 다음으로 끝이 열린 목이 긴 플라스크에 고기국물을 넣고 목을 S자 모양으로 구부렸다(그림 1.3). 그 다음 이들 플라스크에 있는 내용물을 끓이고 식혔다. 플라스크에 있는 영양물은 부패하지 않았고 몇 달 후까지도 아무런 생명의 신호도 보여주지 않았다. 파스퇴르의 독창적인 디자인은 공기가 플라스크로 통하도록 허용하지만 구부러진 목은 영양액을 오염시킬 수 있는 공기 중의 미생물을 차단하였다. (최초 용기의 일부는 아직 파리에 있는 파스퇴르 연구소에 전시되어 있다. 그들은 봉인되어 있으나 그림 1.3에 보이는 플라스크처럼 백 년이 넘게 지났는데도 오염의 징후가 없다.)

파스퇴르는 미생물이 비생물체인 고체 위에, 액체 속에, 공기 중에 존재할 수 있다는 것을 보여주었다. 게다가 그는 미생물이 열에 의해 파괴될 수 있고 공기 중의 미생물이 영양물 환경에 접근하는 것을 막기 위한 방법을 고안할 수 있다는 것을 결론적으로 보여주었다. 이러한 발견은 원하지 않는 미생물에 의한 오염을 막는 기술인 **무균기술(aseptic techniques)**의 기초가 되었다. 이제는 이 기술이 실험실에서 표준화된 관례이고 많은 의학적인 방법에 적용되었다. 현대 무균기술은 처음 미생물학을 배우 데에 있어 첫 번째로 가장 중요한 개념이다.

파스퇴르의 연구는 미생물이 비생물에 존재하는 신비로운 힘으로부터 기원하는 것이 아니라는 증거를 제공하였다. 오히려 생물이 없는 용액에서 자연발생처럼 보이는 생명의 출현도 공기나 그 용액 자체에 이미 존재하는 미생물의 탓으로 돌릴 수 있었다. 이제 과학자들은 자연발생의 한 형태가 아마 원시 지구에 생명이 처음 시작될 때는 일어났을 것이라고 믿지만 오늘날의 환경 조건에서는 일어날 수 없다는 데에 동의한다.

이해도 확인하기

✔ 어떤 증거가 자연발생을 지지하는가? 1-6

✔ 어떻게 자연발생을 반증하였나? 1-7

미생물학의 황금기

파스퇴르의 연구를 시작으로 미생물학 분야에서 중요한 발견이 폭발적으로 일어났다. 1857년에서 1914년까지의 기간은 미생물학의 황금기라 할 수 있다. 이 기간 동안 주로 파스퇴르와 로버트 코흐에 의해 주도된 급속한 발전으로 미생물학이 하나의 과학 분야로 확립되었다. 이 시기에 이루어진 발견으로 많은 질병의 병원체와 질병을 예방하고 치료하는 면역의 역할 등을 대표적으로 들 수 있다. 이러한 풍성한 연구 성과가 나오던 시기에 미생물학자들은 미생물의 화학적 활성을 연구하고 현미경 사용 기술과 미생물의 배양기술을 개선하였으며 백신과 외과적 기술 등을 개발하였다. 미생물학의 황금기 동안 일어난 일부 주요 사건이 그림 1.4에 나와 있다.

발효와 저온살균법

미생물과 질병 사이의 관계를 정립해가는 과정 중 중요한 한 단계는 한 프랑스 상인이 파스퇴르에게 와인과 맥주가 시큼해지는 이유를 알아내 달라고 부탁하였을 때부터 시작되었다고 볼 수 있다. 그들은 음료를 먼 거리로 운송할 때 음료가 상하지 않기를 원했다. 많은 과학자들은 공기가 용액 내의 당을 알코올로 전환한다고 믿었다. 파스퇴르는 공기가 아니라 효모라고 부르는 미생물이 공기가 없는 상태에서 당을 알코올로 전환한다는 것을 알아내었다. 와인과 맥주를 만드는 데 사용되는 이 과정을 **발효(fermentation)**라고 부른다(5장 130쪽 참조). 시어짐과 부패는 다른 미생물인 세균에 의해 일어난다. 공기가 존재할 때 세균은 알코올을 식초(초산)로 변화시킨다.

부패 문제에 대한 파스퇴르의 해법은 맥주와 와인의 변질을 유발하는 세균의 대부분을 죽이는 정도로만 적절히 가열하는 것이었다. **저온살균법(pasteurization**, 파스퇴르법이라고도 함)이라고 부르는 이 과정은 부패를 줄이고 알코올 음료와 우유 속 유해 미생물 제거를 위해 현재 흔히 사용하는 방법이다. 음식물 부패와 미생물 사이의 관계를 입증한 것은 질병과 미생물과의 관계 확립을 향한 중요한 초석이 되었다.

세균병원설

앞서 본대로 많은 종류의 질병이 미생물과 연관되어 있다는 사실을 비교적 최근까지도 몰랐다. 파스퇴르 시대 이전에도 많은 질병에 대한 효과적인 처리법이 시행착오를 거치며 발견되기는 하였으나 질병의 원인은 몰랐다.

효모가 발효에 결정적인 역할을 한다는 사실을 알게 된 것이 미생물의 활성과 유기물의 물리 화학적인 변화 사이에 대한 첫 번째 연결고리이다. 이 발견은 과학자들에게 미생물이 식물과 동물과도 비슷한 관계를 가질 가능성, 특히 미생물이 질병을 유발할 수 있는 가능성을 일깨워주었다. 이러한 생각이 **질병의 세균병원설(germ theory of disease)**이다.

토대 그림 1.3

자연발생설에 대한 반박

자연발생설에 의하면 생명은 사체나 흙 같은 무생물에서 자연적으로 생겨날 수 있다. 아래에 설명한 파스퇴르의 실험은 미생물이 무생물-공기와 액체, 고체에 존재한다는 것을 증명했다.

1 파스퇴르는 먼저 목이 긴 플라스크에 고기국물을 부었다.

2 다음으로 그는 플라스크의 목을 가열하고 S자 형태로 구부렸다; 그리고 국물을 몇 분 동안 끓였다.

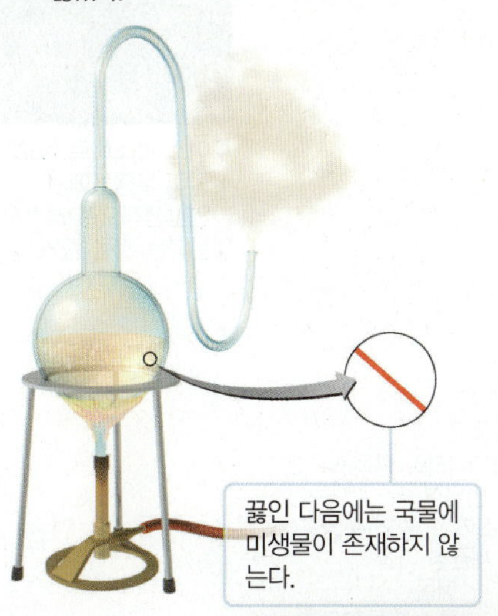

3 오랜 시간 후에조차도 식은 용액에는 미생물이 나타나지 않았다.

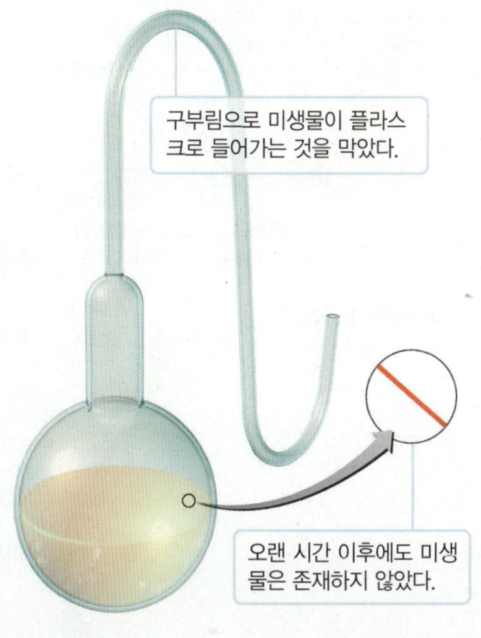

핵심 개념

- 파스퇴르는 미생물이 음식물 부패의 책임이 있다는 것을 증명하여 연구자들을 미생물과 질병 사이의 관계 쪽으로 이끌었다.
- 그의 실험과 관측은 무균기술의 기초를 제공하였고 이것은 오른쪽 사진에서 보이는 것같이 미생물의 오염을 막는 데 사용된다.

수세기 동안 질병은 개인의 죄악과 악행에 대한 천벌이라고 믿었기에 세균병원설은 그 당시에 대부분 사람들은 받아들이기 어려운 개념이었다. 마을 전체 주민이 아플 때 사람들은 하수구나 늪의 유독한 증기에서 나오는 악취의 형태로 나타나는 악마를 종종 질병의 원인이라고 비난하였다. 파스퇴르 시대에 태어난 대부분의 사람은 보이지 않는 미생물이 공기를 통해 떠다니며 식물과 동물을 감염시키고 옷과 침구류에 남아 한 사람에서 다른 사람으로 전달된다는 것을 믿기 어려웠다. 이러한 의심에도 불구하고 과학자들은 이 새로운 세균병원설을 뒷받침할 정보를 점차 축적하였다.

1865년 파스퇴르는 유럽 전역에 걸쳐 비단산업을 망치는 누에질병과의 싸움을 도와 달라는 요청을 받았다. 이보다 30년 앞선 1835년에 아마추어 현미경학자인 아고스티노 바시(Agostino Bassi)는 또 다른 누에질병이 곰팡이에 의해 일어난다는 것을 증명하였다. 바시가 제공한 데이터를 이용하여 파스퇴르는 최근 감염이 원생동물에 의한 것임을 발견하고 감염된 누에 나방을 확인할 수 있는 방법을 개발하였다.

1860년대에 영국 외과의사인 조셉 리스터(Joseph Lister)는 진료 과정에 세균병원설을 적용하였다. 리스터는 다음과 같은 사실을 알고 있었다. (1) 1840년대에 헝가리 내과의사인 이그나즈 제멜바이스(Ignaz Semmelweis)가 그 당시에 의사들이 자신들의 손을 소독하지 않아서 한 조산 환자에게서 다른 환자로 흔하게 감염(해산열, 출산열)을 전파한다는 것을 증명한 사례와 (2) 미생물과 동물 질병을 연결 짓는 파스퇴르의 업적, (3) 그 당시에는 소독제가 사용되지 않았지만 페놀(석탄산)이 세균을 죽인다는 것을 알고 있었다. 그래서 그는 수술 상처에 페놀 용액 처리를 시작하였다. 이런 실행이 감염과 사망의 빈도를 줄였기에 다른 외과의사도 신속히 이것을 채택하였다. 리스터의 이 기술은 미생물이 유발하는 감염을 제어하려는 초창기 의료 시도 중의 하나였다. 사실 그의 발견은 미생물이 수술 상처 감염을 유발한다는 것을 증명하였다.

세균이 실제로 질병을 일으키는 원인이라는 첫 증거는 로버트 코

1665 후크 – 세포를 최초로 관찰
1673 반 뢰벤후크 – 미생물을 최초로 관찰
1735 린네 – 생물의 명명법
1798 제너 (Jenner) – 최초의 백신
1835 바시 (Bassi) – 누에 곰팡이
1840 제멜바이스 – 출산열
1853 드바리 – 곰팡이성 식물질병

미생물의 황금기

1857 파스퇴르 (Pasteur) – 발효
1861 파스퇴르 – 자연발생설 반증
1864 파스퇴르 – 저온살균법
1867 리스터 (Lister) – 무균 수술
1876 *코흐 (Koch) – 질병의 세균병원설
1879 나이서 – 임질 원인균
1881 *코흐 – 순수배양
핀리 – 황열병
1882 *코흐 – 결핵균
헤스 – 한천(고체)배지
1883 *코흐 – 콜레라균
1884 *메치니코프 – 식균작용
그람 – 그람염색법
에셰리히 – 대장균
1887 페트리 – 페트리 접시
1889 키타사토 – 파상풍균
1890 *본 베링 – 디프테리아 항독소
*에를리히 – 면역설
1892 위노그라드스키 – 황의 순환
1898 샤가스 – 세균성 이질
1908 *에를리히 – 매독
1910 샤가스 – 크루스 파동편모충
1911 *라루스 – 종양바이러스 (1966 노벨상)

1928 *플레밍, 체인, 플로리 – 페니실린
그리피스 – 세균의 형질전화
1934 란스필드 – 연쇄구균의 항체
1935 *스탠리, 노섭, 섬너 – 바이러스 결정체
1941 비들, 테이텀 – 유전자와 효소의 관계
1943 *델부르크, 루리아 – 세균의 바이러스 감염
1944 에이버리, 매클라우드, 맥카티 – 유전물질은 DNA
1946 레더버그, 테이텀 – 세균의 접합
1953 *왓슨, 클릭 – DNA 구조
1957 *자코브, 모노 – 단백질 합성 조절
1959 스튜어트 – 바이러스가 암을 유발
1962 *에델만, 포터 – 항체
1964 엡스타인, 아콩, 바 – 사람에 암을 유발하는 엡스타인바 바이러스,
1971 *네이선스, 스미스 ,아르버 – 제한효소 (유전자 재조합기술에 사용)
1973 버그 – 유전공학
1975 둘베코, 테민, 볼티모어 – 역전사효소
1978 우즈 – 고세균
*미첼 – 화학삼투 기작
1981 마굴리스 – 진핵세포의 기원
1982 *클루그 – 담배모자이크 바이러스의 구조
1983 *매클린톡 – 트랜스포존

1988 *다이젠호퍼, 후버, 미첼 – 세균의 광합성 색소
1994 카노 – 4,000만 년 된 세균의 배양에 대한 보고
1997 *프루지너 – 프리온

루이스 파스퇴르 (1822~1895)
생물이 무생물에서 자연발생적으로 생기지 않는다는 것을 증명.

로버트 코흐 (1843~1910)
특정 질병에 대해 특정 미생물을 직접 연결시키는 실험 과정을 확립.

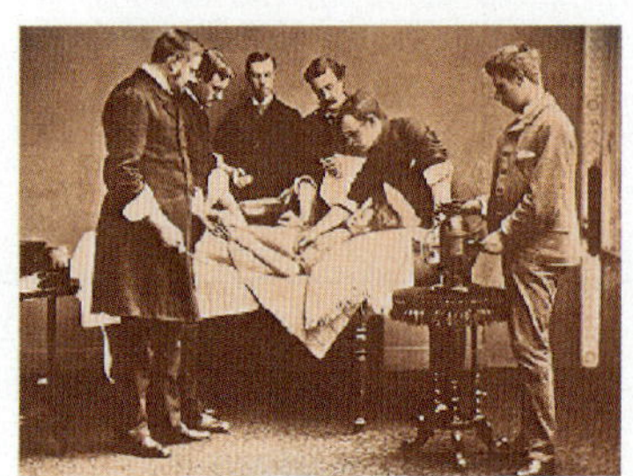

조세프 리스터 (1827~1912)
페놀을 이용하여 무균조건하에서 외과수술을 실시. 미생물이 외과 수술 상처에 감염을 유발함을 증명.

레베카 란스필트 (1895~1981)
혈청형(종 내의 변이체)에 따라 연쇄상구균을 분류.

그림 1.4 미생물학의 황금기에 발생한 것을 강조한 미생물학의 중대사건들. 별표는 노벨상 수상을 가리킨다.

Q 미생물학의 황금기가 왜 일어났다고 생각하는가?

흐에 의해 1876년에 나왔다. 독일인 의사인 코흐는 유럽에서 소와 양을 폐사시키는 질병인 탄저병의 원인을 밝히는 경쟁에서 파스퇴르의 젊은 라이벌이었다. 코흐는 지금은 탄저균(*Bacillus anthracis*, bä-sil′lus an-thrā′sis)으로 알려진 막대기 모양의 세균을 탄저병으로 죽은 가축의 피에서 발견하였다. 그는 이 세균을 영양액에서 배양하고 건강한 동물에게 배양한 샘플을 주입하였다. 동물이 병에 걸려 죽은 후, 코흐는 이들의 피에서 세균을 분리하여 원래 분리한 세균과 비교하였다. 그는 두 가지 혈액 배양에서 동일한 세균을 발견하였다.

이리하여 코흐는 특정 미생물이 특정 질병과 직접적인 관련성을 입증하는 일련의 실험 단계인 **코흐 원칙(Koch's postulates)**을 정하였다(407쪽 그림 14.3 참조). 지난 백여 년 동안 특정 세균이 많은 질병을 일으키는 것을 증명하는 조사에서 이와 같은 기준은 매우 귀중하게 여겨져 왔다. 코흐 원칙과 이것의 한계 그리고 이것의 질병에 대한 적용은 14장에서 자세히 논의될 것이다.

예방접종

가끔씩은 치료나 예방 절차가 어떻게 작동되는지를 과학자들이 알기 전에 개발되기도 한다. 천연두 백신이 한 예다. 1796년 5월 4일, 코흐가 특정 미생물이 탄저병의 원인이라는 것을 밝히기 약 70년 전에 젊은 영국인 의사 에드워드 제너(Edward Jenner)는 천연두로부터 사람을 보호할 방법을 찾기 위한 실험에 착수하였다.

천연두 전염병은 엄청난 공포의 대상이었다. 이 질병은 주기적으로 수천 명을 죽이며 유럽을 휩쓸고 갔다. 유럽 정착자들이 신세계에 이 전염병을 처음 가져왔을 때 동쪽 해안의 아메리칸 인디언의 90%가 전멸했다.

우유를 짜는 여인이 제너에게 자기는 훨씬 약한 질병인 우두를 이미 앓았기 때문에 천연두에 걸리지 않는다고 알려주자 제너는 그녀의 이야기를 실험에 적용하기로 결정하였다. 먼저 제너는 우두 물집을 긁어 모았다. 그리고 건강한 8살짜리 지원자에게 우두에 오염된 바늘로 팔을 긁음으로 우두 물질을 접종했다. 긁은 부위는 부풀어 올랐다. 며칠 안에 지원자는 약하게 아팠으나 회복되었고 다시는 우두나 천연두에 걸리지 않았다. 이 과정을 **예방접종**(vaccination)이라고 하는데, *vacca*는 라틴어로 소를 의미한다. 파스퇴르는 제너의 업적을 기리는 의미로 이 이름을 지었다. 예방접종으로(혹은 질병으로 스스로 회복됨으로) 받게 되는 질병에 대한 보호를 **면역(immunity)**이라고 한다. 면역 메커니즘에 대해서는 17장에서 설명할 것이다.

제너의 실험 몇 년 뒤인 1880년경에 파스퇴르는 예방접종이 어떻게 작동하는지를 밝혔다. 그는 가금콜레라(fowl cholera)를 일으키는 세균을 실험실에서 오랫동안 기르다 보면 병을 일으키는 능력을 잃게 된 것[**병원성**(virulence) 상실, 즉 **비병원성**(avirulent)이 된]을 발견했다. 그러나 이것과 독성이 약해진 다른 균주는 이후에 병원성 가금콜레라균이 감염되면 이에 대항하는 면역을 유도할 능력이 있다. 이런 현상의 발견은 제너의 성공적인 우두 실험의 원리를 파악하는 데에 단서를 제공했다. 우두와 천연두 둘 다 바이러스에 의해 생긴다. 우두 바이러스가 실험실에서 만들어진 천연두 바이러스의 변종이 아니더라도 이것은 충분이 천연두에 가까워 두 바이러스에 대해 면역을 유도할 수 있다. 파스퇴르는 백신이라는 용어를 예방접종을 위해 사용하는 비병원성 미생물의 배양균에 사용하였다.

제너의 실험은 서구문명에서 살아 있는 바이러스(우두 바이러스)를 면역력 생산에 사용한 최초의 사례이다. 중국에서 의사가 환자에게 천연두에 대한 면역을 부여하기 위해 천연두를 약하게 앓은 사람의 마른 농포의 껍질을 벗겨 고운 가루로 갈아서 보호하려는 환자의 코로 흡입을 시켰다.

아직도 일부 백신은 병원성 종에 대한 면역을 자극하는 관련된 비병원성의 미생물종에서 생산한다. 다른 백신은 죽인 병원성 미생물이나 병원성 미생물의 분리된 일부분, 또는 유전공학기술을 이용하여 만든다.

이해도 확인하기

- 세균병원설을 자신의 말로 요약하시오. **1-8**
- 코흐 원칙의 중요성은 무엇인가? **1-9**
- 제너의 발견의 중요성은 무엇인가? **1-10**

현대 화학요법의 탄생: "마법 탄환"의 꿈

미생물과 질병 사이의 관계가 확립된 후, 의학 미생물학자들은 감염된 동물이나 사람에게 손상을 주지 않고 병원균을 파괴할 수 있는 물질을 찾는 데에 그 다음 초점을 맞췄다. 화학물질을 이용하여 질병을 치료하는 것을 **화학요법(chemotherapy)**이라고 한다. (이 용어는 일반적으로 암과 같은 비감염성 질환의 화학적 치료를 의미하기도 한다.) 세균이나 곰팡이가 자연적으로 생산하여 다른 미생물에게 해롭게 작용하는 화학물질을 **항생제(antibiotics)**라고 한다. 화학물질을 이용하여 실험실에서 제조한 화학요법용 물질을 **합성약물(synthetic drug)**이라고 한다. 화학요법의 성공은 특정 화학물질이 미생물에 감염된 숙주보다 미생물에 더 독성이 있다는 사실에 기반을 두고 있다. 항미생물 치료에 대해서는 20장에서 더 자세히 논의할 것이다.

최초의 합성 약물

독일 의사인 폴 에를리히(Paul Ehrlich)는 상상력이 풍부한 과학자로 화학요법 혁명에 있어 첫 발을 발사하였다. 의대생이었던 에를리히는 감염된 숙주에는 해가 없으면서 병원균을 찾아서 파괴하는 "마법 탄환"에 대해 깊이 생각하고 있었다. 그러다가 그는 그런 탄환을 찾기 위한 조사를 시작했다. 1910년 수백 개의 물질을 조사한 다음 그는 매독에 대해 효과가 있는 비소 유도체인 **살바르산**(salvarsan)이라는 화학요법 약물을 발견하였다. 이 약물은 매독에서 사람을 구하고 비소가 들어 있기 때문에 살바르산(salvation + arsenic)이라는 이름이 지어졌다. 이 발견 이전에 유럽의 의료계에서 유일하게 알려진 화학물질은 스페인 정복자가 말라리아 치료에 사용한 남아메리

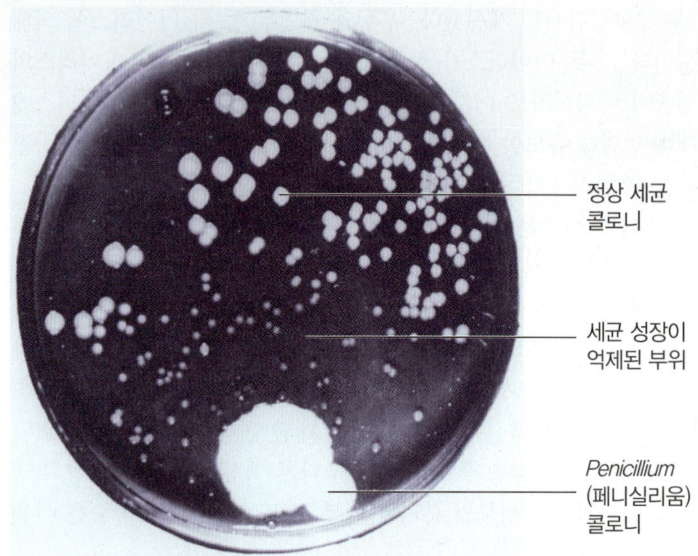

그림 1.5 페니실린의 발견. 알렉산더 플래밍(Alexander Fleming)은 1928에 이 사진을 찍었다. 페니실리움(*Penicillium*) 곰팡이가 우연히 배지에 오염되었고 근처 세균의 성장을 억제하였다.

왜 페니실린이 더 이상 예전에 그랬던 것만큼 효과적이지 않다고 생각하는가?

카 나무의 껍질 추출물인 퀴닌(quinine)이었다.

1930년대 후반, 과학자들은 미생물을 파괴할 수 있는 여러 가지 합성 약물을 개발하였다. 이들 약물의 대부분은 염색물질의 유도체이었다. 이는 "마법 탄환"을 찾는 미생물학자들이 일상적으로 직물용으로 제조된 염색물질을 대상으로 항미생물 효과 검사를 했기 때문이다. 아울러, 술폰아마이드(sulfonamide, 설파제; sulfa drug)도 거의 같은 시기에 합성되었다.

행운의 실수—항생제

일련의 산업 화학물질을 가지고 계획적으로 개발된 설파제와는 반대로, 최초의 항생제는 우연히 발견되었다. 스코틀랜드 의사이자 세균학자인 알렉산더 플레밍(Alexabder Fleming)은 곰팡이로 오염된 배양배지 일부를 버릴뻔하였다. 그는 오염된 배지에 호기심 끄는 성장 패턴을 운 좋게 다시 보게 되었다. 곰팡이 주위에 세균의 성장이 억제되는 깨끗한 지역이 있었던 것이다(그림 1.5). 플레밍은 세균의 성장을 억제하는 곰팡이를 보았던 것이다. 이 곰팡이는 나중에 *Penicillium notatum*(페니실리움 노타툼; pen-i-sil′lē-um nō-tā′tum)으로 확인되었고 그 후 *Penicillium chrysogenum*(페니실리움 크리소게눔; krĪ-so′jen-um)으로 명명되었다. 1928년 플레밍은 곰팡이에서 나오는 활성을 가진 저해제를 페니실린이라고 불렀다. 따라서 페니실린은 균류에서 만들어지는 항생제이다. 페니실린의 광범위한 유용성은 이것이 마침내 임상적으로 검사되고 대량 생산된 1940년대에 와서야 분명하게 드러났다.

이런 초기의 발견 이래 수천 가지의 다른 항생제가 발견되어왔다. 불행히도 문제가 없는 항생제나 다른 화학요법의 약물은 없었다. 많은 항미생물제가 실제로 사람에게 사용하기에는 너무 독성이 강하다. 이들은 병원성 미생물을 죽이지만 감염된 숙주에도 손상을 입힌다. 그 이유는 후에 논의하겠지만 특히 사람에 대한 독성이 바이러스성 질환에 대한 치료 약물의 개발에 있어 문제이다. 바이러스의 성장은 정상 숙주세포의 생명과정에 의존한다. 따라서 바이러스의 증식을 방해하는 약물은 거의 우리 몸의 감염되지 않은 세포에도 영향을 줄 가능성이 높기 때문에 아주 소수의 항바이러스 약물만이 성공적이다.

항미생물 약물과 관련된 또 다른 중요한 문제는 항생제에 저항성이 있는 새로운 미생물종의 출현과 전파이다. 지난 몇 년 동안 점점 더 많은 미생물이 한때는 매우 효과적이던 항생제에 대해 저항성을 획득하고 있다. 약제 내성은 정상적으로 이들을 억제하던 항생제의 특정 양을 견딜 수 있도록 변한 미생물의 유전적 변이의 결과이다(26장 757쪽 상자 참조). 예를 들어 미생물은 항생제를 불활성화시키는 화학물질(효소)을 생산하거나 항생제가 붙거나 통과하지 못하도록 미생물 자신의 표면을 변화시킬 수 있다.

최근에 출현한 반코마이신(vancomycin) 내성 황색포도상구균(*Staphylococcus aureus*)과 엔테로코코스 훼칼리스(*Enterococcus faecalis*)은 이전에는 치료 가능했던 일부 세균 감염이 곧 항생제로 치료가 불가능해진다는 것을 말하기 때문에 보건의료 전문가에게 경종을 울린다.

이해도 확인하기

✔ 에를리히의 "마법의 탄환"이란 무엇인가? **1-11**

미생물학의 최근 발전

약물 내성을 해결하고 바이러스를 확인하고 백신을 개발하는 탐구는 정교한 연구 기술과 코흐나 파스퇴르의 시대에서는 결코 꿈도 꿀 수 없는 관련된 연구가 요구된다.

미생물학의 황금기 동안에 다져진 기초 공사가 20세기에 이루어진 여러 가지 기념비적인 성과의 기반이 되었다(표 1.2). 면역학과 바이러스학을 비롯한 미생물학의 새로운 분야가 생겨나게 되었다. 가장 최근에는 유전자 재조합 기술이라 불리는 새로운 방법의 개발이 미생물학 모든 분야의 연구와 실용적인 응용에 혁명을 가져왔다.

세균학, 균학, 기생충학

세균에 대한 연구인 **세균학(bacteriology)**은 치아에서 긁어낸 찌꺼기에 대한 반 레벤후크의 첫 실험에서 시작되었다. 새로운 병원성 세균이 여전히 정기적으로 발견된다. 파스퇴르와 같은 많은 미생물학자는 식품과 환경에서 세균의 역할에 관심을 둔다. 1997년에 흥미로운 발견이 있었는데, 하이드 슐츠(Heide Schulz)가 맨눈으로 볼 수 있을 정도로 큰 세균을 발견한 것이다(폭이 0.2 mm). *Thiomargarita namibiensis*(티오마가리타 나미비엔시스; thī′o-mä-gär-e-tä na′mib-ē-ėn-sis)라는 이름의 이 세균은 아프리카 해안의 진흙에서 산다. *Thiomargarita*는 크기와 생태지위 때문에 이례적이다. 이 세

표 1.2 미생물학 분야의 연구로 받은 노벨상

노벨상 수상자	수상연도	출생국	공헌
Ronald Ross	1902	영국	말라리아가 전염되는 방법을 발견
Selman A. Waksman	1952	우크라이나	스트렙토마이신의 발견
Hans A. Krebs	1953	독일	탄수화물 대사에서 크렙스 회로의 화학반응의 단계를 발견
John F. Enders와 Thomas H. Weller, Frederick C. Robbins	1954	미국	세포배양에서 poliovirus를 배양
Joshua Lederberg와 George Beadle, Edward Tatum	1958	미국	생화학 반응에 대한 유전적 조절을 설명
Frank Macfarlane Burnet과 Peter Brian Medawar	1960	호주, 영국	후천성 면역 관용을 발견
César Milstein과 Georges J. F. Köhler, Niels Kai Jerne	1984	아르헨티나, 독일, 덴마크	단일클론항체(하나의 순수한 항체) 생산기술의 개발
Susumu Tonegawa	1987	일본	항체 생산을 유전학으로 설명
J. Michael Bishop과 Harold E. Varmus	1989	미국	암유전자라고 불리는 암을 유발하는 유전자의 발견
Joseph E. Murray와 E. Donnall Thomas	1990	미국	면역억제제를 사용하여 최초로 장기 이식을 성공적으로 수행
Edmond H. Fisher와 Edwin G. Krebs	1992	미국	세포 성장을 조절하는 인산화효소를 발견
Richard J. Roberts와 Phillip A. Sharp	1993	영국, 미국	유전자가 다른 조각의 DNA로 분리될 수 있다는 것을 발견
Kary B. Mullis	1993	미국	DNA를 증폭하는 중합효소연쇄반응을 발견
Peter C. Doherty와 Rolf M. Zinkernagel	1996	호주, 스위스	세포독성 T세포가 바이러스에 감염된 세포를 파괴하기 전에 인식하는 방법의 발견
Peter Agre와 Roderick MacKirron	2003	스위스	원형질막에 있는 물과 이온 통로의 발견
Aaron Ciechanover와 Avram Hershko, Irwin Rose	2004	이스라엘, 미국	단백질분해효소복합체가 불필요한 단백질을 제거하는 방법을 발견
Barry Marshall과 J. Robin Warren	2005	호주	*Helicobacter pylori*가 소화성 궤양을 일으키는 것을 발견
Andrew Fire와 Craig Mello	2006	미국	이중 가닥 RNA에 의한 RNA 간섭 또는 유전자 이어맞추기 발견
Harald zur Hausen	2008	독일	자궁경부암을 일으키는 유두종 바이러스의 발견
Françoise Barré-Sinoussi와 Luc Montagnier	2008	프랑스	인간면역결핍바이러스(HIV)를 발견
Venkatraman Ramakrishnan과 Thomas A. Steitz, Ada E. Yonath	2010	인도, 미국, 이스라엘	리보솜의 구조와 기능에 대한 자세한 연구

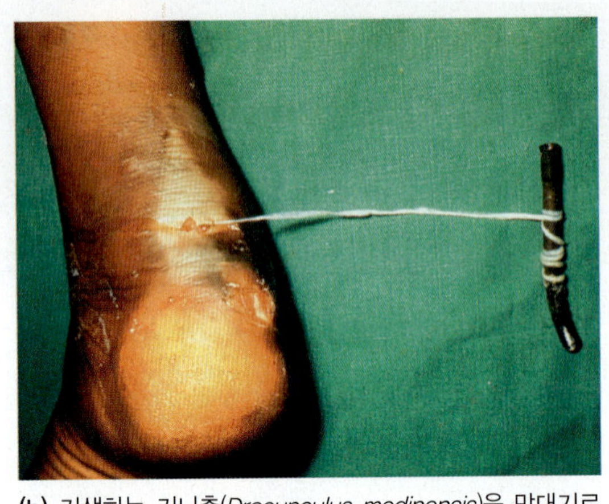

(a) 의술의 상징인 아스클레피오스의 막대기

(b) 기생하는 기니충(*Dracunculus medinensis*)을 막대기로 감아 환자의 피하조직에서 제거한다. 이 과정이 (a)에 있는 상징의 도안에 이용된 것일지도 모른다.

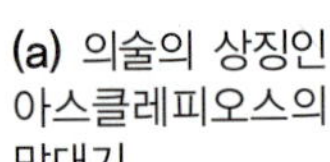

그림 1.6 기생충학: 원생동물과 기생동물에 대한 연구

기생충이 어떻게 살아남아 사람을 숙주로 살아간다고 생각하는가?

균은 진흙에 사는 동물에게 해로울 수 있는 황화수소를 먹고 산다 (327쪽 그림 11.28).

균류에 대한 연구인 **균학(mycology)**은 의학, 농업 그리고 환경 분야를 포함한다. 세균병원설 정립에 기여한 바시의 연구가 곰팡이성 병원균에 초점을 맞추었다는 점을 상기해 보자. 곰팡이 감염 비율은 지난 10년 동안 증가되어 병원감염의 10%를 차지한다. 기후와 환경의 변화(가뭄)가 캘리포니아에서 *Coccidioides immitis* (콕시디오이데스 이미티스; kok-sid-ē-oi′dēz im′mi-tis)의 감염이 10배 증가하게 한 주범이라고 생각된다. 곰팡이 감염을 진단하고 치료하기 위한 새로운 기술 개발에 대한 연구가 현재 진행 중에 있다.

기생충학(parasitology)은 원생동물과 기생충에 대한 연구이다. 많은 기생충이 육안으로 볼 수 있을 만큼 크기 때문에 수천 년 동안 알려져 왔다. 의료 기호의 아스클레피오스의 막대는 **기생 기니충 (guinea worm,** 그림 1.6) 제거를 나타내는 것으로 추측하고 있다. 아스클레피오스는 기원전 1200년경에 있었던 그리스 의사이고 의학의 신으로 신격화되었다.

열대우림의 개간으로 노동자들이 이전에 밝혀지지 않은 기생충에 노출되고 있다. 장기 이식이나 암 화학요법, 혹은 에이즈에 의해 면역력이 떨어진 환자에서 또한 이전에 알려지지 않은 기생충 질환이 발견되고 있다.

세균학과 균학, 기생충학은 현재 "분류의 황금기"를 통과하고 있다. 생물의 전체 유전자에 대한 연구인 **유전체학(genomics)**의 최근 진보에 힘입어 과학자들이 다른 세균, 균류, 원생동물 등과의 유전적 연관성에 따라 세균과 균류를 분류할 수 있게 되었다. 이들 미생물은 원래는 눈에 보이는 제한된 수의 특징에 따라 분류되었었다.

면역학

면역에 관한 연구인 **면역학(immunology)**은 서구 문명에서 1796년 제너의 첫 번째 백신으로 거슬러 올라간다. 그때부터 면역학에 대한 지식은 꾸준히 축적되고 급속하게 확장되었다. 현재 많은 질병—홍역, 풍진(독일 홍역), 볼거리(유행성 이하선염), 수두, 폐렴구균성 폐렴, 파상풍, 결핵, 인플루엔자, 백일해, 소아마비, B형 간염 등—예방에 사용할 수 있는 백신이 있다. 천연두 백신은 질병 자체를 없애버릴 만큼 효과적이었다. 공공보건 당국은 소아마비 백신으로 인해 수년 내에 소아마비라는 질병도 근절될 것으로 전망한다.

1933년 레베카 란스필드(Rebecca Lancefield)가 연쇄구균(streptococci)을 이 세균의 세포벽 특정 성분에 기초한 혈청형(serotype, 종 내의 변이체)에 따라 분류하자고 제안하면서 면역학의 중대한 발전이 시작되었다. 연쇄구균은 여러 질병—인후염, 독성쇼크, 패혈증—의 원인이다. 그녀의 연구 덕분에 면역학적 기술에 기초하여 특이한 병원성 연쇄구균의 빠른 확인이 가능하게 되었다.

1960년에 인체의 자가면역체계가 생산하는 물질인 인터페론이 발견되었다. 인터페론은 바이러스의 증식을 억제하며 바이러스 질환과 암의 치료와 연관된 상당한 연구를 촉발하였다. 오늘날 면역학자들에게 큰 도전 중 하나는 면역체계가 자신을 파괴하는 질병인 에이즈의 원인 바이러스를 격퇴하도록 자극하는 방법을 알아내는 것이다.

바이러스학

바이러스를 연구하는 **바이러스학(virology)**은 미생물학의 전성기 때 시작되었다. 1892년 드미트리 이바노스키(Dmitri Iwanowski)는 담배의 모자이크병을 일으키는 유기체는 워낙 작아서 모든 세균을 거를 수 있는 미세한 여과기를 통과할 수 있다고 보고하였다. 그 당시 이바노스키는 그 의문의 유기체가 바이러스인 것을 알지 못했다. 1935년 웬델 스탠리(Wendell Stanley)는 담배 모자이크 바이러스(tobacco mosaic virus, TMV)라고 불리는 유기체는 근본적으로 다른 미생물과 다르고 아주 단순하고 균질하여 화학물처럼 결정화될 수 있다는 것을 보여주었다. 스탠리의 업적은 바이러스의 구조와 화학적 성질에 대한 연구를 촉진시켰다. 1940년대에 전자현미경의 발달 이래 미생물학자는 바이러스의 구조를 자세하게 관찰할 수 있게 되었고 오늘날 그들의 구조와 활동성에 대해 더 많이 알게 되었다.

유전자 재조합 기술

이제 미생물을 유전적으로 변형시켜 인간의 호르몬을 대량 생산하거나 기타 절실히 필요한 의약품을 생산할 수 있다. 1960년대 후반에 폴 버그(Paul Berg)는 중요 단백질을 부호화하는 사람이나 동물의 DNA(유전자) 조각을 세균의 DNA에 붙일 수 있음을 보여주었다. 그 결과로 만들어진 잡종이 **재조합 DNA(recombinant DNA)**의 최초 사례이다. 재조합 DNA가 세균(혹은 다른 미생물)에 주입될 때 이것은 원하는 단백질을 다량으로 만드는 데 이용될 수 있다.

여기서부터 발전된 기술을 **유전자 재조합 기술(recombinant DNA technology)**이라고 부른다. 이 기술의 기원은 두 개의 유관 분야에서 찾을 수 있다. 첫 번째는, 미생물의 특징이 유전되는 원리를 연구하는 **미생물 유전학(microbial genetics)**이고, 두 번째는 DNA 분자가 어떻게 유전정보를 담고 있는지와 어떻게 단백질 합성을 지시하는지를 구체적으로 연구하는 **분자생물학(molecular biology)**이다.

비록 분자생물학이 모든 생명체를 대상으로 하지만 어떻게 유전자가 특정한 특징을 결정하는가에 대한 대부분의 지식은 세균 실험을 통해 밝혀졌다. 1930년대를 거칠 때까지 모든 유전자 연구는 식물과 동물 세포에 대한 연구를 기반으로 하였다. 그러나 1940년에 과학자들은 단세포 생명체, 특히 유전 및 생화학 연구에 많은 장점이 있는 세균으로 방향을 돌렸다. 장점의 한 가지는 세균이 식물과 동물보다 덜 복잡하다는 것이다. 또 다른 것은 많은 세균의 생애주기가 1시간도 안되기 때문에 과학자들이 비교적 짧은 시간에 연구에 필요한 아주 많은 수의 세균을 배양할 수 있다는 것이다.

단세포 생명체에 대한 연구로 과학이 전환되자 유전학에서 빠른 진보가 이루어졌다. 1941년 비들(George W. Beadle)과 테이텀(Edward L. Tatum)은 유전자와 효소 간의 관계를 증명하였다. DNA가 유전물질로 확립된 것은 1944년에 에어버리(Oswald Avery)와 매클라우드(Colin MacLeod), 맥카티(Maclyn McCarty)에 의해서다. 1946년 레더버그(Joshua Lederberg)과 테이텀(Edward L. Tatum)은 접합(conjugation)이라는 과정을 통해 한 세균에서 다른 세균으로 유전 물질이 전달될 수 있다는 것을 밝혔다. 그 후 1953년에 왓슨(James Watson)과 크릭(Francis Crick)은 DNA의 구조와 복제에 대한 모델을 제안하였다. 1960년대 초반에는 DNA가 단백질 합성을 조절하는 방법에 관한 폭발적인 발견을 추가로 목격하게 되었다. 1961년 자코브(François Jacob)와 모노(Jacques Monod)는 단백질 합성에 관련된 화학물질인 mRNA를 발견하였고 그 후 이들은 세균에서 유전자 기능의 조절에 관한 최초의 주요 발견을 하였다. 같은 시기에 과학자들은 유전부호를 풀 수 있었고 그리하여 mRNA에 있는 단백질 합성 정보가 어떻게 단백질의 아미노산 서열로 번역되는지를 이해하게 되었다.

이해도 확인하기

- 세균학, 균학, 기생충학, 면역학, 바이러스학을 정의하시오. **1-12**
- 분자생물학과 미생물 유전학을 구별하시오. **1-13**

미생물과 인류의 행복

학습 목표

1-14 미생물의 유익한 활동을 최소한 4가지를 나열한다.

1-15 유전자 재조합 기술을 이용한 생명공학의 예와 그렇지 않은 예를 두 가지씩 말한다.

앞서 언급하였듯이 모든 미생물에서 단지 소수만이 병원성이다. 과일과 야채에 무른 부위, 육류의 부패, 지방과 기름의 산패와 같은 음식물의 손상을 일으키는 미생물 또한 소수이다. 대다수의 미생물은 사람과 다른 동물, 식물에 여러모로 유익하다. 예를 들어 전기를 생산하고 운송수단에 동력을 공급하는 대체 연료로 사용될 수 있는 메탄과 에탄올을 미생물이 생산한다. 생명공학회사들은 식물의 섬유소를 분해하는 데 세균의 효소를 이용하고, 그 결과 생긴 단순당을 효모가 대사하여 에탄올을 생산할 수 있게 한다. 이어지는 절에서는 이렇게 유용한 미생물의 기능 몇 가지를 개관해 보고, 나중의 장에서 이에 대해 더 상세히 알아본다

필수 원소의 재활용

1880년대 두 명의 미생물학자가 이룬 발견은 지구상에서 생명을 유지하는 생물지화학적 순환(biogeochemical cycle)에 대한 현재 이해의 기초가 되었다. 베이에링크(Martinus Beijerinck)와 위노그라드스키(Sergei Winogradsky)는 어떻게 세균이 흙과 대기 사이에서 필수 요소의 재활용을 돕는지를 처음으로 보여주었다. **미생물 생태학(microbial ecology)**은 미생물과 이들의 환경 간의 관계를 연구하는 학문으로 이들 과학자의 연구에서 시작되었다. 오늘날 미생물 생태학은 확장되어 미생물 집단이 다양한 환경에 있는 동식물과 어떻게 상호작용하는지에 대한 연구도 포함한다. 환경에 있는 유독 화학물질과 수질 오염 등도 미생물 생태학자들의 관심사이다.

탄소, 질소, 산소, 황, 인 등의 화학원소는 생명유지에 필수적이고 풍부하게 존재하지만 항상 생명체가 이용할 수 있는 형태로 존재하는 것은 아니다. 미생물은 이들 원소를 식물과 동물이 사용할 수 있는 형태로 전환하는 일차적인 책임을 가지고 있다. 미생물 중 주로 세균과 균류가 유기물 쓰레기와 죽은 동식물을 분해하여 이산화탄소를 대기로 돌려보낸다. 조류와 남세균(cyanobacteria), 고등 식물은 광합성에서 이산화탄소를 사용하여 동물과 균류, 세균이 이용하는 탄수화물을 생산한다. 질소는 대기 중에 풍부하지만 이 형태로는 식물과 동물이 이용할 수 없다. 세균만이 자연적으로 대기 질소를 식물과 동물이 이용 가능한 형태로 전환할 수 있다.

하수처리: 미생물을 이용한 물의 재활용

환경 보존의 필요성에 대한 우리 사회의 관심이 증가하면서 사람들은 소중한 물의 재활용과, 강과 바다의 오염방지에 대한 책임을 인식하게 되었다. 한 가지 주된 오염원은 하수인데 인간의 배설물과 생활 폐수, 산업 폐수, 지표면 유출수 등으로 이루어진다. 하수의 약 99.9%는 물이며 0.1%의 일부가 부유 고형물이고 나머지는 용해된 다양한 물질이다.

하수처리 설비로 원하지 않는 물질과 해로운 미생물을 제거한다. 이 처리는 다양한 물리적 과정과 유용한 미생물의 작용이 합쳐진 것이다. 종이와 나무, 유리, 자갈, 플라스틱과 같은 커다란 고체

덩어리가 오수에서 제거된다. 남은 것은 액체와 유기물질로 세균이 이산화탄소, 질산, 인산, 황산, 암모니아, 황화수소, 메탄과 같은 부산물로 전환한다. (하수처리에 대해서는 27장에서 자세히 다룬다.)

생물정화: 미생물을 이용한 오염물질 제거

1988년 과학자들은 오염물질과 다양한 산업과정에서 나오는 독성 폐기물을 제거하는 데에 미생물을 이용하기 시작하였다. 예를 들어 일부 세균은 오염물질을 진짜 에너지원으로 이용할 수 있다. 다른 세균은 독소를 덜 해로운 물질로 분해하는 효소를 생산한다. 이러한 방법으로 세균을 이용하여—**생물정화(bioremediation)**로 알려진 과정—우물이나 지하수, 화학물질 유출, 독성 부산물에서 유독물을 제거할 수 있다. 일례로 2010년 4월 20일에 발생한 멕시코 만의 시추 장비에서의 대규모 기름의 유출 사고 처리를 들 수 있다. (32쪽 2장의 상자 참조). 게다가 세균 효소를 이용하여 환경에 유해한 화학물질을 사용하지 않고 막힌 배수관을 뚫을 수도 있다. 경우에 따라서는 해당 환경에 고유한 토착 미생물이 사용된다. 다른 경우에는 유전적으로 변형된 미생물이 사용된다. 가장 흔히 사용되는 미생물에는 *Pseudomonas*(슈도모나스; sū-dō-mō′nas)와 *Bacillus*(바실루스; bä-sil′lus)속에 속하는 일부 종들이다. *Bacillus*의 효소는 의류에서 얼룩을 제거하기 위해 가정용 세제에 사용되기도 한다.

미생물에 의한 해충 방제

곤충은 질병을 퍼뜨릴 뿐만 아니라 농작물에 엄청난 손상을 입힌다. 그러므로 해충 방제는 농업과 인간 질병 예방에 중요하다.

미국에서 *Bacillus thuringiensis*(바실루스 투린지엔시스; thůr-in-jē-en′sis)라는 세균이 목초 풀쐐기, 솜벌레, 조명충 나방(옥수수의 해충), 배추벌레, 회색단배나방의 유충, 잎말이병 벌레 등과 같은 해충을 제어하기 위해 광범위하게 사용되어 왔다. 곤충이 먹잇감으로 삼는 작물의 뿌리는 살포제에 이 세균을 함께 넣었다. 세균은 곤충의 소화계를 해치는 단백질 결정체를 만든다. 또한 이 독소 유전자를 일부 식물에 삽입하여 식물 자체가 해충에 저항성을 가지게 만든다.

해충 제어에 화학물질보다 미생물을 이용하여 환경에 주는 피해를 피할 수 있다. DDT 같은 많은 화학 살충제는 독성 오염물질로 토양에 남아 있다가 결국 먹이사슬에 들어가게 된다.

현대 생명공학과 유전자 재조합 기술

앞에서 식품이나 화학 제품 생산에 미생물을 상업적으로 사용하는 것에 대해 언급하였다. 이러한 미생물을 실용적으로 응용하는 것을 **생명공학(biotechnology)**이라고 부른다. 비록 수세기에 걸쳐 생명공학이 어떤 형태로든 이용되어 왔지만 이 기술은 지난 수십 년 동안 훨씬 더 정교해졌다. 지난 수년간 생명공학은 유전자 재조합 기술의 등장으로 혁명을 거치면서 세균, 바이러스, 효모와 균류 등을 작은 생화학 공장으로 이용할 수 있는 가능성을 확장하고 있다. 배양된 식물과 동물 세포 그리고 온전한 식물과 동물도 또한 재조합 세포나 개체로 이용될 수 있다.

유전자 재조합 기술의 응용은 해를 거듭할수록 증가하고 있다. 유전자 재조합 기술은 수많은 자연 단백질, 백신, 효소를 생산하기 위해 지금까지 사용되어 왔다. 이런 물질은 의학적으로 이용될 가능성이 크다. 이들의 일부를 248쪽 표 9.1에 설명하였다.

유전자 재조합 기술의 가장 흥미롭고 중요한 결과물은 인간 세포에 결핍 유전자를 삽입하거나 손상된 유전자를 대체하는 **유전자 치료법(gene therapy)**이다. 이러한 기술은 무해한 바이러스를 이용하여 결핍된 유전자 또는 새로운 유전자를 특정 숙주세포로 운반하는데, 숙주세포는 유전자를 포착하여 적절한 염색체로 삽입한다. 1990년부터 유전자 치료는 면역계 세포가 비활성이거나 결핍된 중증 혼합 면역 결핍증(SCID)의 원인인 아데노신탈아미노화효소(adenosine deaminase, ADA) 결핍 환자를 치료하는 데 사용되었다. 이외에도 다음과 같은 질환이 치료에 사용될 수 있다: 근육이 파괴되는 뒤셴근이영양증(Duchenne's muscular dystrophy); 호흡기관, 췌장, 침샘, 땀샘 등의 분비 조직 이상인 낭포성 섬유증(cystic fibrosis); 저밀도 지질단백질(low-density lipoprotein, LDL) 수용체가 손상된 상태로 LDL이 세포로 들어가지 못하는 LDL 수용체 결핍. 혈중 LDL 농도가 높아지면 혈관에 지방판을 만들어져 죽상경화증(동맥경화증)이나 관상동맥 질환의 위험도가 높아지게 된다. 치료 결과는 좀 더 평가해봐야 한다. 미래에는 유전자 치료를 통해 혈우병, 혈액이 정상적으로 응고되지 못하는 질병, 즉 당뇨병, 혈당의 상승, 겸상적혈구병, 헤모글로빈의 비정상적인 종류, 고콜레스테롤 혈증, 높은 혈중 콜레스테롤 등을 비롯한 다른 유전 질환도 치료할 수 있을 것이다.

의학적 응용뿐만 아니라 유전자 재조합 기술은 농업에도 적용되어 왔다. 예를 들어 유전적으로 변형된 세균의 종이 과일의 서리 피해를 막기 위해 개발되었고 농작물의 해충 피해를 막기 위해 세균을 변형시켰다. 과일과 야채의 모양과 맛, 유통기한 등을 개선하는 데에도 재조합된 DNA가 사용되었다. 농업에 이용할 재조합 DNA의 잠재적 가능성으로 농작물의 내건성, 해충과 미생물 질병에 대한 저항성, 온도 저항성 등을 들 수 있다.

이해도 확인하기

- ✔ 세균의 유익한 용도 두 가지를 대시오. **1-14**
- ✔ 유전자 재조합 기술과 생명공학의 차이를 설명하시오. **1-15**

미생물과 인간의 질병

학습 목표

1-16 일반 정상 미생물상과 저항성을 정의한다.
1-17 생물막을 정의한다.
1-18 신종 전염병을 정의한다.

정상 미생물상

우리는 태어나면서부터 죽을 때까지 미생물로 가득 찬 세상에서 살고 우리 모두 다양한 미생물을 몸 안과 밖에 가지고 있다. 이런 미생물을 **정상 미생물상(normal microbiota** 혹은 *flora**, 그림 1.7)라고 한다. 정상 미생물상은 우리에게 해롭지 않을 뿐만 아니라 여러 경우에 우리에게 실질적으로 도움을 준다. 예를 들면 일부 정상 미생물상은 해로운 미생물의 과다한 증식을 막아 질병에서 우리를 보호하고, 다른 정상 미생물상은 비타민 K와 비타민 B와 같은 유용한 물질을 생산한다. 불행히도 일부 환경에서 정상 미생물상이 우리를 아프게 만들 수도 있고 우리와 접촉한 사람들을 감염시킬 수도 있다. 즉 일부 정상 미생물상은 자신의 원래 서식지를 떠나면 질병을 일으킬 수 있다.

미생물이 어떨 때 건강한 사람의 일부로 환영을 받고 어떨 때는 질병의 전조가 되는가? 건강과 질병의 차이는 크게 보면 몸의 자연 방어와 미생물의 질병 유발 특성 사이의 균형이다. 우리의 몸이 특정 미생물의 공격 전술을 극복할 수 있는지는 우리 몸의 **저항성(resistance)**, 즉 질병을 막아내는 능력에 따른다. 중요한 저항성은 피부의 장벽과 점막, 섬모, 위산, 인터페론 같은 항균물질에 의해 제공된다. 미생물은 백혈구나 염증 반응, 발열, 면역계의 특정 반응에 의해 파괴될 수 있다. 때로는 우리의 자연 방어가 침입자를 극복하기에 충분할 만큼 강하지 않아 항생제나 다른 약물이 보충되어야만 한다.

임상 사례

포도상구균(Staph)은 인구의 약 30%의 피부에 존재하는 황색포도상구균(*Staphylococcus aureus*)에 대한 일반적인 이름이다. 안드리아는 처방된 항생제를 부지런히 복용하였지만 그녀의 상처는 나아지는 것 같지 않았다. 3일 후 그녀 손목 상처는 오히려 전보다 더 커지고 이제는 노란 고름까지 나온다. 안드리아는 열도 났다. 어머니는 의사에게 연락해서 최근의 상처 악화에 대해 이야기하라고 말씀하신다.

왜 안드리아의 감염이 치료 후에도 지속되는가?

2 **17** 19 20 21

생물막

자연에서 미생물은 물속에서 독립적으로 떠다니거나 헤엄치는 개별 세포로 존재하기도 하고 서로 붙어서 혹은 보통 고체 표면에 부착되어 존재할 수 있다. 후자의 행동을 미생물이 뭉친 복합체인 **생물막(biofilm)**이라 부른다. 호수에 있는 돌 표면에 끈적거리는 것이 생물막이다. 혀로 치아에 있는 생물막을 느낄 수 있다. 이런 생물막은 우리의 점막을 해로운 미생물로부터 보호하고, 호수에 있는 생물막은 수중 동물의 중요한 먹이가 된다. 생물막이 해로울 수도 있다. 이것이 수도관을 막을 수도 있고, 관절 보철과 도뇨관(그림 1.8)과 같은 의료용 임플란트에서 심장 내막염(심장의 염증) 등의 감염을 유발할 수도 있다. 생물막에 있는 세균은 생물막이 보호막을 제공하기 때문에 종종 항생제에 저항성을 갖는다. 3장의 56쪽 상자를 참조하기 바란다. 생물막에 대해서는 6장에서 설명할 것이다.

* 한때는 세균과 균류가 식물로 생각되어 식물군(*flora*)이라는 용어가 사용되었다.

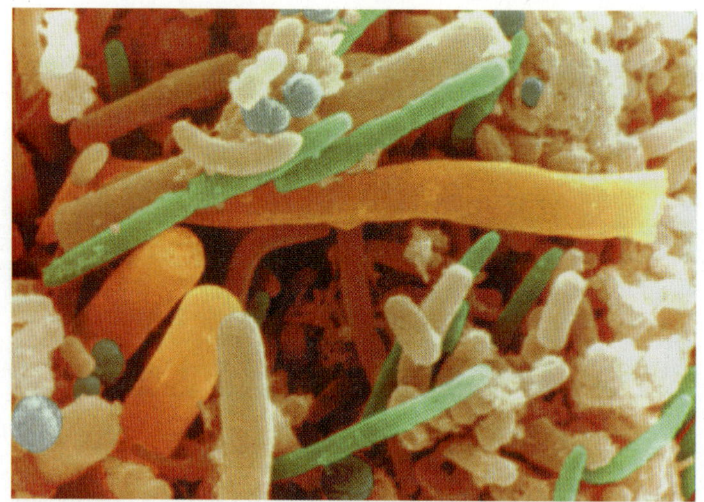

그림 1.7 사람 혀의 표면에서 정상 미생물상의 일부로 발견된 여러 가지 종류의 세균

Q 우리는 미생물에 의한 비타민 K 생산으로 어떻게 이득을 얻는가?

감염성 질환

감염성 질환(infectious disease)은 병원균이 사람이나 동물을 비롯한 병에 걸리기 쉬운 숙주에 침투하는 질병이다. 이 과정에서 병원균은 최소한 생활사 일부를 숙주 안에서 수행하고 그 결과 자주 질병이 발생한다. 세계대전이 끝날 무렵, 많은 사람들은 감염성 질환이 통제될 것이라고 믿었다. 말라리아는 모기를 죽이는 살충제 DDT의 사용을 통해 박멸될 것이고 백신은 디프테리아를 예방하고 개선된 위생 방법은 콜레라의 전염을 막는 데 도움이 될 것이라고 생각하였다. 말라리아는 박멸과는 거리가 멀다. 1986년 이래 뉴저지, 캘리포니아, 플로리다, 뉴욕, 텍사스에서 이 질병이 크게 발생하였고 전 세계적으로 3억 명이 감염되었다. 1994년에 미국에서 나타난 디프테리아는 대규모 디프테리아 유행병을 겪은 구소련의 신생 독립 국가에서 온 여행객에 의해 들어왔다. 이 전염병은 1998년에 통제되었다. 콜레라는 전 세계의 저개발 지역에서 여전히 대규모로 발생하고 있다.

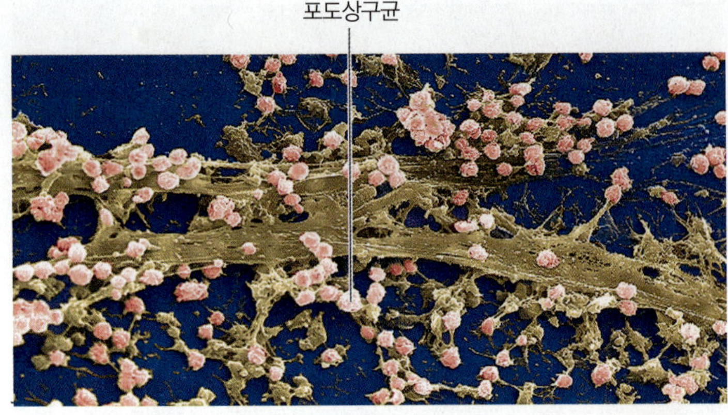

그림 1.8 카테터(catheter)에 생긴 생물막. 포도상구균이 고체 표면에 달라붙어 점액층을 형성한다. 생물막에서 떨어져 나온 세균은 질병을 일으킬 수 있다.

어떻게 생물막의 보호장벽이 항생제에 저항성을 가지게 만드나?

신종 전염병

이와 같은 최근의 대규모 발병 사례는 전염병이 사라지지 않고 오히려 다시 출현하고 증가한다는 사실을 일깨워준다. 또한 다수의 **신종 전염병(emerging infectious disease, EID)**은 최근 몇 해 동안 갑자기 발생하였다. 이들은 새롭거나 변화되었고 그 발생률이 증가하거나 가까운 미래에 증가할 가능성이 있는 질병이다. EID가 증가하는 한 요인은 기존 생명체[예로 *Vibrio cholerae*(비브리오 콜레라; vib′rē-ō kol′-er-ī)]의 진화적 변화이다. 즉, 발달한 현대 운송 수단에 의해 이미 알고 있는 질병(예로 웨스트 나일 바이러스)이 새로운 지역 혹은 집단으로 확산되는 것, 산림 벌채 및 개발 등으로 생태적 변화를 겪는 지역에서 새롭고 드문 전염성 병원체(예로 베네수엘라 출혈성 바이러스)에 대한 사람의 노출이 증가하는 것 등이다. 또한 EID는 항생제 내성의 결과(예로 반코마이신 내성 황색포도상구균)로 생길 수도 있다. 최근 몇 년 동안 증가하고 있는 발병 수는 문제가 확산되고 있음을 확실하게 보여준다.

돼지 독감(swine flu)으로도 알려진 **H1N1 인플루엔자(독감)**는 인플루엔자 H1N1이라고 하는 새로운 바이러스에 의해 발생한 인플루엔자의 한 유형이다. H1N1는 2009년 4월에 미국에서 처음 발견되었다. 2009년 6월 세계보건기구는 H1N1 독감을 세계적 유행병(global pandemic disease)으로 선언했다. (세계적으로 발생하고 단기간에 수많은 사람에게 영향을 미치는 질병).

조류 인플루엔자 A(H5N1) 혹은 **조류독감(bird flu)**은 동남아시아 8개국에서 수백만의 가금류와 24명을 목숨을 앗아간 2003년에 대중의 관심을 끌었다. 조류 인플루엔자 바이러스는 전 세계적으로 조류에서 발생한다. 어떤 야생 조류는 특히 물새는 아프지 않지만 이들의 내장에 바이러스를 보유하고 있다가 타액과 비강 분비물, 배설물 등을 통해 흘린다. 대부분의 경우 야생 조류가 인플루엔자를 가금류에 퍼뜨려 죽음에 이르게 한다.

인플루엔자 A 바이러스는 오리와 닭, 돼지, 고래, 말, 물개 등 많은 다양한 동물에서도 발견된다. 보통 인플루엔자 A 바이러스의 각 하위 종류는 특정 종에 특이적이다. 그러나 보통 한 종에서 볼 수 있는 인플루엔자 A 바이러스는 때때로 다른 종으로 넘어가 병을 일으킨다. 모든 하위 종류의 인플루엔자 A 바이러스는 돼지에 감염될 수 있다. 비록 직접 인플루엔자가 동물에서 사람으로 감염되는 것은 드문 일이지만 조류 인플루엔자 A 바이러스와 돼지 인플루엔자 바이러스가 원인이 된 사람의 감염과 발병이 산발적으로 보고되어왔다. 2008년에 조류 인플루엔자에 의해 242명이 감염되었고 이들 중 절반 정도가 목숨을 잃었다. 다행히 이 바이러스는 아직 사람 사이에 성공적으로 전염되도록 진화되지 않았다.

1997년 이후 발견된 조류 인플루엔자에 의한 사람의 감염이 다른 사람으로 전염이 계속되는 결과는 보고되지 않았다. 그러나 조류 바이러스가 변화되어 사람 간에 쉽게 퍼지는 능력을 얻을 가능성이 있기 때문에 사람의 감염과 사람에서 사람으로 전염을 감시하는 것은 중요하다(13장 374쪽 상자 참조). 미국의 식품의약국(US FDA)은 조류 인플루엔자 바이러스에 대한 사람 백신을 2007년 4월에 승인하였다.

항생제는 세균 감염 치료에 중요하다. 그러나 수년간에 걸친 항생제 오남용은 항생제 내성 세균이 번성하는 환경을 만들어왔다. 세균 유전자의 무작위 돌연변이는 해당 세균을 항생제 내성 세균으로 만들 수 있다. 그 항생제 존재 하에서 내성 세균은 다른 항생제에 취약한 세균에 비해 증식할 수 있는 이점이 있다. 항생제 내성 세균은 세계 보건의 위기를 가져왔다.

Staphylococcus aureus(황색포도상구균)은 여드름과 종기에서 폐렴, 식중독, 수술 상처 감염까지 광범위하게 사람의 감염을 유발하고 병원 관련 감염의 중요한 원인이다. 황색포도상구균 감염에 페니실린 치료가 초기에 성공을 거둔 후, 페니실린 내성 황색포도상구균이 1950년대 병원에서 주요 위협으로 등장하여 메티실린을 사용하게 되었다. 1980년대에는 **MRSA**라 부르는 **메티실린 내성 황색포도상구균(methicillin-resistant *S. aureus*)**이 등장하고 많은 병원에서 발병되어 반코마이신 사용이 증가되었다. 1990년대 후반에 **반코마이신에 덜 민감한 황색포도상구균(vancomycin-intermediate *S. aureus*, VISA)**의 감염이 보고되었다. 2002년에 미국이 있는 환자에서 **반코마이신 내성 황색포도상구균(vancomycin-resistant *S. aureus*, VRSA)**에 의한 감염이 보고되었다.

2010년 3월 세계보건기구는 북서부 러시아와 같은 일부 지역에서 결핵을 가진 사람 전체의 약 28%가 다약제내성 결핵(MDR-TB)을 갖고 있다고 보고하였다. 다약제내성 결핵은 결핵에 가장 효과적인 항생제인 이소니아지드와 리팜피신에까지 내성을 가진 세균에 의해 발생한다.

다양한 가정용 청소 제품에 첨가하는 항균물질은 항생제와 여러 방면에서 유사하다. 올바르게 사용하면 이들은 세균의 성장을 억제한다. 그러나 모든 집안의 표면을 항균제로 문지르면 내성 세균이 살아남는 환경을 만든다. 여러분이 집과 손을 정말로 소독할 필요가 있을 때, 예를 들어 식구가 병원에서 돌아와 감염에 아직 취약할 때 불행하게도 당신은 주로 내성 세균과 만날 수 있다.

일상적인 집안 청소와 손 씻기는 필요하지만 기본적인 비누와 세제(항균제 추가 없이)로 충분하다. 또한 염소표백제, 알코올, 암모니아, 과산화수소 같이 빨리 증발하는 화학물질은 잠재적인 병원균을 제거하고 내성 세균의 성장을 촉진하는 잔류물을 남기지 않는다.

임상 사례

안드리아의 감염의 원인인 황색포도상구균은 의사가 처방한 베타 락탐 항생제(β-lactam antibiotics)에 내성을 가진다. 안드리아의 말을 듣고 불안해진 담당의사는 지역 병원에 연락하여 환자를 보낼 것이라고 알려준다. 응급과에서 간호사는 안드리아의 상처를 면봉으로 문질러 병원 실험실로 보내 배양시킨다. 배양 결과는 안드리아의 감염이 메티실린 내성 황색포도상구균(methicillin-resistant *Staphylococcus aureus*, MRSA)에 의한 것임을 밝혔다. MRSA는 베타 락탐 항생제를 파괴하는 효소인 베타 락탐아제(β-lactamase)를 만든다. 담당의사는 수술로 안드리아의 손목의 상처에서 고름을 뽑는다.

항생제 내성은 어떻게 발생하는가?

2 17 **19** 20 21

웨스트 나일 뇌염(West Nile encephalitis, WNE)은 웨스트 나일 바이러스(West Nile virus)에 의한 뇌의 염증이다(8장 참조). WNE는 1937년 우간다의 웨스트 나일 지역에서 처음 진단되었다. 1999년에 북미에서는 처음으로 이 바이러스가 뉴욕시에 있는 사람들에서 나타났다. 2007년에 웨스트 나일 바이러스는 43개 주에서 3,600명 이상을 감염시켰다. 웨스트 나일 바이러스는 이제 48개 주에 있는 텃새에 정착되었다. 새에 의해 운반되는 이 바이러스는 새들 간에 그리고 말과 사람에게 모기를 통해 전송된다. 웨스트 나일 바이러스는 감염된 여행자나 이주 철새에 의해 미국에 도착했을 것이다.

1996년 영국에서 **광우병(mad cow disease)** 혹은 **BSE**라고 불리는 **소 해면상 뇌증(bovine spongiform encephalopathy;** en-sef-a-lop′a-thē)의 유행 때문에 전 세계가 1988년 이후에 태어난 수십만의 가축이 도살된 영국에서의 소고기 수입을 거부했다. BSE는 프리온(prion)이라는 감염성 단백질에 의해 유발되는 다루기 힘든 질병의 하나로 1986년에 처음 미생물학자들의 관심을 끌었다. 연구 결과는 양에 감염되는 유사 질병에 감염된 양으로부터 만들어진 가축 사료가 질병의 원인임을 시사하였다. 가축은 초식 동물이지만 사료에 단백질을 첨가하여 성장과 건강을 증가시킨다. **크로이츠 펠트-야콥병(Creutzfeldt-Jakob disease, CJD;** kroits′felt yä′kôb)은 프리온에 의해 발생하는 사람의 질병이다. 영국에서의 CJD 발병률은 다른 나라와 비슷하다. 그러나 2005년 영국은 소 질환(22장 참조)과 관련된 새로운 변종에 의해 유발된 154건의 인체 사례를 보고하였다.

대장균은 인간을 비롯한 척추동물의 대장에서 정상적으로 거주하면서 특정 비타민을 생산하고 소화 못 시키는 물질을 분해하기 때문에 대장균의 존재는 유용하다(25장 참조). 그러나 **대장균 O157:H7**이라고 불리는 종은 장에서 자라면 피가 섞인 설사를 유발한다. 이 종은 1982년에 처음 알려지게 되었고 그때부터 공중보건의 문제로 대두되었다. 현재 이것은 전 세계적으로 설사의 주요 원인이다. 1996년 대장균 O157:H7 감염의 결과로 일본에서 9,000명이 아팠고 7명이 사망하였다. 익히지 않은 고기와 살균하지 않은 음료의 오염과 관련된 대장균 O157:H7에 의한 감염이 최근 미국에서 발생하자 공중보건 당국은 식품 속에 있는 세균 검사를 위한 새로운 방법 개발을 모색하게 되었다.

1995년에 소위 **살을 파먹는 세균(flesh-eating bacteria)**의 감염이 주요 신문의 전면에 보고되었다. 이 세균을 더 정확히 말하면 침습성 A군 연쇄상구균(*Streptococcus*; strep-tō-kok′kus) 혹은 IGAS이다. 미국과 스칸디나비아, 영국, 웨일즈에서 IGAS의 비율이 증가하고 있다.

1995년에 콩고 민주공화국의 한 병원 실험실의 기술자는 발열과 출혈이 있는 설사 때문에 창자의 천공이 의심되어 수술을 하였다. 출혈이 시작된 후에 그의 피는 혈관에서 응고되기 시작하였다. 며칠 후 그가 머문 병원의 의료 종사자들에게 비슷한 증상이 발생했다. 이들 중 한 명은 다른 시에 있는 병원으로 옮겨졌다. 두 번째 병원에서 그 환자를 돌보던 사람 역시 증상이 나타났다. 전염병이 잠잠해질 즈음, 315명이 **에볼라 출혈열(Ebola hemorrhagic fever, EHF;** hem-ôr-raj′ik)에 걸렸고 이들 중 75% 이상이 사망했다. 이 전염병은 미생물학자들이 그 지역에서 보호장비의 사용에 대한 훈련과 교육을 실시하면서 통제되었다. 감염된 피나 다른 체액 및 조직(23장 참조) 접촉이 사람 대 사람의 전염으로 이어진다.

미생물학자들이 사람에서 에볼라 바이러스를 최초로 분리한 것은 앞서 1976년에 콩고 민주공화국에서 발병했을 때이다. (바이러스 이름은 콩고의 에볼라 강에서 따왔다.) 2008년에는 에볼라 바이러스의 149건의 사례가 우간다에서 발생하였다. 1989년과 1996년에 필리핀에서 미국으로 수입된 원숭이들에서의 발병은 또 다른 에볼라 바이러스가 원인이었지만 사람의 질병과는 연관되지 않았다.

또 다른 출혈열 바이러스인 **마르부르크 바이러스(Marburg virus)**의 기록된 발병 사례는 드물다. 첫 사례는 우간다에서 온 아프리카 녹색 원숭이를 다루던 유럽의 실험실 근무자였다. 1975년과 1998년 사이에 아프리카에서 네 번의 발발이 확인되었는데 2~154명이 감염되었고 56%의 사망률이 보였다. 2004년 발발로 인해 227명이 죽었다. 미생물학자들은 많은 동물을 연구해왔으나 아직 EHF와 마르부르크 바이러스의 자연의 보유숙주를 찾아내지 못했다.

1993년 위스콘신의 밀워키에서 공공 용수 공급을 통해 전파된 **와포자충증(cryptosporidiosis; krip-tō-spô-ridē-ō'sis)**의 발생으로 403,000명으로 추산되는 사람이 설사병에 걸렸다. 이 발병의 주범은 원생동물인 *Cryptosporidium*(포자충)이었다. 1976년에 인간 질병의 원인으로 첫 보고된 이것은 개발 도상국에서 설사 질환 원인의 30%를 차지한다. 미국에서는 먹는 물, 수영장, 그리고 오염된 병원 물품 등을 통해 전염되었다.

에이즈(후천성면역결핍증후군; acquired immunodeficiency syndrome, AIDS)는 1981년에 몇몇 젊은 동성애 남자가 과거에 주폐포자충(*Pneumocystis*; nü-mō-sis'tis) 폐렴으로 알려진 희귀한 종류의 폐렴으로 죽었다는 로스엔젤레스발 보고서와 함께 처음 대중의 관심을 끌었다. 이 남자들은 정상적으로 감염성 질병과 싸우는 면역계의 심각한 약화를 겪었다. 곧 이런 사례는 젊은 동성애 남자 사이에서 희귀한 형태의 암인 카포시 육종의 비정상적인 수의 발생과 상관관계가 있었다. 이런 희귀 질환의 비슷한 증가가 혈우병 환자와 정맥 마약 사용자 사이에도 발견되었다.

연구진은 빠르게 AIDS의 원인이 이전에는 알려지지 않은 바이러스(그림 1.1e 참조)라는 것을 밝혀냈다. 지금은 **인간면역결핍바이러스(human immunodeficiency virus, HIV)**라고 부르는 이 바이러스는 면역체계의 방어에 중요한 백혈구의 한 종류인 $CD4^+$ T세포를 파괴한다. 미생물이나 암 세포에 의한 병과 죽음은 몸의 자연적인 방어에 의해 물리쳐질 수도 있다. 하지만 아직까지 이 질병은 한 번 증상이 발전하면 피할 수 없이 치명적이다.

의학 연구자는 질병의 패턴을 연구함으로써 HIV가 성관계에 의해 또는 오염된 주사바늘에 의해, 감염된 산모로부터 모유를 통해 신생아로 그리고 수혈에 의해 확산될 수 있다는 것을 밝혀냈다. 간단히 말해서 체액을 통해 한 사람에서 다른 사람으로 전파되어 확산된다. 1985년 이래 수혈에 사용되는 혈액에 대해 조심스럽게 HIV의 존재를 확인해왔다. 그래서 이제 이런 식으로 바이러스가 퍼지는 일은 거의 없을 것이다.

2010년 말 미국에서 100만 명 이상이 에이즈와 함께 살고 있다. 5만 명 이상의 미국인이 감염되어 매년 18,000명이 죽는다. 2010년 보건 당국은 130만 명의 미국인이 HIV에 감염되었다고 추정하였다. 2009년에 세계보건기구는 전 세계에서 3,300만 명 이상이 HIV/AIDS와 함께 살고 매일 7,500명의 새로운 감염자 생긴다고 보고하였다.

1994년 이래 새로운 치료법이 AIDS를 가진 사람의 수명을 연장시켰다. 그러나 대략 4만 명의 새로운 사례가 미국에서 매년 발생한다. AIDS를 가진 개인의 대다수는 성적으로 활발한 연령이다. AIDS 환자의 이성 파트너는 감염의 위험이 높기 때문에 공중보건 당국은 더 많은 여성과 소수 민족이 AIDS에 걸릴 것으로 우려한다. 1997년에 HIV 진단이 여성과 소수 민족 사이에 증가하기 시작하였다. 2009년에 보고된 AIDS 사례 가운데 26%가 여성이고 49%가 아프리카 계 미국인이었다.

향후 과학자들은 미생물학적인 기술을 계속 적용하여 이 치명적인 HIV의 구조와 어떻게 이것이 전염되는지, 어떻게 세포 내에서 자라고 병을 유발하는지, 어떻게 약이 이것에 작용할 수 있는지, 효과적인 백신이 개발될 수 있는지에 대해 더 알려고 할 것이다. 또한 공중보건당국은 교육을 통한 예방법에 초점을 맞추고 있다.

AIDS가 이 세기의 가장 강력하게 건강을 위협하는 것 가운데 하나로 제기되지만 이것이 최초의 심각한 성병 전염병은 아니다. 매독 또한 한때 치명적인 전염병이었다. 1941년도만 해도 매독으로 미국에서 연간 14,000명의 사망하였다. 치료 가능한 약물이 거의 없고 이를 막는 백신이 없어 이 질병을 조절할 노력으로 주로 성적 행동의 변화와 콘돔의 사용에 초점을 맞추었다. 매독을 치료하는 약물의 궁극적인 개발은 이 질병의 확산을 막는 데 크게 기여하였다. 질병통제예방센터(CDC)에 따르면 보고된 매독 사례가 1943년에 575,000건을 정점으로 떨어지기 시작하여 2004년에 이때까지 가장 낮은 5,979건이 되었다. 그러나 이후로 사례가 증가하고 있다.

미생물학적인 기술은 과학자들이 매독이나 천연두와의 싸우는 것을 도운 것처럼 21세기에 새로 발생하는 감염성 질환을 밝히는 것을 도와줄 것이다. 의심할 여지 없이 새로운 질병이 나타날 것이다. 에볼라 바이러스와 인플루엔자 바이러스는 능력을 변화하여 다른 숙주 종에 감염할 수 있는 바이러스의 예이다. 감염 질환의 발생은 14장 417쪽에서 더 다룰 것이다.

항생제 내성(26장 757쪽 상자 참조)으로 인해 그리고 미생물을 무기로 사용함으로써(23장 651쪽 상자 참조) 전염성 질병이 다시 출현할 수도 있다. 이전에 제어되던 감염에 대한 공중보건 조치의 붕괴의 결과로 예상치 못한 결핵과 백일해, 디프테리아에 등의 대한 사례가 발생했다(24장 참조).

임상 사례

세균에서 돌연변이는 무작위로 일어난다: 일부 돌연변이는 치명적이고 일부는 아무런 효과가 없으며 일부는 도움이 된다. 이런 돌연변이가 한번 일어나면 이 돌연변이가 부모 세포의 자손 또한 같은 돌연변이를 갖는다. 항생제가 있는 환경에서 이점을 가지기 때문에 항생제 내성 세균은 항생제 요법에 민감한 세균보다 수적으로 곧 우세하게 된다. 항생제의 광범위한 사용은 내성 세균의 성장을 허용하는 반면 민감한 세균을 죽인다. 결국은 세균의 전체 집단의 대부분이 항생제에 내성을 가지게 된다.

응급실 의사는 안드레아 손목의 MRSA를 죽일 수 있는 다른 항생제인 반코마이신을 처방한다. 또한 그 의사는 안드레아에게 MRSA가 무엇이고 안드레아가 잠재적으로 치명적인 세균을 어디서 얻었는지 찾아내는 것이 중요한 이유를 설명한다.

응급실 의사가 안드레아에게 MRSA에 대해 무엇을 이야기할 수 있는가?

2 17 19 **20** 21

이해도 확인하기

- ✔ 정상 미생물상과 감염성 질환을 구별하시오. **1-16**
- ✔ 왜 생물막이 중요한가? **1-17**
- ✔ 무슨 요인이 감염성질환의 출현에 기여하는가? **1-18**

* * *

여기서 언급된 질병은 미생물의 종류인 바이러스, 세균, 원생동물, 그리고 프리온에 의해 유발된다. 이 책은 엄청나게 다양한 현미경적 생물을 소개한다. 이 책은 여러분에게 에이즈나 설사 같은 질병과 아직 밝혀지지 않은 질병을 일으키는 미생물을 연구하기 위해 특별한 기술과 절차를 미생물학자들이 어떻게 사용하는지를 보여준다. 아울러 여러분은 어떻게 몸이 미생물의 감염에 반응하는지 어떻게 특정 약물이 미생물 질병과 싸우는지에 대해서도 배울 것이다. 마지막으로 우리 주변의 세상에서 미생물이 행하는 많은 유익한 역할에 대해 배울 것이다.

임상 사례 해결

첫 번째 MRSA는 의료 환경에서 의료 담당자과 환자 사이에 전염된 의료-관련 MRSA(HA-MRSA)이다. 1990년대에 유전적으로 다른 종인 지역사회-관련 MRSA(CA-MRSA)에 의한 감염이 미국에서 피부 질환의 주요 원인으로 출현했다. CA-MRSA는 환경의 표면이나 다른 사람에서 피부 찰과상으로 들어간다. 안드레아는 지금까지 한번도 병원에 입원한 적이 없다. 그래서 그들은 감염의 원인으로 병원을 배제할 수 있다. 그녀가 다니는 대학은 온라인이어서 학교에서 MRSA에 접촉하지도 않았다. 지역 보건당국은 그녀의 집에서 세균을 채취하기 위해 사람을 보냈다.

MRSA가 안드레아의 거실 소파에서 발견되었지만 어떻게 그것이 거기에 있을까? 가족과 이야기한 후 보건당국의 담당자는 CA-MRSA의 감염된 집단이 운동선수 가운데 있었다는 것을 알아내고는 안드레아의 여동생이 다니는 학교의 체육교사가 사용하던 매트를 면봉으로 문질러 가져왔다. 배양 결과 MRSA 양성으로 나타났다. 안드레아의 여동생은 감염되지는 않았지만 세균을 그녀의 피부에서 안드레아가 팔을 걸쳤던 소파로 옮겨왔다. (사람이 감염되지 않고 피부에 MRSA 가지고 다닐 수 있다.) 이 세균은 안드레아의 손목에 난 상처를 통해 들어갔다.

2 17 19 20 **21**

학습 개요

생활 속 미생물 (2쪽)

1. 너무 작아 맨눈으로 볼 수 없는 살아 있는 것을 미생물이라고 한다.
2. 미생물은 지구 환경의 균형을 유지하는 데 중요하다.
3. 일부 미생물은 사람과 다른 동물에 살고 있고 건강 유지에 필요하다.
4. 일부 미생물은 음식과 화학물질을 생산하는 데 이용된다.
5. 일부 미생물은 질병을 유발한다.

미생물의 명명과 분류 (2~6쪽)

명명법 (3쪽)

1. Carolus Linnaeus가 제안된 명명법 체계에서(1735), 살아 있는 각 생명체는 두 개의 이름이 할당된다.
2. 두 개의 이름은 속명과 종명으로 구성되고 둘 다 밑줄 치거나 이탤릭체로 쓴다.

미생물의 종류 (3~6쪽)

3. 세균은 단세포성 생물이다. 이들은 핵이 없기 때문에 원핵생물이라고 표현한다.
4. 세균의 세 가지 주요 기본 형태는 막대 모양(bacillus), 구형(coccus), 나선형(spiral)이다.
5. 대부분의 세균은 펩티도글리칸(peptidoglycan) 세포벽을 가진다; 그들은 이분법으로 나뉘고 편모를 가지기도 한다.
6. 세균은 영양분으로 광범위한 화학물질을 이용할 수 있다.
7. 고세균은 원핵세포로 구성된다; 이들은 세포벽에 펩티도글리칸이 결핍되어 있다.
8. 고세균은 메탄생성세균, 극호염세균, 극호열세균을 포함한다.
9. 균류(버섯, 곰팡이, 효모)는 진핵세포(진정한 핵을 가진 세포)이다. 대부분의 균류는 다세포성이다.
10. 균류는 주위에서 유기물질을 흡수하여 영양분을 얻는다.
11. 원생동물은 단세포성 진핵생물이다.
12. 원생동물은 특수한 구조를 통한 흡수나 섭취로 영양분을 얻는다.
13. 조류는 단세포성 또는 다세포성 진핵생물로 광합성으로 영양분을 얻는다.
14. 조류는 산소와 탄수화물을 생산하고 이를 다른 생명체가 이용한다.
15. 바이러스는 비세포성 개체로 세포에 기생한다.
16. 바이러스는 단백질 껍질로 둘러싸인 핵산 코어(DNA 또는 RNA)로 이루어져 있다. 피막이 껍질을 둘러싸기도 한다.
17. 다세포성 동물 기생충의 주요 그룹은 편충과 회충으로 이를 합쳐서 연충이라고 한다.
18. 기생충의 생활사에서 현미경적 크기의 단계에서는 전통적인 미생물학 방법으로 이를 확인한다.

미생물의 분류 (6쪽)

19. 모든 생명체는 세균, 고세균, 진핵생물로 분류된다. 진핵생물은 원생동물, 균류, 식물, 동물을 포함한다.

간략한 미생물학의 역사 (6~15쪽)

첫 발견 (6쪽)

1. Robert Hooke는 코르크가 작은 상자로 구성된 것을 관찰했다; 그

는 세포라는 용어를 소개하였다(1665).

2. Hooke의 관측은 모든 살아 있는 것은 세포로 구성된다는 개념인 세포설이 발전되는 바탕을 마련했다.
3. Anton van Leeuwenhoek는 간단한 현미경을 사용하여 미생물을 최초로 관측하였다(1673).

자연발생설에 대한 논쟁 (6~8쪽)

4. 1880년대 중반까지 많은 사람들은 무생물로부터 살아 있는 생명체가 생긴다는 생각인 자연발생설을 믿었다.
5. Francesco Redi는 파리가 고기에 알을 낳을 수 있을 때만 썩은 고기에서 구더기가 생긴다는 것을 증명하였다(1668).
6. John Needham은 미생물이 가열한 영양배지에서 자연적으로 생길 수 있다고 주장하였다(1745).
7. Lazzaro Spallanzani는 Needham의 실험을 반복하고 Needham의 실험 결과가 배지로 들어간 공기에 있는 미생물 때문이라고 제안하였다(1765).
8. Rudolf Virchow는 생물속생설의 개념을 소개하였다: 살아 있는 세포는 이미 존재하는 세포에서만 생길 수 있다(1858).
9. Louis Pasteur는 미생물이 사방에 있는 공기에 있다는 것을 증명하였고 생물속생설의 증거를 제시하였다(1861).
10. Pasteur의 발견은 미생물의 오염을 막는 실험실과 의료절차에서 이용하는 무균기술의 발전을 이끌었다.

미생물학의 황금기 (8~11쪽)

11. 미생물학의 과학은 1857년에서 1914년 사이에 빠르게 진보하였다.
12. Pasteur는 효모가 당을 알코올로 발효하고 세균이 알코올을 초산으로 산화할 수 있다는 것을 발견했다.
13. 저온살균이라 불리는 가열과정은 일부 알코올 음료와 우유에 있는 미생물을 죽이는 데 이용된다.
14. Agostino Bassi(1835)와 Pasteur(1865)는 미생물과 질병 사이의 인과관계를 증명했다.
15. Joseph Lister는 사람에서 감염을 억제하기 위해 수술 상처를 깨끗이 하는데 소독제의 사용을 도입하였다(1860s).
16. Robert Koch는 미생물이 질병을 일으킨다는 것을 증명하였다. 그는 이제는 코흐 원칙(1876)이라고 불리는 일련의 과정을 이용하였다. 오늘날 이것은 특정 미생물이 특정 질병을 일으킨다는 것을 증명하는 데 이용된다.
17. 예방접종에서 면역(특정 질병에 대한 저항)은 백신의 접종으로 부여된다.
18. 1798년에 Edward Jenner는 우두 물질을 사람에게 접종하면 천연두에 면역이 생기는 것을 증명하였다.
19. 1880년경 Pasteur는 비독성 세균이 가금콜레라에 대한 백신으로 사용될 수 있다는 것을 밝혔다; 그는 백신이라는 신조어를 만들었다.
20. 현대의 백신은 살아 있는 비독성 미생물이나 죽은 병원균으로 만들거나 병원균의 분리된 구성성분과 유전자 재조합기술을 이용하여 만든다.

현대 화학요법의 탄생: "마법 탄환"의 꿈 (11~12쪽)

21. 화학요법은 질병을 화학물질로 치료한다.
22. 두 종류의 화학요법제는 합성약물(실험실에서 화학적으로 제조한)과 항생제(자연에서 세균과 균류가 생산하는 다른 미생물의 성장을 억제하는 물질)이다.
23. Paul Ehrlich는 매독을 치료하는 살바르산(salvarsan)이라는 비소함유 화학물질을 소개했다(1910).
24. Alexander Fleming은 곰팡이 페니실리움(*Penicillium*)이 세균 배양의 성장을 억제하는 것을 관찰했다. 그는 활성 성분을 페니실린이라고 명명했다(1928).
25. 페니실린은 1940년대부터 항생제로 임상에 사용되었다.
26. 연구자들은 항생제 내성 미생물로 인한 문제와 맞싸우고 있다.

미생물학의 최근 발전 (12~15쪽)

27. 세균학은 세균에 대한 연구이고, 균학은 균류에 대한 연구, 기생충학은 기생하는 원생동물과 벌레에 대한 연구이다.
28. 미생물학자는 한 생명체의 전체 유전자에 대한 연구인 유전체학을 세균과 균류, 원생동물을 분류하는 데 활용한다.
29. 에이즈에 대한 연구, 인터페론의 작동에 대한 분석, 새로운 백신의 개발은 현재 면역학에서 관심 있는 연구분야이다.
30. 분자생물학에서 새로운 기술과 전자현미경이 바이러스학 지식의 진보를 가져왔다.
31. 유전자 재조합 기술의 발전은 미생물학의 전분야에 걸쳐 진보를 가져왔다.

미생물과 인류의 행복 (15~16쪽)

1. 미생물은 죽은 식물과 동물을 분해하고 화학 원소를 살아 있는 식물과 동물이 사용하도록 재활용한다.
2. 세균은 하수의 유기물질을 분해하는 데 이용된다.
3. 생물정화 과정은 독성 폐기물을 제거하는 데 세균을 이용한다.
4. 곤충에서 질병을 유발하는 세균은 해충을 생물학적으로 제어하는 데 이용되고 있다. 생물학적 제어는 해충에만 특이적이고 환경에는 해를 끼치지 않는다.
5. 미생물을 이용하여 식품과 화학물질을 생산하는 것을 생명공학이라고 한다.
6. 재조합 DNA를 이용하여 세균은 단백질과 백신, 효소 같은 중요한 물질을 생산할 수 있다.
7. 유전자 요법에서 바이러스는 결핍 또는 손상된 유전자의 대체품을 사람의 세포로 운반하는 데 이용된다.
8. 유전자 변형 세균은 서리와 곤충으로부터 식물을 보호하고 제품의 저장기간을 개선하기 위해 농업에 이용된다.

미생물과 인간의 질병 (16~21쪽)

1. 모든 사람은 몸에 미생물을 가지고 있다; 이들이 정상 미생물상을 이룬다.
2. 미생물종의 질병을 유발하는 특성과 숙주의 저항성은 사람이 병에 걸릴지를 결정하는 중요한 요소이다.
3. 세균의 집단은 표면에 생물막이라는 점액층을 형성한다.
4. 감염성 질환에서 병원균은 취약한 숙주에 침입한다.
5. 신종 전염병(EID)은 최근에 발병률이 증가되는 혹은 가까운 미래에 증가할 가능성을 있는 새롭거나 변화된 질병이다.

학습 질문

복습과 객관식 문제에 대한 해답은 책 뒤에 있음.

복습 문제

1. 자연발생설의 개념은 어떻게 생기게 되었나?

2. 다음에서 미생물이 하는 역할을 간단히 말하시오:
   a. 해충의 생물학적 방제
   b. 원소의 재활용
   c. 정상 미생물상
   d. 하수처리
   e. 인슐린 생산
   f. 백신 생산
   g. 생물막

3. 다음의 과학자에게는 어떤 분야의 미생물이 적합할까?

과학자	분야
_____ a. 유독 폐기물의 생분해에 대한 연구	1. 생명공학
_____ b. 에볼라 출혈열의 원인 물질에 대한 연구	2. 면역학
_____ c. 미생물에서 사람 단백질을 생산하는 연구	3. 미생물 생태학
_____ d. 에이즈 증상에 대한 연구	4. 미생물 유전학
_____ e. 대장균이 생산하는 독소에 대한 연구	5. 미생물 생리학
_____ f. *Cryptosporidium*의 생활사에 대한 연구	6. 분자생물학
_____ g. 질병에 대한 유전자 요법의 개발	7. 균류학
_____ h. 균류인 *Candida albicans* 대한 연구	8. 바이러스학

4. A열과 B열의 설명이 맞는 것끼리 연결하시오.

A열	B열
_____ a. 고세균	1. 세포로 구성되어 있지 않음
_____ b. 조류	2. 키틴으로 만들어진 세포벽
_____ c. 세균	3. 펩티도글리칸으로 만들어진 세포벽
_____ d. 균류	4. 섬유소로 만들어진 세포벽; 광합성을 함
_____ e. 기생충	5. 단세포성, 세포벽이 결핍된 복잡한 세포 구조
_____ f. 원생동물	6. 다세포성 동물
_____ g. 바이러스	7. 세포벽에 펩티도글리칸이 없는 원핵생물

5. A열과 B열의 설명이 맞는 것끼리 연결하시오.

A열	B열
_____ a. 에이버리와 매클라우드, 맥카티	1. 천연두에 대한 백신 개발
	2. 세포에서 DNA가 단백질 합성을 조절하는 방법을 발견
_____ b. 비들과 테이텀	
_____ c. 버그	3. 페니실린의 발견
_____ d. 에를리히	4. 한 세균에서 다른 세균으로 DNA가 전달될 수 있음을 발견
_____ e. 플레밍	
_____ f. 후크	5. 자연발생설을 반박
_____ g. 이바노스키	6. 최초로 바이러스를 특징 지음
_____ h. 자코브와 모노	7. 수술과정에서 처음으로 살균제를 이용
_____ i. 제너	8. 최초로 세균을 관찰
_____ j. 코흐	9. 최초로 식물체 물질의 세포를 관측하고 이름 지음
_____ k. 란스필드	
_____ l. 레더버그와 테이텀	10. 바이러스의 여과성을 관찰
_____ m. 리스터	11. DNA가 유전물질임을 증명
_____ n. 파스퇴르	12. 미생물이 질병을 유발할 수 있음을 증명
_____ o. 스탠리	13. 살아 있는 세포는 이미 존재하는 살아 있는 세포에서 생긴다고 말함
_____ p. 반 뢰벤후크	
_____ q. 피르호	14. 유전자가 효소를 부호화함을 보여줌
_____ r. 바이츠만	15. 동물 DNA를 세균 DNA에 접합함
	16. 아세톤 생산에 세균을 이용
	17. 합성된 화합요법제를 최초로 사용
	18. 세포벽에 있는 항원을 기준으로 연쇄상구균의 분류체계를 제안

6. 한 세균의 종명이 "erwinia"이고 속명이 "amylovora"이다. 이 생명체의 학명을 정확하게 써라. 이 이름을 예로 어떻게 학명이 정해지는지를 설명하시오.

7. 상점에서 다음의 미생물을 구입할 수 있다. 각각을 살 수 있는 이유를 쓰시오.
   a. *Bacillus thuringiensis*
   b. *Saccharomyces*

8. **그려보기** 파스퇴르의 실험에서 공기 중의 미생물의 종착지를 그림으로 보이시오.

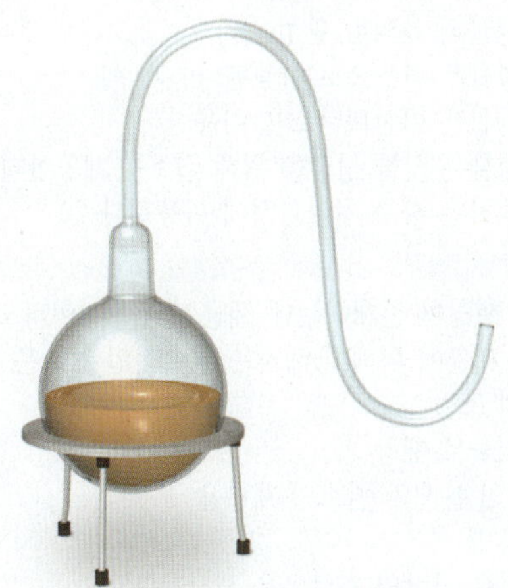

9. **이름 답하기** 무슨 종류의 미생물이 펩티도글리칸 세포벽을 가지는지, 핵에 담기지 않은 DNA를 가지는지, 그리고 편모를 가지는지 이름을 쓰시오.

객관식 문제

1. 다음 중 어느 것이 과학적 이름인가?
   a. *Mycobacterium tuberculosis*
   b. Tubercle bacillus
2. 다음 중 세균의 특징이 아닌 것은?
   a. 원핵생물이다
   b. 세포벽에 펩티도글리칸을 가진다
   c. 같은 모양이다
   d. 이분법으로 자란다
   e. 이동할 능력이 있다
3. 다음 중 Koch의 세균병원설의 가장 중요한 요소는 어느 것인가? 이때 동물은 질병의 증상을 보인다.
   a. 동물이 아픈 동물과 접촉하였다.
   b. 동물이 저하된 저항성을 가지고 있다.
   c. 동물에서 미생물이 관찰되었다.
   d. 미생물이 동물에 접종된다.
   e. 동물로부터 미생물을 배양할 수 있다.
4. 재조합 DNA는
   a. 세균에 있는 DNA이다.
   b. 유전자의 작동법에 대한 연구이다.
   c. 두 다른 생명체의 유전자를 섞은 결과로 만들어진 DNA이다.
   d. 식품 생산을 위한 세균의 이용이다.
   e. 유전자에 의한 단백질의 생산이다.
5. 다음 서술 중 생물속생설의 가장 정확한 정의는?
   a. 비생물 물질에서 살아 있는 생명체가 생긴다.
   b. 살아 있는 세포는 이미 존재하는 세포로부터만 생길 수 있다.
   c. 생명력은 생명에 필요하다.
   d. 공기는 살아 있는 생명체에 필요하다.
   e. 미생물은 무생물 물질로부터 생길 수 있다.
6. 다음 중 미생물의 유익한 활성은?
   a. 일부 미생물은 식용으로 이용된다.
   b. 일부 미생물은 이산화탄소를 이용한다.
   c. 일부 미생물은 식물 성장을 위해 질소를 제공한다.
   d. 일부 미생물은 하수 처리과정에 이용된다.
   e. 위의 모두
7. 지구상에서 생명이 존재하는데 세균이 필수적이라고 이야기되어 왔다. 다음 중 세균에 의해 행해지는 필수적인 기능은 무엇인가?
   a. 곤충 수의 조절
   b. 직접 음식물로 제공
   c. 유기물질의 분해와 원소의 재활용
   d. 질병을 유발
   e. 인슐린 같은 사람의 호르몬을 생산
8. 다음 중 생물정화의 예는?
   a. 기름을 분해하는 세균을 기름 유출에 적용
   b. 동해 방지를 위해 작물에 세균을 적용
   c. 기체 질소를 이용 가능한 질소 형태로 고정
   d. 인터페론 같은 사람 단백질을 미생물로 생산
   e. 위의 모두
9. Lavoisier가 공기 중의 생명 유지에 필요한 성분이 산소라고는 것을 보였기 때문에 자연발생설에 대한 Spallanzani의 결론은 도전을 받았다. 다음 중 올바른 설명은?
   a. 모든 생명은 공기를 필요로 한다.
   b. 질병을 유발하는 생물체만이 공기를 필요로 한다.
   c. 일부 미생물은 공기를 필요로 하지 않는다.
   d. Pasteur는 그의 생물발생 실험에서 공기를 제거하였다.
   e. Lavoisier가 실수하였다.
10. 다음 중 대장균에 대한 설명으로 틀린 것은?
    a. 대장균은 Koch에 의해 최초로 확인된 질병을 유발하는 세균이다.
    b. 대장균은 사람의 고유미생물상의 일부이다.
    c. 대장균은 사람의 장에 유익하다.
    d. 질병을 유발하는 대장균의 한 종은 출혈을 동반한 설사를 일으킨다.
    e. 전부 아님

비판적 사고

1. 생물속생설이 어떻게 세균병원설의 방향을 이끌었나?
2. 세균병원설이 1876년까지도 증명되지 않았는데 왜 Semmelweis (1840)와 Lister(1867)는 무균기술에 대해 논쟁하는가?
3. 상점에서 판매하는 미생물에 의해 만들어진 상품을 최소한 세 가지를 찾으시오. (힌트: 이름표에 미생물의 학명이나 배양, 발효, 양조라는 단어가 적혀 있을 것이다.)
4. 한때 사람들은 모든 미생물에 의한 질병이 21세기에 제어될 것이라고 믿었다. 신종 전염병의 이름 하나를 대라. 왜 우리가 지금 새로운 질병을 확인하고 있는지 이유를 세 가지 나열하시오.

임상 응용

1. 미국에서 관절염의 발생률은 10만 명의 어린이당 1명이다. 그러나 1973년 6월에서 9월 사이에 코네티컷(Connecticut)주 라임(Lyme)에서는 어린이 10명당 1명에게서 관절염이 발생했다. 예일 대학의 류마티스학자, Allen Steere는 라임에서의 사례를 조사하여 환자의 25%가 관절염 증상이 있는 동안 피부 발진이 생겼던 기억이 있고 이 질병은 페니실린으로 치료될 수 있다는 것을 발견하였다. Steere는 이것이 새로운 감염성 질환이고 환경적 혹은 유전적, 면역적 원인을 가지지 않는다는 결론을 내렸다.
   a. Steere이 결론에 도달하게 한 요인은 무엇인가?
   b. 이 질병은 무엇인가?
   c. 왜 이 질병은 6월에서 9월 사이에 더 유행인가?
2. 1864년 Lister는 환자가 단순 골절에서 완전히 회복되었지만 복합 골절은 비참한 결과를 가져온다는 것을 관찰하였다. 그는 Carlisle 마을의 목초지에서 페놀(석탄산)을 적용하여 가축 질병을 막는다는 것을 알았다. Lister는 복합 골절을 페놀로 처리했고 그의 환자는 합병증 없이 회복되었다. Lister는 Pasteur가 한 일에 의해 어떻게 영향을 받았는가? 왜 Koch가 한 일이 아직도 필요한가?

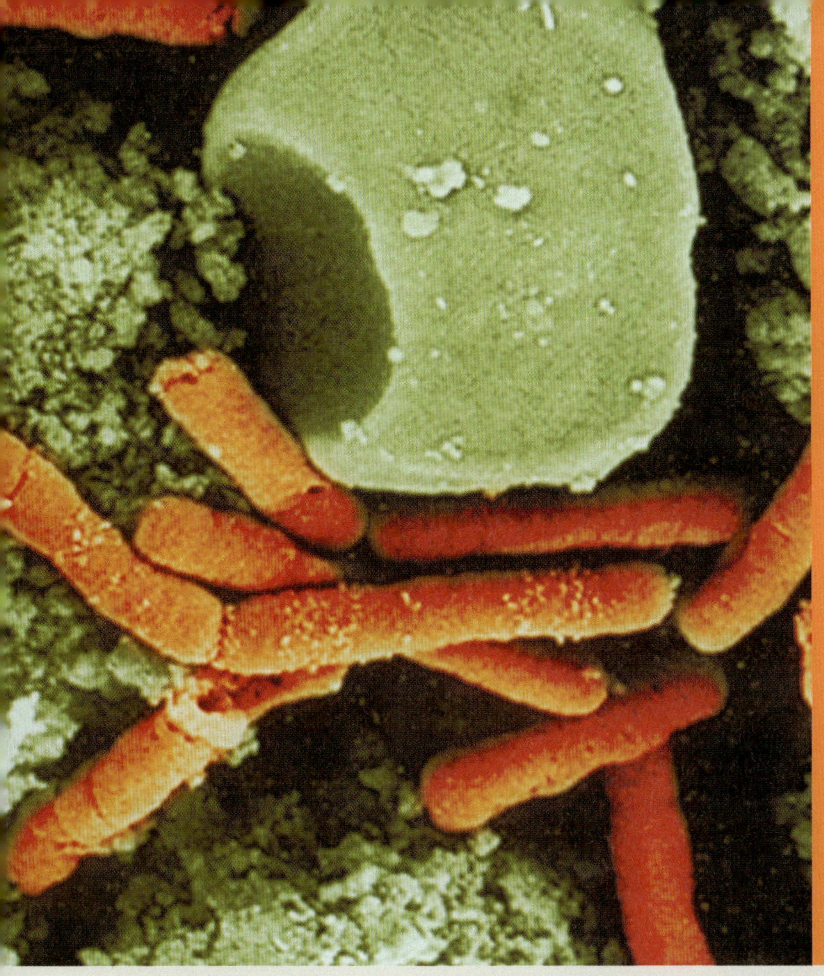

2

화학 원리

우리는 나무가 썩는 것을 볼 수 있고 상한 우유의 냄새를 맡을 수 있지만 현미경적인 크기에서 무엇이 일어나는지는 깨닫지 못할 수 있다. 두 경우 모두 미생물이 화학적 작용을 수행하고 있다. 미생물이 목재를 분해할 때 나무는 썩는다. 우유가 시큼해지는 것은 세균에 의해 젖산이 생산되기 때문이다. 미생물 활성의 대부분은 일련의 화학반응의 결과이다.

모든 생물과 마찬가지로 미생물은 성장과 생명에 필수적인 기능을 수행하기 위해 영양물질을 사용하여 화학적 조립단위(빌딩블록)을 생산한다. 대부분의 미생물에서 조립단위를 합성하기 위해서는 영양물질을 분해해야 하고 그 결과로 생긴 분자조각을 방출된 에너지를 이용하여 새로운 물질로 만들어야 한다.

미생물의 화학은 미생물학자에게 가장 중요한 개념 중 하나이다. 화학에 대한 지식은 미생물이 자연에서 어떤 역할을 하는지, 어떻게 질병을 일으키는지, 질병을 진단할 방법을 어떻게 개발할지, 몸의 방어체계가 어떻게 감염과 싸우는지, 미생물의 유해 효과와 싸우기 위한 항생제와 백신이 어떻게 생산되는지를 이해하는 데 필수적이다. 그림에 있는 세균인 탄저균(*Bacillus anthracis*)은 캡슐을 만드는데 이는 동물 세포에 의해 쉽게 소화되지 않는다. 임상 사례에서 설명되는 것과 같이 이 세균은 동물에서 숙주의 방어기능을 피해 자랄 수 있다. 연구자들은 바이오테러를 막기 위해 탄저균이나 다른 가능한 생물학적 무기가 만드는 독특한 화합물을 확인할 수 있는 방법을 연구하고 있다. 미생물 안에서 발생하는 변화와 우리를 둘러싼 세계에서 미생물이 만드는 변화를 이해하기 위해 우리는 어떻게 분자가 형성되고 이들이 상호작용하는지를 알 필요가 있다.

원자의 구조

학습 목표

2-1 원자의 구조와 이 원소의 물리적 특성과의 관계를 설명한다.

모든 물질은—공기든 돌이든 혹은 살아 있는 생명체이든—원자라 불리는 작은 단위로 만들어진다. **원자(atom)**는 그 물질의 물리적 화학적 특성을 보여주는 순수한 물질의 가장 작은 구성요소이다. 원자는 그것의 특성을 잃지 않고 더 작은 물질로 나뉠 수 없다. 원자는 특정 조합으로 서로 결합하여 **분자(molecule)**를 형성한다. 살아 있는 세포는 분자로 만들어지는데 어떤 것은 매우 복잡하다. 원자와 분자들 간의 상호작용에 대한 과학을 **화학(chemistry)**이라고 부른다.

원자는 화학반응에 들어가는 물질의 가장 작은 단위이다. 모든 원자는 중심에 **핵(nucleus)**이 위치하고 **전자(electron)**라고 불리는 입자가 전자껍질(전자각)이라고 불리는 지역을 따라 핵 주위를 움직인다(그림 2.1). 대부분 원자의 핵은 안정하다. 즉 이들은 자발적으로 변화하지 않는다. 핵은 화학반응에 참여하지 않는다. 핵은 **양성자(proton)**라고 불리는 양(+) 전하 입자와 **중성자(neutron)**라고 불리는 전하를 띠지 않는 중성 입자로 이루어진다. 그러므로 핵은 전체적으로 양전하를 띠게 된다. 전하는 원자구성입자 사이에 끌어당기거나 밀어내는 힘을 만드는 원자구성입자의 특성이다. 반대 전하를 띤 입자들은 서로 끌어당기고 같은 전하의 입자는 서로 밀어낸다. 중성자와 양성자는 대략 같은 무게를 갖는데 전자 무게의 약 1,840배이다. 전자는 음전하를 가지며 모든 원자에서 전자의 수는 양성자의 수와 동일하다. 핵의 전체 양전하는 전체 전자의 음전하와 동일하기 때문에 각 원자는 전기적으로 중성이다.

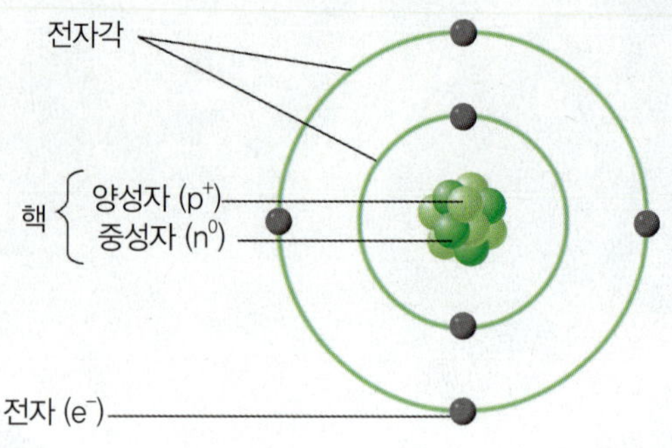

그림 2.1 원자의 구조. 탄소 원자의 간단한 그림에서 핵의 중앙 위치를 주목하라. 이 그림에서 모든 양성자가 보이지 않지만 핵은 여섯 개의 중성자와 여섯 개의 양성자를 가진다. 여섯 개의 전자가 핵 주위의 전자각이라고 불리는 지역을 도는 것을 여기에서 원으로 표시한다.

Q 이 원자의 원자 번호는 무엇인가?

원자 핵에 있는 양성자의 수는 하나(수소 원자에는)에서 100 이상(알고 있는 가장 큰 원자에서)의 범위에 있다. 원자는 종종 이들의 **원자 번호(atomic number)**에 의해 나열된다. 한 원자에 있는 양성자와 중성자의 전체 수가 대략 **원자 질량(atomic weight)**이다.

화학 원소

같은 수의 양성자를 갖는 모든 원자는 화학적으로 같은 방식으로 행동을 하며 같은 **화학 원소(chemical element)**로 분류된다. 각 원소는 각기 고유한 이름이 있고 보통 원소의 영어 혹은 라틴어 원소 이름에서 유래한 하나 혹은 두 개의 문자로 이루어진 기호가 있다. 예를 들어, 수소 원소의 기호는 H이고 탄소의 기호는 C이다. 소듐(sodium)의 기호는 질소, N과 황, S와 구별하기 위해 라틴 이름인 나트륨(*natrium*)의 처음 두 글자를 따서 Na이다. 자연적으로 존재하는 원소는 92가지가 있다. 이 중 약 26 원소만이 생명체에서 자주 발견된다.

대부분의 원소는 핵의 중성자 수가 다른 여러 가지의 **동위원소(isotope)**를 가진다. 한 원소의 모든 동위원소는 핵에 같은 수의 양성자를 갖는다. 그러나 이들의 원자량은 중성자 수의 차이 때문에 다르다. 예를 들면 자연 상태에서 산소 원자는 8개의 양성자를 갖는다. 그러나 99.76%의 원자는 8개의 중성자를, 0.04%는 9개의 양성자를, 남은 0.2%는 10개의 양성자를 갖는다. 그러므로 자연의 산소를 구성하는 세 동위원소는 비록 모두 원자번호는 8이지만 원자량이 각각 16, 17, 18이다. 원자 번호는 원소의 화학기호의 왼쪽에 아래첨자로 표시한다. 원자량은 원자 번호 위에 위첨자 표시한다. 이리하여 자연적인 산소 동위원소는 "$^{16}_{8}O$, $^{17}_{8}O$, $^{18}_{8}O$"로 나타낸다. 어떤 원소의 동위원소는 생물학 연구, 의료 진단, 특정 질환의 치료, 일부 살균 방법 등에 매우 유용하다.

임상 사례: 먼지가 날리는 드럼

조나단(Jonathan)은 52살의 드러머이다. 그는 몸 전체에 식은 땀이 나는 것을 참으려고 애를 썼다. 그와 그의 밴드 멤버는 필라델리아 지역 나이트크럽에서 공연을 하였고 그날 저녁 2부 순서를 막 마치려 하고 있다. 조나단은 사실 한동안 기분이 안 좋았다. 그는 지난 3일 동안 몸이 약해진 느낌과 숨이 차는 느낌이 지속되었다. 조나단은 노래를 끝까지 불렀으나 관중의 박수와 함성은 멀리서 들려오는 것처럼 느껴졌다. 그는 인사하기 위해 일어섰다가 쓰러졌다. 조나단은 가벼운 발열과 심한 떨림으로 근처 병원 응급실에 입원하였다. 그는 간호사에게 지난 며칠간 마른 기침도 했다고 말하였다. 담당의사는 가슴 X선 검사와 객담 배양을 지시하였다. 조나단은 탄저균(*Bacillus anthracis*)에 의한 양측성 폐렴 진단을 받았다. 담당의사는 이런 진단에 놀랐다.

어떻게 조나단이 탄저균에 감염되었는가? 알아보자.

26 43 44 48

표 2.1 생명체의 원소*

원소	기호	원자번호	대략적인 원자량
수소	H	1	1
탄소	C	6	12
질소	N	7	14
산소	O	8	16
나트륨	Na	11	23
마그네슘	Mg	12	24
인	P	15	31
황	S	16	32
염소	Cl	17	35
칼륨	K	19	39
칼슘	Ca	20	40
철	Fe	26	56
요오드	I	53	127

*수소와 탄소, 질소, 산소는 살아 있는 생명체에서 가장 풍부한 화학원소이다.

전자의 배열

원자에서 전자는 특정한 **에너지 준위(energy levels)**에 해당하는 지역인 **전자각(electron shell)**에 배치된다. 이 배치를 **전자의 배열(electronic configuration)**이라고 한다. 전자각은 핵에서부터 바깥쪽으로 층을 이루고 각 전자각은 특징적인 최대 수의 전자를 가질 수 있다. 가장 안쪽 전자각(가장 낮은 에너지 준위)에는 두 개의 전자, 두 번째 전자각에는 8개의 전자 그리고 만일 이것이 원자의 가장 바깥쪽(원자가) 전자각이라면 세 번째의 껍질에 8개의 전자를 가질 수 있다. 비록 이런 일반화에는 몇몇 예외가 있지만 네 번째, 다섯 번째, 여섯 번째 전자각은 18개의 전자를 수용할 수 있다. 표 2.2는 살아 있는 생명체에서 발견되는 몇몇 원소에서의 원자를 위한 전자 배치를 보여준다.

가장 바깥쪽 껍질(최외각)은 최대 수의 전자로 채워지려는 경향이 있다. 한 원자는 이 껍질을 채우기 위해 전자를 포기하거나 받아들이거나 다른 원자와 공유할 수 있다. 원자의 화학 특성은 주로 가장 바깥쪽 전자각에 있는 전자의 수에 대한 함수이다. 바깥쪽 전자각이 다 차면 원자는 화학적으로 안정화 또는 비활성화된다. 이렇게 되면 다른 원자와 반응하려 하지 않는다. 헬륨(원자 번호 2)과 네온(원자 번호 10)은 외각이 다 찬 비활성 가스 원자의 예이다.

원자의 외각전자가 일부만 채워지면 원자는 화학적으로 불안정하다. 이런 원자는 다른 원자와 반응한다. 이 반응은 외각 에너지 준위가 채워진 정도에 부분적으로 의존한다. 표 2.2에 있는 원자의 외각 에너지 준위의 전자 수를 주목하기 바란다. 이 숫자가 원소의 화학반응성과 어떻게 관련이 되는지를 나중에 알아볼 것이다.

이해도 확인하기

✓ $^{14}_{6}C$와 $^{12}_{6}C$가 어떻게 다른가? 각 탄소 원자의 원자가는 얼마인가? 원자의 무게는? **2-1**

원자가 분자를 형성하는 법: 화학결합

학습 목표

2-2 이온결합, 공유결합, 수소결합, 분자량, 그리고 몰을 정의한다.

원자의 가장 바깥쪽 에너지 준위가 전자로 완전히 채워져 있지 않을 때 그 원자가 전자를 잃거나 얻는 것 중 어느 것이 더 쉬운지에 따라 그 에너지 준위에서 채워지지 않은 공백이나 여분의 전자를 가진 것으로 생각할 수 있다. 예를 들면, 산소 원자는 첫 번째 에너지 준위에 두 개의 전자 그리고 두 번째에 여섯 개의 전자를 가져 두 번째 전자각에 두 개의 채워지지 않은 공간을 갖는다. 마그네슘 원자는 두 개의 여분의 전자를 최외각에 가지고 있다. 어떤 원자에서도 화학적으로 가장 안정한 배열은 최외각이 다 차 있는 것이다. 따라서 이 두 원자가 그 상태에 도달하기 위해서는 산소는 전자 두 개를 얻어야 하고 마그네슘은 전자 두 개를 잃어야 한다. 모든 원자는 결합을 통해 한 원자의 최외각에 있는 여분의 전자로 다른 원자의 최외각 자리를 채우는 경향이 있기 때문에 산소와 마그네슘은 결합하여 각 원자의 최외각이 각각 여덟 전자로 완전히 충족된다.

원자의 **원자가(valence)** 혹은 결합능력은 가장 바깥쪽 전자각에 있는 여분의 혹은 모자라는 전자의 숫자이다. 예를 들면 수소는 1을 원자가로 가지고(하나의 채우지 못한 공간 혹은 하나의 여분의 전자), 산소는 2를 원자가로 갖고(2개의 채우지 못한 공간), 탄소의 원자가는 4이고(4개의 채우지 못한 공간 혹은 4개의 여분의 전자), 마그네슘은 원자가가 2(두 개의 여분의 전자)이다.

기본적으로 원자는 결합을 통해 하나 이상의 원소의 원자로 이루어지는 분자를 형성하여 가장 바깥쪽 에너지 껍질의 전자를 완전히 보충한다. 최소한 두 개의 다른 종류의 원자를 갖는 분자를, 예를 들면 H_2O(물 분자)를, **화합물(compound)**라고 한다. H_2O에서 아래 첨자 2는 수소 원자가 두 개 있음을 의미한다. 아래 첨자가 없는 것은 단 한 개의 산소 원자만 있다는 것이다. 분자에서 원자가 서로 붙어 있는 것은 결합하는 원자들의 원자가 전자가 **화학결합(chemical bond)**이라고 부르는 두 원자 핵 사이의 인력을 형성하기 때문이다. 따라서 원자가는 원소의 결합 능력으로 볼 수 있다. 에너지가 화학결합을 형성하는 데 필요하기 때문에 각 화학결합은 특정한 양의 잠재적인 화학에너지를 가지고 있다.

일반적으로 원자는 다음 둘 중의 하나의 방법으로 결합을 형성한다: 원자의 바깥쪽 껍질(외각)에서 전자를 얻거나 잃음으로써

표 2.2 살아 있는 생명체에서 발견되는 일부 원소의 전자 배열

원소	첫 번째 전자각(2)*	두 번째 전자각(8)*	세 번째 전자각(8)*	그림	원자가 (최외각 전자 수)	빈자리 수	형성할 수 있는 최대 결합 수
수소	1	—	—	H	1	1	1
탄소	2	4	—	C	4	4	4
질소	2	5	—	N	5	3	5
산소	2	6	—	O	6	2	2
마그네슘	2	8	2	Mg	2	6	2
인	2	8	5	P	5	3	5
황	2	8	6	S	6	2	6

*괄호 안의 수는 각각 껍질의 최대 전자 수를 가리킨다.

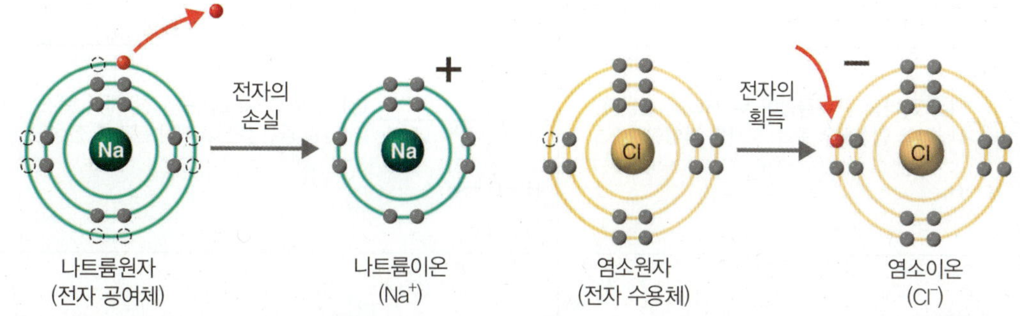

(a) 나트륨 원자(Na)는 전자 하나를 전자 수용체에 잃고 나트륨이온(Na^+)을 형성한다. 염소 원자(Cl)는 전자 공여체로부터 전자 하나를 받아서 염소이온(Cl^-)이 된다.

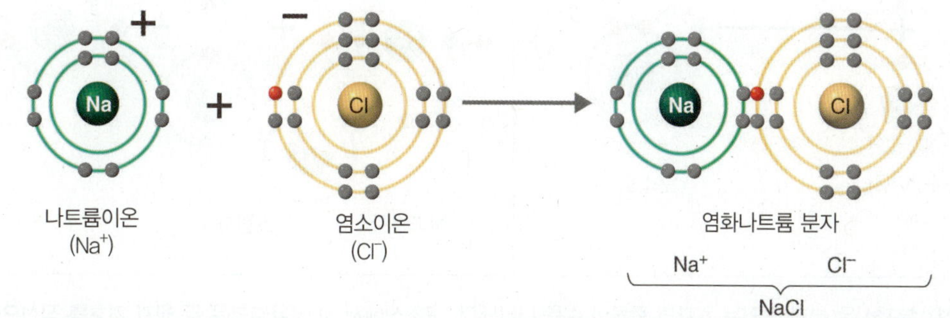

(b) 나트륨이온과 염소이온은 이들이 반대 전하를 가지고 있기 때문에 서로 끌리고 이온 결합에 의해 붙어 소금 분자를 형성한다.

그림 2.2 이온결합의 형성

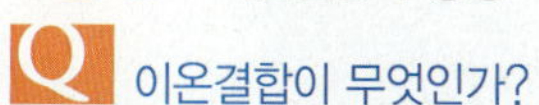
이온결합이 무엇인가?

혹은 외각의 전자를 공유함으로써. 원자가 외각 전자를 얻거나 잃으면 이 화학결합을 **이온결합**이라고 부른다. 외각 전자를 공유할 때 이 연결을 **공유결합**이라고 부른다. 비록 우리는 이온결합과 공유결합을 분리하여 논의할 것이지만 실제로 분자에서 발견되는 결합의 종류는 두 범주에 완전히 속하지는 않는다. 그 대신 결합의 범위는 강한 이온성에서 강한 공유성 사이에 위치하게 된다.

이온결합

원자는 양전하(양성자)의 수가 음전하(전자)의 수와 동일할 때 전기적으로 중성이다. 그러나 고립된 원자가 전자를 얻거나 잃으면 이 균형은 깨진다. 만일 원자가 전자를 얻으면 이것은 전체적으로 음전하를 띠게 된다. 만일 원자가 전자를 잃으면 전체적으로 양전하를 띠게 된다. 이렇게 음전하 또는 양전하를 띠는 원자(원자그룹)를 **이온(ion)**이라고 부른다.

다음의 예를 생각해 보자. 나트륨(Na)은 11개의 양성자와 11개의 전자를 갖는데 하나의 전자가 바깥쪽 전자각에 있다. 나트륨은 하나의 외각 전자를 잃으려는 경향이 있다. 이것은 **전자 공여체**(그림 2.2a)이다. 나트륨이 전자를 다른 원자에 공여하면 11개의 양성자와 10개의 전자만 남게 되어 전체적으로 +1의 전하를 갖게 된다. 이런 양전하를 띤 나트륨을 나트륨 이온이라고 부르고 Na^+로 적는다. 염소(Cl)는 전제 17개의 전자를 갖는데 이 중 7개가 바깥쪽 전자각에 있다. 외각은 8개의 전자를 가질 수 있기 때문에 염소는 다른 원자가 잃어버리는 전자를 한 개 잡으려는 경향이 있다. 이를 **전자 수용체**(electron acceptor)라고 한다(그림 2.2a 참조). 전자 한 개를 수용함으로써 염소는 전체 18개의 전자를 갖게 된다. 그러나 핵은 여전히 17개의 양성자만을 가지고 있기 때문에, 염소이온은 −1의 전하를 가지게 되고 Cl^-라고 쓴다.

나트륨이온과 염소이온의 반대의 전하는 서로를 끌어 당긴다. 이 인력이 이온결합으로 두 원자를 함께 붙잡아 한 분자를 형성한다(그림 2.2b). 이 소금 분자의 형성은 이온결합의 흔한 예이다. **이온결합(ionic bond)**은 반대의 전하를 띠는 이온간의 인력으로 이들을 함께 붙잡아 안정된 분자를 형성시킨다. 다른 식으로 표현하면 이온결합은 원자 사이의 인력이고 여기서 한 원자는 전자를 잃고 다른 원자는 전자를 얻는다. 소금 결정에서 Na^+와 Cl^-를 서로 붙잡는 것과 같은 강한 이온결합은 살아 있는 세포에서는 그 중요성이 제한적이다. 그러나 수용액 속에서 형성되는 약한 이온결합은 미생물과 다른 생명체의 생화학 반응에서 중요하다. 예를 들면 특정한 항원-항체 반응에서 약한 이온결합이 하나의 역할을 떠맡고 있다. 이 항원-항체 반응은 감염에 싸우기 위해 면역체계가 생산하는 분자(항체)가 외부 물질(항원)과 합쳐지는 반응이다.

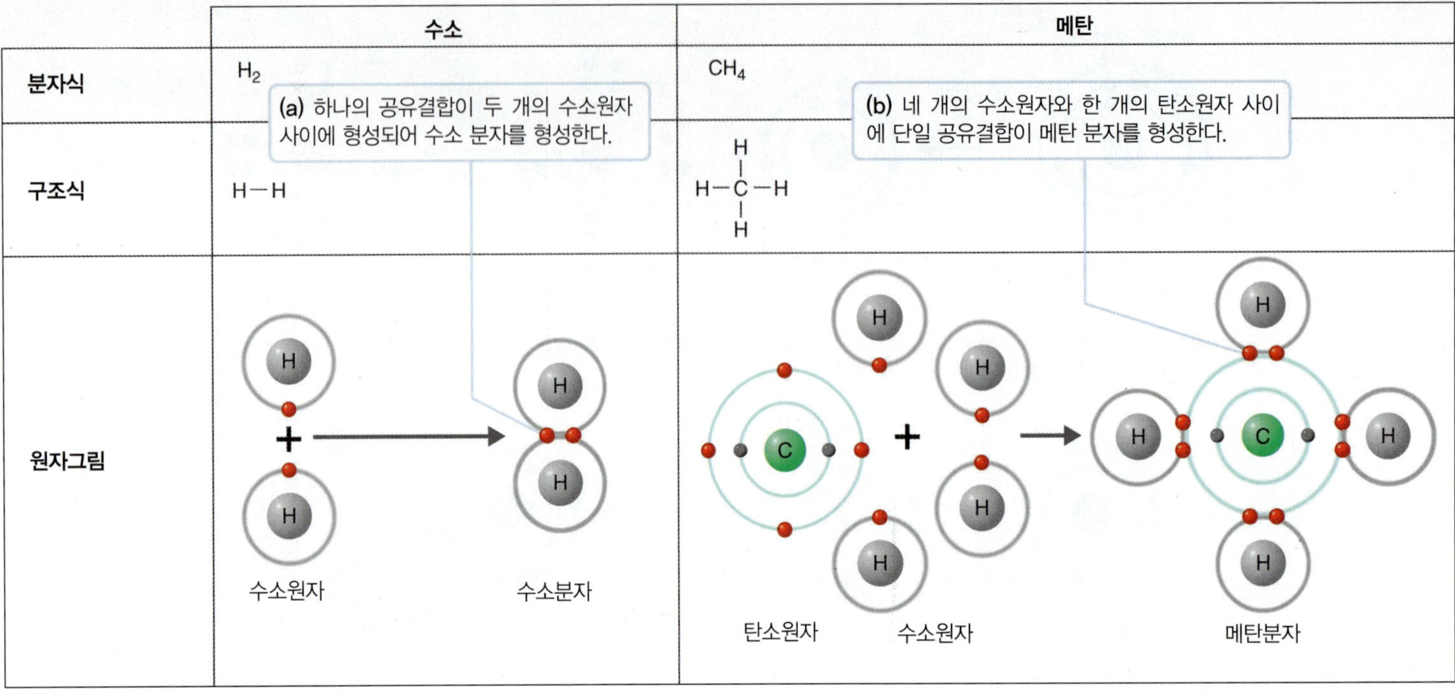

그림 2.3 **공유결합의 형성.** 분자식은 분자에 있는 원자의 종류와 수를 나타낸다. 구조식에서 각 공유결합은 두 원자 기호를 직선으로 표시한다. 각 분자에 있는 원자의 수는 분자식에서 아래 첨자로 표시한다.

 공유결합이 무엇인가?

일반적으로 한 원자가 바깥쪽 전자각이 반보다 덜 차 있으면 전자를 잃고 **양이온(cation)**이라고 불리는 양전하를 띠는 이온을 형성한다. 양이온의 예는 칼륨이온(K^+), 칼슘이온(Ca^+), 나트륨이온(Na^+) 등이 있다. 한 원자의 외각 전자가 반 이상일 때 원자는 전자를 얻어 **음이온(anion)**이라고 불리는 음전하를 띠는 이온을 형성한다. 음이온의 예는 요오드이온(I^-), 염소이온(Cl^-), 황이온(S^{2-}) 등이 있다.

공유결합

공유결합(covalent bond)은 두 원자가 하나 이상의 전자쌍을 공유하여 형성되는 화학결합이다. 공유결합은 진정한 이온결합보다 더 강하고 생명체에서 훨씬 더 흔하다. 수소 분자에서 두 개의 수소 원자는 한 쌍의 전자를 공유한다. 각 수소 원자는 자신의 전자에다 상대 원자에서 얻은 전자 하나를 더해 가진다(그림 2.3a). 공유된 전자쌍은 실제로 두 원자의 핵을 궤도를 그리며 돈다. 따라서 두 원자의 바깥쪽 전자각은 다 차게 된다. 원자가 한 쌍의 전자만을 공유하면 단일결합(single covalent bond)을 형성한다. 간단하게 단일 공유결합은 두 원자 사이를 단선으로 표시한다(H—H). 두 쌍의 전자를 공유하는 원자는 이중 공유결합을 형성하는 데 복선으로 표시한다(=). 세 개의 선으로 표시하는 삼중 공유결합(≡)은 원자가 세 쌍의 전자를 공유할 때 생긴다.

같은 원소의 원자들에 적용되는 공유결합의 원리는 다른 원소의 원자에도 적용된다. 메탄(CH_4)은 다른 원소의 원자들 간의 공유결합의 한 예이다(그림 2.3b). 탄소의 바깥쪽 전자각은 여덟 개의 전자를 가질 수 있는데 네 개만 가지고 있다. 각 수소 원자는 두 개의 전자를 가질 수 있는데 하나만 가지고 있다. 결과적으로 메탄 분자에서 탄소는 네 개의 수소 전자를 얻어 외각을 완성하고 각 수소 원자는 탄소 원자에서 한 전자를 공유하여 쌍을 완성시킨다. 탄소의 외각 전자는 탄소 원자와 수소 원자 둘 다의 주위를 궤도를 그리며 돈다.

수소와 탄소 같은 원소는 바깥쪽 전자각이 반만 차 있어 공유결합을 상당히 쉽게 형성한다. 사실 살아 있는 생물에서 탄소는 거의 언제나 공유결합을 형성한다. 탄소는 거의 절대로 이온이 되지 않는다. 기억하자: 공유결합은 원자 사이에 전자를 **공유**하여 생긴다. 이온결합은 전자를 얻거나 잃어 양전하나 음전하를 띠게 된 원자 사이의 인력으로 형성된다.

수소결합

모든 생명체에게 특별히 중요한 또 다른 화학결합은 **수소결합(hydrogen bond)**이다. 이 결합에서는 하나의 산소 원자나 질소 원자에 공유결합하고 있는 수소 원자가 또 다른 산소나 질소 원자에 끌린다. 이런 결합은 약하고 원자를 결합시켜 분자를 만들지는 않는다. 그러나 이 결합은 두 분자가 혹은 같은 분자에서 다양한 부분 간의 다리 역할을 한다.

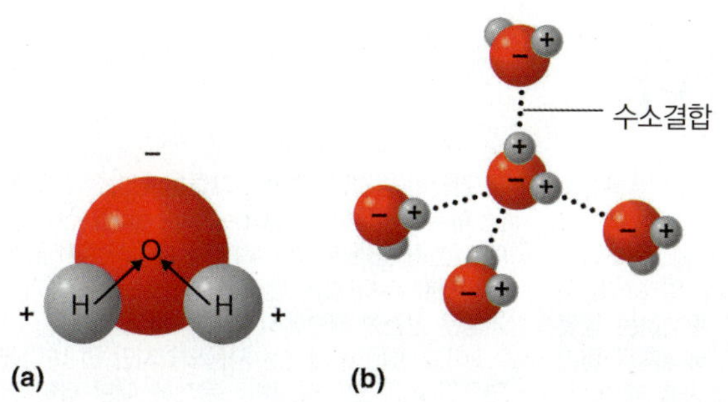

그림 2.4 **물에서 수소결합의 형성.** (a) 물 분자에서 수소원자의 전자는 산소원자에 강하게 끌린다. 따라서 물 분자에서 산소원자를 갖는 부분은 약간 음전하를 띠고 수소원자 부분은 약간 양전하를 띤다. (b) 물 분자 간의 수소결합에서 한 물 분자의 수소는 다른 물 분자의 산소에 끌린다. 많은 물 분자가 각각 수소결합(검은 점선)에 의해 끌릴 수 있다.

 어떤 화학 원소가 보통 수소결합에 포함되는가?

표 2.3 이온결합과 공유결합, 수소결합의 비교

결합의 종류	정의와 중요성
이온	안정된 분자를 형성하기 위해 서로 붙잡는 반대 전하를 갖는 이온들 사이의 끌림. 약한 이온결합은 항원-항원 반응과 같은 생화학 반응에서 중요하다.
공유	하나 이상의 전자쌍을 공유하는 두 원자 사이에 형성된 결합. 공유결합은 생명체에서 가장 흔한 종류의 화학결합이고 생명체 대부분의 분자에서 원자들 사이를 서로 붙잡는 역할을 한다.
수소	산소 혹은 질소 원자에 공유결합으로 연결된 수소원자가 다른 산소 혹은 질소 원자에 끌리는 비교적 약한 결합. 수소 결합은 분자에 원자를 결합시키지 않지만 다른 분자 사이에 혹은 같은 분자 내에서, 예를 들면 단백질이나 핵산 분자 내에서 다른 부분 사이에 연결을 제공한다.

수소가 산소 원자나 질소 원자와 결합하게 되면, 상대적으로 큰 산소나 질소의 핵이 양성자가 더 많아서 작은 수소 핵보다 더 강하게 수소 전자를 당긴다. 이리하여 물 분자에서 모든 전자는 수소의 핵보다 산소의 핵에 더 가깝게 있는 경향이 있다. 결과적으로 물 분자에서 산소 부분이 약간 더 음전하를 띠고 수소 부분이 약간 더 양전하를 띤다(그림 2.4a). 한 분자의 양전하를 띤 끝이 다른 분자의 음전하를 띠는 끝에 끌릴 때 수소결합이 형성된다(그림 2.4b). 이 인력은 같은 분자, 특히 큰 분자에서 수소와 다른 원자 사이에도 발생할 수 있다. 산소와 질소는 수소결합에 가장 빈번히 포함되는 원소이다.

수소결합은 이온결합이나 공유결합에 비해 상당히 약하다. 이들은 공유결합의 강도의 약 5%에 불과하다. 결과적으로 수소결합은 비교적 쉽게 형성되고 끊어진다. 이런 특성이 단백질이나 핵산과 같이 크고 복잡한 분자에서 특정 원자 사이에 발생하는 일시적인 결합을 설명한다. 비록 수소결합이 상대적으로 약하더라도 큰 분자가 이런 결합을 수백 개 가지면 상당히 강하고 안정하게 된다. 이온결합, 공유결합, 수소결합을 표 2.3에 정리하였다.

분자량과 몰

여러분은 결합 형성의 결과로 분자가 만들어지는 것을 보았다. 분자는 종종 몰 수라는 측정 단위와 분자량이란 용어로 논의된다. 한 분자의 **분자량(molecular weight)**은 구성 원자 모두의 원자량을 합한 것이다. 분자 수준을 실험실 수준에 연관시키기 위해서 몰이라는 단위를 사용한다. 물질의 한 **몰(mole)**은 그램으로 표현되는 그 물질의 분자량이다. 예를 들면 한 몰의 물은 물의 분자량이 18 또는 $[(2 \times 1) + 16]$이기 때문에 18그램이다.

이해도 확인하기

✔ 이온결합과 공유결합을 구별하시오. 2.2

화학반응

학습 목표

2-3 화학반응의 세 가지 기본 종류를 그림으로 표시한다.

우리가 앞서 말한 대로 **화학반응(chemical reaction)**은 원자 사이의 연결이 생성되고 끊어지는 것을 포함한다. 화학반응 후 전체 원자의 수는 동일하지만 원자가 재배열되었기 때문에 새로운 분자가 된다.

화학반응에서 에너지

화학에너지(chemical energy)는 화학반응 동안 원자 간의 결합이 형성되거나 깨어질 때마다 발생한다. 모든 화학결합은 이들이 끊어질 때 에너지를 필요로 하고 형성될 때 화학에너지가 방출된다. 해당 화학반응이 방출하는 에너지보다 더 많은 에너지를 흡수하면 이를 에너지가 안쪽으로 향한다는 의미의 **흡열반응(endergonic reaction)**이라고 한다(*endo* = 내부). 화학반응이 흡수하는 것보다 더 많은 에너지를 방출하면 에너지가 바깥으로 향한다는 의미로 **발열반응(exergonic reaction)**이라고 한다(*exo* = 외부).

이번 절에서 우리는 모든 살아 있는 세포에서 공통으로 일어나는 세 가지 기본 형태의 화학반응을 살펴볼 것이다. 여러분이 이들 반응에 친숙해지면 나중에 특히 5장에서 다룰 특정 화학반응을 이해할 수 있을 것이다.

생물정화 – 세균이 오염을 제거한다

비록 많은 세균이 우리와 먹는 게 비슷하지만—이것이 세균이 음식물 부패를 일으키는 이유이다—다른 세균은 대부분의 식물과 동물에게 독성이 있는 물질(중금속, 황, 석유, 수은)을 대사(혹은 화학적으로 가공)한다.

환경에서 기름은 석유가 매장된 곳에서 자연적으로 스며나올 수도 있고 기름 유출로 발생할 수도 있다. 기름을 분해하는 세균이 흙과 퇴적물에 있기는 하지만 이들 세균은 그 수가 적어서 많은 양의 오염을 효과적으로 다룰 수 없다. 지금 과학자들은 자연에 있는 오염전투원의 능력을 개선하는 연구를 한다. 세균을 이용하여 오염물질을 분해하는 것을 생물정화(*bioremediation*)라고 한다.

가장 유망한 성공 중의 하나는 1989년 엑손 발데즈(*Exxon Valdez*) 기름 유출 사건 이후 알래스카 해변에서 일어난 생물정화이다. 자연에 존재하는 몇몇 *Pseudomonas* 세균은 그들의 탄소와 에너지를 얻기 위해 기름을 분해할 수 있다. 공기가 존재할 때 이 세균들은 큰 석유 분자에서 한번에 두 개씩 탄소 원자를 제거한다(그림 참조).

기름 유출을 청소하기에는 세균이 기름을 너무 늦게 분해한다. 그러나 과학자들은 이 과정을 가속할 매우 간단한 방법을 찾았다. 그들은 일반적인 질소와 인을 함유한 생물촉진제(bioenhancers)를 실험할 해안에 단순히 쏟아 부었다. 기름을 분해하는 세균의 수가 촉진제를 주지 않은 대조군 해변에 비해 증가하였고 기름은 실험한 해변에서 빠르게 제거되었다.

이 기술은 땅에서는 사용되었지만 먼 바다에서는 연구된 바가 없었다. 여러 문제에 대한 답이 필요하다. 비료가 기름 근처에 머무를 것인가? 비료가 독성 조류를 자극할 것인가?

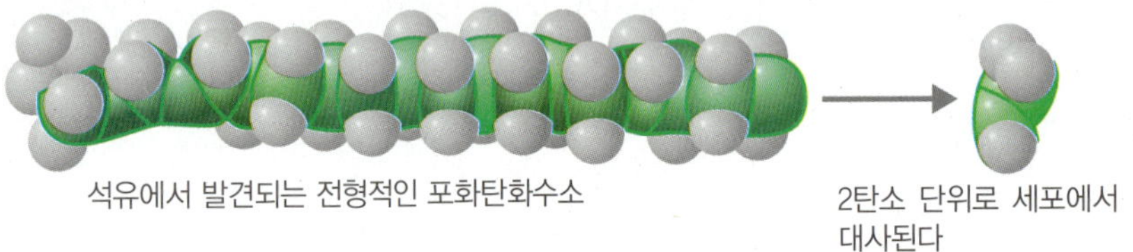

석유에서 발견되는 전형적인 포화탄화수소

2탄소 단위로 세포에서 대사된다

합성반응

두 개 이상의 원자, 이온, 분자가 결합하여 새로운 큰 분자를 형성하는 반응을 **합성반응(synthesis reaction)**이라고 한다. 합성한다는 것은 조립한다는 뜻이므로, 합성반응은 새로운 결합을 형성한다. 합성반응은 다음과 방식으로 표현할 수 있다.

A	+	B	결합 ⟶	
원자, 이온, 혹은 분자 A		원자, 이온, 혹은 분자 B		새로운 분자 AB

결합하는 물질 A와 B를 반응물(reactant)이라고 부르고 결합에 의해 형성된 물질 AB를 생성물(product)이라고 한다. 화살표는 반응이 진행하는 방향을 가리킨다.

살아 있는 생명체에서 일어나는 합성반응의 경로를 통틀어 동화작용(anabolic reaction) 또는 간단하게 **동화(anabolism; an-ab′ō-lizm)**라고 한다. 당 분자의 결합으로 전분이 형성되고 아미노산이 단백질이 되는 것도 동화의 예이다.

분해반응

합성반응의 반대가 **분해반응(decomposition reaction)**이다. 분해하는 것은 작은 조각으로 나눈다는 뜻이므로 분해반응에서는 결합이 끊어진다. 보통 분해반응은 큰 분자를 작은 분자, 이온, 원자로 쪼갠다. 분해반응은 다음 형태로 일어난다.

	분해 ⟶	A	+	B
분자 AB		원자, 이온, 혹은 분자 A		원자, 이온, 혹은 분자 B

살아 있는 생명체에서 일어나는 분해반응을 통틀어 이화작용(catabolic reactions) 또는 간단하게 **이화(catabolism; ka-tab′ō-lizm)**라고 부른다. 이화의 한 예로 설탕이 더 단순한 당인 포도당과 젖당으로 분해되는 것을 들 수 있다. 세균에 의한 석유의 분해를 위의 상자에서 논하였다.

교환반응

모든 화학반응은 합성과 분해를 기본으로 한다. **교환반응(exchange reactions)**과 같이 많은 반응이 실제로는 일부 합성과 일부 분해이다. 교환반응은 다음 형태로 일어난다.

$$AB + CD \xrightarrow{\text{재결합}} AD + BC$$

먼저 A와 B 사이의 결합과 C와 D 사이의 결합이 분해과정에서 끊어진다. 그 다음 새로운 결합이 A와 D 사이에 그리고 B와 C 사이에 합성과정으로 형성된다. 예를 들면, 아래와 같이 수산화나트륨(NaOH)과 염산(HCl)이 반응하여 소금(NaCl)과 물(H_2O)을 형성할 때 교환반응은 발생한다.

$$NaOH + HCl \longrightarrow NaCl + H_2O$$

화학반응의 가역성

모든 화학반응은 이론적으로 가역적이다. 즉 반응이 양쪽 방향으로 일어날 수 있다. 그러나 실제로 어떤 반응은 다른 것에 비해 더 잘 일어난다. 쉽게 되돌아가는 화학반응(최종 산물이 원래의 분자로 되돌아 갈 수 있을 때)을 **가역적 반응(reversible reaction)**이라고 하고 여기에 보는 것처럼 두 개의 화살표로 표시한다.

$$\text{A} + \text{B} \underset{\text{분해}}{\overset{\text{결합}}{\rightleftharpoons}} \text{AE}$$

일부 가역반응은 반응물이나 생성물 모두 안정하지 않기 때문에 일어난다. 다른 가역반응은 특수한 조건하에서만 되돌아간다.

$$\text{A} + \text{B} \underset{\text{물}}{\overset{\text{열}}{\rightleftharpoons}} \text{AB}$$

화살표의 위나 아래에 무엇이든지 쓰면 반응이 그 방향으로 발생하는 특별한 조건을 말한다. 위의 경우 열이 제공될 때만 A와 B가 반응하여 생성물 AB를 만들고 AB가 A와 B로 분해되는 것은 물이 존재할 때만 일어난다. 또 다른 예로는 38쪽의 그림 2.8을 보기 바란다.

5장에서는 화학반응에 영향을 주는 다양한 요인에 대한 알아볼 것이다.

이해도 확인하기

✔ 아래의 화학반응은 물에서 염소를 제거하기 위해 사용한다. 어떤 종류의 반응인가? 2-3

$$HClO + Na_2SO_3 \longrightarrow Na_2SO_4 + HCl$$

생물에게 중요한 분자

생물학자와 화학자는 화합물을 두 가지 큰 부류인 유기와 무기로 나눈다. 일반적으로 탄소가 결핍된 **무기화합물(inorganic compound)**은 보통 작고 구조적으로 단순한 분자로 정의되고 여기서는 이온결합이 중요한 역할을 한다. 무기화합물에는 물과 산소 분자, 이산화탄소 그리고 많은 염, 산 그리고 염기 등이 있다.

유기화합물(organic compound)은 언제나 탄소와 수소를 가지며 일반적으로 구조가 복잡하다. 탄소는 외각에 4개의 전자가 있고 4개의 빈 공간이 있는 독특한 원소이다. 이것은 다른 탄소 원자를 비롯한 다양한 원자와 결합하여 직선이나 가지 형태 혹은 고리 모양을 형성할 수 있다. 탄소 사슬은 살아 있는 세포에서 당과 아미노산, 비타민을 비롯하여 많은 유기화합물의 기본형태를 형성한다. 유기화합물은 주로 혹은 전부 공유결합에 의해 서로 붙어 있다. 탄수화물, 단백질, 핵산과 같은 일부 유기 분자는 아주 크고 보통 수천 개의 원자를 가지고 있다. 이러한 큰 분자를 거대분자(macromolecule)라고 부른다. 다음 절에서는 세포에 필수적인 무기화합물과 유기화합물에 대해 논의한다.

무기화합물

학습 목표

2-4 생명시스템에 중요한 물의 여러 가지 특성을 나열한다.

2-5 산, 염기, 염, pH를 정의한다.

물

모든 살아 있는 생명체는 아주 다양한 무기화합물을 성장과 수선, 유지, 재생에 필요로 한다. 물은 이들 중에 가장 중요하면서 가장 풍부한 무기화합물이며 특히 미생물에게는 특히 필수적이다. 세포 밖에서 영양소는 물에 녹아야 세포막 통과가 용이해진다. 세포 안에서 물은 대부분의 화학반응의 매체이다. 사실 물은 지금까지 모든 살아 있는 세포에서 가장 풍부한 성분이다. 물은 모든 세포의 최소 5~95%를 구성하고 있으며 평균 65~75% 사이이다. 간단히 말해 물 없이 살 수 있는 생명체는 없다.

물은 살아 있는 세포에서 그 기능을 하기에 특별히 적합한 구조적 화학적 특성을 가지고 있다. 설명한 대로 물 분자의 전체 전하는 중성이다. 그러나 산소 부분은 약간 음전하를 띠고 수소 부분은 약간 양전하를 가진다(그림 2.4a 참조). 전하가 비대칭적으로 분포되어 있는 이러한 분자를 **극성 분자(polar molecule)**라고 한다. 이런 물의 극성 때문에 물이 살아 있는 세포에게 유용한 매체가 되는 네 가지 특성이 생긴다.

첫 번째, 모든 물 분자는 근처의 물 분자와 네 개의 수소결합을 형성할 능력이 있다(그림 2.4b 참조). 이런 특성으로 인해 물 분자 사이에는 강한 인력이 생긴다. 이 강한 인력 때문에 물 분자를 서로 떨어뜨려 수증기로 만들기 위해서는 많은 열이 필요하다. 그래서 물은 끓는점이 비교적 높다(100°C). 이런 높은 끓는점 때문에 물은 대부분의 지구 표면에서 액체 상태로 존재한다. 나아가서 물 분자 사이의 수소결합은 물의 밀도에 영향을 주는데, 수소결합이 얼음에 있느냐 액체 물에 있느냐에 따라 달라진다. 예를 들어 물의 결정체 구조에서 수소결합은 얼음이 더 많은 공간을 차지하게 한다. 그 결과 얼음은 같은 부피의 액체 상태의 물에 비해 적은 수의 분자를 가진다. 따라서 결정체 구조의 얼음이 액체인 물에 비해 밀도가 낮다. 이런 이유로 호수나 강의 표면에서 얼음은 떠다니고 단열층의 역할을 할 수 있는 것이다.

두 번째, 물의 극성은 물을 훌륭한 용해 매체 또는 **용매(solvent)**로 만든다. 많은 극성 물질은 물속에서 개개의 분자로 **해리** 혹은 분리된다. 즉, 녹는다. 물 분자의 음전하 부분은 **용질(solute)**이나 녹은 물질에 있는 분자의 양전하 부분을 끌어당긴다. 물의 양전하 부분은 용질 분자의 음전하 부분을 끌어당긴다. 이온결합으로 서로 붙어 있는 원자(또는 원자단)로 구성된(염과 같은) 물질은 물에서 별

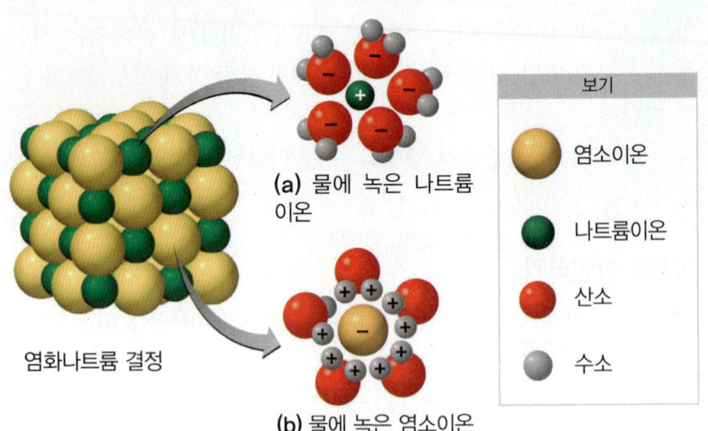

그림 2.5 물이 소금의 용매로 작용하는 방법. (a) 양이온인 나트륨이온(Na^+)은 물 분자의 음전하를 띠는 부분에 끌린다. (b) 음이온인 염소이온(Cl^-)은 물 분자의 양전하를 띠는 부분에 끌린다.

이온화 과정에 어떤 일이 발생하나?

그림 2.6 산과 염기 그리고 염. (a) 물에서 염산(HCl)은 H^+와 Cl^-로 해리된다. (b) 염기인 수산화나트륨(NaOH)은 물에서 OH^-와 Na^+로 해리된다. (c) 물에서 소금(NaCl)은 H^+과 OH^-도 아닌 양이온(Na^+)과 음이온(Cl^-)으로 해리된다.

산과 염기는 어떻게 다른가?

개의 양이온과 음이온으로 나누어지는 경향이 있다. 이리하여 물의 특성은 많은 다른 물질의 분자가 분리되어 물 분자로 둘러싸이게 한다(그림 2.5).

세 번째, 극성은 많은 화학반응에서 반응물 혹은 생성물로서 물의 특징적인 역할을 설명한다. 물의 극성은 수소이온(H^+)과 수산화이온(OH^-)으로의 분리와 재결합을 촉진한다. 물은 큰 분자를 작은 분자로 부수는 생명체의 소화과정에 중요한 반응물이다. 물 분자는 또한 합성반응에도 관련되어 있다. 물은 살아 있는 세포에서 수많은 유기화합물로 통합되는 수소와 산소의 중요한 공급원이다.

마지막으로 물 분자 사이의 비교적 강한 수소결합(그림 2.4b 참조)은 물을 훌륭한 온도 완충제로 만들어 준다. 많은 다른 물질과 비교할 때, 정해진 일정량의 물은 온도를 증가시키기 위해서 많은 열이 흡수해야 하고 온도를 낮추기 위해서 열이 많이 손실되어야 한다. 분자에 의한 열 흡수는 보통 운동에너지를 증가시키고 이로 인해 분자 움직임의 비율과 반응성이 증가한다. 그러나 물에서의 열 흡수는 운동 비율을 증가시키기보다는 수소결합을 먼저 끊는다. 그러므로 수소결합이 없는 액체의 온도를 증가시키는 것보다 물의 온도를 증가시키는 데 더 많은 열이 필요하다. 물이 식는 과정처럼 그 반대도 마찬가지이다. 물은 다른 용매보다 더 쉽게 일정한 온도를 유지하여 환경의 온도 변동으로부터 세포를 보호하는 경향이 있다.

산과 염기, 염

그림 2.5에서 보는 것처럼 소금(NaCl)과 같은 무기염이 물에 녹을 때 이온화 혹은 해리 과정을 겪는다. 즉, 소금은 이온으로 분리된다. 산과 염기라고 불리는 물질도 비슷한 양상을 보여준다.

산(acid)은 하나 이상의 수소이온(H^+)과 하나 이상의 음이온으로 해리되는 물질로 정의될 수 있다. 따라서 산은 양성자(H^+) 공여체로 정의될 수도 있다. **염기(base)**는 하나 이상의 양이온과 하나 이상의 음전하를 갖는 수산화이온(OH^-)으로 해리되는데 수산화이온(OH^-)은 양성자를 받아들이거나 결합한다. 수산화나트륨(NaOH)은 해리되어 OH^-를 방출하기 때문에 염기인데 OH^-는 양성자를 강하게 끌어당기는 가장 중요한 양성자 수용체이다. **염(salt)**은 물에서 H^+나 OH^-가 아닌 양이온과 음이온으로 해리되는 물질이다. 그림 2.6은 각 종류의 화합물의 흔한 예로 이들이 어떻게 물에서 해리되는지를 보여준다.

산-염기 균형: pH의 개념

생물이 건강하게 지내려면 상당히 일정하게 산과 염기의 균형을 유지하여야 한다. 예를 들어 특정 산 혹은 염기의 농도가 너무 높거나 낮으면 효소는 모양이 변하여 더 이상 효과적으로 세포 내에서 화학반응을 촉진할 수 없게 된다. 생명체 안의 수용성 환경에서 산은 수소이온(H^+)과 음이온으로 해리된다. 염기는 반대로 수산화이온

(OH^-)과 양이온으로 해리된다. 더 많은 수소이온이 용액에서 자유로워지면 용액은 더 산성이 된다. 반대로 더 많은 수산화이온이 용액에서 자유로워지면 더 염기성이 된다.

생화학 반응, 즉 살아 있는 시스템에서의 화학반응은 이것이 일어나는 환경의 산성 혹은 알칼리성의 작은 변화에조차 매우 민감하다. 사실 H^+와 OH^-는 거의 대부분의 생화학 과정에 포함되어 있고 세포의 정상적인 H^+와 OH^- 농도의 좁은 범위에서의 변화도 세포의 기능을 극적으로 바꾸어 놓을 수 있다. 이런 이유로 생물에서 계속 형성되는 산과 염기는 균형을 유지해야만 한다.

용액 내의 H^+의 양은 편의상 로그 **pH** 단위로 표현하는데, 범위가 0에서 14까지이다(그림 2.7). *pH* 용어는 수소의 잠재력(potential of hydrogen)을 의미한다. 로그 비율에서 전체 숫자 하나의 변화는 이전 농도에서 10배의 변화를 의미한다. 따라서 pH 1의 용액은 pH 2의 용액보다 10배 더 수소이온을 가지고 있고 pH 3의 용액 보다 100배 더 많은 수소이온을 가지고 있다.

용액의 pH는 리터당 몰 수로 결정된 수소이온 농도(대괄호로 표시)를 음의 로그로 환산한 $-\log_{10}[H^+]$로 계산한다. 예를 들어, 만일 H^+ 농도가 1.0×10^{-4} moles/liter 혹은 10^{-4}이면 이것의 pH는 $-\log_{10}10^{-4} = -(-4) = 4$; 이것은 와인의 pH 값 정도이다(부록 B 참조). 사람 몸의 체액과 여러 일반적인 물질의 pH 값을 그림 2.7에 나타냈다. 실험실에서 보통 pH 측정기나 화학 검사 용지(리트머스지)를 사용하여 해당 용액의 pH를 측정한다.

산성 용액은 OH^-보다 H^+를 더 많이 갖고 pH는 7보다 작다. 만일 용액에 H^+보다 OH^-가 더 많으면 이것은 염기 혹은 알카리 용액이다. 순수한 물은 소수의 분자만 H^+와 OH^-로 나누어져 있어 pH가 7이다. H^+와 OH^-의 농도가 동일하기 때문에 이 pH를 중성 용액의 pH라고 한다.

용액의 pH는 변할 수 있다는 점을 유의하자. 수소이온의 농도를 증가시키는 물질을 첨가해서 산도를 증가시킬 수 있다. 살아 있는 생물이 영양분을 섭취하고, 화학반응을 수행하고, 폐기물을 배설함에 따라 생물의 산과 염기의 균형이 대개 변하기 때문에 pH는 변동한다. 다행히도 생명체는 자연적인 pH **완충제(buffer)**를 보유하고 있다. 완충제는 급격한 변화로부터 pH를 유지하는 것을 도와주는 화합물이다. 그러나 환경에서 물과 토양의 pH는 생물에서 나오는 폐기물, 산업의 오염 물질, 농업 분야와 정원에서 사용하는 비료에 의해 변하게 된다. 실험실의 배지에서 세균이 자랄 때 세균은 배지의 pH를 변화시킬 수 있는 산과 같은 폐기물을 배설한다. 만일 이 효과가 계속되면 배지는 세균의 효소를 억제할 정도로 충분한 산성이 되고 세균을 죽인다. 이런 문제를 막기 위해 pH 완충제를 배양 배지에 첨가한다. 배양배지에 사용되는 매우 효과적인 pH 완충제의 하나는 K_2HPO_4와 KH_2PO_4의 혼합물이다(163쪽 표 6.3 참조).

미생물에 따라 최상의 기능을 수행하는 pH 범위가 다르지만, 대부분의 미생물은 6.5~8.5 사이의 pH 환경에서 가장 잘 자란다. 미생물 중에는 균류가 산성 조건에서 제일 잘 견딜 수 있다. 반면 남세균이나 원핵생물은 알칼리 서식지에서 잘 자란다. *Propionibacterium acnes*(프로피오니박테리움 아크네스)는 여드름을 일으키는 세균으로 약간 산성인 경향이 있는 pH가 약 4인 사람의 피부를 자연 환경으로 갖는다. *Thiobacillus ferrooxidans*(티오바실러스 페록시단)는 원소 황을 대사하고 황산(H_2SO_4)을 생산하는 세균이다. 이것의 최적 성장 pH 범위는 1~3.5이다. 광산의 물에 있는 이 세균에 의해 생산된 황산은 낮은 등급의 광석에서 우라늄과 구리를 녹여내는 데 중요하다(28장 참조).

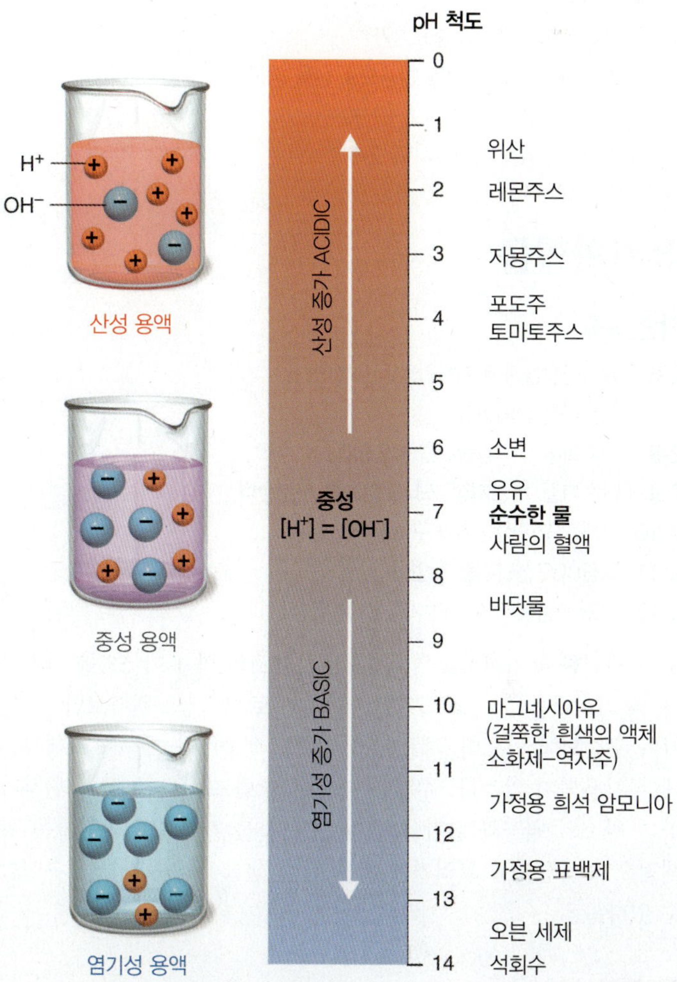

그림 2.7 pH 척도. pH 값이 14에서 0으로 감소됨에 따라 H^+ 농도는 증가한다. pH가 낮을수록 용액은 더 산성이다. pH가 높을수록 용액은 더 염기성이다. 만일 용액의 pH 값이 7보다 낮으면 용액은 산성이다. 만일 pH가 7보다 높으면 염기성(알칼리)이다. 보통 사람의 체액과 흔히 볼 수 있는 물질의 대략적인 pH 값을 pH 눈금자 옆에 표시하였다.

 어떤 pH에서 H^+과 OH^-의 농도가 동일한가?

이해도 확인하기

- 왜 물 분자의 극성이 중요한가?
- 제산제(antacids)는 다음 반응으로 산을 중화한다.
  $Mg(OH)_2 + 2HCl \rightarrow MgCl_2 + H_2O$
  산과 염기, 염을 확인하시오. **2-5**

유기화합물

학습 목표

2-6 유기화합물과 무기화합물을 구별한다.
2-7 작용기를 정의한다.
2-8 탄수화물의 구성단위를 확인한다.
2-9 단순지질, 복합지질, 스테로이드를 구분한다.
2-10 단백질의 구성단위와 구조를 확인한다.
2-11 핵산의 구성단위를 확인한다
2-12 세포 활동에서 ATP의 기능을 설명한다.

물을 제외한 무기화합물은 살아 있는 세포의 약 1~1.5%를 차지한다. 무기화합물은 비교적 간단한 화합물로 몇 개의 원자로만 그 분자가 구성되어 있으며, 세포에서 복잡한 생물학적 기능을 수행하는 데는 사용되지 않는다. 수많은 다양한 방법으로 다른 탄소 원자나 다른 원소의 원자와 결합할 수 있는 탄소를 가진 유기화합물은 상대적으로 복잡하고 그러기에 더 복잡한 생물학적인 기능을 수행할 수 있다.

구조와 화학

유기 분자의 형성에서 탄소에 있는 네 개의 외각 전자는 최대 4개의 공유결합에 참여할 수 있고 탄소 원자는 서로 결합하여 직선의 사슬, 가지 친 사슬, 환형 구조를 이룰 수 있다.

탄소 이외에 유기화합물에서 가장 흔한 원소는 수소(한 개의 결합을 할 수 있다)와 산소(두 개의 결합), 질소(세 개의 결합)이다. 황(두 개의 결합)과 인(다섯 개 결합)은 출현 빈도가 더 적다. 다른 원소는 비교적 적은 종류의 유기화합물에서만 발견된다. 살아 있는 생물에서 가장 풍부한 원소는 유기화합물에서 가장 풍부한 것과 동일하다(표 2.1 참조).

유기 분자에서 탄소 원자의 사슬을 **탄소골격(carbon skeleton)**이라고 한다. 많은 수의 조합이 탄소골격에서 가능하다. 이들 탄소의 대부분은 수소 원자와 결합한다. 탄소 및 수소와 다른 원소의 결합은 특색 있는 **작용기(functional group)**를 만든다. 작용기는 화학반응에 가장 흔히 포함되는 원자들의 특이적인 그룹이고 특정 유기화합물의 특징적인 화학적 특성과 물리적 특성을 결정한다(**표 2.4**).

표 2.4 대표적인 작용기와 이것이 발견되는 화합물

구조	작용기 이름	생물학적인 중요성
R—O—H	알코올	지질, 탄수화물
R—C(=O)—H	알데히드*	포도당 같은 환원당; 다당류
R—C(=O)—R	케톤*	대사 중간산물
R—CH₃ (R—C(H)(H)—H)	메틸	DNA; 에너지 대사
R—C(H)(H)—NH₂	아미노	단백질
R—C(=O)—O—R′	에스테르	세균과 진핵세포의 원형질막
R—C(H)(H)—O—C(H)(H)—R′	에테르	고세균의 원형질막
R—C(H)(H)—SH	메르캅토	에너지 대사; 단백질 구조
R—C(=O)—OH	카르복실	유기산, 지질, 단백질
R—O—P(=O)(O⁻)—O⁻	인산	ATP, DNA

*알데히드에서 C = O는 분자의 끝인 반면 케톤에서 C = O는 내부에 있다.

작용기에 따라 유기 분자의 기능이 달라진다. 예를 들면 알코올의 수산기는 친수성이고 물 분자를 끌어 당긴다. 이 인력은 수산기를 가진 유기물질의 용해를 도와준다. 카르복실기는 수소 이온의 공급원이기 때문에 이것을 가진 분자는 산성의 특성을 가진다. 아미노기는 반대로 염기의 역할을 하는데 이들은 수소이온을 쉽게 받아들이기 때문이다. 메르캅토기는 많은 단백질에서 복잡한 구조를 안정화시키는 데 도움을 준다.

작용기는 유기화합물 분류에 도움을 준다. 일례로 다음의 각 분자에는 —OH기가 존재한다.

```
    H              H   H
    |              |   |
H—C—OH         H—C—C—OH
    |              |   |
    H              H   H
```

메탄올 에탄올

```
    H   H   H
    |   |   |
H—C—C—C—H
    |   |   |
    H  OH   H
```

이소프로판올

이 분자의 특징적인 반응성이 —OH기에 기반을 두기 때문에 이들을 함께 알코올이라고 부르는 부류로 분류한다. 이 —OH기를 수산기(hydroxyl group)라고 부르고 염기의 수산화이온(hydroxide ion, OH^-)과 혼동하지 않도록 한다. 알코올의 수산기는 중성의 pH에서 이온화하지 않는다. 이 수산기는 탄소 원자에 공유결합으로 붙어 있다.

특정한 작용기를 기준으로 화합물을 특징지어 분류할 때 문자 *R*은 분자의 나머지를 대신하여 사용한다. 예를 들면 알코올을 일반적으로 R—OH로 쓸 수 있다.

종종 한 분자에서 한 개보다 많은 작용기가 발견된다. 예를 들면 아미노산 분자는 아미노기와 카르복실기를 모두 가지고 있다. 아미노산 글리신의 구조는 다음과 같다.

```
              H
              |          O — 카르복실기
아미노기 — H   |        //
            \N—C—C
           /   |   \
          H    R    OH
```

살아 있는 생물에서 발견되는 대부분의 유기화합물은 꽤 복잡하다. 많은 수의 탄소 원자가 뼈대를 이루고 작용기가 많은 붙어 있다. 유기 분자에서 탄소의 4개 결합이 각각 충족되는 것과 연결된 원자 각각이 충족되는 특정한 수의 결합을 갖는 것이 중요하다. 이것 때문에 이런 분자는 화학적으로 안정하다.

작은 유기 분자들이 결합하여 **거대분자(macromolecule**; *macro* = 큰)라고 불리는 아주 큰 분자가 될 수 있다. 거대분자는 보통 **중합체(polymer**; *poly* = 다수, *mer* = 부분)이다: 중합체는 반복되는 **단량체(monomer**; *mono* = 하나)라고 하는 작은 분자가 공유결합으로 많이 연결되어 만들어진다. 두 개의 단량체가 연결될 때는 보통 한 단량체의 수소와 다른 단량체의 수산기가 제거되는 반응이 포함된다. 이 수소 원자와 수산기는 결합하여 물을 생성한다.

$$R—OH + OH—R' \longrightarrow R—R' + H_2O$$

이런 형태의 교환결합을 물 분자가 방출되기 때문에 **탈수합성(dehydration synthesis)** 혹은 **축합반응(condensation reaction)**이라고 한다(그림 2.8a). 탄수화물과 지질, 단백질, 그리고 핵산과 같은 고분자는 본질적으로 탈수 합성에 의해 세포에서 합성된다. 그러나 결합형성을 위한 에너지를 제공하기 위해 다른 분자가 또한 참여하여만 한다. 세포의 주된 에너지 제공자인 ATP는 이번 장의 마지막에서 설명할 것이다.

이해도 확인하기

- 유기화합물을 정의하시오. **2-6**
- 다음의 각 화합물을 만들기 위해 아래의 에틸 그룹에 적절한 작용기를 첨가하시오: 알코올, 아세트산, 아세트알데히드, 에탄올아민, 디에틸 에테르. **2-7**

```
    H   H
    |   |
H—C—C—
    |   |
    H   H
```

탄수화물

탄수화물(carbohydrate)은 당과 전분을 포함하는 유기화합물의 크고 다양한 그룹이다. 탄수화물은 생명시스템에서 수많은 중요한 기능을 수행한다. 예를 들면 당의 한 유형(디옥시리보)은 유전정보를 전달하는 물질인 DNA의 구성단위이다. 다른 당은 세포벽에 필요하다. 단순한 탄수화물은 아미노산과 지방이나 세포막과 다른 구조에 사용되는 지방 같은 물질의 합성에 사용된다. 고분자 탄수화물은 양분 저장의 기능을 한다. 그러나 탄수화물의 주요 기능은 준비된 에너지원으로 세포 활성에 연료가 되는 것이다.

탄수화물은 탄소, 수소, 산소 원자로 구성되어 있다. 산소 원자에 대한 수소와 비율은 언제나 단당류에서 2:1이다. 이 비율은 탄수화물 리보오스($C_5H_{10}O_5$), 포도당($C_6H_{12}O_6$), 설탕($C_{12}H_{22}O_{11}$)의 화학식에서도 볼 수 있다. 비록 예외가 있지만 일반적인 탄수화물에 대한 화학식은$(CH_2O)_n$이다. 여기서 *n*은 세 개 이상의 CH_2O 단위가 있음을 의미한다. 탄수화물은 세 개의 주요 그룹으로 분류될 수 있다: 단당류, 이당류, 그리고 다당류.

단당류

단순 당을 **단당류(monosaccharide**; *sacchar* = 당)라고 부른다, 각 분자는 3~7개의 탄소 원자를 갖는다. 단순 당의 탄소 원자의 수는 그 이름의 접두사에 의해 나타낸다. 예를 들면 세 개의 탄소를 가진 단순 당을 3탄당(triose)라고 부른다. 4탄당(tetroses; 네 탄소 당), 5탄당(pentoses; 다섯 탄소 당), 6탄당(hexose; 여섯 탄소 당), 7탄당(heptoses; 일곱 탄소 당)도 있다. 5탄당과 6탄당은 살아 있는 생물에서 매우 중요하다. 디옥시리보오스는 DNA에서 발견되는 5탄당이다. 포도당은 가장 흔한 6탄당으로 살아 있는 세포의 주된

(a) 탈수합성
(b) 가수분해

포도당
$C_6H_{12}O_6$

과당
$C_6H_{12}O_6$

설탕
$C_{12}H_{22}O_{11}$

물

그림 2.8 탈수합성과 가수분해. (a) 탈수합성(왼쪽에서 오른쪽)에서 단당류 포도당과 과당이 합쳐서 이당류 설탕이 된다. 물 분자가 하나가 이 반응에서 방출된다. (b) 가수분해(오른쪽에서 왼쪽)에서 설탕은 더 작은 분자인 포도당과 과당으로 분해된다. 가수분해 반응이 진행되기 위해 설탕에 물이 첨가되어야 한다.

Q 중합체와 단량체의 다른 점은 무엇인가?

에너지 공급 분자이다.

이당류

이당류(disaccharide; *di* = 둘)는 두 개의 단당이 탈수 합성반응으로 결합되어 만들어진다.* 예를 들어 두 단당, 포도당과 과당 분자가 결합하여 이당인 설탕과 물 분자가 만들어진다(그림 2.8a). 마찬가지로 단당인 포도당과 갈락토오스의 탈수 합성으로 이당인 젖당이 형성된다.

포도당과 과당이 다른 단당임에도 이들의 화학식이 동일한 것이 이상해 보일 수도 있다(그림 2.8 참조). 이 두 분자에서 산소와 탄소의 위치가 달라 두 분자는 결과적으로 서로 다른 물리 화학적 특성을 갖는다. 같은 화학식을 갖지만 다른 구조와 특성을 갖는 두 분자를 **이성질체(isomer**; *iso* = 같은)라고 한다.

이당류는 물이 추가되어 작은 단순 당으로 나뉠 수 있다. 이 화학반응은 탈수합성의 역으로 **가수분해(hydrolysis**; *hydro* = 물, *lysis* = 느슨하게 하다)라고 한다(그림 2.8b). 예를 들어 설탕 분자는 물의 H^+와 OH^-와 반응하여 포도당과 과당의 구성 성분으로 가수분해(소화)될 수 있다.

4장에서 보게 될 세균 세포의 세포벽은 이당류와 단백질로 구성되어 있다(함께 펩티도글리칸이라고 부름).

다당류

세 번째 주요 그룹에 속하는 탄수화물인 **다당류(polysaccharide)**는 수십 개 혹은 수백 개의 단당류가 탈수합성으로 연결되어 있다. 다당류는 종종 주된 골격에서 분지되는 가지 사슬을 가지고 있고 고분자로 분류된다. 이당류처럼 다당류는 가수분해에 의해 구성 당으로 떨어져 분리될 수 있다. 그러나 다당류는 과당이나 설탕과는 달리 당의 특징인 단맛이 없고 물에 잘 녹지 않는다.

한 가지 중요한 다당류는 포도당 소단위로 구성되어 있는 **글리코겐(glycogenl)**으로 동물과 일부 세균에 의해 저장 물질로 합성된다. 또 다른 중요한 포도당 중합체인 **섬유소(cellulose)**는 식물과 대부분의 조류에서 세포벽의 주요 구성성분이다. 비록 섬유소가 지구상에서 가장 풍부한 탄수화물이지만 이것은 적절한 효소를 갖는 일부 생명체에 의해서만 소화될 수 있다. 다당류인 **덱스트란(dextran)**은 특정 세균에 의해 설탕같이 끈적끈적한 물질로 생산되는데 혈장 대용으로 사용된다. **키틴(chitin)**은 대부분의 균류의 세포벽과 가재, 게, 곤충의 외골격의 일부를 구성하는 다당류이다. **전분(starch)**은 식물이 만드는 포도당의 중합체로 사람은 이를 음식으로 이용한다.

사람을 비롯하여 많은 동물은 글리코겐에서 포도당 분자 사이의 결합을 끊을 수 있는 **아밀라제(amylase)**라는 효소를 생산한다. 그러나 이 효소는 섬유소의 결합은 끊을 수 없다. 세균과 균류가 생산하는 **셀룰라제(cellulase)**라는 효소는 섬유소를 분해할 수 있다. 곰팡이 *Trichoderma*(트리코더마; trik′ō-dėr-mä)의 셀룰라제는 다양한 산업적 목적으로 사용된다. 특이한 용도 중 하나는 돌세탁한 데님의 생산이다. 섬유를 돌과 함께 세척하면 세척기계가 손상되기 때문에 셀룰라제를 분해에 사용하여 면을 더 부드럽게 한다(1장 3쪽의 박스 참조).

이해도 확인하기

✔ 단당류, 이당류, 다당류의 예를 제시하시오. **2-8**

지질

만일 지질이 지구에서 갑자기 사라진다면 모든 살아 있는 세포는 유체의 바다에서 붕괴될 것이다. 왜냐하면 **지질(lipid**; *lip* = 지방)은 환경으로부터 살아 있는 세포를 분리시키는 막의 구조와 기능에 필수적이기 때문이다. 지질은 살아 있는 생명체에서 발견되는 유기화합물의 두 번째 주요 그룹이다. 탄수화물과 마찬가지로 이들은 탄소, 수소, 산소 원자로 구성되었으나 지질은 수소와 산소 원자 간의 2:1 비율이 유지되지 않는다. 지질은 아주 다양한 그룹의 화합물임에도 한 가지 공통적인 특징은 가지고 있다. 이들은 비극성 분자로

* 2개에서 약 20개의 단당류로 구성된 탄수화물을 올리고당(oligosaccharide; *oligo* = 소수)이라 부른다. 이당류는 가장 흔한 올리고당이다.

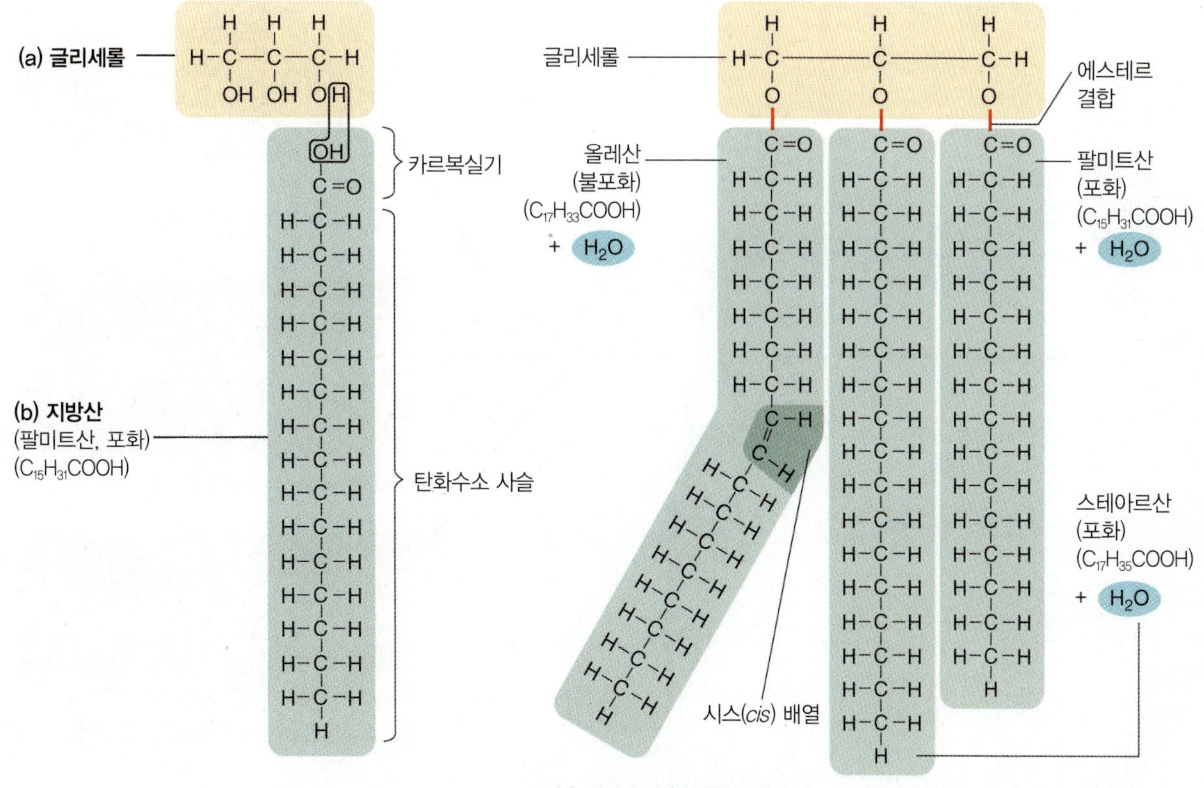

(c) 지방 분자(트리글리세리드)

그림 2.9 단순지질의 구조적 형식. (a) 글리세롤. (b) 포화지방산인 팔미트산(palmitic acid). (c) 글리세롤 분자와 세 개의 지방산 분자[이 예에서는 팔미트산과 스테아르산(stearic acid), 올레산(oleic acid)의 화학적인 조합이 탈수 합성반응으로 하나의 지방 분자(트리글리세리드)와 세 개의 물 분자를 만든다. 올레산은 시스(*cis*) 배열의 지방산이다. 글리세롤과 각 지방산 사이의 결합은 에스테르(ester)결합이다. 세 개의 물 분자가 지방에 더해져 가수분해반응으로 글리세롤과 세 개의 지방산 분자가 된다.

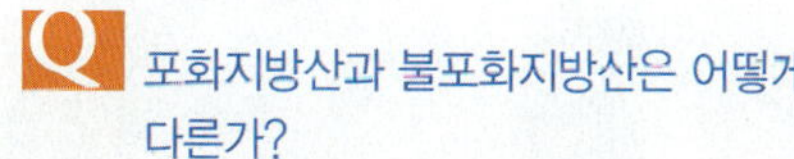

물과 달리 양극과 음극을 가지고 있지 않는다. 따라서 대부분의 지질은 물에는 불용성이지만 에테르나 클로로포름과 같은 비극성 용매에는 잘 녹는다. 지질은 막과 일부 세포벽의 구조와 에너지 저장 기능을 한다.

단순지질

지방(fat) 또는 **트리글리세리드**(triglyceride)라고 불리는 단순지질은 글리세롤(glycerol)이라는 알코올과 **지방산**(fatty acid)으로 알려진 화합물 그룹을 포함하고 있다. 글리세롤 분자는 세 개의 수산기가 붙은 세 개의 탄소 원자를 갖는다(그림 2.9a). 지방산은 끝에 카르복실기(유기산)가 있는 긴 탄화수소(탄소와 수소 원자로만 구성된)로 이루어져 있다(그림 2.9b). 대부분의 지방산은 보통 짝수의 탄소 원자를 갖는다.

글리세롤 한 분자에 하나에서 세 개의 지방산 분자가 결합되면 지방 한 분자가 형성된다. 지방산 분자의 수에 의해 해당 지방 분자가 모노글리세리드(monoglyceride)인지 디글리세리드(diglyceride)인지 트리글리세리드(triclyceride)인지 결정된다(그림 2.9c). 여기에서 반응하는 지방산의 수에 따라 하나에서 세 개의 물 분자가 생긴다(탈수). 물 분자가 제거되는 곳에서 형성되는 화학결합을 에스테르 결합(ester linkage)이라고 한다. 역반응인 가수분해에서 지방 분자가 구성 성분인 지방산과 글리세롤 분자로 분해된다.

지질을 형성하는 지방산은 여러 가지 구조를 가지기 때문에 많은 종류의 지질이 존재한다. 예를 들면 A라는 지방산 세 분자가 글리세롤에 결합될 수 있다. 혹은 각기 다른 지방산 A, B, C가 하나씩 한 분자의 글리세롤에 결합될 수도 있다(그림 2.9c 참조).

지질의 주된 기능은 세포를 둘러싸는 원형질막을 형성하는 것이다. 원형질막은 세포를 유지시키고 영양분과 노폐물을 안과 밖으로 통과하게끔 한다. 그러므로 이 지질은 주변의 온도와는 관계없이 반드시 어느 정도의 점성을 유지하여야만 한다. 대략적으로 막은 가열해도 너무 묽어지지 않고 식어도 굳지 않는 올리브 오일 정도의 점성을 가져야만 한다. 음식을 조리해 본 사람은 누구나 알듯이 동물 지방(버터 같은)은 상온에서 보통 고체인 반면, 식물성 기

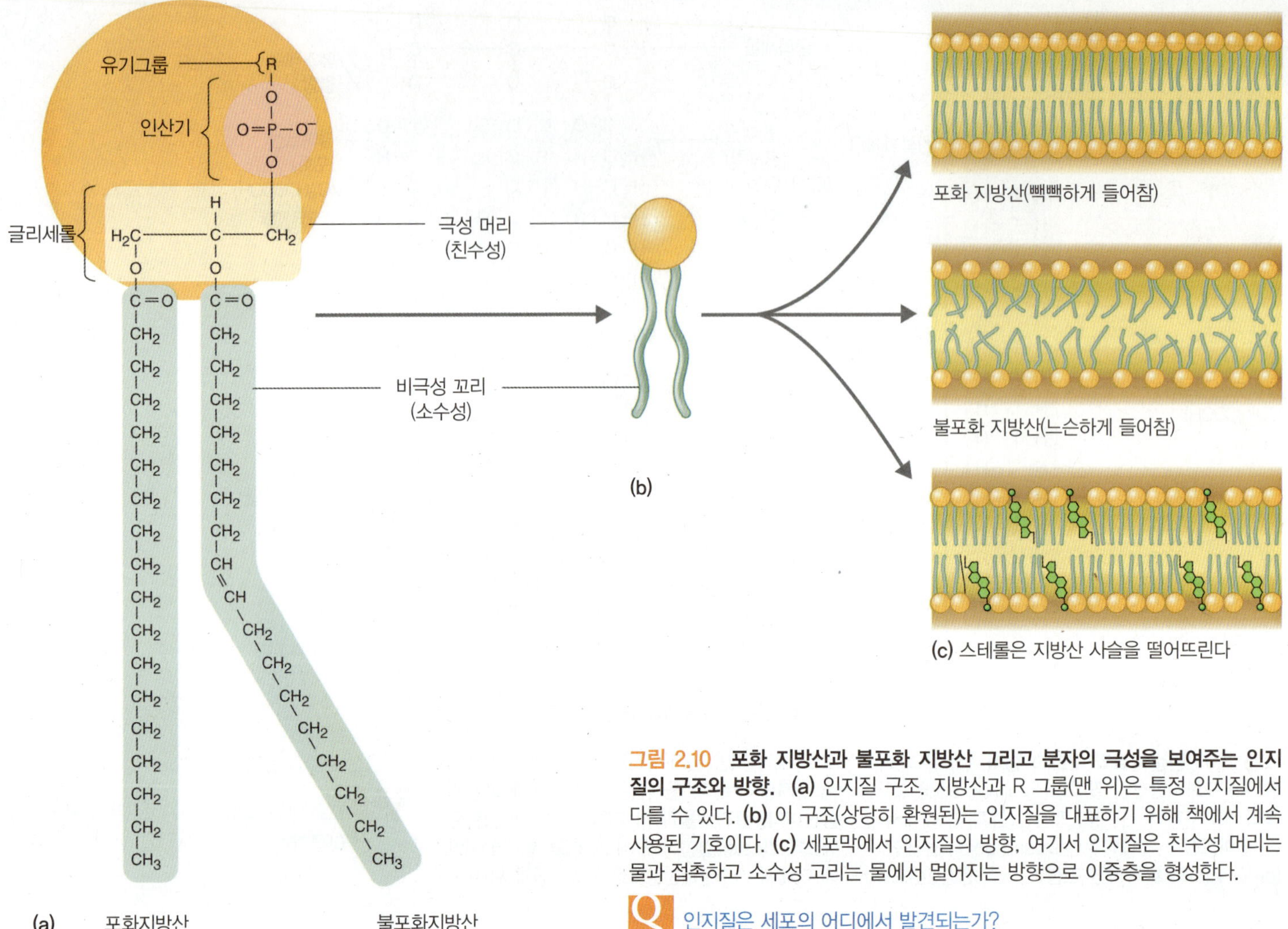

그림 2.10 포화 지방산과 불포화 지방산 그리고 분자의 극성을 보여주는 인지질의 구조와 방향. (a) 인지질 구조. 지방산과 R 그룹(맨 위)은 특정 인지질에서 다를 수 있다. (b) 이 구조(상당히 환원된)는 인지질을 대표하기 위해 책에서 계속 사용된 기호이다. (c) 세포막에서 인지질의 방향. 여기서 인지질은 친수성 머리는 물과 접촉하고 소수성 고리는 물에서 멀어지는 방향으로 이중층을 형성한다.

Q 인지질은 세포의 어디에서 발견되는가?

름은 보통 상온에서 액체이다. 이들 각각의 녹는점이 다른 것은 지방산 사슬의 포화 정도가 다르기 때문이다. 지방산에 이중결합이 없을 때 그 지방산은 포화되었다고 말한다. 이 경우 탄소골격은 최대 수의 수소 원자를 갖는다(그림 2.9c와 그림 2.10a 참조). 포화된 사슬은 비교적 직선이고 불포화된 사슬에 비해 더 밀접하게 서로 포개질 수 있기 때문에 더 쉽게 고체가 된다. 불포화 사슬의 이중결합은 그 부위에서 사슬이 꺾이게 하여 해당 사슬을 인접 사슬에서 멀어지게 한다(그림 2.10b). 올레산의 이중결합 양쪽에 있는 수소 원자는 불포화 지방산에서 같은 쪽에 위치하는 것을 그림 2.9c에서 주목하자. 이런 불포화 지방산을 시스(*cis*) 지방산이라고 한다. 만일 수소 원자가 이중결합을 중심으로 서로 반대쪽에 있으면 이 불포화산을 트랜스(*trans*) 지방산이라고 한다.

복합지질

복합지질(complex lipid)은 단순지질에서 발견되는 탄소, 수소, 산소 이외에 인, 질소, 황과 같은 원소를 더 갖는다. **인지질**(phospholipid)이라는 복합지질은 글리세롤과 두 개의 지방산 그리고 세 번째 지방산 자리에 몇몇 유기그룹 중 하나가 결합된 인산기가 붙어서 만들어진다(그림 2.10a). 인지질은 막을 만드는 지질이다. 이것은 세포의 생존에 필수적이다. 인지질은 극성과 비극성 부분을 모두 가지고 있다(그림 2.10a와 b; 89쪽 그림 4.14 참조). 인지질 분자는 물에 있으면 스스로 비틀어져 모든 극성(친수성) 부분이 극성인 물 분자 쪽으로 방향을 돌려서 물과 수소결합을 이룬다. (**친수성**이 물을 좋아한다는 의미임을 상기.) 이것이 원형질막의 기본 구조를 형성한다(그림 2.10c). 극성 부분은 인산기와 글리세롤로 구성되어 있다. 극성 부분과는 대조적으로 인지질의 모든 비극성(소수성) 부분은 옆 분자의 비극성 부분과만 접촉한다. (**소수성**은 물을 두려워한다는 의미임) 비극성 부분은 지방산으로 이루어져 있다. 이런 특징적인 행동으로 인지질은 세포를 봉하는 막의 주요 성분으로서의 역할에 매우 적합하다. 인지질 덕분에 막이 세포가 살고 있는 물 기반의 환경으로부터 세포의 내용물을 분리하는 장벽으로 작동하는 것이 가능하다.

일부 복합지질은 특정 세균을 확인하는 데 유용하다. 예를 들면 결핵을 일으키는 결핵균은 세포벽에 지질 함량이 많은 것으로 구별

그림 2.11 스테로이드의 한 종류인 콜레스테롤. 스테로이드 분자의 특징적인 융합된 네 개의 탄소 고리(A~D로 표시)를 주목하라. 고리의 모서리에 있는 탄소에 결합된 수소 원자는 생략되었다. 수산기(—OH) (붉은색)는 이 분자를 스테롤로 만든다.

 스테롤은 세포의 어디에서 발견되는가?

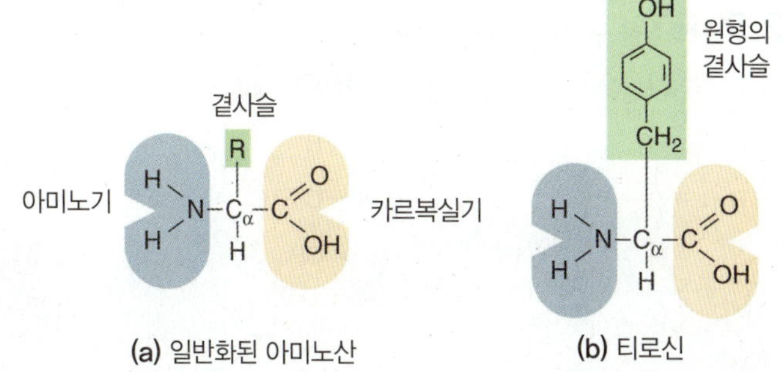

그림 2.12 아미노산의 구조 (a) 아미노산의 일반적인 구조식. 알파-탄소(C_α)가 중심에 보인다. 다른 아미노산은 곁사슬이라고 불리는 다른 R 그룹을 가진다. (b) 고리형태의 곁사슬을 가진 아미노산 티로신의 구조식.

Q 무엇이 한 아미노산을 다른 아미노산과 구별 짓는가?

된다. 이 세포벽에는 왁스와 이 세균 특유의 염색 특성을 부여하는 당지질(당이 붙어 있는 지질)과 같은 복합지질이 들어 있다. 이런 복합지질이 많은 세포벽은 *Mycobacterium*속의 모든 구성원의 특징이다.

스테로이드

스테로이드(steroid)는 다른 지질과 매우 구조적으로 다르다. 그림 2.11은 스테로이드의 특징인 네 개의 연결된 탄소 고리를 갖는 스테로이드 콜레스테롤의 구조를 보여준다. —OH기가 고리 중 하나에 부착되면 이 스테로이드를 **스테롤**(알코올)이라고 부른다. 스테롤은 동물세포와 한 종류의 세균(마이코플라즈마)의 원형질막의 중요한 성분이고 이들은 균류와 식물에서도 발견된다. 스테롤은 지방산 사슬을 서로 떨어뜨리고 쌓이는 것을 막아서 낮은 온도에서 원형질막이 굳지 않게 한다(그림 2.10C 참조).

이해도 확인하기

✔ 단순지질이 복합지질과 어떻게 다른가? **2-9**

단백질

단백질(protein)은 탄소, 수소, 산소, 질소로 이루어진 유기 분자이다. 일부는 황도 갖는다. 만일 살아 있는 세포 안에 있는 유기화합물의 모든 종류를 분리하여 무게를 측정한다면 그 중 단백질이 가장 많을 것이다. 수백 가지의 다른 단백질이 하나의 세포에서 발견될 수 있고 이들을 다 합치면 세포 건조중량의 50% 이상을 차지한다.

단백질은 세포의 구조와 기능의 모든 측면에서 필수적인 구성물이다. **효소**(enzyme)는 생화학 반응의 속도를 증가시키는 단백질이다. 그러나 단백질은 다른 기능들도 가지고 있다 **수송 단백질**(transporter proteins)은 특정 화학물질을 세포의 안과 밖으로 운반하는 것을 도와준다. 많은 종류의 세균에서 만드는 **박테리오신**(bacteriocin) 같은 단백질은 다른 세균을 죽인다. 일부 병원성 미생물이 만드는 외독소(exotoxin)라는 특정 **독소**(toxin) 또한 단백질이다. 어떤 단백질은 동물 근육세포의 수축과정과 미생물이나 다른 종류의 세포의 **운동**(movement)에서도 그 역할을 수행한다. 또 다른 단백질은 벽과 막, 원형질 구성물과 같은 **세포 구조**(cell structures)의 필수 구성요소이다. 특정 생물에서 **호르몬**(hormone) 같은 단백질은 조절 기능이 있다. 17장에서 보겠지만 항체라는 단백질은 척추동물의 면역체계에서 그 역할을 수행한다.

아미노산

단당류가 큰 탄수화물 분자의 구성단위이고 지방산과 글리세롤이 지방의 구성단위인 것처럼, **아미노산(amino acid)**은 단백질의 구성단위이다. 아미노산에서는 최소 한 개의 카르복실기(—COOH)와 한 개의 아미노기($—NH_2$)가 같은 탄소 원자(알파 탄소 원자, C_α 라고 쓴다)에 붙어 있다(그림 2.12a). 이런 아미노산을 **알파-아미노산**이라고 한다. 또한 알파 탄소에 곁가지(R group)가 붙어 있는데 이것이 각 아미노산이 구별되는 특징이다. 곁가지는 수소 원자일 수도 있고 분지 또는 분지되지 않은 원자 사슬 혹은 순환(cyclic, 모두 탄소) 혹은 이종순환(heterocyclic; 탄소 이외의 원자가 고리에 포함) 고리 구조일 수도 있다. 그림 2.12b는 티로신이라는 아미노산의 화학구조를 보여주는데, 순환고리 곁가지를 가지고 있다. 곁가지로 메르캅토기(—SH), 수산기(—OH), 혹은 추가적인 카르복실기나 아미노기 같은 작용기를 가질 수도 있다. 이들 곁가지와 알파 탄소의 카르복실기와 아미노기는 나중에 설명할 단백질의 전체 구조에 영향을 준다. 단백질에서 발견되는 20가지 아미노산의 구조와 표준 약어는 표 2.5에서 볼 수 있다.

대부분의 아미노산은 D와 L이라고 표시되는 **입체이성질체(stereoisomer)**라는 두 가지의 원자배열 중에 하나로 존재한다. 이러한 원자배열은 마주보는 오른손(D)과 왼손(L)처럼 삼차원 형태로 서로 거울상이다(그림 2.13). 단백질에 발견되는 아미노산은 언제나 L-이성질체이다(가장 간단한 아미노산인 글리신은 입체이성질체가 없어서 예외이다). 그러나 D-아미노산도 가끔 자연에서 발생한다. 예를 들어 일부 세균의 세포벽과 항생제에서 발견된다. (많은 종류

표 2.5 단백질을 구성하는 20가지 아미노산*

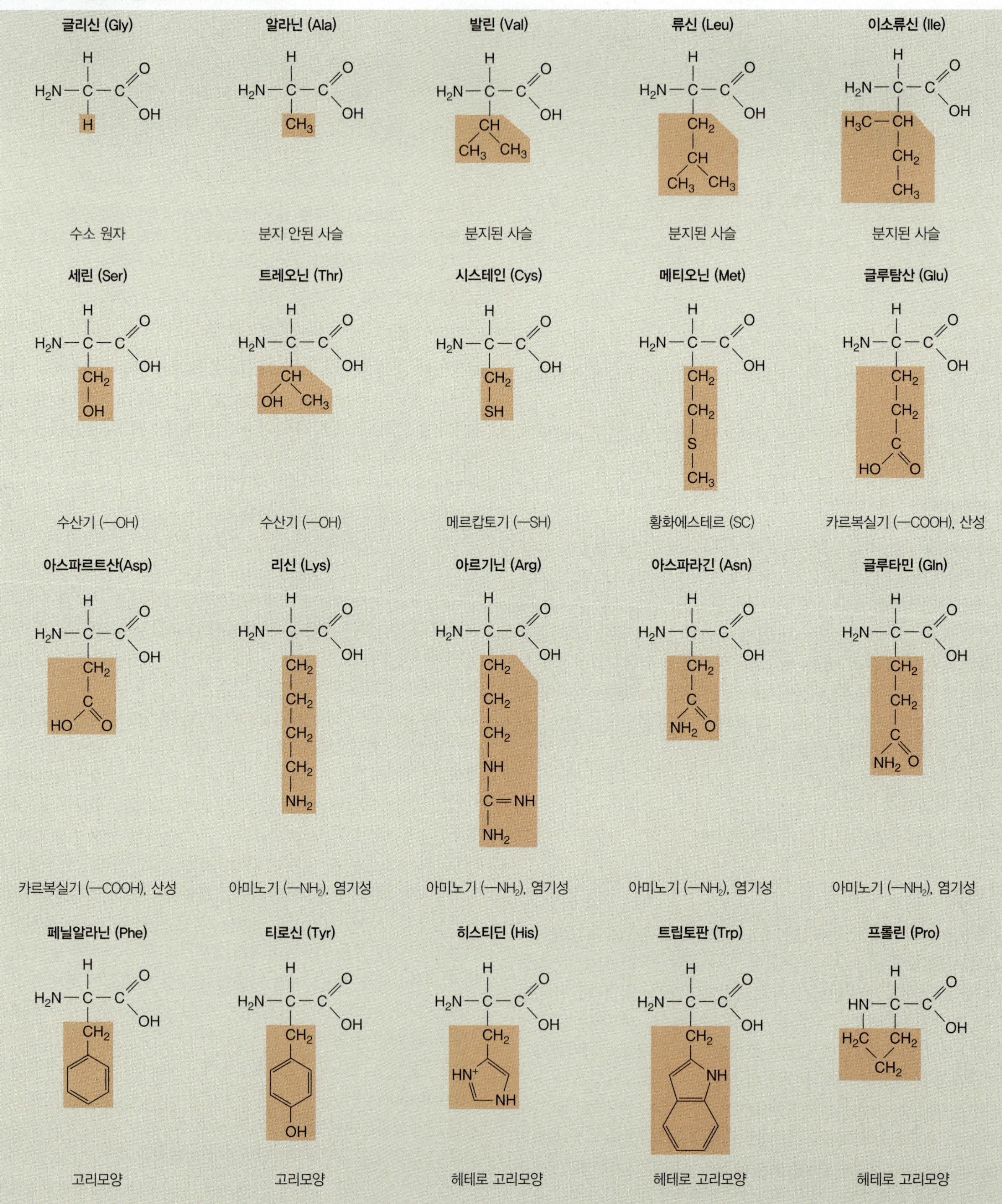

*괄호 안에 세 문자 약어를 포함한 아미노산 이름(위)과 이들의 구조식(중앙), 특징적인 R 그룹(아래)을 표시하였다. 시스테인(cysteine)과 메티오닌(methionine)은 황을 가진 유일한 아미노산이다.

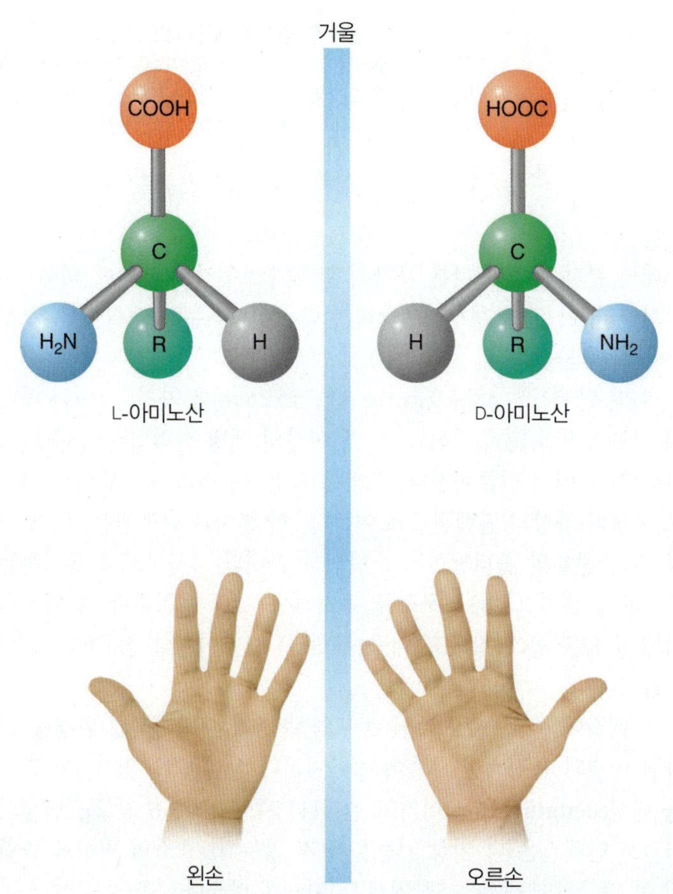

그림 2.13 **공과 막대로 구성한 L형과 D형의 아미노산 이성질체.** 두 이성질체는 왼손과 오른손처럼 서로 거울상이고 서로 중첩될 수 없다. (시도해 보라!)

 단백질에서 어떤 이성질체가 항상 발견되는가?

의 다른 유기 분자 또한 D와 L형태로 존재할 수 있다. 포도당이 하나의 예로 자연에서는 D-포도당으로 존재한다.)

비록 아미노산은 서로 다른 20종류만이 자연적으로 단백질에 존재하지만, 한 단백질 분자에는 50에서 수백 개의 아미노산이 있을 수 있어서 거의 무한한 방법으로 아미노산을 배열하여 다른 길이와 조성, 구조를 가진 단백질을 만들 수 있다. 단백질 수는 실질적으로 끝이 없고 모든 살아 있는 세포는 많은 종류의 다른 단백질을 만든다.

펩티드결합

아미노산의 결합은 한 아미노산의 카르복실(—COOH)기 탄소 원자와 다른 아미노산의 아미노(—NH_2)기 질소 원자 사이에 일어난다(그림 2.14). 아미노산 간의 결합을 **펩티드결합(peptide bond)**이라고 한다. 두 아미노산 사이에 펩티드결합이 생길 때마다 물 분자 하나가 방출된다. 따라서 펩티드결합은 탈수합성에 의해 형성된다. 그림 2.14의 반응 결과로 생긴 화합물은 펩티드결합으로 연결된 두 개의 아미노산으로 구성되었기 때문에 이를 디펩티드(dipeptide)라고 부른다. 또 다른 아미노산이 디펩티드에 더해지면 트리펩티드

임상 사례

조나단이 중환자실에서 치료를 받는 동안 그의 아내인 디안(DeeAnn)과 성인이 된 딸은 담당의사와 질병통제예방센터(CDC)의 조사관과 함께 조나단의 탄저균 감염 원인을 밝히기 위해 이야기를 나누었다. 조나단의 집과 차, 그리고 작업장에 걸쳐 탄저균에 대한 환경조사가 실시되었다. 그러나 그의 아내와 아이들은 감염된 징후가 보이지 않았고 그의 밴드 멤버 역시 검사했지만 모두 탄저균에 음성이었다. CDC 조사관은 조나단 가족에게 탄저균은 흙에서 60년까지도 살아남을 수 있는 내생포자를 만든다고 설명한다. 사람에게는 드물지만 방목한 동물과 이것의 가죽이나 다른 부산물을 다루는 사람은 감염될 수 있다. 탄저균 세포는 폴리-D-글루탐산으로 구성된 캡슐을 가지고 있다.

캡슐이 왜 식세포에 의한 소화에 저항성을 가지는가? (식세포는 세균을 삼키고 파괴하는 백혈구이다.)

26 **43** 44 48

(tripeptide)를 형성한다. 아미노산이 더 추가되면 펩티드(peptide; 4~9 아미노산) 혹은 폴리펩티드(polypeptide; 10~2000 혹은 더 많은 아미노산)라고 불리는 긴 사슬 형태의 분자가 만들어진다.

단백질 구조의 단계

단백질은 구조 면에서 대단히 다양하다. 다른 단백질은 구조가 다르고 삼차원 형태가 다르다. 이런 구조적 변이가 이들의 다양한 기능과 직접 관련된다.

세포가 단백질을 만들 때 폴리펩티드 사슬은 자발적으로 접혀서 특정한 형태를 취한다. 폴리펩티드가 접히는 한 이유는 단백질의 일부분은 물에 끌리고 다른 부분은 이를 멀리하기 때문이다. 실제로 단백질의 기능은 모든 경우 다른 분자를 인식하고 결합하는 능력에 의존한다. 예를 들면 효소는 해당 기질과 특이적으로 결합한다. 호르몬 단백질은 기능을 변경시킬 표적 세포에 있는 수용체와 결합한다. 항체는 몸에 침입한 항원(외부 물질)과 결합한다. 각 단백질의 독특한 모습 때문에 특수한 기능을 수행하기 위해 특정 분자와 상호작용하는 것이 가능하다.

단백질은 구성은 네 단계(1차, 2차, 3차, 4차)의 수준에서 설명된다. 1차구조(primary structure)는 폴리펩티드 사슬을 형성하는 아미노산이 연결되는 독특한 서열이다(그림 2.15a). 이 서열은 유전적으로 결정된다. 서열의 변경은 대사작용에 커다란 영향을 끼칠 수 있다. 예를 들어 혈액 단백질에서 아미노산 하나가 잘못되어 겸상적혈구빈혈의 특징인 변형된 헤모글로빈 분자를 만들 수 있다. 단백질은 긴 직선 사슬로 존재하지 않는다. 각 폴리펩티드 사슬은 특이한 방법으로 접히고 꼬여 특징적인 삼차원 형태를 갖는 비교적 밀집된 구조를 형성한다.

단백질의 2차구조(secondary structure)는 국부적으로 반복되는 폴리펩티드 사슬의 뒤틀림 혹은 접힘이다. 단백질에서 이런 형태는 폴리펩티드 사슬을 따라 다른 위치에서 있는 펩티드결합 원자들이

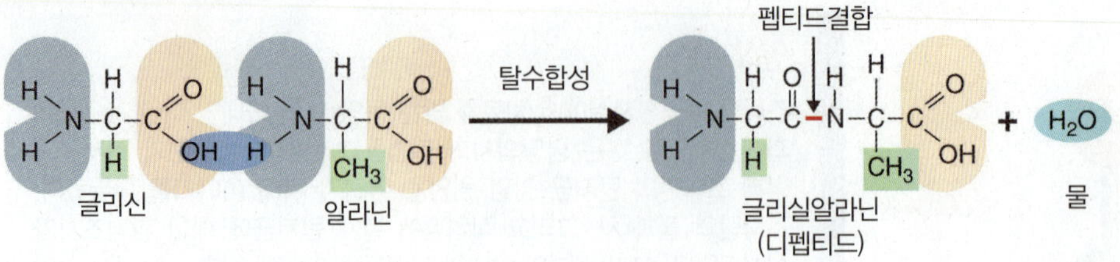

그림 2.14 탈수합성에 의해 펩티드결합이 생성. 두 아미노산 글리신과 알라닌이 결합하여 디펩티드를 만든다. 글리신의 탄소 원자와 알라닌의 질소 원자 사이에 새롭게 형성된 결합을 펩티드결합이라고 부른다.

Q 아미노산은 단백질과 어떤 관련이 있는가?

서로 수소결합을 한 결과이다. 두 종류의 2차구조는 나선(helix, 복수형은 *helices*)라 부르는 시계방향의 나선구조와 아미노산 사슬에서 거의 평행인 부분에서 만들어지는 병풍구조(pleated sheet)이다(그림 2.15b). 두 구조 모두 폴리펩티드 사슬 골격 부분의 산소와 질소 원자 사이에 수소결합으로 형태가 유지되고 있다.

3차구조(Tertiary structure)는 폴리펩티드 사슬의 전체적인 삼차원 구조를 말한다(그림 2.15c). 여기서의 접힘은 2차구조처럼 반복적이거나 예측할 수 있지는 않다. 2차구조에는 펩티드결합에 참여한 아미노기와 카르복실기 원자 사이의 수소결합이 관여하는 반면 3차구조는 폴리펩티드 사슬을 이루고 있는 다양한 아미노산 곁가지 간의 여러 가지 상호작용으로 이루어진다. 예를 들어 비극성(소수성)의 곁가지를 가진 아미노산은 일반적으로 물과의 접촉을 피해 단백질의 중심에서 상호작용을 한다. 이 **소수성 상호작용**(hydrophobic interaction)의 도움으로 3차구조가 형성된다. 곁가지 간의 수소결합과 반대 전하를 갖는 곁가지간의 이온결합 역시 3차구조에 기여한다. 시스테인 아미노산을 갖는 단백질은 **이황화다리**(disulfide bridge)라고 부르는 강한 공유결합을 만들 수 있다. 이 다리는 두 개의 시스테인 분자가 단백질의 접힘에 의해 서로 가깝게 다가오게 될 때 형성된다. 시스테인 분자는 메르캅토기(—SH)를 가지고 있고 한 시스테인 분자의 황이 다른 분자의 황과(수소원자의 제거에 의해) 이황화다리(S—S)를 형성하여 결합한다. 이 다리는 단백질에서 두 부분을 함께 붙잡는다.

어떤 단백질은 4차구조(quaternary structure)를 가진다. 이는 하나의 기능적 단위를 수행하는 두 개 이상의 개별 폴리펩티드 사슬(소단위)이 모여서 만들어진다. 그림 2.15d는 두 개의 폴리펩티드 사슬로 구성된 가상의 단백질을 보여준다. 더 흔하게 단백질은 두 개 이상 다른 종류의 폴리펩티드 소단위를 가진다. 4차구조를 유지하는 결합은 기본적으로 3차구조를 유지하는 것과 동일하다. 단백질의 전체 모습은 공(밀집되고 대략 구형인) 모양이거나 섬유(실 같은) 모양이다.

단백질이 온도, pH, 소금 농도의 측면에서 적대적인 환경을 만나면 이것의 특징적인 모습이 풀어지거나 상실될 수 있다. 이 과정을 **변성(denaturation)**이라고 한다(117쪽 그림 5.6 참조). 변성의 결과로 단백질은 더 이상 기능을 하지 않는다. 효소의 변성과 관련된 이 과정에 대해서는 5장에서 더 자세히 다룬다.

지금까지 논의한 단백질은 아미노산만을 가진 **단순단백질**(simple protein)이다. **복합단백질**(conjugated protein)은 아미노산과 다른 유기 혹은 무기 구성성분으로 된 조합물이다. 복합단백질은 비아미노산 부분에 따라 이름이 지어진다. 당단백질은 당을, 핵단백질은 핵산을, 금속단백질은 금속 원자를, 지질단백질은 지질을, 인단백질은 인산 그룹을 가지고 있다. 인단백질은 진핵세포의 활성에 있어 중요한 조절자이다. 세균의 인단백질 합성은 숙주 세포 내에서 자라는 *Legionella pneumophila*(레지오넬라 뉴모필라)와 같은 세균의 생존에 중요할 수 있다.

임상 사례

숙주의 식세포는 탄저균의 캡슐에서 발견되는 D-글루탐산과 같은 D형태의 아미노산을 쉽게 분해하지 못한다. 따라서 감염으로 발전될 수 있다. CDC 조사관의 동물 가죽에 대한 언급은 디안에게 아이디어를 주었다. 조나단은 짐베(djembe)라는 서아프리카 드럼을 연주한다. 드럼의 가죽은 서아프리카에서 수입된 말린 염소 가죽으로 만든다. 비록 이들 가죽의 대부분이 합법적으로 수입되지만 일부는 밀수된다. 조나단의 드럼의 가죽이 불법적으로 수입되었고 미국 농무부에 의해 검사되지 않았을 가능성이 있다. 짐베 드럼을 만들기 위해서는 가죽을 물에 적시고 드럼 몸체에 맞게 늘리고 깎고 갈아야 한다. 깎고 가는 작업 중 가죽이 마르면서 많은 양의 에어로졸화된 먼지가 발생한다. 때때로 이 먼지에 디피콜린산(dipicolinic acid)을 갖는 탄저균의 내생포자가 들어 있기도 한다.

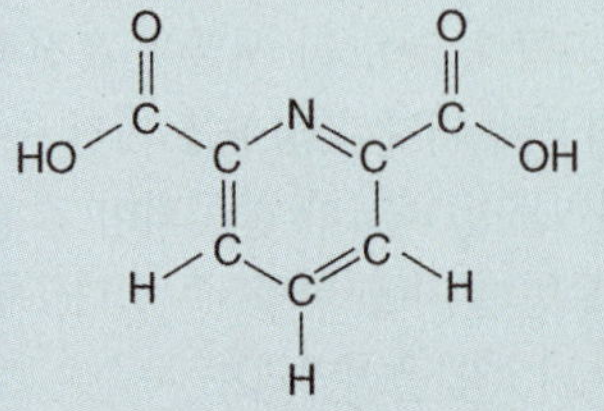

디피콜린산(dipicolinic acid)에 있는 작용기는 무엇인가? 위의 그림을 보시오.

26 43 44 48

이해도 확인하기

✔ 모든 아미노산에 있는 두 개의 작용기는 무엇인가? **2-10**

핵산

1944년 세 명의 미국 미생물학자, 오스왈드 에이버리, 콜린 매클라우드, 매클린 맥카티는 **디옥시리보핵산(deoxyribonucleicacid, DNA)**이 유전자를 만드는 물질이라는 것을 발견했다. 9년 후 윌킨스와 플랭클린이 제공한 X선 정보와 분자 모델을 가지고 왓슨과 크릭이 DNA의 물리적 구조를 규명하였다. 또한 크릭은 DNA 복제의 원리와 DNA가 어떻게 유전물질의 역할을 하는지를 제안하였다. DNA와 함께 **리보핵산(ribonucleic acid, RNA)**이라는 또 다른 물질을 이들이 세포의 핵 안에서 처음 발견하였기 때문에 **핵산(nucleic acid)**이라고 부른다. 아미노산이 단백질의 구조적 단위인

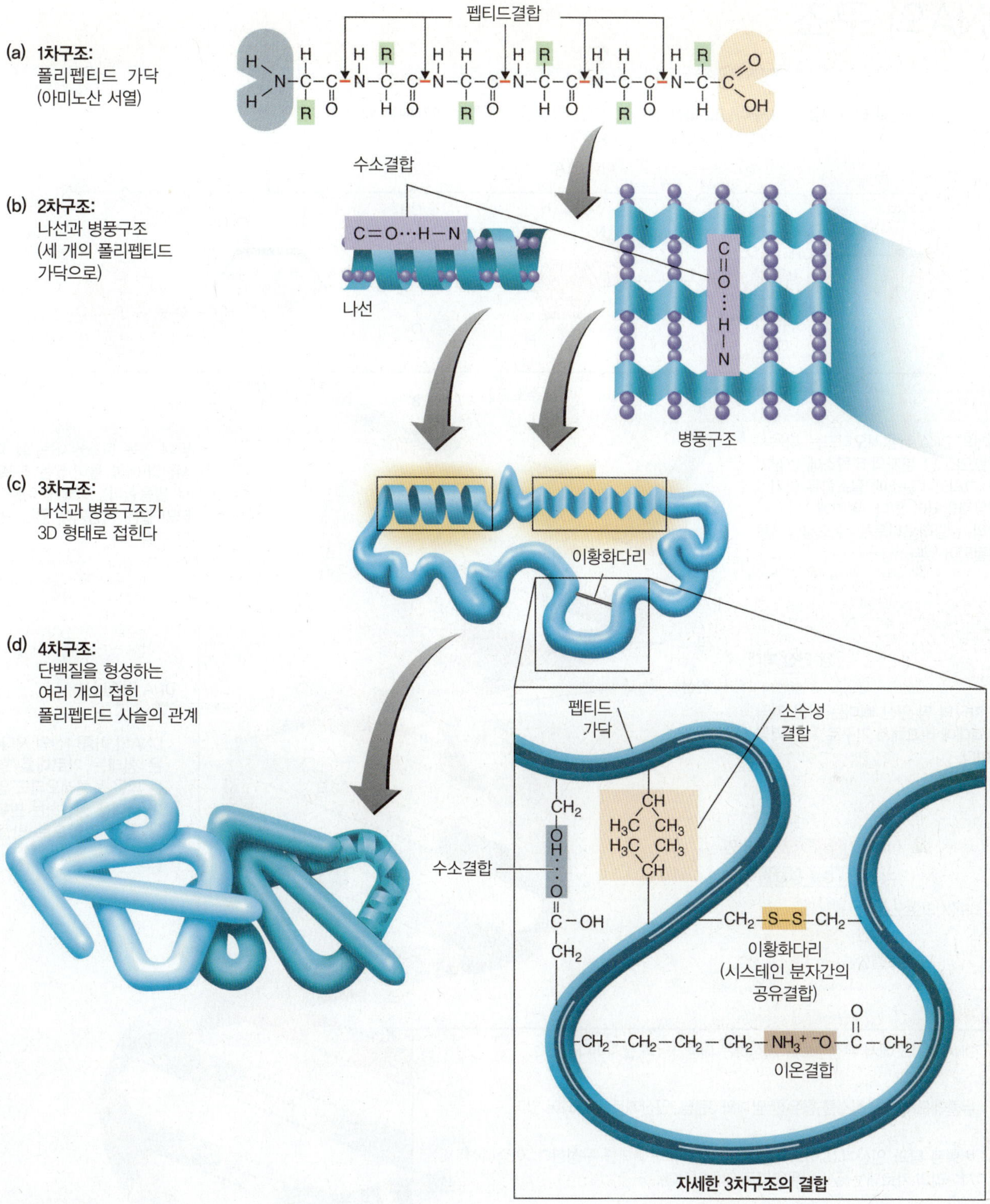

(a) 1차구조:
폴리펩티드 가닥
(아미노산 서열)
펩티드결합
(b) 2차구조:
나선과 병풍구조
(세 개의 폴리펩티드
가닥으로)
수소결합
C=O···H–N
나선
병풍구조
(c) 3차구조:
나선과 병풍구조가
3D 형태로 접힌다
이황화다리
(d) 4차구조:
단백질을 형성하는
여러 개의 접힌
폴리펩티드 사슬의 관계
펩티드
가닥
소수성
결합
수소결합
이황화다리
(시스테인 분자간의
공유결합)
이온결합
자세한 3차구조의 결합

그림 2.15 단백질의 구조. (a) 1차구조, 아미노산 서열. (b) 2차구조, 나선과 병풍구조. (c) 3차구조, 한 폴리펩티드 사슬 전체의 삼차원적인 접힘. (d) 4차구조, 한 단백질을 만드는 여러 폴리펩티드 사슬 간의 관계.

Q 단백질의 어떤 특징이 특정한 기능을 수행하게 하는가?

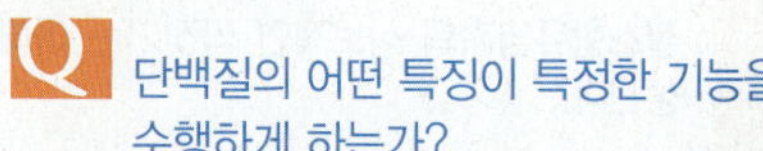

토대 그림 2.16

DNA의 구조

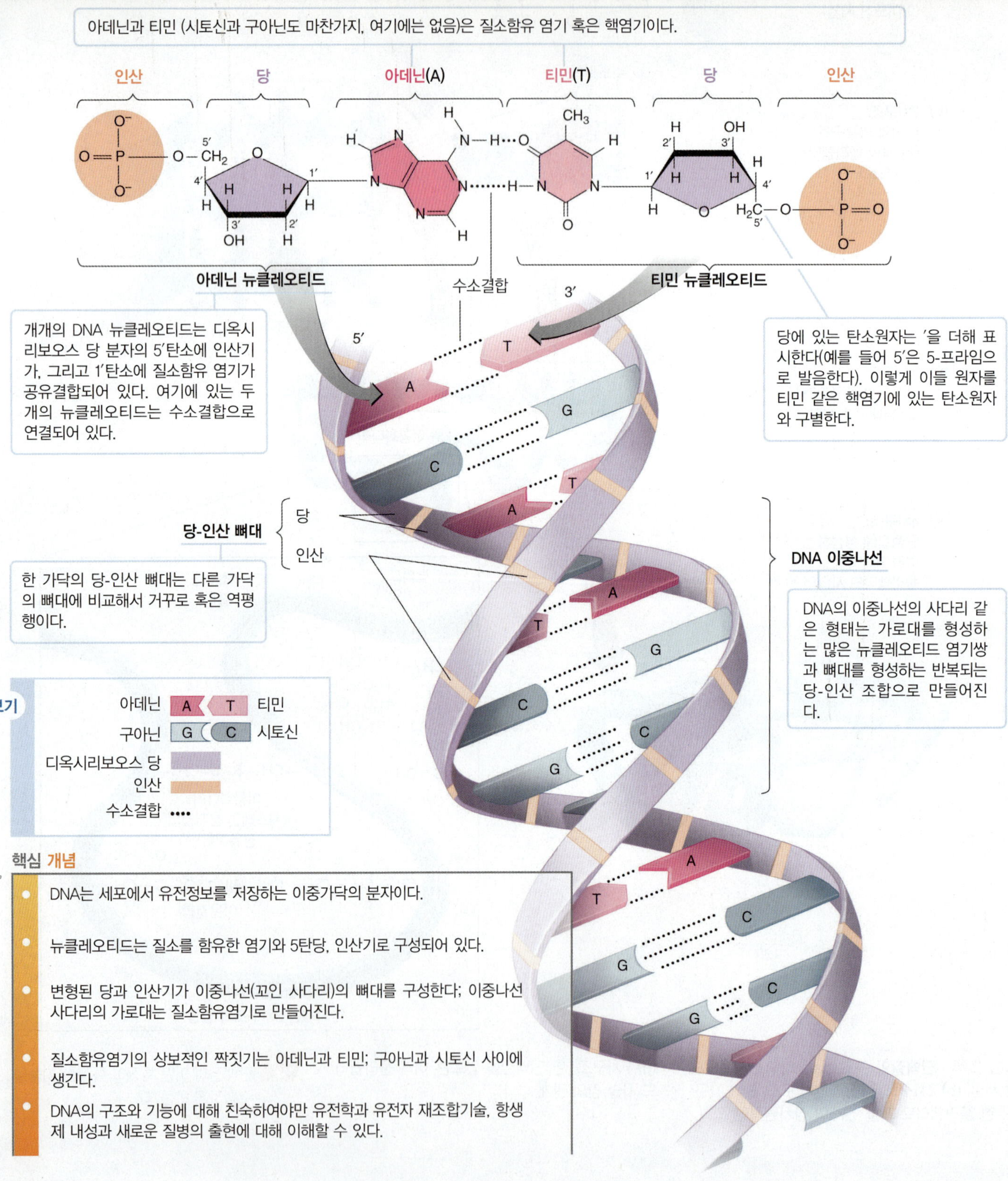

핵심 개념

- DNA는 세포에서 유전정보를 저장하는 이중가닥의 분자이다.
- 뉴클레오티드는 질소를 함유한 염기와 5탄당, 인산기로 구성되어 있다.
- 변형된 당과 인산기가 이중나선(꼬인 사다리)의 뼈대를 구성한다; 이중나선 사다리의 가로대는 질소함유염기로 만들어진다.
- 질소함유염기의 상보적인 짝짓기는 아데닌과 티민; 구아닌과 시토신 사이에 생긴다.
- DNA의 구조와 기능에 대해 친숙하여야만 유전학과 유전자 재조합기술, 항생제 내성과 새로운 질병의 출현에 대해 이해할 수 있다.

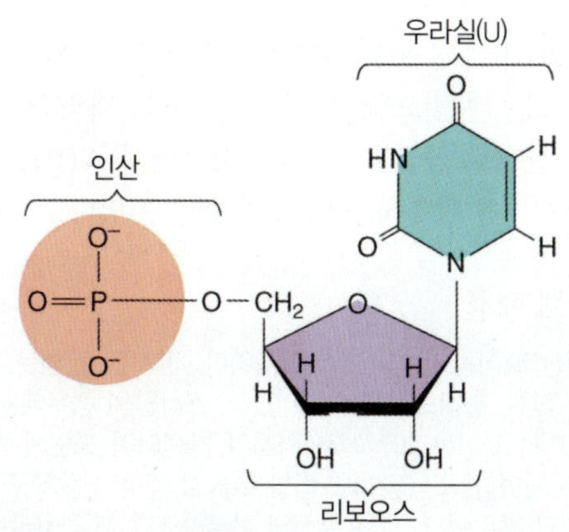

그림 2.17 RNA의 우라실 뉴클레오티드

 구조적으로 DNA와 RNA는 얼마나 비슷한가?

것처럼 뉴클레오티드는 핵산의 구조적 단위이다.

각 **뉴클레오티드(nucleotide)**는 세 개의 부분으로 되어 있다. 질소를 함유한 염기, 5탄당(**디옥시리보오스** 혹은 **리보오스**) 그리고 인산 그룹(인산). 질소 함유 염기는 원형 화합물로 탄소, 수소, 산소, 질소로 이루어진다. 염기는 아데닌(adenine, A), 티민(thymine, T), 시토신(cytosine, C), 구아닌(guanine, G)과 우라실(uracil, U)이라 불린다. A와 G는 **퓨린(purine)**이라는 이중고리 구조이고 T와 C, U는 **피리미딘(pyrimidine)**이라는 단일고리 구조이다.

뉴클레오티드는 질소가 들어 있는 염기에 따라 그 이름 지어진다. 따라서 티민을 갖는 뉴클레오티드는 티민 뉴클레이오티드이고 아데닌을 갖는 것은 아데닌 뉴클레오티드 등이다. **뉴클레오시드(nucleoside)**라는 용어는 퓨린이나 피리미딘에 5탄당이 더해진 조합을 말하는데, 뉴클레오시드에 인산기는 없다.

DNA

왓슨과 크릭이 제안한 모델에 의하면 DNA 분자는 **이중나선(double helix)**을 형성하는 서로를 감싸 도는 두 개의 긴 가닥으로 구성되어 있다(그림 2.16). 이중나선은 꼬인 사다리처럼 보이고 각 가닥은 수많은 뉴클레오티드로 구성되어 있다.

이중나선을 구성하는 DNA의 각 가닥은 디옥시리보 당과 인산 그룹이 교대로 구성된 뼈대를 가지고 있다. 한 뉴클레오티드의 디옥시리보오스는 다음 뉴클레오티드의 인산 그룹과 연결된다(뉴클레오티드가 어떻게 연결되는지 보려면 211쪽 그림 8.3을 참조). 질소 함유 염기는 사다리의 가로대를 구성한다. 퓨린 A는 언제나 피리미딘 T와 쌍을 이루고, 퓨린 G는 항상 피리미딘 C와 쌍을 이루는 것을 주목하자. 염기는 수소결합에 의해 서로 붙어 있다. A와 T는 두 개의 수소결합 그리고 G와 C는 세 개의 수소결합으로 붙어 있다. DNA는 우라실(U)을 갖지 않는다.

뼈대를 따라 위치하는 질소 함유 염기쌍의 순서는 매우 특이적이며 사실 해당 생명체의 유전정보를 가지고 있다. 뉴클레오티드가 유전자를 이루고 단일 DNA 분자는 수천 개의 유전자를 가질 수 있다. 유전자는 유전형질을 결정하고 세포 안에서 일어나는 모든 활동을 제어한다.

질소 함유 염기쌍의 가장 중요한 결과의 하나는 한 가닥의 염기서열을 알면 다른 가닥의 순서 또한 알 수 있다는 것이다. 예를 들어 한 가닥이 …ATGC… 서열을 가지면 다른 가닥은 …TACG…의 서열을 가진다. 한 가닥의 염기순서가 다른 가닥의 염기순서를 결정하기 때문에 염기는 **상보적(complimentary)**이라고 한다. 실질적인 정보의 전달은 DNA의 독특한 구조 때문에 가능한 것인데, 이에 대해서는 8장에서 더 논의한다.

RNA

핵산에서 두 번째로 중요한 종류인 RNA는 DNA와 여러 측면에서 다르다. DNA가 이중가닥인 데 반해 RNA는 주로 단일가닥이다. RNA 뉴클레오티드에서 5탄당은 리보오스이고 디옥시리보오스보다 산소 원자를 하나 더 갖는다. 또한 RNA 염기의 하나는 티민 대신 우라실(U)이다(그림 2.17). 다른 세 염기(A, G, C)는 DNA와 동일하다. 세포에서는 세 가지 종류의 RNA가 발견된다. 이들은 **전령 RNA(mRNA)**, **리보솜 RNA(rRNA)**, **운반 RNA(tRNA)**이다. 8장에서 볼텐데, 각 유형의 RNA는 단백질 합성에서 특정한 역할을 한다.

DNA와 RNA의 비교는 표 2.6에 나타나 있다.

이해도 확인하기

✔ DNA와 RNA는 어떻게 다른가? **2-11**

아데노신 3인산(ATP)

아데노신 3인산(adenosine triphosphate, ATP)은 모든 세포에서 주요 에너지 운반 분자이고 세포의 생명에 필수불가결하다. 이것은 일부 화학반응에서 방출되는 화학에너지를 저장하고 에너지를 필요로 하는 반응에 에너지를 공급한다. ATP는 아데닌과 리보오스로 구성된 아데노신 단위와 연결된 세 개의 인산 그룹(Ⓟ)으로 되어 있다(그림 2.18). 즉, ATP는 두 개의 추가된 인산그룹을 갖는 아데닌 뉴클레오티드[아데노신 일인산염(adenosine monophosphate) 또는 AMP라고도 함]이다. ATP는 이것이 세 번째 인산 그룹이 가수분해되어 **아데노신 2인산(adenosine diphosphate, ADP)**이 될 때 많은 양의 가용한 에너지를 방출하기 때문에 고에너지 분자라고 불린다. 이 반응은 다음과 같이 표현될 수 있다.

아데노신—Ⓟ—Ⓟ—Ⓟ + H_2O ⟹
(아데노신 3인산) (물)

아데노신—Ⓟ—Ⓟ + $Ⓟ_i$ + 에너지
(아데노신 2인산) (무기 인산)

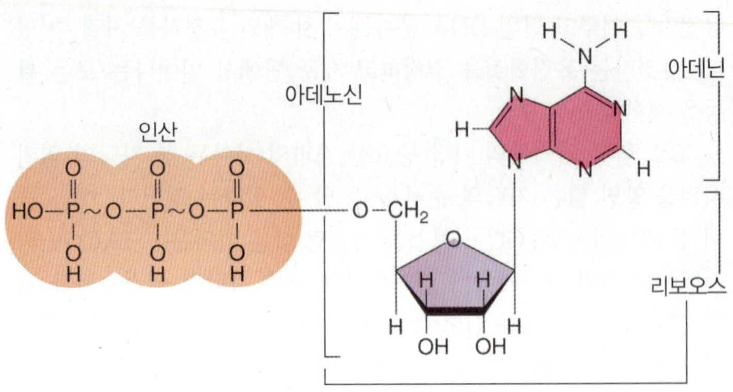

그림 2.18 **ATP의 구조.** 고에너지 인산결합을 물결무늬로 표시하였다. ATP가 ADP와 무기인산으로 분해될 때 많은 양의 화학에너지가 다른 화학반응에 이용되도록 방출된다.

Q ATP는 얼마나 RNA의 뉴클레오티드와 비슷한가? DNA의 뉴클레오 티드와는?

세포에서 ATP의 공급이 제한될 때가 있다. ATP 공급의 보충이 필요할 때마다 반응은 역방향으로 일어난다. 에너지의 입력과 함께 인산 그룹이 ADP에 붙을 때 ATP가 만들어진다. ADP에 말단 인산 그룹을 부착하는 데 필요한 에너지는 세포의 다양한 산화반응, 특히 포도당의 산화로 공급된다. 모든 세포에서 ATP는 필요할 때까지 잠재된 에너지를 방출하지 않고 저장될 수 있다.

임상 사례 해결

디피콜린산의 작용기는 카르복실기이다. 탄저균 감염은 내생포자와 접촉이나 섭취, 흡입으로 걸릴 수 있다. 조나단의 경우에는 염소 가죽을 늘리고 깎고 가는 과정에서 먼지가 발생되어 드럼의 가죽과 주위 틈에 끼게 되었다. 조나단이 드럼을 두들길 때마다 탄저균 내생포자는 공기 중으로 분무된다. 그는 완전히 회복하였고 지금부터는 드럼의 어떤 부속이라도 합법적으로 수입된 것을 구입하기로 다짐한다.

26 43 44 **48**

이해도 확인하기

✓ ATP와 ADP중 어느 것이 세포에서 에너지를 더 공급할 수 있고 왜 그런가? **2-12**

표 2.6 DNA와 RNA의 비교

뼈대	DNA	RNA
가닥	세포와 대부분의 DNA 바이러스에서 이중가닥이고 이중나선을 형성; 일부 바이러스에서 단일가닥(parvoviruses).	세포와 대부분의 RNA 바이러스에서 단일가닥; 일부 바이러스에서 이중가닥(reoviruses).
조성	당이 디옥시리보오스(deoxyribose).	당이 리보오스(ribose).
	질소를 함유한 염기가 아데닌(adenine, A)과 티민(thymine, T), 시토신(cytosine, C), 구아닌(guanine, G).	질소를 함유한 염기가 아데닌(adenine, A)과 구아닌(guanine, G), 시토신(cytosine, C), 우라실(uracil, U)
기능	모든 유전적 특징을 결정.	단백질 합성.

학습 개요

서론 (25쪽)

1. 원자들과 분자들 사이의 상호작용에 대한 과학을 화학이라 한다.
2. 미생물의 대사활성은 복잡한 화학반응을 포함한다.
3. 미생물은 영양소를 분해하여 에너지를 얻고 새로운 세포를 만든다.

원자의 구조 (26~27쪽)

1. 원자는 그 원소의 특징을 나타내는 화학원소의 가장 작은 단위이다.
2. 원자는 양성자와 중성자를 갖는 핵과 핵 주위를 도는 전자로 구성되어 있다.
3. 원자번호는 핵에 있는 양성자의 수이다; 양성자와 중성자의 전체 수가 원자의 질량이다.

화학 원소 (26~27쪽)

4. 같은 수의 양성자를 가지며 같은 화학적 성질을 갖는 원자는 같은 화학원소로 분류한다.
5. 화학원소를 화학기호라는 약어로 표시한다.
6. 약 26개의 원소가 살아 있는 세포에서 흔히 발견된다.
7. 같은 원자번호를 갖지만(같은 원소이지만) 다른 원자량을 갖는 원자를 동위원소라고 한다.

전자의 배열 (27쪽)

8. 한 원자에서 전자는 원자 주위의 전자각에 배열된다.
9. 각 전자각은 특징적인 개수의 전자를 최대로 수용할 수 있다.
10. 원자의 화학적인 특성은 대부분 최외각 전자의 수 때문에 나타난다.

원자가 분자를 형성하는 법: 화학결합 (27~31쪽)

1. 분자는 두 개 이상의 원자에 의해 만들어진다; 최소한 두 가지 다른 종류의 원자로 구성된 분자를 화합물이라고 한다.
2. 원자는 최외각 전자의 자리를 채우기 위해 분자를 구성한다.
3. 두 원자를 결합하는 서로 끌어당기는 힘을 화학결합이라 한다.
4. 원자가 결합할 수 있는 능력이—그 원자가 다른 원자와 형성할 수 있는 화학 결합의 수—원자가이다.

이온결합 (29~30쪽)

5. 양전하 혹은 음전하를 띤 원자나 원자단을 이온이라고 부른다.
6. 반대의 전하를 띤 이온간의 화학적인 끌림을 이온결합이라고 부른다.
7. 이온결합을 형성할 때 한 이온은 전자의 공여체이고 다른 이온은 전자의 수용체이다.

공유결합 (30쪽)

8. 공유결합에서 원자들은 전자쌍을 공유한다.
9. 공유결합은 이온결합보다 강하고 유기 분자에서 훨씬 더 흔하다.

수소결합 (30~31쪽)

10. 하나의 산소나 질소 원자에 공유결합된 수소 원자가 다른 산소나 질소 원자에 끌릴 때 수소결합이 존재한다.
11. 다른 두 분자 사이 혹은 하나의 큰 분자의 다른 부분 사이에서 수소결합이 약한 연결을 형성한다.

분자량과 몰 (31쪽)

12. 분자량은 그 분자를 구성하는 모든 원자의 원자량의 합이다.
13. 원자 혹은 이온, 분자의 몰은 그램으로 표시되는 원자량이나 분자량과 동일하다.

화학반응 (31~33쪽)

1. 화학반응은 원자 사이의 화학결합의 생성과 끊어짐이다.
2. 화학반응 동안 에너지의 변화가 발생한다.
3. 흡열반응은 방출하는 것보다 더 많은 에너지를 요구한다; 발열반응은 에너지를 더 방출한다.
4. 합성반응에서 원자나 이온, 분자가 결합하여 더 큰 분자를 형성한다.
5. 분해반응에서 큰 분자는 구성 분자나 이온, 원자로 나누어진다.
6. 교환반응에서 두 분자는 분해되고 이들의 소단위는 두 개의 새로운 분자를 합성하는 데 이용된다.
7. 가역반응의 산물은 원래의 반응물로 즉시 되돌아갈 수 있다.

■ 생물에게 중요한 분자 (33~48쪽)

무기화합물 (33~36쪽)

1. 무기화합물은 보통 작고 이온결합된 분자이다.
2. 물과 많은 흔한 산과 염기, 염은 무기화합물의 예이다.

물 (33~34쪽)

3. 물은 세포에서 가장 풍부한 물질이다.
4. 물이 극성 분자이기 때문에 훌륭한 용매이다.
5. 소화과정의 분해반응에서 많은 경우 물은 반응물이다.
6. 물은 훌륭한 온도 완충용액이다.

산과 염기, 염 (34쪽)

7. 산은 H^+과 음이온으로 해리된다.
8. 염기는 OH^-과 양이온으로 해리된다.
9. 염은 H^+이나 OH^-가 아닌 음이온과 양이온으로 해리된다.

산-염기 균형: pH의 개념 (34~36쪽)

10. pH는 용액의 H^+의 농도를 의미한다.
11. pH 7인 용액은 중성이다; pH 값이 7 아래이면 산성을 말한다; pH 값이 7 위면 산성을 말한다
12. 세포 안과 배양배지의 pH는 pH 완충용액으로 안정화된다.

유기화합물 (36~48쪽)

1. 유기화합물은 항상 탄소와 수소를 가진다.
2. 탄소 원자는 다른 원자와 최대 4개의 결합을 형성한다.
3. 유기화합물은 전부 혹은 거의 공유결합으로 되어 있고 대부분이 큰 분자이다.

구조와 화학 (36~37쪽)

4. 탄소 원자의 사슬은 탄소골격을 만든다.
5. 유기 분자에서 대부분의 특성은 원자들로 구성된 작용기로 인해 나타난다.
6. 문자 *R*은 유기 분자의 나머지 부분을 표시하는 데 사용될 수 있다.
7. 흔히 볼 수 있는 분자의 종류는 R—OH(알코올)이나 R—COOH(유기산)이다.
8. 작은 유기 분자가 결합하면 고분자라고 부르는 아주 큰 분자가 될 수 있다.
9. 일반적으로 단량체는 물과 고분자를 형성하는 탈수합성 혹은 축합반응에 의해 서로 결합된다.
10. 유기 분자는 물 분자의 쪼개짐을 포함하는 반응인 가수분해반응에 의해 분해될 수 있다.

탄수화물 (37~38쪽)

11. 탄수화물은 탄소, 수소, 산소 원자로 구성된 화합물로 수소와 산소의 비가 2:1이다.
12. 탄수화물은 당과 전분을 포함한다.
13. 탄수화물을 단당류, 이당류, 다당류로 분류할 수 있다.
14. 단당류는 3~7개의 탄소 원자를 갖는다.
15. 이성질체는 같은 화학식을 갖지만 다른 구조와 특성을 가지는 두 개의 분자이다—예를 들면 포도당($C_6H_{12}O_6$)과 과당($C_6H_{12}O_6$).
16. 단당류는 탈수합성 반응으로 이당류와 다당류를 형성할 수 있다.

지질 (38~41쪽)

17. 지질은 물에 녹지 않는 특성으로 구별되는 다양한 화합물의 그룹이다.
18. 단순지질(지방)은 글리세롤 한 분자와 세 개의 지방산으로 구성된다.

19. 포화지방은 지방산을 구성하는 탄소 원자 사이에 이중결합이 없다; 불포화지방에는 하나 이상의 이중결합이 있다. 포화지방은 불포화지방보다 녹는점이 더 높다.
20. 인지질은 글리세롤과 두 개의 지방산과 인산기를 가지는 복합지질이다.
21. 스테로이드는 탄소고리 구조를 가진다; 스테롤은 작용기로 수산기를 가진다.

단백질 (41~44쪽)

22. 아미노산은 단백질의 조립단위이다.
23. 아미노산은 탄소와 수소, 산소 그리고 가끔 황으로 구성되어 있다.
24. 단백질에는 자연적으로 20가지의 아미노산이 있다.
25. 아미노산을 연결하는 펩티드결합으로 폴리펩티드 사슬이 형성된다.
26. 단백질은 네 단계의 구조를 가진다; 일차(아미노산의 서열)과 이차(나선 혹은 주름), 삼차(폴리펩티드 사슬의 전체적인 삼차원 구조) 그리고 사차(두 개 이상의 폴리펩티드 사슬).
27. 복합단백질은 무기 혹은 다른 유기 화합물과 결합된 아미노산으로 구성된다.

핵산 (44~47쪽)

28. 핵산은—DNA와 RNA—반복되는 뉴클레오티드로 구성된 고분자이다.
29. 뉴클레오티드는 5탄당과 인산기 그리고 질소를 함유하는 염기로 구성된다. 뉴클레오시드는 5탄당과 질소를 함유하는 염기로 구성된다.
30. 뉴클레오티드는 디옥시리보오스(5탄당)와 다음 질소 함유 염기: 티민이나 시토신(피리미딘, pyrimidine) 또는 아데닌이나 구아닌(퓨린, purine) 중 하나로 구성된다.
31. DNA는 이중 나선 구조로 꼬인 두 가닥의 뉴클레오티드 사슬로 구성되어 있다. 두 가닥은 퓨린과 피리미딘 뉴클레오티드 사이의 수소결합에 의해 서로 붙잡혀 있다: AT와 GC.
32. 유전자는 뉴클레오티드 서열로 구성되어 있다.
33. RNA 뉴클레오티드는 리보오스(5탄당)와 다음의 질소함유 염기: 시토신(cytosine), 구아닌(guanine), 아데닌(adenine), 우라실(uracil) 중 하나로 구성되어 있다.

아데노신 3인산(ATP) (47~48쪽)

34. ATP는 세포 내 다양한 활성을 위한 화학에너지를 저장한다.
35. ATP의 마지막 인산기가 가수분해될 때 에너지가 방출된다.
36. 산화반응으로부터 나온 에너지를 이용하여 ADP와 무기인산으로 ATP를 재생한다.

학습 질문

복습과 객관식 문제에 대한 해답은 책 뒤에 있음.

복습 문제

1. 화학원소란 무엇인가?
2. 그려보기 탄소원자의 전자 배열을 그리시오.
3. 어떤 종류의 결합이 다음 원자를 서로 붙잡고 있는가?
   a. LiCl에서 Li^+과 Cl^-
   b. 메탄올에서 탄소와 산소원자
   c. O_2에서 산소원자들
   d. 아래 그림에서 한 뉴클레오티드의 수소원자가 다른 뉴클레오티드의 질소원자나 산소원자:

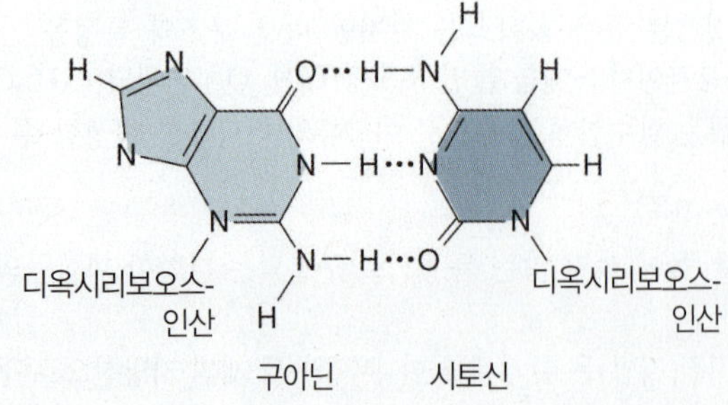

4. 다음 종류의 화합반응을 분류하시오.
   a. 포도당 + 과당 → 설탕 + H_2O
   b. 젖당 → 포도당 + 갈락토오스
   c. $NH_4Cl + H_2O \rightarrow NH_4OH + HCl$
   d. ATP ⇌ ADP + P_i
5. 다음의 반응에서 세균은 효소 우레아제(요소분해효소, urease)를 이용하여 요소로부터 그들이 이용할 수 있는 형태로 질소를 얻는다:

$$\underset{\text{요소}}{CO(NH_2)_2} + H_2O \rightarrow \underset{\text{암모니아}}{2NH_3} + \underset{\text{이산화탄소}}{CO_2}$$

   이 반응에서 효소는 무슨 목적으로 이용되나? 이것은 어떤 종류의 반응인가?
6. 탄수화물, 지질, 단백질, 핵산의 소단위로 다음을 분류하시오.
   a. $CH_3-(CH_2)_7-CH=CH-(CH_2)_7-COOH$
   올레산
   b. $H-C(NH_2)(CH_2OH)-COOH$
   세린

c. $C_6H_{12}O_6$
d. 티민 뉴클레오티드

7. 그려보기 인공감미료 아스파탐 또는 뉴트라스위트(NutraSweet)는 아래에 보이는대로 메틸화된 페닐알라닌에 아스파르트 산을 결합시켜 만든다.

$$H_2N-CH(CH_2COOH)-COOH + H_2N-CH(CH_2C_6H_5)-C(=O)-O-CH_3 \rightleftharpoons$$

$$H_2N-CH(CH_2COOH)-C(=O)-N(H)-CH(CH_2C_6H_5)-C(=O)-O-CH_3 + H_2O$$

a. 아스파르트산과 페닐알라닌은 어떤 종류의 분자인가?
b. 가수분해반응의 방향은(왼쪽에서 오른쪽 혹은 오른쪽에서 왼쪽)?
c. 탈수합성반응은 어느 방향인가?
d. 물의 형성에 포함되는 원자에 원을 그리시오.
e. 펩티드결합을 확인하시오.

8. 그려보기 다음 그림은 박테리오로돕신(bacteriorhodopsin) 단백질이다. 1차와 2차, 3차 구조의 지역을 표시하라. 이 단백질은 4차 구조를 가지는가?

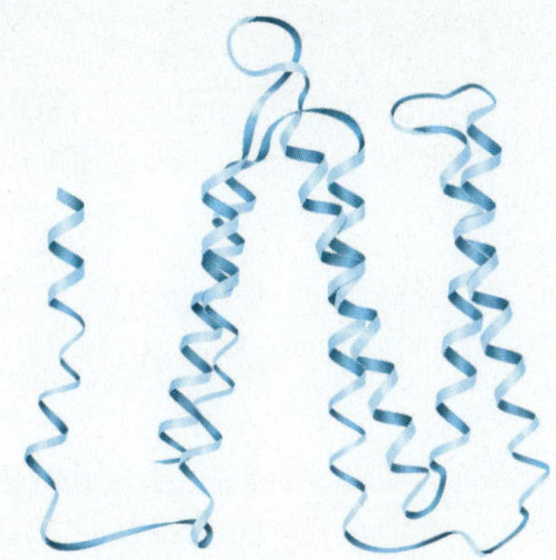

9. 그려보기 단순지질을 그리고 이것이 어떻게 인지질로 변경될 수 있는지 보이시오.

10. 이름 답하기 어떤 종류의 미생물이 키틴 세포벽을 가지고, 핵에 담긴 DNA를 가지고, 원형질막에 에르고스테롤(ergosterol)을 가지는가?

객관식 문제

방사성동위원소는 세포에서 분자를 표지하기 위해 자주 사용된다. 표지한 다음 세포에서 원자와 분자의 운명을 추적할 수 있다. 이 과정은 1~3번 문제의 바탕이다.

1. 대장균이 방사성동위원소 ^{16}N이 포함된 영양배지에서 자란다고 가정하자. 48시간의 배양 후, ^{16}N는 대장균의 어디에서 발견되겠는가?
a. 탄수화물
b. 지질
c. 단백질
d. 물
e. 답 없음

2. 만일 세균 *Pseudomonas*에 방사성으로 표지된 시토신을 공급하고 24시간 배양하면 이 시토신은 세포의 어디에서 대부분 발견되겠는가?
a. 탄수화물
b. DNA
c. 지질
d. 물
e. 단백질

3. 만일 대장균을 방사성동위원소 ^{32}P를 함유한 배지에서 키우면 ^{32}P는 세포 분자 전부에서 다음 중 어느 것을 제외하고 발견되겠는가?
a. ATP
b. 탄수화물
c. DNA
d. 원형질막
e. 답 없음

4. *Thiobacillus* 세균의 최적 pH(pH 3)는 혈액(pH 7)보다 _______ 배 더 산성이다.
a. 4
b. 10
c. 100
d. 1,000
e. 10,000

5. ATP에 대한 정의로 가장 적합한 것은?
a. 영양분 사용에 대비해 저장된 분자
b. 일하기 위한 에너지를 공급하는 분자
c. 에너지 보존을 위해 저장된 분자
d. 인산의 공급원으로 사용되는 분자

6. 다음 중 유기 분자는?
a. H_2O(물)
b. O_2(산소)
c. $C_{18}H_{29}SO_3$(스티로폼)
d. FeO(산화철)
e. $F_2C = CF_2$(테프론)

왼쪽에 있는 각 분자를 산, 염기 혹은 염으로 분류하시오. 참고로 해리된 산물을 표시하였다.

7. $HNO_3 \rightarrow H^+ + NO_3^-$	a. 산
8. $H_2SO_4 \rightarrow 2H^+ + SO_4^{2-}$	b. 염기
9. $NaOH \rightarrow Na^+ + OH^-$	c. 염
10. $MgSO_4 \rightarrow Mg^{2+} + SO_4^{2-}$	

비판적 사고

1. 물컵에 공기를 불어넣을 때 다음의 반응이 일어난다:

$$H_2O + CO_2 \xrightarrow{A} H_2CO_3 \xrightarrow{B} H^+ + HCO_3^-$$

a. A는 어떤 종류의 반응인가?
b. 반응 B로 볼 때 H_2CO_3 분자의 종류는 무엇인가?

2. ATP와 DNA 분자의 일반적인 구조적 특징은 무엇인가?

3. 25°C에서 성장하던 대장균을 37°C에서 키우면 원형질막에 있는 불포화지방의 상대적인 양에는 어떤 일이 생기나?

4. 기린과 흰개미, 코알라는 식물성 물질만 먹는다. 동물은 섬유소를 분해할 수 없기 때문에 이들 동물은 이들이 먹는 잎과 나무로부터 영양분을 어떻게 얻는다고 생각하는가?

임상 응용

1. *Ralstonia* 세균은 생분해성 플라스틱을 제조하는데 사용되는 폴리베타히드록시부티르산염(poly-β-hydroxybutyrate, PHB)을 만든다. PHB는 아래에 보이는 많은 단위체로 구성되어 있다. PHB는 어떤 종류의 분자인가? 세포가 이런 분자를 저장하는 가장 가능성이 높은 이유는?

```
      OH H
      |  |       O
H3C—C—C—C⟋
      |  |     ⟍
      H  H      OH
```

2. *Thiobacillus ferrooxidans*는 중서부에서 땅의 변화를 유발하여 건물을 붕괴시키는 문제를 일으킨다. 원래의 바위는 석회와 황철광 을 함유하고 있어 세균 대사에 의해 석고 결정이 형성됨에 따라 팽창된다. 어떻게 *T. ferrooxidans*가 석회에서 석고로의 변화를 가져오는가?

3. 신생아는 유전질환인 페닐케톤뇨증(PKU)에 대한 검사를 한다. 이 질환을 가진 사람은 페닐알라닌(phe)을 티로신으로 전환하는 효소가 결핍된다. 그 결과로 축적되는 phe은 정신 지체와 뇌 손상, 발작을 유발한다. PKU에 대한 구트리검사(Guthrie test)에는 성장을 위해 phe가 요구되는 *Bacillus subtilis*의 배양이 포함된다. 아기의 피한 방울을 넣은 배지에서 이 세균은 자란다.
a. 페닐알라닌은 어떤 종류의 화합물인가?
b. 구트리검사(Guthrie test)에서 "자라지 않음"은 무엇을 의미하는가?
c. 왜 PKU를 가진 사람은 감미료 아스파탐을 피해야 하는가?

4. 항생제 암포테리신(amphotericin) B는 세포막의 스테롤과 결합하여 세포에서의 누수를 야기한다. 세균의 감염에 대항하기 위해 암포테리신 B를 사용할 수 있는가? 균류의 감염에는? 왜 암포테리신 B가 사람에게 심각한 부작용이 있는지 이유를 말하시오.

5. 달걀을 삶을 때 황 냄새가 난다. 어떤 아미노산이 달걀에 있다고 기대되는가?

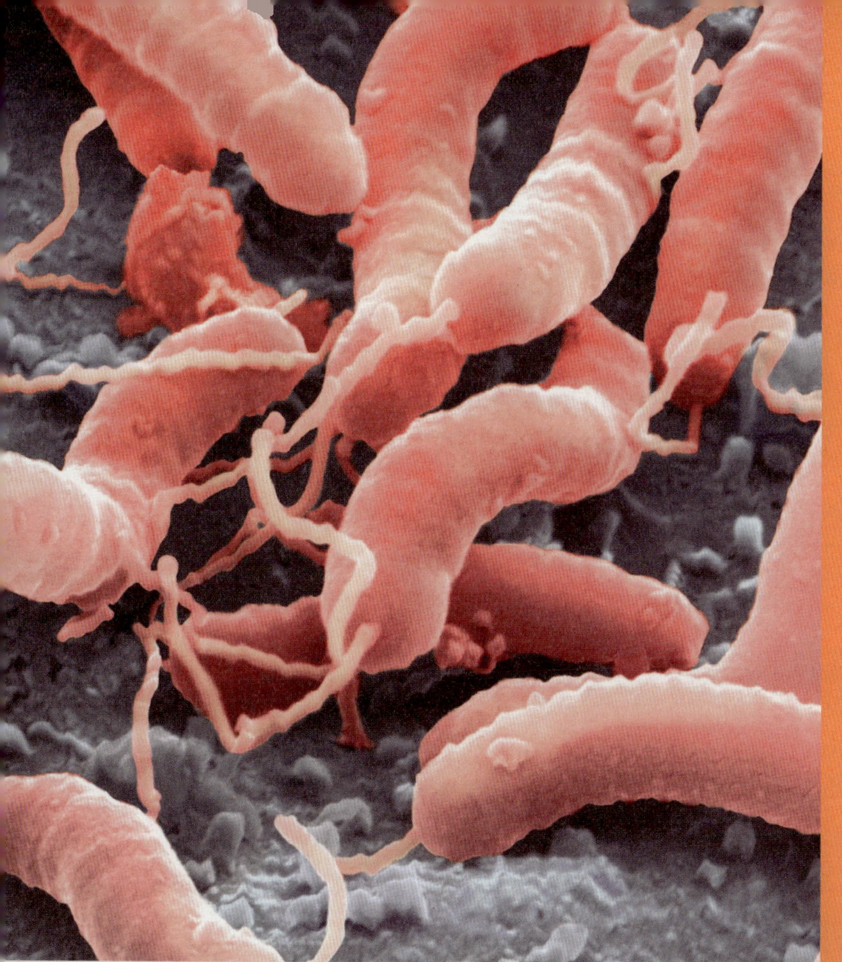

3

현미경을 통한 미생물 관찰

미생물은 너무 작아서 맨눈으로는 볼 수 없다. 이들은 현미경으로 관찰해야만 한다. 현미경(microscope)이라는 단어는 라틴어 *micro*(작다)와 그리스어 *skopos*(보기)에서 유래됐다. 현대 미생물학자는 현미경을 사용하여 높은 선명도로 레벤후크(van Leewenhoek)의 단렌즈보다 10배에서 1,000배 더 크게 확대한다(7쪽 그림 1.2b 참조). 이번 장에서는 여러 종류의 현미경이 어떤 기능을 하는지, 사용할 때 왜 어떤 종류가 다른 것보다 선호되는지에 대해 설명한다. 사진에서 보는 헬리코박터 파이로리(*Helicobacter pylori*)는 나선형 모양의 세균으로 1886년에 해부용 시신의 위에서 처음 발견되었다. 이 세균은 현미경의 해상도가 개선될 때까지 거의 무시되었다. 이 세균에 대한 현미경적인 조사가 임상 사례에 설명되어 있다.

어떤 미생물은 다른 것에 비해 더 쉽게 볼 수 있는데 그 이유는 이들의 크기가 크고 형태가 더 쉽게 관찰할 수 있는 특징이 있기 때문이다. 그러나 많은 미생물은 여러 염색과정을 거쳐야만 세포벽과 협막, 기타 다른 구조가 무색의 자연 상태를 벗을 수 있다. 이번 장의 마지막 부분에서는 광학현미경으로 관찰하기 위해 흔히 사용하는 표본 준비 방법을 일부 설명한다.

여러분은 미생물학자들이 연구하는 표본을 어떻게 분류하고 수를 세고 측정하는지 의아해 할 것이다. 이 의문에 대한 대답을 위해, 이번 장은 미생물을 측정하기 위한 미터법에 대한 사용법을 설명하면서 시작한다.

측정 단위

학습 목표

3-1 미생물 측정에 사용되는 미터법 단위를 나열한다

미생물과 이것의 구성요소는 매우 작기 때문에 미국인에게는 일상 생활에서 친숙하지 않은 단위를 사용한다. 즉, 미생물의 측정에는 미터법이 이용된다. 미터법에서 길이의 단위는 미터(m)이다. 미터법의 주된 장점은 단위가 서로에 대해 10배의 관계에 있다는 것이다. 즉 1 m는 10데시미터(dm) 또는 100센티미터(cm) 혹은 1000 밀리미터(mm)이다. 미국에서 사용되는 측정 단위는 10의 단승으로 쉽게 전환되지 않는다. 예를 들면 3피트(feet)는 36인치(inch)이고 1야드(yard)에 해당된다.

미생물과 이들의 구조적 구성부분은 마이크로미터나 나노미터와 같은 더 작은 단위로 측정된다. **1마이크로미터(μm)**는 0.000001 m (10^{-6} m)이다. 접두어 마이크로는 따라오는 단위를 백만분의 일로 나눈다. **1나노미터(nm)**는 0.000000001 m (10^{-9} m)에 해당한다. 옹스트롬(Angstrom, Å)은 10^{-10} m 혹은 0.1 nm로 과거에 사용되었다.

표 3.1은 길이에 대한 기본적인 미터법 단위와 이에 해당하는 미국 단위를 보여준다. 표 3.1에서 여러분은 현미경적 측정 단위를 센티미터, 미터나 킬로미터 같은 거대 측정단위와 비교할 수 있다. 그림 3.2를 미리 보면 다양한 생물의 상대적 크기를 미터법 단위에서 볼 수 있다.

임상 사례: 미세한 상해

42세의 마케팅 임원이자 세 아이의 엄마인 매리앤(Maryanne)은 가끔 재택 근무도 하지만, 집에서는 사무실에서 일할 때만큼 해내지 못한다고 항상 느끼고 있다. 그녀는 복통이 재발되고 더 악화되고 있는 것처럼 보인다. 매리앤은 남편에게 펩토-비스몰(Pepto-Bismol)을 아주 많이 샀기 때문에 그 제약회사의 주식을 사야 한다고 농담도 한다. 남편이 재촉해서 마침내 그녀는 담당의사를 만날 약속을 잡는다. 매리앤이 펩토-비스몰을 복용하자마자 나아진 것처럼 느낀다는 말을 듣고 의사는 매리앤이 *Helicobacter pylori*(헬리코박터 파이로리)와 관련된 소화성 궤양에 걸렸다고 의심하였다.

Helicobacter pylori(헬리코박터 파이로리)가 무엇인가? 알아보자.

54 64 69 71

이해도 확인하기

✓ 한 미생물의 길이가 10 μm이면 이것은 몇 나노미터인가? **3-1**

현미경: 기구

학습 목표

3-2 복합현미경을 통한 빛의 진행을 그려본다.

3-3 최종 배율과 해상도를 정의한다.

3-4 암시야, 위상차, 차등간섭대비, 형광, 공초첨, 두-광자, 주사음향 현미경의 사용법을 확인하고 광시야 관측과 각각을 비교한다.

3-5 전자현미경이 광학현미경과 어떻게 다른지 설명한다.

3-6 TEM과 SEM, 주사탐침현미경에 대한 하나의 사용법을 확인한다.

표 3.1 길이를 나타내는 미터법과 미국에서 사용하는 단위

미터법	접두어의 의미	지수법으로 표시	미국에서 사용하는 단위
1 킬로미터 (km)	*kilo* = 1000	1000 m = 10^3 m	3280.84 피트 또는 0.62 마일; 1 마일 = 1.61 킬로미터
1 미터 (m)		길이의 기본 단위	39.37 또는 3.28 피트 or 1.09 야드
1 데시미터 (dm)	*deci* = 1/10	0.1 m = 10^{-1} m	3.94 인치
1 센티미터 (cm)	*centi* = 1/100	0.01 m = 10^{-2} m	0.394 인치; 1 인치 = 2.54 센티미터
1 밀리미터 (mm)	*milli* = 1/1000	0.001 m = 10^{-3} m	
1 마이크로미터 (μm)	*micro* = 1/1,000,000	0.000001 m = 10^{-6} m	
1 나노미터 (nm)	*nano* = 1/1,000,000,000	0.000000001 m = 10^{-9} m	
1 피코미터 (pm)	*pico* = 1/1,000,000,000,000	0.000000000001 m = 10^{-12} m	

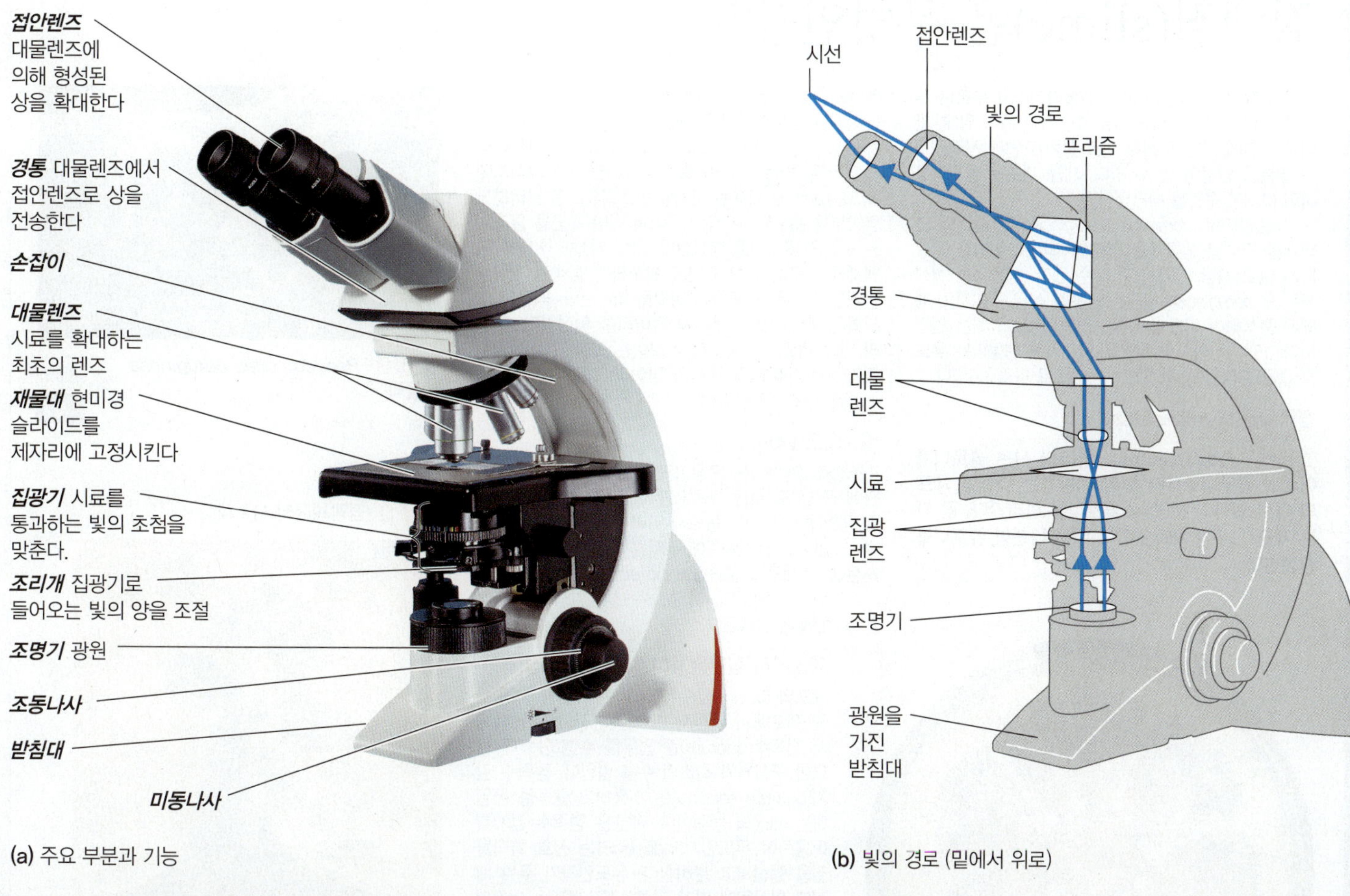

그림 3.1 복합 광학현미경

Q 배율이 40배인 대물렌즈와 10배인 접안렌즈를 가진 복합 광학현미경의 최종 배율은 얼마인가?

17세기에 반 레벤후크(van Leewenhoek)가 사용했던 간단한 현미경은 하나의 렌즈만 가지고 있어 돋보기와 비슷하였다. 그러나 반 레벤후크는 그 당시에 세계 최고의 렌즈제작자였다. 그는 단일 렌즈가 미생물을 300배 확대할 수 있을 만큼 정밀하게 연마하였다. 그는 이 간단한 현미경으로 세균을 본 최초의 사람이 되었다(7쪽 그림 1.2).

로버트 후크(Robert Hooke)와 같은 레벤후크의 동시대 사람들은 여러 개의 렌즈를 가진 복합현미경을 만들었다. 사실 네덜란드 안경 제작자 자카리아스 얀센(Zaccharias Janssen)은 1600년경에 첫 번째 복합현미경을 만든 것으로 인정받는다. 그러나 이러한 초기 복합현미경은 품질이 좋지 않았고 세균을 보는 데에는 사용할 수가 없었다. 조셉 잭슨 리스터(Joesph Jackson Lister; 조셉 리스터의 아버지)가 훨씬 더 나은 현미경을 개발한 1830년까지 그러했다. 리스터 현미경이 다양하게 개선되면서 오늘날 미생물학 연구실에서 사용되는 종류의 현대식 복합현미경으로 개발되었다. 현미경을 이용하여 살아 있는 시료를 연구하면서 미생물 간의 놀라운 상호작용이 드러나게 되었다(56쪽의 상자글, 미생물학의 응용 참조).

광학현미경

광학현미경(light microscopy)은 시료를 관찰하는 데 가시광선을 사용하는 모든 종류의 현미경을 말한다. 여기서는 여러 종류의 광학현미경을 알아본다.

복합광학현미경

현대의 **복합광학현미경(compound light microscope)**은 일련의 렌즈를 가지고 가시광선을 조명으로 이용한다(그림 3.1a). 복합광학

점액질(slime)은 무엇인가?

세균이 자랄 때 그들은 종종 생물막이라고 부르는 무리를 이룬다. 이로 인해 바위 표면이나 음식 위에, 파이프 내면에, 혹은 이식된 의료 장치 표면에 끈적끈적한 필름을 만들어 낼 수 있다. 세균 세포는 상호작용하여 다세포 구조를 나타낸다(그림 A).

녹농균(*Pseudomonas aeruginosa*)은 숙주의 면역계를 견뎌낼 생물막을 형성할 때까지 질병을 일으키지 않고 사람 안에서 자랄 수 있다. 생물막을 형성하는 *P. aeruginosa* 세균은 낭포성 섬유증 환자의 폐에서 증식하여 이들 환자를 사망에 이르게 하는 원인이다(그림 B). 아마도 질병을 일으키는 생물막은 유도물질(곧 설명할)을 파괴하는 신약으로 막을 수 있다.

점액세균(Myxobacteria)

그림 A ***Paenibacillus.*** **하나의 작은 콜로니가 어버이 콜로니로부터 멀리 이동하는 것처럼 세포의 다른 집단이 첫 번째 콜로니를 따라간다. 곧 다른 세균 모두가 재배열하여 이런 나선형 콜로니를 형성한다.**

점액세균은 썩은 유기물질과 담수에서 발견된다. 세균이지만 대부분의 점액세균은 결코 개개 세포로 존재하지 않는다. *Myxococcus xanthus*는 무리를 이루어 사냥을 하는 것처럼 보인다. 자연 수생 서식지에서 *M. xanthus* 세포는 자기들이 소화효소를 분비하고 영양분을 흡수할 수 있는 곳에서 먹이 세균을 둘러싸는 구형의 콜로니를 형성한다. 고체 기질에서 다른 점액세균 세포는 고체 표면을 활주하여 점액질 자국을 남기는데, 다른 세포들이 이것을 따라온다. 먹을 것이 부족해지면 세포는 뭉쳐서 덩어리를 형성한다. 덩어리 안의 세포는 그림 C에서 보이는 것과 같이 점액질 줄기(slime stalk)와 포자의 덩어리로 구성된 자실체(fruiting body)로 분화한다.

비브리오(*Vibrio*)

*Aliivibrio fischeri*는 오징어와 특정 물고기의 발광 기관에 공생으로 사는 생물발광 세균이다. 이 세균이 자유 생활을 할 때에는 농도가 낮아서 빛을 발하지 않는다. 그러나 이들이 숙주에서 자랄 때는 매우 농축되기 때문에 각 세포가 발광효소(luciferase)를 생산하는 것이 유도되는데, 이 효소는 생물발광의 화학적 경로에 이용된다.

세균에서 집단행동이 일어나는 방법

세포의 밀도가 정족수감지라는 과정을 통해 세균 세포에서 유전자 발현을 변경한다. 법률에서 정족수(quorum)란 업무를 수행하는 데 필요한 구성원의 최소의 수를 말한다. 정족수 감지(quorum sensing)는 소통하고 행동을 통일하는 세균의 능력이다. 세균은 정족수 감지를 이용하여 유도인자(inducer)라는 신호 화학물질을 생산하고 분비한다. 유도인자가 주위 배지에 확산됨에 따라 다른 세균 세포는 이것의 근원을 향해 움직이고 유도인자를 생산하기 시작한다. 유도인자의 농도가 세포 수가 증가함에 따라 증가한다. 차례로 이것은 더 많은 세포를 끌어 모으고 더 많은 유도인자의 합성이 시작된다.

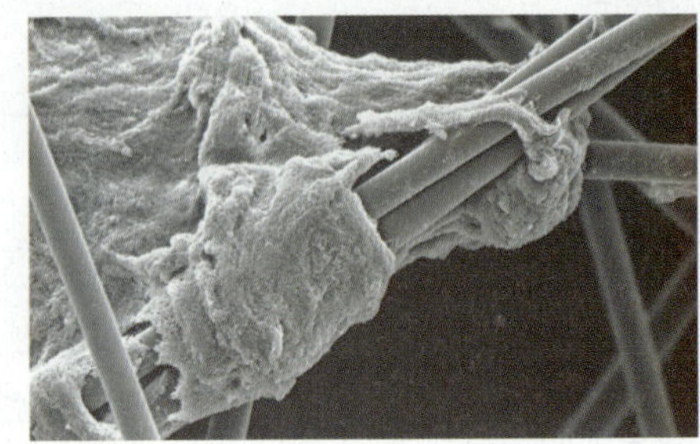

그림 B *Pseudomonas aeruginosa* 생물막

5 μm SEM

그림 C 점액세균의 자실체

10 μm SEM

현미경으로 우리는 아주 작은 시료 자체뿐만 아니라 그것의 작은 세부까지 조사할 수 있다. 일련의 정밀하게 연마된 렌즈(그림 3.1b)는 선명하게 초점이 맞은 상을 표본 자체보다 몇 배 더 크게 형성한다. 광원인 **조명기(illuminator)**에서 나온 광선이 시료를 관통하게 방향을 잡아주는 **집광렌즈(condenser)**를 거쳐 통과할 때 이런 배율이 나온다. 여기서부터 광선은 시료에 가장 근접한 렌즈인 **대물렌즈(objective lens)**를 통과한다. 표본의 상은 **접안렌즈(ocular lens)**에 의해 다시 확대된다.

시료의 **총 배율(total magnification)**을 대물렌즈의 배율에 접안렌즈의 배율을 곱해서 계산할 수 있다. 미생물학에서 사용되는 대부분의 현미경은 10배(저배율), 40배(고배율), 100배[58쪽에 설명되는 유침(oil immersion)]를 포함하여 여러 개의 대물렌즈를 가진다. 대부분의 접안렌즈는 10배로 시료를 확대한다. 특정한 대물렌즈의 배율과 접안렌즈의 배율을 곱하여 총 배율은 저배율인 100배, 고배율인 400배, 유침용 렌즈로 1000배가 된다. 일부 복합 광학현미경은 유침용 렌즈로 2000배 확대를 얻을 수도 있다.

해상도(resolution; 분해능, *resolving power*이라고도 함)는 세부 사항과 구조를 구분할 수 있는 렌즈의 능력이다. 구체적으로 말하면 이것은 소정의 거리를 두고 있는 두 점을 구별하는 렌즈의 능력을 의미한다. 예를 들어 현미경이 0.4 nm의 분해능을 갖는다면 이것은 최소한 0.4 nm 떨어져 있는 두 점을 구별할 수 있다. 기기에 사용되는 빛의 파장이 짧으면 더 큰 해상도를 갖는 것이 현미경의 일반적인 원리이다. 복합 광학현미경에 사용되는 백색 빛은 비교적 긴 파장으로 0.2 μm 정도보다 작은 구조는 파악할 수 없다. 이 사실과 실제적인 문제로 인해 달성할 수 있는 최대 배율은 최고의 복합 광학현미경 조차도 약 2000배로 제한된다. 비교해 보면 반 레벤후크의 현미경은 1 μm의 해상도를 가졌다.

그림 3.2는 사람의 눈과 광학현미경, 전자현미경으로 구분할 수 있는 다양한 표본을 보여준다.

복합 광학현미경 하에서 명확하고 상세한 상을 정밀하게 얻기 위해 표본은 이것의 매체(표본이 담겨있는 물질)와 크게 대조되게 만들어져야 한다. 이런 대비를 얻기 위해서는 표본의 굴절률을 매체의 굴절률로부터 변경시켜야 한다. **굴절률(refractive index)**은 매체의 빛을 구부리는 능력의 척도이다. 표본의 굴절률은 곧 설명할 과정인 염색을 통해 변경시킨다. 광선은 단일 매체를 통해서 직선으로 움직인다. 표본이 염색된 다음에 광선은 굴절률이 다른 두 물질(표본과 매체)을 지나가게 될 때 빛은 두 물질 사이의 경계에서 구부러져 직선경로에서 방향이 변하게 되고(굴절), 표본과 매체 간의 이미지의 명암은 증가된다. 광선이 표본에서 멀어짐에 따라 빛은 퍼지면서 대물렌즈로 들어가게 되어 그로 인해 이미지는 확대된다.

좋은 해상도로 높은 배율(1000배)을 얻으려면 대물렌즈가 작아야 한다. 빛이 표본과 매체에서 다르게 굴절하면서 통과하되, 염색한 표본을 통해 빛이 통과된 다음에 빛을 잃지는 않아야 한다. 최대 배율로 광선의 방향을 유지하려면 유리슬라이드와 유침용 대물렌즈 사이를 유침(immersion oil)으로 채워야 한다(그림 3.3). 기름은 유리와 같은 굴절률을 가지므로 유침은 현미경의 광학유리의 일부가 된다. 유침을 사용하지 않으면 광선은 슬라이드에서 공기로 들어갈 때 굴절되고 이들의 대부분을 모으기 위해서는 대물렌즈의 직경을 증가시켜야만 한다. 유침은 대물렌즈의 직경을 증가시키는 것과 같은 효과를 가져온다. 따라서 이것은 렌즈의 분해능을 증가시킨다. 만일 유침용 대물렌즈와 유침을 사용하지 않으면 영상은 해상도가 낮고 희미해 질것이다.

일반적인 작동조건에서 복합 광학현미경의 시야는 밝게 켜진다. 빛의 초점을 맞춤으로써 집광렌즈는 **명시야 조명(brightfield illumination)**을 만들어낸다(그림 3.4a).

시료를 염색하는 것이 항상 바람직한 것은 아니다. 그러나 염색하지 않은 세포는 주위와 거의 명암 차가 없어 보기가 어렵다. 염색하지 않은 세포는 다음 절에서 설명할 변형된 복합현미경으로 더 잘 관측된다.

이해도 확인하기

- 복합현미경에서 빛은 어떤 렌즈를 통과하는가? 3-2
- 현미경에서 0.2 nm의 해상도를 갖는다는 것은 무엇을 의미하는가? 3-3

암시야 현미경

암시야 현미경(darkfield microscope)은 보통 광학현미경으로는 볼 수 없거나, 표준 방법으로 염색할 수 없거나, 염색에 의해 왜곡되어 그들의 특성을 확인할 수 없는 살아 있는 미생물을 조사하는 데 사용된다. 일반 집광장치 대신 암시야 현미경은 불투명 판이 있는 암시야 집광장치를 사용한다. 이 판은 대물렌즈로 직접 들어오는 빛을 차단한다. 시료에 의해 반사되는 빛만 대물렌즈로 들어간다. 직접적인 배경의 빛이 없기 때문에 표본은 검은 배경에 밝게 나타난다(그림 3.4b). 이 기술은 액체에서 부유하는 염색하지 않은 미생물을 조사하는 데 자주 사용된다. 암시야 현미경 사용의 한 예는 매독의 원인균인 *Treponema pallidum*(트레포네마 팔리듐; tre-pō-nē′mä pal′li-dum)과 같은 아주 가는 스피로헤타(spirochetes)를 조사하는 것이다.

위상차 현미경

미생물을 관찰하는 또 다른 방법은 **위상차 현미경(phase-contrast microscope)**을 이용하는 것이다. 위상차 현미경은 살아 있는 미생물의 내부 구조에 대한 자세한 검사가 가능하기 때문에 특히 유용하다. 또한 시료를 고정(현미경 슬라이드에 미생물을 부착)하거나 염색(미생물을 왜곡하거나 죽일 수 있는 과정)할 필요가 없다.

위상차 현미경의 원리는 광선의 위상이 서로 맞거나(*in phase*; 파장의 봉우리와 계곡이 일치) 벗어난다(*out of phase*)는 사실과 광선의 파동 특성에 기초를 둔다. 만일 한 광원에서 나온 빛의 파동의 봉우리가 다른 광원에서 나온 빛의 파동의 봉우리가 일치하면 두 빛은 상호작용하여 보강간섭(reinforcement; 상대적으로 밝음)을 만든다. 그러나 만일 빛의 파동의 봉우리가 다른 빛의 파동의 골이 일치하면 빛은 상쇄간섭(interference; 상대적으로 어둠)이 생긴다. 위상차 현미경에서 빛의 한 세트는 광원에서부터 직접 들어온다. 다른 세트는 시료의 특정 구조에 의해 반사되거나 회절된 빛에서부터 온다. [회절(diffraction)은 시료의 가장자리에 접촉하여 빛이 산란되는 것이다. 회절된 빛은 시료에서 더 멀리 간 평행광선으로부터 꺾여서 멀어진다. 두 묶음의 광선—직접 들어오는 빛과 반사 또는 회절된 빛—이 함께 모일 때 이들은 검은색(위상이 틀림)에 회색의 음영을 통해 상대적으로 밝은(위상이 일치) 부분을 갖는 시료의 영상을 접안렌즈에 만들어 낸다(그림 3.4c). 위상차 현미경을 사용하면 세포 내부 구조를 더 선명하게 볼 수 있다.

토대 그림 3.2

현미경과 배율

핵심 개념

- 현미경은 작은 물체를 확대하는 데 사용한다.
- 현미경의 종류에 따라 다른 해상도의 범위를 갖기 때문에 시료의 크기가 어떤 현미경이 시료를 효과적으로 관찰하는 데 사용될 수 있는지를 결정한다.
- 이 책에 소개된 대부분의 현미경 사진(아래에 있는 것 같은)에는 표본의 실제 크기를 가늠하는데 도움을 줄 막대자와 기호, 그리고 사진을 찍은 현미경의 종류가 나타나 있다.
- 붉은색 아이콘은 현미경 사진이 인위적으로 색칠되어 있다는 것을 말한다.

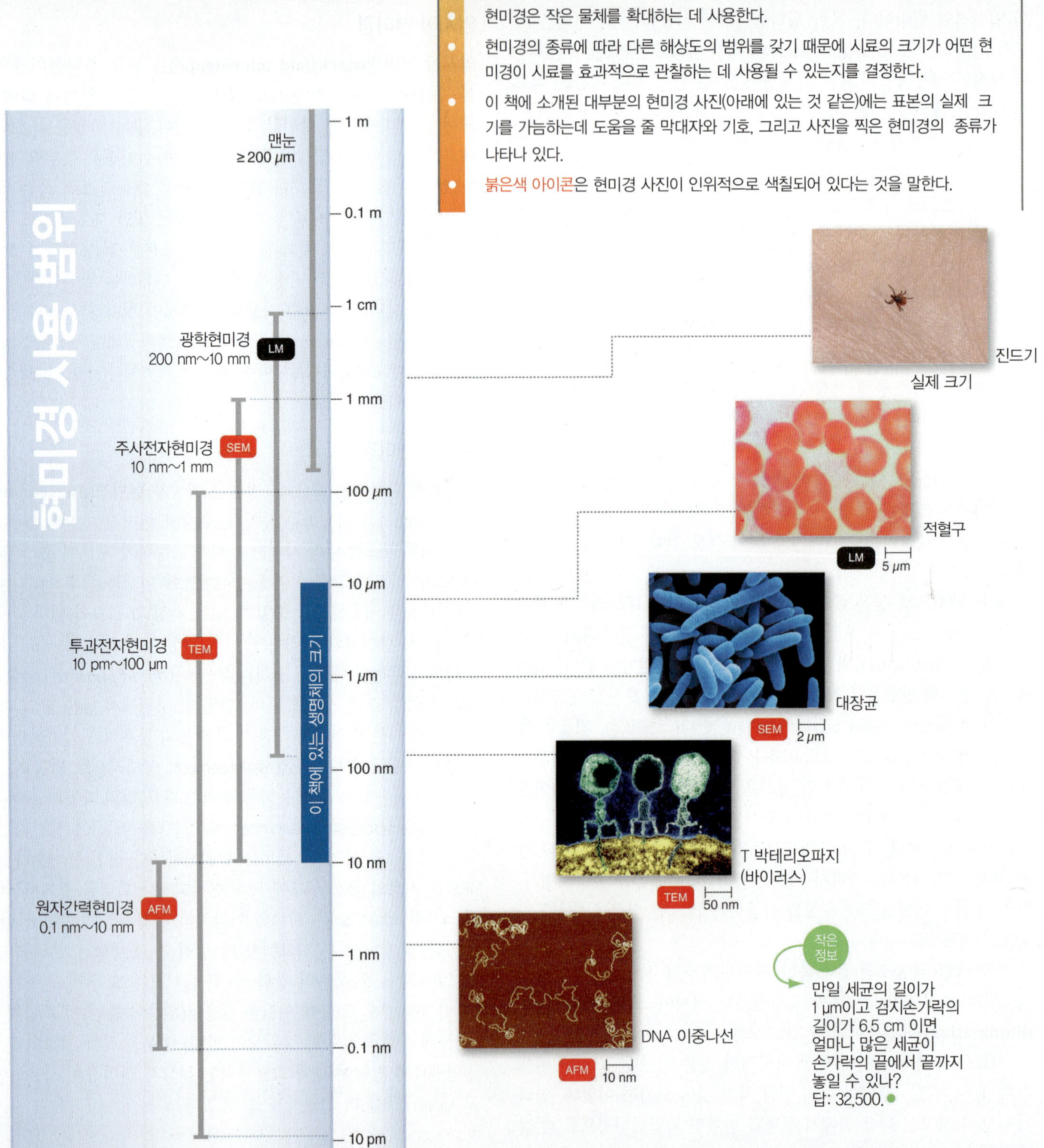

작은 정보

만일 세균의 길이가 1 μm이고 검지손가락의 길이가 6.5 cm 이면 얼마나 많은 세균이 손가락의 끝에서 끝까지 놓일 수 있나?

답: 32,500.

차등간섭대비 현미경

차등간섭대비(differential interference contrast, DIC) 현미경은 굴절률의 차이를 이용한다는 점에서 위상차 현미경과 유사하다. 그러나 DIC 현미경은 하나가 아닌 두 개의 광선을 이용한다. 프리즘이 광선을 나누어 시료에 대비되는 색상을 추가한다. 따라서 DIC 현미경의 해상도는 표준 위상차 현미경보다 높다. 이미지는 밝은 색이며 거의 3차원으로 나타난다(그림 3.5).

형광현미경

형광현미경(fluorescence microscopy)은 물질이 짧은 파장의 빛(자외선)을 흡수하고 더 긴 파장의 빛(가시광선)을 발하는 특성인 형광의 장점을 이용한다. 일부 생물은 자외선 하에서 자연적으로 형광을 띤다. 만일 관측해야 되는 시료가 자연적으로 형광을 띠지 않으면 시료를 **형광체**(fluorochrome)라고 불리는 형광염료로 염색시킨다. 형광체로 염색한 미생물은 자외선이나 자외선 근처의 광원으로 형광현미경에서 관찰할 때 어두운 배경에 대비되어 발광하는 밝은 객체로 나타난다.

형광체는 특정 미생물에 대한 특별한 끌림이 있다. 예를 들면, 자외선에 노출될 때 노란색을 발하는 형광체인 아우라민(auramine) O는 결핵을 일으키는 세균인 결핵균(*Mycobacterium tuberculosis*)에 강하게 흡수된다. 세균을 있을 것으로 의심되는 물질에 이 염료를 처리하면 세균은 어두운 배경에 대해 밝은 노란 개체의 출현으로 검출될 수 있다. 탄저병을 유발하는 탄저균(*Bacillus anthracis*)은 다른 염료인 플루오레세인 이소티오시안산염(fluorescein isothiocyanate, FITC)으로 염색하면 밝은 녹황색을 띤다.

형광현미경은 **형광항체 기술[fluorescent-antibody (FA) technique]** 또는 **면역형광(immunofluorescence)**이라고 불리는 진단 기술에 주로 사용된다. **항체(antibody)**는 사람을 비롯한 많은 동물에서 외부 물질 혹은 **항원(antigen)**에 반응하여 생산되는 자연 방어 분자이다. 특정 항원에 대한 형광항체는 다음과 같이 만들 수 있다. 동물에 세균과 같은 특정 항원을 주입한다. 그러면 동물은 그 항원에 대한 항체를 생산하기 시작한다. 충분한 시간이 지난 후에 항체를 그 동물의 혈청에서 분리한다. 그 다음 그림 3.6a와 같이 형광체를 화학적으로 항체에 결합시킨다. 이 형광항체를 미지의 세균이 있는 현미경 슬라이드에 첨가한다. 만일 이 미지의 세균이 동물에 주입한 것과 같은 세균이라면 형광항체는 세균의 표면에 있는 항원과 결합하여 세균에 형광을 나타낸다.

심지어 이 기술로 세포나 조직 또는 다른 임상 검체에서 세균이나 병원성 미생물을 검출할 수 있다(그림 3.6b). 이 기술의 탁월한 점은 미생물을 몇 분 안에 식별할 수 있다는 것이다. 면역형광은 매독과 광견병 진단에 특히 유용하다. 항원-항체 반응과 면역형광에 대해서는 18장에서 더 알아볼 것이다.

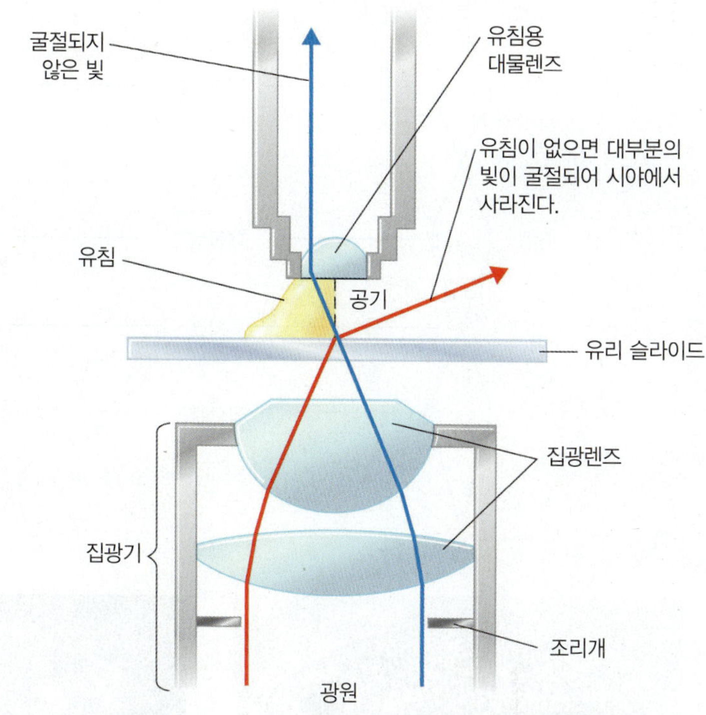

그림 3.3 유침용 대물렌즈를 사용하는 복합현미경에서 굴절. 현미경 슬라이드 유리와 유침(immersion oil)의 굴절률이 같기 때문에 유침용 대물렌즈를 이용하면 광선은 하나에서 다른 것으로 통과할 때 굴절되지 않는다. 배율이 900배보다 크면 유침의 사용이 필요하다.

 유침이 1000배에서는 필요하지만 왜 낮은 배율의 물체에는 필요가 없나?

공초점 현미경

공초점 현미경(confocal microscopy)은 삼차원 형상을 재구성하는 데 사용되는 광학현미경 기술이다. 형광현미경처럼 시료를 형광체로 염색하여 이들이 빛을 발하거나 되돌려 보낼 수 있다. 그러나 공초점 현미경은 전체 영역에 조명하는 대신, 짧은 파장(푸른색)의 빛으로 시료의 작은 영역의 한 평면을 조명한다. 조명된 영역에 되돌아오는 빛을 정렬된 조리개를 통해 초첨을 맞춘다. 각 평면은 시료를 물리적으로 자른 미세한 조각의 영상에 해당한다. 전체 시료가 스캔될 때까지 연속되는 평면과 지역이 조명된다. 공초점 현미경은 작은 구멍의 조리개를 사용하기 때문에 다른 현미경에서 발생하는 흔들림이 없다. 그 결과 다른 현미경보다 40%까지 개선된 해상도로 매우 명확한 2차원 영상이 얻어진다.

대부분의 공초점 현미경은 삼차원 영상을 만들기 위해 컴퓨터와 함께 사용된다. 스캔된 시료의 평면들은 영상들의 더미와 유사하며 디지털 형태로 변환되어 컴퓨터에 의해 삼차원 형상으로 조립된다.

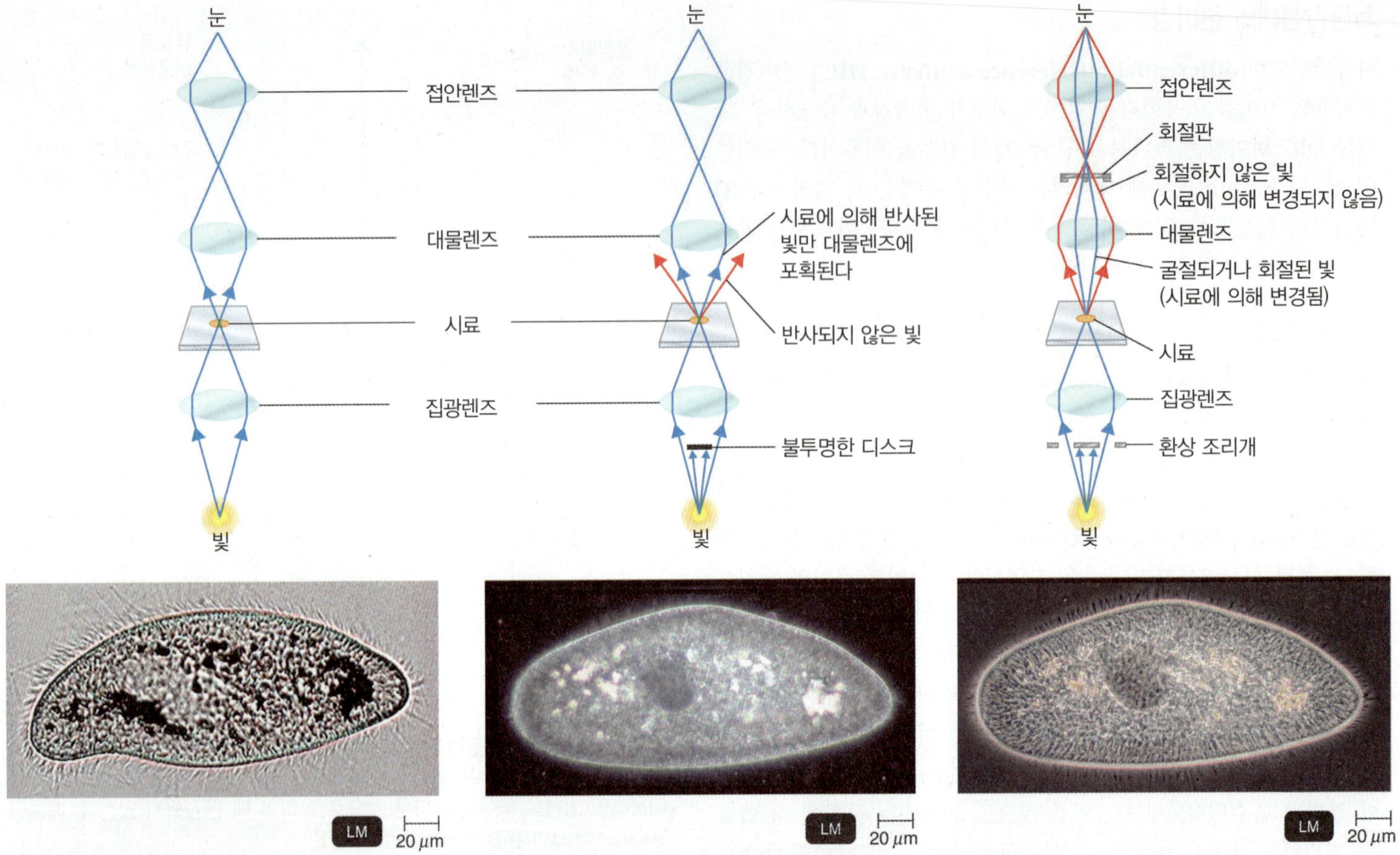

눈
접안렌즈
대물렌즈
시료
집광렌즈
빛

눈
시료에 의해 반사된 빛만 대물렌즈에 포획된다
반사되지 않은 빛
불투명한 디스크
빛

눈
접안렌즈
회절판
회절하지 않은 빛 (시료에 의해 변경되지 않음)
대물렌즈
굴절되거나 회절된 빛 (시료에 의해 변경됨)
시료
집광렌즈
환상 조리개
빛

LM 20 μm

LM 20 μm

LM 20 μm

(a) 광시야. (위) 광시야 현미경에서 빛의 경로, 보통의 복합 광학현미경에서 만들어내는 조명의 종류. (아래) 광시야 조명이 내부 구조와 투명한 박막(외부를 덮고 있음)의 윤곽을 보여준다.

(b) 암시야. (위) 암시야 현미경은 불투명한 디스크를 가진 특별한 집광기를 이용하여 광선의 중앙에 있는 빛을 제거한다. 한 각도에서 들어오는 빛만 시료에 도달한다; 이리하여 시료에 의해 반사된 빛(파란선)만이 대물렌즈에 도달한다. (아래) 암시야 현미경에서 보여주는 검은 배경에 대비하여 세포의 가장자리는 밝고, 일부 내부 구조는 반짝거리는 것으로 보이며 박막은 대체로 보인다.

(c) 위상차. (위) 위상차 현미경에서 시료는 환상(고리모양)의 조리개를 통과하는 빛으로 조명된다. 직사광선은 (시료에 의해 변경되지 않은) 시료를 관통함에 따라 회절하거나 굴절되는 광선과 다른 경로로 지나간다. 이 두 광선이 눈에서 합쳐진다. 굴절되거나 회절된 광선은 파란색으로 표시; 직사광선은 붉은색. (아래) 위상차 현미경은 내부구조의 차이를 크게 보여주고 박막을 선명하게 보여준다.

그림 3.4 **광시야, 암시야, 위상차 현미경.** 그림은 이들 종류의 현미경 각각에서 대비되는 빛의 경로를 보여준다. 사진은 이들 세 가지 다른 현미경 기술을 이용하여 원생동물 Paramecium 을 비교한다.

광시야, 암시야, 위상차 현미경의 장점은 무엇인가?

재구성된 영상은 어떤 방향으로도 회전시켜 볼 수 있다. 이 기술은 전체 세포와 세포 구성물의 삼차원 영상을 얻는 데 사용되어 왔다(그림 3.7). 공초첨 현미경은 ATP나 칼슘이온과 같은 물질의 분포와 농도를 추적할 수 있어 세포생리학 연구에 사용된다.

2광자 현미경

2광자 현미경(two-photon microscopy, TPM)용 표본은 공초점 현미경에서처럼 형광체로 염색된다. 2광자 현미경은 긴 파장의 (붉은) 빛을 이용한다. 따라서 빛을 발하도록 형광체를 여기시키는 데에 하나 대신 두 개의 광자가 필요하다. 긴 파장으로 조직 안의 1 mm(1000 μm) 깊이에 살아 있는 세포의 영상을 얻을 수 있다. 공초첨 현미경은 100 μm 이내의 깊이에서만 세포를 자세히 볼 수 있다. 또한 더 긴 파장은 세포를 손상시키는 일중항 산소(singlet oxygen)를 생성할 가능성이 적다(159쪽 참조). TPM의 또 다른 장점은 실시간으로 세포의 활성을 추적할 수 있다는 것이다. 예를 들어 면역계의 세포가 항원에 반응하는 것을 관측할 수 있다.

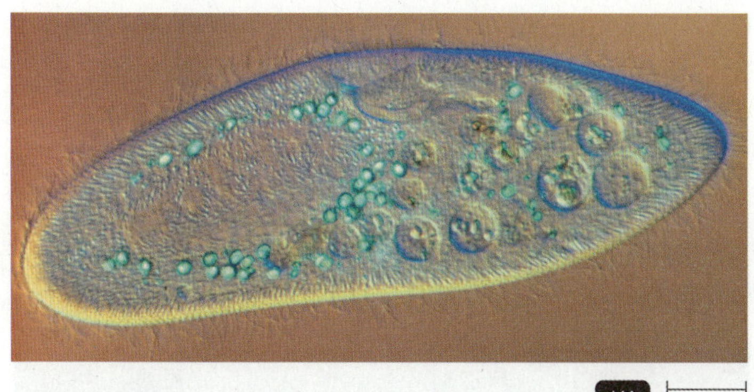

그림 3.5 **차등간섭대비(DIC) 현미경.** 위상차 현미경처럼 DIC는 굴절률의 차이를 이용하여 영상을 생산한다. 이 경우는 *Paramecium*(짚신벌레). 영상의 색상은 현미경에 사용되는 두 개의 광선으로 나누는 프리즘에 의해 생긴 것이다.

 왜 DIC 현미경에서 만들어진 영상은 밝은색으로 나타나는가?

초음파 현미경

초음파 현미경(scanning acoustic microscopy, SAM)은 기본적으로 시료를 통해 전송되는 음파의 작용을 해석하여 영상을 구성한다. 특정 주파수의 한 음파가 시료를 통해 전달되고 이것의 일부가 물질 안에 있는 접촉면에 명중할 때 마다 반사되어 돌아온다. 해상도는 약 1 μm이며 SAM은 암세포, 동맥 플라크, 장비를 더럽히는 세균성 생물막과 같이 다른 표면에 붙어 있는 살아 있는 세포를 연구하는 데 사용된다(그림 3.9).

이해도 확인하기

✓ 광시야, 암시야, 위상차 그리고 형광 현미경은 어떤 점에서 비슷한가? 3-4

전자현미경

바이러스나 세포 내부의 구조와 같이 약 0.2 μm 이하의 개체는 **전자현미경(electron microscope)**으로 검사하여야 한다. 전자현미경에서는 빛을 대신하여 전자 빔이 사용된다. 빛처럼 자유 전자는 파동으로 이동한다. 전자현미경의 분해능은 지금까지 설명한 다른 현미경보다 훨씬 더 크다. 전자현미경의 더 높은 해상도는 전자의 짧은 파장 때문이다. 전자의 파장은 가시광선의 파장보다 약 10만 배 작다. 따라서 전자현미경은 광학현미경으로 보기에는 너무 작은 구조를 조사하는 데 사용된다. 전자현미경에 의해 만들어진 영상은 언제나 검은색과 흰색이지만 특정 세부를 강조하기 위해 인위적으로 색을 칠할 수 있다.

전자현미경은 전자 빔의 초점을 시료에 맞추는 데 유리렌즈 대신 전자기 렌즈를 사용한다. 두 가지 종류의 전자현미경, 투과전자현미경과 주사전자현미경이 있다.

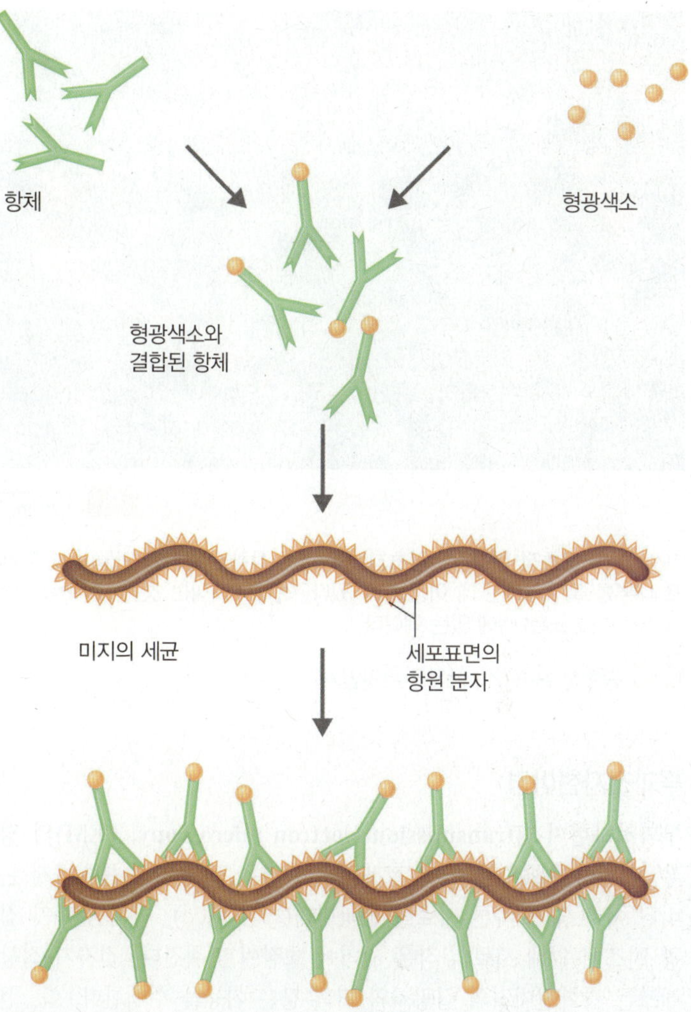

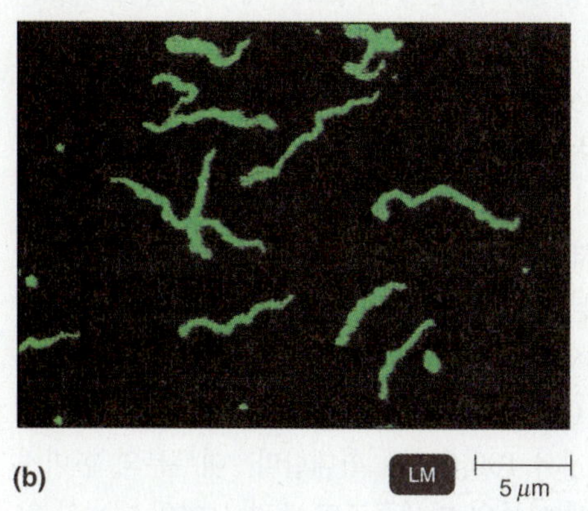

그림 3.6 **면역형광의 원리.** (a) 한 종류의 형광색소를 특정 종류의 세균에 대한 항체와 결합한다. 준비물을 현미경 슬라이드에 놓인 세균에 첨가하면, 항체는 세균 세포에 부착되고 자외선을 쬐어주면 그 세포는 형광을 띤다. (b) 여기서 보여주는 매독 확인을 위한 형광 트리포네마 항체 흡수(FTA-ABS) 검사에서 *Treponema pallidum*은 더 어두운 배경에 대한 녹색 세포로 나타난다.

Q 왜 다른 세균은 FTA-ABS 검사에서 형광을 나타내지 않는가?

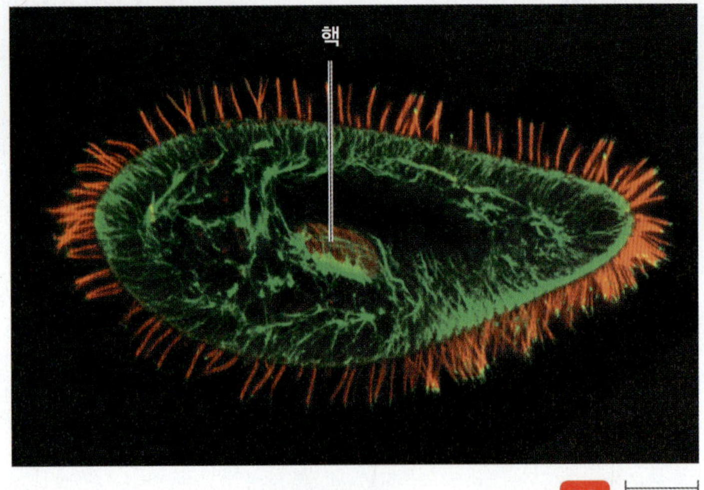

그림 3.7 **공초점 현미경.** 공초점 현미경은 삼차원 영상을 만들어 내고 세포 내부를 들여다보는 데 이용될 수 있다. 여기서 보이는 것은 *Paramecium multimicronucleatum*에 있는 핵이다.

 공초점 현미경의 장점은 무엇인가?

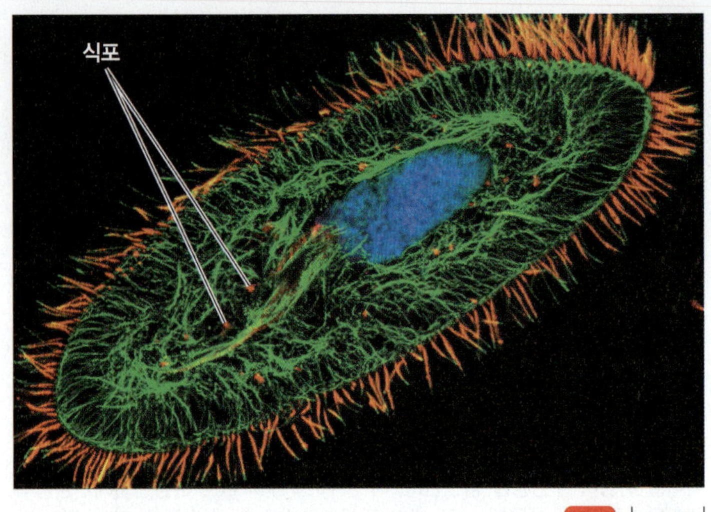

그림 3.8 **2광자 현미경(TPM).** TPM은 살아 있는 세포의 최대 1 mm 깊이까지 자세히 영상을 만들 수 있다. 이 영상은 살아 있는 짚신벌레(*Paramecium*)의 영양 액포(food vacuoles)를 보여준다.

Q TPM과 공초점 현미경 사이의 다른 점은 무엇인가?

투과전자현미경

투과전자현미경(transmission electron microscopy, TEM)의 경우, 정밀하게 초점을 맞춘 전자총에서 나온 전자 빔이 특별하게 준비된 아주 얇게 자른 시료를 통과한다(그림 3.10a). 빔은 전자기 집광 렌즈에 의해 시료의 작은 지역에 초점이 맞춰진다. 전자기 집광 렌즈는 광학현미경의 집광기와 거의 같은 기능을 수행한다. 즉, 전자 빔이 직선으로 시료를 조명하게 한다.

전자현미경은 조명과 초점, 배율을 제어하기 위해 전자기 렌즈를 이용한다. 광학현미경에서 유리 슬라이드 위에 시료를 올려놓는 대신 시료를 보통 구리로 된 그물망 격자에 놓는다. 전자 빔은 시료를 통과한 다음 이미지를 확대하는 전자기 대물렌즈를 통해 지나간다. 마지막으로 전자는 전자기 프로젝트 렌즈에 의해(광학현미경처럼 대안렌즈에 의하기보다는) 형광 화면이나 사진 건판에 초점이 맞춰진다. **전자현미경 사진(transmission electron micrograph)**이라고 불리는 최종 영상은 표본의 다른 영역에서 흡수되는 전자의 수에 따라 많은 밝고 어두운 지역으로 나타난다.

투과전자현미경은 10 pm까지도 물체를 구분할 수 있고 일반적으로 물체를 10,000배에서 100,000배 확대한다. 대부분의 현미경 표본이 매우 얇기 때문에 이들의 미세구조와 배경 사이의 대비가 약하다. 대비는 전자를 흡수하여 어두운 이미지를 만들어 내는 염색을 이용하여 크게 확대시킬 수 있다. 납, 오스뮴, 텅스텐, 우라늄 같은 다양한 중금속 염이 보통 염색에 사용된다. 이러한 금속은 시료에 고정시키거나(**양성 염색, positive staining**), 주변 지역의 전자 불투명도를 증가시키는 데(**음성 염색, negative staining**) 사용될 수 있다. 음성 염색은 바이러스 입자와 세균의 편모, 단백질 분자 등과 같은 아주 작은 표본의 연구에 유용하다.

양성과 음성 염색에 더해 미생물은 **그림자 주조(shadow casting)**라는 기술로도 볼 수 있다. 이 과정에서 백금이나 금 같은 중금속을 미생물의 한 쪽으로만 쌓일 수 있게 약 45° 각도로 뿌린다. 금속이 시료의 한 측면에 쌓이고 시료의 반대 측면에는 도포되지 않은 지역

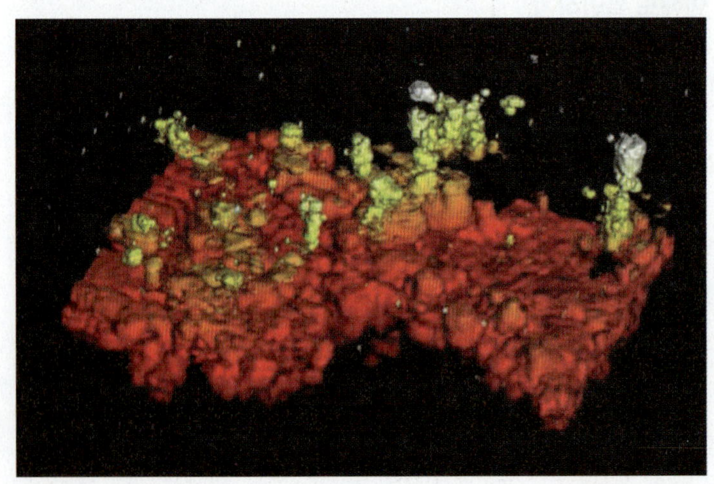

그림 3.9 **유리에 붙은 세균 생물막에 대한 초음파 현미경(SAM) 관찰.** 초음파 현미경의 영상은 본질적으로 표본을 통과하는 음파의 작용을 해석하여 구성된다.

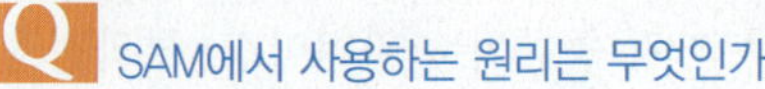
Q SAM에서 사용하는 원리는 무엇인가?

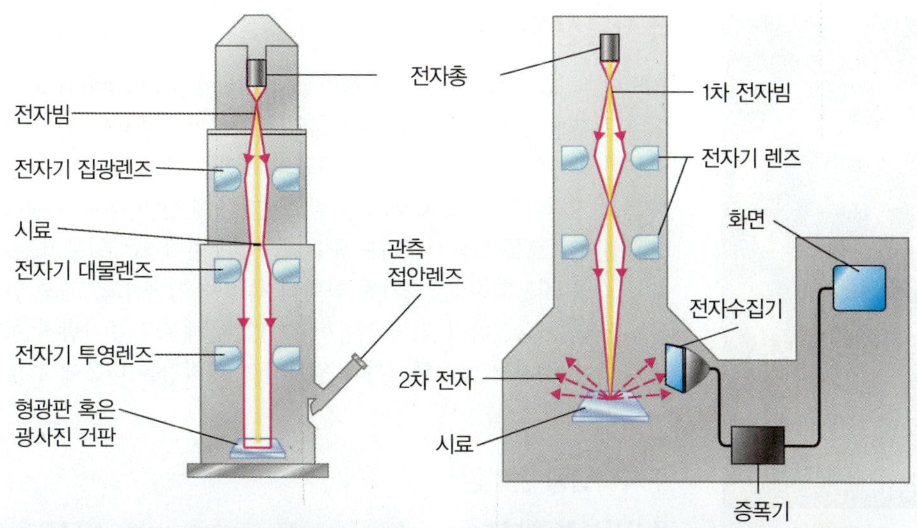

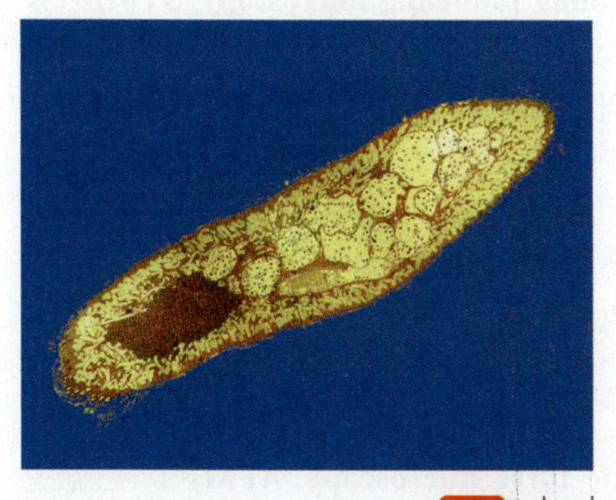

(a) 투사. (위) 투과전자현미경에서 전자는 시료를 관통하고 산란된다. 자기 렌즈는 형광판이나 사진건판에 상의 초점을 맞춘다. (아래) 색칠된 이 투과전자현미경 사진(TEM)은 짚신벌레의 얇은 절편을 보여준다. 이 종류의 현미경 관측에서 절편에 존재하는 내부 구조는 볼 수 있다.

(b) 주사. (위) 주사전자현미경에서 1차 전자는 시료를 가로질러 휩쓸고 가면서 시료 표면의 전자를 두드린다. 2차 전자는 수집기에 의해 채집되고 증폭되어 화면이나 사진건판으로 전송된다. (아래) 색칠된 이 주사전자현미경 사진(SEM)에서 짚신벌레의 표면 구조를 볼 수 있다. 이 세포가 (a)의 투과전자현미경 사진에서 2차원적으로 나타나는 것에 비해 3차원적으로 보이는 것을 주목한다.

그림 3.10 투과전자현미경과 주사전자현미경. 그림은 표본의 영상을 만드는 데 사용되는 전자 빔의 경로를 보여준다. 사진은 이들 두 종류의 전자현미경으로 *Paramecium*를 본 것이다. 비록 전자현미경 사진은 보통 흑백이지만 이 책에서는 영상을 강조하기 위해 이 사진을 비롯한 다른 전자현미경 사진에 인위적으로 채색을 하였다.

Q 같은 생명체의 TEM과 SEM 이미지는 어떻게 다른가?

이 그림자처럼 시료의 뒤에 깨끗한 지역을 남긴다. 이것이 표본에 삼차원적인 효과를 제공하여 표본의 크기와 모양에 대한 일반적인 정보를 제공한다(79쪽 그림 4.6 참조).

투과전자현미경은 높은 해상도를 가지고 있으며 시료의 다른 층을 조사하는 데 매우 유용하다. 그러나 이것도 일부 단점이 있다. 전자의 제한된 투과 능력 때문에 시료의 아주 얇은 박편만을(약 100 μm) 효과적으로 관찰할 수 있다. 따라서 시료는 3차원적인 면이 없다. 또한 시료는 고정되고 탈수되며, 전자의 산란을 막기 위해 높은 진공 하에서 관찰된다. 이러한 처리는 시료를 망가뜨릴 뿐만 아니라 때로는 준비된 세포에 원래는 없던 구조가 나타날 정도로 일부 수축과 왜곡을 유발한다. 그 결과로 나타나는 구조를 인공물(artifact)라고 한다.

주사전자현미경

주사전자현미경(scanning electron microscopy, SEM)은 투과전자현미경에서 절편화로 발생하는 문제가 없다. 주사전자현미경은 표본의 뚜렷한 삼차원 모습을 제공한다(그림 3.10b). 주사전자현미경에서 전자 총은 정교하게 초점을 맞춘 1차 전자 빔을 만든다. 전자 빔의 전자가 전자기 렌즈를 통해 표본의 표면을 향한다. 일차 전자 빔은 표본의 표면을 때려서 전자가 나오게 하는데, 이렇게 생성된 2차 전자가 전자 수집기로 전송되고 증폭되어 화면이나 사진 감광판에 영상을 만든다. 이 영상을 주사전자현미경 사진(scanning

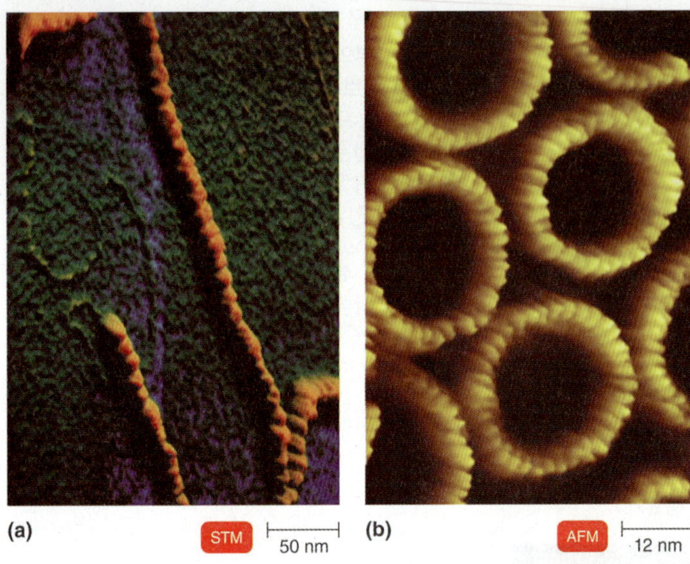

그림 3.11 주사탐침 현미경. (a) *E. coli*의 RecA 단백질에 대한 주사터널링 현미경(STM) 영상. (b) *Clostridium perfringens*의 독소, 퍼플린고라이신(perfringolysin) O에 대한 원자간력 현미경(AFM) 영상. 이 단백질은 사람의 원형질막에 구멍을 뚫는다.

주사탐침 현미경이 차용한 원리는 무엇인가?

electron micrograph)이라고 한다. 이 현미경은 온전한 세포나 바이러스의 표면 구조를 연구하는 데 특히 유용하다. 실제로 이것은 10 nm 정도까지 매우 가까이 있는 물체를 구분하고 일반적으로 그 물체를 1,000배에서 10,000배 확대한다.

이해도 확인하기

✔ 왜 전자현미경이 광학현미경보다 더 높은 해상도를 갖는가? **3-5**

임상 사례

헬리코박터 파이로리(*Helicobacter pylori*)는 나선형 모양의 그람음성 세균으로 여러 개의 편모를 가지고 있다. 이것은 사람에서 가장 흔한 소화성 궤양의 원인이고 또한 위암을 일으킬 수 있다. *H. pylori*의 첫 번째 전자현미경 사진은 호주 의사인 로빈 워렌(Robin Warren)이 전자현미경으로 위 조직에 있는 *H. pylori*를 관찰한 1980년대에 와서야 볼 수 있었다

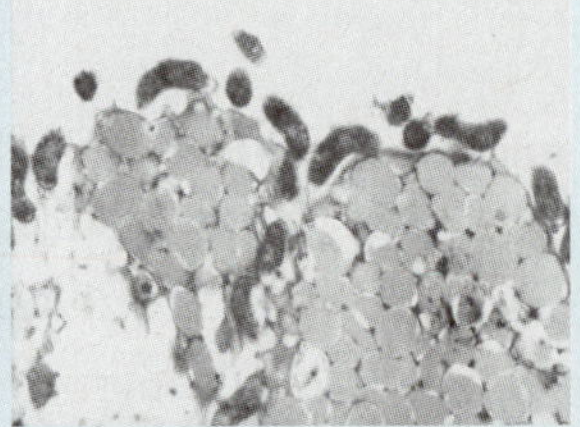
TEM 5 μm

H. pylori 세균을 보기 위해 전자현미경이 왜 필요한가?

54 **64** 69 71

주사탐침 현미경

1980년대 초기부터 **주사탐침 현미경(scanned-probe microscopy)**이라고 부르는 몇 가지 새로운 형태의 현미경이 개발되었다. 이들은 다양한 종류의 탐침을 사용하여 시료의 표면을 조사한다. 이때 사용하는 전기전류는 시료에 변화를 일으키거나 손상을 주는 고에너지 방사선에 시료를 노출시키지도 않는다. 이런 현미경은 원자 또는 분자 모습을 지도화하고, 자기적 화학적 특징을 기술하고, 세포 안의 온도 변화를 확인하기 위해 사용할 수 있다. 새로운 주사탐침 현미경 가운데 주사터널링 현미경과 원자간력 현미경을 다음에 설명한다.

주사터널링 현미경

주사터널링 현미경(scanning tunneling microscopy, STM)은 얇은 금속(텅스텐) 탐침으로 시료를 스캔하여 원자들의 융기와 함몰을 보여주는 시료 표면의 이미지를 만들어 낸다(그림 3.11a). STM의 분해능은 전자현미경보다 훨씬 높다; STM은 원자의 1/100 크기의 특징도 확인할 수 있다. 또한 관찰하기 위해 표본을 특별하게 준비할 필요도 없다. STM을 사용하면 DNA와 같은 분자를 믿을 수 없을 정도로 자세한 모습으로 보여줄 수 있다.

원자간력 현미경

원자간력 현미경(atomic force microscopy, AFM)에서는 금속과 다이아몬드 탐침이 시료 위를 부드럽게 힘주어 누른다. 탐침이 시료의 표면을 따라 이동함에 따라 삼차원 영상이 생성된다(그림 3.11b). STM처럼 AFM도 특별한 표본의 준비과정을 필요하지 않는다. AFM은 생물 물질(거의 원자 수준의 상세함으로, 428쪽 그림 17.3b 참조)과 분자수준의 진행과정(혈액 응고 요소인 섬유소의 모임 같은) 모두를 영상화하는 데 유용하다.

방금 설명한 다양한 종류의 현미경이 표 3.2(65~67쪽)에 요약되어 있다.

이해도 확인하기

✔ TEM과 SEM, 주사탐침 현미경의 사용 용도는? **3-6**

광학현미경을 위한 표본 준비

학습 목표

3-7 산성 염료과 염기성 염료를 구별한다.

3-8 단순 염색의 목적을 설명한다.

3-9 그람염색의 준비과정을 나열하고 각 단계마다 그람양성과 그람음성 세포의 모습을 설명한다.

3-10 그람염색과 항산성 염색의 유사점과 차이점을 설명한다.

3-11 다음의 각각이 왜 사용되는지를 설명한다: 협막 염색, 내생포자 염색, 편모 염색.

표 3.2 다양한 현미경의 종류

현미경 종류	구별되는 특징	전형적인 이미지	주요 사용처
광학			
광시야	광원으로 가시광선을 이용; 0.2 μm 이하의 구조는 구분할 수 없다; 표본은 밝은 배경에 나타난다. 저렴하고 사용하기 쉽다.	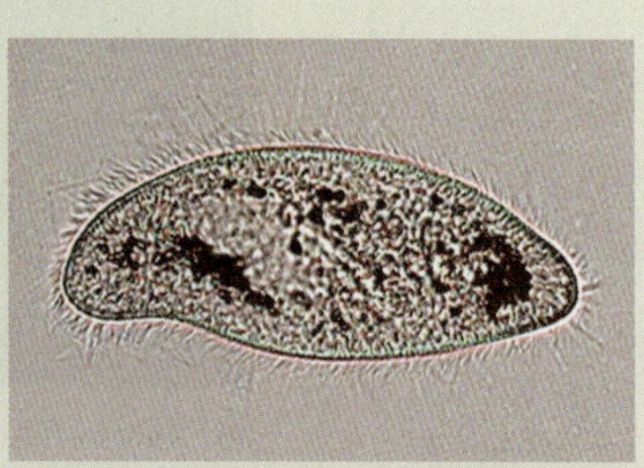 짚신벌레(*Paramecium*) LM 25 μm	다양하게 염색된 표본을 관측하고 미생물 수를 셈; 바이러스 같은 아주 작은 표본은 관측하지 못함.
암시야	대물렌즈로 빛이 직접 들어가는 것을 막는 불투명한 원판을 가진 특수한 집광장치를 사용; 표본에 의해 반사된 빛이 대물렌즈로 들어가서 검은 배경에 표본이 밝게 나타난다.	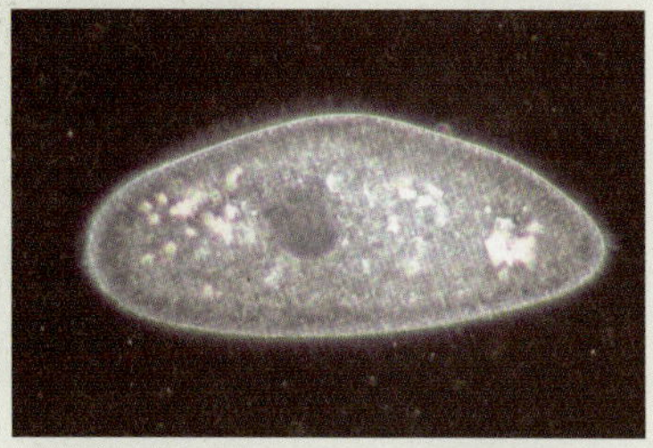 짚신벌레 LM 25 μm	광시야 현미경에서 안 보이고 염색이 쉽지 않거나 염색에 의해 왜곡되는 살아 있는 미생물을 조사하기 위함; 종종 매독 진단을 위한 *Treponema pallidum* 검출에 이용.
위상차	환상(고리모양)의 격막을 갖는 특수한 집광장치를 이용. 이 격막은 빛이 집광장치를 통과하면서 표본과 대물렌즈의 회절판에 집중되게 한다. 직사광선과 반사 또는 회절된 광선을 함께 가져와 영상을 만든다. 염색이 필요 없다.	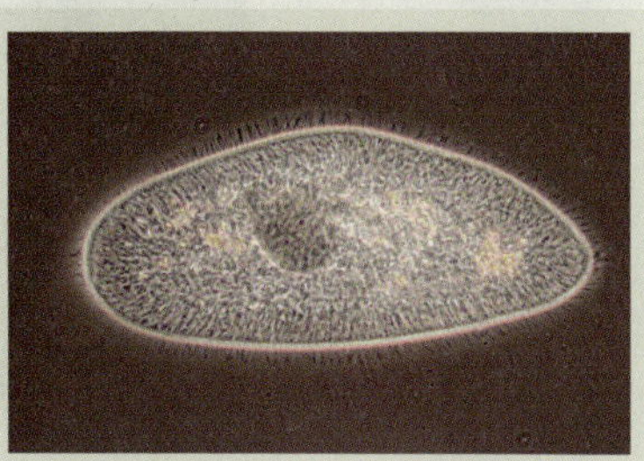 짚신벌레 LM 25 μm	살아 있는 표본의 내부구조의 상세한 조사에 도움이 됨.
차등간섭대비 (DIC)	위상차 현미경처럼 굴절률의 차이를 이용하여 영상을 만든다. 프리즘으로 나눈 두 개의 광선을 이용; 프리즘의 효과로 표본에 색상이 나타난다. 염색이 필요 없다.	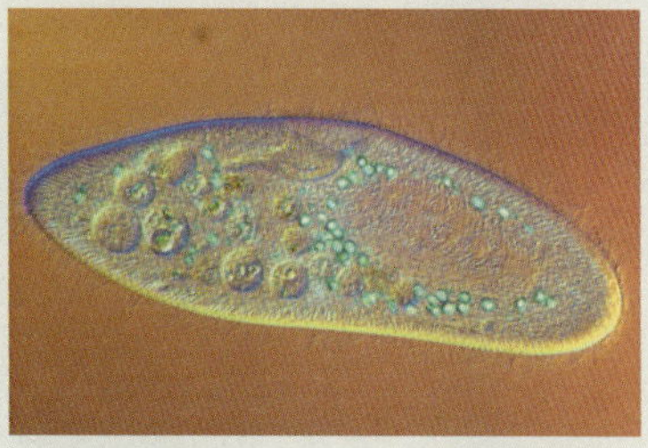 짚신벌레 LM 23 μm	삼차원 영상을 제공함.
형광	자외선이나 자외선 근처의 조명을 이용하여 표본에 있는 형광화합물(녹색)이 빛을 발하게 함.	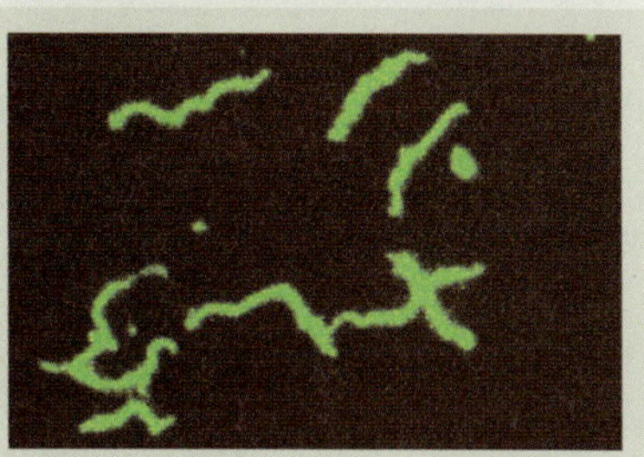 매독균(*Treponema pallidum*) LM 2 μm	형광 항체 기술(면역형광)에서 조직이나 임상표본에 있는 미생물의 빠른 검출과 확인을 위함.

(계속)

표 3.2 다양한 현미경의 종류 (계속)

현미경 종류	구별되는 특징	전형적인 이미지	주요 사용처
공초점	한번에 표본의 한 층을 조명하기 위해 단일 광자를 이용함.	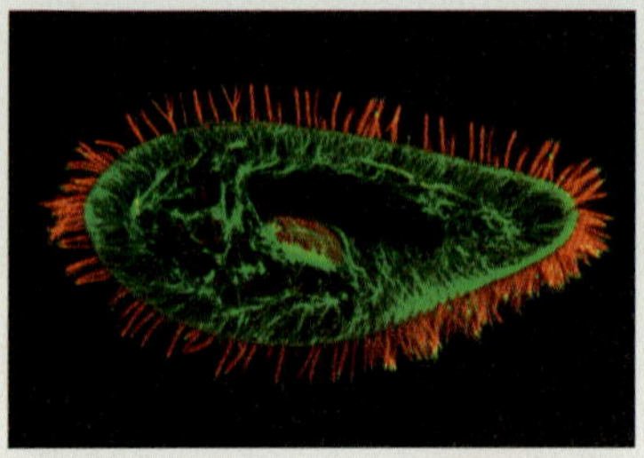 짚신벌레 CF 25 μm	생물의학적 적용을 위한 세포의 2차원과 3차원 영상을 얻기 위함.
2광자	표본을 조명하기 위해 두 개의 양자를 이용함.	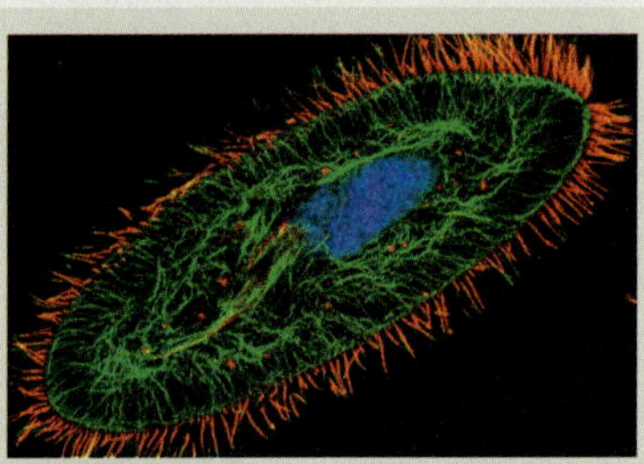 짚신벌레 TPM 22 μm	최대 1mm의 깊이에서 살아 있는 세포의 영상을 얻기 위해 광자의 독성을 줄이고 실시간으로 세포의 활성을 관측함
초음파	물질 안에 있는 경계 면을 두드릴 때 반사되는 부분을 갖는 표본을 통과하는 특정한 주파수의 음파를 이용함.	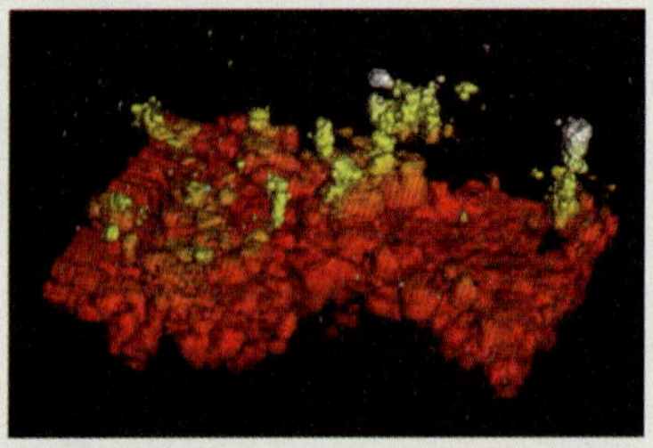 생물막 SAM 180 μm	암세포나 동맥 플라크, 생물막 같은 다른 표면에 부착된 살아 있는 세포를 조사함.
전자			
투과	빛 대신 전자 빔을 이용; 전자가 표본을 관통함; 전자의 짧은 파장 때문에 0.2 μm 이하의 구조를 구별할 수 있다. 생성된 영상은 2차원이다.	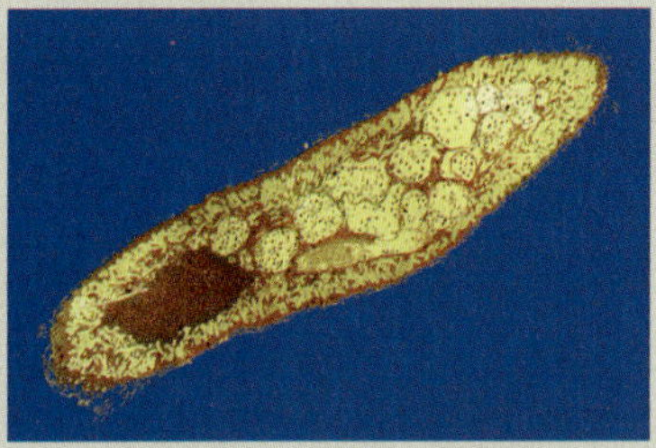 짚신벌레 TEM 25 μm	바이러스나 세포의 얇은 절편에서 내부 미세구조를 조사하기 위함. (보통 배율은 10,000~100,000배).
주사	빛 대신 전자 빔을 이용; 전자가 표본에서 반사됨; 전자의 짧은 파장 때문에 0.2 μm 보다 작은 구조를 구별할 수 있다. 생성된 영상은 3차원으로 보인다.	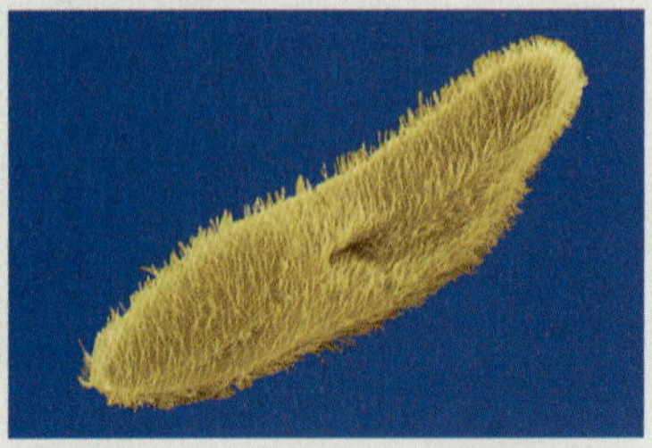 짚신벌레 SEM 25 μm	세포나 바이러스의 표면 특징을 연구함(보통 배율은 1,000~10,000배).

표 3.2 다양한 현미경의 종류 (계속)

현미경 종류	구별되는 특징	전형적인 이미지	주요 사용처
주사탐침			
주사터널링	표본을 주사하는 얇은 금속 탐침을 이용하고 표본의 표면 원자의 돌출과 함몰을 나타내는 영상을 만든다. 전자현미경보다 해상도가 훨씬 높다. 특별한 준비가 필요 없다.	*E. coli*의 RecA 단백질 (STM, 45 nm)	세포 내 분자의 매우 상세한 모습을 제공함.
원자간력	표본의 표면을 부드럽게 누르는 금속과 다이아몬드 탐침을 이용함. 삼차원 영상을 생산한다. 특별한 준비가 필요 없다.	*Clostriduum perfringens*의 독소 퍼플린고라이신 O (AFM, 9 nm)	생물 표본의 삼차원 영상을 거의 원자수준의 높은 해상도로 제공하고 생물 표본의 생리학적 특성과 분자작용을 측정할 수 있음.

보통 광학 현미경을 통해서 보면 대부분의 미생물은 거의 무색으로 보이기 때문에 종종 이들을 관찰하기 위한 준비를 해야만 한다. 이를 위한 한 방법이 시료를 염색하는 것이다. 다음에서 여러 가지 염색 과정을 설명한다.

염색을 위한 도말과정

대부분의 미생물에 대한 초기 관찰은 염색된 표본준비로 시작된다. **염색(staining)**은 특정 구조를 강조하기 위해 염료로 미생물에 색을 넣은 것을 의미한다. 그러나 미생물을 염색하기 전에 현미경 슬라이드에 미생물을 **고정**(부착)하여야 한다. 고정과정으로 미생물은 죽고 동시에 슬라이드에 고정된다. 이렇게 하면 최소한의 왜곡으로 미생물의 다양한 부분을 자연 상태로 유지한다.

시료가 고정될 때 미생물이 포함된 물질의 얇은 필름이 슬라이드의 표면에 걸쳐 펼쳐진다. **도말(smear)**이라고 불리는 이 필름은 자연 건조시킨다. 대부분의 염색 과정에서 도말된 면을 위로 해서 슬라이드를 분젠 버너의 불꽃에 여러 번 통과시키거나 메탄올로 1분간 슬라이드를 덮음으로써 고정한다. 염료를 처리한 다음 물로 씻는다. 고정이 없으면 염색 과정에서 미생물이 슬라이드에서 씻겨 나갈 것이다. 염색된 미생물은 이제 현미경 검사의 준비가 되었다.

염료는 양이온과 음이온으로 구성된 염으로 이중 하나가 색을 띠고 발색단(chromophore)이라고 알려져 있다. 소위 **염기성 염료(basic dye)**의 색상은 양이온에 있다. **산성 염료(acidic dye)**에서 이것은 음이온이다. 세균은 pH 7에서 약간 음성의 전하를 띤다. 따라서 염기성 염료의 색깔이 있는 양이온은 세균 세포의 음전하에 끌린다. 크리스탈 바이올렛, 메틸렌 블루, 말라카이트 그린, 사프라닌을 비롯한 염기성 염료는 산성 염료보다 더 흔하게 사용된다. 산성 염료는 염료의 음이온이 음전하를 띠는 세균 표면에 의해 반발하기 때문에 대부분의 종류의 세균에 끌리지 않는다. 그래서 염료는 대신 배경을 염색한다. 무색의 세균을 색이 있는 배경에 대비시켜 준비하는 것을 **매질염색(negative staining)**이라고 한다. 이것은 세포가 대비되는 어두운 배경에서 눈에 잘 띄게 하기 때문에 세포 전체의 모양과 크기, 협막 등을 관찰하는 데 유용하다(70쪽 그림 3.14a). 고정이 필요하지 않기 때문에 세포 크기와 모양의 왜곡이 최소화되고 세포는 염색이 되지 않는다. 산성 염료의 예는 에오신과 산성 푹신, 니그로신 등이 있다.

산성 또는 염기성 염료를 가지고 미생물학자는 세 가지 종류의 염색 기법을 사용한다: 단순, 차등, 특수 염색.

단순 염색

단순 염색(simple staining)은 하나의 염기성 염료의 수용액 또는 알코올 용액을 사용한다. 염료에 따라 세포의 다른 부분에 특이적으로 결합하기도 하지만 단순 염색의 주요 목적은 전체 미생물을 강조하여 세포의 모양과 기본 구조를 보는 것이다. 일정 시간 동안 염료를 고정된 도말에 처리하고 씻어낸다. 그리고 슬라이드를 말리고

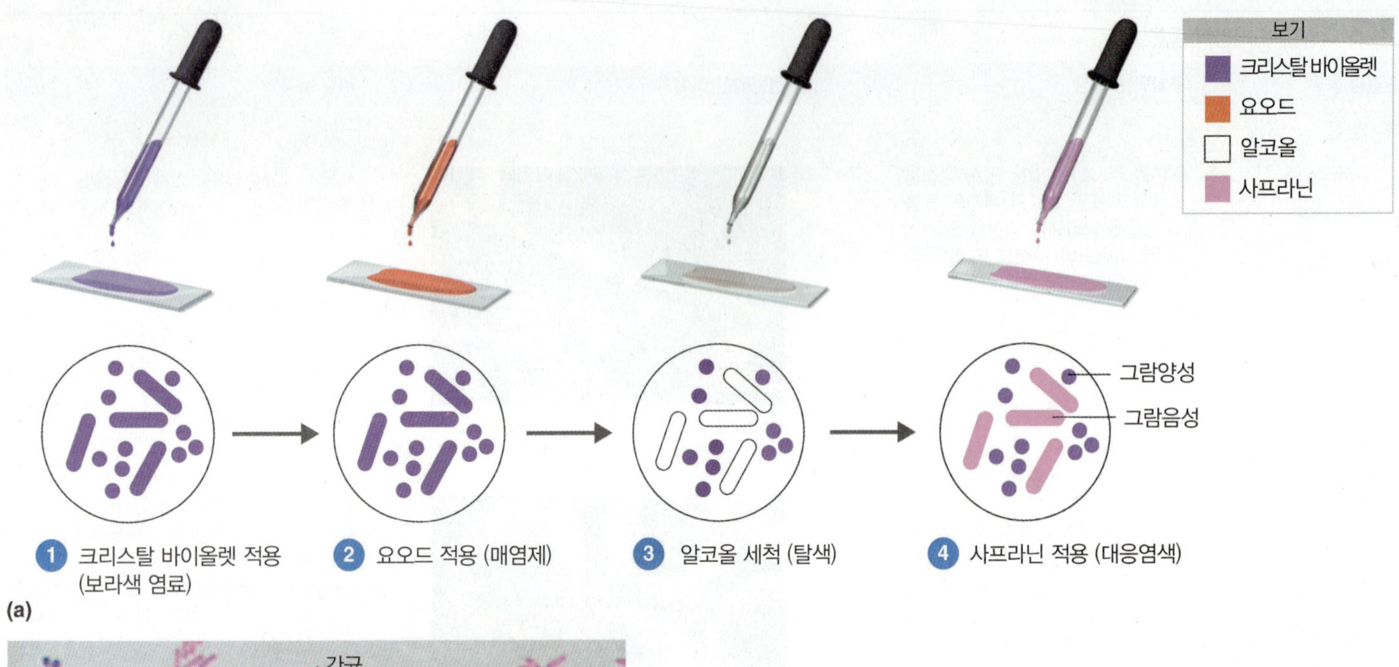

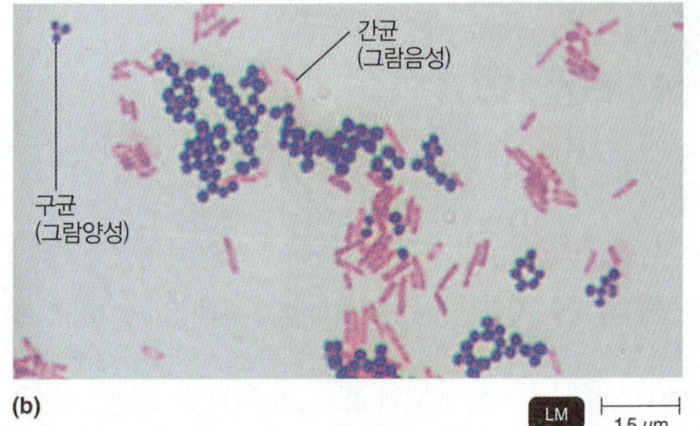

그림 3.12 **그람염색.** (a) 염색과정. (b) 그람염색한 세균 사진. 구균(자주색)은 그람양성이고 간균(분홍색)은 그람음성이다.

 어떻게 그람반응이 항생제를 처방하는 데 유용할 수 있나?

관찰한다. 가끔 화학물질을 용액에 첨가하여 염색을 강화하는데 이 첨가제를 **매염제(mordant)**라고 한다. 매염제의 한 기능은 생물표본에 대한 염료의 친화도를 증가시키는 것이다. 또 다른 기능은 구조(편모 같은)를 덮어 두껍게 만들어 염색한 후에 보기 쉽게 만드는 것이다. 실험실에서 흔히 사용되는 일부 단순 염료로는 메틸렌 블루, 석탄산푹신, 크리스탈 바이올렛, 사프라린 등이 있다.

이해도 확인하기

- ✔ 왜 음성 염색에서는 세포가 색을 띠지 않는가? 3-7
- ✔ 왜 대부분의 염색 과정에서 고정이 필요한가? 3-8

차등 염색

단순 염색과 달리 **차등 염색(differential staining)**은 세균의 종류에 따라 다르게 반응한다. 따라서 이들을 구별하는 데 사용할 수 있다. 가장 많이 세균에 사용되는 차등 염색은 그람염색과 항산성 염색이다.

그람염색

그람염색(Gram stain)은 1884년 덴마크의 세균학자 한스 크리스티안 그람(Hans Christian Gram)이 개발하였다. 세균을 두 개의 그룹, 즉 그람양성과 그람음성으로 분류하기 때문에 가장 유용한 염색법이다.

염색과정은(그림 3.12a)

1. 열고정 도말을 자주색 염기성 염료를 처리한다. 보통 크리스탈 바이올렛. 이 자주색 염료는 모든 세포에 그 색이 전달되기 때문에 이를 **기본 염색(primary staining)**이라고 한다.
2. 잠시 후 보라색 염료를 씻어 내고 도말을 매염제인 요오드를 처리한다. 요오드를 첨가하면 그람양성과 음성 세균 모두 어두운 보라색이나 자주색으로 나타난다.
3. 다음 슬라이드를 알코올이나 알코올-아세톤 용액으로 씻는다. 이 용액은 일부 종의 세포에서 보라색을 제거하는 **탈색제(decolorizing agent)**이다. 그러나 다른 종에서는 색이 제거되지 않는다.

4 알코올을 씻어낸 다음 슬라이드를 염기성 염료인 사프라닌으로 염색한다. 도말을 다시 씻고 말린 다음 현미경으로 관찰한다.

보라색 염료와 요오드는 각 세균의 세포질에서 결합되어 어두운 보라색이나 자주색을 나타낸다. 알코올로 탈색을 시도한 후에도 이 색을 유지하는 세균을 **그람양성(gram-positive)**으로 분류한다. 탈색 후에 어두운 보라색이나 자주색을 잃어버리는 세균을 **그람음성(gram-negative)**으로 분류한다(그림 3.12b). 그람음성세균은 알코올 세척 후에 무색이므로 이들을 더 이상 볼 수 없다. 이것이 염기성 염료인 사프라닌 처리를 하는 이유이다. 이것으로 그람음성세균은 분홍색으로 변한다. 기본 염색과 대비되는 색을 갖는 사프라닌과 같은 염색을 **대응염색(counterstain)**이라고 한다. 그람양성세균은 원래의 보라색을 유지하기 때문에 사프라닌에 영향을 받지 않는다.

4장을 보면 알겠지만, 세포벽의 구조적 차이가 크리스탈 바이올렛-요오드 복합체(CV-I)로 불리는 크리스탈 바이올렛과 요오드의 조합의 유지 혹은 누출에 영향을 주기 때문에 세균에 따라 그람염색에 다르게 반응한다. 다른 차이점 중 그람양성세균은 그람음성세균보다 더 두꺼운 펩티도글리칸(이당류와 아미노산) 세포벽을 가지고 있다. 또한 그람음성세균은 지질다당류(지질과 다당류) 층을 세포벽의 일부로 가지고 있다(85쪽 그림 4.13 참조). 그람음성과 그람양성 세포 모두에 처리하였을 때 크리스탈 바이올렛과 그 다음 요오드는 세포로 즉시 들어간다. 세포 내에서 크리스탈 바이올렛과 요오드는 결합하여 CV-I를 형성한다. 이 복합체는 세포로 들어간 클리스탈 바이올렛 분자보다 더 크기 때문에 그람양성 세포의 온전한 펩티도글리칸층에서 알코올에 의해 씻겨 나오지 못한다. 결과적으로 그람양성 세포는 크리스탈 바이올렛 염료의 색을 유지한다. 그러나 그람음성 세포의 경우는 알코올 세척으로 바깥쪽 지질다당류층이 파괴되고 CV-I 복합체가 얇은 펩티도글리칸 층에서 씻겨나간다. 그 결과 그람음성 세포는 사프라닌 같은 대응염색 때까지 색이 없어지고 그 후 분홍색이 된다.

요약하면, 그람양성 세포는 염료를 유지하고 보라색으로 남아 있다. 그람음성 세포는 염료를 유지하지 못하고 붉은 염료로 대응염색할 때까지 무색이다.

그람 방법은 의학 미생물학에서 가장 중요한 염색 기법 중의 하나이다. 그러나 일부 세균벽은 염색이 약하게 되거나 전혀 안되기도 하기 때문에 그람염색의 결과가 전부다 적용되는 것은 아니다. 그람반응은 한창 성장 중인 세균에 사용할 때 가장 일관된 결과가 나온다.

세균의 그람반응은 질병의 치료에 귀중한 정보를 제공할 수 있다. 그람양성세균은 페니실린과 세팔로스포린에 의해 쉽게 죽는 경향이 있다. 그람음성세균은 항생제가 지질다당류층을 잘 통과하지 못하기 때문에 일반적으로 더 저항성이 있다. 그람양성과 그람음성 세균 모두에서 이들 항생제에 대한 일부 저항성은 해당 세균이 항생제를 비활성화시키기 때문이다.

항산성 염색

또 다른 중요한 염색(세균을 별도의 그룹으로 구분해주는 염색)은 세포벽에 왁스 물질이 있는 세균에만 강하게 결합하는 **항산성 염색(acid-fast stain)**이다. 미생물학자들은 이 염색을 두 가지 중요한 병원균인 *Mycobacterium tuberculosis*과 *Mycobacterium leper*(나병균; lep′ri)을 비롯한 *Mycobaterium*속의 모든 세균을 식별하는 데 사용한다. 이 염색은 *Norcadia*(노카르디아; no-kär′de-ä)속에 속하는 병원균의 식별에도 사용된다. *Mycobacterium*과 *Norcadia*는 항산성이다.

항산성 염색 과정에서 붉은 염료 석탄산푹신(carbolfuchsin)은 고정한 도말에 적용하고 슬라이드를 몇 분 동안 약하게 가열한다. (가열은 염료의 통과와 유지를 강화한다.) 그 다음 슬라이드를 식히고 물로 씻는다. 도말(도포 표본)은 항산성이 아닌 세균에서는 붉은 염료를 제거하는 탈색제인 산 알코올로 처리한다. 항산성 미생물은 석탄산푹신이 산성 알코올에 보다는 세포벽 지질에 더 잘 용해되기 때문에 핑크나 붉은색을 유지한다(그림 3.13). 세포벽에 이런 지질 성분이 없는 비항산성 세균에서는 석탄산푹신이 탈색과정 동안 빠르게 제거되어 세포는 무색이 된다. 그 다음 도말을 대응염색인 메틸렌 블루로 염색한다. 비항산성 세포는 대응염색 후에 파란색으로 나타난다.

이해도 확인하기

- 왜 그람염색이 그렇게 유용한가? 3-9
- *Mycobacterium*과 *Nocardia*속의 미생물을 확인하는 데 어떤 염색이 사용되는가? 3-10

특수 염색

특수 염색은 미생물의 내생포자나 편모와 같은 특정 부분에 색을 내

임상 사례

전자현미경의 분해능은 광학현미경보다 훨씬 크다. 높은 해상도는 나선형 세균의 존재에 대한 명백한 증거를 제공하였다. 비스무트(bismuth, 펩토-비스몰의 주요 성분)가 *Helicobacter pylori*(헬리코박터 파이로리)를 죽이기는 하지만 치료제는 아니다. 매리앤의 의사는 항생제 클라리스로마이신을 처방한다. 하지만 치료가 끝나고 일주일 후 매리앤의 증상은 계속된다. *H. pylori*가 아직 존재하는지를 보기 위해 담당의사는 매리앤의 위에서 점막 표본을 채취하는 생검을 지시한다. 실험실에서는 표본을 보기 위해 광학현미경과 그람염색을 이용한다.

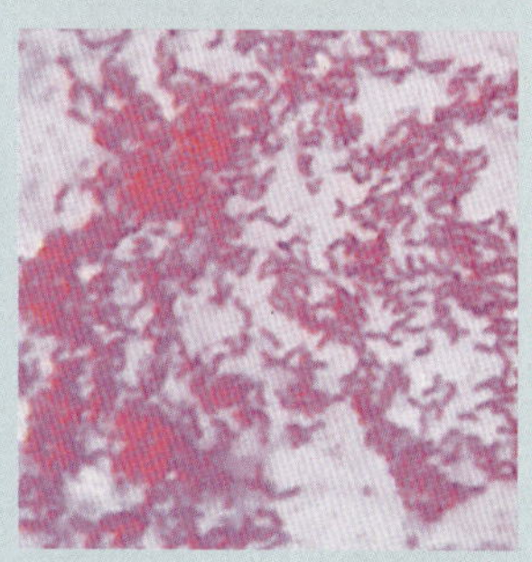
LM 3 μm

위의 그람염색은 무엇을 보여주나?

54 64 69 71

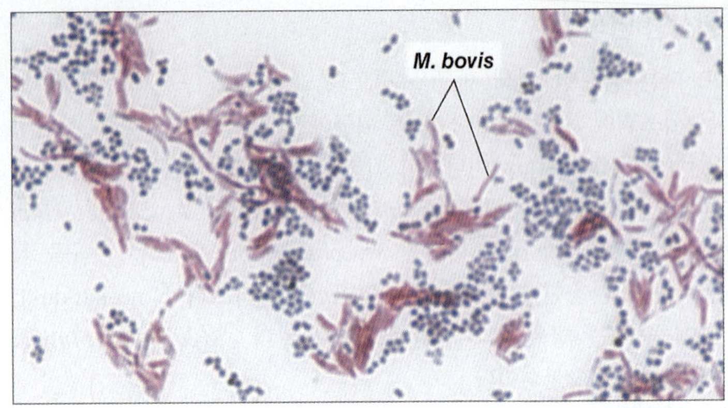

LM 8 μm

그림 3.13 항산성 세균. 세균 *Mycobacterium bovis*가 감염된 이 조직은 항산성 염색에 의해 분홍색으로 혹은 붉게 염색된다. 비항산성 세포(*Staphylococcus*)는 대응염색인 메틸렌 블루로 염색된다.

왜 *Mycobacterium tuberculosis*는 항산성 염색에 의해 쉽게 확인되는가?

어 구별하기 위해 그리고 협막의 존재를 밝히기 위해 사용한다.

협막 매질염색

많은 미생물은 4장에서 원핵세포의 구조에서 다룰 **협막(capsule)**이라는 젤라틴 성분으로 덮여 있다. 의학 미생물학에서 협막 존재의 입증은 생물체의 **독성(virulence)**, 즉 병원균이 질병을 일으킬 수 있는 정도를 결정하는 수단이다.

협막 염색은 협막 물질이 물에 녹고 강한 세척 동안 이탈하거나 제거될 수 있기 때문에 다른 종류의 염색과정보다 더 어렵다. 협막의 존재를 입증하기 위해 미생물학자는 세균에 대비되는 배경을 제공하는 색이 있는 입자(보통 인도 잉크나 니그로신)의 미세 콜로이드 현탁액이 들어 있는 용액에 세균을 섞은 다음 사프라닌 같은 단순 염색으로 염색한다(그림 3.14a). 협막은 화학 조성 때문에 사프라닌을 비롯한 대부분의 생물학적 염료를 수용할 수 없어서 각각 염색된 세균 세포 주위를 둘러싼 후광으로 나타난다.

내생포자 염색

내생포자(endospore)는 세포 안에 형성되는 특별한 휴면 구조로 매우 강해서 열악한 환경 조건에서 세균을 보호한다. 내생포자가 있는 세균 세포가 그렇게 흔하지는 않지만 몇몇 속의 세균들은 이것을 형성할 수 있다. 내생포자는 단순 염색이나 그람염색 같은 보통의 방법으로는 염색되지 않는데, 이러한 염료가 내생포자의 벽을 통과하지 못하기 때문이다.

가장 흔히 사용되는 내생포자 염색은 셰퍼-풀톤(Schaeffer-Fulton) 내생포자 염색(endospore stain, 그림 3.14b)이다. 말라카이트

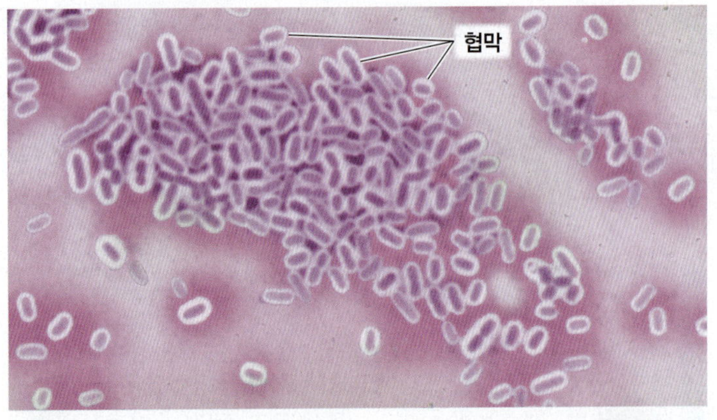

(a) 매질염색

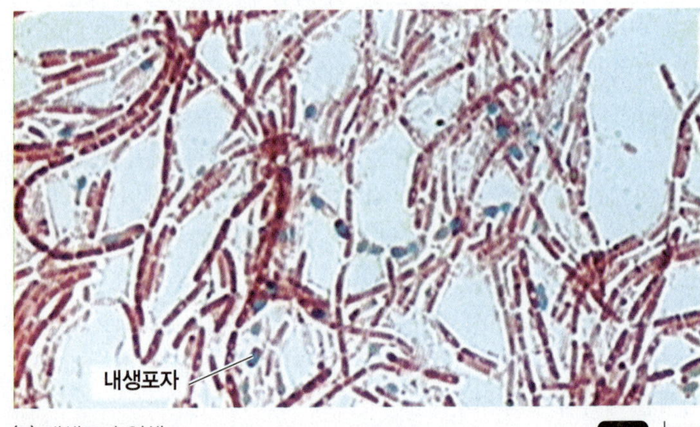

(b) 내생포자 염색 LM 12 μm

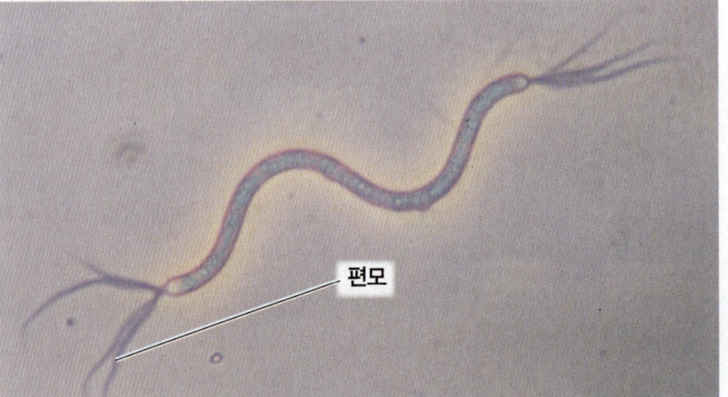

(c) 편모 염색

그림 3.14 특수 염색. (a) 협막 염색은 배경에 대비를 주게 되어 이들 세균 *Klebsiella pneumoniae*의 협막이 염색된 세포를 둘러싸는 밝은 부분으로 나타나게 된다. (b) 내생포자는 간균 *Bacillus cereus*에서 셰퍼-풀톤(Schaeffer-Fulton) 내생포자 염색을 하면 녹색의 타원형으로 보인다. (c) 편모는 이들 *Spirillum volutans* 세균의 세포 끝에서 확장된 밀랍처럼 보인다. 세포의 몸체와 연관하여 편모는 매염제로 표본을 처리를 통해 염색층이 축적되기 때문에 원래보다 훨씬 두껍다.

협막과 내생포장 그리고 편모는 세균에게 있어 어떤 가치가 있는가?

표 3.3 다양한 종류의 염색과 이의 활용

염색	주요 사용처
단순 (메틸렌 블루, 석탄산푹신, 크리스탈 바이올렛, 사프라닌)	세포의 모양과 배열을 확인하기 위해 미생물을 강조할 때 사용. 한 종류의 염기성 염료의 수용액이나 알코올 용액으로 세포를 염색. (가끔 염색을 강하게 하기 위해 매염제를 첨가한다.)
차등	다른 종류의 세균을 구별하는 데 이용.
그람	세균은 두 개의 큰 그룹으로 분류: 그람양성과 그람음성. 그람양성세균은 크리스탈 바이올렛을 유지하여 자주색으로 보인다. 그람음성세균은 크리스탈 바이올렛을 유지하지 않음; 사프라닌으로 대응염색되어 분홍색을 띠기 전에는 무색으로 남는다.
항산성	*Mycobacterium* 종과 일부 *Nocardia* 종을 구별하기 위해 사용. 항산성 세균은 석탄산푹신으로 염색되고 산-알코올로 처리되면 석탄산푹신이 유지되기 때문에 분홍색이나 붉은색으로 남는다. 비항산성 세균은 같은 방식으로 처리하고 메틸렌 블루로 염색하면 이들은 석탄산푹신 염색을 잃어버리고 메틸렌 블루 염색을 받아들여 파랗게 보인다.
특수	협막이나 내생포자, 편모 같은 다양한 구조에 색을 넣고 구별시키기 위해 사용; 가끔 진단 보조로 이용된다.
매질	협막의 존재를 확인하기 위해 사용. 협막은 대부분의 염료를 받아들이지 않기 때문에 협막은 세균 세포 주위에 염색되지 않은 후광으로 나타나 배경에 대조되어 두드러지게 된다.
내생포자	세균 내에 내생포자의 존재를 확인하기 위해 사용. 말리카이트 그린을 열고정한 세균 세포의 도말에 적용하면 염료가 내생포자로 침투하고 녹색으로 염색된다. 그 다음 사프라닌(붉은색)을 적용하면 세포의 나머지 부분이 붉은색이나 분홍색으로 염색된다.
편모	편모의 존재를 확인하기 위해 사용. 석탄산푹신으로 염색할 때 현미경으로 볼 수 있도록 매염제를 이용하여 편모의 굵게 만든다.

(malachite) 그린이 1차 염색에 사용되는데, 열 고정한 도말에 처리하고 약 5분간 증기로 가열한다. 가열은 염료가 내생포자 벽을 통과하는 것을 도와준다. 그 다음 약 30초 동안 물로 씻어 내생포자를 제외한 세포의 모든 부분에서 말라카이트 그린을 제거한다. 다음으로 사프라닌을 대응염색으로 내생포자 이외의 세포 부분을 염색한다. 적절하게 처리된 도말에서는 내생포자가 빨간색 혹은 분홍색 세포 안에서 초록색으로 나타난다. 내생포자가 많이 굴절하기 때문에 광학현미경하에서 확인할 수도 있지만 특별한 염색이 없이는 저장 물질인 봉입체와 구별할 수 없다.

편모 염색

세균의 **편모(flagella** 단수는 **flagellum)**는 너무 작아서 광학현미경으로는 염색 없이 볼 수 없는 운동구조이다. 매염제와 석탄산푹신을 이용한 지루하고 섬세한 염색 과정이 편모를 광학현미경으로 볼 수 있도록 편모의 지름을 늘리는 데 사용된다(그림 3.14c). 미생물학자는 편모의 개수와 배열을 보조 진단 수단으로 이용한다.

이해도 확인하기

✓ 염색되지 않은 내생포자는 어떻게 보이는가? 염색된 내생포자는? **3-11**

염색에 대한 요약은 표 3.3에 있다. 다음 장에서 미생물의 구조와 이들이 스스로 보호하고 영양을 공급하고 번식하는 방법을 자세히 살펴볼 것이다.

임상 사례 해결

헬리코박터 파이로리(*Helicobacter pylori*)가 그람음성이기 때문에 대응염색 후에 분홍색으로 염색된다. 실험실 결과는 *H. pylori*가 매리앤의 위 내벽에 아직 존재하는 것을 가리킨다. 세균이 클라리스로마이신(clarithromycin)에 내성이 있는 것으로 의심되어 매리앤의 의사는 다른 두 항생제, 테트라사이클린(tetracycline)과 메트로니다졸(metronidazole)을 처방한다. 이제 매리안의 증상은 되풀이 되지 않았다. 곧 그녀는 다시 예전의 자신으로 느껴졌고 사무실로 복귀해서 정상 근무를 했다.

위의 그람염색은 무엇을 보여주나?

54 64 69 71

학습 개요

측정 단위 (54쪽)

1. 길이의 기본 단위는 미터(m)이다.
2. 미생물은 마이크로미터, μm(10^{-6} m)나 나노미터, nm(10^{-9} m) 단위로 측정한다.

현미경: 기구 (54~64쪽)

1. 단순현미경은 하나의 렌즈로 구성된다; 복합현미경은 여러 개의 렌즈를 가진다.

광학현미경 (55~60쪽)

2. 미생물학에서 사용하는 가장 흔한 현미경은 복합 광학현미경(LM)이다.
3. 사물에 대한 총 배율은 대물렌즈의 배율에 접안렌즈의 배율을 곱해서 계산된다.
4. 복합 광학현미경은 가시광선을 이용한다.
5. 복합 광학현미경의 최대 해상도 혹은 분해능(두 점을 구별하는 능력)은 0.2 μm이다; 최대 배율은 2000배이다.
6. 표본과 매체의 굴절률의 차이를 증가시키기 위해 표본을 염색한다.
7. 슬라이드와 렌즈 사이에서 빛의 손실을 줄이기 위해 유침과 유침용 렌즈를 사용한다.
8. 염색한 도말에는 광시야 조명을 사용한다.
9. 염색하지 않은 세포는 암시야 또는 위상차, DIC 현미경으로 더 잘 관찰된다.
10. 암시야 현미경은 어두운 배경에서 미생물의 윤곽을 빛으로 보여준다.
11. 암시야 현미경은 극도로 작은 생물의 존재를 감지하는 데 가장 유용하다.
12. 위상차 현미경은 직접 쬐는 광선과 반사 혹은 회절된 광선을 함께 가져와(위상에 맞게) 접안렌즈에 표본의 영상을 만든다.
13. 위상차 현미경으로 살아 있는 생물을 자세히 관찰할 수 있다.
14. DIC 현미경은 관찰하는 대상에 대한 색이 있는 삼차원 영상을 만든다.
15. DIC 현미경으로 살아 있는 세포를 자세히 관찰할 수 있다.
16. 형광현미경에서 시료는 먼저 형광염료로 염색되고 자외선 광원을 이용하여 복합현미경으로 관측된다.
17. 형광현미경에서 미생물은 어두운 배경에 밝은 개체로 나타난다.
18. 형광현미경은 형광 항체(FA) 기술이나 면역형광이라는 진단 방법에 주로 사용된다.
19. 공초점 현미경에서 표본을 형광염료로 염색하고 짧은 파장의 빛으로 조명한다.
20. 공초점 현미경에서 컴퓨터를 이용한 처리과정을 통해 세포의 이차원과 삼차원 영상을 만들 수 있다.

2광자 현미경 (60~61쪽)

21. TPM에서 살아 있는 표본을 형광염료로 염색하고 긴 파장의 빛으로 조명한다.

초음파 현미경 (61쪽)

22. 초음파현미경(SAM)은 표본을 통해오는 음파의 해석을 기본으로 한다.
23. SAM은 암세포나 동맥 플라크, 생물막 같은 표면에 부착된 살아 있는 세포의 연구에 이용된다.

전자현미경 (61~64쪽)

24. 빛 대신 전자 빔을 전자현미경에 이용한다.
25. 유리렌즈 대신 전자기가 초점과 조명, 확대를 조절한다.
26. 투과전자현미경(TEM)을 이용하여 생물의 얇은 절편을 전자현미경 사진으로 볼 수 있다. 배율: 10,000~100,000배. 해상도: 10 pm.
27. 주사전자현미경(SEM)을 이용하여 미생물 전체의 표면을 삼차원 영상으로 얻을 수 있다. 배율: 1000~10,000배. 해상도: 10 nm.

주사탐침 현미경 (64쪽)

28. 주사탐침 현미경(STM)과 원자간력 현미경(AFM)은 분자 표면의 삼차원 영상을 만들어 낸다.

광학현미경을 위한 표본 준비 (64~71쪽)

염색을 위한 도말과정 (64~67쪽)

1. 염색은 일부 구조를 더 잘 보이도록 염료로 미생물에 색을 입히는 것을 의미한다.
2. 고정은 열이나 알코올을 이용하여 미생물을 슬라이드 위에 죽이고 붙이는 것이다.
3. 도말은 현미경 관찰에 사용되는 물질의 얇은 막을 의미한다.
4. 세균은 음전하를 띠고 있어 염기성 염료의 색이 있는 양이온이 세균 세포를 염색한다.
5. 산성 염료의 색이 있는 음이온이 세균 도말의 배경을 염색한다; 음성 염색이 만들어진다.

단순 염색 (67~68쪽)

6. 단순 염색은 한 종류의 염기성 염료의 수용성 혹은 알코올 용액이다.
7. 단순 염색으로 세포의 모습과 배열을 볼 수 있게 한다.
8. 매염제는 염료와 표본 사이의 결합을 개선하는 데 사용된다.

차등 염색 (68~69쪽)

9. 그람염색이나 항산성 염색 같은 차등 염색은 염색에 대한 반응에 따라 세균을 구별한다.
10. 그람염색 과정은 자주색 염료(크리스탈 바이올렛)와 매염제로 요오드, 탈색제로 알코올 그리고 붉은 대응염색을 이용한다.
11. 그람양성세균은 탈색 단계 후에도 자주색 염색을 유지한다; 그람음성세균은 그렇지 않고 대응염색으로 분홍색을 띤다.
12. *Mycobacterium*과 *Nocardia*속의 미생물 같은 항산성 미생물은 산-알코올 탈색 후에 석탄산푹신을 유지하고 붉게 보인다; 비항산성 미생물은 대응염색인 메틸렌 블루를 받아들여 파랗게 보인다.

특수 염색 (69~71쪽)

13. 매질염색은 미생물의 협막을 볼 수 있게 한다.
14. 포자 염색과 편모 염색은 세균 세포의 특별한 구조를 볼 수 있게 사용하는 특수 염색이다.

학습 질문

복습과 객관식 문제에 대한 해답은 책 뒤에 있음.

복습 문제

1. 다음의 빈칸을 채우시오.
   a. 1 μm = ________ m
   b. 1 ________ 10^{-9} m
   c. 1 μm = ________ nm
2. 어떤 종류의 형미경이 다음을 관찰하기에 가장 적합한가?
   a. 염색된 미생물 도말
   b. 염색되지 않은 미생물 세포: 세포는 작고 상세한 관찰은 필요 없다.
   c. 염색하지 않은 살아 있는 조직에서 세포내부의 일부를 자세히 보고 싶을 때
   d. 자외선을 조명할 때 빛을 발하는 표본
   e. 1 μm 길이의 세포에서 자세한 세포내부
   f. 세포내부 구조를 색으로 표시한 염색되지 않은 살아 있는 세포
3. 그려보기 아래의 그림에서 복합 광학현미경의 부분에 이름을 붙이고 광원에서 여러분의 눈에 이르는 빛의 경로를 그리시오.

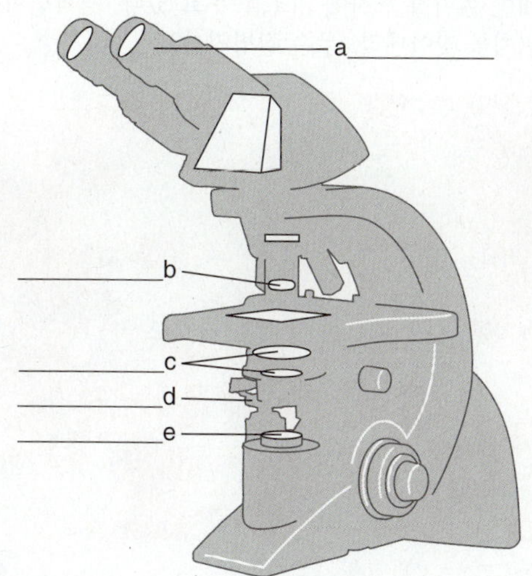

4. 10배 접안렌즈와 유침용 렌즈를 갖는 복합현미경으로 관측된 세포핵의 최종 배율을 계산하시오.
5. 복합현미경의 최대 배율은 (a) ________; 전자현미경의 최대 배율은, (b) ________. 복합현미경의 최대 해상도는 (c) ________; 전자현미경의 최대 해상도는, (d) ________. 주사전자현미경이 투과전자현미경보다 나은 한 가지 장점은 (e) ________.
6. 그람염색에서 매염제는 왜 이용되나? 편모 염색에서는?
7. 항산성 염색에서 대응염색의 목적은 무엇인가?
8. 그람염색에서 탈색의 목적은 무엇인가? 항산성 염색에서는?
9. 그람염색에 관한 다음 표를 채우시오:

단계	각 단계 다음의 색상: 그람양성 세포	각 단계 다음의 색상: 그람음성 세포
크리스탈 바이올렛	a. ________	e. ________
요오드	b. ________	f. ________
알코올-아세톤	c. ________	g. ________
사프라닌	d. ________	h. ________

10. 이름 답하기 30살의 아시아 코끼리 칼레(Calle)의 타액 표본을 슬라이드에 도말하고 공기로 말렸다. 도말을 고정하고 석탄산푹신으로 덮은 다음 5분간 가열한다. 물로 씻은 다음 산-알코올로 도말을 30초간 덮는다. 최종적으로 도말을 메틸렌 블루로 30초간 염색한 다음 물로 씻고 말린다. 1000배로 관측하여 동물원 수의사는 슬라이드에서 붉은 막대를 보았다. (칼레는 치료를 받고 회복하였다.) 이 결과는 어떤 미생물을 제안하는가?

객관식 문제

1. 말라카이트 그린을 열과 함께 적용하고 사프라닌으로 대응염색으로 여러분이 *Bacillus*를 염색하였다고 가정하자. 현미경을 통해 관측된 녹색 구조는
   a. 세포벽.
   b. 협막.
   c. 포자.
   d. 편모.
   e. 확인이 불가능.
2. 살아 있는 세포의 3차원 영상을 만들 수 있다.
   a. 암시야 현미경
   b. 형광현미경
   c. 투과전자현미경
   d. 공초점 현미경
   e. 위상차 현미경
3. 석탄산푹신은 단순 염색과 매질 염색에 이용할 수 있다. 단순 염색에서 pH는
   a. 2이다.
   b. 매질 염색보다 높다.
   c. 매질 염색보다 낮다.
   d. 매질 염색과 같다.
4. 광합성 미생물의 세포를 보면 엽록체가 광시야 현미경에서 녹색으로 형광현미경에서 적색으로 관찰된다. 여러분의 결론은
   a. 엽록소는 형광성이다.
   b. 확대로 인해 영상이 왜곡된다.
   c. 두 현미경을 통해 같은 구조를 보고 있는 것이 아니다.
   d. 염색이 녹색을 감추었다.
   e. 위의 어느 것도 아님

5. 다음 중 어느 것이 염색에서 기능적으로 유사한 조합이 아닌가?
   a. 니그로신과 말리카이트 그린
   b. 크리스탈 바이올렛과 석탄산푹신
   c. 사프라닌과 메틸렌 블루
   d. 에탄올-아세톤과 산-알코올
   e. 위의 어느 것도 아님
6. 다음 조합 중 잘못 짝지어진 것은?
   a. 협막—매질염색
   b. 세포배열—단순 염색
   c. 세포크기—매질 염색
   d. 그람염색—세균의 확인
   e. 위의 어느 것도 아님
7. 여러분이 *Clostridium*을 염기성 염료인 석탄산푹신으로 가열하면서 염색하고 산-알코올로 탈색한 다음, 산성 염료인 니그로신으로 대응염색을 한다고 가정하자. 현미경을 통해 내생포자는 __1__, 그리고 세포는 __2__으로 염색된다.
   a. 1—붉은색; 2—검은색
   b. 1—검은색; 2—무색
   c. 1—무색; 2—검은색
   d. 1—붉은색; 2—무색
   e. 1—검은색; 2—붉은색
8. 여러분이 그람염색한 후 현미경으로 붉은색 구균과 파란색 간균을 관측한다고 가정하자. 여러분은 다음을 보았다고 확실히 결론 내린다.
   a. 염색과정에서의 실수
   b. 두 가지 다른 종
   c. 오래된 세균 세포
   d. 젊은 세균 세포
   e. 위의 어느 것도 아님
9. 1996에 과학자들은 최소한 한 명을 죽인 새로운 기생 촌충(tapeworm parasite)에 대해 설명하였다. 환자의 복부 추출 덩어리에 대한 초기 조사에서 이용할 가능성이 가장 높은 현미경은?
   a. 광시야 현미경
   b. 암시야 현미경
   c. 전자현미경
   d. 위상차 현미경
   e. 형광현미경
10. 다음 중 복합 광학현미경을 변형시킨 것이 아닌 것은?
   a. 광시야 현미경
   b. 암시야 현미경
   c. 전자현미경
   d. 위상차 현미경
   e. 형광현미경

비판적 사고

1. 그람염색에서 한 단계가 생략될 수 있고 여전히 그람양성과 그람음성 세포를 구별할 수 있다. 그 한 단계는 무엇인가?
2. 해상도가 0.3 μm이고 10배 접안렌즈와 100배 유침용 렌즈를 가진 좋은 복합 광학현미경을 이용하여 여러분은 3 μm 혹은 0.3 μm, 300 nm 떨어진 두 물체를 구별할 수 있는가?
3. 왜 항산성 세균에 그람염색을 이용하지 않는가? 만일 항산성 세균에 그람염색을 하면 그람반응을 어떻게 될 것인가? 비항산성 세균에 대한 그람반응은 무엇인가?
4. 내생포자는 염색하지 않은 세포에서 굴절되는 구조로 보일 수 있고 그람염색한 세포에서 색이 없는 부분으로 보일 수 있다. 왜 내생포자의 존재를 확인하기 위해 내생포자 염색을 하는 것이 필요한가?

임상 응용

1. 1882에 독일의 세균학자 파울 에를리히(Paul Erhlich)는 *Mycobacterium*을 염색하는 방법을 설명하고 "산성인 모든 살균제는 이 [결핵결절] 간균에 효과가 없을 것이고 염기성 약품에 제한되어야만 할지도 모른다."라고 적었다. 어떻게 그는 살균제를 실험해보지 않고 이런 결론에 도달하였나?
2. *Neisseria gonorrhoeae*의 감염에 대한 실험실 진단은 그람염색한 고름에 대한 현미경 조사에 기초를 두고 있다. 광학현미경 사진에서 세균을 위치를 찾아내라. 무슨 질병인가?

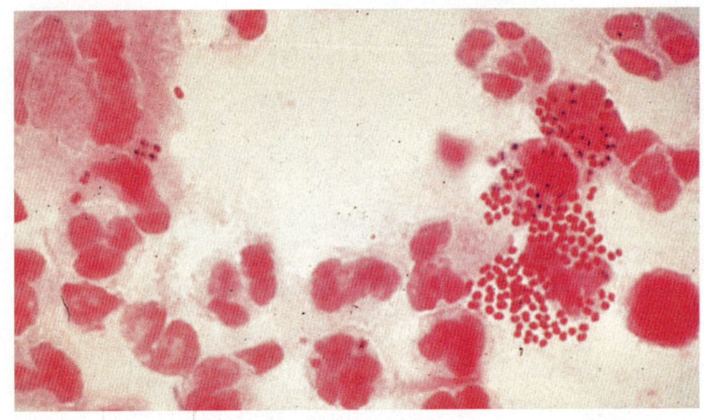

LM 5 μm

3. 여러분이 그람염색한 질 분비물 표본을 관찰하고 있다고 가정하자. 핵을 가진 커다란(10 μm) 붉은 세포가 표면에 작은(폭이 0.5 μm이고 길이가 1.5 μm) 파란 세포로 둘러싸여 있다. 무엇이 가장 가능성 있는 붉은색과 파란색 세포에 대한 설명인가?

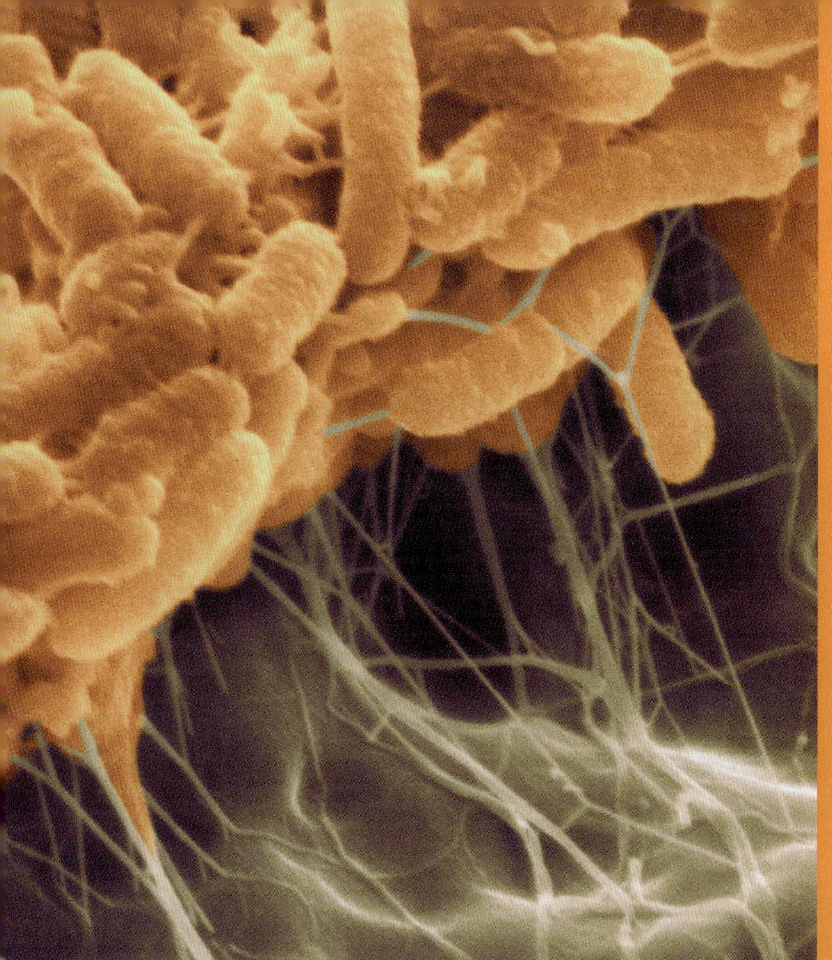

4

원핵세포와 진핵세포의 기능적 구조

모든 살아 있는 세포는 그 복잡성과 다양성에도 불구하고 특정 구조 및 기능상의 특성을 기준으로 두 개의 그룹으로 나눌 수 있다. 일반적으로 원핵생물은 진핵생물에 비해 구조적으로 작고 단순하다. 원핵생물에서는 유전물질인 DNA가 보통 한 개의 원형 염색체를 이루며 막으로 둘러싸여 있지 않다. 진핵생물은 막으로 둘러싸인 핵 안에 여러 개의 염색체를 갖는다. 원핵생물에는 여러 기능을 수행하는 특화된 구조, 즉 막으로 둘러싸인 세포소기관이 없다.

식물과 동물은 모두 진핵세포로 구성되어 있다. 미생물의 세계에서는 세균과 고세균이 원핵생물이다. 다른 세포성 미생물—진균류(효모와 사상균)와 원생동물, 조류—은 진핵생물이다. 진핵세포와 원핵세포 모두 주변에 끈적한 당질피질(glycocalyx)을 가질 수 있다. 자연에서 대부분의 세균은 자유롭게 떠돌아 다니기보다는 다른 세포와 함께 고체표면에 부착되어 발견된다. 당질피질은 접착제로 세포를 어떤 장소에 붙게 만든다. 사진 속의 세라티아(*Serratia*) 세균은 플라스틱에 부착되어 있다. 접착성의 당질피질은 현미경으로 조사하는 동안 말라서 가는 실처럼 되었다. 이번 장의 임상 사례에서는 병원 급수 시설에서 생물막때문에 생기는 문제를 설명한다.

원핵세포와 진핵세포의 비교: 개관

학습 목표

4-1 원핵생물과 진핵생물 전반적인 세포 구조의 유사점과 차이점을 설명한다.

원핵생물과 진핵생물은 둘 다 핵산, 단백질, 지질, 탄수화물을 가지고 있다는 측면에서 화학적으로 비슷하다. 이들은 영양분 대사와 단백질 합성, 에너지 저장 등에 같은 종류의 화학반응을 사용한다. 우선 진핵생물과 원핵생물은 세포벽과 세포막의 구조가 다르고, 원핵세포는 고유한 기능을 가진 특화된 세포 내 구조인 **세포소기관(organelle)**이 없다.

원핵생물[prokaryote, 전핵(prenucleus)이라는 뜻의 그리스어에서 유래]의 독특한 주요 특징은 다음과 같다.

1. 원핵생물의 DNA는 막으로 싸여 있지 않고 일반적으로 하나의 원형으로 된 염색체이다. [비브리오 콜레라(*Vibrio cholerae*) 같은 일부 세균은 두 개의 염색체를 가지고 있고, 또 일부 세균의 염색체는 선형이다.]
2. 원핵생물의 DNA는 히스톤(진핵생물에서 발견되는 특수한 염색체 단백질)과 결부되어 있지 않다. 다른 단백질이 DNA와 관련된다.
3. 원핵생물은 막으로 둘러싸인 세포소기관이 없다.
4. 원핵생물의 세포벽에는 거의 항상 복합 다당류인 펩티도글리칸이 들어 있다.
5. 원핵생물은 보통 **이분법(binary fission)**으로 분열한다. 이 과정 동안 DNA는 복제되고 세포는 두 개의 세포로 나뉜다. 진핵세포의 분열에 비해서 이분법에는 적은 수의 구조와 과정이 포함된다.

진핵생물(eukaryotes, '진짜 핵'을 뜻하는 그리스어에서 유래)은 다음과 같은 독특한 특징을 가지고 있다.

1. 진핵생물의 DNA는 핵막으로 세포질과 분리되는 핵 안에서 여러 개의 염색체를 이룬다.
2. 진핵생물의 DNA는 히스톤이라는 염색체 단백질 및 기타 다른 단백질과 지속적으로 결부되어 있다.
3. 진핵생물은 미토콘드리아, 소포체, 골지체, 리소좀과 경우에 따라서는 엽록체 등을 비롯하여 막으로 둘러싸인 다수의 세포소기관을 가지고 있다.
4. 진핵생물에는 화학적으로 간단한 세포벽이 존재하기도 한다.
5. 세포분열은 보통 염색체의 복제와 두 개의 핵이 각각 동일한 세트로 분산되는 유사분열을 포함한다. 이 과정은 풋볼 모양으로 조립된 미세소관인 방추사에 의해 유도된다. 두 세포가 서로 동일하게 만들어지도록 세포질과 세포소기관의 분열이 따른다.

원핵세포와 진핵세포 간의 추가적인 차이점은 100쪽 표 4.2에 나열되어 있다. 다음에는 원핵세포의 부분을 자세히 설명하기로 한다.

임상 사례: 감염 검출

애틀랜타, 조지아 주에 있는 병원에서 감염 관리 간호사로 일하는 아이린 매튜스(Irene Matthews)는 당황했다. 그녀의 병원에서 세 명의 환자가 수술 후 세균성 패혈증에 걸렸기 때문이다. 세 명 모두 열이 있고 위험할 정도로 혈압이 떨어졌다. 이 세 명의 환자는 모두 다른 병동에 입원해 있고, 각각 서로 다른 수술을 받았다. 첫 번째 환자, 조(Joe)는 32세의 건설 노동자로 회전근 수술 후 회복 중인데, 패혈증만 아니면 비교적 상태가 좋다. 두 번째 환자 제시(Jessie)는 중환자 치료를 받고 있는 16세의 학생으로 자동차 사고로 위독한 상태이다. 그녀는 스스로는 숨을 쉴 수 없어 인공 호흡기에 의존하고 있다. 세 번째 환자 모린(Maureen)은 57세의 할머니로 관상 동맥 우회 수술을 받고 회복 중이다. 지금까지 아이린이 말할 수 있는 이 환자들의 유일한 공통점은 감염원–폐렴간균(*Klebsiella pneumoniae*)이다.

어떻게 병원의 다른 병동에 있는 세 환자가 폐렴간균(*Klebsiella pneumoniae*)에 걸릴 수 있나? 알아보자.

76 86 88 95 97

이해도 확인하기

✔ 원핵생물과 진핵생물을 구별하는 주요 특징은 무엇인가? **4-1**

원핵세포

원핵생물 세계의 구성원은 아주 작은 단세포 생물로 대단히 이질적인 그룹을 형성하고 있다. 원핵생물은 세균과 고세균을 포함한다. 나중에 설명할 텐데, 세균과 고세균은 비슷해 보이지만 이들의 화학적 구성은 다르다. 형태(모양), 화학적 구성(종종 염색반응으로 확인), 영양요구, 생화학적 활성, 에너지원(햇빛 또는 화합물) 등을 비롯한 많은 요인으로 수천 종의 세균을 구별할 수 있다. 자연상태에서 세균의 99%는 생물막에 존재하는 것으로 추정되고 있다(56쪽과 160쪽 참조).

세균의 크기, 모양, 배열

학습 목표

4-2 세균의 기본적인 모양 세 가지를 알아본다.

세균은 아주 다양한 크기와 여러 가지 형태를 갖는다. 대부분 세균의 크기는 직경이 0.2~2.0 μm, 길이는 2~8 μm의 범위이다. 이들은 몇 가지 기본적인 형태를 가지고 있다. 구형의 **구균(coccus**, 복수는

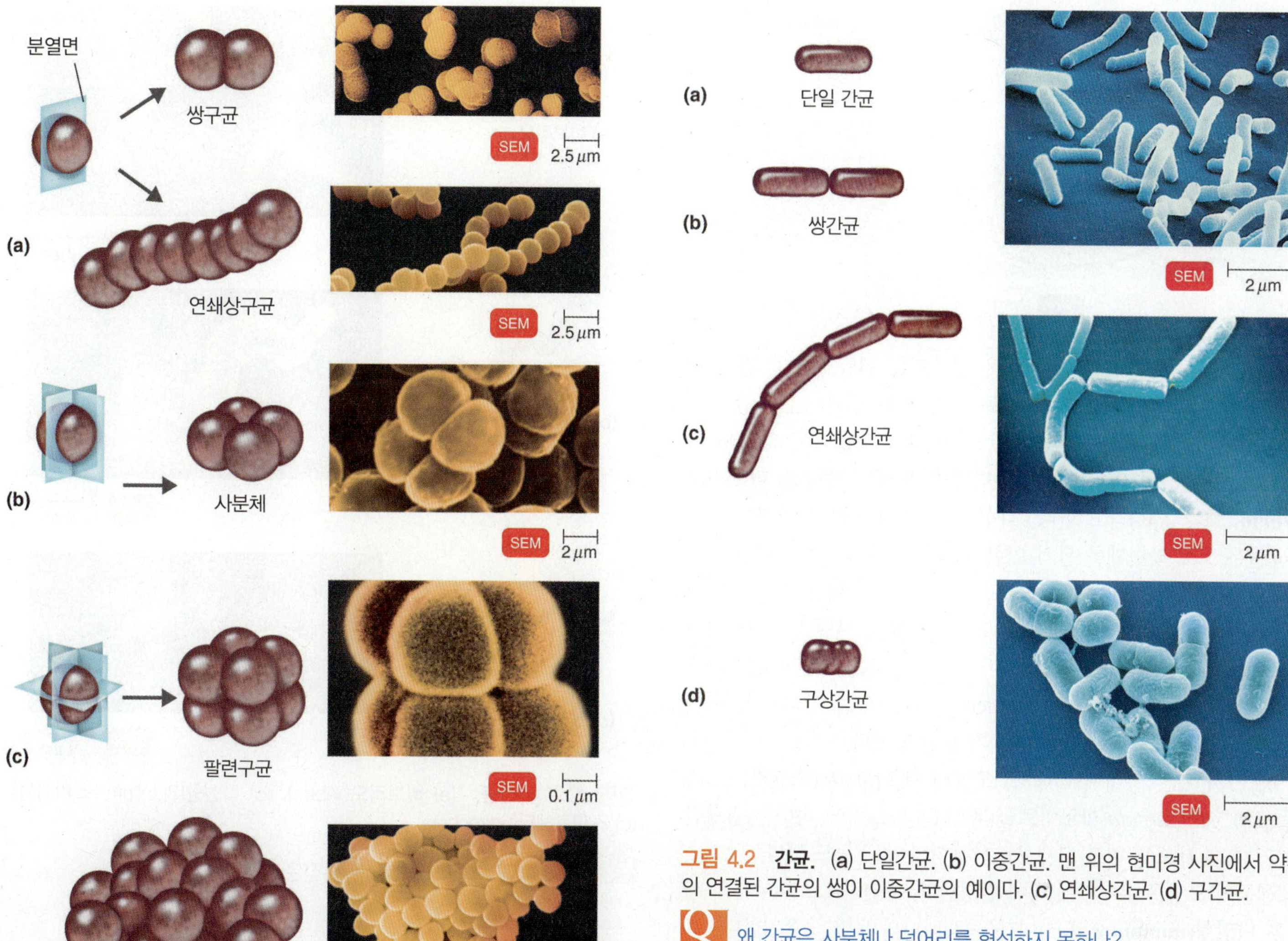

그림 4.2 **간균.** (a) 단일간균. (b) 이중간균. 맨 위의 현미경 사진에서 약간의 연결된 간균의 쌍이 이중간균의 예이다. (c) 연쇄상간균. (d) 구간균.

Q 왜 간균은 사분체나 덩어리를 형성하지 못하나?

그림 4.1 **구균의 배열.** (a) 한 평면에 대한 분할로 쌍구균과 연쇄상구균이 만들어진다. (b) 두 평면에 대한 분할로 사분체가 만들어진다. (c) 세 평면에 대한 분할로 팔련구균이 만들어지고, (d) 여러 평면에 대한 분할로 포도상구균이 만들어진다.

Q 어떻게 분할 면이 세포의 배열을 결정하는가?

cocci, 소과실을 의미)과 막대 모양의 **간균** 또는 **막대균(bacillus**, 복수는 **bacilli**; 작은 막대를 의미) 그리고 **나선균(spiral)** 등이 이에 속한다.

구균은 주로 둥글지만 타원형이나 한 쪽 면이 길어지거나 납작할 수도 있다. 구균이 번식을 위해 나누어질 때 세포가 서로 붙은 채로 남아 있을 수도 있다. 구균이 분열 후에 짝으로 남게 되면 이를 **쌍구균(diplococci)**이라고 한다. 이들이 분열하여 사슬형태로 붙어서 남게 되면 이를 **연쇄상구균(streptococci**, 그림 4.1a)이라고 한다. 이들이 두 평면으로 나누어져 네 개가 그룹으로 남게 되면 **사분체(tetrad**, 그림 4.1b)가 된다. 세 평면으로 나누어지고 8개가 입방체처럼 붙게 되면 이를 **팔련구균(sarcinae**, 그림 4.1c)라고 한다. 이들이 여러 면으로 나누어지고 포도송이나 넓은 종이처럼 집단을 이루면 **포도상구균(staphylococci**, 그림 4.1d)이라고 한다. 이러한 그룹의 특징은 종종 어떤 구균인지를 확인하는 데 도움이 된다.

간균은 이것의 짧은 축을 가로지르는 방향으로만 분열한다. 그래서 구균보다 더 적은 수의 간균 그룹이 존재한다. 대부분의 간균은 하나의 막대기처럼 보인다. 이를 **단일간균(single bacilli**, 그림 4.2a)라고 한다. **쌍간균(diplobacilli)**은 분열한 뒤에 쌍으로 보이고(그림 4.2b), **연쇄상간균(streptobacilli)**은 사슬형태로 발생한다(그림 4.2c). 어떤 간균은 빨대처럼 보인다. 다른 것은 시가 담배처럼 끝이 뾰족하기도 하다. 또 어떤 것들은 타원형이고 구균처럼 보여 **구상간균(coccobacilli)**이라고 불리기도 한다(그림 4.2d).

"Bacillus"는 미생물학에서 두 가지 의미를 가진다. 하나는 바로 지금 사용한 것처럼 세균의 모양을 말한다. 대문자를 사용하고 이탈릭체로 쓰면 이것은 특정한 속을 의미한다. 예를 들어, 세균 탄저

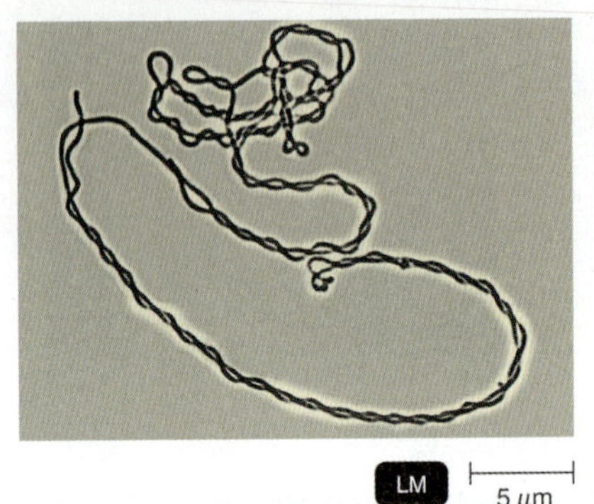

그림 4.3 ***Bacillus subtilis*가 만든 이중나선**

바실루스(*Bacillus*)와 간균(bacillus)이라는 용어의 차이는 무엇인가?

균(*Bacillus anthracis*)은 탄저병을 일으키는 원인균이다. 간균 세포는 종종 길고 뒤틀린 모양의 세포 사슬을 형성한다(그림 4.3).

나선형의 세균에는 하나 또는 그 이상의 뒤틀림이 있으며 똑바른 모양은 전혀 없다. 휘어진 막대기 모양의 세균을 **비브리오(vibrio,** 그림 4.4a)라고 한다. **나선균(spirilla)**이라고 불리는 다른 세균들은 코르크 마개를 뽑기 위한 도구처럼 나선형 모양이고 세포 자체가 꽤 단단하다(그림 4.4b). 또 다른 그룹은 나선형이며 유연한데 이를 **스피로헤타(spirochete,** 그림 4.4c)라고 부른다. 편모라는 프로펠라 같은 외부의 부속물을 이동에 사용하는 나선균과는 다르게 스피로헤타는 축사(axial filament)를 수단으로 이동한다. 이는 편모와 닮았지만 유연한 외부 껍데기에 담겨 있다.

세 가지 기본 형태에 더해 별 모양의 세포[*Stella*(스텔라)속; 그림 4.5a), *Haloarcula*(할로아르쿨라, 그림 4.5b)속에 속하는 평평한 직사각형의 세포(호염성 고세균), 삼각형의 세포 등도 있다.

세균의 모양은 유전자에 의해 결정된다. 유전적으로 대부분의 세균은 **단일형(monomorphic)**이다. 즉, 하나의 모양을 유지한다. 그러나 몇몇 외부환경조건이 그 모양을 변경시킬 수 있다. 만일 모양이 변하면 식별하기가 어려워진다. 게다가 *Rhizobium*(리조비움)과 *Corynebacterium*(코리네박테리움) 같은 세균은 유전적으로 **다형성(pleomorphic)**이다. 이것은 이들이 단지 하나가 아닌 여러 모양을 가질 수 있다는 의미다.

전형적인 원핵세포의 구조는 그림 4.6과 같다. 이것의 구성요소를 다음과 같은 순서에 따라 설명하기로 한다: (1) 세포벽 바깥쪽의 구조, (2) 세포벽 자체, (3) 세포벽 안쪽의 구조.

이해도 확인하기

✔ 현미경으로 연쇄상구균을 어떻게 식별할 수 있는가? **4-2**

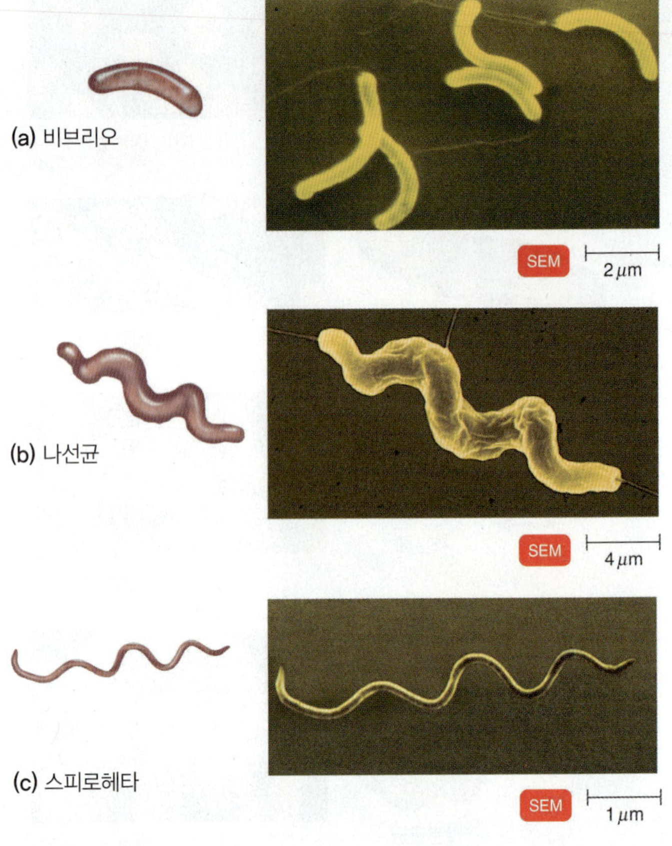

그림 4.4 나선균. (a) 비브리오(Vibrio). (b) 나선균(Spirillum, 스피릴룸). (c) 스피로헤타(Spirochete).

Q 스피로헤타 세균의 구별되는 특징은 무엇인가?

세포벽 바깥쪽의 구조

학습 목표

4-3 당질피질의 구조와 기능을 설명한다.

4-4 편모와 축사, 선모, 섬모를 구별한다.

원핵 세포벽 외부에 있을 수 있는 구조에는 당질피질과 편모, 축사, 선모, 섬모 등이 있다.

당질피질

많은 원핵생물은 **당질피질(glycocalyx)**이라는 물질을 그들의 표면

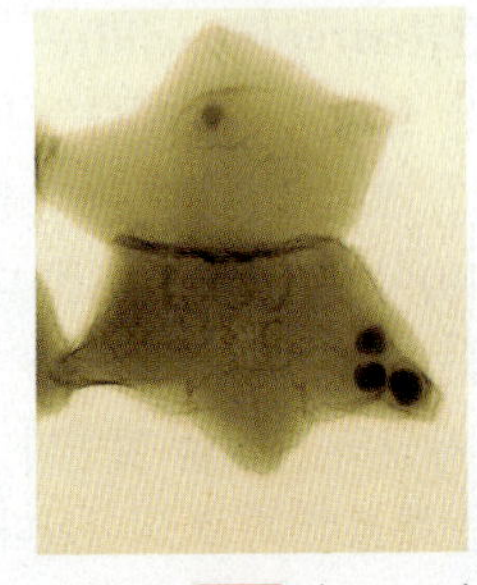

(a) 별모양 세균

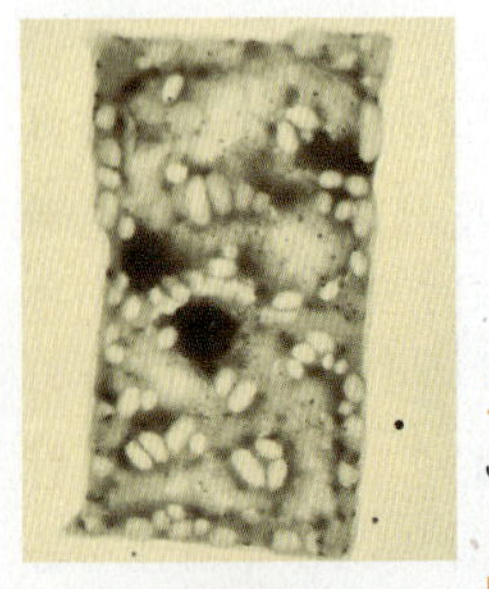

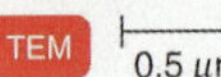

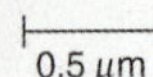

(b) 직사각형 세균

그림 4.5 별 모양과 직사각형의 원핵생물. (a) *Stella*(스텔라, 별 모양). (b) *Haloarcula*(할로아르쿨라), 호염성 고세균의 한 속(직사각형 세포).

세균에 있어 흔한 모양은 무엇인가?

토대 그림 4.6

원핵세포의 구조

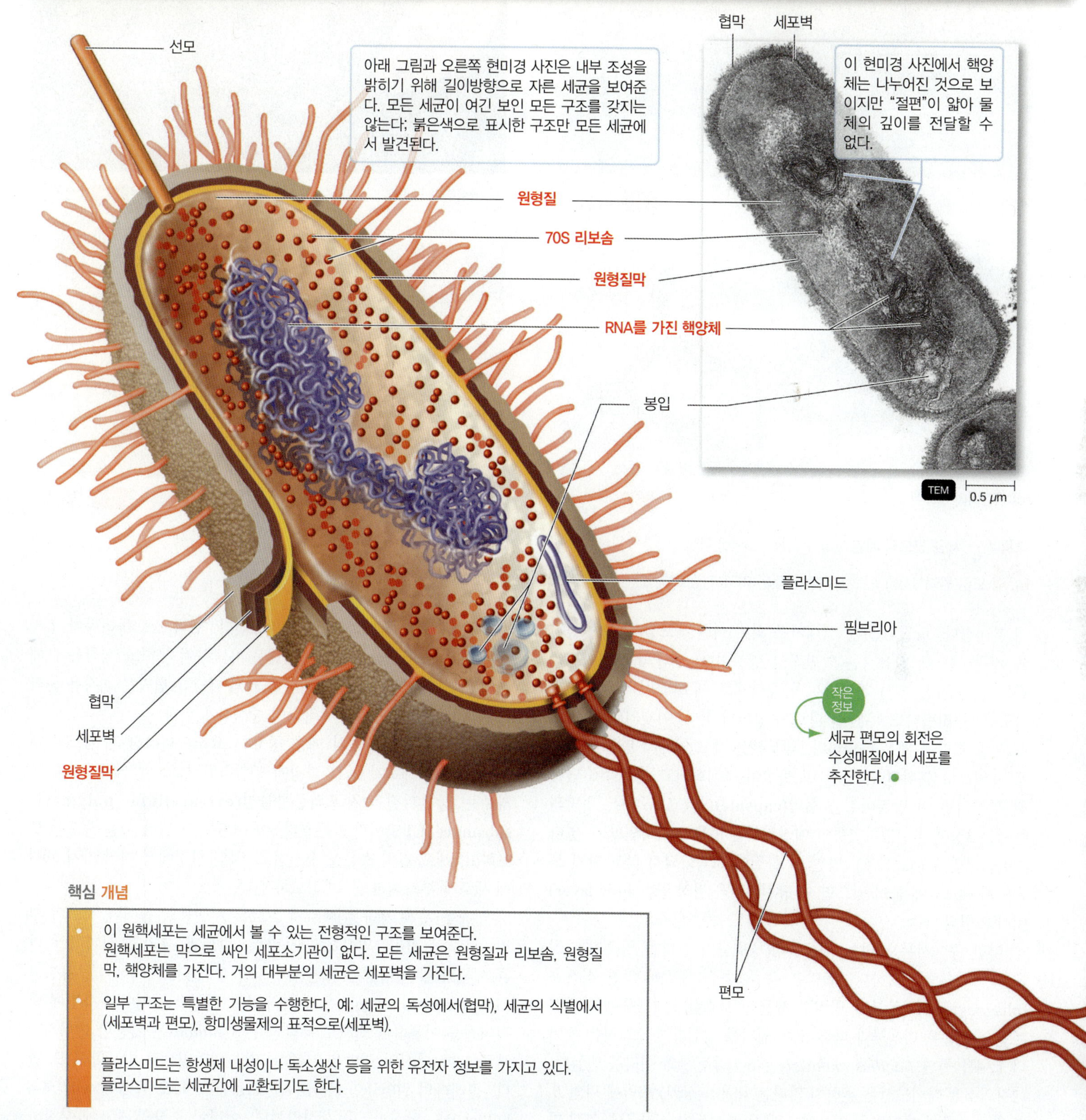

작은 정보

세균 편모의 회전은 수성매질에서 세포를 추진한다.

핵심 개념

- 이 원핵세포는 세균에서 볼 수 있는 전형적인 구조를 보여준다. 원핵세포는 막으로 싸인 세포소기관이 없다. 모든 세균은 원형질과 리보솜, 원형질막, 핵양체를 가진다. 거의 대부분의 세균은 세포벽을 가진다.
- 일부 구조는 특별한 기능을 수행한다, 예: 세균의 독성에서(협막), 세균의 식별에서(세포벽과 편모), 항미생물제의 표적으로(세포벽).
- 플라스미드는 항생제 내성이나 독소생산 등을 위한 유전자 정보를 가지고 있다. 플라스미드는 세균간에 교환되기도 한다.

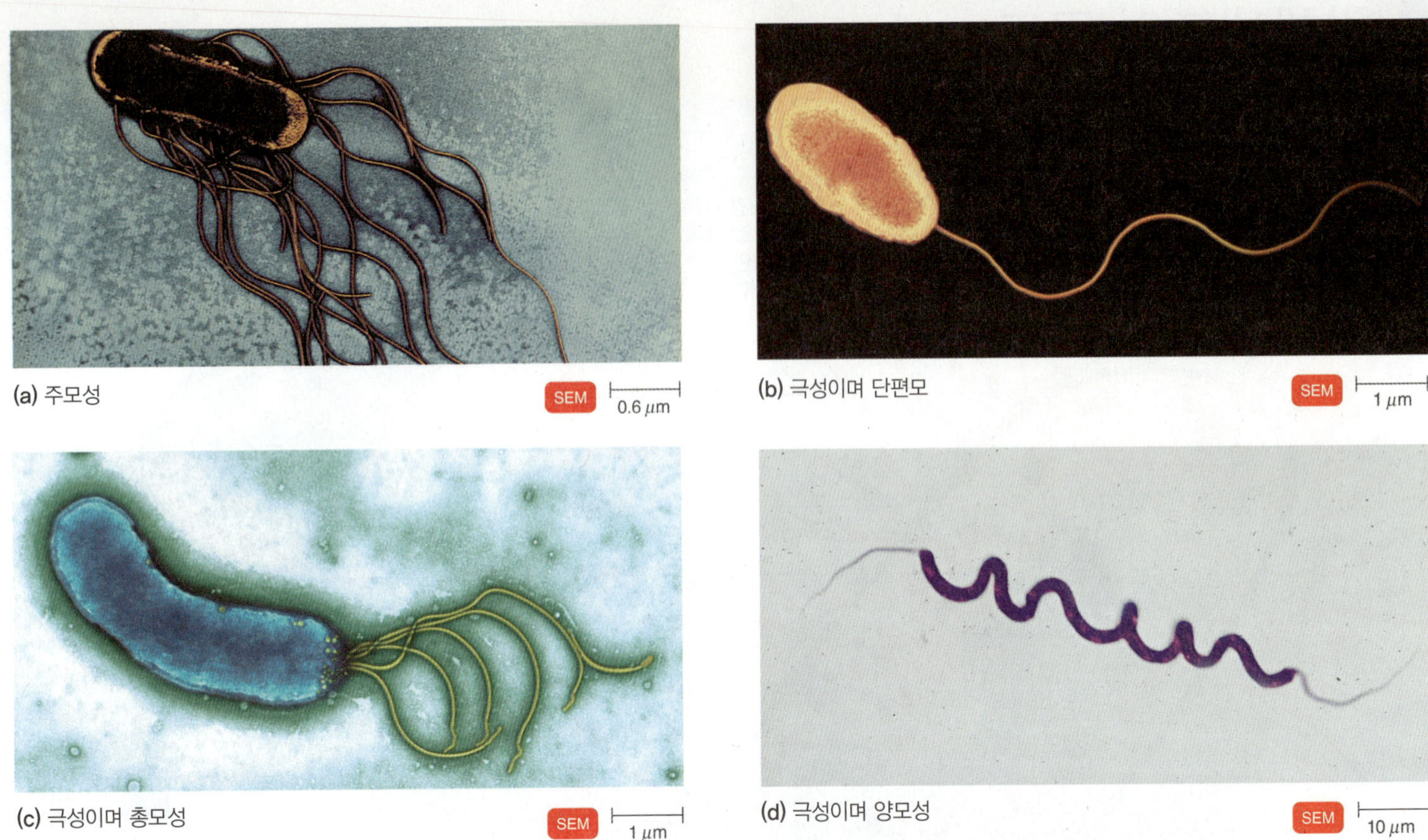

그림 4.7 세균 편모의 배열. (a) 주모성. (b)~(d) 극성.

Q 모든 원핵세포가 편모를 가지는 것은 아니다. 편모가 없는 세균을 무엇이라고 부르나?

에 분비한다. 당질피질(당 껍데기를 의미)이란 세포를 둘러싼 물질을 지칭하는 데 사용하는 일반적인 명칭이다. 세균의 당질피질은 점도가 높은(끈끈한) 젤라틴성의 중합체로 세포막의 외부에 있고 다당류, 폴리펩티드 혹은 둘 다로 구성되어 있다. 이것의 화학적 조성은 종에 따라 매우 다양하다. 대부분은 세포 안에서 만들어져 세포 표면으로 분비된다. 만일 이 물질이 조직화되고 세포막에 단단히 부착되면 이 당질피질을 **협막(capsule)**이라고 부른다. 협막의 존재는 3장에서 설명하였듯이 매질염색을 이용하여 확인할 수 있다(70쪽 그림 3.14a 참조). 만일 이 물질이 조직화되지 않고 단지 느슨하게 세포막에 붙어 있으면 이 당질피질을 **점액질층(slime layer)**이라고 한다.

어떤 종에서는 협막이 세균독성(병원균이 질병을 일으키는 정도)의 부여에 중요하다. 협막은 종종 숙주 세포에 의한 식작용(phagocytosis)으로부터 병원성 세균을 보호한다. (나중에 다루겠지만 식작용은 미생물과 다른 고체 입자를 섭취하여 소화하는 것이다.) 예를 들면 *Bacillus anthracis*는 D-글루탐산의 협막을 만든다. (2장의 D형 아미노산은 흔하지 않다는 내용을 상기) 협막에 싸인 *B. anthracis*만이 탄저병을 일으키기 때문에 이들이 식작용에 의해 파괴되는 것을 이 협막이 막는 것으로 추측된다.

또 다른 예로는 *Streptococcus pneumoniae*(폐렴연쇄상구균; streptō-kok′kus nü-mō′nē-ī)를 들 수 있는데, 이 세균은 다당류 협막에 의해 보호될 때만 폐렴을 일으킨다. 협막으로 둘러싸여 있지 않은 *S. pneumoniae* 세포는 폐렴을 유발하지 못하고 식작용에 매우 취약하다. *Klebsiella*(클렙시엘라)의 다당류 협막은 식작용을 막아주고 세균이 기관지에 부착하여 증식하게 한다.

당질피질은 생물막의 매우 중요한 요소이다(160쪽 참조). 생물막 안에서 세포가 표적 환경에 부착하고 서로 달라붙는 것을 도와주는 당질피질을 **세포외중합물질(extracellular polymeric substance, EPS)**이라고 부른다. 이 EPS는 그 안에 있는 세포를 보호하고, 세포 간의 소통을 촉진하고, 자연 환경에서 여러 가지 표면에 세포가 부착해서 살 수 있도록 한다.

부착을 통해 세균은 빠르게 흐르는 시냇물의 돌이나 식물의 뿌리, 사람의 치아, 의료용 임플란트, 수도관 그리고 심지어는 다른 세균과 같은 다양한 표면에서 자랄 수 있다. 치아우식증 유발균(*Streptococcus mutans*)은 충치의 주요 원인으로 치아의 표면에 당질피질을 이용하여 스스로 부착한다. *S. mutans*는 가용한 에너지가 부족할 때 자신의 협막을 분해한 당을 영양원으로 이용할 수도 있다. 콜레라의 원인균인 *Vibrio cholerae*(비브리오 콜레라; vib′-rē-o kol′-er-ī)도 당질피질을 생산하는데, 이것이 소장의 세포에 부착하는 것을 도와준다. 당질피질은 또한 탈수에 대항하여 세포를 보호할 수 있고 이것의 점도는 세포에서 영양분이 빠져나가는 것을 막을 수도 있다.

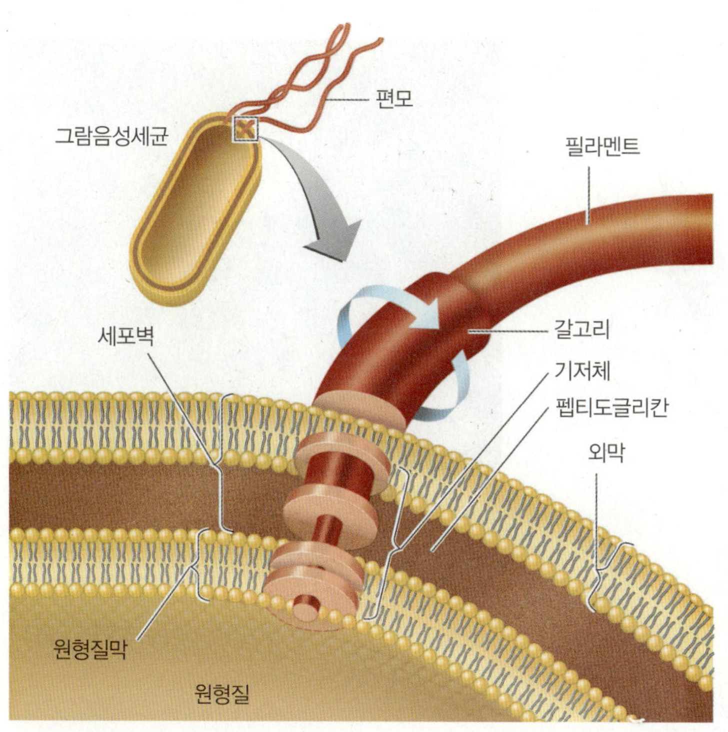

(a) 그람음성세균의 편모의 부분과 부착

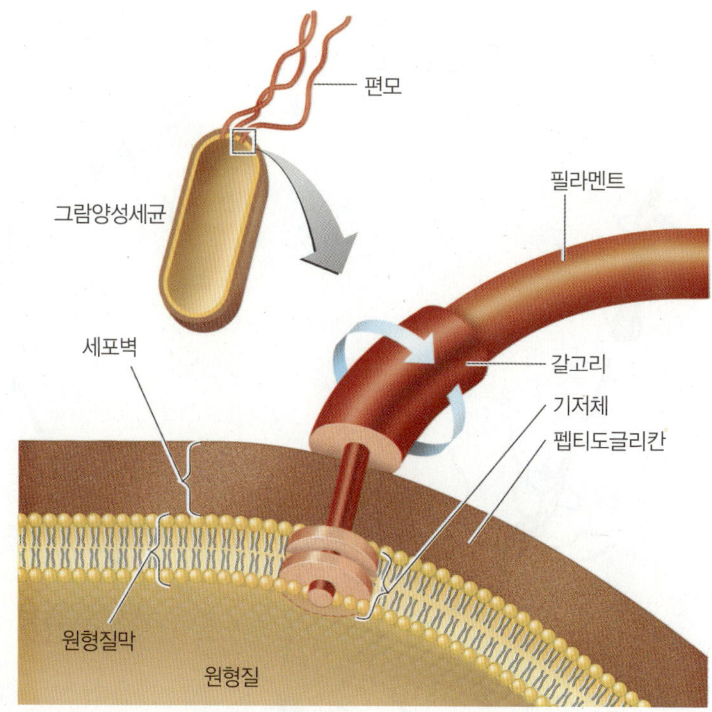

(b) 그람양성세균의 편모의 부분과 부착

그림 4.8 원핵세포 편모의 구조. 그람음성세균과 그람양성세균의 편모 부분과 부착을 자세한 도해 그림으로 나타내었다.

 그람양성세균과 그람음성세균의 기저체는 어떻게 다른가?

편모

여러 원핵세포는 **편모(flagella**, 단수는 **flagellum)**를 갖는다. 이것은 긴 필라멘트성 부속물로 세균을 움직이게 한다. 편모가 없는 세균을 **무편모성(atrichous**, 돌출없는)이라고 부른다. 편모는 **주모성(peritrichous**, 세포 전체에 걸쳐 분포; 그림 4.7a) 또는 **극성(polar**, 세포의 한쪽 또는 양쪽 끝에)이다. 극성의 경우, 편모는 **단편모(monotrichous**, 한쪽 끝에 하나의 편모; 그림 4.7b), **총모성(lophotrichous**, 한 극으로부터 나온 편모 뭉치; 그림 4.7c), 혹은 **양모성(amphitrichous**, 세포의 양극에 모두 편모; 그림 4.7d)일 수 있다.

편모는 세 개의 기본 부분으로 나눌 수 있다(그림 4.8). 맨 바깥쪽 긴 지역이 필라멘트(filament)인데, 일정한 직경의 구형 단백질인 플라젤린(flagellin)이 여러 개의 사슬을 이루어 서로 감싸면서 만들어진 가운데 속이 빈 나선형 구조이다. 대부분의 세균에서 필라멘트는 진핵세포에서 볼 수 있는 막이나 껍데기(sheath)로 싸여 있지 않다. 이 필라멘트는 약간 더 두꺼운 갈고리(hook)에 부착되어 있다. 갈고리는 다른 단백질로 구성되어 있다. 편모의 세 번째 부분은 기저체(basal body)로 편모를 세포벽과 세포막에 부착시킨다.

이 기저체는 여러 개의 일련의 고리가 삽입되어 있는 작은 중심 막대로 이루어져 있다. 그람음성세균은 두 쌍의 고리를 가지고 있다. 바깥쪽 쌍은 세포벽의 여러 부분에 부착되어 있고, 안쪽 쌍은 세포막에 부착되어 있다. 그람양성세균에서는 안쪽 쌍만 존재한다. 나중에 보게 되겠지만 진핵세포의 편모(그리고 섬모)는 원핵세포보다 더 복잡하다.

각 원핵세포의 편모는 비교적 유연한 나선형의 구조로 기저체에서 회전하여 세포를 이동시킨다. 편모의 회전은 그것의 긴 축을 중심으로 시계 방향 또는 반시계 방향이다. (진핵세포은 이것과 대비되게 파도 같은 움직임으로 파동친다.) 원핵생물 편모의 움직임은 기저체 회전의 결과이다. 이는 전기모터에서 회전축의 움직임과 유사하다. 편모가 회전함에 따라 이들은 다발을 이루고 주위를 둘러싼 액체를 밀어내면서 세균을 추진한다. 편모의 회전은 세포의 지속적인 에너지의 생산에 의존한다.

세균은 편모 회전의 방향과 속도를 변경할 수 있다. 이리하여 다양한 형태의 **운동성(motility)**이 가능하다. 이 운동성은 생물 스스로 움직이는 능력이다. 세균이 한 방향으로 일정 시간 동안 움직일 때 그 움직임을 질주(run 혹은 swim)라고 부른다. 질주는 회전(tumble)이라는 갑작스러운 무작위 방향전환에 의해 주기적으로 중단된다. 그 다음 다시 "질주"를 계속한다. "회전"은 편모가 역방향으로의 회전하여 일어난다(그림 4.9a). 많은 편모를 가지고 있는 어떤 종의 세균은—예로 *Proteus*(프로테우스; prō′tē-us, 그림 4.9b)—"유주(swarm)" 혹은 빠른 물결같이 고체 배양배지를 가로지르는 이동을 보여줄 수 있다.

운동성의 한 가지 이점은 세균이 좋아하는 환경을 향해서 또는 싫어하는 환경을 피해서 움직일 수 있다는 것이다. 특정 자극을 향

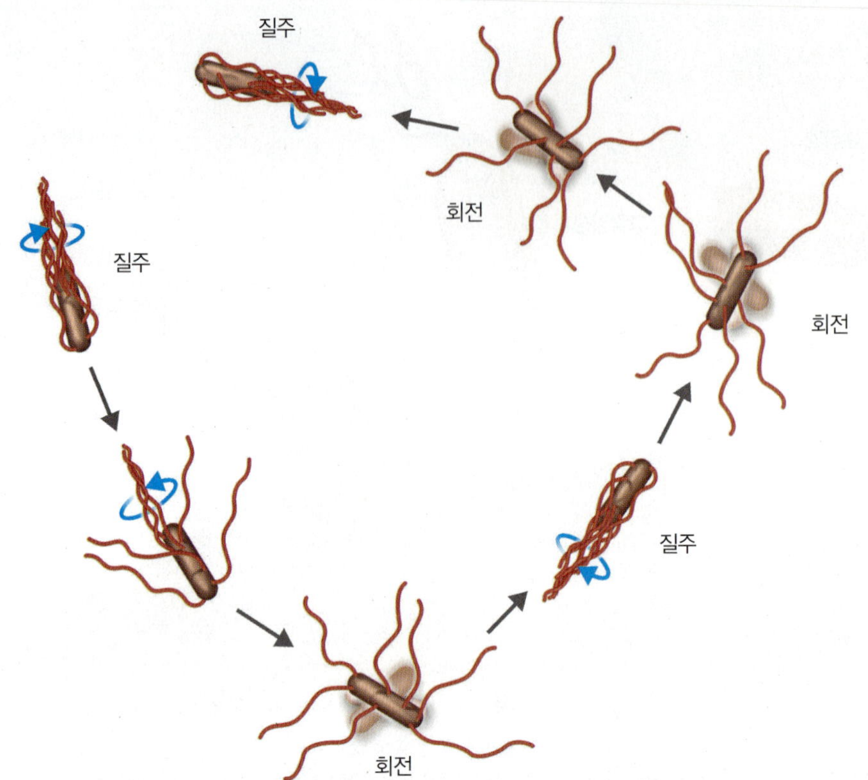

(a) 세균의 질주와 회전. 편모 회전의 방향(파란색 화살표)이 어떤 움직임이 발생하는지를 결정함을 주목한다. 회색 화살표는 세균의 이동 방향을 가리킨다.

TEM 2 μm

(b) 유주 단계의 *Proteus* 세포는 1,000개 이상의 주모성 편모를 가지기도 한다.

그림 4.9 편모와 세균의 운동성

 세균의 편모는 세포를 미나 혹은 당기나?

하거나 그로부터 도망가는 세균의 이동을 **주성(taxis)**이라고 부른다. 이러한 자극에는 **화학물질(주화성, chemotaxis)**과 **빛(주광성, phototaxis)**이 포함된다. 운동성이 있는 세균은 세포벽 속이나 세포벽 바로 아래의 여러 지점에 수용체를 갖고 있다. 이들 수용체는 산소와 리보오스, 갈락토오스(galactose) 등과 같은 화학적 자극을 인식한다. 이 자극에 반응하여 정보를 편모에 넘긴다. 만일 이 주화성 신호가 긍정적이면 **유인물질**(attractant)이라고 하는데, 많은 질주와 적은 회전으로 그 자극의 방향으로 세균을 이동시킨다. 만일 그 주화성 신호가 부정적이면 이를 **배척물질**(repellent)이라고 부르고 회전의 빈도를 증가시켜 세균을 그 자극에서 멀어지게 한다.

H 항원(H antigen)이라는 편모 단백질은 그람음성세균에서 혈청형이나 한 종 내의 변이를 구분하는 데 유용하다(310쪽 참조). 예를 들어, 대장균에는 최소한 50개의 다른 H 항원이 있다. 대장균 O157:H7로 확인된 혈청형은 식품매개 전염병과 관련이 있다(1장 19쪽 참조).

축사

스피로헤타는 독특한 구조와 운동성을 갖는 세균의 한 그룹이다. 잘 알려진 스피로헤타 중 하나인 *Treponema pallidum*(트레포네마 팔리둠, 매독균)은 매독의 원인균이다. 또 다른 스피로헤타인 *Borrelia burgdorferi*(보렐리아 부르그도르페리)는 라임병(Lyme disease)을 일으킨다. 스피로헤타는 **축사(axial filament)** 혹은 **내편모(endoflagella)**를 이용하여 움직이는데, 이는 원섬유(fibril)의 다발로 원섬유는 세포의 끝 쪽에서 출발하여 세포 둘레를 나선형으로 휘어 감고 있으며 외초(outer sheath)로 싸여 있다(그림 4.10).

축사는 스피로헤타의 한쪽 끝에 고정되어 있고 편모와 비슷한 구조를 가지고 있다. 이 필라멘트의 회전은 스피로헤타의 나선형 움직임을 추진하는 외초(outer sheath)의 움직임을 유도한다. 이러한 형식의 움직임은 나선형의 코르크따개가 코르크를 통과하는 것과 비슷한 방식이다. 이런 식의 움직임은 아마 *T. pallidum* 같은 세균이 좀 더 효과적으로 체액을 통과하여 이동하게 할 것이다.

핌브리아와 선모

많은 그람음성세균은 털 같은 부속물을 갖는다. 이것은 편모보다 짧고 곧고 가는데 운동성보다는 부착이나 DNA의 전달에 이용된다. 이러한 구조는 **필린**(pilin)이라는 단백질이 나선형의 배열로 중심을 둘러싸는 형태로 만들어진다. 이들은 전혀 다른 기능을 갖는 두 가지 종류, 핌브리아와 선모로 나눌 수 있는다. (일부 미생물학자는 두 가지 용어를 구분 없이 사용하는데 우리는 이들을 구별한다.)

핌브리아(fimbriae, 단수는 fimbria)는 세균의 끝 쪽에 생기거나 세포 표면 전체에 걸쳐 고르게 분포할 수 있다. 이들의 개수도 세포당 몇 개에서 수백 개까지 다양하다(그림 4.11). 핌브리아는 서

그림 4.10 **축사**

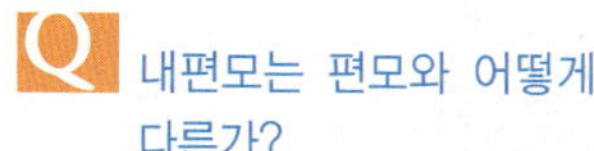

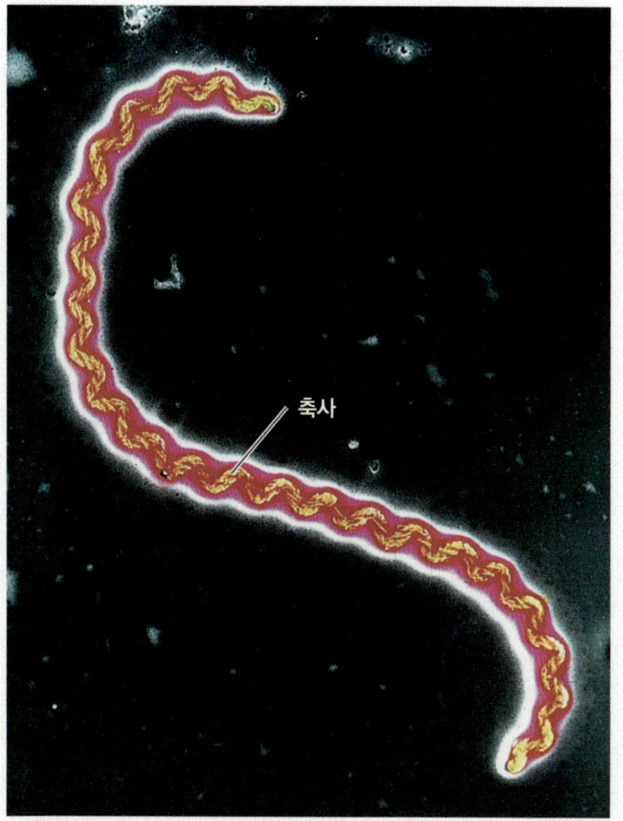

(a) 축사를 보여주는 스피로헤타 *Leptospira*의 현미경 사진

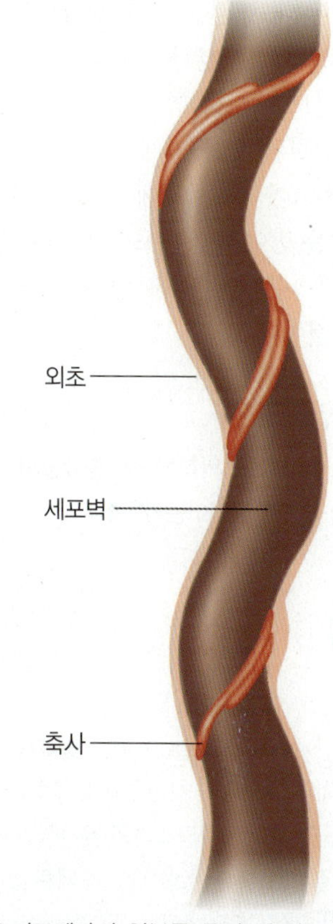

(b) 스피로헤타의 일부를 둘러 감싸는 축사의 그림 (축사의 단면은 그림 11.26a 참조)

로 간에 또는 표면에 붙으려는 경향이 있다. 그 결과, 이들은 액체나 유리, 바위 등의 표면에 생물막이나 다른 집합체를 형성하는 데 관여한다. 핌브리아는 또한 몸 안에서 상피조직의 표면에 세균의 부착하는 것을 도와준다. 예를 들면, 임질을 일으키는 세균인 나이세리아 고노로이애(*Neisseria gonorrhoeae*)에 있는 핌브리아는 세균이 점막에 자리를 잡는 것을 도와준다. 일단 자리를 잡으면 세균은 질병을 일으킬 수 있다. 대장균 O157의 핌브리아는 이 세균이 소장의 내층에 부착되는 것을 가능하게 하여 심각한 설사를 일으키게 한다. 핌브리아가 없으면(돌연변이 때문에), 세균이 장내에 자리잡지 못하고 질병도 생기지 않는다.

선모(pili, 단수는 **pilus)**는 일반적으로 핌브리아보다 길고 개수도 세포당 하나 혹은 두 개뿐이다. 선모는 운동성과 DNA 전달에 관여한다. **연축 운동성(twitching motility)**이라는 한 종류의 운동성에서 선모는 소단위 필린의 첨가로 확장되어 다른 세포나 표면에 접촉한 다음, 필린 소단위의 해체를 통해 수축(동력행정, power stroke)한다. 갈고리 모델(grappling hook model)이라고 하는 이 연축 운동성의 결과로 잠깐 움찔거리는 간헐적인 움직임이 나타난다. 연축 운동성은 *Pseudomonas aeruginosa*과 *Neisseria gonorrhoeae*, 대장균의 몇몇 아종에서 관찰된다. 선모가 관여하는 다른 형태의 운동으로는 점액세균(myxobacteria)의 부드럽게 미끄러지는 이동인 **활주운동(gliding motility)**이 있다. 비록 대부분의 점액세균에서 이러한 운동의 정확한 작동원리는 모르는 상태이지만, 몇몇은 선모 수축을 이용한다. 활주운동은 미생물에게 생물막이나 흙과 같이 수분의 함량이 낮은 환경 속에서 이동할 수 있는 수단을 제공한다.

일부 선모는 한 세포에서 다른 세포로 DNA를 전달하는 접합(conjugation)이라는 과정이 가능하도록 서로 가깝게 세균을 옮기

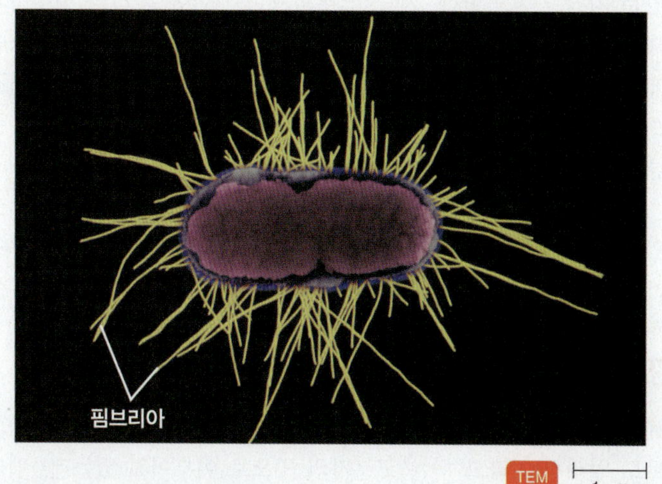

그림 4.11 **핌브리아.** 분열하기 시작한 대장균(*E. coli*)에서 핌프리아는 뻣뻣한 털처럼 보인다.

는 데 이용된다. 이런 선모를 **접합선모(conjugation pili, sex pili**; 234쪽 참조)라고 부른다. 이 과정에서 F^+ 세포라고 불리는 한 세균의 접합선모는 같은 종이나 혹은 다른 종의 세균의 표면에 있는 수용체에 연결된다. 이렇게 두 개의 세포는 물리적으로 접촉을 하게 되고 DNA가 F^+ 세포에서 다른 세포로 전달되게 된다. 전달된 DNA는 이를 받아들인 세포에게 새로운 기능을 줄 수 있는데, 예를 들어 항생제 내성이나 배지를 더 효율적으로 소화할 수 있는 능력 등과 같은 것이다.

이해도 확인하기

- 세균의 협막이 왜 의학적으로 중요할까? **4-3**
- 세균은 어떻게 움직이는가? **4-4**

세포벽

학습 목표

4-5 그람양성세균, 그람음성세균, 항산성 세균, 고세균, 마이코플라스마의 세포벽의 유사점과 차이점을 설명한다.

4-6 고세균과 마이코플라스마의 유사점과 차이점을 설명한다.

4-7 원형질체(protoplast)와 스페로플라스트(spheroplast), L형균(L form)을 구별한다.

세균의 **세포벽(cell wall)**은 복잡한 반강체(semirigid) 구조로 세포의 모양을 책임지고 있다. 이 세포벽은 그 아래에 위치한 연약한 원형질막을 둘러싸고 있고 외부 환경의 유해한 변화로부터 세포막과 세포 내부를 보호한다(그림 4.6 참조). 거의 모든 원핵생물은 세포벽을 가지고 있다.

세포벽의 주된 기능은 세포 안쪽의 삼투압이 세포의 바깥쪽보다 높을 때 세균이 터지지 않게 보호하는 것이다(92쪽 그림 4.18d 참조). 또한 세균의 모양을 유지하는 것을 도와주고 편모가 부착될 수 있는 지점도 제공한다. 세균의 부피가 증가함에 따라 원형질막과 세포벽도 확장된다. 세포벽은 일부 종에게 질병을 일으키는 능력을 제공하기도 하고 일부 항생제가 작용하는 자리이기 때문에 임상적으로 중요하다. 게다가 세포벽의 화학적 조성은 대부분 세균의 종류를 구별하는 데 이용된다.

식물과 조류, 균류 등 일부 진핵생물의 세포도 세포벽을 가지고 있지만, 이들의 세포벽은 화학적으로 원핵생물의 것과 다르며 구조가 더 간단하고 덜 단단하다.

조성과 특징

세균의 세포벽은 **펩티도글리칸[peptidoglycan;** 무레인(murein)으로도 알려짐**]**이라고 하는 고분자의 망으로 이루어져 있는데, 펩티도글리칸은 단독으로 존재하거나 혹은 다른 물질과 조합을 이룬다. 펩티도글리칸은 격자를 이루도록 폴리펩티드가 부착된 반복되는 이당류로 구성되어 있다. 이 격자 구조가 세포 전체를 둘러싸고 보호

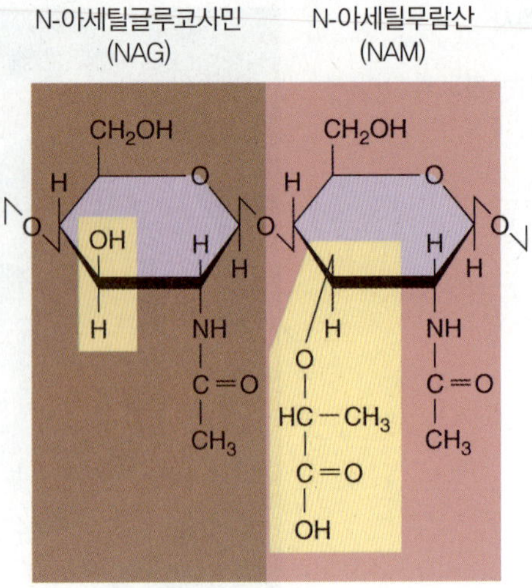

그림 4.12 N-아세틸글루코사민(NAG)과 N-아세틸무람산(NAM)이 펩티도글리칸에서 조립된다. 금색 부분은 두 분자에서 다른 부분을 보여준다. 이들 사이의 연결을 베타-1,4연결(β-1,4 linkage)이라고 한다.

Q 이들은 어떤 종류의 분자인가: 탄수화물, 지질, 단백질?

한다. 이당류 부분은 포도당과 관련된 단당류인 N-아세틸글루코사민(N-acetylglucosamine, NAG)과 N-아세틸무람산(N-acetylmuramic acid, NAM, 벽을 의미하는 *murus*로부터)으로 구성되어 있다. NAG와 NAM의 구조적 조성은 그림 4.12과 같다.

펩티도글리칸의 다양한 구성요소들은 세포벽에서 조립된다(그림 4.13a). NAM과 NAG 분자가 번갈아가면서 10~65개의 당이 행으로 연결되어 탄수화물 뼈대를 만든다(펩티도글리칸의 글리칸 부분). 인접한 행은 **폴리펩티드(polypeptide**, 펩티도글리칸의 펩티드 부분)에 의해 연결된다. 펩티드 연결의 구조는 다양하지만, 이것은 언제나 **테트라펩티드 곁사슬**(tetrapeptide side chain)을 포함하고 있다. 이것은 뼈대의 NAM에 부착되어 있는 네 개의 아미노산으로 이루어지는데, D형과 L형의 아미노산이 번갈아 나타난다(43쪽 그림 2.13 참조). 다른 단백질에서 발견되는 아미노산은 L형이기 때문에 이것은 독특한 특징이다. 나란히 놓인 테트라펩티드 곁사슬은 서로를 직접 결합할 수도 있고 아미노산으로 된 짧은 사슬인 **펩티드 가교**(peptide cross-bridge)에 의해 연결될 수도 있다.

페니실린은 펩티도글리칸 행들이 펩티드 가교로 완전하게 연결되는 것을 방해한다(그림 4.13a 참조). 그 결과, 세포벽은 아주 많이 약해지고 세포의 **용해(lysis)**, 즉 원형질막의 파열과 세포질의 손실이 일어난다.

그람양성 세포벽

대부분의 그람양성세균에서 세포벽은 여러 층의 펩티도글리칸으로 구성되어 두껍고 단단한 구조를 이룬다(그림 4.13b). 반면 그람음성세균의 세포벽은 단지 하나의 얇은 펩티도글리칸층을 갖고 있다(그림 4.13c).

그람양성세균의 세포벽은 부가적으로 **테이코산**(teichoic acid)을

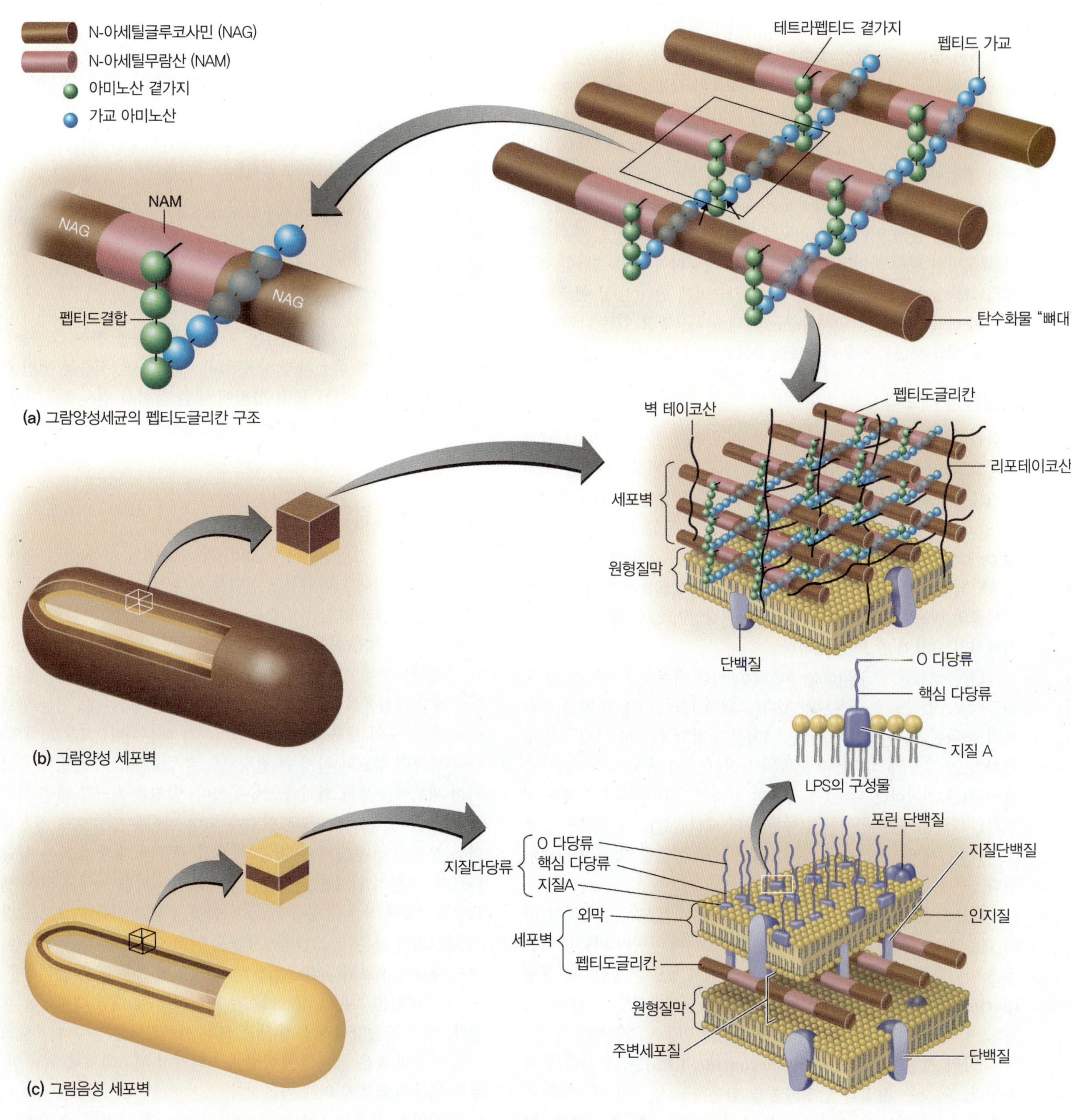

그림 4.13 세균의 세포벽. (a) 그람양성세균의 펩티도글리칸 구조. 탄수화물 뼈대(글리칸 부분)와 테트라펩티드 곁가지(펩티드 부분)가 함께 펩티도글리칸을 만든다. 펩티드 가교의 빈도와 이 가교의 아미노산 수는 세균의 종에 따라 다양하다. 작은 화살표는 펩티드 가교에 의한 펩티도글리칸 열의 연결에서 페니실린이 방해하는 곳을 가리킨다. (b) 그람양성 세포벽. (c) 그람음성 세포벽.

Q 그람양성과 그람음성 세포벽의 주요 구조적 차이점은 무엇인가?

갖는데 이는 주로 알코올(글리세롤이나 리비톨과 같은)과 인산기로 구성되어 있다. 두 가지 종류의 테이코산이 있다: 펩티도글리칸층을 통과하여 원형질막에 연결되는 **리포테이코산**(lipoteichoic acid)과 펩티도글리칸층에 연결되어 있는 **막 테이코산**(wall teichoic acid). 이들이 음전하를 띠기 때문에(인산 그룹에서 오는), 테이코산은 양이온과 결합하여 세포의 안팎으로 양이온의 이동을 조절할 수 있다. 이들은 또한 세포의 성장과정에서 심각한 세포벽의 파손과 세포의 용해를 막는 등의 역할을 할 것으로 추정된다. 마지막으로, 테이코산은 세포벽의 항원 특이성의 많은 부분을 담당하여 특정 실험실 검사에서 그람양성세균을 확인하는 것을 가능하게 한다(10장 참조). 이와 비슷하게 그람양성 연쇄상구균의 세포벽을 덮고 있는 다양한 다당류도 해당 세균들을 의학적으로 중요한 부류로 나눌 때 이용된다.

그람음성 세포벽

그람음성세균의 세포벽은 하나 또는 아주 적은 수의 테이코산층과 외막으로 이루어져 있다(그림 4.13c 참조). 펩티도글리칸은 외막에 있는 지질단백질(단백질에 공유결합으로 연결된 지질)과 결합되어 있고, 외막과 원형질막 사이의 겔 같은 유동성 부분인 **주변세포질**(periplasm)에 위치한다. 주변세포질에는 높은 농도의 분해효소와 수송단백질이 있다. 그람음성 세포벽에는 테이코산이 없다. 그람음성세균의 세포벽에는 소량의 펩티도글리칸만이 있기 때문에 이들은 기계적인 손상에 좀 더 취약하다.

그람음성세균의 **외막**(outer membrane)은 지질다당류(LPS)와 지질단백질, 인지질로 구성되어 있다(그림 4.13c 참조). 외막은 여러 가지 특화된 기능을 가지고 있다. 이것의 강한 음전하는 숙주의 두 가지 방어 작용인 식작용과 보체의 작용(세포를 용해하고 식작용을 촉진함)을 회피하는 데 있어 중요한 요소이다(16장에서 자세히 설명함). 외막은 일부 항생물질(예를 들어 페니실린)과 리소자임 같은 소화효소, 세제, 중금속, 담즙 그리고 일부 염료를 막는 차단막이 된다.

그러나 세포의 대사 유지를 위해 영양분이 반드시 통과해야 하기 때문에 외막이 주위 환경의 모든 물질에 대해 차단막 역할을 하는 것은 아니다. 외막의 투과성의 일부는 막에서 통로를 형성하는 **포린(porin)**이라는 단백질 덕분이다. 포린은 뉴클레오티드, 이당류, 펩티드, 아미노산, 비타민 B_{12}, 철 같은 분자의 이동을 가능하게 한다.

외막의 **지질다당류(lipopolysaccharide, LPS)**는 큰 복합체 분자이다. 이것은 지질과 탄수화물을 함유하고 있으며 세 개의 부분으로 구성된다: (1) 지질 A, (2) 중심 다당류, (3) O 다당류. **지질 A(lipid A)**는 LPS의 지질 부분이고 외막의 맨 위층에 박혀 있다. 그람음성세균이 죽으면 내독소의 기능을 하는 지질 A를 방출한다(15장). 열, 혈관 팽창, 쇼크, 혈액 응고 같은 그람음성세균의 감염과 관련된 증세는 지질 A 때문이다. **중심 다당류(core polysaccharide)**는 지질 A에 부착되어 있는데, 흔치 않은 당을 갖고 있으며 구조적으로 안정성을 제공하는 기능을 한다. **O 다당류(O polysaccharide)**는 중심 다당류에서 밖으로 확장되며 당 분자로 구성되어 있다. O 다당류는 항원으로 기능을 하여 그람음성세균의 종간 구별에 유용하게 사용된다. 예를 들면, 식중독 원인균 *E. coli* O157:H7은 이들 특정 항원에 대한 실험실 검사에서 다른 혈청형과 구별된다. 이는 그람양성 세포에서 테이코산의 역할에 견줄 만하다.

> **임상 사례**
>
> 아이린(Irene)은 그람음성세균 *K. pneumoniae*에 대해 자기가 알고 있는 것에 대해 검토한다. 이 세균은 정상적인 장내미생물의 일부지만 정상 환경을 벗어나면 심각한 감염을 유발할 수 있다. *K. pneumoniae* 세균은 모든 의료관련 감염의 약 8%를 차지한다. 아이린은 이 세균이 병원의 어딘가에서 왔다고 추측한다.
>
> 무엇이 환자의 발열과 저혈압을 야기하는가?
>
> 76 **86** 88 95 97

세포벽과 그람염색의 원리

이제 여러분은 그람염색(3장 68쪽)과 세포벽의 화학(이전 절에서)에 대해 배웠기에 그람염색의 원리를 더 쉽게 이해할 수 있다. 이 원리는 그람양성과 그람음성세균 세포벽의 구조적인 차이와 각 세포벽이 다양한 시약(화학반응을 일으키는 데 사용하는 물질)에 어떻게 반응하는지에 근거한다. 기본 염색으로 크리스탈 바이올렛은 그람양성과 그람음성세균 둘 다 보라색으로 염색하는데, 이는 염료가 두 종류 세포의 세포질 모두에 들어가기 때문이다. 요오드(매염제)를 첨가하면 염료와 함께 큰 결정체를 형성하는데 이 결정체는 너무 커서 세포벽을 통해 빠져나오지 못한다. 알코올 처리를 하면 그람양성 세포의 펩티도글리칸은 탈수가 되어 바이올렛-요오드 결정체가 더욱 통과하지 못하게 된다. 그람음성 세포에 대한 효과는 상당히 다르다. 오히려 알코올이 그람음성 세포의 외막을 녹이고 얇은 펩티도글리칸층에 작은 구멍을 만든다. 이를 통해 바이올렛-요오드 결정이 확산되어 나온다. 그람음성세균은 알코올로 씻은 다음 색을 띠지 않기 때문에 사프라닌(대응염색)을 첨가하면 분홍 혹은 붉은색을 띤다. 사프라닌은 기본염색(크리스탈 바이올렛)에 대한 대비색을 제공한다. 비록 그람양성과 음성 세포 모두 사프라닌을 흡수하나 사프라닌의 분홍색 혹은 붉은색은 이전에 그람양성 세포에서 흡수된 더 어두운 보라색 염색에 의해 가려진다.

그람양성 세포의 일부는 그람음성 반응을 나타낼 수 있다. 보통 이런 세포들은 죽은 것이다. 그러나 배양이 진행될수록 그람음성 세포처럼 보이는 세균이 증가하는 몇몇 그람양성 속이 있다. *Bacillus*와 *Clostridium*가 이런 예에 해당하는데, 이를 **그람부정**(gram-variable)이라고 표현하곤 한다.

그람양성과 그람음성세균의 일부 특징 비교는 **표 4.1**에서 정리되어 있다.

표 4.1 그람양성과 그람음성세균의 일부 특징을 비교

특징	그람양성	그람음성
	LM 6 μm	LM 15 μm
그람반응	크리스탈 바이올렛 염료를 유지하여 파란색 혹은 보라색으로 염색	탈색될 수 있어 대응염색(사프라닌)으로 분홍색이나 붉은색으로 염색
펩티도글리칸층	두꺼움(다수층)	얇음(단일층)
테이코산	많은 세균에 존재	없음
원형질막 공간	없음	있음
외막	없음	있음
지질다당류(LPS) 함유	사실상 없음	높음
지질과 지질단백질 함유	낮음(항산성 세균은 펩티도글리칸에 연결된 지질을 가짐)	높음(외막이 존재하기 때문)
편모 구조	기저체에 2개의 고리	기저체에 4개의 고리
독소 생산	외독소	내독소와 외독소
물리적 파괴에 저항성	높음	낮음
리소자임에 의한 세포벽 붕괴	높음	낮음(외막을 불안정하게 하는 전처리가 필요)
페니실린과 술파닐아미드에 대한 감수성	높음	낮음
스트렙토마이신, 클로람페니콜, 테트라사이클린에 대한 감수성	낮음	높음
염기성 염료에 의한 억제	높음	낮음
음이온성 계면활성제에 대한 민감성	높음	낮음
아지드화나트륨에 대한 저항성	높음	낮음
건조에 대한 저항성	높음	낮음

부정형 세포벽

원핵생물 중에서 어떤 종류의 세포는 세포벽을 갖지 않거나 극소량의 세포벽 물질을 가지고 있다. 여기에는 마이코플라스마(*Mycoplasma*)속의 구성원과 관련 세균이 포함된다(320쪽 그림 11.20 참조). 마이코플라스마는 살아 있는 숙주 세포 밖에서 자라고 복제될 수 있는 가장 작은 세균으로 알려져 있다. 이들의 작은 크기와 세포벽의 부재 때문에 대부분의 세균 필터를 통과하여 처음에는 바이러스로 오인되었다. 이들의 원형질막에는 세균에서는 유일하게 스테롤(sterols)이라는 지질이 있는데, 이것이 세포의 용해(파열)를 막는 데 도움을 주는 것으로 생각된다.

고세균은 세포벽이 없기도 하고 펩티도글리칸이 아닌 다당류와 단백질로 구성된 흔치 않는 벽을 갖기도 한다. 그러나 이들의 벽은 슈도뮤레인(*pseudomurein*)이라고 불리는 펩티도글리칸과 비슷한 물질을 가지고 있다. 슈도뮤레인에는 NAM 대신에 N-아세틸탈로사미누론산(N-acetyltalosaminuronic acid)이 들어 있으며, 세균의 세포벽에서 볼 수 있는 D-아미노산이 없다. 고세균은 일반적으로 그람염색이 되지 않으며 펩티도글리칸이 없기 때문에 그람음성처럼 보인다.

항산성 세포벽

3장에서의 *Mycobacterium*속의 모든 세균과 *Nocardia*의 병원성 종의 확인에 사용되는 항산성 염색을 상기해 보자. 이들 세균의 세포벽에는 밀랍 같은 소수성의 지질(**미콜산, mycolic acid**) 함량이 높아서(60%) 그람염색에 사용되는 염료의 침투를 막는다. 미콜산은 얇은 펩티도글리칸층의 바깥에 층을 형성한다. 미콜산과 펩티도글리칸은 다당류에 의해 서로 붙잡혀 있다. 소수성의 밀랍 같은 세포벽은 *Mycobacterium*이 덩어리지고 플라스크의 벽에 달라붙는 배양상의 특성을 유발한다. 항산성 세균은 석탄산푹신(cabolfuchsin)으로 염색이 가능하다. 가열이 염료의 침투를 도와준다. 석탄산푹신은 세포벽을 통과하고 세포질에 결합하며 산-알코올의 세척 과정에서도 제거되지 않는다. 석탄산푹신은 산-알코올보다 세포벽의 미콜산에 더 잘 녹기 때문에 항산성 세균은 석탄산푹신의 붉은색을 유지한다. 만일 항산성 세균의 세포벽에서 미콜산층이 제거된다면 이들은 그람염색에서 그람양성으로 나타날 것이다.

세포벽 손상

세포벽을 손상시키거나 이것의 합성을 방해하는 화학물질은 보통 동물 숙주 세포에는 해를 끼치지 않는다. 왜냐하면 세균의 세포벽은 진핵세포의 것과는 다른 화학물질로 만들어졌기 때문이다. 따라서 몇몇 항미생물 약물은 세포벽 합성을 표적으로 한다. 세포벽에 손상을 주는 한 방법은 **리소자임**(lysozyme)이라는 분해효소에 노출시키는 것이다. 일부 진핵세포는 이 효소를 원래 가지고 있는데, 땀, 눈물, 점액, 침 등의 구성 성분이기도 하다. 리소자임은 대부분의 그람양성세균의 주된 세포벽 성분에 특히 활성을 가져 세균을 세포용해에 취약하게 만든다. 리소자임은 이당류가 반복되는 펩티도글리칸의 뼈대에서 당 사이 결합의 가수분해를 촉매한다. 이 작용은 절단 토치를 가지고 다리를 지지하는 철골을 자르는 것과 유사하다: 그람양성 세포벽은 리소자임에 의해 거의 완전히 부서진다. 만일 세포용해가 일어나지 않으면 세포 내용물은 원형질막에 의해 둘러싸인 채 남아 있는데 이런 세포벽이 없는 세포를 **원형질체(protoplast)**라고 부른다. 보통 원형질체는 구형이고 대사를 계속 수행할 수 있다.

일부 *Proteus*(프로테우스)속과 다른 속의 구성원은 자신들의 세포벽을 잃어버리고 부정형인 세포 모양으로 부풀 수 있다. 이 형태를 이것을 밝힌 리스터 연구소(Lister Institute)의 이름을 따서 **L형균(L forms)**이라고 불린다. L형균은 자연발생적으로 형성되거나 페니실린(세포벽 형성을 억제하는) 또는 리소자임(세포벽을 제거하는)에 반응하여 생길 수도 있다. L형균은 생존 가능하여 계속해서 분열하거나 세포벽이 있는 상태로 돌아갈 수도 있다.

리소자임이 그람음성세균에 작용하면 일반적으로 세포벽이 그람양성 세포에서의 정도로 파괴되지는 않는다. 외막의 일부도 남아 있다. 이 경우 세포의 내용물과 원형질막 그리고 남아 있는 외부 세포벽 층을 합쳐 **스페로플라스트(spheroplast)**라고 부르는데 이 또한 구형의 구조이다. 리소자임이 그람음성 세포에 대해 효과를 발휘하기 위해 세포를 먼저 EDTA(에틸렌디아민테트라아세트산, ethylenediaminetetraacetic acid)로 처리한다. EDTA는 외막에 있는 이온결합을 약화시켜 손상을 입힘으로써, 리소자임이 펩티도글리칸층에 잘 도달하게끔 해준다.

임상 사례

그람음성세균인 *K. pneumoniae* 세포벽의 외막에는 모세관 팽창과 발열을 일으키는 독소인 지질 A가 들어 있다.

아이린은 조와 제시, 모린의 담당의사들과 함께 치명적일 수 있는 이 세균의 감염과 싸우고 있다. 아이린은 제시의 호흡 상태가 이미 약해졌기 때문에 특히 제시를 염려한다. 세 환자 모두에게 베타-락탐 항생제인 이미페넴(imipenem)이 투여되었다. *Klebsiella* 세균은 많은 항생제에 내성이 있지만 이미페넴은 조와 모린에게는 효과가 있는 것처럼 보인다. 그러나 제시는 더 악화되고 있다.

만일 세균이 죽는다면 왜 제시(Jessie)의 증상은 악화되는가?

76 86 88 95 97

원형질체와 스페로플라스트는 순수한 물 혹은 매우 희석된 염이나 당의 용액에서 터진다. 이는 세포 내부의 물 농도가 훨씬 낮아 이들을 둘러싼 액체에서 물 분자가 세포 안으로 빠르게 이동해 들어와 세포를 크게 만들기 때문이다. 이러한 터짐을 **삼투용해(osmotic lysis)**라고 부르는데 곧 자세히 설명할 것이다.

앞서 언급한 것처럼 페니실린과 같은 일부 항생제는 펩티도글리칸의 펩티드 가교의 형성을 방해해서 온전한 기능을 갖는 세포벽의 형성을 막음으로써 해당 세균을 파괴한다. 대부분의 그람음성세균은 그람양성세균만큼 페니실린에 민감하지는 않는다. 이는 그람음성세균의 외막이 방벽으로 작용하여 페니실린과 다른 물질의 침투를 억제하기 때문이다. 그리고 그람음성세균은 적은 수의 펩티드 가교를 가지고 있다. 그러나 그람음성세균도 페니실린보다 외막을 더 잘 통과하는 일부 베타-락탐 항생제(β-lactam antibiotics)에는 꽤 민감하다. 항생제는 20장에서 자세히 다룰 것이다.

이해도 확인하기

- ✔ 세포벽 합성을 표적으로 삼는 약물이 왜 유용한가? **4-5**
- ✔ 왜 마이코플라스마는 세포벽 합성을 방해하는 항생제에 내성이 있는가? **4-6**
- ✔ 원형질체는 L형균과 어떻게 다른가? **4-7**

세포벽 안쪽의 구조

학습 목표

4-8 원핵생물의 원형질막 구조와 화학, 기능을 설명한다.
4-9 단순확산(simple diffusion), 촉진확산(facilitated diffusion), 삼투(osmosis), 능동수송(active transport), 그룹이동(group translocation)을 정의한다.
4-10 핵양체와 리보솜의 기능을 확인한다.
4-11 네 가지 봉입체의 기능을 알아본다.
4-12 내생포자의 기능과 포자형성, 내생포자의 발아에 대해 설명한다.

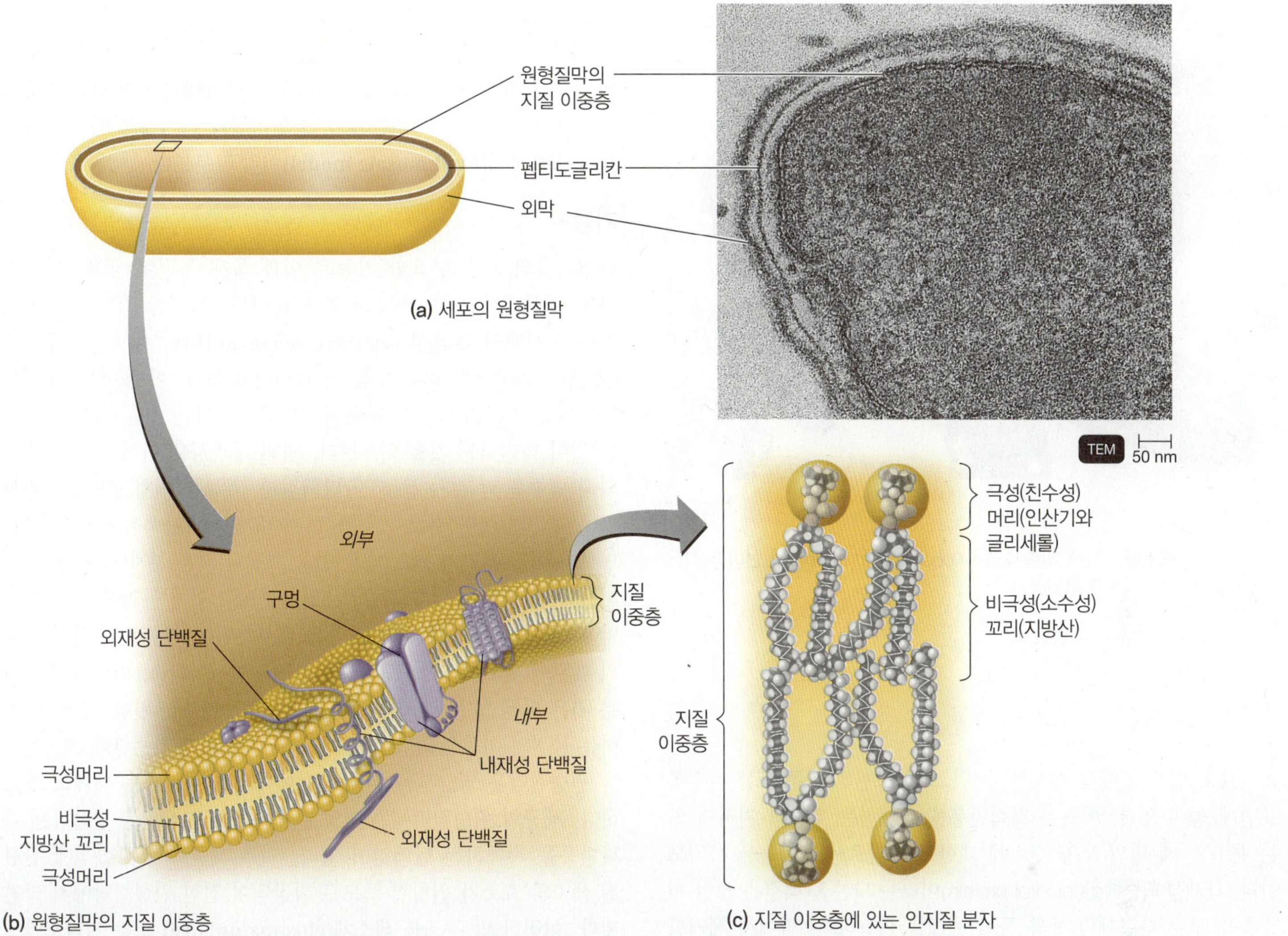

원형질막의 지질 이중층
펩티도글리칸
외막

(a) 세포의 원형질막

TEM 50 nm

외부
구멍
외재성 단백질
지질 이중층
내부
내재성 단백질
극성머리
비극성 지방산 꼬리
극성머리
외재성 단백질

(b) 원형질막의 지질 이중층

극성(친수성) 머리(인산기와 글리세롤)
비극성(소수성) 꼬리(지방산)
지질 이중층

(c) 지질 이중층에 있는 인지질 분자

그림 4.14 원형질막. (a) 그람음성세균 *Aquaspirillum serpens*의 안쪽 원형질막을 형성하는 지질 이중층을 보여주는 그림과 현미경 사진. 외막을 포함한 세포벽의 층은 내막의 바깥쪽에 보인다. (b) 지질 이중층과 단백질을 보여주는 내막의 일부분. 그람음성세균의 외막 또한 지질 이중층이다. (c) 지질 이중층에서처럼 배열된 여러 인지질 분자의 공간-채우기 모델.

외재성 단백질과 내재성 단백질의 차이는 무엇인가?

지금까지는 원핵세포의 세포벽과 그 외부의 구조에 대해 논의했다. 지금부터는 원핵세포의 안쪽을 살펴보고 세포막과 세포의 원형질 안에 있는 구성요소의 구조와 기능에 대해 설명할 것이다.

원형질막(세포막)

원형질막[**세포막**, 또는 내막(inner membrane)]은 세포벽 안쪽에 위치한 얇은 구조로 세포의 원형질을 에워싸고 있다(그림 4.6 참조). 원핵생물의 원형질막은 주로 막에서 가장 풍부한 화학물질인 인지질과 단백질로 구성되어 있다(40쪽 그림 2.10 참조). 진핵생물의 원형질막은 또한 당과 콜레스테롤 같은 스테롤을 갖고 있다. 원핵생물의 원형질막은 스테롤이 결핍되어 있기 때문에 진핵생물의 막보다 덜 단단하다. 하나의 예외는 세포벽이 없는 원핵생물인 *Mycoplasma*(마이코플라스마)로 막에 스테롤을 갖는다.

구조

전자현미경으로 보면 원핵생물과 진핵생물의 원형질막(그리고 그람음성세균의 외막)은 두 층의 구조인 것처럼 보인다. 두 개의 진한 선과 두 선 사이에 밝은 공간이 있다(그림 4.14a). 인지질 분자는 **지질 이중층**(lipid bilayer)이라고 하는 평행인 두 개의 열로 배열되어 있다(그림 4.14b). 2장에서 소개한 것처럼, 각 인지질 분자는 극성의 머리와 비극성의 꼬리를 가지고 있다. 머리는 친수성인 인산기와 글리세롤로 구성되어 있어 물에 녹고, 비극성의 꼬리는 소수성인 지방산으로 구성되어 있어 물에 녹지 않는다(그림 4.14c). 극성의 머리는 지질 이중층의 양쪽 표면에 배열되어 있고 비극성의 꼬리는 이중층의 안쪽에 위치한다.

막에 있는 단백질 분자는 다양한 방법으로 배열될 수 있다. **외재성 단백질**(peripheral proteins)이라고 불리는 일부 단백질은 온화한

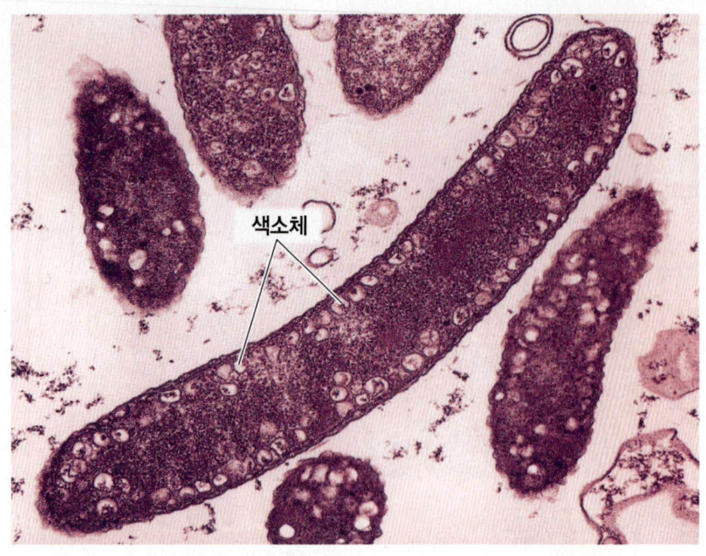

그림 4.15 **색소체.** 자색 비황세균, *Rhodospirillum rubrum*의 현미경 사진에서 색소체는 선명하게 보인다.

색소체의 기능은 무엇인가?

처리로도 쉽게 막에서 제거될 수 있고 막 표면의 안쪽 또는 바깥쪽 표면에 놓여 있다. 이들은 화학반응을 촉매하는 효소나 지지대 또는 움직일 때 막의 모양 변화에 대한 중개자로서의 기능을 하기도 한다. 내재성 막단백질(integral protein)이라는 다른 단백질은 지질 이중층을 부순 다음에만(예를 들어 세제를 이용하여) 막에서 제거할 수 있다. 대부분의 내재성 막단백질은 막을 완전히 관통하기 때문에 막관통 단백질(transmembrane protein)이라고 한다. 일부 내재성 막단백질은 물질이 세포로 들어오거나 나갈 수 있는 크고 작은 구멍이 있는 통로이다.

세포막의 바깥 표면에 있는 많은 단백질과 일부 지질은 탄수화물을 달고 있다. 탄수화물이 부착된 단백질을 **당단백질(glycoprotein)**이라고 하고 탄수화물이 부착된 지질을 **당지질(glycolipid)**이라고 부른다. 당단백질과 당지질은 둘 다 세포를 보호하고 표면을 미끄럽게 만들고 세포간 상호작용에도 관련된다. 예를 들어 당단백질은 특정 감염질환에서 역할을 한다. 인플루엔자 바이러스나 콜레라와 보툴리누스를 일으키는 독소는 세포막에 있는 당단백질에 처음 결합해서 표적 세포에 들어간다.

막에 있는 인지질과 단백질 분자는 고정되어 있지 않고 꽤나 자유롭게 막의 표면 내에서 움직일 수 있다는 것이 연구를 통해 증명되었다. 이러한 이동은 원형질막에서 수행되는 많은 기능과 연관되어 있을 가능성이 매우 높다. 지방산 꼬리는 서로 같이 달라붙어 있기 때문에 물이 있으면 인지질은 자동 밀봉되는 이중층 구조를 형성한다. 결과적으로 막이 부서지고 찢어져도 저절로 복원된다. 막은 올리브 기름 정도의 점성이 있어야 한다. 그래야 막단백질이 막의 구조를 파괴하지 않고 제 기능을 수행하기에 충분할 만큼 자유롭게 움직일 수 있다. 이러한 동적인 인지질과 단백질의 배열을 **유동 모자이크 모델(fluid mosaic model)**이라고 부른다.

기능

원형질막의 가장 중요한 기능은 이를 통해 물질이 세포 내로 드나드는 선택적인 차단막으로의 역할이다. 이러한 기능으로 원형질막은 **선택적 투과성**[**selective permeability**; 때로는 **반투과성**(semipermeability)이라고 부름]을 지닌다고 한다. 이 용어는 어떤 단백질이나 이온은 막을 통과하여 지나가고, 다른 것은 막을 관통하는 것이 막힌다는 것을 의미한다. 막의 투과성은 여러 가지 요소에 의해 영향을 받는다. 큰 분자(단백질과 같은)는 원형질막을 통과하지 못하는데 아마 통로 기능을 하는 내재성 막단백질이 만드는 구멍보다 이들 분자가 크기 때문이다. 그러나 작은 분자(물이나 산소, 이산화탄소, 작은 당류 같은)는 일반적으로 쉽게 통과한다. 이온은 막을 아주 천천히 통과한다. 막은 대부분이 인지질로 구성되어 있기 때문에 지질에 쉽게 녹는 물질(산소, 이산화탄소, 비극성의 유기분자)은 다른 물질보다 더 쉽게 들어가고 나온다. 원형질막을 통과하는 물질의 이동은 곧 설명할 수송 분자에 또한 의존한다.

원형질막은 영양분을 분해하고 에너지를 생산하는 데에도 중요하다. 세균의 원형질막에는 영양분을 분해하고 ATP를 생산하는 화학반응을 촉매하는 단백질이 있다. 일부 세균에서 광합성에 관련된 색소와 효소가 원형질 쪽으로 확장되어 접힌 원형질막에서 발견된다. 이러한 막 구조를 **색소체(chromatophore)** 또는 **틸라코이드(thylakoid**, 그림 4.15)라고 부른다.

전자현미경으로 관찰하면 세균의 원형질막이 하나 또는 그 이상의 큰 부정형으로 접힌 **메소좀(mesosome)**이라는 구조가 종종 보인다. 메소좀에 대해 많은 기능이 제안되었지만 이제는 이것이 인공물이고 진정한 세포 구조가 아니라는 것으로 알려져 있다. 메소좀은 전자현미경으로 관찰하기 위해 표본을 준비하는 과정에서 만들어진 원형질막 안의 주름이라고 믿어진다.

항균제에 의한 원형질막의 파괴

원형질막은 세균에게 매우 중요하기 때문에 여러 항균제가 원형질막에 그 효과를 발휘하는 것은 놀라운 일이 아니다. 세포벽에 손상을 주고 이로 인해 간접적으로 막에 손상을 주는 화학물질 이외에도 많은 화합물이 특이적으로 원형질막에 손상을 준다. 이런 화합물에는 소독제로 사용되는 특정 알코올과 4차암모늄 화합물이 포함된다. 폴리믹신(polymyxin)이라고 알려진 한 항생제 그룹은 막의 인지질을 파괴함으로써 세포 내용물의 누출을 야기하여 세포를 죽음에 이르게 한다. 이 원리에 대해서는 20장에서 설명하기로 한다.

막을 통한 물질의 이동

원핵세포와 진핵세포 모두에서 물질은 두 가지 과정—수동 및 능동—으로 원형질막을 통과해 이동한다. **수동과정**(passive process)에서 물질은 세포의 에너지(ATP)의 소모 없이 높은 농도의 영역에서 낮은 농도의 영역으로(농도기울기 또는 차이에 따라 이동) 막을 건너 이동한다. **능동과정**(active process)에서 세포는 물질을 낮은 농도의 영역에서 높은 농도의 영역(농도기울기에 반대로)으로 이동시키는데, 에너지(ATP)를 사용해야만 한다.

수동과정

수동과정에는 단순확산과 촉진확산, 삼투가 있다.

단순확산(simple diffusion)은 높은 농도의 영역(그림 4.16 및 그림 4.17A)에서 낮은 농도의 영역으로 분자나 이온의 순(전체)이동을 말한다. 분자나 이온이 고르게 분포될 때까지 이 이동은 계속된다. 균등히 분배된 지점을 **평형**(equilibrium)이라고 한다. 세포는 산소나 이산화탄소와 같이 일부 작은 분자들을 단순확산으로 세포막을 통해 수송한다.

촉진확산(facilitated diffusion)에서는 내재성 막단백질이 이온이나 큰 분자가 원형질막을 통과하여 이동하는 것을 촉진하는 통로나 수송체로서의 기능을 한다. 이러한 내재성 막단백질을 **수송체**(transporter) 또는 **투과효소**(permease)라고 한다. 촉진확산은 물질이 높은 농도에 낮은 농도로 이동하기 때문에, 세포가 에너지를 소비하지 않는다는 점에서 단순확산과 비슷하다. 촉진확산이 단순확산과 다른 점은 수송체를 이용하는 것이다. 일부 수송체는 아주 친수성이어서 지질 이중층(그림 4.17b)의 비극성 내부를 관통하지 못하는 작은 무기이온의 통과를 가능하게 한다. 원핵생물에서 흔한 이들 수송체는 비특이적이며 매우 다양한 이온(또는 작은 분자)의 통과를 가능하게 한다. 진핵생물에서 흔한 다른 종류의 수송체는 단당류(포도당, 과당 및 갈락토스)와 비타민 같이 일반적으로 큰 특정 분자를 특이적으로 수송한다. 이 과정에서 운반되는 물질은 세포막의 바깥쪽 표면에 있는 특정 수송체에 결합한 후 모양의 변화를 거친다. 그 다음 수송체는 막의 안쪽에다 물질을 방출한다(그림 4.17c).

(a) (b)

그림 4.16 단순확산의 원리. (a) 비커의 물에 염료 조각 하나를 넣으면 물에서 염료 분자가 높은 염료 농도의 지역에서 낮은 염료 농도의 지역으로 확산된다. (b) 확산의 과정 중인 과망간산칼륨 염료.

Q 수동과정이 세포에 있어 왜 중요한가?

세균이 필요로 하는 분자가 이상과 같은 방법으로 세포 내로 운

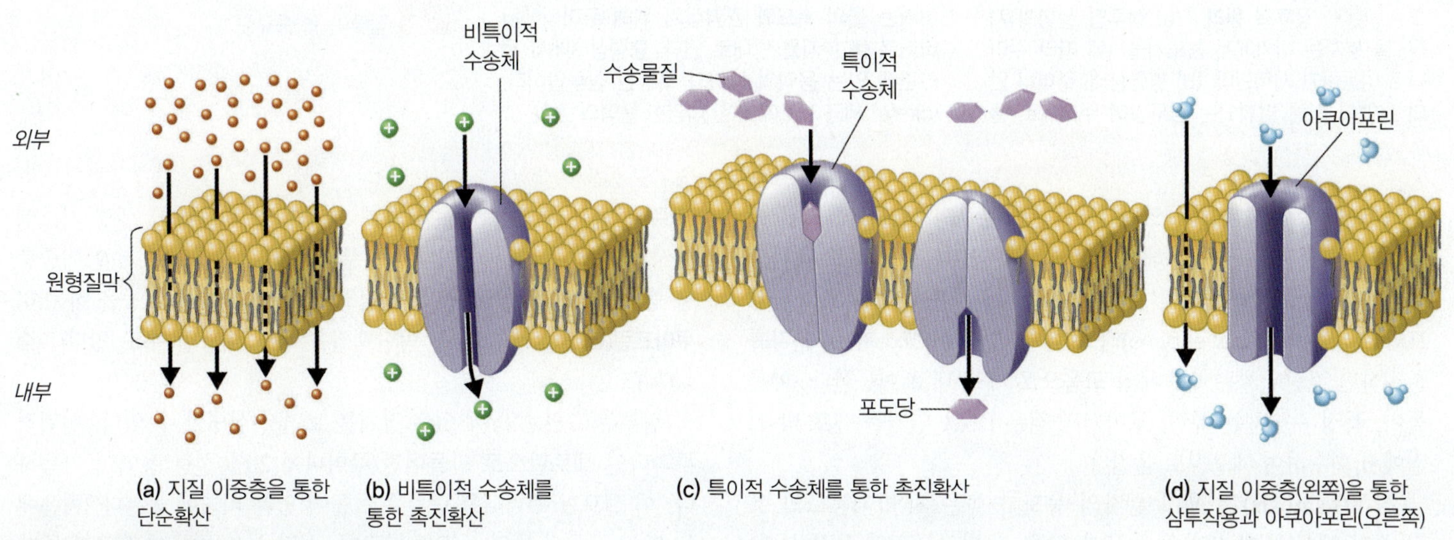

(a) 지질 이중층을 통한 단순확산 (b) 비특이적 수송체를 통한 촉진확산 (c) 특이적 수송체를 통한 촉진확산 (d) 지질 이중층(왼쪽)을 통한 삼투작용과 아쿠아포린(오른쪽)

그림 4.17 수동과정

단순확산이 촉진확산과 어떻게 다른가?

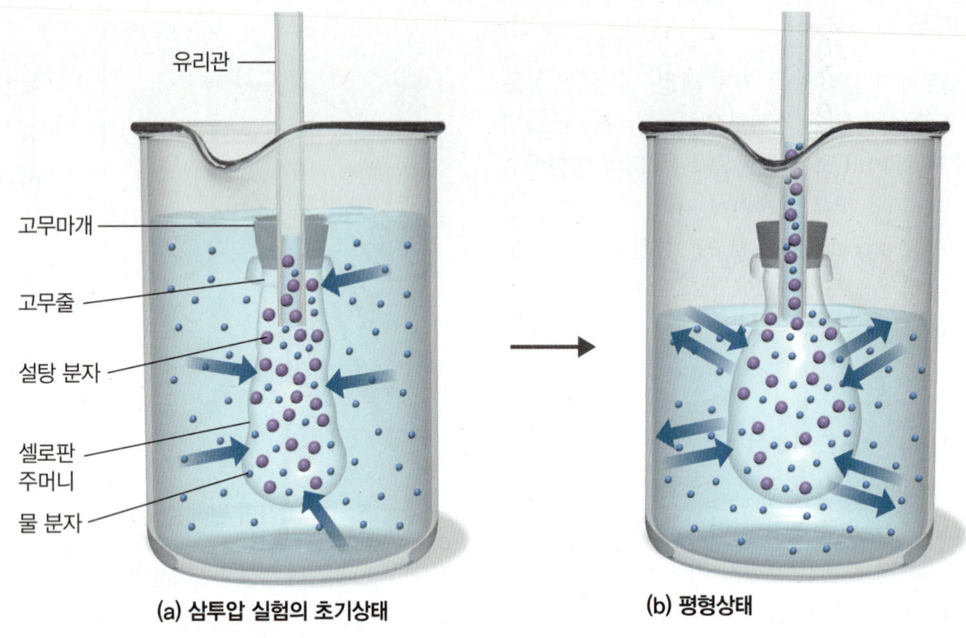

(a) 삼투압 실험의 초기상태

(b) 평형상태

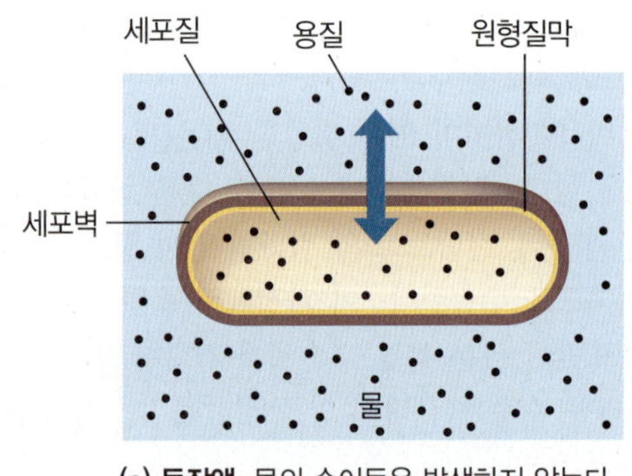

(c) **등장액.** 물의 순이동은 발생하지 않는다.

(d) **저장액.** 물이 세포 안으로 이동한다. 세포벽이 강하면 불룩해진다. 만일 세포벽이 약하거나 손상되면 세포는 터진다(삼투용해).

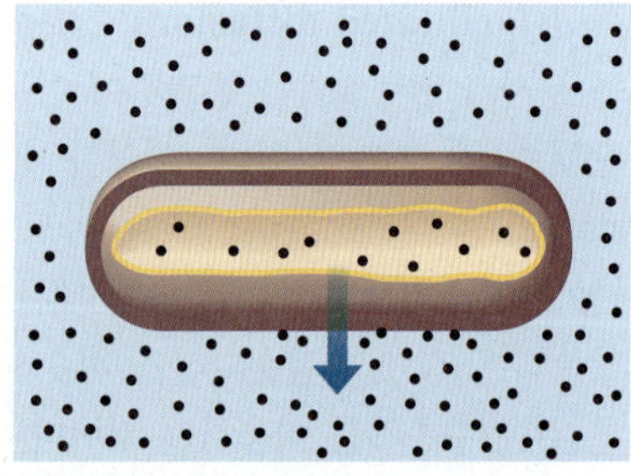

(c) **고장액.** 물이 세포밖으로 이동하여 원형질의 수축을 유발한다(원형질분리).

그림 4.18 삼투의 원리. (a) 삼투압 실험의 시작. 물 분자는 비커에서 농도기울기에 따라 주머니로 이동하기 시작한다. (b) 평형상태. 주머니 안의 용액에 의해 발휘되는 삼투압이 주머니로 들어가는 물의 속도와 균형잡기 위해 주머니에서 비커로 물 분자를 반대로 민다. 평형상태에서 유리관에 있는 용액의 높이가 측정된 삼투압이다. (c)~(e) 세균 세포에 대한 다양한 용액의 효과.

반하기에 너무 큰 경우가 있다. 하지만 대부분의 세균은 효소를 생산하여 큰 분자를 작게 분해한다(단백질을 아미노산으로 또는 다당류를 단당류로 등). 세균이 주변 매체로 방출하는 이러한 효소를 **세포외 효소**(extracellular enzyme)라고 한다. 일단 이 효소가 큰 분자를 분해하면 소단위체는 수송체의 도움으로 세포 내로 이동한다. 예를 들어, 특정 수송체는 퓨린, 구아닌과 같은 DNA 염기를 세포 밖 기질에서 회수하여 세포질로 옮긴다.

삼투(osmosis)는 용매 분자의 농도가 높은 지역(저농도의 용질 분자)에서 용매 분자의 농도가 낮은 지역(고농도의 용질 분자)으로 선택적 투과막을 통한 용매 분자의 순이동이다. 생명 시스템에서 최고의 용매는 물이다. 물 분자는 단순확산으로 지질 이중층을 통해 원형질막을 관통할 수 있고 물 분자의 통로 기능을 하는 아쿠아포린(aquaporin)이라는 막단백질을 통해 이동할 수도 있다(그림 4.17d).

삼투는 그림 4.18a에 있는 장치를 보면서 설명할 수 있다. 선택적 투과막인 셀로판으로 만들어진 주머니에 20% 설탕 용액이 가득하다. 이 셀로판 주머니를 증류수가 들어 있는 비커에 놓는다. 처음에는 막의 양쪽에 물의 농도가 다르다. 설탕 분자 때문에 셀로판 주머니 안의 물 농도가 더 낮다. 따라서 비커(물의 농도가 높은 곳)에서 셀로판 주머니(물의 농도가 낮은 곳)로 물이 이동한다.

그러나 이 셀로판이 설탕 분자에 대해 비투과성이기 때문에 셀로판 주머니에서 비커로 설탕이 이동하는 일은 없다—설탕 분자는 막의 구멍을 통과하기에 너무 크다. 물이 셀로판 주머니로 이동함에 따라 설탕 용액은 점점 희석되고 셀로판 주머니가 물의 부피 증가로 주머니의 한계까지 팽창하게 되면 물은 유리관으로 이동하기 시작한다. 이때 셀로판 주머니와 유리관에 축적된 물은 아래쪽으로 압력을 발휘하는데 이는 물 분자를 셀로판 주머니에서 비커로 되돌려 보내려는 힘이다. 선택적 투과막을 통한 물의 이러한 이동은 삼투압을 만든다. **삼투압(osmotic pressure)**은 순수한 물(용질이 없는 물)이 어떤 용질이 있는 용액으로 이동하는 것을 막는 데 필요한 압력이다. 다른 말로, 삼투압은 선택적 투과막(셀로판)을 통과해 물이 흐르는 것을 정지하는 데 필요한 압력이다. 물 분자가 셀로판 주머니를 드나드는 속도가 같으면 평형에 도달한 것이다(그림 4.18b).

세균은 세 종류의 삼투 용액을 만날 수 있다: 등장(isotonic), 저장(hypotonic), 고장(hypertonic). **등장액(isotonic solution)**은 용질의 전체 농도가 세포 내의 농도와 같은 매체이다(*iso*는 동일함을 의미). 물이 같은 속도로 세포를 드나든다(순변화는 없음); 세포의 내용물은 세포벽 바깥쪽의 용액과 평형상태에 있다(그림 4.18c).

앞서 리소자임 또는 특정 항생제(페니실린 같은)가 세균 세포벽에 손상을 끼쳐 세포가 파열되거나 용해된다는 것을 언급했다. 보통 세균의 세포질은 용질의 농도가 높기 때문에 세포벽이 약화되거나 제거되면 삼투압에 의해 추가로 물이 유입되어 이러한 파열이 일어난다. 손상된(또는 제거된) 세포벽은 세포막의 팽창 및 파열을 억제할 수 없다. 이것이 **저장액(hypotonic solution)**에 담겼을 때 발생하는 삼투용해의 예이다. 세포 외부의 저장액은 그 용질의 농도가 세포의 내부보다 낮은 매체이다(*hypo*는 아래 또는 이하라는 의미). 대부분의 세균은 저장액에서 살고 있고 세포벽이 삼투압에 대해 저항하여 세포가 용해되지 않도록 보호한다. 그람음성세균처럼 약한 세포벽을 갖는 세포는(그림 4.18d) 과도한 수분 섭취의 결과로 삼투 용해가 일어나거나 파열될 수 있다.

고장액(hypertonic solution)은 세포 내부보다 용질의 농도가 높은 매체이다(*hyper*는 위 또는 이상을 의미). 삼투에 의해 물이 세포를 떠나기 때문에(그림 4.18e) 고장액에 있는 대부분 세균의 세포는 수축되어 찌그러지거나 **원형질분리(plasmolyze)**가 일어난다. **등장(isotonic)**과 **저장(hypotonic)**, **고장(hypertonic)**이라는 용어는 세포 내부의 농도에 대한 상대적인 세포 외부 용액의 농도를 설명한다는 점에 유의하자.

능동과정

단순확산과 촉진확산은 세포 밖에서 농도가 더 높은 물질을 수송하는 데 유용한 방식이다. 그러나 영양분의 농도가 낮은 환경에서 있는 세균은 능동수송, 그룹이동과 같은 능동과정을 이용해서 필요한 물질을 축적해야만 한다.

능동수송(active transport)에서 세포는 물질을 원형질막을 통해 이동시키는데 ATP 형태의 에너지를 사용한다. 능동 수송되는 물질 가운데 이온(예를 들면 Na^+과 K^+, H^+, Ca^{2+}, Cl^-)과 아미노산, 단순 당이 있다. 이런 물질들은 수동과정으로 세포 안으로 운반될 수도 있지만 능동과정으로 농도기울기에 역행하여 운반할 수 있어서 세포가 필요한 물질을 축적할 수 있게 한다. 보통 능동수송에 의한 물질 이동은 주로 밖에서 안으로 일어나는데, 세포 안의 농도가 더 높은 경우에도 그렇다. 촉진확산처럼 능동수송은 원형질막에 있는 수송단백질에 의존한다(그림 4.17b, c 참조). 수송되는 각 물질 또는 일군의 유사한 물질에 대해 각각 다른 수송체가 있는 것으로 보인다. 능동수송은 물질의 공급이 부족한 경우에도 미생물이 해당 물질을 원형질막을 통과하여 일정한 속도로 수송하는 것을 가능하게 해준다.

능동수송에서 막을 통과하는 물질은 막을 거치는 운반과정에서 변화되지 않는다. 오직 원핵생물에만 있는 특별한 형태의 능동수송인 **그룹이동(group translocation)**에서는 물질이 막을 거쳐 수송되는 동안 화학적인 변화가 생긴다. 일단 물질이 변화되어 세포 안으로 들어오면 원형질막은 이것에 대해 불투과성이라서 세포 안에 남아 있게 된다. 이런 중요한 원리 덕분에 세포 밖의 농도가 낮음에도 다양한 물질이 세포 안에 축적될 수 있다. 그룹이동에는 포스포에놀피루브산(phosphoenolpyruvic acid, PEP)과 같은 고에너지 인산화합물이 공급하는 에너지가 필요하다.

그룹이동의 한 예는 세균의 성장배지에 흔히 사용되는 포도당의 수송이다. 특정 수송단백질이 포도당 분자를 막을 거쳐 수송하는 동안 인산기가 포도당에 부착된다. 인산화된 포도당은 수송되어 나갈 수 없고 세포의 대사과정에 이용된다.

일부 진핵세포는(세포벽이 없는) 식세포작용(phagocytosis)과 음세포작용(pinocytosis)이라는 두 가지 부가적인 능동수송 과정을 이용할 수 있다. 이러한 과정은 세균에서는 일어나지 않으며 100쪽에 설명되어 있다.

이해도 확인하기

- 어떤 물질이 세균의 원형질막에 손상을 일으킬 수 있나? **4-8**
- 단순확산과 촉진확산은 어떻게 유사한가? 또 어떻게 다른가? **4-9**

원형질

원핵세포에서 **원형질(cytoplasm)**이라는 용어는 원형질막 안에 있는 세포 물질을 말한다(그림 4.6 참조). 원형질은 약 80%가 물이고 나머지는 주로 단백질(효소)과 탄수화물, 지질, 무기이온, 그리고 많은 저분자량 화합물로 되어 있다. 무기이온은 대부분의 배지에 비해 세포질에 훨씬 더 높은 농도로 존재한다. 원형질은 걸쭉하고 찰진 반투명 액체이다. 원핵생물 원형질의 주요 구조는 핵양체(DNA를 포함)와 리보솜이라고 부르는 입자, 봉입체(inclusion)라고 불리는 비축 저장소 등이다. 막대나 나선형과 같은 세균의 세포 모양은 원형질에 있는 단백질 필라멘트 때문이라고 추측된다.

원핵세포의 세포질에는 세포골격과 세포질유동과 같은 진핵세포 세포질의 일부 특성이 없다. 여기에 대해서는 나중에 설명하기로 한다.

핵양체

보통 **세균의 염색체(bacterial chromosome)**는 하나의 길고 연속적이며 보통 원형으로 배열된 이중가닥의 DNA **핵양체(nucleoid)**를 이루는데(그림 4.6 참조), 여기에 세포의 구조와 기능에 필요한 모든 유전정보가 들어 있다. 진핵세포의 염색체와는 달리 세균의 염색체는 핵막으로 둘러싸여 있지 않고 히스톤도 없다. 핵양체는 둥글거나, 길쭉하거나 또는 아령 모양일 수도 있다. 한창 자라고 있는 세균에서는 DNA가 세포 부피의 20%씩이나 차지한다. 이는 세균이 다음 세포에게 전달할 핵 물질을 미리 합성하기 때문이다. 염색체는 원형질막에 부착되어 있다. 원형질막에 있는 단백질이 DNA 복제와 세포분열 동안 딸 세포로 새로운 염색체가 분리되는 데에 역할을 한다고 믿고 있다.

염색체 외에도 세균은 종종 **플라스미드(plasmid)**라는 보통은 작고 원형인 이중 가닥 DNA 분자를 가진다(234쪽 그림 8.26a의 F 인자를 참조). 이 분자는 염색체 밖에 있는 유전요소이다. 즉, 이들은 세균의 염색체와 연결되어 있지 않고 염색체 DNA와는 독립적으로 복제된다. 연구에 의하면 플라스미드는 원형질막 단백질에 연결되어 있다. 플라스미드에는 보통 5~100개 정도의 유전자가 있는데, 이들은 정상적인 환경 조건에서 살아가는 데에는 없어도 된다. 따라서 세균은 별문제 없이 플라스미드를 얻거나 잃어버릴 수 있다. 그러나 특정 조건에서는 플라스미드가 세균에게 도움을 준다. 플라스미드는 항생제 내성, 유해 금속에 대한 저항성, 독소의 생산, 효소의 합성 등과 같은 활성을 갖는 유전자를 가질 수 있다. 플라스미드는 한 세균에서 다른 세균으로 전달될 수 있다. 사실 플라스미드 DNA는 생명공학에서 유전자의 조작에 사용된다.

리보솜

모든 진핵세포와 원핵세포에 있는 **리보솜(ribosome)**은 단백질 합성이 일어나는 장소이다. 왕성하게 성장하는 세포처럼 단백질 합성

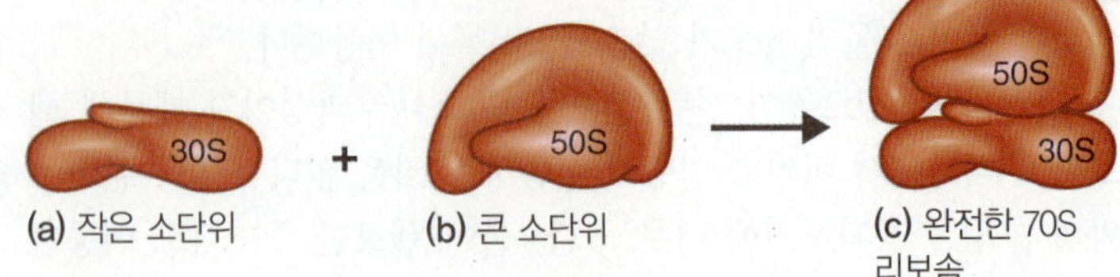

그림 4.19 원핵세포의 리보솜. (a) 작은 30S 소단위와 (b) 큰 50S 소단위가 (c) 완전한 70S 원핵세포 리보솜을 만든다.

 항생제 치료요법의 관점에서 원핵세포와 진핵세포 리보솜 간의 차이의 중요성은 무엇인가?

률이 높은 세포에는 많은 수의 리보솜이 있다. 원핵세포의 원형질에는 수만 개의 이런 아주 작은 구조가 있어서 세포질이 과립형 모양을 띠게 한다(그림 4.6 참조).

리보솜은 두 개의 소단위로 구성되어 있는데 각각은 단백질과 리보솜 RNA(ribosomal RNA, rRNA)라고 부르는 RNA로 구성되어 있다. 원핵세포의 리보솜은 들어 있는 단백질과 rRNA 분자의 수에 있어 진핵세포 리보솜과 다르다. 이들은 또한 진핵세포의 리보솜에 비해 다소 작고 덜 조밀하다. 따라서 원핵세포의 리보솜을 70S 리보솜(그림 4.19)이라 부르고 진핵세포의 리보솜은 80S 리보솜으로 알려져 있다. S자는 스베드베리(Svedberg) 단위를 말한다. 이는 초고속 원심분리에서 상대적인 침강 속도를 가리킨다. 침강 속도는 입자의 크기, 무게, 형태의 함수이다. 70S 리보솜은 하나의 rRNA 분자가 들어 있는 작은 30S 소단위와 두 개의 rRNA 분자가 들어 있는 큰 50S 소단위로 이루어져 있다.

여러 항생제가 원핵세포의 리보솜에서 단백질 합성을 억제하는 효과가 있다. 스트렙토마이신(streptomycin)과 젠타마이신(gentamicin)과 같은 항생제는 30S 소단위에 붙어 단백질 합성을 방해한다. 에리트로마이신(erythromycin)과 클로람페니콜(chloramphenicol) 등은 50S 소단위에 붙어 단백질 합성을 방해한다. 원핵세포와 진핵세포의 리보솜 차이 때문에 세균세포는 항생제에 의해 죽는 반면, 숙주인 진핵세포는 영향을 받지 않는다.

봉입

원핵세포의 원형질에는 **봉입(inclusion)**이라고 부르는 여러 종류의 저장물질이 있다. 세포는 특정 영양물을 풍부할 때 저장했다가 환경에서 고갈되었을 때 사용할 수 있다. 실험 증거에 의하면 봉입으로 농축된 고분자는 세포질에서 이들 분자가 퍼져 있으면 야기될 삼투압의 증가를 피할 수 있다. 일부 봉입은 다양한 종류의 세균에 있는 반면 다른 봉입은 소수의 종에만 제한적이어서 식별 기준으로 이용된다.

변색성 과립(이염과립)

이염과립(metachromatic granule)은 큰 봉입으로 이들이 가끔 메

임상 사례

항생제는 세균을 죽이지만, 세균이 죽으면서 제시의 증상을 악화시킨 내독소가 방출되었다. 제시의 담당의사는 이미페넴(imipenem) 내성 그람음성 감염에 1차적으로 사용되는 항생제인 폴리믹신(polymyxin)을 처방했는데, 제시에게 효과를 보였다.

아이린은 제시 옆에 앉아 다른 환자가 친척이 주는 얼음조각을 먹는 것을 목격했다. 직감적으로 아이린은 사무실로 급히 돌아가 제빙기의 청소 상태를 알아보았다. 제빙기는 청소되지 않았다. 그녀는 즉시 제빙기에서 면봉으로 시료를 채취하여 이를 배양하도록 지시했다. 그녀의 육감은 정확한 것으로 드러났다: 시료는 *K. pneumoniae*에 양성이었다. 병원의 수도관에서 자란 세균이 수돗물과 함께 제빙기로 들어왔다.

*K. pneumoniae*가 어떻게 수도관에서 자랄 수 있을까?

76 86 88 95 97

털렌 블루와 같은 특정 파란색 염료에 붉게 염색되는 사실에서 이름이 붙여졌으며, 통틀어서 **볼루틴(volutin)**이라고 알려져 있다. 볼루틴은 ATP 합성에 사용될 수 있는 무기인산[중합인산(polyphosphate)]을 저장한다. 일반적으로 인산이 풍부한 환경에서 자라는 세포에서 만들어진다. 이염과립은 세균뿐 아니라 조류와 균류, 원생동물에서도 발견된다. 이염과립은 디프테리아(diphtheria) 원인균인 *Corynebacterium diphtheriae*(코리네박테리움 디프테리아)의 특징이어서 이들의 진단에 중요하다.

다당류 과립

다당류 과립(polysaccharide granule)으로 알려진 봉입은 전형적으로 글리코겐과 전분으로 구성되어 있고 이들은 존재는 세포에 요오드를 처리하여 확인할 수 있다. 요오드가 있으면 글리코겐 과립은 붉은 갈색으로 나타나고 전분 과립은 푸르게 보인다.

지질 봉입

지질 봉입(lipid inclusion)은 *Mycobacterium*, *Bacillus*, *Azotobacter*(아조토박터), *Spirillum*(스피릴룸, 나선균) 등과 기타 속의 다양한 종에서 나타난다. 흔히 볼 수 있는 세균 고유의 지질 저장물질은 폴리베타히드록시부티르산(poly-β-hydroxybutyric acid) 중합체이다. 지질 봉입은 수단 염료와 같은 지용성 염료로 세포를 염색해서 알아낸다.

황과립

일부 세균은—예로 *Thiobacillus*속에 속하는 "황세균(sulfur bacteria)"—황과 황을 함유한 복합체를 산화하여 에너지를 얻어낸다. 이 세균은 **황과립(sulfur granule)**을 에너지 저장물질로 사용하기 위해 세포에 저장한다.

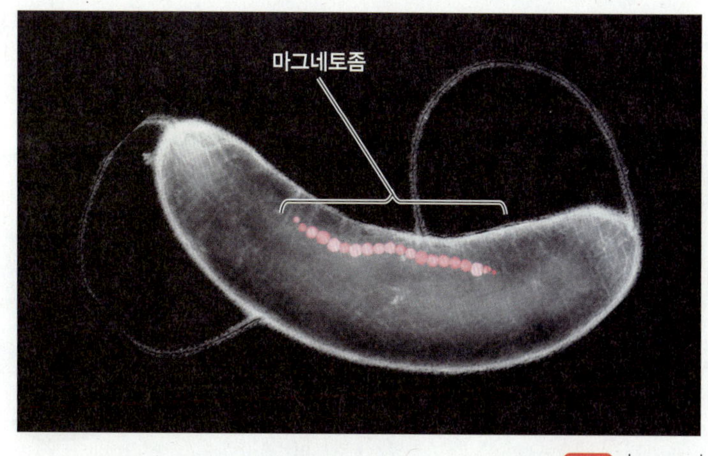

그림 4.20 **마그네토좀.** *Magnetospirillum magnetotacticum* 의 현미경 사진은 마그네토좀의 사슬을 보여준다. 이 세균은 보통 얕은 민물 진흙에서 발견된다.

어떻게 마그네토좀이 자석처럼 행동하는가?

카르복시솜

카르복시솜(carboxysome)은 리불로스 2인산 카르복실라제(ribulose 1,5-diphosphate carboxylase) 효소가 있는 봉입이다. 광합성 세균은 이산화탄소를 유일한 탄소원으로 사용하고 이산화탄소 고정을 위해 이 효소가 필요하다. 카르복시솜을 갖는 세균에는 질소화세균(nitrifying bacteria)과 남세균(cyanobacteria), 유황세균(thiobacilli) 등이 있다.

기체소포

남세균과 산소비발생 광합성세균(anoxygenic photosynthetic bacteria), 호염성세균(halobacteria)을 비롯한 많은 수생 세균에서 **기체소포(gas vacuole)**라고 하는 빈 공간이 발견된다. 각 소포는 단백질로 덮인 빈 원통인 개별 기낭(gas vesicles)들의 열로 이루어져 있다. 기체소포는 부력을 유지하여 해당 세포가 물에서 충분한 양의 산소와 빛, 영양물을 얻을 수 있는 적절한 깊이에 머물게 한다.

마그네토좀

마그네토좀(magnetosome)은 원형질막의 함입으로 둘러싸인 산화철(Fe_3O_4)의 봉입이다. 마그네토좀은 *Magnetospirillum magnetotacticum*을 비롯한 여러 종류의 그람음성세균에서 만들어지고 자석 같은 역할을 한다(그림 4.20). 세균은 마그네토좀을 이용하여 이들이 부착할 적당한 위치에 도달할 때까지 아래로 이동한다. 세포 밖에서 마그네토좀은 과산화수소를 분해할 수 있는데, 이 화합물은 산소가 있을 때 세포 안에서 형성되는 것이다. 과학자들은 마그네토좀이 과산화수소의 축적을 막아 세포를 보호할 것이라 추측한다.

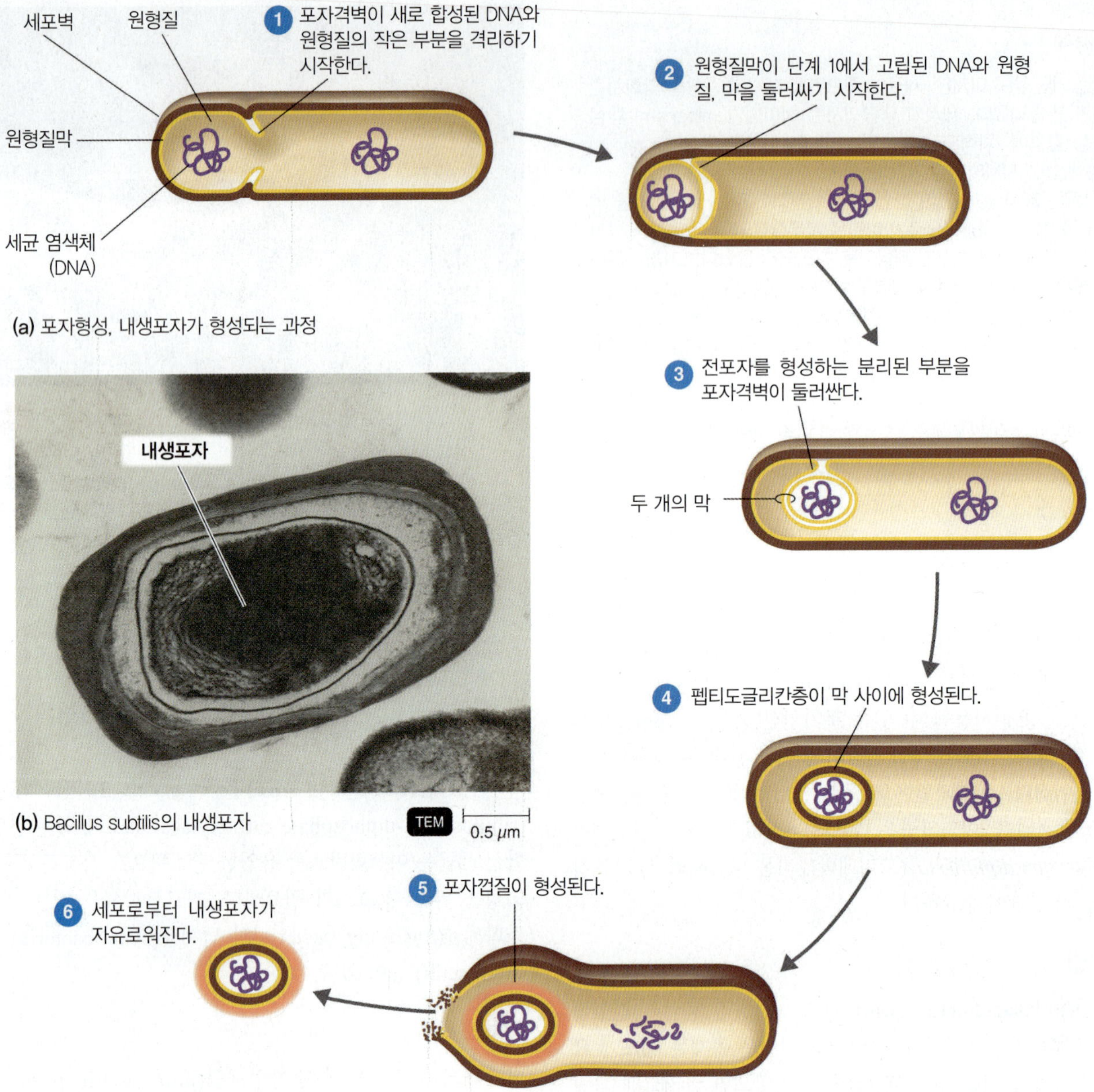

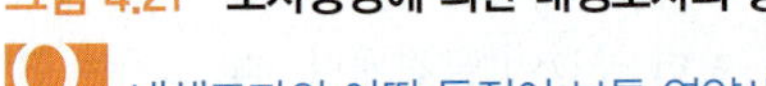

그림 4.21 포자형성에 의한 내생포자의 형성

Q 내생포자의 어떤 특징이 보통 영양세포를 죽이는 과정에 대해 저항성을 갖게 하는가?

내생포자

필수 영양소가 고갈되면 *Clostridium*과 *Bacillus*속의 세균 같은 특정 그람양성세균은 **내생포자(endospore)**라고 부르는 특화된 휴지세포를 생성한다(그림 4.21). 나중에 보게 될텐데, *Clostridium* 속의 일부는 괴저(gangrene)와 파상풍(tetanus), 보툴리누스 중독(botulism), 식중독 등과 같은 질병을 유발한다. *Bacillus*속에 속하는 일부 세균은 탄저병(anthrax)과 식중독을 일으킨다. 세균에서만 발견되는 내생포자는 두꺼운 벽과 추가된 층이 있는 탈수된 세포로 매우 견고하다.

환경에 방출되어 극도로 뜨겁고, 물이 부족하고, 많은 독성 화학물질과 방사선에 노출되어도 이들은 살아남을 수 있다. 예를 들어 미네소타 주의 엘크(Elk) 호수의 언 진흙에 있던 7,500년된 *Thermoactinomyces vulgaris*(서머액티노마이세스 불가리스)의 내생포자는 다시 따뜻하게 하여 영양배지에 놓으니 발아하였고 도미니카 공화국에서 호박(경화된 나무 수지)에 들어 있던 침 없는 벌의 장에서 발견된 2,500만 년에서 4,000만년된 내생포자가 영양배지 위에서 발아하였다는 보고가 있었다. 비록 진정한 내생포자는 그람양성세균에서 발견되지만 Q열(Q fever)을 일으키는 그람음성세균인 *Coxiella burnetii*(콕시엘라 부르네티)는 열과 화학 물질에 저항성을 갖고 내생포자 염색법에 의해 염색되는 내생포자 같은 구조를 형성한다(696쪽 그림 24.14 참조).

살아 있는 세포 안에서 내생포자의 형성 과정은 몇 시간 걸리며 **포자형성(sporulation)** 또는 **포자생식(sporogenesis)**이라고 알려져 있다(그림 4.21a). 탄소원이나 질소원 같은 주요 영양소가 부족하거나 없으면 내생포자 형성 세균은 성장하는 세포에서 포자 형성을 시작한다. 포자 형성에서 처음 관찰되는 단계는 새로 복제된 세균의 염색체와 세포질의 일부분이 **포자격벽**(spore septum)이라고 하는 원형질막의 함입에 의해 고립되는 것이다. 이 포자격벽은 염색체와 세포질을 둘러싸는 두 층의 막이 된다. 원래의 세포 안에서 전체적으로 둘러싸인 이 구조를 **전포자**(forespore)라고 부른다. 두 층의 막 사이에 두꺼운 펩티도글리칸층이 자리를 잡은 다음, 단백질로 된 두꺼운 **포자외피**(spore coat)가 막의 바깥쪽을 둘러 형성된다. 이 외피가 많은 유독한 화학물질에 대해 내생포자가 저항성을 갖게 한다. 원래의 세포는 분해되고, 내생포자가 방출된다.

내생포자의 직경은 성장하는 세포의 직경보다 작을 수도, 같을 수도, 클 수도 있다. 종에 따라 내생포자는 영양세포의 **한쪽 끝**(terminally)이나 **한쪽 끝 근처**(subterminally, 그림 4.21b) 또는, **가운데**(centrally)에 위치할 수 있다. 내생포자가 성숙되면 성장하는 세포벽은 파열(용해)되어 세포는 죽고 내생포자는 세포 밖으로 나오게 된다.

전포자의 세포질에 존재하는 대부분의 물은 포자 형성이 완성되는 시점에 제거되고 내생포자는 대사반응을 수행하지 않는다. 내생포자에는 **피콜린산**(dipicolinic acid, DPA)이라고 불리는 다량의 유기산과 함께 많은 양의 칼슘이온이 들어 있다. DPA는 내생포자 DNA가 손상되지 않도록 보호해준다는 증거도 있다. 매우 탈수된 내생포자의 중심에는 DNA와 소량의 RNA, 리보솜, 효소 그리고 약간의 중요한 저분자 물질만이 있게 된다. 이들 세포 구성 성분은 나중에 대사를 재개하는 데에 필수적이다.

내생포자는 수천 년 동안 휴면상태로 남아 있을 수 있다. 내생포자가 영양세포 상태로 돌아오는 과정을 **발아(germination)**라고 한다. 발아는 내생포자 외피의 물리적 혹은 화학적 손상으로 시작된다. 내생포자의 효소는 내생포자를 둘러싼 여분의 외층을 분해하여 물이 들어오고 대사가 재개된다. 하나의 영양세포는 하나의 내생포자를 형성하고 이것이 발아한 다음에 한 개의 세포가 남기 때문에 세균에서 발아는 복제의 수단이 아니다. 이 과정은 세포의 수를 증가시키지 않는다. 세균의 내생포자는(원핵생물인) 방선균(actinomycetes)과 진핵생물인 진균류와 조류에 의해 형성되는 포자와는 다르다. 이들의 경우에는 모세포에서 떨어져 나와 다른 개체로 발생하기 때문에 번식에 해당한다.

내생포자는 일반적으로 영양세포를 죽이는 과정에 저항성이 있기 때문에 이들은 임상의 관점과 식품 산업에서 중요하다. 이런 과정에는 가열, 냉동, 건조, 화학물질의 사용, 방사선 등이 포함된다. 대부분의 영양세포는 70°C 이상의 온도에서 죽는 반면, 내생포자는 끓는 물에서 몇 시간 이상 동안 살아남을 수 있다. 호열성(열을 좋아하는) 세균의 내생포자는 끓는 물에서 19시간 동안 살아남을 수도 있다. 내생포자를 만드는 세균은 공정 과정에서 살아남을 가능성이 있고 만일 자랄 수 있는 환경이 조성되면 일부 종은 독소를 만들고 질병을 일으키기 때문에 식품 산업에서 문제가 된다. 내생포자를 생산하는 생물을 제어하기 위한 특별한 방법은 7장에서 논의할 것이다.

임상 사례 해결

물에 있는 세균이 수도관의 안쪽에 부착할 수 있게 하는 것은 당질피질이다. 세균은 영양분이 적은 수돗물에서 천천히 자라지만 물의 흐름에 씻겨나가지는 않는다. 세균의 점액질층이 수도관 안에 축적될 수 있다. 아이린은 병원에서 공급되는 물에 들어가는 소독제가 부적합하다는 것을 알아냈다. 일부 세균은 흐르는 물에 의해 떨어져 나올 수 있고, 보통은 무해한 세균조차도 수술 부위나 약해진 환자를 감염할 수 있다.

76 86 88 95 **97**

이해도 확인하기

- 원핵 세포에서 DNA는 어디에 있나? **4-10**
- 봉입의 일반적인 기능은 무엇인가? **4-11**
- 어떤 조건에서 내생포자가 형성되는가? **4-12**

* * *

원핵세포의 기능적 구조를 검토해 보았으니 지금부터는 진핵세포의 기능적 구조를 살펴보자.

진핵세포

앞서 언급했듯이 진핵생물에는 조류, 원생동물, 진균류, 식물, 동물 등이 포함된다. 진핵세포는 일반적으로 원핵세포보다 더 크고 구조적으로 더 복잡하다(그림 4.22). 그림 4.6에 있는 원핵세포의 구조를 진핵세포의 구조와 비교하면 두 종류의 세포 사이의 차이점은 뚜렷해진다. 원핵세포와 진핵세포의 주요 차이점은 100쪽 표 4.2에 요약되어 있다.

진핵세포에 대한 설명은 세포 바깥쪽으로 확장되어 있는 구조로 시작해서 원핵세포에 대한 앞선 설명과 같은 순서로 진행된다.

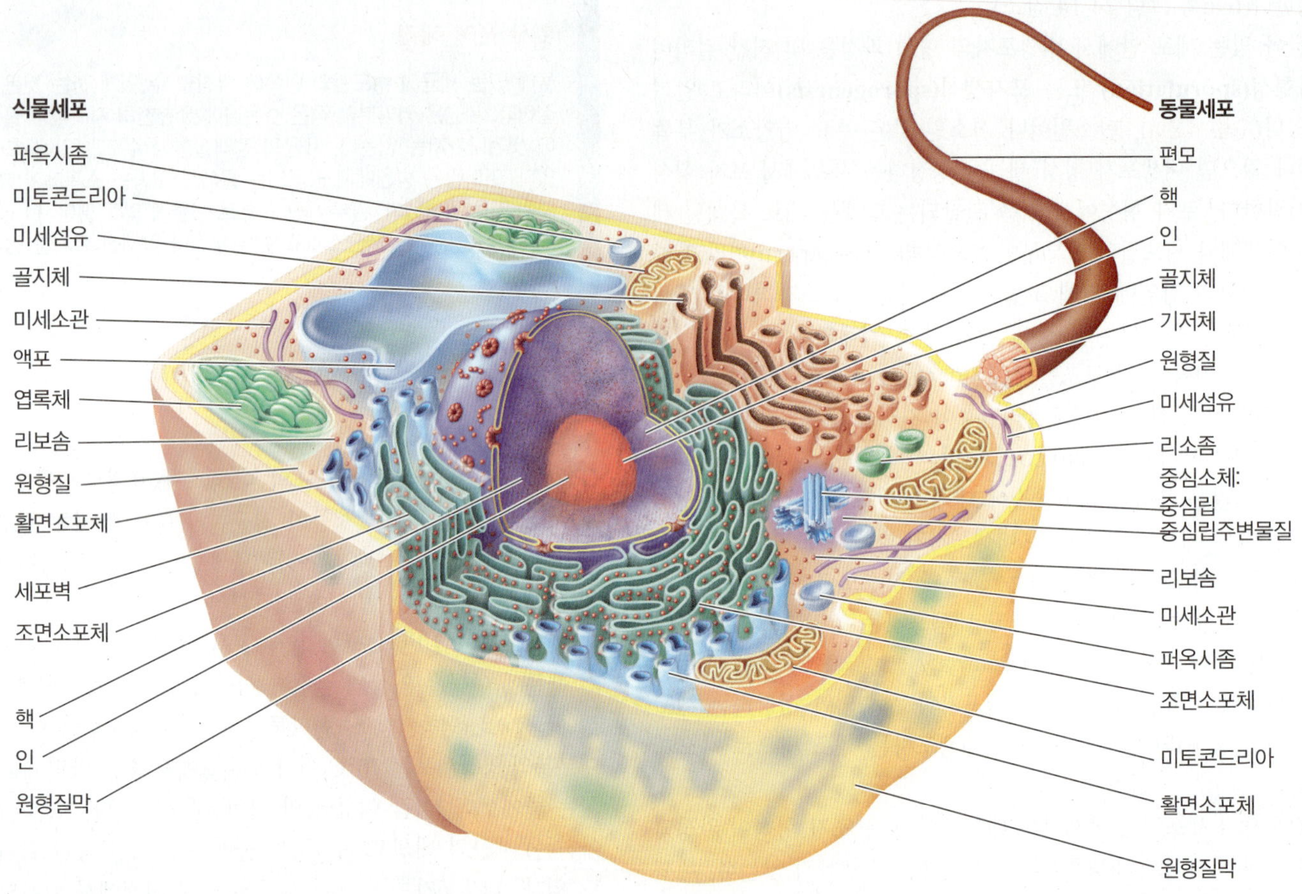

(a) 동물세포와 식물세포를 절반씩 조합한 모식도

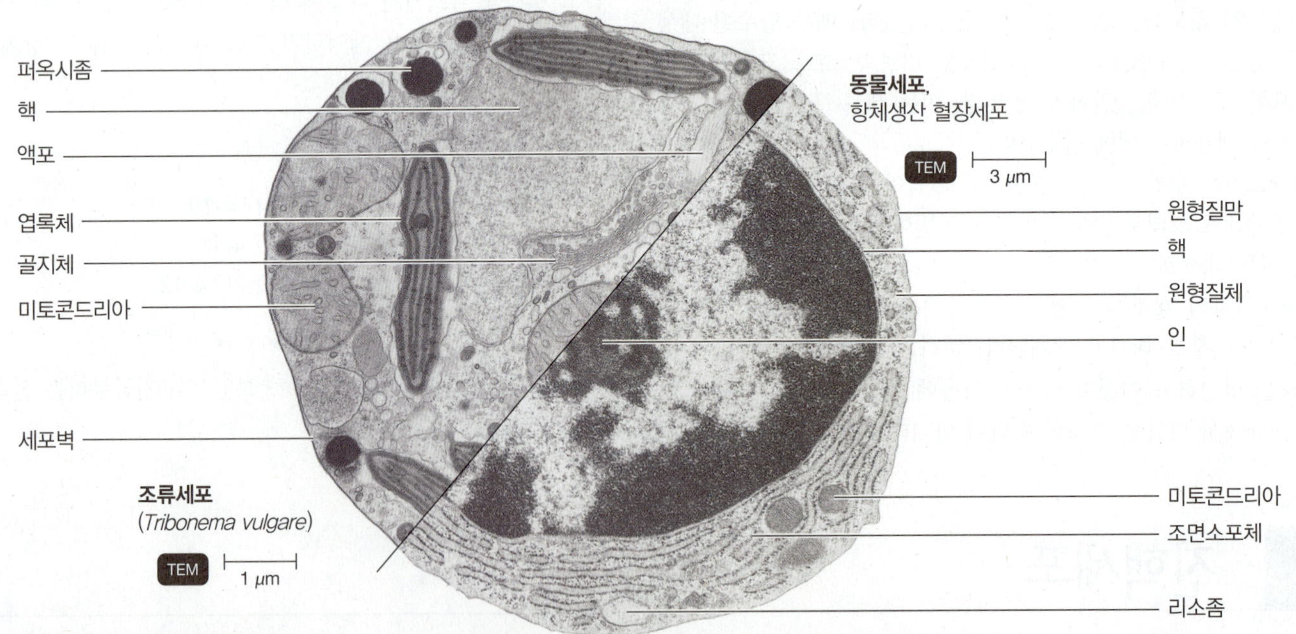

(b) 식물과 동물세포의 투과전자현미경 사진

그림 4.22 진핵세포의 전형적인 구조

Q 어떤 계가 진핵세포를 포함하는가?

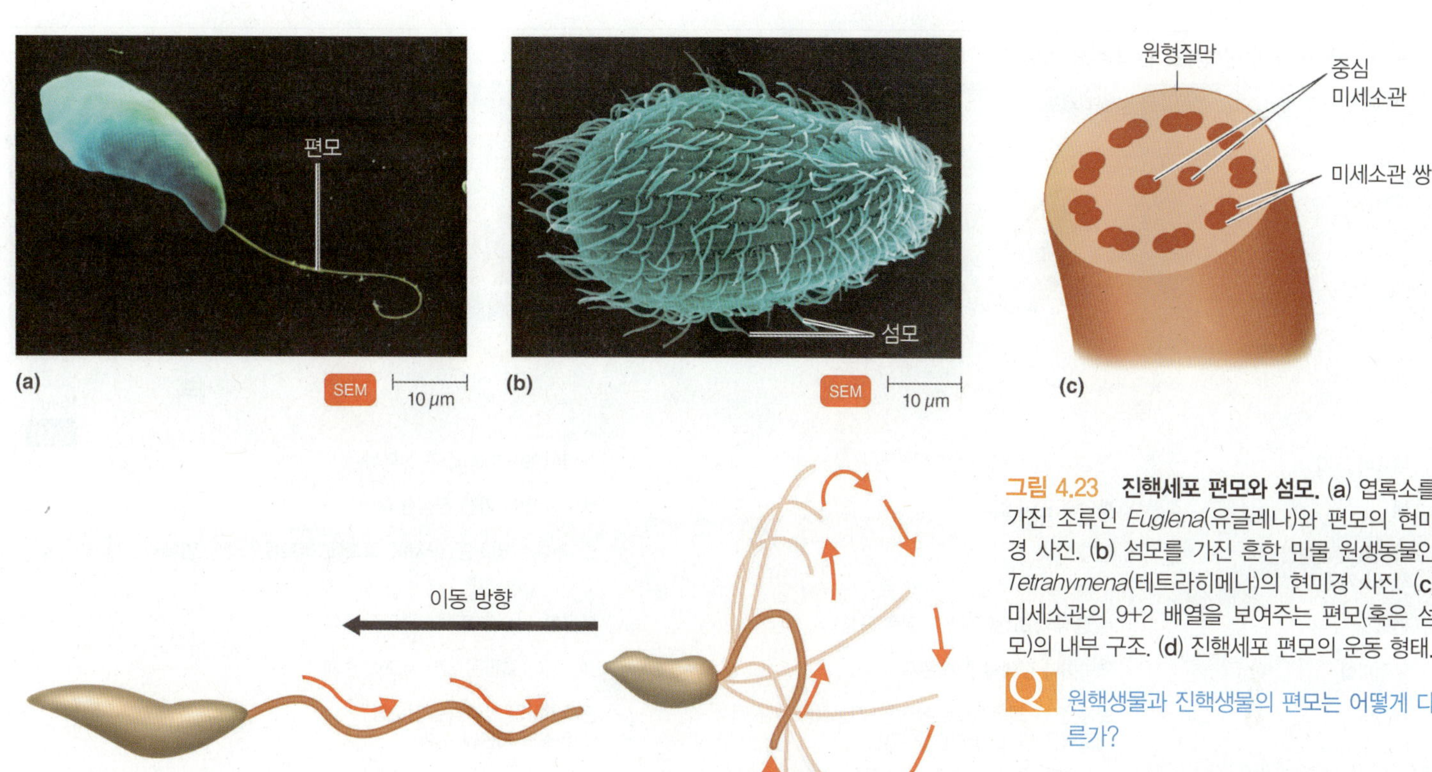

그림 4.23 진핵세포 편모와 섬모. (a) 엽록소를 가진 조류인 *Euglena*(유글레나)와 편모의 현미경 사진. (b) 섬모를 가진 흔한 민물 원생동물인 *Tetrahymena*(테트라히메나)의 현미경 사진. (c) 미세소관의 9+2 배열을 보여주는 편모(혹은 섬모)의 내부 구조. (d) 진핵세포 편모의 운동 형태.

Q 원핵생물과 진핵생물의 편모는 어떻게 다른가?

편모와 섬모

학습 목표

4-13 원핵세포와 진핵세포의 편모를 구별한다.

많은 종류의 진핵세포가 세포의 운동 또는 세포 표면을 따라 물질을 이동시키는 데 사용하는 돌출부를 가지고 있다. 이들 돌출부는 세포질을 가지고 있고 원형질막으로 둘러싸여 있다. 만일 이 돌출부가 몇 개 없고 세포의 크기에 비해서 길면 이것을 **편모(flagella)**라고 한다. 만일 이 돌출부가 많고 짧으면 이를 **섬모(cilia**, 단수는 **cilium)**라고 한다.

Euglena(유글레나)속의 조류는 편모를 사용하여 움직인다. 반면 *Tetrahymena*(테트라히메나) 같은 원생동물은 섬모를 사용한다(그림 4.23a과 그림 4.23b). 편모와 섬모 모두 기저체에 의해 원형질막에 부착되어 있고 모두 고리 모양으로 배열된 아홉 쌍의 미세소관(doublets)과 두 미세소관이 그 고리의 중심에 있는데, 이를 9 + 2 배열(9 + 2 array)이라고 한다(그림 4.23c). **미세소관(microtubule)**은 길고 속이 빈 관으로 **튜불린**(tubulin)이라는 단백질로 되어 있다. 원핵세포의 편모는 회전하지만 진핵세포의 편모는 물결처럼 움직인다(그림 4.23d). 사람의 호흡기에 있는 섬모 세포는 폐로 외부 물질이 들어오지 못하도록 기관지와 기관에 있는 세포 표면을 따라 물질을 목구멍과 입 쪽으로 이동시킨다(454쪽 그림 16.4).

세포벽과 당질피질

학습 목표

4-14 원핵세포와 진핵세포의 세포벽과 당질피질의 유사점과 차이점을 알아본다.

일반적으로 원핵세포의 세포벽에 비하면 많이 단순하지만 대부분의 진핵세포도 세포벽을 가지고 있다. 많은 조류는 다당류 **섬유소**(cellulose, 모든 식물처럼)로 구성된 세포벽을 가지고 있다. 다른 화학물질도 존재할 수 있다. 일부 균류의 세포벽은 섬유소를 가지고 있지만 대부분의 균류에서 세포벽의 주요 구조적 구성요소는 N-아세틸글루코사민(NAG) 단위의 중합체 다당류인 **키틴**(chitin)이다. (키틴은 갑각류와 곤충의 외골격의 주된 구조적 구성성분이다.) 효모의 세포벽에는 다당류인 **글루칸**(glucan)과 **만난**(mannan)이 들어 있다. 세포벽이 없는 진핵생물은 원형질막이 가장 바깥쪽 덮개이다. 그러나 환경과 직접 접촉하는 세포는 원형질막 바깥쪽으로 외피를 가지기도 한다. 원생동물은 전형적인 세포벽이 없는 대신에 박막(pellicle)이라고 부르는 유연한 외부 단백질로 덮여 있다.

동물세포를 비롯한 다른 진핵세포의 원형질막은 끈적한 탄수화물이 상당량 들어 있는 물질의 층인 **당질피질(glycocalyx)**로 덮여 있다. 이 탄수화물의 일부는 원형질막에 있는 단백질 및 지질과 공유결합으로 연결되어 당질피질을 세포에 고정시키는 당단백질 및 당지질을 형성한다. 당질피질은 세포 표면을 강화시키고 세포가 서로 붙도록 도와주며 세포-세포 인식에도 기여할 수 있다.

표 4.2 원핵세포와 진핵세포 간의 주요 차이점

특징	원핵세포	진핵세포
세포의 크기	직경이 0.2~2.0 μm가 전형적임	직경이 10~100 μm가 전형적임
핵	핵막과 인이 없다	핵막과 인을 가진 진정한 핵
막으로 둘러싸인 세포소기관	없다	있다; 예로 리소좀, 골지체, 소포체, 미토콘드리아, 엽록체
편모	두 종류의 조립단위 단백질로 구성	복잡함; 다수의 미세소관으로 구성
당질피질	협막이나 점액질 층에 존재	세포벽이 결핍된 일부 세포에 존재
세포벽	보통 존재; 화학적으로 복잡함 (전형적인 세균 세포벽은 펩티도글리칸을 포함)	존재한다면 화학적은 단순함 (섬유소와 키틴을 포함)
원형질막	탄수화물이 없고 일반적으로 스테롤이 결핍	스테롤과 탄수화물이 수용체로 사용
원형질	세포골격과 세포질유동이 없음	세포골격; 세포질유동
리보솜	작은 크기(70S)	큰 크기(80S); 세포소기관에는 작은 크기(70S)
염색체(DNA)	일반적으로 원형의 단일 염색체; 전형적으로 히스톤 결핍	히스톤을 가진 다수의 선형 염색체
세포분열	이분법	체세포분열을 포함
유성 재조합	없다; DNA 전송만	감수분열을 포함

진핵세포에는 원핵세포 세포벽의 뼈대인 펩티도글리칸이 없다. 이것은 의학적으로 상당히 중요하다. 왜냐하면 페니실린과 세팔로스포린(cephalosporin) 같은 항생제가 펩티도글리칸에 작용하여 사람의 진핵세포에는 영향을 주지 않기 때문이다.

원형질막(세포막)

학습 목표

4-15 원핵세포와 진핵세포의 원형질막의 유사점과 차이점을 알아본다.

진핵세포와 원핵세포의 **원형질막(plasma membrane, cytoplasmic membrane)**은 그 기능과 기본 구조에서 매우 유사하다. 그러나 이들은 막에서 발견되는 단백질의 종류에는 차이가 있다. 진핵세포의 막은 세균이 부착하는 자리와 세포-세포 인식과 같은 기능에서 역할을 할 것으로 추정되는 수용체로 작용하는 탄수화물을 가지고 있다. 진핵세포의 원형질막은 원핵세포(*Mycoplasma* 세포는 예외)의 원형질막에서는 발견되지 않는 스테롤(sterol)을 가지고 있다. 스테롤은 증가하는 삼투압의 결과로 인한 용해에 견뎌내는 막의 능력과 연관되어 있는 것으로 보인다.

물질은 단순확산, 촉진확산, 또는 능동수송에 의해 원핵과 진핵 세포막을 통과할 수 있다. 그룹이동은 진핵세포에서는 일어나지 않는다. 그러나 진핵세포는 **세포내도입(endocytosis)**이라고 불리는 방법을 이용할 수 있다. 이것은 원형질막의 일부분이 입자나 큰 분자를 둘러싸서 세포 안쪽으로 가져올 때 발생한다.

세 가지 종류의 세포내도입이 있는데, 식세포작용과 음세포작용, 수용체매개 세포내도입이다. 식세포작용(phagocytosis) 동안 위족(pseudopod)이라고 부르는 세포의 돌출이 입자를 삼켜서 세포 안으로 가져온다. 백혈구는 식세포작용를 이용하여 세균과 외부 물질을 파괴한다(464쪽 그림 16.8 참조, 16장에서 더 자세히 설명). 음세포작용(pinocytosis)에서는 원형질막이 안쪽으로 접혀 세포 밖 액체를 받아들여 거기에 녹아 있는 물질을 함께 세포 안으로 들여온다. 수용체매개 세포내도입(receptor-mediated endocytosis)에서는 막에 있는 수용체에 리간드(ligand)가 결합한다. 결합이 일어나면 막은 안쪽으로 접힌다. 수용체매개 세포내도입은 바이러스가 동물세포로 들어갈 수 있는 방법 중 하나이다(386쪽 그림 13.14a 참조).

세포질

학습 목표

4-16 원핵세포와 진핵세포의 세포질의 유사점과 차이점을 알아본다.

진핵세포의 **세포질(cytoplasm)**은 원형질막 안쪽과 핵 바깥쪽에 있는 물질이다(그림 4.22 참조). 세포질에서는 다양한 세포 구성 성분이 발견된다. [**세포기질(cytosol)**이란 용어는 세포질의 액체 부분을 말한다.] 진핵세포질과 원핵 세포질 사이의 주된 차이점은 진핵세포질에는 매우 작은 막대[미세섬유(microfilament)와 중간섬유(intermediate filament)]와 원통(미세소관, microtubule)]으로 이루어진 복잡한 내부 구조가 있다는 것이다. 이들이 함께 **세포골격(cytoskeleton)**을 형성한다. 세포골격은 지지와 모양 유지를 하고 세포 안에서의 물질 운반을 돕는다(그리고 식세포작용에서처럼 전체 세포의 움직임까지도). 세포의 한 부분에서 다른 부분으로 진핵세포질의 이동은 영양분의 분배와 표면 위에서의 세포 이동을 돕는데, 이를 **세포질유동(cytoplasmic streaming)**이라고 부른다. 원핵 세포질과 진핵세포질의 또 다른 차이는 원핵세포의 세포질에서 발견되는 중요한 효소의 대부분이 진핵생물에서는 세포소기관에 격리되어 있다는 것이다.

리보솜

학습 목표

4-17 원핵세포와 진핵세포에 있는 리보솜의 구조와 기능을 비교한다.

조면소포체(102쪽에서 설명)의 외부 표면에 부착되어 있는 **리보솜(ribosome**, 그림 4.25 참조)은 세포질에서 자유 상태로도 발견된다. 원핵세포에서처럼 리보솜은 세포에서 단백질 합성의 장소이다.

진핵세포의 소포체와 세포질에 있는 리보솜은 원핵세포의 것보다 약간 크고 밀도가 높다. 진핵세포의 리보솜의 크기는 80S로 세 개의 rRNA 분자를 갖는 큰 60S 소단위와 한 개의 rRNA 분자를 갖는 작은 40S 소단위로 구성된다. 각 소단위는 인(nucleolus)에서 따로 만들어지고, 일단 생산되면 핵에서 나와 세포질에서 합쳐진다. 엽록체와 미토콘드리아는 70S 리보솜을 가진다. 이것은 원핵세포로부터의 진화를 의미한다. (이 가설은 105쪽에서 설명한다.) 단백질 합성에서 리보솜의 기능은 8장에서 더 자세히 설명한다.

자유 리보솜(free ribosomes)으로 불리는 일부 리보솜은 세포질의 어떤 구조에도 부착되어 있지 않다. 1차적으로 자유 리보솜은 세포 안에서 사용될 단백질을 합성한다. 막부착 리보솜(membrane-bound ribosomes)이라 불리는 다른 리보솜은 핵막과 소포체에 붙어있다. 이들 리보솜은 세포막에 삽입될 혹은 세포 밖으로 방출될 운명의 단백질을 합성한다. 미토콘드리아에 위치한 리보솜은 미토콘드리아 단백질을 합성한다. 때로는 10~20개의 리보솜이 서로 연결되어 폴리리보솜(polyribosome)이라 불리는 실 같은 배열을 이루기도 한다.

이해도 확인하기

- 진핵세포와 원핵세포의 편모, 섬모, 세포벽, 원형질막, 세포질 사이의 중요한 차이점을 최소한 한 가지씩 알아보시오. **4-13~4-16**
- 항생제 에리트로마이신(erythromycin)은 리보솜의 50S 부분에 결합한다. 원핵세포에서 이것은 어떤 영향을 끼칠까? 진핵세포에서는? **4-17**

세포소기관

학습 목표

4-18 세포소기관을 정의한다.

4-19 핵, 소포체, 골지체, 리소좀, 액포, 미토콘드리아, 엽록체, 퍼옥시좀 및 중심체의 기능을 설명한다.

세포소기관(organelle)은 특정한 모양과 특화된 기능을 가진 구조이며 진핵세포의 특징이다. 세포소기관으로는 핵과 소포체, 골지체, 리소좀, 액포, 미토콘드리아, 엽록체, 퍼옥시좀 그리고 중심체 등이 있다. 언급한 모든 세포소기관이 모든 세포에서 발견되는 것은 아니다. 특정 세포는 특화, 나이, 활동 수준 등에 따라 세포소기관의 유형과 분포가 달라진다.

핵

진핵세포에서 가장 특징적인 세포소기관은 **핵(nucleus)**이다(그림 4.22 참조). 핵(그림 4.24)은 보통 구형 또는 타원형이고 보통 세포에서 가장 큰 구조이며 세포의 거의 모든 유전정보(DNA)를 가지고 있다. 일부 DNA는 미토콘드리아와 광합성 생물의 엽록체에서도 발견된다.

핵은 **핵막(nuclear envelope)**이라는 이중막으로 둘러싸여 있는데, 구조적으로 원형질막과 유사하다. **핵공(nuclear pore)**이라는 작은 통로가 핵과 세포질의 소통을 가능하게 한다(그림 4.24b). 핵공은 핵과 세포질 사이에 물질의 이동을 조절한다. 핵막 안에 **인(nucleoli**, 단수는 **nucleolus)**이라는 한 개 이상의 구체가 있다. 사실 인은 염색체의 응축된 부위로 rRNA의 합성이 있어나는 곳이다. 리보솜 RNA는 리보솜의 필수 구성성분이다.

또한 핵은 세포 DNA의 대부분을 가지고 있는데, 이들 DNA는 **히스톤(histone)**이라고 부르는 일부 염기성 단백질과 비히스톤(nonhistone)을 비롯한 몇 가지 단백질과 결합되어 있다. 약 165 염기쌍의 DNA와 9개의 히스톤 분자의 결합물을 뉴클레오솜(nucleosome)이라고 한다. 세포가 증식하지 않을 때 DNA와 여기에 연관된 단백질은 실 같은 덩어리로 보이는데, 이를 **염색질(chromatin)**이라고 한다. 핵이 분열하는 동안 염색질은 둥글게 감겨서 **염색체(chromosome)**라고 부르는 짧고 두꺼운 막대기 같은 형태가 된다. 원핵세포의 염색체는 이러한 과정을 거치지 않고 히

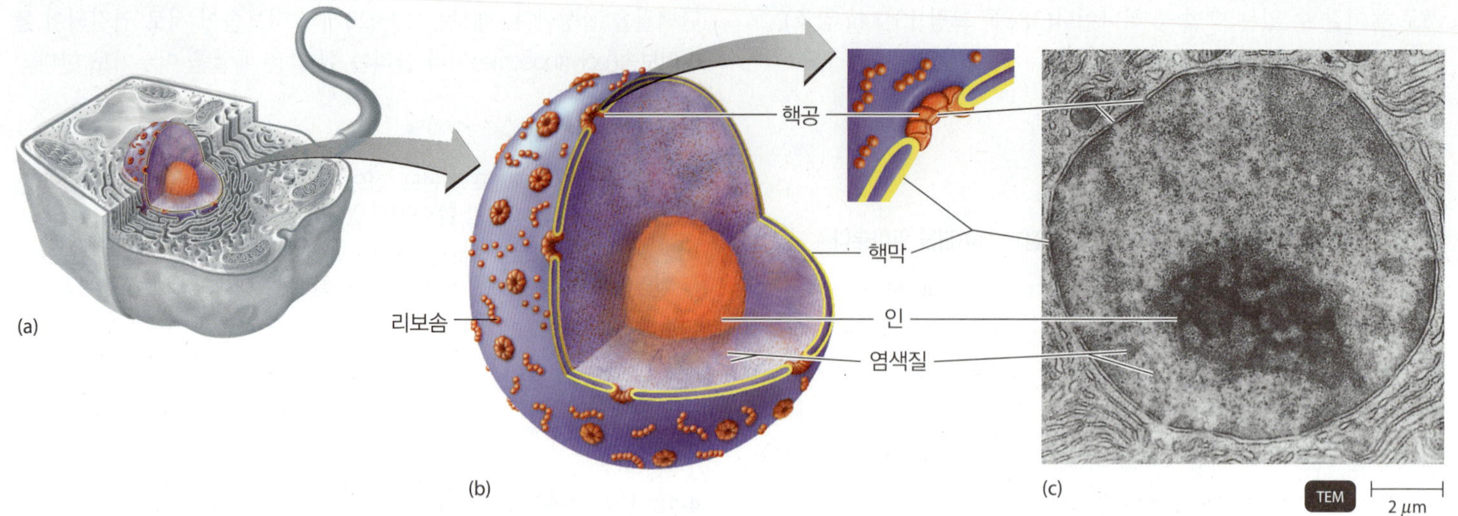

그림 4.24 진핵세포의 핵. (a, b) 핵의 자세한 그림. (c) 핵의 현미경 사진.

무엇이 세포에서 핵을 떠 있게 하는가?

스톤을 가지지 않으며 핵막에 둘러싸여 있지 않다.

진핵세포는 세포분열 이전에 염색체를 격리하기 위해 두 가지의 정교한 방식, 즉 유사분열과 감수분열이 필요하다. 두 과정 모두 원핵세포에서는 일어나지 않는다.

소포체

진핵세포의 세포질 안에 있는 **소포체(endoplasmic reticulum 또는 ER)**는 **시스터나(cisternae)**라고 부르는 납작한 막 주머니 또는 가는 관으로 된 광범위한 네트워크이다(그림 4.25). ER 네트워크는 핵막과 연속적이다(그림 4.22a 참조).

대부분의 진핵세포는 구조와 기능은 뚜렷이 구별되지만, 연관된 두 가지 형태의 ER를 가지고 있다. **조면소포체(rough ER)**의 막은 핵막의 연속이고 보통 일련의 납작한 주머니로 접혀 있다. 조면소포체의 외부 표면에 단백질 합성 장소인 리보솜이 박혀 있다. 조면소포체에 부착된 리보솜에서 합성된 단백질은 ER 안의 시스터나로 들어가 가공되고 분류된다. 어떤 경우에는 시스터나에 있는 효소가 단백질에 탄수화물을 붙여 당단백질을 만든다. 다른 경우에는 효소가 단백질에 조면소포체에서 합성되는 인지질을 붙인다. 이들 분자는 세포소기관의 막이나 원형질막으로 통합되기도 한다. 따라서 조면소포체는 분비 단백질과 막 분자를 합성하는 공장이다.

활면소포체(smooth ER)는 조면소포체에서 확장되어 막 세관의 네트워크를 형성한다(그림 4.25 참조). 조면소포체와는 달리 활면소포체 막의 외부 표면에는 리보솜이 없다. 그러나 활면소포체는 독특한 효소를 가지고 있어서 조면소포체보다 기능적으로 더 다양하다. 비록 활면소포체가 단백질을 합성하지는 않지만 조면소포체처럼 인지질을 합성한다. 활면소포체는 지방과 에스트로겐 및 테스토스테론 같은 스테로이드도 합성한다. 간세포에서 활면소포체의 효소는 혈류로 당을 분비하는 것을 돕고 약물과 다른 잠재적 유해물질(예를 들어 알코올)을 비활성화 또는 해독한다. 근육세포에서는 일종의 활면소포체인 근소포체(sarcoplasmic reticulum)에서 칼슘이온이 방출되어 근 수축 과정을 촉발시킨다.

골지체

조면소포체에 부착된 리보솜에서 합성되는 단백질의 대부분은 궁극적으로 세포의 다른 지역으로 수송된다. 그 전송 경로의 첫 번째 단계는 **골지체(Golgi complex)**라고 하는 세포소기관을 통해 이루어진다. 골지체는 3~20개 정도의 피타 빵(pita bread, 납작하고 길다란 빵—역자주) 쌓아 놓은 것 같은 시스터나로 구성되어 있다(그림 4.26). 시스터나는 종종 굽어 있어 골지체를 컵모양이 되게 한다.

조면소포체에 있는 리보솜에서 합성된 단백질은 ER막의 일부로 둘러싸인다. 이것은 결국 막의 표면에서 떨어져 나와 **수송소포(transport vesicle)**가 된다. 수송소포는 골지체의 시스터나와 융합하여 단백질을 시스터나 안쪽으로 방출한다. 단백질은 변형되고 시스터나의 가장자리에서 떨어져 나온 **운반소포(transfer vesicle)**를 통해 한 시스터나에서 다른 시스터나로 이동한다. 시스터나에 있는 효소는 단백질을 변형시켜 당단백질과 당지질, 지질단백질 등을 만든다. 가공된 단백질의 일부는 **분비소포(secretory vesicle)**에 담겨 시스터나를 떠난다. 분비소포는 시스터나에서 떨어져 나와 단백질을 원형질막으로 운반하여 세포외배출(exocytosis)를 통해 방출되게 한다. 다른 가공된 단백질은 소포에 실려 시스터나를 떠나는데, 이 소포는 내용물을 원형질막에 넘겨주어 막 성분으로 들어가게 한다. 마지막으로, 일부 처리된 단백질은 **저장소포(storage vesicle)**라고 불리는 소포에 실려 시스터나를 떠난다. 주요 저장소포는 리소좀으로 그 구조와 기능은 다음에 설명한다.

리소좀

리소좀(lysosome)은 골지체에서 만들어지며 막으로 둘러싸인 구처럼 보인다. 미토콘드리아와는 달리 리소좀은 단일 막으로 되어 있고 내부 구조가 없다(그림 4.22 참조). 그러나 이들은 많게는 40가지에 이르는 강력한 소화효소를 가지고 있어서 다양한 분자를 분해할 수 있다. 또한 이들 효소는 세포 내로 들어온 세균을 소화할 수도 있다. 식세포작용(phagocytosis)으로 세균을 섭취하는 사람의 백혈구는 많은 수의 리소좀을 가지고 있다.

액포

액포(vacuole, 그림 4.22 참조)는 **액포막**(tonoplast)이라고 불리는 막으로 둘러싸인 세포질에 있는 공간 또는 구멍이다. 식물세포에서 액포는 세포의 종류에 따라 세포 부피의 5~90% 정도를 차지한다. 액포는 골지체에서 파생되며 여러 다른 기능을 한다. 일부 액포는 단백질, 당, 유기산, 무기이온 등과 같은 물질의 임시 저장 세포소기관 역할을 수행한다. 다른 액포는 세포내도입 동안에 형성되어 세포 내로 영양분을 들여오는 것을 돕는다. 또한 많은 식물세포는 세포질에 축적되면 해로운 대사 폐기물과 독소를 액포에 저장한다. 마지막으로 액포는 물을 취할 수 있어 식물세포의 크기가 자라는 것을 가능하게 하고 또한 줄기와 잎을 단단하게 한다.

미토콘드리아

미토콘드리아(mitochondria, 단수는 **mitochondrion**)라고 불리는 구형 혹은 막대 모양의 세포소기관이 대부분의 진핵세포에서 세포질 전반에 걸쳐 나타난다(그림 4.22 참조). 세포당 미토콘드리아의 수는 세포의 다른 종류에 따라 상당히 다르다. 예를 들면 원생동물 *Giardia*(지아르디아)는 미토콘드리아를 가지고 있지 않은 반면 간세포는 세포당 1,000~2,000개를 가진다. 미토콘드리아는 원형질막과 구조가 비슷한 이중막으로 구성되어 있다(그림 4.27). 미토콘드리아의 외막은 매끈하지만 내막은 **크리스테(cristae**, 단수는 **crista**)라고 불리는 일련의 접힘이 배열되어 있다. 미토콘드리아의 중심은 **기질(matrix)**이라고 하는 반유동체 물질이다. 크리스테의 특성과 배열 때문에 내막은 화학반응이 일어날 수 있는 광대한 표면적을 갖는다. ATP 합성효소를 비롯하여 세포호흡 과정에서 기능을 하는 일부 단백질은 내막의 크리스테에 위치하고 세포호흡에 포함된 대사 단계의 대부분은 기질에 집중되어 있다(5장 참조). 미토콘드리아는 ATP 생산에서 중심적인 역할을 하기 때문에 종종 "세포의 발전소"라고 불린다.

미토콘드리아는 자신의 DNA가 부호화하는 정보의 복제와 전사, 번역을 위한 장치를 포함하여 70S 리보솜과 약간의 DNA를 가진다. 또한 미토콘드리아는 거의 독립적으로 성장하고 두 개로 분열할 수 있다.

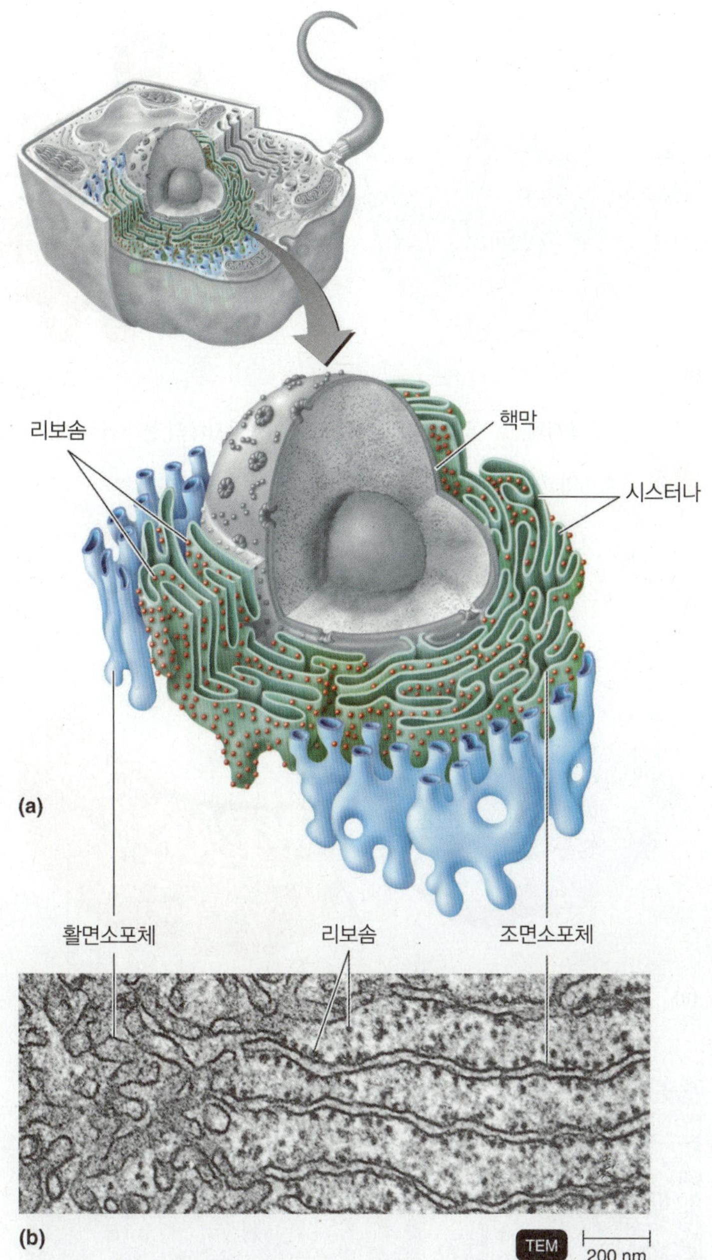

그림 4.25 **조면소포체와 리보솜.** (a) 소포체의 자세한 그림. (b) 소포체와 리보솜의 현미경 사진.

Q 조면소포체와 활면소포체는 어떤 기능이 비슷한가?

엽록체

조류나 녹색 식물은 **엽록체(chloroplast)**라고 하는 독특한 세포소기관을 가진다(그림 4.28). 엽록체는 막으로 둘러싸인 구조로 엽록소와 광합성에서 빛을 얻는 단계에 필요한 효소를 가진다(5장 참조). 엽록소는 **틸라코이드(thylakoids)**라는 평편한 막 주머니에 담겨 있다. 틸라코이드의 더미를 그라나(grana, 단수는 **granum**, 그림 4.28 참조)라고 부른다.

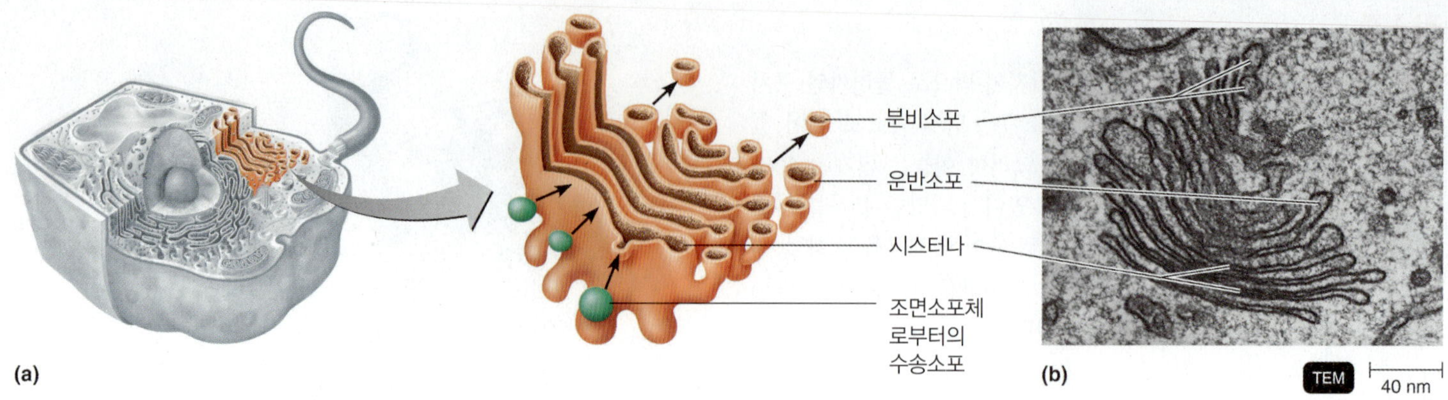

그림 4.26 **골지체.** (a) 골지체의 자세한 그림. (b) 골지체의 현미경 사진.

골지체의 기능은 무엇인가?

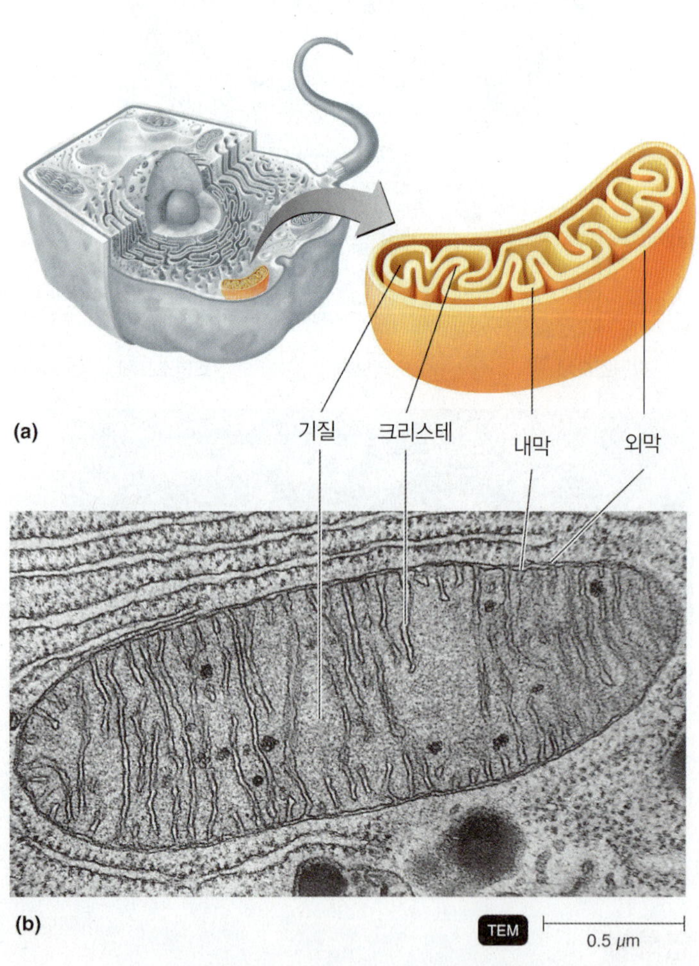

그림 4.27 **미토콘드리아.** (a) 미토콘드리아의 자세한 그림. (b) 쥐의 췌장 세포에 있는 미토콘드리아의 현미경 사진.

미토콘드리아는 원핵세포와 어떻게 유사한가?

미토콘드리아처럼 엽록체는 70S 리보솜과 DNA, 단백질 합성에 관여하는 효소를 가지고 있다. 이들은 세포 내에서 스스로 증식할 수 있다. 미토콘드리아와 엽록체 모두 크기가 증가하고 둘로 나뉘어지는 방법으로 증식하는데 이는 확실히 세균의 증식을 떠올리게 한다.

퍼옥시좀

리소좀과 구조적으로 비슷하지만 더 작은 세포소기관을 **퍼옥시좀(peroxisome)**이라고 한다(그림 4.22 참조). 한때 퍼옥시좀이 ER의 출아로 형성된다고 한때 생각한 적이 있었지만, 지금은 이미 존재하고 있는 퍼옥시좀의 분열로 형성된다는 것이 일반적인 의견이다.

퍼옥시좀은 다양한 유기물질을 산화할 수 있는 하나 이상의 효소를 가지고 있다. 예를 들어 아미노산이나 지방산과 같은 물질은 정상적인 대사의 일부로 퍼옥시좀에서 산화된다. 또한 퍼옥시좀에 있는 효소는 알코올과 같은 독성 물질을 산화한다. 산화반응의 한 부산물은 잠재적인 독성 화합물인 과산화수소(H_2O_2)이다. 그러나 퍼옥시좀은 H_2O_2 를 분해하는 효소인 카탈라아제(catalase)를 가지고 있다(6장 160쪽 참조). H_2O_2의 생성과 분해가 같은 세포소기관에서 일어나기 때문에 퍼옥시좀은 H_2O_2의 독성 효과로부터 세포의 다른 부분을 보호한다.

중심소체

핵 주위에 위치한 **중심소체(centrosome)**는 두 구성요소인 중심립 주변 부분와 중심립으로 이루어져 있다(그림 4.22 참조). **중심립주변 물질(pericentriolar material)**은 작은 단백질 섬유의 조밀한 네트워크로 구성된 세포질의 한 지역이다. 이 지역은 세포분열에서 중요한 역할을 하는 유사분열 방추(mitotic spindle)의 형성중심부이고 분열하지 않는 세포에서는 미세소관의 형성중심부이다. 중심립 주변 물질 안에 **중심립(centriole)**이라 불리는 한 쌍의 원통형 구조가

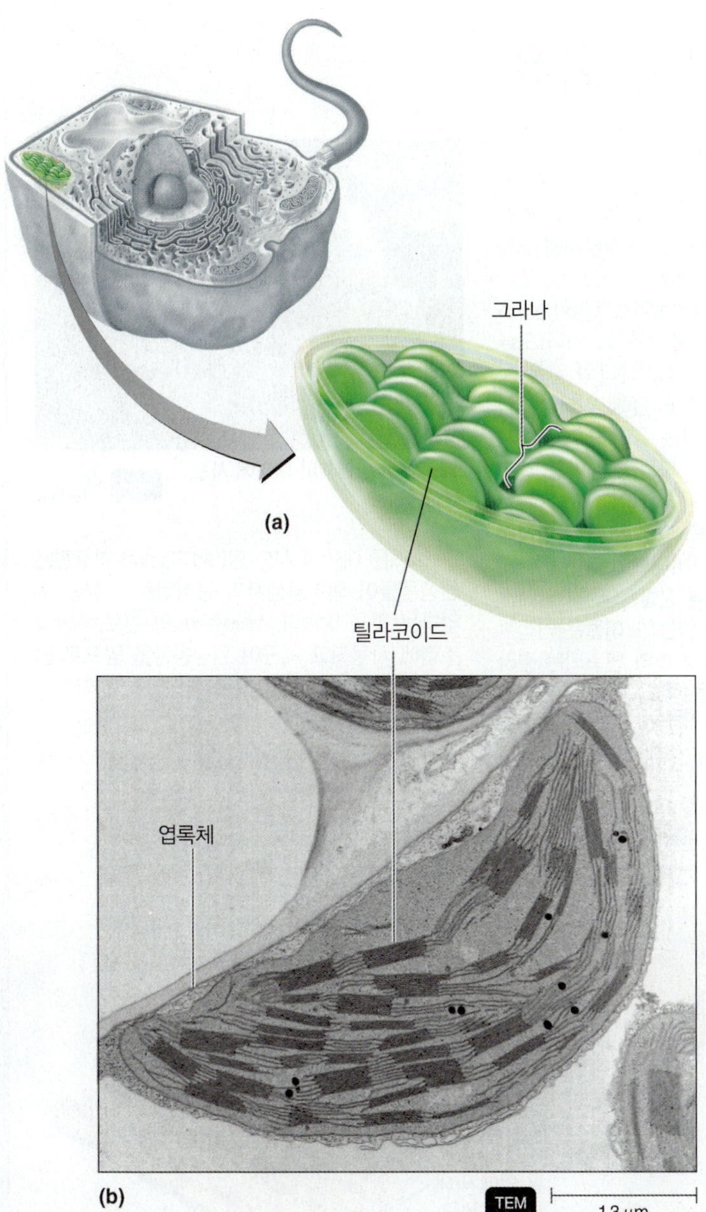

그림 4.28 **엽록체.** 엽록체에서 광합성이 일어난다; 빛을 흡수하는 색소가 틸라코이드에 위치한다. (a) 그라나를 보여주는 엽록체의 자세한 그림. (b) 식물 세포에 있는 엽록체의 현미경 사진.

엽록체와 원핵세포의 유사점은 무엇인가?

있다. 이것의 각각은 원형 패턴으로 배열된 세 개의(삼중) 미세소관이 모인 9개의 집합체로 되어 있다. 이러한 배열을 9 + 0 배열(9 + 0 array)이라고 한다. 9은 아홉 개의 미세소관 무리이고 0은 중심에 미세소관이 없음을 의미한다. 한 중심립의 긴 축은 다른 중심립의 긴 축에 대해 직각이다.

이해도 확인하기

- 진핵생물의 핵 구조와 원핵생물의 핵양체를 비교하시오. **4-18**
- 조면소포체와 활면소포체는 구조 및 기능적으로 어떻게 비교되는가? **4-19**

진핵생물의 진화

학습 목표

4-20 진핵세포 진화에서 내부공생설(endosymbiotic theory)을 지지하는 증거를 설명한다.

일반적으로 생물학자들은 생명이 약 35억~40억 년 전 지구상에 원핵세포와 비슷한 아주 간단한 생명체의 형태로 나타났다고 믿는다. 약 25억 년 전 최초의 진핵세포가 원핵세포에서 진화되었다. 원핵세포와 진핵세포의 주된 차이가 진핵세포는 고도로 특화된 세포소기관을 가진다는 것임을 상기하자. 린 마굴리스(Lynn Margulis)에 의해 주창된 진핵세포의 기원이 원핵세포라고 설명하는 이 학설이 **내부공생설(endosymbiotic theory)**이다. 이 학설에 따르면 큰 세균 세포가 이들의 세포벽을 잃어버리고 작은 세균 세포를 삼켜 버렸다. 한 생물이 다른 생물 안에 사는 관계를 내부공생(endosymbiosis, symbiosis = 같이 산다)이라고 부른다.

내부공생설에 따르면 진핵세포의 조상은 원형질막이 염색체를 둘러싸며 접히면서 원시적인 핵이 발생하기 시작했다(275쪽 그림 10.2 참조). 핵질(nucleoplasm)이라고 불리는 이 세포는 유산소 호흡을 하는 세균을 섭취했을지도 모른다. 일부 섭취된 세균이 숙주 핵질 안에서 살아남았다. 이런 배치가 공생관계로 진화하여 숙주 핵질이 영양분을 공급하고 내부공생(endosymbiotic)세균이 핵질이 사용할 수 있는 에너지를 생산했다. 비슷하게, 엽록체도 초기 핵질에 의해 삼켜진 광합성 원핵생물의 자손일지 모른다. 진핵세포의 편모와 섬모는 초기 진핵세포의 원형질막과 스피로헤타라고 불리는 운동성 나선형 세균의 사이의 공생적 연합에서 기원되었다고 믿어진다. 어떻게 편모가 발달하였는지를 시사하는 생생한 예가 다음 페이지 상자에 설명되어 있다.

원핵세포와 진핵세포의 비교 연구는 내부공생설을 지지하는 증거를 제공한다. 예를 들어 미토콘드리아와 엽록체 모두 세균과 크기와 모양에서 비슷하다. 또한 이들 세포소기관은 원핵생물의 전형적인 원형의 DNA를 가지고 숙주 세포와는 독립적으로 증식할 수 있다. 게다가 미토콘드리아와 엽록체의 리보솜은 원핵세포의 그것과 유사하고 이들의 단백질 합성 과정은 진핵세포보다 세균에서 발견되는 것에 더 비슷하다. 또한 세균의 리보솜에서 단백질 합성을 억제하는 항생제가 미토콘드리아와 엽록체의 리보솜에서의 단백질 합성도 저해한다.

이해도 확인하기

- 어떤 세 가지 세포소기관이 골지체와 관련되어 있는가? 이것이 그들의 기원에 대해 무엇을 시사하는가? **4-20**

* * *

우리의 다음 관심사는 미생물의 대사를 조사하는 것이다. 5장에서 우리는 미생물에서 효소의 중요성과 미생물이 에너지를 생산하고 이용하는 방법에 대하여 배울 것이다.

미생물학자가 흰개미를 연구하는 이유

흰개미는 목재구조에 손상을 주고 토양에서 섬유소를 재활용하는 목재 분해 능력으로 유명하지만, 이들은 먹은 목재를 소화할 능력이 없다. 섬유소를 분해하기 위해서 흰개미는 다양한 미생물의 도움을 받는다. 예를 들어 일부 흰개미는 나무에 터널을 뚫고 나무에서 자랄 수 있는 곰팡이를 터널에 접종한다. 그리고 이 흰개미는 목재 자체를 먹는 것이 아니라 곰팡이를 먹는다.

미생물학자가 발견한 더 흥미로운 사실은 흰개미의 소화기관에는 흰개미가 씹고 삼킨 섬유소를 분해하는 특정 공생 미생물이 있다는 것이다. 사실 이들 공생 미생물은 오로지 이들 안팎에 살고 있는 더 작은 공생체 때문에 살 수 있다. 이것 없이는 공생 미생물들은 움직일 수 조차 없다. 하나의 흰개미가 어떻게 생존해가는지를 연구함으로써 미생물학자는 공생에 대해 전체적으로 새로운 이해를 하기 시작했다.

흰개미가 질소 공급을 질소고정 세균에 의존하고 섬유소 소화를 *Trichonympha sphaerica*(트리코님파 스페리카) 같은 원생동물에 의존하는 것은 숙주 생명체의 몸 안에서 (이 경우는 흰개미의 후장에서) 사는 생명체와의 공생관계인 내부공생의 예이다.

그러나 상황은 이것보다 더 복잡하다. *T. sphaerica*는 이것의 몸 안에 살고 있는 세균의 도움 없이는 섬유소를 소화할 수 없다. 다른 말로 이 원생동물은 그 자신의 내부공생체를 가지고 있다.

또한 *T. sphaerica*와 같은 후장 편모충은 또 다른 형태의 공생인 외부공생(ectosymbiosis)을 또한 보여준다. 이는 몸 밖에서 사는 생명체와의 공생관계이다. 현미경의 발달로 이들 편모충이 수천 개의 막대 또는 나선형의 세균들이 정렬하여 덮여 있는 것이 밝혀졌다. 만일 이 세균이 죽으면 이 원생동물은 움직일 수 없다. 자신의 편모를 사용하는 대신 이 원생동물은 대략 보트에서 노를 젓는 사람처럼 노를 젓는 세균의 행렬에 의존한다.

예로 원생동물 *Mixotricha*(믹소트리카)는 스피로헤타의 행렬을 표면에 가지고 있다(오른쪽 위의 사진 참조). 각 스피로헤타의 끝은 브래킷이라고 하는 돌출부에 접해 있다. 그림의 a 참조. 이 스피로헤타는 일제히 파동쳐서 *Mixotricha*의 표면을 따라 파동의 전파를 일으킨다.

막대 모양의 세균이 또 다른 그룹의 흰개미 후장 원생동물인 데베스코비니드(devescovinid)의 표면을 덮고 있는 홈에 정렬된다. 각 막대균은 12개의 편모를 가지고 있는데, 이들은 인접한 세균의 편모와 겹쳐서 홈을 따라 연속되는 필라멘트를 형성한다(b 부분을 참조). 세균이 편모를 회전함에 따라 동조화된 파동이 필라멘트의 모든 열을 따라 생겨서, 이것이 원생동물을 추진한다.

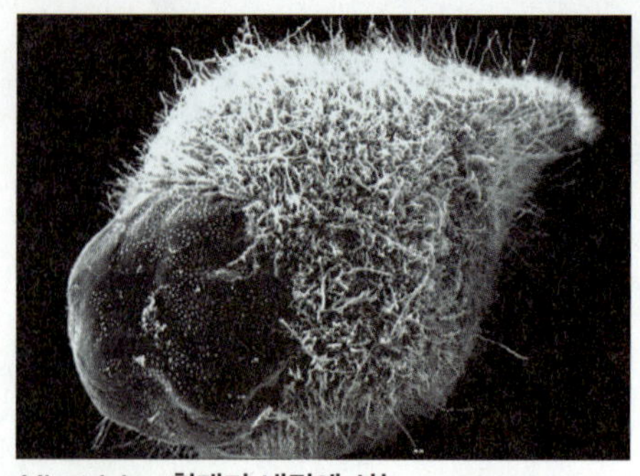

***Mixotricha*, 흰개미 내장에 사는 원생동물**

보스톤 대학의 시드 탐(Sid Tamm) 연구진은 원생동물이 외부공생자의 움직임을 조절할 수 없다는 것을 밝혔다. *Mixotricha*의 편모는 방향 조절에 사용되고 세균이 원생동물을 앞으로 민다—마치 범퍼카처럼 서로가 떠밀리고 떠밀면서.

두 원생동물의 표면에서 세균의 배열

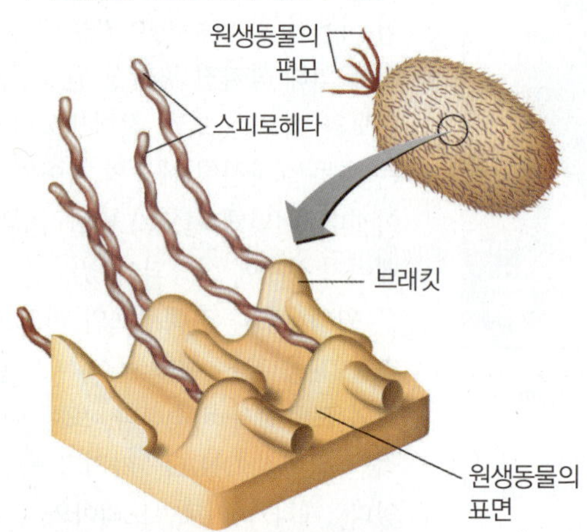

(a) 원생동물 *Mixotricha*의 표면을 덮은 브래킷에 부착된 스피로헤타는 정렬되고 일제히 움직인다.

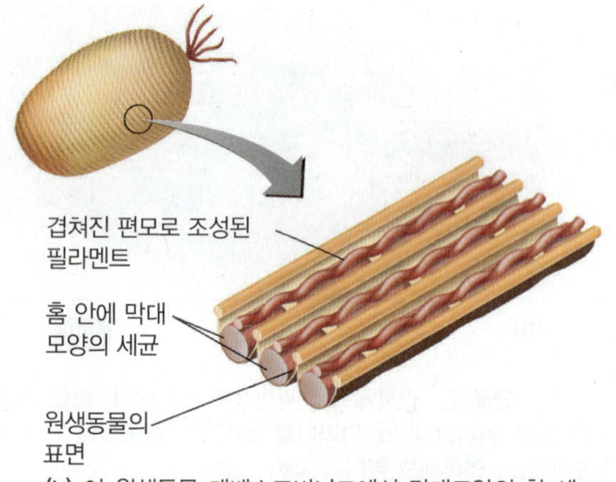

(b) 이 원생동물 데베스코비니드에서 막대모양의 한 세균의 편모가 다음 편모에 중첩되어 연속되는 필라멘트를 형성한다.

학습 개요

원핵세포와 진핵세포의 비교: 개관 (76쪽)

1. 원핵세포와 진핵세포는 화학적 조성과 화학반응에 있어 비슷하다.
2. 원핵세포는 막으로 둘러싸인 세포소기관(핵을 포함하여)이 없다.
3. 펩티도글리칸은 원핵세포의 세포벽에서 발견되지만 진핵세포의 세포벽에는 없다.
4. 진핵세포는 막으로 둘러싸인 핵과 여러 가지 세포소기관이 있다.

원핵세포 (76~97쪽)

1. 세균은 단세포성으로 대부분이 이분법으로 증식한다.
2. 세균의 종은 형태와 화학적 조성, 영양요구성, 생화학적 활성, 에너지원에 의해 구별된다.

세균의 크기, 모양, 배열 (77~78쪽)

1. 대부분의 세균은 직경이 0.2~2.0 μm이고 길이는 2~8 μm이다.
2. 세 가지 기본적인 세균 모양은 구균(구형), 간균(막대기 모양), 나선균(뒤틀린 형태)이다.
3. 다형체(pleomorphic) 세균은 여러 가지 모양을 취할 수 있다.

세포벽 바깥쪽의 구조 (78~84쪽)

당질피질 (78~80쪽)

1. 당질피질(협막, 점액질층, 세포외 다당류)은 아교질의 다당류와/또는 폴리펩티드로 덮인다.
2. 협막은 식세포작용으로부터 병원균을 보호할 수 있다.
3. 협막은 세균을 표면에 고착할 수 있게 하고 건조를 막고 영양분을 공급할 수도 있다.

편모 (81~82쪽)

4. 편모는 비교적 긴 실 모양의 부속지로 필라멘트와 갈고리, 기저체로 구성되어 있다.
5. 원핵세포의 편모는 회전하여 세포를 밀어 움직인다.
6. 운동성 세균은 주성을 보인다. 양성 주성은 유인물질을 향해 이동하고 음성 주성은 배척물질로부터 멀어진다.
7. 편모(H) 단백질은 항원이다.

축사 (82쪽)

8. 스피로헤타는 나선형 세포로 축사(세포내편모)를 이용하여 움직인다.
9. 축사는 편모와 비슷하지만 이들은 세포를 둘러 감싸고 있다.

핌브리아와 선모 (82~84쪽)

10. 핌브리아는 세포가 표면에 고착하는 것을 도와준다.
11. 선모는 연축운동성(twitching motility)에 관여하고 DNA를 전달한다.

세포벽 (84~88쪽)

조성과 특징 (84~86쪽)

1. 세포벽은 원형질막을 둘러싸고 물에 의한 압력의 변화로부터 세포를 보호한다.
2. 세균 세포벽은 NAG과 NAM, 짧은 아미노산 사슬로 구성된 중합체인 펩티도글리칸으로 구성되어 있다.
3. 페니실린은 펩티도글리칸의 합성을 방해한다.
4. 그람음성세균의 세포벽은 많은 층의 펩티도글리칸으로 구성되며 테이코산을 함유하고 있다.
5. 그람음성세균은 얇은 펩티도글리칸층을 덮는 지질다당류-지질단백질-인지질 외막을 가지고 있다.
6. 외막은 식세포작용이나 페니실린과 리소자임을 비롯한 다른 화학물질로부터 세포를 보호한다.
7. 포린(porin)은 작은 분자가 외막을 통과하도록 허용하는 단백질이다. 특별한 통로단백질은 외막을 통해 다른 물질이 이동하는 것을 허용한다.
8. 외막의 지질다당류 성분은 항원으로 작용하는 당(O 다당류)과 내독소인 지질A로 구성되어 있다.

세포벽과 그람염색의 원리 (86~87쪽)

9. 크리스탈 바이올렛-요오드 복합체는 펩티도글리칸과 결합한다.
10. 탈색제는 그람음성세균의 외막 지질을 제거하고 크리스탈 바이올렛이 씻겨나가게 한다.

부정형 세포벽 (87~88쪽)

11. *Mycoplasma*(마이코플라즈마)는 세포벽이 자연적으로 결핍된 세균의 한 속이다.
12. 고세균은 유사뮤레인(pseudomurein)을 가지고 있다. 펩티도글리칸이 없다.
13. 항산성 세균의 세포벽은 얇은 펩티도글리칸층의 바깥쪽에 미콜산층을 가진다.

세포벽 손상 (88쪽)

14. 리소자임의 존재하에 그람양성세균 세포벽은 파괴되고 남은 세포내용물을 원형질체라고 부른다.
15. 리소자임의 존재하에 그람음성세균 세포벽은 완전하게 파괴되지 않고 남은 세포내용물을 스페로플라스트라고 부른다.
16. L형 세균은 세포벽을 만들지 않는 그람양성 혹은 그람음성세균이다.
17. 페니실린 같은 항생제는 세포벽 합성을 방해한다.

세포벽 안쪽의 구조 (88~97쪽)

원형질막(세포막) (89~90쪽)

1. 원형질막은 세포질을 에워싸고 있으며 외재성 단백질과 내재성 단백질을 갖는 지질 이중층이다(유동모자이크 모델).
2. 원형질막은 선택적 투과성이 있다.
3. 원형질막은 영양물질 분해, 에너지 생산 광합성과 같은 대사반응을 위한 효소를 가지고 있다.
4. 원형질막의 불규칙적인 접힘인 메소좀은 진정한 세포내 구조가 아닌 인공물이다.
5. 원형질막은 알코올과 폴리믹신으로 파괴될 수 있다.

막을 통한 물질의 이동 (91~93쪽)

6. 막을 통한 이동은 물질이 높은 농도의 영역에서 낮은 농도의 영역으로 이동하고 세포의 에너지가 소비되지 않는 수동과정에 의하기도 한다.
7. 단순확산에서 분자와 이온은 평형이 이루어질 때까지 이동한다.
8. 촉진확산에서 물질은 수송단백질에 의해 높은 농도에서 낮은 농도의 지역으로 막을 거쳐 전달된다.
9. 삼투는 높은 농도에서 낮은 농도로 평형에 도달할 때까지 선택적 투과막을 통과하는 물의 이동이다.
10. 능동수송에서 물질은 낮은 농도에서 높은 농도의 지역으로 수송단백질에 의해 이동하고 세포는 반드시 에너지를 소모한다.
11. 그룹이동에서 에너지가 화학물질을 변형시키기 위해 소모되고 이들은 막을 통해 수송된다.

원형질 (94쪽)

12. 세포질은 원형질막 안쪽의 유동성 구성성분이다.
13. 세포질은 대부분이 물이고 무기 분자, 유기 분자, DNA, 리보솜, 봉입을 가진다.

핵양체 (94쪽)

14. 핵양체는 세균 염색체의 DNA를 가진다.
15. 세균은 염색체외 DNA 분자인 원형의 플라스미드를 가진다.

리보솜 (94쪽)

16. 원핵생물의 세포질은 수많은 70S 리보솜을 가진다. 리보솜은 rRNA와 단백질로 구성된다.
17. 단백질 합성은 리보솜에서 일어난다. 이것은 특정 항생제에 의해 억제될 수 있다.

봉입 (94~95쪽)

18. 원핵세포와 진핵세포에서 발견되는 봉입은 비축해둔 저장물이다.
19. 세균에서 발견되는 봉입 중에 이염과립(무기 인산), 다당류 과립(보통 글리코겐이나 전분), 지질 봉입, 황 과립, 카르복시솜(리불로스 이인산 카르복실라제, ribulose 1,5-diphosphate carboxylase), 마그네토좀(Fe_3O_4), 그리고 가스포가 있다.

내생포자 (96~97쪽)

20. 내생포자는 일부 세균에서 형성하는 휴면 중인 구조이다. 이들은 불리한 환경조건 동안 생존을 가능하게 한다.
21. 내생포자 형성과정을 포자형성(sporulation)이라고 부른다. 내생포자가 영양세포 상태로 돌아가는 것을 발아(germination)라고 한다.

■ 진핵세포 (97~106쪽)

편모와 섬모 (97~99쪽)

1. 편모는 소수이고 세포크기에 비해 길다; 섬모는 수가 많고 짧다.
2. 편모와 섬모는 이동성에 이용되고 섬모는 세포 표면을 따라 물질을 이동시킨다.
3. 편모와 섬모 모두 아홉 쌍과 두 개의 단일 미세소관으로 구성되어 있다.

세포벽과 당질피질 (99~100쪽)

1. 많은 종류의 조류와 일부 균류의 세포벽은 섬유소를 가진다.
2. 균류 세포벽의 주 성분은 키틴질이다.
3. 효모 세포벽은 글루칸(glucan)과 만난(mannan)으로 구성되어 있다.
4. 동물 세포는 세포를 강하게 하고 다른 세포에 부착할 수 있는 수단을 제공하는 당질피질로 둘러싸여 있다.

원형질막(세포막) (100~101쪽)

1. 원핵세포의 원형질막처럼 진핵세포의 원형질막은 단백질을 함유하는 인지질 이중층이다.
2. 진핵세포 원형질막은 단백질에 부착된 탄수화물과 원핵세포에서(*Mycoplasma* 세균은 예외) 발견되지 않는 스테롤을 갖는다.
3. 진핵세포는 원핵세포가 이용하는 수동과정을 비롯하여 능동수송과 세포내도입작용(식균작용, 식음작용, 수용체매개 세포내도입)으로 원형질막을 통해 물질을 이동시킬 수 있다.

세포질 (101쪽)

1. 진핵세포의 세포질은 핵의 바깥쪽과 원형질막 안쪽에 있는 모든 것을 포함한다.
2. 진핵세포 세포질의 화학적 특성은 원핵세포의 세포질의 특성과 유사하다.
3. 진핵세포의 세포질은 세포골격을 갖고 원형질유동을 보인다.

리보솜 (101쪽)

1. 80S 리보솜이 원형질에서 발견되거나 조면소포체에 부착되어 있다.

세포소기관 (101~105쪽)

1. 세포소기관은 진핵세포의 원형질에 있는 특화된 막으로 둘러싸인 구조이다.
2. 염색체의 형태로 DNA를 가지고 있는 핵은 가장 특징적인 진핵세포의 세포소기관이다.
3. 핵막은 소포체(ER)라고 불리는 원형질에 있는 막 시스템에 연결되어 있다.
4. ER은 화학반응을 위한 표면을 제공하고 전송망 조직의 기능을 한다. 단백질 합성과 수송은 조면소포체에서 일어난다. 지질의 합성은 활면소포체에서 일어난다.
5. 골지체는 시스터나라는 평편한 주머니로 구성되어 있다. 이것은 막의 형성과 단백질 분비의 기능을 한다.
6. 리소좀은 골지체로부터 만들어진다. 이것은 소화효소를 보관한다.
7. 액포는 골지체 혹은 세포내도입으로부터 유래된 막으로 둘러싸인 공동이다. 보통 식물 세포에서 발견되는데 다양한 물질을 저장하고 잎과 줄기에 단단함을 제공한다.
8. 미토콘드리아는 ATP 생산을 위한 주된 장소이다. 이것은 70S 리보솜과 DNA를 가지고 이분법으로 증식한다.
9. 엽록체는 엽록소와 광합성을 위한 효소를 가진다. 미토콘드리아처럼 70S 리보솜과 DNA를 가지고 이분법으로 증식한다.
10. 다양한 유기화합물이 퍼옥시좀에서 산화된다. 퍼옥시좀에 있는 카탈라아제는 H_2O_2를 파괴한다.
11. 중심체는 중심립 주변물질과 중심립으로 구성된다. 중심립은 유사분열 방추사와 미세소관의 형성에 관련된 아홉 개의 삼중의 미세소관이다.

진핵생물의 진화 (105쪽)

1. 내부공생설에 따르면 진핵세포는 다른 원핵세포가 안에 사는 공생하는 원핵세포로부터 진화되었다.

학습 질문

복습과 객관식 문제에 대한 해답은 책 뒤에 있음.

복습 문제

1. 그려보기 다음 각각의 편모 배열을 그려라.
   a. 총모성
   b. 단편모
   c. 주모성
   d. 양모성
   e. 극성
2. 내생포자 형성을 (a) ________(이)라고 한다. 이것은 (b) ________에 의해 시작된다. 내생포자로부터 새로운 세포의 형성을 (c) ________(이)라고 한다. 이 과정은 (d) ________에 의해 시작된다.
3. 그려보기 (a)과 (b), (c)에 나열된 세균의 모양을 그려라. 그 다음 (d)와 (e), (f)의 모양을 이들이 어떻게 a와 b, c 각각의 특별한 조건인지 보여주도록 그려라.
   a. 나선상균
   b. 간균
   c. 구균
   d. 스피로헤타
   f. 포도상구균
   e. 연쇄간균
4. A열과 B열의 설명이 맞는 것끼리 연결하시오.

A 열	B 열
________ a. 세포벽	1. 표면에 부착
________ b. 내생포자	2. 세포벽 형성
________ c. 핌브리아	3. 운동성
________ d. 편모	4. 삼투용해로부터 보호
________ e. 당질피질	5. 식세포 작용으로부터 보호
________ f. 선모	6. 휴면
________ g. 원형질막	7. 단백질 합성
________ h. 리보솜	8. 선택적 투과성
	9. 유전물질의 전송

5. 왜 내생포자를 휴면 구조라고 부르나? 세균 세포에 있어 내생포자는 어떤 장점이 있나?
6. 다음을 유사점과 차이점을 알아보라.
   a. 단순확산과 촉진확산
   b. 능동수송과 촉진확산
   c. 능동수송과 그룹이동
7. 다음의 질문에 세균 세포벽의 단면을 묘사하는 제공된 그림을 이용하여 답하라.
   a. 어떤 그림이 그람양성세균을 묘사하는가? 어떻게 말할 수 있나?

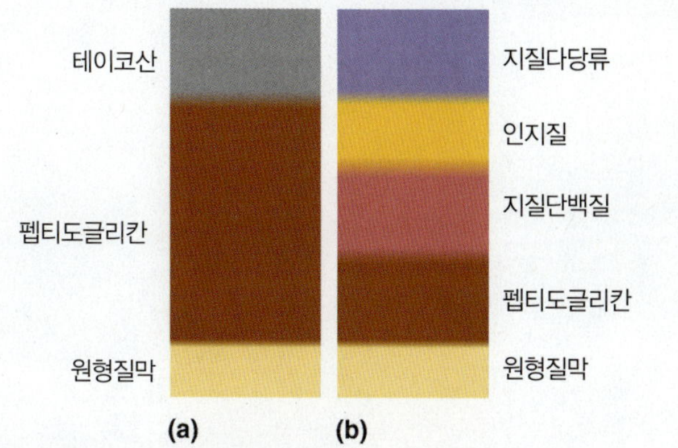

   b. 어떻게 그람염색이 두 종류의 세포벽을 구별하는지를 설명하라
   c. 왜 페니실린이 대부분의 그람음성 세포에 효과가 없을까?
   d. 각 세포벽을 통해 필수 분자가 어떻게 세포로 들어가나?
   e. 어떤 세포벽이 사람에게 유독한가?
8. 전분은 많은 세포에서 쉽게 대사되지만 전분 분자는 너무 커서 세포막을 통과하지 못한다. 세포는 어떻게 포도당 분자를 전분 중합체로부터 얻는가? 어떻게 세포는 포도당 분자를 세포막을 통해 수송하는가?
9. A열과 B열의 설명이 맞는 것끼리 연결하시오.

A열	B열
a. 중심립 주변물질	1. 소화효소 저장
b. 엽록체	2. 지방산의 산화
c. 골지체	3. 미세소관 형성
d. 리소좀	4. 광합성
e. 미토콘드리아	5. 단백질 합성
f. 퍼옥시좀	6. 호흡
g. 조면소포체	7. 분비

10. 이름 답하기 어떤 그룹의 미생물이 필라멘트를 형성하고 포자를 생성하며 세포벽에 펩티도글리칸을 갖는 세포로 특징지어지나?

객관식 문제

1. 다음 중 어느 것이 원핵세포의 구별되는 특징이 아닌가?
   a. 이들은 주로 하나의 원형 염색체를 가진다.
   b. 이들은 막으로 둘러싸인 세포소기관이 없다.
   c. 이들은 펩티도글리칸을 함유한 세포벽을 가진다.
   d. 이들의 DNA는 히스톤과 연관되어 있지 않다.
   e. 이들은 원형질막이 없다.

2~4번 문제의 답을 다음 중에서 선택하시오.
   a. 변화가 없다; 용액은 등장이다.
   b. 물이 세포로 이동할 것이다.
   c. 물이 세포 밖으로 이동할 것이다.
   d. 세포는 삼투용해가 일어날 것이다.
   e. 설탕은 높은 농도의 지역에서 낮은 농도의 지역인 세포 안으로 이동할 것이다.

2. 어느 문장이 그람양성세균이 증류수와 페니실린이 있는 곳에 놓였을 때 무슨 일이 일어날지를 가장 잘 설명하는가?
3. 어느 문장이 그람음성세균이 증류수와 페니실린이 있는 곳에 놓였을 때 무슨 일이 일어날지를 가장 잘 설명하는가?
4. 어느 문장이 그람양성세균이 리소자임과 10%의 설탕물에 놓였을 때 무슨 일이 일어날지를 가장 잘 설명하는가?
5. 다음 중 세포가 인지질을 파괴하는 폴리믹신에 노출되었을 때 일어날 일을 가장 잘 설명하는 것은?
   a. 등장액에서 아무일이 일어나지 않는다.
   b. 저장액에서 세포는 용해될 것이다.
   c. 물은 세포로 이동할 것이다.
   d. 세포 안의 내용물은 세포에서 누출될 것이다.
   e. 위의 어느 것도 일어나지 않는다.

6. 다음 중 핌브리아에 대해 틀린 설명은?
   a. 이들은 단백질로 구성된다.
   b. 이들은 부착에 이용될 수도 있다.
   c. 이들은 그람음성 세포에서 발견된다.
   d. 이들은 필린으로 구성되어 있다.
   e. 이들은 운동성을 위해 이용된다.
7. 다음 쌍 중 잘못 짝지어진 것은?
   a. 당질피질—부착
   b. 선모—생식
   c. 세포벽—독소
   d. 세포벽—보호
   e. 원형질막—수송
8. 다음 쌍 중 잘못 짝지어진 것은?
   a. 이염과립—저장된 인산
   b. 다당류 과립—저장된 전분
   c. 지질 봉입—폴리 베타 히드록시부티르산
   d. 황과립—에너지 저장
   e. 리보솜—단백질 저장
9. 핵이 보이지 않는 운동성의 그람양성 세포를 분리하였다. 여러분은 이 세포가 다음을 가진다고 추측할 수 있다.
   a. 리보솜
   b. 미토콘드리아
   c. 소포체
   d. 골지체
   e. 위의 모두
10. 항생제 엠포테리신 B(amphothericin B)는 스테롤과 결합하여 원형질막을 파괴한다. 이것은 어느 것을 제외한 다음의 모든 세포에 영향을 미칠 것이가?
   a. 동물세포
   b. 그람음성세균
   c. 균류 세포
   d. 마이코플라스마(*Mycoplasma*) 세포
   e. 식물 세포

비판적 사고

1. 원핵세포가 어떻게 진핵세포보다 작을 수 있으면서도 모든 생명의 기능을 수행할 수 있나?
2. 가장 작은 진핵세포는 운동성 조류인 *Micromonas*(마이크로모나스)이다. 이 조류가 가져야 할 세포소기관의 최소한의 수는 얼마인가?
3. 두 종류의 원핵세포가 구별된다: 세균과 고세균. 한 세포가 다른 세포에 대해 어떻게 다른가? 이들은 무엇이 유사한가?
4. 1985년에 0.5 mm 크기의 세포가 쥐돔(어류)에서 발견되고 *Epulopiscium fishelsoni*라고 이름지어졌다(315쪽 그림 11.14를 참조). 이것은 원생동물로 추정되었는데 1993년에 연구자들이 *Epulopiscium*이 실제로는 그람양성세균인 것을 밝혔다. 왜 이 생명체가 초기에는 원생동물로 확인되었다고 추정할 수 있는가? 어떤 증거가 이 생물의 분류를 세균으로 변경할 수 있게 하는가?
5. 대장균 세포가 고장액에 노출되었을 때 세균은 K^+(칼륨이온)을 세포 안으로 이동시킬 수 있는 수송단백질을 생산한다. ATP가 필요한 K^+의 능동수송은 무슨 가치가 있는가?

임상 응용

1. *Clostridium botulinum*은 절대 무산소 세균이다. 즉, 이것은 공기 중의 산소 분자(O_2)에 의해 죽는다. 사람은 *C. botulinum*이 자란 음식을 먹어서 보툴리누스 중독으로 죽을 수 있다. 이 세균이 어떻게 사람이 소비하려고 고른 식물체에서 살아남을 수 있나? 왜 집에 만든 저장음식이 보톨리누스 중독의 가장 흔한 원인인가?
2. 샌프란시스코 남부 어린이는 다채로운 오렌지와 붉은색의 물 때문에 집에서 목욕시간을 즐긴다. 물은 상수원에서는 이런 녹슨 색을 갖지 않으며 녹슨 색의 원인인 *Thiobacillus* 세균을 배양할 수도 없다. 어떻게 세균이 집안의 물에 들어올 수 있을까? 세균의 어떤 구조가 이것을 가능하게 만드나?
3. *Bacillus thuringiensis*(Dipel)와 *B. subtilis*(Kodiak)의 살아 있는 배양체는 살충제로 팔리고 있다. 세균의 어떤 구조가 이들 세균을 포장하고 판매하는 것을 가능하게 하는가? 무슨 목적으로 각 제품은 이용되는가? (힌트: 11장을 참조하라.)

5

미생물의 물질대사

여러분이 원핵세포의 구조에 대해 잘 알게 되었기에 이제 미생물을 번성하게 하는 여러 활성에 대해 설명할 수 있다. 구조적으로 가장 간단한 생명체조차도 생명을 유지하는 과정에는 수많은 복잡한 생화학적 반응이 있어야 한다. 전부는 아니지만 대부분의 세균에서 볼 수 있는 생화학적 과정이 진핵 미생물에서도 일어나고 사람과 같은 다세포 생명체에서도 일어난다. 그러나 세균에서만 유일하게 일어나는 반응은 우리가 할 수 없는 일을 미생물은 할 수 있도록 하기에 흥미로운 것이다. 예를 들어 어떤 세균은 섬유소를 먹고 살 수 있는 반면, 다른 세균은 석유에서 살 수 있다. 미생물은 자신들의 대사를 통해 다른 생명체가 사용하고 난 원소들을 재활용한다. 어떤 세균은 이산화탄소, 철, 황, 수소 가스나 암모니아 같은 무기물을 먹고 살 수 있다. 미생물의 대사는 사진에 있는 충치에서 보이는 것처럼 사람의 몸에서 미생물이 성장하는 것을 가능하게 한다. 충치를 유발하는 세균의 대사에 대한 예를 임상 사례에서 설명할 것이다.

이번 장에서 미생물이 수행하는 에너지 생산(이화반응, catabolic reaction)과 에너지 소모(동화반응, anabolic reaction)의 대표적인 화학반응을 다룰 것이다. 또한 여러 가지 반응이 세포 내에서 어떻게 통합되는지를 살펴볼 것이다.

이화반응과 동화반응

학습 목표

5-1 물질대사를 정의하고 동화작용과 이화작용의 근본적인 차이를 설명한다.

5-2 이화작용과 동화작용 사이를 매개하는 ATP의 역할을 확인한다.

물질대사(metabolism)란 살아 있는 생명체 안에서 일어나는 모든 화학반응의 합을 가리키는 용어이다. 화학반응은 에너지를 방출하거나 흡수하기 때문에 물질대사는 에너지의 균형 작용으로도 볼 수 있다. 따라서 물질대사는 두 가지의 화학반응으로 나눌 수 있다; 에너지를 방출하는 반응과 에너지를 필요로 하는 반응.

살아 있는 세포에서, 효소가 촉매하는 화학반응으로 에너지를 방출하는 것은 일반적으로 복잡한 유기화합물을 단순한 것으로 분해하는 **이화작용(catabolism)**에 속한다. 이 반응을 이화(catabolic) 혹은 분해(degradative)반응이라고도 한다. 이화반응은 일반적으로 가수분해반응(hydrolytic reaction; 반응에 물을 사용하여 화학결합을 끊음)이고 발열반응(exergonic; 소모되는 것보다 많은 에너지를 생산)이다. 이화작용의 한 예는 세포가 당을 이산화탄소와 물로 분해하는 것이다.

효소가 조절하는 반응으로 에너지를 필요로 하는 것은 주로 **동화작용(anabolism)**에 속하고, 단순한 물질로 복잡한 유기 분자를 만든다. 이 반응을 동화(anabolic) 혹은 생합성(biosynthetic) 반응이라고 한다. 동화반응은 보통 탈수합성반응(dehydration synthesis; 물을 방출하는 반응)을 수반하고 흡열반응(endergonic; 생산하는 것보다 에너지를 더 많이 사용)이다. 동화과정의 예로는 아미노산으로 단백질을 생성하고, 뉴클레오티드로 핵산을 합성하며, 단순 당으로 다당류를 만드는 것 등이 있다. 이런 생합성 반응을 통해 생명체는 성장을 위한 물질을 생산한다.

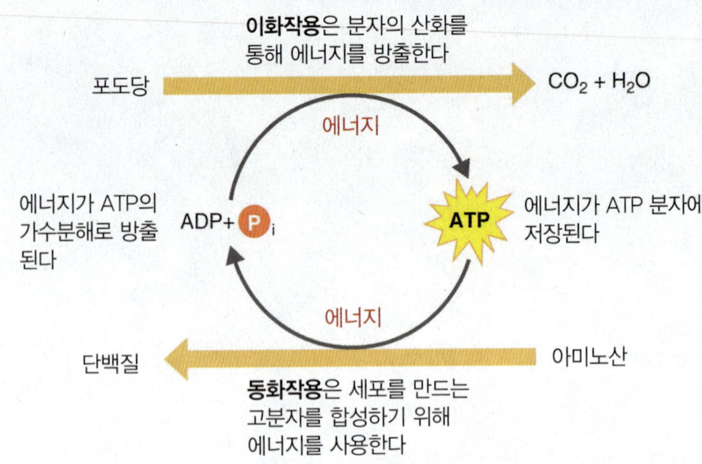

그림 5.1 이화반응과 동화반응을 짝지우는 ATP의 역할. 복합체 분자가 분해될 때(이화과정), 에너지의 일부는 ATP에 전달되어 붙잡히고 나머지는 열로 발산된다. 단순한 분자가 합쳐져 복잡한 분자가 될 때(동화과정), 합성을 위한 에너지를 ATP가 제공하며 역시 일부 에너지는 열로 발산된다.

Q 합성을 위한 에너지를 어떻게 ATP가 제공하는가?

이화반응은 동화반응을 위한 구성 단위를 제공하고 동화반응을 구동하는 데 필요한 에너지를 공급한다. 에너지-요구와 에너지-방출 반응의 연결은 아데노신 삼인산(ATP) 분자를 통해 가능하게 된다(이것의 구조는 48쪽 그림 2.18에 있음). ATP는 이화반응에서 나오는 에너지를 저장하였다가 나중에 방출하여 동화반응을 추진하고 세포에서 기타 다른 일을 수행한다. 2장에서 배운대로 ATP 분자가 아데닌과 리보오스, 세 개의 인산기로 이루어져 있음을 상기하자. ATP에서 말단의 인산기가 떨어져 나와 아데노신 이인산(ADP)이 형성될 때 동화반응을 구동하기 위한 에너지가 방출된다. 인산기를 표현하기 위해 Ⓟ를 사용한다(P_i는 다른 분자와 결합하지 않은 무기 인산을 나타낸다). 이 반응은 다음과 같이 표기한다.

$$ATP \rightarrow ADP + P_i + \text{에너지}$$

그 다음, 이화반응에서 나온 에너지가 ADP와 P_i가 결합하여 ATP를 재합성되는 데 사용된다:

$$ADP + P_i + \text{에너지} \rightarrow ATP$$

따라서 동화반응은 ATP 분해와 연계되어 있고 이화반응은 ATP 합성과 연계되어 있다. 연계 반응의 개념은 매우 중요하다. 그 이유는 이번 장의 끝에서 알게 될 것이다. 지금은 살아 있는 세포의 화학 조성이 지속적으로 변화한다는 것을 알아두자. 일부 분자가 분해되는 한편 다른 분자는 합성되고 있다. 화학 물질과 에너지의 균형 잡힌 흐름이 세포의 생명을 유지시킨다.

동화반응과 이화반응의 연결에서 ATP의 역할이 그림 5.1에 나타나 있다. 에너지의 일부는 환경에 열로 잃어버리기 때문에 방출된 에너지의 일부만이 실제로 세포의 기능을 위해 사용될 수 있다. 세포는 생명을 유지하기 위해 에너지를 반드시 사용하여야 하기 때문

임상 사례: 단것을 너무 좋아하면

안토니아 리베라(Antonia Rivera) 박사는 미주리주 세인트루이스에 사는 소아치과 의사이다. 7살짜리 환자인 미가 톰슨(Micah Thompson)은 규칙적인 치솔질과 치실 사용에 대한 엄격한 지침을 듣고 막 병원을 떠났다. 리베라 박사가 가장 우려하는 것은 미가가 이번 주에만 7번째인 여러 개의 충치가 있는 환자라는 것이다. 리베라 박사는 할로윈과 부활절 후에 충치 환자가 약간 증가하는 것을 보곤했지만, 왜 이 한여름에 아이에서 충치가 생기는지 궁금했다. 그녀는 기회가 있을 때마다 환자의 부모나 조부모에게 물어봤지만 아무도 아이들의 식단에서 이상한 점을 눈치채지 못하고 있었다.

왜 그렇게 많은 리베라 박사의 환자가 다수의 충치를 가질까? 알아보자.

112 133 135 137

에 세포는 새로운 외부 에너지원을 끊임없이 필요로 한다.

어떻게 세포가 에너지를 생산하는지 알아보기 전에 생물학적으로 중요한 화학반응에 참여하는 단백질의 한 그룹인 효소의 주요 특징을 먼저 살펴보자. 세포의 **대사 경로(metabolic pathway)**(화학반응의 차례)는 각 반응을 촉매하는 효소에 의해 결정되고, 효소는 세포의 유전적 구성에 의해 결정된다.

이해도 확인하기

- 동화작용과 이화작용을 구별하시오. **5-1**
- 어떻게 ATP가 이화작용과 동화작용 사이를 매개하는가? **5-2**

효소

학습 목표

5-3 효소의 구성요소를 확인한다.
5-4 효소 작용 방식을 설명한다.
5-5 효소 활성에 영향을 주는 요소를 나열한다.
5-6 경쟁적 억제와 비경쟁적 억제를 구별한다.
5-7 리보자임을 정의한다.

충돌이론

화학결합이 형성되거나 끊어질 때 화학반응이 일어난다고 2장에서 설명하였다. 반응이 일어나기 위해서는 원자 혹은 이온, 분자가 충돌하여야만 한다. 이 **충돌이론(collision theory)**은 화학반응이 어떻게 발생하고 특정 인자가 어떻게 이들 반응의 속도에 영향을 미치는지를 설명한다. 이 충돌이론의 기본은 모든 원자와 이온, 분자가 계속 움직이고, 그래서 지속적으로 서로 충돌한다는 것이다. 충돌로 입자에 전달되는 에너지는 화학결합을 끊거나 새로운 결합을 형성할 수 있을 만큼 충분해서 그들의 전자 구조를 바꿀 수 있다.

충돌이 화학반응을 일으킬지는 여러 요인에 의해 결정된다: 충돌하는 입자의 속도와 에너지, 입자의 특정한 화학구조 등. 충돌이 반응을 일으킬 가능성은 입자의 속도가 높을수록 어느 수준까지는 높아진다. 각 화학반응이 일어나려면 특정한 수준의 에너지가 필요하다. 그러나 충돌입자가 반응에 필요한 최소한의 에너지를 가지고 있더라도 입자가 서로를 향하여 적절하게 위치하지 않으면 아무런 반응이 일어나지 않는다.

물질 AB 분자(반응물)가 물질 A와 B 분자(산물)로 전환된다고 가정해 보자. 특정 온도에서 주어진 물질 AB 분자 집단의 일부 분자는 비교적 적은 에너지를 가지고 있고, 대다수는 평균적인 에너지 양을 가지고 있으며, 소수가 많은 에너지를 가진다. 고에너지 AB 분자만이 반응할 수 있어 A와 B 분자로 전환된다면, 어떤 한 시점에 비교적 적은 수의 분자만이 충돌에서 반응할 수 있는 충분한 에너지를 가진다. 화학반응에 필요한 충돌에너지를 **활성화에너지(activation energy)**라고 하는데, 이것은 어떤 특정 분자의 안정한 전자 구성이 붕괴되어 전자가 재배열되도록 하는 데에 필요한 에너지의 양이다.

반응 속도(reaction rate)—반응을 일으킬 수 있는 충분한 에너지를 가진 충돌의 빈도—는 활성화에너지 혹은 그 이상의 에너지 수준에 있는 반응물 분자의 수에 따라 결정된다. 물질의 반응 속도를 증가시키는 한 방법은 온도를 올리는 것이다. 열은 분자를 더 빠르게 움직이게 함으로써 충돌의 빈도와 활성화에너지를 얻은 분자의 수 모두를 증가시킨다. 반응물의 농도가 높아지면 충돌의 빈도가 또한 증가한다(분자 사이의 거리가 줄어들기 때문). 생명체에서 효소는 온도의 증가 없이 반응 속도를 증가시킨다.

효소와 화학반응

자신은 영구적으로 변경하지 않고 화학반응의 속도를 높일 수 있는 물질을 **촉매(catalyst)**라고 한다. 살아 있는 세포에서 **효소(enzyme)**는 생물학적 촉매의 역할을 한다. 촉매로서 효소는 특이적이다. 각 효소는 효소의 **기질(substrate**, 혹은 기질들; 두 개 이상의 반응물이 있을 때)이라는 특정 물질에만 작용하고 하나의 반응만 촉매한다. 예를 들어 설탕은 수크라아제(sucrase)의 기질인데, 이 효소는 설탕이 포도당과 과당으로 가수분해되는 반응을 촉매한다.

촉매로서 효소는 보통 화학반응 속도를 증가시킨다. 효소 분자의 입체구조에는 특정 화학 물질과 결합하는 지역인 **활성부위**(active site)가 있다(그림 5.4 참조).

효소는 반응의 가능성을 증가시키는 방향으로 기질을 배열한다. 효소와 반응물의 일시적인 결합으로 형성되는 **효소-기질 복합체(enzyme-substrate complex)**는 더 효과적으로 충돌하는 것을 가능하게 하고 반응의 활성화에너지를 낮춘다(그림 5.2). 따라서 효소는 반응하기 충분한 활성화에너지를 얻은 AB 분자의 수를 증가시킴으로써 반응의 속도를 높인다.

온도가 상당히 증가하면 세포 단백질이 파괴되기 때문에 온도를 증가시킬 필요없이 반응을 가속하는 효소의 능력은 생명체에서 매우 중요하다. 따라서 세포가 정상적으로 기능을 하는 온도에서 생화학반응을 가속하는 것이 효소의 중요한 기능이다.

효소의 특이성과 효율

효소의 특이성은 효소의 구조에 의해 생기게 된다. 효소는 일반적으로 구형의 큰 단백질로 분자량이 대략 만에서 수백만 정도의 범위이다. 알려진 수천 가지의 효소 각각은 1차, 2차, 3차 구조의 결과로 특정한 표면 형태를 가진 특징적인 3차원(입체) 모양을 띤다(45쪽 그림 2.15 참조). 각 효소의 독특한 형태는 효소가 세포 내에서 수많은 다양한 분자 중에서 올바른 기질을 찾는 것을 가능하게 한다.

효소는 매우 효율적이다. 최적의 조건에서 효소가 없을 때의 반

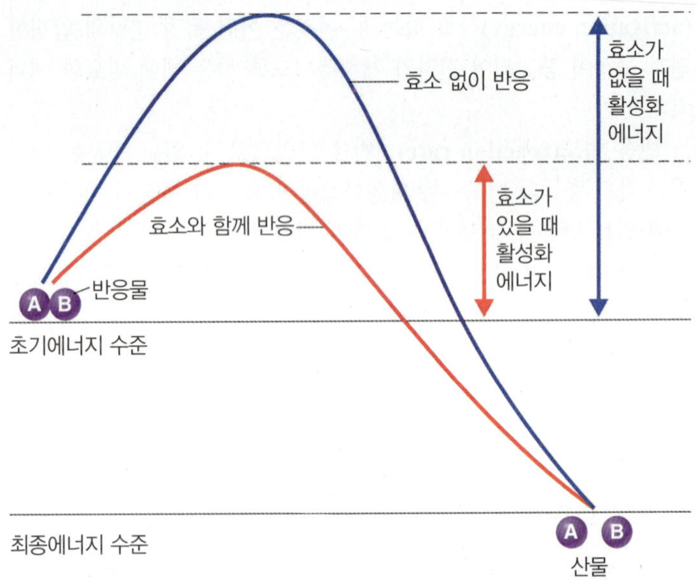

그림 5.2 **화학반응의 에너지 요구.** 이 도표는 효소가 없을 때(파란선)와 있을 때(붉은선)의 반응 AB → A + B의 진행 과정을 보여준다. 효소의 존재로 반응의 활성화에너지가 낮아진다(화살표 참조). 이리하여 반응물 AB 중 더 많은 분자가 반응에 필요한 활성화에너지를 가지게 되어 더 많은 AB 분자가 생성물 A와 B로 전환된다.

Q 왜 화학반응이 생물학적 촉매인 효소가 없으면 더 많은 활성화에너지를 필요로 하는가?

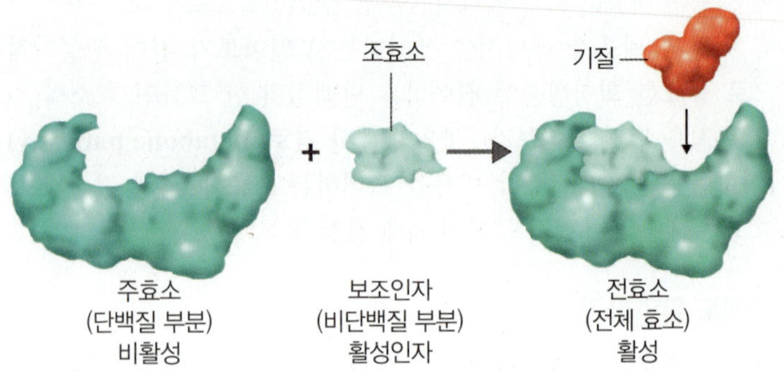

그림 5.3 **전효소의 구성성분.** 많은 효소가 활성을 갖기 위해 주효소(단백질 부분) 외에 보조인자(비단백질 부분)를 필요로 한다. 보조인자는 금속이온일 수도 있으며 이것이(여기서 보인 것처럼) 유기 분자이면 이것을 조효소라고 부른다. 주효소는 보조인자와 함께 전효소 혹은 전체효소를 만든다. 기질은 효소에 의해 작동되는 반응물이다.

Q 효소-기질 복합체가 어떻게 반응의 활성화에너지를 낮출수 있나?

응 속도보다 효소는 반응을 10^8~10^{10}배(100억 배까지) 빠르게 촉매할 수 있다. **회전횟수(turnover number**; 한 효소 분자가 초당 산물로 전환하는 기질 분자의 최대 수)는 보통 1~10,000이고 500,000까지 달할 수도 있다. 예를 들어, DNA의 합성에 참여하는 DNA 중합효소 I은 회전횟수가 15인 반면, 젖산에서 수소원자를 제거하는 젖산탈수소효소(lactate dehydrogenase)는 회전횟수가 1,000이다.

많은 효소가 활성과 비활성의 형태로 세포에 존재한다. 효소가 두 형태 사이를 오가는 비율은 세포의 환경에 의해 결정된다.

효소 명명법

효소의 이름은 일반적으로 –아제(*-ase*)로 끝난다. 모든 효소는 이들이 촉매하는 화학반응의 종류에 따라 여섯 종류로 나눌 수 있다(**표 5.1**). 주요 종류에 속하는 각각의 효소는 이들이 촉매하는 더 구체적인 반응 종류에 따라 이름을 붙인다. 예를 들어 산화환원효소(oxidoreductase)라는 종류는 산화-환원 반응(곧 설명할 것임)과 연관되어 있다. 기질에서 수소를 제거하는 산화환원제 종류의 효소를 탈수소효소(dehydrogenase)라고 부른다. 산소 분자(O_2)를 더하는 효소를 산화효소(oxidase)라고 부른다. 나중에 살펴보겠지만 탈수소효소와 산화효소는 작용하는 특정 기질에 따라 젖산탈수소효소와 시토크롬산화효소와 같은 더 구체적인 이름을 가진다.

효소 구성요소

일부 효소는 전적으로 단백질로 되어 있지만, 대부분은 **주효소(apoenzyme)**라고 불리는 단백질 부분과 **보조인자(cofactor)**라고 부르는 비단백질 부분으로 되어 있다. 철, 아연, 마그네슘, 혹은 칼슘이온 등이 보조인자의 예이다. 만일 보조인자가 유기 분자이면 이를 **조효소(coenzyme)**라고 부른다. 주효소는 그 자체만으로는 비활성이다. 이들은 반드시 보조인자에 의해 활성화되어야 한다. 주효소와 보조인자가 합쳐서 **전효소(holoenzyme)** 혹은 활성효소를 형성한다(그림 5.3). 만일 보조인자가 제거되면 주효소는 작동하지 않는다.

조효소는 기질에서 제거된 원자를 수용하거나 기질에 필요한 원자를 제공함으로써 효소를 보조할 수 있다. 일부 조효소는 전자운반체로 작용하는데, 기질에서 전자를 제거하여 이를 후속 반응에서 다른 분자에게 제공한다. 많은 조효소가 비타민에서 유래한다(**표 5.2**). 세포의 대사에서 가장 중요한 조효소의 두 가지는 **니코틴아미드아데닌디뉴클레오티드(nicotinamide adenine dinucleotide, NAD^+)**와 **니코틴아미드아데닌뉴디클레오티드인산(nicotinamide adenine dinucleotide phosphate, $NADP^+$)**이다. 두 화합물 모두 비타민 B 니아신(니코틴산) 유도체를 가지고 있고 둘 다 전자수용체 기능을 한다. NAD^+는 주로 이화(에너지 생산)반응에 참여하는 반면, $NADP^+$는 주로 동화(에너지 요구)반응에 참여한다. **플라빈모노뉴클레오티드(flavin mononucleotide, FMN)**와 **플라빈아데닌디뉴클레오티드(flavin adenine dinucleotide, FAD)** 같은 플라빈 조효소는 비타민 B, 리보플라빈의 유도체를 가지고 있고 역시 전자수용체이다. 또 다른 중요한 조효소는 **조효소A(coenzyme A, CoA)**로 또 다른 비타민 B인 판토텐산 유도체를 가진다. 이 조효소는 지방의 합성 및 분해와 크렙스 회로라는 일련의 산화반응에서 중요한

표 5.1 촉매하는 화학반응의 종류에 따른 효소의 분류

클래스	촉매하는 화학반응의 종류	예
산화환원효소	산소와 수소를 얻거나 잃는 산화-환원	시토크롬 산화효소, 젖산 탈수소효소
전달효소	아미노기나 아세틸기, 인산기 같은 작용기의 전달	아세트산 인산화효소, 알라닌 탈아민효소
가수분해효소	가수분해(물의 첨가)	리파아제, 슈크라아제
분해효소	가수분해없이 원자단을 제거	옥살산 탈탄산효소, 이소시트르산 분해효소
이성질화효소	한 분자내에서 원자의 재배열	포도당-인산 이성질화효소, 알라닌 라세미화효소
연결효소	두 분자를 연결(보통 ATP 분해에서 나오는 에너지를 이용)	아세틸조효소A 합성효소, DNA 연결효소

기능을 한다. 이번 장의 뒤쪽에서 대사를 설명할 때 이들 조효소 모두가 이해될 것이다.

앞서 언급했듯이 일부 보조인자는 철, 구리, 마그네슘, 망간, 아연, 칼슘, 코발트 등을 비롯한 금속 이온이다. 이런 보조인자는 효소와 기질 사이에 다리를 형성하여 촉매를 도와줄 수 있다. 예를 들어 마그네슘(Mg^{2+})은 많은 인산화효소(ATP에서 다른 기질로 인산기를 전달하는 효소)가 필요로 한다. Mg^{2+}은 효소와 ATP 분자 사이를 연결할 수 있다. 살아 있는 세포에 필요한 대부분의 미량 원소는 이런 방법으로 세포내 효소의 활성화에 사용된다.

효소의 작용 원리

효소는 화학반응의 활성화에너지를 낮춘다. 효소 작용에서 일어나는 사건의 일반적인 순서는 다음과 같다(그림 5.4a):

1. **활성부위(active site)**라는 효소 분자 표면의 특정 부위와 기질의 표면이 접촉한다.
2. **효소-기질 복합체(enzyme-substrate complex)**라는 일시적인 중간 화합물이 형성된다.
3. 기존 원자의 재배열, 기질 분자의 분해 혹은 다른 기질 분자와 결합으로 기질 분자가 변형된다.
4. 변형된 기질 분자는—반응의 산물—더 이상 효소의 활성부위에 맞지 않기 때문에 효소 분자에서 방출된다.
5. 변하지 않은 효소는 이제 자유롭게 다른 기질 분자와 반응한다.

이들 사건의 결과로 효소는 화학반응을 가속한다.

표 5.2 주요 비타민과 이들의 조효소로의 기능

비타민	기능
비타민 B_1 (티아민)	코카복실라아제 조효소의 일부; 피루브산의 대사를 비롯한 많은 기능
비타민 B_2 (리보플라빈)	플라보단백질의 조효소; 전자전달 기능
니아신 (니코틴산)	NAD 분자*의 일부; 전자전달 기능
비타민 B_6 (피리독신)	아미노산 대사에서 조효소
비타민 B_{12} (시아노코발라민)	메틸기의 전달에 관련된 조효소(메틸 시아노코발라민); 아미노산 대사에서 기능
판토텐산	조효소A 분자의 일부; 피루브산과 지질 대산에 관련
비오틴	탄소고정 반응과 지방산 합성에 관련
엽산	퓨린과 피리미딘의 합성에 이용되는 조효소
비타민 E	세포와 고분자 합성에 필요
비타민 K	전자전달에 이용되는 조효소(나프토퀴논과 퀴논)

*NAD = 니코틴아미드 아데닌 디뉴클레오티드

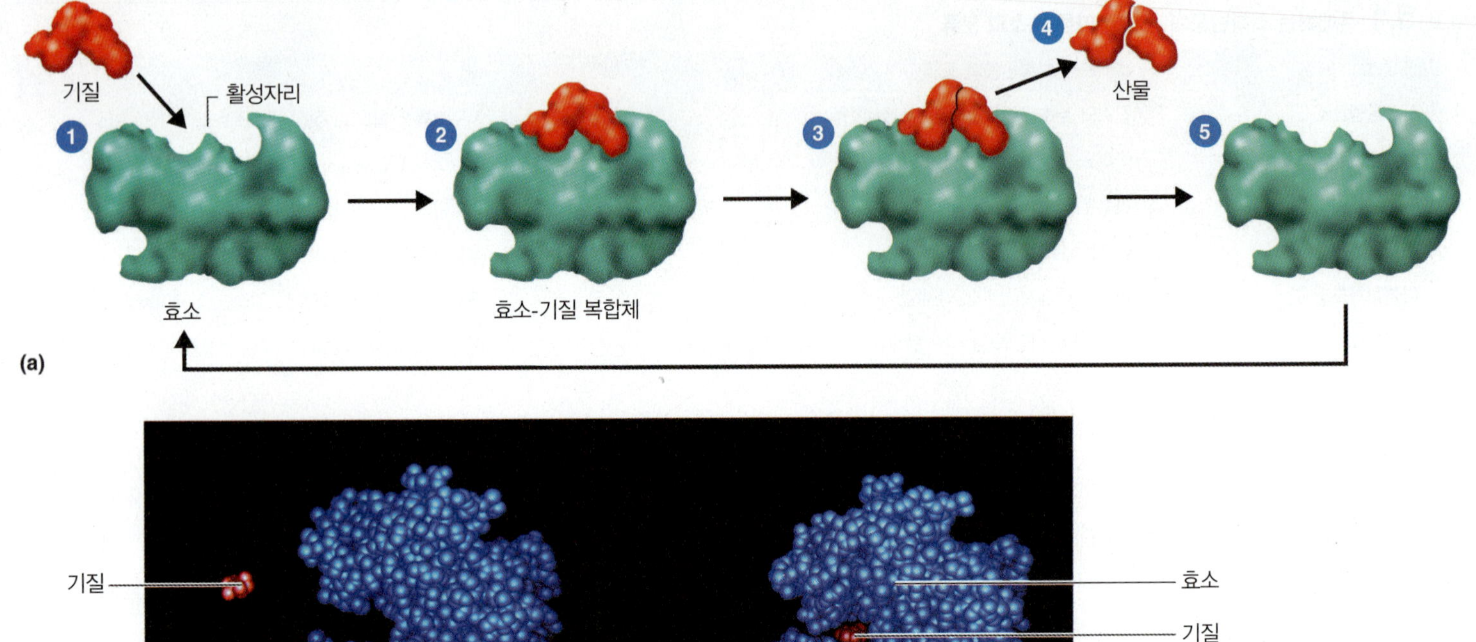

그림 5.4 효소의 작용 원리. (a) ❶ 기질이 효소의 활성자리에 접촉하여 ❷ 효소-기질 복합체를 형성한다. ❸ 그 다음 기질은 생성물로 변형되고, ❹ 생성물은 방출되며, ❺ 효소는 변하지 않고 회복된다. 보인 예에서 생성물로의 변환은 기질이 두 산물로 분해되는 것을 포함한다. 그러나 다른 변환도 발생할 수 있다. (b) 왼쪽: (a) 부분의 단계 ❶에서 효소의 분자 모델. 효소의 활성자리가 여기서 단백질의 표면의 홈처럼 보일 수이 있다. 오른쪽: (a) 부분의 단계 ❷에서 효소와 기질이 만남에 따라, 기질과 빈틈없이 꼭 맞게 모습으로 효소는 약간 변한다.

효소 특이성의 예를 들어 보시오.

이전에 언급했듯이 효소는 특정한 기질에 대한 **특이성**(specificity)이 있다. 예를 들어 특정 효소는 특정한 두 아미노산 사이의 펩티드 결합만을 가수분해할 수도 있다. 다른 효소는 전분을 가수분해할 수 있지만 섬유소는 분해하지 못한다: 전분과 섬유소 모두 포도당 소단위로 이루어진 다당류이지만 소단위의 결합방향이 두 다당류에서 다르다. 효소는 자물쇠에 열쇠가 맞는 것처럼 활성부위의 3차원적인 모양에 기질이 맞기 때문에 이러한 특이성을 가진다(그림 5.4b). 그러나 활성부위와 기질은 유연해서, 서로 만나면서 어느 정도 그 모양이 변하여 더 단단하게 결합한다. 기질은 보통 효소보다 훨씬 작아서 효소의 활성부위는 비교적 적은 수의 아미노산으로 구성되어 있다.

특정 화합물은 다른 반응을 촉매하는 여러 다른 효소에게도 기질이 될 수 있다. 그래서 화합물의 운명은 이것에 작용하는 효소에 달려 있다. 최소한 네 개의 다른 효소가 세포의 대사에 중요한 분자인 포도당-6-인산에 작용하고, 각 반응은 다른 산물을 만들어 낸다.

효소활성에 영향을 미치는 요인

효소는 다양한 세포 조절을 받는다. 두 가지 주요한 조절 형태는 효소 합성(synthesis)에 대한 조절(8장 참조)과 효소 활성(activity)에 대한 조절이다(얼마나 많은 효소가 존재하는가 대 이것이 얼마나 활성이 있는가).

여러 가지 요인이 효소의 활성에 영향을 준다. 중요한 것으로 온도와 pH, 기질 농도, 억제제의 존재 유무 등이 있다.

온도

대부분의 화학반응의 속도는 온도가 증가함에 따라 증가한다. 낮은 온도에서 분자는 높은 온도에서보다 더 느리게 움직여서 화학반응을 일으키기에 충분한 에너지를 갖지 못할 수도 있다. 그러나 효

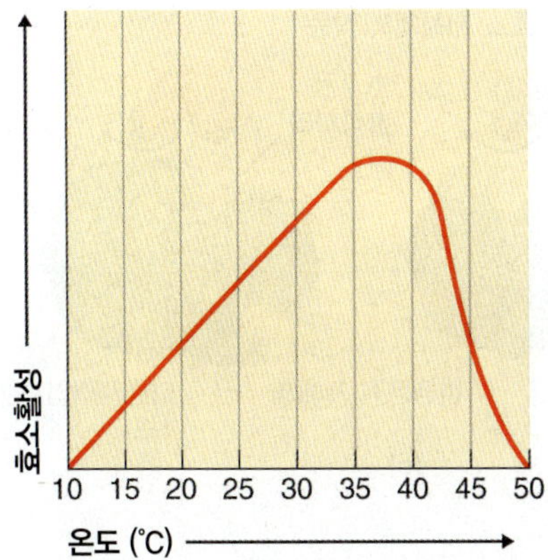

(a) **온도.** 효소의 활성(효소에 의해 촉매되는 반응의 속도)은 온도가 증가함에 따라 단백질인 효소가 열에 의해 변성되어 불활성화될 때까지 증가한다.

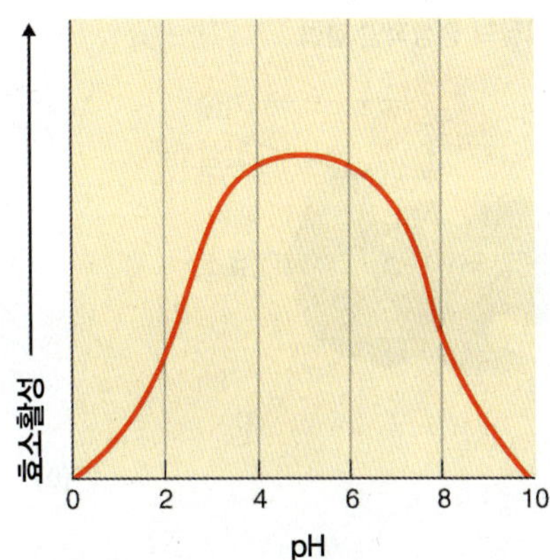

(b) **pH.** 그림에 있는 효소는 pH 5.0 근처에서 가장 활성이 높다.

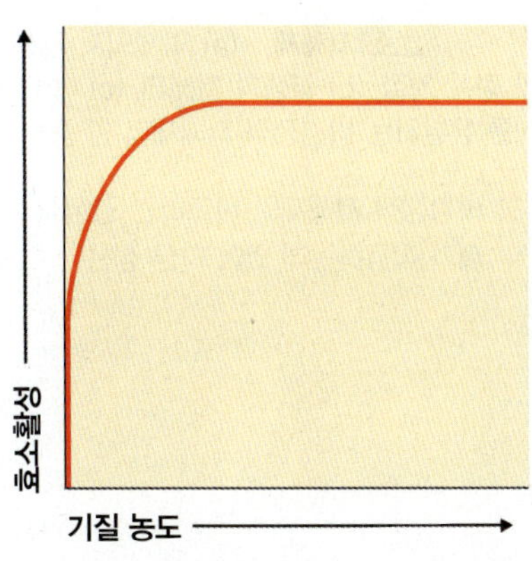

(c) **기질의 농도.** 기질의 농도가 증가함에 따라 모든 효소의 활성자리가 채워질 때까지 반응 속도는 증가한다. 이 지점에서 반응 속도에 최고에 다다른다.

그림 5.5 **효소 활성에 영향을 주는 요인**

 이 효소는 25℃에서 어떻게 작동할 것인가? 45℃에서는? pH 7에서는?

소 반응에서 특정 온도(최적 온도) 이상으로 상승하면 반응 속도가 현저하게 감소한다(그림 5.5a). 대부분의 사람 몸에서 질병을 유발하는 세균들의 최적온도는 35°C와 40°C 사이이다. 최적 온도를 넘어서면 효소의 반응 속도가 감소하는데 이는 효소의 특징적인 3차원 구조(3차구조)를 잃어버리는 효소의 **변성(denaturation)** 때문이다(그림 5.6). 단백질의 변성은 수소결합을 비롯한 비공유결합이 끊어지는 것과도 관련된다. 흔한 예는 익히지 않은 계란의 흰자(알부민이라는 단백질)가 열에 의해 경화된 상태로 변형되는 것이다.

효소의 변성은 활성부위에 있는 아미노산의 배열을 변화시켜, 효소의 모양을 변경시키고 효소의 촉매 능력을 잃어버리도록 한다. 경우에 따라, 변성은 부분적으로 또는 완전히 가역적이다. 그러나 효소 자체의 용해도를 완전히 잃고 응고될 때까지 변성이 계속되면 효소는 원래의 특성을 회복할 수 없다. 효소는 또한 농축된 산, 염기, 중금속(납, 비소 또는 수은 같은), 알코올, 자외선 등에 의해 변성될 수도 있다.

pH

대부분의 효소는 이들의 활성이 최대가 되는 특징적인 최적의 pH를 가진다. 이 pH 값의 위나 아래에서 효소 활성과 이에 따른 반응 속도는 감소한다(그림 5.5b). 배지의 수소이온의 농도(pH)가 크게 변할 때 단백질의 3차원 구조는 변경된다. pH의 극단적인 변화는 효소의 변성을 가져올 수 있다. H^+(과 OH^-)가 효소에 있는 수소결합이나 이온결합과 경쟁하고 그 결과로 효소가 변성되기 때문에 산(혹은 염기)은 단백질의 3차원 구조를 변경시킨다.

기질 농도

일정량의 효소가 특정 반응을 촉매할 수 있는 최대 속도가 있다. 기질의 농도가 극단적으로 높은 때만 최대 속도에 도달할 수 있다. 고농도 기질의 조건하에서 효소는 **포화(saturation)**되었다고 한다. 즉, 이것의 활성부위는 언제나 기질 혹은 산물에 의해 차 있다. 이 조건에서 기질 농도의 증가는 반응 속도에 영향을 주지 않는다. 왜냐하면 모든 활성부위가 이미 사용되고 있기 때문이다(그림 5.5c). 정상 조건의 세포에서 효소는 기질에 의해 포화되지 않는다. 어떤 순간에도 많은 효소 분자가 기질이 없어 비활성이다. 따라서 기질 농도는 반응속도에 영향을 주기가 쉽다.

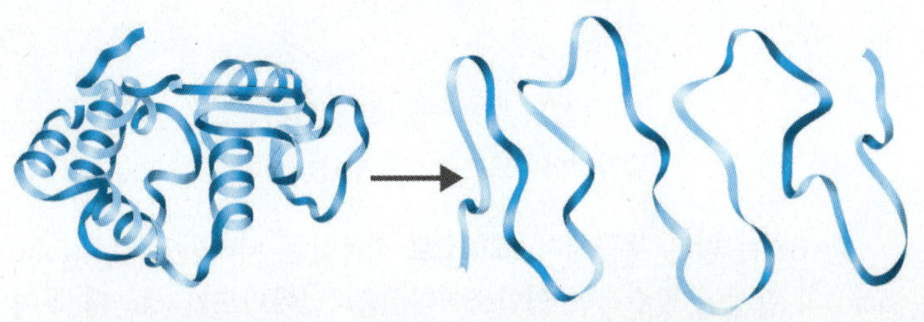

그림 5.6 **단백질의 변성.** 활성 있는 단백질의 3차원 모양을 유지하는 비공유결합(수소결합 같은)이 끊어져서 기능이 없는 변성된 단백질이 된다.

 어떤 경우에 변성이 회복될 수 없는가?

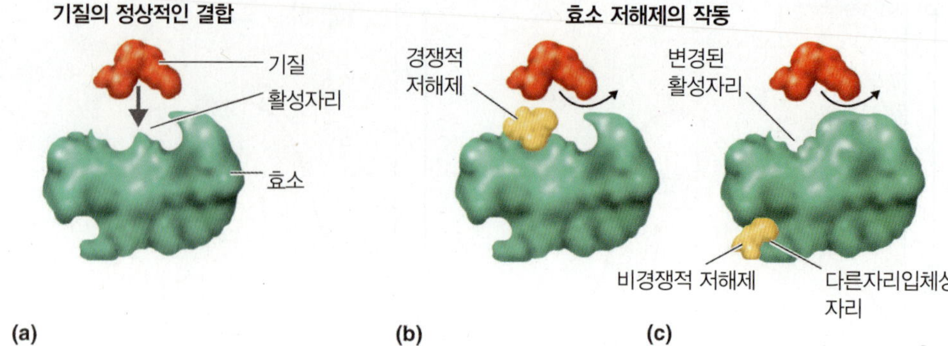

그림 5.7 효소 저해제. (a) 억제되지 않은 효소와 정상 기질. (b) 경쟁적 저해제. (c) 다른자리 억제를 유발하는 비경쟁적 저해제의 한 종류.

비경쟁적 저해제와 비교하면 경쟁적 저해제가 작동하는데 있어 다른 점은?

저해제

세균의 성장을 제어하는 효과적인 방법은 이들의 효소를 제어하는 것이다. 시안과 비소, 수은 같은 특정 독성물질은 효소와 결합하여 효소가 기능을 하지 못하게 한다. 그 결과 세포는 기능을 멈추고 죽게 된다.

효소 저해제는 경쟁적 혹은 비경쟁적 저해제로 나뉜다(그림 5.7). **경쟁적 저해제(competitive inhibitor)**는 효소의 활성부위를 채우며, 활성부위를 놓고 정상 기질과 경쟁한다. 경쟁적 저해제는 이것의 모양과 화학구조가 정상 기질과 비슷하기 때문에 그렇게 할 수 있다(그림 5.7b). 그러나 기질과 달리 저해제는 산물을 만드는 어떤 반응도 거치지 않는다. 일부 경쟁적 저해제는 활성부위의 아미노산에 비가역적으로 결합하여 더 이상 기질과 반응을 못하게 한다. 다른 저해제는 점유와 이탈을 번갈아 하면서 가역적으로 활성부위에 결합한다. 이것이 기질에 대한 효소의 작용을 늦춘다. 기질 농도의 증가로 가역적인 경쟁적 저해를 극복할 수 있다. 활성부위가 가용해짐에 따라 경쟁적 저해제보다 더 많은 기질 분자가 효소의 활성부위에 결합하는 것이 가능하다.

경쟁적 저해제의 한 좋은 예는 정상 기질이 *para*-아미노벤조산(PABA)인 효소를 저해하는 술파닐아미드(설파제)이다.

NH_2–$S(=O)_2$–C_6H_4–NH_2 술파닐아미드 HO–C(=O)–C_6H_4–NH_2 PABA

PABA는 많은 세균에서 조효소로 작용하는 비타민인 엽산(folic acid)의 합성에 필수적인 영양소이다. 술파닐아미드가 세균에 투여되면 정상적으로는 PABA를 엽산으로 전환하는 효소가 술파닐아미드와 대신 결합한다. 엽산은 합성되지 않고 세균은 자랄 수 없다. 사람 세포는 PABA를 엽산을 만드는 데 이용하지 않기 때문에 술파닐아미드는 세균은 죽일 수 있지만 사람 세포에는 손상을 주지 않는다.

비경쟁적 저해제(noncompetitive inhibitor)는 효소의 활성부위를 두고 기질과 경쟁하지 않는다. 대신 이들은 효소의 다른 부분에 결합한다(그림 5.7c). **다른자리입체성 저해(allosteric inhibition)**라는 이 과정에서 저해제는 효소의 기질결합 부위가 아닌 **다른자리입체성 자리(allosteric site)**라고 부르는 부위에 결합한다. 이 결합은 활성부위의 모양 변화를 유도하여, 제 기능을 못하게 만든다. 그 결과 효소 활성은 감소한다. 이 효과는 가역적이거나 비가역적일 수 있는데 이것은 활성부위가 원래 모양으로 되돌아갈 수 있는냐에 달려 있다.

일부 경우, 다른자리입체성 상호작용은 효소를 억제하기보다 오히려 활성화시킬 수도 있다. 다른 종류의 비경쟁적 저해는 활성에 금속이온이 필요한 효소에 작용할 수 있다. 특정 화학물질은 금속이온 활성제와 결합하거나 묶여서 효소반응을 막을 수 있다. 시안화물은 철을 함유한 효소의 철에 결합할 수 있고 플루오르화물은 칼슘이나 마그네슘에 결합할 수 있다. 시안화물과 플루오르화물 등과 같은 물질은 영구적으로 효소를 불활성화시키기 때문에 때때로 **효소독물**(enzyme poison)이라고 불린다.

되먹임억제

다른자리입체성 저해제는 **되먹임억제(feedback inhibition)** 또는 **최종산물억제(end-product inhibition)**라고 하는 생화학적인 조절에서 그 역할을 한다. 이런 조절 체계는 세포가 물질을 필요한 양보다 더 만드는 것을 중단시켜 화학물질 자원의 낭비를 막는다. 일부 대사반응에서는 여러 단계를 거쳐서 **최종산물**(end-product)이라는 특정 화학물이 합성된다. 이 과정은 공장의 조립라인과 유사한데, 별도의 효소가 각 단계를 촉매한다(그림 5.8). 많은 동화 경로에서 최종산물이 해당 경로의 초기에 있는 특정 효소의 활성을 다른자리입체적으로 억제할 수 있다. 이런 현상을 되먹임억제라고 한다.

되먹임억제는 일반적으로 대사 경로의 첫 효소에 작용한다(첫 번째 작업자의 중단으로 조립 라인이 멈추는 것과 비슷). 첫 효소가 억제되기 때문에 경로의 첫 번째 효소반응의 산물이 합성되지 않는다. 합성되지 않은 산물이 보통 그 경로의 두 번째 효소의 기질이기 때문에 두 번째 반응도 역시 즉각 중단된다. 따라서 해당 경로의 첫

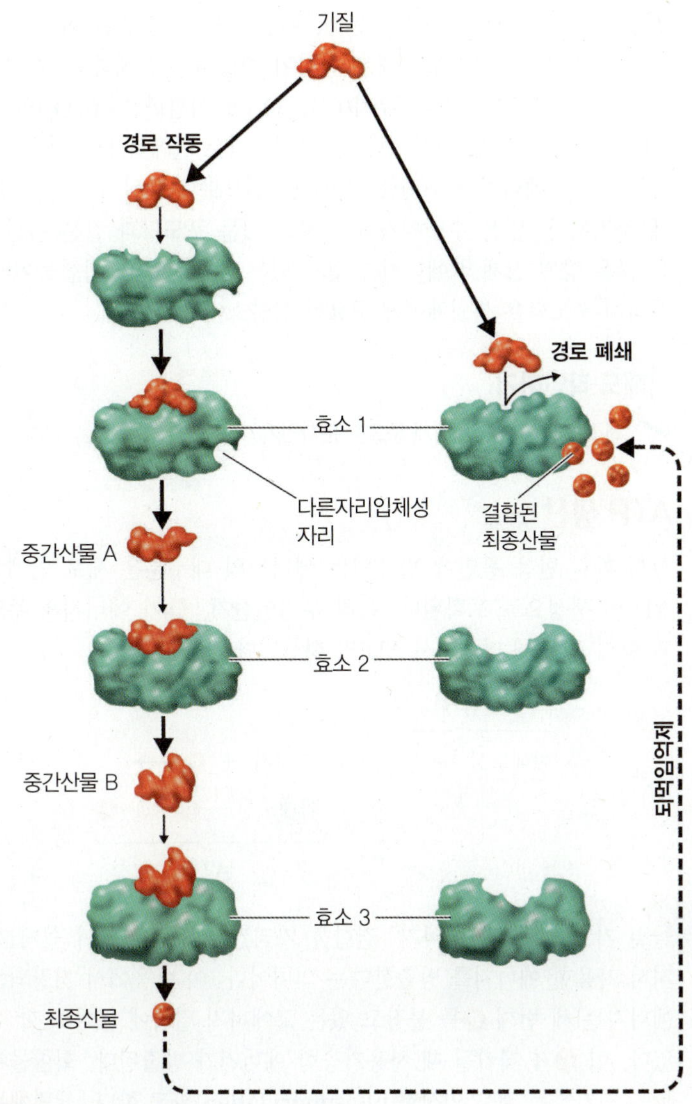

그림 5.8 되먹임억제

Q 경쟁적 저해와 되먹임억제의 차이점을 설명하시오.

번째 효소만 억제하여도 전체 경로가 멈추고 새로운 최종산물은 생성되지 않는다. 경로에서 첫 효소를 억제함으로써 세포는 대사 중간체의 축척을 또한 막을 수 있다. 만들어진 최종산물을 세포가 모두 사용하고 나면, 첫 번째 효소의 다른자리입체성 자리는 비어 있는 상태로 되기 시작하여 합성 경로의 활동이 재개된다.

대장균에서 일어나는 세포의 성장에 필요한 아미노산인 류신의 합성과정을 이용하여 되먹임억제를 설명할 수 있다. 이 대사 경로에서 아미노산 트레오닌은 효소에 의해 다섯 단계를 거쳐 이소류신으로 전환된다. 만일 이소류신이 대장균의 성장 배지에 첨가되면 이것은 이 경로의 첫 번째 효소를 억제하고 대장균은 이소류신의 합성을 중단한다. 이런 상태는 이소류신의 공급이 고갈될 때까지 유지된다. 이런 종류의 되먹임억제는 세포에서 다른 아미노산이나 비타민, 퓨린, 피리미딘 등의 생산을 조절하는 데에도 마찬가지로 적용된다.

리보자임

1982년 이전에는 단백질 분자만이 효소 활성을 가진다고 믿었다. 미생물을 연구하던 과학자가 **리보자임(ribozyme)**이라 불리는 독특한 종류의 RNA를 발견했다. 단백질 효소처럼 리보자임은 촉매로서의 기능을 하는데, 기질이 결합하는 활성자리도 있고 화학반응에서 소진되지도 않는다. 리보자임은 RNA 가닥에 특이적으로 작용하여 일부 구간을 제거하고 남은 조각을 짜깁기한다. 이런 점에서 리보자임은 단백질 효소보다 반응하는 기질의 다양성이란 측면에서는 더 제한적이다.

이해도 확인하기

- 조효소는 무엇인가? **5-3**
- 효소의 특이성은 왜 중요한가? **5-4**
- 최적 온도보다 낮거나 높은 온도에서는 각각 어떤 일이 효소에 일어나는가? **5-5**
- 되먹임억제가 왜 비경쟁적 저해인가? **5-6**
- 리보자임은 무엇인가? **5-7**

에너지 생산

학습 목표

5-8 산화-환원이란 용어를 설명한다.
5-9 ATP를 만드는 세 종류의 인산화 반응을 나열하고 예를 제시한다.
5-10 대사 경로의 전체적인 기능을 설명한다.

영양소 분자도 다른 분자와 마찬가지로 이들의 원자 사이의 결합을 형성하는 전자에 연관된 에너지를 갖는다. 에너지가 분자에 퍼져 있으면 세포는 이 에너지를 이용하기가 어렵다. 그러나 이화 경로의 다양한 반응을 통해서 ATP의 결합 안으로 에너지가 모아지고, ATP는 편리한 에너지 전달체의 역할을 한다. ATP는 일반적으로 "고에너지" 결합을 가진다고 한다. 사실은, **불안정한 결합**(unstable bond)이 아마 더 맞는 용어이다. 이들 결합에 있는 에너지의 양이 특별히 크지는 않지만, 빨리 그리고 쉽게 방출될 수 있다. 이런 의미에서 ATP는 등유처럼 인화성이 높은 액체와 비슷하다. 비록 큰 통나무가 한 컵의 등유보다 궁극적으로 더 많은 열을 생산하면서 타지만 등유가 더 쉽게 점화되고 더 빠르고 편하게 열을 제공한다. 비슷한 방법으로 ATP의 불안정한 고에너지 결합은 세포에게 동화작용에 쉽게 사용될 수 있는 에너지를 제공한다.

이화 경로를 설명하기 전에 에너지 생산의 두 가지 일반적인 측면을 생각해 볼 것이다: 산화-환원의 개념과 ATP 생산의 원리.

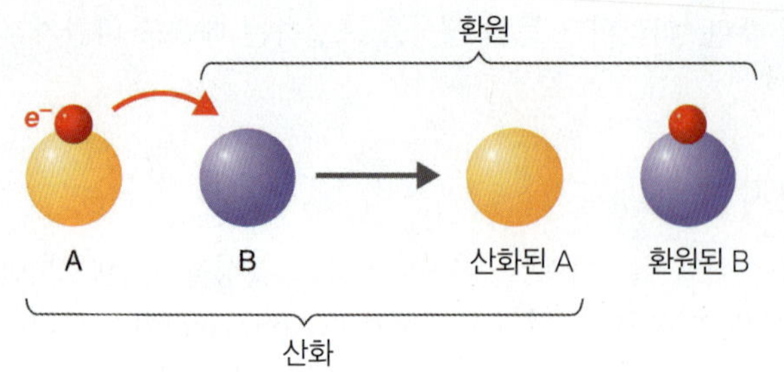

그림 5.9 산화-환원. 전자 하나가 분자 A에서 분자 B로 전달된다. 이 과정에서 분자 A는 산화되고 분자 B는 환원된다.

 산화와 환원은 어떻게 다른가?

산화-환원 반응

산화(oxidation)는 원자나 분자에서 전자(e^-)가 제거되는 것으로 보통 이 반응은 에너지를 생산한다. 그림 5.9는 분자 A가 분자 B에 전자를 잃는 산화의 예를 보여준다. 분자 A는 산화되고(하나 이상의 전자의 손실을 의미), 반면 분자 B는 **환원(reduction)**된다(하나 이상의 전자의 획득을 의미).* 산화와 환원 반응은 언제나 연결된다; 다른 말로, 한 물질이 산화되는 순간 다른 물질이 동시에 환원된다. 이들 반응의 쌍을 **산화환원 반응(oxidation-reduction** 혹은 **redox reaction)**이라고 부른다.

대부분의 세포내 산화반응에서 전자와 양성자(수소이온, H^+)는 동시에 제거된다. 이것은 수소원자가 하나의 양성자와 하나의 전자로 되어 있기 때문에 수소원자의 제거와 동일하다(28쪽 표 2.2 참조). 대부분의 생물학적 산화반응은 수소원자의 손실을 포함하기 때문에 이를 **탈수소(dehydrogenation)**반응이라고도 부른다. 그림 5.10은 생물학적 산화의 한 예를 보여준다. 유기 분자가 수소원자 두 개를 잃고 산화되면서 NAD^+ 분자가 환원된다. NAD^+는 기질(이 경우에는 유기 분자)에서 제거된 수소원자를 받아들임으로 효소를 보조하는 조효소라는 앞선 설명을 상기하자. 그림 5.10에서 보는 것처럼 NAD^+는 전자 두 개와 양성자 하나를 받아들인다. 남은 양성자 하나는 주변 매질로 방출된다. 환원된 조효소 NADH는 NAD^+보다 에너지를 더 가지고 있다. 이 에너지는 나중의 반응에서 ATP의 생산에 이용될 수 있다.

생물학적 산화-환원 반응에 대해서 기억해야 할 중요한 사항은 세포가 영양소 분자에서 에너지를 추출하기 위한 이화작용에 산화-환원 반응을 이용한다는 것이다. 세포는 영양소를 섭취하고 이것의 일부를 에너지원으로 이용하는데, 이들을 매우 환원된 화합물(많은 수소원자를 가진)에서 매우 산화된 화합물로 분해하는 것이다. 예를 들어 세포가 포도당 분자($C_6H_{12}O_6$)를 이산화탄소(CO_2)와 물(H_2O)로 산화할 때, 포도당에 있는 에너지는 단계적으로 제거되어 궁극적으로 에너지 요구 반응의 에너지원으로 사용될 수 있는 ATP에 축적된다. 많은 수소원자를 가지고 있는 포도당과 같은 화합물은 많은 양의 잠재적 에너지를 갖고 있는 매우 환원된 화합물이다. 따라서 포도당은 생명체에게 중요한 영양소이다.

* 이들 반응의 발견사를 모르면 이 용어는 논리적으로 보이지 않을 것이다. 수은을 가열하면 산화수은이 형성되면서 무게가 늘어난다; 이것을 *산화(oxidation)*라고 한다. 수은은 실제로 전자를 잃었고, 관찰된 산소의 *획득*은 전자 손실의 직접적인 결과임이 나중에 밝혀졌다. 그러므로 산화는 전자의 손실이고 환원은 전자의 획득이지만, 통상적으로 화학반응식을 표기할 때는 전자의 획득과 손실은 보통 드러나지 않는다. 일례로 130쪽에 있는 유산소호흡의 반응식을 보면, 포도당의 각 탄소가 원래 산소를 하나씩 갖고 있지만, 나중에는 이산화탄소로서 각 탄소는 두 개의 산소를 가진다는 것을 주목하시오. 그러나 실제로 이것의 원인이 되는 전자의 획득과 손실은 나타나지 않는다.

이해도 확인하기

✔ 왜 포도당이 생명체에게 중요한 분자인가? **5-8**

ATP 생산

산화-환원 반응 동안에 방출되는 에너지의 대부분은 세포 안에서 ATP의 생성으로 포획된다. 특히 무기인산기, Ⓟ$_i$가 에너지의 주입과 함께 ADP에 더해져서 ATP가 형성된다:

ADP
아데노신 — Ⓟ ~ Ⓟ + 에너지 + Ⓟ$_i$ ⟶
아데노신 — Ⓟ ~ Ⓟ ~ Ⓟ
ATP

물결 기호(~)는 "고에너지" 결합을 가리킨다. 즉, 결합이 쉽게 깨져서 가용한 에너지를 방출한다는 의미이다. 이 반응에서 저장되는 에너지는 세 번째 Ⓟ를 붙잡고 있는 고에너지 결합에 있다고 할 수 있다. 이 Ⓟ가 제거될 때 사용가능한 에너지가 방출된다. 화합물에 Ⓟ를 첨가하는 것을 **인산화(phosphorylation)**라고 한다. 생명체는 세 가지 인산화 방법을 사용하여 ADP에서 ATP를 만든다.

기질수준의 인산화

기질수준의 인산화(substrate-level phosphorylation)에서는 고에너지 Ⓟ가 인산화된 화합물(기질)에서 직접 ADP에 전달되면서 ATP가 보통 생산된다. 일반적으로 Ⓟ는 기질 자체가 산화되는 초기 반응동안에 에너지를 획득한다. 다음의 예는 탄소골격과 전형적인 기질의 Ⓟ만 보여준다:

C—C—C ~ Ⓟ + ADP → C—C—C + ATP

산화적 인산화

산화적 인산화(oxidative phosphorylation)에서는 전자가 유기화합물에서 일군의 전자전달체(보통 NAD^+와 FAD)로 전달된다. 그 다음 전자는 일련의 다른 전자전달체를 통해 산소 분자(O_2)나 다른 산화된 무기 혹은 유기 분자로 전달된다. 이 과정은 원핵생물의 원형질막과 진핵생물의 미토콘드리아 내막에서 일어난다. 산화적 인산화에 사용되는 전자전달계의 서열을 **전자전달사슬(계)[electron**

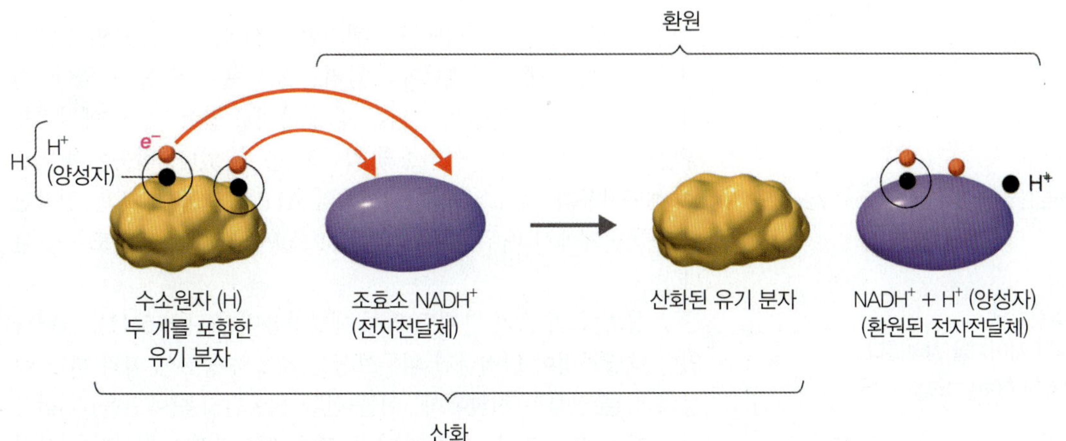

그림 5.10 대표적인 생물학적 산화. 두 개의 전자와 두 개의 양성자(합치면 수소원자 두 개에 상당)가 기질인 유기 분자에서 조효소인 NAD^+로 전달된다. 실제로 NAD^+는 수소원자 하나와 전자 한 개를 받고 양성자 하나는 매질로 방출된다. NAD^+는 에너지가 더 풍부한 분자인 NADH로 환원된다.

생명체는 산화-환원 반응을 어떻게 이용하는가?

transport chain(system)]이라고 부른다(그림 5.14 참조). 한 전자전달체에서 다음 전자전달체로 전자를 전달하면서 에너지가 방출되는데, 이것의 일부가 128쪽에 설명된 **화학적삼투**(chemiosmosis) 라는 과정을 통하여 ADP로부터 ATP를 만드는 데 이용된다.

광인산화

인산화의 세 번째 방식인 **광인산화(photophosphorylation)**는 엽록소와 같이 빛을 흡수하는 색소를 가진 광합성 세포에서만 일어난다. 광인산화에서는 저에너지 구성단위인 이산화탄소와 물이 빛에너지에 의해 유기 분자, 특히 당(sugar)으로 합성된다. 이 과정은 빛에너지를 ATP와 NADPH의 화학에너지로 전환하는 과정으로 시작되는데, ATP와 NADPH는 결국 유기 분자의 합성에 사용된다. 산화적 인산화처럼 전자전달계가 포함된다.

이해도 확인하기

✔ ATP를 생성하는 세 가지 방법을 설명하시오. **5-9**

에너지 생산의 대사경로

생명체는 유기 분자에 있는 에너지를 한번에 폭발적으로 뽑아내지 않고 일련의 조절된 반응을 통해 에너지를 방출하고 이를 저장한다. 만일 에너지가 많은 양의 열로 모두 한번에 방출되면 이 에너지는 화학반응을 구동하는 데 즉시 사용될 수 없고 사실 세포에 손상을 준다. 유기 화합물에서 에너지를 추출하고 이것을 화학적 실체 안에 저장하기 위해 생명체는 일련의 산화-환원 반응을 통해 전자를 한 물질에서 다른 물질로 전달한다.

앞서 언급한 것처럼 세포 안에서 일어나는 효소촉매 화학반응의 서열을 대사경로라고 부른다. 다음은 가상 대사경로로 시작 물질 A를 최종산물 F로 전환하는 일련의 다섯 단계이다.

NAD^+ $NADH + H^+$
A ——❶——→ B ——❷——→
시작물질

ADP + Ⓟi ATP O_2
C ——❸——→ D ⇌❹ E ——❺——→ F
CO_2 H_2O 최종산물

첫 단계는 물질 A를 물질 B로 전환하는 것이다. 곡선 화살표는 이 반응이 조효소 NAD^+가 NADH로 환원되는 것과 연결되어 있음을 나타낸다. 전자와 양성자는 분자 A에서 유래한다. 마찬가지로 ❸의 두 화살표는 두 반응의 연결을 보여준다. C가 D로 전환됨에 따라 ADP는 ATP로 전환되는데, 이때 필요한 에너지는 D로 변하면서 C에서 나온다. D를 E로 전환되는 반응은 이중 화살표가 가르키는 것처럼 가역적이다. 다섯 번째 단계에서 O_2에서 시작하는 화살표는 O_2가 반응물인 것을 가리킨다. CO_2와 H_2O로 향하는 화살표는 이들 물질이 이 반응에서(아마) 우리가 가장 관심있는 최종산물 F 외에 부가적으로 생성되는 2차산물이라는 것을 가리킨다. 여기서 나온 CO_2와 H_2O같은 2차산물은 때로 **부산물**(by-product) 혹은 **노폐물**(waste product)이라고 부른다. 대사경로에서 거의 모든 반응이 특정 효소에 의해 촉매되는 것을 명심하자. 때때로 효소의 이름이 화살표 근처에 적혀 있다.

이해도 확인하기

✔ 대사경로의 목적은 무엇인가? **5-10**

탄수화물 이화작용

학습 목표

5-11 해당과정의 화학반응에 대해 설명한다.

5-12 5탄당인산과 엔트너-도우도로프 경로(Entner-Doudoroff pathways)의 기능을 알아본다.

5-13 크렙스 회로의 산물을 설명한다.

5-14 ATP 생산을 위한 화학삼투 모델을 설명한다.

5-15 유산소 호흡와 무산소 호흡의 유사점과 차이점을 알아본다.

5-16 발효의 화학반응을 설명하고 발효산물의 일부를 나열한다.

대부분의 미생물은 탄수화물을 이들의 세포내 주요 에너지원으로 산화한다. 에너지를 만들기 위한 탄수화물 분자의 분해인 **탄수화물 이화작용(carbohydrate catabolism)**은 따라서 세포 대사에서 상당히 중요하다. 포도당은 세포에서 이용되는 가장 흔한 탄수화물원이다. 또한 미생물은 다양한 지질과 단백질도 에너지 생산을 위해 분해할 수 있다(133쪽).

포도당에서 에너지를 생산하기 위해 미생물은 두 가지의 일반적인 과정을 사용한다: **세포호흡**(cellular respiration)과 **발효**(fermentation). (세포호흡을 설명하면서 종종 이 과정을 간단히 호흡이라고 언급할텐데, 이를 숨쉬기와 혼동해서 해서는 안 된다.) 보통 세포호흡과 발효 모두 같은 첫 단계, 즉 해당과정으로 시작하지만, 이후 다른 연결 경로를 따른다(그림 5.11). 해당과정과 호흡, 발효에 대해 상세히 알아보기 전에 먼저 전체 과정을 살펴보자.

그림 5.11에서 보이는 것처럼 포도당의 호흡은 전형적으로 세 가지 주요 단계로 이루어진다: 해당과정, 크렙스 회로, 전자전달사슬(계).

❶ 해당과정은 약간의 ATP와 에너지가 들어 있는 NADH가 생산되면서 포도당이 피루브산으로 산화되는 과정이다.

❷ 크렙스 회로는 약간의 ATP와 에너지가 들어 있는 NADH, 또 다른 환원된 전자전달체인 $FADH_2$(플라빈 아데닌 디뉴클레오티드의 환원된 형태)가 생산되면서 아세틸 CoA(피루브산의 유도체)가 이산화탄소로 산화되는 과정이다.

❸ 전자전달사슬(계)에서 NADH와 $FADH_2$는 산화된다. 이 과정에서 기질에서 가져온 전자를 일련의 추가 전자전달체가 참여하는 산화-환원의 "연쇄반응"에 공급한다. 이들 반응에서 나오는 에너지는 상당한 양의 ATP를 만드는 데 사용된다. 호흡에서 대부분의 ATP는 이 세 번째 단계에서 만들어진다.

호흡은 긴 일련의 산화-환원 반응으로 되어 있기 때문에 전체 과정을 에너지가 풍부한 포도당 분자에서 비교적 에너지가 적은 CO_2와 H_2O 분자로 전자가 흐르는 것으로 생각할 수 있다. 이 흐름을 ATP 생산과 연계시키는 것은 흐르는 물의 에너지를 이용하여 전력을 생산하는 것과 어느 정도 유사하다. 더 비유하자면 해당과정과 크렙스 회로 동안에는 시냇물이 완만한 경사 아래로 흐르면서 에너지를 공급해 재래식 물레방아를 돌리는 것으로 그려 볼 수 있다. 전자전달사슬에서는 강물이 가파른 경사 아래로 떨어지면서 에너지를 공급하는 현대적 대형 발전소와 같다고 볼 수 있다. 비슷한 방법으로 해당작용과 크렙스 회로는 소량의 ATP를 만들고, 또한 전자전달사슬 단계에서 매우 많은 양의 ATP를 만들어내는 전자도 공급한다.

보통 발효의 초기 단계도 역시 해당작용이다(그림 5.11). 그러나 일단 해당과정이 일어나면 피루브산은 세포의 종류에 따라 하나 이상의 다른 산물로 전환된다. 이들 산물에는 알코올(에탄올)과 젖산이 포함될 수도 있다. 호흡과 달리, 발효에는 크렙스 회로나 전자전달계가 없다. 따라서 ATP의 생산도 해당과정에서만 일어나기에 매우 적다.

해당과정

포도당이 피부르산으로 산화되는 **해당과정(glycolysis)**은 보통 탄수화물 이화작용의 첫 단계이다. 대부분의 미생물이 이 경로를 이용한다. 즉, 해당과정은 대부분의 살아 있는 세포에서 일어난다.

해당과정을 또한 **엠덴-마이어호프 경로**(Embden-Meyerhof pathway)라고도 한다. 해당이라는 단어는 당의 쪼개짐를 의미하는데, 정확히 이것이 일어난다. 해당과정의 효소는 6탄당인 포도당을 두 개의 3탄당으로 쪼개는 것을 촉매한다. 이들 당은 그 다음 산화되어 에너지를 방출하고, 이들의 원자는 두 분자의 피루브산으로 재배열된다. 해당과정 동안 NAD^+는 NADH로 환원되고 기질수준의 인산화로 두 분자의 ATP가 최종 생성된다. 해당과정은 산소를 필요로 하지 않는다. 따라서 이것은 산소 유무에 상관없이 일어날 수 있다. 이 과정은 10개 화학반응의 연속으로 아루어지며, 각각은 다른 효소에 의해 촉매된다. 이 단계들은 그림 5.12에 개략적으로 요약되어 있다. 해당과정에 대한 더 자세한 설명은 부록 A에 있는 그림 A.2를 참조.

해당과정을 요약하면 이 과정은 두 기본 단계, 즉 준비 단계와 에너지-보존 단계로 구성되어 있다:

1. 먼저, 준비 단계에서는(그림 5.12의 단계 ❶~❹), 두 분자의 ATP가 사용되어 6탄소의 포도당 분자가 인산화되고, 재구성되어 두 개의 3탄소 화합물, 즉 글리세르알데히드 3-인산(GP)과 디하이드록시아세톤 인산(DHAP)으로 쪼개진다. ❺ DHAP는 즉시 GP로 전환된다. (역반응도 일어날 수 있다.) DHAP가 GP로 전환되었다는 것은 이 지점부터는 두 분자의 GP가 해당과정의 나머지 화학반응에 들어간다 것을 의미한다.
2. 에너지-보존 단계에서는(단계 ❻~❿), 두 개의 3탄소 분자가 여러 단계를 거쳐 두 분자의 피르부산으로 산화된다. 이 반응에서 NAD^+ 두 분자가 NADH로 환원되고, 기질수준의 인산화로 네

토대 그림 5.11

호흡과 발효의 개요

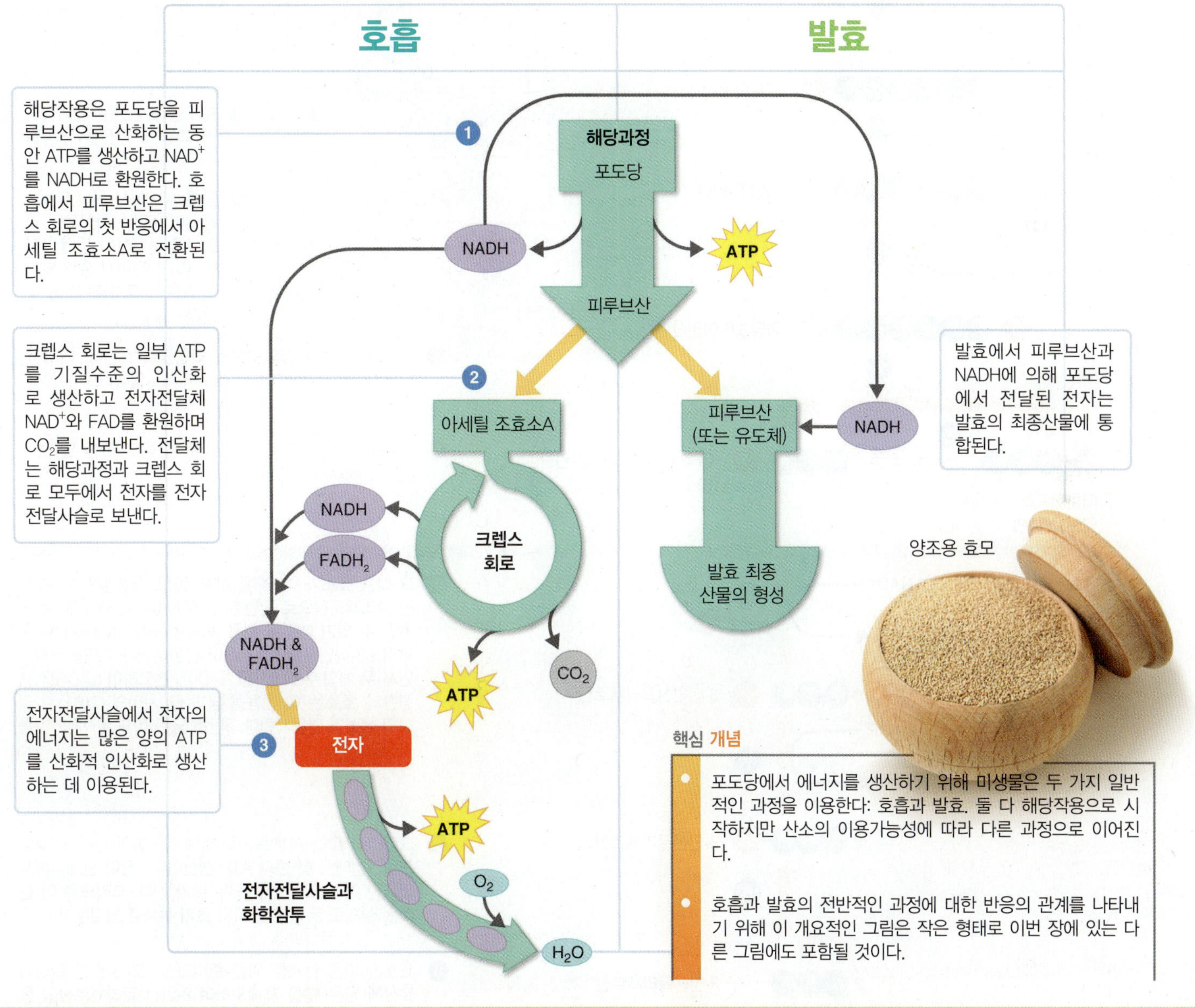

핵심 개념

- 포도당에서 에너지를 생산하기 위해 미생물은 두 가지 일반적인 과정을 이용한다: 호흡과 발효. 둘 다 해당작용으로 시작하지만 산소의 이용가능성에 따라 다른 과정으로 이어진다.
- 호흡과 발효의 전반적인 과정에 대한 반응의 관계를 나타내기 위해 이 개요적인 그림은 작은 형태로 이번 장에 있는 다른 그림에도 포함될 것이다.

분자의 ATP가 생성된다.

해당과정을 시작하는 데에 2분자의 ATP가 필요하고, 해당과정에서 4분자의 ATP가 생산되기 때문에 산화되는 포도당 한 분자당 2분자의 ATP 실수익이 있다.

해당과정의 대안

많은 세균이 포도당의 산화를 위해 해당과정 이외에 부가적으로 다른 회로를 가진다. 가장 흔한 대안이 5탄당인산경로이다. 또 다른 대안은 엔트너-도우도로프 경로이다.

5탄당인산경로

5탄당인산경로(pentose phosphate pathway, 혹은 6탄당일인산 회로, hexose monophosphate shunt)는 해당과정과 동시에 작동하여 포도당과 5-탄소 당(5탄당)을 분해할 수 있는 수단을 제공한다. (5탄당인산경로에 대한 더 자세한 설명은 부록 A의 그림 A.2를

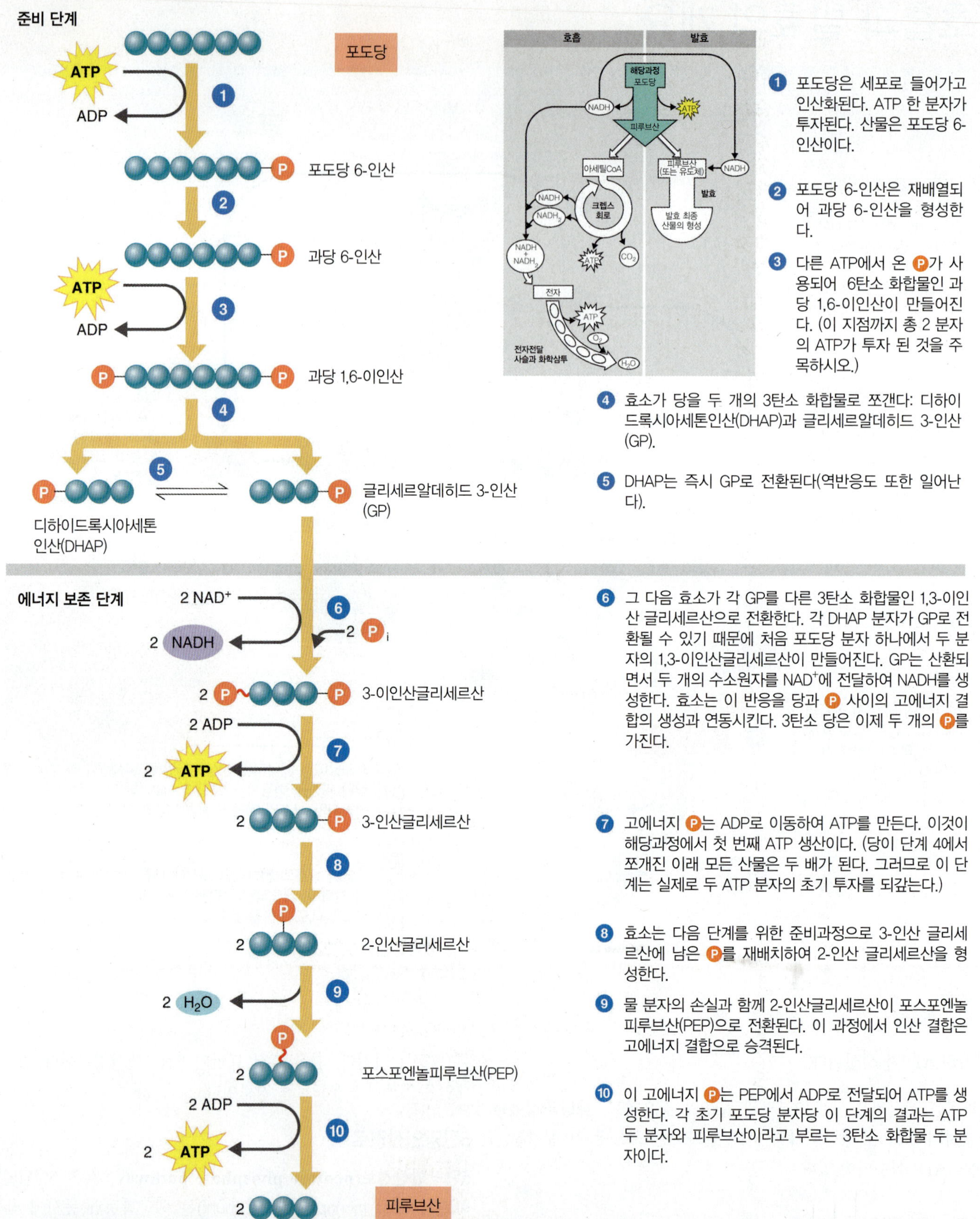

그림 5.12 해당과정 반응의 개요(엠덴-마이어호프 경로). 삽입그림은 해당과정의 호흡과 발효의 전체 과정의 관계를 보여준다. 해당과정에 대한 더 자세한 그림은 부록 A의 그림 A.2에 있다.

Q 해당과정은 무엇인가?

참조). 이 과정의 핵심 기능은 (1) 핵산의 합성, (2) 광합성에서 이산화탄소에서부터 포도당의 합성, (3) 특정 아미노산의 합성 등에 사용되는 중요한 5탄당 중간산물을 만드는 것이다. 이 과정은 $NADP^+$를 환원된 조효소인 NADPH로 만드는 중요한 생산자 역할을 한다. 5탄당인산경로에서는 산화되는 포도당 각 분자당 한 분자의 ATP만 최종적으로 얻어진다. 5탄당인산경로를 이용하는 세균에는 고초균(*Bacillus subtilis*)과 대장균(*E. coli*), 류코노스톡 메센테로이데스(*Leuconostoc mesenteroides*), 장내구균 엔테로코코스 패칼리스(*Enterococcus faecalis*) 등이 있다.

엔트너-도우도로프 경로

엔트너-도우도로프 경로(Entner-Doudoroff pathway)에서는 포도당 한 분자 당 세포의 생합성 반응에 이용되는 두 분자의 NADPH와 한 분자의 ATP가 생산된다(더 자세한 설명은 부록 A의 그림 A.4를 참조). 엔트너-도우도로프 경로 효소를 가진 세균은 해당과정이나 5탄당인산경로 없이 포도당을 대사할 수 있다. 엔트너-도우도로프 경로는 리조비움(*Rhizobium*)과 슈도모나스(*Pseudomonas*), 아그로박테리움(*Agrobacterium*)을 비롯한 일부 그람음성세균에서 발견된다. 이것은 일반적으로 그람양성세균에서는 발견되지 않는다. 이 경로에 의한 포도당의 산화 능력에 대한 시험은 임상 실험실에서 슈도모나스를 확인하기 위해 때때로 사용한다.

이해도 확인하기

- 해당과정의 준비 단계와 에너지-보존 단계 동안 무슨 일이 일어나는가? **5-11**
- 한 분자의 ATP 만을 만든다면 5탄당인산경로와 엔트너-도우도로프 경로의 가치는 무엇인가? **5-12**

세포호흡

포도당이 피루브산으로 분해된 후 피루브산은 다음 단계로 발효(130쪽)나 세포호흡(그림 5.11 참조)으로 보내질 수 있다. **세포호흡(cellular respiration)*** 또는 간단히 **호흡(respiration)**은 분자가 산화되고 최종 전자 수용체가(거의 언제나) 무기 분자인, ATP 생산 과정으로 정의된다. 호흡의 중요한 특징은 전자전달계의 작동이다.

해당 생물체가 산소를 이용하는 **산소요구성 생물(aerobe)**인지 아니면 산소를 사용하지 않고 심지어 산소에 의해 죽을 수도 있는 **산소비요구성 생물(anaerobe)**인지에 따라 두 가지 종류의 호흡이 있다. **유산소 호흡(aerobic respiration)**에서는 최종 전자 수용체가 O_2이다; **무산소 호흡(anaerobic respiration)**에서는 최종 전자 수용체는 O_2가 아닌 무기 분자이거나 드물게 유기 분자이다. 산소요구성 세포에서 전형적으로 일어나는 호흡을 먼저 살펴본다.

유산소 호흡

크렙스 회로 트리카르복시산 회로(tricarboxylic acid, TCA cycle) 또는 시트르산 회로(citric acid cycle)로도 불리는 **크렙스 회로(Krebs cycle)**는 아세틸조효소A에 저장되어 있는 많은 양의 잠재적인 화학에너지가 단계적으로 방출되는 일련의 생화학반응이다(그림 5.11 참조). 이 회로에서 일련의 산화와 환원을 통해 잠재 에너지가 전자의 형태로 전자전달체 조효소(주로 NAD^+)로 전달된다. 피루브산 유도체는 산화되고 조효소는 환원된다.

해당과정의 산물인 피루브산은 크렙스 회로로 직접 들어가지 못한다. 준비 단계에서 피루브산은 한 분자의 CO_2 를 잃고 2탄소 화합물이 되어야 한다(그림 5.13, 맨 위). 이 과정을 **탈카르복실화(decarboxylation)**이라고 한다. 아세틸기(acetyl group)라고 부르는 2탄소 화합물이 고에너지 결합으로 조효소 A에 부착된 결과로 아세틸조효소A(acetyl coenzyme A, acetyl CoA)라는 복합체가 생긴다. 이 반응 동안 피루브산은 산화되고 NAD^+는 NADH로 환원된다.

포도당 한 분자의 산화가 두 분자의 피루브산을 생산한다는 것을 기억하자. 그래서 두 분자의 CO_2가 준비 단계에서 방출되고 두 분자의 NADH가 생산되며, 두 분자의 아세틸조효소A가 형성된다. 피루브산이 한 번 탈카르복실화를 거치면 이것의 유도체(아세틸기)에 조효소A가 부착되어 만들어진 아세틸조효소A는 크렙스 회로로 들어갈 준비가 된다.

아세틸조효소A가 크렙스 회로로 들어가면서 조효소A는 아세틸기에서 떨어진다. 2탄소 아세틸기가 옥살로아세트산라고 부르는 4탄소 화합물과 결합하여 6탄소 화합물인 시트르산을 만든다. 이 합성과정은 에너지를 필요로하는데, 이 에너지는 아세틸기와 조효소A 사이의 고에너지 결합의 끊어지면서 제공된다. 따라서 시트르산의 형성은 크렙스 회로에서 첫 단계이다. 이 회로의 주된 화학반응을 그림 5.13에 약술하였다. 크렙스 회로의 더 자세한 설명은 부록 A의 그림 A.5에 있다. 각 반응은 특정 효소가 촉매한다는 것을 기억하자.

크렙스 회로의 화학반응들은 몇 개의 일반적인 범주에 속한다. 이들 중 하나는 탈카르복실화 반응이다. 예를 들어 단계 ❸에서 이소시트르산이 알파케토글루타르산(α-ketoglutaric acid)이라고 부르는 5탄소 화합물로 탈카르복실화된다. 또 다른 탈카르복실화는 단계 ❹에서 일어난다. 탈카르복실화 반응 하나는 준비 단계에서 일어나고 두 개가 크렙스 회로에서 일어나기 때문에 피루브산에 있던 세 개의 탄소 원자 모두가 궁극적으로 크렙스 회로에 의해 CO_2로 방출된다. 이것은 원래 포도당 분자에 있는 6탄소 모두가 CO_2로 전환됨을 의미한다.

크렙스 회로 화학반응의 또 다른 일반적인 범주는 산화-환원이다. 예를 들어 단계 ❸에서, 6탄소 이소시트르산의 5탄소 화합물로 전환되는 과정에서 두 개의 수소원자를 잃는다. 다시 말해서, 6탄소

* 흔히 사용되고 있는 혐기성 세균이라는 용어는 공기(산소)가 없다는 뜻의 'anaerobic'을 일본식 한자로 번역하면서 생긴 오류라고 할 수 있는데, 이들이 산소를 혐오한다는 듯한 오해를 줄 수 있다. 실제로 대부분의 혐기성 세균은 산소가 있으면 유산소 호흡을 수행한다. 따라서 이 책에서는 '호기성' 세균과 '혐기성' 세균 대신에 각각 '산소요구성'과 '산소비요구성'이라는 용어를 사용하기로 한다. 마찬가지로 '통성 혐기성 세균'과 '절대 혐기성 세균'의 경우에도 각각 '조건부 산소비요구성 세균'과 '절대 무산소 세균'이라고 한다.

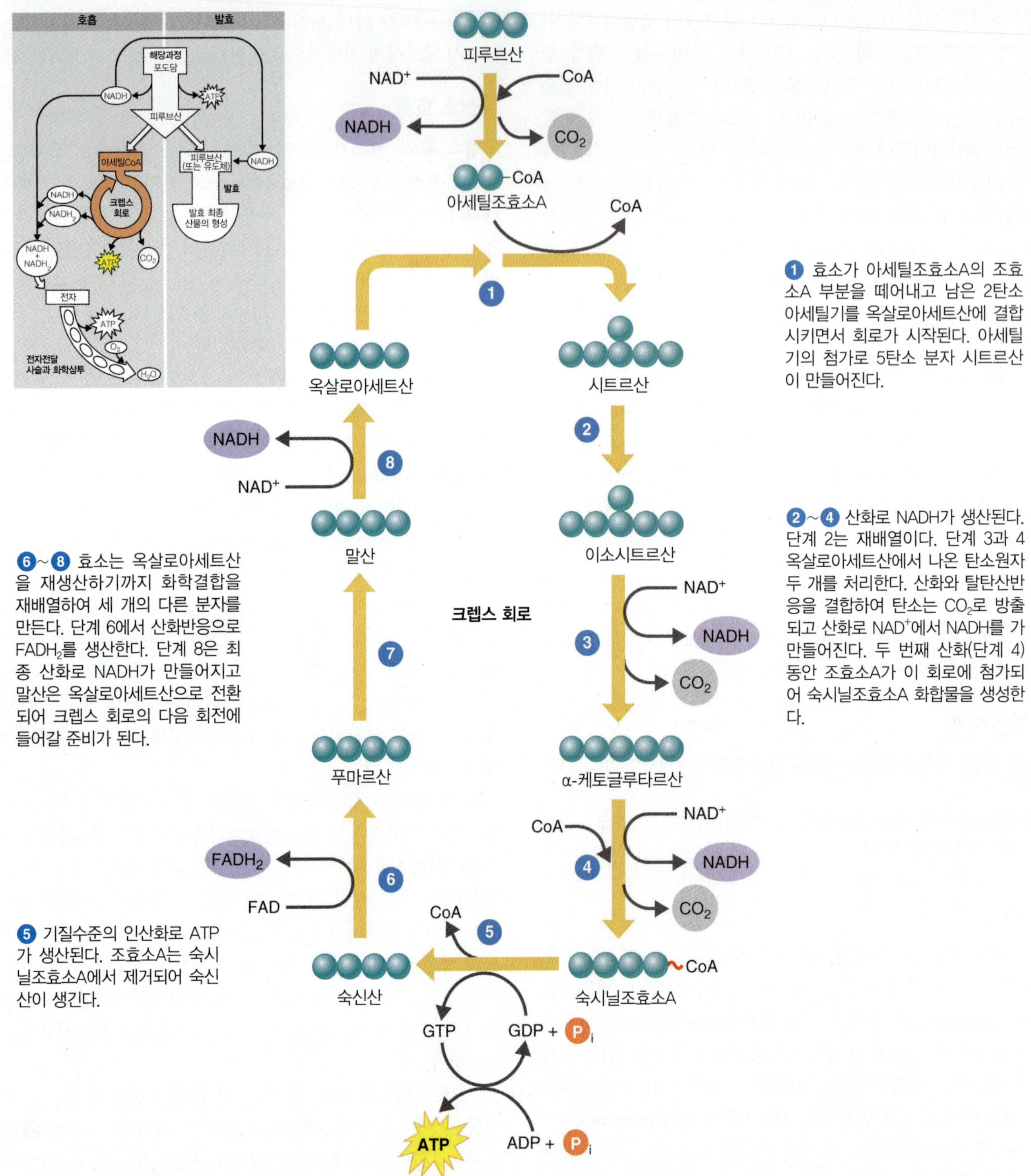

그림 5.13 크렙스 회로. 삽입그림은 전체 호흡과정과 크렙스 회로의 관계를 보여준다. 크렙스 회로에 대한 더 자세한 그림은 부록 A의 그림 A.5에 있다.

Q 크렙스 회로의 산물은 무엇인가?

화합물은 산화된다. 수소원자는 또한 크렙스 회로 단계 ❹와 ❻, ❽에서 방출되고, 조효소 NAD^+와 FAD에 의해 회수된다. NAD^+의 경우 전자는 2개를 취하지만 양성자는 1개만 취하기 때문에 이것의 환원된 형태는 NADH로 표현한다. 그러나 FAD는 2개의 수소원자를 모두 취해서 $FADH_2$로 환원된다.

크렙스 회로를 전체적으로 본다면 회로로 들어가는 2개 분자의 아세틸조효소A마다 4개 분자의 CO_2가 탈카르복실화에 의해 방출되고, 6개 분자의 NADH와 2 분자의 $FADH_2$가 산화환원 반응으로

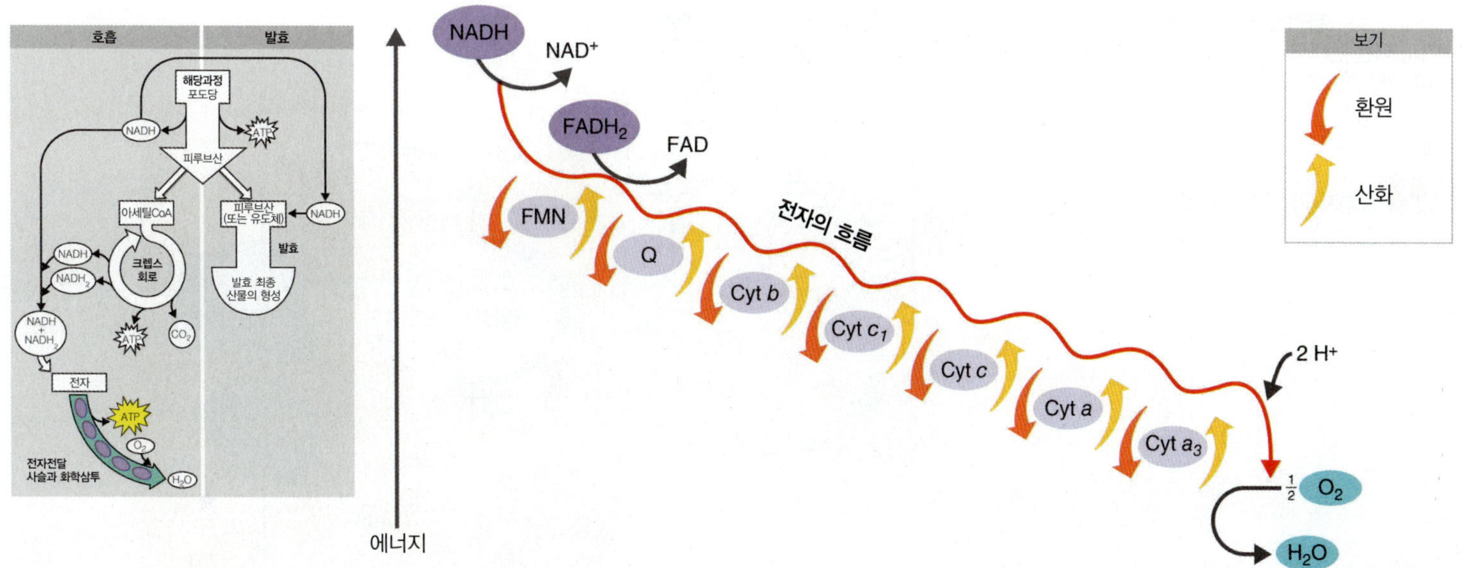

그림 5.14 전자전달사슬(계). 삽입된 그림은 전체 호흡과정과 전자전달사슬의 관계를 보여준다. 미토콘드리아의 전자전달사슬에서 전자는 사슬을 따라 점진적이고 단계적인 방식으로 전달되어 에너지는 다룰 수 있는 양으로 방출된다. 어디서 ATP가 형성되는지 알기 위해 그림 5.16을 보시오.

전자전달사슬의 기능은 무엇인가?

생산되고, 2개 분자의 ATP가 기질수준의 인산화에 의해 생성된다.

구아노신이인산(GDP + P_i)에서 만들어지는 구아노신삼인산(GTP) 분자는 ATP와 비슷하고 크렙스 회로의 ATP 생산 지점에서 중개자 역할을 한다. 또한 크렙스 회로의 많은 중간산물이 다른 회로에서 특히, 아미노산 합성에서 역할을 한다(144쪽).

크렙스 회로에서 생성된 CO_2는 유산소 호흡의 기체성 부산물로서 결국 대기로 방출된다. (사람은 몸 안의 대부분의 세포에서 크렙스 회로를 통해 CO_2를 만들어내고 이를 숨쉬기 동안 폐를 통해 내보낸다.) 환원된 조효소 NADH와 $FADH_2$는 포도당에 원래 저장된 에너지의 대부분을 가지고 있기 때문에 크렙스 회로에서 가장 중요한 산물이다. 호흡의 다음 단계 동안에, 일련의 환원반응이 이들 조효소에 저장되어 있는 에너지를 ATP에 간접적으로 전달한다. 이들 반응을 통틀어서 전자전달사슬이라고 한다.

전자전달사슬(계) **전자전달사슬(계)[electron transport chain (system)]**은 산화와 환원의 능력이 있는 전달체 분자들의 서열로 이루어져 있다. 전자가 이 사슬을 통해 지나가면서 에너지가 단계적으로 방출되어, 곧 설명할 화학삼투에 의한 ATP의 생산을 구동한다. 마지막 산화는 비가역적이다. 진핵세포에서 전자전달사슬은 미토콘드리아의 내막에 담겨져 있고, 원핵세포에서는 원형질막에서 발견된다.

전자전달사슬에는 세 종류의 전달체 분자가 있다. 첫 번째는 **플라보단백질(flavoprotein)**이다. 이들 단백질은 리보플라빈(비타민 B_2)에서 유도된 조효소인 플라빈을 가지고 있고, 산화와 환원을 번갈아가며 수행할 수 있다. 중요한 플라빈 조효소 하나는 플라빈모노뉴클레오티드(FMN)이다. 두 번째 종류의 전달체 분자는 철을 함유한 그룹(헴, heme)을 갖는 **시토크롬(cytochrome)**인데, 이 철은 환원형(Fe^{2+})과 산화형(Fe^{3+})으로 번갈아가며 존재할 수 있다. 전자전달계에 포함된 시토크롬에는 시토크롬 *b* (cyt *b*)와 시토크롬 c_1 (cyt c_1), 시토크롬 *c* (cyt *c*), 시토크롬 *a* (cyt *a*), 시토크롬 a_3 (cyt a_3)가 있다. 세 번째 종류는 **유비퀴틴(ubiquinone)** 또는 **조효소 Q(coenzyme Q)**로 알려져 있으며, 기호 Q로 표시한다. 이들은 작은 비단백질 수송체이다.

세균의 전자전달사슬은 어느 정도 다양하다. 특정 세균이 이용하는 전자전달체와 이들의 작동 순서는 세균에 따라 다르고 진핵세포의 미토콘드리아의 것들과도 다르기 때문이다. 하나의 세균조차도 여러 종류의 전자전달사슬을 가질 수 있다. 그러나 모든 전자전달사슬은 고에너지 화합물에서 낮은 에너지 화합물로 전자를 전달하면서 에너지를 방출한다는 똑같은 기본 목표를 달성한다는 것을 명심하자. 진핵세포의 미토콘드리아에 있는 전자전달사슬에 대해 상당히 알려져 있기에 여기서는 이 사슬에 대해 설명할 것이다.

미토콘드리아 전자전달계의 첫 단계에는 NADH에서 사슬의 첫 번째 수송체인 FMN에게 고에너지 전자가 전달되는 것이 포함된다(그림 5.14). 이 전달에서 실제로는 두 개의 전자와 한 개의 수소원자가 FMN으로 옮겨진다. FMN은 H^+ 를 주위의 수성 매질에서 추가로 얻는다. 첫 전달의 결과 NADH는 NAD^+로 산화되고 FMN은 $FMNH_2$로 환원된다. 전자전달계의 두 번째 단계에서 $FMNH_2$는 $2H^+$를 미토콘드리아 막의 다른 쪽으로 통과시키고(그림 5.16 참조) 두 전자를 Q로 보낸다. 그 결과, $FMNH_2$은 FMN로 산화된다. Q 또한 추가로 $2H^+$를 주변의 수성 매질에서 얻고 막의 다른 쪽에 이를 방출한다.

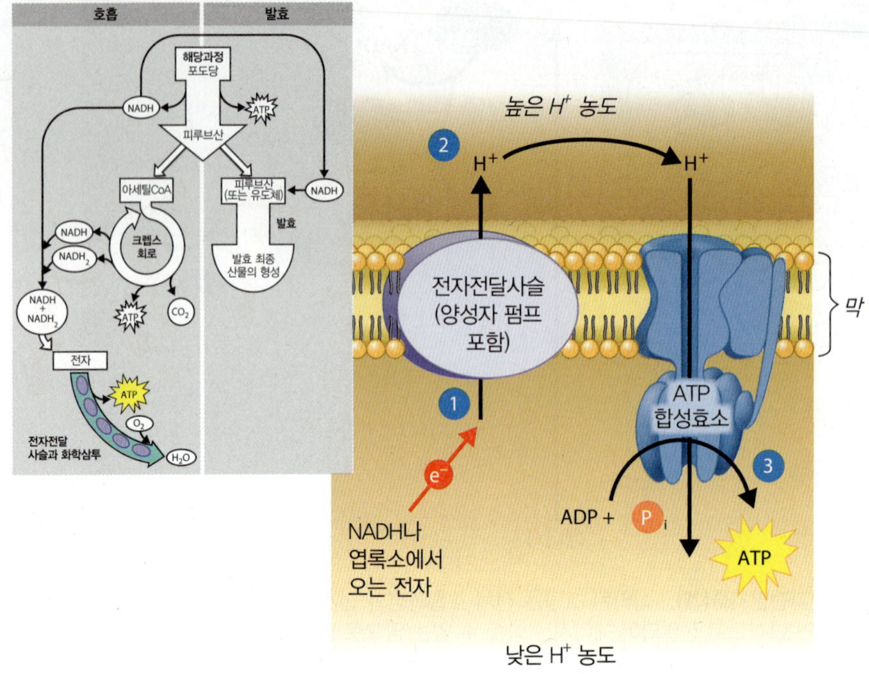

그림 5.15 화학삼투. 화학삼투 원리의 개요. 여기서 막은 원핵세포의 원형질막이거나 진핵세포의 미토콘드리아막 혹은 광합성을 하는 틸라코이드일 수 있다. 번호가 있는 단계는 본문에 설명되어 있다.

 양성자구동력은 무엇인가?

전자전달사슬의 다음 부분에는 시토크롬이 있다. 전자는 Q에서 cyt *b*와 cyt c_1, cyt *c*, cyt *a*, cyt a_3를 연속적으로 통과한다. 사슬에 있는 각 시토크롬은 전자를 얻을 때 환원되고 전자를 보낼 때 산화된다. 마지막 시토크롬 cyt a_3는 산소 분자(O_2)에 전자를 보낸다. 이렇게 되면 산소는 음전하를 띠게 되어 주위의 매질에서 양성자를 취해 H_2O를 생성한다.

그림 5.14에서 보듯이 크렙스 회로에서 유래한 $FADH_2$도 또 다른 전자의 자원임을 알아두자. $FADH_2$에 있는 전자는 NADH의 경우보다 낮은 수준에서 전자전달사슬로 전달된다. 이 때문에 $FADH_2$에서 전자를 제공받으면 NADH에서 받을 때에 비해 전자전달사슬이 ATP 생산에 공급하는 에너지가 약 1/3 정도 감소한다.

전자전달사슬의 중요한 특성은 양성자와 전자를 받아들이고 내어주는 FMN과 Q 같은 전달체와 전자만 전달하는 시토크롬 같은 전달체가 혼재한다는 것이다. 사슬을 따라 전자가 흐르는 과정과 함께 사슬의 여러 지점에서 미토콘드리아 내막의 기질 쪽에서 막의 반대편으로 양성자가 능동수송(펌핑)된다. 그 결과 막의 한쪽에 양성자가 쌓인다. 댐의 뒤에 물이 전기를 만들 수 있는 에너지를 저장하는 것처럼 이 쌓인 양성자는 화학삼투 작용으로 ATP를 생산하는 에너지를 제공한다.

화학삼투 작용에 의한 ATP 생산 전자전달계를 이용하여 ATP를 합성하는 방식을 **화학삼투(chemiosmosis)**라고 한다. 화학삼투를 이해하기 위해서 4장에 있는 막을 통한 물질의 이동에 관한 절에서 소개한 여러 개념을 상기할 필요가 있다(91쪽). 물질이 높은 농도의 지역에서 낮은 농도의 지역으로 막을 통해 수동적으로 확산된 것을 기억하자. 이 확산은 에너지를 만들어 낸다. 또한 물질이 이런 농도의 차이를 역행하여 이동하는 데는 에너지가 필요하다는 것과 물질이나 이온을 생물학적 막을 통해 능동수송하는 데에 필요한 에너지는 보통 ATP가 제공한다는 것을 상기하자. 화학삼투에서 물질이 농도에 따라 이동할 때 방출되는 에너지는 ATP 합성에 사용된다. 이 경우 물질은 양성자를 말한다. 호흡에서 대부분의 ATP가 화학삼투로 생산된다. 화학삼투의 단계는 다음과 같다(그림 5.15와 그림 5.16):

1. NADH(혹은 엽록소)에서 나온 에너지 전자가 전자전달사슬을 따라 내려갈 때 사슬에 있는 일부 전달체는 막을 가로질러 양성자를 퍼낸다(능동수송). 이런 전달체 분자를 **양성자펌프**(proton pump)라고 한다.
2. 인지질막은 보통 양성자가 통과하지 못한다. 그래서 한쪽 방향으로 퍼내면 양성자의 농도차를 형성할 수 있다. 농도차(막의 양쪽에 있는 양성자의 농도 차이)에 더해, 전하의 차이도 생긴다. 막의 한 쪽에 있는 과다한 H^+ 때문에 반대쪽에 비해 양전하를 띠게 된다. 결과로 전기화학적인 차이가 **양성자구동력**(proton motive force)이라는 전위에너지를 만든다.
3. 양성자 농도가 높은 막의 한 쪽에 있는 양성자는 **ATP 합성효소**(ATP synthase)라고 부르는 효소가 가진 특별한 단백질 통로를

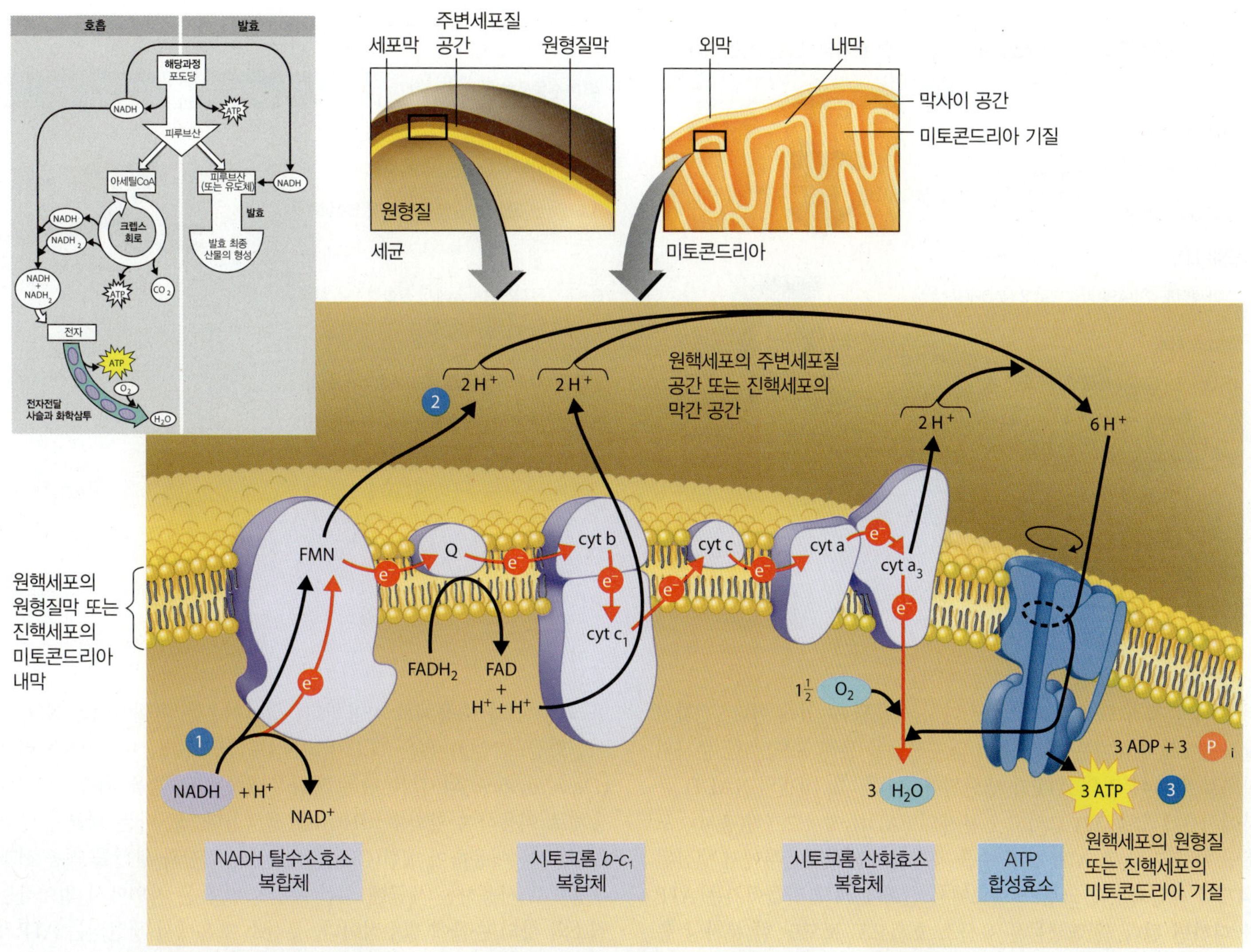

그림 5.16 전자전달과 화학삼투로 ATP 생산. 전자전달체는 세 개의 복합체로 조직되어 있으며 양성자(H^+)는 세 지점에서 막을 거쳐 이동된다. 원핵세포에서는 양성자가 원형질막을 통과해 원형질 쪽 펌프된다. 진핵세포에서는 양성자가 미토콘드리아막의 기질 쪽에서 반대편으로 펌프된다. 붉은 화살표는 전자의 흐름을 가리킨다.

Q 진핵세포는 어디에서 화학삼투가 발생하는가? 원핵세포는?

통해서만 막을 가로질러 확산될 수 있다. 이 흐름이 생기면 에너지는 방출되고, 이를 사용해서 이 효소는 ADP와 P_i를 ATP로 합성한다.

그림 5.16은 진핵생물에서 화학삼투작용을 구동시키기 위해 어떻게 전자전달사슬이 작동하는지 자세히 보여준다. ❶ NADH에서 유래한 에너지 전자가 전자전달사슬을 따라 내려간다. 미토콘드리아 내막에서 전자전달사슬의 전달체는 세 개의 복합체로 조직되어 있는데, 첫 번째와 두 번째 복합체 사이는 Q가, 두 번째와 세 번째 복합체 사이는 cyt *c*가 전자를 수송한다. ❷ 이 체계의 세 구성 요소가 양성자를 퍼낸다: 첫 번째와 세 번째 복합체, Q. 사슬의 끝에서 전자는 기질액에 있는 양성자와 산소(O_2)에 결합하여 물(H_2O)을 생성한다. 따라서 O_2가 최종 전자 수용체이다.

원핵세포와 진핵세포 둘 다 화학삼투 방법을 사용하여 ATP 생산에 필요한 에너지를 만든다. 그러나 진핵세포에서는 ❸ 미토콘드리아 내막에 전자전달체와 ATP 합성효소가 있는 반면, 대부분의 원핵세포에서는 원형질막에 있다. 전자전달사슬은 광인산화에서도 작동하고 남세균과 진핵세포 엽록체의 틸라코이드막에 위치한다.

유산소 호흡 요점 정리 전자전달사슬은 NAD^+와 FAD를 재생시

표 5.3 원핵생물의 유산소호흡 동안 포도당 한 분자당 만들어지는 ATP 양

원천	ATP 수율 (방법)
해당과정	
1. 피루브산으로 포도당의 산화	2 ATP (기질수준의 인산화)
2. 2 NADH 생산	6 ATP (전자전달사슬에서 산화적 인산화)
준비 단계	
1. 아세틸조효소A의 형성으로 2 NADH 생산	6 ATP (전자전달사슬에서 산화적 인산화)
크렙스 회로	
1. 숙신산으로 숙시닐조효소A의 산화	2 GTP (ATP의 동등물; 기질수준의 인산화)
2. 6 NADH의 생산	18 ATP (전자전달사슬에서 산화적 인산화)
3. 2 FADH의 생산	4 ATP (전자전달사슬에서 산화적 인산화)
	총: 38 ATP

켜, 해당과정과 크렙스 회로에서 다시 사용될 수 있게 한다. 전자전달사슬에서 일어나는 여러 번의 전자전달을 통해 포도당 한 분자의 산화로 약 34분자의 ATP가 생산된다: 대략, 각 10개의 NADH 분자에서 3개씩(총 30) 그리고 2 분자의 $FADH_2$에서 2개씩(총 4). 포도당 한 분자당 총 ATP 분자 수를 계산하려면 화학삼투에서 생산된 34개에 해당과정과 크렙스 회로에서 산화에 의해 만들어지는 ATP를 더하면 된다. 원핵생물은 유산소 호흡으로 포도당 한 분자당 총 38 분자의 ATP를 만들 수 있다. 해당과정과 크렙스 회로에서 기질수준의 인산화로 4개 ATP가 만들어진다는 것을 주목하자. **표 5.3**은 원핵세포의 유산소 호흡 동안 만들어지는 ATP 생산량의 세부 내역을 보여준다.

진핵세포는 유산소 호흡으로 총 36 분자의 ATP만을 만든다. (원형질에서 일어나는) 해당과정과 전자전달사슬을 분리시키는 미토콘드리아막을 가로질러 전자가 수송될 때 일부 에너지를 잃기 때문에 원핵세포보다 적은 ATP가 만들어진다. 원핵세포에서는 이러한 구분이 존재하지 않는다. 이제 원핵생물에서 일어나는 유산소 호흡의 전체 반응을 다음과 같이 정리할 수 있다:

$$\underset{\text{포도당}}{C_6H_{12}O_6} + \underset{\text{산소}}{6O_2} + 38\ ADP + 38\ P_i \longrightarrow \underset{\text{이산화탄소}}{6\ CO_2} + \underset{\text{물}}{6\ H_2O} + 38\ ATP$$

원핵생물의 유산소 호흡의 여러 단계는 **그림 5.17**에 정리되어 있다.

무산소 호흡

무산소 호흡에서는 최종 전자 수용체가 산소(O_2)가 아닌 무기물이다. *Pseudomonas*와 *Bacillus* 같은 일부 세균은 질산이온(NO_3^-)을 최종 전자 수용체로 사용한다. 질산이온은 아질산이온(NO_2^-), 이산화질소(N_2O) 혹은 질소가스(N_2)로 환원된다. 디설포비브리오(*Desulfovibrio*)와 같은 다른 세균은 황산(SO_4^{2-})을 최종 전자 수용체로 이용하여 황화수소(H_2S)를 생성한다. 또 다른 세균은 탄산(CO_3^{2-})을 이용하여 메탄(CH_4)을 만든다. 질산과 황산을 최종 전자 수용체로 사용하는 세균에 의한 무산소 호흡은 자연에서 일어하는 질소와 황의 순환에 필수적이다. 무산소 호흡에서 생산되는 ATP의 양은 해당 생물과 그 경로에 따라 다르다. 무산소 조건에서는 크렙스 회로의 일부분만이 작동하고, 무산소 호흡에서는 전자전달사슬의 모든 수송체가 다 참여하는 것이 아니기 때문에 ATP 생산이 절대로 유산소 호흡만큼 높을 수 없다. 따라서 산소비요구성 세균은 산소요구성 세균보다 더 느리게 자라는 경향이 있다.

이해도 확인하기

- ✔ 크렙스 회로의 주요 산물은 무엇인가? **5-13**
- ✔ 전자전달사슬에서 전달체 분자는 어떻게 기능을 수행하는가? **5-14**
- ✔ 유산소와 무산소 호흡의 에너지 생산량(ATP)을 비교하시오. **5-15**

발효

포도당이 피루브산으로 분해된 다음 피루브산은 앞서 설명한 대로 호흡으로 완전히 분해되거나 또는 발효로 유기산물로 전환될 수도 있다. 그 결과 NAD^+와 $NADP^+$가 재생되어 해당과정에 다시 들어갈 수 있다(그림 5.11 참조). **발효(fermentation)**는 여러 가지로 정의할 수 있다(134쪽 상자 참조). 그러나 여기서는 다음과 같은 과정으로 정의하기로 한다.

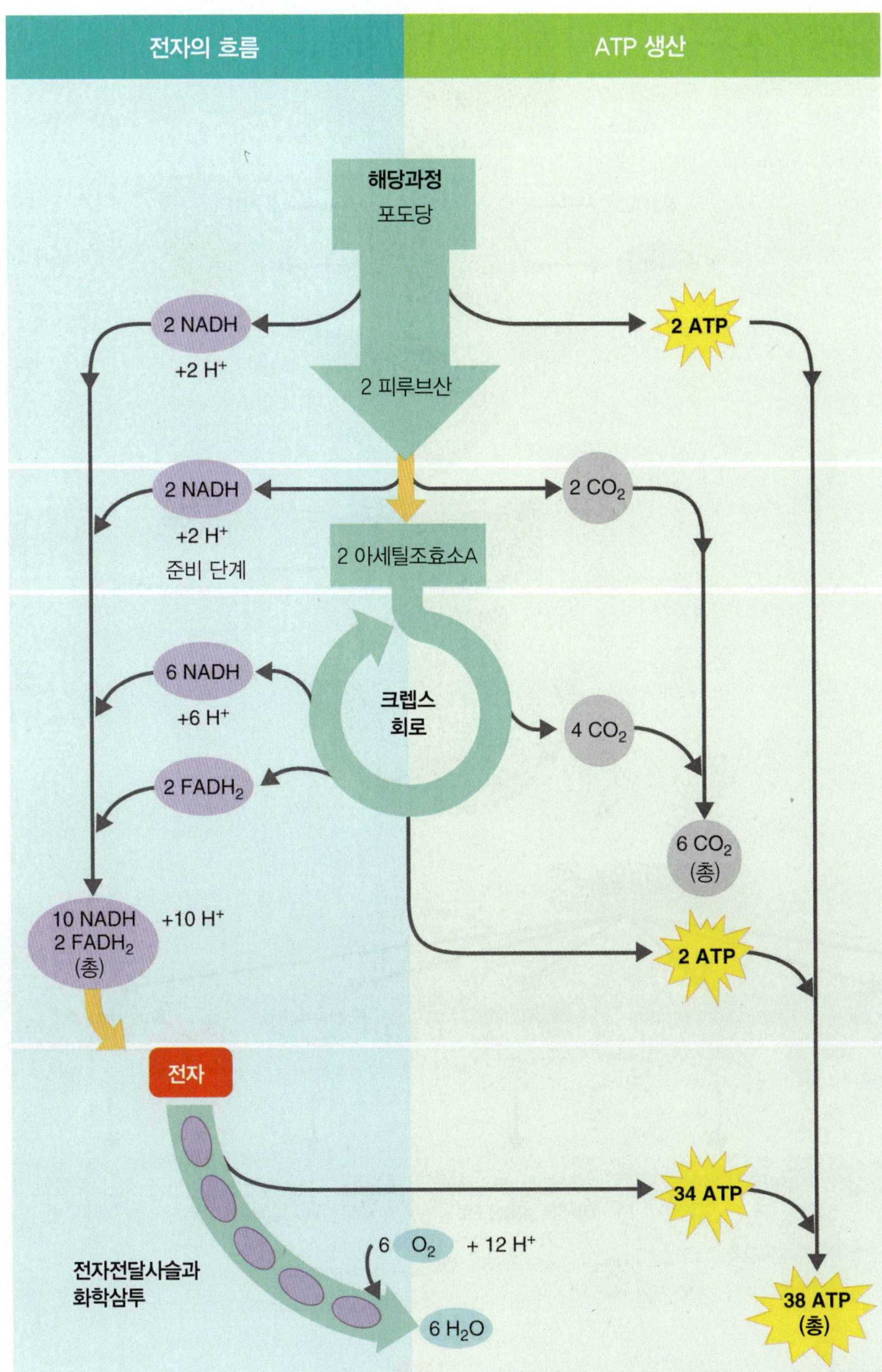

그림 5.17 원핵생물에서 유산소 호흡의 요약. 포도당은 이산화탄소와 물로 완전히 분해되고 ATP를 생산한다. 이 과정은 세 개의 큰 단계를 구성된다: 해당작용과 크렙스 회로, 전자전달사슬. 준비 단계는 해당과정과 크렙스 회로 사이에 있다. 유산소 호흡에서 주요 사건은 해당과정과 크렙스 회로의 중간체에서 NAD^+나 FAD가 전자를 받아 NADH나 $FADH_2$ 형태로 전자전달사슬로 운반하는 것이다. NADH는 피루브산이 아세틸조효소A로 전환되는 동안 또한 생산된다. 유산소 호흡으로 생산되는 ATP의 대부분은 화학삼투 방법으로 전자전달사슬 단계 동안 만들어진다. 이를 산화적 인산화라고 부른다.

Q 유산소 호흡과 무산소 호흡은 어떻게 다른가?

1. 당이나 아미노산, 유기산, 퓨린, 피리미딘 등과 같은 유기 분자에서 에너지를 얻는데;
2. 산소를 필요로 하지 않고(그러나 때로 산소가 있어도 일어날 수 있다);
3. 크렙스 회로나 전자전달사슬을 사용할 필요가 없고;
4. 유기 분자를 최종 전자 수용체로 이용하고;
5. 포도당에 원래 있던 에너지의 대부분이 젖산이나 에탄올과 같은 최종산물의 화학결합에 남아 있기 때문에 소량의 ATP만을(시작물질 각 분자당 단지 하나 혹은 두 분자의 ATP) 생산하는 과정.

발효과정 동안 전자는 환원된 조효소(NADH, NADPH)에서 피루르산이나 이것의 유도체로(양성자와 함께) 전달된다(그림 5.18a). 이들 최종 전자 수용체는 그림 5.18b와 같이 환원된다. 발효의 두 번째 단계의 필수 기능은 NAD^+와 $NADP^+$의 안정적인 공급을 확실하게 하여 해당과정이 계속될 수 있게 하는 것이다. 발효에서 ATP

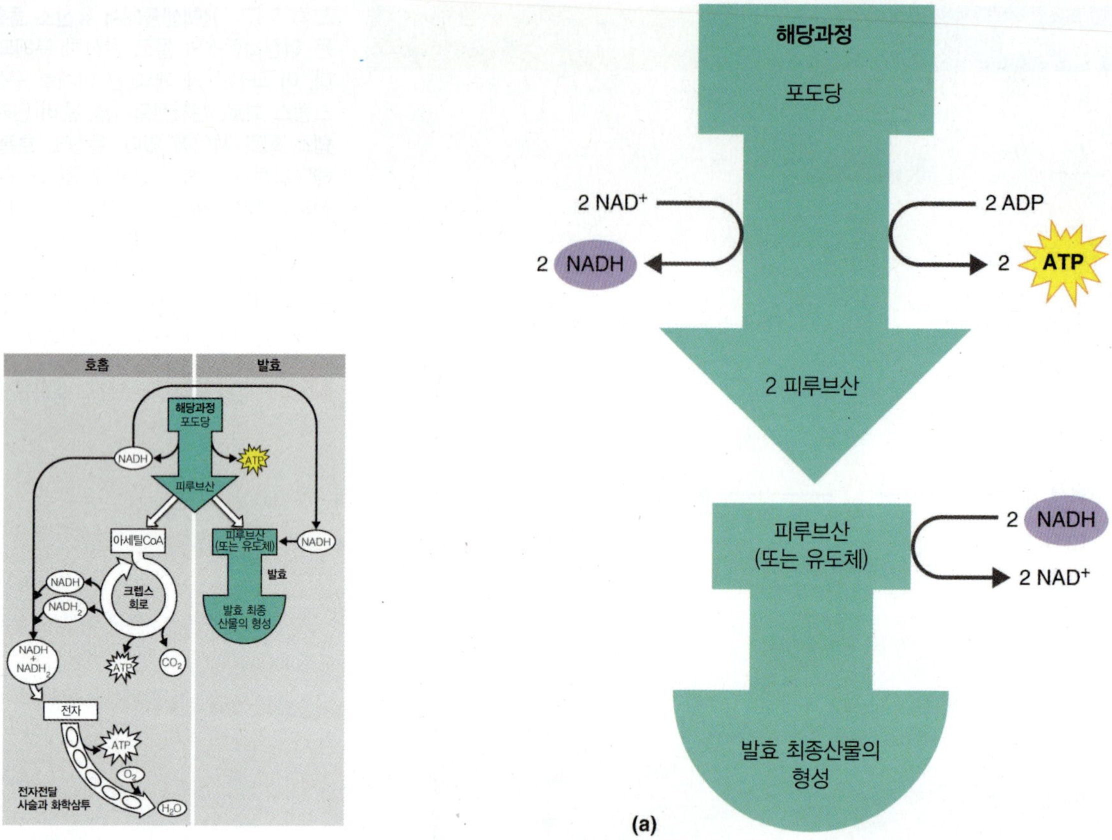

호흡
발효
해당과정
포도당
NADH
ATP
피루브산
아세틸CoA
피루브산 (또는 유도체)
NADH
NADH
NADH₂
크렙스 회로
발효
발효 최종 산물의 형성
NADH + NADH₂
ATP
CO₂
전자
ATP
O₂
H₂O
전자전달 사슬과 화학삼투
해당과정
포도당
2 NAD⁺
2 NADH
2 ADP
2 ATP
2 피루브산
피루브산 (또는 유도체)
2 NADH
2 NAD⁺
발효 최종산물의 형성

(a)

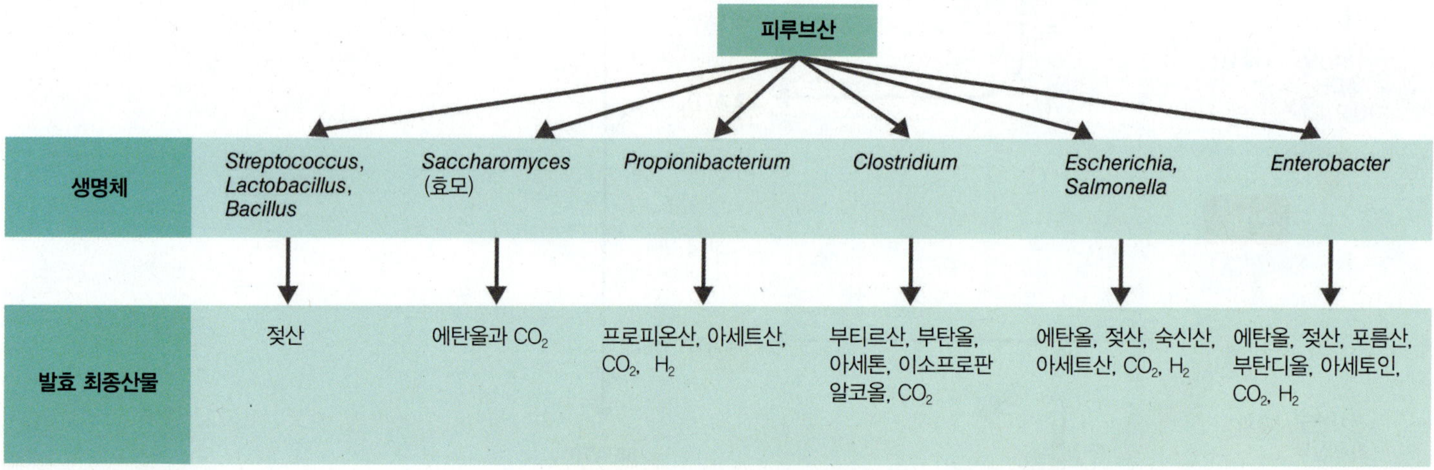

피루브산
생명체
Streptococcus, Lactobacillus, Bacillus
Saccharomyces (효모)
Propionibacterium
Clostridium
Escherichia, Salmonella
Enterobacter
발효 최종산물
젖산
에탄올과 CO₂
프로피온산, 아세트산, CO₂, H₂
부티르산, 부탄올, 아세톤, 이소프로판 알코올, CO₂
에탄올, 젖산, 숙신산, 아세트산, CO₂, H₂
에탄올, 젖산, 포름산, 부탄디올, 아세토인, CO₂, H₂

(b)

그림 5.18 발효. 삽입그림은 전체 에너지생산 과정과 발효의 관계를 보여준다. (a) 발효의 개요. 첫 단계는 해당과정으로 포도당이 피루브산으로 전환. 두 번째 단계에서 환원된 조효소 혹은 이것의 대체물(NADH, NADPH)은 발효의 최종산물을 만들기 위해 피루브산이나 유도체에 전자와 수소 이온을 내어 준다. (b) 다양한 미생물 발효의 최종 산물.

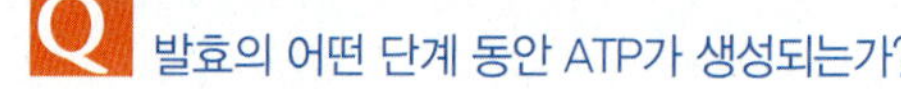

Q 발효의 어떤 단계 동안 ATP가 생성되는가?

는 해당과정 동안에만 생성된다.

미생물은 다양한 기질을 발효할 수 있다. 최종산물은 특정 미생물과 기질, 가지고 있는 활성 효소에 따라 달라진다. 이들 최종산물의 화학적 분석은 미생물을 확인하는 데 유용하다. 다음에서 중요한 두 가지 과정인 젖산 발효와 알코올 발효를 살펴보기로 한다.

젖산 발효

젖산 발효(lactic acid fermentation)의 첫 번째 단계인 해당과정

동안에 포도당 분자는 두 분자의 피루브산으로 산화된다(그림 5.19; 그림 5.10도 참조). 이 산화는 두 분자의 ATP를 만드는 데 사용되는 에너지를 생산한다. 다음 단계에서 두 분자의 피루브산은 두 분자의 NADH에 의해 환원되어 두 분자의 젖산이 생성된다(그림 5.19a). 젖산이 이 반응의 최종산물이기 때문에 더 이상의 산화가 일어나지 않고 이 반응에서 생성되는 대부분의 에너지는 젖산에 저장되어 남는다. 따라서 이 발효는 단지 적은 양의 에너지만을 생산한다.

젖산 세균의 두 중요한 속은 *Streptococcus*와 *Lactobacillus*(젖산간균)이다. 이들 미생물은 젖산만을 생산하기 때문에 이들은 **동형젖산(homolactic)**[혹은 동형발효(homofermentative)]이라고 말한다. 젖산 발효는 음식물의 부패를 가져올 수 있다. 그러나 이 과정은 또한 우유로 요구르트를, 신선한 양배추로 독일김치(sauerkraut)를, 오이로 피클 등을 만든다.

임상 사례

리베라 박사는 환자의 활동과 충치의 증가 간에 무언가 연관이 있을 것이라는 확실한 느낌으로 아이들의 활동에 대해 더 많은 질문을 하기 시작하였다. 리베라 박사는 아이들이 모두 가까운 이웃에 있는 같은 교회에서 여름 프로그램에 참가했다는 것을 알아낸다. 그녀는 또한 원인이 사탕이 아니라 풍선껌임도 밝혔다. 캠프 교사는 출석과 선행에 대한 격려로 풍선껌을 나누어 주었다. 리베라 박사는 환자 모두 착한 아이들이라는 말에는 기쁘지만, 이들이 매일 씹은 풍선껌의 양에 대해서는 우려하고 있다. 껌에 있는 설탕은 침의 pH를 낮추고, 산은 치아의 에나멜을 약화시켜 세균성 부식에 치아를 노출시킨다.

만일 껌과 설탕의 pH가 7이면 무엇이 침의 pH를 낮출까?

112 **133** 135 137

알코올 발효

알코올 발효도 두 분자의 피루브산과 두 분자의 ATP를 만들어내는 포도당 분자의 해당과정으로 시작된다. 그 다음 반응에서 두 분자의 피루브산은 두 분자의 아세트알데히드와 두 분자의 CO_2로 전환된다(그림 5.19b). 두 분자의 아세트알데히드는 그 다음에 두 분자의 NADH에 의해 환원되어 두 분자의 에탄올이 된다. 알코올 발효도 초기 포도당 분자에 있는 대부분의 에너지가 최종산물인 에탄올에 남아 있기 때문에 저에너지 생산과정이다.

다수의 세균과 효모가 알코올 발효를 수행한다. *Saccharomyces*(효모)에 의해 생산되는 에탄올과 이산화탄소는 효모에게는 노폐물이지만 사람에게는 유용하다. 효모가 만드는 에탄올이 술에 있는 알코올이고, 효모가 만드는 이산화탄소는 빵 반죽을 부풀게 한다.

다른 산이나 알코올과 함께 젖산을 생산하는 미생물은 **이형젖산(heterolactic)**[혹은 **이형발효**(heterofermentative)]이라고 알려져 있고 보통 5탄당인산경로를 사용한다.

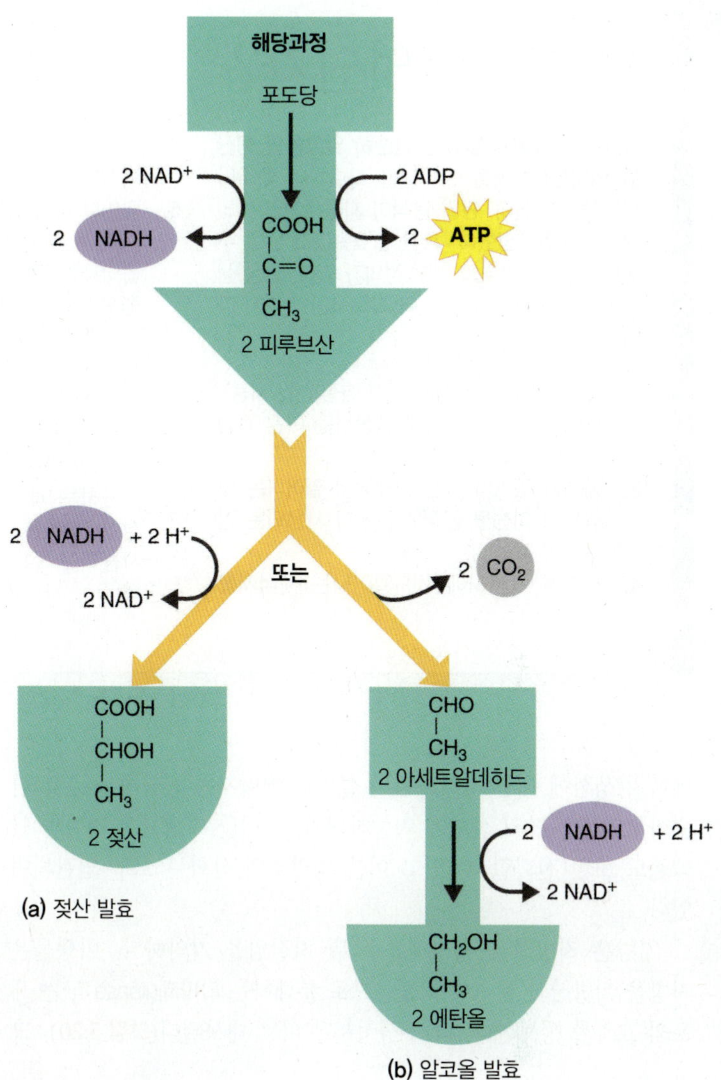

그림 5.19 발효의 종류

Q 동형젖산과 이형젖산 발효의 차이는 무엇인가?

표 5.4에 값싼 원료를 유용한 최종산물로 전환시키는 산업에서 사용하는 다양한 미생물의 발효의 일부가 나열되어 있다. 표 5.5에는 유산소 호흡과 무산소 호흡, 발효를 비교 정리하였다.

이해도 확인하기

✔ 발효를 하는 생물이 피루브산에서 만들 수 있는 네 가지 화합물을 나열하시오. 5-16

지질과 단백질의 이화작용

학습 목표

5-17 지질과 단백질이 어떻게 이화작용을 거치는지 설명한다.

발효란 무엇인가?

많은 사람들에게 발효는 단순히 알코올의 생산을 의미한다: 곡물과 과일을 발효하여 맥주나 와인을 생산한다. 만일 음식이 시큼해지면 여러 분은 이것을 "상했다" 혹은 발효됐다고 말할 수 있다. 여기에 발효의 일부 정의가 있다. 일상 생활에서 사용하는 것부터 더 과학적인 것까지 다양하다.

1. 미생물에 의한 식품의 어떤 변질(일반 사용)
2. 술이나 산성 유제품을 생산하는 어떤 과정(일반 사용)
3. 공기가 있거나 없는 상태에서 일어나는 대규모의 미생물 공정(산업에서 사용되는 일반적인 정의)
4. 무산소 조건하에서만 일어나는 에너지를 방출하는 대사과정(더 과학적)
5. 당이나 다른 유기 분자에서 에너지를 뽑아내는 대사과정으로 산소나 전자전달계가 필요하지 않으며 유기 분자를 최종 전자 수용체로 사용하는 과정(이 책에서 사용하는 정의)

에너지 생산에 대한 지금까지의 설명은 에너지를 공급하는 주요 탄수화물인 포도당의 산화에 치중하였다. 그러나 미생물은 지질과 단백질도 또한 산화할 수 있고 이들 영양소의 산화는 모두 연관되어 있다.

지방은 지방산과 글리세롤로 된 지질임을 기억하자. 미생물은 지방을 지방산과 글리세롤 성분으로 분해하는 리파제(lipase)라는 세포외 효소를 생산한다. 각 구성성분은 따로 대사된다(그림 5.20). 크렙스 회로는 글리세롤과 지방산의 산화에 이용된다. 지방산을 가수분해하는 많은 세균이 같은 효소를 사용하여 석유 제품을 분해할 수 있다. 비록 이들 세균이 연료 저장 탱크에서 자라면 골치거리이지만, 이들이 유출된 기름에서 자랄 때는 도움이 된다. 석유의 베타-산화(지방산의 산화)에 대해서는 2장(32쪽)에 있는 상자의 글에서 설명하였다.

단백질은 너무 커서 아무 도움없이는 원형질막을 통과할 수 없

표 5.4 일부 산업적에서 이용되는 여러 종류의 발효*

발효 최종산물	산업적 혹은 상업적 이용	출발 물질	미생물
에탄올	맥주, 와인	전분, 당	*Saccharomyces cerevisiae* (효모, 진균류의 일종)
	연료	농업폐기물	*Saccharomyces cerevisiae* (효모)
아세트산	식초	에탄올	*Acetobacter*
젖산	치즈, 요구르트	우유	*Lactobacillus, Streptococcus*
	호밀빵	곡물, 설탕	*Lactobacillus delbrueckii*
	독일김치	양배추	*Lactobacillus plantarum*
	서머 소시지	고기	*Pediococcus*
프로피온산과 이산화탄소	스위스 치즈	젖산	*Propionibacterium freudenreichii*
아세톤과 부탄올	제약과 산업적 이용	당밀	*Clostridium acetobutylicum*
시트르산	향료	당밀	*Aspergillus* (진균류)
메탄	연료	아세트산	*Methanosarcina*
소르보오스	비타민 C (아스코르브산)	소르비톨	*Gluconobacter*

*다른 설명이 없으면, 나열한 미생물은 세균이다.

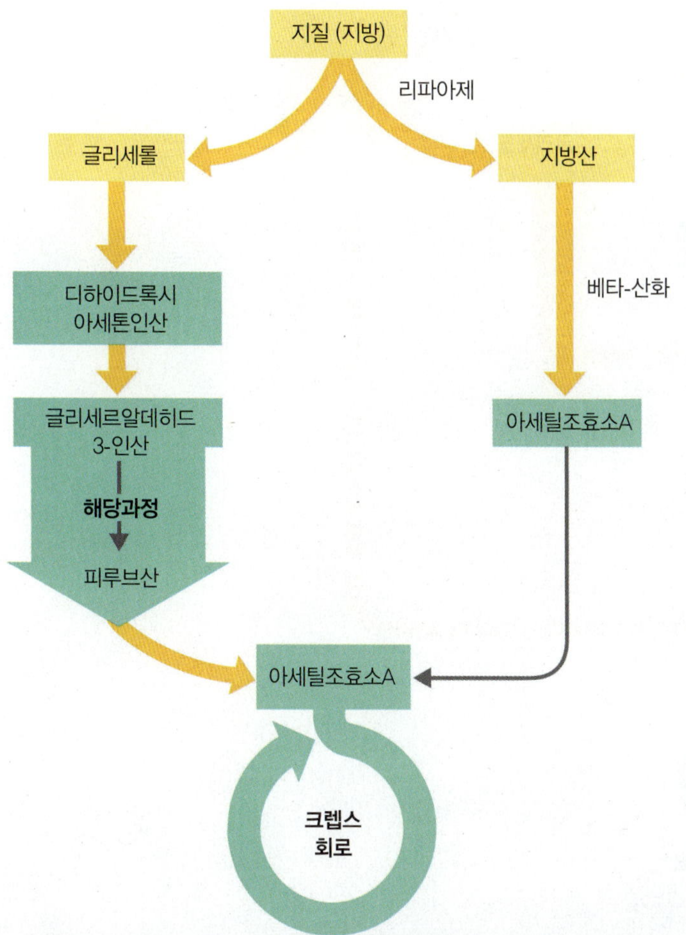

그림 5.20 지질 이화작용. 글리세롤은 디하이드록시아세톤 인산(DHAP)으로 전환되고 해당과정과 크렙스 회로를 통해 분해된다. 지방산은 탄소 조각이 한번에 두 개씩 쪼개져 베타-산화를 통해 크렙스 회로에서 분해되는 아세틸조효소A를 형성한다.

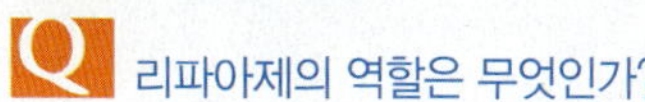
리파아제의 역할은 무엇인가?

다. 미생물은 세포외 단백질가수분해효소(protease)와 펩티다아제(peptidase)를 생산하여 단백질을 구성 아미노산으로 분해하여 막을 통과하게 한다. 그러나 아미노산이 이화작용으로 대사되기 위해서는 먼저 효소의 작용으로 크렙스 회로에 들어갈 수 있는 다른 물질로 전환되어야만 한다. **탈아민(deamination)**이라는 이런 한 가지 반응에서는 아미노산의 아미노기가 제거되어 암모늄이온(NH_4^+)으로 전환된다. 암모늄이온은 세포 밖으로 배출되고 남은 유기산은 크렙스 회로로 들어갈 수 있다. 다른 전환으로는 **탈카르복실화[decarboxylation(—COOH 제거)]**와 **탈수소화(dehydrogenation)** 등이 있다.

탄수화물과 지질, 단백질의 이화작용의 상호관계에 대한 정리가 그림 5.21에 있다.

임상 사례

충치는 치아 표면에 부착하는 *S. mutans*과 *S. salivarius*, *S. sobrinus*를 비롯한 구강 연쇄상구균에 의해 일어난다. 구강 연쇄상구균은 설탕을 발효하여 젖산을 생산함으로써 침의 pH를 낮춘다. 리베라 박사는 캠프 교사에게 풍섬껌을 자일리톨로 만든 무설탕 껌으로 교체할 것을 요청하기로 결심한다. 연구 결과, 천연 당알코올인 자일리톨로 달게 만든 껌은 자일리톨이 입안의 *S. mutans*의 수를 낮추기 때문에 아이들의 충치 수를 상당히 낮출 수 있는 것으로 보였다.

왜 자일리톨이 *S. mutans*의 수를 줄일 수 있을까?

112 133 **135** 137

이해도 확인하기

✔ 지질과 단백질 이화작용의 최종산물은 무엇인가? **5-17**

생화학 검사와 세균 동정

학습 목표

5-18 실험실에서 세균 동정을 위해서 사용하는 생화학 검사의 예를 두 가지 든다.

종이 다르면 다른 효소를 생산하기 때문에 세균과 효모를 확인하는 데 생화학 검사가 자주 이용된다. 이런 생화학 검사는 효소의 존재를 감지하도록 설계되었다. 생화학 검사의 한 종류는 탈카르복실화

표 5.5 유산소 호흡과 무산소 호흡, 발효

에너지 생산과정	성장조건	최종 수소(전자) 수용체	ATP 생산에 이용되는 인산화의 종류	포도당 분자당 생산되는 ATP 분자
유산소 호흡	유산소	산소 분자 (O_2)	기질수준과 산화적	36 (진핵생물), 38 (원핵생물)
무산소 호흡	무산소	일반적으로 무기물질(NO_3^- 또는 SO_4^{2-}, CO_3^{2-}같은) 그러나 산소 분자(O_2)는 아님	기질수준과 산화적	다양함(38보다 적고 2보다 많음)
발효	유산소 혹은 무산소	유기 분자	기질수준	2

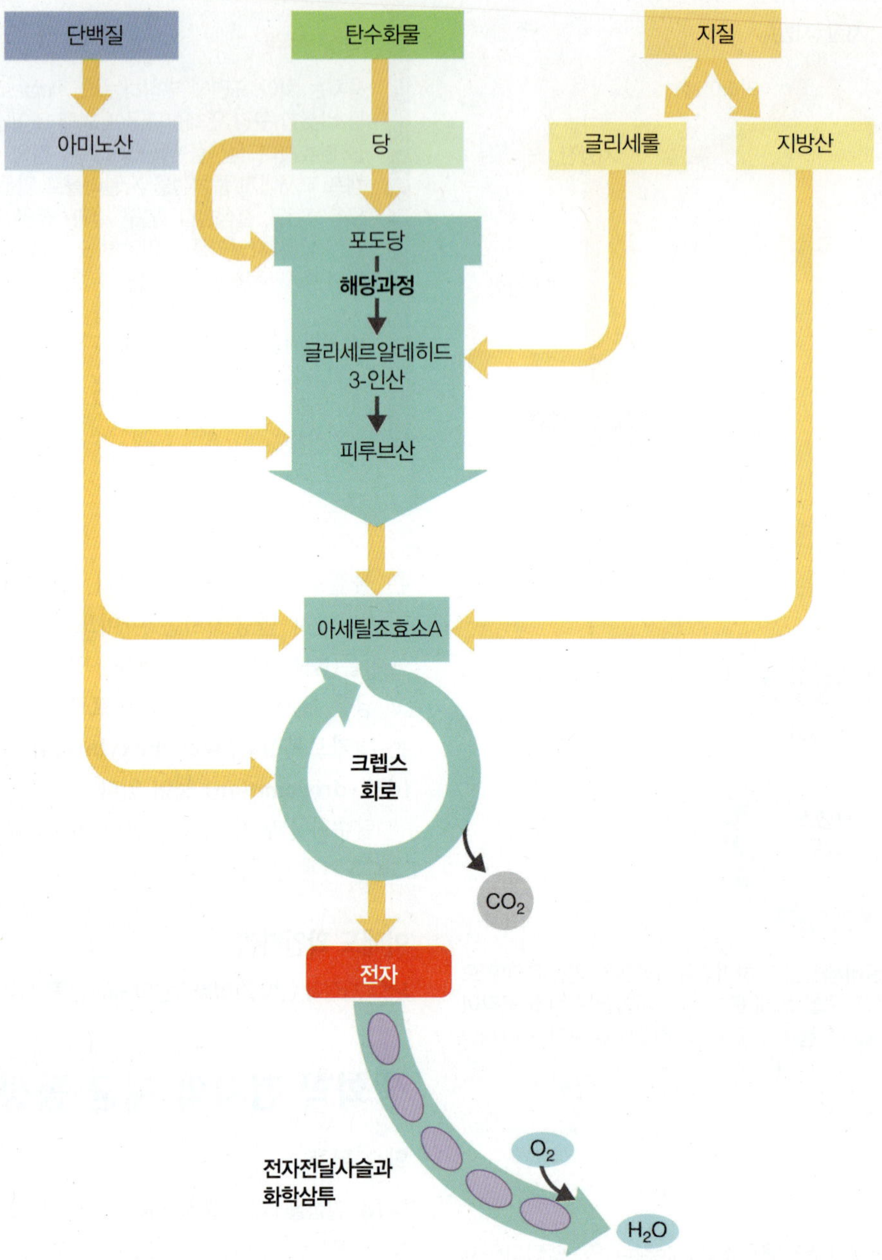

그림 5.21 **다양한 유기 영양물 분자의 이화작용.** 단백질과 탄수화물, 지질은 모두 호흡을 위한 전자와 양성자원이 될 수 있다. 이들 영양물 분자는 해당과정이나 크렙스 회로의 다양한 지점에 들어간다.

 모든 종류의 유기 분자에서 나온 고에너지 전자가 에너지 방출 경로를 따라 흐르는 이화작용의 경로는 무엇인가?

와 탈수소화를 통해서 아미노산을 이화하는 효소를 검출하는 것이다(120쪽에 설명; 그림 5.22).

또 다른 생화학 검사는 **발효 검사(fermentation test)**이다. 이 검사용 배지에는 단백질, 한 가지 종류의 탄수화물, pH 지시약, 기체 포획을 위해 뒤집어 놓은 더럼관(Durham tube) 등이 포함되어 있다(그림 5.23a). 관 안에 접종된 세균은 단백질이나 탄수화물을 탄소 및 에너지원으로 이용할 수 있다. 만일 이들이 탄수화물을 이화하여 산을 만들어 내면 pH 지시약의 색깔이 변한다. 일부 미생물은 탄수화물의 이화과정에서 산뿐만 아니라 기체를 생산한다. 더럼관 안의 공기방울의 존재는 기체의 형성을 가리킨다(그림 5.23b~d).

대장균은 탄수화물인 소르비톨을 발효한다. 그러나 병원성 대장균 O157 균주는 소르비톨을 발효하지 못하는 특징이 있어서 비병원성 공생 대장균과 구별된다.

또 다른 생화학 검사의 이용 사례는 284쪽 그림 10.8에 있다.

그림 5.22 실험실에 아미노산을 분해하는 효소의 검출. 포도당과 pH 지시약, 특정한 아미노산을 갖는 시험관에 세균을 접종한다. (a) 세균이 포도당에서 산을 생산하면 pH 지시약이 노란색으로 변한다. (b) 탈카르복실화에 의해 생긴 염기성 산물은 지시약을 보라색으로 만든다.

 탈카르복실화는 무엇인가?

그림 5.24 H_2S의 생산을 검출하기 위한 펩톤과 철을 함유한 고체배지의 사용. 시험관에서 생성된 H_2S는 철과 함께 배지에서 황화철로 침전된다.

 어떤 화학반응이 H_2S의 방출을 야기하는가?

어떤 경우에는 한 미생물의 노폐물이 다른 종의 탄소 및 에너지원으로 이용될 수 있다. 초산균(*Acetobacter*)은 효모가 만든 에탄올을 산화한다. 프로피온산균(*Propionibacterium*)은 다른 세균이 만든 젖산을 이용한다. 프로피온산균(*Propionibacteria*)은 크렙스 회로를 위한 준비로 젖산을 피루브산으로 전환한다. 크렙스 회로 동안 프로피온산과 CO_2가 만들어진다. 스위스 치즈의 구멍은 CO_2 가스의 축적에 의해 형성된다.

생화학 검사는 병을 일으키는 세균의 식별에도 사용된다. 모든 산소요구성 세균은 전자전달사슬(ETC)을 이용하지만 이들의 모든 ETC가 동일한 것은 아니다. 일부 세균은 시토크롬 *c*를 가지지만 다른 세균은 가지지 않는다. 전자의 세균에서 **시토크롬 *c* 산화효소**(cytochrome *c* oxidase)는 전자를 산소로 전달하는 마지막 효소이다. 이 산화효소는 통상적으로 임균(*Neisseria gonorrhoeae*)의 신속한 확인에 사용된다. 나이세리아(*Neisseria*)는 시토크롬 산화효소 양성이다. 이 산화효소 검사는 일부 그람음성 간균을 구별하는 데에도 사용될 수 있다: 슈도모나스(*Pseudomonas*)는 산화효소 양성이고 대장균(*Escherichia*)은 산화효소 음성이다.

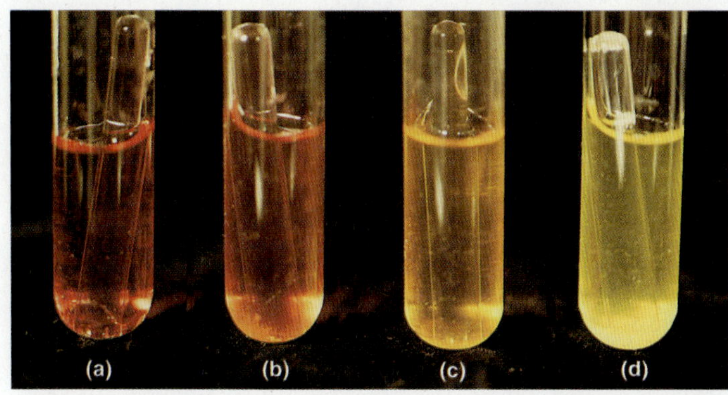

그림 5.23 발효검사. (a) 탄수화물 만니톨을 함유한 접종 전의 발효시험관. (b) *Staphylococcus epidermidis*은 단백질에서는 자라지만 탄수화물을 이용하지 않는다. 이 세균은 만니톨 −로 표시한다. (c) *Staphylococcus aureus*는 산을 생산하지만 기체를 생산하지 않는다. 이 종은 만니톨 +이다 (d) *Escherichia coli*은 만니톨 +이고 만니톨로부터 산과 가스를 생산한다. 이 가스가 거꾸로 넣은 더럼관(Durham tube)에 채집된다.

 *S. epidermidis*는 어디에서 자라는가?

시겔라(*Shigella*)는 이질을 일으킨다. 시겔라는 생화학 검사에서 대장균과 구별된다. 대장균과 달리 시겔라는 젖당에서 기체를 생산하지 않고 젖산 탈수소 효소를 생산하지 않는다.

살모넬라(*Salmonella*) 세균은 황화수소(H_2S)의 생산 때문에 대장균과 쉽게 구별된다. 황화수소는 세균이 아미노산에서 황을 제거할 때 방출된다(그림 5.24). H_2S는 철과 결합하여 배양배지에 검은 침전물을 생성한다.

142쪽에 있는 상자의 글은 어떻게 생화학 검사가 텍사스 주 달라스에 있는 어린아이의 질병의 원인을 파악하는 데 사용되었는지를 설명한다.

임상 사례 해결

*S. mutans*는 자일리톨을 발효할 수 없다; 결과적으로 이 세균은 자랄 수 없고 입안에서 산을 생산할 수 없다. 캠프 교사가 자일리톨로 만든 무설탕 껌으로 교환하는 데 동의해 주어서 리베라 박사는 기뻤다. 그녀는 아이들의 식단에 설탕의 다른 공급원이 있다는 것을 이해했다. 최소한 리베라 박사의 환자가 캠프에서 베푼 선의의 인센티브에 의해 정반대의 영향을 받는 일이 더 이상은 없을 것이다. 과학자들은 항균제와 백신이 구강내 세균의 서식을 감소시키는 데 사용될 수 있는 방법에 대해 계속 연구 중이다. 그러나 설탕이 들어 있는 껌과 사탕의 소비를 줄이는 것이 효과적인 예방 조치일 수도 있다.

112 133 135 **137**

이해도 확인하기

✓ 슈도모나스(*Pseudomonas*)와 대장균(*Escherichia*)은 생화학적으로 어떤 차이가 나는가? **5-18**

광합성

학습 목표

5-19 순환과 비순환 광인산화의 유사점과 차이점을 알아본다.

5-20 광합성에서 광의존과 광비의존 반응의 유사점과 차이점을 알아본다.

5-21 산화적 인산화와 광인산화의 유사점과 차이점을 알아본다.

방금 설명한 대사경로에서 생명체는 유기 화합물을 산화하여 세포가 일을 할 수 있는 에너지를 얻는다. 그러나 생명체는 이들 유기물을 어디서 얻는가? 동물과 대부분의 미생물은 다른 생명체가 만든 물질을 섭취한다. 예를 들어 세균은 죽은 식물과 동물에서 나온 화합물을 분해할 수 있거나 또는 살아 있는 숙주에서 영양분을 얻을 수 있다.

다른 생물은 간단한 무기 물질에서 복잡한 유기 화합물을 합성한다. 이런 합성의 주된 작동 원리는 식물과 많은 미생물이 수행하는 **광합성(photosynthesis)**이라는 과정이다. 기본적으로 광합성은 태양의 빛에너지를 화학에너지로 전환하는 것이다. 화학에너지는 대기 중의 CO_2를 환원된 탄소화합물, 주로 당분으로 전환하는 데 이용된다. **광합성**이라는 단어에 이 과정이 함축되어 있다: **광**(photo)는 빛을 의미하고 **합성**(synthesis) 는 유기 화합물의 조립을 말한다. CO_2 기체의 탄소를 이용하여 당을 합성하는 것을 **탄소고정(carbon fixation)**이라고 한다. 지구상에서 우리가 알고 있는 생명의 연속은 이렇게 진행되는 탄소 재순환에 의존하고 있다(775쪽 그림 27.3 참조). 남세균과 조류, 녹색 식물은 광합성을 수행하여 생명 유지에 필수적인 이 재순환에 기여하고 있다.

광합성은 다음 식으로 요약될 수 있다:

1. 식물과 조류, 남세균은 수소 공여체로 물을 사용하고 O_2를 방출한다.

   $$6\ CO_2 + 12\ H_2O + \text{빛에너지} \rightarrow C_6H_{12}O_6 + 6\ H_2O + 6\ O_2$$

2. 자색황세균과 녹색황세균은 수소 공여체로 H_2S를 사용하여 황과립을 생산한다.

   $$6\ CO_2 + 12\ H_2S + \text{빛에너지} \rightarrow C_6H_{12}O_6 + 6\ H_2O + 12\ S$$

광합성 과정에서 에너지가 적은 물질인 수소원자에서 얻어진 전자가 에너지가 풍부한 당으로 통합된다. 간접적이지만 빛에너지가 이 에너지 상승에 공급된다.

광합성은 두 단계로 이루어진다. **광의존 반응(light-dependent reaction** 또는 **명반응, light reaction)**이라, 불리는 첫 번째 단계는 빛에너지를 이용하여 ADP와 Ⓟ를 ATP로 전환한다. 또한 대부분의 광의존 반응에서 전자전달체 $NADP^+$가 NADPH로 환원된다. 조효소 NADPH는 NADH처럼 에너지가 풍부한 전자전달체이다. 두 번째 단계는 **광비의존 반응(light-independent reaction** 또는 **암반응, dark reaction)**으로 이들 전자가 ATP 의 에너지와 함께 CO_2를 당으로 환원시키는 데에 이용된다.

광의존 반응: 광인산화

ATP를 만드는 세 가지 방법 중 하나인 광인산화는 광합성 세포에서만 일어난다. 이런 작동 방식에서 광에너지는 광합성 세포에 있는 엽록소 분자에 의해 흡수되어 일부 분자의 전자를 여기시킨다. 녹색 식물과 조류, 남세균이 주로 사용하는 엽록소는 **엽록소 *a*** (chlorophyll *a*)이다. 이것은 조류와 녹색 식물에 있는 엽록체의 틸라코이드막에 위치해 있고(105쪽 그림 4.28 참조) 남세균의 광합성 구조에서 발견되는 틸라코이드에 있다. 다른 세균은 **세균엽록소** (bacteri-ochlorophyll)를 사용한다.

엽록소에서 여기된 전자는 호흡에서 이용되는 것과 비슷한 전자전달사슬인 일련의 전달체 분자의 첫 번째로 뛰어오른다. 일련의 전달체를 따라 전자가 지나감에 따라 양성자는 막을 가로질러 주입되고 화학삼투에 의해 ADP는 ATP로 전환된다. 엽록소와 다른 색소들이 쌓여서 엽록체의 틸라코이드를 이루는데(105쪽 그림 4.28 참조), 이를 **광계(photosystem)**라고 부른다. **광계 II** (photosystem II)는 제일 먼저 진화된 광계로 생각되지만 두 번째로 발견되었기 때문에 이름이 이렇게 정해졌다. 광계 II는 680 nm 파장의 빛에 민감한 엽록소를 가지고 있다. **광계 I** (photosystem I)은 700 nm 파장의 빛에 민감한 엽록소를 가지고 있다. **순화적 광인산화(cyclic photophosphorylation)**에서는 광계 I의 엽록소에서 방출된 전자가 궁극적으로 엽록소로 되돌아온다(그림 5.25a). 산소발생 생물이 이용하는 **비순화적 광인산화(noncyclic photophosphorylation)**에서는 광계 II와 광계 I의 엽록소에서 방출된 전자가 엽록소로 돌아오지 않고 NADPH에 통합된다(그림 5.25b). 엽록소가 잃은 전자는 H_2O에서 온 전자로 대체된다. 정리하면: 비순환 광인산화의 산물은 ATP(전자전달사슬에서 방출된 에너지를 이용한 화학삼투에 의해 생성)와 O_2(물 분자에서 유래), NADPH(이것의 수소전자와 양성자는 궁극적으로 물에서 유래)이다.

광비의존 반응: 캘빈-벤슨 회로

광비의존(또 암) 반응은 빛을 직접 필요하지 않기 때문에 이렇게 이름 지어졌다. 이것은 **캘빈-벤슨 회로(Calvin-Benson cycle)**라고 불리는 복잡한 순환 경로를 포함한다. 이 경로에서 CO_2가 고정된다. 즉, 당의 합성에 이용된다(그림 5.26, 부록 A 그림 A.1도 참조).

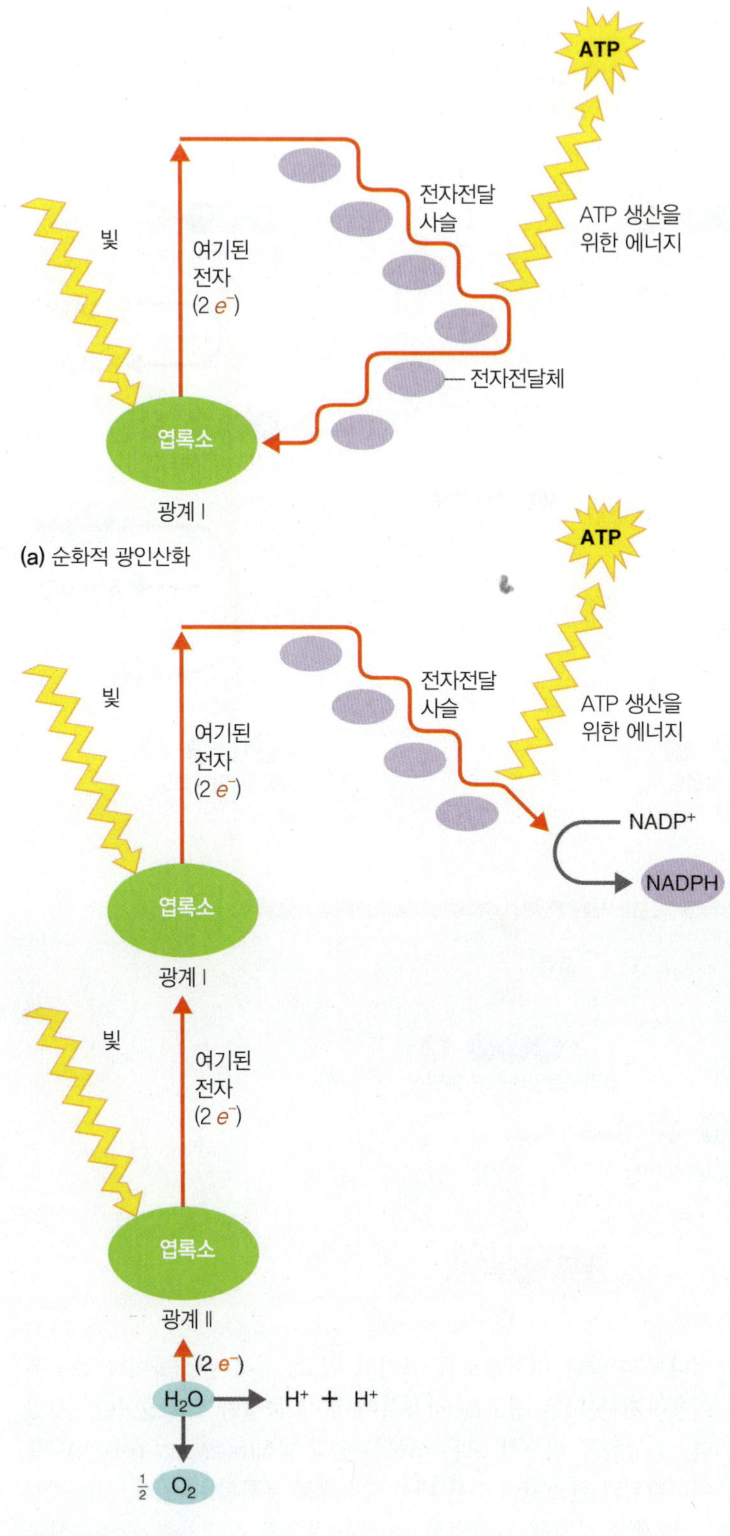

그림 5.25 광인산화. (a) 순환적 광인산화에서 빛에 의해 엽록소에서 방출된 전자는 전자전달사슬을 따라 이동한 후 엽록소로 되돌아간다. 전자의 이동 과정에서 나온 나온 에너지는 ATP로 전환된다. (b) 비순화적 광인산에서 광계 II의 엽록소에서 방출된 전자는 물의 수소원자에서 온 전자에 의해 대치된다. 이 과정은 수소이온을 또한 방출한다. 광계 I의 엽록소에서 나온 전자는 전자전달사슬을 따라 전자수용체인 $NADP^+$로 간다. $NADP^+$는 전자와 결합하고 물에서 나온 수소이온과 함께 NADPH를 형성한다.

Q 산화적 인산화와 광인산화는 어떻게 비슷한가?

이해도 확인하기

- 광합성이 이화작용에 있어 어떻게 중요한가? **5-19**
- 명반응 동안 무엇이 만들어지나? **5-20**
- 산화적 인산화와 광인산화는 어떻게 비슷한가? **5-21**

에너지 생산 원리의 요점 정리

학습 목표

5-22 한 문장으로 세포의 에너지 생산을 요약한다.

살아 있는 세계에서 에너지는 화합물의 결합에 들어 있는 잠재에너지의 형태로 한 생물에서 다른 생물로 전달된다. 생물은 산화반응으로 에너지를 얻는다. 가용한 형태의 에너지를 얻기 위해서 세포는 전자(혹은 수소)공여체를 가지고 있어야만 하는데, 이것이 세포 안에서 최초의 에너지원으로 사용된다. 전자공여체는 다양한데, 광합성 색소, 포도당, 다른 유기 화합물, 원소 황, 수소 기체 등이 있다(그림 5.27). 다음으로는, 화학 에너지원에서 제거된 전자가 조효소 NAD^+와 $NADP^+$, FAD와 같은 전자전달체에 전달된다. 이와 같은 전달은 산화환원 반응이다. 첫 번째 전자전달체가 환원되면서 초기 에너지원은 산화된다. 이 단계 동안 일부 ATP가 생산된다. 세 번째 단계에서는, 전자가 전자전달체에서 최종 전자 수용체로 전달되면서 산화환원 반응이 더 진행되어 더 많은 ATP를 생산한다.

유산소 호흡에서 산소(O_2)는 최종 전자 전달체로 작용한다. 무산소 호흡에서는 질산이온(NO_3^-)이나 황산이온(SO_4^{2-}) 등과 같은 산소 이외의 무기 물질이 최종 전자 수용체로 이용된다. 발효에서는 유기 화합물이 최종 전자 수용체로 쓰인다. 유산소와 무산소 호흡에서는 전자전달사슬이라고 하는 일련의 전자전달체가 에너지를 방출하고, 이것이 화학삼투 원리에 의해 ATP 합성에 사용된다. 모든 생명체는 에너지원에 관계없이 비슷한 산화환원 반응을 전자의 전달에 이용하고 비슷한 작용 원리로 방출된 에너지를 ATP 생산에 이용한다.

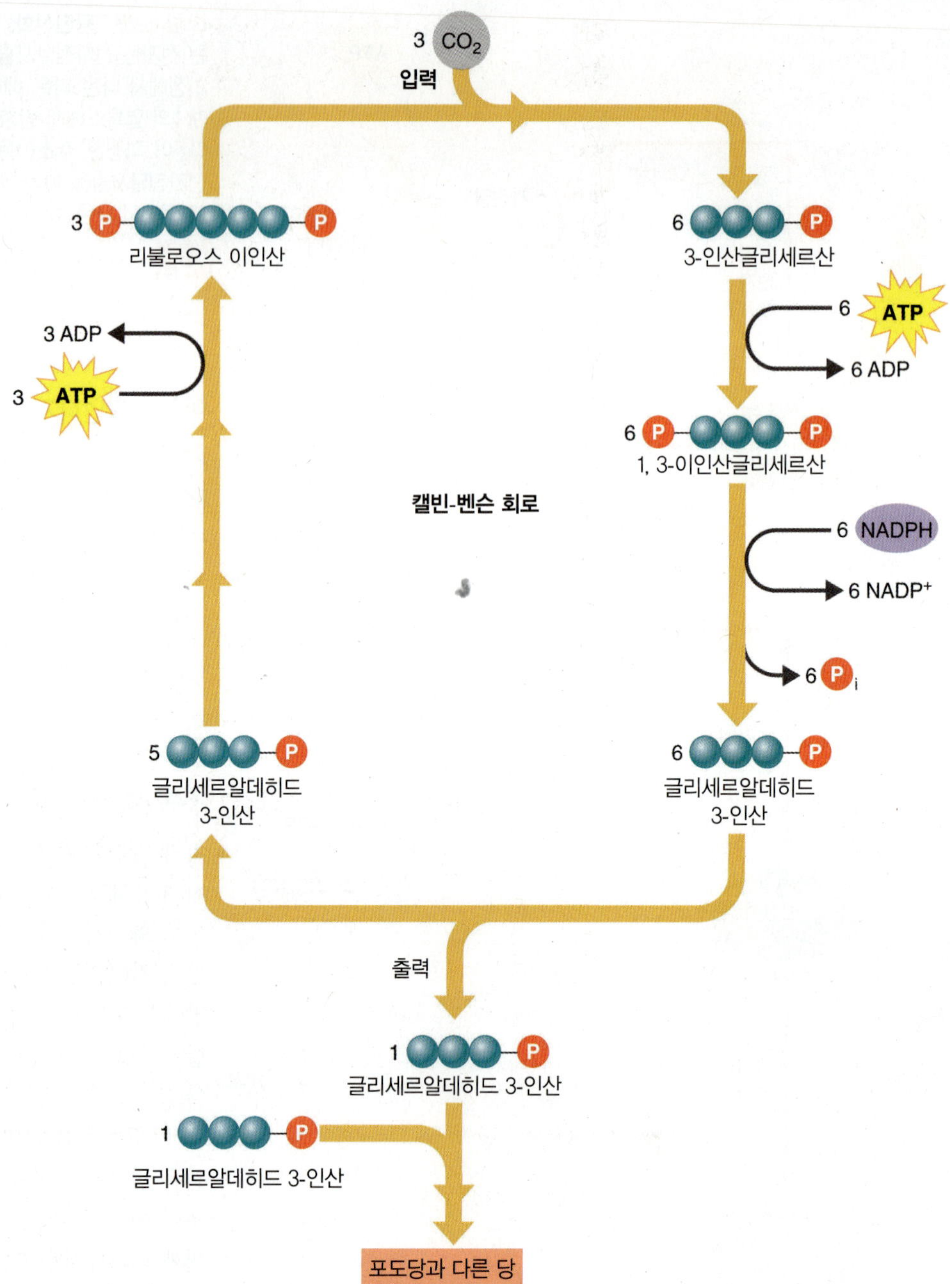

그림 5.26 단순화한 캘빈-벤슨 회로. 이 그림은 세 분자의 CO_2이 고정되고 한 분자의 글리세르알데히드 3-인산이 생산되어 회로를 떠나는 세 번의 순환을 보여준다. 두 분자의 글리세르알데히드 3-인산이 한 분자의 포도당을 만들기 위해 필요하다. 따라서 포도당 한 분자의 생산을 위해 이 회로는 6번 돌아야 하며 총 6 분자의 CO_2와 18 분자의 ATP, 12 분자의 NADPH가 필요하다. 회로의 더 자세한 그림은 부록 A의 그림 A.1에 나타나있다.

Q 캘빈-벤슨 회로에서, 어떤 분자가 당의 합성에 이용되는가?

이해도 확인하기

✓ 포도당, 황, 또는 햇빛에서 생명체가 산화에 의해 어떻게 에너지를 얻는지 요약하시오. **5-22**

생명체에 따른 대사의 다양성

학습 목표

5-23 생명체의 다양한 영양 방식을 탄소원과 탄수화물 이화작용 및 ATP 생산의 원리에 따라 분류한다.

지금까지 대부분의 미생물과 동식물이 사용하는 일부 에너지 생산 대사경로에 대해 자세히 살펴보았다. 그러나 미생물은 그들만의 엄청나게 다양한 대사경로를 가지고 있고, 일부는 식물이나 동물은 이용하지 못하는 경로를 사용하여 무기 물질만으로 살아갈 수 있다. 미생물을 비롯한 모든 생물은 영양 방식(nutritional pattern), 즉 에너지원과 탄소원에 따른 대사 방식으로 분류할 수 있다.

먼저 에너지원을 고려할 때 일반적으로 생명체를 광영양생물과 화학영양생물로 분류할 수 있다. **광영양생물(phototroph)**은 빛을 주 에너지원으로 이용하는 반면, **화학영양생물(chemotroph)**은 무기 또는 유기 화합물의 산화환원 반응을 통해 에너지를 얻는다. 주요 탄소원으로 **독립영양생물(autotroph**; 자가영양)은 이산화탄소를 이용하고 **종속영양생물(heterotroph**; 다른 생물을 먹음)는 유기 탄소원을 필요로 한다. 또한 독립영양생물은 **무기영양생물**(lithotroph; 돌을 먹는다는 뜻), 종속영양생물은 **유기영양생물**

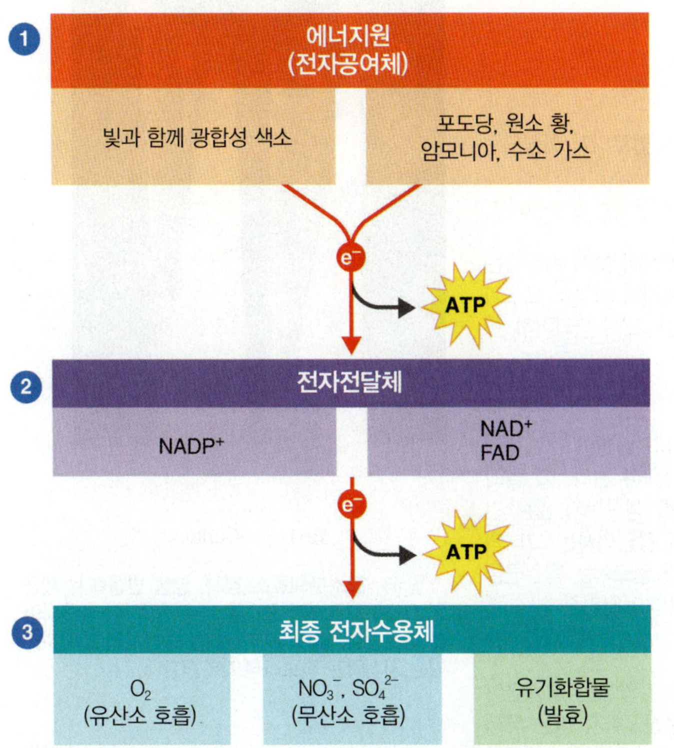

그림 5.27 ATP 생산에 필요한 것들. ATP 생산은 ❶ 에너지원(전자공여체)와 ❷ 산화-환원 반응 동안 전자전달체로의 전자전달, ❸ 최종 전자 수용체로 전자의 전달을 필요로 한다.

Q 에너지를 생산하는 반응은 산화인가 환원인가?

(organotroph)이라고도 한다.

에너지원와 탄소원을 조합하면 생물의 영양 방식을 다음과 같이 분류할 수 있다: 광독립영양생물, 광종속영양생물, 화학독립영양생물, 화학종속영양생물(그림 5.28). 이 책에서 언급되는 의학적으로 중요한 미생물은 거의 모두 화학종속영양생물이다. 보통 감염성 생물은 숙주에게서 얻는 물질을 대사한다.

광독립영양생물

광독립영양생물(photoautotroph)은 빛을 에너지원으로 이산화탄소를 주요 탄소원으로 이용한다. 여기에는 광합성세균(녹색세균과 자색세균, 남세균)과 조류, 녹색식물이 포함된다. 남세균과 조류, 녹색식물의 광합성 반응에서 물의 수소원자는 이산화탄소를 환원하는 데 사용되고 산소는 방출된다. O_2가 나오기 때문에 이 광합성 과정를 **산소발생(oxygenic)**이라고 부른다.

남세균 이외에도(321쪽 그림 11.21 참조), 여러 다른 종류의 원핵생물이 광합성을 하는데, CO_2를 환원하는 방법에 따라 분류된다. 이들 세균은 CO_2를 환원하는 데 H_2O를 사용할 수 없고 산소가 존재할 때는 광합성을 수행할 수 없다(무산소 환경이어야만 한다). 결과적으로 이 광합성 과정은 O_2 를 생산하지 않아서 **산소비발생(anoxygenic)**라고 한다. 산소비발생 광독립영양생물에는 녹색세균과 자색세균이 있다. 클로로비움(*Chlorobium*)과 같은 **녹색세균(green bacteria)**은 황(S)이나 황화합물[황화수소(H_2S) 등], 수

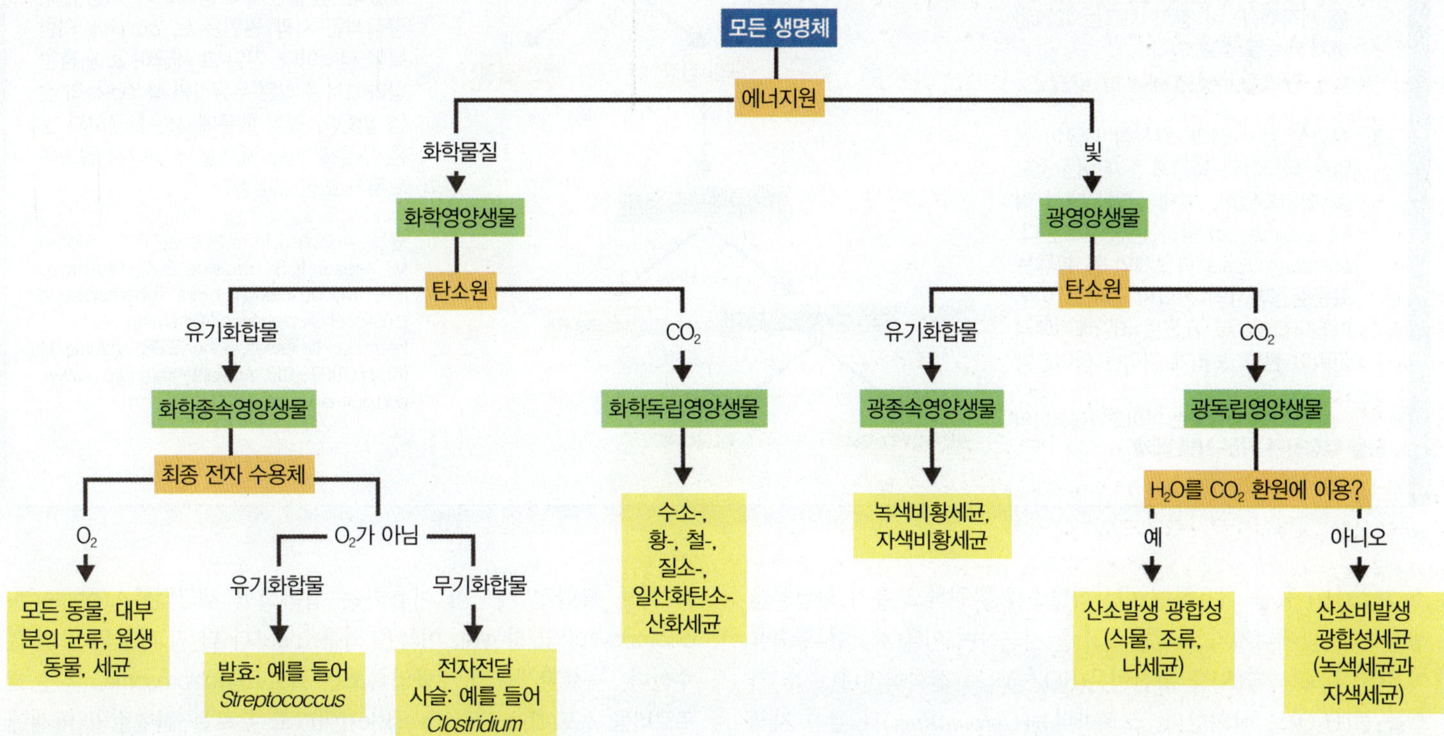

그림 5.28 영양에 따른 생명체의 분류

화학영양생물과 광영양생물의 기본적인 차이는 무엇인가?

인간 결핵 – 텍사스 주 달라스

이 상자글을 읽으면서 실험실의 연구원이 세균을 동정하면서 자신들에게 물어보는 질문들을 보게 될 것이다. 다음 문제로 넘어가기 전에 각 질문에 답하도록 노력해 보시오.

1. 12개월 된 미국 흑인 여아 다리아(Daria)를 부모가 텍사스 달라스에 있는 병원의 응급실로 싣고 왔다. 다리아는 체온이 39°C이고 복부 팽창과 약간의 복통, 설사 증세가 있다. 다리아는 실험실과 방사선 검사 결과를 기다리는 동안 병원의 소아 병실로 입원이 허가되었다. 복막 결핵이라는 검사 결과가 나왔다. *Mycobacterium tuberculosis*(결핵균) 복합체에 속하는 몇몇 관련 종에 의해 유발된 TB 는 미국에서는 신고 의무가 있다. 복막 결핵은 내장과 복강의 질병이다.
   일반적으로 어떤 기관이 결핵과 관련되는가? 어떻게 복막 결핵에 걸릴 수 있나?

2. 폐결핵은 이 세균의 흡입하여 걸린다. 이 세균의 섭취는 내막 결핵을 일으킬 수 있다. 복강경 검사 결과, 다리아의 복강에서 결절의 존재가 드러났다. 조직검사를 위해 이 결절의 일부를 떼어내어 항산성 세균의 존재 여부를 관측할 수 있게 되었다. 복부 결절의 존재를 기반으로 다리아의 담당의사는 전통적인 항결핵치료를 시작했다. 이 장기 치료는 12개월까지 지속될 수도 있다.
   다음 단계로 무엇을 해야 하는가?

3. 실험실 검사 결과, 항산성 세균이 정말로 다리아의 복강에 존재하는 것으로 확인되었다. 이제 실험실에서 이 *Mycobacterium* 종을 동정해야 한다. *M. tuberculosis* 복합체의 종 분류는 표준실험에서의 생화학 검사로 이루어진다(그림 A). 세균을 배양배지에서 키워야 한다. 느리게 자라는 마이코박테리아(mycobacteria)는 콜로니가 형성되는 데 6주가 걸리기도 한다.
   콜로니가 분리된 다음의 단계는 무엇인가?

4. 2주 후, 실험 결과는 세균이 늦게 자란다는 것을 보여준다. 식별 체계에 따라서 요소가수분해효소(urease) 검사가 수행되어야 한다.
   그림 B에서 보는 결과는 무엇인가?

5. 요소가수분해효소 검사가 양성이기 때문에 질산 환원 검사를 수행해야 한다. 그 결과 세균이 질산 환원효소를 생산하지 않는 것으로 보였다. 다리아의 담당의사는 그녀의 부모에게 다리아의 병을 일으키는 병원균을 곧 확인할 수 있을 것이라고 알려준다.
   그 세균이 무엇인가?

6. *M. bovis*는 주로 소에 감염되는 병원균이다. 그러나 사람도 저온살균하지 않은 유제품을 소비하거나 소에게서 감염된 작은 물방울을 흡입하여 감염될 수 있다. 사람에서 사람으로의 전염은 아주 드물게 발생한다. *M. bovis* TB의 임상 및 병리학적 특성은 *M. tuberculosis* TB의 것과 구별되지 않지만, 세균의 동정은 예방과 치료에 중요하다. 아이들은 높은 위험에 빠질 수 있다. 한 연구 결과, 배양 가능한 소아 결핵의 거의 절반이 *M. bovis*에 의해 일어난다.

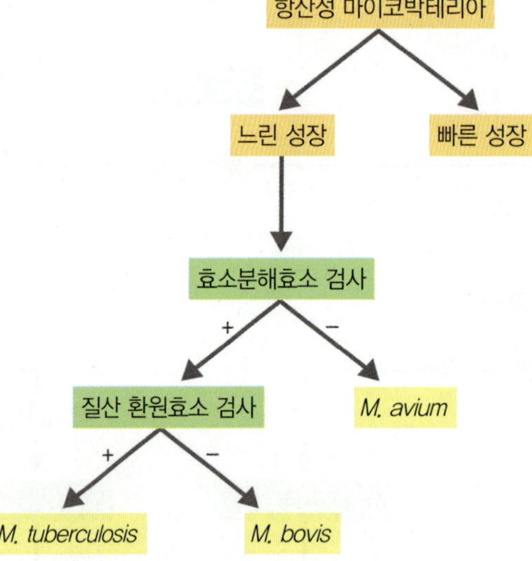

그림 A **느리게 성장하는 마이코박테리아의 종을 결정하기 위한 식별 체계**

그림 B **요소분해효소 검사. 양성 반응에서 세균의 요소분해효소가 요소를 가수분해하여 암모니아를 생산한다. 암모니아가 pH를 증가시키고 배지에 있는 지시약은 적보라색으로 변한다.**

불행히도 다리아는 병에서 회복되지 않았다. 심혈관계가 붕괴되어 사망했다. 공식적인 사망 원인은 *M. bovis*에 의한 복막 결핵이다. 만일 그 세균이 소에 흔한 나라에서 수입된 우유라면 *M. bovis*의 전염 위험이 있기 때문에 저온살균하지 않은 우유로 만든 제품을 소비하지 않도록 모두가 조심해야 한다.

출처: Adapted from Rodwell T.C., Moore M., Moser K.S., Brodine S.K., Strathdee S.A, "Mycobacterium bovis Tuberculosis in Binational Communities," Emerging Infectious Diseases, June 2008, Volume 14 (6), pp. 909–916. Available from http://www.cdc.gov/eid/content/14/6/909. htm.

소 가스(H_2) 등을 이용하여 이산화탄소를 환원하고 유기 화합물을 생성한다. 빛에너지와 적절한 효소를 사용하여 이들 세균은 황화물 이온(S_2^-) 또는 황(S)을 황산이온(SO_4^{2-})으로 산화하거나 수소 가스를 물(H_2O)로 산화한다. 크로마티움(*Chromatium*)과 같은 **자색세균(purple bacteria)**도 황이나 황화합물 또는 수소 가스를 이용하여 이산화탄소를 환원시킨다. 이들은 엽록소의 종류와 저장된 황의 위치, 리보솜의 RNA 등에서 의해 녹색세균과 구별된다.

이들 광합성 세균이 이용하는 엽록소를 **세균엽록소**(bacteriochlorophyll)라고 하는데, 이들은 엽록소 *a*보다 더 긴 파장의 빛을 흡수한다. 녹색황세균의 세균엽록소는 **클로로솜**[chlorosome, 혹은 **클로로비움 소포**(chlorobium vesicle)]이라고 부르는 원형질막 아래에 붙어 있는 소포에서 발견된다. 자색황세균에서 세균엽록소는 원형질막이 함입된 부분[**색소포**(chromatophore)]에 위치한다.

표 5.6에 진핵세포와 원핵세포의 광합성에서 구별되는 몇 가지

표 5.6 주요 진핵생물과 원핵생물의 광합성을 비교

특징	진핵생물	원핵생물		
	조류, 식물	남세균	녹색세균	자색세균
CO_2를 환원하는 물질	H_2O의 수소원자	H_2O의 수소원자	황, 황화물, H_2 가스	황, 황화물, H_2 가스
산소 생산	산소발생	산소발생(그리고 산소비발생)	산소비발생	산소비발생
엽록소 종류	엽록소 *a*	엽록소 *a*	세균엽록소 *a*	세균엽록소 *a* 혹은 *b*
광합성 장소	틸라코이드를 갖는 엽록체	틸라코이드	클로로솜	색소체
환경	유산소	유산소(그리고 무산소)	무산소	무산소

특징을 정리하였다.

광종속영양생물

광종속영양생물(photoheterotroph)은 빛을 에너지원으로 이용하지만 이산화탄소를 당으로 전환시키지 못한다. 이들은 탄소원으로 오히려 알코올, 지방산, 다른 유기산, 탄수화물 등과 같은 유기화합물을 이용한다. 광종속영양생물은 산소 비생산이다. 클로로프렉수스(*Chloroflexus*) 같은 **녹색비황세균(green nonsulfur bacteria)**과 로도슈도모나스(*Rhodopseudomonas*) 같은 **자색비황세균(purple nonsulfur bacteria)**이 광종속영양생물이다(323쪽 참조).

화학독립영양생물

화학독립영양생물(chemoautotroph)은 환원된 무기화합물의 전자를 에너지원으로 이용하고, CO_2를 주요 탄소원으로 이용한다. 이들은 CO_2를 캘빈-벤슨 회로를 통해 고정한다(그림 5.26 참조). 이들이 이용하는 무기물 에너지원으로는 베기아토아(*Beggiatoa*)의 황화수소(H_2S), *Thiobacillus thiooxidans*의 원소 황(S), 니트로소모나스(*Nitrosomonas*)의 암모니아(NH_3), 니트로박터(*Nitrobacter*)의 아질산이온(NO_2^-), 쿠프리아비두스(*Cupriavidus*)의 수소 가스(H_2), *Thiobacillus ferrooxidans*의 철이온(Fe_2^+), *Pseudomonas carboxydohydrogena*의 일산화탄소(CO) 등이 있다. 이들 무기화합물의 산화에서 나오는 에너지는 결국 산화적 인산화에 의해 생산되는 ATP에 저장된다.

화학종속영양생물

광독립영양생물과 광종속영양생물, 화학독립영양생물을 설명할 때는 에너지원과 탄소원이 별도의 존재이기 때문에 분류하기가 쉽다. 그러나 화학종속영양생물의 경우에는 에너지원과 탄소원이 보통 같은 유기화합물(일례로 포도당)이기 때문에 그 구별이 명확하지 않다. 구체적으로 **화학종속영양생물(chemoheterotroph)**은 유기 화합물에 있는 수소원자의 전자를 에너지원으로 이용한다.

종속영양생물은 사용하는 유기 분자의 근원에 따라 더 분류된다. **부생균(saprophyte)**은 생물의 사체에서 살고 **기생생물(parasite)**은 살아 있는 숙주에서 영양분을 얻는다. 대부분의 세균과 모든 균류, 원생동물, 동물은 화학종속영양생물이다.

세균과 진균류는 다양한 종류의 유기화합물을 탄소와 에너지원으로 사용할 수 있다. 이것이 왜 그들이 다양한 환경에서 살 수 있는지를 설명한다. 미생물의 다양성에 대한 이해는 과학적으로 흥미롭고 경제적으로 중요하다. 고무 분해 세균이 개스킷이나 구두 밑창을 손상시키는 것과 같은 일부 상황에서는 미생물의 성장이 바람직하지 않다. 그러나 이들 같은 세균이 만일 폐타이어 같이 버려진 고무 제품을 분해한다면 이로울 수도 있다. 로도코커스 에리트로폴리스(*Rhodococcus erythropolis*)는 토양에 광범위하게 분포되어 있고 사람과 여러 동물에 병을 유발할 수 있다. 그러나 동일한 종이 석유에 있는 황 원자를 산소의 원자로 대체시킬 수 있다. 텍사스의 한 회사는 현재 *R. erythropolis*를 이용하여 탈황 석유를 생산한다.

이해도 확인하기

✔ 의학적으로 중요한 거의 모든 미생물은 앞서 언급한 네 가지 그룹 중 어디에 속하는가? **5-23**

* * *

다음에는 세포가 탄수화물, 지질, 단백질, 핵산 등과 같은 유기화합물의 합성을 위해 ATP 경로를 어떻게 이용하는지 생각해 볼 것이다.

에너지 이용의 대사경로

학습 목표

5-23 동화작용의 주요 종류와 이화작용과의 관계를 설명한다.

지금까지는 에너지 생산을 살펴보았다. 유기 분자를 산화하는 과정에서 생명체는 유산소 호흡과 무산소 호흡, 발효를 통해 에너지를 생산한다. 이 에너지의 많은 부분이 열로 발산된다. 포도당을 이산화탄소와 물로 완전히 산화하는 대사는 매우 효과적인 과정처럼 보이지만, 포도당 에너지의 약 45%가 열로 손실된다. 세포는 나머지 에너지를 다양한 방법으로 ATP의 결합에 담아내어 사용한다. 미생물은 물질을 세포막을 거쳐 수송하기 위한 에너지를 제공하기 위해 ATP를 사용한다—이 과정을 4장에서 설명한 능동수송이라고 부른다. 미생물은 또한 이들의 에너지의 일부를 편모 운동에 사용한다(4장에서 설명). 그러나 ATP의 대부분은 새로운 세포 구성성분을 만드는 데 사용된다. 이 생산은 세포에서 연속적인 과정이고 일반적으로 진핵세포보다 원핵세포에서 빠르다.

독립영양생물은 캘빈-벤슨 회로(그림 5.26 참조)에서 이산화탄소를 고정하여 유기화합물을 만든다. 여기에는 에너지(ATP)와 전자(NADPH의 산화에서 얻는)가 모두 필요하다. 이에 비해, 종속영양생물은 생합성(보통 단순한 물질에서 필요한 세포 구성성분을 생산)에 즉시 사용할 수 있는 유기화합물 공급원이 있어야만 한다. 해당 세포는 이들 화합물을 탄소원과 에너지원 모두로 이용한다. 다음으로 탄수화물, 지질, 아미노산, 퓨린, 피리미딘 등과 같은 대표적인 생물 분자의 생합성을 살펴볼텐데, 합성 반응에는 에너지의 순투입이 필요하다는 것을 명심하자.

다당류 생합성

미생물은 당과 다당류를 합성한다. 포도당을 합성하는 데 필요한 탄소원자는 해당과정과 크렙스 회로에서 생성되는 중간산물이나 지질, 아미노산에서 유도된다. 세균은 포도당(또는 다른 단당류)을 합성한 다음 이것을 이용하여 글리코겐과 같은 더 복합한 다당류를 조립할 수 있다. 세균이 포도당을 글리코겐으로 조립하기 위해서는 포도당 단위가 반드시 인산에 연결되어 있어야 한다. 포도당의 인산화 산물은 포도당 6-인산이다. 일반적으로 이런 과정에는 ATP 형태의 에너지가 사용된다. 세균이 글리코겐을 합성하기 위해 포도당 6-인산에 ATP 분자를 더해 아데노신 이인산포도당(adenosine diphosphoglucose, ADPG)을 형성한다(그림 5.29). 일단 ADPG가 합성되면 이것은 비슷한 단위들과 연결되어 글리코겐을 형성한다.

포도당 6-인산을 원료로 우리딘 삼인산(UTP)이라 불리는 뉴클레오티드를 에너지원으로 이용하여 만들어진 우리딘 이인산포도당(uridine diphosphoglucose, UDPG)에서부터 동물은 글리코겐(그리고 많은 다른 탄수화물)을 합성한다(그림 5.29 참조). 우리딘 이인산-N-아세틸글루코사민(UDP-N-acetylglucosamine, UDPNAc)이라고 불리는 UDPG에 관련된 화합물은 세균의 세포벽을 형성하는 물질인 펩티도글리칸의 생합성에서 주요 시작 물질이다. UDPNAc은 과당 6-인산에서부터 생성되고, 이 반응 역시 UTP를 사용한다.

지질 생합성

지질은 화학적 조성이 상당히 다르기 때문에 다양한 경로로 합성된다. 세포는 글리세롤과 지방산을 결합하여 지방을 합성한다. 지방의 글리세롤 부분은 해당과정 동안 형성된 중간산물인 디히드록시

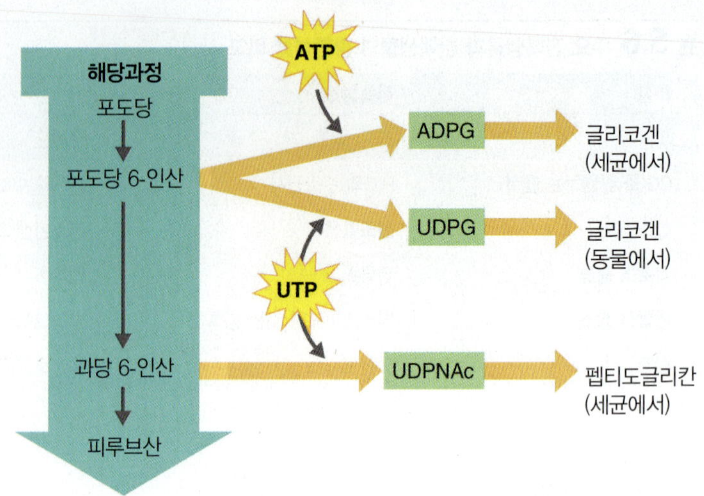

그림 5.29 **다당류의 생합성**

Q 세포에서 다당류는 어떻게 사용되는가?

아세톤인산(dihydroxyacetone phosphate)에서 유도된다. 긴 사슬 형태의 탄화수소(탄소에 연결된 수소)인 지방산은 아세틸 CoA의 2탄소 조각이 연속적으로 서로에 더해져서 조립된다(그림 5.30). 다당류 합성과 마찬가지로 지방의 조립단위와 여러 다른 지질은 탈수 합성을 통해 연결되며 여기에는 에너지가 필요한데, 항상 ATP의 형태인 것은 아니다.

지질의 가장 중요한 역할은 생체막의 구조적 구성성분의 역할을 하는 것이고 대부분의 막지질은 인지질이다. 구조가 상당히 다른 지질인 콜레스테롤도 진핵세포의 원형질막에서 발견된다. 왁스는 항산성 세균의 세포벽에서 중요한 구성성분으로 사용되는 지질이다. 카로티노이드와 같은 지질은 일부 미생물에게 붉은색과 주황색, 노란색의 색소를 제공한다. 어떤 지질은 엽록소 분자의 일부분을 형성한다. 또한 지질은 에너지 저장의 기능도 한다. 지질의 생물학적 산화 다음에 그 분해산물은 크렙스 회로로 들어가다는 것을 기억하자.

아미노산과 단백질 생합성

아미노산은 단백질 생합성에 필요하다. 대장균과 같은 일부 미생물은 포도당과 무기염과 같은 물질을 이용하여 필요한 모든 아미노산을 합성하는 데에 필요한 모든 효소를 가지고 있다. 이런 효소를 가진 생명체는 탄수화물 대사의 중간산물에서 직접 혹은 간접적으로 모든 아미노산을 합성할 수 있다(그림 5.31a). 다른 미생물은 일부 이미 만들어진 아미노산을 환경에서 제공받아야 된다.

아미노산 합성에 이용되는 선구물질(precursor; 중간대사물, intermediate)의 한 중요한 공급원은 크렙스 회로이다. 피루브산이나 적절한 크렙스 회로의 유기산에 아미노기를 더함으로써 해당 산이 아미노산으로 전환된다. 이 과정을 **아미노화(amination)**라고 한다. 만일 아미노기가 이미 존재하는 아미노산에서 오면 이 과정

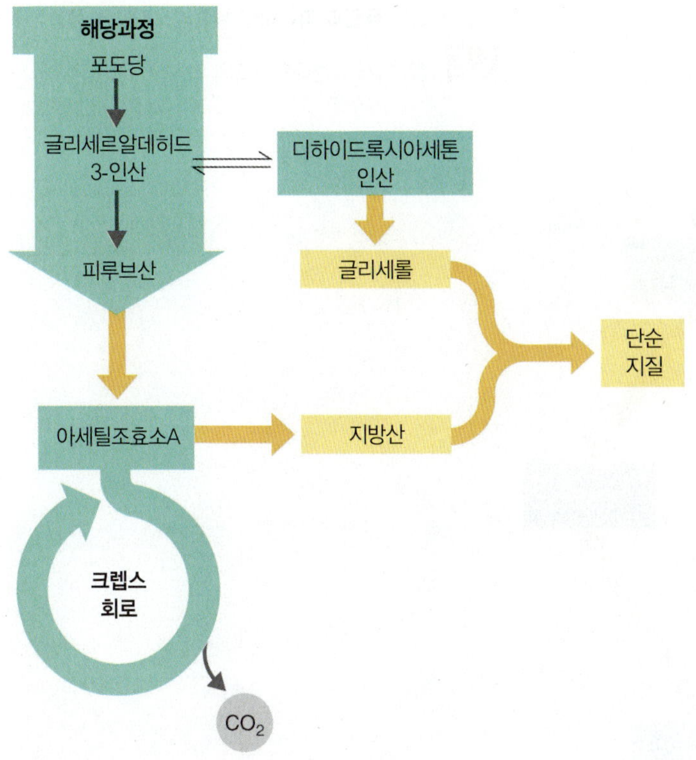

그림 5.30 **단순 지질의 생합성**

Q 세포에서 지질의 주요한 사용처는 무엇인가?

을 **아미노기 전달(transamination)**이라고 한다(그림 5.31b).

세포 안에서 대부분의 아미노산은 단백질 합성을 위한 조립단위로 이용된다. 단백질은 세포에서 주요 역할, 몇 가지 예를 들면, 효소와 구조적 구성요소, 독소 등의 역할을 수행한다. 단백질을 합성하기 위한 아미노산의 연결은 탈수합성 과정이고 ATP 형태의 에너지가 필요하다. 단백질 합성의 과정에는 유전자가 관여되는데, 이는 8장에서 설명할 것이다.

퓨린과 피리미딘 생합성

2장에서 공부한 대로, 정보 분자인 DNA와 RNA는 반복되는 뉴클레오티드라는 단위로 구성되어 있고, 각 뉴클레오티드는 퓨린 또는 피리미딘과 5탄당, 인산기로 구성되어 있다는 것을 상기하자. 뉴클레오티드의 5탄당은 5탄당 인산경로나 엔트너-도우도로프 경로에서 유래한다. 해당과정과 크렙스 회로 동안 생성되는 중간산물에서 만들어지는 특정 아미노산—아스파르트산과 글리신, 글루타민—은 퓨린과 피리미딘의 생합성에 참여한다(그림 5.32). 이들 아미노산에서 나온 탄소와 질소 원자는 퓨린과 피리미딘의 고리를 형성하고, ATP가 합성에 필요한 에너지를 공급한다. DNA는 세포의 특정 구조와 기능을 결정하는 데 필요한 모든 정보를 가지고 있다. RNA와 DNA 둘 다 단백질 합성에 필요하다. 또한 ATP와 NAD^+, $NADP^+$

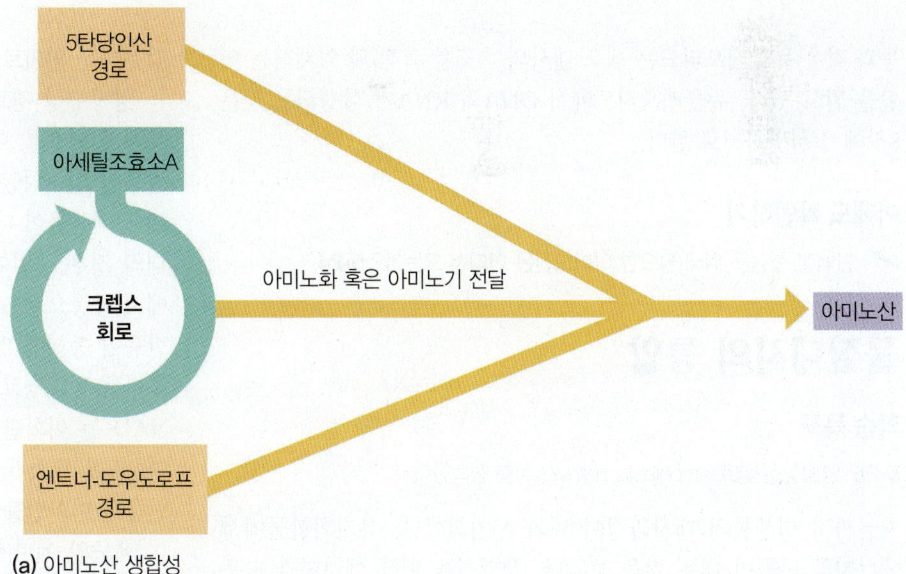

(a) 아미노산 생합성

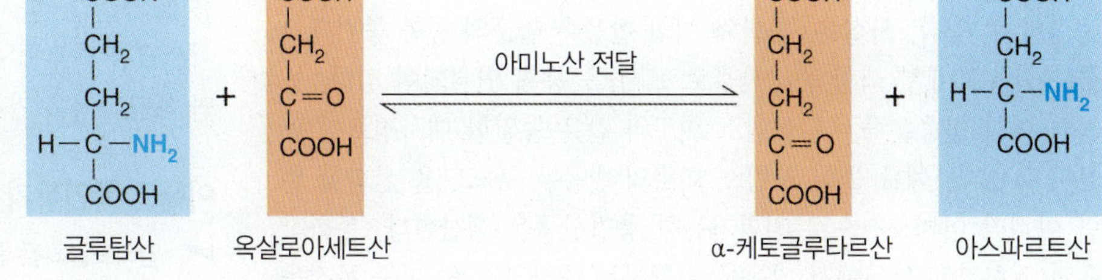

(b) 아미노기전달 과정

그림 5.31 **아미노산의 생합성.** (a) 크렙스 회로와 5탄당인산 경로, 엔트너-도우도로프 경로에서 나온 탄수화물 대사 중간산물의 아미노화 또는 아미노기 전달을 통해 아미노산을 생합성하는 경로. (b) 이미 존재하는 아미노산의 아민기를 이용하여 새로운 아미노산을 만드는 과정인 아미노기 전달. 글루탐산과 아스파르트산은 둘 다 아미노산이다. 다른 두 화합물은 크렙스 회로에서 중간산물이다.

 세포에서 아미노산의 기능은 무엇인가?

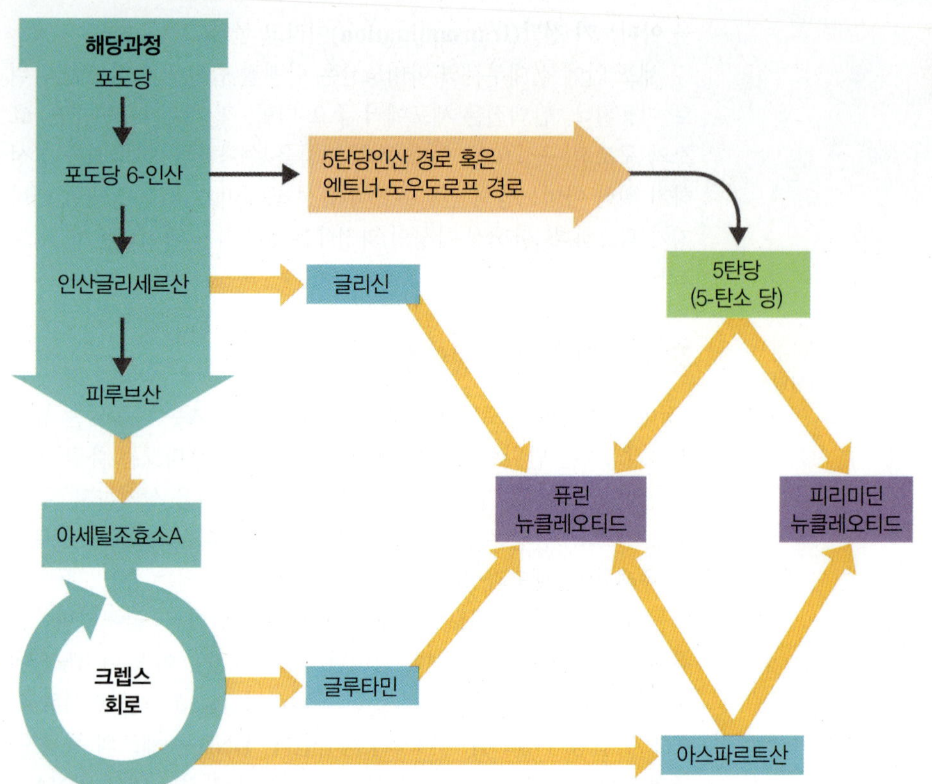

그림 5.32 퓨린과 피리미딘 뉴클레오티드의 생합성

Q 세포에서 뉴클레오티드의 기능은 무엇인가?

등과 같은 뉴클레오티드는 세포 대사의 속도를 촉진 및 억제하는 역할을 맡고 있다. 뉴클레오티드에서 DNA와 RNA가 합성되는 것은 8장에서 설명하기로 한다.

이해도 확인하기

✔ 단백질 합성을 위해 필요한 아미노산은 어디서 오는가? **5-24**

물질대사의 통합

학습 목표

5-25 양방향성 경로(amphibolic pathways)를 정의한다

지금까지 미생물의 대사과정이 빛과 무기화합물, 유기화합물에서 에너지를 만들어 내는 것을 보았다. 생합성을 위해 에너지가 사용되는 과정에서도 반응이 생긴다. 이러한 기능의 다양성으로 동화와 이화 반응이 공간과 시간적인 면에서 서로 독립적으로 일어난다고 생각할 수 있다. 사실은, 동화와 이화 반응은 일군의 공통 중간대사물(그림 5.33에서 핵심 중간산물로 표시)을 통해 연결되어 있다. 동화와 이화 반응은 둘 다 크렙스 회로와 같은 동일한 대사경로를 공유하고 있다. 예를 들어 크렙스 회로의 반응은 포도당을 산화할 뿐만 아니라 아미노산으로 전환가능한 중간산물을 생산한다. 동화작용과 이화작용 모두에서 기능을 수행하는 대사과정을, 이중 목적을 갖는다는 의미로, **양방향성 경로(amphibolic pathway)**라고 한다.

양방향성 경로는 탄수화물과 지질, 단백질, 뉴클레오티드 등의 분해와 합성을 이끄는 반응을 서로 연결한다. 이런 경로는 동시에 반응이 일어나는 것을 가능하게 한다. 즉, 어떤 한 반응에서 생성된 분해산물이 다른 화합물을 합성하는 반응에 이용되거나 또 그 반대의 경우도 일어난다. 다양한 중간대사물이 동화반응과 이화반응에서 공통으로 사용되기 때문에 합성과 분해 경로를 조절하고 이들 반응이 동시에 일어나게 하는 작동 원리가 존재한다. 이런 원리 중 하나는 반대경로에서 다른 조효소를 이용하는 것이다. 예를 들어, NAD^+는 이화반응에 참여하는 반면 $NADP^+$는 동화반응에 사용된다. 또한 효소가 생화학반응의 속도를 가속하거나 억제함으로 동화반응과 이화반응을 조절할 수 있다.

세포의 에너지 저장은 생화학반응의 속도에 영향을 미칠 수 있다. 예를 들어 ATP가 축적되기 시작하면 효소는 해당과정을 차단한다. 이 조절은 해당과정과 크렙스 회로의 속도를 일치시키는 것을 도와준다. 따라서 만일 더 많은 ATP가 필요하거나 동화과정이 시트르산 회로의 중간산물을 고갈시켜서 시트르산의 소비가 늘어나면 해당과정을 가속화시켜 이런 요구를 충족시킨다.

이해도 확인하기

✔ 펩티도글리칸 합성을 예로 들어 대사경로의 통합을 요약하시오. **5-25**

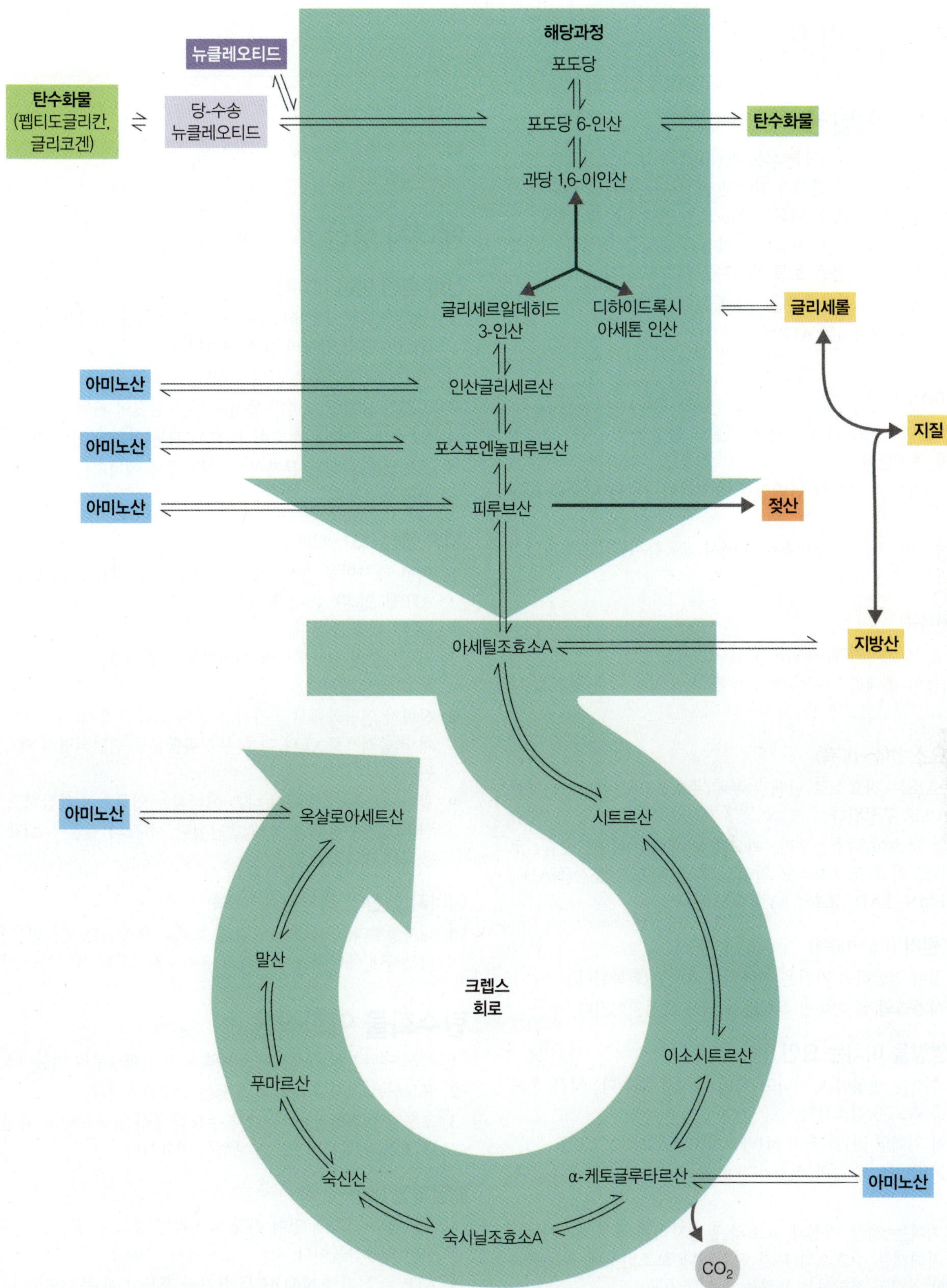

그림 5.33 물질대사의 통합. 주요 중간산물을 나타내었다. 이 그림에는 표시하지 않았지만 아미노산과 리보오스가 퓨린과 피리미딘 뉴클레오티드 합성에 이용된다(그림 5.32 참조). 이중 화살표는 양방향성 경로를 가리킨다.

Q 양방향성 경로의 목적은 무엇인가?

학습 개요

이화반응과 동화반응 (112~113쪽)

1. 살아 있는 생명체에서 일어나는 모든 화학반응의 합이 물질대사이다.
2. 이화작용은 복잡한 유기 분자가 간단한 물질로 분해되는 결과를 가져오는 화학반응을 말한다. 이화반응은 보통 에너지를 방출한다.
3. 동화작용은 간단한 물질이 결합하여 복잡한 분자를 형성하는 화학반응을 말한다. 동화반응은 보통 에너지를 필요로 한다.
4. 이화반응의 에너지가 동화반응을 구동하는데 이용된다.
5. 화학반응을 위한 에너지는 ATP에 저장된다.

효소 (113~119쪽)

1. 효소는 살아 있는 세포가 만드는 단백질로 활성화에너지를 낮추어 화학반응을 촉매한다.
2. 효소는 일반적으로 구형의 단백질로 특징적인 3차원 구조를 가진다.
3. 효소는 효율적이고 비교적 낮은 온도에서 작동할 수 있으며 다양한 세포내 조절의 대상이 된다.

효소명명법 (114쪽)

4. 효소 이름은 보통 －아제(*-ase*)로 끝난다.
5. 효소는 이들이 촉매하는 반응의 종류를 기반으로 여섯 부류로 나뉜다.

효소의 구성요소 (114~115쪽)

6. 대부분의 효소는 전효소로 단백질 부분(주효소)과 비단백질 부분(보조인자)으로 구성된다.
7. 보조인자는 금속이온(철, 구리, 마그네슘, 망간, 아연, 칼슘, 코발트)일 수도 있고 조효소라고 알려진 복잡한 유기 분자(NAD^+, $NADP^+$, FMN, FAD, 조효소A)일 수도 있다.

효소의 작용 원리 (115~116쪽)

8. 효소와 기질이 결합하면 기질은 변형되고 효소는 회복된다.
9. 효소는 활성자리의 한 기능인 특이성에 의해 특징지어진다.

효소활성에 영향을 미치는 요인 (116~118쪽)

10. 고온에서 효소는 변성이 일어나고 촉매 특성을 잃는다; 낮은 온도에서는 반응 속도가 감소한다.
11. 효소 활성이 최대인 pH를 최적 pH라고 한다.
12. 기질 농도가 증가함에 따라 효소가 포화될 때까지 효소활성은 증가한다.
13. 경쟁적 저해제는 정상 기질과 효소의 활성자리를 두고 경쟁한다. 비경쟁적 저해제는 주효소의 다른 부분이나 보조인자에 작동하여 효소의 정상 기질과 결합하는 능력을 감소시킨다.

되먹임억제 (118~119쪽)

14. 대사경로의 최종산물이 대사경로의 시작부근에서 효소의 활성을 저해할 때 되먹임억제가 일어난다.

리보자임 (119쪽)

15. 리보자임은 효소같은 RNA 분자로 진핵세포에서 RNA를 자르고 재접합한다.

에너지 생산 (119~121쪽)

산화-환원 반응 (120쪽)

1. 산화반응은 기질에서 하나 이상의 전자를 제거하는 것이다. 양성자(H^+)는 흔히 전자와 함께 제거된다.
2. 기질의 환원반응은 기질이 하나 이상의 전자를 얻는 것을 말한다.
3. 기질이 산화될 때마다 동시에 다른 물질이 환원된다.
4. NAD^+는 산화된 형태이다; NADH는 환원된 형태이다.
5. 포도당은 환원된 분자이다; 세포에서 에너지는 포도당이 산화되는 동안 방출된다.

ATP 생산 (120~121쪽)

6. 어떤 대사반응 동안 방출된 에너지는 ATP와 Ⓟ$_i$ (인산)으로부터 ATP를 형성하는데 붙잡힐 수 있다. 한 분자에 Ⓟ$_i$를 더하는 것을 인산화라고 부른다.
7. 기질수준의 인산화에서 이화작용의 중간체로부터의 고에너지 Ⓟ가 ADP에 더해진다.
8. 산화적 인산화에서 전자가 일련의 전자 수용체(전자전달사슬)를 거쳐 최종적으로 O_2나 다른 무기화합물로 전달되면서 에너지가 방출된다.
9. 광인산화 동안 빛에서 나온 에너지는 엽록소에 붙잡히고 전자는 일련의 전자수용체를 통해 전달된다. 전자의 전달이 ATP 합성에 이용되는 에너지를 방출한다.

에너지 생산의 대사경로 (121쪽)

10. 대사경로라고 불리는 일련의 효소로 촉매되는 화학반응을 통해 유기분자에 에너지를 저장하고 유기분자로부터 에너지를 방출한다.

탄수화물 이화작용 (122~133쪽)

1. 세포 에너지의 대부분은 탄수화물의 산화로부터 만들어진다.
2. 포도당은 가장 흔하게 사용되는 탄수화물이다.
3. 포도당 이화작용의 두 가지 주요한 종류는 포도당을 완전히 분해하는 호흡과 부분적으로 분해하는 발효이다.

해당과정 (122~123쪽)

4. 포도당의 산화에 있어 가장 일반적인 경로는 해당과정이다. 피루브산이 최종산물이다.
5. ATP 두 분자와 NADH 두 분자가 포도당 한 분자로부터 생산된다.

해당과정의 대안 (123쪽, 125쪽)

6. 5탄당인산경로는 5탄소 당을 분해하는데 이용된다; ATP 한 분자와 NADPH 12분자가 포도당 한 분자로부터 생산된다.

7. 엔트너-도우도로프 경로는 ATP 한 분자와 NADPH 두 분자를 하나의 포도당 분자로부터 생산한다.

세포호흡 (125~130쪽)

8. 호흡 동안 유기 분자는 산화된다. 에너지는 전자전달사슬로부터 생성된다.
9. 유산소 호흡에서 O_2는 최종 전자 수용체의 역할을 한다.
10. 무산소 호흡에서 최종 전자 수용체는 보통 O_2가 아닌 다른 무기 분자이다.
11. 피루브산의 탈카르복실화는 CO_2 한 분자와 한 개의 아세틸기를 생산한다.
12. 탄소가 2개인 아세틸기는 크렙스 회로에서 산화된다. 전자는 전자전달사슬을 위해 NAD^+와 FAD가 담는다.
13. 한 분자의 포도당으로부터 산화는 여섯 분자의 NADH와 두 분자의 $FADH_2$ 그리고 두 분자의 ATP를 생산한다.
14. 탈카르복실화는 여섯 분자의 CO_2를 생산한다.
15. NADH가 전자를 전자전달사슬로 가져간다.
16. 전자전달사슬은 플라보단백질과 시토크롬, 유비퀴틴을 포함한 전자 수용체로 구성되어 있다.
17. 전자가 일련의 수용체나 전달체를 거쳐 이동함에 따라 막을 거쳐 수송된 양성자는 양성자구동력을 만든다.
18. 막을 넘어 되돌아가는 양성자의 이동으로 생산된 에너지가 ATP 합성효소에 의해 ADP와 P_i로부터 ATP를 만들기 위해 사용된다.
19. 진핵세포에서 전자전달체는 미토콘드리아의 안쪽 막에 위치한다; 원핵세포에서 전자전달체는 원형질막에 있다.
20. 유산소 원핵세포에서 포도당 한 분자가 해당과정과 크렙스 회로, 전자전달사슬을 통해 완전히 산화되어 38 ATP 분자를 생산할 수 있다.
21. 진핵세포에서 포도당 한 분자의 완전한 산화로부터 36 ATP 분자가 생산된다.
22. 무산소 호흡에서 최종 전자 수용체는 NO_3^-과 SO_4^{2-}, CO_3^{2-}를 포함한다.
23. 무산소 조건하에서는 크렙스 회로의 일부만이 작동하기 때문에 총 ATP 수율은 유산소 호흡에서 보다 적다.

발효 (130~133쪽)

24. 발효는 당이나 다른 유기 분자로부터 산화를 통해 에너지를 방출한다.
25. O_2는 발효에서 요구되지 않는다.
26. ATP 두 분자가 기질수준의 인산화에 의해 생산된다.
27. 기질로부터 제거된 전자는 NAD^+를 환원시킨다.
28. 최종 전자 수용체는 유기 분자이다.
29. 젖산 발효에서 피루브산은 NADH에 의해 젖산으로 환원된다.
30. 알코올발효에서 알데히드는 NADH에 의해 환원되어 에탄올을 생산한다.
31. 이형젖산 발효자는 5탄당 인산경로를 젖산과 에탄올을 생산하는데 이용할 수 있다.

지질과 단백질 이화작용 (133~135쪽)

1. 리파아제는 지질을 글리세롤과 지방산으로 가수분해한다.
2. 지방산과 여러 탄화수소는 베타-산화에 의해 분해된다.
3. 이화작용 산물은 해당과정과 크렙스 회로에서 더 분해될 수 있다.
4. 아미노산는 분해되기 전에 크렙스 회로로 들어갈 수 있는 물질로 전환되어야만 한다.
5. 아미노기 전달과 탈카르복실화, 탈수소 반응이 아미노산을 분해되도록 전환시킨다.

생화학적 검사와 세균 동정 (135~137쪽)

1. 세균과 효모는 효소의 작용을 검출하여 확인할 수 있다.
2. 발효 검사는 생명체가 탄수화물을 산과 가스로 발효할 수 있는지를 확인하는데 이용된다.

광합성 (138~139쪽)

1. 광합성은 태양으로부터의 빛에너지를 화학에너지로 전환하는 것이다; 화학에너지는 탄소고정에 이용된다.

광의존 반응: 광인산화 (138쪽)

2. 엽록소 *a*는 녹색식물과 조류, 남세균이 이용한다; 이것은 틸라코이드막에서 발견된다.
3. 엽록소로부터 전자가 화학삼투에 의해 ATP를 생산하는 전자전달사슬을 통해 이동한다.
4. 광계는 틸라코이드막 안에 포장된 엽록소와 여러 색소로 만들어진다.
5. 순화적 광인산화에서 전자는 엽록소로 되돌아간다.
6. 비순화적 광인산화에서 전자는 $NADP^+$를 환원하는데 이용된다. 엽록소에서 잃어버린 전자를 H_2O나 H_2S 로부터 대체한다.
7. H_2O가 녹색식물과 조류, 남세균에 의해 산화될 때 O_2는 생산된다; H_2S가 황세균에 의해 산화될 때 S^0 과립이 생산된다.

광비의존 반응: 캘빈-벤슨 회로 (138~139쪽)

8. CO_2는 캘빈-벤슨 회로에서 당을 합성하기 위해 이용된다.

에너지 생산 원리의 요점 정리 (139~140쪽)

1. 햇빛은 광영양생물에 의해 수행되는 산화-환원 반응으로 화학에너지로 전환된다. 화학영양생물은 이 화학에너지를 이용할 수 있다.
2. 산환-환원 반응에서 에너지는 전자전달로부터 나온다.
3. 에너지를 생산하기 위해 세포는 전자공여체(유기나 무기)와 전자전달체의 체계 그리고 최종 전자 수용체(유기나 무기)가 필요하다.

생명체에 따른 대사의 다양성 (140~143쪽)

1. 광자가영양생물은 에너지를 광인산화에서 얻고 CO_2로부터 유기화합물을 합성하기 위해 캘빈-벤슨 회로를 통해 탄소를 고정한다.
2. 남세균은 산소발생 광영양생물이다. 녹색세균과 자색세균은 산소비발생 광영양생물이다.
3. 광종속영양생물은 에너지원으로 빛을 이용하고 유기화합물을 탄소원과 전자공여체로 이용한다.

4. 화학자가영양생물은 무기화합물을 이들의 에너지원으로 이용하고 이산화탄소를 이들의 탄소원으로 이용한다.
5. 화학종속영양생물은 복잡한 유기 분자를 이들의 탄소와 에너지원으로 이용한다.

에너지 이용의 대사경로 (143~146쪽)

다당류 생합성 (144쪽)

1. 글리코겐은 ADPG로부터 형성된다.
2. UDPNAc는 펩티도글리칸의 생합성을 위한 시작물질이다.

지질 생합성 (144쪽)

3. 지질은 지방산과 글리세롤로부터 합성된다.
4. 글리세롤은 디히드록시아세톤인산으로부터 유도되고 지방산은 아세틸조효소A로부터 만들어진다.

아미노산과 단백질 생합성 (144~145쪽)

5. 아미노산은 단백질의 생합성에 필요하다.
6. 모든 아미노산은 탄수화물 대사의 중간체로부터 특히 크렙스 회로로부터 직접 혹은 간접적으로 합성될 수 있다.

퓨린과 피리미딘 생합성 (145~146쪽)

7. 뉴클레오티드를 구성하는 당은 5탄당인산경로 혹은 엔트너-도우도로프 경로에서 온다.
8. 일부 아미노산으로부터의 탄소와 질소 원자가 퓨린과 피리미딘의 골격을 형성한다.

물질대사의 통합 (146~147쪽)

1. 동화반응과 이화반응은 공통의 중간산물을 통해 통합된다.
2. 이런 통합된 물질대사 경로를 양방향성 경로라고 말한다.

학습 질문

복습과 객관식 문제에 대한 해답은 책 뒤에 있음.

복습 문제

1번 문제를 위해 다음의 그림 (a), (b), (c)를 이용하시오.

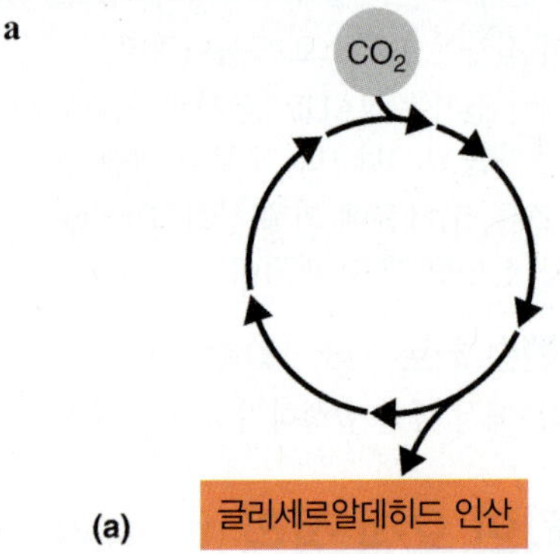

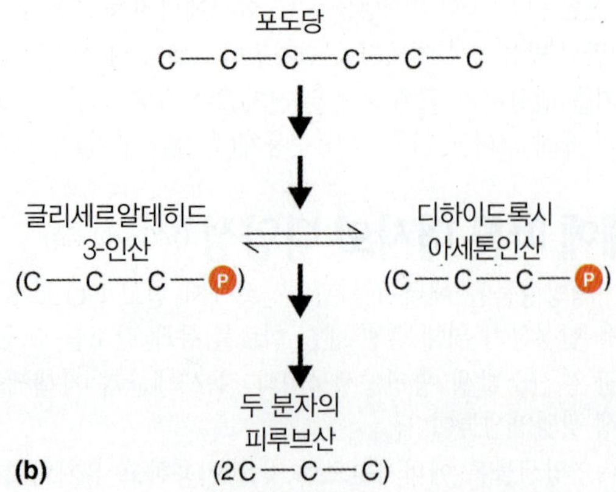

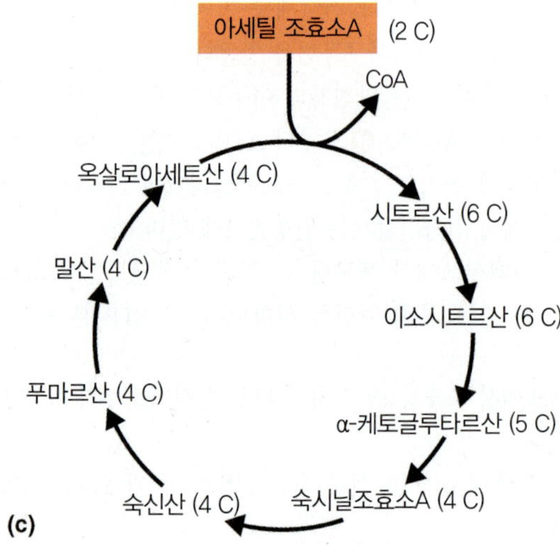

1. 그림의 (a)와 (b), 그리고 (c)부분에 그려진 경로의 이름을 말하시오.
   a. 어디서 글리세롤이 분해되고 어디서 지방산이 분해되는지 보이시오.
   b. 어디서 글루탐산(아미노산)이 분해되는지 보이시오:

$$\mathrm{HOOC-CH_2-CH_2-\underset{\displaystyle NH_2}{\overset{\displaystyle H}{\overset{|}{\underset{|}{C}}}}-COOH}$$

   c. 어떻게 이들 경로가 관련되는지를 보이시오.
   d. 경로 (a)와 (b)에서 ATP는 어디서 필요한가?
   e. 경로 (b)와 (c)에서 CO_2 가 방출되는 곳은 어디인가?
   f. 석유와 같이 긴 사슬의 탄화수소가 분해되는 곳은 어디인지 보이시오.
   g. 이들 경로의 어디에서 NADH (혹은 $FADH_2$ 또는 NADPH)가 이용되고 만들어지는가?

h. 이화과정과 동화과정이 통합되는 장소 네 곳을 확인하시오.

2. 그려보기 아래의 그림을 이용하여 다음의 각각을 보이시오:
   a. 기질이 결합할 위치
   b. 경쟁적 저해제가 결합할 위치
   c. 비경쟁적 저해제가 결합할 위치
   d. 4 요소 중 되먹임억제에서 저해제가 될 수 있는 것
   e. (a)와 (b) 그리고 (c)의 반응이 어떤 효과를 가지나?

3. 그려보기 효소와 기질이 결합한다. 반응속도는 다음의 그림에서 보이는 것처럼 시작한다. 그래프를 완성하기 위해 일정한 효소 농도에 대해 증가하는 기질 농도의 효과를 보이시오. 증가하는 온도의 효과를 보이시오.

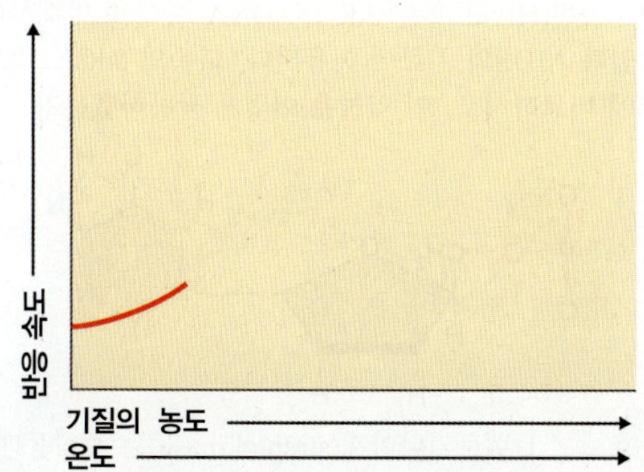

4. 산화-환원(oxidation-reduction)을 정의하고 다음의 용어를 구별하시오:
   a. 유산소 호흡과 무산소 호흡
   b. 호흡과 발효
   c. 순화적 인산화와 비순환적 인산화

5. ATP를 생산하는 ADP의 인산화에는 세 가지 기작이 있다. 다음의 표에 있는 각 반응을 설명하는 기작의 이름을 쓰시오.

ATP 생산	반응
a. ________	엽록소에서 빛에 의해 자유로워진 전자가 전자전달사슬을 이동한다.
b. ________	시토크롬 *c* 가 두 개의 전자를 시토크롬 *a*로 전달한다.
c. ________	$CH_2{=}C(COOH){-}O{\sim}P \rightarrow CH_3{-}C({=}O){-}COOH$ 포스포엔놀피루브산 → 피루브산

6. 광인산화와 해당과정과 같이 세포에서 일어나는 모든 에너지를 생산하는 화학반응은 __________ 반응이다.

7. 각 생명체 종류의 탄소원과 에너지원으로 다음 표를 완성하시오.

생명체	탄소원	에너지원
광독립영양생물	a. ________	b. ________
광종속영양생물	c. ________	d. ________
화학독립영양생물	e. ________	f. ________
화학종속영양생물	g. ________	h. ________

8. ATP 생산의 화학삼투 기작에 대한 자신만의 정의를 쓰시오. 그림 5.16에서 적절한 문자를 이용하여 다음을 표시하시오:
   a. 막에서 산성인 면
   b. 양전하를 띤 면
   c. 위치에너지
   d. 운동에너지

9. 왜 NADH는 다시 산화되어야만 하는가? 호흡을 이용하는 생명체에서 어떻게 이것이 발생할 수 있는가? 발효는?

10. 이름 답하기 캘빈 회로를 이용하는, ETC의 전자공여체로 H_2를 이용하는, 원소 S를 ETC에서 최종 전자수용체로 이용하는 무색의 미생물은 어떤 종류의 영양생물인가?

객관식 문제

1. 어떤 물질이 다음 반응에서 환원되는가?

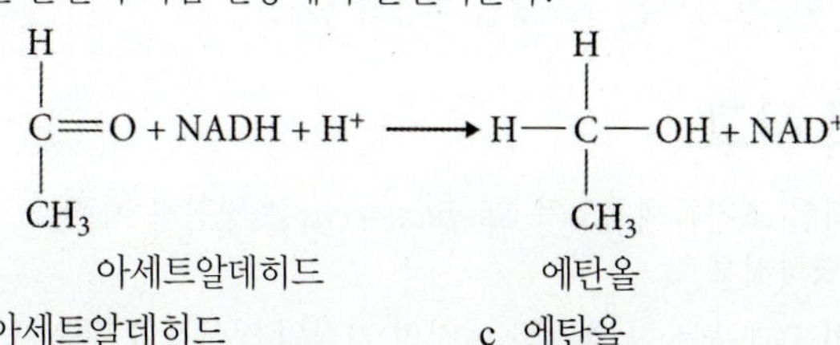

$$H{-}C({=}O){-}CH_3 + NADH + H^+ \longrightarrow H{-}CH(OH){-}CH_3 + NAD^+$$

아세트알데히드 → 에탄올

   a. 아세트알데히드
   b. NADH
   c. 에탄올
   d. NAD^+

2. 다음 반응들 중 어느 것이 유산소 대사동안 대부분의 ATP 분자를 생산하는가?
   a. 포도당 → 포도당 6-인산
   b. 포스포엔놀피루브산 → 피루브산
   c. 포도당 → 피루브산
   d. 아세틸조효소A → CO_2 + H_2O
   e. 숙신산 → 푸마르산

3. 다음 과정 중 ATP를 생산하지 않는 것은?
   a. 광인산화
   b. 캘빈-벤슨 회로
   c. 산화적 인산화
   d. 기질수준의 인산화
   e. 위의 어느 것도 아님

4. 다음 화합물 중 세포를 위해 가장 많은 양의 에너지를 가지고 있는 것은?
   a. CO_2
   b. ATP
   c. 포도당
   d. O_2
   e. 젖산

5. 다음 중 어느 것이 크렙스 회로에 대한 가장 적합한 정의인가?
   a. 피루브산의 산화
   b. 세포가 CO_2를 생산하는 방법
   c. 피루브산의 산화로부터 NADH를 생산하는 일련의 화학반응
   d. ADP를 인산화하여 ATP를 생산하는 방법
   e. 피루브산의 산화로부터 ATP를 생산하는 일련의 화학반응
6. 다음 중 어느 것이 호흡에 대한 가장 적합한 정의인가?
   a. O_2를 최종 전자 수용체로 갖는 전달체 분자들의 서열
   b. 무기 분자를 최종 전자 수용체로 갖는 전달체 분자들의 서열
   c. ATP를 생산하는 방법
   d. 포도당을 CO_2와 H_2O로 완전히 산화
   e. 피루브산을 CO_2와 H_2O로 산화하는 일련의 반응

7~10번 문제의 답을 다음 중에서 선택하시오.
   a. 포도당배지에서 35°C로 O_2를 공급하며 5일 동안 키운 대장균
   b. 포도당배지에서 35°C로 O_2 없이 5일 동안 키운 대장균
   c. a와 b 둘 다
   d. a도 b도 아님

7. 어느 배양이 대부분 젖산을 생산하나?
8. 어느 배양이 대부분 ATP를 생산하나?
9. 어느 배양이 NAD^+를 이용하는가?
10. 어느 배양이 대부분 포도당을 이용하는가?

비판적 사고

1. 이상적인 조건하에서조차 *Streptococcus*는 천천히 자란다. 왜 그런지 설명하시오.
2. 다음의 그래프는 한 효소와 이것의 기질의 정상적인 반응 속도(파란색)와 과량의 경쟁적 저해제가 존재할 때의 속도(붉은색)를 보여준다. 왜 그래프가 이렇게 보이는지 설명하시오.

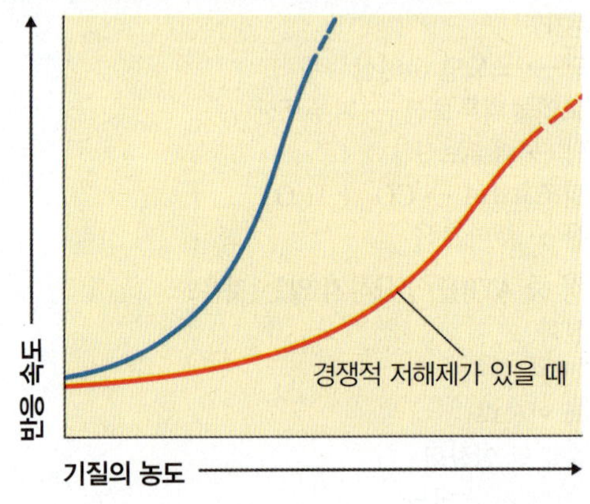

3. 다음 세균에서 탄수화물의 이화작용과 에너지 생산의 유사점과 차이점을 알아본다:
   a. *Pseudomonas*, 유산소 화학종속영양생물
   b. *Spirulina*, 산소발생 광독립영양생물
   c. *Ectothiorhodospira*, 산소비발생 광독립영양생물
4. 한 분자의 포도당이 완전히 산화하면 얼마나 많은 ATP를 얻을 수 있나? 글리세롤 하나와 탄소 12개짜리 사슬 3개를 갖는 유지방 한 분자로부터는?
5. 화학종속영양생물인 *Thiobacillus*는 에너지를 비소의 산화($As^{3+} \rightarrow As^{5+}$)로부터 얻을 수 있다. 이 반응이 어떻게 에너지를 제공하는가? 사람은 이 세균을 어떻게 이용할 수 있을까?

임상 응용

1. *Haemophilus influenzae*는 시토크롬을 합성하기 위한 헴(X 인자)과 NAD^+ (V 인자)를 다른 세포로부터 얻어야 한다. 이 두 성장인자가 무엇을 위해 사용되는가? 무슨 질병을 *H. influenzae*가 일으키는가?
2. 약물 잘시타빈(Hivid 혹은 ddC)은 DNA 합성을 억제한다. 이것은 HIV 감염과 AIDS의 치료에 이용된다. 다음의 ddC 그림을 46쪽 그림 2.16에 비교하시오. 이 약물은 어떻게 작동하겠는가?

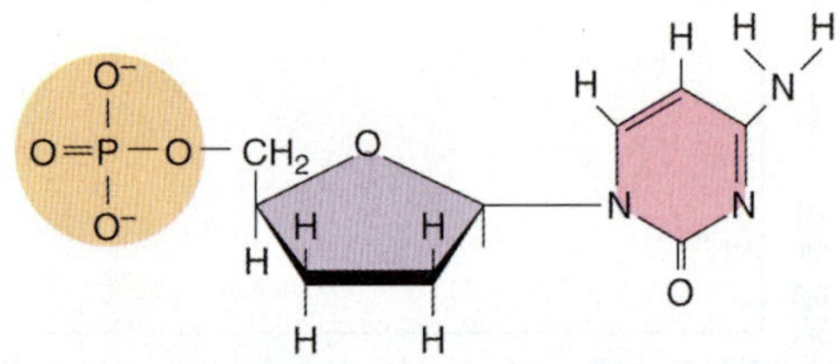

3. 세균의 효소 스트렙토키나아제(streptokinase)는 죽상동맥경화증 환자의 피브린(혈전)을 분해하기 위해 이용된다. 왜 스트렙토키나아제의 주사가 연쇄상구균의 감염을 일으키지 않는가? 스트렙토키나아제가 피브린만 분해하고 좋은 조직은 분해하지 않는다는 것을 어떻게 알 수 있나?

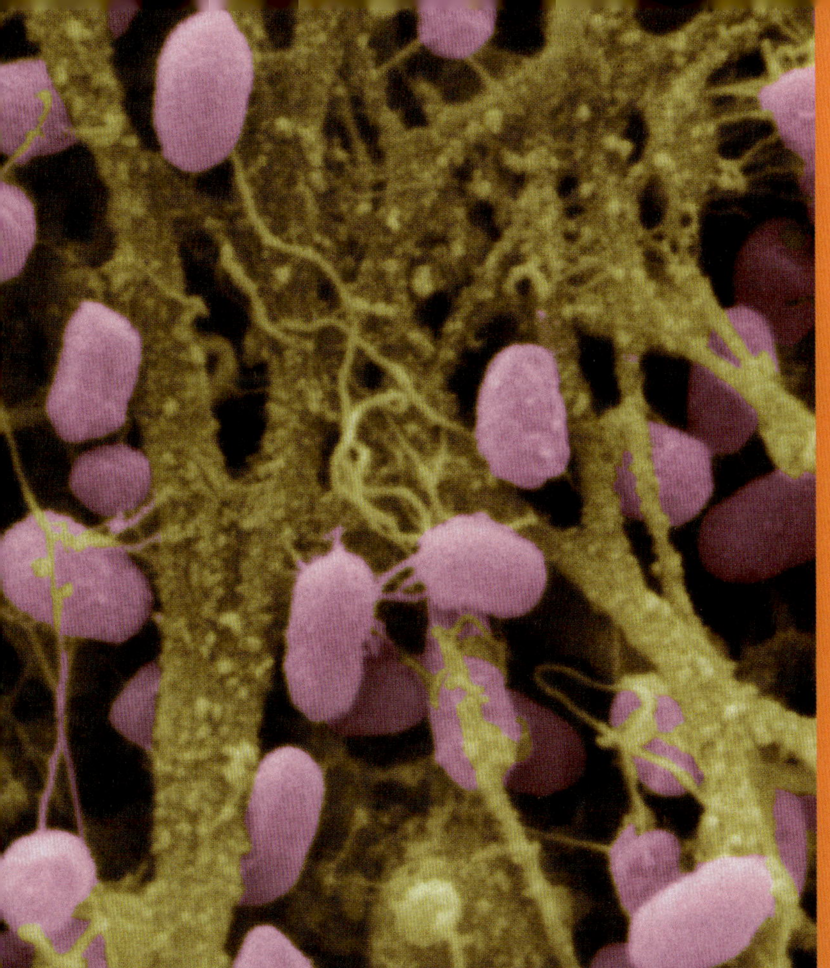

6

미생물의 성장

우리가 미생물의 성장을 이야기할 때 실제로 의미하는 것은 세포의 크기(size)가 아니라 세포의 수(number)이다. 미생물의 "성장"은 수의 증가를 말하며 콜로니(colony; 현미경 없이도 볼 수 있을 정도로 큰 세포 집단)에 수십만 혹은 수억 개의 세포 개체수가 축적된다. 비록 개개 세포의 크기는 세포분열 직전까지 대략 두 배가 되지만, 이런 변화는 식물이나 동물의 일생 동안 관측되는 크기의 증가에 비교하면 아무것도 아니다.

많은 세균은 영양분이 부족한 환경에서 생물막을 형성하여 살아남아서 천천히 성장한다. 그림 속의 세라티아 마르세센스(*Serratia marcescens*) 세균은 플라스틱 조각에 생물막을 형성한다. 임상 사례에서 서술된 것과 같이 생물막은 감염과 자주 관련되는 보건 문제의 근원이다.

미생물 집단은 아주 짧은 시간 안에 엄청나게 커질 수 있다. 미생물 성장에 필요한 조건을 이해함으로써 질병과 음식물 부패를 일으키는 미생물의 성장을 어떻게 조절하는지 알 수 있다. 인간에게 도움이 되는 미생물과 연구하고 싶은 미생물의 성장을 어떻게 촉진하는지를 또한 배울 수 있다.

이번 장에서는 미생물 성장에 필요한 물리적 화학적인 요구사항과 다양한 종류의 배양배지, 세균의 세포분열, 미생물 성장의 단계, 미생물 성장의 측정 방법 등에 대하여 알아볼 것이다.

성장 요건

학습 목표

6-1 잘 자라는 온도 범위를 기준으로 미생물을 다섯 그룹으로 분류해본다.

6-2 배양배지 pH의 조절 방식과 그 이유를 알아본다.

6-3 미생물의 성장에 있어 삼투압의 중요성을 설명한다.

6-4 미생물의 성장에 많은 양이 필요한 4가지 원소(탄소, 질소, 황, 인)의 용도를 각각 말한다.

6-5 산소 요구 여부 및 정도에 따라 미생물이 어떻게 분류되는지를 설명한다.

6-6 산소요구성 생물이 유해 산소에 의한 손상을 피하는 방법을 알아본다.

미생물의 성장 요건을 크게 두 개의 범주, 즉 물리적 요건과 화학적 요건으로 나눌 수 있다. 전자에는 온도, pH, 삼투압 등이 포함되고 후자에는 탄소, 질소, 황, 인, 산소, 미량원소, 유기 성장인자 등이 포함한다.

임상 사례: 어둠 속에 빛나다

조지아 주 애틀랜타 시에 있는 질병통제예방센터(Centers for Disease Control and Prevention, CDC)의 조사관인 레지날드 맥그루거(Reginald MacGruder)에게 이상한 일이 생겼다. 올해 초 그는 4개의 다른 주에서 환자에게 발생한 슈도모나스 플루오레센스(*Pseudomonas fluorescens*) 혈류 감염의 주범으로 지적된 헤파린 정맥주사 용액의 회수에 관여하였다. 그것으로 모든 것이 통제되는 것처럼 보였다. 그러나 회수한 지 3개월이 지난 지금도 두 개의 다른 주에서 동일한 *P. fluorescens* 혈류 감염이 19명의 환자에게 발생하였다. 맥그루거 박사가 보기에는 이것은 말이 안되었다; 어떻게 이런 감염이 회수한 후 이렇게 빨리 다시 발생할 수 있을까? 다른 헤파린 묶음이 오염되었을 수 있을까?

*P. fluorescens*는 무엇인가? 알아보자.

154 166 175 177

물리적 요건

온도

대부분의 미생물은 사람에게 알맞은 온도에서 잘 자랄 수 있다. 그러나 일부 세균은 거의 모든 진핵 생물은 절대로 생존할 수 없는 극단적인 온도에서도 자랄 수 있는 능력이 있다.

미생물은 이들이 잘 자라는 온도 범위에 따라 세 개의 주요 그룹으로 나눈다: **호저온성[psychrophile**(찬 것을 좋아하는 미생물)**]**과 **중온성[mesophile**(미지근한 것을 좋아하는 미생물)**]**, **호열성[thermophile**(뜨거운 것을 좋아하는 미생물)**]**. 대부분의 세균은 한정된 온도 범위에서만 자라고 이들의 최대 및 최소 성장온도는 불과 30도 정도만 떨어져 있다. 온도 범위의 양극단에서는 해당 미생물이 잘 자라지 못한다.

각 세균 종은 특정한 최저, 최적, 최고 온도를 가진다. **최저 성장온도(minimum growth temperature)**는 해당 종이 자랄 수 있는 가장 낮은 온도이다. **최적 성장온도(optimum growth temperature)**는 그 종이 가장 잘 자랄 수 있는 온도이다. **최고 성장온도(maximum growth temperature)**는 자랄 수 있는 가장 높은 온도이다. 온도범위에 따른 성장을 그래프로 그리면 보통 최적 성장온도가 온도 범위의 맨 위쪽에 있는 것을 볼 수 있다. 이 온도를 넘어서면 성장속도가 급격히 떨어진다(그림 6.1). 이런 일이 발생하는 것은 아마도 높은 온도가 세포에 필요한 효소 체계를 불활성화시키기 때문일 것이다.

세균을 호저온성, 중온성, 또는 호열성으로 나누는 최대 성장온도와 범위는 확실하게 정의된 것은 아니다. 예를 들어 호저온성은 원래는 단순하게 0°C에서 자랄 수 있는 능력이 있는 생물을 의미했

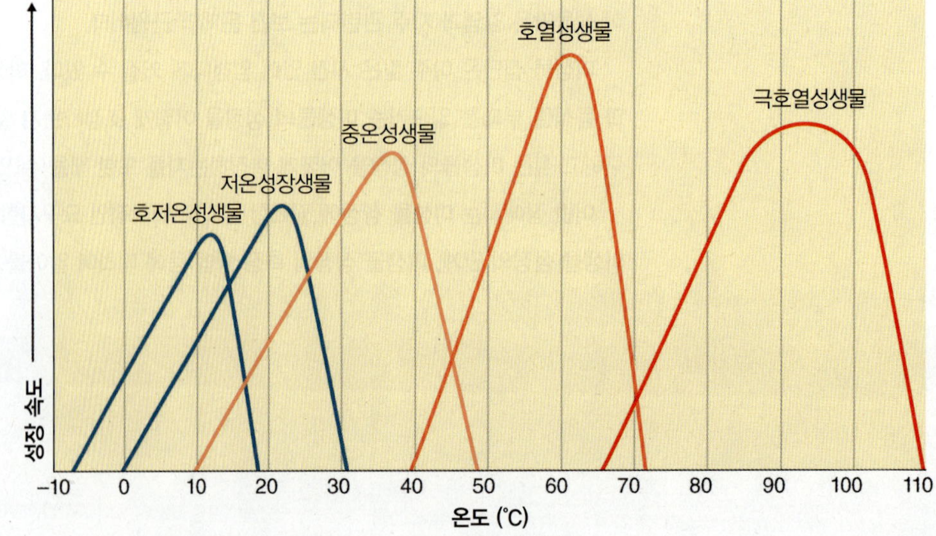

그림 6.1 온도에 대한 반응에 따른 여러 종류의 미생물의 전형적인 성장 속도. 각 곡선의 봉우리는 최적 성장(가장 빠른 증식)을 표시한다. 증식 속도가 최적온도보다 약간 높은 온도에서 매우 급격히 떨어지는 것을 주목하시오. 양 극단의 온도범위에서 증식 속도는 최적 온도에서의 속도보다 훨씬 낮다.

왜 호저온성과 중온성, 호열성을 정의하기가 어려운가?

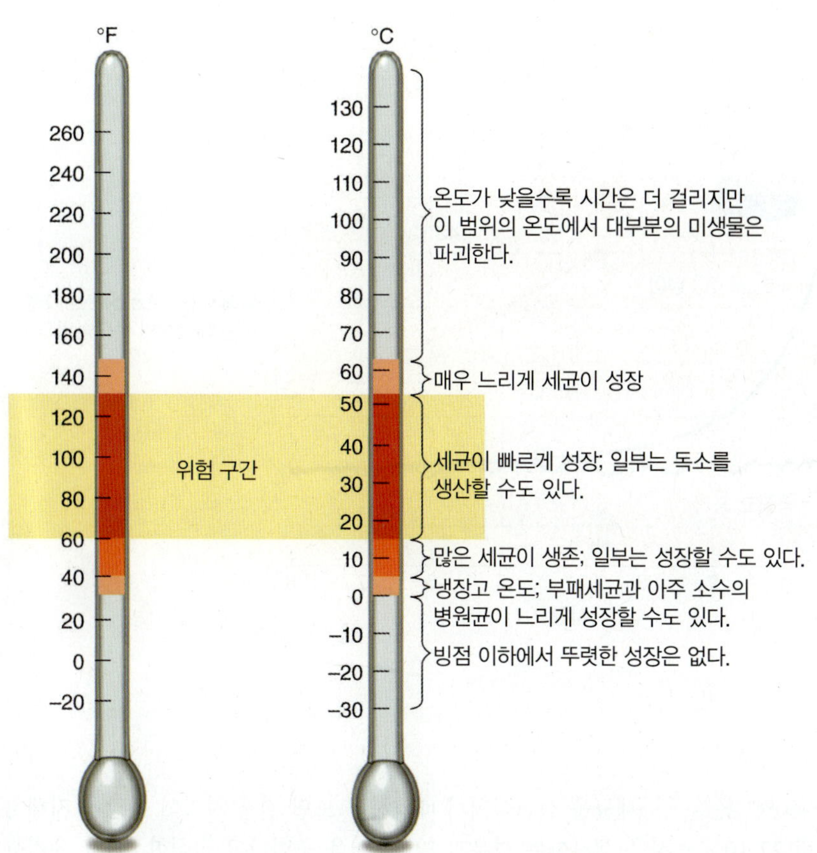

그림 6.2 식품 저장 온도. 낮은 온도에서 미생물의 번식 속도가 낮다는 것이 냉장의 기본 원리이다. 여기서 보여준 온도 반응에 대한 일부 예외는 언제나 있다. 예를 들어 어떤 세균은 대부분의 세균이 죽는 온도에서 잘 자라고 일부 세균은 빙점 아래의 온도에서 실제로 자란다.

Q 어떤 세균이 이론적으로 냉장고 온도에서 자랄 것 같은가: 사람의 장내 병원균 혹은 토양 감염 식물 병원균?

다. 그러나 0°C에서 살 수 있는 세균에는 상당히 구별되는 두 개의 그룹이 있는 것으로 보인다. 엄밀한 의미에서 호저온성을 구성하는 한 부류는 0°C에서 살 수 있지만 최적의 성장온도는 15°C 근처이다. 이들 대부분은 높은 온도에 민감하며 어느 정도 따뜻한 장소(25°C)에서는 자라지도 않는다. 대부분 심해나 극지의 일부 지역에서 발견되는 이러한 생명체는 음식물 보존에 거의 문제를 일으키지 않는다. 0°C에서 자랄 수 있는 또 다른 그룹은 보통 20~30°C 정도의 높은 최적 온도를 가지며 대략 40°C 이상에서는 자라지 못한다. 이러한 종류의 생명체는 호저온성보다 훨씬 더 흔하고 낮은 온도에서 음식물의 부패를 일으킬 가능성이 매우 높다. 왜냐하면 이들은 냉장고 온도에서도 꽤 잘 자라기 때문이다. 이 책에서는 이러한 부패 미생물을 지칭하기 위해 식품미생물학자들이 선호하는 **저온성장생물(psychrotroph)**이라는 용어를 쓸 것이다.

냉장은 가정에서 음식물을 보관하는 가장 흔한 방법이다. 이것은 낮은 온도에서 미생물의 증식 속도가 감소한다는 원리에 기본을 두고 있다. 비록 미생물은 물이 어는 온도에서조차 살아남지만(그들은 완전히 휴면상태가 될 것이다), 수적으로 점차 줄어들게 된다. 일부 종은 다른 종에 비해 빨리 감소한다. 다른 생명체와 비교하지 않는다면 저온성장생물은 사실상 낮은 온도에서는 잘 자라지 않는다. 그러나 주어진 시간 동안 이들은 천천히 음식물을 분해할 수 있다. 이러한 부패는 곰팡이 균사, 음식물 표면의 점액질, 혹은 음식물의 맛과 향의 변질 등으로 나타날 것이다. 내부의 온도가 적절하게 설정된 냉장고에서 대부분의 부패미생물은 상당히 천천히 자라고 몇몇 병원균을 제외한 모든 미생물의 성장은 완전히 억제된다. 그림 6.2는 부패나 질병을 일으키는 미생물의 성장을 막는 데에 저온이 얼마나 중요한지를 보여준다. 많은 양의 음식물이 냉장되면 이들 음식물이 냉장되는 속도가 느리다는 것을 명심하는 것이 중요하다(그림 6.3).

가장 흔한 미생물 종류는 최적 온도가 25~40°C 인 중온성 미생물이다. 동물의 몸에서 사는 것에 적응된 미생물은 보통 해당 숙주의 온도와 비슷한 최적 온도를 갖는다. 많은 병원성 세균의 최적온도는 37°C 정도이고 임상 배양용 배양기는 보통 이 온도로 설정된다. 부패와 질병을 일으키는 생물의 대부분이 중온성 미생물에 포함된다.

호열성은 높은 온도에서 자랄 수 있는 미생물을 지칭한다. 이들 대부분의 최적 온도는 대략 수도꼭지에서 나오는 온수의 온도인 50~60°C이다. 햇빛이 잘 드는 흙이나 온천수 등도 이 정도 온도에 달할 수 있다. 놀랍게도 호열성세균 대부분이 약 45°C 이하의 온도에서는 자라지 못한다. 호열성세균이 만드는 포자는 보통 열에 내성을 가져 통조림 식품의 열처리 과정에서도 살아남을 수 있다. 비록 저장온도가 올라갈 경우, 생존한 포자의 발아와 성장이 유발되어 음식을 부패시킬 수는 있지만, 이들 호열성세균이 공중보건 문

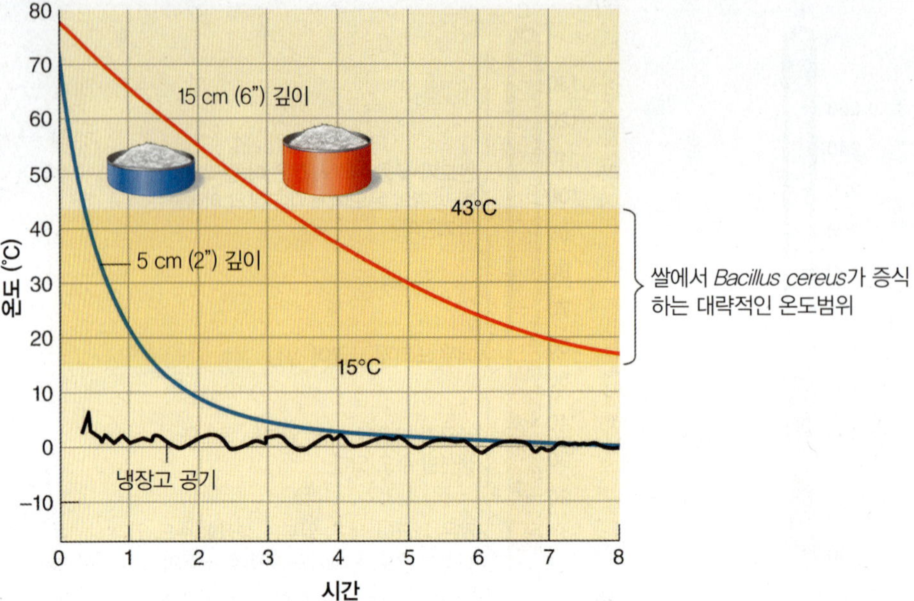

그림 6.3 식품의 양이 냉장고에서 냉각되는 속도와 부패의 가능성에 미치는 영향. 이 예에서 깊이가 5 cm인 그릇에 담긴 쌀은 *Bacillus cereus*의 배양 온도 범위에서 약 1시간만 지나면 식는 반면, 깊이가 15 cm인 그릇의 쌀은 이 온도범위에서 약 5시간 동안 유지된다는 것을 주목하시오.

같은 부피의 얇은 팬과 깊은 솥이 주어지면 어떤 것이 더 빨리 식을까? 왜 그럴까?

제로 간주되지는 않는다. 호열성세균은 온도가 급격히 50~60°C까지 올라갈 수 있는 유기 퇴비 더미에서 중요하다(782쪽 그림 27.10 참조).

일부 고세균에 속하는 미생물(4쪽)은 80°C 이상의 높은 최적 성장 온도를 가진다. 이들 미생물은 **극호열세균(hyperthermophile** 때로는 **extreme thermophile)**이라고 부른다. 이들 대부분은 화산 활동과 연관된 온천에 산다. 황은 보통 이들의 대사 활동에 중요하다. 세균 성장과 복제가 일어나는 것으로 알려진 고온 기록은 약 121°C로 심해 열수공 근처이다. 맞은편 쪽의 상자글을 보시오. 심해의 엄청난 압력 때문에 100°C 이상에서도 물이 끓지 않는다.

pH

2장(34~35쪽)에서 pH는 용액의 산성 또는 알칼리성을 말한다. 설명한대로 대부분의 세균은 중성 근처의 좁은 pH 범위, 즉 pH 6.5~7.5에서 가장 잘 자란다. 아주 소수의 세균이 약 pH 4 이하의 산성 pH에서 자란다. 이것이 독일김치(sauerkraut)와 피클, 치즈와 같은 많은 종류의 음식물이 세균의 발효에 의해 생산되는 산에 의해 부패되지 않고 보존되는 이유이다. 그럼에도 불구하고 **호산성(acidophile)**이라고 불리는 일부 세균은 산성을 놀랍게 잘 견뎌낸다. 석탄광산의 배출수에서 발견되고 황을 산화하여 황산을 생성하는 한 종류의 화학자가영양세균은 pH 1에서도 살아남을 수 있다. 곰팡이와 효모는 세균보다 넓은 pH 범위에 걸쳐 자랄 수 있으며 곰팡이와 효모의 최적 pH는 일반적으로 세균의 것보다 낮아서 보통 약 pH 5~6이다. 알칼리성 또한 미생물의 성장을 억제하지만 음식물 보존을 위해서는 거의 사용하지 않는다.

세균을 실험실에서 배양하다 보면 결국 자기의 성장을 저해하는 산을 생산하는 경우가 많다. 산을 중화하고 적절한 pH를 유지하기 위해 화학적 완충용액이 성장배지에 포함된다. 일부 배지에 들어있는 펩톤과 아미노산은 완충용액으로 작동하고 또한 많은 배지에 인산염이 들어 있다. 인산염은 대부분의 세균이 자라는 pH 범위에서 완충용액의 효과를 보이는 장점이 있다. 또한 인산염은 무독성이고, 사실상 필수 영양소인 인을 제공한다.

삼투압

미생물은 거의 모든 영양분을 용액상태로 주변의 물에서 얻는다. 따라서 이들이 자라기 위해서는 물이 필요하고 이들의 조성의 80~90%가 물이다. 높은 삼투압은 필요한 물을 세포에서 제거하는 효과가 있다. 용질의 농도가 세포보다 더 높은 용액에 미생물 세포가 있을 때(환경이 세포에 대해 고장액, *hypertonic*) 세포의 물은 원형질막을 통과해 높은 용질 농도 쪽으로 빠져나간다. (4장 92~93쪽의 삼투압 설명을 참조, 그림 4.18을 보고 세포가 직면할 수 있는 세 가지 종류의 용액 환경을 복습.) 이처럼 삼투로 물이 손실되면 **원형질분리(plasmolysis)** 또는 세포의 원형질 수축이 유발된다(그림 6.4).

이 현상의 중요성은 원형질막이 세포벽에서 멀어지면서 세포의 성장이 억제된다는 점이다. 따라서 염(혹 다른 용질)을 용액에 첨가하면 결과적으로 삼투압을 증가시켜 음식물 보존에 이용될 수 있다. 소금에 절인 생선과 꿀, 가당연유 등이 주로 이런 원리로 보존된다. 높은 염이나 당의 농도에서는 세균의 물이 세포 밖으로 나와 이들의 성장이 억제된다. 삼투압의 이런 효과는 용액의 단위 부피

극한에서의 삶

인간이 심해 바닥을 탐험할 때까지 과학자들은 높은 압력과 완전한 암흑에 산소가 부족한 환경에서는 몇몇 제한된 생물만이 생존할 것이라 믿었다. 그 후 1977년 심해잠수정 앨빈(Alvin)은 두 과학자를 태우고 갈라파고스 열곡(Galápagos Rift) (갈라파고스 섬에서 북동쪽으로 약 350 km 떨어진)에서 수심 2,600 m까지 내려갔다. 광대한 불모의 현무암 바위의 한 가운데인 그곳에서 과학자들은 뜻밖에 풍요로운 생명의 오아시스를 발견했다. 열수공(hydrothermal vent)이라고 불리는 지구의 지각 균열을 통해 해저 아래에서부터 끓는점 이상으로 과열된 물이 솟아오른다. 100°C가 넘는 배출구 주변을 따라 세균이 매트처럼 자라고 있다(그림 참조).

열수공의 생태계

세계 바다의 표면에 있는 생명은 식물과 조류 같은 광합성 생물에 의존한다. 이들은 태양에너지를 이용하여 이산화탄소(CO_2)를 고정하여 탄수화물을 만든다. 빛이 도달하지 못하는 심해의 바닥에서는 광합성이 불가능하다. 과학자들은 심해저의 1차 생산자가 화학자가영양 세균임을 발견하였다. 황화수소(H_2S)에서 얻는 화학에너지를 이용하여 이산화탄소를 고정함으로써 화학자가영양 세균은 상위 생물들을 부양하는 환경을 창조한다. 심해저의 열수공은 황화수소와 이산화탄소를 공급한다.

열수공에서 나오는 새로운 산물

지상의 균류와 세균은 1930년대 이후 항미생물제 및 항암제 개발에 큰 영향을 끼쳐왔다. 열수공은 새로운 약물 탐색의 전초 기지이다. 2010에 *Thermovibrio ammonificans*가 생산하는 펩티드가 세포자살(세포사멸)을 유도함이 알려져 잠재적 항암 활성 물질이 되었다. 현재 과학자들은 *Pyrococcus furiosus*를 배양하고 있는데, 이 세균이 대체 연료인 수소 가스와 부탄올을 생산하기 때문이다. DNA 중합효소(DNA를 합성하는 효소)를 심해 열수공 근처에서 사는 두 종류의 고세균에서 분리하여 DNA 증폭 기술인 중합효소연쇄반응(polymerase chain reaction, PCR)에 사용하고 있다. PCR에서 염색체 조각을 98°C로 가열하고 식혀서 단일 가닥 DNA로 만들고 DNA 중합효소가 각 가닥을 복제하게 한다. Vent$_R$라 불리는 *Thermococcus litoralis*의 DNA 중합효소와 Deep Vent$_R$라 불리는 *Pyrococcus* 유래의 DNA 중합효소는 98°C에서도 변성되지 않는다. 이들 효소는 DNA의 대량 복제를 쉽고 빠르게 하는 가열과 냉각 주기를 반복하는 자동화된 유전자증폭기에 사용될 수 있다.

심해 열수공 표면에 하얀색의 미생물 생물막이 보인다. 100°C가 넘는 물이 해저를 뚫고 솟구치고 있다.

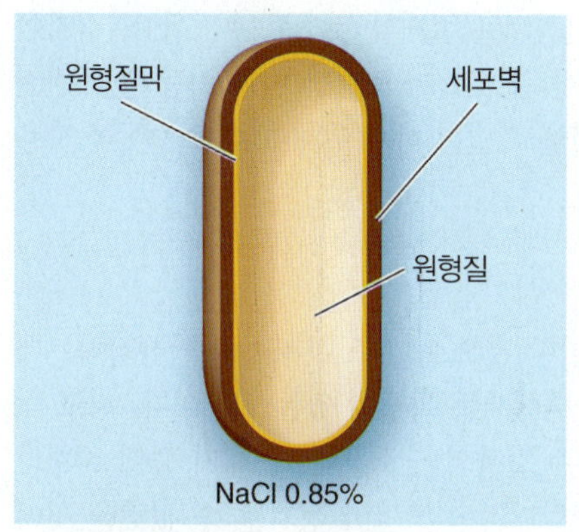

(a) 등장액의 세포. 이 조건하에서 세포의 용질 농도는 0.85% 염화나트륨(NaCl)의 용질 농도와 동등하다. 그림 4.18 참조.

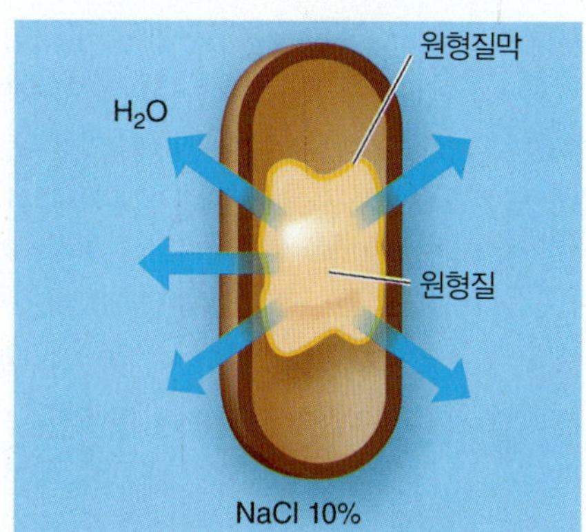

(b) 고장액에서 원형질분리가 일어난 세포. 만일 NaCl 같은 용질의 농도가 세포를 둘러싸는 배지에서 세포보다 높으면 (환경이 고장액) 물은 세포를 떠나는 경향이 있다. 세포의 성장은 억제된다.

그림 6.4 원형질분리

Q 왜 삼투압이 미생물 성장에 중요한 요소인가?

당 녹아 있는 분자 및 이온의 개수와 어느 정도 관련되어 있다.

극호염세균(extreme halophile)이라 불리는 일부 생명체는 고염도에 잘 적응해왔기에 실제 이들이 성장하는 데 고염도가 필요하다. 이들을 **절대호염세균(obligate halophile)**이라고 부르기도 한다. 사해(Dead Sea)와 같이 염도가 높은 물에서 사는 생물은 보통 거의 30%의 소금을 필요로 해서 이들을 옮기는 접종 루프(실험실에서 세균을 다루는 도구)도 먼저 소금 포화용액에 담가야 한다. 더 흔한 **조건호염세균(facultative halophile)**은 고농도의 염분을 필요로 하지는 않으나 다른 많은 생물의 성장이 저해되는 농도인 2% 이상의 염분 농도에서 자랄 수 있다. 조건호염세균의 몇 종은 15%의 염분 농도에서도 견딜 수 있다.

그러나 대부분의 미생물은 거의 물에 가까운 배지에서 키워야 한다. 예를 들어 미생물 성장배지의 고체화에 사용되는 한천의(해조류에서 추출한 다당류) 일반적인 농도는 1.5% 정도이다. 만일 현저하게 높은 농도가 사용되면 삼투압이 일부 세균의 성장을 억제한다.

증류수와 같이 삼투압이 비정상적으로 낮은 경우(저장성 환경) 물은 세포 안으로 들어가려고 한다. 상대적으로 약한 세포벽을 가진 일부 미생물은 이런 처리에 의해 용해될 수도 있다.

이해도 확인하기

- 100℃ 이상의 온도에서 자라는 극호열세균은 왜 깊은 바다로 사는 곳이 제한되었다고 생각하는가? **6-1**
- 성장배지의 완충용액으로 인산염을 사용하는 것이 pH 조절 외에 가지는 장점은? **6-2**
- 원시 문명이 삼투압에 의존하는 식품보존 기술을 사용하게 되었던 이유는 무엇일까? **6-3**

화학적 요건

탄소

물 이외에 미생물 성장에 가장 중요한 요건 중 하나는 탄소이다. 탄소는 생물을 이루는 물질의 구조적 뼈대이다. 살아 있는 세포를 구성하는 모든 유기화합물에 탄소가 필요하다. 보통 세균 세포 건조 중량의 절반이 탄소이다. 화학종속영양생물은 탄소 대부분을 이들의 에너지원, 즉 단백질과 탄수화물, 지질 등과 같은 유기물질에서 얻는다. 화학자가영양생물과 광자가영양생물은 탄소를 이산화탄소에서 얻는다.

질소와 황, 인

탄소뿐만 아니라 미생물은 세포물질을 합성하는 데 다른 원소도 필요로 한다. 예를 들어 단백질 합성에는 상당한 양의 질소뿐만 아니라 약간의 황도 필요하다. DNA와 RNA의 합성 또한 질소와 인을 필요로 하며 세포내 화학에너지의 저장과 전달에 중요한 분자인 ATP의 합성에도 마찬가지이다. 질소는 세균 세포 건조 중량의 약 14%를 차지하고 황과 인은 합쳐 약 4%를 이룬다.

생명체는 질소를 주로 단백질 아미노산의 아미노기를 형성하는 데 사용한다. 많은 세균이 단백질을 함유한 화합물을 분해하여 새로 합성하는 단백질이나 다른 질소 함유 화합물에 아미노산을 다시 집어넣음으로써 이런 요건을 충족시킨다. 다른 세균은 이미 환원된 형태로 유기 세포 물질에서 흔하게 발견되는 암모늄이온(NH_4^+)에 있는 질소를 사용한다. 또 다른 종류의 세균은 질산염[용액에서 해리되어 질산이온(NO_3^-)을 내는 화합물]에서 질소를 획득할 수 있다.

광합성을 하는 남세균(137쪽)의 대부분을 비롯하여 일부 중요한 세균은 대기 중에 있는 기체 상태의 질소(N_2)를 직접 이용한다. 이 과정을 **질소고정(nitrogen fixation)**이라 한다. 이 방법을 이용할 수 있는 일부 생물은 독립생활체로 주로 토양에서 살고 있다. 그러나 다른 일부는 클로버, 콩, 자주개자리, 강낭콩, 완두콩 등과 같은 콩과식물의 뿌리에서 공생하고 있다. 공생으로 고정된 질소는 식물과 세균 모두가 사용한다(27장 참조).

황은 황을 함유한 아미노산과 티민이나 비오틴과 같은 비타민의 합성에 사용된다. 자연에서 황의 출처는 황산이온(SO_4^{2-})과 황화수소, 황 함유 아미노산이다.

인은 핵산과 세포막의 인지질의 합성에 필수적이다. 다른 물질 중에는 ATP의 에너지 결합에서 또한 발견된다. 인의 출처는 인산이온이다(PO_4^{3-}). 칼륨과 마그네슘, 칼슘 또한 미생물이 효소의 보조인자로 흔히 필요로 하는 원소이다(5장 114~115쪽 참조).

미량원소

미생물은 극미량의 철과 구리, 몰리브덴, 아연 등과 같은 다른 광물 원소를 필요로 한다. 이들은 **미량원소(trace element)**라고 한다. 대부분은 보통 보조인자로 특정 효소의 기능에 필수적이다. 미량원소를 실험용 배지에 가끔 첨가하기도 하지만 보통 이들은 수돗물과 다른 배지 구성성분에 자연적으로 존재할 것으로 추정된다. 심지어 대부분의 증류수에도 충분한 양이 들어 있지만 이런 미량 광물 원소가 배양배지에 포함되는 것을 확실히 하기 위해 때때로 수돗물 사용을 명시하기도 한다.

산소

우리는 생명에 필요 불가결한 것으로 산소 분자(O_2)를 생각하는데 익숙해 있지만, 사실 어떤 면에서는 독성이 있는 기체이다. 지구 역사의 대부분 기간 동안 아주 소량의 산소 분자가 대기 중에 존재하였다—사실 산소가 존재했었더라면 생명이 생겨날 수 없었을 것이다. 그러나 현존 생물의 대부분은 유산소 호흡을 위해 산소를 필요로 하는 대사 체계를 가지고 있다. 앞서 살펴본 대로 유기 화합물에서 떨어져 나온 수소원자는 산소와 결합하여 그림 5.14(127쪽)에서 보는 것처럼 물을 형성한다. 이 과정은 많은 양의 에너지를 만드는 한편 잠재적 독성 기체를 중화한다—매우 깔끔한 해결책이다.

산소 분자를 이용하는 미생물(산소요구성 미생물)은 산소를 이용하지 않는 미생물보다(산소비요구성 미생물) 영양분에서 더 많은

표 6.1 다양한 종류의 세균의 성장에 미치는 산소의 영향

	a. 절대 산소요구성 생물	b. 조건부 산소비요구성 생물	c. 절대 산소비요구성 생물	d. 산소내성 산소비요구성 생물	e. 저산소성 생물
성장에 대한 산소의 영향	산소에서만 성장; 산소 필요	산소와 무산소 모두에서 성장; 산소가 있으면 더 좋은 성장	무산소 성장만; 산소가 존재하면 중단	무산소 성장만; 그러나 산소 존재 하에 계속 성장	산소 성장만; 낮은 농도의 산소가 필요
고체성장배지 튜브에서 세균의 성장					
성장패턴에 대한 설명	고농도의 산소가 배지로 확산되는 곳에서만 성장이 일어난다.	대부분의 산소가 존재하는 곳에서 성장이 최고지만 튜브 전체에 걸쳐 발생한다.	산소가 없는 곳에서만 성장이 일어난다.	성장이 균등하게 일어난다; 산소의 효과가 없다.	낮은 농도의 산소가 배지로 확산된 곳에서만 성장이 일어난다.
산소의 효과에 대한 설명	효소 카탈라아제와 과산화물제거효소(SOD)가 존재하여 유독한 산소 형태를 중화시킨다; 산소를 이용할 수 있다.	효소 카탈라아제와 SOD가 존재하여 유독한 산소 형태를 중화시킨다; 산소를 이용할 수 있다.	해로운 산소 형태를 중화할 효소가 결핍; 산소를 견딜 수 없다.	한 종류의 효소 SOD만 존재하여 해로운 형태의 산소를 부분적으로 중화한다; 산소를 견딘다.	일반적인 대기 산소에 노출되면 치명적인 양의 유독한 산소 형태를 만든다.

에너지를 추출한다. 생존에 산소가 꼭 필요한 생물을 **절대 산소요구성 생물(obligate aerobe)**이라고 부른다(표 6.1a)

산소는 물에 잘 녹지 않기 때문에, 서식 환경이 물인 경우, 절대산소요구성 생물은 불리한 입장에 처하게 된다. 따라서 대부분의 산소요구성 세균이 산소가 없을 때도 계속 자랄 수 있는 능력을 개발하고 유지해 왔다. 이런 생물이 **조건부 산소비요구성 생물(facultative anaerobe)**이다(표 6.1b). 다른 말로, 조건부산소비요구성 생물은 산소가 존재할 때는 산소를 이용하지만, 산소가 없을 때는 발효나 무산소 호흡을 이용하여 계속 자랄 수 있다. 그러나 산소가 없으면 이들의 에너지 생산 효율은 떨어진다. 조건부산소비요구성 생물의 예는 사람의 창자에서 발견되는 잘 알려진 대장균(*Escherichia coli*)이다. 많은 효모도 역시 조건부산소비요구성 생물이다. 사람은 할 수 없지만, 많은 미생물들이 질산이온과 같은 다른 최종 전자수용체를 산소 대신에 사용할 수 있다는 5장(130쪽)의 무산소 호흡에 대한 설명을 상기하자.

절대 산소비요구성 생물(obligate anaerobe, 표 6.1c)은 에너지를 생산하는 반응에 산소 분자를 이용할 수 없는 세균이다. 사실 대부분은 산소에 의해 피해를 입는다. 파상풍이나 보툴리누스 중독을 일으키는 종을 포함하는 클로스트리듐(*Clostridium*)속이 가장 잘 알려진 예이다. 이들 세균도 세포 물질에 존재하는 산소 원자를 이용하는데, 이 원자는 보통 물에서 얻어진다.

산소가 어떻게 생물에게 피해를 입힐 수 있는지를 이해하려면 산소의 독성 형태에 대한 간단한 설명이 필요하다.

1. **일중항 산소(singlet oxygen**, $^1O_2^-$)는 정상 산소 분자(O_2)가 고에너지 상태로 끌어올려진 것으로 반응성이 매우 높다.
2. **초과산화물 라디칼(superoxide radical**, $O_2^{\bar{\cdot}}$) 또는 **초과산화물 음이온(superoxide anion)**은 산소를 최종 전자 수용체로 사용하여 물이 만들어지는 정상적인 생물의 호흡과정에서 소량 형성된다. 또한, 산소가 있으면, 절대 무산소 생물도 일부 초과산화물 라디칼을 생성하는 것으로 여겨진다. 이것은 세포 구성성분에 유해하기 때문에 대기 중의 산소를 이용하여 사는 모든 생물은 이를 중화시키는 효소인 **과산화물제거효소(superoxide dismutase, SOD)**를 만들어야만 한다. 이들의 독성은 이 물질의 불안정성이 크기 때문에 야기되는데, 불안정성으로 인해 주위 분자에게서 전자를 빼앗고, 결국 그 분자가 라디칼이 되어 또 다른 주위 분자의 전자를 빼앗는 과정이 계속된다. 산소요구성 세균과 산소를 이용하여 자라는 조건부 산소비요구성 생물 그리고 (곧 설명할) 산소내성 산소비요구성 생물은 SOD를 생산한다. 이것으로 이들은 초과산화물 라디칼을 산소 분자(O_2)와 과산화수소(H_2O_2)로 전환한다:

$$O_2^{\bar{\cdot}} + O_2^{\bar{\cdot}}\ 2\,H^+ \longrightarrow H_2O_2 + O_2$$

3. 이 반응에서 생산된 과산화수소도 **과산화물 음이온(peroxide anion)** O_2^{2-}을 가지고 있어서 독성이 있다. 7장(199쪽)에서 있는 항미생물제인 과산화수소와 과산화벤조일의 활성 원리 부분에서 이에 대해 설명할 것이다. 정상적인 유산소 호흡 동안 생

산되는 과산화수소는 유독하기 때문에 미생물은 이것을 중화하는 효소를 개발해 왔다. 가장 잘 알려진 것은 과산화수소를 물과 산소로 전환하는 **카탈라아제(catalase)**이다:

$$2\ H_2O_2 \longrightarrow 2\ H_2O + O_2$$

카탈라아제는 과산화수소에 대한 이것의 작용으로 쉽게 검출할 수 있다. 한 방울의 과산화수소가 카탈라아제를 생산하는 세균의 콜로니에 더해지면 산소 방울이 방출된다. 상처에 과산화수소를 발라 본 모든 사람은 사람 조직 세포 또한 카탈라아제를 가지고 있다는 것을 인식할 수 있다. 과산화수소를 분해하는 다른 효소로는 **과산화효소(peroxidase)**가 있는데, 반응 과정에서 산소를 생산하지 않는 점에서 카탈라아제와 다르다:

$$H_2O_2 + 2\ H^+ \longrightarrow 2\ H_2O$$

반응성 있는 산소의 또 다른 중요한 형태는 **오존(ozone, O_3)**으로 역시 199쪽에서 설명할 것이다.

4. **수산기 라디칼(hydroxyl radical**, OH·)은 산소의 또 다른 중간 산물의 형태로 아마 반응성이 가장 높을 것이다. 이것은 이온화 방사선에 의해 세포의 원형질에서 생성된다. 대부분의 유산소 호흡에서 극미량의 수산기 라디칼이 만들어지지만, 금방 없어진다.

이들 독성 형태의 산소는 병원균에 대항하는 몸의 가장 중요한 방어의 하나인, 식세포 작용의 필수 구성요소이다(460쪽과 그림 16.7 참조). 섭취된 병원균은 식세포의 파고리소좀에서 일중항산소, 초과산화물 라디칼, 과산화수소의 과산화물 음이온, 수산기 라디칼 및 여러 산화 화합물 등에 노출되어 죽는다.

절대 산소비요구성 생물은 일반적으로 과산화물제거효소와 카탈라아제를 생산하지 않는다. 절대 산소비요구성 생물은 산소에 극도로 민감한데, 아마도 산소가 있으면 세포질에 초과산화물 라디칼이 축적되기 때문인 것 같다.

산소내성 산소비요구성 생물(aerotolerant anaerobe, 표 6.1d)은 산소를 이용하여 자라지는 못하지만 산소가 있어도 꽤 잘 버틸 수 있다. 절대 산소비요구성 생물 배양에 필요한 특별할 기술(나중에 설명)을 사용하지 않아도 고체배지의 표면에서 이들은 자랄 수 있다. 많은 산소내성 산소비요구성 세균은 탄수화물을 젖산으로 발효시키는 특징이 있다. 젖산이 축적되면서 산소요구성 경쟁자의 성장이 억제되고 젖산 생산자가 자라기 좋은 생태학적인 환경을 만들어진다. 젖산을 생산하는 산소내성 산소비요구성 세균의 흔한 예는 피클이나 치즈 같은 많은 종류의 산성 발효 음식의 생산에 이용되는 젖산균(lactobacilli)이다. 실험실에서 젖산균은 다른 세균과 마찬가지로 다루어지고 키워진다. 그러나 이들은 공기 중의 산소를 이용하지 않는다. 이들 세균은 앞서 설명한 유독한 형태의 산소를 중화시키는 SOD나 이에 준하는 체계를 가지고 있기 때문에 산소에 견딜 수 있다.

몇몇 세균은 **저산소성생물(microaerophile)**이다(표 6.1e). 이들은 산소요구성이다. 즉, 산소를 필요로 한다. 그러나 이들은 공기보다 낮은 산소 농도에서만 자란다. 고체 영양배지가 들어 있는 시험관에서 저산소생물은 산소가 확산되어 소량으로 존재하는 배지의 깊이에서만 자란다. 이들은 산소가 풍부한 표면 근처나 적절한 양의 산소가 있는 바로 아래 부위에서는 자라지 않는다. 이렇게 제한된 내성은 초과산화물 라디칼 및 과산화물에 대한 민감성 때문인 것 같은데, 산소가 풍부한 조건에서는 이 세균들이 이런 물질을 치명적인 농도로 만들어낸다.

유기성장인자

해당 생물이 합성할 수 없는 필수적인 유기 화합물을 **유기성장인자(organic growth factor)**라고 하는데, 이들을 환경에서 직접 얻어야만 한다. 사람에 있어 유기성장인자의 한 그룹은 비타민이다. 대부분의 비타민은 특정 효소의 작동에 필요한 유기 보조인자인 조효소로서의 기능을 한다. 대부분의 세균은 스스로 필요한 모든 비타민을 합성할 수 있어 외부 공급원에 의존하지 않는다. 그러나 일부 세균은 특정 비타민을 합성하는 데 필요한 효소가 결핍되어 있어서 이런 세균에게는 해당 비타민이 유기성장인자이다. 일부 세균에 필요한 또 다른 유기성장인자는 아미노산과 퓨린, 피리미딘이다.

이해도 확인하기

- 만일 방사성 황(^{35}S)이 들어 있는 황 공급원을 세균의 배양배지에 첨가한다면 세포 내 어떤 분자에서 ^{35}S이 발견될 것인가? **6-4**
- 특정 미생물이 진정한 절대 산소비요구성인지를 어떻게 결정하는가? **6-5**
- 산소는 환경에서 워낙 잘 스며들어서 미생물이 산소와의 물리적 접촉을 항상 피하기는 대단히 어렵다. 따라서 미생물이 산소로 인한 손상을 피하는 가장 분명한 방법은 무엇일까? **6-6**

생물막

학습 목표

6-7 생물막의 형성과 감염 유발 가능성에 대해 설명한다.

자연에서 미생물이 실험실 배양접시에서 보는 것처럼 분리된 한 종의 콜로니로 사는 경우는 거의 없고, 보통은 **생물막(biofilm)**이라고 하는 군집을 이루고 산다. 이러한 사실은 생물막의 3차원 구조를 더 잘 보여주는 공초점현미경(61쪽 참조)이 개발되고 나서야 비로소 제대로 평가를 받게 되었다. 생물막은 흔히 점액질(slime)이라고 부르는 매질 안에 위치하는데, 이 매질은 주로 다당류로 되어 있지만 DNA와 단백질도 들어 있다. 생물막은 또한 건조중량의 몇 배의 물을 가지고 있는 복잡한 중합체인 하이드로젤(hydrogel)로 볼 수도 있다. 세포-세포 간 화학적 교신인 정족수감지(quorum sensing)를 통해 세균은 그들의 활성을 조율하고 함께 모여 군집을 이룬다. 이러한 군집이 제공하는 이익은 다세포생물의 그것과 별반 다르지 않다

(3장 56쪽에 있는 상자글 참조). 따라서 생물막은 단순한 세균의 점액질층이 아니라 생물학적 시스템이다. 해당 세균들은 조직화되어 공동으로 작용하는 기능 공동체가 된다. 생물막은 보통 연못의 돌, 사람의 치아(치태; 714쪽 그림 25.3 참조) 같은 표면 또는 점막에 부착된다. 이런 공동체는 단일 종의 미생물 또는 여러 종으로 이루어질 수 있다. 생물막은 더 다양한 다른 형태를 취할 수 있다. 특정한 종류의 하수처리에서 형성되는 플록(floc)이 한 예이다(791쪽 그림 27.19 참조). 빨리 흐르는 물의 흐름에서 생물막은 실 같은 장식 리본의 형태가 될 수 있다. 생물막이라는 군집 내에서 세균은 영양분을 공유할 수 있고 건조와 항생제, 몸의 면역계 등과 같은 그들에게 해로운 환경 인자로부터 보호받을 수 있다. 생물막 안에서 미생물은 서로 근접해 있어 유전정보의 전달을 촉진할 수 있는 이점이 있는데, 접합이 한 예이다.

보통 부유 생활하는(플랑크톤성, planktonic) 세균이 표면에 부착될 때 생물막이 형성되기 시작한다. 만일 이 세균이 하나의 두꺼운 층으로 균일하게 자라면 세균은 혼잡해지고 층의 더 깊은 곳에서는 영양물의 이용이 가능하지 않고 독성 노폐물은 축적될 수 있다. 생물막 공동체의 미생물은 때로 이런 문제를 피하기 위해 기둥 같은 구조(그림 6.5)를 형성함으로써 이들 사이의 통로를 통해 영양분의 유입과 노폐물의 배출이 가능하도록 한다. 이것은 일종의 원시적인 순환계를 구성한다. 개개의 미생물과 점액 덩어리는 정착된 생물막을 떠나 새로운 위치로 이동하여 생물막을 확장한다. 이런 생물막은 보통 표면층의 두께가 10 μm 정도이고 이 위로 200 μm까지 확장되는 기둥이 있다.

생물막의 미생물들은 서로 협력하여 복잡한 일을 수행할 수 있다. 예를 들어 소와 같은 반추동물의 소화계에서 섬유소가 분해되려면 많은 미생물 종이 필요하다. 반추동물 소화계에 있는 미생물은 대부분 생물막 공동체에 위치한다. 생물막은 27장에 설명할 하수처리 시스템의 원활한 기능을 위해서도 필수적인 요소이다. 그러나 생물막은 파이프나 배관에서 문제가 될 수 있는데, 생물막의 축적되어 순환을 방해하기 때문이다.

생물막은 사람의 건강에서도 중요한 요소이다. 예를 들어 생물막의 미생물은 살균제에 아마 1,000배는 더 내성을 가진다. 미국 질병통제예방센터(CDC)의 전문가들은 사람에 감염하는 세균의 70%가 생물막과 관련된다고 추정한다. 대부분의 병원 내 감염(의료시설에서 걸리는 감염)은 의료용 도관에 있는 생물막과 관련될 가능성이 있다(18쪽 그림 1.8과 592쪽 그림 21.3 참조). 실제로 기계식 인공심장판막을 비롯하여 체내에 삽입된 대부분의 의료 장치에 생물막이 형성된다. 칸디다(*Candida*) 같은 균류에 의해 형성되는 생물막을 포함하여 생물막은 콘택트렌즈 사용 관련 감염과 충치(713쪽 참조), 슈도모나드 세균에 의한 감염(307쪽 참조) 등과 같은 많은 질병 상태에서 볼 수 있다.

생물막 형성을 막는 한 방법은 항미생물제를 생물막이 형성될 수 있는 표면에 처리하는 것이다(56쪽 참조). 정족수감지를 가능하게 하는 화학 신호가 생물막 형성에 필수적이기 때문에 이들 화학 신호의 구성을 알아내서 이를 막으려는 연구가 진행되고 있다. 또 다른 접근 방법에는 사람의 많은 분비액에 풍부한 락토페린(473쪽 참조)이 생물막 형성을 억제할 수 있다는 발견과 관련된다. 락토페린은 철과 결합하는데, 유전질환인 낭포성 섬유증의 병리 원인인 낭포성 섬유증 생물막을 형성하는 슈도모나드(pseudomonad)를 특히 억제할 수 있다. 철의 결핍은 세균이 응집하여 생물막을 이루는 데 필수적인 표면 운동성을 억제한다.

파란 화살표로 보이는 것처럼 고체 표면에 부탁된 세균의 성장에 의해 형성된 점액의 기둥 사이로 물의 흐름이 이루어진다. 이것이 영양물의 접근과 세균노폐물의 제거를 효율적으로 만든다. 개개의 점액형성 세균 또는 점액 덩어리의 세균이 떨어져 새로운 장소로 이동한다. 그림 1.8 참조.

그림 6.5 생물막

 생물막의 억제가 왜 의료환경에 중요한가?

오늘날 미생물학의 실험 방법 대부분은 부유 방식으로 배양된 미생물을 사용한다. 그러나 현재 미생물학자들은 미생물들이 상호 관련해서 실제로 어떻게 사는지에 대한 관심이 증가할 것이고 산업과 의료 분야 연구에서 중요할 것이라고 예상하고 있다.

이해도 확인하기

✔ 생물막의 형성이 어떤 면에서 병원균에게 유리하게 작용하는지를 알아보시오. **6-7**

배양배지

학습 목표

6-8 화학 정성배지와 복합배지를 구별한다.

6-9 다음 각각의 사용 목적을 설명한다: 무산소 배양기술, 살아 있는 숙주세포, 양초병, 선택배지 및 분별배지, 농화배지.

6-10 생물안전등급 1, 2, 3, 4를 구별한다.

실험실에서 미생물을 키우기 위해 준비하는 영양물질을 **배양배지**

(culture medium)라고 한다. 일부 세균은 어떤 영양배지에서도 잘 자랄 수 있는 반면, 다른 세균의 배양에는 특별한 배지가 필요하고 현재까지 개발된 무생물 배지에서는 자랄 수 없는 세균도 있다. 세균을 키우기 위해 새로운 배양배지에 도입하는 생물을 **접종원(inoculum)**이라고 한다. 배양배지에서 자라고 증식하는 미생물을 **배양물(culture)**이라고 한다.

특정 임상 검체에서 나온 미생물과 같은 특정 미생물을 배양하고자 한다고 생각해 보자. 배양배지는 어떤 기준을 만족해야 하나? 먼저 배양배지에는 키우려는 특정 미생물에게 맞는 영양분이 들어 있어야만 한다. 또한 충분한 수분, 적절히 조정된 pH, 적합한 수준의 산소 등도 있어야 한다. 배지는 처음에 반드시 **멸균(sterile)** 상태이어야 한다. 즉, 살아 있는 미생물은 전혀 가지고 있지 않아서 배양물에는 오로지 접종한 미생물(과 그 자손)만이 있어야 한다. 마지막으로 배양물은 적절한 온도에서 배양되어야 한다.

실험실에서 미생물을 키울 수 있는 매우 다양한 배지가 있다. 시중에서 구입할 수 있는 배지의 대부분은 이미 조제된 상태여서 물만 넣고 멸균만 하면 된다. 식품, 수도, 임상 미생물학 등과 같은 분야의 연구자가 관심이 있는 세균을 분리하고 동정하는 데 이용될 수 있도록 배지는 끊임없이 개발 또는 변형되고 있다.

세균을 고체배지에서 키우려는 경우에는 한천과 같은 고형제를 배지에 첨가한다. 해조류에서 유래한 복합 다당류인 **한천(agar)**은 젤리와 아이스크림 같은 음식물을 걸쭉하게 만드는 데 오랫동안 사용되어 왔다.

한천은 미생물학에서 매우 중요한 가치가 있는 특성을 가지고 있고, 아직까지 만족할만한 한천의 대체품은 발견되지 않았다. 한천을 분해할 수 있는 미생물은 거의 없어서 배지에서 고체상태로 남아 있는다. 한천은 약 100°C(물의 끓는점)에서 녹고 온도가 40°C까지 내려가도 액상으로 남아 있는다. 실험실에서는 녹인 한천을 수조에서 약 50°C로 유지한다. 이 온도의 한천을 부으면 대부분의 미생물은 손상을 입지 않는다(173쪽 그림 6.17a에 보인 것처럼). 일단 굳으면 100°C에 근접하기 전까지는 녹지 않는 한천의 특성은 호열성 세균을 배양할 때 특히 유용하다.

한천배지는 일반적으로 시험관이나 **페트리 접시**(Petri dish)에 만든다. 시험관에 만든 배지는 **사면한천배지**(slant)라고 부른다. 시험관을 일정 각도로 유지하면서 내용물을 굳힌다. 그러면 넓은 표면적이 배양에 이용될 수 있다. 한천을 수직으로 시험관에 굳힌 것을 딥(deep)이라고 한다. 발명자의 이름 딴 패트리 접시는 오염 방지를 위한 뚜껑이 있는 얕은 접시인데, 배지가 들어 있으면 **페트리 평판**(Petri plate 또는 배양평판)이라고 부른다.

화학 정성배지

미생물의 성장을 지원하기 위해 배지는 에너지원과 탄소, 질소, 황, 인, 그리고 해당 미생물이 합성하지 못하는 유기 성장인자를 제공하여야 한다. **화학 정성배지(chemically defined medium)**는 정확한 화학적 조성이 알려져 있는 배지이다. 화학종속영양생물을 위한 화학 정성배지에는 탄소 및 에너지원으로 이용될 유기성장인자가 반드시 들어 있어야 한다. 예를 들어 **표 6.2**에 나타난 것처럼 화학종속영양생물인 대장균(*E. coli*)의 성장을 위해 포도당이 배지에 포함된다.

표 6.2 대장균과 같은 전형적인 화학종속영양생물의 성장을 위한 화학 정성배지

성분	함량
포도당	5.0 g
인산암모늄, 일염기성 ($NH_4H_2PO_4$)	1.0 g
염화나트륨 (NaCl)	5.0 g
황화마그네슘 ($MgSO_4 \cdot 7H_2O$)	0.2 g
인산칼륨, 이염기성 (K_2HPO_4)	1.0 g
물	1 리터

표 6.3에서 볼 수 있듯이 류코노스톡(*Leuconostoc*)의 종을 배양하기 위해 사용되는 화학 정성배지에는 여러 유기성장인자가 반드시 공급되어야 한다. 많은 성장인자를 필요로 하는 생물은 **까다롭다**(fastidious)라고 표현한다. 젖산막대균[*Lactobacillus*(316쪽)]과 같은 이런 종류의 미생물은 어떤 물질에 들어 있는 특정 비타민의 농도를 결정하는 시험에 종종 이용된다. 이런 **미생물학적 분석**을 수행하기 위해 분석할 비타민을 제외하고 해당 세균의 성장에 필요한 모든 물질이 들어 있는 배지를 준비한다. 그 다음, 시험할 물질을 배지에 넣고 세균을 접종하고 세균의 성장을 측정한다. 젖산의 생산량으로 반영되는 세균 성장은 시험 물질에 있는 비타민의 양에 비례할 것이다. 젖산이 많을수록 더 많은 *Lactobacillus* 세포가 자란 것이고 따라서 비타민이 많이 존재하는 것이다.

복합배지

화학 정성배지는 연구실에서의 실험이나 독립영양세균 배양용으로 주로 쓰인다. 일반미생물학 실습 과정에서 다루는 대부분의 종속영양세균과 균류는 보통 **복합배지(complex media)**에서 키우는데, 복합배지에는 효모나 고기, 식물의 추출액 또는 이들과 기타 다른 물질에서 유래한 단백질 분해물을 비롯한 영양분이 들어 있다. 정확한 화학 조성은 매번 제조 때마다 약간씩 다르다. **표 6.4**는 널리 사용되고 있는 한 복합배지의 조성을 보여준다.

복합배지에서 자라는 미생물에게 필요한 에너지, 탄소, 질소, 황 등은 주로 단백질에 의해 제공된다. 단백질은 크고 비교적 불용성인 분자로서 소수의 미생물만이 직접 이용할 수 있지만, 단백질을

표 6.3 *Leuconostoc mesenteroides*를 위한 정성 배양배지

탄소와 에너지
포도당 25 g
염
NH_4Cl, 3.0 g K_2HPO_4*, 0.6 g KH_2PO_4*, 0.6 g $MgSO_4$, 0.1 g
아미노산, 각각 100~200 μg
알라닌, 아르기닌, 아스파라긴, 아스파르트산염, 시스테인, 글루타민산염, 글루타민, 글리신, 히스티딘, 이소류신, 류신, 리신, 메티오닌, 페닐알라닌, 프롤린, 세린, 트레오닌, 트립토판, 티로신, 발린
퓨린과 피리미딘, 각각 10 mg
아데닌, 구아닌, 우라실, 크산틴
비타민, 각각 0.01~1 mg
비오틴, 엽산, 니코틴산, 피리독살, 피리독사민, 피리독신, 리보플라빈, 티아민, 판토텐산염, *p*-아미노베조산
미량원소, 각각 2~10 μg
Fe, Co, Mn, Zn, Cu, Ni, Mo
완충용액, pH 7
아세트산나트륨, 25 g
증류수, 1,000 ml
* 완충용액으로 또한 사용.

산이나 효소로 부분적으로 분해하면 **펩톤**(peptone)이라는 짧은 아미노산의 사슬로 만들 수 있다. 이렇게 작아진 수용성 조각은 대부분의 세균이 이용할 수 있다.

비타민과 다른 유기성장인자는 고기 추출물이나 효모 추출물에서 제공된다. 고기나 효모에서 온 이 수용성 비타민과 미네랄은 추출용 물에 녹인 다음, 물을 증발시켜 이들 인자를 농축시킨다. (이들 추출물에 유기 질소와 탄소 화합물도 보충한다.) 효모 추출물은 주로 비타민 B가 풍부하다. 만일 복합배지가 액체의 형태이면 이를 **영양배지(nutrient broth)**라고 한다. 한천이 첨가되면 이를 **고체영양배지(nutrient agar)**라고 한다. (이 용어는 오해의 소지가 있다. 한천 자체는 영양분이 아니라는 점을 기억하자)

무산소 성장배지와 방법

산소비요구성 세균을 배양하려면 특별한 문제에 직면한다. 산소비요구성 세균은 산소에 노출되면 죽을 수 있기 때문에 **환원배지(reducing media)**라는 특별한 배지를 사용해야만 한다. 이 배지에는 용존 산소와 화학적으로 결합하여 배양배지에 있는 산소를 고갈시키는 소듐치오글리콜레이트(sodium thioglycolate) 같은 성분이 들어 있다. 보통 절대 산소비요구성 세균을 키우고 순수 배양을 유지하기 위해서 미생물학자는 뚜껑을 단단히 닫은 시험관에 보관된 환원배지를 사용한다. 이 배지는 사용 전에 잠깐 가열하여 흡수된 산소를 제거한다.

개별 콜로니를 관찰하기 위해서는 페트리 평판에서 배양하여야 하는데 여러 방법이 가능하다. 한번에 비교적 적은 배양평판을 사용하는 실험실에서는 배양 평판을 보관함에 넣고 밀봉한 다음 그 안의 산소를 화학적으로 제거하고 미생물을 배양하는 시스템을 사용할 수 있다. 일부 시스템은 그림 6.6에서 보는 것처럼 보관함을 밀봉하기 전에 화학물 봉투에 물을 첨가해야 하고 촉매가 필요하다. 이 화학물질은 수소와 이산화탄소(약 4~10%)를 생산하고 촉매의 존재 하에서 보관함에 있는 산소와 수소를 결합시켜 물을 형성함으로써 산소를 제거한다. 시중에 나와 있는 또 다른 시스템의 경우에는 화학물질(활성 성분은 아스코르브산) 봉투를 용기 안에 있는 산소에 노출되도록 간단히 개봉만 하면 된다. 물이나 다른 촉매가 필요 없다. 이런 용기 안의 공기에 보통 5% 이하의 산소, 약 18% CO_2가 있으며 수소는 없다. 최근에 도입된 시스템에서는 개별 페트리 평판(OxyPlate)이 무산소실이 된다. 이 평판 안의 배지에는 옥시라제라는 효소가 있어서 수소와 산소를 결합시켜 물을 형성하면서 산소를 제거한다.

산소비요구성 세균을 대상으로 많은 연구를 하는 실험실에서는 흔히 그림 6.7과 같은 무산소 챔버를 이용한다. 이것의 내부는 불활성 가스(보통 약 85% N_2와 10% H_2, 5% CO_2)로 가득 차 있고 배양물과 재료를 넣기 위한 공기 잠금 장치가 장착되어 있다.

표 6.4 종속영양세균의 배양을 위한 복합배지인 영양한천배지의 조성

성분	양
펩톤 (부분적으로 소화된 단백질)	5.0 g
소고기 추출물	3.0 g
염화나트륨	8.0 g
한천	15.0 g
물	1 리터

특수 배양기술

대부분의 세균은 실험실 인공배지에서 제대로 배양된 적이 없다. 나병을 일으키는 간균인 나병균(*Mycobacterium leprae*)은 현재 아르마딜로에서 보통 키우는데, 이 동물의 비교적 낮은 체온이 이 세균의 성장에 적합하다. 다른 예로는, 비록 일부 비병원성 스피로헤타가 실험실 배지에서 자라지만, 매독을 일으키는 스피로헤타가 있다. 거의 예외 없이 리케차와 클라미디아 같은 절대 세포 내 세균은

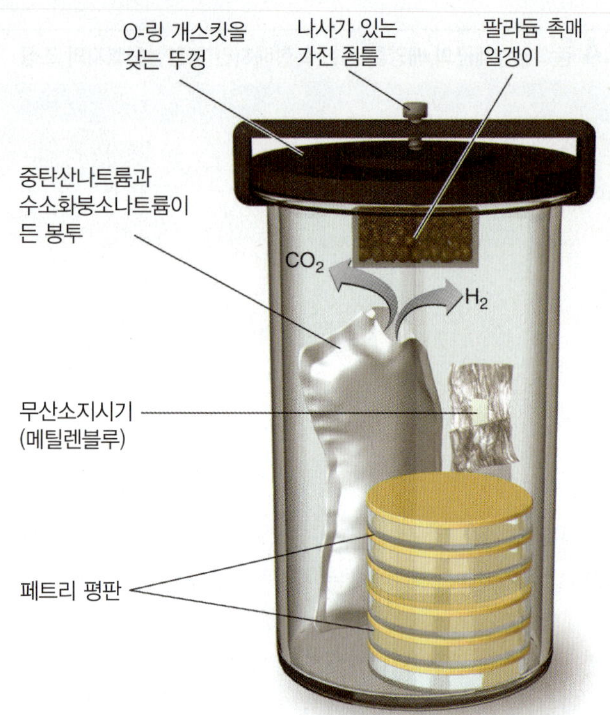

그림 6.6 페트리 평판에 있는 산소비요구성 세균의 배양을 위한 병. 중탄산나트륨과 수소화붕소나트륨이 든 화학물질주머니에 물을 섞으면 수소와 이산화탄소가 발생한다. 망이 쳐진 반응공간에 있는 화학물질주머니에 동봉된 팔라듐 촉매의 표면에서 수소와 병에 있는 공기 중 산소가 반응하여 물을 형성한다. 이렇게 산소가 제거된다. 또한 산화되면 파란색을 띠는 메틸렌블루가 함유된 무산소지시기가 병에 있는 산소가 제거되면(여기서 보이는 것처럼) 무색으로 변한다.

Q 성장하기 위해 대기보다 높은 CO_2 농도가 필요한 세균을 위한 기술의 이름은 무엇인가?

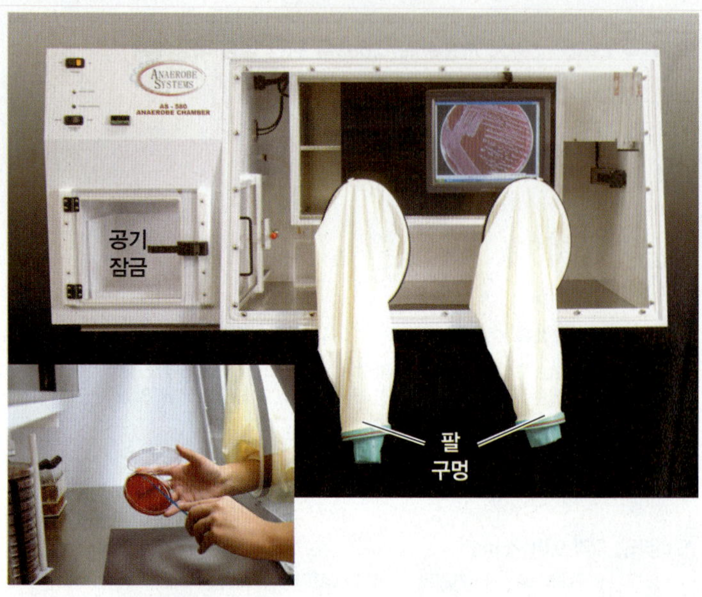

그림 6.7 무산소챔버. 물질은 왼쪽에 있는 기밀실의 작은 문을 통해 넣는다. 사용자는 밀폐소매의 팔구멍을 통해 일을 한다. 밀폐소매는 사용할 때에는 캐비닛으로 확장된다. 이 장치는 또한 내부 카메라와 모니터를 갖추고 있다.

어떤 점에서 무산소방이 우주의 진공에서 궤도를 도는 우주 실험실과 유사한가?

인공배지에서는 자라지 않는다. 바이러스처럼 이들은 살아 있는 숙주세포에서만 번식할 수 있다. 379쪽, 세포 배양의 설명을 참조.

많은 임상 실험실은 대기 중의 농도보다 높거나 낮은 CO_2의 농도가 필요한 산소요구성 세균을 키울 수 있는 특별한 CO_2 **배양기**를 보유하고 있다. 원하는 CO_2 수준을 전자식 조절로 유지한다. 높은 수준의 CO_2 농도는 간단한 **양초병**(candle jar)으로도 얻을 수 있다. 배양체를 불 붙인 초가 들어 있는 큰 밀봉한 병에 놓으면, 초가 타면서 산소를 소모한다. 병 속 공기의 산소 농도가 낮아지면서 초는 꺼지게 된다(산소 농도가 약 17% 로 산소요구성 세균의 성장에는 여전히 충분함). 또한 CO_2는 증가한 농도(약 3%)로 존재한다. 높은 CO_2 농도에서 더 잘 자라는 미생물을 **호탄산가스성(capnophile)**이라고 한다. 저산소, 고이산화탄소 조건은 병원성 세균이 자라는 창자와 호흡기, 다른 신체 조직의 조건과 유사하다.

양초병은 아직도 가끔 사용되지만, 보편적으로는 시판되고 있는 화학물질 패킷을 사용하여 용기 안에 이산화탄소 대기를 만든다. 단지 한두 개의 페트리 평판을 배양할 때는 패킷을 부수거나 몇 ml의 물로 적시면 활성화되는 자체 화학가스발생기가 들어 있는 작은 비닐 봉투를 흔히 사용한다. 종종 이런 패킷은 저산소성 세균인 캄필로박터(*Campylobacter*)와 같은 미생물(313쪽) 배양에 필요한 정확한 농도의 이산화탄소(보통 양초병으로 얻을 수 있는 것보다 높은)와 산소를 제공하도록 특별하게 만들어진다.

일부 미생물은 너무 위험해서 이들은 **생물안전등급**[biosafety level 4(BSL-4)]라고 불리는 봉쇄된 특별한 시스템 하에서만 다룰 수 있다. 등급 4 실험실은 일반적으로 "위험지역"이라고 알려져 있다. 미국 내에 이런 실험실은 손으로 꼽을 만큼 소수이다. 이 실험실은 큰 빌딩 안에 봉쇄된 환경이며, 음압의 대기를 가지기 때문에 병원균을 포함한 에어로졸이 빠져나갈 수 없다. 흡입과 배출 공기 모두 HEPA 필터(고효율입자공기 필터, high-efficiency particulate air filter)를 통해 여과되고(188쪽 HEPA 필터 참조), 배출 공기는 두 번 여과된다. 실험실에서 나가는 모든 폐기물은 비감염성이 되도록 처리된다. 여기를 출입하는 개개인은 공기 공급장치가 연결된 우주복을 입는다(**그림 6.8**).

상대적으로 덜 위험한 생물은 그만큼 낮은 생물안전등급에서 다루어진다. 예를 들어 기본적인 미생물학 교육 실험실은 BSL-1이 될 것이다. 약간의 감염 위험이 있는 생물은 생물안전등급 2에서, 즉 적절한 장갑, 실험복 또는 얼굴과 눈 보호 장치를 갖춘 개방된 실험대에서 다루어질 수 있다. BSL-3 실험실은 결핵균과 같이 감

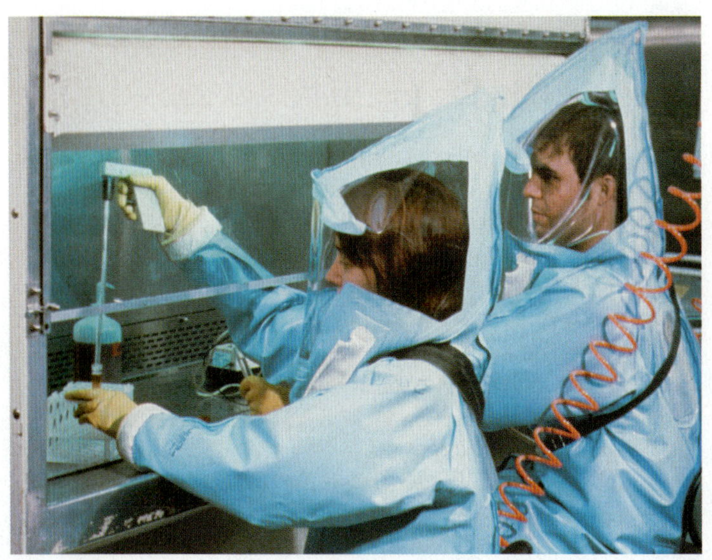

그림 6.8 생물안전등급 4(BSL-4) 실험실의 연구원. BSL-4 시설에서 일하는 직원은 외부의 공기공급기에 연결된 "우주복"을 입는다.

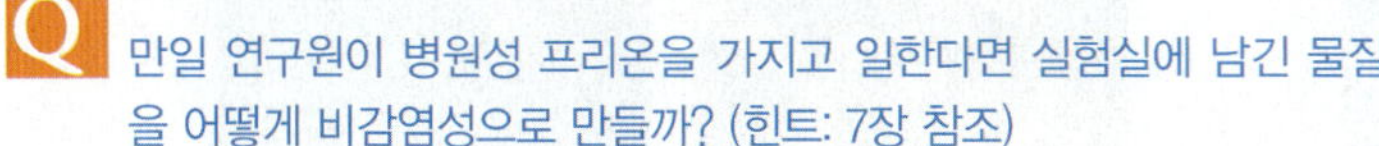

Q 만일 연구원이 병원성 프리온을 가지고 일한다면 실험실에 남긴 물질을 어떻게 비감염성으로 만들까? (힌트: 7장 참조)

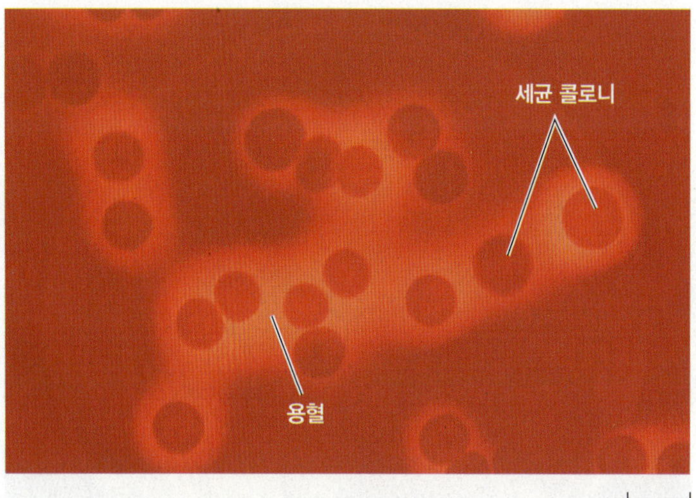

그림 6.9 혈액한천배지, 적혈구 세포를 가진 분별배지. 세균이 적혈구 세포를 용해시켜 (베타용혈) 콜로니 주위에 맑은 지역이 나타난다.

Q 병원균에 대한 용혈소의 가치는 무엇인가?

염성이 높고 공기로 전염되는 병원균을 위한 시설이다. 그림 6.7의 무산소 챔버와 모양이 비슷한 생물안전 캐비닛이 사용된다. 실험실 자체는 음압이 가해져야 하고 실험실에서 병원균이 방출되는 것을 막기 위한 공기 필터가 장착되어야 한다.

선택배지와 분별배지

임상과 공중보건 미생물학에서는 질병이나 열악한 위생과 관련된 특정 미생물의 존재를 확인할 필요가 자주 있다. 이를 위해 선택배지와 분별배지가 사용된다. **선택배지(selective media)**는 원하지 않는 미생물의 성장을 억제하고 바라는 미생물의 성장을 촉진하도록 고안되었다. 예를 들어 아황산비스무트 고체배지는 장티푸스균인 그람음성의 티푸스균(*Salmonella typhi*)을 분변에서 분리하는 데 사용되는 배지이다. 아황산비스무트는 그람양성세균과 대부분의 그람음성 장내 세균(*S. typhi* 이외의 세균)을 억제한다. 사브로 한천배지(Sabouraud's dextrose agar)의 pH는 5.6으로 대부분의 세균보다 이 pH에서 빨리 성장하는 균류를 분리하는 데 이용한다.

분별배지(differential media)는 원하는 생물의 콜로니를 같은 평판에서 자라는 다른 콜로니와 구별하기 쉽게 만든다. 마찬가지로 순수배양된 미생물도 시험관이나 평판에 있는 분별배지에서 식별 가능한 반응을 한다. 혈액한천배지(적혈구가 들어 있음)는 미생물학자들이 적혈구를 파괴하는 세균 종을 확인하는 데 자주 이용하는 배지이다. 패혈성 인두염(strep throat)을 일으키는 세균인 피오게네스(*Streptococcus pyogenes*) 같은 종은 콜로니 주위에 있는 적혈구를 용해시켜 투명한 환이 보인다[베타-용혈, 317쪽(그림 6.9)].

때때로 선택배지와 분별배지 특성이 모두 있는 배지를 만든다. 비강에서 발견되는 흔한 세균인 *Staphylococcus aureus*를 분리한다고 가정하자. 이 세균은 높은 농도의 염화나트륨에 내성이 있다. 또한 탄수화물인 마니톨(mannitol)을 발효하여 산을 생성한다. 마니톨염 한천배지에는 7.5%의 염화나트륨이 들어 있어서 경쟁 미생물의 성장이 억제되어 *S. aureus*가 선택될(더 잘 자랄) 것이다. 또한 이 염 배지에는 pH 지시약도 들어 있어서 배지의 마니톨이 산으로 발효되면 색이 변한다. 따라서 마니톨을 발효하는 *S. aureus*의 콜로니는 마니톨을 발효하지 않는 세균의 콜로니와 구별된다. 높은 염의 농도에서 자라고 마니톨을 산으로 발효하는 세균은 색깔 변화로 즉시 확인할 수 있다(그림 6.10). 이런 콜로니는 *S. aureus*일 가능성이 크고 추가 시험으로 이를 확인할 수 있다. 대장균이 생산하는 독소를 확인하는 분별배지의 사용에 대해서 5장, 136쪽에서 설명하였다.

농화배지

시료 내에 수가 많지 않은 세균은 누락될 수 있기 때문에 특히 다른 세균의 수가 훨씬 많다면 **농화배지(enrichment culture)**를 사용할 필요가 종종 있다. 토양이나 분변 시료의 경우에 보통 그렇다. 농화배양용 배지(농화배지)는 일반적으로 액체이고 특정 미생물은 잘 자라지만 다른 미생물은 잘 못 자라는 환경조건과 영양분을 제공한다. 이런 의미에서 농화배지도 선택배지이지만, 아주 적은 수의 원하는 종류의 생물을 검출할 수 있는 수준까지 증가시키기 위해 고안되었다.

그림 6.10 **분별배지.** 이 배지는 마니톨 염 한천배지이고 마니톨을 산으로 발효할 수 있는 능력이 있는 세균(*Staphylococcus aureus*)은 배지의 색을 노랗게 변경시킨다. 이것이 마니톨을 발효할 수 있는 세균과 그렇지 못한 세균을 분별한다. 실제로 이 배지는 높은 염의 농도가 *Staphlylococcus* 종을 제외한 대부분의 세균의 성장을 막기 때문에 선택적이다.

높은 삼투압에서 자라는 능력을 가진 세균이 콧물에서 자랄 수 있을 것 같은가?

토양 시료에서 페놀에서 자랄 수 있고 다른 종에 비해 훨씬 적은 수가 존재하는 미생물을 분리하고자 한다고 가정하자. 페놀이 유일한 탄소와 에너지원인 액체 농화배지에 토양 시료를 넣으면 페놀을 대사할 수 없는 생물은 자라지 못할 것이다. 이 배양을 며칠 동안 계속 진행한 다음 이 배양액의 소량을 동일한 새로운 배지가 들어 있는 다른 플라스크로 옮긴다. 이런 전이 과정을 여러 번 거치는 과정에서, 살아남은 집단은 페놀을 대사할 수 있는 세균이 차지하게 될 것이다. 전이 사이의 시간이 세균이 이 배지에서 자랄 수 있도록 주어진 시간이다. 이것이 농화단계이다. (28장 808쪽 상자 참조.) 원래 접종물에 있던 모든 영양분은 연속되는 전이 과정에서 빠르게 희석된다. 마지막 배양액을 찍어 같은 조성의 고체배지 위에 도말하면 페놀을 이용할 수 있는 미생물의 콜로니만 자라게 된다. 이 기법에서 놀라운 점은 페놀이 보통은 대부분의 세균에게 치명적이라는 것이다.

표 6.5 에 주요 배양배지의 사용 목적을 요약하였다.

이해도 확인하기

- 적어도 실험실 조건이라면 사람이 화학 정성배지로 살아갈 수 있을까? **6-8**

임상 사례

*P. fluorescens*는 산소요구성의 그람음성 막대균으로 25~30℃ 온도에서 가장 잘 자라고 병원 미생물학의 표준 배양온도(35~37℃)에서는 자라지 않는다. 이 세균은 자외선을 쪼이면 형광을 나타내는 색소를 생산하기 때문에 이름이 그렇게 붙여졌다. 최근 발병의 진상을 검토하는 동안 맥그루거 박사는 가장 최근 환자가 그들의 감염이 시작되기 84일에서 421일 전에 오염된 헤파린에 지속적으로 노출되었다는 것을 알게 되었다. 현장 조사 결과, 해당 환자를 진료했던 병원에서는 회수 명령이 떨어진 헤파린을 더 이상 사용하지 않고 있으며, 사용하지 않은 재고는 모두 반품 처리했다는 것이 확인되었다. 이들 환자는 지난 번 대발병 동안에 발생한 것이 아니라는 결론을 내리면서 맥그루거 박사는 새로운 감염원을 찾아야만 했다. 이들 환자에게는 모두 정맥 카테터(venous catheter; 정맥 안에 삽입하여 오랜 시간 동안 항암약물 같은 농축된 용액을 배달하는 튜브)가 시술되어 있었다. 맥그루거 박사는 사용되어온 새로운 헤파린을 배양해 보라고 지시했다. 그러나 아무런 생물도 발견하지 못했다. 그러자 그는 각 환자의 혈액과 카테터를 배양하라고 지시했다.

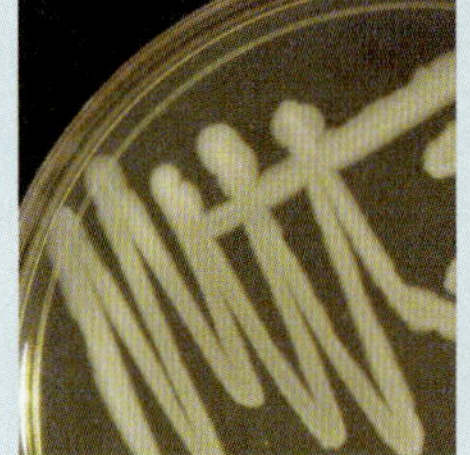

백색 빛으로 조명

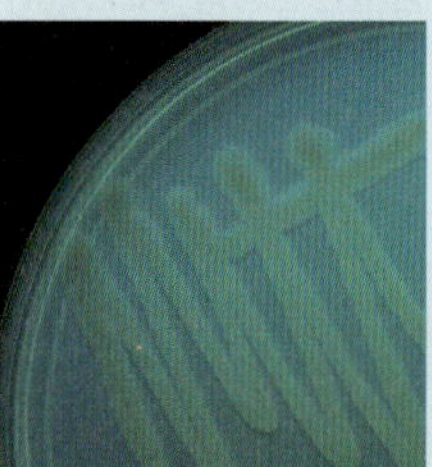

자외선 빛으로 조명

환자의 혈액과 카테터 모두에서 배양된 생물이 그림에 보인다. 이 생물은 무엇인가?

154 166 175 177

- 1800년대에 루이 파스퇴르가 살아 있는 동물 대신 세포 배양체에서 광견병(rabies) 바이러스를 키울 수 있었을까? **6-9**
- 여러분의 실험실은 어떤 BSL인가? **6-10**

순수배양체의 획득

학습 목표

6-11 콜로니를 정의한다.

6-12 획선평판법을 이용하여 어떻게 순수배양체를 분리할 수 있는지 설명한다.

고름과 가래, 소변 등과 같은 대부분의 전염성 물질에는 여러 가지 종류의 세균이 들어 있다. 토양, 물, 또는 음식물 시료도 마찬가지이다. 이런 물질을 고체배지 위에 도말하면 원래 생물의 정확한 복제본인 콜로니가 형성될 것이다. 눈에 보이는 **콜로니(colony**, 균체라는 용어를 사용하기도 하지만 이책에서는 콜로니를 사용함-역자주)는 이론적으로 한 개의 포자나 살아 있는 세포 혹은 서로 붙

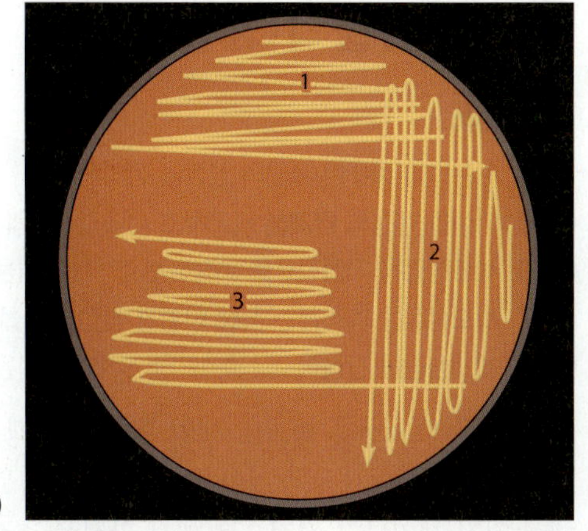

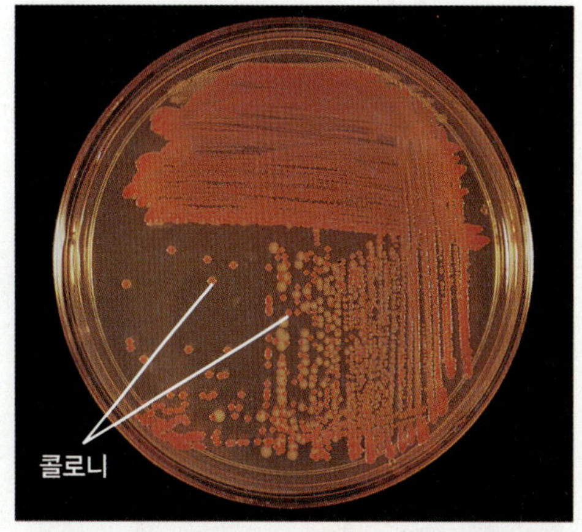

그림 6.11 순수 세균배양을 위한 획선평판법. (a) 화살표는 획선의 방향을 가리킨다. 1번 획선은 원래의 세균배양에서 온다. 접종루프는 각 획선 그을 때마다 멸균한다. 2와 3에서 루프는 이전 획선에서 세균을 묻히고, 세포의 수는 매번 희석된다. 이런 패턴은 수많은 변형이 있다. (b) 이 예의 3번 획선에서 붉고 노란 두 다른 종류의 잘 분리된 세균의 콜로니가 나타날 것을 주목하시오.

Q 획선평판법의 결과 형성된 콜로니는 언제나 하나의 세균에서부터 생긴 것인가? 각자의 답에 이유를 말하시오.

어 있는 같은 미생물의 집단에서 유래한다. 생태계의 약 1%의 세균만이 전통적인 배양 방법으로 콜로니를 형성하는 것으로 추정된다. 미생물 콜로니는 흔히 다른 종류의 미생물의 것과 구별되는 독특한 모양을 보인다(그림 6.10 참조). 콜로니가 서로 잘 분리되도록 세균을 충분히 넓게 분포시켜야 한다.

대부분의 세균학 연구는 세균의 순수 배양 또는 클론을 필요로 한다. 순수 배양체를 얻기 위해 이용하는 가장 흔한 방법은 **획선평판법(streak plate method**, 그림 6.11)이다. 멸균된 접종 루프를 한 종류 이상의 미생물이 들어 있는 혼합 배양체에 담갔다가 영양배지의 표면에 패턴으로 줄을 긋는다. 패턴을 따라 세균은 루프에서 배지 위로 문질러 떨어진다. 루프에서 문질러 떨어진 마지막 세포는 충분히 떨어져 분리된 콜로니로 자란다. 이들 콜로니는 접종 루프로 집어내어 한 종류의 세균만 가지는 순수 배양체를 형성하기 위해 영양배지의 시험관으로 옮겨질 수 있다.

표 6.5 배양배지

종류	목적
화학 정성	화학자가영양생물과 광자가영양생물의 성장; 미생물학적인 분석
복합	대부분의 화학종속영양생물의 성장
환원	절대 산소비요구성 세균의 성장
선택	원하지 않는 미생물의 억제; 바라는 미생물의 촉진
분별	바라는 미생물의 콜로니를 다른 것과 차별
농화	선택배지와 유사하지만 원하는 미생물의 수를 검출 가능한 수준으로 증가시키도록 고안됨

획선평판법은 분리하고자 하는 미생물이 전체 집단에서 상대적으로 많이 존재할 때 효과적이다. 분리할 미생물이 아주 적은 수만 존재할 때에는, 획선평판법으로 분리하기 전에 선택적 농화배양을 통해 그 수를 상당히 증가 시켜야만 한다.

이해도 확인하기

- 콜로니가 무한정 또는 최소한 페트리 평판을 가득 채울 만큼 자라지 않는 이유를 생각할 수 있는가? **6-11**
- 만일 수십억의 세균 현탁액에 단 한 마리의 원하는 세균이 있다면 획선평판법으로 이 세균의 순수배양체를 얻을 수 있을까? **6-12**

세균 배양체의 보관

학습 목표

6-13 심온동결 및 동결건조(냉동건조)로 어떻게 미생물을 보관하는지 설명한다.

냉장보관을 이용하면 세균 배양체를 단기간 동안 저장할 수 있다. 미생물 배양체를 오랜 기간 보관하는 일반적인 두 가지 방법은 심온동결(급속냉동)과 동결건조이다. **심온동결[급속냉동(deep-freezing)]**은 미생물의 순수 배양체를 액체 현탁액에 넣고 −50°C에서 −95°C의 온도 범위에서 빠르게 얼리는 과정이다. 배양체는 보통 몇 년 후에도 해동하여 배양할 수 있다. **동결건조[lyophiliztion(냉동건조, freeze-drying)]** 동안 미생물의 현탁액은 −54°C에서 −72°C의 온도 범위에서 급냉동되면서 고진공으로 수분이 제거된다(승화). 진공 상태에서 고온의 불대로 유리를 녹여 용기를 밀봉한

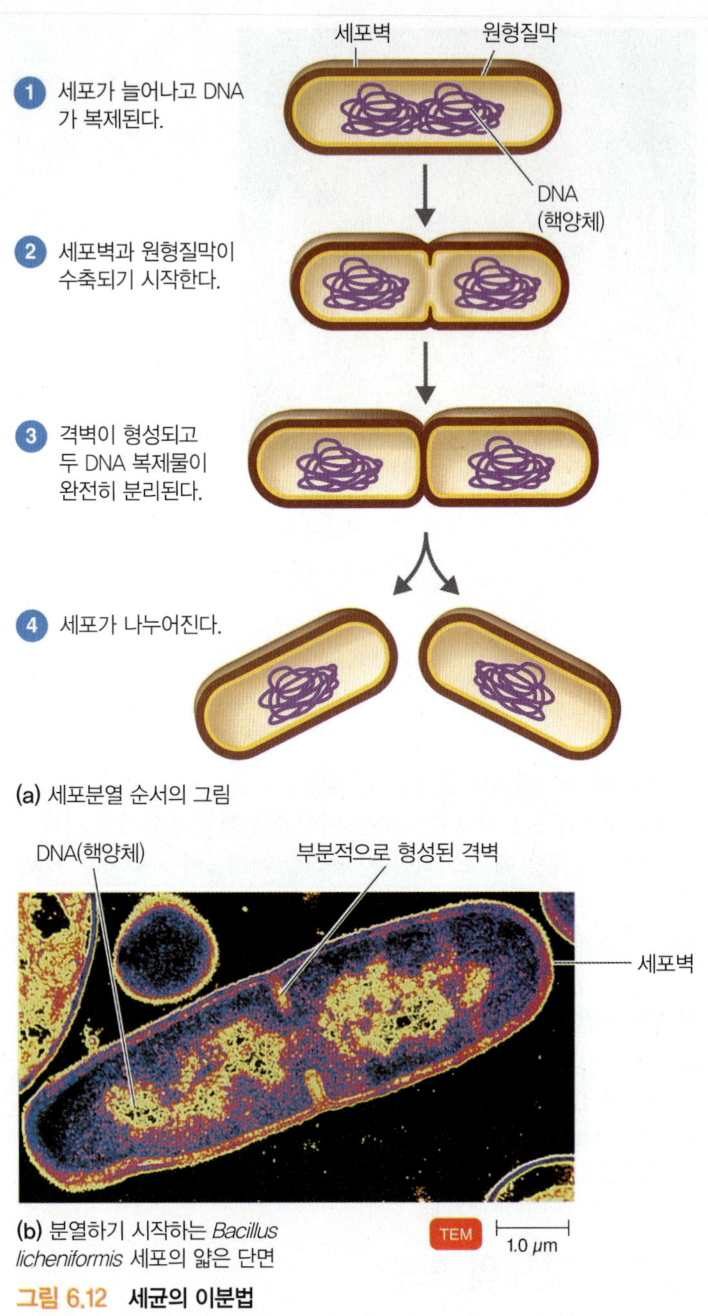

(a) 세포분열 순서의 그림

(b) 분열하기 시작하는 *Bacillus licheniformis* 세포의 얇은 단면

그림 6.12 세균의 이분법

Q 출아는 이분법과 어떤 점에서 다른가?

다. 생존 미생물이 들어 있는 가루와 같은 잔류물은 수년간 보관할 수 있다. 해당 미생물은 적절한 액체 영양배지로 수화하여 언제든지 되살릴 수 있다.

이해도 확인하기

✓ 만일 지구 궤도에 있는 우주 정거장이 갑자기 파열된다면 그 안의 사람은 우주 공간의 추위와 진공 때문에 즉사할 것이다. 이 안에 있는 모든 세균도 마찬가지로 죽을 것인가? 6-13

세균 배양물의 성장

학습 목표

6-14 이분법을 비롯한 세균의 성장을 정의한다.
6-15 미생물 성장의 단계를 비교하고 세대기간과의 관계를 설명한다.
6-16 세포성장을 직접적으로 측정하는 4가지 방법을 설명한다.
6-17 세포성장을 측정하는 직접 방법과 간접 방법을 구별한다.
6-18 세포성장을 간접적으로 측정하는 3가지 방법을 설명한다.

세균 배양체의 성장 결과로 생긴 엄청난 개체군을 도표로 나타내는 것은 미생물학에서 필수적인 부분이다. 미생물의 수를 결정하기 위해서 직접 세거나 간접적으로 대사 활성을 측정하는 것도 필요하다.

세균의 분열

이번 장의 시작 부분에서 언급했듯이 세균 성장은 세균 수의 증가를 의미하는 것이지 개개 세포의 크기 증가를 말하는 것이 아니다. 세균은 보통 **이분법(binary fission)**으로 번식한다(그림 6.12).

몇 가지 세균 종은 **출아법(budding)**으로 번식한다. 이들이 처음에 만드는 작은 눈(bud)은 모세포의 크기 정도까지 커진 다음 분리된다. 일부 사상 세균[일부 방선균(actinomycetes)]은 필라멘트 끝에 붙어 있는 분생포자(conidiospore) 사슬을 만들어 번식한다. 몇 가지 사상 종은 단순하게 조각이 나서 각 조각이 새로운 세포로 성장을 개시한다.

세대기간

세균의 세대기간 계산을 위해서 가장 흔한 방법인 이분법에 의한 번식만을 고려하기로 한다. 그림 6.13에서 보듯이 한 세포가 분열하면 두 개의 세포가 만들어지고 두 세포가 분열하면 네 개의 세포가 만들어지고, 이것이 계속된다. 각 세대의 세포의 수는 2의 거듭제곱으로 표현된다. 이 경우 지수는 배가된 횟수(세대수)를 말한다.

해당 세포의 분열에 필요한 시간을 **세대기간(generation time)**이라고 부른다. 이것은 생물 종과 온도 같은 환경조건에 따라 상당히 다르다. 대부분의 세균의 세대기간은 1~3시간이다. 다른 세균은 세대당 24시간 이상이 필요하다. (세대기간 계산에 필요한 수식은 부록 B에 있음.) 만일 이분법이 제약을 받지 않고 계속되면 엄청난 수의 세포가 만들어질 것이다. 만일 좋은 조건에 있는 대장균의 경우처럼 분열이 매 20분마다 일어나면 20세대 후에 한 개의 세포는 백 만개 이상의 세포로 늘어날 것이다. 이렇게 되는 데에는 7시간이 채 안 걸린다. 30세대 또는 10시간 후에 이 개체군은 10억이 될 것이고 24시간 후에는 이 숫자에 영(0)이 21개나 달릴 것이다. 이런 엄청난 개체군 크기의 변화를 산술적인 숫자를 이용하여 도표로 나타내기는 어렵다. 이것이 세균의 성장을 도표로 그릴 때 보통 로그 단위를 사용하는 이유이다. 미생물학을 공부하는 사람은 누구나 세균 개체군을 로그(대수)로 나타내는 것을 이해할 수 있어야 하

(a) 다섯 세대에 걸친 세균 수의 증가를 시각적으로 표현. 세균의 수는 각 세대마다 두 배가 된다. 윗첨자는 세대를 가리킨다; 즉 $2^5 = 5$ 세대

세대 수	세포 수	세포 수의 로그값 (log_{10})
0	2^0 = 1	0
5	2^5 = 32	1.51
10	2^{10} = 1,024	3.01
15	2^{15} = 32,768	4.52
16	2^{16} = 65,536	4.82
17	2^{17} = 131,072	5.12
18	2^{18} = 262,144	5.42
19	2^{19} = 524,288	5.72
20	2^{20} = 1,048,576	6.02

(b) 집단에 있는 세포 수를 대수적 표현으로 전환. 중간 열의 수에 도달하기 위해 계산기의 y^x 단추를 이용한다. 계산기에 2를 입력한다; y^x 를 누른다; 5를 입력한다; 그리고 = 기호를 누른다. 계산기는 숫자 32를 보여줄 것이다. 이렇게 5번째 세대의 세균 집단은 총 32 세포가 된다. 오른쪽 열의 숫자를 얻기 위해 계산기에 있는 log 단추를 이용한다. 숫자 32를 입력한다; 그리고 log 단추를 누른다. 계산기는 32의 log_{10}이 반올림되어 1.51임을 보여줄 것이다.

그림 6.13 세포분열

만일 단일 세균이 매 30분마다 번식된다면 얼마나 많은 세균이 2시간 안에 생길까?

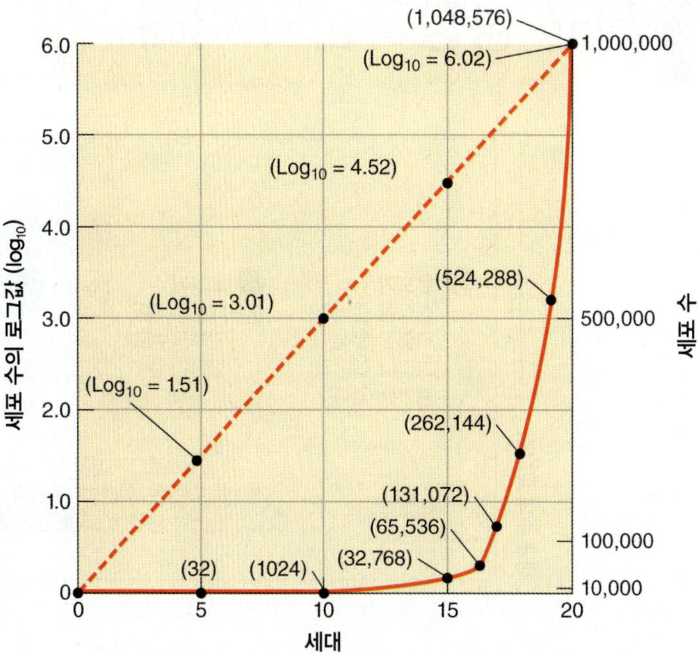

그림 6.14 기하급수적으로 증가하는 집단에 대한 성장곡선을 대수(점선)와 산술(실선)로 그렸다. 시범의 목적으로 그린 이 도표에서 산술과 대수 곡선은 백만 세포에서 교차된다. 이 그림은 엄청난 세균 집단의 변화를 산술보다 대수로 표시하는 도표로 나타내는 것이 왜 필요한지 보여준다. 예로 열 세대에서 산술로 나타내는 선은 바닥선에 남아 인지할 수조차 없는 반면, 대수로 구성된 열 세대(3.01)의 지점은 그래프의 반쯤 위인 것을 주목하시오.

만일 산술(실선)로 두 세대 더 그려진다면 이 선은 아직 이 페이지에 있겠는가?

는데, 여기에는 약간의 수학이 필요하다. (부록 B 참조.)

세균 개체군을 대수로 표시하기

세균 개체군의 대수와 산술 도표 사이의 차이를 설명하기 위해 세균의 20세대를 대수와 산술 모두로 나타내 보자. 5세대에서(2^5), 32 세포가 될 것이다. 10세대(2^{10})에서 1,024개 세포가 될 것이고 계속된다. (가지고 있는 계산기에 y^x 키와 log 키가 있다면 그림 6.13의 3번째 열에 있는 숫자를 재현할 수 있을 것임.)

그림 6.14에서 산술적으로 그린 선(실선)은 성장곡선의 초반부에는 개체군의 변화를 명확하게 보여주지 못한다. 사실상, 처음 10세대까지는 기준선에 붙어 있는 것으로 보인다. 게다가 한두 세대만 더 지나면 도표의 높이가 엄청나게 증가하여 이쪽을 벗어나 버릴 것이다.

그림 6.14의 점선을 보면, 집단 수를 log_{10}으로 도표를 그릴 경우 이런 문제가 어떻게 해결되는지를 볼 수 있다. 5, 10, 15, 20세대에서 개체군의 log_{10} 값으로 선을 그린다. 직선을 이룬다는 것과 비교적 작은 추가 공간에 이 개체군의 1,000배(1,000,000,000 또는 log_{10} 9.0)가 들어갈 수 있다는 것을 주목하자. 그러나 이러한 장점은 실제 상황에 대한 우리의 상식적인 지각을 왜곡한 대가이다. 우리는 대수관계를 생각하는 데에는 익숙하지 않지만, 미생물 개체군의 도표를 제대로 이해하려면 이런 사고가 필요하다.

이해도 확인하기

✔ 딱정벌레와 같은 복잡한 생물이 이분법에 의해 분열할 수 있는가? **6-14**

성장 단계

약간의 세균을 액체 성장배지에 접종하고 개체군을 일정한 간격을 두고 측정하면 시간에 따른 세포의 성장을 보여주는 **세균 성장곡선**을 그릴 수 있다(그림 6.15). 여기에는 네 가지 기본적인 성장의 단계가 있다: 유도기, 로그기, 정지기, 사멸기.

토대 그림 6.15

세균 성장곡선의 이해

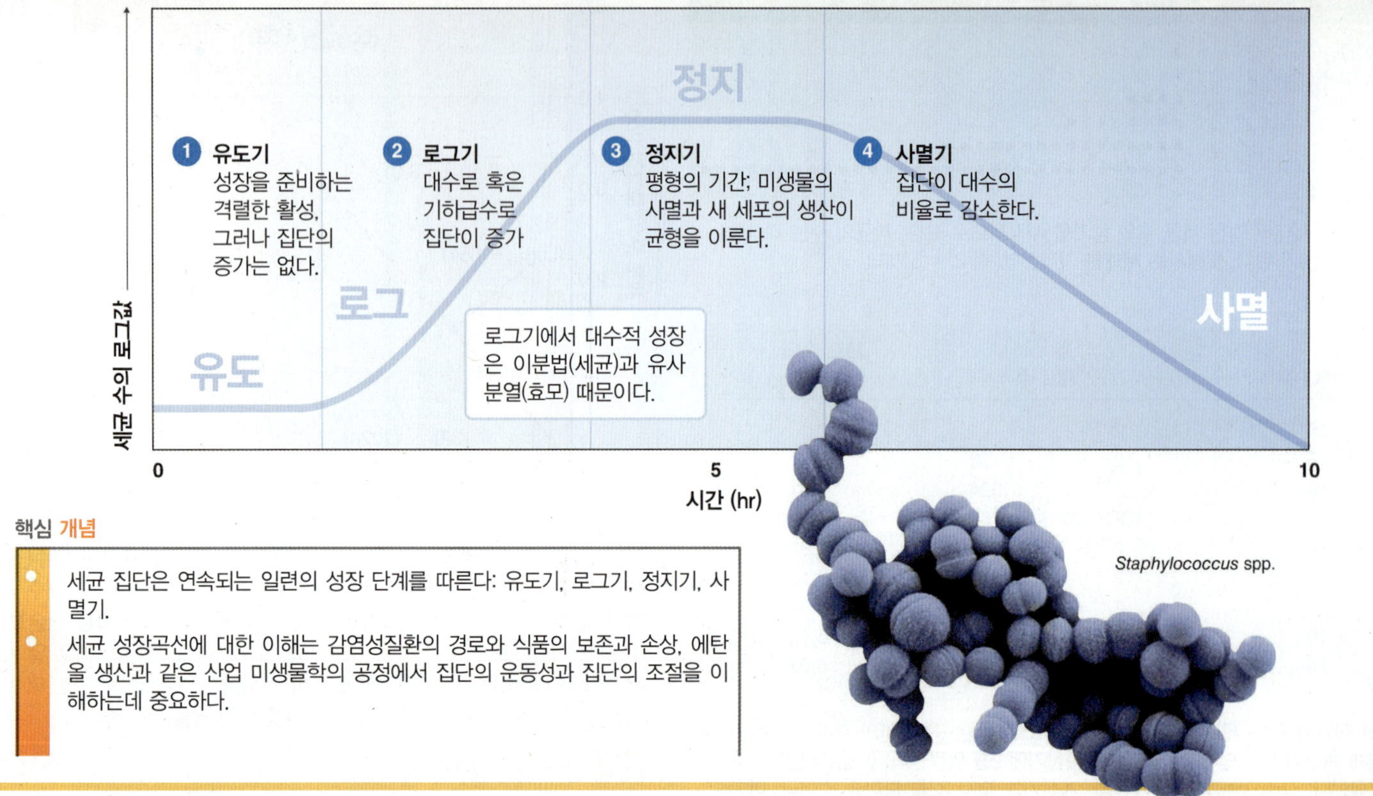

유도기

세포는 새로운 배지에서 즉시 번식하지 않기 때문에 잠시 동안 세포의 수는 아주 적게 변한다. 세포분열이 거의 또는 전혀 일어나지 않는 이 기간을 **유도기(lag phase)**라고 하는데, 1시간 또는 며칠 동안 지속될 수도 있다. 그러나 이 시간 동안에 세포가 휴면 상태는 아니다. 미생물 개체군이 특히 효소와 다양한 분자의 합성을 비롯하여 왕성한 대사 활동을 하는 기간이다. (이 상황은 자동차 생산 장비가 갖춰진 공장과 유사하다. 상당한 기계 설비를 갖추는 활동이 있지만 즉각적인 자동차 수의 증가는 없다.)

로그기

결국 세포는 분열하기 시작하고 **로그기(log phase)** 또는 **지수성장기(exponential growth phase)**라고 하는 성장의 기간 또는 대수적인 증가의 단계로 들어간다. 세포의 증식은 이 기간 동안 가장 활발하고 세대 기간은 일정한 최저값에 이른다. 세대 기간이 일정하기 때문에 로그기 동안 성장의 대수적인 도표는 직선이다. 로그기는 세포가 대사적으로 가장 활발한 시기이고, 산물의 효율적 생산이 필요한 산업적 목적에 적합한 시기이다.

정지기

만일 지수정상이 억제되지 않고 계속되면 깜짝 놀랄만한 수의 세포가 생길 수 있다. 예를 들어, 한 세균(세포당 무게가 9.5×10^{-13} g)이 매 20분마다 분열하면 이론적으로 단 25.5시간 동안 8만 톤짜리 항공모함의 무게와 비슷한 세균 개체군을 만들 수 있다. 실제로 이런 일은 일어나지 않는다. 성장 속도는 결국 느려지고 죽는 미생물의 수와 새로 자라는 세포의 수가 균형을 이루어 개체군은 안정화된다. 이 평형의 기간을 **정지기(stationary phase)**라고 부른다.

무엇이 지수성장을 중지하게 하는지 항상 명확하지는 않다. 영양분의 고갈, 노폐물의 축적, pH의 유해한 변화 등 모두가 원인이 될 수 있다.

사멸기

죽는 세균의 수는 결국 새로 생성되는 세포의 수를 초과하게 되고 개체군은 **사멸기(death phase)** 또는 **지수감소기(logarithmic decline phase)**에 들어가게 된다. 이 기간은 집단이 이전 단계의 세포 수의 극히 일부분만 남거나 개체군 전체가 죽어버릴 때까지 계속된다. 일부 종은 전체 단계가 단 며칠 만에 끝난다. 다른 종은 일부 살아남은 세포를 거의 무한정 유지한다. 미생물의 사멸에 대해서는 7장에서 더 설명할 것이다.

이해도 확인하기

✔ 암수 두 마리의 쥐가 고정된 울타리에서 한정된 먹이 공급으로 번식하면 개체군의 곡선이 세균의 성장곡선과 같을 것인가? **6-15**

미생물 성장의 직접 측정법

미생물 개체군의 성장은 여러 가지 방법으로 측정할 수 있다. 일부 방법은 세포 수를 측정한다. 다른 방법은 집단의 세포 수와 보통 직접적으로 비례 관계인 전체 질량을 측정한다. 개체군에 있는 개체 수는 일반적으로 ml의 용액당 또는 고형물의 g 당 세포 수로 기록한다. 세균 개체군은 보통 아주 크기 때문에 이들을 헤아리는 대부분의 방법은 아주 작은 시료에 대한 직접 또는 간접적인 계수를 기본으로 한다. 그 다음 계산으로 전체 개체군의 크기를 결정한다. 예를 들어 상한 우유의 1 ml의 100만분의 1(10^{-6} ml)에 있는 세균 수가 70이라고 가정해 보자. 그러면 ml 당 100만의 70배 즉 7,000만 세포가 있어야 한다.

그러나 1 ml 액체의 100만분의 1이나 1 g 음식의 100만분의 1을 측정하는 것은 현실적이지 못하다. 따라서 측정 절차는 일련의 희석 과정을 통해 간접적으로 이루어진다. 예를 들어 99 ml의 물에 1 ml의 우유를 넣는다면 희석액 각 1 ml에 이제는 원래 시료에 있는 세균 양의 100분의 1만큼 존재하게 된다. 이런 희석을 연속적으로 실행하여 원래 시료에 있는 세균의 수를 손쉽게 측정할 수 있다. 고체 음식(햄버거 같은)에 있는 미생물의 집단을 셀 때에는 음식물과 물을 1:9로 섞어 식품 믹서기로 곱게 갈아서 균질화시킨다. 그 다음 처음에 10배로 희석된 시료를 더 희석하거나 세포 수를 센다.

평판계수법

세균 수 측정에 가장 흔하게 사용되는 방법은 **평판계수법(plate count)**이다. 이 방법의 중요한 장점은 살아 있는 세포의 수를 측정한다는 것이다. 한 가지 단점이라면, 볼 수 있는 콜로니를 형성하는 데 보통 24시간이나 그 이상이 걸려서 시간이 좀 걸린다는 것이다. 이런 단점이 우유의 품질 관리처럼 특정 품목을 장시간 동안 잡아두기가 어려운 경우에는 심각한 문제일 수도 있다.

평판계수법은 살아 있는 세균 한 마리가 자라고 분열하여 하나의 콜로니를 형성한다는 것을 가정한다. 세균은 자주 사슬이나 덩어리로 연결되어 자라기 때문에 이 가정이 언제나 사실인 것은 아니다(77쪽 그림 4.1 참조). 따라서 콜로니는 종종 하나의 세균이 아니라 사슬의 짧은 조각이나 세균 덩어리에서 유래한다. 이런 사실을 반영하기 위해 평판계수법의 결과는 **콜로니형성단위(colony-forming units, CFU)**라고 표시한다.

평판계수법을 수행할 때는 적절히 제한된 수의 콜로니가 평판에 생기는 것이 중요하다. 너무 많은 콜로니가 있으면 일부 세포는 너무 밀집되어 발달하지 못한다. 이런 상태는 콜로니 수를 세는 데 부정확함을 야기한다. 미국 식품의약국 규칙은 25~250개의 콜로니가 있는 평판만을 세도록 한다. 그러나 많은 미생물학자들은 30~300개의콜로니를 가진 평판을 선호한다. 일부의 경우 콜로니 수가 이 범위 안에 들도록 원래의 접종원을 **연속희석(serial dilution)**이라는 과정으로 여러 번 희석한다(그림 6.16).

연속희석 우유 시료를 예로 들어 ml당 10,000개의 세균이 있다고 하자. 만일 이 시료의 1 ml을 뿌리면 이론적으로 10,000개의 콜로니가 페트리 평판배지에 형성될 것이다. 이렇게 되면 분명히 콜로니를 셀 수 없는 평판이 될 것이다. 만일 1 ml의 시료를 9 ml의 멸균된 물을 담은 시험관에 옮기면 시험관 액체는 ml 당 1000마리의 세균이 있을 것이다. 만일 이 시료의 1 ml를 페트리 평판에 접종하면 아직도 세기에는 너무 많은 콜로니가 평판에 생길 것이다. 따라서 한번 더 연속 희석을 해야한다. 1000마리의 세균이 있는 1 ml를 9 ml의 물이 들어 있는 두 번째 시험관으로 옮긴다. 이제 이 시험관의 ml당 100마리의 세균만 있게 되고, 이것을 평판에 뿌리면 100개의 콜로니가 형성된다—쉽게 셀 수 있는 수.

주입평판법과 도말평판법 주입평판법 또는 도말평판법으로 평판계수법을 실시한다. **주입평판법(pour plate method)**은 그림 6.17a에서 보는 과정을 따른다. 세균 현탁액의 희석액 1.0 ml 또는 0.1 ml 을 페트리 평판에 붓는다. 약 50°C의 수조에 보관하여 안에 있는 한천을 액체상태로 유지시킨 영양배지를 시료에 붓는다. 그 다음 평판을 부드럽게 흔들어 희석액을 배지와 잘 섞는다. 한천이 굳으면 평판을 배양한다. 주입평판법 기술에서 콜로니는 고체배지의 표면뿐만 아니라(영양배지에 떠 있던 세포가 한천이 굳으면서) 영양배지 안에서도 자라게 된다.

비교적 열에 민감한 일부 미생물은 녹은 한천에 의해 손상을 입을 수 있고 그래서 콜로니를 형성하지 못할 수 있기 때문에 이 기술은 일부 문제점을 안고 있다. 또한 분별배지를 사용할 때는 표면 위에서 구별되는 콜로니의 모습이 진단 목적에 필수적이다. 주입평판의 표면 아래에 생기는 콜로니는 이런 검사에 만족스럽지 않다. 이런 문제를 피하기 위해 대신 **도말평판법(spread plate method)**이 자주 이용된다(그림 6.17b). 미리 부어 굳힌 한천배지 표면에 접종액

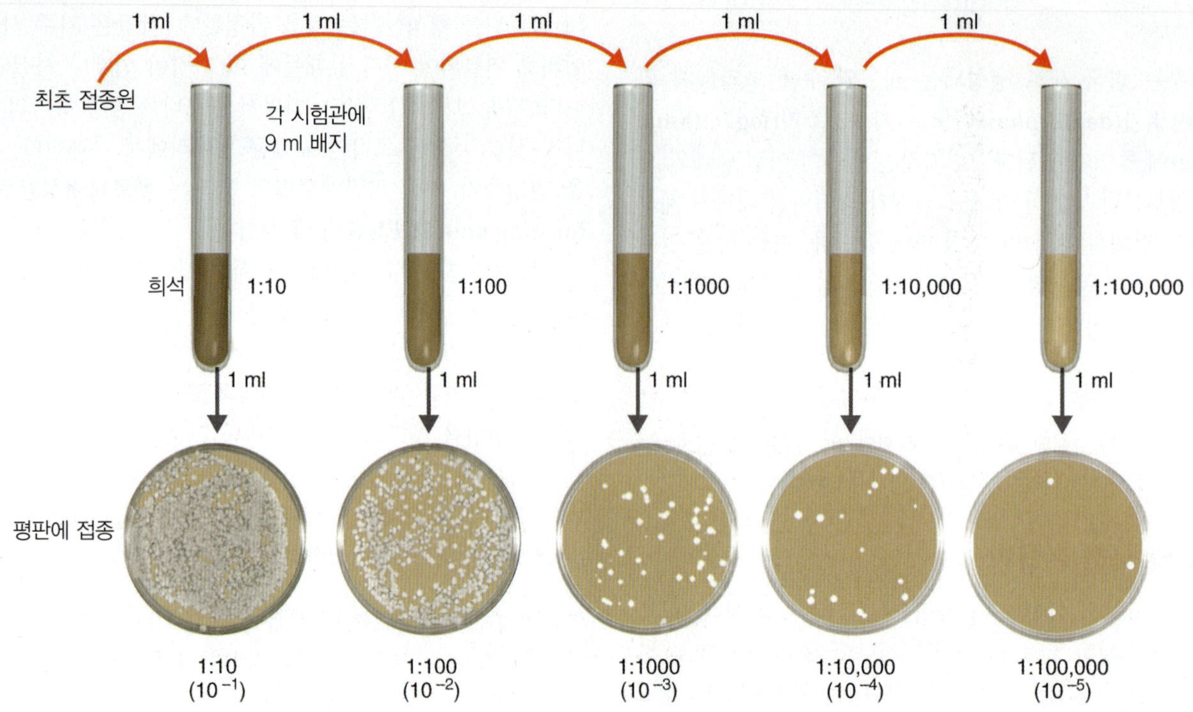

그림 6.16 연속희석과 평판계수. 연속희석에서 원래의 접종원은 일련의 희석시험관에서 희석된다. 여기 예에서 다음의 각 희석시험관은 앞선 시험관의 미생물 수의 10분의 1만 가지게 된다. 그 다음 희석된 시료는 콜로니가 자라고 계수될 수 있는 페트리 평판에 접종하는 데 이용된다. 이 계수가 원래 시료에 있는 세균 수를 평가하는데 이용된다.

 왜 1:10,000과 1:100,000으로 희석을 고려하지 않는가? 이론적으로 얼마나 많은 콜로니가 1:100 평판에 나타날 것인가?

0.1ml를 넣는다. 그 다음 접종액을 특별하게 생긴 멸균된 유리나 금속 막대로 배지의 표면에 균일하게 퍼지게 한다. 이 방법을 이용하면 모든 콜로니가 표면 위에서 자라게 되고 세포와 녹은 한천과의 접촉을 피할 수 있다.

여과

호수나 비교적 깨끗한 시냇물과 같이 세균의 양이 아주 적을 때 **여과(filtration)** 방법으로 세균을 셀 수 있다(그림 6.18). 이 기법에서는 얇은 막에 최소한 100 ml의 물을 통과시키는데, 세균은 걸러져서 막의 표면에 남게 된다. 그 다음 이 여과막을 액체 영양배지에 적신 패드가 있는 페트리 평판으로 옮긴다. 여기에서 여과막의 표면에 있는 세균이 자라서 콜로니가 생긴다. 이 방법은 음식과 물의 분변 오염의 지표인 대장균형 세균의 탐지와 계산에 자주 이용된다(27장 참조). 분별 영양배지를 사용하면 이들 세균에 의해 형성된 콜로니는 구별된다. (그림 6.18b에 보이는 콜로니는 대장균형의 예이다.)

최확수법

시료 속의 세균 수를 알아내는 또 다른 방법은 그림 6.19에 설명한 **최확수법(most probable number, MPN)**이다. 이 통계적인 측정 기술은 시료에 세균 수가 많을수록 연속희석으로 시험관에서 자라는 세균이 나오지 않는 정도로 밀도를 낮추려면 희석이 그 만큼 더 필요하다는 사실에 근거한다. MPN 방법은 미생물이 고체배지에서 잘 자라지 않을 때 가장 유용하다(화학독립영양생물인 질화세균처럼). 또한 이 방법은 액체 분별배지에서 세균을 키우면서 특정 세균을 확인하려고 할 때 유용하다(수질 검사에서 젖당을 산으로 선택적으로 발효하는 대장균형 세균처럼). MPN은 미생물 개체군 수가 특정 범위 안에 속할 가능성이 95%라는 것과 이것이 통계적으로 가능성이 가장 높은 수라는 것만을 말한다.

직접현미경계수

직접현미경계수(direct microscopic count)로 알려진 방법에서는 측정된 부피의 세균 현탁액을 현미경 슬라이드의 정해진 부위에 넣는다. 시간적인 고려 요소 때문에 이 방법은 우유에 있는 세균의 수를 세는 데 자주 사용된다. 시료 0.01 ml를 슬라이드에 표시된 1 제곱센티미터 위에 펼친다. 염료를 첨가하여 세균을 볼 수 있으며 유침 대물렌즈 하에서 시료를 본다. 대물렌즈의 시야 범위는 정할 수

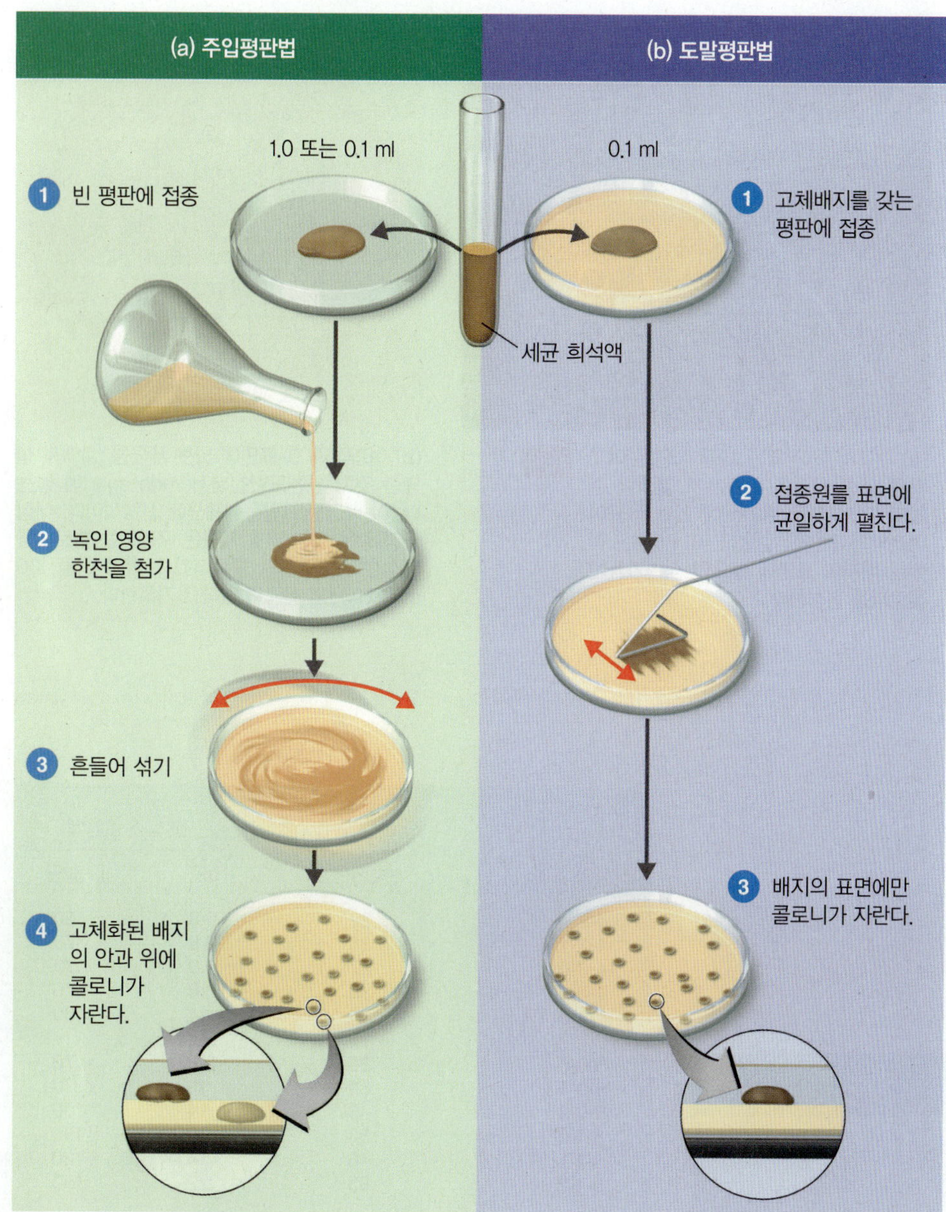

그림 6.17 **평판계수를 위한 평판의 준비방법.** (a) 주입평판법. (b) 도말평판법.

Q 어떤 경우에 주입평판법이 도말평판법보다 더 적합한가?

있다. 여러 다른 시야에서 세균의 수가 한번 계수되면 시야 당 세균 수의 평균을 계산할 수 있다. 이 자료로부터 시료가 펼쳐진 제곱센티미터 안의 세균의 수를 계산할 수 있다. 슬라이드 위의 이 부위에는 0.01 ml의 시료가 있기 때문에 현탁액 ml당 세균의 수는 시야에 있는 세균 수의 100배이다.

페트로프-하우서 세포계수기(Petroff-Hausser cell counter)라고 불리는 특별히 제작된 슬라이드를 직접현미경계수에 이용한다(그림 6.20).

운동성 세균은 이 방법으로 세기가 어렵고 다른 현미경 방법에서와 마찬가지로 죽은 세포도 살아 있는 것처럼 계수될 것이다. 이런 단점 외에도 계수를 하려면 꽤 많은 수의 세포가 필요하다—ml당 약 1,000만 마리의 세균. 현미경계수의 주된 장점은 배양 시간이 필요하지 않다는 것이어서, 이 방법은 시간이 최우선 고려사항인 경우에 보통 이용된다. 이러한 장점은 측정된 액체 부피 안의 세포 수를 자동으로 세는 **쿨터계수기**(Coulter counter)라는 **전자 세포계수기**를 사용하면 더욱 부각된다. 이 기기는 일부 연구실과 병원에서 사용한다.

그림 6.18 여과로 세균을 계수

Q 접종원 10 ml로 보통의 페트리 접시에 주입 평판을 만들 수 있나? 그 이유는?

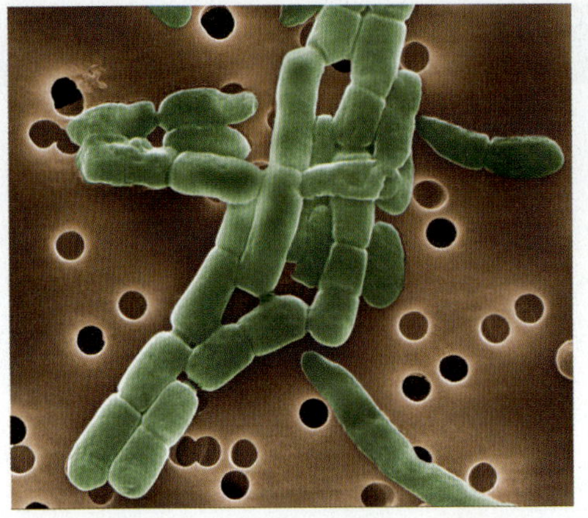

(a) 대량의 물에 있는 세균 집단은 여과막을 통해 시료를 통과시켜 결정할 수 있다. 여기서 물 100 ml에 있는 세균이 여과막의 표면에 걸렸다. 이 세균은 적절한 배지의 표면에 놓으면 식별가능한 콜로니를 형성한다.

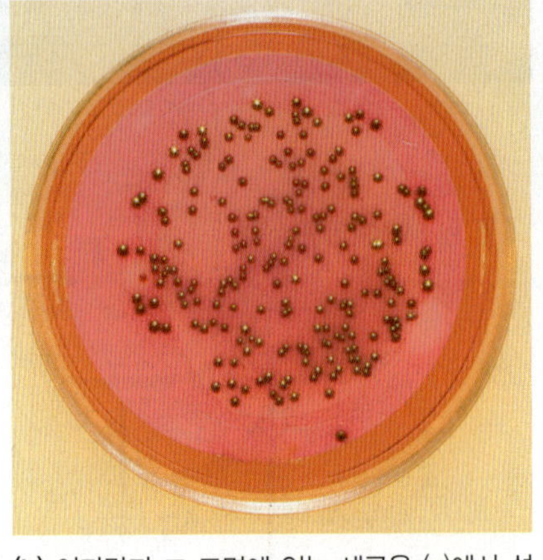

(b) 여과막과 그 표면에 있는 세균을 (a)에서 설명한 것처럼 엔도한천배지(Endo agar)에 놓는다. 이 배지는 그람음성세균에 선택적이다. 대장균형 같은 젖산 발효 세균은 구별되는 콜로니를 형성한다. 214개의 콜로니가 보이기에 물 100 ml당 214개의 세균이 있다고 기록한다.

각 다섯 시험관 세트를 위한 접종원의 부피	영양배지 시험관 (다섯 시험관 세트)	세트 내 양성의 수
10 ml		5
1 ml		3
0.1 ml		1

(a) **회확수법(MPN) 연속희석.** 이 예에서는 다섯 개의 시험관으로 구성된 세 개의 세트가 있다. 첫 번째 세트의 각 시험관은 물 시료와 같은 접종원을 10 ml 받는다. 두 번째 세트의 각 시험관은 각 1 ml를 그리고 세 번째 세트는 0.1 ml를 받는다. 시료에는 충분한 세균이 있어 첫 번째 세트의 다섯 시험관 모두에서 세균이 자라고 양성이라고 기록된다. 10분의 1만큼의 접종원을 받은 두 번째 세트에는 세 시험관만 양성이다. 100분의 1만큼의 접종원을 받은 세 번째 세트에서 한 시험관만 양성이다.

양성의 조합	MPN 지수/ 100 ml	95% 신뢰한계	
		하단	상단
4-2-0	22	6.8	50
4-2-1	26	9.8	70
4-3-0	27	9.9	70
4-3-1	33	10	70
4-4-0	34	14	100
5-0-0	23	6.8	70
5-0-1	31	10	70
5-0-2	43	14	100
5-1-0	33	10	100
5-1-1	46	14	120
5-1-2	63	22	150
5-2-0	49	15	150
5-2-1	70	22	170
5-2-2	94	34	230
5-3-0	79	22	220
5-3-1	110	34	250
5-3-2	140	52	400

(b) **MPN 표.** MPN 표는 통계적으로 이런 결과가 나올 가능성이 있는 시료 내의 미생물 수를 계산 가능하게 한다. 각 세트에서 양성 시험관의 수가 기록되었다: 음영을 띤 예, 5와 3, 1. 만일 우리가 MPN 표에서 이 조합을 찾는다면 100 ml당 MPN 지수는 110이다. 이것은 통계적으로 이런 결과가 나온 물 시료의 95%는 110개가 가장 가능성이 높은 수로 34~250개의 세균을 갖는다는 것을 의미한다.

그림 6.19 회확수법(MPN)

어떤 환경하에서 MPN 방법이 시료 안의 세균의 수를 결정하는데 이용되는가?

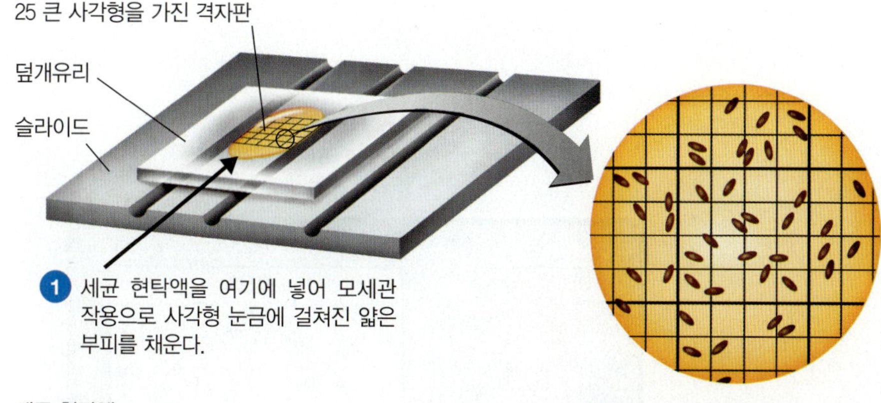

세균 현탁액

덮개유리

슬라이드

사각형의 위치

2 세포계수기의 단면. 덮개유리 밑의 깊이와 사각형의 면적을 알고 있어 사각형에 있는 세균현탁액의 부피를 계산할 수 있다(깊이 × 면적).

3 현미경으로 계수: 여러 개의 큰 사각형에 있는 모든 세포를 세고 그 수를 평균한다. 여기의 큰 사각형에는 14개의 세균이 있다.

4 큰 사각형을 덮은 액체의 부피는 ml의 1/1,250,000이다. 여기서처럼 사각형에 14개의 세포를 가지다면 ml당 14 x 1,250,000 = 17,500,000 세포가 있다.

그림 6.20 페트로프-하우서 세포계수기로 세균을 직접현미경계수. 큰 사각 안에 있는 세포의 평균수에 1,250,000를 곱하면 ml당 세균의 수가 된다.

Q 이러 종류의 계수는 명백한 단점에도 불구하고 유제품의 세균집단을 평가하는데 종종 사용된다. 왜 그런가?

임상 사례

혈액과 카테터 배양체에 있는 세균은 자외선을 쪼이면 형광을 나타냈다. 배양 결과, *P. fluorescens*가 환자 15명의 혈액과 17개의 카테터 그리고 환자 4명의 혈액과 카테터에 존재하였다. 이 세균은 헤파린 회수 조치 이후에도 살아남았다. 맥그루거 박사는 얼마나 많은 세균이 환자의 카테터에 서식하는지 알아보고 싶었다. 그는 환자의 카테터에 있는 영양분의 양은 아주 적기 때문에 세균이 천천히 자란다고 결론을 내렸다. 그는 세대기간이 35시간인 다섯 마리의 *Pseudomonas*가 최초로 카테터에 들어왔을 수 있다는 추정을 근거로 몇가지 계산을 했다.

한 달 후에 대략 얼마나 많은 세포가 있게 되는가?

154 166 **175** 177

이해도 확인하기

✔ 사상균체의 성장을 평판계수법으로 측정하는 것이 왜 현실적으로 어려운가? **6-16**

간접 방법에 의한 세균 수 측정

세균의 수를 측정하기 위해 세균 세포를 직접 계수하는 것이 항상 필요한 것은 아니다. 과학이나 산업 분야에서 미생물의 수와 활성은 다음과 같은 간접적인 방법으로도 결정한다.

탁도

일부 실험의 경우에는, **탁도(turbidity)** 측정이 세균의 성장을 관찰하는 현실적인 방법이다. 세균이 액체배지에서 증식함에 따라 해당 배지는 세포로 혼탁해지거나 흐려진다.

탁도를 측정하는 기기는 **분광광도계**[spectrophotometer(또는 색도계, colorimeter)]이다. 분광광도계에서 광선은 세균 현탁액을 통과해 빛을 인식하는 검출기로 전송된다(**그림 6.21**). 세균의 수가 증가함에 따라 적은 양의 빛이 검출기에 도달하게 된다. 빛의 이러한 변화는 **투과백분율**(percentage of transmission)로 기기의 눈금에 기록된다. 또한 기기의 눈금에 표시된 대수적인 표시를 **흡광도**(absorbance)라고 부른다[Abs = 2 − log %투과율 식으로 계산하는데, 때로는 **광학밀도**(optical density) 혹은 OD라고 함]. 흡광도는 세균의 성장을 도식하는 데 사용된다. 세균이 지수적으로 자라거나 줄어들 때 시간에 따른 흡광도의 도표는 대략 직선을 형성한다. 만일 흡광도 값이 같은 배양액의 평판계수 결과와 일치한다면, 이 상관관계를 이용하여 향후에는 탁도의 측정으로 세균의 수를 추정할 수 있다.

최초 탁도 기록을 위해서는 ml 당 100만 개 이상의 세포가 있어야만 한다. 현탁액이 분광광도계로 측정하기에 충분한 탁도가 되려면 ml당 약 1,000만에서 1억 개의 세포가 필요하다. 따라서 탁도는 비교적 적은 수의 세균에 의한 액체의 오염을 측정하는 데에는 유용한 방법이 아니다.

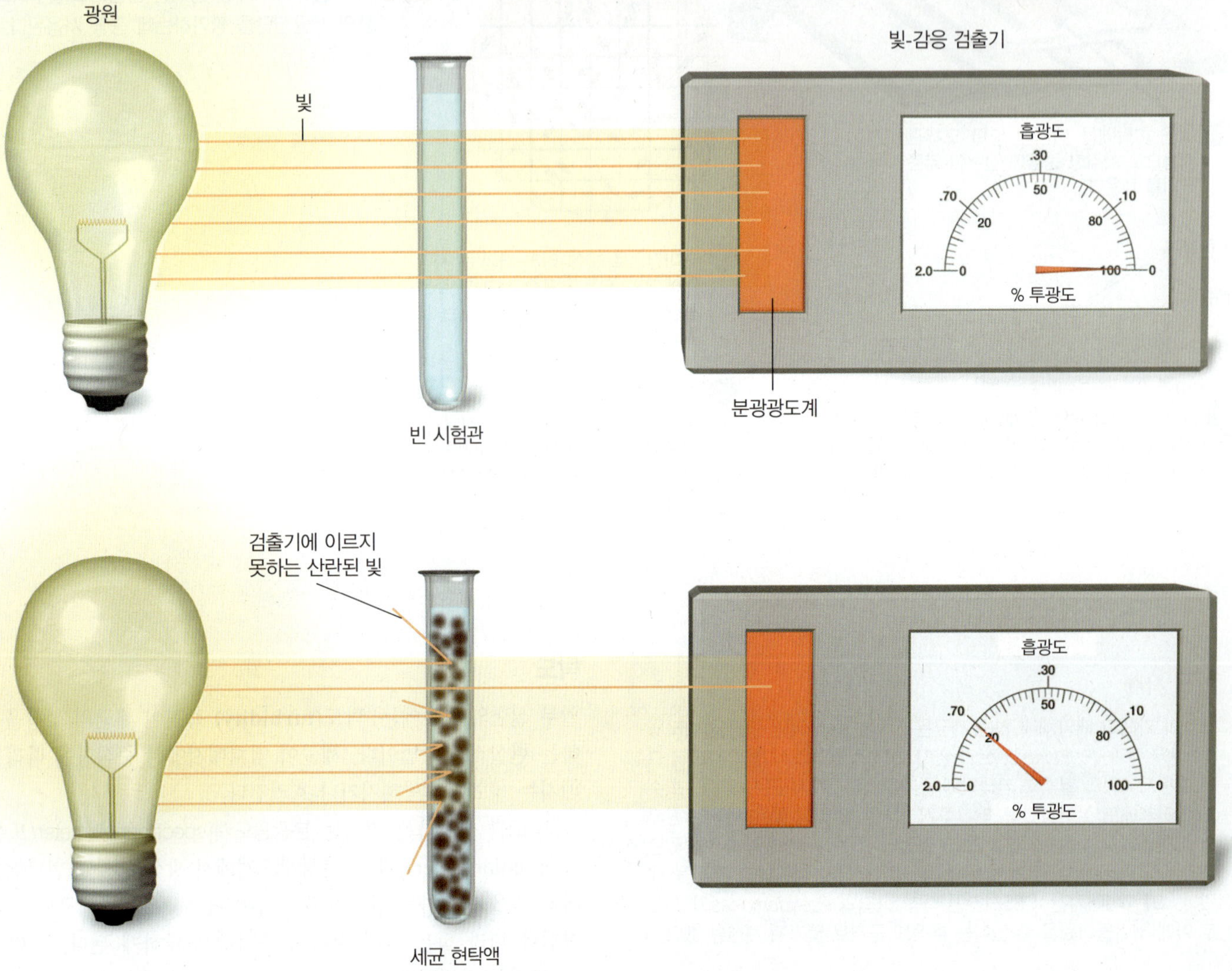

광원

빛

빈 시험관

빛-감응 검출기

흡광도

.30 50 .70 20 .10 80 2.0 0 100 0

% 투광도

분광광도계

검출기에 이르지 못하는 산란된 빛

세균 현탁액

흡광도

.30 50 .70 20 .10 80 2.0 0 100 0

% 투광도

그림 6.21 탁도로 세균 수를 평가. 분광광도계의 빛에 민감한 검출기를 때리는 빛의 양은 표준화된 조건 하에서 세균의 수에 역비례적이다. 시료에 세균이 많을수록 통과하는 빛은 적어진다. 이 시료의 탁도는 투과도 20% 혹은 흡광도 0.7로 보고될 수 있다. 흡광도로 읽는 것은 대수의 함수이고 가끔 데이터를 그릴 때 유용하다.

왜 탁도가 적은 수보다 오히려 많은 수의 세균에 의해 오염된 액체를 측정하는데 더 유용한가?

대사활성

세균의 수를 추정하는 또 다른 간접적인 방법은 세균 개체군의 대사활성(metabolic activity)을 측정하는 것이다. 이 방법에서는 산이나 CO_2 같은 특정 대사 산물의 양이 존재하는 세균의 수에 직접적으로 비례한다고 간주한다. 대사 검사의 실제 적용 사례로는 비타민의 양을 결정하는 데 산의 생산을 이용하는 미생물학적 분석이다.

건조중량

사상 세균과 곰팡이의 경우에는 일반적인 측정 방법은 만족스럽지 못하다. 평판계수로는 사상의 질량 증가를 측정할 수 없다. 평판계수를 방선균(320쪽 그림 11.20 참조)과 곰팡이에 적용하면 계수되는 대부분은 무성생식 포자의 수이다. 이것은 좋은 성장 측정 방법이 아니다. 사상 생물의 성장을 측정하는 더 나은 한 가지 방법은 건조중량(dry weight)을 재는 것이다. 진균류를 성장배지에서 분리하여 관계없는 물질은 제거하기 위해 여과하고 건조기에서 건조시킨 다음, 무게를 잰다. 세균의 경우에도 기본 과정은 동일하다.

이해도 확인하기

- 직접적인 방법은 일반적으로 콜로니 형성을 위한 배양 시간이 필요하다. 이 방법을 식품 분석에 항상 사용할 수 없는 이유는 무엇인가? **6-17**
- 어떤 제품의 비타민 함량을 분석하는 마땅한 방법이 없는 경우, 실행 가능한 비타민의 함량 결정 방법은 무엇인가? **6-18**

* * *

이제 여러분은 미생물 성장의 필요 요건과 측정에 대한 기본적인 이해를 하게 되었다. 7장에서는 실험실, 병원, 산업체, 가정 등에서 미생물의 성장을 어떻게 제어하는지 살펴볼 것이다.

임상 사례 해결

생물막은 빽빽하게 쌓인 세포 더미이다. 다섯 개의 세포가 한 달 동안 20 세대를 거친다면 7.79×10^6 개의 세포를 만들 수 있다. 이제 맥그루거 박사는 *P. fluorescens* 세균이 환자의 몸에 삽입되어 있는 카테터에 존재한다는 것을 알았다. 그는 카테터의 교체를 지시하고, 사용한 카테터를 주사전자현미경으로 조사해 줄 것을 CDC에 요청하였다. CDC에서는 *P. fluorescens*가 카테터 안쪽에 생물막을 형성하여 서식하고 있는 것을 발견했다. CDC에 보내는 보고서에서 맥그루거 박사는 *P. fluorescens* 세균이 첫 번째 감염 발생과 같은 시기에 이들 환자의 혈액에 들어갔을 것이지만 그 당시에는 증상을 일으키기에 충분한 양이 아니었다라고 설명했다. 생물막 형성으로 세균은 환자의 카테터에서 지속할 수 있었다. 그는 이전의 전자현미경 조사 결과 거의 모든 내재 혈관 카테터에서 생물막 층에 묻혀있는 미생물이 서식하고 있었고, 헤파린은 생물막 형성을 촉진하는 것으로 알려졌다고 기록했다. 맥그루거 박사는 차후에 사용된 오염되지 않은 정맥주사 용액에 의해 생물막에 있는 세균이 떨어져 나와 혈액으로 방출되어, 결국 처음 자리를 잡고 몇 개월이 지난 후에 감염을 유발했다는 결론을 내렸다.

154 166 175 **177**

학습 개요

성장 요건 (154~160쪽)

1. 집단의 성장은 세포 수의 증가이다.
2. 미생물 성장에 필요한 것은 물리적인 것과 화학적인 것 모두를 포함된다.

물리적 요건 (154~158쪽)

3. 선호하는 온도 범위를 기준으로 미생물을 호저온성(저온을 좋아하는), 중온성(온건한 온도를 좋아하는), 호열성(열을 좋아하는)으로 분류한다.
4. 최저 성장온도는 한 종이 자랄 수 있는 가장 낮은 온도이고 최적 성장온도는 가장 잘 자라는 온도이며 최대 성장온도는 성장이 가능한 가장 높은 온도이다.
5. 대부분의 세균은 6.5~7.5 사이의 pH 범위에서 잘 자란다.
6. 고장액에서 대부분의 미생물은 원형질분리가 일어난다; 호염세균은 높은 농도의 염에서 견딜 수 있다.

화학적 요건 (158~160쪽)

7. 모든 미생물은 탄소원을 필요로 한다; 화학종속영양생물은 유기 분자를 이용하고 자가영양생물은 전형적으로 이산화탄소를 이용한다.
8. 질소는 단백질과 핵산 합성에 필요하다. 질소는 단백질의 분해나 NH_4^+ 혹은 NO_3^-로부터 얻을 수 있다; 일부 세균은 질소(N_2) 고정 능력이 있다.
9. 산소요구를 기준으로 생명체는 절대 산소요구성과 조건부 산소비요구성, 절대 산소비요구성, 산소내성 산소비요구성, 저산소성으로 분류된다.
10. 산소요구성과 조건부 산소비요구성, 산소내성 산소비요구성은 과산화물제거효소($2\ O_2^- + 2\ H^+ \longrightarrow O_2 + H_2O_2$)와 카탈라아제($2\ H_2O_2 \longrightarrow 2\ H_2O + O_2$) 혹은 과산화효소($H_2O_2 + 2\ H^+ \longrightarrow 2\ H_2O$)를 가져야만 한다.
11. 미생물 성장에 필요한 다른 화학물질에는 황과 인, 미량원소가 포함되고 일부 미생물에는 유기성장인자가 필요하다.

생물막 (160~161쪽)

1. 미생물은 표면에 고착하고 물과 접촉하는 고체 표면에 생물막으로 축적된다.
2. 생물막은 치아와 콘텍트렌즈, 카테터에 형성된다.
3. 생물막에 있는 미생물은 부유 미생물보다 항생제에 내성이 더 있다.

배양배지 (161~166쪽)

1. 배양배지는 실험실에서 세균의 성장을 위해 준비된 물질이다.
2. 배양배지에서 성장하고 증식하는 미생물을 배양이라고 한다.
3. 한천은 배양배지에 흔히 사용되는 고형제이다.

화학 정성배지 (162쪽)

4. 화학 정성배지는 정확한 화학 조성이 알려진 것이다.

복합배지 (162~163쪽)

5. 복합배지의 정확한 화학적 구성성분은 제조 때마다 약간씩 다르다.

무산소 성장배지와 방법 (163쪽)

6. 환원배지는 산소비요구성 세균의 성장을 방해할 수 있는 산소(O_2) 분자를 화학적으로 제거한다.

7. 페트리 평판은 무산소배양단지 또는 무산소배양실, OxyPlate에서 배양될 수 있다.

특수 배양기술 (163~165쪽)

8. 일부 기생세균과 까다로운 세균은 살아 있는 동물이나 배양세포에서 배양해야 한다.
9. CO_2 배양기나 양초병은 증가된 CO_2 농도를 필요로 하는 세균의 성장에 이용된다.
10. 병원균 미생물에 대한 노출을 최소화하는 과정과 장비가 생물안전 수준 1~4에 따라 지정되어 있다.

선택배지와 분별배지 (165쪽)

11. 소금이나 염료, 다른 화학물질로 원하지 않는 생물체를 억제함으로 선택배지는 바라는 미생물만 성장하게 한다.
12. 분별배지가 다른 종류의 미생물을 구별하는데 이용된다.

농화배지 (165~166쪽)

13. 농화배지는 혼합된 배양에서 특정 미생물의 성장을 촉진시키기 위해 사용된다.

순수 배양체의 획득 (166~167쪽)

1. 콜로니는 이론적으로 하나의 세포로부터 자란 식별 가능한 미생물의 덩어리이다.
2. 순수배양은 보통 획선평판법으로 얻어진다.

세균 배양체의 보관 (167~168쪽)

1. 미생물은 심온동결 또는 동결건조(냉동건조)로 오랜 시간 동안 보존될 수 있다.

세균 배양물의 성장 (168~177쪽)

세균의 분열 (168쪽)

1. 세균의 정상적인 분열 방법은 이분법으로 하나의 세포가 두 개의 동일한 세포로 나누어진다.
2. 일부 세균은 출아법이나 공중으로 포자형성, 분절로 복제된다.

세대기간 (168~169쪽)

3. 세포가 분열하거나 집단이 두 배가 되는 시간이 세대기간이다.

세균 개체군을 대수로 표시하기 (169쪽)

4. 세균의 분열은 대수적인 과정으로 일어난다. (두 세포, 네 세포, 여덟 세포 등).

성장 단계 (169~171쪽)

5. 유도기 동안, 세포의 수는 거의 변화가 없지만 대사활성은 높다.
6. 로그기 동안, 세균은 제공되는 조건 하에서 가능한 빠른 속도로 증식한다.
7. 정지기 동안, 세포의 분열과 사망 사이에 평형이 일어난다.
8. 사멸기 동안, 죽는 세포 수가 새로운 형성되는 세포의 수를 초과한다.

미생물 성장의 직접 측정법 (171~175쪽)

9. 종속영양의 평판계수는 살아있는 미생물의 수를 반영하고 각 세균이 하나의 콜로니로 자라는 것을 가정한다; 평판계수는 콜로니-형성 단위(CFU)로 보고한다.
10. 평판계수는 주입평판법이나 도말평판법으로 이루어질 수 있다.
11. 세균은 여과로 막 필터의 표면에 남게 되고 배양배지로 옮겨져 자란 다음 계수된다.
12. 최확수법(MPN)은 액체배지에서 자라는 미생물에 사용될 수 있다; 이것은 통계적인 평가이다.
13. 직접현미경계수에서 세균 현탁액의 측정된 부피 안의 미생물이 특별히 제작된 슬라이드를 이용하여 계수된다.

간접 방법에 의한 세균 수 측정 (175~177쪽)

14. 세포 현탁액을 통과하는 빛의 양을 측정하여 탁도를 결정하기 위해 분광광도계를 사용한다.
15. 세균의 수를 평가하는 간접적인 방법은 세균 집단의 대사활성을 측정하는 것이다(예를 들어 산 생산 또는 산소 소비).
16. 균류 같은 사상 생물체는 건조중량을 측정하는 것이 성장 측정의 편리한 방법이다.

학습 질문

복습과 객관식 문제에 대한 해답은 책 뒤에 있음.

복습 문제

1. 이분법을 설명하시오.
2. 다량영양소(비교적 많은 양이 필요로 하는)는 종종 CHONPS로 나열된다. 각 단어는 무엇을 가리키나 그리고 이들이 세포에서 왜 필요한가?
3. 다음 각각을 정의하고 중요성을 설명하시오.
   a. 카탈라아제
   b. 과산화수소
   c. 과산화효소
   d. 초과산화물 라디칼
   e. 과산화물제거효소
4. 미생물의 성장을 측정하는 일곱 방법이 이 장에 설명되었다. 직접 또는 간접적 방법으로 각각을 분류하시오.

5. 심온동결로 세균을 더 오랜 기간 동안 손상 없이 저장될 수 있다. 왜 냉장이나 냉동으로 식품을 보존하는가?

6. 구운과자 요리사가 실수로 여섯 개의 *S. aureus* 세포를 크림파이에 접종하였다. 만일 *S. aureus*의 세대기간이 60분이면 7시간 후에 크림파이에 얼마나 많은 세포가 있을까?

7. 오일유출이 일어난 해변에 투여된 질소와 인은 자연에서 기름을 분해하는 세균의 성장을 촉진한다. 만일 질소와 인이 첨가되지 않으면 왜 미생물이 자라지 않는지 설명하시오.

8. 복합배지와 화학 정성배지를 구별하시오.

9. 그려보기 세대기간이 35°C에서 30분인, 20°C에서 60분인, 5°C에서 3시간인 세포 100개로 시작되는 다음의 *E. coli* 성장곡선을 그리시오.
   a. 세포를 35°C에서 5시간 배양한다.
   b. 5시간후, 온도를 2시간동안 20°C로 변경하였다.
   c. 35°C에서 5시간 후, 온도를 5°C로 변경되고 2 시간, 그 다음 35°C에서 5시간 동안 배양하였다.

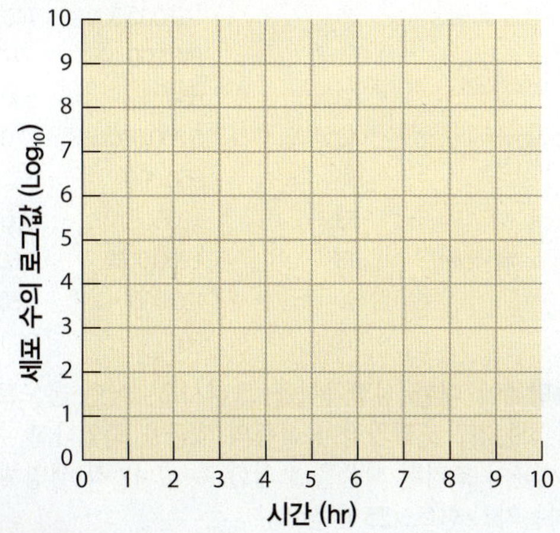

10. 이름 답하기 원핵세포는 알 수 없는 행성에서 지구로 오는 우주왕복선을 얻어 탔다. 이 생명체는 호저온성생물과 절대호염생물, 절대산소요구성생물이다. 미생물의 특징을 토대로 그 행성을 설명하시오.

객관식 문제

1번과 2번 문제를 답하기 위해 다음 정보를 이용하시오. 두 개의 배양배지에 네 개의 다른 세균이 접종되었다. 배양 후 다음의 결과가 관측되었다.

생명체	배지 1	배지 2
Escherichia coli	붉은 콜로니	성장 안함
Staphylococcus aureus	성장 안함	성장
Staphylococcus epidermidis	성장 안함	성장
Salmonella enterica	무색의 콜로니	성장 안함

1. 배지 1은
   a. 선택배지.
   b. 분별배지.
   c. 선택배지이자 분별배지.

2. 배지 2는
   a. 선택배지.
   b. 분별배지.
   c. 선택배지이자 분별배지.

다음의 그래프를 3번과 4번 문제를 답하는데 이용하시오.

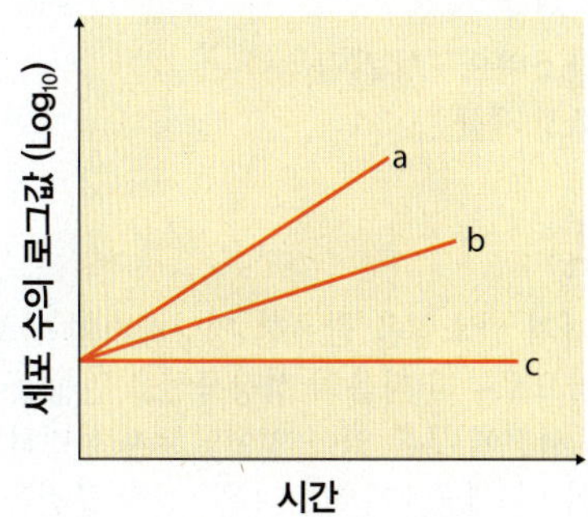

3. 어느 선이 상온에서 배양하는 호열성세균의 로그기를 가장 잘 보여주는가?

4. 어느 선이 사람에서 자라는 *Listeria monocytogenes*의 로그기를 가장 잘 보여주는가?

5. 여러분이 조건부 산소비요구성세포 100개를 영양 한천배지에 접종하고 공기 중에서 평판을 배양하였다. 그 다음 같은 종의 세포 100개를 영양 한천배지에 접종하고 두 번째 평판은 무산소로 배양한다. 24시간의 배양 후에 여러분은 다음을 가질 것이다
   a. 유산소 평판에서 더 많은 콜로니.
   b. 무산소 평판에서 더 많은 콜로니.
   c. 두 평판에서 같은 수의 콜로니.

6. 미량원소란 용어는 다음을 의미한다
   a. 원소 CHONPS.
   b. 비타민.
   c. 질소와 인, 황.
   d. 소량 요구되는 무기물.
   e. 독성물질.

7. 다음 중 어느 온도가 가장 중온성 생물을 죽일 것 같은가?
   a. −50°C
   b. 0°C
   c. 9°C
   d. 37°C
   e. 60°C

8. 다음 중 생물막의 특징이 아닌 것은?
   a. 항생제 내성
   b. 하이드로젤
   c. 철분결핍
   d. 정족수감지

9. 다음 중 어떤 종류의 배지가 산소요구성 세균의 배양에 사용되지 않는가?
  a. 선택배지
  b. 환원배지
  c. 농화배지
  d. 분별배지
  e. 복합배지

10. 과산화효소와 과산화물제거효소를 갖지만 카탈라아제가 결핍된 생명체가 다음일 것이다.
  a. 산소요구성 세균
  b. 산소내성 산소비요구성 세균
  c. 절대 무산소성 세균

비판적 사고

1. *E. coli*를 두 가지 탄소원을 함유한 영양배지에 산소공급과 함께 접종하고 이 배양으로부터 다음의 성장곡선을 만들었다.
  a. *x*로 표시한 시점에 무슨 일이 일어났는지 설명하시오.
  b. 어떤 기질이 이 세균에게 "더 나은" 성장 조건을 제공하였나? 어떻게 그렇게 말할 수 있나?

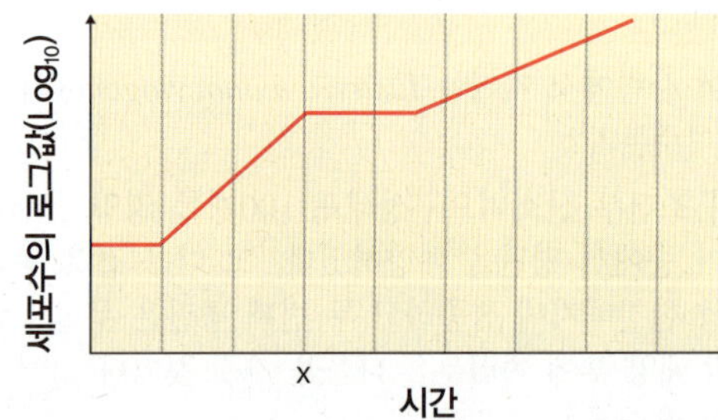

2. *Clostridium*과 *Streptococcus*는 모두 카탈라아제-음성이다. *Streptococcus*는 발효로 자란다. 왜 *Clostridium*은 산소에 의해 죽는 반면 *Streptococcus*는 그렇지 않는가?

3. 세균의 대다수가 탄소와 질소 그리고 에너지원으로 발효 가능한 탄소화물과 펩톤을 요구하기 때문에 대부분의 실험실 배지는 이들을 가지고 있다. 어떻게 이 세 가지 요구사항이 포도당-최소 염배지에서 충족되는가? (힌트: 표 6.2 참조)

4. 플라스크 A는 포도당-최소 염배지에서 산소공급과 함께 30°C에서 배양된 효모 세포를 가진다. 플라스크 B는 포도당-최소 염배지에서 무산소 단지만에서 30°C에서 배양된 효모 세포를 가진다. 효모는 조건부 산소비요구성 생물이다.
  a. 어느 배양이 ATP를 더 생산하나?
  b. 어느 배양이 알코올을 더 생산하나?
  c. 어느 배양이 더 짧은 세대기간을 갖는가?
  d. 어느 배양이 더 많은 세포 양을 갖는가?
  e. 어느 배양이 높은 흡광도를 갖는가?

임상 응용

1. 손을 씻은 다음 열 개의 세균이 새 비누에 남았다고 가정하자. 당신은 그 비누를 비누접시에 24시간 동안 놓아둔 다음 평판계수를 하기로 결정한다. 비누 1 g을 1:10^6 으로 희석하고 종속영양의 평판계수 배지에 깔았다. 24시간의 배양 후에 168개의 콜로니가 생겼다. 얼마나 많은 세균이 비누에 있나? 이들은 어떻게 그만큼이 되었나?

2. 음식을 약 50°C로 유지하기 위해 식당의 배식선에서 적외선등을 길게는 12시간 동안 흔히 사용한다. 이런 사용이 잠재적으로 건강에 위험을 제기하는지를 결정하기 위해 다음의 실험을 수행하였다.

소고기 덩어리의 표면에 500,000개의 세균을 접종하고 세균의 성장을 제한하는 온도를 정하기 위해 43~53°C에서 배양하였다. 다음의 결과를 접종 후 6시간과 12시간에 소고기 덩어리로부터 수행한 종속영양 평판계수로부터 얻었다.

		g 소고기당 세균 (시간 이후)	
	온도 (°C)	6시간	12시간
Staphylococcus aureus	43	140,000,000	740,000,000
	51	810,000	59,000
	53	650	300
Salmonella typhimurium	43	3,200,000	10,000,000
	51	950,000	83,000
	53	1,200	300
Clostridium perfringens	43	1,200,000	3,600,000
	51	120,000	3,800
	53	300	300

각 생명체에 대한 성장곡선을 그리시오. 어떤 온도로 유지하는 것을 추천하는가? 조리과정이 식품의 세균을 죽인다고 추정하면 어떻게 이 세균이 조리된 식품을 오염할 수 있나? 각 생명체는 무슨 병을 야기하는가? (힌트: 25장 참조)

3. 타액 시료에 있는 세균 수가 침을 수집하고 연속 희석하여 영양한천에 주입평판법으로 접종한 다음 결정되었다. 평판은 37°C에서 48시간동안 유산소 조건으로 배양되었다.

	타액 ml 당 세균	
	구강청결제를 이용하기 전	구강청결제를 이용한 후
구강청결제 1	13.1×10^6	10.9×10^6
구강청결제 2	11.7×10^6	14.2×10^5
구강청결제 3	9.3×10^5	7.7×10^5

여러분은 이 결과로 어떤 결론을 내릴 수 있나? 각 타액 시료에 있는 모든 세균이 자랐는가?

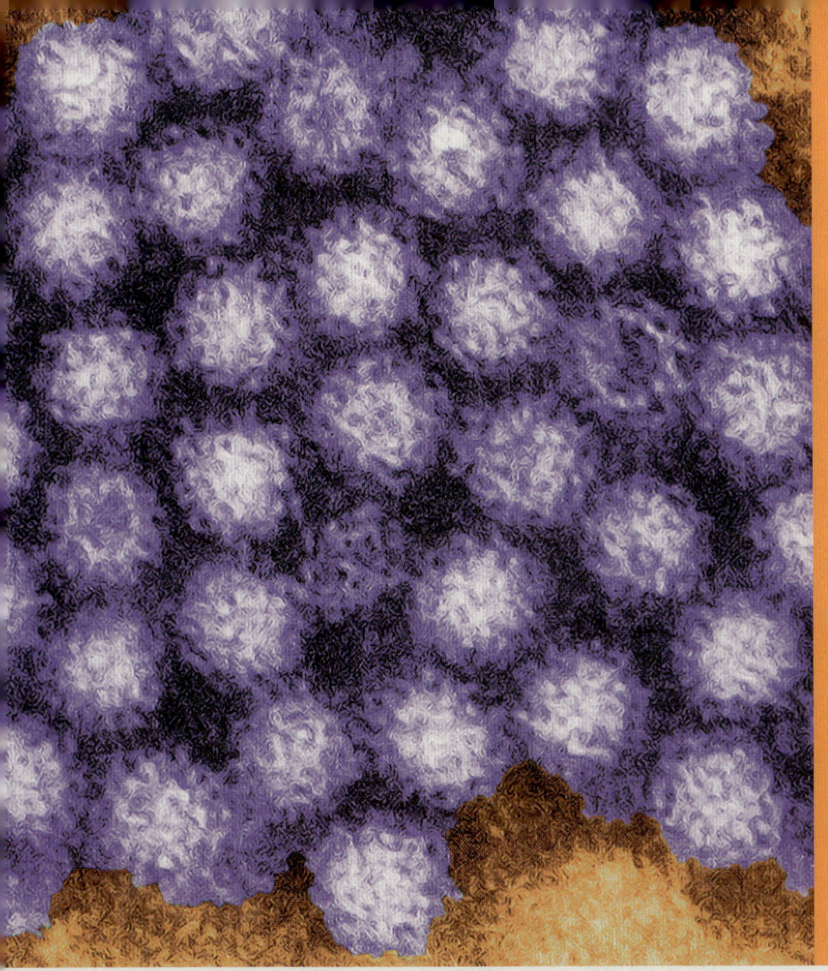

7

미생물 성장 제어

미생물의 성장을 과학적으로 제어하기 시작한 것은 고작 약 100년 정도밖에 되지 않는다. 1장에서 공부한대로 미생물에 대한 파스퇴르의 업적은 과학자들이 미생물이 질병의 가능한 원인이라는 것을 믿게 하였다. 1800년대 중반 헝가리의 내과의사인 이그나즈 제멜바이스(Ignaz Semmelweis)와 영국의 내과의사인 조지프 리스터(Joseph Lister)는 이런 생각을 이용하여 의료 시술 과정에서 미생물을 제어하는 일부 방법을 최초로 개발하였다. 즉, 석회에 들어 있는 미생물을 죽이는 염소(chloride)로 손을 씻는 것과 수술 상처가 미생물에 오염되지 않도록 **무균수술(aseptic surgery)** 기술을 이용하는 것 등이다. 그때까지만 해도 병원에서 걸리는 감염, 즉 병원감염(nosocomial infection)이 최소한 외과 수술 중 사망의 10%, 많게는 분만 중 사망 원인의 25%를 차지하였다. 미생물에 대한 무지는 미국의 남북전쟁 때 외과의사가 절개하는 과정에서 외과용 칼을 구두 밑창으로 닦았을 정도였다. 이제 우리는 손씻기가 사진에 보이는 노로바이러스(norovirus)와 같은 병원균의 전염을 막는 가장 좋은 방법이라는 것을 알고 있다. 노로바이러스를 환경의 표면에서 제어하는 것은 이번 임상 사례의 주제이다.

지난 세기에 걸쳐 과학자들은 미생물의 성장을 조절할 수 있는 다양한 물리적 방법과 화학물질에 대한 개발을 계속해 왔다. 일단 감염이 일어난 후에 미생물을 조절하는 방법, 주로 항생제 치료법에 대해서는 20장에서 논의할 것이다.

미생물 제어 관련 용어

학습 목표

7-1 미생물 제어에 관련된 다음의 주요 용어를 정의한다: 멸균, 소독, 방부, 살균, 위생처리, 살생물제, 살균제, 정세균제, 무균.

미생물의 성장 제어에 자주 사용하면서도 오용하는 단어는 **멸균**이다. **멸균(sterilization)**은 모든 살아 있는 미생물을 제거 또는 파괴하는 것이다. 가열은 내생 포자와 같은 가장 강한 형태를 포함하여 미생물을 죽이는 데에 사용되는 가장 일반적인 방법이다. 멸균하는 물질을 **멸균제(sterilant)**라고 한다. 액체 또는 가스는 여과를 통해 멸균할 수 있다.

흔히 슈퍼마켓에 있는 통조림은 완전히 멸균되었을 것이라고 생각한다. 현실에서 완벽히 멸균하는 데 필요한 열 처리는 불필요하게 음식물 품질의 저하를 가져온다. 그래서 치명적인 독소를 생성할 수 있는 클로스트리듐 보톨리누스(*Clostridium botulinum*)의 내생포자를 파괴하는 데 충분한 열만을 음식물에 처리한다. 음식물의 부패를 일으키지만 사람에 질병을 유발하지 않는 약간의 호열성 세균의 내생포자는 *C. botulinum*에 비해 상대적으로 더 내성이 크다. 만일 이들이 존재할 경우 살아남게 되지만 이들의 생존은 보통 실질적인 문제를 일으키지 않는다. 이들은 흔히 사용하는 식품저장 온도에서는 성장하지 않는다. 슈퍼마켓에 있는 통조림 식품이 이러한 호열성 세균의 성장 범위의 온도(약 섭씨 45도 이상)에서 방치된다면 심각한 부패가 일어난다.

완전한 멸균이 필요하지 않은 경우도 많다. 예를 들어 몸의 정상 방어 체계는 수술 상처에 들어가는 약간의 미생물에 대응할 수 있다. 식당에서 쓰는 유리잔이나 포크는 한 사람에서 다른 사람으로 병원성 미생물이 전염될 가능성을 방지할 수 있을 정도로 미생물이 제어되면 된다.

유해한 미생물을 파괴하려는 제어를 **소독(disinfection)**이라고 부른다. 보통 이것은 살아 있는(내생포자를 형성하지 않는) 병원균을 파괴하는 것을 말하며 완전한 멸균과는 다르다. 소독은 화학물질, 자외선, 끓는 물이나 증기를 사용할 수도 있다. 사실상, 이 용어는 무생물의 표면이나 물체를 처리하기 위해 화학물질[**소독제**(disinfectant)]을 사용하는 것을 일컫는다. 이런 처리가 살아 있는 조직에 대해 적용되면 이를 **방부(antisepsis)**라고 부르고 해당 화학물질을 **방부제**(antiseptic)라고 한다. 그러므로 실질적으로 같은 화학물질을 한쪽에서는 소독제라고 부르고 다른 데서는 방부제라고 부를 수 있다. 물론 많은 화학물질이 책상을 닦는데 적절하지만 살아 있는 조직에 사용하기에는 너무 강하다.

소독과 방부의 변형이 있다. 예를 들면 사람에게 주사하기 바로 전에 피부를 알코올로 문지른다. 이 과정이 **살균(degerming** 또는 degermination)인데 보통 제한된 지역에 있는 대부분 미생물을 죽이기보다는 기계적으로 제거하는 결과를 가져온다. 식당의 유리 그릇과 도자기, 식탁용 식기류 등은 **위생처리(sanitization)**의 대상인데, 이들 용품에 있는 미생물의 수를 안전한 공중보건 수준으로 줄이고 사용하는 사람들 간에 질병이 전파되는 가능성을 최소화하려는 의도이다. 이를 위해서 일반적으로 고온으로 세척하거나 식당에 있는 유리 그릇의 경우에는 화학 소독제에 담근 다음 싱크대에서 세척한다.

표 7.1에 미생물의 성장 제어와 관련된 용어를 정리하였다.

미생물을 완전한 사멸시키는 처리의 이름에는 죽임을 의미하는 접미사 *-cide*가 붙는다. **살생제(biocide)**나 **살균제(germicide)**는 미생물을 죽인다(일반적으로 내생 포자와 같은 예외가 있다). 마찬가지로 **살진균제**(fungicide)는 곰팡이를 죽이고, **살바이러스제**(virucide)는 바이러스를 비활성화시킨다. 다른 처리는 세균의 성장과 증식을 억제한다. **정균작용(bacteriostasis)**처럼 이름에 정지 또는 정체를 의미하는 접미사 *-stat* 또는 *-stasis*를 붙인다. 정균제가 제거되고 나면, 성장이 재개될 수 있다.

그리스어로 부패 또는 부식을 의미하는 **sepsis**(부패작용)는 오수처리용 정화조의 경우처럼 세균 오염을 나타낸다. (이 용어는 어떤 질병의 상태를 설명하는 데에도 사용된다, 23장 646쪽 참조.) **무균**(aseptic)이란 특정 대상 또는 영역에 병원균이 없음을 의미한다. 1장에서 **무균상태(asepsis)**가 우려할만한 오염이 없는 것이라고 말한 것을 기억하자. 무균 기술은 수술과정에서 장비와 의료진, 환자로 인한 오염을 최소하기 위해 중요하다.

임상 사례: 학교에서 발생한 유행성 전염병

메릴랜드 주 로크빌에 있는 웨스트뷰 초등학교의 간호사인 에이미 가자(Amy Garza)는 수요일 아침 7시에 출근한 이후 오전 9시까지 전화를 받아왔다. 오늘 아침 지금까지 배가 아파서 학교에 오지 못한 학생들에 대한 보고서를 받았다. 해당 학생들은 메스꺼움과 구토, 설사, 미열 등 모두 같은 증상을 보였다. 에이미가 교장선생님에서 보고를 하려고 전화를 집어들 때 그 날의 여덟 번째 전화를 받았다. 월요일부터 아파서 출근을 못한 1학년 담당 교사인 키스 잭슨(Keith Jackson)이었다. 담당 의사가 키스의 대변 검사를 의뢰했었고, 그 결과 노로바이러스 양성으로 밝혀졌다는 것이었다.

노로바이러스(norovirus)는 무엇인가? 알아보자.

182 197 199 201

이해도 확인하기

✔ 멸균(sterilization)의 일반적인 정의는 모든 형태의 미생물을 제거 또는 파괴하는 것이다. 이런 간단한 정의에 어떻게 실제적인 예외가 있을 수 있나? **7-1**

표 7.1 미생물 성장 제어와 관련된 용어

	정의	설명
멸균	내생포자를 포함한 미생물의 살아 있는 모든 형태의 파괴 혹은 제거, 프리온은 예외	일반적으로 압력 하의 증기나 에틸렌산화물 같은 살균가스로 수행
공업 멸균	통조림 음식에 있는 *Clostridium botulinum*의 내생포자를 죽일 수 있는 충분한 열처리	내성이 큰 호열성세균의 내생포자는 생존할 수도 있지만 이들은 정상적인 저장조건에서 발아하여 자라지 않는다.
소독	성장하는 병원균의 파괴	물리적 혹은 화학적 방법의 이용할 수 있다.
방부	살아 있는 조직에서 성장하는 병원균의 파괴	거의 언제나 화학적 항균제로 처리한다.
살균	주사부위의 피부와 같이 제한된 지역에서 미생물을 제거	알코올에 적신 면봉으로 거의 기계적인 제거
위생처리	식기에 있는 미생물 수를 공중보건 기준에서 안전한 수준으로 줄이기 위한 처리	고온세척이나 화학 소독제에 담가 수행할 수 있다.

미생물의 사멸 속도

학습 목표

7-2 미생물 제어 물질의 처리로 일어나는 미생물의 사멸 양상을 설명한다.

세균 집단을 가열하거나 항균 화학물질로 처리하면 이들은 보통 일정한 속도로 죽는다. 예를 들면 100만 개의 미생물 집단을 1분간 처리하면 집단의 90%가 죽는다고 가정하자. 이제 10만 개의 미생물이 남았다. 만일 이 집단을 1분 더 처리하면 이들의 90%가 죽고 1만 개만 생존한다. 다르게 말하면, 열처리로 1분당 남아 있는 집단의 90%가 죽는다(표 7.2). 이 사망 곡선을 로그를 이용하여 그리면 사망률은 그림 7.1a에서 직선으로 보이는 것처럼 일정하다.

항균처리에 영향을 주는 여러 요인:

- 미생물의 수. 처음에 미생물이 많을수록 전체 집단을 제거하는 데 시간이 더 걸린다(그림 7.1b).
- 환경의 영향. 유기물질의 존재는 종종 화학 항균제의 작용을 억제한다. 병원에서는 혈액과 구토, 배설물 등에 있는 유기물질에 따라 소독제의 선택이 달라진다. 생물막의 표면에 있는 미생물(160쪽 참조)에게는 살균제가 효과적으로 도달하기 어렵다. 소독제의 활성은 온도에 의존하는 화학반응에 의한 것이기 때문에 소독제는 따뜻한 조건에서 좀 더 효과가 좋다.

  현탁 배지의 특성 또한 열처리 시 고려 사항이다. 지방과 단백질은 특히 보호적이여 이들 물질이 풍부한 배지는 미생물을 보호하여 높은 생존율을 보인다. 열은 산성조건에서 눈에 띄게 더 효과적이다.
- 노출시간. 화학 항균제의 경우에는 내성이 있는 미생물이나 내생포자에 영향을 주려면 보통 노출시간이 더 길어야 한다. 188쪽에 있는 등가처리(equivalent treatment)에 대한 설명 참조.
- 미생물의 특성. 이번 장의 결론 부분에서 미생물의 특성이 화학적 및 물리적 제어방법의 선택에 어떻게 영향을 미치는지에 대해 설명한다.

표 7.2 미생물의 지수적 사멸률의 한 사례

시간 (분)	분당 사멸 수	생존 수
0	0	1,000,000
1	900,000	100,000
2	90,000	10,000
3	9000	1000
4	900	100
5	90	10
6	9	1

이해도 확인하기

✔ 100만 마리의 세균이 들어 있는 용액이 50만 마리가 있는 용액보다 멸균하는 데 더 오래 걸리는 이유는 무엇인가? **7-2**

미생물 제어 물질의 작용

학습 목표

7-3 세포 구조에 미치는 미생물 제어 물질의 효과를 설명한다.

이번 절에서는 다양한 약물이 실제로 미생물을 죽이거나 억제하는 방법에 대해 조사한다.

막 투과성의 변경

세포벽의 바로 안쪽에 있는 세균의 세포막(89쪽 그림 4.14 참조)은 많은 미생물 제어 약물의 표적이다. 이 막은 세포 안으로 영양분을 수송하고 노폐물을 세포 밖으로 내보내는 것을 능동적으로 조절한

토대 그림 7.1

미생물 사멸곡선의 이해

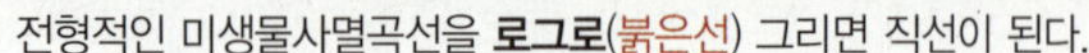

전형적인 미생물사멸곡선을 **로그로**(붉은선) 그리면 직선이 된다.

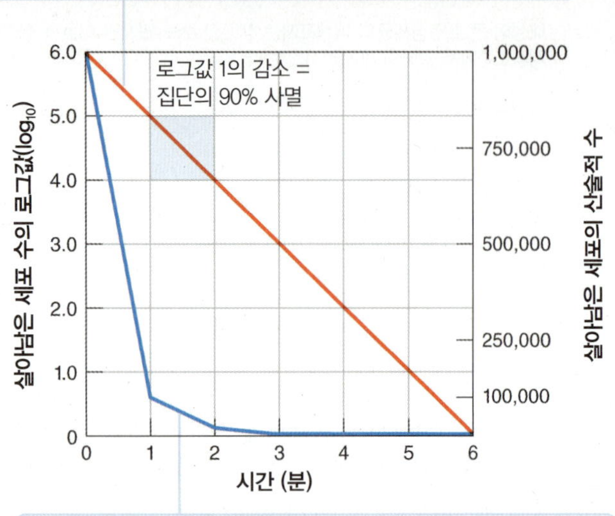

(a) 전형적인 미생물 사멸곡선을 산술적(파란선)으로 그리는 것은 비실용적이다. 3분에서 1000 세포의 집단이 바닥선과 100,000 사이 거리의 백분의 일에 불과해진다.

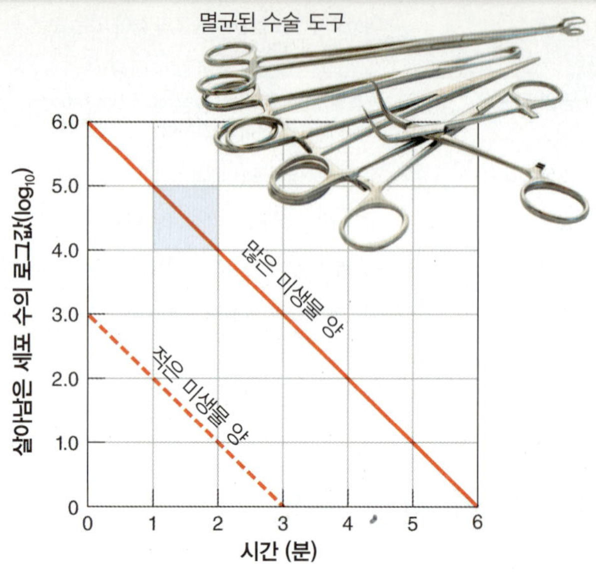

(b) 대수 그래프(붉은색)는 만일 사멸 속도가 같다면 큰 집단이 작은 집단 죽이는데 시간이 열처리를 하든 말든 상관없이 미생물의 양이 많으면 멸균 시간이 더 걸리는 것을 보여준다.

핵심 개념

- 세균집단은 열이나 항미생물 화학물질이 처리를 하면 보통 일정한 비율로 죽는다.
- 세균집단을 효과적으로 도표로 그리기 위해 로그를 사용하는 것이 필요하다.
- 시간과 초기 집단의 크기 요소를 비롯하여 미생물집단의 대수사멸곡선을 이해하는 것은 식품보존과 배지나 의료물품의 멸균에 특히 유용하다.

보존 식품

다. 항균제가 세포막의 지질이나 단백질에 손상을 주면 세포 내용물이 주변배지로 누출되어 세포의 성장이 방해를 받는다.

단백질과 핵산에 손상

세균은 가끔 "작은 효소 주머니"로 생각된다. 주로 단백질인 효소는 세포의 활성에 꼭 필요하다. 단백질의 기능적인 특성은 이들의 3차원적인 모양의 결과인 것을 기억하자(45쪽 그림 2.15 참조). 단백질의 이런 형태는 아미노산 사슬 자체가 앞뒤로 접히면서 인접하게 되는 부위를 이어주는 화학결합으로 유지된다. 이들 결합의 일부는 수소결합으로 열이나 다른 화학물질에 의해 끊어지기 쉬운데, 이런 끊어짐은 단백질의 변성을 가져온다. 공유결합은 더 강하지만 이들도 또한 공격의 대상이 된다. 예를 들면, 노출된 메르캅토기(−SH)가 있는 아미노산을 연결시켜 단백질 구조에 중요한 역할을 하는 이황화 다리(disulfide bridge)는 특정 화학물질이나 충분한 열에 의해 끊어질 수 있다.

핵산인 DNA와 RNA는 세포의 유전정보를 운반한다. 열이나 방사선, 화학물질에 의해 이들 핵산에 가해지는 손상은 세포에 보통 치명적이다. 즉, 세포는 더 이상 복제되지 않거나 효소합성과 같은 정상적인 물질대사 기능을 수행할 수 없게 된다.

이해도 확인하기

✔ 원형질막에 영향을 미치는 미생물 제어 화학물질은 사람에게도 영향을 미칠까? 7-3

미생물 제어의 물리적 방법

학습 목표

7-4 습열(비등, 가압증기멸균, 저온살균)과 건열의 효과를 비교한다.

7-5 여과, 저온, 고압, 건조, 삼투압 등이 미생물의 성장을 어떻게 억제하는지 설명한다.

7-6 방사선이 세포를 어떻게 죽이는지 설명한다.

이미 석기 시대에 인간은 음식물을 보존하기 위해 미생물을 제어하는 몇 가지 물리적인 방법을 사용했던 것 같다. 아마도 이런 최초의 기술 중에는 말림(건조)과 절임(삼투압)이 있었을 것이다. 미생물 제어 방법을 선택할 때, 해당 방법이 미생물 외에 다른 무엇에 영향을 미칠지 고려해야만 한다. 예를 들어, 열은 용액 내에 있는 특정 비타민이나 항생제를 비활성화시킬 수 있다. 반복해서 열을 가하면 고무 및 라텍스 튜브 같은 많은 실험실과 병원에서 사용하는 제품이 손상된다. 경제적 고려도 해야 된다. 예를 들어, 유리 제품을 닦아서 다시 멸균하는 것보다 미리 멸균된 일회용 플라스틱 용기를 사용하는 것이 더 저렴할 수 있다.

열

슈퍼마켓에 가보면 열-보존 통조림 식품이 가장 일반적인 음식물 보존 방법의 하나임을 알 수 있다. 열은 또한 실험실 배지와 유리 용기 및 병원의 도구를 살균하는 데 흔히 이용된다. 열은 효소를 변성시켜 미생물을 죽이는 것으로 보인다. 즉, 가열의 결과로 생긴 입체 모양의 변화 때문에 단백질이 불활성화된다(117쪽 그림 5.6 참조).

열에 대한 내성은 미생물에 따라 다른데, 이러한 차이는 열사멸온도의 개념을 통해 표현될 수 있다. **열사멸온도(thermal death point, TDP)**는 특정한 액체 현탁액에 있는 미생물 전부가 10분 만에 사멸되는 최저 온도이다.

살균에 고려해야 할 또 다른 요소는 필요한 시간이다. 이것은 **열사멸시간(thermal death time, TDT)**으로 표현되는데, 주어진 온도에서 특정 액체 배양액에 있는 세균이 모두 죽는 데 걸리는 최소 시간을 말한다. TDP와 TDT 둘 다 주어진 세균 집단을 죽이는 데 필요한 처리의 강도를 나타내는 유용한 지침이다.

십진감소시간(decimal reduction time, DRT 또는 D 값, D value)은 세균의 내열성과 관련된 세 번째 개념이다. DRT는 주어진 온도에서 세균 수의 90%가 사멸될 수 있는 시간이며 분으로 나타낸다(표 7.2 및 그림 7.1a에서 DRT는 1분). 통조림 업계에서 중요한 DRT의 적용과 통조림 상품의 12D 처리에 대한 설명이 28장에 있다.

습열멸균

습열은 주로 단백질 응고(변성)를 통해 미생물을 죽인다. 응고는 단백질의 3차원 구조를 유지하고 있는 수소결합의 파손 때문에 발생하는데, 계란 프라이의 흰자를 본 사람이라면 이 과정을 잘 알고 있을 것이다.

습열 "멸균"의 한 유형은 끓이는 것(비등)이다. 이것은 영양성장 중인 세균성 병원균과 거의 모든 바이러스, 곰팡이 및 그 포자를 약 10분 이내에 죽이는데, 보통 이보다 더 빠르다. 자유롭게 흐르는(무압력) 증기는 기본적으로 끓는 물과 같은 온도이다. 그러나 내생 포자와 일부 바이러스는 이렇게 빨리 파괴되지 않는다. 예를 들어, 일부 간염 바이러스는 끓여도 30분까지 살아남을 수 있으며, 일부 세균의 내생 포자는 20시간 이상 끓여도 버틸 수 있다. 비등은 따라서 항상 신뢰할 수 있는 멸균과정은 아니다. 그러나 잠깐 끓이는 것만으로, 심지어 높은 고도에서도, 대부분의 병원균을 죽일 수 있다. 유리 젖병을 소독하기 위해 삶는 것은 비등 사용의 친숙한 예이다.

습열로 믿을 수 있는 멸균을 하려면 끓는 물의 온도 이상이 필요하다. 이러한 높은 온도를 맞추는 가장 흔한 방법은 **가압증기멸균기(autoclave**, 그림 7.2)에서 압력이 가해진 증기를 이용하는 것이다. 소독할 물질이 열이나 습기에 의해 손상되지 않는다면 가압증기멸균이 선호되는 멸균의 방법이다.

가압증기멸균기의 압력이 올라갈수록 온도가 높아진다. 예를 들어, 100°C의 온도에서 자유롭게 흐르는 증기가 해수면 압력보다 1 대기압이 높은 압력, 즉 평방인치당 약 15파운드(약 6.8 kg) 압력(psi)을 받으면 온도가 121°C로 상승한다. 20 psi로 압력을 증가시키면 126°C로 온도가 높아진다. 온도와 압력 사이의 관계는 표 7.3에 표시되어 있다.

생명체가 직접 증기에 접촉되거나 적은 양의 액체(주로 물)에 들어 있는 경우에는 가압증기멸균기를 이용한 멸균이 가장 효과적이다. 이러한 조건에서는, 약 15 psi 압력(121°C)의 증기로 약 15분 안에 모든 생물(그러나 프리온은 아님, 395쪽 참조)과 그들의 내생 포자를 죽일 수 있다.

가압증기멸균기는 배양배지, 도구, 붕대, 정맥 장비, 도포용 기구, 용액, 주사기, 수혈 장비 등과 높은 온도와 압력을 견딜 수 있는 많은 물품을 멸균하는 데 사용된다. 대규모 산업용 가압증기멸균기는 레토르트(retort, 801쪽 그림 28.2 참조)라고 부르는데, 같은 원리가 집에서 통조림을 만드는 데 사용되는 일반 가정용 압력솥에 적용된다.

열은 통조림 고기 같은 고체 물질의 중심에 도달하기에는 추가 시간이 필요로 하는데, 이는 이런 물질이 액체에서 발생하는 효율적인 열 분산 대류의 흐름을 유발하지 않기 때문이다. 큰 용기를 가열하면 또한 추가 시간이 필요하다. 표 7.4는 다양한 크기의 용기에서 액체를 멸균하는 데 걸리는 시간을 보여준다.

수용액을 멸균하는 것과는 달리, 고체의 표면을 멸균하는 데는

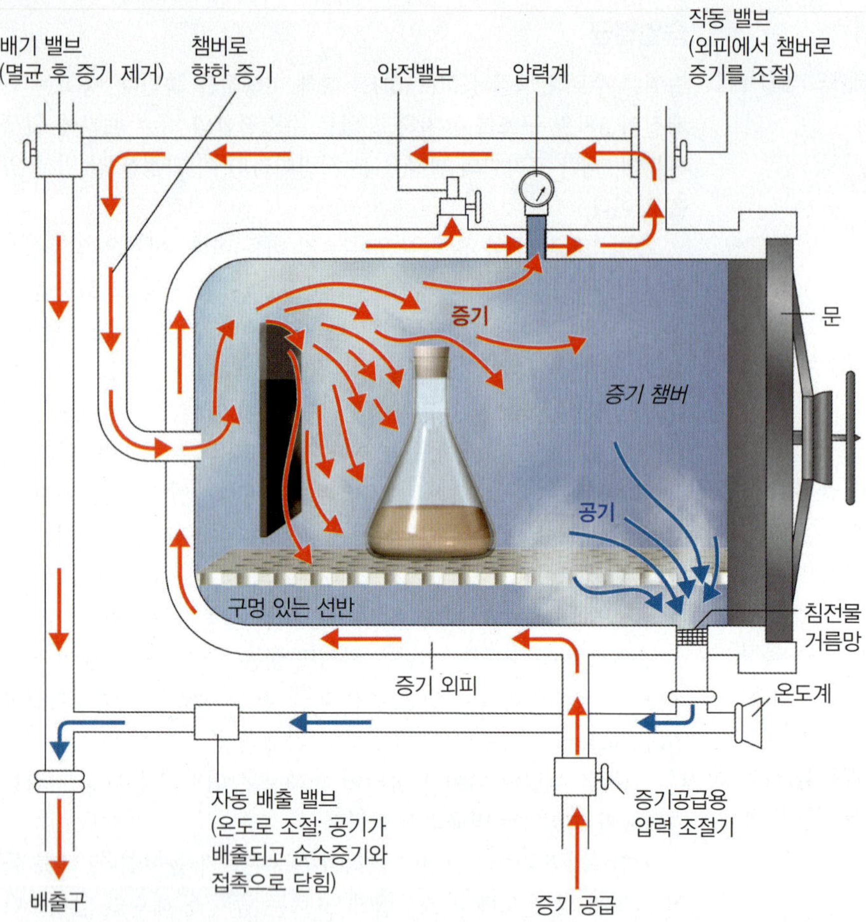

그림 7.2 가압증기멸균기. 들어오는 증기가 공기를 바닥으로 배출시킨다(파란 화살표). 자동 배출 밸브는 공기-증기 혼합물이 배출구로 빠져나가는 시간만큼 열린 채 남아 있는다. 모든 공기가 배출되면 순수한 증기의 높은 온도가 밸브를 닫고 실내의 압력은 증가한다.

Q 가압증기멸균기에서 뚜껑이 없는 빈 플라스크를 멸균하기 위해 어떤 위치로 놓아야 하는가?

증기가 실제로 접촉해야 된다. 마른 유리용품과 붕대, 기타 유사한 것을 멸균하기 위해서는 증기가 모든 표면에 접촉하도록 반드시 주의를 기울여야 한다. 예를 들어, 알루미늄 호일은 증기가 스며들지 않기 때문에 이것으로 마른 물품을 싸서 멸균할 수 없고, 대신 종이를 사용해야 한다. 마른 용기의 바닥에 공기가 포획되는 것을 피하기 위해 또한 주의를 기울여야 한다. 증기는 공기보다 가볍기 때문에 갇힌 공기는 수증기로 대체되지 않는다. 갇힌 공기는 작은 열기 오븐과 동일하다. 곧 알게 되겠지만, 이 오븐은 물질을 멸균하는데 더 높은 온도와 더 오랜 시간을 필요로 한다. 공기가 갇힐 수 있는 용기는 기울여 놓아서 증기가 공기를 밀어낼 수 있도록 해야 한

표 7.3 해수면에서 증기압과 온도의 상관관계*

압력 (대기압을 초과하는 psi)	온도 (°C)
0	100
5	110
10	116
15	121
20	126
30	135

*높은 고도에서 대기압은 낮다. 이 현상은 가압증기멸균을 작동하는데 고려해야만 하는 현상이다. 예를 들어 고도가 5280피트(1600 m)인 콜로라도 덴버에서 멸균온도(121°C)에 도달하기 위해 가압증기멸균기에 표시된 압력이 표에서 보여준 15 psi보다 높을 필요가 있다.

표 7.4 용기의 크기가 액체 용액의 가압증기멸균 시간에 미치는 영향*

용기 크기	액체 부피	멸균 시간(분)
시험관: 18 × 150 mm	10 ml	15
삼각플라스크: 125 ml	95 ml	15
삼각플라스크: 2000 ml	1500 ml	30
발효통: 9000 ml	6750 ml	70

*가압증기멸균 시간은 용기 내 내용물이 멸균 온도에 도달하는 시간을 포함한다. 작은 용기는 5분이나 그 미만이지만 9000ml 통은 70분이나 걸린다. 용기는 일반적으로 용량의 75% 이상을 채우지 않는다.

다. 미네랄 오일이나 바셀린 등과 같이 습기가 침투하지 않는 제품은 수성 용액의 멸균에 사용하는 것과 동일한 방법으로 멸균하지 않는다.

열처리로 멸균이 달성되었는지 여부를 표시할 수 있는 여러 가지 방법이 시중에 나와 있다. 이들 중 일부는 적절한 시간과 온도에 도달하면 표식의 색상이 변하는 화학반응을 이용한 것이다(그림 7.3). 일부 제품에서는, **멸균**(sterile) 또는 **가압증기멸균**(autoclaved)이라는 단어가 포장이나 테이프에 나타난다. 널리 사용되는 검사는 특정 세균 종의 내생포자가 침윤된 가느다란 종이 조각을 사용한다. 이 종이 스트립을 가압증기멸균한 다음, 배양배지에 무균 접종할 수 있다. 배양배지에서 성장이 일어나면, 내생포자의 생존을 의미하고 따라서 부적절한 멸균 처리과정임을 나타낸다. 다른 검사는 가열 후 같은 병에 담겨 있는 주변의 배양배지로 방출할 수 있도록 고안된 내생포자 현탁액을 사용한다.

증기압은 완전히 배출되지 않은 경우 멸균에 실패한다. 이런 일은 가압멸균기의 자동 배출 밸브(그림 7.2 참조)가 일찍 잠기면 발생할 수 있다. 열로 멸균하는 원리는 가정용 통조림에도 직접 관련이 있다. 가정용 통조림에 익숙한 사람은 알고 있듯이, 압력 밥솥이 봉인되기 전에 안에 있는 모두 공기가 빠져나오도록 몇 분 동안 뚜껑에 있는 밸브를 통해 증기가 힘차게 흘러나와야 한다. 공기가 완전히 배출되지 않은 경우, 밥솥은 주어진 압력에서 예상되는 온도에 도달하지 않는다. 부적절한 통조림 제조 방법(22장 622쪽 참조)으로 인한 식중독의 일종인 보툴리누스 중독의 가능성 때문에, 가정용 통조림을 만드는 사람은 신뢰할 수 있는 지침을 얻어서 이를 정확히 따라야만 한다.

저온살균

미생물학의 초기에, 루이 파스퇴르(Louis Pasteur)가 맥주와 와인의 부패를 막는 실용적인 방법을 발견한 것을 상기하자(1장 참조). 파스퇴르는 제품의 맛을 심각하게 손상시키지 않고 부패 문제를 일으키는 특정 미생물을 죽이기에 충분한 적당한 가열을 사용하였다. 같은 원리가 나중에 우리가 지금 저온살균 우유라고 부르는 제품을 생산하기 위해 우유에 적용되었다. 우유를 **저온살균(pasteurization)**하는 의도는 병원성 미생물을 제거하는 것이다. 이렇게 하면 또한 미생물의 숫자가 줄어서, 냉장 보관 시 우유의 유통 기한을 늘어난다. 상대적으로 열에 내성이 있는(**내열성, thermoduric**) 많은 세균이 저온 살균에서 살아남지만, 이들이 질병을 일으키는 원인이 되거나 냉장된 우유를 상하게 하는 원인이 될 가능성은 낮다.

아이스크림과 요구르트, 맥주 등과 같은 우유 이외의 제품에도 각각의 저온살균 시간과 온도가 있는데, 보통 상당히 다르다. 이러한 차이에는 몇 가지 이유가 있다. 예를 들어, 가열은 점성이 높은 식품에 덜 효율적이며, 음식에서 지방은 미생물에 대한 보호 효과를 가질 수 있다. 낙농업계에서는 정기적으로 제품의 살균 여부를 확인하는 검사를 한다: **인산가수분해효소 검사**(phosphatase test; 인산가수분해효소는 우유에 자연적으로 존재하는 효소). 제품이 저온살균된 경우 인산가수분해효소는 비활성화될 것이다.

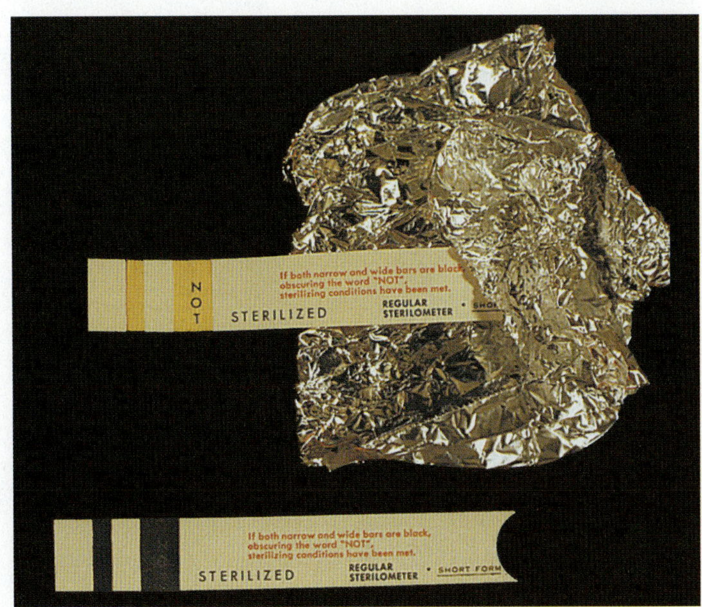

그림 7.3 멸균 표시기의 예. 종이띠는 해당 품목이 적절하게 멸균되었는지를 알려준다. 만일 가열이 부적절하면 단어 NOT 이 나타난다. 그림에서 알루미늄 호일로 싸인 표시기는 증기가 호일을 통과하지 못해 멸균되지 않았다.

Q 물품을 싸기 위해 알루미늄 호일 대신 무엇을 이용하였어야 하는가?

오늘날 대부분의 저온살균 우유는 적어도 72°C의 온도에서 15초 동안만 처리된다. **고온순간살균[high-temperature short-time (HTST) pasteurization]**으로 알려진 이 처리는 우유가 열 교환기를 지속적 흘러가면서 이루어진다. 병원균을 죽이는 것 말고도서 HTST 살균은 총 세균 수를 줄여서, 우유의 냉장 보관이 잘 되도록 한다.

우유는—저온살균과는 많이 다른—**초고온(ultra-high-temperature, UHT)** 처리를 통해 또한 멸균될 수 있다. 이렇게 하면 우유를 냉장 없이 몇 달 동안 저장할 수 있다(800쪽 공업멸균 참조). UHT 처리 우유는 유럽에서 널리 판매되며 특히 냉장 시설을 항상 사용할 수 없는 저개발 국가 지역에서 특히 필요하다. 미국에서 UHT는 레스토랑에서 볼 수 있는 작은 용기에 담긴 커피 크림에 때때로 사용된다. 우유에서 조리된 맛이 나지 않게 하기 위해 이 처리과정은 우유 자체보다 더 뜨거운 표면에 우유가 접촉하는 것을 피한다. 일반적으로 액체 우유(또는 주스)가 압력 하에서 고온의 증기로 가득 찬 공간으로 노즐을 통해 분사된다. 고온 증기 속으로 분사된 작은 부피의 유체는 유체 방울에 비해 상대적으로 큰 표면적이 증기에 의해 가열되도록 노출된다. 살균 온도에 거의 즉시 도달할 수 있다. 140°C의 온도에 4초 동안 도달한 후, 유체가 빠르게 진공 공간 내에서 냉각된다. 우유나 주스는 그 다음 미리 살균된 밀폐 용기에 포장된다.

그림 7.4 **미리 멸균된 일회용 플라스틱 장치로 여과 멸균.** 시료를 위쪽 공간에 놓고 아래쪽 공간의 진공으로 막여과기를 통해 빠져나가게 한다. 막여과기의 구멍은 세균보다 작아서 세균은 막여과기에 남게 된다. 멸균된 시료는 아래 공간으로부터 옮겨질 수 있다. 제거될 수 있는 여과 원반을 갖는 비슷한 장치가 시료 속의 세균 수를 세는데 이용된다(그림 6.18 참조).

 플라스틱 여과장치는 어떻게 미리 멸균되는가? (이 플라스틱은 열로 멸균할 수 없다고 가정하자.)

방금 이야기한 열처리는 **등가처리(equivalent treatment)**의 개념을 설명한다: 온도를 올리면, 훨씬 짧은 시간에 동일한 수의 미생물을 죽일 수 있다. 예를 들어, 매우 강한 내생포자의 파괴에 115°C에서 70분 정도 걸릴 수 있는 반면, 125°C에서는 7분이면 될 수 있다. 두 처리의 결과는 동일하다.

건열멸균법

건열은 산화 효과로 죽인다. 간단한 비유는 가열 오븐에서 온도가 종이의 발화점보다 낮게 유지되어도 종이가 천천히 숯이 되는 것이다. 가장 간단한 건열 멸균 방법 중 하나는 직접 **연소(flaming)**시키는 것이다. 미생물학 실험실에서 접종 루프를 멸균할 때 이 절차를 여러 번 사용한다. 접종 루프를 효과적으로 멸균하기 위해 금속선이 빨갛게 달아오르도록 가열한다. 유사한 원리가, 오염된 종이컵과 주머니, 붕대 등을 멸균하고 처분할 수 있는 효과적인 방법인 소각(incineration)에 사용된다.

건열 멸균의 또 다른 형태는 **열기멸균(hot-air sterilization)**이다. 이 방법으로 살균하려는 물품을 오븐에 넣는다. 일반적으로, 대략 170°C의 온도를 약 2시간 동안 유지하면 멸균이 보장된다. 공기보다 물에서 열이 더 쉽게 차가운 물체로 전달되기 때문에 더 긴 시간과 높은 온도(습열에 비해)가 필요하다. 예를 들어, 100°C(212°F)의 끓는 물에 손을 담그는 것과 같은 온도의 뜨거운 공기 오븐에 같은 시간 동안 손을 넣고 있는 것의 차이를 상상보시오.

여과

6장에서 공부한 내용을 상기하면, 여과(filtration)는 미생물이 걸릴 만큼 충분히 작은 구멍이 있는 채와 같은 물질에 액체나 기체를 통과시키는 것이다(종종 동일한 장치가 계수에 사용된다; 174쪽 그림 6.18 참조). 여과액을 받는 플라스크 안을 진공으로 만들면, 공기압이 액체를 밀어 여과기를 통과하게 한다. 여과는 일부 배양배지와 백신, 항생제 용액 등과 같은 온도에 민감한 물질의 멸균에 사용한다.

화상 환자가 입원한 방이나 일부 수술실은 공기 중의 미생물 수를 낮추기 위해 여과된 공기를 공급받는다. **고효율 미립자 공기여과[high-efficiency particulate air (HEPA) filter]**는 직경이 약 0.3 mm 이상인 거의 모든 미생물을 제거한다.

미생물학의 초기에는 액체를 여과하는 데에 유약을 칠하지 않은 도자기로 만든 속이 빈 촛불 모양의 여과기가 사용되었다. 여과기의 벽에 있는 긴 우회 통로에 세균이 흡착된다. 여과기를 통과하는 보이지 않는 병원균(광견병 같은 질병을 일으키는)을 여과 가능한 바이러스(filterable virus)라고 했다. 788쪽에 현대적 수 처리에서 사용하는 여과에 대한 설명을 참조하시오.

최근에는, 섬유소 에스테르 또는 플라스틱 중합체와 같은 물질로 만들어진 **막여과기(membrane filter)**가 산업용 및 실험실에서 널리 사용되고 있다(그림 7.4). 이 여과기는 두께가 0.1 mm에 불과하다. 세균을 대상으로 하는 막여과기의 구멍 크기는 0.22 μm과 0.45 μm이다. 스피로헤타와 같은 일부 매우 유연한 세균이나 벽이 없는 마이코플라스마는 종종 이런 여과막를 통과하기도 한다. 막여과기의 구멍이 0.01 μm 정도까지 작은 여과기도 있는데, 이것은 바이러스나 심지어는 큰 단백질 분자까지 거른다.

저온

미생물에 대한 저온의 효과는 미생물의 종류와 온도 적용의 강도에 따라 달라진다. 예를 들면 보통 냉장고의 온도에서(0~7°C), 대부분 미생물의 대사 속도는 미생물이 분열을 하거나 독소를 합성할 수 없을 정도로 감소된다. 바꾸어 말해서, 일반 냉장은 정균(bacteriostatic) 효과가 있다. 그러나 저온성장미생물은 냉장고의 온도에서 천천히 자라고 시간이 지나면 음식물을 변질시킬 수 있다. 예를 들어, 한 마리의 미생물이 하루에 세 번 증식하면 1주일 안에 200만 마리 이상의 집단에 이를 수 있다. 병원성 세균은 일반적으로 냉장고 온도에서 자라지 못한다. 그러나 최소한 하나의 중요한 예외는 22장(619쪽)의 리스테리아 감염증(listeriosis)에서 다룰 것이다.

놀랍게도, 일부 세균은 영하 몇 도의 온도에서도 성장할 수 있다. 대부분의 음식은 −2℃ 이하까지 얼지 않은 상태로 유지된다. 온도가 영하로 빠르게 내려가면 미생물이 휴면 상태가 되는 경향은 있지만, 반드시 죽지는 않는다. 천천히 냉동하는 것이 세균에게 해롭다. 얼음 결정이 형성되어 세균의 세포 및 분자 구조를 파괴하기 때문이다. 본질적으로 더 느린 해동은 실제로 동결-해동 반복에서 더 많은 손상을 주는 부분이다. 일단 냉동되면, 일부 세균은 집단의 1/3이 1년 동안 살아남을 수 있는 반면, 다른 종은 거의 살아남지 못한다. 인간 선모충증(trichinellosis)의 원인인 회충과 같은 많은 진핵 기생충은, 냉동 온도에서 며칠 안에 죽는다. 미생물 및 식품 부패와 관련된 몇 가지 중요한 온도는 그림 6.2(155쪽)에 나와 있다.

고압

액체 현탁액에 적용되는 고압은 즉시 그리고 시료 전체에 골고루 적용된다. 압력이 충분히 높으면 이것은 단백질이나 탄수화물의 분자 구조를 변경시키고, 그 결과 살아 있는 세균을 빠르게 불활성화시킨다. 내생포자는 비교적 높은 압력에도 견딘다. 그러나 고압과 온도 증가를 결합하거나 포자가 발아하도록 압력 사이클을 변경함으로써 내생포자를 제거할 수 있다. 고압 처리를 통해 생산된 과일주스가 일본과 미국의 시장에서 나와 있다. 이러한 처리의 하나의 장점은 제품의 맛과 색, 영양가를 보존한다는 것이다.

건조

건조(desiccation)로 알려진 물이 없는 상태에서 미생물은 성장 또는 번식할 수 없지만 수년 동안 살아남을 수는 있다. 그런 다음, 물이 가용해지면, 이들은 성장과 분열을 재개할 수 있다. 이것이 동결건조(lyophilization) 또는 6장(168쪽)에 설명된 것처럼 미생물을 보존하기 위한 실험 과정인 냉동건조의 기본 원리이다. 특정 음식도(예를 들어, 커피와 시리얼에 첨가된 몇 가지 과일) 냉동건조되어 있다.

살아 있는 세포의 건조에 대한 내성은 종과 생물의 환경에 따라 달라진다. 예를 들어, 임질 세균은 약 한 시간 만 건조에 견딜 수 있지만, 결핵균은 수 개월 동안 살아남을 수 있다. 일반적으로 바이러스는 건조에 강하지만 세균의 내생포자만큼 내성이 있지는 않다. 내생포자의 일부는 수백 년 동안 살아남을 수 있다. 특정 건조 미생물과 내생포자의 이런 생존 능력은 병원 환경에서 매우 중요하다. 먼지, 의류, 침구, 붕대 등에 묻은 마른 가래, 소변, 고름 및 배설물 등에는 전염성 미생물이 포함되어 있을 수 있다.

삼투압

음식을 보존하기 위해 고농도의 소금과 설탕을 사용하는 것은 **삼투압(osmotic pressure)** 효과를 기반으로 한다. 이러한 물질의 높은 농도는 물이 미생물 세포에서 빠져나오게 하는 고농도 환경을 만든다(157쪽 그림 6.4 참조). 이 과정은 건조에 의한 보존과 비슷하다. 두 방법은 세포의 성장에 필요한 수분을 차단한다는 점에서 그렇다. 삼투압의 원리는 식품의 보존에 사용된다. 예를 들어, 농축된 소금 용액은 고기를 절이는 데 사용되고 진한 설탕 용액은 과일을 보존하는 데 사용된다.

일반적으로 세균보다 곰팡이와 효모는 낮은 수분이나 높은 삼투 압력을 갖는 물질에서 성장하는 능력이 훨씬 더 뛰어나다. 이러한 곰팡이의 속성 때문에 종종 산성 조건에서 성장하는 능력과 결합하여 세균보다 오히려 곰팡이가 과일과 곡물의 부패를 일으킨다. 또한 이는 습기 찬 벽이나 샤워 커튼에 곰팡이가 생길 수 있는 일부 이유이기도 하다.

방사선

방사선은 파장과 세기, 시간에 따라 세포에 다양한 영향을 미친다. 미생물을 죽이는 방사선(멸균 방사선)에는 전리와 비전리 두 가지 종류가 있다.

전리방사선(ionizing radiation)—감마선, X선, 또는 고에너지 전자빔—은 파장이 1 nm 이하로 비전리방사선보다 파장이 짧다. 따라서 이것은 더 많은 에너지(그림 7.5)를 가지고 있다. **감마선(gamma ray)**은 코발트와 같은 특정 방사성 원소에서 방출되고, 전자빔은 특수한 기계에서 높은 에너지로 전자를 가속에 해서 생성한다. 전자빔의 생산과 유사한 방식으로 기계에서 만들어지는 **X선(X ray)**은 감마선과 비슷하다. 감마선은 깊이 침투하지만, 많은 양을 살균하는 데 몇 시간이 필요할 수도 있다. 반면 **고에너지 전자빔(high-energy electron beam)**은 훨씬 낮은 투과력을 가지고 있지만 보통 몇 초간의 노출시간만 필요하다. 전리방사선의 주요 효과는 물의 이온화이며, 이는 높은 반응성의 수산기 라디칼을 형성한다(6장 159~160쪽에 있는 산소의 독성 형태의 설명을 참조). 이러한 라디칼은 세포의 유기 구성요소, 특히 DNA와 반응한다.

이른바 방사선 손상의 표적 이론은 이온화 입자 또는 에너지 패킷이 세포의 중요한 부분에 근접하거나 통과하는 것을 가정하는데, 이것이 "타격"을 준다. 하나 또는 약간의 타격은 치명적이 않은 돌연변이를 유발할 수 있고, 상상컨대 일부는 유용할 수도 있다. 타격이 가해질수록 미생물을 죽이기에 충분한 돌연변이를 일으킬 가능성이 커지게 된다.

식품 산업에서는 식품 보존을 위한 방사선의 사용에 대해 관심이 다시 새로워졌다(28장에서 자세히 설명). 많은 국가에서 수년간 사용해 오고 있는 저준위 전리방사선이 미국에서 향신료와 일부 고

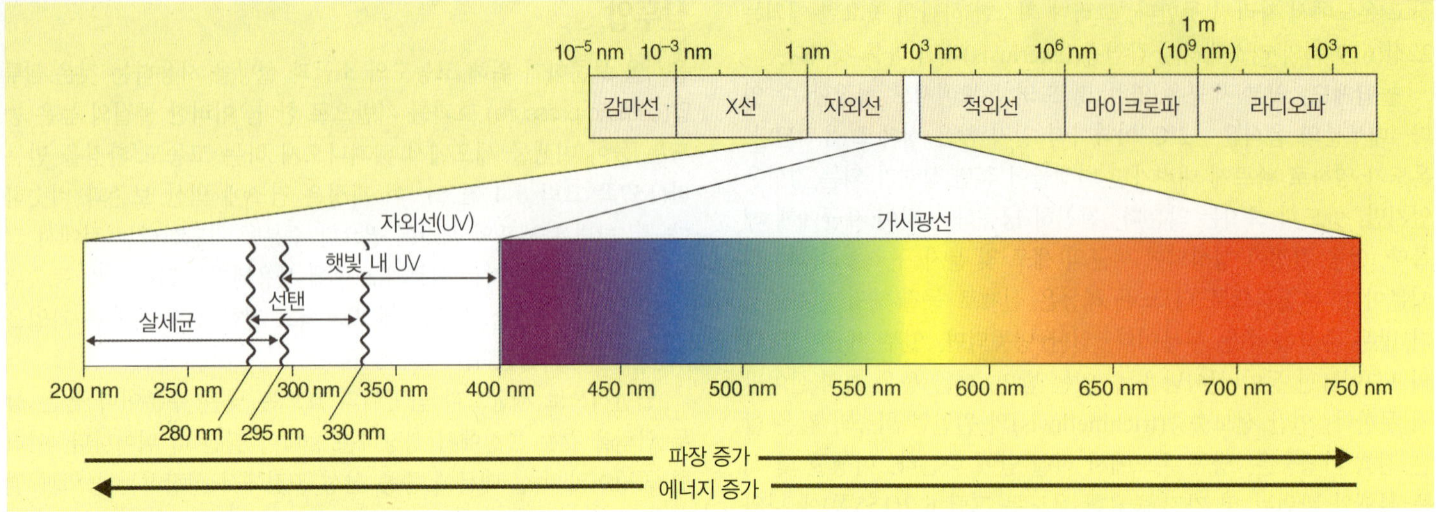

그림 7.5 **방사선 에너지 스펙트럼.** 가시광선과 여러 형태의 방사에너지는 다양한 길이의 파동으로 공간에 펼쳐진다. 감마선이나 X선 같은 전리방사선은 1 nm 이하의 파장을 가진다. 자외선(UV) 같은 비전리방사선은 1 nm에서 가시광선이 시작되는 약 380 nm 사이의 파장을 가진다.

Q 증가된 자외선(오존층의 감소로 인해)은 지구 생태계에 어떤 영향을 미칠 것인가?

기 및 야채에 처리할 수 있게 승인되었다. 전리방사선, 특히 고에너지 전자빔은 의약품과 플라스틱 주사기, 수술 장갑, 봉합 재료, 카테터 등 같은 일회용 치과 및 의료용품을 멸균하는 데 사용된다. 생물테러(bioterrorism)를 막기 위해서 우편 서비스에서 종종 특정 등급의 우편물을 멸균하기 위해 전자빔 방사선을 사용한다.

비전리방사선(nonionizing radiation)은 전리방사선보다 긴 파장을 가지고 보통 파장이 1 nm 이상이다. 비전리방사선의 가장 좋은 예는 자외선(UV)이다. 자외선은 DNA 사슬에서 인접한 피리미딘 염기, 주로 티민(228쪽 그림 8.21 참조) 간의 결합을 형성하여 노출된 세포의 DNA에 손상을 준다. 이런 티민 이량체(thymine dimer)는 세포분열 동안 DNA의 정확한 복제를 방해한다. 미생물을 죽이는 가장 효과적인 UV 파장은 약 260 nm이다. 이 파장을 세포의 DNA가 특히 잘 흡수한다. UV 방사선은 공기에 있는 미생물을 제어하는데 또한 사용된다. UV 또는 "살균"램프는 병실, 신생아실, 수술실, 카페테리아 등에서 흔히 볼 수 있다. 자외선은 백신 및 기타 의료 제품을 소독하는 데에도 사용된다. 살균제로서 자외선의 가장 큰 단점은 이 빛이 잘 관통하지 않는다는 것이다. 그래서 표적 생물이 광선에 직접 노출되어야 한다. 고체, 종이, 유리, 섬유 등과 같은 덮개로 보호된 생물은 영향을 받지 않는다. 또 다른 잠재적인 문제는 자외선은 인간의 눈을 손상시킬 수 있으며, 장기간 노출이 사람에게 화상과 피부암을 일으킬 수 있다는 것이다.

햇빛은 일부 UV 방사선을 포함하고 있지만, 더 짧은 파장은—가장 세균에 대해 효과적인—대기의 오존층에 의해 걸러진다. 햇빛의 항균 효과는 거의 전적으로 세포질 내의 일중항 산소의 형성(6장 159쪽 참조) 때문이다. 세균이 생산하는 대부분의 색소는 햇빛으로부터 보호하는 역할을 한다.

마이크로파(microwave)는 미생물에 직접적인 영향을 많이 미치지는 않으며, 최근에 사용되고 있는 전자레인지의 내부에서 세균을 쉽게 분리할 수 있다. 수분을 함유한 식품은 마이크로파의 작용에 의해 가열되고, 열은 대부분의 살아 있는 병원균을 죽일 것이다. 수분의 불균등한 분포 때문에 단단한 음식은 불균일하게 가열된다. 이러한 이유로, 전자레인지에서 요리된 돼지고기가 선모충증(trichinellosis)의 대규모 발생의 원인이 되었다.

표 7.5에 미생물 제어의 물리적 방법이 요약되었다.

이해도 확인하기

- 통조림은 미생물의 성장을 어떻게 막는가? 7-4
- 주어진 온도에서 돼지고기가 들어 있는 스프 통조림보다 돼지고기 통조림이 멸균하는 데 더 오래 걸리는 이유는 무엇인가? 7-5
- 방사선의 사멸효과와 수산기 라디칼 형태의 산소 사이의 연관성은 무엇인가? 7-6

미생물 제어의 화학적 방법

학습 목표

7-7 효과적인 소독과 관련된 요소를 나열한다.
7-8 실용희석 검사와 원반확산 방법의 결과를 해석한다.
7-9 화학 소독제의 작동 방법과 선호되는 용도를 알아본다.
7-10 소독제로 사용하는 할로겐과 방부제로 사용하는 할로겐을 구별한다.
7-11 표면활성 약물의 적절한 사용법을 알아본다.
7-12 다른 화학 소독제보다 더 나은 글루타르알데히드의 장점을 나열한다.
7-13 화학 멸균제를 알아본다.

표 7.5 미생물 성장을 제어하기 위해 사용되는 물리적 방법

방법	작동 원리	설명	적절한 용도
열			
1. 습열			
a. 비등이나 증기	단백질 변성	성장하는 세균과 균류 병원체와 거의 대부분의 바이러스를 10분 안에 죽인다; 내생포자에는 덜 효과적.	접시, 대야, 물주전자, 각종 장비
b. 가압증기멸균	단백질 변성	아주 효과적인 멸균 방법; 약 15 psi의 압력(121°C)에서 모든 성장하는 세포와 이들의 내생포자를 약 15분 내에 죽인다.	미생물 배지, 용액, 직물, 주방기구, 소독기구, 장비, 온도와 압력을 견딜 수 있는 물품
2. 저온살균	단백질 변성	모든 병원균과 대부분의 비병원균을 죽이는 우유를 위한 열처리(72°C에서 약 15초 동안).	우유, 크림, 일부 알코올 음료(맥주와 와인)
3. 건열			
a. 직화	오염물을 재로 태움	아주 효과적인 멸균 방법.	접종루프
b. 소각	재로 태움	아주 효과적인 멸균 방법.	종이컵, 오염된 붕대, 동물시체, 봉투, 휴지
c. 열기멸균	산화	아주 효과적인 멸균 방법이지만 170°C의 온도에서 약 2시간이 필요하다.	빈 유리용기, 도구, 바늘, 유리주사기
여과	현탁액에서 세균 분리	액체나 기체를 망 같은 물질에 통과시켜 미생물을 제거; 사용되는 대부분의 필터는 초산섬유소나 질화섬유소로 구성.	열에 의해 파괴되는 액체(효소, 백신)의 멸균에 유용
저온			
1. 냉장	화학반응의 감소와 단백질 변형의 가능성	정세균 효과.	식품과 약물, 배양물 보존
2. 심온동결 (6장 168쪽 참조)	화학반응의 감소와 단백질 변형의 가능성	배양물을 −50° 와 −95°C 사이로 급속냉동하는 미생물 배양물을 보존을 위한 효과적인 방법.	식품과 약물, 배양물 보존
3. 동결건조 (6장 168쪽 참조)	화학반응의 감소와 단백질 변형의 가능성	미생물 배양물의 장기보관을 위해 가장 효과적인 방법; 낮은 온도에서 진공으로 수분을 제거한다.	식품과 약물, 배양물 보존
고압	단백질과 탄수화물 분자구조의 변경	색과 향, 영양소를 보존한다.	과일주스
건조	대사의 파괴	미생물에서 수분의 제거를 포함; 주로 정균작용	식품보존
삼투압	원형질분리	결과적으로 미생물 세포에서 수분의 손실.	식품보존
방사선			
1. 전리	DNA 파괴	일상적인 멸균에 널리 쓰이지 않는다.	의약품과 의료 및 치과 물품의 멸균
2. 비전리	DNA에 손상	방사선이 매우 투과적이지 않다.	밀폐된 환경을 자외선(살균) 램프로 제어

화학작용제는 살아 있는 조직과 무생물 모두에서 미생물의 성장을 제어하는 데 사용된다. 불행히도 멸균을 할 수 있는 화학작용제는 거의 없다. 이들 대부분은 단지 안전한 수준으로 미생물 개체군을 감소시키거나 물체에서 살아 있는 형태의 병원균을 제거한다. 살균에 있어 흔한 문제는 살균제의 선택이다. 모든 상황에 적합한 살균제는 없다.

효과적인 소독의 원칙

라벨을 읽으면, 소독제의 특성에 따른 적절한 취급법을 알 수 있다. 보통 라벨에는 소독제가 어떤 부류의 생물에 가장 효과가 있는지가 나와 있다. 농도가 소독제의 작용에 영향을 미치기 때문에 항상 제조업체가 지정한 대로 정확히 희석되어야 한다는 것을 명심해야 한다.

또한 소독되는 재료의 특성을 고려해야 한다. 예를 들어, 소독제의 작용을 방해할 수 있는 유기 물질이 존재하는지? 마찬가지로, 배지의 pH도 종종 소독제의 활성에 큰 영향을 미친다.

또 다른 매우 중요한 고려 사항은 소독제가 쉽게 미생물과 접촉할 수 있는지 여부이다. 어떤 부위는 소독제를 처리하기 전에 문질러 닦아야 할 수도 있다. 일반적으로 소독은 점진적 과정이다. 따라서 효과가 있으려면 소독제가 몇 시간 동안 표면에 남아 있어야 할 수도 있다.

소독제의 평가

실용희석 검사

소독제와 방부제는 그 효과를 평가할 필요가 있다. 현재의 표준은 미국공인분석화학자협회(American Official Analytical Chemist)의 **실용희석 검사(use-dilution test)**이다. 금속 또는 유리 원통(8 mm × 10 mm)을 액체배지에서 자란 시험용 세균의 표준 배양액에 담근 다음 꺼내서 37°C에서 잠깐 건조시킨다. 건조된 배양액을 제조업체에서 권장하는 농도의 소독제 용액에 넣고 20°C에서 10분 동안 놔둔다. 이렇게 노출시킨 다음 원통에 살아남은 세균이 자랄 수 있도록 배지로 옮긴다. 소독제의 효과는 자라는 세균의 개수로 결정할 수 있다.

이 방법의 변형이 내생포자와 결핵을 유발하는 마이코박테리아, 바이러스, 균류 등에 대한 항미생물제의 효과를 검사하는 데 이용된다. 왜냐하면 이들은 화학물질로 제어하기 어렵기 때문이다. 또한 유가공 기구의 소독과 같은 특수한 목적을 위한 항미생물제의 검사에서는 검사 세균을 다른 종으로 대체할 수 있다.

원반확산 방법

원반확산 방법(disk-diffusion method)은 화학약물의 효과를 평가하기 위해 실험실에서 사용된다. 여과종이 원반을 화학약물에 적신 다음, 검사 대상 미생물이 이미 접종되어 있는 고체배지 위에 놓고 배양한다. 만일 화학물질이 효과가 있으면 배양 후에, 원반 주위에 성장의 억제를 나타내는 투명한 지역이 보인다(그림 7.6).

항생제가 들어 있는 원반은 시판되고 있어 항생제에 대한 미생물의 감수성을 결정하는 데 사용된다(578쪽 그림 20.17 참조).

소독제의 종류

페놀 및 페놀류

리스터(Lister)는 **페놀[phenol**, 석탄산(carbolic acid)]을 수술실에서 수술부위 감염을 막기 위해 처음으로 사용하였다. 이것의 사용은 하수의 냄새 제거에 효과적이라고 추천되기도 했었다. 페놀은 피부를 자극하고 불쾌한 냄새를 내기 대문에 지금은 방부제나 소독제로 거의 사용되지 않는다. 종종 국소 마취 효과용 인후 사탕에서 사용되지만, 사용되는 낮은 농도에서는 항미생물 효과가 거의 없다. 그러나 1%(일부 인후 스프레이 같이) 이상의 농도에서 페놀은 상당한 항균 효과가 있다. 페놀분자의 구조는 그림 7.7a와 같다.

페놀류(phenolics)라고 불리는 페놀 유도체에는 자극적인 특징을 줄이거나 비누 또는 세제와 함께 사용하여 항균 활성을 증가하도록 화학적으로 변경된 페놀의 분자 등이 포함된다. 페놀류는 지질을 함유한 원형질막을 손상시켜 항미생물 활성을 발휘한다. 이 결과로 세포 내용물이 누출된다. 결핵 및 나병을 유발하는 마이코박테리아의 세포벽은 지질이 풍부한데, 이것이 마이코박테리아를 페놀 유도체에 민감하게 만든다. 소독제로서 페놀의 유용한 특성은 유기 화합물이 존재해도 활성 상태가 유지된다는 것과 안정적이며, 처리 후 효과가 오랜 기간 동안 지속된다는 것이다. 이러한 이유로, 페놀은 고름과 타액, 배설물 등의 소독에 적합한 물질이다.

가장 자주 사용되는 페놀류 중 하나는 석탄 타르에서 오는 크레졸(cresol)이라는 일군의 화학물질이다. 매우 중요한 크레졸인 O-페닐 페놀(O-phenylphenol, 그림 7.6과 그림 7.7b 참조)은 리졸(Lysol; 한 소독제의 상품명-역자주)의 주성분이다. 크레졸은 매우 우수한 표면 소독제이다.

비스페놀

비스페놀(bisphenol)은 두 개의 페놀 그룹이 다리에 의해 연결된 페놀 유도체이다(*bis*는 두 개를 의미). 한 종류의 비스페놀인 **헥사클로로펜**[hexachlorophene(그림 7.6과 그림 7.7c)]은 수술과 병원에서 미생물 제어과정에 사용되는 처방 로션, pHisoHex의 성분이다. 신생아의 피부 감염을 일으킬 수 있는 그람양성 포도상구균과 연쇄상구균은 헥사클로로펜에 특히 취약하기 때문에 종종 신생아실에서 이들의 감염을 제어하는 데 사용된다. 그러나 비스페놀로 유아 목욕을 하루에 여러 번 하는 것과 같이 비스페놀을 과도하게 사용하면 신경 손상이 생길 수 있다.

널리 사용되는 또 다른 비스페놀은 **트리클로산**(triclosan)으로(그림 7.7d), 항균 비누와 적어도 한 종류 치약의 성분이다. 트리클로산은 심지어 주방의 도마와 칼의 손잡이, 다른 플라스틱 주방용품에도 포함되어 있다. 이것의 사용은 이제 너무 광범위해져 내성 세균이 보고되고 있어서, 특정 항생제에 대한 세균의 내성에 미치는 트리클로산의 영향에 대한 우려가 제기되고 있다. 트리클로산은 세포막 유지에 주로 영향을 미치는 지방산(지질)의 생합성에 필요한 효소를 억제한다. 트리클로산은 그람양성세균에 대하여 특히 효과적일 뿐만 아니라 효모와 그람음성세균에도 잘 듣는다. 그람음성세균인 녹농균(*Pseudomonas aeruginosa*)같이 트리클로산뿐만 아니라 많은 다른 항생제와 소독제에 내성이 매우 강한 일부 예외가 있다(307쪽과 415쪽, 596쪽의 설명 참조).

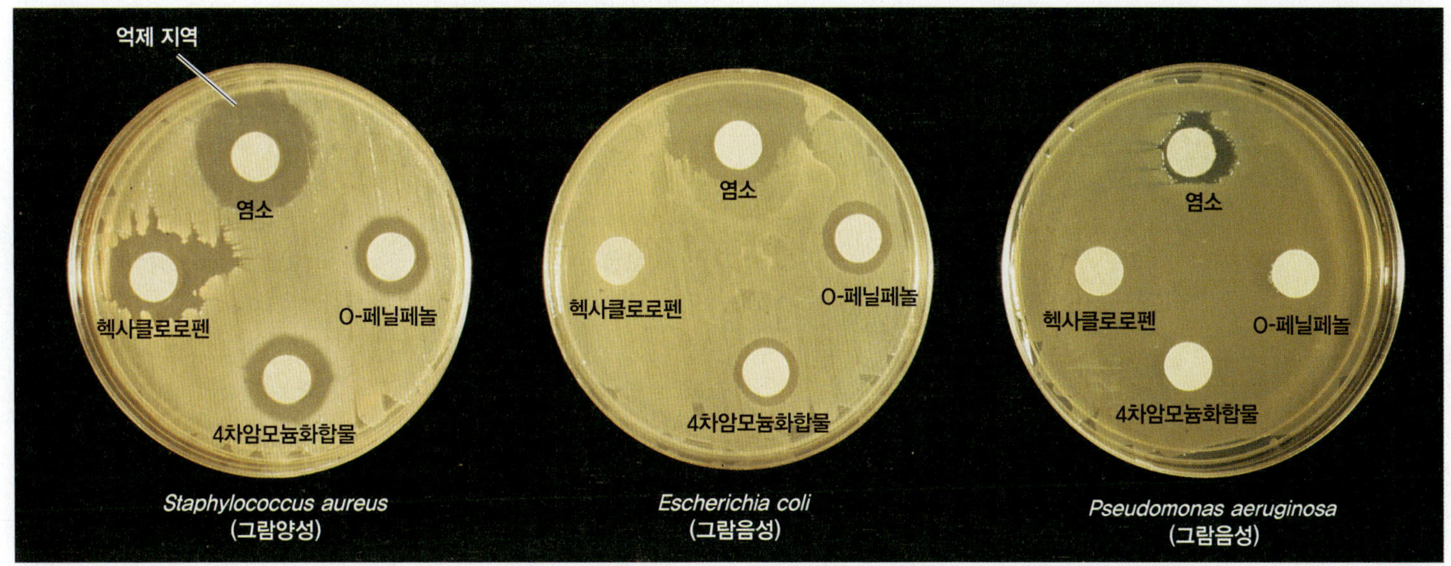

그림 7.6 원반확산법으로 소독제를 평가. 이 실험에서 종이원반을 소독제 용액에 적신 뒤 검사 세균이 일정하게 자라도록 펼쳐진 영양배지의 표면에 놓인다.

각 평판 위에서 염소(차아염소산나트륨과 같은)가 모든 시험 세균에 대해 효과적이지만 그람양성세균에 대해 더 효과적임을 보여준다. 각 평판의 맨 아래에서 4차암모늄화합물("quat")이 역시 그람양성세균에 가장 효과적이지만 슈도모나드에는 전혀 영향이 없다는 것을 보여준다.

각 평판의 왼쪽에서 헥사클로로펜이 그람양성세균에만 효과적임을 보여준다.

각 평판의 오른쪽에서 O-페닐페놀은 슈도모나드에 효과가 없지만 그람양성과 그람음성 세균에 거의 동등하게 효과가 있다.

네 가지 화학물질 모두 그람양성 시험 세균에 작동하지만 네 가지 화학물질 중 하나만이 슈도모나드에 영향을 준다.

왜 슈도모나드는 그림에서 보여주는 것처럼 네 가지 화학물질에 덜 영향을 받는가?

비구아니드

비구아니드(biguanide)는 세균의 세포막에 주로 영향을 미치는 작용 방식으로 활성 범위가 넓으며, 특히 그람양성세균에 효과적이다. 비구아니드는 대부분의 슈도모나드(pseudomonad) 예외를 제외하면 그람음성세균에 대하여도 효과적이다. 비구아니드는 포자는 죽이지 못하지만 외막이 있는 바이러스에 대해서는 일부 활성이 있다. 가장 잘 알려진 비구아니드는 클로르헥시딘(chlorhexidine)으로 피부와 점막에서 미생물 제어에 자주 사용된다. 세제나 알코올과 함께 조합해서 클로르헥시딘은 매우 자주 외과적 손씻기와 수술 전 환자의 피부준비를 위해 사용된다. 알렉시딘(alexidine)은 비슷한 비구아니드로 클로르헥시딘보다 더 빠르게 작용한다. 결국, 알렉시딘은 다음에서 보게 될 많은 적용 사례에서 베타딘(Betadine)을 대체할 것으로 기대된다.

할로겐

할로겐(halogen), 특히 요오드와 염소는 단독으로 그리고 무기 또는 유기 화합물의 구성성분으로 모두 효과적인 항미생물 제제이다. 요오드(iodine, I_2)는 가장 오래되고 효과적인 방부제 중 하나이다. 이것은 모든 종류의 세균과 많은 내생포자, 다양한 균류 그리고 일부 바이러스에 활성이 있다. 요오드는 단백질 합성에 손상을 주고 세포 막을 변형시키는데, 아미노산 및 불포화 지방산과 복합체를 이루어 이런 효과를 나타내는 것 같다.

요오드는 **팅크제(tincture)**로—즉, 수용성 알코올에 녹인 용액—그리고 요오드포 형태로 가용하다. **요오드포(iodophor)**는 요오드와 유기 분자의 조합으로 이것에서 요오드가 천천히 방출된다. 요오드포는 항미생물 활성이 있으면서도, 얼룩지지 않고 덜 자극적이다. 가장 흔하게 상용화된 형태는 포비돈-요오드(povidone-iodine)인 베타딘이다. 표면활성 요오드포인 포비돈은 적시는 작용을 향상

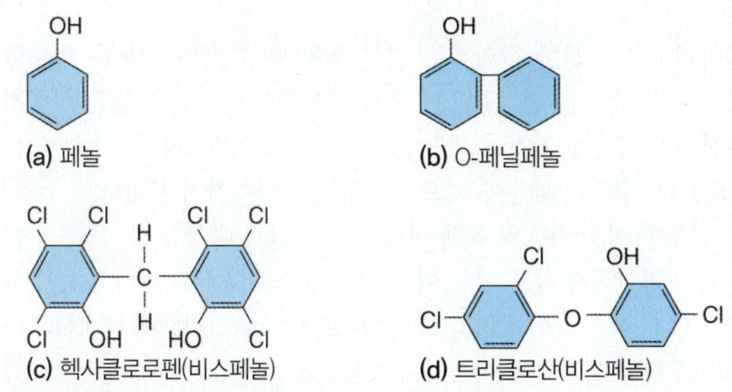

그림 7.7 페놀류와 비스페놀의 구조

Q 일부 사탕이 인후염의 증상을 완화하기 위해 페놀을 함유하고 있다. 왜 이 성분이 포함되나?

표 7.6 다양한 농도에서 에탄올 수용액의 *Streptococcus pyogenes*에 대한 살생작용

에탄올 농도 (%)	노출시간(초)				
	10	20	30	40	50
100	G	G	G	G	G
95	NG	NG	NG	NG	NG
90	NG	NG	NG	NG	NG
80	NG	NG	NG	NG	NG
70	NG	NG	NG	NG	NG
60	NG	NG	NG	NG	NG
50	G	G	NG	NG	NG
40	G	G	G	G	G

Note:
G = 성장
NG = 성장안함

시키고 자유 요오드의 저장소 역할을 한다. 요오드는 주로 피부의 살균과 상처 처리에 사용된다. 많은 야영자들은 식수처리에 요오드를 이용하는 것에 익숙하다.

가스로 혹은 다른 화학물질과 조합으로 **염소**(chlorine, Cl_2)는 소독에 광범위하게 이용된다. 이것의 살균 작용은 염소가 물에 첨가될 때 형성되는 차아염소산(HOCl)에 의해 유발된다.

(1)

$$\underset{\text{염소}}{Cl_2} + \underset{\text{물}}{H_2O} \rightleftharpoons \underset{\text{수소이온}}{H^+} + \underset{\text{염소이온}}{Cl^-} + \underset{\text{차아염소산}}{HOCl}$$

(2)

$$\underset{\text{차아염소산}}{HOCl} \rightleftharpoons \underset{\text{수소이온}}{H^+} + \underset{\text{차아염소산 이온}}{OCl^-}$$

차아염소산은 강한 산화제로 많은 세포 내 효소의 기능을 억제한다. 차아염소산은 전기적으로 중성이고 세포벽을 통해 물만큼 빨리 확산되기 때문에 가장 효과적인 형태의 염소이다. 차아염소산 이온(OCl^-)은 음전하 때문에 세포로 자유롭게 들어가지 못한다.

압축한 염소 가스의 액체 형태는 먹는 물과 수영장 물, 하수의 살균에 광범위하게 사용된다. 여러 가지 염소화합물 또한 효과적인 살균제이다. 예를 들어 **차아염소산칼슘**(calcium hypochlorite) [$Ca(OCl)_2$] 용액은 낙농 도구와 음식점의 주방용구를 소독하는 데 사용된다. 석회의 염소라고 한때 불리던 이 화합물은 세균병원설(germ theory of disease)의 개념보다 한참 먼저인 1825년에 파리의 병원에서 병원 상처소독용 솜을 적시는 데 사용되었다. 또한 1장 11쪽에서 언급한 것처럼, 1840년대에 제멜바이스(Semmelweis)가 이것을 소독제로 출산 중 병원에서 걸리는 감염을 제어하기 위해 사용하였다. 또 다른 염소 화합물인 **차아염소산나트륨**(sodium hypochlorite, NaOCl; 그림 7.6 참조)은 가정용 소독제와 표백제(Clorox)로 그리고 유제품과 식품가공업체, 혈액투석시스템 등에서 소독제로 사용된다. 먹는 물의 수질이 의심스러운 경우, 가정용 표백제는 상수도 염소처리와 대략 비슷한 효과를 제공할 수 있다. 두 방울의 표백제를 물 1리터에 넣고 (만일 물이 뿌여면 네 방울) 30분간 놔두면 이 물은 응급상황에서 마시기에 안전하다고 간주된다.

이산화염소 용액은 잔류 맛이나 향을 남기지 않기 때문에 식품가공 산업에서 표면 소독제로 광범위하게 사용된다. 소독제로 이것은 세균과 바이러스에 대한 활성이 광범위하고 고농도에서는 포낭과 내생포자에도 효과적이다. 저농도의 이산화염소는 방부제로 사용될 수 있다. (살균제와 소독제로 이산화염소가 사용되는 것에 대해서는 198쪽 참조.)

염소 화합물의 중요한 그룹은 염소와 암모니아의 조합인 **클로라민**(chloramine)이다. 대부분의 도시용수처리 시스템에서 암모니아와 염소를 섞어 클로라민을 형성시킨다. (클로라민은 수족관 어류에 독성이 있지만 애완동물상점에서 이를 중화하는 화학물질을 판매한다.) 미국은 야전군에게 **이염화이소시아루르산나트륨**(sodium dichloroisocyanurate)이 함유된 알약(Chlor-Floc)을 지급하고 있다. 이염화이소시아루르산나트륨은 물에 있는 부유물질과 뭉쳐서(엉겨서) 이를 침전시키는 물질이 결합된 일종의 클로로아민(chloroamine)으로 정수작용을 한다. 클로로아민은 유리와 식기류의 소독과 유제품 및 식품 제조 장비의 처리에도 이용된다. 이들은 오랫동안 염소를 방출하는 비교적 안정한 화합물이다. 클로로아민은 유기물질에 비교적 효과적이지만, 차아염소산보다는 효과가 떨어지고 작용 속도가 느린 단점이 있다.

알코올

알코올(alcohol)은 효과적으로 세균과 균류를 죽이지만 내생포자와 외막이 없는 바이러스를 죽이지는 못한다. 알코올의 작용 원리는 일반적으로 단백질의 변성이지만, 세포막을 붕괴시키고 외막이 있는 바이러스의 지질 성분을 비롯한 대부분의 지질을 녹일 수도 있다. 알코올은 작용 후에 빨리 증발해 잔류물을 남기지 않는 장점이 있다. 주사 전에 피부를 문지를 때(살균할 때) 미생물 제어 활성의 대부분은 단순히 먼지와 미생물을 피부 기름과 함께 닦아 없애는 것에서 온다. 그러나 상처에 바르면 알코올은 좋지 않은 소독제이다. 알코올이 단백질 층의 응고를 일으키는데 그 아래에서 세균은 계속 자라기 때문이다.

가장 일반적으로 사용되는 두 가지 알코올은 에탄올과 이소프로판올(isopropanol)이다. 권장되는 **에탄올**(ethanol)의 최적 농도는 70%이지만 60~95% 사이의 농도에서도 살균 효과가 좋아 보인다(표 7.6). 단백질의 변성에는 물을 필요하기 때문에 순수한 에탄올은 수용액(물과 혼합된 에탄올)보다 덜 효과적이다. 소독용 알코올로 자주 판매되는 **이소프로판올**(isopropanol)은 에탄올보다 살균제나 소독제로 약간 더 우수하다. 또한 이것은 에탄올보다 휘발성이 적고 덜 비싸며 더 쉽게 얻을 수 있다.

그림 7.8 중금속의 미량동 작용. 세균의 성장이 억제되는 깨끗한 지역이 솜브레로 장식(옆으로 밀림)과 1페니, 10페니짜리 동전 주위에 보인다. 장식과 10페니 동전은 은을 함유하고 있다; 1페니 동전은 구리를 포함하고 있다.

 이 시연에 사용된 동전은 여러 해 전에 주조되었다; 왜 최근의 동전을 사용하지 않았나?

비누와 물로 손을 씻는 것은 효과적인 위생 방법이다. 비누와 따듯한(warm) 물(가능하면)을 사용하고 손을 서로 20초간 문지른다("생일 축하합니다" 노래를 부르는 시간 정도). 그리고 헹군 다음, 종이 수건이나 공기 건조기로 말리고 수도꼭지를 잠그는 데 종이 수건을 이용하도록 한다. 퓨렐(Purell)과 점엑스(Germ-X) 같은 알코올 기반(약 62% 알코올)의 손 소독제는 손이 겉보기에 더럽지 않을 때 매우 대중적으로 사용된다. 손의 표면과 손가락에 걸쳐 제품을 마를 때까지 문지른다. 제품이 세균의 99.9%를 죽일 것이라는 주장은 주의해서 봐야 한다. 이러한 효과는 일반적인 사용 조건에서는 좀처럼 도달하기 어렵다. 또한 포자를 형성하는 클로스트리듐 디피시리(*Clostridium difficile*) 같은 특정 병원균과 지질 외막이 없는 바이러스는 알코올 기반의 손 소독제에 비교적 내성이 있다.

에탄올과 이소프로판올은 종종 다른 화학 약품의 효과를 증진시키기 위해 사용된다. 예를 들어 제피란[Zephiran(196쪽에 설명)]의 수용액은 시험 세균 집단의 약 40%를 2분 안에 죽이는 반면, 제피란의 팅크제는 같은 시간 동안 약 85%를 죽인다. 팅크제와 수용액의 효과 비교는 196쪽의 그림 7.10을 참조.

중금속과 그 화합물

은과 수은, 구리를 포함한 여러 가지 중금속은 살생물제 혹은 방부제가 될 수 있다. 아주 적은 양의 중금속, 특히 은과 구리의 항미생물 활성을 발휘하는 능력을 **미량동작용[oligodynamic action** (*oligo*는 소수를 의미)]이라고 말한다. 수백 년 전에 이집트인은 은화를 물통에 넣으면 원치 않는 생물 성장 없이 물이 깨끗하게 유지된다는 것을 발견했다. 이 작용은 우리가 동전이나 다른 깨끗한 은이나 구리를 함유한 금속 조각을 접종된 페트리 접시의 배양에 놓으면 볼 수 있다. 극 미량의 금속이 동전에서 퍼져 동전 주위의 약간의 거리까지 세균의 성장이 억제된다(그림 7.8). 이 효과는 중금속이온의 미생물에 대한 작용에 의해 생긴다. 금속이온이 세포 단백질의 메르캅토기(–SH)와 결합하고 그 결과로 변성이 일어난다.

은은 1% **질산은**(silver nitrate) 용액으로 방부제로 이용된다. 한 때는 미국의 많은 주에서 출산과정에서 걸릴 수 있는 신생아 안염이라는 눈 감염 예방을 위해 신생아의 눈에 질산염 몇 방울을 처리하도록 요구했었다. 최근에는 이런 목적을 위해 항생제가 질산은을 대체하였다.

최근에 항미생물제로 은의 사용에 대한 관심이 재개되었다. 천천히 은이온을 방출하는 은을 함유한 의약재료는 항생제 내성세균에 대해 특히 유용한 것이 증명되었다. 온갖 종류의 소비자 제품에 은을 포함시키는 것이 유행처럼 증가하고 있다. 판매되고 있는 신제품 중에는 식품을 신선하게 유지하고자 하는 의도로 은나노입자가 주입된 플라스틱 음식 용기와 냄새를 최소화한다고 주장하는 은 함유 운동 셔츠와 양말이 있다.

은과 약물 술파다이아진(sulfadiazine)의 조합인 **은-술파다이아진**(silver-sulfadiazine)이 가장 흔한 제형이다. 이것은 화상에 사용되는 국소용 크림으로 시중에 나와 있다. 병원 감염의 일반적인 원인인 내재 카테터와 상처 소독용품에 또한 은을 통합시킬 수도 있다. 설파신(Surfacine)은 생물이든 무생물이든 표면에 사용하는 비교적 새로운 항미생물제이다. 설파신은 고분자 운반체에 불용성 요오드화은(silver iodide)이 들어 있고 매우 안정해서 최소한 13일은 지속된다. 세균이 이 표면에 닿으면 세포의 외막이 감지되어 치명적인 양의 은이온이 방출된다.

염화수은(mercuric chloride) 같은 무기 수은 화합물은 살균제로서의 역사가 길다. 이들은 매우 광범위한 활성을 가지는데, 이들의 효과는 주로 정균작용이다. 그러나 독성과 부식성이 있고 유기물질에 비효율적이기 때문에 이제는 이들의 사용이 제한되고 있다. 현재 수은함유물은 페인트 칠 위에 피는 흰곰팡이를 없애기 위해 주로 사용된다.

황산구리(copper sulfate) 형태의 구리나 다른 구리 함유 첨가물은 주로 수조나 연못, 수영장과 물고기 탱크에서 자라는 녹조류를 파괴하는 데(살조제, algicide) 이용된다. 만일 물에 유기물질이 과다하게 들어 있지 않다면 구리 화합물은 1 ppm의 농도에서 효과를 보인다. 흰곰팡이를 막기 위해 **히드록실퀴놀린구리**(copper 8-hydroxyquinoline) 같은 구리 화합물을 페인트에 포함시킨다. 19세기 유럽의 와인 생산 지역에서 포도나무에 영향을 주는 곰팡이 질병이 전염병으로 돌았다. 길에서 가까운 포도나무는 길에서 멀리 떨어진 것에 비해 덜 영향을 받는 것이 분명하였다. 그 이유는 지나가는 사람들이 길에서 포도를 따 먹지 못하게 하려고 길가의 포도나무에 황산 구리와 라임의 혼합물(둘 다 맛이 강하고 쓰다)을 뿌렸기 때문이다. 이런 우연한 관찰로 구리이온을 기반으로 한 혼합물[보

$$\left[H - N^{+}(H)(H) - H \right] \qquad \left[C_6H_5 - CH_2 - N^{+}(CH_3)_2 - C_{18}H_{37} \right] Cl^{-}$$

암모늄이온 염화벤잘코늄

그림 7.9 암모늄이온과 4차암모늄화합물인 염화벤잘코늄(제프란). 다른 그룹이 암모늄이온의 수소를 어떻게 대체하는지 주목하라.

 4차암모늄은 그람양성과 그람음성세균 중 어디에 가장 효과적인가?

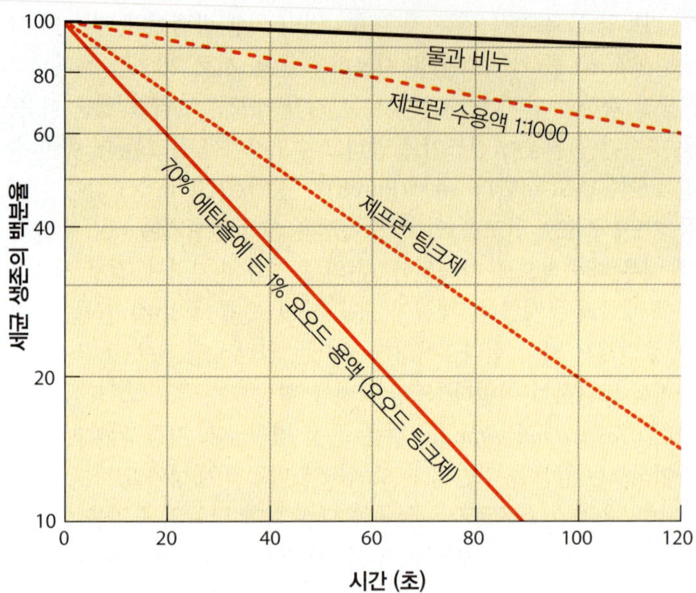

그림 7.10 다양한 방부제의 효과 비교. 사망곡선의 아래쪽 경사가 가파를수록 방부제는 더 효과적이다. 70% 에탄올 용액에 들어 있는 1% 요오드가 가장 효과적이다; 비누와 물은 가장 덜 효과적이다. 제프란 팅크제가 같은 방부제의 수용액보다 더 효과적인 것을 주목하라.

Q 제프란의 팅크제는 왜 수용액보다 더 효과적인가?

르도액(Bordeaux mixture)으로 알려진]이 식물의 곰팡이 질병을 제어하기 위해 오랫동안 사용되어 왔다.

알코올 성분의 손 소독제를 장기간 사용하면 종종 피부건조의 문제를 유발한다. 비교적 새로운 손 소독제인 엑스젤(Xgel)은 알코올이 없고 구리가 들어 있는 피부 로션이다. 엑스젤은 알코올 기반 손 세정제보다 항미생물제로 더 효과적일 수도 있다.

항미생물제로 사용되는 또 다른 금속은 아연이다. 미량의 아연의 효과는 아연도금을 한 이음새 아래로 경사진 건물 지붕의 풍화된 모습에서 볼 수 있다. 지붕에서 생물(주로 조류)의 성장이 억제된 곳은 밝은색이다. 구리나 아연으로 처리된 지붕널은 구할 수 있다. 염화 아연은 구강세정제의 일반적인 성분이고 아연피리치온(zinc pyrithione)은 비듬방지 샴푸의 성분이다.

표면활성제

표면활성제(surface-active agent) 혹은 **계면활성제(surfactant)**는 액체 분자 간의 표면 장력을 감소시킬 수 있다. 이런 물질에는 비누(soap)와 세제(detergent)가 있다.

비누와 세제 비누는 방부제로의 가치는 거의 없지만 문지름을 통한 미생물의 기계적 제거에는 중요한 기능을 한다. 일반적으로 피부는 죽은 세포와 먼지, 마른 땀, 미생물, 기름샘에서 분비된 지성의 분비물 등을 가지고 있다. 비누는 기름 성분의 막을 작은 방울로 분해한다. 이 과정을 **유화작용**(emulsification)이라고 부른다. 그리고 물과 비누는 유화된 기름과 먼지를 함께 떠올려 비누 거품이 씻겨 나가면서 함께 떠내려간다. 이런 의미에서 비누는 좋은 살균제이다.

산-음이온 세정제 산-음이온(acid-anionic) 표면활성 세정제는 낙농도구와 장비를 닦는 데 매우 중요하다. 이들의 소독 능력은 원형질막과 반응하는 분자의 음전하 부분(음이온)과 관련된다. 골치 아픈 내열성 세균을 포함하여 광범위한 미생물에 작용하는 이들 세정제는 비독성이고 비부식성이며 효과가 빠르다.

4차암모늄화합물 가장 널리 사용되는 표면활성제는 양이온 세제, 특히 **4차암모늄화합물(quaternary ammonium compounds, quats)**이다. 이것의 정화 능력은 분자의 양전하 부분(양이온)과 관련된다. 이것의 이름은 이들이 네 개의 결합을 가진 암모늄이온(NH_4^+)의 변형이라는 사실에서 파생되었다(**그림 7.9**). 4차암모늄화합물은 그람양성세균에 대해 강력한 항미생물제이고 그람음성세균에 대해서는 그 활성이 덜하다(그림 7.6 참조).

Quats는 또한 살균류제, 살아메바제, 외막이 있는 바이러스에 대한 살바이러스제이다. 이들은 내생포자나 마이코박테리아는 죽이지 않는다(198쪽 박스 참조). Quats의 화학적 작용 방식은 알려지지 않았지만, 원형질 막에 영향을 끼치는 것 같다. 이들은 세포의 투과성을 변경시키고 칼륨과 같은 필수적인 원형질 성분의 유출을 야기한다.

두 가지 잘 알려진 quats는 각각 제피란(Zephiran)과 세파콜(Cepacol)이라는 제품명을 가진 **염화벤잘코늄**[benzalkonium chloride(그림 7.9 참조)]과 염화세틸피리디늄(cetylpyridinium chloride)이다. 이들은 강력한 항미생물제로 무색, 무취, 무미이고 안정하며 쉽게 희석되고 농도가 높지 않으면 독성이 없다. 구강세정제 병을 흔들 때 거품이 차오른다면 그 구강세정제에는 quat가 들어 있을 것이다. 그러나 유기물질은 이것의 활성을 방해하고 이들은 비누와 음이온 세제에 의해 빨리 중화된다.

Quats를 의료용으로 사용하는 사람은 누구나 기억하여야 한다. 슈도모나스(*Pseudomonas*)의 일부 종과 같은 일부 세균은 4차암모늄화합물에서 생존할 뿐만 아니라 활발히 자랄 수 있다. 이런 미생물은 살균 용액뿐만 아니라 섬유가 quats를 중화시키는 경향이 있기 때문에 이것으로 적셔진 거즈나 붕대에도 내성이 있다.

다음 그룹의 화학 약품으로 넘어가기 전에 지금까지 설명한 일부 방부제의 효과를 비교한 **그림 7.10**을 검토해 보자.

화학 식품보존제

화학 보존제는 부패를 지연시키기 위해 식품에 자주 첨가된다. 이산화황(sulfur dioxide, SO_2)은 살균제로서 특히 와인 제조에 오랫동안 사용되어 왔다. 거의 2800년 전에 작성된 호모의 오딧세이(*Homer's Odyssey*)에 이것의 사용이 언급되어 있다. 가장 흔한 첨가제로는 벤조산나트륨과 소르브산, 프로피온산칼슘 등이 있다. 이들 화학물질은 간단한 유기산 또는 유기산의 염으로 우리 몸에서 쉽게 대사되고 일반적으로 음식에 안전하다고 판단된다. 소르브산(sorbic acid)이나 더 잘 녹는 염인 소르브산칼륨(potassium sorbate)과 벤조산나트륨(sodium benzoate)은 곰팡이가 치즈와 청량음료와 같은 특정 산성 음식에서 자라는 것을 막는다. 보통 pH가 5.5이거나 그 이하인 이런 식품은 대부분 곰팡이에 의해 부패되기 가장 쉽다. 빵에 쓰이는 효과적인 제균제(fungistat)인 프로피온산칼슘(calcium propionate)은 빵을 끈끈하게 만드는 표면 곰팡이와 *Bacillus* 세균의 성장을 막는다. 이들 유기산은 pH에 영향을 주어서가 아니고 곰팡이의 대사 혹은 원형질막의 온전한 상태를 방해해서 곰팡이의 성장을 억제한다.

질산나트륨(sodium nitrate)과 아질산나트륨(sodium nitrite)은 햄이나 베이컨, 핫도그, 소시지 같은 많은 육류제품에 첨가된다. 활성 성분은 아질산나트륨인데, 고기에 있는 특정 세균도 질산나트륨에서 이를 만들 수 있다. 이들 세균은 무산소 조건에서 질산을 산소의 대체물로 이용한다. 아질산은 두 가지 주요 기능이 있다: 고기의 피 성분과 반응하여 보기 좋은 고기의 붉은 빛을 유지시키고 혹시 있을 수 있는 일부 보툴리누스 식중독 내생포자의 발아와 성장을 막는다. 아질산은 클로스트리듐 보톨리누스(*Clostridium botulinum*)의 철을 함유한 특정한 효소를 선택적으로 저해한다. 아질산의 아미노산과의 반응이 **니트로사민(nitrosamine)**이라고 알려진 일부 발암물질을 생성할 수 있다는 일부 우려가 있다. 이런 이유로 식품에 첨가하는 아질산의 양이 일반적으로 최근에 감소하고 있다. 그러나 보툴리누스 식중독 예방이라는 확고한 가치 때문에 아질산은 계속 사용되고 있다. 니트로사민은 몸 안에서 다른 물질들로부터 만들어지기 때문에 고기 안에 제한적으로 사용된 질산과 아질산에 의해 가중되는 추가적인 위험은 한때 생각한 것보다 작다.

항생제

이번 장에서 설명하는 항미생물제는 질병을 치료하기 위해 섭취하거나 주사로 투여하기에는 유용하지 않다. 항생제는 이런 목적으로 이용된다. 항생제의 이용은 상당히 제한되어 있다; 그러나 최소한 두 가지는 음식물 보존에 상당한 사용된다. 둘 다 임상 목적으로는 가치가 없다. 니신(Nisin)은 종종 치즈에 첨가되어 일부 내생포자를 형성하는 부패 세균의 성장을 억제한다. 이것은 한 세균에서 만들어져 다른 것을 억제하는 단백질인 박테리오신(bacteriocin)의 한 예이다(8장 235쪽 참조). 많은 유제품에 적은 양의 니신이 자연적으로 존재하는데, 아무 맛이 없고 쉽게 소화되며 독성이 없다. 나타마이신(natamycin; 피마리신, pimaricin)은 식품, 주로 치즈에 사용이 허가된 항진균성 항생제이다.

알데히드

알데히드(aldehyde)는 가장 효과적인 항미생물제에 속한다. 두 가지 예는 포름알데히드(formaldehyde)와 글루타르알데히드(glutaraldehyde)이다. 이들은 단백질의 여러 유기 작용기($-NH_2$, $-OH$, $-COOH$, $-SH$)와 공유결합을 형성하여 단백질을 불활성화시킨다. 포름알데히드 가스(formaldehyde gas)는 훌륭한 살균제이다. 그러나 포름알데히드 가스의 37% 수용성 용액인 포르말린(formalin)이 더 흔하게 사용된다. 포르말린은 한때 생물학적 표본을 보존하고 백신에 있는 세균과 바이러스를 불활성화하기 위해 광범위하게 사용되었다.

글루타르알데히드(glutaraldehyde)는 화학적으로 포름알데히드의 친족이며 포름알데히드보다는 덜 자극적이고 더 효과적이다. 글루타르알데히드는 내시경과 호흡기 치료장비를 포함한 병원 기기의 살균에 이용되는데, 해당 기기를 먼저 철저하게 닦아야 한다. 2%의 용액(싸이덱스, Cidex)으로 사용할 때, 이것은 살세균제, 살결핵균제, 살바이러스제로는 10분, 살포자제로는 3~10시간이 걸린다. 글루타르알데히드는 멸균제로 고려될 수 있는 몇 안되는 액체 화학 살균제 중 하나이다. 그러나 보통 살포자제로 사용되려면 최대 30분 이내에 효과를 내야하는데, 글루타르알데히드는 이 기준을 만족시키지 못한다. 글루타르알데히드와 포르말린 둘 다 방부처리를 위해 장의사가 사용한다.

많은 용도에서 글루타르알데히드를 대체 가능한 오르토프탈알데히드(ortho-phthalaldehyde, OPA)는 많은 미생물에 대해 더 효과적이고 덜 자극적이다.

임상 사례

외막이 없는 바이러스인 노로바이러스는 급성 위장염의 원인 중 하나이다. 이것은 배설물로 오염된 음식이나 물을 먹거나 감염된 사람과의 직접 접촉으로 옮겨지고 오염된 표면을 만짐으로 퍼질 수 있다. 에이미는 즉시 음식물에 의한 감염을 배제 할 수 있었다. 작은 사립학교는 학교 급식프로그램이 없고, 모든 학생들과 직원들이 가정에서 자신의 도시락을 가져온다. 교장과의 회의 후, 에이미는 관리 직원에게 얘기하여 이들이 학교 청소에 quat를 사용하도록 지시한다. 그녀는 분변 오염의 가능성이 높은 지역, 특히 변기 의자와 배수 손잡이, 화장실과 매점의 문 안쪽 손잡이에 대해 특별한 주의를 기울이도록 요청한다. 에이미는 대규모 발병을 피할 수 있을 것으로 확신하였으나 금요일까지, 42명의 학생과 여섯 명의 직원이 비슷한 증상을 전화로 신고하였다.

왜 quat는 바이러스를 죽이지 못했을까?

182 **197** 199 201

스테로이드 주사에 따른 감염

이 상자글을 읽으면서, 감염통제관이 감염의 근원을 추적하면서 스스로 던지는 일련의 질문을 마주하게 될 것이다. 다음 질문으로 넘어 가기 전에 각 질문에 대하여 여러분 스스로 답을 해 보기 바란다.

1. 감염증 의사인 프리야 아가왈(Priya Agarwal) 박사는 지난 3개월 동안 그녀가 *Mycobacterium abscessus*에 의한 관절과 연조직 감염 환자 12명을 보았다고 보고하기 위해 보건당국에 전화했다. *M. tuberculosis*와 *M. leprae*를 포함하여 느리게 성장하는 마이코박테리아는 일반적인 인간 병원균이지만 이러한 감염이 빠르게 성장하는 마이코박테리아(RGM)에 의해 발생했기 때문에 아가왈 박사는 우려했다.
이 RGM은 보통 어디에서 발견되나? (힌트: 319쪽)

2. RGM은 일반적으로 토양과 물에서 발견된다. 아가왈 박사의 보고서에서 그녀는 모두 12명이 같은 의사에게서 관절염 주사를 맞고 있다고 지적했다. 주사 과정은 희석한 (1:10) 제피란(Zephiran)을 적신 면봉으로 피부를 닦고 제품화된 요오드 면봉으로 피부를 문지르고, 멸균한 22-게이지 바늘과 주사기에 1% 리도카인(lidocaine) 0.5 ml로 관절 부위를 마취한 다음, 0.5~1.0 ml의 코르티손과 유사한 스테로이드인 베타메사손(betamethasone)을 멸균한 20-게이지 바늘과 주사기로 관절에 주사하는 것이다.
아가왈 박사는 감염원을 확인하기 위해 무엇을 할 필요가 있나?

3. 아가왈 박사는 집게를 담는 덮개가 없는 금속 용기의 안쪽 면과 면봉을 담는 금속 용기의 내부 표면에서 채취한 시료의 배양을 지시했다. 그녀는 또한 준비된 요오드 면봉, 제피란에 적신 면봉, 리도카인 용액과 베타메사손 용액, 제피란의 원액과 희석액, 밀봉된 증류수 통 등에 대해 배양을 요청했다.
제피란은 어떤 종류의 소독제인가?

4. 제피란은 quat이다. 실험실에서 배양 결과는 제피란에 적신 면봉에서만 *M. abscessus*이 자랐다. 아가왈 박사는 그 다음 제피란의 희석액과 원액 모두에 대해 원반확산 분석(위 그림 참조)을 수행하였다.
이 분석은 무엇을 밝혔나? 아가왈 박사는 앞으로의 감염을 막기 위해 그 의사에게 무엇을 말해야 하나?

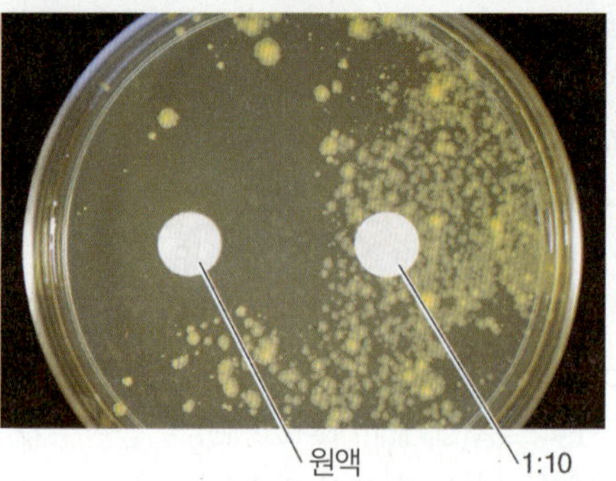

***M. absvessus*에 대한 제피란의 원반확산 검사**

5. 최근 연구 결과, 면봉을 소독제에 적시는 것이 내성세균을 선택하는 것으로 드러났다. 또한 제피란과 다른 quat의 소독 능력은 면봉과 같은 유기물질이 있으면 감소된다. 아가왈 박사는 탈지면을 소독제에 저장하지 않도록 의사에게 알렸다. 그렇게 하면 세균이 환자에게 접종될 수 있기 때문이다.

출처: Adapted from *Clinical Infectious Diseases* 43:823–830 (2006).

화학적 멸균

액체 화학물질로 소독이 가능하지만, 글루타르알데히드 같은 살포자 화학물질조차도 일반적으로 실제적인 멸균제로 간주되지 않는다. 그러나 가스 화학멸균제(chemosterilant)는 물리적 살균과정에 대한 대체물로 자주 이용된다. 이들을 사용하려면 가압증기멸균기와 유사한 밀폐된 챔버가 필요하다. 아마 가장 익숙한 예는 산화에틸렌(ethylene oxide)일 것이다:

$$\begin{array}{c} H_2C\text{—}CH_2 \\ \diagdown\ \diagup \\ O \end{array}$$

이것의 활성은 알킬화(alkylation)에 달려 있다. 즉, 단백질의 화학그룹(—SH나 —COOH, $-CH_2CH_2OH$ 같은)에 있는 불안정한 수소 원자를 화학 라디칼로 대체한다. 이것이 핵산과 단백질을 교차결합시켜 중요한 세포 기능을 억제한다. 산화에틸렌은 모든 미생물과 내생포자를 죽이지만, 몇 시간이나 되는 긴 노출 시간을 필요로 한다. 산화에틸렌은 순수한 형태로는 독성 및 폭발성이 있어 일반적으로 이산화탄소와 같은 불연성 가스와 혼합된다. 이것의 장점은 실온에서 멸균을 한다는 점과 투과성이 매우 높다는 점이다. 대형 병원에서는 종종 특수 산화에틸렌 멸균기에서 심지어 매트리스까지 멸균한다.

이산화염소(chlorine dioxide)는 수명이 짧아서 일반적으로 사용하는 장소에서 제조하는 가스이다. 특히, 이것은 탄저균의 내생포자로 오염된 밀폐 건물 지역을 훈증소독하는 데 사용되어 왔다. 이것은 수용액에서 훨씬 더 안정하다. 염소 소독 전 수처리 단계에서 가장 많이 사용되는데, 물의 염소 소독 과정에서 때때로 생기는 일부 발암 화합물의 생성을 감소시키거나 제거하는 것이 목적이다.

플라즈마

전통적인 물질의 세 가지 상태—액체, 가스, 고체—에 더해 물질의 네 번째 상태인 플라즈마가 존재한다고 간주할 수 있다. **플라즈마(plasma)**는 기체가 여기된(이 경우에는 전자기장에 의해서) 물질의 상태로 여러 가지 전하를 가진 핵과 자유 전자로 된 혼합물을 만든다. 의료 기관에서 관절경이나 복강경 수술 등 많은 새로운 시술과정에 사용되는 금속과 플라스틱 수술기구의 멸균에 대한 문제가 증가하고 있다. 이런 장치는 몇 밀리미터의 내부 직경에 길이가 긴 빈 튜브가 있어 멸균하기가 어렵다. **플라즈마 멸균**(plasma sterilization)은 이런 경우 신뢰할 수 있는 방법이다. 진공과 전자기장, 과산화수소(때로는 과초산)와 같은 화학물질의 조합으로 플라즈마가 생성되는 컨테이너에 해당 장비를 넣는다. 이러한 플라즈마에는 내생포자 생성 미생물조차도 빨리 파괴하는 자유 라디칼이 많이 있다. 물리적, 화학적 멸균 모두의 요소를 갖는 플라즈마 멸균의 장점은 낮은 온도에서 할 수 있다는 것이지만 상대적으로 비싸다.

초임계유체

초임계유체를 이용한 멸균은 물리적 방법과 화학적 방법을 결합한 것이다. 이산화탄소를 "초임계" 상태로 압축할 때, 이것은 액체(증가된 용해도)와 기체(낮아진 표면장력) 속성을 모두 가지고 있다. 영양성장 상태의 부패균 대부분과 식품기인성 병원균을 포함하여 **초임계 이산화탄소**(supercritical carbon dioxide)에 노출된 생물체는 모두 비활성화된다. 심지어 단지 약 45°C에서 내생포자를 비활성화시킨다. 특정 식품을 처리하는데 수년 동안 사용된 초임계 이산화탄소는 최근에는 기증자 환자에서 가져온 뼈나 힘줄 또는 관절인대 같은 의료 임플란트의 오염 제거에 사용된다.

과산화물과 기타 형태의 산소

과산화물(peroxygen)는 과산화수소와 과초산을 포함하는 산화제의 한 그룹이다.

과산화수소는 대부분 가정의 구급약통과 병원의 비품실에 있는 소독제이다. 이것은 노출된 상처에 대한 좋은 살균제가 아니다. 과산화수소는 인간의 세포에 존재하는 카탈라아제 효소의 작용에 의해 신속하게 물과 산소 가스로 분해된다(6장 160쪽 참조). 그러나 과산화수소는 무생물체 소독에는 효과적인데, 고농도에서는 살포자제이기도 하다. 무생물 표면에 있는 산소요구성 세균과 조건부 산소비요구성 세균의 정상적인 보호 효소는 과산화수소의 높은 농도에 의해 압도된다. 이런 요인과 무해한 물과 산소로 빠르게 분해된다는 점 때문에 식품산업에서 무균포장에 과산화수소의 사용이 증가하고 있다(802쪽 그림 28.4 참조). 포장 재료는 용기로 조립되기 전에 이 화학물질의 뜨거운 용액을 통해 지나간다. 또한 많은 콘택트렌즈 착용자는 소독제로 사용하는 과산화수소를 잘 알고 있다. 렌즈소독 장비에 있는 백금 촉매는 렌즈를 소독한 후, 잔류 과산화수소를 파괴하여 눈에 자극을 일으킬 수 있는 과산화수소가 렌즈에 남지 않게 한다.

가열된 과산화수소 기체는 공기와 사물 표면의 멸균에 사용될 수 있다. 예를 들어, 병실 오염은 Bioquell이라는 상표명으로 판매되고 있는 장비로 신속하고 일상적으로 제거할 수 있다. 병실 내부에 발생 장치를 넣고 밀봉하고 외부에서 조종한다. 밀폐된 방이 한 번 정화 사이클을 거친 다음 과산화수소 증기는 촉매작용으로 수증기와 산소로 전환된다.

과초산[peracetic acid(과산화초산, peroxyacetic acid 또는 PAA)]은 사용할 수 있는 가장 효과적인 액체 화학 살포자제 중 하나이며 멸균제로 사용할 수 있다. 이것의 작용 방식은 과산화수소와 비슷하다. 일반적으로 내생포자와 바이러스에 효과를 보이는데 30분이 걸리지 않으며, 성장 중인 세균과 균류는 5분 이내에 죽인다. 과초산의 잔류물(물과 소량의 초산만)은 유독하지 않고 유기물질의 존재에 의한 영향이 작기 때문에 PAA는 식품 가공과 의료 기기, 특히 내시경의 소독에 많은 사용되고 있다. FDA는 과일과 야채의 세척에 PAA의 사용을 승인했다.

다른 산화제로 **과산화벤조일**(benzoyl peroxide)은 처방전 없이 살 수 있는 여드름 치료약의 주요 성분으로 아마 가장 익숙할 것이다. **오존**(ozone, O_3)은 반응성이 매우 높은 형태의 산소로 고전압 전기 방전장치를 통해 산소를 통과시켜 생산한다(789쪽 그림 27.16 참조). 번개 치는 폭풍우 후나 전기 스파크가 일어난 근처 또는 자외선 빛 주변에서 오히려 신선한 공기 냄새가 나는 것은 오존 때문이다. 오존은 맛과 냄새를 중화하는 데 도움이 되기 때문에 종종 물의 소독에서 염소 보충제로 사용된다. 비록 오존이 염소보다 살생제로 더 효과적이지만 이것의 잔존 활성이 물에서 유지되기는 어렵다.

임상 사례

4차암모늄화합물(quats)은 외막이 있는 바이러스에 대해서는 살바이러스제이다. 월요일까지 총 266명의 학생과 직원 중에서 103명이 구토와 설사를 호소하였다. 거의 절반의 학교 구성원이 아파서 결석했거나 아팠다가 학교로 돌아왔기에 에이미는 메릴랜드 주 보건당국에 연락하기로 결정했다. 보건당국의 통계학자와 함께 자신이 정리한 기록을 살펴본 뒤에 그녀는 감염의 가장 중요한 위험 요인이 아픈 사람과 접촉 또는 1학년 학생들이라는 것을 알게 됐다. 다섯 명을 뺀 1학년 학생 모두가 설사병으로 아픈 것으로 보고되었다. 학교가 너무 작기 때문에 1학년 교실은 학교의 컴퓨터실을 겸하고 있다. 학생들과 교직원 모두 이 컴퓨터를 공유한다. 보건당국은 1학년 교실에서 시료를 채취하도록 사람을 보냈고 컴퓨터 마우스에서 노로바이러스가 배양되었다.

어떻게 바이러스가 1학년 교실의 컴퓨터 마우스에서 다른 학년과 직원 모두에게 전파되었나?

182 197 **199** 201

이해도 확인하기

- 만일 구토로 오염된 표면과 재채기로 오염된 표면을 소독하기 원한다면 소독제 선택에 있어 왜 차이가 생길까? **7-7**
- 실용희석 검사와 원반확산 검사 중 어떤 것이 의학 임상 실험실에서 더 많이 이용될 것 같은가? **7-8**
- 왜 알코올이 일부 바이러스에는 효과적인 물질인데 다른 것에는 아닌가? **7-9**
- 베타딘(Betadine)을 피부에 사용하면 방부제인가 소독제인가? **7-10**
- 어떤 특성으로 인해 표면활성제가 낙농산업에 매력적인가? **7-11**
- 어떤 화학 소독제가 살포자제로 고려될 수 있나? **7-12**
- 어떤 화학물질이 멸균에 이용되나? **7-13**

미생물의 특성과 미생물 제어

학습 목표

7-14 미생물의 종류가 미생물 성장 제어에 어떻게 영향을 주는지 설명한다.

많은 살생물제가 그룹으로는 그람음성세균보다 그람양성세균에 더 효과적인 경향이 있다. 이런 원칙은 주요 살생물제에 대한 미생물 그룹의 상대적인 저항성을 간략한 계층구조로 보여주는 **그림 7.11**에 나타나 있다. 살생물제에 대한 이러한 상대적인 내성의 주요 요인은 그람음성세균의 외부 지질다당류 층이다. 그람음성세균에서 슈도모나스(*Pseudomonas*)와 부르크홀데리아(*Burkholderia*)속의 세균은 특별히 흥미롭다. 밀접하게 관련된 이들 세균은 유난히 항생물제에 내성이 있으며(그림 7.6 참조) 일부 소독제와 방부제에서, 특히 4차암모늄화합물에서 조차도 왕성하게 자랄 수 있다. 20장에서 이들 세균이 많은 항생제에도 내성이 있다는 것을 보게 될 것이다. 화학적 항미생물제에 대한 이런 내성은 대부분 이들의 포린(porin; 그람음성세균의 세포벽에 있는 구조적 구멍, 85쪽 그림 4.13 참조)의 특성과 관련된다. 포린은 세포로 들어오는 분자에 대해서 매우 선택적이다.

마이코박테리아는 내생포자를 생성하지 않는 또 다른 세균 그룹으로 화학적 살생물제에 대해 일반적인 내성 보다 더 큰 내성을 보인다(198쪽 상자 참조). 이 그룹은 결핵을 일으키는 병원균인 결핵균(*Mycobacterium tuberculosis*)을 포함한다. 결핵균과 이 속에 속한 다른 세균의 세포벽에는 지질이 많은 밀랍 같은 구성성분이 있다. 소독제에 붙은 설명서 라벨에는 종종 이 소독제가 항결핵제인지 여부가 기록되어 있는데, 이는 마이코박테리아에 대해 효과적인지를 의미한다. 특별한 결핵균사멸성 검사가 이 세균 그룹에 대한 살생물제의 효과를 평가하기 위해 개발되어 왔다.

세균의 내생포자에 영향을 주는 살생물제는 비교적 적다. (마이코박테리아와 내생포자에 대한 주요 화학적 항미생물제 그룹의 활성이 **표 7.7**에 요약되어 있다.) 원생동물의 포낭과 접합자 또한 화학적 소독제에 비교적 내성이 강하다.

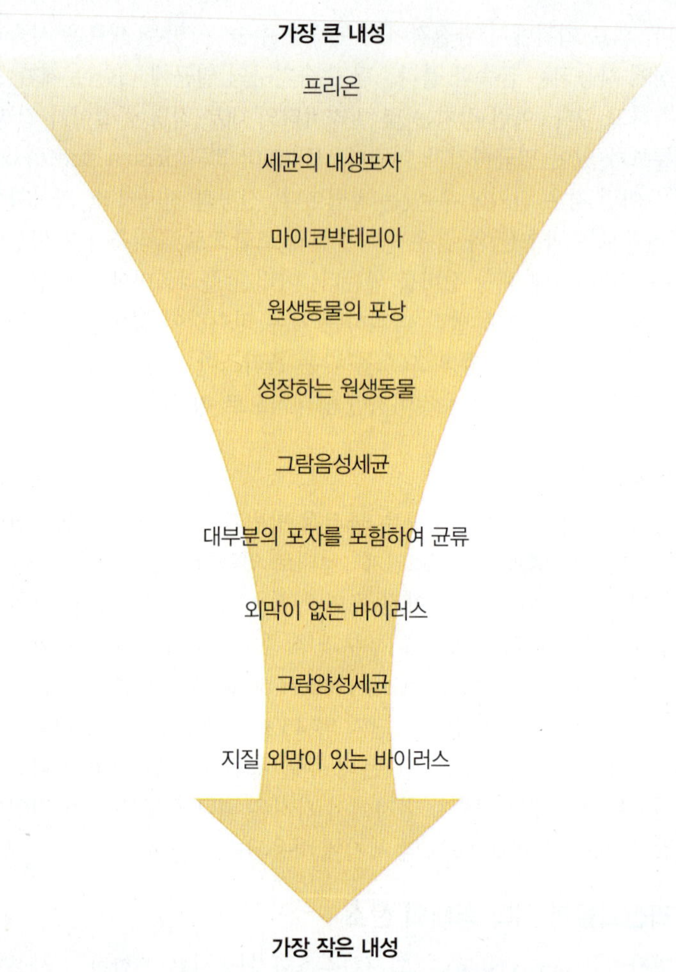

그림 7.11 미생물의 화학적 살생물제에 대한 저항성 순위

Q 지질을 함유한 외막이 있는 바이러스는 왜 일부 살생물제에 민감한가?

살생물제에 대한 바이러스의 내성은 외막의 존재 여부에 따라 크게 달라진다. 지용성 항미생물제는 외막이 있는 바이러스에 더 효과적일 것이다. 이런 약물의 라벨에는 이것이 친지질 바이러스에 효과적임을 표시한다. 외막 없이 단백질 껍질만 있는 바이러스는 내성이 더 강하다—이들에게 효과가 있는 항생물제는 거의 없다.

아직 완전히 해결되지 않는 특별한 문제는 프리온을 완전히 사멸시키는 것이다. 프리온은 대중적인 이름의 광우병과 같은 해면상 뇌병증으로 알려진 신경질환을 일으키는 전염성 단백질이다(22장 637쪽 참조). 프리온을 파괴하기 위해 감염된 동물의 사체는 소각된다. 주요 문제는 프리온 오염에 노출된 수술 도구의 소독이다. 일반적인 가압습윤멸균은 불충분한 것으로 입증되었다. 세계보건기구(WHO)와 미국질병통제예방센터(CDC)는 수산화나트륨 용액과 134°C에서의 가압습윤멸균을 결합하여 사용할 것을 권장해왔다. 최근의 보고에 따르면, 수술 도구의 세정 용액에 단백질가수분해효소를 첨가하여 단백질인 프리온을 성공적으로 불활성화시켰다. 외과의사는 종종 일회용 기구의 사용에 의지할 수밖에 없다.

표 7.7 화학적 항미생물제의 내생포자와 마이코박테리아에 대한 효과

화학물질	내생포자	마이코박테리아
수은	활성없음	활성없음
페놀류	나쁨	좋음
비스페놀	활성없음	활성없음
4차암모늄화합물	활성없음	활성없음
염소	보통	보통
요오드	나쁨	좋음
알코올	나쁨	좋음
글루타르알데히드	보통	좋음
클로르헥시딘	활성없음	보통

요컨대, 미생물제어 방법이, 특히 살균제가, 모든 미생물에 똑같이 효과적이지 않다는 것을 기억하는 것은 중요하다.

미생물 성장을 제어하는 데 사용하는 화학 약품이 표 7.8에 요약되었다.

이해도 확인하기

✓ 내생포자의 존재 여부는 미생물 제어에 분명히 영향을 주지만, 왜 그람음성세균이 그람양성세균보다 화학 살생물제에 더 내성이 있나? 7-14

임상 사례 해결

노로바이러스는 매우 전염성이 강한 바이러스로 사람에서 사람으로 빠르게 퍼져나갈 수 있다. 이것은 외막이 없기 때문에 살생물제로 쉽게 파괴되지 않는다. 에이미는 일단 학교의 전체 구성원이 되돌아오면 손씻기의 중요성을 학생과 직원들에게 설명하기 위한 집회를 개최할 수 있는지 교장에게 묻는다. 비누와 물로 적절히 씻는 것은 다른 사람과 사물 표면으로의 노로바이러스 전염을 방지할 수 있다. 에이미는 또한 보건당국의 권장사항을 논의하기 위해 담당 직원과 다시 만난다. 보건당국에 따르면 대변이나 구토물로 눈에 띄게 오염된 환경표면을 청소할 때 직원은 마스크와 장갑을 착용하고, 묽은 세제에 적신 일회용 수건을 사용하여 최소한 10초 동안 표면을 닦은 다음, 1:10으로 희석한 가정용 표백제 용액으로 최소한 1분 동안 처리하여야 한다. 에이미는 학교가 바이러스에 영향을 또 받을 것임을 알면서도, 이 특정 바이러스로부터 학생과 직원을 보호하는 쪽을 향해 진일보했다고 확신한다.

182 197 199 201

이번 장에서 설명한 화합물은 일반적으로 질병치료에는 유용하지 않다. 항생제와 이들이 활성을 갖는 병원균에 대해서는 20장에서 설명할 것이다.

표 7.8 미생물 성장을 제어하는 화학약품

화학약품	작용 기작	올바른 사용	설명
페놀과 페놀류			
페놀	원형질막의 파괴, 효소의 변성.	비교 기준 이외로는 거의 사용 안함.	자극적인 특성과 불쾌한 냄새 때문에 소독제나 방부제로 잘 사용하지 않음.
페놀류	원형질막 파괴, 효소의 변성.	환경 표면, 도구, 피부표면, 점막.	페놀 유도체로 유기물질 존재 하에조차 반응성이 있다; 한 예는 O-페닐페놀.
비스페놀	아마 원형질막을 파괴.	손 비누와 피부로션에 소독제.	트리클로산이 특히 흔한 비스페놀의 예이다. 광범위하지만 그람양성세균에 가장 효과적이다.
비구아니드 (클로르헥시딘)	원형질막의 붕괴.	피부 소독, 특히 외과적 손씻기.	그람양성과 그람음성세균에 대해 살세균제; 비독성, 안정하다.
할로겐	요오드는 단백질 기능을 억제하고 강한 산화제이다; 염소는 강한 산화제, 차아염소산을 형성한다. 이것이 세포 구성성분을 변경시킨다.	요오드는 팅크제와 요오드포로 가능한 효과적인 방부제이다; 염소 가스는 물의 소독에 사용된다; 염소화합물은 낙농장비, 식기, 가정용품, 유기그릇의 소독에 사용된다.	요오드와 염소는 단독으로 작용하거나 유기와 무기화합물의 성분으로 작용할 수 있다.
알코올	단백질의 변성과 지질의 용해.	온도계와 다른 도구. 주사 전에 알코올로 피부를 문지를 때 대부분의 소독작용은 아마 먼지와 일부 미생물의 단순한 제거작용(살균)에서 올 것이다.	살균과 살진균 그러나 내생포자나 막이 없는 바이러스에는 효과적이지 않다; 흔히 사용되는 알코올은 에탄올과 이소프로판올이다.
중금속과 그 화합물	효소와 다른 필수적인 단백질의 변성.	질산은은 신생아 안염을 방지하는 데 사용될 수 있다; 은-술파다이아진은 화상연고에 사용된다; 황산구리는 살조제이다.	은과 수은 같은 중금속은 살생물제이다.

(계속)

표 7.8 미생물 성장을 제어하는 화학약품 (계속)

화학약품	작용 기작	올바른 사용	설명
표면활성제			
비누와 세제	문지름을 통한 미생물의 기계적인 제거.	피부살균제와 부스러기 제거.	많은 항균비누가 항미생물제를 포함한다.
산-음이온 소독제	확실하지 않음; 효소불활성화 혹은 파괴가 관련될 수 있음.	낙농과 식품가공산업에서 소독제.	광범위한 활성; 비독성, 비부식성, 빠른 작용.
4차암모늄화합물 (양이온세제)	효소 억제, 단백질 변성, 원형질막 붕괴.	피부, 도구, 기구, 고무제품에 대한 방부제.	살세균, 정균, 살진균, 막에 싸인 바이러스에 대해 살바이러스. 4차암모늄화합물의 예는 제피란(Zephiran)과 세파콜(Cepacol).
화학적 식품보존제			
유기산	대사 억제, 주로 곰팡이에 영향을 준다; 작용은 이들의 산성과 연관되지 않는다.	소르브산과 벤조산은 낮은 pH에서 효과적이다; 화장품, 샴푸에 많이 사용되는 파라벤; 빵에 사용되는 프로피온산칼슘.	식품과 화장품의 곰팡이와 일부 세균의 제어에 광범위하게 사용.
질산염/아질산염	세균작용으로 질산염에서 생성되는 아질산염이 활성성분이다. 아질산염은 산소비요구성 세균의 일부 철-함유 효소를 억제한다.	햄, 베이컨, 핫도그, 소시지 같은 육류제품.	식품내의 *Clostridium botulinum*의 성장을 억제; 또한 붉은색을 부여.
알데히드	단백질 변성.	글루타르알데히드(Cidex)는 포름알데히드보다 덜 자극적이고 의료 기구의 소독에 사용된다.	아주 효과적인 항미생물제.
화학적 멸균제			
산화에틸렌과 기체 멸균제	중요한 세포 기능을 억제.	주로 열에 의해 손상을 입는 물질의 멸균을 위해.	산화에틸렌은 가장 흔히 사용된다. 가열된 산화수소와 이산화염소는 특별히 사용된다.
플라즈마 멸균	중요한 세포 기능을 억제.	특히 관모양의 의료 기구에 유용하다.	보통 전자기장에 의해 진공상태에서 여기된 과산화수소.
초임계유체	중요한 세포 기능을 억제.	의료용 유기 임플란트의 멸균에 특히 유용하다.	초임계상태로 압축된 이산화탄소.
과산화물과 산소의 다른 형태	산화.	오염된 표면; 일부 깊은 상처, 여기서 산소에 민감한 산소비요구성 세균에 매우 효과적이다.	오존이 염소처리에 보충하여 광범위하게 이용된다; 과산화수소는 안좋은 방부제지만 좋은 소독제이다. 과초산은 특별히 효과적이다.

학습 개요

미생물 제어 관련 용어 (182쪽)

1. 미생물 성장의 제어는 감염과 음식물 부패를 막을 수 있다.
2. 멸균은 물체에 있는 모든 미생물의 생명 형태를 제거하거나 파괴하는 과정이다.
3. 상업적인 멸균은 보툴리누스균(*C. botulinum*) 내생포자를 파괴하기 위해 통조림을 열처리하는 것이다.
4. 소독은 무생물 표면의 미생물 성장을 감소시키거나 억제하는 과정이다
5. 방부법은 살아 있는 조직에 있는 미생물을 감소시키거나 억제하는 과정이다.
6. 접미사 *-cide*는 죽이는 것을 의미한다; 접미사 *-stat*는 억제하는 것을 의미한다.
7. 패혈증은 세균성 오염이다.

미생물의 사멸 속도 (183쪽)

1. 열이나 항미생물 화학물질의 대상이 된 세균 집단은 보통 일정한 속도로 죽는다.
2. 이런 사멸곡선은 로그 그래프를 그리면 일정한 사멸 속도를 직선으로 보여준다.
3. 미생물 집단을 죽이는 데 소요되는 시간은 미생물의 수에 비례한다.
4. 미생물 종과 생활사의 단계(예로 내생포자)에 따라 물리적 그리고 화학적 제어에 대한 민감도가 다르다.
5. 유기물질은 열처리와 화학적 제어약물을 방해할 수도 있다.
6. 낮은 온도에 긴 시간 노출은 높은 온도에 짧은 시간과 같은 효과를 가져올 수 있다.

미생물 제어 물질의 작용 (183~184쪽)

막 투과성의 변경 (183~184쪽)

1. 원형질막의 민감성은 지질과 단백질 성분 때문이다.
2. 특정 화학적 제어 물질은 원형질막에 투과성을 변경시키는 손상을 준다.

단백질과 핵산에 손상 (184쪽)

3. 일부 미생물 제어 물질은 수소결합과 공유결합을 끊어서 세포 내 단백질에 손상을 준다.
4. 다른 약품은 DNA와 RNA 그리고 단백질 합성을 방해한다.

미생물 제어의 물리적 방법 (185~190쪽)

열 (185~188쪽)

1. 열은 미생물을 죽이기에 자주 이용된다.
2. 습열은 단백질을 변형시켜 미생물을 죽인다.
3. 열사멸온도(TDP)는 액체 배양액에 있는 모든 미생물을 10분 안에 죽일 수 있는 가장 낮은 온도이다.
4. 열사멸시간(TDT)은 주어진 온도에서 액체 배양액에 있는 모든 세균을 죽이는데 필요한 시간이다.
5. 십진감소시간(DRT)은 주어진 온도에서 세균 집단의 90%가 죽는데 걸리는 시간이다.
6. 비등(100°C)은 많은 성장하는 세포와 바이러스를 10분 안에 죽인다.
7. 가압증기멸균(압력하의 증기)은 가장 효과적인 습열멸균 방법이다.
8. 고온순간살균(HTST)에서 음식물의 향을 변경시키지 않고 병원균을 파괴하기 위해 높은 온도가 짧은 시간 동안 이용된다(72°C에서 15초간). 고초온(UHT) 처리(140°C에서 4초간)는 유제품을 멸균하기 위해 이용된다.
9. 건열멸균 방법은 직접적인 화염과 소각, 열기멸균을 포함한다. 건열은 산화로 죽인다.
10. 같은 효과(미생물 성장의 감소)를 가져오는 다른 방법을 등가처리라고 부른다.

여과 (188쪽)

11. 여과는 미생물을 거르기에 충분히 작은 구멍을 가진 여과기를 통해 액체나 기체를 통과시키는 것이다.
12. 고효율 미립자 공기여과(HEPA)를 통해 미생물을 공기에서 제거할 수 있다.
13. 섬유소 에스테르로 구성된 막 여과기는 세균이나 바이러스, 큰 단백질을 걸러내기 위해 흔히 사용된다.

저온 (188~189쪽)

14. 낮은 온도의 유효성은 특정 미생물과 적용 강도에 따라 좌우된다.
15. 대부분의 미생물은 일반적인 냉장고의 온도(0~7°C)에서 번식하지 않는다.
16. 많은 미생물이 식품저장에 이용되는 영하의 온도에서 살아남는다 (그러나 자라지는 않는다).

고압 (189쪽)

17. 고압은 성장하는 세포의 단백질을 변성시킨다.

건조 (189쪽)

18. 물이 없을 때 미생물은 자라지 않지만 살아남을 수 있다.
19. 바이러스와 내생포자는 건조에 저항적일 수 있다.

삼투압 (189쪽)

20. 미생물은 높은 농도의 염과 당에서 원형질 분리가 일어난다.
21. 곰팡이와 효모는 낮은 습도나 높은 삼투압에서 세균보다 더 잘 자랄 수 있다.

방사선 (189~190쪽)

22. 방사선의 효과는 파장과 강도, 시간에 좌우된다.
23. 전리방사선(감마선, X선, 고에너지 전자빔)은 높은 수준의 투과성을 가지고 이것의 효과는 주로 물을 이온화시켜 아주 반응성이 높은 수산기 라디칼을 형성함으로 발휘된다.
24. 자외선(UV)은 비전리방사선의 한 형태로 낮은 수준의 투과성을 가지고 DNA 복제를 방해하는 티민 이량체를 만들어 세포의 손상을 야기한다; 가장 효과적인 살균 파장은 260 nm이다.
25. 마이크로파는 물질이 뜨거워짐에 따라 미생물을 간접적으로 죽일 수 있다.

미생물 제어의 화학적 방법 (190~200쪽)

1. 화학약물이 살아 있는 조직(방부제로)과 무생물체(살균제로)에 사용된다
2. 멸균을 달성하는 화학약물은 거의 없다.

효과적인 소독의 원칙 (191~192쪽)

3. 사용하는 소독제의 특성과 농도에 세심한 주의를 기울여야 한다.
4. 유기물질의 존재, 미생물과 접촉하는 정도 그리고 온도가 고려되어야 한다.

소독제의 평가 (192쪽)

5. 실용희석 검사를 통해 소독제에 대한 제조업체의 권장 희석배율에서의 세균 생존이 결정된다.
6. 바이러스와 내생포자 형성 세균, 마이코박테리아, 균류가 또한 실용희석 검사에 이용될 수 있다.
7. 원반확산 방법에서 화학물질에 적신 거름종이 원반이 접종된 고체 한천배지에 놓인다; 저해하는 지역이 유효성을 가리킨다.

소독제의 종류 (192~200쪽)

8. 페놀류는 원형질막에 손상을 일으키는 작용을 한다.
9. 트리클로산(처방전 필요 없음)과 헥사클로로페논(처방전 필요함) 같은 비스페놀은 가정용품에 광범위하게 사용된다.
10. 비구니드는 성장하는 세포의 원형질막에 손상을 준다.
11. 일부 할로겐(요오드와 염소)은 단독으로 사용되거나 무기 또는 유기 용액의 구성성분으로 사용된다.
12. 요오드는 특정 아미노산과 결합하여 효소를 비롯한 다른 세포 내 단백질을 불활성화시킬 수 있다.
13. 요오드는 팅크제(알코올 용액으로) 혹은 요오드포(유기물질과 조합하여)로 가능하다.
14. 염소의 살균작용은 염소가 물에 첨가되었을 때 형성되는 차아염소산에 기반을 둔다.

15. 알코올은 단백질을 변성시키고 지질을 녹임으로 그 작용을 나타낸다.
16. 팅크제로 이들은 항미생물 화학물질의 효과를 강화시킨다.
17. 수용액 알코올(60~95%)과 이소프로판올은 소독제로 이용된다.
18. 은과 수은, 구리, 아연은 살균제로 사용된다.
19. 이들은 미량동작용을 통해 항미생물 활성을 나타낸다. 중금속이온은 메르캅토기(—SH)와 결합하여 단백질을 변성시킨다.
20. 표면활성제는 액체 분자 사이의 표면장력을 감소시킨다; 비누와 세제가 그 예이다.
21. 비누는 제한된 살균작용을 갖지만 미생물의 제거를 돕는다.
22. 산-음이온 세제는 낙농장비의 세척에 이용된다.
23. 4차암모늄화합물은 NH_4^+에 붙은 양이온 세제이다.
24. 원형질막을 파괴시킴으로 4차암모늄화합물은 세포 밖으로 원형질 구성물질의 누출을 야기시킨다.
25. 4차암모늄화합물은 그람양성세균에 가장 효과적이다.
26. SO_2과 소르브산, 벤조산, 프로피온산은 균류의 대사를 억제하고 식품보존제로 사용된다.
27. 질산염과 아질산염은 고기 속의 *C. botulinum* 내생포자의 발아를 막는다.
28. 니신과 나타마이신은 항생제로 음식물 특히 치즈 보존에 이용된다.
29. 포름알데히드와 글루타르알데히드 같은 알데히드는 단백질을 불활성화시킴으로 항미생물 효과를 발휘한다.
30. 이들은 가장 효과적인 화학적 소독제이다.
31. 산화에틸렌은 멸균에 가장 자주 이용되는 가스이다.
32. 이것은 대부분의 물질을 통과하고 단백질 변성을 통해 모든 미생물을 죽인다.
33. 플라즈마 가스 안의 자유 라디칼이 플라스틱 도구를 멸균하는데 이용된다.
34. 액체와 기체의 특성을 갖는 초임계유체는 낮은 온도에서 멸균할 수 있다.
35. 과산화수소와 과초산, 과산화벤조일, 오존은 세포 내 분자를 산화시킴으로 항미생물 효과를 발휘한다.

미생물의 특성과 미생물 제어 (200~202쪽)

1. 그람음성세균은 일반적으로 그람양성세균보다 소독제나 방부제에 저항력이 더 크다.
2. 마이코박테리아와 내생포자, 원생동물의 포낭과 접합자는 소독제와 방부제에 매우 저항력이 크다.
3. 외막이 없는 바이러스는 일반적으로 외막이 있는 바이러스보다 소독제와 방부제에 저항력이 더 크다.
4. 프리온은 소독제와 가압증기멸균에 견딘다.

학습 질문

복습과 객관식 문제에 대한 해답은 책 뒤에 있음.

복습 문제

1. *Bacillus subtilis* 내생포자의 현탁액에 대한 열사멸시간은 건열로 30분이고 가압증기멸균으로 10분 미만이다. 어떤 종류의 열이 더 효과적인가? 왜?
2. 만일 저온살균이 멸균을 달성하지 못하면 왜 식품처리에 저온살균이 이용되나?
3. 열사멸온도는 열 멸균의 유효성을 정확히 측정하는 수단으로 고려되지 않는다. 열사멸온도를 변경시킬 수 있는 세가지 요소를 나열하시오.
4. 감마선의 항미생물 효과는 (a) ________덕분이다. 자외선의 항미생물 효과는 (b) ________덕분이다.
5. 그려보기 다음 그림에서 세균 배양액은 로그기에 있다. 시간 x에서 항세균 화합물이 배양액에 첨가되었다. 살세균 화합물과 정세균 화합물의 첨가를 알려줄 선을 그리시오. 왜 x 시점에서 생존가능한 수가 0으로 즉시 떨어지지 않는지 설명하시오.

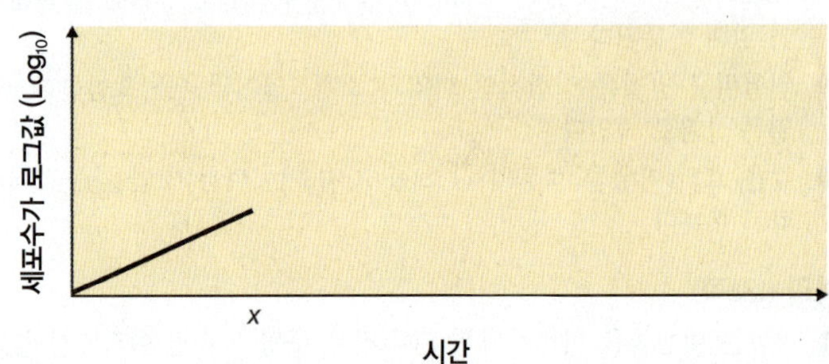

6. 가압증기멸균과 열기멸균, 저온살균이 등가처리의 개념을 어떻게 설명하는가?
7. 어떻게 소금과 설탕이 식품을 보존하는가? 왜 이들이 미생물 제어에 있어 화학적인 방법보다 물리적 방법으로 고려되는가? 설탕으로 보존하는 식품 하나와 소금으로 보존하는 식품 하나의 이름을 말하시오. 자당이 50%인 젤리에 곰팡이 *Penicillium*이 가끔씩 자라는 것을 어떻게 설명할 것인가?
8. 같은 조건에서 검사한 두 가지 소독제의 실용희석 값이 다음과 같다: 소독제 A—1:2; 소독제 B—1:10,000. 만일 두 소독제 모두 같은 목적으로 제조되었다면 여러분은 어느 것을 선택하겠는가?

9. 큰 병원은 스테인레스 스틸 욕조에서 화상환자를 씻긴다. 각 환자 다음에 4차암모늄화합물로 욕조를 청소한다. 화상환자 20명 중 14명이 욕조에서 씻은 후 *Pseudomonas*에 감염된 것으로 알려졌다. 높은 감염률을 대한 원인을 설명하시오.

10. 이름 답하기 무슨 세균이 포린을 가지고 있고 트리클로산에 내성이 있으며 4차암모늄화합물에서 살아남고 자랄 수 있나?

객관식 문제

1. 다음 중 내생포자를 죽이지 않는 것은?
a. 가압증기멸균
b. 소각
c. 열기멸균
d. 저온살균
e. 위의 모두 내생포자를 죽인다.

2. 다음 중 매트리스와 플라스틱 배양접시의 멸균에 가장 효과적인 것은?
a. 염소
b. 산화에틸렌
c. 글루타르알데히드
d. 가압증기멸균
e. 비전리방사선

3. 어떤 소독제가 원형질막을 파괴하는 작동을 하지 않는가?
a. 페놀류
b. 페놀
c. 4차암모늄화합물
d. 할로겐
e. 비구아니드

4. 다음 중 플라스틱 용기에 담긴 열에 불안정한 용액을 멸균하는데 이용될 수 없는 것은?
a. 감마선
b. 산화에틸렌
c. 초임계유체
d. 가압증기멸균
e. 짧은 파장의 방사선

5. 다음 중 4차암모늄화합물의 특징이 아닌 것은?
a. 그람양성세균에 대한 살세균
b. 살포자
c. 살아메바
d. 살진균
e. 외막이 있는 바이러스를 죽임

6. 급우가 어떻게 소독제가 세포를 죽일 수 있는지 결정하려고 노력 중이다. 그가 환원된 리트머스 우유에 소독제를 쏟았을 때 리트머스 우유가 다시 파랗게 변한 것을 당신은 관찰했다. 당신은 급우에게 다음을 제안한다.
a. 소독제는 세포벽 합성을 억제할 것이다.
b. 소독제는 분자를 산화시킬 것이다.
c. 소독제는 단백질 합성을 억제할 것이다.
d. 소독제는 단백질을 변성시킬 것이다.
e. 그는 당신으로부터 떨어져 일을 할 것이다.

7. 다음 중 어느 것이 가장 세균을 죽일 것 같은가?
a. 막 여과기
b. 전리방사선
c. 동결건조(냉동건조)
d. 심온동결
e. 위의 모두

8. 다음 중 어느 것이 식품에 있는 미생물 성장을 제어하는데 이용되는가?
a. 유기산
b. 알코올
c. 알데히드
d. 중금속
e. 위의 모두

9~10번 문제의 답을 다음 중에서 선택하시오. 자료는 *Salmonella choleraesuis*에 대한 네 개의 소독제를 비교하는 실용희석 검사로부터 얻었다. *G* = 성장, *NG* = 성장 안함

	노출 후 세균의 성장			
희석	소독제 A	소독제 B	소독제 C	소독제 D
1:2	NG	G	NG	NG
1:4	NG	G	NG	G
1:8	NG	G	G	G
1:16	G	G	G	G

9. 어느 소독제가 가장 효과적인가?

10. 어느 소독제가 살세균제인가?
a. A와 B, C, D
b. A와 C, D
c. A만
d. B만
e. 위의 어느 것도 아님

비판적 사고

1. 세 가지 소독제를 평가하기 위해 원반확산 방법이 이용되었다. 결과는 다음과 같다:

소독제	억제 지역
X	0 mm
Y	5 mm
Z	10 mm

a. 어느 소독제가 이 생명체에 대해 가장 효과적인가?
b. 화합물 Y가 살세균제 인지 정균제인지 결정할 수 있는가?

2. 다음 세균 각각에 대해 왜 자주 소독제에 저항성을 가지는지 설명하시오.
a. *Mycobacterium*
b. *Pseudomonas*
c. *Bacillus*

3. 실용희석 검사가 *Salmonella choleraesuis*에 대해 두 소독제를 평가하는데 이용되었다. 결과는 다음과 같다:

	노출 후 세균의 성장		
노출시간(분)	소독제 A	증류수에 희석한 소독제 B	수돗물에 희석한 소독제 B
10	G	NG	G
20	G	NG	NG
30	NG	NG	NG

a. 어느 소독제가 가장 효과적인가?

b. 어느 소독제가 *Staphylococcus*에 대해 사용되어야 하는가?

4. 마이크로파 방사선의 치사효과를 결정하기 위해 대장균 10^5 현탁액 두 개를 준비하였다. 한 현탁액은 젖은 상태에서 마이크로파에 노출시키는 한편 다른 하나는 동결건조(냉동건조)한 다음 방사선에 노출시켰다. 결과는 다음 그림에서 보여준다. 점선은 시료의 온도를 나타낸다. 마이크로파 방사선의 치사작용에 무엇이 가장 좋은 방법인가? *Clostridium* 대해서는 결과가 어떻게 다를 것으로 생각되는가?

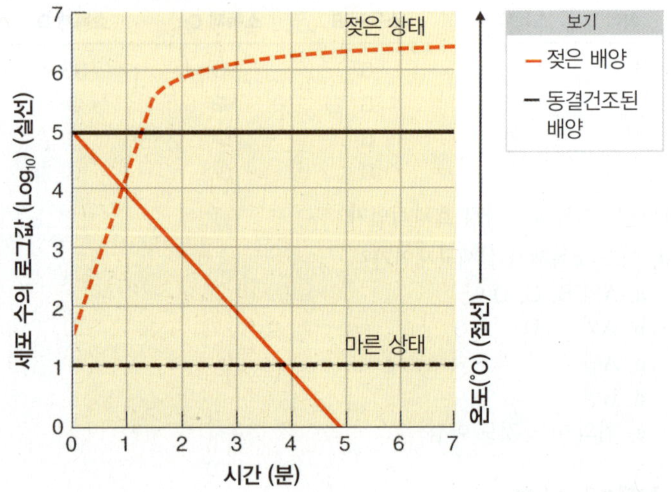

임상 응용

1. *Entamoeba histolytica*과 *Giardia lamblia*가 45세 남자의 대변 시료에서 분리되었고 *Shigella sonnei*가 18세 여자의 대변 시료에서 분리되었다. 두 환자 모두 설사와 심각한 경련성 복통을 경험하였고 소화기 증상이 시작되기 전에 둘 다 같은 척추지압사로부터 치료를 받았다. 척추지압사는 이들 환자에게 결장세척(관장)을 실시하였다. 이 작업에 사용된 장치는 12리터의 수돗물을 이용하는 중력의존 장치이다. 역류를 막는 억제밸브가 없어 장치의 모든 부분은 각 결장치료 동안 배설물에 오염될 수 있다. 척추지압사는 하루에 네다섯 환자에게 결장치료를 실시한다. 환자 사이에 직장에 삽입되는 연결관 조각을 "고온수 멸균기"로 처리한다.

척추지압사에 의해 행해진 두 가지 오류는 무엇인가?

2. 3월 9일과 4월 12일 사이에 한 병원에서 다섯 명의 만성복막투석 환자가 *Pseudomonas aeruginosa*에 감염되었다. 네 환자는 복막염(복강의 염증)으로 발전했고 한 명은 카테터 삽입자리에 피부감염이 발생했다. 복막염을 가진 모든 환자가 미열과 혼탁한 복막액, 복부통증을 가졌다. 모든 환자가 영구적인 복막 내재 카테터를 가지며 카테터를 기계의 고무관에 연결하거나 해체할 때마다 간호사가 요오드포 용액에 적신 거즈로 닦는다. 요오드포의 분주액은 농축용액 병에서 사용 중인 작은 병으로 옮겨진다. 투석액의 농축물과 투석기계의 안쪽 부분에 대한 배양은 음성이었다; 사용 중인 작은 플라스틱 용기의 요오드포로부터 *P. aeruginosa*가 순수배양 되었다.

어떤 부적절한 조치가 이 감염을 이끌었는가?

3. 여러분이 소아환자 중에서 발생한 오염된 산소공급장치와 관련된 *Ralstonia mannitolilytica*의 국가적인 발발을 조사하고 있다. 이 장치는 산소에 수분을 공급하고 따뜻하게 한다. 각 병원은 환자가 바뀔 때마다 장치 내 재사용 부품의 세척에 세제를 사용하는 제조사의 권고를 따랐다. 장치에 재사용되는 0.01 μm 필터를 공기와 물 사이의 생물학적 방벽으로 이용하기 때문에 장치에는 수돗물의 사용이 허용된다. *Ralstonia*는 물에서 흔히 발견되는 그람음성 간균이다.

왜 소독이 실패하였나?

소독을 위해 여러분은 무엇을 추천하겠는가? 이 장치는 가압증기멸균을 할 수 없다.

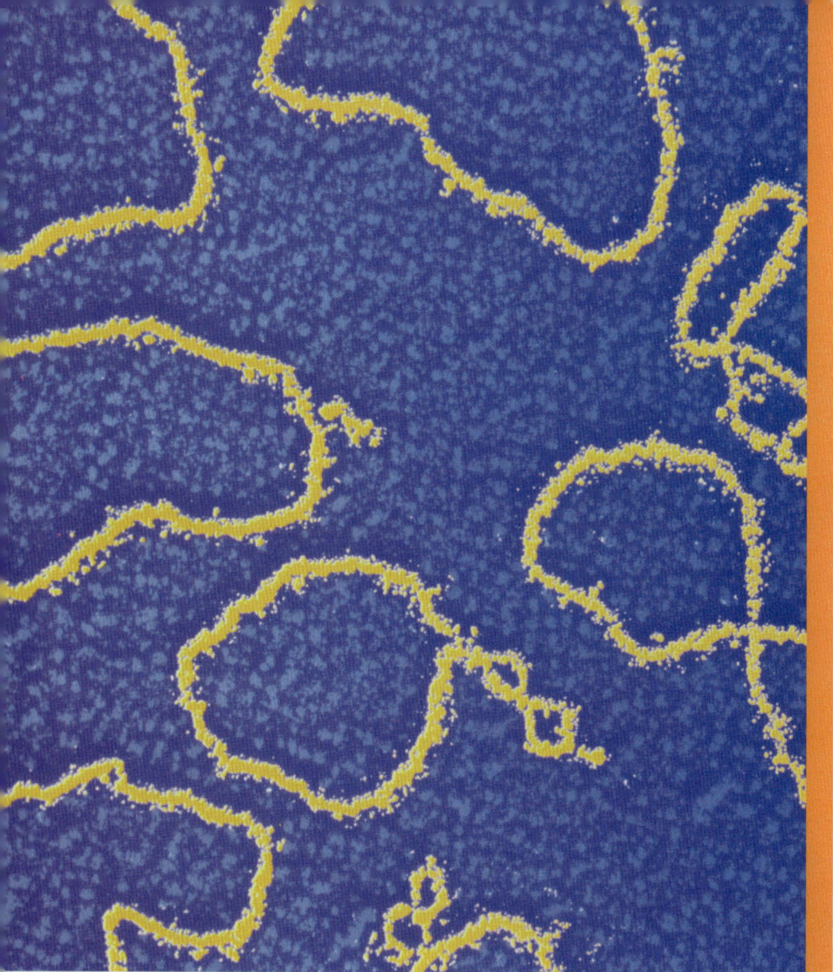

8

미생물 유전학

미생물이 지니는 거의 모든 형질은 유전적으로 조절되거나 영향을 받는다. 미생물에서는 모양이나 구조적 특징, 대사 능력, 움직이고 행동하는 양식, 다른 생물체와 상호작용하는 방식, 때로는 질병을 일으키는 방식 등과 같은 다양한 형질이 유전된다. 미생물 개체는 유전자를 매개로 이와 같은 형질들을 자손에게 전한다.

미생물에서 항생제에 내성이 생겨나는 과정 또한 유전학으로 설명할 수 있다. 항생제 내성 유전자는 때로 위의 그림에서 보는 것과 같은 플라스미드에 들어 있다. 플라스미드는 한 세균에서 다른 세균으로 쉽게 전달될 수 있다. 메티실린 내성 황색포도상구균(*Staphylococcus aureus*)의 출현이나 더 최근의 카바페넴 내성 폐렴균(*Klebsiella pneumonia*)의 출현 또한 플라스미드에 의해 매개된 것이다. 반코마이신 내성 황색포도상구균(vancomycin-resistant *S. aureus* , VRSA)은 환자 치료에 심각한 위협이 되고 있다. 이번 장에서는 VRSA 균주가 어떻게 내성을 얻게 되는지를 살펴보기로 한다.

새로운 질병의 출현도 유전학을 이해하는 것이 중요한 이유가 된다. 새로운 질병은 기존에 존재하는 생물에서 유전적 변화가 일어난 결과이다. 예를 들어 대장균 O157:H7은 *Shigella* 속에서 시가독소(Shiga toxin)를 전해 받아 독성균주로 변한 것이다.

최근 미생물학자는 유전학을 활용하여 생물 사이의 관계를 찾아내고, HIV 또는 H1N1 독감바이러스와 같은 병원체의 기원을 탐색하며, 또한 어떻게 유전자가 발현되는지를 연구하고 있다.

유전물질의 구조와 기능

학습 목표

8-1 유전학, 유전체, 염색체, 유전자, 유전부호, 유전형, 표현형, 유전체학 등을 정의한다.

8-2 DNA가 어떻게 유전정보로 활용되는지 설명한다.

8-3 DNA 복제 과정을 설명한다.

8-4 전사와 RNA 가공, 번역 과정을 비롯한 단백질 합성 과정을 설명한다.

8-5 원핵생물과 진핵생물에서 단백질이 합성되는 과정을 비교한다.

유전학(genetics)은 유전에 대해 연구하는 학문 분야이다. 유전학에서는 유전자란 무엇인지, 유전자가 어떻게 정보를 저장하고 전달하는지, 유전자는 어떻게 복제되어 다음 세대로 전달되며 생물체 사이에 전해지는지, 그리고 생물체 내에서 유전정보가 어떻게 발현되어 개체의 특정한 형질을 결정하게 되는지를 다룬다. 세포 내에 담겨 있는 유전정보를 **유전체(genome)**라 부른다. 세포의 유전체는 염색체와 플라스미드에 들어 있다. **염색체(chromosome)**는 물리적으로 유전정보를 담고 있는 DNA를 포함하는 구조를 말한다. **유전자(gene)**는 기능적인 산물을 부호화하는 DNA(RNA로 이루어진 일부 바이러스를 제외) 구간을 일컫는다.

2장에서 우리는 DNA는 뉴클레오티드라 불리는 단위가 반복되어 만들어진 고분자라는 사실을 알았다. 각각의 뉴클레오티드는 염기(아데닌, 티민, 시토신, 구아닌), 데옥시리보오스(오탄당), 그리고 인산기(그림 2.16 참조)로 이루어진다. 세포 안에는 DNA의 긴 뉴클레오티드 사슬이 이중나선의 형태로 서로 꼬여 있는 상태로 들어 있다. 각각의 사슬은 당과 인산기가 서로 엇갈려 반복되면서 당인산 골격을 이루고 질소를 포함하는 염기는 당인산 골격의 당 분자에 부착되어 있다. 두 개의 사슬은 질소 함유 염기들 사이에 서로 수소결합이 이루어지면서 이중나선을 형성한다. 염기쌍은 항상 특수한 방식으로 형성되는데, 아데닌은 항상 티민과, 그리고 시토신은 구아닌과 짝을 이룬다. 이와 같이 **염기쌍(base pair)**이 특정한 방식으로 형성되기 때문에 한쪽 가닥의 DNA 염기서열은 상대편 가닥의 염기서열을 결정하게 된다. 이런 면에서 DNA를 이루는 두 개의 가닥은 서로 **상보적**(complementary)이라 말한다.

DNA의 구조적 특성을 통해서 생물학적 정보가 일차적으로 어떻게 저장되는지 알 수 있다. 먼저 염기가 일렬로 배열된 순서는 실질적인 정보를 제공한다. 유전정보는 DNA 분자의 사슬을 따라 염기가 배열된 순서로 부호화되어 있다. 이는 자음과 모음이 나란히 배열되면서 단어와 문장을 형성하는 문자열과 같은 방식이다. 그러나 유전적 언어는 단 네 종류의 자모음만을 사용하는데, DNA(또는 RNA)에 포함되는 네 종류의 뉴클레오티드가 그 네 가지 자모음에 해당된다. 그러나 이들 네 가지 뉴클레오티드가 평균 크기의 유전자에 해당하는 1000개 길이의 서열을 이루면 4^{1000} 가지의 서로 다른 방식으로 배열될 수 있다. 이와 같은 천문학적인 숫자는 세포가 성장하고 기능을 수행하기에 충분한 정보를 유전자가 어떻게 제공할 수 있는지를 설명해 준다. **유전부호(genetic code)**는 뉴클레오티드의 서열이 단백질의 아미노산 서열로 전환되는 방식을 결정하는 규칙으로 이 장의 후반에서 더욱 자세히 논의할 것이다.

상보적인 이중나선 구조는 세포가 분열하는 과정에서 DNA가 정확하게 복제될 수 있도록 한다. 각각의 자손 세포는 부모로부터 원래 한 가닥을 물려받으며, 따라서 적어도 정확하게 작동하는 한 가닥의 DNA를 확보하게 된다.

세포의 대사활동은 유전자에 들어 있는 유전정보가 특정한 단백질의 형태로 번역되는 것과 연관된다. 유전자는 대체로 전령 RNA(messenger RNA, mRNA) 분자를 부호화하고 이 전령 RNA가 단백질을 합성하는 데 활용된다. 때로는 리보솜 RNA(ribosomal RNA, rRNA), 운반 RNA(transfer RNA, tRNA), 소형 RNA(micro RNA, miRNA) 등의 RNA가 유전자의 최종 산물이 된다. 유전자가 부호화 하는 최종 분자(예를 들면, 단백질)가 생성되는 경우, 해당 유전자가 **발현**(expression)되었다고 말한다.

임상 사례: 수상한 기미가 느껴질 때

12명의 손주를 둔 70세 할아버지, 마르셀 뒤부아는 조용히 수화기를 내려놓았다. 지난 주에 받았던 대변 DNA 검사 결과가 나왔다고 알려주는 매이요 병원 의사의 전화였다. 마르셀이 대장내시경 검사를 꺼려해서 자꾸 검사를 미루었기 때문에 주치의는 아직 실험 단계이긴 하나 비침습적인 대장암 검사를 권했던 것이다. 대변 DNA 검사는 대변에 들어 있는 대장벽의 세포를 검사한다. 이들 세포에서 DNA를 추출하여 암세포로 전이되기 이전의 용종 또는 악성 종양의 존재를 확인할 수 있기 때문이다. 마르셀은 다음날 오후에 의사를 만나기로 했다.

진료실에서 의사는 마르셀과 부인 재니스에게 대변 DNA 검사에서 톱니형 대장 용종이 발견되었다고 말했다. 이런 종류의 용종은 밖으로 튀어나와 있지도 않고 대장벽과 거의 같은 색이어서 대장내시경으로 발견하기는 대체로 어려운 종류다.

어떻게 DNA 검사를 통해 암에 걸렸는지의 여부를 알 수 있을까? 알아보자.

208 226 231 232

유전형과 표현형

유전형(genotype)은 그 개체의 유전적 구성을 말하는 것으로 개체가 지니는 특정한 형질 전체를 담고 있는 정보를 말한다. 유전형은 잠재적인 특성을 나타낼 뿐이며, 그것 자체가 특성 자체를 말하는 것은 아니다. 개체에서 실제로 발현되는, 특정한 화학반응을 수행하는 능력 등의 특성은 **표현형(phenotype)**이라 한다. 유전형이 겉으로 드러난 것이 표현형이다.

분자 수준에서 말한다면, 개체의 유전형은 유전자들의 모음, 즉 개체의 전체 DNA라 할 수 있다. 그렇다면 개체의 표현형은 분자 수준에서 어떻게 설명할 수 있을까? 어떻게 생각해 보면, 개체의 표현형은 단백질의 모음이라 할 수 있다. 세포가 지니는 대부분의 특성은 단백질의 구조와 기능에서 비롯되기 때문이다. 미생물에서 대부분의 단백질은 특정 반응을 촉매하는 효소로서 작용을 하거나, 생체막이나 편모와 같은 거대한 기능적 복합체를 구성하는 등의 구조적인 역할을 한다. 예를 들어 복잡한 지질이나 다당류 분자의 구조는 이들 분자를 합성하고, 가공하고, 분해하는 일련의 효소들의 촉매 활동에 의해 만들어진다. 따라서 표현형이 전적으로 단백질에 의한 것이라고 말하는 것이 완전히 정확한 것은 아니지만, 아주 틀린 말은 아니라 할 수 있다.

DNA와 염색체

일반적으로 세균은 단백질이 결합되어 있는 원형 DNA 분자로 이루어진 원형 염색체를 한 개 가지고 있다. 염색체는 고리 형태의 DNA 분자가 응축된 형태로 되어 있고 원형질막에 한 곳 또는 그 이상 부착되어 있다. 대장균의 DNA는 460만 염기쌍 정도로 그 길이는 약 1 mm인데, 이는 전체 대장균 세포 길이의 1000배에 달한다(그림 8.1a). 그러나 염색체는 세포 전체 부피의 대략 10% 정도밖에 차지하지 못하는데, 그 이유는 DNA가 **초나선**(supercoil) 형태로 심하게 꼬여 있기 때문이다.

세균 염색체상에서 유전자의 위치는 유전자를 한 세포에서 다른 세포로 전달시키는 실험을 통해서 결정할 수 있었다. 이 과정에 대해서는 이 장의 후반부에서 논의한다. 따라서 세균의 염색체 지도는 유전자가 공여 세포에서 수용 세포로 전달되는 데 걸리는 시간을 분 단위로 표시한다(그림 8.1b). 유전체는 유전자들의 끝과 끝이 연달아 이어진 형태로만 이루어진 것이 아니다. **짧은 직렬반복(short tandem repeats, STR)**이라 불리는 비번역 지역은 대장균 유전체를 비롯하여 대부분의 유전체에 존재한다. STR 서열은 2개에서 5개 염기서열이 반복되는 형태이다. 이와 같은 서열은 DNA 지문 분석(DNA fingerprinting)에도 활용된다.

이제는 그리 어렵지 않게 염색체 전체의 완전한 염기서열을 결정할 수 있다. 컴퓨터를 이용하면 유전체 염기서열에서 **열린 번역틀**(open-reading frame, ORF), 즉 단백질을 부호화할 것으로 추정되는 DNA 구역을 찾아낼 수 있다. 앞으로 살펴보겠지만, 이들은 개시 코돈과 종결 코돈 사이의 염기서열로 이루어진다. 유전체의 염기서열을 결정하고 분자 수준에서 특성을 연구하는 학문을 **유전체학(genomics)**이라 한다. 220쪽의 상자에 유전체학을 활용하여 웨스트나일바이러스(West Nile virus)를 추적한 과정이 기술되어 있다.

유전정보의 흐름

DNA 복제를 통해서 유전정보는 한 세대에서 다음 세대로 전달될 수 있다. 그림 8.2에서 보는 것처럼 세포에서 DNA는 세포분열 직전에 복제되어 각각의 자손 세포는 부모와 똑같은 염색체를 물려받는다. 대사가 진행되는 각각의 세포 안에서 DNA 분자에 담겨 있는 유전정보는 또 다른 방식으로 전달된다. 이 과정에서 DNA의 유전정보는 mRNA로 전사된 다음 단백질로 번역된다. 이번 장에서는 전사와 번역의 과정을 살펴보기로 한다.

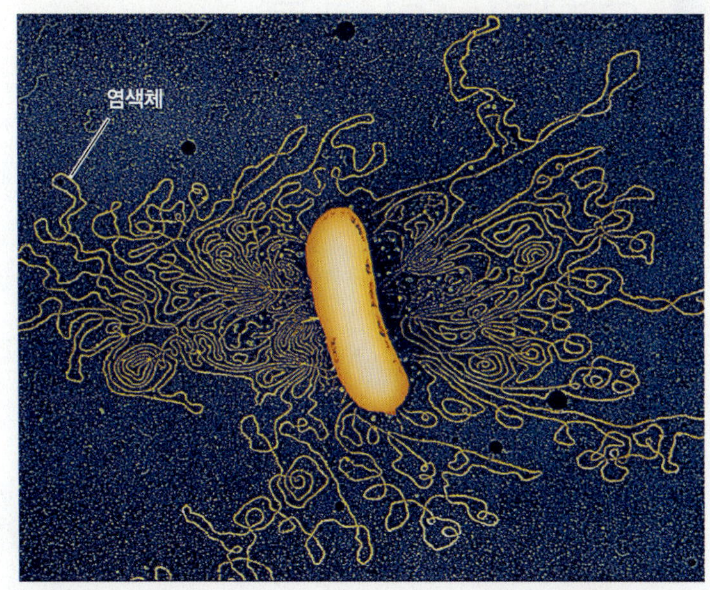

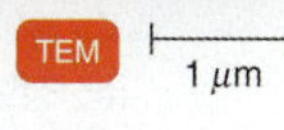

(a) 대장균 세포를 파괴하여 DNA를 조심스럽게 추출하면 DNA 가닥이 서로 얽힌 채 고리를 형성하고 있는 그림과 같은 모습을 관찰할 수 있다. 이는 대장균이 지니는 단일 염색체의 일부이다.

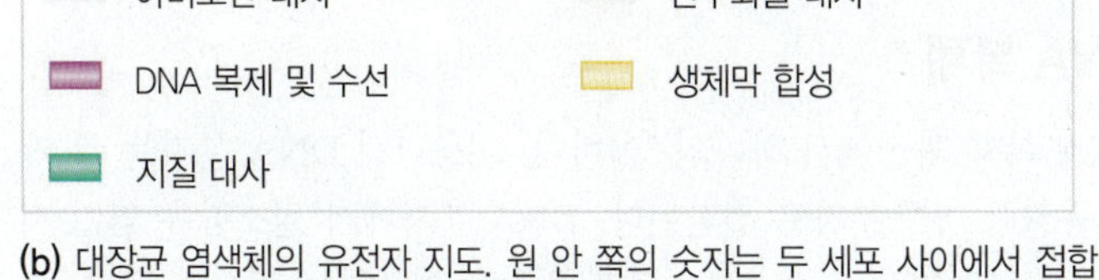

(b) 대장균 염색체의 유전자 지도. 원 안 쪽의 숫자는 두 세포 사이에서 접합이 일어날 때 한 세포에서 다른 세포로 유전자가 전달되는 데 걸리는 시간이다. 색칠된 상자 속의 숫자는 염기쌍의 개수이다.

그림 8.1 원핵생물의 염색체

유전자란 무엇인가? 열린 번역틀이란 무엇인가?

토대 그림 8.2

유전정보의 흐름

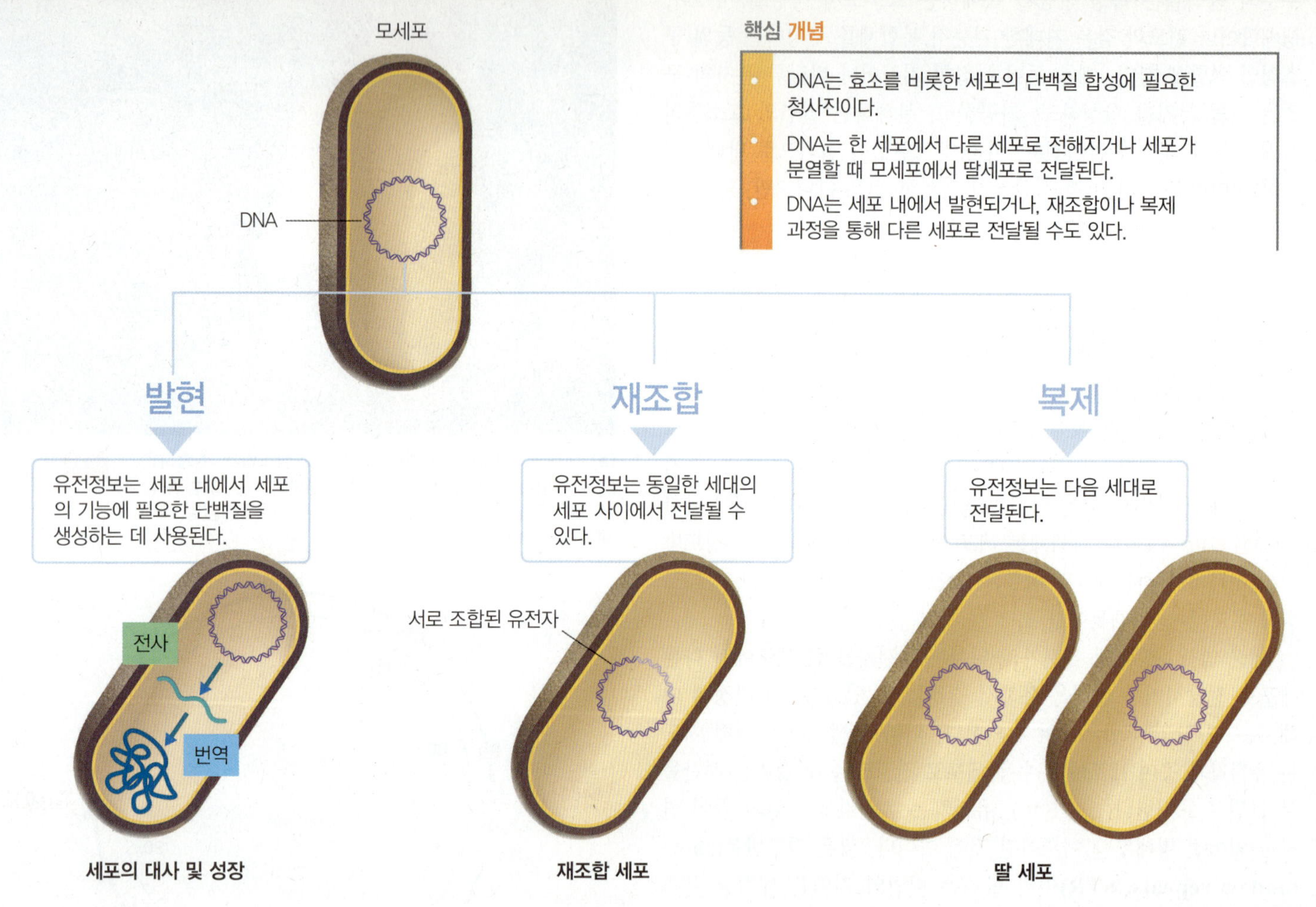

이해도 확인하기

- 유전체의 임상적 응용 사례를 제시하시오. **8-1**
- DNA 분자에서 염기가 짝을 이루는 것이 중요한 까닭은 무엇인가? **8-2**

DNA 복제

DNA 복제 과정에서 하나의 "어버이" 이중나선 DNA 분자는 두 개의 동일한 "딸" 분자로 전환된다. DNA 분자에서 질소함유 염기 서열의 상보적인 구조는 DNA 복제 과정을 이해하는 열쇠가 된다. 이중나선 DNA의 두 가닥이 서로 상보적인 염기로 구성되어 있기 때문에, 한 가닥은 다른 가닥이 만들어질 때 주형으로 작용할 수 있다(그림 8.3a).

DNA가 복제되려면 세포의 여러 단백질이 특정한 순서로 작용해야 한다. 표 8.1에 DNA 복제 및 다른 세포 반응에 관여하는 효소가 설명되어 있다. 복제가 시작되려면 위상이성질화효소(topoisomerase) 또는 자이레이스(gyrase)가 DNA의 초나선 구조를 풀어주고, 헬리케이스(helicase)가 어버이 DNA의 두 가닥 사이를 끊어서 각각의 가닥이 조금씩 분리된다. 세포질에 존재하는 유리 뉴클레오티드 분자들은 풀려진 어버이 DNA 가닥에서 노출되어 있는 염기와 짝을 이루게 된다. 원래의 가닥에 티민이 있으면 새로운 가닥에는 아데닌만 올 수 있다. 그리고 원래의 가닥에 구아닌이 있으면 새 가닥에는 시토신이 짝지어지는 방식으로 복제가 진행된다. 염기가 제대로 짝지어지지 않은 경우에는 복제효소가 이를 제거하고 맞는 짝으로 바꿔준다. 일단 염기쌍이 제대로 형성되면 새로 첨가된 뉴클레오티드는 **DNA 중합효소(DNA polymerase)**라 불리는 효소에 의해서 신장되고 있는 DNA 가닥에 연결된다. 그 다음에는 다시 어버이 DNA가 조금 더 풀어져서 다음 뉴클레오티드가 더해질 수 있다. 복제가 진행되고 있는 지점을 복제분기점(replication fork)이라 한다.

복제분기점이 어버이 DNA 가닥을 따라 이동함에 따라, 풀어진 단일가닥은 각각 새로운 뉴클레오티드와 결합하게 된다. 원래의 어

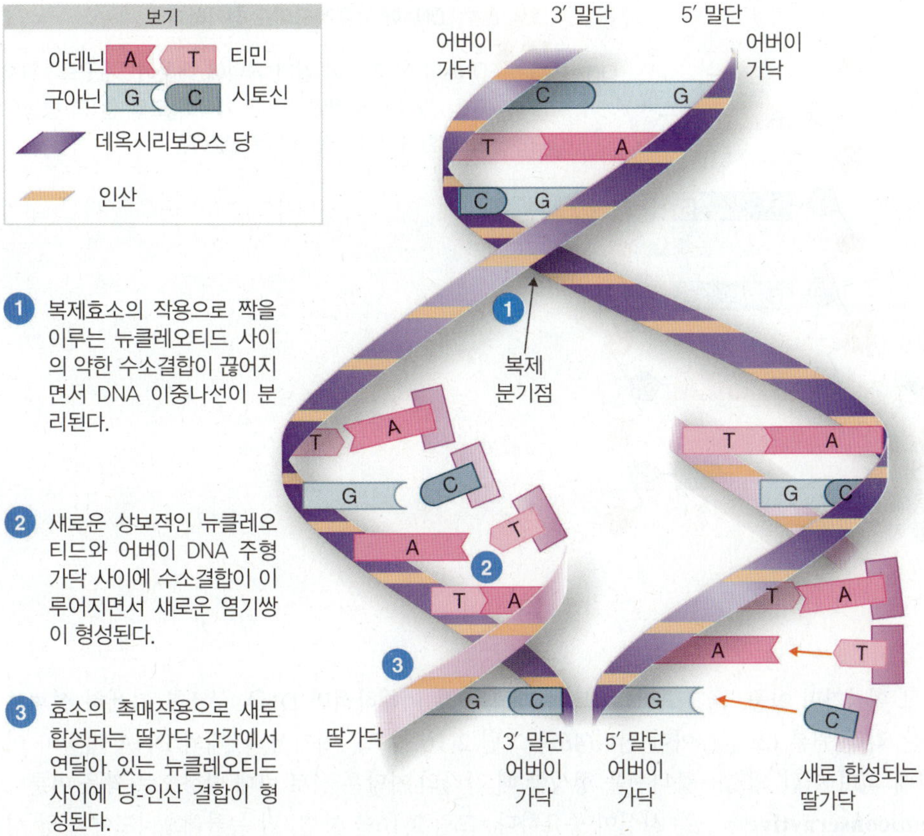

보기

아데닌 A T 티민
구아닌 G C 시토신
데옥시리보오스 당
인산

1 복제효소의 작용으로 짝을 이루는 뉴클레오티드 사이의 약한 수소결합이 끊어지면서 DNA 이중나선이 분리된다.

2 새로운 상보적인 뉴클레오티드와 어버이 DNA 주형 가닥 사이에 수소결합이 이루어지면서 새로운 염기쌍이 형성된다.

3 효소의 촉매작용으로 새로 합성되는 딸가닥 각각에서 연달아 있는 뉴클레오티드 사이에 당-인산 결합이 형성된다.

3′ 말단 5′ 말단 어버이 가닥 어버이 가닥 복제 분기점 딸가닥 3′ 말단 어버이 가닥 5′ 말단 어버이 가닥 새로 합성되는 딸가닥

(a) 복제분기점

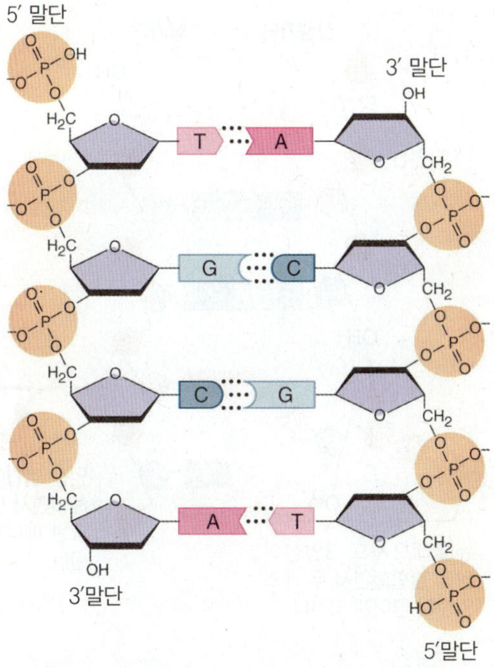

5′ 말단 3′ 말단 3′말단 5′말단

(b) DNA 이중나선을 이루는 각각의 가닥은 역평행이다. 한 가닥의 당-인산 골격은 다른 가닥을 기준으로 볼 때 반대편을 향한다. 이 책을 거꾸로 뒤집어서 보면 이 사실을 확인할 수 있다.

그림 8.3 DNA 복제

 반보존적 복제의 이점은 무엇인가?

표 8.1 복제, 발현, 수선에 필요한 주요 효소

DNA 자이레이스(DNA gyrase)	복제분기점 앞에서 초나선을 풀어준다.
DNA 연결효소(DNA ligase)	DNA 가닥을 공유결합으로 연결한다. 오카자키 절편이나 절제수선된 DNA 조각 등을 연결한다.
DNA 중합효소(DNA polymerase)	DNA를 합성한다. 잘못 들어간 DNA 뉴클레오티드를 편집, 제거하고 수선한다.
중간분해효소(endonucleases)	DNA 가닥의 중간에서 DNA 골격을 자른다. 수선과 삽입을 촉진한다.
말단분해효소(exonucleases)	DNA 가닥의 말단에 부착된 뉴클레오티드를 잘라 낸다. 수선을 촉진한다.
헬리케이스(helicase)	이중나선 DNA 가닥을 푼다.
메틸레이스(methylase)	새로 합성된 DNA의 특정 염기에 메틸기를 부착한다.
광분해효소(photolyase)	가시광선 에너지를 이용해서 자외선에 의한 피리미딘 이량체를 분리한다.
라이보자임(ribozyme)	인트론을 제거하고 엑손을 연결하는 RNA 효소
RNA 중합효소(RNA polymerase)	DNA를 주형으로 RNA를 합성한다.
RNA 프라이메이스(RNA primase)	DNA를 주형으로 RNA 프라이머를 합성하는 RNA 중합효소
snRNP	인트론을 제거하고 엑손을 연결하는 RNA-단백질 복합체
위상이성질화효소(topoisomerase)	복제분기점 앞 쪽에서 초나선을 풀어준다. DNA 복제의 종료지점에서 DNA 고리를 분리한다.
전위효소(transposase)	DNA 골격을 잘라서 단일가닥으로 이루어진 "점착성 말단"을 남긴다.

신생가닥
주형가닥
당
인산
OH
A
T
C
G
G
C
OH
P P P
T
A
C
OH
뉴클레오시드 3인산이 당에 결합되면서 두 개의 인산이 떨어져 나간다.
P P
인산 결합이 가수분해되면서 반응에 필요한 에너지를 제공한다.
P
OH

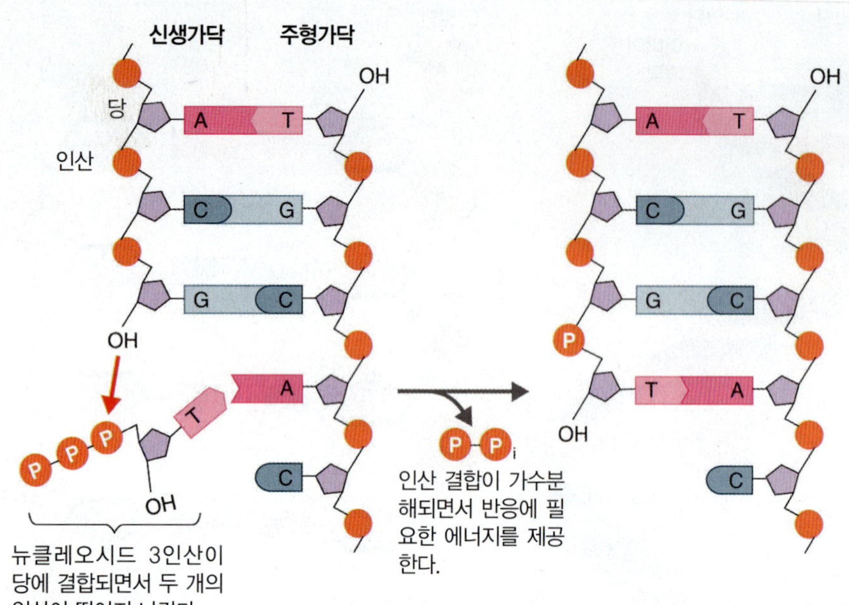

그림 8.4 DNA에 뉴클레오티드 첨가하기

Q DNA의 한 가닥이 상대 가닥에 대하여 "거꾸로" 위치하는 까닭은 무엇일까? 두 가닥이 모두 한 쪽 방향으로 향할 수 없는 까닭은 무엇일까?

버이 가닥과 이렇게 새로 합성된 딸가닥은 다시 서로 휘감기며 이중나선을 형성한다. 새로 생긴 이중나선 DNA 분자는 각각 원본 (보존된) 가닥 하나와 새로 합성된 가닥 하나를 지니게 되며 이런 의미에서 이와 같은 복제 과정을 **반보존적 복제(semiconseravtive replication)**라 한다.

DNA 복제 과정을 잘 이해하려면 DNA 구조를 자세히 살펴보아야 한다(46쪽 그림 2.16 참조). 여기서 두 개의 DNA 가닥이 이중나선을 형성할 때 각각의 가닥은 서로 반대 방향으로 짝을 이룬다는 사실이 중요하다. 그림 2.16을 보면, 각 뉴클레오티드에서 당 성분을 이루는 탄소원자는 1′(1 프라임이라 읽는다)에서 5′까지 번호

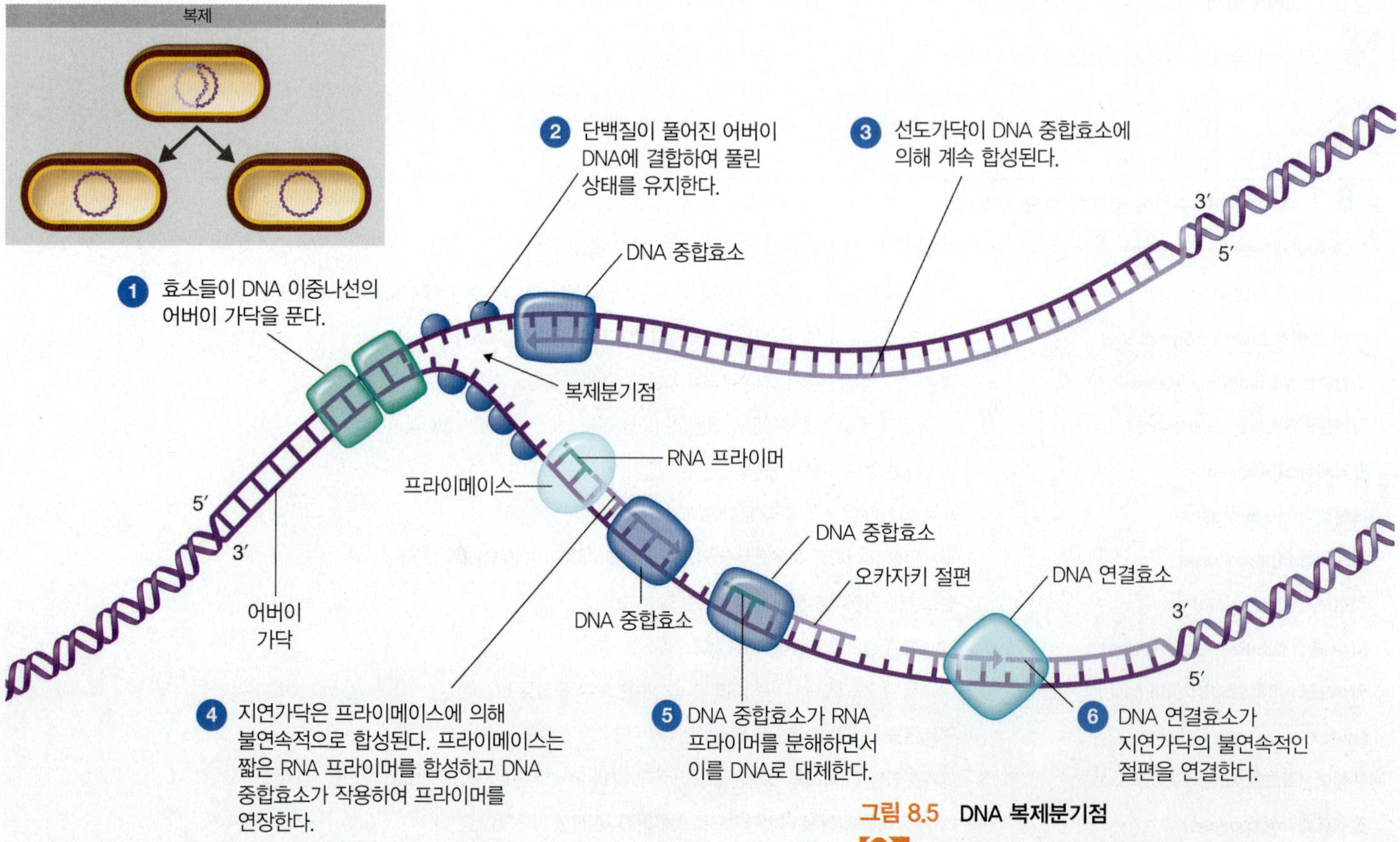

복제
1 효소들이 DNA 이중나선의 어버이 가닥을 푼다.
2 단백질이 풀어진 어버이 DNA에 결합하여 풀린 상태를 유지한다.
3 선도가닥이 DNA 중합효소에 의해 계속 합성된다.
DNA 중합효소
3′
5′
복제분기점
RNA 프라이머
프라이메이스
5′
3′
어버이 가닥
DNA 중합효소
오카자키 절편
DNA 연결효소
DNA 중합효소
3′
5′
4 지연가닥은 프라이메이스에 의해 불연속적으로 합성된다. 프라이메이스는 짧은 RNA 프라이머를 합성하고 DNA 중합효소가 작용하여 프라이머를 연장한다.
5 DNA 중합효소가 RNA 프라이머를 분해하면서 이를 DNA로 대체한다.
6 DNA 연결효소가 지연가닥의 불연속적인 절편을 연결한다.

그림 8.5 DNA 복제분기점

Q DNA 가닥 하나는 불연속적으로 합성된다. 그 이유는?

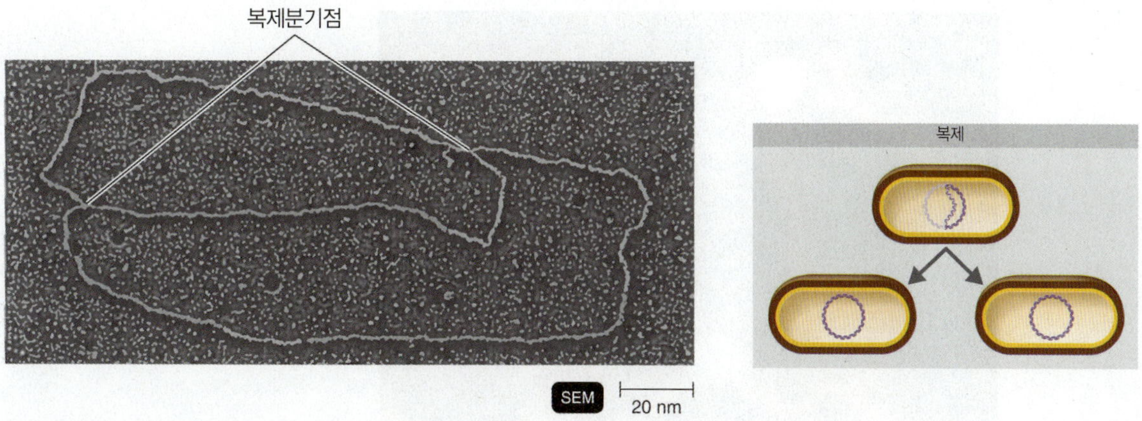

(a) 복제 중인 대장균 염색체

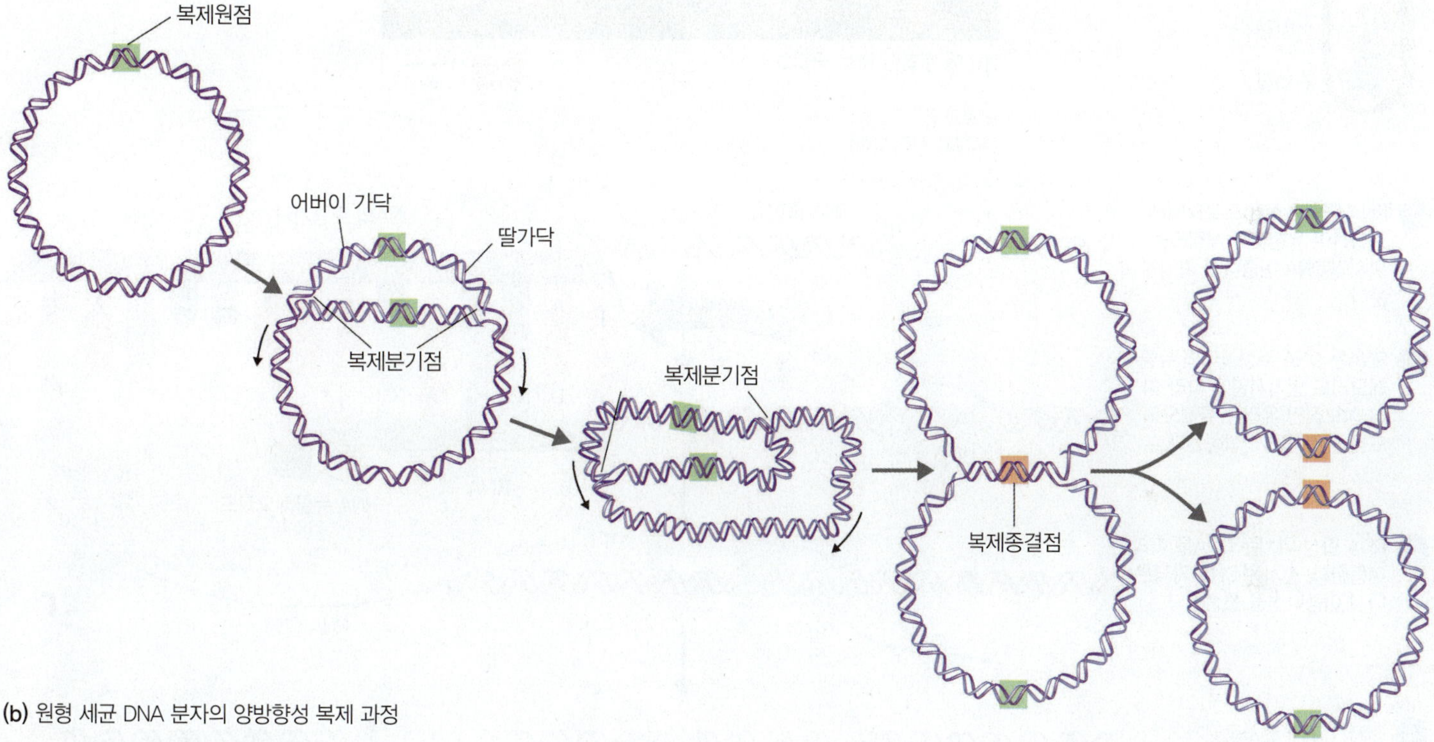

(b) 원형 세균 DNA 분자의 양방향성 복제 과정

그림 8.6 세균 DNA의 복제

복제원점이란 무엇인가?

가 표기되어 있다. 각각 짝을 이루는 염기 옆에 위치하는 당 구조는 한 가닥에서는 위를 향해 있고 다른 가닥에서는 반대로 아래를 향한 형태로 존재한다. 3′ 탄소에 수산기가 결합해 있는 말단을 DNA 가닥의 3′ 말단이라 부르고, 5′ 탄소에 인산기가 붙어 있는 끝을 DNA 가닥의 5′ 말단이라 한다. 두 가닥이 제대로 만나 이중나선을 형성할 때, 한 가닥을 기준으로 5′에서 3′ 방향을 따라 가보면, 상대 가닥의 5′에서 3′쪽 방향은 반대 방향을 향한다(그림 8.3b). DNA의 이와 같은 구조는 DNA 중합효소가 새로운 뉴클레오티드를 3′ 말단에만 첨가할 수 있기 때문에 DNA 복제 과정에 영향을 준다. 따라서 복제분기점이 어버이 DNA 가닥을 따라 움직일 때 두 개의 새로운 가닥은 서로 반대 방향으로 길어지게 된다.

DNA 복제에는 많은 양의 에너지가 필요하다. 이때 필요한 에너지는 실제로 뉴클레오시드 3인산의 형태인 뉴클레오티드에서 공급된다. 여러분은 이미 생체의 에너지원으로 사용되는 ATP 분자에 대해 알고 있을 것이다. 이 ATP와 DNA 합성에 사용되는 아데닌 뉴클레오티드는 당 성분만 다를 뿐이다. 데옥시리보오스는 DNA 합성에 사용되는 뉴클레오시드에 포함된 당 분자이며, 리보오스를 포함하는 뉴클레오시드 3인산은 RNA 합성에 사용된다. 뉴클레오티드가 분해되는 반응은 에너지 방출반응으로 방출되는 에너지는 DNA 가닥이 연결되어 새로운 결합이 만들어지는 데 쓰인다(그림 8.4).

그림 8.5는 복잡한 복제 과정을 좀 더 상세하게 여러 단계로 나누어 보여주고 있다.

대장균을 비롯한 일부 세균에서는 DNA 복제가 염색체를 따라

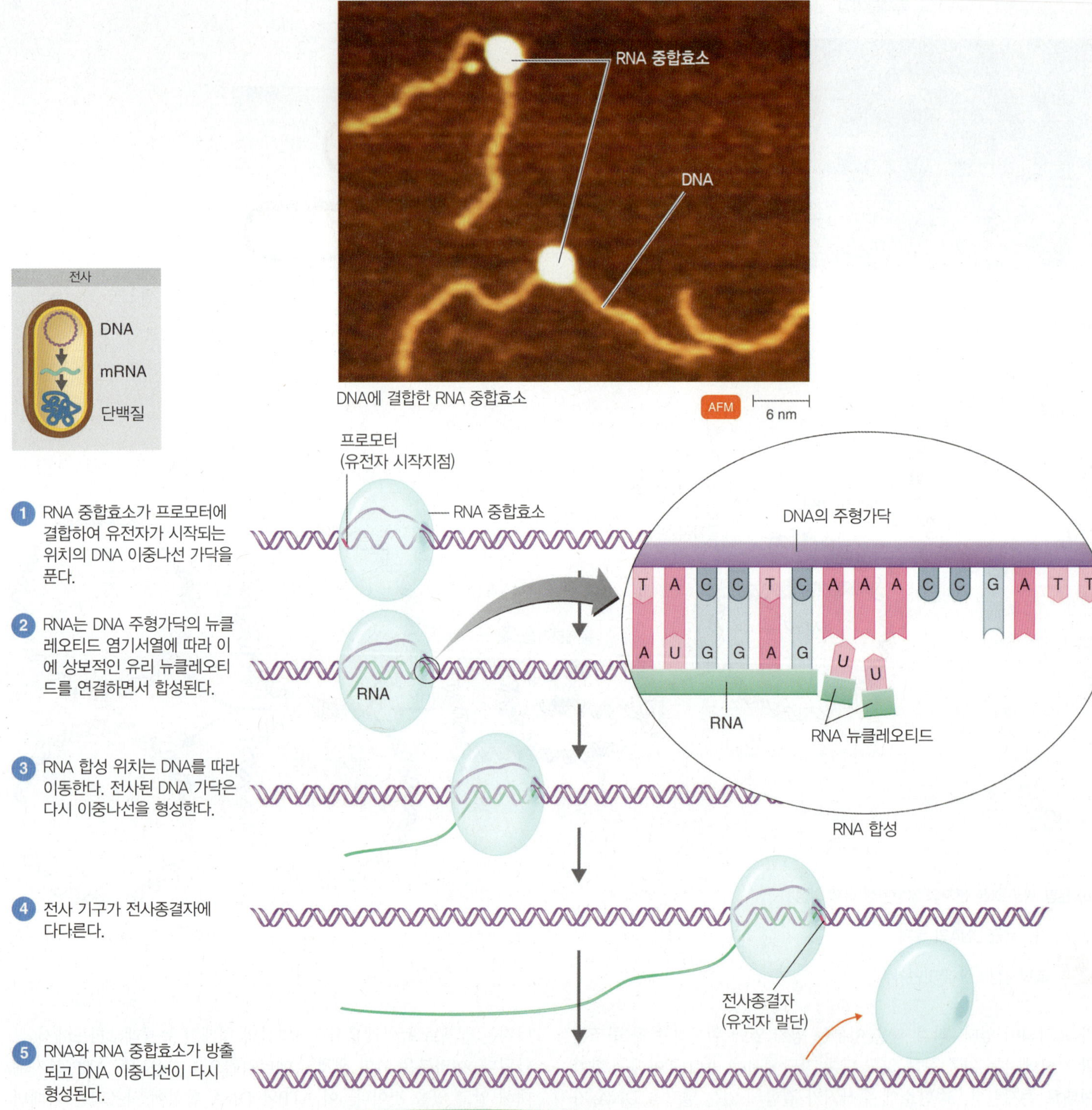

그림 8.7 전사. 모식도는 전체 세포 내 유전정보의 흐름에서 전사가 어느 위치에 놓여 있는지 보여준다.

Q 전사는 언제 종료되는가?

양방향으로(bidirectionally) 진행된다(**그림 8.6**). DNA가 복제될 때, 두 개의 복제분기점은 복제원점에서 반대 방향으로 진행한다. 세균 염색체는 닫힌 원형이므로 복제분기점은 복제가 종결되면서 결국 합쳐지게 된다. 서로 얽혀 있는 두 개의 고리는 위상이성질화효소의 작용으로 서로 분리되어야 한다. 세균의 원형질막과 복제원점 사이가 서로 연결되었다는 증거가 많이 있다. 복제가 완료된 다음 각 복사본의 복제원점은 서로 반대편 세포 말단과 연결된다. 따라서 세포가 중간 지점에서 분열하였을 때 각각의 딸 세포에 완전한 염색체 복사본이 전해질 수 있는 것이다.

DNA 복제는 놀랄만큼 정교한 과정이다. 일반적으로 10^{10} 염기당 하나 정도로 실수가 발생한다. 이 정도로 정확하게 복제될 수 있는 까닭은 대부분의 DNA 중합효소가 **교정판독(proofreading)** 능력을 지니기 때문이다. 각각의 새로운 염기가 추가될 때마다 효소는 상보적인 염기쌍이 적절하게 형성되었는지 판독한다. 만일 염기쌍이 제대로 형성되지 않았다면 효소는 잘못 들어간 염기를 제거하고 올바른 것으로 교체한다. 이런 방식으로 DNA는 매우 정확하게 복제될 수 있고 각각의 딸 염색체는 어버이 DNA와 실질적으로 동일한 정보를 유지하게 된다.

이해도 확인하기

✔ DNA 자이레이스, DNA 연결효소, DNA 중합효소 등의 작용을 포함하여, DNA 복제를 설명하시오. **8-3**

RNA와 단백질 합성

DNA에 들어 있는 정보가 어떻게 세포의 활성을 조절하는 단백질을 만드는 데 사용될 수 있을까? **전사(transcription)**는 DNA에 있는 유전정보가 RNA의 상보적인 염기서열로 복사되는 과정이다. 세포는 이들 RNA에 포함된 정보를 사용해서 **번역(translation)**이라는 과정을 통해 특정한 단백질을 합성한다. 세균 세포에서 진행되는 전사와 번역의 과정을 상세하게 살펴보기로 한다.

전사

전사(transcription)는 DNA 주형에서 상보적인 RNA 가닥을 합성하는 것이다. 여기서는 먼저 세균 세포에서 일어나는 전사와 번역의 과정을 자세히 살펴본 다음 진핵세포에서의 전사를 다루기로 한다. **리보솜 RNA(ribosomal RNA, rRNA)**는 단백질을 합성하는 세포기구인 리보솜의 핵심 성분을 차지한다. 운반 RNA(transfer RNA, tRNA)는 단백질 합성에 관여한다. **전령 RNA(messenger RNA, mRNA)**는 단백질이 합성되는 리보솜에서 특정한 단백질을 합성하는 정보를 가지고 있다.

전사가 진행되는 동안 주형이 되는 세포 DNA의 특정한 부분이 mRNA 가닥으로 전사된다. 다시 말하면 DNA 염기서열의 형태로 저장되어 있는 유전정보가 mRNA의 염기서열 형태로 같은 정보를 다시 쓰게 되는 것이다. DNA가 복제될 때와 마찬가지로 DNA 주형의 G 염기는 합성되는 mRNA에서 C로, DNA 주형의 C는 mRNA에서 G로 전사된다. 그러나 DNA 주형의 A는 mRNA에서 우라실(U)를 지정하는데 RNA에는 T 대신 U가 있기 때문이다. (U는 화학적으로 T와 매우 유사하여 같은 방식으로 염기쌍을 형성한다.) 예를 들어 DNA 주형의 서열이 3′-ATGCAT라면, 새로 합성되는 mRNA 서열은 이와 상보적인 5′-UACGUA가 된다.

전사 과정에는 **RNA 중합효소(RNA polymerase)**와 RNA 뉴클레오티드가 필요하다(**그림 8.7**). RNA 중합효소가 **프로모터(promoter)**라 불리는 DNA 부위에 결합하면서 전사가 시작된다. 두 가닥 DNA 가운데 단 한 가닥만이 주어진 유전자의 RNA 합성에서 주형으로 작용한다. DNA와 마찬가지로 RNA 또한 5′에서 3′ 방향으로 합성된다. RNA 합성은 RNA 중합효소가 **전사종결자(terminator)**라 불리는 DNA 자리에 도달할 때까지 계속된다.

첫 번째 위치	두 번째 위치: U	C	A	G	세 번째 위치
U	UUU Phe	UCU Ser	UAU Tyr	UGU Cys	U
	UUC Phe	UCC Ser	UAC Tyr	UGC Cys	C
	UUA Leu	UCA Ser	UAA 종결	UGA 종결	A
	UUG Leu	UCG Ser	UAG 종결	UGG Trp	G
C	CUU Leu	CCU Pro	CAU His	CGU Arg	U
	CUC Leu	CCC Pro	CAC His	CGC Arg	C
	CUA Leu	CCA Pro	CAA Gln	CGA Arg	A
	CUG Leu	CCG Pro	CAG Gln	CGG Arg	G
A	AUU Ile	ACU Thr	AAU Asn	AGU Ser	U
	AUC Ile	ACC Thr	AAC Asn	AGC Ser	C
	AUA Ile	ACA Thr	AAA Lys	AGA Arg	A
	AUG Met/개시	ACG Thr	AAG Lys	AGG Arg	G
G	GUU Val	GCU Ala	GAU Asp	GGU Gly	U
	GUC Val	GCC Ala	GAC Asp	GGC Gly	C
	GUA Val	GCA Ala	GAA Glu	GGA Gly	A
	GUG Val	GCG Ala	GAG Glu	GGG Gly	G

그림 8.8 유전부호표. mRNA 코돈을 이루는 세 개의 뉴클레오티드 각각에서 첫 번째 위치, 두 번째 위치, 세 번째 위치가 표기되어 있다. 세 개의 뉴클레오티드 각각의 모음은 특정한 아미노산을 지정하며 이들 아미노산은 세 글자 약어로 표기되었다(42쪽 표 2.5 참조). AUG 코돈은 아미노산인 메티오닌을 지정하는데, 이는 또한 단백질 합성의 시작을 알리기도 한다. '종결'이라 표기된 코돈은 단백질 합성이 끝나는 신호로 작용한다.

Q 유전부호가 중복되어 있어 유리한 점은 무엇일까?

전사 과정을 통해 세포는 단백질 합성에 직접적인 정보를 제공하는 유전자의 단기 복사본을 만들어 낸다. 전령 RNA는 영구적인 유전정보를 지니는 DNA와 유전정보를 활용하는 번역의 과정을 매개한다.

번역

지금까지 전사가 일어나는 동안 DNA에 담겨 있는 유전정보가 어떻게 mRNA로 전달되는지 살펴보았다. 이제는 mRNA가 어떻게 단백질을 합성하는 정보원으로 작용하는지를 살펴볼 것이다. 단백질 합성과정을 **번역(translation)**이라 부른다. 왜냐하면 이 과정은 핵산의 "언어"가 단백질의 "언어"로 정보가 번역되는 과정이라 볼 수 있기 때문이다.

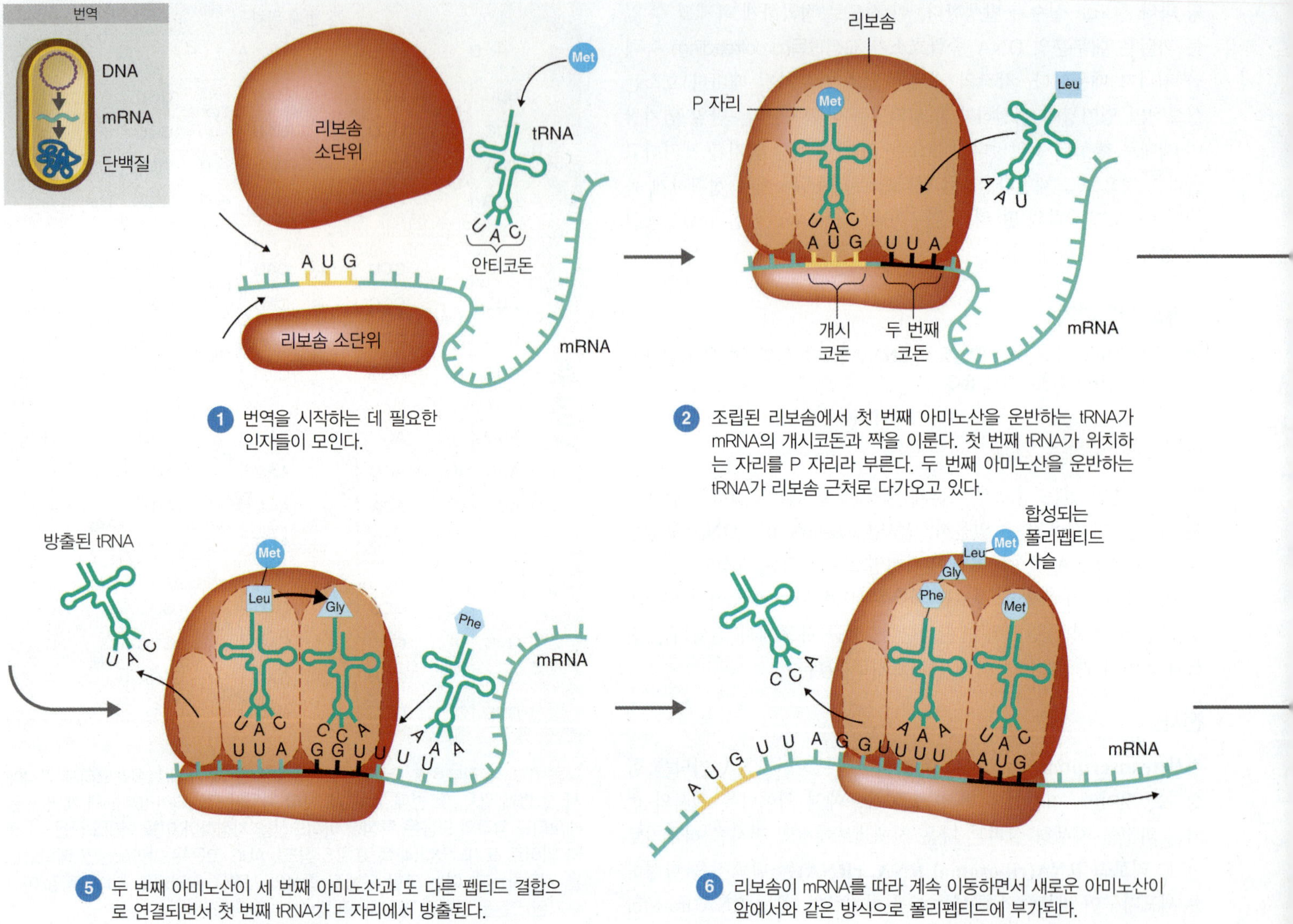

번역
DNA
mRNA
단백질
리보솜 소단위
tRNA
Met
A U G
U A C
안티코돈
리보솜 소단위
mRNA
1 번역을 시작하는 데 필요한 인자들이 모인다.
리보솜
P 자리
Leu
A A U
개시 코돈
두 번째 코돈
mRNA
2 조립된 리보솜에서 첫 번째 아미노산을 운반하는 tRNA가 mRNA의 개시코돈과 짝을 이룬다. 첫 번째 tRNA가 위치하는 자리를 P 자리라 부른다. 두 번째 아미노산을 운반하는 tRNA가 리보솜 근처로 다가오고 있다.
방출된 tRNA
Gly
Phe
mRNA
5 두 번째 아미노산이 세 번째 아미노산과 또 다른 펩티드 결합으로 연결되면서 첫 번째 tRNA가 E 자리에서 방출된다.
합성되는 폴리펩티드 사슬
mRNA
6 리보솜이 mRNA를 따라 계속 이동하면서 새로운 아미노산이 앞에서와 같은 방식으로 폴리펩티드에 부가된다.

그림 8.9 번역. 번역의 목표는 mRNA를 생물정보로 사용하여 단백질을 합성하는 것이다. 이 모식도에 나타난 복잡한 과정은 생물정보를 해독하는 과정에서 tRNA와 리보솜의 주요 역할을 보여준다. 리보솜은 mRNA에 부호화된 정보가 해독되는 장소를 제공하는 역할을 하며 또한 개별 아미노산이 폴리펩티드 사슬로 연결되는 장소이기도 하다. tRNA 분자는 실질적인 "번역기"의 역할을 하는 분자로, 한쪽 말단은 특정 mRNA 코돈을 인식하고 동시에 다른 말단은 해당 코돈이 부호화하는 아미노산을 운반한다.

Q 번역은 언제 끝나는가?

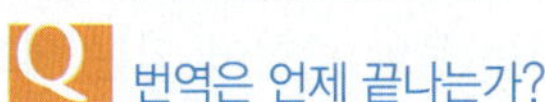

mRNA의 언어는 AUG, GGC, AAA 등으로 세 개의 뉴클레오티드 모음인 **코돈(codon)**의 형태로 담겨 있다. mRNA 상에 있는 코돈의 서열은 합성될 단백질에 포함될 아미노산의 서열을 결정한다. 각각의 코돈은 특정한 아미노산을 "부호화"한다. 이는 유전부호표(그림 8.8)에서 확인할 수 있다.

코돈은 mRNA에서 염기서열의 형태로 쓰여 있다. 64개의 코돈이 존재하는 데 비해 아미노산은 단 20종 밖에 없다는 사실을 기억하자. 이는 대부분의 아미노산이 여러 개의 서로 다른 코돈으로 지정될 수 있다는 것을 뜻하고, 이와 같은 상황을 유전부호의 **중복성(degeneracy)**이라 한다. 예를 들어 류신을 지정하는 코돈은 모두 6개가 있으며, 4개의 코돈이 알라닌을 지정한다. 유전부호의 중복성으로 인해 DNA 상에 어느 정도 변이가 일어나도 최종 생산되는 단백질에는 별로 영향이 없는 경우가 있을 수 있다.

64개의 코돈 가운데 61개가 아미노산을 지정하는 **센스코돈(sense codon)**이고 3개는 아미노산을 지정하지 않는 **종결코돈(nonsense codon**, 또는 stop codon이라고도 한다)이다. 종결코돈, UAA, UAG, UGA는 단백질 분자의 합성을 종결하는 신호로 작용한다. 단백질 합성을 시작하는 개시코돈은 AUG로, 이는 개시코돈인 동시에 메티오닌을 지정한다. 세균에서 개시 AUG 코돈은 단백질 중간에 발견되는 메티오닌 대신 포밀메티오닌을 부호화한다. 개시 메티오닌은 단백질이 합성된 다음 대개 제거되기 때문에 모든 단백질의 말단에 메티오닌이 있는 것은 아니다.

mRNA의 코돈은 번역 과정을 통해 단백질로 전환된다. 코돈은 순서대로 "읽히며" 각 코돈에 대응해서 적절한 아미노산이 연결

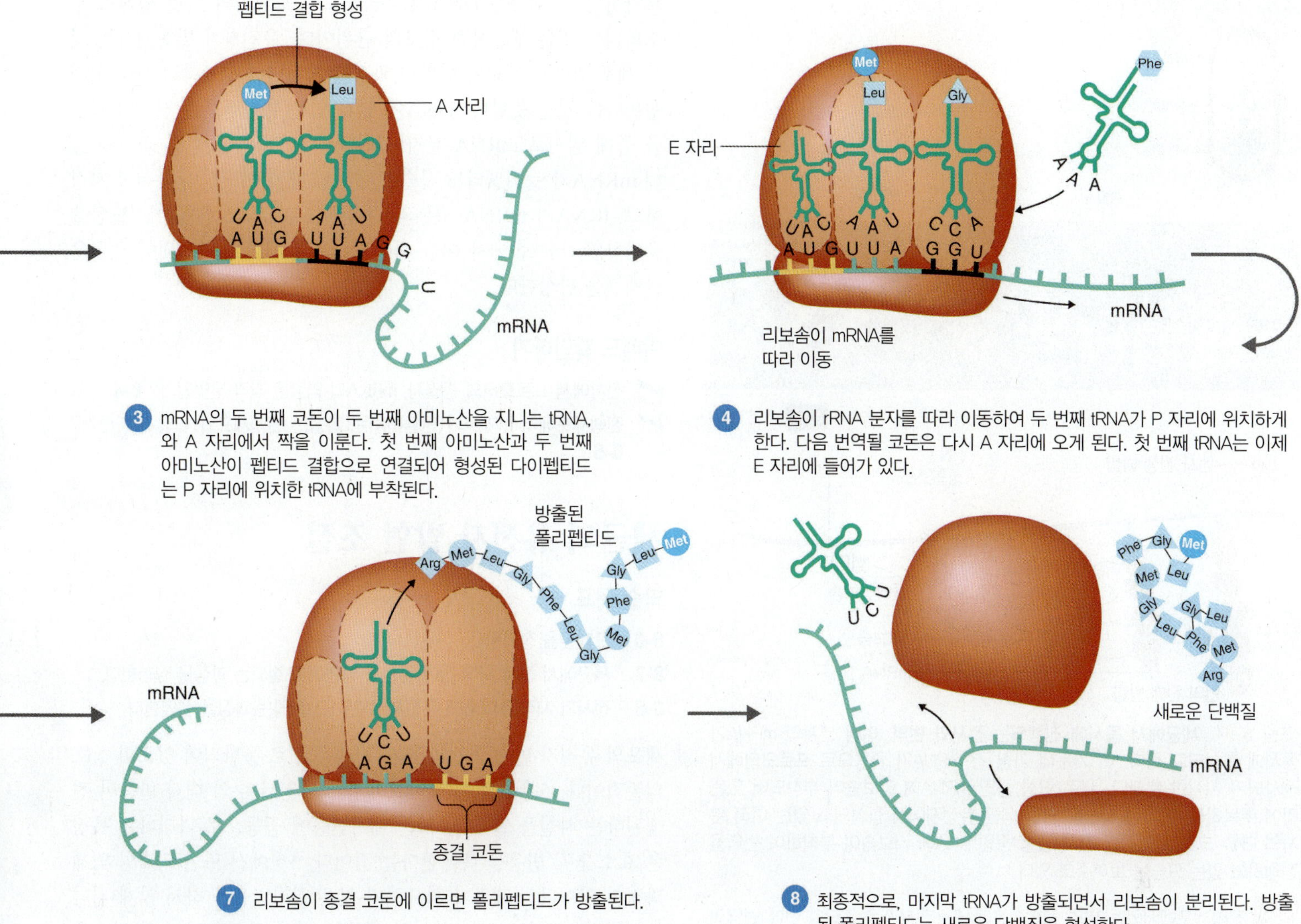

3 mRNA의 두 번째 코돈이 두 번째 아미노산을 지니는 tRNA, 와 A 자리에서 짝을 이룬다. 첫 번째 아미노산과 두 번째 아미노산이 펩티드 결합으로 연결되어 형성된 다이펩티드는 P 자리에 위치한 tRNA에 부착된다.

4 리보솜이 rRNA 분자를 따라 이동하여 두 번째 tRNA가 P 자리에 위치하게 한다. 다음 번역될 코돈은 다시 A 자리에 오게 된다. 첫 번째 tRNA는 이제 E 자리에 들어가 있다.

7 리보솜이 종결 코돈에 이르면 폴리펩티드가 방출된다.

8 최종적으로, 마지막 tRNA가 방출되면서 리보솜이 분리된다. 방출된 폴리펩티드는 새로운 단백질을 형성한다.

그림 8.9 번역 (계속)

되면서 단백질 사슬이 길어진다. 번역은 리보솜에서 진행되고 **운반 RNA(transfer RNA, tRNA)** 분자가 특정한 코돈을 인식하는 동시에 필요한 아미노산을 번역이 일어나는 장소로 운반해 준다.

각각의 tRNA 분자에는 **안티코돈(anticodon)**이라 불리는 특정 코돈에 상보적인 세 개의 염기서열이 존재한다. 이런 방식으로 tRNA 분자는 해당 코돈과 염기쌍을 형성할 수 있다. 각 tRNA의 또 다른 말단은 tRNA가 인식하는 코돈이 부호화하는 아미노산을 운반할 수 있다. 리보솜의 기능은 tRNA가 코돈의 순서에 따라 순차적으로 결합하도록 유도해서 아미노산이 일렬로 연결되어 최종적으로 단백질이 생성되도록 하는 것이다.

그림 8.9는 번역 과정을 상세하게 보여주고 있다. 번역에 필요한 구성 요소는 두 개의 리보솜 소단위, UAC 안티코돈을 지니는 tRNA, 번역될 mRNA 분자 및 몇몇 부가적인 단백질 인자들이다. 이들이 개시코돈(AUG)을 적당한 위치에 오도록 해서 번역을 시작한다. 리보솜이 처음 두 개의 아미노산을 펩티드 결합으로 연결하면, 첫번째 tRNA가 리보솜을 빠져나간다. 이후 리보솜은 mRNA의 다음 코돈 위치로 이동한다. 코돈에 상응하는 아미노산이 하나씩 일렬로 정렬되고 그 사이에서 펩티드 결합이 형성됨으로써 폴리펩티드 사슬이 만들어진다. 폴리펩티드 사슬의 합성이 끝나면 리보솜은 다시 두 개의 소단위로 분리되고 mRNA와 새로 합성된 폴리펩티드 또한 방출된다. 리보솜, rRNA, tRNA 등은 다시 단백질 합성에 사용될 수 있는 형태가 된다.

리보솜은 mRNA상에서 5′에서 3′ 방향으로 이동한다. 리보솜이 mRNA를 따라 이동하게 되면 곧 개시코돈이 노출된다. 노출된 개시코돈에는 또 다른 리보솜이 결합하여 다시 단백질 합성을 시작한다. 이런 방식으로 하나의 mRNA에는 대개 여러 개의 리보솜이 부착되어 동시 다발적으로 단백질을 합성한다. 원핵세포에서는 mRNA의 전사가 완전히 끝나기도 전에 mRNA의 번역이 시작되기도 한다(그림 8.10). mRNA가 세포질에서 생성되므로 mRNA의 개시코돈을 리보솜이 결합할 수만 있으면 완전한 mRNA 분자가 합성

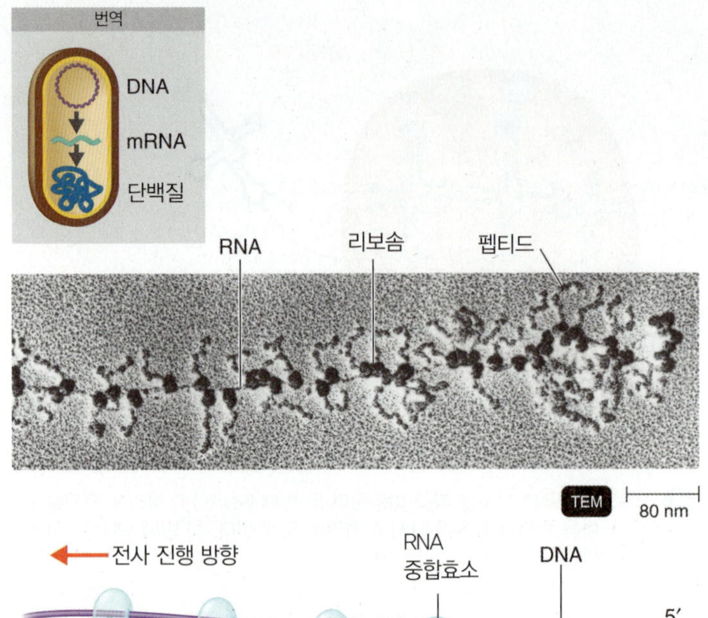

그림 8.10 세균에서 동시에 진행되는 전사와 번역. 여러 분자의 mRNA가 동시에 합성되고 있다. 이 가운데 가장 긴 mRNA가 처음으로 프로모터에서 전사되기 시작한 분자다. 새로 합성 중인 mRNA에 리보솜이 부착되어 있는 것에 주목하라. 현미경 사진은 단일 세균 유전자에서 합성되고 있는 여러 분자의 RNA 그리고 각각의 전사 진행 중인 RNA에 리보솜이 부착하여 번역을 진행하고 있는 모습을 보여주고 있다.

Q 진핵세포에서와는 달리 원핵세포에서만 전사가 종료되기 전에 번역이 시작되는 이유는 무엇인가?

되기도 전에 번역이 시작될 수 있는 것이다.

진핵세포에서는 핵 안에서 전사가 일어난다. 따라서 mRNA가 완전하게 합성되고 핵공을 통하여 세포질로 이동해야 번역이 시작될 수 있다. 게다가 RNA는 핵을 떠나기 전에 가공 과정을 거치게 된다. 진핵세포에서 단백질을 부호화하는 유전자 부위 사이사이에 비부호화 DNA 서열이 끼어들어간 경우가 많다. 따라서 진핵세포 유전자는 단백질로 발현되는 DNA 서열인 **엑손(exon)**과 단백질을 부호화하지 않으면서 끼어들어간 부위(intervening region)라 볼 수 있는 **인트론(intron)**으로 이루어진다. RNA 중합효소는 인트론 서열이 포함된 RNA 전사물을 합성한다. **snRNP(small nuclear ribonucleoprotein**, 스너프라 발음)라는 복합체가 인트론을 제거하여 엑손을 연결하며, 이때 인트론은 스스로 제거하는 과정을 촉매하는 리보자임(ribozyme)으로 작용한다(그림 8.11).

* * *

요약하면, 유전자는 DNA에 뉴클레오티드 염기의 서열 형태로 부호화되어 있는 생물학적 정보의 단위이다. 유전자가 발현된다는 것은 세포 안에서 전사와 번역의 과정을 거치면서 생물학적 산물이 생성된다는 것을 뜻한다. DNA에 담겨 있는 유전정보는 전사의 과정을 통해 임시로 mRNA 분자에 전달된다. 그 다음 번역 과정을 통해 mRNA가 폴리펩티드 사슬이 합성될 때 아미노산의 순서를 지정하고, tRNA가 mRNA 코돈의 순서에 맞추어 리보솜에 아미노산을 운반하면, 리보솜에서 이들 아미노산이 순서대로 연결되어 새로운 단백질을 합성한다.

이해도 확인하기

- ✔ 전사에서 프로모터와 종결자, mRNA의 역할은 각각 무엇인가? **8-4**
- ✔ 진핵세포에서 mRNA가 만들어지는 과정은 원핵세포와 어떻게 다른가? **8-5**

세균의 유전자 발현 조절

학습 목표

8-6 오페론을 정의한다.

8-7 세균에서 전사 시작 전에 유전자 발현이 조절되는 과정을 설명한다.

8-8 전사가 시작된 이후에 유전자 발현이 조절되는 과정을 설명한다.

세포의 유전자 발현 과정과 대사 과정은 서로 통합되어 있으며 상호 의존적이다. 5장에서 세균 세포에서도 엄청난 수의 대사 반응이 진행된다는 사실을 알았다. 모든 대사반응에 공동으로 나타나는 특징은 효소가 각 반응을 촉매한다는 점이다. 5장에서 또한 되먹임 억제 과정이 일어나서 세포가 필요하지 않은 화학반응을 하지 않게 된다는 사실도 살펴보았다. 되먹임 억제는 이미 합성된 효소의 반응을 중단시킨다. 이번 장에서는 필요하지 않은 효소의 합성을 억제하는 원리를 살펴보려 한다.

전사와 번역의 과정을 통하여 유전자가 단백질 합성을 지시한다는 사실을 알았다. 단백질 가운데 상당수는 효소의 작용을 하며 이들 효소가 세포의 대사 과정에 활용된다. 단백질 합성에는 에너지가 많이 필요하기 때문에 단백질 합성을 조절하는 것은 세포의 에너지 절약 측면에서 중요한 문제다. 세포는 특정한 시기에 꼭 필요한 단백질만 합성함으로써 에너지를 절약한다. 다음으로 효소의 합성을 조절을 통해 어떻게 화학반응을 제어할 수 있는 지를 살펴보기로 한다.

대략 60~80%에 이르는 유전자들의 발현은 조절되지 않고 대신 항시발현(constitutive)된다. 항시발현되는 유전자 산물은 항상 고정된 비율로 합성된다. 이들 유전자는 대체로 항상 발현되는 상태를 유지하며, 해당과정에 관여하는 효소들처럼 세포의 주요 생명 활동에 일정 수준 이상의 양이 늘 필요한 효소를 부호화한다. 또 다른 종류의 효소 합성은 필요할 때에만 생성되도록 조절된다. 아프리카수면병을 일으키는 기생성 원생동물인 *Trypanosoma*는 표면 당단백질 유

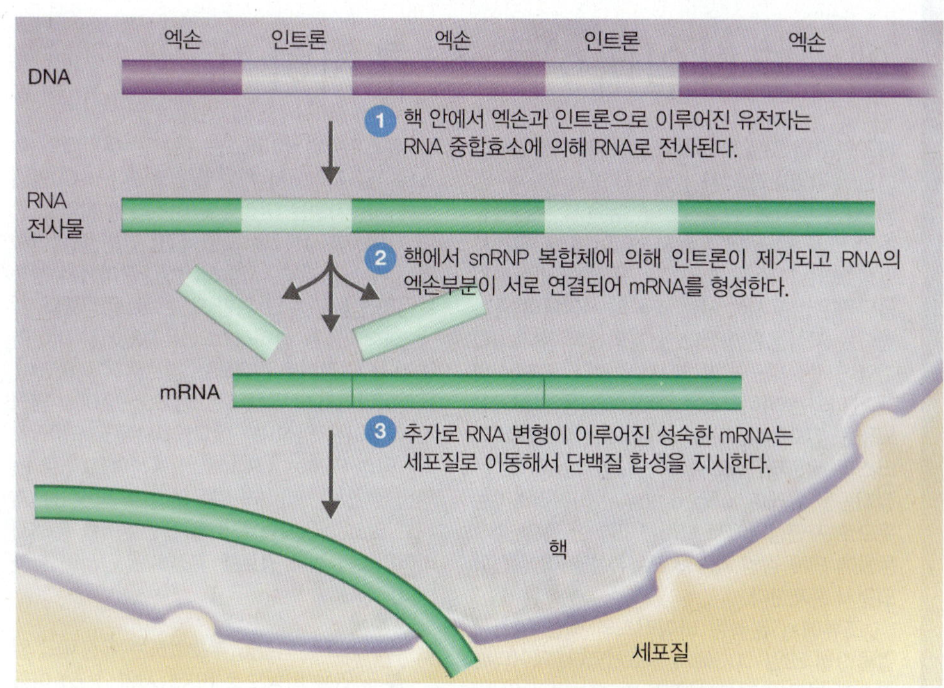

그림 8.11 진핵세포에서의 RNA 가공

Q 세포 핵 안에서 합성된 RNA 1차전사물이 번역에 사용될 수 없는 이유는 무엇인가?

전자를 수백 개 지니고 있다. 각각의 세포는 한번에 단 한 종류의 당단백질 유전자만 발현시킨다. 숙주의 면역계가 해당 표면 당단백질 분자 유형에 대항하여 기생동물을 제거하기 시작하면, 기생동물은 다른 종류의 당단백질을 발현시킴으로써 계속 번식할 수 있다.

전사 이전의 조절

억제와 유도라고 알려진 두 종류의 조절 작용이 mRNA 전사와 이어지는 단백질의 합성을 조절한다. 이들 작용은 세포에서 효소의 합성과 생산량을 조절한다. 그러나 이 과정에 의해 효소의 활성이 조절되는 것은 아니다.

억제

유전자 발현을 억제하여 효소의 합성을 줄이는 조절 작용을 **억제(repression)**라 한다. 억제는 대체로 대사 경로의 최종 산물이 초과 생산될 때 일어나는 반응으로 그 산물을 만드는 효소의 생성률을 감소시킨다. 억제는 **억제자(repressor)**라 불리는 조절 단백질에 의해 매개되며 억제자는 RNA 중합효소가 해당 유전자에서 전사를 시작할 수 없도록 막는 역할을 한다. 억제가능한 유전자에 아무런 작용이 가해지지 않으면 유전자는 발현된다.

유도

유전자의 전사를 이끌어내는 과정을 **유도(induction)**, 유전자의 전사를 유도하는 물질을 **유도자(inducer)**라 한다. 유도자가 있을 때 합성되는 효소가 유도가능 효소(inducible enzyme)다. 대장균의 젖당 대사에 필요한 유전자가 대표적인 유도가능 유전자 시스템이다. 이들 유전자 가운데 하나가 β-갈락토시데이스(β-galactosidase)라는 효소를 부호화하는데 이 효소는 젖당을 두 개의 단순당인 포도당과 갈락토오스로 분해한다. (여기서 β는 포도당과 갈락토오스가 결합된 유형을 나타낸다.) 만약 대장균이 젖당이 없는 환경에서 배양되면 대장균은 거의 β-갈락토시데이스를 갖고 있지 않는다. 그러나 젖당이 배양액에 첨가되면 세균 세포는 다량의 효소를 합성한다. 젖당은 세포에서 알로락토오스라는 유도체로 전환되고 이것이 이들 젖당 분해 유전자들의 유도자로 작용한다. 따라서 젖당이 존재하게 되면 세포가 더 많은 젖당분해효소를 합성하도록 간접적으로 유도한다. 결국 유도가능 유전자에 아무런 작용이 가해지지 않으면 유전자는 발현되지 않는다.

오페론 모델에 의한 유전자 발현의 조절

오페론 모델은 유도와 억제에 의해 유전자 발현이 어떻게 조절되는지를 설명한다. 자코브(François Jacob)와 모노(Jacques Monod)는 1961년 단백질 합성의 조절을 설명하는 일반적인 모델을 세웠다. 그들은 대장균에서 젖당을 분해하는 과정에 필요한 효소군의 합성이 유도되는 과정을 연구하면서 이와 같은 모델을 정립했다. β-갈락토시데이스와 함께 세포 안으로 젖당을 수송하는 젖당투과효소(lac permease)와 젖당을 비롯하여 특정 이당류의 대사에 관여하는 아세틸기전이효소(transacetylase)가 젖당 오페론에서 발현되는 효소들이다.

젖당 흡수에 필요한 세 종류의 효소 유전자는 세균 염색체에 나란히 위치하며 함께 조절된다(그림 8.12). 이들 유전자는 해당 단백

웨스트나일바이러스 추척하기

1999년 8월 23일 뉴욕시의 퀸스 북부에 위치한 병원의 감염내과 의사가 뉴욕시 보건국에 두 명의 뇌염 환자를 신고하였다. 뉴욕시 보건국은 초기 조사 결과 뇌염 환자 6명이 한 지역에서 발생했다는 사실을 확인했다. 동시에 지역 보건 공무원은 뉴욕시에 사는 조류의 사망률이 증가한다는 사실을 관찰했다. 환자의 혈액이나 뇌척수액에서는 세균이 발견되지 않았다. 모기에 의해 전파되는 바이러스는 주로 여름 동안 무균성 뇌염을 일으킨다. 이들 바이러스는 아르보바이러스라 불린다. 아르보바이러스(arboviruse)는 절지동물 유래(arthropod-borne) 바이러스라는 뜻으로 자연상태에서 모기를 비롯한 흡혈 절지동물에 의해 감염 가능한 포유류들 사이에 전파되면서 존재한다.

조류에서 분리된 바이러스의 핵산 염기서열을 9월 23일 CDC에서 발표하였다. 데이터베이스에 보고된 핵산 서열과 비교한 결과 이 바이러스는 웨스트나일바이러스(West Nile virus, WNV; 사진 참조)와 밀접한 관련을 보였다. WNV는 지금까지 미주대륙에서는 발견된 적이 없는 바이러스였다.

2007년까지 WNV는 알래스카와 하와이를 제외한 미국의 모든 주의 조류에서 발견되었고 CDC는 WNV를 미국의 풍토병으로 간주했다. 1999년 여름 미국에서 WNV가 확인된 것은 구대륙의 플라비바이러스(flavivirus)가 최근에 신대륙으로 전해졌다는 사실을 처음으로 알려준 신호다.

웨스트나일바이러스는 1937년 우간다의 웨스트나일 지역에서 처음 발견되었다. 1950년대 초에 과학자들은 이집트와 이스라엘 지역 사람들 사이에서 WNV에 의한 집단 발병을 확인하면서 WNV는 유럽, 지중해 연안, 북미에서 공중보건과 동물의 주요 위협 요인으로 등장했다.

과학자들은 바이러스의 유전체에서 바이러스가 세계 전체로 전파되는 경로를 추적하였다. 플라비바이러스 유전체는 11,000~12,000 염기로 이루어진 양성의 단일가닥 RNA로 되어 있다. (양성 RNA는 mRNA로 작용하여 그대로 번역될 수 있다.) 바이러스는 여러 돌연변이를 지니고 있고 과학자들은 이들 돌연변이를 통해서 바이러스의 전파 경로를 결정하는 단서를 찾아낸다.

1. 바이러스 단백질을 부호화하는 유전체의 일부 서열을 바탕으로 (아래 서열 참조) 이들 바이러스가 서로 얼마나 유사한지 결정할 수 있는가? 이를 바탕으로 이 바이러스가 다른 나라로 전파된 경로를 알아낼 수 있는가?
   우간다형과의 유사도 백분율에 근거하여 바이러스에서 부호화하는 아미노산 서열과 같은 바이러스형에 속하는 바이러스를 분류하시오.

2. 아미노산의 서열에 근거할 때, 서로 다른 분기군(clade)으로 구분할 수 있는 두 개의 집단이 존재한다.
   어느 집단이 더 오래된 집단인가?

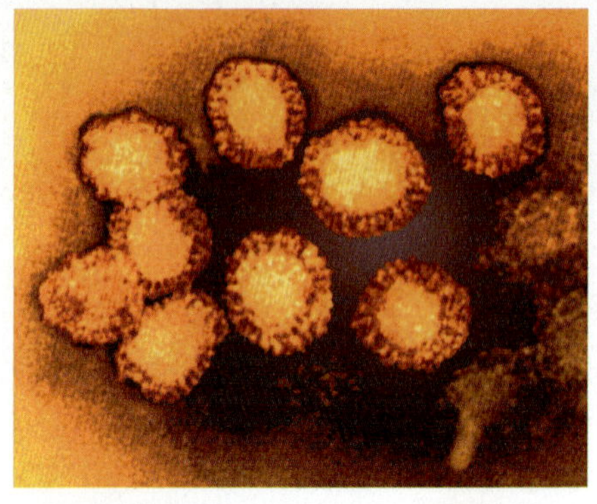

웨스트나일바이러스

3. 북미와 호주형에는 더 많은 돌연변이가 축적되어 있으므로 이들이 더 최근에 나타난 것이어야 한다.
   바이러스가 같은 분기군 내에서 서로 얼마나 연관되어 있는지 알아보기 위해 염기들 사이의 변화율을 계산하시오.

4. 유전적으로 연관된 집단, 즉 분기군을 확인할 수 있다 할지라도 그 바이러스가 실제로 그러한 경로로 전파되었는지는 확실히 알 수 없다.

출처: Adapted from CDC data.

호주	A	C	C	C	C	G	T	C	C	A	C	C	C	T	T	T	C	A	A	T	T
이집트	A	A	T	C	G	A	T	C	A	T	C	T	T	C	G	T	C	G	A	T	C
프랑스	A	A	T	C	G	A	T	C	A	T	C	G	T	C	G	T	C	G	A	T	C
이스라엘	A	T	C	C	A	T	T	C	A	T	C	C	T	C	A	T	C	G	A	T	T
이탈리아	A	T	C	C	A	C	T	C	A	T	C	C	T	C	G	T	C	G	A	T	T
케냐	A	T	C	C	A	C	T	C	A	T	C	C	T	C	G	T	C	G	A	T	T
멕시코	A	A	C	C	C	T	T	C	C	T	C	C	C	C	T	T	C	G	A	T	T
미국	A	A	C	C	C	C	T	C	C	T	C	C	C	C	T	T	C	G	A	T	T
우간다	A	T	A	C	G	A	T	C	A	T	G	C	T	C	G	T	C	C	A	T	C

질 구조를 결정하므로 **구조유전자**(strucutural gene)라 불리며 그 주변의 DNA에 존재하는 조절 부위와 구별된다. 배양액에 젖당이 유입되면 구조유전자가 모두 신속히 그리고 동시에 전사되고 번역된다. 이와 같은 조절이 어떻게 일어나는지 살펴보기로 하자.

젖당 오페론의 조절 부위에는 두 종류의 비교적 짧은 DNA 조각이 존재한다. 그 중 하나는 **프로모터**(promoter)로 RNA 중합효소가 전사를 시작하는 DNA 부위다. 다른 하나는 **오퍼레이터(operator)**로 구조유전자의 전사를 시작하거나 중단하는 신호를 보내는 교통 신호등 역할을 한다. 오퍼레이터와 프로모터 쌍과 이들이 조절하는 구조유전자들은 **오페론(operon)**이라는 단위를 이룬다. 따라서 젖당 오페론은 젖당 구조유전자와 이들 바로 옆에 존재하는 조절 부위로 이루어진다.

억제자(repressor) 단백질은 I 유전자라 불리는 조절유전자에서 합성되며 유도형 오페론 및 억제형 오페론의 발현을 억제하는 역할을 한다. 젖당 오페론은 **유도형 오페론(inducible operon,** 그림 8.12)이다. 젖당이 없으면 억제자가 오퍼레이터 자리에 결합해서 전사를 억제한다. 젖당이 존재하는 경우에는 억제자가 오퍼레이터 대신 젖당 대사물질에 결합하게 되고, 이런 상태가 되어야 비로소 젖당분해효소 유전자들이 전사되기 시작한다.

억제형 오페론(repressible operon)에서는 구조유전자들이 억제되기 전까지 계속 전사된다(그림 8.13). 트립토판 생합성에 관여하는 효소유전자들이 이와 같은 방식으로 조절된다. 구조유전자들이 전사되고 번역되어 트립토판을 합성한다. 트립토판이 충분하면 트립토판이 **보조억제자(corepressor)**로 작용해서 억제자 단백질에 결합한다. 억제자 단백질은 트립토판과 결합한 후에야 오퍼레이터에 결합하여 트립토판 합성 효소유전자들의 합성을 억제할 수 있다.

이해도 확인하기

✔ 다음 대사경로를 활용하여 물음에 답하시오. **8-6**

기질 *A* $\xrightarrow{\text{효소 } a}$ 중간대사물질 *B* $\xrightarrow{\text{효소 } b}$ 최종산물 *C*

a. 효소 *a*가 유도형이고 지금 합성되고 있지 않다면, (1) ________ 단백질이 단단하게 (2) ________ 자리에 결합하고 있다. 유도물질이 존재하게 되면 그 유도물질은 (3) ________에 결합해서 (4) ________ 가(이) 시작된다

b. 효소 *a*가 억제형이라면, 최종산물 *C*는 (1) ________(이)라고 불리며 (2) ________ 가(이) (3) ________에 결합하도록 한다. 억제를 풀고 다시 전사가 일어나게 하려면?

양성 조절 (Positive Regulation)

젖당 오페론의 발현은 배양액에 존재하는 포도당의 양에 따라서도 조절된다. 포도당의 함량은 세포 내의 작은 분자인 **고리형 AMP(cyclic AMP, cAMP)** 양을 결정한다. 고리형 AMP는 세포의 위급 신호를 전하는 분자로서 ATP에서 만들어진다. 포도당을 대사하는 효소는 항상 합성되며 세포는 포도당을 가장 효율적으로 사용할 수 있기 때문에 탄소원으로 포도당을 최대한 사용해서 성장한다(그림 8.14). 세포 내에서 포도당이 떨어지면 cAMP가 축적된다. cAMP는 이화촉진단백질(catabolic activator protein, CAP)의 다른자리조절부위(allosteric site)에 결합한다. 이렇게 되면 CAP은 젖당 오페론의 프로모터에 결합해서 RNA 중합효소가 쉽게 결합하여 전사를 시작하도록 촉진한다. 따라서 젖당 오페론은 젖당은 있고 포도당은 없을 때만 전사될 수 있다(그림 8.15).

고리형 AMP는 위험신호인자(alarmone)의 일종으로 위험신호인자는 세포가 환경 또는 영양섭취에 따른 스트레스에 반응할 수 있도록 세포에 화학적으로 위험 신호를 전하는 역할을 한다. (이 경우에는 포도당이 없는 상태가 스트레스로 작용한다.) 고리형 AMP가 같은 방식으로 작용함으로써 세포가 다른 당을 섭취하여 자랄 수 있다. 포도당에 의해 다른 탄소원의 대사가 억제되는 기전을 **이화억제(catabolite repression)** 또는 포도당 효과(glucose effect)라 한다.

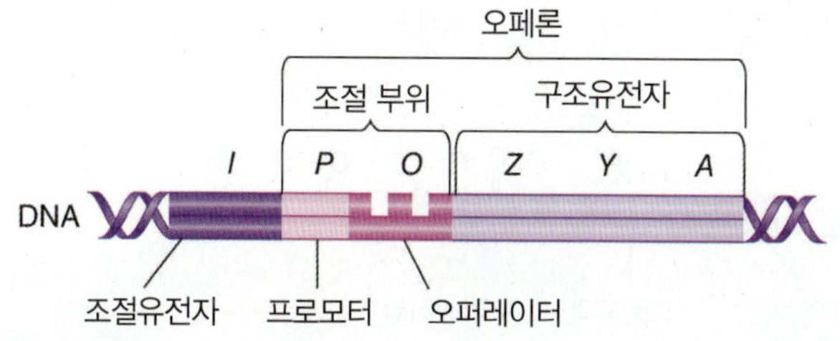

1 오페론의 구조. 오페론은 프로모터(*P*)와 오퍼레이터(*O*) 그리고 단백질을 부호화하는 구조유전자들로 구성된다. 오페론은 조절 유전자(*I*) 산물에 의해 조절된다.

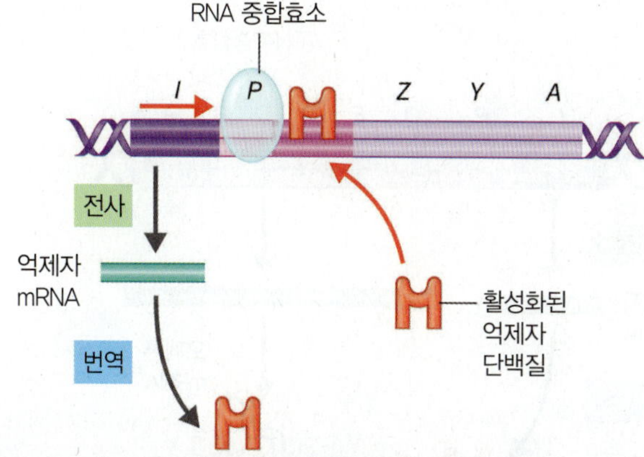

2 억제자가 활성화되면 오페론의 발현이 억제된다. 억제자 단백질이 오퍼레이터에 결합해서 오페론의 전사를 막는다.

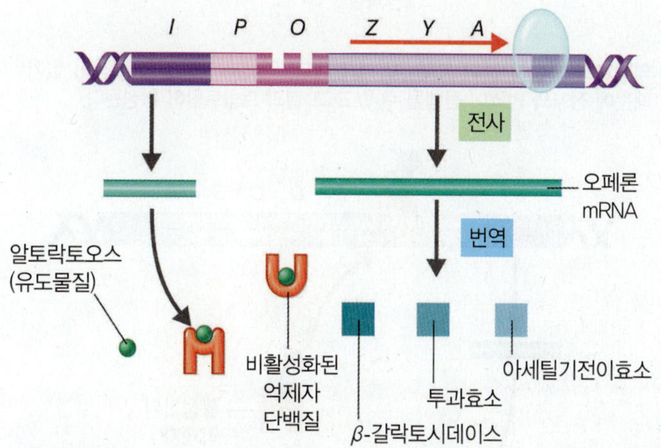

3 억제자가 비활성화되면 오페론이 발현된다. 유도물질인 알로락토오스가 억제자 단백질에 결합하면 억제자가 비활성화되어서 더 이상 전사를 막지 못한다. 그 결과 구조유전자들이 전사되어 결과적으로 젖당 분해에 필요한 효소들이 합성된다.

그림 8.12 **유도형 오페론.** 젖당분해효소는 젖당이 존재할 때에만 만들어진다. 대장균에는 세 종류의 효소 유전자가 젖당 오페론에 존재한다. β-갈락토시데이스는 유전자가 부호화한다. *lacZ* 유전자는 젖당 투과효소를 부호화하며 *lacA* 유전자는 아세틸기전이효소를 부호화한다. 젖당 대사에서 아세틸기전이효소가 어떤 기능을 하는지는 아직 명확하게 알려져 있지 않다.

Q 유도형 효소의 전사를 촉발하는 것은 무엇인가?

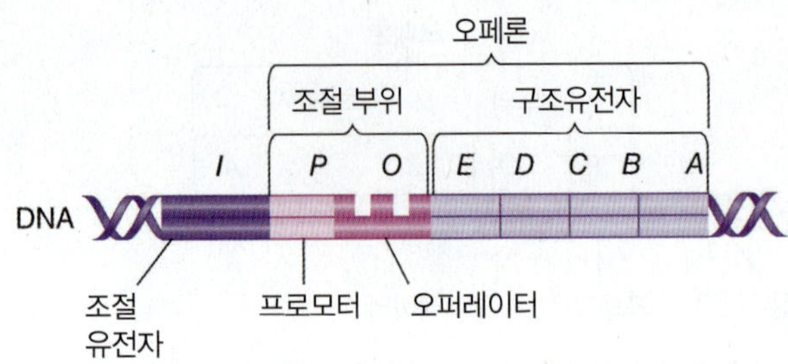

① **오페론의 구조.** 오페론은 프로모터(*P*)와 오퍼레이터(*O*) 그리고 단백질을 부호화하는 구조유전자들로 구성된다. 오페론은 조절 유전자(*I*) 산물에 의해 조절된다.

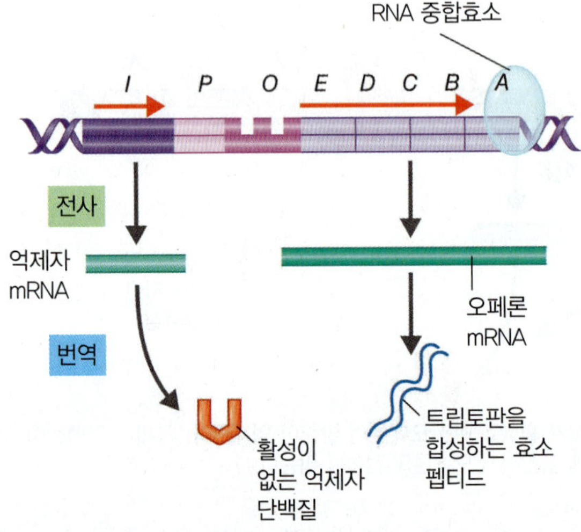

② **억제자의 활성이 없어 오페론이 발현된다.** 억제자 단백질의 활성이 없기 때문에 전사와 번역이 진행될 수 있고 그 결과 트립토판이 합성된다.

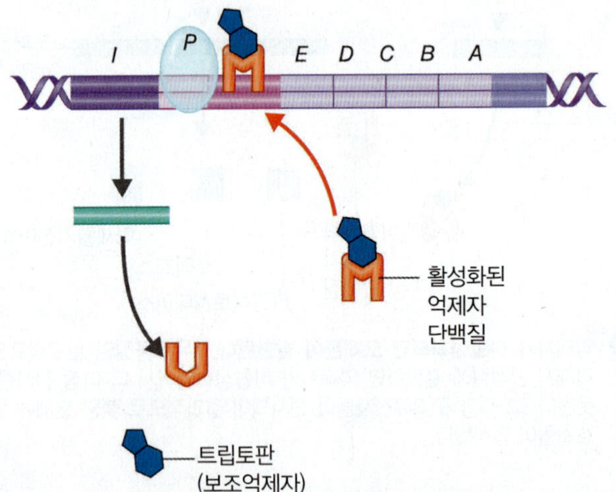

③ **억제자가 활성화되면 오페론의 발현이 억제된다.** 보조억제자인 트립토판이 억제자 단백질에 결합하면, 억제자가 활성화되어 오퍼레이터에 결합해서 오페론의 전사를 막는다.

그림 8.13 억제형 오페론. 아미노산의 일종인 트립토판은 다섯 개의 구조유전자에 의해 부호화되는 동화효소에 의해 만들어진다. 만들어진 트립토판이 세포 안에 축적되면 이들 유전자의 전사를 억제해서 더 이상 트립토판이 생합성되지 않도록 막는다. 이 그림은 대장균의 *trp* 오페론이 조절되는 과정이다.

 억제형 효소의 전사는 어떻게 시작되는가?

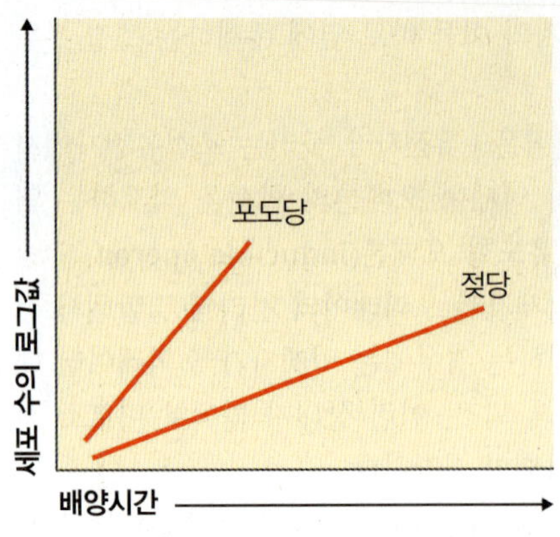

(a) 대장균은 유일한 탄소원으로 젖당보다 포도당을 사용할 때 더 빨리 성장한다.

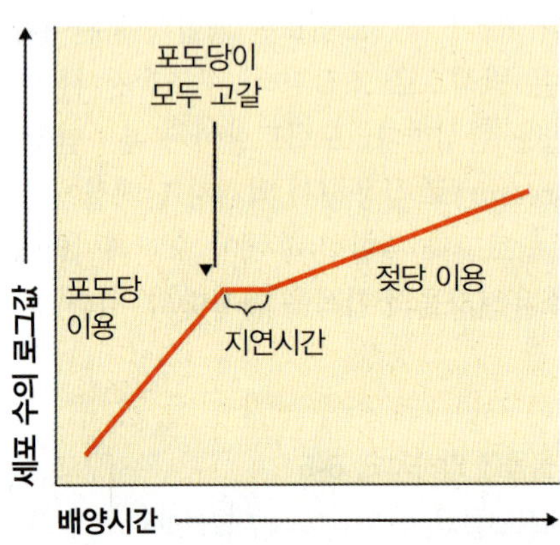

(b) 포도당과 젖당이 모두 포함된 배양액에서 세균이 자라면 세균은 먼저 포도당을 사용해서 성장하고 짧은 지연시간이 지난 다음 젖당을 이용하기 시작한다. 지연시간 동안 세포 내의 cAMP 농도가 높아져서 젖당 오페론이 전사되고, 더 많은 젖당이 세포 안으로 수송되며, β-갈락토시데이스가 합성되어 젖당을 분해한다.

그림 8.14 포도당과 젖당이 포함된 배양액에서의 대장균 성장 곡선

Q 포도당과 젖당이 둘 다 있을 때 세포가 포도당을 먼저 사용하는 이유는?

포도당을 사용할 수 있으면 세포 안의 cAMP 농도가 낮아서 결과적으로 CAP가 전사를 촉진할 수 없다.

후성유전적 조절

진핵세포와 원핵세포는 모두 특정한 뉴클레오티드를 메틸화시켜서 유전자 발현을 억제할 수 있다. 메틸화되어 발현이 억제된 유전자는 자손 세포로 전해진다. 돌연변이와 달리 메틸화된 상태는 영구적이지 않아서 이후의 세대에서 그 유전자는 다시 발현될 수 있다. 이를 **후성유전**(epigenetic inhereitance 또는 epigenetics)이라 한다. 후성유전학적으로 세균이 왜 생물막(biofilm)에서 다른 방식으로 행동하는지를 설명할 수 있다(56쪽 상자 참조).

전사 후의 조절

전사 이후에 단백질 합성을 중지하는 방식으로 유전자 발현을 조절하기도 한다. 대략 22개의 뉴클레오티드로 이루어진 **마이크로 RNA(microRNA, miRNA)**라 불리는 단일가닥 RNA가 진핵세포에서 단백질 합성을 억제하는 것이 알려져 있다. 사람에서 발생 과정에 만들어진 miRNA는 서로 다른 세포에서 다른 단백질이 만들어질 수 있도록 조절한다. 심장 세포와 피부 세포는 동일한 유전

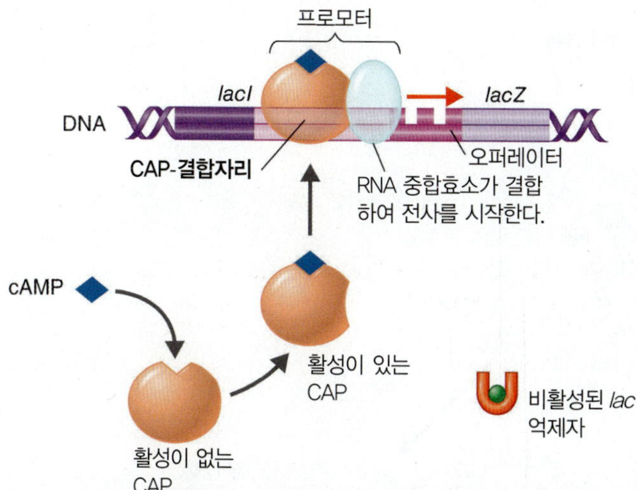

(a) **젖당이 있고 포도당이 거의 없을 때 (cAMP 수준이 높아진다).** 포도당이 거의 없으면 cAMP의 양이 많아지고 이것이 CAP를 활성화하여 젖당 오페론이 젖당 분해에 필요한 mRNA를 대량으로 합성한다.

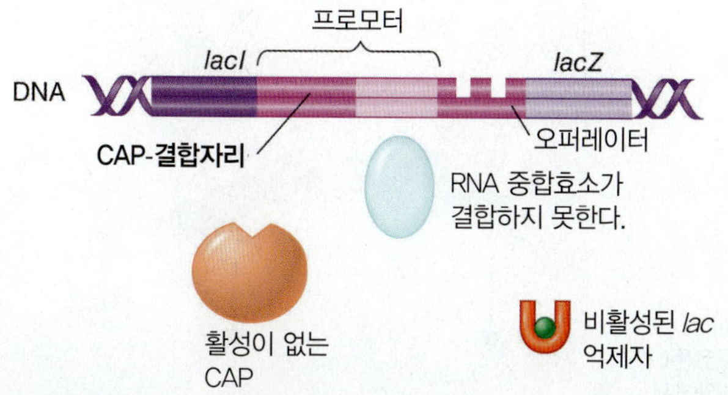

(b) **젖당과 포도당이 함께 있을 때(cAMP 수준이 낮다).** 포도당이 존재하면 cAMP가 거의 없어 CAP가 전사를 촉진하지 못한다.

그림 8.15 ***lac* 오페론의 양성 조절**

Q 젖당과 포도당이 함께 있을 때 *lac* 오페론은 전사되는가? 젖당이 존재하고 포도당이 없을 때는? 포도당이 존재하고 젖당이 없을 때는?

자를 지니고 있지만 발생 과정에서 각각의 세포 종류에 따라 다른 miRNA의 조절을 받음으로써 각각의 기관에서 서로 다른 단백질이 만들어지게 되는 것이다. 세균에서도 이와 비슷한 짧은 RNA 분자에 의해서 세포가 낮은 온도나 산화에 의한 손상과 같은 외부 환경에서 오는 스트레스를 이겨낼 수 있다. miRNA는 자신과 상보적인 mRNA와 짝을 이루어 이중나선 RNA를 형성한다. 이렇게 형성된 이중나선 RNA는 효소에 의해 분해되기 때문에 해당 mRNA에서 합성되는 단백질이 만들어지지 않는다(그림 8.16). 또 다른 종류의 RNA인 siRNA의 작용도 이와 비슷하며 이에 대해서는 258쪽에서 설명하기로 한다.

이해도 확인하기

✔ 유전자 발현에서 cAMP는 어떤 역할을 하는가? **8-7**

✔ miRNA는 어떤 방식으로 단백질 합성을 억제하는가? **8-8**

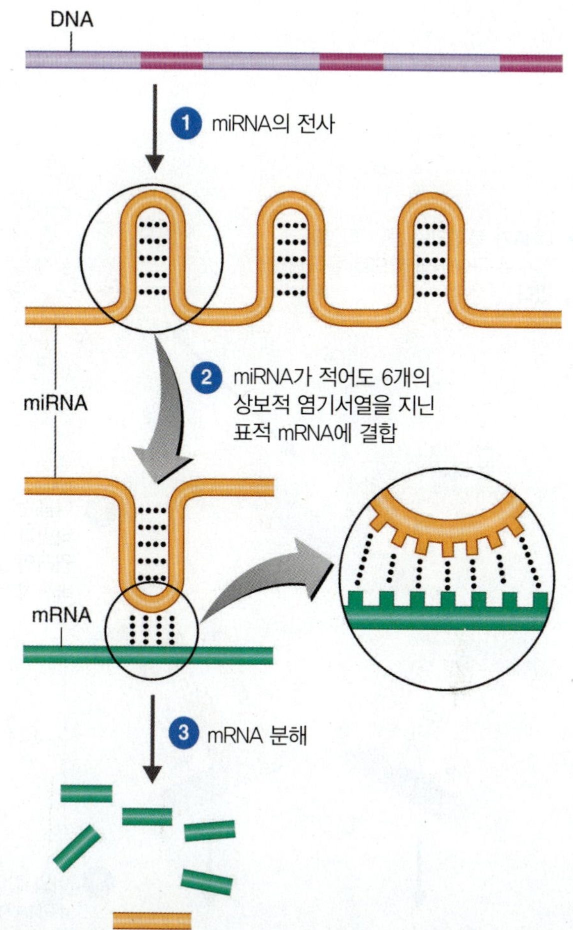

그림 8.16 **마이크로RNA는 세포 내에서 여러 가지 활성을 조절한다.**

Q 포유동물에서 일부 miRNA는 바이러스 RNA와 혼성화된다. 이들 miRNA 유전자에 돌연변이가 일어나면 어떤 일이 생길까?

돌연변이: 유전물질의 변화

학습 목표

8-9 돌연변이를 종류별로 구분한다.

8-10 돌연변이가 수선되는 두 가지 방법을 설명한다.

8-11 돌연변이 발생률에 영향을 주는 돌연변이 유발원의 효과를 설명한다.

8-12 직접 또는 간적적인 방법으로 돌연변이체를 선별하는 방법을 제시한다.

8-13 에임스 검사의 목적을 알고 그 과정을 설명한다.

돌연변이(mutation)란 DNA의 염기서열이 영구적으로 변한 것을 말한다. 이와 같은 유전자 염기서열의 변화는 때로 해당 유전자에서 만드는 산물에 변화를 일으킨다. 예를 들어 효소유전자에 돌연변이가 일어나면 그 유전자에서 만들어지는 효소의 아미노산 서열이 바뀌어 활성이 없어지거나 줄어든다. 이러한 유전형의 변화로 인해 세포에 필요한 특정 표현형이 사라지면 세포의 생존이 불리해지거나 때로는 치명적인 경우도 있다. 그러나 돌연변이에 의해 변화된 효소가 세포에 유리한 새로운 활성 또는 더 높은 활성을 갖게 되는 경우라면 돌연변이가 이점을 줄 수도 있다.

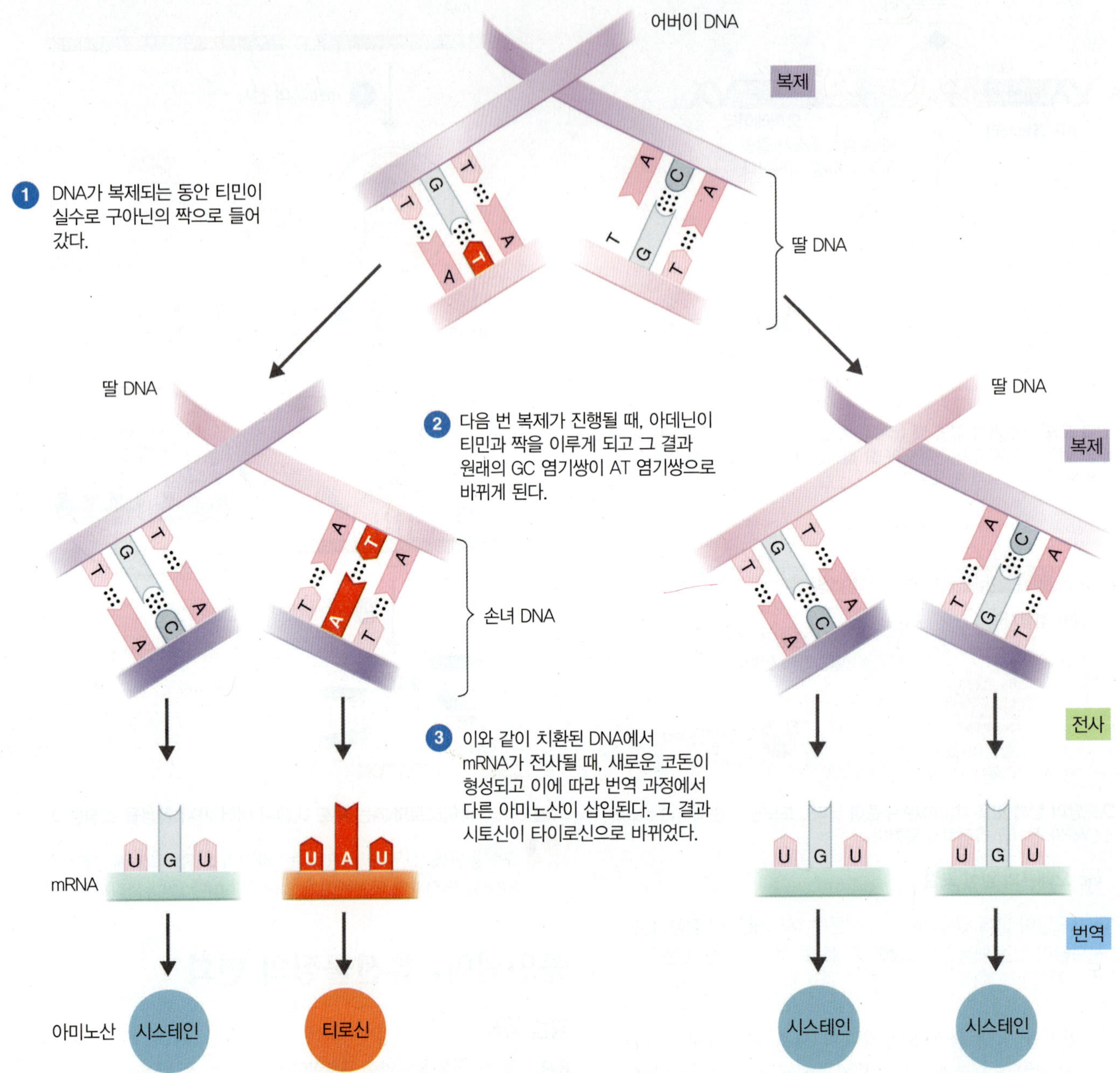

그림 8.17 **염기 치환.** 이 돌연변이는 손녀 세포에서 변형된 단백질이 만들어지도록 유도한다.

Q 염기 치환은 항상 단백질의 아미노산의 치환을 야기하는가?

단일 돌연변이 가운데 DNA 염기서열의 변화가 유전자 산물의 활성에 아무런 변화를 주지 않는 경우를 침묵 돌연변이(silient mutation) 또는 중립 돌연변이(neutral mutation)라 한다. 침묵 돌연변이는 mRNA 코돈의 세 번째 자리에 있는 DNA 뉴클레오티드가 다른 것으로 치환될 때 흔히 나타난다. 유전부호의 중복성으로 인해 새로 바뀐 코돈에서도 똑같은 아미노산이 지정될 수 있기 때문이다. 아미노산이 바뀌는 경우라도 해당 아미노산이 그 단백질에서 결정적인 역할을 하지 않거나 화학적으로 원래의 아미노산과 매우 비슷한 아미노산으로 바뀌는 경우라면 바뀐 단백질의 기능이 변하지 않을 수도 있다.

돌연변이 유형

단일 염기쌍 돌연변이 가운데 가장 흔히 나타나는 것이 **염기치환(base substitution)**으로 점 돌연변이(point mutation)이라고도 한다. 염기치환은 말 그대로 DNA 서열에서 하나의 뉴클레오티드가 다른 종류로 바뀐 것을 뜻한다. DNA가 복제되면서 염기치환은 해당 염기쌍의 치환으로 이어진다(그림 8.17). 예를 들어, AT 염기쌍이 GC 또는 CG 염기쌍으로 바뀌게 된다. 염기치환이 단백질을 부호화하는 구조유전자 내에서 일어나면 해당 유전자에서 전사된 mRNA가 그 위치에 변화된 염기를 가지게 된다. 돌연변이 염기를 지닌

mRNA가 단백질로 전사될 때, 돌연변이 염기는 단백질 산물에서 변화된 아미노산의 삽입을 초래한다. 염기치환이 단백질에서의 아미노산 치환으로 이어지는 경우를 **미스센스 돌연변이(missense mutation)**라 한다(그림 8.18a, 8.18b).

미스센스 돌연변이의 효과 또한 매우 크게 나타날 수도 있다. 예를 들어 낫꼴적혈구 빈혈증(sickle cell disease)은 헤모글로빈의 구성성분인 글로빈 단백질 유전자의 단일 염기변화에 의해 나타난다. 헤모글로빈은 허파에서 각 조직으로 산소를 운반하는 데 주된 역할을 한다. 글로빈 유전자의 특정 위치에서 하나의 A가 T로 치환된 단일 미스센스 돌연변이가 단백질에서 글루탐산을 발린으로 바뀌는 결과를 초래한다. 이 변화로 인해 헤모글로빈 분자는 산소 농도가 낮아질 때 낫꼴로 바뀌게 되는데, 낫꼴적혈구 세포는 가느다란 모세관을 통과하기가 매우 어렵다.

mRNA 분자의 중간에 종결코돈이 오게 하면 온전한 기능을 하는 단백질이 합성되는 것을 실질적으로 막을 수 있다. 이때에는 단백질의 일부 조각만이 합성된다. 염기치환에 의해 종결코돈이 형된된 변이를 **종결 돌연변이(nonsense mutation)**라 부른다(그림 8.18c).

DNA 분자에 하나 또는 몇 개의 뉴클레오티드 쌍이 삽입 또는 결실되면 **틀이동 돌연변이(frameshift mutation)**가 일어나기도 한다(그림 8.18d). 틀이동 돌연변이는 유전자가 번역될 때 tRNA에 의해 세 개의 염기가 한 단위로 연달아 이어 읽히는 "번역틀"을 바꾼다. 예를 들어 유전자의 중간에 뉴클레오티드 쌍이 하나 결실되면 결실이 일어난 지점 이후부터 번역되는 아미노산의 서열이 모두 달라진다. 틀이동 돌연변이는 대개 여러 개의 아미노산 서열이 모두 바뀌어 나타나며 돌연변이 유전자에서는 활성이 없는 단백질이 만들어진다. 대부분의 경우 바뀐 번역틀에서 종결코돈이 나타날 때까지 아미노산 서열이 바뀐 단백질이 합성된다.

때로 돌연변이에 의해 유전자에 상당수의 뉴클레오티드가 삽입되는 경우도 있다. 헌팅턴병(Huntington's disease)의 경우에는 특정 유전자에 뉴클레오티드가 추가로 삽입되어 진행성 신경 질환을 일으킨다.

염기치환과 틀이동 돌연변이는 DNA 복제 과정에서의 실수 등에 의해 자연적으로 나타나기도 한다. 이와 같은 **자연발생 돌연변이(spontaneous mutation)**는 외부의 돌연변이 유발물질이 없는 상태에서 나타난다. 특정한 화학물질이나 방사선과 같은 외부 환경 요인은 직접 또는 간접적으로 돌연변이를 일으킬 수 있으며 이들을 **돌연변이 유발원(mutagen)**이라 한다. 미생물계에서 특정한 돌연변이는 항생제 내성을 초래하기도 한다(26장 757쪽 상자 참조).

이해도 확인하기

어떻게 돌연변이가 유리한 형질을 제공할 수 있는가? **8-9**

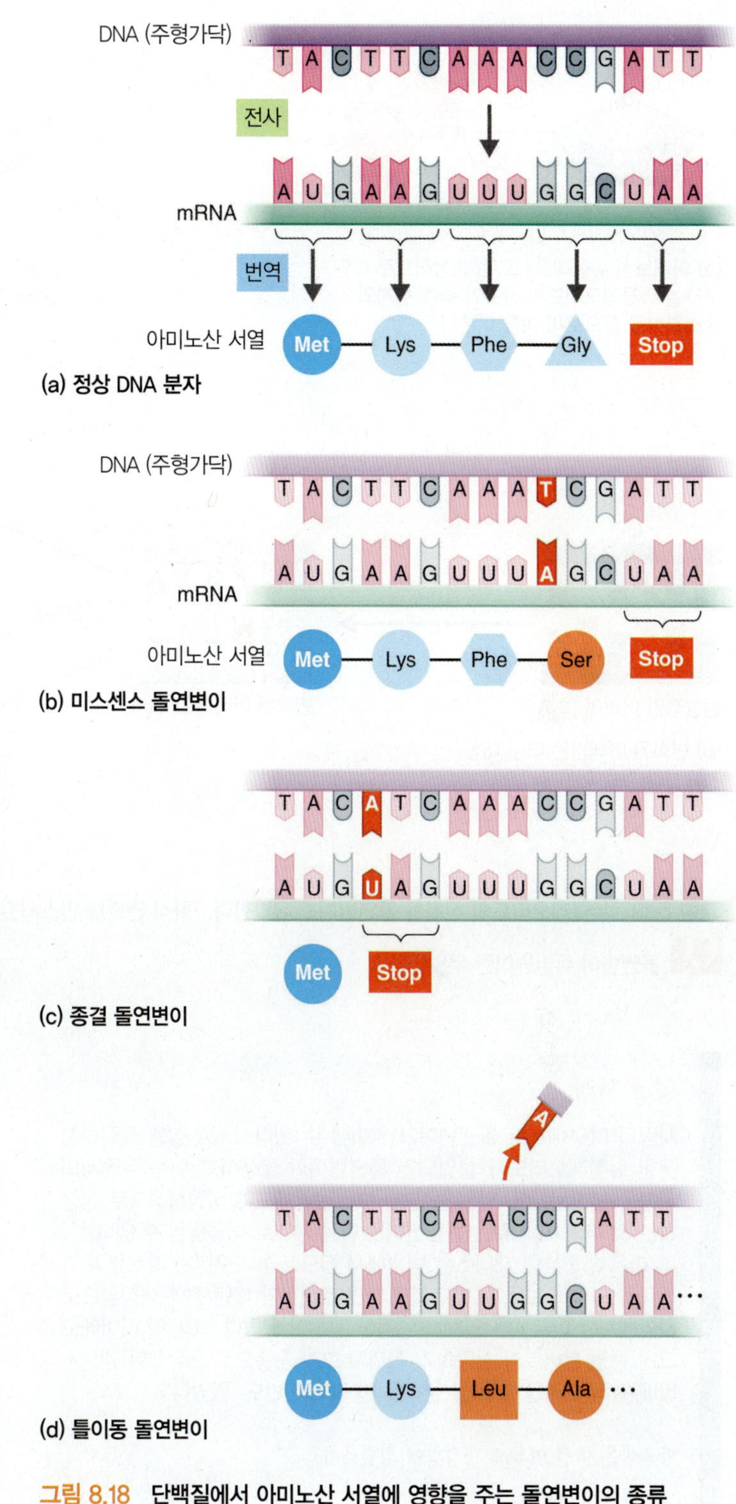

그림 8.18 단백질에서 아미노산 서열에 영향을 주는 돌연변이의 종류

Q (a)에서 9번 염기가 C로 바뀌면 어떻게 될까?

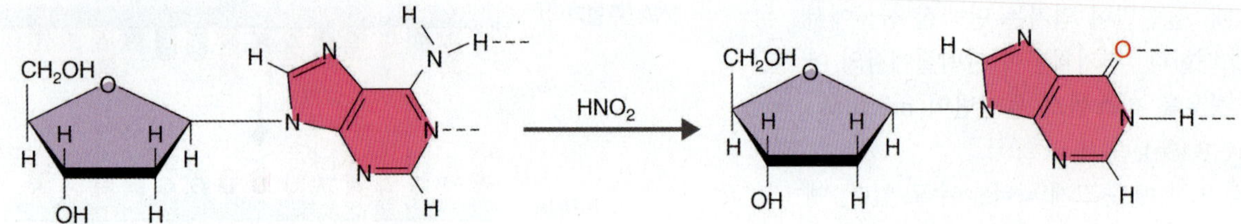

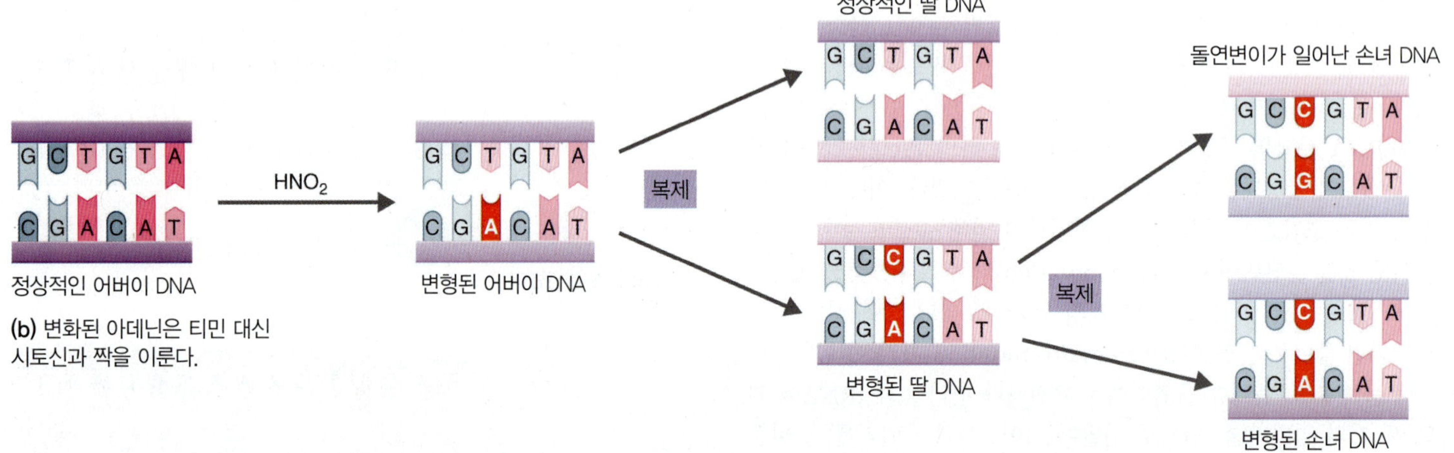

그림 8.19 뉴클레오티드의 산화는 돌연변이를 유발한다. 화석 연료를 연소시킬 때 대기로 방출되는 아질산은 아데닌을 산화시킨다.

Q 돌연변이 유발원이란 무엇인가?

임상 사례

사람의 DNA에서도 돌연변이가 일어날 수 있다. DNA 상에 적절하지 못한 뉴클레오티드가 삽입되면 돌연변이가 발생하고 이는 유전자의 기능을 변화시킨다. 암은 돌연변이에 의해 세포가 비정상적으로 성장하는 것이다. 이와 같은 돌연변이는 다음 세대로 대물림될 수 있다.

마르셀과 부인 재니스는 병원에서 집으로 돌아오면서 마르셀의 가족력을 되짚어 보았다. 마르셀의 형인 로버트가 10년 전에 대장암으로 사망했지만 마르셀은 언제나 건강에 자신이 있었다. 70세의 나이에도 그는 형인 로버트가 사망하기 전까지 그와 공동으로 소유했던 멤피스 바베큐 식당 일을 그만 둘 생각을 한 적이 한번도 없었다.

마르셀은 어떤 이유로 대장암에 걸렸을까?

208 **226** 231 232

돌연변이 유발원

화학적 돌연변이 유발원

아질산(nitrous acid, HNO_2)은 돌연변이 유발원으로 널리 알려진 화학물질이다. 그림 8.19는 DNA가 질산에 노출되었을 때 A 염기가 어떻게 T 염기와 짝을 이루지 않고 C 염기와 대신 짝을 이루게 되는 지 보여주고 있다. 아질산에 의해 변형된 아데닌이 들어 있는 DNA가 복제되면 딸 DNA 분자 하나는 어버이 DNA 분자와 다른 염기쌍을 갖게 된다. 결국 어버이 DNA의 AT 염기쌍 일부는 손녀 DNA에 가서는 GC 염기쌍으로 바뀌고 만다. 아질산은 이처럼 DNA 상에서의 특정한 염기 변화를 일으키며, 다른 모든 돌연변이 유발원과 마찬가지로 돌연변이 발생 위치는 무작위로 나타난다.

또 다른 종류의 화학적 돌연변이 유발원으로 유사 **뉴클레오시드(nucleoside analog)**를 들 수 있다. 이들 분자는 정상적인 질소 함유 염기와 구조는 매우 비슷하지만 염기쌍을 형성하는 특성이 조금 다르다. 그림 8.20에 제시된 2-아미노퓨린아니 5-브로모우라실을 보면 이해하기 쉬울 것이다. 성장하고 있는 세포에 공급하면 유사 뉴클레오시드를 이 분자가 정상적인 염기 대신 세포의 DNA 분자에 들어간다. 그렇게 되면 DNA 복제가 진행되는 동안 유사 뉴클레오시드는 비정상적인 염기쌍의 형성을 야기한다. 비정상적인 염기쌍은 DNA가 다음 세대로 전해지기 위해 복제되는 과정에서 염기의 치환을 일으켜 자손 세포에 치환된 염기서열을 전해준다. 일부 항바이러스 및 항암제로 유사 뉴클레오시드가 사용되기도 한다. HIV 감염을 치료하는 데 사용되는 AZT(azidothymidine)가 대표적인 예에 속한다.

그림 8.20 질소 함유 염기가 치환된 유사 뉴클레오시드. 뉴클레오시드가 인산화되어 생성되는 뉴클레오티드가 DNA 합성에 사용된다.

 이들 유사 뉴클레오시드가 세포를 사멸시킬 수 있는 이유는?

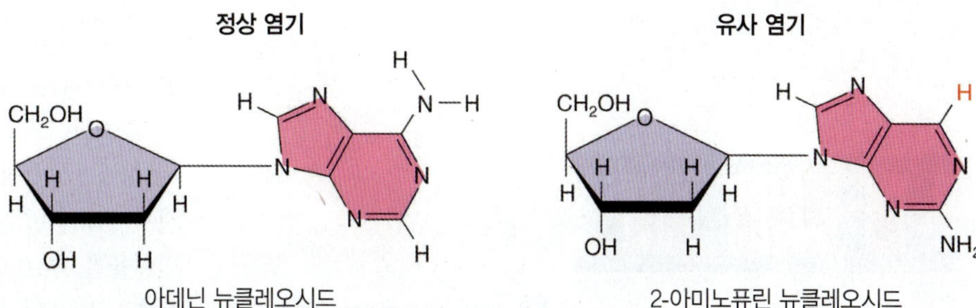

(a) 2-아미노퓨린은 아데닌 대신 DNA에 삽입될 수 있으나 시토신과 짝을 이루기 때문에 AT 염기쌍이 CG 염기쌍으로 바뀌게 된다.

티민 뉴클레오시드

5-브로모우라실 뉴클레오시드

(b) 5-브로모우라실은 세포 효소가 티민으로 잘못 인식하여 티민 자리에 삽입하지만 시토신과 짝을 이루므로 다음번 복제에서 AT 염기는 GC 염기쌍으로 바뀌게 된다. 이런 이유로 5-브로모우라실은 항암제로 이용된다.

소규모의 결실이나 삽입을 일으켜 틀변환 돌연변이를 일으키는 화학적 돌연변이 유발물질도 있다. 예를 들어 매연과 검댕에 들어 있는 벤조파이렌(benzopyrene)은 틀이동 돌연변이를 잘 일으키는 물질이다. 땅콩이나 곡류에 잘 자라는 곰팡이의 일종인 *Aspergillus flavus*가 만드는 아플라톡신(aflatoxin)도 실험실에서 허피스바이러스 감염을 치료하는 물질로 사용되는 아크리인 염료(acridine dye)와 같은 틀이동 돌연변이 유발물질이다. 틀이동 돌연변이 유발원은 대개 DNA 이중나선의 염기쌍 사이로 잘 끼어들어갈 수 있는 크기와 화학적 특성을 지니고 있다. 또는 DNA 이중나선의 두 가닥이 서로 어긋나게 해서 한 쪽 가닥이 튀어나오거나 갭(gap)이 만들어지도록 한다. 이렇게 어긋나 있는 상태에서 DNA가 복제되면 새로운 이중나선 DNA가 합성되면서 몇몇 염기가 더 삽입되거나 결실되는 결과를 초래한다. 틀이동 돌연변이 유발원은 대개 매우 독성이 강한 발암물질이라는 점에서 관심의 대상이 되고 있다.

방사선

X선과 감마선은 원자와 분자를 이온화(전리)시키는 힘을 지니고 있어 강력한 돌연변이 유발원으로 작용하는 방사선이다. 이들 전리 방사선은 분자 구조를 뚫고 들어가 전자가 보통의 전자껍질에서 튀어나오도록 여기시킨다(2장 참조). 여기된 이들 전자는 다른 분자에 작용해서 손상을 입히고 결과적으로 만들어진 이온이나 자유라디칼(짝지어지지 않은 전자를 지니는 분자 형태)은 대개 매우 반응성이 높아 DNA 염기를 산화시켜 DNA 복제와 수선의 실수를 야기하고 돌연변이를 유발한다(그림 8.19 참조). 이들은 반응성이 높아 DNA의 당인산 골격에서 공유결합을 절단하여 염색체를 물리적으로 파괴하는 심각한 손상을 입히기도 한다.

햇빛에 들어 있는 자외선(ultraviolet light, UV)은 전리선이 아니면서도 돌연변이를 일으키는 비전리(nonionizing) 방사선의 일종이다. 그러나 가장 돌연변이를 잘 일으키는 자외선(파장 260 nm)은 대기의 오존층에서 흡수된다. 자외선은 특정 위치의 염기 사이에 공유결합을 형성함으로써 DNA에 직접 손상을 준다. DNA 선상에 티민 염기가 나란히 위치하면 자외선에 의해 이들 두 개의 염기 사이에 교차결합이 형성될 수 있다. 그렇게 형성된 티민 이량체가 수선되지 않으면 정상적으로 전사되거나 복제되지 못하므로 세포에 심각한 또는 치명적인 손상이 될 수 있다.

세균 등의 생물체에는 자외선에 의해 유도된 손상을 수선할 수 있는 효소가 존재한다. 광수선효소(light-repair enzyme)로 알려진 **광분해효소(photolyase)**는 가시광선의 에너지를 흡수하여 티민 이량체를 원래의 상태로 되돌려 놓는다. **뉴클레오티드 절제수선(nucleotide excision repair)**은 자외선에 의한 손상뿐만 아니라 다른 원인에 의한 DNA의 부분적인 손상도 수선할 수 있다(그림 8.21). 잘못된 염기가 제거되어 생긴 갭(gap)은 정상 가닥의 정보에 따라 이에 상보적인 DNA를 새로 합성함으로써 복구된다. 오랫동안 생물학자들은 티민 이량체처럼 DNA 상의 비정상적인 구조를 보이지 않는 채 비정상적인 염기쌍이 형성되어 있을 때, 세포가 어느 가닥을 기준으로 수선하는지에 대해 궁금해 했다. 1970년 **메틸화효소(methlyase)**가 발견되면서 이에 대한 실마리가 풀렸다. DNA 가닥이 합성되고 나면 메틸화효소가 특정 DNA 염기에 메틸기를 부착한다. DNA 수선에 관여하는 핵산내부분해효소(endonuclease)는 메틸기가 부착 여부로 원래의 DNA와 새로 생긴 DNA 가닥을 구분하여 메틸화되지 않은 가닥의 염기를 제거한다.

사람들이 자외선에 지나치게 많이 노출되면 피부 세포에 티민

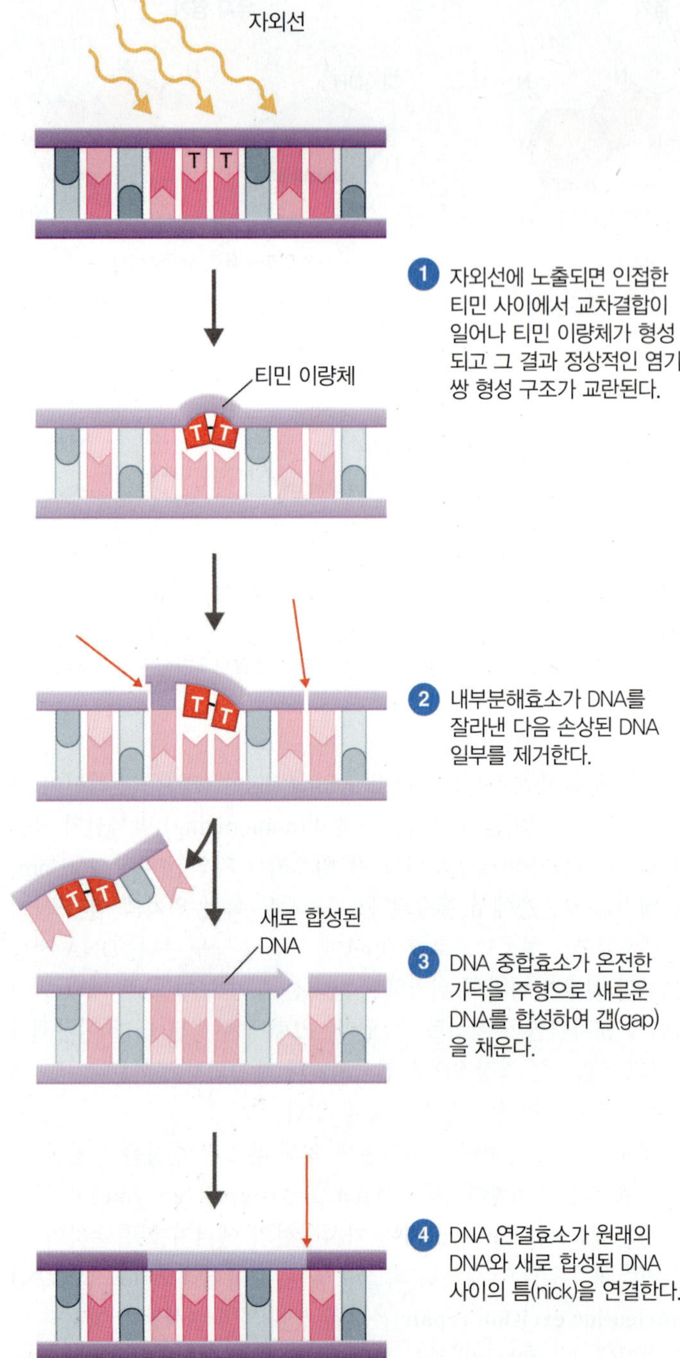

그림 8.21 **자외선에 의한 티민 이량체의 형성과 수선.** 자외선에 노출되면 인접한 티민 사이에 교차결합이 생겨 티민 이량체가 형성된다. 가시광선이 없을 때에는 뉴클레오티드 절제 수선의 방법을 이용하여 세포는 이를 수선한다.

Q 절제 수선 효소는 잘못된 정보를 갖고 있는 것이 어느 가닥인지 어떻게 "알아낼" 수 있을까?

이량체가 많이 형성되어 피부암을 일으킬 수 있다. 자외선에 유난히 민감한 피부색소침착증(xeroderma pigmentosum)이 있는 사람은 뉴클레오티드 절제수선이 잘 일어나지 않아 피부암에 걸릴 위험이 높다.

돌연변이 발생빈도

돌연변이율(mutation rate)은 하나의 유전자가 한 번 분열하는 동안 돌연변이가 나타나는 빈도를 말한다. 이 빈도는 매우 낮기 때문에 대개 10의 마이너스 지수형으로 나타낸다. 예를 들어 특정한 유전자가 1만 번 분열하는 동안 1번꼴로 돌연변이가 발생한다면 돌연변이율은 1/10,000, 즉 10^{-4}이 된다. DNA가 복제되면서 자연적인 실수가 발생할 확률은 매우 낮아 대략 10^9 염기쌍이 복제될 때 단 하나 정도의 염기가 잘못 들어가는 정도이다(돌연변이율은 10^{-9}). 평균 크기의 유전자가 10^3 염기쌍 정도이므로 자연발생 돌연변이 발생률은 유전자가 10^6번(백만 번) 복제될 때마다 한 번 돌연변이가 일어나는 정도이다.

일반적으로 돌연변이는 염색체 상에서 무작위로 발생한다. 돌연변이가 낮은 빈도로 그리고 무작위적으로 발생한다는 사실은 생물종이 환경에 적응하는 데 중요한 특성이 된다. 예를 들어 10^7 세포 이상으로 이루어진 일정 규모 이상의 세균 집단이라면 거의 매 세대마다 몇 개의 돌연변이 세포가 나타나게 된다. 대부분의 돌연변이는 해로운 영향을 미쳐 개체가 사멸하면서 유전자 풀에서 제거되거나, 개체에 아무런 영향을 미치지 않는 중립 돌연변이이다. 그러나 드물게 이로운 돌연변이가 나타날 수도 있다. 이를테면 주기적으로 항생제에 노출되는 세균의 집단에서 항생제 내성을 부여하는 돌연변이는 이익이 된다. 돌연변이에 의해 이와 같은 형질이 나타나면 그 돌연변이를 지니는 세균들은 다른 세균에 비해 동일한 환경에서 살아가는 한 생존력과 번식력이 높아진다. 얼마 지나지 않아 그 집단 대부분의 세균은 해당 유전자를 지니게 될 것이다. 작은 규모이긴 하지만 진화적 변화가 발생한 것이다.

돌연변이 유발원은 대개 10^6번 복제가 일어날 때마다 한 번꼴로 나타나는 돌연변이의 자연발생률을 10~1000배 정도 증가시킨다. 따라서 돌연변이 유발원이 존재하면 유전자가 복제될 때마다 10^{-6} 정도로 발생하는 돌연변이 발생률이 10^{-5}~10^{-3}으로까지 높아진다. 돌연변이 유발원은 미생물의 유전적 특성을 연구하기 위해서나 상업적인 목적으로 돌연변이체를 만드는 과정을 촉진하기 위해 활용되기도 한다.

이해도 확인하기

- 돌연변이는 어떻게 수선될 수 있는가? 8-10
- 돌연변이 유발물질은 돌연변이 발생률에 어떻게 영향을 주는가? 8-11

돌연변이체 검출

돌연변이체는 바뀐 표현형을 선별하거나 검사하는 방법으로 검출한다. 돌연변이 유발물질의 사용 여부와 관계 없이 표적 돌연변이를 지닌 돌연변이 세포는 언제나 그 집단의 다른 세포들에 비해서 드물게 나타난다. 이와 같은 희귀한 것을 어떻게 찾아내는지가 관건이 된다.

세균은 빨리 번식해서 영양배지를 사용할 때 10^9/ml 이상의 고밀도로 쉽게 키울 수 있으므로 돌연변이 실험은 주로 세균을 이용한

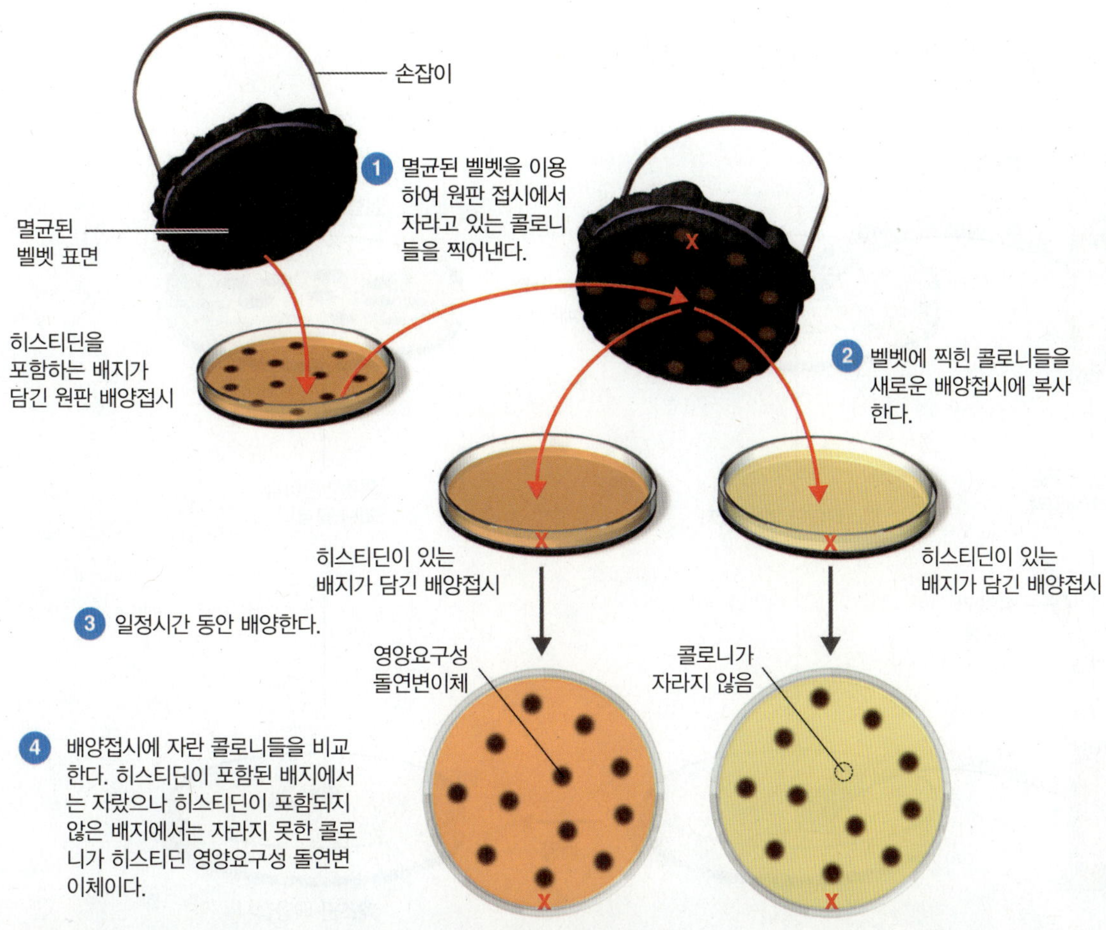

그림 8.22 복제 평판법. 여기서 영양요구성 돌연변이체는 히스티딘을 합성하지 못한다. 배양 접시의 방향을 잘 표시한 다음(여기서는 X자로 표시) 방향을 유지한 채로 복제 평판을 만들어 원판의 방향과 비교할 수 있어야 한다.

Q 영양요구성 균주란 무엇인가?

다. 게다가 많은 진핵생물과는 달리 세균은 세포 하나 당 하나의 유전자만을 지니는 반수체이므로 돌연변이 유전자의 효과가 정상 유전자에 의해 가려지지 않는 이점이 있다.

양성 선택(positive selection) 또는 **직접 선택(direct selection)**이라 불리는 방법은 돌연변이가 일어나지 않은 어버이 세포를 제거함으로써 돌연변이 세포만 살아남게 한다. 페니실린에 내성을 지닌 돌연변이 세균을 생각해 보자. 세균 세포들을 페니실린이 들어 있는 배양접시에 뿌리면 페니실린에 내성을 지니게 된 돌연변이 세포만을 직접 확인할 수 있다. 이 집단에서 페니실린에 내성을 나타내는 소수의 돌연변이 세포만이 자라서 콜로니를 형성하는 반면 페니실린에 민감한 정상세포는 자라지 못할 것이기 때문이다.

다른 유전자 종류에서 돌연변이를 확인하기 위해서 **음성 선택(negative selection)** 혹은 **간접 선택(indirect selection)**이라 불리는 방법이 사용되기도 한다. 이 과정은 **평판복제법(replica plating)**이라는 기법을 사용해서 특정 기능을 수행하지 못하는 세포를 선별한다. 평판복제법을 이용하여 아미노산의 일종인 히스티딘 합성 능력을 잃어버린 세균 세포를 확인하는 과정을 살펴보자(그림 8.22). 먼저 100개 정도의 세균 세포를 평판배지에 도말한다. 이 배양 접시를 원판이라 하는데 이 접시에는 히스티딘이 포함된 배지가 담겨 있어 모든 세포가 자랄 수 있다. 원판배지에서 18~24시간 정도 배양하면 각각의 세포는 번식하여 콜로니를 형성한다. 라텍스나 여과지 또는 벨벳 등을 멸균한 다음 원판의 형태 그대로 가볍게 눌러주면 콜로니의 일부 세포가 멸균된 벨벳 등에 묻는다. 그 다음 이 벨벳을 그대로 다른 배지가 포함된 두 개 이상의 평판 접시에 찍는다. 이때 한 접시에는 히스티딘이 포함된 배지가 또 다른 접시에는 히스티딘이 포함되지 않은 배지가 들어 있다면, 히스티딘이 포함된 접시에서만 원래의 세포들이 모두 자라게 될 것이다. 배양 접시에서 자란 세균 가운데 히스티딘을 합성하지 못하는 돌연변이가 있다면 이들 돌연변이는 원판과 같이 히스티딘이 들어 있는 접시에서는 자라지만 히스티딘이 들어 있지 않은 접시에서는 자라지 않을 것이다. 히스티딘을 합성하지 못하는 세균은 이들 평판을 배양한 다음 콜로니를 비교하여 원판에서 찾아낼 수 있다. (돌연변이 유발물질을 사용하더라도) 돌연변이 발생 빈도는 매우 낮으므로 이와 같은 방법으로 특정한 돌연변이를 찾기 위해서는 많은 수의 평판을 검사해야만 한다.

평판복제법은 하나 이상의 새로운 성장인자를 요구하는 돌연

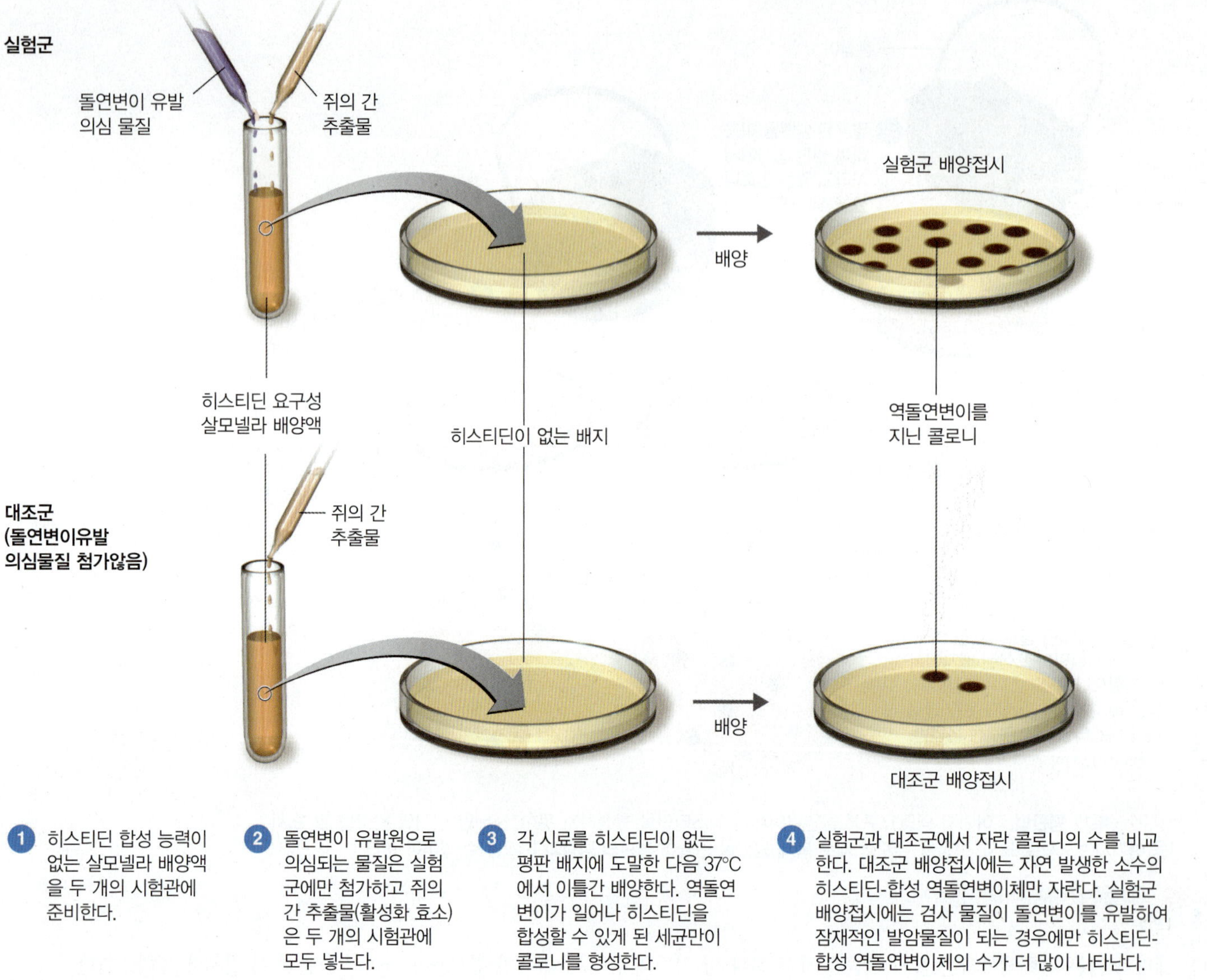

실험군

돌연변이 유발 의심 물질

쥐의 간 추출물

실험군 배양접시

배양

히스티딘 요구성 살모넬라 배양액

히스티딘이 없는 배지

역돌연변이를 지닌 콜로니

대조군 (돌연변이유발 의심물질 첨가않음)

쥐의 간 추출물

배양

대조군 배양접시

1. 히스티딘 합성 능력이 없는 살모넬라 배양액을 두 개의 시험관에 준비한다.
2. 돌연변이 유발원으로 의심되는 물질은 실험군에만 첨가하고 쥐의 간 추출물(활성화 효소)은 두 개의 시험관에 모두 넣는다.
3. 각 시료를 히스티딘이 없는 평판 배지에 도말한 다음 37°C에서 이틀간 배양한다. 역돌연변이가 일어나 히스티딘을 합성할 수 있게 된 세균만이 콜로니를 형성한다.
4. 실험군과 대조군에서 자란 콜로니의 수를 비교한다. 대조군 배양접시에는 자연 발생한 소수의 히스티딘-합성 역돌연변이체만 자란다. 실험군 배양접시에는 검사 물질이 돌연변이를 유발하여 잠재적인 발암물질이 되는 경우에만 히스티딘-합성 역돌연변이체의 수가 더 많이 나타난다.

그림 8.23 에임스 역돌연변이 검사법

 모든 돌연변이 유발원이 암을 일으키는가?

변이를 분리하는 데 매우 효과적인 방법이다. 어버이 세포에는 필요 없는 영양물질을 필요로 하는 돌연변이 미생물을 **영양요구주(auxotroph)**라 한다. 예를 들어 어떤 영양요구 미생물은 특정한 아미노산을 합성하는 데 필요한 효소가 없을 수 있으며 그 결과 그 돌연변이 미생물에게 해당 아미노산은 성장하는 데 꼭 필요한 인자로 배지에 포함되어야 한다.

발암물질 검사법

많은 돌연변이 유발물질이 사람을 비롯한 동물에서 암을 일으키는 **발암물질(carcinogen)**로 확인되었다. 최근 환경이나 직장, 음식물 등에 들어 있는 여러 화학물질이 사람에게 암을 일으키는 것으로 의심되고 있다. 발암물질인지 확인하기 위해서는 대체로 동물을 대상으로 실험을 하며 확인하는 데 오랜 시간이 걸리고 또 비용이 많이 든다. 요즈음에는 잠재적인 발암물질인지 확인할 수 있는 더 빠르고 값싼 초기 선별 방법이 사용되고 있다. 이 가운데 하나가 **에임스 검사(Ames test)**로 세균을 사용하여 종양발생 가능성을 예측할 수 있다.

에임스 검사는 돌연변이 세균을 돌연변이 유발물질에 노출시킨 다음 새로운 돌연변이가 발생해서 원래 이 세균이 가지고 있던 돌연변이의 효과(표현형의 변화)를 되돌릴 수 있는지를 관찰한다. 새로운 돌연변이로 인해 원래의 돌연변이 효과가 되돌려지는 과정을 **역돌연변이(reversion)**이라 한다. 에임스 검사에서 사용하는 돌연변이 표현형은 살모넬라균의 히스티딘 영양요구성(his^- 돌연변이, 히스티딘을 생합성하는 능력을 잃어버린 돌연변이체)으로 돌연변이 유발물질을 처리한 다음 히스티딘 영양요구성 균주가 히스티딘을 합성할 수 있는 his^+ 균주로 역돌연변이가 되는 정도를 측정한다(그림

8.23). 세균을 검사하려는 화합물이 있는 조건과 없는 조건 아래에서 각각 배양한다. 동물의 체내에는 효소가 존재하여 많은 화학물질을 돌연변이 또는 암을 유발할 수 있는 화학적으로 활성화된 형태로 변환시킨다. 따라서 돌연변이 세균을 배양할 때 검사 대상 화학물질과 이들 효소가 풍부하게 포함되어 있는 쥐의 간 추출액도 같이 넣는다. 검사 대상 물질이 돌연변이 유발물질이라면, *his*$^-$ 세균을 자연적인 역돌연변이 비율보다 높은 빈도로 *his*$^+$ 세균으로 변환시킬 것이다. 관찰된 역돌연변이 개체수는 해당 물질이 돌연변이를 유발시키는 정도를 가리킨다. 역돌연변이 개체를 많이 형성하는 화학물질은 잠재적인 발암물질로 간주된다.

여러 가지 방법으로 에임스 검사를 할 수 있다. 세균이 접종된 배양 접시 위에 몇 가지 잠재적인 돌연변이 유발물질을 각각 적신 작은 종이 원반을 올려놓고 주변에 얼마나 많은 역 돌연변이체가 생기는지 질적으로 측정하는 방식도 가능하다. 에임스 검사는 새로운 화학물질이나 대기나 수질 오염물질의 유전독성을 평가하는 데 일상적으로 사용된다.

에임스 검사로 돌연변이 유발물질이라 확인된 물질의 90% 정도가 동물에서 암을 일으키는 것으로 알려졌다. 또한 돌연변이 유발성이 더 강한 물질이 일반적으로 종양 유발성 역시 더 강한 것으로 밝혀졌다.

임상 사례

모든 돌연변이가 대물림되는 것은 아니다. 일부 돌연변이는 세포의 유전물질에 손상을 입히는 화학물질인 유전독소(genotoxin)에 의해 유발된다. 마르셀은 뚱뚱하지도 않고 가족과 함께 많은 시간을 보내려 노력하는 편이며 담배를 피운 적도 없다. 1970년대 이래 조리된 육류나 육가공품을 많이 섭취하는 사람들에게서 대장암이 많이 발생한다는 연구 결과가 알려졌다. 여기서 발암물질로 의심되는 화학물질은 높은 열로 육류를 조리하는 과정에서 발생하는 방향족 아민류(aromatic amine)이다.

마르셀은 50년 이상 멤피스 바베큐 식당을 운영했다. 그는 주인이면서도 직접 현장을 지휘하면서 늘 부엌에서 조리과정을 감독했다. 식당의 모든 바베큐 요리는 높은 온도에서 여러 시간 천천히 익혀 낸다. 마르셀은 이 기술의 전문가임을 자부해 왔으나 이제 그의 전문성은 질병을 일으킨 원인의 하나로 의심받고 있다.

어떤 화학물질이 유전독소인지를 확인하기 위해 사용할 수 있는 검사법은 무엇인가?

208 226 231 232

이해도 확인하기

- 항생제 내성 세균을 분리할 수 있는 방법은 무엇인가? 항생제에 민감한 세균은 또 어떻게 분리할 수 있을까? **8-12**
- 에임즈 검사법의 원리는 무엇인가? **8-13**

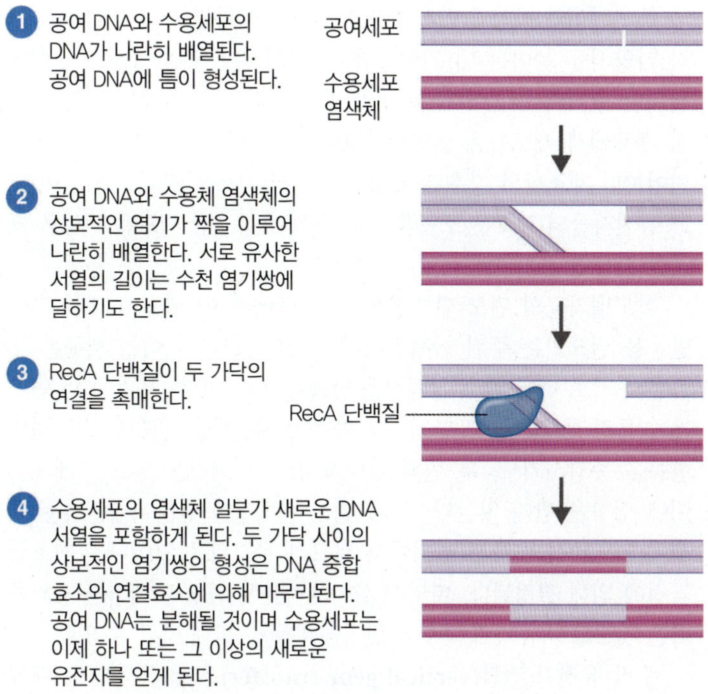

1. 공여 DNA와 수용세포의 DNA가 나란히 배열된다. 공여 DNA에 틈이 형성된다.
2. 공여 DNA와 수용체 염색체의 상보적인 염기가 짝을 이루어 나란히 배열한다. 서로 유사한 서열의 길이는 수천 염기쌍에 달하기도 한다.
3. RecA 단백질이 두 가닥의 연결을 촉매한다.
4. 수용세포의 염색체 일부가 새로운 DNA 서열을 포함하게 된다. 두 가닥 사이의 상보적인 염기쌍의 형성은 DNA 중합효소와 연결효소에 의해 마무리된다. 공여 DNA는 분해될 것이며 수용세포는 이제 하나 또는 그 이상의 새로운 유전자를 얻게 된다.

공여세포

수용세포 염색체

RecA 단백질

그림 8.24 **교차에 의한 유전자 재조합.** 염색체의 절단과 교차 연결을 통해 외부에서 들어온 DNA가 염색체 안으로 삽입될 수 있다. 이 과정을 통해 염색체 안으로 하나 또는 그 이상의 유전자가 삽입 가능하다. RecA 단백질의 사진은 그림 3.11a에 나타나 있다.

 어떤 종류의 효소가 DNA를 절단하는가?

유전자 전달과 재조합

학습 목표

8-14 수평 유전자 전달과 수직 유전자 전달을 구분한다.

8-15 세균에서 유전자 재조합이 일어나는 몇 가지 과정을 비교한다.

8-16 플라스미드와 전위인자의 기능을 설명한다.

유전자 재조합(genetic recombination)은 두 분자의 DNA 사이에 유전자가 서로 맞교환되어 염색체상에 새로운 유전자의 조합을 이루는 과정을 말한다. 그림 8.24는 유전자 재조합이 일어나는 과정을 보여준다. 어떤 세포가 외래 DNA(그림에서 공여 DNA로 표기된)를 획득하면 그 중 일부는 세포의 염색체에 삽입된다. 이 과정을 **교차(crossing over)**라 부르며 이를 통해 염색체상의 유전자 일부가 뒤섞일 수 있다. 이때 DNA는 재조합되어 염색체는 공여 DNA의 일부를 가지게 된다.

만일 A와 B가 서로 다른 개체에서 온 DNA라면, 어떻게 이들이 서로 재조합될 만큼 가까이 있을 수 있을까? 진핵생물에서 재조합은 개체의 유성생식 회로의 일부로 통상 규칙적으로 일어나는 과정이다. 교차는 일반적으로 생식세포가 형성되는 과정에서 일어나기 때문에 생식세포는 재조합된 DNA를 갖게 된다. 세균에서는 유전자 재조합이 여러 가지 방법으로 일어날 수 있다. 이에 대해서는 다음 절에서 살펴보기로 한다.

돌연변이와 마찬가지로 유전자 재조합은 특정 생물 집단의 유전적 다양성을 높이는 데 기여한다. 집단의 유전적 다양성은 진화에 필요한 변이의 원천이다. 현재의 미생물과 같이 수많은 진화를 거친 개체에서 재조합은 돌연변이보다 더 이로운 경우가 많다. 돌연변이보다 재조합의 경우가 특정 유전자의 기능을 파괴할 확률이 낮고 유전자들의 새로운 조합을 통해 개체에 유용한 새로운 기능을 제공할 확률이 높기 때문이다.

살모넬라균의 편모 단백질은 우리 몸에서 이 세균에 대한 면역반응을 일으키는 주된 단백질이기도 하다. 그러나 이들 세균은 두 종류의 서로 다른 편모 단백질을 만들어낼 수 있다. 우리 몸의 면역계가 특정 형태의 편모 단백질을 발현시키는 세균 세포에 대한 면역반응을 증강시켜도, 두 번째 형태의 편모 단백질을 만드는 개체는 이에 영향을 받지 않는다. 어느 편모 단백질을 만들어내는지는 염색체 DNA 상의 특정 위치에서 비교적 무작위로 일어나는 재조합 과정에 의해 결정된다. 따라서 살모넬라균은 편모 단백질의 종류를 다른 것으로 바꾸가며 숙주의 면역체계를 잘 피해 나갈 수 있다.

수직 유전자 전달(vertical gene transfer)은 유전자가 한 개체에서 그 자손에게 전해지는 과정이다. 동식물은 수직 전달을 통해 유전자를 전달한다. 세균은 유전자를 자손뿐만 아니라 같은 세대의 다른 미생물에게도 횡적으로 전달할 수 있다. 이를 **수평 유전자 전달(horizontal gene transfer)**이라 한다(그림 8.2 참조). 세균에서 수평 유전자 전달은 몇 가지 방식으로 일어난다. 모든 경우에 자신이 지닌 전체 DNA의 일부를 제공하는 **공여세포(donor cell)**에서 **수용세포(recipient cell)**로 유전자 전달이 이루어진다. 일단 공여 DNA의 일부가 전달되면 대개는 수용세포의 DNA 안으로 삽입되며 나머지는 세포 효소에 의해 분해된다. 공여 DNA를 자신의 DNA로 받아들인 수용세포를 **재조합체**(recombinant)라 부른다. 세균 사이의 유전물질의 전달은 결코 빈번하게 일어나지 않아서, 전체 집단의 1% 미만 정도에 그칠 뿐이다. 유전자전달이 일어나는 각각의 유형을 살펴보기로 한다.

세균의 형질전환

형질전환(transformation) 과정에서 유전자는 수용액상에 존재할 때와 같이 DNA 결합 단백질이 "벗겨진(naked)" DNA 형태로 한 세균에서 다른 세균으로 전달된다. 이 과정이 처음 밝혀진 것은 70여 년 전이었으나 당시에는 형질전환을 제대로 이해하지 못하였다. 이후 형질전환은 한 세균에서 다른 세균으로 유전물질이 전달되는 과정이며, 이 현상에 대한 연구를 통해 결국 유전물질이 DNA라는 사실을 알게 되었다. 형질전환에 대한 초기 실험은 1928년 영국의 그리피스(Frederick Griffith)가 수행하였다. 그는 두 종류의 폐렴균(*Streptococcus pneumoniae*) 균주를 사용하였다. 그 하나는 독성 균주로 식세포작용을 억제하는 다당류 협막(capsule)으로 둘러싸여 있다. 이 균주가 숙주의 몸 안에서 자라면 숙주에게 폐렴을 일으킨다. 또 다른 균주는 비독성균주로 협막이 없어 숙주에게 폐렴을 일으키지 않는다.

그리피스는 협막으로 둘러싸인 독성 균주를 열처리한 다음 쥐에 주사하면 이것이 폐렴을 예방하는 백신으로 작용할 수 있을지에 대해 관심을 가졌다. 그가 예측한 대로 협막이 있는 균주를 살아 있는 채로 주사하면 쥐는 폐렴에 걸려 죽었다(그림 8.25a). 협막이 없는 균주를 산 채로 주사하거나(그림 8.25b) 협막이 있는 균주를 사멸시켜 주사한 경우에는(그림 8.25c) 쥐가 죽지 않았다. 그러나 협막이 있는 독성 균주를 사멸시켜 살아 있는 협막 없는 비독성 균주와 섞어서 쥐에 주사하면 많은 쥐가 죽어나갔다. 그리고 그리피스는 죽은 쥐의 혈액에서 협막이 있는 균주가 자라고 있는 것을 발견했다. 죽은 세균에서 살아 있는 세포로 유전물질(유전자)이 전달되어 유전자를 변화시켰기 때문에 그들의 자손이 협막으로 둘러싸이게 되었고 따라서 독성을 보인 것이다(그림 8.25d).

그리피스의 연구에 근거한 후속 연구를 통해 세균의 형질전환은 쥐의 몸 안에서만 일어나는 현상이 아니라는 것을 밝힐 수 있었다. 배양액에 협막이 없는 세균을 산 채로 넣고 여기에 협막이 있는 세균을 사멸시켜 첨가한 다음 일정 시간이 지나면 배양액에서 협막으로 둘러싸인 독성 세균이 번식하는 것을 볼 수 있다. 협막이 없는 세균의 형질이 전환된 것이다. 이는 사멸된 협막 있는 세균으로부터 유전자를 받아들여 새로운 유전형질을 획득한 것임을 보여준다.

다음으로 죽은 세포에서 어떤 성분이 형질전환을 일으키는지 확인하기 위해 여러 화학 성분을 추출하는 실험이 진행되었다. 유전물

임상 사례 해결

에임스 검사를 통해 화학물질의 유전독성을 빠르게 검사할 수 있게 되었다. 살모넬라 *his*[−] 돌연변이 균주를 포도당 최소배지가 들어 있는 한천 평판배지에 도말한다. 방향족 아민류인 2-아미노플루오린(2-aminofluorne, 2-AF)을 적신 작은 종이원반을 배지 위에 놓는다. 그림은 his[−] 돌연변이체에서 다시 역돌연변가 일어난 살모넬라 균주가 자라는 모습을 보여준다. 실험 결과는 이 화학물질이 돌연변이를 유발하며 따라서 잠재적으로 암을 유발할 수 있다는 사실을 시사한다.

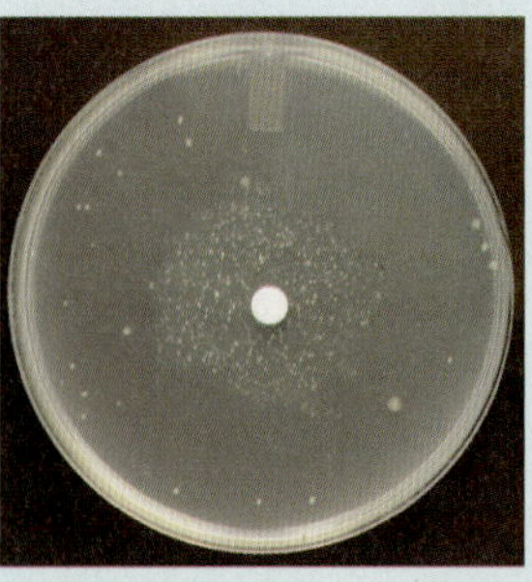

2-AF는 효소에 의해 활성화되며 이는 2-AF가 단독으로 작용할 때보다 훨씬 더 독성이 크다는 사실이 알려졌다. 이는 2-AF가 소화되는 동안에 일어나는 효소와의 작용이나 장내 미생물상과의 상호작용에 의해 2-AF 자체보다 암을 일으킬 가능성이 더 높아질 수 있다는 사실을 암시한다. 식습관의 차이로 장내 세균의 종류를 조금만 변화시켜도 세균의 대사활동에 큰 변화를 일으킬 수 있다.

마르셀의 대변 DNA 검사를 통해 톱니형 직장 용종을 발견함으로써 너무 늦기 전에 직장암을 조기 진단할 수 있게 되었다. 그 덕에 용종으로 자란 조직을 발견해서 제거할 수 있었으며 마르셀은 화학요법을 받아 대장에 남아 있을지도 모르는 암 세포를 제거하는 치료를 받았다.

208 226 231 232

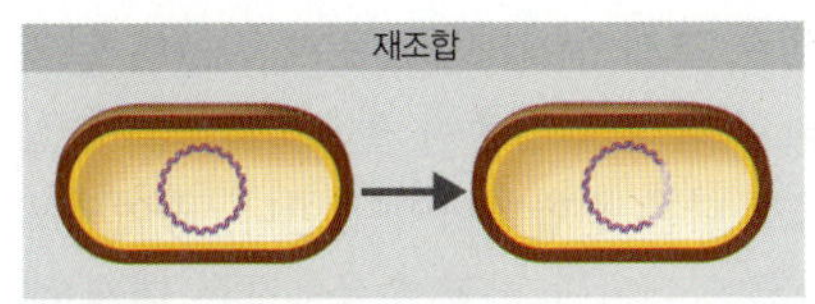

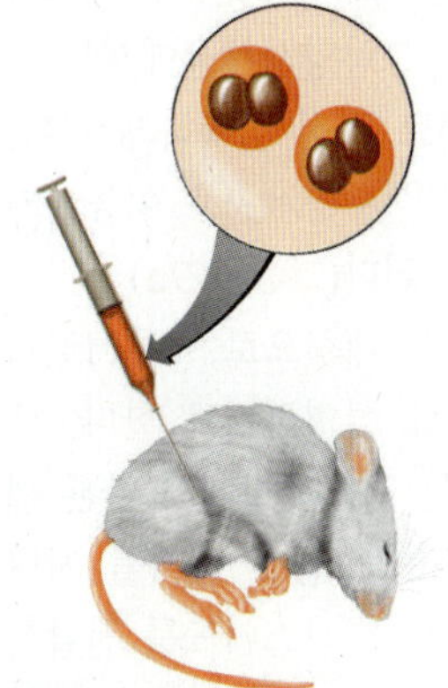

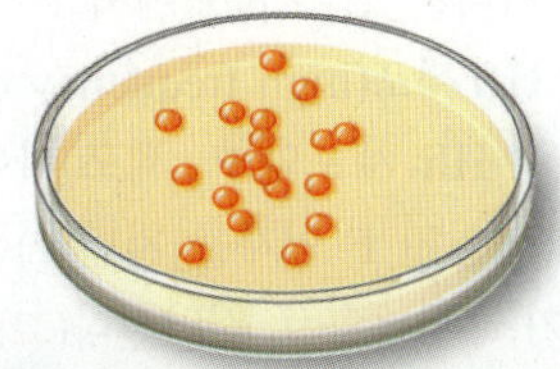

그림 8.25 **유전적 형질전환을 증명한 그리피스의 실험.** (a) 협막으로 둘러싸인 세균을 산 채로 쥐에 주사하면 폐렴을 일으켜 죽게 한다. (b) 협막이 없는 세균은 숙주가 식세포작용을 통해 쉽게 제거하기 때문에 산 채로 쥐에 주사하더라도 쥐는 병에 걸리지 않는다. (c) 협막이 있는 세균을 열처리해서 사멸시키면 폐렴을 일으키지 못한다. (d) 그러나 협막 없는 세균이 성장하는 배양액에 협막이 있는 세균을 열처리해서 사멸시킨 다음 섞어주면 (각각은 따로 병을 일으키지 않는다), 쥐에서 폐렴을 일으킨다. 성장하고 있는 협막 없는 비독성 세균이 죽은 협막 세균에 의해 형질이 바뀌어 협막을 형성하는 능력을 얻었고 따라서 질병을 일으키게 된 것이다. 후속 실험을 통해 형질전환에 필요한 인자가 DNA라는 것이 밝혀졌다.

Q 협막이 있는 세균은 쥐를 사멸시키는 반면 협막이 없는 세균은 그렇지 못한 이유는 무엇인가? (d)에서 쥐를 사멸시킨 것은 무엇인가?

질의 본질을 확인하는 데 중대한 역할을 한 이 실험은 미국 과학자인 에이버리(Oswald T. Avery)가 맥레오드(Colin M. MacLeod)와 매카티(Maclyn McCarty)와 함께 수행하였다. 여러 해 동안 실험을 거듭한 결과 그들은 1944년에 비독성 폐렴균을 독성 균주로 형질전환시키는 데 결정적인 역할을 하는 물질이 DNA임을 발표했다. 이들의 연구결과는 유전정보를 지니는 물질이 DNA라는 사실을 암시하는 결정적인 근거가 되었다.

그리피스의 실험이 발표된 이래 형질전환에 대한 상당한 정보가 축적되었다. 자연 상태에서 일부 세균은 죽은 다음 세포가 분해되면서 DNA를 주변 환경으로 방출시킬 수 있다. 그러면 근처의 다른 세균이 방출된 DNA를 접하고 세균의 종이나 성장 조건에 따라 DNA 조각을 흡수한 다음 재조합하여 자신의 염색체 일부로 삽입할 수 있다. RecA라 불리는 단백질(64쪽 그림 3.11a 참조)은 세포의 DNA에 결합해서 공여 DNA의 가닥이 수용세포의 DNA와 맞교환되는 과정을 촉진한다. 이 결과 새로 조합된 유전자를 지니는 수용세포는 일종의 잡종이라 할 수 있으며 이를 재조합 세포라 부른다(그림 8.26). 이와 같은 재조합 세포에서 유래된 모든 자손 세포는 재조합 세포와 동일하다. 형질전환은 자연상태에서 일부 세균 속에서만 나타나며, 자연상태에서 형질전환이 잘 일어나는 세균으로는 *Bacillus*, *Haemophilus*, *Neisseria*, *Acinetobacter* 및 *Streptococcus*속과 *Staphylococcus*속의 몇몇 종을 들 수 있다.

비록 세포의 DNA 가운데 극히 일부만이 수용세포로 전달되는 경우라 할지라도, 반드시 수용세포의 세포벽과 세포막을 통과해야 하는데, 그러기에는 그 DNA 분자가 여전히 매우 거대한 크기이다.

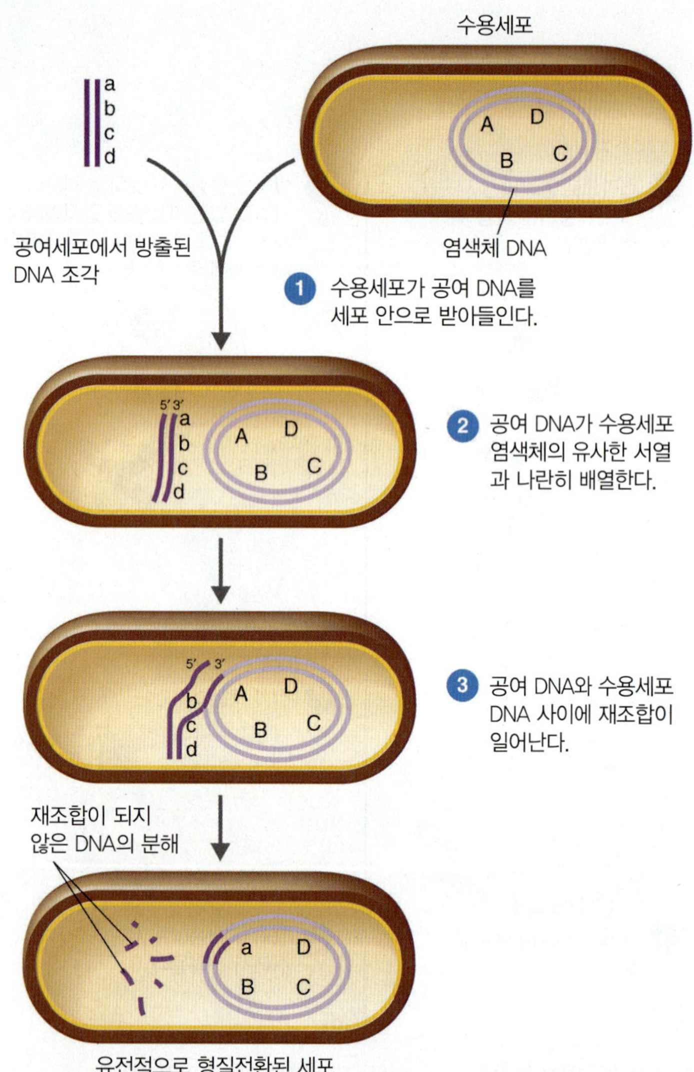

그림 8.26 **세균의 유전자 형질전환 과정.** 공여 DNA와 수용세포 DNA 사이에 어느 정도 서열이 유사해야 한다. 유전자 *a*, *b*, *c*, *d*는 유전자 *A*, *B*, *C*, *D*의 변이형일 것이다.

 공여 DNA를 자르는 효소의 종류는?

수용세포가 공여 DNA를 획득할 수 있는 생리적 상태를 형질전환 가능(competent) 상태라 한다. **형질전환능(competence)**은 거대한 DNA 분자를 투과시킬 수 있는 세포막의 변화에 의해 형성된다.

세균의 접합

접합(conjugation)은 유전물질이 한 세균에서 다른 세균으로 전달되는 또 다른 방식이다. 접합은 일종의 플라스미드에 의해 매개된다. 플라스미드는 원형 DNA 조각으로 세포의 염색체와는 별도로 복제된다. 그러나 플라스미드에 들어 있는 유전자는 세포가 정상적인 조건에서 성장하는 데 꼭 필요한 유전자가 아니라는 점에서 세균의 염색체와 구별된다. 접합에 필요한 플라스미드는 접합 과정에서 한 세포에서 다른 세포로 전달될 수 있다.

접합이 형질전환과 다른 점은 크게 두 가지다. 첫째 접합이 일어나기 위해서는 세포와 세포의 직접적인 접촉이 필요하다. 둘째 접합하는 세포는 일반적으로 서로 다른 접합형이어야 한다. 공여세포는 반드시 플라스미드를 지니고 있어야만 하고 수용세포는 대개 해당 플라스미드를 지니고 있지 않다. 그람음성세균에서 플라스미드는 성선모(sex pili)를 합성하는 데 필요한 유전자를 갖고 있다. 성선모는 공여세포 표면에서 돌출된 구조로 수용세포에 붙어 두 세포가 직접 접촉할 수 있도록 돕는다(그림 8.27a). 그람양성세균에서는 끈적거리는 표면 분자를 생성해서 세포가 서로 직접 접촉하게 한다. 접합과정에 플라스미드는 단일 가닥의 사본을 수용세포로 이동시키고 수용세포에서 이에 상보적인 가닥이 합성된다(그림 8.27b).

접합과 관련된 대부분의 실험이 대장균을 대상으로 이루어졌기 때문에 여기서도 대장균의 접합을 중심으로 설명하기로 한다. 대장균의 **F 인자(fertility factor, F factor)**는 접합과정에서 다른 세포로 전달되는 것이 관찰된 최초의 플라스미드다. F 인자를 지니는 공여세포(F^+ 세포)는 수용세포(F^- 세포)로 플라스미드를 전달한다. 플라스미드가 수용세포로 전해지면 그 결과 수용세포는 F^+ 세포로 전환된다(그림 8.28a). F 인자를 지니는 일부 세포에서 F 인자는 염색체에 삽입되면서 F^+ 세포가 **Hfr세포**(high frequency of recombination)로 전환된다(그림 8.28b). Hfr 세포와 F^- 세포 사이에서 접합이 일어날 때, Hfr의 염색체(삽입된 F 인자를 지닌다)는 복제되면서 어버이 DNA 가닥의 하나가 수용세포로 전달된다(그림 8.28c). Hfr 염색체는 삽입된 F 인자의 중심에서 시작되어 F 인자의 일부에서부터 염색체 유전자들이 F^- 세포로 전해진다. 대개는 염색체가 완전히 전달되기 전에 잘려지게 된다. 일단 수용세포로 공여세포의 유전자가 전달되면 공여 DNA는 수용세포 DNA와 재조합된다. (삽입되지 않은 공여 DNA는 분해된다.) 따라서 Hfr 세포와 접합이 일어나면 F^- 세포는 새로운 염색체 유전자를 획득할 수 있게 된다(이는 형질전환과 동일하다). 그러나 수용세포는 여전히 F^- 세포로 남는데 이는 접합 과정에서 F 인자를 완전하게 전달받지 못하기 때문이다.

접합을 이용해서 세균 염색체 상에 존재하는 유전자들의 상대적인 위치를 결정할 수 있었다(그림 8.1b 참조). 이 지도에 따르면 트레오닌(*thr*) 및 루신(*leu*) 합성 유전자들이 가장 먼저(0점을 기준으로) 시계 방향으로 나타난다. 이들 유전자의 위치는 접합 실험을 통해 결정되었다. 유전형이 his^+, pro^+, thr^+, leu^+인 Hfr, 균주와 유전형이 his^-, pro^-, thr^-, leu^-인 F^- 균주 사이의 접합 실험을 살펴보자. 만약 이들 사이에서 1분만 접합이 일어나도록 허용한 다음, F^- 균주가 트레오닌을 합성하는 능력을 가질 수 있게 되었다면, *thr* 유전자가 삽입된 F 인자에 근접해서 가장 먼저 전달되는 유전자라는 뜻이며 이 결과를 바탕으로 *thr* 유전자의 위치를 0분과 1분 사이로 정한 것이다. 이제 접합 시간을 2분으로 늘여주면 F^- 세포는 thr^+, leu^+로 전환될 수 있고 이를 통해 두 유전자의 순서를 알 수 있다.

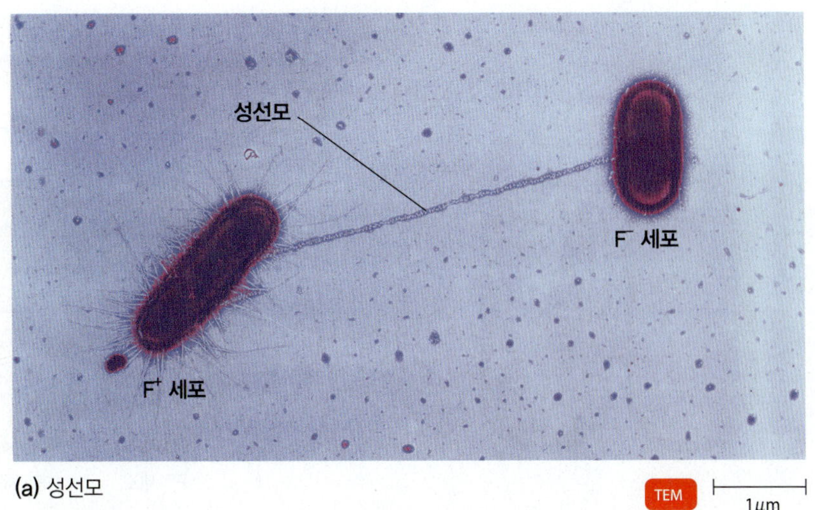

(a) 성선모

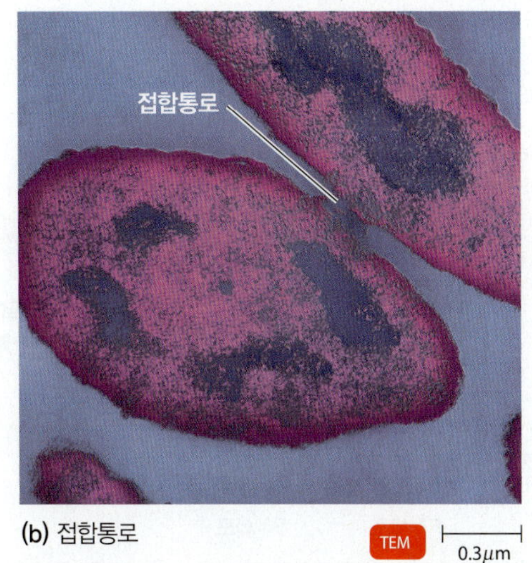

(b) 접합통로

그림 8.27 **세균의 접합**

F⁺ 세포란 무엇인가?

세균의 형질도입

세균 사이에서 유전자가 전달되는 세 번째 방식은 **형질도입(transduction)**이다. 이 과정에서 세균 DNA는 공여세포에서 수용세포로 **박테리오파지(bacteriophage)** 또는 **파지(phage)**라고 하는 세균 바이러스를 통해 전해진다. (파지에 대해서는 13장에서 더 알아볼 것이다.)

형질도입이 어떻게 작용하는지 이해하기 위해서 먼저 대장균의 형질도입 파지 한 종류의 생활사를 알아보기로 한다. 이 파지는 **일반 형질도입(generalized transduction)**을 일으킨다(그림 8.29).

파지가 증식하는 동안 파지 DNA와 단백질이 숙주인 세균 세포에 의해 합성된다. 파지 DNA는 파지 단백질 껍질 안으로 포장되어야 한다. 그러나 세균 DNA, 플라스미드 DNA 또는 심지어는 다른 바이러스의 DNA까지 파지의 단백질 껍질 안으로 포장될 수 있다.

일반형질도입 파지에 감염된 세포 안에서 모든 유전자는 파지의 껍질 안으로 포장되어 들어갈 수 있으며 이 파지가 다른 세포를 감염시킬 과정을 통해 다른 세포로도 전달될 수 있다. **특수 형질도입(specialized transducrion)**이라 불리는 또 다른 형질도입 과정에서는 일부 특정한 세균유전자만이 다른 세균으로 전달될 수 있다. 특수형질도입의 한 유형에서 형질도입파지는 세균 숙주가 특정한 독소를 생산하도록 독소 유전자를 지니는데, *Corynebacterium diphtheriae*가 생성하는 디프테리아 독소, *Streptococcus pyogenes*의 발적독소(erythrogenic toxin), *E. coli* O157:H7의 시가독소(Shiga toxin) 등이 이에 속한다.

이해도 확인하기

- 수평 유전자 전달과 수직 유전자 전달을 구별하여 설명하시오. **8-14**
- 다음 두 가지 접합 과정을 비교하시오: F⁺ × F⁻, Hfr × F⁻. **8-15**

플라스미드와 전위인자

플라스미드와 전위인자는 유전적 변화을 가져다주는 또 다른 방식을 제공한다. 이 과정은 원핵생물과 진핵생물 모두에서 일어나지만 여기서는 원핵생물의 유전적 변화가 일어나는 과정에 이들이 어떤 역할을 하는지에 대해 초점을 맞추어 이야기하고자 한다.

플라스미드

4장에서 플라스미드는 스스로 복제가능하며, 유전자를 포함하는 원형 DNA 조각으로 대략 세균 염색체의 1~5% 크기라는 사실을 알았다(그림 8.30a, 선형 플라스미드와 거대 플라스미도 있음–역자주). 플라스미드는 대체로 세균에서 발견되지만 제빵효모(*Saccharomyces cerevisiae*)와 같은 일부 진핵미생물에도 존재한다. F 인자는 성선모 유전자와 다른 세포로 플라스미드를 전달하는 데 필요한 유전자들을 지니는 **접합 플라스미드(conjugative plasmid)**다. 일반적으로 플라스미드는 없어도 생존하는 데 별 이상이 없지만 특수한 조건 아래서는 플라스미드에 있는 유전자가 세포의 생존과 성장에 필수적인 역할을 하기도 한다. 이를테면 **이화 플라스미드(dissimilation plasmid)**는 흔히 존재하지 않는 당이나 탄화수소의 대사를 촉매하는 효소 유전자를 지닌다. *Pseudomonas*속의 일부 종은 톨루엔, 장뇌(camphor) 및 원유에 포함된 탄화수소 등과 같은 독특한 물질을 주된 탄소 및 에너지원으로 사용할 수 있는데 이는 플라스미드에 이들을 대사할 수 있는 이화효소 유전자가 포함되어 있기 때문이다. 이같이 특수한 능력은 이들 미생물이 매우 다양하고 생존하기 어려운 환경에서 살아남을 수 있게 한다. 많은 종류의 미생물들이 다양한 특수 물질을 분해하고 해독할 수 있는 능력을 갖고 있기에 환경오염물질을 처리하는 데 이들을 활용할 방도를 활발하게 연구하고 있다(2장 32쪽 상자 참조).

세균의 독성을 강화시키는 단백질 유전자를 갖고 있는 플라스미

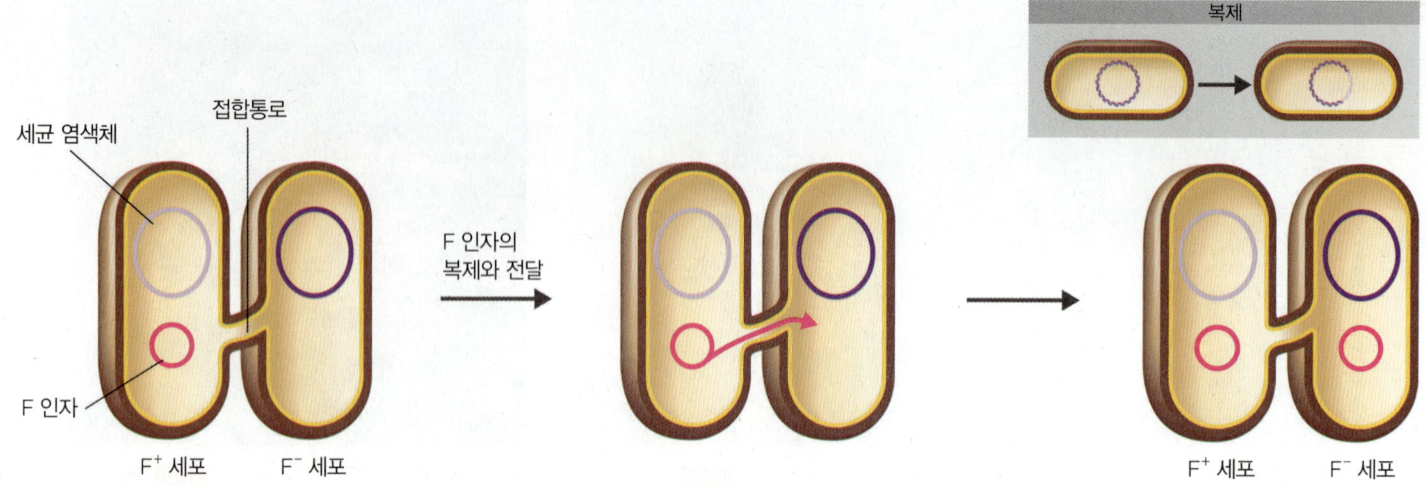

(a) F 인자(플라스미드)가 공여세포(F^+)에서 수용세포(F^-)로 전달될 때, 세포는 F^+ 세포로 전환된다.

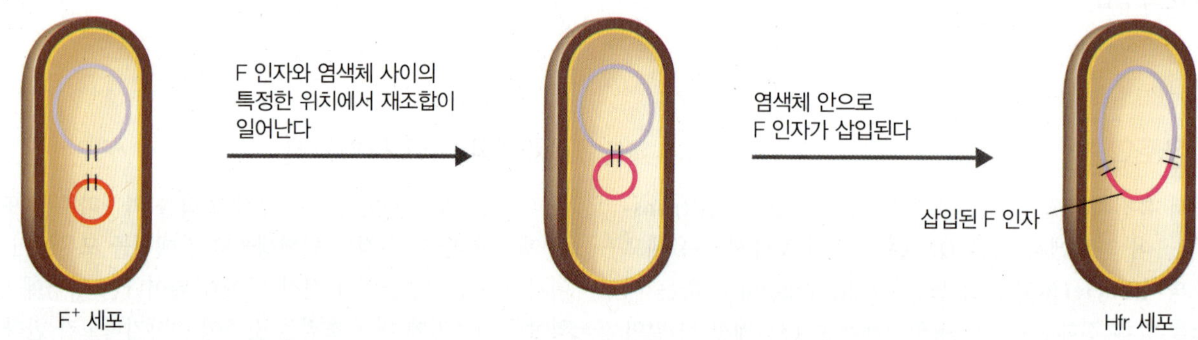

(b) F 인자가 세포의 염색체로 삽입되면 재조합 빈도가 높게 나타나는 Hfr (high frequency of recombination) 세포가 형성된다.

(c) Hfr 공여세포가 염색체 일부를 수용세포로 전달하면 재조합형 F^- 세포가 형성된다.

그림 8.28 대장균의 접합

접합이 일어나는 동안 세균은 번식하는가?

드도 있다. 신생아 설사와 여행자 설사를 일으키는 대장균 균주는 독소 생성 유전자와 세균을 장세포에 부착시키는 유전자를 지닌다. 이들 플라스미드가 없는 대장균은 대장에 서식해도 아무런 해를 입히지 않는다. 그러나 플라스미드를 갖는 대장균은 독성을 나타낸다. 플라스미드에 부호화되어 있는 그 밖의 독소로는 황색포도상구균(*Staphylococcus aureus*)의 박리성 독소와 파상풍균(*Clostridium tetani*)의 신경독소, 탄저균(*Bacillus anthracis*)의 독소 등을 들 수 있다. 또 다른 종류의 플라스미드는 다른 세균을 사멸시키는 독소 단백질인 **박테리오신(bacteriocin)**을 합성하는 유전자를 지니고 있다. 이들 플라스미드는 많은 종류의 세균속(genus)에서 발견되며 임상 연구실에서 특정 세균을 동정하는 데 유용한 지표로 활용되기도 한다.

내성 인자(resistance factor, R factor)는 의학적으로 매우 중요한 플라스미드다. 이런 내성 인자들은 1959년대 후반 일본에서 몇 차례에 걸친 유행성 이질이 퍼지는 과정에서 처음 발견되었다. 유행성 이질이 나타나는 동안 일부 감염균이 이질 치료에 보통 사용해 오던 항생제에 내성을 가진 것으로 나타났다. 이와 함께 그 환자에게서 분리한 다른 장내 정상 세균(대장균과 같은) 또한 항생제에 내성을 보였다. 과학자들은 이것이 세균 사이에서 내성 유전자가 전달되면서 항생제 내성을 획득한 때문이라는 것을 곧 밝혀내었다. 이와 같은 항생제 내성의 전달을 매개한 플라스미드가 바로 내성 인자였다.

내성 인자에는 숙주세포에게 항생제, 중금속 또는 그 밖의 세포 독소에 내성을 부여하는 유전자가 있다. 많은 내성 인자에 들어 있는 유전자를 두 종류로 나눌 수 있다. 첫 번째 종류는 **내성 전달 인자(resistance transfer factor, RTF)**로 플라스미드 복제와 접합에 필요한 유전자들이 이에 속한다. 두 번째 종류는 **내성 결정자(r-determinant)**로 특정한 약물이나 독성 물질을 비활성화시키는 효소를 만들어내는 실질적인 내성 유전자를 말한다(그림 8.30b). 서로 다른 내성 인자들이 같은 세포 안에 존재하는 동안 재조합되면서 자신들의 내성 결정 유전자들을 새로운 조합으로 갖는 내성 인자를 만들어내기도 한다.

단일 플라스미드 내에 내성 유전자가 놀랄만큼 여러 개 모여 있는 경우도 있다. 예를 들어 그림 8.30b에 내성 플라스미드 R100의 유전자 지도가 그려져 있다. 이 플라스미드에는 설폰아미드, 스트렙토아이신, 클로람페니콜, 테트라사이클린, 그리고 수은에 내성을 가진 유전자들이 포함되어 있다. 이 특별한 플라스미드는 대장균속, 클렙시엘라속, 살모넬라속 등에 속하는 여러 장내 세균종 사이에 전달될 수 있다.

내성 인자는 항생제로 감염성 질환을 치료하는 데 매우 심각한 문제를 일으킨다. 의학과 농업에서 항생제를 널리 사용하게 됨에 따라(20장 583쪽 상자 참조) 내성 인자를 지니는 세균이 생존하는 데 이점을 지니게 되었고, 따라서 내성 세균의 집단이 점점 더 커지고 있다. 특정 집단 내에서는 물론이고 심지어는 서로 다른 속의 세균 사이에 내성이 전달될 수 있기 때문에 문제는 더 심각하다. 같은 종 내에서 유전자를 교환하면서 유성생식으로 증식하는 생물을 진핵생물의 종으로 정의한다. 그러나 세균의 종들은 서로 접합해서 다른 종에게도 플라스미드를 전해줄 수 있다. *Neisseria*속의 세균이 *Streptococcus*속의 세균에서 페니실린 분해효소 유전자가 있는 플라스미드를 전달받을 수 있고 *Agrobacterium*은 플라스미드를 식물세포로 전해줄 수도 있다(264쪽 그림 9.20 참조). 비접합성 플라스미드는 접합성 플라스미드나 염색체 내에 자신을 삽입시킨 다음 다른 세포로 전달될 수도 있고 죽은 세포에서 방출된 후에 형질전환의 방법으로도 다른 세포에 전해질 수 있다. 유전자의 삽입은 뒤에서 간략하게 설명할 삽입서열에 의해서도 매개될 수 있다.

플라스미드는 9장에서 살펴볼 유전공학에도 유용한 도구로 사용된다(248~249쪽).

전위인자

전위인자(transposon)는 작은 DNA 조각으로 DNA 분자의 특정 위치에서 다른 위치로 이동할 수 있다. 이들 DNA 조각의 크기는

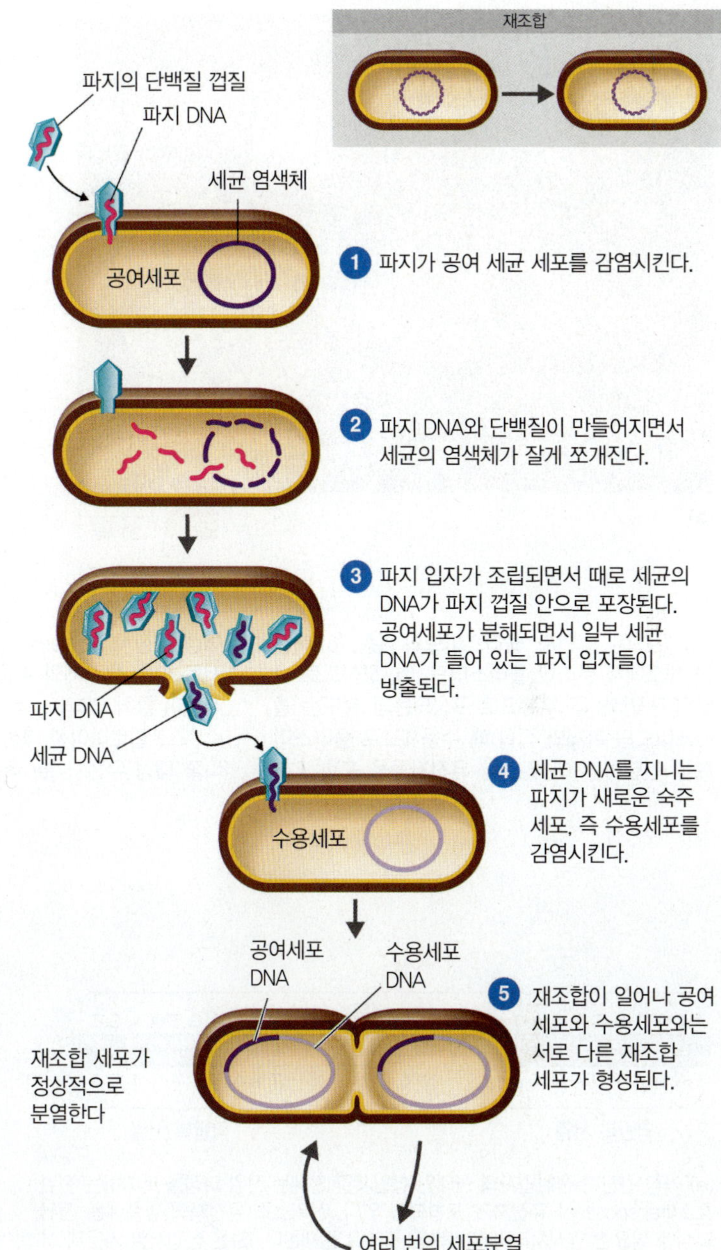

그림 8.29 박테리오파지에 의한 형질도입. 여기서는 일반 형질도입만 보여준다. 일반 형질도입을 통해서는 공여세포의 유전자가 종류에 관계 없이 수용세포로 전달될 수 있다.

Q 대장균은 시가 독소 유전자를 어떻게 획득했나?

700~40,000 염기쌍 정도이다.

1950년대 미국의 유전학자 맥클린톡(Barbara McClintock)이 처음으로 옥수수에서 전위인자의 존재를 발견하였다. 이후 전위인자는 모든 생물에 존재한다는 것이 밝혀졌으며 특히 미생물에서 상세하게 연구되었다. 전위인자는 동일한 염색체 또는 다른 염색체나 플라스미드로 한 자리에서 다른 자리로 이동할 수 있다. 전위인자가 빈번하게 이동한다면 세포 내에 큰 혼란을 일으킨다는 사실을 쉽게 상상할 수 있을 것이다. 전위인자가 염색체상에서 이동할 때 이

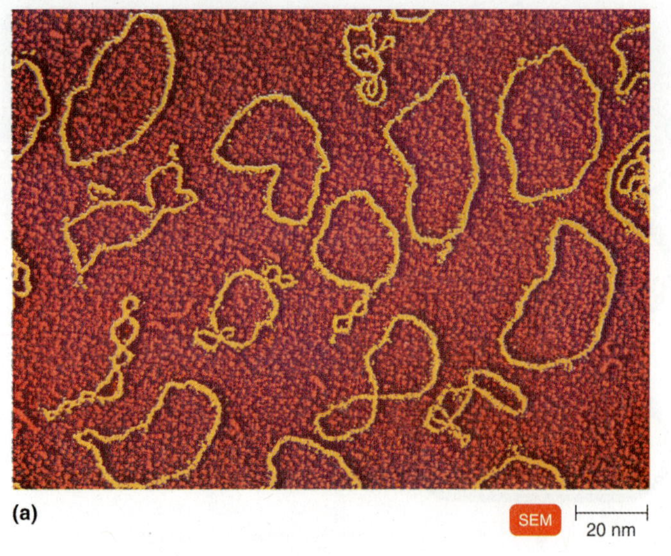

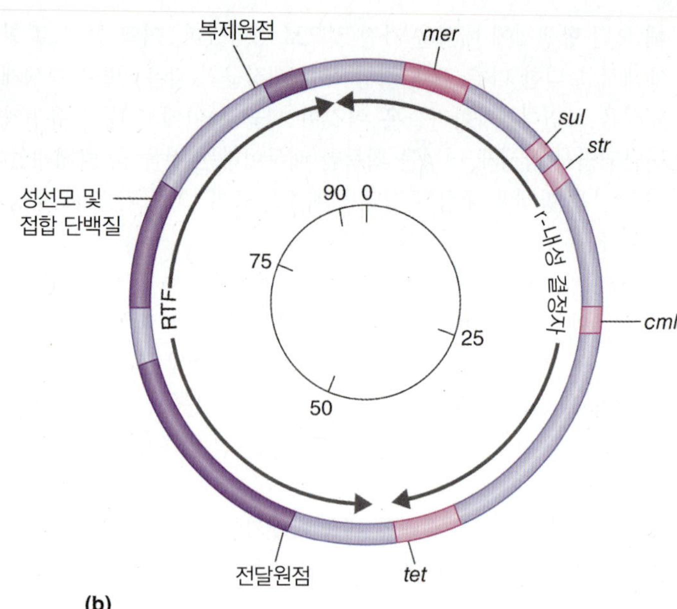

그림 8.30 R 인자, 플라스미드의 일종. (a) 대장균 세포에서 분리한 플라스미드. (b) 모식도로 나타낸 R 인자. 두 부분으로 구성되는데, RTF는 플라스미드의 복제와 접합 때 수용세포로 플라스미드를 전달하는 데 필요한 유전자들을 포함하고, 내성-결정자(r-determinant) 부분에는 네 종류의 서로 다른 항생제와 수은에 내성을 지니는 유전자들이 들어 있다(*sul* = 설폰아미드 내성 유전자, *r* = 스트렙토마이신 내성 유전자, *cml* = 클로람페니콜 내성 유전자, *tet* = 테트라사이클린 내성 유전자, *mer* = 수은 내성 유전자). R 인자 안의 숫자, 염기쌍 X 1000.

Q R 인자가 감염성 질병을 치료하는 데 중요한 이유는?

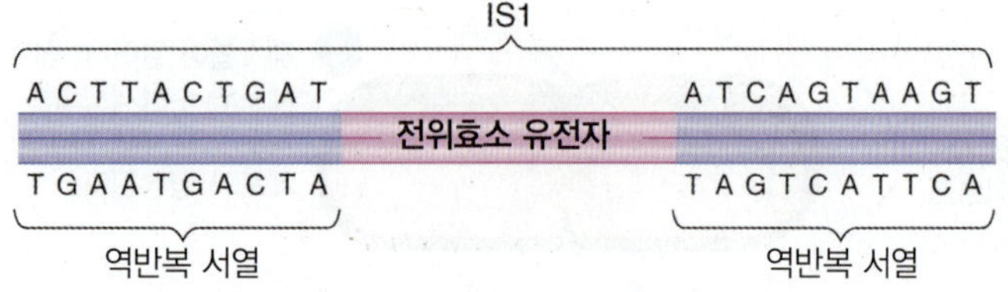

(a) 가장 간단한 전위인자의 형태인 삽입서열(IS)에는 전위 과정을 촉매하는 전위효소(transposase) 유전자가 포함되어 있다. 전위효소 유전자의 양쪽에는 전위 과정에 필요한 인식자리가 역반복된 형태로 존재한다. IS1은 삽입서열 가운데 하나로 위 그림에는 역반복 서열을 약식으로 나타내었다.

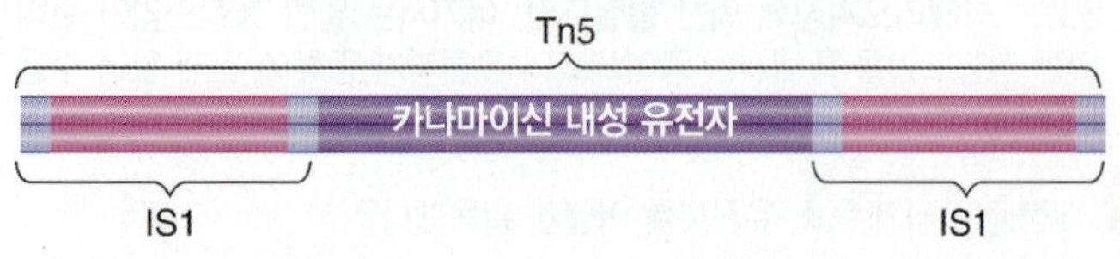

(b) 복합 전위인자는 전위효소 유전자와 함께 다른 유전자들을 포함한다. 예시되어 있는 Tn5는 카나마이신 내성 유전자를 지니며 내성 유전자 양쪽으로 삽입서열인 IS1이 존재한다.

1 전위효소가 DNA를 잘라 양쪽에 점착성 말단을 남긴다.

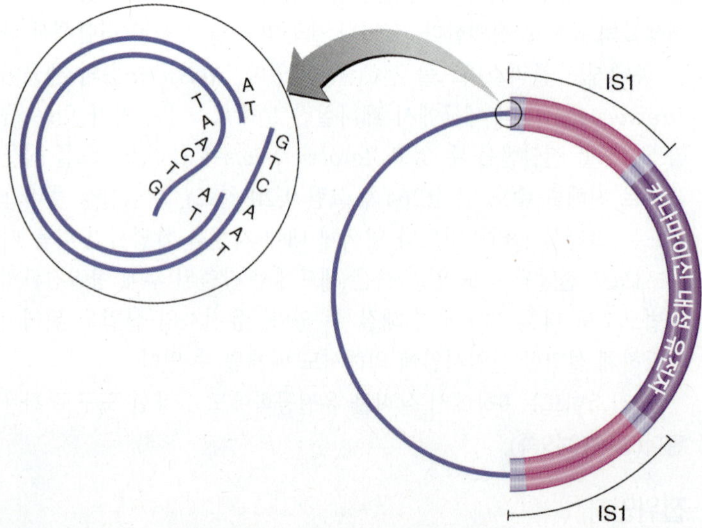

2 전위인자와 표적 DNA의 점착성 말단이 서로 연결된다.

(c) R100 플라스미드에 전위인자 Tn5가 삽입되는 과정

그림 8.31 전위인자와 삽입

전위인자를 때로 "뛰어다니는 유전자(jumping gene)"라 부르는 까닭은?

들은 유전자 안에 삽입되어 그 유전자를 비활성화시킬 수도 있다. 다행히 전위 현상은 비교적 드물게 일어난다. 전위는 세균에서 발생하는 자연발생 돌연변이 발생빈도와 유사한, 세대당 10^{-5}~10^{-7} 정도의 빈도로 발생한다.

모든 전위인자에는 전위에 필요한 정보가 들어 있다. 그림 8.31a에 나타나 있듯이, **삽입서열(insertion sequence, IS)**이라 불리는 가장 단순한 전위인자는 **전위효소**(transposase, 전위 작용을 위해 DNA를 자르고 다시 이어주는 반응을 촉매하는 효소)를 부호화하는 유전자 하나와 전위효소가 인식하는 인식자리 두 곳만을 지닌다. **인식자리**(recognition site)는 짧은 역반복 DNA 서열로 효소가 인식하여 전위인자와 염색체 사이를 재조합시키는 자리를 말한다.

복합 전위인자는 여기에 전위과정 자체와 직접 관련이 없는 다른 유전자들을 가지고 있다. 예를 들어, 세균 전위인자는 장독소 또는 항생제 내성 유전자들을 포함하기도 한다(그림 8.31b). R 인자와 같은 플라스미드는 여러 개의 전위인자가 합해진 형태로 이루어져 있다(그림 8.31c).

실용적인 이점 때문에 항생제 내성 유전자를 지니는 전위인자가 주로 많이 연구되었지만 사실 전위인자가 지닐 수 있는 유전자의 종류에는 제한이 없다. 따라서 전위인자는 한 염색체에서 다른 염색체로 유전자를 이동시킬 수 있는 자연적인 수단을 제공한다. 더우기 전위인자는 플라스미드나 바이러스의 유전체에 실려 이 세포에서 저 세포로 전해질 수 있기 때문에 한 개체에서 다른 개체로, 심지어는 서로 다른 종 사이에서 유전자가 전해지는 수단이 될 수도 있다. 이를테면 반코마이신 내성은 Tn1546라 불리는 전위인자를 통해 *Enterococcus faecalis*에서 황색포도상구균(*Staphylococcus aureus*)으로 전달되었다. 따라서 전위인자는 생물의 진화 과정에 작용하는 잠재적이고 강력한 매개체라 할 수 있다.

이해도 확인하기

✔ 플라스미드에는 어떤 종류의 유전자가 들어 있는가? **8-16**

유전자와 진화

학습 목표

8-17 유전자 돌연변이와 재조합이 어떻게 자연선택이 작용할 수 있는 재료를 제공해 주는지 논의한다.

지금까지 세포의 내부 조절 과정에 의해 어떻게 유전자 활성이 조절되고 또한 어떻게 유전자가 돌연변이와 전좌, 재조합 등의 과정에 의해 변하고 재배열되는지를 살펴보았다. 이와 같은 과정은 모두 자손 세포의 다양성을 높여준다. 다양성은 진화의 재료이며 자연선택은 진화의 동력으로 작용한다. 자연선택은 다양한 집단이 특정한 환경에서 생존할 수 있도록 적응력을 높이는 방식으로 작용한다. 오늘날 존재하는 여러 종류의 미생물은 오랜 진화의 역사가 가져다 준 결과이다. 미생물은 자신의 유전적 특성을 계속 변화시키며 서로 다른 서식처에서 적응력을 확보한다. 26장의 상자글(757쪽)에는 자연선택의 사례로 미생물이 항생제 내성을 얻어가는 과정이 소개되어 있다.

이해도 확인하기

✔ 자연선택은 환경에 의해 일부 유전형의 생존이 높아지면서 나타난다. 유전형의 다양성은 어디에서 오는 것일까? **8-17**

학습 개요

유전물질의 구조와 기능 (208~218쪽)

1. 유전학은 유전자란 무엇이며, 유전자는 어떻게 정보를 담고 있는지, 유전정보는 어떻게 발현되는지, 그리고 유전자가 어떻게 복제되어 다음 세대 또는 다른 개체로 전달되는지를 연구하는 학문 분야다.
2. 세포 안의 DNA는 이중나선으로 존재하며, 두 가닥은 서로 특정한 염기 A와 T 그리고 C와 G 사이의 수소결합으로 연결되어 있다.
3. 유전자란 DNA의 일부 구간을 말하며 이는 대부분 단백질과 같이 생물학적 기능을 갖는 산물을 부호화하는 뉴클레오티드 서열로 이루어진다.
4. 세포 내의 DNA는 세포가 분열하기 전에 복제되어 각각의 자손 세포가 동일한 유전정보를 받을 수 있다.

유전형과 표현형 (208~209쪽)

5. 유전형이란 개체의 유전적 조성, 즉 전체 DNA가 갖는 정보를 말한다.
6. 표현형은 유전자가 발현된 것으로 세포의 단백질과 단백질의 특성이 개체의 표현형을 나타낸다.

DNA와 염색체 (209쪽)

7. 염색체상에서 DNA는 유전자 활성을 조절하는 여러 가지 단백질이 결합된 길다란 한 분자의 이중나선으로 존재한다.
8. 유전체학이란 유전체의 분자적 특성을 연구하는 학문이다.

유전정보의 흐름 (209~210쪽)

9. DNA에 들어 있는 정보는 RNA로 전사되고 이것이 다시 단백질로 번역된다.

DNA 복제 (210~215쪽)

10. DNA 복제 과정에 이중나선을 이루는 두 가닥은 복제분기점에서 서로 분리되고, 각각의 가닥은 새로운 DNA 가닥을 합성하는 주형으로 작용한다. DNA 중합효소는 질소 함유 염기쌍이 형성되는 규칙에 따라 새로운 DNA 가닥을 합성한다.

11. DNA가 복제되면 두 개의 새로운 DNA 가닥이 만들어진다. 각각의 가닥은 원래 가닥에 상보적인 염기서열을 지닌다.
12. 각각의 이중나선 DNA 분자는 원래의 가닥 하나와 새로 합성된 가닥 하나를 지니게 되므로 이와 같은 복제 과정을 반복제적 복제라 부른다.
13. DNA는 5′ 말단에서 3′ 말단으로 합성된다. 복제분기점에서 선도가닥은 연속적으로, 지연가닥은 불연속적으로 합성된다.
14. DNA 중합효소는 DNA 합성을 더 진행하기 전에 새로 합성된 DNA 가닥에서 잘못 짝지워진 염기가 삽입되었는지 확인한 다음 이를 제거하여 바로잡는다.
15. 각각의 딸세포는 어버이 세포와 실질적으로 동일한 염색체를 물려받는다.

RNA와 단백질 합성 (215~218쪽)

16. 전사가 진행되는 동안 RNA 중합효소는 이중나선 DNA의 한 쪽 가닥을 주형으로 RNA 가닥을 합성한다.
17. RNA는 전사되는 DNA의 염기와 짝을 이루는 A, C, G, U의 염기를 갖는 뉴클레오티드로 이루어진다.
18. RNA 중합효소는 프로모터에 결합하여 전사를 시작하고 전사는 전사 종결자(terminator)라 불리는 지점에서 종료된다. RNA는 5′에서 3′ 방향으로 합성된다.
19. 번역은 mRNA의 뉴클레오티드 염기서열에 담긴 정보가 단백질의 아미노산 서열을 지정하여 이에 따라 단백질이 합성되는 과정이다.
20. mRNA가 rRNA와 단백질로 구성되는 리보솜과 연합하여 단백질이 합성된다.
21. mRNA 상에서 특정한 아미노산을 지정하는 세 개의 뉴클레오티드 모음을 코돈이라 한다.
22. 유전부호표는 DNA의 뉴클레오티드 염기서열과 이에 상응하는 mRNA의 코돈, 그리고 코돈이 부호화하는 아미노산의 관계를 알려준다.
23. 유전부호는 중복되어 있으며 대부분의 아미노산은 하나 이상의 코돈에 의해 부호화되어 있다.
24. tRNA 분자에는 특정한 아미노산이 부착된다. tRNA의 다른 부분은 안티코돈이라 불리는 세 개의 염기가 위치한다.
25. 리보솜에서 코돈과 안티코돈 사이에 염기쌍이 형성됨으로써 특정한 아미노산이 단백질이 합성되는 위치에 놓이게 된다.
26. 리보솜이 mRNA 분자를 따라 이동하면서 아미노산을 연결시켜 새로 합성되는 폴리펩티드의 길이가 늘어난다. mRNA의 정보는 5′에서 3′ 방향으로 읽힌다.
27. 리보솜이 mRNA의 종결코돈에 도달하면 번역이 종료된다.

세균의 유전자 발현 조절 (218~223쪽)

1. 유전자 수준에서 단백질 합성을 조절하는 것은 그 단백질이 꼭 필요할 때만 합성하게 되므로 세포 내의 에너지를 절약할 수 있는 효율적인 조절 방법이다.
2. 항시적 발현 효소는 항상 일정한 비율로 합성된다. 해당작용에 관여하는 효소들이 항시적 발현 효소의 예가 된다.
3. 이와 같은 유전자 발현 조절 과정에서는 주로 mRNA 합성을 조절한다.

전사 이전의 조절 (219~222쪽)

4. 세포가 특정한 최종 산물의 존재를 감지할 때, 해당 산물을 만들어 내는 데 관여하는 효소의 합성이 억제된다.
5. 특정한 화학물질(유도물질)이 존재하면 세포는 더 많은 효소를 합성한다. 이 과정을 유도라 한다.
6. 세균에서 서로 연관된 대사 가능을 수행하며 같은 방식으로 한꺼번에 조절되는 구조유전자 무리 및 이 유전자들의 전사를 조절하는 프로모터와 오퍼레이터를 합하여 오페론이라 부른다.
7. 유도계의 오페론 모델에서 조절 유전자는 억제 단백질을 부호화한다.
8. 유도물질이 없을 때는, 억제자는 오퍼레이터에 결합하며 따라서 구조유전자의 mRNA는 합성되지 않는다.
9. 유도물질이 있을 때, 유도물질은 억제자에 결합하여 억제자가 오퍼레이터에 결합하는 것을 막는다. 그 결과 구조유전자의 mRNA가 만들어지고 효소 합성이 유도된다.
10. 억제계에서 억제자는 보조억제자가 있어야만 오퍼레이터에 결합할 수 있다. 따라서 보조억제자의 유무가 효소 합성을 조절한다.
11. 이화 효소에 대한 구조유전자의 전사(β-galactosidase 등)는 포도당이 없을 때에만 유도된다. 포도당을 대체하는 탄수화물이 존재할 때 고리형 AMP와 CRP가 프로모터에 결합해야만 구조유전자가 전사된다.
12. 후성유전적 조절에서 뉴클레오티드에 메틸화가 많이 일어나면 전사가 억제된다.

전사 후의 조절 (222~223쪽)

13. 마이크로RNA는 특정 mRNA와 결합할 수 있으며 그 결과 형성되는 이중가닥 RNA는 파괴된다.

돌연변이: 유전물질의 변화 (223~231쪽)

1. 돌연변이는 DNA의 질소 함유 염기의 서열이 바뀌는 것을 말한다. 이와 같은 변화는 돌연변이가 일어난 유전자에서 부호화하는 산물의 변화를 일으킨다.
2. 아무런 표현형의 변화를 일으키지 않는 중립 돌연변이들이 많고, 일부 돌연변이는 해로우나 유용한 돌연변이도 존재한다.

돌연변이의 유형 (224~226쪽)

3. DNA상에서 하나의 염기쌍이 다른 염기쌍으로 치환된 것을 염기치환이라 한다.
4. DNA에 변화가 일어나면 단백질에서 아미노산의 서열이 다른 아미노산으로 바뀌는 미스센스 돌연변이가 생길 수도 있고 중간에 종결코돈이 형성되는 종결 돌연변이도 생길 수 있다.
5. 틀이동 돌연변이에서는 DNA상에 하나 또는 소수의 염기쌍이 결실되거나 삽입되어 있다.
6. 돌연변이 유발물질은 DNA에 영구적인 변화를 일으키는 외부 물질이다.
7. 아무런 돌연변이 유발물질이 존재하지 않는 상태에서도 자연발생 돌연변이가 일어난다.

돌연변이 유발원 (226~228쪽)

8. 화학적 돌연변이 유발원에는 염기쌍 치환 물질, 유사 뉴클레오시드, 틀이동 유발원 등이 있다.

9. 전리선은 DNA와 반응하는 이온이나 자유 라디칼을 형성하여 염기 치환이 유도하거나 당인산 골격을 절단한다.
10. 자외선은 전리선에 해당되지는 않으나 인접한 티민을 결합시켜 이량체를 형성한다.
11. 자외선에 의한 DNA 손상은 손상된 염기를 잘라내어 정상적인 형태로 바꾸어주는 효소에 의해 수선된다.
12. 광수선효소는 가시광선을 흡수하여 티민 이량체를 수선한다.

돌연변이 발생빈도 (228쪽)

13. 돌연변이 발생빈도는 세포가 분열하는 동안 하나의 유전자에서 돌연변이가 일어날 확률이다. 돌연변이 발생빈도는 10의 마이너스 몇 제곱의 형태로 나타낸다.
14. 돌연변이는 대체로 염색체를 따라 무작위로 발생한다.
15. 낮은 빈도로 발생하는 자연발생 돌연변이는 진화에 필요한 유전적 다양성을 제공해 준다는 측면에서 이롭다고 볼 수 있다.

돌연변이체 검출 (228~230쪽)

16. 돌연변이는 바뀐 표현형을 선별하고 확인함으로써 검출할 수 있다.
17. 양성 선택은 직접 돌연변이 세포를 선별하는 것으로 돌연변이가 일어나지 않은 세포를 제거함으로써 양성 선택을 할 수 있다.
18. 복제평판법은 돌연변이가 발생하기 전의 어버이 세포는 필요로 하지 않는 영양요구 돌연변이를 선택하는 등의 음성 선택에 활용된다.

발암물질 검사법 (230~231쪽)

19. 에임스 검사는 비교적 비용이 많이 들지 않고 빠르게 어떤 화학물질이 잠재적으로 암을 유발할 가능성이 있는지를 확인할 수 있다.
20. 이 검사는 돌연변이 세포가 돌연변이 유발물질이 존재함으로 인해 정상 세포 형태로 역돌연변이가 일어난 것이라 보고 많은 돌연변이 유발물질이 발암물질이라고 가정한다.

유전자 전달과 재조합 (231~239쪽)

1. 유전자 재조합, 즉 서로 다른 종류의 유전자로들 사이에 유전자가 재배열되는 현상은 대개 서로 다른 개체에서 비롯된 DNA 사이에서 일어난다. 이는 유전적 다양성을 높이는 데 기여한다.
2. 교차는 두 염색체에 각기 따로 포함되었던 유전자들 사이에 재조합이 일어나 다른 염색체에 포함되어 있었던 부분이 한 염색체에 합쳐지는 과정이다.
3. 수직 유전자 전달은 유전자가 한 개체로부터 그 자손에게 전달되는 과정이다.
4. 수평 유전자 전달은 세균에서 한 세포의 DNA가 공여세포에서 수용세포로 전달되는 것을 말한다.
5. 공여세포의 DNA 일부가 수용세포에 들어가 수용세포의 DNA 속으로 삽입된 결과로 만들어진 세포를 재조합체라 한다.

세균의 형질전환 (232~234쪽)

6. 형질전환은 한 세균의 유전자가 용액 상태에서 DNA 분자 형태로 다른 세균으로 전달되면서 일어난다.
7. 형질전환은 일부 세균 속에서 자연적으로 일어난다.

세균의 접합 (234~235쪽)

8. 접합은 살아있는 세포 사이의 직접적인 접촉을 통해 이루어진다.
9. 접합을 통해 유전자를 줄 수 있는 공여세포의 한 종류는 F^+ 세포이며 이때의 수용세포는 F^- 세포가 된다. F 인자라 불리는 플라스미드를 지니는 세포가 F^+ 세포이며 접합이 일어나는 동안 F^+ 세포의 F 인자가 F^- 세포로 전달된다.
10. F 플라스미드가 염색체에 삽입되어 있는 세포를 Hfr(high frequency of recombination) 세포라 한다.
11. Hfr 세포와 F^- 세포 사이에서 접합이 일어날 때, Hfr 염색체가 F^- 세포로 전달될 수 있으나 대개는 완전한 염색체가 전달되기 이전에 염색체가 끊어져서 염색체 일부만 전해진다.

세균의 형질도입 (235쪽)

12. 형질도입 과정에서 한 세균의 DNA는 박테리오파지에 의해 다른 세균으로 전해지고, 이 과정에서 공여세포의 DNA가 수용세포의 DNA와 재조합된다.
13. 일반 형질도입에서는 세균의 유전자 가운데 어떤 것이든 전달 가능하다.

플라스미드와 전위인자 (235~239쪽)

14. 플라스미드는 스스로 복제할 수 있는 원형 DNA 분자로 대개 세포의 생존에 필수적이지 않은 유전자들을 포함한다.
15. 여러 종류의 플라스미드가 존재하는데, 접합형 플라스미드, 이화 플라스미드, 독소나 박테리오신, 내성 인자 등을 생성하는 유전자를 포함하는 플라스미드 등이 있다.
16. 전위인자는 염색체나 플라스미드의 한 자리에서 다른 자리로 이동할 수 있는 작은 DNA 조각을 말한다.
17. 전위인자는 염색체, 플라스미드, 바이러스 유전체 등에서 발견되며, 단순한 삽입서열의 형태에서 복합 전위인자에 이르기까지 다양한 형태를 보인다.
18. 복합 전위인자는 항생제 내성 유전자를 비롯한 다양한 유전자를 지니고 있으며 따라서 이들 유전자가 한 염색체에서 다른 곳으로 자연적으로 이동할 수 있는 수단을 제공한다.

유전자와 진화 (239쪽)

1. 다양성의 진화의 조건이다.
2. 유전자 돌연변이와 재조합은 개체의 다양성을 제공하고 주어진 환경에서 가장 잘 적응하는 개체의 생존이 촉진되면서 자연선택이 이루어진다.

학습 문제

복습과 객관식 문제에 대한 해답은 책 뒤에 있음.

복습 문제

1. DNA의 구성요소를 나열하고, 이들의 기능이 RNA나 단백질과는 어떤 관계가 있는지를 설명하시오.

2. 그려보기 아래 그림은 DNA가 복제되는 모습이다. 그림에서 다음을 찾아 표기하시오. 복제 분기점, DNA 중합효소, RNA 프라이머, 어버이 가닥, 선도가닥, 지연가닥, 각 가닥의 복제진행 방향, 각 가닥의 5' 말단.

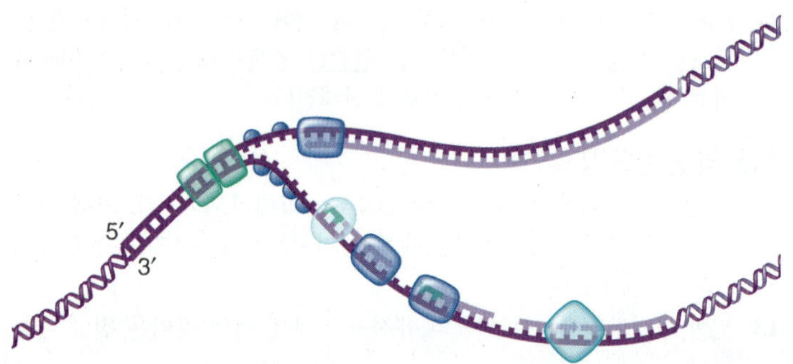

3. A에서 설명하고 있는 돌연변이 유발원을 B에서 찾으시오.

A	B
____a. 정상적인 뉴클레오티드를 대신해서 DNA에 삽입되는 돌연변이 유발원	1. 틀이동 돌연변이 유발원
____b. 반응성이 매우 높은 이온을 형성하는 돌연변이 유발원	2. 유사 뉴클레오시드
____c. 아데닌을 변형시켜 시토신과 짝을 이루도록 유도하는 물질	3. 염기쌍 돌연변이 유발원
____d. 뉴클레오티드 삽입을 유도하는 물질	4. 전리선
____e. 피리미딘 이량체의 형성을 유도하는 돌연변이 유발원	5. 자외선

4. 다음은 DNA 한 가닥의 서열이다.

		1	2	3	4	5	6	7	8	9	10	11	12	13	14	15	16	17	18	19
DNA	3'	A	T	A	T	_	_	_	T	T	T	_	_	_	_	_	_	_	_	_
mRNA												C	G	U				U	G	A
tRNA															U	G	G			
아미노산										Met		____			____			____		____

ATAT = 프로모터 서열

a. 그림 8.8에 나타난 유전부호표를 활용하여 DNA 서열을 채우시오.
b. 이 DNA 가닥에서 부호화하는 아미노산 서열을 완성하시오.
c. (a)에서 완성한 DNA 서열과 상보적인 서열을 쓰시오.
d. 10번째 염기가 T에서 C로 치환되면 어떤 효과가 나타날까?
e. 11번 염기가 G에서 A로 치환되면?
f. 14번 염기가 T에서 G로 치환되면?
g. 9번과 10번 염기 사이에 C가 삽입되면?
h. 이 DNA 가닥에 자외선을 조사하면?
i. 이 DNA 가닥에서 단백질 합성을 종결시키는 서열을 찾아 보시오.

5. 철분이 없으면 대장균은 초과산화물 불균등화효소(superoxide dismutase)나 숙신산 탈수소효소(succinate dehydrogenase)와 같이 철을 필요로 하는 모든 단백질 합성을 중단한다. 이와 같은 조절이 어떻게 일어나는지 설명하시오.

6. 다음과 같은 조절 과정이 언제(전사 이전, 전사 이후 번역 이전, 번역 이후 등) 나타나는지 표기하시오.
a. 효소에 의해 ATP의 구조가 바뀐다.
b. mRNA에 상보적인 짧은 길이의 RNA가 합성된다.
c. DNA가 메틸화된다.
d. 유도물질이 억제자에 결합한다.

7. 다음 가운데 자외선 조사에 의해 가장 큰 손상을 입을 수 있는 DNA 조각은 AGGCAA, CTTTGA, GUAAAU? 자외선에 노출되어도 세균이 살아날 수 있는 이유는?

8. 다음과 같은 특징을 지닌 대장균 배양액이 있다.
배양액 1: F$^+$, 유전형 A^+ B^+ C^+
배양액 2: F$^-$, 유전형 A^- B^- C^-
a. 배양액 1과 2를 혼합하여 접합이 일어나도록 하였을 때, 배양액 1과 2에 포함되어 있는 세균에는 어떤 변화가 일어나겠는가?
b. 배양액 1의 F$^+$ 세포가 Hfr로 바뀌었을 때, 접합 결과 생성된 재조합체의 유전형은 어떻게 나타나겠는가?

9. 돌연변이와 유전자 재조합이 자연선택과 진화의 과정에서 중요한 이유는 무엇인가?

10. 이름 답하기 정상적으로는 사람의 대장에서 상리공생하는 세균이나 시겔라속의 세균에게서 독소 유전자를 획득하면 병원성으로 변한다.

객관식 문제

1~2번 문제의 답을 다음 중에서 선택하시오.
a. 접합
b. 전사
c. 형질도입
d. 형질전환
e. 번역

1. 박테리오파지에 의해 공여세포에서 수용세포로 DNA가 전달된다.
2. 수용액 상태로 DNA가 공여세포에서 수용세포로 전달된다.
3. 되먹임 억제(feedback inhibition)는 유전자 발현의 억제(repression)와는 다음 어떤 측면에서 구별되는가?
a. 되먹임 억제는 덜 정교하다.
b. 되먹임 억제는 더 천천히 작동한다.
c. 되먹임 억제는 기존에 존재하는 효소의 작용을 막는다.
d. 되먹임 억제는 새로운 효소의 합성을 막는다.
e. 위의 모든 측면에서 구별된다.
4. 다음에서 세균이 항생제 내성을 획득할 수 있는 방법이 아닌 것은?
a. 돌연변이
b. 전위인자의 삽입
c. 접합
d. snRNP

e. 형질전환

5. 최소배지가 포함된 세 개의 플라스크에 대장균을 접종하였다. A 플라스크에는 포도당이, B 플라스크에는 포도당과 젖당이, C 플라스크에는 젖당이 들어 있다. 몇 시간 동안 배양한 다음 세 개의 배양액에서 β-갈락토시데이스가 만들어졌는지를 검사하였다. 어느 플라스크에서 이 효소가 검출될 것으로 예상하는가?

a. A
b. B
c. C
d. A와 B
e. B와 C

6. 플라스미드는 다음 어떤 점에서 전위인자와 다른가?

a. 염색체에 삽입될 수 있다.
b. 염색체와는 별도로 스스로 복제가능하다.
c. 한 염색체에서 다른 염색체로 이동할 수 있다.
d. 항생제 내성 유전자를 지닌다.
e. 위의 특징을 모두 동일하게 지닌다.

7~8번 문제의 답을 다음 중에서 선택하시오.

a. 이화억제
b. 중합효소
c. 유도
d. 억제
e. 번역

7. 포도당이 존재할 때 *lac* 오페론이 억제되는 메커니즘이다.

8. 젖당이 *lac* 오페론을 조절하는 메커니즘이다.

9. 자손 세포는 어버이 세포로부터 다음 중 어떤 것을 물려받을 확률이 가장 높은가?

a. mRNA 뉴클레오티드 서열의 변화
b. tRNA 뉴클레오티드 서열의 변화
c. rRNA 뉴클레오티드 서열의 변화
d. DNA 뉴클레오티드 서열의 변화
e. 단백질의 변화

10. 수평적 유전자 전달 방법이 아닌 것은?

a. 이분법
b. 접합
c. 전위인자의 삽입
d. 형질도입
e. 형질전환

비판적 사고

1. 유사 뉴클레오티드와 전리선을 암 치료에 사용하기도 한다. 이들 돌연변이 유발원은 암을 일으키는 요인인데 어떻게 암을 치료하는 데에도 쓰일 수 있을까?

2. 대장균 염색체를 복제하는 데에는 40~45분 가량이 걸린다. 그러나 대장균의 세대시간은 26분에 불과하다. 세포는 어떻게 자손 각각의 자손 세포에 완전한 염색체를 전달해 줄 수 있는 시간을 버는 것일까?

3. 슈도모나스(*Pseudomonas*)는 *mer* 오페론을 포함하는 플라스미드를 지닌다. 이 오페론은 수은 환원효소 유전자를 포함하여 Hg^{2+} 수은 이온을 전하를 띠지 않는 Hg^0의 형태로 환원시킨다. Hg^{2+}는 세포에 강한 독성이 있으나 Hg^0는 무해하다.

a. 이 오페론의 발현을 유도하는 유도물질은 무엇일까?
b. *mer* 유전자 가운데 하나에서 발현되는 단백질은 주변세포질에서 Hg^{2+} 이온과 결합해서 이를 세포 안으로 들여보낸다. 세포가 독소를 세포 안으로 들여보내는 이유는 무엇일까?
c. 슈도모나스에게 *mer* 오페론은 어떤 이점을 제공할까?

임상 응용

1. 사이프로플록사신(ciprofloxacin), 에리스로마이신(erythromycin), 아시클로비어(acyclovir)는 모두 미생물 감염을 치료하는 데 사용된다. 사이프로플록사신은 DNA 자이레이스를 억제한다. 에리스로마이신은 리보솜 50S 소단위의 A 자리 바로 앞에 결합한다. 아시클로비어는 구아닌 유사체다.

a. 각각의 약제는 단백질 합성의 어느 단계를 억제할까?
b. 이 가운데 세균성 질환에 더욱 효과적인 약제는 어느 것일까? 그 이유는?
c. 숙주세포에도 영향을 미치는 약제는 어느 것인가? 그 이유는?
d. 색인을 이용해서 아시클로비어가 주로 사용되는 질병을 찾아보시오. 이것이 해당 질병을 치료하는 데 에리스로마이신보다 효과적인 이유는 무엇일까?

2. 에이즈를 일으키는 HIV 바이러스를 세 사람의 환자에게서 분리한 다음 바이러스 껍질 단백질의 아미노산 서열을 결정하였다. 각각의 아미노산 서열은 아래와 같다. 이들 바이러스 가운데 어느 두 바이러스가 가장 가까운 관계인가? 이들 아미노산 서열을 이용해서 해당 바이러스의 기원을 확인하는 방법은?

환자	바이러스 아미노산 서열										
A	Asn	Gln	Thr	Ala	Ala	Ser	Lys	Asn	Ile	Asp	Ala	Leu
B	Asn	Leu	His	Ser	Asp	Lys	Ile	Asn	Ile	Ile	Leu	Leu
C	Asn	Gln	Thr	Ala	Asp	Ser	Ile	Val	Ile	Asp	Ala	Leu

3. 사람의 허피스바이러스-8(human herpesvirus-8, HHV-8)은 아프리카, 중동, 지중해 일부지역에서 흔히 발견되지만 다른 지역에서는 에이즈 환자를 제외하고는 매우 드물게 나타난다. 유전적 분석 결과 아프리카 유래 바이러스는 변함이 없는 반면, 서구에서 발견된 바이러스는 많은 변화를 축적한 것이 밝혀졌다. 바이러스 단백질을 부호화하는 유전체의 일부 서열(아래)을 활용해서 이들 두 종류의 바이러스가 얼마나 유사한지 설명하시오. 이와 같은 변화를 설명할 수 있는 메커니즘은 무엇일까? HHV-8가 일으키는 질병은 무엇인가?

서구형	3'–ATGGAGTTCTTCTGGACAAGA
아프리카형	3'–ATAAACTTTTTCTTGACAACG

9

생명공학과 DNA 기술

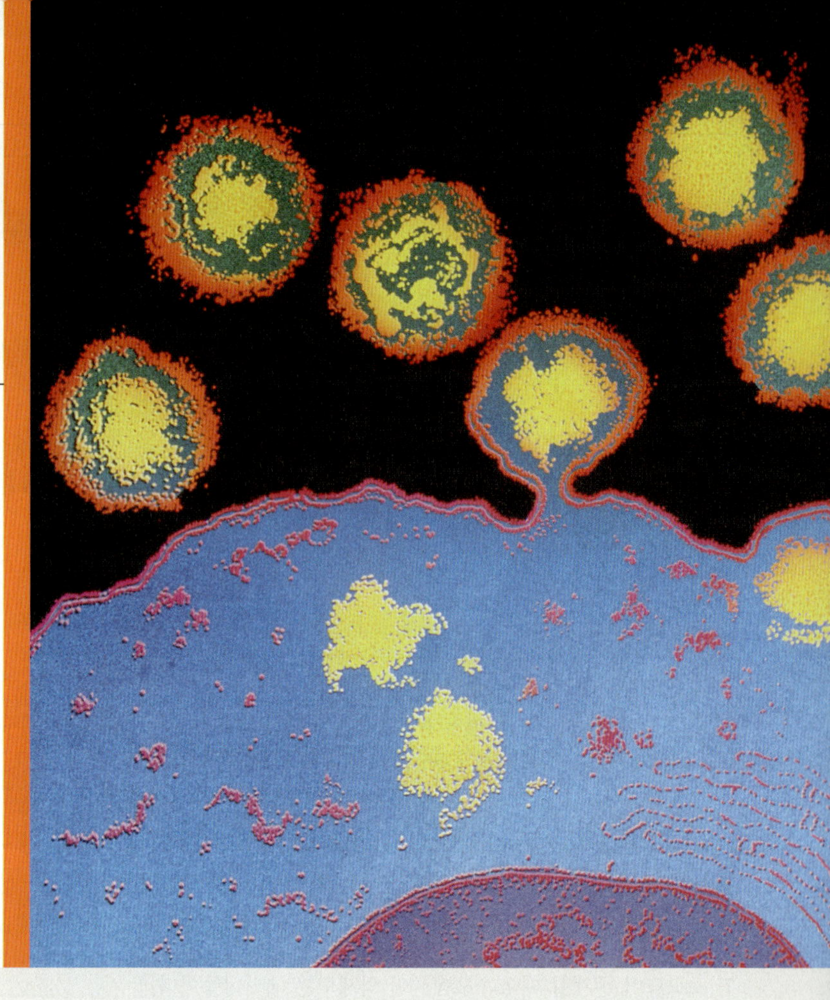

수천 년 동안 사람들은 미생물이 작용해서 만들어진 빵과 초콜릿, 간장 등의 음식을 먹어왔다. 그러나 이런 음식이 만들어지는 데 미생물이 작용한다는 것을 알게 된 것은 불과 100년 정도밖에 되지 않는다. 이와 같은 사실이 알려지면서 미생물을 활용하여 주요 제품을 생산하는 길이 열리게 되었다. 제1차 세계대전 이후 미생물은 에탄올과 아세톤, 시트르산 등을 비롯한 다양한 화합물을 생산하는 데 활용되었다. 더 최근에는 미생물과 미생물 효소가 종이와 섬유, 과당 등과 같은 제품을 제조하는 여러 화학적 공정을 대체하고 있다. 미생물이나 미생물 효소를 화학 합성 대신 사용하면 여러 가지 이점이 있다. 미생물을 활용하면 녹말과 같이 값 싸고 흔한 원재료를 활용할 수 있고, 상온, 상압에서 반응이 일어날 수 있게 해서 고가의 위험한 고압 시스템을 쓰지 않아도 된다. 그리고 미생물은 독성이 있고 처리하기 어려운 폐기물을 생산하지 않는다. 여기에 지난 30년 동안 발전한 DNA 기술이 더해지면서 여러 가지 제품을 생산하는 데 미생물이 다양하게 활용되고 있다.

이번 장에서 여러분은 새로운 제품에 대한 연구 개발에 활용되는 도구와 기술에 대해 공부할 것이다. 또한 DNA 기술을 활용해서 감염성 질환이 발생하는 경로를 추적하고, 또한 법미생물학적 방법으로 법정에서 증거를 제시하는 방법에 대해서도 알아볼 것이다. 이번 장의 '임상 사례'는 DNA 기술을 사용하여 HIV를 추적하는 과정을 보여준다(그림 참조).

생명공학이란

학습 목표

9-1 생명공학과 유전자 변형, DNA 재조합 기술을 유사점과 차이점을 알아본다.

9-2 재조합 DNA를 만드는 과정에서 클론과 벡터의 역할을 알아본다.

생명공학(biotechnology)이란 미생물, 세포, 또는 세포 성분을 활용하여 유용한 산물을 만들어내는 것을 말한다. 미생물은 식품, 백신, 항생제, 비타민 등의 상업용 제품을 만드는 데 오랫동안 사용되었다. 또한 세균을 이용해서 광석에서 금속을 추출해내기도 한다(813쪽 그림 28.14 참조). 더불어 동물 세포는 1950년대 이래 바이러스 백신을 생산하는 데 사용되었다. 1980년대까지 살아 있는 세포를 이용한 산물은 모두 자연에 존재하는 세포에서 만들어졌다. 과학자들의 역할은 적절한 세포를 찾아서 그 세포를 대규모로 배양하는 방법을 개발하는 것이었다.

이제 미생물은 식물체와 마찬가지로 그 생물이 자연적으로 만들어내지 않는 화합물을 생성하는 "공장"으로 활용되고 있다. 이는 때로 유전공학(genetic engineering)이라고도 불리는 **재조합 DNA 기술(recombinant DNA technology)**을 이용해서 세포에 유전자를 삽입함으로써 가능해졌다. 재조합 DNA 기술이 개발되면서 생명공학의 실질적인 적용범위는 상상을 넘어서는 수준으로 확장되고 있다.

재조합 DNA 기술

8장에서, 미생물에서 자연적으로 DNA 재조합이 일어난다는 사실을 살펴보았다. 1970년과 1980년대에 과학자들은 인공적으로 재조합 DNA를 만드는 기법을 개발하였다.

인간을 비롯한 척추동물에서 추출한 유전자를 세균의 DNA 안에 끼어 넣을 수도, 바이러스의 유전자를 효모에 삽입시킬 수도 있다. 많은 경우에 수용세포에서 상업적으로 유용한 산물을 생성할 수 있는 유전자를 발현시키도록 한다. 사람의 인슐린 유전자를 지니는 세균을 이용하여 이제는 당뇨병을 치료하는 인슐린을 생산하고, 간염 바이러스의 일부 유전자를 지니는 효모(바이러스의 껍질 단백질이 효모에서 생성된다)에서 B형 간염 백신을 만들고 있다. 과학자들은 이와 같은 방법이 다른 병원체에 대한 백신을 생산하는 데에도 유용하게 사용될 것으로 기대하고 있으며, 이렇게 하면 예전의 백신과 같이 병원체 전부를 쓸 필요가 없어진다.

재조합 DNA 기술을 활용하면 동일한 DNA 분자를 수천 배 이상으로 그대로 복제, 증폭(amplify)할 수 있다. 따라서 여러 가지 실험과 분석을 하기에 충분한 양의 DNA를 쉽게 만들어 낼 수 있다. 이와 같은 기법은 배양하지 못하는 바이러스나 미생물을 동정하는 데 유용하게 쓰인다.

재조합 DNA 기법

그림 9.1은 재조합 DNA를 만드는 데 흔히 사용하는 방법과 몇몇 유망한 적용 사례를 보여주고 있다. 해당 유전자를 시험관에서 벡터 DNA에 삽입한다. 그림에서 제시된 사례에서는 플라스미드 벡터를 사용하고 있다. 벡터로 선택된 DNA 분자는 플라스미드 또는 바이러스 유전체와 같이 반드시 자가복제를 할 수 있어야 한다. 재조합된 벡터 DNA는 세균과 같은 세포 안으로 전달되어 복제될 수 있어야 한다. 재조합 벡터 DNA를 지닌 세포는 배양되어 여러 개의 유전적으로 동일한 세포인 **클론(clone)**을 형성하게 되며, 각각의 클론은 여러 개의 재조합 벡터 DNA 사본을 가지고 있다. 따라서 클론 세포는 해당 유전자의 사본을 여러 개 가지게 된다. 이 때문에 DNA 벡터를 종종 유전자 클로닝 벡터(gene-cloning vector) 또는 단순히 클로닝 벡터(cloning vector)라 부른다. (또한 클론은 '유전자를 클론'하는 전체 과정을 나타내는 동사로도 쓰인다.)

마지막 단계는 유전자 자체가 필요한지 또는 유전자의 산물이 필요한지에 따라 달라진다. 세포 클론에서 연구자는 관심 있는 유전자를 대량으로 분리하여 여러 가지 용도로 사용할 수 있다. 분리된 유전자는 다른 벡터에 삽입되어 또 다른 종류의 세포(식물 또는 동물 세포)에 도입되기도 한다. 아니면 해당 유전자를 세포 클론에서 발현시켜(전사와 번역) 그 유전자의 단백질 산물을 분리하여 여러 용도로 사용할 수 있다.

이와 같은 단백질을 얻으려는 목적으로 재조합 DNA를 사용할 때의 이점은 인간성장호르몬(human growth hormone, hGH) 생산을 성공한 초기 사례에서 잘 드러난다. 어떤 사람들은 hGH를 적당량 만들지 못해서 잘 자라지 못한다. 과거에는 이와 같은 결핍증을 고치는 데 필요한 hGH를 죽은 사람의 송과샘에서 얻었다. (다른 동물에서 얻은 성장호르몬은 사람에게 효과가 없다.) 이러한 방법은 비용이 많이 들 뿐만 아니라 호르몬을 통해 여러 가지 신경 질환

임상 사례: 보통과 다른 검진

B 박사는 20년 동안 운영해온 치과병원의 문을 닫으려 한다. 4년 전에 그는 심한 피로감을 느껴 주치의를 찾았다. 그는 독감바이러스에 감염되었다고 생각해서 악수도 하지 않았고 밤에는 땀을 심하게 흘렸다. 의사가 여러 가지 혈액 검사를 해 보았는데 단 한 가지만 양성이었다. B 박사는 HIV에 감염된 것이다. 곧바로 HIV에 대한 치료를 시작했지만 1년 후에 그는 에이즈 판정을 받았다. 2년이 지난 지금 B 박사는 병세가 깊어져 더 이상 일을 할 수 없는 상태가 되었다.

B 박사는 직원들에게 그의 상황을 알리고 모두 HIV 검사를 받아보라고 권했다. 위생사를 포함한 모든 직원은 음성으로 판명되었다. B 박사는 또한 환자들에게 치과병원을 폐업할 예정이라는 사실과 그 이유를 편지로 써서 보냈다. 이 편지를 받는 400여 명의 이전 환자들이 HIV 검사를 받았으며 그 가운데 7명이 HIV 항체에 양성 반응을 보였다.

이들 환자가 HIV에 감염된 경로가 B 박사로부터인지를 확인하려면 어떤 종류의 검사를 받아야 할까? 알아보자.

245 251 254 257 258

토대 그림 9.1

전형적인 유전자 변형 과정

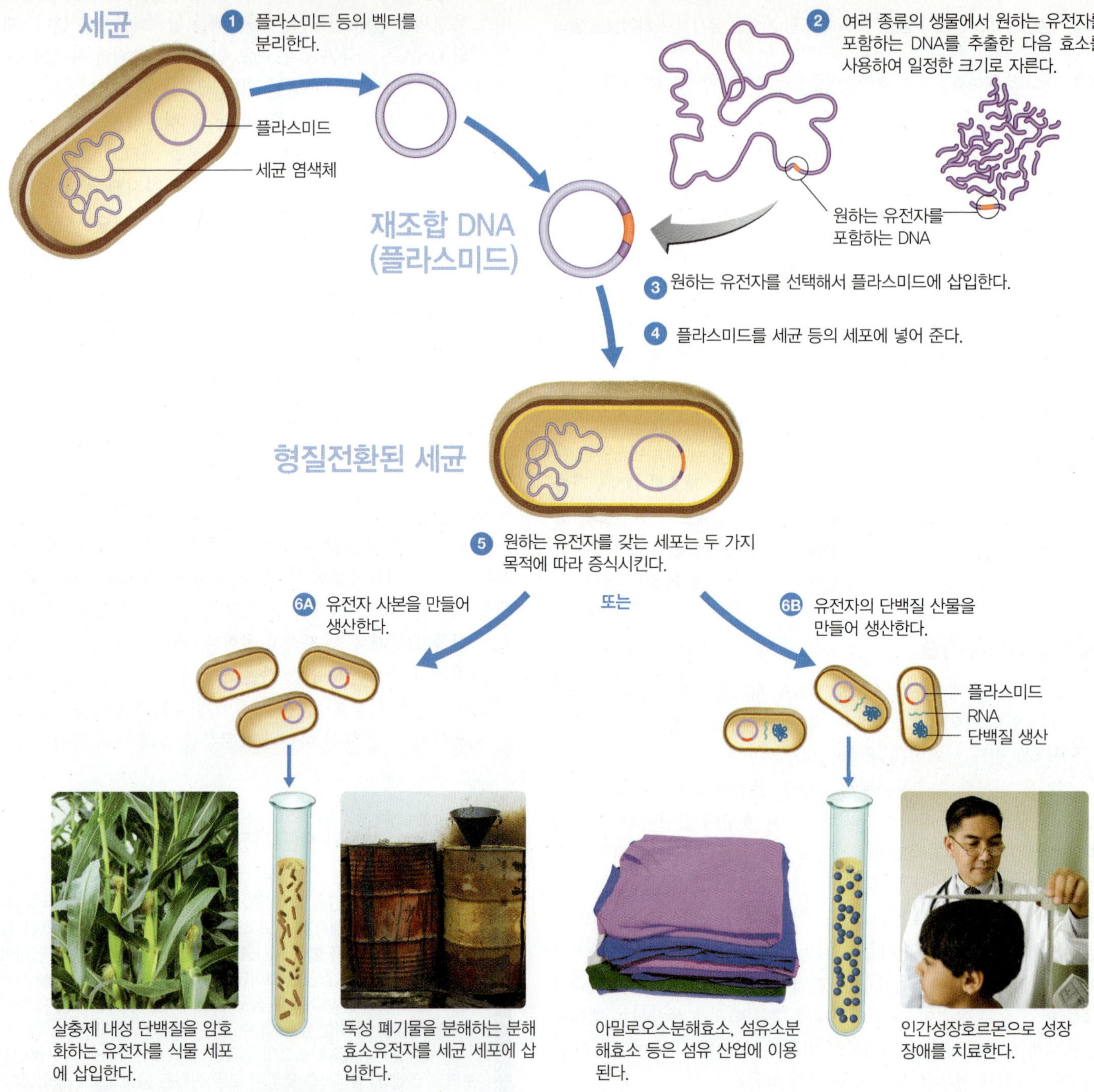

살충제 내성 단백질을 암호화하는 유전자를 식물 세포에 삽입한다.

독성 폐기물을 분해하는 분해효소유전자를 세균 세포에 삽입한다.

아밀로오스분해효소, 섬유소분해효소 등은 섬유 산업에 이용된다.

인간성장호르몬으로 성장 장애를 치료한다.

핵심 개념

- 한 개체의 세포에서 분리한 유전자를 다른 개체의 세포에 삽입하여 발현시킬 수 있다.
- 유전적으로 변형된 세포는 여러 가지 유용한 산물을 만들고 응용하는 데 사용할 수 있다.

이 전염될 수 있다는 위험도 있다. 유전적으로 변형된 대장균에서 생산하는 인간성장호르몬은 순도가 높고 값이 저렴하다. 또한 재조합 DNA 기술을 이용하면 전통적인 방법을 사용할 때보다 빠른 시간 안에 호르몬을 생산할 수 있다.

이해도 확인하기

- 생명공학과 재조합 DNA 기술을 비교하시오. 9-1
- 벡터와 클론은 어떻게 활용되는지 한 문장으로 설명하시오. 9-2

생명공학의 도구

학습 목표

- **9-3** 선택과 돌연변이 유발 과정을 구별한다.
- **9-4** 제한효소를 정의하고 재조합 DNA를 만드는 과정에 어떻게 사용하는지 설명한다.
- **9-5** 벡터의 네 가지 특성을 설명한다.
- **9-6** 플라스미드와 바이러스 벡터의 활용법을 설명한다.
- **9-7** PCR의 각 단계를 설명하고 용례를 제시한다.

과학자들은 흙이나 물을 비롯한 자연 환경에서 세균과 곰팡이를 분리하여 원하는 산물을 생성하는 개체들을 선택한다. 선택된 개체에 돌연변이를 일으켜 더 나은 산물을 때로는 더 많이 생성하도록 바꿀 수도 있다.

선택

자연상태에서 생존력을 높이는 형질을 지니는 개체는 그 형질을 갖지 못한 변이체에 비해 생존하여 번식할 가능성이 더 높다. 이를 자연선택(natural selection)이라 한다. 사람들은 **인공선택(artificial selection)**을 이용해서 키우고 있는 동식물에서 더 좋은 품종을 선택해왔다. 미생물학자들이 미생물을 분리하여 순수 배양하는 방법을 알아내면서, 맥주를 더 효과적으로 발효시킨다든지 새로운 항생제를 만들어내는 등의 유용한 형질을 갖는 미생물을 선택할 수 있게 되었다. 토양에서 항생제를 생성하는 2000종류 이상의 세균 균주가 발견되었으며 이 가운데 원하는 항생제를 생성하는 균주가 선별되었다. 28장의 상자글에서는 폐기물을 유용한 산물로 전환시키는 세균을 선택하는 과정을 설명하고 있다.

돌연변이

8장에서 살펴보았듯이 돌연변이는 생물 다양성의 기반을 제공한다. 항생제 내성을 지니는 돌연변이를 지니는 세균은 항생제가 존재하는 환경에서 생존하고 번식하게 될 것이다. 항생제 생산 미생물을 연구하는 생물학자들은 미생물을 돌연변이 유발원에 노출시켜 새로운 균주를 만들어낼 수 있었다. 페니실린을 생성하는 *Pennicillium* 배양액을 방사선에 노출시켜 무작위로 돌연변이를 유도한 다음, 살아남은 곰팡이 중에 페니실린을 가장 많이 생성하는 변이체를 얻었고 이들을 또 다시 돌연변이 유발원에 노출시켰다. 돌연변이를 유발시킴으로써 생물학자들은 1,000배의 효율로 페니실린을 생산하는 균주를 얻을 수 있었다.

페니실린을 생산하는 돌연변이를 선별하는 과정은 매우 길고 지루하다. **위치지정 돌연변이 유도법(site-directed mutagenesis)**을 이용하면 특정 유전자에 원하는 변화를 만들 수 있다. 예를 들어 효소의 특정 아미노산 하나를 바꾸어주면 세탁 효소가 찬물에서도 잘 작용한다는 것을 알았다고 하자. 유전부호표(215쪽 그림 8.8 참조)를 이용해서 다음에서 설명하는 기술로 해당 아미노산을 부호화하는 DNA 서열을 만든 다음 이를 효소유전자에 끼워 넣을 수 있다.

분자유전학이 고도로 발달하여 많은 일반 유전자 클로닝 과정을 클로닝 키트(kit)를 이용하여 쉽게 수행할 수 있게 되었는데, 그 방법은 요리책을 보고 음식을 만드는 것과 크게 다르지 않다. 과학자들은 자신이 하고 싶은 실험에 따라 재료가 담겨 있는 주머니를 열고 설명서에 적힌 대로 따라 하면 된다. 다음 절에서는 이 가운데 가장 중요한 도구와 기법을 소개한 다음 이를 어떻게 적용할 수 있는지 살펴보기로 한다.

제한효소

재조합 DNA 기술은 **제한효소(restriction enzyme)**의 발견에서 시작되었다. 제한효소는 많은 세균에서 발견되는 특수한 DNA 절단 효소다. 제한효소를 처음 분리한 것은 1970년이나 그 존재는 더 일찍부터 알고 있었다. 어떤 박테리오파지는 제한된 숙주 범위를 갖는다. 만일 이들 파지를 성장 가능한 숙주가 아닌 다른 세균에 감염시키면, 새로운 숙주에 존재하는 제한효소들이 거의 모든 파지 DNA를 파괴한다. 제한효소는 파지 DNA를 분해함으로써 자신의 세포를 보호한다. 세균 DNA가 같은 제한효소에 의해 분해되지 않는 이유는 세포는 자신의 DNA에 존재하는 시토신 일부를 **메틸화(methylation)**시켜 구별할 수 있기 때문이다. 요즈음 실험실에서는 세균에 존재하는 이들 제한효소들을 분리하여 유용하게 사용하고 있다.

재조합 DNA 기술에서 중요한 것이 제한효소가 DNA에서 특정한 뉴클레오티드 염기서열만을 인식하고 절단 또는 분해(digest)한다는 것이며, 제한효소는 매번 같은 서열을 같은 방식으로 자른다. 클로닝 실험에서 일반적으로 쓰이는 전형적인 제한효소는 4개, 6개, 혹은 8개 염기서열을 인식한다. 수백 종의 제한효소들이 알려졌고, 각각은 독특한 말단을 지니는 DNA 조각을 만들어낸다. 몇몇 제한효소들이 표 9.1에 제시되어 있다. 여기서 제한효소는 이 효소를 만들어내는 세균의 이름에 따라 명명된다는 것을 알 수 있다. *Hae*III와 같은 일부 효소들은 DNA의 양쪽 가닥을 같은 위치에서 절단하여 **평활 말단(blunt end)**을 만들어내고, 또 다른 종류는 양쪽 가닥을 엇갈린 형태로 잘라 점착 말단을 형성한다(그림 9.2). **점착 말단(sticky end)**을 형성하는 제한효소가 재조합 기술에 널리 사용되는데, 같은 제한효소로 잘린 서로 다른 DNA 조각을 연결하기

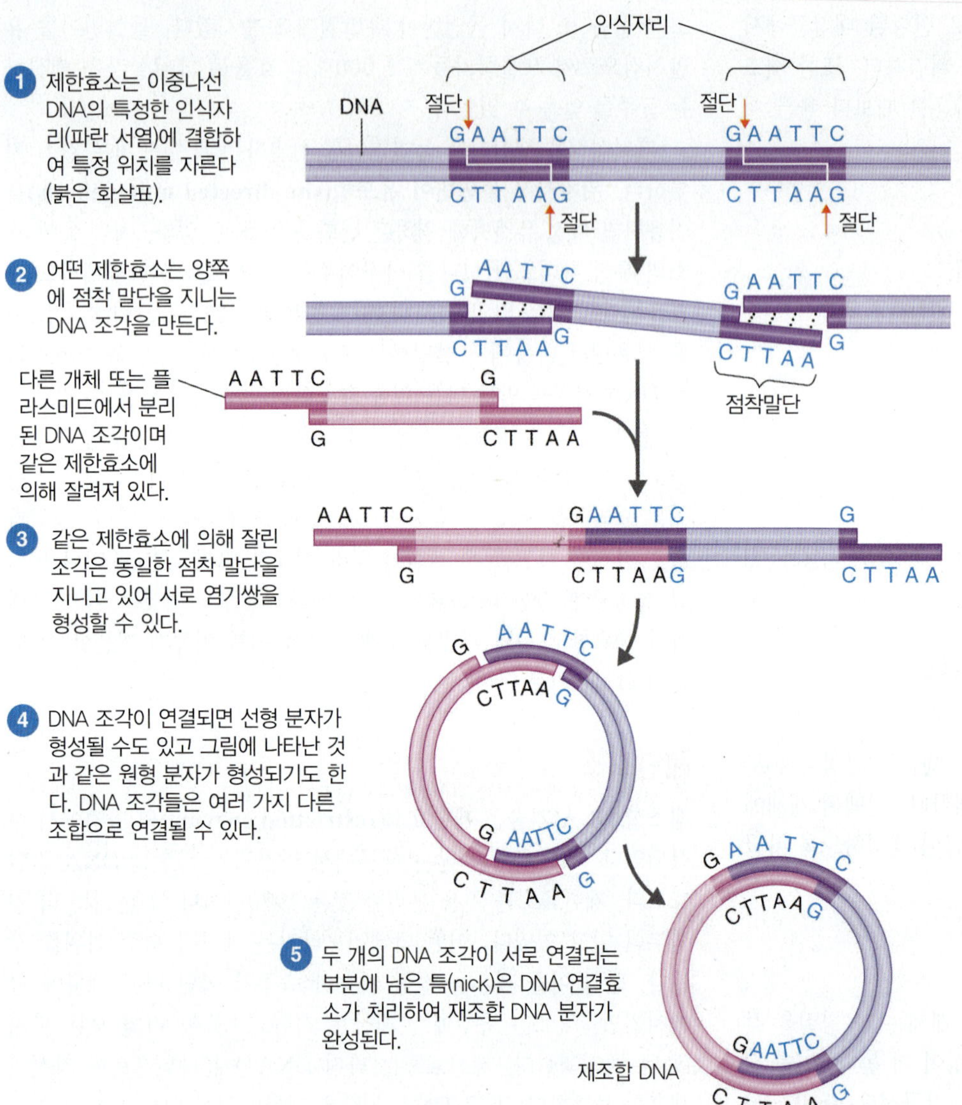

그림 9.2 재조합 DNA 제작에 필요한 제한효소

Q 제한효소가 재조합 DNA를 만드는 데 필요한 이유는?

표 9.1 재조합 DNA 기술에 흔히 사용되는 제한효소

제한효소	숙주 세균	인식서열
BamHI	*Bacillus amyloliquefaciens*	G↓G A T C C C C T A G↑G
EcoRI	*Escherichia coli*	G↓A A T T C C T T A A↑G
HaeIII	*Haemophilus aegyptius*	G G↓C C C C↑G G
HindIII	*Haemophilus influenzae*	A↓A G C T T T T C G A↑A

가 쉽기 때문이다. 점착 말단은 서로 상보적으로 염기쌍을 형성할 수 있는 단일가닥 부분이 돌출되어 있어 서로 다른 조각들이 쉽게 연결된다.

그림 9.2에 진하게 표시된 부분의 염기서열을 보면 양쪽 가닥의 서열을 서로 반대편 방향으로 읽을 때 동일하다는 것을 알 수 있다. DNA 조각의 말단을 엇갈린 형태로 자르면 말단에 단일가닥 DNA 서열이 일부 남게 된다. 만일 서로 다른 분자에서 유래한 두 개의 DNA를 같은 제한효소로 잘라주면 양쪽 말단에 서로 상보적인 서열을 지니는 단일가닥을 형성하게 되고, 이들 점착 말단이 서로 짝을 이루면서 두 조각의 DNA가 재조합될 수 있는 것이다. 점착 말단은 수소결합에 의해 자연스럽게 연결될 수 있다. 이후 DNA 연결효소(ligase)가 두 조각의 당인산 골격 사이에 남아 있는 틈을 공유결합으로 연결해 주면 새로운 재조합 DNA 분자가 만들어진다.

벡터

특정한 몇 가지 성질만 충족된다면, 매우 다양한 종류의 DNA 분자가 벡터의 역할을 할 수 있다. 가장 중요한 특성은 스스로 복제할 수 있는 능력이다. 세포 안에서 일단 복제될 수 있어야 하는 것이다. 그러면 벡터 안에 삽입된 어떤 DNA도 이와 함께 복제될 것이다. 따라서 벡터는 원하는 DNA 서열이 복제될 수 있게 하는 운반체의 기능을 할 수 있어야 한다.

벡터는 또한 재조합 DNA 과정에서 세포 밖에서 조작할 수 있는 크기여야 한다. 크기가 작을수록 다루기 쉬우며 커질수록 쉽게 조각난다. 오래 보관할 수 있어야 하는 것 또한 벡터의 중요한 요건이다. 원형 DNA 분자가 수용체 세포에서 파괴되지 않고 잘 보호될 수 있다. 그림 9.3을 보면 플라스미드 DNA가 원형인 것을 알 수 있다. 바이러스의 경우 DNA를 숙주의 염색체에 빠르게 삽입시킴으로써 보존력을 높이기도 한다(13장 381쪽 참조).

벡터 내부에 표지유전자가 들어 있으면 벡터가 들어 있는 세포를 선택하는 일이 매우 쉬워진다. 항생제 내성을 부여하는 유전자나 쉽게 확인 가능한 반응을 촉매하는 효소유전자 등이 보통 선택 표지유전자로 사용된다.

플라스미드는 가장 널리 사용되는 벡터이며 특히 R 플라스미드의 변이체들이 다양하게 활용된다. 플라스미드 DNA를 클로닝할 표적 DNA와 같은 제한효소로 잘라 DNA 조각이 동일한 점착 말단을 갖도록 한다. 이들 조각을 서로 섞어주면 클로닝될 DNA가 플라스미드 안으로 삽입된다(그림 9.2). 물론 다른 DNA가 삽입되지 않은 채 플라스미드 DNA의 양끝이 다시 연결되는 등 다양한 조합으로 이들 조각이 합쳐지는 것 또한 가능하다.

어떤 플라스미드는 여러 종의 세균에서 복제 가능하다. 이들을 **셔틀 벡터(shuttle vector)**라 하며 클로닝한 DNA 서열을 여러 다른 생물체, 즉 세균, 효모, 진균, 동식물 세포 따위로 옮겨야 할 때 사용한다. 셔틀 벡터는 제초제 내성 유전자를 식물에 삽입하는 등의 다세포 생물을 유전적으로 변형시키는 과정에 매우 유용하게 쓰인다.

바이러스 DNA가 벡터로 사용되기도 한다. 바이러스 벡터를 이용하면 대체로 플라스미드에 비해 크기가 훨씬 더 큰 외부 DNA를 클로닝할 수 있다. DNA를 바이러스 벡터에 삽입한 다음 바이러스의 숙주 세포에서 배양할 수 있다. 클로닝할 개체의 종류, 유전자의 크기 등 다양한 요인에 따라 적절한 벡터의 종류가 달라진다. 레트로바이러스와 아데노바이러스, 허피스바이러스 등의 바이러스 벡터는 손상된 유전자를 갖는 사람 세포에 유전자를 삽입하는 데 사용되고 있다. 유전자 치료는 258쪽에서 논의하기로 한다.

이해도 확인하기

- 돌연변이의 선택과 돌연변이 유발 과정은 생명공학에서 어떻게 사용되고 있나? 9-3
- 재조합 DNA 기술에서 제한효소는 어떤 중요성을 갖는가? 9-4
- 벡터로 사용될 수 있으려면 어떤 특성을 가지고 있어야 할까? 9-5
- 재조합 DNA 기술에서 벡터를 사용해야 하는 이유는? 9-6

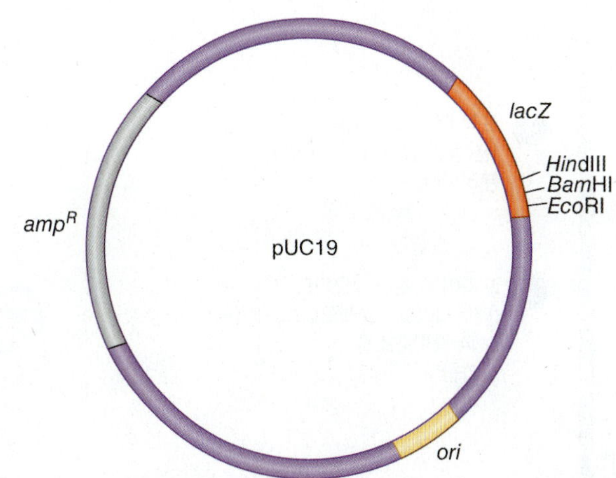

그림 9.3 **클로닝에 사용되는 플라스미드.** 그림에 나타난 pUC19은 대장균에서 클로닝에 사용되는 플라스미드 벡터다. 복제원점(*ori*)이 있어 대장균 내에서 스스로 복제될 수 있으며 두 개의 유전자를 지닌다. 하나는 항생제인 암피실린 내성 유전자(amp^R)이고 다른 하나는 β-갈락토시데이스 유전자(*lacZ*)로 표지유전자의 역할을 한다. 외부 DNA는 제한효소자리에 삽입될 수 있다.

Q 재조합 DNA 기술에서 벡터를 사용하는 이유는?

중합효소연쇄반응

중합효소연쇄반응(polymerase chain reaction, PCR)은 소량의 DNA를 빠른 시간 안에 증폭하여 분석이 가능할 만한 양을 만들어 내는 과정이다.

PCR을 이용하면 단 한 분자의 DNA 조각에서 시작하여 몇 시간 안에 수십억 분자의 사본을 만들어낼 수 있다. PCR 반응 과정은 그림 9.4에 나타나 있다.

1. 표적 DNA의 각 가닥은 DNA 합성의 주형으로 작용한다.
2. 이 DNA에 네 종류의 뉴클레오티드 (새로운 DNA 합성을 위한)와 합성을 촉매하는 DNA 중합효소(8장 참조)를 첨가한다. 반응을 시작하려면 프라이머라 불리는 짧은 핵산가닥도 넣어 주어야 한다. 프라이머는 표적 DNA의 양쪽 말단에 상보적인 서열을 지닌다.
3. 프라이머를 증폭시킬 DNA 조각과 혼성화시킨다.
4. 중합효소가 새로운 상보적인 가닥을 합성한다.
5. 합성이 진행되고 나면 매번 DNA에 열을 가하여 모든 DNA가 단일가닥으로 풀어지도록 한다. 새로 합성된 DNA 가닥은 다음 단계에서는 새로운 DNA 합성을 위한 주형이 된다.

이 과정은 기하급수적으로 진행된다. 반응에 필요한 모든 재료를 시험관 안에 넣은 다음 이를 자동온도조절기(thermal cycler)에 넣는다. 자동온도조절기에는 반응에 필요한 온도와 시간, 횟수 등을 원하는 대로 입력할 수 있다. *Thermus aquaticus*와 같은 호열성 세균의 DNA 중합효소를 분리하여 사용하게 됨으로써 자동온도조절기를 효율적으로 이용할 수 있게 되었다. 이 중합효소는 DNA를 변

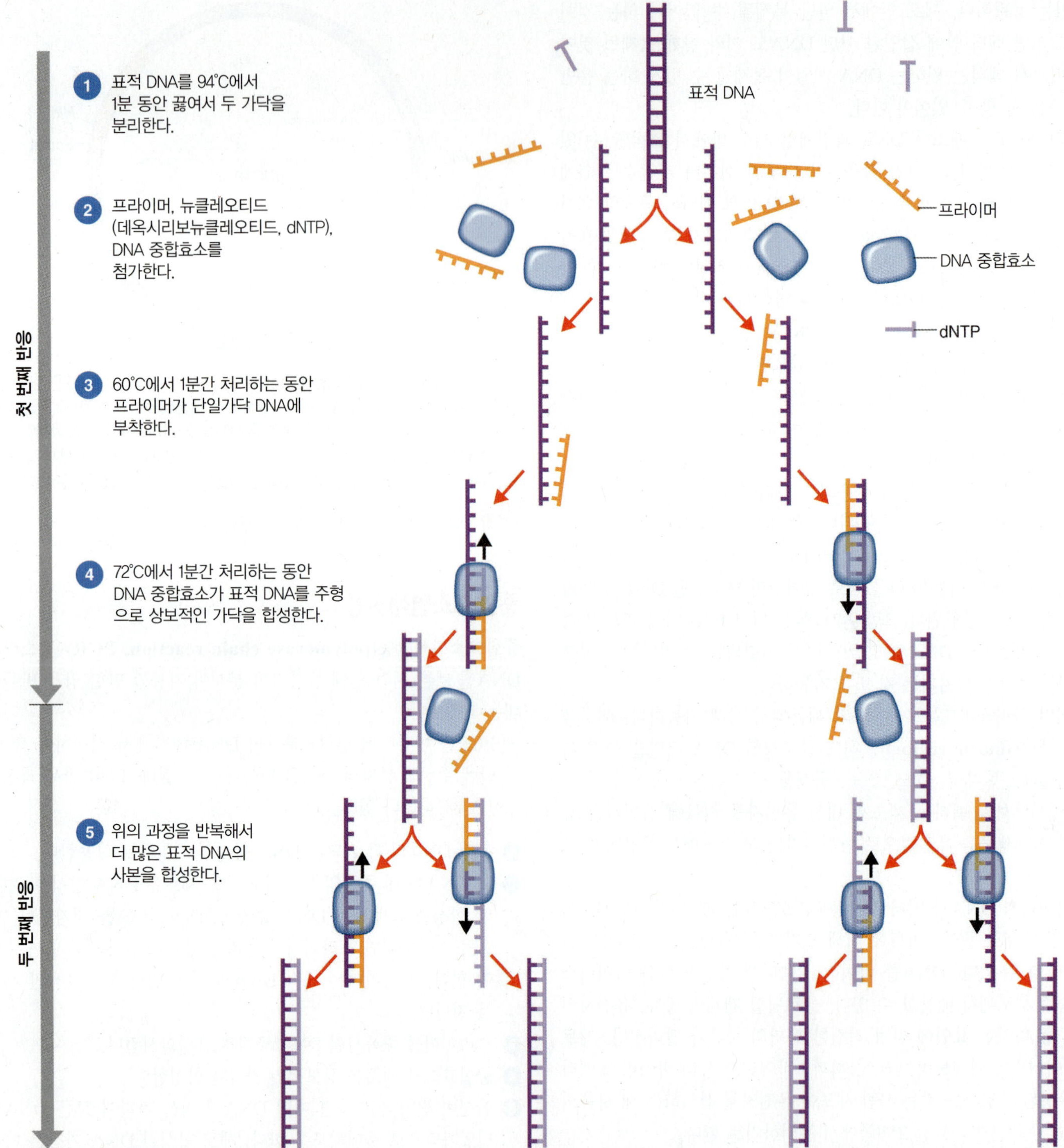

그림 9.4 중합효소연쇄반응. 데옥시뉴클레오티드(dNTP)는 표적 DNA와 염기쌍을 형성한다. 아데닌은 티민과 시토신은 구아닌과 짝을 이룬다.

Q 역전사 PCR은 이 그림에 나타난 과정과 어떻게 다른가?

성시키는 열처리 과정에서도 파괴되지 않고 활성을 유지한다. 몇 시간 안에 30여 회의 증폭이 이루어질 수 있고 그 결과 표적 DNA의 양은 10억 배 이상으로 높아진다.

증폭된 DNA는 젤 전기영동을 통해 확인할 수 있다. 실시간 PCR(real-time PCR) 또는 **정량** PCR(quantitative PCR, qPCR)이라 불리는 방법을 사용하면 새로 만들어진 DNA만 형광 염료로 표지되어 PCR 반응이 반복될 때마다 (실시간으로) 형광염료로 표지되는 산물의 양을 측정할 수 있다. 역전사 PCR(reversetranscription PCR)이라 불리는 또 다른 PCR 방법은 바이러스나 세포의 mRNA를 주형으로 사용한다. 역전사효소를 써서 RNA 주형에서 DNA를 만든 다음 이 DNA를 증폭하는 방법이다.

PCR은 비교적 소량의 DNA에서, 그리고 어떤 프라이머를 사용하는가에 따라 특정한 DNA 서열을 증폭하는 데 사용할 수 있다. 이 방법으로 유전체 전체를 증폭시킬 수는 없다.

PCR은 DNA의 양을 증폭시킬 필요가 있는 경우라면 어느 경우에도 적용될 수 있다. 특히 다른 방법으로는 검출하기 어려운 병원체의 존재를 확인하는 진단 방법으로 중요하게 사용된다. qPCR 검사법은 약제 내성 결핵균을 신속하게 찾아내는 방법으로 사용된다. 결핵균은 배양하는 데 6주 이상 소요되며 이 기간 동안 환자가 적절한 약제를 찾지 못해 치료 시기가 지연되는 경우가 많았다.

임상 사례

HIV 유전자에 결합하는 프라이머를 사용한 역전사 PCR 기법으로 분석에 필요한 DNA를 증폭시킬 수 있다. 질병통제예방센터(Centers for Disease Control and Prevention, CDC)에서는 7명의 이전 환자들이 HIV에 감염될 만한 다른 위험인자를 갖고 있는지를 조사하기 위해 면담을 실시하였다. 이 가운데 5명에게서는 B 박사의 치과 치료 외에 HIV에 감염될 만한 다른 위험인자가 확인되지 않았다. CDC는 B 박사와 7명 환자들의 백혈구 세포에서 분리한 DNA를 주형으로 역전사 PCR 반응을 수행하였다 (그림 참조).

다음 그림에 나타난 PCR 증폭 결과를 통해 내릴 수 있는 결론은 무엇인가?

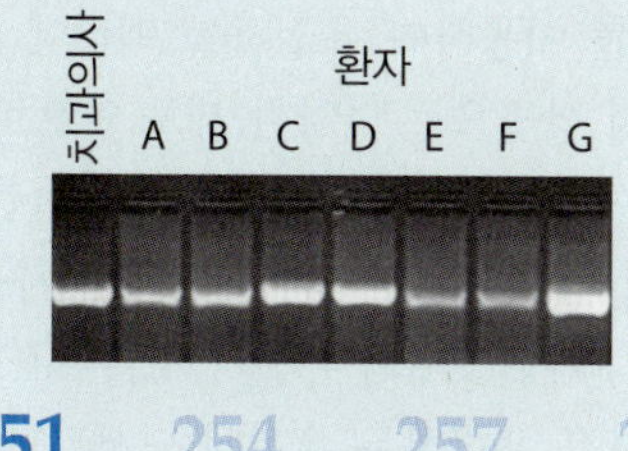

245 251 254 257 258

이해도 확인하기

✔ PCR 반응에서 다음이 사용되는 이유는 무엇인가: 프라이머, DNA 중합효소, 94°C? **9-7**

유전자 변형 방법

학습 목표

9-8 DNA를 세포 안에 넣을 수 있는 다섯 가지 방법을 설명한다.

9-9 유전체 도서관을 제작하는 방법을 설명한다.

9-10 합성 DNA와 cDNA를 구별한다.

9-11 항생제 내성 유전자와 DNA 탐침, 유전자 산물 등을 이용하여 클로닝된 세포를 확인하는 방법을 설명한다.

9-12 대장균, 효모, 포유류 세포, 식물세포 각각에 유전자 변형 기술을 적용할 때의 이점을 하나씩 나열한다.

외부 DNA를 세포 안으로 도입하기

유전자를 변형시키려면 세포 바깥에서 DNA 분자를 조작한 다음 이를 살아 있는 세포 안에 넣어 주어야 한다. 세포 안으로 DNA를 도입하는 방법에는 여러 가지가 있다. 대체로 벡터와 숙주 세포의 종류에 따라 도입 방법이 정해진다.

자연상태에서 플라스미드는 유연관계가 가까운 미생물 사이에서 접합(conjugation)처럼 세포와 세포 사이의 직접 접촉에 의해 대개 전달된다. 세포를 변형시키기 위해서 플라스미드는 **형질전환(transformation)**에 의해 세포로 유입되어야 한다. 형질전환은 외부 환경에서 세포로 DNA가 유입되는 과정을 말한다(8장 232쪽 참조). 대장균과 효모, 포유류 세포를 비롯한 많은 세포는 자연적으로 형질전환되지 않는다. 그러나 간단한 화학 처리를 통해 이들 세포를 형질전환 가능한(competent) 세포 형태로 만들어 외부 DNA를 흡수시킬 수 있다. 대장균에서는 세포를 염화칼슘 용액에 잠깐 처리함으로써 형질전환 가능한 세포를 만들 수 있다. 염화칼슘 처리 후에 형질전환 가능 세포를 재조합 DNA와 섞어주고 가볍게 열처리하면 일부 대장균 세포가 재조합 DNA를 받아들인다.

DNA를 세포 안으로 들여보내는 다른 방법도 있다. **전기천공법(electroporation)**은 강한 전류를 흘려 세포막에 일시적으로 미세한 구멍을 만들어 DNA가 이를 통해 세포 안으로 들어가게 한다. 전기천공법은 일반적으로 모든 세포 종류에 널리 사용될 수 있다. 그러나 두꺼운 세포벽을 지니는 세포는 먼저 **원형질체(protoplast)**로 전환시켜 주어야 한다. 원형질체는 효소를 사용하여 세포벽을 제거한 형태로 원형질막이 직접 노출된 상태이다.

원형질체 융합(protoplast fusion) 반응은 원형질체의 특성을 이용한 방법이다. 용액에서 원형질체는 매우 낮지만 그래도 의미 있는 빈도로 융합되며, 폴리에틸렌 글리콜은 융합 빈도를 높여준다(그림 9.5a). 새로운 잡종 세포에서는 두 종류의 "어버이" 세포에서 유래된 DNA 사이에서 자연적인 재조합 반응이 일어날 수 있다. 이 방법은 식물이나 조류(algae) 세포의 유전자 변형 과정에서 특히 유용하게 사용된다(그림 9.5b).

외부 DNA를 식물세포 안으로 도입하는 방법 중 주목할 만한 것은 유전자 총을 사용하여 DNA 분자가 두꺼운 섬유소 벽을 통과하

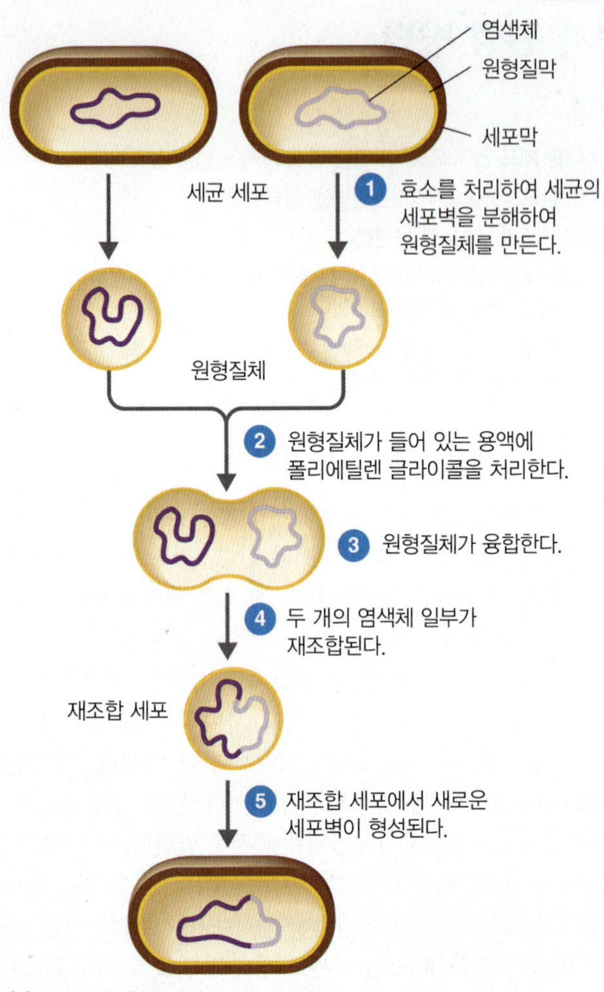

(a) 원형질체 융합 과정

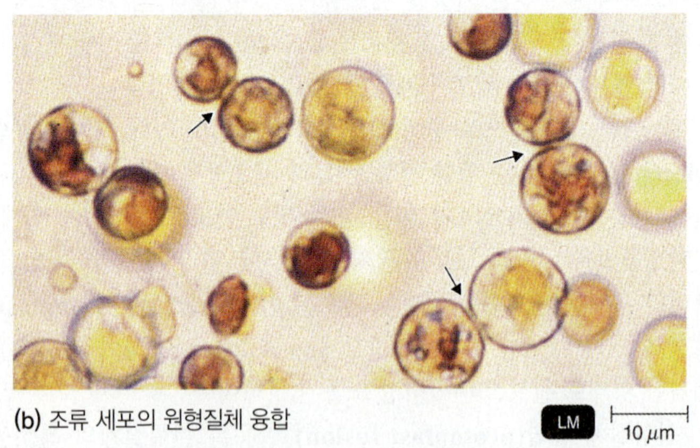

(b) 조류 세포의 원형질체 융합

그림 9.5 **원형질체 융합.** (a) 세균 세포를 이용한 원형질체 융합 과정의 모식도. (b) 조류 세포의 원형질체 융합. 화살표는 융합되고 있는 세포를 나타낸다. 세포벽을 제거하면 세포막 사이에 융합이 일어나면서 두 개체 사이의 DNA가 교환될 수 있다.

Q 원형질체란 무엇인가?

도록 말 그대로 쏘아 넣는 방법이다(그림 9.6). DNA 분자를 미세한 텅스텐이나 금 입자로 둘러싼 다음 헬륨 가스로 식물 세포벽을 가로

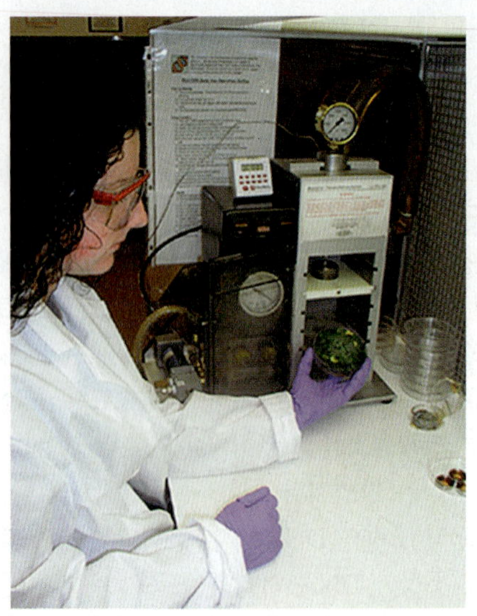

그림 9.6 유전자 총을 이용해서 세포 안으로 DNA가 포함된 "탄환"을 도입할 수 있다.

 세포 안으로 DNA를 도입할 수 있는 그 밖의 네 가지 방법을 제시하시오.

지르도록 쏘아준다. 일부 세포는 자신의 DNA와 마찬가지로 도입된 DNA 정보를 발현시킨다.

DNA는 **미세주입법(microinjection)**에 의해 동물세포에 직접 주입시킬 수도 있다. 이 방법은 지름이 세포에 비해 훨씬 가는 유리로 만든 미세 피펫을 사용한다. 미세 피펫은 원형질막을 뚫고 들어가 직접 DNA를 집어 넣을 수 있다(그림 9.7).

제한효소의 종류도 매우 다양하고 벡터나 DNA를 세포 안으로 도입하는 방법 또한 매우 다양하다. 그러나 외부 DNA는 반드시 스스로 복제할 수 있는 벡터에 들어 있거나 재조합에 의해 세포의 염색체 일부로 삽입되어야만 세포에 남아 있을 수 있다.

DNA 확보하기

지금까지 제한효소를 이용하여 유전자를 벡터에 클로닝할 수 있으며 이들을 여러 가지 방법으로 다양한 세포 안으로 집어 넣을 수 있다는 것에 대해 알아보았다. 그러나 생물학자들은 연구 대상이 되는 유전자를 어떻게 얻을 수 있을까? 대상 유전자를 얻는 방법은 크게 두 가지 있다. (1) 자연상태의 유전자 또는 mRNA에서 만들어진 DNA 사본인 cDNA를 포함하는 유전체 도서관과 (2) 합성 DNA를 제작하는 방법을 알아보기로 한다.

유전체 도서관

특정 유전자만을 개별 DNA 조각으로 분리하는 일은 쉬운 일이 아니다. 어떤 개체의 유전자에 관심 있는 과학자들은 이 개체의 DNA를 분리하는 것에서 연구를 시작한다. 동식물이나 미생물을 막론하고 개체의 세포에서 DNA를 얻으려면 먼저 세포를 파괴하여 DNA를 침전시켜야 한다. 이 과정으로 개체의 전체 유전체를 포함하는

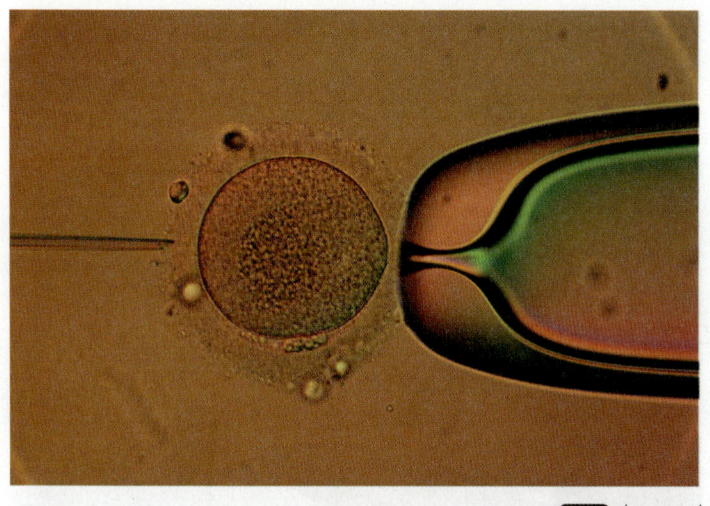

그림 9.7 **외부 DNA를 난자로 미세주입.** 난자를 먼저 상대적으로 큰 뭉툭한 지지 피펫으로 살짝 빨아들여 고정시킨다(오른쪽). 연구 대상 유전자 사본 수백 개를 끝이 매우 가는 미세 피펫으로 난자의 핵 안으로 주입한다(왼쪽)

Q 미세주입법을 세균이나 곰팡이 세포에 쓰기 어려운 이유는?

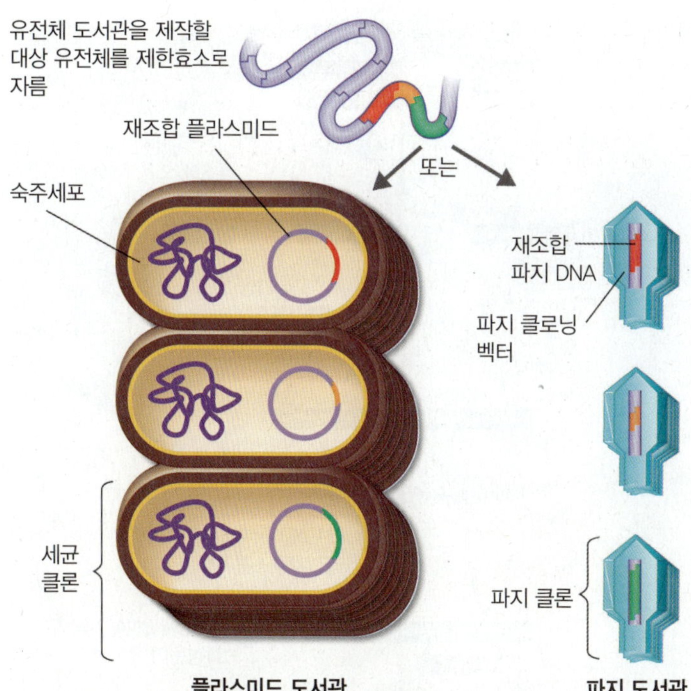

그림 9.8 **유전체 도서관.** 대략 하나의 유전자를 포함하는 DNA 조각이 하나의 플라스미드 또는 파지 벡터 안에 재조합되어 있다.

Q RFLP와 유전자를 구분하시오.

DNA 덩어리를 얻을 수 있다. DNA를 제한효소로 자른 다음 제한효소 조각을 플라스미드나 파지 벡터에 재조합시키고 이를 세균 세포에 넣어 준다. 서로 다른 DNA 조각이 들어 있는 재조합 클론들의 전체 모음, 즉 **유전체 도서관(genomic library)**을 만드는 것이 이 과정의 목적이다(그림 9.8). 여기서 "책" 한 권은 각각 유전체 DNA의 한 조각을 포함하는 세균 또는 파지 한 마리에 해당된다. 이런 도서관은 DNA 클론을 유지하고 또 필요할 때 원하는 클론을 찾아내는 데 꼭 필요하다. 이와 같은 유전체 도서관을 만들어 파는 회사들도 있다.

진핵세포의 유전자를 클로닝하려면 특수한 문제를 해결해야 한다. 진핵세포의 유전자에는 보통 단백질을 암호화하는 DNA 부분에 해당하는 **엑손(exon)**과 단백질을 암호화하지 않는 **인트론(intron)**이 뒤섞여 있다. 이와 같은 유전자에서 RNA를 전사하여 mRNA를 얻으면 인트론은 제거된다(219쪽 그림 8.11 참조). 진핵세포의 유전자를 클로닝하기 위해서는 인트론이 제거된 형태의 유전자를 사용하는 것이 바람직하다. 인트론이 포함된 형태는 작업하기에 너무 크기 때문이다. 게다가 인트론이 있는 채로 세균 세포에 넣으면 세균에서는 인트론을 제거할 수 있는 기능이 없기 때문에 진핵세포에서와는 전혀 다른 단백질 산물이 만들어질 것이다. 엑손만을 포함하는 유전자 형태는 **역전사효소(reverse transcriptase)**라 불리는 효소를 사용하여 mRNA를 주형으로 **상보적 DNA(complementary DNA, cDNA)**를 합성함으로써 만들 수 있다(그림 9.9). 이 과정은 DNA에서 RNA가 전사되는 정상 과정과 반대 방향으로 진행된다. mRNA에서 DNA 사본을 만드는 효소가 바로 역전사효소다. mRNA에서 DNA가 역전사되고 나면 mRNA는 효소에 의해 분해된다. 이후 DNA 중합효소가 DNA의 상보가닥을 합성하여 mRNA와 같은 정보를 지닌 이중나선 DNA가 만들어진다. 조직이나 세포에서 mRNA 전체를 분리하여 cDNA 분자를 합성한 다음 이를 클로닝하여 cDNA 도서관을 만들 수 있다.

cDNA를 활용하는 방법은 진핵세포 유전자를 얻는 가장 일반적인 방법이다. 이 방법은 그러나 길이가 긴 mRNA 분자가 완전하게 DNA로 역전사되지 않을 수 있기 때문에 문제가 되기도 한다. 원하는 유전자의 일부만 역전사되는 경우도 상당히 많다.

합성 DNA

특정한 상황에서는 DNA 합성 기계를 이용하여 시험관에서 인공적으로 유전자를 합성할 수도 있다(그림 9.10). 기계의 입력판에 원하는 뉴클레오티드의 서열을 입력하면 마이크로프로세서가 저장된 뉴클레오티드와 그 밖에 필요한 재료를 이용해서 DNA를 합성한다. 이 방법으로 대략 120 뉴클레오티드 길이의 사슬까지 효율적으로 합성할 수 있다. 유전자가 이보다 큰 경우에는 몇 개의 조각을 별도로 합성한 다음 이를 연결하는 방법으로 완전한 유전자를 만들 수 있다.

이 방법의 난점은 유전자의 서열을 완전히 알아야만 사용할 수 있다는 것이다. 유전자가 이미 분리되지 않았다면, DNA 뉴클레오티드 서열은 단백질 산물의 아미노산 서열을 통해 예측할 수 있을 뿐이다. 만일 단백질의 아미노산 서열을 알고 있다면 유전부호를 바탕으로 아미노산 서열에서 역으로 DNA 서열을 추정할 수 있다. 그러나 불행히도 유전부호의 중복성으로 인해 정확한 서열을 결정

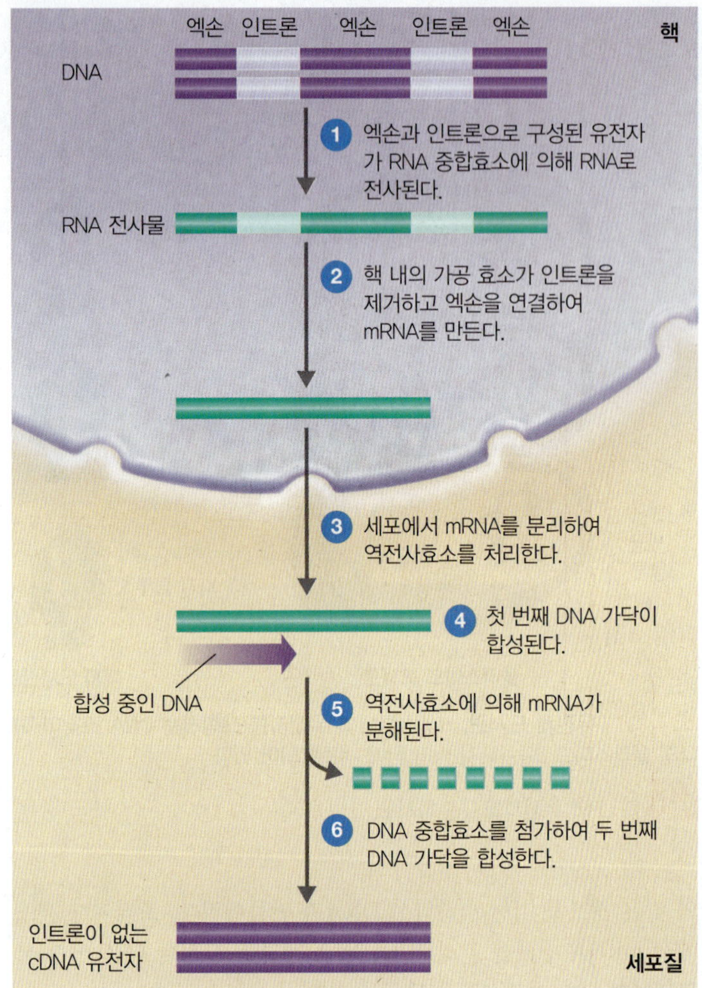

그림 9.9 진핵세포 유전자에서의 cDNA 합성. 역전사효소는 RNA 분자를 주형으로 이중나선 DNA 합성을 촉매한다.

 역전사효소는 DNA 중합효소와 어떤 면에서 다른가?

할 수는 없다. 단백질이 류신을 포함하고 있다면 유전자의 해당 위치는 여섯 개의 류신 코돈 가운데 하나와 동일한 서열을 갖고 있을 것이라는 추정까지만 가능하다.

이와 같은 이유 등으로 인해 유전자를 직접 합성하는 일은 흔하지 않다. 비록 인슐린과 인터페론, 소마토스타틴 등이 이미 화학적으로 합성된 유전자에서 만들어져 상업적으로 판매되고 있기는 하지만 말이다. 합성 유전자를 만들 때 제한효소자리를 원하는 위치에 첨가하여 유전자를 플라스미드 벡터에 클로닝하기 쉽게 할 수도 있다. 합성 DNA는 선택 과정 또한 훨씬 쉽게 만들어줄 수 있다. 이 내용은 뒤에서 살펴볼 것이다.

이해도 확인하기

- DNA를 세포 안으로 도입하는 다섯 가지 방법을 비교하시오. 9-8
- 유전체 도서관을 제작하는 목적은? 9-9
- cDNA 가 합성 DNA와 구별되는 이유는? 9-10

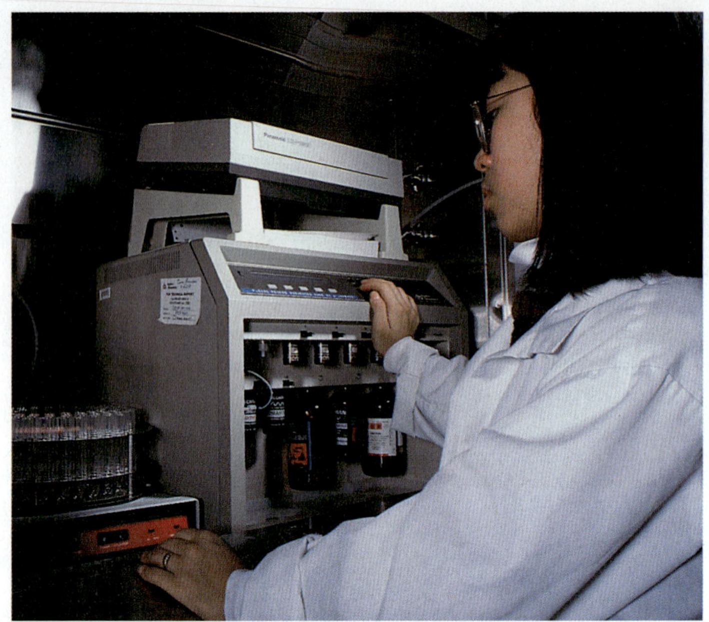

그림 9.10 DNA 합성 기계. 짧은 DNA 서열은 이와 같은 기기를 이용해서 합성할 수 있다.

 기계를 이용해서 DNA를 합성할 때 어려운 점은?

임상 사례

프라이머를 사용하여 여덟 개의 시료를 모두 증폭하여 B 박사와 7명의 과거 환자들이 모두 HIV에 감염된 것을 확인하였다. CDC는 증폭된 DNA의 염기서열을 결정하여 이를 클리블랜드에서 분리한 HIV 서열(지역 대조군)과 하이티(타지역 대조군)에서 분리한 HIV 서열과 함께 비교하였다. 서열의 일부는 다음과 같았다.

환자 A	GCTTG	GGCTG	GCGCT	GAAGT	GAGA
환자 B	GCTAT	TGCTG	GCGCT	GAATT	GCAC
환자 C	GCCAT	AGCTG	GCGCA	GAAGT	GCAC
환자 D	GCTAT	TGGCG	TGGCT	GACAG	AGAA
환자 E	GCACC	TGCTG	GCGCT	GAAGT	GAAA
환자 F	CAGAT	TGTGT	TGATT	GAACC	TCAC
환자 G	GCTAT	TGCTG	GCGCT	GAAGT	GAAA
치과의사	GCTAT	TGCTG	GCGCT	GAAGT	GCAC
지역 대조군	CAGAC	TACTG	CTAGG	AAAAA	TATT
타지역 대조군	GAAGA	CGAAA	GGACT	GCTAT	TCAG

바이러스 사이의 유사도 비율은 백분율로 얼마나 될까?

245 251 254 257 258

클론 선택하기

클로닝 과정에서 표적유전자를 가지고 있는 특정 세포를 반드시 선택해야 한다. 이는 수백만 개의 세포 가운데 단지 몇 개의 세포만이 원하는 유전자를 갖고 있을 가능성이 있기에 매우 어려운 과정이다. 여기서 우리는 청백선별(blue-white screening)이라 알려진 대표적인 선별 과정을 살펴볼 것이다. 이 방법은 마지막 단계에서 세균 콜로니의 색을 통해 원하는 클론을 찾아낸다.

이때 사용되는 플라스미드 벡터는 항생제 암피실린(ampicillin)에 내성을 나타내는 유전자(*amp*^{R})를 지닌다. 숙주 세균은 벡터가 암피실린 내성 유전자를 전달해 주지 않는 한, 암피실린이 들어 있는 선택배지에서 자라지 못한다. 플라스미드 벡터는 또 하나의 효소유전자, β-갈락토시데이스 유전자(*lacZ*)를 가지고 있다. 그림 9.3을 보면 *lacZ* 유전자에 제한효소자리가 여러 개 있음을 알 수 있다.

클론 선별의 전체 과정은 그림 9.11에 나타나 있다. 표지유전자라 할 수 있는 두 개의 유전자는 재조합된 플라스미드 DNA가 숙주 세포에 제대로 도입되었는지를 확인할 수 있게 한다. 청백선별 과정을 위해 형질전환시킨 세균들을 암피실린과 X-gal이라는 물질이 포함된 배지에서 배양한다. 암피실린은 이것의 내성 유전자가 있는 플라스미드를 제대로 전달받지 못한 세균의 성장을 막는다. X-gal은 β-갈락토시데이스의 기질이다.

실험에 사용된 세균 가운데 플라스미드에 의해 형질전환된 것만 암피실린 내성 유전자를 갖게 되어 배지에서 자랄 수 있다. 이 가운데 재조합 플라스미드에 의해 형질전환된 세균은 새로운 유전자가 *lacZ* 유전자 안에 삽입되어 있기 때문에 X-gal을 분해하지 못하여 흰색 콜로니를 형성한다. 세균이 온전한 *lacZ* 유전자를 지니는 원래의 플라스미드를 얻은 경우, 그 세포는 X-gal을 분해해서 청색 물질을 생성할 것이고 그 결과 청색 콜로니를 형성하게 된다.

여전히 어려움은 남는다. 위의 과정을 통해 외부 DNA를 포함하는 것으로 확인된 흰색 콜로니를 분리할 수는 있지만 이것이 원하는 DNA 조각을 갖고 있는지는 알 수 없기 때문이다. 이를 확인하려면 또 다른 확인 절차가 필요하다. 플라스미드에 있는 외부 DNA가 확인 가능한 산물을 생성한다면, 분리한 세균을 배양해서 이를 확인하면 된다. 그러나 경우에 따라서는 유전자 자체를 숙주 세균에서 확인해야만 할 때도 있다.

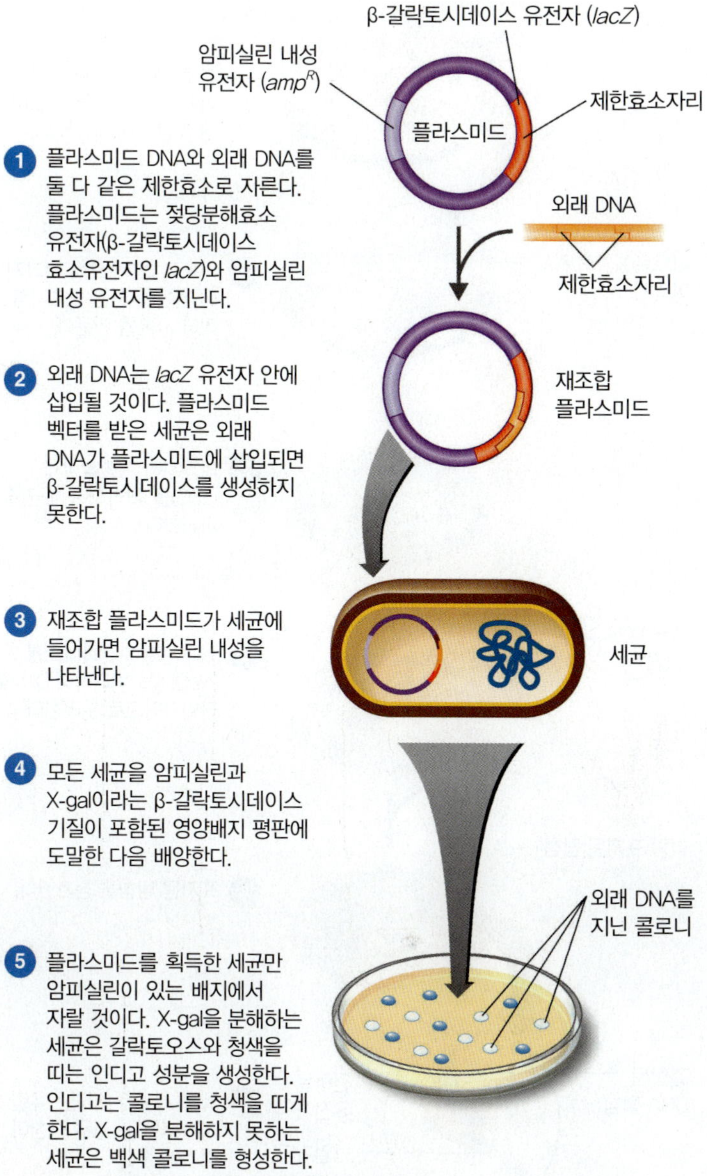

콜로니 혼성화(colony hybridization)는 특정한 유전자가 클로닝되었는지를 확인하는 일반적인 방법이다. 원하는 유전자에 상보적인 짧은 단일가닥 DNA 조각, 즉 **DNA 탐침(DNA probe)**을 합성한다. DNA 탐침이 상보적인 서열을 찾으면 표적유전자에 결합할 것이다. 효소나 형광염료를 사용하여 DNA 탐침을 표지하면 탐침이 결합해 있는 콜로니를 쉽게 찾을 수 있다. 그림 9.12는 일반적인 콜로니 혼성화 실험을 설명하고 있다. 많은 수의 DNA 탐침이 나란히 배열된 DNA 칩을 이용해서 병원균을 동정하는 데 활용하기도 한다(292쪽 그림 10.17 참조)

유전자 산물 발현시키기

지금까지 특정한 유전자를 포함하는 재조합 세포를 확인하는 방법을 살펴보았다. 유전자 산물을 얻는 것이 유전자 변형의 목표일 때가 있다. 초기의 유전자 변형은 대부분 대장균에서 유전자 산물을 합성하기 위한 것이었다. 대장균은 쉽게 배양할 수 있고 과학자들은 대장균의 특성과 유전학에 대해 잘 알고 있다. 이를테면 젖당 오페론의 프로모터와 같은 유도형 프로모터가 클로닝되었고 새로운 유전자를 이 같은 유도형 프로모터에 부착시킬 수 있다. 그 결과 유도물질을 첨가함으로써 클로닝된 유전자 산물을 대량으로 합성할 수 있다. 이와 같은 방법은 대장균에서 감마 인터페론을 합성하는 데 사용되었다(그림 9.13). 그러나 대장균은 또한 몇 가지 단점도 지닌다. 대부분의 그람음성세균과 마찬가지로 대장균은 세포벽의 바깥층에서 내독소(endotoxin)를 생성한다. 내독소는 포유류에서 열과 쇼크를 일으키기 때문에 사람에게 사용할 목적으로 대장균에서 생리유용 물질을 생산할 때 내독소가 포함되는 경우 심각한 문제를 일으킬 수 있다.

β-갈락토시데이스 유전자 (*lacZ*)
암피실린 내성 유전자 (*amp*^{R})
플라스미드
제한효소자리
외래 DNA
제한효소자리
재조합 플라스미드
세균
외래 DNA를 지닌 콜로니

1 플라스미드 DNA와 외래 DNA를 둘 다 같은 제한효소로 자른다. 플라스미드는 젖당분해효소 유전자(β-갈락토시데이스 효소유전자인 *lacZ*)와 암피실린 내성 유전자를 지닌다.

2 외래 DNA는 *lacZ* 유전자 안에 삽입될 것이다. 플라스미드 벡터를 받은 세균은 외래 DNA가 플라스미드에 삽입되면 β-갈락토시데이스를 생성하지 못한다.

3 재조합 플라스미드가 세균에 들어가면 암피실린 내성을 나타낸다.

4 모든 세균을 암피실린과 X-gal이라는 β-갈락토시데이스 기질이 포함된 영양배지 평판에 도말한 다음 배양한다.

5 플라스미드를 획득한 세균만 암피실린이 있는 배지에서 자랄 것이다. X-gal을 분해하는 세균은 갈락토오스와 청색을 띠는 인디고 성분을 생성한다. 인디고는 콜로니를 청색을 띠게 한다. X-gal을 분해하지 못하는 세균은 백색 콜로니를 형성한다.

그림 9.11 청백선별, 재조합 세균을 선택하는 방법

Q 청백선별 과정에서 일부 콜로니는 청색인 반면 또 다른 콜로니는 백색인 이유는?

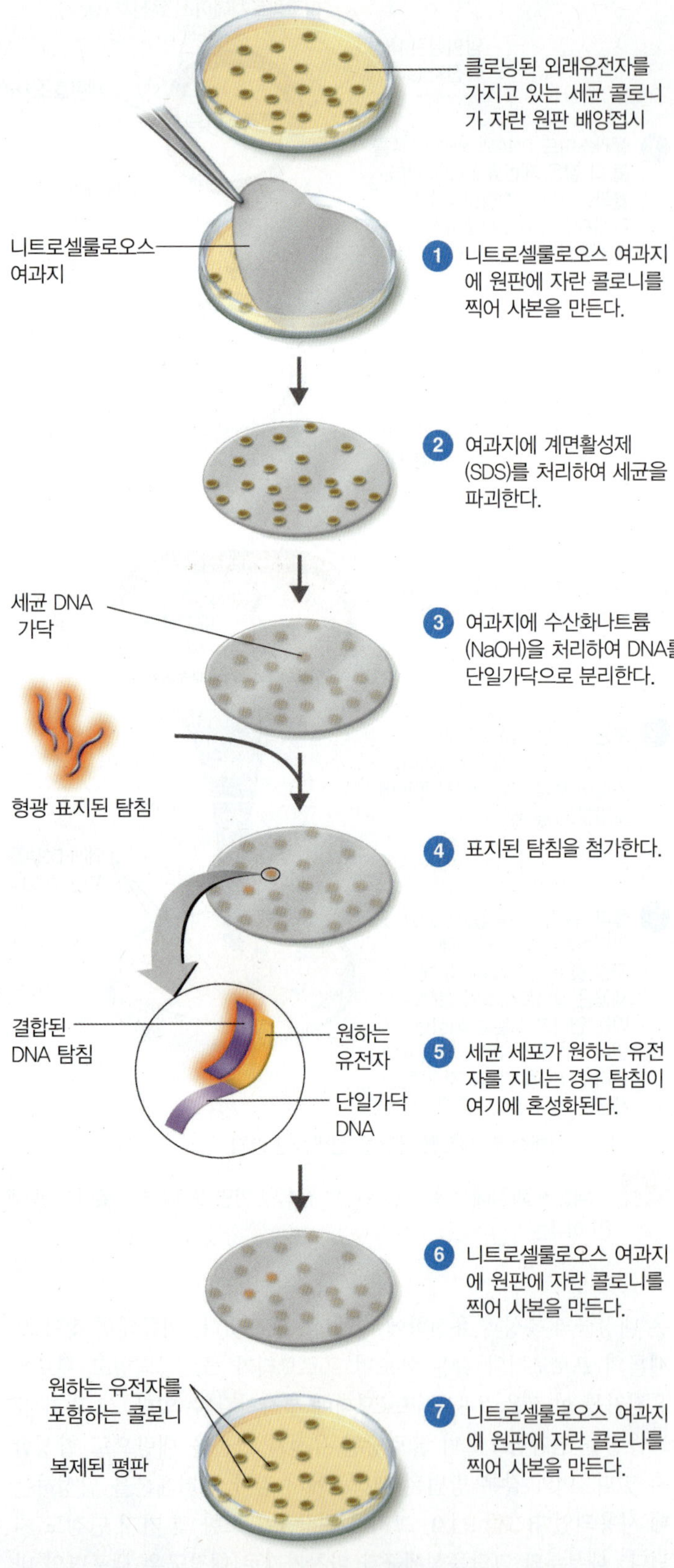

그림 9.12 콜로니 혼성화: DNA 탐침을 이용하여 원하는 유전자를 지니는 클론을 확인

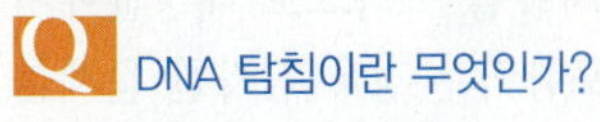

DNA 탐침이란 무엇인가?

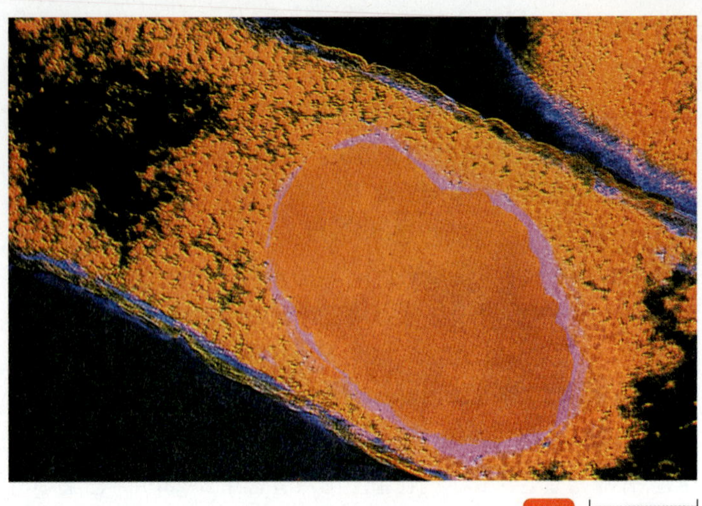

그림 9.13 유전자가 변형되어 감마 인터페론을 생성하는 대장균. 감마 인터페론은 사람에서 면역반응을 촉진하는 단백질이다. 여기에 주황색으로 나타나 있는 물질인 감마 인터페론은 세포를 파괴시키면 밖으로 방출될 수 있다.

Q 유전공학에 대장균을 사용할 때의 장점과 단점은 각각 무엇인가?

대장균을 이용할 때의 또 다른 단점은 대장균이 대체로 단백질 산물을 분비하지 않는다는 점이다. 산물을 얻기 위해서 반드시 세포를 파괴해서 나오는 세포 성분의 혼합물에서 산물을 정제해야 한다. 이러한 혼합물에서 원하는 산물만을 산업적으로 분리하려면 비용이 매우 많이 든다. 만일 생산물을 세포 밖으로 분비하는 생물종을 사용한다면 세포를 배양하면서 배양액에서 지속적으로 산물을 회수할 수 있기 때문에 훨씬 더 경제적이다. 대장균 단백질 가운데 원래 분비되는 단백질에 원하는 산물이 연결되어 만들어지도록 하는 방법이 있기는 하다. 그러나 고초균(*Bacillus subtilis*)과 같은 그람양성세균은 합성한 단백질 산물을 더 잘 분비하기 때문에 산업적으로 많이 이용되고 있다.

제빵효모(*Saccharomyces cerevisiae*) 또한 재조합 DNA를 발현시키는 데 자주 사용된다. 제빵효모의 유전체는 대장균의 4배에 불과하고 진핵세포 유전체 가운데 가장 자세히 알려져 있다. 효모도 플라스미드를 가지고 있고 효모의 플라스미드는 세포벽만 제거하고 나면 쉽게 다른 효모세포로 전달된다. 진핵세포인 효모는 세균에 비해 진핵세포 유래 유전자를 더 성공적으로 발현시킬 수 있다. 게다가 효모는 지속적으로 그 산물을 분비하는 경우가 많다. 이와 같은 이유로 생명공학에서 효모가 매우 널리 쓰이고 있다.

인간 세포를 비롯한 포유류 세포주 또한 세균과 비슷한 방식으로 유전적으로 변형되어 여러 가지 산물을 생산하는 데 활용되고 있다. 과학자들은 바이러스를 키우는 숙주로 특정한 포유류 세포주를 효과적으로 배양하는 방법을 개발하였다(13장 379쪽 참조). 포유류 세포는 세포가 산물을 잘 분비하고 독소나 알레르기 유발물질이 포함될 위험이 적기 때문에 주로 의료용 단백질 산물을 만들기에 적합하다. 포유류 세포주를 이용해서 산업적인 규모로 외래 유전자 산물을 생산하고자 할 때에도, 종종 세균에서 유전자를 클로닝하는 단계를 거친다. 콜로니 형성 촉진인자(colony stimulating factor, CSF)의 예를 들어보자. 자연상태에서 백혈구 세포에서 극소량만 만들어지는 CSF는 감염에 맞서는 특정 면역세포의 성장을 촉진하는 기능이 있어 의학적으로 가치가 있다. 산업적으로 CSF를 대량생산하기 위해, 먼저 유전자를 플라스미드에 삽입한 다음 세균을 이용해서 재조합 플라스미드를 선별한다(그림 9.1 참조). 선별된 재조합 플라스미드를 포유류 세포주에 삽입해서 배양한다.

식물세포도 배양할 수 있으며, 재조합 DNA 기술을 이용해서 변형시킨 다음 유전자 변형된 식물세포를 만드는 데 이용할 수 있다. 이와 같은 식물체는 값비싼 생리활성 산물을 생산하는 데 유용한 것으로 입증되었다. 진통제로 쓰이는 코데인을 비롯한 알칼로이드류, 합성 고무의 재료로 쓰이는 아이소프레노이드류, 자외선 차단제에 사용되는 동물 피부 색소의 일종인 멜라닌 색소 등이 유전자 변형 식물에서 만들어지고 있다. 유전자 변형 식물은 백신이나 항체 등 사람에게 치료 목적으로 사용되는 물질을 만드는 데 유용하다. 대량 생산이 가능하고 농업적으로 생산할 때 생산 비용이 저렴하며 포유류의 병원체나 종양 유발 유전자에 의해 산물이 오염될 위험이 낮기 때문이다. 유전자 변형 식물을 만들 때에도 세균이 활용된다. 이 장의 말미에서 유전자 변형 식물에 대해 한 번 더 논하기로 한다.

이해도 확인하기

- 재조합 클론은 어떻게 확인하는가? **9-11**
- 어떤 종류의 세포를 재조합 DNA 클로닝에 사용하는가? **9-12**

임상 사례

B 박사와 A, B, C, E, G 환자에서 분리한 바이러스의 서열은 87.5% 동일하였다. 이는 서로 연관된 감염사례에서 보고된 유사도와 비슷한 수치다.

바이러스 DNA에서 부호화하는 아미노산을 찾아 보시오. 아미노산 서열을 비교하면 유사도 백분율이 달라지는가? (힌트: 215쪽 그림 8.8 참조)

245 251 254 **257** 258

DNA 기술의 활용

학습 목표

9-13 DNA 기술을 활용한 사례를 적어도 다섯 가지 이상 든다.
9-14 RNAi를 정의한다.
9-15 유전체 사업의 의의를 설명한다.
9-16 무작위 샷건 염기서열분석과 생물정보학, 단백체학 등을 정의한다.
9-17 서던블로팅 과정을 그림으로 설명하고 활용 사례를 제시한다.
9-18 DNA 지문법을 그림을 그려 설명하고 그 활용 사례를 제시한다.
9-19 아그로박테리아를 이용한 유전공학 방법을 설명한다.

지금까지 유전자를 클로닝하는 전 과정을 살펴보았다. 앞에서 언급한 것처럼 이렇게 클로닝한 유전자는 여러 가지 방면으로 활용될 수 있다. 그 한 가지는 더 효과적이고 저렴한 유용 물질을 생산하는 것이다(1장 3쪽 상자 참조). 또 다른 용례는 기초 연구나, 의학, 법의학 등에서 활용할 수 있는 정보를 제공하는 것이다. 세 번째로는 유전자 클로닝을 활용해서 세포나 개체의 형질을 바꿀 수도 있다. 27장 786쪽 상자에서는 재조합 세포를 이용해서 환경오염 물질을 탐지하는 방법을 소개한다.

의학적 활용

췌장에서 만들어져서 우리 몸의 혈당량을 조절하는 호르몬인 인슐린은 매우 고가의 약물이었다. 오랫동안 인슐린 의존성 당뇨병 환자들은 도살된 동물의 췌장에서 얻은 인슐린을 주사해서 당뇨병을 조절해 왔다. 인슐린을 얻는 과정은 비용이 많이 들었으며 동물에서 분리한 인슐린은 사람의 인슐린만큼 효과가 좋지 않았다.

사람의 인슐린은 매우 귀하고 그 단백질의 크기 또한 작았기 때문에 제약 산업에서는 일찌감치 재조합 DNA 기술을 이용해서 사람의 인슐린을 생산하고자 했다. 호르몬을 만들기 위해, 인슐린 분자를 구성하는 두 개의 짧은 폴리펩티드 각각을 부호화하는 합성 유전자가 제작되었다. 이들 사슬은 단 21개와 30개 아미노산으로 이루어진 짧은 길이였기에 합성 유전자를 이용하는 것이 가능했다. 앞에서 기술한 방법에 따라(255쪽), 각각의 합성 유전자를 플라스미드 벡터에 삽입한 다음 세균 효소인 β-갈락토시데이스 유전자 끝에 연결해서 인슐린 폴리펩티드가 효소와 함께 만들어지도록 했다. 두 종류의 대장균을 따로 배양해서 각각의 배양액에서 인슐린 폴리펩티드 사슬을 하나씩 만들었다. 세균에서 폴리펩티드를 분리한 다음, β-갈락토시데이스 부분을 떼어낸 후, 두 종류의 폴리펩티드를 화학적으로 연결하여 사람의 인슐린 분자를 만들어 낼 수 있었다. 이것은 DNA 기술이 이룬 초기 상업화 성공 사례 가운데 하나로 이번 장에서 논의한 여러 가지 원리와 방법을 대부분 사용하고 있다.

대장균을 유전적으로 변형하여 상업적으로 생산하고 있는 또 다른 사람 호르몬은 성장호르몬(somatostatin)이다. 5 mg의 성장호르몬을 실험 목적으로 만들어 내는데 500,000마리 양의 뇌가 필요했던 때가 있었다. 이제는 유전자 변형 세균 배양액 단 8리터에서 이에 상응하는 분량의 사람 호르몬을 만들어 낼 수 있다.

소단위 백신(subunit vaccine)은 병원체가 만들어내는 항원 단백질의 한 부분으로 유전자 변형된 효모에서 만들어진다. 소단위 백신은 대표적으로 B형 간염을 비롯한 여러 종류의 질병 예방에 이용되고 있다. 소단위 백신의 장점 중 하나는 백신에 의해 감염될 우려가 없다는 것이다. 단백질을 유전자 변형된 세포에서 얻은 다음, 순수 분리하여 백신으로 사용한다. 백시니아(vaccinia) 바이러스와 같은 동물 바이러스를 유전자 변형시켜 다른 미생물의 표면 단백질 유전자를 갖도록 할 수 있다. 이를 동물 체내에 주입하면 바이러스는 해당 미생물에 대한 백신 기능을 한다.

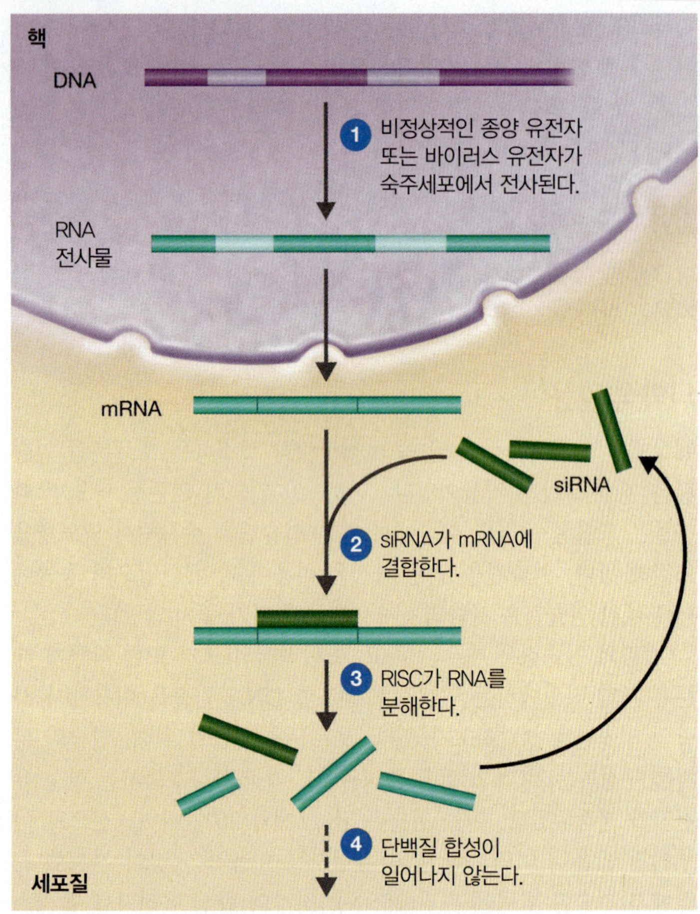

그림 9.14 유전자 침묵화를 통해 여러 질병을 치료할 수 있다.

Q RNAi가 작용하는 단계는 전사가 진행될 때인가? 전사가 끝난 다음인가?

DNA 백신(DNA vaccine)은 사람 세포에서 활성이 있는 프로모터에 바이러스 단백질 유전자가 클로닝된 원형 플라스미드 형태다. HIV, SARS, 독감, 말라리아를 예방하는 여러 종류의 DNA 백신이 시험 중에 있다. 백신에 대해서는 18장(505쪽)에서 논의하게 될 것이다. **표 9.2**에 의학적으로 활용되고 있는 주요 재조합 DNA 제품이 수록되어 있다.

재조합 DNA 기술이 의학 연구에 중요한 이유는 더 이상 말할 필요가 없다. 혈액 투석에 사용할 수 있는 인공 혈액을 만드는 작업이 시도되고 있는데, 여기서도 유전자 변형된 돼지에서 만드는 사람의 헤모글로빈이 사용된다. 유전자 변형된 양을 이용해서 양젖에 여러 종류의 약제가 분비되도록 하는 시도도 있었다. 이와 같은 시도는 양에게 크게 영향을 주지 않고 동물을 희생시키지 않으면서 원하는 물질을 만들어낼 수 있다는 점에서 관심을 끌고 있다.

유전자 치료(gene therapy)는 일부 유전 질환에 대한 궁극적인 치료 방법을 제공해 줄 수 있다. 사람에게서 일부 세포를 떼어내어 여기서 손상을 입었거나 돌연변이가 일어난 유전자를 정상 유전자로 대체하여 형질전환시키는 상상을 할 수 있다. 이들 세포를 사람에게 다시 넣어주면 정상적으로 작용하게 될 것이다. 예를 들어 유전자 치료는 B형 혈우병과 중증 복합 면역결핍증(severe combined immunodeficiency)을 치료하는 데 사용된 바 있다. 아데노바이러스(adenovirus)와 레트로바이러스(retrovirus)가 유전자를 전달하는 도구로 가장 흔히 사용된다. 그러나 일부 연구자들은 플라스미드 벡터를 이용한 연구를 진행하고 있다. 사람의 혈우병을 치료하기 위한 최초의 유전자 치료는 1990년에 시도되었다. 이때 약화된 레트로바이러스가 벡터로 사용되었다. 여러 종류의 암을 치료하기 위해 사람의 *p53* 유전자를 갖는 유전자 변형 아데노바이러스로 유전자 치료를 해 보려는 몇 건의 임상시험이 진행되고 있다. 종양억제 단백질을 암호화하는 *p53* 유전자는 암 세포에서 가장 흔히 돌연변이가 일어나 있는 유전자이다.

지금까지의 유전자 치료에 대한 연구 결과는 그리 감동적이라 할 수 없다. 바이러스 벡터의 부작용으로 인해 몇 명이 사망하기도 했다. 수많은 예비 연구가 시행되었으나 모든 유전 질환을 치료할 수 있는 것 같아 보이지는 않는다. 세포 내에 안티센스 DNA를 주입하는 방법(266쪽 참조)으로 간염과 피부암, 고지혈증 등을 치료하려는 연구도 시도되고 있다.

유전자 침묵화(gene silencing)는 매우 다양한 진핵세포에서 자연적으로 일어나는 과정이며 바이러스와 전위인자 등에 대응하는 방어기전으로 보인다. 유전자 침묵화는 작은 RNA 조각을 부호화하는 유전자가 전사된다는 점에서 miRNA(222쪽)가 작용하는 과정과 비슷하다. 전사가 일어난 다음, **siRNA(small interfering RNA)**라 불리는 RNA가 Dicer라는 효소에 의해 가공되면서 형성된다. siRNA 분자는 mRNA와 결합해서 **RISC(RNA-induced silencing complex)**라는 단백질의 효소활성에 의해 해당 mRNA를 파괴시켜 유전자 발현을 침묵화(silencing)시킨다(**그림 9.14**). **RNAi(RNA inference)**라는 새로운 기술은 유전자 치료와 암, 바이러스 감염을 치료하는 데 희망이 주고 있다.

쥐에서 RNAi 는 B형 간염 바이러스를 억제하는 것으로 나타났

임상 사례 해결

아미노산 서열은 뉴클레오티드 서열을 반영한다. 아미노산 서명 서열(signature sequence)을 분석하면 치과의사와 환자에서 분리된 바이러스가 밀접하게 연관되어 있는지를 확인할 수 있다. HIV의 돌연변이 발생률은 매우 높아서 서로 다른 사람에게서 분리된 HIV 바이러스는 유전적으로 서로 다르다. B 박사의 HIV는 지역 대조군과 다를 뿐 아니라 타지역 대조군과도 다르다. B 박사와 A, B, C, E, G, 환자에게서 분리된 바이러스의 아미노산 서열은 대조군이나 HIV 감염 가능성이 있는 위험 행동을 보였던 두 명의 다른 환자와 다른 특성을 보였다.

PCR이나 RFLP 분석법을 통해 개인이나 공동체 또는 국가 사이에 질병이 전파되는 경로를 추적할 수 있다. 이와 같은 추적 방법은 병원체가 충분한 유전적 변이를 지니는 경우 효과적이다. B 박사는 결국 에이즈에 걸리고 말았지만 다섯 명의 이전 환자들은 양성 판정을 받자마자 HIV에 대한 관리를 시작했고 아직까지는 아무에게도 에이즈로 발전될 증후가 발견되지 않고 있다.

245 251 254 257 **258**

표 9.2 재조합 DNA 기술로 생산된 대표적인 의약품

약제	비고
α-글루코시데이스	폼페병을 치료하기 위해 유전자 변형 포유류 세포에서 생산
안티트립신	폐기종 환자에게 사용된다; 유전자 변형 양에서 생산
조골 단백질	새로운 뼈 형성을 유도한다; 골절이나 재건 수술에서 회복을 촉진한다; 포유류 세포주에서 생산
자궁경부암 백신	바이러스 단백질로 이루어져 있다; 효모나 곤충 세포에서 생산
콜로니형성 촉진인자	화학치료의 부작용을 완화시킨다; 에이즈와 같은 감염성 질병에 내성을 높인다; 백혈병 치료; 대장균이나 제빵효모에서 생산
상피세포 성장인자(EGF)	상처, 화상, 궤양 치료; 대장균에서 생산
에리스로포이에틴(EPO)	빈혈치료, 포유류 세포주에서 생산
인자 VII	뇌출혈 치료, 포유류 세포주에서 생산
인자 VIII	혈우병 치료, 혈전 개선, 포유류 세포주에서 생산
인터페론	
IFN-α	백혈병 , 악성 흑생종, 간염 치료, 대장균과 제빵효모에서 생산
IFN-β	다발성 경화증 치료; 포유류 세포주에서 생산
IFN-ɣ	만성 육아종병(granulomatous disease) 치료, 대장균에서 생산
B형 간염 백신	간염바이러스 유전자를 플라스미드에 지니는 제빵효모에서 생산
인간성장호르몬(hGH)	어린이의 성장결핍을 보완, 대장균에서 생산
인간 인슐린	당뇨병 치료, 동물에서 추출한 인슐린보다 효율이 높다, 대장균에서 생산
독감 백신	바이러스 유전자를 지니는 대장균이나 제빵효모에서 만드는 백신
인터루킨	면역계 조절, 암 치료에도 사용 가능, 대장균에서 생산
단클론 항체	암 치료나 이식 거부 등에 사용 가능, 진단검사에 사용, 포유류 세포주에서 생산
오르소클론 OKT3 Muromonab-CD3	이식 환자들의 면역력 억제를 위해 사용하는 단클론 항체, 조직 거부 반응을 감소시킨다, 생쥐세포에서 생산
프루로카이네이스	항응고제, 심장병 치료, 대장균이나 효모에서 생산
풀모자임(rhDNase)	낭성 섬유증 환자의 점액 분비를 낮추는 효소, 포유류 세포주에서 생산
릴랙신	분만 촉진에 사용, 대장균에서 생산
초과산화물 불균등화효소(SOD)	산소가 결핍된 조직에 혈액이 재공급되었을 때 활성 산소에 의한 손상을 줄여줌, 제빵효모와 *Komagataella pastoris*(효모의 일종)에서 생산
택솔	난소암 치료에 사용되는 식물의 산물, 대장균에서 생산
조직 플라스미노겐 활성자	혈전의 피브린을 분해, 심장병 치료, 포유류 세포주에서 생산
종양괴사인자(TNF)	종양세포의 사멸시킨다, 대장균에서 생산
수의학 제품	
개홍역바이러스 백신	개홍역바이러스 유전자를 포함하는 카나리폭스 바이러스
고양이백혈병바이러스 백신	고양이백혈병바이러스 유전자를 지니는 카나리폭스 바이러스

다. siRNA는 세포 안으로 직접 주입하거나 DNA 벡터를 매개로 도입할 수 있다. 표적유전자에 작용하는 siRNA를 부호화하는 작은 DNA 조각을 DNA 벡터에 클로닝할 수 있다. 이를 세포에 전달하면 세포는 원하는 siRNA를 만들어 낼 것이다.

이해도 확인하기

- DNA 기술이 질병을 치료하고 예방하는 데에 어떻게 활용되는지 설명하시오. **9-13**
- 유전자 침묵화란 무엇인가? **9-14**

유전체 사업

1977년 유전체로는 가장 먼저 박테리오파지 한 종류의 작은 유전체 염기서열이 전부 결정되었고, 1995년에는 독립 생활을 하는 단세포 미생물인 *Haemophilus influenzae*의 유전체 염기서열이 최초로 결정되었다. 이후 1000여 종의 원핵세포 유전체와 400여 종이 넘는 진핵세포 유전체의 염기서열이 모두 결정되었다. 독립생활을 하는 세포의 유전체 서열을 모두 결정할 수 있게 된 것은 샷건 염기서열분석 덕분이었다. **샷건 염기서열결정(shotgun sequencing)**은 유전체를 작은 조각으로 나누어 각 조각의 염기서열을 결정한 다음 컴퓨터를 이용하여 이들 서열을 조립하는 방식으로 이루어진다. 이들 조각 사이에 간격이 있는 경우에는 이를 찾아 다시 염기서열을 결정한다(그림 9.15). 이 방법은 미생물을 배양하지 않고 환경에서 직접 미생물 유전체를 연구하는 것을 가능하게 했다. 유전물질을 환경에서 직접 채취하여 연구하는 분야를 **메타유전체학(metagenomics)**이라 한다.

인간유전체사업은 1990년 10월에 시작하여 2003년 종료시점까지 13년에 걸쳐 국제 공동으로 진행되었다. 이 사업의 목표는 30억 뉴클레오티드 쌍, 20,000~25,000개의 유전자에 달하는 인간 유전체 전부의 염기서열을 결정하는 것이었다. 18개국에서 수천 명이 이 사업에 참여하였다. 연구자들은 많은 수의 기증자로부터 혈액(여성)과 정액(남성)을 수집하였다. 이 가운데 일부가 사용되었고 누구의 시료가 염기서열 결정에 사용되었는지는 기증자도 연구자도 알 수 없게 처리하였다. 샷건 염기서열분석의 개발은 연구 사업의 진행 속도를 크게 높여 주었고 덕분에 거의 완벽하게 인간 유전체 서열을 밝힐 수 있었다.

한 가지 놀라운 결과는 인간 유전체에서 2% 이하만이 기능을 지닌 산물을 부호화한다는 사실이었다. 나머지 98%는 miRNA 유전자, 바이러스 유전자의 흔적, 반복서열(짧은 직렬 반복 등), 인트론, 염색체 말단(텔로미어), 전위인자 등의 서열이다. 현재 연구자들은 특정 유전자들의 위치를 찾아내고 이들의 기능을 결정하는 작업을 진행하고 있다.

과학자들의 다음 목표는 인간단백질체사업(Human Proteome Project)로 사람 세포에서 발현되는 모든 단백질을 알아내는 연구사업이다. 그러나 이 사업이 완성되기도 전에 벌써 우리가 생물학을 이해하는 데 큰 가치가 있는 결과가 나오고 있다. 이 연구는 앞으로 특히 유전 질환의 진단과 치료와 같은 의학 분야에 큰 기여를 하게 될 것이다.

과학적 활용

재조합 DNA 기술을 사용하여 상용 제품을 만들어 낼 수 있으나 이것만이 중요한 것이 아니다. 재조합 기술로 DNA 사본을 많이 만들어낼 수 있으므로 일종의 DNA "인쇄소" 역할을 할 수 있다. 일단 많은 양의 특정 DNA 조각이 확보되면 다음 절에서 논의하겠지만

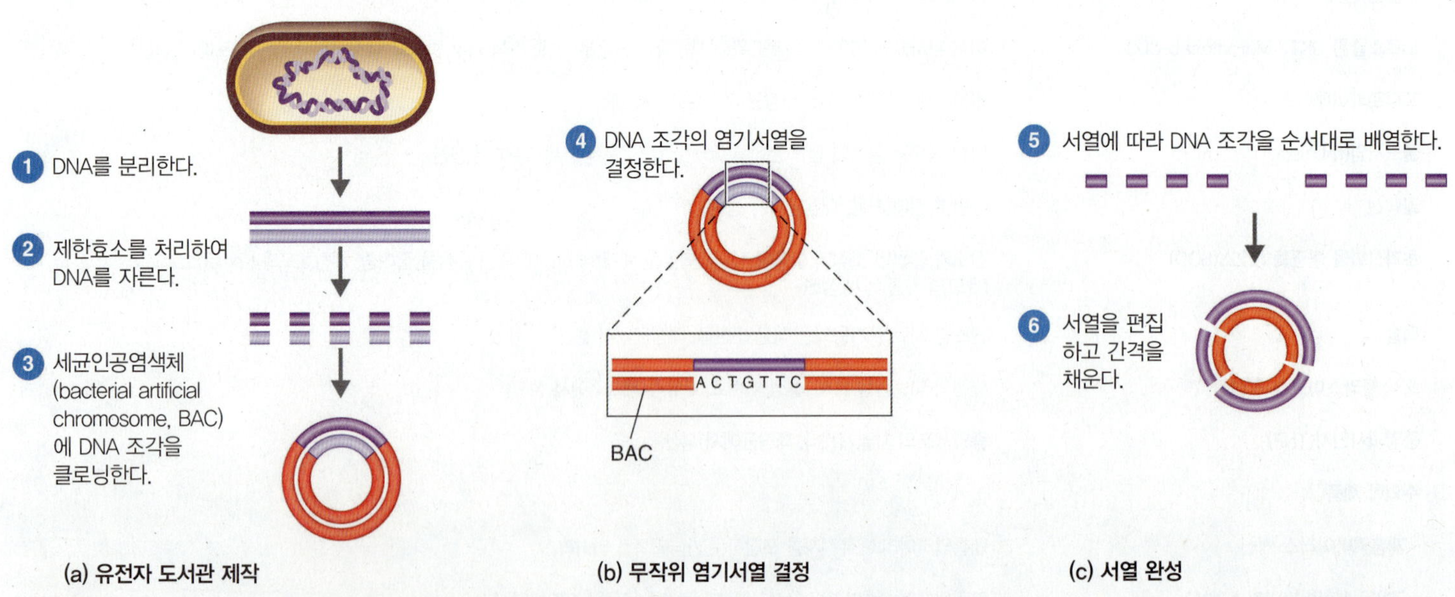

그림 9.15 **샷건 염기서열결정법.** 이 방법은 유전체를 조각낸 다음 각 조각의 염기서열을 결정한다. 그 다음 이들 조각을 순서대로 배열한다. 일부 조각의 염기서열이 결정되지 않은 경우 간격(gap)을 남길 수 있다.

Q 이 방법으로 유전자와 유전자의 위치를 확인할 수 있는가?

여러 가지 분석기법을 적용하여 DNA에 담긴 정보를 "읽을" 수 있게 된다.

2010년에는 최소유전체연구사업(Minimal Genome Project) 연구진이 *Mycoplasma mycoides*의 유전체 전부를 완전히 인공 합성한 다음 DNA를 제거한 *M. capricolum* 세포에 옮겨 심는 것에 성공했다. 이렇게 변형된 세포는 *M. mycoides* 단백질을 만들었다. 이 실험을 통해 유전체에 대규모의 변이를 일으킬 수 있다는 사실 그리고 기존의 세포가 이를 수용할 수 있다는 사실을 알 수 있었다.

DNA 염기서열이 활발하게 결정되면서 생산된 대량의 정보는 **생물정보학(bioinformatics)**이라는 새로운 학문 분야를 탄생시켰다. 생물정보학은 컴퓨터 분석을 통하여 유전자의 기능을 이해하려는 학문이다. DNA 염기서열은 젠뱅크(GenBank)와 같은 웹기반 데이터베이스에 저장된다. 컴퓨터 프로그램을 이용해서 유전체 정보를 검색해서 특정한 서열을 찾거나 서로 다른 개체의 유전체에서 유사한 패턴을 찾아볼 수 있다. 이제는 미생물 유전자를 검색해서 병원체가 갖는 독성 인자의 기능을 할 가능성이 있는 분자를 확인할 수도 있다. 유전체를 비교하여 *Chlamydia trachomatis*가 *Clostridium difficile*와 비슷한 독소를 생산한다는 사실을 발견하기도 했다.

다음 목표는 이들 유전자가 부호화하는 단백질을 찾아내는 것이다. **단백질체학(proteomics)**은 세포에서 발현되는 모든 단백질의 특성을 연구하는 학문이다.

역유전학(reverse genetics)은 유전자 서열로부터 유전자의 기능을 찾아내려는 연구 분야다. 역유전학에서는 알려진 유전자 서열을 개체에 나타나는 특정 효과와 연결시킨다. 예를 들어 만약 하나의 유전자에 돌연변이를 일으키거나 유전자 활성을 억제하였을 때(258쪽의 유전자 침묵화에 대한 서술을 참조), 개체에서 잃어버린 특성이 무엇인지 찾아보는 방식이다.

인간 DNA 염기서열 결정법을 적용한 사례로 낭성 섬유증(cystic fibrosis, CF)을 일으키는 돌연변이 유전자를 확인하고 클로닝한 것을 들 수 있다. 낭성 섬유증은 점액이 과다하게 분비되어 기도가 막히는 병이다. 돌연변이 유전자의 서열은 **서던블롯팅(Southern blotting**, 그림 9.16)이라 불리는 혼성화 기법에 기반한 진단법에 활용되기도 한다. 서던블롯팅은 1975년 이 방법을 개발한 개발자인 서던(Ed Southern)의 이름에 따라 명명되었다. 방법은 다음과 같다.

1. 사람 DNA에 제한효소를 처리하여 다양한 크기로 자른다.
2. **젤 전기영동(gel electrophoresis)**하여 크기에 따라 분리한다. DNA 조각을 아가로스(agarose) 젤의 한 쪽에 있는 홈에 넣은 다음 젤에 전류를 흘린다. 전하가 걸려 있는 동안 크기가 서로 다른 DNA 조각은 서로 다른 속도로 젤을 통과한다. 서열에 따라 만들어지는 DNA 조각 크기의 패턴이 달리 나타나는데 이를 제한효소 조각 길이 다형성(restriction fragment length polymorphisms), 즉 **RFLP**라 한다.

3~4. 크기에 따라 분리된 조각을 블로팅(blotting)하여 여과지로 옮긴다.

5. 여과지 위의 조각에 표적유전자에 혼성화될 수 있는, 표지된 DNA 탐침을 처리한다. 낭성 섬유증 돌연변이 서열을 확인하고자 한다면, 정상 유전자와는 결합하지 않으나 돌연변이 유전자에만 혼성화될 수 있는 탐침을 사용해야 한다.
6. 탐침이 결합한 조각은 형광이나 염료의 색으로 확인한다. 이 방법으로 어떤 사람이 해당 돌연변이 유전자를 지니는 지 검사할 수 있다.

이제 **유전자 검사(genetic testing)**를 통해서 수백 종의 유전질환을 검사할 수 있다. 예비 부모나 태아가 유전자 검사를 받을 수도 있다. 유방암 소인을 나타내는 유전자와 헌팅턴병 유전자에 대한 검사를 가장 많이 받고 있다. 유전자 검사를 통해 의사는 환자에게 꼭 맞는 약을 처방해 줄 수도 있다. 예를 들면 허셉틴(herceptin)이라는 약은 HER2 유전자에 특정한 돌연변이가 생긴 유방암 환자에게만 효과가 있다.

미생물 법의학

오랫동안 미생물학자는 세균이나 바이러스 병원체를 동정하는 데에 RFLP의 일종인 **DNA 지문분석(DNA fingerprinting)**을 사용해 왔다(그림 9.17).

여러 종의 병원체를 한꺼번에 검사할 수 있는 DNA 칩(292쪽 그림 10.17)이나 PCR 마이크로어레이(PCR microarray) 방법도 이제 널리 활용된다. PCR 마이크로어레이 방법의 한 예를 들면 22개까지의 서로 다른 미생물 프라이머를 이용하여 PCR을 시작한다. 만일 DNA가 이들 프라이머 가운데 하나에서 증폭된다면 해당 미생물이 존재한다는 뜻이다. 미국의 질병통제센터에서는 RFLP를 활용하여 집단 식중독의 발생을 추적한다. PCR 반응에 특정한 프라이머를 쓰는 방법으로 전염병의 집단 발병을 일으킨 세균 균주를 추적할 수 있다.

병원체의 유전체학은 감염성 질병을 감시하고, 예방하며 통제하는 주요 수단이다. 265쪽의 상자글에서 유전체학으로 질병의 집단 발병을 추적하는 과정을 설명한다. 병원과 식품제조업자, 일반인들이 소송에 휘말리거나 미생물 무기의 사용 가능성 등이 발생하면서 **미생물 법의학(forensic microbiology)**라는 새로운 분야가 만들어졌다. 미생물 법의학은 법정에서 여러 차례 활용된 바 있다. 1990년대, 처음으로 HIV의 DNA 지문법을 활용하여 강간범의 유죄를 입증할 수 있었다. 이후 같은 방법으로 어떤 의사가 전 애인에게 자신의 환자에게서 분리한 HIV를 주사했다는 사실을 입증함으로써 유죄 판결을 이끌어 낼 수 있었다. 2001년에 미국에서 발생했던 탄저균 공격 사건에서는 탄저균의 DNA 지문을 사용해서 출처를 밝혔고 이를 바탕으로 용의자를 좁힐 수 있었다. 노던아리조나대학 연구진은 1993년 일본의 사이비 종교 집단에서 테러에 사용한 탄저균의 내생포자에서 DNA 염기서열을 결정하였다. 이때 내생포자가

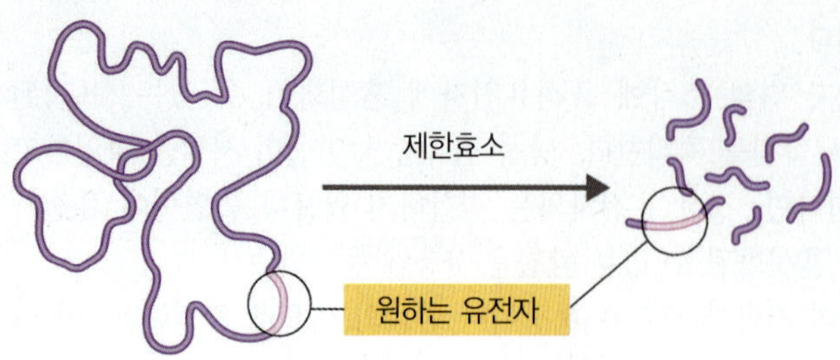

1 원하는 유전자가 있는 DNA를 사람세포에서 추출하여 제한효소로 자른다.

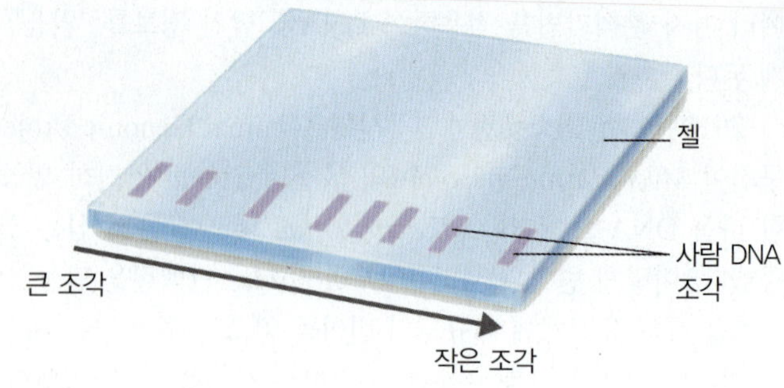

2 제한효소 조각을 크기에 따라 젤 전기영동으로 분리한다. 각각의 띠는 특정한 크기의 DNA 조각을 나타낸다. DNA를 염색하면 크기에 따른 띠를 눈으로 확인할 수 있다.

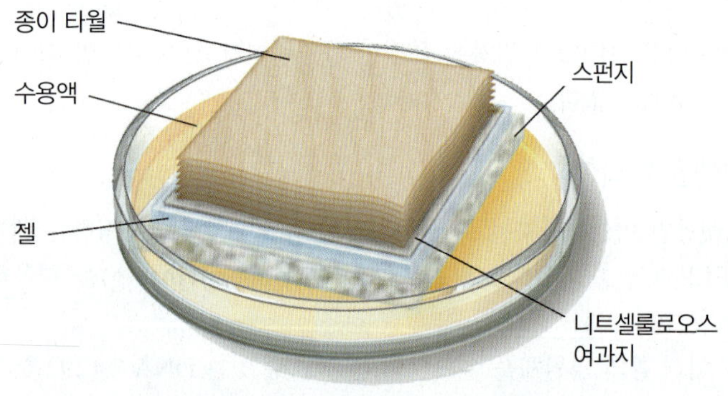

3 DNA 띠를 블로팅하여 니트로셀룰로오스 여과지에 옮긴다. 용액이 모세관 현상에 의해 종이타월에 흡수되면서 DNA는 젤을 통과하여 여과지에 흡착된다.

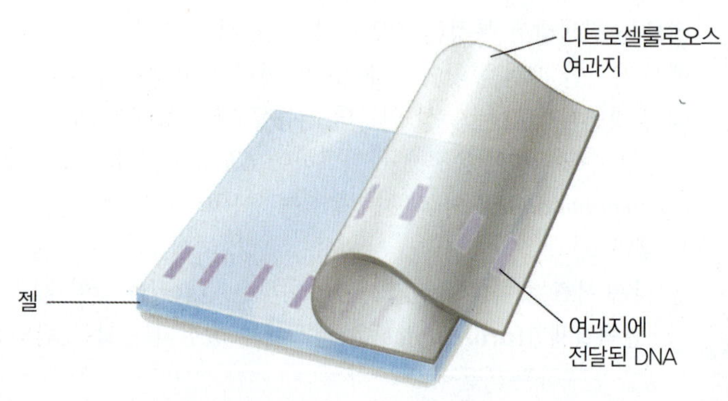

4 그 결과 니트로셀룰로오스 여과지의 젤과 똑같은 위치에 DNA 조각이 옮겨진다.

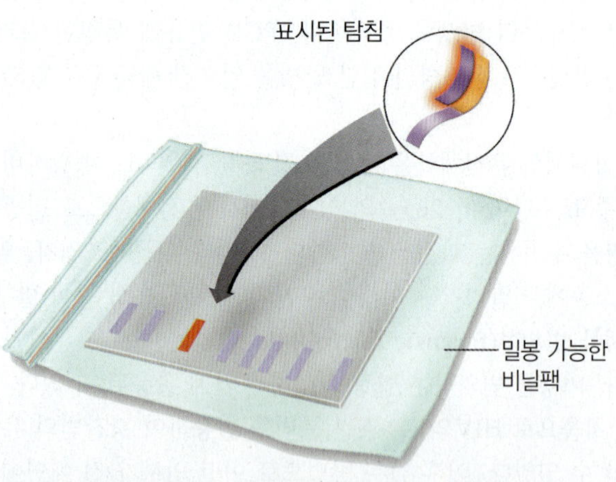

5 여과지를 특정한 유전자에 대한 표지된 탐침으로 처리한다. 탐침은 해당 유전자에 존재하는 짧은 서열과 염기쌍을 이룬다(혼성화된다).

6 원하는 유전자가 있는 조각을 여과지에서 확인한다.

그림 9.16 서던 블로팅

Q 서던블롯팅을 하는 목적은 무엇인가?

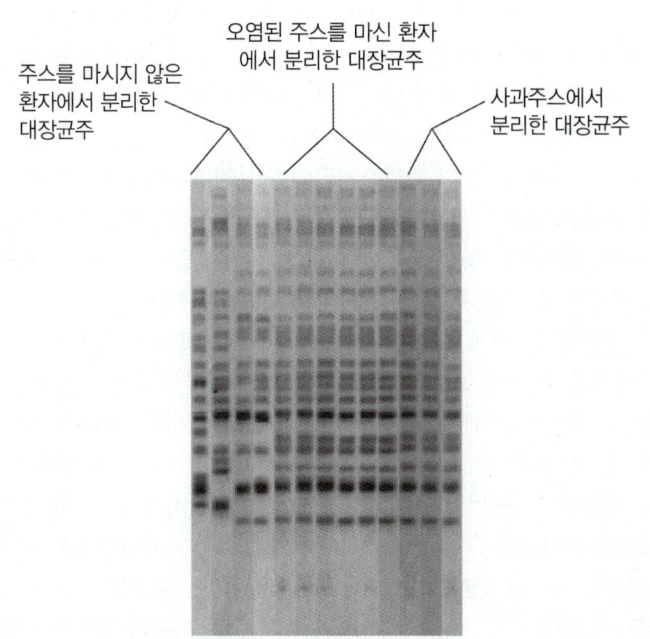

그림 9.17 감염질환을 추적하는 데 사용되는 DNA 지문. 이 사진은 대장균 O157:H7에 의한 집단발병 과정에 분리한 세균 분리주의 RFLP 패턴을 보여준다. 사과주스에서 분리한 균주는 오염된 주스를 마신 환자에서 분리한 균주와 동일한 양상을 보이지만 주스를 마시지 않은 감염환자에게서 분리한 균주는 이와 다른 양상을 나타내었다.

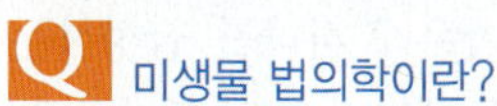 미생물 법의학이란?

방출되긴 했으나 사상자는 발생하지 않았다. 현재 생물학적 범죄에 사용될 수 있는 미생물에 대한 DNA 데이터베이스를 구축하는 중이다.

법정에서 미생물의 출처를 증명하는 것은 일반적인 의학에서 쓰이는 경우에 비해 더 까다로운 일이다. 이를테면 해칠 의도가 있음을 증명할 수 있으려면, 증거를 합법적으로 수집해야 하고 증거에 대한 관리감독 체계를 확립해야 한다. 공중보건에서 그리 중요하지 않은 미생물학적 특징이 미생물 법의학에서 중요한 단서가 될 수도 있다. 미국미생물학회는 최근 전문 미생물 법의학자에 대한 자격증을 주는 방식을 제안한 바 있다.

DNA는 미라나 멸종 동식물과 같이 오래 보존되어 있는 상태나 화석에서도 추출 가능하다. 유전물질이 매우 적은 양밖에 남아 있지 않고 또한 대개는 부분적으로 분해된 상태라 할지라도 PCR을 이용하면 환경이나 더 이상 생존하지 않는 개체를 자연상태에서 그대로 연구할 수 있다. 희귀한 개체에 대한 연구를 통해 분류학의 체계가 더욱 공고하게 발전할 수 있었으며 이에 대해서는 10장에서 살펴보기로 한다.

나노기술

나노기술(nanotechnology)을 이용하면 물질을 분자수준에서 작동하는 극히 작은 전기회로나 기계를 설계하고 제작할 수 있다. 분자 크기의 로봇이나 컴퓨터를 이용해서 음식, 식물의 질병, 생물학적 무기에 아주 미량으로 들어 있는 물질을 감지할 수 있다. 그러나 이

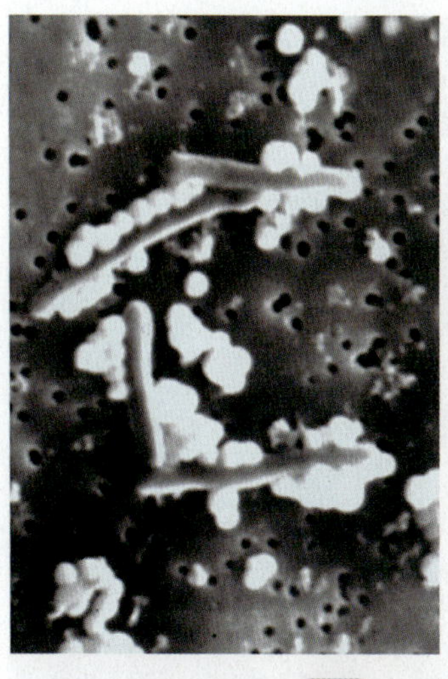

그림 9.18 셀레니움을 이용하여 바실러스(*Bacillus*) 세포가 자라면서 셀레니움 원소 사슬을 형성한다.

 세균을 나노기술에 이용할 수 있는 방법은 무엇인가?

렇게 작은 기구가 작동하려면 이에 상응하는 작은 (1 nm는 10^{-9} m이고 1000 nm가 1 μm에 해당한다) 선과 부품이 있어야 한다. 세균을 이용해서 이에 필요한 작은 금속 등을 제공할 수 있다. 미국 지질학연구팀은 몇 종류의 산소비요구성 세균을 배양해서 독성 셀레늄을 비독성 원소 형태로 환원시켰고 이것은 나노 크기의 공 모양을 이루었다(그림 9.18). 과학자들은 나노 크기의 공을 만들어서 이 안에 원하는 약물을 집어 넣고 원하는 곳으로 전달하는 연구를 진행하고 있다. 미국 에너지성의 연구진은 또한 나노 수준의 전기회로를 이용해서 수소 가스를 생산할 수 있었다. 스웨덴에서는 *Acetobacter xylinum*이라는 세균을 이용해서 인공혈관을 만들 수 있는 셀룰로스 나노섬유를 만드는 데 성공하였다.

이해도 확인하기

- 샷건 염기서열결정과 생물정보학, 단백질체학 등은 유전체 사업과 어떻게 관련되는가? **9-15, 9-16**
- 서던블롯팅이란 무엇인가?? **9-17**
- DNA 지문법에 RFLP를 이용하는 이유는? **9-18**

농업적 활용

원하는 유전형질을 지니는 식물을 선택하는 과정은 늘 오랜 시간이 걸리는 일이었다. 전통적인 식물 교배 과정은 품이 많이 들고 씨앗이 발아해서 자라기까지 긴 시간을 기다려야 한다. 식물 조직배양 기술은 식물 육종에 혁명을 가져다주었다. 재조합 DNA 기술로 유전적으로 변형된 세포를 비롯하여 원하는 형질을 지닌 식물의 클론을 배양해서 얼마든지 많은 수를 키워낼 수 있다. 이들 세포에 적절한 처리를 가하면 완전한 식물체로 자랄 수 있고 여기서 또 종자를 수확할 수도 있다.

재조합 DNA는 몇 가지 방법으로 식물 세포에 도입될 수 있다. 앞에서 원형질체 융합 방법과 DNA가 들어 있는 "총알"을 쓰는 유전자 총에 대해 설명했다. 그러나 가장 근사한 방법은 **Ti 플라스미드**(tumor-inducing, **Ti plasmid**)라 불리는 플라스미드를

그림 9.19 장미나무에 형성된 왕관혹. Ti 플라스미드 상의 유전자에 의해 종양과 같은 성장이 촉진된다. Ti 플라스미드는 세균의 일종인 아그로박테리움(*Agrobacterium tumefaciens*)에 들어 있으며 식물에 감염된다.

Q 재조합 DNA 기술을 농업에 적용한 사례는?

사용하는 것이다. Ti 플라스미드는 자연상태에서 *Agrobacterium tumefaciens*라는 세균에 존재한다. 이 세균은 몇몇 식물을 감염시키는데 감염시킨 식물체 내에서 Ti 플라스미드는 식물 세포를 암세포처럼 계속 분열시켜 왕관혹(crown gall)이라 불리는 조직을 만든다(그림 9.19). 이때 Ti 플라스미드의 일부인 T-DNA가 감염된 식물의 유전체 내로 삽입된다. T-DNA는 국소적으로 세포의 성장을 촉진하여 왕관혹을 형성하게 한 다음 여기서 세균이 탄소와 질소원으로 사용할 수 있는 특정 물질을 만들도록 유도한다.

식물학자들에게 Ti 플라스미드는 재조합 DNA를 식물체 안으로 도입시킬 수 있는 운반체의 역할을 할 수 있다는 점에서 관심을 끌었다(그림 9.20). 과학자들은 T-DNA 자리에 외부 DNA를 삽입하여 재조합 플라스미드를 만들어 아그로박테리아 세포에 넣은 다음, 이 재조합 세균을 이용해서 식물세포를 감염시켰다. 운이 좋으면 감염된 식물체에서 Ti 플라스미드에 도입시킨 외래 DNA가 발현될 것이다. 그러나 안타깝게도 아그로박테리아는 외떡잎 초본은 감염시키지 않아 이를 밀이나 쌀, 옥수수와 같은 곡류의 특성을 개량하는 데에는 사용할 수 없다.

이 방법을 써서 제초제인 글라이포세이트(glyphosate)에 내성을 지닌 제초제 내성 유전자와 *Bacillus thuringiensis* 세균의 살충 독소, Bt 독소를 식물에 도입시킨 것은 주목할 만한 성공사례라 하겠다. 글라이포세이트는 필수 아미노산 가운데 하나를 합성하는 효소의 작용을 막아 잡초와 작물을 모두 무차별적으로 제거한다.

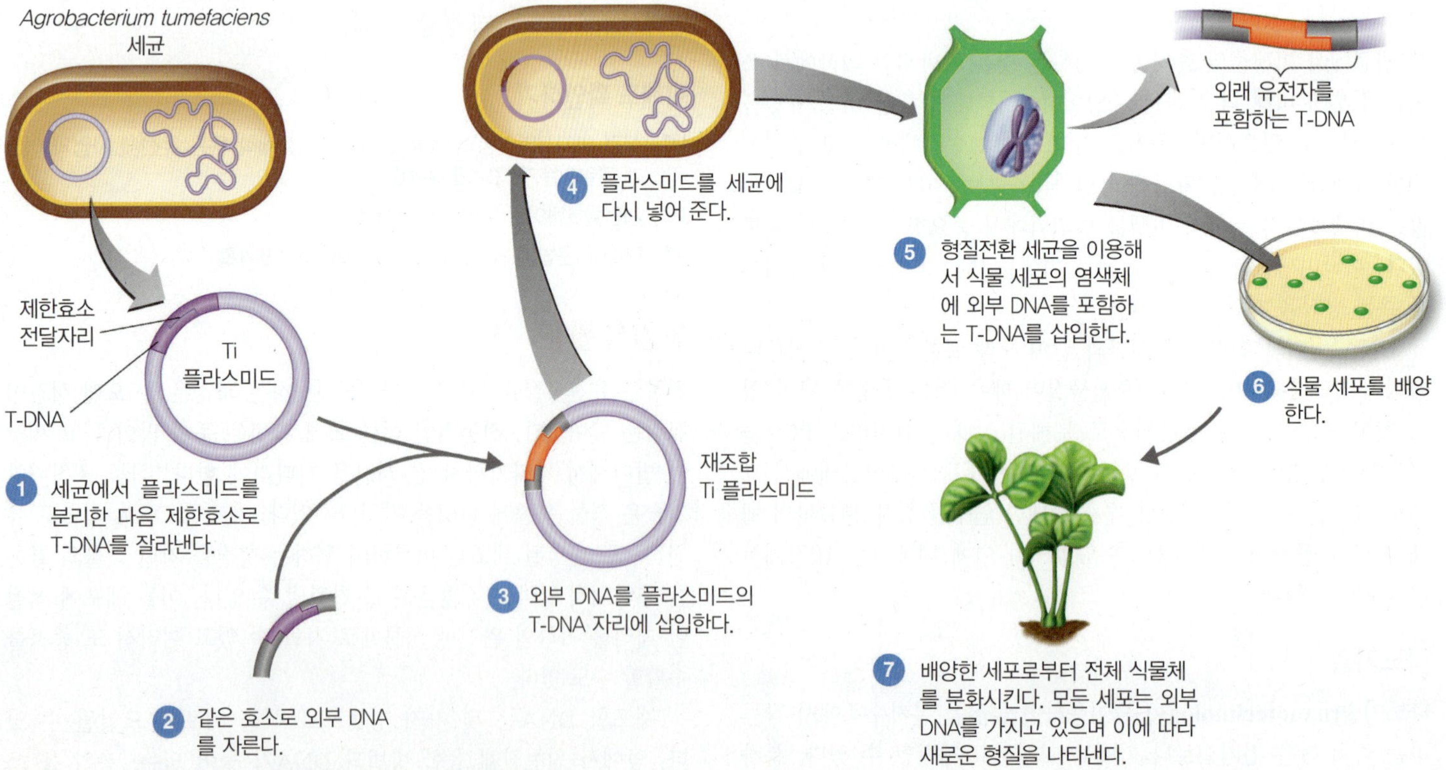

Agrobacterium tumefaciens
세균

제한효소
전달자리

Ti
플라스미드

T-DNA

1 세균에서 플라스미드를 분리한 다음 제한효소로 T-DNA를 잘라낸다.

2 같은 효소로 외부 DNA를 자른다.

3 외부 DNA를 플라스미드의 T-DNA 자리에 삽입한다.

재조합
Ti 플라스미드

4 플라스미드를 세균에 다시 넣어 준다.

5 형질전환 세균을 이용해서 식물 세포의 염색체에 외부 DNA를 포함하는 T-DNA를 삽입한다.

외래 유전자를
포함하는 T-DNA

6 식물 세포를 배양한다.

7 배양한 세포로부터 전체 식물체를 분화시킨다. 모든 세포는 외부 DNA를 가지고 있으며 이에 따라 새로운 형질을 나타낸다.

그림 9.20 유전자 변형 식물에 벡터로 사용되는 Ti 플라스미드

Q Ti 플라스미드가 생명공학 기술에 중요한 까닭은 무엇인가?

노로바이러스 — 집단발병의 책임은 누구에게?

이 글에서 여러분은 미생물학자들이 전염병의 집단발병을 추적하면서 스스로에게 던지는 질문을 받게 될 것이다. 미생물학자는 법률적 사안에 따라 법정에 전문가 증인의 자격으로 소환되기도 한다. 다음 질문을 순서대로 답하시오. 다음 질문으로 넘어가기 전에 각각의 질문에 대해 충분히 생각한다.

1. 지난 5월 7일 지역 보건국의 미생물학자인 나디아 퀼러는 115명의 위장염 집단 발병을 보고받았다. 환자들은 구토와 설사, 발열, 경련, 어지러움증의 증상을 보였다.
나디아는 먼저 무엇을 알아보아야 할까?

2. 나디아는 환자들이 지난 48시간 동안 어디에 있었는지 알아야 한다. 나디아는 인터뷰를 해서 학교 직원 23명, 출판사 직원 55명, 사회복지기구 직원 9명 그리고 그 밖의 환자들이 28명임을 확인했다(그림 A 참조).
나디아가 더 알아야 할 정보는 무엇일까?

3. 다음으로 나디아는 이들 115명의 공통점을 찾아야 했다. 조사에 따르면 5월 2일 학교 직원들은 전국에 지점을 둔 프랜차이즈 식당에서 샌드위치를 주문하여 파티를 했다. 5월 3일 출판사와 사회복지사들이 같은 식당에서 식사를 했다. 나머지 28명 또한 이들 사이에 그 식당의 샌드위치를 먹은 적이 있었다.
나디아가 다음으로 해야 할 일은?

4. 나디아는 16개의 식재료를 대상으로 분석을 하였고, 그 결과 양상추가 집단발병과 유의미하게 연관되어 있음을 확인했다.
다음 단계는?

5. 나디아는 환자의 대변에서 얻은 시료에 노로바이러스 프라이머를 이용한 역전사 PCR(RT-PCR)을 수행했다(그림 B).
나디아는 어떤 결론을 내렸을까?

6. RT-PCR을 통해 노로바이러스 감염 사실을 확인하였다. 다음으로 나디아는 21명의 시료에서 확인된 노로바이러스의 염기서열 결정을 의뢰했다. 그 결과 이들 21명이 감염된 노로바이러스는 100% 동일한 염기서열을 보였다.
다음으로 나디아가 해야 할 일은 무엇일까?

7. 나디아는 식당에서 식재료를 다루는 직원 한 사람이 5월 1일 구토와 설사를 했다는 사실을 알았다. 그는 자녀에게서 그 병이 옮겨졌다고 생각했다. 아이의 병은 유아원에서 노로바이러스에 감염되었던 사촌에게서 옮은 것으로 판명되었다. 5월 2일 새벽부터 식당 직원은 구토 증상이 멈추어 그날 아침 식당으로 출근하게 된 것이었다.
이제 나디아가 해야 할 일은?

8. 나디아는 식당 직원에게서 추출한 바이러스 종류를 다른 환자들의 바이러스와 비교해야 한다. 나디아는 직원과 여덟 명의 집단발병 환자들에게서 얻은 바이러스 염기서열 분석을 의뢰했다. 이들 서열은 6번에서 확인한 것과 동일했다.
나디아가 다음으로 살펴야 할 곳은?

9. 나디아는 식당에 여전히 노로바이러스로 오염된 곳이 남아 있는지 살펴봐야 한다. 나디아는 바이러스에 감염되었던 직원이 매일 아침 양상추를 자른다는 것과 식품을 준비하는 싱크대에서 직원이 손도 씻는다는 사실을 확인했다. 오염된 양상추 세척 전후에 싱크대를 소독하지 않았다. 보건국은 적절한 소독이 이루어질 때까지 식당을 잠정 폐쇄하였다.

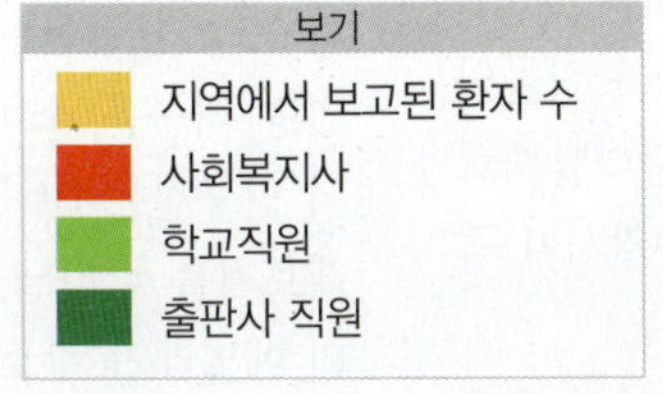

그림 A 보고된 환자의 수

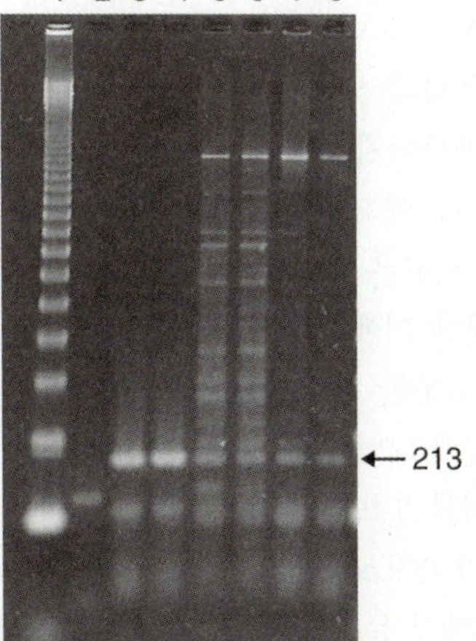

그림 B 환자 시료의 PCR 결과. 1, 123 bp 크기 기준 사다리. 2. RT-PCR 대조군. 3~8, 환자 시료. 노로바이러스는 213 염기쌍 띠와 일치한다.

노로바이러스 감염은 전 세계적으로 급성 위장염을 일으키는 가장 흔한 원인이다. 2008년 가을에도 미국에서는 세 군데 대학 캠퍼스에서 노로바이러스 집단발병이 발생하였다. 이때 거의 1000명이 감염되어 적어도 10명이 입원했고 이 가운데 한 캠퍼스 잠정 폐쇄되기도 했다.

출처: Adapted from *MMWR* 55(14):395 – 397, April 14, 2006; 58(39): 1095 – 1100, October 9, 2009.

살모넬라속의 일부 세균은 글라이포세이트에 내성을 나타내는 이 효소의 돌연변이형을 지닌다. 이 돌연변이 유전자를 식물에 도입하면 제초제에 내성을 가진 재조합 작물을 만들 수 있다. 이제 제초제를 뿌리면 잡초만 선별적으로 제거할 수 있게 된 것이다. 이제 여러 종류의 제초제와 살충제에 내성을 지닌 다양한 작물이 이와 같은 방법으로 만들어지고 있다. 가뭄, 바이러스에 의한 감염 그 밖의 몇몇 환경 조건에 강한 형질전환 식물체도 생산되었다. *Bacillus thuringiensis* 세균은 애벌래의 장에 손상을 입히는 Bt 독소를 만들어 내기 때문에 이에 민감한 일부 곤충을 사멸시킬 수 있다. 현재 목화, 감자를 비롯한 다양한 작물에 Bt 유전자가 삽입되어 해충의 피해를 받지 않게 되었다.

형질전환 식물의 또 다른 예는 맥그리거(MacGregor) 토마토로, 펙틴분해효소인 PG(polygalacturonase) 유전자를 억제해서 수확한 다음에도 단단하게 유지될 수 있는 종류이다. PG 유전자 발현을 억제하는 데에는 **안티센스 DNA 기술(antisense DNA technology)**이 쓰였다. 먼저 PG mRNA에 상보적인 일정 길이의 DNA를 합성한다. 이 안티센스 DNA를 세포 안에 넣어주면 PG 유전자의 mRNA에 결합해서 번역을 방해한다. DNA-RNA 혼성체는 세포에서 만드는 효소에 의해 분해되면서 안티센스 DNA가 다시 또 다른 mRNA를 억제할 수 있게 한다.

유전자 변형 식물의 잠재력이 가장 돋보이는 적용 사례는 식물체가 직접 대기 중의 질소를 고정할 수 있도록 하는 연구일 것이다 (777쪽 참조). 질소 함유 영양물질의 가용성은 대체로 작물 성장의 제한요소로 작용한다. 자연상태에서는 일부 세균에서만이 질소고정 유전자를 가지고 있다. 알팔파와 같은 일부 식물은 이들 미생물과 공생관계를 유지하여 질소를 쉽게 얻는다. 공생 세균 *Rhizobium*의 특정 종은 이미 유전적으로 변형되어 질소고정 능력이 향상되었다. 앞으로 *Rhizobium* 균주들을 변형시켜 옥수수나 밀과 같은 작물과 공생할 수 있도록 한다면 질소 비료가 필요 없어질 수도 있다. 궁극적인 목표는 기능을 지닌 질소고정 유전자들을 직접 식물체에 넣어주는 것이다. 이와 같은 목표는 현재 상태로는 달성하기 어렵지만 전세계의 식량 생산량을 엄청나게 증가시킬 수도 있다는 잠재력이 있어 계속 연구가 진행되고 있다.

유전자 변형 세균의 예로는 원래 *Bacillus thuringiensis*에서 생산되는 Bt 독소를 만들어내도록 변형된 *Pseudomonas fluorescens*를 들 수 있다. 이 독소는 유럽옥수수좀벌레(European corn borer)와 같은 특정 곤충을 사멸시킨다. 유전적으로 변형되어 *B. thuringiensis*에서보다 훨씬 더 많은 독소를 만들어 내는 *Pseudomonas*를 식물의 종자와 섞어주면 식물이 자라면서 이 세균이 식물체의 관다발계로 들어간다. 이러한 식물을 좀벌레가 먹으면 독소가 장을 파열시켜 죽지만, 사람이나 다른 온혈동물에는 해가 없다.

축산업 또한 재조합 DNA 기술의 덕을 보고 있다. 앞에서 재조합 DNA의 초기에 어떻게 인간성장호르몬을 재조합 기술로 상업화할 수 있었는지 살펴보았다. 비슷한 방법으로 소의 성장호르몬(bovine growth hormone, bGH)도 생산할 수 있다. bGH를 송아지에 주사하면 체중이 늘어나고 젖소에서는 우유 생산도 10% 가량 증가한다. 그러나 이러한 방법은 특히 유럽에서 소비자의 저항을 불러일으켰다. 주로 우유나 육우에 포함된 bGH 일부가 인간에게 해로운 영향을 미칠지도 모른다는 아직 확인되지 않은 사실 때문이다.

표 9.3에 농업과 축산업에서 사용되는 이를 포함한 몇몇 재조합 제품을 소개되어 있다.

이해도 확인하기

✔ 식물의 병원균인 *Agrobacterium*은 농업에서 어떻게 활용되고 있는가? **9-19**

DNA 기술의 안전성과 윤리적 쟁점

학습 목표

9-20 유전자 변형 기술을 활용하는 것의 이점과 문제점을 설명하시오.

새로운 기술에 대해서는 언제나 그 안전성에 대한 우려가 뒤따른다. 유전자 변형과 생명공학 또한 예외가 아니다. 이와 같은 우려를 피할 수 없는 이유는 어떤 것이든 생각할 수 있는 모든 조건에서 완벽하게 안전하다는 사실을 증명하기란 불가능하기 때문이다. 사람들은 미생물이나 식물의 형질을 바꾸어 사람에게 유용함을 주었던 동일한 기술이 역으로 사람이나 다른 생물에게 질병을 일으킨다거나 생태학적 재앙을 초래할 수 있다는 점을 걱정한다. 그러므로 재조합 DNA를 연구하는 실험실은 유전자 변형 생물이 사고로 환경에 방출되거나 사람에게 노출되어 감염을 일으키는 일이 없도록 엄격한 기준을 적용해서 통제해야 한다. 위험을 더 낮추기 위해 미생물학자들은 미생물의 유전체에서 실험실 바깥의 환경에서는 자랄 수 없도록 필수 유전자를 제거한 미생물을 재조합 실험에 사용한다. 농업 분야에서처럼 외부 환경에서 키우기 위해 만들어진 유전자 변형 생물에는 "자살 유전자"를 함께 넣어준다. 자살 유전자는 스스로를 사멸시키는 독소 생산을 유도할 수 있으며, 따라서 원하는 기능을 마친 후에는 환경에서 오래 생존하지 못하도록 조절한다.

농업 생명공학에서의 안전에 관한 쟁점은 화학적 살충제의 경우와 비슷하다. 이는 사람이나 작물에 해를 입히지 않는 무해충에 대한 독성과 관련된다. 해롭다는 것이 확인되지는 않았음에도 유전자 변형 식품은 소비자들에게 인기를 얻지 못했다. 1999년 오하이오의 연구진은 Bt 독소가 포함된 살충제를 살포한 다음 Bt 독소에 알레르기를 나타낼 수 있다는 연구 결과를 발표했다. 또한 제왕나비의 애벌레가 주로 먹는 풀에 Bt 독소 유전자를 지니는 꽃가루가 날라와서 제왕나비 애벌레가 죽을 수 있다는 연구 결과 또한 아이오와

표 9.3 농업과 축산업에 사용되는 주요 재조합 기술 제품

제품	비고
농업용 제품	
Bt 면화와 Bt 옥수수	*Bacillus thuringiensis*의 독소 생성 유전자를 지니는 식물. 독소는 식물체를 먹는 곤충을 죽인다.
유전자 변형 토마토, 라스베리	안티센스 유전자가 펙틴분해를 막아 과일을 오래 보관할 수 있다.
Pseudomonas fluorescens 세균	곤충 병원체인 *B. thuringiensis*의 독소 유전자를 지닌다. 뿌리를 먹는 곤충이 이 세균을 함께 섭취하면 독소에 의해 사멸된다.
Pseudomonas syringae, 얼음 마이너스 세균	얼음 결정의 형성을 촉진하는 세균의 정상 단백질이 결손되어 있어 식물의 냉해를 막는다.
Rhizobium meliloti 세균	질소고정능력이 강화된 세균.
라운드업[Round up(glyphosate)-내성 농작물]	글라이포세이트에 내성이 있는 세균 유전자를 지니는 작물. 해당 제초제를 쓰면 농작물에 해를 입히지 않고 잡초만 제거할 수 있다.
동물사육제품	
소성장호르몬(Bovine growth hormone, bGH)	소의 체중과 우유 생산을 높인다. 대장균에서 생산.
돼지성장호르몬(Porcine growth hormone, pGH)	돼지의 체중을 높인다. 대장균에서 생산.
형질전환동물	동물의 유전형질을 바꾸어 젖에서 의학적으로 유용한 산물을 생산.
그 밖의 식품첨가물	
셀룰로오스 분해효소	셀룰로오스를 분해하는 효소로 동물 사료를 만드는 데 쓰인다. 대장균에서 생산.
카이모젠(Chymogen)	치즈를 만들기 위한 우유 응고 인자. *Aspergillus niger*에서 생산.

연구진에 의해 발표되었다. 작물은 제초제에 내성을 지니도록 유전자 변형되어 원하는 작물을 재배하면서 잡초만 선택적으로 제거할 수 있다. 그러나 변형된 식물이 이와 연관된 잡초와 수정하게 되면 잡초도 제초제 내성을 획득할 수 있고 그렇게 되면 원치 않는 식물을 제어하는 일이 더욱 어려워질 수 있다. 유전자 변형 생물이 유전자를 야생종에 옮겨주어 진화의 과정에 영향을 줄 수 있는지의 여부는 아직 해결되지 않은 난제로 남아 있다.

개발 중인 기술은 또한 여러 가지 윤리적 쟁점을 야기한다. 이제 질병을 진단하기 위해 유전자 검사를 하는 일은 일상이 되었다. 그렇다면 그 결과를 알 권리는 누가 가질까? 고용주들이 이 결과를 알 권리를 가져야 할까? 이 결과가 특정 부류의 사람들을 차별하는 근거로 사용되지 않으리라는 보장을 누가 할 수 있을까? 치료할 수 없는 질병 유전자를 갖고 있다는 검사 결과는 당사자에게 반드시 알려줘야 할까? 만약 알려야 한다면 언제 알리는 것이 마땅한가?

유전 상담은 유전 질병에 대한 가족력과 함께 장래 부모가 될 사람에게 조언과 상담을 제공하는 일이다. 유전 상담은 자녀를 가질 것인지에 대한 결정을 내리는 데 점점 더 중요한 과정이 되고 있다.

아마도 새로운 기술은 우리에게 이로운 만큼 해로운 경우도 많을 것이다. 특히 DNA 기술을 이용해서 새롭고 강력한 생물학적 무기를 개발할 수 있다는 등의 상상을 쉽게 할 수 있다. 게다가 이와 같은 연구는 매우 비밀리에 이루어지므로 일반 사람들이 이를 아는 것은 거의 불가능하다.

다른 어떤 신기술보다 분자 유전학은 이전에 상상할 수 없었던 방식으로 인간 생활을 개선해 줄 것이라는 희망을 주고 있다. 사회와 개인은 공히 이와 같은 새로운 기술의 잠재적인 영향을 이해하기 위해 모든 노력을 기울여야 할 것이다.

현미경의 발견에 못지 않게, DNA 기술의 개발은 과학과 농업, 인류의 건강에 엄청난 변화를 일으키고 있다. 단지 30년밖에 안된 이 기술로 어떤 변화를 가져올 수 있을지를 예측하는 것은 어렵다. 그러나 또 한 번 30년이 지나기 전에 이 책에서 논의한 치료법과 검사법 대부분이 DNA를 정확하게 조작할 수 있는 지금껏 볼 수 없었던 기술을 기반으로 하는 훨씬 더 강력한 방법으로 대체될 것이다.

이해도 확인하기

✓ 유전자 변형 생물의 이점과 문제점을 각각 두 가지씩 지적하시오. **9-20**

학습 개요

생명공학이란 (245~247쪽)

1. 생명공학은 제품 생산에 미생물, 세포 또는 세포 성분을 사용하는 것이다.

재조합 DNA 기술 (245쪽)

2. 밀접하게 연관된 생물 사이에서는 자연적으로 재조합이 일어나서 유전자를 상호 교환할 수 있다.
3. 재조합 DNA 기술을 이용하면 실험실에서 서로 연관되지 않은 종 사이에도 유전자를 전달할 수 있다.
4. 재조합 DNA는 서로 다른 개체의 유전자들을 인공적으로 조작하여 새로운 조합을 지닌 유전자를 만드는 과정이다.

재조합 DNA 기법 (245~247쪽)

5. 원하는 유전자는 플라스미드나 바이러스 유전체와 같은 DNA 벡터에 삽입시킨다.
6. 벡터를 이용하면 DNA를 새로운 세포에 넣을 수 있고 이를 키워 클론을 형성한다.
7. 클론을 만들어 유전자 산물을 대량으로 얻을 수 있다.

생명공학의 도구 (247~251쪽)

선택 (247쪽)

1. 원하는 형질을 갖는 미생물은 인공 선택의 방법으로 선택적으로 배양한다.

돌연변이 (247쪽)

2. 돌연변이 유발원으로 돌연변이를 일으켜 원하는 형질을 지닌 미생물을 만들 수 있다.
3. 위치지정 돌연변이유발 과정을 통하여 유전자에 특정한 코돈만 바꿀 수 있다.

제한효소 (247~248쪽)

4. 상업적으로 판매되는 도구를 이용하여 재조합 DNA를 쉽게 제작할 수 있다.
5. 제한효소는 DNA에서 특정한 뉴클레오티드 서열을 인식해서 그 자리만 자른다.
6. 일부 제한효소는 DNA 조각의 양 끝에 단일가닥 DNA가 짧게 돌출된 형태인 점착 말단을 형성한다.
7. 같은 제한효소에서 잘려진 DNA 조각은 말단 단일가닥 사이에서 저절로 염기쌍이 형성되어 서로 연결된다. DNA 연결효소가 공유결합을 형성하여 연결부위의 당인산 골격을 이어준다.

벡터 (248~249쪽)

8. 셔틀 벡터는 서로 다른 여러 종류의 생물종에서 유지될 수 있는 플라스미드를 말한다.
9. 새로운 유전자를 포함하는 플라스미드는 형질전환 과정에 의해 세포에 삽입될 수 있다.
10. 새로운 유전자를 포함하는 바이러스는 숙주 세포에 유전자를 삽입할 수 있다.

중합효소연쇄반응 (249~251쪽)

11. 중합효소증폭반응(PCR)은 효소를 이용해서 원하는 DNA 조각을 증폭시킬 수 있다.
12. PCR을 이용하면 시료에 포함된 DNA의 양을 원하는 만큼 만들어 유전자의 염기서열을 결정하거나 유전질병을 진단하고 바이러스 감염 여부를 감지할 수 있다.

유전자 변형 방법 (251~257쪽)

외부 DNA를 세포 안으로 도입하기 (251~252쪽)

1. 세포는 형질전환에 의해 DNA 분자 형태를 그대로 세포 안으로 도입할 수 있다. 자연상태에서 DNA를 형질전환하지 못하는 세포는 화학적인 처리를 가하여 형질전환 가능한 상태로 만든다.
2. 원형질체나 동물 세포는 전기천공법에 의해 전류를 흘려 원형질막에 작은 구멍을 만들어 DNA가 세포 안으로 들어갈 수 있게 한다.
3. 세포벽을 제거한 원형질체의 융합을 통해 둘 이상의 세포를 합할 수 있다.
4. 식물세포에는 유전자 총으로 DNA를 포함하는 작은 입자를 쏘아 넣는 방법을 외래 DNA를 세포 안으로 주입하기도 한다.
5. 동물세포에는 유리로 된 미세피펫을 이용해서 세포 안으로 외래 DNA를 주입할 수 있다.

DNA 확보하기 (252~254쪽)

6. 전체 유전체를 제한효소로 잘라 플라스미드나 파지 벡터에 삽입시킴으로써 유전체 도서관을 제작한다.
7. mRNA에서 역전사효소를 써서 만든 cDNA도 유전체 도서관 형태로 클로닝할 수 있다.
8. DNA 합성 기계를 이용해서 시험관에서 합성 DNA를 만들 수 있다.

클론 선택하기 (254~255쪽)

9. 플라스미드 벡터에 있는 항생제 내성 표지자는 직접 선택 방법으로 벡터를 지니는 세포를 확인하는 데 사용된다.
10. 청백선별 과정에는 amp^R 및 β-갈락토시데이스 유전자를 지니는 벡터가 이용된다.
11. β-갈락토시데이스 유전자 자리에 원하는 유전자를 삽입시키면 β-갈락토시데이스 유전자가 파괴된다.
12. 재조합 벡터를 지니는 클론은 암피실린에 내성을 지니고 X-gal을 분해하지 못하여 백색 콜로니를 형성한다. 새로운 유전자를 갖지 않는 원래 형태 그대로의 벡터를 지니는 클론은 청색 콜로니를 형성한다. 벡터를 지니지 않는 클론은 암피실린 선택배지에서 자라지 못한다.
13. 원하는 유전자 산물이 만들어졌는지를 검사함으로써 재조합된 외부 DNA를 포함하는 클론을 확인한다.
14. 짧은 DNA 탐침을 표지하여 원하는 유전자를 포함하고 있는 클론인지 확인할 수 있다.

유전자 산물 발현하기 (255~257쪽)

15. 대장균은 쉽게 배양할 수 있고 유전체가 잘 연구되어 있기 때문에 재조합 DNA 기술로 단백질을 만드는 데 널리 사용된다.

16. 사람에게 쓰일 목적으로 만드는 제품에는 대장균의 내독소가 조금이라도 남아 있지 않도록 주의해야 한다.
17. 대장균에서 만들어진 산물을 회수하려면 세포를 파괴하거나 자연적으로 분비되는 단백질 유전자에 이를 연결시켜 분비되도록 한다.
18. 효모는 유전적으로 변형시켜 유전자 산물을 계속 분비시키는 것이 용이하다.
19. 유전자 변형 포유류 세포를 배양해서 의학적으로 유용한 호르몬과 같은 단백질을 생산할 수 있다.
20. 유전자 변형 식물 세포를 배양하여 새로운 특성을 지니는 식물체로 분화시킬 수 있다.

DNA 기술의 활용 (257~266쪽)

1. DNA 클론을 이용해서 제품을 생산하고, 유전자를 연구할 수 있으며 특정한 개체의 표현형을 바꿀 수도 있다.

의학적 활용 (257~260쪽)

2. 합성 유전자를 플라스미드에 존재하는 β-갈락토시데이스 유전자에 연결한 다음 대장균에 삽입시켜 사람의 인슐린을 이루는 두 개의 폴리펩티드를 생산하였다.
3. 변형된 세포와 바이러스에서 병원체의 표면 단백질을 생산하여 백신으로 이용하기도 한다.
4. DNA 백신은 세균에 클로닝된 재조합 DNA로 이루어진다.
5. 유전자 치료법으로 손상되었거나 결손된 유전자를 대체함으로써 유전질병을 치료할 수 있다.
6. RNAi 기법은 비정상적인 단백질의 발현을 억제하는 데 유용하게 쓰일 수 있다.

유전체 사업 (260쪽)

7. 사람을 비롯한 1000종 이상의 유전체 뉴클레오티드 서열이 완전하게 결정되었다.
8. 이는 세포에서 만들어지는 모든 단백질을 결정하는 길로 이어진다.

과학적 활용 (260~263쪽)

9. 유전자 지문법이나 유전자 치료와 같이 DNA를 이해하고 활용하는 기술이 증가하고 있다.
10. 샷건 염기서열분석에서는 자동화된 방법으로 제한효소로 잘린 조각의 뉴클레오티드 염기서열을 결정한다.
11. 생물정보학은 유전자 자료를 연구하는 데 컴퓨터를 활용하며, 단백질체학은 세포가 만드는 단백질 전체를 파악하고 이해하기 위한 연구를 말한다.
12. 서던블롯팅을 이용하여 세포 안에 특정 유전자가 존재하는지를 확인할 수 있다.
13. DNA 탐침을 이용하여 신체 조직이나 식품 등에서 병원체를 신속하게 확인할 수 있다.
14. 미생물 법의학에서는 DNA 지문법으로 세균이나 바이러스 병원체의 출처를 확인할 수 있다.
15. 나노기술에서 세균은 나노 크기의 물질을 만드는 데 사용되기도 한다.

농업적 활용 (263~266쪽)

16. 원하는 특징을 갖는 식물 세포를 클로닝하여 동일한 세포를 무수히 만들어낼 수 있다. 이들 세포는 이후 완전한 식물체로 분화시킬 수 있고, 여기서 종자를 수확할 수도 있다.
17. 식물 세포는 Ti 플라스미드 벡터를 이용하면 식물 세포의 형질을 변형시킬 수 있다. 종양 생성 T 유전자를 원하는 유전자로 대체시킨 다음 재조합 DNA를 아그로박테리움에 주입한다. 이 세균은 자연 상태에서 숙주 식물을 형질전환시킨다.
18. 안티센스 DNA를 이용하여 원하지 않는 단백질 발현을 억제할 수 있다.

DNA 기술의 안전성과 윤리적 쟁점 (266~267쪽)

1. 엄격한 안전 기준을 적용하여 유전자 변형 미생물이 실수로 외부로 방출되는 것을 방지하고 있다.
2. 클로닝에 사용되는 일부 미생물은 유전적으로 변형되어 있기 때문에 실험실 외부에서는 생존하지 못한다.
3. 환경에서 직접 사용되는 미생물에는 자살 유전자가 포함되어 있어 환경에서 오랫동안 증식하지 못한다.
4. 유전자 검사는 여러 가지 윤리적 쟁점을 제기한다. 고용주나 보험회사에서 개인의 유전정보에 접근할 수 있도록 허용해야 하는지? 유전자 검사 결과에 따라 자손을 낳거나 불임 시술을 하도록 해야 하는가? 모든 사람들이 유전 상담을 받을 수 있도록 해야 하는가?
5. 유전자 변형 작물은 소비자에게나 환경에 방출되었을 때 안전해야만 한다.

학습 질문

복습과 객관식 문제에 대한 해답은 책 뒤에 있음.

복습 문제

1. 다음의 용어를 비교하시오.
   a. *cDNA* 와 유전자
   b. 제한효소 조각과 유전자
   c. *DNA* 탐침과 유전자
   d. *DNA* 중합효소와 *DNA* 연결효소
   e. *rDNA* 와 *cDNA*
   f. 유전체와 단백질체
2. 다음의 용어를 구별하시오. 다음 중 세포에 특정한 유전자를 주입하는 데 쓰이는 기술이 아닌 것은?
   a. 원형질체 융합　　c. 미세주입
   b. 유전자 총　　d. 전기천공
3. 표 9.1(248쪽)의 제한효소에 대한 다음 물음에 답하시오.
   a. 점착 말단을 형성하는 효소는?
   b. 점착 말단은 재조합 DNA를 만드는 데 어떤 이점이 있나?

4. 유전자를 합성한 다음 이 유전자의 사본을 많이 얻고 싶다. 클로닝과 PCR을 이용하여 필요한 사본을 얻는 방법을 각각 설명하시오.

5. **그려보기** 다음에 그려진 플라스미드 pMICRO의 지도를 이용하여, 이 플라스미드를 *Eco*RI, *Hind*III 및 이 두 효소를 모두 처리한 다음 전기영동했을 때 나타나는 제한효소 조각을 아래의 젤에 표기하라. 어느 효소 반응에서 테트라사이클린 내성 유전자를 포함하는 가장 작은 조각을 얻을 수 있는가?

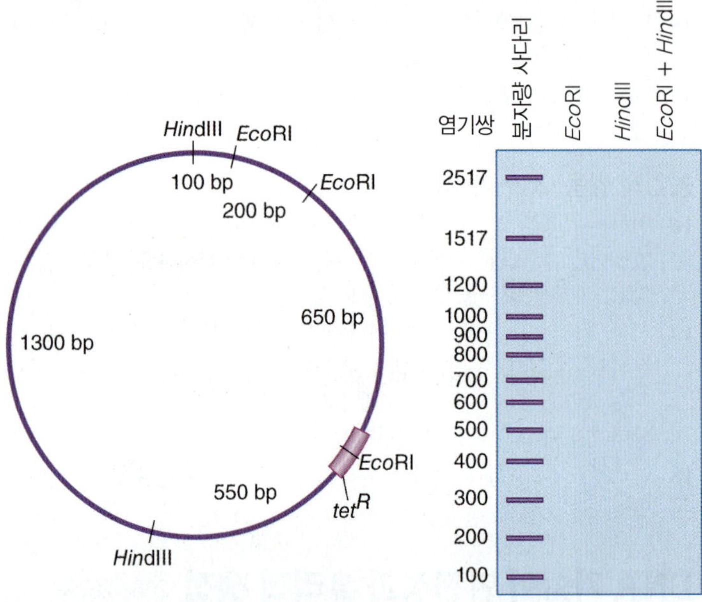

6. 재조합 DNA 실험을 두세 문장으로 설명하시오. 이때 다음 용어를 사용한다: 인트론, 엑손, DNA, mRNA, cDNA, RNA 중합효소, 역전사효소.

7. 재조합 DNA가 의학과 농업에 사용된 사례를 적어도 두 가지씩 들어 보시오.

8. Ti 플라스미드를 이용하여 식물에 염분 내성 유전자를 삽입하려 한다. 원하는 유전자와 함께 플라스미드에 테트라사이클린 내성 유전자(tet^R)도 함께 넣을 것이다. tet^R 유전자를 사용하는 목적은 무엇일까?

9. RNAi를 이용하여 유전자를 "침묵화"시키는 방법은?

10. **이름 답하기** 대체로 AIDS와 관련된 이 바이러스가 포함되는 이 바이러스 종류는 유전자 치료에도 유용하게 사용될 수 있다.

객관식 문제

1. 제한효소는 다음과 같은 사실을 통해서 처음 발견되었다.
   a. DNA는 핵 안에 제한되어 있다.
   b. 파지 DNA가 숙주에서 파괴된다.
   c. 외부 DNA는 세포 안으로 들어가지 못한다.
   d. 외부 DNA는 세포질에 제한되어 있다.
   e. 위 모두 정답

2. DNA 탐침, 3'-GGCTTA은 다음 어떤 서열과 혼성화될까?
   a. 5'-CCGUUA
   b. 5'-CCGAAT
   c. 5'-GGCTTA
   d. 3'-CCGAAT
   e. 3'-GGCAAU

3. 다음 중 세포를 유전적으로 변형할 때 사용하는 네 번째 기본 단계는?
   a. 형질전환
   b. 재조합 DNA 연결
   c. 플라스미드 절단
   d. 제한효소를 유전자에 처리
   e. 유전자의 분리

4. cDNA를 제작하려면 다음 중 일부 효소의 활성이 필요하다. cDNA가 만들 때 두 번째로 필요한 효소의 활성은?
   a. 역전사효소
   b. 리보자임
   c. RNA 중합효소
   d. DNA 중합효소

5. 유전자를 바이러스에 삽입한 다음 숙주의 유전자를 변형시키려면?
   a. 플라스미드의 삽입
   b. 형질전환
   c. 형질도입
   d. PCR
   e. 서던블롯팅

6. PCR을 이용하여 작은 유전자 하나를 복제하려 한다. PCR 기기에 방사표지된 뉴클레오티드를 첨가하였다. 세 번의 복제 회로가 진행되고 나면, DNA 단일가닥 전체 가운데 몇 퍼센트의 가닥이 방사표지되었을까?
   a. 0%
   b. 12.5%
   c. 50%
   d. 87.5%
   e. 100%

7~10번 문제의 답을 다음 중에서 선택하시오.
   a. 안티센스
   b. 클론
   c. 유전체 도서관
   d. 서던블롯
   e. 벡터

7. 효모 세포에 저장된 사람의 DNA 조각.

8. 원하는 플라스미드를 포함하는 세포 집단.

9. 개체 사이에 유전자를 전달해 줄 수 있는 자가 복제 DNA.

10. mRNA에 혼성화될 수 있는 핵산 조각.

비판적 사고

1. 백시니아 바이러스를 이용해서 AIDS 바이러스 (HIV)를 예방하는 백신을 제작하는 실험을 설계하시오.

2. 세균 *Thermus aquaticus*에서 얻은 DNA 중합효소를 사용함으로써 PCR 기기에 DNA 증폭에 필요한 모든 시료를 다 넣을 수 있게 된 까닭은 무엇인가?

3. 다음 그림은 청백선별 검사에서 X-gal과 암피실린이 포함된 배지에서 자라는 세균 콜로니를 보여준다. 어느 콜로니가 재조합 플라스미드를 갖고 있는가? 그림에 나타난 작은 위성 콜로니들은 플라스미드를 갖고 있지 않다. 배양 접시를 48시간 정도 배양했을 때 큰 콜로니 주변에 이들 위성 콜로니가 나타나는 이유는 무엇일까?

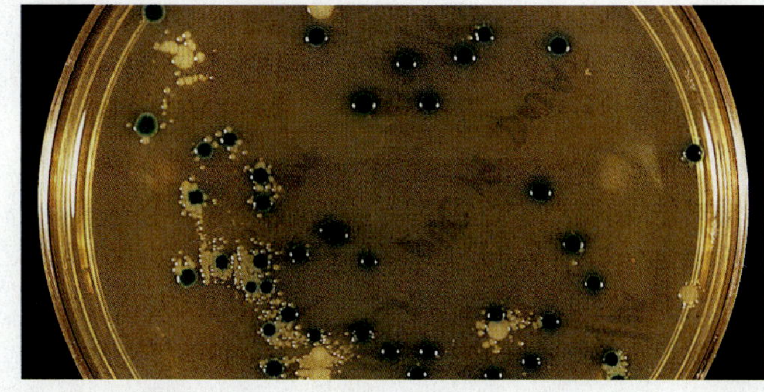

임상적 응용

1. PCR을 이용하여 굴에 콜레라균(*Vibrio cholerae*)이 감염되어 있는지 조사하려 한다. 서로 다른 지역에서 굴을 채취하여 막자사발로 간 다음 여기서 DNA를 추출하였다. 추출한 DNA는 *Hinc*II로 처리하였다. 콜레라균의 혈청분해 유전자에 특이적인 프라이머를 이용하여 PCR 반응을 수행하였다. 각각의 PCR 반응물은 전기영동한 다음 콜레라균의 혈청분해 유전자 탐침을 이용하여 유전자의 유무를 확인하였다. 다음 중 콜레라균이 포함된 시료는? 어떻게 알 수 있는가? 굴에서 콜레라균을 찾는 이유는 무엇인가? 전통적인 생화학 검사에 비해 PCR 검사가 세균을 검출하는 데 유리한 까닭은?

2. 형질전환 실험에서 얻은 여러 종류의 DNA 분자를 제한효소 *Eco*RI로 자른 후 다음과 같은 전기영동 결과를 얻었다. 이 자료를 바탕으로 형질전환이 이루어졌다는 결론을 내릴 수 있겠는가? 그 이유는?

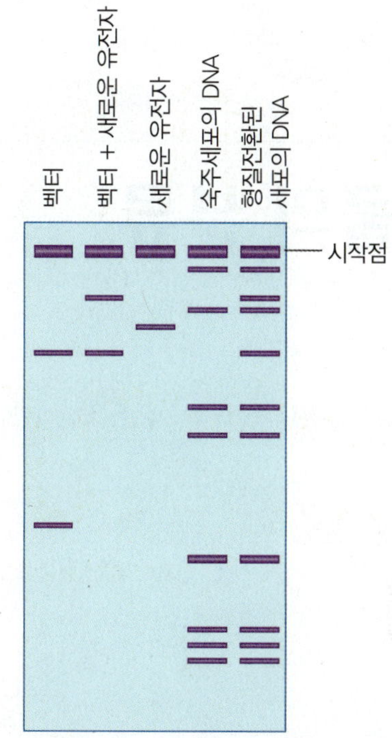

10

미생물의 분류

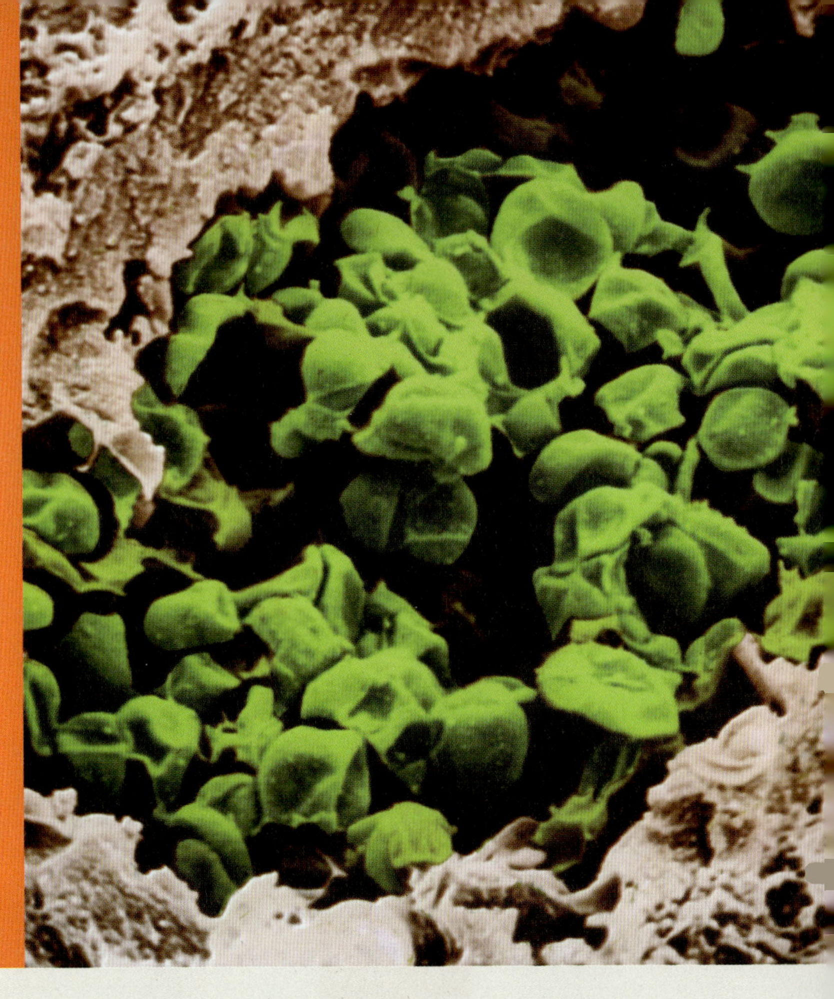

생물의 분류를 다루는 학문을 분류학(taxonomy; 그리스어로 순서대로 배열한다는 뜻에서 유래)이라 한다. 분류학의 목적은 생물을 분류하는 것이며 이는 생물군 사이의 연관성을 확립하고 이들을 구별하는 것을 뜻한다. 지구상에는 1억 종류 이상의 서로 다른 생물이 살고 있을 것으로 추정되나, 아직 10%도 채 발견되지 않았으며, 분류 및 동정이 이루어진 것은 이보다도 훨씬 적다.

분류학은 이미 분류된 생물을 동정할 때 공통 기준을 제공한다. 예를 들면, 특정한 질병을 일으키는 것으로 의심되는 세균을 환자에서 분리하였을 때, 분리한 균주의 특징을 기존에 분류된 세균의 특징 목록과 비교하여 분리 균주를 동정한다(282쪽 상자 참조). 분류학은 또한 과학자들이 공통 언어로 의사 소통할 수 있는 기본적이고 필수적인 도구를 제공한다.

현대의 분류학은 흥미롭고 역동적인 분야다. 심지어는 유전체 전부의 DNA 염기서열을 빠르게 결정할 수 있게 됨으로써 분류와 진화에 새로운 전기가 마련되었다. 이번 장에서는 여러 가지 분류체계와 분류에 사용되는 다양한 기준, 이미 분류된 미생물의 동정에 사용되는 검사법 등을 살펴볼 것이다. 사진에 보이는 *Pneumocystis jirovecii*와 같이 기존에 발견된 생물을 이해하는 데 분류학 연구가 어떻게 새로운 시각을 열어주고 있는지에 대해서도 이야기해 보기로 한다.

계통발생학적 유연관계에 대한 연구

학습 목표

10-1 분류학과 분류군, 계통분류학을 정의한다.
10-2 2계 분류체계의 한계를 논한다.
10-3 린네, 폰 내젤리, 샤통, 휘타커, 우즈의 업적을 이해한다.
10-4 3영역 분류체계의 이점을 논한다.
10-5 진정세균과 고세균, 진핵생물 영역의 특징을 제시한다.

2001년 '생물종 전수조사(All Species Inventory)'라는 국제적인 연구사업이 시작되었다. 이 사업의 목표는 향후 25년 동안 지구상의 모든 생물종을 동정하고 기록하는 것이다. 이것은 상당히 도전적인 목표다. 생물학자들은 지금까지 170만여 종의 생물을 동정했을 뿐이나, 전체 생물종의 수는 1,000만에서 1억 종에 이를 것으로 추산되고 있다.

그러나 이렇게 많고 다양한 생물이 살고 있지만 이들 사이에는 비슷한 점도 많다. 예를 들어 모든 생물은 원형질막으로 둘러싸인 세포로 이루어졌고, ATP 에너지를 사용하며, DNA 형태로 유전 정보를 저장한다. 이와 같은 유사성은 생물이 진화된 결과 때문인 것으로 현존하는 생물들은 공통조상의 후손이라는 점을 시사한다. 1859년 영국의 자연학자 다윈(Charles Darwin)은 자연선택을 통해 생물들 사이의 유사성과 차이점을 설명할 수 있다는 이론을 제안했다. 생물들 사이의 차이는 특정한 환경에 가장 적합한 형질들을 지닌 생물들이 생존하게 됨으로써 나타나게 된다는 것이다.

연구와 의사소통을 용이하게 위해서 우리는 **분류학(taxonomy)**을 이용하여 생물들을 **분류군(taxa**, 단수는 *taxon*)으로 묶어 생물 간의 유사 정도를 나타낸다. 생물이 이와 같은 유사성을 보이는 까닭은 이들이 서로 연관되어 있기 때문이다. 모든 생물들은 진화의 과정을 통하여 연결되어 있다. **계통분류학(systematics** 또는 **phylogeny)**은 생물이 진화해온 과정을 추적하는 학문이다. 분류군의 위계는 진화적, 즉 **계통발생적**(phlogenetic) 연관관계를 반영한다.

아리스토텔레스 시대 이래 사람들은 살아 있는 생물들을 모두 동물이나 식물 두 가지 범주로 나누어 생각했다. 1735년 스웨덴의 식물학자 린네(Carolus Linnaeus)는 이에 따라 공식적으로 생물을 식물계(Plantae)와 동물계(Animalia)와 같이 두 개의 계(kingdom)로 나누는 분류체계를 제안하였다. 그는 라틴어로 생물을 명명하여 이를 분류학에서 공통 "언어"로 사용하도록 했다. 생물학이 발전하면서 생물학자들은 **자연적인**(natural) 분류체계를 찾고자 했다. 이는 생물을 진화적 관계에 근거하여 분류함으로써 생명의 질서를 파악할 수 있는 체계를 말한다. 1857년 파스퇴르와 같은 시대에 살았던 네겔리(Carl von Nägeli)는 식물계에서 세균과 진균이 포함되어야 한다는 제안을 했다. 1866년 헤켈(Ernst Haeckel)은 원생동물계(Kingdom Protista)를 제안하면서 여기에 세균, 원생동물, 조류, 균류를 포함시켰다. 원생동물의 정의에 대한 논란이 끊이지 않으면서, 이후 100년 동안 생물학자들은 네겔리의 방식대로 식물계에 세균과 진균을 포함시켜 왔다. 역설적으로 최근 DNA 염기서열을 비교한 결과, 진균은 식물보다 동물에 더 가까운 종류로 파악되었다. 1959년이 되어서야 따로 진균계를 독립적으로 인정하기 시작했다.

전자현미경의 도입으로 세포 사이의 물리적 차이를 분명하게 관찰할 수 있게 되었다. **원핵생물**(prokaryote)이라는 용어는 1937년 샤통(Edouard Chatton)이 핵을 지니는 동식물의 세포와 핵이 없는 세포를 구분하기 위해 처음 도입했다. 1961년 스타니에(Roger Stanier)는 지금까지도 통용되는 원핵생물의 정의를 제시하였다. 원핵생물은 핵물질(핵질)이 핵막으로 둘러싸이지 않은 세포를 말한다. 1968년 머레이(Robert G. E. Murray)는 원핵생물계(Kingdom Prokaryotae)의 독립을 제안하였다.

1969년 휘타커(Robert H. Whittaker)는 5계 분류체계를 세웠다. 여기서 원핵생물은 원핵생물계 또는 모네라계(Monera)에 속하고 진핵생물이 나머지 네 개의 계를 차지한다. 원핵생물계는 현미경 관찰을 바탕으로 만들어진 분류군이다. 이후 분자생물학의 신기술이 발전하면서 원핵세포는 사실상 두 종류의 세포로 이루어졌으며, 진핵세포는 모두 단일한 한 종류라는 사실이 알려지게 되었다.

이해도 확인하기

- ✔ 분류학과 계통분류학은 어떤 의미를 갖는가?
- ✔ 세균이 식물계에 속한다고 보기 어려운 까닭은?

생물의 3영역

리보솜의 형태가 모든 세포에서 동일하지 않다는 관찰 결과를 바탕으로 세포의 유형을 세 종류로 나눌 수 있다는 사실을 알게 되었다(4장 94쪽 참조). 리보솜은 모든 세포에 존재하기 때문에 세포들을 서로 비교하기에 좋은 기준이 된다. 서로 다른 종류의 세포에서 리보솜 RNA의 뉴클레오티드 서열을 비교한 결과(292쪽 참조), 세 종류의 뚜렷이 구별되는 세포 종류가 존재한다는 것을 알았다. 진핵생물과 두 종류의 서로 다른 원핵생물로, 그 하나는 진정세균이고 다른 하나는 고세균이다.

임상 사례: 유행병의 확산

모니카 잭슨(Monica Jackson)은 32세로 네바다 주 르노 시에서 텔레비전 방송국 조연출로 일하고 있다. 모니카는 동네 병원에서 담당의사와 진료 상담을 했다. 모니카는 지난 12시간 가량 설사 증세가 있고, 어지러우며, 복부 경련이 나타났다. 그리고 피곤함을 느끼고 미열이 났다. 잠시 기분이 괜찮았다가도 갑자기 심하게 아픈 증상이 나타나곤 했다. 모니카는 친한 친구도 전날 함께 점심식사를 한 다음 같은 증세를 보이고 있다고 의사에게 말했다. 의사는 병원 실험실에 모니카의 대변 분석을 의뢰했다.

실험실에서 병원균을 찾기 위해 가장 먼저 해야 할 일은 무엇일까? 알아보자.

273 286 287 290 293 294

토대 그림 10.1

생물의 3 영역 체계

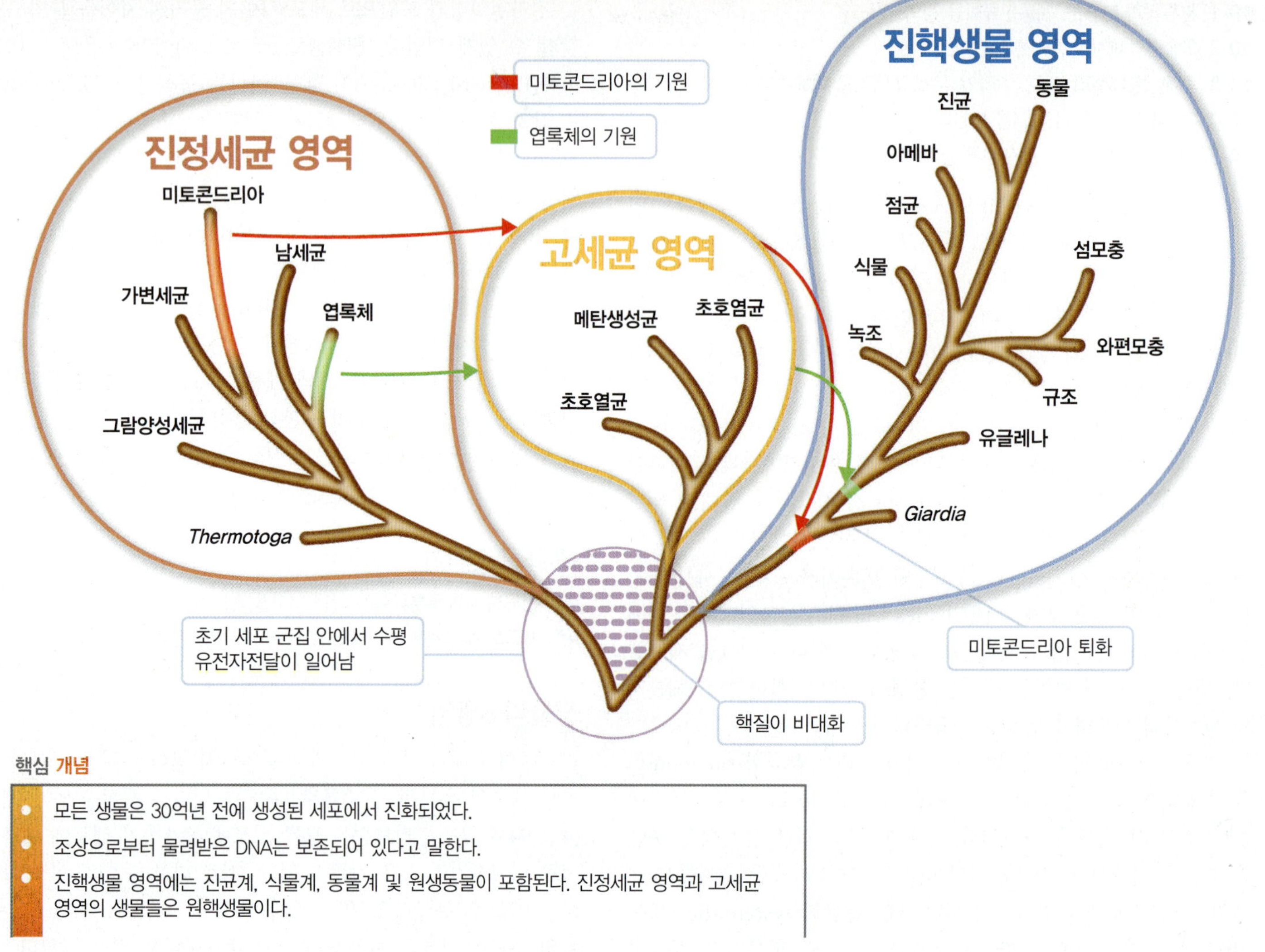

핵심 개념

- 모든 생물은 30억년 전에 생성된 세포에서 진화되었다.
- 조상으로부터 물려받은 DNA는 보존되어 있다고 말한다.
- 진핵생물 영역에는 진균계, 식물계, 동물계 및 원생동물이 포함된다. 진정세균 영역과 고세균 영역의 생물들은 원핵생물이다.

1978년 우즈(Carl R. Woese)는 세 가지 세포 종류를 계(kingdom)보다 상위인 영역(domain)으로 구분할 것을 제안했다. 우즈는 고세균과 진정세균은 모양이 비슷하긴 하지만 진화적 계통수에서 서로 다른 영역에 놓인다는 사실을 파악했다(그림 10.1). 세 영역 내에서 생물들은 세포의 종류에 따라 구별된다. rRNA의 차이와 더불어 세 영역은 막 지질구조와 tRNA 분자, 항생제에 대한 민감성 등에서 차이를 보인다(표 10.1).

이제는 널리 받아들여지고 있는 이 분류체계에서 동물과 식물, 진균 등은 **진핵생물(Eukarya)** 영역에 속한다. **진정세균(Bacteria)** 영역에는 모든 병원성 원핵생물과 흙과 물에 사는 비병원성 원핵생물의 대부분이 포함된다. **고세균(Archaea)** 영역은 세포벽에 펩티도글리칸이 없는 원핵생물을 포함한다. 고세균은 주로 극한 환경에 서식하고 색다른 대사과정을 수행한다. 고세균에는 다음의 세 가지 주요 분류군이 포함된다.

1. 메탄생성균, 이산화탄소와 수소를 이용하여 메탄(CH_4)을 생성하는 절대 무산소 생물이다.
2. 극호염균, 생존에 고농도의 염분을 필요로 한다.
3. 극호열균, 매우 높은 온도에서만 정상적으로 성장한다.

세 영역 사이의 진화적 연관성은 현대 생물학의 주요한 연구 주

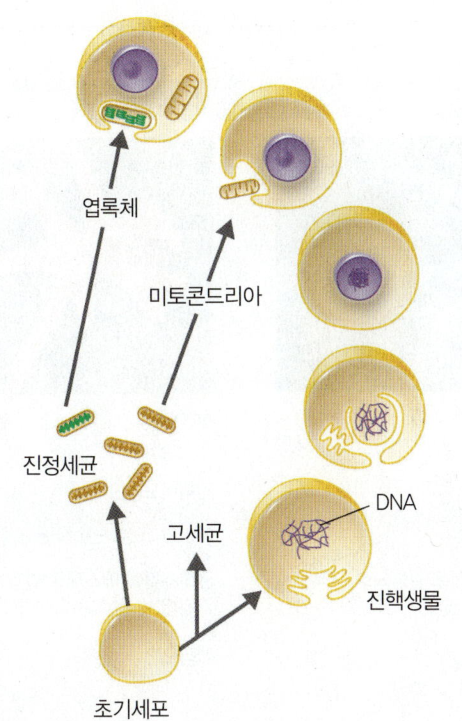

그림 10.2 진핵생물의 기원에 대한 모형. 원형질막이 함입되면서 핵막과 소포체가 형성되었을 것이다. rRNA 서열 등의 유사성은 미토콘드리아와 엽록체가 내부공생 원핵생물에서 유래되었음을 시사한다.

 진핵세포의 핵막은 몇 개의 막으로 이루어져 있는가?

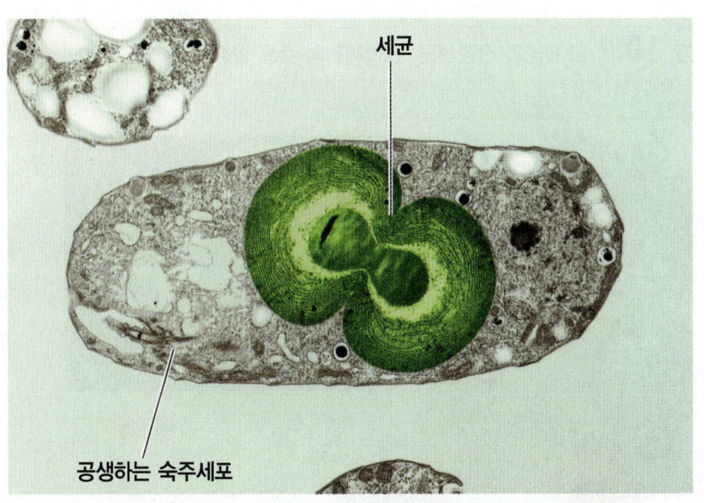

그림 10.3 *Cyanophora paradoxa*. 이 생물은 진핵생물 숙주와 세균이 생존에 서로를 꼭 필요로 한다. 어떻게 진핵세포가 진화되었을지를 알려주는 현대적 사례라 볼 수 있다.

Q 엽록체, 미토콘드리아, 세균이 공통으로 지니는 특성은 무엇인가?

제다. rRNA 분석에 기반하여 볼 때, 세 가지 세포 계통은 35억 년 전에 세포가 만들어지면서 출현한 것이 분명하다. 초기의 세포가 고세균과 진정세균, 진핵세포의 핵질이 된 것이다. 그러나 세 종류의 세포 계통은 서로 격리되지 않았고, 수평유전자전달(232쪽) 과정이 이들 사이에 일어난 것으로 보인다. 유전체 전부를 분석한 결과 각각의 영역은 다른 영역과 유전자를 공유하고 있었다. 진정세균인 *Thermotoga* 유전체에서 1/4 정도는 고세균에서 온 것으로 추정된다. 유전자전달은 진핵생물 숙주와 원핵생물 공생체 사이에서도 나타난다(308쪽 상자 참조).

가장 오래된 것으로 알려진 화석은 35억 년 전 이전에 살았던 원핵세포의 잔해다. 진핵세포는 더 최근인 약 25억 년 전에 진화했다. 내부공생설에 따르면 진핵세포는 원핵생물들이 서로 같은 세포 안에서 함께 살았던 내부공생체(4장 106쪽 참조)에서 유래되었다. 실제로 진핵세포의 세포소기관과 원핵세포 사이의 유사성은 내부공생적 관계에 대한 강력한 증거가 된다(**표 10.2**).

세포핵의 기원이 된 원래 세포는 원핵세포였다. 그러나 원형질막이 안으로 접히면서 핵 주변을 둘러싸게 되어 진정한 지금의 핵이 만들어졌다(**그림 10.2**). 최근 프랑스 연구진이 *Gemmata* 세균에서 진정한 핵의 형태를 관찰(그림 11.23 참조)한 것도 이러한 가설을 뒷받침한다. 시간이 흐르면서 핵질의 염색체는 전위인자와 같은 유전자 조각들을 획득하게 되었을 것이다(237쪽). 일부 세포에서 이들 거대한 염색체는 더 작은 선형 염색체로 조각나게 되었을 것이다. 아마도 선형 염색체를 갖는 세포는 거대하고 다루기 어려운 원형 염색체를 가진 세포에 비해 분열할 때 이점을 누리게 되었을 것이다.

핵질이 된 세포는 세포소기관(106쪽 참조)으로 변한 내부공생세포가 함께 공생할 수 있는 원래의 숙주 역할을 제공했다. 현재 진핵세포 안에서 살고 있는 원핵세포의 예가 **그림 10.3**에 나타나 있다. 남세균과 같은 세포와 진핵생물 숙주는 서로의 생존에 꼭 필요한 존재이다.

분류학 연구는 개체 사이의 진화의 과정은 물론 서로의 관계를 밝히는 도구가 된다. 지금도 매일 새로운 생물이 발견되고 있으며 분류학자들은 계속해서 계통발생적 연관성을 반영하는 자연 분류체계를 찾고 있다.

계통발생적 체계

계통발생적 체계를 정할 때, 해당 범주에 속하는 생물들이 공통조상에서 진화했다는 사실을 염두에 두고 공통적인 특징에 따라 생물을 분류한다. 각 종은 조상의 특징 가운데 일부를 유지하고 있을 것이다. 고등 생물에서의 계통발생 관계는 화석에서 얻었다. 광물을 포함하거나 한때 진흙이었던 바위에 자국을 남기는 뼈, 단단한 껍질, 줄기 등이 화석으로 남는다.

표 10.1 고세균과 진정세균, 진핵세포의 주요 형질

	고세균	진정세균	진핵생물
	Sulfolobus SEM 1 μm	*E. coli* SEM 1 μm	*Amoeba* SEM 5μm
세포의 종류	원핵세포	원핵세포	진핵세포
세포벽	다양한 조성; 펩티도글리칸을 포함하지 않음	펩티도글리칸 포함	다양한 조성; 탄수화물 포함
막지질	글리세롤에 에테르 결합으로 부착된 가지 달린 탄소 사슬로 구성	글리세롤에 에스테르 결합으로 부착된 가지 없는 탄소 사슬로 구성	글리세롤에 에스테르 결합으로 부착된 가지 없는 탄소 사슬로 구성
단백질 합성 과정의 첫 번째 아미노산	메티오닌	포밀메티오닌	메티오닌
항생제 감수성	없음	있음	없음
rRNA 고리*	없음	있음	없음
tRNA에 흔히 나타나는 곁가지 서열 †	없음	있음	있음

* 리보솜 단백질에 결합하는 부분으로 모든 진정세균에 존재
† 모든 진핵세포와 진정세균의 tRNA에서 발견되는 구아닌–티민–의사유리딘–시토신–구아닌 서열.

표 10.2 원핵세포와 진핵세포의 비교

	원핵세포	진핵세포	진핵세포 소기관(미토콘드리아와 엽록체)
DNA	하나의 원형, 일부에서는 두 개의 원형, 선형인 경우도 존재	선형	원형
히스톤	고세균에	있음	없음
단백질 합성 과정의 첫 번째 아미노산	포밀메티오닌(진정세균) 메티오닌(고세균)	메티오닌	포밀메티오닌
리보솜 크기	70S	80S	70S
증식	이분법	유사분열	이분법

대부분의 미생물 구조는 쉽게 화석화되지 않으나, 다음과 같은 예외가 존재한다.

- 한 해양 원생동물의 화석화된 군집이 도버해의 화이트클리프(White Cliff)를 형성했다.
- 5억 년에서 20억 년 전 사이에 번성하였던 사상형 세균과 침전물이 화석화되어 스트로마톨라이트(stromatolite)를 형성하였다(그림 10.4a, b)
- 남세균과 유사한 화석이 서부 호주의 30억~35억 년 전의 암석에서 발견되었는데, 현존하는 가장 오래된 화석으로 널리 알려져 있다(그림 10.4c).

대부분의 원핵생물의 경우에는 화석 증거가 남아있지 않으므로 원핵생물을 계통발생적으로 분류하려면 화석 이외의 다른 증거가 있어야 한다. 그러나 극히 예외적인 사례로, 2,500만 년에서 4,000만 년 전의 세균과 효모를 살아있는 채로 분리하는 일이 가능할 수도 있다. 1995년 미국의 미생물학자 카노(Raul Cano)와 동료 연구진은 수백만 년 동안 호박(화석이 된 식물의 수지) 속에 파묻힌 채 살아남은 *Bacillus sphaericus*를 비롯한 다른 미확인 미생물을 배양하고 있다고 발표했다. 이 연구가 사실로 확인된다면, 미생물의 진화에 관한 새로운 정보를 제공해 줄 것이다.

유전체의 유사성 또한 생물의 분류군을 정하고 분류군이 언제 나타나기 시작했는지에 대한 정보가 될 수 있다. 미생물은 대체로 화석 증거를 남기지 않기 때문에 이와 같은 정보는 미생물을 분류하는 데 특히 중요하다. 분자시계라는 개념은 1960대에 서로 다른 동물들의 헤모글로빈에서 나타나는 아미노산 서열의 차이를 바탕으로 처음 제시되었다. 진화에서 **분자시계(molecular clock)**는 생물 유전체에서 뉴클레오티드 서열에 기초한다. 유전체에는 일정한 비율로 돌연변이가 축적된다. tRNA 유전자를 비롯한 일부 유전자에는 돌연변이가 거의 발생하지 않는다. 이와 같은 유전자들을 매우 보존된 유전자라 부른다. 변이가 일어나도 개체의 생존에 뚜렷하게 영향을 미치지 않는 유전체 부위도 있다. 유전자에 따라 예상된 변이율을 기준으로 두 개체 사이에서 돌연변이가 일어난 숫자를 비교하면 공통조상에서 두 개체가 분리된 시기를 추정할 수 있다. 이와 같은 기법으로 웨스트나일바이러스가 미국으로 도입된 경로를 추적할 수 있었다(220쪽 상자 참조).

진핵생물의 일부 목(order)과 과(family)에 속하는 생물들의 rRNA 염기서열을 결정하고 DNA 혼성화 연구(290쪽 참조)를 수행한 결과는 화석기록과 거의 일치했다. 이와 같은 맥락에서 DNA 혼성화 및 rRNA 염기서열은 원핵생물 분류군 사이의 진화적 연관성을 이해하는 데에도 널리 활용되고 있다.

이해도 확인하기

- 생물을 세 개의 영역으로 분류하는 것을 지지하는 증거는? **10-4**
- 고세균과 진정세균, 진정세균과 진핵생물, 고세균과 진핵생물을 각각 비교하시오. **10-5**

(a) 세균 군락이 스트로마톨라이트(stromatolite)라 불리는 바위 기둥 모양을 형성하고 있다. 이것은 3,000년 전부터 자라기 시작한 것이다. 30 cm

(b) 20억 년 전에 번성했던 화석화된 스트로마톨라이트의 단면. 2 cm

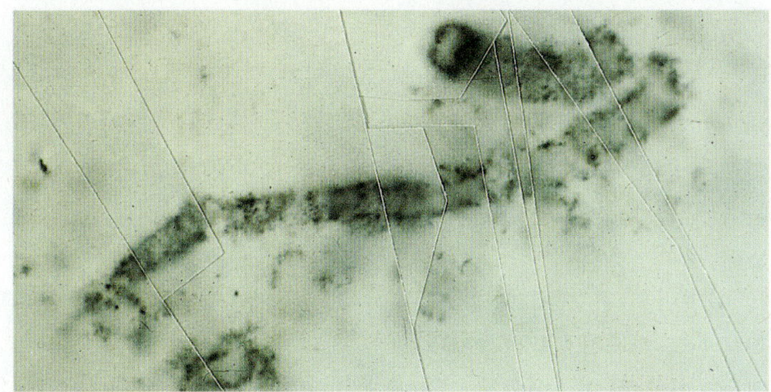

(c) 호주 서부에서 발견된 선캄브리아기 초엽(35억 년 전)의 사상형 원핵생물. TEM 15 μm

그림 10.4 화석화된 원핵생물

Q 어떤 증거를 바탕으로 원핵생물의 계통을 결정하는가?

생물의 분류

학습 목표

10-6 생물의 이름으로 학명을 쓰는 이유를 설명한다.
10-7 주요 분류군을 제시한다.
10-8 배양액과 클론, 균주를 구별한다.
10-9 다세포성 진핵생물의 3계(kingdom)를 구분하는 주요 특징을 제시한다.
10-10 원생동물(protist)을 정의한다.
10-11 진핵생물과 원핵생물, 바이러스를 구별한다.

살아있는 생물은 비슷한 특징에 따라 분류하며, 각 생물은 고유의 학명을 갖는다. 전 세계의 생물학자들이 공통으로 사용하는 분류법과 명명법을 알아보자.

생물의 학명

이 세상에는 수많은 생물이 살고 있으므로 생물학자들은 지금 서로 이야기하고 있는 생물이 정확하게 무엇인지 알고 공유해야 한다. 때로는 똑같은 이름이 지역에 따라 서로 다른 생물을 지칭하는 데 사용되기도 하기 때문에 일반명을 쓰면 곤란할 때가 있다. 예를 들면, 두 종류의 서로 다른 생물이 스페인이끼라는 같은 이름으로 불리고 있으나 두 종류 모두 실제 이끼류에 속하지도 않는다. 게다가 일반명은 현지의 언어로 불린다. 일반명은 잘못 사용될 수도 있고, 서로 다른 언어로 사용되기 때문에 18세기부터 학명(scientific nomenclature)을 사용하기 시작했다.

1장(3쪽)에서 모든 생물은 이명법에 따라 두 개의 이름으로 나타낸다는 이야기를 했다. 이 두 가지 이름은 바로 **속(genus)**명과 **종(species)**명으로 둘 다 밑줄을 긋거나 이탤릭체로 나타낸다. 속명의 첫 글자는 반드시 대문자로 쓰며 명사형이다. 속명은 모두 소문자로 쓰며 대개 형용사형이다. 이 방법에서는 각 생물에 두 개의 이름을 부여하므로 이를 **이명법(binomial nomenclature)**이라 한다.

실례를 들어 살펴보자. 우리 인간의 속명과 종명은 *Homo sapiens*이다. 속명은 인간을 뜻하는 명사이고 종명은 '현명한'이라는 뜻을 가진 형용사다. 빵을 오염시키는 곰팡이는 *Rhizopus stolonifer*이다. 여기서 *Rhizo*-는 뿌리를 뜻하는데 곰팡이의 뿌리 같은 구조를 설명하는 말이며 나무의 순을 뜻하는 *stolo*-는 길게 뻗는 균사를 묘사하고 있다. 4쪽의 표 1.1에서 다른 사례를 찾을 수 있다.

이명법은 전 세계의 과학자들이 자신들의 모국어와 관계 없이 공통으로 사용함으로써 과학지식을 효율적이고 또 정확하게 공유할 수 있게 한다. 몇몇 과학계의 공식 기구에서 생물의 이름을 정하는 과정을 관리하는 책임을 맡고 있다. 원생동물과 기생동물의 명명법은 국제 동물명명규약(*International Code of Zoological Nomenclature*), 진균과 조류는 국제식물명명규약(*International Code of Botanical Nomenclature*)에 나와 있다. 새로 분류된 원핵생물 명명법이나 원핵생물을 분류군에 배정하는 규칙은 국제원핵생물분류위원회(*International Committee on Systematics of Prokaryotes*)에서 정하고 이 내용은 세균 검색표(*Bacteriological Code*)로 발표된다. 새로 분리된 원핵생물에 대한 기술과 분류의 근거는 국제분류및진화미생물학술지(*International Journal of Systematic and Evolutionary Microbiology*)에 발표된다. 여기에 발표된 내용은 후에 버지편람(*Bergey's Manual*)에 수록된다. 세균 검색표에 따라 학명은 라틴어(속명은 그리스어도 가능)에서 취하거나 적당한 어미를 붙여 라틴어처럼 만들어 사용한다. 분류체계 상의 목과 과에 대한 이름의 어미에는 각각 *-ales*와 *-aceae*를 붙인다.

새로운 실험 기법으로 인해 미생물의 형질을 더욱 자세하게 연구할 수 있게 되면서 두 개의 속이 하나의 속으로 합쳐지거나 하나의 속이 두 개 이상의 속으로 나누어지기도 한다. 예를 들어 "쌍구균속(Diplococcus)"과 "연쇄상구균속(*Streptococcus*)"이 1974년에 합해졌고 유일하게 쌍구균속이었던 폐렴균은 이제 *Streptococcus pneumoniae*로 불린다. 1984년 DNA 혼성화 연구 결과 당시 "Streptococcus faecalis"와 "Streptococcus faecium"으로 불리던 두 종이 다른 연쇄상구균속의 종들과 크게 연관되지 않은 것이 밝혀지면서 새롭게 "장구균속(*Enterococcus*)"이 만들어졌고, 이 두 종은 각각 *E. faecalis*와 *E. faecium*으로 이름이 바뀌었다.

2001년 DNA-DNA 혼성화 및 rRNA 서열에 기반하여 클라미디아(*Chlamydia*)속의 일부 종이 클라미도필라(*Chlamydophila*)라는 새로운 속으로 옮겨졌다(292쪽 참조). 생물의 이름이 새롭게 바뀌게 되면 혼란이 발생할 수 있기 때문에 예전 이름을 괄호 안에 써 주기도 한다. 예를 들어 의사가 환자의 폐렴과 유사한 유비저(melioidosis) 증상의 원인균을 찾을 때 나타나는 세균의 이름은 *Burkholderia* (*Pseudomonas*) *pseudomallei*로 표기한다.

생물을 동정하는 것은 질병을 치료에 중요하다. 항진균제는 세균에 듣지 않을 것이고 항생제는 또한 바이러스를 치료하지 못하기 때문이다.

분류체계

모든 생물은 특정 분류체계에 따라 일련의 하위 집단들로 범주화할 수 있다. 린네는 동식물을 분류하면서 이와 같은 분류체계를 세웠다. **진행생물 종(eukaryotic species)**은 서로 교배할 수 있을 만큼 가깝게 연관된 생물의 집단이다. (세균의 종은 후에 논의할 것이다.) 속은 특정한 부분에서 서로 다르지만 연관된 계통에 속하는 종들로 이루어진다. 예를 들어 참나무속(*Quercus*)에는 떡갈나무와 신갈나무, 굴참나무 등의 모든 종류의 참나무 종류가 속해 있다. 각각의 참나무 종들이 서로 조금씩 다르지만 이들은 모두 유전적으로 연관된다. 몇몇 관련 종이 속을 이루듯이 서로 연관된 속들이 모여 **과(family)**를 이룬다. 유사한 과들은 또 **목(order)**을 형성하고, 유사한 목들이 모여 **강(class)**을 이룬다. 연관된 강은 또한 **문(phylum)**을 구성한다. 따라서 특정한 개체(생물종)는 종명과 속명을 지니는 동시에 특정한 과, 목, 강, 문에 속하게 된다.

상호관련된 모든 문들은 **계(kingdom)**을 이루고, 관련된 계들은 하나의 **영역(domain)**으로 합쳐진다(그림 10.5).

이해도 확인하기

- *Escherichia coli*와 *Entamoeba coli*를 예로 들어 특정 생물종을 처음으로 언급할 때에는 반드시 속명을 모두 풀어 써야 하는 까닭을 설명하시오. 이명법을 따르는 학명을 일반명보다 더 선호하는 까닭은 무엇인가? **10-6**
- 부록 F에서 그람양성세균 포도상구균속(*Staphylococcus*)을 찾아보시오. 이 속은 바실루스속(*Bacillus*)과 연쇄상구균속(*Streptococcus*) 가운데 어느 속과 더 가까운가? **10-7**

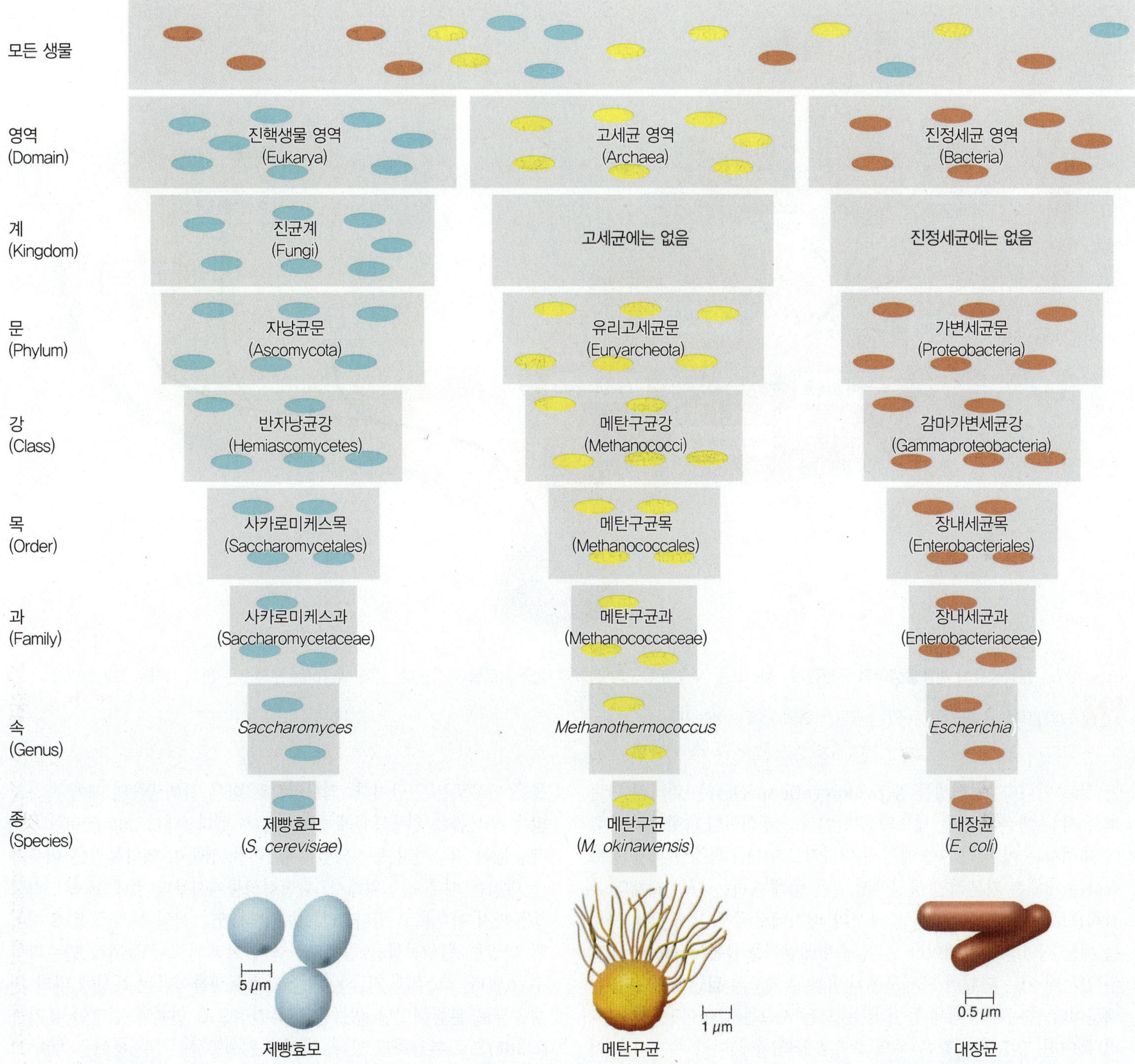

그림 10.5 분류체계. 생물은 유연관계에 따라 분류할 수 있다. 밀접하게 연관된 종들은 같은 속에 포함된다. 예를 들어 일반적인 제빵효모(*Saccharomyces cerevisiae*)는 사워도우효모(*S. exiguus*)와 같은 속에 포함된다. *Saccharomyces* 속과 *Candida* 속처럼 서로 연관된 속들은 같은 과에 포함되고, 이와 같은 방식으로 계속 분류군이 커진다. 이때 각 분류군은 점점 더 포괄적인 특성을 갖게 된다. 진핵생물 영역에는 진핵세포로 이루어진 모든 생물이 속한다.

Q 과(family)는 생물학적으로 어떻게 정의하는가?

원핵생물의 분류

원핵생물의 분류학적 체계는 '버지의 세균분류편람(*Bergey's Manual of Systematic Bacteriology*, 이하 버지편람) 2판에서 찾아볼 수 있다(부록 F 참조). 버지편람에서 원핵생물은 두 개의 영역, 즉 진정세균 영역과 고세균 영역으로 나뉜다. 각각의 영역은 문으로 나누어져 있고, 강은 목으로, 목은 과로, 과는 속으로, 그리고 속은 종으로 나뉜다. 원핵생물은 rRNA 염기서열의 유사성을 바탕으로 분류한다.

원핵생물의 종을 정의하는 방식은 진핵생물과 약간 다르다. 진핵생물에서는 서로 가까운 사이어서 교배 가능한 생물의 집단으로 종을 정의한다. 진핵생물이 유성생식으로 번식하는 것과 달리 세균의 세포분열은 생식적 접합과 직접 연관되어 있지 않고, 생식적 접합은 드물게 일어나며, 게다가 항상 종 사이에서만 접합이 일어나

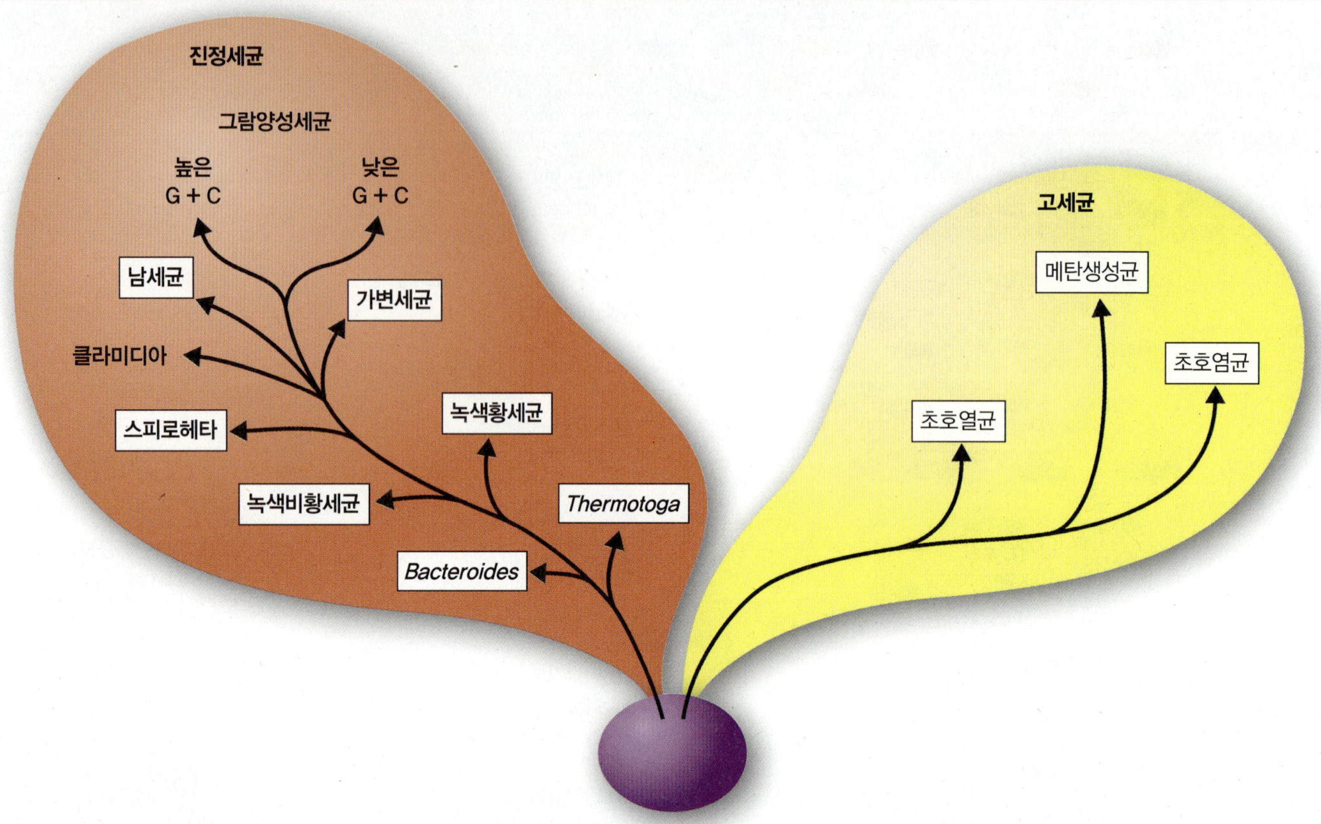

그림 10.6 **원핵생물의 계통발생학적 유연관계.** 화살표는 세균 분류군의 진화적 주요 경로를 나타낸다. 문에 해당하는 분류군은 흰색 상자로 표기하였다.

 그람염색으로 확인할 수 있는 세균은 어느 문에 속하는가?

는 것도 아니다. **원핵생물 종(prokaryotic species)**은 따라서 단순히 유사한 형질을 지닌 세포의 집단이라고 정의한다. (형질의 종류에 대해서는 이 장의 후반에서 논의하기로 한다.) 특정한 세균 종에 속하는 개체는 기본적인 특성에서 같은 종에 속하는 다른 개체와 본질적으로 구별할 수 없다. 알다시피 배지에서 주어진 시간에 자라는 세균 집단을 배양액이라 한다. 순수배양액을 **클론(clone)**이라 할 수 있는데 이는 단일한 모세포에서 유래된 세포의 집단이 들어 있기 때문이다. 순수배양액에 들어 있는 모든 세포는 같아야만 한다. 그러나 어떤 경우에는 같은 종의 순수배양액(클론)이라 할지라도 서로 다른 경우가 있다. 이런 경우를 **균주(strain)**라 한다. 균주는 종의 이름 뒤에 특정한 숫자, 알파벳, 또는 이름을 붙여 구별한다.

버지편람에서는 실험실에서 세균을 동정하고 분류할 때 사용할 수 있는 기준이 수록되어 있다. 세균의 진화적 연관성을 알아보는 한 가지 방법이 그림 10.6에 제시되어 있다. 세균을 분류하고 동정하는 데 사용되는 형질은 11장에서 논의하기로 한다.

진핵생물의 분류

진핵생물 영역에서 일부 계는 그림 10.1에 나타나 있다.

1969년 단세포성 생물이 대부분인 단순한 진핵생물들을 **원생동물계(Protista)**로 분류하였다. 원생동물계는 따라서 여러 다양한 생물을 아우르는 집단이다. 역사적으로 다른 진핵생물의 계에 속하지 않는 생물들을 원생동물계에 모아두곤 했다. 대략 200,000종의 원생동물이 지금까지 동정되었는데, 이들 생물이 영양물질을 이용하는 방식은 매우 광범위해서, 광합성생물에서부터 절대 세포내 기생생물까지 아우르고 있다. 리보솜 RNA 염기서열 분석을 통해 이처럼 다양한 원생동물을 공통조상에서 유래된 후손들끼리 범주화할 수 있었다. 그 결과 지금은 단순한 진핵생물이라는 특성에 따라 원생동물로 분류되었던 생물들을 유전적으로 연관된 집단인 **분기군(clade)**으로 분류하고 있다. 편의상 원생동물이라는 용어를 계속 사용할 것이며 이때 원생동물은 단세포 진핵생물 및 이들과 가까운 유연관계를 갖는 생물을 뜻한다. 12장에서 원생생물에 대해 자세히 살펴볼 것이다.

진균류와 식물, 동물은 더 복잡한 진핵생물 계로서 대부분 다세포성이다.

진균계(Fungi)에는 단세포성 효모와 다세포성 곰팡이, 버섯류와 같이 맨눈으로 볼 수 있는 큰 생물종 등이 포함된다. 생명 유지에 꼭 필요한 영양 물질을 얻기 위해 진균은 원형질막을 통해 액상에 녹아 있는 유기물질을 흡수한다. 다세포성 진균 세포는 보통 **균사(hypha)**라 불리는 가느다란 관을 형성하여 연결되어 있다. 균사는 대개 다세포성으로 구멍이 뚫린 격벽으로 분리되어 세포와 유사한 단위 사이로 세포질이 유동할 수 있다. 진균은 포자 또는 균사 조각에서 발생한다(332쪽 그림 12.2 참조).

식물계(Plantae)에는 일부 조류(algae)와 모든 이끼, 양치류, 침엽수, 현화식물 등이 포함된다. 식물계는 모두 다세포성 생물이다. 에너지를 얻기 위해 식물은 광합성을 해서 이산화탄소와 물을 세포가 사용할 유기 분자로 전환한다.

다세포성 생물인 **동물계(Animalia)**에는 해면류, 여러 가지 벌레, 곤충, 척추동물 등이 포함된다. 동물은 입과 같은 구조를 이용하여 유기물을 소화하여 영양물질과 에너지를 얻는다.

바이러스의 분류

바이러스는 생물의 3영역에 속하지 않는다. 바이러스는 세포로 이루어지지 않고 살아 있는 숙주세포의 대사 기구를 활용해서 증식한다. 바이러스 유전체는 숙주세포 안에서 생합성을 지시하고 또 일부 바이러스 유전체는 숙주 유전체에 삽입되기도 한다. 바이러스의 생태학적 적소(ecological niche; 이 경우에는 서식하는 장소를 의미함-역자주)는 특정한 숙주세포 안이다. 따라서 바이러스는 다른 바이러스보다도 숙주세포와 더욱 밀접하게 연관되어 있다. 국제바이러스 분류위원회(International Committee on Taxonomy of Viruses)에서는 **바이러스 종(viral species)**을 특정한 생태학적 적소에 사는 형질(형태, 유전자, 효소 등을 포함)이 비슷한 바이러스의 집단으로 정의한다.

바이러스는 절대 세포내 기생체다. 다른 생물의 유전체에 포함된 바이러스 유전자를 통해 바이러스가 진화한 기록을 찾아낼 수 있다. 최근 분석에 따르면 바이러스에서 유래된 유전자들은 사람을 비롯한 포유류의 유전체에 적어도 4,000만 년 전에 삽입되었다고 한다. 바이러스의 기원에 대해서는 세 가지 가설이 있다. (1) 바이러스는(플라스미드 등과 같이) 스스로 복제하는 핵산 가닥에서 유래했다. (2) 바이러스는 여러 세대에 걸쳐 점점 독립적으로 생존하는 능력을 잃었으나 다른 세포와 연합했을 때에는 생존 가능한 퇴행세포에서 유래했다. (3) 바이러스는 숙주세포와 함께 공진화했다. 예를 들어 세균의 세포벽은 바이러스의 감염을 막아주는 데 선택적 이점을 제공했다. 그러자 그 세포벽을 뚫고 세포 안으로 들어갈 수 있는 돌연변이 바이러스가 또 선택되는 방식이다. 바이러스는 13장에서 더 살펴보기로 한다.

이해도 확인하기

- ✔ 종, 순수배양, 클론, 균주 등의 용어를 이용하여 메티실린 내성 황색포도상구균의 성장을 한 문장으로 설명하시오. **10-8**
- ✔ 신종을 발견했다. 이 종은 다세포성이고 핵이 있으며 종속영양을 하고 세포벽을 지닌다. 어느 계에 속하는 종이라고 추정할 수 있을까? **10-9**
- ✔ 여러분이라면 원생동물을 어떻게 정의하겠는가? **10-10**
- ✔ 바이러스 종에 대한 정의가 세균의 종에 대한 정의로 적합하지 않은 이유는? **10-11**

미생물 동정과 분류법

학습 목표

10-12 분류와 동정의 유사점과 차이점을 설명할 수 있다.

10-13 버지편람이 작성된 목적을 설명한다.

10-14 세균 동정에 사용되는 염색법과 생화학적 검사법을 설명한다.

10-15 웨스턴블롯팅과 서던블롯팅을 구별한다.

10-16 미지의 세균을 동정하는 데 사용되는 혈청학적 검사법과 파지유형 분석법을 설명한다.

10-17 새로 발견된 미생물을 DNA 염기조성과 DNA 지문분석, PCR 등의 방법을 이용하여 어떻게 분류하는지 설명한다.

10-18 미생물을 핵산혼성법, 서던블롯팅, DNA 칩, RNA 타이핑, FISH 등의 방법을 이용하여 동정하는 방법을 설명한다.

10-19 이분검색표와 분기도를 구분한다.

생물을 분류하고 동정(identification)하는 과정에는 생물의 특징에 대한 목록과 비교법이 사용된다. 일단 한 생물을 동정하고 나면 이 생물은 기존의 분류 방법에 따라 분류(classification)된다. 미생물은 감염에 대한 적절한 치료법 등의 실용적인 목적에 따라 동정한다. 미생물을 동정할 때 사용하는 방법은 이들을 분류하는 데 사용하는 기법과 다를 수 있다. 대부분의 동정 방법은 실험실에서 쉽게 수행할 수 있으며 가능한 한 최소의 단계를 거쳐 동정하는 방법을 이용한다. 원생동물과 기생충, 진균류 등은 대개 현미경을 이용하여 동정한다. 대부분의 원핵생물은 형태적 특징이나 크기와 모양이 크게 다르지 않다. 따라서 미생물학자들은 다양한 대사반응 등의 특징을 이용하여 원생동물을 동정하는 방법을 개발해 왔다.

'세균 동정을 위한 버지편람(*Bergey's Manual of Determinative Bacteriology*)'은 1923년 초판이 발행된 이후 널리 사용되어 온 지침서다. 미국의 세균학자 버지(David Bergey)는 과학 학술논문에 발표된 세균의 정보를 수집하는 연구진의 대표 역할을 맡아왔다. '세균 동정을 위한 버지편람(*Bergey's Manual of Determinative Bacteriology*, 1994년 9판 발행)'에서는 세균을 진화적 연관성에 의해 분류하지 않고, 대신 세균 세포벽의 조성, 형태, 분별염색법, 산소요구성, 생화학적 검사 등의 기준에 따라 동정하는 방법을 제시한다.* 대부분의 진정세균과 고세균은 배양된 적이 없으며 현재 학자들은 이들 미생물의 1% 정도만이 발견된 것으로 추정하고 있다.

의학 미생물학(사람의 병원체를 다루는 미생물학의 분과)이 미생물에 대한 관심을 주도해 왔으며 이와 같은 관심은 미생물을 동정하는 방법에도 영향을 주어왔다. 그러나 세균의 병원성을 객관

* '버지의 세균 분류학 편람(*Bergey's Manual of Systematic Bacteriology*, 278쪽 참조)'과 '버지의 세균동정을 위한 편람(*Bergey's Manual of Determinative Bacteriology*)'을 모두 간략하게 버지편람이라 부른다.

해양 포유류의 대량 사멸로 인해 수의미생물학 연구가 활발해졌다

지난 10년간 전세계적으로 수천의 해양 포유류가 돌연사했다. 이러한 죽음은 수십에서 수천 마리 단위로 발생하며, 미생물학자들은 각각의 원인을 찾기 위하여 노력하고 있다. 2010년 멕시코만 북단에서 돌고래 떼가 100마리 이상 죽은 사건에 대한 원인이 현재 조사되고 있다. 2010년 4월의 미국 멕시코만 딥워터호라이즌(*Deepwater Horizon*)이라는 이름의 석유시추시설이 폭발하여 발생한 원유 유출 사건 이전에 돌고래의 집단 돌연사가 나타났다. 톡소플라스마증(toxoplasmosis)에 의해 죽는 캘리포니아 해달들의 수 또한 계속 증가하고 있다. 남부 지역 해달 수의 감소는 다양한 전염성 세균질환에 의해 40% 이상의 사망률을 보이기 때문이다. 이러한 사망률 추이는 해양 포유류가 모두 멸종할지도 모른다는 우려를 갖게 한다.

2009년에는 호주에서 8마리의 돌고래가 사망하였으며, 이는 기회감염에 의한 것이었다. 55종류의 비브리오속 세균을 포함하여 다량의 기회성 병원균이 돌고래에서 발견되었다. 이러한 세균은 돌고래의 고유미생물상 및 해안지역의 생물군의 일부이다. 이들은 동물들의 면역체계, 즉 감염에 대한 정상적인 방어체계가 약화되었을 때에만 질병을 유발한다. 연안 돌고래와 해달의 죽음은 해안으로 유입되는 민물에 오염물질이 포함되어 있어 발생한 것일 수 있다.

물범 디스템퍼바이러스(phocid distember virus)와 고래 모빌리바이러스(cetacean morbillivirus, CM)는 유럽지역에서 2만 마리의 해양 포유류의 죽음과 미국 대서양 연안에서 병코돌고래의 반복적인 떼죽음을 초래하고 있다. 검은고래들이 넓은 바다를 건너 CM 바이러스를 다른 생물종에게 옮기는 역할을 하고 있다는 증거가 제시되고 있다.

빈약한 정보

이러한 문제를 다루는 수의학 미생물학은 최근까지 소외되었던 의학미생물학의 한 분야였다. 소나 닭, 밍크와 같은 동물의 질병에 대해서는 연구자들이 이들 동물을 연구할 기회가 주어졌기에 연구가 이루어졌지만 특히 해양 포유류를 비롯한 야생 동물의 미생물학에 대한 연구는 비교적 새로 나타나고 있는 분야라 할 수 있다. 대양에 사는 동물의 검체를 수집하여 세균학적 분석을 수행하는 것은 매우 어렵다. 최근에는 고립되거나 좌초된 동물(**그림 A**) 또는 큰바다사자와 같이 번식을 위해 해안으로 오는 동물들을 대상으로 연구가 진행 중이다.

미생물학자들은 전통적인 검사법(**그림 B**)과 알려진 종에 대한 유전체 자료를 바탕으로 해양 포유류에 서식하는 세균을 동정한다. FISH 기법을 이용하여 해양 포유류에서 여러 신종 세균이 발견되었다(292쪽 참조).

수의학 미생물학자들은 해양 포유류를 비롯한 야생동물의 미생물학 연구가 더욱 증가하여 야생동물 관리 개선뿐만 아니라 사람의 질병 연구에 대한 모델을 제시해 주기를 희망하고 있다.

그림 A 태평양 병코돌고래를 조사하는 해양 포유류 연구자

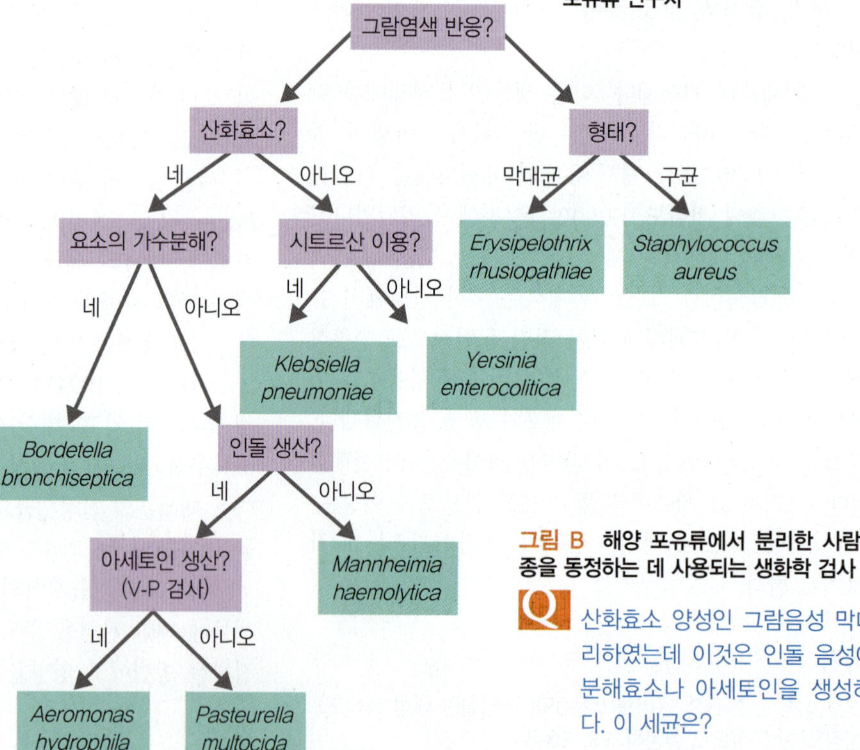

그림 B 해양 포유류에서 분리한 사람 병원체의 종을 동정하는 데 사용되는 생화학 검사

Q 산화효소 양성인 그람음성 막대균을 분리하였는데 이것은 인돌 음성이고 요소분해효소나 아세토인을 생성하지 못한다. 이 세균은?

미생물학 검사 의뢰서

실험실:

의뢰 일시:

날짜:	시간:	작성자:
의뢰의사명:	수거자:	환자 ID#:

이 선 아래는 쓰지 마시오

각 검체별로 한 장씩 쓰시오

그람염색 결과

- [ ] 그람양성, 구균, 포도상
- [ ] 그람양성, 구균, 쌍구균/연쇄상
- [ ] 그람양성, 막대균
- [x] 그람음성, 구균
- [ ] 그람음성, 막대균
- [ ] 그람음성, 구형막대균
- [ ] 효모
- [ ] 기타

- [ ] 성장 않음
- [ ] ____ 일 동안 성장 않음
- [ ] 혼합된 미생물상
- [ ] 부적절하게 수집 또는 수송된 검체
- [ ] ____ 종의 서로 다른 유형의 생물
- [ ] 살모넬라, 시겔라, 캄필로박터 속 음성
- [ ] 알, 포낭, 기생체 확인되지 않음
- [x] 산화효소 양성, 그람음성, 쌍구균
- [ ] 바시트라신 검사에서 A형 베타 용혈성 연쇄상구균 추정

검체의 종류

- [ ] 혈액
- [ ] 뇌척수액
- [ ] 체액 (구체적으로) ____
- [ ] 인후
- [ ] 가래, 뱉어낸
- [ ] 기타 호흡기 (설명) ____
- [ ] 소변, 청결채취중간뇨
- [ ] 소변, 유치카테터
- [ ] 소변, 카테터에서
- [ ] 소변, 아침 첫 소변 전체
- [ ] 소변, 기타 (설명) ____
- [ ] 대변
- [x] 비뇨생식기 (구체적으로) vag.
- [ ] 농양 (구체적으로) ____
- [ ] 조직 (구체적으로) ____
- [ ] 궤양 (구체적으로) ____
- [ ] 상처 (구체적으로) ____
- [ ] 살균 검사

요청 검사 목록

세균성

- [ ] **일반 배양:** 그람염색, 무산소 배양, 감수성 검사, A형 연쇄상구균 검사를 위한 인후면봉채취검사
- [ ] 레지오넬라 배양
- [ ] 바르토넬라
- [ ] 혈액 배양

기타 특수 배양

- [ ] *E. coli* O157:H7
- [ ] *Vibrio*
- [ ] *Yersinia*
- [x] *H. ducreyi*
- [ ] *B. pertussis*
- [ ] 기타 ____

선별 배양

- [x] 임질균
- [ ] B형 연쇄상구균
- [ ] A형 연쇄상구균
- [ ] 기타 ____

- [ ] **항산성 바실루스**

- [ ] **진균성**

바이러스성

- [ ] 기본 배양
- [ ] 단순포진바이러스
- [ ] 직접형광항체검사 ____

기생충학

- [ ] 소장의 알 또는 기생충 검사
- [ ] 지아르디아 면역검사
- [ ] 작은와포자충
- [ ] 요충 검사
- [ ] 혈액 기생생물
- [ ] 사상충 농도
- [ ] 트리코모나스
- [ ] 기타 ____

독소 검사

- [ ] *Clostridium difficile*

직접 (항원 검출)

- [ ] 크립토코커스 항체-CSF 만
- [ ] 세균성 항원 (구체적으로) ____

특수검사

- [x] 항미생물제 검사(MIC)

실험실에서 기록 | 의뢰한 병원에서 기록

그림 10.7 임상미생물학 실험 보고양식. 미생물에 의한 질병을 치료하는 데 미생물의 형태와 분별염색 결과는 적절한 치료법을 정할 때 중요하게 작용한다. 의사는 검체와 요청하는 검사를 표기한 양식을 작성한다. 이 경우에는 성병을 검사하기 위해 비뇨생식기 검체를 검사할 것이다. 붉은 표시는 실험실 연구원의 그람염색과 배영 결과에 대한 보고를 나타낸다. [항생제에 대한 최소억제농도(MIC)에 대해서는 20장, 578쪽에서 살펴보기로 한다.]

어떤 병이 의심될 때 "항산성 바실루스"에 대한 검사를 요청할까?

적으로 바라보면, 세균명 승인목록(*Approved Lists of Bacterial Names*)에 기재된 2,600여 종 가운데 사람에게 질병을 일으키는 병원체는 10%도 되지 않는다.

다음 절부터는 미생물의 분류와 일상적인 동정 기준 및 방법에 대해 알아볼 것이다. 생물 자체의 특징과 더불어 세균이 분리된 곳과 서식처 또한 동정과정에서 중요한 정보로 간주된다. 임상 미생물학에서 의사는 환자의 고름이나 조직 표면을 면봉으로 채취한 다음 면봉을 운반배지가 담긴 시험관에 넣는다. **운반배지(transport media)**는 영양물질이 충분히 제공된 배지가 아니라 까다로운 병원균의 생존능력을 연장시키도록 조성된 배지이다. 의사는 실험 요청서에 검체의 종류와 의뢰하는 검사법을 기록한다(그림 10.7). 실험실 연구원이 의사에게 되돌려주는 정보를 바탕으로 의사는 치료를 진행할 것이다(5장 142쪽 상자 참조).

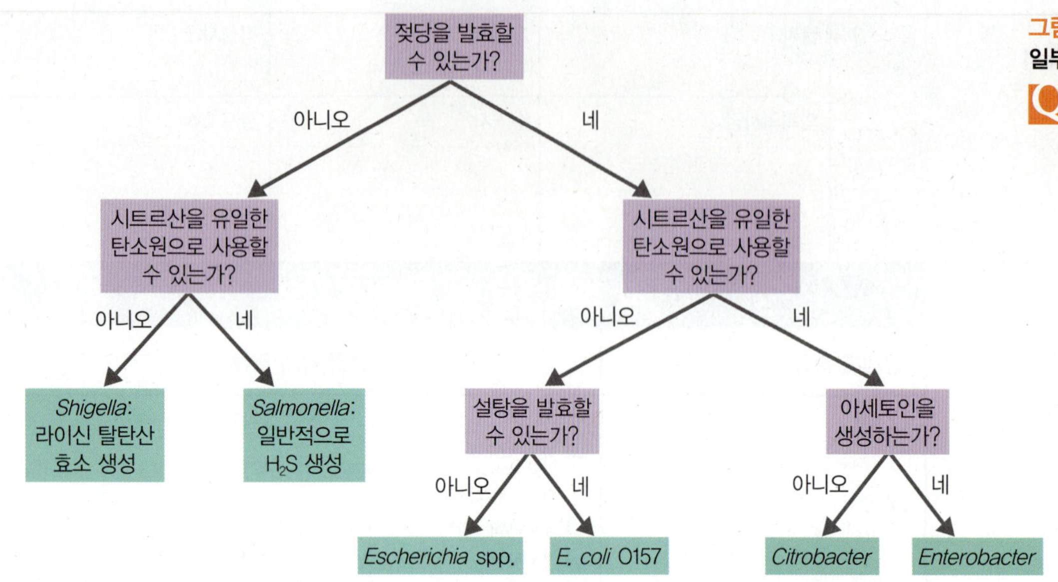

그림 10.8 대사적 특성을 이용한 장내세균 일부 속의 동정

Q 젖당을 발효시켜 산을 생성하고 시트르산을 유일한 탄소원으로 이용하지 못하는 그람음성세균이 있다면 무엇이라고 동정하겠는가?

구조적 특징

분류학자들은 지난 200년 동안 형태적(구조적) 특징을 바탕으로 생물을 분류했다. 고등생물은 흔히 해부학적 세부 구조에 따라 분류되었다. 대사나 생리적 특성이 다른 생물들도 현미경을 통해서는 같은 모양으로 보일 수 있다. 작은 막대 모양이거나 작은 공 모양을 보이는 세균의 종류가 무수히 많다.

크기가 유난히 크거나 내부의 특별한 구조가 있다는 사실이 분류하는 데 항상 도움을 주는 것은 아니다. 주폐포자충(*Pneumocystis*) 폐렴은 AIDS 환자를 비롯한 면역저하 환자에게 가장 흔한 기회성 감염증이다. AIDS가 유행하기 전에 이 병을 일으키는 *P. jirovecii*(한때 "*P. carinii*"로 불림)는 사람에게서 거의 발견되지 않았다. 주폐포자충은 쉽게 동정할 수 있는 구조를 갖고 있지 않아서(705쪽 그림 24.20 참조), 1909년 샤가스(Carlo Chagas)가 쥐에서 발견하고 나서도 한동안 정확하게 분류하지 못했다. 처음에는 원생동물로 분류되었다. 그러나 1988년 rRNA 염기서열 분석 결과는 주폐포자충이 진균계에 속한다는 사실을 보여주었다. 이 생물이 진균과 연관되어 있다는 사실을 바탕으로 새로운 치료법에 대한 연구가 진행 중이다.

세포 구조를 통해서는 계통발생적 유연관계에 대해 거의 알 수 없다. 그러나 구조적 특징은 여전히 세균을 동정하는 데 유용하다. 예를 들어 내생포자나 편모의 구조적 차이는 분류의 기준으로 사용될 수 있다.

분별염색

3장에서 세균을 동정할 때 가장 첫 단계 중의 하나가 분별염색이라는 것을 배웠다. 대부분의 세균은 그람양성이거나 그람음성이다. 그람염색법은 세포벽의 화학적 조성에 바탕을 둔 것이므로 세포벽이 없는 세균이나 세포벽의 조성이 다른 고세균을 동정하는 데에는 사용할 수 없다. 그람염색이나 항산화염색을 해서 현미경으로 관찰하는 것을 통해 임상 환경에서 빠른 정보를 얻을 수 있다.

생화학 검사법

세균을 구별할 때 효소의 활성을 널리 사용한다. 서로 매우 밀접하게 연관된 세균들도 특정한 탄수화물 발효 검사 등과 같은 생화학적 검사를 하면 대개 서로 다른 종으로 구분할 수 있다. 이와 같은 생화학적 검사를 활용한 사례(이 경우는 해양 포유류에서)가 282쪽의 상자에 소개되어 있다. 게다가 생화학적 검사법은 종의 생태적 지위에 대한 정보를 제공하기도 한다. 예를 들어 질소 기체를 고정할 수 있는 세균이나 황 원소를 산화하는 세균들은 동식물에 중요한 영양물질을 제공한다. 이에 대해서는 27장에서 살펴볼 것이다.

그람음성 장내세균은 사람이나 기타 동물의 장관에 자연 서식하는 매우 거대한 이질적인 미생물군을 일컫는다. 여기에는 설사병을 일으키는 여러 종류의 병원체가 포함된다. 병원균을 빠르게 동정할 수 있는 여러 가지 검사법이 개발되어, 임상의사들이 적절한 처방을 내릴 수 있게 되었고 전염병학자들이 전염병이 어디서 유래되었는지를 알아낼 수 있게 되었다. 장내세균과에 속하는 모든 세균은 산화효소를 지니고 있지 않다. 장내세균 가운데 *Escherichia*, *Enterobacter*, *Shigella*, *Citrobacter*, *Salmonella*속 등이 젖당을 발효시켜 산과 가스를 발생시키며 이들은 그렇지 않은 *Salmonella* 및 *Shigella*속과 구별될 수 있다. 그 밖의 생화학 검사법은 그림 10.8에 나타나 있으며 세균의 속을 구별하는 데 쓰인다.

세균을 동정하는 데 드는 시간은 선택배지 및 분별배지를 사용하거나 빠른 동정법을 사용함으로써 상당히 줄일 수 있다. 6장(165쪽)에서 선택배지에는 경쟁하는 개체의 성장을 억제하는 물질과 원

1 하나의 플라스틱 관 안에 15종의 생화학 검사가 가능한 배지가 들어 있다. 이 관에 미지의 장내 세균을 접종한다.

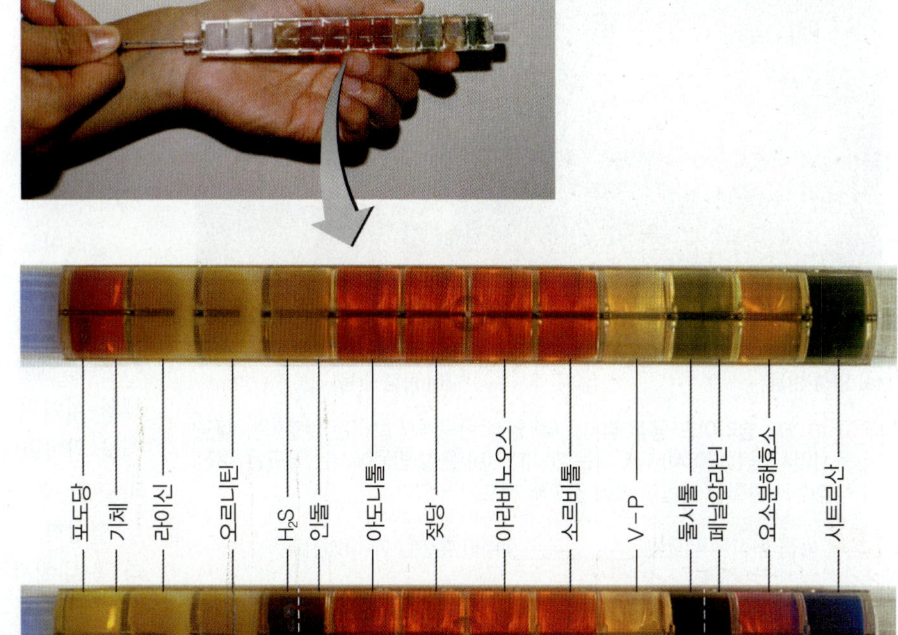

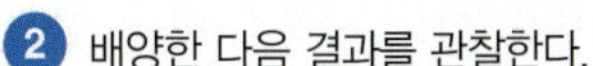
2 배양한 다음 결과를 관찰한다.

3 양성 반응을 보이는 검사에는 동그라미가 표시되어 있다. 각 검사 결과 값을 더하여 ID 값을 계산한다.

4 실험 결과 계산한 ID 값을 컴퓨터 상의 목록과 비교하여 검사한 생물이 *P. mirabilis* 임을 알 수 있다.

ID값	생물	비전형적 검사 결과	확증검사
21006	*Proteus mirabilis*	Ornithine$^-$	Sucrose
21007	*Proteus mirabilis*	Ornithine$^-$	
21020	*Salmonella choleraesuis*	Lysine$^-$	

그림 10.9 세균 신속 동정법의 일종: 벡톤디킨슨사(Becton Dickinson)의 엔테로튜브 II(Enterotube II). 위 그림은 *P. mirabilis*의 전형적인 균주에 대한 검사 결과를 보여준다. 그러나 균주에 따라 이와 다른 검사 결과가 나올 수도 있는데, 이들의 목록은 비전형적인 검사 결과 항목에 설명되어 있다. 동정결과 확인에 V-P 검사가 이용된다.

Q 한 종이 두 개의 서로 다른 ID 값을 가질 수 있는 까닭은?

하는 개체의 성장을 촉진하는 물질이 포함되어 있고, 분별배지에서는 원하는 생물이 어느 정도 구별되는 형태의 콜로니를 형성한다는 것을 배웠다.

버지편람은 각 생화학 검사법의 상대적 중요성을 평가하지 않으며 균주를 항상 서술하지도 않는다. 감염증을 진단할 때, 의사는 특정한 종 나아가서는 특정한 균주까지도 동정을 해야 적절한 치료를 할 수 있다. 이와 같은 목적으로 일련의 생화학 검사법이 병원 실험실에서의 신속한 동정을 위해 개발되었다. 세균뿐만 아니라 효모와 그 밖의 진균류에 대한 신속 검사법도 개발되어 있다.

신속 동정법(rapid identification method)은 장내세균을 비롯하여 의학적으로 중요한 일군의 세균을 동정하기 위한 기법이다. 이와 같은 기법은 여러 가지 생화학 검사를 동시에 수행하여 4~24 시간 안에 세균을 동정할 수 있게 고안되어 있다. 이 방법을 때로 **수리동정(numerical identification)**이라 부르는데, 이는 각각의 검사 결과를 숫자로 표기하기 때문이다. 가장 간단한 형태로 양성 검사 결과에는 1이라는 값이, 음성이면 0의 값이 배정된다. 시판되고 있는 대부분의 검사 키트에서 검사 결과는 상대적 신뢰도와 각 검사의 중요성에 따라 1~4의 숫자가 배정되고 최종 결과의 합을 알려진 생물의 데이터베이스와 비교하게 된다.

그림 10.9에 제시된 사례에서, 미지의 장내세균을 15종의 생화학 검사를 수행하도록 만들어진 시험관에 접종한다. 접종한 다음 각 구역의 결과를 기록한다. 각각의 검사 결과는 수치로 표기되므로 모든 검사 기록에서 얻은 숫자를 ID 값(ID value)라 부른다. 포도당을 발효시키는 것은 중요한 반응이므로 여기에 양성 반응을 보

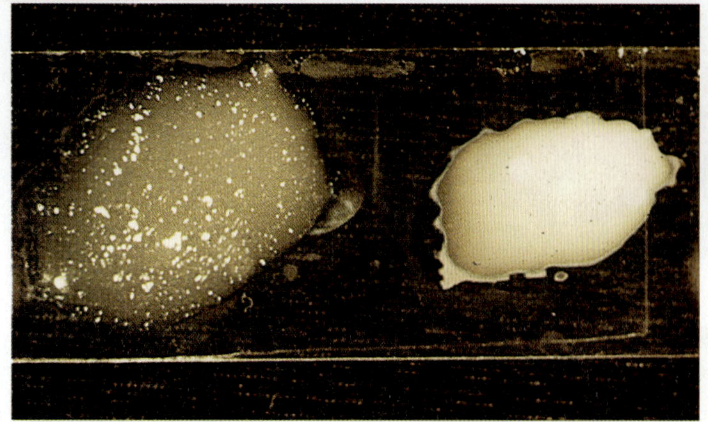

(a) 양성 반응 (b) 음성 반응

그림 10.10 **슬라이드 응집 검사.** (a) 양성 반응에서 보이는 알갱이는 세균이 뭉치면서(응집되어서) 나타나는 것이다. (b) 음성 반응에서는 세균은 여전히 식염수와 항혈청 혼합액 속에 골고루 분포되어 있다.

Q 응집 현상은 세균을 __________과(와) 혼합할 때 나타난다.

이면 2의 값을 얻는 반면, 아세토인을 생성하는 반응(the Voges-Proskauer 검사, V-P 검사)에는 값이 부여되지 않는다.

한꺼번에 이루어진 검사 결과를 컴퓨터로 해석하는 과정이 필요하며 이에 필요한 프로그램은 제조사에서 제공한다. 생화학적 검사의 한계는 돌연변이나 플라스미드의 획득과 같은 과정을 통해 균주가 새로운 특성을 가질 수도 있다는 점이다. 충분한 수의 검사가 이루어지지 않으면 부정확하게 동정될 수도 있다.

임상 사례

실험실에서는 대변에서 병원성 세균을 찾기 위해 그람염색만을 할 수는 없다. 대변에서 직접 그람염색을 하면 무수한 그람음성 막대균이 나타나 이들을 서로 구별할 수가 없을 것이다. 따라서 대변 샘플을 선택배지나 분별배지에 배양해서 여기에 포함된 세균을 구분해 주어야 한다. 모니카의 대변 샘플은 비스무스 아황산 한천배지(bismuth sulfite agar)에서 배양되었다. 24시간 후에 한천배지 위에 검은색 콜로니가 나타났다.

그람양성세균은 이 배지에서 자랄 수 있는가? 알아보자.

273 **286** 287 290 293 294

혈청학

혈청학(serology)은 혈액과 혈액에서 나타나는 면역반응을 연구하는 학문이다(18장 참조). 미생물은 항원으로 작용한다. 즉 동물의 몸 안으로 들어간 미생물은 항체 형성을 촉진한다. 항체는 혈액을 순환하는 단백질로 자신의 생성을 유발한 세균과 매우 특이적으로 결합한다. 예를 들어 사멸시킨 장티푸스 세균(항원)을 토끼의 면역계에 주입하면 토끼는 이에 반응하여 장티푸스 세균에 대한 항체를 생성한다. 이와 같은 항체가 포함된 용액은 의학적으로 중요한 많은 미생물을 동정하는 데 사용될 수 있으며, 상업적으로 판매되고 있다. 이들 용액을 **항혈청(antiserum**, 복수형은 *antisera*)이라 한다. 미지의 세균이 환자에게서 분리되면, 알려진 항혈청으로 검사하여 신속하게 동정할 수 있는 경우가 많다.

슬라이드 응집검사(slide agglutination test)라 불리는 방법을 쓰면 미지의 세균 시료를 여러 슬라이드에 있는 식염수 방울 위에 떨어뜨린다. 그리고 나서 알려진 서로 다른 항혈청을 각 시료에 첨가한다. 세균이 같은 종 또는 같은 균주에 대한 반응으로 생성된 항체와 섞이면 응집되어 덩어리진다. 양성 검사 결과는 응집원의 존재를 의미한다. 그림 10.10에서 양성 및 음성 슬라이드 응집검사 결과를 볼 수 있다.

혈청학적 검사법(serological testing)은 미생물의 종뿐만 아니라 종 내에서의 서로 다른 균주 또한 구별할 수 있다. 서로 다른 항원을 지니는 균주를 **혈청형(serotype**, 또는 **serovar)** 또는 **생물형(biovar)**이라 부른다. 310쪽에 있는 *Escherichia*와 *Salmonella*속의 혈청형에 대한 설명을 참조한다. 1장에서 언급한 것처럼 란스필드(Rebecca Lancefield)는 혈청학적 반응을 바탕으로 연쇄상구균류의 혈청형을 분류할 수 있었다. 란스필드는 연쇄상구균의 여러 혈청형의 세포벽에 서로 다른 항원이 존재하며 이로 인해 서로 다른 항체의 형성을 촉진한다는 사실을 밝혔다. 반면 서로 밀접하게 연관된 세균은 동일한 항원을 형성하기 때문에 혈청학적 검사를 통해 잠재적으로 유사한 특징을 지니는 세균의 범주를 알아낼 수 있을 때도 있다. 특정한 항혈청이 서로 다른 세균의 종이나 균주들이 만들어내는 단백질과 반응하는 경우에는 또 다른 검사를 해야 분류할 수 있다.

1987년 이래 미국과 영국에서 발생빈도가 증가한 여러 건의 괴사근막염(necrotizing fasciitis)이 공통 감염원에 의한 것인지의 여부를 알아보기 위하여 혈청학적 검사를 이용하였다. 공통 감염원은 확인되지 않았지만 "살을 먹는(flesh-eating)" 세균이라 일컬어진 것은 *Streptococcus pyogenes*의 두 가지 혈청형이 증가했기 때문임은 밝힐 수 있었다.

효소면역분석법(enzyme-linked immunosorbent assay, ELISA)이라 불리는 검사법은 빠르고 컴퓨터 스캐너로 결과를 읽을 수 있어 널리 이용된다(그림 10.11, 523쪽 그림 18.14 참조). 직접 ELISA에서는 알려진 항체 여러 종류를 마이크로플레이트에 있는 각각의 구멍에 부착시킨 다음 여기에 미지의 세균을 첨가한다. 종류를 알고 있는 항체와 세균 사이의 반응 여부를 바탕으로 세균을 동정할 수 있다. AIDS 검사에서도 ELISA를 이용하여 혈액에 AIDS를 일으키는 사람면역결핍바이러스(HIV)에 대한 항체의 존재 여부를 검사한다(546쪽, 그림 11.13 참조.)

또 다른 혈청학적 검사법으로 **웨스턴블롯팅(Western blotting)**

그림 10.11 ELISA 검사

슬라이드 응집 검사와 ELISA 검사의 유사점은 무엇인가?

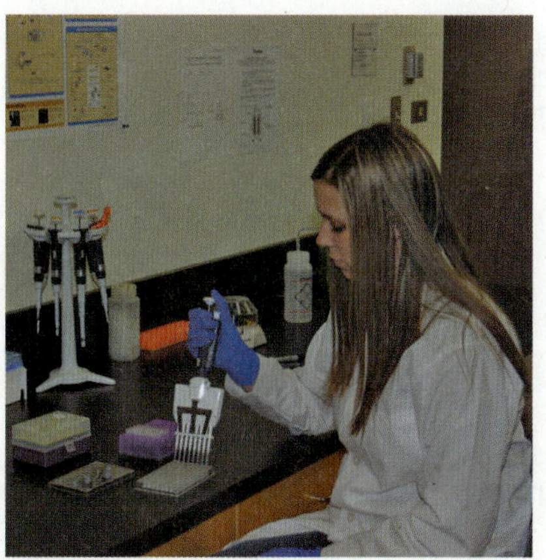

(a) 연구원이 마이크로피펫으로 ELISA 검사용 마이크로플레이트에 검체를 첨가하고 있다.

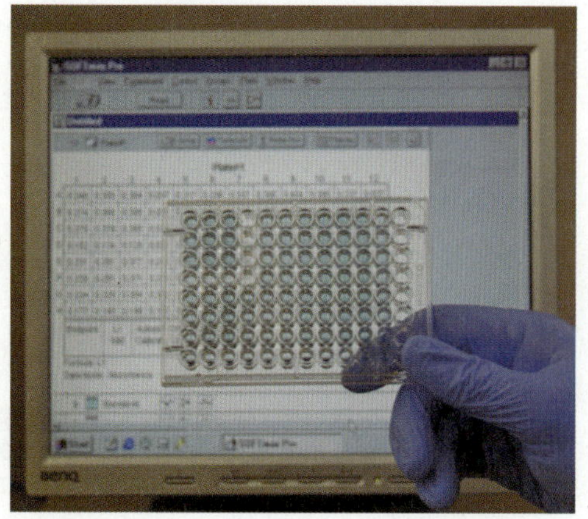

(b) ELISA 검사 결과는 컴퓨터 스캐너로 판독한다.

을 들 수 있는데 이 또한 환자의 혈청에 포함된 항체를 검출하는 데 사용된다(그림 10.12). HIV 감염도 웨스턴블롯팅으로 확진할 수 있으며, *Borrelia burgdorferi*에 의한 라임병도 주로 웨스턴블롯팅을 이용해서 진단한다.

1. 알고 있는 세균이나 바이러스의 단백질을 전기영동한다.
2. 블롯팅을 하여 젤상의 단백질을 그대로 필터에 옮긴다.
3. 필터 전체에 환자의 혈청을 처리한다. 만일 환자가 필터에 옮겨진 단백질 가운데 하나에 대한 항체를 갖고 있다면(이 경우에는 *Borrelia* 단백질), 항체와 단백질이 서로 결합할 것이다. 이 상태에서 효소가 연결된 사람혈청에 대한 항체를 필터에 처리한다
4. 여기에 효소의 기질을 처리하면 필터의 해당 단백질 띠에서 발색반응이 일어나 눈으로 확인할 수 있다.

임상 사례

비스무스 아황산 한천배지는 그람양성세균의 성장을 억제하여 그람음성세균을 구별하는 데 사용된다. 모니카의 대변 시료를 배양하여 살모넬라 세균에 감염되었다는 사실을 확인하였다. *Salmonella* 속에는 *S. enterica*와 *S. bongori* 단 두 종만이 존재한다. 모니카의 감염증은 *S. enterica*에 의한 것이었다. 그러나 *S. enterica*는 2,500여 종의 혈청형이 존재하며 이들이 모두 사람을 감염시킬 수 있다. 실험실에서 온 검사 결과를 통해 모니카의 주치의는 네바다 주 보건당국에 모니카의 진단 내용과 모니카의 친구 또한 같은 증상을 보인다는 사실을 알렸다. 보건당국에서는 혈청형을 확인하여 한 가지 오염원에서 유행병이 발생하게 되었는지 여부를 결정하고, 유행병이 발생하였다면 해당 오염원을 찾는 일이 중요하다.

보건당국에서는 어떻게 *S. enterica*의 정확한 혈청형을 찾아낼 수 있을까?

273 286 **287** 290 293 294

파지유형분석

혈청학적 검사와 마찬가지로 파지유형분석 또한 세균 사이의 유사성을 확인한다. 두 가지 검사법 모두 질병의 대량발생의 원인과 경로를 추적하는 데 유용하게 쓰인다. **파지유형분석(phage typing)**은 대상이 되는 세균이 어느 파지에 민감한지를 결정하는 분석 방법이다. 8장에서 박테리오파지(파지)는 감염시킨 세균 세포를 대체로 용균시키는 세균 바이러스임을 배웠다. 파지는 특정한 몇몇 종을 감염시키거나 심지어는 한 종 내에서도 특정한 균주만을 감염시키는 등 고도의 숙주 특이성을 지닌다. 하나의 세균 균주는 두 개의 서로 다른 파지에 감염될 수 있으나, 같은 종에 속하는 또 다른 균주는 이들 두 종류의 파지와 더불어 세 번째 파지에도 감염될 수 있는 등 균주에 따라 파지에 대한 민감성이 다르다. 박테리오파지에 대해서는 13장에서 더 살펴보기로 한다.

식품 매개성 감염의 원인은 파지유형분석을 통해 추적할 수 있다. 한 가지 방법은 세균으로 완전히 뒤덮인 한천배지를 이용한다. 여기에 서로 다른 유형의 파지를 한 방울씩 떨어뜨린다. 이 세균 세포를 감염시켜 용균시킬 수 있는 파지를 떨어뜨린 곳에는 세균이 자라지 못해 투명한 용균반(plaque)이 생길 것이다(그림 10.13). 이와 같은 검사법은 예를 들어 수술 받은 상처에서 분리된 세균이 수술을 집도한 외과의나 외과 간호사에게서 분리한 세균과 같은 파지 감수성 유형을 나타내는지를 확인하는 데에도 사용될 수 있다. 이 결과에 따라 수술한 의사나 간호사가 감염원을 제공했는지의 여부를 확인할 수 있다.

지방산 조성

세균은 매우 다양한 지방산을 합성하며 일반적으로 이들 지방산은 종에 따라 일정하게 유지된다. 세포의 지방산을 종류에 따라 분리하여 알려진 생물의 지방산 조성과 비교할 수 있는 검사 도구가 상업적으로 판매되고 있다. **FAME**(*f*atty *a*cid *m*ethyl *e*ster, 지방산 메틸 에스테르)라 불리는 지방산 조성 분석 도구가 임상 및 공중보

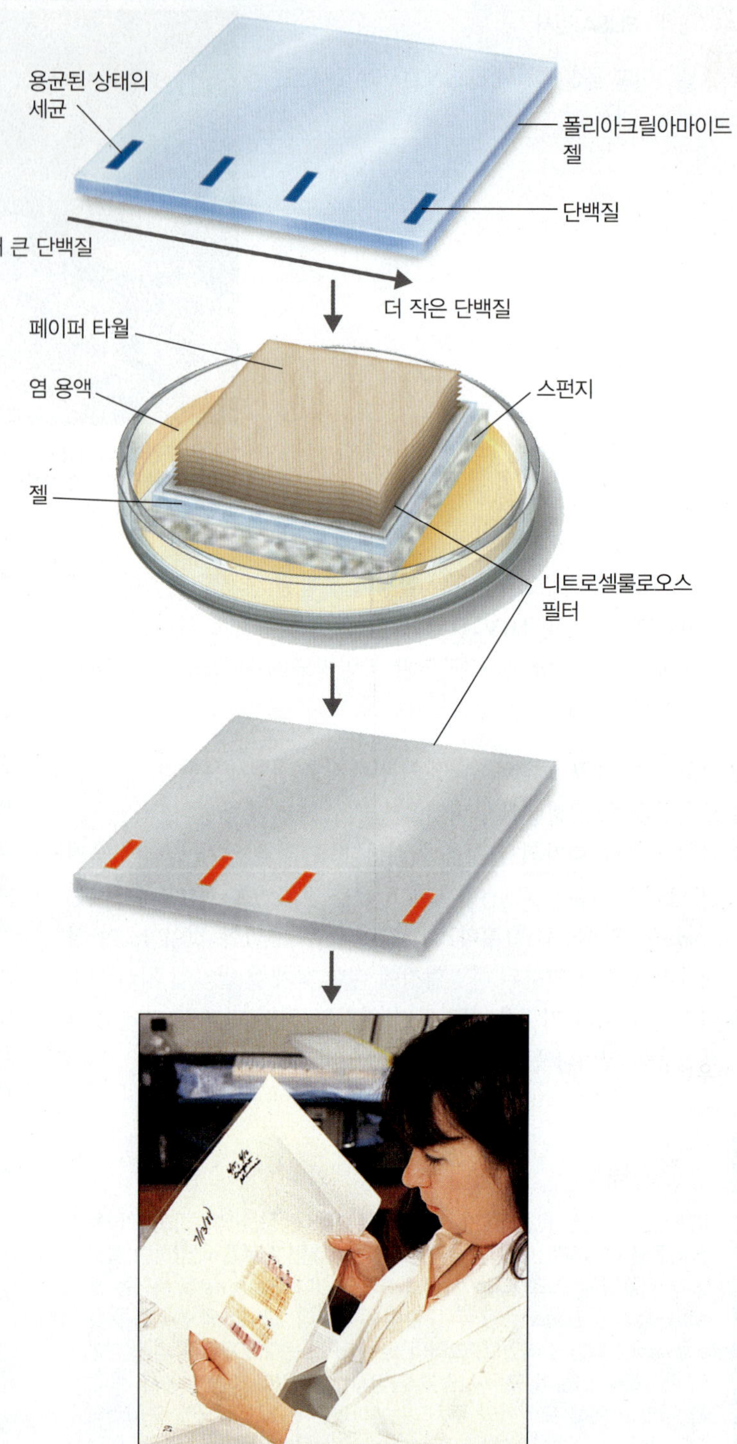

1 라임병이 의심되는 환자가 있다면 다음과 같은 방법으로 진단한다. 혈청에 들어 있는 *Borrelia burgdorferi* 단백질을 전기영동으로 분리한다. 단백질은 젤에 전류가 흐르면 전하량과 크기에 따라 서로 다른 속도로 이동한다.

2 단백질 띠를 니트로셀룰로오스 필터에 블롯팅하여 옮긴다. 각각의 단백질 띠는 특정 단백질(항체) 분자들이 함께 이동하여 형성된다. 이 시점에서는 아직 단백질 띠가 눈에 보이지 않는다.

3 단백질(항체)이 젤에 있었던 위치 그대로 필터에 옮겨져 있다. 필터를 먼저 환자의 혈청으로 씻어 낸 다음 효소가 표지된 항사람항체를 처리한다. 효소의 기질을 여기에 첨가하면, 특정한 항원에 결합한 환자의 항체가 색을 나타내게 된다.

4 검사 결과를 판독한다. 표지된 항체가 필터에 달라 붙으며 의심되는 미생물이 존재한다는 증거가 된다. 이 경우에는 *B. burgdorferi*가 환자의 혈청에 존재한다는 것을 의미한다.

그림 10.12 웨스턴블롯팅. 단백질을 전기영동하여 크기에 따라 분리한 다음 항체와 반응시켜 특정 단백질의 존재 여부를 알 수 있다.

Q 웨스턴블롯팅으로 진단 가능한 질병을 두 가지만 드시오.

건 실험실에서 널이 쓰이고 있다.

유동세포측정

유동세포측정(flow cytometry)은 세균을 배양하지 않은 채 시료에 있는 세균을 동정하는 방법이다. **유동세포측정기**(flow cytometer)를 이용해서 세균을 포함하는 액체를 작은 구멍으로 통과시킨다(521쪽 그림 18.12 참조). 가장 간단한 방법은 세포와 주변 배지 사이의 전기 전도성 차이를 감지하여 세균의 존재 여부를 검출하는 것이다. 구멍을 통과하는 액체에 레이저를 조사하여 빛이 산란되는 것을 측정하면 세포의 크기, 모양, 밀도, 표면의 형태 등에 관한 정보를 얻을 수 있다. *Pseudomonas*와 같이 자연적으로 형광을 내는 세포를 검출할 수도 있고 형광 염료로 세포를 표지하여 관찰할 수도

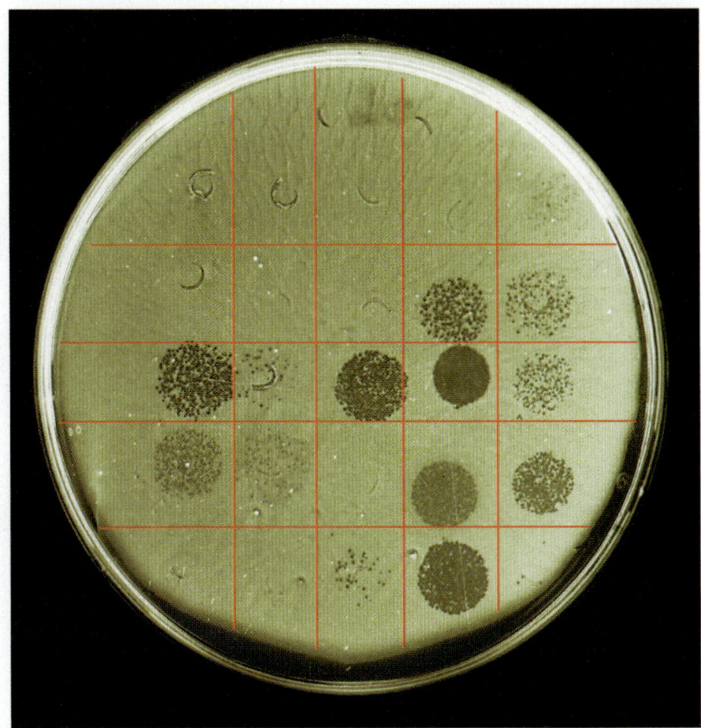

그림 10.13 ***Salmonella enterica*의 특정 균주에 대한 파지유형분석.** 검사 대상 균주를 배양 접시 전체에 키운다. 박테리오파지가 형성한 플라크(용균이 일어난 영역)는 해당 균주가 이들 파지의 감염에 민감하다는 뜻이다. 파지유형분석을 이용하여 *S. enterica*의 혈청형과 황색포도상구균(*Staphylococcus aureus*)의 유형을 구별할 수 있다.

파지유형분석으로 무엇을 확인할 수 있는가?

있다.

우유가 질병의 전파를 매개하기도 한다. 유동세포측정기를 이용하여 우유에 들어 있는 *Listeria*균을 검출하는 검사법이 제안되었으며, 이는 동정하기 위해 세포배양에 드는 시간을 줄일 수 있다. *Listeria*균에 대한 항체를 형광염료로 표지하여 검사 대상인 우유에 첨가한다. 그 다음 우유를 유동세포측정기에 통과시키면 항체로 표지된 세포의 형광이 기록된다.

DNA 염기조성

분류학자들은 생물의 **DNA 염기조성(DNA base composition)**을 활용하여 유연관계를 알아낸다. 염기조성은 대체로 G + C 함량의 백분율로 나타낸다. 이론적으로 단일 종의 염기조성은 일정하다. 따라서 서로 다른 종의 G + C 함량을 비교하면 종들 사이의 유연관계 정도를 나타낼 수 있다. 8장에서 살펴보았듯이 DNA에서 구아닌은 시토신과 상보적이다. 이와 같은 방식으로 DNA 상에서 아데닌은 티민과 상보적이다. 따라서 DNA 염기에서 GC 염기쌍의 백분율은 AT 염기쌍의 백분율을 알려주기도 한다(GC + AT = 100%). 따라서 밀접하게 연관된 두 종의 생물은 동일하거나 유사한 유전자를 많이 지니고 있으며 그 결과 DNA에서 염기쌍의 비율이 유사할 것이다. 그러나 GC 염기쌍의 백분율 차이가 10%를 넘으면

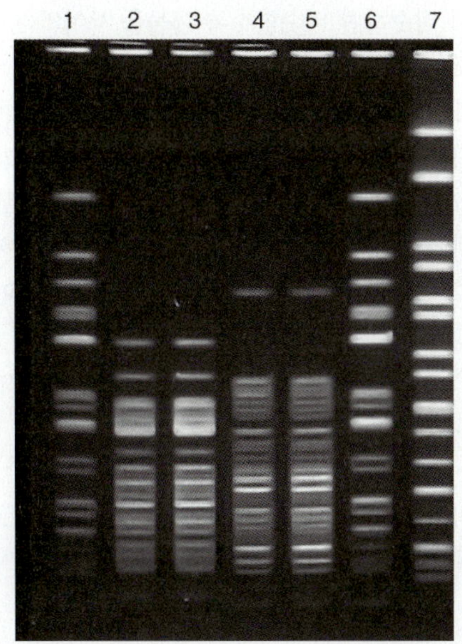

그림 10.14 **DNA 지문.** 7종의 서로 다른 세균에서 DNA를 추출하여 동일한 제한효소를 처리하였다. 각각의 효소 반응액을 아가로오스 젤에서 다른 홈(전기영동 시작 지점)에 넣는다. 젤에 전류를 흘리면 DNA 조각은 크기와 전하량에 따라 분리된다. 형광염료로 DNA를 염색하면 자외선 아래에서 DNA를 확인할 수 있다. 전기영동 줄(레인)을 서로 비교하면 2, 3번과 4, 5번, 그리고 1, 6번의 시료가 동일하다는 것을 알 수 있다. 따라서 해당 시료에 포함된 세균들이 같다는 결론을 내릴 수 있다.

Q RFLP란 무엇인가?

(예를 들어 한 세균의 DNA에 40% GC가 포함되어 있고 다른 세균에는 60% GC가 포함되어 있다면), 그렇다면 이들 두 개의 개체는 연관되어 있지 않을 것이다. 물론 두 개의 생물에서 GC 백분율이 동일하더라도 이들이 반드시 밀접하게 연관된 것은 아니다. 이들의 계통발생학적 유연관계에 대한 결론을 도출하는 데에는 다른 자료의 뒷받침이 필요하다.

DNA 지문조사법

한 생물의 DNA 전체 염기서열을 결정하는 것은 엄청난 시간이 필요하기 때문에 아직 실험실 동정법으로 사용하기에는 현실성이 없다. 그러나 제한효소를 이용해서 서로 다른 생물의 염기서열을 비교할 수 있다. 제한효소는 DNA 분자의 특정한 염기서열을 절단하여 제한효소 조각을 생성한다(9장 247쪽 참조). 예를 들어 제한효소 *Eco*RI은 다음 서열의 화살표 위치를 절단한다.

. . . G↓A A T T C . . .
. . . C T T A A↑G . . .

이 기법에서 두 미생물의 DNA를 동일한 제한효소로 처리한다. 생성된 제한효소 조각을 전기영동하여 분리하면 **DNA 지문(DNA fingerprint)**을 생성할 수 있다(263쪽 그림 9.17 참조). 서로 다른 생물들의 제한효소 조각의 수와 크기를 비교하면 이들 사이 유전적 유사성과 상이성에 대한 정보를 얻을 수 있다. 전기영동 패턴, 즉

DNA 지문이 비슷하면 비슷할수록 생물들 사이의 유연관계도 더욱 밀접한 것으로 예측할 수 있다(그림 10.14).

DNA 지문분석법은 병원내 감염의 원인을 결정하는 데 사용되고 있다. 한 병원에서 관상동맥 우회술을 받은 환자들이 *Rhodococcus bronchialis*에 감염되었다. 환자에게서 분리된 세균과 한 간호사에서 분리된 세균의 DNA 지문이 동일하였다. 병원에서는 이 간호사에게 무균수술기법을 권장함으로써 이 감염의 사슬을 끊을 수 있었다.

이 기법으로 인해 모든 종에서 발견되지만 종 사이에 변이가 큰 소수의 유전자를 찾는데 관심을 갖게 되었다. 이들 유전자에 대한 프라이머로 유전자를 증폭하여 DNA 지문을 작성할 수 있다면 각 종의 DNA 바코드(DNA bar code)를 생성할 수 있게 된다. 이 방법은 2003년 진핵생물 종에서 처음 제안되었지만 세균 동정에 필요한 6~9개의 유전자를 아직 모두 찾아내지 못했다.

임상 사례

Salmonella 혈청형은 이전에 분리된 혈청형에 대한 항혈청을 이용해서 동정할 수 있다. 보건당국에서는 해당 혈청형을 동정하여, 모니카와 그 친구가 *Salmonella tennessee* 세균에 감염되었음을 밝혔다. 보건당국에 전화가 쇄도하면서 27건의 추가 *Salmonella tennessee* 감염이 네바다 주 전역에 걸쳐 보고되었다.

보건당국은 이들 29건이 서로 관계가 있는 사례임을 어떻게 알아낼 수 있는가?

273 286 287 **290** 293 294

핵산증폭 검사법

미생물이 전통적인 방식으로 배양되지 않는다면, 전염병의 원인이 되는 생명체는 확인하지 못할 수도 있다. 그러나 **핵산증폭 검사(nucleic acid amplification test, NAAT)**를 이용하여 미생물 DNA의 양을 증폭시키면 젤 전기영동법으로 확인할 수 있다. 핵산증폭 검사에서는 PCR과 역전사 PCR, 실시간 PCR 등의 방법을 사용한다(9장 251쪽 참조). 특정 미생물에 대한 프라이머를 사용하면 증폭된 DNA의 확인만으로도 해당 미생물의 존재를 알 수 있다.

1992년 연구진은 PCR을 이용하여 휘플병의 원인균을 찾아냈다. 당시까지는 알려지지 않았던 세균으로 지금은 *Tropheryma whipplei*라는 이름을 얻었다. 휘플병은 1907년 휘플(George Whipple)이 처음 미지의 막대균에 의해 발생한다고 보고한 위장 및 신경계 이상증이다. 아무도 이 세균을 배양하여 동정하지 못하였고 따라서 이 병을 진단하고 치료하는 데 사용할 수 있는 유일하게 믿을만한 방법은 PCR 뿐이다.

최근 PCR 기법을 이용하여 여러 발견이 이루어졌다. 예를 들어, 1992년 카노(Raul Cano)는 PCR을 이용하여 보석의 일종인 호박에 들어 있는 250~400만 년 전에 살았던 *Bacillus*속 세균의 DNA를 증폭하였다. 현존하는 의 rRNA 서열에 따라 프라이머를 제작하여 호박 속에 들어 있는 rRNA 서열을 증폭한 것이다. 이들 프라이머는 다른 *Bacillus* 종들의 DNA는 증폭할 수 있으나 *Escherichia*나 *Pseudomonas*속의 세균 DNA는 증폭하지 못한다. 증폭한 다음 DNA 염기서열이 결정되었다. 이 결과를 이용하여 예전에 살았던 세균과 현존하는 세균 사이의 유연관계를 결정할 수 있었다.

1993년 미생물학자는 PCR을 이용하여 미국 서남부에서 발생한 유행성 출혈열의 원인이 한타바이러스(Hantavirus)임을 찾아냈다. 이 질병을 일으키는 병원체를 찾는데 채 2주도 걸리지 않았으며 이는 새로운 병원체를 최단 기간 안에 동정한 신기록이 되었다. 1994년 신종 진드기 감염증(사람 과립구성 에를리히증)을 일으키는 병원체가 *Ehrlichia chaffeensis*로 확인된 것도 PCR을 이용해서였다(660쪽). PCR은 또한 광견병바이러스의 출처를 확인하는 데에도 사용되었다(22장 631쪽 상자 참조).

2009년에는 공중보건학자들이 실시간 PCR을 이용하여 신형 H1N1 독감바이러스를 찾아냈다.

핵산 혼성화

이중나선 DNA 분자에 열을 가하면 염기 사이의 수소결합이 끊어지면서 상보적인 가닥이 분리된다. 이렇게 분리된 단일가닥을 서서히 식히면 이들 가닥은 다시 합쳐져 원래와 똑같은 이중나선 분자를 형성한다. (이와 같은 재결합은 단일가닥이 서로 상보적인 서열로 이루어져 있기 때문에 가능하다.) 서로 다른 두 종의 생물에서 DNA 가닥을 분리한 다음 이 기법을 적용하면 두 생물 종의 DNA 서열 사이의 유사도를 결정할 수 있다. 이와 같은 기법을 **핵산 혼성화(nucleic acid hybridization)**라 한다. 이 방법은 두 종의 생물이 서로 비슷하거나 유연관계가 있다면 핵산 서열의 상당 부분 또한 비슷할 것이라는 가정에 바탕을 둔다. 따라서 한 생물에서 분리된 DNA 가닥이 다른 생물의 DNA 가닥과 혼성화되는(상보적 염기쌍을 형성하면서 결합하는) 정도로 유사성을 비교한다(그림 10.15). 혼성화 정도가 높을수록 유사성도 높다.

이와 비슷한 혼성화 반응은 단일가닥 핵산 사슬, 즉 DNA-DNA, RNA-RNA, DNA-RNA 사이에서 일어날 수 있다. RNA 전사물은 단일가닥으로 분리된 DNA 주형과 혼성화되어 DNA-RNA 잡종 분자를 이룰 수 있다. 핵산 혼성화 반응은 미생물의 존재 여부를 감지하거나 미지의 생물을 동정하는 데 활용되는 여러 기법의 기반을 제공한다(다음 설명 참조).

서던블롯팅

핵산 혼성화는, **서던블롯팅(Southern blotting)** 기법으로 미지의 미생물을 동정하는 데 활용될 수 있다(262쪽 그림 9.16 참조). 이와 더불어 **DNA 탐침(DNA probe)**을 이용한 신속 동정기법이 개발 중이다. 한 가지 방법은 살모넬라속의 세균에서 추출한 DNA를 제한효소로 자른 다음 살모넬라속에 대한 탐침으로 특정한 조각을 선별한다(그림 10.16). 이 탐침 조각은 모든 살모넬라 균주의 DNAv

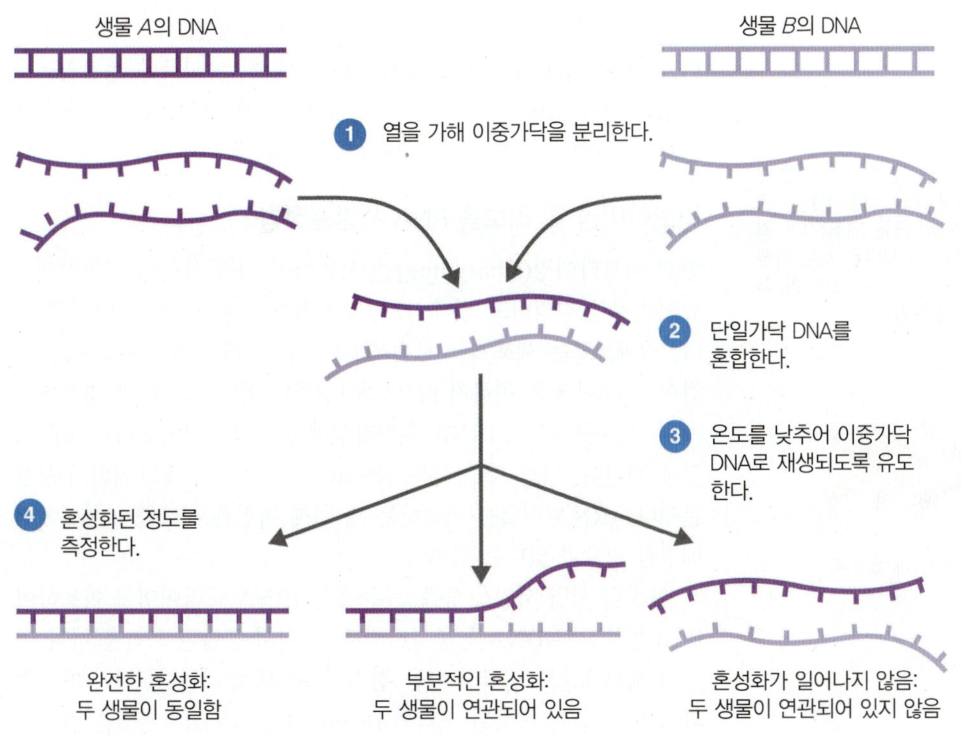

그림 10.15 DNA-DNA 혼성화. 서로 다른 생물에서 분리된 DNA 가닥들이 서로 짝을 이루는 양이 많을수록(혼성화), 두 생물은 더 밀접하게 연관된 것으로 판단한다.

Q DNA 탐침을 사용하는 원리는 무엇인가?

그림 10.16 DNA 탐침을 이용하여 세균을 동정한다. 서던 블롯팅을 사용하여 특정한 DNA 서열을 찾아낸다. 서던 블롯팅을 변형한 방법으로 *Salmonella*를 검출할 수 있다.

Q DNA 탐침과 세포의 DNA가 혼성화되는 까닭은?

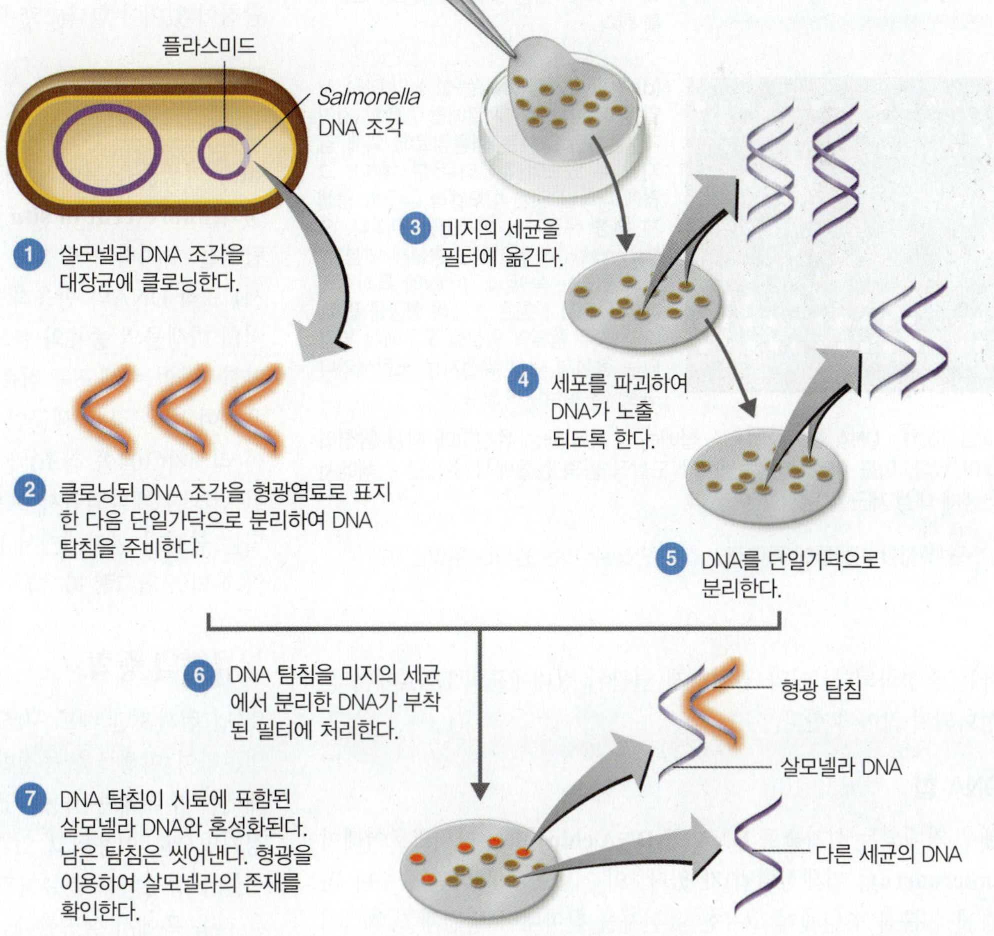

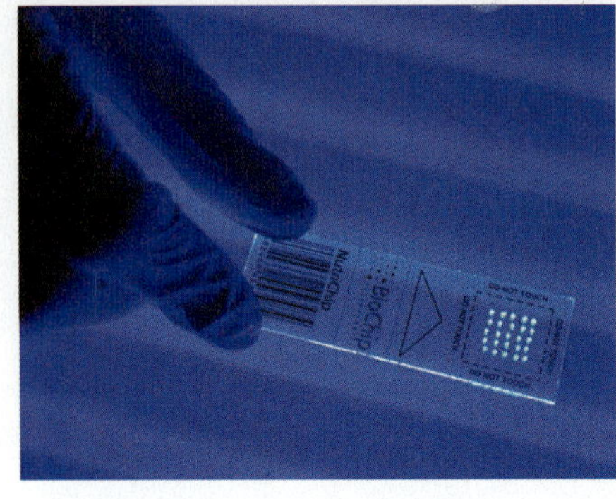

(a) 수십만 종류의 합성된 단일가닥 DNA 서열이 들어 있는 DNA 칩을 제조한다. 각각의 DNA 서열은 서로 다른 유전자가 지니는 고유한 서열이라 가정한다.

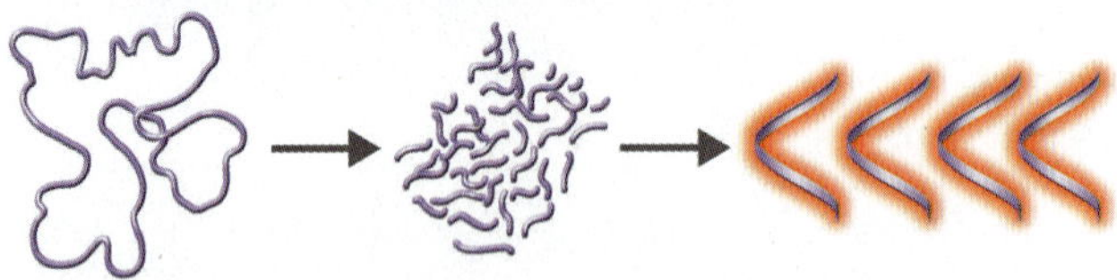

(b) 검체에서 추출한 미지의 DNA를 단일가닥으로 분리한 다음에 효소로 잘라 형광 염료로 표지한다.

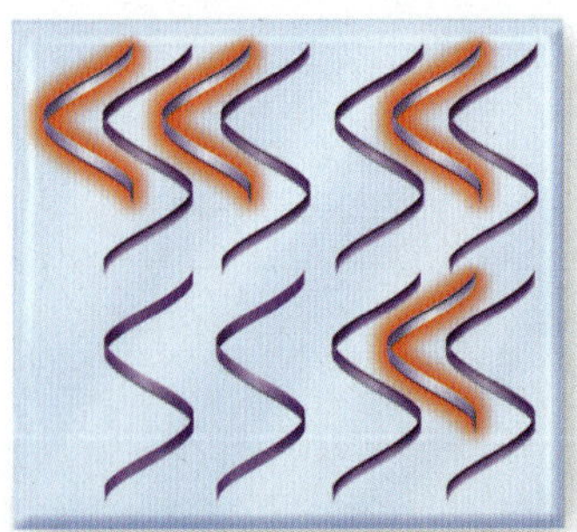

(c) 미지의 DNA를 칩에 처리하여 칩에 부착되어 있던 DNA와 혼성화되도록 한다.

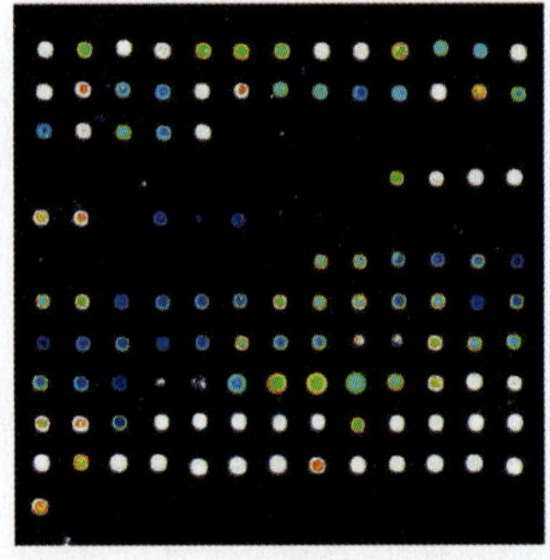

(d) 형광 표지된 DNA는 칩 상의 DNA 서열 중에 상보적인 서열에만 결합할 것이다. 결합된 DNA는 형광염료에 의해 감지될 수 있으며 컴퓨터로 분석한다. 그림에 나타난 것은 살모넬라 균주의 항생제 내성 유전자의 미세정렬 결과다. *S. typhimurium*에 특이적인 항생제 내성 유전자 탐침은 녹색, *S. typhi*에 특이적인 내성 유전자 탐침은 붉은색 형광을 띤다. 따라서 두 종류의 혈청형 모두에서 발견되는 항생제 내성 유전자는 노란색이나 주황색을 나타내게 된다.

그림 10.17 DNA 칩. 이 DNA 칩에는 항생제 내성 유전자에 대한 탐침이 들어 있다. 이를 이용하여 농장이나 도살장 등의 동물에서 수집한 검체에서 항생제 내성 세균을 탐지할 수 있다.

 특정한 미생물에 특이적인 칩을 만들 수 있는 원리는 무엇인가?

에는 혼성화되나, 이와 밀접하게 연관된 장내세균의 DNA에는 혼성화되지 않아야 한다.

DNA 칩

매우 기대되는 신기술로 **DNA 칩(DNA chip)** 또는 **마이크로어레이(microarray**, 미세정렬법)가 있다. 이 기법을 이용하면 숙주나 환경에서 특정 병원체에 고유한 유전자를 찾아내어 병원체를 빠르게 감지할 수 있다(그림 10.17). DNA 칩은 DNA 탐침으로 이루어져 있다. 미지의 생물에서 분리된 DNA를 포함하는 시료를 형광염료로 표지한 다음 칩에 첨가한다. 탐침 DNA와 시료의 DNA 사이에 혼성화가 일어났는지의 여부는 형광으로 검출할 수 있다.

리보타이핑 및 리보솜 RNA 서열결정법

현재 **리보타이핑(ribotyping)**을 이용하여 생물 사이의 계통발생적 유연관계를 결정하고 있다. rRNA 사용에 따른 이점이 몇 가지 있다. 첫째, 모든 세포가 리보솜을 지닌다. 둘째, RNA 유전자는 시간이 흘러도 거의 변하지 않으므로 생물의 영역, 문, 어떤 경우에는 속의 모든 구성원이 rRNA 유전자상에 동일한 "서명(signature)" 서열을 지닌다. 가장 자주 사용되는 rRNA는 리보솜 소단위의 구성성분이다. rRNA 서열을 이용하는 세 번째 이점은 세포를 실험실에서 배양할 필요가 없다는 점이다.

특정한 서명 서열을 증폭할 수 있는 rRNA 프라이머를 이용하여 PCR 방법으로 DNA를 증폭시킨다. 이어서 증폭된 조각을 하나 이상의 제한효소로 절단한 다음 전기영동으로 분리한다. 전기영동 결과를 비교한다. 증폭된 조각의 rRNA 유전자의 염기서열을 결정하여 생물들 사이의 진화적 유연관계를 결정할 수도 있다. 이 방법은 새로 발견한 생물이 어느 영역 또는 문에 속하는지를 결정할 때 유용하며 특정 환경에 존재하는 생물들의 일반적인 유형을 알아볼 때에도 사용할 수 있다. 그러나 개별 종을 확인하려면 더욱 특이적인 탐침이 있어야 한다(255쪽 참조).

형광현장혼성화

형광염료로 표지된 RNA 또는 DNA 탐침을 사용하여 현장에서(in situ) 미생물을 특이적으로 염색할 수 있다. 이 기법을 **형광현장혼성화(fluorescent in situ hybridization, FISH)**라 부른다. 세포에 탐침을 처리하여 탐침이 세포 안으로 들어가 세포 내에서(현장에서) 표적 DNA와 반응하도록 한다. FISH를 사용하여 특정 환경에서의 미생물의 종류와 분포, 상대적 활성 등을 결정할 수 있으며 배양할 수 없는 세균을 검출하는 데에도 사용할 수 있다. FISH를 사용하여 매우 작은 세균인 *Pelagibacter*를 대양에서 발견하여 이것이 리케차(304쪽 참조)와 연관되어 있음을 알아낼 수 있었다. 다양한 탐침이 개발되면서 보통 24시간 이상 걸리는 세균의 배양 없이 먹는 물이나 환자에게서 FISH 기법을 이용하여 세균을 검출할 수 있게 되었다(그림 10.18)

분류법의 종합

몇 년 전까지만 해도 구조적 특성과 분별염색, 생화학적 검사 등에 의존하여 미생물을 동정할 수밖에 없었다. 기술의 발전을 통해 한때에는 분류에만 사용되었던 핵산분석 기법이 이제는 일상적인 동정기법으로 이용되고 있다. 미생물이 담고 있는 정보를 바탕으로 생물을 동정하고 분류하기도 한다. 정보를 활용하는 두 가지 기법은 다음 쪽에서 설명한다.

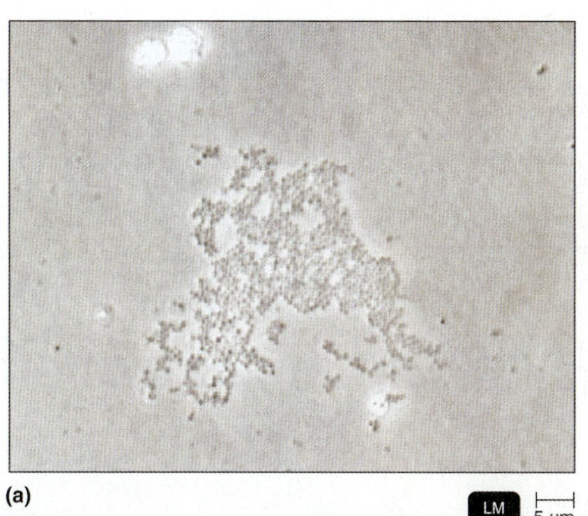

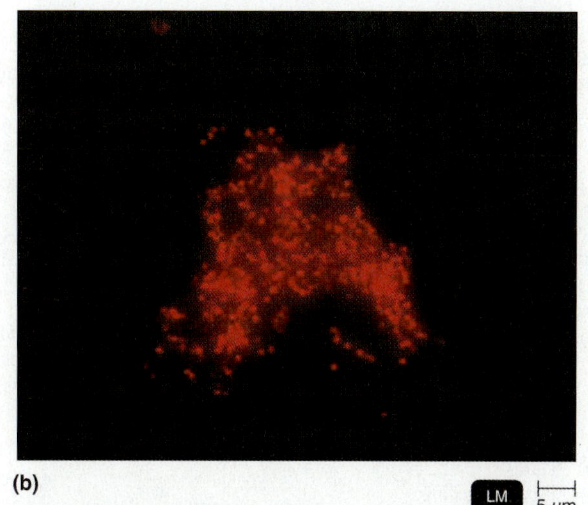

그림 10.18 형광현장혼성화(FISH). DNA 또는 RNA 탐침에 형광염료를 부착시키고 이를 이용하여 염색체를 확인한다. 위상차 현미경으로 관찰된 세균(a)을 황색포도상구균의 특정 서열과 혼성화되는 형광 표지 탐침으로 동정할 수 있다(b).

FISH 기법에서 사용하는 염색법은 무엇인가?

임상 사례

29명의 감염 환자 각각에서 분리된 살모넬라 분리균주를 주 보건당국 실험실에 보내어 DNA 지문검사법을 의뢰했다. DNA 지문은 질병통제예방센터(Centers for Disease Control and Prevention, CDC)로 보내졌다. CDC에서는 컴퓨터 프로그램을 이용하여 각각의 살모넬라 DNA 지문을 비교함으로써 모든 29건의 *Salmonella tennessee* 유행병 사례가 동일한 균주에 의한 것인지를 확인하고자 했다. 이때쯤, CDC는 20개 주에서 400건이 넘는 시료를 받았고 이는 잠재적인 전국적 유행병의 발발을 시사하는 것이었다. 아래는 모니카의 살모넬라 DNA 지문을 다른 환자의 시료와 비교한 그림이다.

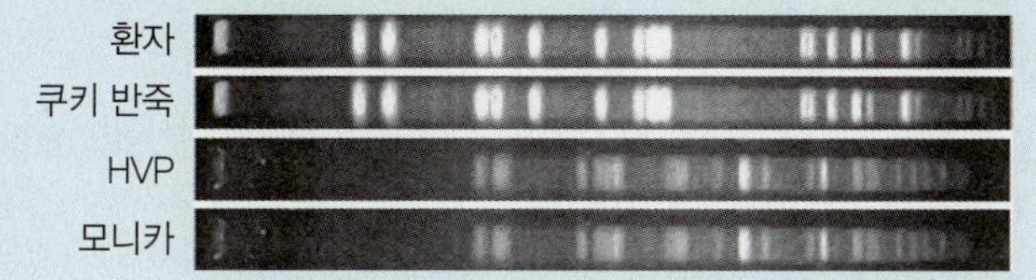

이들 DNA 지문을 근거로 CDC는 유행병의 발발에 관해 어떤 결론을 내릴 수 있겠는가?

273 286 287 290 293 294

이분검색표

이분검색표(dichotomous key)는 생물의 동정에 널리 이용된다. 이분검색표는 일련의 질문을 기반으로 이루어져 있는데, 각각의 물음에는 두 개의 가능한 답이 존재한다(*dichotomous*는 둘로 나눈다는 뜻). 하나의 물음에 답을 하면 다음 질문으로 연결되고 이 과정은 최종적으로 생물을 동정할 수 있을 때까지 계속된다. 예를 들어, 세균에 대한 이분검색표는 쉽게 결정할 수 있는 형질로 시작된다. 이를테면 세포의 모양에서 시작해서 설탕 발효 여부에 대한 물음으로 옮겨가는 식이다. 이분검색표의 예는 그림 10.8과 282쪽의 상자에서 볼 수 있다.

분기도

분기도(cladogram)는 생물들 사이의 진화적 유연관계를 보여주는 지도 같은 것이다(*clado*는 가지를 뜻한다.) 그림 10.1과 10.6에 분기도의 예가 나타나 있다. 분기도에서 각각의 가지는 그 가지에 포함된 여러 생물종이 공통으로 가지는 특징에 의해 규정된다. 과거에는 척추동물 분기도는 화석 증거를 이용하여 제작했다. 그러나 이제 rRNA 염기서열을 이용하여 화석을 바탕으로 제안된 분류체계를 확인할 수 있다. 앞에서 언급했듯이 대부분의 미생물은 화석을 남기지 않으므로, 미생물 분기도를 제작하는 데에는 주로 rRNA 염기서열이 활용된다. 리보솜 작은 소단위에 들어 있는 rRNA는 1,500 염기로 이루어져 있으며 컴퓨터 프로그램을 이용하여 유연관계를 계산한다. 그림 10.19에서 분기도를 작성하는 과정을 설명한다.

1. 두 개의 rRNA 서열을 나란해 배열한다.
2. 두 서열 사이의 유사도를 백분율로 계산한다.
3. 수평 가지의 길이는 유사도 백분율에 비례하여 그려진다. 하나의 마디(node) 아래에 속하는 모든 종은 유사한 rRNA 서열을 지니며 이는 이들이 그 마디에 존재하는 하나의 조상에서 유래되었음을 시사한다.

1 각 개체의 rRNA 분자에서 염기서열을 결정한다. 이 그림에는 극히 일부의 서열만 나타내었다.

Lactobacillus brevis	AGUCCAGAGC
L. sanfranciscensis	GUAAAAGAGC
L. acidophilus	AGCGGAGAGC
L. plantarum	ACGUUAGAGC

2 두 종 사이에서 뉴클레오티드 염기서열이 유사도를 백분율로 계산한다. 예를 들어, *L. brevis*와 *L. acidophilus*의 염기서열은 50% 유사도를 보인다.

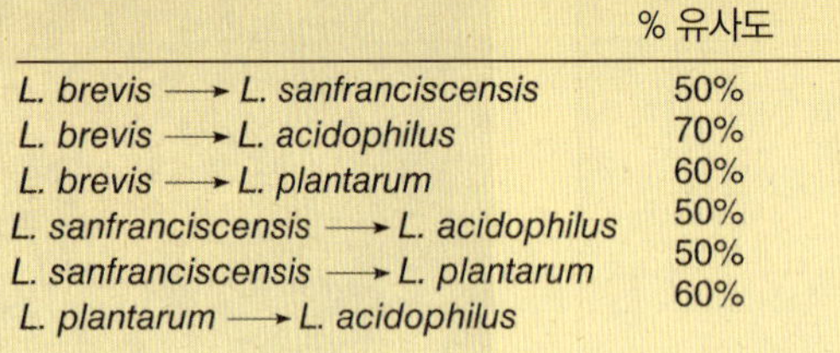

3 분기도를 작성한다. 수평선의 길이는 유사도 백분율 값에 비례한다. 분기도에서 두 개의 가지가 갈라지는 마디는 그 아래의 모든 종들이 공통조상에서 유래된 것임을 나타낸다. 각각의 마디는 그 지점에서 분기되는 모든 종들 사이의 rRNA 유사도로 정의된다.

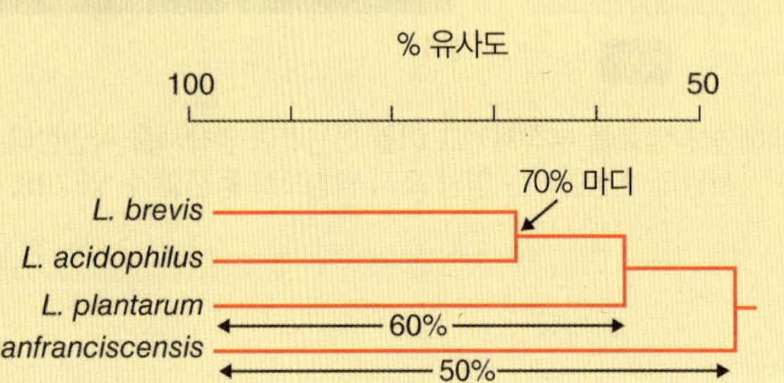

그림 10.19 분기도 작성

*L. brevis*와 *L. acidophilus*의 가지가 동일한 마디에 달려 있는 까닭은 무엇인가?

임상 사례 해결

이번 대유행의 초기에는 날 계란을 먹은 사람들 사이에서 *Salmonella tennessee* 감염증이 집중적으로 나타났음을 알 수 있었다. 환자들과 임의 선택된 비감염자들에게 그들이 먹은 음식에 대한 설문 조사를 수행하였다. 환자 중에는 날 계란이 들어간 쿠키반죽을 조리하지 않은 채 먹은 사람이 상대적으로 훨씬 많았다. 그러나 CDC에서는 쿠키반죽에 의한 발병 균주와는 다른 *Salmonella tennessee* 균주가 현재의 유행병을 일으키고 있다는 사실을 확인했다. 이 균주는 튀김을 찍어먹는 식물성 소스 등 여러 식품에 널리 사용되는 감미료인 가수분해된 식물성 단백질과 연관되어 있었다. 모니카와 친구도 아프기 전날 이런 음식을 먹었다. CDC및 FDA (Food and Drug Administration, 식품의약국)와 공조하여, 제조사는 문제의 가수분해 식물성 단백질 제품을 시장에서 회수하였다. 모니카와 그 친구는 며칠이 지나지 않아 완전히 회복되었다.

살모넬라가 여러 음식을 통해 전염될 수 있기 때문에 살모넬라 감염원을 정확하게 추적하여 알아내는 것이 꼭 필요하다. 살모넬라 감염으로 인해 미국에서 해마다 1,400만 명이 식중독에 걸리고 400명이 사망하는 것으로 집계되고 있다.

전 세계의 공중보건 실험실에서 여러 살모넬라 균주를 구별하기 위해 DNA 지문법을 널리 사용하고 있다. 핵산 증폭법은 매우 민감하고 특이적인 반응이어서 균주마다 적절한 프라이머나 탐침을 제작해야 한다. 짧은 핵산서열이 아닌 전체 유전체에 대한 RFLP를 비교한다면, DNA 지문으로 균주의 종류를 알아낼 수도 있다.

273 286 287 290 293 **294**

이해도 확인하기

- 버지편람은 무엇인가? **10-13**
- 황색포도상구균(*Staphylococcus aureus*)을 빠르게 검사하는 방법을 고안하시오. (힌트: 166쪽 그림 6.10 참조) **10-14**
- 웨스턴블롯팅과 서던블롯팅을 이용해서는 무엇을 검사할 수 있는가? **10-15**
- 파지유형분석을 이용해서는 무엇을 동정할 수 있는가? **10-16**
- PCR을 이용하여 미생물을 동정하는 이유는? **10-17**
- 핵산혼성화 과정이 포함된 기법은 무엇인가? **10-18**
- 분기도는 동정 과정에 이용되는가? 아니면 분류 과정에 이용되는가? **10-12, 10-19**

학습 개요

서론 (272쪽)

1. 분류학은 생물을 분류하여 이들 사이의 유연관계를 알아보기 위한 학문이다.
2. 분류학의 도움으로 생물을 동정할 수 있다.

계통발생적 유연관계에 대한 연구 (273~277쪽)

1. 계통발생은 생물군의 진화적 역사를 말해준다.
2. 분류체계를 통해 생물 사이의 진화, 즉 계통발생적 유연관계를 알 수 있다.
3. 세균은 1968년에 원핵생물계로 분리되었다.
4. 1969년 생물을 5개의 계로 분류하기 시작했다.

생물의 3영역 (273~275쪽)

5. 생물은 현재 세 개의 영역으로 분류하고 영역은 계로 나뉜다.
6. 이 체계에서 식물, 동물, 진균은 진핵생물영역에 속한다.
7. 진정세균(펩티도글리칸이 있는)은 두 번째 영역을 이룬다.
8. 고세균(특이한 세포벽을 지니는)은 고세균 영역에 속한다.

계통발생적 체계 (275~277쪽)

9. 생물은 계통발생적 유연관계에 따라 (공통조상에서 유래한) 각각의 분류군으로 나뉜다.
10. 진핵생물의 유연관계에 대한 일부 정보는 화석 기록에서 얻는다.
11. 원핵생물의 유연관계는 rRNA 염기서열로 결정한다.

생물의 분류 (277~281쪽)

생물의 학명 (278쪽)

1. 각각의 생물을 두 개의 이름, 즉 속명과 종명을 부여하는 것이 과학적 명명법(학명)이다. 이와 같은 명명체계를 이명법이라 한다.
2. 세균에 이름을 부여하는 규칙은 국제 원핵생물 분류위원회(*International Committee on Systematics of Prokaryotes*)에서 정한다.
3. 진균과 조류의 명명 규칙은 국제 식물명명규약(*International Code of Botanical Nomenclature*)에 따른다.
4. 원생동물의 명명 규칙은 국제 동물명명규약(*the International Code of Zoological Nomenclature*)에 따른다.

분류체계 (278쪽)

5. 진핵생물의 종은 서로 교배가 가능하지만 다른 종과는 교배하지 못하는 생물의 집단이다.
6. 유사한 종은 같은 속으로, 유사한 속은 같은 과로, 과는 목으로, 목은 강으로, 강은 문으로, 문은 계로, 그리고 계는 영역으로 분류한다.

원핵생물의 분류 (279~280쪽)

7. 세균 분류에 대한 표준은 버지의 세균분류학 편람(*Bergey's Manual of Systematic Bacteriology*, 버지편람)에 제시되어 있다.
8. 균주란 단일 세포에서 유래된 세균 집단을 말한다.
9. 밀접하게 연관된 균주가 세균의 종을 구성한다.

진핵생물의 분류 (280~281쪽)

10. 진핵생물은 진균계, 식물계, 동물계로 나눌 수 있다.
11. 원생동물은 대부분이 단세포 생물이다. 이들은 여러 계에 나뉘어 분류되고 있다.
12. 진균은 포자를 형성하며 영양물질을 흡수하는 화학종속영양생물이다.
13. 다세포 광독립영양생물들은 식물계에 속한다.
14. 다세포 생물로 영양물질을 섭취하는 화학종속영양생물은 동물계로 분류된다.

바이러스의 분류 (281쪽)

15. 바이러스는 생물계에 속하지 않는다. 바이러스는 세포로 이루어져 있지 않고 숙주세포가 없으면 성장하지 못한다.
16. 바이러스의 종은 특정한 생태적 지위를 점하며 유사한 형질을 갖는 바이러스 집단으로 규정한다.

미생물 동정과 분류법 (281~294쪽)

1. 버지의 세균동정 편람(*Bergey's Manual of Determinative Bacteriology*)에는 실험실에서 세균을 동정하는 표준적인 방법이 제시되어 있다.
2. 구조적 특징은 미생물을 동정하는 데 유용하다. 분별 염색기법이 특히 도움이 된다.
3. 여러 가지 효소의 존재 여부 또한 세균과 효모의 동정에 사용되며 이는 생화학적 검사로 판별할 수 있다.
4. 혈청학적 검사는 특이적인 항체에 대한 미생물의 반응을 검사하는 것으로 균주나 종을 동정하거나 미생물 사이의 유연관계를 결정하는 데 유용하다. 혈청학적 검사법의 예로 ELISA와 웨스턴블롯팅을 들 수 있다.
5. 파지유형분석을 통해 세균의 종이나 균주를 동정한다. 이는 여러 종류 파지에 대한 감수성을 검사하는 방법이다.
6. 지방산 조성을 비교함으로써 일부 생물을 동정할 수 있다.
7. 유동세포측정법에서는 세포의 물리적, 화학적 특성을 측량한다.
8. 세포에 들어 있는 핵산에서 GC 염기쌍의 백분율을 바탕으로 생물을 분류할 수 있다.
9. 제한효소를 처리했을 때 나타나는DNA 조각의 크기와 숫자를 DNA 지문이라 하며 이는 유전적 유사성을 결정하는 데 활용된다.
10. 핵산증폭반응을 통해 시료에 들어 있는 소량의 미생물 DNA를 증폭시킬 수 있다. 증폭된 DNA의 특성에 따라 특정한 생물의 존재 여부를 확인하거나 생물을 동정할 수 있다.
11. 서로 관련 있는 생물에서 분리한 단일가닥 DNA 또는 RNA는 분자들 사이에 수소결합이 형성되며 이중가닥 분자를 이룰 것이다. 이와 같은 과정을 핵산 혼성화라 한다.
12. 서던블롯팅, DNA 칩, FISH 등에서 핵산 혼성화 기법을 사용한다.
13. RNA의 염기서열을 바탕으로 생물을 분류하기도 한다.
14. 이분검색표를 활용하여 생물을 동정한다. 분기도는 생물들 사이의 계통분류학적 유연관계를 나타낸다.

학습 질문

복습과 객관식 문제에 대한 해답은 책 뒤에 있음.

복습 문제

1. 다음 중 가장 밀접하게 연관된 생물은? 두 개의 형질이 같은 종의 것으로 보이는 것이 있는가? 무엇을 근거로 답을 정했는가?

형질	A	B	C	D
형태	막대형	구형	막대형	막대형
그람염색반응	+	−	−	+
포도당 이용	발효	산화	발효	발효
사이토크롬 산화효소	있음	있음	없음	없음
GC %	48~52	23~40	50~54	49~53

2. 위의 1번 문제와 관련하여 다음과 같은 추가 정보를 얻었다.

생물	DNA 혼성화 비율(%)
A − B	5~15
A − C	5~15
A − D	70~90
B − C	10~20
B − D	2~5

이들 생물 중 가장 밀접하게 연관된 것은? 이 답을 1번 문제의 답과 비교하시오.

3. 그려보기 아래의 추가 정보를 활용하여 4번 문제에 제시된 일부 생물의 분기도를 작성하시오. 분기도를 작성하는 목적은 무엇인가? 분기도는 이들 생물의 이분검색표와 어떻게 다른가?

	rRNA 염기서열의 유사도
P. aeruginosa — *M. pneumoniae*	52%
P. aeruginosa — *C. botulinum*	52%
P. aeruginosa — *E. coli*	79%
M. pneumoniae — *C. botulinum*	65%
M. pneumoniae — *E. coli*	52%
E. coli — *C. botulinum*	52%

% similarity

100 50

4. 그려보기 아래 표에 제시된 정보를 활용하여 이들 생물의 이분검색표를 완성하시오. 이분검색표를 작성하는 목적은 무엇인가? 11장에서 각각의 속에 대한 정보를 찾아 사람들이 이들 개체에 관심을 갖는 이유를 제시하시오.

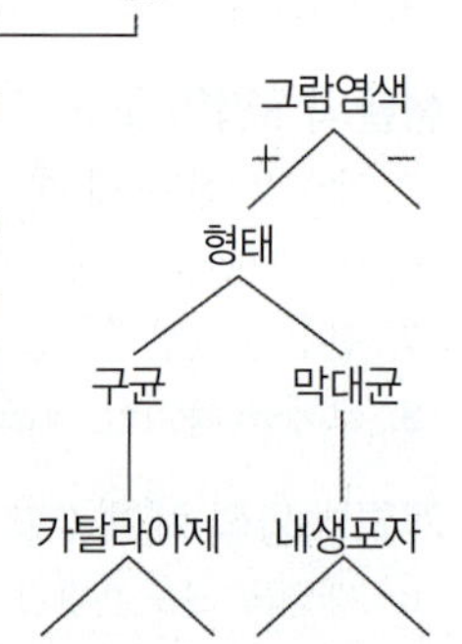

	형태	그람염색반응	포도당에서 생성되는 산	유산소 상태의 성장 (21% O_2)	주모성 편모에 의한 운동	시토크롬 산화효소의 존재	카탈레이스 생성
Staphylococcus aureus	구형	+	+	+	−	−	+
Streptococcus pyogenes	구형	+	+	+	−	−	−
Mycoplasma pneumoniae	구형	−	+	(콜로니 크기 < 1 mm)	−	−	+
Clostridium botulinum	막대형	+	+	−	+	−	−
Escherichia coli	막대형	−	+	+	+	−	+
Pseudomonas aeruginosa	막대형	−	+	+	−	+	+
Campylobacte fetus	비브리오형	−	−	−	−	+	+
Listeria monocytogenes	막대형	+	+	+	+	−	+

5. **이름 답하기** 282쪽 상자 속의 "미생물학의 응용"에 포함된 검색표를 활용하여 해달에서 폐렴을 일으키는 그람음성 막대균을 동정하시오. 이 세균은 V-P 음성, 인돌 음성, 요소분해효소 양성이다.

객관식 문제

1. 버지의 세균분류편람은 버지의 세균 동정 편람과 다음과 같은 점에서 다르다.
   a. 분류편람은 세균을 종으로 구분한다.
   b. 분류편람에서는 계통발생학적 유연관계에 따라 세균을 분류한다.
   c. 분류편람에서는 병원성에 따라 세균을 분류한다.
   d. 분류편람은 세균을 19개의 종으로 나눈다.
   e. 위의 답 모두 옳다.
2. *Bacillus*와 *Lactobacillus*는 같은 목에 속하지 않는다. 이를 통해 다음 중 어떤 특성이 생물을 분류군으로 나누기에 충분하지 않음을 알 수 있는가?
   a. 생화학적 특성
   b. 아미노산 서열
   c. 파지유형
   d. 혈청학
   e. 구조적 특성
3. 다음 중 생물을 진균계로 분류하는 데 활용되는 특성은?
   a. 광합성 능력, 세포벽 있음
   b. 단세포, 세포벽 있음, 원핵세포
   c. 단세포, 세포벽 없음, 진핵세포
   d. 영양물질을 흡수, 세포벽 있음, 진핵세포
   e. 영양물질을 섭취, 세포벽 있음, 다세포, 원핵세포
4. 학명에 대해 옳지 않은 설명은?
   a. 학명을 이루는 각 이름이 모두 생물마다 다르다.
   b. 지역에 따라 이름이 달라질 수 있다.
   c. 명명체계가 표준화되어 있다.
   d. 각 이름은 속명과 종명으로 이루어져 있다.
   e. 린네가 최초로 고안하였다.
5. 다음 중 하나를 제외하면 모두 미지의 세균을 동정하는 데 결정적인 정보를 제공할 수 있다. 예외인 것은?
   a. 미지 세균의 DNA를 알려진 세균의 특징적인 DNA 탐침과 혼성화한다.
   b. 세균의 지방산 조성을 조사한다.
   c. 미지의 세균을 특정 항혈청과 반응시킨다.
   d. 리보솜 RNA 서열을 결정한다.
   e. 구아닌과 사이토신의 백분율을 조사한다.
6. 세포벽이 없는 마이코플라스마는 그람양성세균과 연관이 있는 것으로 간주된다. 다음 중 가장 강력한 증거가 되는 것은 무엇일까?
   a. 공통적인 rRNA 서열을 공유한다.
   b. 일부 그람양성세균과 일부 마이코플라스마가 카탈레이스를 생성한다.
   c. 두 종류 모두 원핵세포이다.
   d. 일부 그람양성세균과 일부 마이코플라스마는 구형 세포를 이룬다.
   e. 두 종류 모두 사람에게 질병을 일으킨다.

7~8번 문제의 답을 다음 중에서 선택하시오.

a. 동물계
b. 진균계
c. 식물계
d. 후벽세균문(그람양성세균)
e. 가변세균문(그람음성세균)

7. 입이 있고 사람의 간에서 서식하는 다세포 생물은 어디에 속할까?
8. 핵이 없고 외막으로 둘러싸인 얇은 펩티도글리칸 세포벽을 지니는 광합성 생물은 어디에 속할까?

9~10번 문제의 답을 다음 중에서 선택하시오.

1. 9 + 2 구조의 편모
2. 70S 리보솜
3. 핌브리아
4. 핵
5. 펩티도글리칸
6. 원형질막

9. 생물의 3 영역 전부에 존재하는 것은?
   a. 2, 6
   b. 5
   c. 2, 4, 6
   d. 1, 3, 5
   e. all six
10. 원핵생물에만 존재하는 것은?
   a. 1, 4, 6
   b. 3, 5
   c. 1, 2
   d. 4
   e. 2, 4, 5

비판적 사고

1. *Micrococcus*의 GC 함량은 66~75%이고 *Staphylococcus*는 30~40%이다. 이 정보를 바탕으로 이들 두 개 속의 유연관계에 대해 어떠한 결론을 내릴 수 있겠는가?
2. 다음과 같은 목적으로는 DNA 탐침과 PCR 기법을 어떻게 사용할 수 있는지 설명하시오.
   a. 미지의 세균을 빠른 시간 안에 동정할 때.
   b. 세균이 어느 분류군에 가장 밀접하게 연관되어 있는지 결정할 때.
3. SF 배지는 선택배지의 일종으로 1940년대에 개발되어 우유나 물의 분변 오염 여부를 검사하는 데 사용되고 있다. 이 배지에서는 특정한 그람양성 구균만이 자랄 수 있다. 이를 SF배지라 부르는 까닭은 무엇일까? 이 배지를 사용하면 어떤 속의 세균을 배양할 수 있을까? (힌트: 278쪽 참조)

임상 응용

1. 55세 된 수의사가 이틀 동안 열, 가슴통증, 기침에 시달리다 입원하였다. 가래에서 그람양성 구균이 검출되었고 대엽성 폐렴으로 진단받아 페니실린 치료를 받았다. 다음 날, 또 다시 가래를 그람염색했더니 그람음성 간균이 나타났고 이에 따라 암피실린에서 젠타마이신으로 항생제를 바꾸었다. 가래를 배양한 결과 생화학적으로 비활성인 그람음성 간균은 *Pantoea* (*Enterobacter*) *agglomerans*로 확인되었다. 형광항체 염색과 파지유형검색 결과 환자의 가래와 혈액에서 *Yersinia pestis*의 존재가 확인되었고 클로람페니콜과 테트라사이클린이 투여되었다. 환자는 입원 사흘 만에 사망했다. 그가 접촉

한 220여 명의 병원 관계자, 가족, 직장동료에게 테트라사이클린 처방이 내려졌다. 이 환자는 어떤 질병을 앓았는가? 진단 과정에서 잘못된 점이 있는지 사망을 막을 방법은 무엇이었을지에 대해 논의하시오. 220여 명의 주변 사람들을 치료한 까닭은 무엇일까? (힌트: 23장 참조)

2. 6살 난 여자아이가 심장내막염으로 입원했다. 혈액 배양 결과 그람양성, 유산소 막대균이 검출되었고 병원 실험실에서는 이를 *Corynebacterium xerosis*라고 동정하였다. 아이는 정맥으로 페니실린과 클로람페니콜 처치를 받은 지 6주 만에 사망했다. 또 다른 실험실에서는 같은 세균을 *C. diphtheriae*로 동정하였다. 각 실험실에서는 다음과 같은 검사 결과를 얻었다.

	병원 실험실	**다른 실험실**
카탈레이스	+	+
질산환원	+	+
요소	−	−
에스쿨린 가수분해	−	−
포도당 발효	+	+
설탕 발효	−	+
독소 생성에 대한 혈청학적 검사	하지 않음	+

부정확하게 동정하게 된 이유는 무엇일까? *C. diphtheriae*를 정확하게 동정하지 못하였을 때, 공중보건에 어떠한 영향을 끼칠 가능성이 있는가? (힌트: 24장 참조)

3. 다음 정보를 활용하여 이들 단세포 생물을 구별할 수 있는 이분검색표를 작성하시오. 이 가운데 사람에게 질병을 일으키는 것은?

	미토콘드리아?	**엽록소?**	**영양방식?**	**운동성?**
Euglena	+	+	양쪽 모두	+
Giardia	−	−	종속영양	+
Nosema	−	−	종속영양	−
Pfiesteria	+	+	독립영양	+
Trichomonas	−	−	종속영양	+
Trypanosoma	+	−	종속영양	+

아래에 제시된 추가 정보를 활용하여 이들 생물의 이분검색표를 작성하시오. 앞에서 작성한 검색표와 달라졌는가? 그 이유는? 실험실 동정에 어느 검색표가 더 유용할까? 분류에는 어느 검색표가 더 유용할까?

rRNA 염기 #	**1**	**2**	**3**	**4**	**5**	**6**	**7**	**8**	**9**	**10**	**11**	**12**	**13**	**14**	**15**	**16**	**17**	**18**	**19**	**20**
Euglena	C	C	A	G	G	U	U	G	U	U	C	C	A	G	U	U	U	U	A	A
Giardia	C	C	A	U	A	U	U	U	U	U	G	A	C	G	A	A	G	G	U	C
Nosema	C	C	A	U	A	U	U	U	U	U	A	A	C	G	A	A	G	G	C	C
Pfiesteria	C	C	A	A	C	U	U	A	U	U	C	C	A	G	U	U	U	C	A	G
Trichomonas	C	C	A	U	A	U	U	U	U	U	G	A	C	G	A	A	G	G	G	C
Trypanosoma	C	C	A	C	G	U	U	G	U	U	C	C	A	G	U	U	U	A	A	A

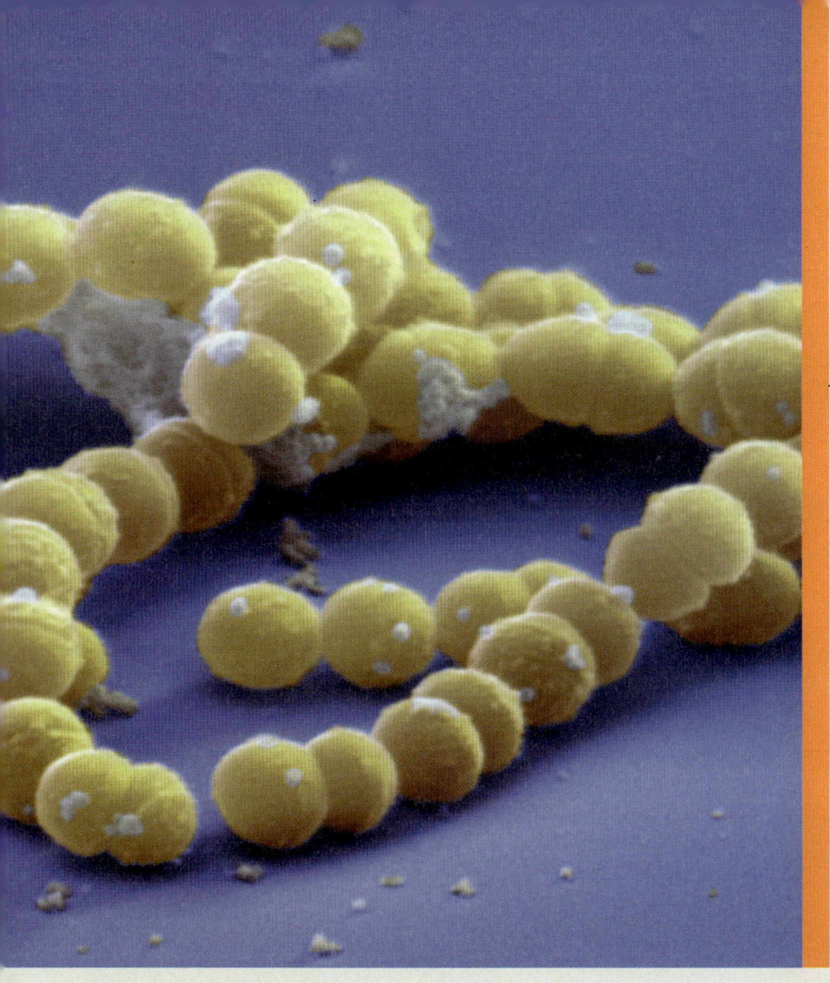

11

원핵생물: 진정세균 영역과 고세균 영역

세균은 동물이나 식물과는 확연히 다르다. 따라서 생물학자가 새로운 세균을 처음으로 분리할 때 이를 분류하는 일은 쉽지 않았다. 동식물 분류에 사용했던 계통발생 체계에 근거하여 세균의 분류체계를 확립하려는 시도는 실패로 끝났다(273쪽 참조). 버지편람(*Bergey's Manual*)의 초기 판본에서는 세균을 형태(막대균, 구균), 염색반응, 내생포자의 유무, 기타 뚜렷하게 나타나는 몇몇 특징 등에 근거하여 분류하였다. 이와 같은 분류체계를 어느 정도 활용할 수는 있었지만 그 한계는 명백했다. 이와 같은 분류 방식은 마치 날개가 있다고 해서 박쥐와 조류를 같은 분류군으로 묶는 것과 같다고 볼 수 있다. 분자생물학 지식이 축적되면서 버지편람의 최신판에서는 계통발생 체계에 따라 세균을 분류하는 일이 어느 정도 가능해졌다. 예를 들어 이제는 세포내 기생생물이라는 이유만으로 *Rickettsia*속과 *Chlamydia*속을 같은 분류군으로 묶지 않는다. *Chlamydia*속의 종들은 이제 클라미디아문(*Chlamydia*)에 포함시키지만, 리케차(*rickettsia*)는 이와는 유연관계가 먼 가변세균문(*Proteobacteria*)의 알파가변세균강에 속하는 것으로 본다. 일부 미생물학자들은 이와 같은 변화를 불편하게 여기나 이런 변화는 중요한 차이를 반영한다. 분류 방식의 변화는 주로 rRNA 서열의 차이에 근거하는데, 이는 모든 생물에서 같은 기능을 수행하며 변이가 발생하는 속도가 매우 느린 유전인자이기 때문이다(292쪽 참조).

그림에서 보이는 *Streptococcus agalactiae*와 같이 환자에게서 분리한 병원성 세균은 신속하게 동정(확인)할 수 있어야 한다. 실험실에서 세균종의 동정은 그람염색과 형태 분석에서 시작된다. 이 세균의 동정에 대한 이야기를 임상 사례에서 다루기로 한다.

원핵생물

버지편람의 2판에서는 원핵생물을 **고세균 영역(Archaea)**과 **진정세균 영역(Bacteria)**의 2개 **영역(domain)**으로 분류하고 있다. 두 영역 모두 원핵세포로 이루어져 있다. 영역의 이름을 나타낼 때에는 고세균(archaea)과 진정세균(bacteria)의 첫 글자를 대문자로 표기한다. 이들 영역을 문으로, 문을 강으로 나누는 것은 동식물의 분류체계와 같다. 원핵생물의 문은 표 11.1에 요약되어 있다(부록 F 참조).

임상 사례: 갓난 아기 머시

지역 병원의 신생아 전문의인 워커 박사가 태어난 지 48시간이 된 여자아이 머시를 검진하고 있다. 머시는 39주 만에 정상분만으로 태어났으며 건강한 아기의 모든 징후를 보였다. 그러나 지난 이틀 사이에 상황이 급격히 나빠져 신생아 중환자실에 들어가야 했다. 머시는 활기가 없고 호흡곤란을 겪고 있으며 체온은 35°C이다. 그러나 허파에는 이상이 없었고 심장검사 결과도 정상이다. 워커 박사는 머시 어머니와 이야기한 결과, 머시 어머니는 적절한 산전검사를 받았으며 다른 의학적 문제가 없었다는 사실을 확인했다. 워커 박사는 척수천자를 해서 척수액의 감염 여부를 검사하였다. 검사 결과, 워커 박사는 머시가 수막염을 앓고 있다는 진단을 내렸고 정맥혈을 배양하여 세균을 검사하라는 지시를 내렸다.

머시에게 수막염을 일으킬 수 있는 세균의 종류는? 알아보자.

300 317 318 320 324

표 11.1 버지편람 2판*에 소개된 대표적 원핵생물

문 강	목	주요 속	특징
진정세균 영역			
가변세균문(Proteobacteria)			
알파가변세균강(Alphaproteobacteria)	카울로박터목(Caulobacterales)	*Caulobacter*	자루 달림
	리케차목(Rickettsiales)	*Anaplasma*	절대 세포내 사람 병원체
		Ehrlichia	절대 세포내 사람 병원체
		Rickettsia	절대 세포내 사람 병원체
		Wolbachia	곤충과 공생체 형성
	리조비움목(Rhizobiales)	*Agrobacterium*	식물 병원체
		Bartonella	사람 병원체
		Beijerinckia	자유 생활하는 질소고정세균
		Bradyrhizobium	공생하는 질소고정세균
		Brucella	사람 병원체
		Hyphomicrobium	출아세균
		Nitrobacter	질산화세균
		Rhizobium	공생하는 질소고정세균
	로도스피릴룸목(Rhodospirillales)	*Acetobacter*	아세트산 생성
		Azospirillum	질소고정세균
		Gluconobacter	아세트산 생성
		Rhodospirillum	산소비발생 광합성
베타가변세균강(Betaproteobacteria)	부르콜데리아목(Burkholderiales)	*Burkholderia*	기회성 병원체
		Bordetella	사람 병원체
		Sphaerotilus	단단한 껍질이 있음
	하이드로제노필리아목(Hydrogenophilales)	*Thiobacillus*	황 산화 세균
	나이세리아목(Neisseriales)	*Neisseria*	사람 병원체
	니트로조모나스목(Nitrosomonadales)	*Nitrosomonas*	질산화세균
		Spirillum	고여 있는 민물에 서식
	로도사이클리아목 (Rhodocyclales)	*Zoogloea*	하수 처리

* 전체 분류군 목록은 부록 F를 참조. 이 표에는 본문에 언급된 원핵생물만 포함되어 있다. '병원성' 등으로 표기된 설명에서 병원성이 해당 속의 일반적인 특징이기는 하지만 모든 세균이 이와 같은 특성을 지니는 것은 아니다.

표 11.1 (계속)

문 강	목	주요 속	특징
감마가변세균강 (Gammaproteobacteria)	크로마티움목(Chromatiales)	*Chromatium*	산소비발생 광합성
	티오트리칼리아목(Thiotrichales)	*Beggiatoa*	황 산화 세균
		Thiomargarita	거대 세균
		Francisella	사람 병원체
	레지오넬라목(Legionellales)	*Legionella*	사람 병원체
		Coxiella	절대 세포내 사람 병원체
	슈도모나스목(Pseudomonadales)	*Azomonas*	자유 생활하는 질소고정세균
		Azotobacter	자유 생활하는 질소고정세균
		Moraxella	사람 병원체
		Pseudomonas	기회성 병원체
	비브리오목(Vibrionales)	*Vibrio*	사람 병원체
	엔테로박터목(Enterobacteriales)	*Citrobacter*	기회성 병원체
		Enterobacter	기회성 병원체
		Erwinia	식물 병원체
		Escherichia	장내 정상세균, 일부 병원성
		Klebsiella	기회성 병원체
		Proteus	사람 장내 세균, 때로 병원성을 보임
		Salmonella	사람 병원체
		Serratia	붉은 색소, 기회성 감염
		Shigella	사람 병원체
		Yersinia	사람 병원체
	파스퇴렐라목(Pasteurellales)	*Haemophilus*	사람 병원체
		Pasteurella	사람 병원체
델타가변세균강 (Deltaproteobacteria)	델로비브리오 목(Bdellovibrionales)	*Bdellovibrio*	세균에 기생
	디설포비브리오 목(Desulfovibrionales)	*Desulfovibrio*	황산 환원
	믹소코커스목(Myxococcales)	*Myxococcus*	활주운동, 결실체 형성
		Stigmatella	활주운동, 결실체 형성
엡실론가변세균강 (Epsilonproteobacteria)	캄필로박터목(Campylobacterales)	*Campylobacter*	사람 병원체
		Helicobacter	사람 병원체, 발암성
후벽세균문(Firmicutes, 낮은 G + C 그람양성세균)			
	클로스트리디움목(Clostridiales)	*Clostridium*	무산소 세균, 내생포자, 일부 사람 병원체
		Epulopiscium	거대 세균
		Sarcina	정육면체 형태의 덩어리로 존재
	마이코플라스마목(Mycoplasmatales)†	*Mycoplasma*	세포벽 없음, 사람 병원체
		Spiroplasma	세포벽 없음, 다형성, 식물 병원체
		Ureaplasma	세포벽 없음, 요소를 암모니아로 분해
	바실루스목(Bacillales)	*Bacillus*	내생포자, 일부 병원성
		Listeria	사람 병원체
		Staphylococcus	일부 사람 병원체
	락토바실루스목(Lactobacillales)	*Enterococcus*	기회성 병원체
		Lactobacillus	젖산 생성
		Streptococcus	사람 병원체 많음

† 마이코플라스마목에 속하는 세균은 G + C 함량이 낮은 그람양성세균과 유전적으로 연관되어 있으나 세포벽이 없어 그람염색을 하면 그람음성세균으로 나타난다.

(계속)

표 11.1 버지편람 2판에 소개된 대표적 원핵생물 (계속)

문 강	목	주요 속	특징
방선균문(Actinobacteria, 높은 G + C 그람양성세균)			
	방선균목(Actinomycetales)	*Actinomyces*	가지 달린 균사, 일부는 사람 병원체
		Corynebacterium	사람 병원체
		Frankia	공생하는 질소고정세균
		Gardnerella	사람 병원체
		Mycobacterium	항산성, 사람 병원체
		Nocardia	가지 달린 균사, 기회성 병원체
		Propionibacterium	프로피온산 생성균
		Streptomyces	가지 달린 균사체, 여러 종류가 항생제 생산
가변세균문에 속하지 않는 그람음성세균			
남세균문(Cyanobacteria)		*Anabaena*	산소발생 광합성
		Gloeocapsa	산소발생 광합성
클라미디아문(Chlamydiae)	클라미디아목(Chlamydiales)	*Chlamydia*	세포내 기생체, 사람 병원체
		Chlamydophila	세포내 기생체, 사람 병원체
플랑크토마이세스문(Planctomycetes)	플랑크토마이세스목(Planctomycetales)	*Planctomyces*	세포벽에 펩티도글리칸 성분이 없음, 자루 달림
		Gemmata	세포벽에 펩티도글리칸 성분이 없음, 진핵세포와 유사한 세포내 구조
박테로이드문(Bacteroidetes)	박테로이드목(Bacteroidales)	*Bacteroides*	사람 장내 서식
		Prevotella	사람 구강 서식
	스핑고세균목(Sphingobacteriales)	*Cytophaga*	토양의 섬유소 분해
	플라보세균목(Flavobacteriales)	*Capnocytophaga*	포유류 구강 서식
푸조세균문(Fusobacteria)	푸조세균목(Fusobacteriales)	*Fusobacterium*	사람 장내 서식
		Streptobacillus	사람 병원체
자색 및 홍색 광합성 세균(산소비발생 광합성 세균)			
클로로비움문(Chlorobi)		*Chlorobium*	산소비발생 광합성
클로로플렉서스문(Chloroflexi)		*Chloroflexus*	산소비발생 광합성
스피로헤타문(Spirochaetes)	스피로헤타목(Spirochaetales)	*Borrelia*	사람 병원체
		Leptospira	사람 병원체
		Treponema	사람 병원체
데이노코커스문(Deinococcus-Thermus)	데이노코커스목(Deinococcales-Thermales)	*Deinococcus*	방사능에 강한 호열균
		Thermus	열에 강한 호열균
고세균 영역(DOMAIN ARCHAEA)			
크렌고세균문(Crenarchaeota, 그람음성)			
	디설푸로코커스목(Desulfurococcales)	*Pryidictium*	초호열균
	설포로버스목(Sulfolobales)	*Sulfolobus*	초호열균
유리고세균문(Euryarchaeota, 그람양성 등 다양함)			
	메탄생성균목(Methanobacteriales)	*Methanobacterium*	메탄생성
	Halobacteriales	*Halobacterium*	고농도의 염분 필요
		Halococcus	고농도의 염분 필요

진정세균 영역

우리는 대체로 세균은 눈에 보이지 않으며 해로움을 줄 수 있는 작은 생물이라고 생각한다. 실제로는 매우 적은 종류의 세균만이 사람이나 동식물, 그 밖의 생물에 병을 일으킨다. 미생물학 강좌를 다 듣고 나면 세균이 없이는 우리가 알고 있는 대부분의 생명활동이 불가능해진다는 사실을 알게 될 것이다. 이번 장에서는 세균 집단을 어떻게 구분하고 미생물학계에서 세균이 얼마나 중요한지에 대해 공부할 것이다. 또한 진정세균의 실용적인 중요성을 강조하여 의학에서 중요한 의미를 갖는 세균이나 생물학적으로 특별하거나 흥미로운 원리를 알려주는 세균에 대해 중점적으로 살펴보기로 한다.

이번 장의 학습 목표와 이해도 확인하기 문제를 통해 여러분은 세균에 좀 더 친숙해질 것이며 생물들 사이의 유사성과 차이점을 이해할 수 있게 될 것이다. 또한 각 분류군에 따라 진정세균을 구별하는 이분검색표(dichotomous key)를 작성해 보기로 한다.

가변세균문

학습 목표

11-1 이분검색표를 작성하여 알파가변세균에 속하는 세균들을 분류한다.
11-2 이분검색표를 작성하여 베타가변세균에 속하는 세균들을 분류한다.
11-3 이분검색표를 작성하여 감마가변세균에 속하는 세균들을 분류한다.
11-4 이분검색표를 작성하여 델타가변세균에 속하는 세균들을 분류한다.
11-5 이분검색표를 작성하여 엡실론가변세균에 속하는 세균들을 분류한다.

이분검색표의 예를 하나 제시하기로 한다. 알파가변세균에 대해서는 다음과 같은 이분검색표를 작성할 수 있다.

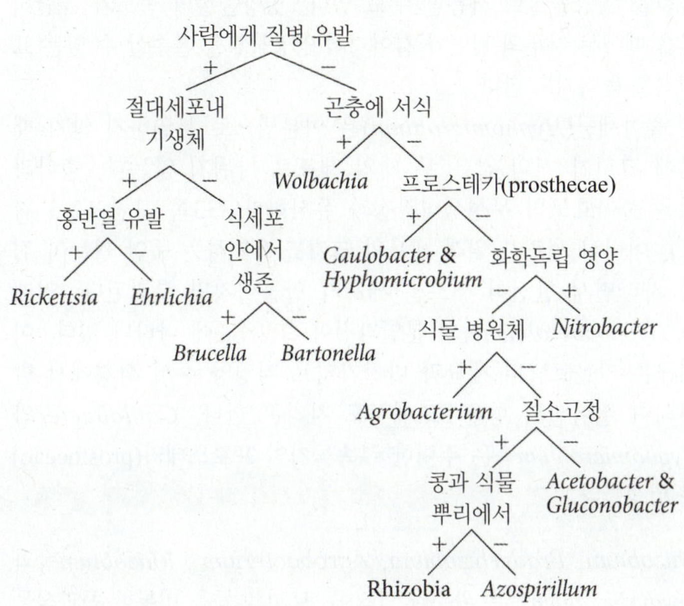

대부분의 그람음성 화학종속영양세균이 포함되는 **가변세균문(phylum Proteobacteria)**은 공통 광합성 조상에서 유래한 것으로 추정된다. 이것은 진정세균에서 가장 큰 분류군이다. 그러나 이 가운데 현재 광합성을 하는 것은 극소수의 일부이다. 다양한 대사, 영양 능력이 생기면서 광합성 특성을 대체하게 된 것이다. 이들 사이의 계통발생적 유연관계는 rRNA 연구에 기초한다. 가변세균이라는 이름은 그리스 신화에서 유래된 것으로 프로테우스(Proteus)는 여러 가지 모습으로 변신할 수 있는 신의 이름이다. 가변세균문은 다섯 개의 강으로 나뉘며 각각 그리스 문자를 접두어로 붙여 알파가변세균강, 베타가변세균강, 감마가변세균강, 델타가변세균강, 엡실론가변세균강으로 불린다.

알파가변세균강

알파가변세균강에 속하는 가변세균들은 대체로 영양물질이 매우 적은 양으로 존재하는 환경에서 성장할 수 있다. 일부 세균은 특이한 형태를 보이는데, 자루(stalk)나 **프로스테카(prosthecae)** 또는 싹눈(bud) 따위가 돌출해 있기도 하다. 또한 식물과 공생하면서 질소를 고정하여 농업에 중요한 세균이나 식물이나 사람에게 병을 일으키는 일부 병원성 세균 등도 알파가변세균에 포함된다. 알파가변세균강에 속하는 주요 속들은 다음과 같다.

Pelagibacter 지구상의 도처에 가장 흔히 존재하며, 특히 해양 환경에 많은 미생물 가운데 하나가 *Pelagibacter ubique*다. 이 종은 FISH 기법(292쪽 참조)을 이용하여 발견한 해양 미생물로 사르가소해(Sargasso Sea)에서 처음 발견되어 SAR11이라 불렸다. *P. ubique*가 이 속에서 처음으로 배양에 성공한 종이다. 유전체 염기서열을 결정한 결과 이 세균은 단 1354개의 유전자만을 지닌다는 사실이 밝혀졌다. 마이코플라스마(317쪽 참조)에 속하는 몇몇 종이 더 적은 수의 유전자를 지니고 있기는 하지만 이 숫자는 자유 생활을 하는 생물로서는 매우 적은 것이다. 공생관계를 형성하는 세균은 대체로 대사 요구가 적고 따라서 더 작은 유전체를 지닌다(327쪽 참조). 이 세균은 매우 작아서 지름이 0.3 μm를 겨우 넘기는 정도다. 크기가 작은 최소한의 유전체를 지닌다는 점은 영양 물질의 농도가 매우 낮은 환경에서 생존하는 데 경쟁적 이점이 될 수 있다. 실제 생물량을 기준으로 볼 때 이 종에 속하는 개체수가 생물종 가운데 가장 많을 것으로 추정된다(*ubique*라는 종명은 *ubiquitous*에서 유래한 것임). 바다에 특히 많이 존재하며 그 엄청난 수를 고려할 때 이 종은 지구의 탄소순환에 중요한 역할을 담당하는 것으로 생각된다.

Azospirillum 이 속에는 농업 분야에서 관심을 갖는 미생물이 많이 포함되어 있다. 특히 열대 초지 식물의 뿌리와 매우 긴밀하게 연

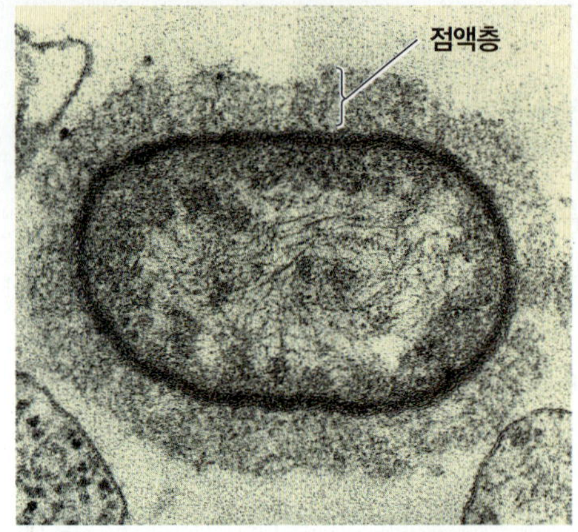

(a) 숙주세포에서 막 방출된 리케차 세포 TEM 0.4μm

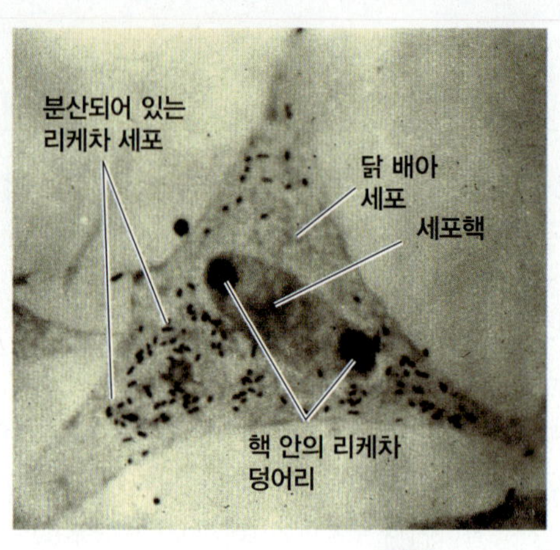

LM 5μm

그림 11.1 **리케차**

Q 리케차는 어떻게 한 숙주에서 다른 숙주로 전염되는가?

(b) 리케차는 그림에 나타난 닭의 배아세포와 같은 숙주세포 내에서만 자란다. 세포 내에 흩어져 있는 리케차와 세포 핵 안에 단단하게 뭉쳐져 있는 리케차 덩어리를 주목하시오.

합하여 공생하는 토양 세균들을 일례로 들 수 있다. 이 세균은 식물이 분비하는 영양물질을 이용하고 그 보답으로 대기 중의 질소를 고정하여 제공한다. 이와 같은 형태의 질소고정은 일부 열대 초본식물과 사탕수수의 성장에 특히 중요한 역할을 한다. 그러나 이들은 옥수수를 비롯한 많은 온대식물의 뿌리계에서도 분리된다. *Azo*-라는 접두어는 질소를 고정하는 세균 속에서 자주 볼 수 있다. 이 명칭은 *a*(없다는 뜻)와 *zo*(생명)의 합성어에서 유래된 것으로 초기 화학실험에서 양초를 태우는 등의 방식으로 대기 중의 산소를 제거하면 대부분 질소가 남는데 이런 환경에서는 포유동물은 살 수가 없음을 발견하였다. 이런 이유로 질소가 생명이 없다는 뜻을 가진 *azo*-라는 접두어와 연관된 것이다.

Acetobacter*, *Gluconobacter *Acetobacter*와 *Gluconobacter*속은 에탄올을 아세트산(식초)로 전환시킬 수 있어 산업적으로 유용한 산소요구성 생물 속이다.

Rickettsia 버지편람의 초기 판본에는 *Rickettsia*, *Coxiella*, *Chlamydia*속들이 가까이 연관된 것으로 나타나 있다. 이들 모두 절대 세포내 기생생물, 즉 포유류 세포 안에서만 증식하는 생물이기 때문이다. 그러나 2판에서는 멀리 떨어져 있다. 370쪽의 표 13.1에서 리케차와 클라미디아, 바이러스를 비교하고 있다.

리케차는 그람음성 막대모양 세균으로 구형막대균(coccobacillus)에 속한다(그림 11.1a). 대부분의 리케차는 *Coxiella*속과는 달리(다음 감마가변세균에서 설명) 곤충이나 진드기에 의해 사람에게 전파된다. 리케차는 식세포작용을 유도해서 숙주세포 안으로 들어간다. 이들은 세포의 세포질에 재빨리 들어가서 이분법으로 증식하기 시작한다(그림 11.1b). 대개 배양세포주나 닭배아를 이용해서 리케차를 인공배양한다(13장, 380~381쪽).

리케차는 발진열 또는 홍반열이라는 이름으로 통용되는 여러 종류의 질병을 일으킨다. 유행성 발진티푸스는 *Rickettsia prowazekii*가 일으키며 이로 전염된다(363쪽). 풍토병인 발진열은 *R. typhi*가 일으키며 쥐벼룩이 옮긴다. 록키산 홍반열은 *R. typhi*가 일으키고 진드기로 전염된다(363쪽). 사람이 리케차에 감염되면 모세혈관의 투과성이 손상되어 특징적인 붉은 반점이 나타난다.

Ehrlichia 에를리키아속은 리케차속과 유사한 그람음성세균으로 백혈구 내에서만 자란다. 에를리키아 종은 진드기에 의해 사람으로 전파되며 치명적일 수도 있는 에를리히증을 일으킨다(660쪽).

Caulobacter*, *Hyphomicrobium *Caulobacter*속에 포함되는 종들은 호수와 같이 영양물질의 농도가 낮은 수서 환경에서 발견된다. 이들은 세포를 표면에 부착시키는 자루와 같은 구조를 갖는 특징이 있다(그림 11.2). 이와 같은 구조는 지속적으로 물이 흐르는 곳에서 휩쓸리지 않고 영양물질에 노출시킬 수 있고 또한 세포의 표면적 대 부피 비율을 높임으로써 영양물질의 흡수를 증가시킨다. 또한 자루가 붙는 표면이 살아 있는 숙주라면, 이들 세균은 숙주가 분비하는 물질을 영양물질로 사용할 수도 있다. 영양물질의 농도가 유난히 낮을 때에는 자루의 길이가 길어져서 영양물질을 흡수할 수 있는 표면적을 높이기도 한다.

출아세균(*Hyphomicrobium*)은 이분법으로 분열하지 않기 때문에 크기가 거의 같은 두 개의 세포로 나눠지 않는다. 출아과정은 출아효모의 무성생식과정과 유사하다(333쪽 그림 12.3 참조). 어버이 세포가 원래 세포의 크기를 유지하는 동안 싹눈이 점점 자라면서 완전히 새로운 세포가 만들어지면 분리된다. 일례로 *Hyphomicrobium*속의 분열과정이 그림 11.3에 나타나 있다. 이 세균은 카울로박터 세균과 마찬가지로 저영양 수서 환경에서 발견되며 실험실의 항온수조에서도 자라곤 한다. *Caulobacter*와 *Hyphomicrobium*속은 뚜렷한 부속돌기인 프로스테카(prosthecae)를 형성한다.

Rhizobium*, *Bradyrhizobium*, *Agrobacterium *Rhizobium*속과 *Bradyrhizobium*속은 완두나 납작콩, 토끼풀 등을 비롯한 콩과식물

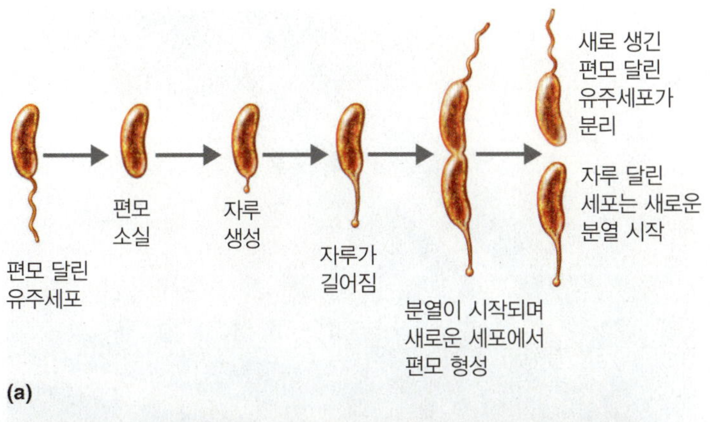

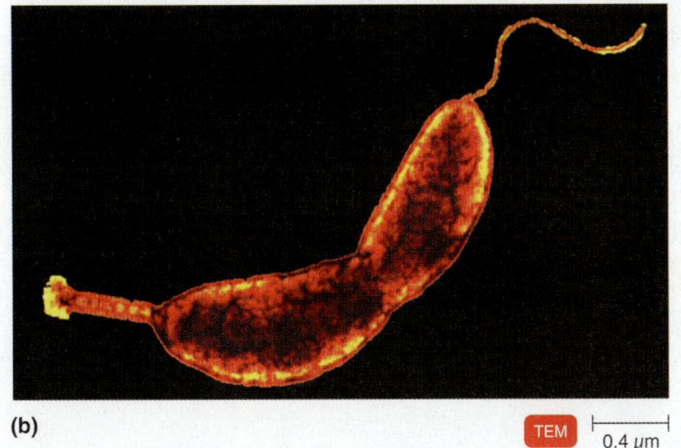

그림 11.2 *Caulobacter*

 표면에 부착함으로써 얻는 경쟁적 이점은 무엇일까?

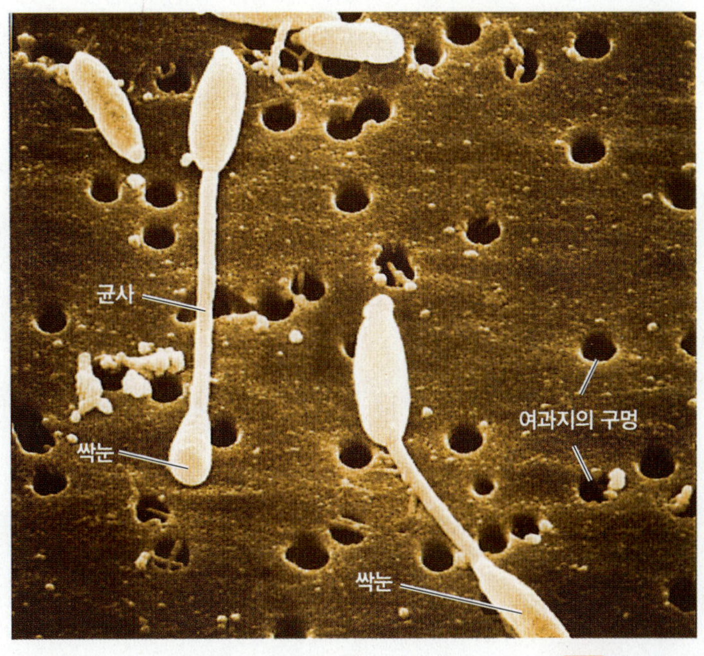

그림 11.3 *Hyphomicrobium*, 출아 세균의 일종

 대부분의 세균은 출아에 의해 증식하지 않는다. 그들이 주로 사용하는 증식 방법은?

의 뿌리에만 특이적으로 감염하는 세균 집단으로 농업 분야에서 중요하게 다룬다. 이 둘을 합쳐 보통 **뿌리혹세균(rhizobia)**이라고 부른다. 뿌리혹세균이 식물의 뿌리에서 자라면 세균과 식물이 공생관계를 이루면서 뿌리혹(nodule)을 형성한다. 여기서 세균이 고정한 대기 중의 질소를 식물이 사용하게 된다(778쪽 그림 27.5 참조)

뿌리혹세균과 마찬가지로 *Agrobacterium*속의 세균 또한 식물에 감염한다. 그러나 이들 세균은 뿌리혹을 형성하거나 질소고정을 하지는 못한다. 이 가운데 특히 *Agrobacterium tumefaciens*가 흥미로운 특징을 갖고 있다. 이 식물 병원균은 왕관혹(crown gall)이라 불리는 식물의 질병을 일으킨다. 여기서 왕관이란 식물에서 뿌리와 줄기가 합쳐지는 부분을 말한다. *A. tumefaciens*가 세균의 유전정보가 들어 있는 플라스미드를 식물의 염색체 DNA에 삽입시키면, 종양과 같은 혹이 형성된다(264쪽 그림 9.19 참조). 이런 이유로 미생물 유전학자들은 이 생물에 큰 관심을 갖는다. 플라스미드란 과학자들이 새로운 유전자를 세포 안으로 도입시킬 때 가장 흔히 쓰는 운반체로, 특히 식물세포는 세포벽이 두꺼워 외부 유전자를 세포 안으로 전달하는데 힘이 들어 이 플라스미드가 매우 유용하게 쓰인다(264쪽 그림 9.20 참조)

Bartonella *Bartonella*속에는 여러 가지 사람 병원균이 포함된다. 가장 널리 알려진 것이 그람음성 막대균인 *Bartonella henselae*로 고양이에게 가려움증을 일으킨다(653쪽).

Brucella *Brucella*속의 세균은 비운동성의 작은 구형막대균이다. 이 속에 속하는 종은 모두 포유류의 절대기생생물로 브루셀라증(brucellosis)을 일으킨다(649쪽). 이 세균들은 포유류에서 세균을 제거하는 중요한 과정 중의 하나인 식세포작용의 영향을 받지 않는다는 특징을 지닌다(16장 460쪽 참조).

Nitrobacter*, *Nitrosomonas *Nitrobacter*속과 *Nitrosomonas*속은 질화세균(nigrifying bacteria)으로 환경과 농업에 중요한 작용을 한다(*Nitrosomonas*속은 사실 베타가변세균에 속함). 이들은 화학독립영양생물로 무기화합물을 에너지원으로 이산화탄소를 유일한 탄소원으로 사용할 수 있다. 이 두 속에서 사용하는 에너지원은 환원된 질소화합물이다. *Nitrosomonas*에 속하는 종은 암모니아(NH_4^+)를 아질산(NO_2^-)으로 산화시키고 이것은 차례로 *Nitrobacter*에 속하는 종에 의해서 질산(NO_3^-)으로 산화된다. 이 과정을 **질소화작용**(nitrification)이라 한다. 질산은 흙 속에서 식물이 주로 흡수하는 질소의 한 형태이기 때문에 농업에서 중요하다.

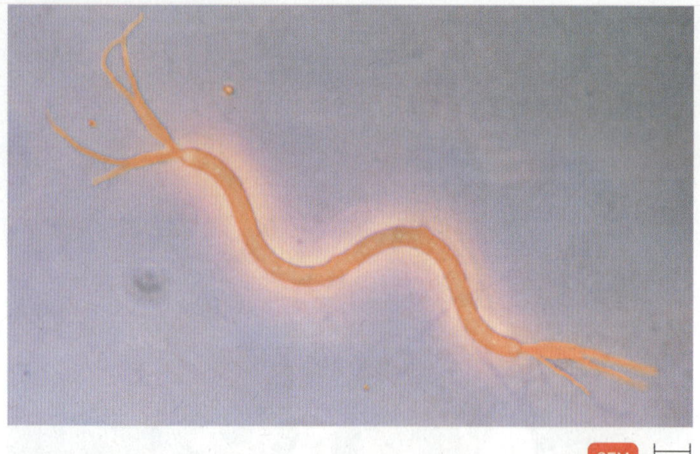

그림 11.4 *Spirillum volutans.* 이들 거대한 나선 세균은 수서환경에서 발견된다. 극편모에 주목하시오.

이 세균은 운동성이 있을까? 어떻게 알 수 있는가?

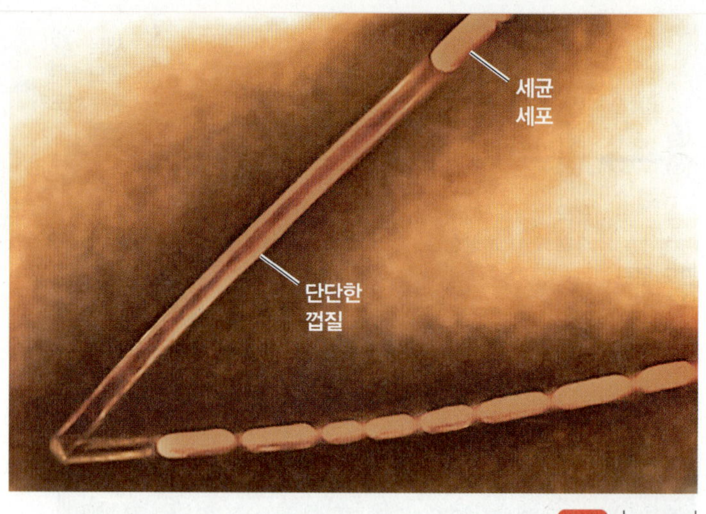

그림 11.5 *Sphaerotilus natans.* 단단한 껍질로 둘러싸인 이 세균은 하수와 같은 수서 환경에서 발견된다. 이들은 길쭉한 껍질을 형성하여 그 안에서 세균이 살아간다. 편모를 지니며(이 그림에서는 보이지 않음), 최종적으로 껍질 밖으로 헤엄쳐 나간다.

Q 단단한 껍질은 세포에 어떤 도움이 될까?

Wolbachia *Wolbachia*속에 속하는 세균은 지구상에서 가장 흔한 감염성 세균일 것이다. 그럼에도 불구하고 이에 대해서는 거의 알려진 것이 없다. 이 속의 세균들은 대부분 곤충을 숙주로 하는데, 숙주세포의 안에서만 **내부공생**(endosymbiosis)하는 형태로 서식한다. 따라서 *Wolbachia*속의 세균은 통상적인 배양 방법을 사용해서는 검출하기 어렵다. 308쪽의 상자에 이 세균의 흥미로운 특징이 소개되어 있다.

이해도 확인하기

✓ 이번 장에서 설명한 알파가변세균들을 구별할 수 있는 이분검색표를 작성하시오. (힌트: 303쪽의 예시참조.) **11-1**

베타가변세균강

알파가변세균과 베타가변세균은 앞에서 질화 세균의 경우에서 보듯이 그 특성이 상당히 겹친다. 베타가변세균은 산소비요구성 세균이 유기물을 분해하는 지역에서 확산되는 수소 기체나 암모니아, 메탄과 같은 영양물질을 주로 사용한다. 몇몇 중요한 병원성 세균이 여기 속한다.

Thiobacillus *Thiobacillus*속의 종과 기타 황산화세균은 황 순환에서 중요한 역할을 한다(780쪽 그림 27.2 참조). 이들 화학독립영양생물은 황화수소(H_2S)나 원소 형태의 황(S^0)처럼 환원된 형태의 황을 황산(SO_4^{2-})으로 산화시킬 수 있다.

Spirillum *Spirillum*속의 주 서식처는 민물이다. 나선형 스피로헤타는 축사(axial filament)를 이용해서 움직이지만 나선균인 *Spirillum* 세균은 전형적인 극편모(polar flagellum)를 이용해서 움직인다는 점이 다르다. 나선균은 비교적 크고 그람음성이며 산소요구성 세균이다. 미생물학을 처음 배우는 학생들에게 현미경 사용법을 가르칠 때 쓰는 슬라이드에는 주로 *Spirillum volutans*가 나선균의 예로 등장하는 경우가 많다(그림 11.4).

Sphaerotilus 단단한 껍질(sheath)에 둘러싸인 세균으로 민물이나 하수에서 주로 발견된다. 극편모를 지닌 이들 그람음성세균은 속이 빈 사상형 껍질(filamentous sheath)을 형성해서 그 안에 서식한다(그림 11.5). 껍질은 보호기능과 함께 영양물질의 축적을 돕는다. *Sphaerotilus*의 세균은 하수처리 과정에서 문제가 되는 벌킹(bulking)의 한 원인으로 생각된다(27장 참조).

Burkholderia *Burkholderia*속은 한때 감마가변세균인 *Pseudomonas*속으로 분류되었다. 슈도모나드처럼 대부분의 *Burkholderia* 소속 종은 단일 극편모 또는 편모군을 이용해서 이동한다. 가장 널리 알려진 종은 산소요구성, 그람음성 막대균인 *Burkholderia cepacia*다. 이 종은 놀라울 정도로 광범위한 영양물질을 이용할 수 있으며 100여 종 이상의 서로 다른 유기물질을 분해할 수 있다. 이와 같은 능력 때문에 종종 병원에서 의료기구나 약물을 오염시키는 요인이 되기도 한다. 이들 세균은 거의 모든 소독 용액에서 살 수 있기 때문이다(15장의 임상 사례 참조). 이 세균은 또한 유전적 폐질환인 낭성섬유증 환자의 호흡기에 축적되는 분비물을 대사할 수 있어 이들 환자에게 문제를 일으키기도 한다. *Burkholderia pseudomallei*는 습기 찬 흙에 서식하며 남동아시아와 북부호주의 풍토병인 심각한 유사비저(melioidosis)를 일으킨다(697쪽).

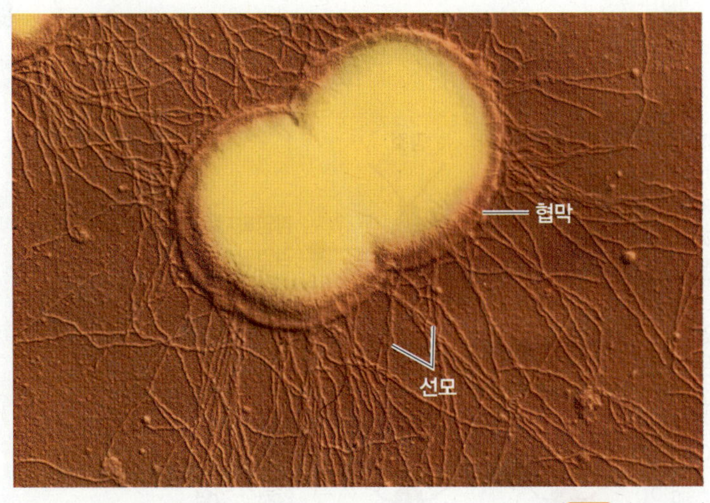

그림 11.6 그람음성 구균 *Neisseria gonorrhoeae*. 쌍을 이루고 있는 세포의 배열(쌍구균)에 주목하시오. 핌브리아는 세포가 점막에 부착할 수 있도록 한다.

Q 선모는 세균이 병원성을 나타나는 데 어떤 작용을 하는가?

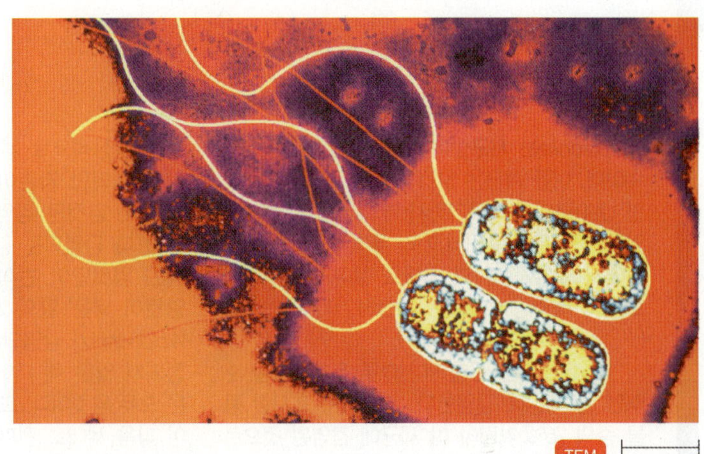

그림 11.7 *Pseudomonas*. *Pseudomonas* 세균 한 쌍을 나타낸 이 그림은 이 속의 특징인 극 편모를 보여준다. 일부 종에는 단 하나의 편모가 존재한다(80쪽 그림 4.7b). 아래쪽의 세포는 분열 중이다.

Q 이들 세균의 영양적인 다양성이 병원에서 문제가 되는 까닭은?

Bordetella 이 속에서 특히 중요한 종은 운동성이 없는 유산소성, 그람음성 막대균인 백일해균(*Bordetella pertussis*)이다. 이 종은 심각한 질병인 백일해의 원인균이다(687쪽).

Neisseria *Neisseria*속에 속하는 세균은 산소요구성 그람음성 구균으로 대체로 포유류의 점막에 서식한다. 질병을 일으키는 종으로는 임질을 일으키는 임질균(*Neisseria gonorrhoeae*)과 수막구균성수막염(754쪽 그림 11.6, 26장 757쪽 상자)을 일으키는 수막구균(*N. meningitidis*)이 있다(618쪽).

Zoogloea *Zoogloea*속은 활성슬러지 시스템(activated sludge system, 793쪽 그림 27.21 참조)을 비롯한 유산소 하수처리 과정에 중요한 역할을 한다. 자라면서 *Zoogloea* 세균은 거품이 이는 점액성 덩어리를 형성해서 이와 같은 유산소 하수처리 과정이 원활하게 진행되도록 한다.

이해도 확인하기

✔ 이번 장에서 설명한 베타가변세균들을 구별할 수 있는 이분검색표를 작성하시오. **11-2**

감마가변세균강

감마가변세균강에 속하는 세균들은 생리적 특성이 매우 다양하다. 산업미생물학에 널리 사용되는 감마가변세균의 한 종이 28장 808쪽의 상자에 소개되어 있다.

Beggiatoa *Beggiatoa alba*가 이 속에 포함된 유일한 종으로 수서 침전층의 산소층과 무산소층 경계면에서 자란다. 모양은 일부 사상형 남세균(320쪽)과 유사하나 광합성을 하지는 않는다. 활주운동으로 이동한다. 이들이 만드는 점액질은 움직일 수 있는 표면에 부착하는 동시에 세포가 미끄러질 수 있게 윤활제의 기능을 한다.

영양 측면에서 *B. alba*는 황화수소(H_2S)를 에너지원으로 사용하여 황 입자를 세포 내부에 축적한다. 이 세균이 무기화합물에서 에너지를 얻는 능력은 독립영양방식을 발견 과정에 중요한 요인으로 작용하였다.

Francisella *Francisella*속은 크기가 작고 형태가 다양한 세균으로 혈액이나 조직추출액의 첨가로 강화된 복합배지에서만 자란다. *Francisella tularensis*는 야생토끼병(tularemia)을 일으킨다(23장 651쪽 상자 참조)

슈도모나스목

슈도모나스목(Pseudomonadales)은 그람음성, 산소요구성 막대균 또는 구균이다. *Pseudomonas*속이 이 목의 대표 속이다.

Pseudomonas *Pseudomonas*속은 산소요구성, 그람음성 막대균으로 하나 또는 여러 개의 극편모를 이용하여 이동한다(그림 11.7). 이 속에 포함되는 세균은 속칭 슈도모나드(Pseudomonad)라 불린다. 슈도모나드는 토양과 기타 자연환경에 아주 흔하다.

이 속에 속하는 많은 종들이 세포 밖으로 수용성 색소 분비하여 배지로 확산된다. 그 중 녹농균(*Pseudomonas aeruginosa*)은 수용성 청록색 색소를 생성한다. 특정한 조건에서, 특히 허약한 숙주에서 이 생물은 요도관, 화상을 입은 부위나 그 밖의 상처부위 감염시키고, 혈액 감염(패혈증, 646쪽)과 농양, 수막염 등도 일으킬 수 있다. 다른 슈도모나드는 자외선을 받으면 빛을 내는 수용성 형광색

세균과 곤충의 성

Wolbachia는 지구상에서 가장 흔한 감염세균 속이다. 이들 세균은 1924년 최초로 발견되었지만 1990년대에 이르기까지 거의 알려진 것이 없었다. 이들은 곤충이나 기타 무척추동물의 세포 안에서 내부공생체의 형태로 살아가기 때문에 보통의 배양방식으로는 검출하기가 어려웠다(그림 A)

*Wolbachia*는 곤충이나 다른 무척추동물 수백만 종 이상에 감염한다. 지금까지 조사한 동물 종의 75% 가량이 이 세균에 감염된 것으로 나타났다. 선형동물에게는 이 세균이 살아가는 데 꼭 필요하다. 항생제를 처리해서 이 세균을 사멸시키면 선형동물 숙주도 따라 죽는다.

일부 곤충에서 *Wolbachia*는 숙주 종의 수컷만을 없앤다. *Wolbachia*가 곤충의 수컷을 감염시키면 남성 호르몬을 억제해서 수컷이 암컷으로 바뀌도록 하기 때문이다. 그림 B에서 보듯이 이 세균에 감염되지 않은 수컷과 암컷은 자손을 정상적으로 낳는다. 수컷만 감염되면 자손이 태어나지 않는다. 암컷만 감염되거나 양쪽이 다 감염되는 경우에는 감염된 암컷만이 번식하는데 이 암컷이 낳는 알의 세포질에는 *Wolbachia*가 감염되어 있다. 수정되지 않은 채 태어나는 자손은 모두 암컷이다. 그 결과 세균이 다음 세대로 전파된다. 이런 종류의 생식을 단성생식 또는 처녀생식(parthenogenesis)이라 하며, 여러 종류의 곤충과 일부 양서류 및 파충류에서 발견된다. 따라서 이러한 단성생식에 *Wolbachia*가 항상 필요한지의 여부가 관건이다.

진핵생물의 경우, 종은 서로 교배 가능한 개체의 집단으로 정의한다. 이와 같은 종 사이의 생식적 격리로 인해 잡종이 태어나는 것을 막고 각 종의 고유한 성격이 유지될 수 있다. 실험실에서 항생제를 처리하면 말벌의 한 종이 다른 종과의 사이에서 잡종 자손을 생성하는 것이 발견되었다. 이 사실은 *Wolbachia*가 곤충의 진화에 미친 영향에 대해 궁금증을 자아낸다. 곤충이 *Wolbachia*에 감염되지 않았다면 다른 종과 계속 교배했을까?

아주 오래전에 미생물이 미토콘드리아로 진화했듯이 *Wolbachia* 또한 세포소기관으로 진화될지도 모른다. 최근 과학자들은 *Wolbachia*가 유전자를 숙주세포로 전달할 수 있고 그 유전자가 발현된다는 것을 발견했다. 이 같은 수평 유전자 전달은 숙주에 새로운 형질들을 제공할 수 있다.

*Wolbachia*의 독성 균주는 숙주세포를 "팝"하고 터뜨려 결국 숙주 곤충을 죽인다고 해서 "팝콘"이라 부른다. 한편으로 팝콘 균주는 모기를 죽이는 데 사용할 수도 있다. 반면 해충에게서 *Wolbachia*를 제거하면 암컷 개체수를 줄여서 집단의 수를 감소시킬 수도 있다.

*Wolbachia*의 독특한 생물학적 특징은 연구자들을 매료시켜 감염의 진화적 함의에서부터 *Wolbachia*의 상업적 활용에 이르기까지 광범위한 문제에 대한 연구를 진행하고 있다.

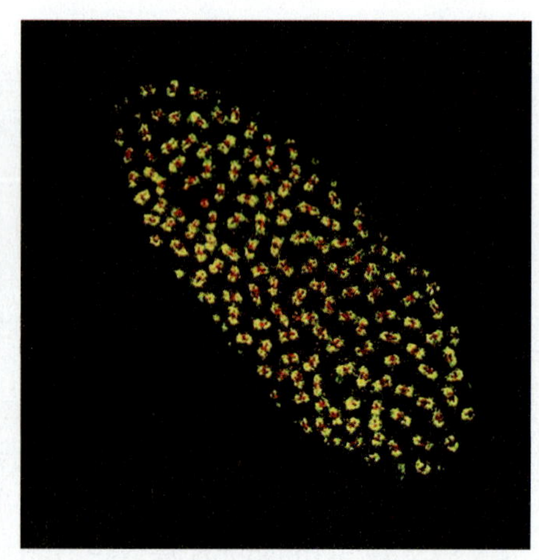

그림 A 초파리 배아 세포의 내부에 서식하는 *Wolbachia*(붉은색)

그림 B 감염된 쌍에서 암컷만이 생식 가능하다

소를 생성하기도 한다. 그 중 *P. syringae*는 때로 식물에 병을 일으킨다. (*Pseudomonas*속의 일부 종은 rRNA 분석에 따라 앞에서 베타가변세균에 대해 언급할 때 논의한 *Burkholderia*속으로 옮겨졌음.)

슈도모나드의 유전체 크기는 진핵생물인 효모와 거의 비슷하고 초파리의 절반에 육박한다. 이들 세균은 일부 다른 종속영양세균에 비해서 흔한 영양물질을 이용하는 능력은 좀 떨어지지만, 유전자 용량을 활용하여 다른 방식으로 이점을 보완한다. 예를 들어, 슈도모나드는 대체로 많은 수의 효소를 합성하고 광범위한 기질을 대사한다. 따라서 이들은 살충제를 비롯해서 토양에 유입된 그리 흔치 않은 화학물질을 분해하는 데 크게 기여하고 있을 것으로 생각된다.

병원 등과 같이 약물이 다루어지는 장소에서 슈도모나드는 골치아픈 존재다. 세척 후에 남아 있는 잔류 비누 성분이나 용액에서 발견되는 용기 마개 안쪽의 접착제 성분과 같이 극소량 존재하는 드문 탄소원만 있어도 자랄 수 있기 때문이다. 슈도모나드는 심지어 4가 암모늄 복합성분을 비롯한 일부 방부제 성분에서도 자랄 수 있다. 이들이 대부분의 항생제에 내성을 가진다는 사실 또한 의학적으로 골칫거리다. 이들이 내성을 갖는 데에는 세포벽에 있는 포린의 특성과 관련이 있을 것이다. 포린은 세포벽을 통한 분자의 출입을 조절한다(4장 87쪽 참조). 슈도모나드의 커다란 유전체에는 또한 여러 종류의 매우 효율적인 배출 펌프 시스템(581쪽)을 부호화되어 있는데, 이들 배출 펌프는 항생제가 작용하기 전에 세포 밖으로 배출시킨다. 슈도모나드는 병원내 감염(병원에서 감염성 질병에 걸리는 일)의 10%를 차지하며, 특히 화상 병동에서의 감염률이 높다. 또한 낭성섬유증 환자는 *Pseudomonas* 및 이와 가까운 *Burkholderia*에 특히 잘 감염된다.

슈도모나드가 산소요수성 세균으로 분류되기는 하지만, 일부는 산소 대신 질산을 최종 전자 수용체로 이용할 수도 있다. 이 과정은 무산소 호흡인데 유산소 호흡에 버금가는 에너지를 산출한다(130쪽 참조). 이런 방식으로 슈도모나드는 비료와 흙에 들어 있는 소중한 질소원을 많이 소모시킨다. 질산(NO_3^-)은 비료의 성분으로 식물이 가장 잘 사용하는 질소의 형태다. 물에 잠긴 토양과 같은 무산소 조건에서 슈도모나드는 이 귀한 질산을 질소기체(N_2)로 전환하여 대기 중으로 방출한다(776쪽 그림 27.4).

많은 종의 슈도모나드는 냉장고 온도에서도 자랄 수 있다. 이와 같은 특징은 단백질과 지질을 활용할 수 있는 영양 능력과 만나 슈도모나드를 주요 음식 부패 세균으로 만든다.

Azotobacter*, *Azomonas *Azotobacter*나 *Azomonas*와 같은 일부 질소고정 세균은 흙 속에서 자유 생활을 한다. 이들은 협막이 잘 발달한 계란형의 큰 세균으로 실험실에서 질소고정을 보여주는 데에 자주 이용되기도 한다. 그러나 농업적으로 활용 가능한 수준으로 질소를 고정하려면 탄수화물과 같은 에너지원이 많이 필요한데 이것은 흙 속에 그리 많이 포함되어 있지 않다.

Moraxella *Moraxella*속은 절대 산소요구성 구형막대균이다. 구형막대균이란 구균과 막대균 사이의 중간 정도 형태를 갖는 구형에 가까운 막대균을 말한다. *Moraxella lacunata*는 눈꺼풀의 안쪽을 덮고 있는 결막에 염증을 일으키는 결막염의 원인균으로 지목되고 있다(609쪽).

Acinetobacter *Acinetobacter*속은 산소요구성이고 염색하였을 때 전형적으로 세포들이 짝을 이루어 배열하고 있다. 이 세균의 자연 서식처는 흙과 물속이다. 이 속에 속하는 *Acinetobacter baumanii*는 빠른 속도로 항생제에 내성을 보여 의학계의 근심이 깊어지고 있다. 일부 균주는 현재 사용 가능한 거의 모든 약제에 내성을 보이기도 하나 아직 미국에 널리 퍼지지는 않았다. *A. baumanii*는 기회감염병원체로 주로 병원에서 발견된다. 이 병원체의 항생제 내성과 입원 환자들의 허약한 상태가 합해져서 대단히 높은 사망률을 보여왔다. *A. baumanii*는 주로 호흡기 병원균이지만, 피부와 부드러운 조직, 상처 그리고 때로는 혈액에도 감염된다. 대부분의 그람음성세균에 비해 환경에서의 생존율도 높아 일단 병원에서 이 세균이 자리를 잡으면 제거하기가 매우 어렵다.

레지오넬라목

버지편람의 2판에 따르면 *Legionella*속과 *Coxiella*속은 밀접하게 연관되어 있으며 둘 다 레지오넬라목에 포함되어 있다. *Coxiella*속은 리케차와 마찬가지로 다른 세포의 내부에 서식하기 때문에, 이전에는 리케차와 같은 분류군에 포함되었다. *Legionella* 세균은 적절한 배지만 제공되면 실험실 조건에서도 잘 자란다.

Legionella *Legionella*속의 세균은 폐렴 유사 증상의 유행병이 발생하여 그 원인균을 찾는 과정에서 처음으로 발견되었다. 이제 이 세균에 의한 증상은 레지오넬라증(legionellosis, 694쪽)이라 불린다. 이 원인균 규명 과정은 쉽지 않았다. 이들 세균을 당시 사용하고 있었던 배지로는 실험실에서 배양할 수 없었기 때문이다. 엄청난 노력 끝에 최초로 레지오넬라를 실험실에서 분리하여 배양할 수 있는 특별한 배지를 개발할 수 있었다. 이 속에 포함되는 세균은 이제 시냇물에서도 비교적 흔히 볼 수 있다는 것이 알려졌다. 그리고 이들은 병원의 온수 공급관이나 에어컨의 냉각수와 같은 서식처에서도 잘 자란다(24장 698쪽 상자 참조). 수서 아메바 안에서도 생존하고 번식할 수 있는 능력이 있기 때문에 이들을 수계에서 박멸하기란 쉽지 않다.

Coxiella *Coxiella burnetii*는 Q열(696쪽)을 일으키는 원인균으로 이전까지는 리케차와 같이 분류되었다. 리케차와 마찬가지로 *Coxiella* 또한 번식에 포유류 숙주세포가 필요하기 때문이다. 그러나 *Coxiella* 세균은 곤충이나 진드기에 물려서 사람에게 전파되지 않는다는 점에서 리케차와 구별된다. 소의 진드기가 이 세균을 지니긴 하지만, 이들은 대체로 비말이나 오염된 우유를 통해 전파된다. *C. burnetii*에 존재하는 유사포자체(696쪽, 그림 24.14b 참조)가 이 세균이 공기 전파과정에서의 스트레스나 열처리에 강한 이유를 설명해 줄 수 있을지 모른다.

비브리오목

비브리오목의 세균은 조건부 산소비요구성 그람음성 막대균이다. 막대 모양이긴 하지만 살짝 구부러진 형태를 취하는 종이 많다. 대부분 수서 환경에 서식한다.

Vibrio *Vibrio*속은 막대 형태가 살짝 구부러진 형태를 이루는 종이 많다(그림 11.8). 콜레라균(*Vibrio cholerae*)은 법정 전염병인 콜레라의 원인균이다(722쪽). 콜레라에 걸리면 묽은 설사를 계속해서 탈수증이 온다. *V. parahaemolyticus*는 이보다 좀 덜 심한 형태의 위장염을 일으킨다. 대개 연안해역에 서식하여 사람들이 날것이나 덜 익힌 조개류를 먹는 과정에서 전염된다.

장내세균목

장내세균목에 속하는 세균은 조건부 산소비요구성, 그람음성 막대균으로 주모성(peritrichous) 편모에 의해 움직인다. 형태는 곧은 막대 모양이다. 이 목은 보통 **장내세균(entrics)**이라 불리는 중요한

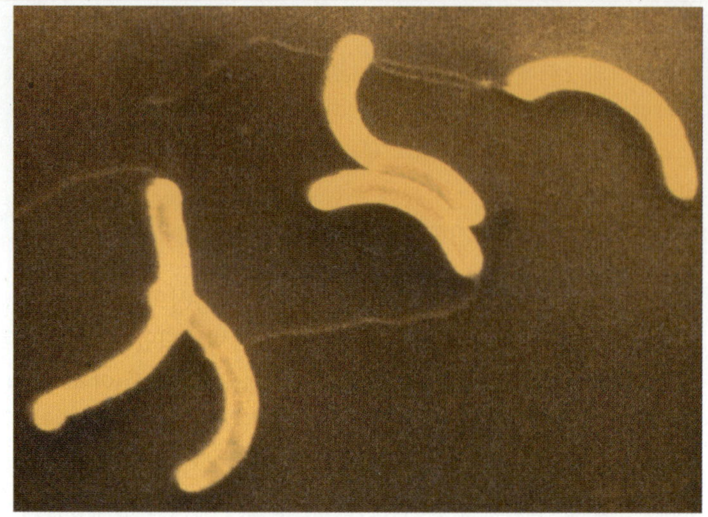

그림 11.8 *Vibrio cholerae*. 구부러진 막대 모양이 이 속의 특징이다.

 *Vibrio cholerae*는 어떤 질병을 일으키는가?

세균 집단이다. 여기 속하는 세균이 대체로 사람이나 다른 동물의 장관에 서식하기 때문에 이런 이름이 붙었다. 대부분의 장내세균은 포도당을 비롯한 여러 탄수화물을 왕성하게 분해한다.

장내세균은 임상에서 중요하기 때문에 이들을 분리하고 동정하는 기법이 다양하게 개발되었다. 일부 장내세균을 동정하는 방법이 그림 10.9에 소개되어 있는데(285쪽), 15종의 생화학 검사법을 사용하는 현대적 기법이 포함되어 있다. 생화학적 검사는 임상 실험실은 물론 식품과 수서 미생물학에서도 요긴하게 사용된다.

장내세균은 핌브리아(fimbria)를 이용해서 표면이나 점막에 붙을 수 있다. 특수하게 분화된 성선모(sex pili)는 세포 사이에 유전물질이 교환될 수 있게 하며, 교환되는 유전정보로는 항생제 내성 등이 포함된다(234~235쪽 그림 8.26, 8.27 참조).

다른 많은 세균들과 마찬가지로 장내세균은 박테리오신(bacteriocin)이라 불리는 단백질을 생산해서 매우 가까운 세균 종들을 파괴한다. 박테리오신은 장내의 다양한 장내세균이 생태적 균형을 유지하는 데 도움이 되는 것으로 생각된다.

Escherichia 대장균(*Escherichia coli*)은 사람의 장관에서 가장 흔히 서식하는 세균 중 하나로 미생물학에서 가장 친숙한 종일 것이다. 앞선 장들에서 대장균의 생화학과 유전학에 대한 상당한 연구 결과가 알려졌다는 사실을 이야기하였다. 대장균은 계속해서 기초 생물학 연구에 중요한 도구가 되고 있으며 많은 연구자들에게 대장균은 연구실의 애완 생물인 셈이다. 대장균이 물이나 음식에 존재한다는 것은 이것이 분변에 의해 오염되었음을 나타낸다(27장 786쪽 참조). 대장균은 대개 병원성이 아니다. 그러나 대장균이 요도염을 일으킬 수 있으며, 특정한 균주는 여행자 설사를 일으키는 장내 독소를 생성하며(724쪽), 때로는 매우 심각한 식중독을 일으키는 균주도 있다(*E. coli* O157:H7, 724쪽).

Salmonella *Salmonella*속의 대부분은 잠재적인 병원균이다. 따라서 광범위한 생화학적 및 혈청학적 검사법이 발달하였고 이를 이용해서 임상적으로 이 속의 세균을 분리하고 동정할 수 있다. 살모넬라속은 특히 가금류나 소를 비롯한 많은 동물의 장관에 흔히 서식한다.

*Salmonella*속의 명명법은 특이하다. 여러 개의 종으로 나누는 대신 온혈동물을 감염시킬 수 있는 *Salmonella*속의 세균 전부를 실용성에 따라 단일 종인 *Salmonella enterica*로 정의한다. 다음으로 이 종을 모두 2400여 종류의 **혈청형**(**serovar**, 또는 **serotype**)으로 나눈다. 혈청형은 혈청학적 변종(serological varieties)을 뜻한다. 살모넬라균을 적절한 동물에 주입하면 해당 세균의 편모와 협막, 세포벽 등이 모두 항원(antigen)으로 작용해서 감염된 동물의 혈액에 이들 구조 각각에 특이적인 항체(antibody)가 형성된다. 그래서 혈청학적(serological) 방법이 세균을 구별하는 데에 사용된다. 혈청학(serology)에 대해서는 18장에서 더 자세하게 다룰 것이며, 다만 여기서는 혈청을 이용해서 세균을 구별하고 동정할 수 있다는 의미 정도로 알아두면 된다.

Salmonella typhimurium 또한 살모넬라속에 속하는 하나의 혈청형이며 정확한 명칭은 "*Salmonella enterica* Typhimurium 혈청형"이다. 미국의 질병통제예방센터(CDC)의 사용 관행에 따르면 처음 언급할 때에는 정확한 이름을 써 주고 이후 *Salmonella* Typhimurium의 형태로 약해서 사용한다. 이 책에서는 단순하게 살모넬라속의 혈청형 이름을 종의 이름을 쓰듯이 *S. typhimurium*으로 표기할 것이다.

시중에서 구할 수 있는 특정 항체들을 이용하여 카우프만-화이트 분석(Kauffmann-White scheme)이라는 분석체계에 따라 살모넬라의 혈청형을 구별할 수 있다. 이 방법은 해당 세균을 협막과 세포벽, 편모 등의 특이적인 항원에 부여한 숫자와 K, O, H 등의 알파벳 문자로 구분한다. 예를 들어 *S. typhimurium*의 항원은 O1,4,[5],12:H,i,1,2*의 형태로 표기한다. 많은 살모넬라 세균 종류들이 각각의 항원 조성에 따라 명명된다. 혈청형은 이들이 지니는 특수한 생화학 또는 생리학적 특성에 따라 생물형(biovar 또는 biotype)으로 세분화될 수 있다.

최근에는 첨단 분자생물학적 기법에 의해 *Salmonella bongori*

* 이때 사용하는 문자는 독일어의 첫 글자에서 온 것이다. K는 독일어로 협막을 뜻한다. (협막이 있는 살모넬라 균은 독성(virulence)을 의미하는 Vi로 명명된 특정 협막 항원에 따라 혈청학적으로 동정된다.) 한천배지 표면에 얇게 퍼지는 콜로니는 독일어로 얇은 필름을 뜻하는 *hauch*의 첫 글자로 나타낸다. 얇은 막을 형성할 수 있을 정도로 이동성이 있다는 것은 편모가 있음을 암시하는 것이고, 따라서 문자 H는 편모 항원의 종류를 표기한다. 이동성이 없는 세균은 필름이 없다는 뜻의 *ohne hauch*에서 따와서, O는 세포 표면, 즉 세포 몸체의 항원 종류를 나타낸다. 이와 같은 명명법은 또한 대장균의 O157:H7, 그리고 콜레라균 O:1 등을 표기할 때도 사용한다.

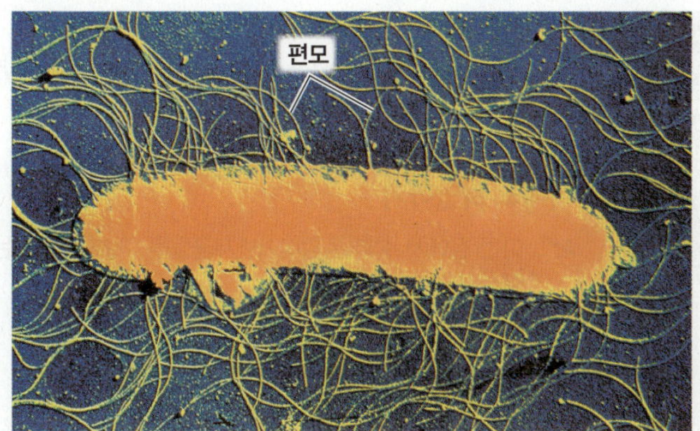

(a) 주모성 편모를 지닌 *Proteus mirabilis* TEM 0.3 μm

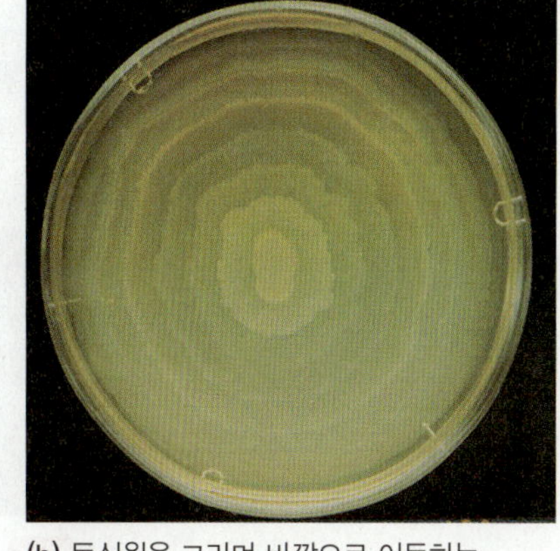

(b) 동심원을 그리며 바깥으로 이동하는 *Proteus mirabilis* 콜로니

그림 11.9 ***Proteus mirabilis*.** 세균 세포끼리 화학적인 방법으로 의사소통을 함으로써, 액체 속에서 유영하는 데 적합한 세포(소수의 편모)에서 고체 표면 위에서 이동할 수 있는 세포(많은 수의 편모를 지닌)로 변할 수 있다. 그림 (b)에서 볼 수 있듯이 중심에서부터 동심원을 그리면서 밖으로 이동하는 모습은 주기적으로 동시에 편모가 많이 달린 형태로 전환하여 표면에서 이동할 수 있는 형태로 변했기 때문이다.

 이 그림에서 보는 *Proteus* 세포는 아마도 유주세포(swarmer cell)일 것이다. 어떻게 알 수 있나?

라는 또 다른 종이 추가되었다. 이 세균은 보통 냉혈 동물에 서식한다. 아프리카의 사막 국가 차드(Chad)의 봉고(Bongor) 지방에 사는 도마뱀에게서 처음으로 분리되었으며 사람에게서도 아주 드물게 발견된다.

*Salmonella typhi*가 일으키는 장티푸스는 *Salmonella*속의 세균이 일으키는 가장 심한 질병이다. 다른 살모넬라 세균이 일으키는 조금 덜 심각한 위장병을 살모넬라증(salmonellosis)이라 부른다(719쪽). 살모넬라증은 가장 흔히 발생하는 식중독의 일종이다(25장 721쪽 상자 참조).

Shigella *Shigella*속은 시겔라증(shigellosis)이라 불리는 막대균성 장염을 일으킨다(718쪽). 살모넬라와는 달리 이 세균들은 사람에서만 발견된다. 일부 *Shigella* 균주는 치명적인 이질을 일으키기도 한다.

Klebsiella *Klebsiella*속의 세균은 토양이나 물속에 흔히 서식한다. 대기 중의 질소를 고정할 수 있는 종류가 많아 단백질이 거의 없는 음식을 먹는 고립된 인구 집단에서 영양 보충에 활용하는 방안이 제시되기도 하였다. *Klebsiella pneumoniae*는 때로 사람에게서 심각한 형태의 폐렴을 일으키기도 한다.

Serratia *Serratia marcescens*는 붉은색 색소를 생성하는 세균으로 잘 알려져 있다. 병원에서는 체내 삽입용 도관과 식염수, 기타 원래 멸균상태여야 하는 용액에서 발견되기도 한다. 이러한 병원 기구의 오염으로 인해 병원에서 방광염이나 호흡기 감염을 야기하기도 한다.

Proteus *Proteus* 세균은 한천배지에서 동심원을 그리며 무리지어 퍼지면서 자라는 특징을 보인다. 떼지어 움직이는 세포에는 편모가 많이 달려 있어(그림 11.9a), 콜로니의 가장자리에서 바깥쪽으로 이동해 나간다. 그리고 나서는 편모의 수가 몇 개 정도로 줄어든 정상 세포로 변하면서 이동성이 줄어든다. 주기적으로 매우 운동성이 높고 떼지어 움직이는 세포가 나타나고 이 과정이 계속 반복된다. 그 결과 *Proteus* 콜로니에는 특징적으로 일련의 동심원이 나타나게 된다(그림 11.9b). 방광과 상처에 감염하는 것으로 알려져 있다.

Yersinia *Yersinia pestis*는 중세 유럽의 대역병을 일으킨 주범이다. 전세계의 특정 지역 도심에 사는 집쥐나 미국 남서부에 사는 땅다람쥐가 이들 세균의 중간숙주로 작용한다. 감염된 동물과 사람에서 배출되는 호흡 비말로 인해 공기 전염이 가능하긴 하지만, 대개는 벼룩이 동물 사이에서 그리고 동물에서 사람에게로 이들 세균을 전파시킨다.

Erwinia *Erwinia*속은 주된 식물 병원체다. 일부 종은 식물의 무름(soft-rot)병을 일으킨다. 이들 종은 식물세포 사이에 존재하는 펙틴 성분을 가수분해하는 효소를 생산한다. 이 효소의 작용으로 인해 조직을 무르게 하여 식물병리학자들이 **식물 무름**(plant rot)이라고 부르는 질병을 일으킨다.

Enterobacter *Enterobacter*속에 들어 있는 두 개의 종, *E. cloacae*와 *E. aerogenes*는 요도관에 염증을 일으킬 수 있어 병원내 감염을 잘 일으킨다. 이들은 사람과 동물의 체내는 물론이고, 물, 하수, 토양 등에 널리 분포되어 있다.

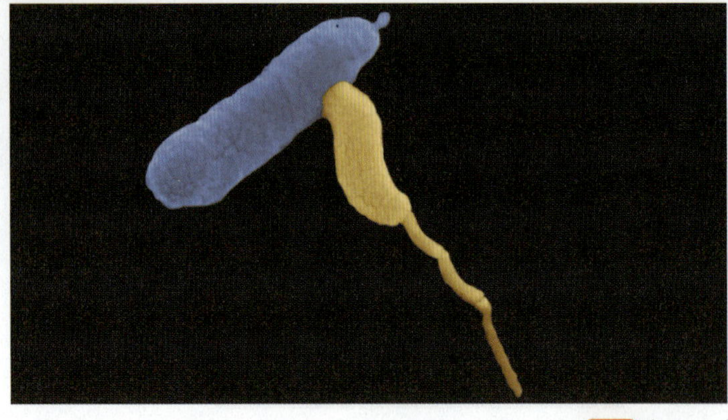

그림 11.10 *Bdellovibrio bacteriovorus*. 노란색 세균은 *B. bacteriovorus*로 이 세균이 푸른색으로 나타난 세균을 공격하고 있다.

이 세균은 *Staphylococcus aureus*를 공격할까?

파스퇴렐라목

파스퇴렐라목에 속하는 세균은 운동성이 없으며, 사람과 동물에서 병을 일으키는 병원균으로 널리 알려져 있다.

Pasteurella *Pasteurella*속은 주로 가축에 병을 일으킨다. 소에서 패혈증을, 닭에서는 가금류 콜레라를, 그 밖의 여러 동물에서는 폐렴을 일으킨다. 가장 잘 알려진 종은 *Pasteurella multocida*로 감염된 개나 고양이에게 물리면 사람에게 전파될 수 있다.

Haemophilus *Haemophilus*속은 매우 중요한 병원균 속이다. 여기 속하는 세균은 상부 호흡기관, 구강, 질, 장관 등의 점막에 서식한다. 가장 잘 알려진 종은 *Haemophilus influenzae*로 오래 전에 이 세균이 독감을 일으킨다고 잘 못 알았던 시절에 이런 이름이 붙어 사용되고 있다.

*Haemophilus*라는 속명은 이 세균의 배양배지에 혈액이 필요해서 붙었다. 이 속의 세균은 호흡에 필요한 시토크롬계의 주된 부분을 합성하지 못해서 이 부분을 혈액 헤모글로빈의 **X 인자(X factor)**로 알려진 헴 작용기의 일부에서 얻어야 한다. 이들은 또한 니코틴아마이드 아데닌 다이뉴클레오티드(NAD^+ 또는 $NADP^+$에서 유래한)라는 보조인자를 배지에서 공급받아야 하며, 이는 **V 인자(V factor)**라 불린다. 임상실험실에서는 세균의 X인자 또는 V인자에 대한 요구성을 확인함으로써 헤모필루스속의 세균을 동정한다.

*Haemophilus influenzae*는 몇 가지 중요한 질병을 야기한다. 어린아이들의 수막염을 일으키는 일반적인 원인균이며 또한 귀에 염증을 자주 일으킨다. *H. influenzae*가 일으키는 또 다른 질병으로 후두덮개 염증(후두덮개가 감염되어 염증이 발생하는 치명적인 질환), 어린이에게서 주로 발병하는 감염성 관절염, 기관지염, 폐렴 등이 있다. *Haemophilus ducreyi*는 성적 접촉으로 전파되는 무른 궤양(연성하감)을 일으킨다.

이해도 확인하기

✔ 이번 장에서 설명한 감마가변세균들을 구별할 수 있는 이분검색표를 작성하시오. **11-3**

델타가변세균강

델타가변세균은 다른 세균을 잡아먹는 포식세균을 포함하는 것이 특징이다. 여기에 속하는 세균들은 황 순환에 중요하다.

Bdellovibrio *Bdellovibrio*속이 특히 흥미로운 특징을 지닌다. 이 세균은 다른 그람음성세균을 공격한다. 이 세균은 다른 세균에 단단하게 부착한 후(그림 11.10) 그람음성세균의 외막을 뚫고 주변세포질 공간 내에서 증식한다. 주변세포질 공간에서 세포는 단단히 감긴 나선균의 형태로 길어지고 한꺼번에 여러 조각이 나면서 편모가 달린 여러 개의 세포로 나뉜다. 그러면 숙주세포가 용해되면서 델로비브리오 세포들이 방출된다.

디설포비브리오목

디설포비브리오목은 황환원 세균으로 이루어져 있다. 이들은 절대무산소 세균으로 황산(SO_4^{2-})이나 원소 형태의 황(S^0)과 같은 산화된 형태의 황을 산소 대신 전자 수용체로 이용한다. 환원된 산물은 황화수소(H_2S)다. [H_2S가 영양물질로 동화되지 않기 때문에 이와 같은 대사의 형태를 이화적(dissimilatory) 대사라 한다]. 이들 세균의 활성으로 해마다 수백만 톤의 H_2S이 대기 중으로 방출되며, 따라서 이 세균들은 황 순환과정에서 핵심 역할을 한다(780쪽 그림 27.7 참조). *Beggiatoa*를 비롯한 황산화 세균은 H_2S을 광합성 과정이나 독립영양 에너지원으로 활용하기도 한다.

Desulfovibrio 황환원 세균 가운데 가장 널리 연구된 속은 *Desulfovibrio*속으로 무산소 침전층 또는 사람이나 동물의 장내에서 주로 발견된다. 황환원 및 황산환원 세균은 젖산과 에탄올, 지방산 등의 유기화합물을 전자 공여체로 사용한다. 이 과정을 통해 황이나 황산을 황화수소로 환원시킨다. 황화수소가 철과 반응하면 불용성인 황화철(FeS)이 형성되고 이로 인해 침전층의 색이 검게 나타난다.

믹소코커스목

버지편람의 초기 판본에서는 믹소코커스목의 세균을 결실 세균이나 활주세균으로 분류하였다. 이와 같은 이름은 모든 세균 중에서 가장 복잡한 생활사를 가지며, 이 가운데 다른 세균을 포식하는 단계를 포함하기도 하는 이 세균의 독특한 특징을 반영한다.

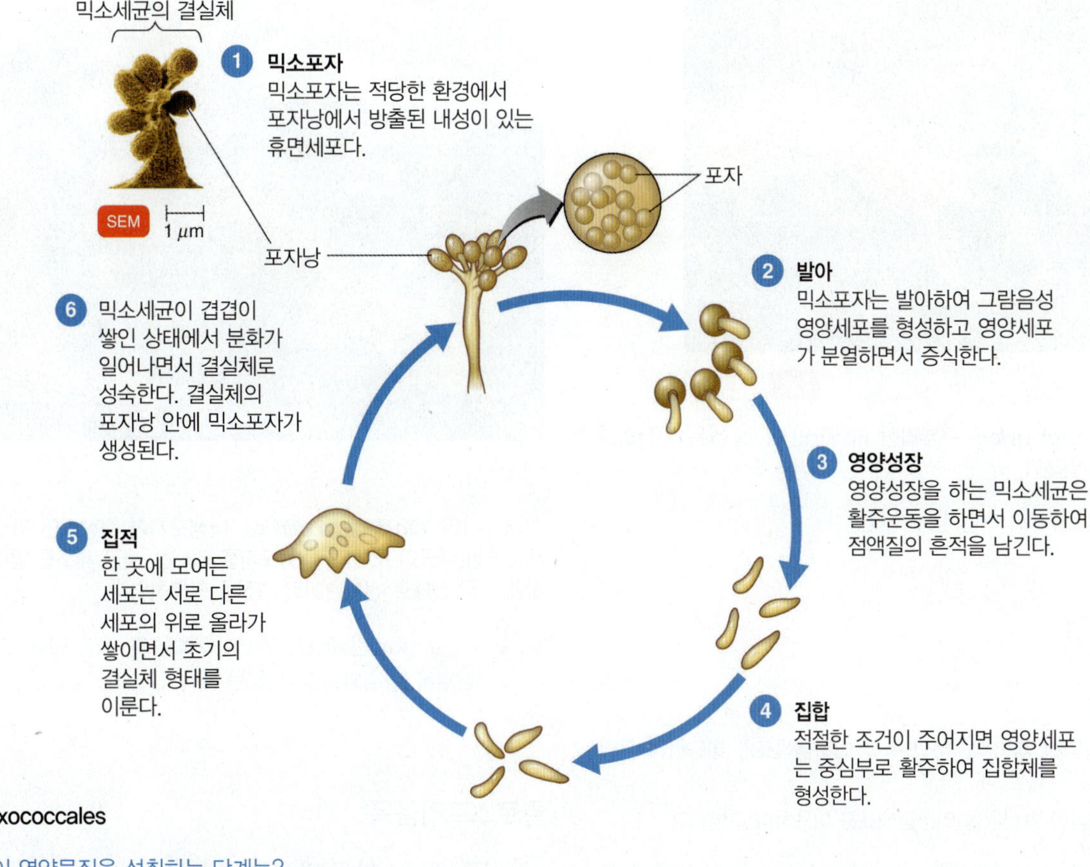

그림 11.11 Myxococcales

Q 이 세균이 영양물질을 섭취하는 단계는?

Myxococcus 믹소세균의 영양세포는 활주운동을 하여 미끌미끌한 점액성 흔적을 남긴다. *Myxococcus xanthus*와 *M. fulvus*가 널리 알려진 이 속의 대표 종이다. 이 세균은 이동하면서 만나는 세균을 영양 공급원으로 삼아 대상 세균을 효소로 분해하고 소화시킨다. 많은 수의 세균이 모이면 한 곳으로 뭉치는 현상을 보인다(그림 11.11). 움직이는 세균들이 한 곳에 모여 뭉치면 서로 다른 방식으로 분화하면서 거대한 자루 끝에 결실체(fruiting body)가 형성된다. 결실체에는 **믹소포자**(myxospore)라 불리는 휴면 세포가 다수 들어 있다. 이와 같은 분화는 대개 영양 물질이 부족할 때 촉발된다. 영양물질의 재공급 등 적절한 조건이 제공되면 믹소포자가 발아해서 새로운 영양세포가 형성되며 이들 영양세포는 활주능력을 지닌다. 이들의 생활사는 그림 12.22(344쪽)에 나타나 있는 진핵생물인 세포성 점액곰팡이의 생활사와 비슷하다.

이해도 확인하기

✔ 이번 장에서 설명한 델타가변세균들을 구별할 수 있는 이분검색표를 작성하시오. **11-4**

엡실론가변세균강

엡실론가변세균은 가느다란 그람음성세균으로 나선형이거나 구부러진 모양을 한 막대균이다. 여기 속하는 세균 가운데 두 가지 주요 속에 대해서 알아 볼 것인데 두 속 모두 편모를 이용하여 이동하고 저산소성이다.

Campylobacter *Campylobacter*에 속하는 세균은 저산소성 비브리오균으로 각각의 세포에 하나의 극편모가 달려 있다. *C. fetus*는 가축에서 자연유산을 유발하고, *C. jejuni*는 식품에 의해 매개되는 장질환의 주요 원인균이다.

Helicobacter *Helicobacter*는 저산소성 비브리오균으로 여러 개의 편모를 지닌다. *Helicobacter pylori*는 사람에게 위궤양을 일으키는 주요 원인이며 위암을 유발시키는 것으로 확인되었다(그림 11.12, 725쪽 그림 25.13 참조).

이해도 확인하기

✔ 이번 장에서 설명한 엡실론가변세균들을 구별할 수 있는 이분검색표를 작성하시오. **11-5**

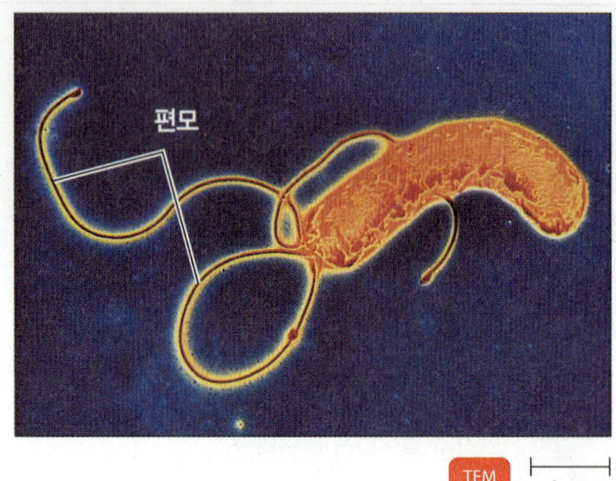

그림 11.12 *Helicobacter pylori.* 구부러진 막대균인 *H. pylor*는 완전하게 꼬이지 않은 나선균의 일례다.

나선균은 스피로헤타와 어떤 점에서 다른가?

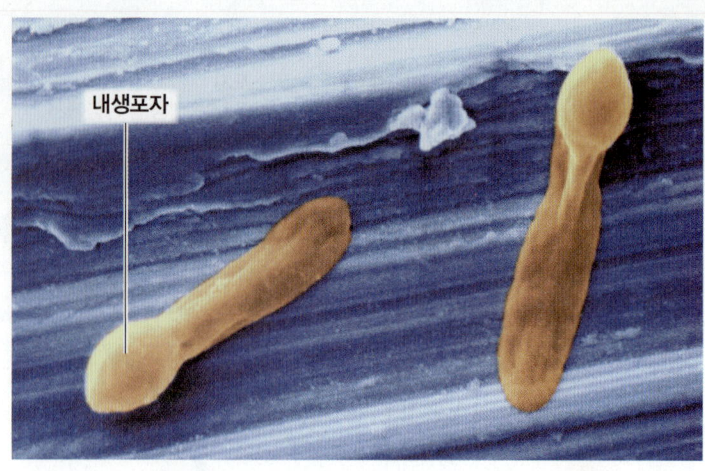

그림 11.13 *Clostridium difficile.* 내생포자가 형성되면 이 그림에서 보듯이 세포벽이 부풀어 오른다. 내생포자를 지니는 세균 세포를 탈수시킨 다음 납작하게 누른 상태로 전자현미경 사진을 촬영하였다.

Q *Clostridium*은 어떤 생리적 특성을 지니고 있어 조직 깊숙한 곳의 상처를 잘 감염시킬 수 있는 것일까?

그람양성세균

학습 목표

11-6 이번 장에서 설명한 후벽세균문의 속을 이분검색표를 이용하여 구별한다.

11-7 이번 장에서 설명한 방선균을 이분검색표를 이용하여 구별한다.

그람양성세균은 크게 G + C 함량이 높은 세균과 G + C 함량이 낮은 세균으로 나눌 수 있다(44쪽 "핵산" 참조). 세균은 종류에 따라 G + C 함량이 상당히 다르다. 예를 들어 *Streptococcus*속은 G + C 함량이 33~44%인 반면, *Clostridium*속의 함량은 21~54% 정도이다. G + C 함량이 낮은 그람양성세균에는 마이코플라스마도 포함되는데, 이들은 세포벽이 없지만 세포벽이 없기 때문에 그람염색에 반응하지 않는다. 마이코플라스마의 G + C 함량은 23~40%에 불과하다.

반면 사상형 방선균인 *Streptomyces*의 G + C 함량은 69~73%에 달한다. 이보다 좀 더 전형적인 그람양성세균의 형태를 지닌 *Corynebacterium*과 *Mycobacterium* 또한 G + C 함량이 높아 각각 G + C 함량이 51~63%, 62~70%에 이른다.

이들 세균 집단을 각각 별도의 문(phylum)으로 분류하여 **후벽세균문(Firmicutes, G + C 함량이 낮은 그람양성세균)**과 **방선균문(Actinobacteria, G + C 함량이 높은 그람양성세균)**으로 나눈다.

후벽세균문(G + C 함량이 낮은 그람양성세균)

G + C 함량이 낮은 그람양성세균을 후벽세균문(Fimicutes)으로 분류한다. 이 문에는 *Clostridium*이나 *Bacillus* 등의 주요 내생포자 형성 세균이 포함된다. 또한 의학미생물학에서 매우 중요한 *Staphylococcus*, *Enterococcus*, *Streptococcus*속의 세균도 여기 속한다. 산업미생물학에서는 젖산을 생성하는 *Lactobacillus*속이 널리 알려져 있다. 세포벽이 없는 마이코플라스마 또한 이 문에 포함된다.

클로스트리디움목

Clostridium *Clostridium*속은 절대 무산소 세균이다. 막대형 세균으로 내생포자가 형성된 위치에서 세포가 팽창된다(그림 11.13). 내생포자가 열이나 여러 화학물질에 내성을 지니기 때문에 내생포자 형성 세균은 의학 및 식품산업에서 매우 중요하게 다루어진다. *Clostridium*속의 세균 가운데 *C. tetani*는 파상풍을 일으키고(621쪽) *C. botulinum*는 보툴리누스 식중독을(622쪽), *C. perfringens* 등의 세균은 가스괴저를 일으킨다(652쪽). *C. perfringens*는 또한 식품매개성 설사의 원인균이기도 하다. *C. difficile*는 장관 내에 서식하면서 심각한 설사병을 일으키기도 한다(726쪽). 이 세균에 의한 설사는 항생제 치료에 의해 정상적인 장내 미생물상이 바뀌면서 독소를 생성하는 *C. difficile*가 과다 성장하여 발생한다.

Epulopiscium 오랫동안 세균은 반드시 작아야 하는 것으로 여겨졌다. 왜냐하면 세균에는 진핵생물이 이용하는 영양물질 수송체계가 없어서 단순한 확산에 의존하여 영양물질을 흡수하기 때문이다. 이와 같은 특성 때문에 결정적으로 세균은 크기가 제한될 수밖에 없다. 그래서 홍해에 사는 검은쥐치의 장내에 공생하는 시가 담배 모양의 생물이 1985년에 처음 발견되었을 때 이를 원생동물로 여겼다. 그 크기로는 확실히 원생동물처럼 보였다. 이 생물은 80 μm × 600 μm로 거의 그 길이가 1 mm의 절반을 넘는 크기였으며 육안으로도 충분히 확인할 수 있을 정도다(그림 11.14). 대장균과 같이 익숙한 세균이 1 μm × 2 μm 정도인 것을 고려할 때 이는 대장균의 100만 배에 달하는 부피다.

이 새로운 미생물에 대한 연구 결과, 원생동물의 섬모와 비슷해

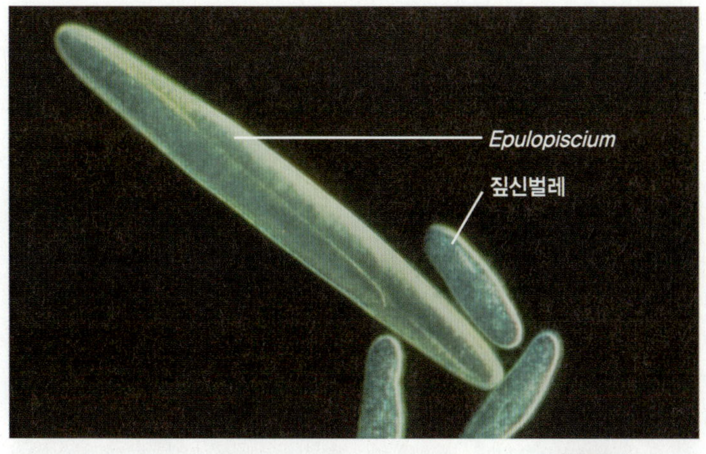

그림 11.14 거대한 원핵생물, *Epulopiscium fishelsoni*.

Q *Epulopiscium*과 *Paramecium*(짚신벌레)가 같은 영역으로 분류되지 않는 까닭은 무엇인가?

보이지만 사실은 세균의 편모와 유사한 외부 구조가 있고 막으로 둘러싸인 핵은 존재하지 않았다. 리보솜 RNA를 분석한 결과, 이는 원핵생물로 확인되었고 *Epulopiscium*속으로 분류되었다. (이 속의 이름은 "물고기의 만찬에 초대된 손님"이라는 뜻이다. 이 세균은 어류가 반쯤 소화시킨 음식물 속에 들어 있다.) 이 세균과 가장 유사한 그람양성세균은 *Clostridium*이다. 특이하게도 *Epulopiscium fishelsoni*는 이분법으로 분열하지 않는다. 딸세포가 모세포 안에서 형성되고, 모세포가 벌어지면서 그 틈으로 딸세포가 방출된다. 이는 포자가 형성되는 과정과 진화적으로 유사한 것으로 보인다.

최근에 이 세균이 영양물질을 전달하기 위해 확산에만 의존하지 않는다는 사실이 발견되었다. 또한 물질 수송과 전달에 이 세균은 거대한 유전정보를 활용한다. 이 세균은 사람 세포의 25배에 달하는 DNA를 가지고 있으며 적어도 하나의 유전자에 대해서는 85,000개의 사본을 지니고 있다. 이는 유전자의 산물이 필요한 세포내 위치에서 해당 단백질을 만들기 위해서다. (327쪽에서 더 최근에 발견된 거대 세균, *Thiomargarita*에 대해 알아볼 것이다.)

바실루스목

바실루스목에는 여러 그람양성 막대균과 구균의 주요 속이 포함되어 있다.

Bacillus *Bacillus*속의 세균은 주로 내생포자를 형성하는 막대균이다. 이들은 주로 토양에 서식하지만 드물게 몇몇 종은 사람에게 병을 일으킨다. 여러 종이 항생제를 생산한다.

탄저균(*Bacillus anthracis*)은 탄저병을 일으킨다. 탄저병은 소와 양, 말 등의 질병으로 사람에게도 전염된다. 생물테러에 사용 가능한 매개체로 주목 받고 있다(23장 654쪽 상자 참조). 탄저균은 운동성이 없는 조건부 산소비요구성으로 배양하면 종종 사슬형태를 이룬다. 영양세포의 중앙에 내생포자가 생성되는데 내생포자가 생겨도 세포벽이 부풀어오르지 않는다. *Bacillus thuringiensis*는 가장 널리 알려진 곤충 병원체일 것이다(그림 11.15a). 이 세균은 내생포자를 형성할 때 세포 내 결정체를 생성한다. 이 세균의 내생포자와 결

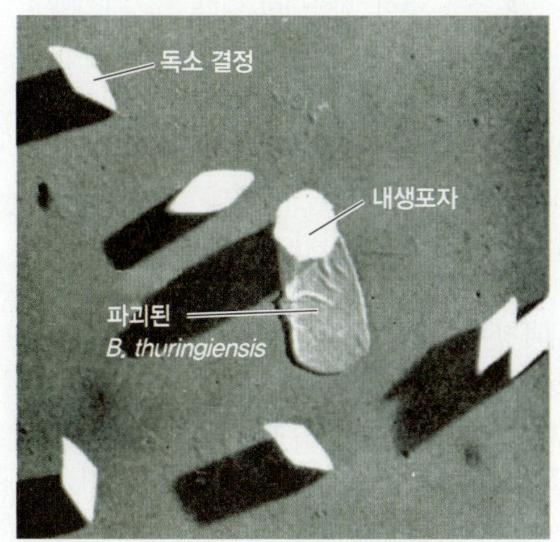

(a) *Bacillus thuringiensis*. 내생포자 옆에 보이는 마름모 모양의 결정을 곤충이 섭취하면 독성이 있다. 이 전자 현미경 사진은 62쪽에서 설명한 음영 기법을 활용하여 촬영하였다.

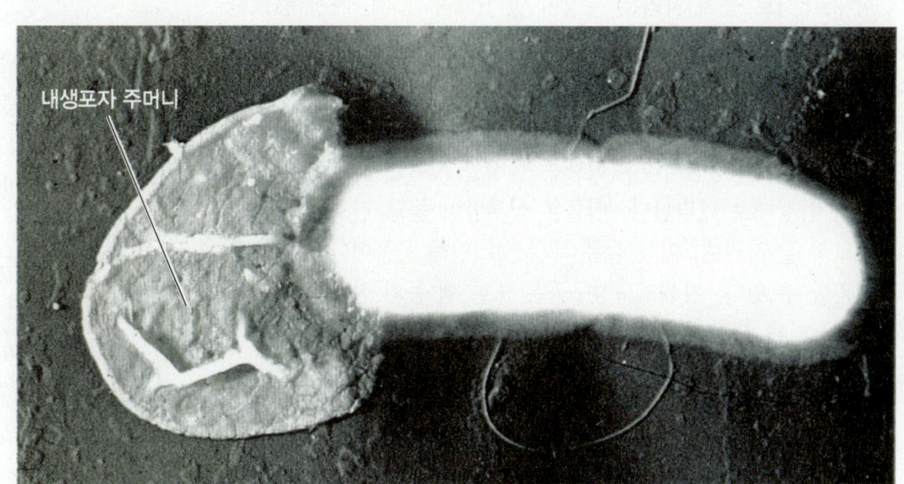

(b) 내생포자에서 발아 중인 *Bacillus cereus* 세포

그림 11.15 *Bacillus*

*Clostridium*과 *Bacillus* 속에서 공통으로 형성되는 세포 구조에는 어떤 것이 있는가?

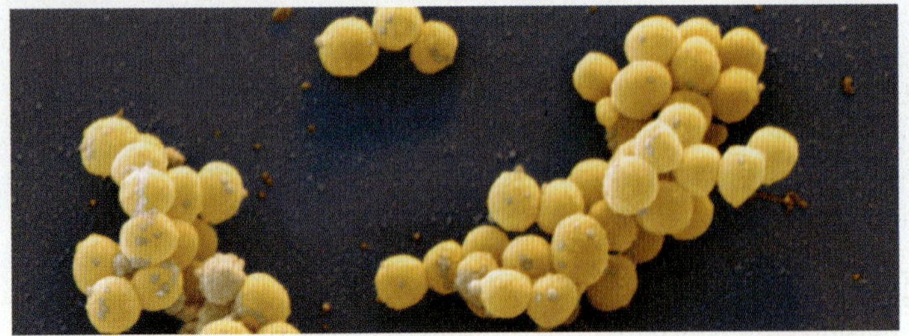

그림 11.16 **황색포도상구균(*Staphylococcus aureus*).** 이 그람양성 구균은 포도송이 같이 뭉쳐 자란다.

황색포도상구균이 생성하는 색소는 세균이 사는 환경에서 어떤 이점을 제공하는가?

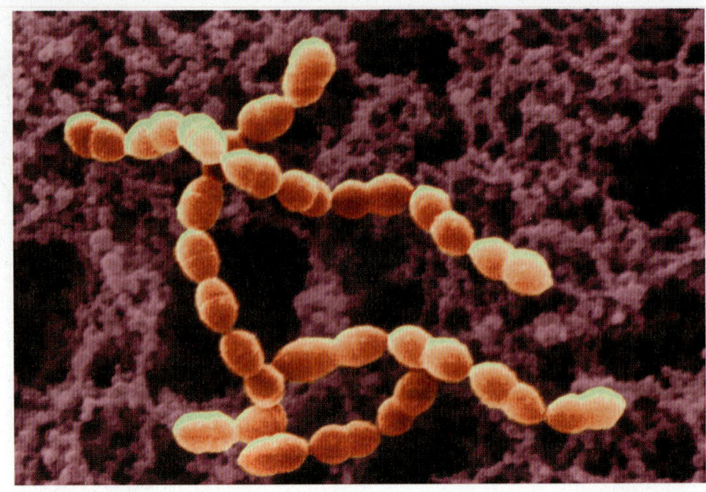

그림 11.17 ***Streptococcus.*** 연쇄상구균은 대부분 이 그림과 같이 사슬형으로 자란다. 대부분의 구형 세포는 분열 중이어서 그 모양이 약간 타원형으로 보인다. 여기서 보는 전자현미경 사진에 비해 낮은 배율로 관찰되는 명시야 현미경에서는 특히 타원형으로 관찰될 수 있다.

Streptococcus 세포의 배열상태는 *Staphylococcus*와 어떻게 다른가?

정독소(Bt)가 포함되어 있는 제품이 식물에 스프레이 형태로 뿌릴 수 있는 형태로 개발되어 원예용품점에서 판매되고 있다. *Bacillus cereus*(그림 11.15b)는 주변 환경에 흔히 존재하는 세균으로, 특히 쌀과 같은 전분 음식을 먹었을 때 발생하는 식중독의 원인균으로 알려져 있다(726쪽).

앞에서 설명한 *Bacillus*속의 3종은 질병 유발 특성이 매우 다르다. 그러나 이들은 분류학적으로는 매우 유사하여 분류학자들은 단일 종 내에서의 변종으로 간주한다. 차이점은 거의 전적으로 플라스미드에 존재하는 유전자 사이에서 발견되며 이들 유전자는 다른 세균으로 쉽게 전달될 수 있다.

Staphylococcus 포도상구균속(*Staphylococcus*)은 포도송이와 같은 형태로 서로 뭉쳐 자라는 특징이 있다(그림 11.16). 가장 중요한 종인 *Staphylococcus aureus*(황색포도상구균)은 황색 색소를 만들어 내는 황색 콜로니를 형성하여 이런 이름이 붙었다. 이 종은 조건부 산소요구성 세균이다.

포도상구균은 병원성을 나타내는 특징을 지니는데 이런 특징은 여러 가지 형태로 나타난다. 이들은 삼투압이 높고 건조한 환경에서 비교적 잘 자라며, 이와 같은 특성으로 인해 콧물이나 피부에서도 생존할 수 있다. 황색포도상구균은 또한 햄 등의 삼투압이 높은 식품이나 다른 생물의 성장을 억제할만큼 건조시킨 식품에서도 자랄 수 있다. 황색 색소는 햇빛의 항미생물 효과로부터 세포를 보호하는 기능을 하는 것으로 추정된다.

황색포도상구균은 여러 종류의 독소를 생산하는데, 이 독소는 신체에 침입하거나 조직을 손상시키는 세균의 능력을 높여 병원성에 기여한다. 황색포도상구균에 의한 수술 부위 감염은 병원에서 흔히 발생하는 문제이다. 또한 페니실린 등의 항생제에 빠르게 내성을 나타내는 능력 또한 병원 환경에서 환자들에게 위험요인이 된다(14장 423쪽 상자 참조). 황색포도상구균은 독성쇼크증후군(toxic shock syndrome)을 일으키는 독소를 생산하여 고열과 구토, 때로는 사망에 이르는 심각한 감염을 야기한다. 황색포도상구균은 또한 **장독소(enterotoxin)**를 생산하여 삼키면 구토와 어지럼증을 일으킨다. 이는 가장 흔한 식중독의 원인으로 꼽힌다(717쪽).

락토바실루스목

락토바실루스목에는 몇몇 주요 속이 포함되어 있다. 젖산막대균속(*Lactobacillus*)은 산업에서 중요하게 활용되는 대표적인 젖산 생성균이다. 대부분은 시토크롬계가 없어 산소를 최종 전자 수용체로 쓰지 못한다. 그러나 이들은 대부분의 절대 무산소세균과 달리 산소내성(aerotolerant)을 지녀 산소가 있는 환경에서도 자랄 수 있다. 물론 산소를 이용하는 미생물에 비하면 성장이 느리다. 그러나 간단한 탄수화물에서 젖산을 생성하면 경쟁 미생물의 성장을 억제하여 비효율적인 대사과정에도 불구하고 경쟁력을 확보할 수 있다. 연쇄상구균속(*Streptococcus*)은 *Lactobacillus*속과 유사한 대사적 특성을 지닌다. *Streptococcus*속에는 산업적으로 중요한 여러 속이 포함되어 있으나 병원성을 나타낸다는 사실이 가장 잘 알려져 있다. 장구균속(*Enterococcus*)과 *Listeria*속은 전형적인 세균의 대사적 특징을 나타낸다. 두 속 모두 조건부 산소비요구성 세균으로 몇몇 종은 중요한 병원균이다.

Lactobacillus *Lactobacillus*속의 세균은 사람의 질과 소장, 구강에 서식한다. 젖산막대균은 상업적으로 사우어크라우트, 피클, 버터밀크, 요거트 등의 생산에 활용된다. 일반적으로 젖산막대균 종

의 천이가 일어나서 매번 그 전의 종보다 점점 더 산에 강한 종이 번성하면서 젖산 발효를 진행한다.

Streptococcus 연쇄상구균속(*Streptococcus*)의 세균은 구형의 그람양성세균으로 전형적인 사슬 모양을 이룬다(그림 11.17). 이들은 매우 복잡한 분류군을 이루며 이들은 아마 다른 어떤 세균 속보다 다양하고 많은 질병을 일으키는 종류라 할 수 있을 것이다.

병원성 연쇄상구균은 여러 종류의 세포외 물질을 분비하여 병원성을 나타낸다. 이 가운데에는 병원균을 제거하는 식세포를 파괴하는 것도 있다. 일부 연쇄상구균에서 생산하는 효소는 숙주의 결합조직을 분해하여 감염부위를 넓히는데 이로 인해 넓은 조직이 손상되기도 한다(595쪽의 괴사근막염에 대한 설명 참조). 혈전의 피브린 섬유를 분해하는 효소를 생성하여 감염부위가 확산된다.

연쇄상구균속에 속하는 소수의 비병원성 종은 유제품 생성에 중요한 기능을 한다(28장 806쪽 참조).

임상 사례

세균성 수막염을 일으키는 두 종의 세균으로 *Neisseria meningitidis*와 *Streptococcus pneumoniae*가 있다. 워커 박사는 실험실에 머시의 뇌척수액과 정맥혈의 그람염색을 의뢰했다.

아래는 머시의 정맥혈을 그람염색한 결과다. 가능한 원인 목록에서 바꿀만한 것을 이 결과에서 발견했는가?

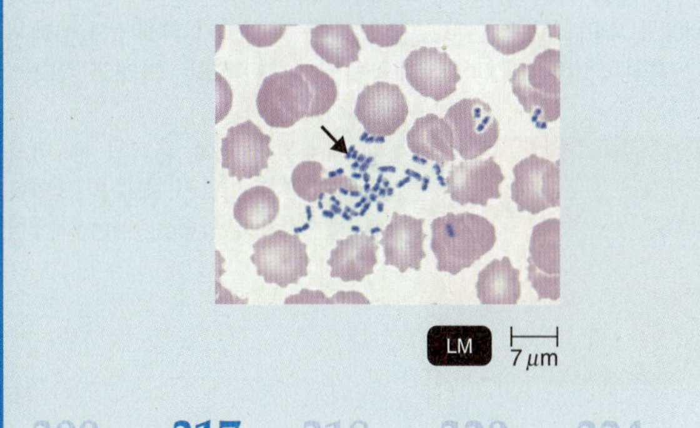

300 317 318 320 324

베타용혈성 연쇄상구균. 일부 연쇄상구균을 분류하는 유용한 기준은 혈액한천배지에서 배양 시 형성되는 콜로니의 모양이다. 베타용혈성(beta-hemolytic) 종은 혈액한천배지에서 용혈현상을 일으켜 콜로니 주변에 투명대를 형성하는 헤모라이신(hemolysin)을 생성한다(165쪽 그림 6.9 참조). 이와 같은 세균에는 주요 병원성 연쇄상구균인 *Streptococcus pyogenes*가 포함되며, 이들을 베타-용혈성 A형 연쇄상구균이라고도 한다. 용혈성 연쇄상구균의 항원형은 A형에서 G형까지 존재한다. *S. pyogenes*가 일으키는 질병으로는 성홍열, 후두염, 단독, 농가진, 류마티스열 등이 있다. 가장 중요한 독성 인자는 세균의 표면에 존재하는 M 단백질(595쪽 그림 21.6 참조)로 이를 이용해서 세균은 식세포 작용을 회피한다. 베타용혈성 연쇄상구균의 또다른 종류로는 *Streptococcus agalactiae*가 있는데 이는 베타용혈성 B형이다. 이는 B형 항원을 지니는 유일한 종으로 신생아 패혈증의 주요 원인균이다.

비베타용혈성 연쇄상구균. 연쇄상구균 중에는 베타용혈성이 아닌 종류도 있다. 이들은 혈액한천배지에서 자랄 때 콜로니 주변의 색이 독특하게 녹색으로 변한다. 이들을 알파용혈성 연쇄상구균이라고도 한다. 콜로니 주변이 녹색으로 변하는 이유는 세균이 만드는 과산화수소의 작용으로 적혈구가 부분적으로 파괴되기 때문이나 이와 같은 현상은 산소가 있을 때에만 나타난다. 여기 속하는 가장 주요 병원균은 폐렴균(*Streptococcus pneumoniae*)으로 구균성 폐렴을 일으킨다(693쪽). *Viridans streptococci*라고 부르는 연쇄상구균 종도 알파용혈성 연쇄상구균에 포함된다. 그러나 모든 종류가 알파용혈성 녹색 콜로니를 형성하지 않으므로(*virescent* = 녹색), 이것이 만족스러운 속명은 아니다. 여기 속하는 가장 중요한 병원균은 충치의 주요 원인균인 *Streptococcus mutans*다.

Enterococcus 이 속의 세균은 영양물질은 풍부하지만 산소가 부족한 위장관, 질, 구강과 같은 신체부위에 적응해왔다. 이들은 사람의 분변에서 다량으로 발견된다. 척박한 환경에서도 비교적 잘 견디는 미생물이기 때문에 이들은 손이나 침대, 분변 에어로졸(aerosol) 등을 통해 병원환경을 오염시킨다. 이들은 특히 대부분의 항생제에 높은 내성을 보이기 때문에 최근 병원내 감염을 일으킨 주요 원인균으로 지목되고 있다. *Enterococcus faecalis*와 *Enterococcus faecium* 두 종은 외과 수술부위와 요도관 감염의 주원인으로 알려졌다. 병원 환경에서 이들은 도뇨관의 삽입과 같은 침습적 방법을 통해 혈액 내로 빈번하게 침투할 수 있다.

Listeria *Listeria*속의 병원성 세균종인 *Listeria monocytogenes*은 특히 유제품 등의 식품을 오염시킨다. 이 세균은 식세포 안에서도 살아 남고 또한 냉장온도에서도 성장할 수 있다. 임산부가 이 세균에 감염되면 유산되거나 태아가 심각한 손상을 입을 수 있다.

마이코플라스마강

마이코플라스마는 세포벽이 없어 형태가 매우 다양하다(그림 11.18). 이들은 곰팡이와 비슷하게 실 모양으로 자라기 때문에 이와 같은 이름이 붙었다(*mykes* = 곰팡이, *plasma* = 형태인). 이 속 세균의 세포는 매우 작아서 그 크기가 0.1~0.25 μm이다. 세포 부피는 전형적인 막대균의 5%에 불과하다. 크기가 작고 모양이 쉽게 변할 수 있기 때문에 이들은 세균을 걸러내는 필터도 통과할 수 있다. 그래서 처음 이 세균은 바이러스로 여겨지기도 했다. 마이코플라스마는 자유생활이 가능한 가장 작은 자가 복제 개체를 대표할 수 있을 것이다. 어떤 종은 단 517개의 유전자만을 지니며, 이 가운데 생존에 필수적

(a) *M. pneumoniae*의 개별 세포. 화살표는 감염 숙주인 진핵 세포에 부착할 수 있도록 돕는 말단 구조를 가리킨다. SEM 1.5 μm

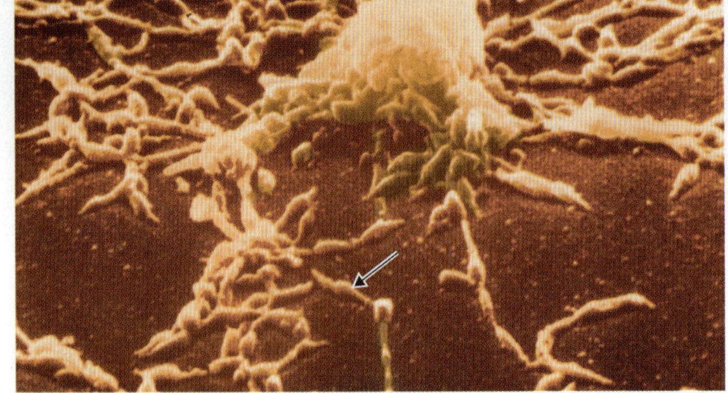

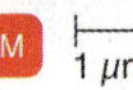

(b) *M. pneumonia*가 사상형으로 성장하는 모습. 일부 개별 세포도 보인다(화살표). 이 미생물은 부풀어 오른 위치가 잘려 나가는 방식으로 분절법에 의해 증식한다. SEM 1 μm

그림 11.18 ***Mycoplasma pneumoniae.*** *M. pneumoniae*와 같은 세균은 세포벽이 없어 형태가 불규칙하다(다형성).

Q 마이코플라스마의 세포 구조를 통해 이 세포의 다형성을 설명하시오.

인 최소 유전자 개수는 265~350개 정도로 추정된다. DNA 분석에 따르면 이들은 유전적으로 *Bacillus*, *Streptococcus*, *Lactobacillus* 속 등을 포함하는 그람양성세균과 유전적으로 연관되어 있으나 점차적으로 유전물질을 잃어버린 것으로 생각된다. 이는 **퇴화적 진화(degenerative evolution)**의 과정으로 설명되기도 한다.

마이코플라스마에서 가장 중요한 사람 병원균은 *M. pneumoniae*로 심하지 않은 흔한 형태의 폐렴을 일으킨다. 마이코플라스마 목의 또 다른 속으로는 *Spiroplasma*와 *Ureaplasma*가 있다. *Spiroplasma*는 세포 모양이 견고한 나선형이며 식물에 심한 질병을 일으키고 식물을 먹고 사는 곤충에 흔히 기생한다. *Ureaplasma*는 소변에 들어있는 요소를 가수분해시키는 효소를 만들어 이런 이름이 붙었다. 이 세균은 요도관 감염을 일으키기도 한다.

마이코플라스마는 스테롤(필요한 경우)이나 그 밖의 특수한 영양조건이나 물리적 조건을 제공하면 인공배지에서 배양할 수 있다. 콜로니의 지름은 1 mm를 넘지 않고 확대해서 보면 특징적인 계란 프라이 모양을 하고 있다(694쪽 그림 24.13 참조). 다양한 용도에 맞추어 마이코플라스마를 배양할 수 있는 방법이 있다. 마이코플라스마는 이와 같은 배양조건에서 아주 잘 자라기 때문에 세포 배양 실험실에서는 마이코플라스마로 인한 오염이 자주 일어나 골치거리가 되기도 한다.

이해도 확인하기

✔ *Staphylococcus*와 *Lactobacillus* 가운데 어느 속이 *Enterococcus*속과 더 밀접하게 연관되어 있는가? **11-6**

임상 사례

머시의 정맥혈을 그람염색하자 적혈구 사이에 그람양성 구균이 보였다. 머시에게 수막염을 일으킨 세균의 종을 동정하기 위해 실험실에서는 이 구균을 혈청한천배지에서 배양하였다. 그 결과는 아래와 같다.

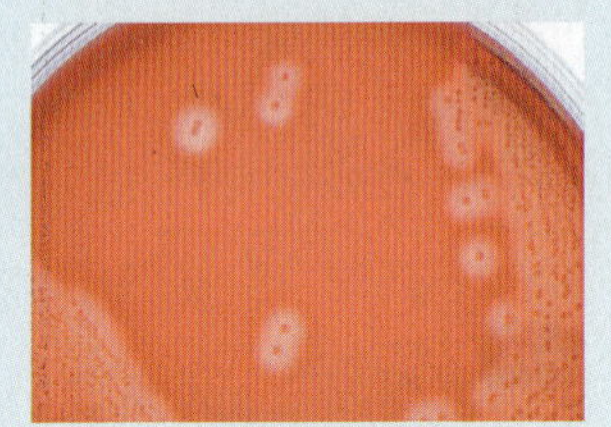

이 새로운 정보에 근거할 때 머시의 수막염을 일으킨 세균은 무엇이라 생각하는가? (힌트: 165쪽 그림 6.9 참조)

300 317 **318** 320 324

방선균문(G + C 함량이 높은 그람양성세균)

G + C 함량이 높은 그람양성세균은 방선균문(phylum Actinobacteria)에 속한다. 이 문에 속하는 세균들의 형태는 매우 다양하다. 예를 들어 *Corynebacterium*, *Gardnerella*, *Streptomyces* 등의 여러 속은 길게 연장되어 종종 가지 달린 형태의 실 모양으로 자란다. 방선균에는 몇 가지 중요한 병원성 세균속도 존재하며 *Mycobacterium* 속의 세균은 결핵과 나병을 일으킨다. *Streptomyces*, *Frankia*,

Actinomyces, *Nocardia* 등의 속이 일반적으로 방선균(그리스어로 *actino* = 방사선)이라 불린다. 보통 방사상으로 가지 달린 실 모양으로 뻗어나가며 자라기 때문이다. 겉보기에 이들의 형태는 사상형 진균류와 흡사하다. 그러나 방선균은 원핵생물이며 필라멘트의 지름 또한 진핵생물성 곰팡이보다 훨씬 작다. 일부 방선균은 세포 외부에 무성생식 포자를 형성하여 생식함으로써 더더욱 사상형 곰팡이와 비슷해 보인다. 사상형 세균과 사상형 진균류는 토양에 매우 흔히 서식하며, 토양에서는 사상형으로 자라는 것이 이점이 있다. 사상형 개체는 토양 입자 사이에 물이 없는 공간을 이어서 쉽게 영양물질이 존재하는 새로운 자리로 이동할 수 있다. 이와 같은 형태는 또한 표면 대 부피 비율을 높여 경쟁이 아주 심한 토양 환경에서 영양물질을 섭취하는 능력을 높여준다.

Mycobacterium *Mycobacterium*의 세균은 산소요구성, 내생포자 비형성 막대균이다. 속명에 들어있는 *myco*는 곰팡이 모양을 뜻한다. 곧잘 곰팡이처럼 사상형으로 자라기 때문에 붙여진 이름이다(688쪽 그림 24.8 참조). 항산성 염색과 약제 내성, 병원성 등 이 세균이 지니는 많은 특징은 독특한 세포벽과 관련 있으며 구조적으로 그람음성세균과 유사하다(85쪽 그림 4.13c 참조). 그러나 가장 바깥층인 지질다당층은 마이콜산으로 대체되어 왁스와 같은 발수층을 형성한다. 이로 인해 이 세균은 건조를 비롯한 환경 스트레스에 대한 내성이 강하다. 또한 이 층을 투과할 수 있는 항미생물 약제도 거의 없다. (7장 198쪽 상자 참조). 영양물질 또한 이층을 매우 천천히 투과하기 때문에 *Mycobacterium*속의 세균은 성장 속도가 늦다. 콜로니를 눈으로 확인할 정도로 배양하는 데 몇 주가 소요되기도 한다. 이 속에는 주요 병원균으로는 결핵을 일으키는 결핵균(*Mycobacterium tuberculosis*, 688쪽)과 나병을 일으키는 나병균(*M. leprae*, 625쪽)이 있다.

이 속의 세균은 주로 (1) *M. tuberculosis*과 같은 느린 성장균과 (2) 배지에서 7일 이내에 적당한 크기의 콜로니를 형성하는 빠른 성장균으로 나눈다. 느린 성장균은 대개 사람에게 병을 일으킨다. 빠른 성장균 중에도 주로 상처를 감염시키는 기회감염성 비결핵성 병원균이 다수 있지만, 대부분은 주로 비병원성 세균으로 토양이나 물에 서식한다.

Corynebacterium 대부분 모양이 다양하며 세포가 자라는 단계에 따라 모양이 변하기도 한다. 가장 잘 알려진 종은 *Corynebacterium diphtheriae*로 디프테리아를 일으키는 원인균이다(684쪽).

Propionibacterium *Propionibacterium*이라는 속명은 이 세균이 프로피온산을 생성하는 특징에서 유래되었다. 일부 종은 스위스치즈를 발효하는 데 중요한 기능을 한다. *Propionibacterium acnes*는 사람의 피부에 흔히 서식하며 여드름의 주요 원인균으로 알려져 있다.

Gardnerella *Gardnerella vaginalis*는 질염을 일으키는 가장 흔한 원인균이다(762쪽). 이 종을 분류하는 것은 쉽지 않다. 그람 변성균이며 형태가 매우 다양하게 변하기 때문이다.

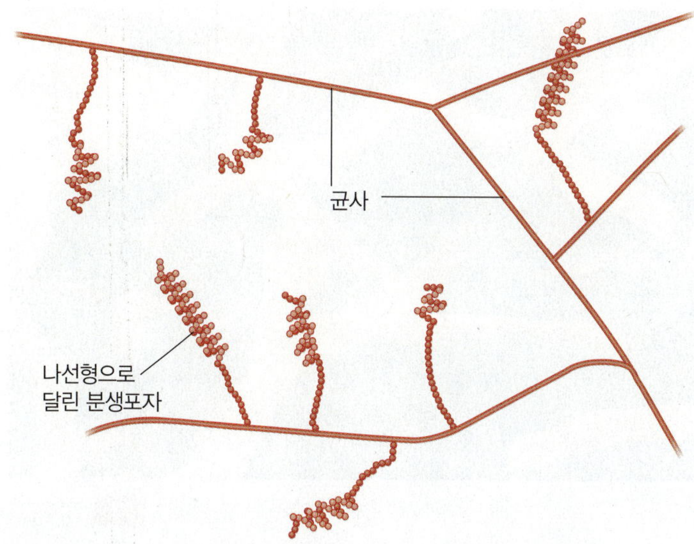

(a) 가지 달린 형태의 균사를 형성하는 전형적인 스트렙토마이세스 세균. 균사의 끝에 무성생식 분생포자가 달려 있다.

(b) 스트렙토마이세스의 균사 끝에 달린 분생포자

그림 11.19 ***Streptomyces***

Q *Streptomyces*를 진균으로 분류하지 않는 이유는 무엇인가?

Frankia *Frankia*속의 세균은 리조비움이 콩과식물에 뿌리혹을 형성하는 것처럼 오리나무 뿌리에 질소고정 뿌리혹을 형성한다(778쪽 그림 27.5 참조).

Streptomyces *Streptomyces*속은 가장 널리 알려진 방선균으로 토양에서 가장 흔히 분리되는 세균이다(그림 11.19). 이 세균의 무성생식 포자는 공중 사상체(aerial filament)의 끝에 형성된다. 각각의 포자가 적당한 기질에 떨어지면 발아하여 새로운 콜로니를 형성한다. 이 세균은 절대 산소요구성 세균이다. 세포외 효소를 분비하여 단백질과

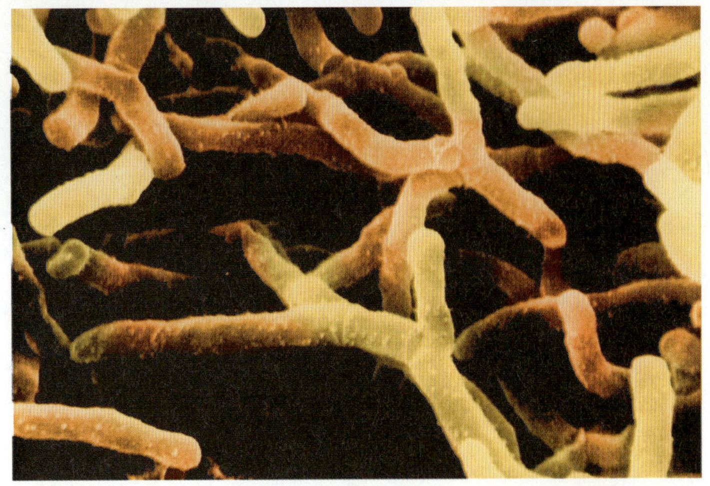

그림 11.20 *Actinomyces.* 가지 달린 균사 형태에 주목하시오.

 방선균을 진균류로 분류하지 않는 이유는 무엇인가?

다당류(전분과 섬유소 등), 그 밖의 토양 유기물 등을 분해하여 흡수한다. 이들 세균이 만들어 내는 지오스민(geosmin)이라는 기체는 신선한 토양에서 나는 독특한 흙 냄새의 주 원인이다. *Streptomyce*속의 세균 종들은 우리가 사용하는 대부분의 항생제를 생산하는 점에서 매우 소중하다(560쪽 표 20.1 참조). 이로 인해 이 속에 대한 연구가 집중적으로 이루어져서 현재 거의 500종이 기재되어 있다.

Actinomyces *Actinomyces*속은 조건부 산소요구성 세균으로 이루어져 있으며 사람이나 동물의 구강이나 목구멍에 서식한다. 때때로 잘라져 나갈 수 있는 균사를 형성한다(그림 11.20). *Actinomyces israelii*라 불리는 종은 방선균증(actinomycosis)을 일으켜 머리와 목, 폐 등의 조직을 손상시킨다.

Nocardia *Nocardia*속의 세균의 모양은 *Actinomyces*와 비슷하나 이 속은 산소요구성 세균이다. 성장할 때 균사체의 흔적을 볼 수는 있으나 곧장 짧은 막대형으로 잘려진다. 이들 세포벽의 구조는 *Mycobacterium*속과 비슷하여 항산성을 나타낸다. *Nocardia*속의 세균은 토양에 흔히 서식한다. *Nocardia asteroides*와 같은 종은 종종 만성 난치성 폐질환을 일으킨다. *N. asteroides*는 또한 주로 손발의 세포를 파괴하는 균종(mycetoma)의 원인균이다.

임상 사례

혈청한천배지와 그람염색 결과를 통해 감염균은 베타용혈성 연쇄상구균임을 알았다. 워커 박사는 어떤 *Streptococcus* 종이 머시에게 수막염을 일으켰는지 확인하기 위해 혈액 배양액의 란스필드 검사(1장 14쪽 참조)를 실험실에 의뢰했다. 그 결과 B형 란스필드 항원의 존재가 확인되었고 진단은 B형 연쇄상구균인 *S. agalactiae* 감염으로 확인되었다. 머시의 어머니가 임신하였을 때 B형 연쇄상구균에 대해 음성 판정을 받았지만 워커 박사는 머시의 어머니도 재검사를 받아볼 것을 요청했다. 이번에는 양성 판정이 나왔다.

B형 연쇄상구균이란 무엇인가?

300 317 318 **320** 324

이해도 확인하기

✔ 상업적으로 유용한 항생제를 가장 많이 생산해 내는 세균의 분류군은? **11-7**

가변세균에 속하지 않는 그람음성세균

학습 목표

11-8 플랑크토마이세트문, 클라미디아문, 박테로이문, 푸조세균문을 이분검색표를 그려 구분한다.

11-9 자색광합성세균과 녹색광합성세균을 남세균과 비교한다.

그람음성세균 중에는 이번 장의 앞에서 설명한 그람음성 가변세균과 밀접하게 연관되어 있지 않은 중요한 여러 분류군이 있다. 여기에는 몇 가지 독특한 생리학적, 형태학적 특징을 지닌 남세균문(Cyanobacteria), 클로로비움문(Chlorobi), 클로로플렉서스문(Chloroflexi) 등의 광합성 세균이 포함된다. 남세균은 광합성 과정에서 산소를 생성하며(산소발생광합성), 녹색황세균과 녹색비황세균은 산소를 생성하지 않는다(산소비발생광합성). 이들 세균의 특성은 표 11.2에 요약되어 있다.

남세균문(산소생성 광합성 세균)

남세균은 독특한 청록색의 색소를 지니고 있어 한때 남조류(blue-green algae)라 불리기도 했다. 이들은 진핵생물인 조류와 비슷하고 동일한 환경 생태적 지위를 점하고 있긴 하지만 이들은 조류가 아니라 세균이다. 그러나 남세균은 산소발생 광합성을 한다는 면에서는 진핵생물인 식물이나 조류와 같다(12장 참조). 남세균 중에는 대기에 있는 질소를 고정할 수 있는 종류도 많다. 대부분의 경우 **이질세포(heterocyst)**라 불리는 특화된 세포가 존재하고 여기에 질소가스(N_2)를 고정하는 효소가 들어 있어 질소를 암모늄이온(NH_4^+)으로 전환한 뒤, 이를 성장하는 세포에 공급한다(그림 11.21a). 수서

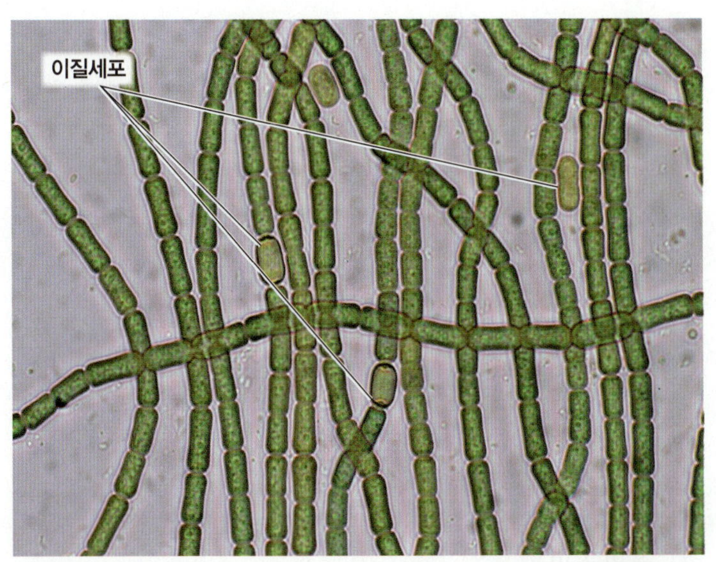

(a) 균사를 형성하며 자라는 남세균. 이질세포에서는 질소고정 활성이 나타난다.

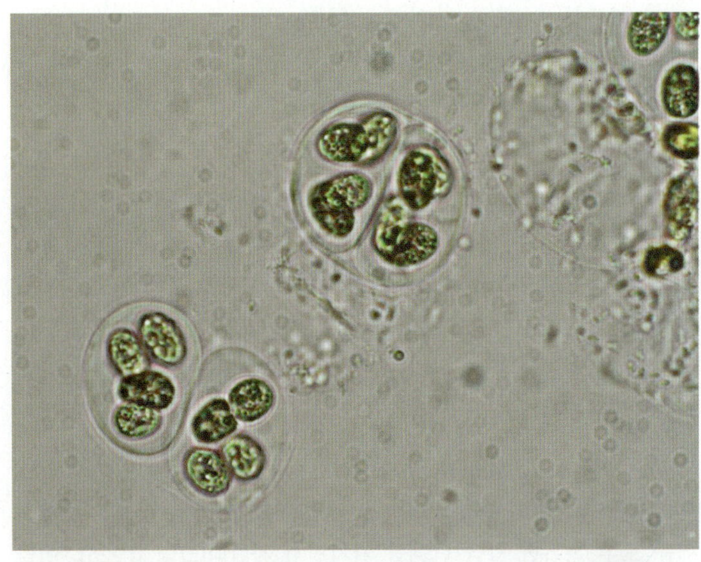

(b) 균사를 형성하지 않는 단세포성 남세균, *Gloeocapsa*. 이들은 이분법으로 분열하고 주변을 둘러싼 글리코칼릭스에 의해 한데 뭉쳐 있다.

그림 11.21 남세균

남세균의 광합성 방식은 자색황세균과 어떻게 다른가?

환경에 서식하는 종은 대개 가스 포낭을 지니고 있어 물 위로 떠오를 수 있고 이를 이용하여 광합성에 적당한 수심에서 살아간다. 남세균은 활주운동을 이용하여 고체 표면에서 이동한다.

남세균의 형태는 다양하다. 단순한 이분법으로 분열하는 단세포 형태(그림 11.21b)도 있고, 다중 분열법으로 콜로니 형태를 형성하는 것도 있으며, 사상형을 이루어 필라멘트가 절단되면서 증식하는 것도 있다. 사상형은 대개 외피나 껍질층으로 둘러싸여 일부 분화된 형태의 세포를 포함하기도 한다.

산소를 생성하는 남세균은 지구상 생명체의 발달에 매우 중요한 작용을 했다. 초기 지구에는 산소 기체가 거의 없어 산소를 이용하는 생명체가 존재할 수 없었다. 화석 증거에 따르면 남세균이 처음 나타났을 때 지구의 대기에는 단 0.1%의 산소 기체가 포함되어 있었다. 수백만 년 후에 산소발생 진핵식물이 출현하였을 즈음, 대기 중의 산소 농도는 이미 10%가 넘었다. 이와 같은 산소의 증가는 남세균에 의한 광합성 활동의 결과였다. 오늘날 우리가 숨쉬는 대기에는 대략 20%의 산소가 포함되어 있다.

남세균 가운데 특히 질소를 고정하는 종류는 환경에 매우 중요하다. 남세균은 진핵생물인 조류와 비슷한 생태적 지위를 점하나 (339쪽 그림 12.10 참조), 질소고정능을 지닌 남세균은 영양물질이 빈약한 환경에서 더욱 적응능력이 뛰어나다. 남세균의 환경생태적

표 11.2 광합성 세균의 주요 특징

일반명	대표종	문	특성	CO_2 환원에 사용하는 전자 공여체	산소발생 여부
남세균	*Anabaena*	남세균문	식물과 같은 형태의 광합성 반응, 일부는 무산소 상태에서도 세균성 광합성 수행	대체로 H_2O	대체로 산소발생
녹색비황세균	*Chloroflexus*	클로로플렉서스문	산소가 있는 환경에서는 화학종속영양 성장	유기화합물	산소비발생
녹색황세균	*Chlorobium*	클로로비움문	세포 내에 황 입자를 축적	대체로 H_2S	산소비발생
자색비황세균	*Rhodospirillum*	가변세균문	화학종속영양 성장도 가능	유기화합물	산소비발생
자색황세균	*Chromatium*	가변세균문	세포 내에 황 입자를 축적	대체로 H_2S	산소비발생

기능은 27장에서 부영양화(수서 환경에서의 영양물질 과다 현상)에 대해 이야기하면서 더 자세히 살펴볼 것이다.

클라미디아문

클라미디아문에 속하는 세균은 세포벽에 펩티도글리칸이 없으면서 유전적으로 유사한 다른 세균들과 함께 분류된다. 이 가운데 *Chlamydia*속과 *Chlamydophila*속에 대해서만 살펴볼 것이다. 버지편람의 초기 판본에서는 이들 세균을 숙주세포 내에서 자라기 때문에 리케차와 같이 분류했다. 그러나 이제 리케차는 유전적 특성에 따라 알파가변세균으로 분류된다.

Chlamydia* 및 *Chlamydophila *Chlamydia*속과 *Chlamydophila*속의 세균은 둘 다 클라미디아라는 일반명으로 불린다. 두 종류의 세균 모두 독특한 발달 단계를 거치면서 자란다(그림 11.22a). 이들은 그람음성 구균이다(그림 11.22b). 그림 11.24에 나타난 **기본소체(elementary body)**는 숙주를 감염시킬 수 있다. 리케차와 달리 클라미디아는 전파매체로 곤충이나 진드기를 필요로 하지 않는다. 이들은 사람 사이의 접촉이나 공기에 의한 호흡기 전파를 통해 전염된다. 클라미디아는 실험동물과 세포 배양, 배발생 중인 달걀의 난황낭에서 배양할 수 있다.

3종의 클라미디아가 사람에게 중요한 병원균이다. 가장 널리 알려진 병원균은 *Chlamydia trachomatis*로 몇 가지 주요 질병을 일으킨다. 대표적으로 개발도상국에서 흔히 실명의 가장 큰 원인이 되는 트라코마를 들 수 있다(610쪽). 또한 미국에서 가장 흔한 성병이라 할 수 있는 비임균성 요도염 그리고 또 다른 성병의 하나인 클라미디아성 서혜부 발진(lymphogranuloma venereum)을 일으킨다(762쪽).

*Chlamydophila*속의 2종이 병원균으로 널리 알려져 있다. *Chlamydophila psittaci*는 앵무새병이라는 호흡기 질병의 원인균이다(694쪽). *Chlamydophila pneumoniae*는 특히 젊은 사람에게 널리 퍼지는 심하지 않은 폐렴의 원인균이다.

플랑크토마이세트문

플랑크토마이세트문은 그람음성, 출아세균으로 "세균의 경계를 애매하게 하는" 세균으로 알려졌다. DNA 분석에 따라 진정세균으로 분류되고는 있지만, 세포벽의 구성은 고세균을 닮았고 일부 세균은 진핵세포의 핵과 유사한 소기관을 지닌다. *Planctomyces*속의 세균 중에는 카울로박테리아(304쪽)와 비슷한 자루를 형성하는 종도 있으며 고세균과 비슷하게 펩티도글리칸이 없는 세포벽을 지니기도 한다. 이 중 한 종인 *Gemmata obscuriglobus*는 DNA 주위를 이중 내막으로 둘러싸고 있어 진핵생물의 핵과 유사한 모양을 보인다(그림 11.23). 생물학자들은 이런 특징으로 인해 *Gemmata*를 진핵세포의 핵의 기원을 설명하는 모델로 삼을 수 있을지 않을까 생각하고 있다.

박테로이드문

박테로이드문에는 산소비요구성 세균의 여러 속이 포함된다. *Bacteroides*속은 사람의 소화관에 서식하는 주요 세균이고, *Prevotella*속은 사람의 구강에서 발견된다. 박테로이드문에는 또한 활주운동을 하는 주요 토양 세균인 *Cytophaga*속도 포함된다.

Bacteroides *Bacteroides*속의 세균은 주로 사람의 장내에 서식하며 대변 1g당 10억 마리에 육박하는 *Bacteroides*속 세균이 발견된다. 일부 세균 종은 잇몸 사이 등의 무산소 환경에 서식한다(713쪽 그림 25.2 참조). 이들은 또한 조직 깊숙한 곳의 감염을 일으킨다. *Bacteroides*는 그람음성이며 비운동성이고 내생포자를 형성하지 않는다. *Bacteroides*속의 세균에 의한 감염은 주로 깊숙이 찔린 상처나 수술부위에서 나타나며, 장막의 파열로 인한 염증인 복막염의 주요 원인균이다.

Cytophaga *Cytophaga*속의 세균은 섬유소나 키틴과 같이 토양에 많은 고분자 물질을 분해하는 데 중요한 작용을 한다. 활주운동을 통해 이들 기질에 밀접하게 부착하고 분해효소의 활성을 효율적으로 높일 수 있다.

푸조세균문

푸조형태의 세균은 산소비요구성 세균으로 이루어진 또 다른 문이다. 이들 세균은 주로 다양한 형태를 이루지만 이름에서 알 수 있듯이 방추형을 이루는 경우가 많다(*fuso* = 방추).

Fusobacterium *Fusobacterium*속의 세균은 길고 가는 그람음성 막대균으로 양끝이 뾰족하다(그림 11.24) 사람에서 이들은 주로 잇몸 사이의 틈에 서식하며 일부 세균 종은 충치를 일으키는 것으로 알려져 있다.

이해도 확인하기

✔ 그람음성세균 중에서 상이한 단계가 포함된 생활환(life cycle)을 가지는 종류는? **11-8**

자색광합성세균 및 녹색광합성세균 (산소비발생 광합성 세균)

광합성 세균을 분류하기란 매우 어렵다. 그러나 광합성 세균은 상당히 흥미로운 생태적 적소(ecological niche)에서 서식한다. 이 책을 사용하는 학생들이 이들 세균의 복잡한 대사 과정을 상세하게 알아야 할 필요까지는 없으므로 여기서 이를 자세히 설명하지 않기로 한다.

광합성 세균들은 크게 남세균문(Cyanobacteria), 클로로비움문(Chlorobi), 클로로플렉서스문(Chloroflexi)으로 분류하며 이들은 유전적으로 가변세균과는 다른 특성을 지닌다. 클로로비움문

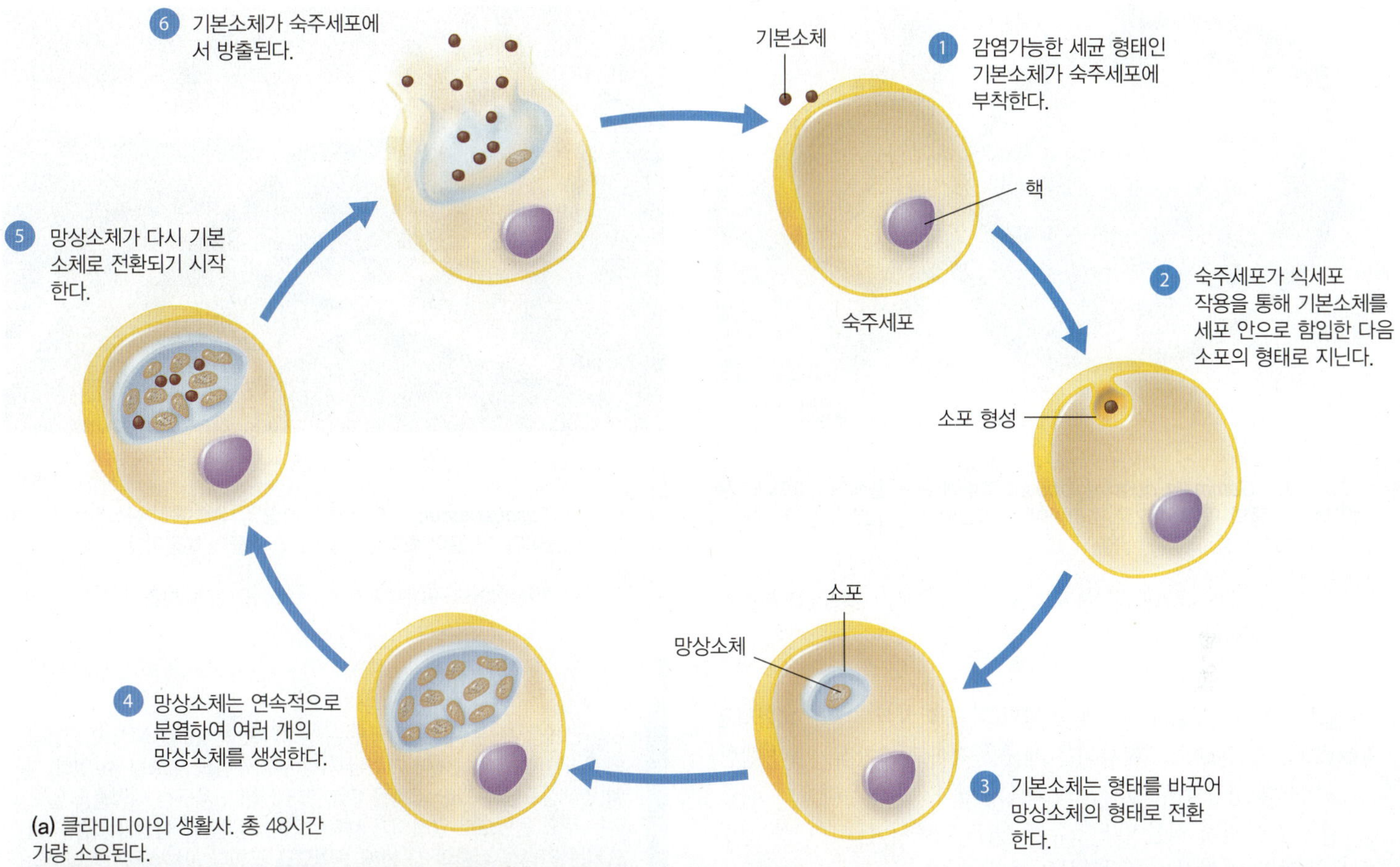

6 기본소체가 숙주세포에
서 방출된다.
기본소체
1 감염가능한 세균 형태인
기본소체가 숙주세포에
부착한다.
핵
숙주세포
5 망상소체가 다시 기본
소체로 전환되기 시작
한다.
2 숙주세포가 식세포
작용을 통해 기본소체를
세포 안으로 함입한 다음
소포의 형태로 지닌다.
소포 형성
소포
망상소체
4 망상소체는 연속적으로
분열하여 여러 개의
망상소체를 생성한다.
3 기본소체는 형태를 바꾸어
망상소체의 형태로 전환
한다.

(a) 클라미디아의 생활사. 총 48시간 가량 소요된다.

기본소체
망상소체
중간소체
TEM
0.3 μm

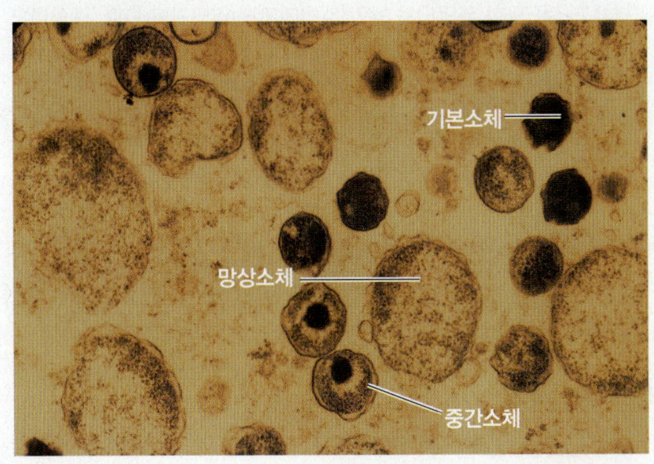

(b) 숙주세포의 세포질에 있는 *Chlamydophila psittaci*의 전자현미경 사진. 기본소체는 감염 단계로 밀도가 높고 짙게 나타나며 비교적 크기가 작다. 망상소체는 숙주세포 내에서 증식하는 단계로 작은 점이 많고 기본소체보다 크기가 크다. 중간소체는 이 두 시기의 중간 단계로 중심부가 짙게 염색된다.

그림 11.22 Chlamydias

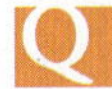

Q 클라미디아의 생활사 가운데 어느 단계의 세포가 사람을 감염시킬 수 있는가?

(대표속, *Chlorobium*)에 속하는 세균은 **녹색황세균(green sulfur bacteria)**이라 불린다. 클로로플렉서스문(대표속, Chloroflexus)은 **녹색비황세균(green nonsulfur bacteria)**이라 불린다.

그러나 그람음성 광합성 세균 가운데 가변세균에 포함되는 유전적 특성을 지닌 세균들도 있다. 이들은 **자색황세균(purple sulfur bacteria)**과 **자색비황세균(purple nonsulfur bacteria)**으로 각각 알파가변세균강 및 감마가변세균 강에 속한다.

황세균(sulfur bacteria)이라는 이름은 이들 세균이 H_2S 를 전자 공

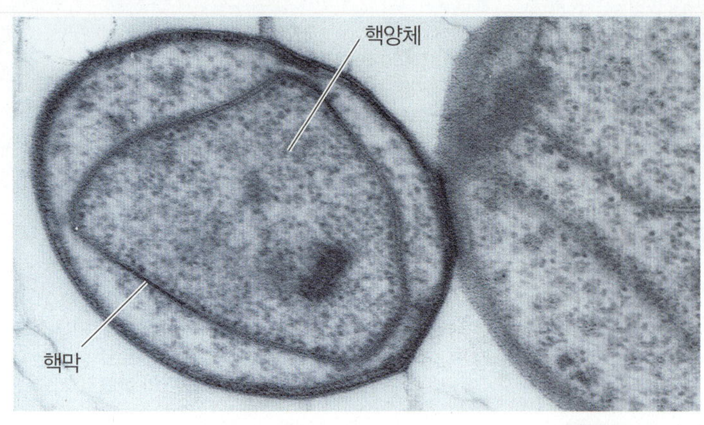

TEM 0.3 μm

그림 11.23 *Gemmata obscuriglobus.* 그림에 보는 플랑크토마이세스는 핵양체가 이중의 막(핵막)으로 둘러싸여 있다(그림 4.6 참조). 이는 진핵세포의 핵과 유사하다.

위의 그림에 나타난 핵양체 주변의 이중막과 그림 4.24의 진핵세포 핵막의 유사점은?

SEM 1 μm

그림 11.24 *Fusobacterium.* 이 세균은 사람 장내에 흔히 서식하는 산소비요구성 막대균이다. 양 끝이 뾰족한 모습이 이 세균의 특징이다.

사람 신체의 어느 곳에서 *Fusobacterium*을 흔히 발견할 수 있는가?

여체로 사용할 수 있다는 것을 뜻한다(다음 화학식 참조). 비황세균(nonsulfur bacteria)으로 분류되는 세균은 적어도 제한적이나마 광합성을 이용해 성장할 수 있지만 산소를 생성하지는 않는다.

남세균은 진핵 식물이나 조류가 물(H_2O)에서 산소(O_2)를 생성하는 것과 같은 방식으로 광합성을 한다.

$$(1)\ 2H_2O + CO_2 \xrightarrow{\text{빛}} (CH_2O) + H_2O + O_2$$

자색황세균(purple sulfur bacteria)과 녹색황세균(green sulfur bacteria)은 다음 반응과 같이 물 대신 황화수소(H_2S)에서 전자를 받고 산소 대신 황입자(S^0)를 만들어낸다.

$$(2)\ 2H_2S + CO_2 \xrightarrow{\text{빛}} (CH_2O) + H_2O + 2S^0$$

그림 11.25에 나타난 *Chromatium*이 대표 속이다. 한때 생물학에서 중요한 물음은 식물이 광합성에 의해 만들어낸 산소가 이산화탄소(CO_2)에서 왔는지 물(H_2O)에서 왔는지에 대한 것이었다. 방사성 동위원소 추적으로 물 분자와 이산화탄소의 산소를 추적하여 이 물음을 최종적으로 해결하기 전까지 위의 반응식(1)과 (2)의 대비는 산소의 근원이 물이라는 가장 강력한 증거가 되었다. 위의 두 반응식을 비교하는 것은 또한 어떻게 황화수소(H_2S)와 같은 환원된 황화합물이 광합성에서 물(H_2O)을 대신할 수 있는지를 이해하는 데에도 중요하다. 779쪽의 "암흑 속의 삶" 참조.

그 밖의 광독립영양세균인 자색비황세균(purple nonsulfur bacteria)과 녹색비황세균(green nonsulfur bacteria)은 산이나 탄수화물과 같은 유기화합물을 이용하여 광합성으로 탄소를 고정한다.

광합성 세균의 형태는 나선형, 막대형, 구형, 출아형 등 매우 다양하다.

임상 사례 해결

B형 연쇄상구균은 주로 장내 또는 생식기에 서식하는 정상 미생물상의 일부이나 면역능력이 저하된 사람에게 질병을 일으킬 수 있다. B형 연쇄상구균에 의한 감염은 1970년대 신생아 세균성 패혈증을 일으키는 주요 원인으로 알려지기 시작했으며, 미국에서 신생아 사망을 일으키는 감염성 질환의 첫 번째 원인으로 꼽힌다. 이 세균은 어머니의 생식기관에 서식하면서 태아를 감염시켜 유산시키기도 한다. B형 연쇄상구균은 또한 분만되는 동안 태아에게 전염되기도 한다. 예방법으로는 모든 임산부에 대해 임신 35주에서 37주 사이에 B형 연쇄상구균 검사를 실시하고 보균자는 분만할 때 항생제를 투여한다. 머시의 어머니는 임신 중의 검사에서 음성 판정을 받았지만, 그 결과는 드물게 나타나는 거짓음성이었다. 머시는 정맥을 통해 항생제를 투여 받았고 감염 증세가 사라질 때까지 10일 동안 더 병원에 있어야 했다. 2주 후에 집으로 돌아온 머시는 이제 건강하고 행복한 아기로 지내고 있다.

300 317 318 320 **324**

이해도 확인하기

✔ 자색 광합성세균과 녹색 광합성세균, 남세균은 모두 식물과 같이 광합성 과정을 통하여 탄수화물을 합성한다. 자색세균과 녹색세균의 광합성은 어떤 점에서 식물의 광합성과 다른가? **11-9**

스피로헤타문

학습 목표

11-10 스피로헤타와 데이노코커스의 특징을 설명한다.

스피로헤타는 금속 용수철과 비슷하게 생긴 코일과 같은 형태를 이룬다. 종류에 따라 코일이 감겨 있는 정도가 달라 어떤 종류는 다른 것보다 더욱 단단하게 감겨 있는 형태다. 그러나 이 속의 가장 독특한 특징은 운동 방식에서 나타난다. 외껍질과 세포의 몸체 사이 공간

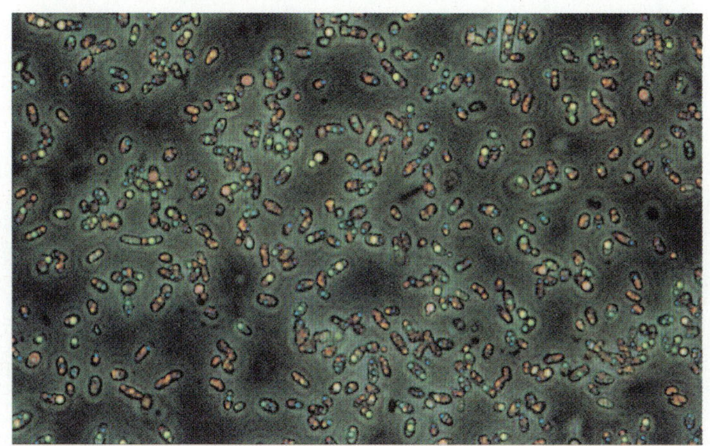

그림 11.25 자색황세균. *Chromatium*의 광학현미경 사진으로 여러 가지 색을 반사하는 세포내 황 입자를 관찰할 수 있다. 황 입자가 축적되는 이유는 본문의 화학식 (2)에 요약되어 있다.

Q 산소비발생 광합성이란?

에 들어 있는 두 개 이상의 **축사(axial filament)**를 이용하여 독특한 나선운동을 한다. 각 축사의 한 쪽 끝은 세포의 한 쪽 끝 부근에 부착되어 있다(그림 11.26, 83쪽 그림 4.10 참조). 축사를 빙글빙글 돌리는 방식으로 마치 코르크 마개뽑이를 돌리듯이 서로 반대 방향으로 세포가 회전한다. 이는 액체 속에서 이동하기에 매우 효율적인 방식이다. 세균의 크기로 볼 때, 세균이 물속을 헤엄치는 것은 사람이 끈끈한 설탕 시럽을 헤쳐나가는 것과 같다. 그럼에도 불구하고 세균 세포는 1초에 세포 길이의 100배나 되는 거리를 이동할 수 있다(대략 50 μm/sec). 이는 거대하고 빠른 참치 같은 물고기가 같은 시간 동안 몸 길이의 10배 정도밖에 움직이지 못하는 것과 대비된다.

스피로헤타 가운데 많은 종류가 사람의 구강 안에 서식한다. 이는 반 뢰벤후크가 1600년대에 침과 치태에서 최초로 관찰한 미생물 가운데 하나다. 스피로헤타는 특이하게도 흰개미 장에 서식하는 셀룰로오스 분해 원생동물의 표면에서 발견된다. 스피로헤타는 이 원생동물에서 편모의 기능을 제공한다. 106쪽의 상자 참조.

Treponema 스피로헤타에는 여러 종류의 주요 병원성 세균이 포함되어 있다. 가장 잘 알려진 것이 *Treponema*속으로 매독(758쪽)을 일으키는 *Treponema pallidum*이 이 속에 들어 있다(그림 11.26b).

Borrelia *Borrelia*속의 세균은 재귀열(658쪽)과 라임병(658쪽)을 일으킨다. 둘 다 심각한 질병으로 대개 진드기나 이에 의해 전염된다.

Leptospira 렙토스피라증(752쪽)은 대개 *Leptospira*속의 세균으로 오염된 물로 인해 사람에게 전염된다. 이 세균은 개나 쥐, 돼지 등의 오줌을 통해 배출되므로 집에서 기르는 개와 고양이는 정기적으로 렙토스피라증에 대한 예방접종을 해야 한다. 단단한 코일 형태로 감겨있는 *Leptospira* 세포가 753쪽의 그림 26.4에 나타나 있다.

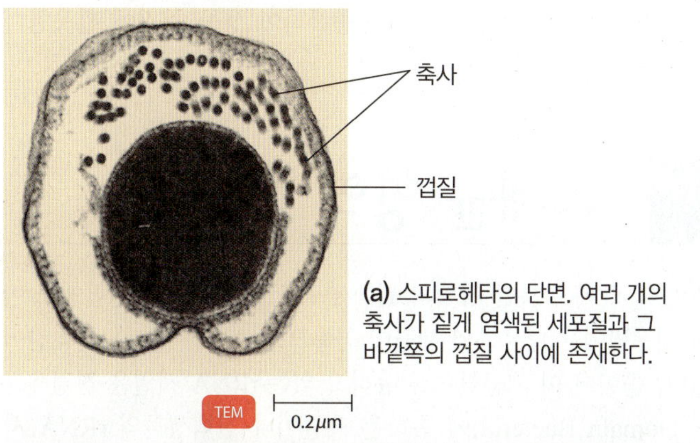

(a) 스피로헤타의 단면. 여러 개의 축사가 짙게 염색된 세포질과 그 바깥쪽의 껍질 사이에 존재한다.

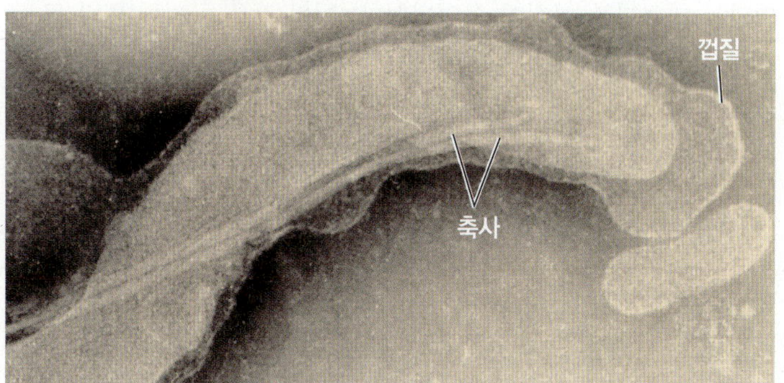

(b) 매독균의 전자현미경 사진 일부. 외부의 껍질이 세포와 분리되어 있고 여기에 두 개의 축사가 껍질 아래쪽에서 세포의 말단 근처에 부착되어 있는 것이 보인다.

그림 11.26 스피로헤타. 스피로헤타는 나선형 세균으로 겉껍질 안쪽의 축사를 이용하여 코르크 마개뽑이가 돌아가듯이 이동한다.

스피로헤타의 운동성은 *Spirillum*(그림 11.4 참조)과 어떻게 다른가?

데이노코커스문

데이노코커스문에서는 극한 환경에 내성을 나타내는 특성으로 인해 널리 연구된 두 종의 세균이 포함된다. 그람염색을 하면 양성으로 나타나지만 세포벽의 화학적 성분은 일반적인 그람양성세균과 조금 다르다.

*Deinococcus radiodurans*는 방사선에 유난히 강하여, 일반 세균의 내생포자보다 방사능에 강한 내성을 보인다. 이 세균은15,000 Grays (803쪽 참조) 정도까지의 높은 방사능에 노출되어도 살아남을 수 있다. 이는 사람을 죽일 수 있는 치사량의 1500배에 해당하는 강도의 방사능이다. 이 정도로 강한 내성을 보이는 배경은 방사선에 의한 손상을 신속하게 수선할 수 있도록 독특하게 배열된 DNA의 형태에서 찾을 수 있다. 이 세균은 다른 많은 돌연변이 유발 화학물질에서 비슷한 정도의 내성을 보인다.

*Thermus aquaticus*는 이 분류군에 속하는 또 다른 세균으로 다른 세균과 달리 열에 매우 강하다. 이 세균은 미국의 옐로스톤국립공원의 뜨거운 온천에서 분리되었으며 열에 강한 *Taq polymerase*가 바로 이 세균에서 분리된 효소다. *Taq polymerase*는 중합효소중폭반응(polymerase chain reaction, PCR)에 유용하게 사용되며 이

방법을 이용해서 소량의 DNA를 증폭하여 생물 동정에 활용한다 (249쪽 참조).

이해도 확인하기

 축사를 바탕으로 구분할 수 있는 세균의 속은? 11-10

고세균 영역

1970년대 말에 독특한 형태의 원핵세포가 발견되었다. 놀랍게도 이들의 세포벽에는 대부분의 세균이 공통으로 지니는 펩티도글리칸이 없었다. 곧이어 이 세균들이 공유하고 있는 rRNA 서열은 진정세균 영역(Domain Bacteria)에 속하는 세균이나 진핵생물의 rRNA 서열과는 다르다는 사실이 확인되었다. 이와 같은 차이는 워낙 큰 것이어서 이제 이들 세균들을 고세균 영역(Domain Archaea)으로 따로 분류하고 있다.

고세균 내에서의 다양성

학습 목표

11-11 고세균 분류군이 사는 서식처를 말할 수 있다.

유난히 흥미로운 원핵생물군인 고세균은 매우 다양하다. 대부분의 고세균은 막대형과 구형, 나선형 등 전형적인 원핵세포의 모양을 하고 있다. 그러나 일부는 그림 11.27에 나타난 것처럼 매우 이상한 모양을 보이기도 한다. 그람염색에서 일부는 그람양성 반응을 일부는 그람음성 반응을 보인다. 이분법에 의해 분열하는 것도 있으나 분절법이나 출아법에 의해 분열하는 종류도 있다. 드물게 세포벽이 없는 종도 있다. 배양 가능한 고세균은 5개의 생리적 또는 영양적 분류군으로 나눌 수 있다.

생리적으로 고세균은 극한 환경 조건에서 주로 발견된다. **호극성 생물(extremophile)**로 알려진 고세균으로는 호염균과 호열균, 호산균이 있다(156쪽 참조). 병원성 고세균은 알려져 있지 않다. **호염균**(halophile)은 염분의 농도가 25%를 넘는 Great Salt Lake(미국 유타 주에 있는 대염호-역자주)나 햇빛에 의해 수분이 증발한 연못과 같은 곳에서 살아간다. *Halobacterium*속에서 그 예를 찾을 수 있는데 일부 종은 이 같은 고농도의 염분이 존재해야만 자랄 수 있다. 극도의 **호열성**(thermohpilic) 고세균 가운데에는 성장을 위한 최적 온도가 80°C 이상인 경우도 있다. 지금까지의 기록은 121°C로 심해 2000미터 깊이의 열수구 근처에서 자라는 고세균의 최적온도로 알려져 있다. **호산성**(acidophilic) 고세균은 pH 값이 0 이하인 환경에서도 발견되며 이들은 또한 고온에서 잘 자란다. 예를 들어 *Sulfolobus* 속의 최적 pH는 2 정도이며 최적 온도는 70°C 이상이다.

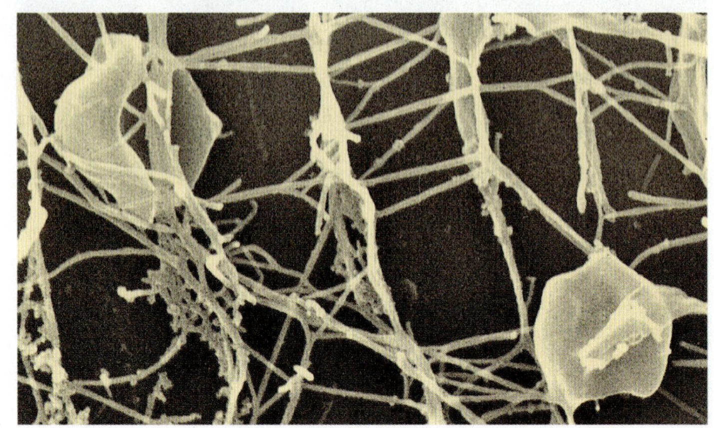

그림 11.27 **고세균.** 독특한 형태의 고세균, *Pyrodictium abyssi*의 전자현미경 사진. 이 고세균은 온도가 110°C나 되는 심해 침전층에서 자란다. 세포는 원판형으로 세포에서 바깥쪽으로 관의 형태가 복잡하게 뻗어 네트워크를 형성하고 있다. 대부분의 고세균은 이보다 더 전형적인 세균의 형태를 하고 있다.

 이 고세균의 이름에 포함된 *pyro*와 *abyssi*에서 알 수 있는 이 세균의 특성은?

바다에는 여러 종류의 질소화 고세균이 암모니아를 산화시키면서 에너지를 얻는다. 이와 같은 영양 방식을 영위하는 고세균은 토양에서도 일부 발견된다. 메탄생성균(methanogen)은 절대 무산소 고세균으로 수소(H_2)를 이산화탄소(CO_2)와 반응시켜 최종산물로서 메탄을 생성한다. 진정세균 중에서는 메탄생성세균이 알려져 있지 않다. 이들 고세균은 하수처리에 활용되는 등 경제적으로도 매우 중요하다(27장 792~793쪽 참조). 메탄생성균은 사람의 대장과 질, 구강 미생물상의 일원이다.

이해도 확인하기

햇빛에 의해 물이 증발된 연못에 서식하는 고세균의 종류는? 11-11

미생물의 다양성

지구에는 거의 무한대의 환경지위(environmental niche)가 존재하는 것으로 보이며, 다양한 생명 형태가 진화하여 이들을 채우고 있다. 이와 같이 다양한 환경지위에 존재하는 미생물 중 많은 종류가 전통적인 성장배지에서 전통적인 방법으로 배양될 수 없으며, 이와 같은 미생물은 연구되지 않은 채 남아 있다. 그러나 최근 들어 세균의 분리와 동정법이 크게 발전하여 이들 다양한 생태적 지위를 차지하고 있는 미생물이 확인되고 있다. 많은 종이 배양과정 없이도 확인될 수 있다. 일례로 303쪽의 *Pelagibacter*에 대한 이야기를 참조하시오. 원핵생물의 크기의 이론적인 한계를 뛰어 넘은 세균이 존재한다는 사실이 특히 흥미롭다.

다양성의 범위를 보여주는 발견들

학습 목표

11-12 미생물 다양성을 이해하는 데 한계가 되는 두 가지 요인을 제시한다.

이번 장의 앞부분에서 거대 세균 *Epulopiscium*에 대해 설명했다. 1999년 이보다 더 큰 거대 세균이 아프리카의 남서해안, 나미비아의 해변 침전층 100미터 깊이에서 발견되었다. 이 세균은 *Thiomargarita namibiensis*라고 명명되었는데 이는 "나미비아의 황 진주(sulfur pearl of Namibia)"라는 뜻이다. 이 구형 미생물은 감마가변세균에 속하는 것으로 지름이 750 μm에 달한다(그림 11.28). 이는 이 문장 끝의 마침표보다 조금 큰 크기다.

앞에서 언급했듯이 원핵세포의 최대 크기를 제한하는 요인으로는 단순 확산에 의해 세포질에 영양물질이 들어갈 수 있어야 한다는 것이다. *T. namibiensis*는 액체로 채워진 풍선을 활용하는 것과 유사한 방식으로 이 문제를 최소화했다. 이 세포의 내부에는 주머니가 하나 들어 있고 이 주위를 비교적 얇은 세포질층이 둘러싸고 있다. 그 결과 세포질의 부피는 대부분의 다른 원핵생물의 부피와 거의 비슷하다. 에너지원으로는 기본적으로 황화수소를 사용하며 이는 이 세균이 주로 발견되는 침전층에 다량 존재한다. 그리고 질산은 폭풍우가 몰아쳐 침전층을 휘저을 때 질산염이 풍부한 해수로부터 간헐적으로 공급받을 수밖에 없다. 세포 내부에 있는 주머니는 세균 전체 부피의 98% 가량을 차지하고 있는데 간헐적인 질산 공급기 사이에 질산염을 보관하는 보관소의 기능을 한다. 세포는 황화수소를 산화시켜 에너지를 얻는다. 질산염은 질소원으로도 쓰이지만 산소가 없는 환경에서 전자 수용체로서 주된 기능을 한다.

유난히 거대한 세균을 발견함으로써 원핵세포가 얼마나 커질 수 있으며 어떻게 그 크기로도 여전히 영양물질을 흡수할 수 있는지에 대해 의문이 제기된 바 있다. 또 다른 극단으로 미생물의 최소 크기, 특히 유전체 크기가 얼마나 작아질 수 있는지에 대해서도 궁금증이 일었다. 암석 내부 깊숙한 곳 그리고 심지어 운석에서도 0.02~0.08 μm 크기의 나노세균이 발견되었다는 보고가 있다. 대부분의 미생물학자들은 이들이 무기물의 결정체로 비생물 입자라는 결론을 내리고 이를 **나논(nanon)**이라 부를 것을 제안했다. 이론적인 계산에 따르면 생명활동을 수행할 정도로 대사가 일어나려 세포의 지름이 적어도 0.1 μm는 되어야 한다고 한다. 특정 세균은 비정상적으로 작은 유전체를 지닌다. 예를 들어 *Carsonella ruddii*는 수액을 빨아먹는 진디점프(psyllid, plant louse)라는 곤충 숙주와 공생관계를 유지하는 세균이다. 이와 같은 공생 세균은 자유 생활을 하는 미생물보다 유전적 능력을 덜 필요로 한다. 이 세균은 단 182개의 유전자만을 보유하고 있으며, 이는 이와 같은 공생 세균이 가질 수 있는 최소 유전자 수로 이론적 계산에 의해 나온 151개에 근접한다. (이 숫자를 자유 생활을 하는 마이코플라스마의 최소 유전자 수와 비교하시오, 317쪽). *C. ruddii*는 숙주 곤충에게 완전히 기생하는 관계가 아니며, 숙주에게 일부 필수 아미노산을 공급한다. 따라서 이는 포유류 세포의 미토콘드리아와 마찬가지로 세포소기관으로 변해가는 진화의 과정일 수도 있다(275쪽).

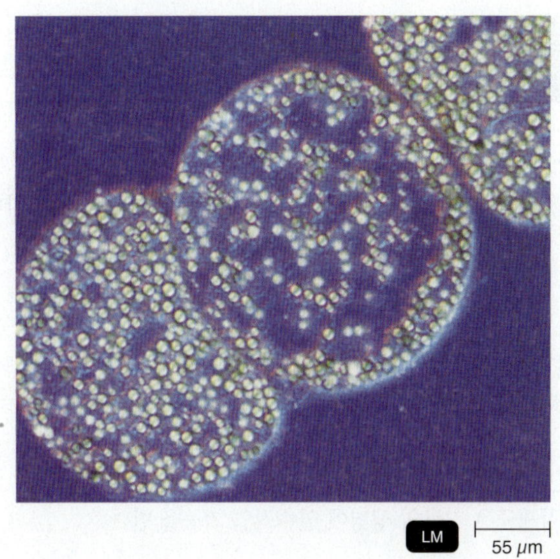

그림 11.28 ***Thiomargarita namibiensis*.** *Thiomargarita namibiensis*는 황화수소와 같은 환원된 황 화합물에서 에너지를 얻는다.

Q 세포질의 내부에 액체로 채워진 주머니가 들어있지 않다면 이 정도로 큰 세균이 살아가는 것이 이론적으로 가능할까?

지금까지 미생물학자들은 겨우 5000여 종의 세균을 기재해왔고, 이 가운데 약 3000종이 버지편람에 수록되어 있다. 실제 숫자는 수백만 종에 이를 것이다. 토양이나 물, 또는 그 밖의 자연 환경에 서식하는 많은 세균은 통상적인 세균 배양배지나 조건에서 배양되지 않는다. 더욱이 일부 세균은 복잡한 먹이사슬의 일부로 존재하여 특수한 성장인자를 공급해주는 다른 미생물이 존재하는 환경에서만 자랄 수도 있다. 최근 과학자들은 중합효소증폭반응(PCR)을 이용하여 흙에 사는 생물의 유전자를 증폭할 수 있게 되었다. 이 과정을 수없이 반복해서 발견한 유전자를 비교함으로써 이와 같은 시료에 들어 있는 서로 다른 세균 종을 추정할 수 있다. 한 연구에 따르면 흙 1 g 속에 거의 10,000여 종의 세균 종류가 존재하는 것으로 나타나고 있는데, 이는 지금까지 기술된 것의 거의 두 배에 가까운 수준이다.

이해도 확인하기

✓ 배양할 수 없는 세균의 존재는 어떻게 알 수 있을까? **11-12**

학습 개요

서론 (299쪽)

1. 버지편람에서는 rRNA 염기서열을 바탕으로 세균을 분류한다.
2. 버지편람에서는 그람염색 반응, 세포의 형태, 산소요구성, 대사적 특징 등과 같은 동정 특징을 나열한다.

원핵생물군 (300~302쪽)

1. 원핵생물은 고세균과 진정세균의 두 개 영역으로 나누어진다.

■ 진정세균 영역 (303~326쪽)

1. 진정세균은 지구의 생명에 필수적인 기능을 한다.

가변세균문 (303~314쪽)

1. 가변세균문에 속하는 세균은 그람음성세균이다.
2. 알파가변세균에는 질소고정세균, 화학독립영양세균, 화학종속영양세균이 포함된다.
3. 베타가변세균에는 화학독립영양세균과 화학종속영양세균이 포함된다.
4. 슈도모나스목, 레지오넬라목, 비브리오목, 장내세균목, 파스퇴렐라목은 감마가변세균으로 분류된다.
5. *Bdellovibrio*와 *Myxococcus*속은 델타가변세균으로 다른 세균을 포식한다.
6. 엡실론가변세균에는 *Campylobacter*와 *Helicobacter*가 포함된다.

그람양성세균 (314~320쪽)

1. 버지편람에서 그람양성세균은 G + C 함량이 낮은 세균과 G + C 함량이 높은 세균으로 분류한다.
2. G + C 함량이 낮은 그람양성세균에는 일반적인 토양세균, 젖산세균 및 몇몇 사람의 병원체가 포함된다.
3. G + C 함량이 높은 그람양성세균에는 마이코세균, 코리네세균, 악티노마이세트 등이 포함된다.

가변세균에 속하지 않는 그람음성세균 (320~322쪽)

1. 그람음성세균에 속하는 몇 개의 문은 계통발생학적으로 가변세균과 연관되어 있지 않다.
2. 남세균은 광독립영양세균으로 빛에너지와 CO_2를 이용하여 O_2를 생성한다.
3. 화학종속영양세균으로는 플랑크토마이세트, 클라미디아, 스피로헤타, 박테로이드, 푸조세균 등이 있다.
4. 자색 및 녹색 광합성세균은 광독립영양생물로, 빛에너지와 CO_2를 이용하지만 O_2를 생성하지는 않는다.
5. *Deinococcus*와 *Thermus*는 극한 환경에 내성을 보인다.

■ 고세균 영역 (326쪽)

1. 초호염균, 초호열균, 메탄생성균 등은 고세균 영역에 속한다.

■ 미생물의 다양성 (326~327쪽)

1. 원핵생물 전체에서 극히 일부만이 분리되고 동정되었다.
2. PCR을 이용하여 실험실에서 배양할 수 없는 세균의 존재를 알아낼 수 있다.

학습 질문

복습과 객관식 문제에 대한 해답은 책 뒤에 있음.

복습 문제

1. 다음은 주요 세균을 동정하는 데 활용할 수 있는 방법이다. 빈칸에 대표 속의 이름을 써 넣으시오.

	대표적인 속명
I. 그람양성세균	
A. 내생포자 형성 막대균	
1. 절대 무산소세균	(a) ________
2. 절대 무산소세균 아님	(b) ________
B. 내생포자 형성하지 않음	
1. 막대균	
a. 분생포자 형성	(c) ________
b. 항산성	(d) ________
2. 구균	
a. 시토크롬계 없음	(e) ________
b. 산소활용 호흡	(f) ________
II. 그람음성세균	
A. 나선균 또는 굽은 막대균	
1. 축사 있음	(g) ________
2. 축사 없음	(h) ________
B. 막대균	
1. 산소호흡, 비발효	(i) ________
2. 조건부 무산소 세균	(j) ________
III. 세포막 없음	(k) ________
IV. 절대 세포내 기생생물	
A. 진드기에 의해 전파	(l) ________
B. 숙주세포에서 망상체 형성	(m) ________

2. 다음의 미생물을 각각 비교하시오.
   a. 남세균과 조류(algae)
   b. 방선균(actinomycetes)과 진균(fungi)
   c. *Bacillus*속과 *Lactobacillus*속

d. *Pseudomonas*속과 *Escherichia*속
e. *Leptospira*속과 *Spirillum*속
f. *Escherichia*속과 *Bacteroides*속
g. *Rickettsia*속과 *Chlamydia*속
h. *Ureaplasma*속과 *Mycoplasma*속

3. 그려보기 다음 세균을 구분할 수 있는 검색표를 그리시오. 남세균, *Cytophaga*, *Desulfovibrio*, *Frankia*, *Hyphomicrobium*, 메탄생성균, 믹소세균, *Nitrobacter*, 자색세균, *Sphaerotilus*, *Sulfolobus*.

4. 이름 답하기 이들 미생물은 하수처리에 중요한 역할을 하며 가정용 난방이나 발전용 연료를 생성할 수 있다.

객관식 문제

1. 사람의 장내에 서식하는 세균을 그람염색할 때, 다음 어떤 세균이 흔히 존재할 것으로 예상하는가?
   a. 그람양성 구균
   b. 그람음성 막대균
   c. 그람양성, 내생포자형성 막대균
   d. 그람음성, 질소고정 세균
   e. 위 모두 정답

2. 다음 중 같은 분류균에 속하지 않는 것은?
   a. 장내세균목
   b. 락토바실루스목
   c. 레지오넬라목
   d. 파스퇴렐라목
   e. 비브리오목

3. 병원성 세균은 다음과 같은 특성을 지닐 수 있다.
   a. 이동성
   b. 막대균
   c. 구균
   d. 무산소세균
   e. 위 모두 정답

4. 다음 중 세포내 기생생물은?
   a. *Rickettsia*
   b. *Mycobacterium*
   c. *Bacillus*
   d. *Staphylococcus*
   e. *Streptococcus*

5. 다음 용어 중 가장 구체적이고 특이적인 용어는?
   a. 막대균
   b. *Bacillus*
   c. 그람양성세균
   d. 내생포자 형성 막대균 및 구균
   e. 무산소 세균

6. 다음 중 같은 분류균에 속하지 않는 것은?
   a. *Enterococcus*
   b. *Lactobacillus*
   c. *Staphylococcus*
   d. *Streptococcus*
   e. 모두 같은 분류균

7. 다음 중 잘못 짝지어진 것은?
   a. 무산소 내생포자형성 그람양성 막대균—*Clostridium*
   b. 조건부 무산소 그람음성 막대균—*Escherichia*
   c. 조건부 무산소 그람음성 막대균—*Shigella*
   d. 다형성 그람양성 막대균—*Corynebacterium*
   e. 스피로헤타—*Helicobacter*

8. *Spirillum*이 스피로헤타에 속하지 않는 까닭은?
   a. 스피로헤타는 질병을 일으키지 않는다.
   b. 스피로헤타에는 축사가 있다.
   c. 스페로헤타는 편모를 지닌다.
   d. 스피로헤타는 원핵생물이다.
   e. 답 없음

9. *Legionella*가 처음 발견되었을 때 슈도모나드로 분류된 까닭은?
   a. 병원균이기 때문이다.
   b. 산소호흡을 하는 그람음성 막대균이기 때문이다.
   c. 배양하기 어렵기 때문이다.
   d. 물에 서식하기 때문이다.
   e. 위에 정답 없음

10. 자색 및 녹색 광합성 세균과 달리 남세균은
   a. 광합성에서 산소를 발생한다.
   b. 빛을 필요로 하지 않는다.
   c. 전자공여체로 황화수소(H_2S)를 사용한다.
   d. 막으로 둘러싸인 핵을 지닌다.
   e. 답 없음

비판적 사고

1. 표 11.1에 제시된 문을 다음에서 적절한 범주에 넣으시오.
   a. 전형적인 그람양성 세포벽을 지닌다
   b. 전형적인 그람음성 세포벽을 지닌다
   c. 세포벽에 펩티도글리칸이 없다
   d. 세포벽이 없다

2. 다음 세균 가운데 광합성 세균인 *Chromatium*과 가장 가까이 연관된 종류는? 그 이유를 간략하게 설명하시오.
   a. 남세균
   b. *Chloroflexus*
   c. *Escherichia*

3. 세균은 단순 확산에 의해 영양물질을 흡수해야 하는 단세포 생물이다. *Thiomargarita namibiensis*는 대부분의 세균에 비해 수백 배 정도 더 커서, 단순 확산으로 영양물질을 흡수하고 이용하기에는 그 크기가 지나치게 크다. 이 세균은 이와 같은 문제를 어떻게 해결할 수 있었을까?

임상 응용

1. 환자의 척수액에 노출된 후에 실험실 연구원이 고열, 구토, 목과 말단 부위에 보라색 병변이 나타났다. 목에서 세균을 배양한 결과 그람음성 쌍구균이 자랐다. 이 세균의 속명은 무엇일까?

2. 같은 해 4월 1일부터 5월 15일 사이에 3개 주에 걸쳐 22명의 어린이들이 설사, 고열, 구토 증세를 나타냈다. 각각의 어린이들은 애완동물로 새끼오리를 키우고 있었다. 어린이 환자와 새끼오리의 분변에서 모두 그람음성 무산소 세균이 검출되었으며 이 세균은 혈청형 C_2로 확인되었다. 이 세균의 속명은 무엇일까?

3. 하복부의 복통을 호소하던 체온 39°C의 여성이 곧이어 사산아를 출산하였다. 아가(아기)의 혈액을 배양한 결과 그람양성 막대균이 검출되었다. 그 여성은 임신한 동안 가열하지 않은 핫도그를 먹은 전력이 있었다. 이런 상황을 유발할 가능성이 가장 높은 미생물의 종류는 무엇일까?

12

진핵생물: 진균류, 조류, 원생동물, 연충류

전세계 절반 이상의 인구가 진핵생물 병원체에 감염되어 있다. 세계보건기구(World Health Organization, WHO)에서 전 세계적으로 높은 사망률을 보이는 20개의 미생물성 질병을 지목하였는데 이 가운데 6종이 기생생물에 의한 질환이다. 해마다 개발도상국에서 보고되는 새로운 말라리아, 주혈흡충증, 아메바증, 십이지장충, 아프리카수면병, 장내기생충 등의 발병 건수가 500만 건을 넘는다. 선진국에서 새로 나타나는 진핵생물 병원체로는 폐포자충(*Pneumocystis*)을 들 수 있는데 이는 AIDS 환자의 주된 사망 원인이다. 또한 원생동물인 작은와포자충(*Cryptosporidium*)은 1993년 미국 밀워키에서 400,000명을 감염시켰다. 2001년에는 미국너구리회충(raccoon roundworm)이 사람의 신종 질환으로 등재되었다. 2011년, 미국 질병통제예방센터(CDC)는 혈액에 기생하는 말라리아열원충속(*Plasmodium* spp.), 바베스열원충속(*Babesia* spp.), 크루즈파동편모충(*Trypanosoma cruzi*), 레쉬마니아원충속(*Lieshmania* spp.) 등을 미국의 공중보건을 위협하는 요인이라고 발표했다. 북미 대륙에서 진균 병원체 크립토코커스(*Cryptococcus gattii*)가 출현한 내용을 임상 사례에서 다루기로 한다.

이번 장에서 사람에게 영향을 주는 진핵미생물인 진균 및 조류와 원생동물 및 장내기생충, 질병을 전파하는 절지동물 등에 대해 살펴보기로 한다. (이들의 특징 비교는 그림 12.1을 참조.)

토대 그림 12.1

병원성 진핵생물의 탐색

절지동물은 관절이 있는 다리가 달린 동물이다. 질병을 매개하는 절지동물은 미생물학에서 중요하다. 여기에는 진드기와 일부 곤충류가 포함되며 이 가운데 특히 모기 종류가 질병을 전파하는 주요 곤충이다.

연충류는 다세포 동물이다. 이들은 화학종속영양생물이다. 대부분이 입으로 영양물질을 섭취하나 일부는 표면을 통해 흡수하기도 한다. 기생하는 연충류는 대개 알, 애벌레, 성체기를 포함하는 복잡한 생활사를 갖는다.

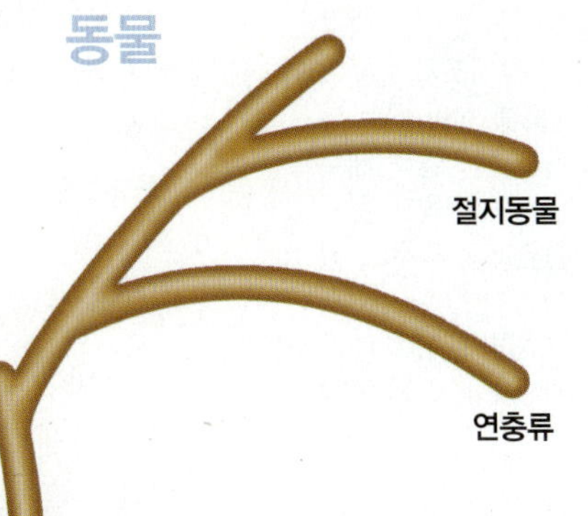

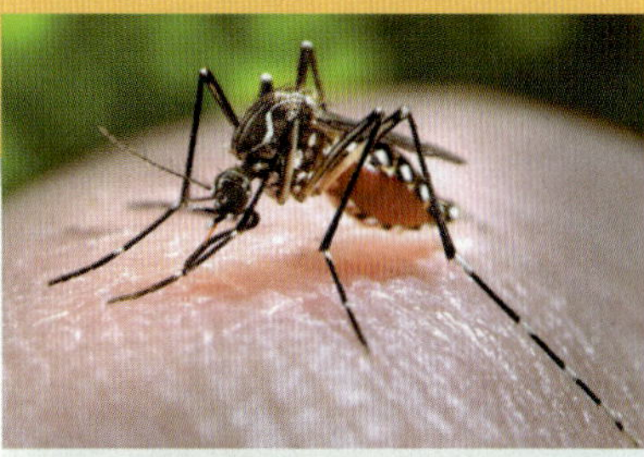

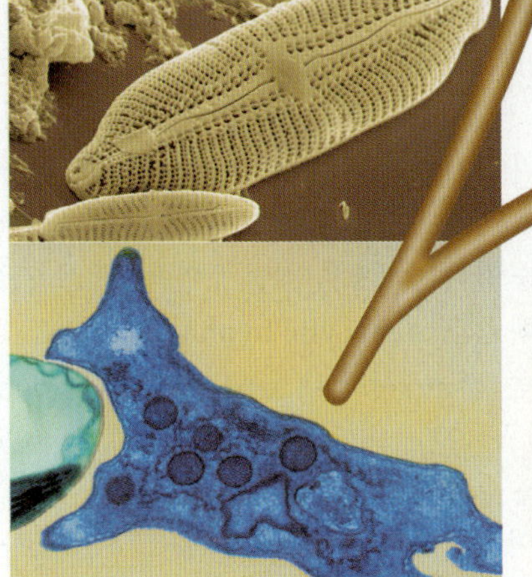

진균은 진균계에 속한다. 진균은 화학종속영양생물이며 흡수하는 방식으로 영양물질을 얻는다. 효모를 제외한 진균류는 다세포성이다. 대부분 유성생식 및 무성생식 포자를 형성하며 증식한다.

조류는 여러 생물계에 속하며 무성생식 및 유성생식의 방법으로 증식할 수 있다. 이들은 광독립영양생물로 서로 다른 몇몇 종류의 광합성 색소를 생성한다. 확산에 의해 영양물질을 얻는다. 일부는 다세포 성이며 군체, 사상체를 형성하며 심지어 조직을 형성하는 경우도 있다. 독소를 생성하는 종도 소수 존재한다.

원생동물은 여러 생물계에 속한다. 대부분이 화학종속영양생물이나 소수는 광독립영양생물이다. 흡수 또는 섭취의 방식으로 영양물질을 얻는다. 모두 단세포 생물이며 운동성이 있는 것이 많다. 기생하는 원생동물은 대개 내성이 강한 포낭을 형성한다.

핵심 개념

- 진균류와 원생동물류, 연충류는 사람에게 질병을 일으킨다. 대부분의 질병은 현미경으로 미생물 존재 여부를 조사함으로써 진단한다. 세균과 마찬가지로 진균은 실험 배지에서 배양한다.
- 진핵생물에 의한 감염은 사람 또한 진핵세포로 이루어져 있기 때문에 치료하기 어렵다.
- 조류에 의한 질병에 걸린 사람은 다른 사람을 감염시키지 않는다. 증상은 조류가 생성하는 독소를 섭취하여 나타나는 중독이다.
- 감염성 질병을 전파하는 절지동물을 매개체라 부른다. 웨스트나일뇌염을 비롯한 절지동물에 의한 질병은 절지동물에 노출되지 않게 주의하는 것이 가장 좋은 예방법이다.

진균류

학습 목표

12-1 진균을 규정하는 특징을 나열한다.

12-2 무성생식과 유성생식을 구별하고 진균에서 나타나는 각각의 증식 방법을 설명한다.

12-3 이번 장에서 설명하는 진균 4개 문의 특징을 나열한다.

12-4 진균의 이로운 점과 해로운 점을 두 가지씩 알아본다.

지난 10년에 걸쳐 심각한 진균 감염 사례가 증가하고 있다. 이 같은 증가추세는 보건 관련 종사자나 면역기능이 저하된 사람들이 감염되는 사례가 증가했기 때문이다. 이와 더불어 수천 종류의 진균이 경제적으로 중요한 식물을 감염시켜 해마다 10억 불 이상의 비용이 들고 있다.

임상 사례: 사람과 가장 친한 친구

에단은 26살의 컴퓨터 프로그램 제작자로 반려견 왈도를 구슬려 트럭에 태우려 하고 있다. 왈도가 매우 아파서 워싱턴 주 벨링햄에 있는 동물병원에 검진받으러 데려가려는 중이다. 왈도는 콧물을 흘리고 숨을 거칠게 쉬며 기침과 재채기를 했다. 몸무게도 줄었고 걷기조차 힘들어 했다. 에단은 집을 샅샅이 뒤진 끝에 헛간에 있는 왈도를 찾아 차로 데려갔다. 에단은 27 kg이나 되는 래브라도를 트럭 뒤에 들어올려 태우고 나서 잠시 숨을 돌렸다. 사실 요즈음 그의 몸 상태 또한 왈도 못지 않게 나빴다. 에단은 자신도 바이러스 같은 것에 감염되어 싸우고 있는 중이라고 생각했다.

수의사는 왈도를 검진하고 항생제 플루코나졸을 처방했다. 이때쯤 에단은 거의 녹초가 되었고 왈도를 겨우 집으로 데려갔다. 집에 도착하자마자 둘은 곧장 바닥에 널브러져 휴식을 취했다.

왈도는 어떤 종류의 미생물에 감염되었을까? 알아보자.

332 339 341 342

진균은 또한 이로운 존재다. 진균은 죽은 식물체를 부식시켜 중요한 영양물질을 재공급하는 작용을 하는 등 먹이사슬에서 핵심적인 기능을 한다. 섬유소 분해효소를 비롯한 세포외 효소를 이용해서 진균은 동물이 소화시키지 못하는 식물의 딱딱한 부분을 분해한다. 거의 모든 식물은 진균과 공생관계에 있다. **균근(mycorrhiza)**이라 불리는 식물과 진균의 공생체는 식물의 뿌리가 흙에서 물과 무기물을 잘 흡수하도록 돕는다(27장 참조). 진균은 또한 동물에게도 중요한 기능을 한다. 개미 중에는 진균을 배양하여 식물체의 섬유소와 리그닌 성분을 분해하여 포도당을 만들어내도록 한다. 사람이 음식으로 먹는 진균(버섯)도 있고 식품(빵과 시트르산)과 약품(알코올과 페니실린)을 생산하는 데 진균을 이용하기도 한다. 100,000종 이상의 진균 가운데 단 200종만이 사람과 동물에 병을 일으킨다.

진균에 대해 연구하는 학문 분야를 **균학(mycology)**이라 한다. 여기서는 임상 실험실에서 진균을 동정하는 기준이 되는 구조적 특징을 먼저 살펴본 다음 이들의 생활사를 알아보기로 한다. 10장에서 병원체는 병을 치료하고 전염되는 것을 예방할 수 있는 특성을 기준으로 동정되어야 한다는 사실을 알았다.

다음으로는 영양 요구성에 대해 살펴볼 것이다. 모든 진균은 화학종속영양생물로 에너지와 탄소원으로 유기화합물을 필요로 한다. 진균은 산소요구성이거나 조건부 산소비요구성이다. 소수의 산소비요구성 진균만이 알려져 있다.

표 12.1에 진균과 세균의 기본적인 차이점이 나열되어 있다.

진균류의 특징

세균과 마찬가지로 효모를 동정할 때에는 생화학적 검사를 한다. 그러나 다세포 진균은 콜로니의 특성이나 생식 포자를 비롯한 물리적인 외양을 바탕으로 동정한다.

영양세포의 구조

진균 콜로니는 영양세포(vegetative cell)로 이루어져 있다. 진균에서 대사와 성장을 하는 세포를 영양세포라 한다.

사상균(Mold)과 다육성 진균(Fleshy Fungus) 곰팡이나 다육성 진균의 **엽상체(thallus)**는 세포가 길다란 실처럼 서로 연결되어 자란 형태로 이루어진다. 실과 같은 세포의 연결체를 **균사(hyphae**, 단수형은 *hypha*)라 한다. 균사는 아주 길게 자랄 수 있다. 미국의 오리건 주에서는 단일 진균의 균사 길이가 거의 6 km나 되는 것이 발견된 바 있다.

대부분의 곰팡이에서 균사는 **격벽(septa**, 단수는 *septum*)이라 불리는 가로지르는 벽을 지니는데, 격벽은 균사를 하나의 핵을 지닌 세포와 같은 단위로 나눈다. 이와 같은 균사를 **격벽균사(septate hyphae)**라 부른다(그림 12.2a). 진균 가운데 일부는 균사에 격벽이 없어 여러 개의 핵을 지니는 세포들이 길게 연속적으로 연결되어 존재한다. 이들을 **다핵균사(coenocytic hyphae)**라 한다(그림 12.2b). 격벽균사를 형성하는 진균에서도 대개는 격벽에 구멍이 뚫려 있어 인접한 "세포"의 세포질이 서로 이어져 있다. 이들 진균 또한 사실상 다핵 생물이라 볼 수 있다.

균사는 끝 부분이 연장되면서 자란다(그림 12.2c). 균사의 각 부

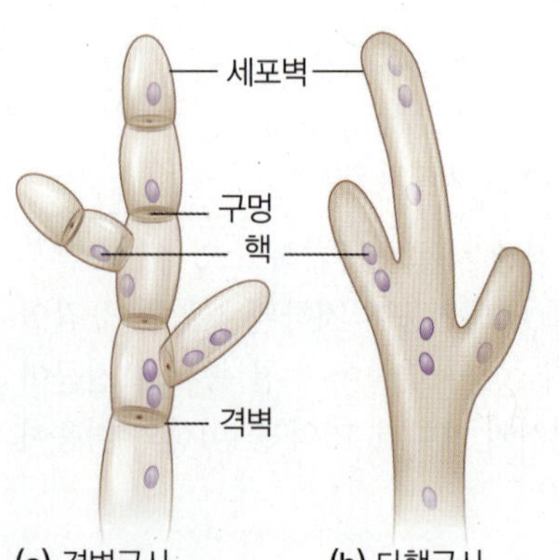

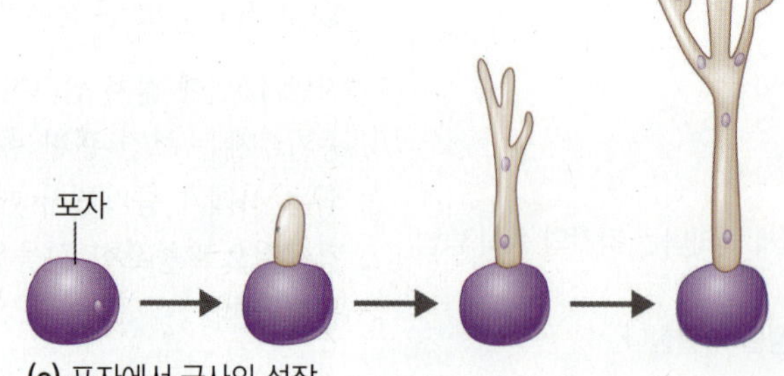

그림 12.2 곰팡이 균사의 특징. (a) 격벽균사에는 가로벽, 즉 격벽이 존재하여 균사를 세포와 같은 단위로 나눈다. (b) 다핵균사에는 격벽이 없다. (c) 균사는 말단 부위가 길어지며 자란다.

Q 균사는 무엇인가? 균사체란?

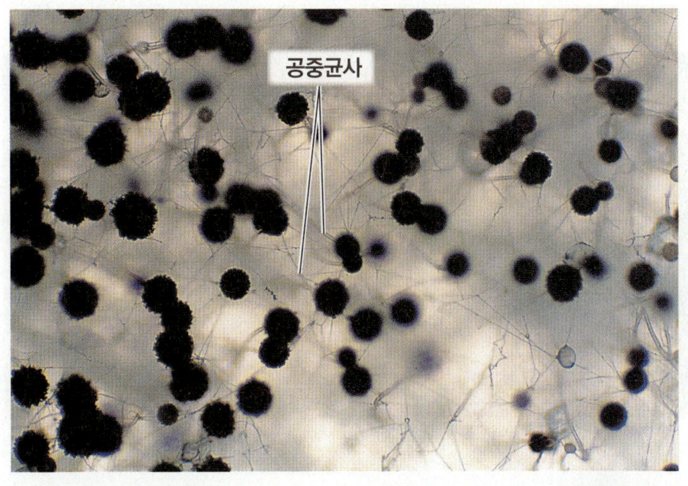

(a) *Aspergillus niger*

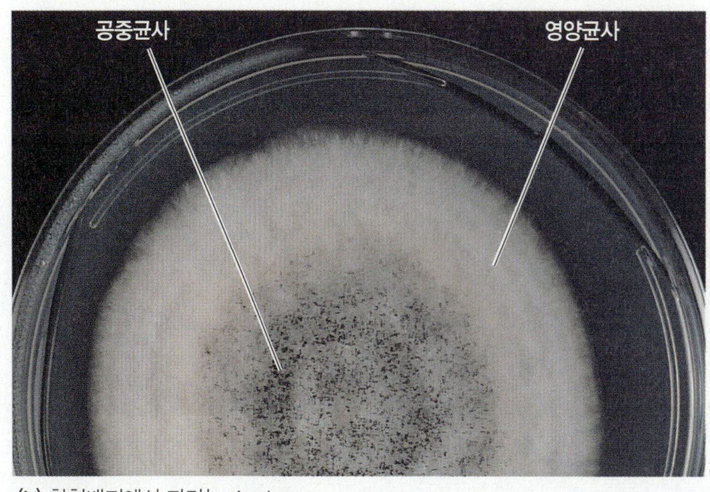

(b) 한천배지에서 자라는 *A. niger*

그림 12.3 공중균사와 영양균사. (a) 생식 포자가 달려 있는 공중균사의 광학현미경 사진. (b) 포도당 한천배지에서 자라는 *Aspergillus niger* 콜로니. 영양균사와 공중균사가 모두 보인다.

진균의 콜로니는 세균의 콜로니와 어떤 점에서 다른가?

분은 성장할 수 있고 균사가 잘려져 나가면 각각의 잘린 조각이 연장되면서 새로운 균사를 형성한다. 실험실에서 진균은 대개 진균 엽상체에서 얻은 조각으로부터 배양한다.

균사에서 영양물질을 얻는 부분을 **영양균사**(vegetative hypha)라 한다. 생식에 관련되는 부분은 **생식균사**(reproductive hypha) 또는 **공중균사**(aerial hypha)라 부르는데 이 부분이 자라는 동안 배지의 표면 위로 솟아 올라 있기 때문이다. 공중균사에는 주로 생식 포자가 들어 있다(그림 12.3a). 이에 대해서는 뒤에서 논의할 것이다. 환경 조건이 적절한 곳에서 균사는 **균사체(mycelium)**라 불리는 균사 덩어리 형태로 자라며 이는 육안으로도 보인다(그림 12.3b).

효모(Yeast) 효모는 균사를 형성하지 않는 단세포 진균으로 대개 구형이나 타원형이다. 곰팡이처럼 효모 또한 자연계에 널리 퍼져 있다. 과일이나 잎에 하얀 가루처럼 덮여 있는 것도 대부분이 효모 세포다. *Saccharomyces* (sak-ä-rō-mi′sēs)와 같은 **출아효모(budding yeast)**는 비균등 분열을 한다.

출아할 때(그림 12.4) 모세포는 외부 표면에 싹눈을 형성한다. 싹이 자라면서 모세포의 핵이 분열하고 분열한 딸핵 하나가 싹눈으로 이동한다. 세포벽 물질이 그 싹눈과 모세포 사이에 침적되면서 최종적으로 싹눈이 떨어져 나간다.

하나의 효모세포는 시간이 흐르면서 출아법에 의해 딸세포를 24개까지 생성할 수 있다. 일부 효모는 스스로 떨어지지 않는 싹을 형성한다. 이 같은 싹눈은 서로 짧은 사슬 모양으로 세포가 연결된 **위균사(pseudohypha)**를 이룬다. *Candida albicans*는 사람의 상피세포에 부착한 뒤 위균사를 이용해서 더 깊은 조직으로 침투한다 (607쪽 그림 21.17a 참조.)

*Schizosaccharomyces*속과 같은 **분열효모(fission yeast)**는 분열할 때 두 개의 세포가 균등하게 나뉜다. 분열하는 동안 모세포의 길이가 길어지고 핵이 분열한 다음 두 개의 딸세포가 형성된다. 고체 배지에서 효모 세포의 수가 증가하면 세균 콜로니와 비슷한 콜로니를 형성한다.

표 12.1 진균과 진정세균의 대표적인 특징 비교

	진균	진정세균
세포의 종류	진핵세포	원핵세포
세포막	스테롤 있음	*Mycoplasma* 이외에는 스테롤 없음
세포벽	글루칸, 만난, 키틴(펩티도글리칸 없음)	펩티도글리칸
포자	유성생식 및 무성생식 포자	내생포자(생식과는 무관), 일부 무성생식 포자
대사	종속영양, 유산소성, 조건부 무산소성	종속영양, 독립영양, 유산소성, 조건부 무산소성, 무산소성

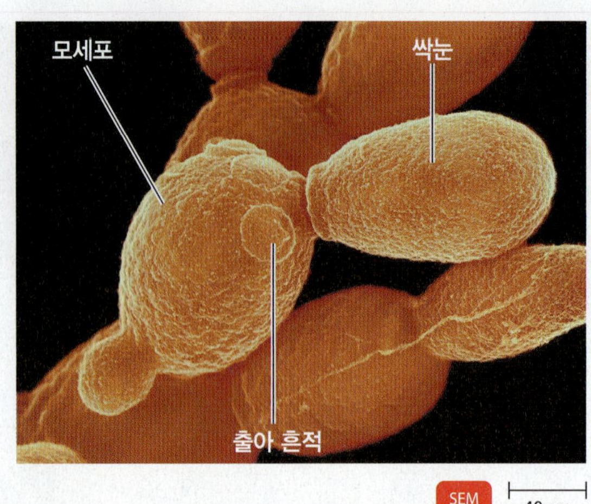

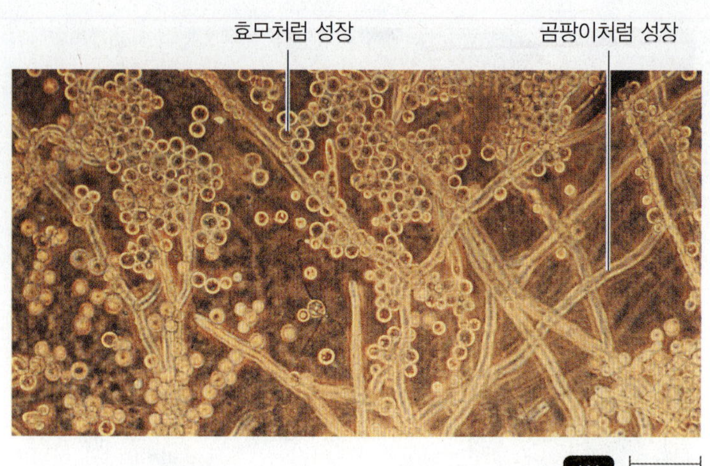

그림 12.4 **출아 효모.** 출아과정의 여러 단계에 있는 *Saccharomyces cerevisiae*의 현미경 사진

싹눈과 포자와의 다른 점은?

그림 12.5 **진균의 이형성.** 이형성 진균인 *Mucor indicus*는 CO_2 농도에 따라 다른 형태로 자란다. 한천배지의 표면에서 *Mucor*는 효모와 같은 단세포로 성장하는 모습을 보이나, 한천배지 안에서는 곰팡이와 같은 형태로 성장한다.

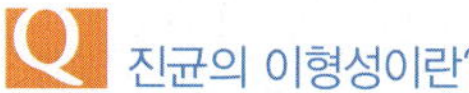
진균의 이형성이란?

효모는 산소 없이도 살아갈 수 있는 능력이 있다. 효모는 산소나 유기화합물을 최종 전자 수용체로 사용할 수 있다. 이와 같은 특성은 이들 진균이 다양한 환경에서 생존할 수 있는 능력을 부여한다. 산소가 주어지면 효모는 산소호흡을 하여 탄수화물을 이산화탄소와 물로 대사한다. 산소가 없으면 이들은 탄수화물을 발효시켜 에탄올과 이산화탄소를 생성한다. 이 발효 과정을 이용하여 우리는 술과 빵을 만들어왔다. *Saccharomyces*속의 종이 생산하는 에탄올로 술을 빚었고 이산화탄소로는 빵 반죽을 부드럽게 부풀렸다.

이형성 진균(Dimorphic Fungus) 특히 병원성을 나타내는 진균 가운데 일부는 두 가지 형태로 성장 가능한 **이형성(dimorphism)**을 보인다. 이들 이형성 진균은 곰팡이의 형태로 자랄 수도 있고 효모의 형태로 자랄 수도 있다. 곰팡이처럼 자랄 때는 영양균사와 공중균사를 형성한다. 효모처럼 자랄 때에는 출아법으로 증식한다. 병원성 진균의 이형성은 온도에 따라 결정된다. 37°C에서는 효모vw처럼, 25°C에서는 곰팡이처럼 자란다(702쪽 그림 24.16 참조). 그러나 그림 12.5에 나타난 이형성 진균(이 경우는 비병원성 진균임)은 CO_2 농도에 따라 성장 형태가 달라진다.

생활사

균사를 형성하며 자라는 진균은 균사를 절단하는 방식으로 무성생식을 할 수 있다. 진균의 유성생식과 무성생식 과정에서는 모두 **포자(spore)**가 형성된다. 사실 진균은 일반적으로 포자의 종류에 따라 동정한다.

그러나 진균의 포자는 세균의 내생포자와는 전혀 다르다. 세균의 내생포자는 세균 세포가 힘든 환경 조건에서도 생존할 수 있도록 한다(4장 참조). 세균에서는 하나의 영양세포에서 단 하나의 내생포자만 형성되고 그것이 발아하여 다시 하나의 영양 세균세포를 만들어낸다. 이때 세균의 세포 수는 늘어나지 않았으므로 이를 생식 과정이라 볼 수 없다. 그러나 곰팡이가 포자를 형성하고 나면 포자는 모세포에서 떨어져 나와 새로운 곰팡이로 발아한다(그림 12.2c 참조). 세균의 내생포자와는 달리 이는 진정한 생식포자다. 원래의 개체가 그대로 존재하는 상태에서 포자에서 두 번째 개체가 자란다. 진균의 포자 또한 건조하거나 뜨거운 환경에서 오랫동안 견딜 수 있기는 하지만 세균의 내생포자만큼 극한 환경을 견디거나 오래 생존하지는 못한다.

포자는 공중균사에서 만들어지는데, 종에 따라 여러 가지 서로 다른 방법으로 만들어진다. 진균의 포자는 무성생식 또는 유성생식을 모두 수행할 수 있다. **무성포자(asexual spore)**는 한 개체의 균사에서 만들어진다. 이들 포자가 발아하면 모두 모세포와 유전적으로 동일한 개체가 형성된다. **유성포자(sexual spore)**는 같은 종의 진균이지만 서로 다른 교배형을 지닌 두 개체의 핵이 융합하여 만들어진다. 유성포자에서 자란 개체는 두 어버이 균주의 유전적 특성을 갖게 된다. 포자는 진균을 동정하는 데 매우 중요하므로 무성포자와 유성포자에 대해 좀 더 살펴보기로 한다.

무성포자(Asexual Spore) 무성포자는 단일 진균 개체가 감수분열에 이어 세포질분열을 함으로써 생성된다. 세포 핵의 융합은 일어나지 않는다. 진균에서 형성되는 무성포자에는 두 가지가 있다. 그 하나는 **분생포자(conidiospore)**, 또는 **분생자(conidium**, 복수형은 *conidia*)라 불리는 종류로 주머니에 들어 있지 않은 단세포 또는 다세포 포자다(그림 1.26.a). 분생자는 **분생자자루(conidiophore)**의 끝에서 사슬 모양으로 형성된다. 이 같은 분생포자는 *Aspergillus* 속에서 만들어진다. 격벽균사가 분절되면서 약간 두툼한 형태의 세포 형태로 분생자가 만들어지면 이를 **유절분생자(arthoroconidia)**

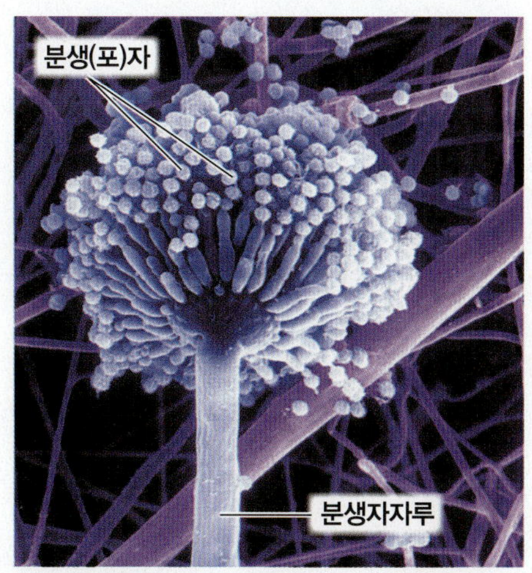

(a) *Aspergillus niger*의 분생자자루 끝에 분생(포)자가 사슬 모양으로 달려 있다. SEM 12μm

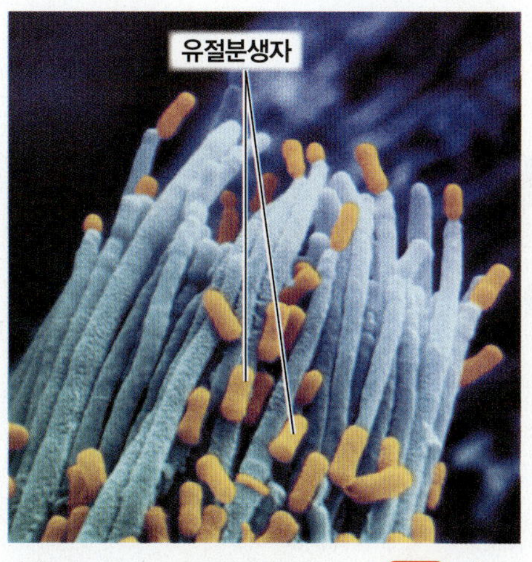

(b) *Ceratocystisulmi*에서 균사가 잘려 나가면서 유절분생자가 형성된다. SEM 2.5μm

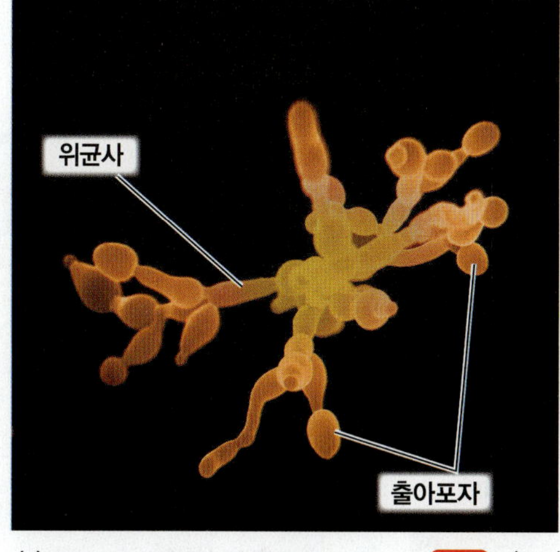

(c) *Candida albicans* 모세포의 싹눈에서 출아분생자가 형성된다. SEM 13μm

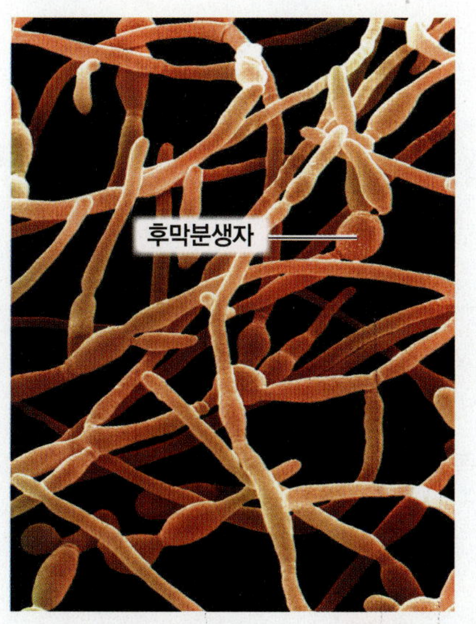

(d) *Candida albicans*의 균사 내부에서 두꺼운 벽으로 둘러싸인 후막분생자가 형성된다. SEM 5μm

(e) *Rhizopus stolonifer*의 포자낭 내부에서 포자낭포자가 형성된다. SEM 5μm

그림 12.6 대표적인 무성포자

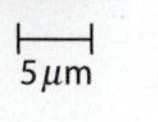
곰팡이가 핀 음식 표면에서 볼 수 있는 녹색 가루는 무엇인가?

라 한다(그림12.6b). *Coccidioides immitis*가 유절분생자를 형성한다(703쪽 그림 24.18 참조). 또 다른 종류의 분생자인 **출아분생자(blastoconidia)**는 모세포에서 출아하여 나뉘는 방식으로 만들어진다(그림 12.6c). 출아분생자는 *Candida albicans*나 *Cryptococcus*와 같은 일부 효모류에서 발견된다. **후막분생자(chlamydoconidium)**는 두꺼운 벽으로 둘러싸인 포자로 균사 조각 내부가 둥글게 변하고 팽창하면서 만들어진다(그림 12.6d). 효모의 일종인 *C. albicans*는 후막분생자를 형성한다.

분생자와 구별되는 또 다른 종류의 무성생식 포자를 **포자낭포자(soprangiospore)**라 하며 이 포자는 **포자낭자루(soprangiophore)**라고 하는 공중균사의 끝에 달린 주머니 형태의 포자낭(sporangium) 안에서 형성된다. 포자낭에는 수백 개의 포자낭포자가 들어 있다(그림 12.6e). *Rhizopus*에서 이와 같은 형태의 포자가 생성된다.

유성포자(Sexual Spores) 진균의 유성포자는 다음과 같은 3단계로 이루어진 유성생식 과정을 통해 형성된다.

1. **원형질융합(plasmogamy)**. 공여세포의 반수체 핵(+)이 수용세포(−)의 세포질로 들어간다.
2. **핵융합(karyogamy)**. (+)와 (−) 세포핵이 융합하여 이배체 접합자 핵을 생성한다.
3. **감수분열(meiosis)**. 이배체 핵이 반수체 핵을 지닌 포자(유성포자)를 생성하며 일부에서 유전자 재조합이 일어나기도 한다.

진균의 유성포자는 진균문의 특징이기도 하다. 실험실 환경에서 대부분의 진균은 유성포자만을 만든다. 그 결과 진균에 대한 임상적 동정은 현미경으로 유성포자를 관찰한 결과를 바탕으로 이루어진다.

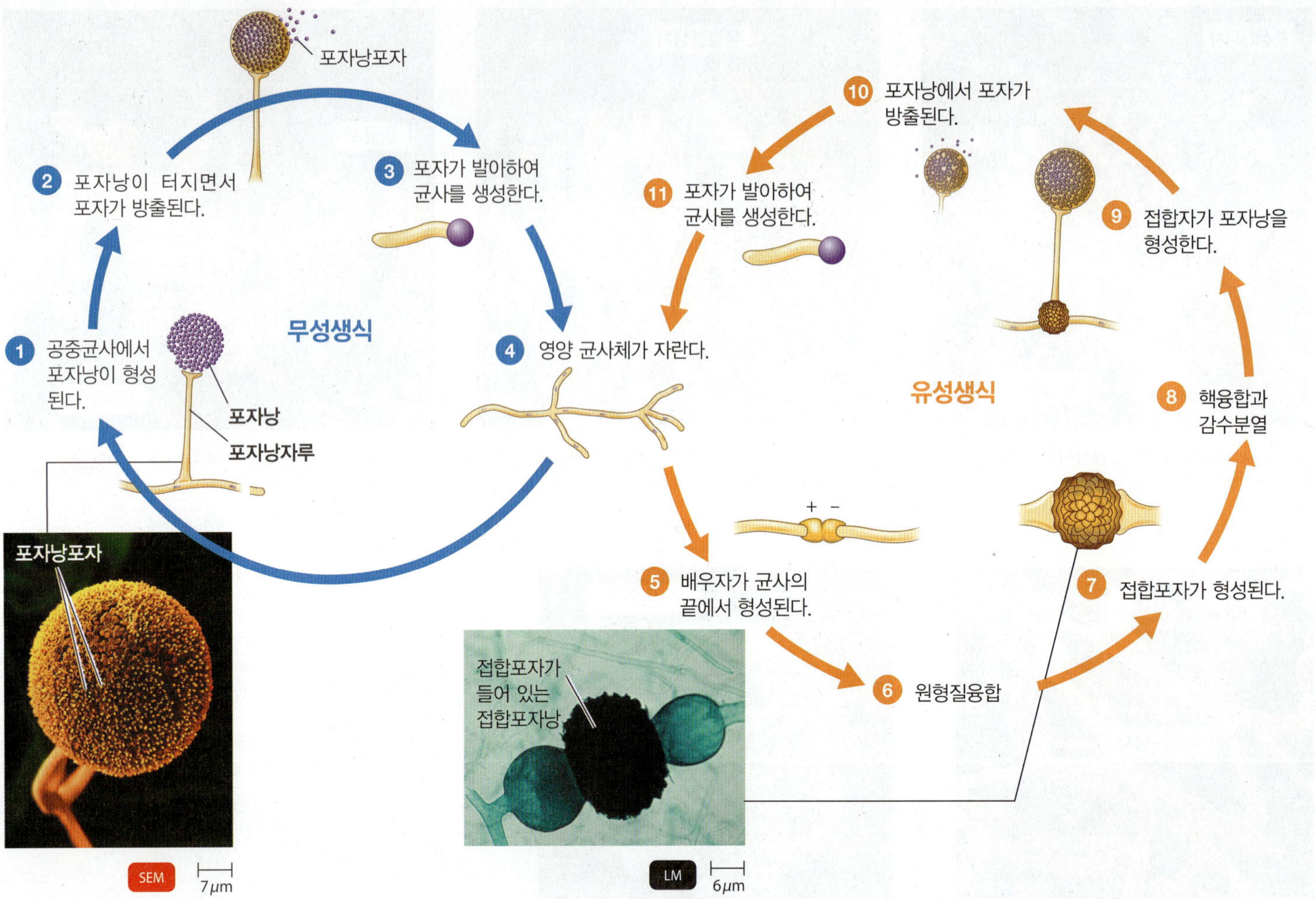

그림 12.7 자낭균의 일종인 *Rhizopus*의 생활사. 이 진균은 대부분 무성생식을 한다. 유성생식에는 두 개의 반대쪽 교배 균주(각각 +와 −로 표기)가 필요하다.

 기회성 진균증이란?

영양적 적응

진균은 일반적으로 세균이 살기에 적당하지 않은 환경에 잘 적응했다. 진균은 화학종속영양생물이며 동물처럼 영양물질을 섭취하기보다는 세균과 같이 영양물질을 흡수한다. 그러나 진균은 환경 요구성이나 영양적 특성에서 세균과 다르다. 진균과 세균의 차이는 다음과 같다.

- 진균은 일반적으로 pH 5 정도의 환경에서 잘 자라지만 이는 대부분의 세균이 자라기에는 산도가 너무 높은 환경이다.
- 거의 모든 곰팡이는 산소요구성 생물이다. 대부분의 효모는 조건부 산소요구성 생물이다.
- 대부분의 진균은 세균보다 삼투압에 더 강한 내성을 보인다. 따라서 대부분이 당이나 염분의 농도가 비교적 높은 환경에서도 자랄 수 있다.
- 수분 함량이 매우 낮아 대부분의 세균이 성장하지 못하는 물질에서도 진균은 자랄 수 있다.
- 동등한 양의 성장을 하는 데 진균은 세균에 비해 약간 적은 양의 질소를 필요로 한다.
- 대부분의 세균이 영양물질로 사용하지 못하는 리그닌(목질 성분)과 같은 복합 탄수화물을 진균은 곧잘 분해한다.

이와 같은 특징으로 인해 진균은 목욕실 벽과 구두 가죽, 버려진 신문지 등과 같이 이용할 수 있을 것 같지 않은 물질을 대사하며 자랄 수 있다.

이해도 확인하기

✔ 세포벽을 지니는 단세포 생물을 분리하였다고 가정하자. 이것이 진균에 속하는지 세균에 속하는지 알아내는 방법은 무엇일까? **12-1**

✔ 분생포자와 자낭포자 형성과정을 비교하시오. **12-2**

의학에서 중요한 진균

이 절에서는 의학적으로 중요한 진균문들을 간략하게 살펴보기로

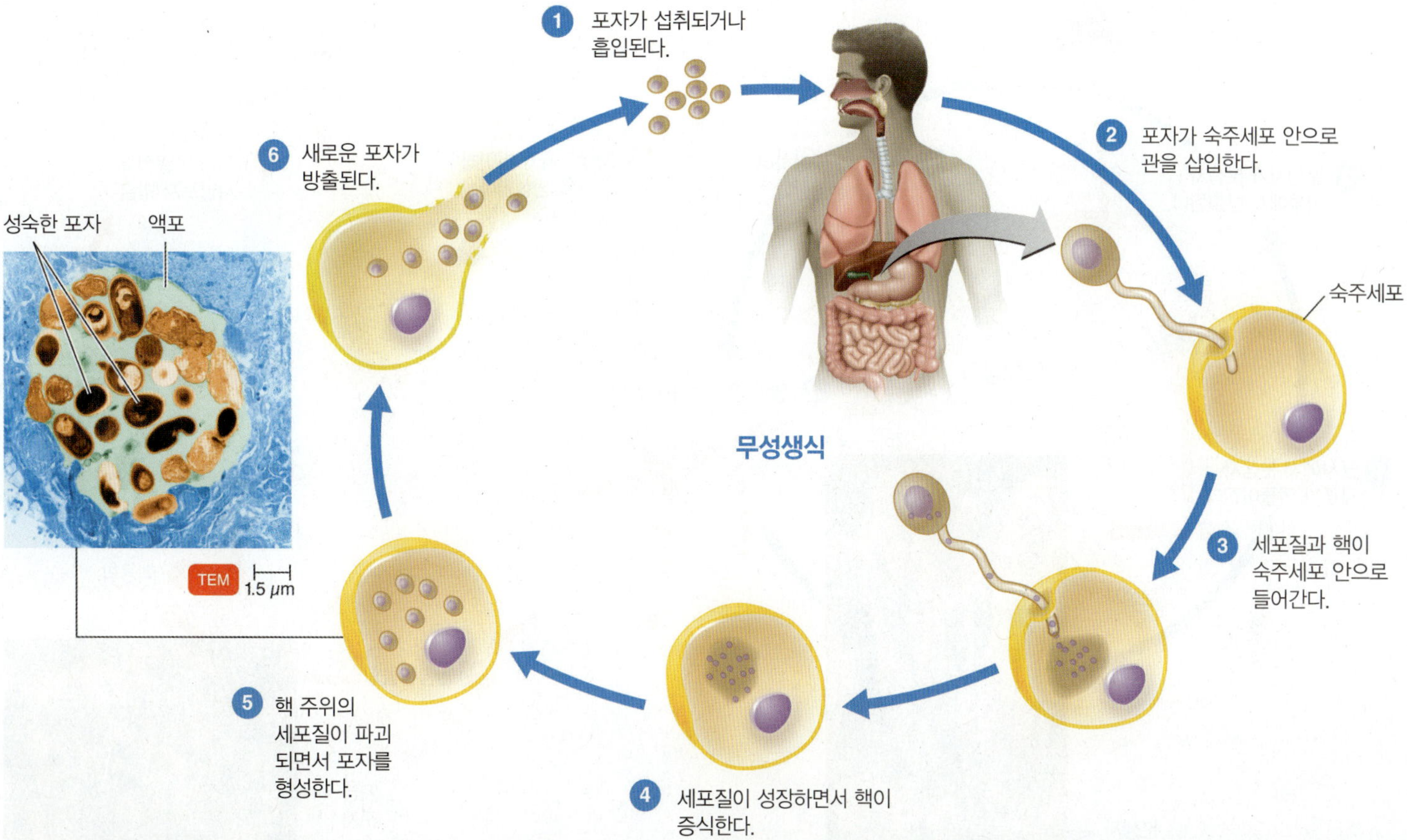

1 포자가 섭취되거나 흡입된다.
2 포자가 숙주세포 안으로 관을 삽입한다.
숙주세포
3 세포질과 핵이 숙주세포 안으로 들어간다.
4 세포질이 성장하면서 핵이 증식한다.
5 핵 주위의 세포질이 파괴되면서 포자를 형성한다.
6 새로운 포자가 방출된다.
무성생식
성숙한 포자
액포
TEM
1.5 μm

그림 12.8 **미포자균(*Encephalitozoon*)의 생활사.** 미포자균증은 면역저하 환자와 노인에게 발병하는 신종 기회성 감염증이다. *E. intestinalis*는 설사를 일으킨다. 유성생식과정은 관찰되지 않았다.

미포자균문을 분류하기 어려운 까닭은?

한다. 이들이 일으키는 질병에 대해서는 21장부터 26장에 걸쳐 알아볼 것이다. 모든 진균이 질병을 일으키는 것은 아니라는 사실을 알아두자.

다음에 소개하는 진균 속 중에는 음식이나 실험실의 세균 배양액을 자주 오염시키는 종류도 들어 있다. 이들 속은 의학적으로 중요하지는 않지만 각 분류군의 전형적인 사례가 될 수 있기에 함께 제시한다.

접합균문

접합균문(Zygomycota)은 다핵균사를 지니는 부생 곰팡이(saprophytic mold)을 포함한다. 여기 속하는 *Rhizopus stolonifer*는 흔히 보는 검은빵곰팡이다. *Rhizopus*의 무성포자는 포자낭포자에 해당된다(그림 12.7 아래 왼쪽). 포자낭에 들어 있는 검은색 포자낭포자 때문에 이 곰팡이의 특징적인 이름이 붙었다. 포자낭이 깨지면서 포자낭포자가 퍼지게 된다. 포자가 적절한 환경에 떨어지면 발아하여 새로운 곰팡이 엽상체를 형성한다.

접합균문이 만드는 유성포자는 접합포자다. **접합포자(zygospore)**는 두꺼운 벽으로 둘러싸인 커다란 포자다(그림 12.7 아래 오른쪽). 접합포자는 서로 형태가 비슷한 두 개의 세포 사이에 핵 융합이 일어나면서 만들어진다.

미포자균문

미포자균류(Microsporidia)는 미토콘드리아가 없다는 점에서 이례적인 진핵생물이다. 미포자균에는 미세소관(4장 99쪽 참조)도 없으며 절대 세포내 기생생물이다. 1857년 처음 발견되었을 때 미포자균은 진균으로 분류되었으나 미토콘드리아가 없다는 점으로 인해 1983년에는 원생동물로 분류되었다. 그러나 최근 유전체 염기서열 결정 결과 미포자균은 다시 진균으로 확인되었다. 유성생식은 관찰되지 않았으나 아마 숙주 내에서는 유성생식이 일어날 것으로 생각된다(그림 12.8). 미포자균은 1984년 이래 사람에게 여러 종류의 질병을 일으키는 것으로 보고되었다. 여기에는 만성 설사와 각결막염(각막 근처의 결막에 생긴 염증)등이 포함되며 특히 AIDS 환자들의 감염률이 높다.

자낭균문

자낭균문은 격벽균사를 형성하는 곰팡이와 일부 효모를 포함한다. 이들은 주로 분생자 자루에 긴 사슬 형태로 달린 분생자를 무성포자로 형성한다. 분생포자의 원어인 *conidia*는 먼지를 뜻한다. 이들 분

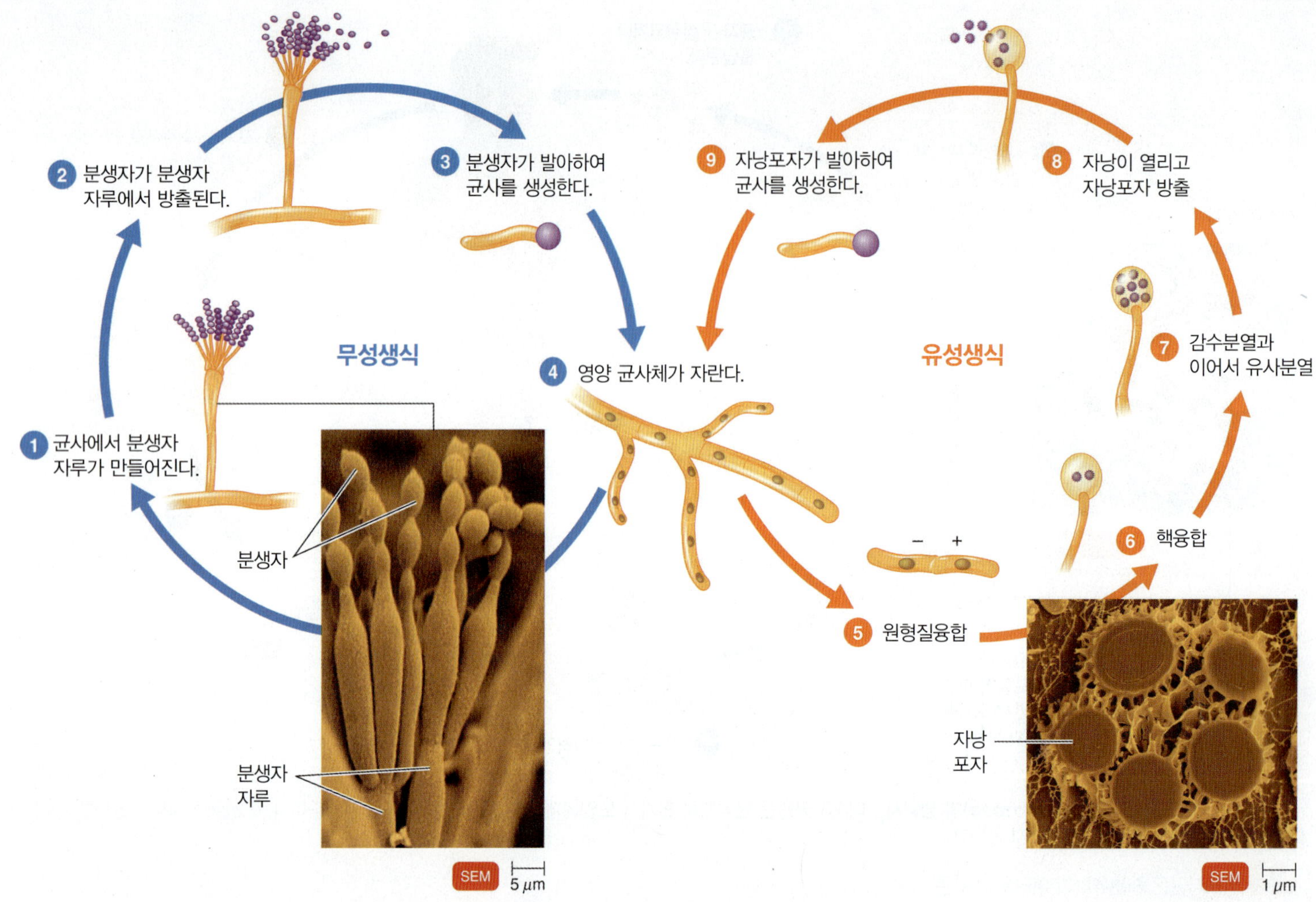

그림 12.9 **자낭균 *Talaromyces*의 생활사.** 때로 서로 다른 두 종류 균주에서 형성된 두 개의 반대쪽 교배 세포(+와 –)가 융합되면서 유성생식이 일어난다.

Q 사람을 감염시키는 자낭균류 한 종을 예시하시오.

생포자는 작은 흔들림에도 사슬에서 쉽게 분리되어 먼지처럼 공기 중에 떠다닌다.

자낭포자(ascospore)는 형태가 유사하거나 서로 다른 두 개의 세포 사이에 핵이 융합되어 형성된다. 자낭포자는 주머니 모양의 구조인 **자낭(ascus)** 안에 들어 있다(그림 12.9 아래 오른쪽). 이 문에 속하는 진균을 자낭을 만든다고 하여 자낭균이라 부른다.

담자균문

담자균문(Basidiomycota)은 곤봉 진균이라고도 불리며 격벽균사를 지닌다. 버섯 종류들이 담자균에 속한다. **담자포자(basidiospores)**는 **담자기(basidium)**라 불리는 구조의 표면에 바깥쪽으로 달려 있다(그림 12.10). (곤봉 진균이라는 일반명은 담자기의 모양에서 유래했다). 담자기 하나에 대개 4개의 담자포자가 달린다. 일부 담자균은 무성포자로 분생포자를 생성한다.

* * *

지금까지 우리가 살펴본 진균은 **양성생식형(telemorph)**으로 무성포자와 유성포자를 모두 만든다. 자낭균의 일부는 유성생식 능력을 잃어버린 것도 있는데, 이와 같이 무성생식만으로 번식하는 진균을 **무성생식형(anamorph)**이라 한다. *Penicillium*은 양성생식형에서 돌연변이가 발생하여 무성생식형으로 바뀐 경우다. 예전에는 무성생식 시기가 관찰되지 않는 진균을 불완전균문(Deuteromycota)으로 분류하였다. 그러나 이제 균학자들은 rRNA 염기서열을 바탕으로 이들을 분류할 수 있게 되었다. 과거에 불완전균문으로 분류되었던 대부분의 진균이 자낭균의 무성생식형이며 소수는 담자균에 속한다는 것이 확인되었다.

340쪽 표 12.2에 사람에게 병을 일으키는 일부 진균의 목록이 제시되어 있다. 일부 진균의 경우에는 두 개의 속명이 제시되었다. 무성생식 시기의 특성으로 인해 의학에서 중요하게 다루어지는 일부 진균은 무성생식형 이름으로 자주 불리기 때문이다.

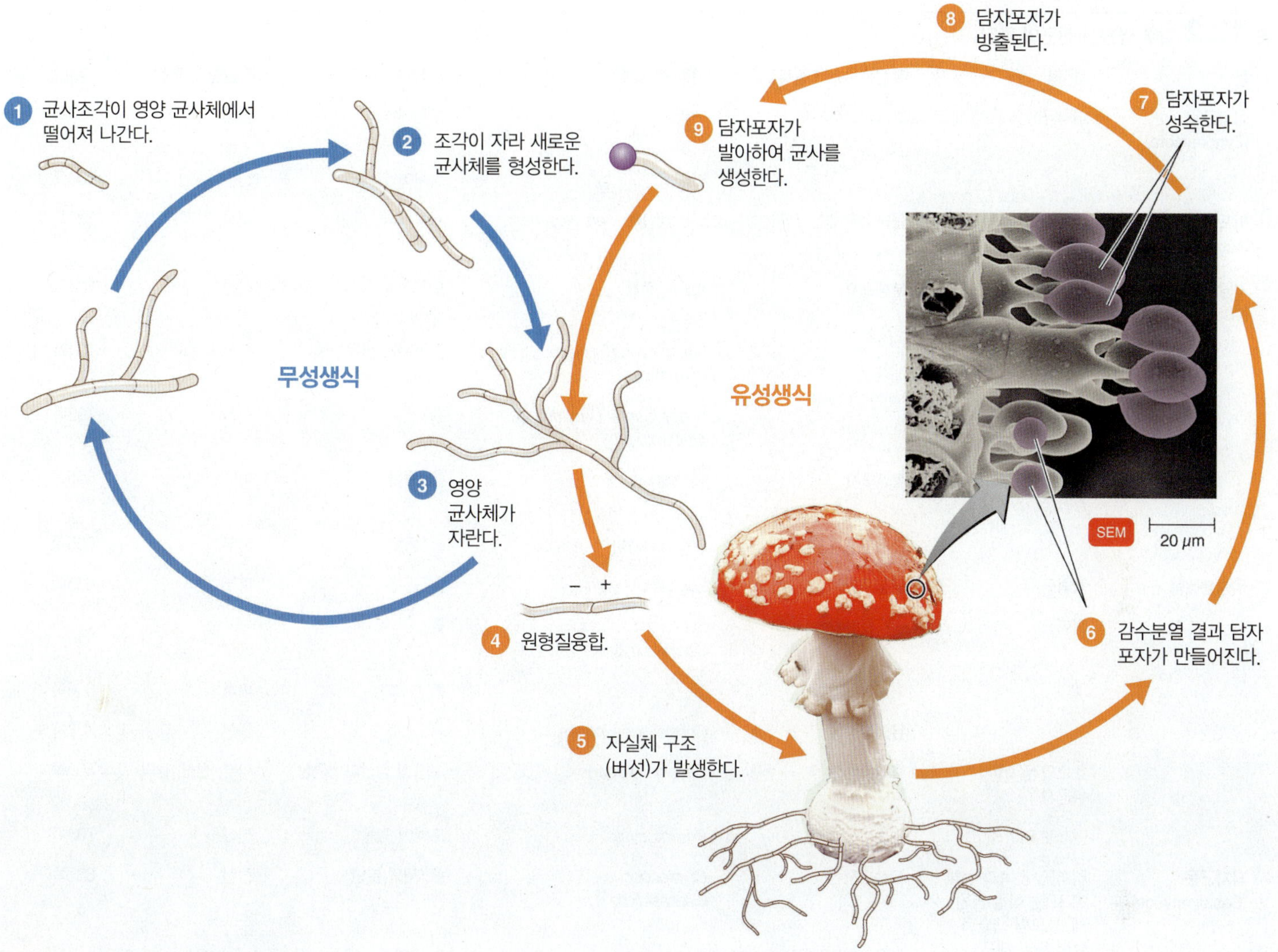

1 균사조각이 영양 균사체에서 떨어져 나간다.
2 조각이 자라 새로운 균사체를 형성한다.
3 영양 균사체가 자란다.
무성생식
4 원형질융합.
– +
5 자실체 구조 (버섯)가 발생한다.
6 감수분열 결과 담자포자가 만들어진다.
7 담자포자가 성숙한다.
8 담자포자가 방출된다.
9 담자포자가 발아하여 균사를 생성한다.
유성생식
SEM 20 μm

그림 12.10 **담자균의 일반적인 생활사.** 버섯의 모습은 두 종류의 교배 균주(+와 –)가 융합한 다음 나타난다.

 진균을 문으로 분류할 때의 기준은?

진균에 의한 질병

진균에 의한 감염증을 **진균증(mycosis)**이라 부른다. 진균은 성장 속도가 늦기 때문에 진균증은 대체로 만성이다. 진균증은 연관된 조직의 범위와 숙주에 감염되는 경로에 따라 전신, 피하, 피부, 표면, 기회 진균증의 총 5종류로 구분한다. 10장에서 진균은 동물과 비슷한 점이 많다는 사실을 알았다. 그 결과 진균 세포에 영향을 주는 약제는 또한 동물 세포에서 영향을 미칠 수 있다. 이로 인해 사람과 동물에서 진균 감염은 치료하기 어렵다.

전신진균증(systemic mycoses)은 몸속 깊숙이 진균이 감염되어 나타난다. 증세는 신체의 특정 부위에 제한되지 않고 여러 조직과 기관에 영향을 미친다. 전신진균증은 대개 흙 속에 사는 진균이 일으킨다. 포자를 흡입함으로써 감염된다. 전신진균증에 걸리면 증상이 먼저 폐에서 시작하여 전신으로 퍼지는 경로가 전형적으로 나타난다. 일반적으로 동물에서 사람으로 또는 사람에서 사람으로 전염되지는 않는다. 24장에서 두 종류의 전신진균증, 히스토플라스마증과 콕시디오이데스진균증에 대해 설명하고 있다.

임상 사례

5일 후에 에단의 주치의는 에단을 큰 병원으로 보냈다. 지난 일 주일 동안 에단은 숨이 가쁘고 발열, 오한, 두통, 야간 발한, 식욕부진, 어지럼증, 근육통 등을 겪었다. 다른 증상은 없기에 주치의는 하부 호흡기 감염증으로 추정하고 아목시실린을 처방했다. 사흘 후에 에단의 증상은 악화되었다. 호흡은 더욱 가빠졌으나 다른 전신성 증후는 뚜렷하게 나타나지 않았다. 에단의 호흡기 증상에 근거하여 주치의는 가슴 X선 사진 촬영을 요청했다. X선 사진에서 에단의 폐에 덩어리가 있는 것이 발견되었다.

에단과 그의 반려견은 같은 감염증을 앓은 것으로 보인다. 이 정보를 근거로 가능한 병원체의 목록을 작성해 보시오.

332 339 341 342

표 12.2 일부 병원성 진균의 특징

문	성장방식	무성생식포자 종류	사람 병원체	서식처	진균증의 특징	본문 참조
접합균문 (Zygomycota)	격벽균사	포자낭포자	*Rhizopus*	도처에 있음	전신	704쪽
			Mucor	도처에 있음	전신	704쪽
미포자균문 (Microsporidia)	균사 형성 않음	운동성이 없는 포자	*Encephalitozoon, Nosema*	사람, 다른 동물	설사, 각막결막염	337쪽
자낭균문 (Ascomycota)	이형성	분생포자	*Aspergillus*	도처에 있음	전신	704쪽
			*Blastomyces** (*Ajellomyces*†) *dermatitidis*	알려지지 않음	전신	704쪽
			*Histoplasma**(*Ajellomyces*†) *capsulatum*	흙	전신	702쪽
	격벽균사, 케라틴에 강한 친화력	분생포자	*Microsporum*	흙, 동물	피부	605쪽
		출아분생자, 후막분생자	*Trichophyton** (*Arthroderma*†)	흙, 동물	피부	605쪽
무성생식형	격벽균사	분생포자	*Epidermophyton*	흙, 동물	피부	605쪽
	이형성		*Sporothrix schenckii, Stachybotrys*	흙		
				흙	피하	606쪽
		유절분생자	*Coccidioides immitis*	흙	전신	703쪽
	효모와 유사한 위균사	후막분생자	*Candida albicans*	사람의 정상미생물상	피부, 전신, 점막	606쪽
	단세포	없음	*Pneumocystis*	도처에 있음	전신	703쪽
담자균문 (Basidiomycota)	격벽균사; 녹과 검댕에 포함; 식물 병원체, 효모형 캡슐로 둘러 싸인 세포	분생포자	*Cryptococcus** (*Filobasidiella*†)	흙, 새의 분변	전신	632쪽
			Malassezia	사람 피부	피부	591쪽

*무성생식형.
†양성생식형.

피하진균증(subcutaneous mycoses)은 흙이나 식물에 사는 부생 진균이 피부 밑으로 침투하여 일으키는 감염증이다. 스포로트릭스증(sporotrichosis)은 정원사나 농부가 주로 걸리는 피하진균증이다(21장 606쪽). 포자나 균사 조각이 피부에 찔린 상처 등으로 직접 들어가 자리잡으면서 감염된다.

표피와 모발, 손톱 등과 같은 외부 조직만을 감염하는 진균을 **피부진균(dermatophyte)**이라 부르며 이들에 의한 감염이 **피부진균증(cutaneous mycoses**, *dermatomycoses*)이다. 피부진균은 케라틴 분해효소를 분비하여 모발이나 피부, 손톱 등에 존재하는 단백질인 **케라틴(keratin)**을 분해한다. 사람에서 사람 또는 동물에서 사람으로 직접 접촉이나 감염된 털이나 표피 세포에 노출되어(이발 가위 또는 목욕실 바닥 등에서) 전염된다.

표면진균증(superficial mycoses)을 일으키는 진균은 털줄기나 상피세포 표면에서만 서식한다. 이들에 의한 감염증은 주로 열대기후에서 흔히 나타난다.

기회성 병원체(opportunistic pathogen)는 일반적으로 정상적인 서식처에서 해를 입히지 않고 살아가지만 숙주의 기력이 떨어지거나 외상을 입었을 때, 광범위 항생제로 치료받을 때, 약제나 면역 이상으로 면역계가 억제되었을 때, 폐질환을 앓고 있을 때 등의 경우에 병원성을 나타낼 수 있다.

*Pneumocystis*는 기회성 병원체로 면역계가 손상을 입은 사람들, 특히 AIDS 환자에게는 가장 흔히 생명을 위협하는 감염증을 일으킨다(그림 24.20, 705쪽). 처음 발견되었을 때에는 원생동물로 분류되었지만, 최근 RNA 분석 결과 단세포성 무성형 진균으로 확인되었다. 또 다른 기회성 진균 병원체로 *Stachybotrys*가 있는데 이는 보통 죽은 식물체에 존재하는 섬유소를 분해하며 살아가지만, 최근 가정집의 습기 찬 벽에서도 서식하는 것이 발견되었다.

털곰팡이증(mucormycosis)은 *Rhizopus*속이나 *Mucor*속에 의한 기회진균증이다. 이들 진균은 주로 당뇨병이나 백혈병 환자 또는 면역억제 치료를 받는 환자들을 주로 감염시킨다. 국균증(아스페르길루스증, aspergillosis) 또한 기회진균증의 하나다. 이 감염증은 *Aspergillus*(누룩곰팡이속)에 의해 발병된다(그림 12.3 참조). 이 병은 폐 기능이 저하된 환자나 암 환자가 아스페르길루스 포자를 흡입하면 나타날 수 있다. *Cryptococcus*속이나 *Penicillium*속에 의한 기회감염은 AIDS 환자에게 치명적인 증상을 일으킨다. 이들 기회성 진균은 사람에서 사람으로 전염될 수도 있지만 면역력이 충분한 사람은 일반적으로 감염되지 않는다. **효모 감염(yeast infection)**, 즉 칸디다증은 *Candida albicans*가 가장 흔하게 일으키는 진균 감염증으로 점막피부 칸디다증의 일종인 질염을 일으킨다. 칸디다증은 신생아와 AIDS 환자, 광범위 항생제 치료를 받는 환자들에게도 흔히 나타난다(607쪽 그림 21.17 참조).

일부 진균은 독소를 생산하여 병을 일으킨다. 이들이 만들어 내는 독소에 대해서는 15장에서 살펴볼 것이다.

임상 사례

에단의 주치의는 이제 에단이 진균에 감염된 것으로 의심하여 폐에 있는 덩어리의 조직감사를 요청했다. 그림 A와 그림 B는 검사한 조직의 현미경 검사와 배양 결과를 보여주고 있다.

이 결과를 바탕으로 생각할 때 가장 가능성이 높은 병원체는 무엇일까?

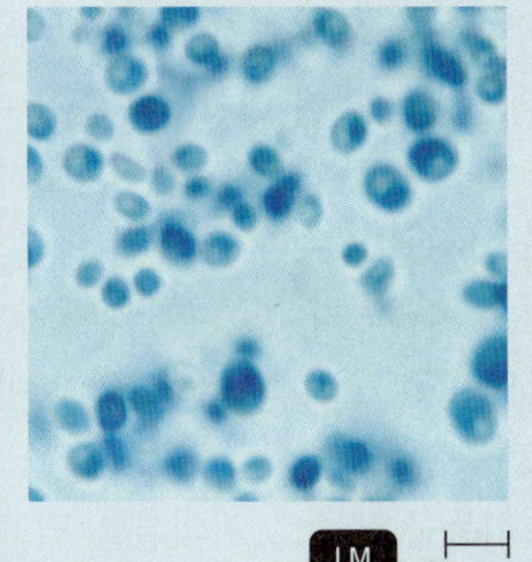

그림 A 폐 덩어리 조직의 현미경 사진

그림 B 배양된 미생물을 현미경으로 관찰한 사진

332 339 341 342

진균의 경제적 효과

진균은 생명공학 산업에 오랫동안 활용되어 왔다. 예를 들어 *Aspergillus niger*는 식품과 음료에 넣는 시트르산을 생산하는 데 1914년부터 사용되었다. 효모의 일종인 *Saccharomyces cerevisiae*(제빵효모)는 빵과 와인 생산에 사용되고 있다. 유전적으로 변형된 진균을 이용하여 B형 간염 백신을 비롯한 여러 가지 단백질을 생산하기도 한다. *Trichoderma*는 상업적으로 섬유소 분해효소를 생산하는 데 사용되고 있으며, 이를 이용해서 식물의 세포벽을 제거하여 맑은 과일주스를 생산한다. 주목에서 만드는 항암제인 택솔이 발견되었을 때, 미국 북서부 연안의 주목 숲이 택솔 생산으로 인해 곧 파괴될 것이라는 우려가 있었다. 그러나 진균의 일종인 *Taxomyces* 또한 택솔을 합성한다.

진균을 이용해서 해충을 구제하기도 한다. 1990년 진균 *Entomophaga*가 예기치 않게 번성해서 미국 동부의 산림을 파괴시키고 있던 집시나방 사멸시켰다. 과학자들은 해충을 제거할 수 있는 여러 종의 진균을 탐색하고 있다.

- 진균의 일종인 *Coniothyrium minitans*는 대두를 비롯한 기타 콩과 작물을 파괴하는 진균을 먹고 산다.
- 나무 줄기나 그 밖에 접근하기 어려운 장소에 숨어사는 흰개미를 제거하는 데 화학물질 대신 *Paecilomyces fumosoroseus*로 채워진 거품을 사용하고 있다.

우리에게 이로움을 주기도 하지만 진균은 영양적으로 다양하게 적응하여 농업에 달갑지 않은 영향을 주기도 한다. 잘 알려져 있듯이 과일과 곡류, 채소를 부패시키는 주 원인은 세균이 아니라 곰팡이다. 이러한 식품의 표면은 건조하고 그 내부는 산도가 높아 세균이 살기에는 적당하지 않다. 잼과 젤리 또한 산성이며 당분이 많이 들어 있어 삼투압 또한 높다. 이와 같은 조건으로 세균의 성장은 억제할 수 있으나 곰팡이는 이런 조건에서도 쉽게 자란다. 집에서 만든 젤리 병을 파라핀 층으로 봉하면 곰팡이가 자라는 것을 막을 수 있다. 곰팡이는 산소요구성 생물로 파라핀 층이 산소를 막아주기 때문이다. 그러나 신선한 고기나 그 밖의 다른 식품은 세균이 성장하기 좋은 조건을 제공한다. 이런 조건에서 세균은 곰팡이보다 빨리 자랄 뿐 아니라 자신의 먹이에 곰팡이가 자라는 것을 강하게 억제한다.

롱펠로우(Longfellow)가 시로 읊었던 밤나무는 몇몇 매우 외딴 지역을 제외하고는 이제 더 이상 미국에서 자라지 않는다. 곰팡이에 의해 거의 대부분이 고사한 것이다. *Cryphonectria parasitica*라는 자낭균이 1904년 중국에서 도입되면서 대부분의 밤나무가 말라 죽었다. 이 곰팡이는 나무 뿌리의 생존과 주기적으로 새순이 돋는 것은 가능하게 하지만, 그 새순을 죽인다. 현재 *Cryphonectria* 내성 밤나무가 개발 중이다. 또 다른 진균성 식물 질병으로 *Ceratocystis ulmi*가 일으키는 느릅나무병이 있다. 껍질딱정벌레가 나무에서 나무로 옮기는 이 질병은 곰팡이가 나무의 순환을 막아서 발생한다. 이 병으로 인해 미국의 느릅나무 개체군이 큰 피해를 입었다.

이해도 확인하기

- 접합균과 자낭균, 담자균이 만드는 무성포자와 유성포자를 나열하시오. **12-4**
- 미포자균류가 진균으로 분류되는 까닭은? **12-4**
- 효모는 인간에게 이로운가? 아니면 해로운가? **12-4**

임상 사례 해결

미국에서 새로 출현하고 있는 진균 감염증의 원인 중 하나로 흙에 사는 이형성 진균 *Cryptococcus gattii*가 지목되고 있다. 이는 37°C에서는 효모처럼 단세포로 자라고 25°C에서는 균사를 형성한다. 효모와 같은 모양과 균사를 보고 실험실에서는 에단의 폐 조직 덩어리에서 *C. gattii*의 존재를 확인하였다. 에단은 왈도와 함께 북서쪽의 더글러스퍼 숲으로 정기적으로 하이킹을 다녔다. 따라서 정확하게 언제 어디서 감염이 되었는지를 알아낼 수는 없었다. 1999년에 최초의 사례가 보고된 이후 브리티시 컬럼비아에서만 200건 이상이 보고되었다. 미국의 대서양 연안 북서부에서는 2004년 이래 60명의 사람과 50마리의 반려동물이 감염된 것으로 확인되었다.

에단은 정맥주사 항진균제인 암포테리신 B와 플룩사이토신 치료를 받았다. 6주 동안 입원한 다음 에단과 왈도는 집으로 돌아왔고 다시 하이킹을 갈 수 있는 상태로 회복되었다.

332 339 341 **342**

지의류

학습 목표

12-5 지의류의 특징을 나열하고 영양적 요구에 대해 설명한다.

12-6 지의류에서 진균과 조류의 기능을 설명한다.

지의류(lichen)는 녹색 조류(또는 남세균)와 진균의 조합이다. 지의류는 진균계로 분류되며 대부분이 자낭균류에 속하는 진균 구성원에 따라 분류한다. 지의류에서 두 종류의 개체는 서로 **상리공생적**(mutualistic) 관계를 형성하여 서로에게 이익을 준다. 지의류는 독립적으로 자라는 조류나 진균과는 상당히 다른 특성을 보인다. 이들을 따로 떼어내면 대부분 생존하지 못한다. 대략 13,500여 종의 지의류가 매우 다양한 서식처에서 살고 있다. 이들은 진균이나 조류가 따로 생존할 수 없는 지역에서 살아가기 때문에 지의류는 새로 노출된 흙이나 바위에 개체군을 이루는 최초의 생명체인 경우가 많다. 지의류는 유기산을 분비하여 화학적으로 바위를 부식시키고 개체 성장에 필요한 영양물질을 축적한다. 이들은 나무 표면과 콘크리트 구조물, 지붕 등에서도 발견된다. 지의류는 지구상에서 가장 천천히 자라는 개체에 속한다.

지의류는 형태에 따라 세 종류로 분류한다(그림 12.11a). **각상 지의류**(crustose lichen)는 표면을 껍질처럼 덮어가며 평평하게 자라고, **엽상 지의류**(foliose lichen)는 잎과 같은 형태를 이루며, **관목상 지의류**(fruticose lichen)는 손가락과 같은 형태가 돌출된 관목 모양으로 자란다. 지의류의 엽상체, 즉 몸체는 **수질(medulla)**이 되는 조류 세포를 균류의 균사가 둘러싸서 자라면서 형성된다(그림 12.11b). 균류의 균사는 지의류의 몸체 아래로 뻗어 나와 **가근체(rhizine)**, 즉 지지대를 이룬다. 진균의 균사는 조류로 이루어진 층의 외부 그리고 때로는 그 안쪽으로도 **피질(cortex)**, 즉 보호막을 형성한다. 지의류의 엽상체가 형성되고 나면, 조류는 계속해서 성장하고 균사가 성장하면서 새로운 조류 세포와 결합한다.

조류 부분만을 시험관에서 분리하여 배양하면 광합성을 통하여 만들어내는 탄수화물의 대략 1%가 배지로 방출된다. 그러나 조류가 균류와 연합하여 자라면 조류의 원형질막 투과성이 좀 더 높아져서 광합성 산물의 60%까지 균류나 균류에 의한 최종 대사산물로 방출된다. 이와 같은 연합체에서 진균의 이점은 명백하다. 귀중한 영양물질을 얻는 대가로 균류는 조류를 매질에 부착시키고(가근체) 건조되는 것을 막아주는(피질) 기능을 제공한다.

지의류는 경제적으로 상당히 중요한 몫을 담당했다. *Usnea*가 생산하는 우슨산(usnic acid)은 고대 그리스와 유럽의 다른 지역에서 직물을 염색하는 염료로 쓰였고 고대 중국에서는 항미생물 제제로 활용되었다. pH 변화를 알려주는 리트머스 용지에 들어가는 염료인 에리스로리트민(erythrolitmin)은 여러 종류의 지의류에서 추출된다. 일부 지의류나 이들이 생산하는 산성 물질은 사람의 피부에 닿으면 알러지 반응을 일으킬 수 있다.

지의류 개체군은 엽상체로 양이온을 쉽게 받아들인다. 따라서 지의류의 엽상체를 화학적으로 분석함으로써 대기 중에 존재하는 양이온의 종류와 농도는 알아낼 수 있다. 이와 더불어 지의류의 특정 종의 존재 여부는 오염물질에 매우 민감하여 대기의 수준을 측정하는 지표로도 활용된다. 1985년 미국 오하이오 주의 쿠야호가 계곡(Cuyahoga Valley)에서 수행된 연구에 따르면 1917년 확인되었던 총 172종의 지의류 가운데 81%가 사라졌다. 이 지역의 대기오염이 심각해졌기 때문이다. 특히 이산화황(산성비의 주요 인자)이 이에 민감한 지의류 종을 사멸시킨 것으로 보인다.

순록과 같은 툰드라 지역의 초식동물은 주로 지의류를 먹고 산다. 1986년 체르노빌 핵 참사 이후 라플랜드에서 식용으로 사육해왔던 70,000여 마리의 순록이 높은 수준의 방사능에 노출되어 사멸했다. 순록이 주로 섭식했던 지의류가 공기에 퍼져나갔던 방사성 세슘-137을 흡수하였던 것이다.

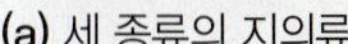
(a) 세 종류의 지의류

2 cm

진균
조류
피질
조류층
수질
진균
균사
피질
가근체

(b) 지의류 엽상체

그림 12.11 **지의류.** 지의류의 수질은 진균의 균사가 조류층을 둘러싼 형태로 이루어진다. 보호막의 기능을 하는 피층은 표면과 때로는 지의류의 바닥면을 덮는 진균 균사층이다.

지의류의 독특한 점은 무엇인가?

이해도 확인하기

- 자연계에서 지의류는 어떤 기능을 하는가? 12-5
- 지의류에서 균류는 어떤 작용을 수행하는가? 12-6

조류

학습 목표

12-7 조류를 정의하는 특성을 나열한다.
12-8 이번 장에서 논의한 조류 5개 문의 대표적인 특성을 나열한다.
12-9 조류의 이로운 점과 해로운 점을 각각 두 가지씩 설명한다.

조류(algae)는 바닷가의 큰 갈색 해초와 물 웅덩이의 녹색 찌꺼기, 흙이나 바다 표면의 녹색 얼룩 등에서 친숙하게 볼 수 있다. 몇몇 소수의 조류는 식중독을 일으킨다. 일부 조류는 단세포로 살아가지만 사슬 모양을 이루는 것도 있고, 소수는 엽상체를 형성한다.

"조류"는 분류학적인 단위가 아니다. 이는 식물의 뿌리와 줄기 구조를 갖지 않는 광독립영양생물을 총칭하는 이름이다. 조류는 대개 수서 환경에서 살아가지만 일부는 습기가 충분한 경우 흙이나 나무의 표면에서도 발견된다. 드물게 남미의 나무늘보나 북극곰의 털에서도 조류가 서식한다. 물은 물리적인 지지와 생식, 영양물질의 확산에 꼭 필요하다. 일반적으로 조류는 시원한 온도에서 서식하나 아열대 지방인 사르가소해(Sargasso Sea)에서도 갈조류의 일종인 *Sargassum*가 거대한 덩어리 형태로 떠다니는 것이 발견된다. 갈조류의 일부 종은 남극해에서도 자란다.

조류의 특징

조류는 비교적 단순한 광독립영양 진핵생물로 식물의 조직(뿌리, 줄기, 잎)을 형성하지 않는다. 현미경으로 관찰하여 단세포성 및 사상형 조류를 동정한다. 대부분의 조류는 바다에 서식한다. 적절한 영양물질과 빛의 파장, 성장할 수 있는 표면에 따라 서식처가 결정된다. 대표적인 조류들이 성장할 수 있는 서식처가 그림 12.12a에 도시되어 있다.

영양 구조

다세포성 조류의 몸체를 엽상체라 한다. 대형 다세포 조류를 일반적으로 해초 또는 해조류라 부르는데, 이들은 가지가 달린 **부착기**

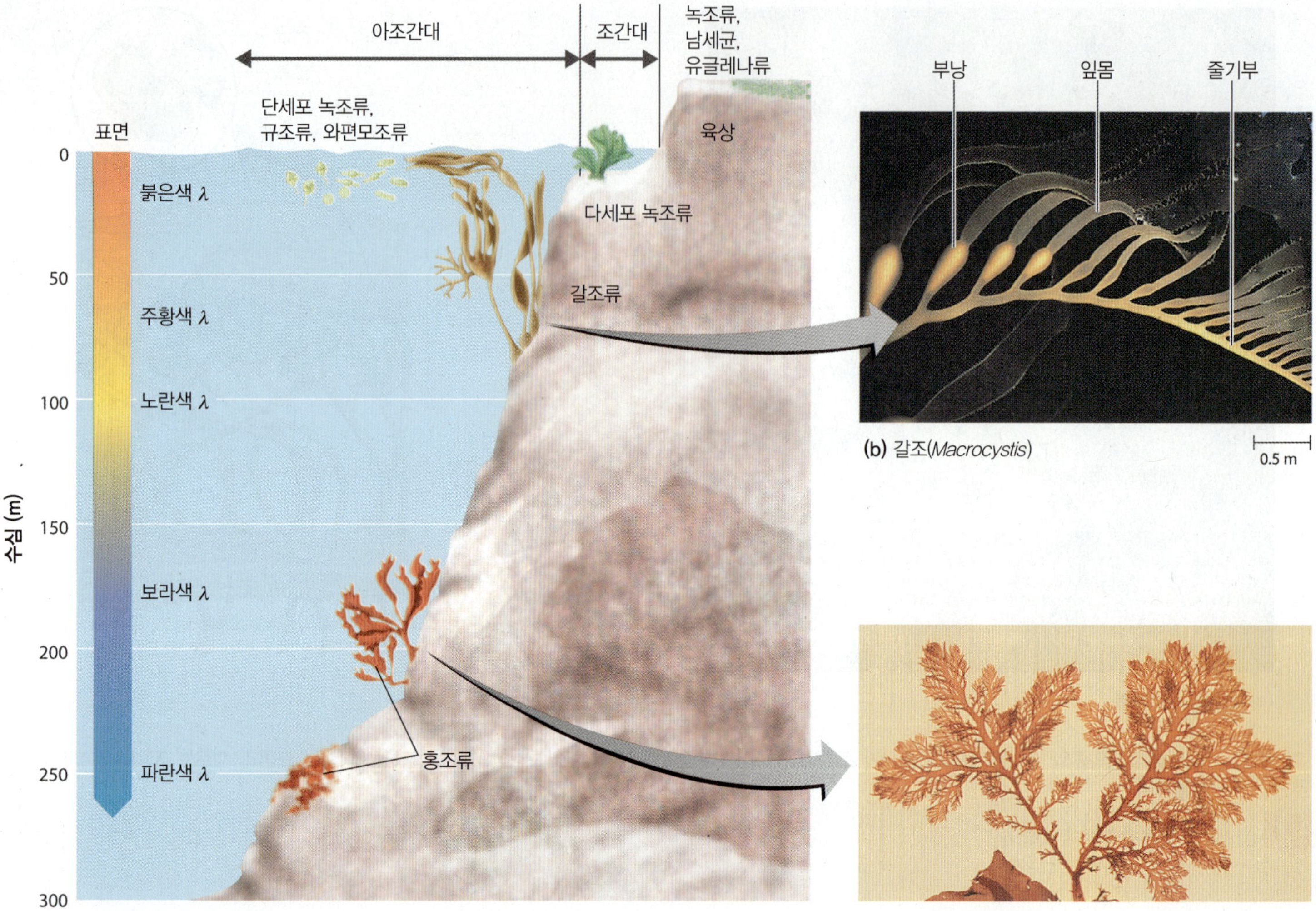

아조간대 조간대 녹조류, 남세균, 유글레나류
단세포 녹조류, 규조류, 와편모조류
표면 육상
다세포 녹조류
갈조류
홍조류
붉은색 λ
주황색 λ
노란색 λ
보라색 λ
파란색 λ
수심 (m)
0 50 100 150 200 250 300

(a) 조류의 서식처

부낭 잎몸 줄기부

(b) 갈조(*Macrocystis*) 0.5 m

(c) 홍조(*Microcladia*) 10 cm

그림 12.12 조류의 종류와 서식처. (a) 육상에서도 단세포와 사상형 조류를 발견할 수 있지만 조류는 대부분 해양 및 담수 환경에서 플랑크톤의 형태로 존재한다. 다세포성 녹조류와 갈조류, 홍조류는 부착할 수 있는 지점에서 엽상체를 지지할 수 있을 정도의 물과 적절한 파장의 빛이 존재하는 환경에서 서식한다. (b) *Macrocystis porifera*, 갈조류의 일종. 속이 비어 있는 줄기부와 기체가 들어 있는 부낭은 엽상체가 위쪽으로 떠오르게 하여 성장에 필요한 빛을 충분히 받도록 한다. (c) *Microcladia*, 홍조류의 일종. 엽상체가 가늘게 나뉘어진 홍조류는 보조 색소인 파이코빌리단백질의 색으로 인해 붉게 보인다.

Q 사람에게 독성이 있는 홍조류는?

(**holdfast**; 조류를 바위에 부착시킨다)와 흡사 줄기 같고 대체로 속이 비어 있는 **줄기부(stipe)**, 잎과 같은 모양의 **잎몸(blade)**으로 이루어져 있다(그림 12.12b). 엽상체를 덮고 있는 세포는 광합성을 할 수 있다. 엽상체에는 관다발 식물의 특징인 통도조직(체관과 물관)이 없어 조류는 물에서 영양물질을 표면 전체로 흡수한다. 줄기부는 목질화되지 않아서 식물의 줄기와 같은 지지 작용을 하지 못한다. 그 대신 주변의 물이 조류의 엽상체를 지지한다. 일부 조류는 부낭(또는 기포낭, pneumatocyst)이라 불리는 기체로 채워진 주머니를 이용해 물위를 떠다닌다.

생활사

모든 조류는 무성생식으로 증식한다. 엽상체나 사상체를 이루는 다세포 조류는 분절법으로 증식한다. 분절된 조각은 새로운 엽상체나 사상체를 형성할 수 있다. 단세포 조류가 분열할 때 핵이 나뉘고(유사분열) 각각의 핵은 세포의 양극으로 이동한다. 그 다음으로 세포가 각각의 완전한 세포로 나뉜다(세포질분열).

유성생식도 일어난다(그림 12.13). 일부 종에서는 무성생식으로 여러 세대를 지낸 다음, 조건이 달라지면 유성생식을 한다. 또 다른 종에서는 유성생식과 무성생식이 번갈아 일어난다. 유성생식으로 생성된 자손은 무성생식으로 증식하고 그 다음 세대에서는 유성생식으로 증식하는 방식이다.

영양

조류(algae)는 여러 개의 문을 한꺼번에 일컫는 일반명이다(표 12.3).

(a) 다세포 녹조류(참파래)

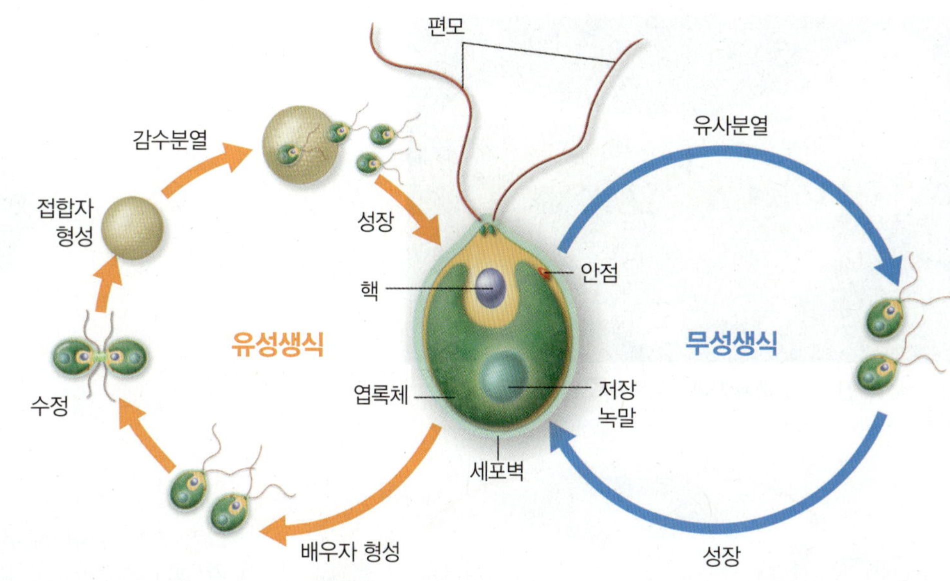

(b) 단세포 녹조류(Chlamydomonas)의 생활사

그림 12.13 **녹조류.** (a) 다세포 녹조류인 참파래속(*Ulva*). (b) 단세포 녹조류의 일종인 *Chlamydomonas*의 생활사. 채찍 같이 돌출된 두 개의 편모를 이용하여 세포가 움직인다.

 생태계에서 조류의 주된 작용은 무엇인가?

대부분의 조류는 광합성을 한다. 그러나 진균과 유사한 조류인 난균류(oomycotes)는 화학종속영양생물이다. 광합성 조류는 수계의 조광대(photic zone)에 광범위하게 서식한다. 클로로필 *a*(빛을 수용하는 색소)와 광합성에 연관된 보조 색소 때문에 조류의 종류에 따라 각기 독특한 색이 나타난다.

조류는 rRNA 서열, 구조, 색소, 그 밖의 특징 등에 따라 분류된다(표 12.3 참조). 다음에는 조류에 속하는 일부 문의 특징을 소개한다.

조류의 대표적인 문

갈조류(brown algae), 즉 다시마류(kelp)는 대형 조류로 총 길이가 50 m에 이르는 것도 있다(그림 12.12b 참조). 대부분의 갈조류는 연안수에 서식한다. 갈조류는 놀랄만한 속도로 성장한다. 어떤 종류는 하루에 20 cm 이상 자라며 따라서 주기적으로 수확할 수 있다. **알긴(algin)**은 아이스크림이나 케이크 장식용 크림 등 식품을 응결시키는 물질로 활용되며 갈조류의 세포벽에서 추출한다. 알긴은 식품 이외에도 고무 타이어나 핸드 크림 제조 등에 널리 활용된

표 12.3 대표적인 조류 문의 특징

	갈조류	홍조류	녹조류	규조류	와편모조류	물곰팡이
문	갈조류문(Phaeophyta)	홍조류문(Rhodophyta)	녹조류문(Chlorophyta)	규조류문 (Bacillariophyta)	와편모조류문 (Dinoflagellata)	난균문(Oomycota)
색	갈색	붉은색	녹색	갈색	갈색	무색, 흰색
세포벽	섬유소와 알긴산	섬유소	섬유소	펙틴과 규소	막에 섬유소 포함	섬유소
세포배열	다세포	대체로 다세포	단세포 및 다세포	단세포	단세포	다세포
광합성색소	클로로필 *a*와 *c*, 잔토필	클로로필 *a*와 *d*, 파이코빌리프로테인	클로로필 *a*와 *b*	클로로필 *a*와 *c*, 카로틴, 잔토필	클로로필 *a*와 *c*, 카로틴, 잔틴	없음
유성생식	유성생식	유성생식	유성생식	유성생식	소수만 유성생식	유성생식 (접합균문과 유사)
저장물질	탄수화물	포도당 중합체	포도당 중합체	기름	녹말	없음
병원성	없음	소수만 독소 생성	없음	독소	독소	기생

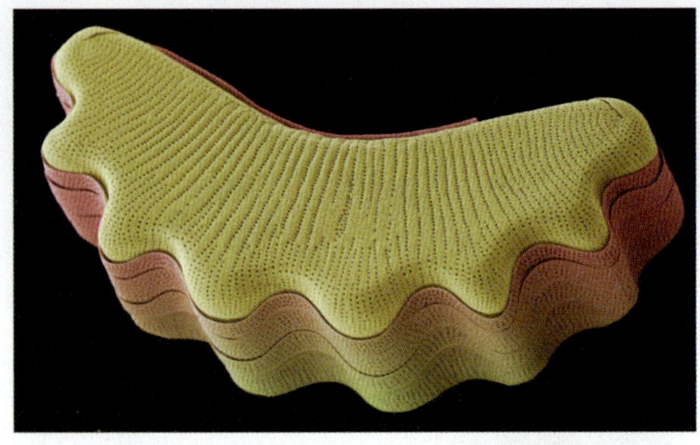

(a) *Eunotia*, 산성 조건에서 자라는 담수 규조류의 일종 SEM 2 μm

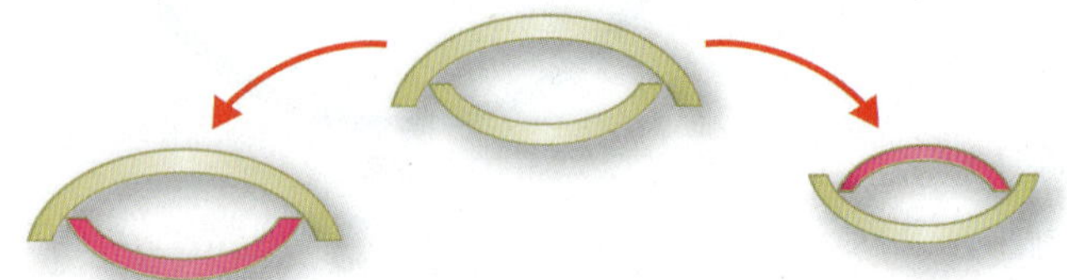

(b) 규조류의 무성생식

그림 12.14 규조류. (a) *Eunotia Serra*의 현미경 사진. 두 조각의 세포벽이 서로 맞물리는 방식에 주목하시오. (b) 규조류의 무성생식. 유사분열이 일어나는 동안 각각의 딸세포는 모세포로부터(노란색) 각기 절반의 세포벽을 물려받기 때문에 나머지 반(분홍색)을 새로 합성해야 한다.

 규조류가 일으키는 사람의 질병은?

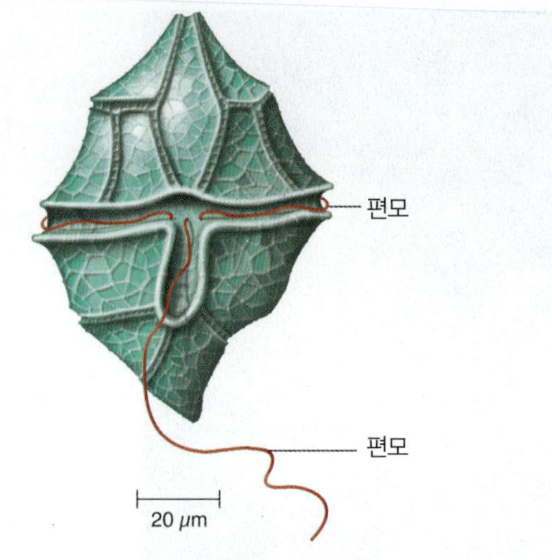

그림 12.15 *Peridinium*, 와편모조류의 일종. 다른 일부 와편모조류와 마찬가지로 *Peridinium*은 서로 직각으로 마주보고 있는 홈에 두 개의 편모가 나 있다. 이들 두 개의 편모가 동시에 움직이면 세포가 팽이처럼 돌아간다.

 와편모조류가 일으키는 사람의 질병은?

다. 갈조류의 일종인 참다시마(*Laminaria japonica*)는 질을 통한 자궁 수술을 하기 전에 질 확장을 유도하는 데 사용된다.

대부분의 **홍조류**(red algae)는 가늘게 갈라진 엽상체의 형태를 이루며 다른 조류에 비해 더 깊은 바닷속에서 서식한다(그림 12.12c). 엽상체가 바위나 조개의 표면을 덮으면서 껍질처럼 자라는 홍조류도 소수 존재한다. 홍조류의 붉은색 색소는 바닷속 깊은 곳까지 투과하는 청색 빛을 흡수한다. 미생물 배양배지에 사용되는 한천은 여러 종류의 홍조류에서 추출한다. 또 다른 젤 상태의 물질인 카라지난(carrageenan)은 통칭 아일랜드이끼((Irish moss)라 불리는 홍조류의 일종에서 추출한다. 카라지난이나 한천은 연유와 아이스크림, 약제 등의 응결 인자로 사용된다. 태평양에서 자라는 *Gracilaria*의 종들은 식용으로 사용된다. 그러나 이들 속의 일부는 치명적인 독소를 생성하기도 한다.

녹조류(green algae)는 식물과 유사하게 섬유소 성분의 세포벽을 지니고 클로로필 *a*와 *b*를 포함하며, 녹말을 저장한다(그림 12.13a 참조). 녹조류가 지상의 식물로 변한 것으로 생각된다. 대부분의 녹조류는 현미경으로만 관찰할 수 있으며 단세포 또는 다세포성이다. 일부 사상형으로 자라는 녹조류는 웅덩이에서 초록색 찌꺼기를 형성한다.

규조류와 와편모조류, 물곰팡이류는 대롱편모생물계(kingdom Stramenopila)에 속한다. **규조류**(diatoms, 그림 12.14)는 단세포 또는 사상형 조류로 펙틴과 규소층으로 이루어진 복잡한 세포벽을 지닌다. 두 조각의 세포벽은 페트리 배양접시의 반쪽처럼 서로 맞물린다. 규조류는 세포벽의 독특한 문양을 바탕으로 동정한다. 규조류는 기름의 형태로 광합성 산물을 저장한다.

규조에 의해 야기되는 신경질환의 대량 발발은 1987년 캐나다에서 최초로 보고되었다. 규조류를 먹이로 하는 홍합을 먹은 사람들이 감염되었다. 규조류 중에는 **도모산**(domoic acid)이라는 독소를 생성하는 것이 있는데 당시 홍합에는 이 물질이 농축되어 있었다. 치사율은 4% 이하였다. 1991년 이후 캘리포니아에서 같은 종류의 **도모산 중독(domoic acid intoxication)**으로 수백 마리의 바다새와 바다사자들이 죽었다.

와편모조류(dinoflagellates)는 **플랑크톤(plankton)** 또는 자유 부유 생물이라 총칭하는 단세포 조류이다(그림 12.15). 이들 세포막에는 섬유소가 포함되어 있어 단단한 구조를 이룬다. 일부는 신경독소를 생성한다. 지난 20년 동안 독성 해양 조류에 의해 수백만 마리의 어류와 수백 마리의 해양 포유류, 심지어 사람들까지 피해를 입은 사례가 증가 추세를 보이고 있다. 물고기가 수많은 와편모조류 *Karenia brevis* 사이로 헤엄쳐 지나가는 동안, 아가미에 걸린 조류에서 신경독소를 방출되면서 물고기가 질식하게 된다. *Alexandrium*속의 와편모조류는 **삭시톡신(saxitoxin)**이라는 신경독소를 생성하여 **마비성 패류 중독(paralytic shellfish poisoning, PSP)**을 일으킨다. 홍합이나 대합과 같은 연체동물이 많은 양의 와편모조류를 잡아먹으면 연체동물의 몸 안에 독소가 축적되고 이를 먹은 사람들이 마비성 패류 식중독에 걸린다. *Alexandrium*이 대량 번식하면 바닷물이 짙은 붉은색으로 변한다. **적조(red tide)**라는 명칭은 여기서 유래한 것이다(785쪽 그림 27.13). 적조가 발생한 시기에는 식용으로 사용할 연체동물을 잡지 말아야 한다. **시가테라**

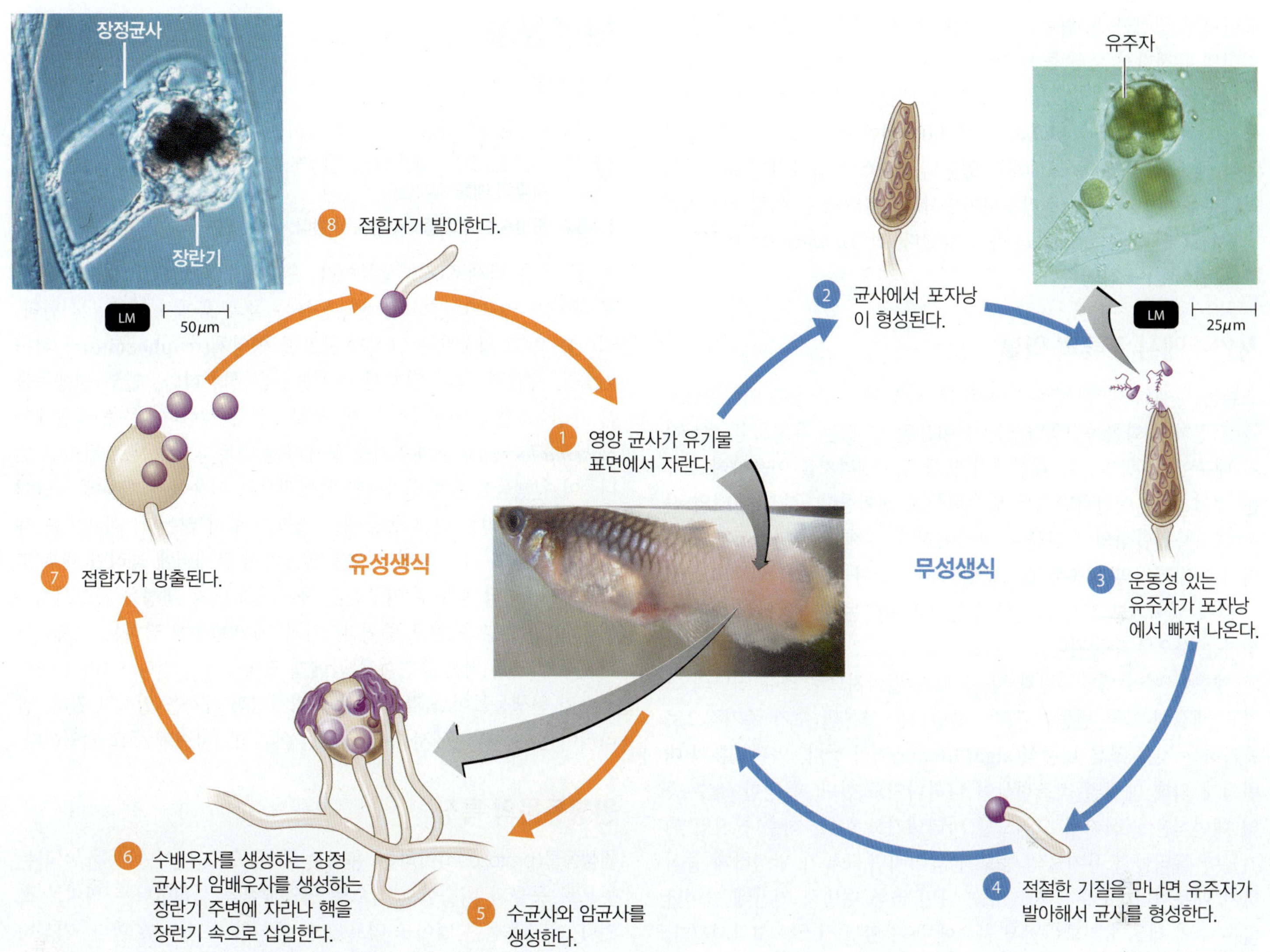

그림 12.16 **난균류.** 곰팡이처럼 보이는 이들 조류는 담수에 흔히 서식하는 분해자이다. 소수는 어류와 육상식물에 질병을 일으킨다.

Q 난균류는 진균인 *Penicillium*과 규조류 가운데 어느 것과 더 밀접하게 연관되어 있는가?

중독(**ciguatera**)은 와편모조류인 *Gambierdiscus toxicus*가 먹이사슬을 거치면서 대형 어류의 몸속에 농축되면서 나타난다. 시가테라 중독은 남태평양과 카리브해 근방의 풍토병(어떤 지역에서 거듭해서 계속 발생하는 질병)이다. *Pfiesteria*와 관련된 신종 질병이 대서양 연안의 주기적인 대량 어류 사멸을 일으키기도 한다.

대부분의 물곰팡이류(water molds), 즉 난균류(*Oomycota*)는 분해자 기능을 한다. 이들은 주로 민물에서 조류나 동물의 사체 위에 솜 덩어리와 같은 모습으로 자란다(그림 12.16). 난균류의 무성생식 방식은 접합균과 비슷한 방식으로 포자낭(포자 주머니)에서 포자를 형성한다. 그러나 난균의 포자는 **유주자(zoospore)**라 불리며 두 개의 편모를 지닌다(그림 12.16 오른쪽 위). 진균의 포자에는 편모가 없다. 겉보기에 진균과 비슷해서 예전에는 난균류를 진균으로 분류하였다. 그러나 섬유소 성분의 세포벽이 있다는 점 때문에 항상 조류와의 연관성이 제기되어 왔으며, 최근 DNA 분석 결과 난균류는 진균류보다 규조류나 와편모조류와 더욱 밀접하다는 것이 확인되었다. 육상에 서식하는 난균류 중에는 식물에 기생하는 종이 많다. 미국 농무부에서는 수입 식물에 대해 흰녹병(white rust)을 비롯한 다른 기생생물 질병을 검역한다. 여행객 대부분이 심지어는 식물 수입상들조차 꽃 한 송이나 씨앗 하나를 통해 그 나라의 농업에 막대한 피해를 입힐 수 있는 병원체가 들어올 수 있다는 사실을 깨닫지 못하고 있다.

1800년대 중반 아일랜드에서 감자 농사를 망치는 바람에 100만 명이 사명했다. 감자대역병을 일으킨 진균은 *Phytophthora infestans*로 질병의 원인으로 지목된 초기 미생물 가운데 하나다. 오늘날 *Phytophthora*는 세계적으로 대두와 감자, 코코아 등을 감염한다. 특화된 생식 균사에서뿐만 아니라 영양생식 균사에서도 운동성이 있는 유주자를 생성한다(그림 12.16 참조). 미국에서는 A1이라 명명된 한 종류의 교배형만이 서식하고 있었다. 1990년대에 또 다른 교배형, A2가 미국에서 발견되었다. A1과 A2가 가까이 있게 되면 각각은 분화하여 반수체 배우자를 형성하고 이들이 교배하여 접합자를 생성한다. 접합자가 발아하여 발생하는 조류에는 양쪽 어버이의 유전자가 모두 들어 있다.

호주에서는 *P. cinnamoni*가 유칼립투스나무 한 종의 거의 20%를 감염시켰다. *Phytophthora*는 1990년대에 미국으로 유입되어 과일과 채소 작물에 두루 피해를 입혔다. 1995년 갑자기 캘리포니아 참나무들이 고사할 때 캘리포니아대학의 과학자들은 이를 일으키는 병원체로 신종 *P. ramorum*을 동정했다. *P. ramorum*는 미국삼나무(세쿼이아)도 감염한다.

자연계에서 조류의 역할

조류는 수계의 먹이사슬에서 중요한 몫을 한다. 이들은 이산화탄소를 고정하여 화학독립영양생물이 이용할 수 있는 유기물을 생산하기 때문이다. 광인산화 과정에서 생성되는 에너지를 이용하여 조류는 대기 중의 이산화탄소를 탄수화물로 전환한다. 분자 형태의 산소(O_2)는 광합성의 부산물로 만들어진다. 수계의 표면에서부터 몇 미터 아래까지의 상층부에는 플랑크톤 조류가 자란다. 지구의 75%가 물로 덮여 있으므로 지구상의 산소의 80%는 플랑크톤 조류가 생성하는 것으로 추정된다.

계절에 따라 영양물질과 빛, 온도가 달라지므로 조류 집단의 크기도 계절에 따른 변동이 있다. 플랑크톤 조류의 수가 주기적으로 증가하는 것을 **조류 대증식(algal bloom)**이라 한다. 와편조류의 대번식에 의해 계절별 적조현상이 나타나기도 한다. 특정한 소수 종의 대번식은 서식처의 오염도를 나타내기도 한다. 하수나 산업 폐기물이 흘러들어 유기물의 농도가 높아지면 조류가 왕성하게 증식하기 때문이다. 조류가 사멸하고 나면 조류 대번식 기간에 불어난 많은 수의 세포가 부패하면서 물속에 녹아 있는 산소를 고갈시킨다. (이 현상은 27장에서 이야기하기로 한다.)

지구에 존재하는 석유는 대부분이 수백만 년 전에 번성했던 규조류와 기타 플랑크톤에서 형성된 것이다. 이들 생명체가 사멸되어 침전층에 묻히면서 세포에 포함되었던 유기분자들이 완전히 CO_2로 분해되지 못했다. 지구의 지질학적 변동으로 인한 열과 압력으로 인해 세포막 등의 형태로 세포에 포함되어 있던 기름 성분이 변하였다. 산소를 비롯한 기타 물질들은 제거되고 탄화수소만이 석유와 천연가스의 형태로 남게 된 것이다.

많은 단세포 조류는 동물과 공생관계에 있다. 대왕조개 *Tridacna*에는 와편모조류가 서식할 수 있는 특수한 기관이 진화되었다. 대왕조개가 얕은 물에 있을 때면, 이들 기관이 햇빛에 노출되고 조류가 그 안에서 번성한다. 조류는 조개의 혈류 속으로 글리세롤을 방출하여 조개가 필요로 하는 탄수화물을 공급한다.

이해도 확인하기

- 조류는 세균과 어떻게 다른가? 균류와는 또 어떻게 다른가? **12-7**
- 규조류와 와편모조류, 난균류의 세포벽 조성과 이들이 일으키는 질병을 나열하시오. **12-8, 12-9**

원생동물

학습 목표

12-10 원생동물을 규정하는 특징을 제시한다.

12-11 이번 장에서 논의한 원생동물 7개 문의 대표적인 특징을 설명하고 각각의 예를 제시한다.

12-12 중간숙주와 최종숙주를 구별한다.

원생동물은 단세포 진핵생물이다. 원생동물은 앞으로 보겠지만 세포 구조가 매우 다양하다. 원생동물은 물과 흙에서 주로 서식한다. 먹이를 먹고 성장하는 단계의 세포를 **영양체(trophozoite)**라 하며 이들은 세균과 작은 입자성 영양물질을 섭취한다. 일부 원생동물은 동물의 정상 미생물상의 한 부분으로 존재한다. 곤충 병원체인 *Nosema locustae*는 메뚜기를 구제하는 비독성 살충제로 팔리고 있다. 이 원생동물은 메뚜기에만 특이적으로 작용하기 때문에 사람이나 메뚜기를 먹는 다른 동물에는 영향을 주지 않는다. 불개미는 해마다 수백만 달러의 농업 손실을 일으키며 불개미에 물리면 매우 고통스럽다. 미국 농무부 연구진은 불개미의 난자 생성을 감소시키는 정단복합포자충을 연구 중이다. 거의 20,000종에 달하는 원생동물 가운데 비교적 적은 수만이 사람에게 질병을 일으킨다. 그러나 이들 소수의 원생동물이 심각한 건강과 경제적인 타격을 입히고 있다. 말라리아는 아프리카에서 유아 사망을 야기하는 4번째 주요 원인이다.

원생동물의 특징

원생동물(protozoan)이라는 용어는 "처음으로 태어난 동물"이라는 뜻으로 동물과 비슷한 방식으로 영양물질을 섭식한다는 의미로 쓰인다. 원생동물은 먹이를 먹고 또한 증식할 수 있어야 한다. 기생하는 원생동물은 한 숙주에서 다른 숙주로 이동할 수 있어야 한다.

생활사

원생동물은 분열법과 출아법, 분열생식법 등의 방법으로 무성생식을 한다. **분열생식(schizogony)**은 다중 분열을 뜻하며 세포가 분열되기 전에 여러 번의 핵 분열이 일어난다. 많은 수의 핵이 형성된 후 소량의 세포질이 각각의 핵 주위를 둘러싼 다음 각각의 단일 세포가 딸세포로 분리된다.

일부 원생동물은 유성생식을 한다. 짚신벌레(*Paramecium*)와 같은 섬모충류는 **접합(conjugation)**과정을 통해 유성생식을 한다(그림 12.17). 짚신벌레의 접합과정은 세균의 접합과 명칭만 같을 뿐 매우 다르다(235쪽 그림 8.27 참조). 원생동물의 접합과정에서 두 개의 세포가 융합하면 각 세포에서 반수체 핵(소핵)이 다른 세포로 이동한다. 이들 반수체 소핵은 세포 안에서 다른 반수체 소핵과 융합한다. 모세포가 분리되면 각각은 비로소 수정된 세포가 된다. 이후에 세포가 분열하면 이들은 재조합된 DNA를 지니는 딸세포를 만들어낸다. 일부 원생동물은 반수체 생식세포인 **배우자(gamete, gametocyte)**를 생성한다. 생식과정에서 두 개의 배우자가 융합하여 하나의 이배체 접합자가 된다.

포낭형성(encystment) 열악한 특정 조건에 처하면 일부 원생동물은 보호막인 **포낭(cyst)**을 형성한다. 포낭은 세포가 먹이, 수분 또는 산소가 결핍된 조건, 온도가 적당하지 않은 조건, 독성 화학물질이 있는 조건 등을 견딜 수 있도록 한다. 포낭은 또한 기생하는 종이 숙주 밖에서 생존할 수 있도록 한다. 이는 기생성 원생동물은 새로운 숙주에 접근하기 위해 이전의 숙주에서 배출되어야 하기 때문에 특히 중요하다. 정단복합충문에 속하는 원생동물에서 형성되는 포낭은 **접합자낭(oocyst)**이라 부른다. 접합자낭은 무성생식의 방법으로 새로운 세포를 만들어내는 생식 구조이다.

영양

원생동물은 대부분이 산소요구성 종속영양생물이다. 그러나 많은 장내 원생동물은 무산소 성장이 가능하다. 클로로필을 지니는 두 종류의 원생동물인 와편모조류와 유글레나류는 흔히 조류와 함께 연구된다.

모든 원생동물은 물이 대량으로 공급되는 지역에 서식한다. 일부 원생동물은 원형질막을 통해 먹이를 수송한다. 그러나 어떤 종류는 박막(pellicle)이라 불리는 보호막으로 둘러싸여 있어 먹이를 취하는데 특수한 구조를 필요로 한다. 섬모충류는 섬모를 흔들어 입과 비슷한 구조의 **세포입(cytostome)** 쪽으로 먹이를 몰아 섭취한다. 아메바는 위족으로 먹이를 둘러싼 다음 식세포작용을 통해 섭취한다. 모든 원생동물에서 소화는 막으로 둘러싸인 **액포(vacuole)**에서 일어나며 노폐물은 원형질막이나 특수한 **세포항문(anal pore)**을 통해 배출한다.

의학에서 중요한 원생동물

이번 장에서는 주로 원생동물의 생물학을 다룬다. 원생동물이 일으키는 질병은 4단원에서 설명한다.

원생동물은 매우 크고 다양한 분류군이다. 원생동물을 문으로 분류하는 지금의 분류 방식은 DNA 자료와 형태에 기초한다. 더 많은 정보를 얻게 되면 여기서 구분한 일부 문은 새로운 계로 분리될 수도 있다.

섭식홈

세포골격으로 섭식홈(feeding groove)을 형성하는 단세포 진핵생물을 유굴생물(Excavata) 슈퍼계(superkingdom)로 분류하고 있다. 대부분 방추형이며 편모를 지닌다(그림 12.18a). 유굴생물에는 미토콘드리아가 없는 두 개의 문과 유글레나문이 포함된다.

미토콘드리아가 없는 기생생물로 람블 편모충(*Giardia lamblia*)를 들 수 있다. 이는 때로 *G. intestinalis* 또는 *G. duodenalis*라 불린다. 이 기생생물(그림 12.18b, 737쪽 그림 25.17)은 사람과 다른 포유동물의 작은 창자에 서식한다. 포낭에 싸인 형태로 분변과 함께 배출되며(그림 12.18c) 다음에 숙주가 섭취할 때까지 이 상태로 외부 환경에서 생존한다. *G. lamblia*는 편모충증(giardiasis)을 일으키며 분변에서 포낭을 확인함으로써 이를 진단한다.

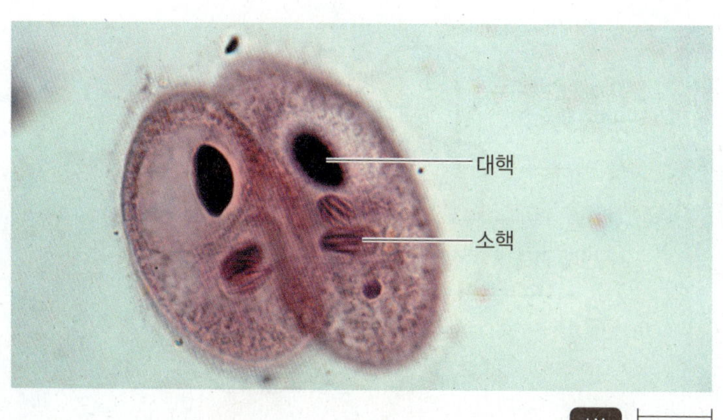

그림 12.17 **섬모충류의 일종인 짚신벌레(*Paramecium*)의 접합.** 섬모충은 접합을 하는 방식으로 유성생식한다. 각 세포에는 대핵과 소핵, 이렇게 두 개의 핵이 들어 있다. 소핵은 반수체로 접합을 하도록 분화되었다. 각 세포에서 하나의 소핵이 접합이 일어나는 동안 다른 세포로 이동한다. 두 세포는 모두 두 개의 딸 세포를 생성한다. 소핵 내에 응축된 염색체가 보인다.

Q 섬모충류의 접합 후에 세포의 수가 더 많아지는가?

미토콘드리아가 없는 또 다른 사람의 기생체로 그림 12.18d와 그림 26.16에 나타난 *Trichomonas vaginalis*가 있다. 일부 다른 편모충류와 마찬가지로 *T. vaginalis*는 **파동막(undulating membrane)**을 지니며 막의 끝 쪽에 편모가 달려 있다. *T. vaginalis*는 포낭 단계가 없어 세포에서 수분이 빠져나가기 전에 반드시 다른 숙주로 옮겨져야 한다. *T. vaginalis*는 질과 남성의 요도관에서 발견된다. 대체로 성행위를 통해 전염되나 화장실 시설이나 수건을 통해서도 전염될 수 있다.

유글레나문

공통의 rRNA 서열과 원판형 미토콘드리아, 유성생식의 부재 등을 근거로 **유글레나문(Euglenozoa)**에 두 종류의 편모 생물이 포함된다.

유글레나류(Euglenoids)는 광독립영양생물이다(그림 12.18c). 유글레나는 박막(pellicle)이라 불리는 비교적 단단한 원형질막으로 둘러싸여 있고 앞쪽 끝에 달린 하나의 편모로 이동한다. 대부분의 유글레나는 붉은색 안점(eyespot) 하나를 앞쪽에 지닌다. 안점은 카로티노이드 색소를 포함하는 세포소기관으로 빛을 감지하여 예비편모(preemergent flagellum)을 이용해서 적당한 방향으로 이동한다. 일부 유글레나류는 조건부 화학종속영양생물이다. 빛이 없을 때 유글레나는 세포입으로 유기물을 섭취한다. 유글레나는 광합성을 할 수 있기 때문에 주로 조류와 함께 연구된다.

주혈편모충류(hemoflagellates)는 혈액에 기생하는 기생생물로 혈액을 빠는 곤충에 물려 전염되며, 곤충에 물린 숙주의 순환계에서 발견된다. 혈액과 같이 끈적한 액체에서 생존하기 위해 주혈편모충은 대개 길고 가는 세포 모양을 하고 있으며 파동막을 지닌

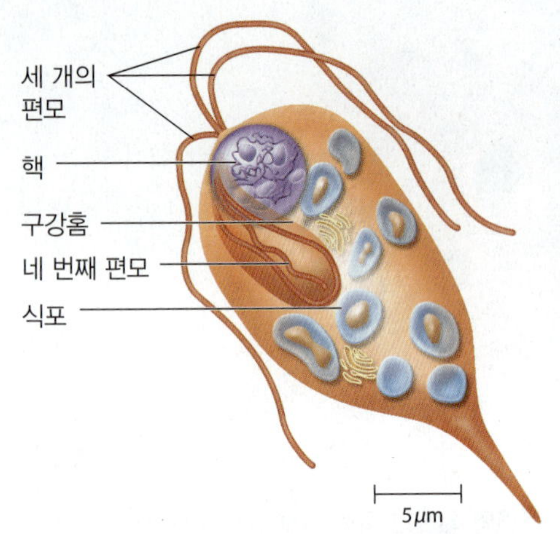

(a) *Chilomastix*. 사람의 장에서 발견되는 편모충류로 약한 병원성을 보인다. 포낭은 사람 숙주 밖에서 수 개월을 견딜 수 있다. 네 번째 편모는 먹이를 구강홈으로 옮기는 역할을 한다. 구강홈에서 식포가 형성된다.

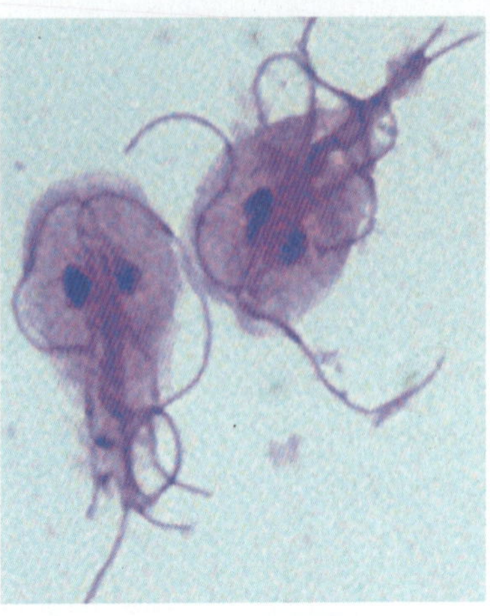

(b) *Giardia* 영양체. 이 장내 기생생물의 영양체에는 여덟 개의 편모와 두 개의 핵이 있어 독특한 모습을 하고 있다.

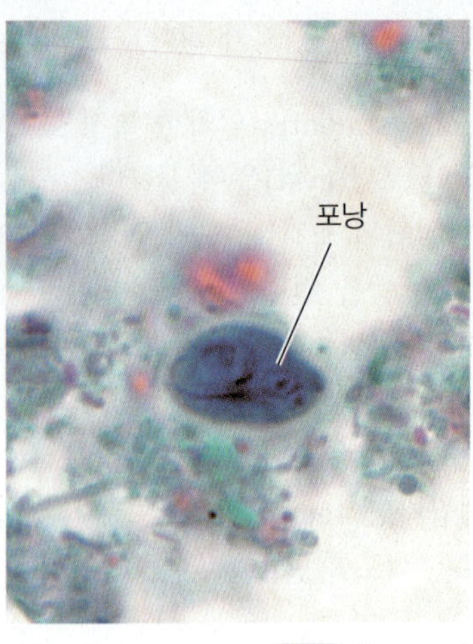
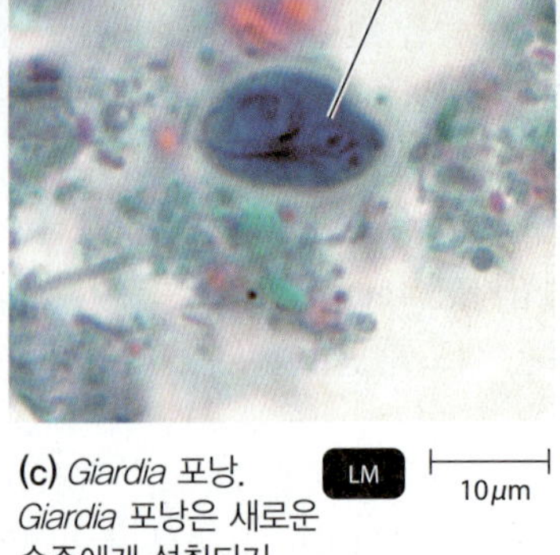

(c) *Giardia* 포낭. *Giardia* 포낭은 새로운 숙주에게 섭취되기 전까지 외부 환경으로부터 세포를 보호한다.

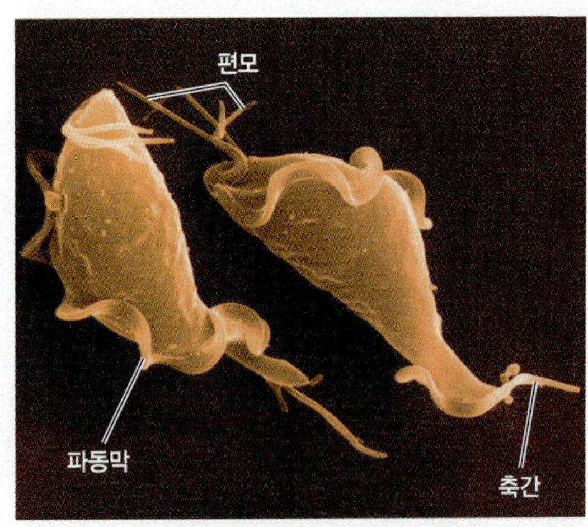

(d) 질편모충(*Trichomonas vaginalis*). 이 편모충은 요도 및 생식관 감염을 일으킨다. 작은 파동막을 주의 깊게 보시오. 이 편모충은 포낭기를 갖지 않는다.

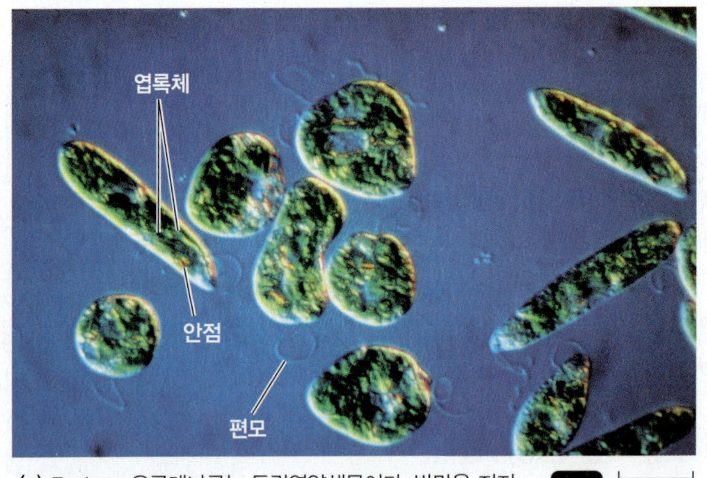

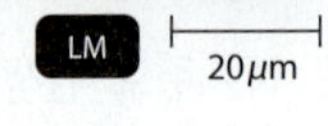

(e) *Euglena*. 유글레나류는 독립영양생물이다. 박막을 지지하는 반강체의(semirigid) 고리가 있어 유글레나는 세포의 형태를 다양하게 바꿀 수 있다.

그림 12.18 유굴생물계에 속하는 여러 종류의 생물

*Giardia*는 미토콘드리아 없이 어떻게 에너지를 얻는가?

다. 파동편모충속(*Trypanosoma*)에는 아프리카수면병을 일으키는 *T. brucei*가 속하며 이것은 체체파리에 의해 전염된다(667쪽 그림 23.23 참조). *T. cruzi*는 샤가스병을 일으키며 흡혈노린재가 옮긴다. 흡혈노린재를 영미권에서는 "키스벌레(kissing bug)"라 부르는데 이는 얼굴을 잘 물기 때문이다(363쪽 그림 12.3d 참조). 곤충의 몸에 들어간 다음 파동편모충은 분열생식법에 의해 빠른 속도로 증식한다. 사람을 무는 동안 곤충이 배변을 하면 이때 파동편모충이 물린 상처를 통해 감염된다.

아메바문

아메바류(amebae)는 뭉툭한 잎 모양의 세포질 돌출부인 **위족(pseudopod)**을 이용하여 움직인다(그림 12.19a). 여러 개의 위족이 한 쪽 방향으로 형성될 수 있고 나머지 세포는 위족이 형성된 방향으로 흐르듯이 움직인다.

*Entamoeba histolytica*는 사람의 장에서 발견되는 유일한 병원성 아메바다. 인구의 10%까지 이 아메바에 감염되어 있다. DNA 분석과 렉틴 결합 등을 비롯한 새로운 기법으로 *E. histolytica*라고 생각했던 아메바가 사실상 두 개의 서로 다른 종을 포함하고 있다는 사실이 밝혀졌다. 비병원성인 *E. dispar*이 가장 흔히 나타난다. 병원성인 *E. histolytica*(그림 12.19b)는 아메바성 이질을 일으킨다. 사람의 장에서 *E. histolytica*는 렉틴 단백질을 이용하여 원형질막의 갈락토오스 잔기에 부착한 다음 세포를 파괴한다. *E. dispar*는 갈락

토오스에 결합하는 렉틴을 지니지 않는다. *Entamoeba*는 감염된 사람의 분변을 통해 배출된 포낭을 다른 사람이 섭취함으로써 사람 사이에서 전염된다. 수돗물 등의 물에서 자라는 *Acanthamoeba*는 각막을 감염시켜 실명을 야기할 수도 있다.

1990년 이후 *Balamuthia*가 미국 등지에서 아메바성 육아종 뇌염(granulomatous amebic encephalitis)이라 불리는 뇌의 농양을 일으키는 병원체로 보고되었다. 이 아메바는 주로 면역력이 저하된 사람을 감염시킨다. *Acanthamoeba*와 마찬가지로 *Balamuthia*도 물에서 자유생활을 하는 아메바로 사람에게서 사람으로 직접 전염되지는 않는다.

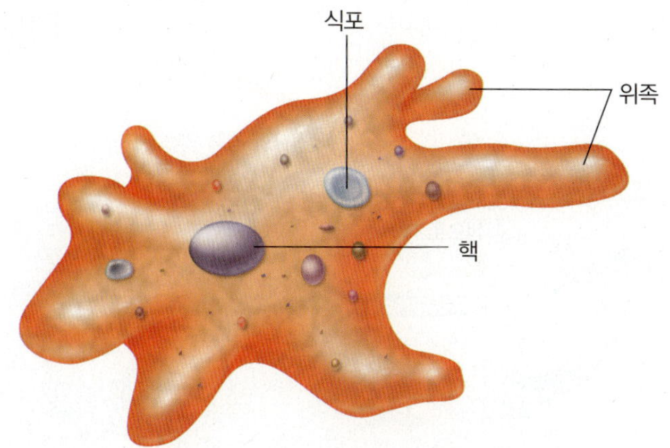

(a) *Amoeba proteus*

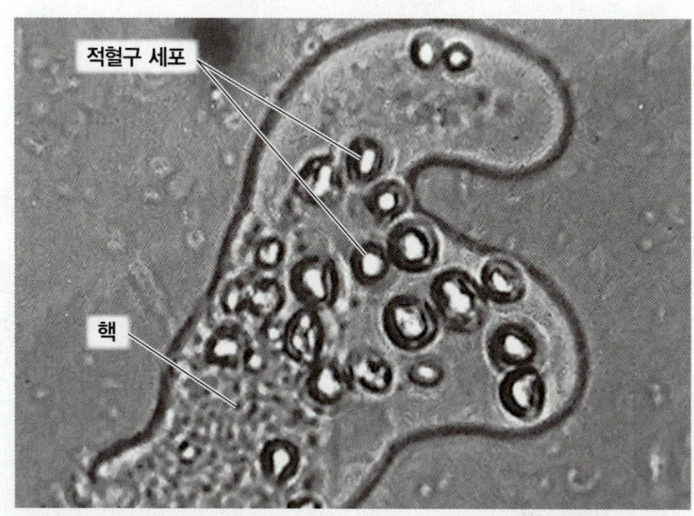

(b) *Entamoeba histolytica*

그림 12.19 아메바. (a) 움직이거나 먹이를 섭취할 때 아메바(이 그림에서 보는 *Amoeba proteus*를 비롯한)는 위족이라 불리는 세포질 구조를 내민다. 위족이 먹이를 둘러싸서 세포 안으로 가져오는 동안 식포가 생성된다. (b) *Entamoeba histolytica*. 식세포 작용으로 섭취한 적혈구 세포가 세포질에 존재하면 *Entamoeba*로 진단한다.

 아메바성 이질은 세균성 이질과 어떻게 다른가?

정단복합체포자충문

정단복합체포자충문(Apicomplexa)의 성체는 운동성이 없으며 절대 세포내 기생생물이다. 정단복합체포자충은 세포 말단에 특수하게 분화된 세포소기관 복합체를 지닌다(문의 이름도 여기서 유래되었음). 정단복합체에 존재하는 소기관에는 숙주의 조직을 뚫고 들어갈 수 있는 효소가 들어 있다.

정단복합체포자충은 여러 종류의 숙주를 거치며 전파되는 복잡한 생활사를 갖는다. 말라리아를 일으키는 말라리아열원충속(*Plasmodium*)이 정단복합체포자충의 일원이다. 해마다 3억~5억의 인구가 새로 감염되어 말라리아에 감염된 사람은 세계 인구의 10% 정도에 이른다. 생활사가 복잡하여 말라리아를 예방하는 백신의 개발도 쉽지 않다.

*Plasmodium*은 말라리아모기(*Anopheles*)의 몸 안에서 유성생식을 한다(그림 12.20). **포자소체(sporozoite)**라 불리는 감염기의 *Plasmodium*을 지니고 있는 말라리아모기가 사람을 물면 사람에게 포자소체가 주입된다. 포자소체는 간 세포에서 분열증식하여 **분열소체**(낭충, **merozoite**)라고 하는 수많은 자손을 생산한다. 분열소체는 적혈구 세포에 감염한다. 어린 영양체는 핵과 세포질이 들어 있는 고리와 같은 모양이다. 이 시기를 **윤상체 시기(ring stage**, 671쪽 그림 23.26b 참조)라 한다. 적혈구는 결국 파괴되면서 많은 수의 분열소체를 방출한다. 분열소체와 함께 노폐물이 함께 방출되는데 여기에 열과 오한을 일으키는 물질이 포함되어 있다. 대부분의 분열소체는 새로운 적혈구 세포를 찾아 감염시키면서 무성생식 과정을 계속 반복한다. 그러나 일부는 각각 암수의 생식세포(배우자모세포)로 발생한다. 배우자모세포 자체는 더 이상 인체에 손상을 입히지 않지만 또 다른 말라리아 모기가 사람을 물 때 모기로 전염될 수 있다. 모기의 장에 배우자모세포가 들어가면 유성생식 과정을 진행한다. 이들의 자손은 이 모기가 사람을 물 때 새로운 사람 숙주로 전달된다.

모기의 몸 안에서 유성생식이 일어나므로 모기는 *Plasmodium*의 **최종숙주(definitive host)**다. 기생생물이 그 안에서 무성생식을 하는 숙주(이 경우에는 사람)가 **중간숙주(intermediate host)**가 된다.

말라리아는 실험실에서 두껍게 도말된 혈액표본을 현미경으로 관찰하여 *Plasmodium*의 존재 여부를 확인함으로써 진단한다(671쪽 그림 23.26 참조). 말라리아의 독특한 특징은 분열소체가 방출될 때 열이 오르는 현상이 24시간의 배수만큼의 간격으로 나타난다는 점이다. 발열기 사이의 간격은 *Plasmodium* 원충의 종에 따라 다르며 같은 종의 원충에 감염되었을 때 그 간격은 항상 일정하다. 이처럼 정확하게 일정한 간격을 두고 열이 나는 이유와 작동원리는 과학자들의 호기심을 자극해 왔다. 기생생물이 생물학적 시계를 필요로 하는 까닭은 무엇일까? *Plasmodium*의 발생은 숙주의 체온에 의해 조절되며 사람의 체온은 대개 24시간을 주기로 오르락내리락한다. 기생생물은 이를 정교하게 조절함으로써 배우자모세포가 밤에 성숙하도록 시간을 맞출 수 있다. 말라리아모기는 밤에 활동하며 따라서 이와 같은 시간적 조절은 말라리아영원충이 새로운 숙주로 전파되는 과정을 촉진시킬 수 있다.

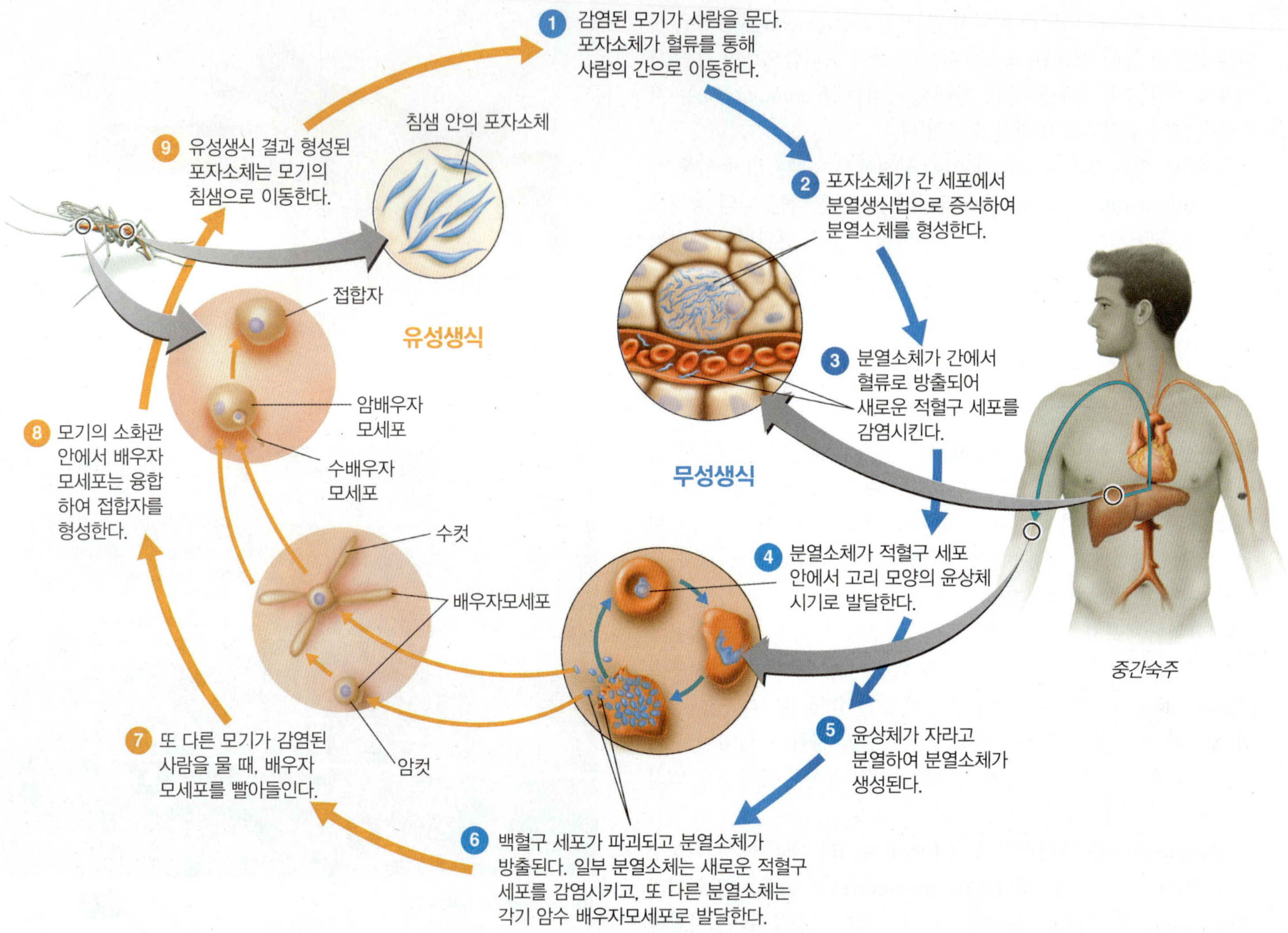

1 감염된 모기가 사람을 문다. 포자소체가 혈류를 통해 사람의 간으로 이동한다.

2 포자소체가 간 세포에서 분열생식법으로 증식하여 분열소체를 형성한다.

3 분열소체가 간에서 혈류로 방출되어 새로운 적혈구 세포를 감염시킨다.

4 분열소체가 적혈구 세포 안에서 고리 모양의 윤상체 시기로 발달한다.

5 윤상체가 자라고 분열하여 분열소체가 생성된다.

6 백혈구 세포가 파괴되고 분열소체가 방출된다. 일부 분열소체는 새로운 적혈구 세포를 감염시키고, 또 다른 분열소체는 각기 암수 배우자모세포로 발달한다.

7 또 다른 모기가 감염된 사람을 물 때, 배우자 모세포를 빨아들인다.

8 모기의 소화관 안에서 배우자 모세포는 융합하여 접합자를 형성한다.

9 유성생식 결과 형성된 포자소체는 모기의 침샘으로 이동한다.

침샘 안의 포자소체

접합자

유성생식

암배우자 모세포

수배우자 모세포

무성생식

수컷

배우자모세포

암컷

중간숙주

그림 12.20 말라리아를 일으키는 정단포자충, 말라리아열원충(*Plasmodium vivax*)의 생활사. 사람 숙주의 간과 적혈구 세포에서 무성생식(분열생식)이 일어난다. 말라리아 모기가 배우자 세포를 섭취하고 난 다음 모기의 장에서 유성생식 과정이 진행된다.

 말라리아열원충(*Plasmodium*)의 최종숙주는?

*Babesia microti*는 적혈구 세포에 기생하는 또 다른 정단복합체 포자충이다. *Babesia*는 면역력이 저하된 사람에게 열과 빈혈을 일으킨다. 미국에서는 진드기 *Ixodes scapularis*가 이 기생생물을 매개한다.

Toxoplasma gondii 또한 사람 세포 안에서 기생하는 정단복합체포자충이다. 이 기생생물의 생활사에는 집에서 기르는 고양이가 포함된다. **빠른분열소체(tachyzoite)**라 불리는 영양체는 감염된 고양이 안에서 유성생식 및 무성생식으로 증식하고, 여덟 개의 포자소체를 각각 지니는 **접합자낭(oocyst)**은 분변으로 배출된다. 접합자낭을 사람이나 다른 동물이 섭취하게 되면 포자소체가 영양체로 자라고 이것이 새로운 숙주의 조직에서 증식한다(669쪽 그림 23.24 참조). *T. gondii*는 자궁에서 선천성 감염을 일으킬 수 있으므로 특히 임신한 여성에게 위험하다. 진단을 위해서는 조직을 관찰하여 *T. gondii*의 존재 여부를 확인한다. ELISA 또는 간접 형광항체검사법 등 항체를 이용하여 진단할 수도 있다(18장 참조).

작은와포자충(*Cryptosporidium*)은 소장벽의 세포 내부에 서식하며 분변을 통해 소, 설치류, 개, 고양이 등을 거쳐 사람에게 전염될 수 있다. 숙주세포에서 각각의 *Cryptosporidium* 개체는 네 개의 접합자낭(그림 26.18 참조)을 형성하며 각각의 접합자낭에는 네 개의 포자소체가 들어 있다. 접합자낭이 터지면 접합소체가 숙주에서 새로운 세포를 감염시키거나 분변을 통해 방출된다. 357쪽의 상자를 참조하라.

1980년대에 남극을 제외한 모든 대륙에서 수인성 이질이 유행했다. 유행병이 따뜻한 시기에 일어났고 원인이 되는 병원체가 원핵생물인 것으로 보여 처음 이것이 남세균에 의한 이질로 오인되었다. 1993년 원인 병원체가 *Cryptosporidium*과 유사한 정단복합체 포자충이라는 사실이 확인되었다. 2004년 새로운 기생생물은 원포자충(*Cyclospora cayetanensis*)이라는 이름을 얻었고, 이는 미국과 캐나다에서 완두콩과 연관된 300여 건의 이질을 발생시킨 것으로 알려졌다.

섬모충문

섬모충문(Ciliates)에 속하는 원생동물은 편모와 비슷하지만 이보다 짧은 섬모를 지닌다. 섬모는 세포 표면에 노와 같은 형태로 배열되어 있다(그림 12.21). 섬모는 똑같은 방향으로 움직이며 세포가 주변 물질을 통과하도록 추진하고 세포입으로 먹이 입자를 가져다준다.

*Balantidium coli*는 사람에게 기생하는 유일한 섬모충으로 드물지만 심한 형태의 이질을 일으킨다. 숙주가 포낭을 섭취하면 대장으로 들어가서 영양체를 방출한다. 영양체에서는 단백질분해효소를 비롯한 숙주세포를 파괴하는 여러 물질을 생성한다. 영양체는 숙주세포와 조직의 파편을 먹이로 삼는다. 포낭은 분변과 함께 배출된다.

표 12.4에 대표적인 일부 기생성 원생동물과 이들이 일으키는 질병이 제시되어 있다.

이해도 확인하기

- 원생동물과 동물의 차이점을 세 가지 제시하시오. **12-10**
- 원생동물은 미토콘드리아를 갖는가? **12-11**
- 말라리아열원충(*Plasmodium*)은 어디에서 유성생식을 하는가? **12-12**

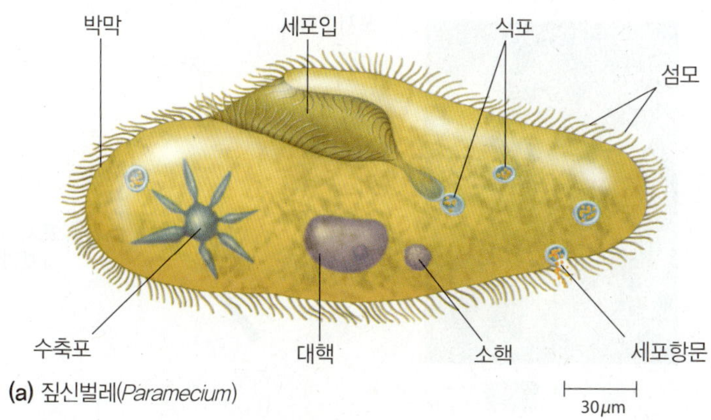

(a) 짚신벌레(*Paramecium*)

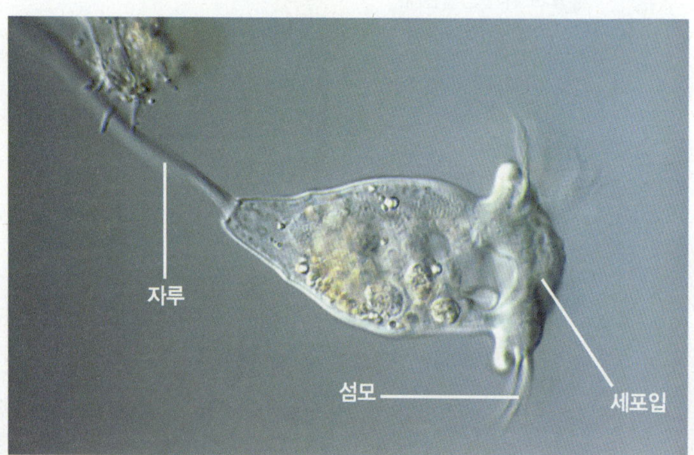

(b) 종벌레(*Vorticella*)

그림 12.21 섬모충류. (a) 짚신벌레는 섬모로 둘러싸여 있다. 세포에는 먹이를 섭취하는 세포입, 노폐물을 배출하는 세포항문, 삼투압을 조절하는 수축포 등의 특수한 구조를 지닌다. 대핵은 단백질 합성과 세포의 활성을 주관하고 소핵은 유성생식을 담당한다. (b) 종벌레는 자루의 기저부를 다른 곳에 부착시켜 살아간다. 용수철과 같은 자루는 종벌레가 다른 부근에 있는 먹이를 먹을 수 있도록 늘어날 수 있다. 세포입 주변에 섬모가 나 있다.

Q 사람에게 질병을 일으키는 섬모충은?

점균류

학습 목표

12-13 세포성 점균과 변형체성 점균을 비교한다.

점균류(slime mold)는 아메바와 밀접하게 연관되어 아메바충문으로 분류된다. 점균은 세포성 점균과 변형체성 점균의 두 종류로 나눈다. **세포성 점균(cellular slime mold)**은 전형적인 진핵생물로 아메바와 비슷하다. 세포성 점균의 생활사(그림 12.22)에서 아메바형 세포가 진균과 세균을 식세포 작용을 통해 섭식하면서 자라는 것을 볼 수 있다. 세포성 점균은 세포의 이동과 집합과정을 연구하는 생물학자들의 관심을 끌고 있다. 조건이 나빠지면 많은 수의 아메바성 세포가 한 곳으로 집합하면서 단일 구조를 형성하기 때문이다. 이와 같은 세포의 집합 현상은 일부의 개별 아메바성 세포가 화학물질인 고리형 AMP (cAMP)를 생성하고 이 물질에 다른 세포들이 이끌려 이동함으로써 이루어진다. 일부 아메바성 세포는 자루를 형성하고 다른 세포들은 자루 위로 기어올라 포자꼭지를 형성하는 반면 또 다른 대부분의 세포는 포자로 분화한다. 다시 주변 조건이 좋아지면 포자가 방출되고 발아하여 개개의 아메바형 세포를 형성한다.

1973년 달라스 주민이 뒤뜰에서 일정 주기로 맥동하는 붉은 덩어리를 발견했다. 언론 매체는 "새로운 생명의 형태"가 발견되었다고 주장했다. 어떤 사람들은 그 "피조물"에서 등골 서늘하게 하는 예전 공상과학영화를 떠올렸다. 지나친 상상으로 흐르기 전에 생물학자들이 나서서 사람들이 생각하는 최악의 공포(혹은 최상의 희망)를 진정시켰다. 특정한 형태를 이루지 않은 무정형의 덩어리는 단순한 변형체성 점균으로 확인되었다. 그러나 직경 46 cm에 달하는 대단히 큰 크기에는 과학자들조차 놀라지 않을 수 없었다.

변형체성 점균(plasmodial slime mold)이 처음 학계에 보고된 것은 1729년이었다. 변형체성 점균은 많은 수의 핵이 들어 있는(다세포성) 원형질체 덩어리로 존재한다. 이러한 원형질 덩어리를 **변형체(plasmodium)**라 부른다(그림 12.23). 전체 변형체는 마치 거대한 아메바처럼 움직인다. 이런 형태로 유기물 조각이나 세균을 둘러싸서 섭취한다. 생물학자는 근육과 비슷한 단백질이 가느다란 섬유형태를 이루어 변형체를 이동시킨다는 것을 알아냈다.

변형체성 점균을 실험실에서 배양하면서 **세포질 유동(cytoplas-**

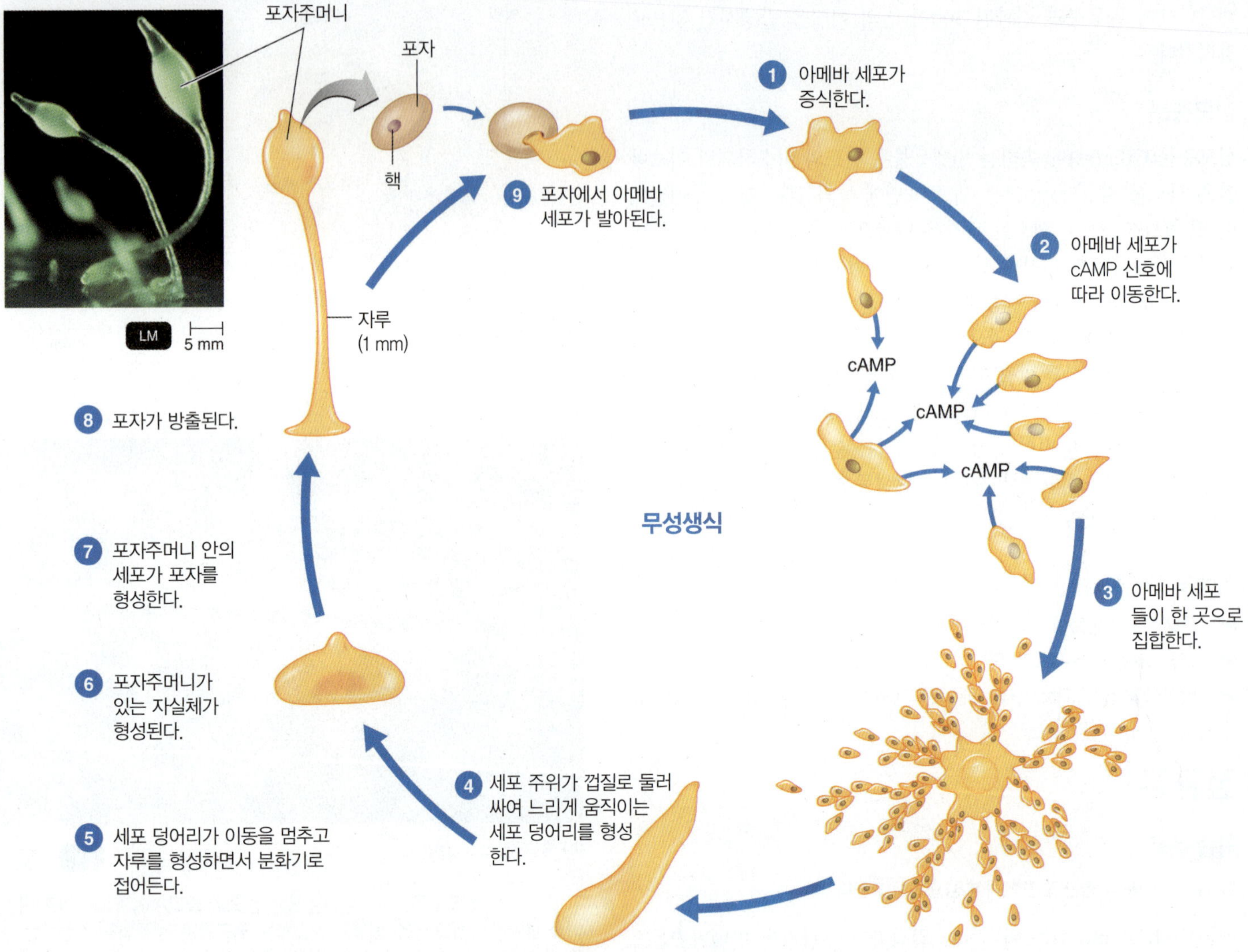

포자주머니

포자

핵

LM 5 mm

자루 (1 mm)

1 아메바 세포가 증식한다.

2 아메바 세포가 cAMP 신호에 따라 이동한다.

cAMP

3 아메바 세포들이 한 곳으로 집합한다.

4 세포 주위가 껍질로 둘러싸여 느리게 움직이는 세포 덩어리를 형성한다.

5 세포 덩어리가 이동을 멈추고 자루를 형성하면서 분화기로 접어든다.

6 포자주머니가 있는 자실체가 형성된다.

7 포자주머니 안의 세포가 포자를 형성한다.

8 포자가 방출된다.

9 포자에서 아메바 세포가 발아된다.

무성생식

그림 12.22 세포성 점균의 일반적인 생활사. 현미경 사진은 *Dictyostelium*의 포자낭을 보여준다.

 점균의 특징 가운데 원생동물 또는 진균과 비슷한 특징은?

mic streaming)이라는 현상을 관찰할 수 있다. 변형체 내부의 원형질이 속도와 방향을 바꾸어 움직이면서 산소와 영양물질을 골고루 분산시킨다. 변형체는 먹을 것과 습기가 충분히 공급되는 한 계속해서 자란다.

둘 가운데 하나라도 부족하면 변형체는 수많은 원형질로 분리되어 각각이 자루 달린 포자주머니를 형성한다. 여기에서 반수체 포자(내성이 있는 점균의 휴면형)가 발달한다. 상태가 좋아지면 이들 포자가 발아한 뒤 융합하여 이배체 세포를 형성하고 다시 다세포성 변형체가 발생한다.

이해도 확인하기

✓ 점균류가 진균이 아닌 아메바와 함께 분류되는 까닭은? **12-13**

연충류

학습 목표

12-14 기생성 연충류의 독특한 특징을 나열한다.

12-15 기생생물의 생활사가 복잡한 이유를 제시해 본다.

12-16 두 종류의 기생성 편형동물의 특징을 나열하고 각각의 사례를 제시한다.

12-17 사람이 최종숙주와 중간숙주, 두 가지 모두로 작용하는 기생생물 감염증을 설명한다.

12-18 기생성 편충의 특징을 나열하고 알 또는 유충의 형태로 감염증을 일으키는 사례를 각각 제시한다.

12-19 편형동물과 선형동물을 비교한다.

여러 종류의 기생동물이 사람을 숙주로 잠시 또는 일생을 지낸다. 이들 기생동물 대부분은 편형동물문과 선형동물문, 두 개의 문에

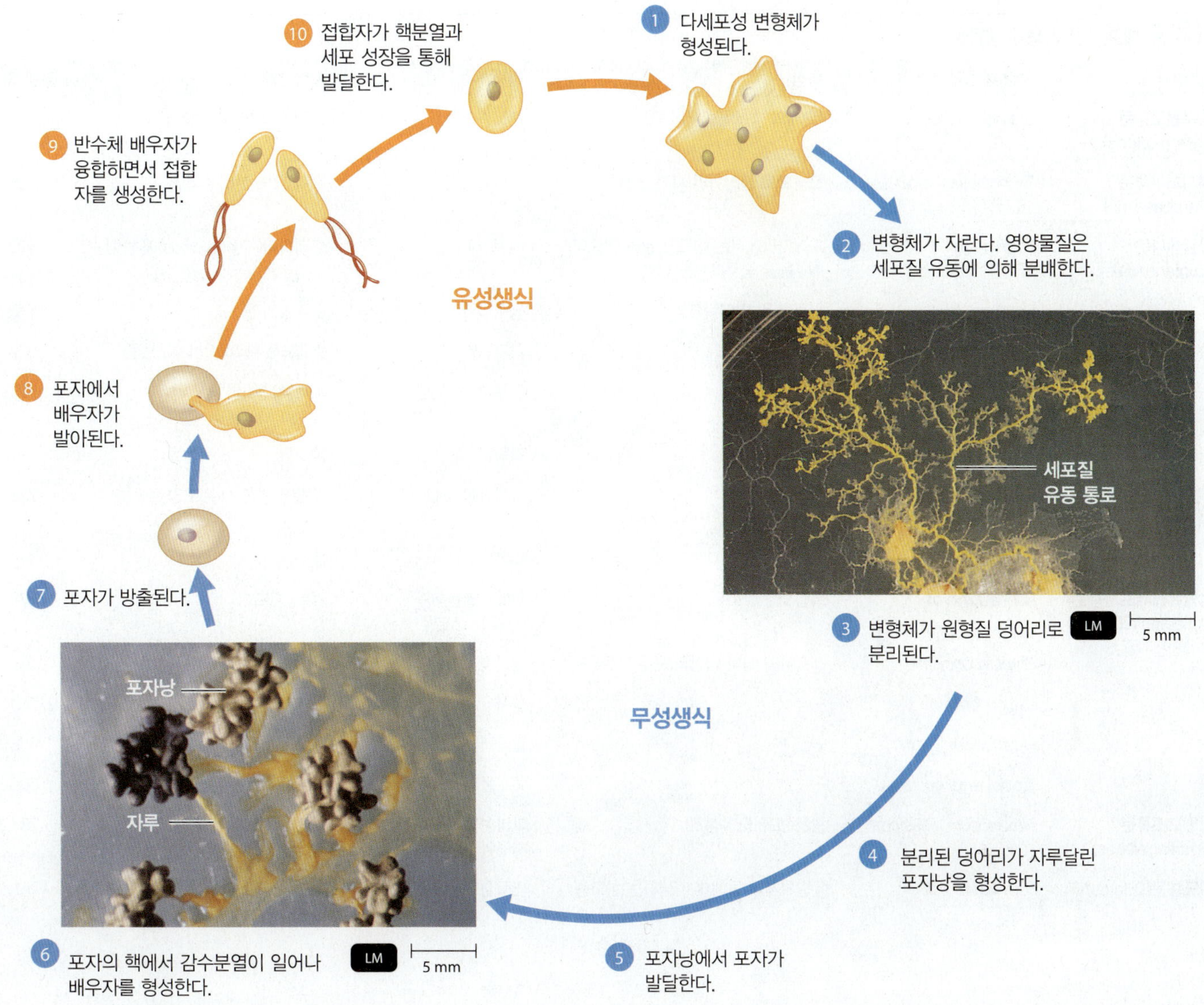

그림 12.23 **변형체성 점균의 생활사.** 광학현미경 사진에서 *Physarum*을 볼 수 있다.

Q 세포성 점균과 변형체성 점균의 차이점은?

속한다. 이에 속하는 동물을 통칭하여 **연충류(helminths)**라 한다. 이들 문에는 자유생활을 하는 종도 있으나 여기서는 기생하는 종에 대해서만 살펴보기로 한다. 기생 동물이 일으키는 질병은 4단원에서 논의한다.

연충류의 특징

연충류는 다세포 동물로 진핵세포로 이루어져 있으며 대개 소화계, 순환계, 신경계, 분비계, 생식계를 지닌다. 기생하는 연충류는 숙주의 몸 안에서 살 수 있도록 고도로 분화되어야 한다. 다음은 자유생활을 하는 유사 동물과 기생하는 연충류를 구분할 수 있는 연충류의 일반적인 특징이다.

1. 소화계가 퇴화된 경우가 있다. 숙주가 섭취한 음식과 체액, 조직 등에서 영양물질을 흡수한다.
2. 신경계가 축소되어 있다. 먹을 것을 찾거나 환경의 변화에 반응할 필요가 없기 때문에 신경계가 발달될 필요가 없다. 숙주 몸속의 환경은 상당히 일정하다.
3. 운동 능력이 줄어들었거나 완전히 결여되어 있다. 숙주에서 숙주로 전해지기 때문에 적절한 서식처를 적극적으로 찾을 필요가 없다.
4. 생식계는 흔히 복잡한 양상을 보인다. 개체는 수많은 알을 낳고 알은 적절한 숙주를 감염시킨다.

표 12.4 대표적인 기생 원생동물

문	사람 병원체	특징	질병	사람 감염 원인	본문 참조
중복편모충문 (Diplomonads)	*Giardia lamblia*	두 개의 핵, 여덟 개의 편모	편모충이질	분변에 의한 식수 오염	737
부기저부충문 (Parabasalids)	*Trichomonas vaginalis*	포낭으로 둘러싸인 시기가 없음	요도염, 질염	질과 요도 분비물 접촉	766
유글레나문 (Euglenozoa)	*Leishmania*	모래파리에서는 편모가 달려 있으나 척추동물 숙주에서는 난형	레쉬마이나증	모래파리(*Phlebotomus*)에 물림	672
	Naegleria fowleri	편모형 및 아메바형	뇌수막염	수영장의 물	635
	Trypanosoma cruzi	파동막	샤가스병	흡혈노린재(*Triatoma*)에 물림	666
	T. brucei gambiense, T.b. rhodesiense		아프리카수면병	체체파리에 물림	633
아메바문(Amebae)	*Acanthamoeba*	위족	각막염	물	—
	Entamoeba histolytica, E. dispar		아메바성 이질	분변에 의한 식수 오염	738
	Balamuthia		뇌염	물	—
정단복합체포자충문 (Apicomplexa)	*Babesia microti*	복합체	바베스열원충증	가축, 진드기	673
	Cryptosporidium	생활사에 하나 이상의 숙주가 필요	설사	사람, 다른 동물, 물	737
	Cyclospora	—	설사	물	740
	Plasmodium	—	말라리아	말라리아모기(*Anopheles*)에 물림	668
	Toxoplasma gondii	—	톡소플라스마증	소, 쇠고기, 선천성	668
쌍편모조류문 (Dinoflagellates)	*Alexandrium, Pfiesteria*	광합성(표 12.3 참조)	마비성 조개식중독; 시구아테라식중독	연체류나 어류에서 쌍편모조류를 섭취	785
섬모충문(Ciliates)	*Balantidium coli*	유일하게 사람에게 기생하는 섬모충	대장섬모충이질	분변에 의한 식수 오염	—

생활사

기생하는 연충류의 생활사는 매우 복잡하여 **유충(larval)** 시기가 끝날 때까지 중간숙주들을 거치고 최종숙주에서 성충이 된다.

연충의 성체는 **암수딴몸(dioecious)**인 경우가 있는데, 이때 수컷 생식기를 지닌 개체와 암컷 생식기를 지닌 개체는 서로 다르다. 자웅이체 종에서 생식은 서로 다른 성을 나타내는 두 마리의 성체가 같은 숙주에 존재해야 한다.

성체가 **암수한몸(monoecious, hermaphroditic)**인 경우에는 수컷과 암컷 생식기가 한 개체에 존재한다. 두 마리의 자웅동체 개체가 교미하여 서로 동시에 수정하기도 한다. 암수한몸으로 스스로 수정하는 종류도 소수 존재한다.

이해도 확인하기

✔ 기생하는 연충류를 치료하는 데 사용되는 약은 왜 때로 숙주에게 독성을 나타낼까? **12-14**

✔ 기생하는 연충류의 생활사가 복잡한 이유는 무엇일까? **12-15**

편형동물

편충(flatworm)은 편형동물문에 속하며 등배축이 평평하다. 기생 편충에는 흡충과 촌충이 있다. 이들 기생충은 여러 종류의 동물에서 질병이나 발달장애를 일으킨다(그림 12.24).

흡충

흡충(fluke)은 주로 납작한 나뭇잎 모양으로 배와 입에 빨판이 있다(그림 12.25). 빨판을 이용해 개체가 원하는 자리에 붙을 수 있다. 흡충은 바깥쪽을 둘러싸고 있는 비세포성 **각피(cuticle)**층을 통해 음식을 흡수한다. 흡충은 성체가 사는 최종숙주의 조직에 따라 일반명으로 불린다(예를 들어 폐흡충, 간흡충, 주혈흡충). 아시아 간흡충인 *Clonorchis sinensis*가 간혹 미국의 이민자 사이에서 발견되나 중간숙주가 미국에 서식하지 않기 때문에 전염되지는 않는다.

물놀이에서 걸리는 설사병의 가장 흔한 원인

이 글을 읽으면서 여러분은 미생물학자들이 질병을 진단하고자 할 때 자문하는 일련의 질문들을 보게 될 것이다. 다음 물음으로 넘어가기 전에 각 물음에 대한 답을 생각해 보시오.

1. 8살 난 클로에는 생일잔치 일주일 후에 묽은 설사와 구토, 복부 경련으로 고생했다. 엄마는 클로에의 증상이 저절로 낫지 않아 소아과 의사에게 데려갔다.
   어떤 질병으로 추정되는가? (힌트: 736쪽 참조.)

2. 편모충증(*giardiasis*), 와포자충증(*cryptosporidiosis*), 원포자충(*Cyclospora*)에 의한 감염, 아메바성 이질(*amebic dysentery*) 등이 가능한 질병의 목록이다. 의사는 클로에의 대변을 채취하여 실험실에 검사를 의뢰했다. 대변 시료의 항산성염색 결과는 그림 A와 같다.
   어떤 병에 걸렸는가?

3. *Cryptosporidium*의 접합자낭은 항산성 염색을 하면 붉게 나타나서 쉽게 동정할 수 있다. 이 경우 포자소체가 화살표로 표시된 접합자낭 내부에서 관찰된다. 접합자낭은 분변으로 배출되는 즉시 감염성을 지닌다.
   또 알아야 할 사항은?

4. 클로에의 생일잔치는 지역의 물놀이 공원에서 열렸다. 클로에의 엄마는 생일잔치에 왔던 다른 아이들의 부모에게 이 사실을 곧장 알렸다. 그 결과 다른 20명의 아이들도 묽은 설사와 구토, 복부경련을 앓았고, 아프기 시작한 지 2~10일 후에 모두 회복되었다.
   이 병은 어떻게 전염되는가?

5. *Cryptosporidium* 감염은 분변-구강 경로로 전염된다. 분변으로 오염된 음식이나 식품 또는 사람과 사람이나 동물과 사람 사이의 직접 접촉에 의해 *Cryptosporidium*의 접합자낭을 먹게 되면 감염된다. 감염량은 매우 낮아서 10~30개의 접합자낭만을 섭취하더라도 건강한 사람에게 감염증이 나타나는 정도다. 감염된 사람은 한 차례의 배변을 통해 10^8에서 10^9개의 접합자낭을 배출하고 설사가 멈춘 후에도 50여 일에 이르기까지 접합자낭이 배출된다.

*Cryptosporidium*은 물놀이에서 감염되는 위장염 유행병의 가장 흔한 원인으로 나타나고 있으며 소독이 된 물을 사용하는 곳에서도 발병한다. 1994년부터 미국에서 보고해야 하는 법정 전염병으로 지정되었다(그림 B).

Cryptosporidium 유행병은 어떻게 예방할 수 있을까?

*Cryptosporidium*에 속하는 종은 염소를 비롯한 대부분의 화학 소독제에 내성이 있는 것으로 알려졌다. 감염의 위험을 줄일 수 있는 주의 사항은 다음과 같다.

- 설사병에 걸린 후 2주 동안은 수영하지 않는다.
- 수영장의 물을 마시지 않도록 한다.
- 화장실을 사용하거나 기저귀를 간 다음에는 손을 씻는다.

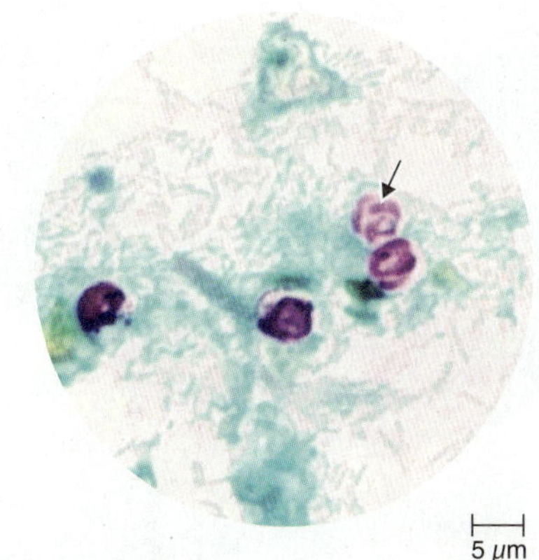

그림 A 클로에 대변의 항산성 염색

출처: *MMWR* 58(22):615–618, June 12, 2009.

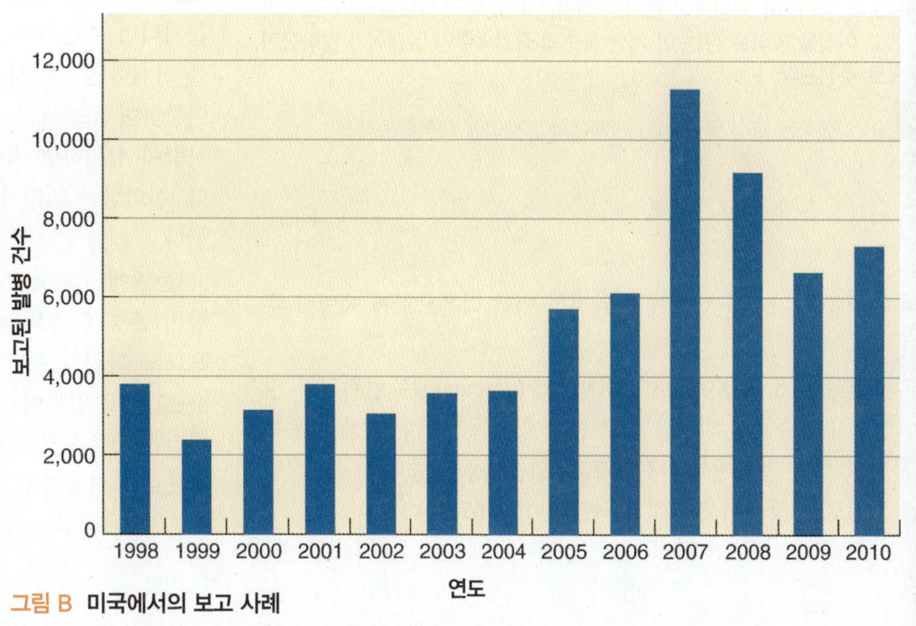

그림 B 미국에서의 보고 사례

폐흡충인 *Paragonimus* spp를 통해 흡충의 생활사를 살펴보자. 이 종은 전 세계적으로 나타난다. 미국에서 풍토병을 일으키는 *P. kellicotti*는 강에서 뗏목 여행을 하는 사람들이 가재를 익히지 않고 먹었을 때 감염되곤 한다. 폐흡충의 성체는 사람이나 다른 포유동물의 세기관지에 살며 대략 6 mm 너비에 12 mm 길이로 자란다. 암수한몸인 성체는 기관지로 알을 방출한다. 알이 포함된 가래는 곧잘 삼켜지기 때문에 알은 대개 최종숙주의 분변으로 배출된다. 생활사가 계속 진행되려면 알이 강물까지 도착해야 한다. 흡충의 성체가 새로운 숙주의 폐에서 성숙하기까지 일련의 과정을 거친다. 흡충의 생활사는 그림 12.26에 나타나 있다.

실험실 진단에서는 가래와 분변에 흡충의 알이 있는지를 현미경으로 검사한다. 민물에서 자라는 갑각류를 설 익혀 먹을 때 감염

그림 12.24 **기생 편형동물에 의한 감염.** 흡충의 일종인 *Ribeiroia*는 개구리에서 기형을 일으킨다. 미네소타에서부터 캘리포니아까지 여러 개의 다리가 달린 개구리가 발견되었다. 흡충의 유미유충은 올챙이를 감염시킨다. 포낭으로 둘러싸인 유충은 발생 중인 사지싹의 위치를 바꾸어 비정상적으로 사지가 발생하도록 한다. 이 기생충이 증가한 까닭은 비료의 과용으로 인해 조류가 증가했고 이것을 먹이로 삼는 이 기생 흡충의 중간숙주인 달팽이가 많아졌기 때문으로 추정된다.

Q 이 기생충은 꼬리 달린 어느 단계에서 달팽이에 서식하는가?

되며 감염증은 가재나 민물게를 완전히 익혀 먹음으로써 예방할 수 있다.

주혈흡충인 *Schistosoma*의 유미유충(cercaria)은 섭취되지 않고, 대신 사람 숙주의 피부를 뚫고 순환계로 들어간다. 성체는 복부나 골반의 특정 정맥에서 발견된다. 주혈흡충증은 중대한 세계적인 보건 문제로 23장에서 자세히 논의할 것이다(674쪽).

촌충

촌충(tapeworm)은 장에 기생한다. 촌충의 구조는 그림 12.27에 나타나 있다. 촌충의 머리마디(**두절**, **scolex**, 복수형은 *scoleces*)에는 최종숙주의 장점막에 부착하는 데 필요한 빨판이 달려 있다. 일부 종은 또한 작은 갈고리들이 달려 있다. 촌충은 숙주의 조직을 섭취하지 않는다. 사실 촌충에는 소화계가 전혀 없다. 소장에서 영양물질을 얻으려면 촌충은 각피층을 통해 음식을 흡수한다. 촌충의 몸은 마디조각(**편절**, **proglottid**)이라 불리는 독특한 마디구조로 이루어져 있다. 머리마디가 붙어 있고 살아 있는 한 머리마디의 목 부위에서 계속 마디조각이 만들어진다. 각각의 성숙한 마디조각에는 수컷과 암컷 생식기가 모두 들어 있다. 머리마디에서 가장 멀리 떨어져 있는 것이 알이 든 성숙한 마디조각이다. 성숙한 마디조각은 기본적으로 알주머니라 할 수 있다. 각각의 알은 적절한 중간숙주를 감염시킨다.

사람이 최종숙주인 경우 민촌충인 *Taenia saginata*의 성체는 사람 몸에서 살고 그 길이가 6 m에 달하는 경우도 있다. 머리마디의 길이는 대략 2 mm로 여기에 수천 개 이상의 마디조각이 이어져 있다. 촌충에 감염된 사람의 분변에는 성숙한 마디조각이 포함되어 있고 각각에는 수천 개의 알이 들어 있다. 마디조각이 분변에서 꿈틀거리며 이동하면 초식동물이 섭취할 기회가 많아진다. 소가 알을 섭취하면 알에서 유충이 깨어나고 장벽을 뚫고 유충은 근육으로 이동하여 포낭으로 둘러싸인 **낭미충(cysticerci)**이 된다. 낭미충을 사람이 섭취하면 머리마디를 제외한 다른 마디조각은 모두 소화된다. 살아남은 머리마디는 소장에 부착하여 마디조각을 만들기 시작한다.

분변에 성숙한 머리마디와 알이 있는지를 확인하는 방법으로 사람이 촌충에 감염되었는지를 진단한다. 낭미충은 고기에서 육안으로도 확인할 수 있으며 이런 고기를 "촌충 감염 소고기(measly beef)"라고 일컬어진다. 식용으로 소고기를 조사하는 경우 이 같은 점검은 민촌충의 감염을 예방하는 한 가지 방법이다. 또 다른 예방법으로는 처리하지 않은 사람의 분변을 비료로 쓰지 않는 것이다.

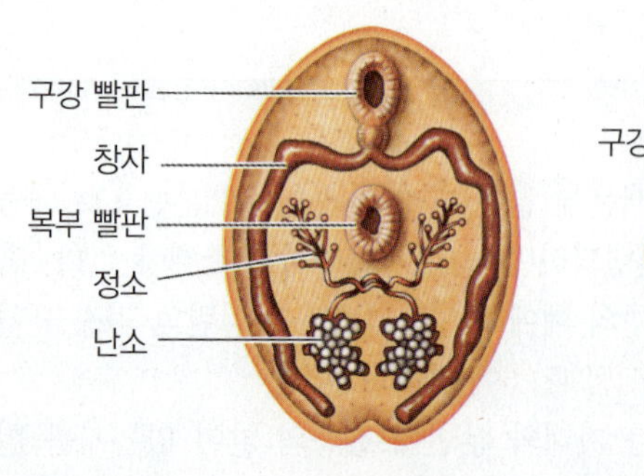

(a) 흡충 해부도

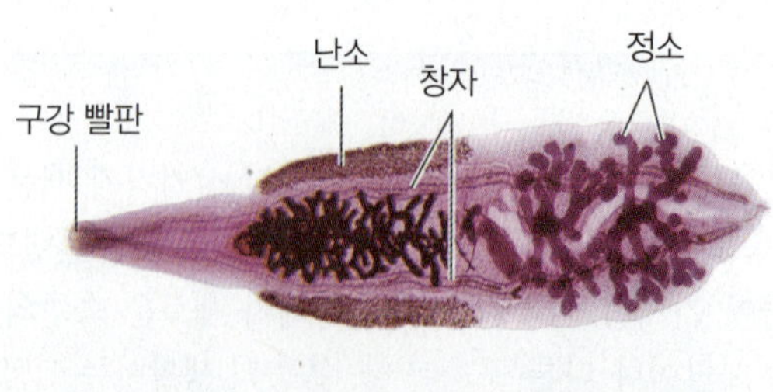

(b) 아시아 간흡충

그림 12.25 **흡충.** (a) 흡충 성체의 일반적인 해부 단면도. 구강과 배 쪽의 빨판을 이용해서 숙주에 부착한다. 입은 구강 빨판의 중심부에 있다. 흡충은 암수한몸으로 정소와 난소가 모두 들어 있다. (b) 아시아 간흡충(*Clonorchis sinensis*). 소화계가 불완전한 것을 눈여겨보시오. 심하게 감염되면 간에서 담관을 막을 수도 있다.

Q 편형동물의 소화계를 "불완전"하다고 말하는 까닭은 무엇인가?

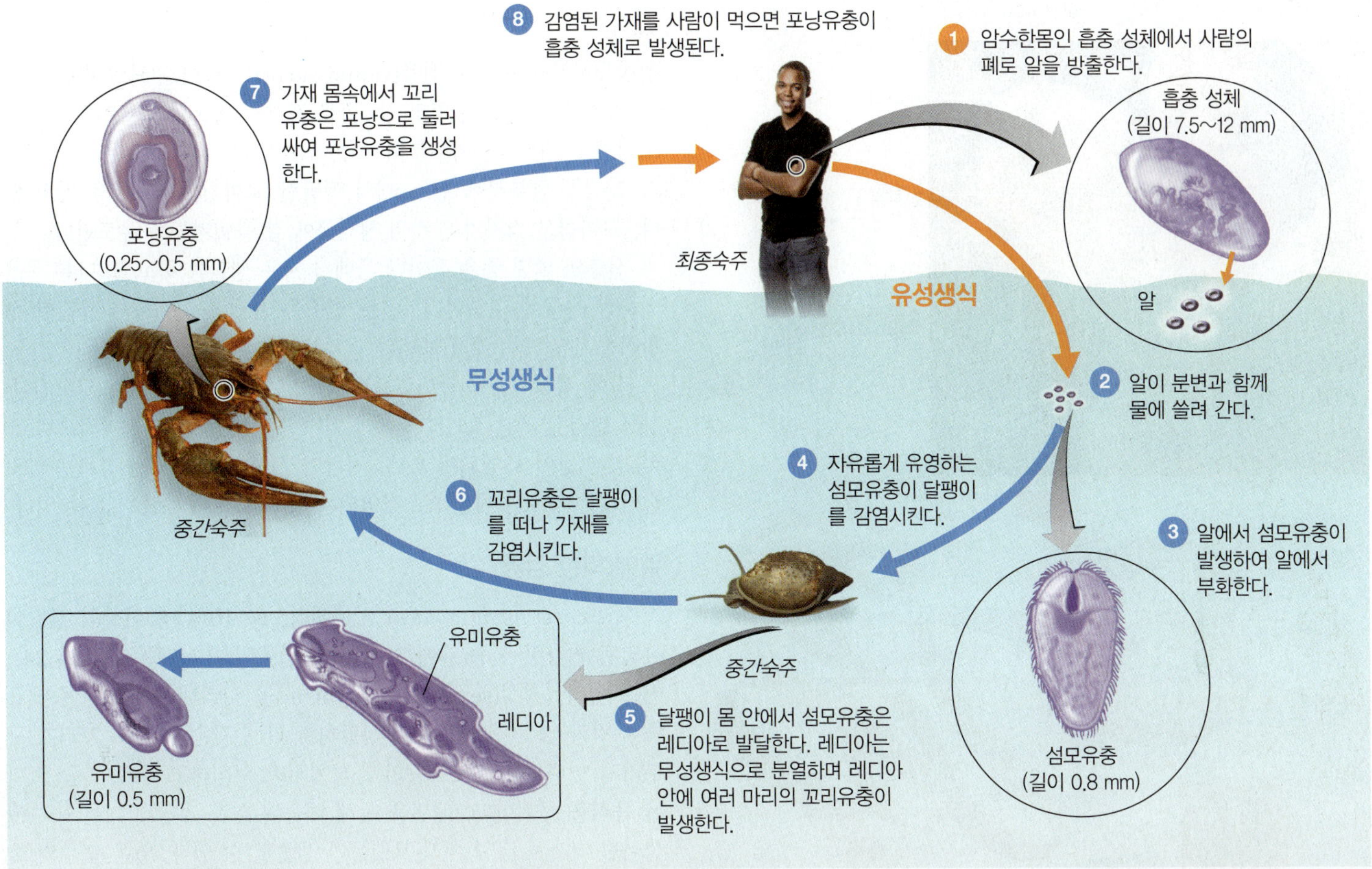

1 암수한몸인 흡충 성체에서 사람의 폐로 알을 방출한다.

흡충 성체
(길이 7.5~12 mm)

알

2 알이 분변과 함께 물에 쓸려 간다.

3 알에서 섬모유충이 발생하여 알에서 부화한다.

섬모유충
(길이 0.8 mm)

4 자유롭게 유영하는 섬모유충이 달팽이를 감염시킨다.

5 달팽이 몸 안에서 섬모유충은 레디아로 발달한다. 레디아는 무성생식으로 분열하며 레디아 안에 여러 마리의 꼬리유충이 발생한다.

중간숙주

유미유충

레디아

유미유충
(길이 0.5 mm)

6 꼬리유충은 달팽이를 떠나 가재를 감염시킨다.

중간숙주

7 가재 몸속에서 꼬리유충은 포낭으로 둘러싸여 포낭유충을 생성한다.

포낭유충
(0.25~0.5 mm)

8 감염된 가재를 사람이 먹으면 포낭유충이 흡충 성체로 발생된다.

최종숙주

유성생식

무성생식

그림 12.26 폐흡충(*Paragonimus* spp.)의 생활사. 흡충은 사람에서는 유성생식 방법으로 증식하고 첫 번째 중간숙주인 달팽이에서는 무성생식으로 증식한다. 두 번째 중간숙주인 민물 게나 가재에서 유충은 포낭으로 둘러싸이고 이를 사람이나 다른 포유류가 섭취하면 감염된다. 그림 23.28(674쪽)에 있는 주혈흡충(*Schistosoma*)의 생활사와 이를 비교하시오.

폐흡충(*Paragonimus*)의 생활사가 이처럼 복잡한 까닭은 무엇일까?

사람은 갈고리촌충, *Taenia solium*의 유일한 최종숙주로 알려져 있다. 사람의 장에 서식하면서 성체는 알을 낳고 이는 분변과 함께 배출된다. 그 알을 돼지가 먹으면 돼지의 근육에서 유충이 포낭에 싸인 형태로 발생한다. 돼지고기를 설 익혀 먹으면 사람이 이에 감염된다. 갈고리촌충의 사람-돼지-사람 회로는 남미와 아시아, 아프리카에서 흔히 나타난다. 그러나 미국의 돼지에는 갈고리촌충이 사실상 존재하지 않고 사람에서 사람으로 전염된다. 감염된 사람에게서 배출된 알을 다른 사람이 먹으면 유충이 사람의 뇌 혹은 다른 부위에서 포낭에 싸인 낭미충이 된다(739쪽 그림 25.21 참조). 갈고리촌충의 유충에게 사람이 중간숙주가 되는 셈이다. 최근 몇 년간 보고된 몇 백 건의 감염 사례 가운데 대략 7%는 미국 밖으로 나가본 적이 없는 사람들이 감염된 경우였다. 이들은 아마 다른 나라에서 태어났거나 여행했던 사람과 접촉한 결과 이에 감염되었을 것이다.

사람이 중간숙주인 경우 사람은 그림 12.28에 나타난 단방조충, *Echinococcus granulosus*의 중간숙주다. 이 작은 촌충(2~8 mm)의 최종숙주는 개와 코요테이다.

1 분변과 함께 알이 배출된다.
2 알을 사슴이나 양, 사람이 섭취한다. 사람은 개의 분변이나 이를 핥은 개의 침이 손에 묻어서 감염되기도 한다.
3 사람의 소장에서 알이 부화하고 유충은 간이나 허파로 이동한다.
4 애벌레는 **포충낭(hydatid cyst)**으로 발달한다. 포낭에는 "번식포(brood capsule)"가 들어 있고 여기서 수천 개의 머리마디가 만들어질 수 있다.
5 기생충에게 사람은 막다른 지점이 되지만 야생에서 사슴에서 형성된 포낭은 늑대에게 먹히기도 한다.

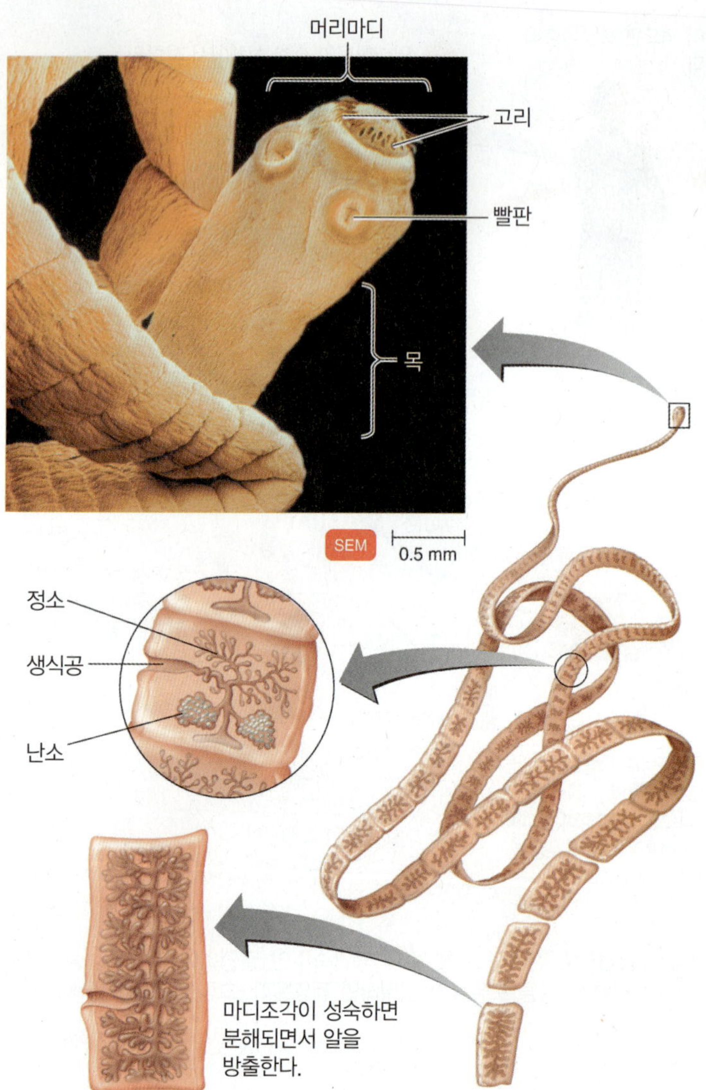

그림 12.27 **촌충 성체의 일반 구조.** 현미경 사진에서 보이는 머리마디에는 숙주 조직에 부착하는 빨판과 고리가 존재한다. 목 부위에서 새로운 마디조각이 생성되면서 점점 길게 자란다. 성숙한 마디조각마다 정소와 난소가 모두 들어 있다.

Q 촌충과 흡충의 유사점은 무엇인가?

6 머리마디가 늑대의 장에 부착하여 마디조각들을 만들어낸다.

X선으로 포낭을 감지할 수 있기는 하지만 포충낭은 주로 사망 후 검시 결과로 확인된다 (741쪽 그림 25.22 참조)

이해도 확인하기

✔ 폐흡충(*Paragonimus*)과 민촌충(*Taenia*)을 구별하시오. 12-16

선충

선형동물문에 속하는 **선충(roundworm)**은 둥근 관모양이며 양 끝이 뾰족하다. 선충은 입과 장, 항문 각 하나씩으로 이루어진 완전한 소화계를 지닌다. 대부분의 종은 암수딴몸이다. 수컷은 암컷보다 작고 뒤쪽 끝부분에 한두 개의 딱딱한 **교미침(spicule)**을 갖고 있다. 교미침은 정자가 암컷의 생식공에 잘 들어가도록 유도한다.

선충의 몇몇 종은 흙이나 물에서 자유 생활을 하고 또 다른 종은 식물과 동물에 기생한다. 일부 선충은 알에서 성체까지 완전한 생활사를 단일 숙주에서 보낸다.

장에 서식하는 선충이 가장 흔한 만성 감염성 질환을 일으킨다. 가장 널리 알려진 것이 회충과 십이지장충, 편충인데, 세계적으로 20억 명 이상이 감염되어 있다. 사람이 선충에 감염되는 경로는 알로 감염되는 경우와 애벌레로 감염되는 경우의 두 가지로 나눌 수 있다.

알에 의한 감염

회충(*Ascaris lumbricoides*)은 세계적으로 10억 명 이상의 사람이 감염된 커다란 선충(길이 30 cm)의 일종이다(742쪽 그림 25.24). 이는 **성적이형성(sexual dimorphism)**을 나타내는 암수딴몸이다. 즉 수컷과 암컷 선충이 서로 상당히 달라 수컷은 더 작고 꼬리가 구부러져 있다. 성체는 사람의 소장에서만 서식하고 주로 반쯤 소화된 음식을 섭취한다. 배변을 통해 배출된 알은 우연히 다른 숙주에 섭취될 때까지 흙 속에서 오랫동안 생존할 수 있다. 알은 숙주의 소장에서 부화한다. 부화한 유충은 소장을 뚫고 나와 혈액으로 들어간다. 혈액을 통해 폐로 이동한 다음 폐에서 성장한다. 유충은 숙주가 기침을 할 때 식도로 넘어가 소장으로 들어가고 소장에서 성체로 성숙한다.

미국너구리회충(*Baylisascaris procyonis*)은 북미지역에 새로 출현한 기생충이다. 미국너구리가 최종숙주이나 성체는 집에서 키우는 개에서도 자랄 수 있다. 분변과 함께 배출된 알을 중간숙주, 주로 토끼가 먹는다. 삼켜진 알은 토끼와 사람의 소장에서 부화한다. 유충은 여러 조직으로 이동해서 유충이행증(larva migrans)이라는 증상을 나타낸다. 감염되면 종종 심각한 신경병이나 사망까지 초래할 수 있다. 유충이행증은 개회충이나 고양이회충에 의해서도 야기될 수 있다. 이들 반려동물은 중간숙주이자 최종숙주다. 그러나 사람은 이들 동물의 분변에 떨어진 개회충(*Toxocara canis*)이나 고양이회충(*T. cati*)의 알을 삼켜서 감염된다. 미국민의 14% 정도가 이에 감염된 것으로 추정되고 있다. 어린이들이 특히 잘 감염되는데 이는 동물의 분변으로 쉽게 오염되는 흙이나 모래상자에서 놀기 때문인 것으로 보인다.

전 세계 10억 명 가량이 편충(*Trichuris trichiura*)에 감염되어 있다. 편충은 대변-구강 전파 또는 분변으로 오염된 음식을 통해 사람에게서 사람으로 퍼진다. 이 질병은 열대 기후 지역의 위생상태가 나쁜 지역에서 어린이에게 가장 흔히 나타난다.

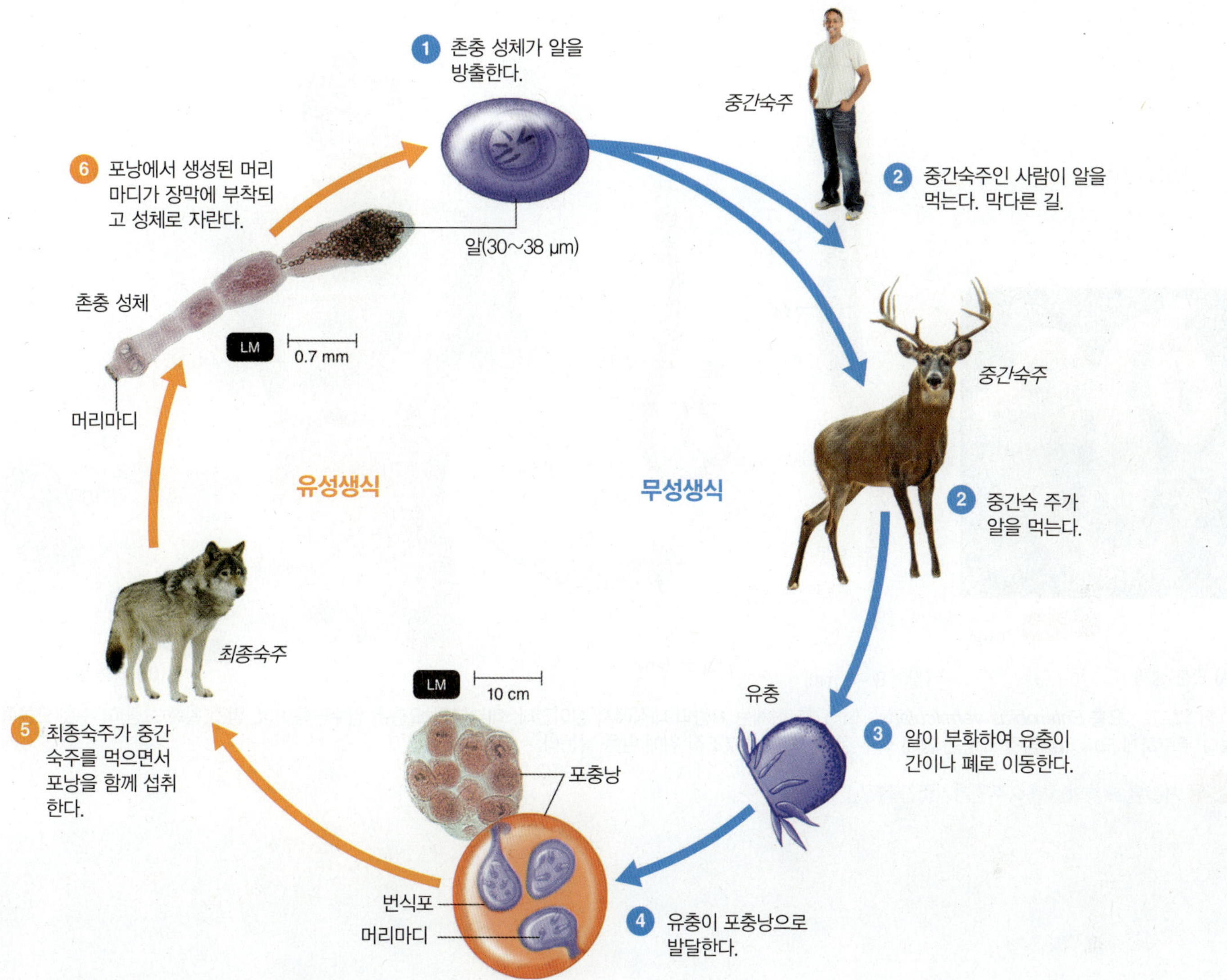

그림 12.28 촌충(*Echinococcus* spp)의 생활사. 개는 *E. granulosus*의 가장 일반적인 최종숙주이다. *E. multilocularis*는 사람을 거의 감염시키지 않는다. 중간숙주를 먹은 최종숙주가 촌충의 포낭 형태를 섭취할 때 생활사가 완성될 수 있다.

Q *Echinococcus*가 사람을 감염시키지 않는 것이 이점이 될 수 있는 까닭은 무엇인가?

요충(*Enterobius vermicularis*)은 생활사 전 주기를 사람 숙주에서 보낸다(그림 12.29). 성체는 대장에서 발견된다. 대장에서 암컷 요충은 숙주의 항문 주변 피부에 알을 낳는다. 알을 삼키거나 옷이나 이불에 알이 묻어 다른 숙주에게 전염된다.

유충에 의한 감염

미국구충(*Necator americanus*)과 십이지장충(*Ancylostoma duodenale*)은 사람의 소장에 서식한다(741쪽 그림 25.23). 배변 시 알이 배출된다. 애벌레는 흙에서 부화되고 흙 속의 세균.을 섭식한다. 유충이 숙주의 피부를 뚫고 들어가 혈액이나 림프관을 통해 폐에서 성장한다. 숙주가 기침을 하면서 가래를 삼키는 과정을 통해 소장으로 이동한다.

선모충증은 감염된 동물의 고기를 설 익혀 먹으면서 포낭에 싸인 유충을 섭취함으로써 걸리는 편형동물 질환이다(743쪽 참조). 개심장사상충(*Dirofilaria immiti*)은 숲모기에 의해 숙주에서 숙주로 전파된다. 이는 주로 개와 고양이를 감염시키나 사람의 피부와 결막, 폐에도 감염될 수 있다. 모기가 주입한 유충은 여러 기관으로 이동해서 성체로 성숙된다. 이것이 **심장사상충(heartworm)**이라 불리는 까닭은 주로 동물 숙주의 심장에서 성체로 성숙하고 심장마비를 일으켜 숙주를 죽이는 경우도 있기 때문이다(그림 12.30). 이 병은 남극을 제외한 전 대륙에 나타난다. *Wolbachia* 세균은 이 기생충의 배아 발생에 중요한 기능을 하는 것으로 보인다(11장 308쪽 상자 참조).

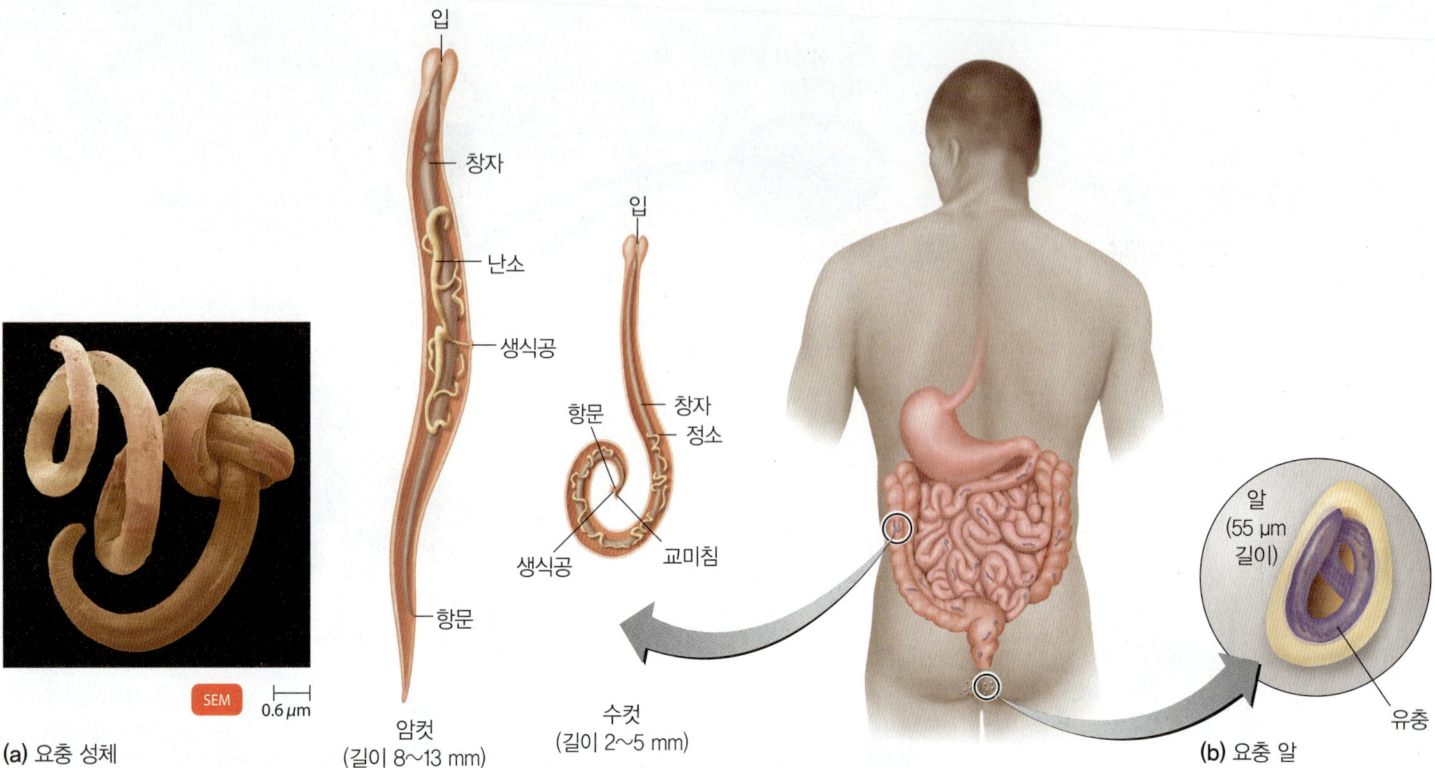

그림 12.29 **요충 *Enterobius vermicularis*.** (a) 요충 성체는 사람의 대장에서 살아간다. 대부분의 요충은 암수딴몸이며, 암컷(왼쪽 그림)이 수컷(오른쪽 그림)보다 뚜렷하게 크다. (b) 암컷 요충은 밤에 숙주 항문근처의 피부조직 위에 알을 낳는다.

사람은 요충의 최종숙주인가? 중간숙주인가?

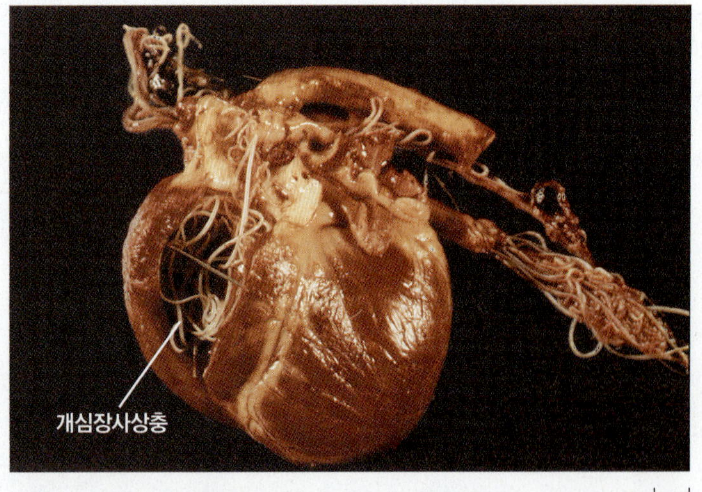

9 mm

그림 12.30 **개심장사상충, *Dirofilaria immitis*.** 개 심장의 우측 심방에서 네 마리의 *D. immitis* 성체를 찾을 수 있다. 한 마리의 길이는 12~30 cm 정도이다.

Q 선형동물과 편형동물은 어떻게 다른가?

꿈틀벌레(anisakines 또는 wriggly worm)라 불리는 4속의 선충은 감염된 물고기나 오징어에서 사람으로 전파될 수 있다. 유충은 물고기의 장간막에 서식하다 고기가 죽으며 근육으로 이동한다. 냉동시키거나 완전히 가열하는 방식으로 유충을 죽일 수 있다.

364쪽의 **표 12.5**에 기생하는 연충류의 대표적인 문과 강, 감염증에 대한 설명이 요약되어 있다.

이해도 확인하기

- ✔ 요충(*Enterobius*)의 최종숙주는 무엇인가? **12-17**
- ✔ 개심장사상충(*Dirofilaria immitis*)은 어느 발달 단계에서 개와 고양이를 감염시키는가? **12-18**
- ✔ 아기의 기저귀에서 기생충을 발견했다. 이것이 촌충(*Taenia*)인지 십이지장충(*Necator*)인지를 구별하는 방법은 무엇인가? **12-19**

그림 12.31 **모기.** 사람의 피부에서 피를 빠는 암컷 모기. 모기는 사람과 사람 사이에 황열바이러스와 웨스트나일바이러스를 비롯한 여러 종류의 병원체를 옮긴다.

매개체가 동시에 최종숙주가 되는 때는 언제인가?

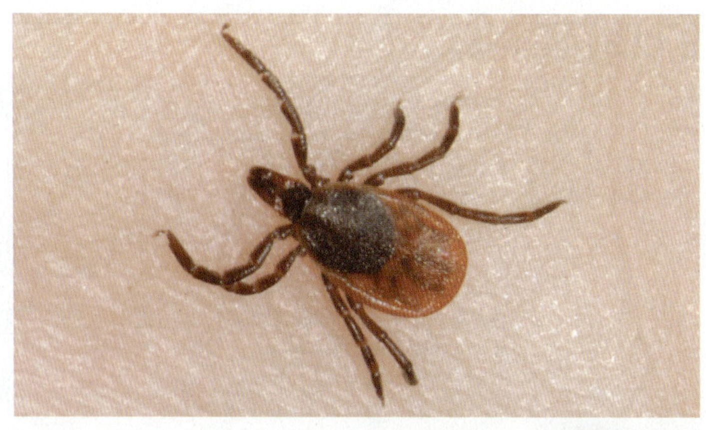

그림 12.32 **진드기.** 북미 서해안에서 라임병을 매개하는 *Ixodes pacificus*.

진드기를 곤충으로 분류하지 않는 까닭은 무엇인가?

절지동물 매개체

학습 목표

12-20 절지동물 매개체를 정의한다.

12-21 진드기를 모기와 구별하고 각각에 의해 전파되는 질병의 이름을 안다.

절지동물은 여러 개의 체절로 나뉘고 단단한 외골격을 지니며 다리를 굽힐 수 있다는 특징을 지닌다. 거의 100만 종의 절지동물이 존재하는 것으로 추정되며 이는 동물계에서 가장 큰 문에 해당된다. 절지동물 자체는 미생물이 아니지만 일부는 사람과 다른 동물의 피를 빨아 그 과정에서 미생물에 의한 질병을 전파시킬 수 있기 때문에 여기서 간략하게 다루기로 한다. 병원성 미생물을 지니는 절지동물을 **매개체(vector)**라 부른다. 옴과 이감염증은 절지동물이 일으키는 질병이다(21장 607~608쪽 참조).

절지동물의 대표적인 강은 다음과 같다.

- 거미강(Arachnida, 여덟 개의 다리): 거미, 응애, 진드기
- 갑각류강(Crustacea, 네 개의 더듬이): 게 가재
- 곤충강(Insecta, 여섯 개의 다리): 벌, 파리, 이

표 12.6에 중요한 매개체로 작용하는 절지동물의 특성이 요약되어 있으며, 그림 12.31, 12.32, 12.33에서 그 일부를 그림으로 소개하고 있다. 이들 곤충과 진드기들은 먹이를 먹을 때만 동물에 올라탄다. 예외적으로 이는 전 생애에 걸쳐 숙주에 서식하며 숙주를 떠나

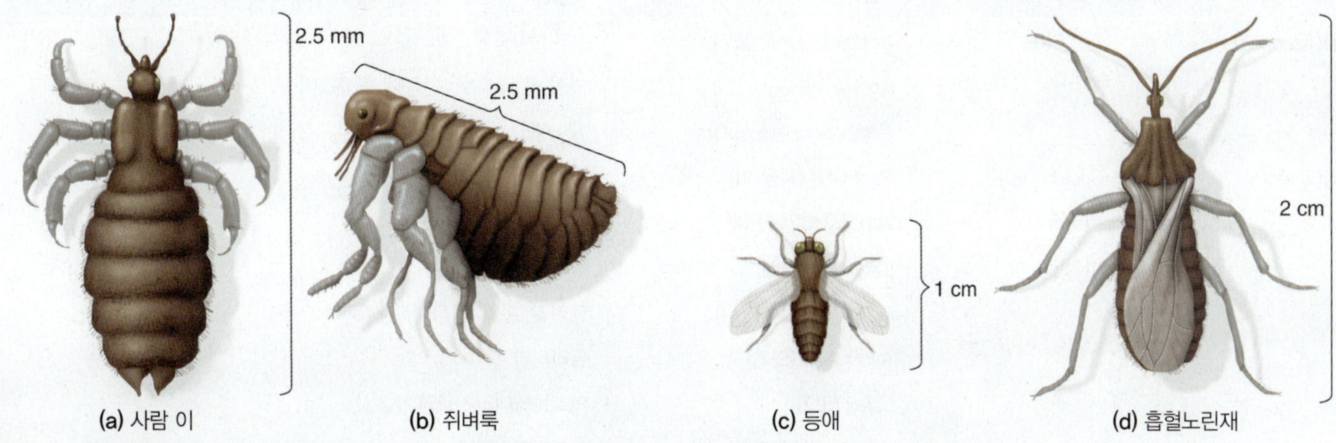

그림 12.33 **절지동물 매개체.** (a) 사람 이, *Pediculus*. (b) 쥐벼룩, *Xenopsylla*. (c) 등애, *Chrysops*. , *Triatoma*.

이들 각각의 매개동물이 전파시키는 병원체의 이름을 하나씩 들어 보시오.

표 12.5 대표적인 연충류

문	강	사람 기생충	중간숙주	최종숙주/위치	사람에게 전해지는 단계/경로	질병	그림 참조
편형동물문 (Platyhelminthes)	흡충강 (Trematodes)	*Paragonimus,* spp.	민물 달팽이와 가재	사람/폐	갑각류에서 포낭유충/섭취	Paragonimiasis (lung fluke)	12.26
		Schistosoma	민물 달팽이	사람	꼬리유충/피부	Schistosomiasis	23.27 23.28
	촌충강 (Cestodes)	*Echinococcus granulosus*	사람	개와 다른 동물/장	다른 동물에서 알/섭취	Hydatidosis	12.28 25.23
		Taenia saginata	소	사람/소장	쇠고기에서 낭미충/섭취	Tapeworm	—
		Taenia solium	사람, 돼지	사람	알/섭취	Neurocysti-cercosis	25.22
선형동물문 (Nematoda)		*Ancylostoma duodenale*	—	사람/소장	애벌레/피부	Hookworm	25.24
		Anisakines	바다 물고기, 어류	바다 포유류	물고기에서 애벌레/섭취	Anisakiasis (sashimi worms)	—
		Ascaris lumbricoides	—	사람/소장	알/섭취	Ascariasis	25.25
		Baylisascaris procyonis	토끼	미국너구리/소장	알/섭취	Raccoon roundworm	—
		Enterobius vermicularis	—	사람/대장	알/섭취	Pinworm	12.29
		Necator americanus	—	사람/소장	애벌레/피부	Hookworm	25.24
		Trichinella spiralis	사람과 다른 포유류	사람/소장	알/섭취	Whipworm	25.25
		Trichuris trichiura	—	사람, 돼지, 다른 포유류/소장	애벌레/섭취	Trichinellosis	25.26
		Toxocara canis, T. cati	개, 고양이	개, 고양이/소장	알/섭취	Toxocariasis	—

표 12.6 사람에게 질병을 옮기는 주요 절지동물 매개체

강	목	매개체	질병	그림 참조
거미강(Arachnida)	진드기목	*Dermacentor* (진드기)	록키산홍반열	—
		Ixodes (진드기)	라임병, 바베스열원충증, 에를리히증	12.32
		Ornithodorus (진드기)	재귀열	—
곤충강(Insecta)	Sucking lice	*Pediculus* (사람 이)	유행성 발진티푸스, 재귀열	12.33a
	벼룩목	*Xenopsylla* (쥐벼룩)	토착성 발진열, 페스트	12.33b
	파리목	*Chrysops* (등애)	야생토끼병	12.33c
		Aedes (모기)	뎅기열, 황열, 심장사상충증	12.31
		Anopheles (모기)	말라리아	—
		Culex (모기)	아르보바이러스뇌염	—
		Glossina (체체파리)	아프리카수면병	—
	True bugs	*Triatoma* (흡혈노린재)	샤가스병	12.33d

서는 생존할 수 없다.

일부 매개체는 단순히 물리적 방법으로 병원체를 전파한다. 예를 들어 집파리는 분변과 같은 썩고 있는 유기물에 앉아 알을 낳는다. 그 과정에 발에 병원체가 묻을 수 있고 이 병원체를 우리가 먹는 음식에 전달한다.

일부 기생생물은 매개체 안에서 증식한다. 이때, 기생생물은 매개체의 분변이나 침에 축적될 수 있다. 매개체가 숙주에 앉아 섭식하는 동안 많은 수의 기생생물이 남겨진다. 라임병을 일으키는 스피로헤타는 이런 방식으로 진드기가 전파하고(23장 658쪽 참조), 웨스트나일바이러스는 같은 방식으로 모기가 전파시킨다(22장 631쪽 참조)

앞에서 언급했듯이 말라리아영원충(*Plasmodium*)은 매개체와 최종숙주를 모두 필요로 하는 기생생물의 일종이다. 말라리아영원충은 말라리아모기의 장에서만 유성생식으로 증식할 수 있다. 말라리아영원충은 모기의 타액과 함께 사람 숙주에게 전달되는데, 이 침은 항응고제로 작용하여 모기가 피를 빠는 동안 혈액이 계속 흐르게 한다.

매개체에 의한 질병을 없애기 위해 보건 당국은 매개체를 박멸하는 데 힘을 쓰고 있다.

이해도 확인하기

- 매개체는 기생생물의 전파를 어떻게 매개하는지에 따라 세 종류로 나눌 수 있다. 세 가지 매개체의 종류와 각각의 종류가 옮기는 질병을 예시하시오. **12-20**
- 팔에 절지동물이 앉아 있다고 가정할 때, 이것이 진드기인지 벼룩인지 어떻게 알아낼 것인가? **12-21**

학습 개요

진균류 (331~342쪽)

1. 균학이란 진균을 연구하는 학문분야다.
2. 심한 진균 감염건수가 증가하고 있다.
3. 진균은 유산소성 혹은 조건부 무산소성 화학종속영양생물이다.
4. 대부분의 진균의 분해자이며, 소수는 동식물에 기생한다.

진균류의 특징 (332~336쪽)

5. 진균의 엽상체는 균사라 불리는 섬유구조로 이루어지며 균사 덩어리를 균사체라 한다.
6. 효모는 단세포 진균이다. 증식할 때, 분열 효모는 두 개의 딸세포가 균등하게 나뉘는 반면 출아 효모는 불균등하게 나뉜다.
7. 모세포에서 분리되지 않은 싹눈은 위균사를 형성한다.
8. 병원성 이형 진균은 37°C에서는 효모와 같은 형태로, 25°C에서는 곰팡이 같은 형태로 자란다.
9. 진균은 rRNA 서열에 따라 분류한다.
10. 포자낭포자와 분생포자는 무성생식 주기에 만들어진다.
11. 유성포자는 일반적으로 변경의 변화와 같은 특수한 조건에 반응하여 생성된다.
12. 산성이고 전조하며 산소가 있는 환경에서 자랄 수 있다.
13. 진균은 복합 탄수화물을 대사할 수 있다.

의학에서 중요한 진균 (336~339쪽)

14. 접합균문은 다핵균사를 지니며 포자낭포자와 접합포자를 생성한다.
15. 미세포자균문에는 미토콘드리아와 미세소관이 없으며 AIDS 환자에게 설사병을 일으킨다.
16. 자낭포자균문은 격벽균사를 지니며 자낭포자와 빈번하게 분생포자를 형성한다.
17. 담자균문은 격벽균사를 지니며 담자포자를 형성한다. 일부는 분생포자를 형성한다.
18. 양성생식형 진균은 유성포자와 무성포자를 모두 생성하나 무성생식형 진균은 무성포자만 생성한다.

진균에 의한 질병 (339~341쪽)

19. 전신진균증은 신체 깊숙이 진균에 감염되어 여러 조직과 기관에 걸쳐 영향이 나타난다.
20. 피부 아래의 진균 감염증이다.
21. 피부진균증은 털, 손발톱, 피부 따위의 케라틴 함유 조직에 영향을 미친다.
22. 표면진균증은 털이나 피부 표면을 감염시킨다.
23. 기회성 진균증은 일반적으로는 병원성을 나타내지 않는 진균에 의한 감염증이다.
24. 기회성 진균은 어떤 조직이든 감염시킬 수 있으나 일반적으로 전신진균증을 나타내지는 않는다.

진균의 경제적 효과 (341~342쪽)

25. *Saccharomyces*속과 *Trichoderma*속은 식품 생산에 활용된다.
26. 진균을 활용하여 생물학적 방법으로 해충을 구제한다.
27. 세균보다 주로 곰팡이에 의해 과일, 곡류, 채소가 부패된다.
28. 식물에 질병을 일으키는 진균의 종류도 많다.

지의류 (342~343쪽)

1. 지의류는 조류(또는 남세균)와 진균의 상리공생 연합체다.
2. 조류는 광합성을 해서 지의류에 탄수화물을 공급하고 진균은 지지대를 제공한다.
3. 지의류는 조류나 진균이 따로 살기에 적합하지 않은 서식처에서 살아간다.
4. 지의류는 형태에 따라 껍질처럼 평평하게 자라는 각상(crutose), 나뭇잎 모양의 엽상(foliose), 가지가 돌출된 관목상(fruticose) 지의류로 분류한다.

조류 (343~348쪽)

1. 조류는 단세포, 사상형, 또는 다세포‘엽상형으로 자란다.
2. 대부분의 조류는 수서 환경에서 서식한다.

조류의 특징 (343~345쪽)

3. 조류는 진핵생물이며 대부분이 광독립영양체이다.
4. 다세포 조류의 엽상체는 대체로 줄기부, 부착기, 잎몸으로 이루어져 있다.
5. 조류는 세포분열과 분절 등의 방법으로 무성생식한다.
6. 많은 조류가 무성생식의 방법으로 증식한다.
7. 광독립영양 조류는 산소를 생성한다.
8. 조류는 구조와 색소에 따라 분류한다.

조류의 대표적인 문 (345~348쪽)

9. 갈조류(켈프)에서 알긴산을 수확할 수 있다.
10. 홍조류는 다른 조류보다 더 깊은 심해에서 자란다.
11. 녹조류는 셀룰로오스와 클로로필 *a*, *b*가 들어 있고 녹말을 저장한다.
12. 규조류는 단세포로 펙틴과 규조 세포벽을 지닌다. 일부에서는 신경독소가 생성된다.
13. 와편모조류는 마비성 패류 중독과 시가테라(ciguatera) 중독을 일으키는 신경독소를 생성한다.
14. 난균류는 종속영양생물로 분해자와 병원체를 포함한다.

자연계에서 조류의 역할 (348쪽)

15. 조류는 수생 먹이 사슬의 1차 생산자다.
16. 플랑크톤 조류가 지구 대기 중의 산소 분자의 대부분을 생성한다.
17. 석유는 플랑크톤 조류의 화석화된 형태이다.
18. 단세포 조류는 대합 따위의 동물에서 공생체로 살아간다.

원생동물 (348~353쪽)

1. 원생동물은 단세포 진핵생물이며 화학종속영양생물이다.
2. 원생동물은 흙이나 물에 서식하며 동물의 정상 미생물상의 일부로 발견되기도 한다.

원생동물의 특징 (348~349쪽)

3. 증식하는 시기의 세포 형태를 영양생식형이라 부른다.
4. 이분법, 출아법, 분열증식 등의 무성생식을 한다.
5. 접합에 의해 유성생식이 일어나기도 한다.
6. 섬모충류가 접합하는 동안 두 개의 반수체 핵이 융합하여 접합자를 생성한다.
7. 일부 원생생물은 어려운 환경 조건에서 개체를 보호하는 포낭을 형성하기도 한다.
8. 원생생물의 세포는 피막, 세포입, 세포항문 등과 같은 분화된 구조를 포함하는 복잡한 구조로 이루어져 있다.

의학에서 중요한 원생동물 (349~353쪽)

9. *Trichomonas*와 *Giardia*는 미토콘드리아는 없고 편모를 지닌다.
10. 유글레나류는 편모를 이용해 움직이며 유성생식을 하지 않는다. 파동편모충(*Trypanosoma*)을 포함한다.
11. *Entamoeba*와 *Acanthamoeba*는 아메바류에 속한다.
12. 정단복합체포자충은 숙주 조직을 뚫는 데 이용하는 세포 말단의 소기관을 지닌다. 말라리아영원충(*Plasmodium*)과 작은와포자충(*Cryptosporidium*)이 여기 속한다.
13. 섬모충은 섬모를 이용해서 이동한다. *Balantidium coli*는 섬모충에 속하는 사람 기생체다.

점균류 (353~354쪽)

1. 세포성 점균은 아메바와 비슷하며 식세포작용으로 세균을 섭취한다.
2. 변형체성 점균은 다세포성 원형질 덩어리로 이루어져 있으며 움직이면서 유기물 조각이나 세균을 집어 삼킨다.

연충류 (354~363쪽)

1. 기생성 편충은 편형동물문에 속한다.
2. 기생성 선충은 선형동물문에 속한다.

연충의 특징 (355~356쪽)

3. 연충은 다세포 동물이며 소수는 사람에게 기생한다.
4. 연충의 구조와 생활사는 기생 과정에 적합하게 변하였다.
5. 연충은 최종숙주에서 성체가 된다.
6. 연충의 유충 시기는 중간숙주를 필요로 한다.
7. 연충은 암수한몸 혹은 암수딴몸의 형태로 존재한다.

편형동물 (356~360쪽)

8. 편충은 등배축이 납작한 동물이다. 기생 편충에서는 소화계가 퇴화된 경우도 있다.
9. 흡충에는 입이나 배 쪽에 숙주 조직에 부착하는 빨판이 있다.
10. 흡충의 알이 부화하면 자유로이 유영하는 섬모유충이 되어 첫 번째 중간숙주에 들어간다. 두 세대가 지나면서 레디아로 변하고 레디아는 꼬리유충이 된다. 꼬리유충은 첫 번째 중간숙주를 뚫고 두 번째 중간숙주로 침입한다. 꼬리유충은 포낭으로 둘러싸이면서 포낭유충이 된다. 포낭유충이 최종숙주에서 성체로 발생한다.
11. 촌충은 머리마디와 많은 수의 마디조각으로 이루어져 있다.
12. 사람은 민촌충의 최종숙주이고 소는 중간숙주로 작용한다.
13. 사람은 갈고리촌충의 최종숙주이고 돼지가 중간숙주이며 사람도 중간숙주가 될 수 있다.
14. 사람은 단방조충(*Echinococcus granulosus*)의 중간숙주이며 이의 최종숙주는 개, 늑대, 여우 등이다.

선충 (360~362쪽)

15. 선충류는 완전한 소화계를 지닌다.
16. 회충(*Ascaris*), 편충(*Trichuris*), 요충(*Enterobius*)은 알 형태로 사람을 감염시키는 선충이다.
17. 십이지장충과 선모충(*Trichinella*)은 유충 형태로 사람을 감염시키는 선충이다.

절지동물 매개체 (363~365쪽)

1. 진드기와 곤충을 비롯하여 다리에 관절이 있는 동물은 절지동물문에 속한다.
2. 질병을 옮기는 절지동물을 매개체라 한다.
3. 매개체로 전염되는 질병은 매개체의 수를 줄이거나 이를 박멸함으로써 가장 효과적으로 없앨 수 있다.

학습 질문

복습과 객관식 문제에 대한 해답은 책 뒤에 있음.

복습 문제

1. 다음은 진균과 각각이 신체를 감염시키는 경로, 감염증이 일어나는 부위의 목록이다. 각 진균증은 표피성, 기회성, 피하성, 표면성, 전신성 가운데 어디에 속하는가?

속	감염 경로	감염 부위	진균증
Blastomyces	흡입	폐	(a) ________
Sporothrix	찔린 상처	궤양 부위	(b) ________
Microsporum	접촉	손톱	(c) ________
Trichosporon	접촉	털표면	(d) ________
Aspergillus	흡입	폐	(e) ________

2. *Escherichia coli*과 *Penicillium chrysogenum*을 혼합한 배양액을 다음과 같은 배지에 접종하였다. 각 미생물은 어느 배지에 자랄 것으로 예상되는가? 그 이유는?
   a. 수돗물에 0.5% 펩톤 첨가
   b. 수돗물에 10% 포도당 첨가
3. 자연계에서 지의류가 중요한 까닭은 간략하게 설명하시오. 자연계에서 조류가 중요한 까닭을 간략하게 설명하시오.
4. 세포성 점균류와 변형체성 점균류를 구분하시오. 각각은 살기 힘든 환경 조건에서 어떻게 생존하는가?
5. 다음 표를 완성하시오.

문	운동 방법	사람 병원체의 예
중복편모충문	(a) ________	(b) ________
미포자균문	(c) ________	(d) ________
아메바문	(e) ________	(f) ________
정단복합포자충문	(g) ________	(h) ________
섬모충문	(i) ________	(j) ________
유글레나문	(k) ________	(l) ________
부기저부충문	(m) ________	(n) ________

6. 세모편모충속(*Trichomonas*)이 포낭으로 둘러싸인 시기(cyst stage)를 갖지 않는 것이 중요한 이유는 무엇인가? 포낭기를 갖는 원생동물 기생체의 예를 들어 보시오.
7. 연충류는 어떻게 사람에게 전염되는가?
8. 대부분의 선형동물은 암수딴몸이다. 암수딴몸이란 무슨 뜻인가? 선형동물은 어느 문에 속하는가?
9. **이름 답하기** 케라틴에 친화력을 보이는 진핵생물의 구조는 무엇인가?

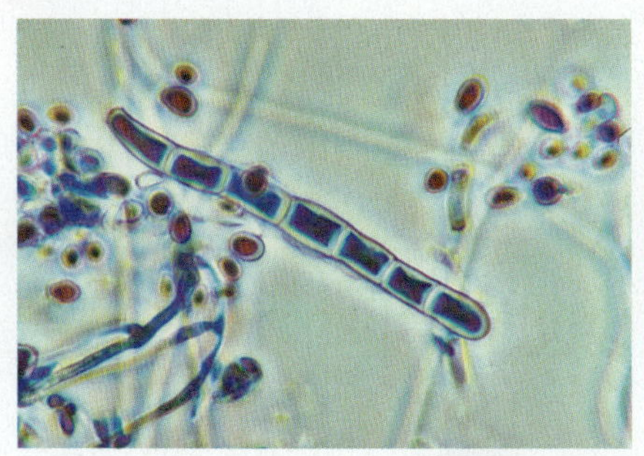

10. **그려보기** 아래에 간흡충(*Clonorchis sinensis*)의 일반적인 생활사가 그려져 있다. 각각의 발달 단계를 표기하고 중간숙주와 최종숙주를 제시하시오. 이 동물이 속한 문과 강은?

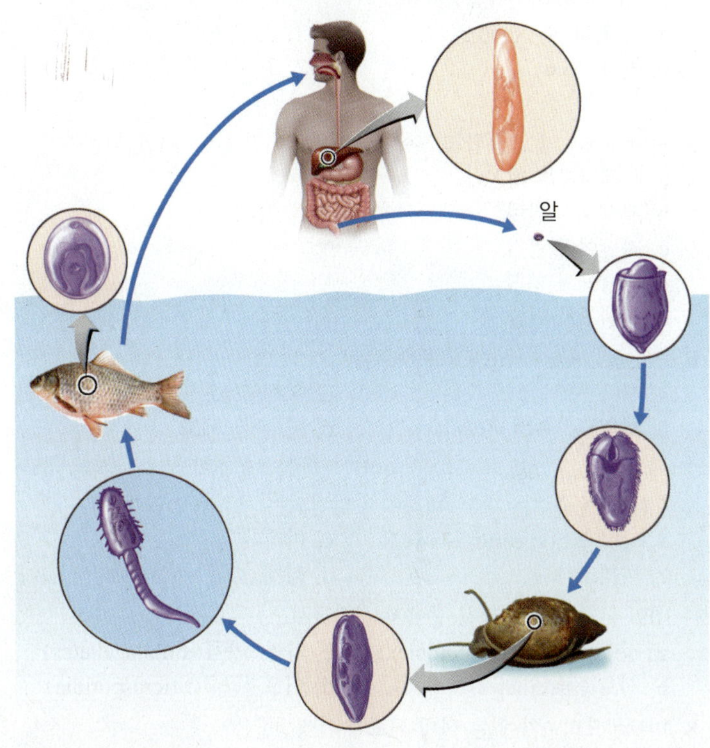

객관식 문제

1. 다음에 나열된 개체들은 모두 몇 개의 문에 속하는가? *Echinococcus*, *Cyclospora*, *Aspergillus*, *Taenia*, *Toxoplasma*, *Trichinella*
   a. 1
   b. 2
   c. 3
   d. 4
   e. 5

2~4번 문제의 답을 다음 중에서 선택하시오.
(1) 포낭유충(metacercaria)
(2) 레디어(redia)
(3) 성체
(4) 섬모유충(miracidium)
(5) 유미유충(cercaria)

2. 알에서 시작하여 발달 순서에 따라 나열하시요.
   a. 5, 4, 1, 2, 3
   b. 4, 2, 5, 1, 3
   c. 2, 5, 4, 3, 1
   d. 3, 4, 5, 1, 2
   e. 2, 4, 5, 1, 3
3. 기생체의 첫 번째 중간숙주가 달팽이라고 할 때, 달팽이에게서 발견되는 시기는?
   a. 1
   b. 2
   c. 3
   d. 4
   e. 5

4. 효모에 대한 다음 진술 중 옳은 것은?
(1) 효모는 진균이다.
(2) 효모는 위균사를 형성할 수 있다.
(3) 효모는 출아법으로 무성생식한다.
(4) 효모는 조건부 유산소 생물이다.
(5) 모든 효모는 병원성을 나타낸다.
(6) 모든 효모는 이형성이다.
a. 1, 2, 3, 4
b. 3, 4, 5, 6
c. 2, 3, 4, 5
d. 1, 3, 5, 6
e. 2, 3, 4

5. 자낭균에서 세포 융합 직후에는 다음 중 어떤 현상이 나타나는가?
a. 분생자자루 형성
b. 분생포자 발아
c. 자낭이 열림
d. 자낭포자 형성
e. 분생포자 방출

6. *Plasmodium vivax*의 최종숙주는?
a. 사람.
b. 학질모기속(*Anopheles*).
c. 포자모세포.
d. 배우자모세포.

7. 개조충(*Dipylidium caninum*)이라 불리는 촌충의 중간숙주는 벼룩이며 최종숙주는 개다. 벼룩에서 발견되는 개조충의 단계는?
a. 낭미충(cysticerus larva)
b. 마디조각
c. 머리마디
d. 성체

8~10번 문제의 답을 다음 중에서 선택하시오.
a. 정단포자충류(Apicomplexa)
b. 섬모충류(ciliates)
c. 와편모충류(dinoflagellates)
d. 미포자균류(Microsporidia)

8. 미토콘드리아가 없는 절대 세포내 기생생물은?

9. 숙주 조직을 뚫고 들어갈 수 있게 하는 특수한 세포소기관을 지니는 운동성이 없는 기생생물은?

10. 마비성 조개식중독을 일으킬 수 있는 광합성 생물은?

비판적 사고

1. 세포의 크기는 부피 대 표면의 비율에 의해 제한된다. 즉 부피가 너무 커지면 내부의 열이 흩어지지 못하고 영양물질이나 노폐물도 효율적으로 전달될 수 없다. 변형체성 점균류는 어떤 방식으로 부피 대 표면의 비율 문제를 극복했는가?

2. 긴촌충(*Diphyllobothrium*)은 일반적인 촌충(*Taenia saginata*)과 생활사가 비슷하지만 중간숙주가 물고기라는 것만 다르다. 긴촌충의 생활사와 사람에게 전염되는 방식을 설명하시오. 민물고기가 바다 물고기에 비해 촌충에 더 잘 감염되는 이유는 무엇인가?

3. 그림 (a)에 그려져 있는 파동편모충(*Trypanosoma brucei gambiense*)은 아프리카수면병을 일으킨다. 이 동물이 속한 문은? 그림 (b)는 파동편모충의 생활사를 단순화시켜 보여준다. 숙주와 매개체를 표기하시오.

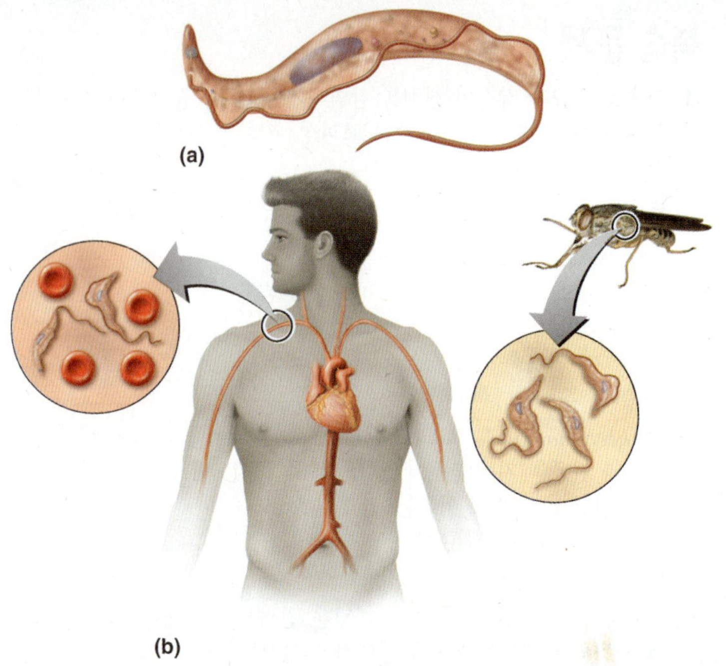

임상 응용

1. 어떤 소녀가 일반 발작을 일으켰다. CT 스캔 결과 종양으로 보이는 뇌 병소가 한 군데 발견되었다. 병소를 생검한 결과 포낭유충이 발견되었다. 이 환자는 남부 캘리포니아에 살았고 한 번도 해외 여행을 한 적이 없었다. 이 병을 일으킨 기생생물의 종류는 무엇일까? 이 병은 어떻게 전염되었을까? 이 병을 예방할 수 는 없을까?

2. 캘리포니아에 사는 농부의 몸에 열이 좀 있고 근육이 아프며 기침 증세를 보였다. 흉부 X선 촬영을 통해 폐 감염이 확인되었다. 가래를 현미경으로 조사한 결과 둥근 출아 세포가 발견되었다. 가래를 배양하였더니 균사체와 유절분생자가 자랐다. 이 증상을 일으킨 원인은 무엇일까? 이 병은 어떻게 전염되었을까? 이 병을 예방할 수는 없을까?

3. 캘리포니아에 사는 10대 소년이 열이 오르락내리락 하고, 오한과 두통을 겪고 있다. 혈액 검사 결과 적혈구에 고리 모양의 세포가 발견되었다. 말라리아 치료약인 프리마퀸과 클로로퀸을 연달아 처방 받았다. 환자는 강가에 살며 외국 여행이나 혈액 투석, 정맥 주사를 사용한 경험이 없다. 이 소년은 어떤 병에 걸렸으며 어떻게 걸렸을까?

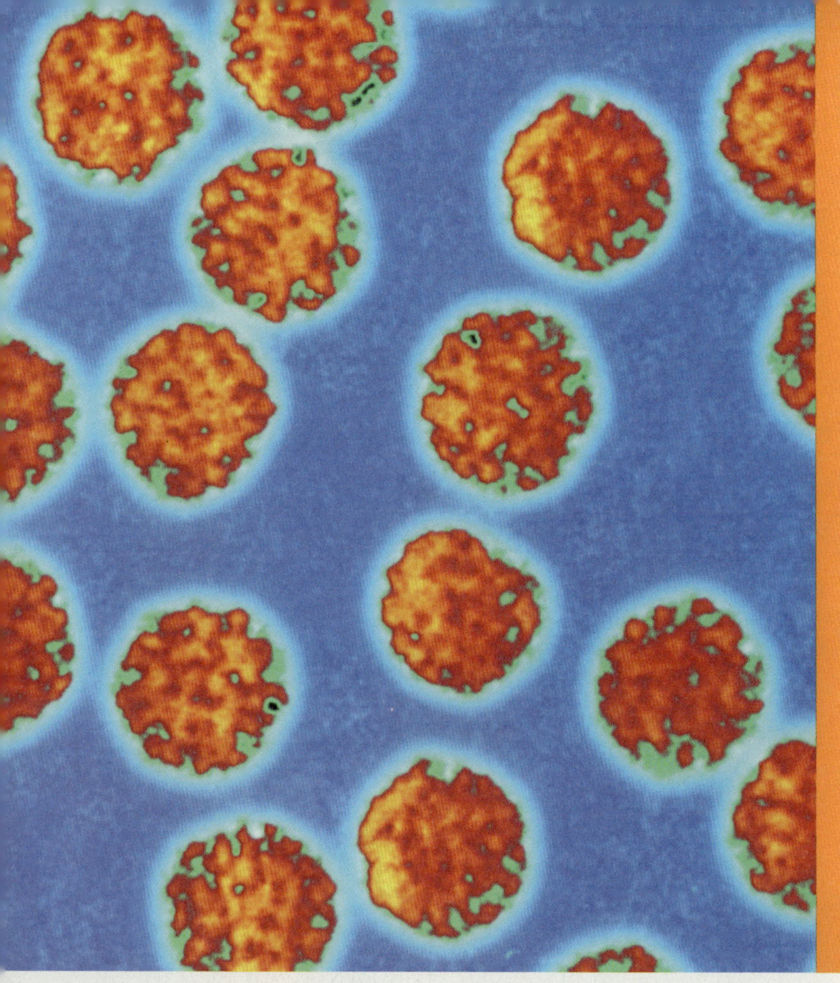

13

바이러스, 바이로이드, 프리온

바이러스는 너무 작아 광학현미경으로는 관찰할 수 없으며 숙주가 없으면 배양도 할 수 없다. 따라서 바이러스에 의한 질병은 오래 전부터 알고 있었음에도 불구하고 바이러스에 대한 연구는 20세기에 들어서야 시작되었다. 1886년 네덜란드 화학자 마이어(Adolf Mayer)는 감염된 식물에서 건강한 식물로 담배모자이크병(tobacco mosaic disease, TMD)이 전염될 수 있다는 것은 보였다. 1892년 담배모자이크병의 원인을 찾기 위해 러시아 세균학자 이바노브스키(Dimitri Iwanowski)는 감염된 담배 식물의 수액을, 세균을 여과할 수 있는 도자기 필터로 걸러내었다. 그는 미생물이라면 이 필터로 여과될 것이라 예상했다. 그러나 이 병의 감염 인자는 필터의 미세한 구멍을 빠져나갔다. 여과된 액체를 건강한 식물에 감염시키자 건강한 식물이 담배모자이크병에 걸렸다. 여과될 수 있는 인자에 의한 병으로 사람에서 알려진 최초의 질병은 황열병이었다.

1980~1990년대 분자생물학 기법이 발전하면서 여러 종류의 새로운 바이러스가 발견되었다. 사람면역억제바이러스(human immunodeficiency virus, HIV)와 SARS를 일으키는 코로나바이러스가 이에 속한다. 바이러스성 간염은 세계적으로 가장 흔한 감염성 질병 가운데 하나다. 여러 종류의 서로 다른 간염 바이러스가 알려졌다. B형 간염 바이러스(그림)와 C형 간염 바이러스는 혈액을 통해 전염되며, 식품에 의해 매개되는 A형 간염 바이러스에 대해서는 임상 사례를 통해 알아볼 것이다. 바이러스에 의한 사람의 질병은 4단원에서 논하고, 이번 장에서는 바이러스의 생물학에 대해 살펴보기로 한다.

바이러스의 일반 특징

학습 목표

13-1 바이러스와 세균을 구별한다.

100년 전 과학자들은 현미경으로 관찰할 수 없는 입자가 있다는 것을 상상할 수 없었다. 따라서 그들은 이와 같은 감염성 인자를 감염성 액체(contagium vivum fluidum)라고 기술했다. 1930년대에 이르러 여과될 수 있는 인자를 바이러스(virus)라는 용어로 부르기 시작했으며 이는 라틴어로 독을 뜻한다. 그러나 바이러스의 본질은 1935년 미국 화학자 스탠리(Wendell Stanley)가 담배모자이크바이러스를 분리하여 최초로 정제된 바이러스에 대한 화학적, 구조적 연구를 수행하면서 밝혀지기 시작했다. 비슷한 시기에 전자현미경이 발견되었고 이를 이용하면서 바이러스를 관찰하는 것이 가능해졌다.

바이러스가 살아 있는 생명체인지 아닌지에 대한 의문에 대한 답은 여전히 모호하다. 생명은 핵산이 지정하는 단백질들의 작용에서 비롯된 복잡한 일련의 과정으로 정의할 수 있다. 살아 있는 세포의 핵산은 항상 기능을 수행하고 있다. 바이러스는 숙주세포 밖에서 불활성인 상태로 존재하므로 이런 의미에서 바이러스는 살아 있는 생명체로 간주되지 않는다. 그러나 일단 바이러스가 숙주세포 안으로 들어가면 바이러스 핵산이 활성화되어 바이러스가 증식된다. 바이러스가 숙주를 감염시켜 그 안에서 증식할 때에는 이를 살아 있는 것으로 볼 수 있다. 바이러스는 병원성 세균이나 곰팡이, 원생동물과 같이 숙주를 감염시키고 질병을 일으키므로, 임상적인 관점에서는 바이러스를 살아 있는 것으로 간주할 수 있다. 관점에 따라 바이러스는 생명이 없는 화학물질이 복합체를 이룬 매우 복잡한 형태로 간주할 수도 있고, 극히 단순한 살아 있는 미생물로 볼 수도 있다.

그렇다면 바이러스(virus)를 어떻게 정의할 것인가? 바이러스는 다른 감염인자와 기본적으로 다르다. 바이러스는 세균을 거르는 필터에 여과될 만큼 작고, 증식하기 위해서는 절대적으로 살아 있는 숙주세포가 있어야만 하는 절대 **세포내 기생체(obligatory intracellular parasite)**다. 그러나 리케차를 비롯한 몇몇 작은 세균도 이와 같은 두 가지 특성을 갖고 있다. **표 13.1**에서 바이러스와 세균을 비교하고 있다.

임상 사례: 불편한 유행병

의약품 판매원인 티나 마캄(42세)은 고열이 지속되어 조퇴하고 집으로 왔다. 해열제를 먹어도 몇 시간만 효과가 있을 뿐이다. 병원에 가자 의사는 즉각 티나의 피부를 보고 황달이 있음을 알아차렸다. 의사가 배를 누르자 티나는 움찔하며 아파했다. 의사는 간에 이상이 있음을 감지하고 근처 실험실에 혈액 시료를 보내 간 기능 검사를 의뢰했다. 결과는 정상이 아니었다.

티나의 증상은 무슨 질병 때문일까? 알아보자

370 390 392 393 394

표 13.1 바이러스와 진정세균의 비교

	진정세균		
	전형적인 세균	리케차/클라미디아	바이러스
세포내 기생체	X	O	O
원형질막	O	O	X
이분법	O	O	X
세균 필터를 통과	X	X / O	O
DNA와 RNA를 모두 보유	O	O	X
ATP-생산 대사	O	O / X	X
리보솜	O	O	X
항생제에 대한 민감성	O	O	X
인터페론에 대한 민감성	X	X	O

바이러스의 고유한 특징은 단순한 구조와 증식 방식에서 비롯된다. **바이러스(virus)**란 다음과 같은 특징을 지닌다.

- DNA 또는 RNA 가운데 한 종류의 핵산을 포함한다.
- 핵산을 둘러싸고 있는 단백질 껍질이 있으며, 때로 이 껍질은 지질과 단백질, 탄수화물 등으로 이루어진 외피로 둘러싸인 경우도 있다.
- 세포의 생합성 기구를 이용해서 살아 있는 세포 안에서 증식한다.
- 바이러스의 핵산을 다른 세포에 전달할 수 있는 특수한 구조를 합성하도록 한다.

바이러스는 자기 자신의 대사에 필요한 효소를 거의 갖고 있지 않다. 예를 들어 단백질 합성이나 ATP 생산에 필요한 효소를 지니지 않는다. 증식하려면 바이러스는 숙주세포의 대사 체계를 빌려 써야 한다. 이 때문에 항바이러스 약제를 개발하기가 상당히 어렵다. 바이러스의 증식을 억제하는 대부분의 약제가 숙주의 기능 또한 억제할 수 있으므로 임상치료에 쓰기에는 독성이 강하기 때문이다. (항바이러스 약제에 대해서는 20장에서 살펴본다.)

숙주 범위

바이러스의 **숙주 범위(host range)**란 해당 바이러스가 감염시킬 수 있는 숙주세포의 종류를 말한다. 무척추동물, 척추동물, 식물, 원생동물, 진균, 세균 등을 감염시키는 바이러스가 존재한다. 그러나 대부분의 바이러스는 한 종의 숙주에서도 특정한 세포만을 감염시킬 수 있다. 드물게 바이러스가 숙주 범위의 장벽을 넘어 숙주 범위를 확장하는 경우도 있다. 374~475쪽의 상자에 이와 같은 사례가 나와 있다. 이번 장에서는 사람이나 세균을 감염시키는 바이러스에 대해 주로 알아보기로 한다. 세균을 감염시키는 바이러스를 **박테리오파지(bacteriophage)** 또는 **파지(phage)**라 부른다.

특정 바이러스의 숙주범위는 바이러스가 숙주세포에 특이적으로 부착하는 특성과 숙주세포 내에 바이러스의 증식에 필요한 인자의 존재 여부에 따라 정해진다. 바이러스가 숙주세포에 감염하려면 바이러스의 외부 표면이 세포의 표면에 있는 특수한 수용체와 화학적으로 상호작용할 수 있어야 한다. 두 개의 상보적인 성분이 수소결합과 같은 약한 결합으로 서로 맞물릴 수 있다. 여러 부착자리와 수용자리의 조합에 따라 숙주세포와 바이러스 사이의 관계가 형성된다. 박테리오파지의 수용체는 숙주의 세포벽 또는 선모나 편모에 위치하기도 한다. 동물 바이러스의 수용체는 숙주세포의 원형질막에 존재한다.

바이러스를 이용해서 질병을 치료할 수 있다는 가능성도 제기되었다. 바이러스는 좁은 숙주 범위 내에서 숙주세포를 사멸시킬 수 있는 능력을 지니기 때문이다. 박테리오파지를 이용해서 세균 감염을 치료한다는 **파지요법**(phage therapy)에 대한 생각은 100년 전부터 있었다. 최근 바이러스와 숙주의 상호작용을 더 잘 이해하게 되면서 파지요법 분야에서도 새로운 연구가 진행되고 있다.

1920년대에 암 환자에게 실험적으로 바이러스 감염을 유도하였던 연구를 바탕으로 바이러스의 항종양 활성에 대한 가능성이 제기되었다. **종양파괴성**(oncolytic) 바이러스는 종양세포를 선택적으로 감염하여 사멸시키거나 종양세포에 대한 면역반응을 일으킬 수 있다. 일부 바이러스는 자연 상태에서 종양세포를 감염하지만 종양세포에 감염되도록 바이러스를 유전적으로 변형시킬 수도 있다. 현재 종양을 파괴하는 바이러스의 사멸 작용과 바이러스 요법의 안전성에 대한 여러 연구가 진행되고 있다.

바이러스 크기

바이러스 크기는 전자현미경을 통해 결정한다. 바이러스는 종류에 따라 그 크기가 상당히 다양하다. 대부분은 세균에 비해 상당히 작지만 일부 대형 바이러스(백시니아 바이러스 등)는 매우 작은 크기의 세균(마이코플라스마, 리케차, 클라미디아 등)과 거의 비슷한 크기를 보인다. 바이러스의 길이는 20~1000 nm의 정도다. 여러 바이러스와 세균의 상대크기가 그림 13.1에 나타나 있다.

이해도 확인하기

✔ 전자현미경이 발명되기 전에 과학자들은 바이러스처럼 크기가 작은 존재를 어떻게 감지할 수 있었나? **13-1**

바이러스 구조

학습 목표

13-2 외피가 있는 바이러스와 없는 바이러스의 화학적, 물리적 구조를 설명한다.

비리온(virion)은 숙주세포 밖에 존재하고 있는 완전히 만들어진 바이러스 입자로 감염성이 있고, 핵산이 단백질 껍질로 둘러싸여 있는 구조이다. 바이러스는 비리온의 형태로 한 숙주세포에서 다른 숙주세포로 전파된다. 바이러스는 핵산과 껍질의 구조 차이에 따라 분류한다.

핵산

진핵세포나 원핵세포에서는 1차적인 유전물질이 항상 DNA 형태로 존재하고 RNA는 보조적인 기능을 한다. 이와 달리 바이러스는 DNA 또는 RNA 중의 하나만을 지니고 둘 다 지니는 경우는 없다. 바이러스의 핵산은 단일가닥인 경우도 있고 이중가닥인 경우도 있다. 따라서 바이러스는 이중가닥 DNA, 단일가닥 DNA, 이중가닥 RNA, 또는 단일가닥 RNA를 지닌다. 바이러스의 종류에 따라 핵산은 선형 또는 원형으로 존재한다. 일부 바이러스(독감바이러스 등)에는 핵산이 여러 개의 잘려진 조각의 형태로 존재한다.

독감바이러스에서 단백질에 대한 핵산의 비율은 1%이나 어떤 박테리오파지에서는 50% 가량인 경우도 있다. 핵산의 총량은 2,000~3,000 뉴클레오티드(또는 뉴클레오티드쌍)에서 250,000 뉴클레오티드에 이르기까지 다양하다. (대장균 염색체는 400만 뉴클레오티드쌍으로 이루어져 있다.)

캡시드와 외피

바이러스의 핵산은 **캡시드(capsid)**라 불리는 단백질 껍질로 보호된다(그림 13.2a). 캡시드의 구조는 결국 바이러스 핵산에 의해 결정되며 특히 작은 바이러스에서는 바이러스 질량의 대부분을 차지한다. 각각의 캡시드는 **캡소미어(capsomere)**라 불리는 단백질 소단위로 구성된다. 일부 바이러스에서 캡소미어를 이루는 단백질은 단 한 종류이나 다른 바이러스에서는 여러 종류의 단백질이 존재한다. 개별 캡소미어를 전자현미경으로 관찰할 수 있다(그림 13.2b 참조). 캡소미어는 바이러스의 종류에 따라 독특하게 배열되어 캡시드를 이룬다.

일부 바이러스에서 캡시드는 **외피(envelope)**로 둘러싸여 있다(그림 13.1a). 외피는 보통 지질과 단백질, 탄수화물의 조합으로 이루어져 있다. 동물 바이러스 중에서는 바이러스 껍질이 숙주세포의 원형질막으로 둘러싸이면서 밖으로 방출되는데, 이 과정에서 숙주의 원형질막이 바이러스의 외피가 된다. 많은 경우 외피에는 바이러스의 핵산에 의해 합성된 단백질과 정상적인 숙주세포에서 유래된 성분이 포함되어 있다.

바이러스의 종류에 따라 외피의 표면으로 돌출된 당단백질인 **돌기(spike)**가 있는 것도 있다. 일부 바이러스는 이들 돌기를 이용해서 숙주세포에 부착한다. 돌기는 일부 바이러스를 동정하는 데 주요한 기준이 되기도 한다. 독감바이러스(그림 13.3b)를 비롯한 특정 바이러스가 적혈구 세포를 응고시키는 능력은 돌기의 특성과 연관되어 있다. 이와 같은 바이러스는 적혈구 세포에 결합하여 이들을 서로 연결하여 뭉치게 한다. 이를 **적혈구응집반응**(hemagglutination)이라 하고 이는 여러 실험실 검사법의 근거로 유용하게 쓰인다. (516쪽 그림 18.7 참조.)

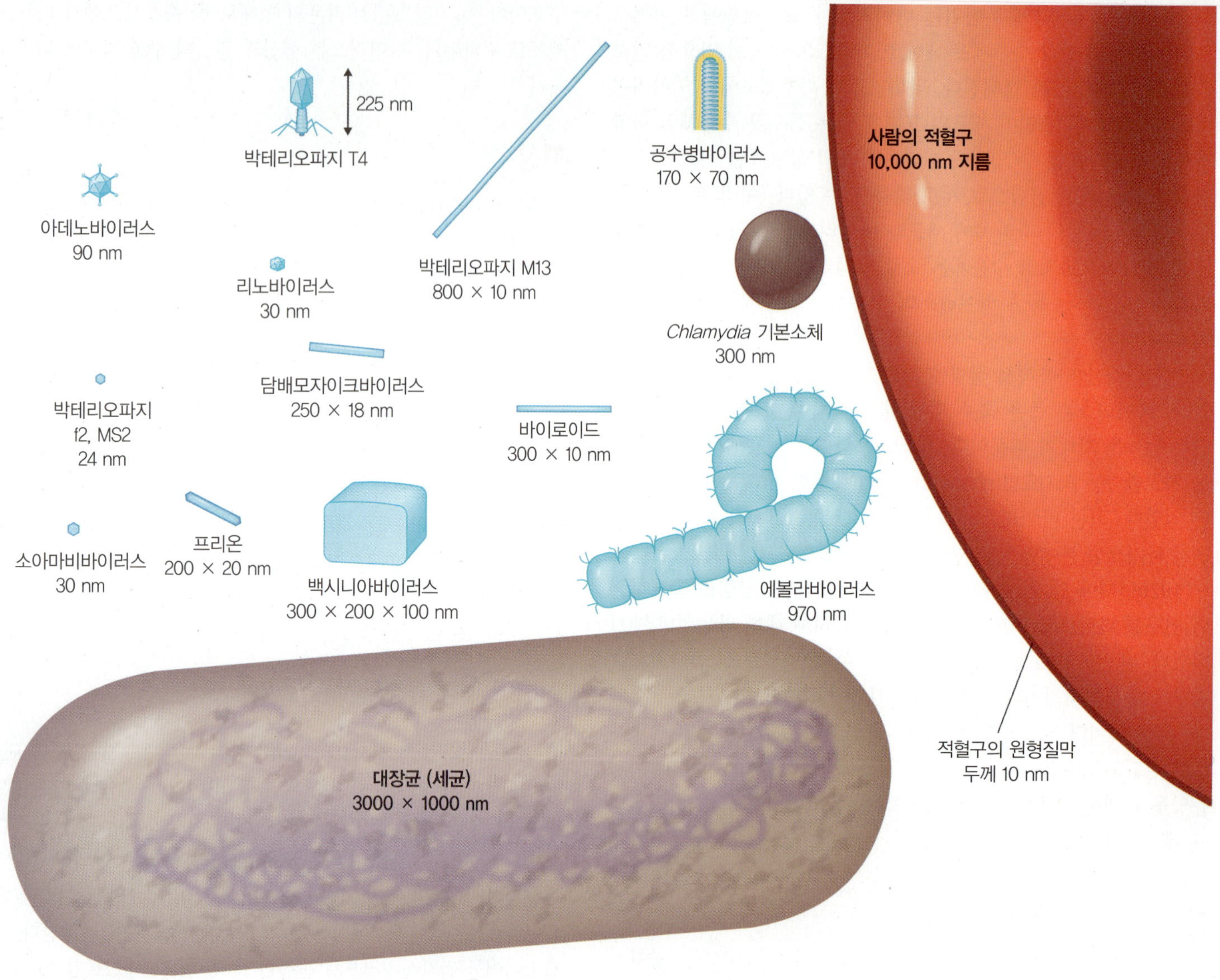

225 nm
박테리오파지 T4
공수병바이러스
170 × 70 nm
사람의 적혈구
10,000 nm 지름
아데노바이러스
90 nm
리노바이러스
30 nm
박테리오파지 M13
800 × 10 nm
Chlamydia 기본소체
300 nm
담배모자이크바이러스
250 × 18 nm
박테리오파지
f2, MS2
24 nm
바이로이드
300 × 10 nm
프리온
200 × 20 nm
소아마비바이러스
30 nm
백시니아바이러스
300 × 200 × 100 nm
에볼라바이러스
970 nm
대장균 (세균)
3000 × 1000 nm
적혈구의 원형질막
두께 10 nm

그림 13.1 **바이러스의 크기.** 몇몇 바이러스(하늘색)와 세균(갈색)의 크기를 오른쪽에 일부만 그려진 사람의 적혈구세포와 비교할 수 있다. nm 단위로 주어진 치수는 지름 또는 너비의 길이를 나타낸다.

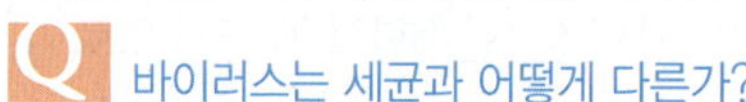

Q 바이러스는 세균과 어떻게 다른가?

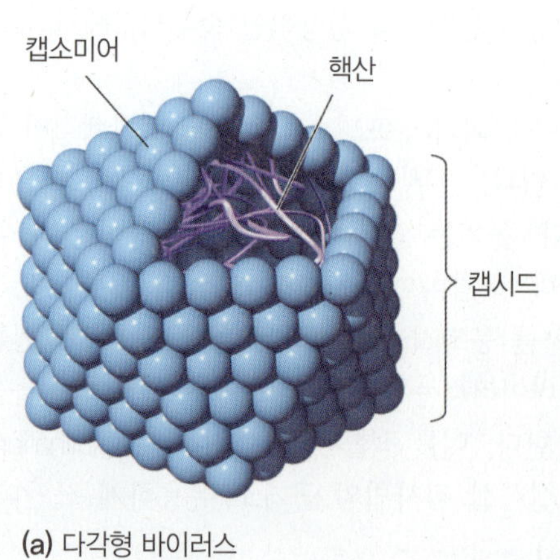

캡소미어
핵산
캡시드
(a) 다각형 바이러스
(b) Mastadenovirus
TEM
35 nm

그림 13.2 **비외피성 다각형 바이러스의 모양.** (a) 다각형(정20면체) 바이러스의 모형. (b) 아데노바이러스의 일종인 *Mastadenovirus*의 전자현미경 사진. 개별 캡소미어를 확인할 수 있다.

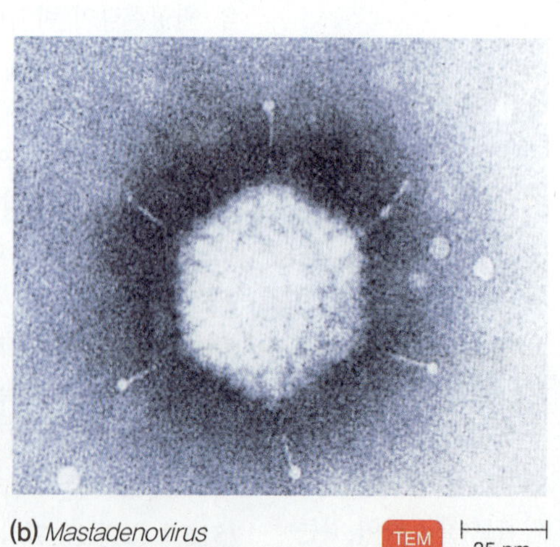

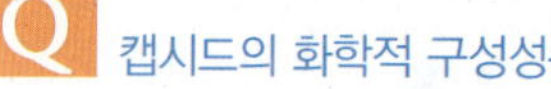

Q 캡시드의 화학적 구성성분은?

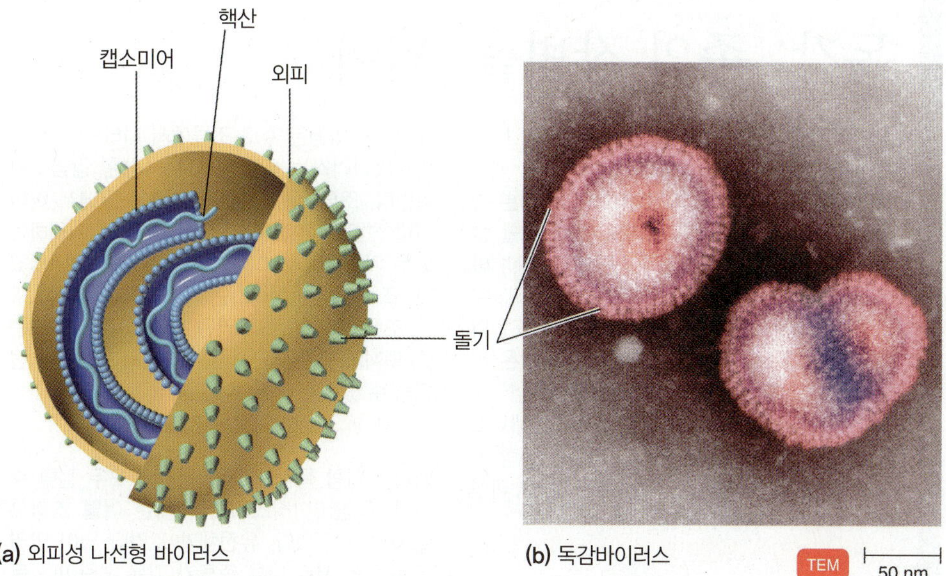

(a) 외피성 나선형 바이러스

(b) 독감바이러스

그림 13.3 외피성 나선형 바이러스의 모양. (a) 피막으로 둘러싸인 나선형 바이러스의 모식도. (b) 독감바이러스 A2의 전자현미경 사진. 각각의 외피에서 바깥쪽 표면으로 동그랗게 돌출된 스파이크를 눈여겨보시오(24장 참조).

Q 이 바이러스는 어떤 종류의 핵산을 지니고 있는가?

외피로 둘러싸이지 않은 바이러스를 **비외피성 바이러스(nonenveloped viruse)**라 한다(그림 13.2 참조). 비외피성 바이러스에서는 캡시드가 핵산을 숙주의 체액에 들어 있는 핵산가수분해효소로부터 보호하고 바이러스를 숙주세포에 부착시킨다.

숙주세포가 바이러스에 감염되면 숙주의 면역계가 활성화되어 항체(바이러스의 표면 단백질에 반응하는 단백질)를 생산한다. 숙주의 항체와 바이러스 단백질 사이에 이와 같은 상호작용이 일어나면 바이러스가 비활성화되어 감염과정을 멈추게 된다. 그러나 일부 바이러스에서는 표면 단백질 유전자가 돌연변이를 일으켜 항체의 작용을 쉽게 피할 수 있다. 표면 단백질이 달라진 돌연변이 바이러스의 자손에는 항체가 반응하지 못한다. 독감바이러스는 돌기 유전자에 이와 같은 변화가 빈번하게 일어난다. 그래서 독감에는 여러 번 걸리게 되는 것이다. 한 종류의 독감 바이러스에 대한 항체를 만들어 내더라도 바이러스가 돌연변이를 일으키면 다시 독감에 걸릴 수 있다.

일반적인 형태

바이러스는 캡시드의 구조에 따라 형태적으로 여러 종류로 분류할 수 있다. 이들 캡시드의 구조는 전자현미경이나 X-선 결정학을 이용하여 알아낼 수 있다.

나선형 바이러스

나선형 바이러스는 긴 막대 모양으로 단단한 것도 있고 유연한 것도 있다. 바이러스 핵산은 나선 구조 내부의 빈 관 모양의 캡시드 안에 존재한다(그림 13.4). 공수병이나 에볼라출혈열을 일으키는 바이러스가 나선형이다.

다각형 바이러스

많은 동물, 식물, 세균 바이러스는 다각형 바이러스에 속한다. 대부분의 다각형 캡시드는 정20면체의 모양을 하고 있다. 이는 20개의 삼각형 면과 12개의 모서리가 있는 정다각형이다(그림 13.2a 참조). 각 면을 이루는 캡소미어는 정삼각형을 형성한다. 정20면체 다각형 바이러스로 아데노바이러스가 있다(그림 13.2b). 소아마비바이러스도 정이십면체 바이러스다.

그림 13.4 나선형 바이러스의 모양. (a) 나선형 바이러스의 부분 모식도. 핵산을 드러내 보여주기 캡소미어의 한 층을 제거하였다. (b) 필로바이러스속 에볼라바이러스의 전자현미경 사진. 나선 막대형이다.

캡소미어의 화학적 구성성분은?

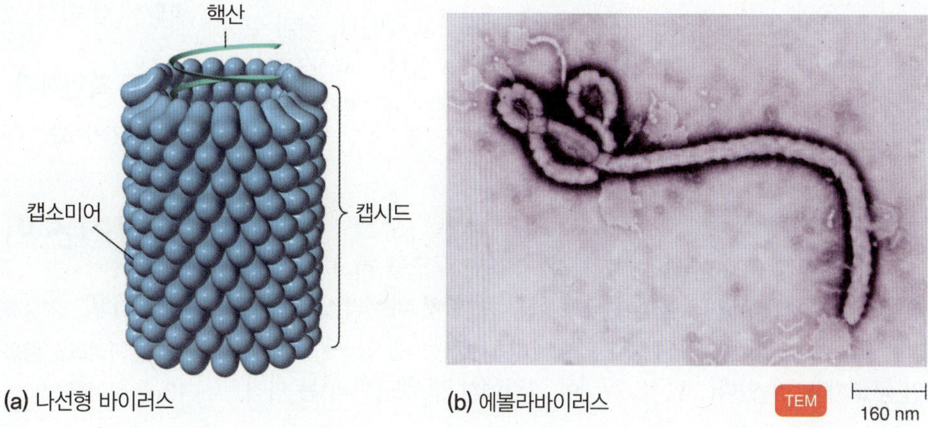

(a) 나선형 바이러스

(b) 에볼라바이러스

독감: 종의 장벽을 넘어

A형 독감바이러스는 새, 돼지, 고래, 말, 바다표범 등 많은 종류의 동물에서 발견된다. 때로 한 종에서 발견된 A형 독감바이러스가 다른 종으로 넘어가서 병을 일으키기도 한다. 예를 들어 1998년까지는 미국 돼지 집단에는 H1N1 바이러스만이 널리 퍼져 있었다. 1998년 H3N2 바이러스가 사람에게서 돼지 집단으로 도입되어 돼지에서 독감을 퍼뜨렸다. 이들 아형은 바이러스 표면에 존재하는 특정 단백질인 혈액응고효소(hemagglutinin, HA)와 뉴라민분해효소(neuraminidase, NA)에 따라 구분한다. A형 독감바이러스의 종류를 결정하는 16종의 HA 아형과 9종의 NA 아형이 존재한다.

H와 N 단백질의 조합은 총 몇 가지가 가능한가?

H와 N 단백질의 조합에 의해 서로 다른 아형이 결정된다. "사람 독감바이러스"라 말할 때 우리는 사람에게서 널리 나타나는 아형을 뜻하는 것이다. 사람 독감바이러스로는 단 세 종류의 아형만이 알려져 있다(H1N1, H1N2, H3N2).

조류 독감은 무엇이 다른가?

H5와 H7 아형은 주로 조류에서 나타난다. 조류 독감바이러스는 일반적으로 사람은 감염하지 않는다. 조류 독감에 걸린 사람은 딸에서 어머니로 전염된 한 건의 예외적인 사례를 제외하면 모두 가금류에서의 유행병으로 인해 감염되었다. 조류 독감바이러스는 (1) 조류에서 직접 또는 조류바이러스로 오염된 환경을 통해서 또는 (2) 돼지와 같은 중간숙주를 거쳐서 사람에게 전염될 수 있다.

돼지가 중요한 까닭은 무엇인가?

돼지는 사람 독감과 조류 독감에 모두 걸릴 수 있다. 독감바이러스의 유전체는 여덟 조각으로 이루어져 있다. 유전체가 조각나 있어 만일 두 종류의 서로 다른 종류가 같은 사람이나 동물(그림 참조)에 동시에 감염된다면 유전자들이 섞이면서 새로운 종류의 A형 독감바이러스가 생겨날 수 있다. 이러한 과정을 *항원이동*(*antigenic shift*)이라 한다.

2009년 H1N1 바이러스는 원래 "돼지 독감"을 일으키는 것으로 알려져 있었다. 실험실에서 검사 결과 대부분의 바이러스 유전자가 북미에사는 돼지에게서 흔히 발견되는 독감바이러스와 매우 비슷했기 때문이다. 그러나 연구가 진행되면서 2009년 H1N1 바이러스는 북미 돼지 집단에 일반적으로 유행하는 독감바이러스와 상당히 다르다는 사실이 밝혀졌다. 이 바이러스에는 유럽과 아시아에서 돼지에 유행하는 독감바이러스 유전자 두 개와 조류 독감바이러스 유전자, 사람 바이러스 유전자를 갖고 있었다. 이를 4중 *유전체재편성*(*quadruple reassortant*) 바이러스라 한다(그림 참조).

세계적 유행병

지난 100년 동안 신종 A형 독감바이러스가 출현하면서 세 번의 세계적 유행성 독감을 일으켰다. 모두 처음 확인된 이래 1년 내에 전 세계적으로 퍼져 나갔다(표 참조). 이들 A형 독감 바이러스주는 모두 원래 조류에 있었던 유전자를 일부 갖고 있었다.

출처: Adapted from *MMWR* sources.

지난 100년간의 세계적 유행성 A형 독감

1918~19	H1N1. 전 세계에 걸쳐 5,000만 명 사망. 바이러스에 조류 독감바이러스 유전자가 포함.
1957~58	H2N2. 미국에서 70,000명 사망. 1957년 2월 말에 중국에서 최초로 동정. 사람 독감바이러스와 조류 독감바이러스 유전자가 조합된 바이러스.
1968~69	H3N2. 미국에서 34,000명 사망. 사람 독감바이러스와 조류 독감바이러스 유전자 포함.
2009~10	H1N1. 전 세계에서 적어도 14,000명 사망. 최초의 사례가 보고된 지 3개월 만에 백신 공급.

외피 바이러스

앞에서 언급했듯이 일부 바이러스의 캡시드는 외피로 싸여 있다. 외피 바이러스는 둥근 모양이다. 나선형이나 다각형 바이러스가 외피로 둘러싸이면 외피 있는 나선형(enveloped helical) 또는 외피 있는 다각형 바이러스(enveloped polyhedral virus)라고 부른다. 외피 있는 나선형 바이러스로는 독감바이러스를 들 수 있다(그림 13.3b). 외피 있는 다각형(정20면체) 바이러스로는 단순허피스바이러스가 있다(그림 13.16b).

복합형 바이러스

일부 바이러스, 특히 세균 바이러스는 복잡한 구조를 하고 있어 **복합형 바이러스(complex virus)**라고 한다. 복합형 바이러스의 예로 박테리오파지를 들 수 있다. 일부 박테리오파지는 캡시드에 부수적인 구조가 달려 있다(그림 13.5a). 이 그림에서 캡시드(머리)는 다각형이고 꼬리는 나선형인 것을 볼 수 있다. 머리에 핵산이 들어 있다. 이번 장의 후반부에서 꼬리와 꼬리 섬유, 기판, 핀 등과 같은 구조의 기능을 살펴볼 것이다. 복합형 바이러스의 다른 예로는 두창을 일으키는 폭스바이러스(poxvirus)를 들 수 있다. 폭스바이러스는 명확한 캡시드는 없고 핵산을 둘러싼 여러 층이 있다(그림 13.5b).

이해도 확인하기

✓ 돌기가 있는 비외피성 다각형 바이러스의 모형을 그리시오. 13-2

바이러스의 분류

학습 목표

13-3 바이러스 종을 정의한다.

13-4 바이러스의 과 이름과 속 이름 그리고 일반명의 예를 제시한다.

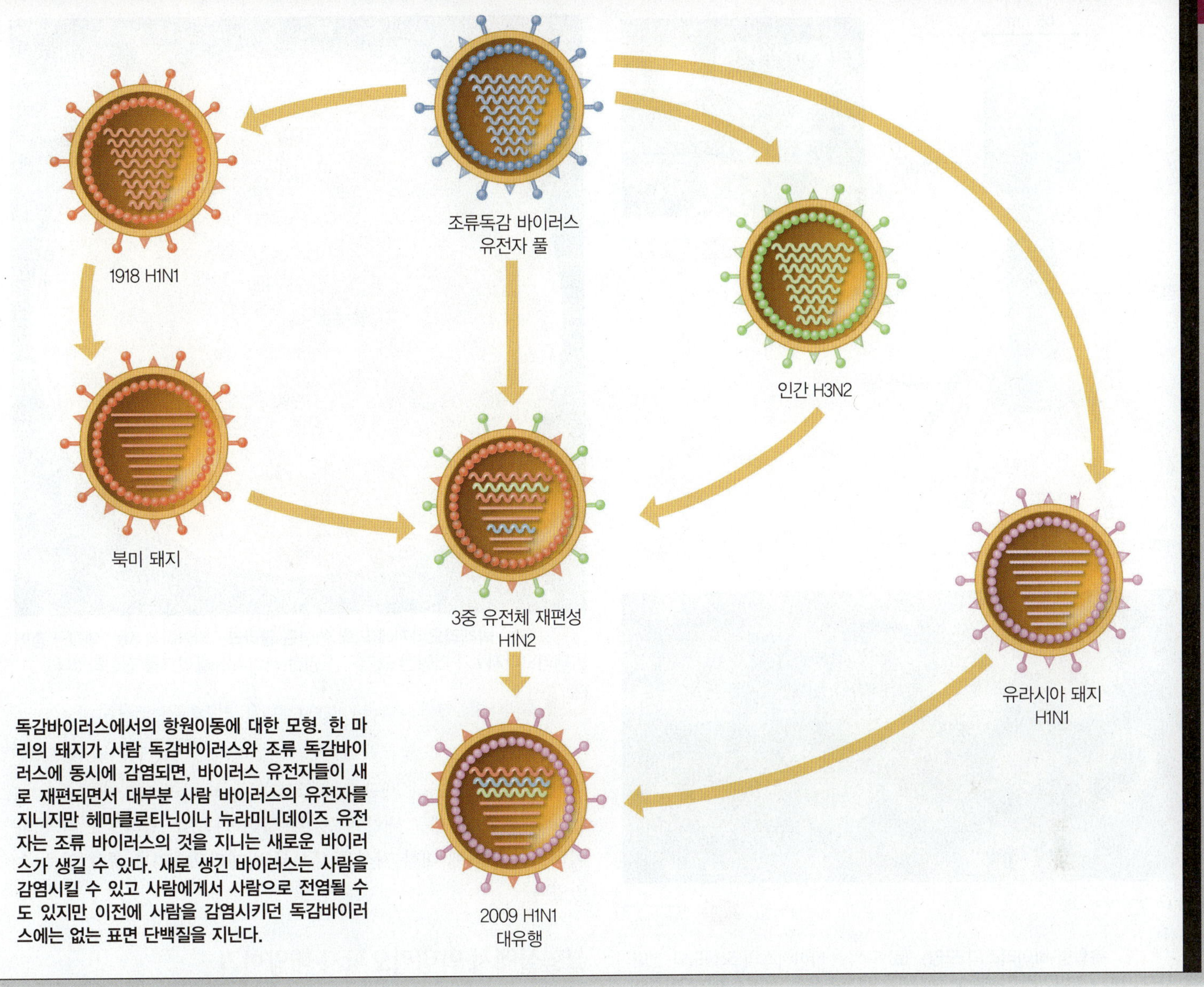

독감바이러스에서의 항원이동에 대한 모형. 한 마리의 돼지가 사람 독감바이러스와 조류 독감바이러스에 동시에 감염되면, 바이러스 유전자들이 새로 재편되면서 대부분 사람 바이러스의 유전자를 지니지만 헤마클로티닌이나 뉴라미니데이즈 유전자는 조류 바이러스의 것을 지니는 새로운 바이러스가 생길 수 있다. 새로 생긴 바이러스는 사람을 감염시킬 수 있고 사람에게서 사람으로 전염될 수도 있지만 이전에 사람을 감염시키던 독감바이러스에는 없는 표면 단백질을 지닌다.

동식물이나 세균을 분류하는 것이 필요하듯이 바이러스를 분류하여 체계적으로 이해할 필요가 있다. 호흡계 질환처럼 감염 증상을 기준으로 하는 분류가 가장 오래된 바이러스 분류법이다. 이러한 분류체계는 편하기는 하지만 동일한 바이러스가 감염 조직에 따라 하나 이상의 질병을 일으킬 수도 있으므로 과학적이라 보기는 어렵다. 게다가 이와 같은 체계를 가지고는 사람을 감염하지 않는 바이러스를 분류하기도 곤란하다.

DNA 염기서열 결정이 빨라지면서 국제바이러스분류학회에서는 유전체 서열과 구조에 따라 바이러스를 분류하고 있다. 속명에는 끝에 바이러스(*-virus*)를 붙이고, 과명에는 비리대(*-viridae*), 목명에는 알레스(*-ales*)를 붙인다. 공식적으로 바이러스 이름을 쓸 때 과명과 속명은 다음과 같은 형식으로 쓴다. 허피스비리대과, 심플렉스바이러스속, 사람 허피스바이러스 2 (Family Herpesviridae, genus *Simplexvirus*, human herpesvirus 2).

바이러스 종(viral species)은 동일한 유전정보와 생태지위(숙주 범위)를 지니는 바이러스 집단으로 규정된다. 바이러스에는 종소명(specific epithet)은 사용하지 않고, 해당 종은 특징을 설명하는 일반명으로 부여한다. 예를 들면, 사람면역결핍바이러스(human immunodeficiency virus, HIV)와 같은 이름으로 불리며 아종이 있는 경우에는 주로 번호를 부가한다(HIV-1). 표 13.2에 사람을 숙주로 삼는 바이러스의 분류체계가 요약되어 있다.

이해도 확인하기

- 바이러스의 종은 세균의 종과 어떻게 다른가? **13-3**
- 사람에게 경부암을 일으키는 HPV를 포함하는 바이러스의 과명과 속명을 파필로마(*Papilloma*–)에 적절한 어미를 붙여 완성하시오. **13-4**

65 nm
캡시드 (머리)
DNA
껍질
꼬리섬유
핀
기판
TEM 80 nm

(a) T짝수 박테리오파지

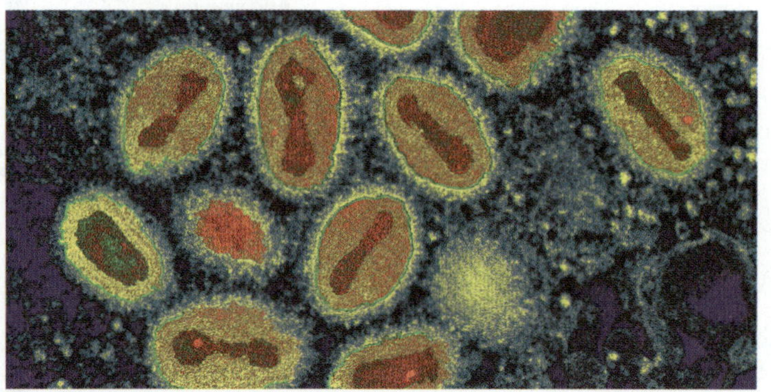

(b) *Orthopoxvirus*

그림 13.5 **복합형 바이러스의 모양.** (a) T-짝수 바이러스의 모식도와 현미경 사진. (b) 두창바이러스(variola virus)의 현미경 사진. 오르소폭스바이러스(*Orthopoxvirus*) 속의 한 종으로 두창을 일으킨다.

바이러스의 캡시드는 어떤 기능을 하는가?

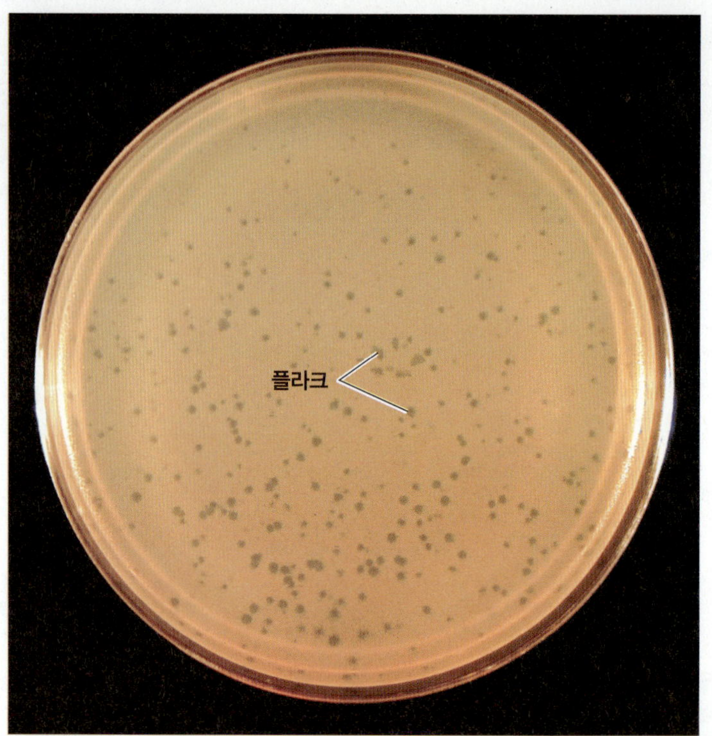

그림 13.6 **박테리오파지에 의해 형성된 플라크.** 빽빽하게 자란 대장균 층에 박테리오파지 λ가 다양한 크기의 투명한 바이러스 플라크를 형성하였다.

플라크형성단위(plaque-forming unit)란 무엇을 말하는가?

바이러스의 분리, 배양, 동정

학습 목표

13-5 박테리오파지를 배양하는 방법을 설명한다.
13-6 동물 바이러스를 배양하는 방법을 설명한다.
13-7 바이러스를 동정하는 기법 세 가지를 제시한다.

살아 있는 숙주세포 밖에서 증식하지 못한다는 특성은 바이러스의 검출과 계수, 동정을 어렵게 만든다. 바이러스를 배양하려면 비교적 간단한 화학배지 대신 살아 있는 세포를 제공해야 한다. 살아 있는 동식물은 유지하기 어렵고 비용이 많이 든다. 고등 영장류나 사람 숙주에서만 자라는 병원성 바이러스를 키우려면 더 복잡한 과정이 필요하다. 그러나 세균을 숙주로 하는 바이러스(박테리오파지)는 비교적 쉽게 세균 배양액을 이용하여 키울 수 있다. 그 결과 바이러스의 증식에 대한 지식은 대부분 박테리오파지를 통해 얻을 수 있었다.

실험실에서 박테리오파지 배양하기

박테리오파지는 세균의 액체 배양액이나 고체 배양 접시에서 키울 수 있다. 고체배지를 활용하면 **플라크 분석법**(plaque method)을 이용하여 바이러스를 확인하고 수를 셀 수도 있다. 숙주 세균 및 녹은 한천과 박테리오파지 시료를 섞어 준다. 박테리오파지와 숙주 세균이 들어 있는 한천 용액을 고체 한천배지가 들어 있는 페트리 접시 위에 붓는다. 바이러스-세균 혼합액은 페트리 배양접시 위에서 얇은 층을 형성하며 젤 상태로 굳는다. 바이러스는 세균을 감염시켜 증식하고 나서 수백 개의 자손 바이러스를 방출한다. 새로 생성된 바이러스는 근처에서 성장하고 있는 또 다른 세균을 감염시키고 더 많은 새로운 바이러스가 생성된다. 바이러스의 증식 회로가 몇 차례 반복되고 나면 원래의 바이러스를 둘러싸고 자라던 세균은 모두 파괴된다. 이 결과 한천배지의 표면에 빽빽하게 자라는 세균 층 곳곳에 **플라크**(**용균반, plaque**)라 불리는 투명한 지역이 나타난다(그림 13.6). 플라크가 형성될 때 페트리 한천 접시 상에서 감염되지 않은 세포는 빠른 속도로 증식하여 플라크 이외의 부분은 불투명한 상태가 된다.

표 13.2 사람 바이러스

특징/크기	바이러스 과	주요 속	특징
단일가닥 DNA 외피 없음			
18~25 nm	파르보바이러스과(Parvoviridae)	사람 파르보바이러스 B19	제5질병, 면역억제 치료환자에게 빈혈. 21장 참조.
이중가닥 DNA 외피 없음			
70~90 nm	아데노바이러스과(Adenoviridae)	*Mastadenovirus*속	사람에게 여러 호흡기 감염을 일으키는 중간 크기의 바이러스, 일부 종은 동물에서 종양유발.
40~57 nm	파포바바이러스과(Papovaviridae)	*Papillomavirus*속(사람 유두종바이러스) *Polyomavirus*속	사람에게서 사마귀와 경부 및 항문암을 유발하는 작은 바이러스들이 이 과에 속한다. 21장과 26장 참조.
이중가닥 DNA 외피 있음			
200~350 nm	폭스바이러스과(Poxviridae)	*Orthopoxvirus*속 (백시니아바이러스, 두창바이러스) *Molluscipoxvirus*속	두창, 물사마귀, 우두를 일으키는 매우 크고 복잡한 벽돌 모양의 바이러스, 21장 참조.
150~200 nm	허피스바이러스과(Herpesviridae)	*Simplexvirus*속(HHV-1, -2) *Varicellovirus*속(HHV-3) *Lymphocryptovirus*속(HHV-4) *Cytomegalovirus*속(HHV-5) *Roseolovirus*속(HHV-6, HHV-7) *Rhadinovirus*속(HHV-8)	사람에게 열꽃물집, 수두, 대상포진, 전염성 단핵구증 등을 일으키는 중간 크기의 바이러스. 사람에게서 버킷림프종이라는 암도 일으킨다. 21, 23, 26장 참조.
42 nm	헤파드나바이러스과 (Hepadnaviridae)	*Hepadnavirus*속(B형 간염바이러스)	단백질이 합성된 이후 B형 간염바이러스는 역전사효소를 이용하여 mRNA로부터 DNA를 합성한다. B형 간염과 간암을 일으킨다. 25장 참조.
단일가닥 RNA, + 가닥 외피 없음			
28~30 nm	피코르나바이러스과 (Picornaviridae)	*Enterovirus*속 *Rhinovirus*속(일반적인 감기 바이러스) A형 간염바이러스	폴리오바이러스, 콕사키바이러스, 에코바이러스 등 적어도 70종의 사람 엔테로바이러스(장바이러스)가 알려져 있다. 리노바이러스 또한 100여 종이 존재하며 이는 가장 흔한 감기의 원인이다. 22, 24, 25장 참조.
35~40 nm	칼리시바이러스과(Caliciviridae)	E형 간염바이러스 *Norovirus*속	위장염을 일으키며 한 종은 사람에게서 간염을 일으킨다. 25장 참조.
단일가닥 RNA, + 가닥 외피 있음			
60~70 nm	토가바이러스과(Togaviridae)	*Alphavirus*속 *Rubivirus*속(풍진바이러스)	동부말뇌염(eastern equine encephalitis, EEE), 서부말뇌염(western equine encephalitis, WEE), 치쿤구니아병(chikungunya) 등 절지동물에 의해 전염되는 바이러스가 많이 속해 있다(*Alphavirus* 속).풍진바이러스는 호흡기로 전염된다. 21,22, 23장 참조.
40~50 nm	플라비바이러스과(Flaviviridae)	*Flavivirus* *Pestivirus* C형 간염바이러스	매개체인 절지동물 안에서 복제될 수 있다. 황열병, 뎅기병, 세인트루이스 및 웨스트나일 뇌염 등을 일으킨다. 22, 23, 25장 참조.

(계속)

표 13.2 사람 바이러스 (계속)

특징/크기	바이러스 과	주요 속	특징
80~160 nm	코로나바이러스과(Coronaviridae)	*Coronavirus*	상기도 연관 감염 및 일반적인 감기와 관련, SARS 바이러스, 24장 참조.
+ 가닥, 단일가닥 RNA			
70~180 nm	랍도바이러스과(Rhabdoviridae)	*Vesiculovirus* (소포성구내염바이러스) *Lyssavirus* (광견병바이러스)	돌기가 있는 외피를 지니는 총알 모양의 바이러스. 광견병을 비롯한 여러 동물 질병을 일으킨다. 22장 참조.
80~14,000 nm	필로바이러스과(Filoviridae)	*Filovirus*속	외피 있는 나선형 바이러스. 에볼라바이러스 마르부르그바이러스가 필로바이러스속이다. 23장 참조.
150~300 nm	파라믹소바이러스과 (Paramyxoviridae)	*Paramyxovirus* *Morbillivirus* (홍역바이러스)	파라믹소바이러스는 파라인플루엔자 감염증, 볼거리(유행성귀밑샘염), 닭의 뉴캐슬병을 일으킨다. 21, 24, 25장 참조.
32 nm	델타바이러스과(Deltaviridae)	D형 간염	헤파드나바이러스와의 공동감염에 의존한다. 25장 참조.
+ 가닥, 여러 조각 RNA			
80~200 nm	오르소믹소바이러스과 (Orthomyxoviridae)	독감바이러스 A, B, C	외피의 돌기가 적혈구 세포를 응집시킬 수 있다. 24장 참조.
90~120 nm	부냐바이러스과(Bunyaviridae)	*Bunyavirus* (캘리포니아뇌염바이러스) *Hantavirus*	한타바이러스는 한국형 출혈열과 한타바이러스 폐증후군을 일으킨다. 설치류에 의해 매개. 22, 23장 참조.
110~130 nm	아레나바이러스과(Arenaviridae)	*Arenavirus*	RNA 함유 입자를 포함하는 나선형 캡시드, 림프구성 맥락수막염, 베네주엘라형 출혈열, 라싸열 등을 일으킨다. 23장 참조.
DNA 생성			
100~120 nm	레트로바이러스과(Retroviridae)	종양바이러스 *Lentivirus* (HIV)	RNA 종양바이러스는 모두 레트로바이러스에 속하며 종양바이러스는 동물에서 백혈병과 암을 일으킨다. 렌티바이러스속의 HIV는 AIDS를 일으킨다. 19장 참조.
이중 가닥 RNA 외피 없음			
60~80 nm	레오바이러스과(Reoviridae)	*Reovirus* *Rotavirus*	절지동물에 의해 매개되는 일반적으로 약한 호흡기 감염을 일으킨다. 콜로라도진드기열이 가장 널리 알려졌다. 25장 참조.

각각의 플라크는 이론적으로는 최초의 현탁액에 존재하는 단일 바이러스에서 유래된 것이다. 따라서 바이러스 현탁액의 농도는 플라크의 수로 계산할 수 있으며 **플라크형성단위(plaque-forming units, PFU)**로 표기한다.

실험실에서 동물 바이러스 배양하기

실험실에서 동물 바이러스를 배양하는 데는 주로 세 가지 방법을 사용한다. 동물 바이러스를 배양하기 위해서는 살아 있는 동물, 발육란, 또는 세포배양액이 필요하다.

살아 있는 동물에서

일부 동물 바이러스는 쥐와 토끼, 기니피그 등의 살아 있는 동물에서만 배양 가능하다. 바이러스에 감염되었을 때의 면역반응을 연구하는 실험은 대부분 바이러스에 감염된 동물을 이용해서 이루어진다. 임상 시료에서 바이러스를 동정하고 분리하는 등의 진단 과정에 동물을 이용하기도 한다. 동물에 시료를 주입한 다음 동물에서 질병의 증상이 나타나는지 관찰하거나 감염된 조직에서 바이러스를 조사한다.

일부 사람 바이러스는 동물에서 배양할 수 없거나 배양할 수 있어도 질병을 일으키지 않는다. AIDS의 경우, 천연 동물 모델이 없기 때문에 이 질병이 진행되는 과정을 이해하는 데 시간이 걸렸고 생체 내에서 바이러스의 성장을 저해하는 약제를 개발하기 위한 실험을 할 수 없었다. 침팬지는 사람면역결핍바이러스의 한 종(HIV-1, *Lentivirus*속)에만 감염될 수 있으나 질병의 증상을 나타내지 않으므로 바이러스의 성장에 따른 영향이나 질병 치료를 위한 연구에 사용할 수는 없다. AIDS 백신은 현재 사람을 대상으로 임상시험 중이나 질병이 매우 천천히 진행되기 때문에 백신의 효과를 결정하는 데에도 여러 해가 걸릴 수 있다. 1986년에는 원숭이 AIDS(사바나원숭이의 면역결핍증)가, 이어서 1987년에는 고양이 AIDS(집고양이의 면역결핍증)가 보고되었다. 이들 질병은 렌티바이러스에 의해 나타나며 이들은 HIV와 밀접하게 연관되어 있다. 이들 질병은 몇 달 안에 발병하므로 다른 조직에서 바이러스의 성장을 연구하는 모델로 이용된다. 1990년 면역이 결핍된 생쥐에서 사람의 T 세포와 사람의 감마글로불린을 생산하도록 이식하는 과정에서 생쥐에 HIV를 감염시키는 방법이 발견되었다. 이렇게 이식된 생쥐는 비록 백신 개발에는 적당하지 않지만 바이러스의 복제 연구에는 믿을만한 모델이 된다.

발육란에서

바이러스가 **발육란**(embryonated egg)에서 자랄 수 있다면 이를 이용하여 적은 비용으로 상당히 편리하게 동물 바이러스를 배양할 수 있다. 발육란의 껍질에 구멍을 뚫고 바이러스 현탁액이나 바이러스가 들어 있는 것으로 의심되는 조직을 계란 속으로 주입한다. 계란에는 여러 개의 막이 존재하는데 바이러스가 성장하기에 가장 적절한 영역으로 주입한다(그림 1.37). 바이러스의 성장은 배의 사멸이나 배 세포의 손상, 계란 막에 생기는 전형적인 흔적이나 손상을 통해 확인한다. 이 방법은 한때 바이러스를 분리하고 배양하는 가장 흔한 방법으로 널리 사용되었고 여전히 일부 백신은 이 방법을 통해 생산되기도 한다. 이 때문에 백신 예방 접종을 할 때 계란 알러지가 있는지 확인하는 것이다. 바이러스 백신 제조 과정에 계란 단백질이 포함될 수 있기 때문이다. (알러지 반응은 19장에서 알아볼 것이다.)

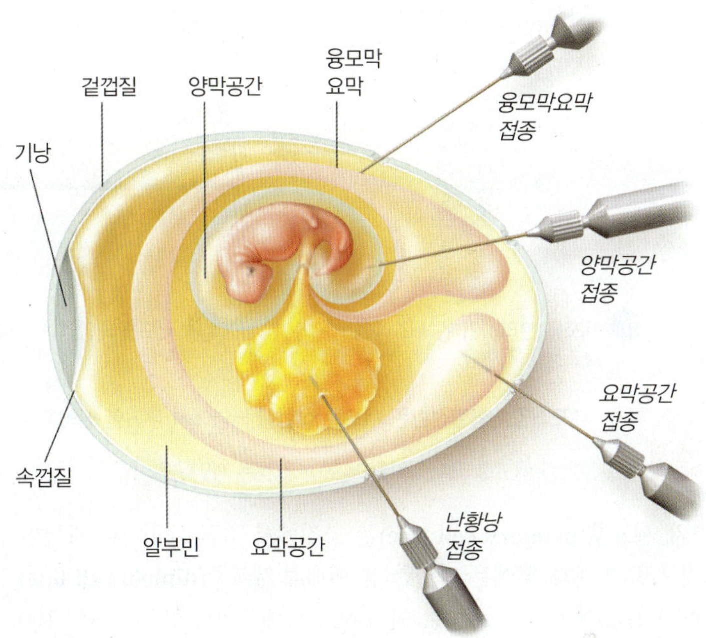

그림 13.7 발육란의 접종. 바이러스가 잘 자라는 위치에 바이러스를 접종한다.

 바이러스를 배양액이 아닌 달걀에서 키우는 까닭은?

세포배양에서

세포배양(cell culture)은 많은 바이러스의 배양에서 가장 선호하는 방법으로 발육란을 대체하고 있다. 세포배양은 실험실 배지에서 배양된 세포를 이용한다. 이들 배양액은 일반적으로 균질한 세포 집단으로 이루어지므로 세균 배양액과 상당히 비슷한 방식으로 배양하고 처리할 수 있다. 따라서 동물 개체나 발육란보다 훨씬 더 편리하게 사용할 수 있다.

세포배양은 동물의 조직 절편에 효소를 처리하여 개별 세포로 분리하는 과정으로 시작된다(그림 13.8). 이들 세포를 성장에 필요한 삼투압과 영양물질, 성장인자 등이 함유된 용액에 현탁한다. 정상 세포는 유리나 플라스틱 용기에 부착하여 단일 층을 형성하며 증식한다. 이러한 단일층에 바이러스가 감염되면 세포가 증식하면서 더 이상 균일한 단일층을 이루지 못한다. 이와 같은 세포의 변화를 **세포변성효과(cytopathic effect, CPE)**라 하며 그림 13.9에서 볼 수 있다. 박테리오파지가 빽빽하게 자란 세균층에 플라크를 형성하여 PFU/ml의 형태로 분석되는 것과 같은 방식으로 세포변성효과를 이용하여 바이러스의 존재 여부를 확인하고 수를 특정할 수 있다.

바이러스는 일차 세포주 또는 연속배양 세포주에서 배양된다.

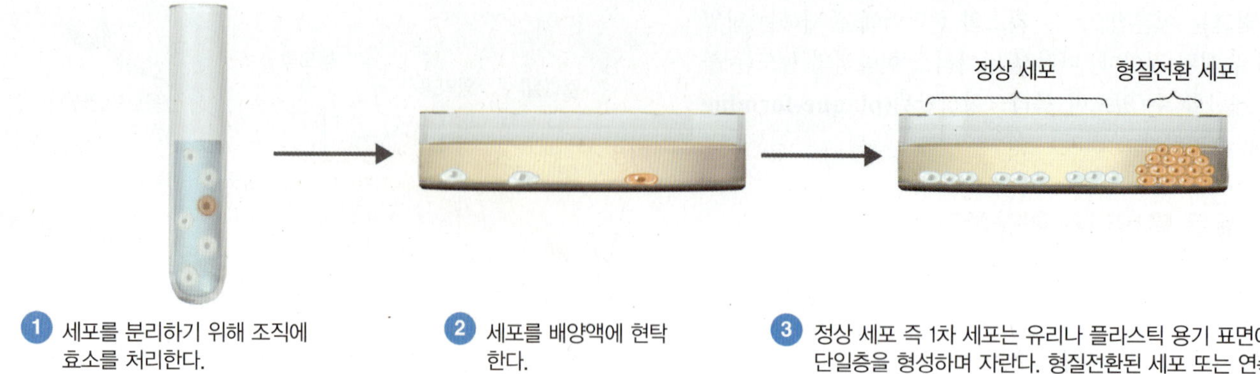

1 세포를 분리하기 위해 조직에 효소를 처리한다.

2 세포를 배양액에 현탁 한다.

3 정상 세포 즉 1차 세포는 유리나 플라스틱 용기 표면에 단일층을 형성하며 자란다. 형질전환된 세포 또는 연속배양 세포는 단일층으로 자라지 않는다.

그림 13.8 **세포배양.** 형질전환된 세포는 실험실 배양에서 무기한 배양할 수 있다.

Q 형질전환된 세포를 "불멸화"된 세포라 일컫는 까닭은?

1차 세포주(primary cell line)는 조직에서 직접 채취하여 배양한 것으로 몇 세대 후에는 사멸한다. **이배체 세포주(diploid cell line)**라 불리는 세포주가 있는데, 이는 사람의 배아에서 얻으며 대략 100세대 동안 유지할 수 있어 사람 숙주가 필요한 바이러스 배양에 널리 이용된다. 사람의 배아 세포에서 얻은 이배체 세포주를 이용하여 공수병 백신을 생산하는데 이를 사람 이배체 배양 백신이라 부른다.

바이러스를 실험실에서 일상적으로 배양하려면 **연속배양 세포주(continuous cell line)**를 사용한다. 이 세포주는 암세포로 형질전환된 세포로 무한대로 계속 증식하여 유지될 수 있어 때로 불멸화 세포주라고도 한다(암세포로의 형질전환에 대해서는 393쪽 참조). 연속배양 세포주 가운데 하나인 HeLa 세포주는 1951년에 사망한 한 여성(Henrietta Lacks)의 암세포에서 분리되었다. 여러 해 동안 실험실에서 배양되면서 이 같은 세포주 가운데 대부분은 해당 세포의 원래 특성을 거의 모두 잃어버렸으나 이와 같은 변화는 바이러스를 배양하는 데 영향을 주지 않는다. 세포주를 이용하여 많은 종류의 바이러스를 분리하고 배양할 수 있음에도 불구하고 여전히 일부 바이러스는 세포 배양액을 이용하여 배양하는 데 성공하지 못하고 있다.

세포배양의 가능성은 19세기 말에 처음 제기되었으나 제2차 세계대전 이후 항생제가 개발되고 나서야 실질적으로 실험실에서 세포를 배양할 수 있게 되었다. 동물 세포를 배양할 때 가장 큰 어려움 중의 하나는 세포 배양액을 미생물에 오염되지 않은 채 유지하는 일이다. 세포주를 유지를 위해서는 세포 배양 관련 실험을 상근직으로 해 온 경험이 상당히 있는 숙련된 전문기사가 필요하다. 이와 같은 어려움으로 인해 대부분의 병원 실험실과 많은 공립 보건 실험실에서는 임상적인 목적으로 바이러스를 분리하거나 동정하지 않는다. 대신 조직이나 혈청 검체를 이와 같은 작업을 전문적으로 하는 전문 실험실로 보낸다.

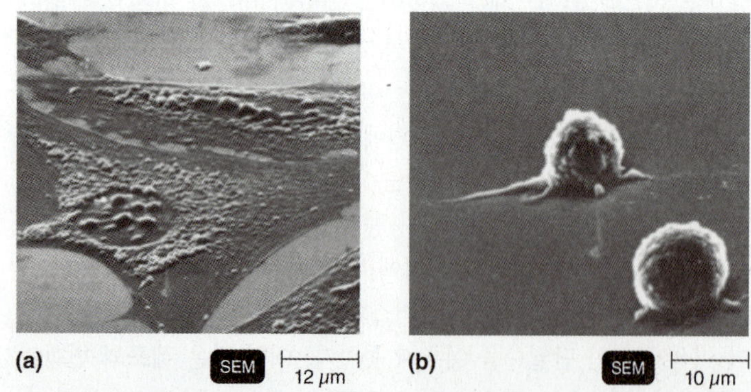

그림 13.9 **바이러스의 세포병변 효과.** (a) 감염되지 않은 생쥐 세포가 서로 붙어서 단일층을 형성한다. (b) 수포성 구내염 바이러스(vesicular stomatitis virus, VSV)에 감염된 후 24시간이 지난 세포. 세포가 위로 커지며 둥글게 변하는 것에 주목하시오.

Q VSV 감염은 세포에 어떤 영향을 주는가?

바이러스 동정

분리한 바이러스를 동정하는 일은 쉽지 않다. 바이러스는 전자현미경을 사용해야만 볼 수 있다는 것도 그 한 가지 이유이다. 웨스턴 블롯팅과 같은 혈청학적 방법이 가장 널리 사용되는 동정 방법이다(그림 10.12 참조). 이와 같은 검사법에서 바이러스는 항체와의 반응성을 이용해서 검출하고 동정한다. 항체에 대해서는 17장에서, 바이러스를 동정하는 여러 면역학적 검사법에 대해서는 18장에서 살펴볼 것이다. 15장(443~444쪽)에서 설명하는 세포변성효과의 관찰 또한 바이러스를 동정하는 유용한 방법이다.

바이러스학자는 제한효소절편다형성(restriction fragment length polymorphisms, RFLP; 9장 261쪽)이나 중합효소증폭반응(polymerase chain reaction, PCR; 9장 249쪽)을 비롯한 최신 분자생물학적 방법을 사용하여 바이러스를 동정하고 그 특성을 연구한다(9장 참조). PCR로 바이러스의 RNA를 증폭함으로써, 1999년 미국에서는 웨스트나일바이러스를, 2002년 중국에서는 SARS를 일으키는 코로나바이러스를 동정하였다.

이해도 확인하기

- 플라크 분석법이란 무엇인가? **13-5**
- 바이러스를 배양하는 데에 연속배양 세포주가 1차 세포주보다 더 실용적인 이유는 무엇인가? **13-6**
- 환자에서 독감바이러스를 동정하기 위해 어떤 검사법을 사용할 수 있는가? **13-7**

바이러스의 증식

학습 목표

13-8 T-짝수 박테리오파지의 용균회로를 설명한다.
13-9 박테리오파지 람다의 용원회로를 설명한다.
13-10 DNA 함유 및 RNA 함유 동물 바이러스의 증식 회로를 비교한다.

바이러스 입자의 핵산은 새로운 바이러스를 합성하는 데 필요한 소수의 유전자만을 지닌다. 여기에는 캡시드 단백질과 같은 바이러스 입자의 구성성분 유전자와 바이러스 생활사에 사용되는 몇몇 효소 유전자들이 포함된다. 이들 효소는 바이러스가 숙주세포 안에 있을 때에만 합성되어 기능을 한다. 바이러스 효소는 거의 대부분 바이러스의 핵산을 복제하거나 가공하는 일을 한다. 단백질 합성, 리보솜, tRNA, 에너지 합성 등에 필요한 효소는 숙주세포가 공급하며 이를 이용해 바이러스 효소를 비롯한 바이러스 단백질을 합성한다. 외피가 없는 바이러스 입자 중에 크기가 작은 것에는 미리 만들어진 효소가 들어 있지 않지만 더 큰 바이러스 입자에는 하나 이상의 효소가 있는 경우도 있다. 이들 효소는 대개 바이러스가 숙주세포를 뚫고 들어가는 과정이나 자신의 핵산 복제 과정을 돕는 기능을 한다.

따라서 바이러스가 증식하려면 바이러스는 반드시 숙주세포에 들어가서 숙주의 대사 기구를 장악해야 한다. 바이러스 입자 하나는 숙주세포 하나에 들어가 여러 개, 심지어는 수천 개의 비슷한 바이러스를 만들어낸다. 이 과정은 숙주세포를 급격하게 변화시켜 대개는 숙주세포의 사멸을 초래한다. 몇몇 바이러스의 경우에는 감염된 숙주세포가 계속 생존하면서 끝없이 바이러스를 생성하기도 한다.

바이러스의 증식은 **일단성장곡선(one-step growth curve)**을 보인다(그림 13.10). 배양 중인 모든 세포를 바이러스로 감염시킨 다음, 배양액을 검사하여 바이러스 입자와 바이러스 단백질, 핵산을 확인하면 이와 같은 성장곡선을 얻을 수 있다.

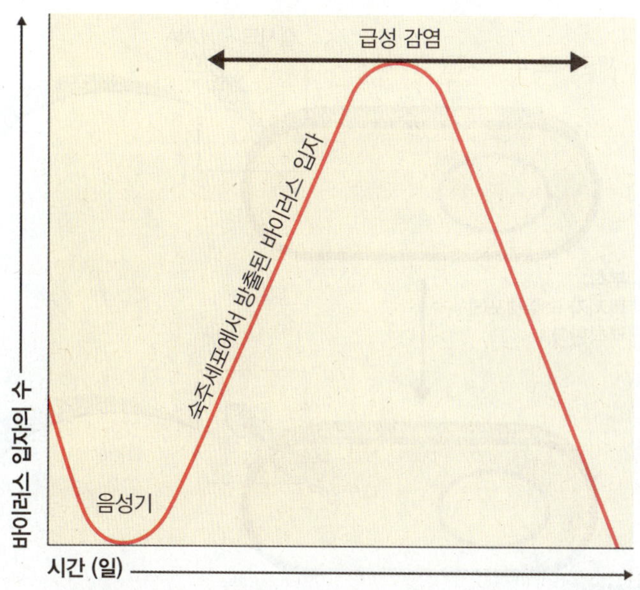

그림 13.10 **바이러스의 일단 성장곡선.** 생합성과 성숙기가 완료되기 전에 배양액에서는 새로운 감염성 바이러스 입자가 관찰되지 않는다. 대부분의 세포는 감염 즉시 사멸하여 새로운 바이러스 입자를 만들어내지 못한다.

Q 생합성과 성숙기 동안 세포에서는 발견되는 것은 무엇인가?

박테리오파지의 증식

바이러스가 숙주세포에 들어가고 나오는 방법은 바이러스에 따라 다르지만 바이러스 증식의 기본 방식은 모든 바이러스에서 비슷하다. 박테리오파지는 용균회로와 용원회로라는 서로 다른 두 가지 방식으로 증식한다. **용균회로(lytic cycle)**는 숙주세포가 파괴되고 사멸되는 것으로 끝나는 반면 **용원회로(lysogenic cycle)**에서는 숙주세포가 살아남는다. T-짝수 박테리오파지(T-even bacteriophages, T2, T4, T6)가 가장 많이 연구되었기 때문에 숙주인 대장균에서 T-짝수 박테리오파지가 증식하는 방식을 예로 들어 용균회로를 설명하고자 한다.

T-짝수 파지: 용균회로

T-짝수 박테리오파지의 입자는 크고 복잡하고 외피가 없으며 그림 13.5a와 그림 13.11에서 보듯이 특징적인 머리와 꼬리 구조를 보인다. 이 박테리오파지에 들어 있는 DNA의 길이는 대장균에 포함된 것의 6%에 불과하지만 파지의 DNA에는 100여 개의 유전자가 들어 있다. 이 파지의 증식회로는 다른 모든 바이러스와 마찬가지로 부착, 유입, 생합성, 성숙, 방출의 다섯 단계로 나눌 수 있다.

부착 ❶ 파지 입자와 세균이 우연히 마주치면 바이러스가 세균에 부착(attachment) 또는 흡착(adsorption)된다. 이 과정에서 바이러스에 있는 부착자리는 세균 세포에 존재하는 상보적인 수용체 자리와 결합한다. 이와 같은 부착과정은 부착자리와 수용체 자리 사이에 약한 화학결합의 형성으로 이루어진다. T-짝수 바이러스는 꼬리의 말단에 있는 꼬리섬유를 부착자리로 사용한다. 상보적인 수용체 자리는 세균의 세포벽에 존재한다.

유입 ❷ 부착된 다음 T-짝수 박테리오파지는 DNA(핵산)를 세균 안으로 주입한다. DNA를 주입하기 위해 박테리오파지의 꼬리에서 세균의 세포벽의 일부를 분해하는 효소인 **파지 리소자임(phage lysozyme)**을 방출한다. 유입(penetration) 과정 중에 파지의 꼬리 껍질이 수축하면서 안쪽의 물질이 세포벽을 투과한다. 파지의 내부 물질이 원형질막에 도달하면, 박테리오파지 머리 부분에 들어 있는 DNA가 꼬리 내부와 원형질막을 통과하여 세균 세포 안으로 들어간다. 캡시드는 세균 세포의 바깥에 남는다. 따라서 파지 입자는 주사기처럼 작동해서 DNA를 세균 세포 안으로 주입한다.

생합성 ❸ 일단 박테리오파지 DNA가 숙주세포의 세포질에 도달하면 바이러스의 핵산과 단백질이 생합성된다. 바이러스가 숙주 DNA의 분해를 유도하거나 전사나 번역을 저해하는 바이러스 단백질로 인해 숙주의 단백질 합성은 중단된다.

초기에 파지는 숙주세포의 뉴클레오티드와 여러 효소를 이용해서

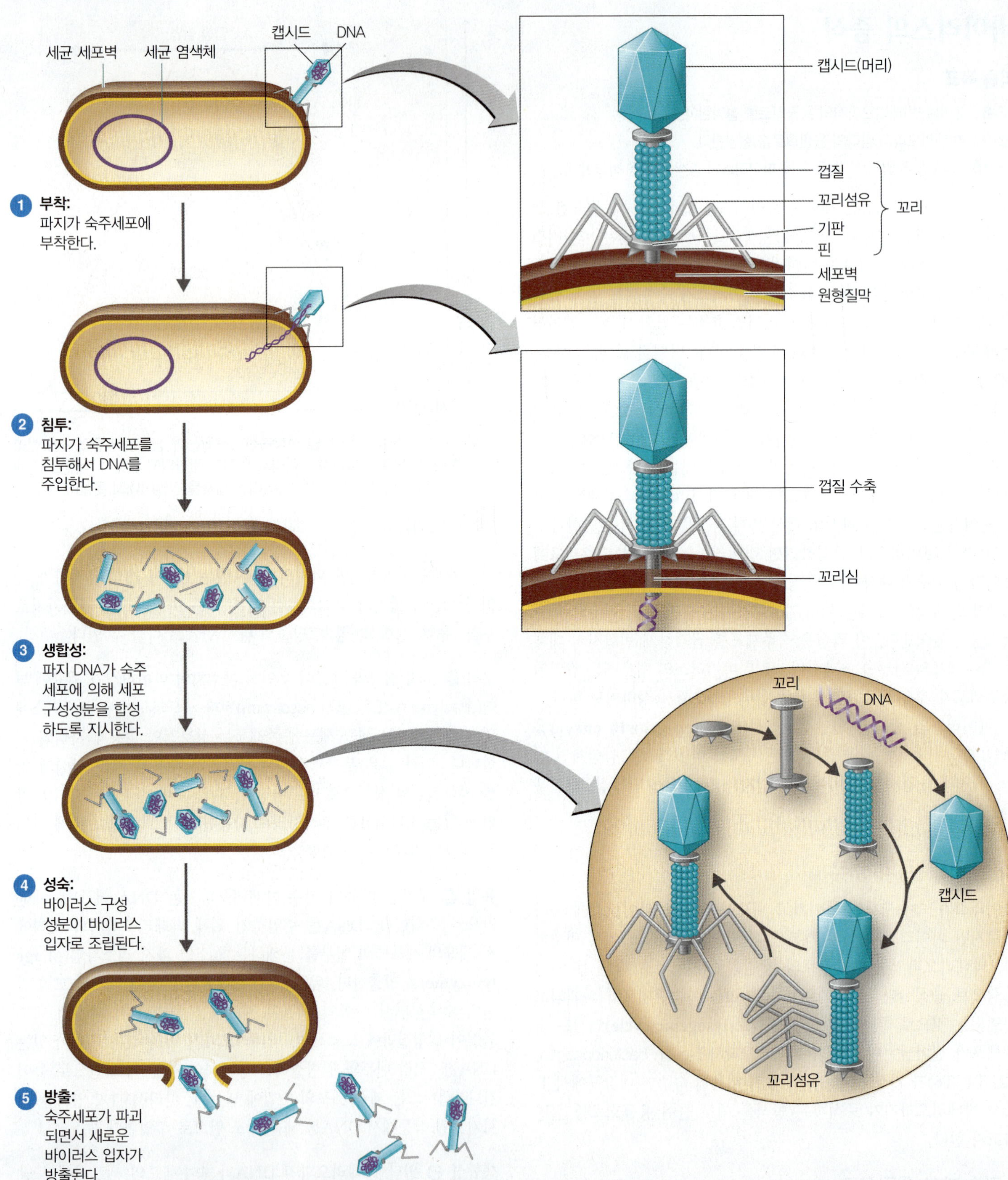

그림 13.11 T-짝수 파지의 용균회로

Q 용균회로가 끝나면 어떤 결과가 생기는가?

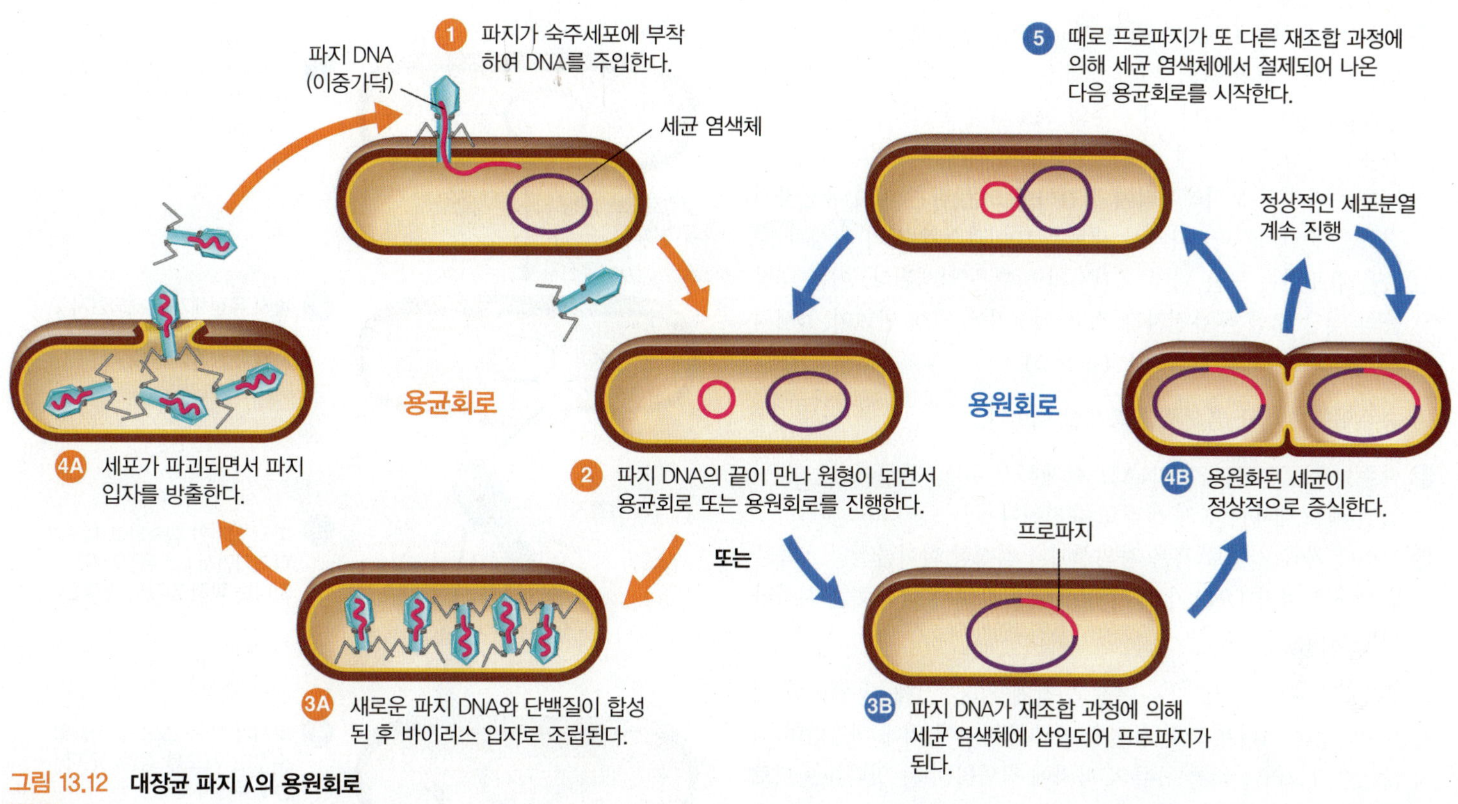

그림 13.12 **대장균 파지 λ의 용원회로**

Q 용원회로는 용균회로와 어떻게 다른가?

파지 DNA의 사본을 합성한다. 곧 이어 바이러스 단백질의 합성이 시작된다. 이 시점에서 숙주세포에서 전사되는 모든 RNA는 파지 효소와 캡시드 단백질의 생합성을 위한 것으로 파지 DNA에서 전사된다. 숙주세포의 리보솜과 효소, 아미노산 등이 번역에 사용된다. 유전자 조절을 통해 증식 회로가 진행되는 동안 파지 DNA의 서로 다른 부분이 mRNA로 전사된다. 예를 들어, 감염 직후에는 파지 DNA 합성에 사용되는 효소 등의 초기 파지 단백질의 mRNA가 전사되어 단백질로 번역된다. 또한 감염 후기에는 캡시드 단백질의 합성에 필요한 파지 단백질 유전자가 전사되고 번역된다.

감염 후 몇 분 동안은 완전한 형태를 갖춘 파지 입자를 숙주세포에서 볼 수 없다. 단지 DNA나 단백질과 같은 개개의 성분이 따로 따로 발견될 뿐이다. 바이러스가 증식하는 동안 감염 능력을 지닌 완전한 바이러스 입자가 미처 만들어지기 전까지의 시기를 **음성기(eclipse period)**라 한다.

성숙 4 다음 순서는 **성숙**(maturation) 과정이다. 이 시기에 박테리오파지 DNA와 캡시드는 완전한 바이러스 입자의 형태로 조립된다. 바이러스의 성분들은 저절로 조립되어 바이러스 입자를 이루는 본질적인 특성 때문에 이 과정에 기타 조절 유전자나 유전자 산물 등은 필요로 하지 않는다. 파지의 머리와 꼬리는 단백질 소단위로부터 따로 조립되고 머리가 파지 DNA로 채워지면 여기에 꼬리가 부착된다.

방출 5 바이러스 증식의 마지막 단계는 숙주세포에서 바이러스 입자가 **방출**(release)되는 과정이다. **용균(lysis)**이라는 용어는 일반적으로 T-짝수 파지의 증식에서 이 단계를 가리키는 용어다. 이 경우에 원형질막이 실제로 조각나면서 세포가 분해되기 때문이다. 파지 유전자가 부호화하는 리소자임은 세포 안에서 합성된다. 이 효소가 세균의 세포벽을 파괴하고 새로 합성된 박테리오파지를 숙주세포 밖으로 방출시킨다. 방출된 박테리오파지는 주변의 다른 세포를 감염시키고 바이러스 증식회로가 이들 세포에서 반복된다.

박테리오파지 람다(λ): 용원회로

T-짝수 박테리오파지와 대조적으로 일부 바이러스는 증식하면서 숙주세포를 용균시켜 사멸시키지 않는다. **용원파지**(lysogenic phage) 또는 **온건파지**(temperate phage)라 불리는 파지 종류는 실제 용균성 회로를 진행할 수도 있지만 또한 자신의 DNA를 숙주세포의 DNA에 삽입시켜 용원성 회로를 시작할 수도 있다. **용원화(lysogeny)** 과정에서 파지는 비활성인 상태(잠재 상태)로 남아 있다. 용원화된 세균의 숙주세포를 **용원균**(lysogenic cell)이라 한다.

널리 알려진 용원파지인 박테리오파지 λ(람다)를 예로 들어 용원회로를 살펴보기로 한다(그림 13.12).

1 *E. coli* 세포에 유입되면,

2 파지 입자 안에서 선형으로 존재 했던 파지 DNA의 끝이 연결되어 원형 DNA를 이룬다

3A 원형 DNA가 복제되고 전사되면서,

4A 새로운 파지를 생성하고 세포를 용균시킨다(용균회로).

3B 이와 달리 원형 DNA가 원형 세균 DNA와 재조합되어 그 일부로 존재한다(용원회로). 삽입된 파지 DNA는 **프로파지(prophage)**라 불린다. 대부분의 프로파지 유전자는 파지 유전자에서 합성된 두 개의 억제자 단백질에 의해 억제된다. 이들 억제자는 파지의 오퍼레이터에 결합하여 모든 다른 파지 유전자의 전사를 중단시킨다. 따라서 새로운 바이러스 입자의 합성과 방출을 유도하는 모든 파지 유전자의 발현은 억제된다. 이는 대장균의 젖당 오페론 유전자가 젖당 억제자에 의해 발현이 억제되는 과정과 거의 같다(그림 8.12 참조).

숙주세포가 세균 염색체를 복제할 때마다,

4B 숙주세포는 프로파지 DNA도 복제하게 된다. 프로파지는 용원화된 세포 내에서 잠재 상태로 유지된다.

5 그러나 가끔 저절로 혹은 자외선이나 특정한 화학물질의 작용을 받아 프로파지 DNA가 절제되어 나와 새로 용균회로를 시작하기도 한다.

용원화된 세포는 세 가지 특성을 갖게 된다. 첫째, 용원화된 세포는 면역성을 지니게 되어 동일한 종류의 파지에 의해 재감염이 되지 않는다. (그러나 다른 종류의 파지에 감염될 수는 있다.) 둘째로 용원화된 세포에서는 **파지전환(phage conversion)**이 일어난다. 이는 프로파지로 인해 숙주세포가 새로운 특성을 나타내는 것을 말한다. 예를 들면 디프테리아를 일으키는 세균인 *Corynebacterium diphtheriae*는 독소를 합성함으로써 병을 일으킨다. 이 세균이 만드는 독소 유전자는 프로파지 DNA 상에 존재하므로 이 파지가 용원화되었을 때만 독소를 생성할 수 있다. 파지에 의해 용원화된 연쇄상구균만이 독성쇼크증후군을 야기할 수 있다. 보툴리누스식중독을 일으키는 *Clostridium botulinum* 또한 프로파지에서 유전자가 식중독 독소를 생산하며, 일부 병원성 대장균이 생성하는 시가독소도 프로파지에서 만들어진다.

용원화에 의한 세 번째 결과는 **특수 형질도입(specialized transduction)**이 가능해진다는 것이다. 8장에서 세균 유전자가 파지 껍질 안에 들어가서 또 다른 세균에 전해지면서 일반형질도입이 일어난다는 사실을 살펴보았다(237쪽 그림 8.29 참조). 일반형질도입에서는 숙주 염색체가 조각나면서 어떤 유전자든 파지 껍질 안으로 들어갈 수 있고 따라서 어떤 유전자든 다른 세포로 도입될 수 있다. 그러나 특수형질도입에서는 특정한 세균 유전자만이 전달될 수 있다.

특수형질도입은 용원파지에 의해 매개된다. 용원파지는 같은 캡시드 안에 자신의 DNA와 함께 세균의 DNA 일부를 포장해 넣을 수 있기 때문이다. 프로파지가 숙주의 염색체에서 절제될 때 파지 DNA의 양쪽에 인접한 숙주 염색체 부위가 파지 DNA와 함께 잘릴 수 있다. 그림 13.13에 박테리오파지 λ가 갈락토오스 분해능력이 있는 숙주에서 갈락토오스를 분해하는 *gal* 유전자를 획득하는 과정이 나타나 있다. 이 유전자를 지니는 파지가 갈락토오스를 분해할 수 없는 세균을 용원화시키면 갈락토오스를 분해할 수 있는 형태로 형질도입된다.

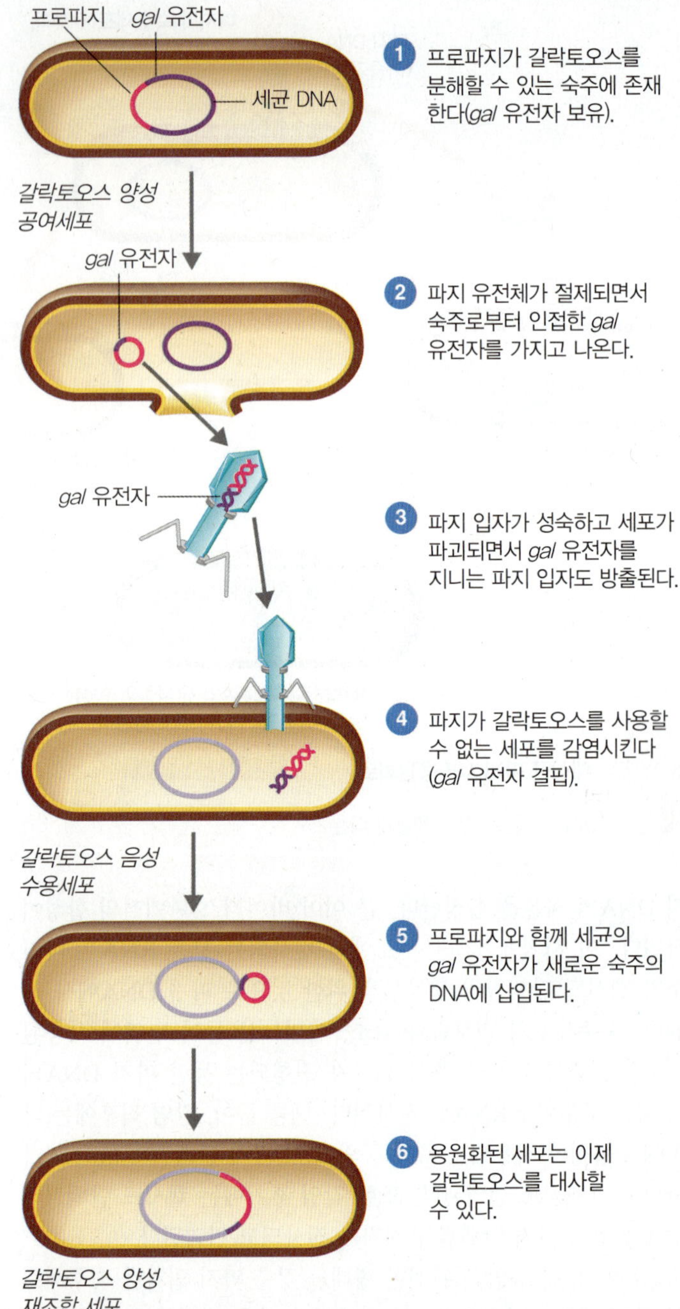

그림 13.13 특수형질도입. 프로파지가 숙주 염색체에서 절제되어 나올 때 세균 염색체 상에서 프로파지와 인접해 있던 DNA를 조금 가지고 나올 수 있다.

Q 특수형질도입은 용균회로와 어떻게 다른가?

특정한 동물 바이러스 또한 용원화와 매우 유사한 과정을 진행하기도 한다. 숙주세포 안에서 오랫동안 증식하거나 병을 일으키지 않고 잠재 상태로 존재하는 동물바이러스는 숙주의 염색체에 자신의 DNA를 삽입하거나 숙주 DNA와 별도로 분리된 형태로 유전자 발현을 억제시킬 수 있다(용원화 파지에서처럼). 종양유발 바이러스 중에서 잠재성인 바이러스가 있으며 이는 이번 장의 후반부에서 살펴볼 것이다.

표 13.3 박테리오파지와 동물 바이러스의 증식

단계	박테리오파지	동물 바이러스
부착	꼬리섬유가 세포벽에 있는 단백질에 부착한다.	부착자리는 원형질막 단백질과 당단백질이다.
유입	바이러스 DNA가 숙주세포 안으로 주입된다.	캡시드는 수용체매개 세포내섭취 또는 막융합 과정을 통해 숙주세포 안으로 들어간다.
탈피	해당 없음	캡시드 단백질은 효소에 의해 제거된다.
생합성	세포질	핵(DNA 바이러스) 또는 세포질(RNA 바이러스)
만성감염	용원화	잠재성, 바이러스 감염이 느리다, 암 유발
방출	숙주세포가 분해된다.	외피 바이러스는 출아과정에 의해 외피가 없는 바이러스는 원형질막을 파괴함으로써 방출된다.

이해도 확인하기

- 대사 효소를 지니지 않는 박테리오파지는 어떻게 뉴클레오티드나 아미노산을 얻을 수 있는가? **13-8**
- *Vibrio cholerae*는 용원화되었을 때에만 콜레라를 일으키는 독소를 생성한다. 이 현상을 설명하시오. **13-9**

동물 바이러스의 증식

동물 바이러스의 증식은 박테리오파지의 증식과정과 기본적으로 동일하나 몇 가지 차이점을 보인다. 이는 표 13.3에 요약되어 있다. 동물 바이러스는 숙주세포에 유입되는 과정이 파지와 다르다. 또한 바이러스가 일단 세포 안으로 들어가고 나서 새로운 바이러스 성분이 합성되고 조립되는 과정 또한 조금 다르며 이는 부분적으로 원핵세포와 진핵세포 사이의 차이점에 기인한다. 동물 바이러스는 파지에서 발견되지 않는 특정한 종류의 효소를 지니기도 한다. 마지막으로 성숙과 방출, 숙주세포에 미치는 영향 등의 측면에서도 동물 바이러스는 파지와 다르다.

동물 바이러스의 증식에 관한 다음 설명에서 DNA 바이러스와 RNA 바이러스가 공통적으로 보이는 특성을 주로 다룰 것이다. 부착, 유입, 탈피, 방출 등의 과정이 여기 해당한다. 그 다음에 DNA 바이러스와 RNA 바이러스가 생합성 과정과 관련하여 차이가 나는 점에 대해 살펴볼 것이다.

부착

박테리오파지와 마찬가지로 동물 바이러스도 부착자리가 숙주세포의 표면에 존재하는 상보적인 수용체 자리에 결합한다. 동물세포의 수용체 자리는 원형질 막에 존재하는 단백질 또는 당단백질이다. 또한 동물 바이러스는 일부 박테리오파지에서 볼 수 있는 꼬리섬유와 같은 부속지가 없다. 동물 바이러스의 부착자리는 바이러스 표면에 전체적으로 분포되어 있다. 부착자리는 바이러스의 종류에 따라 서로 다르다. 정20면체 구조인 아데노바이러스는 20면체의 꼭지점 부분에 있는 작은 섬유를 부착자리로 이용한다(그림 13.2b 참조). 독감바이러스를 비롯한 외피바이러스는 외피의 표면에 있는 돌기를 부착자리로 쓰는 경우가 많다(그림 13.3b 참조). 돌기 하나가 숙주의 수용체에 부착하는 순간 같은 세포에 존재하는 다른 수용체 자리들이 바이러스 주변으로 이동한다. 많은 자리가 서로 결합될 때 부착과정이 완료된다.

수용체 자리는 숙주에 따라 다르다. 따라서 특정한 바이러스 수용체가 사람에 따라 다를 수 있다. 이로 인해 특정한 바이러스에 대한 민감성이 사람마다 다를 수 있는 것이다. 예를 들어 파보바이러스 B19에 대한 세포 수용체(P 항원이라 불리는)가 없는 사람은 선천적으로 이 바이러스에 대해 내성을 지닌다(605쪽 참조). 부착자리의 특성을 이해하면 항바이러스 약제를 개발할 수 있다. 조만간 일부 바이러스 감염의 치료에 바이러스의 부착자리나 세포의 수용체 자리에 결합하는 단일클론 항체(18장 참조)가 이용될 수 있을 것이다.

유입

바이러스가 숙주세포에 부착되면 세포 안으로 유입된다. 많은 바이러스가 **수용체매개 세포내섭취(receptor-mediated endocytosis)**를 통해 진핵세포 안으로 들어간다(4장 참조). 세포의 원형질막이 계속해서 안쪽으로 접히면서 소포를 형성한다. 이들 소포에는 세포 외부에 존재하는 인자들이 들어 있고 이 과정에서 외부 물질이 세포 안으로 섭취될 수 있다. 바이러스 입자가 잠재적인 숙주세포의 원형질막에 부착되면 숙주세포는 원형질막을 접어 바이러스 입자를 둘러싼 소포를 형성한다(그림 13.14a).

외피 바이러스는 **융합(fusion)**이라 불리는 또 다른 과정을 통해 세포 안으로 들어간다. 융합과정에서 바이러스 외피는 원형질막과 융합되고 세포의 세포질에서 캡시드를 방출한다. HIV 바이러스가 이 방법을 이용해서 세포 안으로 들어간다(그림 13.14b).

탈피

음성기에는 바이러스가 세포 안에서 사라진다. 감염 직후에 바이러스 입자의 구성성분이 분해되기 때문이다. **탈피(uncoating)**는 바이러스 입자가 소포의 형태로 세포 안으로 들어간 다음 바이러스의 핵산이 단백질 껍질에서 분리되는 과정이다. 바이러스 캡시드는 세포가 소포 안에 들어 있는 물질을 분해하는 과정에서 분해되거나 외피

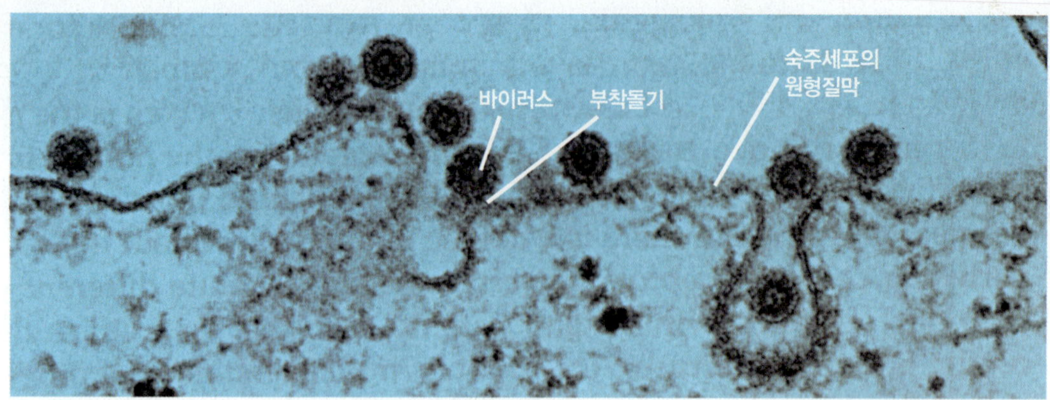

(a) 수용체 매개 세포내섭취에 의한 토가바이러스의 유입

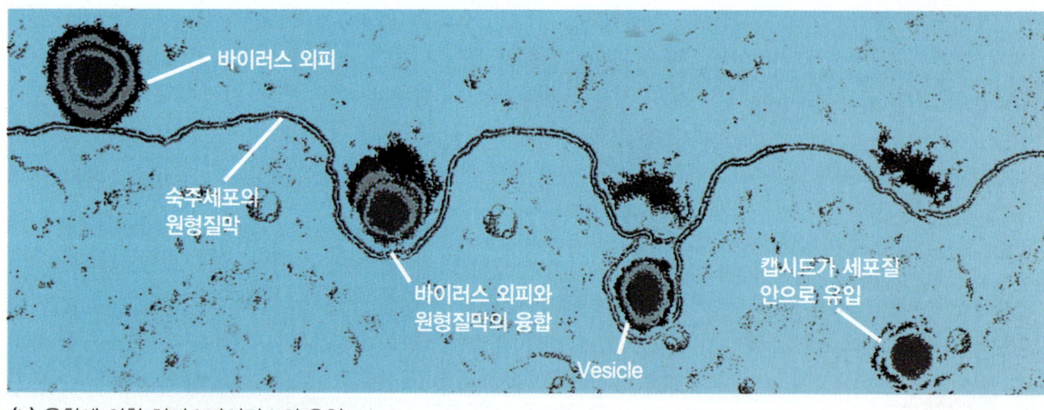

(b) 융합에 의한 허피스바이러스의 유입

그림 13.14 숙주세포로의 바이러스 유입. 부착된 이후 바이러스는 (a) 수용체 매개 세포내 섭취 또는 (b) 바이러스 외피와 원형질막의 융합에 의해 캡시드가 세포 안으로 들어간다.

Q 세포가 바이러스를 능동적으로 들여보내는 과정은?

로 둘러싸이지 않은 캡시드는 숙주세포의 세포질로 방출되기도 한다. 이 과정은 바이러스의 종류에 따라 다르다. 일부 동물 바이러스의 캡시드는 숙주세포의 분해효소에 의해 분해되기도 한다. 폭스바이러스의 탈피과정이 완료되기 위해서는 바이러스 DNA에 부호화된 특수한 효소의 작용이 필요한데, 이 효소는 감염 직후 합성된다. 적어도 한 종류의 바이러스, 폴리오바이러스에서는 바이러스가 여전히 숙주세포의 원형질막에 부착되어 있는 상태에서 때 탈피과정이 시작된다.

DNA 바이러스의 생합성

일반적으로 DNA 바이러스는 바이러스 효소를 이용해서 자기 DNA를 숙주세포의 핵 안에서 복제하고, 캡시드를 비롯한 다른 단백질은 숙주세포의 효소를 이용해서 세포질에서 합성한다. 그리고 나서 단백질은 핵 안으로 들어가 새로 합성된 DNA와 합쳐지면서 바이러스 입자를 형성한다. 이들 바이러스 입자는 소포체를 따라 숙주세포의 막으로 이동해서 방출된다. 허피스바이러스, 파포바바이러스, 아데노바이러스, 헤파드나바이러스 등이 모두 이와 같은 방식으로 생합성된다(표 13.4). 폭스바이러스는 예외적으로 세포질에서 모든 바이러스 구성성분을 합성한다.

그림 13.15에 나타난 파포바바이러스를 예로 들어 DNA 바이러스의 증식과정을 알아보기로 한다.

❶~❷ 부착과 유입, 탈피 과정이 진행된 다음 바이러스 DNA가 숙주세포의 핵 안으로 주입된다.

❸ 바이러스 DNA의 일부, 즉 "초기" 유전자가 전사된 다음 번역된다. 이들 유전자의 산물은 바이러스 DNA 복제에 필요한 효소들이다. 대부분의 DNA 바이러스에서 초기 전사는 숙주의 전사효소(RNA 중합효소)가 수행한다. 그러나 폭스바이러스는 바이러스 전사효소를 따로 지닌다.

❹ 때로는 DNA 복제가 시작된 이후에 나머지 "후기" 바이러스 유전자에 대한 전사와 번역이 일어나기도 한다. 후기 단백질에는 캡시드를 비롯한 다른 구조 단백질이 포함된다.

❺ 후기 단백질의 하나인 캡시드 단백질이 합성되는데, 이 과정은 숙주세포의 세포질에서 일어난다.

❻ 캡시드 단백질이 숙주세포의 핵 안으로 이동한 다음, 바이러스 DNA와 캡시드 단백질이 조립되면서 완전한 바이러스 입자를 형성한다.

❼ 완성된 바이러스 입자가 숙주세포에서 방출된다.

일부 DNA 바이러스의 특징은 다음과 같다.

Adenoviridae 코인두의 점막과 관련된 림프조직인 아데노이드(adenoid)에서 처음 분리되어 아데노바이러스라 불린다. 아데노바이러스는 급성 호흡기 질병인 일반 감기를 일으킨다(그림 13.16a).

Poxviridae 두창과 우두를 비롯해서 폭스바이러스가 일으키는 모든 질병은 피부질환을 포함한다(601쪽 그림 21.10 참조). 폭스(pox)

토대 그림 13.15

동물 DNA 바이러스의 복제

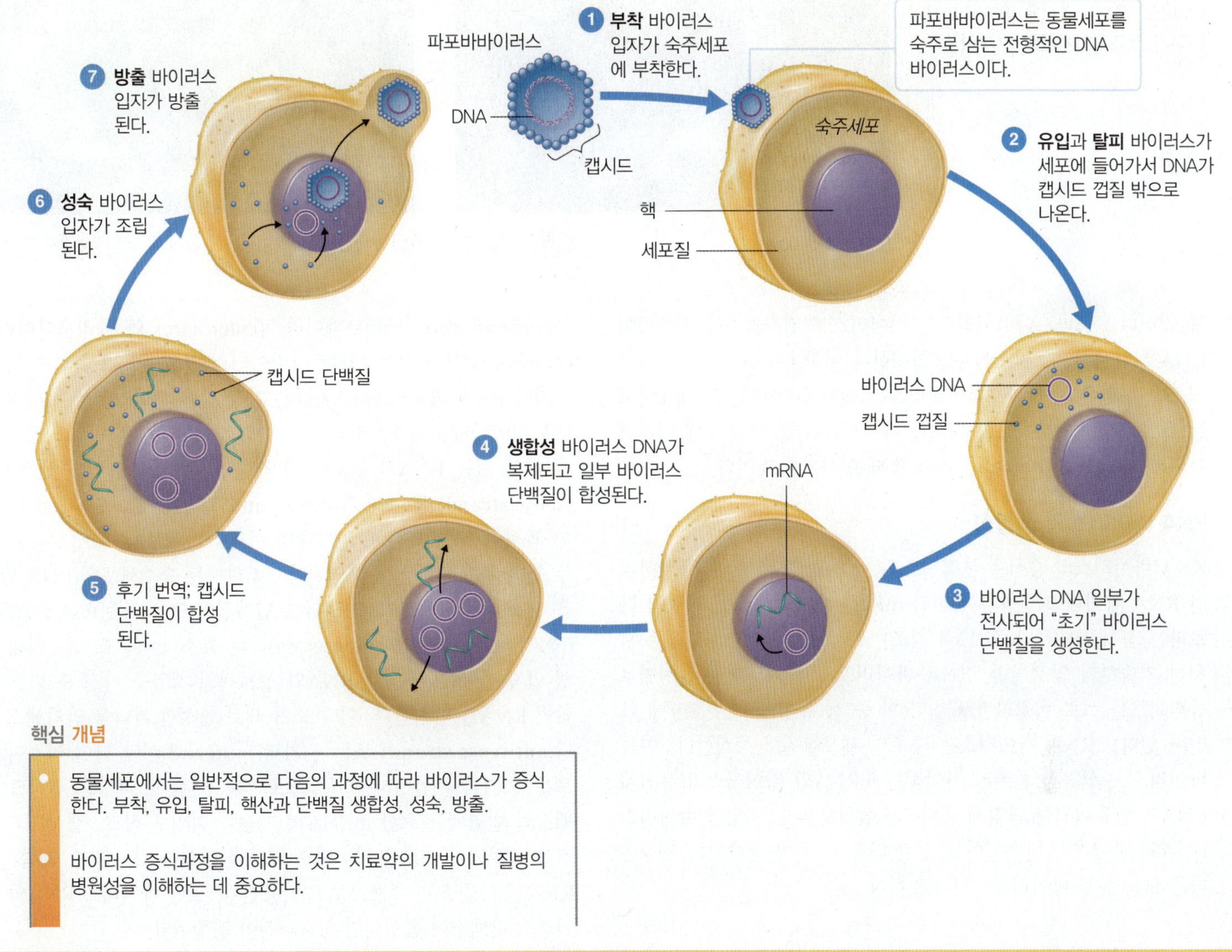

핵심 개념

- 동물세포에서는 일반적으로 다음의 과정에 따라 바이러스가 증식한다. 부착, 유입, 탈피, 핵산과 단백질 생합성, 성숙, 방출.
- 바이러스 증식과정을 이해하는 것은 치료약의 개발이나 질병의 병원성을 이해하는 데 중요하다.

란 고름이 차 있는 병소를 말한다. 바이러스 증식은 바이러스의 전사효소의 작용에서 시작된다. 숙주세포의 세포질에서 바이러스의 구성성분이 모두 합성되고 조립된다.

Herpesviridae 거의 100종에 가까운 허피스바이러스가 알려져 있다(그림 13.16b). 이 바이러스의 이름은 단순포진이 퍼지는(*herpetic*) 모양에서 비롯되었다. 다음과 같은 바이러스 종류가 사람 허피스바이러스(human herpesvirus, HHV)에 포함된다. HHV-1과 HHV-2는 둘 다 *Simplexvirus*속이며 단순포진을 일으킨다. *Viricllovirus*속의 HHV-3는 수두의 원인이다. *Lyphocryptovirus* 속인 HHV-4는 전염성 단핵증을 일으킨다. *Cytomegalovirus*속의 HHV-5는 거대세포봉입체증(CMV inclusion disease)를 일으킨다. *Roseolovirus*속의 HHV-6는 풍진을, HHV-7은 주로 신생아에게 홍역과 비슷한 발진을 일으킨다. *Rhadinovirus*속의 HHV-8는 주로 AIDS 환자에게 카포시 육종(Kaposi's sarcoma)을 일으킨다.

Papovaviridae 파포바바이러스라는 명칭은 사마귀(*pa*pilloma), 종양(*po*lyoma), 수포형성(*va*cuolation)에서 비롯되었다. 사마귀는 *Papillomavirus*속(유두종바이러스속)의 바이러스에 의해 나타난다. 일부 파필로마바이러스 종은 세포를 형질전환시켜 암을 일으키기도 한다. 바이러스 DNA는 숙주세포의 핵에서 숙주세포 염색체와 함께 복제된다. 숙주세포가 계속 증식하여 종양을 형성하기도 한다.

Hepadnaviridae 간염(*hepa*titis)을 일으키는 *DNA* 함유 바이러스라고 해서 헤파드나바이러스라는 이름이 붙었다(730쪽 그림 25.15 참조). 이 과(family)에 포함되는 유일한 속이 B형 간염을 일으킨다. (A, C, D, E, F, G형 간염 바이러스는 서로 연관되어 있지는 않으나 모두 RNA 바이러스다. 간염에 대해서는 25장에서 살펴

(a) *Mastadenovirus* SEM 100 nm

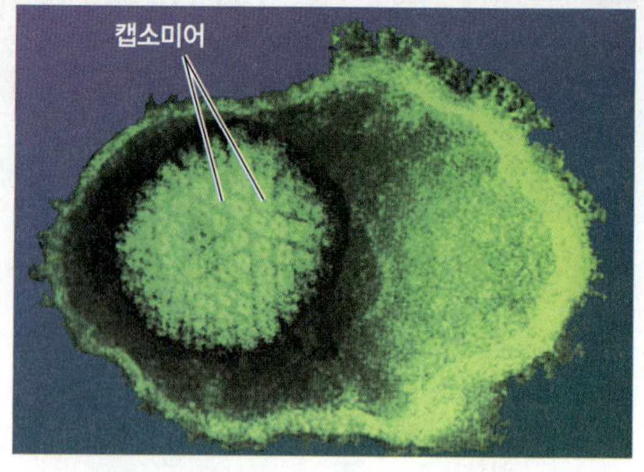

(b) *Herpesvirus* TEM 50 nm

그림 13.16 동물의 DNA 바이러스. (a) 밀도기울기원심분리에 의해 농축된 아데노바이러스를 음성 염색한 현미경 사진. (b) 이 사진에서는 허피스단순바이러스의 캡시드 주변을 둘러싼 외피의 일부가 붕괴되어 "계란 프라이" 처럼 보인다.

 이들 바이러스의 형태는?

볼 것이다.) 헤파드나바이러스는 바이러스 역전사효소를 이용하여 RNA를 복사함으로써 DNA를 합성한다는 점에서 다른 DNA 바이러스와 구별된다. 헤파드나바이러스는 레트로바이러스를 제외하고는 유일하게 역전사효소를 지니는 바이러스인데, 이 효소에 대해서는 뒤에서 레트로바이러스를 설명할 때 이야기할 것이다.

RNA 바이러스의 생합성

RNA 바이러스의 증식은 본질적으로는 DNA 바이러스와 동일하지만 RNA 바이러스의 종류에 따라 mRNA가 만들어지는 과정이 다르다는 점이 특이하다(표 13.4 참조). 이 과정 각각에 대해서는 자세히 기술하지 않겠지만, RNA 바이러스의 4가지 핵산 유형별로 증식회로를 서로 비교하기로 한다(이 중 세 유형이 그림 13.17에 나타나 있다). RNA 바이러스는 숙주의 세포질에서 증식한다. 이들 바이러스 증식과정의 주된 차이점은 mRNA와 바이러스의 유전체 RNA가 만들어지는 과정에 있다. 곧 살펴보겠지만, 일단 바이러스 RNA와 바이러스 단백질이 합성된 다음, 이들이 성숙되는 과정은 다른 모든 동물 바이러스에서 동일하다.

Picornaviridae 엔테로바이러스(enterovirus)와 폴리오바이러스(poliovirus)가 속하는 피코르나바이러스과(626쪽 22장 참조)는 단일가닥 RNA 바이러스다. 이들은 가장 작은 바이러스에 속하며 작다는 뜻의 *pico*-에 RNA를 붙여 이름을 지었다. 바이러스 입자 안에 들어 있는 RNA가 mRNA로 작용할 수 있으면 이를 **센스가닥(sense strand)** 또는 **+ 가닥(+ strand)**이라 한다. 부착과 유입, 탈피 과정이 끝난 다음 단일가닥의 바이러스 RNA(그림 13.17a)에서 두 개의 주요 단백질이 번역된다. 그 하나는 숙주세포의 RNA 합성을 저해하는 단백질이고 또 다른 단백질은 **RNA-의존 RNA 중합효소(RNA-dependent RNA polymerase)**라는 효소다. 이 효소는 원래 감염 입자 안에 들어 있던 RNA와 상보적인 서열을 가진 또 다른 가닥의 RNA를 합성한다. 이 효소가 새로 합성한 가닥을 **안티센스 가닥(antisense strand)** 또는 **− 가닥(− strand)**이라 하며 이것이 새로운 + 가닥을 합성하는 주형으로 작용한다. + 가닥은 캡시드 단백질의 번역에 필요한 mRNA의 기능을 하기도 하고, 캡시드 단백질과 조립되어 새로운 바이러스 입자를 형성하기도 하며, 계속적인 RNA 증식을 위한 주형으로도 작용한다. 일단 바이러스 RNA와 바이러스 단백질이 합성되면 성숙과정이 진행된다.

표 13.4 DNA 바이러스와 RNA 바이러스의 생합성

바이러스 핵산	바이러스 과	생합성 과정의 주요 특징
DNA, 단일가닥	파르보바이러스과(Parvoviridae)	숙주세포 효소를 이용하여 핵 안에서 바이러스 DNA 합성
DNA, 이중가닥	허피스바이러스과(Herpesviridae), 파포바바이러스과(Papovaviridae)	숙주세포 효소를 이용하여 핵 안에서 바이러스 DNA 합성
	폭스바이러스과(Poxviridae)	바이러스 효소를 이용하여 세포질에서 바이러스 입자에 들어갈 바이러스 DNA 합성
DNA, 역전사효소	헤파드나바이러스과(Hepadnaviridae)	숙주세포 효소를 이용하여 핵 안에서 바이러스 DNA 합성;. 역전사효소를 이용하여 mRNA에서 바이러스 DNA 합성
RNA, + 가닥	피코르나바이러스과(Picornaviridae), 토가바이러스과(Togaviridae)	바이러스 RNA에서 RNA 중합효소를 합성 한 다음 이 효소를 이용하여 세포질에서 mRNA를 합성할 − 가닥 RNA를 전사한다.
RNA, − 가닥	랍도바이러스과(Rhabdoviridae)	바이러스 효소가 바이러스 RNA를 주형으로 세포질에서 mRNA 합성
RNA, 이중가닥	레오바이러스과(Reoviridae)	바이러스 효소가 − 가닥 RNA를 주형으로 세포질에서 mRNA 합성
RNA, 역전사효소	레트로바이러스과(Retroviridae)	바이러스 효소가 바이러스 RNA를 주형으로 세포질에서 DNA를 합성하고 합성된 DNA는 핵 안으로 이동

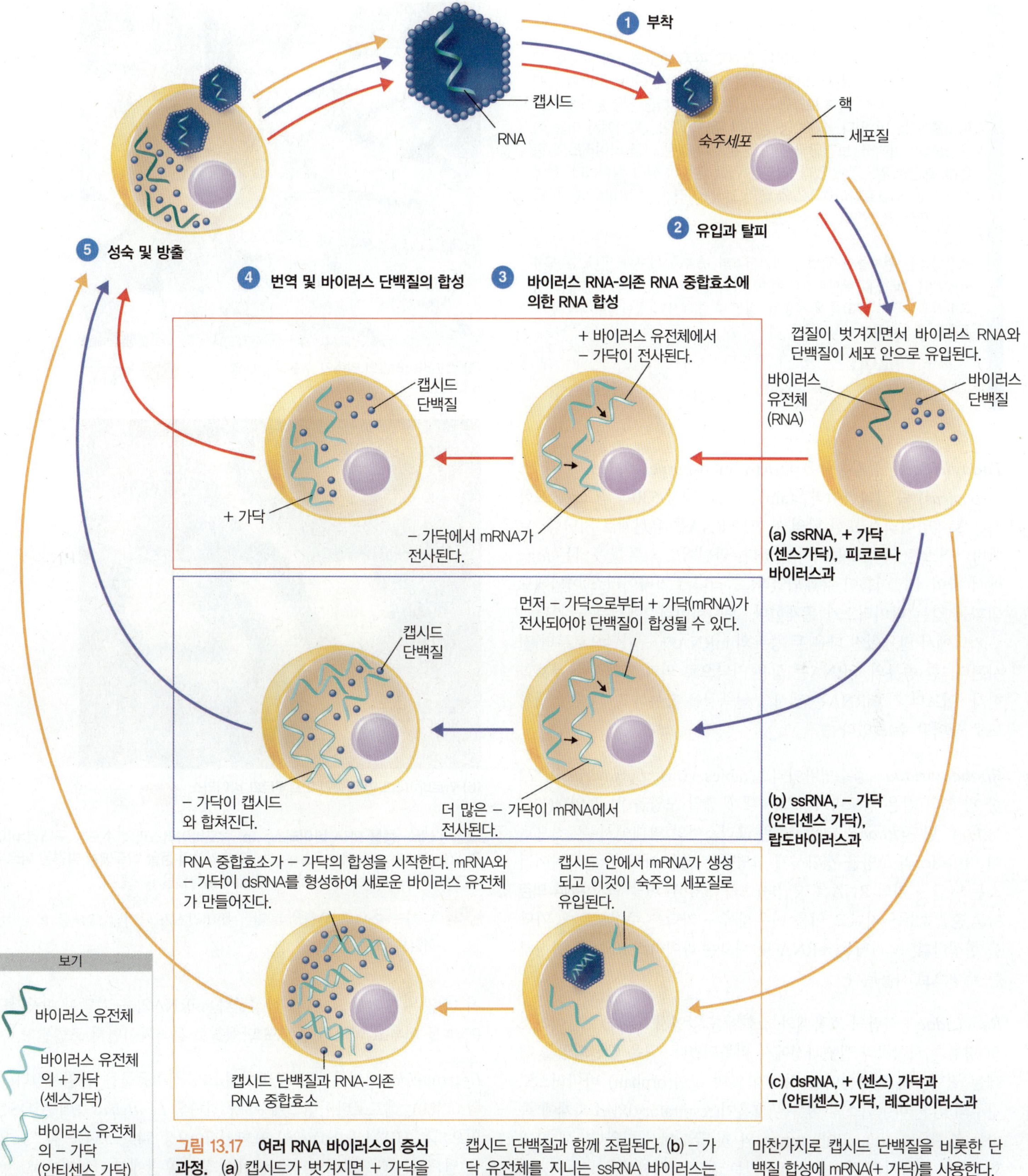

그림 13.17 여러 RNA 바이러스의 증식 과정. (a) 캡시드가 벗겨지면 + 가닥을 갖는 단일가닥 RNA (ssRNA) 바이러스는 여기서 직접 단백질을 합성할 수도 있다. + 가닥을 주형으로 사용하여 – 가닥을 전사하여 더 많은 + 가닥을 합성해서 mRNA로 사용하거나 바이러스 유전체로 캡시드 단백질과 함께 조립된다. (b) – 가닥 유전체를 지니는 ssRNA 바이러스는 mRNA로 작용하는 + 가닥을 전사해야 단백질을 합성할 수 있다. mRNA는 더 많은 – 가닥을 전사하고 이들 – 가닥이 단백질 캡시드와 연합해서 바이러스 입자를 만든다. (c) dsRNA 바이러스도 ssRNA와 마찬가지로 캡시드 단백질을 비롯한 단백질 합성에 mRNA(+ 가닥)를 사용한다.

Q 피코르나바이러스와 레오바이러스에서 – 가닥 RNA를 합성하는 이유는? 랍도바이러스에서 – 가닥 RNA를 합성하는 이유는?

임상 사례

비정상적인 간 기능 검사 결과를 근거로 주치의는 티나의 증세를 전염성 간염으로 진단했다. 이것은 그가 이번 달에 진단한 첫 번째 사례가 아니었다. 사실 지역 보건당국에서는 31명의 다른 간염환자에 대한 보고를 받은 바 있다. 4,000명 정도의 주민이 사는 지역에서 이는 적은 숫자가 아니다. 보건당국은 이들 환자가 걸린 간염 바이러스의 종류를 확인할 필요가 있었다. 간염은 간에 염증이 생긴 질환이다. 전염성 간염은 피코르나바이러스와 헤파드나바이러스, 플라비바이러스 등의 바이러스가 원인이 될 수 있다.

보건당국은 환자들이 감염된 바이러스의 종류를 알아야 한다. 위에서 이야기한 세 종류 바이러스의 전파 경로, 형태, 핵산, 복제 방식을 비교하시오. (힌트: 731쪽에 서술된 '질병 초점'에서 간염바이러스의 전체 목록을 참고하시오.)

370 390 392 393 394

Togaviridae 절지동물유래(*ar*thropod-*bo*rne) 아르보바이러스(*arbovirus*) 즉 알파바이러스(alphavirus, 22장 630쪽 참조)를 포함하는 토가바이러스 또한 단일 + 가닥 RNA를 유전체로 지닌다. 토가바이러스는 외피로 둘러싸여 있다. 라틴어로 외투를 뜻하는 *toga*에서 바이러스 이름이 유래되었다. 그러나 토가바이러스 이외에도 외피를 갖는 바이러스가 존재한다. 토가바이러스에서는 − 가닥이 + 가닥에서 만들어진 다음 두 종류의 mRNA가 − 가닥으로부터 전사된다. 한 종류의 mRNA는 짧은 가닥으로 외피 단백질을 부호화한다. 이보다 긴 mRNA는 캡시드 단백질을 합성하고, 나중에 캡시드로 들어갈 수도 있다.

Rhabdoviridae 공수병바이러스(rabies virus, *Lyssavirus*속; 22장 참조)와 같은 랍도바이러스는 대개 총알 모양을 하고 있다(그림 13.18a). 랍도(*Rhabdo*)라는 말은 그리스어의 막대에서 온 것으로 이 바이러스의 모양을 정확하게 설명하는 말은 아니다. 랍도바이러스는 단일 − 가닥 RNA를 지닌다(그림 13.17b). 이들 역시 RNA-의존 RNA 중합효소를 지니고 이를 이용해서 − 가닥을 주형으로 + 가닥을 합성한다. + 가닥은 mRNA 및 새로운 바이러스 RNA를 합성하는 주형으로 사용된다.

Reoviridae 사람의 호흡계와 소화계를 감염시키는 레오바이러스의 명칭은 서식처와 발견과정에서 비롯되었다. 처음 발견되었을 때에는 질병과의 연관성이 알려지지 않아 고아(orphan) 바이러스로 간주되었다. 바이러스의 이름은 호흡기(respiratory)와 소화계에 속하는 장관(enteric), 고아(orphan)의 첫 글자에서 따왔다. 세 가지 혈청형이 호흡기와 장관을 감염시키는 것으로 밝혀졌다.

이중가닥 RNA가 들어 있는 캡시드는 숙주세포에 들어가면서 분해된다. 바이러스 mRNA는 세포질에서 생성되며 같은 장소에서 바이러스 단백질을 합성하는 데 이용된다(그림 13.17c). 새로 합성된 바이러스 단백질 가운데 하나가 RNA-의존 RNA 중합효소로 작용해

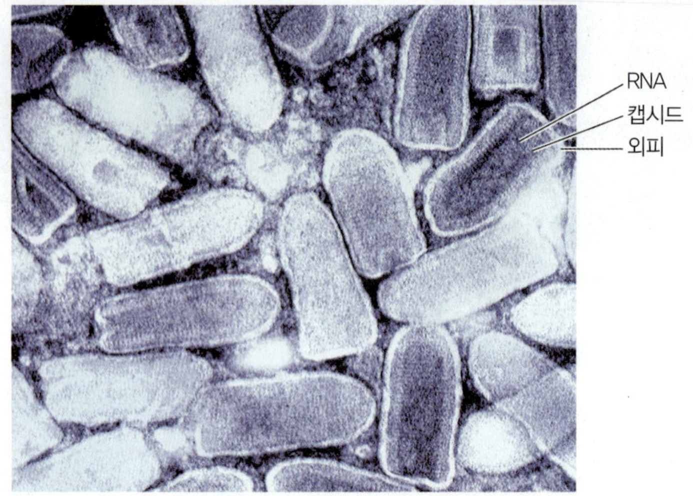

(a) 랍도바이러스의 일종인 수포성 구내염 바이러스

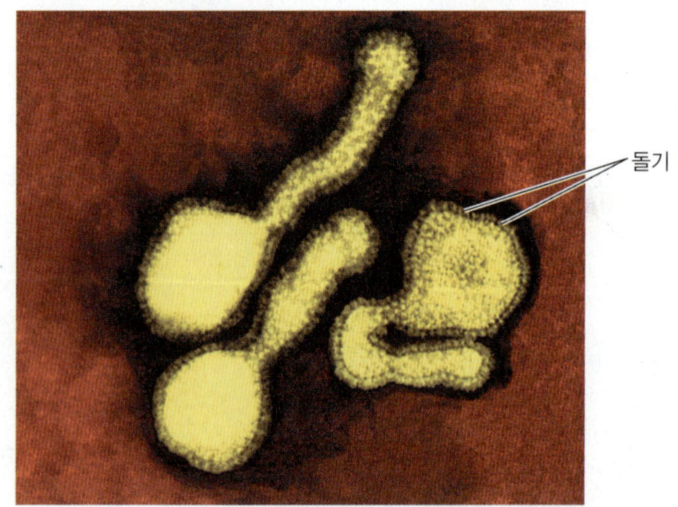

(b) 필로바이러스의 일종인 마르부르그 바이러스

그림 13.18 동물 RNA 바이러스. (a) 랍도바이러스과의 수포성 구내염 바이러스(vesicular stomatitis viruses). (b) 아프리카의 동굴 박쥐에서 발견된 마르부르그 바이러스(marburg virus)는 사람에서 출혈열을 일으킨다.

+ 가닥 RNA를 유전체로 갖는 바이러스가 −가닥 RNA를 합성하는 까닭은?

서 더 많은 − 가닥 RNA를 합성한다. mRNA와 − 가닥이 이중가닥 RNA를 이루고 이것이 캡시드 단백질로 둘러싸이면서 조립된다.

Retroviridae 많은 레트로바이러스가 척추동물을 감염시킨다(그림 13.18b). 레트로바이러스에 속 중 하나인 *Lentivirus*속에 AIDS를 일으키는 HIV-1과 HIV-2가 포함된다(19장 545~554쪽 참조). 암을 일으키는 레트로바이러스는 이번 장의 후반에서 다룬다.

새로운 레트로바이러스 입자를 만드는 mRNA와 RNA 합성과정이 그림 13.19에 나타나 있다. 이들 바이러스는 **역전사효소(reverse transcriptase)**를 가지고 있어 이를 이용해서 바이러스 RNA를 주형으로 상보적인 이중가닥 DNA를 합성한다. 이 효소는 또한 원래

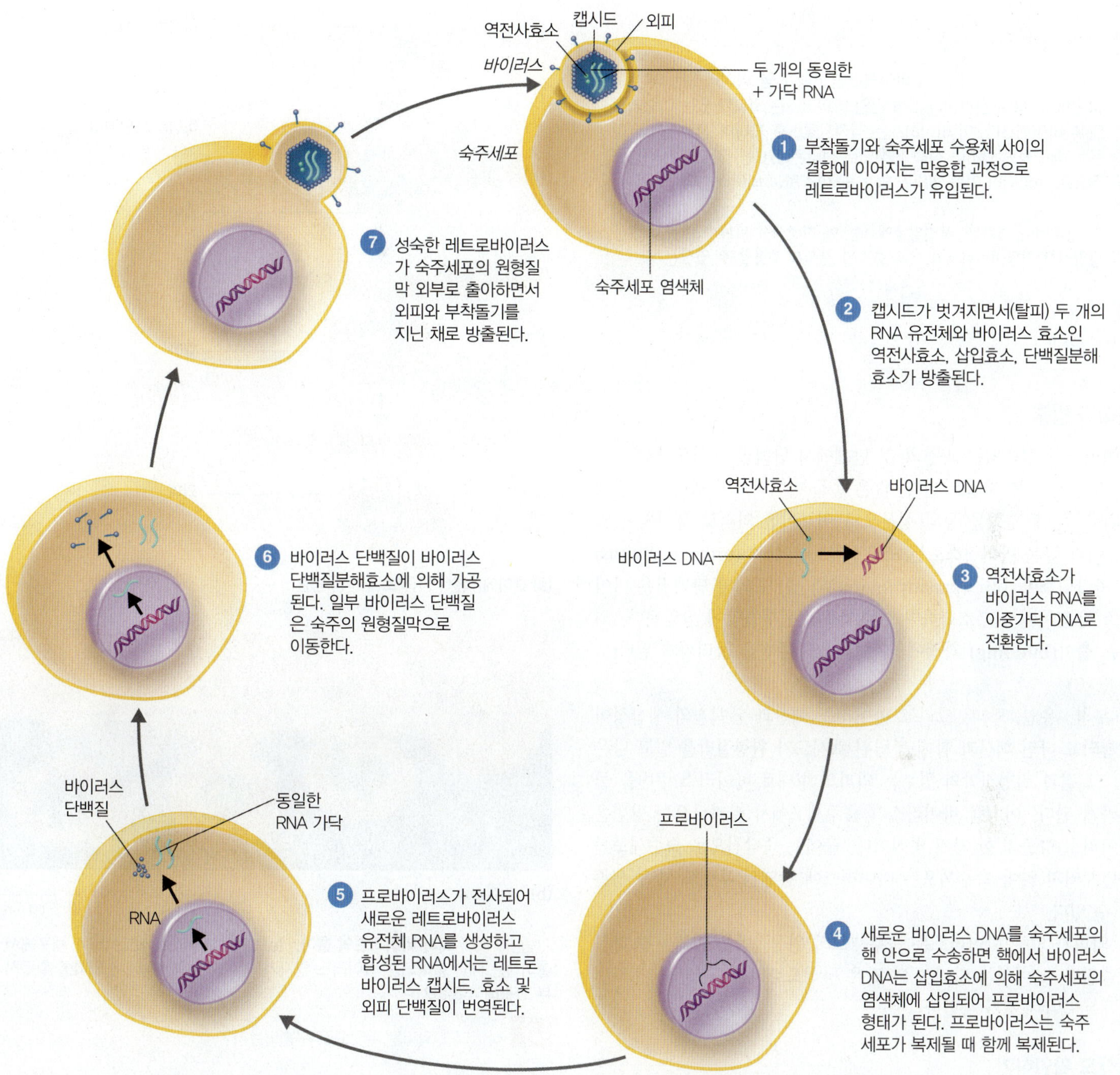

그림 13.19 레트로바이러스의 증식과 유전. 레트로바이러스는 프로바이러스가 되어 잠재 상태로 복제되다가 새로운 레트로바이러스를 생성하기도 한다.

Q 레트로바이러스의 생합성 과정은 다른 RNA 바이러스와 어떤 점에서 다른가?

의 바이러스 RNA를 분해하는 능력도 지닌다. 레트로바이러스라는 이름은 역전사효소(*re*verse *tr*anscriptase)의 앞 부분 글자에서 따왔다. 바이러스 DNA는 숙주세포의 염색체로 삽입되어 **프로바이러스(provirus)**가 된다. 프로파지와는 달리 프로바이러스는 염색체에서 절제되어 나오지 않는다. 프로바이러스의 형태로 존재함으로써 HIV는 숙주 면역계와 항바이러스 약제의 활성을 피할 수 있다.

때로 프로바이러스는 단순히 잠재적인 상태로 유지되면서 숙주세포의 DNA가 복제될 때마다 복제된다. 그렇지 않은 경우 프로바이러스가 발현되어 새로운 바이러스를 생성한다. 새로 만들어진 바이러스는 주변 세포를 감염시킨다. 감마 방사선과 같은 돌연변이 유발원은 프로바이러스의 발현을 유도한다. 종양형성 레트로바이러스에서 프로바이러스는 또한 숙주세포를 종양세포로 전환시킬 수도 있다. 이와 같은 현상이 일어나는 가능한 원리에 대해서는 이번 장의 후반부에서 살펴보기로 한다.

임상 사례

외피가 없는 + 가닥 RNA 바이러스인 A형 간염 바이러스는 대변-구강 경로를 통해 전염된다. B형 간염 바이러스는 외피가 있는 이중가닥 DNA 바이러스다. 이 바이러스는 역전사효소를 지니며 정맥주사와 같은 비경구적 방법이나 성적 접촉으로 전염된다. C형 간염 또한 비경구적으로 전염되며 이는 외피가 있는 + 가닥 RNA 바이러스다.

이 정보에 근거하면, 보건당국에서는 이 지역에서 티나와 다른 31명을 감염시킨 간염바이러스가 어느 종류일 것으로 추정할 수 있겠는가?

370 390 **392** 393 394

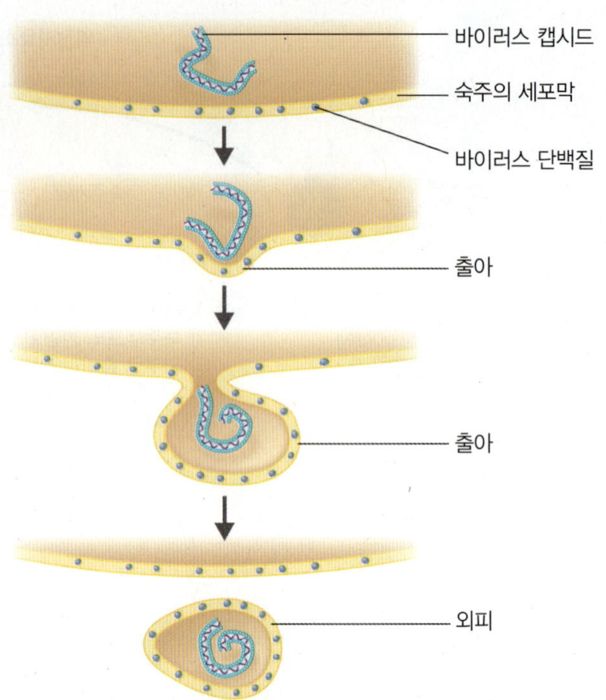

(a) 출아에 의한 바이러스 입자의 방출

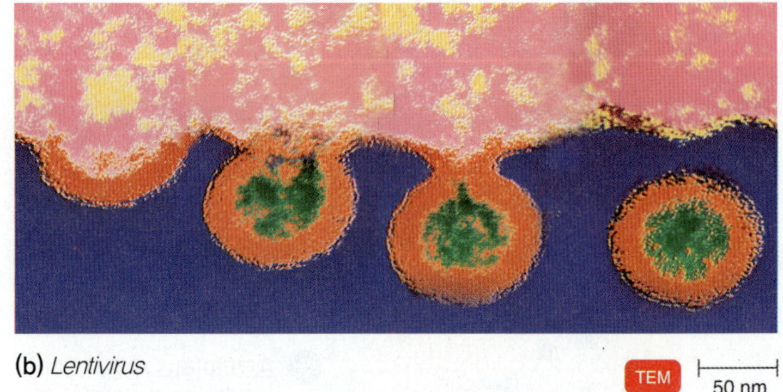

(b) *Lentivirus*

TEM 50 nm

그림 13.20 외피 바이러스의 출아. (a) 출아 과정의 모식도. (b) T 세포에서 출아하는 HIV. 출아되는 바이러스 입자가 숙주의 원형질막에서 외피를 획득하는 과정에 주목하시오.

Q 바이러스 외피는 무엇으로 구성되는가?

성숙과 방출

바이러스가 성숙되는 과정의 첫 단계에서 단백질 캡시드가 조립된다. 조립은 보통 저절로 된다. 많은 동물 바이러스의 캡시드는 단백질과 지질, 탄수화물 등의 성분으로 이루어진 외피로 둘러싸여 있다. 이와 같은 바이러스로는 오르소믹소바이러스(orthomyxovirus)와 파라믹소바이러스(paramyxovirus)가 있다. 외피 단백질은 바이러스 유전자에서 부호화하며 숙주세포의 원형질막에 삽입된다. 외피는 **출아(budding)** 과정에 의해 캡시드 주변을 둘러싸게 된다(그림 13.20).

부착, 유입, 탈피, 그리고 바이러스 핵산과 단백질의 생합성이 진행되고 나면 핵산과 함께 조립된 캡시드가 원형질막을 밀고 나온다. 그 결과 원형질막의 일부는 외피의 형태로 바이러스 주변을 둘러싸게 된다. 이처럼 바이러스가 숙주세포에서 빠져나오는 방법은 바이러스 방출의 한 가지 방식이다. 출아는 즉각적으로 숙주세포를 사멸시키지 않아 숙주세포는 바이러스에 감염된 후에도 계속 생존할 수 있다.

외피가 없는 바이러스는 숙주세포의 원형질막을 파괴시킨 다음 방출된다. 출아와는 달리 이와 같은 방식으로 바이러스가 방출되면 대개는 숙주세포가 사멸한다.

이해도 확인하기

✓ 외피가 있는 DNA 바이러스의 부착, 유입, 탈피, 생합성, 성숙, 방출과정을 요약하여 설명하시오. **13-10**

바이러스와 암

학습 목표

13-11 발암유전자와 전이된 세포를 정의한다.

13-12 DNA 및 RNA 함유 바이러스와 암 발생과의 관계를 따져본다.

몇몇 종류의 암은 바이러스에 의해 생기는 것으로 알려졌다. 분자생물학적 연구를 통해 바이러스가 유발하지 않는 암의 경우에도 질병이 발생하는 원리는 유사한 것으로 밝혀졌다.

암과 바이러스의 관계는 1908년 처음으로 알려졌다. 당시 덴마크 바이러스학자인 엘러먼(Wilhelm Ellerman)과 방(Olaf Bang)은 닭의 백혈병을 일으키는 원인을 밝히기 위한 연구를 수행했다. 이들은 백혈병이 바이러스를 포함하는 세포 여과물질에 의해 건강한 닭에게 전염될 수 있다는 사실을 밝혔다. 후에 미국 뉴욕 록펠러연구소의 라우스(F. Peyton Rous)가 닭의 **육종(sarcoma**, 결합조직에 발생하는 암) 또한 비슷한 방식으로 전염될 수 있다는 사실을 알아냈다. 바이러스가 일으키는 생쥐의 **선암종(adenocarcinomas**, 샘상피조직에 발생하는 암)은 1936년에 발견되었다. 당시 생쥐의 유선암이 어미의 젖을 통해 어미에게서 새끼로 전염된다는 사실을 명백하게 밝혀졌다. 사람에게 암을 유발하는 바이러스는 1972년 미

임상 사례

서로 나이와 배경이 다른 30여 명이 모두 정맥주사로 치료를 받는 사람이라고 가정하기는 어렵다. 따라서 가장 가능성이 높은 바이러스는 A형 간염 바이러스로 추정된다. 바이러스 감염원을 조사하기 위해 보건당국에서는 32명의 환자들이 먹은 음식을 증상을 나타내지 않은 가족들이 먹은 음식과 비교해 보았다. 티나를 포함한 모든 32명의 환자들은 동네 편의점에서 빙수 음료를 사 먹었다. 보건당국에서 조사한 결과 편의점 점원이 알지 못하는 사이에 A형 간염에 걸렸고 이 바이러스를 빙수 음료를 만드는 기계에 옮긴 것으로 밝혀졌다. 이후 몇 달 동안 티나의 증상은 줄어들었고 간 기능도 정상으로 돌아왔다.

감염 바이러스의 종류를 확인하는 것이 사후 조치와 앞으로의 대유행 예방을 위해 보건당국이 발표할 주의사항에 어떤 영향을 미칠 수 있는가?

370 390 392 393 394

국 세균학자인 스튜어트(Sarah Stewart)에 의해 발견되었다.

바이러스가 암을 유발하는 원인이라는 사실을 잘 알지 못하는 데에는 몇 가지 이유가 있다. 첫째, 바이러스 입자 대부분이 세포를 감염시키지만 모두 암을 일으키지는 않는다. 둘째, 암은 바이러스에 감염된 이후 오랜 시간이 지날 때까지 발병하지 않는다. 셋째, 바이러스에 의한 질병은 대체로 전염이 되지만 암은 전염되는 것으로 보이지 않는다.

정상세포에서 암세포로의 전이

진핵세포의 유전물질을 변화시킬 수 있는 것이라면 무엇이든 정상세포를 암세포로 바꿀 수 있는 잠재력을 가진다. 암을 유발하는 세포의 DNA 변형은 **암유전자(oncogene)**라 불리는 유전체의 일부에 영향을 미친다. 암유전자는 암 유발 바이러스에서 처음 확인되었으며 정상적인 바이러스 유전체의 일부로 생각되었다. 그러나 미국 미생물학자인 비숍(J. Michael Bishop)과 바무스(Harold E. Varmus)는 바이러스가 지니는 암 유발 유전자는 사실상 동물세포에서 유래되었다는 사실을 밝혀 1989년 노벨의학상을 받았다. 비숍과 바무스는 암을 일으키는 조류 육종바이러스의 *src* 유전자가 정상적인 닭의 유전자에서 유래된 것임을 보여주었다.

암유전자는 돌연변이 유발 화학물질과 고에너지 방사능, 바이러스 등을 비롯한 여러 인자에 의해 활성화되어 비정상적인 기능을 할 수 있다. 동물에서 종양을 일으킬 수 있는 바이러스를 **종양바이러스(oncogenic virus** 또는 oncovirus)라 부른다. 대략 암의 10%는 바이러스에 의해 유도되는 것으로 알려졌다. 모든 종양바이러스가 갖는 뚜렷한 특징은 이들의 유전물질이 숙주세포의 DNA로 삽입되어 숙주세포의 염색체와 함께 복제된다는 것이다. 이는 세균의 용원화 현상과 유사하며 이와 같은 방식으로 숙주세포의 특징을 변화시킬 수 있다.

종양세포에서는 **형질전환(transformation)**이 일어난다. 즉 감염되지 않은 세포 또는 종양을 형성하지 않는 감염된 세포와는 다른 특성을 획득하게 되는 것이다. 바이러스에 의해 형질전환이 일어나면 많은 종양세포에서 세포의 표면에 **종양특이 이식항원(tumor-specific transplantation antigen, TSTA)**이라 불리는 바이러스 특이적 항원이나 핵에서 **T 항원(T antigen)**이라고 불리는 항원이 나타난다. 형질전환된 세포는 정상세포에 비해 둥근 모양을 유지하지 않으며 염색체 수가 달라지거나 염색체가 조각나는 등의 특정한 염색체 이상을 나타내는 경향이 있다.

DNA 종양바이러스

종양바이러스는 몇몇 DNA 바이러스 과(family)에서 발견된다. 아데노바이러스, 허피스바이러스, 폭스바이러스, 파포바바이러스, 헤파드나바이러스 등이 여기에 속한다. 파포바바이러스 중에서 파필로마바이러스(유두종바이러스)가 자궁(경부) 암을 일으킨다.

거의 모든 경부암과 항문암은 사람 유두종바이러스(human papillomavirus, HPV)에 의해 유발된다. 11~12세의 소년 소녀에게 HPV-16을 포함하는 HPV에 대한 백신 접종이 권장되고 있다.

엡스타인-바 바이러스(Epstein-Barr virus, EBV)는 1964년 엡스타인(Michael Epstein)과 바(Yvonne Barr)가 버킷림프종(Burkitt's lymphoma)에서 분리하였다. EB 바이러스가 암을 일으킬 수 있다는 사실은 1985년 12세 소년 데이비드가 골수이식을 받는 과정에서 우연히 알려졌다. 이식을 받은 몇 달 후에 데이비드는 암으로 사망했다. 부검 결과 골수이식 과정 중에 소년에게 의도하지 않게 바이러스가 도입된 것으로 밝혀졌다.

B형 간염 바이러스(hepatitis B virus, HBV) 또한 암을 일으키는 DNA 바이러스다. 많은 동물 연구를 통해 HBV가 간암의 원인임을 명백하게 알 수 있었다. 인간 대상 연구에서도 간암에 걸린 거의 모든 사람이 과거에 HBV에 감염된 적이 있었다는 사실이 확인되었다.

RNA 종양바이러스

RNA 바이러스 중에서는 레트로바이러스과에 속하는 종양바이러스만이 암을 일으킨다. 사람 T세포 백혈병 바이러스(human T-cell leukemia viruses, HTLV-1 및 HTLV-2)는 사람에게 성인 T세포 백혈병과 림프종을 일으킨다. (T세포는 면역 반응을 담당하는 백혈구 세포의 일종이다.)

고양이와 닭, 설치류의 육종바이러스와 생쥐의 유선종양바이러스 또한 레트로바이러스의 일종이다. 또 다른 레트로바이러스인 고양이 백혈병바이러스(feline leukemia virus, FeLV)는 고양이에서 백혈병을 일으키며 고양이 사이에서 전염될 수 있다. 고양이의 혈청에서 바이러스 존재 여부를 확인하는 검사법이 개발되어 있다.

레트로바이러스가 종양을 유도하는 능력은 바이러스의 역전사효소와 관련된다(그림 13.19 참조). 프로바이러스는 바이러스의

RNA에서 합성된 이중가닥 DNA 분자로 숙주세포의 DNA로 삽입된다. 따라서 새로운 유전물질이 숙주의 유전체 안으로 도입된 것이다. 이것이 레트로바이러스가 암을 유발할 수 있는 주된 원인이다. 일부 레트로바이러스는 암유전자를 지니고 또 다른 종류는 암유전자나 다른 암유발 인자의 작용을 촉진한다.

이해도 확인하기

- 프로바이러스란 무엇인가? **13-11**
- RNA 바이러스가 자신의 DNA를 숙주세포의 유전체에 삽입하지 않는다면 어떻게 암을 유발할 수 있을까? **13-12**

임상 사례 해결

치료약과 백신은 특정한 바이러스에 대해서만 작용한다. 간염을 특이적으로 치료할 수 있는 방법은 없지만 예방법은 또 다른 문제다. 예를 들어 이 사례를 보더라도 보건당국에서는 해당 편의점에서 지난 2주 동안 식품을 사 먹은 사람들에게 A형 간염백신과 A형 간염에 대한 면역글로불린 주사를 맞을 것을 권고했다.

바이러스는 원래 이들이 일으키는 증상에 따라 이름이 붙여졌다. 따라서 "간염 바이러스"라는 이름은 이 바이러스가 간에서 염증을 일으킨다는 사실을 뜻한다. 이와 같은 명명 규칙은 정확하지는 않지만 최근까지 사용하고 있는 유일한 방법이다.

분자생물학적 기법을 통해 이제 유전체와 모양에 근거하여 바이러스를 분류할 수 있게 되었다. 따라서 서로 연관된 바이러스는 다른 조직을 감염시키더라도 같은 과로 분류된다. 유전정보를 근거로 바이러스를 분류하는 방식은 바이러스 질병의 예방과 치료에 귀중한 정보를 제공한다.

370 390 392 393 **394**

잠재성 바이러스 감염

학습 목표

13-13 잠재성 바이러스 감염증의 사례를 제시한다.

바이러스는 숙주세포와 균형을 유지하면서 사실상 오랜 기간 때로는 몇 년 동안 질병을 일으키지 않는 상태로 존재할 수 있다. 직전에 논의한 종양바이러스도 이와 같은 잠재성 감염의 사례가 된다. 모든 사람 허피스바이러스는 숙주세포에서 평생 동안 남아 있을 수 있다. 허피스바이러스가 면역억제(AIDS 등으로 인해)에 의해 재활성화되었을 때 나타나는 감염증은 치명적일 수 있다. 이와 같은 **잠재성 감염(latent infection)**의 고전적인 사례가 단순포진을 일으키는 단순바이러스속(*Simplexvirus*) 바이러스에 의한 피부 감염이다. 이 바이러스는 숙주의 신경 세포에 아무런 손상을 주지 않고 잔류하고 있다가, 열이나 햇빛에 의한 화상과 같은 자극을 받아 활성화되면 **열꽃물집**(fever blister)이라고도 불리는 단순포진을 일으킨다.

어떤 사람들에게서는 바이러스가 만들어지기는 하지만 증상이 나타나지 않는다. 세계적으로 단순바이러스속의 바이러스를 보유하고 있는 사람들의 비율은 매우 높지만 이 바이러스 보인자 가운데 단 10~15%만이 병의 증상을 보인다. 잠재성 감염을 일으키는 바이러스 가운데에는 숙주세포 안에서 용원화된 상태로 존재하는 종류도 있다.

수두바이러스(*Varicellovirus*) 또한 잠재 상태로 존재할 수 있다. 수두(varicella)는 대개 어린아이들이 걸리는 피부 질환이다. 바이러스는 혈액을 통해 피부에 침투한다. 혈액에서 일부 바이러스는 신경세포로 들어가서 잠재상태로 존재한다. 후에 면역반응(T세포 반응)에 변화가 생기게 되면 대상포진을 일으킨다. 대상포진은 바이러스가 잠재상태로 존재하는 신경세포를 따라 피부에 띠 모양의 발진을 보인다. 대상포진은 수두를 앓았던 사람의 10~20%에서 나타난다.

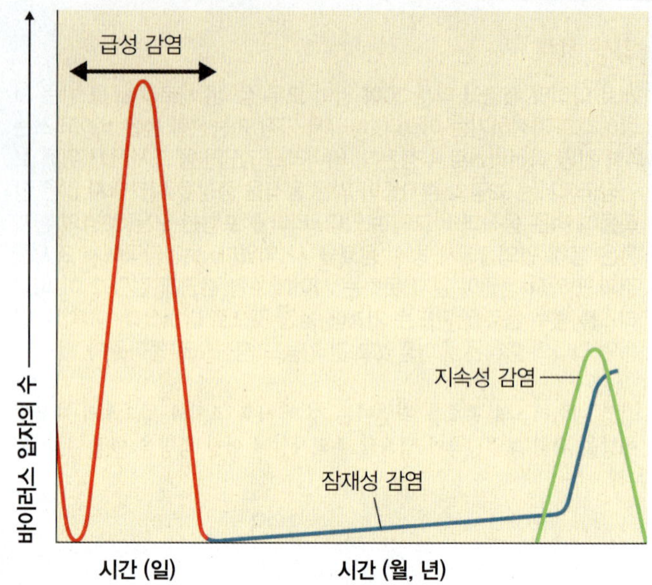

그림 13.21 잠재성 바이러스 감염과 지속성 바이러스 감염

Q 잠재성 감염과 지속 감염은 어떻게 다른가?

지속성 바이러스 감염

학습 목표

13-14 지속성 바이러스 감염과 잠재성 바이러스 감염을 구별한다.

지속성(persistent) 또는 **만성감염(chronic viral infection)**은 오랜 기간에 걸쳐 점진적으로 나타난다. 보통 만성 바이러스 감염은 치명적이다.

사실상 전형적인 바이러스 감염은 만성인 경우가 많다. 예를 들어 홍역을 앓고 난 뒤 몇 년 후에 홍역 바이러스는 아급성 경화성 범뇌염(subacute sclerosing panencephalitis, SSPE)이라 불리는 희귀한 뇌염 증상을 일으킬 수 있다. 지속성 바이러스 감염은 오랜 기간에 걸쳐 계속해서 감염성 바이러스를 검출할 수 있다는 점에서 바이러스가 갑자기 나타나는 잠재성 감염과 구별된다(그림 13.21).

표 13.5에 몇몇 잠재성 및 지속성 바이러스 감염증의 예가 제시되어 있다.

이해도 확인하기

대상포진은 지속성 감염인가? 잠재성 감염인가? 13-13, 13-14

프리온

학습 목표

13-15 단백질이 어떻게 감염성을 보일 수 있는지에 대해 논의한다.

프리온이 일으키는 감염성 질환도 몇 종류가 있다. 1982년 미국의 신경생물학자 프루시너(Stanley Prusiner)는 스크레이피(scrapie)라 불리는 양의 신경질환을 일으키는 원인 물질이 감염성 단백질이라고 주장했다. 스크레이피에 감염된 뇌 조직의 감염성은 단백질가수분해효소를 처리하면 감소했지만 방사능 처리로는 감소하지 않았다. 이는 순수한 단백질이 감염원임을 암시하는 것이었다. 프루시너는 이를 단백질성 감염입자(*pro*teinaceous *in*fectious particle)라는 뜻으로 **프리온(prion)**이라 명명했다.

9종의 동물 질병이 프리온에 의한 질병으로 분류된다. 여기에는 1987년 영국에서 발병한 "광우병"도 포함된다. 9종 모두 뇌에 커다란 구멍이 생기기 때문에 해면모양뇌병증(spongiform encephalopathy)이라 불리는 신경질환이다(636쪽 그림 22.18a). 사람에게 나타나는 프리온 질병으로는 구루병(kuru), 크로이츠펠트-야콥병(Creutzfeldt-Jakob disease, CJD), 게르스느만-스트라우슬러-슈나인커 증후군(Gerstmann-Sträussler-Scheinker syndrome) 및 치명적 가족성 불면증(fatal familial insomnia)이 있다. (신경질환에 대해서는 22장에서 다룬다.) 이들 질병은 가족 사이에서 대물림되는 경우도 있으므로 유전적 소인일 지닐 가능성이 있다. 그러나 광우병은 스크레이피에 걸린 양고기를 소에게 먹일 때 나타나고, 감염된 소를 완전히 익히지 않고 먹은 사람에게 전염되는 것으로 보아 이들 질병이 전적으로 유전되는 것은 아니다(1장 19쪽 참조). 신경세포 이식이나 오염된 수술 도구로 인해 CJD가 전염된 사례도 있다.

이들 질병은 PrP^{C}(cellular prion protein)라 일컫는 숙주의 정상 당단백질이 PrP^{Sc}(scrapie protein)라는 감염형태로 변해서 야기된다. PrP^{C} 유전자는 사람의 20번 염색체상에 위치한다. 최근의 연구 결과에 의하면 PrP^{C}는 세포 사멸을 조절하는 기능에 관여하는 것으로 알려졌다. (세포자살에 대해서는 493쪽 참조.) 그림 13.22에서 이 감염 인자가 어떻게 핵산 없이 증식할 수 있는지에 대한 가설을 설명하고 있다.

프리온에 의한 세포 손상의 실질적인 원인은 알려지지 않았다. PrP^{Sc} 분자의 조각이 뇌에 축적되면서 플라크를 형성하고 이들 플라크를 이용하여 사후적으로 진단을 하긴 하지만 플라크가 세포 손상을 일으키는 원인이라고 보이지는 않는다.

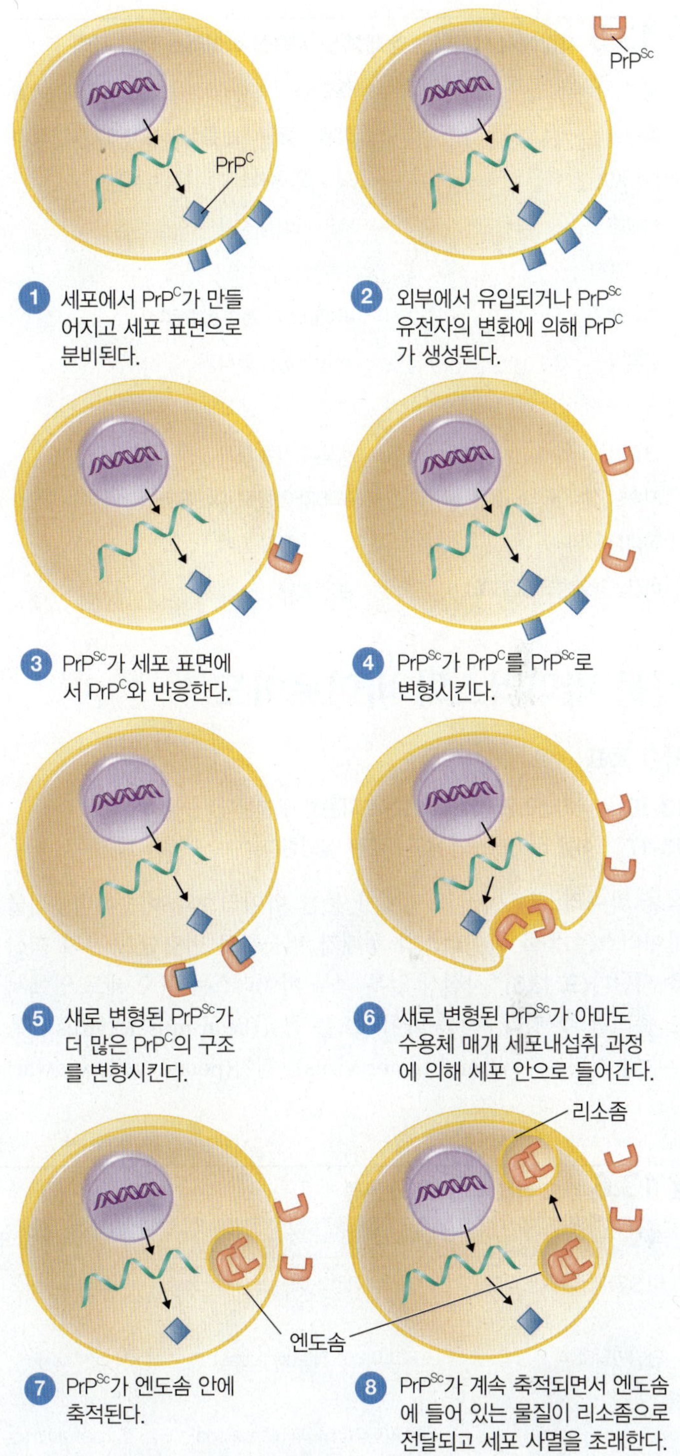

그림 13.22 어떻게 단백질에 감염될 수 있을까. 비정상적인 프리온 단백질(PrP^{Sc})이 세포 안으로 들어가면, 이 단백질은 정상적인 프리온 단백질 PrP^{Sc}의 구조를 비정상적인 구조로 변형시킨다. 구조가 변한 단백질은 또 다른 정상 단백질 PrP^{C}의 구조를 바꾼다. 그 결과 비정상적인 PrP^{Sc}가 축적된다.

Q 프리온은 바이러스와 어떻게 다른가?

표 13.5 사람에서 나타나는 잠재성 및 지속성 바이러스 감염 사례

질병	주요 증상	원인 바이러스
잠재성	**잠재기 동안에는 증상이 없고 일반적으로 바이러스가 방출되지 않는다**	
단순포진	피부 및 점막 발진, 생식기 발진	허피스 심플렉스 1, 2
백혈병	백혈구 이상 증식	HTLV-1, -2
대상포진	피부 발진	*Varicellovirus* (허피스바이러스)
지속성	**바이러스가 계속 방출된다**	
경부암	세포의 이상 증식	사람 유두종바이러스
HIV/AIDS	CD_4^+T 세포 감소	HIV-1, -2 (렌티바이러스)
간암	세포의 이상 증식	B형 간염바이러스
지속성 장바이러스 감염	AIDS와 연관된 정신 황폐	에코바이러스
진행성 뇌염	급속한 정신 황폐	루벨라바이러스
아급성경화범뇌염(SSPE)	정신 황폐	홍역바이러스

식물 바이러스와 바이로이드

학습 목표

13-16 바이러스와 바이로이드, 프리온을 구별한다.

13-17 식물 바이러스의 용균회로를 설명한다.

식물 바이러스는 여러 측면에서 동물 바이러스와 비슷하다. 식물 바이러스는 동물 바이러스와 형태가 비슷하고 비슷한 종류의 핵산을 지닌다(**표 13.6**). 사실상 일부 식물 바이러스는 곤충 세포 안에서도 증식할 수 있다. 식물 바이러스는 콩류(bean mosaic virus), 옥수수와 사탕수수(wound tumor virus), 감자(potato yellow dwarf virus) 등 경제적으로 중요한 가치가 있는 작물에 많은 질병을 일으킨다. 바이러스는 식물 숙주를 변색시키고, 비정상적인 형태로 자라게 하며, 시들게 하거나 성장을 저해한다. 그러나 일부 숙주는 증상을 보이지 않고 감염의 저장고 기능만을 하는 경우도 있다.

식물세포는 일반적으로 불투과성인 세포벽이 있어 질병으로부터 보호된다. 따라서 바이러스가 식물세포 안으로 들어가려면 상처를 통하거나 선형동물, 진균, 흔히는 식물 수액을 빠는 곤충과 같은 기생생물의 도움을 얻어야 한다. 일단 한 식물체가 감염되고 나면 질병은 꽃가루를 통해서 다른 식물로 전염될 수 있다.

실험실에서 식물 바이러스는 원형질체(세포벽이 제거된 식물 세포)의 형태로 배양되거나 곤충 세포 배양액에서 배양된다.

표 13.6 주요 식물 바이러스의 분류

특징	바이러스 과	바이러스 속 또는 미분류종	모양	전염경로
이중가닥 DNA, 외피 없음	파포바바이러스과(Papovaviridae)	콜리플라워모자이크바이러스		진디
단일가닥RNA, + 가닥, 외피 없음	포티바이러스과(Potyviridae)	수박 고사		가루이(whitefly)
	테트라바이러스과(Tetraviridae)	*Tobamovirus*		상처
단일가닥 RNA, − 가닥, 외피 있음	랍도바이러스과(Rhabdoviridae)	감자 노란난장이바이러스 (Potato yellow dwarf virus)		매미충, 진디
이중가닥 RNA, 외피 없음	레오바이러스과(Reoviridae)	상처종양바이러스 (Wound tumor virus)		매미충

어떤 식물의 질병은 바이로이드에 의해 야기된다. **바이로이드(viroid)**는 300~400 뉴클레오티드 정도의 짧은 RNA 조각으로 단백질 껍질에 둘러싸이지 않은 상태로 존재한다. 뉴클레오티드는 주로 분자 내부에서 염기쌍을 이루어 입체적으로 접힌 3차원적 구조를 이룸으로써 다른 세포 효소에 의해 잘 분해되지 않는다. RNA에는 단백질을 부호화하는 유전자가 없다. 지금까지 바이로이드는 식물에서만 병원성을 나타내는 것으로 확인되었다. 해마다 감자 방추괴경바이로이드(potato spindle tuber viroid)와 같은 바이로이드에 의한 감염으로 인해 수백만 달러의 작물 손실을 입는다.

바이로이드에 대한 최근 연구를 통해 바이로이드와 인트론의 염기서열 사이에 유사성이 있다는 사실이 알려졌다. 인트론은 폴리펩티드를 부호화하지 않는 유전물질의 일부분이다(8장 218쪽 참조). 이와 같은 연구 결과를 바탕으로 바이로이드가 인트론에서 진화한 것이라는 가설이 제기되었고 이는 앞으로 동물 바이로이드를 발견할 가능성을 시사하고 있다.

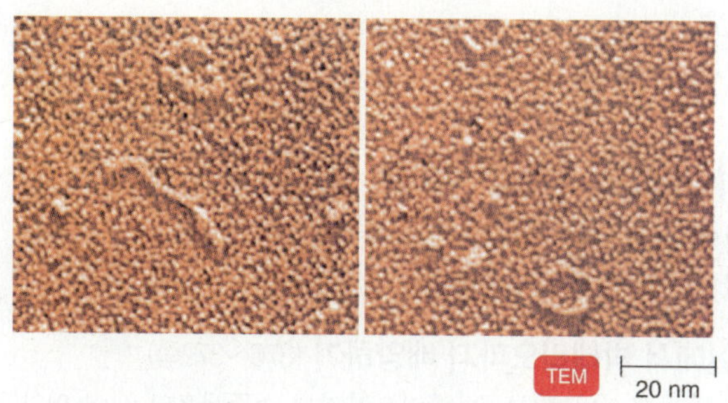

그림 13.23 선형 및 원형의 감자 방추괴경바이로이드(PSTV)

바이로이드는 프리온과 어떻게 다른가?

이해도 확인하기

- 바이로이드와 프리온을 비교하고 각각의 인자가 유발하는 질병의 이름을 제시하시오. **13-15, 13-16**
- 식물 바이러스는 어떻게 숙주세포 안으로 들어가는가? **13-17**

학습 개요

바이러스의 일반 특징 (370~371쪽)

1. 관점에 따라 바이러스는 매우 복잡한 무생물 화학물질의 복합체로 볼 수도 있고 매우 단순한 살아 있는 미생물로 간주할 수도 있다.
2. 바이러스는 한 종류의 핵산(DNA 또는 RNA)과 단백질 껍질로 이루어져 있으며 때로 지질, 단백질, 탄수화물로 구성된 외피에 둘러싸여 있는 것도 있다.
3. 바이러스는 절대 세포내 기생체다. 바이러스는 숙주세포의 합성 기구를 이용해서 증식하며 바이러스의 핵산을 다른 세포에 전달할 수 있는 특수한 구조를 합성한다.

숙주 범위 (370~371쪽)

4. 숙주범위(host range)란 바이러스가 증식할 수 있는 숙주세포의 종류를 말한다.
5. 대부분의 바이러스는 한 종의 숙주에서도 특정한 세포 종류만 감염시킨다.
6. 숙주 범위는 숙주세포의 표면에 있는 특수한 부착자리와 바이러스 증식에 필요한 숙주세포 인자의 가용성에 의해 정해진다.

바이러스 크기 (371쪽)

7. 바이러스의 크기는 전자현미경으로 확인한다.
8. 바이러스는 그 길이가 20~1000 nm 정도이다.

바이러스 구조 (371~374쪽)

1. 바이러스 입자는 핵산이 단백질 껍질로 둘러싸인 완전하게 발달된 형태이다.

핵산 (371쪽)

2. 바이러스에는 DNA 또는 RNA가 들어 있으며 둘 다 들어 있는 경우는 없다. 핵산은 단일가닥 또는 이중가닥이며 선형이거나 원형이다. 때로는 여러 개의 분리된 조각으로 나누어져 있기도 하다.
3. 바이러스에 포함된 단백질 대 핵산의 비율은 1% 정도에서 50% 정도에 이르기까지 다양하다.

캡시드와 외피 (371~373쪽)

4. 바이러스의 핵산을 둘러싸고 있는 단백질 껍질을 캡시드라 부른다.
5. 캡시드는 캡소미어라 불리는 소단위로 이루어지며 바이러스에 따라 한 종류의 단백질인 경우도 있고 여러 종류의 단백질인 경우도 있다.
6. 일부 바이러스의 캡시드는 지질, 단백질, 탄수화물로 이루어진 외피로 둘러싸여 있다.
7. 외피 바이러스 중에는 돌기라 불리는 당단백질 복합체가 외피에 포함되어 밖으로 돌출되어 있는 종류도 있다.

일반적인 형태 (373~374쪽)

8. 에볼라바이러스와 같은 나선형 바이러스는 긴 막대형이며 이 바이러스의 캡시드는 속이 빈 실린더 모양을 이루어 그 안에 핵산이 들어가 있다.
9. 아데노바이러스와 같은 다각형 바이러스는 여러 개의 면으로 이루어져 있다. 정20면체를 이루는 캡시드가 많다.
10. 외피로 둘러싸인 바이러스는 대체로 구형이나 다형성인 경우도 있다. 외피로 둘러싸인 나선형 바이러스(독감바이러스)도 있고 외피로 둘러싸인 다각형 바이러스(심플렉스바이러스)도 있다.
11. 복합 바이러스는 복잡한 구조를 이룬다. 다각형 캡시드를 지니는 많은 박테리오파지에는 나선형 꼬리가 부착되어 있다.

바이러스의 분류 (374~376쪽)

1. 바이러스는 핵산의 종류, 복제 양식, 형태에 따라 분류한다.
2. 바이러스 과의 이름 끝에는 비리대(*-viridae*)를 붙이고 속의 이름 끝에는 바이러스(*-virus*)를 붙인다.

3. 바이러스 종은 같은 유전정보와 생태적 지위를 공유하는 바이러스 집단을 말한다.

바이러스의 분리, 배양, 동정 (376~380쪽)

1. 바이러스는 살아 있는 세포에서 배양해야 한다.
2. 박테리오파지는 가장 배양하기 쉬운 바이러스에 속한다.

실험실에서 박테리오파지 배양하기 (376~379쪽)

3. 플라크 분석법에서는 박테리오파지를 숙주세포와 섞어 영양 한천배지 위에 배양한다.
4. 바이러스 증식회로가 여러 번 진행되고 나면 원래의 바이러스 주변에 있던 세균이 파괴된다. 용균이 일어나 투명하게 변한 부분을 플라크라 부른다.
5. 각각의 플라크는 하나의 바이러스 입자에서 유래된 것이다. 따라서 바이러스의 농도는 플라크형성단위(plaque-forming unit, pfu)로 측정할 수 있다.

실험실에서 동물 바이러스 배양하기 (379~380쪽)

6. 일부 동물 바이러스를 배양하는 데에는 개별 동물 개체가 필요하다.
7. 원숭이 AIDS와 고양이 AIDS는 사람의 AIDS를 연구하는 모델을 제공한다.
8. 일부 동물 바이러스는 발육란에서 배양할 수 있다.
9. 세포배양이란 세포를 실험실 배양액에서 키우는 것을 말한다.
10. 1차 세포주와 배아에서 추출한 이배체 세포주는 시험관에서 일시적으로 배양할 수 있다.
11. 연속배양 세포주는 시험관에서 무한정 배양할 수 있다.
12. 바이러스가 자라면 세포 배양에 세포병변을 일으킬 수 있다.

바이러스 동정 (380쪽)

13. 바이러스를 동정하는 데에는 혈청학적 검사법이 가장 흔히 사용된다.
14. 바이러스는 RFLP나 PCR을 이용하여 동정할 수 있다.

바이러스의 증식 (381~392쪽)

1. 바이러스는 에너지 생산이나 단백질 합성에 필요한 효소를 갖고 있지 않다.
2. 바이러스가 증식하기 위해서는 숙주세포에 침투해서 숙주의 대사 기구를 이용하여 바이러스의 효소와 구성성분을 만들어야 한다.

박테리오파지의 증식 (381~385쪽)

3. 용균회로가 진행되면 파지는 숙주세포를 파괴해서 사멸시킨다.
4. 일부 바이러스는 숙주세포를 파괴하거나 숙주세포의 DNA에 자신의 DNA를 프로파지의 형태로 삽입할 수 있다. 후자의 경우를 용원화라 한다.
5. 용균회로의 부착기에 파지의 꼬리섬유는 세균 세포의 표면에 존재하는 상보적인 수용체 자리에 부착한다.
6. 침투기에 파지 리소자임은 세균 세포벽을 일부 열고 파지의 꼬리껍질이 수축하면서 파지 DNA를 세균 세포 안으로 주입한다. 캡시드는 세포 바깥에 남는다.
7. 생합성기에 파지 DNA가 전사되어 파지의 증식에 필요한 단백질을 부호화하는 mRNA를 합성한다. 파지 DNA는 복제되고 캡시드 단백질이 합성된다. 음성기 동안에는 파지의 DNA와 단백질이 따로 발견될 수 있다.
8. 성숙기에 파지 DNA와 캡시드는 완전한 바이러스 입자로 조립된다.
9. 방출기에 파지의 리소자임은 세균 세포벽을 파괴하고 새로운 파지 입자가 방출된다.
10. 용원회로에서 프로파지 유전자는 프로파지에서 만들어지는 억제자에 의해 조절된다. 프로파지는 세포가 분열할 때마다 이와 함께 복제된다.
11. 특정한 돌연변이 유발물질에 노출되면 프로파지가 절제되어 나와 용균회로를 시작한다.
12. 용원화된 세포는 같은 종류의 파지에 재감염되지 않는 면역성을 보이며 파지전환 현상이 나타날 수 있다.
13. 용원화된 파지는 세균의 유전자를 한 세포에서 다른 세포로 형질도입할 수 있다. 일반형질도입에서는 아무 유전자나 다 전달될 수 있는 반면, 특수형질도입에서는 특정한 유전자만이 전달될 수 있다.

동물 바이러스의 증식 (385~392쪽)

14. 동물 바이러스는 숙주세포의 원형질막에 부착한다.
15. 바이러스는 수용체매개 세포내섭취 또는 세포막 융합에 의해 도입된다.
16. 동물 바이러스는 바이러스 또는 숙주세포의 효소에 의해 껍질이 벗겨진다.
17. 대부분의 DNA 바이러스에서 DNA는 숙주세포의 핵 안으로 들어간다. 바이러스 DNA의 전사와 번역을 통해 바이러스 DNA와 이후 캡시드 단백질이 생성된다. 캡시드 단백질은 숙주세포의 세포질에서 합성된다.
18. DNA 바이러스에는 아데노바이러스과, 폭스바이러스과, 허피스바이러스과, 파포바바이러스과, 헤파드나바이러스과가 포함된다.
19. RNA 바이러스의 증식은 숙주세포의 세포질에서 진행된다. RNA-의존 RNA 중합효소가 이중가닥 RNA를 합성한다.
20. 피코르나바이러스과의 + 가닥 RNA가 mRNA로 작용하면서 RNA-의존 RNA 중합효소를 합성한다.
21. 토가바이러스과의 + 가닥 RNA는 RNA-의존 RNA 중합효소의 주형으로 작용하며 mRNA는 새로운 −RNA 가닥에서 전사된다.
22. 랍도바이러스과의 − 가닥 RNA는 바이러스의 RNA-의존 RNA 중합효소의 주형으로 작용하여 mRNA가 합성된다.
23. 레오바이러스과는 숙주세포의 세포질에서 분해되어 바이러스 생합성에 필요한 mRNA를 방출한다.
24. 레트로바이러스과의 역전사효소(RNA-의존 DNA 중합효소)는 RNA에서 DNA를 전사한다.
25. 성숙한 다음 바이러스 입자가 방출된다. 방출되는 방법 가운데 하나는 출아법이다. 외피가 없는 바이러스는 숙주세포의 막을 파괴하면서 방출된다.

바이러스와 암 (392~394쪽)

1. 1900년대 초기에 닭의 백혈병과 닭 육종이 세포를 걸러낸 여과액에 의해 건강한 동물에게 전염될 수 있다는 사실이 알려지면서 처음으로 바이러스가 암 발생에 관련이 있다는 것이 밝혀졌다.

정상세포에서 종양세포로의 전이 (393쪽)

2. 암유전자는 활성화되었을 때 정상 세포를 악성 종양세포로 전환시

킨다.

3. 종양을 발생시킬 수 있는 바이러스를 종양 바이러스라 한다.
4. 여러 종류의 DNA 바이러스와 레트로바이러스가 종양을 일으킨다.
5. 종양 바이러스의 유전물질은 숙주세포의 DNA에 삽입된다.
6. 형질전환된 세포는 접촉억제 증상을 잃어버리고, 바이러스 특이적인 항체를 포함하며(TSTA 및 T 항원), 비정상적인 형태의 염색체가 나타나고, 취약한 동물에 주사하면 종양을 형성할 수 있다.

DNA 종양바이러스 (393쪽)

7. 종양바이러스는 아데노바이러스과, 허피스바이러스과, 폭스바이러스과, 파포바바이러스과, 헤파드나바이러스과 등에서 발견된다.

RNA 종양바이러스 (393~394쪽)

8. RNA 바이러스 중에서는 레트로바이러스과에 속하는 바이러스만이 암을 발생시킨다.
9. HTLV-1과 HTLV-2는 사람에게서 백혈병과 림프종을 일으킨다.
10. 바이러스가 암을 일으키는 능력은 역전사효소를 생성하는 것과 관련이 있다. 바이러스 RNA로부터 합성된 DNA는 숙주세포의 DNA에 프로바이러스의 형태로 삽입된다.
11. 프로바이러스는 잠재 상태로 남아 있다가, 바이러스를 생성하거나 숙주세포를 암세포로 형질전환시킬 수 있다.

잠재성 바이러스 감염 (394쪽)

1. 잠재성 바이러스 감염은 숙주세포에 바이러스가 오랜 기간 동안 감염증상을 보이지 않은 채 남아 있는 것을 말한다.
2. 단순포진과 대상포진은 잠재성 바이러스에 의해 나타난다.

지속성 바이러스 감염 (394~395쪽)

1. 지속성 바이러스 감염은 오랜 기간에 걸쳐 질병이 진행되다가 일반적으로 사망에 이르는 감염증이다.
2. 지속성 바이러스 감염은 일반적인 바이러스에 의해 나타나며 바이러스가 오랜 기간에 걸쳐 축적된다.

프리온 (395~396쪽)

1. 프리온은 1980년대에 처음 발견된 감염성 단백질이다.
2. CJD나 광우병과 같은 프리온 질환은 모두 뇌 조직의 퇴화를 동반한다.
3. 프리온 질환은 단백질이 변형되어서 나타난다. 정상 PrP^C 유전자에 돌연변이가 일어나거나 정상 유전자 산물이 변형된 단백질(PrP^{Sc})과 접촉할 때 발병한다.

식물 바이러스와 바이로이드 (396~397쪽)

1. 식물 바이러스는 상처나 곤충과 같이 식물 조직에 침투하는 기생생물을 통해 식물 숙주에 침입한다.
2. 일부 식물 바이러스는 곤충(매개체) 세포에서도 증식한다.
3. 바이로이드는 감염성을 갖는 RNA 조각으로 감자 방추괴경병과 같은 일부 식물 질병을 일으킨다.

학습 질문

복습과 객관식 문제에 대한 해답은 책 뒤에 있음.

복습 문제

1. 바이러스를 절대 세포내 기생체로 분류하는 까닭은 무엇인가?
2. 바이러스를 규정하는 네 가지 특성을 나열하시오. 바이러스 입자(virion)란 무엇인가?
3. 바이러스의 네 가지 형태적 분류 기준을 말하고 모식도를 그려 각각의 예를 제시하시오.
4. 그려보기 + 가닥 RNA 바이러스의 부착, 생합성, 유입, 성숙 단계를 표시하시오. 탈피는 어느 단계에서 일어나는지 표시하시오.

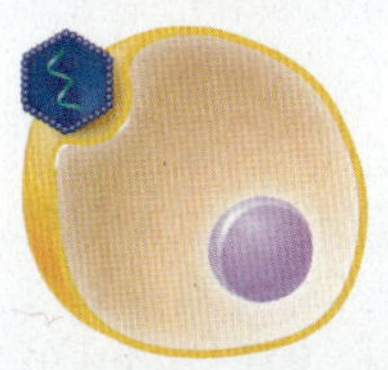
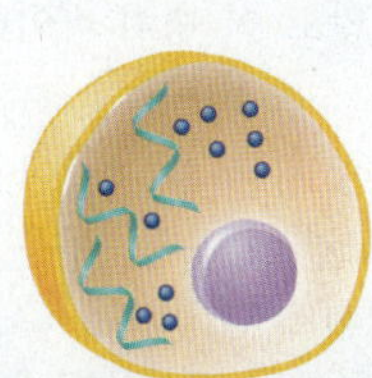
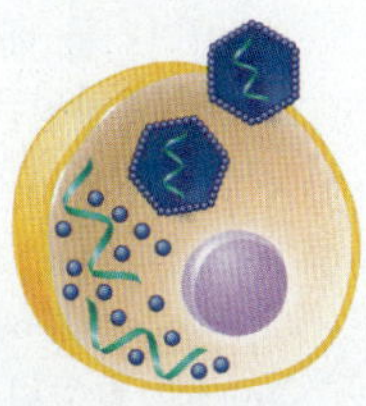

5. + 가닥 RNA와 – 가닥 RNA 바이러스의 생합성 과정을 비교하시오.
6. 일부 항생체는 파지 유전자를 활성화시킨다. 판톤-발렌타인 백혈구파괴소(Panton-Valentine leukocidin)를 분비하는 MRSA는 생명을 위협하는 질병을 일으킨다. 이와 같은 증상이 항생제 처치 후에 나타날 수 있는 이유는 무엇인가?
7. 1장에서 질병을 일으키는 원인을 결정하는 데 코흐의 가설을 이용했다. 다음의 질병을 일으키는 원인을 같은 방식으로 결정하기 어려운 이유는?
   a. 독감을 비롯한 바이러스 감염
   b. 암
8. (a) ___________ 와(과) 같은 지속성 바이러스 감염은 (b) ___________ 에 의해 야기될 수 있다. 이러한 바이러스는 (c) ___________(일) 수도 있다.
9. 식물 바이러스는 온전한 식물 세포에 유입될 수 없다. 왜냐하면 식물세포에는 (a) ___________가(이) 있기 때문이다. 따라서 식물 바이러스는 (b) ___________을(를) 이용해서 세포 안으로 들어간다. 식물 바이러스 (c) ___________을(를) 이용해서 배양할 수 있다.
10. 이름 답하기 피부, 점막, 신경 세포를 감염시키고, 잠재성이 있어 감염이 재발하며, 다각형 껍질을 갖는 바이러스는 어느 과(family)에 속하는가?

객관식 문제

1. 다음에 제시된 산물이 박테리오파지의 생합성 과정에서 나타나는 순서대로 나열한 것을 고르시오 (1) 파지 리소자임, (2) mRNA, (3)

DNA, (4) 바이러스 단백질, (5) DNA 중합효소.
a. 5, 4, 3, 2, 1
b. 1, 2, 3, 4, 5
c. 5, 3, 4, 2, 1
d. 3, 5, 2, 4, 1
e. 2, 5, 3, 4, 1

2. mRNA로 작용하는 분자가 새로 만들어지는 바이러스 입자에 포함되지 않는 바이러스는?
a. + 가닥 RNA 피코르나바이러스
b. + 가닥 RNA 토가바이러스
c. − 가닥 RNA 랍도바이러스
d. 이중가닥 RNA 레오바이러스
e. 로타바이러스

3. RNA-의존 RNA 중합효소를 갖는 바이러스는
a. RNA 주형에서 DNA를 합성한다.
b. RNA 주형에서 이중가닥 RNA를 합성한다.
c. DNA 주형에서 이중가닥 RNA를 합성한다.
d. DNA에서 mRNA를 전사한다.
e. 해당 없음

4. 역전사효소를 지니는 바이러스의 생합성에서 가장 처음 나타나는 단계는?
a. RNA에 상보적인 가닥이 합성된다.
b. 이중가닥 RNA가 합성된다.
c. RNA 주형에서 상보적인 NDA가닥이 합성된다.
d. DNA 주형에서 상보적인 NDA가닥이 합성된다.
e. 해당 없음

5. 동물에서 바이러스가 용원화되는 예는 어디에서 볼 수 있는가?
a. 느린(지루성) 바이러스 감염
b. 잠재성 바이러스 감염
c. T-짝수 박테리오파지
d. 세포 사멸을 초래하는 감염
e. 해당 없음

6. 바이러스가 숙주를 감염시키는 능력은 무엇에 의해 조절되는가?
a. 숙주의 생물종
b. 세포의 종류
c. 부착자리의 존재 여부
d. 바이러스 복제에 필요한 세포 인자의 존재 여부
e. 위의 답 모두

7. 다음 진술 가운데 옳지 않은 것은?
a. 바이러스는 DNA 또는 RNA를 지닌다.
b. 바이러스의 핵산은 단백질 껍질로 둘러싸여 있다.
c. 바이러스는 바이러스 mRNA, tRNA, 리보솜을 이용하여 살아 있는 세포 안에서 증식한다.
d. 바이러스는 특수한 감염 인자의 합성을 유도한다.
e. 바이러스는 살아 있는 세포 안에서 증식한다.

8. 숙주세포 안에서 발견되는 순서대로 다음을 나열한 것은? (1) 캡시드 단백질, (2) 감염성 파지 입자, (3) 파지 핵산.
a. 1, 2, 3
b. 3, 2, 1
c. 2, 1, 3
d. 3, 1, 2
e. 1, 3, 2

9. 다음에서 DNA 합성이 일어나지 않는 바이러스는?
a. 이중가닥 DNA 바이러스(Poxviridae)
b. 역전사효소를 지니는 DNA 바이러스(Hepadnaviridae)
c. 역전사효소를 지니는 RNA 바이러스(Retroviridae)
d. 단일가닥 RNA 바이러스(Togaviridae)
e. none of the above

10. 바이러스의 종 이름은 대체로 바이러스가 일으키는 질병의 증상을 기준으로 명명된다. 증상과 관련되지 않은 이름을 지닌 바이러스는?
a. 소아마비
b. 광견병
c. 간염
d. 수두와 대상포진
e. 홍역

비판적 사고

1. 바이러스를 살아 있는 생명체로 분류하는 것에 대한 찬반 논의를 설명하시오
2. 일부 바이러스에서 캡소미어는 구조적인 기능과 더불어 효소의 기능을 하기도 한다. 이와 같은 특성은 바이러스에 어떤 이점을 주는가?
3. 원숭이 AIDS나 고양이 AIDS가 있다는 사실올 발견한 것이 중요한 까닭은?
4. 프로파지나 프로바이러스는 세균의 플라스미드와 비슷한 것으로 설명된다. 이들이 함께 지니는 유사한 특징은 무엇인가? 이들은 어떤 점에서 서로 다른가?

임상 응용

1. 혈청검사에서 HIV 양성이었던 40세 남성이 복부 통증, 피로를 호소하고 체온이 정상보다 약간 높게(38°C) 나타났다. 흉부 X선 검사에서 폐에 침윤 증상이 보였다. 그람염색과 항산성 염색 결과는 음성이었다. 그러나 바이러스 배양 검사 결과에서 이와 같은 증상에 대한 원인을 발견할 수 있었다. 크고, 외피가 있는 다각형, 이중나선 DNA 바이러스가 발견되었다. 이 병은 무엇인가? 이 바이러스의 종류는? 그람염색과 항산성 염색 결과 후에 바이러스 배양 검사 결과를 얻은 까닭은 무엇인가?
2. 새로 태어난 여자 아기의 얼굴과 가슴에 광범위한 수포성 궤양성 병변이 나타났다. 이 증상에 대한 가장 가능성 있는 원인은 무엇일까? 바이러스를 배양하지 않고 이 병이 바이러스에 의한 것임을 결정할 수 있는 방법은?
3. 5월 14일까지 같은 집에 사는 두 사람이 서로 5일 간격으로 사망했다. 이들은 갑작스런 고열, 근육통, 두통, 감기 증상을 앓았고 이어서 호흡기 장애가 급격하게 발생했다. 그 해 말까지 이와 같은 질병 36건이 보고되었으며 50%의 치사율이 확인되었다. 오르소믹소바이러스과, 부니아바이러스과, 아데노바이러스과의 바이러스가 이와 같은 증상을 일으킬 수 있다. 전염, 형태, 핵산, 복제 양상 등을 통해 이들 바이러스의 과를 구분하시오. 이 질병의 저장소는 생쥐이다. 이 질병의 이름은? (힌트: 23장 참조)

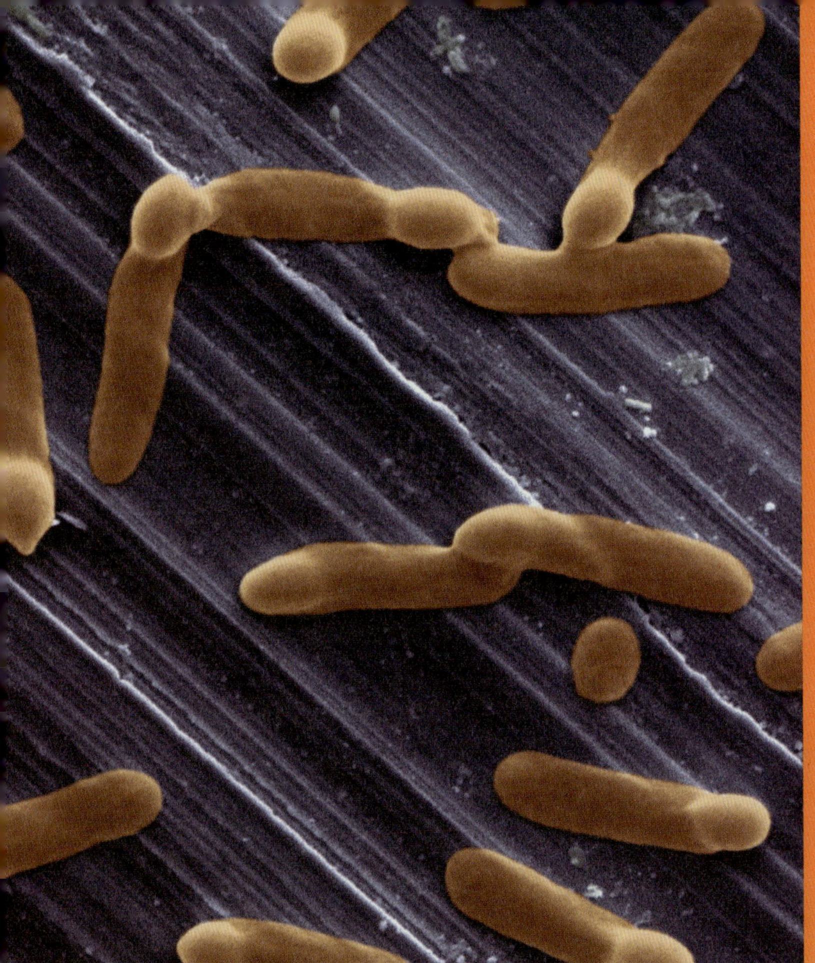

14

질병과 전염병학의 원리

이제 여러분은 미생물의 구조와 기능 및 미생물의 다양성에 대한 기초 지식이 있으므로, 우리 몸과 다양한 미생물들이 어떻게 상호작용하는지에 대하여 건강과 질병의 측면에서 설명하고자 한다.

우리 모두는 방어체계를 가지고 있어 건강을 유지할 수 있다. 그럼에도 불구하고, 여전히 우리는 **병원체**(pathogen, 병을 일으키는 미생물)에 취약하다. 우리 몸의 방어체계와 미생물의 병리적 수단 사이에 아주 미묘한 균형이 존재한다. 우리의 방어가 병원성을 이겨내면 건강을 유지하지만, 병원체가 우리 방어를 무너뜨리면 몸에 병이 생기게 된다. 병에 걸리면, 완쾌될 수도 있고 일시적인 또는 영구적인 손상으로 고통 받을 수도 있고 또한 그 병으로 인해 사망할 수도 있다.

셋째 단원에서 우리가 살펴볼 내용은, 감염과 질병의 원리, 병원체가 질병을 일으키는 방식, 질병과 싸우는 우리 몸의 방어체계, 그리고 미생물 관련 질병을 면역 접종으로 예방하고 약물로 통제하는 방법이다. 첫째 장에서 병리학의 의미와 범위를 이해하고 질병이 생기는 일반적인 원리를 알아본다. 이번 장의 마지막 부분인 "전염병학(epidemiology)"에서는, 이 원리들이 질병을 연구하고 통제하는데 얼마나 유용한 정보를 제공하는지 배우게 될 것이다. 이러한 원리들을 이해하는 것이 병의 전염을 막는 데 필수적이다. 주어진 사진에서 보는 세균은, 병원에서 감염되는 클로스트리듐 디피실리균(*Clostridium difficile*)이며 이번 장의 임상 사례에서 다루어질 것이다.

병리학, 감염, 질병

학습 목표

14-1 병리학, 병인, 감염, 질병 등에 대하여 설명한다.

병리학(pathology)은 질병을 연구하는 학문(*pathos* = 고통; *logos* = 학문)이다. 병리학에서는 첫째, 병을 일으키는 **병인(etiology)**을 연구한다. 둘째, 병이 발생하는 원리인 **병리(pathogenesis)**를 다룬다. 셋째, 병에 걸려 생기는 우리 몸의 구조적 그리고 기능적 변화와 그 결과에 대하여 연구한다.

감염과 질병이란 용어가 때로 혼용되기도 하지만, 이들의 의미는 다르다. **감염(infection)**이란 우리 몸에 병원성 미생물이 침입하여 서식하는 것을 의미하며, **질병(disease)**이란 감염으로 인하여 건강상 어떤 변화가 있을 때를 의미한다. 질병은 우리 몸의 어떤 부분 또는 전체가 제대로 적응하지 못하거나 원래의 기능을 제대로 수행하지 못하는 비정상적인 상태를 의미한다. 뚜렷한 질병이 없이도 감염이 있을 수 있다. 예를 들어, 에이즈 바이러스에 감염되어도 그 병의 증상은 없을 수도 있다.

특정 미생물이 원래 존재하지 않던 몸 부위에 나타나는 것도 감염이라 할 수 있으며, 이 또한 질병을 유발할 수 있다. 그 예로, 건강한 사람의 장 속에는 정상적으로 많은 숫자의 대장균(*E. coli*)이 있지만, 이 세균이 요로에 감염하면 병을 일으키게 된다.

병원성을 가진 미생물은 극히 적다. 사실상, 숙주에 존재하는 일부 미생물은 오히려 숙주에게 이로움을 줄 수 있다. 그러므로 미생물이 병을 어떻게 일으키는가를 배우기 전에, 미생물과 건강한 우리 몸 사이의 관계부터 설명하기로 한다.

이해도 확인하기

✔ 병리학을 공부하는 목적은 무엇인가? **14-1**

임상 사례: 화장실에서 해방

제이밀 카터(Jamil Carter)는 또 화장실에 있다. 요로 감염(urinary tract infection, UTI)으로 6개월 전에 입원한 이후, 제이밀은 열과 오한, 심한 설사로 시달려 왔으며 체중이 15파운드(약 6.8 kg)나 줄었다. 제이밀은 75세이며 은퇴하였고, 부인, 아들과 함께 살고 있다. 담배도 피우지 않고 술도 거의 하지 않는다. 입원한 동안 제이밀은 항생제 세프트리악손(ceftriaxone)과 시프로플록사신(ciprofloxacin)으로 요로 감염을 치료받았다. 퇴원한 지 3일 후부터 줄곧 그는 설사 증상을 보이고 있다.

제이밀이 설사와 그 외 다른 증상을 보인 원인이 무엇일까? 알아보자.

402 415 417 418 422

정상 미생물상

학습 목표

14-2 정상 미생물상과 일시 미생물상을 설명한다.

14-3 편리공생과 상리공생, 기생을 비교 설명하고, 각각의 예를 하나씩 든다.

14-4 정상 미생물상과 일시 미생물상이 기회감염성 미생물과 다른 점을 설명한다.

사람을 포함하여 동물들은 태어나기 전 자궁 내에서는 무균 상태이다. 그러나 태어나면서, 개인 특유의 다른 정상 미생물 집단이 몸에 자리잡기 시작한다. 출산 직전에, 산모의 질 내 젖산균이 급속히 증식한다. 신생아가 처음으로 접촉하는 미생물은 주로 이 젖산균이며, 신생아의 장 속에 지배적인 미생물이 된다. 신생아가 호흡을 시작하고 먹기 시작하면서 환경으로부터 더 많은 미생물들이 체내로 도입된다. 자라면서, 음식물에서 온 *E. coli*를 비롯한 다른 세균들이 대장에 서식하게 된다. 이 미생물들이 일생 동안 남아 있으면서 환경 변화에 따라 숫자가 늘거나 줄면서 병이 생기는 하나의 요인이 된다.

다른 많은 무해한 미생물들이 정상 성인의 체내 여러 부분과 표면에 에 자리잡고 있다. 보통 인체는 1×10^{13} 세포로 구성되며, 대략 이보다 10배 더 많은 1×10^{14} 세포의 세균을 가지고 있으니, 우리 몸에 정상적으로 서식하는 미생물이 얼마나 많은지 짐작할 수 있다. 인체 내부와 표면에 살고 있는 미생물 군집(microbiome)을 분석하는 **인체 미생물 군집 프로젝트(Human Microbiome Project)**가 2007년에 시작되었다. 그 목표는, 미생물 군집의 변화가 사람의 건강 및 질병과 어떠한 연관성을 가지는지 파악하는 것이다. 사람의 미생물 군집은 예상보다 더 다양한 것으로 알려졌다. 현재, 건강한 사람들과 특정 질병을 가진 사람들의 미생물 군집을 비교하는 연구가 진행 중이다. 거의 영구적으로 서식하며 보통 상황에서 병을 일으키지 않는 미생물들이 우리 몸의 **정상 미생물상(normal microbiota, 또는 normal flora)**을 이룬다(그림 14.1). 반면, **일시 미생물상(transient microbiota)**은 며칠이나 몇 주 또는 몇 달 동안 존재하다가 사라지는 미생물 군집이다. 미생물은 인체의 전역에 분포하는 것이 아니라 특정 지역들에 국한되어 있는데, 404쪽의 표 14.1에서 볼 수 있다.

여러 가지 요인이 정상 미생물상의 분포와 구성을 결정하는데, 양분, 물리적 · 화학적 요인, 숙주의 방어, 기계적 요인 등이 포함된다. 미생물이 에너지원으로 사용할 수 있는 양분의 종류에 따라 서식할 수 있는 미생물이 달라진다. 이에 따라, 미생물은 적절한 양분이 공급되는 신체 부위에만 서식할 수 있게 된다. 이러한 양분들은 세포에서 분비되고 배출되는 물질들, 체액에 포함된 물질들, 죽은 세포, 위장관에 들어 온 음식물 등에서 유래한다.

많은 종류의 물리적 또는 화학적 요인이 미생물의 증식에 영향을 미쳐서 결과적으로 정상 미생물상의 증식과 구성 변화를 가져온다. 이러한 요인에는 온도, pH, 가용 산소 및 이산화탄소, 염도, 햇빛 등이 포함된다.

(a) 비강 상피조직 표면의 세균 (주황색 공 모양) SEM 2 μm

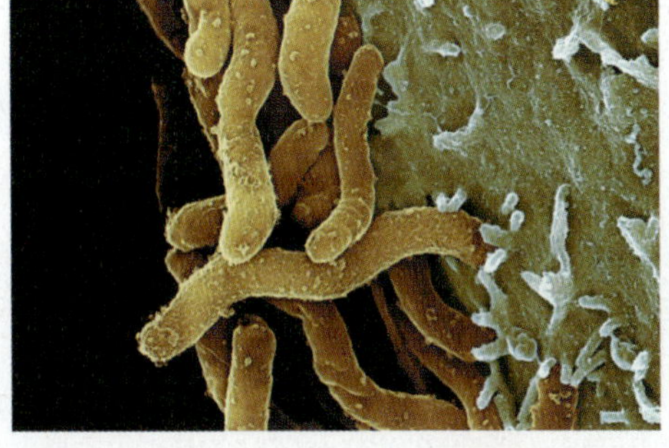

(b) 위 내벽에 서식하는 세균 (갈색) SEM 2.5 μm

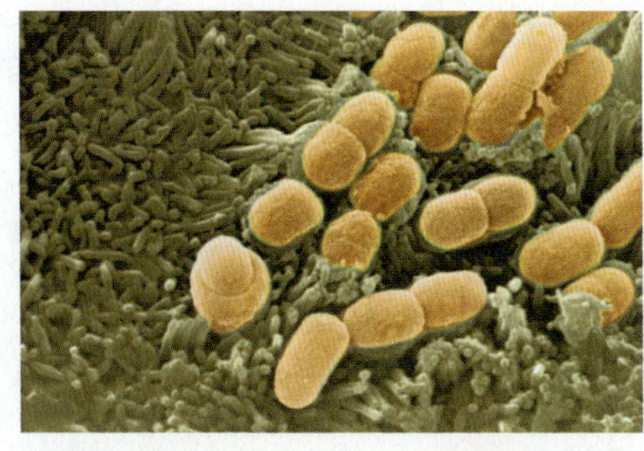

(c) 소장 내 세균(주황색)

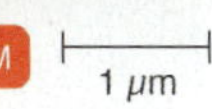

SEM 1 μm

그림 14.1 인체 여러 부분에 대표적인 정상 미생물상

정상 미생물상의 중요성은 무엇인가?

우리의 몸이 미생물에 대응하는 방어체계를 가지고 있다는 것을 16장과 17장에서 배울 것이다. 이러한 방어책에는 다양한 물질과 활성화된 세포들이 포함되는데, 이들은 미생물을 파괴하고, 미생물의 증식을 억제하며, 숙주세포 표면에 부착을 방해하고, 미생물이 만들어내는 독소를 중화한다. 이러한 방어 체계가 병원체에 대항하는 역할은 매우 중요하지만, 정상 미생물상을 결정하고 조절하는 역할은 확실치 않다.

우리 몸에서 어떤 부분들은 기계적 힘을 받아 정상 미생물상의 서식에 영향을 끼칠 수 있다. 예를 들어, 씹을 때 치아와 혀의 움직임으로 치아 표면과 구강 내 점막 표면에 붙어 있던 미생물이 떨어져 나올 수 있다. 위장관에서도 침과 분비된 소화효소의 흐름 및 인후, 식도, 위, 장 등에서 일어나는 여러 근육의 움직임으로 부착되지 않은 미생물들이 제거될 수 있다. 오줌이 씻어 내리는 작용도 미생물을 제거할 수 있다. 호흡계에서는 점액이 미생물을 가두고 섬모가 이를 인후 쪽으로 밀어 올려 제거한다.

몸의 특정 부위에서 정상 미생물상에 영향을 줄 수 있는 조건은 사람마다 다르다. 이런 조건으로는 연령, 영양 상태, 식단, 건강 상태, 신체적 장애, 입원, 감정 상태, 스트레스, 기후, 지리, 개별 위생, 거주 환경, 직업, 생활방식 등이 있다.

우리 몸의 여러 부분에 주요 정상 미생물상과 각각의 특징이 표 14.1에 열거되어 있다. 정상 미생물상에 관한 더 구체적인 설명은 4단원에서 하기로 한다.

미생물상이 전혀 없는 동물은 실험실에서 사육될 수 있다. 연구에 사용되는 대부분의 무균 포유류는 무균 환경에서 번식시켜 얻는다. 무균 동물을 이용한 연구에서, 동물의 생명유지에 미생물이 반드시 필요한 것은 아니라는 사실이 밝혀졌다. 하지만 무균 동물들은 면역체계가 잘 발달되지 않아 감염과 심각한 질병에 매우 민감하다. 또한 무균 동물들은 정상 동물에 비해 더 많은 열량과 비타민을 필요로 한다.

정상 미생물상과 숙주 사이의 상관관계

정상 미생물상이 일단 확립되면 해로운 미생물이 과하게 증식하는 것을 막아 우리 몸에 이롭게 된다. 이 현상을 **미생물간 길항작용(microbial antagonism)** 또는 **경쟁배타(competitive exclusion)** 라고 한다. 미생물간 길항작용은 미생물들 사이의 경쟁을 포함한다. 경쟁으로 인한 한 가지 결과는, 정상 미생물상이 병원성 미생물이 서식하는 것을 막아 우리 몸을 보호하는 것이다. 그 방법으로, 양분을 두고 경쟁하거나 침범한 미생물에게 해로운 물질을 생산하며, pH나 가용 산소 등의 서식 조건에 변화를 주는 것이다. 정상 미생물상과 병원성 미생물 사이의 균형이 뒤집히면, 질병이 생긴다. 예를 들어, 성인 여성의 질에 정상 미생물상은 그 부분의 pH를 4 정도로 유지한다. 이 정상 미생물상 덕분에 칸디다 알비칸스(*Candida albicans*) 진균이 과다 증식하지 못한다. 그러나 정상 미생물상과 병원균 사이의 균형이 깨지거나 pH가 달라지면, 이 진균이 증식하게 된다. 만일 항생제, 과도한 질 세척, 또는 냄새 제거제에 의해 정상 미생물상이 제거되면, 질에 pH가 거의 중성으로 바뀌게 되어 *C. albicans*가 잘 자라 지배적인 미생물군을 이룬다. 이 상태가 되면 질염이 생길 수 있다.

미생물간 길항작용의 또 다른 예는 대장에서 일어난다. *E. coli* 세포는 박테리오신(bacteriocin)이라는 단백질을 만들어, 동일한 종 또는 유사한 종에 속하는 병원성 세균인 *Salmonella*와 *Shigella*의 증식을 억제한다. 특정 박테리오신을 만드는 세균은 같은 박테리오신에 의해서는 파괴되지 않고 다른 종류에 의해 파괴된다. 의학 미생물학에서 세균의 다른 균주를 확인하는 데 박테리오신이 이용된다. 이 방법으로, 여러 차례의 감염성 질병이 특정 세균의 한 균주에 의해서 인지 아니면 여러 균주에 의해 발병하였는지 파악할 수 있다.

마지막 예로, 대장에 존재하는 또 다른 세균인 클로스트리듐 디

표 14.1 인체 여러 부분에 대표적인 정상 미생물상

부분	주요 구성	특징
피부	*Propionibacterium*, *Staphylococcus*, *Corynebacterium*, *Micrococcus*, *Acinetobacter*, *Brevibacterium*; *Candida* (진균), *Malassezia* (진균)	• 피부에 직접 접촉하는 대부분 미생물은 땀샘과 피지샘 분비물의 항미생물 활성에 막혀 서식하지 못한다. • 케라틴이 저항 장벽이며, 피부의 낮은 pH가 미생물 증식을 억제한다. • 피부는 또한 비교적 수분 함량이 낮다.
눈(결막)	*Staphylococcus epidermidis*, *S. aureus*, diphtheroids, *Propionibacterium*, *Corynebacterium*, streptococci, *Micrococcus*	• 결막은 피부 또는 점막의 연속이며, 피부와 동일한 정상 미생물상을 가진다. • 눈물과 눈 깜빡거림이 일부 미생물을 제거하거나 다른 미생물이 서식하지 못하도록 한다.
코와 인후(상부 호흡계)	코 안에 *Staphylococcus aureus*, *S. epidermidis*, 호기성 diphtheroids; 인후에 *S. epidermidis*, *S. aureus*, diphtheroids, *Streptococcus pneumoniae*, *Haemophilus*, *Neisseria*	• 일부 정상 미생물상이 병원체의 가능성이 있지만, 그들의 병원성은 미생물간 길항작용으로 감소된다. • 콧물이 많은 미생물을 파괴하며, 점액과 섬모 작용이 미생물을 제거한다.
입	*Streptococcus*, *Lactobacillus*, *Actinomyces*, *Bacteroides*, *Veillonella*, *Neisseria*, *Haemophilis*, *Fusobacterium*, *Treponema*, *Staphylococcus*, *Corynebacterium*, *Candida* (진균)	• 수분이 많고, 따뜻하며, 늘 음식이 들어오므로 혀, 볼, 치아, 잇몸에 다양한 미생물이 다량 서식할 수 있는 이상적인 환경이다. • 물고, 씹고, 혀가 움직이며, 침이 흘러 미생물을 제거한다. 타액에는 여러 항미생물 물질이 들어 있다.
대장	*Escherichia coli*, *Bacteroides*, *Fusobacterium*, *Lactobacillus*, *Enterococcus*, *Bifidobacterium*, *Enterobacter*, *Citrobacter*, *Proteus*, *Klebsiella*, *Candida* (진균)	• 대장에는 수분과 양분이 많아 우리 몸에서 가장 많은 숫자의 미생물상이 서식한다. • 점액이 분비되고 내벽이 정기적으로 떨어져나가 미생물이 위장관 내벽에 부착하지 못하도록 하며, 점액에는 여러 항미생물 화합물이 들어 있다. • 설사로도 정상 미생물상의 일부가 씻겨 나간다.
비뇨 생식계	요도에 *Staphylococcus*, *Micrococcus*, *Enterococcus*, *Lactobacillus*, *Bacteroides*, 호기성 diphtheroids, *Pseudomonas*, *Klebsiella*, *Proteus*; 질 내에 lactobacilli, *Streptococcus*, *Clostridium*, *Candida albicans* (진균), *Trichomonas vaginalis* (원생동물)	• 양성 모두 하부 요도에 정상 미생물상을 가진다. 질 분비물이 산성이기 때문에 질 내에 산성에 강한 미생물들이 서식한다. • 점액이 분비되고 내벽이 정기적으로 떨어져나가 미생물이 내벽에 부착하지 못하도록 한다. 오줌의 흐름이 기계적으로 미생물을 제거하며, 산성 pH와 요소가 항미생물 활성을 가진다. • 섬모와 점액이 미생물을 자궁 경부에서 질 쪽으로 내보내며, 질 내 산성 환경이 미생물을 억제하고 파괴한다.

피실리균(*Clostridium difficile*)이 있다. 대장의 정상 미생물상은, 이 세균에 대한 숙주의 수용체를 가리거나 경쟁적으로 양분을 섭취하거나 또는 박테리오신을 만들어 *C. difficile*의 증식을 효과적으로 억제한다. 하지만 항생제를 복용하거나 어떤 상태에서 정상 미생물상이 제거되면, *C. difficile*이 문제를 일으킬 수 있다. 이 미생물은 항생제 치료에 따르는 거의 모든 위장관 감염에 원인이며, 경미한 설사에서 때로는 치명적이기까지 한 심한 대장염을 일으킨다.

정상 미생물상과 숙주의 관계를 **공생(symbiosis)**이라 하는데, 두 생명체 사이에서 적어도 어느 한 쪽이 다른 한 쪽에 의존하는 관계이다(그림 14.2). **편리공생(commensalism)**이라는 공생 관계에

(a) 피부에 *Staphylococcus epidermidis*(표피포도상 구균)

(b) 대장 내 *E. coli* 세균(연보라색)

(c) 숙주세포(녹색)에 부착된 H1N1 바이러스 입자(주황색)

그림 14.2 공생

사람과 *E. coli* 사이의 관계는 공생의 종류 중에서 어느 것에 가장 잘 맞는가?

서는, 한 쪽이 이득을 얻고, 다른 한 쪽엔 아무런 영향이 없다. 우리 몸에 정상 미생물상을 구성하는 대부분의 미생물은 편리공생 관계에 있으며, 피부 표면에 서식하는 표피포도상 구균(*staphylococcus epidermidis*)과 눈 표면에 코리네박테리아(*corynebacteria*), 귀와 외부 생식기에 일부 미코박테리아(*mycobacteria*) 등을 포함한다. 이 세균들은 분비물이나 벗겨져 나온 세포에서 양분을 섭취하며, 숙주에게 득도 해도 없는 것 같다.

상리공생(mutualism)은 두 생명체에 모두 이득이 되는 관계이다. 예를 들어, 대장에는 *E. coli*가 있어 비타민 K와 비타민 B의 일부를 합성한다. 대장균이 합성한 비타민은 혈액으로 흡수되어 우리 몸의 세포들이 사용하게 된다. 그 대신, 대장은 대장균이 사용할 양분을 제공하여 생존할 수 있도록 해준다.

최근의 유전학 연구에서 장내 세균들이 가지는 수백 가지 항생제내성 유전자를 찾았다. 감염성 질병의 치료에 항생제를 쓸 때, 이 세균들이 생존하는 것이 우리에게 유리하지만 이들이 항생제 내성 유전자를 병원균에게 넘겨줄 수도 있다.

또 다른 종류의 공생에서, 한 쪽이 다른 쪽의 양분을 빼앗아 이득을 얻는 **기생(parasitism)** 관계가 있다. 질병을 일으키는 많은 세균들이 기생생물이다.

기회감염성 미생물

편의상 공생 관계를 종류별로 분류하기는 하지만, 기억할 것은 조건에 따라 이러한 관계들이 바뀔 수 있다는 것이다. 평상시에 *E. coli*처럼 상리공생 관계에 있던 세균이 해로운 세균으로 될 수 있다. 보통 *E. coli*는 대장에 남아 있으면 무해하다. 하지만 *E. coli*가 몸의 다른 부위인 방광, 폐, 척수, 상처 부위 등에 들어가면 각 부위에서 방광염, 폐렴, 수막염, 종기 등 일으킬 수 있다. 이와 같은 미생물을 **기회감염성 병원체(opportunistic pathogen)**라 한다. 이들은 건강한 사람의 정상 미생물상에 서식하는 경우에는 병을 일으키지 않지만, 환경이 바뀌면 병을 일으킬 수 있다. 한 예로, 손상된 피부나 점막에 접근한 미생물은 기회감염을 일으킬 수 있다. 또는 우리 몸이 감염으로 약해지면, 평상시에 무해하던 미생물이 병을 일으킬 수 있다. 종종 에이즈에 동반되는 흔한 기회감염으로, 기회감염성 미생물인 *Pneumocystis jirovecii*(705쪽, 그림 24.20 참고)가 일으키는 폐포자충 폐렴이 그 예가 된다. 에이즈 환자들은 면역이 저하되어 있어 이렇게 2차 감염이 발생할 수 있다. 에이즈가 유행하기 전에는, 이런 종류의 폐렴은 매우 드물었다. 기회감염성 병원체는 병원성을 나타내는 다른 특징들도 가지고 있다. 예를 들어, 이들은 우리 몸의 안팎 또는 외부 환경에 대량으로 서식한다. 일부 기회감염성 병원체는 우리 몸이 방어 체계에 의해 꽤 잘 보호되는 위치에 분포하거나, 일부는 항생제에 내성이 있다.

이렇게 흔한 공생체 이외에도, 일반적으로 병원체로 간주되지만 어떤 사람들에게는 병을 일으키지 않고 서식하는 미생물들이 있다. 건강한 사람들이 흔히 가지고 있는 병원체 중에는, 장에 질병을 일으키는 에코바이러스(*echo*는 enteric cytopathogenic human orphan의 첫 자를 따서 지어졌음. 전체 뜻은 사람의 장내에서 세포변성을 일으키는 드문 종류의 바이러스)와 호흡기 질병을 일으키는 아데노바이러스(adenoviruses)가 있다. 호흡기 관에 주로 무해하게 서식하는 수막염균(*Neisseria meningitides*)은 뇌와 척수를 둘러싸는 막인 수막에 염증을 일으킬 수 있다. 코와 인후에 분포하는 폐렴구균(*Streptococcus pneumonia*)은 폐렴을 일으킬 수 있다.

미생물들 사이의 협력

미생물간 경쟁만이 병의 원인이 되는 것이 아니라, 미생물간 협력 또한 병의 원인이 될 수 있다. 예를 들어, 치주 질환과 잇몸 염증을 일으키는 병원체는 치아에 부착하는 수용체를 가진 것이 아니라 치아에 서식하는 구강 연쇄상구균에 부착하는 수용체를 가지고 있다.

이해도 확인하기

- 정상 미생물상과 일시 미생물상의 차이점은 무엇인가? **14-2**
- 미생물간 길항작용의 몇 가지 예를 드시오. **14-3**
- 기회감염성 병원체는 어떻게 감염을 일으키는가? **14-4**

감염성 질병의 병인

학습 목표

14-5 코흐 원칙을 설명한다.

소아마비와 라임병, 결핵 등 일부 질병은 그 원인이 잘 알려져 있다. 병인이 완전히 밝혀지지 않은 경우의 대표적인 예로, 특정 바이러스와 암 발생의 상관관계를 들 수 있다. 또한 알츠하이머 치매처럼 병인이 잘 알려지지 않은 질병들이 있다. 물론 모든 질병이 미생물에 의해 생기는 것은 아니다. 혈우병은 **유전성 질병**[inherited (genetic) disease]이며, 골관절염과 간경병은 **퇴행성 질병**(degenerative disease)이다. 질병에는 여러 부류가 있는데, 여기서는 미생물이 일으키는 **감염성**(infectious) **질병**만을 다루기로 한다. 미생물학자들이 감염성 질병의 병인을 어떻게 확인하는지 이해하기 위해, 먼저 1장 11쪽에서 소개하였던 로버트 코흐(Robert Koch)의 연구를 자세히 설명하기로 한다.

코흐 원칙

1장에서 미생물학의 역사적 개관을 소개할 때에, 코흐의 유명한 원칙을 간략히 언급하였다. 코흐는 독일 의사였는데, 미생물이 특정 질병을 일으킬 수 있다는 사실을 확고히 하는 데 중요한 역할을 하였다. 그는 1877년에, 가축과 사람에게 생기는 질병인 탄저병에 대하여 처음으로 연구한 논문을 발표하였다. 코흐는 오늘날 탄저균(*Bacillus anthracis*)으로 알려진 세균이, 건강한 동물의 혈액에는 없지만 그 병에 걸린 동물의 혈액에서는 항상 관찰된다고 보고하였다. 그러나 그 세균이 존재하는 것이 그 병으로 인한 결과일 수도 있기 때문에 세균이 질병의 원인이었음을 증명하기 위해 더 연구하였다.

그가 병에 걸린 동물의 혈액을 채취하여 그것을 건강한 동물에 주사하였더니 그 동물도 병에 걸려 죽게 되었다. 그는 이 실험을 여러 차례 반복하였고 매번 동일한 결과를 얻었다. (과학적 증명이 타당한가를 판단하는 결정적인 기준 중 하나는 그 실험 결과의 반복성이다.) 코흐는 또한 동물의 몸 밖에서 세균을 액체배양하여, 많은 횟수의 계대 배양 후에도 그 세균이 탄저병을 일으키는 것을 증명하였다.

코흐가 증명한 것은, 어떤 특정 감염 질병(탄저병)이 어떤 특정 미생물(*B. anthracis*)에 의해 생긴다는 것과 그 미생물을 분리하여 인공배지에서 배양할 수 있다는 것이었다. 이후에 그는 동일한 방법으로 결핵균(*Mycobacterium tuberculosis*)이 결핵의 원인균이라는 것을 보여주었다.

코흐의 연구는 감염성 질병의 병인을 연구하는 데 기본틀이 되었다. 오늘날 우리는 코흐의 실험적 요건을 **코흐 원칙**(**Koch's postulate,** 그림 14.3)이라고 하는데, 아래와 같이 요약된다:

1. 특정 질병의 모든 경우에서 동일한 병원체가 존재해야 한다.
2. 그 병원체는 병든 숙주에서 분리되어 순수 배양될 수 있어야 한다.
3. 순수 배양된 병원체를 건강한 해당 실험 동물에 접종하면 그 질병을 일으켜야 한다.
4. 접종한 동물에서 병원체가 분리되어야 하며 그것은 원래의 병원체임이 확인되어야 한다.

코흐 원칙의 예외

코흐 원칙이 많은 세균성 질병의 원인체를 확인하는 데 유용하지만, 일부 예외도 있다. 예를 들어, 어떤 미생물들은 독특한 배양 조건을 필요로 한다. 매독을 일으키는 매독균(*Treponema pallidum*)의 독성 균주는 인공배지에서는 아직 배양된 적이 없다. 나병의 원인균인 나병균(*Mycobacterium leprae*)도 마찬가지이다. 또한 리케차과에 속하는 세균류와 바이러스 병원체들도, 숙주세포 내에서만 증식하기 때문에 인공배지에서 배양되지 않는다.

인공배지에서 자라지 않는 미생물이 발견되어 코흐 원칙에 약간의 수정과 이러한 병원체들을 배양하고 확인하는 새로운 방법이 필요했다. 재향군인병이라고도 하는 레지오넬라증(legionellosis)의 원인 미생물을 찾으려는 과학자들이 환자에서 직접 그 병원체를 분리할 수 없었기에, 그들은 다른 방법으로 환자의 폐 조직을 기니피그에 접종하였다. 이 기니피그는 폐렴과 유사한 증상을 보였으나, 건강한 사람의 폐 조직을 접종한 기니피그에서는 증상이 없었다. 그런 다음, 병든 기니피그의 조직 시료를 취하여 닭 배아의 난황낭에서 배양하였다. 이 방법으로 극히 작은 미생물을 배양할 수 있다(379쪽 그림 13.7 참조). 전자현미경으로 배양된 배아 내에서 막대기 모양의 세균이 관찰되었다. 마지막으로, 18장에 나오는 최신 면역학적 연구기법을 이용하여 닭 배아 속의 세균이 병든 기니피그와 이 병에 걸렸던 사람들에게 감염되었던 세균과 동일한 것임을 보여주었다.

토대 그림 14.3

코흐 원칙: 질병의 이해

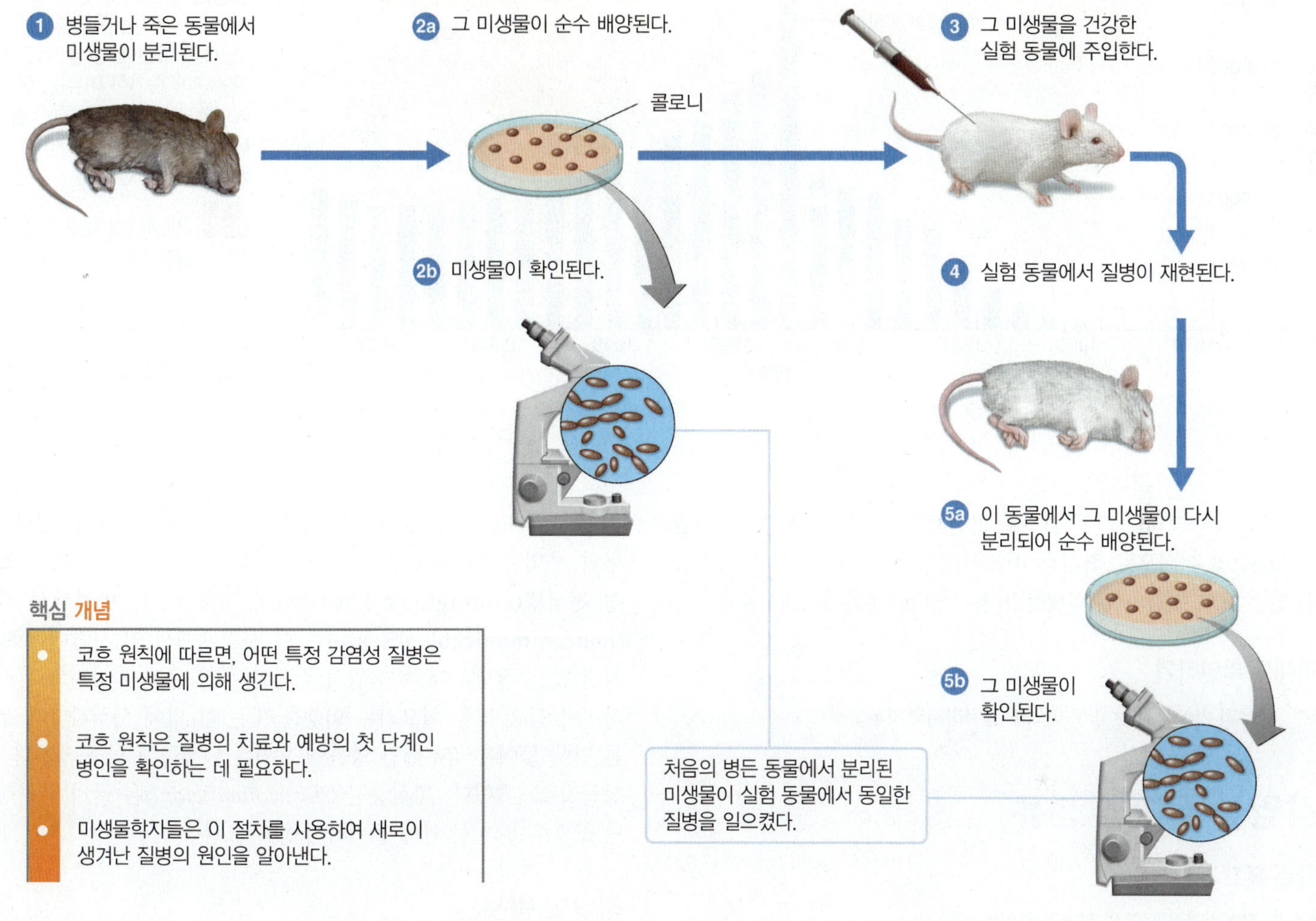

핵심 개념

- 코흐 원칙에 따르면, 어떤 특정 감염성 질병은 특정 미생물에 의해 생긴다.
- 코흐 원칙은 질병의 치료와 예방의 첫 단계인 병인을 확인하는 데 필요하다.
- 미생물학자들은 이 절차를 사용하여 새로이 생겨난 질병의 원인을 알아낸다.

많은 경우, 인간 숙주는 특정 병원체와 그것이 일으키는 질병에만 연관된 특정 징후와 증상을 보인다. 즉, 디프테리아와 파상풍을 일으키는 병원체는 다른 어떤 미생물이 일으키는 못하는 특징적인 징후와 증상을 나타낸다. 명백히, 이 병원체들은 각기 독특한 증상의 질병을 일으키는 유일한 생물이다. 그러나 일부 감염성 질병은 그리 명확하지 않아 코흐 원칙에 또 다른 예외가 된다. 그 예로, 신장염은 몇 가지 다른 병원체에 의해 생길 수 있으며 이들 병원체 모두가 동일한 징후와 증상을 일으킨다. 그러므로 어느 특정 미생물이 병을 일으켰는지 판별하기 어려운 경우가 많다. 이외에도, 병인을 확실히 찾기 어려운 감염성 질병으로 폐렴과 수막염, 복막염(복부를 감싸며 그 내부의 기관을 덮고 있는 막에 생긴 염증) 등을 들 수 있다.

코흐 원칙에 대한 또 다른 예외를 들면, 여러 질병을 일으키는 병원체들이다. 결핵균(*Mycobacterium tuberculosis*)은 폐, 피부, 뼈, 내장 기관 등에 병을 일으킬 수 있다. 화농연쇄상구균(*Streptococcus pyogenes*)은 인후염, 성홍열, 단독(erysipelas)과 같은 피부염, 골수염 등을 일으킬 수 있다. 이러한 감염의 경우, 임상 징후와 증상, 실험실 검사 등을 종합하면, 다른 병원체가 동일한 기관에 일으키는 감염을 각각 구별할 수 있다.

윤리적 문제도 코흐 원칙에 예외를 부과한다. 예를 들어, 일부 원인균은 사람에게만 병을 일으키며 알려진 다른 동물 숙주가 없다. 에이즈를 일으키는 사람면역결핍바이러스(HIV)가 그러하다. 이 때문에 사람에게 의도적으로 감염체를 접종할 수 있느냐 하는 윤리적 문제가 제기된다. 1721년 조지 1세 영국 왕은 천연두 백신 시험을 위해 여러 사형수에게 접종할 수 있다고 명령하였다(18장 참조). 그리고 백신을 맞고 그들이 살아남으면 자유를 주겠다고 약속하였다. 오늘날에는 치료할 수 없는 병에 대한 인체 실험이 허용

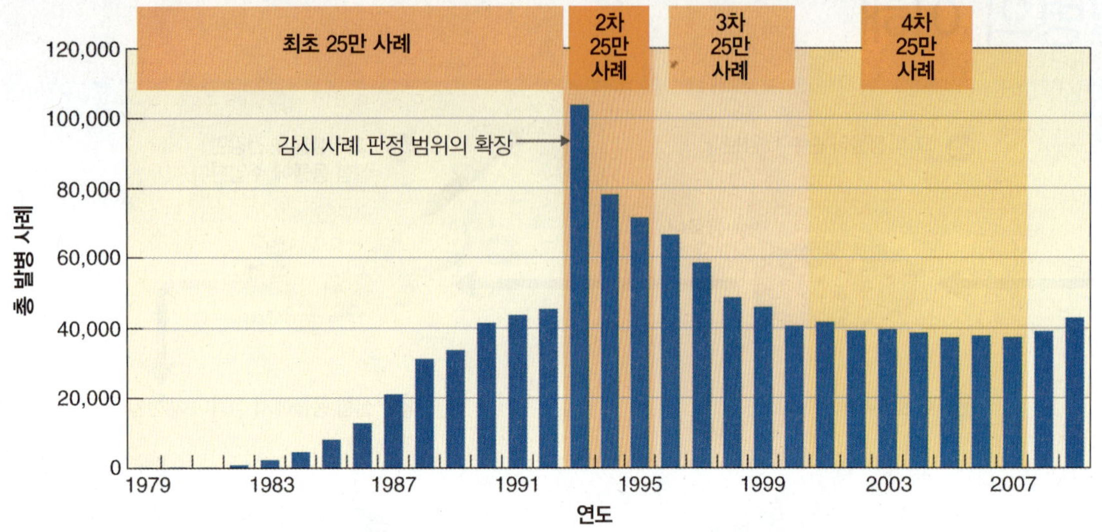

그림 14.4 미국에서 보고된 에이즈 사례. 주목할 것은, 처음 25만 사례가 12년 기간에 걸쳐 발생한 반면에, 2차에서 4차까지의 25만 사례는 유행병으로 단지 3년에서 6년에 발생한 것이다. 1993년에 증가한 이유는, 이 해에 에이즈 사례로 진단하는 범위를 더 넓히는 규정을 채택하였기 때문이다. 출처: CDC.

Q 2004년에 에이즈의 발병률은?

되지 않는다. 그러나 간혹 실수로 병원체가 접종될 수 있다. 감염된 적색골수의 이식으로 허피스 바이러스가 암을 일으켰음을 입증할 수 있는 코흐 원칙의 세 번째를 만족시켰다(406쪽 참조).

이해도 확인하기

✓ 코흐의 가설에 대한 일부 예외를 설명하시오. **14-5**

감염성 질병의 분류

학습 목표

14-6 전염병과 비전염성 질병의 차이를 설명한다.
14-7 발병 빈도에 따라 질병을 분류한다.
14-8 중증도에 따라 질병을 분류한다.
14-9 집단 면역의 정의를 설명한다.

우리 몸에 영향을 주는 모든 질병은, 특정한 방식으로 몸의 구조와 기능을 바꾸며, 이렇게 바뀐 것이 보통 여러 증거로 나타난다. 환자는 통증 또는 불편함(malaise)과 같은 몸의 기능 변화인 **증상(symptom)**을 겪게 된다. 이와 같은 주관적 변화는 겉으로 보기에는 뚜렷하지 않다. 환자는, 의사가 관찰하고 측정할 수 있는 객관적 변화인 **징후(sign)**를 보일 수도 있다. 자주 진찰되는 징후에는, 병변(그 병으로 인해 조직에 생긴 변화), 부어 오름, 열, 마비 등이 있다. 여러 가지의 특별한 증상이나 징후가 특정 질병에 동반되는 경우에, 이를 **증후군(syndrome)**이라 한다. 특정 질병에 대한 진단은 징후와 증상, 실험실 검사 결과를 같이 평가하여 이루어진다.

질병은 흔히 한 개인에서 어떻게 드러나는가, 그리고 한 집단 내에서 어떻게 드러나는가 하는 점에서 분류된다. 직접 또는 간접적으로 한 사람에게서 다른 사람한테로 퍼지는 질병을 **전염병(communicable disease)**이라 한다. 수두, 홍역, 성기 포진(genital herpes), 장티푸스, 결핵 등이 그 예가 될 수 있다. 수두와 홍역은 한 사람에게서 다른 사람에게로 쉽게 퍼지는 **접촉성 전염병(contagious diseases)**의 예도 된다. **비전염성 질병(noncommunicable disease)**은 이 사람에게서 저 사람에게로 퍼지지 않는 질병이다. 비전염성 질병은 우리 몸에 정상적으로 서식하면서 간혹 병을 일으키는 미생물 또는 몸 밖에 서식하다가 우리 몸 안에 들어온 경우에만 병을 일으키는 미생물에 의해 생긴다. 파상풍이 그 예이다. 파상풍균(*Clostridium tetani*)은 긁히거나 상처난 곳으로 우리 몸 안에 들어와 병을 일으킨다.

질병의 발생

어떤 질병을 전체적으로 이해하려면, 그 병의 발생에 대해서도 알아야 한다. 질병의 **발병률(incidence)**이란, 특정 기간 동안 한 집단에서 특정 질병에 걸린 사람 수인데, 그 질병이 어느 정도 퍼졌나를 보여주는 지표이다. **유병률(prevalence)**은 그 병이 언제 처음 나타났는지에 관계없이 어느 한 시기에 해당 집단에서 특정 질병에 걸린 사람 수를 말한다. 유병률은 이미 병을 가진 사람과 새로 얻은 사람을 모두 포함한다. 이것은 특정 질병이 얼마나 심하게 그리고 얼마나 오랫동안 해당 집단을 침범하였는지 보여주는 지표이다. 예를 들어, 2007년 미국에서 에이즈의 발병률은 56,300명이었으며, 같은 해 유병률은 약 1,185,000명이었다. 지리적으로 다른 지역의 집단 또는 인종적으로 다른 집단에서 특정 질병의 발병률과 유병률을 파악하면, 그 질병의 발생 범위와 어떤 집단에 침범하는 경향이 있는지를 평가할 수 있다.

질병을 분류하는 또 다른 기준으로 발생의 빈도를 들 수 있다. 어떤 특정 질병이 가끔 발생할 때 **산발성 질병(sporadic disease)**이라 하며, 미국에서 장티푸스가 그 예가 될 수 있다. 한 집단에서 어떤 병이 지속적으로 존재할 경우, **풍토병(endemic disease)**

이라 하며 보통의 감기가 이에 속한다. 특별한 지역에서 비교적 짧은 기간에 많은 사람들이 특정 질병에 걸릴 때 **유행병(epidemic disease)**이라 하는데, 독감이 흔히 유행하는 병의 예이다. 그림 14.4에서 미국내 에이즈의 유행성 발병률을 볼 수 있다. 일부 관계자들은 임질과 그 외 성병도 이 시기에 유행한 것으로 판단한다(755쪽 그림 26.5 참조). 세계적으로 발생하는 유행병을 세계적 유행병(pandemic disease)이라 한다. 때때로 독감이 세계적 유행병으로 발생하며, 에이즈도 또 하나의 예가 된다.

질병의 세기 또는 지속기간

질병의 범위를 정하는 방법으로 또 다른 유용한 것이 그 세기 또는 지속기간이다. **급성병(acute disease)**은 급속히 생기지만 짧은 기간 동안 지속되는 병이며 독감이 좋은 예가 된다. **만성병(chronic disease)**은 더 서서히 생겨나므로 우리 몸의 반응도 더 약하지만 오랜 기간 지속되거나 재발하는 병이다. 감염성 단핵구증과 결핵, B형 간염 등이 이에 속한다. 급성병과 만성병의 중간을 아급성병(subacute disease)이라 한다. 한 예로, 지적 기능 감퇴와 신경 기능 장애를 가지는 희귀한 뇌질환인 **아급성 경화성 범뇌염(subacute sclerosing panencephalitis)**을 들 수 있다. **잠복병(latent disease)**은 원인 병원체가 얼마 동안 비활동성으로 남아 있다가 활동성으로 바뀌어 병의 증상을 나타내는 경우로, 베리셀라(varicella) 바이러스가 일으키는 병 가운데 대상포진이 그러하다.

어떤 질병이나 유행병이 퍼지는 속도와 그 병에 걸린 사람 숫자는 부분적으로 그 집단의 면역에 의해 결정된다. 예방접종이 한 개인에게 어떤 질병에 대해서 장기간 또는 일생 동안 지속되는 면역을 제공할 수 있다. 특정 감염성 질병에 면역이 있는 사람은 보균자가 될 수 없으므로 그 병의 발생을 감소시킬 수 있다. 면역이 있는 사람은 감염체의 전파를 막는 장벽 역할을 하기 때문이다. 매우 전염성이 높은 질병이 유행병을 일으키더라도, 감염된 사람과 직접 접촉할 가능성이 적기 때문에 면역이 없는 많은 사람들도 보호된다. 예방접종의 큰 이점은, 한 집단에서 충분히 많은 사람들이 보호되어 그 병이 예방접종을 받지 않은 사람들에게 빨리 퍼지는 것을 막을 수 있다는 점이다. 한 지역에 면역이 있는 사람들이 많을 때, **집단 면역(herd immunity)**이 생겨난다.

감염의 범위

감염은 또한 몸의 얼만큼의 부위에 일어 났는가에 따라 분류될 수 있다. **국부 감염(local infection)**은 침입한 미생물이 비교적 작은 부위에 제한된 경우이다. 부스럼이나 종기가 국부 감염의 예이다. **전신 감염(systemic 또는 generalized infection)**은, 미생물 또는 그들이 생산한 물질이 혈액이나 림프를 통해 몸 전체에 퍼진 경우이다. 홍역이 전신 감염의 예가 된다. 아주 흔히, 국부 감염의 감염체가 혈액이나 림프로 들어가 몸의 다른 특정한 곳으로 퍼져 거기서 제한적으로 감염을 일으킬 수 있다. 이 상태를 **병소 감염(focal infection)**이라 한다. 병소 감염으로 치아와 편도, 부비강 등의 부위에 감염이 있다.

패혈증(sepsis)은 감염부위에서 미생물, 특히 세균이나 세균의 독소가 퍼져 발생한 독성 염증 상태이다. 혈액 중독이라고도 하는 **패혈증(septicemia)**은, 혈액 내에 병원체가 증식하여 발생한 전신 감염이다. 패혈증(septicemia)은 패혈증(sepsis)의 흔한 경우이다. 혈액에 세균이 있으면 **균혈증(bacteremia)**이라고 한다. **독혈증(toxemia)**은 파상풍의 경우와 같이 혈액에 독소가 있을 때이며, **바이러스혈증(viremia)**은 혈액에 바이러스가 있는 경우이다.

숙주의 내성 상태도 감염의 정도를 결정한다. **1차 감염(primary infection)**은 최초의 병을 일으키는 급성 감염이다. **2차 감염(secondary infection)**은 1차 감염으로 몸의 방어가 약해진 후에 기회감염성 병원체가 일으키게 된다. 피부와 호흡기 관에 2차 감염이 흔하며 때로는 1차 감염보다 더 위험하다. 에이즈에 뒤따라 폐포자충(Pneumocystis) 폐렴이 2차 감염의 예라 할 수 있다. 독감 후에 생기는 연쇄상구균 기관지폐렴도 그러한데 이것은 1차 감염보다 더 심각하다. **무증상 감염(subclinical 또는 inapparent infection)**은 뚜렷한 병을 일으키지 않는다. 소아마비 바이러스와 A형 간염 바이러스는 병으로 진전되지 않은 채 보균자에게 남을 수 있다.

이해도 확인하기

- ✓ 가스괴저균(*Clostridium perfringens*; 652쪽)은 전염병을 일으키는가? **14-6**
- ✓ 질병의 발병률과 유병률의 차이를 설명하시오. **14-7**
- ✓ 급성병과 만성병의 예를 둘씩 열거하시오. **14-8**
- ✓ 집단 면역은 어떻게 생기는가? **14-9**

질병의 유형

학습 목표

14-10 질병의 소인 4가지를 설명한다.

14-11 질병의 유형에 맞게 다음을 올바른 순서대로 배열한다: 호전기, 회복기, 급성기, 전구기, 잠복기.

감염과 질병이 발생하는 동안 분명한 순서로 변화가 일어난다. 곧 배우겠지만, 감염성 질병이 일어나려면 감염체의 근원이 되는 감염원가 있어야 한다. 그 다음, 그 병원체는 취약한 숙주에게 직접 접촉이나 간접 접촉 또는 매개체에 의해 전염되어야 한다. 전염 후에 미생물은 숙주에 침입하여 증식한다. 침입 후에는, 미생물이 발병(pathogenesis; 다음 장에 더 자세히 설명) 과정을 거쳐 숙주에 해를 입힌다. 피해를 입는 정도는, 미생물 자체에 의해 또는 독소에 의해 받는 숙주세포의 손상 정도에 달려 있다. 이 모든 요인의 영향에도 불구하고, 질병의 발생은 결국 병원체의 활동성에 대한 숙주의 저항 정도에 달려 있다.

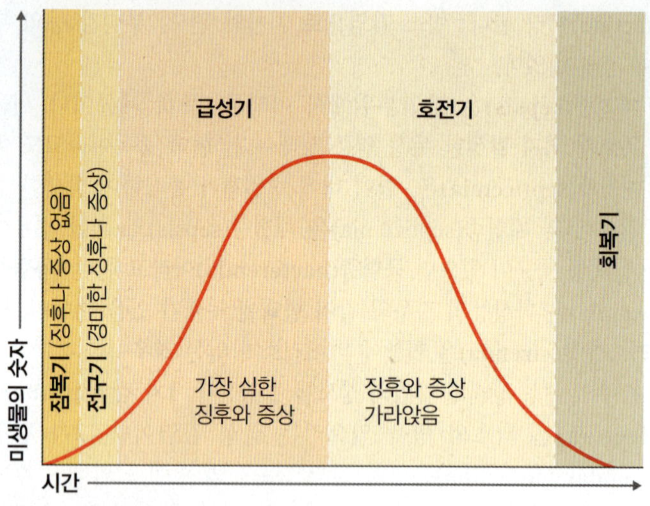

그림 14.5 질병의 단계

질병의 유형에서 어느 기간 동안 병이 전염될 수 있는가?

소인

일부 소인들 또한 병의 발생에 영향을 준다. **소인(predisposing factor**; 병에 걸리기 쉬운 내적 요인을 가지고 있는 몸의 상태–역자주)은 우리 몸을 어떤 병에 대하여 더 취약하게 만들기도 하고 병의 진행과정에 영향을 줄 수도 있다. 성별이 소인이 되는 경우가 있는데, 여성은 남성보다 요로 감염의 발병률이 더 높고 남성은 여성보다 폐렴과 수막염의 발병률이 더 높다. 유전적 배경도 또한 소인이 될 수 있다. 겸상적혈구 빈혈은 생명을 위협하는 심한 빈혈로 부모 양쪽에서 이 병에 대한 유전자를 물려받으면 병이 생긴다. 겸상적혈구 유전자를 하나만 가진 사람들은 겸상적혈구 체질(sickle cell trait)이라 하며 특별한 조건에 처하지 않는 한 정상이다. 한편 이들은 가장 심각한 형태의 말라리아에 상당한 내성을 가진다. 한 집단에서 보면, 겸상적혈구 빈혈로 생명을 잃을 가능성은 겸상적혈구 체질을 가져 말라리아에 보호되는 효과에 의해 상쇄된다. 물론 말라리아가 없는 나라에서는 겸상적혈구 체질이 당연히 부정적인 조건이다.

기후와 날씨도 감염성 질병의 발병률에 영향을 미친다. 온대 기후 지역에서는 겨울철에 호흡기 질환의 발병률이 증가한다. 그 이유는 사람들이 실내에 머물면서 서로 더 가까이 접촉하게 되어 호흡기 병원체가 더 쉽게 퍼지기 때문일 것이다.

또 다른 요인으로 부적절한 영양 상태, 과로, 연령, 환경, 습관, 생활방식, 직업, 기존의 질병, 화학요법, 정서 불안 등이 있다. 여러 다양한 소인 중에 어느 것이 더 중요한지를 정확하게 파악하기는 어렵다.

질병의 진전

일단 미생물이 숙주의 방어를 무너뜨리면, 급성병이든 만성병이든 유사한 경향으로 특정한 순서를 따라 질병이 진전된다(그림 14.5).

잠복기

잠복기(incubation period)는 최초의 감염이 일어난 후 징후나 증상이 처음으로 나타날 때까지의 시간 간격을 의미한다. 어떤 질병의 경우에는 잠복기가 항상 동일하지만, 또 다른 질병에서는 잠복기가 가변적이다. 잠복기의 기간은, 어떤 미생물이 감염하였는지, 그 독성이 어느 정도인지, 감염한 개체 수가 얼마나 되는지, 그리고 숙주의 저항성이 어느 정도인지에 따라 달라진다. (여러 미생물 질환의 잠복기는 431쪽 표 15.1 참조.)

전구기

전구기(prodromal period)는 잠복기를 뒤따르는 비교적 짧은 기간이다. 이 시기는, 병의 초기에 몸 전체적으로 아프고 불편한 경미한 증상을 보이는 때이다.

급성기

급성기(period of illness)는 병이 가장 심한 상태일 때이다. 징후와 증상이 드러나는 시기로, 열, 오한, 근육통(myalgia), 광선 공포(photophobia), 인후염(pharyngitis), 림프절 비대(lymphadenopathy), 위장 장애 등이 나타난다. 이 시기에는, 백혈구의 숫자가 증가 또는 감소할 수 있다. 일반적으로 환자의 면역반응 및 그 외 방어수단이 병원체를 무너뜨리면 급성기가 종료된다. 병을 성공적으로 극복하지 못하면(잘 치료하지 않으면), 환자는 이 시기에 사망한다.

호전기

호전기(period of decline)는 징후나 증상이 가라앉는 시기이다. 열이 내리고, 불편감도 줄어든다. 이 단계는 24시간 미만에서 며칠까지 걸리는데, 이 시기에 환자는 2차 감염에 취약하다.

회복기

회복기(period of convalescence)에 환자는 다시 힘이 생기며 몸은 질병 이전의 상태로 회복된다.

우리 모두가, 급성기의 환자는 감염원의 역할을 하여 다른 사람에게 전염을 일으킬 수 있다는 것을 알고 있다. 이제 잠복기와 회복기에도 감염을 옮길 수 있다는 것을 기억해야 한다. 장티푸스와 콜레라의 경우에 특히 그러한데, 회복기의 환자가 몇 달 또는 심지어 몇 년간 병원체를 보균한다.

이해도 확인하기

- 소인이란 무엇인가? **14-10**
- 감기의 잠복기는 3일, 유병 기간은 보통 5일이다. 옆 사람이 감기에 걸려 있다면, 여러분이 감기에 걸렸는지 아닌지를 언제 알 수 있을까? **14-11**

감염의 전파

학습 목표

14-12 감염원이 무엇인지 설명한다.

14-13 사람과 동물, 무생물 감염원을 비교 설명하고 각각에 대한 예를 하나씩 제시한다.

14-14 병이 전염되는 세 가지 방식을 설명한다.

이제 정상 미생물상과 감염성 질병의 병인, 감염성 질병의 종류 등에 대하여 이해하였으니, 병원체의 근원과 병이 어떻게 전염되는지를 설명하기로 한다.

감염원

어떤 병이 지속되려면, 그 병의 병원체가 계속 공급되어야 한다. 병원체의 원천은 생명체일 수도 있고, 혹은 병원체의 생존과 증식에 적합한 조건과 전염의 기회를 제공하는 무생물일 수도 있다. 이러한 근원을 **감염원(reservoir of infection)**라 한다. 감염원은 사람, 동물, 또는 무생물일 수 있다.

사람 감염원

사람 질병의 가장 주요한 감염원은 사람의 몸 자체이다. 많은 사람들이 병원체를 보유하며, 병원체를 직접 또는 간접적으로 다른 사람에게 옮긴다. 어떤 병의 징후나 증상을 가진 사람은 그 병을 옮길 수 있으며, 징후를 보이지 않는 사람들도 병원체를 가지고 있어 전염시킬 수도 있다. 이러한 사람들을 **보균자(carriers)**라 하는데 살아 있는 중요한 감염원이다. 일부 보균자들은 무증상 감염을 가진 경우이며, 잠복병을 가진 다른 보균자들은 무증상 단계, 즉 잠복기와 회복기에 병을 옮긴다. 장티푸스 마리(Typhoid Mary)라는 사람이 보균자의 예이다(721쪽 참조). 사람 보균자는 에이즈, 디프테리아, 장티푸스, 간염, 임질, 아메바성 이질, 연쇄상 구균 감염 등의 전염에 중요한 역할을 한다.

동물 감염원

야생 동물이나 집에서 기르는 동물 모두 사람에게 병을 일으키는 미생물의 감염원이다. 주로 야생동물이나 집에서 기르는 동물에 생기며 사람에게도 전염될 수 있는 질병을 **인수공통전염병(zoonoses,** 단수는 *zoonosis*)이라 한다. 광견병(박쥐, 스컹크, 여우, 개, 코요테 등에 발생)과 라임병(들쥐에 발생)이 인수공통전염병이며, 다른 대표적인 경우도 표 14.2에서 찾아볼 수 있다.

대략 150가지의 인수공통전염병이 잘 알려져 있다. 사람에게 전염은 여러 가지 경로 중에 하나를 통하여 일어난다. 감염됨 동물과 직접 접촉하거나, 집에 기르는 애완 동물의 배설물에 직접 접촉하거나(쓰레기통이나 새장 청소 등), 음식이나 물이 오염되어, 동물들의 오염된 피부와 털, 깃털 등에서 날리는 공기에 의해, 감염된 동물 식품을 소비하여, 또는 매개 곤충에 의하여 전염될 수 있다.

무생물 감염원

무생물 감염원으로서 가장 중요한 두 가지는 흙과 물이다. 흙에는 백선(ringworm; 피부 감염) 등의 진균증(mycoses)과 전신 감염을 일으키는 진균 병원체, 보툴리누스 중독의 원인 세균인 보툴리누스균(*Clostridium botulinum*), 파상풍의 원인 세균인 파상풍균(*C. tetani*) 등이 존재한다. 두 종의 클로스트리디움 세균 모두가 말과 소의 장내 정상 미생물상에 속하므로, 이들은 특히 동물의 분변이 비료로 사용된 흙에 들어 있다.

사람과 동물의 대변으로 오염된 물도 여러 종류의 병원체, 특히 위장관 질병을 일으키는 병원체의 감염원이다. 이에 포함되는 병원체로, 콜레라의 원인 세균 콜레라균(*Vibrio cholera*), 장티푸스를 일으키는 장티푸스균(*Salmonella typhi*) 등이 있다. 그 밖의 무생물 감염원으로 비위생적으로 조리되거나 보관된 음식을 들 수 있다. 이러한 음식은 선모충증(trichinellosis)과 살모넬라증의 감염원이 될 수 있다.

질병의 전염

질병의 원인체가 감염원에서 민감한 숙주로 전염되는 주요 경로는 세 가지인데, 직접 접촉과 수송원, 매개체를 통해서이다.

접촉성 전염

접촉성 전염(contact transmission)은 직접 접촉, 간접 접촉, 또는 작은 액체방울에 의해 병원체가 퍼지는 것이다. **직접 접촉성 전염**을 사람간 전염(person-to-person transmission)이라고도 하는데, 다른 중간 매개물 없이 감염원과 취약한 숙주 사이의 신체적 접촉으로 병원체가 직접 전염되는 경우이다(그림 14.6a). 가장 흔한 형태의 직접 접촉성 전염은 만짐과 입맞춤, 성관계 등이다. 직접 접촉으로 전염되는 질병으로는, 바이러스성 호흡기 질환(보통 감기와 독감), 포도상구균 감염, A형 간염, 홍역, 성홍열, 성병(매독, 임질, 성기 포진) 등을 들 수 있다. 직접 접촉은 또한 에이즈와 감염성 단핵구증이 전염되는 한 방식이기도 하다. 사람간 전염에 대처하기 위해, 의료 기관 종사자들은 장갑과 그 외 보호 장비들을 착용한다(그림 14.6b). 동물 또는 동물 제품을 직접 접촉하여도 사람에게 병원체가 전염될 수 있다. 광견병과 탄저병을 일으키는 병원체가 이에 해당된다.

간접 접촉성 전염(indirect contact transmission)에서는, 무생물에 의하여 병원체가 감염원에서 취약한 숙주로 옮겨진다. 감염의 전파에 관련된 무생물을 지칭하는 일반적인 용어는(비생체 접촉) **매개물(fomite)**이다. 예를 들어, 휴지, 손수건, 수건, 이불, 기저귀, 물컵, 수저, 장난감, 돈, 온도계 등을 들 수 있다(그림 14.6c). 오염된 주사기는 에이즈와 B형 간염이 전염되는 매개물이다. 다른 종류의 매개물은 파상풍과 같은 다른 질병을 전염시킨다.

(a) 직접 접촉성 전염

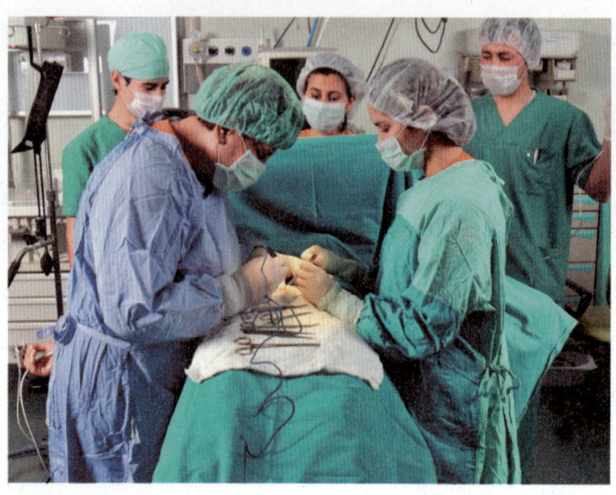

(b) 장갑, 마스크, 얼굴 가리개를 착용하여 직접 접촉성 전염을 예방함

(c) 간접 접촉성 전염

(d) 비말 전염

그림 14.6 접촉성 전염병

Q 직접 접촉, 간접 접촉, 또는 비말로 각각 전염되는 질병의 이름을 제시하시오.

비말(작은 물방울) **전염(droplet transmission)**에서는, 가까운 거리에 닿는 비말 핵(droplet nuclei; 작은 점액 방울) 안에 미생물이 포함되어 퍼진다(그림 14.6d). 비말은 기침이나 재채기를 하거나, 또는 웃거나 말할 때 공기로 방출되어, 감염원에서부터 1미터 내의 숙주까지 닿을 수 있다. 한번 재채기로 2만 개의 비말이 나올 수 있다. 이 정도로 짧은 거리를 날아가는 병원체는 공기 전염의 경우에 해당되지 않는다(공기 전염에 대해서는 곧 설명). 비말 전염으로 퍼지는 질병으로는 독감과 폐렴, 백일해 등이 있다.

수송원 전염

수송원 전염(vehicle transmission)은 물과 음식물, 공기와 같은 매체에 의해 병원체가 전염되는 경우이다(그림 14.7). 다른 매체로 혈액을 비롯한 체액과 약, 정맥 주사액 등을 들 수 있다. 수송원 전염으로 살모넬라균 감염이 집단 발병한 사례가 25장(721쪽)의 상자글에서 소개되어 있다. 여기서는 전염의 매체로서 물과 음식물, 공기에 대해 논의한다.

(a) 물

(b) 음식물

(c) 공기

그림 14.7 수송원 전염

 수송원 전염과 접촉성 전염의 차이점은 무엇인가?

표 14.2 중요한 인수공통전염병

질병	원인체	감염원	전염 경로	참고할 장
바이러스성				
독감(일부 종류)	*Influenzavirus*	백조, 새	직접 접촉	24장
광견병	*Lyssavirus*	박쥐, 스컹크, 여우, 개, 너구리	직접 접촉(물림)	22장
웨스트 나일 뇌염	*Flavivirus*	말, 새	*Aedes* 모기와 *Culex* 모기에게 물림	22장
한타바이러스 폐증후군	*Hantavirus*	설치류(주로 흰발생쥐)	설치류의 침, 대변, 소변에 직접 접촉	23장
세균성				
탄저병	*Bacillus anthracis*	집에서 기르는 가축	오염된 가죽과 동물에 직접 접촉; 공기; 식품	23장
브루셀라병	*Brucella spp.*	집에서 기르는 가축	오염된 우유, 육류, 또는 동물과 직접 접촉	23장
페스트	*Yersinia pestis*	설치류	벼룩에게 물림	23장
고양이 할퀸병	*Bartonella henselae*	집에서 기르는 고양이	직접 접촉	23장
엘리히증	*Ehrlichia spp.*	사슴, 설치류	진드기에게 물림	23장
렙토스피라증	*Leptospira spp.*	야생동물, 집에서 기르는 개, 고양이	소변, 흙, 물과 직접 접촉	26장
라임병	*Borrelia burgdorferi*	들쥐	진드기에게 물림	23장
앵무병	*Chlamydophila psittaci*	새, 특히 앵무새	직접 접촉	24장
록키산 홍반열	*Rickettsia rickettsii*	설치류	진드기에게 물림	23장
살모넬라증	*Salmonella enterica*	가금류, 파충류	오염된 식품과 물의 섭취 및 손을 입안에 넣어서	25장
풍토성 장티푸스	*Rickettsia typhi*	설치류	벼룩에게 물림	23장
진균성				
백선증	*Trichophyton* *Microsporum* *Epidermophyton*	집에서 기르는 동물	직접 접촉; 비생체 접촉 매개물	21장
원생동물성				
말라리아	*Plasmodium* spp.	원숭이	*Anopheles* 모기에게 물림	23장
톡소플라스마증	*Toxoplasma gondii*	고양이와 그 외 포유류	오염된 고기 섭취; 감염된 조직 또는 대변에 직접 접촉	23장
연충성				
촌충 감염(돼지고기)	*Taenia solium*	돼지	오염된 돼지고기를 덜 익혀 섭취	25장
선모충증	*Trichinella spiralis*	돼지, 곰	오염된 육류를 덜 익혀 섭취	25장

수인성 전염(waterborne transmission)의 경우, 주로 처리되지 않았거나 제대로 처리되지 않은 하수로 오염된 물에 의해 병원체가 퍼진다. 이러한 경로로 전염되는 질병에는 콜레라와 수인성 세균성 이질(shigellosis), 렙토스피라증(leptospirosis) 등이 있다. 식품매개성 전염(foodborne transmission)에서는, 병원체가 주로 덜 익혀졌거나, 냉장 보관이 안되었거나, 비위생적인 환경에서 조리된 식품으로 전염된다. 식품매개성 병원체는 식중독이나 촌충의 체내 침입과 같은 병을 일으킨다.

공기전염(airborne transmission)은, 감염체가 먼지 속에 비말 핵에 의해 감염원에서부터 1미터 이상 퍼져나가 숙주에 도달하는 경우에 해당된다. 기침이나 재채기를 할 때 입과 코에서 미세한 물보라로 배출되는 작은 방울에 의해 미생물이 퍼질 수 있다(그림 14.6d 참조). 이 방울들이 너무 작아서 장시간 공기 중에 떠 있을 수 있다. 홍역 바이러스나 결핵균이 이런 공기중 비말로 퍼지는 예이다. 먼지 입자도 다양한 병원체를 담을 수 있다. 포도상구균과 연쇄상구균은 먼지에 붙어 생존할 수 있으며 공기로 전염될 수 있다. 일부 진균들이 만드는 포자도 공기로 전염되어 히스토플라스마증(histoplasmosis)과 콕시디오이데스 진균증(coccidioidomycosis), 분아균증(blastomycosis) 등의 질병을 일으킬 수 있다(24장 참조).

매개체

절지동물이 질병의 가장 중요한 **매개체(vector)**이다. 매개체란 한

그림 14.8 **기계적 전염**

 기계적 전염과 생물학적 전염의 매개체는 어떠한 점에서 차이가 있나?

숙주에서 다른 숙주로 병원체를 옮기는 동물을 뜻한다. (곤충과 그 외 절지동물 매개체에 대해서는 12장 363쪽에 설명하였음.) 절지동물 매개체는 두 가지 일반적인 방법으로 병을 전염시킨다. **기계적 전염(mechanical transmission)**은 곤충의 발 또는 다른 부분에 붙어 있는 병원체가 수동적으로 옮겨지는 것이다(그림 14.8). 그 곤충이 숙주의 음식에 접촉하면 병원체는 음식물로 옮겨져 나중에 숙주가 삼키게 된다. 집 파리는 감염된 사람의 대변에서 장티푸스와 세균성 이질의 병원체를 음식물로 옮길 수 있다.

생물학적 전염(biological transmission)은 활동적이며 더 복잡한 과정이다. 절지동물이 감염된 사람이나 동물을 물어 감염된 혈액을 섭취한다(363쪽 그림 12.30 참조). 병원체는 이제 매개체 내에서 번식하여 그 숫자가 증가한다. 이에 따라 병원체가 다른 숙주로 전염될 가능성도 높아진다. 일부 기생생물은 절지동물의 소화관에서 번식하여, 그 절지동물이 숙주를 물 때 배설하거나 토해내면 기생생물이 상처로 들어갈 수 있다. 다른 기생생물은 매개체의 소화관에서 번식하여 침샘으로 이동하여 곤충이 숙주를 물 때 직접적으로 주입된다. 일부 원생동물과 연충은 매개체를 자신들의 특정 발달 단계에 숙주로 이용하기도 한다.

표 14.3에 중요한 절지동물 매개체와 그들이 전염시키는 질병이 열거되어 있다.

이해도 확인하기

- ✔ 보균자가 중요한 감염원인 이유는 무엇인가? **14-12**
- ✔ 인수공통전염병은 어떻게 사람에게 전염되는가? **14-13**
- ✔ 접촉성 전염, 수송원 전염, 기계적 전염, 생물학적 전염의 예를 제시하시오. **14-14**

병원내 감염

학습 목표

14-15 병원내 감염의 정의를 서술하고 그 중요성을 설명한다.

14-16 면역저하 숙주에 대하여 설명한다.

14-17 병원 내에서 질병이 전염되는 여러 경로를 열거한다.

14-18 병원내 감염을 예방할 수 있는 방법을 설명한다.

병원내 감염(nosocomial infection)은 병원에 입원 당시에는 증상이나 잠복의 증거를 보이지 않았지만 병원에 머문 결과 얻게 되는 것이다. (*nosocomial*이란 단어는 그리스어로 병원이란 단어에서 유래된

표 **14.3** 대표적인 절지동물 매개체와 그들이 전염시키는 병

질병	원인체	절지동물 매개체	참고할 장
말라리아	*Plasmodium* spp. (원생동물)	*Anopheles* (모기)	23장
아프리카 수면병	*Trypan osoma brucei gambiense*, *T. b. rhodesiense* (원생동물)	*Glossina* (체체파리)	22장
샤가스병	*T. cruzi* (원생동물)	*Triatoma* (키스 벌레)	23장
황열	*Alphavirus* (황열 바이러스)	*Aedes* (모기)	23장
뎅기열	*Alphavirus* (뎅기열 바이러스)	*A. aegypti* (모기)	23장
절지동물 매개 뇌염	*Alphavirus* (뇌염 바이러스)	*Culex* (모기)	22장
에를리히증	*Ehrlichia* spp.	*Ixodes* spp. (진드기)	23장
유행성 장티푸스	*Rickettsia prowazekii*	*Pediculus humanus* (이)	23장
풍토성 발진열	*R. typhi*	*Xenopsylla cheopis* (쥐벼룩)	23장
록키산 홍반열	*R. rickettsii*	*Dermacentor andersoni* 및 이외의 종 (진드기)	23장
페스트	*Yersinia pestis*	*X. cheopis* (쥐벼룩)	23장
회귀열	*Borrelia* spp.	*Ornithodorus* spp. (연진드기)	23장
라임병	*B. burgdorferi*	*Ixodes* spp. (진드기)	23장

것이며, 또한 요양원과 의료 기관에서 얻은 감염의 뜻을 포함한다.)

최근에 **의료관련 감염(health care-associated infection, HAI)** 이란 용어가, 단지 병원뿐 아니라 그 외의 장소에서 얻은 감염을 포괄하는 뜻으로 도입되었다. 이러한 장소로는 당일 수술센터, 외래 환자 의료원, 요양원, 재활센터, 재가(in-home) 의료 환경 등이 있다.

미국 질병통제예방 센터(CDC)에서 추정하기로는 모든 병원 환자의 5~15%가 특정 형태의 병원내 감염에 걸린다. 리스터(Lister)와 잼멜와이스(Semmelweis, 1장, 9~11쪽 참조)가 고안한 선구적인 무균기술로 병원내 감염률이 상당히 감소되었다. 그러나 무균기술의 현대적인 발전과 일회용 제품의 사용에도 불구하고, 병원내 감염률은 지난 20년간 36% 증가하였다. 미국에서, 매년 약 200만 명이 병원내 감염에 걸리며 그 결과로 거의 2만 명이 사망한다. 병원내 감염은 미국에서 여덟 번째 주요 사망 원인이다(심장병과 암, 뇌졸중이 상위 세 원인이다).

병원내 감염은 다음과 같은 여러 요인이 상호작용하여 발생한다: (1) 병원 환경에 존재하는 미생물, (2) 숙주의 면역이 저하된 상태, (3) 병원내 연쇄 감염이다. 그림 14.9는 이들 중 어느 하나의 요인만으로는 감염이 일어나기에 충분하지 않다는 것을 보여준다. 세 요인 모두가 서로 작용하여야 병원내 감염 발생의 위험도가 충분히 높아지게 된다.

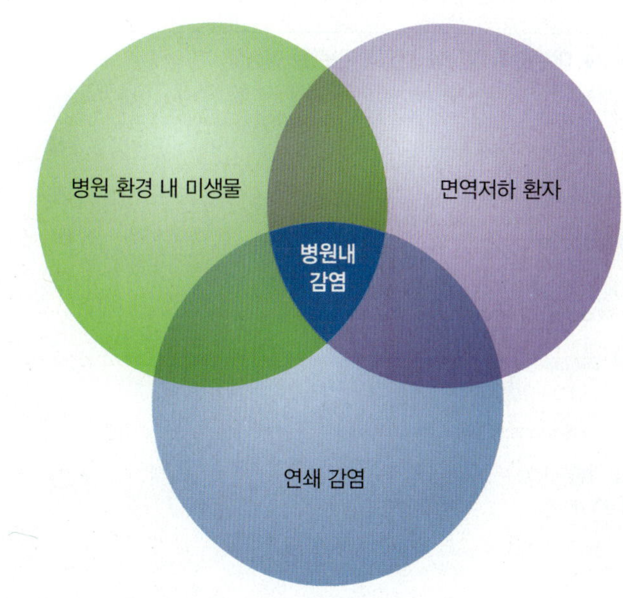

그림 14.9 병원내 감염

병원내 감염이란 무엇인가?

> **임상 사례**
>
> 제이밀은 전화로 의사에게 자신의 증상을 설명하고 그 날 오후로 진료 예약을 신청하였다. 그의 아내인 샬렌(Charlene)이 제이밀을 자동차로 데려다 주었지만, 그는 설사 때문에 중간에 멈추지 않고 갈 수 있을지 불안하였다. 처음에 제이밀의 담당 의사는 제이밀이 노로바이러스 감염증(noroviral gastroenteritis)에 걸린 것으로 생각하였지만, 증상이 너무 오래 지속되었다. 담당 의사는 제이밀의 대변 시료에서 미생물이 배양되는지 알아보기 위해 실험실에 의뢰하였다. 그 결과는 *C. difficile*에 양성인 것으로 나왔다.
>
> **제이밀은 어디에서 *C. difficile*에 감염되었을까?**
>
> 402 **415** 417 418 422

병원내 미생물

병원내 미생물을 없애고 그 증식을 통제하려는 모든 노력에도 불구하고, 병원 환경은 다양한 병원체의 주요 감염원이다. 한 가지 이유는, 우리 몸의 정상 미생물상의 일부 세균들이 기회감염성이며 병원에 있는 환자들에게 특히 더 심한 위험 요인이 된다는 것이다. 실제로, 병원내 감염을 일으키는 대부분의 미생물은 건강한 사람들에게는 병을 일으키지 않으며, 병에 걸려 또는 병을 치료받으면서 면역이 약해진 사람들에게만 병원성을 가진다(198쪽과 423쪽의 상자 참조).

1940년대와 1950년대에, 대부분의 병원내 감염이 그람양성세균에 의해 일어났다. 한때, 그람양성세균인 황색포도상구균(*Staphylococcus aureus*)이 병원내 감염의 주 원인이었다. 1970년대에는, 그람음성 간균인 대장균(*E. coli*)과 녹농균(*Pseudomonas aeruginosa*)이 주 원인이었다. 그러다가 1980년대에, 항생제 내성을 가진 그람양성세균인 황색포도상구균과 응고효소-음성의 포도상구균(434쪽 참조), 장내구균(*Enterococcus*) 종이 병원내 병원체로 새로이 나타났다. 1990년대까지, 이러한 그람양성세균들이 병원내 감염의 34%를 차지하였으며, 네 가지 그람음성세균이 32%를 차지하였다. 2000년대에는 병원내 감염에서 항생제 내성 균주들이 가장 큰 걱정거리이다. 병원내 감염을 일으키는 주요 미생물이 **표 14.4**에 요약되어 있다.

병원내 일부 미생물들은 기회감염성일 뿐 아니라, 병원에서 흔히 사용하는 항미생물 약물에 내성을 갖게 되었다. 예를 들어, *P. aeruginosa*와 기타 다른 그람음성세균들은 항생제 내성 유전자를 가진 R인자(R factor)를 가지고 있어서(8장 235쪽 참조), 이들을 항생제로 제어하기가 어렵다. R인자가 재조합을 일으키면서 다수의 새로운 항생제 내성 인자가 만들어진다. 이러한 균주들이 환자와 병원에서 일하는 사람들의 미생물상이 되어 항생제 치료에 점점 더 내성을 보이게 된다. 이러한 방식으로, 병원내 사람들이 항생제내성 세균의 감염원 및 연쇄 감염의 한 부분을 담당하게 된다. 일반적으로, 숙주의 면역이 강하면 새로운 균주가 크게 문제되지 않는다. 그러나 병이나 수술 또는 외상으로 면역이 약해진 사람들에게 생긴 2차 감염은 치료하기 어려운 경향이 있다.

표 14.4 대부분의 병원내 감염에 관련된 미생물

미생물	총 감염 중 백분율	항생제 내성을 보이는 백분율	감염의 원인
응고효소-음성 *staphylococci*	15%	89%	패혈증의 가장 흔한 원인
Staphylococcus aureus	15%	50%	폐렴의 가장 흔한 원인
Enterococcus spp.	10%	4~71%	수술 상처부위 감염의 가장 흔한 원인
Escherichia coli, Pseudomonas aeruginosa, Enterobacter, Klebsiella pneumoniae	23%	3~32%	폐렴, 수술 부위 감염
Clostridium difficile	15~25%	보고되지 않음	병원내 감염 설사의 거의 절반을 일으키는 원인
Candida albicans (진균)	7%	보고되지 않음	요로 감염과 패혈증
그 외 그람음성세균 (*Acinetobacter, Citrobacter, Haemophilus*)	7%	보고되지 않음	요로 감염과 수술 부위 감염

출처: Data from CDC, National Nosocomial Infections Surveillance.

면역저하 숙주

면역저하 숙주(compromised host)란 병, 치료, 또는 화상으로 감염에 대한 저항성이 약해진 사람들이다. 두 가지 주요 조건이 숙주의 면역을 저하시킬 수 있는데, 피부와 점막이 손상된 경우와, 면역계 기능이 저하된 경우이다.

피부와 점막이 온전하게 유지되는 한, 이 두 조직은 대부분의 병원체를 막아 내는 막강한 물리적 장벽이다. 화상, 수술 상처, 사고로 인한 외상, 주입, 침습성 치료, 인공호흡기, 정맥주사 치료, (소변을 뽑아내기 위해 사용하는) 도뇨관, 이 모두가 방어벽 제1선을 무너뜨릴 수 있어 환자들을 감염에 더 취약하도록 만든다. 화상 환자들은 피부가 효과적인 방어벽이 되지 못하므로 병원내 감염에 특히 더 취약하다.

그 외 병원내 감염의 위험 요소로 침습성 치료를 들 수 있는데, 마취제 주입은 호흡에 영향을 끼쳐 폐렴을 유발할 수 있으며, 호흡곤란의 경우에 새로운 기도를 만드는 기관절개술도 그러하다. 침습성 치료를 받는 환자들은 보통 심각한 기저 질환을 가지고 있어 감염에 더 취약해진다. 침습성 기구도, 외부에 있던 미생물이 몸 안으로 들어갈 수 있는 경로를 제공하며,한 몸의 한 부분에 있던 미생물을 다른 부분으로 전파시킬 수도 있다. 병원체들은 또한 의료용 기구 표면에서도 증식할 수 있다(18쪽 그림 1.8 참조).

건강한 사람에서는, T세포(T 림프구)라 하는 백혈구가 병에 걸리지 않도록 내성을 부여한다. T세포는 병원체를 직접 파괴하고, 식세포 및 다른 림프구의 이동을 유도하고, 병원체를 파괴하는 화학물질을 분비한다. B세포(B 림프구)라 하는 백혈구는, 항체를 생산하는 세포로 발달하여 숙주를 감염에서 보호한다. 항체는 독소를 중화하거나 병원체가 숙주세포에 부착하는 것을 막고, 병원체 파괴를 돕는 역할을 한다. 약물, 방사선 치료, 스테로이드 약물, 화상, 당뇨병, 백혈병, 신장병, 스트레스, 영양 실조, 이 모두가 T세포와 B세포에 나쁜 영향을 미치며 숙주의 면역력을 저하시킨다. 에이즈 바이러스는 특정 T세포를 파괴한다.

병원내 감염이 발생하는 주요 신체 부위가 표 14.5에 요약되어 있다.

연쇄 감염

병원에 존재하는 다양한 병원체와 환자들의 저하된 면역이 상태를 고려하면, 전염의 경로는 항상 관심의 대상이다. 병원내 감염이 전염되는 주요 경로는 (1) 병원 직원에서 환자로 또는 한 환자에서 다른 환자로 직접 접촉에 의한 전염 (2) 매개물을 통한 간접 접촉성 전염과 병원 환기 시스템을 통한 공기 전염이다.

병원 직원들은 환자들과 직접 접촉하기 때문에, 흔히 병을 전염시킬 수 있다. 예를 들어, 의사나 간호사는 환자의 상처 부위를 치료할 때 병원체를 전염시킬 수 있으며, 주방 직원이 살모넬라균을 가지고 있으면 공급하는 음식을 오염시킬 수도 있다.

병원의 일부 지역은 특수 치료를 위해 따로 배치되어 있는데, 화상 환자를 위한 병동, 혈액 투석실, 회복실, 중환자실, 암 병동 등이 포함된다. 하지만 이러한 특수치료 단위에서도 환자들이 함께 있어 환자에서 환자로 병원내 감염이 유행병으로 퍼질 수 있는 환경이 조성된다.

대부분의 진단 및 치료 방법도 매개물 전염의 경로를 제공한다. 소변을 뽑아내기 위해 요관에 삽입하는 관도 매개물로서 여러 가지 병원내 감염 질병을 일으킬 수 있다. 수액과 영양분, 약물 등을 주입하기 위해 정맥에 삽입하는 관도 마찬가지이다. 인공호흡기를 통하여 오염된 액체가 폐로 들어갈 수 있다. 주사 바늘을 통하여 병원체가 근육이나 혈액으로 들어갈 수 있으며, 수술 부위의 붕대도 오염되어 병을 일으킬 수 있다(423쪽 참조).

표 14.5 병원내 감염의 주요 부위

감염의 종류	특징
요로 감염	가장 흔함. 모든 병원내 감염의 약 32% 차지. 거의 요관 삽입과 관련 있음.
수술 부위 감염 (표피와 피하)	감염 사례 중 2위(약 22%)를 차지함. 모든 수술 환자의 약 5~12%가 수술후 감염 증상을 보인다; 직장 수술이나 절단 수술 등의 경우에는 30%까지 차지한다.
하부 호흡기 감염	병원내 폐렴 감염은 약 15%이며 사망률이 높다(13~55%). 이러한 폐렴은 주로 호흡과 약물 투여를 보조하는 인공호흡기 사용과 관련 있다.
균혈증, 주로 정맥내 관 삽입으로 발생함	균혈증이 병원내 감염의 약 14%를 차지한다. 정맥 내 관의 삽입으로 혈액 감염이 일어난다. 특히 세균과 진균이 일으킨다.
그 외	그 외 모든 감염 부위는 병원내 감염의 약17%에 해당된다.

출처: Data from CDC, National Nosocomial Infection Surveillance.

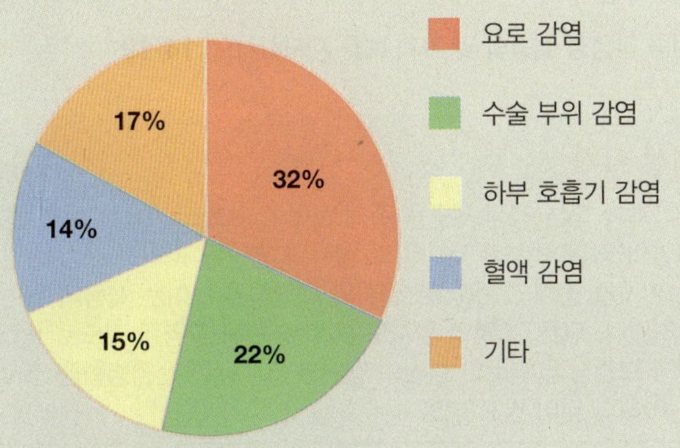

요로 감염 32%
수술 부위 감염 22%
하부 호흡기 감염 15%
혈액 감염 14%
기타 17%

병원내 감염의 통제

병원내 감염을 예방하기 위한 통제 방법에는 의료 기관마다 차이가 있지만, 일반적으로 시행되는 절차가 있다. 먼저 환자에게 노출되는 병원체의 숫자를 줄이는 것이 중요하다. 이를 위해 무균기술을 사용하고, 오염된 물질을 주의해서 다루며, 손을 철저히 자주 씻도록 요구하고, 직원들에게 기본적인 감염 통제 방법을 교육하며, 격리된 방을 사용한다.

CDC에 따르면, 손을 잘 씻는 것이 감염이 퍼지는 것을 막는 가장 중요한 방책이다. 그럼에도 CDC 보고에 따르면, 의료기관의 직원들이 권장된 손 씻기 방법을 잘 지키지 않는다고 한다. 평균적으로, 의료기관에서 일하는 사람들이 환자를 대하기 전에 손을 씻는 비율이 전체 대면 횟수의 40%밖에 되지 않는다.

손 씻기 외에, 환자들이 사용하는 욕조를 사용 후 매번 소독하여 그 다음 환자에게 병원체가 오염되지 않도록 해야 한다. 인공호흡기와 가습기는 일부 세균이 증식할 수 있는 적절한 환경을 제공하며 공기 전염의 도구가 된다. 병원내 감염의 이러한 근원들은 소독하여 철저히 청결하게 유지되어야 하며, 붕대나 삽관[intubation; 입이나 코를 통해 기관(trachea) 속으로 삽입하는 것-역자주]에 사용되는 물건은 일회용이거나 사용 전에 반드시 멸균 처리되어야 한다. 멸균 상태가 유지되도록 밀봉된 것은 무균 상태에서 열어야 한다. 의사들은 항생제를 꼭 필요한 경우에만 처방하며, 가능하면 침습성 치료를 피하고, 면역억제제의 사용을 최소화하여 환자들이 감염에 내성을 잃지 않도록 도울 수 있다.

공인된 병원은 감염통제위원회를 운영하여야 한다. 대부분의 병원에 감염통제 전공의 간호사나 전염병학자(집단에서 생기는 병을 연구)가 근무한다. 이들 전문가의 역할은 항생제 내성 균주의 출현인지 아니면 부적절한 멸균 방법인지 등, 감염의 근원을 파악하는 것이다. 감염통제를 담당한 직원들은 정기적으로 병원 장비들을 점검하여 미생물 오염 정도를 확인하여야 한다. 점검 대상에는 관(tubing), 체내에 삽입하는 관, 인공호흡기 공기조 및 그 외 여러 장비들이 포함된다.

임상 사례

*C. difficile*은 모든 병원내 감염의 15~25%와 병원내 설사의 절반에 관련된 세균이다. 이 세균은 1935년에 처음으로 장내 정상 미생물상의 구성원으로 확인되었다. 1977년에 발생한 병원내 설사에 *C. difficile*가 관련되었다. *C. difficile* 감염의 범위는 무증상 서식에서부터 설사와 대장염에까지 이른다. 고령 환자에서는 사망률이 10~20%이다. 제이밀이 어떤 항생제도 투약하지 않는 것을 확인한 후에, 담당 의사는 *C. difficile*의 치료약인 항생제 메트로니다졸(metronidazole)을 처방하였다.

담당 의사가 제이밀의 *C. difficile* 감염을 치료하기 전에 항생제를 투약하지 않는 것을 확인한 이유는 무엇인가? (힌트: 403쪽 참조).

402 415 **417** 418 422

이해도 확인하기

- 어떠한 요인들이 상호작용하여 병원내 감염을 일으키는가? **14-15**
- 면역저하 숙주란 무엇인가? **14-16**
- 병원내 감염은 주로 어떻게 전염되며, 어떻게 예방될 수 있는가? **14-17, 14-18**

신종 감염성 질병

학습 목표

14-19 신종 감염성 질병의 몇 가지 원인을 열거하고, 각 원인의 예를 하나씩 제시한다.

1장에서 보았듯이, **신종 감염성 질병(emerging infectious disease, EID)**은 최근 발병률이 증가하였거나 가까운 장래에 증가할 가능성이 있는 새로운 병 또는 변화 중인 병이다. 이러한 병은 바이러스, 세균, 진균, 원생동물, 또는 연충에 의해 생겨날 수 있다. 최근에 생겨난 감염성 질병의 약 75%가 인수공통 질병으로 주로 바이러스가 기원이며 매개체 전염인 경우가 많다. 몇 가지 기준이 EID를 확인하는 데 사용된다. 예를 들면, 일부 EID는 다른 모든 질병과는 확실히 구별되는 증상을 보인다. 일부는 진단 기술의 향상으로 새로운 병원체가 확인되어 알려진 것이다. 다른 EID의 경우에는, 어떤 지역에 국한되었던 질병이 널리 퍼져, 희귀한 질병이 흔한 질병으로 바뀌어, 경미한 질병이 중증 질병으로 바뀌어, 또는 수명이 길어지면서 잠복기간이 긴 질병이 진전되어 생겨난다. EID의 예가 **표 14.6**에 열거되어 있으며 8장과 13장의 상자에 설명되어 있다(220쪽과 374쪽).

다양한 요인이 새로운 감염성 질병의 출현에 기여한다:

- *E. coli* O157:H7과 조류독감 바이러스(H5N1)처럼, 새로운 균주가 병원체 사이의 유전자 재조합으로 생길 수 있다.
- *Vibrio cholerae* O139처럼 새로운 혈청형이 현존하는 미생물들의 변화 또는 진화로 생길 수 있다.
- 광범위하게 때로는 불필요하게 사용되는 항생제와 살충제로 인하여, 내성이 더 커진 미생물 집단과 이들을 옮기는 곤충(모기와 이)과 진드기의 성장이 증가한다.
- 지구온난화 및 기후 변화는 감염원와 매개체의 분포와 생존을 증가시켜, 말라리아나 한타바이러스 폐렴 증후군과 같은 질병이 도입되어 퍼지는 결과를 초래한다.
- 콜레라와 웨스트나일 바이러스 감염처럼 이미 알려진 질병이, 교통 수단의 발달로 지리적으로 새로운 지역으로 퍼질 수 있다. 100년 전에는 이러한 가능성이 적었다. 그때에는 여행하는데 시간이 아주 오래 걸려 감염된 사람이 여행 도중에 사망하거나 아니면 회복되었다.
- 이전에 알려지지 않았던 감염이, 자연재해, 건설, 전쟁, 거주 인구의 팽창 등의 생태적 변화가 일어나는 지역에 사는 사람들에게 나타날 수 있다. 캘리포니아에서 1994년 노스리지(Northridge; 로스앤젤레스 교외에 있는 주택지로 1994년 1월 지진에 큰 피해를 입었음-역자주) 지진이 일어난 후에, 콕시디오이데스 진균증의 발병률이 10배 증가하였다. 남미 삼림 개발지역에서 일하는 노동자들은 현재 베네수엘라 출혈열에 감염되고 있다.
- 동물 통제 방법도 또한 어떤 병의 발병률에 영향을 줄 수 있다. 최근에 라임병이 증가한 것은, 사슴 포식동물을 죽인 결과 사슴 개체군이 커졌기 때문으로 추정된다.
- 공중 보건 정책이 실패하면 이전에 통제되었던 감염이 새로이 나타날 수도 있다. 예를 들면, 성인들이 디프테리아 추가 예방접종을 받지 않아, 1990년대에 구소련에서 독립한 새 공화국에서 디프테리아 유행병이 발생하였다.

CDC와 미국 국립보건원(NIH), 세계보건기구(WHO)에서 EID와 관련된 문제들을 해결하려는 계획을 수립하였다. 그 우선순위는 다음과 같다:

1. 신종 감염성 병원체와 그들이 일으키는 병, 그리고 그 병원체들이 출현하게 된 요인을 확인하고 즉각 조사하며 감시한다.
2. 생태 및 환경적 요인들과 미생물의 변화와 적응, 그리고 EID에 영향을 주는 숙주와의 상호작용에 대한 기초 및 응용 연구를 확장한다.
3. 공중보건에 대한 정보의 교환을 증진하고 EID의 예방 전략을 즉각 실행한다.
4. EID를 세계적으로 감시하고 통제하는 계획을 수립한다.

과학계에서 신종 감염 질병을 중요하게 인식하여, 1995년에 이 주제만 전적으로 다루는 학술지인 신종 감염성 질병(*Emerging Infedtious Diseases*)이 발간되었다.

이해도 확인하기

✓ 신종 감염성 질병의 몇 가지 예를 제시하시오. **14-19**

임상 사례

항생제가 다른 경쟁 세균을 죽게 하여 *C. difficile*가 증식하게 된다. 제이밀의 담당 의사가 제이밀의 설사의 원인을 파악하고는, 병원내 다른 환자들 중에 *C. difficile* 설사와 대장염을 보이는 사람이 있는지 조사하였다. 다른 20명의 환자도 *C. difficile*에 감염된 것으로 드러났다. 지역 보건당국에서 이 병원의 집단발병에 대한 전염병학적 조사 결과를 아래와 같이 발표하였다:

감염된 환자 (비율)	
1인실	7%
2인실	17%
3인실	26%
***C. difficile*이 분리된 환경 (비율)**	
침대 안전가드	10%
서랍장	1%
바닥	18%
전화 버튼	6%
변기	3%
C. difficile*에 양성인 환자를 접촉하였던 병원 직원의 손에 남은 *C. difficile	
장갑 사용	0%
장갑 사용하지 않음	59%
환자와 접촉하기 전에 *C. difficile*을 가짐	3%
보통 비누로 손 씻음	40%
소독 비누로 손 씻음	3%
손을 씻지 않음	20%

가장 쉬운 전염 경로는 무엇이며, 전염을 어떻게 예방할 수 있나?

402 415 417 **418** 422

표 14.6 최근에 생겨난 감염성 질병

병원체	출현 연도	질병	참고할 장
세균			
Bacillus anthracis	2001	탄저병	23장
Bordetella pertussis	2000	백일해	24장
Mycobacterium ulcerans	1998	부룰리 궤양	21장
메티실린-내성 *Staphylococcus aureus*	1997	균혈증, 폐렴	20장
반코마이신-내성 *Staphylococcus aureus*	1996	균혈증, 폐렴	20장
Streptococcus pneumoniae	1995	항생제 내성 폐렴	24장
Streptococcus pyogenes	1995	연쇄상 구균성 독성 쇼크 증후군	21장
Corynebacterium diphtheriae	1994	디프테리아 유행병, 동부 유럽	24장
Vibrio cholerae O139	1992	콜레라의 새로운 혈청형, 아시아	25장
반코마이신-내성 장내구균	1988	요로감염, 균혈증, 심내막염	26장 23장
Bartonella henselae	1983	고양이 할퀴병	23장
Escherichia coli O157:H7	1982	출혈성 설사	25장
Legionella pneumophila	1976	레지오넬라증(재향군인병)	24장
Borrelia burgdorferi	1975	라임병	23장
진균			
Coccidioides immitis	1993	콕시디오이데스진균증	24장
Pneumocystis jirovecii	1981	면역저하 환자들의 폐렴	24장
원생동물			
Trypanosoma cruzi	2007	미국 내 샤가스병	23장
Cyclospora cayetanensis	1993	심한 설사와 소모성 증상	25장
Cryptosporidium spp.	1976	와포자충증	25장
연충			
Baylisascaris procyonis	2001	너구리 회충 뇌염, 사람에 발생	
바이러스			
SARS-연관 코로나바이러스	2002	중증 급성 호흡기 증후군(SARS)	24장
에볼라 바이러스	2002, 1995, 1975	에볼라 출혈열	23장
웨스트나일 바이러스	1999	웨스트 나일 뇌염	22장
니파 바이러스	1998	뇌염, 말레이시아	22장
A형 독감 바이러스	1997, 2009	조류 독감(H5N1), 돼지독감(H1N1)	24장
헨드라 바이러스	1994	뇌염 유사 증상, 호주	24장
한타바이러스	1993	한타바이러스 폐증후군	23장
베네수엘라 출혈열	1991	출혈열, 남미	23장
C형 간염 바이러스	1989	간염	25장
원숭이수두 바이러스	1985	수두 유사 질병	21장
뎅기 바이러스	1984	뎅기열과 뎅기 출혈열	23장
HIV	1983	에이즈	19장
프리온			
소 해면양뇌증 원인체	1996	광우병, 영국	22장

전염병학

학습 목표

14-20 전염병학의 정의와 세 종류의 전염병학 연구를 설명한다.

14-21 CDC의 역할을 알아본다.

14-22 다음의 용어에 대한 정의를 설명한다: 발병률, 사망률, 법정 감염병.

오늘날처럼 복잡하고 인구가 많은 세계에서 사람들의 이동이 빈번하고, 식품을 비롯한 상품들이 대량 생산되고 유통되는 생활 방식은 병이 급속히 퍼지기 쉬운 환경이다. 오염된 식품과 물이 공급되면 순식간에 수천 명이 감염될 수도 있다. 질병을 효과적으로 통제하고 치료하기 위해서는 그 병의 원인 병원체를 확인하여야 한다. 또한 병의 전염 경로와 지리적 발생 분포에 대한 이해도 필요하다. 질병이 언제 어디에서 발생하였으며 집단 내에서 어떻게 전염되는지에 관하여 연구하는 학문을 **전염병학(epidemiology)**이라 한다.

현대 전염병학은 1800년대 중반에 지금은 잘 알고 있는 세 명의 연구에서부터 시작되었다. 존 스노우(John Snow)라는 영국 의사는, 런던에서 집단 발병한 콜레라에 관하여 일련의 연구를 진행하였다. 콜레라가 1848년에서 1849년 사이에 유행병으로 위세를 떨칠 때, 스노우는 콜레라 사망자 기록을 분석하였으며, 희생된 사람들에 대한 정보를 수집하고, 희생자의 이웃에 살면서 생존한 사람들을 면담하였다. 이렇게 모은 정보를 바탕으로, 스노우는 콜레라 사망자들의 대부분이 브로드 가(Broad Street) 양수기에서 물을 마셨거나 길어 왔으며, 다른 양수기를 사용하였거나 또는 양조장에서 일하며 맥주를 마신 사람들은 콜레라에 걸리지 않았다는 사실을 발견하였다. 그래서 그는 브로드가 양수기의 오염된 물이 콜레라 유행병의 근원이라고 결론 지었다. 문제의 그 양수기의 손잡이를 제거하여 사람들이 더 이상 그곳의 물을 사용하지 않게 되자, 콜레라 발병 사례도 뚜렷이 감소하였다.

이그나즈 제멜바이스(Ignaz Semmelweis)는 1846년과 1848년 사이에, 비엔나 종합 병원에서 출생아 수와 임산부 사망 수를 매우 꼼꼼히 기록하였다. 제1 조산원에서 산욕기 패혈증으로 인한 사망률이 13%에서 18%에 이르러 비엔나 전체에 좋지 않은 소문 거리가 되었는데, 이것은 제2 조산원의 4배에 달하는 사망률이었다. 산욕패혈증(산욕열)은 출산 또는 유산 때 자궁에서 시작되는 병원내 감염이다. 이 병은 흔히 화농연쇄상구균(*Streptococcus pyogenes*)에 의해 생긴다. 감염은 복강으로 진전되어 많은 경우에 패혈증(혈액 내 미생물의 증식)에까지 이른다. 부유한 여성들은 그 조산원에 가지 않았으며, 가난한 여성들은 그 조산원에 가기 전에 다른 곳에서 출산하여 생존 가능성이 더 높았다는 것을 알게 되었다. 제멜바이스는 자신의 자료를 분석하여, 부유한 여성과 그 조산원에 도착하기 전에 출산하였던 빈곤한 여성들 사이의 한 가지 공통점을 찾아냈다. 그것은, 그들이 오전에 시체 해부 실습을 하였던 의과대학생들에게 검진을 받지 않았다는 것이었다. 1847년 5월에 그는 모든 의과대학생들에게 분만실에 들어가기 전에 표백분으로 손을 씻을 것을 명하였으며, 이후에 사망률은 2% 미만으로 떨어졌다.

플로렌스 나이팅게일(Florence Nightingale)은 영국에서 민간인과 군인들의 유행병 장티푸스 감염 자료를 기록하였다. 1858년 나이팅게일이 1,000쪽 분량의 논문을 발표하여, 질병과 열악한 음식, 비위생적인 환경 탓에 군인들이 목숨을 잃는다는 것을 통계학적으로 비교하여 증명하였다. 그녀의 연구 덕분에 영국 군대에 개혁이 일어났고, 나이팅게일은 영국 통계학회의 최초의 여성 회원이 되었다.

세 사람 모두, 병이 어디에서 언제 발생하였으며 집단 내에서 어떻게 전염되었는지를 세밀히 분석하여 의학 연구에 새로운 접근 방식을 만들어 냈으며 전염병학의 중요성을 증명하였다. 스노우와 제멜바이스, 나이팅게일의 연구 덕분에 그 당시 감염병의 원인에 대한 지식은 적었지만 감염병의 발생률이 줄어들었다. 그 당시 대부분의 의사들이, 보이는 증상은 병의 원인이지 결과가 아니라고 생각하였다. 세균병원설에 대한 코흐의 연구는 아직 30년 뒤의 일이었다.

전염병학자는 병인을 확인할 뿐 아니라 병에 걸린 사람들에서 다른 중요한 요인과 유형도 찾아낸다. 전염병학 연구의 중요한 부분은, 연령, 성별, 직업, 생활 습관, 사회경제적 지위, 예방접종 기록, 다른 질병의 유무 및 병에 걸린 사람들의 공통적인 사건(동일한 음식을 먹었다던가 또는 같은 병원에 갔다던가 하는) 등의 자료를 수집하여 분석하는 것이다. 장래에 집단발병이 생기기 않도록 예방하기 위해서, 질병에 취약한 사람이 감염체와 접촉할 수 있는 지점을 파악하는 것도 중요한 일이다. 전염병학자들은 병이 발생한 기간에도 주목하여, 특정 계절에 더 많이 생기는지 또는 연 단위로 생기는지 분석한다. 이로써 예방접종의 효과와 새로이 생겨나는 질병 또는 다시 생겨나는 질병을 파악하게 된다.

전염병학자는 또한 질병을 통제할 다양한 방법을 연구한다. 질병 통제 방법으로는, 약물의 사용(화학요법)과 백신(면역접종)이 있다. 다른 방법에는, 사람과 동물 및 무생물 감염원의 통제, 물 처리, 적절한 하수 처리(장질환), 냉장 보관, 저온 살균, 식품 검사, 적절한 조리(식품매개성 질병), 면역 강화를 위한 영양 개선, 생활 습관의 개선, 수혈될 혈액과 이식될 조직의 검사 등이 포함된다.

그림 14.10의 도표는 선별된 질병의 발병률을 보여준다. 이러한 도표는 질병의 집단발병이 산발성인지 아니면 유행병인지를 알려주며, 또한 유행병이라면 이 병이 어떻게 퍼졌을지에 대한 정보도 제공한다. 한 집단 내에서 어떤 질병의 발생 빈도를 알아내고 그 병의 전염 요인을 찾아내어, 의사들에게 병의 예후 판단 및 치료에 중요한 정보를 준다. 또한 전염병학자들은 해당 지역에서 병을 어떻게 효과적으로 통제할지, 예를 들어 예방접종 프로그램을 시행할지, 등을 평가한다. 마지막으로, 그 지역에 대한 전체적인 의료 서비스를 평가하고 계획하는 데 필요한 자료를 제공한다.

전염병학자들이 병의 발생을 분석할 때 사용하는 세 가지 기본적인 연구 방법론은 기술과 분석, 실험이다.

기술 전염병학

기술 전염병학(descriptive epidemiology)에서는 해당 질병의 발생에 대한 모든 자료를 수집하여 설명하게 된다. 관련된 정보에는 주로 그 병에 걸린 사람과 병이 발생한 장소와 기간에 대한 정보가 포함된다. 스노우가 런던에서 발생한 콜레라 집단 발병의 원인을 조사한 내용이 이론 전염병학의 좋은 예시이다.

이러한 전염병학은 주로 후향적(사건이 종료된 후에 뒤돌아보는)이다. 즉, 전염병학자가 그 병의 원인과 근원을 되짚어 알아내는

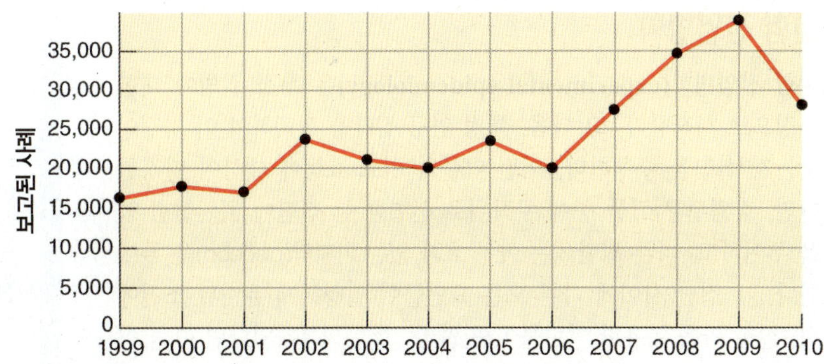

(a) 라임병 사례, 1999~2010

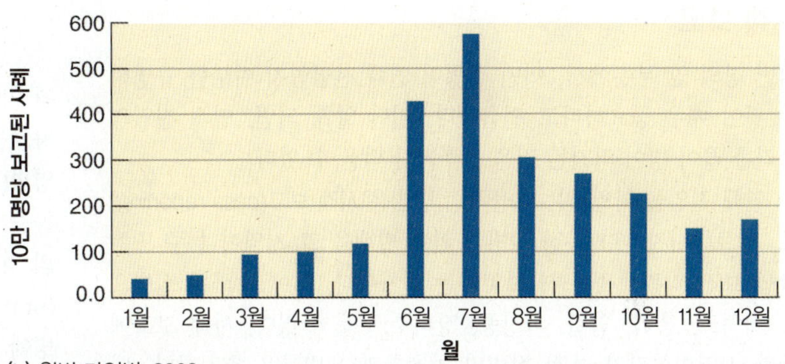

(b) 월별 라임병, 2009

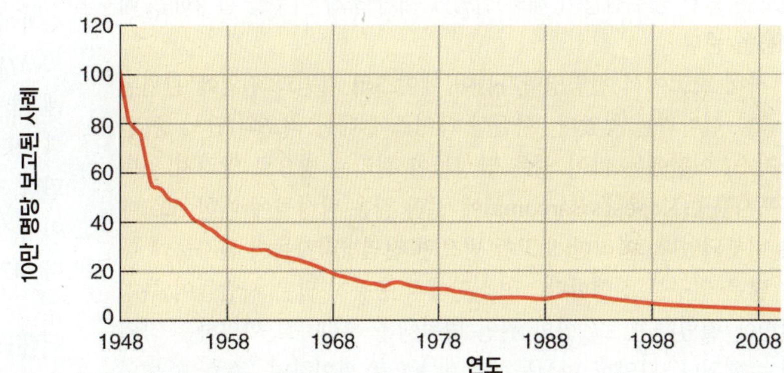

(c) 보고된 결핵 사례, 1948~2010

그림 14.9 전염병학적 자료. (a) 라임병 사례; 주어진 기간 동안의 연간 발생을 보여준다. (b) 라임병의 전염병학적 특성에 관한 중요한 결론을 이끌어낸 새로운 관점. 이 그래프에서는 총 발생 사례 대신에, 10만 명당 발생 사례를 기록하였다. (c) 결핵 발병률을 보여주는 그래프에서, 1948년부터 1957년까지 감염률이 급속히 감소한 것을 알 수 있다. 출처: Data from CDC.

Q 그래프 (b)에서 라임병 전염에 관한 어떠한 점을 알 수 있나? 그래프 (c)에서 어떠한 결론을 얻을 수 있나?

방식이다(21장에서 26장까지의 상자 참고). 독성쇼크증후군의 원인을 찾은 연구가 꽤 최근에 이루어진 후향적 연구의 예이다. 초기 단계의 전염병학 연구에서는, **전향적**(앞을 내다보는) 연구에 비해 후향적 연구가 더 흔히 이루어졌다. 전향적 연구에서는, 전염병학자가 특정 질병이 없는 사람들을 선택하여, 그 후에 주어진 기간 동안 이 사람들의 병력을 기록하였다. 이 방법이 1954년에서 1955년까지 솔크(Salk) 소아마비 백신을 시험할 때 사용되었다.

분석 전염병학

분석 전염병학(analytical epidemiology)에서는 특정 질병의 원인을 판별하기 위해서 그 병을 분석한다. 이 연구는 두 가지 방식으로 진행된다. **비교 대조군 접근법**(case control method)에서는, 그 병에 앞서 일어났을 수 있는 요인들을 조사한다. 병에 걸린 사람들의 집단과 그렇지 않은 다른 집단을 비교한다. 예를 들어, 수막염에 걸린 집단과 그렇지 않은 집단을 대상으로 연령, 성별, 사회경제적 지위, 사는 지역 등을 맞추어 본다. 이러한 통계자료를 비교하여 유전과 환경, 영양 상태를 비롯한 가능한 모든 요인 중에서 어느 것이 그 수막염의 발생에 원인이었는지 알아낸다. 나이팅게일의 연구가 분석 전염병학의 예라 할 수 있는데, 그녀는 군인과 민간인에 생긴 질병을 비교하였다. **코호트 접근법**(cohort method)에서는, 한 집단은 특정 병원체에 접촉하였던 집단과 접촉하지 않은 집단과 같이 두 인구 집단[두 집단 모두 **코호트 집단**(cohort groups)]이라고 함)을 선택하여 조사한다. 수혈 받은 집단과 수혈 받지 않은 다른 집단을 비교하면, 수혈과 B형 간염 발병률 사이의 관련성을 알아낼 수 있다.

실험 전염병학

실험 전염병학(experimental epidemiology)은 특정 질병에 대한 가정으로 시작한다. 그 다음, 특정 인구 집단을 선택하여 이 가정이 맞는지 실험을 수행한다. 어떤 약물의 치료 효능에 대하여 가정한다면, 감염된 사람들 중에 무작위로 선별한 한 집단에게는 실험 약을 투여하고, 다른 집단에는 아무 효과 없는 **가짜약(placebo)**을 투여한다. 두 집단 사이에 다른 모든 요인들이 일정하게 유지된 조건에서, 실험 약을 복용한 사람들이 훨씬 더 빨리 회복하였다면 그 약이 효능을 가졌다는 결론을 지을 수 있다.

임상 사례 해결

모든 인체 물질을 접촉할 때에는 장갑을 끼고, 일회용 항문 체온계를 사용하며, 항생제 남용을 중단하면 *C. difficile*의 전염을 예방할 수 있다. 사람들 사이의 직접 접촉이나 매개물을 통한 간접 접촉을 통해서 이 세균이나 내생포자가 섭취되어 *C. difficile*에 감염된다. 이것은 병원내 감염 중 가장 흔한 감염이며 유행병으로 간주된다. 제이밀은 메트로니다졸 치료에 잘 반응하여 체중도 거의 회복하였고 더 이상 화장실에서 많은 시간을 보내지 않는다.

402 415 417 418 **422**

사례 보고

이번 장의 앞 부분에서, 어떤 질병이 연쇄 전염인지 여부를 규명하는 것이 매우 중요하다고 언급했다. 일단 알게 되면, 연쇄 전염의 고리를 끊어 병이 퍼지는 것을 늦추거나 막을 수 있다.

연쇄 전염을 확인하는 효율적인 방법은 **사례 보고(case reporting)**로, 의료종사자들이 특정 질병의 환자 발생을 그 지역이나 주 또는 국립 보건 기관에 반드시 보고하는 절차이다. 이에 속하는 질병으로 에이즈, 홍역, 임질, 파상풍, 장티푸스 등이 있다. 사례 보고에 따라 전염병학자가 특정 질병의 발병률과 유병률을 추정한다. 이 정보는 보건 공무원들이 해당 질병에 대한 조사 여부를 결정하는 데 도움을 준다.

사례 보고에서 전염병학자들이 에이즈의 기원과 전염에 관련된 소중한 실마리를 찾았다. 사실상 에이즈에 대한 최초의 단서 중 한 가지가, 이전에는 나이 많은 남성들이 걸리는 병으로 알려져 있던 카포시육종(Kaposi's sarcoma)에 걸린 젊은 남성들에 대한 보고에서 비롯되었다. 이러한 보고를 받으면 전염병학자들이 환자들에 대한 많은 연구를 진행한다. 그 집단에서 충분히 많은 사람들이 특정 질병에 걸렸다면, 그 병의 원인 병원체를 분리하고 확인하는 작업이 수행된다. 다양한 미생물학적 방법으로 확인하며, 종종 그 병의 감염원에 관한 귀중한 정보도 얻게 된다.

일단 연쇄 감염으로 드러나면, 병이 퍼지지 못하도록 통제 조치를 취할 수 있다. 즉, 감염원을 제거하고, 감염자들을 격리하며, 백신을 개발하고, 에이즈의 경우처럼 대중 교육을 시행한다.

질병통제예방센터(CDC)

전염병학은 각 주와 연방 공중보건 당국의 주된 관심사이다. 미국 공중위생국의 한 분과인 **질병통제예방센터[Centers for Disease Control and Prevention, CDC]**는 조지아 주의 아틀랜타 시에 위치하며, 미국 내 전염병 정보의 중심 기관이다.

CDC에서 **주간 질병과 사망 소식지[*Morbidity and Mortality Weekly Report*(www.cdc.gov)]**를 발행한다. ***MMWR***로 부르는 이 소식지는 미생물학자와 의사, 기타 병원 및 공중보건 전문가들이 독자이다. *MMWR*은 특정 신고 대상 질병들의 **발병(morbidity)**과 이 병들로 인한 **사망자 수(mortality)**에 대한 자료를 싣는다. 이 자료들은 대개 각 주(state)별로 정리된다. 표 14.7에 있는 **법정 전염병(notifiable infectious diseases)**은, 법적으로 의사들이 미국 공중위생국에 발병 사례를 보고할 의무가 있는 질병이다. 2011년의 경우에, 총 62종의 감염병이 국가 차원에서 보고되었다. **발병률(morbidity rate)**은 전체 인구와 비교하여 특정 기간 동안 특정 질병에 걸린 사람의 숫자이다. **사망률(mortality rate)**은 전체 인구와 비교하여 특정 기간 동안 한 집단에서 특정 질병으로 사망한 사람의 숫자이다.

MMWR 논문 중에는 질병의 집단발병과 특별한 관심 질병의 사례 역사에 대한 보고 및 최근 특별한 질병의 상태에 대한 요약도 있다. 또한 진단과 면역접종, 치료 절차에 대한 권장 사항도 종종 실린다. 이 책에 실린 몇몇 도표와 자료들은 *MMWR*에서 가져온 것이며, 임상 초점 상자 글도 이 소식지의 보고 기사에서 발췌한 것이다. 423쪽 상자 참조.

이해도 확인하기

- 40명의 병원 직원들에게 메스꺼움과 구토가 일어난 것을 알고, 그 병원의 감염통제 담당자는 그 중 39명이 병원 식당에서 껍질콩을 먹었다는 공통점을 찾아냈다. 건강한 34명은 같은 날 그 식당에서 식사하였지만 껍질콩을 먹지는 않았다. 이 자료는 전염병학 연구 중 어느 종류에 해당되나? **14-20**
- CDC의 역할은 무엇인가? **14-21**
- 2003년에, 용혈성 요독 증후군(hemolytic uremic syndrome)의 발병은 176건이었으며, 사망은 29명이었다. 리스테리아증의 발병은 696건, 사망은 33명이었다. 어느 병이 더 치명적일까? **14-22**

* * *

다음 장에서, 우리는 병원성의 원리를 배울 것이다. 미생물이 우리 몸에 침입하여 병을 일으키는 방식, 질병이 우리 몸에 미치는 영향, 그리고 병원체가 우리 몸을 빠져 나가는 방식에 대하여 더 자세히 배울 것이다.

병원내 감염

이 상자 글에서 여러분은, 전염병학자들이 어떤 병이 집단 발병하게 된 근원을 추적하면서 스스로에게 던지는 일련의 질문들을 마주하게 될 것이다. 다음 질문으로 넘어가기 전에 각 질문에 답해 보기 바란다.

1. 시립병원에서 전염병학자로 일하는 드웨인 잭슨(Dwayne Jackson)은 병원에 입원했던 환자 중에서 한 해에 5,287명이나 균혈증에 걸린 원인을 찾아내려고 한다. 모든 환자가 열(>38℃)과 오한, 저혈압이 있었고, 14%의 환자는 심한 괴사성 근막염이 있었다(595쪽 참조). 잭슨 박사는 혈액 시료에 포함된 미생물 배양 결과를 보았다. 만니톨 식염 배지에서 자란 그 세균은 응고효소-양성이며 그람양성 구균으로 확인되었다(그림 A).
   어떤 미생물이 감염의 원인체일까?

2. 생화학적 검사 결과로 화농연쇄상구균(*Staphylococcus aureus*)이 범인으로 확인되었다. 항생제 민감도 검사에서 분리된 모든 균주가 메티실린에 내성(methicillin-resistant)을 가진 것으로 드러났다. 여섯 균주는 반코마이신에도 중간 내성을 모였으며, 하나는 완전히 반코마이신 내성(vancomycin-resistant) 균주였다. 메티실린 내성 화농연쇄상구균[methicillin-resistant *S. aureus* (MRSA)]은 류코시딘 독소를 만들어 생명을 위협하는 괴사성 질환을 일으킬 수 있다(439쪽 참조).
   이외에 잭슨 박사가 더 파악해야 할 것은 무엇인가?

그림 A 만니톨 식염 배지에서 자란 그람양성 구균

3. 중합효소연쇄반응[polymerase chain reaction (PCR)] 검사로, 잭슨 박사가 일하는 병원에서 발생한 MRSA 사례의 80%가 USA100 균주에 의한 것으로 확인되었다. USA100은 의료관련 감염의 92%를 일으키는 원인 균주이다. 대부분(89%)의 지역사회 획득 MRSA 감염은 USA300이라는 균주가 일으킨다. 병원이 아닌 지역사회에서 MRSA 발병률은 0.02∼0.04%이다. 잭슨 박사는 MRSA 환자의 숫자를 그들이 받은 치료법과 비교하고, 그 정보를 환자들의 항생제 사용 내력과 교차 참조(cross-reference)하였다(표 참조).
   표에 제시된 정보를 바탕으로, 어느 치료법에서 감염 가능성이 가장 높다고 할 수 있나?

4. 매년, 미국 내 병원에서 약 25만 건의 혈액 감염 사례가 정맥[intravenous (IV)]을 통해 약제를 주입하는 혈관주사로 인해 발생한다. 감염으로 인한 사망률은 약 12∼25%이다. 잭슨 박사는 혈액투석을 받은 환자들이 특히 감염에 취약한 것을 알 수 있었다. 그 이유는, 장기간 혈관에 접근이 필요하며 그 지점을 자주 찌르기 때문이다(그림 B).
   항미생물 치료가 어떤 도움이 될 수 있나?

5. 미국에서 최초의 반코마이신 내성 화농연쇄상구균[VRSA (vancomycin-resistant *S. aureus*)] 감염은 2002년에 투석 환자에게서 발생하였다. 그 환자는 MRSA 감염으로 인하여 반코마이신으로 치료받고 있었다. 그 VRSA 균주는 장내구균에서 획득한 vanA 반코마이신 내성 유전자를 가지고 있었다. VRSA는 메티실린에도 항상 내성을 보인다. 미국에서 단 여섯 사례의 VRSA가 보고되었지만, 2008년에 63건의 반코마이신 중간 내성[VISA (vancomycin-intermediate *S. aureus*)] 감염이 보고되었다. 혈액투석 관련 감염의 치료에 항미생물제를 사용하는 것이 항생제 내성 균주가 만연하도록 한다. 내성이 없는 세균은 죽게 되지만, 돌연변이로 내성을 획득한 세균은 경쟁할 필요 없이 증식할 수 있다.

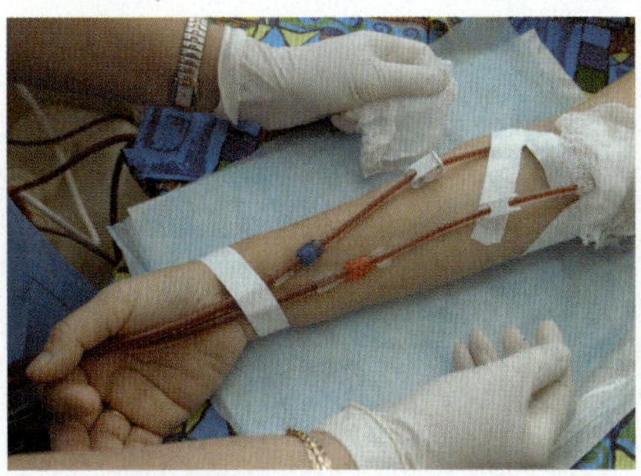

그림 B 혈액투석 과정

출처: Adapted from *MMWR* 56(9):197–199, March 9, 2007. and *MMWR* 57(54), June 25, 2010.

치료	MRSA-감염 환자	치료 받은 환자 전체 숫자
혈액투석	813	1807
정맥내 (IV) 삽입 관	1057	16,516
수술	945	5659
방광 삽입 관	1750	7919
인공호흡기(침투성 기도 유지)	722	7367
감염 전 6개월 동안 사용된 항생제		
반코마이신	21	41
플루오로퀴놀론	49	113
세프트리악손	14	41

표 **14.7** 국가 법정 전염병, 2011

탄저병	A, B, C형 간염	중증 급성 호흡기 증후군-관련 코로나바이러스(SARS-CoV)
아르보바이러스 질병	HIV 감염	쉬가 독소-생산 *E. coli*
바베시아증	A형 독감 새로운 균주	세균성 이질
보툴리누스 중독	독감-연관 소아과 사망	천연두
브루셀라증	레지오넬라증	홍반열 리케차증
무른 궤양	리스테리아증	연쇄상구균성 독성 쇼크 증후군
Chlamydia trachomatis 감염	라임병	*S. pneumoniae*, 침윤성 질병
콜레라	말라리아	매독
콕시디오이데스진균증	홍역	파상풍
와포자충증	수막구균성 질병	독성 쇼크 증후군(비연쇄상구균성)
원포자충증	볼거리	선모충증
뎅기열	백일해	결핵
디프테리아	페스트	야토병
엘리히증/아나플라즈마증	소아마비	장티푸스
편모충증	앵무병	반코마이신-중간 내성 *Staphylococcus aureus* (VISA)
임질	큐열	반코마이신-내성 *Staphylococcus aureus* (VRSA)
Haemophilus influenzae 침윤성 질병	광견병, 동물과 사람	대상포진
한센병(나병)	풍진	비브리오증
한타바이러스 폐증후군	풍진, 선천성 증후군	바이러스성 출혈열
용혈성 요독 증후군, 설사후	살모넬라증	황열

학습 개요

서론 (401쪽)

1. 질병을 일으키는 미생물을 병원체라 한다.
2. 병원성 미생물은 사람의 몸을 침입하거나 독소를 만드는 특성을 가지고 있다.
3. 미생물이 우리 몸의 방어를 무너뜨리면 질병의 상태가 된다.

병리학, 감염, 질병 (402쪽)

1. 병리학은 질병에 대한 과학적 연구이다.
2. 병리학에서는 병인(병의 원인), 병리(병의 발생), 병의 결과를 다룬다.
3. 감염은 병원체가 몸 안에 들어와 증식하는 상태이다.
4. 숙주란 병원체에게 서식하며 증식할 수 있는 생명체이다.
5. 질병은 우리 몸의 일부 또는 전체가 제대로 적응하지 못하거나 정상 기능을 수행하지 못하는 비정상적인 상태이다.

정상 미생물상 (402~406쪽)

1. 동물과 사람은 자궁 내에 있을 때 주로 무균 상태이다.
2. 출생 직후부터 우리 몸 안과 몸 표면에 미생물이 서식하기 시작한다.
3. 우리 몸 안이나 표면에서 병을 일으키지 않으면서 영구적인 군집을 확립한 미생물은 정상 미생물상을 이룬다.
4. 일시적 미생물상은 얼마간 존재하다 사라지는 미생물들이다.

정상 미생물상과 숙주 사이의 상관관계 (403~405쪽)

5. 정상 미생물상은 병원체가 감염을 일으키지 못하도록 막을 수 있는데, 이 현상을 미생물 간의 길항작용이라 한다.
6. 정상 미생물상과 숙주는 같이 살아 가는 공생 관계이다.
7. 세 종류의 공생이 있는데, 편리공생(한 쪽은 이득을 얻고, 다른 쪽에는 아무런 영향 없음), 상리공생(양쪽 모두 이득), 기생(한 쪽은 이득을 얻고, 다른 쪽은 해를 입음)이다.

기회감염성 미생물 (405~406쪽)

8. 기회감염성 병원체는 정상 환경에서는 병을 일으키지 않지만 특별한 조건에서 병을 일으킨다.

미생물들 사이의 협력 (406쪽)

9. 특정 환경에서는, 한 미생물이 다른 미생물로 하여금 병을 일으키도록 만들거나 더 심한 증상을 유발하게 만든다.

감염성 질병의 병인 (406~408쪽)

코흐 원칙 (406쪽)

1. 코흐 원칙은, 특정 미생물이 특정 질병을 일으킨다는 것을 확립한 기준이다.
2. 코흐 원칙은 다음 요건을 가진다: (1) 동일한 병원체가 그 질병의 모든 경우에 존재해야 한다; (2) 그 병원체는 순수 배양으로 분리되어야 한다; (3) 순수 배양된 병원체는 건강하고 민감한 실험 동물에서 동일한 질병을 일으켜야 한다; (4) 접종된 실험 동물로부터 그 병원체가 다시 분리되어야 한다.

코흐 원칙의 예외 (406~408쪽)

3. 코흐 원칙은, 인공배지에서 자랄 수 없는 바이러스나 일부 세균들이 일으키는 병인을 설명하기 위해 변경되었다.
4. 파상풍 등의 질병은, 명백한 징후와 증상을 보인다.
5. 폐렴과 신장염은 다양한 미생물에 의해 생길 수 있다.
6. 화농연쇄상구균(*S. pyogenes*) 등의 병원체는 여러 다른 질병을 일으킨다.
7. HIV 등의 병원체는 사람에게만 병을 일으킨다.

감염성 질병의 분류 (408~409쪽)

1. 환자는 증상(몸의 기능에 주관적인 변화)과 징후(객관적인 변화)를 보여, 이를 바탕으로 의사가 진단(질병을 확인)을 내린다.
2. 특정한 여러 증상 또는 징후가 특정 질병에 항상 수반될 때 증후군이라 한다.
3. 전염성 질병은 한 사람에게서 다른 사람에게로 직접 또는 간접적으로 전염된다.
4. 접촉성 전염병은 한 사람에게서 다른 사람에게로 쉽게 퍼지는 병이다.
5. 비전염성 질병은 정상적으로 몸 밖에서 자라는 미생물에 의해 생기며 다른 사람에게 전염되지 않는다.

질병의 발생 (408~409쪽)

6. 질병의 발생은 발병률(특정 기간 동안 그 병에 걸린 사람의 숫자)과 유병률(특정 시간에 그 병이 있는 사람의 숫자)로 보고된다.
7. 질병은 발생 빈도에 따라 산발성, 풍토병, 유행병, 세계적 유행병으로 분류된다.

질병의 세기 또는 지속기간 (409쪽)

8. 질병의 범위는 급성병, 만성병, 아급성병, 잠복병으로 정해질 수 있다.
9. 집단 면역은 한 집단에 많은 사람들이 그 병에 면역을 가진 경우이다.

감염의 범위 (409쪽)

10. 국부 감염은 몸의 일부분에 침범한 경우이며, 전신 감염은 순환계를 통하여 몸 전체에 퍼진 경우이다.
11. 1차 감염은 최초의 병을 일으키는 급성 감염이다.
12. 2차 감염은 1차 감염으로 면역력이 약해지면 발생할 수 있다.
13. 무증상 감염은 어떤 징후도 일으키지 않는다.

질병의 유형 (409~410 쪽)

소인 (410쪽)

1. 소인은 우리 몸을 병에 더 민감하도록 만들거나 병의 진행에 영향을 주는 요인이다.
2. 예를 들면 성별, 기후, 연령, 피로, 부적절한 영양 등이 포함된다.

질병의 진전 (410쪽)

3. 잠복기는 최초의 감염에서부터 징후나 증상이 나타나기까지의 시간 간격이다.
4. 전구기에는 초기의 경미한 징후나 증상이 나타난다.
5. 급성기에는 병이 초고조에 달하며 그 병과 관련된 모든 징후와 증상이 나타난다.
6. 호전기에, 징후와 증상이 가라앉는다.
7. 회복기 동안에, 몸이 원래 상태로 돌아가고 건강을 되찾는다.

감염의 전파 (411~414쪽)

감염원 (411쪽)

1. 지속적인 감염의 근원을 감염원라 한다.
2. 병을 가지고 있거나 병원체를 보균한 사람들은 사람 감염원이다.
3. 인수공통전염병은 야생 및 집에서 기르는 동물을 침범하며 사람에게 전염될 수 있는 병이다.
4. 일부 병원성 미생물은 무생물 감염원인, 흙이나 물에서 증식한다.

질병의 전염 (411~414쪽)

5. 직접 접촉에 의한 전염은 감염원와 민감한 숙주 사이에 물리적으로 가까운 접촉에 의해 일어난다.
6. 비생체 접촉 매개물(무생물)에 의한 전염은 간접적 접촉 전염이다.
7. 기침이나 재채기할 때 나오는 타액 또는 점액에 의해 전염되는 것을 작은 액체방울 전염이라 한다.
8. 물, 식품, 공기 등의 매체에 의한 전염을 수송원 전염이라 한다.
9. 공기 전염이란 작은 물방울이나 먼지에 묻은 병원체가 1미터 이상 퍼지는 경우이다.
10. 절지동물 매개체는 기계적 전염과 생물학적 전염으로, 한 숙주에서 다른 숙주로 병원체를 나른다.

병원내 감염 (414~417쪽)

1. 병원내 감염이란 병원에 입원한 동안 얻게 되는 감염이다. 의료관련 감염(HAI)은 요양원이라던가, 병원 이외의 다른 장소에서 생기는 감염이다.
2. 입원한 환자 중에서 약 5~15%가 병원내 감염에 걸린다.

병원내 미생물 (415~416쪽)

3. 일부 정상 미생물상이 수술이나 체내에 삽입하는 관 등의 의료 절차에서 몸 안으로 들어가 병원내 감염의 원인이 된다.
4. 기회감염성, 항생제 내성 그람음성세균이 병원내 감염의 가장 큰 원인이다.

면역저하 숙주 (416쪽)

5. 화상, 수술 상처, 면역저하를 가진 환자들이 병원내 감염에 가장 민감하다.

연쇄 감염 (416쪽)

6. 병원내 감염이 전염되는 것은, 직원과 환자 사이 또는 환자들 사이의 직접 접촉이 있을 때이다.
7. 체내에 삽입하는 관, 주사기, 인공호흡기 등의 비생체 접촉 매개물이 병원내 감염을 전염시킬 수 있다.

병원내 감염의 통제 (417쪽)

8. 무균기술로 병원내 감염을 예방할 수 있다.
9. 병원내 감염 통제 담당자는, 병원내 장비와 물품이 바르게 세척, 보관, 취급되는지를 감독해야 한다.

신종 감염성 질병 (417~419쪽)

1. 새로이 생겨난 질병과 최근에 발병률이 증가한 질병을 최근에 생겨난 감염성 질병(EID)이라 한다.
2. EID는 항생제와 살충제의 사용, 기후 변화, 여행, 예방접종 결여, 사례 보고의 향상에 기인한다.
3. CDC, NIH, WHO는 EID의 발생을 감시하고 이에 대응하는 기구이다.

전염병학 (419~424쪽)

1. 전염병학이란 병의 전염, 발병률, 발생 빈도에 관하여 연구하는 학문이다.
2. 현대 전염병학은 1800년대 중반에 스노우, 제멜바이스, 나이팅게일의 연구로 시작되었다.
3. 이론 전염병학에서는, 감염된 사람들에 관한 자료를 수집하고 분석한다.
4. 분석 전염병학에서는, 감염된 집단과 감염되지 않은 집단을 비교한다.
5. 실험 전염병학에서는, 가정을 시험할 세심한 실험을 고안하고 실행한다.
6. 사례 보고는, 어떤 병이 발생하고 퍼지는지에 관한 정보를 그 지역이나 해당 주, 또는 국립 보건당국에 제공하는 것이다.
7. 질병통제예방센터(CDC)가 미국 내 전염병학 정보의 중심 기관이다.
8. CDC에서 주간 질병과 사망 소식지를 발간하여 발병과 사망에 관한 정보를 알려준다.

학습 질문

복습과 객관식 문제에 대한 해답은 책 뒤에 있음.

복습 문제

1. 아래 짝지어진 각 용어의 차이점을 설명하시오.
   a. 병인과 병리
   b. 감염과 질병
   c. 전염병과 비전염성 질병
2. 공생의 정의를 설명하시오. 편리공생, 상리공생, 기생의 차이를 설명하고 각각의 예를 하나씩 제시하시오.
3. 아래의 각 상태가 아급성, 만성, 급성 감염 중 어느 것에 해당되는지 답하시오.
   a. 환자가 급작스레 시작된 불편감을 겪는다; 증상이 5일 지속된다.
   b. 환자가 몇 달 동안 기침을 하며 숨 쉬기가 곤란하다.
   c. 환자는 뚜렷한 증상이 없으며 보균자로 알려져 있다.
4. 감염된 전체 병원 환자들 중에서 3분의 1은, 병원에 입원할 당시에는 감염이 없었다. 이 사람들은 어떻게 감염되었을까? 이러한 감염의 전염 경로는 무엇인가? 감염원는 무엇인가?
5. 병의 신호로서 증상과 징후의 차이를 설명하시오.
6. 국부감염이 어떻게 전심감염으로 될 수 있나?
7. 정상 미생물상을 구성하는 미생물 중 일부는 편리공생, 다른 일부는 상리공생이라 하는 근거는 무엇인가?
8. 질병의 유형을 설명하도록 다음을 바른 순서대로 배열하시오: 회복기, 전구기, 호전기, 잠복기, 급성기.
9. 이름 답하기 이 미생물은 사람이 유아 때 획득하며 건강 유지에 필수적이다. 유사하게 연관된 균주에 감염되면 심한 위경련, 피 섞인 설사, 구토가 일어난다. 이 미생물은 무엇인가?
10. 그려보기 아래 자료를 보고, 연중 독감 발병률을 보여주는 그래프를 그리시오. 풍토병과 유행병 수치를 지시하시오.

월	독감 유사 증상으로 병원을 찾은 비율
1월	2.33
2월	3.21
3월	2.68
4월	1.47
5월	0.97
6월	0.30
7월	0.30
8월	0.20
9월	0.20
10월	1.18
11월	1.54
12월	2.39

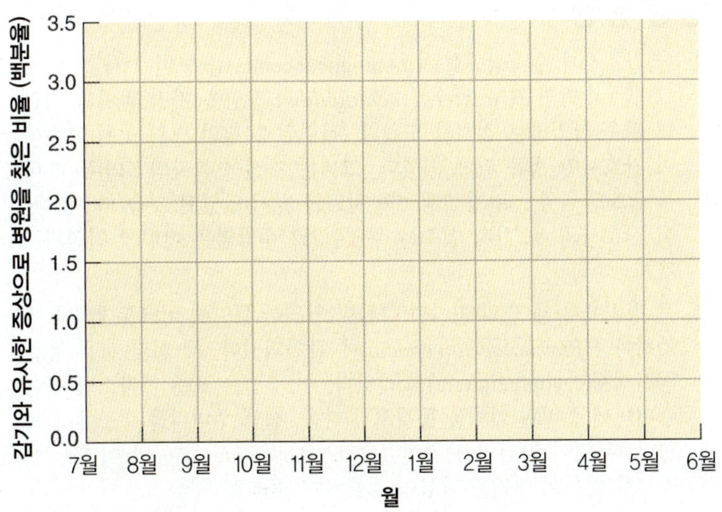

객관식 문제

1. 최근에 생겨난 새로운 감염성 질병의 원인으로 다음 중 해당되지 않는 것은
   a. 세균이 질병을 일으킬 필요성이 있다.
   b. 사람들이 비행기로 여행할 수 있다.
   c. 환경이 변한다(예; 홍수, 가뭄, 대기 오염).
   d. 병원체가 감염할 수 있는 종 장벽(species barrier)을 넘어갈 수 있다.
   e. 인구가 증가한다.
2. 야생에 사는 외양간 올빼미를 연구한 조류학자 집단의 모든 구성원이 살모넬라증에 걸렸었다(살모넬라균 위장염). 한 조류학자가 지금 세 번째 감염에 걸렸다. 이들의 감염원로 가장 가능성이 높은 것은?
   a. 이 조류학자들이 모두 같은 음식을 먹는다.
   b. 올빼미와 그 둥지를 만지면서 그들의 손이 오염된다.
   c. 그들 중 한 명이 살모넬라균 보균자이다.
   d. 그들이 마시는 물이 오염되었다.
3. 아래 설명 중에서 틀린 것은?
   a. *E. coli*는 절대로 병을 일으키지 않는다.
   b. *E. coli*는 우리 몸에 비타민 K를 공급한다.
   c. *E. coli*는 흔히 사람과 상리공생으로 존재한다.
   d. *E. coli*는 장 속 내용물로부터 양분을 얻는다.
4. 다음 중 코흐의 가설이 아닌 것은?
   a. 동일한 병원체가 같은 질병의 모든 사례에 존재하여야 한다.
   b. 그 병원체는 병에 걸린 숙주로부터 분리되어 순수 배양되어야 한다.
   c. 순수 배양된 병원체를 건강하고 민감한 실험 동물에 주입하면 동일한 병을 일으켜야 한다.
   d. 그 병은 병에 걸린 동물로부터 건강하고 민감한 동물에게 직접 접촉으로 전염되어야 한다.
   e. 실험적으로 감염된 동물로부터 그 병원체가 다시 분리되어 순수 배양되어야 한다.
5. 다음 중에서 질병과 감염원가 틀리게 연결된 것은?
   a. 독감—사람
   b. 광견병—동물
   c. 보툴리누스 중독—무생물
   d. 탄저병—무생물
   e. 톡소플라즈마증—고양이

6~7번 문제에 답하기 위해 다음 설명을 참고하시오.

9월 6일에, 6세 남자 어린이가 열과 오한이 나며 구토를 하였다. 9월 7일에, 그는 설사하며 양 쪽 팔 아래 림프절 부어 병원에 입원하였다. 9월 3일에, 이 아이는 고양이에게 할퀴고 물렸다. 9월 5일에 그 고양이가 죽은 채 발견되었으며, 그 고양이에게서 페스트균(*Yersinia pestis*)이 분리되었다. 9월 7일에 이 아이에게서도 페스트균이 분리되어 클로람페니콜 항생제를 맞았다. 9월 17일에 이 소년의 체온이 정상으로 돌아왔고, 9월 22일에 병원에서 퇴원하였다.

6. 이 사례의 림프절 페스트에서 잠복기는
   a. 9월 3~5일.
   b. 9월 3~6일.
   c. 9월 6~7일.
   d. 9월 6~17일.
7. 이 병의 전구기는
   a. 9월 3~5일.
   b. 9월 3~6일.
   c. 9월 6~7일.
   d. 9월 6~17일.

8~10번 문제에 답하기 위해 다음 설명을 참고하시오.

매릴랜드에 거주하는 한 여성이 탈수 증세로 입원하였는데, 이 환자로부터 콜레라균(*Vibrio cholerae*)과 플레시오모나스균(*Plesiomonas shigelloides*)이 분리되었다. 그녀는 미국에서 해외 여행을 한번도 다닌 적이 없으며 지난 한 달 동안 갑각류를 날로 먹은 적도 없다. 그녀가 입원하기 이틀 전에 한 파티에 참석하였다. 그 모임에 참석했던 다른 두 사람도 급성 설사병에 걸렸고 콜레라균에 대한 혈청 항체 수치가 높았다. 그 파티에 참석한 모든 사람이 게와 코코넛 우유를 넣은 라이스 푸딩을 먹었다. 그 파티에서 남은 게는 다음 파티에서도 서빙되었다. 그 다음 파티에 참석한 20명 중 한 사람이 경미한 설사를 시작하였고, 이들 중 14명의 혈청 시료는 콜레라균에 대한 항체에 음성이었다.

8. 이것은 어떤 전염의 예인가?
   a. 수송원 전염.
   b. 공기 전염.
   c. 비생체 접촉 매개물에 의한 전염.
   d. 직접 접촉 전염.
   e. 병원내 전염.
9. 병원체는
   a. *Plesiomonas shigelloides*.
   b. 게.
   c. *Vibrio cholerae*.
   d. 코코넛 우유.
   e. 라이스 푸딩.
10. 감염원은
    a. *Plesiomonas shigelloides*.
    b. 게.
    c. *Vibrio cholerae*.
    d. 코코넛 우유.
    e. 라이스 푸딩.

비판적 사고

1. 로버트 코흐가 탄저균에 대한 연구를 발표하기 10년 전에, 안톤 드바리(Anton De Bary)가 감자역병을 일으키는 병원체가 조류(algae)에 속하는 피토프토라 인페스탄스균(*Phytophthora infestans*)인 것을 증명하였다. 그런데 우리는 왜 "드바리의 가설" 대신에 코흐의 가설을 사용하는가?

2. 플로렌스 나이팅게일이 1855년에 아래 자료를 수집하였다.

표본 집단	접촉성 전염병으로 인한 사망
영국인(일반 인구에서)	0.2%
영국 군인(영국에서)	18.7%
영국 군인(크리미아 전쟁에서)	42.7%
영국 군인(크리미아 전쟁에서) 나이팅게일의 위생 개혁이 일어난 후	2.2%

나이팅게일이, 세 가지 기본적인 전염병 연구 방법을 어떻게 사용하였는지 설명하시오. 접촉성 전염병은 주로 콜레라와 장티푸스였다. 이 질병들은 어떻게 전염되며 예방되는가?

3. 아래의 각 질병이 전염되는 방법을 답하시오.
   a. 말라리아
   b. 결핵
   c. 병원내 감염
   d. 살모넬라증
   e. 연쇄상 구균성 인두염
   f. 단핵구증
   g. 홍역
   h. A형 간염
   i. 파상풍
   j. B형 간염
   k. 클라미디아 요도염

4. 다음에 주어진 그래프는, 1954년부터 2010년까지 미국에서 장티푸스 발병률을 보여준다. 언제 이 질병이 산발성으로 발생하였으며, 언제 유행병으로 발생하였는지 그래프에 표시하시오. 풍토병 수치는 무엇이라 생각하는가? 이 병이 세계적 유행병이었음을 보여주려면 무엇이 주어졌어야 하는가? 장티푸스는 어떻게 전염되는가?

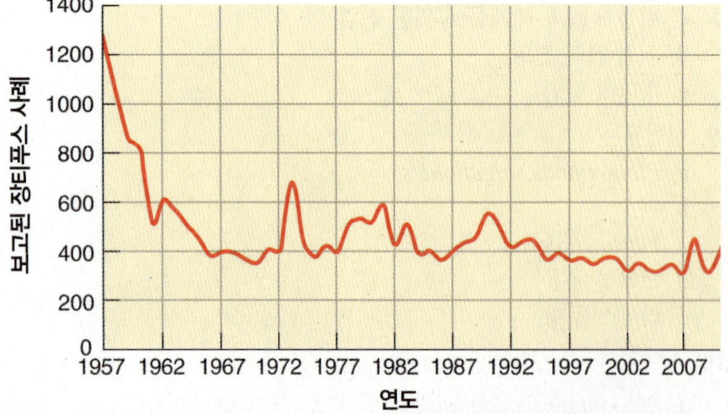

임상 응용

1. 한 간호사가 수막염균혈증(meningococcemia)을 보이기 사흘 전에, 그녀는 수막염균(*Neisseria meningitidis*) 감염을 가진 환자의 기관내 관을 삽입하는 절차를 도왔다. 관련된 24명의 병원 직원 가운데 이 간호사만 병을 앓게 되었다. 그녀는 자신이 환자의 코인두 분비물에 노출되었으나 항생제 예방치료를 받지 않았던 것을 떠올렸다. 이 간호사의 두 가지 실수는 무엇인가? 수막염은 어떻게 전염되는가?

2. 큰 병원에서 세 명의 환자가 그들이 입원한 동안에 버크홀데리아 세파시아균(*Burkholderia cepacia*)에 감염되었다. 세 환자 모두 동결침전제제(cryoprecipitate)를 받았다. 이 방법은 표준 플라스틱 혈액주머니에 준비된 혈액을 동결시킨 다음, 혈액 주머니를 수조에서 녹인다. 무엇이 감염의 근원이었을까? *Burkholderia* 균의 어떠한 특징으로 인하여 이러한 감염이 생길 수 있을까?

3. 다음은 49세 한 남성의 발병 사례에 대한 기록이다. 질병의 유형에 맞는 각 단계를 찾아내시오. 2월 7일에, 그는 호흡기 질환이 있는 작은 잉꼬를 만졌다. 3월 9일에, 다리에 극심한 통증이 왔고 뒤따라 심한 오한과 두통이 찾아왔다. 3월 16일에, 흉부 통증, 기침, 설사, 40°C의 고열이 나타났다. 3월 17일에 적합한 항생제가 주어졌으며, 12시간 내로 열이 내렸다. 그는 14일간 계속 항생제를 복용하고 있다. (주: 이 병은 앵무병이다. 병인은 무엇일까?)

4. 에이즈 환자들에게 세포내 계형 결핵균(*Mycobacterium avium-intracellulare*) 감염이 흔하다. 이 감염의 감염원를 찾기 위해서 병원 급수 시료를 검사하였다. 병원 물에는 염소(chloride)가 포함되어 있다.

***M. avium*에 오염된 시료 (백분율)**

온수		냉수	
2월	88%	2월	22%
6월	50%	6월	11%

*Mycobacterium*은 보통 어떻게 전염되는가? 병원에서 이 세균의 감염원는 무엇일까? 이러한 병원내 감염은 어떻게 예방될 수 있을까?

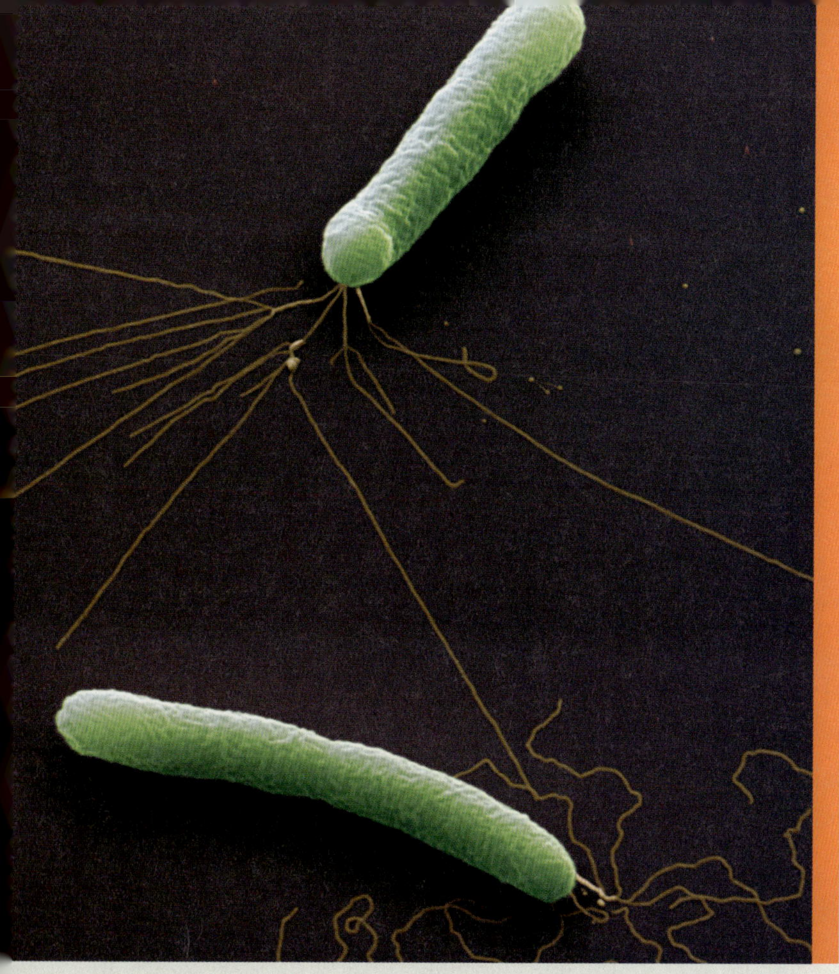

15

미생물 병원성의 원리

이제 미생물이 어떻게 질병을 일으키는지에 대한 기본 내용을 이해했으니, 미생물이 **병원성(pathogenicity)**을 나타내는 몇몇 특징에 대해 살펴보기로 한다. 병원성이란, 숙주의 방어를 넘어서 질병을 일으킬 수 있는 능력이다. 또한 병원성의 정도와 범위를 나타내는 **독성(virulence)**에 대해서도 살펴볼 것이다. [이번 장 전체에 걸쳐서, 숙주(host)라는 용어는 주로 사람을 의미함.] 미생물은 질병을 일으키려고 시도하지 않는다. 그들은 영양분을 섭취하며 스스로를 방어한다. 때때로 미생물 세포 또는 세포 구성성분의 존재 자체가 숙주에서 증상을 일으킬 수 있다. 버크홀데리아(*Burkholderia*, 사진 속) 세균에 의한 이런 증상이 임상 사례 란에 설명될 것이다.

사람의 입장에서 보면, 기생생물이 자신들의 숙주를 살생한다는 것은 잘 이해되지 않는다. 그러나 자연이 진화를 계획적으로 진행하지는 않는다. 진화를 일으키는 유전적 변이는 논리가 아니라 무작위의 돌연변이에 의한 것이다. 자연선택에 따르면, 환경에 가장 적합한 개체가 번식한다. 기생생물과 숙주 사이에는, 한 편의 행동이 상대 편에 영향을 주면서 공진화(coevolution)가 일어나는 것 같다. 예를 들어, 콜레라 병원체인 콜레라균(*Vibrio cholera*)은 즉각 설사를 일으켜 숙주의 수분과 염분이 소실되도록 하여 생명을 위협한다. 그러나 급수원을 오염시킴으로써 그 병원체가 다른 사람에게 전염될 길이 열리게 된다.

미생물의 병원성과 독성의 원인이 되는 많은 특성이 확실하게 알려지지 않았다는 것을 기억해야 한다. 어쨌든 미생물이 숙주의 방어를 이겨내면 질병이 생긴다는 것을 우리는 알고 있다.

미생물이 어떻게 숙주에 침입하는가

학습 목표

15-1 주요 침입 지점을 확인한다.

15-2 ID_{50}와 LD_{50}를 정의한다.

15-3 미생물이 어떻게 숙주세포에 부착하는지 예를 들어서 설명한다.

질병을 일으키려면, 대부분의 병원체가 숙주에 접근하고, 숙주 조직에 부착하고, 숙주 방어를 뚫거나 피하고, 숙주 조직에 손상을 주어야 한다. 그러나 일부 미생물들은 숙주 조직에 직접 손상을 주는 방법으로 질병을 일으키지 않는다. 대신에 미생물 노폐물이 축적되어 질병이 생긴다. 충치나 여드름을 유발하는 미생물들은 우리 몸을 침투하지 않고 질병을 일으킨다. 병원체는, **침입 지점(portal of entry)**이라 하는 여러 통로를 통하여 사람의 몸이나 다른 숙주에 들어갈 수 있다.

침입 지점

병원체의 침입 지점은 점막과 피부이며, 또한 피부와 점막 아래 직접 침적되는 것이다(비경구 경로).

점막

많은 세균과 바이러스는 우리 몸의 호흡기관, 위장관, 비뇨생식기관, 그리고 결막(안구를 둘러싸는 눈꺼풀 내벽의 연한 막) 등을 덮고 있는 점막을 침투하여 들어온다. 대부분의 병원체는 위장관과 소화기관의 점막을 통하여 침입한다.

감염성 미생물이 가장 쉽게 그리고 흔히 통과하는 침입지점은 호흡 기도이다. 미생물은 수분 방울이나 먼지 입자 속에 포함되어 코와 입으로 흡입된다. 감기, 폐렴, 결핵, 인플루엔자, 홍역 등이 흔히 호흡 기도를 통해 걸리는 병이다.

미생물은 음식이나 물 또는 오염된 손을 통하여 위장관에 접근할 수 있다. 이 경로를 통하여 들어오는 대부분의 미생물은 위에서 염산과 (분해)효소에 의해 파괴되거나 소장에서 담즙과 (분해)효소에 의해 파괴된다. 그러나 여기서 살아남는 미생물들은 질병을 일으킬 수 있다. 미생물은 위장관에서 회백수염(poliomyelitis), A형 간염, 장티푸스, 아메바성 이질, 편모충증, 세균성 이질, 콜레라 등을 일으킬 수 있다. 이 병원체들은 대변으로 빠져나와 오염된 물, 음식, 또는 손을 통해 다른 사람에게 전염될 수 있다.

비뇨생식기관은 성적 접촉으로 전염되는 병원체의 침입 지점이기도 하다. 성전염성감염(sexually transmitted infection, STI)을 일으키는 일부 미생물은 온전한 점막도 침입한다. 다른 일부는 베이거나 긁힌 상처를 통하여 침입한다. STI의 예로, HIV 감염, 성기사마귀, 클라미디아 성병, 포진(herpes), 매독, 임질이 해당된다.

피부

피부는 표면적과 무게로 따지면 우리 몸에서 가장 큰 기관이며, 병원체에 대한 중요한 방어 기관이다. 대부분의 미생물은 온전한 피부를 침투하지 못한다. 어떤 미생물은 모낭과 땀샘관처럼 피부에 열린 부분으로 우리 몸에 접근한다. 구충의 애벌레는 온전한 피부에 구멍을 뚫고 들어오며, 일부 곰팡이는 피부 케라틴에서 증식하거나 피부 자체에 감염한다.

결막은 눈꺼풀 안쪽 내벽으로 안구의 흰자위를 덮는 연한 점막이다. 결막이 꽤 효과적인 장벽이지만, 결막염, 트라코마 만성결막염, 안염 같은 병은 결막을 통하여 감염된다.

비경구 경로

그 외 다른 미생물들은 피부나 점막이 뚫리거나 상처 난 경우, 피하조직 또는 점막 내로 직접 주입되어 우리 몸에 들어올 수 있다. 이 경로를 **비경구 경로(parenteral route)**라 한다. 찔린 곳, 주사 맞은 곳, 물린 곳, 베인 곳, 상처 난 곳, 수술한 곳이나 피부와 점막이 붓거나 건조하여 갈라진 곳 모두 비경구 경로의 자리가 될 수 있다. HIV, 간염 바이러스, 파상풍과 괴저 세균이 비경구로 전염될 수 있다.

우선 침입 지점

미생물이 우리 몸에 들어오더라도 반드시 병을 일으키는 것은 아니다. 발병은 여러 가지 요인에 달려 있으며, 침입 지점은 단지 그 중의 한 요인일 뿐이다. 많은 병원체들이 우선 침입 지점을 가지며, 이곳

임상 사례: 눈에 남아 있었던 것은

20년 경력의 안과 전문의인 케리 산토스(Kerry Santos)는 힘든 하루를 보냈다. 그녀는 오늘 외래환자 열 명의 백내장(그림 참조) 수술을 했다. 그리고 그 환자들의 회복 부위를 점검하였더니, 열 명 중 여덟 명이 평소보다 심한 염증이 생기고 동공이 고정되어 빛에 반응하지 않았다. 산토스 박사는 이 여덟 명 중 다섯 명에서는 왼쪽 눈, 세 명에서는 오른쪽 눈의 수정체를 교체하였다.

이 합병증의 원인이 무엇이었을까? 알아보자.

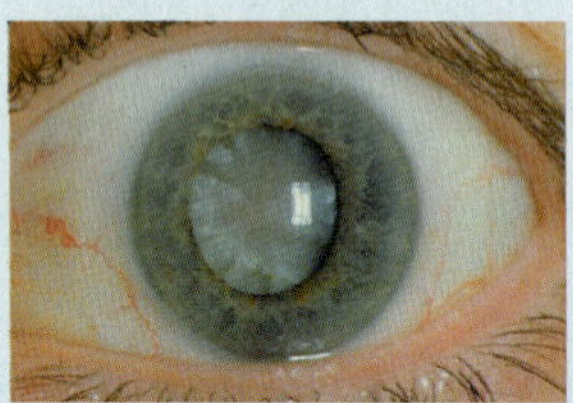

430 436 442 444 446

표 15.1 흔한 질병을 일으키는 병원체의 침입 지점

침입 지점	병원체*	질병	잠복기간
점막			
호흡기관	*Streptococcus pneumoniae*	폐렴구균성 폐렴	다양
	Mycobacterium tuberculosis†	결핵	다양
	Bordetella pertussis	백일해	12~20일
	인플루엔자 바이러스(*Influenzavirus*)	독감	18~36시간
	홍역 바이러스(*Morbillivirus*)	홍역	11~14일
	풍진 바이러스(*Rubivirus*)	독일홍역(풍진)	2~3주
	엡스타인-바 바이러스(*Lymphocryptovirus*)	감염성 단핵구증	2~6주
	대상포진 바이러스(*Varicellovirus*)	수두(varicella) (1차감염)	14~16일
	Histoplasma capsulatum(진균)	히스토플라스마증	5~18일
위장관	*Shigella* 종	적리(세균성 이질)	1~2일
	Brucella 종	브루셀라증(파상열)	6~14일
	Vibrio cholerae	콜레라	1~3일
	Salmonella enterica	살모넬라증	7~22시간
	Salmonella typhi	장티푸스	14일
	A형 간염 바이러스(*Hepatovirus*)	A형 간염	15~50일
	볼거리 바이러스(*Rubulavirus*)	볼거리	2~3주
	Trichinella spiralis(연충)	선모충증	2~28일
비뇨생식기관	*Neisseria gonorrhoeae*	임질	3~8일
	Treponema pallidum	매독	9~90일
	Chlamydia trachomatis	비임균성 요도염	1~3주
	단순허피스 2형 바이러스	허피스 바이러스 감염	4~10일
	사람면역결핍 바이러스(HIV)‡	에이즈	10년
	Candida albicans(진균)	칸디다증	2~5일
피부 또는 비경구 경로			
	Clostridium perfringens	가스괴저	1~5일
	Clostridium tetani	파상풍	3~21일
	Rickettsia rickettsii	로키산 홍반열	3~12일
	B형 간염 바이러스(*Hepadnavirus*)‡	B형 간염	6주~6개월
	광견병 바이러스(*Lyssavirus*)	광견병	10일~1년
	Plasmodium 종(원생동물)	말라리아	2주

*따로 표시된 경우 이외의 모든 병원체는 세균이다. 바이러스의 경우, 종/속 명으로 표기되었다.
†이 병원체들은 위장관으로 몸에 침입한 후에 질병을 일으킬 수 있다.
‡이 병원체들은 비경구경로를 통하여 몸에 침입한 경우에도 질병을 일으킬 수 있다. B형 간염 바이러스와 HIV는 생식기관으로 몸에 침입하여도 질병을 일으킬 수 있다.

을 거쳐야 병을 일으킬 수 있다. 만약 다른 지점으로 접근하면 병을 일으키지 못하는 수도 있다. 예를 들어, 장티푸스 세균인 *Salmonella typhi*는 삼켜지는 것이 우선 경로이며 이 경우에 병의 모든 징후와 증상을 나타낸다. 반면 같은 세균을 피부에 문지르면, 단지 미약한 염증 외에는 아무런 증상이 나타나지 않는다. 연쇄구균이, 우선 경로인 흡입으로 들어올 때 폐렴을 일으키지만, 삼켜졌을 때에는 대체로 병의 징후나 증상을 보이지 않는다. 흑사병을 일으키는 *Yersinia pestis*와 탄저병의 원인 세균인 *Bacillus anthracis*처럼 일부 병원체들은, 하나 이상의 침입 지점을 거쳐 병을 일으킬 수 있다. 흔히 접하는 병원체의 우선 침입 지점이 **표 15.1**에 열거되어 있다.

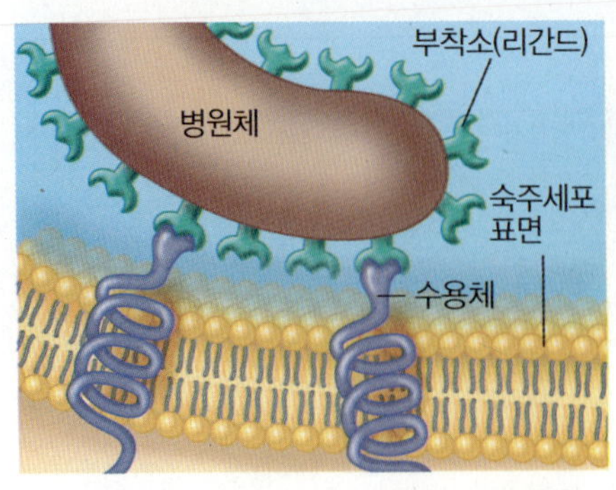

(a) 부착소 또는 리간드라고 부르는 병원체의 표면 분자가 해당 숙주 조직의 세포 표면에 있는 상보적인 수용체에 특이적으로 결합한다.

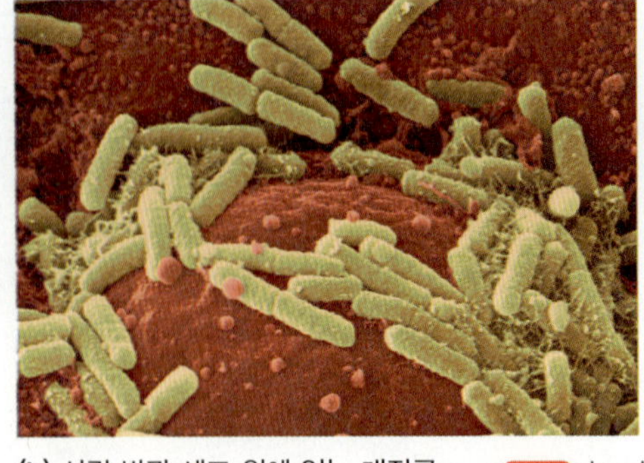

(b) 사람 방광 세포 위에 있는 대장균(황록색) SEM 1 μm

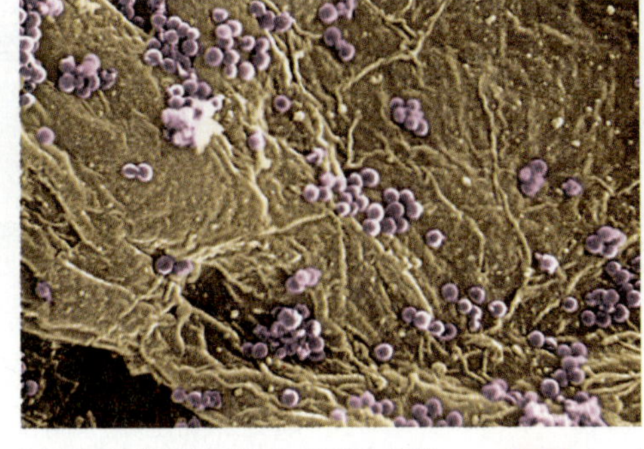

(c) 사람 피부에 부착된 세균(보라색) SEM 9 μm

그림 15.1 **부착**

부착소의 화학적으로 어떤 물질인가?

침입 미생물의 숫자

단지 약간의 미생물이 들어온다면, 우리의 방어체계에 의해 압도당하겠지만, 많은 숫자의 미생물이 들어온다면 질병을 일으킬 태세를 갖추게 된다. 그러므로 병이 생길 가능성은 병원체의 숫자가 많을수록 증가한다.

특정 미생물의 독성은 흔히 **ID_{50}**(50%의 표본 집단을 감염시키는 데 필요한 미생물의 양)으로 나타낸다. 이때 50은 절대값이 아니라, 여러 실험 조건에서 상대적인 독성 비교에 쓰인다. 탄저균(*Bacillus anthracis*)은 세 가지 다른 침입 지점을 통하여 감염을 일으킬 수 있다. 피부를 침입하는 피부탄저병의 ID_{50}는 10~50 내생포자; 흡입탄저병의 ID_{50}는 1만~2만 내생포자; 위장관탄저병의 ID_{50}는 25만~100만 내생포자의 섭취에 해당한다. 이 자료가 보여주는 것은, 피부탄저병이 흡입이나 위장관 형태보다 훨씬 더 쉽게 걸린다는 것이다. 실험조건에서는 *Vibrio cholera*의 ID_{50}이 10^8 세포이지만, 위산이 중탄산염으로 중화되면 감염을 일으키는 데 필요한 세포의 숫자는 훨씬 적어진다.

어떤 독소의 세기는 **LD_{50}**(표본집단의 50%가 사망에 이르게 되는 물질의 양)로 나타낸다. 예를 들어, 생쥐에서 보툴리눔독소의 LD_{50}는 0.03 ng/kg이며, 쉬가(Shiga)독소는 250 ng/kg, 포도상구균 장내독소는 1350 ng/kg이다. 즉, 다른 두 독소에 비하여 보툴리눔독소가, 훨씬 더 적은 양으로도 병을 일으킨다.

부착

거의 모든 병원체가 침입지점에서 숙주 조직에 부착하는 방법을 가지고 있다. 대부분의 병원체에 있어서, **부착(adherence 또는 adhesion)**이라고 하는 이 단계가 병원성에 있어서 필수적이다. 물론, 비병원성 미생물도 부착에 필요한 구조를 가지고 있다. 병원체와 숙주 사이의 부착은, **부착소(adhesin)** 또는 **리간드(ligand)**라 하는 병원체 표면의 물질에 의해 이루어지는데, 이들은 숙주의 특정 조직의 상보적인 세포표면 **수용체(receptor)**에 특이적으로 결합한다(그림 15.1). 부착소는 미생물의 당질피질(glycocalyx) 또는 표면의 다른 구조인 선모(pili), 선모(fimbriae), 편모(flagella) 등에 위치한다(4장 참조).

미생물에서 현재까지 알려진 대부분의 부착소는 당단백질 또는 지질 단백질이다. 숙주세포의 수용체는 주로 만노오스(mannose)와 같은 당이다. 같은 종(species)의 병원체에서도 균주(strain)에 따라 부착소의 구조가 다양하다. 같은 숙주의 다른 세포들도 다양한 구조의 다른 수용체를 가지고 있다. 부착소나 수용체, 또는 둘 다 부착에 방해되도록 변경되면, 감염이 예방(또는 적어도 통제)될 수 있다.

다음의 예시는 부착소의 다양성을 보여준다. 충치를 발생하는 세균인 *Streptococcus mutans*는 당질피질에 의해서 치아 표면에 부착한다. *S. mutans*가 생산하는 글루코실트랜스페라제(glucosyltransferase)라는 효소는 포도당(자당 또는 설탕에서 나온)을 덱스트란(dextran)이라는 끈적한 다당류로 전환하여 당질피질을 형성한다. 방선균(*Actinomyces*)의 핌브리아(fimbria)는 *S. mutans*의 당질피질에 부착한다. *S. mutans*와 *Actinomyces*, 덱스트란의 조합은 치석을 만들고 충치(25장 713쪽 참조)를 유발한다.

미생물은 무리를 이루어 표면에 달라붙고 영양분을 섭취하여 공유할 수 있다. 이러한 군집, 즉 생물과 무생물 표면에 부착할 수 있는 미생물 집단과 그들이 만들어내는 세포외 물질의 집합체를 **생물막(biofilms**; 6장 160쪽에 자세히 설명)이라고 한다. 생물막의 예를 들자면 치아에 치석, 수영장 벽에 조류(algae), 샤워실 문에 쌓인 물때 등이 있다. 생물막은, 주로 습기차고 유기물이 있는 표면에 미생물이 부착할 때 형성된다. 가장 잘 부착하는 미생물은 주로 세균이다. 세균은 일단 표면에 부착하면, 증식하면서 당질피질을 분비하여 세균들 사이에 또한 표면에 더 잘 부착하게 된다(161쪽 그림 6.5 참조). 어떤 경우에는, 생물막이 여러 층일 수도 있으며 여러 종류의 미생물을 포함할 수도 있다. 생물막은 또 다른 형태의 부착 방법에 해당되며, 살균제와 항생제에 저항성을 가진다는 점이 중요하다. 이 특성은 생물막이 치아, 체내에 삽입하는 도관이나 스텐트, 심장 판막, 고관절대치물, 컨택트렌즈와 같은 구조물에 대량 서식하는 경우에 특히 중요하다. 사실 치석은 생물막이 시간이 흐르면서 광물화된 것이다. 사람에게 생기는 모든 세균 감염의 65% 정도가 생물막에 의한 것으로 추정된다.

위장관 질병을 일으키는 대장균(*E. coli*)의 장병원성 균주는 소장의 특정 부분에 있는 특정 세포에만 부착하는 핌브리아(fimbria)에 부착소를 가지고 있다, 이질균(*Shigella*)과 *E. coli*는 부착한 후에, 수용체매개 세포내 도입(receptor-mediated endocytosis)을 유도하여 숙주세포로 들어가 증식한다(718쪽, 그림 25.7 참조). 매독의 원인균인 트레포네마 매독균(*Treponema pallidum*)은 유선형 끝 부분을 갈고리처럼 이용하여 숙주세포에 부착한다. 수막염과 자연유산, 사산을 일으키는 리스테리아균(*Listeria monocytogenes*)은 숙주세포의 특이 수용체에 대한 부착소를 가지고 있다. 임질의 원인균인 임질균(*Neisseria gonorrhoeae*) 또한 핌브리아에 부착소를 가지고 있어, 비뇨생식기관과 눈, 인두의 특이 수용체를 가진 세포에 부착할 수 있다. 피부 감염을 일으키는 황색포도상구균(*Staphylococcus aureus*)은 바이러스 부착과 비슷한 방법으로 피부에 부착한다(13장 참조).

이해도 확인하기

- 세 가지 침입 지점을 열거하고, 미생물이 각 지점을 어떻게 침투하는지 설명하시오. **15-1**
- 보툴리눔독소의 LD_{50}는 0.03 ng/kg이며, 살모넬라독소의 LD_{50}는 12 mg/kg이다. 어느 것이 더 강력한 독소인가? **15-2**
- 사람 세포 표면의 만노오스에 결합하는 약물은 병원성 세균에 어떤 영향을 미칠 수 있을까? **15-3**

병원성 세균이 숙주방어를 어떻게 뚫고 들어가는가

학습 목표

15-4 협막과 세포벽 성분이 병원성에 어떠한 역할을 하는지 설명한다.

15-5 응고효소, 인산화효소, 히알루로니다아제, 아교질가수분해효소의 영향을 비교 설명한다.

15-6 항원변이를 정의하고 한 가지 예를 설명한다.

15-7 세균이 침입할 때 숙주세포의 세포내골격을 어떻게 이용하는지 설명한다.

일부 병원체들은 조직 표면에 손상을 유발할 수 있지만, 대부분은 조직을 침투해야만 병을 일으킬 수 있다. 이제 세균이 숙주를 침입하는 능력에 기여하는 몇 가지 요인를 살펴보기로 한다.

협막

4장에서 배웠듯이, 어떤 세균들은 당질피질을 만들어 세포벽을 둘러싸는 협막을 형성하는데 이로 인하여 독성이 증가된다. 협막은 숙주의 방어책인 식작용(phagocytosis)에 저항할 수 있다. 식작용은, 우리 몸의 특정 세포들이 미생물을 삼켜 분해하는 과정이다(16장 460쪽 참조). 협막의 화학적 특성 때문에 식세포가 세균에 부착하지 못한다. 그러나 우리 몸에서 협막에 대한 항체는 만들어지므로, 항체가 협막 표면에 결합하면 협막으로 둘러싸인 세균은 쉽게 식작용으로 분해된다.

다당류 협막으로 독성을 가지는 세균으로, 폐렴구균성 폐렴의 원인이 되는 폐렴연쇄상구균(*Streptococcus pneumonia*)이 있다(693쪽 그림 24.12 참조). 이 세균의 일부 균주는 협막을 가지며 일부는 가지지 않는다. 협막을 가진 균주는 독성이 있으나, 협막이 없는 균주는 식작용에 취약하여 무독성이다. 독성과 연관된 협막을 가지는 다른 세균으로, 세균성폐렴의 원인균인 폐렴간균(*Klebsiella pneumonia*), 어린이 폐렴과 수막염의 원인균인 인플루엔자간균(*Haemophilus influenza*), 탄저병의 원인균인 *Bacillus anthracis*, 그리고 흑사병의 원인균인 *Yersinia pestis*가 있다. 그러나 협막이 독성의 유일한 원인은 아니다. 많은 비병원성 세균들도 협막을 가지며, 일부 병원체들의 독성은 협막의 존재 여부와 상관이 없다.

세포벽 성분

일부 세균의 세포벽에는 독성이 있는 화학물질이 있다. 예를 들어, 화농연쇄상구균(*Streptococcus pyogenes*)은 **M단백질(M protein)**이라 하는 내열성 및 내산성 단백질을 가지고 있다(595쪽 그림 21.6 참조). 이 단백질은 세포표면과 핌브리아에 존재한다. M단백질은 세균이 숙주 상피세포에 부착하도록 매개하며 식작용에 내성을 가지게 하고, 또한 미생물의 독성을 증가시킨다. 화농연쇄상구균에 대한 면역은 M단백질에 대해 특이적으로 만들어지는 항체에 달려 있다. 임질균은 사람의 상피세포와 백혈구 안에서 증식한다. 이 세균들은 핌브리아와 외막단백질 **Opa**로 숙주세포에 부착한다. Opa와 선모가 둘 다 부착하면, 숙주세포는 세균을 끌어들인다. Opa를 가진 세균은 배양배지에서 불투명한(opaque) 콜로니를 형성한다. 결핵균(*Mycobacterium tuberculosis*)의 세포벽 성분인 **왁스지질(waxy lipid**; mycolic acid)도 식작용에 대한 내성을 부여하여 독성을 증가시킨다. 이 세균은 심지어 식세포 안에서도 증식할 수 있다.

효소

일부 세균의 독성은 세포외효소(exoenzyme)와 관련 물질의 작용에 의한 것이다. 이 화학물질들은 여러 기능을 하는데, 세포 사이의 물질을 분해하거나 혈전을 형성 또는 분해할 수 있는 기능이 있다.

연쇄상구균: 해로우면서도 이로운…

56세 남성인 루이(Louie)는 가슴이 타는 듯한 통증을 느끼고 한밤중에 깨어났다. 심근경색이었다. 루이는 급히 병원으로 갔고, 관상동맥 하나에 막힌 곳이 있다는 진단을 받았다. 1899년 미국의학협회지(*Journal of the American Medical Association*)에 익명으로 보고된 논문에 따르면, 심근경색의 주요 원인은 관상동맥의 혈액의 흐름을 막는 혈전이다(그림 A). 루이를 진료한 의사는 혈전을 녹이기 위해 루이에게 스트렙토키나아제 효소를 주사하였다.

생후 4개월 된 여아인 애슐리(Ashley)는 나흘 동안 감기 같은 증상으로 지치고 가끔 미열이 있었다. 지금 애슐리의 왼쪽 다리는 붉게 부어 있는데, 찔리거나 긁힌 흔적은 없다. 애슐리의 부모는 애슐리를 소아과에 데려왔고, 의사는 애슐리를 입원시켜 항생제 정맥주사를 놓았다. 항생제 치료에도 불구하고, 이틀 후에 그 부분은 검게 되고 물집이 생겨났으며(그림 B), 조직이 손상되어 왼쪽 다리로 가는 혈류가 막혔다. 애슐리는 왼쪽 다리에 근막절개술(근육을 덮은 결합조직의 제거)을 받았다. 화농연쇄상구균(*Streptococcus pyogenes*)이 일으킨 괴사성 근막염이었다. 화농연쇄상구균이 일으키는 조직 파괴는 시간당 2 cm의 속도로 퍼질 수 있는데, 이것은 세균의 증식보다 훨씬 빠른 것이다. 이렇게 빠르게 퍼지는 원인은 무엇일까?

1933년, 틸렛(Tillet)이라는 과학자가 스트렙토키나아제(streptokinase)가 원인 효소 중의 하나라고 보고하였다. 스트렙토키나아제는, 감염 부위를 고립시키는 섬유성 응고(fibrin clot)를 분해한다. 틸렛은 이 효소를 만드는 세 종류의 *S. pyogenes* 균주를 발견하였다.

루이와 애슐리는 어떤 공통점을 가지고 있나? 정상적으로 우리 몸은 불필요한 혈전을 분해하는 플라스민(plasmin)을 생산한다. 스트렙토키나아제는 플라스민의 전구체인 플라스미노겐(plasminogen)을 분해한다(그림 C). 루이와 애슐리 모두 스트렙토키나아제의 작용을 받았다. 루이의 경우에는, 이 효소가 심장으로 가는 동맥을 막고 있던 혈전을 녹여서 좋은 결과를 낳았다. 그러나 애슐리의 경우에는, *S. pyogenes*이 만들어 내는 스트렙토키나아제가 왼쪽 다리의 조직을 손상한 나쁜 결과였다.

1950년대에, 네 명의 의사들이 스트렙토키나아제를 이용하여 관상동맥 폐쇄를 성공적으로 치료하였다. 1982년, 미국 식품의약국(FDA)에서 승인하면서 스트렙토키나아제는 중추적인 혈전용해제가 되었다.

스트렙토키나아제는 *Streptococcus equisimilis* H46A에서 상업적으로 생산되는데, 생산과정에서 독소가 확실히 제거되도록 효소가 정제되어야 한다. 다른 방법으로, 스트렙토키나아제 유전자를 분리하여 재조합 *E. coli*에서 이 효소를 생산하기도 한다.

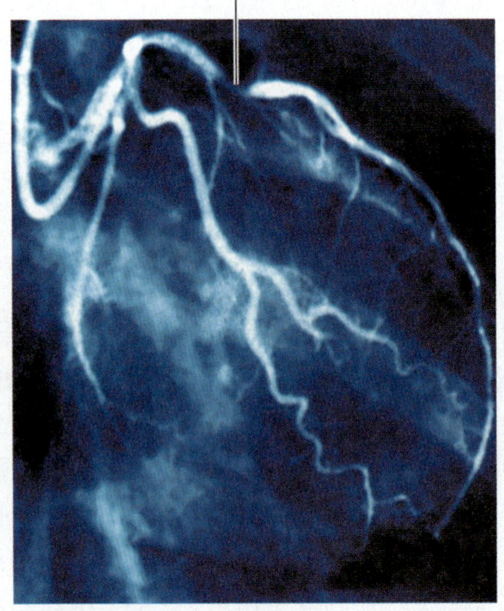

그림 A 관상동맥의 X선 사진

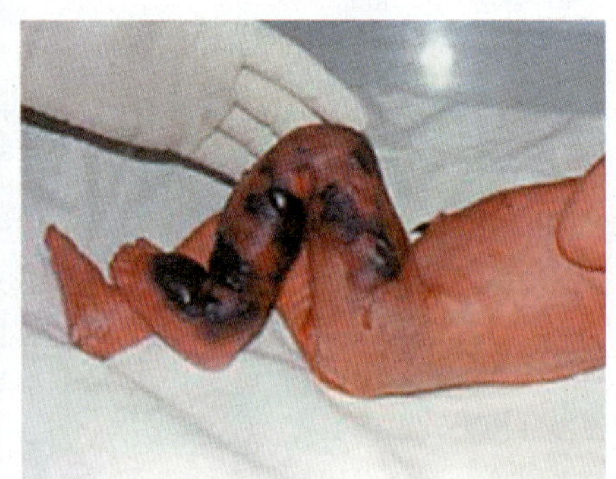

그림 B 괴사성 근막염

그림 C 스트렙토키나아제의 작용 원리

응고효소(coagulase)는 세균이 가진 효소인데, 혈액의 피브리노겐(fibrinogen)을 응고시킨다. 피브리노겐은 간에서 만들어지는 혈장 단백질이며, 응고효소에 의해 피브린으로 전환된다. 피브린은 혈액응고를 일으키는 섬유소이다. 피브린 응고물은 세균이 식작용을 받지 않도록 보호하고 숙주의 다른 방어책으로부터 격리시킬 수 있다. 포도상구균(*Staphylococcus*)속의 일부 세균들이 생산하는 응고효소는, 포도상구균이 만든 종기를 격리하는 과정에 관여한다. 그러나 응고효소를 만들지 않은 일부 포도상구균도 여전히 독성이 있다(이들의 독성에는 협막이 더 중요한 것 같다).

세균의 **인산화효소(kinase)**는 피브린을 분해하여 감염을 격리시키는 응고를 분해한다. 가장 잘 알려진 인산화효소는, 연쇄상구균인 *S. pyogenes*이 만드는 피브리놀리신(fibrinolysin; 스트렙토키나아제)이다. 위의 상자 글을 참조한다. 또 다른 인산화효소인 스타필로키나아제(staphylokinase)는 *Staphylococcus aureus*가 만들어 낸다.

히알루로니디아제(hyaluronidase)는 연쇄상구균 등의 일부 세균이 분비하는 또 다른 효소이다. 이 효소는 히알루론산을 가수분해한다. 히알루론산은 우리 몸의, 특히 결합조직의 세포들을 서로 붙게 하는 다당류이다. 이것이 분해되면, 감염 부위 조직이 검게 되고 미생물이 원래 감염 부위에서부터 퍼져 나갈 수 있게 된다. 가스 괴저(gas gangrene)를 일으키는 일부 클로스트리디움(*Clostridium*)

세균이 히알루로니디아제를 생산한다. 치료 목적으로 히알루로니디아제와 약물을 섞으면, 약물이 조직에 잘 퍼지게 된다.

여러 종의 클로스트리디움에서 만들어지는 **아교질가수분해효소(collagenase)**는 가스 괴저가 퍼지는 것을 촉진한다. 아교질가수분해효소는, 근육 또는 다른 기관의 결합조직을 구성하는 콜라겐 단백질을 분해한다.

병원체가 점막 표면에 부착하는 것을 막는 방어책으로, 우리 몸은 IgA 항체를 생산한다. 어떤 병원체들은 **IgA 단백질분해효소(IgA protease)**라는 효소를 만들어 이 항체를 분해할 수 있다. *N. gonorrhoeae*가 이에 속하며, 수막구균성 수막염의 원인인자 수막구균(*N. meningitides*)와 중추신경계를 감염하는 기타 다른 미생물들도 IgA 단백질분해효소를 가지고 있다.

항원변이

17장에서 **후천성면역**(adaptive 또는 acquired immunity)이 우리 몸이 감염이나 항원에 대응하여 일으키는 특이적 방어 반응임을 배울 것이다. 항원이 존재하면, 우리 몸은 항체를 만들어 내고, 항체는 항원에 결합하여 불활성화시키거나 파괴한다. 그러나 일부 병원체는 **항원변이(antigenic variation)**라는 과정을 통해 표면의 항원을 바꿀 수 있다. 이로 인해, 우리 몸이 어떤 병원체에 대하여 면역반응을 일으킬 즈음에 그 병원체는 이미 항원을 바꾸었기 때문에 만들어진 항체에 영향을 받지 않는다. 어떤 미생물들은 대체 유전자를 활성화시켜 항원변이의 결과를 가져온다. 예를 들어, *N. gonorrhoeae*는 Opa-부호화 유전자를 여러 개 가지고 있어서, 각각 다른 항원을 가진 세균이 생겨나기도 하고, 같은 세균이 시간이 지나면서 다른 항원을 발현하기도 한다.

다양한 병원체가 항원변이를 할 수 있다. 인플루엔자(독감)의 원인 인플루엔자바이러스와 임질의 원인균 *Neisseria gonorrhoeae*, 아프리카 파동편모충증(수면병)을 일으키는 감비아파동편모충(*Trypanosoma brucei gambiense*)이 그러하다. 635쪽 그림 22.16을 참조한다.

숙주의 세포내골격 침투

앞서 언급하였듯이, 미생물은 부착소를 이용하여 숙주세포에 부착한다. 이러한 부착소와 숙주세포의 상호작용은 숙주세포 내에 신호를 작동시켜, 일부 세균이 들어올 수 있도록 하는 단백질을 활성화한다. 이러한 작동원리는 세포내골격에 의해 제공된다. 4장에서 배운 대로, 진핵세포의 세포질은 복잡한 내부 골격(세포내골격)을 가지는데, 이것은 미세섬유와 중간섬유, 미세소관이라는 단백질로 구성된다. 세포내골격의 주요 요소는 액틴 단백질인데, 일부 미생물들은 이것을 이용하여 숙주세포를 침투하거나 한 세포에서 나와 다른 세포로 이동한다.

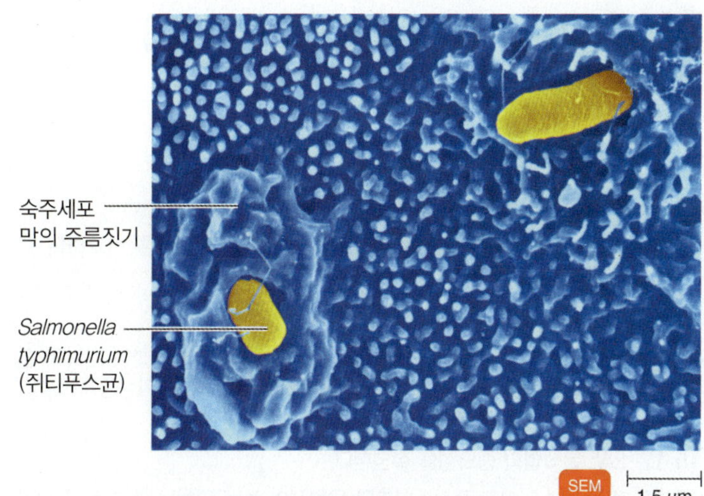

그림 15.2 **주름을 일으켜 장 상피세포를 침입하는 *Salmonella***

Q 인베이진은 무엇인가?

Salmonella 균주와 *E. coli*는 숙주세포 막에 접촉한다. 이로 인해 접촉 지점의 막에서 큰 변화가 일어난다. 이들 미생물은 **인베이진(invasin)**이라는 표면 단백질을 만들어 주변의 액틴섬유를 재배열한다. 예를 들어, *S. typhimurium*이 숙주세포에 접촉하면, 인베이진에 의해 세포막이 마치 단단한 표면에 물방울이 떨어져 튀는 듯한 모양을 보인다. 이 현상을 **세포막 주름짓기**(membrane ruffling)라 하는데, 세포내골격의 붕괴로 인한 것이다(그림 15.2). 이때 미생물은 주름 안으로 잠수하여 숙주세포에 의해 삼켜진다.

일단 숙주세포 안으로 들어오면, *Shigella*와 *Listeria* 같은 세균들은 액틴섬유로 하여금 세포질에서 자신들을 몰고 가도록 하여, 한 세포에서 다른 세포로 이동할 수 있다. 이 세균들의 한 끝에 액틴이 모여 세포질을 누빌 수 있는 추진력을 제공한다. 이 세균들은 또한 세포간 수송 체계의 한 부분인 막의 연접에도 접촉한다. 이 경우에는 연접을 이어주는 카데린(cadherin)이라는 당단백질을 이용하여, 이 세포에서 저 세포로 이동한다.

미생물과 숙주의 세포내골격 사이의 다양한 상호작용을 이해하면 독성 원리를 밝힐 수 있어, 이 분야에 매우 치열한 연구가 이루어지고 있다.

이해도 확인하기

- 협막과 M단백질의 공통된 기능은 무엇인가? **15-4**
- 응고효소와 인산화효소를 동시에 만드는 세균이 있을 것이라고 생각하는가? **15-5**
- 많은 백신이 여러 해 동안 질병으로부터 보호한다. 그런데 독감 백신은 왜 몇 달밖에 효과를 보이지 못하는가? **15-6**
- *E. coli*가 어떻게 막 세포막 주름짓기를 일으키는가? **15-7**

병원성 세균이 숙주세포를 어떻게 손상시키는가

학습 목표

15-8 시더로포어의 기능을 설명한다.

15-9 직접 손상의 예를 제시하고, 직접 손상과 독소 생산을 비교하여 설명한다.

15-10 외독소와 내독소를 비교하여 특성과 작용을 설명한다.

15-11 A-B 독소, 세포막파괴 독소, 초항원의 작용 원리에 대하여 간략히 설명한다. 디프테리아 독소, 발적 독소, 보툴리눔 독소, 파상풍 독소, 비브리오 장내독소, 포도상구균 장내독소를 분류한다.

15-12 LAL 분석법의 중요성을 설명한다.

15-13 병원성에 있어서 플라스미드와 용원성이 하는 역할을 예를 들어 설명한다.

미생물이 숙주 조직을 침범하면 일단 식세포와 마주친다. 그 식세포가 침입 미생물을 성공적으로 파괴하면 숙주에 손상이 가해지지 않는다. 그러나 병원체가 숙주 방어를 무너뜨리면, 다음의 네 가지 방법으로 숙주세포에 손상을 줄 수 있다: (1) 숙주의 영양소를 이용함으로; (2) 침입 부위 바로 주변에 직접 손상을 가함으로; (3) 독소를 분비하여, 독소가 혈액과 림프를 통해 원래 침입 부위에서 멀리 떨어진 조직을 손상시킴으로; (4) 과민성 반응을 유도함으로. 네 번째 작용 원리에 대하여 19장에서 더 자세히 설명할 것이다. 우선 처음 세 가지에 대해서만 설명하기로 한다.

숙주의 영양소 이용: 시더로포어

철분은 대부분의 병원성 세균이 증식하는 데 필요하다. 그러나 우리 몸에서 유리된 철분의 양은 매우 낮은데, 그 이유는 대부분의 철분이 헤모글로빈, 락토페린, 트랜스페린, 페리틴과 같은 철분수송 단백질에 강하게 결합되어 있기 때문이다. 더 자세한 내용은 16장에서 설명할 것이다. 일부 병원체는 **시더로포어(siderophore)**라는 단백질을 분비하여 유리된 철분을 획득한다(그림 15.3). 어떤 병원체에서 철분이 필요할 때 배양액으로 시더로포어를 분비하는데, 철분수송 단백질보다 훨씬 더 강하게 철분에 결합하여 그 단백질들에서 철분을 빼앗는다. 일단 철분과 시더로포어 복합체가 형성되면, 이것은 세균 표면의 시더로포어 수용체에 붙잡히게 되어 철분이 세균 안으로 들어온다. 어떤 경우에는, 철분이 복합체에서 방출되어 세균 안으로 들어오기도 하고, 또 다른 경우에는 복합체 형태로 들어오기도 한다.

시더로포어를 사용하여 철분을 획득하는 대신에, 일부 병원체들은 철분수송 단백질과 헤모글로빈에 직접 결합하는 수용체를 가진다. 그러면 이 단백질들이 철분과 결합한 채로 세균 안으로 들어온다. 또한 어떤 세균은 철분이 적을 때 독소를 생산하기도 한다. 간단히 설명하면, 이 독소가 숙주세포를 살생하여 철분이 방출되면 세균이 방출된 철분을 사용한다.

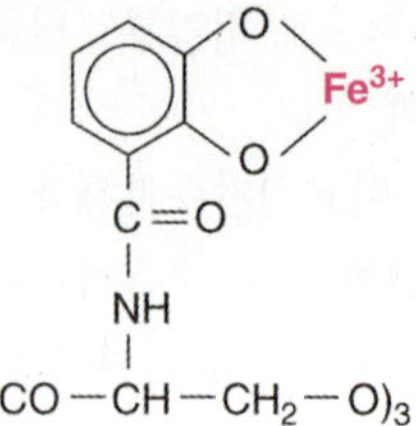

그림 15.3 세균 시더로포어의 한 종류인 엔테로박틴의 구조. 시더로포어의 어느 부분에 철분(Fe^{3+})이 부착되는지 살펴보시오.

Q 시더로포어의 중요성은 무엇인가?

직접 손상

일단 병원체가 숙주세포에 부착하면, 숙주세포를 영양소로 사용하고 노폐물을 내보내기 때문에 직접 손상을 가할 수 있다. 병원체가 숙주세포 안에서 대사작용을 하고 증식하면, 숙주세포는 대개 파열된다. 많은 바이러스와 일부 세포내 세균 및 원생동물은, 숙주세포 안에서 증식하여 그 세포가 파열될 때 방출된다. 방출된 후에, 더 많은 숫자의 병원체들이 다른 조직에 퍼질 수 있다. *E. coli*, *Shigella*, *Salmonella*, *Neisseria gonorrhoeae*와 같은 세균들은 상피세포들이 식작용과 비슷한 과정으로 자신들을 삼키도록 유도한다. 이 병원체들은 숙주세포를 거치면서 손상을 주고, 그리고 식작용의 역과정으로 숙주세포에서 나갈 수 있다. 또한 어떤 세균들은 효소를 방출하거나 자신의 운동성을 사용하여 숙주세포를 침투하는데, 이러한 침투 방법은 그 자체로 세포에 손상을 줄 수 있다. 그러나 세균에 의한 대부분의 손상은 독소로 인하여 생긴다.

독소의 생산

독소(toxin)는 미생물들이 만드는 유독한 물질이며, 흔히 병원성을 유발하는 일차적인 요인이다. 미생물이 독소를 만들 수 있는 능력을 **독소생산성(toxigenicity)**이라 한다. 혈액이나 림프로 수송된 독소는 심각한, 때로는 치명적인 결과를 야기할 수 있다. 어떤 독소는 열이나 심혈관 장애, 설사, 쇼크를 일으킨다. 독소는 또한 단백질 합성을 저해하고, 혈액세포와 혈관을 파괴하며, 경련을 일으켜 신경계를 교란하기도 한다. 약 220가지의 알려진 세균 독소 중에

임상 사례

산토스 박사는 독성 전방 증후군(TASS)을 의심하였는데, 이것은 독소나 다른 화학물질에 대한 반응이다. TASS를 일으키는 것으로 (1) 부적절한 또는 불충분한 세척으로 수술 기구 표면에 남은 화학물질; (2) 세척수 또는 약물 등, 수술 중에 눈 안으로 들어간 물질; (3) 국부 연고제 또는 수술용 장갑에 묻은 활석파우더 등, 수술 중 또는 수술 후에 눈에 들어간 다른 물질이 지목된다.

산토스 박사는 왜 감염을 의심하지 않고 중독을 의심하였을까?

430 **436** 442 444 446

토대 그림 15.4

외독소와 내독소의 작용 원리

외독소

외독소는 병원성 세균, 가장 흔하게 그람양성세균 안에서 성장과 대사과정 중에 만들어진다. 그런 다음 외독소는 지수성장기 동안 주변 배지로 분비된다.

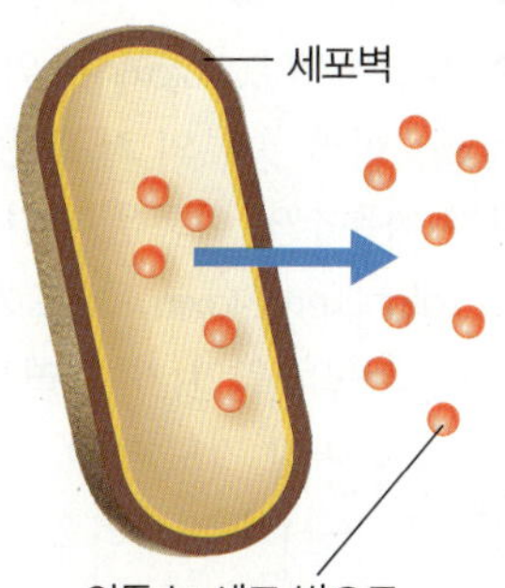

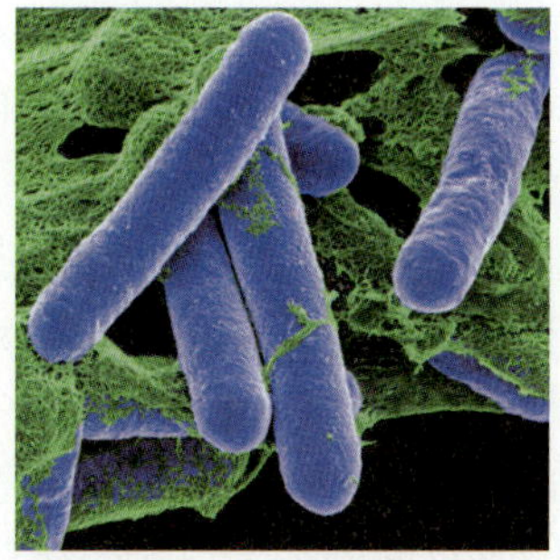

Clostridium botulinum(외독소를 생산하는 그람양성세균의 한 예)

내독소

내독소는 그람음성세균 세포벽 외막의 일부인 지질다당류(LPS)의 지질 부분(지질 A; 그림 4.13c 참조)이다. 내독소는 해당 세균이 죽어 세포벽이 파괴되면서 유출된다.

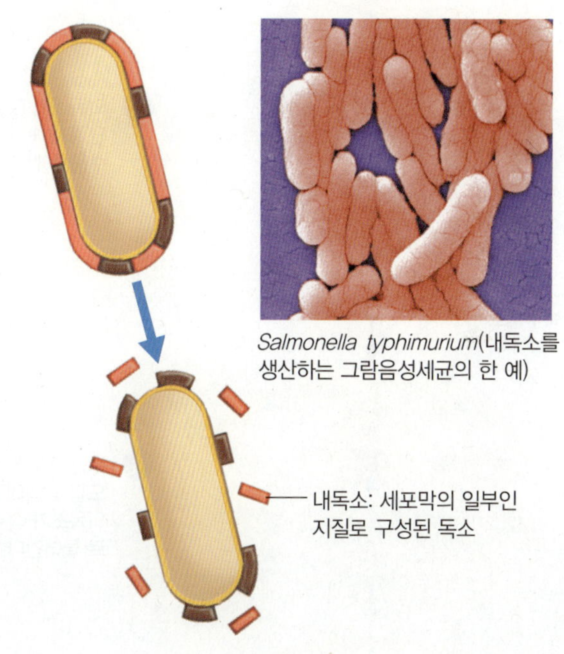

Salmonella typhimurium(내독소를 생산하는 그람음성세균의 한 예)

핵심 개념

- 독소는 일반적으로 외독소와 내독소의 두 종류가 있다.
- 세균 독소는 숙주세포에 손상을 입힐 수 있다.
- 독소는 숙주에서 보체계를 활성화시킬 뿐 아니라 염증반응도 유도할 수 있다.
- 일부 그람음성세균은 소량의 내독소를 방출하기도 하는데, 이는 자연 면역을 활성화시킨다.

서, 거의 40%는 진핵세포막에 손상을 주어 병을 일으킨다. **독혈증(toxemia)**은 혈액에 독소가 존재하는 상태를 의미한다. 일반적으로 독소는 두 종류로 나뉘는데, 미생물 세포에서 상대적 위치에 따라 외독소(exotoxin)와 내독소(endotoxin)로 정해진다.

외독소

외독소(exotoxin)는 일부 세균에서 성장과 대사과정에서 만들어지며 주변 매질로 분비되거나, 세균이 분해되면 방출된다(그림 15.4). 외독소는 단백질이며 대부분이 특정 생화학 반응의 촉매제인 효소이다. 대부분의 외독소가 효소여서 계속적으로 다시 작용할 수 있기 때문에, 매우 적은 양이라도 아주 해롭다. 외독소를 만드는 세균은 그람양성세균 또는 그람음성세균이다. 대부분의(아마 모든) 외독소 유전자는 세균의 플라스미드 또는 파지에 담겨 있다. 체액에서 외독소는 가용성이어서, 혈액에 쉽게 확산하여 몸 전체로 빠르게 퍼져 나간다.

외독소는 숙주세포의 특정 부분을 파괴하거나 특정 대사기능을 저해한다. 외독소는 우리 몸 조직에 미치는 영향이 특이적이며, 알려진 물질 중에 가장 치명적인 물질에 속한다. 단 1 mg의 보툴리누스 외독소가 100만 마리의 기니피그를 살생하기에 충분한 양이다. 그러나 그 정도로 막강한 외독소는 단지 몇몇 세균 종에서만 만들어진다.

외독소를 만드는 세균에 의해 생기는 질병은 흔히 세균 자체가 아니라 소량의 외독소에 의해 생긴다. 질병의 특징적 징후와 증상을 일으키는 것이 외독소이다. 그러므로 외독소는 질병에 따라 특이적이다. 보툴리누스중독은 대개 세균 감염이 아니라 외독소를 섭취하여 생긴다. 마찬가지로, 포도상구균성 식중독은 감염이 아니라 **중독(intoxication)**이다. 우리 몸은 외독소에 대한 면역을 제공하

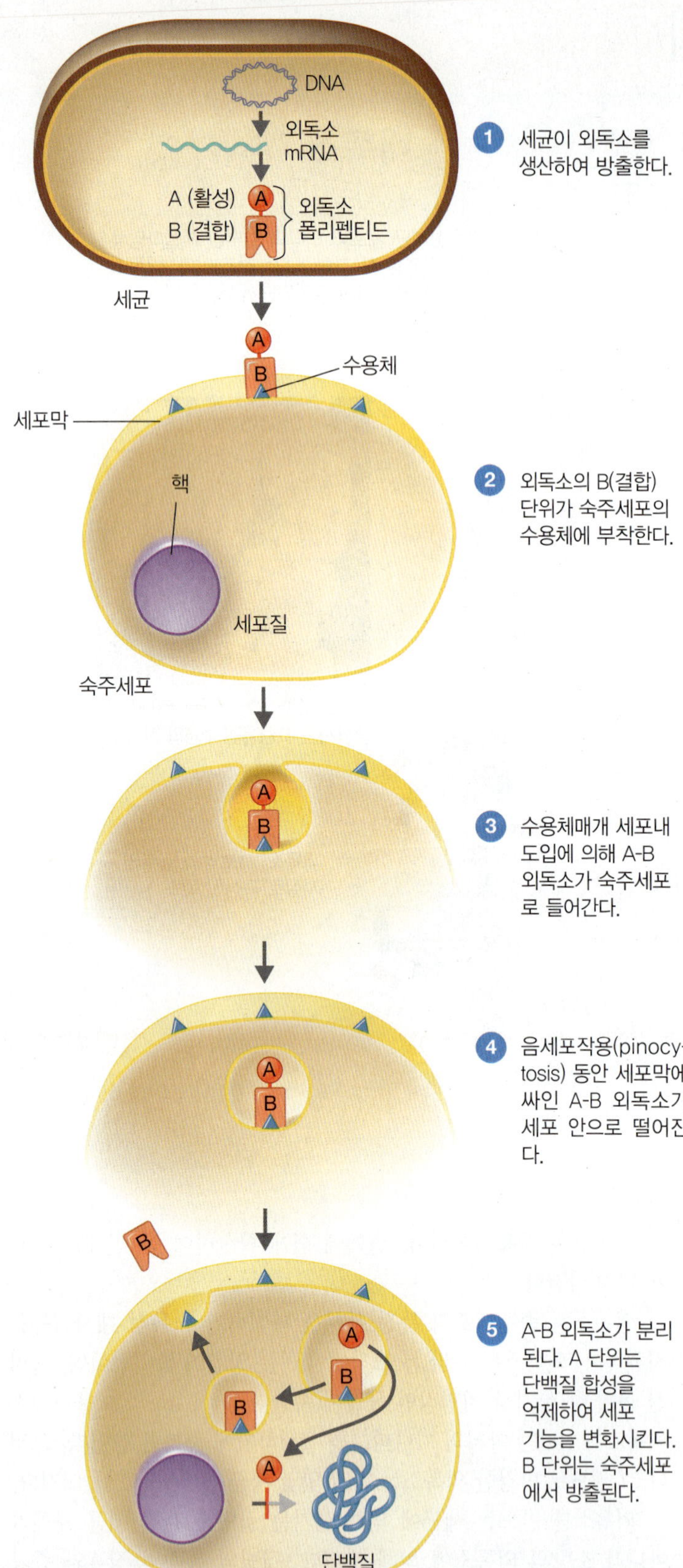

그림 15.5 A-B 외독소의 작용. 디프테리아 독소의 작용 원리에 대한 모델.

Q 이 독소는 왜 A-B 독소라 불리는가?

는 **항독소(antitoxins)**라는 항체를 만든다. 열 또는 포름알데히드, 요오드 등의 화학물질로 외독소를 불활성화시키면, 더 이상 질병을 일으키지는 못하지만 여전히 항독소 생산을 자극한다. 이렇게 변형된 외독소를 **변성독소(toxoid)**라 한다. 변성독소를 우리 몸에 백신으로 주사하면, 항독소 생산을 자극하여 면역이 발생한다. 디프테리아와 파상풍은 변성독소 백신으로 예방될 수 있다.

외독소의 이름 외독소는 여러 특징에 따라 이름 붙여진다. 먼저, 공격하는 숙주세포의 종류에 따라, 신경세포를 공격하는 **신경독**(neurotoxin), 심장세포 공격에 **심장독**(cardiotoxin), 간세포 공격에 **간독소**(hepatotoxin), 백혈구 공격에 **류코톡신**(leukotoxin), 위장관 내벽을 공격하는 **장내독소**(enterotoxins), 여러 종류의 세포를 공격하는 **세포독소**(cytotoxins)가 있다. 일부 외독소의 이름은 관련된 질병에 따라 지어졌다. **디프테리아 독소**(diphtheria toxin; 디프테리아의 원인)와 **파상풍 독소**(tetanus toxin; 파상풍의 원인)가 그러하다. 특정 외독소를 만드는 세균 이름에 따라 붙여진 것도 있다. 보툴리눔 독소(*Clostridium botulinum*; 보툴리누스균)와 비브리오 장내독소(*Vibrio cholera*; 콜레라균)가 이에 속한다.

외독소의 종류 외독소는 그 구조와 기능에 따라 크게 세 종류로 나뉜다: (1) A-B 독소, (2) 세포막파괴독소, (3) 초항원.

A-B 독소 **A-B 독소**는 심도 있는 연구가 수행된 최초의 독소이며, A와 B로 표기되는 두 폴리펩티드로 이루어져 있기 때문에 이에 따라 이름 지어졌다. 대부분의 외독소가 A-B 독소이다. A 단위는 활성을 가지는(효소)부분이고, B는 부착 단위이다. A-B 독소의 한 예로 디프테리아 독소가 그림 15.5에 예시되어 있다.

1. 첫 단계에서, A-B 독소가 세균에서 방출된다.
2. B 단위가 숙주세포 수용체에 부착한다.
3. A-B 독소와 수용체가 접촉한 지점에서 숙주세포의 세포막이 함입(안쪽으로 접힘)되어 외독소는 수용체매개 세포내 도입 과정에 의해 세포 안으로 들어간다.
4. A-B 외독소와 수용체는 함입되어 공모양으로 떨어지는 세포막에 들어 있게된다.
5. A-B 단위가 분리된다. A 단위는 흔히 단백질 합성을 저해하여 숙주세포의 기능을 변경시킨다. B 단위는 숙주세포에서 방출되어, 다시 세포막에 끼워져 재사용된다.

세포막파괴독소 **세포막파괴독소(membrane-disrupting toxin)**는 숙주세포막을 파괴하여 세포를 용해시킨다. 일부는 막에 통로 단백질을 형성하며, 일부는 막의 인지질을 파괴한다. *Staphylococcus aureus*의 세포용해 외독소는 통로 단백질을 형성하며, 가스괴저균(*Clostridium perfringens*)의 외독소는 인지질을 파괴한다. 세포막파괴독소는 숙주세포, 특히 식세포를 죽이거나 세균 안에 있는 식포(phagosome, 파고좀)에서 세포질로 빠져나올 수 있도록 하여 독성에 기여한다.

식작용을 하는 백혈구를 살생하는 세포막파괴독소를 **백혈구파괴소(leukocidin)**라 한다. 백혈구파괴소는 통로 단백질을 형성하며, 조직에 상주하는 대식세포에도 독성을 보인다. 대부분의 백혈구파괴소는 포도상구균과 연쇄상구균에서 만들어진다. 식세포가 손상되면 숙주 방어가 약화된다. 적혈구를 파괴하는 세포막파괴독소인 **헤모리신(hemolysin)**도 통로 단백질을 만든다. 헤모리신을 생산하는 주요 세균에 포도상구균과 연쇄상구균이 포함된다. 연쇄상구균의 헤모리신을 **스트렙토리신(streptolysin)**이라 한다. **스트렙토리신 O** (streptolysin O, SLO)이라 하는 종류는 공기 중 산소에 의해 불활성화되기 때문에 이에 따라 이름 붙여졌다. **스트렙토리신 S**(streptolysin S; SLS)는 산소가 있는 환경에서도 안정적이다. 두 종류 모두가 적혈구뿐 아니라 백혈구(연쇄상구균을 살생하는 기능을 가진)와 다른 세포들도 용해할 수 있다.

초항원 **초항원(superantigen)**은 매우 강력한 면역반응을 유발하는 항원이며, 세균의 단백질이다. 면역계의 다양한 세포들과 일련의 상호작용을 거쳐, 초항원은 T세포의 증식을 비특이적으로 자극한다. T세포는 백혈구의 한 종류로 외래 생물이나 조직이식에 대항하여, 면역계 다른 세포들의 활성화와 증식을 조절한다. 초항원에 대응하여, T세포는 방대한 양의 사이토카인이라는 화학물질을 분비한다. 사이토카인은 T세포를 비롯하여 여러 세포들이 생산하는 작은 단백질인데, 면역반응을 조절하고 세포와 세포 사이의 연락을 매개한다(17장, 495쪽 참조). T세포가 분비하는 과다한 양의 사이토카인은 혈액으로 들어가 열, 메스꺼움, 구토, 설사 및 때때로 쇼크와 심지어 사망에까지 이르게 하는 등 여러 증상을 일으킨다. 식중독과 독성쇼크증후군을 일으키는 포도상구균 독소가 세균성 초항원에 포함된다.

대표적인 외독소 이제 중요한 외독소 몇 가지를 더 설명하기로 한다(항독소에 대한 것은 18장에서 더 자세히 설명한다).

디프테리아 독소 디프테리아균(*Corynebacterium diphtheria*)은 *tox* 유전자가 있는 용원성 파지에 감염되었을 경우에만 **디프테리아 독소**를 만든다. 이 세포 독소는 진핵세포에서, A-B 독소의 작용원리를 사용하여 단백질 합성을 저해한다(그림 15.5 참조).

발적 독소 *Streptococcus pyogenes*는 A, B, C로 표기되는 세 종류의 세포독소를 합성한다. 이들 **발적**(erythrogenic; *erythro* = 붉은, *gen* = 생산하는)**독소**는 피부 아래 모세혈관의 세포막을 손상시켜 피부에 발진을 일으키는 초항원이다. *S. pyogenes* 외독소가 일으키는 성홍열은 그 특징적인 발진을 뜻한다.

보툴리눔 독소 보툴리눔 독소는 보툴리누스균(*Clostridium botulinum*)에서 생산된다. 독소 생산이 내생포자의 발아와 영양세포의 성장과 관련이 있지만, 성장 말기에 세균이 분해되어 방출되기 전에는 배양액에 독소가 거의 나오지 않는다. 보툴리눔 독소는 A-B 신경독이다. 이 독소는 신경근접합부(신경세포와 근육세포 사이의 접합부)에 작용하여 신경세포에서 근육세포로 자극이 전달되는 것을 막는다. 이것은 신경세포에 결합하여 아세틸콜린이라는 신경전달물질의 방출을 억제한다. 결과적으로, 보툴리눔 독소는 근육이 긴장을 잃은 상태에 있는 마비(이완성 마비)를 일으킨다. *C. botulinum*은 여러 다른 종류의 보툴리눔 독소를 만드는데, 각각이 독성의 세기가 다르다.

파상풍 독소 파상풍균(*Clostridium tetani*)이 만드는 파상풍 독소는 **파상균강직독소**(tetanospasmin)라고도 한다. 이 A-B 독소는 중추신경계에 도달하여 다양한 골격근의 수축을 조종하는 신경세포에 결합한다. 이 신경세포는 보통 억제성 자극을 전달하여 임의적 수축을 막고 완료된 수축을 종결한다. 파상균강직독소가 결합하면 이러한 이완 경로가 저해된다(22장 621쪽 참조). 결과적으로 근수축이 통제되지 않아, 파상풍의 발작(경련성 수축) 또는 "턱이 뻣뻣해지는" 증상이 나타난다.

비브리오 장내독소 *Vibrio cholerae*는 콜레라독소라 하는 A-B 장내독소를 만든다. B단위가 상피세포에 결합하고, A단위가 세포에서 다량의 액체와 전해질(이온)이 분비되도록 한다. 정상적인 근수축이 교란되어 구토를 동반하는 심한 설사를 하게 된다. *E. coli* 일부 균주가 만드는 **열민감성 장내독소**(Heat-labile enterotoxin; 대부분의 독소에 비해 열에 더 민감하다)는 비브리오 장내독소와 동일한 작용을 한다.

포도상구균 장내독소 *Staphylococcus aureus*는 비브리오 장내독소처럼 장에 손상을 주는 초항원을 만든다. *S. aureus*의 한 균주는 독성쇼크증후군의 증상을 야기하는 초항원을 생산한다(21장 594쪽 참조). 외독소에 의해 생기는 질병이 **표 15.2**에 요약되어 있다.

내독소

내독소(endotoxin)는 여러 면에서 외독소와 다르다. 내독소는 그람음성 세균의 세포벽 외층의 일부이다(그림 15.4). 4장에서 그람음성 세균은 세포벽의 펩티도글리칸층을 싸는 외막을 가지고 있다고 배웠다. 이 외막은 지질 단백질과 인지질, 지질다당류(lipopolysaccharide, LPS)로 이루어진다(85쪽 그림 4.13c 참조). LPS의 지질 부분인, **지질 A(lipid A)**가 내독소이다. 그러므로 내독소는 지질다당류이며 외독소는 단백질이다.

내독소는 그람음성세균이 사멸하여 그 세포벽이 분해될 때 방출된다. (내독소는 또한 세균이 증식할 때에도 방출된다.) 그람음성세균이 일으키는 병을 치료하는 항생제는 세균 세포를 파괴하는데, 이 과정에 내독소가 방출되어 증상이 당장은 심해질 수 있지만, 보통은 내독소가 분해되면서 증상이 개선된다. 내독소는 대식세포가

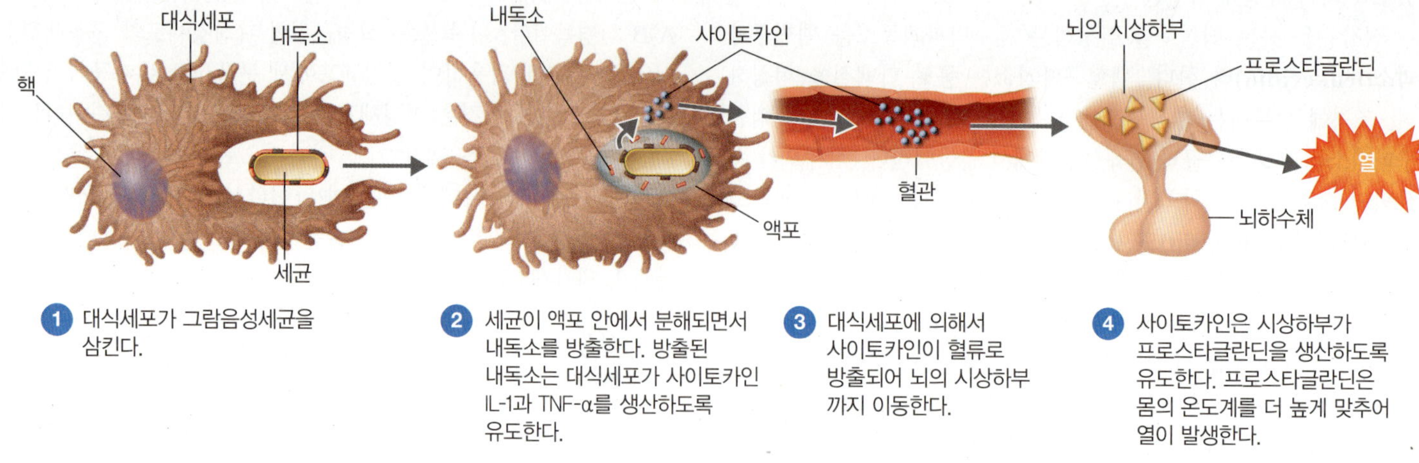

그림 15.6 내독소와 발열 반응. 내독소가 열을 발생하는 원리.

내독소란 무엇인가?

아주 많은 양의 사이토카인을 분비하도록 자극한다. 이 정도 양의 사이토카인은 독성을 가진다. 모든 내독소는 미생물의 종에 관계없이, 같은 세기는 아닐지라도, 동일한 징후와 증상을 일으킨다. 증상으로는, 오한을 느끼고, 열이 나며, 기운 없고, 온몸이 아프며, 어떤 경우에는 쇼크가 일어나고 심지어 사망까지도 이른다. 내독소로 인하여 유산할 수도 있다.

내독소의 또 다른 영향으로, 혈액응고 단백질을 활성화하여 작은 혈전이 생성된다. 이 혈전이 모세혈관을 막아 조직에 혈액 공급이 줄고 세포가 죽게 된다. 이 질환을 **파종성 혈관내응고**(disseminated intravascular coagulation, DIC)라 한다.

내독소로 발생하는 열(발열성 반응)이 생기는 과정은 그림 15.6에 묘사된 것과 같다.

1. 그람음성세균이 식세포에 섭취된다.
2. 세균이 액포 안에서 분해되면서, 세포벽의 LPS가 떨어져 나온다. 이 내독소가 대식세포로 하여금 **인터류킨-1(IL-1)**과 **종양괴사인자 α (TNF-α)**라는 사이토카인을 만들게 한다. IL-1은 내인성 발열물질로 알려진 것이다.
3. 이 사이토카인들이 혈액을 통해 뇌의 체온조절 중추인 시상하부로 운반된다.
4. 사이토카인에 의해 시상하부에서 프로스타글란딘이라는 지질이 방출되면 체온조절장치가 더 높은 온도로 다시 맞추어진다. 그 결과 열이 발생한다.

세균세포가 용해되거나 또는 항생제에 의해 사멸될 때에도 같은 원리로 열이 발생할 수 있다. 아스피린이나 아세트아미노펜은 프로스타글란딘의 합성을 억제하여 열을 내린다. (우리 몸에서 열의 기능은 16장 466쪽에서 설명한다.)

쇼크(shock)는 혈압이 생명이 위태로울 정도로 낮아지는 상태를 뜻한다. 세균에 의해 발생하는 쇼크를 **패혈성 쇼크(septic shock)**라 한다. 그람음성세균은 **내독성 쇼크**(endotoxic shock)를 일으킨다. 열과 마찬가지로, 내독소에 의한 쇼크도 대식세포의 사이토카인과 연관성이 있다. 대식세포가 그람음성 세균을 식작용으로 섭취하면, 때로 **카켁틴**(cachectin)이라 불리는 TNF를 분비한다. TNF는 많은 조직에 결합하여 여러 방법으로 세포의 대사를 변경한다. TNF가 모세혈관에 손상을 주어 투과성을 증가시키면 다량의 수분을 잃게 된다. 그 결과 혈압이 낮아지고 쇼크가 오게 된다. 혈압이 떨어지면 신장, 폐, 위장관에 심각한 영향을 준다. 또한 뇌척수액에 *Haemophilus influenzae* b형 같은 그람음성세균이 들어가면 IL-1과 TNF가 방출된다. 이렇게 되면, 원래 중추신경계를 감염으로부터 보호하던 혈액뇌장벽(blood-brain barrier)이 약화된다. 약화된 장벽은 혈액으로부터 식세포를 통과시키고 또한 더 많은 세균도 통과시킨다. 미국에서, 매년 75만 사례의 패혈성 쇼크가 발생한다. 이러한 환자의 1/3은 한 달 내에 사망하며, 거의 절반은 6개월 내에 사망한다.

내독소의 탄수화물 부분에 대한 효과적인 항독소는 생산되지 않는다. 항체가 만들어지지만 독소의 작용을 막지 못하며 때로는 독소의 작용을 상승시키는 경향이 있다.

내독소를 만드는 대표적인 미생물은 장티푸스의 원인체(*Salmonella typhi*), 프로테우스(*Proteus*) 종(흔히 비뇨기관 감염의 원인체), 수막염구균성 수막염의 원인체(*Neisseria meningitidis*) 등이다.

약물과 의료 기기, 체액 등에 내독소가 있는지를 확인할 수 있는 민감한 검사가 필요하다. 멸균 처리된 재료에 세균은 자랄 수 없더라도 내독소는 남아 있을 수 있다. **리물루스 아메보사이트 라이**

표 15.2 외독소에 의해 발생하는 질병

질병	세균	외독소의 종류	작용 원리
보툴리누스중독	*Clostridium botulinum*	A-B	신경자극 전도를 방해하는 신경독; 이완성 마비를 일으킴.
파상풍	*Clostridium tetani*	A-B	근 이완의 신경자극을 저지하는 신경독; 통제되지 않는 근 수축을 일으킴.
디프테리아	*Corynebacterium diphtheriae*	A-B	세포독소; 특히 신경, 심장 및 신장세포에서 단백질 합성 억제.
열상 피부 증후군	*Staphylococcus aureus*	A-B	하나의 외독소가 피부층을 분리시켜 없앰(열상 피부).
콜레라	*Vibrio cholerae*	A-B	장내독소; 다량의 액체와 전해질 방출하여 설사를 일으킴.
여행자 설사	장내독 생산성 *Escherichia coli*와 *Shigella* 종	A-B	장내독소; 다량의 액체와 전해질 방출하여 설사를 일으킴.
탄저병	*Bacillus anthracis*	A-B	A 단위 2개가 동일한 B를 통해 세포에 침입. A 단백질이 쇼크를 일으키고 면역반응을 약화시킴.
가스괴저와 식중독	*Clostridium perfringens*와 일부 *Clostridium* 종	세포막 파괴	하나의 외독소(세포독소)가 적혈구를 대량 파괴(적혈구용해); 다른 외독소(장내독소)가 방출되어 식중독과 설사를 일으킴.
항생제로 인한 설사	*Clostridium difficile*	세포막 파괴	장내독소가 다량의 액체와 전해질 방출하여 설사를 일으킴; 세포독소는 숙주의 세포내골격을 파괴함.
식중독	*Staphylococcus aureus*	초항원	장내독소가 다량의 액체와 전해질 방출하여 설사를 일으킴.
독성쇼크증후군(TSS)	*Staphylococcus aureus*	초항원	독소가 모세혈관에서 다량의 액체와 전해질 방출하여 혈액량을 줄이고 혈압을 강하시킴.

세이트 검사[limulus amebocyte lysate (LAL) assay]라는 내독소 검사법으로 극미량의 내독소도 탐지할 수 있다. 대서양 연안 참게의 일종인 *Limulus polyphemus*의 혈액림프(혈액)에는 변형세포(amebocyte)라는 백혈구가 있는데, 이것은 응고를 일으키는 단백질(lysate)을 다량 포함하고 있다. 내독소가 존재하면, 참게 혈액림프의 변형세포는 용해되어 응고단백질을 방출한다. 그 결과 침전이 생기면 내독소가 탐지되었다는 양성 검사이다. 반응의 크기는 분광광도계로 측정한다(176쪽 그림 6.21 참조).

플라스미드와 용원성에 의한 병원성

4장(94쪽)과 8장(235쪽)에서, 플라스미드는 원형의 작은 DNA 분자로, 세균의 염색체와는 별도로 스스로 복제한다고 배웠다. R(저항)인자라 하는 플라스미드 부류는, 미생물에 항생제 내성을 부여한다. 또한 어떤 플라스미드는 미생물의 병원성을 결정하는 유전정보를 담고 있다. 플라스미드 유전자가 부호화하는 독성 요소의 예로, 파상풍 신경독, 열민감성 장내독소, 포도상구균 장내독소 등이 있다. 다른 예로, *Streptococcus mutans*가 만드는 효소로 충치에 관련된 덱스트란수크라제(dextransucrase); *Staphylococcus aureus*가 만드는 부착소와 응고효소; 그리고 *E. coli* 장병원성 균주에 특이한 핌브리아가 있다.

13장에서, 일부 박테리오파지(세균에 감염하는 바이러스)는 그들의 DNA를 세균 염색체에 삽입시켜 프로파지(prophage)가 되고 잠복 상태(세균의 분해를 일으키지 않음)로 남을 수 있다고 배웠다. 이 같은 상태를 **용원성**(lysogeny)이라 하며, 프로파지를 가진 세포를 용원성 세포라 한다. 용원성의 결과로 숙주 세균 세포와 그 자손 세포들은, 박테리오파지 DNA에서 부호화하는 새로운 형질을 가진다. 프로파지에 기인한 이와 같은 미생물의 특성의 변화를 **용원성 변환(lysogenic conversion)**이라 한다. 용원성 변환의 결과로, 세균 세포는 동일한 종류의 파지 감염에 대하여 면역을 갖는다. 일부 세균성 질병의 발생이 프로파지에 의해 일어나기 때문에, 용원성 세포는 의학적으로도 중요하다.

병원성의 원인이 되는 박테리오파지 유전자 중에는, 디프테리아 독소, 발적독소, 포도상구균 장내독소와 발열독소, 보툴리누스 신경독, 그리고 *Streptococcus pneumoniae*가 만드는 협막에 대한 유전자가 포함된다. *E. coli* O157의 쉬가독소에 대한 유전자는 파지에 부호화된 유전자이다. *Vibrio cholerae*의 병원성 균주는 용원성 파지를 가지고 있으며, 이 파지가 콜레라 독소 유전자를 비병원성 균주로 전달하여 병원성 세균의 숫자를 증가시킨다.

표 15.3 외독소와 내독소

특성	외독소	내독소
만드는 세균	대부분 그람양성세균	그람음성세균
미생물의 관련 부분	증식 미생물의 대사 산물	세포벽 외막의 LPS에 존재하며 세포파괴 또는 세포분열 중 떨어져 나옴
화학적 성질	단백질, 대개 두 개의 소단위(A~B)	외막 LPS의 지질부분(지질 A) (지질다당류)
약리작용(몸에 미치는 영향)	숙주의 특정 세포구조나 기능에 영향(주로 세포기능, 신경, 위장관에 영향)	전신적, 열, 무력, 통증, 쇼크; 모두 같은 영향을 초래함
열안정성	불안정; 주로 60~80°C에서 파괴됨(포도상구균 장내 독소 제외)	안정; 멸균처리에도 견딤(121°C에서 1시간)
독성(질병을 일으키는 능력)	높음	낮음
발열	없음	있음
면역학적 특성(항체 관련)	변성독소로 전환되어 독소에 대한 백신으로 쓰임; 항독소에 의해 중화됨	항독소에 의해 쉽게 중화되지 않음; 효과적인 변성독소가 만들어지지 않음
치사량	적음	훨씬 많음
대표 질병	가스괴저, 파상풍, 보툴리누스중독, 디프테리아, 성홍열	장티푸스, 요도관 감염, 수막구균성 수막염

임상 사례

감염이라면 이렇게 빠른 속도로 일어날 수 없었을 것이다. 왜냐하면 감염되고 증상이 보이려면 보통 3~4일 걸리기 때문이다. 산토스 박사는 평소에 안과 의료기기를 멸균 처리하는 멸균기가 정상적으로 작동하는지, 또한 각 환자의 각막 적출에 멸균된 새 파이펫팁을 사용했는지 확인한다. 수술 중 사용했던 에피네프린과, 수술기구를 닦는 초음파 세척기에 담는 효소용액도 멸균하였고, 또한 매 번의 수술마다 의약품도 다른 제품번호의 것으로 사용하였다. 산토스 박사는 독소가 수술과 관련된 장소나 물건에서 비롯되었다 생각하였다. 효소용액이 멸균되었기는 하지만 산토스 박사는 그것에 대하여 LAL 분석을 실험실에 의뢰하였다.

산토스 박사는 왜 효소용액의 LAL 분석을 의뢰하였나?

430 436 **442** 444 446

이해도 확인하기

- 시더로포어의 중요성은 무엇인가? **15-8**
- 독소생산성과 직접손상은 어떻게 다른가? **15-9**
- 외독소와 내독소의 차이점을 설명하시오. **15-10**
- 식중독은 두 부류로 나누어지는데, 음식물 전염과 음식물 중독이다. 세균이 독소를 생산하는 원리에 따라, 이 두 부류의 차이점을 설명하시오. **15-11**
- 슈도모나스(*Pseudomonas*)로 오염된 세척수를 멸균하여 심장전극도자(cardiac cathete)를 세척하였다. 세 명의 환자가 심장 도관삽입술 후에 열과 오한, 저혈압이 왔다. 세척수와 전극도자는 멸균되었다. 그렇다면 환자들에게 왜 이런 증상이 생겼을까? 세척수에 대하여 어떤 검사를 했어야 하나? **15-12**
- 용원성이 원래 무해한 *E. coli*를 어떻게 병원성으로 바꿀 수 있나? **15-13**

바이러스의 병원성

학습 목표

15-14 바이러스 감염이 일으키는 아홉 가지의 세포병변 효과를 열거한다.

바이러스는 숙주에 접근하여, 숙주방어를 회피하고, 그리고 자신들이 복제하는 동안 숙주세포에 손상이나 사멸을 일으켜 병원성을 나타낸다.

바이러스가 숙주방어를 회피하는 원리

바이러스는 숙주의 면역반응을 피하여 파괴되지 않는 다양한 방법을 가지고 있다(17장 489쪽 참조). 예를 들어, 바이러스가 숙주세포를 침투하여 그 안에서 증식하면, 면역계의 요소들이 바이러스에 접근할 수 없다. 바이러스는 표적세포의 수용체에 부착할 수 있는 부위가 있기 때문에 그 세포에 접근할 수 있다. 부착 부위가 이에 맞는 수용체에 결합하면, 바이러스는 세포를 침투할 수 있다. 어떤 바이러스들의 부착 부위는 숙주세포에게 유용한 물질을 모방하는 구조를 가져 그 세포에 접근한다. 그 예로, 광견병 바이러스의 부착 부위는 신경전달물질인 아세틸콜린을 모방한다. 이러한 경우에, 바이러스는 신경전달물질과 함께 숙주세포에 들어갈 수 있다.

에이즈 바이러스(HIV)는 부착 부위를 감추어 면역반응을 피하면서 면역계 세포를 직접 공격한다. 대부분의 바이러스처럼, HIV는 우리 몸의 특정 세포만을 공격한다. HIV가 공격하는 세포는 표면에 CD4라는 표지 단백질을 가지고 있는데, 이 대부분이 T세포(T림프구)라는 면역세포이다. HIV의 부착 부위는 CD4 단백질과 상보적이다. HIV 바이러스 표면은 산마루와 골짜기처럼 접혀 있는데, 부착 부위는 골짜기 바닥에 위치한다. CD4 단백질은 이 부착 부위에 닿을 수 있도록 충분히 길고 가늘다. 반면에 HIV에 대응하는 항체 분자는 너무 커서 이 부위에 닿을 수 없기 때문에, 항체가 HIV를 파괴하기 어렵다.

세포병변 효과

동물 바이러스는 숙주세포에 감염하면 대개 세포를 살생한다(13장 380쪽 참조). 세포사멸은, 증식하는 바이러스가 많아져서, 바이러스 단백질이 숙주세포막의 투과성에 영향을 주어서, 또는 숙주의 DNA, RNA, 단백질 합성을 억제하여서 일어날 수 있다. 바이러스 감염의 가시적인 효과를 **세포병변 효과(cytopathic effect, CPE)**라 한다. 세포사멸에 이르는 세포병변 효과를 세포 파괴성 효과(cytocidal effect)라 하며, 세포사멸에 이르지 않는 손상을 주는 경우에는 비세포 파괴성 효과(noncytocidal effect)라 한다. CPE는 다양한 바이러스 감염을 진단하는 데 사용된다.

세포병변 효과는 바이러스에 따라 다양하다. 한 가지 차이점은 바이러스의 감염주기에서 세포병변 효과가 일어나는 시점이다. 일부는 숙주세포에서 감염 초기에 병변 효과가 발생하며, 다른 일부는 감염 후기까지 병변 효과가 일어나지 않는다. 바이러스는 다음에 열거된 세포병변 효과 중 한 가지 이상을 일으킨다:

1. 세포 파괴성 바이러스는 증식의 특정 단계에서 숙주세포의 거대분자 합성을 정지시킨다. 단순 허피스 바이러스 등 일부 바이러스는 세포분열을 비가역적으로 정지시킨다.
2. 어떤 세포 파괴성 바이러스는 감염한 숙주세포의 리소좀이 가수분해효소를 방출하게 하여 세포내 내용물을 분해하고 세포사멸이 일어나게 한다.
3. **봉입체(inclusion body)**는 일부 감염된 세포의 세포질이나 핵에 생기는 과립이다(그림 15.7a). 이 과립은 주로 바이러스 성분으로 비리온으로 조립되는 과정에 있던 핵산 또는 단백질이다. 과립의 크기나 모양, 염색 특성은 바이러스에 따라 다양하다. 봉입체는 산성 염색(호산성) 또는 염기성 염색(호염기성)이 되는 특징이 있다. 또 다른 봉입체는 감염 초기에 생성되지만 조립된 바이러스나 바이러스 성분을 포함하지 않는다. 봉입체가 중요한 이유는, 그 존재가 어떤 감염을 일으킨 바이러스를 확인하는 데에 도움이 되기 때문이다. 대부분의 경우, 광견병 바이러스는 세포질에 봉입체(네그리 소체; Negri body)를 만들기 때문에, 광견병이 의심되는 동물의 뇌 조직에 이것을 탐지하는 것이 한 가지 진단 방법이 된다. 진단에 이용되는 봉입체는 홍역바이러스, 백시니아바이러스, 천연두바이러스, 허피스바이러스, 아데노바이러스와 관련된 것이다.
4. 간혹, 인접한 여러 개의 감염된 세포가 융합하여 아주 큰 다핵세포를 형성하는데 이것을 **합포체(syncytium)**라 한다(그림 15.7b). 바이러스 감염으로 생겨나는 이 거대세포는 홍역, 볼거리, 감기 등의 질병을 일으킨다.
5. 일부 바이러스는 감염되어 숙주세포에 눈에 띄는 변화를 일으키지 않으면서 세포 기능에 영향을 준다. 홍역바이러스가 CD46 수용체에 부착하면, CD46은 IL-12라는 면역 매개 물질의 생산을 줄여서 숙주의 방어력을 약화시킨다. (17장 499쪽 상자 참조.)
6. 바이러스 감염된 일부 세포들은 **인터페론(interferon)**이라는 물질을 생산한다. 인터페론 생산은 바이러스 감염으로 유도되지만, 인터페론은 숙주 DNA가 부호화한다. 인터페론은 주변에 감염되지 않은 세포들을 감염으로부터 보호한다. (16장 471쪽에 인터페론에 대하여 더 자세히 설명한다.)
7. 많은 경우에, 바이러스 감염은 감염된 세포 표면에 항원 변화를 유도한다. 이로 인해 숙주에서 감염된 세포에 대항하는 항체반응이 일어나 그 세포는 면역계에 의해 파괴되는 표적이 된다.
8. 숙주 염색체에 손상을 초래하는 바이러스도 있다. 염색체 절단이 가장 빈번한 손상이며, 종양유전자(oncogene; 암을 일으키는 유

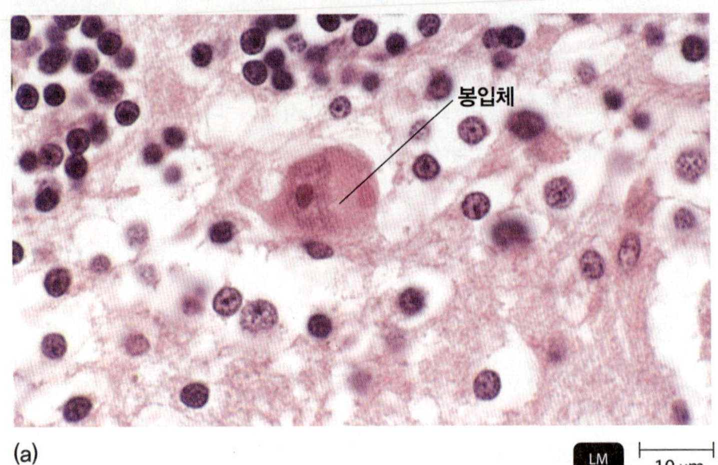

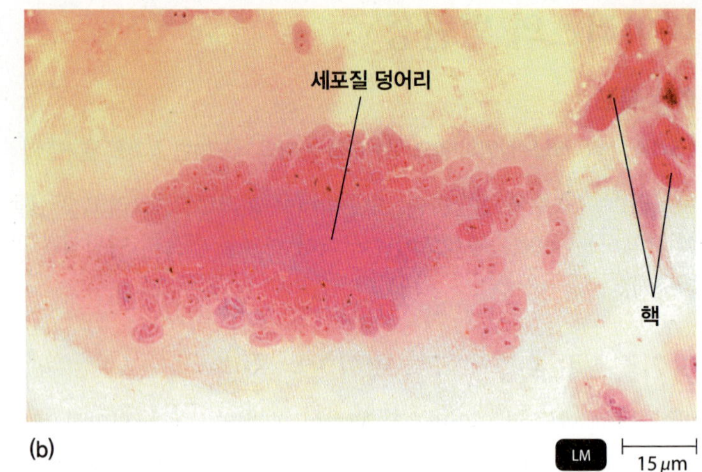

그림 15.7 바이러스의 세포병변 효과. (a) 광견병으로 사망한 사람 뇌조직에서 탐지된 세포질의 봉입체. (b) 홍역 바이러스로 감염된 세포들에서 형성된 합포체(거대세포)의 부분. 세포질 덩어리는 융합된 세포들의 골지체로 추정된다.

세포병변 효과란 무엇인가?

전자)가 흔히 관련되어 있는데, 이 유전자들은 바이러스 감염으로 활성화될 수도 있다.

9. 대부분의 정상세포는, 시험관 배양에서 다른 세포와 접촉하면 증식을 멈춘다. 이 현상을 **접촉저해(contact inhibition)**라 한다. 암을 일으키는 바이러스는 13장에 설명한 대로 숙주세포를 형질전환시킨다. 형질전환이 일어나면 접촉저해를 감지하지 못하는 비정상적인 방추형 세포가 생겨난다(그림 15.8). 접촉저해가 없어지면 결과적으로 세포 증식이 통제되지 않는다.

세포병변 효과를 일으키는 몇몇 대표 바이러스가 표 15.4에 나와 있다. 이 책의 넷째 단원에서 바이러스의 병리적 특성을 더 자세히 설명할 것이다.

이해도 확인하기

세포병변 효과를 정의하고 이에 대한 다섯 가지 예를 열거하시오. **15-14**

진균, 원생동물, 연충, 조류의 병원성

학습 목표

15-15 진균, 원생동물, 연충, 조류로 인한 질병의 증상과 원인을 설명한다.

사람에게 질병을 일으키는 진균, 원생동물, 연충, 조류의 일반적인 병리 효과를 간단히 설명한다. 진균, 원생동물, 연충이 일으키는 구체적인 질병과 이 생명체들의 병원성에 대한 자세한 설명은 21장부터 26장에 소개된다.

임상 사례

멸균된 물건에도 내독소가 남아 있을 수 있다. 실험실에서 분석 결과가 왔는데, 초음파 세척기의 용액이 내독소에 양성이었다. 액체 저장조나 습한 환경에서 자라는 *Burkholderia*와 같은 그람음성 세균이 수도관에 대량 서식하다가(그림 참조), 실험실에 물 담는 용기에 옮겨질 수 있다. 이 경우에, 세균은 생물막에서 온 것이다.

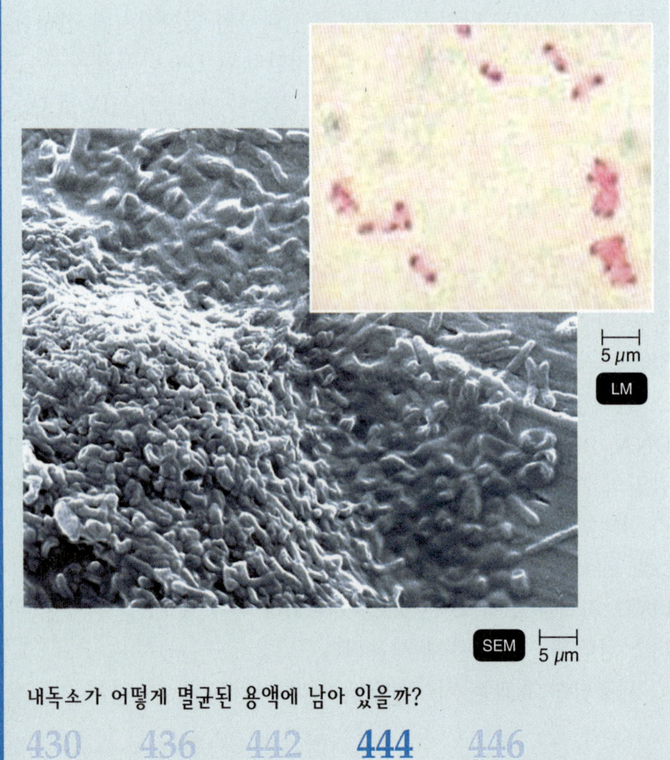

내독소가 어떻게 멸균된 용액에 남아 있을까?

430 436 442 444 446

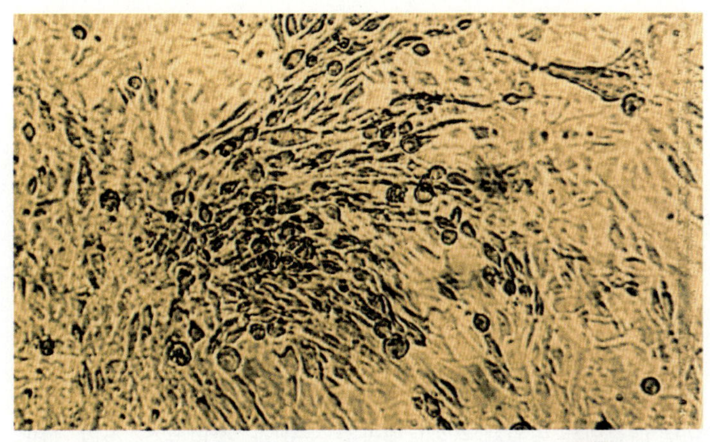

그림 15.8 **배양된 형질전환 세포.** 이 현미경 사진의 중앙에 보이는 것은, 라우스육종바이러스에 의해 형질전환된 닭배아세포의 무리이다. 이것은 형질전환 바이러스에 감염된 하나의 세포가 증식하여 이룬 것이다. 주변의 밝고 납작한 정상세포와 비교하여, 형질전환된 세포들이 얼마나 어둡게 보이는지 주의 깊게 보자. 이렇게 보이는 이유는, 방추형 모양과 접촉저해 능력을 소실하여 통제되지 않은 세포증식 때문이다.

 접촉저해란 무엇인가?

진균

질병을 일으키지만, 진균(Fungi)은 명확히 규정되는 독성 요소를 가지고 있지 않다. 어떤 진균은 사람에게 유독한 대사 산물을 가지고 있다. 그러나 이러한 경우에도 진균이 이미 숙주에 자라고 있기 때문에, 독소는 단지 간접적인 발병의 원인이다. 집안에서 자라는 사상균처럼 만성 진균 감염은 사람에게 알레르기 반응을 일으킬 수도 있다.

트리코테센(*Trichothecenes*)은 진핵세포의 단백질 합성을 저해하는 진균성 독소이다. 이 독소를 섭취하면 두통, 오한, 심한 메스꺼움, 구토, 시력 장애가 생긴다. 이 독소는 집안에 곡물이나 벽지에서 자라는 붉은곰팡이(*Fusarium*)과 스타키보트리스(*Stachybotrys*)에서 만들어진다.

일부 진균이 독성 요소를 가지고 있다는 증거가 있다. 피부감염을 유발하는 두 종류의 진균, 칸디다 알비칸스(*Candida albicans*)와 백선균(*Trichophyton*)은 단백질분해 효소를 분비한다. 이 효소는 숙주세포막을 변형하여 해당 진균이 부착할 수 있게 만든다. 크립토코커스 네오포만스(*Cryptococcus neoformans*)는 특정 수막염의 원인 진균으로, 협막을 만들어 식작용에 내성을 가진다. 일부는, 항진균제 수용체 합성을 낮추어 이 약물들에 내성을 갖게 되었다.

맥각중독증(ergotism)이라는 질병은 중세 시대 유럽에 흔하였는데, 곡물에서 자라는 식물병원체인 자낭균류, 맥각균(*Claviceps purpurea*)이 만드는 독소에 의해 생긴다. 이 독소는, 분리 가능한 매우 견고한 균사체의 부분인 **균핵(sclerotia)** 안에 담겨 있다. 독소 자체는 **맥각(ergot)**이라는 알칼로이드로, 리세르그산 디에틸아미드(lysergic acid diethylamide, LSD)에 의해 유발되는 환각증상과 유사한 증상을 일으킨다. 사실, 맥각은 LSD의 천연 소재이다. 또한 맥각은 모세혈관을 수축시켜 혈액 순환을 방해하여 사지에 괴저를 일으킬 수 있다. *C. purpurea*도 간혹 곡물에 자라기는 하지만, 요즘은 도정 과정에서 균핵이 제거된다.

곡물이나 다른 식물에 자라는 진균들이 만들어내는 몇몇 다른 독소도 있다. 땅콩버터는 종종 발암성 **아플라톡신(aflatoxin)**이 과량 포함되어 회수되곤 한다. 아플라톡신은 사상균, *Aspergillus flavus*(누룩균)이 증식하면서 만들어진다. 이 독소는 섭취되면 인체에서 돌연변이유발 물질로 바뀔 수 있다.

몇몇 버섯도 **미코톡신(mycotoxins**; 곰팡이가 만드는 독소)이라는 독소를 만든다. 흔히 죽음모자(deathcap)로 알려진 독버섯, *Amanita phalloides*가 가지고 있는 **팔로이딘(phalloidin)**과 **아마니틴(amanitin)**이 이에 속한다. 이 신경독은 매우 강력하여 *Amanita* 버섯을 먹으면 사망에 이를 수 있다.

표 15.4 선별된 바이러스의 세포병변 효과

바이러스(속)	세포병변 효과
소아마비바이러스(장내바이러스)	세포파괴성(세포사멸)
생식기사마귀 바이러스(유두종바이러스)	핵 안에 호산성 봉입체
아데노바이러스(포유류아데노바이러스)	핵 안에 호염기성 봉입체
리사바이러스	세포질에 호산성 봉입체
CMV(거대세포바이러스)	핵과 세포질에 호산성 봉입체
홍역 바이러스(모빌리바이러스)	세포융합
폴리오마바이러스	형질전환
HIV(렌티바이러스)	T세포 파괴

원생동물

원생동물과 그들의 노폐물은 종종 우리 몸에서 질병을 일으킨다(356쪽 표 12.4 참조). 말라리아의 원인이 되는 말라리아원충(*Plasmodium*)은 숙주세포에 침입하여 그 안에서 증식하며 세포를 파열시킨다. 톡소포자충(*Toxoplasma*)은 대식세포에 부착하여 식작용에 의해 들어간다. 그러나 대식세포가 산성화되는 것을 막아 분해되지 않고 그 안에서 증식하게 된다. 편모충증을 일으키는 *Giardia lamblia*는 빨판(737쪽, 그림 25.17 참조)으로 숙주세포에 부착하여, 세포와 조직의 체액을 분해한다.

일부 원생동물은 매우 장기간 동안 숙주의 방어를 피하면서 질병을 일으킨다. 설사를 일으키는 *Giardia*와 아프리카 파동편모충증

(수면병)을 일으키는 *Trypanosoma*는 모두 항원변이(435쪽)를 이용하여 숙주의 면역계를 한 발 앞서 피한다. 면역계는 항원이라는 외래물질을 인식하여 이를 파괴할 항체를 만들어낸다(17장 참조). 체체파리에 물려 혈액에 파동편모충이 들어오면, 이것은 특이 항원을 제시한다. 이에 대하여 우리 몸에서 그 항원에 대한 항체를 만든다. 그러나 2주 이내에, 이 미생물은 처음의 항원을 제시하지 않고 대신에 다른 항원을 제시한다(635쪽 그림 22.16 참조). 그리하여 처음 항원에 대해 만들어진 항체는 더 이상 효력이 없게 된다. 이 미생물은 1,000가지 다른 항원을 만들어낼 수 있기 때문에, 한번 감염되면 수십 년간 지속될 수 있다.

연충

연충(helminth)도 숙주에서 종종 질병을 일으킨다(364쪽 표 12.5 참조). 이들 중 일부는 숙주 조직을 자신들의 증식 장소로 이용하여 거대한 기생생물 덩어리를 만든다. 결과적으로 발생하는 세포 손상으로 병이 생긴다. 상피병(elephantiasis)을 일으키는 회충인 *Wuchereria bancrofti*가 이에 속한다. 이 기생생물은 림프 순환을 저해하여 림프액이 고여 다리와 기타 신체 부위가 이상한 모양으로 붓게 된다. 기생생물의 대사 노폐물도 증상을 일으키는 원인이 된다.

조류

몇몇 종의 조류(algae)는 신경독을 만든다. 와편모조류(*Alexandrium*)와 쌍편모조류 속의 일부는 **삭시톡신(saxitoxin)**이라는 신경독을 가져 의학적으로 중요하다. 삭시톡신을 만드는 쌍편모조류를 먹이로 삼는 연체동물에게는 증상을 일으키지 않지만, 그런 연체동물을 먹은 사람에게는 보툴리누스중독증과 비슷한 마비성 패류중독이 생긴다. 보건 당국에서는 적조 발생 기간에 사람들이 연체동물을 먹지 못하게 한다(785쪽 그림 27.13 참조).

이해도 확인하기

✔ 다음 열거된 각 생물의 병원성에 기여하는 독성요소를 하나씩 답하시오: 곰팡이, 원생동물, 연충, 조류. **15-15**

출구 지점

학습 목표

15-16 침입 지점과 출구 지점의 차이점을 설명한다.

이번 장의 앞 부분에서, 미생물이 우선 경로 또는 침입지점을 통해 우리 몸에 들어오는 것을 배웠다. 미생물은 또한 **출구 지점(portal of exit)**이라는 특정 경로를 거쳐 몸 밖으로 빠져나간다. 출구 지점으로는 분비, 배설, 배출, 저절로 떨어지는 조직 등이 있다. 일반적으로, 출구 지점은 감염된 신체 부분과 연관되어 있다. 그러므로 미생물은 결국 동일한 지점을 침입과 출구로 사용한다. 병원체는 여러 출구 지점을 이용하여, 병약한 숙주에서 다른 숙주로 이동하며 해당 집단 내에 퍼질 수 있다. 14장에서 배웠듯이, 질병의 전파에 대한 이러한 정보는 전염병학자에게 매우 중요하다.

가장 흔한 출구 지점은 호흡기관과 위장관이다. 호흡기관에 서식한 많은 병원체들이 기침이나 재채기할 때 입과 코에서 배출된다. 이 미생물들은 점액에서 유래한 작은 방울에 담겨 있다. 결핵, 백일해, 폐렴, 성홍열, 수막구균성 수막염, 수두, 홍역, 볼거리, 천연두, 인플루엔자 등을 일으키는 병원체는, 호흡기 경로로 배출된다. 다른 일부는 위장관을 통해 대변이나 타액으로 배출된다. 대변으로 배출되는 병원체는 살모넬라증, 콜레라, 장티푸스, 적리, 아메바성 이질, 회백수염 등을 일으키는 것이다. 타액으로도 광견병, 볼거리, 전염성 단핵구증을 일으키는 병원체가 배출된다.

임상 사례 해결

멸균 작업으로 살균은 되었지만, 내독소는 죽은 세균에서 용액으로 방출될 수 있다.

산토스 박사는 국소 항염증제, 프레드니손을 환자들에게 투약하였고 그들 모두 완전히 회복하였다. (TASS가 감염이 아니기 때문에, 산토스 박사는 항생제를 처방하지 않았다.) 산토스 박사는 관계자 회의를 소집하여 반드시 정확한 멸균 절차를 따르라고 하였다. 또한 직원들에게 우선적인 TASS 방지책을 다음과 같이 강조하였다. 수술용품을 세척하고 멸균하는 적합한 절차를 사용한다. 수술 중 사용되는 모든 용액과 의약품, 안과 기구에 세심한 주의를 기울인다.

430 436 442 444 **446**

비뇨생식기관도 중요한 출구 경로이다. 성전염성 감염의 원인 미생물은 음경과 질 분비물로 배출된다. 장티푸스나 브루셀라병의 병원체는 비뇨기관을 통해 소변으로 배출된다. 피부나 상처난 곳도 출구 지점이 될 수 있다. 매종(열대 피부병), 농가진, 백선, 단순 허피스, 무사마귀 감염은 피부로부터 전염된다. 상처에서 나온 액체도 직접 또는 이것으로 오염된 매개물의 접촉을 통해 감염을 전파할 수 있다. 흡혈곤충이 빨아먹은 감염된 혈액이 다시 주입될 수도 있고, 오염된 주사기와 바늘도 집단 내에 감염을 퍼뜨린다. 황열, 흑사병, 야토병, 말라리아는 흡혈곤충에 의해 전파되며, 에이즈와 B 형간염은 오염된 주사기와 바늘로 전염될 수 있다.

이해도 확인하기

✔ 가장 흔히 이용되는 출구 지점은 어느 것인가? **15-16**

* * *

다음 장에서, 우리는 질병에 대한 숙주의 비특이적 방어를 배울 것이다. 먼저, 그림 15.9를 주의 깊게 살펴보기 바란다. 이 그림에 이번 장에서 배운 미생물 병원성의 원리에 대한 중요한 개념이 요약되어 있다.

토대 그림 15.9

미생물 병원성의 원리

숙주와 미생물 사이의 균형이 미생물에 유리한 쪽으로 기울면, 감염이나 질병이 생긴다. 미생물 병원성의 이러한 원리를 배우는 것이, 병원체가 어떠한 방식으로 숙주의 방어를 무너뜨릴 수 있는지를 이해하는데 중요하다.

H1N1 독감 바이러스

침입지점
점막
- 호흡기관
- 위장관
- 비뇨생식기관
- 결막

피부
비경구 경로

침입 미생물 수
부착

숙주 방어에 침투 또는 회피
협막
세포벽 성분
효소
항원 변이
인베이진
세포내 증식

숙주세포에 손상
시더로포어
직접 손상
독소
- 외독소
- 내독소

용원성 변환
세포변성효과

출구 지점
일반적으로 한 미생물의 출구 지점은 침입 지점과 동일함:
- 점막
- 피부
- 비경구 경로

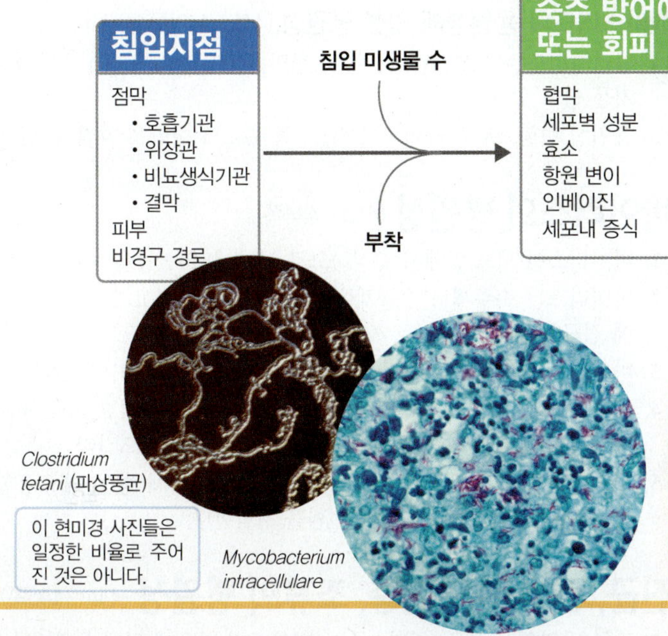

Clostridium tetani (파상풍균)

Mycobacterium intracellulare

이 현미경 사진들은 일정한 비율로 주어진 것은 아니다.

핵심 개념

- 미생물이 질병을 일으키는 요인에는 여러 가지가 있다.
- 숙주에 침입한 후에 대부분의 병원체는 숙주 조직에 부착하고, 숙주의 방어를 침투하거나 또는 회피하여 숙주 조직에 손상을 준다.
- 병원체들은 주로 특정한 출구 지점으로 숙주의 몸을 빠져 나가는데, 출구 지점은 처음에 침입한 지점과 대개 동일하다.

학습 개요

서론 (429쪽)

1. 병원성은 병원체가 숙주의 방어를 넘어서 질병을 일으킬 수 있는 능력이다.
2. 독성은 병원성의 정도이다.

미생물이 어떻게 숙주에 침입하는가 (430 ~ 433쪽)

1. 어떤 병원체가 우리 몸에 접근하는 특정 경로를 침입 지점이라 한다.

침입 지점 (430쪽)

2. 많은 미생물이 결막, 호흡기관, 위장관, 비뇨생식기관의 점막을 침투한다.
3. 대부분의 미생물은 완전한 피부를 침투하지 못하며, 모낭과 땀샘관으로 침투한다.
4. 일부 미생물은, 물리거나 감염되거나 상처난 부위에서 피부와 점막을 뚫고 접근한다. 이러한 침투 경로를 비경구 경로라 한다.

우선 침입 지점 (430~431쪽)

5. 많은 경우에 미생물이 특정 침입 지점으로 접근해야만 감염을 일으킬 수 있다.

침입 미생물의 숫자 (432쪽)

6. 독성은 LD_{50} (50%의 접종된 숙주를 사망에 이르게 하는 물질의 양) 또는 ID_{50} (50%의 접종된 숙주를 감염시키는 데 필요한 미생물의 양)으로 표현된다.

부착 (432~433쪽)

7. 병원체 표면의 부착소(리간드)가 숙주세포의 상보적인 수용체에 부착한다.
8. 부착소는 당단백질 또는 지단백질이며, 흔히 선모(fimbriae)에 위치한다.
9. 만노오스가 가장 공통된 수용체이다.
10. 생물막은 부착이 잘되도록 하며 항미생물제에 대한 내성을 부여한다.

병원성 세균이 숙주방어를 어떻게 뚫고 들어가는가 (433~435쪽)

협막 (433쪽)

1. 일부 병원체는 협막을 가지고 있어 식작용에 저항한다.

세포벽 성분 (433쪽)

2. 세포벽 단백질은 부착을 용이하게 하거나 병원체가 식작용을 받지 않도록 막는다.

효소 (433~435쪽)

3. 국소감염은 세균의 응고효소에 의해 생기는 섬유성응괴로 격리된다.
4. 세균은, 인산화효소(혈전을 용해), 히알루로니다아제(세포를 서로 붙이는뮤코다당류를 파괴), 아교질가수분해효소(결합조직 콜라겐을 가수분해)의 방법으로 국소감염으로부터 퍼질 수 있다.
5. IgA 단백질분해효소는 IgA 항체를 파괴한다.

항원변이 (435쪽)

6. 일부 미생물은 항원을 다양하게 발현하여, 숙주의 항체 공격을 피한다.

숙주의 세포내골격 침투 (435쪽)

7. 세균은 숙주세포내 액틴골격을 바꾸는 단백질을 만들어 세포 안으로 침투한다.

병원성 세균이 숙주세포를 어떻게 손상시키는가 (436~442쪽)

숙주의 영양소 이용: 시더로포어 (436쪽)

1. 세균은 시더로포어를 이용하여 숙주로부터 철분을 얻는다.

직접 손상 (436쪽)

2. 숙주세포 안에서 병원체의 대사작용과 증식에 따라 숙주세포가 파괴된다.

독소의 생산 (436~441쪽)

3. 미생물이 만드는 독성물질을 독소라 한다. 독혈증은 혈액에 독소가 존재하는 상태를 뜻한다. 독소 생산 능력을 독소생산성이라 한다.
4. 외독소는 세균에서 만들어져 바깥 배양액에 방출된다. 세균이 아니라 외독소가 질병의 증상을 일으킨다.
5. 외독소에 대항하여 만들어지는 항체를 항독소라 한다.
6. A-B 독소는 세포작용을 억제하는 요소와 표적세포에 부착하는 요소로 구성된다. 예를 들어 디프테리아 독소가 그러하다.
7. 세포막파괴 독소는 세포를 용해시키며, 헤모리신이 이에 속한다.
8. 초항원은 사이토카인의 분비를 야기하여 열, 메스꺼움 등 다른 증상을 일으킨다. 독성쇼크증후군 독소가 이에 해당된다.
9. 내독소는 그람음성세균 세포벽의 지질A 요소인 지질다당류(LPS)이다.
10. 세균의 사멸, 항생제, 또한 항체가 내독소가 방출되도록 한다.
11. 내독소는, 열(인터류킨-1이 유도하여)과 쇼크(TNF가 혈압을 떨어뜨려)를 일으킨다.
12. 내독소는 세균이 혈뇌장벽을 통과할 수 있도록 한다.
13. 세균의 내독소 검사법[Limulus amebocyte lysate (LAL) assay]은 약물이나 의료기구의 내독소를 탐지하는 데 사용된다.

플라스미드와 용원성에 의한 병원성 (441~442쪽)

14. 플라스미드는 항생제내성, 독소, 협막, 선모(fimbriae)에 대한 유전자를 담고 있다.
15. 용원성 변환으로 세균이 독성요소, 즉 독소나 협막을 가질 수 있다.

바이러스의 병원성 (443~444쪽)

1. 바이러스는 세포 안에서 증식하므로, 숙주 면역반응을 피한다.
2. 바이러스는 숙주세포 수용체에 부착 부위를 가지고 있어 숙주세포에 접근한다.
3. 바이러스 감염의 가시적인 징후를 세포병변 효과(CPE)라 한다.
4. 어떤 바이러스는 세포 파괴성 효과(세포사멸)를 보이고, 다른 바이러스는 비세포 파괴성 효과(사멸 이외의 손상)를 일으킨다.
5. 세포병변 효과는 세포분열 정지, 세포용해, 봉입체 형성, 세포융합, 항원 변경, 염색체 이상, 형질전환을 포함한다.

진균, 원생동물, 연충, 조류의 병원성 (444~446쪽)

1. 진균 감염의 증상은, 협막, 독소, 알레르기 반응에 의해 유발된다.
2. 원생동물과 연충 질환의 증상은, 기생생물이 숙주조직에 직접 손상을 주거나 또는 그들의 대사 노폐물이 유발한다.
3. 일부 원생동물은 숙주에서 증식하는 동안 표면 항원을 변경하여, 숙주 항체의 공격을 피한다.
4. 일부 조류는 신경독을 만들어 섭취한 사람에게 마비를 일으킨다.

출구 지점 (446~447쪽)

1. 병원체는 정해진 출구 지점을 가지고 있다.
2. 세 가지 흔한 출구 지점은 호흡기관을 통해 기침이나 재채기로 빠져 나가는 경우, 위장관을 통해 타액이나 대변으로, 비뇨생식기관을 통해 질이나 음경의 분비물로 빠져나간다.
3. 연체동물과 주사기는 혈액 내 미생물의 출구 지점이 된다.

학습 질문

복습과 객관식 문제에 대한 해답은 책 뒤에 있음.

복습 문제

1. 병원성과 독성을 비교 설명하시오.
2. 협막과 세포벽 성분은 병원성과 어떤 관련이 있나? 구체적인 예를 제시하시오.
3. 헤모리신, 류코시딘, 응고효소, 인산화효소, 히알루로니다아제, 시더로포어, IgA 단백질분해효소가 병원성에 어떤 역할을 하는지 설명하시오.
4. 아래의 각각에 결합하는 약물이 병원성에 어떠한 영향을 미치는지 설명하시오.
   a. 숙주 혈액 내 철분

b. *Neisseria gonorrhoeae*의 선모(fimbriae)
c. *Streptococcus pyogenes*의 M 단백질

5. 다음 각각에 관하여 내독소와 외독소를 비교 설명하시오: 근원 세균, 화학적 성질, 독성, 약리작용. 각 독소의 예를 하나씩 제시하시오.

6. 그려보기 이 그림에서, 쉬가독소가 어떻게 숙주세포에 침입하여 단백질 합성을 억제하는지 표시하시오.

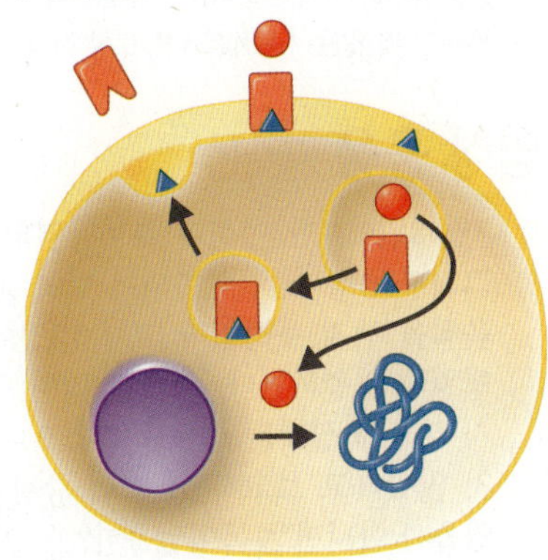

7. 진균, 원생동물, 연충의 병원성에 관련된 요소를 설명하시오.

8. 다음 중 어느 속의 감염력이 가장 강한가?

속	ID_{50}	속	ID_{50}
Legionella	1 세포	*Shigella*	200 세포
Salmonella	10^5 세포	*Treponema*	52 세포

9. 바이러스와 원생동물은 어떻게 숙주의 면역반응을 피할 수 있나?

10. 이름 답하기 *Opa* 유전자는, 이산화탄소 농도가 높은 식세포 안에서 잘 자라며 내독소를 생산하는 이 세균을 확인하는 데 이용된다. 이 세균은?

객관식 문제

1. 플라스미드를 제거하면 다음 중 어느 세균의 독성이 감소되는가?
   a. *Clostridium tetani*
   b. *Escherichia coli*
   c. *Salmonella enterica*
   d. *Streptococcus mutans*
   e. *Clostridium botulinum*

2. 아래 시료에서 검사한 세균 독소의 LD_{50}은 얼마인가?

희석(μg/kg)	사망한 동물의 숫자	살아남은 동물의 숫자
a. 6	0	6
b. 12.5	0	6
c. 25	3	3
d. 50	4	2
e. 100	6	0

3. 다음 중 어느 것이 병원체의 침입 지점이 아닌가?
   a. 호흡기관의 점막
   b. 위장관의 점막
   c. 피부
   d. 혈액
   e. 비경구 경로

4. 아래 모든 것이 세균 감염에서 발생할 수 있다. 이 중에서 어느 것이 나머지 모두를 방지할 수 있나?
   a. 선모(fimbriae)에 대한 예방접종
   b. 식작용
   c. 식균 분해작용의 저해
   d. 부착소의 파괴
   e. 세포내골격의 변경

5. *Campylobacter* 종의 ID_{50}는 500 세포이며, *Cryptosporidium* 종의 ID_{50}는 100 세포이다. 다음 중 옳지 않은 것은?
   a. 두 미생물 모두 병원체이다.
   b. 두 미생물 모두 50%의 접종된 숙주를 감염시킨다.
   c. *Cryptosporidium*가 *Campylobacter*보다 독성이 더 크다.
   d. *Campylobacter*와 *Cryptosporidium*는 독성이 같다. 둘은 동일한 숫자의 실험동물에 감염을 일으킨다.
   e. *Cryptosporidium* 감염이 *Campylobacter* 감염보다 증상이 더 심하다.

6. 협막에 둘러싸인 세균이 독성을 가지는 것은 협막이
   a. 식작용에 저항성을 갖는다.
   b. 내독소이다.
   c. 숙주조직을 파괴한다.
   d. 대사 과정을 방해한다.
   e. 아무런 영향이 없다. 많은 병원체가 협막을 가지고 있지 않아 협막은 독성에 관련이 없다.

7. 사람 세포의 만노오스에 결합하는 약물은 다음 중 무엇을 저지할 수 있나?
   a. *Vibrio* 장내독소의 침입
   b. 병원성 *E. coli*의 부착
   c. 보툴리눔독소의 작용
   d. 연쇄상구균 폐렴
   e. 디프테리아 독소의 작용

8. 최초의 천연두 백신은 감염된 조직을 건강한 사람의 피부에 문지르는 것이었다. 이러한 형태로 백신을 접한 사람은 천연두의 약한 증상이 보였다가 회복되어 이후에 면역력을 가졌다. 이 형태의 백신이 사람에게 덜 치명적이었던 가장 합당한 이유는 무엇일까?
   a. 피부가 천연두 바이러스 침입의 장소가 아니다.
   b. 이 백신이 약한 종류의 바이러스로 구성된 것이다.
   c. 천연두는 보통 피부대피부 접촉으로 전염된다.
   d. 천연두는 바이러스이다.
   e. 이 바이러스에 돌연변이가 일어났다.

9. 다음 중 다른 것과 비교해서, 숙주 방어를 피하는 동일한 방법이 아닌 것은 어느 것인가?
   a. 광견병 바이러스는 신경전달물질인 아세틸콜린의 수용체에 부착한다.
   b. *Salmonella*는 표피성장인자의 수용체에 부착한다.
   c. 엡스타인-바(EB) 바이러스는 보체에 대한 숙주의 수용체에 부착한다.
   d. *Neisseria gonorrhoeae*의 표면 단백질 유전자에 돌연변이가 자주 일어난다.
   e. 위의 어느 것도 아니다.

10. 다음 중 어느 것이 옳은가?
   a. 병원체의 주요 목표는 숙주를 살해하는 것이다.
   b. 진화 과정에서 가장 독성이 큰 병원체가 선택된다.

c. 성공적인 병원체는 전파되기 전에 그 숙주를 살해하지 않는다.
d. 성공적인 병원체는 그 숙주를 결코 살해하지 않는다.

비판적 사고

1. 아래 그래프는 확인된 장병원성 *E. coli* 감염 사례를 보여준다. 감염 발생이 계절적인 이유는 무엇인가?

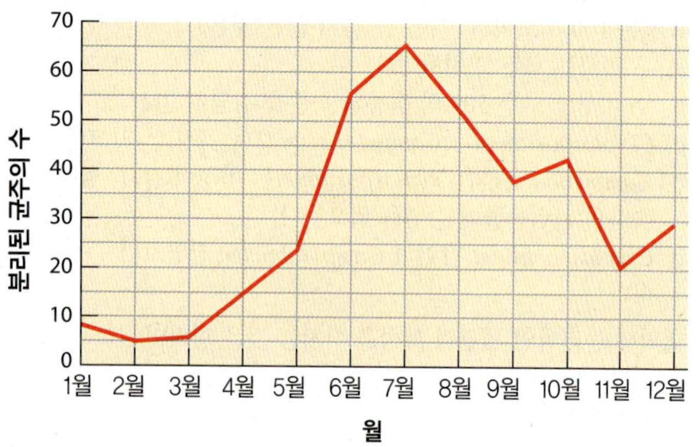

2. *Microcystis aeruginosa* 남세균은 사람에게 유독한 펩티드를 만든다. 아래 그래프를 보면, 이 세균의 독성이 언제 가장 강한가?

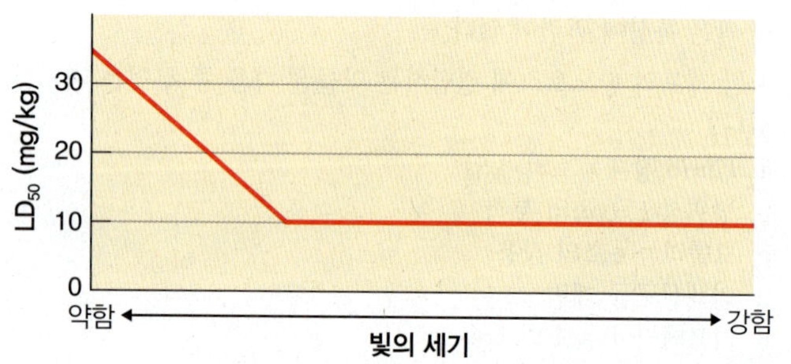

3. 흰 쥐에 주사하였을 때, *Salmonella typhimurium*의 ID_{50}은 10^6 세포이다. 그런데, 설폰아마이드를 살모넬라균과 같이 주사하면 ID_{50}은 35 세포이다. ID_{50} 값의 변화에 대하여 설명하시오.

4. 다음의 전략이 각 병원체의 독성에 어떻게 관련되어 있나? 각 병원체가 일으키는 질병은 무엇인가?

전략	병원체
숙주에 침입한 후에 세포벽을 바꾼다	*Yersinia pestis*
요소를 이용하여 암모니아를 발생한다	*Helicobacter pylori*
숙주가 더 많은 수용체를 만들도록 한다	*Rhinovirus*

임상 응용

1. 7월 8일에, 한 여성이 부비동염의 증상으로 항생제를 투약하였다. 그러나 증상이 더 악화되어 턱이 심하게 아프고 뻣뻣해져 나흘 동안 음식을 먹지 못하였다. 7월 12일에, 그 여인은 심한 안면경련으로 병원에 입원하였다. 그녀는 입원 서류에, 7월 5일에 엄지발가락 기저 부분에 찔리는 상처를 입었으나 환부를 세척하고 의료처치는 받지 않았다고 보고하였다. 이 증상의 원인은 무엇이었을까? 감염이었을까 아니면 중독이었을까? 이 여인의 상태가 다른 사람에게도 전염될 수 있을까?

2. 다음의 각 사례가 식품감염인지 또는 식중독인지 설명하시오. 각 경우에 있어서 발병인자는 무엇이라 추측되는가?
   a. 루이지애나 주에서 새우를 섭취한 82명의 사람들이 먹은 후 4시간에서 2일이 지나서 설사, 메스꺼움, 두통과 열의 증상을 보였다.
   b. 버몬트 주의 두 사람이, 플로리다에서 잡힌 창꼬치를 먹고 3~6시간 후에 근육통, 메스꺼움, 몽롱해짐, 호흡곤란, 무감각의 증상을 보였다.

3. 화학요법 치료를 받는 암환자들은 보통 감염에 더 취약하다. 그러나, 세포분열을 억제하는 항암제를 투여 받은 환자는 *Salmonella*에 내성을 보였다. 이러한 내성의 가능한 원리를 제시하시오.

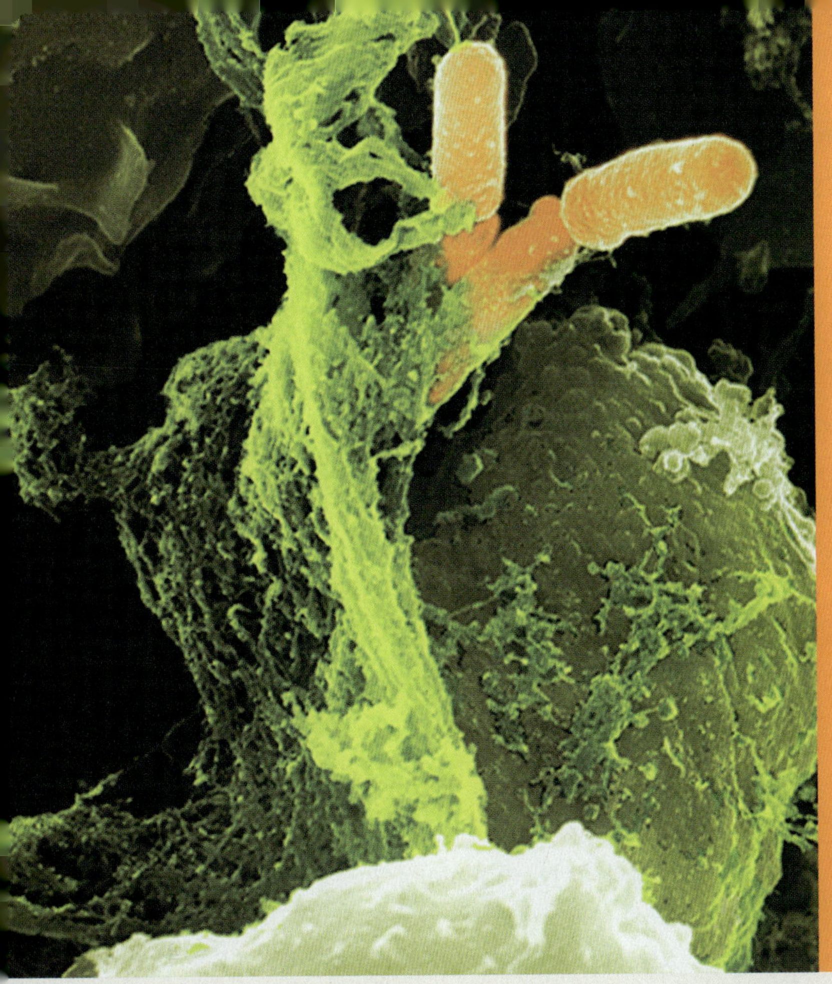

16

선천성 면역: 숙주의 비특이적 방어체계

이 주제에 대하여 배우면서 여러분은, 병원성 미생물이 적절한 기회만 주어지면 질병을 일으킬 수 있는 특성을 가지고 있음을 알게 될 것이다. 만약에 미생물이 숙주의 저항에 부딪치지 않는다면, 우리는 늘 아프고 결국에는 여러 가지 병에 걸려 죽게 될 것이다. 그러나 대부분의 경우에, 우리 몸의 방어체계는 이러한 일이 일어나지 않도록 막는다. 일부 방어체계는 아예 미생물이 들어오지 못하도록 설계되었으며, 다른 일부는 그들이 들어오면 파괴하도록, 또 다른 체계는 그래도 내부에 남은 미생물과 싸우도록 설계되어 있다.

면역(immunity) 또는 **내성**(resistance)이란, 미생물과 그들의 부산물에 의해 생기는 병을 예방하며, 꽃가루, 약물, 식품, 화학물질, 동물의 비듬 등을 비롯한 환경인자에 대하여 우리 몸을 보호하는 능력이다. 면역이 약하거나 결핍된 상태를 **병걸림성** 또는 **감수성**(susceptibility)이라 한다. 우리는 병원체에 대하여 두 종류의 방어선을 가지고 있다. 제 일선의 방어는 피부와 점막이다. 두 번째 방어는 식세포, 염증, 열, 그리고 우리 몸이 만드는 항미생물 물질들로 구성된다. 이번 장의 임상 사례에서 식세포(사진 속에 녹색으로 보이는)가 적절히 기능하지 못할 때 발생되는 한 가지 문제를 설명할 것이다.

면역의 개념

학습 목표

16-1 선천성 면역과 후천성 면역의 차이를 설명한다.

16-2 톨유사수용체의 정의를 설명한다.

> ### 임상 사례: 효소 하나의 결함 때문에
>
> 두 살짜리 제이콥(Jacob)은 또 고열이 나서 소아과에 다시 오게 되었다. 제이콥은 이전에도 열이 나며 피부 감염이 재발되었던 적이 있었고, 림프절이 만성적으로 부은 상태였다. 담당의사는 제이콥의 폐가 건강하기는 하지만 깨끗하지 않은 것을 알아차리고 흉부 X-레이 검사를 실시하였다. X-레이 사진은 제이콥의 오른쪽 폐에 덩어리가 있는 것을 보여주었다. 그것은 폐렴으로 나타나, 담당의사는 제이콥에게 항생제 치료를 하였다. 항생제 치료가 끝나고 몇 주 지나서 제이콥은 또 다시 폐렴 증상을 보였다. 이번에는 담당의사가 폐종괴(lung mass)의 조직검사를 지시하였는데, 그 조직에서 누룩곰팡이(*Aspergillus*)가 배양되었다.
>
> 제이콥의 선천성 면역체계는 왜 그를 감염에서 보호하지 못하는가? 알아보자.
>
> **452** 458 463 466 472 473

미생물이 우리 몸을 공격하면, 우리는 다양한 면역 방법을 동원하여 우리 스스로를 방어한다. 크게, 두 종류의 면역체계, 즉 선천성과 후천성 면역이 있다(그림 16.1). **선천성 면역(innate immunity)**은 태어나면서 이미 가지고 있는 방어체계를 뜻하는 것으로, 질병에 걸리지 않도록 상시 활동하며 신속히 반응한다. 선천성 면역은 특별히 어떤 미생물을 인식하는 것이 아니다. 또한 기억 반응이 아니어서 차후에 동일한 미생물이 침입하여도 더 신속하고 강하게 반응하지는 않는다(기억 반응은 후천성 면역의 방법이다). 선천성 면역의 구성요소로서 제1선의 피부와 점막, 그리고 제2선의 자연살생세포, 식세포, 염증, 열, 항균물질이 있다. 선천성 면역반응은 초기 경보 체계로서 일단 미생물이 우리 몸 안에 들어오는 것을 막고, 침입하면 제거하는 역할을 한다.

후천성 면역(adaptive immunity)은 어떤 미생물이 선천성 면역의 방어를 뚫었을 때 그 특정 미생물에 대하여 특이적으로 반응하는 체계이다. 이 체계는 어떤 특정한 미생물을 처리하도록 일어나는 맞춤형의 반응이다. 선천성 면역과는 달리, 후천성 면역은 반응은 더 느리지만 확실한 기억 방법을 가지고 있다. 후천성 면역체계는 T세포와 B세포로 불리는 림프구를 포함하며 17장에 자세한 설명이 나온다. 여기서는 선천성 면역을 집중적으로 설명하기로 한다.

앞서 언급하였듯이, 선천성 면역체계는 침입자를 신속히 탐지하여 그들을 제거하려는 반응을 보인다. 선천성 면역반응은 방어세포의 세포막에 있는 수용체 단백질에 의해 활성화되는데, **톨유사수용체(Toll-like receptor; TLR)**가 이에 속한다. TLR은 **병원체 관련 분자패턴(pathogen-associated molecular pattern, PAMP)**이라는 병원체에 공통적으로 분포하는 여러 분자와 결합한다(그림 16.7 참조). PAMP의 예로, 그람음성세균의 외막에 있는 지질다당류(LPS), 운동성 세균의 편모에 있는 플라젤린(flagellin), 그람양성세균 세포벽의 펩티도글리칸, 세균의 DNA, 바이러스의 DNA와 RNA 등이 있다. TLR은 또한 진균과 기생생물의 구성 물질에도 결합한다. 이번 장의 후반에 가면 선천성 면역에 관련된 두 종류의 세포는 대식세포와 수지상세포라는 것을 알게 될 것이다. 이 세포들의 표면에 있는 TLR이 미생물의 PAMP를 접하면, TLR은 이 방어세포들에서 사이토카인이라는 화학물질의 분비를 유도한다. 사이토카인(**cytokine**; *cyto-* = 세포; *-kinesis* = 움직임)은 면역반응의 세기와 지속 기간을 조절하는 단백질이다. 사이토카인의 한 가지 역할은 다른 대식세포와 수지상세포뿐 아니라 다른 면역세포들을 끌어들여 염증반응으로 침입 미생물을 격리하고 파괴하는 것이다. 사이토카인은 또한 후천성 면역에 관련된 T세포와 B세포도 활성화시킨다. 각각 다른 사이토카인과 그들의 기능에 대하여 17장에서 더 배우게 될 것이다.

이해도 확인하기

- ✓ 선천성 면역과 후천성 면역 중에서 어느 것이, 우리 몸으로 미생물이 침입하는 것을 막는 것인가? **16-1**
- ✓ 톨유사수용체는 병원체 관련 분자패턴과 어떤 관련성이 있는가? **16-2**

선천성 면역		후천성 면역 (17장)
제1방어선	제2방어선	제3방어선
• 온전한 피부 • 점막과 점막의 분비물 • 정상 미생물상	• 식세포: 호중성백혈구, 호산성백혈구, 수지상세포, 대식세포 • 염증 • 열 • 항미생물 물질	• 전문화된 림프구: T세포와 B세포 • 항체

그림 16.1 우리 몸의 전반적인 방어체계. 선천성 면역은 종에 상관없이 어떤 병원체에 대해서라도 일어나는 반응이며, 후천성 면역은 어떤 특정 병원체에 대항하는 방어이다.

 면역과 감수성의 차이는 무엇인가?

제1선 방어: 피부와 점막

학습 목표

16-3 선천성 면역에서 피부와 점막의 역할을 설명한다.

16-4 물리적 요인와 화학적 요인의 차이점을 설명하고, 각각에 대한 다섯 가지 예를 열거한다.

16-5 선천성 면역에서 정상 미생물상의 역할을 설명한다.

피부와 점막은 주변의 병원체에 대한 우리 몸의 제1방어선이다. 이 기능은 물리적 그리고 화학적 요인에 달려 있다. 물리적 요인은 미생물의 침입을 막는 장벽과 외부와 통하는 몸의 표면에서 미생물을 제거하는 과정이다. 화학적 요인에는 미생물의 증식을 억제하거나 그들을 파괴하도록 우리 몸에서 만들어지는 물질이 포함된다.

물리적 요인

표면적과 무게로 보면 온전한 **피부(skin)**는 우리 몸에서 가장 큰 기관이며, 제1방어선을 이루는 매우 중요한 요소이다(그림 16.1 참조). 피부는 두 개의 뚜렷한 부분, 즉 진피와 표피로 이루어진다(그림 16.2). **진피(dermis)**는 피부의 안쪽 더 두꺼운 부분이며 결합조직으로 되어 있다. **표피(epidermis)**는 바깥쪽, 더 얇은 부분이며 외부 환경과 직접 접촉한다. 표피는 여러 층의 연속된 상피세포 판으로 구성되며, 세포들이 단단히 다져져 그 사이에는 다른 물질이 거의 없다. 가장 위층의 표피세포는 죽은 세포이며 **케라틴(keratin)**이라는 보호 단백질을 담고 있다. 위층이 주기적으로 떨어져 나가면서 표면에 있던 미생물이 제거된다. 또한 건조한 피부가 미생물의 증식을 억제하는 주요 요인이다. 정상 미생물상(microbiota)과 또 다른 미생물들이 피부 전체에 분포하지만, 피부의 습기 찬 부위에 가장 많이 거주한다. 덥고 습한 기후에 있을 때처럼 피부가 촉촉하면, 피부에 감염이 빈번히 발생한다. 특히 무좀 같은 곰팡이 감염이 그러하다. 이 곰팡이들은 수분이 있으면 케라틴을 가수분해할 수 있다.

단단히 다져진 세포들, 연속적인 층, 케라틴, 피부가 건조하고 떨어져 나가는 것 등을 고려하면, 온전한 피부가 어떻게 미생물의 침입을 막는 막강한 장벽이 될 수 있는지 쉽게 이해할 수 있다. 미생물은 건강한 표피의 온전한 표면을 거의 침투할 수 없다. 그러나 표피 표면이 파괴되면, 피하(피부 아래) 감염이 종종 생긴다. 감염을 일으키는 주된 세균은 평상시에 표피, 모낭, 땀샘과 피지샘에 서식하는 포도상구균이다. 피부와 피하 조직의 감염은 주로 화상이나, 베이거나, 찔리거나 하는 등의 피부가 파괴되는 상처에 의해 생겨난다.

내피세포(endothelial cell)라 하는 상피세포는 혈관과 림프관의 내벽을 이루는데, 표피와 달리 단단히 다져진 구조가 아니다. 그렇기 때문에 염증이 생기면 혈액에서 조직으로 면역세포들이 이동할 수 있지만, 또한 미생물도 혈액과 림프를 드나들 수 있다.

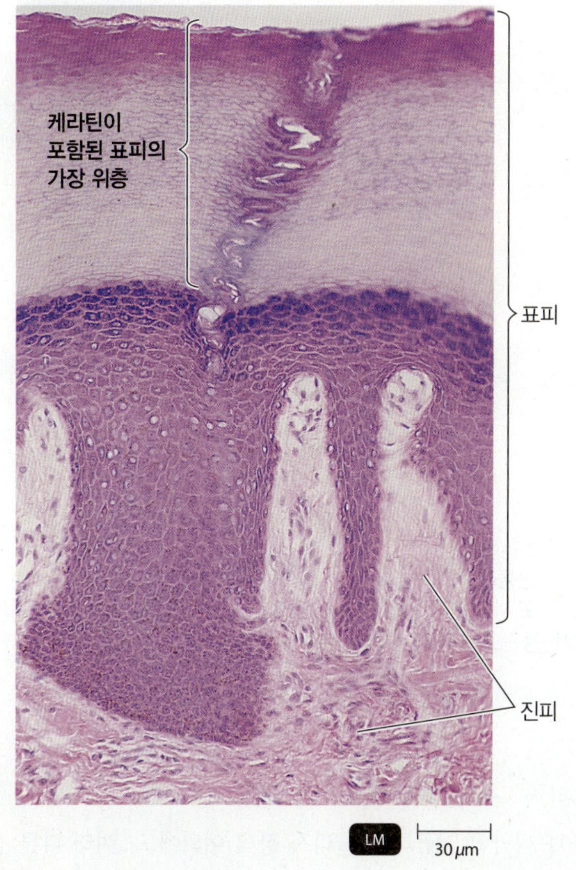

그림 16.2 사람 피부의 단면. 이 현미경 사진에서 맨 위의 얇은 층에 케라틴이 있다. 이 층과 그 아래 어두운 보랏빛 세포들이 표피를 이룬다. 표피 아래 더 밝은 부분이 진피이다.

진피에 있는 케라틴은 어떤 역할을 하는가?

점막(mucous membrane)은 상피세포층과 그 아래 결합조직층을 구성한다. 점막은 제1방어선의 중요한 요소이며(그림 16.1 참조), 많은 미생물의 침입을 저지한다. 점막은 위장관과 호흡기관, 비뇨생식기관 전체의 안을 싸고 있다. 점막의 상피세포층은 **점액(mucus)**이라는 액체를 분비하는데, 점막의 배상세포(goblet cell)가 약간 끈적한 당단백질을 분비하기 때문이다. 점액은 여러 기능을 하지만, 그 중에서도 위에 언급한 여러 관(tract)을 마르지 않도록 하는 것이다. 일부 병원체는 점막의 점액에 서식할 수 있으며 많은 양으로 증식하면 점막을 침투할 수 있다. 매독균(*Treponema pallidum*)이 그러한 병원체이다. 이 미생물이 만들어 내는 독성물질에 의해서, 이전의 바이러스 감염에 의한 손상에 의해서, 또는 점막이 헐게 되면 미생물이 침투할 수 있게 된다.

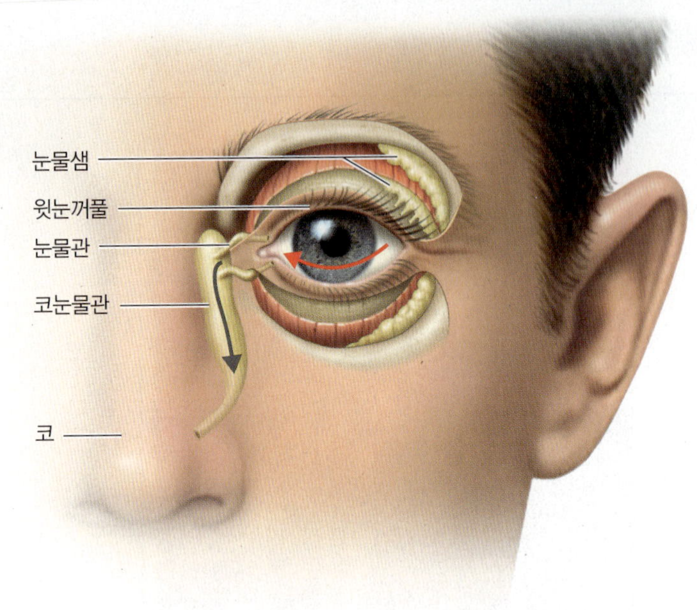

그림 16.3 **눈물기관.** 눈물이 씻어 내리는 작용을, 안구 표면을 거치는 빨간색 화살표로 표시하였다. 눈물샘에서 만들어진 눈물은 안구의 표면을 거쳐 눈물관과 코눈물관으로 빠지는 작은 구멍으로 흐른다.

Q 눈물기관이 어떻게 눈에 감염이 생기지 않도록 보호하는가?

피부와 점막이 제공하는 물리적 장벽 이외에도, 여러 다른 물리적 요인이 상피층을 보호하는 경우가 있다. 눈을 보호하는 이러한 방법인 **눈물기관(lacrimal apparatus)**은, 눈물을 만들고 내보내는 구조들로 이루어져 있다(그림 16.3). 각 눈구멍의 위쪽 가장 바깥 부분을 향해 위치한 눈물샘에서, 눈물을 만들어 윗눈꺼풀 밑으로 보낸다. 여기서부터 눈물은, 눈에서 코 가까운 쪽 구석으로 흘러, 코로 이어지는 눈물관에 이르는 두 작은 구멍 속으로 빠진다. 눈을 깜빡이면 눈물이 안구 표면 전체에 퍼지게 된다. 눈물은 보통 증발하거나 만들어지자마자 코 안으로 빠진다. 이렇게 흐르는 세척작용이 미생물을 안구 표면에 정착하지 못하도록 막는다. 자극물질이나 다량의 미생물이 눈에 닿으면, 눈물샘에서 분비가 급증하여 눈물이 금방 넘친다. 이렇게 과다한 양의 눈물을 만들어 자극물질이나 미생물을 희석하고 씻어내어 눈을 보호하게 된다.

눈물과 아주 비슷한 세척작용을 하는 것이 침샘에서 분비되는 **타액(saliva)**이다. 타액은 치아표면과 구강 점막의 미생물을 희석하고 씻어내는 역할을 하여, 미생물이 대량 서식하지 못하도록 막는다.

호흡기관과 위장관은 다양한 물리적 방어 형태로 무장되어 있다. **점액**은 호흡기관과 위장관에 들어오는 많은 미생물을 가둔다. 코의 점막은 점액으로 덮인 **털**도 가지고 있어 흡입된 공기를 여과하며 미생물, 먼지, 오염물질을 붙잡는다. 하부 호흡기관의 점막세포는 **섬모**로 덮여 있다. 섬모는 동시에 움직여 점액에 갇힌 흡입된 먼지와 미생물을 인두 쪽으로, 즉 위 방향으로 밀어버린다. 이것을 **섬모상승(ciliary escalator)**이라 하는데(그림 16.4), 시간당 1~3 cm의 속도로 점액층을 인두 쪽으로 계속 밀어낸다. 기침과 재채기는 섬모상승의 속도를 더 높인다. 담배연기 속의 일부 물질은 섬모를 저해하거나 파괴하는 독성을 가져 섬모상승의 기능을 심각하게 손상시킬 수 있다. 인공호흡 환자들은 섬모상승작용이 저해되어 호흡기관 감염에 취약하다. 하부 호흡기관에서는, 음식물을 삼킬 때 후두(발성기관)를 덮는 **후두개(epiglottis)**라는 작은 연골 덮개가 미생물의 침입을 막는다. 외이도에는 털과 **귀지(earwax 또는 cerumen)**가 있어, 미생물, 먼지, 곤충, 또는 물이 귀 안에 들어가는 것을 막는다.

오줌(urine)이 흘러 요도를 씻어내는 것도 비뇨기관에 미생물이 자리잡지 못하게 하는 또 다른 물리적 요인이다. 나중에 배우겠지

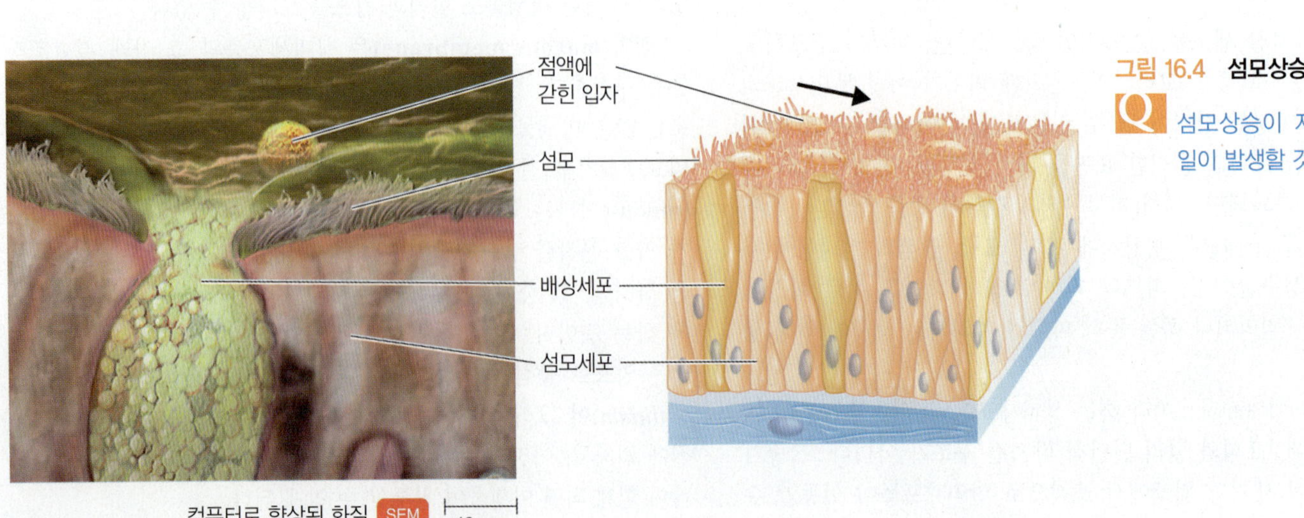

그림 16.4 **섬모상승**

Q 섬모상승이 저해되면 어떤 일이 발생할 것인가?

만, 감염이나 도뇨관(urinary catheter)에 의해 오줌의 흐름이 방해되면, 비뇨생식관 감염이 발생할 수 있다. 질분비물도 마찬가지로 미생물을 여성의 몸 밖으로 내보내는 물리적 요인이다.

연동운동(peristalsis), **배변(defecation)**, **구토(vomiting)**, **설사(diarrhea)** 등도 미생물을 배출한다. 연동운동은 음식물을 위장관을 따라 미는 일련의 조율된 수축이다. 대장의 집단연동운동이 내용물을 직장으로 밀면 배변이 일어난다. 미생물 독소에 반응하여 위장관 근육이 심하게 수축하면, 구토나 설사가 일어나 미생물이 몸 밖으로 제거된다.

화학적 요인

피부와 점막이 물리적 요인만으로 미생물 침입에 대한 고강도의 방어를 감당할 수 없다. 특정 화학적 요인들 또한 중요한 역할을 한다.

피부의 피지선에서는 기름진 **피지(sebum)**가 분비되어 체모가 말라 부서지지 않도록 한다. 피지는 또한 피부 표면 전체에 보호막을 형성한다. 피지의 성분 중에서 불포화지방산은 일부 세균과 곰팡이의 증식을 억제한다. 피부의 pH가 3~5 정도로 낮은 한 가지 이유는, 지방산과 젖산이 분비되기 때문이다. 피부가 산성이어서 많은 미생물의 증식이 억제된다.

피부에 편리공생하는 세균은 벗겨져 나가는 피부를 분해하여 영양분을 얻는데, 그 결과로 만들어지는 유기물질과 그 최종 대사산물이 체취를 만든다. 21장에서 배울 내용인데, 피부에 흔히 서식하는 일부 세균들은 대사를 통해 피지를 자유 지방산으로 전환하는데, 자유 지방산이 여드름과 관련된 염증반응을 일으킨다. 이소트레티노인(isotretinion, 상품명은 아쿠탄)은 비타민 A 유도체인데, 피지 생성을 저해하여 낭포성 여드름이라는 매우 심한 종류의 여드름 치료제로 쓰인다.

피부의 땀샘에서 **땀(perspiration)**을 만들어 체온을 유지하며, 일부 노폐물을 제거하고, 피부표면에서 미생물을 씻어 내린다. 땀에는 **리소자임(lysozyme)**이라고 하는 그람양성세균의 세포벽을 분해할 수 있는 효소가 들어 있다. 이 효소는 또한 그람음성세균의 세포벽도 어느 정도 분해할 수 있다(85쪽 그림 4.13 참조). 리소자임은 펩티도글리칸의 화학결합을 특이적으로 끊어 세포벽을 분해한다. 리소자임은 또한 눈물, 타액, 콧물, 조직액, 오줌 등에도 있어서 항균작용을 한다. 알렉산더 플레밍(Alexander Fleming)이 리소자임을 연구하던 중 1929년에 우연히 페니실린의 항미생물 효능을 발견하였다(12쪽 그림 1.5 참조).

귀지(earwax)는 물리적 장벽일 뿐 아니라, 또한 화학적 보호제 역할도 한다. 이것은 귀지분비선과 피지선에 나오는 분비물의 혼합물이다. 귀지에는 지방산이 많아 귀의 통로의 pH는 3~5 정도여서 많은 병원성 미생물의 증식이 억제된다. 귀지는 또한 귀의 통로 내벽에서 떨어져 나온 죽은 세포도 많이 포함하고 있다.

타액(saliva)에는 전분을 분해하는 타액 아밀라제 효소뿐 아니라, 미생물 증식을 억제하는 많은 물질이 들어 있다. 리소자임, 요소, 요산 등이 그러한 물질에 속한다. 또한 타액의 pH는 산성(6.55~6.85)이어서 일부 미생물을 억제한다. 타액에는 항체(면역글로불린 A)도 있어서 미생물이 점막에 부착되어 점막을 뚫고 들어가지 못하게 한다. **위액(gastric juice)**은 위의 분비선에서 만들어진다. 위액은 염산과 효소, 점액의 혼합물이다. 위액은 매우 산성(pH 1.2~3.0)이어서 세균과 대부분의 세균독소를 충분히 파괴한다. 보툴리누스균(*Clostridium botulinum*)과 포도상구균(*Staphylococcus aureus*)의 독소는 위액이 파괴하지 못한다. 그러나, 많은 장내 병원체는 음식물 입자에 의해 보호되어 위장관을 거쳐 장에 도달할 수 있다. 반면에 위염균(*Helicobacter pylori*)는 위산을 중화하여 위에서 증식할 수 있다. 위염균이 증식하면서 면역반응을 유발하여 위염과 위궤양이 생긴다.

질분비물은 두 가지 측면에서 항균 작용을 한다. 질상피세포에서 만들어지는 글리코겐이 젖산막대균(*Lactobacillus acidophilus*)에 의해 젖산으로 분해되면서 산성 pH (3~5) 상태가 되어 미생물 증식을 억제한다. 자궁경관 점액도 일부 항미생물 작용을 담당한다.

오줌에는 리소자임이 들어 있을 뿐 아니라, pH가 산성(평균 6)이어서 미생물 증식이 억제된다.

이번 장의 후반부에, 항미생물 펩티드라는 또 다른 군의 화학물질이 나오는데 이 물질도 선천성 면역에 중요한 역할을 한다.

정상 미생물상과 선천성 면역

엄밀히 말하면, **정상 미생물상(normal microbiota)**은 보통 선천성 면역의 제1방어선에 포함되지 않는다. 그러나 이것이 상당한 보호작용을 하기 때문에 여기서 설명하고자 한다(그림 16.1). 14장에서 정상 미생물상과 숙주세포 사이의 관계에 대해 설명하였다. 일부 관계는 병원체가 과하게 증식하는 것을 방지하기 때문에 선천성 면역으로 여겨진다. 예를 들어, 미생물 길항작용에서, 정상 미생물상은 병원체가 숙주에 대량 서식하는 것을 막는데 그 방법은 다음과 같다. 병원체와 양분을 두고 경쟁(경쟁적 배제)하거나, 병원체에 해로운 물질을 생산하거나, pH나 산소 유용성 등의 병원체 생존에 영향을 미치는 조건을 바꾸는 것이다. 질에 있는 정상 미생물상이 pH를 변화시키고, 이로 인하여 질염을 일으키는 병원성 효모균인 *Candida albicans*의 과다증식이 억제된다. 대장에서 대장균(*E. coli*)은 살모넬라균(*Salmonella*)과 이질균(*Shigella*)의 증식을 억제하는 박테리오신을 생산한다.

편리공생에서 한 생물은 더 큰 생물의 몸을 자신의 물리적 환경으로 이용하며 그 몸에서 영양분을 얻는다. 그러므로 편리공생에서는 한 생물은 이득을 얻고 상대방 생물은 아무 영향을 받지 않는다. 편리공생을 하고 있는 미생물상의 대부분이 우리 몸의 피부나 위장관에서 발견된다. 이들 대부분은 매우 특수한 부착 방법을 가지고 있으며 생존에 알맞은 환경을 필요로 하는 세균이다. 이런 미생물은 보통 무해하지만, 환경이 바뀌면 병을 일으킬 수도 있는 기회감염성 병원체로 대장균(*E. coli*), 황색포도상구균(*Staphylococcus aureus*), 표피포도상구균(*S. epidermidis*), 장내구균(*Enterococcus faecalis*), 녹농균(*Pseudomonas aeruginosa*), 구강 연쇄상구균 등이 이에 속한다.

최근 인간의 건강에 미치는 세균의 중요성이 부각되면서 생균제에 대한 연구가 이루어지고 있다. 생균제(**probiotics**; *pro* = 위한, *bios* = 생명)는 몸에 이롭도록 바르거나 먹는 살아 있는 미생물 배양을 뜻한다. 생균제는 유익한 세균의 성장을 선택적으로 촉진하는 프리바이오틱스(prebiotics)라는 화학물질과 함께 투여될 수 있다. 몇몇 연구에서, 특정 젖산균(LAB)을 섭취하면 설사가 낫고 항생제 치료 동안 장내세균(*Salmonella enterica*)이 대량 서식하지 못한다고 보고된 바 있다. LAB가 대장에 대량 서식하면 이들이 젖산과 박테리오신을 만들어 일부 병원체의 증식이 억제된다. 과학자들은 또한 LAB을 이용하여 포도상구균(*S. aureus*)이 일으키는 수술 부위 감염이나 *E. coli*가 일으키는 질 감염을 억제하는 시험을 진행 중이다. 스탠퍼드 대학교에서 수행된 한 연구에서, CD4 단백질을 만들어 HIV에 부착하도록 유전자가 변형된 LAB을 투여한 여성들의 경우, HIV 감염이 감소하였다. 생균제가 모든 질병 치료에 도움이 되는 것은 아니지만, 생균제에 대한 연구는 한창 진행 중이다. 예를 들어, 네덜란드 의료팀의 보고에 따르면, 생균제를 투여한 췌장염 환자들에서 사망률이 증가하였다.

이해도 확인하기

- 피부와 점막을 통해 미생물이 우리 몸에 침입하지 못하도록 막는 물리적 요인과 화학적 요인을 한 가지씩 답하시오. **16-3**
- 눈과 소화관, 호흡기관에서 이 경로들을 통하여 미생물이 우리 몸에 들어오거나 대량 서식하지 못하게 하는 물리적 요인과 화학적 요인을 한 가지씩 답하시오. **16-4**
- 미생물 길항작용과 편리공생의 차이점을 설명하시오. **16-5**

제2선 방어

미생물이 제1방어선을 침투하면, 제2선을 마주치는데 이것은 식세포, 염증, 열, 항미생물 물질 등으로 이루어진다.

식세포에 대하여 살펴보기 전에, 혈액을 구성하는 세포를 먼저 이해하는 것이 도움이 될 것이다.

혈액의 구성요소

학습 목표

16-6 백혈구를 분류하고, 과립구와 단핵구의 역할을 설명한다.

16-7 여섯 가지 종류의 백혈구에 대하여, 각각의 이름과 기능을 설명한다.

혈액은 **혈장(plasma)**이라 하는 액체와, **구성요소(formed element)**로 이루어진다. 구성요소란 혈장에 떠 있는 세포와 세포 조각을 말한다(**표 16.1**). 표 16.1에 열거된 구성요소 중에서, 지금 관심가질 것은 **백혈구(leukocyte** 또는 **white blood cell)**이다.

백혈구는 광학현미경으로 보이는 모습에 따라 크게 두 부류, 과립구와 비과립구로 나뉜다. **과립구(granulocyte)**는 세포질에 큰 과립을 가지고 있으며, 이 과립들은 염색하면 광학현미경으로 관찰된다. 과립구는 과립이 어떻게 염색되느냐에 따라 호중성과 호염기성, 호산성의 세 종류의 세포로 나뉜다. **호중성백혈구(neutrophil)**의 과립은 산성과 염기성 염색제를 혼합하여 염색하면 연보라색으로 염색된다. 호중성백혈구는 흔히 다형핵백혈구(polymorphonuclear leukocyte; PMN 또는 polymorph)라 한다. (다형핵이란 용어는 호중성백혈구의 핵이 2~5엽을 가진다는 뜻임.) 호중성백혈구는 식작용에 뛰어나며 운동성이 있어 감염의 초기 단계에서 활발히 기능한다(그림 16.1). 즉, 혈액을 떠나 감염된 조직에 들어가 미생물과 외래 물질을 파괴할 수 있다. **호염기성백혈구(basophil)**는 염기성 염색제인 메틸렌블루로 염색하면 청보라색으로 염색된다. 이 세포는, 히스타민을 포함하여 염증과 알레르기 반응에 중요한 물질을 분비한다. **호산성백혈구(eosinophil)**는 산성 염색제 에오신으로 적색 또는 주황색으로 염색된다. 이 세포도 약간의 식작용 능력이 있으며 혈액을 떠날 수 있다. 주요 기능은 연충과 같은 일부 기생생물에 대항하는 독소 단백질을 생산하는 것이다. 호산성백혈구는 크기가 작아 연충을 섭취하여 파괴하지 못하고, 대신에 연충 표면에 부착하여 과산화이온을 배출하여 그들을 파괴한다(496쪽 그림 17.16 참조). 호산성백혈구의 숫자는 일부 기생충 감염과 과민성(알레르기) 반응에서 크게 증가한다.

비과립구(agranulocyte)도 세포질에 과립이 있기는 하지만, 염색하여도 광학현미경으로 관찰되지 않는다. 비과립구에는 단핵구와 수지상세포, 림프구, 세 종류가 있다. **단핵구(monocyte)**는 아직 식작용을 활발히 하지 못하며, 혈액을 떠나 조직에 침투하여 **대식세포(macrophage)**로 성숙하게 된다. 실제로, 감염이 있을 때 림프절이 붓는 이유는 림프구가 증식하기 때문이다. 미생물이 들어 있는 혈액과 림프가 기관을 통과할 때 미생물은 조직의 대식세포에 의한

표 16.1 혈액의 구성요소

I. 적혈구
4.8~5.4백만/μl 또는 mm^3
기능: O_2와 CO_2 수송

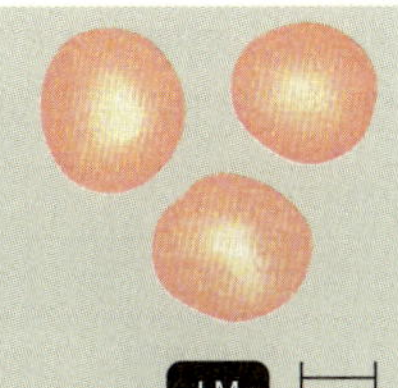

II. 백혈구
5000~10,000/μl 또는 mm^3

A. 과립구(염색된)

1. 호중성백혈구(PMN)
(백혈구의 60~70%)
기능: 식작용

2. 호염기성백혈구(0.5~1%)
기능: 히스타민 생산

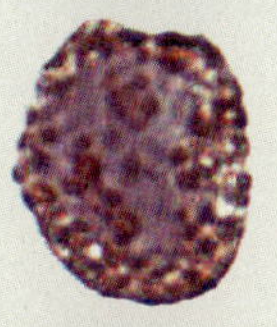

3. 호산성백혈구(2~4%)
기능: 일부 기생생물에 대항하는 독소 단백질 생산; 약간의 식작용

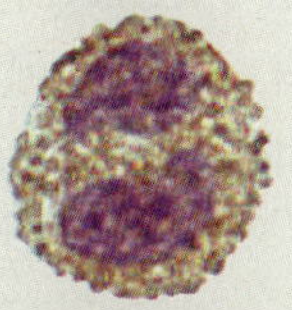

B. 비과립구(염색된)

1. 단핵구(3~8%)
기능: 식작용
(대식세포로 성숙하였을 때)

대식세포

LM 5 μm　LM 10 μm

2. 수지상세포
기능: 단핵구에서 유래하고 식작용, 후천성 면역반응 시작

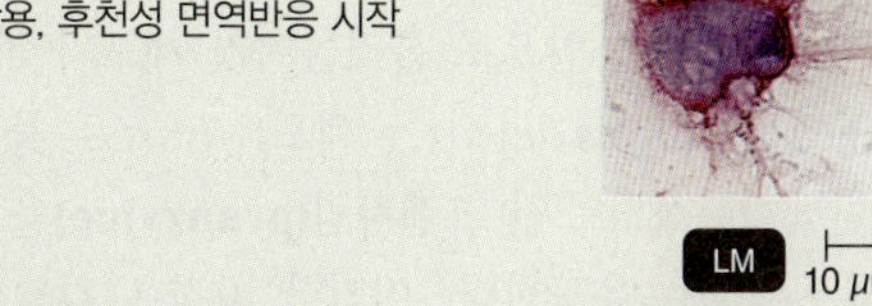

3. 림프구(20~25%)

- 자연살생(NK)세포
기능: 세포용해와 세포자살 유도하여 표적세포 파괴

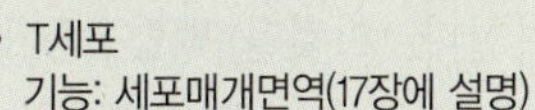

- T세포
기능: 세포매개면역(17장에 설명)

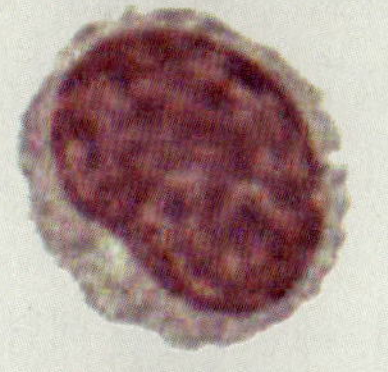

- B세포
기능: 활성화된 B세포(형질세포)가 항체 생산

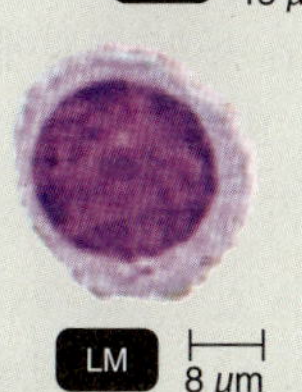

III. 혈소판
150,000~400,000/μl 또는 mm^3
기능: 혈액응고

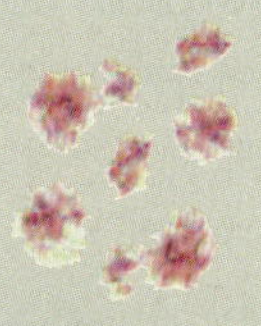

식작용으로 제거된다. 대식세포는 오래된 혈액세포도 제거한다.

수지상세포(dendritic cell; 그림 16.1 참조)는 단핵구에서 유래된 것으로 알려져 있다. 이 세포는 신경세포의 수상돌기를 닮은 긴 돌기를 가지고 있다. 수지상세포는 특히 피부의 표피, 점막, 흉선, 림프절에 많이 분포한다. 수지상세포는 식작용으로 미생물을 파괴하여 후천성 면역반응을 시작한다(17장 494쪽 참조).

림프구(lymphocyte)에는 자연살생세포와 T세포, B세포가 포함된다. **자연살생세포[natural killer (NK) cell]**는 혈액, 비장, 림프절, 적색골수 등에 존재한다. NK세포는 다양한 감염세포와 일부 종양세포를 살생할 수 있다. NK세포는, 어떤 세포라도 비정상 세포막 단백질을 보이면 그 세포들을 공격한다. NK세포가 감염된 세포와 같은 표적세포에 결합하면, NK세포에서 독성물질을 담은 과립이 방출된다. 어떤 과립은 **퍼포린(perforin)** 단백질을 담고 있는데, 퍼포린은 표적세포 막에 끼어 통로(구멍 뚫린 상태)를 만든다. 그 결과, 세포 밖의 액체가 세포 안으로 흘러들어가 세포가 파열된다. 이 과정을 **세포용해(cytolysis**; *cyto-* = 세포; *-lysis* = 풀림)라 한다. 다른 과립은 단백질분해효소인 **그랜자임(granzyme)**을 방출하여, 표적세포를 세포사멸로 유도한다. 이러한 공격은 감염된 세포를 죽이지만 그 안에 있던 미생물은 죽이지 못한다. 방출된 미생물은 식세포에 의해 파괴된다.

T세포(T cell)와 **B세포(B cell)**는 식작용을 하지는 않지만 후천성 면역에 중요한 역할을 한다(17장 참조). 이 세포들은 림프계의 림프조직에 있으며 혈액을 순환하기도 한다.

다양한 종류의 감염, 특히 세균 감염 동안에 미생물을 방어하기 위해 백혈구 전체의 숫자가 증가한다. 이것을 **백혈구증가증**(leukocytosis)이라 한다. 감염이 심하면 그 정도에 따라 백혈구의 숫자도 두 배, 세 배, 또는 네 배로 증가할 수 있다. 수막염, 감염성단핵구증, 맹장염, 폐렴구균성 폐렴, 임질 등의 질병에서 백혈구 숫자가 그 정도로 증가한다. 살모넬라증과 브루셀라증, 일부 바이러스 감염과 리케차 감염 등의 질병에서는 백혈구가 감소하여 **백혈구감소증**(leucopenia)이 발생한다. 백혈구감소증은 백혈구 생산에 손상이 생기거나 백혈구 세포막이 보체나 항미생물 혈청 단백질에 의해 손상되어 발생할 수 있다. 이 부분은 이번 장의 후반부에서 배운다. 백혈구의 증가나 감소는 **분별백혈구개수(differential white blood cell count)**로 측정되는데, 이것은 시료에 존재하는 전체 백혈구 100개당 각 종류의 백혈구의 백분율을 계산한 것이다. 정상적인 경우의 이 백분율이 표 16.1의 괄호 안에 나와 있다.

림프계

학습 목표

16-8 림프 순환계와 혈액 순환계의 차이를 설명한다.

임상 사례

제이콥을 담당한 소아과 의사는 제이콥의 혈액을 실험실로 보내 완전혈구측정(CBC)을 의뢰하였고, 그 결과는 아래와 같았다:

적혈구	400만/μl
호중성백혈구	9700/μl
호염기성백혈구	200/μl
호산성백혈구	600/μl
단핵구	1140/μl

어느 세포가 감염에서 제이콥을 보호하는 세포인가? CBC 결과를 보고, 담당의사는 무엇이 잘못되었는지를 어떻게 알까?

452 **458** 463 466 472 473

림프계(lymphatic system)는 림프(lymph)라는 액체와 림프관(lymphatic vessel), **림프조직**(lymphoid tissue)이 들어 있는 여러 구조 및 조직, 줄기세포에서 림프구를 비롯한 혈액세포로의 발달이 일어나는 **적색골수**(red bone marrow) 등으로 이루어져 있다(그림 16.5a). 림프조직에는 면역반응에 참여하는 다수의 림프구와 식세포가 존재한다.

림프관은 세포 사이 공간에 위치한 현미경적 구조인 **모세림프관**(lymphatic capillarie)에서 시작한다(그림 16.5b과 16.5c). 모세림프관은 혈장에서 유래된 세포간질액(interstitial fluid)을 받아들이지만 내보내지는 않는다. 모세림프관 내의 액체를 림프라 한다. 모세림프관이 모여 더 큰 림프관을 이룬다. 림프관은 정맥처럼 일방통행판을 가지고 있어 림프가 한 방향으로만 흐르게 한다. 림프는, 림프관을 따라 간격을 두고 분포하는 콩모양의 **림프절**(lymph node)을 거쳐서 흐른다(그림 16.5a). 림프절은 T세포와 B세포가 활성화되는 장소이며, 활성화된 T세포와 B세포는 미생물을 파괴한다(17장). 또한 림프절 안에는 미생물을 가두는 세망섬유(reticular fiber), 그리고 식작용으로 미생물을 파괴하는 대식세포와 수지상세포가 있다. 모든 림프는 결국 **가슴관**(thoracic duct; **좌측림프관**)과 **우측림프관**(right lymphatic duct)을 지나 각각의 쇄골하정맥(subclavian vein)으로 들어가게 되고, 거기서는 혈장이 된다. 혈장은 심혈관계를 흐르며 결국 세포간질액이 되어 다시 순환된다.

림프조직과 기관은 위장관, 호흡기관, 비뇨기관, 생식기관의 내벽에 있는 점막에 퍼져 있으며, 섭취하거나 흡입된 미생물에 대항하는 역할을 한다. 우리 몸의 특정 부분에는 림프조직이 크게 응집한 구조가 다수 분포한다. 인두의 편도(tonsils)와 소장의 페이에르판(Peyer's patch)이 이에 속한다(490쪽 그림 17.9 참조).

림프절이 림프를 감시하듯이 비장(spleen)에는 림프구와 대식세

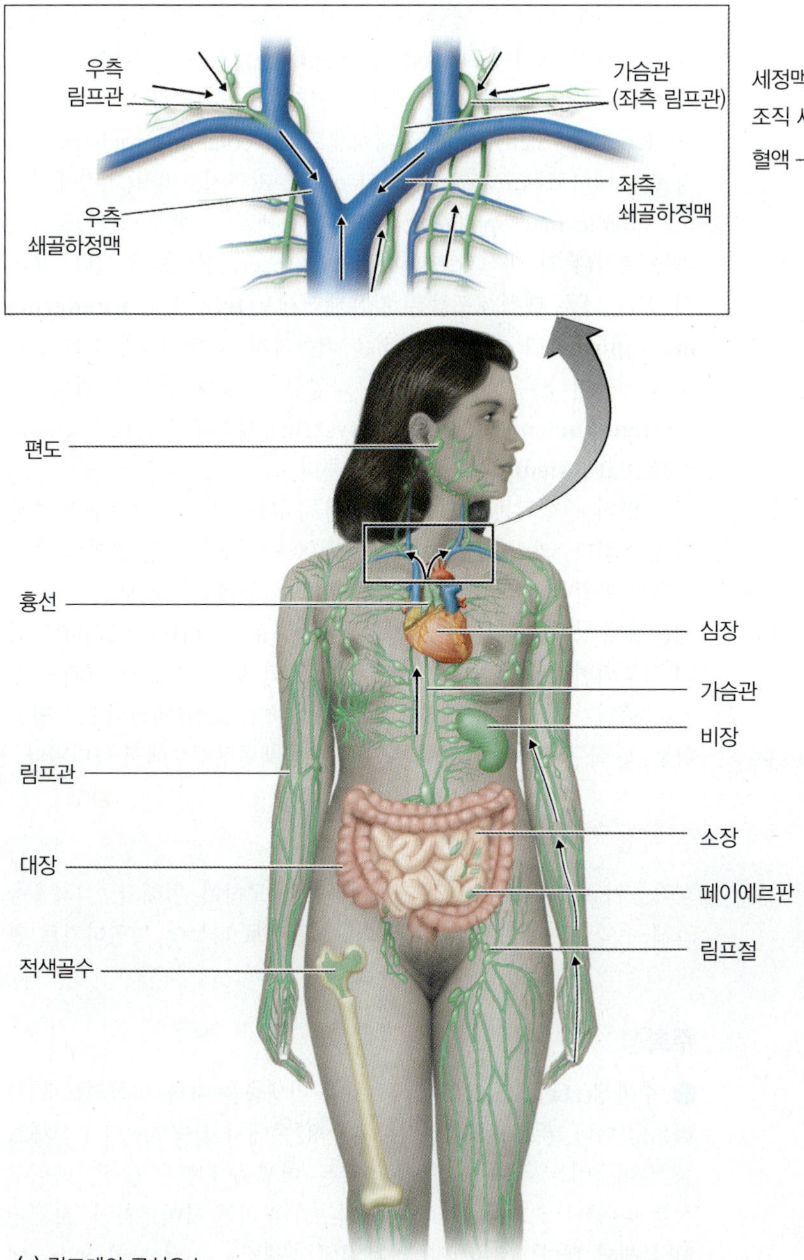

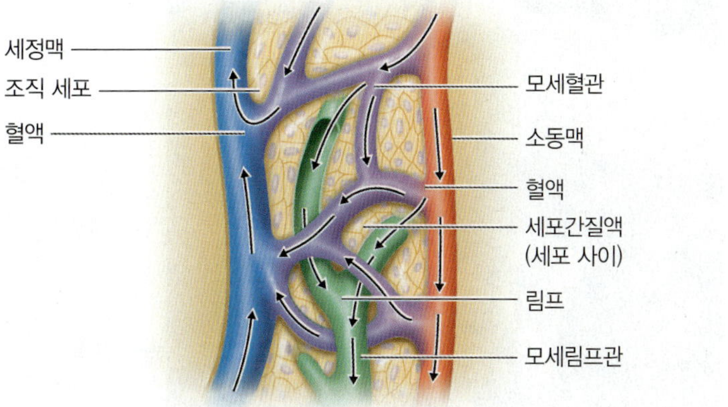

(b) 모세림프관과 조직세포 그리고 모세혈관 사이의 관계

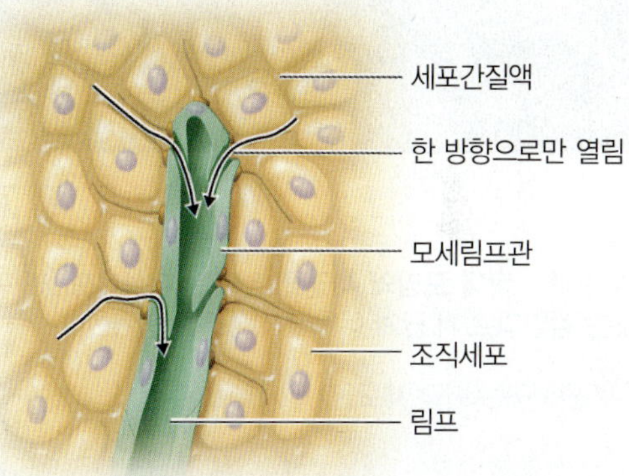

(c) 모세림프관의 상세도

(a) 림프계의 구성요소

그림 16.5 림프계. (a) 림프계의 요소. 화살표는 림프가 흐르는 방향을 가리킨다. (b) 세포 사이를 순환하는 액체(세포간질액)는 모세림프관에 들어간다. (c) 모세림프관의 상세도.

감염이 발생하면 왜 림프절이 부어 오르는가?

포가 있어, 혈액에 미생물이나 그들이 분비한 독소가 있는지 감시한다. **흉선**(thymus)은 T세포가 성숙되는 장소이며, 여기에도 수지상 세포와 대식세포가 있다.

이해도 확인하기

- 단핵구와 호중성백혈구의 구조와 기능을 비교하시오. **16-6**
- 분별백혈구계수의 뜻은? **16-7**
- 림프절의 기능은 무엇인가? **16-8**

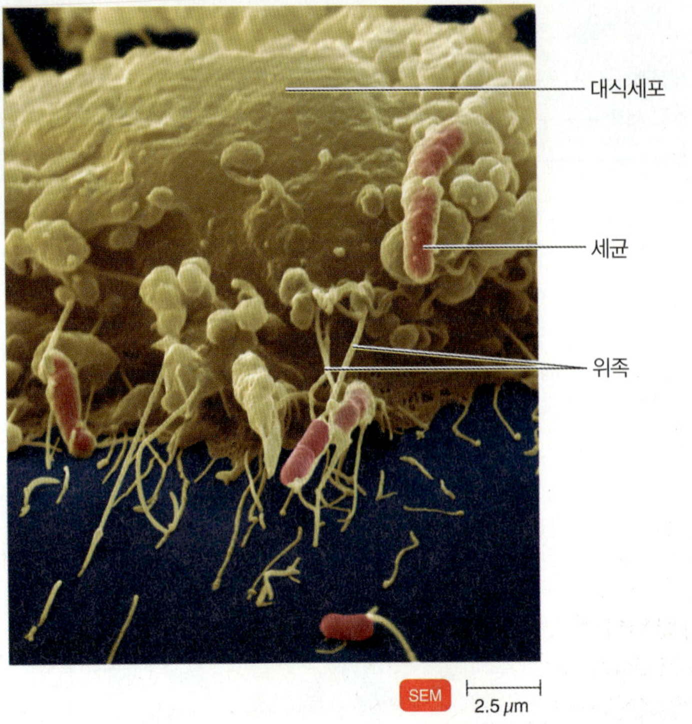

그림 16.6 **막대 모양의 세균을 삼키는 대식세포.** 단핵구식세포계의 대식세포는 감염의 초기 단계 이후에 미생물을 제거한다.

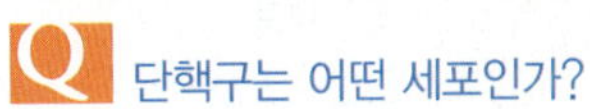
단핵구는 어떤 세포인가?

식세포

학습 목표

16-9 식세포와 식작용을 정의한다.

16-10 식작용의 전체 과정과 부착, 섭취의 단계를 설명한다.

16-11 식작용에 의한 파괴를 피하는 여섯 가지 방법을 설명한다.

식작용(phagocytosis; 그리스어로 '먹다'와 '세포'가 합쳐진 뜻)은, 세포가 미생물 또는 파괴된 세포의 잔해와 같은 물질을 섭취하는 것이다. 앞서 설명하였듯이 식작용은 일부 원생동물들의 영양분 섭취 수단을 이르기도 한다. 식작용은 또한 파괴된 세포와 변성된 단백질과 같은 잔해를 치우는 역할을 한다. 이번 장에서 설명할 식작용은 제2방어선으로서, 우리 몸의 세포들이 감염을 상대하는 방법이다. 이 기능을 담당한 세포들을 통틀어 **식세포(phagocyte)**라 하는데, 이들은 모두 백혈구 또는 백혈구 유래 세포들이다.

식세포의 작용

감염이 발생하면, 과립구(특히 호중성백혈구를 말하지만, 호산성백혈구와 수지상세포도 포함)와 단핵구가 감염 지역으로 이동한다. 이동과정 중에, 단핵구는 크기가 커지면서 식작용의 기능이 활성화된 대식세포로 발달한다(그림 16.6). 단핵구는 혈액을 떠나 조직으로 이동해서 대식세포로 발달한다. 일부 조직과 기관에 상주하는 대식세포를 **고정 대식세포(fixed macrophage)** 또는 조직구(histiocyte)라 한다. 거주하는 조직과 세포의 명칭은 다음과 같다. 간(쿠퍼세포; Kupffer's cell), 폐(폐포대식세포; alveolar macrophage), 신경계(미세아교세포; microglial cell), 기관지, 비장(비장대식세포; splenic macrophages), 림프절, 적색골수, 복부 기관을 둘러싸는 복강(복강 대식세포; peritoneal macrophage) 등이다. 운동성 있는 다른 대식세포들은 **자유대식세포(free** 또는 **wandering macrophage)**라 하는데, 조직을 떠돌다가 감염이나 염증이 있는 곳에 집합한다. 우리 몸에 있는 다양한 대식세포들은 **단핵식세포계(mononuclear phagocytic system)**[**세망내피계(reticuloendothelial system)**라고도 함]를 이룬다.

감염이 진행되는 동안, 혈액에서 주류를 이루는 백혈구의 종류가 달라진다. 과립구, 특히 호중성백혈구가 세균 감염 초기에 주를 이루어 활발하게 식작용을 한다. 분별백혈구계수를 해보면 이 시기에는 호중성백혈구 숫자가 증가하는 것으로 나타난다. 그러나 감염이 진행되면서, 대식세포가 지배적으로 되어 살아남은 세균과 죽었거나 죽어가는 세균을 식작용으로 청소한다. 또한(대식세포로 발달하는) 단핵구의 수가 증가하는 것이 분별백혈구계수에서 나타난다.

식작용의 원리

식작용이 어떻게 일어나는가? 이해를 도모하기 위해서, 식작용을 크게 주화성, 부착, 섭취, 분해의 네 단계로 나누어 설명하기로 한다(그림 16.7).

주화성

❶ **주화성(chemotaxis)**은 식세포가 미생물을 향해 화학적으로 끌리는 것이다. (주화성의 원리는 4장 82쪽에서 설명하였다.) 식세포를 끌어들이는 주화성 화학물질로는 미생물이 만든 물질, 백혈구 성분, 손상된 조직 세포, 다른 백혈구가 분비한 사이토카인, 보체에서 유래된 펩티드 등이 있다. 보체에 관해서는 이번 장의 후반부에서 설명한다.

부착

식작용과 관련하여 **부착(adherence)**이란, 식세포의 세포막이 미생물 또는 다른 외래물질의 표면에 붙는 것이다. 부착은, 미생물의 병원체관련분자패턴(PAMP)이 식세포 표면의 톨유사수용체(TLR)와 같은 수용체에 결합하면서 이루어진다. PAMP가 TLR에 결합하면 식작용이 시작될 뿐 아니라, 더 많은 식세포를 끌어들이는 특정 사이토카인도 분비된다.

어떤 경우에는 부착이 용이하게 일어나 해당 미생물이 수월하게 식작용으로 섭취된다. 식세포 부착을 촉진하는 일부 혈청 단백질이 미생물을 먼저 덮으면 식작용이 훨씬 수월해진다. 이렇게 둘러싸는 과정을 **옵소닌작용(opsonization)**이라 한다. 옵소닌(opsonin)으로

토대 그림 16.7

식작용의 단계

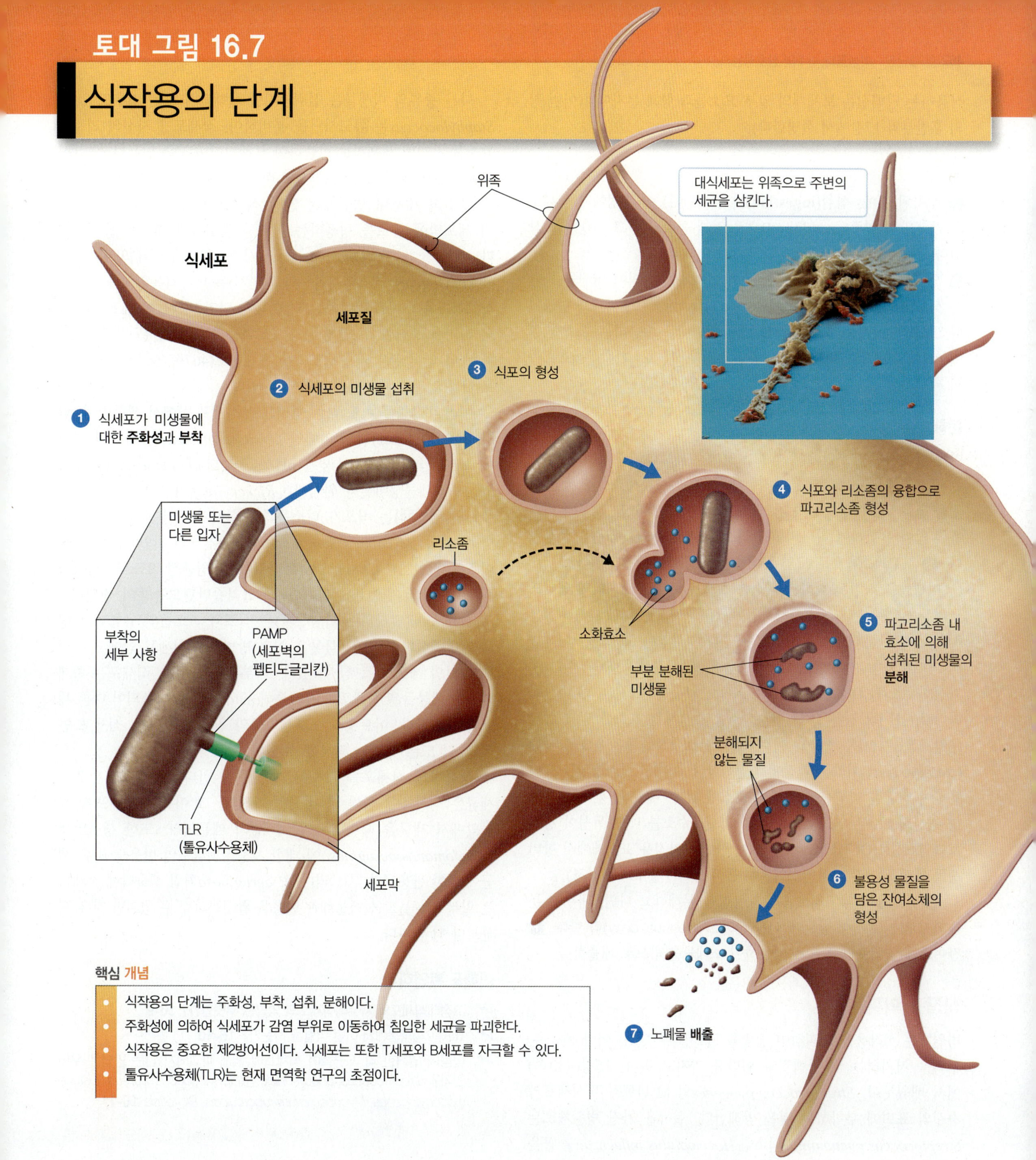

위족

대식세포는 위족으로 주변의 세균을 삼킨다.

식세포

세포질

1 식세포가 미생물에 대한 **주화성**과 **부착**

2 식세포의 미생물 섭취

3 식포의 형성

4 식포와 리소좀의 융합으로 파고리소좀 형성

미생물 또는 다른 입자

리소좀

소화효소

부착의 세부 사항

PAMP (세포벽의 펩티도글리칸)

TLR (톨유사수용체)

세포막

5 파고리소좀 내 효소에 의해 섭취된 미생물의 **분해**

부분 분해된 미생물

분해되지 않는 물질

6 불용성 물질을 담은 잔여소체의 형성

7 노폐물 **배출**

핵심 개념

- 식작용의 단계는 주화성, 부착, 섭취, 분해이다.
- 주화성에 의하여 식세포가 감염 부위로 이동하여 침입한 세균을 파괴한다.
- 식작용은 중요한 제2방어선이다. 식세포는 또한 T세포와 B세포를 자극할 수 있다.
- 톨유사수용체(TLR)는 현재 면역학 연구의 초점이다.

작용하는 단백질은 보체계의 일부 요소들과 항체 분자이다(이번 장의 후반부와 17장에서 설명한다).

섭취

❷ 부착된 후에, **섭취(ingestion)**가 일어난다. 이 과정에서 식세포의 세포막이 **위족(pseudopod)**으로 길게 돌출되어 그 미생물을 삼킨다(그림 16.6).

❸ 일단 미생물을 에워싸면, 위족이 합쳐져 연결되어 미생물을 담은 **식포(phagosome** 또는 phagocytic vesicle)라는 주머니가 형성된다. 식포의 막에는 수소이온(H^+)을 식포 내로 수송하는 효소가 있어 pH가 4 정도까지 낮아진다. 이 정도의 pH에서 가수분해효소들이 활성화된다.

분해

이 단계에서는 세포막에서 식포가 떨어져 세포질로 도입된다. 식포는 세포질에서 리소좀과 접촉하는데, 리소좀은 분해효소와 살균 물질을 담고 있다(4장 104쪽 참조). ❹ 접촉이 발생하면, 식포와 리소좀의 막이 융합하여 하나의 **파고리소좀(phagolysosome)**을 형성한다. ❺ 파고리소좀으로 도입된 내용물은 이 안에서 분해된다.

미생물을 직접 공격하는 리소좀 효소로는 세균 세포벽의 펩티도글리칸을 가수분해하는 리소자임이 있다. 지질분해효소, 단백질분해효소, 핵산분해효소 등과 같은 또 다른 다양한 효소들이 미생물의 거대분자를 가수분해한다. 리소좀은 또한 과산화물음이온($O_2^{-\cdot}$), 과산화수소(H_2O_2), 일산화질소(NO), 일중항산소($^1O_2^-$), 수산화라디칼(OH·)과 같은 독성 활성산소를 발생하는 효소를 담고 있다(6장 159~160쪽 참조). 이런 독성 산소생성물들은 **산화물 배출**(oxidative burst)이라는 과정에서 발생한다. 이러한 산소생성물을 이용하여 섭취한 미생물을 죽이는 효소가 있다. 예를 들어, 골수세포형 과산화효소는 염화(Cl^-)이온과 과산화수소를 매우 독성이 강한 차아염소산(HOCl)으로 바꾼다. 이 산에는 가정용 표백제에서 항미생물 활성을 가진 차아염소이온이 들어 있다(7장 194쪽 참조).

❻ 효소들이 파고리소좀의 내용물을 분해하고 나면, 내부에 분해되지 않는 물질이 남는데 이를 **잔여소체**(residual body)라 한다. ❼ 잔여소체는 세포막 쪽으로 이동하여 노폐물을 밖으로 배출한다.

식작용 회피

병원체는 식작용을 회피하여 질병을 일으킬 수 있다. 어떤 세균은, 부착을 저지하는 M 단백질과 협막을 가지고 있다. 15장(433쪽)에서 배웠듯이, *Streptococcus pyogenes*의 M 단백질은 식세포가 자신의 표면에 부착하는 것을 방해한다. 협막을 가진 병원체로는 *Streptococcus pneumoniae*와 b형 *Haemophilus influenzae*를 꼽을 수 있다. 이처럼 협막이 두터운 병원체는 혈관, 혈액응고, 또는 결합조직 섬유처럼 미생물이 잘 떨어지지 못하는 거친 표면에 있을 때만 식세포가 포착하여 식작용으로 삼킬 수 있다.

다른 종류의 미생물은 섭취되지만 살해되지 않는 경우도 있다. *Staphylococcus*는 류코시딘을 분비하여, 식세포가 자신의 리소좀 효소를 자신의 세포질로 방출하여 분해되어 죽도록 만든다. 연쇄상구균이 분비하는 스트렙토리신도 비슷한 작용을 한다.

다수의 세포내 병원체는 일단 식세포 내에 침입하면 식세포의 세포막에 통로를 형성하는 독소를 분비하여 세포를 용해시킨다. 예를 들어, *Trypanosoma cruzi*(샤가스병의 원인체)와 *Listeria monocytogenes*(리스테리아증의 원인체)는 막공격복합체를 만들어 파고리소좀의 막을 용해하는데, 이렇게 되면 미생물이 세포질로 나와 거기서 증식할 수 있게 된다. 그 다음, 이 미생물은 막공격복합체를 더 많이 분비하여 세포막을 용해하고(467쪽 참조) 세포 밖으로 나가 인접한 세포들을 감염할 수 있다.

여러 미생물들이 또 다른 방법으로 식세포 안에서 생존할 수 있다. Q열(Q fever)의 원인체인 *Coxiella burnetii*는 자신의 증식에 실제로 파고리소좀의 낮은 pH가 꼭 맞다. *L. monocytogenes*와 *Shigella*(세균성이질의 원인체), *Rickettsia*(로키산 홍반열과 장티푸스의 원인체)는 식포가 리소좀과 융합하기 전에 식포에서 탈출할 수 있다. *Mycobacterium tuberculosis*(결핵의 원인체), HIV(에이즈의 원인체), *Chlamydia*(트라코마, 비임균성 요도염, 성병성 림프육아종의 원인체), *Leishmania*(리슈만편모충증의 원인체), *Plasmodium*(말라리아 기생생물)은 식포와 리소좀의 융합과 산성화를 방해한다. 이 미생물들은 이런 방법으로 식세포 안에서 증식하여 거의 세포 가득 찰 수 있다. 대부분의 경우에, 식세포는 죽게 되고 미생물들은 식세포의 자가분해(autolysis)로 방출되어 다른 세포를 감염한다. 야토병과 브루셀라증의 원인 병원체는, 식세포 안에 몇 달 또는 몇 년간 잠복할 수 있다.

생물막도 식세포를 피하는 데 역할을 한다. 생물막의 일원인 세균은 식작용에 훨씬 더 내성을 가진다. 그 이유는 식세포가 생물막에서 세균을 떼어내 삼킬 수 없기 때문이다. 또한 생물막의 *Pseudomonas aeruginosa*에 대한 호중성백혈구의 반응도 자유 세균에 대한 반응보다 더 느리다. *P. aeruginosa*처럼 생물막에 존재하는 일부 세균들도 산화물배출 반응을 활성화시킬 수 있지만 자유 세균보다 더 약하다.

이해도 확인하기

- ✔ 고정대식세포와 자유대식세포의 역할은 무엇인가? **16-9**
- ✔ TLR은 식작용에서 어떤 역할을 하는가? **16-10**
- ✔ 다음에 열거한 각 세균들이 식세포에 의해 파괴되지 않는 방법은 무엇인가? *Streptococcus pneumoniae*, *Staphylococcus aureus*, *Listeria monocytogenes*, *Mycobacterium tuberculosis*, *Rickettsia* **16-11**

* * *

식작용은 선천성(비특이적) 면역을 제공할 뿐 아니라, 후천성 면역에도 중요한 역할을 한다. 대식세포는 T세포와 B세포가 후천성 면역의 중요한 기능을 수행하도록 도움을 준다. 17장에서 식작용이 어떻게 후천성면역을 돕는지 더 자세히 설명한다.

다음 절에서 식작용이 선천성면역의 방법, 즉 염증에서는 어떤 역할을 하는지 살펴보기로 한다.

임상 사례

호중성백혈구와 대식세포는 제2방어선을 형성한다. 실험실에서 받은 결과에 의하면, 제이콥의 백혈구 숫자가 약간 높은 편이다. 백혈구증가증은 곰팡이 감염에서 발생한다. 그러나 담당의사는 제이콥의 백혈구가 제대로 기능을 못할 가능성을 염려하였다. 이를 확인하기 위해서, 그는 NBT 환원검사를 의뢰하였다. 이 검사는 현미경 슬라이드에 혈액을 도말하여 실시하는 것이다. 정상 호중성백혈구는 노란 염색제인 NBT를 환원하여 푸른색의 불용성 침전을 생성한다. 제이콥의 호중성백혈구는 이러한 결과를 보이지 않았으므로 그 기능을 못하는 것으로 판단되었다. 정상적으로는, 세균과 같은 표적세포가 호중성백혈구의 세포막에 부착하여 자극하면 호중성백혈구는 NADPH를 생산하게 된다(그림 참조). 그 결과, 과산화수소가 폭발적으로 생겨나 표적세포에 치명적인 산화를 일으킨다.

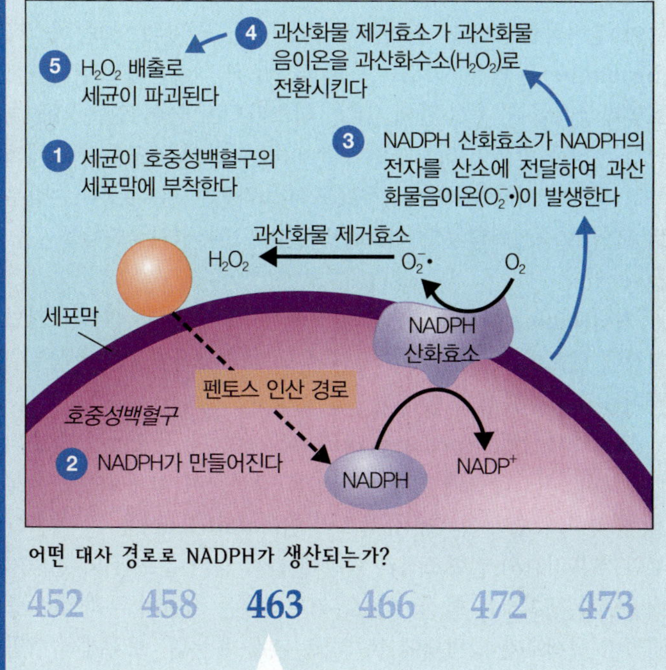

어떤 대사 경로로 NADPH가 생산되는가?

452 458 **463** 466 472 473

염증

학습 목표

16-12 염증의 단계를 열거한다.

16-13 염증과 관련된 혈관확장, 키닌, 프로스타글란딘, 류코트리엔의 역할을 설명한다.

16-14 식세포 이동을 설명한다.

우리 몸의 조직이 손상을 입으면 **염증(inflammation)**이라는 국소적인 방어반응이 일어난다. 염증은 제2방어선의 또 하나의 요소이다(그림 16.1 참조). 염증성 손상은 미생물 감염, 물리적 인자(화상, 방사능, 전기자극, 뾰족한 물체), 또는 화학적 인자(산, 염기, 가스) 등에 의해 생길 수 있다. 염증은 네 가지 징후와 증상을 특징적으로 보이는데, 발적(빨개짐), 통증, 열, 그리고 부어 오름이다. 간혹 다섯째, 손상 부위와 손상 정도에 따라 기능의 소실도 동반될 수 있다.

염증의 원인이 비교적 단시간 내에 사라지고 그 반응이 강렬할 때 급성염증(acute inflammation)이라 한다. 한 예로, *S. aureus*에 의해 생기는 종기에 대한 반응을 들 수 있다. 반면, 염증의 원인이 제거되기 어렵거나 불가능하면, 염증반응은 더 길게 지속되지만 정도는 더 약하다(결국 더 파괴적이지만). 이러한 상태를 만성염증(chronic inflammation)이라 한다. *M. tuberculosis*에 의해 생기는 결핵과 같은 만성감염에 대한 반응이 이에 해당된다.

염증은 다음과 같은 기능을 한다: (1) 해로운 물질을 파괴하며, 가능하면 해로운 물질 자체와 그 부산물을 우리 몸에서 제거한다; (2) 파괴할 수 없으면, 해로운 물질과 그 부산물에 담을 쳐서 주변에 영향을 주지 못하도록 제한한다; (3) 손상 받은 조직을 복구하거나 교체한다.

염증의 초기 단계에서는, 플라젤린(flagellin)과 지질다당류(LPS), 세균의 DNA 등과 같은 미생물 성분이 대식세포의 톨유사 수용체를 자극하여 종양괴사인자-알파(TNF-α)와 같은 사이토카인을 생산하도록 한다. 혈액에 TNF-α가 증가하면, 간에서 **급성기 단백질(acute-phase protein)**이라는 단백질 군을 합성한다. 혈액에 비활성 상태로 있던 다른 급성기 단백질은 염증반응에서 활성화 형태로 바뀐다. 급성기 단백질은 국소반응과 전신반응을 둘 다 유도한다. 급성기 단백질에는 C반응성 단백질(C-reactive protein)과 만노오스결합렉틴(467쪽), 혈액응고에 관여하는 피브리노겐과 혈관확장에 관여하는 키닌과 같은 몇 가지 단백질이 포함된다.

염증에 관련된 모든 세포들이 TNF-α에 대한 수용체를 가지고 있어 TNF-α가 결합하면 자신들이 더 많은 TNF-α를 만들어낸다. 결과적으로, 염증반응은 증폭된다. 그러나 지나치게 많은 양의 TNF-α는 류마티스성 관절염이나 크론병 등의 질병을 일으킬 수 있다. 18장(512쪽)에서, 이러한 염증질환의 치료제로서 TNF-α에 대한 단일클론항체가 사용되는 것을 배울 것이다.

염증의 과정을 세 단계로 나누어 설명하려고 한다. 즉, 혈관확장 및 혈관의 투과성 증가와 식세포 이동 및 식작용, 조직 복구이다.

혈관확장 및 혈관의 투과성 증가

조직이 손상되는 즉시, 손상 부위의 혈관은 확장(직경이 증가)하여, 투과성이 증가된다(그림 16.8a, 그림 16.8b). **혈관확장(vasodilation)**은, 손상부위로 혈류를 증가시켜 발적(홍반; erythema)과 열이 발생한다.

투과성이 증가되면, 보통은 혈액에 있는 방어물질들이 혈관벽을 통과하여 손상된 부위에 도달한다. 또한, 체액이 혈액에서 조직 공간으로 빠져 나와 고여서 **부종(edema)**이 생긴다. 염증으로 인한 통

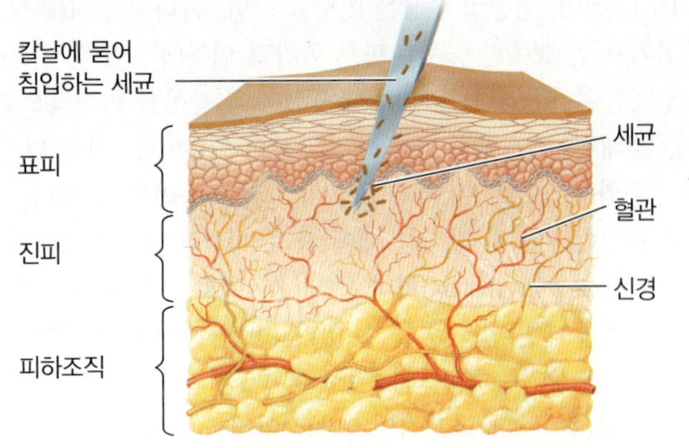

(a) 조직 손상

1 히스타민, 키닌, 프로스타글란딘, 류코트리엔 등의 화학물질과 사이토카인(파란색 점으로 표시)이 손상된 세포에서 분비된다.

2 혈전이 형성된다.

3 종기가 생기기 시작한다(주황색 범위).

(b) 혈관 확장과 투과성의 증가

혈관 내피

단핵구

4 변연—식세포가 내피에 부착한다.

5 혈구 누출—식세포가 내피세포 사이를 비집고 나간다.

6 침입한 세균의 식작용이 일어난다.

대식세포

적혈구

세균

호중성백혈구

(c) 식세포 이동과 식작용

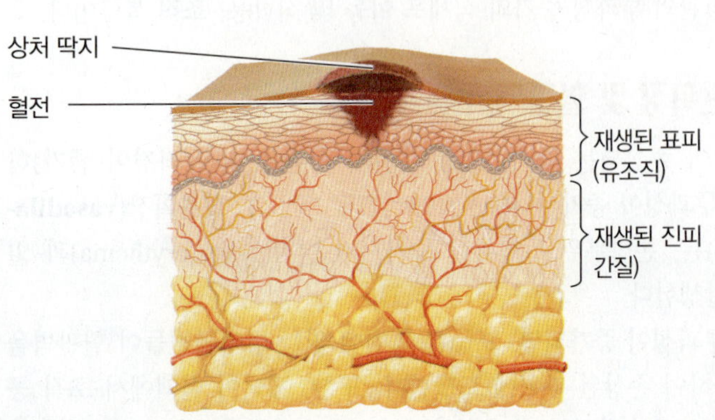

(d) 조직 복구

그림 16.8 염증의 진행. (a) 건강한 조직(여기서는 피부)에 손상이 생긴다. (b) 혈관이 확장되고 혈관의 투과성이 증가한다. (c) 식세포가 이동하여, 대식세포와 호중성백혈구가 식작용으로 세균과 그 잔해물을 제거한다. 대식세포가 단핵구에서 발생한다. (d) 손상된 조직이 복구된다.

Q 염증의 징후와 증상은 무엇인가?

증은 신경 손상과 독소에 의한 자극, 부종으로 가해지는 압박 등에 의해 야기된다.

1 혈관확장과 혈관의 투과성이 증가하는 이유는, 손상된 세포들이 분비하는 다양한 화학물질 때문이다. 하나의 예로 **히스타민(histamine)**은 많은 세포들, 특히 결합조직의 비만세포와 순환하는 호염기성백혈구, 혈소판에 많다. 히스타민이 들어 있는 세포들이 직접 손상을 받으면 히스타민이 분비되는데, 이 세포들이 보체계의 특정 성분의 자극을 받는 경우에도 히스타민이 분비된다. 손상부위로 모인 호중성백혈구도 히스타민 분비를 자극하는 화학물질을 만들 수 있다.

키닌(kinin)은 혈관확장을 일으키는 또 다른 물질이다. 키닌은 혈장에 있으며, 일단 활성화되면 주로 호중성백혈구를 손상부위로 끌어들이는 주화성을 보인다.

프로스타글란딘(prostaglandin)은 손상된 세포에서 방출되는 물질로서, 히스타민과 키닌의 영향을 강화하며 식세포가 모세혈관을 통과하기 쉽게 한다. **류코트리엔(leukotriene)**은 비만세포(피부와 호흡기관의 결합조직과 혈관에 특히 많이 분포함)와 호염기성백혈구가 생산하는 물질이다. 류코트리엔은 혈관의 투과성을 증가시키며 식세포가 병원체에 부착하는 것을 돕는다. 보체계의 다양한 물질들은, 히스타민 분비를 자극하며 식세포를 끌어오고 식작용을 증강시킨다.

활성화된 고정대식세포도 **사이토카인(cytokine)**을 분비하여 혈관확장과 혈관의 투과성을 증가시킨다. 혈관이 확장되고 혈관의 투과성이 증가되면 혈액응고 관련 물질들도 손상부위로 이동한다. 2 감염 주변에 혈액응고가 생기면 해당 미생물(또는 미생물 독소)이 몸의 다른 부분으로 퍼지는 것이 저지된다. 3 결과적으로, 그 부분에는 죽은 세포와 체액의 혼합물로 이루어진 **고름(pus)**이 조직이 파괴되어 생긴 홈에 고인다. 이렇게 감염이 집중적으로 생긴 곳을 **농양(abscess)**라 한다. 흔한 종기로, 농포(pustule)와 종기(boil)를 들 수 있다.

프로스타글란딘은 염증반응에서 통증을 유발하는 물질이기도 하다. 이부프로펜이나 아스피린과 같은 진통제는 프로스타글란딘 합성을 억제한다. 그러나 이 약들은 위 점막이 위산에 대하여 보호되는 것을 방해하기 때문에, 장기적으로 복용하면 소화불량과 속쓰림, 위궤양이 생길 수 있다.

염증의 다음 단계는 손상된 부위로 식세포가 이동하는 것이다.

식세포 이동과 식작용

일반적으로, 염증반응이 시작되고 한 시간 내로 식세포가 그 자리에 나타난다(그림 16.8c). ❹ 혈류가 점차 감소되면서, 식세포(호중성백혈구와 대식세포)는 혈관 내벽의 안쪽 표면에 달라붙기 시작한다. 이처럼 국소적인 사이토카인에 반응하여 일어나는 부착과정을 **변연(margination)**이라 한다. 이 사이토카인들은 혈관내피세포에 있는 세포부착 단백질(CAM)을 변화시킴으로, 식세포가 부착되게 한다. (적색골수에서도 변연이 일어나는데, 이곳에서는 필요할 때 사이토카인이 식세포를 혈액으로 방출한다.) ❺ 이렇게 집합된 식세포는 혈관내피세포 사이를 비집고 나가 손상부위에 이른다. 아메바운동을 닮은 이 과정을 **혈구누출(diapedesis)**이라 하는데, 2분 정도밖에 걸리지 않는다. ❻ 식세포는 이제 침입한 미생물을 식작용으로 처리하기 시작한다.

앞서 언급하였듯이, 특정 화학물질은 호중성백혈구를 손상부위로 끌어올 수 있다(주화성). 이러한 물질은 미생물에서 만들어지거나 심지어 다른 호중성백혈구가 분비하기도 한다. 키닌, 류코트리엔, 케모카인, 보체계의 요소 등도 주화성을 가진다. 케모카인은 식세포와 T세포를 끌어오는 사이토카인으로, 염증반응과 후천성 면역반응을 둘 다 활성화시킨다. 적색골수에서 추가로 과립구가 생산되어 나옴으로 호중성백혈구가 꾸준히 유입될 수 있다.

염증반응이 지속되면서, 호중성백혈구에 이어 단핵구가 감염 지역으로 유입된다. 단핵구가 일단 조직에 도달하면, 특성이 변하여 자유 대식세포가 된다. 감염 초기 단계에서 주된 역할을 하던 호중성백혈구는 그 역할을 다하고 신속히 사라진다. 대신에, 감염 후기에는 대식세포가 등장한다. 대식세포는 과립구보다 몇 배나 더 식작용을 잘하며, 파괴한 조직이나 파괴된 과립구, 침입한 미생물을 삼키기에 충분한 크기의 세포이다.

과립구나 대식세포가 대량의 미생물과 손상 조직을 삼키고 나서, 이 세포들은 결국 스스로 사멸한다. 그 결과로, 고름이 생기며 이것은 보통 감염이 가라앉을 때까지 지속된다. 때때로, 고름이 피부 표면이나 몸 안으로 터져 나와 흩어질 수 있다. 감염이 끝나도 고름이 남을 수 있는데, 이런 경우에는 고름이 며칠을 두고 점차 없어지면서 몸에 흡수된다.

선천성 면역에 식작용 만큼이나 영향을 미칠 수 있는 요인은, 특별한 상황에 대한 반응으로 선천성 면역이 기능을 제대로 작동하지 못하는 경우이다. 예를 들어, 나이가 들면서 식작용의 효율은 점차 감소한다. 심장 또는 신장 이식 환자들은 이식거부를 막기 위해 투여 받는 약물로 인하여 선천성 면역이 약화된다. 방사선 치료는 적색골수에 손상을 주어 선천성 면역반응을 약화시킨다. 에이즈나 암 등의 일부 질병도 선천성면역 기능에 결함을 일으킬 수 있다. 마지막으로, 어떤 사람들은 선천적으로 식세포를 만들지 못한다.

조직 복구

염증의 마지막 단계는 조직 복구이며, 이 과정에서는 죽거나 손상된 세포가 대체된다(그림 16.8d). 복구는 염증이 활발한 단계에서 시작되지만, 손상 부위에서 모든 해로운 물질이 제거되고 중화되어야 완성된다. 조직이 재생하거나 스스로 복구하는 능력은 조직의 종류에 따라 다르다. 피부는 재생 능력이 뛰어나지만, 심근 조직은 그러하지 못하다.

조직의 간질(stroma) 또는 유조직(parenchyma)에서 새로운 세포를 만들어내면 조직이 복구된다. 간질은 지지결합조직이고, 유조직은 이 결합조직의 기능을 담당한다. 간을 감싸고 보호하는 협막은 간질 부분으로 간의 기능을 담당하지 않는다. 기능을 맡고 있는 간세포(hepatocytes)는 유조직 부분이다. 조직복구 과정에 유조직 세포만 역할을 하면, 완벽하거나 거의 완벽하게 조직이 복구된다. 완벽한 복구의 친숙한 예를 들자면 피부가 가볍게 베었을 때이다. 이 경우에는, 유조직세포가 복구에 더 많은 역할을 한다. 그러나 복구에 간질의 세포가 더 많이 참여하면 흉터가 생긴다.

앞서 보았듯이, 여러 미생물들이 식작용을 피하는 다양한 방법을 가지고 있다. 그런 미생물들은 종종 만성염증반응을 유도하여, 우리 몸조직에 심한 손상을 줄 수 있다. 만성염증의 가장 큰 특징은, 감염부위에 대식세포가 누적되고 활성화되는 것이다. 활성화된 대식세포가 분비하는 사이토카인은, 간질의 섬유아세포(fibroblasts)를 자극하여 콜라겐섬유를 합성하도록 한다. 이 콜라겐섬유가 모여 흉터를 만드는데, 이 과정을 섬유화(fibrosis)라 한다. 흉터 조직은 그 이전의 건강한 조직이 하던 정상 기능을 수행하지 못하므로, 섬유화가 일어나면 그 조직의 정상 기능에 장애가 생긴다.

이해도 확인하기

- ✔ 염증이 하는 역할은 무엇인가? **16-12**
- ✔ 염증과 관련된 발적, 부어 오름, 통증을 일으키는 것은 무엇인가? **16-13**
- ✔ 변연은 무엇인가? **16-14**

열

학습 목표

16-15 열의 발생 원인과 결과를 설명한다.

염증은 손상에 대한 우리 몸의 국소반응이다. 또한 전신성 염증반응도 일어나는데 가장 중요한 것이 **열(fever)**이다. 열은 비정상적으로 높은 체온으로, 제2방어선의 셋째 요소이다(그림 16.1). 열이 발생하는 가장 흔한 원인은 세균 감염과 세균 독소, 또는 바이러스 감염이다.

체온은 뇌의 시상하부에서 조절한다. 시상하부를 우리 몸의 온도조절장치라 칭하는데, 정상적으로 37℃ (98.6℉)에 맞추어져 있다. 특정 물질들이 시상하부에 작용하여 정상보다 더 높은 온도로 맞추게끔 한다. 이 부분과 관련하여 15장에서 배운 내용은, 식세포가 그람음성세균을 섭취하면 세포벽의 내독소인 지질다당류(LPS)가 떨어져 나와서 식세포에서 인터류킨-1(내인성 발열원)과 TNF-α가 분비되도록 자극한다. 이 사이토카인들은 시상하부에서 프로스타글란딘 분비를 자극하여 온도조절장치가 더 높은 온도에 맞추어지도록 한다. 그 결과 열이 발생한다(440쪽 그림 15.6 참조).

우리 몸에 병원체가 침입하여 온도조절장치가 39℃ (102.2℉)까지 맞추어졌다고 생각해보자. 우리 몸은 이 온도에 적응하기 위해 반응하는데, 혈관이 수축되고 대사 속도가 높아지고 **덜덜 떨게(shivering)**된다. 이 모든 반응이 체온을 상승시킨다. 체온이 정상보다 높아지더라도, 피부는 그렇지 못하여 떨게 된다. 이 상태를 오한(chill)이라 하며 체온이 올라가고 있다는 확실한 징후이다. 체온이 설정된 온도까지 올라가면, 오한이 사라진다. 그리고 우리 몸은 그 사이토카인들이 없어질 때까지 39℃의 체온을 유지한다. 사이토카인들이 제거되면 온도조절장치는 37℃로 재설정된다. 감염이 가라앉으면서, 혈관확장이나 땀으로 열이 방출되는 방법이 작동하여, 피부가 다시 따뜻해지고 땀이 흐른다. 이 단계가 열의 **고비(crisis)**인데 체온이 내려가고 있다는 징후이다.

어떤 면에서는, 열이 질병에 대항하는 방어책이다. 인터류킨-1은 T세포 생산을 가속화한다. 체온이 올라가면 항바이러스 물질인 인터페론의 활성이 강화되고(471쪽), 철결합 단백질 트렌스페린(transferrin)이 많이 만들어져 미생물이 철분을 이용하지 못하게 된다(473쪽). 또한 더 높은 체온에서 많은 반응이 가속화되어 조직복구가 더 신속히 이루어진다.

열로 인한 합병증으로는, 노인들에게 심폐질환을 일으킬 수 있는 빈맥(tachycardia; 빠른 심장박동), 대사율을 높아져 생기는 산증(acidosis), 탈수, 전해질 불균형, 어린이에게서는 발작, 섬망(delirium), 그리고 혼수상태 등을 들 수 있다. 대체로, 체온이 44°~46℃(112°~114℉) 이상 올라가면 사망에 이른다.

염증관련 통증의 경우와 마찬가지로, 이부프로펜과 아스피린이 염증관련 해열제로 쓰일 수 있다.

이해도 확인하기

✓ 오한이 일어나면 왜 열이 발생한다는 징후가 되는가? **16-15**

임상 사례

펜토스 경로에서 NADPH가 생성된다. 제이콥의 담당의사는 제이콥의 호중성백혈구에 NADPH를 산화하는 효소가 없을 것이라 판단하고, 제이콥의 병을 만성육아종(chronic granulomatous disease, CGD)으로 진단하였다. 이병은, X염색체에 연관된 열성 유전질환인데 NADPH 산화효소 유전자에 돌연변이가 있어 식세포가 제대로 기능하지 못한다.

NADPH 산화효소의 기능은 무엇인가? (힌트: 114쪽 참조.)

452 458 463 **466** 472 473

항미생물 물질

학습 목표

16-16 보체계의 주요 요소를 열거한다.

16-17 보체를 활성화시키는 세 가지 경로를 설명한다.

16-18 보체 활성화의 결과 세 가지를 설명한다.

16-19 인터페론에 대하여 설명한다.

16-20 IFN-α와 IFN-β의 작용을 IFN-γ의 작용과 비교하여 설명한다.

16-21 선천성 면역에서 철결합 단백질의 역할을 설명한다.

16-22 선천성 면역에서 항미생물 펩티드의 역할을 설명한다.

우리 몸은 항미생물 물질들을 생산하며, 이것이 제2방어선의 마지막 요소이다(그림 16.1). 이 물질들 중에 가장 중요한 것은 보체계의 단백질로서, 인터페론과 철결합 단백질, 항미생물 펩티드 등이 있다.

보체계

보체계(complement system)는 30종 이상의 단백질로 이루어진 일종의 방어체계인데, 이들 단백질은 간에서 생산되어 혈청을 통해 순환하며(472쪽 상자 참조), 몸 전체의 조직 내에 분포한다. 보체계라는 명칭은, 미생물을 파괴함에 있어 면역계의 세포들을 이들이 "보완"하기 때문에 붙여진 것이다. 보체계는 적응력이 없으며 한 개인의 일생 동안 변동이 없기 때문에, 선천성 면역에 속한다. 그러나 보체계는 후천성 면역체계에 의해 모여 작용할 수 있다. 전체적으로, 보체계의 단백질이 미생물을 파괴하는 방법은 (1) 세포용해, (2) 염증, (3) 식작용, 그리고 숙주조직이 심하게 손상되지 않도록 방지하는 것이다. 보체 단백질은 주로 대문자 C로 표기되며 조각(product)으로 잘라지기 전에는 아직 불활성 상태이다. 이 단백질들은 C1에서 C9까지 발견된 순서대로 번호 매겨진 이름을 가지고 있다. 조각은 활성화된 단백질이며 소문자 *a*와 *b*로 표기된다. 예를 들어, 불활성 보체 단백질 C3는, 활성화된 C3a, C3b 두 조각으로 나누어진다. C1에서 C9까지 보체 단백질이 가지는 미생물 파괴작용을 수행하는 것이 이들 활성화된 조각이다.

보체 단백질은 **연쇄반응**(cascade)으로 작용한다. 즉, 한 반응이 다른 반응을 유발하고 그것이 또 다른 반응을 차례로 유발한다. 또한 연쇄반응의 일부로, 각 연속반응마다 더 많은 생성물이 만들어진다. 이런 식으로 반응이 진행되면 그 효과는 몇 배로 증폭된다.

보체 활성화의 결과

C3 단백질이 활성화되는 세 가지 방법을 간단히 소개한다. C3의 활성화(그림 16.9)는 세포용해와 염증, 식작용 등에 이르는 연쇄반응을 시작하기 때문에 매우 중요하다.

1. 불활성 C3가 잘라져 활성화된 C3a와 C3b로 나뉜다.
2. C3b가 미생물의 표면에 부착하고, 식세포의 수용체가 C3b에 결합한다. C3b는 미생물을 둘러싸서 **옵소닌작용**(opsonization) 또는 **면역부착**(immune adherence)이라는 과정으로 식작용을 증강시킨다. 옵소닌작용은 식세포가 미생물에 부착하는 것을 촉진한다.
3. C3b는 또한 세포용해에 이르는 일련의 반응을 개시한다. 먼저, C3b가 C5를 C5b와 C5a로 자른다. C5b, C6, C7, C8이 순서대로 함께 결합하여 침입한 미생물 세포막에 끼어들어간다. 이 C5b에서 C8까지 복합체는, C9 조각을 끌어당기는 수용체로 작용한다. 추가로 C9 조각이 더해지면 막관통 통로가 형성된다. C5b에서 C8까지, 그리고 여러 개 C9 조각이 함께 **막공격복합체(membrane attack complex, MAC)**를 형성한다.
4. MAC의 막관통 통로로 세포외액(extracellular fluid)이 미생물 세포 안으로 흘러들어가 세포가 파열되는 세포용해가 일어난다(그림 16.10).
5. C3a와 C5a가 비만세포에 부착하여 히스타민과 그 외 화학물질을 분비시켜, 염증반응 동안 혈관 투과성을 증가시킨다(그림 16.11). C5a는 또한 식세포를 감염부위로 끌어들이는 매우 강력한 주화성 요인으로 작용한다.

MAC으로 죽지 않는 세균을 MAC-내성 세균이라 한다.

숙주세포막에는 MAC 단백질이 그 표면에 부착되지 못하도록 막아서 용해되지 않도록 보호하는 단백질이 있다. 또한 MAC은 일부 질병을 진단하는 데 사용되는 보체결합검사의 토대가 된다. 이 부분은 472쪽 상자와 18장(519쪽 그림 18.10)에 설명이 나온다. 그람음성세균은, 보체로부터 세포막을 보호하는 펩티도글리칸층이 단 하나 또는 아주 적기 때문에 세포용해에 더 민감하다. 그람양성 세균은 여러 층의 펩티도글리칸이 있어서 보체가 세포막에 접근하는 것이 제한되며 세포용해가 저지된다.

감염이 있을 때 일어나는 보체 단백질의 연쇄반응을 **보체 활성화(complement activation)**라 하며, 세 가지 경로가 있다.

고전경로

고전경로(classical pathway; 그림 16.12)는 가장 먼저 발견된 경로이며, 항체가 항원(미생물)에 결합하면 시작되어 다음과 같이 일어난다:

1. 항체가 항원(예를 들어, 세균이나 다른 세포 표면의 단백질 또는 거대 다당류)에 결합하여, 항원-항체 복합체를 형성한다. 항원-항체 복합체가 C1에 결합하여 이를 활성화시킨다.
2. 그 다음에는, 활성화된 C1이 C2와 C4를 잘라 이들을 활성화시킨다. C2는 C2a와 C2b 조각으로 나누어지고, C4는 C4a와 C4b 조각으로 나누어진다.
3. C2a와 C4b가 결합하여 함께 C3를 활성화시켜 C3a와 C3b로 나눈다. 이 C3 조각들이 세포용해, 염증, 옵소닌작용 등을 시작한다(그림 16.9 참조).

대체경로

대체경로(alternative pathway)는 고전경로가 알려진 이후에 발견되었다. 고전경로와는 달리, 대체경로에는 항체가 관여하지 않는다. 대체경로는 특정 보체 단백질과 병원체 사이의 접촉으로 활성화된다(그림 16.13). ❶ C3는 혈액에 일정하게 존재한다. C3는 병원성 미생물 표면에 있는 B인자, D인자, P인자(프로퍼딘, properdin)이라 불리는 보체 단백질들과 결합한다. 이 보체 단백질들은 미생물 세포표면 물질(주로 특정 세균과 곰팡이의 지질-탄수화물 복합체)에 부착되어 있다. ❷ 이 보체 단백질들과 결합하면, C3는 C3a와 C3b 조각으로 나뉜다. 고전경로에서와 마찬가지로, C3a는 염증에 관여하고, C3b는 세포용해와 옵소닌작용에 역할을 한다(그림 16.9 참조).

렉틴경로

렉틴경로(lectin pathway)는 가장 최근에 발견된 경로이다. 대식세포가 세균과 바이러스, 그 외 다른 외래물질을 식작용으로 삼키면, 탄수화물에 결합하는 단백질인 **렉틴(lectin)**이 간에서 만들어지도록 자극하는 사이토카인을 분비한다(그림 16.14).

1. 이러한 렉틴 중에서, **만노오스결합렉틴(mannose-binding lectin, MBL)**은 만노오스에 결합한다. MBL은, 세균 세포벽과 일부 바이러스에 있는 만노오스를 포함하는 독특한 형태의 탄수화물을 인식하여 많은 병원체에 결합할 수 있다. 그 결과, MBL은 식작용을 증강시키는 옵소닌 역할을 하며, 또한
2. C2와 C4를 활성화시키고
3. C2a와 C4b가 C3를 활성화시키게 된다(그림 16.9 참조).

토대 그림 16.9

보체 활성화의 결과

- 보체계는 우리 몸이 감염에 대항하여 병원체를 파괴하는 또 다른 방식이다. 보체계는 선천성 면역의 구성요소로서 다른 면역반응을 "보완"한다.
- 보체계는 혈액에 순환하는 30가지 이상의 단백질로 이루어지며, 이들은 연쇄적으로 활성화된다. 즉, 한 보체 단백질이 그 다음 보체 단백질을 활성화시킨다.
- 연쇄반응은 병원체에 의해서 직접적으로 또는 항원-항체 반응에 의해서 활성화된다.
- 보체 단백질들은 함께 (1) 식작용의 증강, (2) 염증, (3) 세포용해를 일으켜 미생물을 파괴한다.

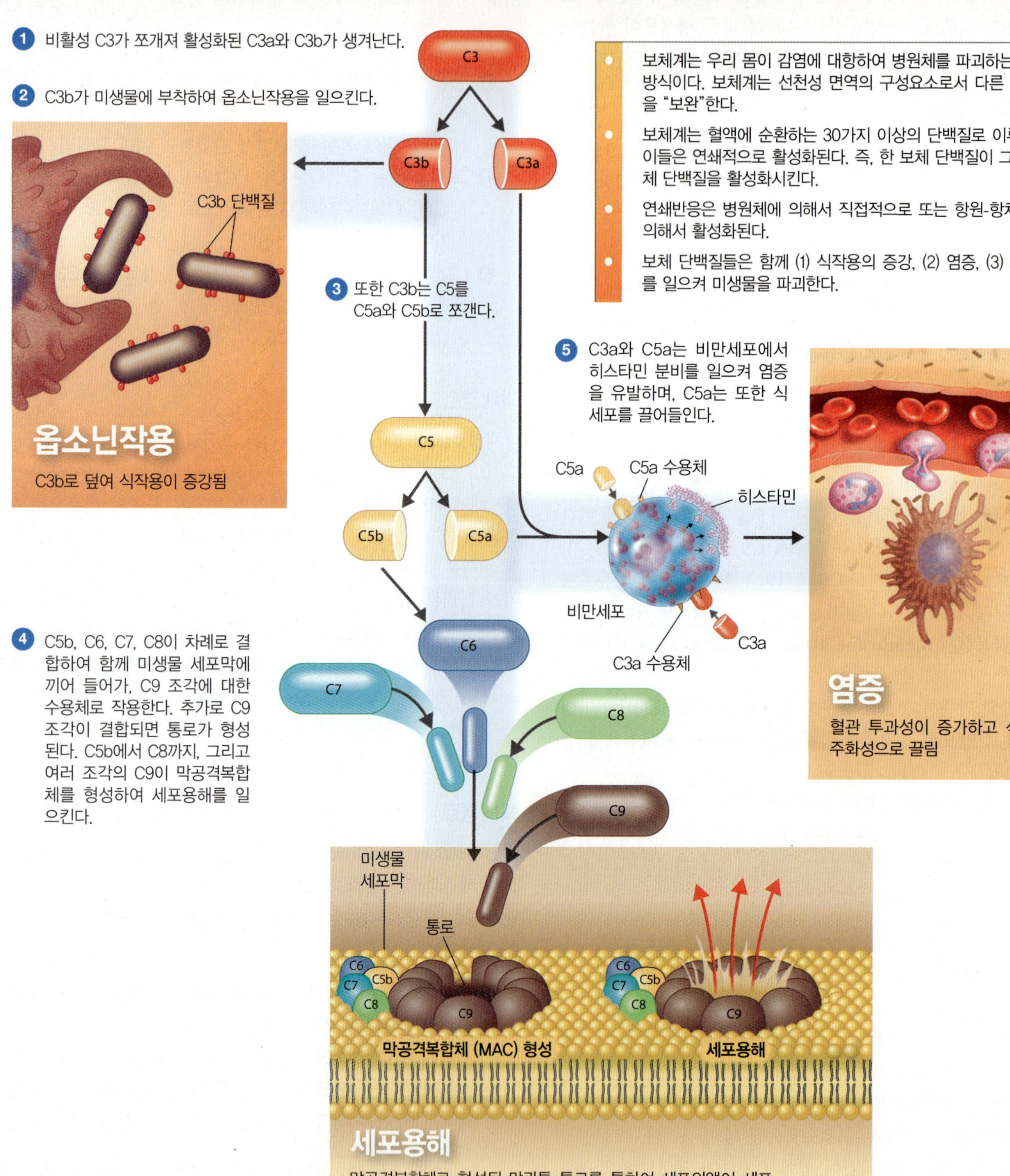

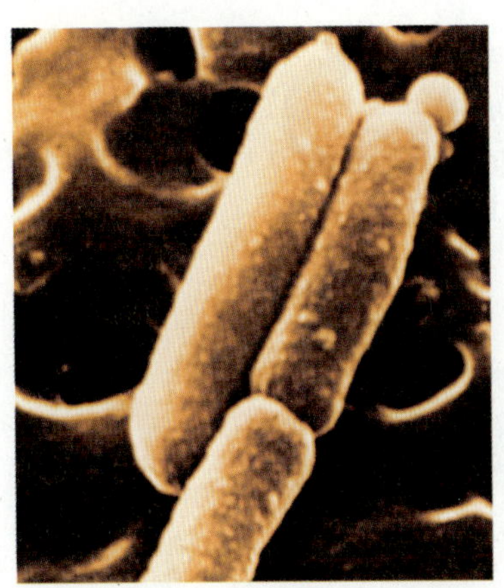
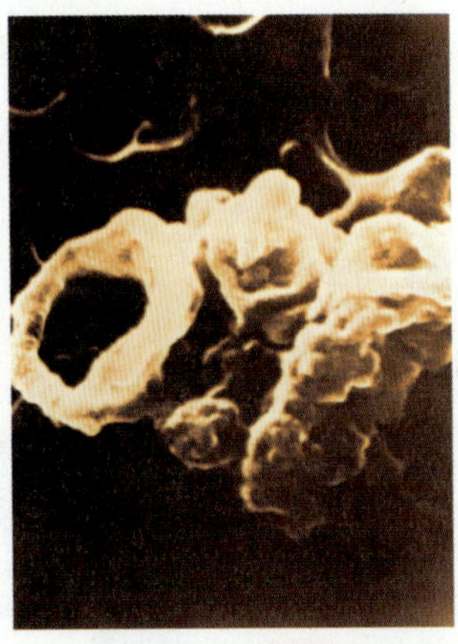

그림 16.10 보체가 일으키는 세포용해. 용해가 일어나기 전(왼쪽), 용해가 일어난 후(오른쪽)에, 막대모양 세균의 현미경 사진.
출처: Reprinted from Schreiber, R. D., et al. "Bactericidal Activity of the Alternative Complement Pathway Generated from 11 Isolated Plasma Proteins." *Journal of Experimental Medicine*, 149:870–882, 1979.

 보체가 감염에 대항하는 방법은 무엇인가?

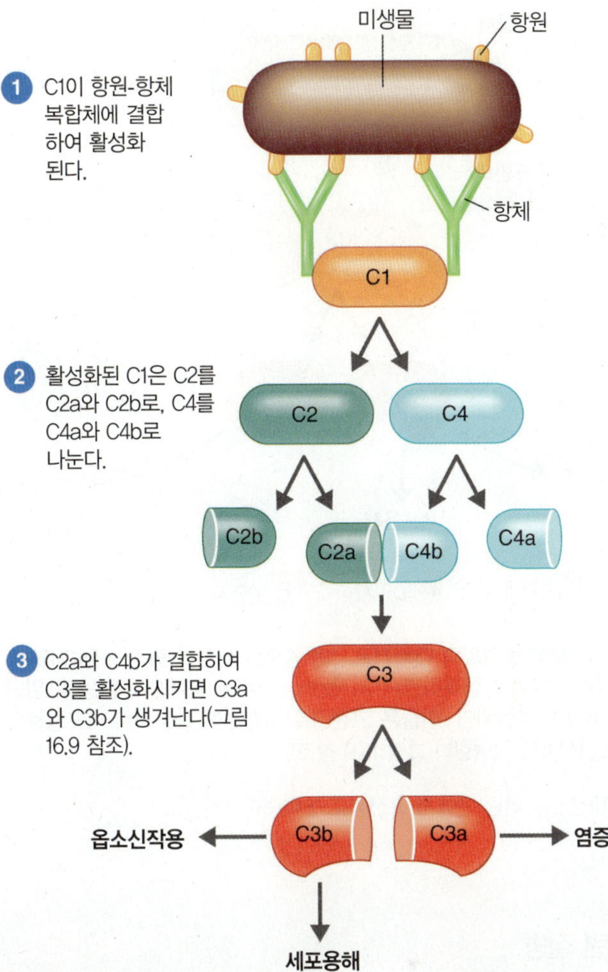

그림 16.12 보체 활성화의 고전경로. 이 경로는 항원-항체 반응으로 시작된다. C3가 C3a와 C3b로 분리되면서 연쇄반응이 일어나 세포용해, 염증, 옵소닌작용을 일으킨다(그림 16.9 참조).

 C3가 C3a와 C3b로 잘라지면 어떤 반응이 일어나는가?

보체 조절

일단 보체가 활성화되면, 그 파괴능은 보통 매우 빠르게 중단되어 숙주세포에 손상을 최소화한다. 이 조절과정에는 혈액과 특정 혈액세포 표면에 있는 다양한 조절 단백질들이 역할을 한다. 이 조절 단백질들은 보체 단백질보다 더 많은 양으로 존재한다. 한 예로, *CD59*라는 조절 단백질은 C9 분자가 모여 MAC을 형성하는 단계를 저지한다. 보체조절 단백질들은, 활성화된 보체가 분해되도록 하며 보체 억제제와 분해효소로도 작용한다.

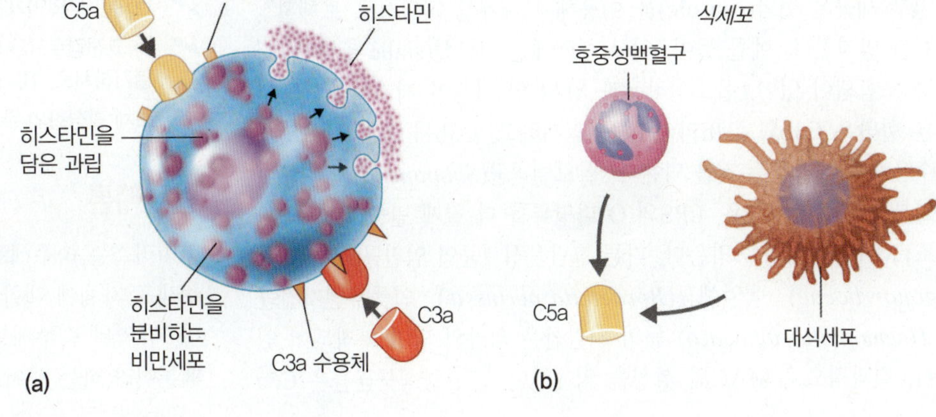

그림 16.11 보체가 일으키는 염증. (a) 비만세포와 호염기성백혈구, 혈소판에 부착된 C3a와 C5a가 히스타민을 분비하도록 자극하여 혈관의 투과성이 증가한다. (b) C5a는 주화성 인자로 작용하여 식세포를 보체 활성화의 장소로 끌어온다.

 보체는 어떻게 불활성화되는가?

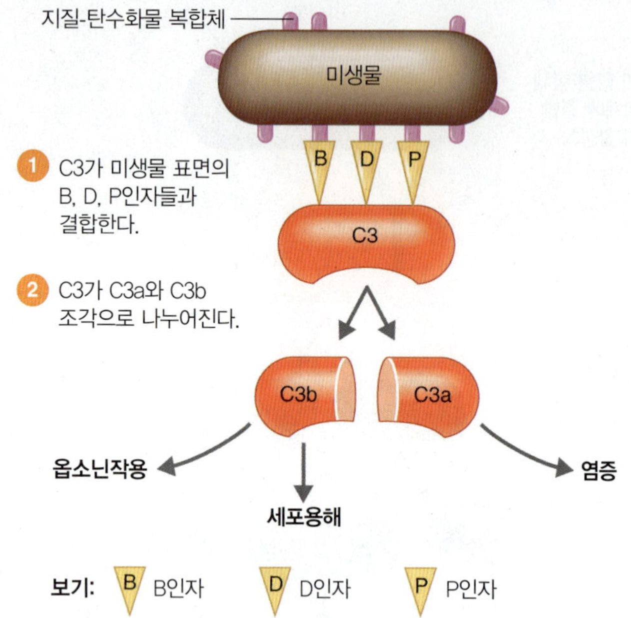

그림 16.13 보체 활성화의 대체경로. 이 경로는 특정 보체 단백질(C3와 B, D, P인자)이 병원체와 접촉하면서 시작된다. 항체는 관여하지 않는다. 일단 C3a와 C3b가 만들어지면, 이들은 고전경로의 전부에 해당하는 세포용해와 염증, 옵소닌작용에 참여한다(그림 16.9 참조).

Q 대체경로는 어떤 면에서 고전경로와 비슷한가?

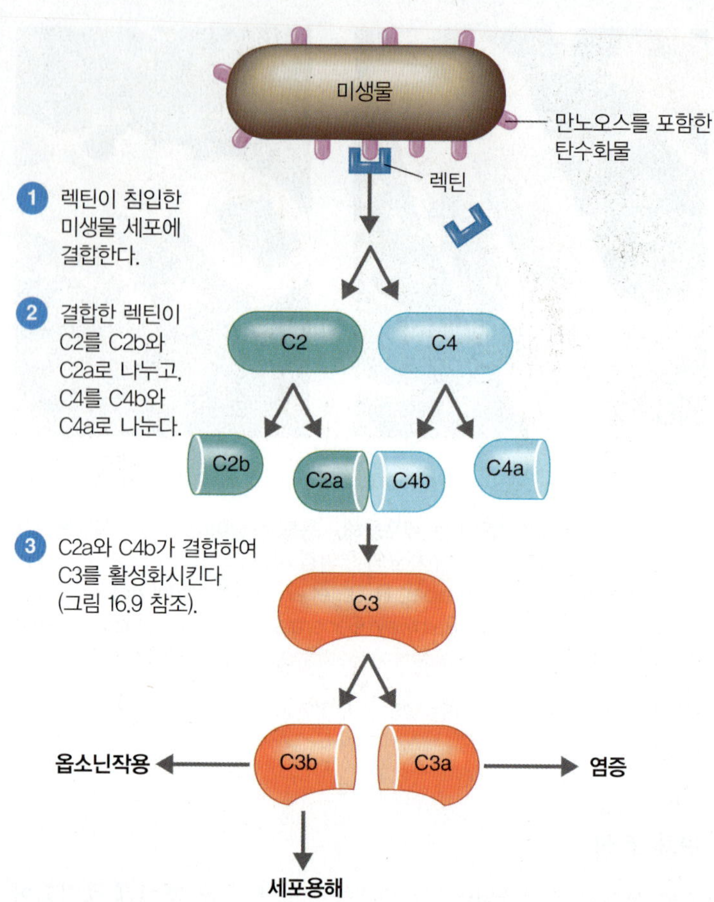

그림 16.14 보체 활성화의 렉틴경로. 만노오스결합단백질(MBL)이 미생물 표면의 만노오스에 결합하면, MBL은 옵소닌으로 작용하여 식작용을 증강시키며 보체를 활성화시킨다(그림 16.9 참조).

Q 렉틴경로와 대체경로는 고전경로와 어떠한 점이 다른가?

보체 관련 질병

보체계에 유전적 결함이 있으면 질병이 생긴다. C1, C2, 또는 C4의 결핍은 콜라겐 교원질 혈관장애를 일으켜 과민증(anaphylaxis)를 초래하며, 희귀하지만 C3가 결핍되면 화농성 미생물의 반복적인 감염에 더 취약해지고, C5에서 C9까지 결핍되면 수막염균(*Neisseria meningitides*)과 임균(*N. gonorrhoeae*) 감염에 더 취약해진다. 보체는 천식, 전신성 홍반성 낭창, 여러 형태의 관절염, 다발성 경화증, 염증성장질환 등 여러 면역 질환의 발병과 관련되어 있다. 또한 알츠하이머병과 퇴행성 신경질환에도 보체의 연관성이 알려져 있다.

보체계 회피

일부 세균은 협막(capsule)을 이용해 보체계를 피함으로 보체활성화를 방지한다. 예를 들어, 일부 협막에는 시알산(sialic acid)이 다량 포함되어 있어, 옵소닌작용과 MAC의 형성이 저지된다. 또 다른 협막은 C3b와 C4b의 생성을 억제하고, C3b가 식세포 표면의 수용체와 결합하는 것을 막는다. 살모넬라균(*Salmonella*)을 비롯한 일부 그람음성세균은, LPS의 O 다당류를 더 길게 만들어(87쪽 참조) MAC의 형성을 막는다. 다른 그람음성세균인 임질균(*Neisseria gonorrhoeae*), 백일해균(*Bordetella pertussis*), 인플루엔자간균(*Haemophilus influenza*) 등의 시알산은 외막의 당에 부착되어 있어, 결과적으로 MAC의 형성을 억제한다. 그람양성구균들은 C5a를 분해하는 효소를 분비하여, C5a 조각이 주화성 인자로 작용하지 못하도록 한다. 엡스타인-바(Epstein-Barr) 바이러스 등 일부 바이러스는, 우리 몸의 세포표면의 보체수용체에 부착하여 그들의 증식 주기를 시작한다.

이해도 확인하기

- 보체란 무엇인가? **16-16**
- (1) 고전경로, (2) 대체경로 (3) 렉틴경로 등을 통한 보체 활성화의 단계를 열거하시오. **16-17**
- 보체 활성화의 주요 결과를 요약하시오. **16-18**

인터페론

바이러스는 숙주세포의 많은 기능에 의존하여 증식하기 때문에, 숙주세포 자체에 대한 타격 없이 바이러스 증식만을 억제하기는 어렵다. 감염된 숙주세포가 바이러스에 대항하는 한 가지 방법은 인터페론이라 하는 사이토카인이다. **인터페론(Interferon, IFN)**은 림프

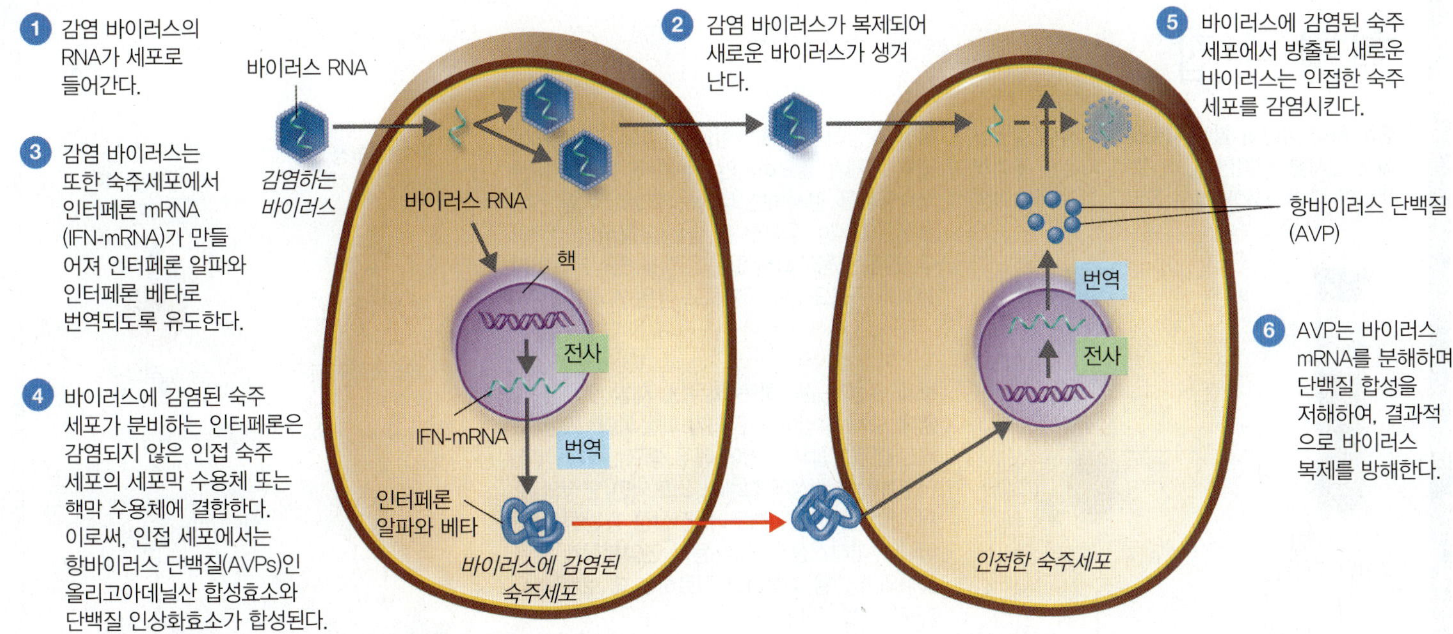

그림 16.15 알파 및 베타 인터페론(IFN)의 항바이러스 작용. 인터페론은 숙주세포에 특이적이며 바이러스 특이성을 보이지 않는다.

Q 인터페론이 어떻게 바이러스 증식을 저해하는가?

구나 대식세포 등의 일부 동물세포가 바이러스에 감염되었을 때 분비하는 항바이러스 유사 단백질의 한 부류이다. 인터페론의 한 가지 중요한 기능은 바이러스 증식을 방해하는 것이다.

인터페론의 흥미로운 특징은 바이러스에 특이성을 보이지 않고 숙주세포에 특이성을 가진다는 것이다. 즉, 사람 세포에서 만들어지는 인터페론은 사람 세포만을 보호하며 다른 종의 세포에 대한 항바이러스 활성은 거의 없다. 그러나 하나의 종에서 만들어지는 인터페론은 여러 다른 종류의 바이러스에 대항한다.

다른 종의 동물에서 다른 인터페론을 만드는 것처럼, 동일한 종의 다른 세포에서 다른 종류의 인터페론을 만든다. 사람의 인터페론에는 세 종류가 있는데, **알파인터페론**(alpha interferon, IFN-α), **베타인터페론**(beta interferon, IFN-β), **감마인터페론**(gamma interferon, IFN-γ)이다. 각 종류 내에 다양한 아형의 인터페론도 있다. 우리 몸에서 인터페론은 결합조직의 섬유아세포와 림프구와 그 외 다른 백혈구에서 만들어진다. 이 세포들에서 만들어지는 세 종류의 인터페론은 우리 몸에 약간씩 다른 영향을 미친다.

모든 인터페론은 분자량이 15,000에서 30,000 사이인 크기가 작은 단백질이다. 낮은 pH에서 상당히 안정하며 열에도 꽤 강하다.

감마인터페론은 림프구에서 만들어져 호중성백혈구와 대식세포가 세균을 죽이도록 유도한다. IFN-γ는 대식세포가 일산화질소(NO)를 만들어 세균을 죽이도록 하며, ATP 합성을 억제하여 종양세포를 죽인다. 17장에서 배우겠지만, IFN-γ는 MHC 클래스I과 클래스II 단백질 발현을 높여 항원표출을 증가시킨다.

IFN-α와 IFN-β는 바이러스에 감염된 숙주세포에서 아주 소량 생산되어 주변에 감염되지 않은 세포에 확산된다(그림 16.15). 이들은 세포막 또는 핵막에 있는 수용체와 반응하여 감염되지 않은 세포가 **항바이러스단백질(antiviral protein, AVP)**의 mRNA를 만들도록 유도한다. AVP는 바이러스 증식의 여러 단계를 방해하는 효소이다. **올리고아데닐산합성효소**(oligoadenylate synthetase)라는 AVP는, 바이러스 mRNA를 분해하며, 또 다른 AVP인 **단백질인산화효소**(protein kinase)는 단백질 합성을 억제한다.

항바이러스 물질로서 인터페론이 이상적일 것 같지만 일부 문제점도 가지고 있다. 그 중 한 가지는, 인터페론의 효력이 아주 잠시 동안뿐이며 오랜 시간 안정적으로 우리 몸에 남아 있지 못한다는 것이다. 그리고 인터페론을 주사하면 메스꺼움, 피로감, 두통, 구토, 체중감소, 열 등의 부작용이 나타난다. 고농도의 인터페론은 심장, 간, 신장, 적색골수에 독성을 보인다. 인터페론은 감기와 독감처럼 주로 급성 단기 감염에 중요한 역할을 한다. 또 다른 문제점은, 이미 감염된 세포에서 일어나는 바이러스 증식에는 인터페론이 아무런 효과를 가지지 못한다는 것이다. 또한 호흡기 감염을 일으키는 아데노바이러스와 일부 바이러스는 AVP를 억제하는 방법을 가지고 있다. 더구나, B형 간염 바이러스와 같은 일부 바이러스는, 감염된 숙주세포에서 충분한 양의 인터페론이 만들어지지 않도록 만든다.

인터페론이 우리 몸을 바이러스로부터 지키고 또한 항암제의 가능성을 가지고 있으므로, 인터페론의 대량 생산은 의료 분야에서

혈청 수집

흔히 하나 이상의 혈액 시료를 채취하여 실험실에서 검사를 시행한다. 각 혈액 시료는 뚜껑의 색깔이 다른 시험관에 수집된다(그림 A). 미생물을 배양하거나 혈액형을 판정하기 위해서는 혈액 전체가 필요하지만, 혈액 내 효소나 다른 화학물질을 검사하는 데에는 혈청이 사용된다. 혈청은 혈액이 응고한 뒤 남는 담황색의 액체이다. 혈장은 응고되지 않은 혈액을 원심분리하여 혈액의 구성요소를 제거하고 남은 액체이다.

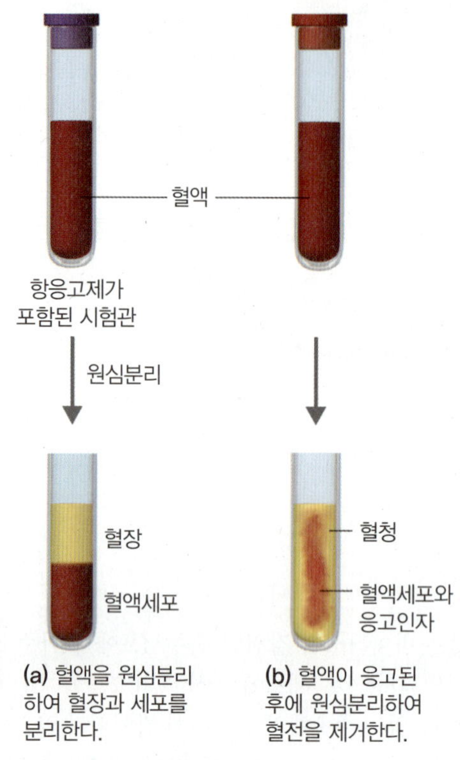

(a) 혈액을 원심분리하여 혈장과 세포를 분리한다.

(b) 혈액이 응고된 후에 원심분리하여 혈전을 제거한다.

그림 A 혈액세포와 혈청의 수집

혈액세포를 세기 위해 어느 시료를 사용할 것인가? 보체 검사에는 어느 시료를 사용하는가?

보체 활성을 검사하는 이유는, 재발성 세균 감염에 보체 결핍이 관련되기 때문이다. 또한 보체는 면역복합체 질병에 매우 중요한 요소이다. 면역복합체 형성에 보체가 소모되면 혈청의 보체 양이 줄어들기 때문에, 전신성 홍반성 낭창이나 류마티스성 관절염 등의 면역복합체 관련 질병의 진행을 추적하고 치료하는 데 보체 검사가 사용되고 있다.

그림 B는 보체 전체의 활성을 측정하는 방법을 보여준다. 환자 혈청을 희석하여 양의 적혈구 (RBC)와, 양의 RBC 항체를 같이 섞어준다. 37°C에서 20분간 반응시킨 다음, 적혈구용해의 정도를 판정한다.

RBC와 항RBC를 사용하는 목적은 무엇인가?

이 항체는 항원(RBC)과 반응하여, 환자의 혈청에 포함된 보체를 활성화시킨다. 용해의 정도는 보체의 상대적인 양에 비례하므로 용해된 적혈구의 백분율로 나타낸다.

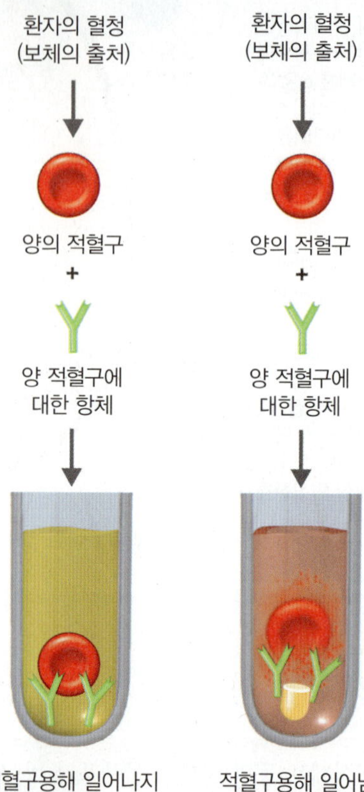

적혈구용해 일어나지 않음(혈청에 보체가 없음)

적혈구용해 일어남 (혈청에 보체 있음)

그림 B 보체 검사

최우선 과제이다. 여러 과학자들이 재조합 DNA 기법을 이용하여 특정 세균에서 인터페론을 성공적으로 생산하였다. (이 기법은 9장에 설명되었다.) 재조합 DNA 기술로 생산된 인터페론을 재조합 인터페론(recombinant interferons, rIFN)이라 하는데, 순도가 높고 대량 생산이 가능하다는 점에서 그 중요성이 있다.

임상 시험에서, IFN는 일부 암에 대해서는 효과가 없었으며 다른 종류의 암에도 단지 제한된 효과만을 보였다. 알파 인터페론(인트론 A, Intron A)은 미국에서 여러 바이러스 관련 질환 치료제로 승인되었다. HIV 감염 환자에서 흔히 발병하는 카포시 육종(Kaposi's sarcoma)이라는 암이 이에 해당된다. 알파 인터페론 치료가 승인된 또 다른 질환으로 허피스 바이러스가 일으키는 생식기 허피스와, B형 및 C형 간염 바이러스가 일으키는 B형 간염과 C형 간염, 악성 흑색종, 크론병, 류마티스성 관절염, 모발구성백혈병(hairy cell leukemia) 등이 있다. 또한, 알파 인터페론이 HIV

임상 사례

호중성백혈구에서, NADPH 산화효소라는 막복합체가 산소(O_2)에 전자를 전달하여 과산화물 라디칼(O_2^-)이 만들어지는 과정에서 NADPH는 $NADP^+$로 산화된다. 과산화물은 과산화수소(H_2O_2)로 전환되어 결과적으로 양산된 과산화수소가 병원체를 죽인다. 제이콥의 담당의사는 제이콥의 면역체계가 그의 혈액에 침입한 그 곰팡이를 죽이도록 만들 방법을 찾아야 했다.

과산화물 라디칼을 과산화수소로 전환하는 효소는 무엇인가? (463쪽, 임상 사례 그림 참조.) 담당의사가 제이콥의 CGD병의 치료를 위해 어떤 처방을 내려야 한다고 생각하는가?

452 458 463 466 **472** 473

감염자에서 에이즈 진행을 늦출 수 있는지에 관한 시험이 진행 중이다. 한 종류의 IFN-β (Betaferon)은 다발성경화증의 진행을 늦추어 갑작스런 마비의 빈도와 강도를 약화시킨다. 또 다른 종류의 IFN-β (Actimmune)가 골다공증 치료에 사용되고 있다.

철결합 단백질

대부분의 병원성 세균은 자신들의 영양성장과 생식을 위해 적당한 양의 철분을 필요로 한다. 사람에서도 전자전달계 시토크롬의 보조 인자로서, 또한 산소를 운반하는 헤모글로빈의 일부로서 철분이 필요하다. 그래서 우리 몸은 많은 병원체와 사용 가능한 철분을 놓고 경쟁하는 흥미로운 상황에 있다.

우리 몸에서 대부분의 철분은 트랜스페린, 락토페린, 페리틴, 헤모글로빈 등의 분자에 결합되어 있기 때문에, 유리된 철분(free iron)의 양은 적다. 이들 **철결합 단백질(iron-binding proteins)**의 기능은 철분을 수송하고 저장하는 것이다. **트랜스페린(transferrin)**은 혈액과 조직액에 분포하며, **락토페린(lactoferrin)**은 모유와 타액, 점액에 분포한다. **페리틴(ferritin)**은 간과 비장, 적색골수에 존재하며, **헤모글로빈(hemoglobin)**은 적혈구 내에 있다. 철결합 단백질은 철분을 수송하고 저장할 뿐 아니라, 그렇게 함으로써 대부분의 미생물에게 가용 철분을 허용하지 않는다.

인체에서 생존하기 위해서, 많은 병원균들은 **시더로포어(siderophore**; 436쪽 그림 15.3 참조)라는 단백질을 분비하여 철분을 획득한다. 시더로포어는 철결합 단백질보다 철에 더 강하게 결합하여 철분을 빼앗는다. 일단 철분과 시더로포어 복합체가 형성되면, 세균 표면의 시더로포어 수용체가 이 복합체에 결합하여 이를 세균 안으로 취한다. 그러고 나서, 철분이 시더로포어에서 떨어져 나와 사용된다. (어떤 경우에는, 시더로포어는 밖에 남아 있고 철분은 세균 안으로 들어간다.)

몇몇 병원체는 시더로포어 방법을 사용하지 않고 다른 방법으로 철분을 얻는다. 수막염의 원인균 *Neisseria meningitides*는 세균 표면에 인간의 철결합 단백질에 직접 결합하는 수용체가 있어서 철분이 결합된 철결합 단백질을 세균 안으로 취한다. 화농연쇄상구균(*Streptococcus pyogenes*)은 헤모리신을 분비하여 적혈구 용해를 일으킨다. 그런 다음 세균의 다른 단백질이 헤모글로빈을 분해하여 철분을 획득한다.

항미생물 펩티드

아주 최근에 발견된, **항미생물펩티드(antimicrobial peptide, AMP)**는 아마 선천성 면역의 가장 중요한 요소일 것이다(20장 585쪽 참조). 이것은 약 12~50개의 아미노산 사슬로 된 짧은 펩티드로, 개구리 피부와 곤충의 림프, 사람의 호중성백혈구 등에서 처음 알려졌다. 지금까지 거의 모든 식물과 동물에서, 600종류 넘는 AMP가 발견되었다. AMP의 항미생물 활성은 세균, 바이러스, 곰팡이, 진핵 기생생물 등을 포함하여 그 범위가 넓다. 미생물 표면에 있는 단백질과 탄수화물 분자들이 숙주세포의 톨유사수용체에 부착하면 AMP가 합성된다(460쪽 참조).

AMP가 작용하는 방식으로는 세포벽의 합성 억제와 세포막에 통로를 형성하여 세포 용해시키기, DNA와 RNA의 파괴 등이 있다. 사람에서 만들어지는 AMP로는 땀샘에서 생산되는 **더미시딘(dermcidin)**, 호중성백혈구와 대식세포, 상피세포가 만드는 **디펜신(defensin)**과 **카텔리시딘(cathelicidin)**, 그리고 혈소판이 만드는 **트롬보시딘(thrombocidin)** 등이 있다.

AMP는 여러 가지 면에서 과학적으로 흥미롭다. 폭넓은 작용 범위뿐 아니라, AMP는 다른 항미생물제와 함께 작용하여 동반 상승효과를 나타낸다. AMP는 또한 넓은 범위의 pH에서 매우 안정적이다. 특히 중요한 점은, 미생물이 항미생물펩티드에 오랫동안 노출되어도 내성을 보이지 않는다는 것이다.

AMP는 항미생물 효과 외에, 다른 많은 면역기능에도 관여한다. 예를 들어, AMP는 그람음성세균에서 떨어져 나오는 LPS를 격리할 수 있다. LPS의 지질 A 부분은 내독소로 작용하여 그람음성세균 감염과 관련된 증상(패혈성 쇼크)을 일으킨다. AMP는 수지상세포를 매우 잘 끌어들여 수지상세포가 식작용으로 미생물을 파괴하여 후천성면역반응을 시작하게끔 한다. AMP는 또한 비만세포도 끌어와 혈관벽의 투과성을 증가시켜 혈관이 확장되도록 한다. 이렇게 되면 염증이 발생하여 미생물이 파괴되고 조직손상의 정도가 제한되며 조직 복구가 시작된다.

임상 사례 해결

과산화물제거효소(superoxide dismutase, SOD)는 과산화물 라디칼을 산소 분자와 과산화수소로 전환한다. 담당의사는 제이콥의 치료제로 재조합 감마인터페론(IFN-γ)을 권장하였다. IFN-γ는 호중성백혈구와 대식세포를 자극하여 세균을 죽이도록 할 것이다. IFN-γ의 작용 방법이 알려지지 않았고 완전한 치료제도 아니기 때문에, 제이콥은 골수 이식을 받을 때까지 계속 IFN-γ를 주사 맞아야 한다.

452 458 463 466 472 **473**

표 16.2에 선천성 면역의 방어벽을 구성하는 요소들이 요약되어 있다.

이해도 확인하기

- 인터페론이란 무엇인가? 16-19
- IFN-α와 IFN-β는 왜 표적세포에 동일한 수용체에 작용하며, IFN-γ는 다른 수용체에 작용하는가? 16-20
- 감염에서 시더로포어의 역할은 무엇인가? 16-21
- 과학자들이 AMP에 관심을 가지는 이유는 무엇인가? 16-22

* * *

17장에서 후천성 면역의 주요 요소에 대하여 공부할 것이다.

표 16.2 선천성 면역 방어벽의 요약

구성요소	기능
방어벽 제1선: 피부와 점막	
물리적 요소	
피부의 표피	완전한 피부는 미생물 침입을 막는 물리적 장벽이며, 표피가 떨어져 나감으로 미생물을 제거한다.
점막	많은 미생물의 침입을 저지하지만, 완전한 피부만큼 효과적이지는 않다.
점액	호흡기관과 위장관에 미생물을 가둔다.
눈물기관	눈물을 만들어 미생물을 씻어 내린다. 눈물에는 그람양성세균의 세포벽을 파괴하는 리소자임이 들어 있다.
타액	입안의 미생물을 희석하고 세척한다.
털	코 안의 먼지와 미생물을 여과하고 포착한다.
섬모	점액과 함께 섬모상승을 만들어 내어 상부호흡기관에서 미생물을 포착하고 제거한다.
후두개	미생물이 하부호흡기관에 침투하는 것을 방지한다.
귀지	미생물이 귀에 들어가는 것을 막는다.
요	요도에서 미생물을 씻어 내려 비뇨생식기관에 대량 서식을 막는다.
질분비물	미생물을 몸 밖으로 내보낸다.
연동운동, 배변, 구토, 설사	미생물을 몸 밖으로 배출한다.
화학적 요소	
피지	피부 표면 전체에 산성 보호막을 형성하여 미생물 증식을 억제한다.
귀지	귀지의 지방산은 세균과 곰팡이의 증식을 억제한다.
땀	피부에서 미생물을 씻어 내리며 리소자임을 담고 있다. 리소자임은 또한 눈물, 타액, 콧물, 요, 조직액에도 있다.
타액	리소자임과 요소, 요산을 함유하고 미생물 증식을 억제한다. 미생물이 점막에 부착하는 것을 막는 면역글로불린 A도 들어 있다. 약산성이어서 미생물 증식이 저해된다.
위액	강산성이어서 세균과 대부분의 독소가 위에서 파괴된다.
질분비물	글리코겐이 분해되어 젖산으로 되면서 약산성 조건이 되므로 세균과 곰팡이 증식이 억제된다.
요	리소자임이 들어 있다. 약산성이어서 미생물 증식이 저해된다.
방어벽 제2선	
방어 세포	
식세포	호중성백혈구, 호산성백혈구, 수지상세포, 대식세포가 하는 식작용.
자연살생(NK)세포	감염된 표적세포를 퍼포린이나 그랜자임 과립을 방출하여 살생한다. 그런 다음 식세포가 감염한 미생물을 분해한다.
염증	미생물을 격리하고 파괴하며 조직복구를 시작한다.
열	인터페론의 효과를 강화하며, 일부 미생물의 증식을 억제하고, 조직복구 반응을 가속화시킨다.
항미생물 물질	
보체계	미생물의 세포용해를 일으키고, 식작용을 증강하며, 염증에 참여한다.
인터페론	감염되지 않은 숙주세포를 바이러스 감염으로부터 지킨다.
철결합 단백질	가용 철분의 양을 감소시킴으로 특정 세균의 증식을 억제한다.
항미생물 펩티드(AMP)	세포벽 합성을 억제하고, 세포막에 통로를 만들어 세포용해를 일으키며 DNA와 RNA를 분해한다.

학습 개요

서론 (451쪽)

1. 우리 몸의 방어체계로 질병을 예방할 수 있는 능력을 면역이라 한다.
2. 면역의 결핍을 민감성이라 한다.

면역의 개념 (452쪽)

1. 선천성면역은 모든 종류의 병원체에 대항하여 우리 몸을 지키는 방어 반응을 뜻한다.
2. 후천성 면역은 특정 미생물에 대항하는 방어(항체)를 뜻한다.
3. 대식세포와 수지상세포의 세포막에 있는 톨유사수용체가 침입 미생물에 결합한다.

■ 제1선 방어: 피부와 점막 (453~456쪽)

1. 감염에 대항하는 우리 몸의 방어벽 제1선은 피부와 점막의 물리적 장벽 구조와 비특이적 화학물질들이다.

물리적 요인 (453~455쪽)

1. 완전한 피부의 구조와 방수단백질인 케라틴이 미생물 침입에 대하여 방어한다.
2. 일부 병원체는 점막을 뚫고 들어갈 수 있다.
3. 눈물기관은 자극물질과 미생물로부터 눈을 보호한다.
4. 타액은 치아와 잇몸으로부터 미생물을 씻어 내린다.
5. 점액은 호흡기관과 위장관에 들어오는 많은 미생물을 가두며, 하부 호흡기관에서는 섬모상승으로 점액이 위로 밀려 올라와 밖으로 배출된다.
6. 요가 미생물을 흘러 비뇨기관 밖으로 내보내며, 질 분비물이 질 밖으로 미생물을 내보낸다.

화학적 요인 (455쪽)

1. 피지와 귀지의 지방산은 병원균의 증식을 억제한다.
2. 땀은 피부로부터 미생물을 씻어 내린다.
3. 리소자임은 눈물, 타액, 콧물, 땀에 들어 있다.
4. 위액이 매우 산성(pH 1.2~3.0)이어서 위에서 미생물 증식이 저해된다.

정상 미생물상과 선천성 면역 (455~456쪽)

1. 정상 미생물상은 환경 조건을 바꾸어, 병원체의 증식을 억제할 수 있다.

■ 제2선 방어 (456~474쪽)

1. 미생물이 방어벽 제1선을 뚫으면, 식세포, 염증, 열, 항미생물 물질이 제2선으로 작용한다.

혈액의 구성요소 (456~458쪽)

1. 혈액은 혈장(액체)과 구성요소(세포와 세포 조각)로 이루어진다.
2. 백혈구는 과립구(호중성백혈구, 호염기성백혈구, 호산성백혈구)와 비과립구로 나뉜다.
3. 다양한 감염에 있어 백혈구의 숫자가 증가하며(백혈구증가증), 일부 감염에서는 백혈구감소증이 나타난다.

림프계 (458~459쪽)

1. 림프계는 림프관, 림프절, 림프조직으로 구성된다.
2. 세포간질액은 림프관을 경유하여 혈장으로 되돌아온다.

식세포 (460~463쪽)

1. 식작용은 미생물이나 입자성 물질이 세포 안으로 섭취되는 것이다.
2. 식작용을 수행하는 식세포는, 특정 백혈구 또는 그 유래 세포이다.

식세포의 작용 (460쪽)

3. 과립구 중에서, 호중성백혈구가 가장 중요한 식세포이다.
4. 크기가 커진 단핵구는 자유 대식세포와 고정 대식세포가 된다.
5. 고정대식세포는 일부 조직에 상주하며 단핵구식세포계의 한 부분이다.
6. 감염 초기에는 과립구가 지배적이며, 감염이 가라앉으면서 단핵구가 지배적이다.

식작용의 원리 (460~462쪽)

7. 주화성은 식세포가 미생물에 끌리는 과정이다.
8. 식세포 표면의 톨유사수용체가 미생물에 부착하는데, 부착은 미생물을 혈청 단백질로 덮는 옵소닌작용에 의해 촉진된다.
9. 식세포의 위족이 미생물을 삼켜 식포 안에 가두면 완전히 분해된다.
10. 식균된 많은 미생물들은 리소좀 효소와 산화제에 의해 살생된다.

식작용 회피 (462~463쪽)

11. 일부 미생물은 식세포에 의해 파괴되지 않고 심지어 식세포 안에서 증식할 수 있다.
12. 회피 방법으로는, M 단백질, 협막, 류코시딘, 막공격복합체, 그리고 파고리소좀 형성의 저해 방법이 있다.

염증 (463~466쪽)

1. 염증은 세포손상에 대한 우리 몸의 반응이며, 발적, 통증, 열, 부어오름, 간혹 기능의 소실이 발생하는 특징을 보인다.
2. TNF-α는 급성기 단백질의 생산을 자극한다.

혈관확장과 혈관의 투과성 증가 (463~465쪽)

3. 히스타민, 키닌, 프로스타글란딘이 분비되면 혈관이 확장되고 혈관의 투과성이 증가한다.
4. 종기 주변에 혈액응고가 만들어져 감염이 퍼지는 것을 막는다.

식세포 이동과 식작용 (465쪽)

5. 식세포는 혈관 내벽에 들러 붙을 수 있다(변연).
6. 식세포는 또한 혈관을 비집고 통과할 수 있다(혈구누출).
7. 고름은 손상된 조직과 죽은 미생물, 과립구, 식세포가 모인 것이다.

조직 복구 (465쪽)

8. 간질(지탱 조직) 또는 유조직(기능 조직)이 새로운 세포를 만들어내면 조직이 복구된다.
9. 섬유아세포에 의해 간질이 복구되면 흉터가 남는다.

열 (465~466쪽)

1. 열은 세균 또는 바이러스 감염에 반응하여 발생하는 비정상적으로 높은 체온이다.
2. 세균 내독소, 인터류킨-1, TNF-α가 열을 일으킬 수 있다.
3. 오한은 체온이 오른다는 징후이며, 고비(발한)는 체온이 떨어진다는 징후이다.

항미생물 물질 (466~474쪽)

보체계 (466~470쪽)

1. 보체계는 서로 활성화시켜 침입한 미생물을 파괴하는 혈청 단백질의 군으로 구성된다.
2. 보체 단백질들은 연쇄반응으로 활성화된다.
3. C3가 활성화되면 세포용해, 염증, 옵소닌작용이 발생할 수 있다.
4. 보체는 고전경로, 대체경로, 렉틴경로를 통하여 활성화된다.
5. 보체는 숙주의 조절 단백질에 의해 비활성화된다.
6. 보체가 결핍되면 질병에 대한 민감성이 증가한다.
7. 일부 세균들은 협막, 표면의 지질-탄수화물 복합체, C5a 파괴 효소를 가짐으로, 보체에 의해 파괴되는 것을 피한다.

인터페론 (470~473쪽)

8. IFN-α와 IFN-β는 바이러스 감염에 반응하여 생산되는 항바이러스 단백질이다.
9. IFN-α와 IFN-β의 작용 방식은 감염되지 않은 세포가 항바이러스 단백질(AVPs)을 생산하도록 유도하여 바이러스 증식을 저지한다.
10. IFN-α와 IFN-β는 숙주세포에 특이적이며 바이러스에는 특이성을 갖지 않는다.
11. IFN-γ는 호중성백혈구와 대식세포가 세균을 살생하도록 활성화시킨다.

철결합 단백질 (473쪽)

12. 철결합 단백질은 철분을 수송하고 저장함으로 대부분의 병원체로부터 가용 철분을 박탈한다.

항미생물 펩티드 (473~474쪽)

13. 항미생물 펩티드(AMP)는 세균의 세포벽 합성을 저해하고, 세포막에 통로를 만들어 세포용해를 일으키며 DNA와 RNA를 분해한다.
14. 항미생물 펩티드는 거의 모든 식물과 동물에서 만들어지며, AMP에 대한 세균 내성은 아직 보고된 바 없다.

학습 질문

복습과 객관식 문제에 대한 해답은 책 뒤에 있음.

복습 문제

1. 아래 각 지점을 통하여 우리 몸에 들어오는 미생물을 막는 물리적 요소와 화학적 요소를 적어도 한 가지씩 제시하시오.
   a. 비뇨기관
   b. 생식기관
2. 염증의 정의를 설명하고, 그 특징을 열거하시오.
3. 인터페론은 무엇인가? 선천성면역에서 인터페론의 역할을 설명하시오.
4. 보체계는 어떤 방법으로 내독소쇼크를 일으킬 수 있는가?
5. X염색체에 연관된 만성육아종 환자는 호중성백혈구가 산화물배출을 발생하지 못하기 때문에 감염에 민감하다. 산화물배출과 감염은 어떤 연관성을 가지는가?
6. 어떤 사람이 부적합한 혈액형의 혈액을 수혈 받으면 왜 적혈구용해가 일어나는가?
7. 미생물이 어떤 방법으로 보체계를 회피하는지에 대한 몇 가지 예를 제시하시오.
8. 그려보기 식작용과 관련하여 다음에 주어진 과정을 표시하시오: 변연, 혈구누출, 부착, 파고리소좀 형성.

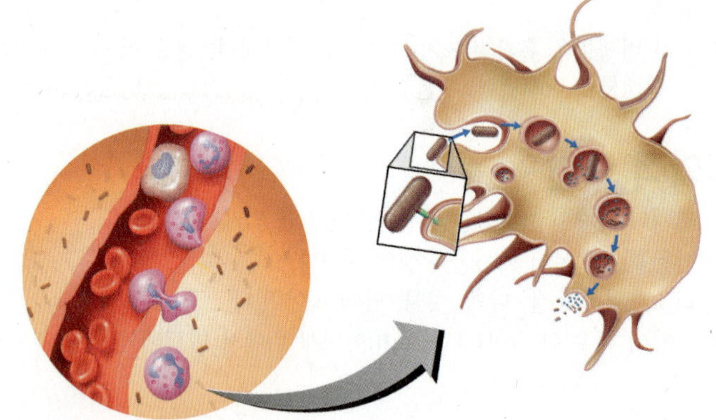

9. 아래 주어진 것은 선천성면역에 관련된 것인가, 아니면 후천성 면역에 관련된 것인가? 면역에 관련된 각각의 역할을 설명하시오.
   a. TLR
   b. 트랜스페린
   c. 항미생물 펩티드
10. 이름 답하기 이 비과립구는 혈액을 떠나기 전에는 식작용을 하지 못한다.

객관식 문제

1. 레지오넬라균(*Legionella*)은 C3b 수용체를 이용하여 단핵구에 들어간다. 이것은

a. 식작용을 막는다.
b. 보체를 분해한다.
c. 보체를 불활성화시킨다.
d. 염증을 저해한다.
e. 세포용해를 저해한다.

2. 클라미디아균(*Chlamydia*)은 파고리소좀 형성을 방해한다. 그러므로
a. 식균되는 것을 피한다.
b. 보체에 의한 파괴를 피한다.
c. 부착이 저해된다.
d. 분해되지 않는다.
e. 위의 어느 것도 아님

3. 아래 항목을 일어나는 순서대로 배치하면, 세째 단계는 어느 것일까?
a. 혈구누출
b. 분해
c. 식포 형성
d. 파고리소좀 형성
e. 변연

4. 아래 항목을 일어나는 순서대로 배치하면, 세째 단계는 어느 것일까?
a. C5에서 C9까지 활성화
b. 세포용해
c. 항원-항체 반응
d. C3의 활성화
e. C2에서 C4까지 활성화

5. 사람은 어떤 방법으로 충분한 철분을 얻음으로 병원체를 막는가?
a. 음식으로 섭취하는 철분을 줄인다.
b. 트랜스페린이 철분에 결합한다.
c. 헤모글로빈이 철분에 결합한다.
d. 철분을 과도하게 배출한다.
e. 시더로포어가 철분에 결합한다.

6. C3 생산이 감소하면 어떤 결과가 발생할 것인가?
a. 감염에 민감성이 높아진다.
b. 백혈구 숫자가 증가한다.
c. 식작용이 증가한다.
d. C5에서 C9까지 활성화된다.
e. 위의 어느 것도 아님

7. 1884년, 엘리 메치니코프(Elie Metchnikoff)는 불가사리 알을 찔러 채취한 혈액세포를 관찰하였다. 이것은 무엇의 발견이었나?
a. 혈액세포.
b. 불가사리.
c. 식작용.
d. 면역.
e. 위의 어느 것도 아님

8. 위염균(*Helicobacter pylori*)은 자신이 서식하는 기관의 화학적 방어에 대항하기 위해 요소가수분해효소를 사용한다. 이 화학적 방어는 무엇인가?
a. 리소자임.
b. 염산.
c. 과산화물 라디칼.
d. 피지.
e. 보체.

9. IFN-α와 관련하여 다음 중 어느 것이 틀린 설명인가?
a. 바이러스 복제를 방해한다.
b. 숙주세포 특이적이다.
c. 섬유아세포에서 분비된다.
d. 바이러스 특이적이다.
e. 림프구에서 분비된다.

10. 다음 중 어느 것이 식세포를 자극하지 못하는가?
a. 사이토카인
b. IFN-γ
c. C3b
d. 지질 A
e. 히스타민

비판적 사고

1. 트랜스페린은 감염에 대항하여 어떤 방어 역할을 하는가?
2. 염증을 감소시키는 다양한 약물이 있다. 항염증 약물의 오용에 따른 위험성에 대하여 논평하시오.
3. 기생생물이 성공적으로 생존하려면, 미생물은 보체에 의해 파괴되지 않아야 한다. 아래에 열거된 예는 보체를 회피하는 방법이다. 각 미생물이 일으키는 질병을 답하고, 각 방법으로 어떻게 보체에 의한 파괴를 피할 수 있는지 설명하시오.

병원체	전략
A그룹 streptococci	C3가 M 단백질에 결합하지 않는다
b형 *Haemophilus influenzae*	협막을 가지고 있다
Pseudomonas aeruginosa	세포벽 다당류를 벗어낸다
Trypanosoma cruzi	C1을 분해한다

4. 아래에 열거된 것은 선별된 각 미생물의 독성요소이다. 각 요소의 효과를 설명하시오. 각 미생물이 일으키는 질병의 이름을 열거하시오.

미생물	독성요소
Influenzavirus	리소좀 효소를 방출한다
Mycobacterium tuberculosis	리소좀 융합을 저해한다
Toxoplasma gondii	식포의 산성화를 저해한다
Trichophyton	케라틴분해효소를 분비한다
Trypanosoma cruzi	식포 막을 용해한다

임상 응용

1. 코와 인두에 라이노바이러스 감염 환자에서 키닌은 80배 증가하지만 히스타민은 증가하지 않는다. 어떤 증상이 예상되는가? 라이노바이러스가 일으키는 질병은 무엇인가?
2. 혈액학자들은 종종 혈액 시료에 대하여 분별백혈구계수법을 시행한다. 이 방법으로 백혈구의 상대적인 숫자를 결정할 수 있다. 백혈구 숫자가 왜 중요한가? 단핵구증(mononucleosis) 환자의 혈액을 이 방법으로 검사하면 어떤 결과가 예상되는가? 호중성백혈구감소증의 경우에는 어떠한가? 호산성백혈구감소증의 경우에는 어떠한가?
3. 백혈구부착결핍증(LAD)은 호중성백혈구가 C3b에 결합된 미생물을 인식하지 못하는 유전병이다. LAD는 어떤 결과를 가져올 것이라 생각하는가?
4. 체디악-동병(Chédiak-Higashi syndrome, CHS) 환자의 호중성백혈구는 정상보다 적은 주화성 수용체를 가지고 있으며 리소좀이 저절로 파열된다. CHS는 어떤 결과를 가져올 것이라 생각하는가?
5. 다음 질문에 대하여 생각해보자.
a. 실험실에서, 식물 렉틴은 사람 세포막의 만노오스에 결합한다. 그러면 사람의 만노오스결합 렉틴은 왜 사람 세포에 결합하지 않는가?
b. 약 4%에 해당하는 인구는 만노오스결합 렉틴이 결핍되어 있다. 이런 결핍을 가진 사람은 어떤 증상을 보일까?

17

후천성 면역: 숙주의 특이적 방어체계

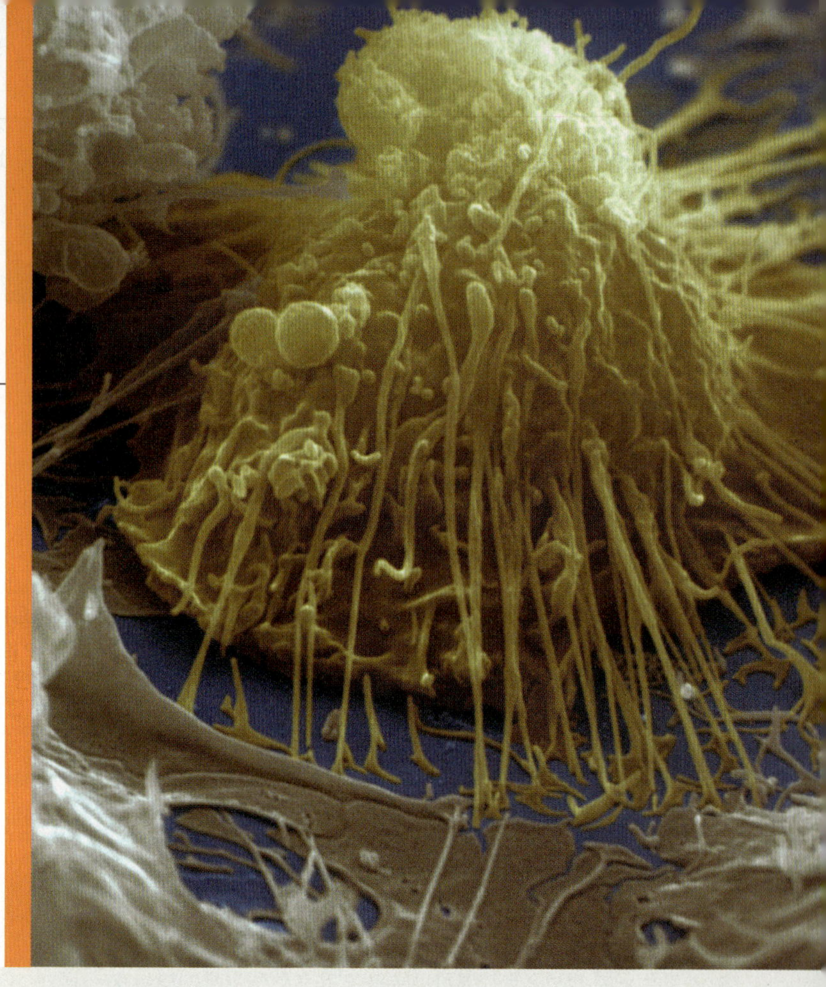

16장에서는, 주변환경에 존재하는 미생물에 대항하는 우리 몸의 선천적 방어체계에 대하여 살펴보았다. 선천적 방어체계에는 피부, 점막, 식작용, 염증반응 등이 포함된다. 사람은 물론이고 가장 단순한 동물들도 감염으로부터 자신을 즉각적으로 보호할 수 있는 상시 방어체계들을 가지고 있는데 이를 통틀어 **선천성 면역**(innate immunity)이라 부른다.

면역이라는 용어는 면제를 뜻하는 라틴어 *immunis*에서 유래되었다. (선천성 면역체계를 복습하려면 452쪽 그림 16.1을 참조.)

고등동물들은 더 전문화된 후천성 면역을 가지고 있다. **후천성 면역**(adaptive immunity)이란 유도되는 체계, 다시 말하면 어떤 특정한 미생물이나 외래 물질의 침입에 대한 맞춤형의 반응이다. 사진 속의 B림프구 세포는 후천성 면역을 담당하는 세포들 가운데 한 종류이다. 세포막에서 뻗어나온 수많은 돌기들을 주의 깊게 보기 바란다. 이 돌기들이 끊임없이 길어졌다 줄어들었다 하면서 B세포가 항원에 대응할 수 있게 되는 것이다.

후천성 면역체계

학습 목표

17-1 선천성 면역과 후천성 면역의 차이점을 안다.

사람이 살아가면서 어떤 감염성 질병에 대한 면역을 얻게 된다는 것은 오래 전부터 알려져 있었다. 누군가 천연두나 홍역에 걸렸다가 회복하였다면 그 사람은 다시 같은 병에 노출되어도 항상 면역력을 보인다. 어떤 방식으로 그 사람은 같은 감염에 대한 신체적 기억을 얻게 된 것인데 이것이 후천성 면역의 가장 중요한 요소이다. 수 세기에 걸쳐 의학이 발달하면서 결국 후천성 면역을 모방하는 방안을 찾게 되었고, 사람들에게 어떤 질병을 일으키는 병원체의 무해한 형태를 계획적으로 주사함으로써 그 병에 면역력이 생기도록 할 수 있었다. 이것을 **예방접종**(vaccination)이라 한다(18장 505~511쪽 참조). 최초로 개발되었던 천연두에 대한 예방접종은 미생물 병원체에 대한 지식이 정립되기 100여 년 이전에 이루어졌다. 그러나 어떤 질병이 특정한 병원체에 의해 생겨난다는 세균병원설의 개념이 정립되면서 후천성 면역 이론도 체계적으로 진전되었다(406쪽 참조).

이해도 확인하기

✔ 예방접종은 선천성 면역의 예인가, 아니면 후천성 면역의 예인가? **17-1**

후천성 면역체계의 두 가지 측면

학습 목표

17-2 체액성 면역(humoral immunity)과 세포성 면역(cellular immunity)의 차이점을 안다.

후천성 면역을 이해하는 데 중요한 많은 용어와 개념을 소개하기 위해, 먼저 기본적인 이론의 전개 과정을 간략히 살펴본다. 이를 통해 후천성 면역의 두 가지 특성, 즉 체액성 요소와 세포성 요소를 이해할 수 있을 것이다.

1887년에 파스퇴르(Louis Pasteur)는 우연히 닭에게 약화된 병원체를 주사하였더니 그 닭에서 면역력이 생기는 것을 처음으로 관찰하였다. 처음에 그는 이 현상은 병원체가 증식하는 데 필요한 어떤 필수적인 물질이 고갈되어 그런 것으로 가정하였다. 그러나 곧 치명적이지 못할 정도로 약화된 병원체를 주사하면 숙주에 면역력이 생기게 할 수 있다는 것을 알아냈다. 그 이후 몇 년 동안 연구는 급진전하였는데, 디프테리아와 파상풍 세균을 연구하던 베링(Emil von Behring)은 그 세균들을 배양한 배양액 내에 동물에 주사하였을 때 치명적인 **독소**(toxin) 같은 것이 있다는 것을 증명하였다. 그런데 토끼에 아주 적은 양의 독소를 주사하였더니 종종 생존하는 것을 관찰하였고 이렇게 생존한 동물의 혈청에서 놀라운 특성을 발견하였다. 치명적인 양의 독소를 주입한 다른 동물에게 이 혈청을 주사하였더니 그 동물들이 병의 증상을 보이지 않았던 것이다. 혈청 내의 어떤 물질이 치명적 독소를 중화한 것 같았다. 그래서 이 물질을 항독소(antitoxin)라 명명하게 되었고, 이 연구로 인하여 베링은 1901년 최초의 노벨 생리의학상을 수상하였다.

독일의 내과의사였던 에를리히(Paul Ehrlich)는 일정한 양의 항독소가 해당 양의 독소를 중화할 수 있다는 것을 밝혔다. 또한 그는 항독소는 매우 특이적인, 즉 항독소가 생겨나게 한 그 독소만을 중화하는 특성이 있음을 보여주었다. 곧바로 과학계는 의학 분야에 거대한 희망을 비추는 면역의 이러한 새로운 개념에 연구를 집중하였다. 유사한 방식으로 유도된 혈청 내 보호요소[지금은 일반적으로 **항체**(antibody)라고 하는]의 경우에도 마찬가지로, 세균이나 다른 병원체에 노출됨으로 인해서 생겨난다는 것을 알아내었다. 이후 항체는 병원성 미생물이나 독소뿐 아니라, 식물 꽃가루나 외래적혈구처럼 신체가 외래 물질(비자기, nonself)이라고 인식할 수 있는 다양한 입자성 물질에 대응하여 생겨날 수 있다는 것이 밝혀졌다. 항체 생산을 일으키는 물질들을 항체 생산자(*anti*body *gen*erators)라는 의미로 **항원**(antigen)이라 부르게 되었다. 특정 항체와 항원의 결합은 눈으로 볼 수 있는 응집을 일으키거나, 어떤 경우에는 항원이 분포한 세포를 용해시킨다. 경우에 따라 항원을 가진 세포를 용해시키기 위해서는, 항원에 대해 만들어진 항체뿐 아니라 혈액 내의 또 다른 물질의 작용을 필요로 한다는 것이 밝혀졌는데, 이 물질은 항체의 작용을 보완한다 해서 **보체**(complement; 16장 466쪽 참조)라고 부른다.

체액성 면역

고대로부터 19세기에 접어들기까지, 의학계에서는 건강은 네 종류의 체액, 즉 혈액, 점액, 검은 담즙, 노란 담즙에 달렸다고 굳게 믿고 있었다. 이러한 연유로 면역학이라는 새로운 학문에서도 항체에 의해 일어나는 면역을 설명할 때 **체액성 면역(humoral immunity)**이라는 용어를 사용한 것이다.

임상 사례: 단지 작은 상처였을 뿐인데

조안나 마스던(JoAnna Marsden)은 도시의 큰 병원에서 일하는 검시관이다. 그녀는 응급실에 도착한 후 사망한 지 얼마 되지 않은 44세의 여인인 바스케스(Vasquez) 부인의 부검을 하게 되었다. 바스케스 부인의 의무기록에는 그녀가 며칠 동안 "몸이 안 좋다"고 호소하여 응급실로 오게 되었고, 처음 검진한 의사는 바스케스 부인의 오른 팔뚝에 긁힌 자국 하나를 보았으나 뚜렷한 감염의 징후는 없었다고 한다. 바스케스 부인은 산소호흡을 공급받았으나 상태가 급격히 나빠져 입원한 지 4시간 만에 사망하였다. 부검 결과, 마스던 의사는 바스케스 부인이 패혈 쇼크(septic shock)에 따르는 파종성혈관내응고(disseminated intravascular coagulation, DIC)로 숨진 것을 알아냈다.

바스케스 부인이 파종성혈관내응고와 패혈쇼크로 사망하게 된 원인은 무엇인가? 알아보자.

479 480 484 487 490 494

세포성 면역

1950년대 중반까지만 해도 면역학은 비교적 단순한 분야로서, 대체로 비특이적인 식세포 기반의 선천성 면역과, 특정 항원에 특이적인 항체 기반의 체액성 면역에 대한 이해가 주를 이루었다. 그 당시만 해도 **흉선(thymus)**의 기능을 이해하지 못하고 있었다. 흉선은 위쪽 흉부에 있는 림프기관이며 사춘기 이후 서서히 위축된다. 조류에서는 림프절을 닮은 구조인 **파브리시우스 낭(bursa of Fabricius)**가 흉선과 유사한 것이나 그 기능에 대해서도 역시 모르고 있었다. 흉선이나 파브리시우스 낭의 기능을 알아내기 위해 그 기관들을 제거하는 실험이 수행되었지만 결과적으로 드러나는 차이가 없었다. 1956년에 면역학에서 획기적인 결과가 있었다. 성숙한 조류가 아닌 아주 어린 새의 파브리시우스 낭을 제거하게 되었는데 여전히 드러나는 차이가 없어 그 새들을 한쪽에 치워두었다. 거의 일년이 지나 다른 실험을 하기 위해 같은 새들을 이용하여 병원성 살모넬라(*Salmonella*)균에 대한 항체를 생산하고자 하였다. 즉, 약화된 세균을 접종하여 사실상 예방접종을 하였더니, 놀랍게도 그들은 항체를 생산하지 못하였고 심지어 그들 중 일부는 병들어 죽기까지 하였다. 이 연구를 시작으로, 성숙한 후에 파브리시우스 낭이 제거된 새에서는 정상적인 면역반응이 일어나지만(즉 세균에 대한 항체가 만들어지지만), 아주 어릴 때 그 기관이 제거된 새는 면역체계에 결함을 가진 개체로 자라게 된다는 사실을 알게 되었다. 이로써 파브리시우스 낭은 면역체계의 성숙(maturation)과 항체 생산능력에 필요한 기관이라는 것이 명백해졌다.

이렇게 중요한 연구 성과는 *Poultry Science*라는 학술지에 2쪽짜리 짧은 논문으로 발표되었는데, 인체 면역학에 관심 있는 연구자들에게는 주목받지 못한 채 남아 있었다. 그러나 한 면역학자가 흉선의 기능을 규명하기 위해 실험용 쥐에서 흉선을 제거하려는 시도를 하면서, 이 중요한 연구는 주목받게 되었다. *Poultry Science*에 게재된 논문의 방법대로 이 면역학자는 성숙한 쥐가 아니라 갓 태어난 쥐에서 흉선을 제거하였다. 파브리시우스 낭이 제거된 닭처럼, 어린 쥐들은 항체를 생산하지 못하는 성체로 자랐고, 더 중요한 것은 다른 쥐에서 피부 이식을 받았을 때 면역거부 반응이 매우 느리게 나타났다.

이 연구는, 과거 50년 동안 이해했던 항체 기반의 면역 그 이상으로 면역체계에 중요한 점이 존재한다는 것을 보여준 매우 획기적인 발전이었다. 에를리히는, 전문화된 특정 세포가 어떤 항원과 접촉하여 항체를 만들어 내며 이러한 과정은 일정한 방식으로 작동한다고 주장하였다. 이러한 새로운 연구에 의해, 항체가 만들어지기 위해서는 적어도 두 종류의 세포가 필요하다는 점이 제시되었다. 한 종류의 세포는 항원을 외래물질로 인식하여 이 정보를 실제로 항체를 생산할 수 있는 다른 종류의 세포에 전달할 것이라 생각되었다. 이러한 세포들의 정체를 정확히 몰랐지만 흉선이나 파브리시우스 낭과 같은 림프조직에 풍부한 림프구(lymphocyte; 452쪽 표 16.1 참조)라 불리는 백혈구일 것으로 추정되었다.

이때까지만 해도 림프구의 기능을 정확히 몰랐으나 1960년대에 와서 실험실에서 림프구를 분리하여 배양할 수 있는 기술이 갖추어지게 되었다. 발생 초기 몇 주 동안은 간에서 림프구가 만들어지지만, 3개월쯤 되어서는 골수(bone marrow)가 간을 대체하여 림프구를 생성한다. 적색골수의 줄기세포에서 림프구가 발생되어 "교육", 즉 분화되기 시작한다. 일부는 골수에서 성숙하여 항원을 인식하고 그에 대한 특이적 항체를 생산하는 **B세포**(bursa of Fabricius를 따라 명명한)로 분화된다. 각기 다른 종류의 항원을 인식하는 능력은 B세포 표면에 즐비한 특정항원에 대한 수용체로 인해서이다. 다른 일부는 흉선에서 성숙하기 때문에 T림프구 또는 **T세포**라 부르고 이들은 **세포성 면역(cellular immunity)**에 기본적인 역할을 담당한다. T세포와 B세포 모두 일차적으로 혈액과 림프기관에 분포한다. B세포처럼 T세포도 세포표면에 항원에 대한 수용체로 알려진 **T세포 수용체(T-cell receptor, TCR)**로 항원을 인식한다. T세포 수용체에 상보적인 항원이 결합하면 T세포는 증식하며 항체 대신에 사이토카인(cytokines)을 분비한다. 사이토카인은 다른 세포에 작용하여 특정 기능을 수행할 수 있도록 지시를 내리는 화학적 신호물질이다(495쪽 참조).

임상 사례

마스던 박사는 환자의 혈액 도말 표본에 그람염색을 하였다(사진 참조). 마스던 박사는 만약 감염이 있었다면, 어떤 세균이 바르케스 부인에게 파종성혈관내응고와 패혈 쇼크를 일으켜 사망에 이르도록 했는지 조사할 필요가 있었다.

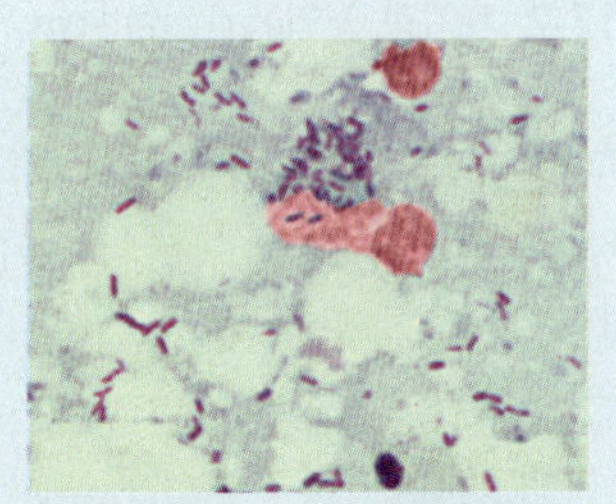

사진 속의 세균을 설명하시오. 다른 어떤 세포를 알아볼 수 있는가?

479 **480** 484 487 490 494

이해도 확인하기

✔ 조류에 발생하는 질병에 대한 기초 연구가 체액성 면역과 세포성 면역의 발견과 어떤 관련성이 있나? **17-2**

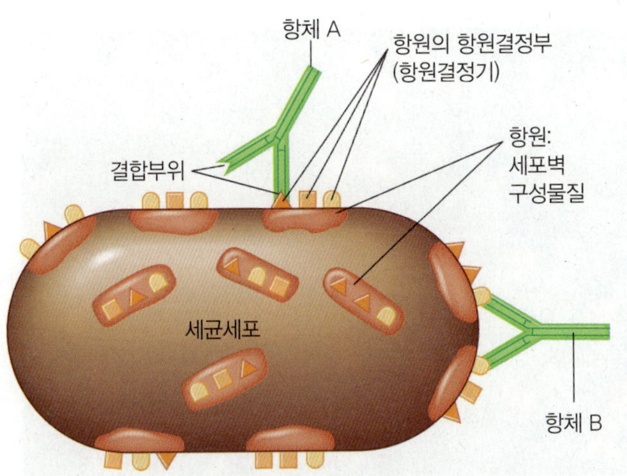

그림 17.1 **항원결정기(항원결정부).** 이 그림에서 항원결정기는 세균의 세포벽을 구성하는 항원 물질에 있다. 각 항원은 하나 이상의 항원결정기를 가지고 있다. 각 Y자형의 항체 분자는 어떤 항원의 특이적 항원결정기에 결합할 수 있는 2개의 결합 부위를 가진다. 하나의 항체 분자는 두 개의 다른 세포에 있는 동일한 항원결정기에 동시에 결합할 수 있고(515쪽 그림 18.5 참조), 결과적으로 이웃한 세포들을 응집시킬 수 있다.

 단백질과 지질 중에 어느 것이 더 많은 항원결정기를 가질까? 그 이유는?

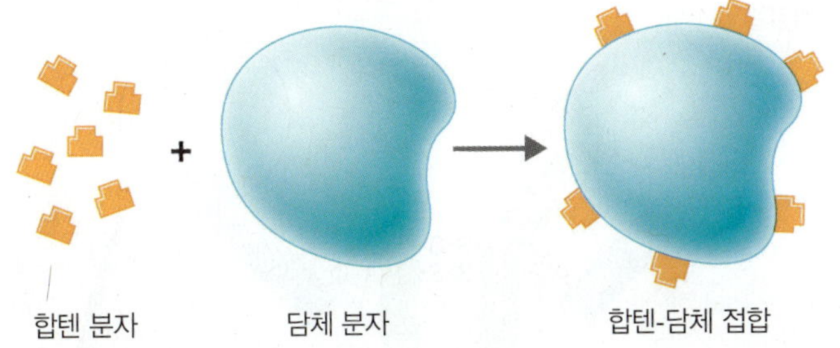

그림 17.2 **합텐.** 합텐은 크기가 너무 작아서 스스로 항체 형성을 자극할 수 없다. 그러나 합텐이 크기가 더 큰 담체(대체로 혈청 내 어떤 단백질)에 결합하여 같이 접합을 이루면 면역반응을 일으킬 수 있다.

 합텐과 항원은 어떻게 다른가?

항원과 항체

학습 목표

17-3 항원과 항원결정기, 합텐을 정의한다.

17-4 항체의 기능 및 구조적, 화학적 특성을 설명한다.

17-5 다섯 종류 항체의 각 기능을 한 가지씩 말한다.

항체와 항원은 면역반응의 주요 역할을 담당한다. 항원은 체액성 면역반응에서 매우 특이적 반응을 유발하여 바로 해당 항원을 인식할 수 있는 항체가 만들어지도록 한다. 이러한 반응을 일으킨다는 점에서 항원을 면역원(immunogen)이라고 표현한다.

항원의 성질

대부분의 **항원(antigen)**은 단백질이나 거대 다당류이다. 지질과 핵산은 대개 단백질이나 다당류에 결합된 형태로서 항원 성질을 가진다. 항원 성질을 가지는 물질은 주로 미생물의 구성성분, 즉 세균의 피막, 세포벽, 선모, 독소, 바이러스의 피막 또는 기타 미생물들의 표면을 구성하는 물질들이다. 또한 미생물이 아닌 것으로 꽃가루, 달걀 흰자위, 타인이나 다른 종의 혈구세포 표면 물질이나 혈청 단백질, 이식된 조직이나 기관의 표면 물질도 항원으로 작용한다.

일반적으로 항체는 **항원결정기(epitope)** 또는 **항원결정부(antigenic determinant**; 그림 17.1)라 불리는 항원의 특정 부위를 인식하고 결합한다. 이 결합은 항체 분자의 항원결합부위의 크기, 모양, 화학적 구조에 따라 달라진다.

452쪽에 언급하였듯이, 병원성 세균은 특징적으로 분자 패턴이라 불리는, 구조가 뚜렷한 항원을 많이 가지고 있다. 이 항원들은 숙주의 수용체에 의해 인식되며 이것은 침입자가 있다는 경고성 깃발과 같은 신호 역할을 한다. 이러한 기능에 가장 잘 알려진 수용체는 톨유사수용체(Toll-like receptor, TLR)*라는 큰 계열이다. 이러한 병원체-연관 분자 패턴(pathogen-associated molecular pattern)의 발견은 면역학 분야에 매우 중요한 발전으로서, 특정 항원 분자들이 병원성 세균의 기본 구성물질이며 이 항원들이 후천성 면역의 초기 경고 체계의 역할을 한다는 것을 제시하였다.

대부분의 항원은 분자량이 10,000 이상이다. 분자량이 작은 외래물질은 담체(carrier) 분자에 결합되지 않으면 흔히 항원성을 가지지 못한다. 담체에 결합된 분자량이 작은 물질을 **합텐(haptens**; 그리스어 *hapto*, 붙잡다는 뜻에서 유래; 그림 17.2)이라고 부른다. 일단 합텐에 대한 항체가 생기고 나면 그 항체는 담체와는 관계없이 합텐에 반응한다. 페니실린(penicillin)이 합텐의 좋은 예이다. 이 약물은 스스로 항원성은 없지만 어떤 사람들은 이 약물에 알레르기를 일으키는데(알레르기는 면역반응의 한 종류이다), 이런 경우에는 페니실린이 복용자의 단백질과 결합하여 그 결합물이 면역반응을 유발하는 것이다.

이해도 확인하기

✔ 항체가 세균에 대응하는 것이 하나의 항원에 대해서인가 아니면 하나의 항원결정기에 대해서인가? **17-3**

항체의 성질

항체(antibody)는 글로불린 단백질(치밀한 구형의 단백질 종류)이어서 항체를 **면역글로불린(immunoglobulin, Ig)**이라고도 부른다. 글로불린 단백질은 비교적 물에 잘 녹는다. 항체는 하나의 항원

* 초파리는 곰팡이 감염에 대하여 Toll—독일어로 이상하고 기이하다는 뜻—이라 불리는 단백질로 방어한다. 이 이름은 Toll 단백질이 초파리 발생 과정에 역할을 하는데 이 단백질이 없는 초파리의 모습이 기이한 데에서 붙여진 것이다.

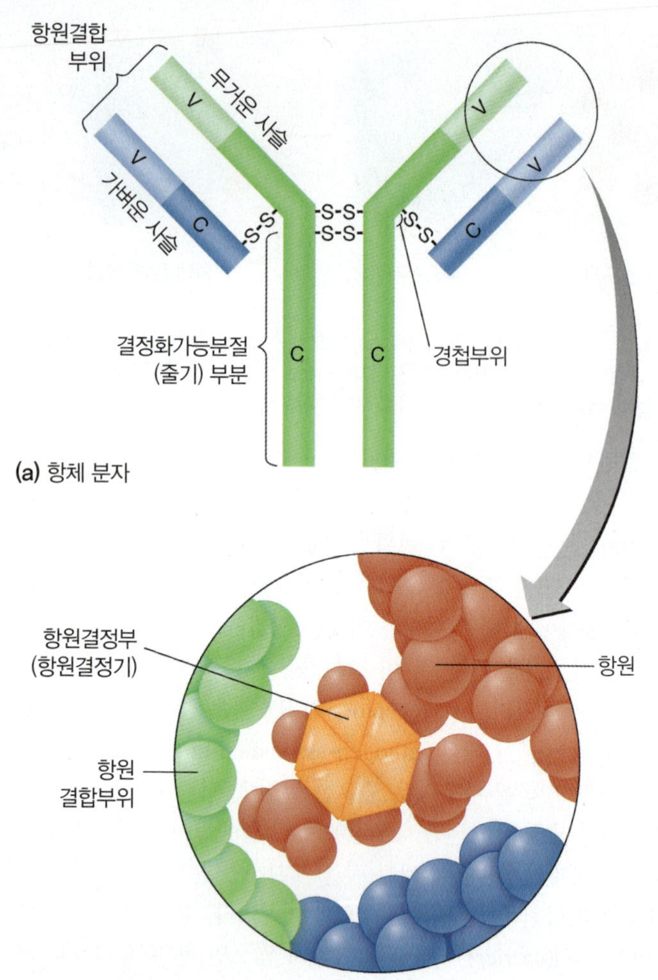

(a) 항체 분자

(b) 항원결정부에 결합한 항원결합부위의 확대

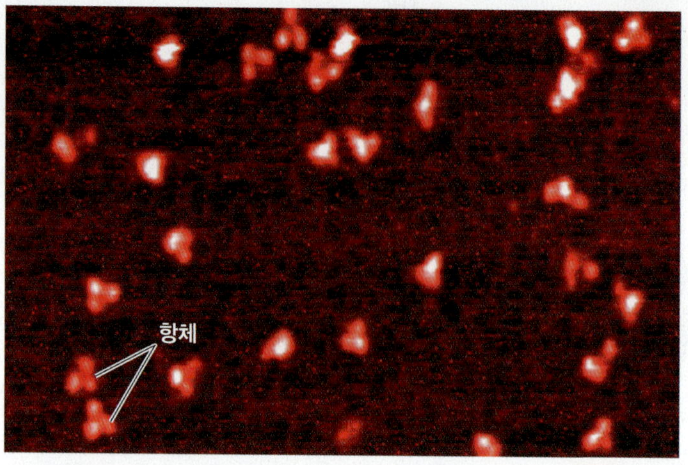

(c) 원자간힘현미경(64쪽 참조)으로 관찰된 항체 분자

그림 17.3 전형적인 항체 분자의 구조. Y자 모양으로 2개의 가벼운 사슬과 2개의 무거운 사슬이 2황화결합(S—S)으로 연결되어 있다. 분자의 대부분은 불변부(C)인데 동일한 종류의 항체는 같은 불변부를 가진다. 2개의 항원결합부위를 형성하는 가변부(V)의 아미노산 서열은 항체 분자마다 다르다.

Q 각 다른 항체의 특이성은 무엇으로 인한 것인가?

에 대하여 만들어져 그 항원을 인식하고 결합할 수 있다. 그림 17.1에서 보듯이, 하나의 세균이나 바이러스는 여러 항원결정기를 갖고 있어 여러 다른 항체 분자들이 만들어지게 할 수 있다.

각 항체는 항원결정기에 결합할 수 있는 부위로서 적어도 두 개의 동일한 부위를 갖는다. 이 부위를 **항원결합부위(antigen-binding site)**라 한다. 하나의 항체에 존재하는 항원결합부위 개수를 그 항체의 **결합가(valence)**라고 한다. 예를 들면, 대부분의 사람 항체는 항원결합부위 두 개를 가지기 때문에 2가이다.

항체의 구조

2가 항체가 가장 간단한 분자 구조를 가지기 때문에 이를 **단량체(monomer)**라 부른다. 전형적인 항체 단량체는 네 개의 폴리펩티드 사슬, 즉 두 개의 동일한 **가벼운 사슬**(light chain)과 두 개의 동일한 **무거운 사슬**(heavy chain)로 구성되어 있다. ("light" 와 "heavy"는 상대적인 분자량을 의미한다.) 이 사슬들은 2황화결합(45쪽 그림 2.15c 참조) 및 다른 결합으로 연결되어 Y자 모양의 분자를 형성한다(그림 17.3). Y자 모양의 분자는 유연하여 T자 모양을 띨 수도 있다(그림 17.3a의 경첩부위를 주목).

Y자의 두 팔 끝에 위치한 두 부분을 **가변부**[variable (V) region]라고 하는데, 이 부분이 항원결정기에 결합한다(그림 17.3b). 하나의 항체에서 두 가변부의 아미노산 서열과 이에 따른 3차 구조는 동일하다. 그러므로 가변부의 구조는 그 부분에 특이적으로 결합하는 항원의 구조적 특성을 반영하게 된다. 항체 단량체의 줄기에 해당하는 부위와 Y자 두 팔의 아랫부분은 **불변부**[constant (C) region]라고 한다. 이 지역은 한 종류의 면역글로불린에서는 일정한 부분이다. 간단히 말해서, 다섯 종류의 불변부가 있고 이에 따라 다섯 종류의 면역글로불린이 있다.

Y자 형태의 항체 단량체의 줄기 부분을 **Fc 부분**(Fc region)이라 부르는데, 항체 구조가 처음 밝혀졌을 때 이 부분이 저온에서 결정화되고(crystallized; c) 분절되었기(fragment; F) 때문에 이에 따라 명명된 것이다. 이 Fc 부분도 면역반응에 중요한 역할을 하는데, 두 개의 항원결합부위가 세균과 같은 어떤 항원에 결합한 후 Fc 부분이 노출되면, 인접한 항체의 Fc 부분들은 보체에 결합할 수 있고 그렇게 되면 세균이 파괴된다(469쪽 그림 16.10 참조). 반대로, Fc 부분이 어떤 세포에 결합한 후 인접한 항체의 항원결합부위가 항원과 결합하게도 한다(529쪽 그림 19.1a 참조).

표 17.1 면역글로불린 종류별 요약

특징	IgG	IgM	IgA	IgD	IgE
		이황화 결합 J 사슬	J 사슬 분비 성분		
구조	단량체	5량체	2량체(분비 성분과 결합된)	단량체	단량체
전체 혈청 항체 중의 백분율	80%	5~10%	10~15%*	0.2%	0.002%
항체의 위치	혈액, 림프, 장	혈액, 림프, B세포 표면(단량체 형태로)	분비물(눈물, 침, 점액, 장, 모유), 혈액, 림프	B세포 표면, 혈액, 림프	전신의 비만세포와 호염기 백혈구에 결합, 혈액
분자량	150,000	970,000	405,000	175,000	190,000
혈청에서의 반감기	23일	5일	6일	3일	2일
보체 고정	가능	가능	불가능 †	불가능	불가능
태반 통과	가능	불가능	불가능	불가능	불가능
알려진 기능	식작용 증강; 독소 및 바이러스 중화; 태아 및 신생아 보호	미생물과 응집항원에 특별히 효력; 1차 감염에 생산되는 첫 번째 항체	점막 표면에 국소적인 방어	혈청 내 기능 미확인; B세포 표면에서 1차 면역반응에 역할	알레르기 반응; 기생충 용해 가능

*혈청 내 백분율에만 해당됨; 점막이나 전신에 분비되는 양을 포함하면 백분율은 훨씬 높다.
† 다른 경로를 통해 가능할 수도 있음.

면역글로불린의 종류

가장 간단하고 많은 면역글로불린은 단량체이지만, 크기와 배열에 있어 약간의 차이가 있을 수 있다.

다섯 종류의 면역글로불린은 IgG, IgM, IgA, IgD, IgE로 표기된다. 각 종류는 면역반응에서 각기 다른 역할을 담당한다. IgG, IgD, IgE의 분자구조는 그림 17.3a에서 보는 것과 유사하다. IgA와 IgM 분자는 단량체가 결합하여 각각 2량체와 5량체 구조를 이룬다. 다섯 종류의 면역글로불린의 구조와 특성은 **표 17.1**에 요약되어 있다.

IgG **IgG**(이 명칭은 혈액 분획인 gamma 글로불린으로부터 유래되었다; 498쪽 그림 17.19 참조)는 혈청에 존재하는 전체 항체의 약 80%를 차지한다. 염증이 있는 곳에서 IgG 단량체 항체는 혈관벽을 쉽게 통과하여 조직액으로 침투한다. 예컨대, 모체의 IgG 항체는 태반을 건너 태아에게 수동면역(passive immunity)을 부여할 수 있다(498쪽 참조). IgG 항체는 순환하는 세균이나 바이러스에 대항하여 숙주를 보호하며, 세균성 독소를 중화하고, 보체 활성화를 유발하며, 항원에 결합하면 식세포의 효력을 강화시킨다

IgM **IgM**(그 크기를 나타내는 *macro*에서 유래된 명칭) 항체는 혈청 내 항체의 5~10%를 차지한다. IgM은 단량체 5개가 *J* (*joining*; 연결) 사슬이라 불리는 폴리펩티드에 의해 연결된 5량체 구조를 가진다(표 17.1 참조). 분자 크기가 커서 IgM은 IgG처럼 쉽게 이동하지 못하여 주변 조직에 침투하지 못하고 주로 혈관에 분포한다.

IgM은 적혈구 표면의 ABO 혈액형 항원에 반응하는 주된 항체이다(532쪽 표 19.2 참조). IgM은 세포와 바이러스의 응집을 일으키거나(515쪽 응집반응에 대한 설명 참조), 또한 보체 활성화 과정에(468쪽 그림 16.9 참조) IgG보다 훨씬 더 효과적이다.

IgM은 일차 감염에 대하여 최초로 만들어지고 비교적 단기간 존재하기 때문에 급성질병의 진단에 특별한 가치가 있다. 만약 어느 환자에서 특정 병원체에 대한 IgM의 양이 많다면 환자가 가진 질병은 바로 그 병원체로 인하여 생겼을 것으로 진단된다. 비교적 장기간 지속되는 IgG가 발견된다면 좀 더 오래 전에 특정 병원체에 대한 면역반응이 있었음을 나타내는 것이다.

IgA **IgA**는 혈청 내 항체의 10~15% 정도만을 차지하지만 점액, 타액, 눈물, 모유와 같은 신체 분비물이나 점막에 가장 흔히 분포하는 종류이다. 이 점을 고려하면, IgA는 신체에 가장 많이 존재하는 면역글로불린이다(혈청에는 IgG가 가장 많다). 혈청을 순환하는 IgA 형태인 **혈청 IgA** (serum IgA)는 대개 단량체이다. 그러나 가장 효력있는 IgA 형태는 **분비 IgA** (secretory IgA)라고 부르는 **2량체** (dimer)이다. IgA는 점막의 형질세포(plasma cell)에서 2량체 형태

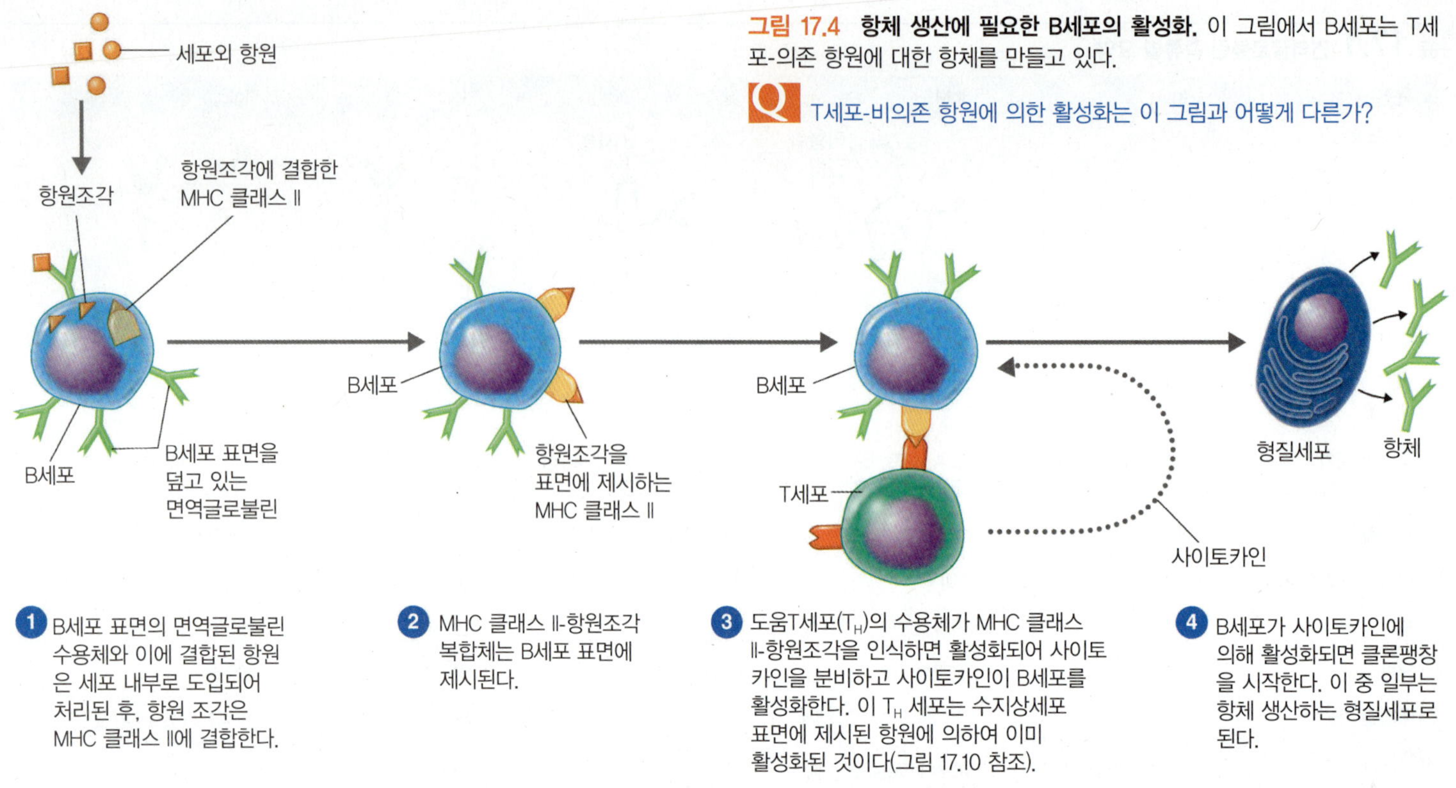

그림 17.4 항체 생산에 필요한 B세포의 활성화. 이 그림에서 B세포는 T세포-의존 항원에 대한 항체를 만들고 있다.

Q T세포-비의존 항원에 의한 활성화는 이 그림과 어떻게 다른가?

임상 사례

그람음성의 간균이 백혈구 내부에 관찰되었다. 마스던 박사는 이 특정 세균이 *Capnocytophaga canimorsus* 세균임을 확인하였다. 이 세균은 개나 고양이에게 발견되며 동물들이 물거나, 핥거나, 긁거나 할 때 사람에게 전염될 수 있다. 마스던 박사는 바스케스 씨에게서 자기 아내의 팔에 긁힌 자국은 집에서 기른 개가 낸 상처라는 것을 확인하였다. 그런데 그 개와 접촉한 대부분의 사람들이 *Capnocytophaga* 감염이 없었기 때문에 마스던 박사는 의아해졌다.

B세포가 만들어 낸 어떤 물질이 세균 감염에 대항하여 싸우는가?

479 480 **484** 487 490 494

로 하루에 15그람 정도씩이나 생산되는데, 대부분 장의 상피세포에서 생산된다. 그 다음, 각 2량체는 점막 세포에 침투하고 통과하는데, 점막세포에서 분비성분(secretory component)이라 불리는 폴리펩티드에 결합함으로써 효소에 의해 분해되지 않는 형태가 된다. 분비 IgA의 주요 기능은 미생물 병원체가 점막 표면에 부착되지 않도록 방지하는 것이다. 이 기능은 특히 장이나 호흡기를 침투하는 병원체를 막는데 중요한 것이다. IgA 면역이 비교적 수명이 짧아서 대부분의 호흡기 감염에 대한 면역력의 기간도 짧다. 모유, 특히 초유(498쪽 참조)에 들어 있는 IgA는 태아를 위장관 감염으로부터 보호하는 역할을 한다

IgD IgD 항체는 전체 혈청 항체의 0.2% 정도만을 차지한다. 그 구조는 IgG와 비슷하다. IgD 항체는 혈액과 림프액, 특히 B 세포 표면에 분포한다(그림 17.4). 혈청 IgD의 기능은 잘 밝혀지지 않았으며 B세포 표면에서는 면역반응의 보조 역할을 한다.

IgE **IgE** 항체는 IgG보다 약간 더 크고, 총 혈청 항체의 불과 0.0002%를 차지한다. IgE 분자의 Fc 부분은 알레르기 반응(19장 참조)에 참여하는 비만세포(mast cell)와 호염기백혈구(basophil) 표면의 수용체에 강하게 결합한다. 꽃가루와 같은 항원이 비만세포나 호염기백혈구에 부착된 IgE 항체에 교차결합하면(529쪽 그림 19.1a 참조), 그 세포는 히스타민이나 그 외의 화학적 매개물을 방출한다. 이러한 화학물질들이 알레르기 비염과 같은 알레르기 반응을 일으키는 것이다. 그러나 이 반응은 보체나 식세포를 끌어와 보호 기능도 수행한다. 이 점은 특히 IgE 항체가 기생충에 결합하는 경우에 효과적이다. IgE의 양은 일부 알레르기 반응이나 기생충 감염시 매우 증가하기 때문에 종종 진단에 유용하게 활용된다.

이해도 확인하기

- ✓ 항체에 대한 초창기의 이론적 개념에 따르면, 항체 구조는 항원결정부가 양 끝에 있는 막대형이라는 것이었다. 결국 알려진 Y자 구조로서의 항체는 우선적으로 어떤 이점을 가지는가? **17-4**
- ✓ 어떤 종류의 항체가 감기로부터 우리를 가장 잘 보호할 수 있는가? **17-5**

B세포와 체액성 면역

학습 목표

17-6 T세포-의존 항원과 T세포-비의존 항원의 유사점과 차이점을 설명한다.
17-7 형질세포와 기억세포의 구분한다.
17-8 클론선택의 설명한다.
17-9 각기 다른 항체가 만들어지는 원리를 설명한다.

앞에서 살펴보았듯이, 체액성(항체-매개) 반응은 항체에 의해 수행된다. 항체는 B세포라 불리는 특수한 림프구에서 생산된다. 항체 생산의 과정은 B세포가 자유 또는 세포외 항원(free, extracellular antigen)에 노출되었을 때 시작된다.

항체생산 세포의 클론선택

각각의 B세포는 그 표면 일부를 구성하는 면역글로불린을 가지고 있다. B세포 표면에 있는 대부분의 면역글로불린은 IgM과 IgD이며 모두 동일한 항원결정기를 특이적으로 인식한다. 10% 또는 그 이하의 B세포는 다른 종류의 면역글로불린을 가지는데 어떤 조직에서는 그 비율이 더 높다. 예컨대, 장의 점막에 분포하는 B세포에는 IgA가 많다. B세포는 세포막에 적어도 100,000개의 동일한 면역글로불린 분자를 가질 수 있다.

B세포의 면역글로불린이 자신에 특이적인 항원결정기에 결합하면 그 세포는 **활성화**된다. 활성화된 B세포는 **클론증식**(clonal expansion)으로 불리는 증식이 일어난다. B세포는 대개, 그림 17.4에서처럼 **도움T세포**(T helper cell, T_H)의 도움을 필요로 한다. (T세포에 대해서는 이번 장의 후반부에서 자세하게 설명함.) 항체 생산에 T_H 세포가 필요한 항원은 **T세포-의존 항원(T-dependent antigen)**으로 알려져 있다. T세포-의존 항원은 주로 바이러스, 세균, 외래 적혈구의 단백질이나 담체에 연결된 합텐이다. T세포-의존 항원에 대하여 항체가 만들어지기 위해서는 B세포와 T세포 둘 다 활성화되어야 하며 상호작용이 있어야 한다. 이 과정은 B세포가 항원과 결합하면서 시작된다. 여기서 중요한 점은, 항원이 B세포 표면의 면역글로불린과 결합하여 B세포 내부에 유입된 후에 효소에 의해 절단되며, 그 절단된 조각은 **주조직적합성복합체(major histocompatibility complex, MHC)**와 결합한다는 것이다. MHC 유전자는, 포유류 유핵세포의 세포막에 존재하는 다양한 당단백질(탄수화물과 단백질로 구성된) 분자들의 유전정보가 담겨 있는 다수의 유전자 집합이다. MHC에 대한 연구는, 조직거부반응이 조직적합성 항원이라 불리는 세포표면의 물질에 기인한 것으로 알려지면서 시작되었다. 따라서 사람의 MHC는 사람백혈구항원(human leuckocyte antigen, HLA)이라고도 불리며 이에 대한 더 자세한 설명은 19장의 538쪽에 있다. 항원조각과 MHC 분자의 복합체는 B세포 표면에 표출되며, 도움T세포 표면의 수용체가 이를 인식한다. MHC 분자는 숙주의 정체를 확인시켜주는 것으로 숙주 자체에 대한 항체가 만들어지지 않도록 방지하는 역할을 한다. 이 경우의 MHC는, B세포와 같은 **항원표출세포**(antigen-presenting cell, APC)의 표면에 존재하는 클래스 II 분자이다. 다른 항원표출세포에 대해서는 뒤에서 설명하기로 한다.

그림 17.4에서 보는 바와 같이, 도움T세포는 B세포 표면에 표출된 항원조각과 결합하면 활성화되어 사이토카인을 분비하기 시작하는데, 사이토카인은 B세포의 활성화를 일으키는 신호를 전달한다. 그러면 활성화된 B세포는 빠르게 증식하여 유전적으로 동일한 세포군(clone)을 형성하게 되며, 이들 중 일부가 항체를 생산하는 **형질세포(plasma cell)**로 분화한다. 다른 일부는 오래 생존하는 **기억세포(memory cell)**가 되어 같은 항원에 대해 다시 일어나는 2차 반응이 강화되도록 한다(497쪽 그림 17.17 참조). 그림 17.5와 같이, 이러한 현상을 **클론선택(clonal selection)**이라 한다. (비슷한 과정이 T세포에서도 일어나며 이에 대한 설명은 뒤에서 한다.)

그림 17.17에 보듯이, 1차 반응에서 가장 먼저 분비되는 항체 종류는 주로 IgM이다. 그러나 개별 B세포는 항원특이성에 변함이 없는 다른 종류의 항체(IgG, IgE, IgA처럼)도 만들어낼 수 있다. **종류변환(class switching)**이라는 이 현상은, 특히 1차 및 2차 면역반응을 통해 알려졌다(그림 17.17 참조). 일반적으로, 2차 반응에서 IgG가 만들어지면, IgM 생산은 중단되거나 급감하게 된다.

숙주 조직, 즉 자기(self) 물질에 대응하는 B세포는 미성숙 림프구 단계에서 **클론결손(clonal deletion)**이라는 과정으로 제거된다.

T세포 도움 없이 B세포를 직접 자극할 수 있는 항원을 **T세포-비의존 항원(T-independent antigen)**이라 한다. 이러한 항원은, 다당류나 지질다당류 같은 구조에서 볼 수 있는 반복된 소단위를 가지는 것이 특징이다. 세균의 협막이 T세포-비의존 항원의 좋은 예이다. 그림 17.6에 보듯이, 반복구조가 다수의 B세포 수용체에 결합할 수 있기 때문에 T세포 도움이 필요하지 않다. T세포-비의존 항원은 주로 T세포-의존 항원보다 약한 면역반응을 유발한다. 이 반응에는 대체로 IgM이 관여하며 기억세포는 만들어지지 않는다. 신생아의 경우 2세 정도까지는 T세포-비의존 항원에 의한 면역체계의 자극이 일어나지 않는다.

이해도 확인하기

- 폐렴구균에 의한 폐렴(693쪽 그림 24.12 참조)은 B세포가 항체를 생산하는 데에 도움T세포를 필요로 할까? **17-6**
- 형질세포는 항체를 생산한다. 그들은 기억세포도 만들어낼까? **17-7**
- 항원과 결합한 B세포는 어떤 방식으로 항원표출세포의 역할을 할 수 있을까? **17-8**

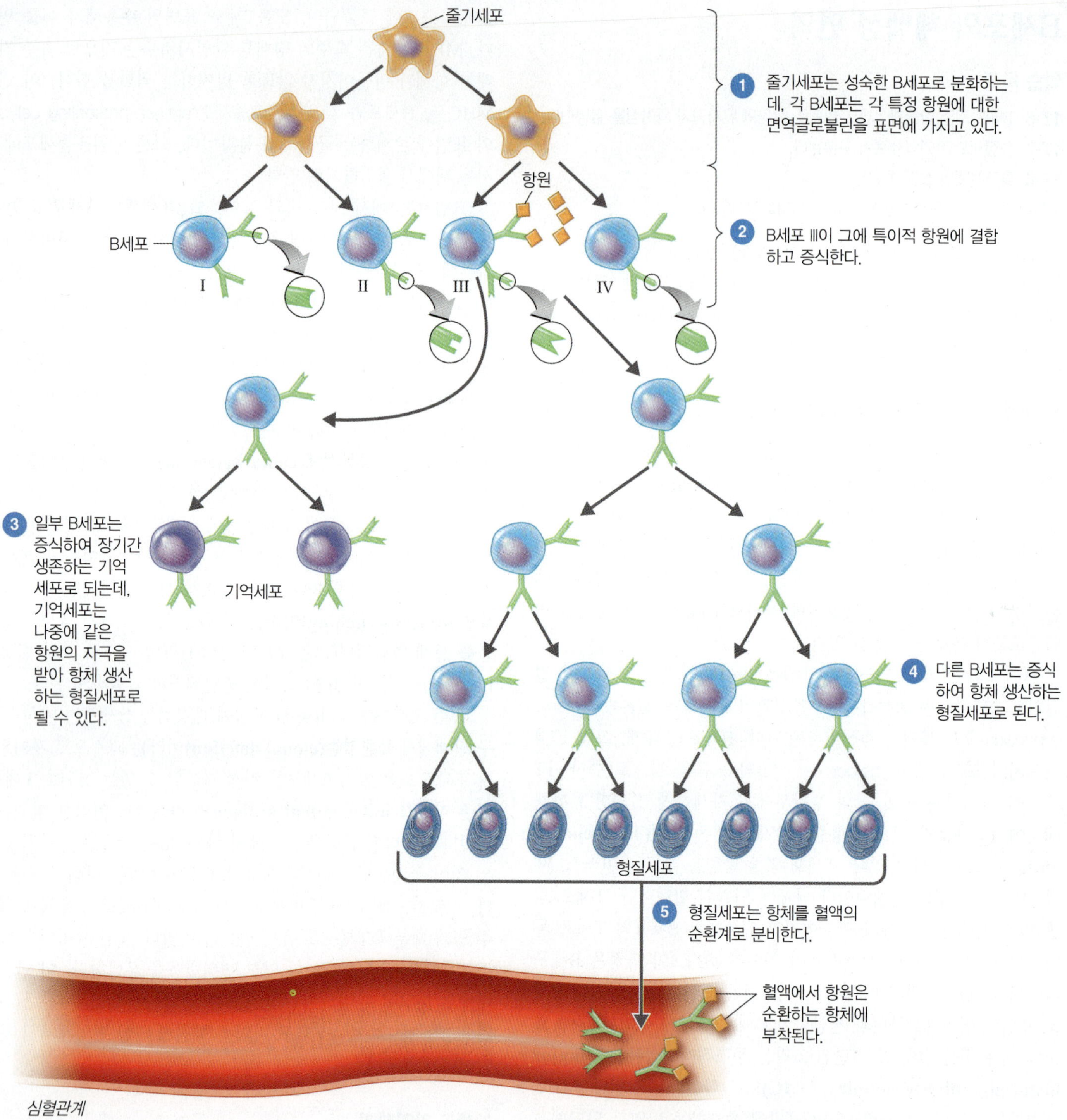

그림 17.5 B세포의 클론선택과 분화. B세포 전체는 거의 무한대의 항원을 인식할 수 있다. 그러나 각 B세포는 단 한 종류의 항원만을 인식한다. 어떤 특정 항원과 결합한 세포는 증식하여 (이 그림에서 B세포 "III") 동일한 특이성을 가진 세포군을 이루게 되는데, 이를 클론선택(clonal selection)이라 한다. 처음에 생산되는 항체는 대체로 IgM이지만 이후에 같은 세포에서 IgG나 IgE처럼 다른 종류의 항체가 생산되는데, 이를 종류변환(class switching)이라 한다.

Q 세포 "III"는 무엇에 대하여 반응하였나?

항체의 다양성

사람의 면역체계는 상상을 초월하는 많은 다른 항원—어림잡아 최소한 10^{15}—을 인식할 수 있다. 이렇게 다양한 항원의 인식에 각 다른 항체의 유전자가 필요하다면, 개인이 물려받은 DNA의 대부분을 항체 유전자가 차지할 것이다. 1987년 노벨상 수상자인 일본인 면역학자 도네가와(Susumu Tonegawa)의 연구는 이러한 다양성이 몇 조개의 유전자가 아니라 단지 몇백 개의 유전자 집합만으로 생겨난다는 것을 보여주었다. 간단히 설명하자면, 그 원리는 제한된 개수의 알파벳으로 방대한 많은 단어가 만들어지는 것과 유사한 것이다. 이 "알파벳"에 해당하는 것이 면역글로불린 가변부의 아미노산 서열을 결정하는 유전적 조성이며, 가변부의 서열은 여러 종류의 불변부의 아미노산 서열에 연결된다(그림 17.3 참조). 이러한 조합 덕분에 각 항원에 반응할 각 다른 유전자가 필요하지 않고 결과적으로 항체의 유전정보의 양이 대폭 줄어드는 것이다.

임상 사례

항체, 특히 IgM 항체는 세균 감염에 대하여 만들어진다. Marsden 박사가 조사한 결과 *Capnocytophaga* 세균은 T세포-비의존 항원을 가지고 있었다.

이러한 항원에 항체가 반응하기 위해서는 어떤 단계가 필요한가?

479 480 484 **487** 490 494

이해도 확인하기

✔ 항체 분자 어떤 부분의 아미노산 서열이 유전적으로 엄청나게 다양한 항체 분자가 생겨날 수 있게 하는가? **17-9**

항원-항체 결합과 그 결과

학습 목표

17-10 항원-항체 대응의 네 가지 결과를 설명한다.

항체와 항원이 특이적으로 결합하면 **항원-항체 복합체(antigen-antibody complex)**가 신속히 형성된다. 항체는 세균과 같은 항원의 항원결정기(epitope) 또는 항원결정부(antigenic determinant)라는 특정한 부분에 결합한다(그림 17.1 참조).

항원과 항체 사이의 결합의 세기를 **친화력(affinity)**이라 부른다. 대체로 항원과 항체 사이가 물리적으로 더 가까이 맞추어 질수록 친화력은 증가한다. 항체는 항원결정기의 모양을 인식하는 경향이 있지만 또한 뚜렷한 **특이성(specificity)**도 보인다. 항체는 한 단백질의 미세한 아미노산서열 변동이나 심지어 두 이성질체 사이의 차이도 구별할 수 있다(43쪽 그림 2.13 참조). 따라서 항체는 예를 들면 수두바이러스와 홍역바이러스를 구분하거나, 다른 종의 세균

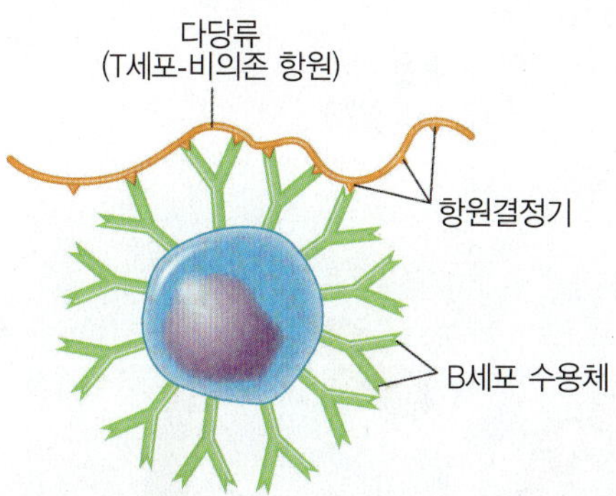

그림 17.6 T세포-비의존적 항원. T세포-비의존 항원은 반복되는 항원결정기를 가지므로 해당 B세포에 있는 여러 항원수용체를 교차결합시킬 수 있다. 이러한 항원은 B세포가 도움T세포의 도움 없이도 항체를 만들도록 자극한다. 세균의 협막을 구성하는 다당류가 T세포-비의존 항원의 예이다.

Q T세포-의존 항원과 T세포-비의존 항원의 차이점을 설명하시오.

을 구분하는데 사용될 수 있다.

항체는 항원에 결합하여 외래 세포나 분자를 표지함으로써 식세포와 보체에 의해 파괴되도록 하여 숙주를 보호하게 된다. 즉, 항체 분자 그 자체가 항원에 손상을 주는 것은 아니다. 외래 생물이나 독소는 그림 17.7에 나타난 대로 단지 몇 가지 방법에 의해 무해한 상태로 된다. 그 방법은 응집, 옵소닌작용, 중화, 항체의존적 세포매개세포독성, 염증과 세포용해를 일으키는 보체 활성화이다. (469쪽 그림 16.10 참조).

응집(agglutination) 과정에서, 항체는 항원이 서로 뭉치도록 한다. 예컨대, IgG 항체의 두 군데 항원결합부위는 두 개 다른 외래 세포의 항원결정기에 결합하여, 그 세포들을 덩어리로 응집하여 대식세포에 더 쉽게 삼켜지도록 한다. IgM은 더 많은 결합부위를 가지므로 IgM이 입자성 항원을 교차결합시켜 응집하는 데에 훨씬 효과적이다(515쪽 그림 18.5 참조). IgG가 같은 효과를 내기 위해서는 100배에서 1000배 더 많은 항체 분자가 필요하다. (18장에서 응집이 일부 질병을 진단하는 데 얼마나 유용한지 설명할 것이다.)

옵소닌작용(opsonization; 그리스어 *opsonare*, 음식을 준비한다는 뜻에서 유래)에서, 세균과 같은 항원은 항체로 둘러싸여 쉽게 식세포에 의해 삼켜지고 용해된다.

항체의존 세포매개세포독성(antibody-dependent cell-mediated cytotoxicity; 495쪽과 그림 17.16 참조)도 표적생물이 항체로 덮인다는 점에서 옵소닌작용과 비슷하다. 그러나 표적세포의 파괴는 표면에 결합된 면역세포에 의해서 일어난다.

중화(neutralization)는 IgG 항체가 미생물이 숙주세포에 부착되지 못하도록 막는 것이며, IgG 항체가 독소의 활성을 막는 것도 비슷한 방식이다.

마지막으로 IgG 또는 IgM 항체는 **보체계 활성화**를 유발할 수 있다. 예컨대, 염증은 감염이나 조직에 손상이 있을 때 일어나는데

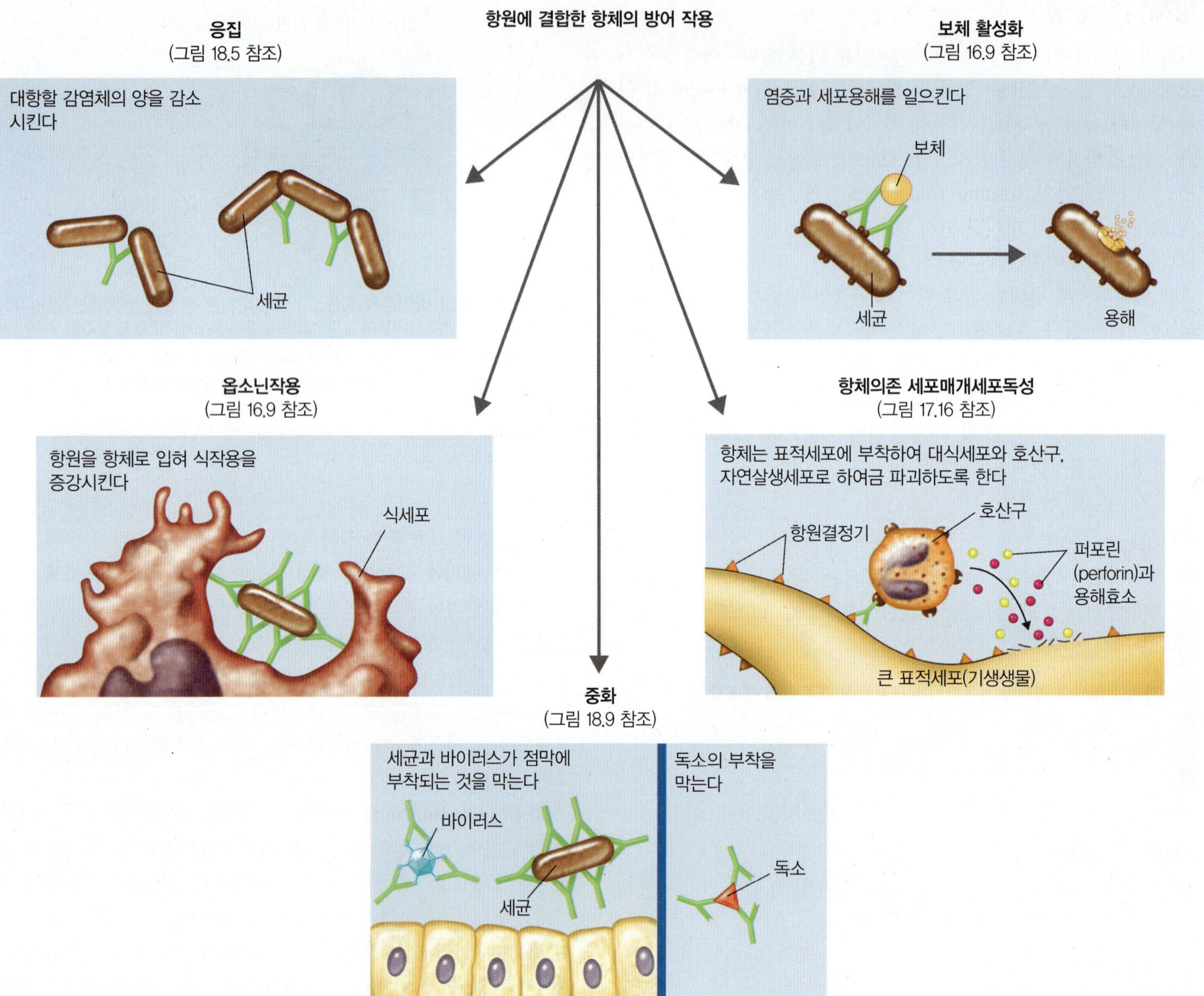

그림 17.7 항원-항체 결합의 결과. 항체가 항원에 결합하면 항원-항체 복합체를 형성하고 이것은 외래세포나 분자를 식세포와 보체가 파괴할 수 있도록 꼬리표를 붙여 주는 것이다.

Q 항원-항체 결합의 또 다른 결과들로 어떠한 것이 있나?

(464쪽 그림 16.8 참조), 염증 부위의 미생물이 종종 어떤 단백질들로 덮이게 된다. 이렇게 되면 그 미생물에 항체-보체 복합체가 부착되고 이 복합체가 미생물을 용해시켜, 식세포와 그 외 종류의 방어세포들이 염증 부위로 몰려들게 된다. 19장에서 설명하겠지만 항체의 활동이 숙주에게 해를 주는 측면도 있다.

이해도 확인하기

✔ 표적 항원 세포를 용해시키기 위해서, 항체 이외에 면역체계의 어떤 다른 구성요소가 필요한가? **17-10**

T세포와 세포성 면역

학습 목표

17-11 다음에 열거된 세포 각각에 대하여 적어도 한 가지 기능을 설명한다: M세포, 도움T세포, 세포독성T세포, 조절T세포, 세포독성T림프구, 자연살생세포.

17-12 도움T세포와 세포독성T세포, 조절T세포를 구분한다.

17-13 T_H1 세포와 T_H2 세포, T_H17 세포를 구분한다.

17-14 세포자살(apoptosis)을 정의한다.

체액성 항체는 자유로이 순환하는 바이러스나 세균과 같은 병원체에 효과적이다. 감염된 세포 안에 있는 바이러스와 같은 세포내 항원은 순환하는 항체에 노출되지 않는다. 일부 세균과 기생생물도 숙주세포에 침입하여 생존할 수 있다. T세포는 병원성의 이러한 측면, 즉 세포내 병원체에 대항할 필요성에 의하여 발달한 세포이다. T세포는 또한, 면역체계가 암세포와 같은 비자기세포를 인식할 수 있는 방법을 제공한다.

B세포처럼 각 T세포도 하나의 특정 항원에 대하여 특이성을 가진다. B세포의 경우에는 그 표면에 있는 면역글로불린이 특이성을 부여하는 반면, T세포는 T세포수용체(TCR)를 가지고 있다. B세포나 면역반응에 관련된 모든 다른 세포들처럼 T세포도 적색골수의 줄기세포에서 발생한다(그림 17.8). T세포의 전구세포는 골수에서 이동하여 흉선에서 성숙한다. 약 98%에 해당하는 대부분의 미성숙 T세포는 흉선에서 제거되며, 이것은 B세포의 클론결손과 유사한 과정이다. **흉선선택(thymic selection)**이라 불리는 이 도태과정을 통하여 T세포는 MHC의 자기물질(self-molecule)에는 특이 반응을 보이지 않게 된다. 이것이 면역체계가 자기 조직을 공격하지 않는 중요한 원리이다. 이후 성숙한 T세포는 흉선에서 나와 혈액과 림프계를 거쳐 여러 림프조직에 이르며, 그곳에서 항원을 만나게 된다 (459쪽 그림 16.5 참조).

세포성 면역체계가 대항하는 대부분의 병원체들은 먼저 위장관 또는 폐로 들어오게 되는데 그 곳에서 상피세포 장벽을 마주치게 된다. 보통 이 병원체들은 위장관에서 산발적으로 흩어져 분포하는 문지기 세포인 **M세포(microfold cell, 또는 M cell**; 그림 17.9; 718쪽 그림 25.7 참조)를 통하여 이 장벽을 통과할 수 있다. (장관의 흡수 상피세포 표면에 손가락처럼 돌출한 수많은 미세융모와 달리 M세포는 점막주름인 microfold를 가지고 있다.) M세포는, 장벽에 분포하는 2차 림프기관인 **페이에르판(Peyer's patch)** 위에 위치한다. M세포는 장관에서 항원을 수집하는 기능에 전문화된 세포이며 수집한 항원을, 상피세포층 바로 아래 페이에르판에 널리 분포하는 림프구와 항원표출세포에 전달한다. 페이에르판에서 점막면역에 필수적인 IgA 항체가 형성되고 점막내층으로 이동한다.

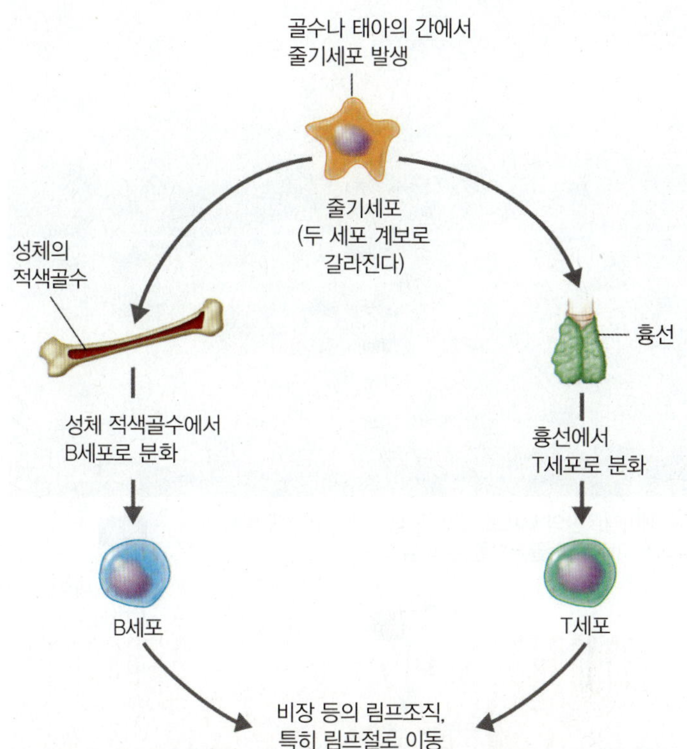

그림 17.8 **T세포와 B세포의 분화.** B세포와 T세포 둘 다 성인의 적색골수 또는 태아의 간의 줄기세포에서 발생한다. (적혈구, 대식세포, 호중성백혈구와 다른 종류의 백혈구도 같은 줄기세포에서 발생한다.) 일부 세포는 흉선을 거쳐 T세포로 성숙한다. 다른 일부는 적색골수에 그대로 남아서 B세포로 성숙한다. 성숙한 T세포와 B세포는 림프절 또는 비장 같은 림프조직으로 이동한다.

Q T세포와 B세포 중 어느 것이 항체를 만드는가?

T세포가 항원을 인식하기 위해서는 항원이 먼저 **항원표출세포(antigen-presenting cell, APC)**에서 처리과정을 거쳐야 한다. 이 과정은, 체액성 면역에서 B세포가 어떻게 APC의 기능을 할 수 있는가에 대해 이미 설명한 것과 비슷하다(그림 17.4 참조). 처리된 항원조각은 APC 표면에 MHC 분자에 결합하여 표출된다. APC로서는 활성화된 대식세포와 수지상세포가 가장 중요하며 이에 대해서는 494쪽에 자세히 설명되어 있다.

몸에서 새로운 T세포가 만들어지는 능력은 사춘기 후반부터 나이가 들면서 감소한다. 결국 T세포를 생산하는 흉선의 활성이 줄어들고 적색골수에서 B세포의 생산도 감소하여, 면역체계는 나이가 들수록 상대적으로 약해진다. 그러나 T세포 및 B세포의 기억세포들이 장기간 생존하므로, 노인들이 인플루엔자나 폐렴구균성 폐렴 등의 질병에 대한 면역력을 충분히 가질 수 있다.

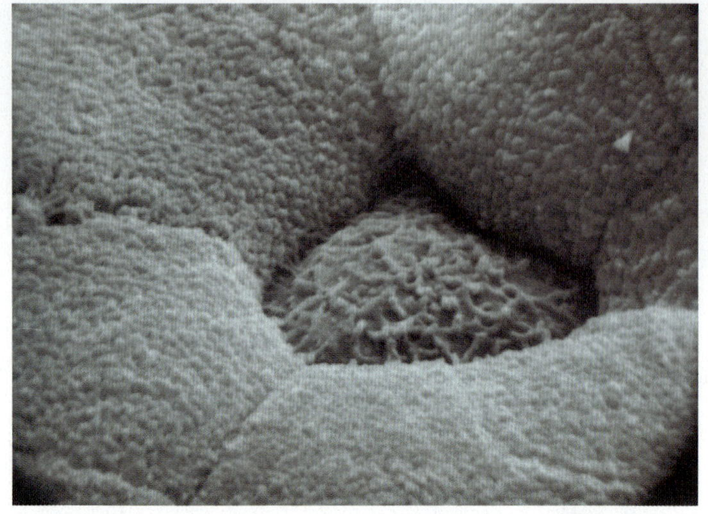

(a) 페이에르판의 M세포. 주변의 상피세포 표면에 빽빽이 들어찬 미세융모 끝부분을 주의 깊게 보자.

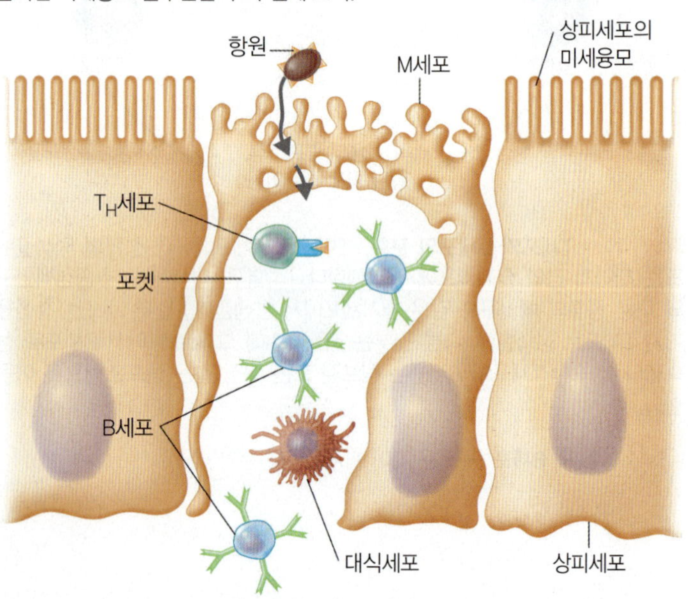

(b) M세포는 장관을 지나가는 항원과 우리 몸의 면역세포들과의 접촉을 쉽게 해준다.

그림 17.9 M세포. M세포는 장벽에 분포하는 페이에르판 내에 위치한다(459쪽 그림 16.5 참조). M세포의 기능은 소화관에 들어온 항원을 수송하여 림프구와 항원표출세포(494쪽 참조)가 그 항원에 결합할 수 있도록 하는 것이다.

Q 왜 M세포가 특히 소화계 질병에 대한 면역 방어에 중요한가?

이해도 확인하기

 M세포에 의해 항원이 포착되는 경우 일차적으로 만들어지는 항체의 종류는 무엇인가? **17-11**

임상 사례

항원에 대한 면역반응은, 림프절, 점막연관 림프조직, 비장과 같은 2차 림프기관에서 주로 일어난다. 1차 면역반응에서 병원체와 그 구성물질은 2차 림프기관으로 수송되어, 이곳을 지속적으로 지나는 B세포에게 항원이 표출된다. 마스던 박사는 바스케스 부인의 부검 기록을 검토한 결과, 부인이 몇 년 전의 교통사고 후에 비장이 제거되고 없었다는 것을 알게 되었다.

이 환자에 비장이 없었다는 것이 왜 중요한가?

479 480 484 487 **490** 494

T세포의 종류

면역글로불린처럼, T세포도 각 다른 기능을 가진 몇 가지 종류가 있다. 도움T세포는 사이토카인 신호전달을 통하여 B세포와 협력하여 항체를 생산한다(그림 17.4 참조). 따라서 도움T세포는 체액성 면역에 중요한 조력자일 뿐 아니라, 세포성 면역에는 더욱 필수적인 역할을 한다. 세포성 면역에 있어서 T세포는 항원과 더욱 직접적으로 상호작용한다. 먼저, **도움T세포(T helper cell, T_H)**와 **세포독성 T세포(T cytotoxic cell, T_C)**, 이 두 종류의 T세포에 대하여 설명한다. T_C 세포는 분화하여 **세포독성T림프구(cytotoxic T lymphocyte, CTL)**라 불리는 작동세포가 된다.

또한 T세포는 표면에 **분화군(clusters of differentiation, 또는 CD)**이라 불리는 당단백질의 종류에 따라 분류되기도 한다. 분화군은 특히 수용체 부착에 있어 중요한 막단백질이다. 그 중 가장 중요한 것이 CD4와 CD8인데, 이 단백질을 가지는 세포를 각각 **$CD4^+$** 세포와 **$CD8^+$**세포라 부른다. (HIV 감염에서 이 단백질의 중요성에 대한 설명은 546쪽 그림 19.13을 참조.) T_H 세포는 $CD4^+$세포이며, B세포와 APC의 MHC 클래스 II 분자에 결합한다(그림 17.4와 17.10). T_C 세포는 $CD8^+$ 세포이며, MHC 클래스 I에 결합한다(493쪽 그림 17.12).

도움T세포(T Helper Cell; $CD4^+$ T세포)

신체의 선천성 면역에서 필수적인 요소가 대식세포와 같은 식세포의 식작용이다. 대식세포는 또한 APC로서 세포성 면역에 중요한 역할을 한다. T_H 세포는 대식세포 표면에 표출된 항원을 인식하여 대식세포를 활성화함으로써 식작용과 항원표출기능을 모두 강화시킨다. APC로서 더욱 중요한 세포는 수지상세포이다(494쪽 참조). 수지상세포는 특히 $CD4^+$ T세포를 활성화하여 작동세포로 발달시키는데 중요한 역할을 한다(그림 17.10).

$CD4^+$ T세포가 활성화되려면 T세포수용체가, APC에서 처리되어 MHC 클래스 II 분자와 결합된 항원조각을 인식하여야 한다. 이

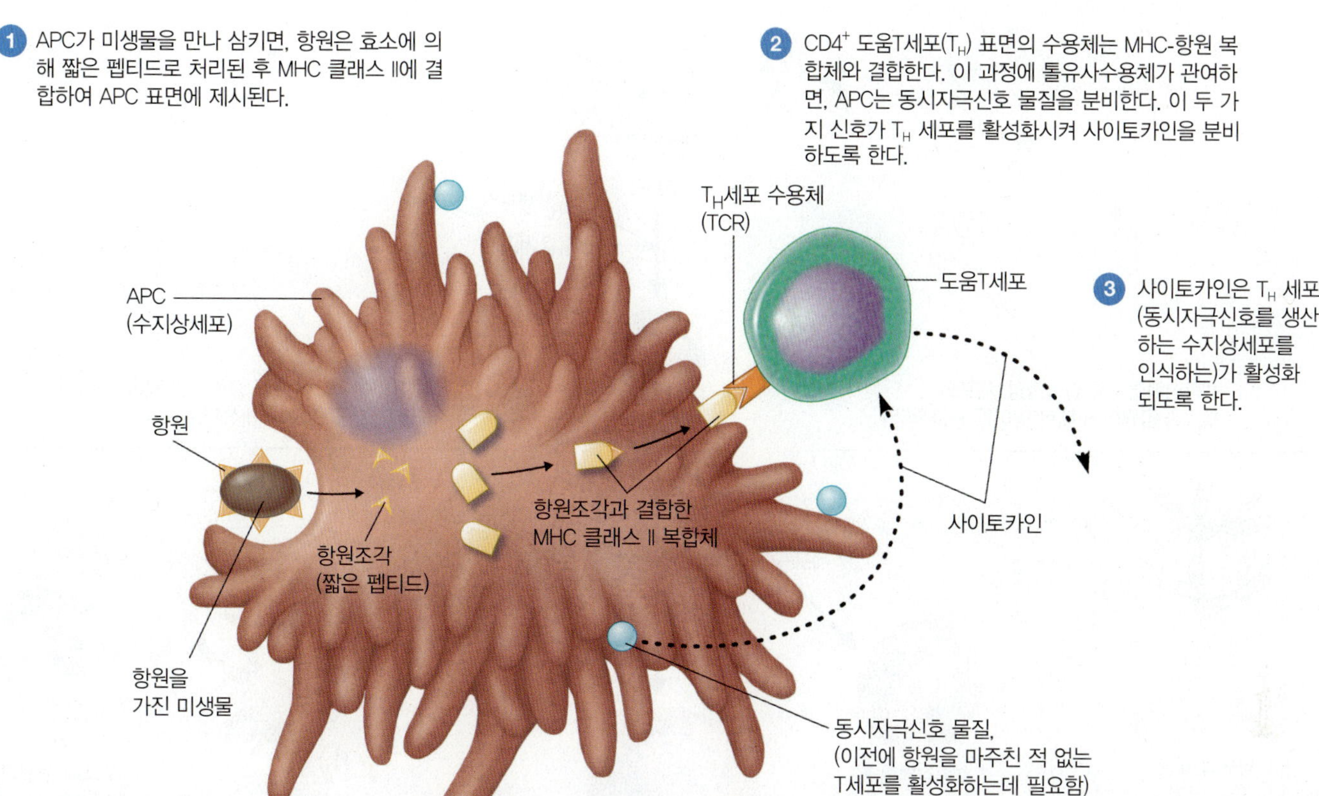

그림 17.10 CD4+ 도움T세포의 활성화. CD4+ 도움 T세포의 활성화에는 적어도 두 가지 신호가 필요하다: 첫째 신호는 T세포수용체가 처리된 항원에 결합하는 것이고, 둘째 신호는 동시자극신호 사이토카인으로서 IL-2와 그 외 사이토카인이다. 일단 활성화되면 도움T세포는 면역계 여러 종류 세포의 실행 기능에 영향을 미치는 사이토카인들을 분비한다.

Q 수지상세포의 역할은 무엇인가?

것이 첫째 신호이며, 둘째 신호로서 APC와 도움T세포 표면에 있는 동시자극신호가 있어야 한다. T세포 활성화는 병원체에 대해서 일어나야 하는데, 이때 톨 유사수용체(Toll-like receptors; 16장 452쪽 참조)에 제시되는 항원조각은 위험한 미생물이라는 신호로 작용한다. 활성화된 T_H 세포는 하루에 2~3번의 세포주기 속도로 증식하기 시작하며 특정 기능을 수행하기 위해 필수적인 사이토카인을 분비한다. T_H 세포는 증식하면서 T_H1, T_H2, T_H17군의 T세포 분류로 분화한다(그림 17.11). 또한 수명이 긴 기억세포도 형성한다. 각 군의 특정 기능은 자신들이 만들어내는 사이토카인에 따라 분류되며 각 사이토카인이 신체방어체계의 다른 세포에 작용하게 된다. 초기에는 T_H1과 T_H2, 두 가지 군의 T_H 세포만이 알려졌으나, 최근에 셋째 군이 알려져 T_H17으로 명명되었는데 인터류킨-17(IL-17) 사이토카인을 다량 생산하는 세포 유형이다. 세 군은 외부의 미생물 위협에 대한 방어에 직접적인 기능을 하며 이에 대하여 그림 17.11에 요약되어 있다. **T_H17 세포**의 발견은 T_H1과 T_H2 세포가 왜 어떤 종류의 외부세균이나 곰팡이의 감염에 대하여는 효과적이지 않은지에 대한 답을 주었다. **T_H1 세포**가 생산하는 사이토카인들, 특히 IFN-γ는 대체로 지연성 과민증(delayed-type hypersensitivity, 535쪽 참조)과 같은 세포성 면역에 중요한 역할을 하는 세포들을 활성화시키며 대식세포(494쪽 참조)를 활성화시킨다. 또한 T_H1 세포는, 식작용을 촉진하는 항체생산이나 옵소닌작용, 염증(468쪽, 그림 16.9 참조)처럼 보체 활성을 증강시키는 데에 특별히 효과적이다. 그림 17.12에서 보듯이, 세포독성T림프구의 발달에도 T_H1 세포의 역할이 필요하다.

T_H2 세포는 일차적으로 알레르기 반응(528쪽 과민증에 대한 설명 참조)에 중요한 IgE 항체 생산을 돕는 사이토카인을 분비한다. 또한 연충과 같은 세포외 기생생물의 감염에 대항하는 호산구를 활성화시키는 데에 중요한 역할을 한다(496쪽 그림 17.16 참조).

T_H17 세포는 침입하는 미생물에 잘 대처할 수 있는 위치인 피부와 위장관의 내벽에 자리잡고 있다. 외부 병원체의 침입이 감지

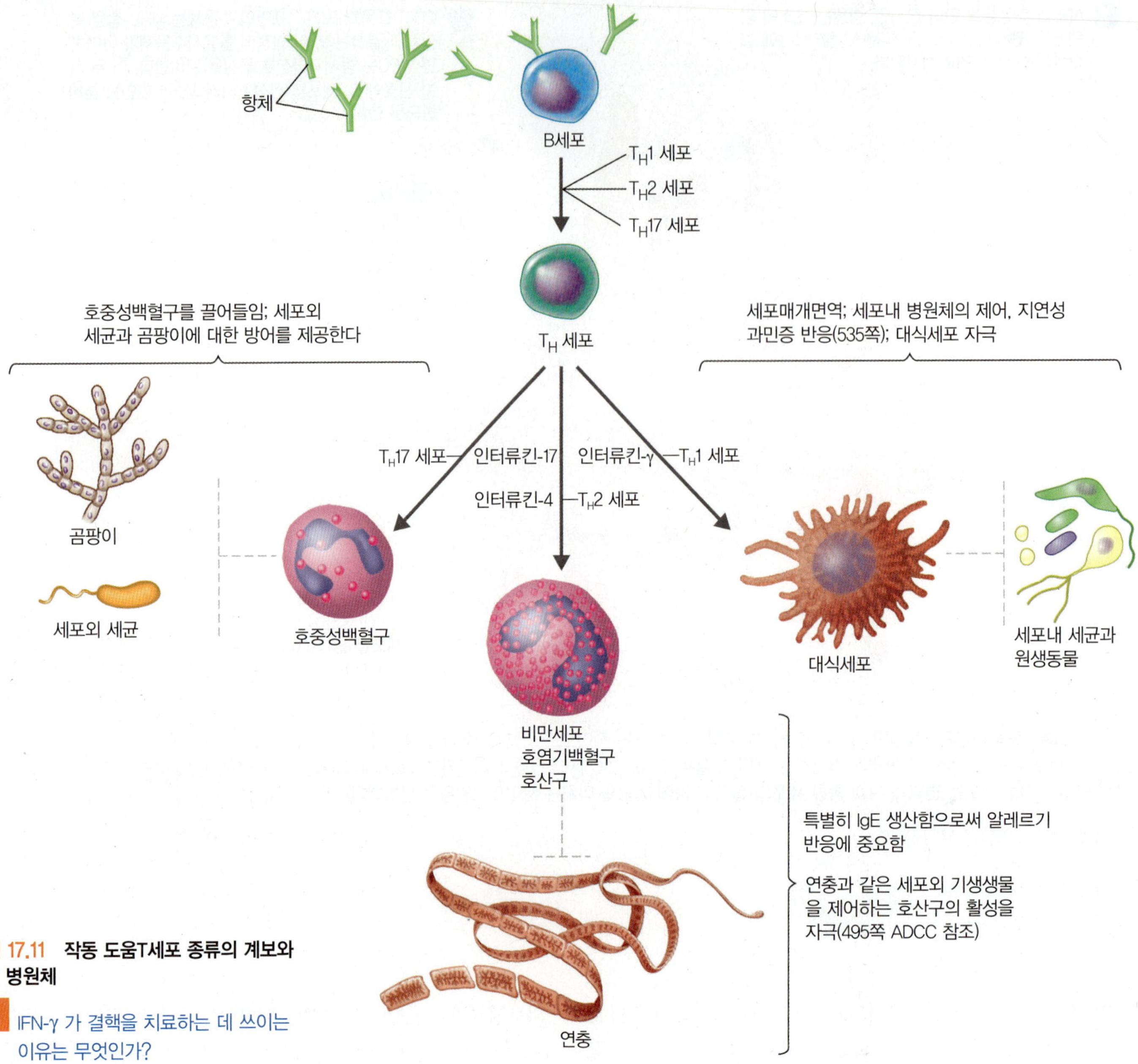

그림 17.11 작동 도움T세포 종류의 계보와 표적 병원체

Q IFN-γ 가 결핵을 치료하는 데 쓰이는 이유는 무엇인가?

되면 T_H17 세포는 선천성 면역체계를 자극한다. 예컨대, T_H17 세포는 염증반응에 관여하는 TNF-α와 같은 사이토카인을 합성하는 세포를 활성화시킨다. (512쪽에서, T_H17 세포나 TNF-α의 저해를 표적으로 하여 개발된 염증 치료법들을 알게 될 것이다.) 또한 T_H17 세포는 호중성백혈구를 끌어들여 세포외 병원체를 제거하도록 한다. 세포외 미생물 병원체에 대한 방어에 직접적인 역할을 하는 세 종류의 도움T세포의 특정 기능과 각각의 주요 사이토카인이 그림 17.11에 요약되어 있다. 최근에 또 다른 종류인 **여포도움T세포(follicular helper T cell, T_{FH})**가 알려졌는데(새로운 종류가 더 있을 가능성이 있다), 이것은 B세포가 형질세포로 발달하고 항체의 종류변환이 일어나도록 자극한다.

조절T세포

조절T세포(T regulatory cell, T_{reg})는 이전에 억제T세포(T suppressor cell)로 불렸으며 T세포 전체의 5~10%를 차지한다. T_{reg}는 $CD4^+$ 도움T세포 군에 속하지만 추가로 CD25 분자를 가지고 있는 것으로 구별된다. T_{reg}의 주요 기능은 흉선에서 자기물질에 대한 면역반응을 일으키지 않도록 하는 "교육", 즉 클론결손 과정을 도피한 T세포를 억제함으로써 자가면역을 억제하는 것이다. 또한 T_{reg}는 소화나 다른 유용한 역할을 담당하는 장내 세균을 면역체계의 공격으

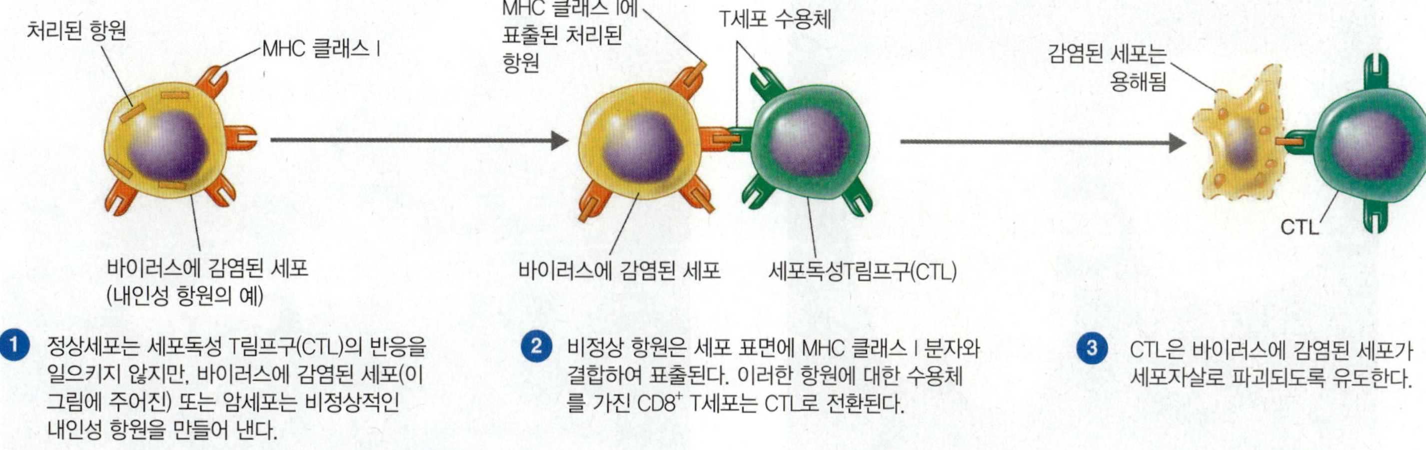

그림 17.12 세포독성T림프구에 의해 일어나는 바이러스 감염된 세포의 살생

CD8⁺ T세포와 CD4⁺ T세포의 차이점을 설명하시오.

로부터 보호하는 기능도 수행한다. 유사하게, 임신기간 중 태아가 비자기로 인식되지 않도록 보호하는 역할을 할 것으로도 추정된다.

세포독성T세포(T Cytotoxic Cell; CD8⁺ T세포)

이름과 달리 세포독성T세포는 흉선에서 생겨날 때에는 표적세포를 공격할 능력이 없는 세포이며 세포독성력을 가진 세포독성 림프구로 분화하는 전구세포이다. 분화과정은 전구세포 T_C 세포가 활성화되는 일련의 복잡한 과정으로서, 수지상세포에서 처리된 항원과 도움T세포와 동시자극신호 사이의 상호작용에 의해 일어난다. 결과적으로 분화된 세포독성T림프구는 비자기로 인식되는 표적세포를 살생할 수 있는 작동세포이다(그림 17.12 참조). 표적세포는 주로 바이러스 같은 병원체의 감염에 의해 변형된 자기세포이다. 그 표면에는 주로 세포 내에서 합성된 바이러스나 기생생물 기원의 **내인성 항원(endogenous antigen)** 조각을 가지고 있다. 다른 중요한 표적세포는 종양세포(543쪽 그림 19.11 참조)와 이식된 외래조직의 세포이다. APC의 MHC 클래스 II에 결합된 항원조각에 대응하는 CD4⁺ 세포와 달리, CD8⁺ T세포는 표적세포 표면의 MHC 클래스 I 분자에 결합된 내인성 항원을 인식한다. MHC 클래스 I 분자는 유핵세포에 존재하므로 세포독성T림프구는 숙주의 거의 모든 종류의 변형된 세포를 공격할 수 있다.

세포독성 과정에 CTL은 표적세포에 부착하여 그 표면에 구멍을 만드는 **퍼포린(perforin)** 단백질을 방출한다. 구멍이 만들어지면 결과적으로 세포사멸이 일어나는데 이것은 16장에 설명된 보체의 막공격복합체와 유사한 점이 있다(467쪽 참조). 이 구멍을 통해, 세포자살을 유도하는 단백질가수분해효소인 **과립효소(granzyme)** 이 들어갈 수 있게 된다.

세포자살(apoptosis; 그리스어로 잎처럼 떨어진다는 뜻)은 예정세포사(programmed cell death)라고도 한다. 숙주는 세포사멸을 발견하고 그 사멸이 자연적인 것인지를 판단하는 방법을 가지고 있어, 자연적인 사멸의 경우에는 죽은 세포의 잔해가 간단히 제거되므로 숙주에 아무런 해가 되지 않는다. 그러나 세포의 사멸이 외상이나 질병으로 유발된 경우에는 신체의 방어체계와 수리 방법이 동원된다. 그러므로 세포가 병원체를 다른 방법으로 없애지 못하면 세포자살의 방법으로 없애게 된다. 이 방법으로, 예컨대 감염성 바이러스가 다른 세포로 퍼지는 것을 방지할 수 있게 된다.

세포자살이 일어나는 세포에서는 먼저 유전체가 조각이 나고 세포막이 바깥쪽으로 기포(blebbing)처럼 불룩불룩 튀어나온다(그림 17.13). 세포 표면에 제시된 세포자살 신호물질은 순환하는 식세포를 끌어들여 잔해를 소화하도록 하므로 세포 내용물이 흘러 나오지 않는다.

우리 몸에서는 다른 이유로도 세포자살이 필요하다. 세포자살이 없다면 80세까지 2톤의 골수와 림프절, 그리고 16킬로미터의 장이 우리 몸에 쌓일 것으로 추측된다.

이해도 확인하기

- B세포가 항원에 대항하여 그 항원에 대한 항체를 생산하는 데 관여하는 T세포 종류는 무엇인가? **17-12**
- 알레르기 반응에 관여하는 T세포는 어느 종류인가? **17-13**
- 세포자살의 다른 명칭으로서 그 기능을 설명하는 명칭은 무엇인가? **17-14**

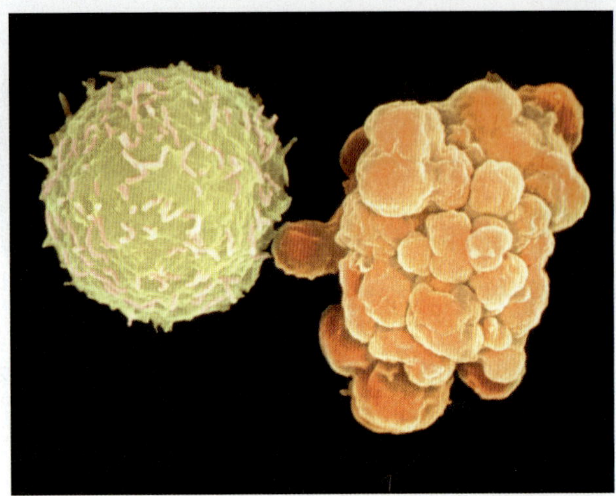

그림 17.13 **세포자살.** 왼편은 정상 B세포이고, 오른편은 세포자살이 일어나고 있는 B세포이다. 거품처럼 세포 표면이 불쑥불쑥한 것을 볼 수 있다.

 세포자살이란 무엇인가?

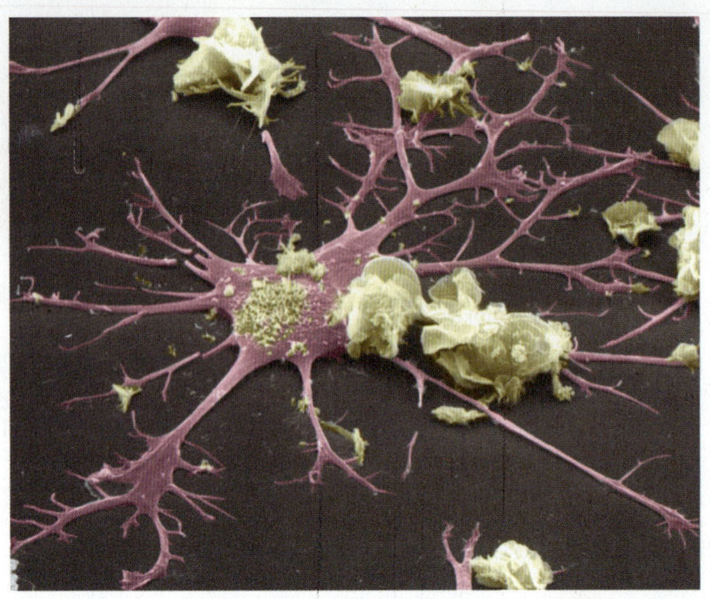

그림 17.14 **수지상세포.** 수지상세포는 신경세포의 수상돌기와 닮은 길게 뻗은 돌기를 가지고 있어 이렇게 이름 지어졌다. 이 그림의 수지상세포는 바이러스에 감염되어 비정상적인 내인성 항원(그림 17.12 참조)을 생산하는 림프구와 상호작용하고 있다.

Q 수지상세포의 면역 기능은 무엇인가?

임상 사례 해결

T세포와 B세포, 수지상세포는 비장에 나타난다. 사실상 혈액내 림프구의 절반이 매일 비장을 통해 순환한다. 비장의 식세포는 항체나 보체로 덮인 미생물을 매우 신속히 제거하며, 감염성 생물이 중요한 기관으로 퍼지는 것을 방지한다. *Capnocytophaga* 세균은 제어 가능한 세포염에서 치명적인 패혈증까지 광범위한 감염을 일으키는데, 대부분의 치명적 감염은 비장이 없는 환자에서 발생하며 또한 77%는 개에 노출된 경우이다. 불행히도 바스케스 부인은 그 감염성 세균에 감염되었고 또한 예전에 비장을 떼어냈기 때문에 치명적일 수 있는 감염에 맞서 싸울 면역반응이 없었던 것이다.

이 환자에 비장이 없었다는 것이 왜 중요한가?

479 480 484 487 490 **494**

항원표출세포

학습 목표

17-15 항원표출세포를 정의한다.

이미 체액성 면역에서 보았듯이 B세포도 항원표출세포(APC)의 한 종류이지만, 이제는 세포성 면역과 연관된 APC, 즉 수지상세포와 활성화된 대식세포를 살펴보고자 한다.

수지상세포

수지상세포(Dendritic cell, DC)는 신경세포의 수상돌기와 닮은 길게 뻗은 돌기를 가진 것이 특징이다(그림 17.14). 이 세포는 1868년 랑게르한스(Langerhans)의 피부에 대한 해부학적 연구에서 처음으로 알려졌기에, 피부와 생식관의 수지상세포는 여전히 랑게르한스세포(Langerhans cell, 또는 Langerhans DC)로 불린다. (피부층 사이에 이러한 수지상세포가 더 많이 분포하기 때문에 여기에 예방주사를 놓으면 근육에 주사하는 것보다 훨씬 더 효과적이다.) 수지상세포는 그 유래와 위치에 따라 명명된 네 종류가 있으며, 랑게르한스세포는 그 중 하나이다. 다른 종류들은 림프절, 비장, 흉선, 혈액과, 그 밖에 뇌를 제외한 많은 조직에 분포한다. 수지상세포는 이러한 조직에서 보초병으로서, 침입하는 미생물을 집어삼켜 처리하고 림프절로 가지고 가서 T세포에게 제시하는 역할을 한다. 수지상세포는 T세포에 의한 면역반응을 유도하는 가장 중요한 APC이다. 수지상세포에 비해 대식세포는 세포성 면역에서 T세포에게 항원을 제시하는 능력은 떨어지지만, 식작용을 더 잘 수행하여 후천성 면역반응의 나중 단계에서 중요한 역할을 한다.

대식세포

대식세포(macrophage; 그리스어의 대식가라는 뜻에서 유래)는 주로 휴지기 상태로 존재하며, 앞에서 이미 대식세포의 식작용을 설명하였다. 대식세포는 선천성 면역에도 중요하며, 못쓰게 된 혈구세포(하루에 약 2 × 10^{11}개)나 세포자살의 잔해와 같은 찌꺼기들을 없애는 데 중요한 역할을 한다. **활성화된 대식세포(activated macrophages)**가 되면 식작용 기능이 크게 증가한다(그림 17.15). 대식세포의 활성화는 항원물질을 삼킴으로 해서 시작된다. 활성화된 도움T세포가 만드는 사이토카인이나 다른 자극은 식작용 기능을 한층 더 강화할 수 있다. 일단 활성화되면 대식세포는 APC로서 보다는 식세포로서의 효력이 더 크다. 활성화된 대식세포는 암세포와 결핵균 및 바이러스 등에 감염된 세포내 병원체를 제어하는 중요한 요소이다. 활성화되면 세포의 크기가 커지고 표면이 주름 접힌 모양으로 세포 모양도 뚜렷이 달라진다.

사실상 모든 조직에 있던 APC가 항원을 삼키면 원래의 위치에서 림프절, 또는 점막의 림프조직으로 이동하고 그곳에서 T세포에게 항원을 제시한다. 어느 특정 항원에 결합할 수 있는 수용체를 가진 T세포는 비교적 제한된 숫자로 존재하기 때문에 APC가 이동하게 되면 T세포가 자신에게 특이적 항원을 마주칠 기회가 많아진다.

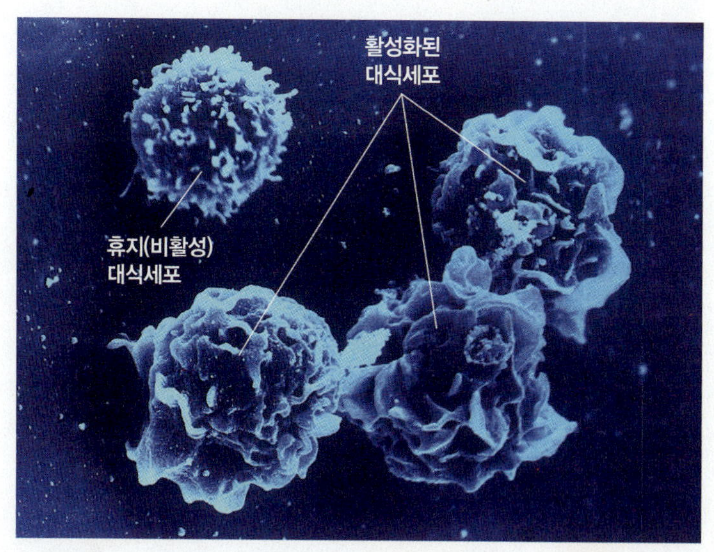

그림 17.15 **활성화된 대식세포.** 대식세포가 활성화되면 크기가 커지고 세포 표면이 주름잡힌 듯한 모양이 된다.

Q 대식세포는 어떻게 활성화되는가?

이해도 확인하기

✓ 수지상세포는 체액성 면역체계의 일부인가, 아니면 세포성 면역체계의 일부인가? 17-15

면역체계에 의한 세포외 살생

학습 목표

17-16 자연살생세포의 역할을 설명한다.

앞에서 CTL이 어떻게 표적세포를 파괴하는지 살펴보았다. 아직 설명하지 않은 선천성 면역의 구성요소도 바이러스에 감염된 세포나 종양세포를 파괴할 수 있다. 바로 **자연살생세포[natural killer (NK) cell]**라 불리는 과립백혈구인데 순환하는 림프구의 10~15%에 해당한다. 자연살생세포는 세균보다 훨씬 큰 기생생물도 공격할 수 있다(그림 17.16). CTL과 달리, NK세포는 면역에 있어 특이적이지 않다. 즉, NK세포는 항원에 의해 자극받지 않는다. NK세포는 먼저 표적세포와 접촉하여 MHC 클래스 I 자기항원을 발현하는지 여부를 인식한다. 만약에 발현하지 않으면—APC 표면에 정상적인 항원표출 과정을 방해하는 방법을 획득한 일부 바이러스의 감염 초기에 흔히 발생하는데—NK세포는 표적세포를 CTL과 유사한 방법으로 살해한다. NK세포는 정상세포와 형질전환된 세포, 또는 세포내 병원체로 감염된 세포를 구별한다. 종양세포 또한 표면에 MHC 클래스 I 분자를 적게 가지고 있다. NK세포는 표적세포에 구멍을 형성하여 용해 또는 세포자살에 이르게 한다.

자연살생세포와 세포성 면역의 다른 중요한 세포들의 기능이 **표 17.2**에 간략히 요약되어 있다.

이해도 확인하기

✓ 표적세포가 표면에 MHC 클래스 I 분자를 가지고 있지 않으면 자연살생세포가 어떻게 반응하는가? 17-16

항체의존 세포매개세포독성

학습 목표

17-17 항체의존 세포매개세포독성에서 항체와 살생세포의 역할을 설명한다.

체액성 면역체계에서 생산된 항체의 도움으로 세포성 면역체계는 자연살생세포(458쪽 참조)와 선천성 면역체계의 대식세포를 자극하여 표적세포를 살생할 수 있다. 이러한 방법으로 원생동물이나 연충과 같이 식작용으로 처리하기에는 너무 큰 생물도 면역세포들이 공격할 수 있다. 이것을 **항체의존 세포매개세포독성(antibody-dependent cell-mediated cytotoxicity, ADCC)**이라 한다. 그림 17.16에서 보는대로 표적세포는 먼저 항체로 둘러싸이고 면역체계의 다양한 세포들이 항체의 FC 부분에 결합함으로써 표적세포에 결합하게 된다. 이렇게 공격한 세포들이 분비하는 물질이 표적세포의 용해를 일으킨다.

이해도 확인하기

✓ 면역학적으로 비특이적 자연살생세포가 어떻게 특정 표적세포를 공격할 수 있나? 17-17

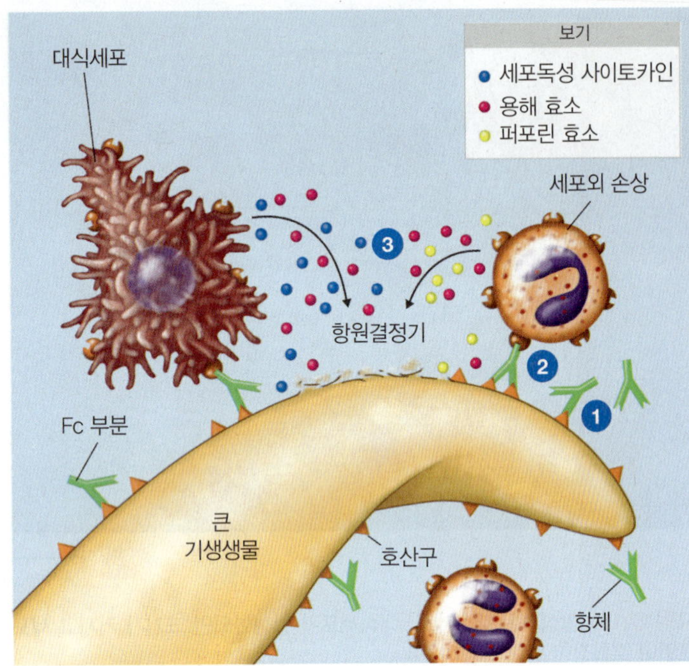

(a) 여러 기생생물처럼 크기가 너무 큰 생명체는 식세포가 섭취할 수 없고, 외부에서 공격해야만 한다.

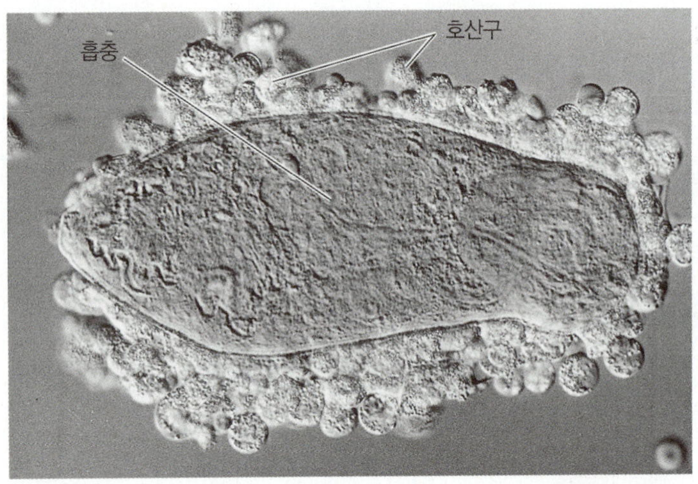

(b) 기생생물인 흡충의 유충에 부착된 호산구 세포들.

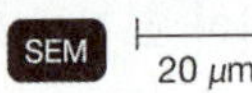

그림 17.16 항체의존 세포매개세포독성(ADCC). 기생충처럼 식작용으로 삼켜져 분해되기에는 크기가 너무 큰 생물은 외부에서 면역계 세포들의 공격을 받는다. ❶ 표적세포가 먼저 항체로 덮인다. ❷ 부착된 항체의 Fc 부분에 호산구와 대식세포, 자연살생세포(그림에는 없음) 같은 면역세포들이 결합한다. ❸ 이런 면역세포들이 분비하는 물질에 의해 표적세포가 용해된다.

Q 기생 원생동물과 연충에 대한 방어에 ADCC가 왜 중요한가?

표 17.2 세포성 면역에 주요한 세포

세포	기능
도움T(T_H1)세포	세포성 면역에 관련된 대식세포, T_c 세포, 자연살생세포의 활성화
도움T(T_H2)세포	호산구, IgM, IgE 생산 촉진
세포독성T림프구(CTL)	결합한 표적세포 파괴; 세포독성T세포(T_c)에서 발생
조절T(T_{reg})세포	면역반응 조절과 자기항원에 대한 반응 억제
활성화된 대식세포	식작용 증강됨; 암세포 공격
자연살생(NK)세포	표적세포 파괴; 항체의존적 세포매개세포독성에 관여

사이토카인: 면역세포의 화학 신호물질

학습 목표

17-18 사이토카인, 인터류킨, 케모카인, 인터페론, TNF, 조혈 사이토카인 등 각각의 주요 기능을 알아본다.

면역반응이 일어나면 다른 세포들 사이에 복잡한 상호작용이 일어난다. 이러한 상호작용을 매개하는 것은 **사이토카인(cytokine**; 그리스어로 세포와 움직이다는 뜻이 결합된)이라는 화학 신호물질이다. 사이토카인은 사실상 면역체계의 모든 세포가 해당 자극에 반응하여 만들어내는 수용성 단백질 또는 당단백질이다. 약 200가지 넘는 많은 사이토카인이 있고, 발견 당시 그들의 기능에 따라 붙여진 통칭이 있으며, 일부는 여러 기능을 수행한다. 한 종류의 사이토카인은 자신에 대한 수용체를 가진 세포에만 작용한다.

백혈구 사이의 매개 역할을 하는 사이토카인을 **인터류킨(interleukin)**이라 한다. 아미노산서열을 비롯한 많은 정보를 바탕으로 국제위원회에서 이 사이토카인들을 인터류킨 뒤에 숫자를 붙여(IL-1처럼) 명명하였다. 사이토카인은 면역체계를 자극하는 역할을 하기 때문에 치료제로서의 가능성도 제시되었다(499쪽 상자 참조).

감염이나 상처가 생긴 지역으로 백혈구의 이동을 유도하는 작은 사이토카인들의 모임을 **케모카인(chemokine)**이라 하는데 **주화성**(chemotaxis)에서 유래된 용어이다. 케모카인은 특별히 염증에 중요한 역할을 한다. 어떤 케모카인 수용체들은 HIV 감염에 중요한 역할을 한다(19장 545쪽 참조).

또 다른 집단의 사이토카인은 **인터페론(interferon**; 471쪽 참조)인데, 그 기능 중의 하나로서 바이러스 감염에 대항하여 세포를 보호하는 기능을 따라 명명된 것이다. IFN-α에서 이어지는 표기법을 따르는데 다수 인터페론이 간염이나 일부 암에 대한 치료제로 상용화되었다.

또 다른 매우 중요한 사이토카인 집단은 **종양괴사인자(tumor necrosis factor)**인데 약어로 TNF-α 등으로 알려져 있다. TNF는 처음에 종양세포를 표적하는 점이 알려져 이에 따라 붙여진 이름이다. TNF는 류마티스성 관절염 같은 자가면역질환에서 염증반응을 일으키는 강력한 사이토카인이다. 따라서 TNF를 차단하는 단일클론항체(512쪽 참조)가 이러한 질병의 치료제로 사용되고 있다.

다른 집단의 사이토카인인 **조혈 사이토카인(hematopoietic cytokine)**은 줄기세포가 적혈구 또는 각 다른 백혈구로 분화하는 과정을 조절하는 역할을 한다(489쪽 참조). 이들 중 일부는 IL-3와 같이 인터류킨으로 명명되었고, 다른 일부는 콜로니자극인자(colony stimulating factors, CSF)로 불린다. G-CSF(granulocyte-colony stimulating factor)가 한 예이다. G-CSF는 과립백혈구/단핵백혈구의 전구세포에서 호중성백혈구의 분화를 촉진하는 사이토카인이다. 또 다른 GM-CSF는 적색골수 이식 환자에서 대식세포와 과립백혈구의 생산을 촉진하는 치료제로 사용된다.

무엇보다도 사이토카인은 세포가 사이토카인을 더 많이 만들어 내도록 자극할 수 있다. 이러한 되먹임 회로(feedback loop)가 간혹 통제를 벗어나 사이토카인이 과량 생산되면 **사이토카인 발작(cytokine storm)**이라는 해로운 결과를 가져온다. 이렇게 되면 조직에 심각한 손상이 오는데 인플루엔자와 이식편대숙주반응(graft-versus-host disease; 541쪽 참조), 패혈증 같은 질병 증상의 원인이 되기도 한다. 439쪽의 초항원(superantigen)에 대한 설명도 참조한다.

후천성 면역체계가 자기물질에 대한 공격을 방지하는 몇 가지 방법을 살펴보았다. 먼저, 숙주 자신의 조직을 인식하지 못하는 면역세포는 제거된다. 또한 항원표출세포의 주조직적합성복합체(그림 17.12 참조)는 반드시 외래항원과 결합해야만 체액성 또는 세포성 면역반응을 자극할 수 있다. 그럼에도 불구하고 아직까지 완벽히 풀리지 않은 의문점들이 있는데, 예컨대 왜 모체가 비자기인 태아를 거부하지 않는가이다.

이해도 확인하기

✔ 사이토카인의 기능은 무엇인가? **17-18**

면역 기억

학습 목표

17-19 1차 면역반응과 2차 면역반응의 차이점.

항체-매개 체액성 반응의 세기는 **항체 역가(antibody titer)**, 즉 혈청내 항체의 상대적인 양으로 알 수 있다. 어떤 항원에 처음 접한 사람의 혈청에는 4~7일간 이에 대한 항체가 발견되지 않는다. 이후에 천천히 항체 역가가 증가하는데 먼저 IgM 항체가 만들어지고, 다음으로 10~17일에 IgG 항체가 최고치를 기록하며, 그 이후로 항체 역가는 서서히 감소한다. 이런 양상이 항원에 대한 **1차 반응(primary response)**의 특징이다.

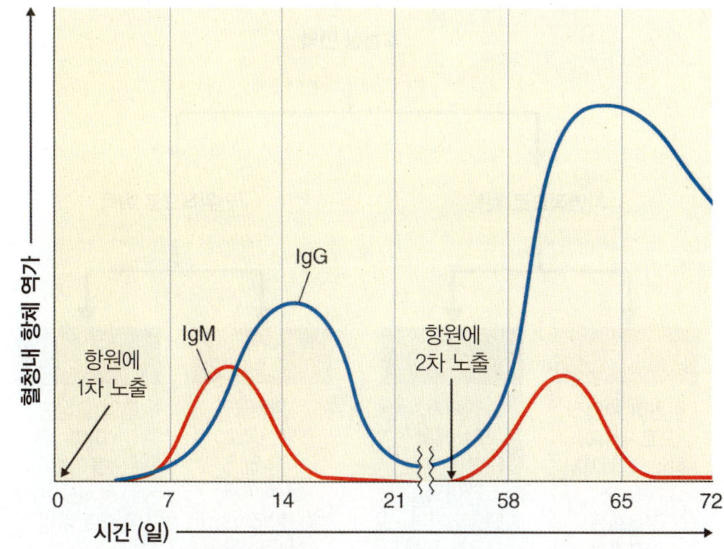

그림 17.17 항원에 대한 1차 및 2차 면역반응. IgM은 1차 반응에서 처음 만들어지는 항체이다. IgG가 다음으로 만들어져 장기 면역을 제공한다. 동일한 항원에 두 번째 노출되면 기억세포(1차 반응에서 형성됨)를 자극하여 다량의 항체가 급속히 생산된다. 2차 반응에서 생산되는 항체는 주로 IgG이다.

Q 왜 홍역 외에 많은 질병이 한 사람에게 한번만 생기고, 감기나 또 다른 질병은 한번 이상 생기는가?

숙주의 항체-매개 면역반응은 그 항원에 다시 노출되었을 때 강화된다. 이러한 **2차 반응(secondary response)**은 **기억**, 또는 **기왕 반응(memory or anamnestic response)**으로 불린다. 그림 17.17에 나온 대로 2차 반응은 상대적으로 더 빠르게 2~7일 만에 최고치에 이르러 더 오래 지속되며 반응의 강도가 훨씬 강하다. 다시 설명하자면, 그림 17.5대로 일부 활성화된 B세포는 항체를 생산하는 형질세포로 분화하지 않은 채 증식하지도 않고 기억세포로 장기간 생존하게 된다. 수년 혹은 수십 년 후에라도 이 기억세포가 동일한 항원의 자극을 받으면 매우 신속히 분화하여 항체를 생산하는 형질세포가 된다.

19장에서 다루겠지만, 유사한 기억반응이 T세포에도 일어나는데 이것이 자기와 비자기를 구별하는 평생 동안의 기억에 필수적인 반응이다.

이해도 확인하기

✔ 기왕 반응은 1차 면역반응인가, 아니면 2차 면역반응인가? **17-19**

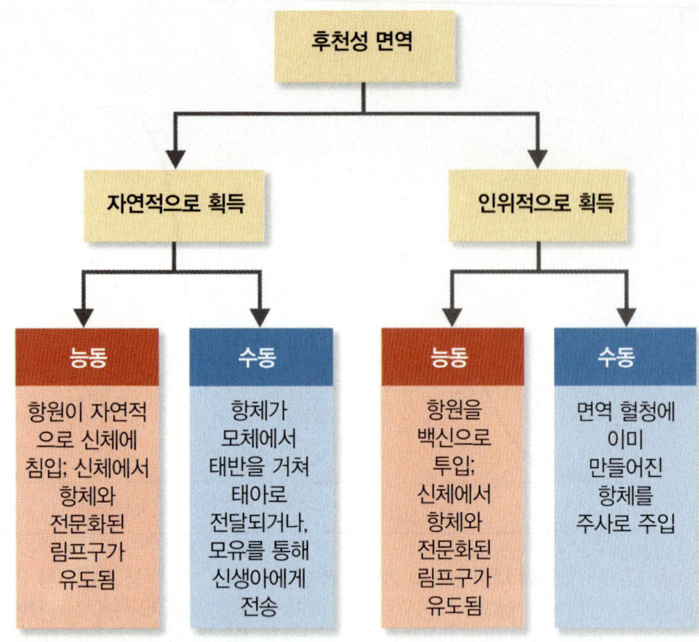

그림 17.18 후천성 면역의 종류

 능동 또는 수동 면역 중에 어떤 것이 더 오래 지속되는가?

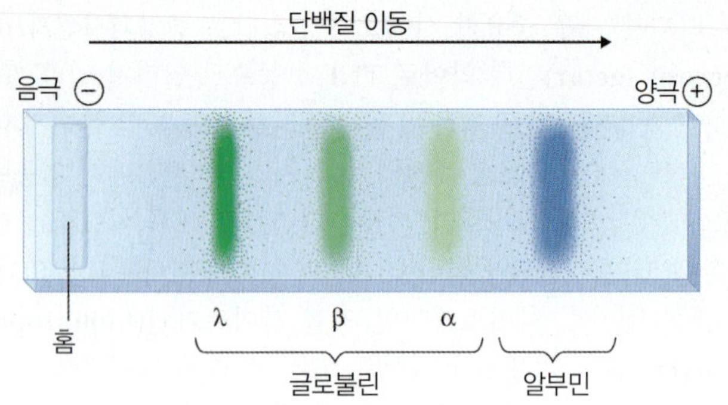

그림 17.19 젤전기영동을 이용한 혈청 단백질의 분리. 이 방법에서, 혈청을 젤에 파인 홈에 넣는다. 전류를 흘려주면 음전하를 띠는 단백질들이 음극에서 양극으로 젤을 통하여 이동한다.

 혈청 분획 중 어느 분획이 항체를 포함하는가?

후천성 면역의 종류

학습 목표

17-20 네 가지 종류 후천성 면역을 비교한다.

후천성 면역은 동물이 어떤 특정 미생물이나 외래물질에 대하여 일으키는 방어작용이다. 후천성 면역의 여러 현상은 그림 17.18에 요약되어 있다.

면역은 능동 또는 수동적으로 획득된다. 어떤 사람이 미생물이나 외래물질에 노출되고 이에 면역체계가 반응하면 면역은 능동적으로 획득된다. 만약 어떤 사람의 항체를 다른 사람에게 넘겨주면 면역은 수동적으로 획득된다. 수혜자의 수동면역은 항체가 존재하는 동안, 대부분의 경우 2~3주 정도 지속된다. 능동적이나 수동적으로 획득되는 면역 둘 다 자연적으로 또는 인위적으로 얻어질 수 있다.

- **자연적으로 획득되는 능동면역(naturally acquired active immunity)**은 어떤 사람이 항원에 노출되어 병을 앓고 회복되면 생긴다. 이렇게 획득되면 홍역이나 일부 질병에 대한 면역은 평생 지속된다. 장질환 같은 어떤 다른 질병에 대해서는 면역이 몇 년 밖에 지속되지 못한다. 무증상 감염(subclinical infection 또는 inapparent infection)도 면역력을 부여할 수 있다.

- **자연적으로 획득되는 수동면역(naturally acquired passive immunity)**은 엄마에서 아기에게 항체가 자연적으로 전달되는 것이다. 임신한 여성의 항체는 태반을 건너 태아에게 전달되는 태반통과 전달(transplacental transfer)이 일어난다. 엄마가 디프테리아, 풍진, 또는 소아마비에 면역력이 있다면, 신생아도 일시적으로 그 질병에 면역력을 가진다. 어떤 항체는 모유수유 때, 특히 초유(colostrum) 수유 때 신생아에게 전해진다. 신생아의 수동면역은 전달된 항체가 존재하는 동안, 대체로 몇 주 또는 몇 달 동안 지속된다. 엄마에게서 전해진 항체는 신생아의 면역체계가 성숙할 때까지 필수적인 면역 제공자이다. 태반통과 전달 없이, 태어난 첫 날 초유에 의존하는 송아지나 다른 일부 포유류에게는 초유가 훨씬 더 중요하다. 이렇게 태아 송아지 혈청(fetal calf serum)에는 모체 항체가 없기 때문에 연구자들이 특정 실험에 태아 송아지 혈청을 사용하라고 명기한다.

- **인위적으로 획득되는 능동면역(artificially acquired active immunity)**은 예방접종의 결과인데, 18장에 소개될 내용이다. **예방접종(vaccination)**, 다른 이름으로 **면역접종(immunization)**은 **백신(vaccine)**을 체내에 투여하는 것이다. 백신은 사멸된 미생물, 살아 있는 미생물, 또는 불활성화 처리된 세균 독소와 같은 항원이다.

- **인위적으로 획득되는 수동면역(artificially acquired passive immunity)**은 항원이 아니라 항체를 체내에 주사하여 생기는 것이다. 이 항체는 그 질병에 면역이 있는 동물이나 사람에게서 얻어진 것이다.

혈청을 쉽게 채취할 수 있으며(472쪽 상자 참조) 혈청에 상당한 양의 항체가 들어 있기 때문에, **항혈청(antiserum)**이 항체가 들어 있는 혈액유래물에 대한 일반 용어로 사용된다. 이 때문에 항체와 항원에 대한 반응을 연구하는 분야를 **혈청학(serology)**이라고 한다. 그림 17.19처럼, 혈청 시료를 실험실에서 젤전기영동(9장 참조)으로 분석하면 혈청 단백질들이 각기 다른 속도로 젤상에서 이동한다. 글로불린 단백질들은 상대적 이동 거리에 따라 알파(α), 베타(β), 감마(γ) 분획으로 분리된다. 감마 분획을 **감마글로불린**

인터류킨-12(Interleukin-12): 차세대 "특효약"인가?

전 세계적으로, HIV/AIDS-관련 질병 사망자는 연간 3백만 명이며, 홍역으로 백만 명이 사망한다. 실험 결과를 근거로 예측하자면, IL-12(인터류킨-12)는 암이나 다수의 질병에 대처할 "마법의 탄환" 같은 특효약이 될 수 있다.

1980년대에 발견된 이후, IL-12는 다른 사이토카인들과는 다르게 체액성 반응을 억제하고 T_H1 세포성 면역을 활성화하는 것으로 밝혀졌다(그림 A).

미국 국립 알레르기 및 감염성 질병 연구소(NIAID)의 과학자들이 실험용 쥐에 IL-12를 투여하였더니 식세포가 활성화되어, 말기 AIDS 환자에게 흔한 기회성 감염을 일으키는 *Mycobacterium avium* 세균뿐 아니라, *Cryptosporidium hominis* 세균과 *Toxoplasma gondii* 원생동물도 처리되었다.

또한 연구자들은 HIV와 홍역 바이러스가 IL-12 생산을 저해하며, 이로 인해 환자들이 2차 감염에 더 취약하게 된다는 것을 밝혔냈다. 하지만 HIV에 감염된 환자에 IL-12를 투여하면, 그들의 T_H 세포가 HIV나 다른 바이러스들에 대항하였다.

인터류킨-12는 백혈구가 종양세포를 살생할 수 있도록 활성화함으로써, 실험용 쥐에서 약 20종류의 종양을 억제하는 것으로 알려졌다. NIAID 연구소는 유방암 환자에서 IL-12의 항암효능을 조사하는 임상 실험을 착수하였다.

IL-12가 T_H1 경로를 활성화하기 때문에, 크론병, 건선, 류마티스성 관절염, 다발성 경화증을 포함한 만성 염증성질병의 증상을 오히려 유발할 수 있다. NIAID 연구자들은 분비된 IL-12에 결합하여 그 기능을 차단할 수 있는 IL-12에 대한 단일클론항체를 이러한 질병의 치료제로 제시하였다. 실제로 건선 환자에 IL-12 단일클론항체인 ustekinumab를 투여하였더니 위약투여군에 비하여 증세가 뚜렷이 개선되었다.

그러면 IL-12는 만병통치약이 될 수 있을까? 자가면역 질병에 불리하지 않은지, IL-12를 차단하는 것이 암세포 성장을 유발하지 않는지 등에 대한 연구가 더 필요한 실정이다.

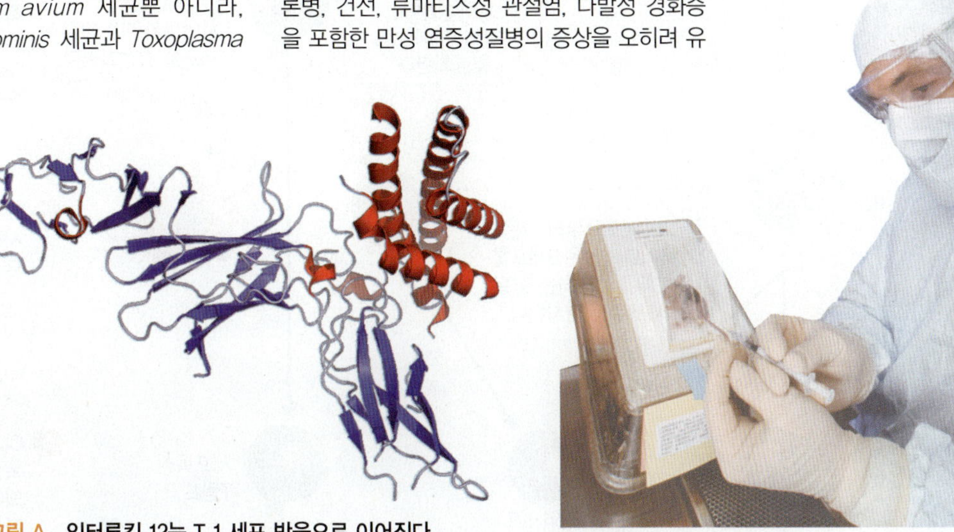

그림 A 인터류킨-12는 T_H1 세포 반응으로 이어진다.

(gamma globulin)으로 부르는데 이 분획에 대부분의 항체가 들어 있으므로 수동면역에 전달물질로 흔히 사용된다.

어떤 질병에 면역력이 있는 사람의 혈청 글로불린을 다른 사람에게 주사하면, 그 질병에 수동면역이 즉각 제공된다. 그러나 인위적으로 획득된 수동면역이 즉각적이긴 하지만 수혜자에서 항체가 분해되기 때문에 단기 보호책이다. 주사된 항체의 반감기(50%의 항체 분자가 분해되는 데 걸리는 시간)는 일반적으로 약 3주 정도이다.

이해도 확인하기

✔ 어떤 사람에게 감마글로불린 단백질을 주사하는 것은 어떤 종류의 후천성 면역과 관련 있나? **17-20**

* * *

이번 장에서는 면역학의 주제에 대한 일반적인 개념을 소개하였다. 이 정보를 바탕으로 뒤에 이어지는 더욱 실제적이며 임상적인 측면을 강조한 면역학 내용을 이해할 수 있을 것이다. 면역학은 매우 복잡한 주제이어서 여러분 중에 면역학을 전공할 사람들은 나중에 면역학 과목을 충분히 수강하면서 훨씬 더 깊이 배우게 될 것이다. 여기서 주어진 내용은 매우 단순하게 설명된 것이다(비록 여러분은 그렇게 생각지 않는다 하더라도). 그림 17.20은 이번 장에서 다루어진 내용, 특히 면역의 두 가지 측면을 강조하면서 요약한 것이다.

토대 그림 17.20

후천성 면역의 두 가지 측면

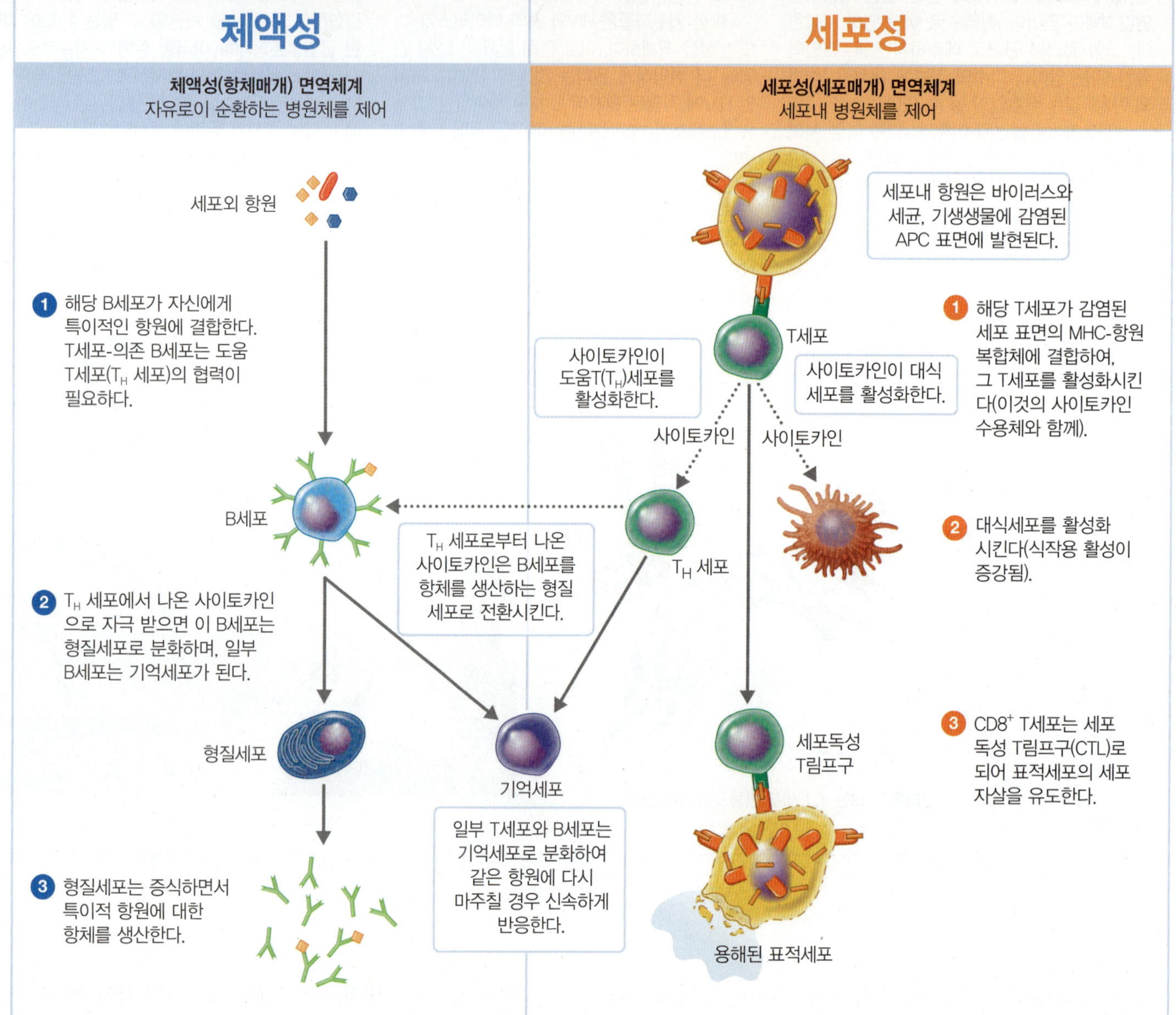

핵심 개념

- 후천성 면역체계는 둘로 나뉘는데 각각은 다른 방법으로 병원체에 대처한다. 이 두 체계는 상호의존적으로 작용하여 몸 안에 병원체가 없게 한다.
- **체액성 면역**은 항체매개 면역이라고도 하는데, 자유로이 순환하는 병원체에 대항하며 B세포에 의존한다.
- **세포성 면역** 또는 세포매개 면역은 T세포에 의존하며 세포내 병원체를 제거하고, 외래조직을 비자기 물질로 인식하며, 암세포를 파괴한다.

학습 개요

후천성 면역체계 (479쪽)

1. 개인이 어떤 질병에 대하여 유전적으로 가지고 있는 저항성을 선천성 면역이라고 한다.
2. 후천성 면역은 어떤 미생물 감염에 대하여 특이적으로 일어나는 신체반응이다.

후천성 면역체계의 두 가지 측면 (479~480쪽)

1. 적색골수의 줄기세포는 림프구를 생산한다. 골수에서 성숙하는 림프구는 B세포로 된다.
2. 체액성 면역에는 항체가 관여한다. 항체는 혈청과 림프에 존재하며 B세포에서 생산된다.
3. 흉선으로 이동하는 림프구는 T세포로 된다. 세포성 면역에는 T세포가 관여한다.
4. T세포수용체가 항원을 인식한다.

항원과 항체 (481~484쪽)

항원의 성질 (481쪽)

1. 항원(또는 면역원)이란 체내에서 특이적 항체가 만들어지도록 유발하는 화학물질이다.
2. 대체로 항원은 단백질 또는 거대 다당류이다. 항체는 항원결정기 또는 항원결정부라 불리는 항원의 특정 부위에 반응하여 만들어진다.
3. 합텐은 저분자량의 물질로 담체에 연결되지 않으면 항체 형성을 유발할 수 없다. 합텐은 담체와 무관하게 항체에 반응한다.

항체의 성질 (481~484쪽)

4. 항체 또는 면역글로불린은 어떤 항원에 대하여 B세포에서 만들어지는 단백질이며 그 항원에 특이적 결합을 한다.
5. 전형적인 항체 단량체는 네 개 폴리펩티드 사슬, 즉 두 개의 무거운 사슬과 두 개의 가벼운 사슬로 구성된다.
6. 각 사슬에는 항원결정기에 결합하는 가변부가 있고 각 종류의 항체에 따라 다른 불변부가 있다.
7. 항체 단량체는 Y자형 또는 T자형인데; 각 팔의 끝 부분이 가변부이고, 팔의 아래 부분과 줄기부분이 불변부이다.
8. FC 부분은 어떤 숙주세포나 보체에 부착할 수 있다.
9. IgG 항체는 혈청에 가장 많은 종류이고; 자연적으로 획득된 수동면역을 제공하며, 세균독소를 중화하고, 보체를 고정시키고, 식작용을 강화하는 역할을 한다.
10. IgM 항체는 결합사슬로 연결되어 5량체로 구성되며; 응고와 보체고정에 관여한다.
11. 혈청 IgA 항체는 단량체이다. 분비 IgA 항체는 2량체이며, 점막 표면에서 병원체 침입을 막는다.
12. IgD 항체는 B세포 표면에 있으며; 자기물질에 대한 항체를 만드는 B세포의 결손 과정에 역할한다.
13. IgE 항체는 비만세포와 호염기백혈구에 결합하여 알레르기 반응에 관여한다.

B세포와 체액성 면역 (485~487쪽)

항체생산 세포의 클론선택 (485~487쪽)

1. 적색골수의 줄기세포는, 특정 항원결정기를 인식하는 IgM과 IgD를 표면에 가지고 있는 B세포를 만들어 낸다.
2. T세포-비의존적 항원: B세포가 자유 항원에 선택적 결합한다.
3. T세포-의존적 항원: B세포의 면역글로불린이 어떤 항원과 결합하면 세포 내에서 그 항원이 처리된 후, 처리된 항원조각이 MHC 클래스 II에 결합하여 도움T세포를 활성화한다. 그 도움T세포는 B세포를 활성화한다.
4. 활성화된 B세포는 혈장세포와 기억세포로 분화한다.
5. 자기물질을 인식하는 B세포는 클론결손으로 제거된다.

항체의 다양성 (487쪽)

6. 발생 과정의 배아 시기에 B세포의 유전자는 재조합되어, 각 성숙한 B세포마다 항체의 가변부에 각 다른 유전자를 가지게 된다.

항원-항체 결합과 그 결과 (487~488쪽)

1. 항원-항체 복합체는 어떤 항체가 항원의 특이적 항원결정기에 결합하였을 때 형성된다.
2. 응집은 하나의 항체가 다른 두 세포의 항원결정기에 결합할 때 일어난다.
3. 옵소닌작용은 항체가 결합한 항원에 식작용이 일어나는 것을 강화한다.
4. 항체는 미생물이나 독소에 결합하여 중화시키는 기능을 한다.
5. 보체 활성화는 항원 세포를 용해시킨다.

T세포와 세포성 면역 (489~494쪽)

1. 적색골수의 줄기세포에서 T세포가 만들어진 후 흉선으로 이동하여 그곳에서 성숙한다. 흉선선택 과정에서 자기 MHC 분자를 인식하지 못하는 T세포는 제거된다.
2. T세포 표면의 T세포수용체가 항원을 인식한다.
3. T세포는 항원표출세포에서 처리된 항원을 인식한다.
4. T세포는 항원표출세포 표면에 MHC와 결합된 항원을 인식한다.

T세포의 종류 (490쪽)

5. T세포는 역할과 세포표면의 분화군으로 불리는 당단백질의 종류에 따라 분류된다.

도움T세포 ($CD4^+$ T세포) (490~492쪽)

6. T_H1 세포는 세포성 면역에 관련된 세포들을 활성화시킨다.
7. T_H2 세포는 알레르기 반응과 기생생물 감염에 관련된 역할을 한다.
8. T_H17 세포는 선천성 면역을 활성화시키며 세포외 세균에 대하여 반응한다.
9. 도움T세포, 또는 $CD4^+$ T 세포는 APC의 MHC 클래스 II에 결합하면 활성화되며, 다른 T세포와 B세포를 활성화시킬 사이토카인을 분비한다.

조절T세포 (492~493쪽)

10. 조절T세포는 자기물질에 대응하는 T세포를 억제한다.

세포독성T세포 ($CD8^+$ T세포) (493쪽)

11. 세포독성T세포, 또는 $CD8^+$ T세포는 표적세포 표면에 MHC 클래스 I에 결합된 내인성 항원과 결합하여 활성화되며, 세포독성T림프구로 분화한다.
12. 세포독성T림프구는 표적세포를 용해시키거나 표적세포의 세포자살을 유도한다.

항원표출세포(APC) (494~495쪽)

1. APC는 B세포, 수지상세포, 대식세포를 포함한다.
2. 수지상세포가 일차적인 APC이다.
3. 활성화된 대식세포는 막강한 식작용과 APC의 역할을 한다.
4. APC는 항원을 림프조직으로 나르고 그곳에서 T세포가 항원을 인식한다.

면역체계에 의한 세포의 살생 (495쪽)

1. 자연살생세포는 바이러스 감염된 세포, 종양세포, 기생생물을 살생하며, MHC 클래스 I 항원을 발현하지 않는 세포를 살생한다.

항체의존 세포매개세포독성 (495쪽)

1. 항체의존 세포매개세포독성에서, 자연살생세포와 대식세포가 항체로 덮인 세포를 용해시킨다.

사이토카인: 면역세포의 화학 신호물질 (496~497쪽)

1. 면역체계의 세포들은 사이토카인이라 불리는 화학물질로 서로 신호를 주고받는다.
2. 인터류킨(IL)은 백혈구 사이의 신호물질로 작용하는 사이토카인이다.
3. 케모카인은 백혈구를 감염 지역으로 이동하게 한다.
4. 알파인터페론과 베타인터페론은 바이러스에 대항하여 세포를 보호한다. 감마인터페론은 식작용을 증강시킨다.
5. 종양괴사인자는 염증반응을 촉진시킨다.
6. 조혈 사이토카인은 백혈구의 발생을 촉진시킨다.
7. 사이토카인이 과도하게 생성되어 일어나는 사이토카인 발작 상태는 조직에 손상을 일으킨다.

면역 기억 (497쪽)

1. 혈청내 항체의 상대적인 양을 항체 역가라 부른다.
2. 어떤 항원을 처음 맞닥뜨려 일어나는 면역반응을 1차 반응이라 한다. 1차 반응의 특징은 IgM 항체가 먼저 생긴 후에 IgG 항체가 만들어지는 것이다.
3. 동일한 항원에 다시 노출되면 매우 높은 항체 역가를 보이는 2차 반응, 기왕반응, 또는 기억반응이 일어난다. 이때 항체는 주로 IgG이다.

후천성 면역의 종류 (498~500쪽)

1. 감염으로 인하여 일어나는 면역을 자연적으로 획득된 능동면역이라 부른다. 이 면역은 오래 지속될 수 있다.
2. 모체로부터 태아(태반통과 전송) 또는 초유를 통하여 신생아에게 전달되는 항체로 얻어지는 면역을 자연적으로 획득된 수동면역이라 한다. 이 면역은 몇 개월까지 지속될 수 있다.
3. 예방접종으로 생긴 면역을 인위적으로 획득된 능동면역이라 하는데 이 면역도 오래 지속된다.
4. 인위적으로 획득된 수동면역은 체액성 항체를 주사로 받은 경우이며 이 면역은 몇 주간 지속될 수 있다.
5. 항체를 포함하는 혈청을 항혈청이라 부른다.
6. 혈청을 젤전기영동으로 분리하면 항체는 감마분획으로 분리된다. 그래서 면역혈청 글로불린을 감마글로불린이라 한다.

학습 질문

복습과 객관식 문제에 대한 해답은 책 뒤에 있음.

복습 문제

1. 짝지어진 용어를 대조 설명하시오.
   a. 선천성 면역과 후천성 면역
   b. 체액성 면역과 세포성 면역
   c. 능동면역과 수동면역
   d. T_H1 세포와 T_H2 세포
   e. 자연적 면역과 인위적 면역
   f. T세포-의존 항원과 T세포-비의존 항원
   g. $CD8^+$ T세포와 세포독성 T림프구
   h. 면역글로불린과 T세포수용체
2. MHC는 무엇을 뜻하는가? MHC의 기능은? MHC 클래스 I은 어느 종류의 T세포와 상호작용하나? MHC 클래스 II는 어느 종류의 T세포와 상호작용하나?
3. 그려보기 전형적인 항체의 무거운 사슬, 가벼운 사슬, 가변부와 F_C 부분을 표시하고 어느 부분에 항원이 결합하는지 표시하시오. IgM 항체를 간단히 그리시오.

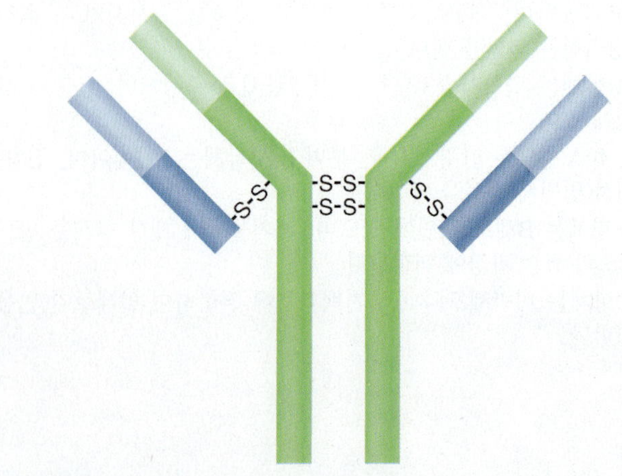

4. T세포와 B세포의 면역 기능을 그림으로 설명하시오.

5. 각 세포의 기능을 설명하시오: T_C, T_H, T_{reg}. 또한 사이토카인은 어떤 물질인가?

6. 그려보기
   a. 아래 그래프에서, *A* 시간에 한 개인에게 파상풍 독소를 주사하였다면, *B* 시간에 추가 접종하였을 때 일어나는 반응을 나타내시오.
   b. 같은 사람에게 *B* 시간에 다른 항원을 주사하였을 경우, 항체 반응을 표시하시오.

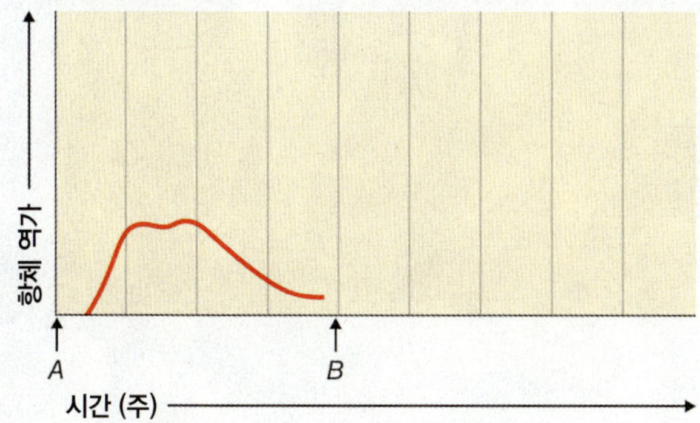

7. 다음 각각은 어떻게 감염을 방지하는가?
   a. *Neisseria gonorrhoeae* 세균의 선모(fimbriae)에 대한 항체
   b. 숙주세포의 만노오스(mannose)에 대한 항체

8. 각 사람이 35,000개 다른 유전자를 가지고 어떻게 10조 가지의 다른 항체를 만들 수 있는가?

9. 어떤 질병에 걸려 회복한 사람은 그 병이 있는 사람과 같이 출석하여도 병에 걸릴 염려가 없다. 이유를 설명하시오.

10. 이름 답하기 이 세포는 피부와 림프조직에 분포한다. 이 세포는 식세포이며 T세포를 활성화시킨다.

객관식 문제

1~4번 문제의 답을 다음 중에서 선택하시오.
   a. 선천성 면역
   b. 자연적으로 획득된 능동면역
   c. 자연적으로 획득된 수동면역
   d. 인위적으로 획득된 능동면역
   e. 인위적으로 획득된 수동면역

1. 디프테리아 독소를 주사 맞고 얻는 보장.
2. 항광견병 혈청을 주사 맞고 얻는 보장.
3. 어떤 감염으로부터 회복된 후 얻는 보장.
4. 신생아가 황열(yellow fever)에 가지는 면역.

5~7번 문제의 답을 다음 중에서 선택하시오.
   a. IgA
   b. IgD
   c. IgE
   d. IgG
   e. IgM

5. 태아와 신생아를 보호하는 항체.
6. 가장 먼저 생산되는 항체; 특히 미생물에 대응하는 효력이 크다.
7. 비만세포에 결합하여 알레르기 반응에 관여하는 항체.
8. 다음을 항체 반응이 일어나는 올바른 순서대로 배열한 것은?: (1) T_H 세포가 B세포를 인식한다; (2) APC가 항원과 결합한다; (3) 항원조각이 APC 표면에 표출된다; (4) T_H 세포가 처리된 항원과 MHC를 인식한다; (5) B세포가 증식한다.
   a. 1, 2, 3, 4, 5
   b. 5, 4, 3, 2, 1
   c. 3, 4, 5, 1, 2
   d. 2, 3, 4, 1, 5
   e. 4, 5, 3, 1, 2
9. 어떤 신장 이식 환자가 이식 받은 신장에 세포독성으로 거부되는 상태를 경험하였다. 조직 거부반응이 일어나는 올바른 순서대로 배열한 것은?: (1) 세포자살이 일어난다; (2) $CD8^+$ T세포가 CTL로 분화한다; (3) 단백질가수분해효소인 granzymes이 방출된다; (4) MHC 클래스 I이 $CD8^+$ T세포를 활성화시킨다; (5) perforin 단백질이 분비된다.
   a. 1, 2, 3, 4, 5
   b. 5, 4, 3, 2, 1
   c. 4, 2, 5, 3,1
   d. 3, 4, 5, 1, 2
   e. 2, 3, 4, 1, 5
10. 체디아크 히가시 증후군 환자는 여러 가지 암으로 고통을 겪는다. 이 환자들은 다음 중 어느 것의 결핍을 가지고 있을까?:
   a. T_R 세포
   b. T_H1 세포
   c. B세포
   d. NK 세포
   e. T_H2 세포

비판적 사고

1. B형 간염에 감염된 실험 쥐에 T_C 세포를 주사하였더니 바이러스가 완전히 사라졌다. 그러나 T_C 세포는 감염된 간세포의 5%밖에 죽이지 못하였다. T_C 세포가 어떻게 쥐를 낫게 했는지 설명하시오.
2. 단백질 섭취가 부족하면 왜 감염에 취약해질 수 있는지 설명하시오.
3. 결핵 피부반응 검사에서 양성은 *Mycobacterium tuberculosis* 세균에 대한 세포성 면역이 있음을 나타내는 것이다. 이 면역은 어떻게 획득되는 것인가?
4. 자넷이 호주에서 휴가를 보내던 중 독 뱀인 바다뱀에게 물렸는데, 응급실에서 그 독소를 중화하는 사독혈청(antivenin)을 주사 맞았기 때문에 살아날 수 있었다. Antivenin은 무엇이고 어떻게 얻어지나?

임상 응용

1. 생명에 위협적인 살모넬라균감염증에 걸린 여성이 항살모넬라 항체로 치료받아 낫게 되었다. 항생제나 스스로의 면역력으로 실패하였음에도 어떻게 이 치료가 성공적이었을까?
2. AIDS 환자는 T_H 세포의 숫자가 적다. 왜 이 환자가 항체를 만드는데 어려움이 있는가? 이 환자는 어떻게 아무 항체라도 만들 수 있나?
3. 어떤 만성설사 질환에서 분비물에는 IgA 항체가 결여되어 있으나 혈청 IgA는 정상치였다. 이 환자는 무엇을 만들어 내지 못하는가?
4. 1세 미만의 신생아가 뎅기열(dengue fever)에 감염되어 그것으로 사망할 확률이, 그 어머니가 임신 전에 뎅기열을 앓은 경우 더 높아진다. 이에 대한 이유를 설명하시오.

18

면역학의 응용

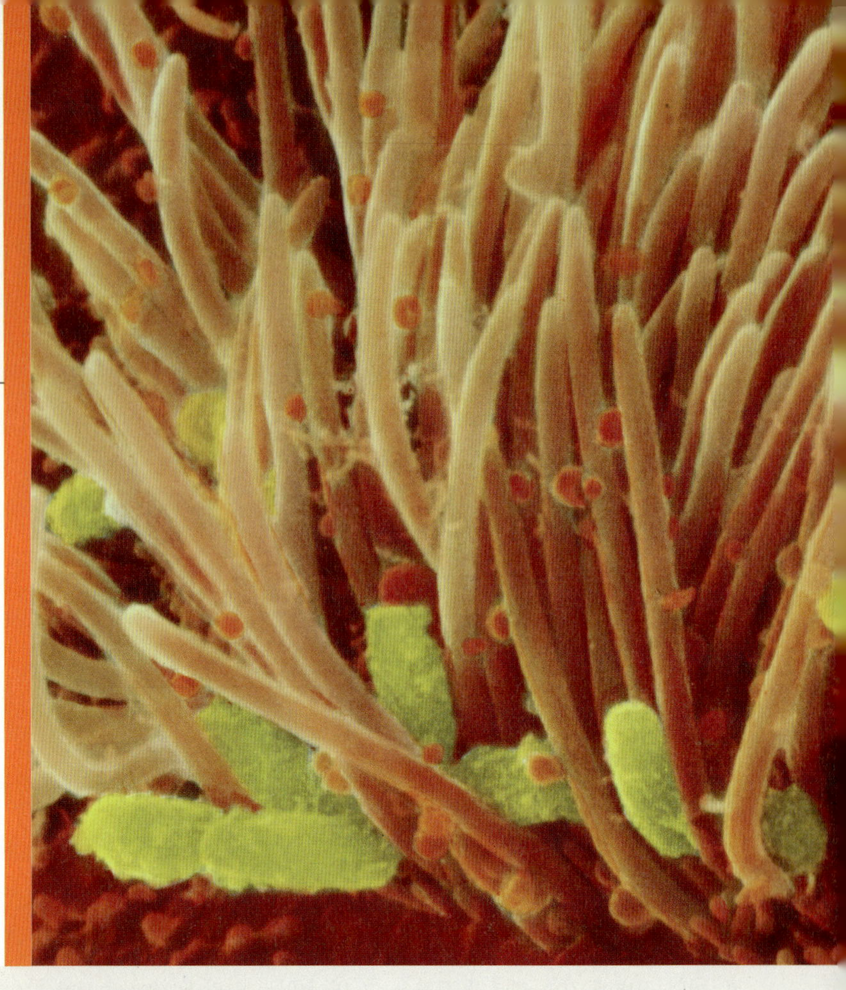

16장과 17장에서, 우리 몸이 외래 미생물이나 독소, 조직 등을 인식하는 면역체계의 기본 원리에 대해 배웠다. 면역반응에서 신체는 항체를 만들고 다시 그 외래 물질이 침입하더라도 그것을 인식하고 중화하거나 파괴할 수 있도록 설정된 면역세포들을 활성화시킨다.

이번 장에서는, 면역체계에 대한 지식으로부터 개발된 몇 가지 유용한 수단에 대해 설명한다. 먼저 백신에 대해서는 이전 장에서 간단히 언급하였다. 사진은, 첫 번째 방어체계인 사람의 기관지 상피조직에 *Bordetella pertussis* 세균(백일해균)이 대량 서식하는 것을 보여준다. 예방접종의 중요한 예를 임상 사례에서 설명할 것이다. 이번 장에서는 면역학의 중요한 분야에 대한 설명을 확장할 것이다. 예를 들어 질병을 진단할 때 흔히 수행하는 항체와 면역체계의 특이성을 이용하는 검사에 관한 것이다.

백신

학습 목표

18-1 백신을 정의한다.

18-2 예방접종이 효력 있는 이유를 설명한다.

18-3 다음 용어의 차이를 설명하고 예를 든다: 약독화백신, 불활성화백신, 변성독소, 소단위백신, 접합백신.

18-4 소단위 백신과 핵산 백신을 비교하여 설명한다.

18-5 약독화 생균백신과 재조합백신, DNA 백신을 비교하여 설명한다.

18-6 항원보강제를 정의한다.

18-7 백신의 가치를 설명하고 백신의 허용 가능한 위험요소에 대해 논의한다.

백신이 고안되기 오래 전부터, 천연두라든가 어떤 질병에서 회복한 사람들은 그 질병에 평생 면역을 가지는 것을 알고 있었다. 중국의 의사들이 처음으로 이러한 현상을 이용하여, 어린이들에게 천연두의 마른 딱지를 흡입하도록 하여 그 질병에 걸리지 않도록 하였다.

1717년, 메리 몬테규(Mary Montagu) 여사(영국 시인 겸 서간문 작가. 외교관인 남편을 따라 터키에 머무르다 1717년에 천연두에 걸렸고, 그곳에서는 이미 오래 전부터 사용되던 종두법 시술의 효과를 확인하고 이를 영국에 소개했음–역자 주)는 터키에 머무르는 동안 다음과 같은 기록을 남겼다. “한 노파가 천연두에 걸린 사람의 고름을 작은 그릇에 담아 가지고 와서 묻기를 어느 쪽에 놓아 드릴까요 하고, 바늘 끝에 얹을 수 있는 만큼의 고름을 주사하였다”고 보고하였다. 이렇게 하면 대략 일주일 동안 경미하게 앓게 되고 그 사람은 그 이후에 천연두에 걸리지 않았다. **우두접종(variolation)**이라 불리는 이 시술은 영국에서도 흔히 이루어지게 되었다. 그러나 불행히도 우두접종이 때때로 심각한 천연두 증상을 유발하기도 하였다. 18세기 영국에서, 우두접종으로 인한 사망률은 약 1%였는데, 당시 천연두로 인한 사망률이 50%가 넘었다는 점을 고려하면 커다란 성과였다.

8세 때에 우두접종을 받은 에드워드 제너(Edward Jenner)라는 사람이 있었다. 훗날 내과의사가 된 제너는 우두접종에 대해 보통 사람들과 다른 반응을 보이는 환자들을 보았다. 그들 중 많은 사람이 특히 우유 짜는 여성들이, 자기들은 이미 우두에 걸렸었기 때문에 천연두에 걸릴 염려가 없다고 제너에게 말하였다. 소에게는 우두가 젖통에 병변을 남기는 경미한 질병이며 우유를 짜다가 우유 짜는 여성들은 종종 손에 우두균이 감염되었다. 소년 시절의 우두접종에 대한 기억으로 동기가 유발되어 제너는 1798년 일련의 실험을 행하였다. 즉, 사람들에게 우두균을 의도적으로 접종하여 천연두를 예방하려는 것이었다. 이 실험을 기리는 뜻으로 예방접종(vaccination; 라틴어로 *vacca*는 소를 의미함)이라는 용어가 만들어졌다. **백신(vaccine)**이란 면역을 유발하기 위해 쓰이는 미생물 현탁액 또는 미생물 분획이다. 이로부터 2세기가 지난 후에 예방접종으로 전세계적으로 천연두는 없어졌으며, 두 개의 다른 바이러스성 질병인 홍역과 소아마비도 예방접종으로 제거될 대상이 되었다. (510쪽 상자 참조.)

이해도 확인하기

✔ 백신(vaccine)이라는 단어의 어원은 무엇인가? **18-1**

예방접종의 원리와 효과

이제 우리는 제너의 접종이 효과 있었던 이유가, 우두 바이러스가 심각한 병원체가 아니며 천연두 바이러스와 비슷하기 때문이라는 것을 알고 있다. 피부에 자국을 내어 주사하면 접종받은 사람에서 1차 면역반응이 일어나 항체가 만들어지고 오래 남는 기억세포가 생겨난다. 이후에 접종 받은 사람이 천연두 바이러스에 맞닥뜨리면 그 기억세포가 활성화되어 신속하고 강력한 2차 면역반응을 일으킨다(497쪽 그림 17.17 참조). 이러한 2차반응은 그 질병에서 회복되면서 얻어지는 면역과 비슷하다. 우두 바이러스 백신은 곧 백시니아(vaccinia) 바이러스 백신으로 대체되었다. 이 중요한 백시니아 바이러스의 기원이 확실히 알려진 바 없음에도 불구하고 신기하게도 백시니아 바이러스도 천연두에 대한 면역을 부여하였다. 백시니아 바이러스는 우두 바이러스와 유전적으로 다르지만 아마도 우두바이러스와 천연두 바이러스가 우연히 혼합된 것이든지, 또는 지금은 사라졌지만 한때 마두(horsepox)의 원인 바이러스였을 것으로 생각된다. 천연두 백신을 모델로 한 백신의 개발은 면역학의 응용에 있어 가장 중요한 것이라 할 수 있다.

많은 전염성 질병은 행동이나 환경적 방법으로 통제할 수 있다. 예컨대, 적절한 위생관리는 콜레라의 전염을 막을 수 있으며, 콘돔을 사용하는 것은 성병의 전염을 낮출 수 있다. 만약 예방이 안되면 세균성 질병은 종종 항생제로 치료된다. 그러나 바이러스성 질병은 일단 감염되면 쉽게 치료되기 어렵다. 그러므로 흔히 예방접종이 바이러스성 질병을 통제할 수 있는 유일하게 현실적인 치료 방법이다. 어떤 질병을 통제한다는 것은 반드시 모든 사람이 그 질병에 면역이 생겨야 한다는 것은 아니다. 집단면역(herd immunity) 현상처럼 만약 인구의 대부분에 면역력이 생긴다면, 전염병으로 퍼질만한 취약한 인구가 충분치 않기 때문에 그 질병의 발발은 산발적인 사례로 그치게 될 것이다.

미국에서 사용되는 세균성 및 바이러스성 질병의 주요한 백신이 표 18.1과 표 18.2에 열거되어 있다. 일부 질병에 대하여 어린이에게

> **임상 사례: 작은 예방이 치료보다 더 낫다**
>
> 생후 3주 된 여아인 에스더 킴(Esther Kim)을 부모가 응급실에 데려왔다. 아이는 열이 있었고 지난 5일 동안 기침을 하였으며 지금은 기침이 심하여 토하기까지 한다. 에스더의 오빠인 7살 마크도 콧물이 흐르고 경미한 기침을 하고 있다. 아이들의 부모는 에스더가 토하기 전에는 심각하게 아픈 것으로 생각지 않았다. 내과 의사인 로스첼리 박사는 에스더를 입원시켜 검사하고 주시하고 있는데, 현재 5일째 입원한 상태이다.
>
> 에스더가 무엇에 감염되었나? 알아보자.
>
> **505** 509 511 514 519 522

권장하는 예방주사는 표 18.3에 있다. 미국인 여행객 중에서 미국에서는 풍토병이 아닌 콜레라나 황열 등의 질병에 노출되었을 가능성이 있는 사람들은 미 공중위생국과 지역 공중보건기관에서 현재 권장하는 예방주사에 관한 정보를 얻을 수 있다.

이해도 확인하기

✔ 대부분의 바이러스성 질병을 통제하는 데에 예방접종이 유일하게 실행 가능한 방법인 경우가 많다. 이에 대한 이유는 무엇인가? **18-2**

표 18.1 인체에 세균성 질병을 예방하기 위해 미국에서 사용되는 주요 백신

질병	백신	권장사항	추가접종
파상풍, 디프테리아, 백일해	DTaP(3세 미만), Tdap(3세 이상부터 성인), Td (파상풍과 백일해에 대한 추가접종)	DTaP (2, 4, 6, 15~18개월; 4~6세);* Td (성인, 매 10년); Tdap (Td와 유사; 11~12세 어린이, 또는 19~64세 성인에 1회 접종); 매 10년마다 추가접종	Tdap(추가접종) 매 10년
수막염구균성 수막염	*Neisseria meningitides*로부터 정제된 다당류	감염의 위험성이 높은 사람들, 특히 기숙사에 거주하는 대학 신입생들에게 권장됨	정해 놓을 필요 없음
폐렴구균성 폐렴	일곱 균주의 *Streptococcus pneumoniae*로부터 정제된 다당류	일부 만성질환을 가진 성인; 65세 이상; 2~23개월 어린이	처음 접종의 나이가 24개월 이후인 경우에는 필요 없음
B형 헤모필루스 인플루엔자 수막염	B형 *Haemophilus influenzae*(인플루엔자균)의 다당류를 단백질에 접합하여 효능을 상승	취학 전 아동; 표 18.3 참조	필요 없음

* 상세한 내용은, www.cdc.gov/vaccines/vdp-vac/pertussis/ 참조.

표 18.2 인체에 바이러스성 질병을 예방하기 위해 미국에서 사용되는 주요 백신

질병	백신	권장사항	추가접종
독감	주사용 백신, 불활성화 바이러스(비강투여용 약독화 바이러스도 상용화됨)	6개월 이상의 어린이를 포함한 만성질환 환자. 65세 이상 성인. 6~23개월의 건강한 어린이(백신 관련 입원의 위험이 높기 때문). 의료기관 종사자와 고위험군에 접촉하는 사람들. 5~49세 건강한 사람은 비강투여용 백신 접종 가능.	매년
홍역	약독화 바이러스	15개월 신생아	집단발병 시 노출된 성인
볼거리	약독화 바이러스	15개월 신생아	집단발병 시 노출된 성인
풍진	약독화 바이러스	15개월 신생아; 임신하지 않은 가임기 여성	집단발병 시 노출된 성인
수두	약독화 바이러스	12개월 신생아	(면역 지속기간은 알려지지 않음)
소아마비	사멸 바이러스	어린이의 경우, 표 18.3 참조; 성인의 경우, 노출의 위험이 확실한 상황일 때.	(면역 지속기간은 알려지지 않음)
광견병	사멸 바이러스	풍토성 지역에서 야생동물과 접촉하는 필드 생물학자; 수의사; 물려서 광견병 바이러스에 노출된 사람.	매 2년마다
B형 간염	바이러스의 항원 조각	신생아와 어린이의 경우, 표 18.3 참조; 성인의 경우, 특히 의료기관 종사자, 동성애 남성, 주입 약물 사용자, 다수 상대의 이성애자, B형 간염 보균자의 가족.	면역 지속 최소한 7년; 추가접종의 필요성은 불확실
A형 간염	불활성화 바이러스	주로 풍토성 지역 여행자, 집단발병 시에 접촉으로부터 보호	면역 지속 10년 정도
천연두	생균 백시니아 바이러스	일부 군인과 의료기관 인력	면역 지속 대략 3~5년 정도
대상포진	약독화 바이러스	60세 이상 성인	권장되지 않음
사람 유두종 바이러스	바이러스의 항원 조각	26세 미만의 모든 여성. 남성은 임의로 선택.	최소 5년 지속

표 18.3 0~6세 사이 예방주사 권장 일정—미국, 2011 (CDC)

백신 ▼ / 연령 ▶	출생	1개월	2개월	4개월	6개월	12개월	15개월	18개월	19~23개월	2~3세	4~6세
B형 간염	HepB	HepB			HepB						
로터바이러스			Rv	Rv	Rv						
디프테리아, 파상풍, 백일해			DTaP	DTaP	DTaP		DTaP				DTaP
B형 헤모필루스 인플루엔자 수막염			Hib	Hib	Hib	Hib					
폐렴구균*			PCV	PCV	PCV	PCV				PPSV	
불활성화 소아마비 바이러스			IPV	IPV	IPV						IPV
독감					Influenza(매년)						
홍역, 볼거리, 풍진						MMR					MMR
수두						Varicella					Varicella
A형 간염†						HepA(2회)					
수막염구균‡										MCV	

주석: 백신은 통상적으로 권장되는 연령에 따라 열거되어 있다. 뒤처지거나 늦게 시작한 경우, 만회 일정 참조. www.cdc.gov/vaccines/recs/schedules/에 추가 정보 제공

*PCV = 폐렴구균 접합 백신, PPSV = 폐렴구균 다당류 백신.

† 2회 사이에 최소한 6개월 시간차.

‡ 수막염구균 접합 백신(MCV): 면역체계 결함이나 다른 명백한 고위험 상태의 2~10세 어린이를 대상.

백신의 종류와 특징

현재 몇 가지 종류의 기본 백신이 있다. 일부 새로운 백신은 최근에 발전된 지식과 기술을 최대한 이용한 것이다.

약독화 생균백신

1881년 가을 루이 파스퇴르(Louis Pasteur)는 여름휴가에서 돌아와 닭 콜레라에 대한 연구를 다시 시작하였다. 그가 사용했던 병원성 세균(현재 *Pasteurella multocida*라 불리는)을 배양해 놓았던 것이 실험대 위에 여름 동안 남겨져 있었다. 그가 이것을 일부 닭에게 접종하였으나 닭 콜레라가 발생하지 않고 닭들이 건강하게 남았다. 그 병원체를 새로 배양하여 접종한 경우에도 놀랍게도 이 닭들이 건강하였다. 파스퇴르는 실험대에 남아 있던 배양균이 약화되어 병을 일으킬 수 없었으며 닭들에게 면역력이 생기도록 하였다고 결론지었다. 이 우연한 발견으로부터 파스퇴르는 다음 실험에서 여러 방법으로 의도적으로 약독화(attenuation)시킨 병원체를 만들어 유용한 **약독화 생균백신(live attenuated vaccine)**이 만들어질 수 있는지 조사하였다. 몇 년 후에, 바이러스를 배양용 세포 배양 기법이 사용되면서, 세포배양 기간이 연장되면 그 자체로 병원성 바이러스를 약화시키는 방법이 된다는 것을 알게 되었다. 이 발견으로, 특히 인간에서 예방 가능한 질병의 범위가 확장되었다.

생균백신은 실제 감염에 훨씬 더 가깝다. 병원체가 숙주세포 내에서 번식하기 때문에 대개 체액성 면역뿐 아니라 세포성 면역도 유도된다. 특히 바이러스의 경우에서 평생 동안의 면역이 추가접종 없이도 종종 획득되며, 95%의 효과가 이례적이지 않을 정도이다. 이만큼 장기간의 효과는 아마도, 약독화된 바이러스가 체내에서 복제하면서 원래 투여량을 넘어서 일련의 2차(추가) 예방주사로서 작용하기 때문일 것이다.

불활성화 사멸백신

불활성화 사멸백신(inactivated killed vaccine)은 보통 포르말린이나 페놀로 사멸시킨 미생물을 사용하는 것이다. 인체에 사용되는 불활성화 바이러스백신으로는 광견병(사람에게 너무 위험할 것으로 우려되는 생균백신은 동물에게 먼저 주사하기도 한다), 인플루엔자(표 18.1), 소아마비(Salk 소아마비 백신)에 대한 것 등이 있다. 일반적으로, 불활성화 백신은 생균백신보다 더 안전한 것으로 여겨진다. 불활성화 세균 백신에는 폐렴구균성 폐렴과 콜레라에 대한 것이 있다. 약독화 생균백신에 비하여 불활성화 백신은 종종 반복적인 추가접종이 요구된다. 또한 체액성 항체 면역을 주로 유도하여, 세포성 면역을 유도하는 효과에는 약독화 백신보다 약하다. 오랫동안 사용되어 온 불활성화 백신 몇몇이 더 새롭고 효과적인 종류로

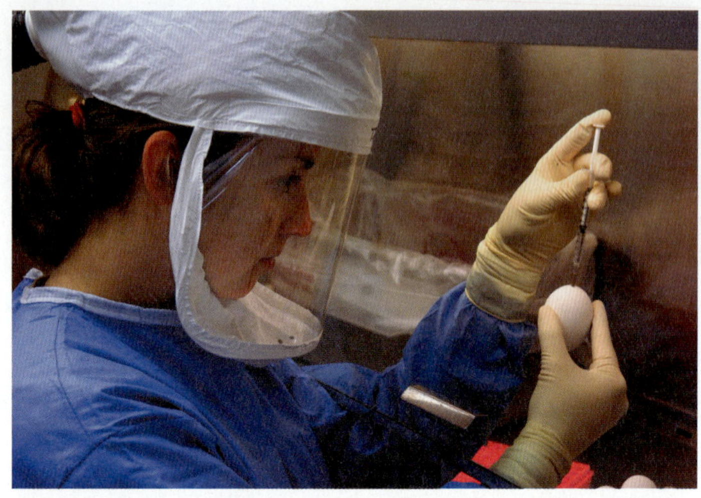

그림 18.1 발육란에서 배양되는 인플루엔자 바이러스. (379쪽 그림 13.7 참조.) 이 바이러스는 백신을 만들기 위해 불활성화될 것이다.

이러한 바이러스 배양법이 계란에 알레르기 반응을 보이는 사람들에게 문제가 될 수 있을까?

대부분 대치되는 상황인데 이를 테면 백일해(whooping cough)와 장티푸스에 대한 백신이다.

소단위 백신

소단위 백신(subunit vaccine)은 미생물의 항원 조각 중에서 면역반응을 가장 잘 일으키는 것들을 사용한다. 이렇게 하면 살아 있거나 사멸된 병원체의 사용과 연관된 위험성을 피할 수 있다. 유전자조작 기술로 생산된 소단위 백신은—우리가 원하는 항원 조각을 생산하도록 다른 미생물을 설계했다는 의미에서—**재조합 백신(recombinant vaccine)**이라고 불린다. 예컨대, B형 간염 바이러스에 대한 백신은 유전자 조작 효모에서 생산된 B형 간염 바이러스의 협막단백질의 일부분이다(8장 참조).

변성독소(toxoid)는 불활성화 백신이며, 해당 병원체가 만들어내는 독소, 즉 그 병원체의 소단위로 볼 수 있는 백신이다. 파상풍과 디프테리아 변성독소는 오랫동안 유아기 표준 면역접종 시리즈에 포함되어 있다. 한 개인이 완전면역을 얻기 위해서는 일련의 주사를 맞아야 하며 매 10년마다 추가접종을 받아야 한다. 많은 성인들이 추가접종을 받지 않는데, 그러면 면역력이 약해질 가능성이 있다. 디프테리아 치료에 항생제가 사용되기 전에 디프테리아는 **항독소(antitoxin)**, 즉 디프테리아 독소에 대한 항체가 들어 있는 혈청으로 치료하였다. 이와 같은 치료법은 파상풍에 여전히 사용되고 있다. 항독소는, 파상풍의 위험이 있는 환자가 근래 파상풍 백신을 맞지 않았을 때, 파상풍 독소에 대한 면역을 부여한다. 가장 잘 알려진 연쇄구균(*Streptococcus pneumonia*)[폐렴구균(*pneumococcus*)]을 비롯한 일부 병원체 독성의 주된 원인은, 이 세균이 가지는 다당류 협막으로 인하여 식작용에 저항성을 가지는 것이다. 폐렴구균성 폐렴에 대한 백신은 바로 이 협막을 표적으로 한 것이다. 세균성 수막염에 대한 백신도 비슷한 원리를 이용한다.

접합백신

접합백신(conjugated vaccine)은, 협막 다당류 기반 백신에 면역반응을 약하게 보이는 아이들을 위해 최근에 개발된 것이다. 그림 17.6(487쪽 참조)에 보듯이, 다당류는 T세포-비의존 항원인데, 아이들의 면역체계는 15~24개월까지는 이런 항원에 반응을 잘 못한다. 따라서 다당류를 디프테리아 또는 파상풍 독소와 같은 단백질에 결합시킨다. 이런 방식으로 B형 *Haemophilus influenzae*(Hib)에 대한 백신을 아주 성공적으로 만들어 심지어 생후 2개월된 영아에게도 상당한 예방이 된다.

핵산(DNA) 백신

종종 DNA 백신이라고도 하는 **핵산 백신(nucleic acid vaccine)**은 가장 새롭고 유망한 백신들에 포함된다. 동물 실험에서 밝혀진 바에 의하면 "나출형(naked)" DNA 플라스미드를 근육 주사하면 그 DNA에 부호화된 단백질 항원이 만들어진다는 것이다. 주사는 종래의 주사바늘 또는 더 효율적으로 백신을 다수의 피부세포 핵에 투입하는 "유전자총(gene gun)" 방법(9장 251쪽, 그림 9.6 참조)으로 할 수 있다. 그 단백질 항원은 적색골수로 운반되어 체액성 면역과 세포성 면역을 모두 자극하며, 더 오랜 시간 발현되는 경향이 있고 면역 기억도 잘 유발한다. 그러나 세균의 다당류 협막 기반 백신은 이 방법으로 만들 수 없다.

두 종류의 동물용 DNA 백신이 승인되었는데, 하나는 말을 웨스트나일 바이러스로부터 보호하는 백신이고, 다른 하나는 양식 연어를 심각한 바이러스성 질병으로부터 보호하는 백신이다. 여러 다른 질병에 대한 DNA 백신을 평가하는 인체 임상실험이 진행되고 있으며, 일부 DNA 백신은 향후 2~3년에 인체 면역접종에 사용될 것으로 예상된다. 이러한 백신은 특히 개발도상국가에 유리할 것으로 보인다. "유전자총" 방법은 다량의 주사기와 바늘이 필요하지 않고, 이들 백신은 냉장 보관할 필요도 없다. 각기 다른 질병에 대한 이러한 백신의 제조법도 매우 비슷하여 원가도 낮출 수 있을 것이다.

이해도 확인하기

- 경험을 통해서 볼 때, 약독화 백신이 불활성화 백신보다 더 효과적인 경향이 있다. 그 이유는 무엇일까? **18-3**
- 폐렴구균처럼 협막을 가진 세균에 의한 질병 예방에 소단위 백신과 핵산 백신 중 어느 것이 더 효과적일까? **18-4**

임상 사례

로스첼리 박사는 에스더가 입원한 동안 매일 검진하였는데, 한번도 얼굴에 마스크를 쓰지 않았다. 로스첼리 박사는 백일해일 거라 의심하지 않았고, 주치의는 에스더의 인후에서 면봉으로 표본을 채취하여 그 세균에 대한 PCR 검사를 의뢰할 것을 권하였다. 아니나 다를까, 에스더의 인후에서 채취한 표본은 *Bordetella pertussis* 세균의 DNA에 양성이었다.

에스더가 응급실로 왔을 때 로스첼리 박사는 왜 백일해를 의심하지 않았다고 생각하는가?

505 **509** 511 514 519 522

새로운 백신의 개발

좋은 백신은 질병을 통제할 수 있는 가장 바람직한 방법이다. 백신은 표적 질병이 개인에게 결코 발생하지 않도록 방지하며, 일반적으로 가장 경제적인 방법이다. 백신은 개발도상국가에서 특별히 중요하다.

항생제가 사용되면서 백신개발에 대한 관심이 줄었다가, 최근에는 다시 증대되고 있다. 소송에 대한 우려 때문에 미국에서 새로운 백신의 개발이 감소하였지만, 1986년 예방접종 피해 국가보상 제도가 통과되어 백신 제조회사들의 부담이 줄어들면서, 이런 흐름이 바뀌었다. 그렇기는 하지만, 제약회사 입장에서 가장 이윤이 큰 약은 긴 기간 동안 매일 복용해야만 하는 약, 예를 들어 당뇨병 또는 고혈압 약 같은 것이다. 반면에 두세 차례 또는 심지어 일생에 단 한번의 주사만 요구되는 백신은 본질적으로 관심을 끌기 어렵다.

역사적으로 필요한 만큼의 병원체를 대량으로 배양할 수 있어야만 백신 개발이 가능하였다. 배양은 흔히 동물에서 이루어졌는데, 예를 들면 천연두에 대한 백시니아 바이러스는 송아지의 배에 면도한 부위에서 배양되었다. 불행히도, 사람에 질병을 일으키는 많은 바이러스들이 동물에서 증식하지 않는다. 소아마비와 홍역, 볼거리 및 다수의 바이러스성 질병의 원인 바이러스들이 살아 있는 인체 외에는 증식할 수 없기 때문에, 이에 대한 백신의 도입은 세포 배양 기술이 발달하고서 가능하였다. 인체 또는 더 흔히, 원숭이처럼 사람과 가까운 동물들의 조직에서 유래한 세포에서 이러한 바이러스들을 대규모로 배양할 수 있었다. 많은 바이러스를 배양하기에 편리한 동물은 닭 배아이다(379쪽 그림 13.7 참조). 여러 백신 바이러스(예, 인플루엔자)가 이 방법으로 배양되었다(그림 18.1). 흥미롭게도, B형 간염 바이러스에 대한 최초의 백신은, 마땅한 다른 출처가 없었기에 만성 감염 환자의 혈액에서 추출한 바이러스 항원을 사용하였다.

재조합 백신과 DNA 백신의 경우에는 해당 미생물을 배양할 숙주세포나 동물이 필요하지 않다. 이 방법은 일부 바이러스, 예를 들어 B형 간염 바이러스처럼 세포 배양으로 잘 증식하지 않는 경우에 생기는 큰 문제점을 피할 수 있다.

식물도 백신의 가능한 출처이다. 특정 병원성 세균이나 바이러스의 항원성 단백질을 생산하도록 변형된 감자를 가지고 이미 인체 시험을 시도하였다. 그러나 이러한 목적으로 키운 식물들은 직접 음식으로 사용되지 않을 것이며, 알약처럼 경구 투여하는 항원성 단백질을 생산하는 시스템으로 사용될 가능성이 크다. 담배 식물은 이러한 목적에 사용될 일순위 후보인데, 이 식물이 먹이사슬을 오염시킬 가능성이 적기 때문이다.

경구 백신은 주사를 맞지 않아도 된다는 것 말고도 여러 이유에서 환영받을 것이다. 한 가지는, 점막으로 침입하는 병원체에 의해 생기는 질병을 예방하는 데 특별히 효과적일 것이다. 당연히 콜레라 같은 장질환이 포함되지만, 에이즈, 인플루엔자 및 그 외 장질환이 아닌 질병을 일으키는 다른 병원체들도 초기에 코와 생식기, 폐조직 등의 점막을 통하여 침입한다.

이른바 면역학의 황금기는 1870년부터 1910년에 도래하였는데, 이 기간에 면역학에 있어 대부분의 기본 요소들이 밝혀지고 몇몇 중요한 백신이 개발되었다. 곧 또 한번의 황금기를 맞게 될 듯한데, 증가하는 감염성 질병과 항생제의 효능 저하로 인해 발생하는 문제 해결에 새로운 기술들이 등장할 것이다. 놀랍게도 클라미디아균, 곰팡이, 원생동물, 또는 사람에 기생하는 연충에 대해서는 유용한 백신이 없다. 더구나 콜레라와 결핵 등의 일부 질병에 대한 백신도 100% 신뢰할 수 있는 예방효과는 없다. 현재, 에이즈와 말라리아처럼 아주 치명적인 질병에서부터 귓병처럼 평범한 증상에 이르기 까지 많은 질병에 대한 백신이 개발 중이다. 그러나 쉬운 백신은 이미 만들어졌다는 것을 곧 알게 될 것이다.

감염성 질병만이 백신의 표적이 되는 것은 아니다. 코카인중독과 알츠하이머병, 암 등을 치료하고 예방하며 피임에도 적용할 수 있는 백신의 가능성에 대한 연구가 진행 중이다.

현재 거의 20종에 달하는 접종을 신생아와 어린이에게 권장하고 있으며, 때로는 한번에 3종 이상을 접종하게 된다. 여러 백신의 조합을 더 개발하는 것이 크게 유용할 것이다. 미국 식품의약국(FDA)은 최근, 아동기에 걸리는 다섯 가지 질병에 대한 백신의 조합을 승인하였다. 주사 바늘을 사용하지 않는 방법의 개발도 만족할 만한 진전을 보았다. 예컨대, 피부에 붙이는 패치라든가 심지어 환자 자신에 의해 전달되는 백신의 개발이 연구되고 있다. 현재 사용되고 있는 백신의 대부분은 체액성 항체 생산을 유발하는 작용을 한다. T세포-기반 면역을 부여할 백신도 필요한데 이것은 특히 결핵과 에이즈, 암에 유용할 것이다. 항원 다양성 또한 해결해야 할 숙제인데, 독감바이러스는 매년 특징이 바뀌므로 매년 새로운 백신이 만들어져야 한다. 현실적인 문제로서, 만약 항원이 일년에 한번보다도 더 빠르게 바뀐다면—일례로 HIV는 항원구조가 날마다 바뀐다—그것은 일반 백신으로 통제 불가능할 것이다. 요즘은 컴퓨터를 사용하여 예방 항원을 설계하기 위해 항원의 유전자 구조를 검색할 수 있다. 바로 "역 백신학(reverse vaccinology)"이 백신 개발에서 필수적인 도구로 자리잡고 있다.

세계 보건 문제

이 상자의 내용을 읽으면서 공중보건 과학자들이 질병의 발생을 줄이는 시도를 하면서 스스로 던지는 일련의 질문들을 마주하게 될 것이다. 다음 질문으로 넘어가기 전에 각 질문에 대하여 여러분 스스로가 답을 해보기 바란다.

1. 17세 소녀 마리아는 교회에서 가는 로마여행을 다녀와 미국 집으로 돌아왔다. 바로 그 이후에, 그녀는 열이 나고 입 안에는 가운데 청백색을 띠는 작은 붉은 반점들이 생겼다(그림 A). 이틀 후에, 얼굴에 발진이 생겼고, 다음엔 몸통과 손발까지 퍼졌다. 다음엔 같은 교회의 두 살짜리 여아 조니가 열이 나며 폐렴으로 진단 받았다. 그 교회에서 총 34명이 반구진 발진(maculopapular rash)과 38도 이상의 고열, 그리고 다음 중 적어도 한 가지 증상을 보였다: 기침, 안검염(conjunctivitis), 감기와 유사 증상.
   이것은 어떤 질병이었나? (힌트: 594쪽의 초점 21.1의 질병 설명 참조.)

2. IgM 홍역 항체를 검사한 결과 홍역 진단이 확정되었다. 홍역은 매우 전염성이 강한 바이러스성 질환이며 폐렴, 설사, 뇌염, 사망까지 일으킬 수 있다.
   마리아는 어떻게 홍역에 걸렸을까?

3. 마리아는 교회 사람들과 2주 동안 이탈리아를 여행하였다. 마리아나 감염된 다른 사람들은 홍역 예방주사를 맞은 적이 없었다.
   더 많은 사람들이 홍역에 걸리지 않은 이유는 무엇일까?

4. 1920년, 홍역 백신이 나오기 전에, 미국에서 거의 500,000명이 홍역에 걸려 7,500명 이상이 사망하였다. 2010년에는, 단지 61명의 감염이 미국에서 보고되었다(그림 B). 그러나, 홍역은 아직도 많은 국가에서 고질적인 풍토병이다(그림 C). 전 세계에서 매년 7천만 명이 감염되며, 매일 600명 아이들의 목숨을 앗아가는 홍역은 상위 20위 사망 원인 중의 하나이다.
   홍역 예방접종이 중단된다면 어떤 일이 발생할까?

5. 만약에 백신이 없다면, 질병의 발병은 훨씬 더 높아질 것이며, 이에 따라 심각한 후유증과 사망률이 더 늘어날 것이다. 예방접종으로 예방 가능한 일부 질병은 아직도 세계의 어느 지역에서는 상당히 만연하다. 이런 경우에, 여행자들이 자신도 모르고 그런 질병을 미국으로 들여올 수 있고 만약에 그 질병에 대한 예방접종을 받지 않았다면, 이 질병은 이 사람들에게 빠르게 퍼져 미국 내에서 전염병을 유발할 수 있다.

   홍역예방단(The Measles Initiative)은 미국 적십자사, 유엔재단, 유니세프, 미국 질병통제예방센터, 세계보건기구가 이끄는 협력기구로서, 홍역으로 인한 사망률을 줄이는 데 전념하고 있다. 홍역예방단은 50개국 이상의 10억 명 가까운 어린이들에게 예방접종을 지원하였다. 덕분에, 2000년에 홍역으로 대부분 5세 미만의 약 757,000명의 사망자가 발생하였으나, 2008년에 와서는 전 세계 홍역 사망률이 164,000명으로 줄었다.

출처: Adapted from *MMWR* 58(49):1321–1326, December 4, 2009.

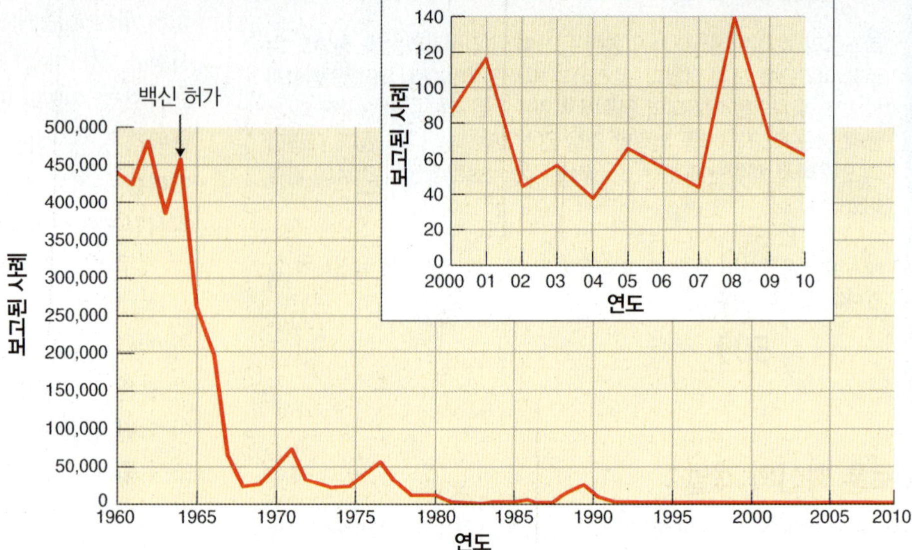

그림 B 미국에서 보고된 홍역 발병 사례, 1960~2010(CDC, 2010)

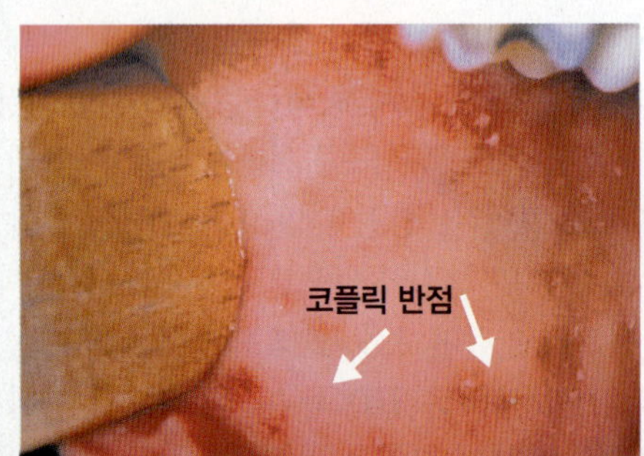

그림 A 볼 안쪽의 코플릭(Koplik's) 반점

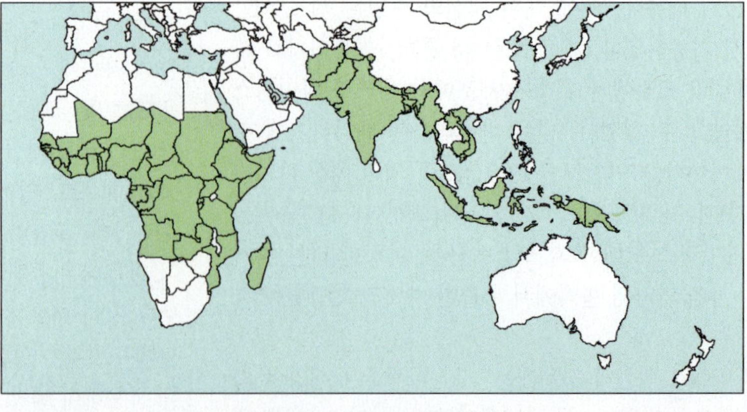
그림 C 홍역 사망률이 가장 높은 국가

항원보강제

상용 백신의 생산 초기에는 간혹 오염의 문제가 발생하였다. 그런데 오염 문제가 해결된 다음에 뜻밖의 일이 생겼다. 즉, 가끔씩 정제된 백신의 효과가 떨어진 것이다. 이 일로 인해서 화학 첨가제가 백신의 효력을 높일 수 있는지 알아보는 실험을 하게 되었다. 이런 목적으로 창의적인 물질 조합(타피오카 나무 녹말 알갱이만큼이나 기묘한)을 조사하였는데, 이 실험으로 어떤 알루미늄염이 백신의 효력을 증가시킨다는 것을 우연히 발견하게 되었다. 일반적으로 백반(alum)이라는 이름으로 통칭되는 알루미늄염을 여러 백신에 결합시켰다. 이런 알루미늄염을 **항원보강제(adjuvant**; 라틴어로 돕다는 뜻의 *adjuvare*에서 유래)라고 한다. 현재, 백반은 미국에서 인체 사용에 승인된 유일한 항원보강제이다. (한편에서는 미국에서 법적인 소송이 더 많은 것이 그 이유라고 생각한다.) 유럽과 다른 나라에서는 MF59(물과 기름이 섞인 유화액)를 비롯한 다른 항원보강제가 사용되고 있다. 어떤 항원보강제는 동물에만 사용하도록 승인되었다. 항원보강제가 작용하는 정확한 원리는 자세히 알려져 있지는 않지만, 톨유사수용체(Toll-like receptor)를 활성화시켜 선천성 면역반응을 증강시킨다고 알려져 있다.

임상 사례

예방접종이 어린이 감염을 줄이는 데 매우 성공적이었기 때문에, 많은 젊은 의사들은 임상에서 백일해 환자를 한번도 본적이 없다. 에스더에게 처음 노출된 후 9일이 지나서 로스첼리 박사는 콧물이 흐르고 4일이 더 지난 후에 기침까지 하게 되었다. 로스첼리 박사는 감기에 걸린 것으로 생각하고, 에리트로마이신 항생제 예방 치료 권고를 거절하였다. 검사를 더 진행하여 의료원 근무자들 중에서 7명(호흡기내과 치료사, 방사선과 기사, 5명의 학생 간호사)의 백일해 환자를 추가로 확인하였는데, 그들 모두가 응급실에서 일하였고 소아과에서는 일하지 않았다.

로스첼리 박사와 다른 7명의 병원 근무자들은 어떻게 백일해에 감염되었을까?

505 509 **511** 514 519 522

이해도 확인하기

- 파스퇴르가 개발한 백신은 다음 중 어느 것인가? 불활성화 백신, 재조합 백신, DNA 백신. (힌트: 22장 참조.) **18-5**
- 항원보강제의 어원은 무엇인가? **18-6**

백신의 안전성

앞에서 우리는 우두접종, 즉 천연두에 면역을 부여하려는 최초의 시도가 어떻게 때때로 예방하려 했던 그 질병을 일으켰는지 이해하였다. 그러나 그 때에는 그 위험이 감수할 만큼 큰 가치 있는 것으로 여겨졌다. 이 책의 후반부에서 알게 되지만, 경구용 소아마비 백신은 드물게 소아마비를 유발할 수 있다. 1999년, 로터바이러스(rotaviruse)에 의해 야기되는 신생아 설사에 대한 예방 백신이 몇몇 접종 아기들에서 생명이 위태로운 장 폐쇄를 일으킨 이유로 시장에서 회수되었다. 그러나 이러한 위험에 대한 대중의 반응이 달라졌다. 대부분의 부모들은 소아마비나 홍역에 걸리는 경우를 경험하지 않았기 때문에, 실제로 질병에 걸리는 그러한 위험을 자신들과는 거리가 먼 일로 막연하게 생각하는 경향이 있다. 더구나, 해로운 부작용에 대한 보고나 소문으로 인해 종종 사람들이 자신이나 아이들에게 특정 백신의 접종을 피하기도 한다. 특히, MMR(홍역, 볼거리, 풍진) 백신과 자폐증 사이의 연관성이 있을 수 있다는 가능성을 대중 언론이 크게 다루어 보도하였다. 자폐증은 원인이 거의 알려지지 않은 발달장애로서 자폐증 아이들은 현실로부터 피하는 증상을 보인다. 자폐증이 대개 예방주사 일정이 거의 끝날 시점인 18~30개월에 진단되기 때문에, 한편에서는 인과 관계를 찾으려는 시도를 하였다. 그러나 의학적으로, 대부분의 전문가들의 의견은 자폐증이 거의 유전적 장애이며 출생 이전에 시작된다는 것이다. 대대적인 과학적 조사를 하였으나 통상 사용하는 어린이 백신과 자폐증 또는 어떤 다른 질병과의 연관성을 증명하지 못하였다. 일부 전문가들은 심지어 미국에서 회수된 로터바이러스 백신을 다시 도입할 것을 권고하는데, 이들은 많은 저개발 국가에서 나타난 '위험 대비 혜택'을 보면 그 당위성이 충분하다고 주장한다. 어느 백신도 항상 완벽히 안전하거나 완벽히 효과적이지는 못할 것이다—그 점에서는 어느 항생제나 다른 약들도 마찬가지다. 그럼에도 불구하고 백신은 여전히 어린이들에게 감염성 질병을 예방할 수 있는 가장 안전하고 효과적인 방법이다.

이해도 확인하기

- 현재 사용되는 경구용 백신으로, 예방하려던 그 질병을 간혹 일으키는 백신은 무엇인가? **18-7**

진단 면역학

학습 목표

18-8 진단 검사에서 민감도(sensitivity)와 특이성(specificity)의 차이점을 알아본다.

18-9 단일클론 항체를 정의하고 이것이 종래의 항체 생산에 비해 가지는 장점을 알아본다.

18-10 침강과 면역확산법의 원리를 설명한다.

18-11 직접응집과 간접응집 검사의 차이점을 알아본다.

18-12 응집과 침강의 차이점을 알아본다.

18-13 적혈구응집을 정의한다.

18-14 중화 검사의 원리를 설명한다.

18-15 침강과 중화 검사의 차이점을 알아본다.

18-16 보체결합 검사의 원리에 대해 설명한다.

18-17 직접 형광항체 검사와 간접 형광항체 검사의 유사점과 차이점을 설명한다.

18-18 직접 ELISA와 간접 ELISA 검사의 원리를 설명한다.

18-19 웨스턴블롯팅의 원리를 설명한다.

18-20 단일클론 항체의 중요성에 대해 설명한다.

역사의 대부분에 걸쳐, 어떤 질병을 진단하는 것은 본질적으로 환자의 징후와 증상을 관찰하는 일이었다. 고대와 중세의 의사들은 많은 질병에 대한 서술을 지금도 알아볼 수 있도록 기록으로 남겼다. 진단 검사의 필수적인 요소는 민감도와 특이성이다. **민감도(sensitivity)**는 시료가 진짜 양성일 경우 그 검사가 반응하는 확률이다. **특이성(specificity)**이란 시료가 진짜 음성일 경우 양성 반응이 일어나지 않는 확률이다.

면역학 기반의 진단 검사

면역체계가 매우 특이적이라는 사실이 알려지면서 곧, 이 점을 질병 진단에 이용할 수 있다는 주장이 나왔다. 사실상, 감염성 질병에 대한 최초의 진단 검사들 중의 하나는 우연한 관찰에서 비롯되었다. 100여 년 전에, 로베르트 코흐(Robert Koch)는 결핵에 대한 백신을 개발하고자 하였다. 코흐가 결핵에 걸린 기니피그에 결핵균인 *Mycobacterium tuberculosis*의 현탁액을 주사하였더니, 1~2일 후에 주사 자리가 붉어지며 약간 부은 것을 관찰하였다. 여러분도 아마 널리 사용되는 투베르쿨린 검사에서 양성일 때 피부에서 이 같은 증상을 볼 수 있을 것이다(690쪽 그림 24.10 참조). 대부분의 대학에서 입학절차 중의 한 가지로 투베르쿨린 검사를 요구한다. 물론 코흐는 이 현상을 일으킨 세포성 면역의 원리도 몰랐고 항체의 존재도 몰랐다.

코흐 이래, 면역학의 지식 덕분에 우리는 다른 많은 귀중한 진단 방법들을 개발하였고, 그 중 대부분은 체액성 항체와 항원 상이의 상호작용에 근거한 것이었다. 특정 항체는 어떤 미확인 병원체(항원)에 반응하는지에 따라 감염 진단에 사용될 수 있다. 이 반응은 거꾸로도 가능하다. 즉, 알려진 병원체를 사용하여 어떤 사람의 혈액에 이에 대한 항체가 있는지 검사할 수 있으며, 이로써 그 사람이 그 병원체에 면역이 있는가를 알아낼 수 있다. 항체 기반 진단 검사에서 해결되어야 할 한 가지 문제점은, 항체를 직접 관찰할 수 없다는 것이다. 현미경의 배율이 100,000배가 훨씬 넘어도 항체는 그저 흐릿하고 불분명한 작은 입자로밖에 보이지 않는다(482쪽 그림 17.3c 참조). 따라서 항체의 존재는 간접적으로 알아볼 수 밖에 없다. 이 문제에 대한 많은 기발한 해결책을 설명할 것이다.

해결해야 할 다른 문제점은, 동물에서 생산된 항체는 그 동물에 존재하는 다른 많은 항체와 섞여 있어 어느 특정 항체의 양이 매우 적다는 것이다.

이해도 확인하기

✔ 면역체계의 어떤 특성을 이용하여 질병 진단 검사가 개발되었는가: 특이성인가, 아니면 민감도인가? **18-8**

단일클론 항체

항체가 전문화된 세포(B세포)에서 만들어진다는 것이 알려지자 마자 B세포가 어느 한 종류의 항체를 얻을 수 있는 가능한 원천임을 알게 되었다. 만약 그런 B세포를 분리하고 배양할 수 있다면, 필요로 하는 항체를 거의 무한한 양으로 또한 다른 항체가 섞이지 않은 상태로 생산해 낼 수 있을 것이다. 불행히도 B세포는 보통의 세포배양 조건에서 단지 몇 차례밖에 증식하지 못한다. 이 문제는, 어느 한 종류의 항체를 만들어내는 B세포를 분리하여 무한정 배양할 방법이 알려져 대부분 해결되었다. 닐스 예르네(Neils Jerne)와 조지스 쾰러(Georges Köehler), 체자르 밀스테인(César Milstein)이 1975년에 이 방법을 발견하였고, 이 공로로 이들은 노벨상을 수상하였다.

과학자들은 항체를 만드는 B세포가 암이 될 수 있다는 것을 오래 전부터 알았다. 이 경우에, B세포 증식이 억제되지 않으므로 B세포는 **골수종**(myelomas)이라 불린다. 암세포로 된 B세포를 분리하여 세포 배양하면 무한 증식이 가능하다. 이런 의미에서 암세포는 "불멸"이다. "불멸"의 암세포가 된 B세포와 특정 항체를 생산하는 B세포를 결합함으로써 돌파구가 마련되었다. 이렇게 결합된 세포를 **혼성세포(hybridoma)**라 한다.

혼성세포를 배양하면 유전적으로 동일한 세포들이 원조 B세포의 것과 동일한 항체를 계속해서 만들어낸다. 이 기술의 중요성은 현재 이를 이용하여 특정 항체를 생산하는 세포의 클론을 세포배양으로 무한히 유지하며 동일한 항체 분자를 엄청난 양으로 생산할 수 있다는 것이다. 이 모든 항체 분자가 단 하나의 혼성세포 클론에서 생산되기 때문에 **단일클론 항체(monoclonal antibody, Mab)**라 불린다(그림 18.2).

단일클론 항체는 세 가지 이유에서 유용하다. 즉, 동일하고, 매우 특이적이며, 쉽게 대량생산이 가능하다는 것이다. 이런 이유에서 단일클론 항체는 엄청나게 중요한 진단 도구로 쓰인다. 예를 들어, 여러 세균성 병원체를 인식하는 상용 키트들이 단일클론 항체를 이용한 것이며, 처방전이 필요 없는 임신진단 상품도 임신 여성의 소변에만 분비되는 특정 호르몬에 대한 단일클론 항체를 사용한 것이다(522쪽 그림 18.13 참조).

단일클론 항체는 임상적으로 중요하게 자주 쓰이는 약품의 한 종류가 되었다. 현재 25종 이상의 단일클론 항체가 인체 치료에 승인되었는데, 다발성 경화증, 크론병, 건선, 암, 천식, 관절염 등에 대한 것이다. 다양한 질병과 질환 치료를 목표로 현재 240종 이상의 단일클론 항체가 전세계적으로 개발되고 있다.

단일클론 항체의 치료 작용 원리는 다양하다. 류마티스성 관절염이나 어떤 염증성 질병에는 종양괴사인자(TNF; 496쪽 참조)가 작용하므로, TNF를 중화하는 단일클론 항체는 그 질병의 진행을 차단하게 된다. 이러한 단일클론 항체로서 infliximab (Remicade)이 있다. 다른 단일클론 항체는 특정 수용체 부위를 차단하는데, omalizumab (Xolair)이 그 예이다. 이것은 IgE 항체가 비만세포나 호염기백혈구에 결합하는 것을 막음으로써 알레르기성 천식을 치료하는 약이다(529쪽 그림 19.1 참조). Rituximab (Rituxan)이라는 단일클론 항체는, TNF를 차단하는 단일클론 항체로는 치료되지 않

토대 그림 18.2

단일클론 항체의 생산

항원

1 생쥐에 특정 항원을 주사하면 그 항원에 대한 항체의 생산이 유도된다.

2 그 생쥐의 비장을 제거하여 균질하게 만든 세포현탁액에는 주사된 항원에 대한 항체를 만드는 B세포가 들어 있다.

비장

3 비장세포를 골수종세포와 섞는다. 골수종세포는 계속 증식할 수 있지만 항체생산능을 잃어버린 세포이다. 항체를 생산하는 일부 비장세포와 골수종세포가 융합하게 되고 이 융합세포를 배양하면, 계속 증식하면서 항체를 만들어 낼 수 있다.

비장세포 현탁액

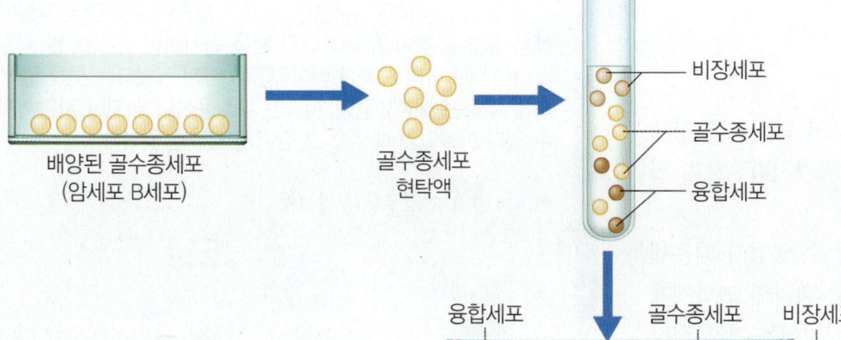

4 세포 혼합물을 융합세포만 증식할 수 있는 선택적 배지에 배양한다.

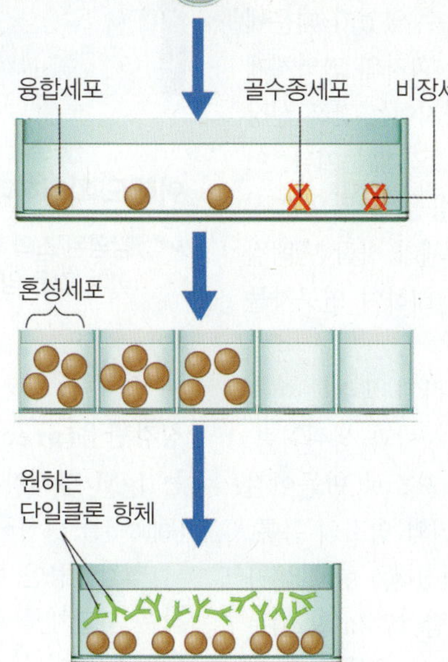

5 융합세포는 증식하여 동일한 세포군을 이루게 되고 이를 혼성세포라 한다. 혼성세포가 원하는 항체를 만들어내는지 시험한다.

6 선택된 혼성세포를 배양해서 단일클론 항체를 대량생산한다. 분리된 항체는 질병의 치료나 진단에 사용된다.

핵심 개념

- 배양된 골수종세포(암세포 B세포)와 항체를 생산하는 비장세포의 융합으로 혼성세포가 만들어진다.
- 혼성세포는 동일한 항체, 즉 단일클론 항체를 대량생산하도록 배양된다.
- 단일클론 항체의 생산은 의학에 중요한 발전이었으며, 또한 상용적 진단과 치료에 핵심적인 수단이다. 단일클론 항체에 진단표지 물질이나 항독소를 붙여 표적세포에 결합하도록 응용된다.

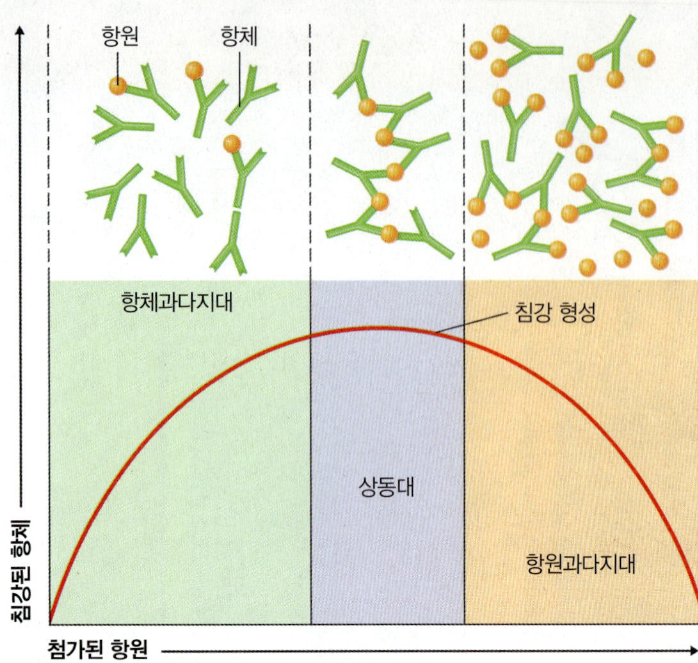

그림 18.3 침강 곡선. 곡선은 항체에 대한 항원의 비율에 근거한 것이다. 최대량의 침강은 이 비율이 대략 비슷한 상동대에서 생긴다.

Q 침강과 응집이 다른 점은 무엇인가?

는 염증성 질병을 치료하는데 사용된다. 이 종류의 단일클론 항체는 항원을 가진 세포에 결합하여 항원의 공급을 고갈시킴으로써 질병의 진행을 차단한다.

일단 생쥐세포에서만 단일클론 항체를 생산할 수 있었기 때문에 단일클론 항체의 치료 목적 사용은 제한적이었다. 환자의 면역체계가 외래의 생쥐 단백질에 반응하여 발진, 붓기, 심지어는 간혹 신장 장애를 일으키고 투여한 단일클론 항체도 파괴하였기 때문이다. 이 문제를 알고, 과학자들은 "외래성"으로 인한 부작용을 덜 일으킬 신형 단일클론 항체를 개발 중이다. 본질적으로, 항체가 사람 단백질에 가까울수록 더 성공적일 가능성이 크며, 이에 대하여 연구자들은 여러 방식으로 탐구 중이다.

키메라(chimeric) 단일클론 항체는 유전자 조작된 생쥐를 이용하여 만든 사람-생쥐 잡종 항체이다. (이 경우의 사람과 생쥐처럼, 키메라는 유전적으로 다른 개체들로부터 유래된 요소로 만들어진 동물이나 조직을 일컫는다. 이 용어는 사자의 머리와 염소의 몸통, 큰 뱀의 꼬리를 가진 신화 속의 괴물을 따라 지어졌다.) 항체 분자에서 항원결합부위를 포함하는 가변부(482쪽 그림 17.3a 참조)는 생쥐 유래이며, 항체의 나머지 부분인 불변부는 사람 유래이다. 이런 단일클론 항체는 약 66% 사람의 것에 해당되며, rituximab이 한 예이다.

사람화 항체(humanized antibody)는 생쥐 유래 부분이 항원결합부위에만 한정되도록 만들어진 것이다. 나머지 가변부와 불변부 전체는 사람유래이다. 이런 단일클론 항체는 약 90% 사람의 것이며, 예로써 alemtuzumab과 trastuzumab을 들 수 있다.

최종목표는 **완전사람항체(fully human antibody)**를 개발하는 것이다. 한 가지 접근 방식은 사람 항체 유전자를 가지도록 생쥐를 유전자 조작하는 것이다. 이 생쥐는 완전히 사람의 것인 항체를 만들어낼 것이며 어떤 경우에는 그 환자에게 정확하게 일치하는 항체를 만들어낼 수도 있을 것이다. 특정 Mab의 기원은 명칭의 철자 끝부분으로 알 수 있다. 즉, 사람(*u*), 생쥐(*o*), 키메라(*xi*), 또는 사람화(*zu*)이다. 예를 들면, *-umab*으로 끝나는 명칭은 Mab이 사람 기원이라는 것을 나타내며, *-zumab*(사람화), *-omab*(생쥐), *-ximab*(키메라)를 나타낸다. 철자는 또한 그 Mab이 치료할 일반적인 질병 상태, 또는 특정 종양을 가리킬 수도 있다. Biciromab이라는 철자는, Mab이 생쥐(*-omab*) 유래이며, 심혈관질환(*cir*로 나타냄) 치료를 겨냥한 것임을 나타낸다.

임상 사례

로스첼리 박사는 에스더를 검사하는 동안 한번도 마스크를 쓰지 않았기 때문에 백일해에 걸렸다. 그는 호흡기 감염 질환에 전염되는 것을 막기 위해 마스크를 썼어야 했고, 또한 증상이 나타났을 때 항생제 처방을 받아들였어야 했다. 로스첼리가 응급실의 동료들에게 감염을 옮겼을 것이고, 차례로, 감염된 병원 직원들이 취약한 환자들에게 백일해를 옮겼을 것이다. 에스더의 병을 검사하던 중 의료원 직원들은 에스더나 에스더의 오빠가 예방접종을 받지 않았다는 것을 알게 되었다. 이들 부모는 예방접종이 심각한 부작용이나 심지어 사망까지 일으킬 수 있다고 들었기 때문에 그 점이 무서웠던 것이다.

에스더 부모가 잘못한 것일까?

505 509 511 **514** 519 522

이해도 확인하기

✔ 감염된 소의 혈액에는 그 병원체에 대한 항체가 엄청난 양으로 존재할 것이다. 같은 양의 단일클론 항체가 어떻게 더 유용할 수 있나? **18-9**

침강반응

침강반응(precipitation reaction)은 가용성 항원과 IgG 또는 IgM 항체가 반응하여 거대하게 서로 연결된 집합체인 **결정체**(lattice)를 형성하는 과정이다.

침강반응은 두 단계로 일어난다. 먼저, 항원과 항체가 신속하게 작은 복합체를 형성한다. 이러한 상호작용은 몇 초 안에 일어나며, 뒤따라 일어나는 더 늦은 반응은 몇 분 내지 몇 시간 걸리며 이 과정에서 수용액 내에서 침전하는 항원-항체 결정체가 형성된다. 침강반응은 보통 항원과 항체의 비율이 최적일 경우에만 일어난다. 그림 18.3을 보면, 항원과 항체 중에 어느 쪽이 과하면 가시적인 침전이 생기지 않는다. 각각의 항원용액과 항체용액을 맞닿도록 하여 서로 확산되도록 하면 최적의 비율로 만들어진다. **고리침강시험**(**precipitin ring test**; 그림 18.4)에서, 뿌연 침전 선(고리)이 최적의

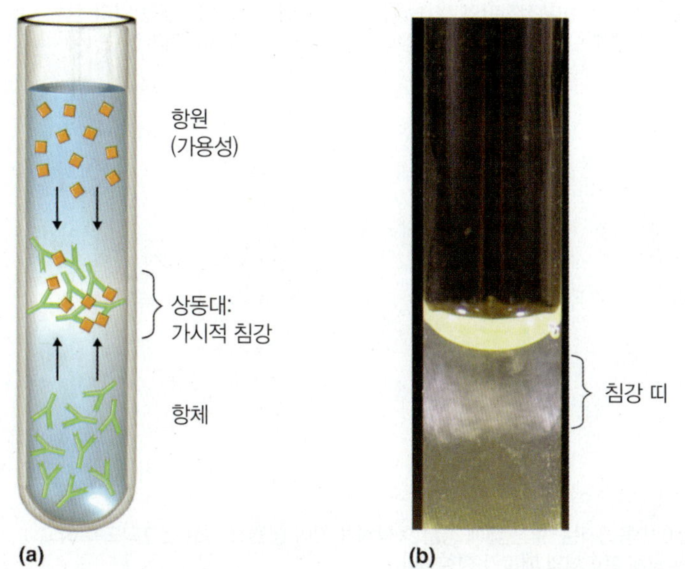

그림 18.4 고리침강검사. (a) 이 그림은 직경이 작은 시험관에서 항원과 항체가 서로 상대쪽 방향으로 확산하는 것을 보여준다. 항원과 항체가 비슷한 비율의 지점, 즉 상동대에 이르면 가시적인 침강 선 또는 고리가 형성된다. (b) 침강 띠를 보여주는 사진.

 무엇이 가시적인 선을 형성하는가?

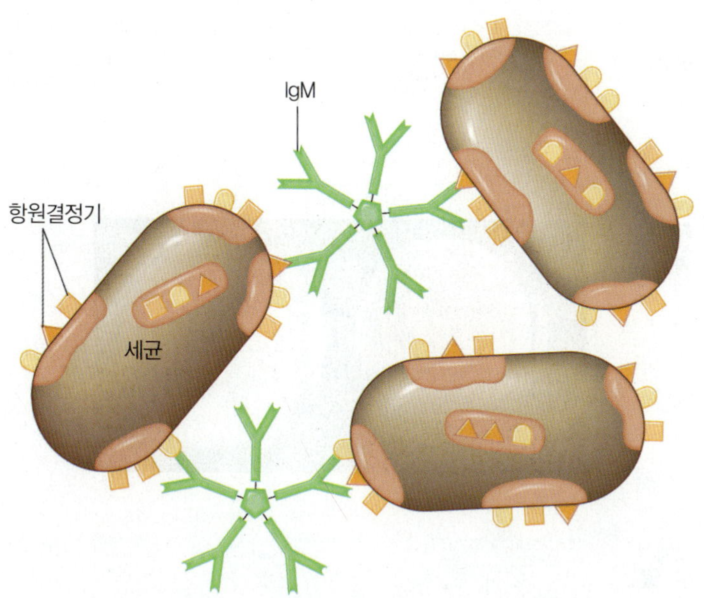

그림 18.5 응집반응. 항체가 세균 또는 적혈구 등의 인접 세포 표면의 항원의 항원결정기에 결합하면, 그 불용성 항원(세포)은 응집한다. 그림에는 응집에 가장 효율적인 면역글로불린 IgM을 나타내지만, IgG도 응집반응에 참여한다.

 IgG를 포함하는 응집반응을 그림으로 그리기

비율에 도달한 지역(상동대, zone of equivalence)에 나타난다.

면역확산법(immunodiffusion test)은, 페트리접시 또는 현미경용 슬라이드 위의 한천 젤 배지에서 시험하는 침강반응인데, 각각 항원과 항체를 주입한 홈 사이에 항원-항체 비율이 최적인 지점에서 가시적인 침강 선이 생긴다.

다른 방법으로, 젤에서 항원과 항체의 이동 속도를 높이기 위해 전기영동을 사용하는데, 이 경우에는 한 시간 내에 확인된다. 면역확산과 전기영동을 통합한 방법을 **면역전기영동법(immunoelectrophoresis)**이라 한다. 이 방법은 사람의 혈청 단백질을 분리하는 실험에서 사용되며, 일부 진단 검사의 기반이기도 하며, 에이즈 진단에 사용되는 웨스턴블롯(Western blot)의 핵심 부분이다(288쪽과 521쪽의 그림 10.12 참조).

이해도 확인하기

✓ 침강반응이 아주 좁은 범위에서 가시적으로 나타나는 이유는 무엇인가? **18-10**

응집반응

침강반응은 **가용성** 항원에 대한 것인 반면, 응집반응은 **불용성** 항원(항원성 분자를 가진 세포와 같은 입자), 또는 입자에 부착된 가용성 항원에 대한 것이다. 불용성 항원은 항체에 의해 서로 연결되어 가시적인 응집체를 형성할 수 있는데, 이러한 반응을 **응집(agglutination)**이라 한다(그림 18.5). 응집반응은 매우 민감하고 비교적 확인하기 수월하며, 사용할 수 있는 종류도 매우 다양하다(286쪽 그림 10.10 참조). 응집 검사는 직접 또는 간접 검사로 나뉜다.

직접 응집 검사

직접 응집 검사(direct agglutination test)는 적혈구와 세균, 곰팡이 표면에 있는 항원처럼 비교적 큰 세포성 항원에 결합한 항체를 탐지하는 것이다. 예전에는 직접 응집 검사를, 일련의 시험관으로 수행하였으나 지금은 플라스틱 **미세 적정판**(microtiter plate)으로 한다. 미세 적정판에는 개별 시험관을 대신하는 다수의 웰(well)*이 있다. 각 웰에 같은 양의 입자성 항원을 넣고, 항체가 들어 있는 혈청은 희석하여 넣음으로써, 단계적으로 각 은 이전에 비해 반으로 희석된 양의 항체가 들어가게 할 수 있다. 일례로, 이 검사는 브루셀라병을 진단하고, 살모넬라 분리균주들을 혈청학적 방법으로 정의되는 혈청형 변이주로 분류하는 데 사용된다.

물론 희석을 시작할 때 항체의 양이 많을수록, 항원과 반응할 양이 부족할 때까지 희석하는 횟수가 더 많을 것이다. 이 방식으로 **역가(titer)** 또는 혈청 항체의 농도를 측정한다(그림 18.6). 감염성 질병에서는 대체로 혈청 항체 역가가 높을수록 그 질병에 면역반응이 강하다. 그러나 역가 자체는 진행 중인 병을 진단할 때에는 한계가 있다. 측정된 항체 역가가 그것이 현재 감염에 대한 것인지 아니면 이전 감염에 대하여 일어났던 것인지를 구분할 수는 없기 때문이다. 진단 목적으로는, 역가 상승을 보는 것이 중요한데, 이것은 질병의 시작 때 역가에 비해 질병이 진행된 후에 역가가 높아지는 것

* 미세 적정판에는 보통 96개의 얕은 오목구멍이 있는데 이를 웰이라고 한다.–역자주

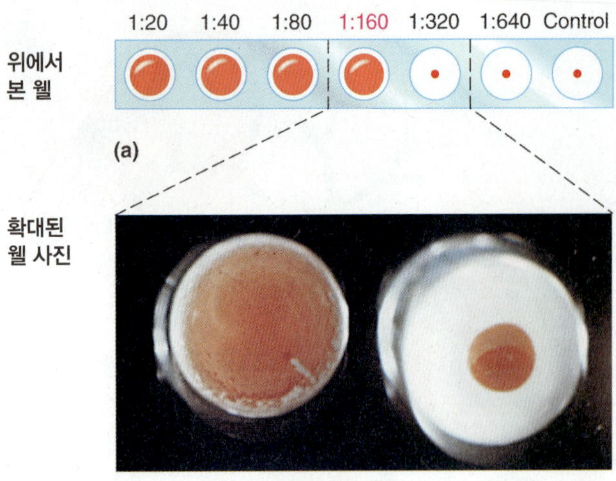

(a) 왼쪽에서 오른쪽으로, 미세적정판의 각 웰에는 이전 웰에 들어 있는 혈청 양의 절반이 들어 있다. 각 웰에는 동일한 양의 불용성항원을 들어 있는데, 이 그림에서는 적혈구이다.

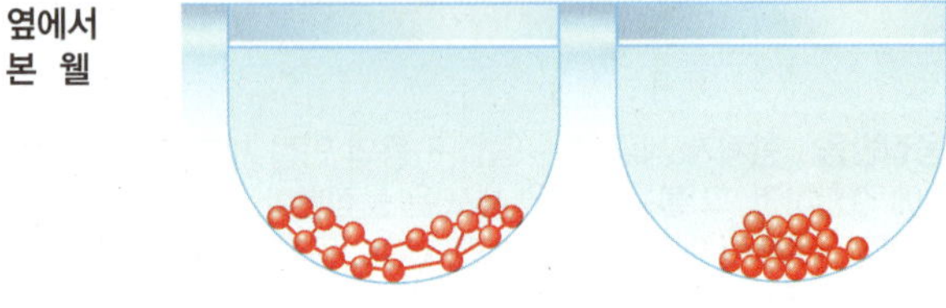

(b) 양성(응집된) 반응에서는, 혈청 내에 충분한 항체가 있어 항원이 서로 연결되도록 하고 웰 바닥에 항원-항체 복합체의 매트가 형성된다.

(c) 음성(응집되지 않은) 반응에서는, 항체가 충분하지 않아 항원이 연결되지 못한다. 따라서 불용성 항원은 웰 벽을 흘러내려와 바닥에 덩어리로 쌓인다. 이 그림에서는 항체역가가 160이다. 그 이유는, 양성반응을 보여주는 가장 희석된 농도의 웰이 1:160이기 때문이다.

그림 18.6 직접 응집 시험법에 의한 항체 역가 측정

항체 역가란 무엇을 의미하는가?

이다. 또한 어떤 사람이 아프기 전에는 혈액에 그 질병에 대한 항체가 없었으나 병이 진전되면서 역가가 두드러지게 증가하는데, 이러한 변화를 **혈청전환(seroconversion)**이라 하며 이 또한 진단의 척도가 된다. 이 같은 경우는 HIV(사람면역결핍바이러스) 감염에서 흔히 볼 수 있다.

일부 진단 검사는 IgM 항체를 특이적으로 확인하는데, 17장에 설명한대로, 수명이 짧은 IgM이 현재 가진 질병에 대한 면역반응을 반영할 가능성이 더 크기 때문이다.

간접(수동) 응집 검사

가용성 항원에 대한 항체는 해당 항원이 찰흙 같은 입자나 가장 자주 사용되는 직경이 세균의 10분의 1 정도 되는 작은 라텍스 구(sphere)에 흡착된다면, 응집 검사로 알아낼 수 있다. **라텍스 응집 검사(latex agglutination test)**로 알려진 이 검사는, 다수의 세균성 질병과 바이러스성 질병에 대한 혈청 항체를 신속히 확인할 때 흔히 사용된다. 이러한 **간접(수동) 응집 검사[indirect (passive) agglutination test]**에서 항체는 입자에 부착된 가용성 항원과 반응한다(그림 18.7). 그러

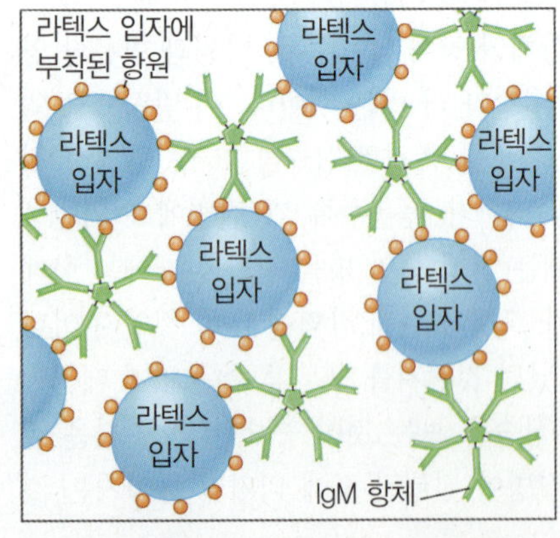

(a) 항체를 확인하는 간접 시험에서 양성 반응. 입자(이 그림에서는, 라텍스 입자)가 항원으로 입혀진 경우, 응집이 일어나면 항체가 존재한다는 것을 나타낸다. 여기서 항체는 IgM으로 주어짐.

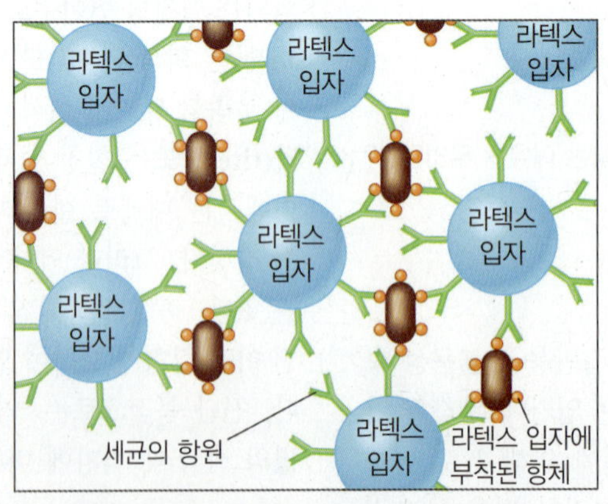

(b) 항원을 확인하는 간접 시험에서 양성 반응. 입자가 단일클론 항체로 입혀진 경우, 응집이 일어나면 항원이 존재한다는 것을 나타낸다.

그림 18.7 간접 응집 시험에서 일어나는 반응. 이 시험은 작은 라텍스 입자 표면에 입혀진 항원 또는 항체를 사용한다.

직접 응집과 간접 응집 시험의 차이점을 설명하시오.

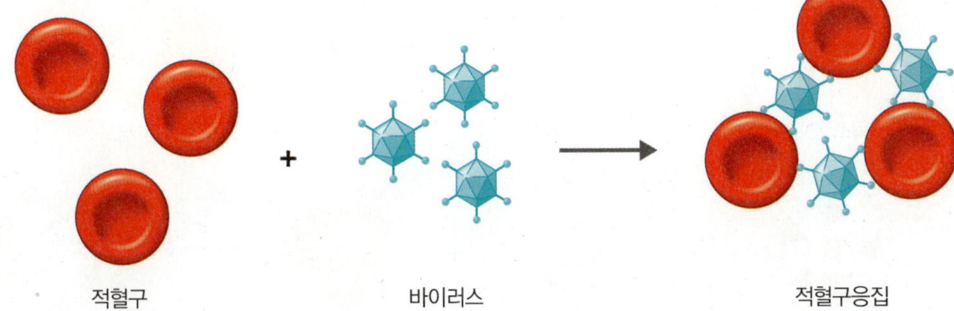

그림 18.8 **바이러스 적혈구응집.** 바이러스 적혈구응집은 항원-항체 반응이 아니다.

Q 무엇이 바이러스 적혈구응집의 응집을 일으키는가?

면 직접 응집 검사에서 입자성 항원들이 응집하는 것처럼 이 입자들이 서로 응집한다. 동일한 원리를 역으로 적용하면, 어떤 항원에 특이적인 항체로 입혀진 입자를 사용하여 그 항원을 확인할 수 있다. 이 방법은 인후염을 유발하는 연쇄상구균에 대한 진단 검사에 특히 많이 사용되는데, 이 진단 검사는 10분 정도면 완료된다.

적혈구응집

적혈구의 응집이 일어나는 응집반응을 **적혈구응집(hemagglutination)**이라고 한다. 적혈구 표면의 항원과 이에 대한 항체 사이의 반응인데, 혈액형 분류(532쪽 표 19.2 참조)와 감염성 단핵구증의 진단에 일상적으로 사용된다.

볼거리와 홍역, 독감을 야기하는 바이러스들은 항원-항체 반응 없이도 적혈구에 응집할 수 있는데, 이 과정을 **바이러스 적혈구응집(viral hemagglutination)**이라 한다(그림 18.8). 이런 종류의 적혈구응집은 응집을 유발하는 바이러스를 중화하는 항체에 의해 억제할 수 있다. 이 같은 중화반응을 기반으로 한 진단 검사에 대한 것은 다음 절에서 설명한다.

이해도 확인하기

- 직접 응집 검사가 바이러스에 대하여 썩 잘 되지 않는 이유는 무엇일까? **18-11**
- 응집 또는 침강 중 어느 검사가 가용성 항원을 확인할 수 있나? **18-12**
- 일부 진단 검사는 눈으로 볼 수 있는 응집을 만드는 적혈구를 필요로 하는데, 이런 검사를 일컬어 무엇이라 하는가? **18-13**

중화반응

중화(neutralization)는 세균성 외독소(exotoxin) 또는 바이러스의 유해성이 특이적 항체에 의해 봉쇄되는 항원-항체 반응이다. 이 반응은, 1890년에 과학자들이 면역혈청이 디프테리아 병원체인, *Corynebacterium diphtheriae*에서 만들어지는 독소를 중화할 수 있다는 것을 관찰하면서, 처음으로 기록되었다. 이런 중화 물질을 항독소라 하는데, 이것은 숙주가 세균성 외독소 또는 이에 해당하는 변(성)독소(toxoid, 불활성화 독소)에 반응하여 만들어내는 특이적 항체이다. 항독소는 외독소와 결합하여 그것을 중화한다(그림 18.9a). 동물에서 만들어지는 항독소를 인체에 주사하면 그 독소에 대한 수동면역을 부여할 수 있다. 말에서 얻은 항독소를 디프테리아와 보툴리누스중독을 예방 또는 치료하는 데 일상적으로 사용한다; 파상풍 항독소는 주로 사람의 것이다.

중화반응은 치료 용도에서 진단 검사 용도로도 이어졌다. 세포배양이나 발육란에서 세포병변(세포에 손상을 주는) 효과를 나타내는 바이러스는, 바이러스에 대한 중화 항체의 존재를 확인하는데 사용될 수 있다(443쪽 참조). 시험 혈청에 특정 바이러스에 대한 항체가 존재한다면, 그 항체는 바이러스가 세포배양이나 발육란의 세포를 감염하지 못하도록 막을 것이며, 따라서 세포병변 효과는 나타나지 않을 것이다. 이것을 체외 중화 시험이라 하는데, 바이러스를 확인하고 바이러스에 대한 항체 역가를 알아내는 데 사용될 수 있다. 체외 중화 시험은 비교적 복잡하여 현재 임상 실험실에서 점차 사용하지 않는 방법이다.

주로 바이러스를 혈청학적으로 분류하는 중화시험을 **바이러스 적혈구응집 억제 검사(viral hemagglutination inhibition test)**라 한다. 독감과 볼거리, 홍역, 등을 일으키는 일부 바이러스들은 표면에 적혈구와 응집하는 단백질을 가지고 있다. 이 검사는 인플루엔자 바이러스의 아형(subtype)을 구분하는 데 가장 흔히 사용된다. 그러나 이런 목적으로 실험실에서 더 많이 사용하는 것은 ELISA 검사이다. 어느 개인의 혈청에 이들 바이러스에 대한 항체가 있다면, 이 항체는 바이러스에 반응하여 중화시킬 것이다(그림 18.9b). 예를 들어, 홍역 바이러스와 적혈구를 섞으면 적혈구응집이 일어나지만, 환자의 혈청을 함께 첨가하였을 때에는 적혈구응집이 일어나지 않는다면, 홍역 바이러스에 결합하여 중화시킨 항체가 그 혈청에 있다는 것이다.

이해도 확인하기

- 적혈구응집과 일부 바이러스 사이에 어떤 관련성이 있는가? **18-14**
- 침강 또는 바이러스 적혈구응집 억제 검사 중에 어느 것이 항원-항체 반응인가? **18-15**

보체결합반응

16장(466~470쪽)에서, 보체라고 통칭하는 일군의 혈청 단백질에 대하여 설명하였다. 대부분의 항원-항체 반응에서 보체는 항원-항체 복합체에 결합하여 소모된다. 이 과정을 **보체결합(complement**

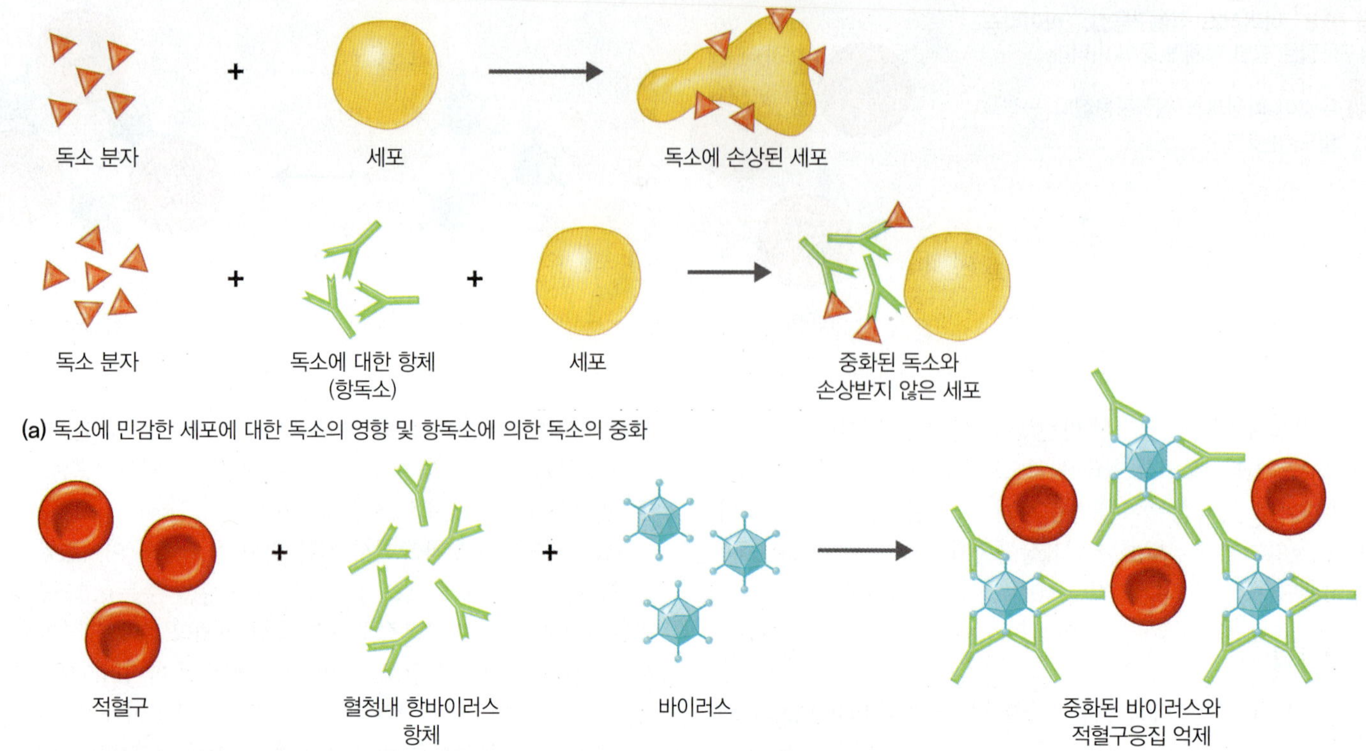

(a) 독소에 민감한 세포에 대한 독소의 영향 및 항독소에 의한 독소의 중화

(b) 바이러스 적혈구응집 시험은 해당 바이러스에 대한 항체를 확인하는 것이다. 이 바이러스는 적혈구와 혼합되면 정상적으로 적혈구응집을 일으킨다. 그림처럼 바이러스에 대한 항체가 존재한다면, 항체가 바이러스를 중화하게 되어 결과적으로 적혈구응집이 억제된다.

그림 18.9 중화 시험에서의 반응

 적혈구응집반응을 통해 환자가 해당 특정한 질병에 걸리지 않았다고 판단할 수 있는 이유는 무엇인가?

fixation)이라 하는데 매우 적은 양의 항체를 확인하는 데에 사용할 수 있다. 가시적인 반응인 침강 또는 응집을 만들어내지 않는 항체는, 항원-항체 반응 동안 보체를 결합시킴으로써 드러날 수 있다. 예전에 매독 진단법인 바서만(Wassermann) 검사에 보체결합이 사용되었으며, 지금도 일부 바이러스, 곰팡이, 리케차에 의한 질병을 진단하는 데 사용된다. 보체결합 검사는 매우 주의를 요하며 알맞은 대조군이 있어야 하기 때문에, 더 단순한 새로운 시험으로 대치되는 경향이다. 보체결합 시험은 두 단계, 즉 보체결합 단계와 지표 단계로 수행된다(그림 18.10).

이해도 확인하기

✓ 보체로 명명된 이유는 무엇인가? 18-16

형광항체 기법

형광항체 기법[fluorescent-antibody (FA) technique]은 임상 시료에서 미생물을 확인하고 혈청에서 특정 항체의 존재를 확인할 수 있다(그림 18.11). 이 기법은 형광 염료인 플루오레세인 이소티오시안산염(fluorescein isothiocyanate, FITC) 같은 물질을 항체에 결합시킨 후 자외선을 쪼여 항체가 형광을 내도록 하는 것이다(60쪽, 그림 3.6 참조). 이 방법은 빠르고 민감하며 특이성이 매우 높다. 일례로 광견병에 대한 FA 시험은 두세 시간이면 완료되며 정확도는 100%에 가깝다.

형광항체 검사는 두 종류, 직접 또는 간접으로 나뉜다. **직접 FA 검사(direct FA test)**는 주로 임상 시료에서 미생물을 확인하는 데 사용된다(그림 18.11a). 검사가 진행되는 동안 확인하려는 항원이 들어 있는 시료는 슬라이드에 고정되어 있다. 플루오레세인 형광염료로 표지된 항체를 더해주고 잠시 반응시킨 후, 슬라이드를 세척하여 항원에 결합하지 않은 항체를 모두 제거한다. 그러고 나서 형광현미경으로 황록색 형광을 관찰한다. 항원의 크기가 바이러스처럼 극히 미세해도 결합된 항체의 형광으로 관찰할 수 있다.

간접 FA검사(indirect FA test)는 어떤 미생물에 노출된 후에 혈청에 특정 항체가 존재하는지 여부를 확인하는 데 사용된다(그림 18.11b). 이 방법은 종종 직접 검사법보다 더 민감하다. 이 검사 과정에서 알려진 미생물 항원은 슬라이드에 고정되어 있고, 검사할 혈청을 첨가한다. 그 미생물에 특이적 항체가 존재한다면 결합하여 복합체를 형성할 것이다. 항원-항체 복합체를 관찰하기 위해서, 플루오레세인으로 표지된 **항인면역혈청글로불린(anti-human immune serum globulin, anti-HISG)**을 슬라이드에 더해 주는데, 이것은 모든 사람 항체에 특이적으로 결합하는 항체이다. Anti-HISG는 결국 주어진 항원에 대한 항체가 반응한 경우에만 남아 있게 된다. 슬라이드를 반응이 되도록 두었다가 세척하고 형광현미경으로 관찰한다. 슬라이드에 고정된 항원에서 형광이 관찰된다면, 그 시험 항원에 대한 특이적 항체가 시료에 존재하는 것이다.

특별히 흥미로운 형광항체의 응용은 **형광이용세포분리기(fluorescence-activated cell sorter, FACS)**이다. 17장에서 T세포 표면에 CD4나 CD8 등의 특이적 항원들이 존재하며 이 분자들이 특정 T세포군의 특징이라고 설명하였다. 에이즈 진행을 추적하기 위해 $CD4^+$ T세포의 감소를 조사하는데, $CD4^+$ T세포의 수를 FACS로 결정한다.

FACS는 유동세포계수기(flow cytometer)를 변형한 것인데, 세포현탁액이 분사구를 통해 방울 하나에 한 개 세포가 들어 있는 작은 방울로 분사되는 기계이다(287쪽 참조). 레이저 광선이 세포 방울에 부딪친 후 탐지기에 수신되면, 세포의 크기라든가 일부 특성들이 파악된다(그림 18.12). 세포가 $CD4^+$ 또는 $CD8^+$ T 세포를 나타내는 FA 표지를 가지고 있다면, 탐지기에서 그 형광을 측정할 수 있다. 레이저 광선이, 선택한 크기 또는 형광을 띠는 세포를 탐지하면 그 세포 방울에 음전하 또는 양전하가 부여된다. 이 방울이 전하판 사이로 떨어지면, 어느 한 쪽의 수신관으로 끌리게 되어 다른 종류의 세포들이 효과적으로 분리된다. 이 방법으로 몇백만 개의 세포가 한 시간이면 분리되며 전 과정이 무균상태에서 이루어지므로, 분리된 세포를 다음 실험에 사용할 수 있다.

유동세포계수기를 응용한 흥미로운 시험으로, 정자세포를 Y염색체 가진 세포와 X염색체 가진 세포로 분류하는 것을 들 수 있다. X염색체를 가진 정자세포(난자와 수정하여 여성 배아로 발생할 세포)는 Y염색체 가진 정자보다 DNA의 양이 더 많은데, 사람의 경우 2.8%, 동물의 경우 4% 더 많다. 정자를 DNA에 특이 결합하는 형광 염료로 염색하고 레이저광선을 쪼여주면, X염색체 가진 정자가 더 밝은 빛을 내므로 두 종류의 정자를 분리할 수 있다. 이 기술은 농업적인 목적으로 개발되었지만, 아들에게만 전해질 수 있는 유전병의 유전자를 보유한 부부들에게 의료용으로 사용되는 것이 승인되었다.

임상 사례

통계에 따르면 백일해에 걸린 아이들의 절반 가량이 부모로부터 전염되고 나머지 25~35% 아이들도 다른 집안 식구들에게서 전염된다. 에스더의 부모는 둘 다 앓은 적이 없지만, 오빠인 마크의 인후에서 채취한 표본은 *B. pertussis* 세균에 양성이었다. 더 나이가 많은 아이들이나 성인의 경우에는 흔히 마크의 경우처럼, 유아가 보이는 증상보다 경미하다. 그러나 유아들은 백일해에 걸리면 심하게 앓고 사망에 이를 수도 있다.

백일해 예방접종이 왜 중요한가?

505 509 511 514 519 522

이해도 확인하기

직접 또는 간접 형광항체 검사 중 어느 것이, 병원체에 대한 항체를 확인하는 데 사용되는가? 18-17

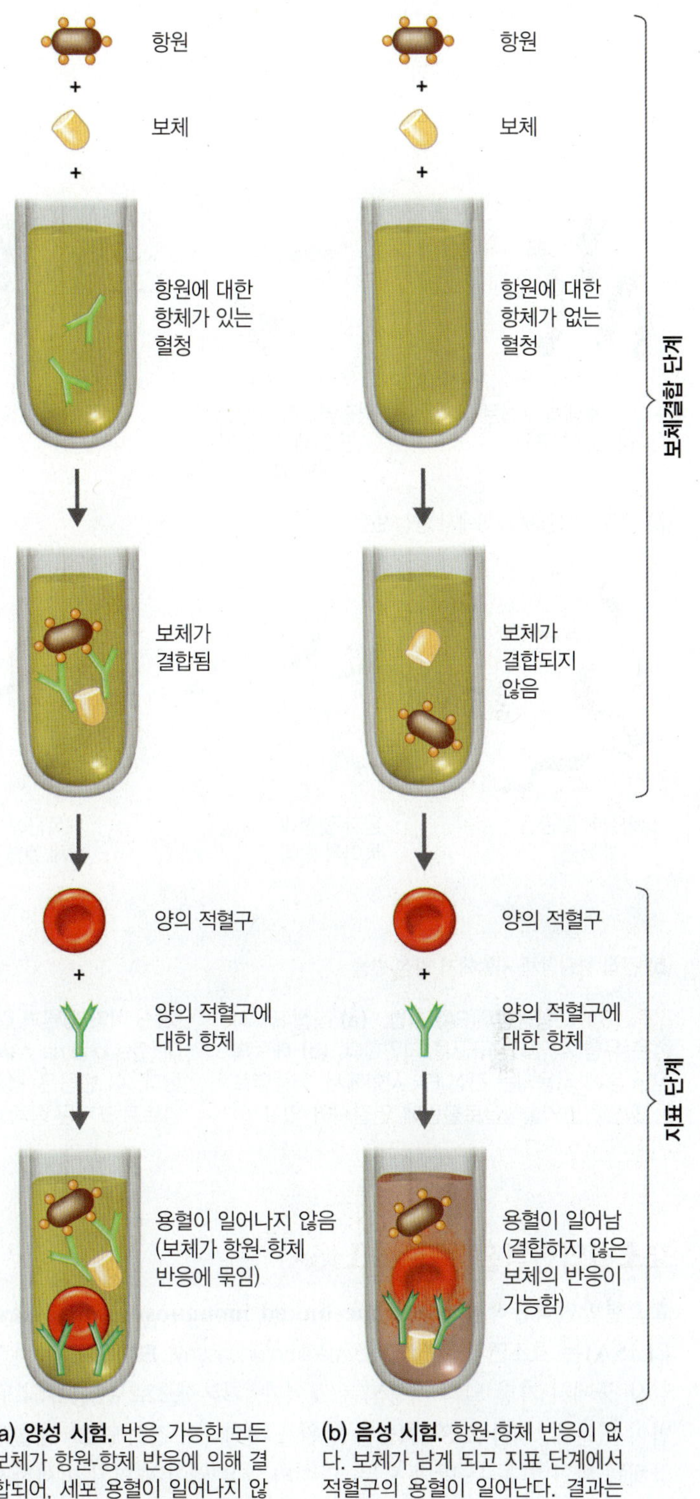

(a) 양성 시험. 반응 가능한 모든 보체가 항원-항체 반응에 의해 결합되어, 세포 용혈이 일어나지 않게 되고, 따라서 결과는 항체의 존재를 나타내는 양성이다.

(b) 음성 시험. 항원-항체 반응이 없다. 보체가 남게 되고 지표 단계에서 적혈구의 용혈이 일어난다. 결과는 항체가 없다는 것을 나타낸다.

그림 18.10 보체결합 시험. 이 시험은 알려진 항원에 대한 항체가 존재한다는 것을 나타낸다. 보체는 해당 항원에 결합한 항체에 결합한다. 보체결합 단계에서 모든 보체가 결합한다면, 지표 단계에서 적혈구의 용혈을 일으킬 보체가 남아 있지 않게 된다.

Q 적혈구 용혈이 일어나는 것이 그 환자가 어떤 특정 질병에 걸리지 않았다는 것을 나타내는 이유는 무엇인가?

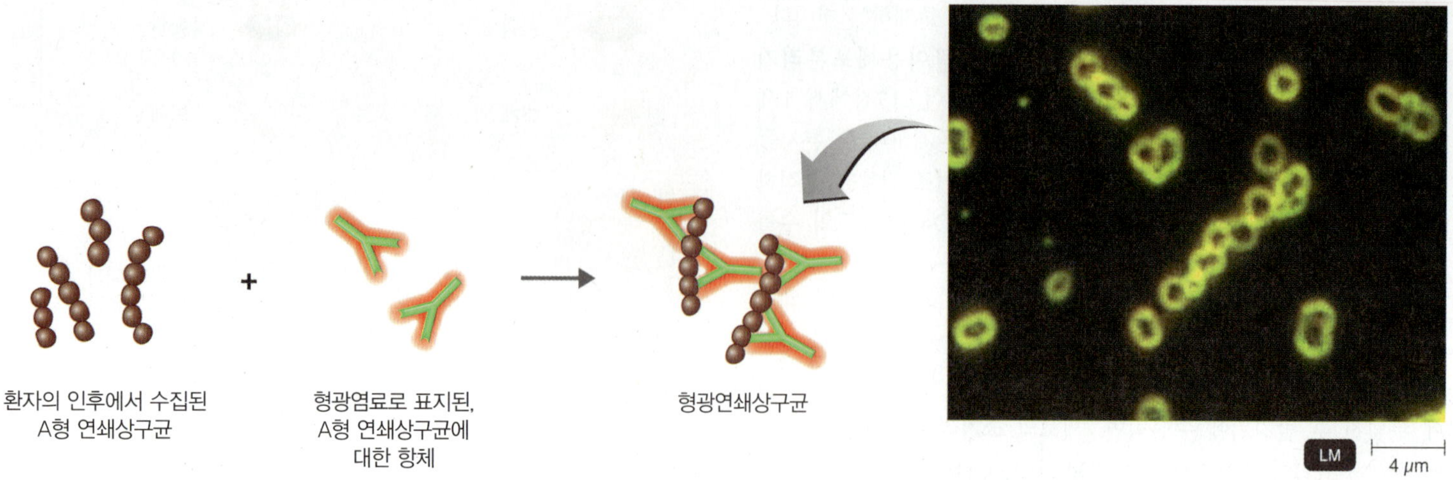

환자의 인후에서 수집된 A형 연쇄상구균 + 형광염료로 표지된, A형 연쇄상구균에 대한 항체 → 형광연쇄상구균

LM 4 μm

(a) 직접 형광항체 시험에서 양성 반응

실험실에 보관된 매독균 + 환자 혈청내 특이적 항체 → 매독균에 항체 결합 + 형광염료로 표지된 항인간면역혈청글로불린 (모든 면역글로불린에 결합함) → 형광매독균 (그림 3.6b 참조)

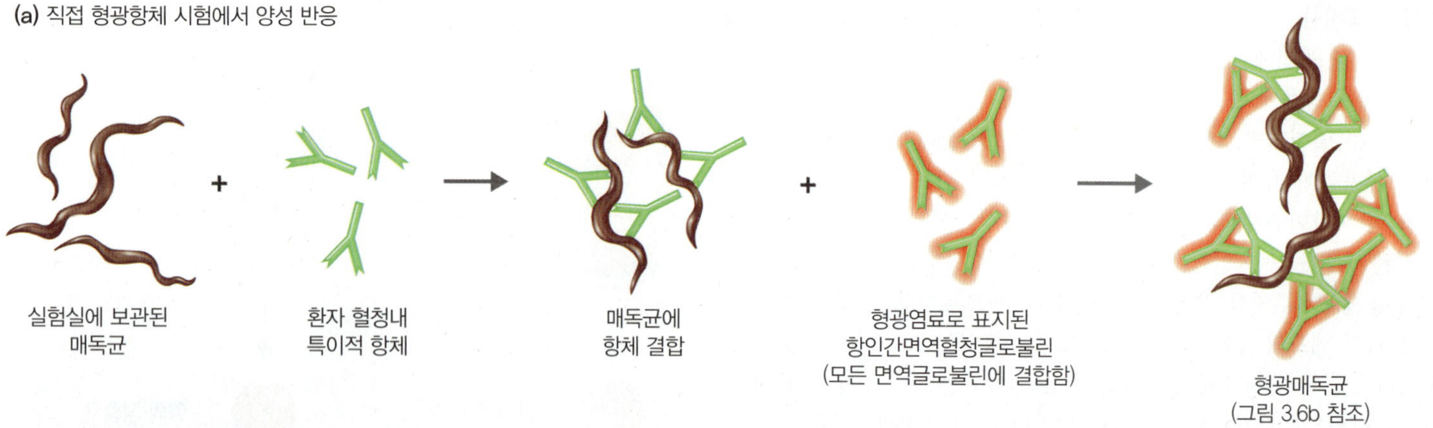

(b) 간접 형광항체 시험에서 양성 반응

그림 18.11 형광항체(FA) 기법. **(a)** 직접 FA 시험은 유형 A 연쇄상구균을 확인한다. **(b)** 매독의 진단 등에 사용되는 간접 FA 시험에서, 형광염료는 항인간면역혈청글로불린에 연결되어 있고 이것은, 이미 항원과 결합한 인간면역글로불린(예컨대, *Treponema pallidum*에 특이적 항체)에 반응한다. 이 반응은 형광현미경을 통해 관찰되는데, 염료로 표지된 항체에 결합한 항원에 자외선이 쪼여지면 형광이 발산된다.

직접 FA 시험과 간접 FA 시험의 차이점을 설명하시오.

효소결합면역흡착검사(ELISA)

효소결합면역흡착검사(enzyme-linked immunosorbent assay, ELISA)는 효소면역분석법(enzyme immunoassay, EIA)으로 알려진 검사 중에서 가장 널리 사용되는 것이다. 기본적으로 두 종류의 방법이 있는데, 직접 ELISA 방법은 항원을 확인하며 간접 ELISA 방법은 항체를 확인한다. 두 방법 모두, 다수의 얕은 웰이 배열된 미세적정판을 사용한다(287쪽 그림 10.11a 참조). 시험의 편차가 발생할 수 있는데, 시약이 미세적정판 바닥에 붙지 않고 미세 유액입자에 결합한다든가 하는 경우이다. ELISA 방법이 널리 쓰이는 이유는 일단 해석 기술이 거의 필요 없고 나온 결과는 명백히 양성이나 음성을 나타내기 때문이다.

많은 ELISA 시험이 상품화된 키트의 형태로 임상에서 유용하게 사용된다. 시험 절차는 거의 자동화되어 있고, 결과는 스캐너로 읽혀 컴퓨터로 출력된다(287쪽 그림 10.11 참조). 이 원리를 기반으로 한 일부 검사는 일반인들도 사서 사용할 수 있다. 흔히 쓰는 가정용 임신진단 테스트가 하나의 예이다(그림 18.13).

직접 ELISA

직접 ELISA 방법은 그림 18.14a(523쪽)에 설명되어 있다. 직접 ELISA 검사가 흔히 사용되는 예는 소변에서 약물을 확인하는 것이다. 이 시험에는, 해당 약물에 대한 항체가 미세적정판의 웰 표면에 부착되어 있다. (ELISA 시험이 광범위하게 사용되려면 필수적으로 단일클론항체가 가용하여야 한다.) 환자의 소변 시료가 웰에 첨가되었을 때, 시료에 해당 약물이 존재한다면 항체에 결합되어 붙잡힐 것이다. 웰을 세척하여 결합하지 않은 것을 씻어낸다. 반응의 결과를 가시적으로 만들기 위해, 그 약물에 특이적 항체를 더 많이 첨가하면(이번에 첨가하는 항체는 효소가 결합되어 있어 효소결합이라는 용어를 사용한다) 이미 붙잡힌 약물에 반응하여 항체/약물/효소결합항체로 이루어진 "샌드위치"를 형성한다. 이 반응에서 양성은, 결합된 효소의 기질을 첨가하였을 때 효소와 기질이 반응하여 가시적인 색채가 나타남으로써 확인된다.

간접 ELISA

그림 18.14b에서 보듯이 간접 ELISA 방법은 약물이나 항원이 아니라 환자의 시료에서 항체를 확인하는 것이다. 예를 들어 혈액에 HIV에 대한 항체 존재 여부 검사에 사용된다(550쪽 참조). 이러한 목적으로, 미세적정판의 웰에는 해당 질병을 일으키는 불활성화 바이러스나 또는 그 질병을 진단할 수 있는 항원이 붙어 있다. 환자의 혈액 시료를 웰에 첨가했을 때 그 바이러스에 대한 항체가 있다면 웰에 부착된 항체와 결합하여 남아 있을 것이다. 웰을 세척하여 결합하지 않은 항체를 제거한 뒤, 효소에 결합된 anti-HISG를 첨가한다. anti-HISG는 사람항체는 어느 것에나 반응하므로, 웰에 붙은 바이러스에 결합된 환자 혈청에 있는 항체에 결합할 것이다(518쪽 참조). 반응이 양성일 경우 바이러스/항체/효소결합-anti-HISG의 "샌드위치"가 형성되므로, 그 효소에 대한 기질을 넣어주면 색채 변화로 양성이 드러난다.

웨스턴블롯팅(면역블롯팅)

면역블롯팅(immunoblotting)이라고도 부르는 **웨스턴블롯팅(Western blotting)**은 혼합물에서 어떤 특정 단백질을 확인하는 데 사용하는 방법이다. 그 특정 단백질이 항체인 경우에, 이 기법으로 유용하게 질병을 진단할 수 있다. 혼합물의 구성 물질을 젤전기영동으로 분리하여 단백질이 부착할 수 있는 막(blotter)에 옮긴 다음, 단백질/항원이 효소결합 항체액에 잠기게 한다. 보통 ELISA 반응에서와 비슷하게, 색채로 표시되는 기질을 반응시켜 항원의 위치를 볼 수 있다(그림 18.14 참조). 이 방법은 HIV 감염 확인 검사에서 가장 많이 사용된다(550쪽 참조). 절차는 288쪽 그림 10.12에 나와 있다.*

이해도 확인하기

- 직접 또는 간접 ELISA 검사 중에서 어느 것이 병원체에 대한 항체를 확인하는 데 사용되는가? **18-18**
- 웨스턴블롯팅에서 항체는 어떻게 확인되는가? **18-19**

진단 및 치료 면역학의 미래

단일클론 항체가 도입되어 특정 항체를 경제적으로 실속 있게 대량 생산하게 되면서 진단면역학에 대변혁이 일어났다. 즉, 더 민감하고 특이적이고 신속하며 간단한 진단 검사가 새로이 많이 생겨났다. 예컨대, 성적 접촉으로 전염되는 클라미디아균 감염과 일부 기생 원생동물이 야기하는 장질환을 진단하는 검사가 보편화되고 있다. 예전에는 이러한 검사에 꽤 어려운 배양이나 현미경을 동원한 진단이 필요했다. 동시에, 보체결합 검사라든가 고전적인 혈청학적 검사들이 많이 줄어들고 있다. 대부분의 신종 검사들은 사람이 판단하여 해독하는 부분이 적어졌고 소수의 고도로 숙련된 인력을 필요로 한다.

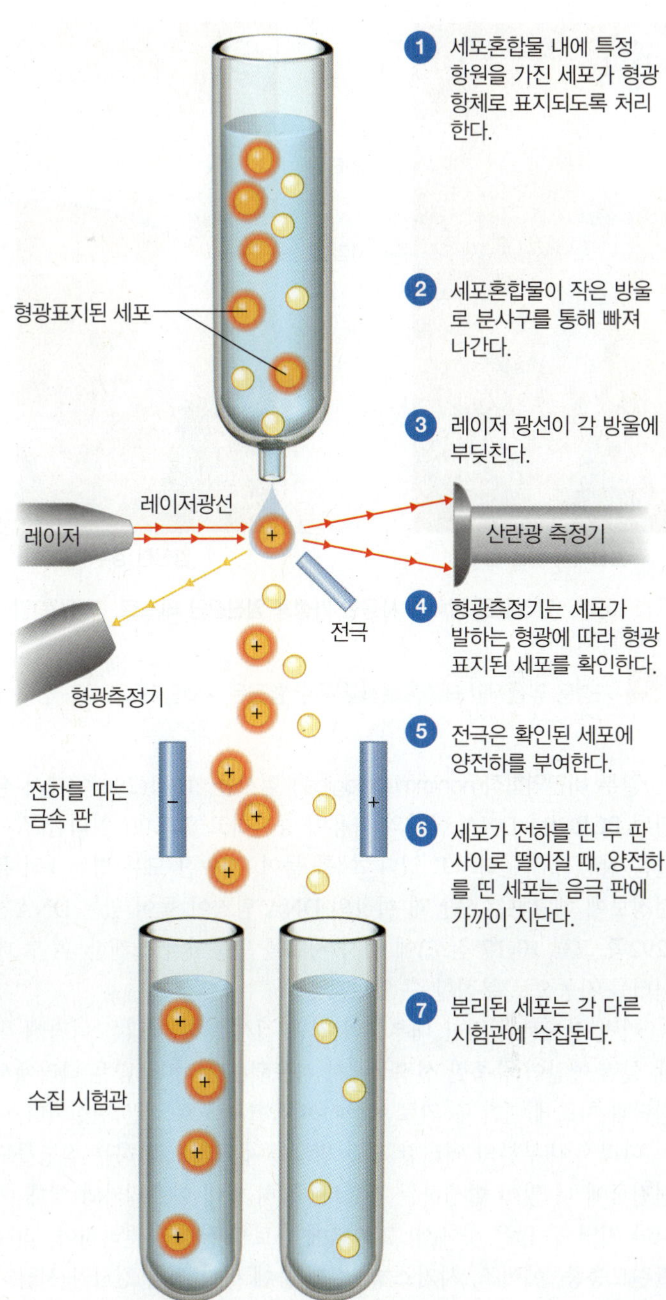

그림 18.12 형광이용세포분리기(FACS). 이 기법은 다른 종류의 T세포를 분리하는 데 사용될 수 있다. 형광으로 표지된 항체가 T세포 표면의 CD4 분자와 반응한다.

Q HIV 감염의 진행을 추적하는 데 FACS를 어떻게 응용할 수 있는지 설명하시오.

* 웨스턴블롯팅(Western blotting)의 명칭은 약간 엉뚱한 과학적 상상으로 지어졌다. DNA 조각을 확인하는 서던블롯팅(Southern blotting; 290쪽)이 그것을 고안한 Ed Southern의 이름을 따라 지어졌고, 뒤따라, mRNA 조각을 확인하는 유사한 방법이 노던블롯팅(Northern blotting)으로 명명되었다. 이런 "방향성 체계"가 계속되어 단백질을 확인하는 새로운 흡입법이 개발되었을 때 웨스턴블롯팅이라 불리게 되었다.

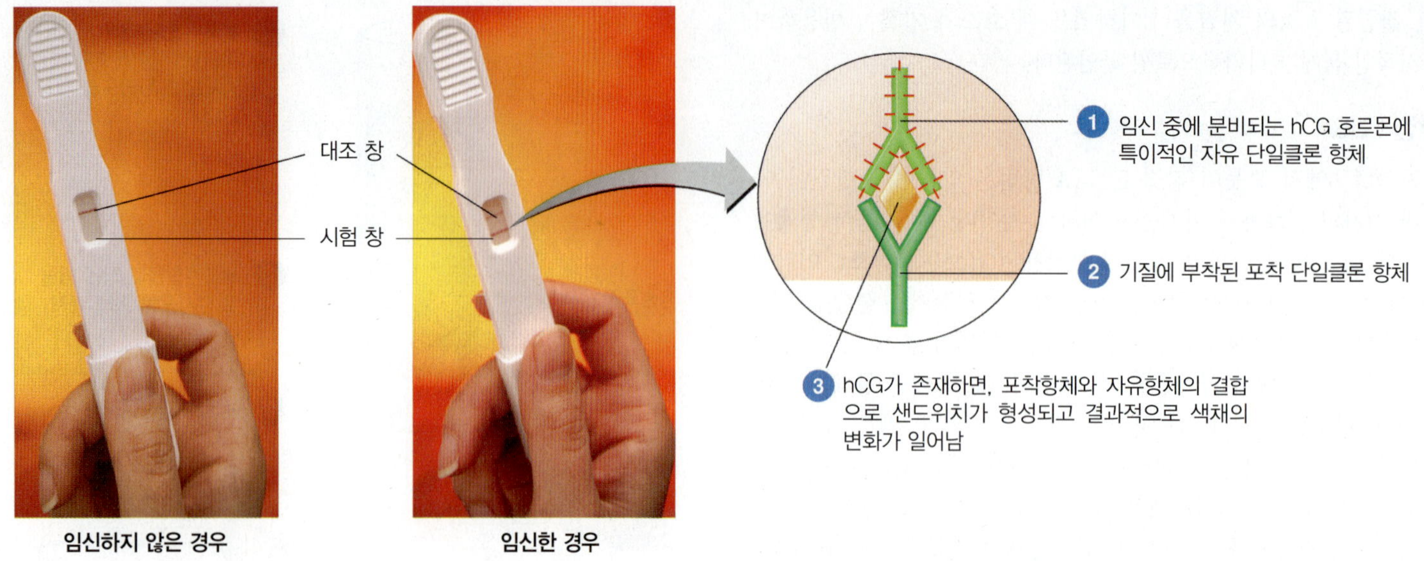

그림 18.13 단일클론 항체를 사용한 가정용 임신진단 테스트. 가정용 임신진단 테스트는, 임신한 여성의 소변에만 분비되는 사람 융모막성 생식샘자극호르몬(hCG)을 확인한다.

 가정용 임신진단 테스트에서 사용한 항원은 무엇인가?

일부 비면역학적(nonimmunological) 검사들, 10장(290쪽)에서 설명된 PCR이나 DNA 탐침의 사용이 증가하고 있으며, 이러한 검사들은 상당히 자동화되고 있다. 예를 들어, 가능한 모든 병원체의 유전정보에 해당하는 5만 개 이상의 DNA 탐침이 들어 있는 DNA칩(292쪽 그림 10.17 참조)에 검사 시료를 반응시켜 스캔한 후 그 데이터를 자동으로 분석할 수 있다.

이번 장에서 설명한 대부분의 진단 검사는 다른 많은 나라에 비해 실험 예산이 풍족한 선진국에서 사용되는 것이다. 많은 나라에서 진단과 치료에 대한 총 의료 예산이 비참할 정도로 적은 현실이다.

따라서 대부분의 이러한 진단 방법들이 표적으로 하는 질병들도 선진국에 더 많이 발생하는 것이다. 특히 열대 아프리카와 열대 아시아 지역 등 많은 곳에서 그 지역에 풍토성 질병인 말라리아, 리슈만편모충증, 에이즈, 샤가스병, 결핵 등에 대한 진단 검사가 시급히 필요하다. 이러한 검사는 비싸지 않아야 하며, 최소한으로 훈련된 인력이라도 충분히 수행할 수 있는 단순한 방법이어야 한다.

이번 장에서 설명한 검사는 현재 앓고 있는 질병을 진단하는 데 가장 흔히 사용되지만, 미래에는 질병을 예방하기 위한 목적으로도 진단 검사가 시행될 것이다. 미국에서 자주 식품매개 질병이 발생하는 소식을 접한다. 신선식품은 포장식품처럼 추적이 용이한 식별 표시가 없다. 따라서 몇 시간 또는 몇 분 내로 완벽히 식별할 수 있는(특정 병원체의 혈청형변이주까지 포함하는) 표본수집 방법이 있어야 2008년 여름의 살모넬라 돌발처럼 과일과 채소에 의해 옮겨지는 감염성 질병의 발병을 추적하는 데에 시간을 절약할 수 있다. 이렇게 시간이 절약되면 농부나 소매상들에게 막대한 경제적 이득이 될 것이다. 또한 사람에게 질병도 덜 일으키고 아마 생명도 구하게 될 것이다.

이번 장에서 설명한 모든 주제가 반드시 질병을 진단하고 예방하는데 적용되는 것은 아니다. 512쪽에서 설명하였듯이, 단일클론 항체는 질병의 치료에도 응용된다. 유방암이나 비호지킨 림프종(non-Hodgkin's lymphoma) 등의 일부 암 치료뿐 아니라 류마티스성 관절염과 같은 염증성 질병의 치료에도 이미 사용되고 있다. 현재, 단일클론 항체는 천식, 패혈증, 심장동맥 질환, 여러 바이러스 감염을 비롯한 많은 질병의 치료 효과에 대하여 시험 중이다. 뿐만 아니라 다발성 경화증과 면역매개 신경질환의 치료에 응용하기 위한 연구도 진행 중이다.

임상 사례 해결

미국에서 모든 어린이에게 권장하는 예방접종에 포함된 질병 중에서, 지난 20년간 백일해의 발생만 증가하였다. 어릴 적 마지막 백일해 예방접종이 끝나고 5~15년 지나면서부터 면역이 감소하기 때문에 어른과 청소년들은 *B. pertussis* 세균의 집단 감염원이라 할 수 있다.

어릴 적 예방접종의 중요성에 대한 대중 인식도 낮아졌기 때문에 결과적으로 많은 어린이들이 완전히 예방접종을 받지 못하고 있다. CDC에서는 성인들도 파상풍과 디프테리아, 백일해에 대한 조합백신을 다시 예방접종 받도록 권장하고 있다.

505 509 511 514 519 **522**

이해도 확인하기

✔ 단일클론 항체가 개발됨으로써 진단 면역학에 어떠한 대변혁이 일어나게 되었나? **18-20**

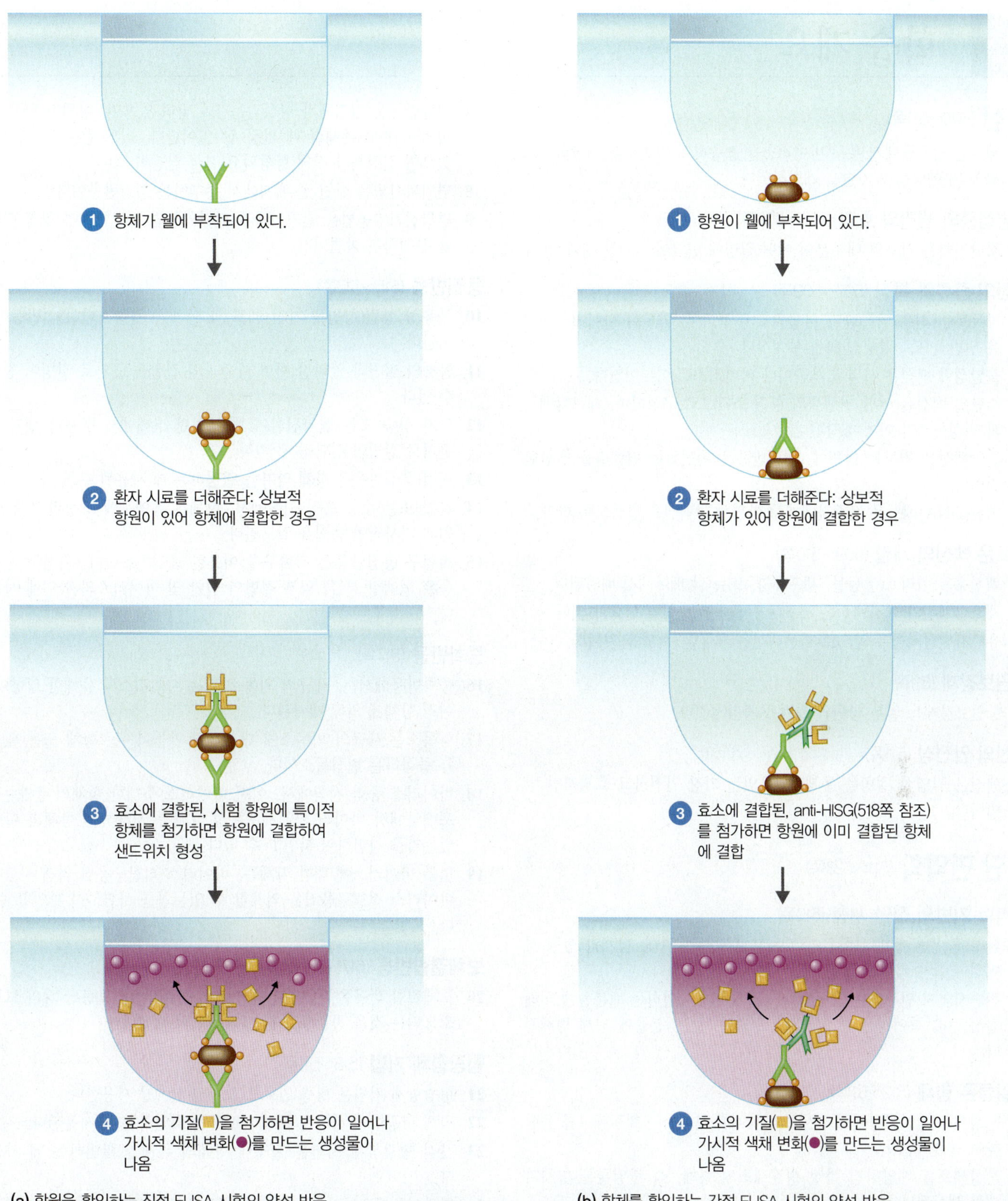

(a) 항원을 확인하는 직접 ELISA 시험의 양성 반응

(b) 항체를 확인하는 간접 ELISA 시험의 양성 반응

그림 18.14 ELISA 방법. 시험에 쓰이는 요소들은 주로 미세 적정판의 작은 웰에 들어 있다. 미세 적정판에 ELISA 시험을 수행하는 연구원과 그 결과를 해독하는 컴퓨터 사용법에 대한 것은 287쪽 그림 10.11의 그림을 참조하시오.

Q 직접 ELISA 시험과 간접 ELISA 시험의 차이점을 설명하시오.

학습 개요

백신 (505~511쪽)

1. 제너는 사람들에게 우두 바이러스를 접종하여 천연두를 예방함으로써 현대 예방접종 기술을 개발하였다.

예방접종의 원리와 효과 (505~506쪽)

2. 집단면역은 인구의 대부분이 어떤 질병에 면역이 생기는 결과이다.

백신의 종류와 특징 (507~509쪽)

3. 약독화 백신은 약독화된 미생물로 구성되며, 약독화 바이러스백신은 일반적으로 평생 면역을 부여한다.
4. 불활성화 백신은 사멸된 세균이나 바이러스로 이루어진다.
5. 소단위 백신은 어떤 미생물의 항원 조각으로 구성되며, 재조합백신과 변성독소가 이에 해당된다.
6. 접합백신은 원하는 항원에, 면역반응을 촉진하는 단백질을 결합한 것이다.
7. 핵산(DNA)백신은 접종자에게서 항원성 단백질을 만들도록 한다.

새로운 백신의 개발 (509~510쪽)

8. 백신용 바이러스는 동물, 세포배양, 또는 닭 배아에서 배양된다.
9. 재조합백신과 핵산백신은 세포나 동물에서 증식될 필요가 없다.
10. 유전자변형식물은 앞으로 식용백신을 제공할 수 있을 것이다.

항원보강제 (511쪽)

11. 항원보강제는 일부 항원의 효력을 증강시킨다.

백신의 안전성 (511쪽)

12. 백신은 감염성 질병을 통제할 수 있는 가장 안전하고 효과적인 방법이다.

진단 면역학 (511~523쪽)

면역학 기반의 진단 시험 (512쪽)

1. 환자에 어떤 항체나 항원이 있는지 판정하기 위해, 항체와 항원 사이의 결합에 기반한 많은 진단 시험이 개발되었다.
2. 진단시험의 민감도는 양성시료를 정확하게 확인하는 백분율에 의해 결정되며; 특이성은 거짓양성으로 보여주는 백분율에 의해 정해진다.

단일클론 항체 (512~514쪽)

3. 혼성세포는 실험실에서 암세포와 항체를 분비하는 형질세포를 융합하여 만들어진다.
4. 혼성세포를 배양하면 특정 형질세포의 항체, 즉 단일클론 항체가 대량 생산된다.
5. 단일클론 항체는, 조직 거부반응을 방지하고 암치료에 필요한 면역독소를 만들기 위한 혈청학적 진단 시험에 사용된다.

침강반응 (514~515쪽)

6. 가용성 항원과 IgG 또는 IgM 항체가 결합하면 침강반응이 일어난다.
7. 침강반응은 결정체가 형성되는가에 달려 있으며, 항원과 항체가 최적의 비율로 존재할 때 가장 잘 일어난다. 어느 한 쪽이 과다하게 있으며 결정체가 적게 형성되고 결국 침강이 적다.
8. 면역확산법은 한천 젤 배지에서 수행하는 침강반응이다.
9. 면역전기영동법은 전기영동과 면역확산법을 결합하여 혈청 단백질을 분석하는 방법이다.

응집반응 (515~517쪽)

10. 불용성 항원(항원을 가진 세포)과 항체가 결합하면 응집반응이 일어난다.
11. 환자의 혈청과 알려진 어떤 항원과의 결합을 근거로 질병이 진단될 수 있다.
12. 역가 상승 또는 혈청전환(항체가 없던 상태에서 항체가 생겨남)을 근거로 질병이 진단될 수 있다.
13. 직접 응집반응은 항체 역가를 결정하는 데 사용될 수 있다.
14. 간접 또는 수동 응집 시험에서, 항체는 유액구에 고정된 가용성 항원의 기사적인 응집을 일으킨다.
15. 적혈구 응집반응은 적혈구를 이용한 응집반응이다. 적혈구 응집반응은 혈액형 분류, 일부 질병의 진단 및 바이러스의 확인에 사용된다.

중화반응 (517쪽)

16. 중화반응에서는, 세균의 외독소 또는 바이러스의 유해한 영향이 특이적 항체에 의해 제거된다.
17. 항독소는 세균의 외독소에 대응하여 만들어지는 항체 또는 외독소를 중화하는 변성독소이다.
18. 바이러스 중화 시험에서, 어떤 바이러스에 대한 항체의 존재는, 세포배양에서 바이러스의 세포독성 효과를 저해하는 항체의 활성이 있는가를 시험하여 확인할 수 있다.
19. 일부 바이러스에 대한 항체는, 바이러스 적혈구응집 억제 시험에서 바이러스 적혈구응집을 억제할 수 있는가를 시험하여 확인할 수 있다.

보체결합반응 (517~518쪽)

20. 보체결합 반응은, 항원-항체 반응이 일어날 때 고정된 양의 보체가 소모되는 것을 기준으로 하는 혈청학적 시험이다.

형광항체 기법 (518~519쪽)

21. 형광항체 기법은 형광 염료로 표지된 항체를 사용한다.
22. 직접 형광항체 시험은 특정 미생물을 확인하는 데 사용된다.
23. 간접 형광항체 시험은 혈청내 항체의 존재를 확인하는 데 사용된다.
24. 형광이용세포분리기는 형광항체로 표지된 세포를 확인하고 계수하는 데 사용된다.

효소결합면역흡착검사(ELISA) (520~521쪽)

25. ELISA 기법은 효소에 결합된 항체를 사용한다.
26. 항원-항체 반응은 효소의 활성에 의해 확인된다. 지표 효소의 활성이 시험 웰에 남아 있다면, 항원-항체 반응이 일어났다는 것이다.

27. 직접 ELISA는 시험 웰에 결합된 특정 항체에 대한 항원을 확인하는 데 사용된다.

28. 간접 ELISA는 시험 웰에 결합된 특정 항원에 대한 항체를 확인하는 데 사용된다.

웨스턴블롯팅(면역블롯팅) (521쪽)

29. 혈청 항체는 전기영동으로 분리된 후 효소결합 항체로 확인된다.

진단 및 치료 면역학의 미래 (521~522쪽)

30. 단일클론 항체는 새로운 진단시험이 가능하도록 계속 사용될 것이다.

학습 질문

복습과 객관식 문제에 대한 해답은 책 뒤에 있음.

복습 문제

1. 아래 주어진 백신들을 종류별로 분류하시오. 어느 백신이 예방하려는 그 질병을 일으킬 수 있나?
   a. 약독화 홍역 바이러스
   b. 사멸된 *Rickettsia prowazekii*
   c. *Vibrio cholerae* 변성독소
   d. 효모 세포에서 생산된 B형 간염 항원
   e. *Streptococcus pyogenes*에서 분리된 다당류
   f. 디프테리아 변성독소에 결합된 *Haemophilus influenzae* 다당류
   g. A형 인플루엔자 단백질에 대한 유전자가 들어있는 플라스미드
2. 아래 주어진 용어를 정의하고, 각 반응이 진단시험에 어떻게 사용되는지에 대한 예를 하나씩 제시하시오.
   a. 바이러스 적혈구응집
   b. 적혈구응집 억제
   c. 수동 응집
3. **그려보기** 다음과 같은 상황에서 직접 및 간접 FA 시험의 요소들을 표기하시오. 어느 쪽이 직접 시험인가? 어느 시험이 질병의 확실한 증거를 제시하는가?

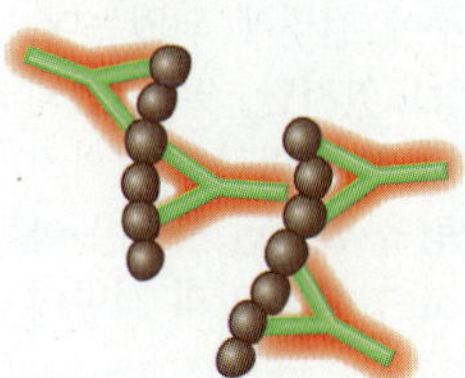

(a) 광견병은 사후 뇌조직에 형광 표지 항체를 혼합하여 진단된다.

(b) 매독은 환자 혈청을 매독균이 고정된 슬라이드에 더하고, 형광염료로 표지된 항인간면역혈청글로불린을 더해준 뒤 진단될 수 있다.

4. 단일클론 항체는 어떤 방식으로 생산되는가? 말의 혈청에 비해 단일클론 항체의 장점은 무엇인가?
5. 과다한 항원과 항체가 침강반응에 미치는 영향에 대하여 설명하시오. 고리침강검사와 면역확산시험의 차이점은 무엇인가?
6. **그려보기** 다음과 같은 상황에서 직접 및 간접 ELISA 시험의 요소들을 표기하시오. 어느 쪽이 직접 시험인가? 어느 시험이 질병의 확실한 증거를 제시하는가?

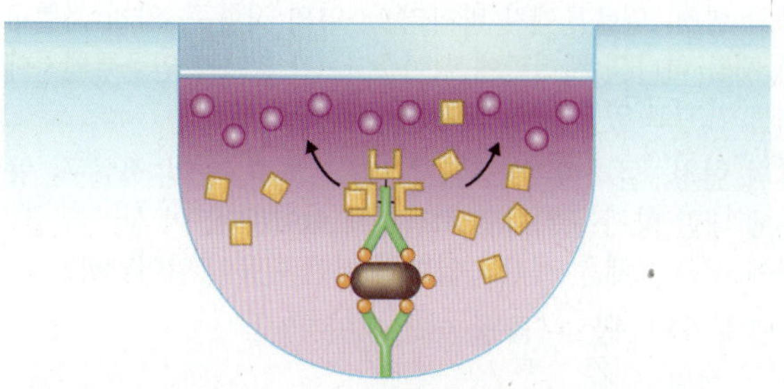

(a) 호흡기세포융합바이러스를 확인하기 위한 호흡기 분비물

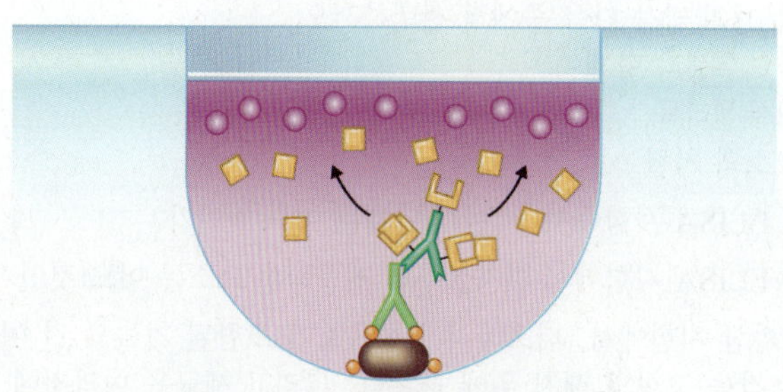

(b) 사람면역결핍바이러스를 확인하기 위한 혈액

7. 응집반응과 침강반응에서 항원의 차이점은 무엇인가?
8. A열과 B열의 설명이 맞는 것끼리 연결하시오.

A열	B열
_____ a. 침강	1. 불용성 항원과 일어남
_____ b. 단백질흡입법	2. 지표 효소의 사용
_____ c. 응집	3. 지표로 적혈구 사용
_____ d. 보체결합	4. 항인면역혈청글로불린 사용
_____ e. 중화	5. 가용성 항원과 일어남
_____ f. ELISA	6. 항독소의 존재를 확인

9. A열과 B열의 설명이 맞는 것끼리 연결하시오.

A열	B열
_____ a. 응집	1. 과산화효소의 활성
_____ b. 보체결합	2. 작용제의 해로운 영향 없음
_____ c. ELISA	3. 용혈이 일어나지 않음
_____ d. FA 시험	4. 흰색 뿌연 선
_____ e. 중화	5. 세포의 뭉침
_____ f. 침강	6. 형광

10. 이름 답하기 *Mycobacterium tuberculosis* 세균으로부터 정제된 어떤 단백질을 사람 피부에 주사한다. 3일 내로 주사 부위 주변이 단단하고 붉게 된다.

객관식 문제

1~2번 문제의 답을 다음 중에서 선택하시오.

a. 용혈이 일어남
b. 적혈구응집
e. 적혈구응집-억제
d. 용혈이 일어나지 않음
e. 침강고리 형성

1. 환자의 혈청, 인플루엔자 바이러스, 양의 적혈구, 양의 적혈구에 대한 항체를 하나의 시험관에 섞어준다. 이 환자가 인플루엔자에 대한 항체를 가지고 있다면 어떤 반응이 일어날까?

2. 환자의 혈청, 클라미디아균, 기니피그 보체, 양의 적혈구, 양의 적혈구에 대한 항체를 하나의 시험관에 섞어준다. 이 환자가 클라미디아균에 대한 항체를 가지고 있다면 어떤 반응이 일어날까?

3. 1, 2번 문제의 예는 다음 중 어느 것인가?
a. 직접 시험
b. 간접 시험

4~5번 문제의 답을 다음 중에서 선택하시오.

a. 항브루셀라 항체
b. 브루셀라균
c. 효소의 기질

4. 직접 ELISA 시험에서 세 번째 단계는 어느 것인가?

5. 간접 ELISA 시험에서 환자로부터 제공되는 요소는 어느 것인가?

6. 면역확산 시험에서, 디프테리아 항독소가 포함된 가늘고 긴 여과지 한 조각을 고형의 배지 위에 놓는다. 그리고 세균을 여과지에 수직으로 도말한다. 만약 그 세균이 독성을 가진다면,
a. 여과지가 붉게 변할 것이다.
b. 항원-항체의 침강 선이 형성될 것이다.
c. 세포 용혈이 일어날 것이다.
d. 세포가 형광을 낼 것이다.
e. 위의 어느 것도 해당되지 않음

7~9번 문제의 답을 다음 중에서 선택하시오.

a. 직접 형광항체
b. 간접 형광항체
c. 광견병 면역글로불린
d. 사멸화된 광견병 바이러스
e. 위의 어느 것도 해당되지 않음

7. 광견병 박쥐에 물린 사람에 대한 치료법.

8. 개의 뇌에서 광견병 바이러스를 확인하는 시험.

9. 환자의 혈청에서 항체의 존재를 탐지하는 시험.

10. 응집 시험에서, 항체 역가를 결정하는데 여덟 번의 단계적 희석이 준비되었다. 즉, 1번 시험관에 1:2 희석, 2번에 1:4, 등등. 5번 시험관이 응집을 보이는 마지막 시험관이라면, 항체 역가는 무엇인가?
a. 5 b. 1:5 c. 32 d. 1:32

비판적 사고

1. 약독화 생균백신의 접종과 관련하여 어떤 문제점이 있나?

2. 많은 혈청항적 시험에서 병원체에 대한 항체가 충분히 공급되어야 한다. 예컨대, 살모넬라 진단을 위해, 항살모넬라 항체를 미확인 세균과 섞어준다. 이 항체를 얻는 방법은 무엇인가?

3. *Treponema pallidum* 세균에 대한 항체가 있는지 시험하기 위해 항원으로 cardiolipin이라는 물질과 환자의 혈청(항체를 가진 것으로 의심되는)을 사용한다. 항체가 cardiolipin과 반응하는 이유는 무엇인가? 이 질병은 무엇인가?

임상 적용

1. 다음 중 어느 것이 질병의 상태를 증명하는 것인가? 나머지는 왜 증명하지 못하는가? 이 질병은 무엇인가?
a. *Mycobacterium tuberculosis* 세균이 환자로부터 분리된다.
b. *M. tuberculosis*에 대한 항체가 환자에게서 발견된다.

2. 딕 시험(Dick test)에서 연쇄상구균의 발적 독소를 사람 피부에 주사한다. 그 사람이 이 독소에 대한 항체가 있다면 어떤 결과가 예상되는가? 이 시험에서 일어나는 면역학적 반응은 어떤 종류인가? 이 질병은 무엇인가?

3. 네 사람에게 레지오넬라균에 대한 항체가 있는지 FA 시험을 실시하여 아래와 같은 데이터를 얻었다. 어떤 결론을 끌어낼 수 있나? 이 질병은 무엇인가?

	항체 역가			
	1일	7일	14일	21일
A환자	128	256	512	1024
B환자	0	0	0	0
C환자	256	256	256	256
D환자	0	0	128	512

4. 마리아는 새로 나온 수두 백신을 거부하고 부모님이 했던 방식대로 하기로 결심했다. 즉, 그녀는 자신의 아이들이 수두에 걸려 자연적으로 면역이 길러지길 원했다. 두 아이가 수두에 걸리게 되었는데, 아들은 약간 가렵고 피부에 물집이 생기는 정도였지만, 딸은 연쇄상구균성 세포염으로 몇 달 동안 입원하여 여러 차례 피부 이식까지 받고서야 회복하게 되었다. 마리아의 집에 살림을 맡았던 사람은 아이들한테 수두가 옮아 결국 돌아가셨다. 수두로 인한 사망의 절반이 성인에게 일어난다.
a. 아이들의 건강에 대해 부모가 어떠한 책임이 있나?
b. 개인은 어떠한 권리가 있나? 예방접종은 법으로 강요되어야 하는가?
c. 건강한 사회를 위해 개인은(예를 들면, 부모) 어떠한 책임을 가져야 하는가?
d. 백신은 건강한 사람들에게 주어진다. 그렇기 때문에 어떠한 위험 요소들이 받아들여져야 하는가?

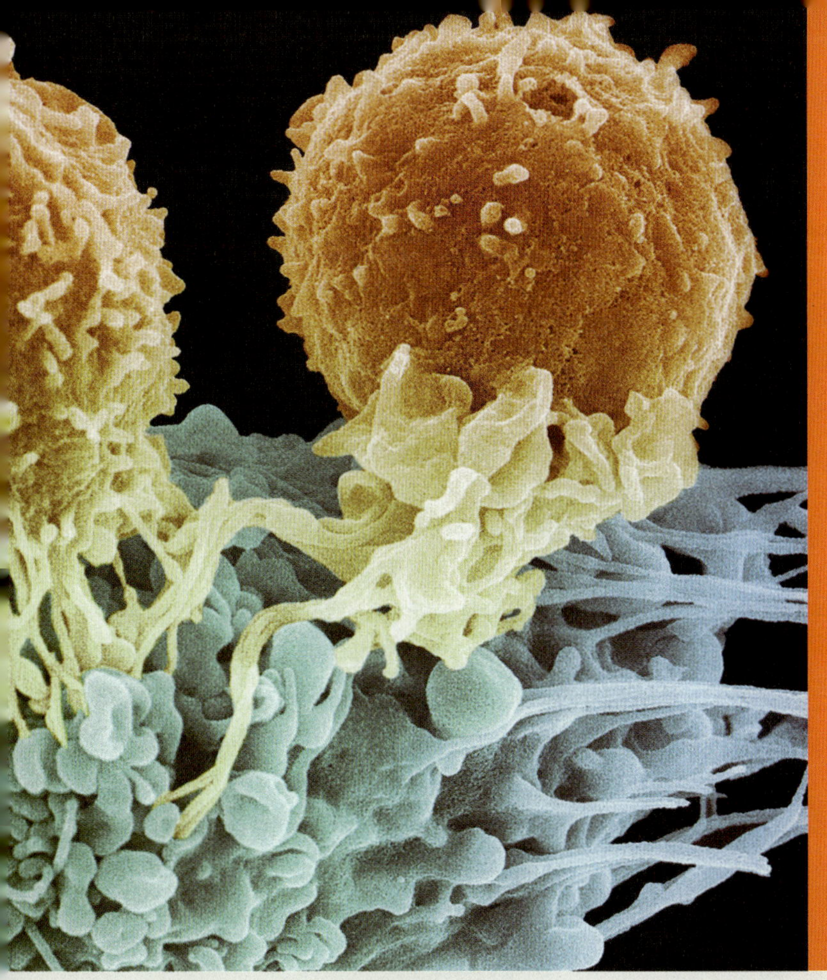

19

면역계 관련 질환

사진 속에서 암세포를 공격하는 두 림프구처럼, 면역계의 세포들은 주로 해로운 물질을 제거하는 역할을 한다. 그러나 이번 장에서 우리는, 면역계의 모든 반응이 바람직한 결과를 맺는 것은 아니라는 점을 이해하게 될 것이다. 친숙한 예로, 식물 꽃가루에 반복 노출됨으로써 생기는 건초열이 있다. 우리들 대부분은, 제공자의 혈액과 받는 사람의 혈액이 맞지 않으면 수혈이 불가능하다는 것과 또한 이러한 거부반응은 이식된 조직에 일어날 수 있는 문제점이라는 것을 알고 있다. 자기 자신의 조직도 실수로 면역계의 공격을 받아 자가면역질환을 일으킬 수 있다. 초항원이라는 항원은 동시에 무작위로 많은 T-세포 수용체를 활성화시켜(17장 497쪽, 사이토카인 발작 참조), 조직에 손상을 초래할 수 있다(439쪽 15장 참조).

어떤 사람들은 선천적으로 면역계의 결손을 가지고 있으며(이번 장의 임상 사례 참조), 모든 사람에게서 면역계의 효력은 나이가 들면서 감소한다. 우리의 면역계는 이식된 조직의 거부를 막기 위해 의도적으로 무력화시킬 수도 있다(면역억제). 또한 질병으로 인하여 면역계가 망가질 수도 있는데, 면역계를 특이적으로 공격하는 바이러스인 HIV에 의한 감염이 특히 그러하다.

과민성

학습 목표

19-1 과민성을 정의한다.
19-2 아나필락시스의 원리를 설명한다.
19-3 전신 아나필락시스와 국소 아나필락시스의 유사점과 차이점을 설명한다.
19-4 알레르기 피부시험의 원리에 대하여 설명한다.
19-5 탈감작과 저지항체를 정의한다.
19-6 세포독성 반응의 원리와 약물이 이 반응을 어떻게 유도하는지에 대하여 설명한다.
19-7 ABO 혈액형과 Rh 혈액형의 기본에 대하여 설명한다.
19-8 혈액형과 수혈, 신생아용혈성 빈혈 사이의 관련성을 설명한다.
19-9 면역복합체 반응의 원리를 설명한다.
19-10 지연성 세포매개반응의 원리를 설명하고 두 가지 예를 소개한다.

과민성(hypersensitivity)이라는 용어는 정상 범위를 벗어나 일어나는 항원에 대한 반응을 일컫는데, 알레르기(allergy)라는 용어가 더 친숙하지만 근본적으로 이들은 같은 뜻이다. 과민성반응은 이전에 어떤 항원에 노출되어 민감화된(sensitized) 사람에게서 일어난다. 이 경우의 항원을 때때로 **알레르기항원(allergen)**이라 한다. 어떤 사람이 이전에 민감화되었던 그 항원에 다시 노출되면 그 사람의 면역계는 해로운 방향으로 대응한다. 과민성 반응의 주요한 네 가지 종류가 표 19.1에 요약되어 있다. 즉, 아나필락시스, 세포독성, 면역복합체, 그리고 세포매개(또는 지연성) 반응이다.

이해도 확인하기

✓ 모든 면역반응이 이로운 것인가? **19-1**

I형(아나필락시스) 반응

I형, 또는 아나필락시스 반응은 어떤 항원에 민감화된 사람이 그 항원에 다시 노출되었을 때 흔히 2~30분 내로 일어난다. 아나필락시스는, 반대라는 뜻의 접두어 *ana*-와 그리스어로 보호를 뜻하는 *phylaxis*의 합성어로서, "보호의 반대" 를 의미한다. **아나필락시스(anaphylaxis)**는 어떤 항원이 IgE 항체와 결합하여 일어나는 반응에 대한 포괄적인 용어이다. 아나필락시스 반응은 전신반응(systemic reaction)으로 일어나 쇼크와 호흡곤란을 유발하면 때로는 치명적일 수 있다. 또는 국소반응(localized reaction)으로 일어나는, 건초열, 천식, 두드러기(약간 붓고, 종종 가렵고 붉은 피부 반점) 등의 흔한 알레르기 증상이 있다.

곤충의 독이나 꽃가루와 같은 항원에 반응하여 만들어지는 IgE 항체는 비만세포와 호염기백혈구의 표면에 결합한다. 이 두 종류의 세포는 모양이나 알레르기 반응에서의 역할이 유사하다. **비만세포(mast cell)**는 특히 피부, 호흡기관, 혈관 둘레의 점막조직과 연결조직에 널리 분포한다. 그 이름은 독일어에서 잘 먹은 상태를 뜻하는 *mastzellen*으로부터 붙여졌는데, 과립이 꽉 차 있기 때문이다. 예전에는 이 과립이 세포 안으로 섭취된 것이라 잘못 이해하였다(그림 19.1a). 감염 부위로 모이는 **호염기백혈구(basophils)**는 혈액을 통해 순환하는데 혈액의 백혈구 중 1% 미만을 차지한다. 두 종류의 세포 모두 매개물질(mediator)라고 하는 다양한 화학물질이 들어 있는 과립으로 가득 차 있다.

임상 사례: 누구냐 넌?

생후 10일 된 신생아 말릭(Malik)은 심장결함을 치료하는 수술을 받고 신생아집중치료실에서 치료받은 후 방금 집으로 왔다. 말릭의 엄마가 기저귀를 갈면서 아기 엉덩이에 발진이 있는 것을 알았다. 말릭의 엄마는 기저귀 발진이려니 짐작하고, 기저귀 발진용 연고를 그 부위에 발라주며 그 외 다른 것일 줄은 생각지 못하였다. 며칠 지나면서 그 발진은 얼굴에 퍼져 마치 뺨을 맞은 듯이 보이게 되었다. 그제서야 말릭의 부모는 아기를 응급실으로 데려갔지만, 발진은 바닷가재 붉은색처럼 온몸에 퍼진 상태였다.

말릭의 발진의 원인은 무엇인가? 알아보자.

528 531 541 544 554

표 19.1 과민성의 종류

반응의 종류	임상 증상에 걸리는 시간	특징	예
I형 (아나필락시스)	30분 미만	IgE가 비만세포나 호염기백혈구에 결합, 탈과립 유도, 히스타민과 활성 물질 방출.	아나필락시스쇼크(주사 약물이나 곤충 독); 흔한 알레르기 상태 (건초열, 천식)
II형 (세포독성)	5~12시간	항원 인식한 IgM, IgG 항체의 표적세포 결합; 보체와 결합하여 표적세포 파괴.	수혈 반응, Rh 부적합성
III형 (면역복합체)	3~8시간	항원-항체 복합체가 염증성 손상 유발	아르튜스반응, 혈청병
IV형 (지연성 세포매개, 또는 지연성 과민성)	24~48시간	항원에 의해 활성화된 T_C가 표적세포 살해	이식된 조직의 거부; 접촉성 피부염(덩굴 옻나무); 일부 만성질환(결핵)

비만세포와 호염기백혈구는 IgE 부착 부위를 500,000곳 정도까지 가질 수 있다. IgE 항체의 Fc(줄기) 부분(482쪽 그림 17.3 참조)은 이들 세포의 특이적 수용체에 부착할 수 있어, 두 개의 항원결합부위를 자유로이 남겨둔다. 물론, 그 부착된 IgE 단량체들이 모두 동일한 항원에 특이성을 갖는 것은 아니다. 그러나 꽃가루 같이 어떤 하나의 항원이 대략 동일한 특이성을 가진 두 개의 인접한 항체를 마주치면, 각 항체의 항원결합부위에 한 군데씩 결합하여 그 사이에 다리를 놓을 수 있다. 이렇게 연결되면 비만세포나 호염기백혈구에 **탈과립(degranulation)**이 유발되어, 이들 세포 내부의 과립과 또한 과립에 들어 있던 매개물질들이 방출된다(그림 19.1b).

이 매개물질들이 알레르기 반응의 특유한 불쾌하며 해로운 결과를 야기한다. 가장 잘 알려진 매개물질은 **히스타민(histamine)**이다. 히스타민은 모세혈관의 투과성을 증가시키고 팽창시켜, 부종(부어오름)과 홍반(붉어짐)을 초래한다. 또한 점액 분비(예를 들어, 콧물)가 증가되며 평활근이 수축되어 기관지에서는 호흡 곤란이 초래된다.

다른 매개물질로는 여러 종류의 **류코트리엔(leukotriene)**과 **프로스타글란딘(prostaglandin)** 등이 있다. 이 매개물질들은 미리 만들어져 과립에 저장된 것이 아니라 항원에 의해 자극된 세포에서 합성된다. 류코트리엔이 일부 평활근의 수축을 연장시키는 경향이 있기 때문에, 천식마비가 왔을 때 일어나는 기관지 경련의 일부 원인이 된다. 프로스타글란딘은 호흡계의 평활근에 영향을 주며 점액분비를 증가시킨다.

종합해 보면서 이 모든 매개물질들은 주화성 인자(chemotactic agent)로 작용하여 두세 시간 지나면 호염기백혈구와 호산구가 탈과립세포 주변으로 모여든다. 이렇게 되면 염증 증상을 일으키는 여러 물질이 활성화되어, 모세혈관의 팽창, 부종, 점액분비 증가, 평활근의 불수의적 수축이 일어난다.

전신 아나필락시스

20세기 전환기에, 두 명의 프랑스 생물학자가 쏘는 해파리의 독에 대한 개의 반응을 연구하였다. 독의 양을 많이 주면 대체로 개가 죽었으나 때때로 몇 마리는 살아남았다. 이렇게 살아남은 개들에게 같은 독으로 반복 실험하였을 때 놀라운 결과를 관찰하였다. 거의 무해하였던 정도의 아주 적은 양의 독을 주어도 그 개들이 사망하였다. 그들은 호흡곤란을 겪다가 심혈관계가 정지되면서 쇼크 상태에 이르러 곧 죽어버렸다. 이 현상을 아나필락시스 쇼크(anaphylactic shock)라 한다.

전신 아나필락시스(systemic anaphylaxis; 또는 아나필락시스 쇼크)는 어떤 항원에 민감화된 사람이 그 항원에 다시 노출되었을 때 일어날 수 있다. 주사로 투입된 항원이 다른 경로로 들어온 항원에 비해 더 쉽게 극적인 반응을 일으킬 수 있다. 매개물질들이 분비되면 전신의 말초혈관이 확장되어, 결과적으로 혈압 강하(쇼크)가 일어난다. 이 반응은 몇 분 내로 치명적일 수 있다. 일단 전신 아나필락시스가 일어나면 조치할 시간이 거의 없다. 주된 치료는 미리 장치된 에피네프린 주사기를 스스로 주사하는 것이다. 이 약물은 혈관을 수축하고 혈압을 상승시킨다. 미국에서, 매년 50~60명이 곤충에 쏘여 아나필락시스 쇼크로 사망한다.

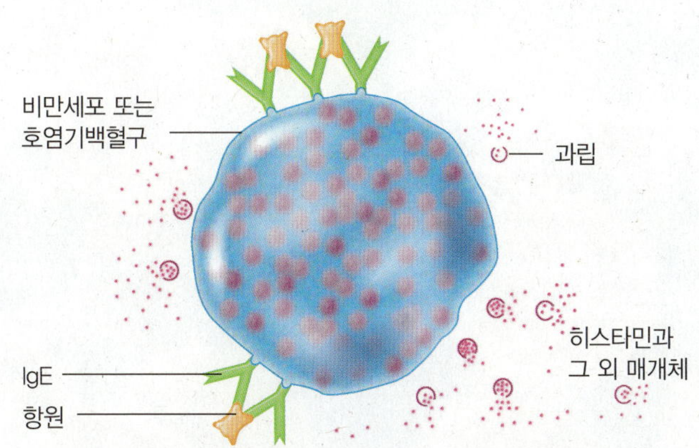

(a) 특정 항원에 반응하여 생산된 IgE 항체가 비만세포와 호염기백혈구에 부착한다. 동일한 특이성을 가진 인접한 두 항체 사이를 항원이 이어주면, 그 세포는 탈과립을 일으켜 히스타민과 그 외 매개물질을 방출한다.

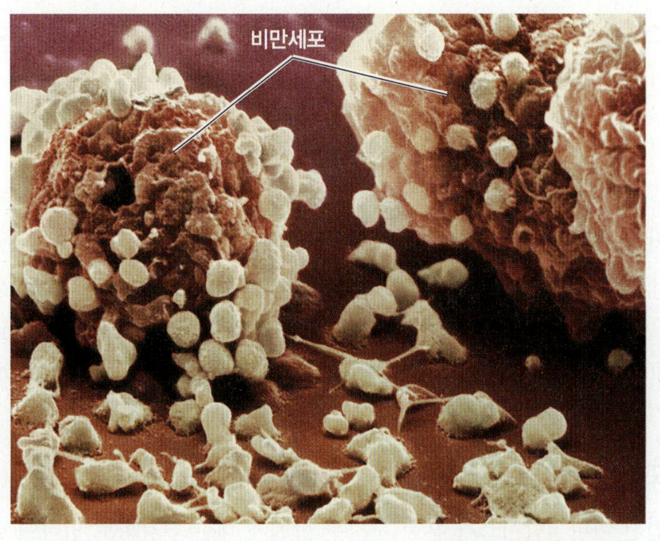

(b) 항원과 반응한 탈과립된 비만세포와 히스타민과 다른 활성매개물질들이 담긴 방출된 과립들.

그림 19.1 아나필락시스의 발생 원리

Q IgE 항체는 어떤 종류의 세포에 결합하는가?

이런 방식으로 페니실린에 반응을 일으키는 사람들이 있다. 이 경우에 페니실린은 합텐(단독으로는 항체 형성을 유도하지 못함; 17장 참조)으로서, 담체(carrier) 혈청 단백질과 결합한다. 담체와 결합한 경우에만 페니실린이 면역반응을 일으킬 수 있다. 페니실린 알레르기는 인구의 약 2%에서 발생한다. 페니실린 민감도를 알아보는 피부검사도 있다. 양성반응을 보이는 환자들은, 페니실린V의 용량을 점점 높여가는 경구복용을 통해 탈감작(desensitized; 531쪽

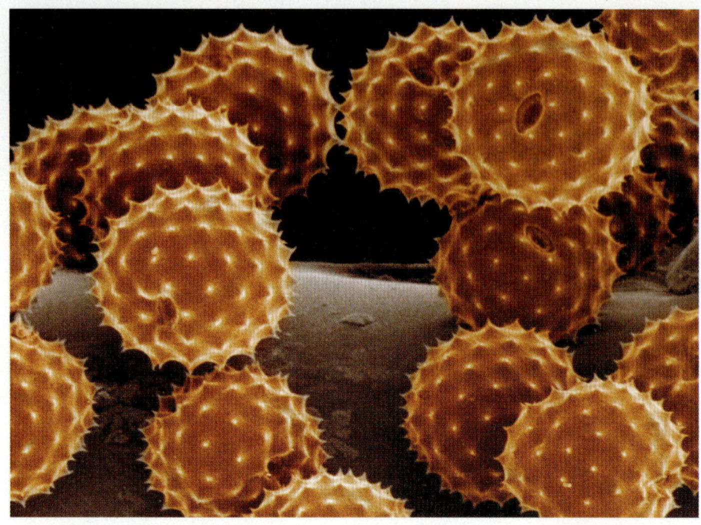

(a) 화분립의 현미경 사진

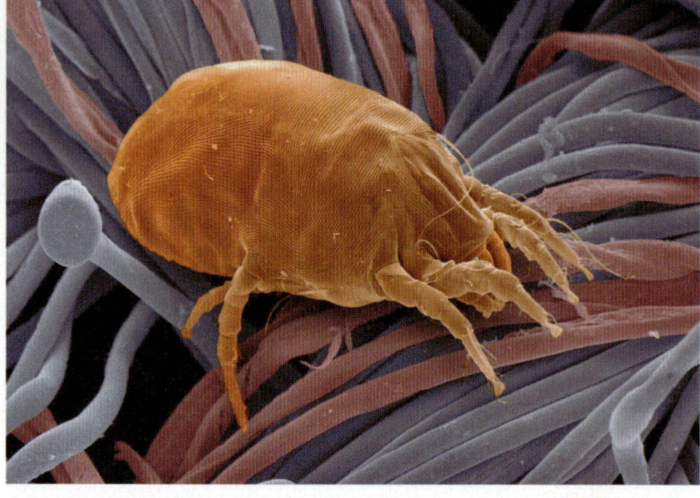

(b) 천에 붙어 있는 집먼지 진드기의 현미경 사진

그림 19.2 **국소 아나필락시스.** 이처럼 흡입된 항원은 흔히 국소 아나필락시스의 원인이 된다.

Q 국소 아나필락시스와 전신 아나필락시스를 비교 설명하시오.

참조)될 수 있다. 각 복용 사이의 간격이 15분밖에 되지 않아 4시간 내로 끝낼 수 있는데, 각 페니실린 복용을 중단 없이 연속적으로 했을 경우에만 탈감작의 효력이 생긴다. 또한 카바페넴(carbapenem; 569쪽)과 같이 유사한 약물들에 노출된 경우에도 페니실린 알레르기의 위험성이 있다.

국소 아나필락시스

전신 아나필락시스가 흔히 주사된 항원에 대한 민감화로 인하여 일어난다면, **국소 아나필락시스(localized anaphylaxis)**는 주로 섭취되거나(음식물) 또는 들이마신(꽃가루) 항원에 대하여 일어난다(그림 19.2a). 그 증상은 주로 항원이 신체에 들어온 경로에 따라 다르다.

건초열 같은 상부 호흡계의 알레르기 경우에는, 상기도(upper respiratory tract) 점막의 비만세포가 민감화에 관여한다. 공기로 운반되는 항원은 주변 환경에 흔한 물질로, 꽃가루, 곰팡이 포자, 집먼지 진드기의 배설물, 동물의 비듬* 같은 것이 있다(그림 19.2b). 전형적인 증상은 눈이 가렵고 눈물이 나며 코가 막히고 기침과 재채기를 하는 것이다. 히스타민 수용체 부위에 경쟁제인 항히스타민 약물이 이러한 증상을 치료하는 데 종종 사용된다.

천식은 주로 하부 호흡계에 영향을 미치는 알레르기 반응이다. 숨이 가쁘고 숨소리가 거친 증상은 기관지 평활근의 수축으로 인한 것이다.

원인은 불분명하지만, 서양에서 약 10%의 어린이가 앓을 정도로 천식은 거의 유행성 질병이 되었다(물론 나이가 들면서 앓지 않는 경우가 많지만). 어릴 적 많은 감염에 노출되지 않는 선진국의 환경이 천식의 발생을 증가시키는 요소로 추정되는데, 이것이 이른바 위생가설(hygiene hypothesis)이다. 정신적 또는 정서적 스트레스 또한 천식을 촉발시키는 요소이다. 천식의 증상은 주로 연무 흡입제로 가라앉지만 안타깝게도 이것을 아주 어린아이들에게 사용하기는 어렵다. 졸레어(Xolair; omalizumab)는 심각한 알레르기성 천식의 치료에 새로 나온 아주 비싼 약인데, IgE 항체를 차단한다.

위장관을 통해 들어오는 항원도 민감화 반응을 유발할 수 있다. 일부의 사람들은 특정 음식에 알레르기 반응을 보인다. 흔히 음식 알레르기라고 하는 것은 과민성과는 전혀 관계 없으며 더 정확히 표현하면 음식 과민증(food intolerances)이다. 예를 들면 많은 사람들이 우유의 락토스를 소화하지 못하는데, 이들에게는 우유의 이당류를 분해하는 효소가 결핍되어 있기 때문이다. 그래서 락토스가 장으로 들어가면 삼투성에 의해 수분을 함유하여 설사를 일으킨다.

음식 알레르기의 흔한 증상이 위장관 병이지만 이것은 다른 많은 요인에 의해서도 발생할 수 있다. 두드러기는 순수 음식 알레르기의 특징에 더 가까우며, 이런 항원을 섭취하면 전신 아나필락시스도 일어날 수 있다. 심지어, 생선에 민감한 사람이 생선 튀김에 사용되었던 기름으로 조리된 감자튀김을 먹고 사망한 경우도 있다. 음식 알레르기의 진단으로서 피부검사는 확정적인 지표를 제공하지 못하며, 섭취한 음식에 대한 과민성을 완벽히 진단할 수 검사를 수행

* 비듬은 동물의 털 또는 피부에서 나온 현미경적 소입자를 일컫는 일반적인 용어이다. 예를 들어, 고양이는 털에 100 mg 정도의 비듬을 가지고 있으며 하루에 약 0.1 mg을 흘리는데 이것이 소파 덮개나 카펫에 쌓인다. 생쥐, 애완용 저빌쥐, 이와 유사한 작은 동물에 알레르기가 있는 사람들은 우리 안에 쌓인 소변의 성분에 알레르기 보이는 경우가 많다.

하기는 매우 어렵다. 단지 여덟 가지 음식이 음식 관련 알레르기의 97%를 차지한다. 즉, 달걀, 땅콩, 나무에 열리는 견과류, 우유, 대두콩, 생선, 밀가루, 완두콩이다. 우유, 달걀, 밀가루, 대두콩에 알레르기를 보이는 대부분의 아이들은 자라면서 내성을 얻지만, 땅콩과 나무 견과, 해산물에 대한 반응은 지속되는 경향이 있다.

어림잡아 150만 미국인들이 땅콩에 알레르기를 보이며, 매년 100명 정도가 이 때문에 사망한다. 따라서 이 문제와 관련하여 치료약과 백신에서부터 알레르기를 덜 일으키는 땅콩의 개발까지 많은 연구가 진행되고 있다. 흥미로운 것은 중국 음식에 땅콩이 흔히 쓰임에도 불구하고 중국 사람들에게 땅콩 알레르기가 비교적 적다는 것이다. 그 이유는 아마도 중국 요리에서는 땅콩을 삶거나 낮은 온도에서 기름에 튀기는 반면, 미국에서는 달달 볶기 때문에 알레르기 물질이 농축되기 때문인 것 같다. 땅콩에 특이적인 IgE 항체를 상대적으로 적게 가진 아이들은 자라면서 땅콩 알레르기가 없어지기도 한다.

많은 사람이 알레르기를 보이는 아황산염은 자주 문제가 된다. 이것은 음식과 음료에 널리 사용되는데, 식품 라벨에 반드시 첨가 표시를 하도록 의무화하고 있지만 이것의 사용을 막을 수는 없는 실정이다. 어떤 식품은 다른 음식에 사용되었던 가공 기계라던가 조리기구를 통해 음식 알레르기항원에 닿을 수도 있다. 미국 식품의 약국의 한 보고서에 의하면, 상품 라벨에 땅콩이 표기되지 않은 경우에도 조사된 빵과 아이스크림, 사탕 제품의 25%가 땅콩 알레르기 항원에 양성이었다. 미국에서 매년 200명 정도가 심각한 음식 알레르기로 사망한다고 추정된다.

아나필락시스 반응의 예방

어떤 경우에는 사람들이 여러 가지 음식을 먹은 후 알레르기 반응을 겪는다. 이런 경우에는 정확히 어떤 음식에 민감하였는지 알 수 없지만, 때로 피부 시험으로 진단하는 것이 유용하다(그림 19.3). 이 시험은 음식에 대한 알레르기 이외의 알레르기 진단에도 사용되며, 소량의 의심되는 항원을 피부의 표피 바로 아래에 주입하는 시험이다. 그 항원에 민감하다면 신속한 염증반응이 일어나 주사 부위가 발갛게 붓고 가려워진다. 이 작은 부위를 두드러기(wheal)라 부른다.

일단 원인이 되는 항원이 밝혀지면 그 사람은 그 항원에 접촉을 피하든지 또는 **탈감작(desensitization)** 치료를 받을 수 있다. 이것은 보통 그 항원의 양을 서서히 올려가며 피부 아래에 조심스럽게 주사하는 일련의 과정이다. 그 목적은, IgE 항체 대신에 IgG 항체 생산을 유도하여, 세포에 부착된 IgE 가 항원에 작용하기 전에 순환하는 IgG 항체가 저지 항체(blocking antibody)로서 그 항원을 가로막아 중화하도록 하는 것이다. 탈감작이 성공하는 경우가 흔하지는 않지만 흡입된 항원에 의해 알레르기를 보이는 사람들의 65~75%에서 효과적이며, 곤충 독에 대한 알레르기를 보이는 사람들의 97%에서 효과적이라고 알려졌다.

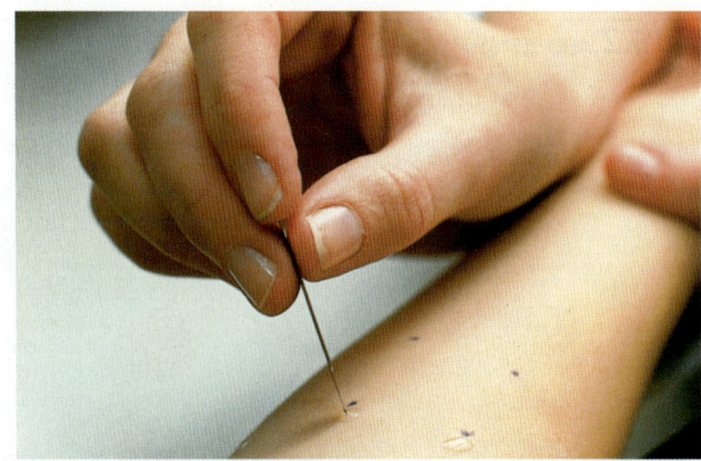

그림 19.3 알레르기항원을 확인하는 피부 시험. 시험물질이 포함된 액체를 피부에 몇 방울 떨어뜨린다. 피부에 침투하도록 바늘로 살짝 긁는다. 그 자리가 붉게 부어 오르면 그 물질이 알레르기 반응의 원인으로 확인된다.

Q 피부 시험에서 피부에 침투되는 것은 무엇인가?

임상 사례

응급실의 내과의사는, 발진이 얼굴에서 시작한 것이 아니기 때문에 전염성홍반(제5병)의 가능성은 즉각 배제하였다. (제5병이란 바이러스성 질병으로 첫째 증상 중의 하나가 안면 발진이다.) 말릭은 아나필락시스 반응의 지표인 다른 증상, 즉 호흡곤란이나 저혈압은 보이지 않았다. 그의 부모와 면담하면서 내과의사는, 말릭이 최근에 심장결함 치료 수술을 받은 것과 정례적으로 수혈받은 사실을 알게 되었다. 또한 수술 중에 말릭에게 흉선이 없다는 것이 발견되었던 것도 알아냈다.

흉선의 기능은 무엇인가? (힌트: 17장 참조.)

528 **531** 541 544 554

이해도 확인하기

- 건초열 같은 알레르기 반응에 주요한 역할하는 비만세포는 어느 조직에 분포하는가? **19-2**
- 전신 아나필락시스와 국소 아나필락시스 중에서 어느 것이 생명에 더 위협적인가? **19-3**
- 어떤 사람이 식물 꽃가루 같은 입자성 항원에 대해 민감한지를 어떻게 알 수 있나? **19-4**
- 알레르기에 탈감작되려면 어떤 종류의 항체가 차단되어야 하는가? **19-5**

II형(세포독성) 반응

II형(세포독성) 반응에서는 일반적으로 IgG 또는 IgM 항체가 항원성 세포에 결합함으로써 보체가 활성화된다. 항원성 세포는 외래세포이거나 외래 항원결정부(예: 어떤 약물)를 표면에 가진 숙주세포인데, 활성화된 보체는 이 세포들의 용해를 촉진한다. 추가적인

표 19.2 ABO 혈액형

혈액형	적혈구 항원	예시	혈장 항체	수혈 받을 수 있는 혈액형	미국인구 중 빈도 (%)		
					백인	흑인	아시아인
AB	A, B 둘 다 있음	A B	항-A, 항-B 둘 다 없음	A, B, AB, O	3	4	5
B	B		항-A	B, O	9	20	27
A	A		항-B	A, O	41	27	28
O	A, B 둘 다 없음		항-A, 항-B 둘 다 있음	O	47	49	40

세포 손상은 5~8시간 내에 대식세포와, 항체로 덮인 세포를 공격하는 세포들의 작용에 의해 일어난다.

가장 잘 알려진 세포독성 과민성 반응은 수혈반응(transfusion reaction)이다. 이 과정에서 적혈구가 순환하는 항체와 반응한 결과로 파괴된다. 이 반응은 ABO 항원과 Rh 항원을 포함하는 혈액형 체계에서 일어난다.

ABO 혈액형

1901년에, 칼 란트슈타이너(Karl Landsteiner)는 사람의 혈액이 크게 네 가지로 분류될 수 있음을 발견하여 그것을 A, B, AB, O로 명명하였다. 이 분류 방법을 **ABO 혈액형(blood group system)**이라 한다. 그 이후로, 루이스(Lewis) 혈액형과 MN 혈액형을 비롯한 다른 혈액형이 알려졌지만 여기서는 가장 잘 알려진 두 가지, ABO와 Rh 혈액형에 국한하여 설명하기로 한다. ABO 혈액형의 주요 특징은 표 19.2에 요약되어 있다.

사람의 ABO 혈액형은 적혈구(RBC) 세포막에 위치한 탄수화물 항원의 유무에 따라 결정된다. O형의 세포에는 A와 B 항원이 둘 다 없다. 표 19.2에 보면, A형인 사람의 혈장에는 다른 혈액형에 대한 항체, 즉 항-B항체(anti-B antibody)가 존재한다. 이 항체들은, 혈액형 항원과 매우 비슷한 항원결정부를 가진 미생물이나 섭취한 음식물에 반응하여 생겨난다. AB형인 사람은 혈장에 A 또는 B 항원 어느 것에 대한 항체도 가지고 있지 않다. O형은 A와 B 항원 모두에 대하여 항체를 가지고 있다.

B형 혈액이 A형 혈액형의 사람에게 수혈되었을 때와 같이 수혈이 부적합할 때, B형 세포의 항원이 수혈자의 혈청에 있는 항-B항체와 반응한다. 이 항원-항체 반응이 보체를 활성화시키고, 활성화된 보체에 의해 제공자의 RBC는 수혈자의 혈액에서 용해된다.

혈액형과 일부 질병 사이의 연관성이 드러났는데, 이것은 지리적으로 특정 지역에서의 인구에서 혈액형의 불균등과도 관련이 있다. 예를 들어 O형의 사람들은 콜레라 및 다른 설사병에 더 취약한 반면 B형은 훨씬 덜 영향을 받는다. 이러한 경향은 인도 아대륙의 혈액형 분포에 반영된다고 볼 수 있는데, 이곳에는 B형이 흔하고 O형이 적다. 아이슬란드에서는 A형과 AB형이 상대적으로 적은데, 이것은 아마도 이 혈액형의 사람들이 지리적으로 제한된 인구집단 내에서 잇단 천연두의 유행에 더 민감하였기 때문일 것이다. 열대 아프리카 지역에서는 인구의 절반 이상이, 말라리아에 피해를 덜 받는 O형이다.

Rh 혈액형

1930년대에, 과학자들이 사람의 적혈구 표면에 또 다른 항원이 존재한다는 것을 발견하였다. 붉은털원숭이(rhesus monkey)의 RBC를 토끼에 주사하였더니 곧 토끼의 혈청에 원숭이 적혈구에 대응하여 항체가 생겨났으며, 그것은 또한 일부 사람의 RBC와도 응집하였다. 이것은 사람과 붉은털원숭이의 적혈구에 어떤 공통 항원이 존재한다는 것을 보여준 것이다. 그 항원을 rhesus monkey의 *Rh*를 따서 **Rh인자(Rh factor)**라 한다. 인구의 약 85%는 이 항원을 가지고 있어 Rh^+이며, 나머지 15%는 적혈구에 이 항원이 없어 Rh^-이다. Rh 항원에 대응하는 항체는 Rh^-인 사람들의 혈청에 자연적으로 존재하지 않지만 이 항원에 노출되면 민감화되어 항-Rh항체(anti-Rh antibodies)를 생산할 수 있다.

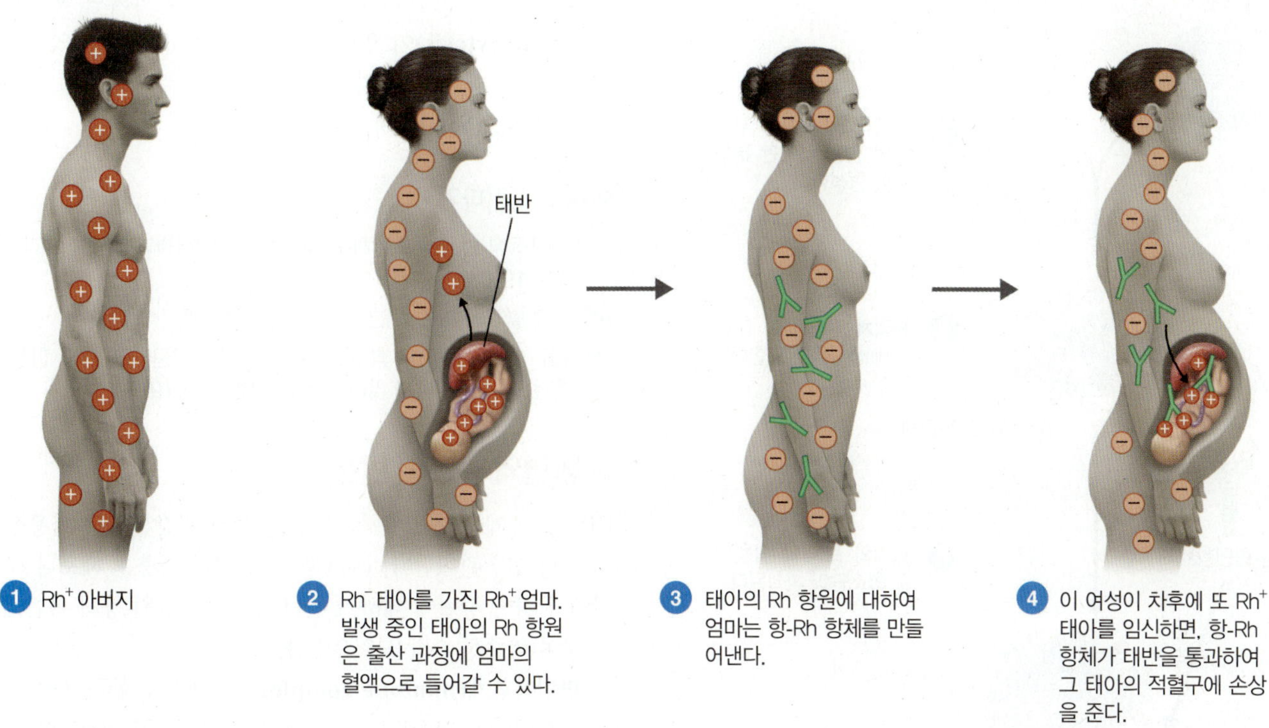

그림 19.4 **신생아용혈성빈혈**

Q 어떤 종류의 항체가 태반을 통과하는가?

수혈과 Rh 부적합성 Rh^+ 제공자의 혈액이 Rh^- 수혈자에게 주어지면, 제공자의 RBC가 수혈자에서 항-Rh 항체의 생산을 자극한다. 수혈자가 차후의 수혈에서 Rh^+ RBC를 받으면, 심각한 용혈 반응이 신속히 일어난다.

신생아용혈성 빈혈 Rh^-인 사람이 Rh^+ 혈액에 민감화될 수 있는 길은 수혈만이 아니다. Rh^- 여성과 Rh^+ 남성 사이에 아기가 태어났을 때 그 아기가 Rh^+일 확률은 50%이다(그림 19.4). 아기가 Rh^+이면, Rh^- 엄마는 출산 동안 이 항원에 민감화될 수 있다. 태반의 막이 찢어져 태아의 Rh^+ RBC가 산모의 혈액으로 들어갈 수 있으며 이렇게 되면 산모의 몸에서 IgG 종류의 항-Rh 항체가 만들어진다. 다음 번에 임신된 태아가 Rh^+이면, 이 엄마의 항-Rh 항체가 태반을 건너가 태아의 RBC를 파괴한다. 태아의 몸은 이러한 면역 공격에 반응하여 **적혈모구**(erythroblast)라 하는 미성숙한 RBC를 다량 생산한다. 이런 이유로 현재 **신생아용혈성 빈혈(hemolytic disease of the newborn, HDNB)**로 쓰이는 용어가 예전에는 태아적모구증(erythroblastosis fetalis)으로 쓰였다. 이런 경우에 아기가 태어나기 전에는, 임신한 엄마의 혈액이 태아의 RBC가 파괴되면서 생기는 독성 부산물을 대부분 제거한다. 그러나 출생 후에는, 아기의 혈액이 엄마에 의해 더 이상 순화되지 못하므로 신생아에게 황달과 심각한 빈혈이 일어난다.

지금은 Rh^- 산모가 Rh^+ 영아를 분만할 때에 상용화된 항-Rh 항체(RhoGAM)를 수동면역으로 공급하여 HDNB를 예방한다. 이 항-Rh 항체는 산모의 혈액으로 들어간 태아의 모든 Rh^+ RBC에 결합하기 때문에 산모가 Rh 항원에 민감화될 가능성은 매우 적다. 만약 이렇게 예방되지 않으면, 엄마의 항체로 오염된 신생아의 Rh^+ 혈액은 오염되지 않은 혈액을 수혈받아 대체되어야 할 것이다.

약물유도 세포독성 반응

혈소판(thrombocyte)은 아주 작은 유사세포체(cell-like body)인데, **혈소판감소성 자반증(thrombocytopenic purpura)**이라 하는 질병이 있으면 약물유도 세포독성 반응에 의해 파괴된다. 이때 약물은 주로 크기가 너무 작아 스스로 항원성을 갖지 못하는 합텐이다. 그러나 그림 19.5에 예시된 상황에서, 혈소판이 어떤 약물 분자(잘 알려진 예를 들어 quinine)에 덮이게 되면 이 결합으로 해서 항원성이 생겨난다. 그리하여 항체가 결합하고 항체에 보체가 결합되면 보체가 활성화되어 혈소판의 용해를 일으킨다. 혈소판은 혈액응고에 필요하므로, 혈소판이 손실되면 출혈이 일어나 피부에 보라색 반점(purpura)이 나타난다.

약물은 백혈구 또는 적혈구에도 유사하게 결합하여 국소 출혈을 일으키고 "블루베리머핀" 피부반점이라 하는 증상을 유발

그림 19.5 약물유도 혈소판감소성자반증. 퀴닌(quinine) 같은 약물 분자는 혈소판 표면에 쌓여 면역반응을 자극하고 이로 인해 혈소판이 파괴된다.

 혈소판감소성 자반증에서 혈소판을 사실상 파괴하는 것은 무엇인가?

한다. 면역반응에 의해 과립백혈구가 파괴되면 **과립구감소증(agranulocytosis)**이 일어나, 우리 몸의 식작용에 의한 방어능이 타격을 받는다. 적혈구가 이 같은 방식으로 파괴되면, **용혈성빈혈(hemolytic anemia)**이 일어난다.

이해도 확인하기

- 세포독성 반응을 촉발하는 것은 알레르기항원과 항체 이외에 또 무엇인가? **19-6**
- O형 혈액의 세포 표면에 있는 항원은 무엇인가? **19-7**
- Rh^{+} 태아가 엄마의 항-Rh 항체에 의해 손상된다면, 첫째 임신에서 그러한 손상이 일어나지 않는 이유는 무엇인가? **19-8**

III형(면역복합체) 반응

III형 반응에는 혈청에 녹아 있는 상태로 순환하는 가용성 항원에 대한 항체가 관여한다. (대조적으로, II형 반응은 세포나 조직의 표면에 위치한 항원에 대하여 일어난다.) 이 항원-항체 복합체가 기관에 쌓여 염증성 손상을 일으킨다.

면역복합체(immune complex)는 항원과 항체 사이의 비율이 특정할 때에만 형성된다. 여기서의 항체는 주로 IgG 항체이다. 항체가 훨씬 더 과다하면 보체결합 복합체가 형성되고 이것은 식작용에 의해 신속히 제거된다. 항원이 훨씬 더 과다하면, 가용성 복합체가 형성되어 보체결합이 일어나지 않고 염증반응도 일어나지 않는다. 그러나 항원이 약간 더 많은 항원-항체의 어떤 비율에서는 만들어지는 가용성 복합체의 크기가 작아서 식작용을 피하게 된다.

그림 19.6은 그 결과를 보여준다. 이 복합체는 혈액을 순환하여 혈관 내피세포 사이를 통과하고 세포 아래 기저막(basement membrane)에 갇히게 된다. 이곳에서 복합체는 보체를 활성화시켜

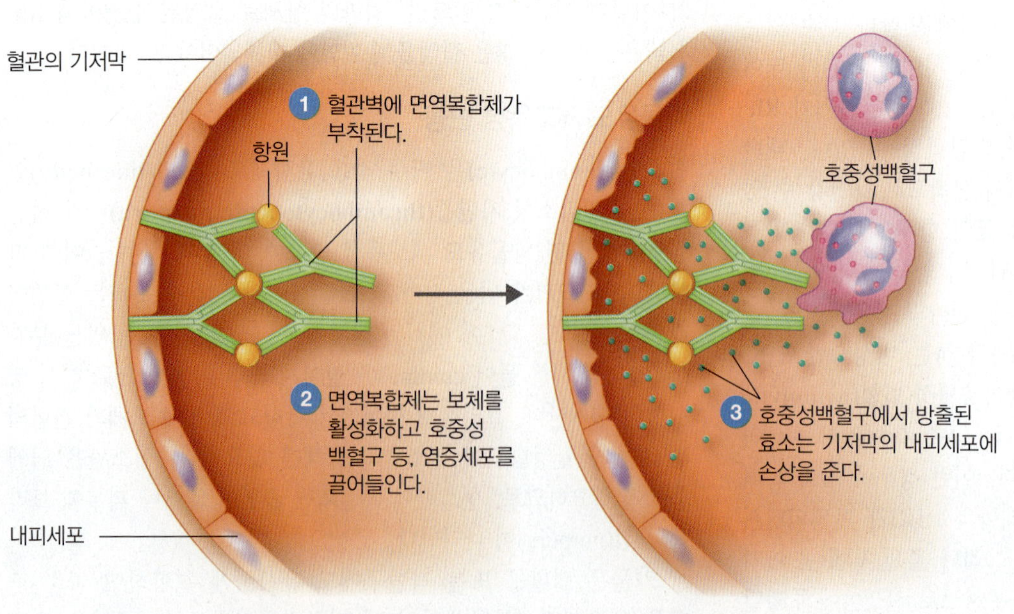

그림 19.6 면역복합체매개 과민성

 면역복합체 질병 한 가지를 답하시오.

일시적으로 염증반응을 일으키며, 호중성백혈구를 끌어들이면 이들이 분해효소를 방출한다. 같은 항원이 반복적으로 들어오면 더 심각한 염증반응에 이르게 되고 2~8시간 내에 내피세포 기저막에 손상이 일어난다.

사구체신염(glomerulonephritis)이 면역복합체 질병인데 주로 감염으로 인하여, 혈액 여과가 일어나는 신장의 사구체가 손상된다.

이해도 확인하기

✔ 면역복합체를 유발하는 항원은 가용성인가 아니면 불용성인가? **19-9**

IV형(지연성 세포매개) 반응

지금까지 IgE, IgG, 또는 IgM 항체가 관련된 체액성 면역반응에 대하여 설명하였다. IV형 반응에는 세포매개 면역반응이 관여하며 주로 T세포에 의해 야기된다. **지연성 세포매개반응(delayed cell-mediated reaction** 또는 **지연성 과민성(delayed hypersensitivity)**은 민감화된 사람이 어떤 항원에 다시 노출된 후 반응이 몇 분 내지 몇 시간 내에 일어나는 것이 아니라, 하루 또는 그 이상 걸린다. 지연되는 가장 큰 요인은 T세포와 대식세포가 외래 항원 쪽으로 이동하여 모이는 데 필요한 시간 때문이다. 이식거부 반응은 주로 세포독성 T 림프구(CTL; 490쪽)에 의해 매개되지만, 항체의존 세포매개세포독성(ADCC; 495쪽) 또는 보체매개 용해(469쪽)에 의해서도 매개된다. 537쪽의 상자글에 다른 예에 대한 설명이 있다.

지연성 세포매개반응의 원인

지연성 과민성 반응의 민감화는 특정 외래 항원(특히 조직 세포에 결합하는)이 대식세포의 식균작용을 받은 후, T세포 표면의 수용체에 표출될 때 일어난다. 표출된 항원결정부가 특이적 T세포 수용체에 결합하면 그 T세포는 분화된 T세포와 기억세포로 증식한다.

이런 방식으로 민감화된 사람이 동일한 항원에 다시 노출되면 지연성 과민성 반응이 일어날 수 있다. 처음 노출되었을 때 생겨났던 기억세포가 T세포를 활성화하여 표적 항원과 결합할 때 세포독성 사이토카인을 방출하도록 한다. 또한 일부 사이토카인은 대식세포를 외래항원에 노출된 부위로 끌어들여 활성화시킴으로써 염증반응을 매개한다.

피부의 지연성 세포매개과민성 반응

우리는 과민성의 증상이 흔히 피부에 나타난다고 이미 이해하였다. 피부에 나타나는 지연성 과민성반응의 한 예로 잘 알려진 것이 결핵에 대한 피부 검사이다. *Mycobacterium tuberculosis* 세균이 주로 대식세포 내에 거주하기 때문에, 이 세균은 지연성 세포매개반응을 자극할 수 있다. 선별검사에서, 이 세균의 단백질성분을 피부에 주사한다. 피검자가 결핵균에 감염되었거나 감염되었던 적이 있다면, 이 주사에 대한 염증반응이 1~2일 지나면 피부에 나타난다(그림 24.10 참조, 690쪽). 이 시간 간격이 지연성 과민성 반응의 전형적인 결과이다.

알레르기성 접촉성 피부염(allergic contact dermatitis)은 지연성 세포매개과민성의 또 다른 흔한 징후인데 이것은 주로 단백질(특히 아미노산 리신)과 결합하는 합텐에 의해 피부에 일어나는 면역반응이다. 덩굴 옻나무와 화장품, 금속 장신구(특히, 니켈)에 대한 반응 등이(그림 19.7), 이 알레르기의 잘 알려진 예이다.

콘돔, 체내에 삽입하는 도관, 의료원에서 사용하는 장갑 등의 형태로 라텍스에 대한 노출이 증가하면서 라텍스에 대한 과민성은 많이 알려졌다. 아나필락시스쇼크로 인한 사망도 일어날 수 있어서, 현재 많은 병원에서는 라텍스 풍선의 반입조차 금지하고 있다.

의사와 간호사 중에 5~12%가 라텍스 수술용 장갑에 이러한 과민성 반응을 보인다(그림 19.8). 합성 중합체인 비닐과, 특히 니트릴(nitrile)이 라텍스의 대안 물질이지만, 심지어 니트릴 장갑도 간혹 알레르기반응을 일으킨다. 니트릴이나 네오프렌 합성고무로 만들어진 장갑뿐 아니라, 천연고무 라텍스로 만들어진 대부분의 장갑에도 촉진제라고 하는 화학첨가제가 들어 있다. 촉진제는 교차결합을 증가시켜 물질을 강하고 신축성 있게 만들지만 알레르기 반응을 일으키게 된다. 촉진제를 쓰지 않은 니트릴 장갑이 개발되어, 알레르기를 일으키지 않는 제품으로 표기될 수 있는 2등급 의료장비로 미국 식품의약국에 등록되었다. 또 다른 대체 장갑이 최근에 승인되었는데, 미국 남부 건조한 지역이 원산지인 구아율(guayule, "why-you-lay"로 발음되는) 고무나무 제품이다. 이것은 라텍스 알레르기항원을 함유하지 않는다.

라텍스에 알레르기를 일으키는 많은 사람들이 일부 열매에 대한 알레르기도 가지고 있다. 가장 흔하게 아보카도, 밤, 바나나, 키위이다. 그러나 라텍스 페인트는 과민성 반응의 위험이 없다. 그 명칭에도 불구하고, 라텍스 페인트에는 천연라텍스가 포함된 것이 아니라 알레르기를 일으키지 않는 합성 화학중합체가 들어 있다.

피부염을 일으키는 환경 요소의 정체는 보통 **패치검사(patch test)**로 확인한다. 의심되는 물질 시료를 피부에 패치로 붙이고 48시간 후에 그 부위에 염증이 생겼는지 조사한다.

이해도 확인하기

✔ 지연성 세포매개 반응에서 지연이 일어나는 가장 큰 이유는 무엇인가? **19-10**

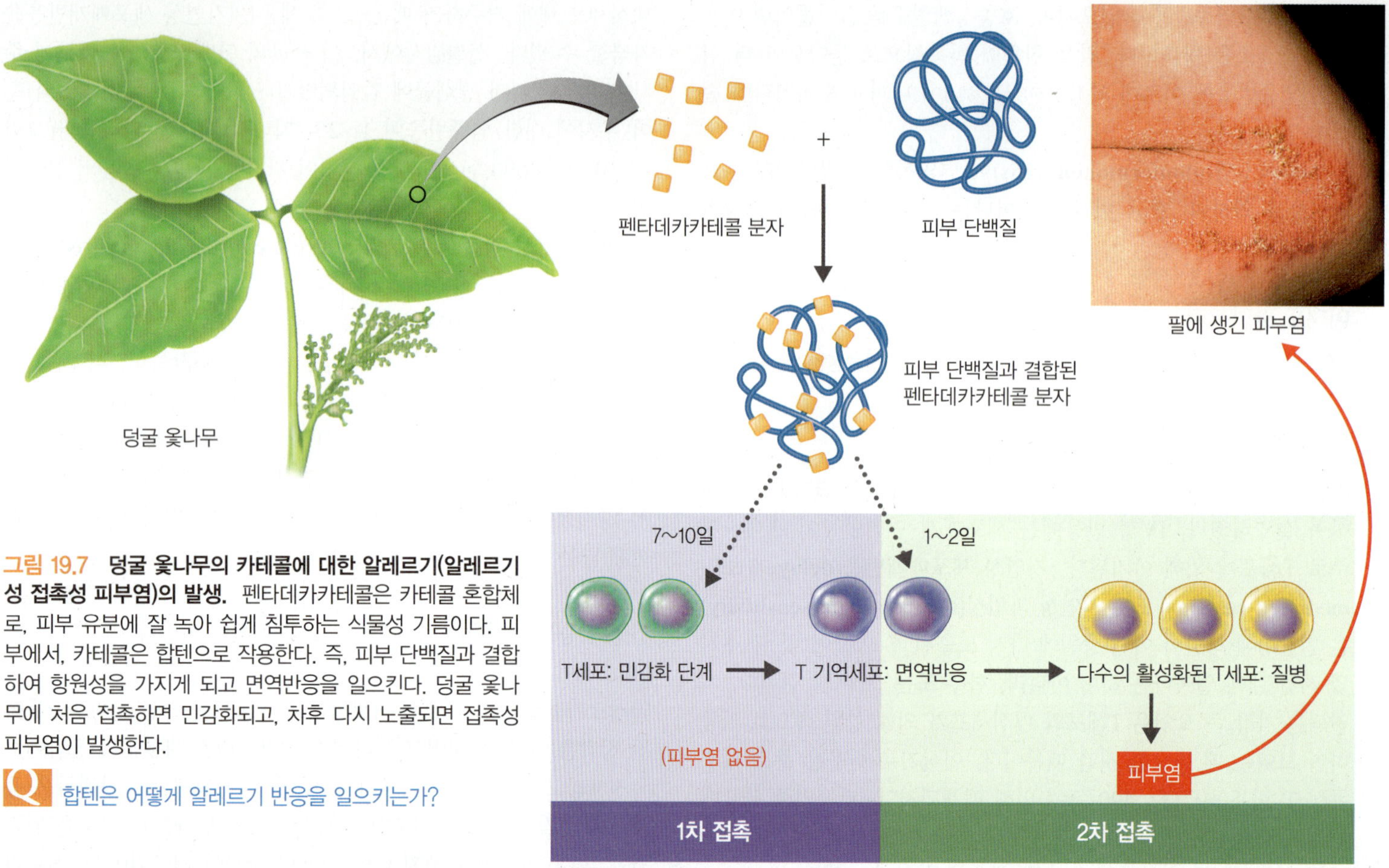

펜타데카카테콜 분자
+
피부 단백질
팔에 생긴 피부염
피부 단백질과 결합된 펜타데카카테콜 분자
덩굴 옻나무
7~10일
1~2일
T세포: 민감화 단계
T 기억세포: 면역반응
다수의 활성화된 T세포: 질병
(피부염 없음)
피부염
1차 접촉
2차 접촉

그림 19.7 덩굴 옻나무의 카테콜에 대한 알레르기(알레르기성 접촉성 피부염)의 발생. 펜타데카카테콜은 카테콜 혼합체로, 피부 유분에 잘 녹아 쉽게 침투하는 식물성 기름이다. 피부에서, 카테콜은 합텐으로 작용한다. 즉, 피부 단백질과 결합하여 항원성을 가지게 되고 면역반응을 일으킨다. 덩굴 옻나무에 처음 접촉하면 민감화되고, 차후 다시 노출되면 접촉성 피부염이 발생한다.

Q 합텐은 어떻게 알레르기 반응을 일으키는가?

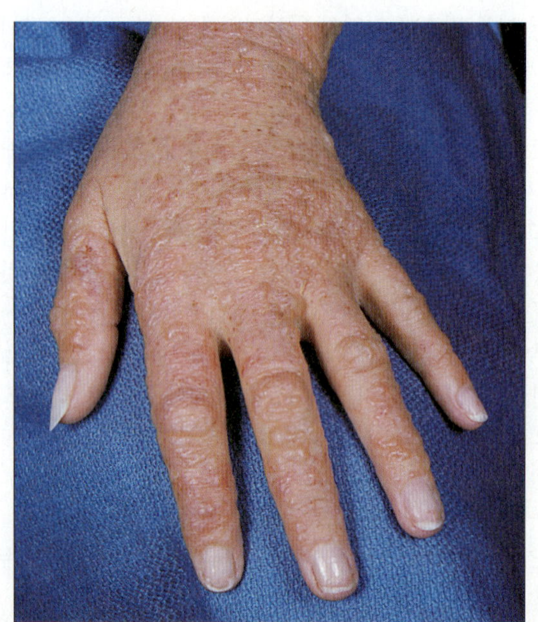

그림 19.8 알레르기성 접촉성 피부염. 이 사람의 손은 라텍스 수술장갑 착용으로 생긴 지연성 접촉성 피부염의 심각한 사례를 보여준다.

Q 알레르기성 접촉성 피부염은 어떤 반응인가?

자가면역 질환

학습 목표

19-11 자기면역허용의 원리를 설명한다.

19-12 면역복합체와 세포독성, 세포매개 자가면역 질환의 예를 하나씩 제시한다.

면역계가 자기항원에 반응하여 자신의 기관에 손상을 일으키는 결과를 **자가면역 질환(autoimmune disease)**이라 한다. 40가지 넘는 자가면역 질환이 알려져 있다. 상대적으로는 드문 것이지만 선진국에서 인구의 약 5%가 자가면역 질환에 시달리고 있다. 자가면역 질환의 약 75%의 경우가 선택적으로 여성에게 영향을 끼친다. 면역반응 조절 원리에 대한 지식이 늘어나면서 자가면역 질환의 치료법도 좋아지고 있다.

자가면역 질환은 **자기면역허용(self-tolerance)**이 작동하지 않을 때 발생한다. 자기면역허용이란 면역계가 자기(self)와 비자기(nonself)를 구별하기 때문에 가능하다. 일반적으로 인정받는 모델에 의하면, T세포는 흉선을 통해 지나가는 동안 자기와 비자기를 구별하는 능력을 획득한다. 17장(489쪽)에서 보았듯이 이 과정에서, 숙주세포를 표적으로 하는 T세포는 모두 흉선 선택(thymic selection)

지연성 발진

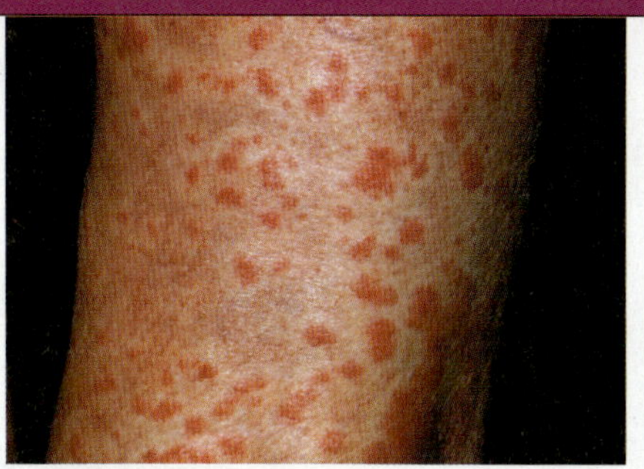

이 상자글 전체를 읽으면서, 의료 전문가들이 해당 환자가 보이는 증상의 원인을 알아내려고 할 때 가지는 일련의 질문을 접하게 될 것이다. 그 다음으로 넘어가기 전에 각 질문에 대한 답을 여러분 스스로 생각해보기 바란다.

1. 고관절과 견관절 치환술을 받은 65세 여성이 정기 치과 예약을 하였다. 그리고 평소대로 세팔로틴 약 처방을 요청하였으나, 간호사는 페니실린이 더 싸다면서 페니실린을 처방하였다. 고관절과 견관절 임플란트 때문에, 항생제는 치과 진료 후 이틀 분량 처방되었다.
   왜 의료 임플란트를 가지고 있는 환자들이 치과 치료 과정에서 감염되기 쉬운가?

2. 치과 치료 과정에 구강세균이 혈액으로 들어가면 의료 임플란트에 가서 군집을 이룰 수 있다. 결과적으로 생겨난 생물막(biofilm)은 심각한 전신감염의 원인이 될 수 있다. 치과 치료는 잘 되었으나 일주일 후에 이 여성은 다리와 몸통 전체에 반구진 발진(maculopapular rash)을 일으켰다(사진 참조).
   열이나 감염의 다른 증상이 없는데 발진의 원인이 무엇일까?

3. 발진은 알레르기반응일 가능성이 있다.
   그렇다면 환자에게 어떤 질문을 해야 할까?

4. 그 환자는 새로운 음식을 먹었거나 세제를 사용했거나 또는 새 옷을 입지도 않았다. 그녀는 지난 열흘 동안 달랐던 것이라곤 페니실린을 복용한 것뿐이라 하였다. 간호사는, 페니실린 알레르기는 몇 분 내지 몇 시간 내로 일어나기 때문에 이 약이 원인일 리 없다고 말하였다.
   간호사의 말이 옳은가?

5. 몇 분 내지 몇 시간 내로 일어나는 즉각적인 반응은 항체매개 알레르기반응이다. 이 환자처럼 며칠이나 몇 주 후에 보이는 지연 반응은 Ⅳ형 세포매개 알레르기반응이다.
   Ⅳ형 과민성 반응에 관여하는 세포는 어떤 세포인가? Ⅰ형 과민성에 관여하는 항체는 어떤 종류인가?

6. 민감화된 T세포가 항생제에 의한 발진 같은 지연성 과민반응에 관여하며, 약물에 특이적인 IgE 항체가 Ⅰ형 과민반응에 관여한다.
   간호사는 환자에게 무엇을 확인했어야 했나?

7. 간호사는 환자에게 어떤 약물에 대한 알레르기가 있는지 물어보았어야 했다. 그러나 이 경우에는, 환자가 이전에는 약물 알레르기를 경험하지 못했다.
   이 환자가 페니실린에 노출된 것이 이번이 처음인가?

8. 알레르기반응은 어떤 항원에 처음 노출되었을 때 일어나지 않는다. 이 환자가 예전에 언젠가 페니실린을 복용하였을 것이다. 여러 면역학자들은 40년 전에 세균감염으로 페니실린을 과복용한 것이 알레르기반응을 일으켰다고 생각한다. 그러나 페니실린 알레르기를 겪은 적이 있는 대부분의 환자들에게 세팔로스포린계 약물은 사용해도 괜찮다.

에 의해 제거된다. 이 단계를 거쳐 T세포는 숙주 자신의 세포를 공격하지 않게 된다.

자가면역 질환에서는, 자기면역허용이 상실되어 항체가 만들어지거나 자기 항원에 대하여 민감화된 T세포에 의하여 면역반응이 일어난다. 자가면역반응과 이로 인한 질병은, 세포독성, 면역복합체, 또는 세포매개의 특성이 있다.

세포독성 자가면역반응

그레이브스병과 중증근무력증(myasthenia gravis)이 세포독성 자가면역반응에 의해 생기는 질병의 두 가지 예이다. 두 경우 모두 세포 표면 항원에 대한 항체 반응이 관련되지만, 그 세포가 파괴되지는 않는다.

그레이브스병(Graves' disease)은 갑상선이 활성화되어 갑상선 호르몬의 분비가 증가된 상태이다. 정상적으로, 뇌하수체에서 갑상선자극호르몬(thyroid-stimulating hormone, TSH)을 분비한다. 그러나 그레이브스병 환자는 면역계가 고장 났기 때문에 TSH를 모방하는 비정상 항체가 분비된다. 이 비정상 항체는 갑상선에서 과다한 호르몬이 분비되게 하여, 심장이 쿵쿵거리고 떨리며 땀이 많이 나게 된다. 이 병의 가장 뚜렷한 외부 징후는 갑상선종(목에 갑상선이 흉하게 부어오른 곳)과 심하게 튀어나오고 부리부리한 눈이다.

중증근무력증(myasthenia gravis)은 근육이 점차 약해지는 병인데, 신경자극이 근육에 도달하는 접합부위의 아세틸콜린 수용체에 결합하는 항체 때문에 생긴다. 결국, 횡격막과 흉곽을 조절하는 근육이 필요한 신경 신호를 받지 못하게 되어 호흡이 정지되고 사망에 이르게 된다.

면역복합체 자가면역반응

전신홍반성낭창(systemic lupus erythematosus)은 면역복합체 반응을 포함하는 전신성 자가면역 질환이며 주로 여성에게 발생한다. 병의 원인은 완전히 파악되지 않았지만, 이 병을 앓고 있는 사람들은, 특히 피부와 같은 조직의 정상적인 파괴과정에서 방출될 수 있는 DNA를 비롯한 자기 세포 성분에 대응하는 항체를 만들어낸다. 이 병의 가장 심한 손상은 신장의 사구체에 면역복합체가 축적되어 생기는 것이다.

심각한 손상을 일으키는 **류마티스성 관절염(rheumatoid arthritis)**은 IgM, IgG, 보체의 면역복합체가 관절에 쌓이는 병이다. 사실상, IgM이 정상 IgG의 Fc 부분에 결합하여 류마티스 인자(rheumatoid factor)라 하는 면역복합체가 형성된다. 이 인자는 류마티스성 관절염 환자의 70%에서 발견된다. 면역복합체가 쌓여 만성 염증이 생기고 결국 관절의 연골이나 뼈에 심한 손상이 일어난다.

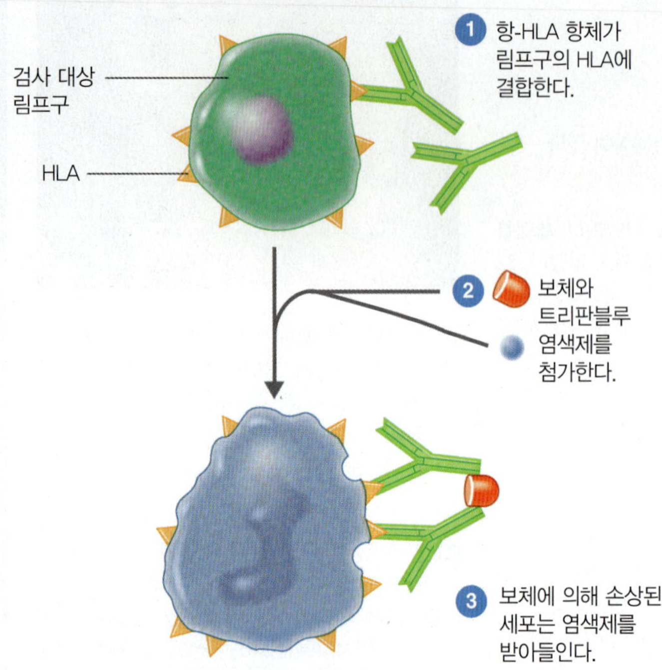

그림 19.9 **조직적합검사, 혈청학적 방법.** 검사받는 사람의 림프구를 특정 HLA에 대한 항-HLA 항체(실험용)와 반응시킨다. 만약 항체가 림프구의 항원과 반응한다면 보체가 그 림프구에 손상을 주어 염료가 세포 안으로 들어갈 수 있다. 이러한 양성 결과는 이 사람이 그 특정 HLA를 가지고 있다는 것을 보여준다.

 조직적합검사를 시행하는 이유는 무엇인가?

세포매개 자가면역반응

다발성 경화증(multiple sclerosis)은 더 흔한 자가면역 질환이며 주로 청소년에서 나타난다. 다발성 경화증을 가진 대부분의 사람들은 북반구에 거주하는 백인이며 여성에게 발병할 확률이 2배 더 높다. 이것은 T세포와 대식세포가 신경세포의 축색돌기를 감싸는 피막인 미엘린 수초를 공격하여 생기는 신경질환이다. 증상은 단순한 피로와 무기력에서부터 어떤 경우에는 마침내 심한 마비가 오는 것까지 광범위하다. 이 병은 서서히 여러 해에 걸쳐 진행되며, 종종 장기간 진정되었다가 더 심한 증세가 나타난다. 유전적 감수성이 관련되어 있다는 많은 증거가 있는데, 단 하나의 유전자가 아니라 여러 유전자의 상호작용에 의한 것으로 추정된다. 다발성 경화증의 원인은 아직 밝혀지지 않았으나 역학조사에 의하면 일부 감염성 요인 또는 사춘기 초기에 얻은 어떤 요인일 가능성이 높다. 엡스타인-바 바이러스(Epstein-Barr virus; 393쪽)가 가장 유력한 요인으로 거론된다. 치료법은 아직 없으며, 면역반응을 억제하는 인터페론이나 몇몇 약물들이 병의 진전을 상당히 늦출 수 있다.

인슐린의존성 당뇨병(insulin-dependent diabetes mellitus)은 췌장의 인슐린 분비세포가 면역세포의 공격으로 파괴되어 생기는 병이다. T세포가 확실히 관련되어 있어서, 유전적으로 이 병이 생길 가능성이 있는 동물의 흉선을 갓 태어났을 때 제거해주면, 당뇨병이 생기지 않는다.

꽤 흔한 자가면역 피부 질환인 **건선(psoriasis)**은 피부에 붉고 가려우며 두꺼워지고 약간 넓게 퍼진 부분들이 특징이다. 이들 중 25%는 **건선성 관절염(psoriatic arthritis)**이 생긴다. 코르티코스테로이드, 메토트렉세이트 등의 몇몇 국소 치료제와 전신 치료제가 피부 건선 완화에 사용되고 있다. 건선은 T_H1세포가 관련된 질환이어서, T세포와 특히 염증반응에 중요한 TNF-α 사이토카인(463쪽 참조)을 대상으로 하는 면역억제제가 효과적인 치료제이다. 류마티스성 관절염뿐 아니라 건선성 관절염에도, 가장 효과적인 치료는 TNF-α를 저지하는 단일클론 항체 주사이다. 17장, 499쪽의 상자에 있는 새로운 치료제를 참조하시오.

이해도 확인하기

✔ 흉선에서 일어나는 클론결손의 중요성은 무엇인가? 19-11
✔ 그레이브스병에서 손상되는 신체 기관은 무엇인가? 19-12

사람백혈구항원(HLA) 복합체 관련 반응

학습 목표

19-13 HLA 복합체를 정의하고, 질병에 대한 감수성과 조직 이식에 관련된 중요성을 설명한다.
19-14 이식 거부의 원리를 설명한다.
19-15 면역 특혜 장소를 정의한다.
19-16 이식과 관련하여 줄기세포의 역할을 설명한다.
19-17 자가이식, 동계이식, 동종이식, 이종이식을 정의한다.
19-18 이식편대숙주병이 일어나는 원리를 설명한다.
19-19 이식 거부의 억제요법에 대하여 설명한다.

개인이 물려받은 유전적 특징에는 눈동자가 어떤 색인지 머리카락이 곱슬거리는지뿐 아니라, 세포표면에 자기물질이 어떤 것인가도 포함된다. 이러한 물질들 중 일부를 **조직적합성항원(histocompatibility antigens)**이라 한다. 가장 중요한 자기물질에 대한 유전자는 **주조직적합성복합체(major histocompatibility complex, MHC)**로 알려져 있다. 사람의 경우, 이 유전자를 **사람백혈구항원복합체[human leukocyte antigen (HLA) complex]**라고 한다. 우리는 17장(485쪽)에서 자기물질에 대하여 배웠고, 또한 대부분의 항원이 MHC 분자에 결합된 경우에만 면역반응을 자극할 수 있다고 이해하였다.

HLA 유형분류(HLA typing)라는 방법이 HLA를 확인하고 비교하는 데 사용된다. 어떤 HLA는 특정 질병에 대한 감수성과 연관성이 있어서, HLA 유형분류를 응용하여 그러한 감수성을 확인할 수 있다. 몇 가지 연관 관계가 표 19.3에 요약되어 있다.

HLA 유형분류는 이식 수술에도 중요하게 적용되는데, 제공자와 수혜자가 **조직적합검사(tissue typing)**에서 일치되어야 한다. 그림

표 19.3 특정 사람백혈구항원(HLA)과 연관된 질병

질병	특정 HLA와 연관된 발병 위험도의 증가*	질병의 설명
염증성 질환		
다발성 경화증	5배	신경계를 침범하는 진행성 염증질환
류마티스성 열	4~5배	연쇄상구균 항원에 대한 항체와 교차반응
내분비성 질환		
애디슨병	4~10배	부신 호르몬 생산의 결핍
그레이브스병	10~12배	갑상선의 특정 수용체에 항체 부착, 갑상선 비대와 호르몬 과다 생산
악성종양		
호지킨병	1.4~1.8배	림프절 암

*일반 인구집단과 비교.

19.9에 주어진 혈청학적 기법이 가장 흔히 사용되는 것이다. 혈청학적 조직적합검사에서, 특정 HLA에 특이성을 갖는 표준화된 항혈청 또는 단일클론 항체가 사용된다.

HLA를 분석하는 더 정확하고 새로운 기법은 DNA를 증폭하는 PCR(polymerase chain reaction, 중합효소 연쇄반응)이다(250쪽 그림 9.4 참조). 이 방법으로 제공자의 DNA와 수혜자의 DNA가 얼마나 일치하는지 알 수 있다. 제공자와 수혜자의 DNA와 ABO 혈액형의 적합성을 적용하면 이식 수술의 성공률이 훨씬 더 높아진다.

그러나 이식 결과의 성공 여부는 다른 요소들과도 관련되어 있다. 17장에서, 우리 몸이 이식된 외래조직에 대응하는 것은 수술 중 손상된 세포에 대한 반응이라는 가설을 소개하였다. 즉, 이식거부반응은 비자기 물질에 대하여 학습된 반응이 아니라, 손상된 세포에 의한 위험 신호에 대하여 학습된 반응일 것이다.

이해도 확인하기

✔ 사람의 주조직적합성복합체와 사람백혈구항원복합체 사이에는 어떤 관련성이 있나? **19-13**

이식에 대한 반응

16세기 이탈리아에서, 범죄에 대한 형벌로 종종 범죄자의 코를 베었다. 그 시대의 어떤 외과의사가 이렇게 절단된 것을 고치는 과정에서, 피부를 환자에게서 떼어내 이식하면 잘 치료되었지만 타인의 피부를 이식하면 잘 치료되지 않는 것을 관찰하였다. 그는 이 현상을 "개체성의 힘과 영향력"이라 하였다.

지금 우리는 이 현상의 원리를 알고 있다. 비자기 물질로 인식된 조직이식은 거부되는데, 이것은 이식된 세포를 직접 용해하는 T세포와, T세포에 의해 활성화된 대식세포에 의해 공격받기 때문이다. 그리고 어떤 경우에는 항체가 보체를 활성화시키고 이식된 조직에 혈액을 공급하는 혈관에 손상을 주기 때문이다. 그러나 이식된 조직이 거부되지 않으면 환자가 건강하게 더 오래 살 수 있다.

1954년 처음으로 신장 이식이 이루어진 이후에, 신장 이식은 거의 평범한 의술이 되었다. 지금은 골수, 폐, 심장, 간, 각막을 포함하는 다른 장기 이식도 가능하다. 이식에 필요한 조직이나 기관은 주로 사망한 지 얼마 안 된 사람에게서 얻지만 신장처럼 한 쌍을 이루는 기관은 종종 살아 있는 제공자에서 얻는다. 간의 경우, 제공자의 간이 건강하다면 절반 정도까지 제공하는 것도 가능하다.

면역 특혜 장소와 면역 특혜 조직

일부 이식된 조직이나 피부는 면역반응을 자극하지 않는다. 예를 들어 이식된 각막은 거부반응을 거의 일으키지 않는다. 그 이유는, 항체가 눈의 각막 내로 순환하지 않아서 **면역 특혜 장소(privileged site)**이기 때문이다. (그러나 감염이나 손상에 의해 혈관이 많이 생성된 각막은 거부반응을 일으킨다.) 뇌 또한 면역 특혜 장소인데, 그 이유는 뇌 조직에는 림프관이 없고 뇌 조직의 혈관벽은 그 외 다른 부분의 혈관벽과 다르기 때문이다(혈액뇌장벽; 22장에 설명). 앞으로 뇌 또는 척수에 손상받은 신경을 대체하기 위하여 외래 신경조직을 이식할 가능성도 있다.

동물들이 어떻게 태아에 거부반응 없이 임신을 허용하는지에 대하여 일부분 밖에 이해하지 못한다. 임신 동안, 유전적으로 다른 두 개체의 조직이 직접 맞닿아 있는 상태이다. 중요한 점은, 태반의 외층에서 어미의 조직과 맞닿는 세포들이 가지고 있는 MHC 클래스 I과 클래스 II 단백질이 세포성 면역반응을 자극할 수 있는 특이성을 가지고 있지 않다는 것이다. 태아는 면역억제 활성이 있는 단백질도 스스로 만들어 낸다. 이외에도 여러 복잡한 작용 원리가 있을 것이다.

면역거부를 일으키지 않는 **면역특혜조직(privileged tissue)**을 이식하는 것이 가능하다. 한 예로, 사람의 손상된 심장판막을 돼지의 심장판막으로 대체하는 것이다. 그러나 면역특혜 장소와 조직은

1 (1일) 배아. 주로 체외 수정을 시도하고 폐기되는 수정란.

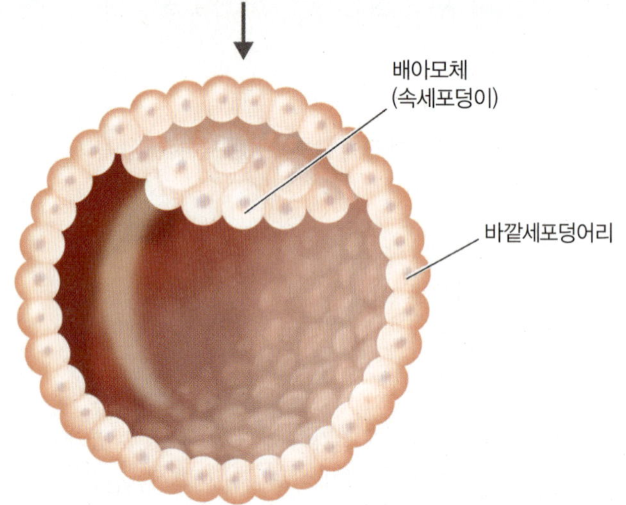

2 (1~5일) 포배기 단계; 배아가 반복적으로 분열하여 세포로 이루어진 속이 빈 공 형태가 된다. 그 크기는 이 문장의 마침표 정도의 크기이다.

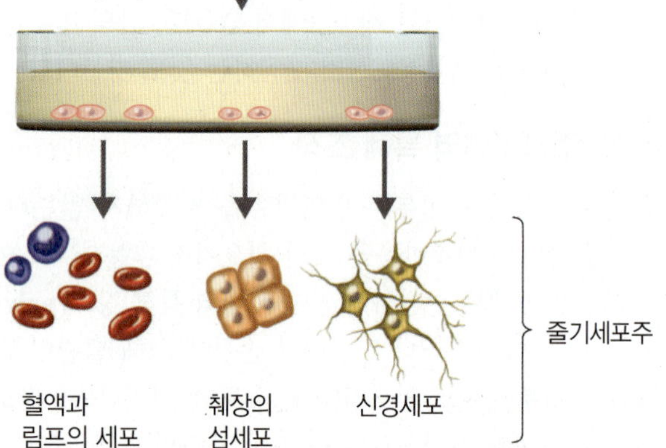

3 배아모체의 배아줄기세포는 지지세포 위에 배양된다. 줄기세포가 배양액에서 군체를 이룬다. 다른 배양조건과 성장인자를 배양액에 첨가하면, 줄기세포는 우리 몸의 다양한 조직을 이룰 줄기세포주로 된다.

그림 19.10 배아줄기세포의 추출

만능이 의미하는 것은 무엇인가?

일정하게 정해져 있다기보다는 예외적인 경우라고 본다.

줄기세포

이식수술에 전환을 가져올 희망적인 발전이 **줄기세포(stem cell**; 489쪽 그림 17.8 참조)의 응용 분야에서 이루어지고 있다. 줄기세포는 한 개체를 구성하는 많은 종류의 세포를 만들어낼 수 있는 모세포이다. 가장 큰 관심 대상은 **배아줄기세포(embryonic stem cell, ESC)**인데, 이것은 주로 시험관 수정에 사용되고 남은 매우 초기 단계의 배아에서 분리될 수 있다. 배아줄기세포는 만능(pluripotent)인데, 그 의미는 많은 종류의 세포를 만들어낼 수 있다는 것이다. 그림 19.10에서 보듯이, 수정란이 2~3일 지나 포배기 단계에 이르렀을 때 100~150개의 미분화세포로 이루어진 속이 빈 공 같은 배아에서 배아줄기세포를 얻을 수 있다. 이 세포들을 배양하여, 근육, 신경, 혈액세포 등 다양한 세포 종류로 분화시킬 수 있다.

의학계에서는 ESC를 치료에 사용하려는 비상한 관심이 모아지고 있다. 이론적으로, 이 세포는 손상된 심장조직 또는 췌장의 인슐린분비세포를 대체하는 데 사용될 수 있다. 또한 류마티스성 관절염 환자의 관절에 손상된 연골도 대체될 수 있다. 심지어 완전한 새 기관을 만들 수 있다고도 예상된다. 만약 제공된 조직이 수혜자의 것이면 조직이 유전적으로 확실히 일치한다. 다행히, 사람의 ESC는 MHC 클래스 I 항원을 거의 발현하지 않고 클래스 II 항원도 발현하지 않는다. 이로 인해 면역거부의 문제가 완화되긴 하지만 완전히 해결되지 못한다. 아무튼, 과학자들은 환자와 유전적으로 일치하거나 아니면 면역거부를 피할 수 있는 만능 세포를 만들어내고자 한다.

ESC가 배아에서 유래되기 때문에, 그것이 아무리 현미경적 단계의 아주 초기 배아라 할지라도 많은 사람들이 배아를 사용하는 것에 반대한다. 이에 가능한 대안은 **성체줄기세포**(adult stem cell, ASC)이다. 이 세포는 혈액이나 피부 등, 일부 조직에 존재하며 주로 기원이 되는 조직을 구성하는 단지 몇 가지 세포 종류를 만들어 낼 수 있다. 또한 세포를 배양하기가 어렵다. 바이러스를 이용하여 ASC를 피부세포나 다른 성체 세포에 주입하여 이 세포들을 유전적으로 다시 프로그래밍하는 연구가 희망적으로 진행되고 있다. 이렇게 하여 분화이전 단계로 다시 프로그래밍된 세포를 **유도만능줄기세포**(induced pluripotent stem cell, iPSC)라 한다. 다시 말하면, 성숙한 체세포를 배아 단계의 미성숙한 세포로 거꾸로 돌린다는 것이다. 현재 전 세계의 과학자들이 다른 방법으로는 치료하기 어려운 파킨슨병이나 당뇨병을 치료하는 데 또는 척수 손상 환자의 신경학적 기능을 회복하는 데 iPSC가 유용한지 연구 중이다.

배아가 아닌 것으로 줄기세포의 또 다른 출처는 제대혈 세포(cord blood cell)인데, 탯줄에서 얻는 ASC이다(541쪽 참조). 이 세포는 혈구세포와 림프(면역)계 세포의 전구세포인 **조혈줄기세포**(hematopoietic stem cell, HSC)이다. 골수이식(541쪽 참조)이 줄기세포(대부분 HSC) 이식의 한 형태이다.

이식

화상을 입었을 때 치료나 성형 수술에서와 같이, 자기 자신의 조직이 몸의 다른 부분으로 이식되면 이식에 대한 거부반응이 일어나지 않는다. 최근의 기술로, 화상 환자의 온전한 피부에서 약간의 세포를 취하여 넓게 퍼진 새로운 피부 판을 배양하는 것이 가능하다. 이 새로운 피부는 **자가이식(autograft)**의 한 예이다. 일란성 쌍둥이는 유전자 구성이 같아서 피부 또는 신장 등, 신체 기관이 면역반응을 일으키지 않고 서로에게 이식될 수 있다. 이러한 이식을 **동계이식(isograft)**이라 한다.

그러나 대부분의 이식은 일란성 쌍둥이가 아닌 사람들 사이에서 이루어지므로 면역반응을 일으키게 된다. 거부반응을 줄이기 위해, 제공자와 수혜자의 HLA를 최대한 가까운 것으로 맞추려는 것이다. 가까운 친척의 HLA가 일치할 가능성이 높기 때문에 혈족, 특히 형제자매가 우선 제공자로 적합하다. 일란성 쌍둥이가 아닌 사람들 사이의 이식을 **동종이식(allograft)**이라 한다.

이식에 제공될 수 있는 신체 기관이 부족하기 때문에 의학 연구자들은 동물의 조직이나 기관을 이식하는 **이종이식(xenotransplantation product**; 예전에는 **xenograft**라고 하였음)의 성공률을 높이고자 노력한다. 그러나 우리 몸은 이종이식에 대하여 특별히 심한 면역 공격을 일으키는 편이다. 개코원숭이 또는 다른 영장류 동물의 기관 이식을 시도하였으나 결과는 만족스럽지 못하였다. 돼지의 유전자를 조작하여 이식에 적합한 기관을 제공하려는 연구에 관심이 높다. 그 이유는, 돼지가 양적으로 풍부하고, 돼지의 기관이 사람의 것과 크기가 비슷하며, 돼지의 기관을 사용하는 점에 사람들이 측은한 마음을 비교적 덜 가지기 때문이다. 이종이식에서 가장 큰 문제는 동물 바이러스가 옮겨질 가능성이다.

궁극적으로 숙주 자신의 조직 세포에서 뼈나 기관의 일부를 만들어 내기 위한 예비 연구가 진행 중이다.

이종이식이 성공적이기 위해서는 **초급성거부반응(hyperacute rejection)**을 극복하여야 한다. 초급성거부반응은, 관계가 먼 모든 동물들에 대응하여 영아 초기에 생겨난 항체 때문에 일어난다. 보체의 도움으로, 이 항체는 이식된 동물 조직을 공격하여 한 시간 내로 파괴한다. 이 반응은 사람에게서 사람으로의 이식에서도, 이전의 수혈, 이식, 또는 임신으로 인하여 항체가 이미 생겨났을 경우에 일어난다. 사람 사이의 간 이식은 이 점에 있어서 특이하다. 간은 보통 초급성거부반응이 일어나지 않으며, HLA 유형분류가 다른 종류의 조직 이식에서만큼 중요하지 않다.

골수이식

지금은 흔히 **조혈줄기세포이식(hemapoietic stem cell transplant)**이라고 알려진 골수이식이 뉴스에 자주 보도된다. 수혜자는 주로 B세포와 T세포를 만들어내지 못하는 사람들이거나 백혈병 환자들이다. 17장에서 설명하였듯이 골수줄기세포는 적혈구와 백혈구를 만들어 낸다. 골수이식의 목표는 수혜자가 건강한 적혈구와 면역세포들을 만들 수 있도록 하는 것이다. 그러나 골수이식은 **이식편대숙주병(graft-versus-host disease, GVH disease)**을 초래할 수 있다. 이식된 골수는 이식을 받은 조직에 대응하여 세포매개 면역반응을 일으킬 수 있는 세포를 가지고 있다. 수혜자는 효과적인 면역이 결핍되었기 때문에 GVH병은 심각한 합병증이며 심지어 치명적일 수 있다.

이 문제를 피하기에 아주 희망적인 기술은 골수 대신에 **제대혈(umbilical cord blood)**을 사용하는 것이다. 이것은 태반과 신생아의 탯줄에서 얻어지는데, 이 기관들은 제대혈 수집에 사용되지 않으면 버려진다. 제대혈에는 골수에서 볼 수 있는 줄기세포가 풍부하다. 이 세포들은 수혜자가 필요로 하는 다양한 세포 종류를 만들 뿐 아니라, 세포가 더 어리고 덜 분화했기 때문에 수혜자의 HLA와 "일치"해야 하는 조건도 골수보다 덜 까다롭다. 결과적으로, GVH병이 일어날 가능성이 적다.

> **임상 사례**
>
> 림프구는 적색골수의 줄기세포에서 유래된다. 미성숙 림프구는 적색골수에서 흉선으로 이동하여 흉선에서 T세포로 성숙한다. 말릭의 병은 디조지증후군(DiGeorge syndrome), 즉 22번 염색체에 결손 부분이 있어 흉선이 덜 발달되거나 아예 생기지 않는 병으로 진단되었다. 말릭에게는 제 기능을 할 수 있는 흉선이 없었으므로 T세포가 생겨나지 않았다.
>
> 말릭의 증상을 일으킨 것은 무엇인가?
>
> 528 531 **541** 544 554

이해도 확인하기

- 비자기 조직의 이식 거부에 관련된 면역세포는 무엇인가? **19-14**
- 이식된 각막이 보통 비자기로 거부되지 않는 이유는 무엇인가? **19-15**
- 배아줄기세포와 성체줄기세포의 차이점을 설명하시오. **19-16**
- 어느 종류의 이식이 초급성거부반응을 가장 많이 받는가? **19-17**
- 적색골수에 면역반응을 일으킬 수 있는 세포가 많이 포함되어 있다. 이 세포들이 골수이식에서 어떠한 나쁜 결과를 초래할 수 있나? **19-18**

면역억제

이식 거부의 문제점을 바르게 인식하기 위해 기억할 것은, 면역계는 단순히 그 역할에 충실할 뿐이며 이식된 조직을 공격하면 숙주에 해롭다는 것을 전혀 알지 못한다는 것이다. 동종이식의 수혜자에서 거부반응을 막기 위해서, 그 이식에 대한 정상적인 면역반응을 억제하는 치료를 한다.

이식 거부에 있어서 세포매개 면역반응이 가장 중요한 요소이기 때문에, 일반적으로 이식 수술에서 이 반응을 억제하는 것이 바람직하다. 체액성(항체기반) 면역반응이 억제되지 않으면 미생물 감염에 저항할 능력이 상당히 유지된다. 1976년에, **사이클로스포린(cyclosporine)**이라는 약물이 어떤 곰팡이에서 분리되었다. 사이클로스포린이 발견된 이후, 심장이나 간을 비롯한 기관 이식수술이 성공적으로 수행되었다. 사이클로스포린은 인터류킨-2의 분비를 억제하여, 세포독성T세포가 일으키는 세포매개 면역반응을 방해한다. 이 약물이 효과를 보이면서 다른 면역억제 약물들도 곧 뒤따라 발견되었다. **타크롤리무스(tacrolimus; FK506)**는 심한 부작용이 많지만, 사이클로스포린과 유사한 작용을 하여 흔히 대체 약물로 쓰인다. 사이클로스포린이나 타크롤리무스 어느 것도 항체 생산에는 별로 영향을 주지 않는다. 두 가지 모두, 이식 거부를 방지하는 대부분의 치료요법에 중심적인 약물이다. 새로운 약물로 **시롤리무스**(sirolimus; Rapamune)가 있는데, 이것은 세포매개 면역과 체액성 면역을 모두 억제한다. 따라서 항체에 의한 만성 또는 초급성 거부반응이 우려되는 경우에 사용하기 좋은 약물이다. 시롤리무스는 혈관 폐색 등을 막기 위해 혈관에 주입하는 스텐트에 사용되는 것으로 가장 잘 알려져 있다. 미코페놀레이트(mycophenolate)는 T세포와 B세포의 증식을 억제한다. 키메라 단일클론 항체(514쪽)인 바실릭시맵(basiliximab)은 인터류킨-2를 저지하여 흔히 면역억제제로 처방된다. 면역억제제는 보통 조합으로 투약된다.

종종, 이식환자가 면역억제제를 중단하여도 놀랍게도 이식 거부반응이 일어나지 않는 경우가 있다. 의도적으로 이 현상을 재연할 수 있는 방법이 연구되었는데, 이 연구에서 해당 환자가 신장 이식을 받기 전에 본인의 면역계에서 외래조직을 공격하는 T세포가 공급되지 않도록 약물을 처치하였다. 그러고 나서, T세포를 고갈시키는 처치를 하기 전에 그 환자에게서 수집하여 저장해 놓은 골수세포와 함께 이식될 조직을 심었더니 뜻밖에 놀라운 결과가 일어났다. 그 환자의 면역계가 키메라, 즉 제공된 신장의 세포와 환자 자신의 세포가 섞인 혼합 체계로 재구성되었다. 결과적으로, 이식된 기관은 자기 물질로 받아들여지고 거부되지 않았다. 이런 방식으로 면역계를 재교육하면 환자는 수술 후 1년 이내에 면역억제제를 중단할 수 있다. 그런데 이해하기 어려운 점은, 키메라 상태가 지속되지 않고 환자의 면역계는 결국 원래 상태로 돌아온다는 것이다. 그러나 여전히 이식된 조직에 대한 거부반응은 일어나지 않는다. 극단적인 논리로 보면, 이 현상은 궁극적으로 사람의 기관이 아닌 것도 이식 가능하다는 것을 암시한다.

이해도 확인하기

✔ 이식 거부를 억제하기 위해서 사용되는 면역억제제의 주요 표적이 되는 사이토카인은 무엇인가? **19-19**

면역계와 암

학습 목표

19-20 면역계가 어떻게 암에 대응하고, 암세포는 어떻게 면역반응을 피할 수 있는지 설명한다.

19-21 면역요법의 두 가지 예를 제시한다.

감염성 질병과 마찬가지로, 암도 우리 몸의 면역계와 방어체계가 실패한 상태이다. 효과적인 암 치료에 가장 유망한 방안들이 면역학적 기술을 이용하는 것이다.

거의 백 년 전에 알려진 사실은, 우리 몸에서 암세포가 흔히 생겨나지만 다른 침입하는 세포들과 마찬가지로 이들은 면역계에 의해 제거된다는 것이다. 이것이 **면역감시(immune surveillance)**라는 개념이다. 세포매개 면역계가 암세포와 싸우도록 활성화되어 있기 때문에, 암이 자란 것은 바로 이 세포매개 면역계가 실패한 것이라고 추정되었다. 이 개념이 강화된 근거는, 면역계의 효율이 떨어진 노년에, 또는 면역계가 아직 제대로 충분히 발달하지 못한 아주 어릴 때에 암이 가장 많이 발생한다는 것이다. 또한 자연적으로든 인위적으로든 면역이 억제된 사람들이 일부 암에 더 걸리기 쉽다는 사실이다.

정상세포에 형질전환이 일어나 통제되지 않고 증식하기 시작하면 암이 된다(15장 444쪽 참조). 암세포는 표면에 종양관련항원(tumor-associated antigen)을 획득하여, 면역계가 비자기 세포로 구분할 수 있게 된다. 그림 19.11에서, 이러한 암세포를 활성화된 T_C 세포(세포독성T림프구, 또는 CTL)가 공격하는 것을 볼 수 있다. 활성화된 대식세포는 암세포도 파괴할 수 있다. 비록 건강한 면역계는 대부분의 암을 방지하기는 하지만 한계가 있다. 어떤 경우에는 암세포가 면역계의 표적이 될 항원결정기를 가지고 있지 않다. 심지어 암세포는 매우 빠르게 증식하여 면역계가 상대할 수 있는 양을 초과한다. 마지막으로, 암세포가 조직에서 증식을 시작하고 혈관화(혈액 공급에 연결되는 것)되면, 대개 면역계에 노출되지 않는다.

암면역요법

암이 면역계의 실패로 발생한다는 가정으로부터, 면역계를 이용하여 암을 예방하거나 치료할 수 있다는, **면역요법(immunotherapy)**의 개념이 생겨났다.

20세기 전환기에, 뉴욕시립 병원 의사였던 윌리엄 콜리(William B. Coley)가 관찰한 것은, 암환자가 장티푸스에 걸리면 종종 암이 눈에 띄게 줄어든다는 것이었다. 이후에 콜리는 사멸된 연쇄상구균(그람양성세균)과 *Serratia marcescens*(그람음성세균)의 혼합물을 제조하였다. 콜리독소라 하는 이 혼합물을 암환자에게 주사하여 세균감염처럼 가장하였다. 이 연구 자체는 매우 유망하였으나 결과가 일정하지 않았다. 그리고 수술과 방사선 치료가 진전된 터라 콜리의 연구는 거의 잊혀졌다. 지금은 이러한 세균의 내독소가 대식세포에서 종양괴사인자(TNF)의 생산을 자극하는 강력한 자극제라고 알려져 있다. TNF는 암에 혈액공급을 방해하는 작은 단백질이다.

여러 해 전에 수행된 다른 연구에서, 동물에 사멸된 암세포를 마치 백신처럼 주사하면 이후에 같은 암의 살아 있는 세포를 주사해도 암이 생기지 않는 것이 알려졌다. 또한 암은 때때로 저절로 줄어드는데 이것은 면역력이 좋아지는 것과 연관성이 있는 것 같다. 면역 방법으로 암을 치료하거나 예방하려는 접근법이 늘어날 전망이다. 건강한 세포도 손상 받는 화학요법과 방사선 치료의 문제점을 피할 수 있다는 것이 면역요법의 장점이다. 이미 마릭병(Marek's disease)이라는 닭에 생기는 암에 대한 백신이 성공적으로 사용되고

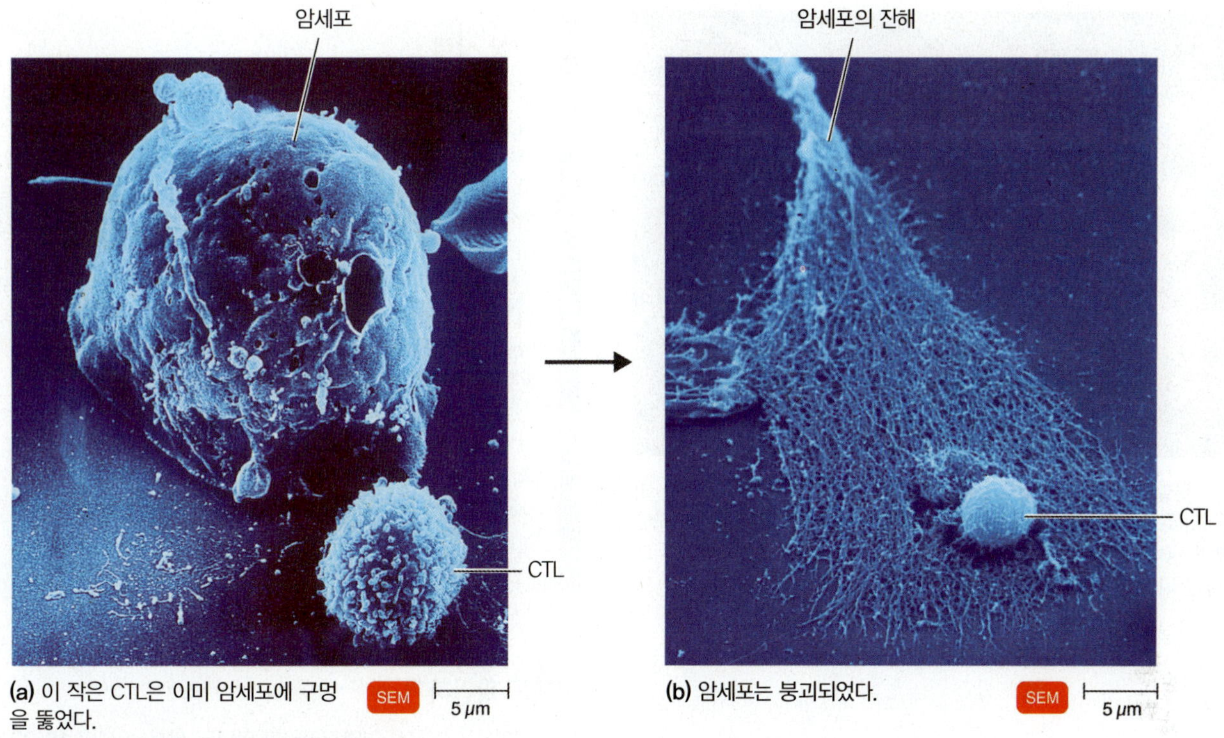

(a) 이 작은 CTL은 이미 암세포에 구멍을 뚫었다.

(b) 암세포는 붕괴되었다.

그림 19.11 세포독성 T림프구(CTL)와 암세포의 상호작용

CTL은 암세포를 어떤 방법으로 용해하는가? (힌트: 그림 17.12 참조.)

있다. 고양이 백혈병에 대한 백신도 고양이에게 상당한 예방을 주는 것으로 알려졌다.

암 백신은 치료(therapeutic) 또는 예방(prophylactic)에 효과적일 수 있다. 예방백신으로는, 흔히 간암의 원인으로 알려진 B형간염 바이러스의 감염을 예방하는 백신이 널리 사용되고 있다. 또한 젊은 여성에게 권장되는 가다실(Gardasil)이라는 백신도, 생식기에 혹이 생기게 하는 바이러스에 의한 자궁경부암의 발생 가능성을 낮추는 예방백신이다.

세계 최초의 치료 암 백신이 2010년 미국 식품의약국에 의해 승인되었다. 악성 전립선암 환자에 투여하면 단지 몇 개월의 수명 연장 효과가 있다. 이것은 화학요법의 효과와 비슷하지만 불편한 부작용이 훨씬 적으며, 암치료에 백신의 효력에 대한 개념을 입증한 대표 약물로 인정된다

단일클론 항체도 암 치료에 유망한 도구이다. 사람화 단일클론항체인, 헤르셉틴(Herceptin; 18장 514쪽 참조)은 현재 특정 유방암 치료에 사용되고 있다. 헤르셉틴은, 유방암세포의 증식을 촉진하는 HER2라 하는 성장인자를 특이적으로 중화한다. HER2는 25~30%의 유방암 환자에서 상대적으로 많은 양이 발현된다. 또 다른 방식으로 단일클론 항체를 독성 물질과 결합한 **면역독소(immunotoxin)**가 있다. 이론적으로, 면역독소는 건강한 세포에는 거의 해를 주지 않고 암세포만 특이적으로 공격할 수 있다.

이해도 확인하기

- 암 발생에 있어서 종양 관련 항원의 기능은 무엇인가? 19-20
- 현재 사용되고 있는 예방 암백신의 한 가지 예를 제시하시오. 19-21

면역결핍

학습 목표

19-22 선천성 면역결핍과 후천성 면역결핍의 유사점과 차이점을 설명한다.

충분한 면역반응이 일어나지 않는 상태를 **면역결핍(immunodeficiency)**이라 하며, 선천성 또는 후천성이다.

선천성 면역결핍

어떤 사람들은 선천적으로 면역계에 결함을 가지고 있다. 다수의 유전자의 결함 또는 결손이 **선천성 면역결핍(congenital immunodeficiencies)**을 초래할 수 있다. 예를 들어, 디조지증후군(DiGeorge syndrome)과 같은 특정 열성 형질을 가진 사람들은 흉선이 생기지 않아서 세포매개 면역이 결핍되어 있다. 이에 상응하는 모델 동물인 누드(털이 없는) 마우스(그림 19.12)는 이식 연구 분야에서 매우 소중하다. 이 생쥐는 흉선이 없어서(동일한 유전자가 털이 없게 하는 것도 조절) T세포를 만들어 내지 못하고 결과적으로 이식된 조직에 거부반응을 일으키지 않는다. 심지어 닭의 표피(털까지 있는) 이식도 쉽게 받아들인다.

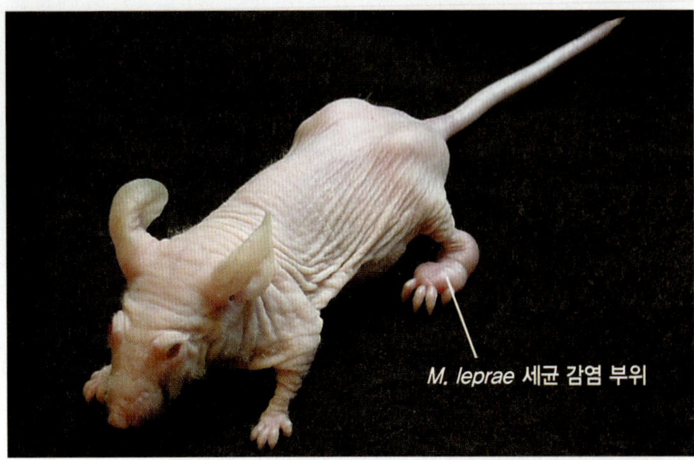

그림 19.12 **뒷발에 *Mycobacterium leprae*에 감염된 누드(털이 없는) 마우스.** 누드 마우스는 흉선이 없어서 세포매개 면역이 일어나지 않는다. *M. leprae*(나병 병원체)의 감염에 대한 면역반응은 세포매개 면역에 의존하기 때문에 이 동물은 나병 연구에 매우 중요한 자료를 제공한다.

 면역반응에서 흉선의 역할은 무엇인가?

임상 사례

말릭에게는 T세포가 없었기 때문에, 그의 면역계가 효과적이지 않았다. 수혈된 혈액에는 T세포를 포함하여 면역반응을 일으킬 수 있는 림프구가 들어 있었다. 정상적인 면역계였다면 이 세포들을 중화하였을 것이다. 그러나 말릭의 경우에는, 수혈된 T림프구가 새로운 숙주인 말릭의 세포를 비자기로 인식하고 공격하는 이식편대숙주병(GVHD)이 일어난 것이다. 인식 단계에서 T세포의 T세포수용체와 공수용체(coreceptor)인 CD3에 항원이 결합하면, T세포는 활성화되어 증식하고 그 항원을 공격한다. CD3에 대한 단일클론 항체인 무로모나브(muromonab-CD3, Mab-CD3)가 종종 이식 거부를 치료하기 위해 사용된다.

말릭의 회복에 단일클론 항체가 하는 역할을 무엇인가? (힌트: 18장 참조.)

528 531 541 **544** 554

이해도 확인하기

✔ 에이즈는 후천성 면역결핍인가 아니면 선천성인가? **19-22**

후천성 면역결핍

다양한 약물, 암, 또는 감염원이 **후천성 면역결핍(acquired immunodeficiency)**을 유발할 수 있다. 예를 들어, 암의 한 종류인 호지킨병(Hodgkin's disease)은 세포매개 반응을 약화시킨다. 많은 바이러스가 림프구에 감염하여 사멸을 일으켜 면역반응을 약화시킬 수 있다. 비장을 제거하면 체액성 면역이 약화된다. **표 19.4**에 에이즈를 포함하여 잘 알려진 면역결핍 질환이 요약되어 있다.

후천성 면역결핍 증후군(에이즈)

학습 목표

19-23 감염성 질병이 어떻게 생기는지에 대한 두 가지 예를 제시한다.

19-24 HIV가 숙주세포에 어떻게 부착하는지 설명한다.

19-25 HIV가 숙주의 항체를 피할 수 있는 두 가지 이유를 설명한다.

표 19.4 면역결핍

질병	침범 세포	설명
후천성 면역결핍증후군(에이즈)	바이러스는 $CD4^+$ T세포를 파괴	암을 비롯하여 세균, 바이러스, 곰팡이, 원생동물 감염 증가; HIV 감염에 의해 발생
선택적 IgA 결핍증	B, T세포	700명 중 1명꼴, 점막에 빈번한 감염; 병의 원인 불확실
공통 가변성의 저감마글로불린혈증	B, T세포(면역글로불린 감소)	빈번한 바이러스 및 세균 감염; 두 번째로 흔한 면역결핍, 7만 명 중 1명꼴; 유전성
세망 이생성	B, T세포, 줄기세포(복합면역결핍; B, T세포와 호중성백혈구의 결핍)	영아기에 주로 치명적; 매우 희귀; 유전성; 가능한 치료법은 골수이식
중증복합면역결핍증	B, T세포, 줄기세포(B, T세포 모두 결핍)	10만 명 중 1명꼴, 심각한 감염 증상; 유전성; 골수이식과 태아 흉선 이식으로 치료; 유전자치료법 희망적
흉선무형성(디조지증후군)	T세포(흉선결함이 T세포 결핍 유발)	세포매개면역의 결함; 주로 영아 때 폐포자충 폐렴 또는 바이러스나 곰팡이 감염으로 치명적; 배아 시기에 흉선이 발생하지 못한 원인
위스코트-알드리치 증후군	B, T세포(혈소판 희박, 비정상T세포)	바이러스, 곰팡이, 원생동물에 빈번히 감염; 습진, 혈액응고 결함; 주로 아동기에 사망에 이름; X 염색체에 유전성
X-연관 무감마글로불린증(브루톤병)	B세포(면역글로불린 감소)	빈번한 세포외 세균 감염; 20만 명 중 1명꼴; 최초로 알려진 면역결핍질환(1952); X염색체에 유전성

19-26 HIV 감염의 각 단계를 설명한다.

19-27 HIV 감염이 면역계에 미치는 영향을 설명한다.

19-28 HIV 감염을 진단하는 방법을 설명한다.

19-29 HIV 전염 경로를 열거한다.

19-30 HIV 전염의 지리적 패턴을 확인한다.

19-31 HIV 감염의 예방과 치료에 현재 사용하고 있는 방법을 열거한다.

1981년, 로스엔젤레스 지역에서 원생동물형(*Pneumocystis*) 폐렴(20쪽 참조)이 집단 발병하였다. 이것은 주로 면역억제 환자에게만 생기는 매우 희귀한 질병이었다. 곧 이 병의 발생이 카포시 육종(Kaposi's sarcoma)이라고 하는 피부와 혈관에 생기는 희귀한 암의 이례적 발생과 연관된 것으로 밝혀졌다. 또한 이 병에 걸린 사람들은 모두 젊은 동성애 남성이었으며 면역기능이 결핍된 것으로 드러났다. 1983년, 이 면역결핍을 일으킨 병원체는 도움T세포에 선택적으로 감염하는 바이러스로 확인되었다. 현재 이 바이러스는 사람면역결핍바이러스(human immunodeficiency virus) 또는 HIV로 알려져 있다(5쪽, 그림1.1e 참조).

에이즈의 기원

HIV는 중앙아프리카 일부 지역의 야생동물에 풍토병을 일으켰던 바이러스의 돌연변이에 의해 생겨난 것으로 생각된다. 이 바이러스의 유전학적 연구 결과에 의하면, HIV-2(서부 아프리카 이외의 지역에서는 별로 발견되지 않으며 전염성이 약한 HIV의 한 종류)가 유인원면역결핍 바이러스(simian immunodeficiency virus, SIV)의 돌연변이로 생겨났다는 결론이다. 서부 아프리카의 망가베이 원숭이에게 SIV 감염은 원래 무해하다. 최근의 연구는, HIV-1(세계적으로 사람에게 감염하는 주요 HIV)이 중앙아프리카의 침팬지에 감염하는 또 다른 SIV와 유전자 연관성이 있음을 보여주었다.

그러나 HIV-1은 **에이즈(AIDS**; HIV 감염의 최종 단계)가 질병으로 알려지기 오래 전에 서부 및 중앙아프리카의 사람들에게 퍼졌던 것으로 생각된다. 동물에 감염되었던 SIV가 사냥 금지 동물(야생동물고기)을 먹었던 사람들에게 건너간 것으로 보인다. 이렇게 침팬지에서 사람으로 건너간 것이, 1884~1924년 사이인데, 대략 1908년경이라고 판단된다. 이 병의 전염이 성적으로 별로 문란하지 않은 작은 마을에 국한되었더라면 거의 번지지 않고 사라졌을지도 모른다. 그 바이러스가 숙주를 신속히 죽이거나 무력화하지 못했기 때문에 그 지역 인구 내에 남게 되었다. 유럽 식민주의가 갑자기 끝나면서, 사하라 사막 이남의 사회구조가 바뀌었다. 인구가 도시화되면서 성적으로 문란해졌고—특히 매춘이 증가—교통수단이 증가하였다. 최초로 보고된 에이즈 사례는, 벨기에령 콩고의 레오폴드빌(현재 콩고 민주공화국의 수도, 킨샤사)의 환자이다. 이 남성은 1959년에 사망하였고, 보존된 그의 혈액시료에는 HIV에 대한 항체가 들어 있다. 서양에서 최초로 확인된 에이즈 사례는 1976년에 사망한 노르웨이 선원이었는데, 1961년 또는 1962년에 서부 아프리카에서 육체적 접촉으로 감염되었다.

이해도 확인하기

✔ HIV-1 바이러스는 어느 대륙에서 생겨났나? **19-23**

HIV 감염

가장 흔한 오해 중의 하나는 HIV 감염이 에이즈와 같은 뜻으로 이해하는 것이다. 에이즈는 HIV 장기 감염의 최종 단계를 뜻한다.

HIV의 구조

렌티바이러스(*Lentivirus*)속에 속하는 HIV는 레트로바이러스(391쪽 그림 13.19 참조)이다. HIV는 동일한 두 가닥의 RNA, 역전사효소(reverse transcriptase), 그리고 인지질로 구성된 피막을 가지고 있다(그림 19.13). 피막에는 **gp120**(분자량 120킬로달톤의 당단백질이라는 뜻)이라는 당단백질 돌기들이 있다.

HIV의 감염성과 병원성

HIV 감염은 면역계와 밀접한 관련성이 있다. HIV는, 이 바이러스를 포착하여 림프기관으로 수송하는 수지상세포에 의하여 퍼진다. 림프기관에서 수지상세포는 주로 활성화된 T세포에 결합하여 초기의 강한 면역반응을 불러일으킨다.

HIV가 감염성을 가지려면 386쪽의 그림 13.14와 그림 19.1의 사진에 나온 방식과 유사하게, 반드시 부착, 융합, 진입의 단계를 거쳐야 한다. 표적세포에 부착하기 위해서 당단백질 돌기(gp120)가 $CD4^+$ 수용체에 결합하여야 한다. HIV 감염의 주요 표적세포인 $CD4^+$ 도움T세포 한 개 세포에, 대략 65,000개의 $CD4^+$ 수용체가 존재한다. 일부 공수용체(coreceptor)도 부착에 필요하다. 가장 잘 알려진 공수용체는 케모카인 수용체인 CCR5와 CXCR4이다.* 대식세포와 단핵백혈구(456쪽)도 CD4 분자를 가지고 있다. (CD4를 발현하지 않는 세포들도 감염될 수 있어서, HIV 감염에 다른 종류의 수용체가 대신할 수 있다고 지적된다.)

숙주세포에서, 바이러스의 RNA는 역전사효소에 의해 DNA로 역전사된다. 이 DNA가 숙주세포의 염색체 DNA에 통합되면, 감염에 필요한 단백질이 만들어져서 숙주세포에서 새로운 바이러스가 돋아나오게 된다(그림 19.14b).

혹은, 통합된 DNA가 새로운 바이러스를 만들지 않고 **프로바이러스**(provirus) 상태로 숙주 염색체에 숨어 있을 수 있다(그림 19.14a와 그림 19.15a). 숙주세포에서 만들어진 HIV가 반드시 방출되는 것은 아니며 세포내 액포에 **잠복비리온**(latent virion)으로 남아 있을 수

* 이 명명법은, 이 단백질들의 시작 아미노산 서열을 따른 것이다. CCR5의 CC는 시작 서열이 시스테인으로 이어져 있는 것을 가리킨다. R은 수용체(receptor)를, 숫자는 식별의 용도이다. 두 시스테인 사이에 다른 아미노산이 있으면 CXCR4에서와 같이 표기된다.

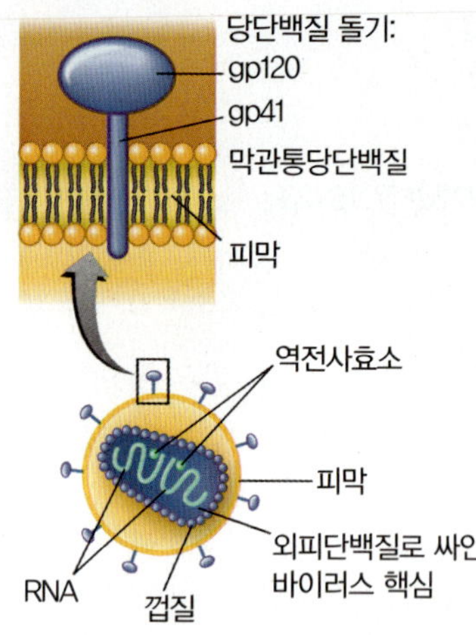

HIV의 구조와 CD4^{+} T세포의 감염. 바이러스 막에 있는 gp120 당단백질 돌기가 CD4^{+} 세포 수용체에 부착한다. gp41 막관통당단백질이 어떤 융합수용체에 결합하여 융합을 촉진하는 것으로 추정된다.

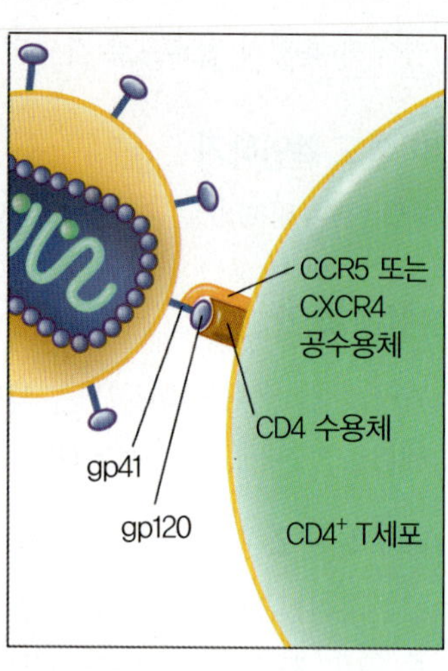

1 **부착.** gp120 돌기가 수용체 및 CCR5 또는 CXCR4 공수용체에 부착한다.

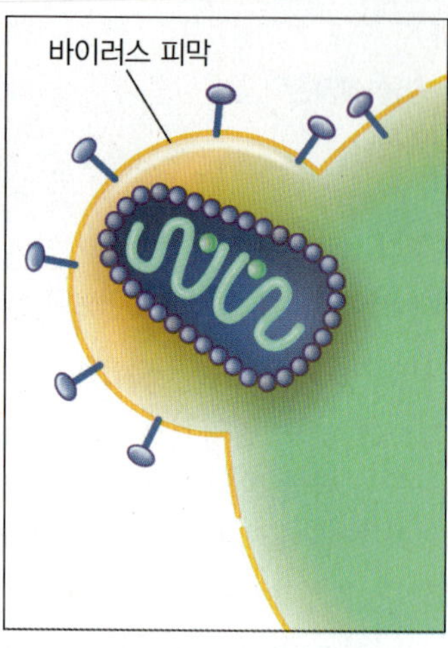

2 **융합.** gp41이 HIV와 숙주세포 사이의 융합을 촉진한다.

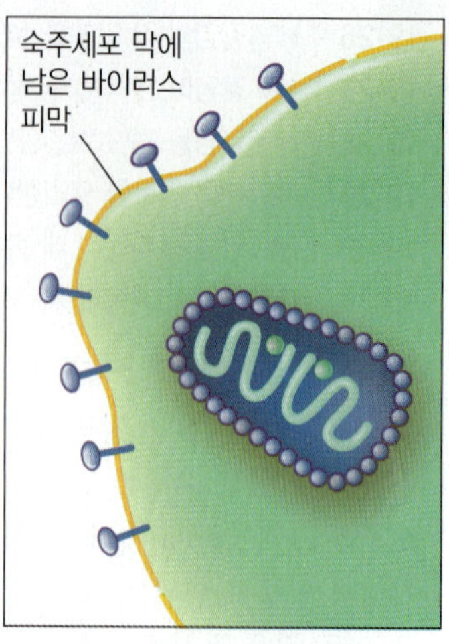

3 **침투.** 융합된 후에, 진입 통로가 만들어지고, 바이러스 외피는 숙주세포막에 남는다. 외피가 제거된 HIV RNA 핵심 (그림 19.14b 참조)은 새로운 바이러스 합성을 지시한다.

그림 19.13 HIV 구조 및 표적 T세포의 수용체에 부착 방법

Q HIV가 주로 CD4^{+} 세포에 감염하는 이유는 무엇인가?

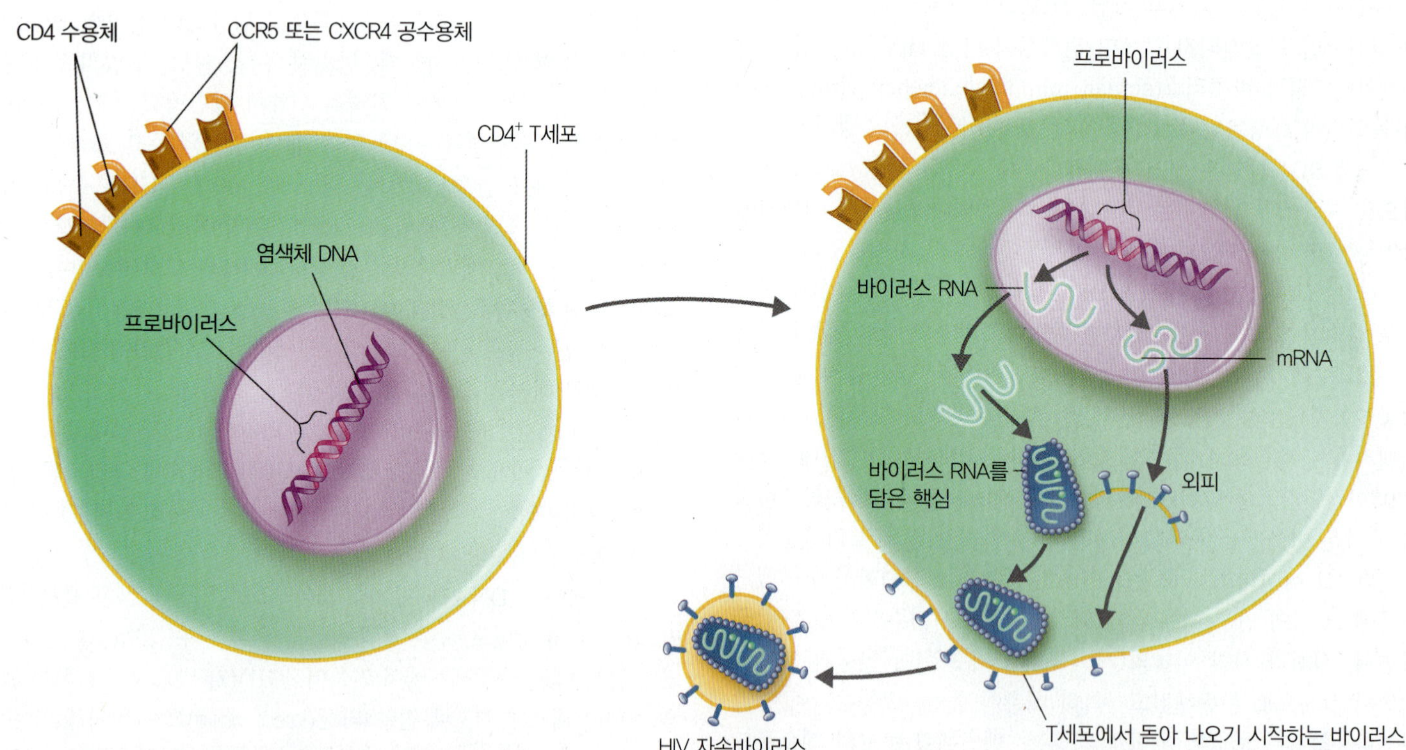

(a) **잠복성 감염.** 바이러스 DNA가 인테그라제 효소(553쪽 참조)에 의해 숙주세포 DNA에 통합되어 프로바이러스를 형성한다. 이것은 이후에 활성화되어 감염성 있는 바이러스가 될 수 있다.

(b) **활동성 감염.** 프로바이러스의 활성화로 인하여 새로운 바이러스가 합성되고 숙주세포에서 떨어져 나간다. 최종 조립은, 세포막에서 바이러스가 떨어져 나갈 때 바이러스외피 단백질을 빼내어 완성된다.

그림 19.14 CD4^{+} T세포에서 잠복성 및 활동성 HIV 감염

잠복성 감염은 어떤 상태인가?

도 있다(그림 19.15b). 사실상, HIV-감염 세포 중 일부는 죽지 않고 장기간 생존하는 기억 T세포로 되는데 이 경우에는 잠복한 HIV가 수십 년간 지속되는 저장소가 된다. 이렇게 프로바이러스 또는 잠복비리온 상태로 숙주세포에 남으면 면역계의 공격으로부터 피난처를 얻게 된다. HIV가 면역계를 피하는 또 다른 방법은 **세포대세포융합**(cell-cell fusion)인데, 이를 통해 바이러스가 감염된 세포에서 감염되지 않은 인접한 세포로 이동한다.

또한 HIV 바이러스는 항원결정기를 자주 바꾸어 면역계를 피한다. 역전사효소를 가진 레트로바이러스는 DNA 바이러스에 비해 높은 돌연변이율을 보이며, DNA 바이러스가 가진 "교정" 능력도 결여되어 있다. 결과적으로, 감염된 사람에게서 HIV 유전체의 모든 위치에서 하루에 여러 차례의 돌연변이가 생길 수 있다. 이런 추세로, 무증상 감염자 한 사람에게서 100만 변이형의 바이러스와, 마지막 단계의 감염자에게서는 1억 변이형에 이를 수 있다. 이 엄청난 숫자의 변이형은 약물내성의 문제점을 낳고, 백신 개발이나 진단검사에 장애물이 된다.

HIV의 분기군(아형)

전 세계적으로, HIV 유전체는 독특한 그룹으로 나누어지기 시작했다. 유전체 염기서열 분석에 따르면, 현재 HIV-1은 M (main), O (outlier), N (non-M 또는 non-O)의 세 그룹이 있다. 이 분류는 독립적인 기원을 반영하는 것으로, M과 N 그룹은 침팬지에서 비롯되었고, O 그룹은 고릴라에서 유래된 것이라 추정된다. 전 세계 HIV 감염의 95% 이상을 차지하는 M 그룹 내에서 현재 알려진 **분기군**(**clade**, 그리스어로 가지를 뜻함; A, B, C 알파벳으로 지명되어, A1, A2, 등의 아형으로 나뉜다)은 13가지이다. 세계적으로 가장 널리 퍼진 것은 C 단일계통군(인도와 아프리카 동남부)이며, 동남아시아에서는 E(현재는 CRF-01AE라고 하는), 북남미와 유럽에서는, B가 가장 우세한 단일계통군이다.

HIV 감염의 단계

성인에서 HIV 감염의 진행은 임상적으로 세 단계로 나누어진다(그림 19.16):

1단계 혈장 1밀리리터당 바이러스 RNA 분자가 감염 첫 주에 천만 개 이상에 달한다. 수십억 개의 $CD4^+$ T세포가 2주 이내에 감염된다. 면역반응과 표적세포 중 감염되지 않은 일부 세포들의 활성으로 혈장내 바이러스가 2~3주 내에 급격히 고갈된다. 감염은 무증상이거나 **림프절장애**(lymphadenopathy; 림프절이 부어 오름)를 일으킨다.

2단계 $CD4^+$ T세포의 수가 꾸준히 감소한다. HIV 복제가 계속되지만, $CD8^+$ T세포의 통제를 받아 비교적 느리게 일어나며(17장 493쪽 참조) 주로 림프조직에서 일어난다. 감염된 세포 중 극히 일부만이 HIV를 방출하며, 대개 잠복 또는 프로바이러스 형태로 가지고 있다. 심각한 증상은 별로 없으나, 면역반응이 뚜렷이 저하되어 입과 인후, 질에 칸디다 알비칸스(*Candida albicans*)의 고질적 감염이 나타난다. 다른 증상으로 열이 나고 설사가 계속되기도 한다.

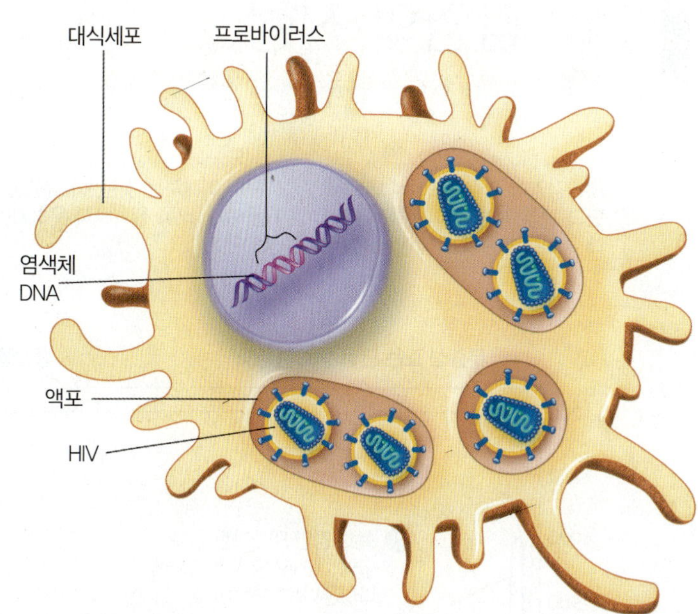

(a) 잠복 감염된 대식세포. HIV는 프로바이러스 또는 액포 내에 완전한 비리온 형태로 지속될 수 있다.

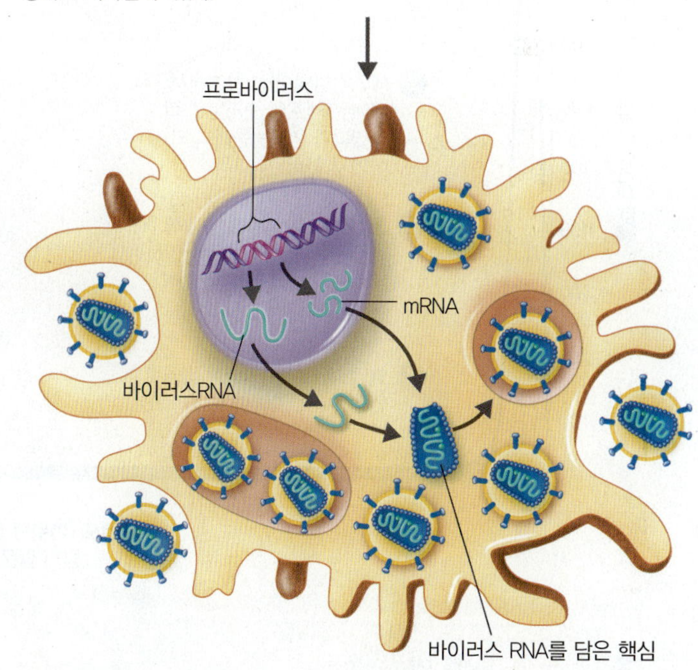

(b) 활성화된 대식세포. 프로바이러스로부터 새로이 합성된 바이러스가 생겨난다. 완성된 비리온은 방출되거나 액포 내에서 지속된다.

그림 19.15 대식세포와 수지상세포에 잠복성 및 활동성 HIV 감염

Q 활동성 감염과 잠복성 감염의 차이는 무엇인가?

토대 그림 19.16

HIV 감염의 진행

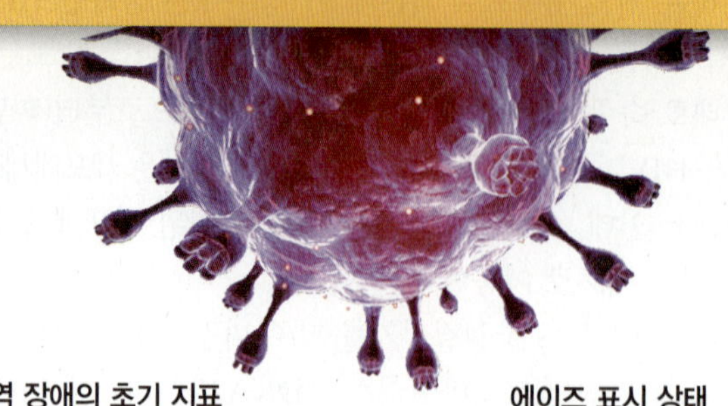

HIV 감염이 숙주세포에서 어떻게 진행되는지 이해하는 것은, 이 유행병의 진단과 전염, 예방을 이해하는 필수적인 내용이다. 비록 완치하지 못하지만, 아래 주어진 약물 치료법에 대한 정보를 참조한다.

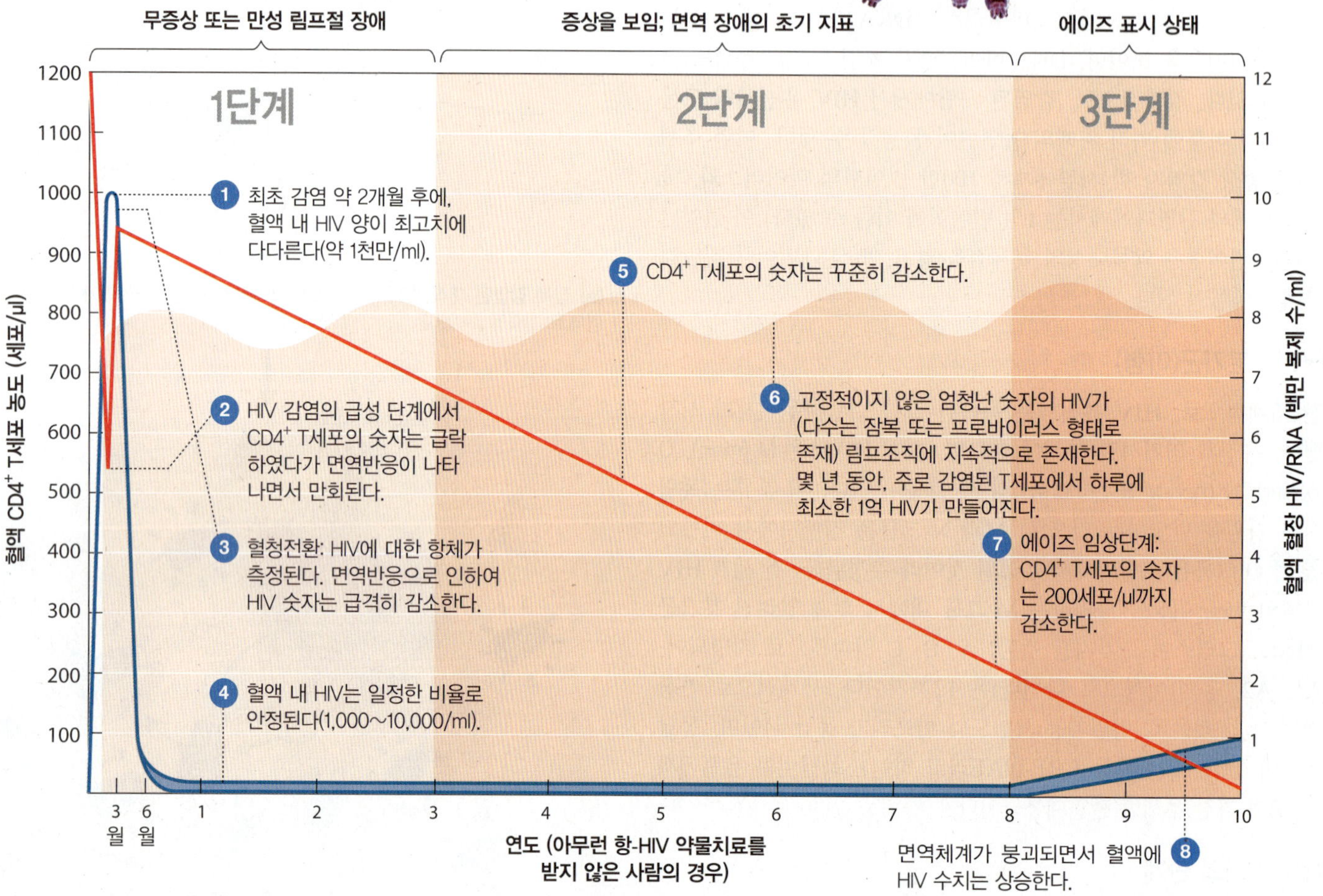

무증상 또는 만성 림프절 장애

증상을 보임; 면역 장애의 초기 지표

에이즈 표시 상태

1단계

2단계

3단계

혈액 $CD4^+$ T세포 농도 (세포/μl)

1200 1100 1000 900 800 700 600 500 400 300 200 100

혈액 혈장 HIV/RNA (백만 복제 수/ml)

12 11 10 9 8 7 6 5 4 3 2 1

1. 최초 감염 약 2개월 후에, 혈액 내 HIV 양이 최고치에 다다른다(약 1천만/ml).
2. HIV 감염의 급성 단계에서 $CD4^+$ T세포의 숫자는 급락하였다가 면역반응이 나타나면서 만회된다.
3. 혈청전환: HIV에 대한 항체가 측정된다. 면역반응으로 인하여 HIV 숫자는 급격히 감소한다.
4. 혈액 내 HIV는 일정한 비율로 안정된다(1,000~10,000/ml).
5. $CD4^+$ T세포의 숫자는 꾸준히 감소한다.
6. 고정적이지 않은 엄청난 숫자의 HIV가(다수는 잠복 또는 프로바이러스 형태로 존재) 림프조직에 지속적으로 존재한다. 몇 년 동안, 주로 감염된 T세포에서 하루에 최소한 1억 HIV가 만들어진다.
7. 에이즈 임상단계: $CD4^+$ T세포의 숫자는 200세포/μl까지 감소한다.
8. 면역체계가 붕괴되면서 혈액에 HIV 수치는 상승한다.

3 월 6 월 1 2 3 4 5 6 7 8 9 10

연도 (아무런 항-HIV 약물치료를 받지 않은 사람의 경우)

보기

CD4C T세포의 숫자

혈액의 HIV 숫자

핵심 개념

- HIV 감염은, 감염성 질병과 암에 대한 신체 방어에 필수적인 T세포를 파괴하면서 진행된다.
- 이 진행성 감염의 최종 단계의 에이즈이다.

비록 HIV 감염을 완치할 수 없지만, 항-HIV 약물의 조합(항레트로바이러스 요법)이 권장되는 치료법이다. 치료 중인 사람들은 여전히 이 병을 전염시킬 수 있다. 이 약물들은 다음과 같이 여러 방법으로 작용한다: HIV 복제에 필요한 단백질을 무력화하거나 중단시킨다. 바이러스 복제에 필요한 구성요소를 방해한다. 바이러스가 숙주세포 내로 진입하는 것을 막는다.

잠복성 엡스타인-바 바이러스의 재활성화로 인한 구강백반(구강 점막에 흰 반점), 대상포진, 그 외 면역 저하를 표시하는 다른 증상도 나타날 수 있다.

3단계 임상적 에이즈가 나타난다. $CD4^+$ T세포의 수가 마이크로리터당 350세포 이하이다(200개이면 에이즈로 정의된다). 에이즈의 중요한 표지 증상이 나타나는데 다음과 같다. 기관지 및 기도 감염 또는 칸디다 알비칸스 감염, 사이토메갈로바이러스에 의한 눈 감염, 결핵, 원생동물형 폐렴, 뇌에 톡소플라즈마증, 카포시 육종 등이 있다.

미국 질병통제예방센터는 HIV 감염의 진행을 T세포 수에 따라 분류한다. 그 목적은 어떤 약물을 언제 투여해야 하는지를 비롯한 치료 지침을 일차적으로 제공하는 것이다. 건강한 사람들은 마이크로리터당 800~1000 $CD4^+$ T세포를 가지고 있다. 350 이하이면 미국에서는 레트로바이러스에 대한 약물치료를 시작하고 200 이하이면 에이즈로 진단한다.

초기 HIV 감염에서 에이즈까지 진행은 성인의 경우 대개 10년 정도 걸린다. 이 수치는 보통 선진국의 경우이고, 아프리카에서는 흔히 이것의 절반 정도이다. 이 기간 동안 엄청난 규모의 세포전쟁이 일어난다. 최소한 천억 개의 HIV가 매일 만들어지고, 각각은 6시간 정도의 매우 짧은 반감기를 가진다. 이 모든 바이러스들이 항체와 CTL, 대식세포 등의 방어체계에 의해 제거되어야 한다. 거의 대부분의 적어도 99% HIV는 단지 이틀 정도 생존하는 감염된 $CD4^+$ T세포에서 만들어진다(T세포는 정상적으로 4~5일은 생존한다). 매일, 평균 20억 개 정도의 $CD4^+$ T세포가 소실을 보충하기 위해 만들어진다. 그러나 시간이 지남에 따라, 하루에 적어도 2,000만 개의 $CD4^+$ T세포가 순소실되며, 이것이 HIV 감염이 진행됨을 보여주는 주요 표지이다. 가장 최근의 연구에 의하면 $CD4^+$ T세포의 감소는 바이러스가 직접적으로 세포를 파괴하기 때문만은 아니며, 오히려 감염된 세포의 생존이 짧아지고 대신할 T세포가 보충생산되지 못하기 때문이다.

HIV 감염에 대한 내성

HIV 감염의 한 가지 특성은, 체액성 및 세포성 면역계의 노력에도 불구하고 바이러스가 증식한다는 것이다. 그림 19.16에서 보듯이, HIV 감염은 초기에 강하고 꽤 효과적인 면역반응을 자극한다. 감염되고 몇 달 후, 바이러스의 양이 크게 감소한다. 아마도 CTL ($CD8^+$ T세포)가 가장 중요한 역할을 할 것이다. 중화 항체는 혈액의 바이러스 감염이 최고치를 지날 때까지는 나타나지 않는다. 바이러스의 유전자가 신속히 바뀌어 항체의 효력이 줄어들지만 CTL은 계속 바이러스를 줄인다. 그러나 일단 HIV 감염이 확고해지면 사실상 모든 환자에서 가차없이 진행된다. 이것은 주로 HIV가 초기에 잠복 감염된 $CD4^+$ T세포 그룹을 확립하기 때문이며, 또한 거의 어느 환자도 감염을 완벽히 없애지 못하기 때문이다. 이렇게 잠복된 바이러스는 항바이러스 치료에 의해 혈액의 바이러스 감염이 감지할 수 없는 수준(밀리리터당 50 분자 미만)까지 감소되더라도 근절되지 않는다. 확고한 잠복성 감염은 다른 모든 바이러스 감염과 대조되는 것이며 어떤 백신도 개발되기 어렵도록 하는 장벽이다.

HIV 감염자의 생존

HIV 감염은 면역계를 황폐화하여, 병원체에 효과적으로 대응할 수 없도록 만든다. HIV 감염과 에이즈에 가장 흔히 연관된 질병이나 질환이 **표 19.5**에 요약되어 있다. 이러한 질환을 성공적으로 치료하게 되어 많은 HIV 감염 환자들의 생명을 연장하였다.

감염자의 연령 또한 중요한 요소이다. 고령의 성인들은 $CD4^+$ T세포군을 대치할 능력이 적다. 유아와 어린이들의 면역계는 아직 완전히 발달하지 않아서, 그들은 기회 감염에 훨씬 더 취약하다.

HIV에 양성인 어머니에게서 태어난 유아들이 모두 감염된 것은 아니며 사실상, 약 20% 정도만이 감염되어 있다. 아주 심각하게 감염된 유아는 채 18개월도 살지 못한다.

노출되었으나 감염되지 않은 집단 일부 고위험군에 속하는 사람들은 반복적으로 HIV에 노출되지만 감염되지 않는다. HIV는 주로 CD4 수용체(그림 19.13 참조)에 먼저 부착하고 그 다음 공수용체인 CCR5에 결합하여 세포 안으로 진입한다. 서양 사람의 약 1~3%는 CCR5 유전자의 결손이 있어 HIV 감염에 높은 저항력이 있다.

자연 내성에 있어 CCR5의 역할을 이해함으로써 CCR5를 차단하는 약물 개발에 대한 연구가 진행되고 있다.

에이즈 환자의 T세포 집단을 감염에 내성을 가진 T세포로 대치하는 유전자치료법에 대한 실험이 진행 중이다. 먼저 환자의 T세포 일부를 제거하여 CCR5를 제거한다. 결국에 CCR5를 가진 T세포는, CCR5의 결손으로 인하여 감염에 내성을 가진 T세포로 교체될 것이다. 이렇게 변형된 T세포군을 증식시켜 환자에게 도로 주입해 준다. 소그룹의 환자들을 대상으로 한 시험에서, 이 변형된 세포들이 환자의 혈액에서 서서히 증가하는 희망적인 결과를 얻었다.

CCR5 유전자 결손 집단의 HIV 내성에 대한 또 다른 설명은, 더 효과적인 CTL을 비롯하여 다른 유전적 요소와 면역계의 요소가 감염에 대한 내성을 부여한다는 것이다.

장기 생존자(장기 비진행자) 간혹, 300명 중 한 사람꼴로, 치료 받지 않고도 HIV에 10년 이상, 심지어 30년 동안 감염된 채 에이즈로 진행되지 않는 사례가 있다. 이런 환자들의 대부분에서 혈장 바이러스 수치가 잡히며, 환자의 약 4%에서는 $CD4^+$ 세포 수가 정상 수준보다 수가 약간 적다. 다른 경우로, 혈액에 바이러스 양이 거의 측정되지 않는 군을 따로 **엘리트 콘트롤러(elite controller)**라 한다. 이들은 HIV처럼 돌연변이 속도가 빠른 바이러스를 파괴하는 비범한 기능을 가진 CTL을 가진 것으로 알려져 있다. 이 부류의 장기생존자들은 모든 HIV 감염자들의 치료에 대한 통찰력을 줄 수 있어, 비상한 관심의 대상이 되고 있다.

표 19.5 에이즈와 흔히 연관된 질병

병원체 또는 질병	질병의 설명
원생동물	
Cryptosporidium hominis	지속적인 설사
Toxoplasma gondii	뇌염
Isospora belli	장염
바이러스	
사이토메갈로바이러스	열, 뇌염, 실명
단순허피스바이러스	피부 및 점막에 수포
수두대상포진바이러스	대상포진
세균	
Mycobacterium tuberculosis	결핵
M. avium-intracellulare	여러 기관 감염; 장염, 그 외 매우 다양한 증상
곰팡이	
Pneumocystis jirovecii	생명에 위협적인 폐렴
Histoplasma capsulatum	파종성 감염
Cryptococcus neoformans	파종성, 특히 뇌수막염
Candida albicans	구강, 질 점막에 과다 증식(HIV 감염 2단계)
C. albicans	식도, 폐에 과다 증식(HIV 감염 3단계)
암 또는 전암상태	
카포시 육종	피부와 혈관의 암(사람 허피스바이러스 8에 의해 발생)
모상 백반증	점막에 백색 반점; 흔히 전암상태로 진단
자궁경부 이형상피증	비정상적 자궁경부 증식

이해도 확인하기

- HIV가 부착하는 숙주세포의 주요 수용체는 무엇인가? **19-24**
- HIV 외피(coat)에 대한 항체는 프로바이러스에 결합할 수 있을 것인가? **19-25**
- $CD4^+$ T세포가 마이크로리터당 300개이면 에이즈로 진단하는가? **19-26**
- HIV 감염의 주요 표적이 되는 면역세포는 어느 것인가? **19-27**

진단 방법

현재 미국 질병통제예방센터는 몇 가지 경우, 특히 결핵이나 성적 접촉에 의한 감염에 대한 치료를 시작하는 환자에 있어서, HIV 감염에 대한 정기 검사를 권장한다. HIV 항체를 측정하는 일반적인 방법은 ELISA 검사(523쪽 그림 18.14 참조)로, 민감도가 가장 높은 방법이다. 요즘에는 덜 비싸고 신속한 HIV검사(10~20분) 방법이 몇 가지 있어 특히 긴급치료 진료소나 응급병동 및 개발도상국과 자원부족국가에서 유용하게 쓰인다. 이러한 검사들은 소변이나 손가락 끝의 피 한 방울을 사용하며, 오라퀵(OraQuick) 검사법은 입안에서 면봉으로 채취한 표본을 사용한다. 일부 검사법은 가정용 검사로 사용될 가능성이 있다. HIV-양성 미국인의 25%는 자신이 감염된 것을 모르고 있어 이 질병이 더 크게 퍼지게 된다. 경제적이며 신속한 정기 검사를 받을 수 있다면 이러한 문제가 줄어들 것이다.

항체를 검출하는 양성 검사는 추가 검사, 주로 웨스턴블롯팅 검사로 확인되어야 한다(288쪽 그림 10.12 참조).

항체 검출 검사의 문제점은 감염 시점과 측정 가능한 항체의 출현, 즉 **혈청전환(seroconversion)** 사이의 시간 구간이다. 이 간격은 길면 3개월도 될 수 있으며, 그림 19.16에서 보듯이, 혈액에 바이러스 수치가 최대인 때를 뒤따라 혈청전환이 일어난다. 이 같은 시간적 지연이 있기 때문에 항체검사에서 바이러스가 검출되지 않은 제공자의 조직이나 혈액이라 하더라도 그것을 이식 받은 수혜자가 HIV에 감염될 수 있다. 검사 방법이 개선되어 이 시간 간격이 21~25일로 점차 줄어들고 있다.

확인 검사로 웨스턴블롯팅을 대체할 수 있는 것이 미국 식품의약국의 승인을 받았다. APTIMA라 하는 검사는 항체 대신에, HIV-1바이러스의 RNA를 탐지하는데 웨스턴블롯팅에 비해 판별이 더 쉽다. 또한 이 검사는 항체가 생산되기 이전의 초기 HIV 감염을 확인할 수 있다. 이 검사의 민감도는, 환자 혈액의 **혈장바이러스 수치(plasma viral load, PVL)**를 측정하고 에이즈의 치료 정도와 진행을 판단하는 검사와 비슷한 수준이다. 바이러스 RNA를 검출하는 종래의 PVL 시험은 PCR(249쪽 참조) 방법이나 핵산혼성화(296쪽 참조)를 사용하기 때문에 비용이 비싸고 시간은 2~3일 걸린다. 바이러스 RNA는 7~10일이 지나야 검출되므로 2~4일에 얻은 결과는 신뢰도가 떨어진다. 미국 적십자사는, 공급되는 혈액의 안전성이 최대한 보장되도록 항-HIV 항체 검사와 HIV 바이러스에 대한 핵산 혼성화 검사를 도입하였다(733쪽 박스 참조).

바이러스 RNA를 확인하는 검사는 항체가 생기기 이전의 1차 감염 기간에 할 수 있는 유일한 검사이다 또한 엄마가 HIV 감염자인 유아는 혈액에 엄마에게 있던 항체를 가지고 있어 항체 검출 검사를 방해하기 때문에 RNA를 확인하는 검사를 해야 한다.

HIV 검사에서 주의할 점은 현재의 검사 방법들이 빠르게 돌연변이를 일으키는 HIV의 수많은 모든 변이형, 특히 어떤 집단에 보통 존재하는 아형까지도 확실하게 검출하는 것은 아니라는 것이다. 더구나, PVL은 혈액에 순환하는 바이러스만 검사하는데 이것은, 수천억으로 추정되는 HIV-감염 세포에 비하면 매우 적은 것이다.

이해도 확인하기

✔ HIV에 대한 PVL 검사는 어떤 종류의 핵산을 검출하는가? **19-28**

HIV 전염

HIV는 감염된 체액을 공급받거나 또는 직접 접촉하면 전염된다. 체액 중 가장 중요한 것은 밀리리터당 1,000~100,000 감염성 바이러스가 들어 있는 혈액과, 밀리리터당 10~50 바이러스가 들어 있는 정액이다. 바이러스는 종종 체액의 세포, 특히 대식세포 내에 존재한다. HIV는 세포 안에서 1.5일 이상, 세포 밖에서 약 6시간 견뎌 낼 수 있다.

HIV 전염의 경로에는 긴밀한 성적 접촉, 모유, 태아의 태반통과 감염, 감염자의 혈액에 오염된 주사바늘, 기관이식, 인공수정, 그리고 수혈 등이 있다. 의료 기관 종사자들에게는 전염의 위험도가 더 높다. 바늘에 찔려 감염되는 위험도는 0.3% 정도이다. 예방책으로, 의료 기관 종사자들은 HBV에 대한 백신을 반드시 접종해야 한다. HIV에 대해서는, 바이러스에 노출을 피하는 것이 최우선 예방책이다. 미국 질병통제예방센터는 모든 의료 현장에서 표준 예방책 준수 계획을 내놓았다. 가장 위험한 형태의 성적접촉은 항문성교일 것이다. 이 부분의 조직은 병원체의 전염에 훨씬 더 취약하다. 남성과 여성 사이에는 질성교를 통하여 HIV가 전염될 가능성이 높으며 어느 쪽이건 생식기에 상처가 있을 경우 전염 가능성은 훨씬 더 높아진다. 드물지만 구강과 생식기 사이의 접촉으로도 전염될 수 있다.

HIV는 껴안거나 가정용품 공동 사용 같은 평상시 접촉 또는 곤충에 의해서는 전염되지 않는다. 일반적으로 타액은 밀리리터당 한 개 이하의 바이러스를 포함하므로 키스로는 HIV 바이러스가 전염되지 않는 것으로 알려져 있다. 선진국에서는 수혈에 쓰이는 혈액에 대하여 HIV 또는 HIV 항체 존재에 대하여 검사하기 때문에 수혈에 의한 전염 가능성은 거의 없다. 그러나 앞서 설명하였듯이 경미한 위험은 항상 있기 마련이다.

이해도 확인하기

✔ HIV 전염에 가장 위험한 형태의 성적접촉은 무엇인가? **19-29**

전 세계의 에이즈

현재 약 3300만 명이 HIV에 감염되어 생존하고 있다(그림 19.17). 이들 중 67%는 사하라사막 이남에 거주하며, 성인(15~49세 사이)에서 유병률은 인구의 약 5.2%이다. 인구밀도가 높은 동남아시아와 남부아시아도 380만 명으로 추정되는 많은 감염 인구가 있지만 성인 유병률은 단지 0.3% 정도에 불과하다. 중국과 인도의 거대한 인구에 이 질병이 자리 잡으면서, 한 해에 백만 명 이상의 새로운 HIV 감염이 발생한다. 동부유럽, 러시아, 중앙아시아도 HIV 감염이 가파르게 증가하는 지역이다. 서부유럽과 미국에서는, 효과적인 항바이러스제 치료가 가능하여 에이즈로 인한 사망률은 감소하였다(408쪽 그림 14.4 참조).

HIV/AIDS 유행병 초기에, 미국과 유럽에서는 남성 동성애와 마약주사 사용에 의한 전염이 가장 흔한 경로였다. 이 두 요인은 서양, 특히 북남미와 유럽에서 여전히 매우 중요하다. 현재, 동부유럽, 중앙아시아, 동남아시아에서 모든 HIV 감염의 1/3은 마약주사의 사용으로 전염된 것이다. 이렇게 감염되면 다른 형태의 전염으로 다리를 놓을 수도 있다. 세계적으로 이성애자의 전염이 우세하다(약 85%). 사하라이남 아프리카에서 유행의 중심지역과 같은 저개발 지역에서 특히 그렇다. 최근의 유행에서 특징적인 것은 여성 감염자의 비율이 증가하는 것이며(세계적으로 약 42%, 대부분 사하라이남 지역에 거주), 이와 관련하여 엄마에서 아기에게 전염도 증가한다. 여성 감염자의 대부분은 어린 여성이 나이 많은 남성에게서 전염되는 경우이다.

이해도 확인하기

✔ 전 세계에서 HIV가 전염되는 가장 흔한 경로는 무엇인가? **19-30**

에이즈의 예방과 치료

현재 세계 대부분의 지역에서 HIV 감염을 통제하는 유일하게 현실적인 방법은 전염을 최소화하는 것이다. 이를 위해 교육 프로그램을 통해 콘돔의 사용을 홍보하고 성적 문란을 막는 것이 필요하다. 사하라이남 아프리카와 같은 특정 문화권에서는 여성들이 빈번히 HIV에 노출됨에도 거의 통제 방법이 없다. 효과적인 살균제가 포함된 질 연고가 널리 상용될 전망이다(553쪽 참조).

저개발국가에서는 오염된 혈액이 감염의 흔한 원인이며, 반드시 멸균된 주사바늘을 사용하도록 교육하는 프로그램이 필요하다. 마약주사 사용자들이 HIV 감염률이 높은 경향이 있다. 저개발국가의 병원에서는 경제적인 이유 때문에 주사바늘을 재사용하는데 그것을 다시 멸균하는 것이 어려운 형편이다.

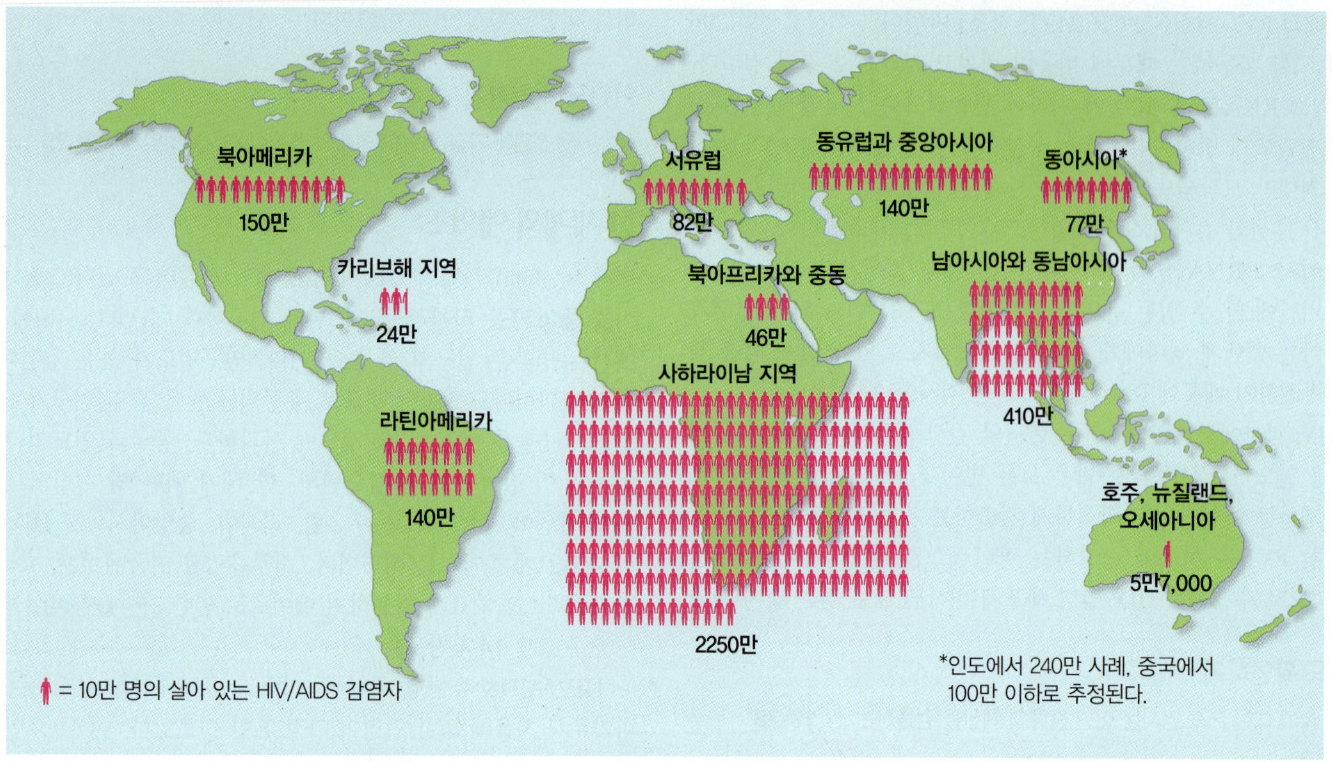

그림 19.17 세계 각 지역에 HIV감염과 에이즈의 분포. 그림에서 사람 한 명은 현재 HIV 감염 또는 에이즈를 앓은 10만 명을 나타낸다. 출처: World Health Organization(WHO, 세계보건기구).

 가장 정확한 자료는 어디에서 구할 수 있다고 생각하는가?

선진국에서는 HIV 감염에 대한 약이 상용화되면서, HIV 감염이 거의 확실히 치명적인 질병에서 만성질병으로 바뀌었다. 그러나 어느 약도 치료약이 아니라는 사실이 종종 간과되고 있다. 또한 HIV 감염을 더 잘 관리할 수 있게 되어 불행히도 콘돔 사용에 대한 안이한 분위기가 조성되면서 약의 가치를 많이 상쇄하였다.

HIV 백신

약 개발로 수백만 HIV-감염 인구의 생명이 연장되었지만, 세계적 유행병인 점에는 거의 변함이 없다. 에이즈를 정복하기 위해서는 궁극적으로 백신이 필요한데 이것은 아직 수십 년이 더 걸릴 수도 있고 어쩌면 불가능할 수도 있다. 전 세계 수많은 HIV 감염자 중에, 면역계가 이 바이러스를 박멸한 사례는 단 한 건도 없었다. HIV 백신 개발에 장애물은 어마어마하여 현재까지 산발적으로 행해진 백신 시도는 모두 실패했다. 현실적으로 어려운 점은, 자연면역의 모델이 없고 약독화 바이러스의 사용은 너무 위험하다는 것이다. 또한 실험용 소동물의 모델을 만들 수 없는 것도 연구에 장애가 된다. 지금까지와는 근본적으로 다른 각도의 접근이 필요해 보인다.

과학자들은 우리 몸이 레트로바이러스를 인식하는 기본 원리에 대해 더 알아야 한다고 생각한다. 레트로바이러스는 숙주의 DNA에 신속히 통합되어 잠복하므로 사실상 면역계가 구별해낼 수 없다. 이 바이러스들은 또한 돌연변이 속도가 빨라서 감염 과정에서도 수많은 변종이 생겨난다. 더구나 지리적으로 각기 다른 곳에서 상당히 다른 분기군까지 생겨나 각 분기군에 적합한 백신이 필요할 정도이다. 감염을 예방하는 항체를 만들어내는 백신이 이상적이다. 자연적인 HIV 감염에서 중화항체는 꽤 늦게, 전염된 후 두 달 정도에 만들어진다. 효과적인 양의 항체가 생산될 즈음에는, HIV의 표적 피막 단백질에는 돌연변이가 일어나 항체의 중화작용을 피한다. 백신이 성공하려면, 감염 후 5~10일 이내 잠복바이러스가 자리잡기 전에 면역반응을 유도해야 할 것이다(그림 19.15 참조). 사실상, 예방접종의 목표는 잠복을 저지하거나 제어하는 것이다. 또한 자연 감염에 대응할 때보다 더 효과적인 CTL이 생겨나도록 자극해야 할 것이다. 마지막으로 백신은, 경제적으로 최저 생활을 하는 국가나 지역에서도 감당할 수 있는 가격이어야 할 것이다. 종합해 보면, HIV 백신 개발은 어려운 과제이다.

일부 전문가들은, 천연두나 홍역 백신처럼 "살균면역"의 힘을 갖지는 못하더라도 차선의 HIV 백신도 유용할 것이라 생각한다. 이러한 차선의 백신은 감염을 예방하지는 못하여도, 감염 후에 바이러스 복제를 통제하는 부분 면역을 제공할 수 있다. 그러면 전염을 최소화하고, 면역계, 특히 세포매개 면역의 특정 CTL을 감염에 대항할 수 있도록 만들 것이다. 물론 모든 HIV 감염이 에이즈로 진행되는 것은 아니다. 이러한 경우에는 면역계가 성공적으로 방어했다고 보인다. 또한 특별히 효과적인 CTL을 가지고 있어 수십 년 동안 에이즈로 진행되지 않는 엘리트 콘트롤러가 있다는 것은, 어떤 종류의 백신이 가능할 것이라는 희망적인 신호이다.

화학요법

HIV 감염의 진전을 억제하는 화학요법에 있어서 많은 발전이 이루어졌다. 적어도 일시적이라도 바이러스의 복제를 통제하는 약물이 많아졌기 때문에(여기서는 단지 몇 가지만 거론하지만) HIV 감염이 치료 가능한 만성질환으로 여겨지는 상황이다—치료약을 감당할 형편이 된다면 말이다. HIV 감염의 치료에 있어 가장 방해되는 것은 백신 개발에서와 마찬가지로, 바이러스의 돌연변이 속도가 빨라 약물 내성 변종이 생겨나고, 또한 잠복바이러스로 지속된다는 것이다. 효과적인 약일지라도 투약이 중단되면 바이러스는 신속히 반등한다.

HIV의 복제 원리에 관한 연구로 화학요법의 잠재적인 표적의 수가 증가하고 있다.

역전사효소 저해제 항-HIV 약물의 첫째 표적은 역전사효소(390쪽)로 이 효소는 사람의 세포에는 없다. 사실상, **항레트로바이러스(antiretroviral)**라는 용어는 HIV 감염의 치료에 쓰이는 약을 의미한다. 뉴클레오시드 역전사효소 저해제(nucleoside reverse transcriptase inhibitor, NRTI)는 뉴클레오시드 유사체이며 경쟁적 저해작용으로 바이러스 DNA 생산을 중단시킨다(576쪽). 역전사를 저해하지만 핵산의 유사체가 아닌 다른 약물로는 비핵산계 역전사효소 저해제(non-nucleoside reverse transcriptase inhibitor, NNRTI)가 있다. 빠른 복제 속도와 빈번히 출현하는 약물내성 돌연변이 때문에 동시에 여러 종류의 약을 써야만 한다. 현재 쓰이는 치료법을 **강력한 항레트로바이러스 치료(highly active antiretroviral therapy, HAART)**라 한다. 이 치료는 여러 약을 조합하여 투약하는 것으로, 종종 환자는 복잡한 일정에 따라 하루에 40알씩 복용한다. 그럼에도 불구하고, 내성을 가진 변종이 쉽게 나타난다. 어떤 과학자의 표현대로, HIV의 약물 내성은 다윈이 상상할 수 없었던 선택적 압력에 의해 이끌린다. 미국 내 대다수의 에이즈 환자는 내성 변종이 견디지 못하도록 다종약물치료를 받는다. 다종약물은 대부분 복용하기에 간편하도록 한 알에 합쳐져 있다. 트루바다(Truvada)는, NRTI인 테노포비에(tenofovir)와 엠트리시타브린(emtricitabrine)을 합친 약이며, 아트리플라(Atripla)는 이 둘에 에파비렌즈(efavirenz; NNRTI)를 합친 약이다. 사실상 림프조직에 잠복한 모든 바이러스를 제거하는 것은 특히 어렵다. 혈액에 HIV는 측정이 안될 정도까지 줄어들지만 그렇다고 근절되는 것은 아니다.

단백질분해효소 저해제 HIV의 두 번째 표적 효소는 단백질분해효소이다. 단백질분해효소는, 바이러스의 긴 전구체 단백질을 작은 것으로 잘라 구조단백질(단백질 껍질)과 기능단백질(필수 효소)을 완성하는 중요한 역할을 한다. 이 과정은 대부분 바이러스가 세포막에서 떨어질 때, 그리고 그 직후에 일어난다. 단백질분해효소 저해제(protease inhibitor) 약물로 아타자나비어(atazanavir)와 인디나비어(indinavir), 사퀴나비어(saquinavir) 등을 역전사효소 저해제와 함께 복용하면 아주 효과적임이 증명되었다.

세포진입 저해제 HIV에 대적하는 분명한 표적은 바이러스가 세포 안으로 진입하지 못하도록 막는 것이다. 감염을 일으키려면, 바이러스는 일련의 단계를 거쳐야 한다(그림 19.13 참조). 먼저 세포 표면의 CD4 수용체에 부착(attach)해야 하는데, 바이러스의 gp120 돌기와 공수용체(CCR5) 사이의 상호작용이 필요하며, 마침내 바이러스가 진입하기 위해서 세포와 융합(fusion)하여야 한다. 이 단계를 저지하는 약물들을 세포진입 저해제(cell entry inhibitors)라 하는데, 일부 새로운 약물은 바이러스 피막에서 융합에 관련하는 gp41 부분을 표적으로 한다. 대표적인 약물이 엔푸비어타이드(enfuvirtide)인데, 값이 비싸고 매일 주사로 맞아야 한다. 또 다른 세포진입 저해제인 마라비록(maraviroc)은 HIV가 결합하는 케모카인 수용체 CCR5를 차단한다.

삽입효소 저해제 융합이 완료되면, RNA 유전체가 역전사되어 이중가닥의 cDNA가 만들어지고 이것이 핵으로 들어간다. 핵 안에서, cDNA는 숙주 염색체에 통합되어 HIV 프로바이러스를 형성한다. 이 단계에서 HIV 삽입효소가 필요하며 이를 표적으로 하는 약물을 삽입효소 저해제(integrase inhibitors)라 한다. 대표 약물은 랄테그라빌(Raltegravir)이다.

이 밖에 다른 여러 표적을 대상으로 약물이 개발 중이다. 예를 들어 **성숙 저해제(maturation inhibitor)**는 껍질 단백질의 전구체가 성숙 껍질 단백질로 전환되는 과정에 영향을 주어, 비정상 껍질을 가진 비감염성 바이러스가 되게 한다. 다른 종류의 약, **테터린(tetherin)**은 새로 생겨난 바이러스를 세포에 묶어 방출되어 퍼지지 못하도록 한다. 앞으로의 연구에서 새로운 표적과 이를 조절할 수 있는 화학요법제가 드러날 것이다. 특히 중요한 것은 잠복 저장된 바이러스를 뿌리뽑을 약물을 찾는 것이다.

화학요법이 분명히 성공적인 점은 감염된 산모에서 신생아로의 HIV 전염을 줄인 것이다. 심지어 한 가지 NRTI 약으로도 이 방향의 전염을 크게 줄일 수 있다. 화학요법의 또 다른 희망적인 적용은, 아프리카에서 테노포비어를 함유한 질 연고를 사용하여, 감염율이 크게 낮아졌다는 것이다. 전염된 경우에는 어떤 치료라도, 감염 직후 바이러스를 쉽게 발견할 수 없는 시기인 5~10일의 구간에 바이러스를 없애는데 집중하여 잠복이 고착되지 않도록 해야 할 것이다.

에이즈 전염병과 과학 연구의 중요성

에이즈 전염병은 기초과학 연구의 가치를 명백히 일깨워 준다. 지난 세기에 분자생물학의 발전이 없었다면 우리는 이 병의 원인을 찾지 못하였을 것이다. 기증된 혈액이 감염된 것인지 검사할 방법을 개발하지도 못하였을 것이고, 바이러스 수명 주기의 어느 단계에 선택적으로 작용할 약물을 개발할지도 몰랐을 것이고, 심지어 감염의 진행을 추적하지도 못하였을 것이다. 우리들 대부분은 살아 생전에 이 치명적이고 교묘히 피해가는 바이러스에 대한 치열한 연구에서 새로운 의학의 역사가 쓰여지는 것을 목격하게 될 것이다.

이해도 확인하기

✓ 포경수술을 받은 남성은 HIV이 감염이 더 잘 될 것인가 아니면 더 안될 것인가? **19-31**

임상 사례 해결

말릭의 상태가 자가면역 거부 질환임이 밝혀지자 Mab-CD3로 성공적으로 치료하였다. Mab-CD3는 순환하는 T세포 표면의 T세포수용체-CD3복합체에 결합하여, T세포가 숙주세포를 공격하지 못하도록 저지한다. 말릭은 IL-2 분비를 억제하는 사이클로스포린도 복용했다. IL-2는 자기와 비자기를 구분함에 있어 필수적인 화학 매개물질이다. 말릭이 수혈 전에 디조지 신드롬으로 진단되었다면, 수혈될 혈액에 백혈구가 파괴되도록 자외선을 조사하는 처리가 있었을 텐데 그렇지 못하였다. 말릭은 GVHD에서 회복하였으나, 결국 흉선 이식이 필요할 것이다.

528 531 541 544 **554**

학습 개요

서론 (527쪽)

1. 건초열, 이식거부, 자가면역은 해로운 면역반응이다.
2. 면역억제는 면역계를 이루는 세포를 억제하는 것이다.
3. 초항원은 다수의 T세포 수용체를 활성화하여 숙주에 불리한 반응을 일으킨다.

과민성 (528~536쪽)

1. 과민성 반응은 알레르기항원에 대한 면역반응으로, 면역을 얻기보다는 조직 손상을 초래한다.
2. 과민성 반응은 어떤 항원에 대하여 이전에 민감화된 적이 있을 때 일어난다.
3. 과민성반응은 네 종류로 나뉜다. I, II, III형은 체액성 면역에 의한 즉각적 반응이며, IV형은 세포매개 면역에 의한 지연성 반응이다.

I형(아나필락시스) 반응 (528~531쪽)

4. 아나필락시스 반응은, 비만세포와 호염기백혈구에 결합하는 IgE 항체를 생산하여 숙주를 민감화한다.
5. 인접한 IgE 항체 두 개가 하나의 항원에 결합하면 그 표적세포는 히스타민, 류코트리엔, 프로스타글란딘 등의 화학 매개물질을 방출하여, 알레르기 반응을 드러낸다.
6. 전신 아나필락시스는 해당 항원을 주사 또는 섭취한 지 몇 분 후에 일어날 수 있어, 혈액 순환이 정지되고 사망에 이를 수 있다.
7. 국소 아나필락시스의 예로 두드러기, 건초열, 천식이 있다.
8. 피부시험은 어떤 항원에 대한 민감도를 판정하는데 유용하다.
9. 어떤 항원에 대한 탈감작은 그 항원을 반복적으로 주사하여, 저지(IgG) 항체가 만들어지면 달성된다.

II형(세포독성) 반응 (531~534쪽)

10. II형 반응은 IgG 또는 IgM 항체와 보체에 의해 매개된다.
11. 항체는 외래세포 또는 숙주세포에 대응한다. 보체결합은 세포 용해를 일으킨다. 대식세포와 다른 세포들도 항체로 덮인 세포에 손상을 줄 수 있다.
12. 사람의 혈액형은 A, B, AB, O 네 가지로 분류된다.
13. 적혈구 표면에 A와 B라는 두 탄수화물 항원의 존재 유무에 의해 각 개인의 혈액형이 결정된다.
14. 반대되는 AB 항원에 대한 항체가 혈청에 자연적으로 존재한다.
15. 부적합한 수혈에서는 제공자의 적혈구가 보체매개 용해로 파괴된다.
16. 약 85%의 인구는 Rh 항원이라 하는 또 다른 혈액형 항원을 가지고 있으며, 이 경우 Rh^+라 한다.
17. Rh항원이 없는 사람들(Rh^-)이, 이 항원에 노출되면 민감화될 수 있다.
18. Rh^+인 사람은 Rh^+ 또는 Rh^- 수혈을 받을 수 있다.
19. Rh^-인 사람이 Rh^+ 수혈을 받으면, 그 사람에게서 항-Rh 항체가 만들어진다.
20. 차후에 Rh^+ 세포에 노출되면 심각한 용혈반응이 신속히 일어난다.
21. Rh^- 태아를 가진 Rh^+ 임산부는 항-Rh 항체를 만들어 낸다.
22. 차후의 임신에서 Rh 부적합성이 발생하면 신생아용혈성 빈혈이 일어난다.
23. 신생아용혈성 빈혈은 엄마에게 항-Rh 항체를 수동면역 주사하여 방지될 수 있다.
24. 혈소판감소성자반증에서, 혈소판은 항체와 보체에 의해 파괴된다.
25. 과립구감소증과 용혈성빈혈은 약물로 덮인 자신의 혈구세포에 대항하는 항체에 의하여 생긴다.

Ⅲ형(면역복합체) 반응 (534~535쪽)

26. 면역복합체 질병은 IgG 항체와 가용성 항원이 세포의 기저막에 작은 복합체를 형성할 때 발생한다.
27. 차후의 보체결합은 염증을 일으킨다.
28. 사구체신염은 면역복합체 질병이다.

Ⅳ형(지연성 세포매개) 반응 (535쪽)

29. 지연성 세포매개 과민반응은 주로 T세포 증식에 의해 일어난다.
30. 민감화된 T세포는 특히 알레르기 항원에 반응하여 사이토카인을 분비한다.
31. 사이토카인은 대식세포를 끌어들여 활성화시킴으로써 조직이 손상된다.
32. 투베르쿨린검사와 알레르기성 접촉성 피부염은 지연성 과민반응이다.

자가면역 질환 (536~538쪽)

1. 자가면역은 자기면역허용이 상실되어 생긴다.
2. 자기면역허용은 태아 발달과정에서 일어나며, 숙주세포에 대항하는 T세포가 결손(클론결손) 되거나 불활성화된다.
3. 자가면역은 감염원에 대한 항체로 인하여 일어날 수 있다.
4. 그레이브스병과 중증근무력증 세포독성 자가면역반응으로, 항체가 세포표면 항원에 대응한다.
5. 전신홍반성낭창과 류마티스성 관절염은 면역복합체 자가면역반응으로, 면역복합체가 쌓여 조직에 손상을 준다.
6. 다발성 경화증, 인슐린의존성 당뇨병, 건선은 T세포에 의한 세포매개 자가면역반응으로 생긴다.

사람백혈구항원(HLA) 복합체 관련 반응 (538~542쪽)

1. 세포 표면의 조직적합성 자기물질은 개인 별 유전적 차이를 보이며, MHC 또는 HLA 유전자 복합체에 의해 부호화된다.
2. 이식거부반응을 방지하기 위해서, 제공자와 수혜자의 HLA 와 ABO 혈액형 항원이 최대한 가깝게 일치되도록 한다.
3. 외래항원으로 인식된 이식 조직은 T 세포에 의해 용해되거나, 대식세포와 보체결합 항체의 공격을 받을 수 있다.
4. 면역 특혜 장소(예, 각막) 또는 면역특혜조직(예, 돼지 심장판막)의 이식은 면역반응을 일으키지 않는다.
5. 만능줄기세포는 다양한 세포로 분화하여 이식에 사용될 수 있는 조직을 제공할 수 있다.
6. 제공자와 수혜자 사이의 유전적 관련성에 근거하여 네 종류의 이식이 정의된다: 즉, 자가이식, 동계이식, 동종이식, 이종이식.
7. 골수이식(면역반응을 일으킬 수 있는 세포를 가지고 있는)은 이식편대숙주병을 야기할 수 있다.
8. 성공적인 이식수술의 경우, 흔히 이식된 조직에 대한 면역반응을 방지하는 면역억제제를 사용한다.

면역계와 암 (542~543쪽)

1. 암세포는 정상세포의 형질전환으로 생겨나서, 제어되지 않고 분열하며, 종양관련항원을 가지고 있다.
2. 암세포에 대한 면역반응을 면역감시라 한다.
3. TC 세포는 암세포를 인식하고 용해한다.
4. 암세포는 면역계의 감시를 피하여 파괴되지 않을 수 있다.
5. 암세포는 그에 대응하는 면역세포보다 더 빠르게 증식할 수 있다.

암면역요법 (542~543쪽)

6. 간암과 자궁경부암에 대한 백신이 상용화되었고, 전립선암에 대한 치료백신도 승인되었다.
7. 헤르셉틴은 유방암의 성장인자에 대한 단일클론 항체 약물이다.
8. 면역독소는 단일클론 항체에 결합된 화학독소로, 그 항체가 선택적으로 암세포에 작용하여 독소를 방출한다.

면역결핍 (543~544쪽)

1. 면역결핍은 선천성 또는 후천성이다.
2. 선천성 면역결핍은 유전자의 결함 또는 결손으로 생긴다.
3. 다양한 약물, 암, 감염성 질병이 후천성 면역결핍을 일으킬 수 있다.

후천성 면역결핍 증후군(에이즈) (544~554쪽)

에이즈의 기원 (545쪽)

1. HIV는 중앙아프리카에서 유래되었다고 생각되며, 현대의 교통수단과 안전하지 못한 성행위에 의해 다른 나라들로 건너갔다.

HIV 감염 (545~550쪽)

2. 에이즈는 HIV 감염의 마지막 단계이다.
3. HIV는 단일가닥 RNA, 역전사효소, gp120 돌기를 가진 인지질 피막으로 구성된 레트로바이러스이다.
4. HIV 돌기는 숙주세포의 $CD4^+$와 공수용체에 부착한다; $CD4^+$ 수용체는 도움T세포, 대식세포, 수지상세포에 존재한다.
5. 바이러스 RNA에 역전사효소가 작용하여 DNA가 만들어진다. 그 DNA는 숙주 염색체 DNA에 통합되어 새로운 바이러스를 만들어 내던지 또는 프로바이러스로 잠복할 수 있다.
6. HIV가 면역계를 피하는 방법은 프로바이러스, 액포 안에 잠복, 세포대세포융합, 항원결정기의 빈번한 변경이다.
7. HIV 유전체는 M, O, N 그룹으로 분류되며 각각은 단일계통군으로 더 나누어진다.
8. HIV 감염은 증상에 따라 분류된다: 1단계(무증상), 2단계(선별적 증상), 3단계(에이즈).
9. 미국에서, HIV 감염은 $CD4^+$ T세포 숫자로 분류되기도 한다: 마이크로리터당 $CD4^+$ T세포 숫자가 350이면 항레트로바이러스제 치료가 필요한 단계이며, 200 이하이면 에이즈로 진단된다.
10. HIV 감염에서 에이즈로 진행은 대략 10년 걸린다.
11. 에이즈 환자의 수명은 기회 감염을 적절히 치료하면 연장될 수 있다.
12. CCR5가 결손된 사람들은 HIV 감염에 내성을 가진다.
13. 엘리트 콘트롤러는 장기생존자로서 이들의 면역계가 HIV 치료에 해답을 제시할 수 있다.

진단 방법 (550~551쪽)

14. HIV 항체는 ELISA와 단백질 흡입법으로 확인된다.

15. 혈장바이러스 수치 검사는 바이러스의 핵산을 탐지하며 혈액에 HIV를 수량화하는데 사용된다.

HIV 전염 (551쪽)

16. HIV는 성적접촉, 모유, 오염된 주사바늘, 태반통과 감염, 인공수정, 수혈로 전염된다.

17. 선진국에서는 수혈에 사용되는 혈액에 대하여 HIV 항체 검사를 실시하므로 수혈이 감염의 원인될 가능성이 적다.

전 세계의 에이즈 (551쪽)

18. 이성 간의 성교가 HIV 전염의 주된 원인이다.

에이즈의 예방과 치료 (551~553쪽)

19. 성적 문란을 막고 콘돔과 멸균된 주사바늘을 사용하면 이러한 경로의 HIV 점염이 방지된다.

20. HIV 바이러스가 숙주세포 안에 잠복하고 또한 자연면역의 모델이 없어, 백신 개발이 어렵다.

21. 현재의 화학요법제는, 바이러스 효소인 역전사효소, 삽입효소, 단백질분해효소를 표적으로 삼는다. 다른 저해제로 세포진입 저해제, 성숙저해제, 테터린이 있다.

학습 질문

복습과 객관식 문제에 대한 해답은 책 뒤에 있음.

복습 문제

1. 그려보기 아래 그림에서 IgE, 항원, 비만세포를 표시하고 항히스타민을 추가로 표시하시오. 이 세포는 어떤 종류의 세포인가? 싱귤레어(Singulair) 약은 류코트리엔 수용체를 차단하여 염증을 막는다. 이 작용을 그림에 추가하시오.

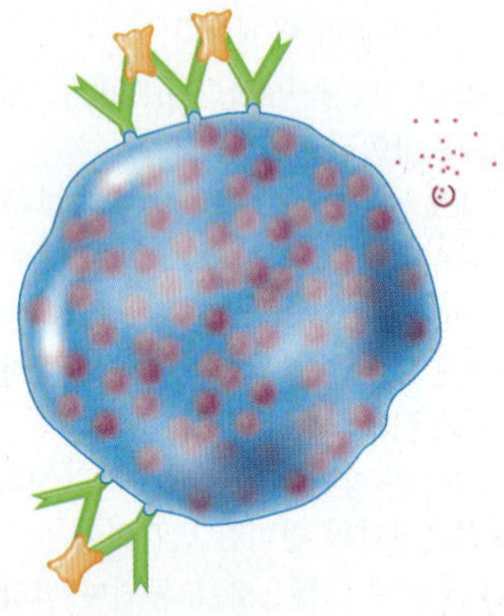

2. 실험실에서, 혈액형은 적혈구응집으로 분류된다. 예를 들어, 항-A 항체와 A형 적혈구는 응집한다. A형의 혈액에서 항-A 항체가 용혈을 일으키는 이유는 무엇인가?
3. 부적합한 조직이식에서 항체와 항원의 역할을 설명하시오.
4. 어떤 사람이 옻나무 독에 접촉성 과민반응을 일으키는 경우에, 아래 질문을 답하시오.
   a. 나타난 증상의 원인은 무엇인가?
   b. 과민반응이 어떻게 일어나는가?
   c. 이 사람이 옻나무 독에 탈감작될 수 있는 방법은 무엇인가?
5. 루푸스(lupus) 진단에 왜 항핵항체(ANA; antinuclear antibody) 검사가 쓰이는가?
6. 세 종류의 자가면역의 차이점을 설명하고, 각각에 대한 예를 드시오.
7. 면역결핍의 원인을 요약하고, 면역결핍으로 발생되는 결과를 설명하시오.
8. 암세포의 항원성은 정상세포의 것과 어떻게 다른가? 면역계가 암세포를 어떻게 파괴할 수 있는지 설명하시오.
9. 면역계가 암세포를 파괴한다면, 암은 어떻게 생겨날 수 있는가? 면역요법은 무엇인가?
10. 이름 답하기 이 단백질의 Fc 부분은 호염기백혈구에 결합하여 탈과립을 일으킨다.

객관식 문제

1. 알레르기 반응을 저지하기 위해 시행되는 탈감작은, 적은 양의 무엇을 반복 주사하는가?
   a. IgE 항체
   b. 항원(알레르기항원)
   c. 히스타민
   d. IgG 항체
   e. 항히스타민
2. 만능의 의미는 무엇인가?
   a. 하나의 세포가 배아줄기세포 또는 성체줄기세포로 발생할 수 있는 능력.
   b. 하나의 줄기세포가 다양한 세포 종류로 발생할 수 있는 능력.
   c. MHC I 항원과 MHC II 항원이 없는 세포.
   d. 하나의 줄기세포가 다른 종류의 질병을 낫게 할 수 있는 능력.
   e. 하나의 성체 세포가 줄기세포로 될 수 있는 능력.
3. 세포독성 자가면역은 면역복합체 자가면역과 세포독성 반응의 어떠한 점이 다른가?
   a. 항체가 관여한다.
   b. 보체가 관여하지 않는다.
   c. T세포에 의해 야기된다.
   d. IgE 항체가 관여하지 않는다.
   e. a~d 어느 것도 아님.

4. HIV에 대한 항체가 비효과적인 이유로 다음 중 어느 것이 제외되는가?
   a. HIV에 대응 항체가 만들어지지 않는다는 사실.
   b. 세포대세포융합 전염.
   c. 항원성이 바뀜.
   d. 프로바이러스.
   e. 액포 내에 잠복.
5. 다음 중 자연 면역결핍의 원인이 아닌 것은?
   a. 흉선이 발달되지 않는 열성 유전자
   b. B세포를 거의 못 만들어 내는 열성 유전자
   c. HIV 감염
   d. 면역억제제
   e. a~d 어느 것도 아님
6. 혈액형이 A, Rh^+인 사람의 혈청에 자연적으로 존재하는 항체는 어느 것인가?
   a. 항A, 항B, 항Rh
   b. 항A, 항Rh
   c. 항A
   d. 항B, 항Rh
   e. 항B

7~10번 문제의 답을 다음 중에서 선택하시오.
   a. I형 과민성
   b. II형 과민성
   c. III형 과민성
   d. IV형 과민성
   e. a~d 모두 해당됨

7. 국소 아나필락시스.
8. 알레르기성 접촉성 피부염.
9. 면역복합체에 의해 일어나는 반응.
10. 부적절한 수혈에 대한 반응.

비판적 사고

1. 우리 몸의 면역계는 언제 그리고 어떻게 자기 항원과 비자기 항원을 구별하는가?
2. 인위적으로 획득된 수동 면역에 최초의 조제물은 말의 혈청에 포함된 항체였다. 말 혈청을 치료에 사용하는 데 발생한 문제점은 면역복합체 질병이었다. 그 이유를 설명하시오.
3. 에이즈를 가진 사람들도 항체를 만드는가? 그렇다면, 왜 면역결핍이라고 하는가?
4. 항-에이즈 약물들의 작용 원리는 무엇인가?

임상 응용

1. 무좀 같은 곰팡이 감염은 만성적이다. 이 곰팡이가 피부 케라틴을 분해하지만, 침습성이 아니며 독소도 분비하지 않는다. 곰팡이 감염의 많은 증상이 곰팡이에 대한 과민성 때문이라 생각하는 이유는 무엇인가?
2. 버섯 농장에서 몇 달간 일한 어떤 노동자에게 이런 증상이 생겼다: 두드러기, 부종, 림프절이 부어 오름.
   a. 이 증상은 무엇을 지시하는가?
   b. 어떤 매개체들이 이런 증상을 일으키는가?
   c. 특정 항원에 대한 민감도는 어떻게 판정되는가?
   d. 다른 노동자들은 아무런 면역반응을 보이지 않았다. 그 이유를 설명하시오.

[힌트: 그 알레르기 항원은 버섯농장에서 자라는 곰팡이의 분생포자(conidiospores)이다.]

3. 닭 배아에서 조제된, 볼거리와 홍역에 대한 약독화 생균백신을 주사하는 내과의사는 에피네프린을 같이 준비하라고 교육받는다. 에피네프린은 바이러스 감염을 차료하는 것이 아닌데, 이것을 옆에 준비하는 목적은 무엇인가?
4. A+ 혈액형의 여성이 예전에 AB+ 혈액을 수혈받은 적이 있다. 그녀가 B+ 태아를 가졌을 때, 태아에게 신생아용혈성 빈혈이 발생하였다. A+ 다른 엄마의 B+ 태아는 정상인데, 왜 이런 병이 생기는지 이유를 설명하시오.

20

항미생물제

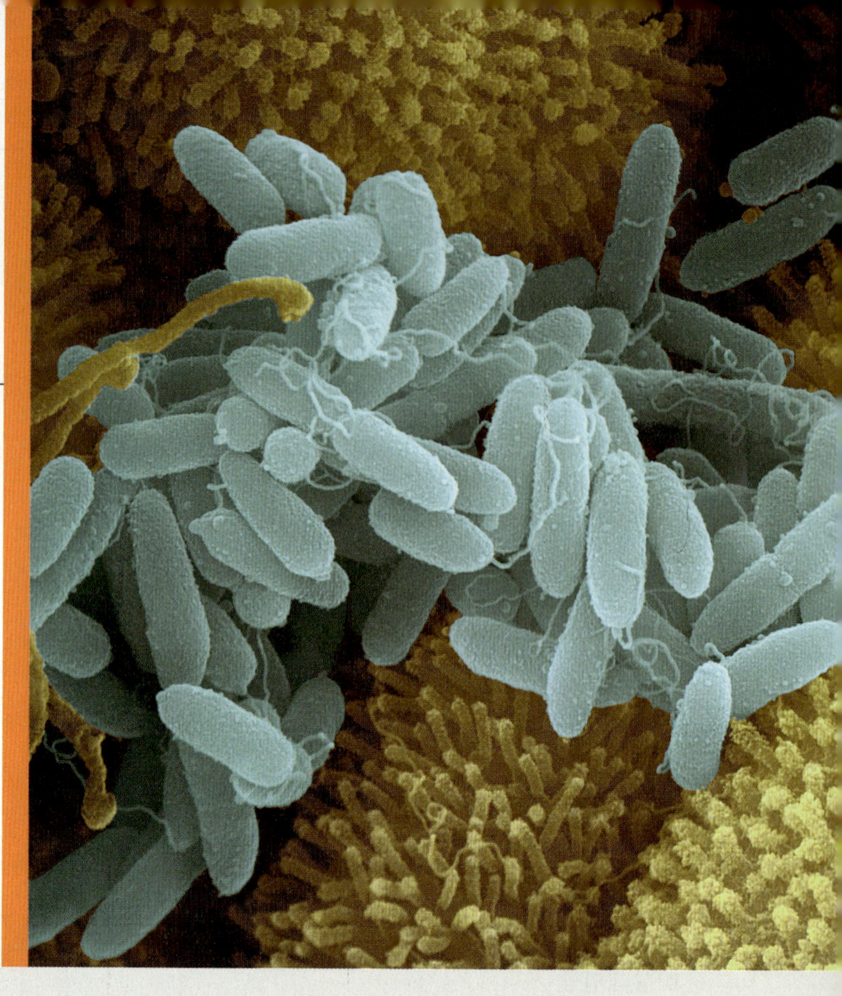

몸의 정상 방어체계가 병을 예방하거나 극복하지 못할 때 항미생물제를 이용하는 **화학요법**을 통해 병을 치료할 수 있다. 7장에서 언급한 살균제처럼, **항미생물제**는 미생물을 죽이거나 이들의 성장을 억제한다. 그러나 살균제와는 달리, 항미생물제는 흔히 숙주에게는 해를 입히지 않고 숙주 안에서 작용해야만 한다. 이것이 **선택적 독성**의 중요한 원칙이다.

항생제는 현대 의학 역사상 가장 중요한 발견 중의 하나이다. 많은 사람들의 기억 속에는 여러 치명적인 전염병의 치료가 불가능하다고 생각했던 시기가 있었다. 맹장이 터지거나 혹은 패혈증 같은 심각한 상태를 치료하기 위해 페니실린(penicillin)과 설파닐아미드(sulfanilamide) 같은 항생제를 도입함으로써 거의 기적 같은 치료가 이루어졌다.

오늘날 우리는 이러한 기적 같은 약들로 대표되는 발전이 **항생제 내성**이라는 문제로 위협 받는 현실을 목격하고 있다. 예를 들면, 임상에서 사용하는 모든 항생제에 내성을 가지는 포도상구균(staphylococcal) 병원체가 빈번히 나타나고 있다. 현재 한때는 효과적으로 사용되던 모든 항생제에 실질적인 내성을 가지는 결핵균도 출몰하고 있다. 이번 장의 임상 사례에서는 위의 사진에 있는 항생제-내성 녹농균(*Pseudomonas aeruginosa*)에 의한 감염을 다루었다. 어떤 경우에는 한 세기 전과 비교해서 이러한 병원체에 의한 질병 치료에 사용할 수 있는 치료제가 불과 몇 종류 더 있을 뿐이다.

화학요법의 역사

학습 목표

20-1 화학요법에 미친 폴 에를리히(Paul Ehrlich)와 알렉산더 플레밍(Alexander Flemming)의 업적을 알아본다.

20-2 대부분의 항생제를 생산하는 미생물들을 알아본다.

현대 화학요법은 20세기 초 독일 세균학자인 폴 에를리히의 노력에 의해 탄생하였다. 그는 주변조직을 염색하지 않고 세균만 염색하는 방법을 찾던 중 숙주에는 해가 없지만 병원체만을 선택적으로 발견하고 죽일 수 있는 "마법의 탄환"에 대한 생각을 떠올렸다. 이러한 생각이 그가 만든 용어인 **화학요법**(chemotherapy)의 기초가 되었다.

1928년 알렉산더 플레밍은 한 페트리 접시에 오염된 곰팡이 콜로니 주변에는 황색포도상구균(*Staphylococcus aureus*)이 자라지 않는다는 사실을 발견하였다(12쪽 그림 1.5). 이 곰팡이는 푸른곰팡이의 한 종(*Penicillium notatum*)으로 얼마 후 이 곰팡이에서 해당 활성물질을 분리하여 페니실린이라 명명하였다. 고체배지에서 자란 콜로니들 사이에서는 이와 유사한 성장저해 현상이 종종 관찰되는데 이를 **항생작용**(antibiosis)이라 부른다(그림 20.1). 이 단어에서 **항생제(antibiotics)**라는 용어가 유래되었는데, 적은 양으로 다른 미생물의 성장을 억제시키는 미생물이 생산하는 물질을 의미한다. 따라서 완전한 합성물인 설파제는 엄밀히 따지면 항생제가 아니지만 실제로는 이러한 구별은 종종 무시된다. 설파제는 독일 산업 과학자들이 "마법의 탄환"이 될 수 있는 물질을 찾기 위해 1927년부터 화학물질을 체계적으로 조사하던 중에 발견되었다. 1932년 설파닐아미드계 염색약인 프론토실 레드(Prontosil Red)란 화합물이 쥐의 포도상구균 감염을 억제할 수 있다는 사실을 발견하였다. 이후 이 화합물의 활성인자가 설파닐아미드 성분임을 확인하였고 제2차 세계대전 동안 연합군이 광범위하게 사용하였다. 설파제의 발견과 사용은 임상에서 항미생물제가 효과적으로 인체의 세균 감염을 억제할 수 있다는 점을 명확하게 하였으며 페니실린 발견 초기에 나타난 관심을 다시 불러일으키게 되었다.

1940년 하워드 프롤리(Howard Florey)와 에른스트 체인(Ernst Chain)이 주도한 영국 옥스포드 대학의 과학자 그룹이 페니실린의 첫 임상실험을 성공시켰다. 당시 전쟁 중인 영국에서는 페니실린을 대량생산하기 위한 연구가 불가능하였기 때문에 이 연구는 미국에서 진행되었다. 최초 배양체인 푸른곰팡이(*P. notatum*)는 아주 효율적인 페니실린 생산 균주가 아니었다. 이는 곧바로 좀 더 생산성이 좋은 균주로 대체되었다. 이러한 귀중한 균주(*Penicillium chrysogenum*의 한 종)는 미국 일리노이주 피오리아 시의 시장에서 사온 칸탈로프 멜론에 생긴 곰팡이에서 최초로 분리되었다.

사실 항생제를 발견하기는 쉽지만 의학적 또는 상업적으로 가치 있는 것은 그리 많지 않다. 일부는 병을 치료하는 목적보다는 상업적으로 사용하는데, 예를 들면 동물사료의 첨가물로 사용한다(583쪽 상자 참조).

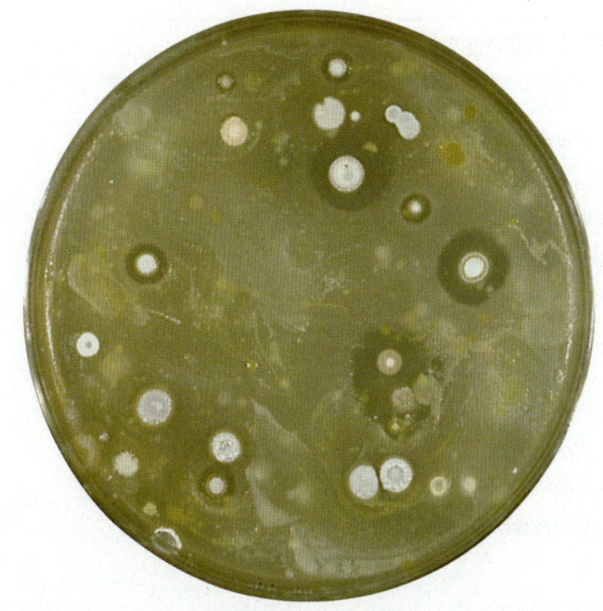

그림 20.1 **항생작용의 실험적 관찰.** 자연 환경, 특히 토양으로부터 미생물을 배지에 배양해본 사람은 누구나 세균이 생산한 항생제에 의해 세균 성장이 저해되는 것을 자주 보게 되는데, 이들의 대부분은 스트렙토마이세스 종이다.

Q 항생제를 생산하는 토양 미생물에는 어떤 이점이 있을까?

현재까지 알려진 항생제의 반 이상은 주로 토양에 존재하는 실 모양의 스트렙토마이세스(*Streptomyces*) 종에 의해 생산된다. 일부 항생제는 바실루스(*Bacillus*)와 같은 내생포자 생성 세균에 의해서 생산되고, 다른 것은 푸른곰팡이와 세팔로스포리움(*Cephalosporium*)속의 곰팡이가 생산한다. 현재 사용하고 있는 여

임상 사례: 보이지 않는 광경

안과 수술 전문의인 바네사 싱(Vanessa Singh) 박사는 사고 없이 수백 건의 각막이식수술을 진행하였다. 그녀는 어제 이식수술을 받은 76세 여성의 각막에 세균 감염을 확인하고 걱정하였다. 하지만 싱 박사는 결막 이식 후에 적절한 예방약으로 젠타마이신을 결막 아래에 주사하였기 때문에 왜 이 환자에게 세균감염이 일어났는지에 대해 의문을 가졌다. 당시 표피 포도상구균(*Staphylococcus epidermidis*)과 황색포도상구균이 안과수술 후에 발생하는 대표적인 눈 감염 세균으로 알려져 있었기 때문에 각막이식수술 후 예방약으로는 젠타마이신을 일반적으로 사용하였다.

싱 박사는 감염된 환자의 눈에서 시료를 채취해 연구실에 분석을 의뢰하였다. 분석 결과 배양한 액체에서 녹농균이 검출되었다. 싱 박사가 각막 제공자 정보은행을 검색한 결과 이 여자 환자와 같은 각막 제공자에게서 다른 쪽 각막을 이식 받은 30세 남성도 수술 후 24시간 뒤에 녹농균이 감염되었다는 사실을 알게 되었다. 이 환자 역시 감염을 예방하기 위해 젠타마이신을 처방 받았다.

싱 박사가 알아야 할 것이 무엇인가? 알아보자.

559 570 579 581 584 585

표 20.1 대표적인 항생제 생산 미생물

미생물	항생제
그람양성 간균	
Bacillus subtilis	바시트라신
Paenibacillus polymyxa	폴리믹신
방선균 (Actinomycetes)	
Streptomyces nodosus	암포테리신 B
Streptomycems venezuelae	클로람페니콜
Streptomyces aureofaciens	크롤테트라사이클린, 테트라사이클린
Saccharopolyspora erythraea	에리스로마이신
Streptomyces fradiaev	네오마이신
Streptomyces griseus	스트렙토마이신
Micromonospora purpurea	젠타마이신
진균류	
Cephalosporium spp.	세팔로틴
Penicillium griseofulvum	그리세오풀빈
Penicillium chrysogenum	페니실린

러 항생제를 생산하는 미생물을 나타낸 **표 20.1**을 보면 놀랍게도 그 종의 수가 몇 개 되지 않는다. 한 연구 결과에 따르면 40만 종의 미생물을 배양하여 탐색한 결과 단지 3개의 유용한 항생제만이 생산되었다. 실제로 항생제를 생산하는 모든 미생물이 일종의 포자 형성과정을 거친다는 사실을 특히 주목할 필요가 있다.

오늘날의 항생제 발견

오늘날 사용하는 대부분의 항생제는 주로 토양 시료를 탐색하여 항생제를 생산하는 미생물 콜로니를 확인하는 방법에 의해 발견되었다. 이러한 시료들 중 항미생물 활성을 가진 미생물을 확인하는 것은 쉬운 편이다. 하지만 대부분이 독성을 띠거나 아니면 상업적으로 유용하지 않은 것들이다. 또한 어떤 것들은 쉽게 결과를 얻을 수 있는 새로운 것처럼 보이지만 계속 연구를 해보면 종종 지금까지 알려진 항생제와 같은 것으로 판명된다. 예를 들면, 토양에 존재하는 방선균 100종당 약 1종이 스트렙토마이신을, 250종당 1종이 테트라사이클린을 생산한다. 그러나 1,000만 종에 달하는 토양 또는 해양 미생물로부터 단 1종의 새로운 항생제를 발견하는 것은 아주 힘든 일이다. 심지어 아주 많은 미생물을 한번에 신속하게 탐색할 수 있는 현재의 첨단 **고속-처리량 방법**(high-throughput method)들을 사용하더라도 여러 새로운 항생제를 발견하는 일은 번번히 실패하고 있다. 사실상 지난 40년 동안 잘 정립된 방법을 이용한 연구를 통해 확인한 새로운 구조의 미생물 저해제 단지 몇 종류만이 실제로 임상에 사용되고 있다.

이해도 확인하기

- 누가 마법의 탄환이란 용어를 만들었는가? **20-1**
- 알려진 항생제의 반 이상이 한 특정한 속(genus)의 세균에서 생산되었다. 무슨 속인가? **20-2**

항미생물 작용 범위

학습 목표

20-3 바이러스와 진균, 원생동물 및 기생충 감염에 대한 화학요법의 문제점을 설명한다.

20-4 다음 용어들을 설명한다: 작용 범위, 광범위 항생제, 중복감염

인간의 진핵세포에는 영향이 없지만 원핵세포에는 효과가 있는 약물을 찾거나 개발하는 것은 비교적 쉬운 일이다. 이 두 종류의 세포 유형은 세포벽의 유무, 리보솜의 미세구조 및 세부적인 대사방법과 같은 여러 점에서 실질적으로 다르다. 이러한 차이점이 선택적 독성의 여러 표적이 된다. 병원체가 진균, 원생동물 또는 기생충과 같은 진핵세포일 경우에는 문제가 좀 더 복잡해진다. 세포수준에서 볼 때 이러한 생물체는 원핵세포인 세균보다는 인체 세포와 더 유사하다. 따라서 이러한 유형의 병원체에 사용하는 약물은 항균제보다 훨씬 더 제한적이다. 바이러스 감염을 치료하는 것은 특히 어려운데 그 이유는 바이러스는 숙주인 인체 세포 안에 존재하고 이들의 유전정보가 숙주의 정상적인 세포물질을 합성하기보다는 바이러스를 복제하도록 지시하기 때문이다.

어떤 약물은 **좁은 항미생물 작용 범위**를 가지거나 또는 그들이 영향을 주는 미생물의 범위가 좁다. 예를 들면, 페니실린 G는 그람양성세균에는 영향이 있지만 그람음성세균에는 거의 효과가 없다. 따라서 그람음성 또는 그람양성세균 모두에게 작용하는 항생제를 **광범위 항생제(broad-spectrum antibiotics)**라 부른다.

항균 활성의 선택적 독성을 결정하는 주된 요인은 그람음성세균의 바깥층을 구성하는 지질다당류(lipopolysaccharide)와 이 층을 관통하는 수용성 통로 성분인 포린(porins) 단백질이다(85쪽 그림 4.13c). 포린 통로를 통과하는 항생제는 상대적으로 크기가 작고 친수성이어야만 한다. 지용성이거나 크기가 상대적으로 큰 항생제는 쉽게 그람음성세균에 들어갈 수 없다.

표 20.2에 여러 가지 화학치료제의 작용 범위를 요약하였다. 때로는 병원체의 정체를 바로 확인할 수 없기 때문에 광범위 항생제를 사용하는 것이 병의 치료 기간을 단축시킬 수 있는 이점이 있는 것 같다. 하지만 이러한 항생제는 숙주에 존재하는 많은 정상 미생물상(microbiota)도 죽이는 단점이 있다. 정상 미생물상은 일반적으로 병원체 또는 다른 미생물들과 성장 경쟁을 하면서 이들을 견제한다. 만일 항생제가 정상 미생물상 안에 있는 특정 미생물은 죽이지 않고 이들의 경쟁자를 죽인다면 살아남은 특정 미생물들이 번성하

토대 그림 20.2

항미생물제의 주요 작용 방식

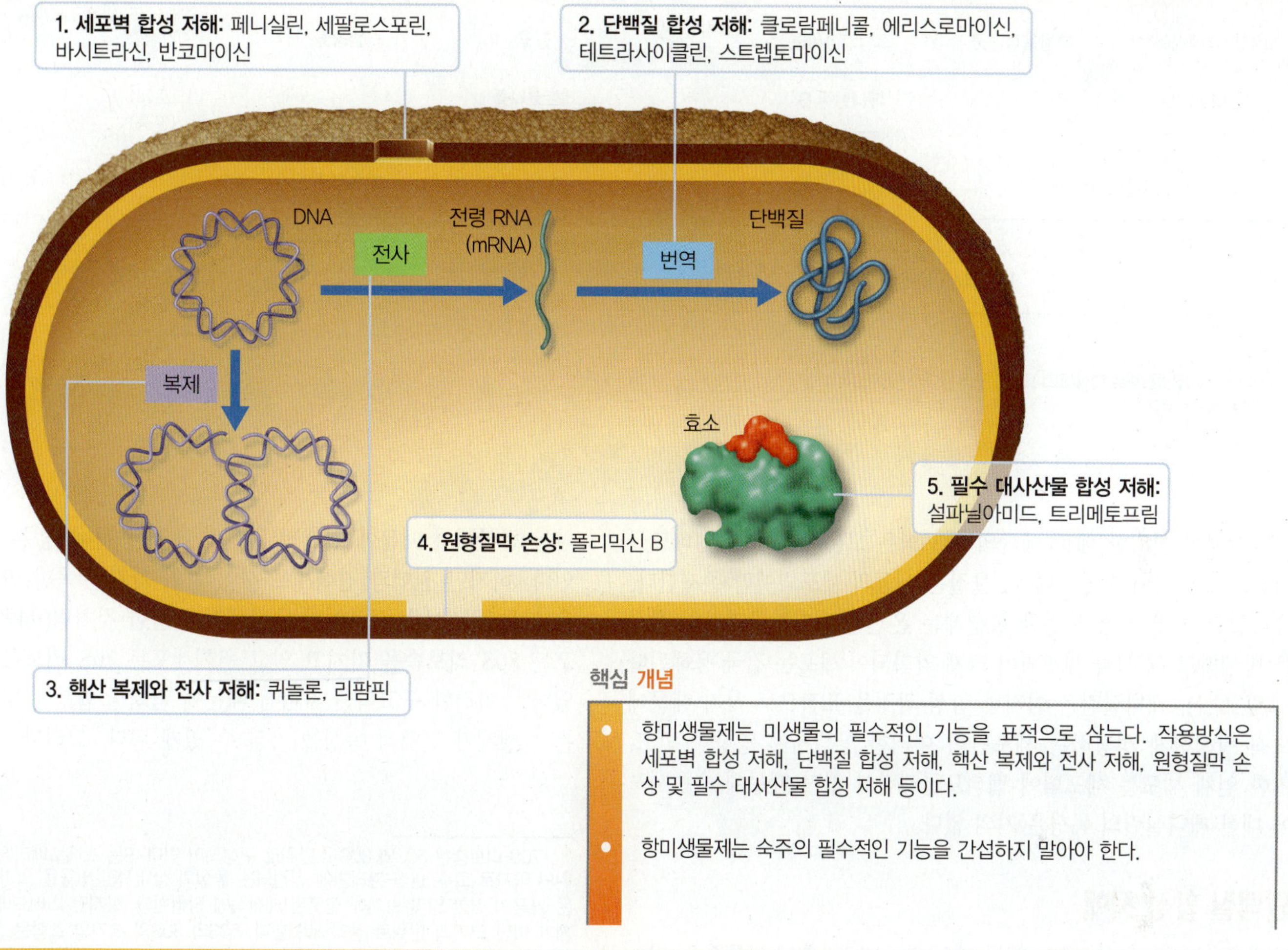

핵심 개념

- 항미생물제는 미생물의 필수적인 기능을 표적으로 삼는다. 작용방식은 세포벽 합성 저해, 단백질 합성 저해, 핵산 복제와 전사 저해, 원형질막 손상 및 필수 대사산물 합성 저해 등이다.
- 항미생물제는 숙주의 필수적인 기능을 간섭하지 말아야 한다.

여 기회감염 병원체가 될 수도 있다. 이러한 것의 대표적인 예로 세균을 죽이는 항생제에 영향을 받지 않는 효모유사 진균인 칸디다 알비칸스(*Candida albicans*)의 과다성장을 들 수 있다. 이러한 과다성장을 **중복감염(superinfection)**이라 부르는데, 이것은 또한 표적이 된 병원체가 사용한 항생제에 저항성이 생겨 성장하는 것을 의미하기도 한다. 이러한 상황에서 항생제에 내성을 획득한 균주는 항생제 내성이 없는 원래의 균주를 대체하여 성장하고 감염은 지속된다.

이해도 확인하기

- 숙주세포를 손상시키지 않고 병원성 바이러스만을 선택적으로 제거하는 것이 어려운 이유를 한 가지만 답해보시오. 20-3
- 아주 광범위한 효능을 가진 항생제가 왜 생각한 만큼 효과적이지 않은가? 20-4

항미생물제의 작용

학습 목표

20-5 항미생물제의 5가지 작용 방식을 알아본다.

항미생물제는 미생물을 직접 죽이거나**(bactericidal)** 아니면 그들의 성장을 억제**(bacteriostatic)**한다. 성장이 억제된 미생물들은 주로 식균작용과 항체생산 등과 같은 숙주의 방어체계에 의해 제거된다. 그림 20.2에 항미생물제의 주요 작용 방식을 요약하였다.

세포벽 합성 저해

최초로 발견하여 사용한(설파제를 고려하지 않는다면) 항생제인 페니실린이 대표적인 세포벽 합성 저해제이다.

표 20.2 항균제와 다른 항미생물제의 작용 범위

원핵생물				진핵생물			
마이코박테리아*	그람음성세균	그람양성세균	클라미디아, 리케차[†]	진균	원생동물	기생충	바이러스
이소니아지드 ↔							
		페니실린 G ↔					
				케토코나졸 ↔			
						니크로사미드 (촌충) ↔	
↔	스트렙토마이신 ↔						
					메프로퀸 (말라리아) ↔		
							아시클로비어 ↔
	↔	테트라사이클린 ↔	↔				
						프라지콴텔 (흡충) ↔	

*이 세균의 성장은 주로 대식세포나 조직 구조 내에서 일어난다.
[†]절대 세포내 세균.

4장에서 설명한 데로 세균의 세포벽은 고분자 조직인 펩티도글리칸으로 구성되어 있으며 이 물질은 세균의 세포벽에만 존재한다. 페니실린과 몇 가지 특정한 항생제는 온전한 펩티도글리칸의 합성을 방해하고 그 결과 세포벽이 크게 약화되어 세포는 결국 용해된다(그림 20.3). 페니실린은 이러한 합성 과정을 표적으로 하기 때문에 오직 왕성하게 성장하는 세포만이 이러한 항생제에 영향을 받고, 또한 인체 세포는 세포벽에 펩티도글리칸이 없기 때문에 숙주세포에 대한 페니실린의 독성은 거의 없다.

단백질 합성 저해

단백질 합성은 모든 세포(원핵 또는 진핵세포)에서 공통으로 일어나는 현상이기 때문에 선택적 독성의 표적이 될 수 없는 것처럼 보인다. 하지만 원핵과 진핵세포 사이에 한 가지 주목할 만한 차이점은 그들의 리보솜 구조이다. 4장에서 언급한 것처럼(94쪽), 진핵세포는 80S 리보솜을 가지고 있고 원핵세포는 70S 리보솜을 가지고 있다*. 이러한 구조적인 차이점 때문에 단백질 합성에 영향을 미치는 항생제가 선택적 독성을 가질 수 있게 된다. 그러나 진핵세포의

* 70S 리보솜은 50S와 30S 소단위로 구성되어 있다. S는 스베드베리(Svedberg) 단위의 약자로 고속 원심 분리기에 침전되는 물질의 상대적인 비율을 의미한다. 학생들은 가끔 이러한 얼핏 보기에 잘못된 계산식에 당황한다. 하지만 스베드베리단위를 무게가 아닌 크기의 단위로 생각해야 한다. 50S와 30S의 크기의 조합은 50g과 30g의 무게를 더한 것과 같지 않다는 것이다.

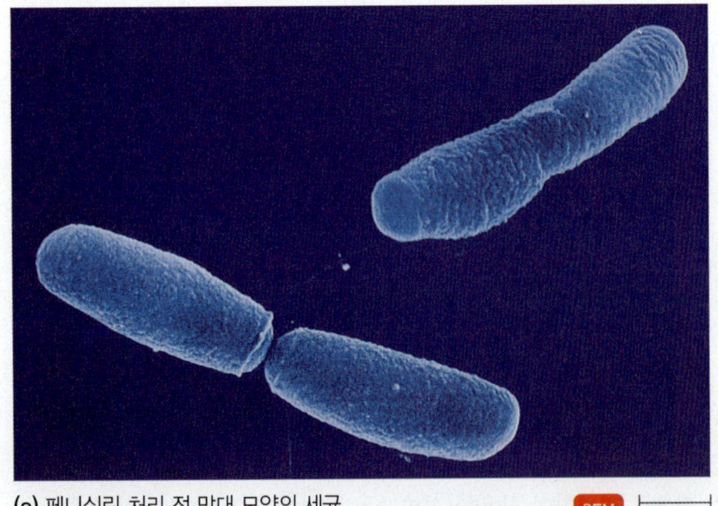

(a) 페니실린 처리 전 막대 모양의 세균

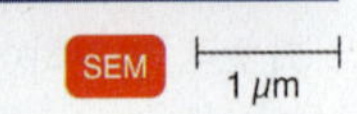

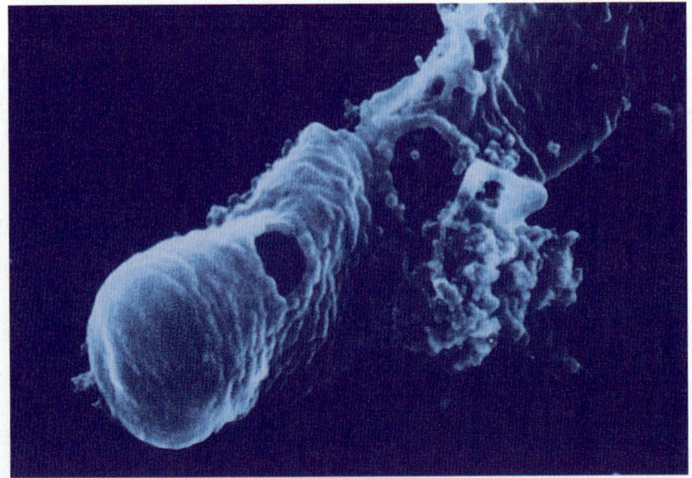

(b) 페니실린이 세포벽을 약하게 함에 따라 파괴된 세균 세포

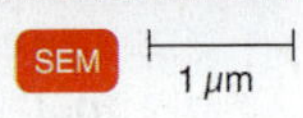

그림 20.3 페니실린에 의한 세균 세포 합성의 저해

페니실린은 왜 인체 세포에는 영향을 미치지 않는가?

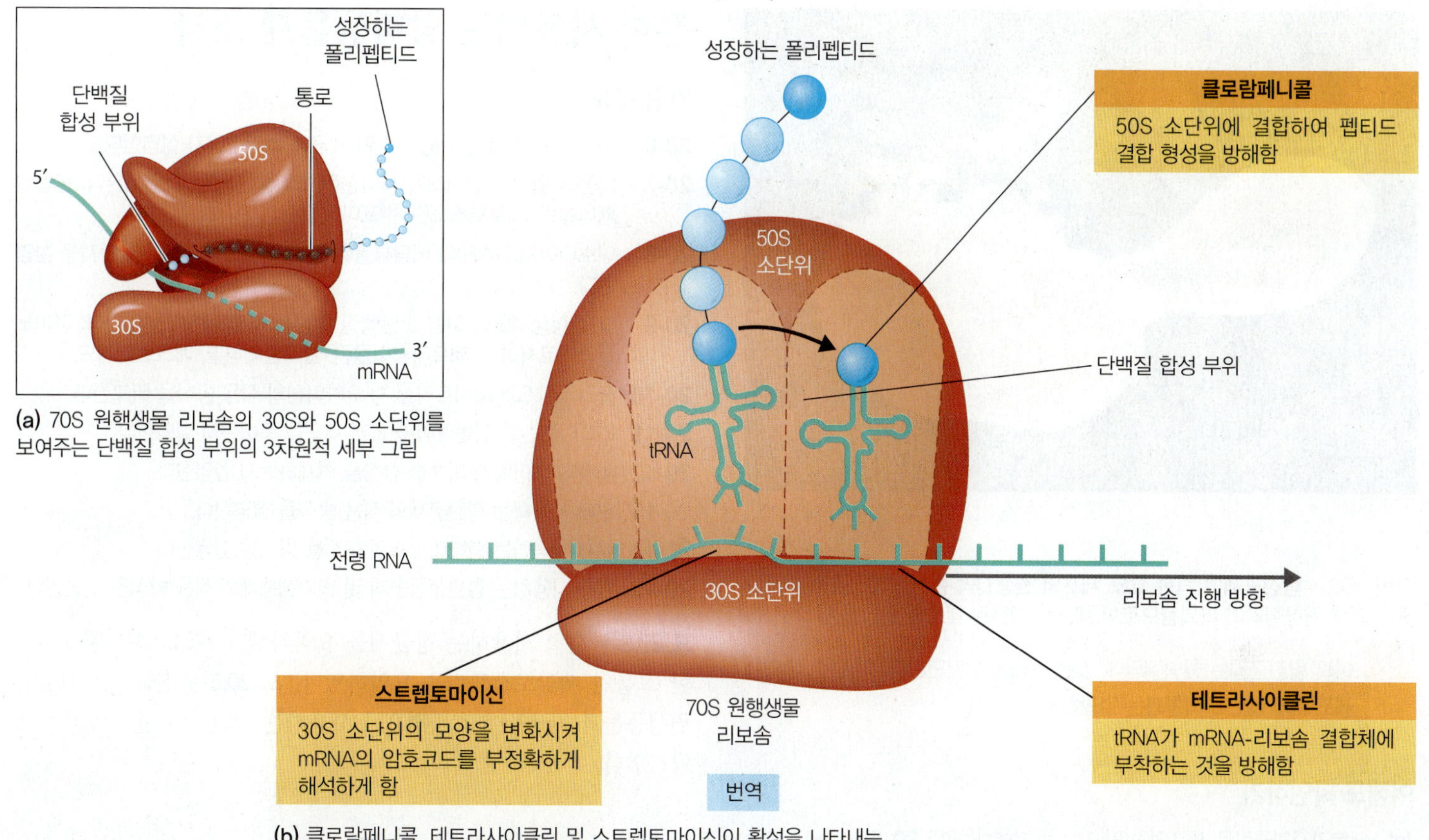

(a) 70S 원핵생물 리보솜의 30S와 50S 소단위를 보여주는 단백질 합성 부위의 3차원적 세부 그림

(b) 클로람페니콜, 테트라사이클린 및 스트렙토마이신이 활성을 나타내는 다른 작용 위치를 보여주는 그림

그림 20.4 **항생제에 의한 단백질 합성 저해.** (a) 삽입된 그림은 30S와 50S, 두 소단위로부터 어떻게 70S 원핵생물 리보솜이 조립되는지를 보여준다. 성장하는 펩티드 사슬이 어떻게 단백질 합성위치로부터 50S 소단위의 한 통로를 통과하는지를 주목하라. (b) 이 그림은 클로람페니콜, 테트라사이클린 및 스트렙토마이신이 자신의 활성을 나타내는 다른 작용 위치들을 보여준다.

Q 단백질 합성을 저해하는 항생제는 왜 인체 세포가 아닌 세균에만 영향을 주는가?

중요한 소기관 중 하나인 미토콘드리아도 세균과 유사한 70S 리보솜을 가지고 있다. 따라서 70S 리보솜을 표적으로 하는 항생제는 숙주세포에 부작용을 줄 수 있다. 단백질 합성을 저해하는 항생제로는 클로람페니콜, 에리스로마이신, 스트렙토마이신과 테트라사이클린 등이 있다(그림 20.4).

원형질막 손상

특히 폴리펩티드 항생제와 같은 특정 항생제는 원형질막의 투과성에 변화를 일으켜 결국 세포가 중요한 대사산물을 잃게 만든다.

암포테리신 B, 미코나졸 및 케토코나졸 같은 몇 가지 항진균제는 여러 가지 진균 질병에 효과가 있다. 이러한 약물은 진균 원형질막의 지방 성분인 스테롤과 결합하여 막을 파괴한다(그림 20.5). 세균의 원형질막은 일반적으로 스테롤이 없기 때문에 이러한 항생제는 세균에는 작용하지 않는다.

핵산 합성 저해

일련의 항생제는 미생물의 DNA 복제와 전사 과정을 저해한다. 이러한 작용 방식을 가진 항생제는 극히 제한적으로 사용하는데 그 이유는 이들이 또한 포유동물의 DNA와 RNA 합성도 저해하기 때문이다.

필수 대사산물 합성 저해

5장에서 미생물의 특정 효소 활성이 정상 기질과 아주 유사한 항대사물질에 의해 경쟁적으로 억제될 수 있음을 언급한 바 있다(118쪽 그림 5.7). 경쟁적 억제작용의 한 예는 항대사물질인 설파닐아미드(설파제)와 **파라-아미노벤조익산(*para*-aminobenzoic acid, PABA)**의 관계이다. 많은 미생물에서 파라-아미노벤조익산은 엽산(folic acid)을 합성하는 효소 반응의 기질이다. 엽산은 핵산의 기본 요소인 퓨린과 피리미딘, 그리고 여러 아미노산 합성의 조효소로 작용하는 비타민의 일종이다.

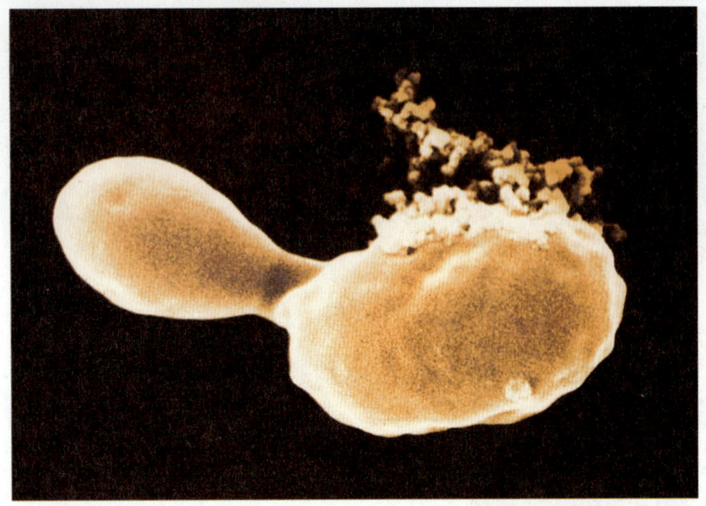

그림 20.5 항진균제에 의한 효모 세포의 원형질막 손상. 항진균제 미코나졸에 의해 원형질막이 파괴됨으로써 세포는 세포질 내용물을 방출한다.

여러 항진균제는 원형질막에 있는 스테롤과 결합한다. 이들은 왜 인체 세포막에 있는 스테롤과는 결합하지 않는가?

이해도 확인하기

테트라사이클린은 세포의 어떤 기능을 저해하는가? 20-5

흔히 사용되는 항미생물제 조사

학습 목표

20-6 이 절에서 설명한 항생제가 왜 세균에 특이적인지 설명한다.

20-7 다음에 열거한 항생제가 페니실린보다 좋은 점을 나열해본다: 반합성 페니실린, 세팔로스포린, 반코마이신.

20-8 이소니아지드(INH)와 에탐뷰톨이 왜 항마이코박테리아제 인지를 설명한다.

20-9 다음 항생제들이 어떻게 단백질 합성을 저해하는지 설명한다: 아미노글라이코사이드, 테트라사이클린, 클로람페니콜, 매크로라이드.

20-10 폴리믹신 B와 바시트라신, 네오마이신의 작용 방식을 비교한다.

20-11 리파마이신과 퀴놀론이 어떻게 세균을 죽이는지 설명한다.

20-12 설파제가 어떻게 미생물 성장을 억제하는지 설명한다.

20-13 현재 사용하는 항진균제의 작용 방식을 설명한다.

20-14 현재 사용하는 항바이러스제의 작용 방식을 설명한다.

20-15 현재 사용하는 항원생동물제 및 항기생충제의 작용 방식을 설명한다.

표 20.3은 흔히 사용하는 항균제를 요약하였다. **표 20.4**는 항균제의 한 그룹인 세팔로스포린을 요약하였다. **표 20.5**는 진균, 바이러스, 원생동물과 기생충에 효과적으로 사용하는 일반적인 항생제들을 요약하였다.

표 20.3 항균제

작용 방식	비고
세포벽 합성 저해제	
천연 페니실린	
페니실린 G	그람양성세균에 작용, 주사로 투여
페니실린 V	그람양성세균에 작용, 경구 투여
반합성 페니실린	
옥사실린	페니실린 분해효소에 내성
암피실린	광범위한 효능
아목시실린	광범위한 효능; 페니실린 분해효소 저해제와 결합
아즈트레오남	모노박탐 계열; 슈도모나스 종을 포함한 그람양성세균에 효과
이미페넴	카바페넴 계열; 초 광범위한 효능
세팔로스포린	
세팔로틴	제1세대 세팔로스포린; 페니실린과 유사한 활성; 주사로 투여
세픽심	제4세대 세팔로스포린; 경구 투여
폴리펩티드 항생제	
바시트라신	그람양성세균에 작용; 국부에 바름
반코마이신	당펩티드 유형; 페니실린 분해효소-내성, 그람양성세균에 작용
항마이코박테리아 항생제	
이소니아지드	마이코박테리아 세포벽의 마이콜릭산 합성 저해
에탐뷰톨	마이코박테리아 세포벽 내로 마이콜릭산 삽입 방해

표 20.3 항균제 (계속)

작용 방식	비고
단백질 합성 저해제	
클로람페니콜	광범위한 효능, 잠재적 독성
아미노글라이코사이드	
스트렙토마이신	마이코박테리아를 포함하는 광범위한 효능
네오마이신	국부에 사용, 광범위한 효능
젠타마이신	슈도모나스 종을 포함한 광범위한 효능
프레우로뮤틸린	
뮤틸린, 렛파뮤린	그람양성세균 저해
테트라사이클린	
테트라사이클린, 옥시테트라사이클린, 크롤테트라사이클린	클라미디아와 리케차를 포함하는 광범위한 효능, 동물사료 첨가제
매크로라이드	
에리스로마이신	페니실린 대체 약물
아지트로마이신, 크라리트로마이신	반합성; 더 광범위한 효능과 에리스로마이신보다 나은 조직 침투력
테리트로마이신(약품명: 케텍)	신세대 반합성 매크로라이드; 다른 매크로라이드의 내성에 대처하기 위해 사용
스트렙토그라민	
퀴누프리스틴과 달포프리스틴(약품명: 시너시드)	반코마이신-내성 그람양성세균을 치료하기 위한 대체 약물
옥사졸리디논	
리네졸리드(약품명: 자이복스)	주로 페니실린-내성 그람양성세균에 유용하게 사용
글라이실사이클린	
타이게사이클린	광범위한 효능, 특히 MRSA와 아시네토박터
원형질막 손상	
폴리믹신 B	국부 사용, 슈도모나스를 포함한 그람음성세균
지질펩티드	
뎁토마이신	MRSA 감염 치료에 사용
핵산 합성 저해제	
리파마이신	
리팜핀	mRNA 합성 저해; 결핵 치료
퀴놀론과 플루오로퀴놀론	
날리딕산, 노플록사신, 시프로플록사신	DNA 합성 저해; 광범위한 효능; 요도 감염
가티플록사신	최신세대 퀴놀론; 그람양성세균에 대한 증가된 효능
필수 대사산물 합성의 경쟁적 저해제	
설폰아미드	
트리메토프림-설파메톡사졸	광범위한 효능; 주로 혼합하여 사용함

표 20.4 세팔로스포린의 차등 분류

세대	설명	예
제1세대	상대적으로 좁은 수준의 활성, 주로 그람음성세균에 작용	세팔로틴
제2세대	좀 더 넓은 범위의 그람음성세균에 효능	세팜돌(정맥주사), 세파크롤(경구 투여)
제3세대	그람음성세균에 가장 활성이 강함, 일부 슈도모나드 포함; 반드시 주사로 투여	세프타지딤
제4세대	주사로 주입; 가장 광범위한 효능	세페핌

표 20.5 항진균, 항바이러스, 항원생동물 및 항기생충 약물

	작용 방식	비고
항진균제		
진균 스테롤(원형질막)에 영향을 주는 약물		
폴리엔		
암포테리신 B	원형질막 손상	침투성 진균 감염; 살진균제
아졸		
클로트리마졸		
미코나졸	원형질막 합성 저해	국부적 사용
케토코나졸	원형질막 합성 저해	침투성 진균 감염을 위해 경구 투여할 수 있음
보리코나졸	원형질막 합성 저해	중추신경계의 아스페르질루스증을 치료하기 위해 혈액뇌관문을 침투할 수 있음
알릴아민		
테르비나핀, 나프티핀	원형질막 합성 저해	아졸에 내성이 있는 질병을 치료하기 위해 주로 사용하는 신세대 항진균제
진균 세포벽에 영향을 미치는 약물		
에키노칸딘		
카스포펀진(약품명: 캔시다스)	세포벽 합성 저해	정맥주사로만 사용
핵산을 저해하는 약물		
플루사이토신	RNA 합성 저해에 따른 단백질 합성 저해; 또한 진균 DNA 합성 저해	진균 감염을 위해 경구 투여할 수 있지만 주로 다른 항진균제와 함께 사용
다른 항진균 약물		
그리세오풀빈	유사분열 미세소관의 저해	피부의 진균 감염
톨나프테이트	알려지지 않음	무좀
항바이러스 약물		
뉴클레오시드와 뉴클레오티드 유사체		
아시클로비어, 갠시클로비어, 리바비린, 라미부딘	DNA 또는 RNA 합성 저해	허피스바이러스에 주로 사용
시도포비어	DNA 또는 RNA 합성 저해	사이토메갈로바이러스 감염; 천연두에 대한 효과가 있을 수 있음
아데포비어 디피복실(약품명: 헵세라)	HBV 역전사효소의 경쟁적 저해제	라미부딘-내성 감염의 치료
부착과 탈피		
자나미비어, 오셀타미비어	인플루엔자 바이러스의 뉴라민가수분해효소 저해	인플루엔자 치료
아만타딘, 지만타딘	탈피를 방해	인플루엔자 치료
인터페론		
알파 인터페론	새로운 세포로 바이러스 전파 방해	바이러스성 간염
항원생동물 약물		
클로로퀸	DNA 합성 저해	말라리아; 단지 적혈구 감염 단계에서만 효과적
디아이오도하이드록시퀸	알려지지 않음	아메바 감염; 아메바 박멸성
메트로니다졸, 티니다졸	혐기성 대사작용 저해	편모충증, 아메바증, 트리코모나스증
니타족사니드	혐기성 대사작용 저해	편모충증
항기생충 약물		
니크로사미드	미토콘드리아의 ATP 생성 방해	촌충 감염; 촌충을 죽임
프라지콴텔	원형질막의 투과성 변화	촌충과 흡충 감염; 편형동물을 죽임
피안텔 파모에이트	신경근 차단	장회충; 회충을 죽임
메벤다졸, 알벤다졸	영양소 흡수 방해	장회충
이버멕틴	기생충 마비	주로 장회충; 경우에 따라 옴 진드기와 이에 사용

그림 20.6 **항균성 항생제인 페니실린의 구조.** 모든 페니실린은 보라색 음영으로 표시된—베타-락탐 고리(노란색)를 포함하는—공통적인 구조를 가지고 있다. 음영표시가 안된 부분은 페니실린마다 독특한 곁사슬을 나타낸다.

반합성이란 의미는 무엇인가?

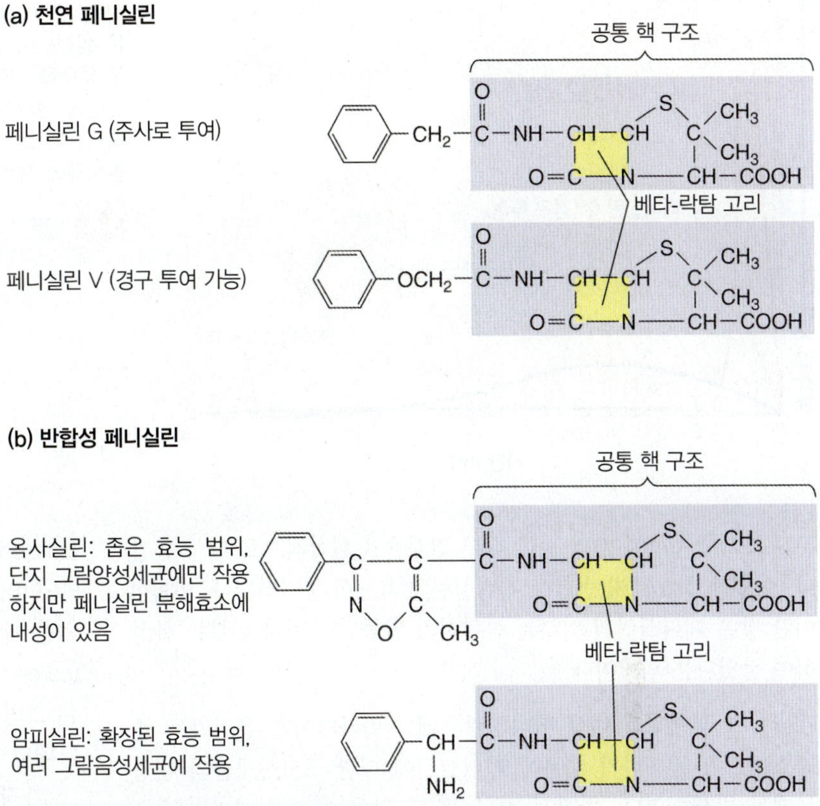

(a) 천연 페니실린

공통 핵 구조

페니실린 G (주사로 투여)

베타-락탐 고리

페니실린 V (경구 투여 가능)

(b) 반합성 페니실린

공통 핵 구조

옥사실린: 좁은 효능 범위, 단지 그람양성세균에만 작용하지만 페니실린 분해효소에 내성이 있음

베타-락탐 고리

암피실린: 확장된 효능 범위, 여러 그람음성세균에 작용

항균 항생제: 세포벽 합성 저해제

항생제가 "마법의 탄환"으로 작용하기 위해서는 일반적으로 숙주인 포유동물의 구조와 기능과는 구별되는 미생물의 구조와 기능을 표적으로 삼아야만 한다. 4장에서 언급한 것처럼, 진핵의 포유동물 세포는 보통 세포벽이 없고 원형질막만을 가지고 있다. 그러나 이 원형질막도 원핵세포의 막과는 구성요소가 다르다. 이러한 이유로 미생물의 세포벽은 항생제 작용의 매력적인 표적 중의 하나이다.

페니실린

페니실린(penicillin)이란 용어는 화학적으로 연관된 50개 이상의 항생제 그룹을 의미한다(그림 20.6). 모든 페니실린은 핵이라 부르는 베타-락탐 고리(β-lactam ring)를 포함하는 공통의 핵심구조를 가지고 있다. 페니실린 분자들은 이러한 핵에 붙어 있는 곁사슬의 화학적인 차이로 구분한다. 페니실린은 세포벽 합성의 마지막 단계인 펩티도글리칸 간의 교차결합을 방해하며 주로 그람양성세균에 작용한다(85쪽 그림 4.13a). 페니실린은 천연 또는 반합성을 통해 생산될 수 있다.

천연 페니실린 푸른곰팡이(*Penicillium*)를 배양하여 추출한 페니실린은 몇 가지 유사 형태로 존재한다. 이들을 **천연 페니실린(natural penicillin)**이라 부른다(그림 20.6a). 모든 페니실린의 기본형이 페니실린 G이다. 이 항생제는 좁지만 유용한 작용 범위를 가지고 있으며, 보통 대부분의 포도상구균, 연쇄상구균 및 여러 스피로헤타류(spirochetes) 치료를 위해 선택한다. 근육에 주사하면 페니실린 G는 3~6시간 안에 체내에서 빠르게 배출된다(그림 20.7). 복용했을 때는 위의 소화액이 산성이기 때문에 그 농도가 줄어든다. 페니실린 G와 프로캐인(procaine)의 복합체인 프로캐인 페니실린은 체내에 최대 24시간 이상 남아 있지만 그 농도는 약 4시간 정도에 가장 높다. 지속시간을 좀 더 늘리려면 벤자틴(benzathine)과 페니실린 G 복합체인 벤자틴 페니실린을 사용하면 된다. 하지만 약이 4시간 이상 지속되더라도 그 농도가 너무 낮아 효과를 내기는 어렵다. 페니실린 V는 위산에 견딜 수 있어 경구 복용을 할 수 있으며, 페니실린 G가 가장 흔히 사용되는 천연 페니실린이다.

천연 페니실린은 몇 가지 단점이 있다. 그 중 좁은 작용 범위와 페니실린 분해효소(penicillinase)에 대한 감수성이 가장 크다. 페니실린 분해효소는 여러 세균 중 특히 포도상구균이 생산하는 효소이며 페니실린 분자의 베타-락탐 고리를 자른다(그림 20.8). 이러한 특성 때문에 페니실린 분해효소를 베타-락타메이즈(β-lactamase)라고도 부른다.

반합성 페니실린 천연 페니실린의 단점을 극복하기 위해 수많은 **반합성 페니실린(semisynthetic penicillin)**이 개발되었다(그림 20.6b). 과학자들은 두 가지 방법으로 이러한 페니실린을 개발하였다. 첫째, 과학자들은 푸른곰팡이(*Penicillium*)가 페니실린 분자를 완전히 합성하는 것을 방해하여 필요한 공통의 페니실린 핵만 얻는다. 둘째, 완전한 천연 분자에서 곁사슬을 제거한 다음 페니실린

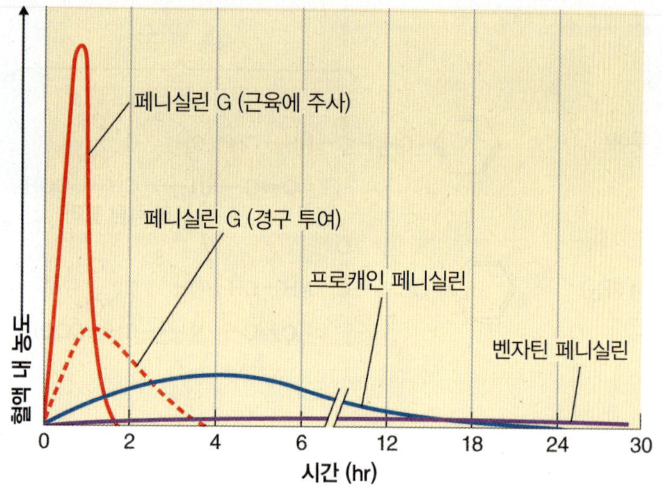

그림 20.7 페니실린 G의 지속 시간. 페니실린 G는 보통은 주사로 투여하는 데(붉은 실선), 이 경우 약물은 혈액 속에 높은 농도로 존재하다가 빠르게 사라진다. 경구 투여를 하면(붉은 점선), 페니실린 G는 위산에 파괴되어 효과가 높지 않다. 프로캐인과 벤자틴 같은 화합물과 함께 사용하면(청색과 보라색 실선) 페니실린 G의 지속시간을 늘릴 수 있다. 그러나 혈액에 도달하는 농도는 낮기 때문에 표적 세균이 항생제에 매우 민감해야만 한다.

Q 낮은 농도의 페니실린 G를 어떻게 페니실린-내성 세균을 위해 선택하는가?

분해효소에 저항성이 더 강한 다른 곁사슬을 화학적으로 다시 붙인다. 이렇게 함으로써 반합성 페니실린의 효능이 증가하였다. 반합성이란 말은 페니실린의 일부는 곰팡이가 만들고 나머지 일부는 합성하여 붙였다는 의미이다.

페니실린 분해효소-내성 페니실린 베타-락타메이즈 유전자는 플라스미드에 존재하기 때문에 페니실린에 대한 포도상구균의 내성 문제가 발생하였다. 반합성 페니실린과 같이 이 효소에 상대적으로 내성을 띠는 항생제인 메티실린(methicillin)을 개발하였지만 곧 이 항생제에도 내성을 띠는 세균이 나타났다. 이러한 세균을 **메티실린-내성 황색포도상구균(methicillin-resistant Staphylococcus aureus, MRSA)**이라 부르며 보통 멀사(mersa)라고 발음한다(423쪽 상자 참조). 내성이 너무 퍼져서 미국에서는 더 이상 메티실린을 생산하지 않는다. MRSA라는 용어는 이제 여러 종류의 페니실린과 세팔로스포린에 내성을 가지는 균주를 일컫는다. 옥사실린(oxacillin) 및 베타-락타메이즈 저해제를 결합한 약물과 같은 페니실린 분해효소 저항 항생제도 여기에 포함된다(나중에 설명). 579쪽의 항생제 내성에 대한 내용을 참고하기 바란다.

광범위 페니실린 천연 페니실린이 갖는 좁은 작용 범위에 대한 문제점을 극복하기 위해 더 넓은 작용 범위를 가진 반합성 페니실린이 개발되었다. 새로운 페니실린은 페니실린 분해효소에 대한 내성이 없다 할지라도 많은 그람양성세균뿐만 아니라 그람음성세균에도 효과적이다.

이러한 첫번째 페니실린이 암피실린(ampicillin)과 아목시실린(amoxicillin)과 같은 아미노페니실린(aminopenicillin)이다.

이러한 항생제에 대한 세균의 내성이 다시 일반적인 현상이 되었을 때 카복시페니실린(carboxypenicillin)이 개발되었다. 카베니실린(carbenicillin)과 타이카르실린(ticarcillin)과 같은 이러한 그룹의 항생제는 그람음성세균에 더 효과적이며 특히 녹농균에 탁월한 활성을 나타내었다.

가장 최근에 개발된 페니실린 계열 항생제는 메즐로실린(mezlocillin)과 아즐로실린(azlocillin)과 같은 우에이도페니실린(ueidopenicillin)이다. 이들 광범위 페니실린은 암피실린의 구조 변형체이다. 더 효과적으로 페니실린을 변형하려는 연구가 계속 진행되고 있다.

베타-락타메이즈 저해제가 포함된 페니실린 페니실린 분해효소의 확산에 대한 또 다른 접근 방법은 한 스트렙토마이세트(streptomycete)의 산물인 클라불란산(clavulanic acid)이라고도 부르는 칼륨 클라불라네이트(potassium clavulanate)를 페니실린에 붙이는 것이다. 칼륨 클라불라네이트는 페니실린 분해효소의 비경쟁적 저해제로 그 자체로는 항미생물 활성이 없다. 이 물질은 아목시실린 같은 일부 신규 광범위 페니실린에 결합하여 사용한다. 이는 오그멘틴(Augmentin)이란 약품명으로 더 잘 알려져 있다.

카바페넴

카바페넴(carbapenem)은 한 분자의 탄소를 유황 분자로 바꾸고 페니실린 핵에 이중결합 하나를 더한 베타-락탐 계열의 항생제이

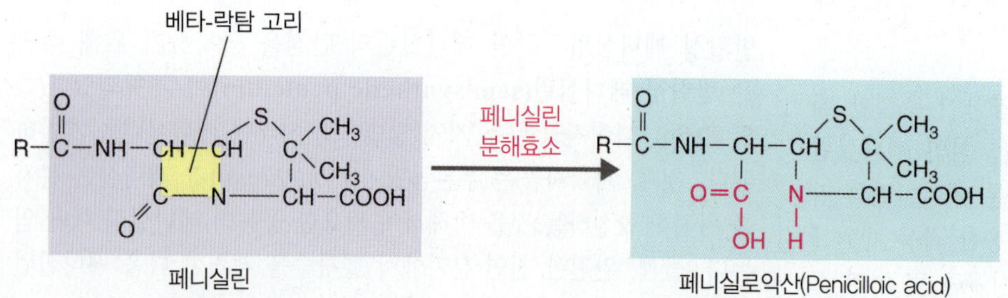

그림 20.8 페니실린에 대한 페니실린 분해효소의 효과. 세균이 베타-락탐 고리를 파괴하는 이러한 효소를 생산하는 것은 지금까지 알려진 페니실린에 대한 내성의 가장 일반적인 형태이다. R은 다른 페니실린 종마다 독특한 곁사슬을 나타내는 화학물의 약어이다.

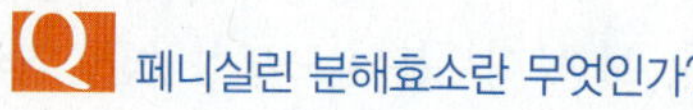
Q 페니실린 분해효소란 무엇인가?

다. 세포벽 합성을 저해하는 이 항생제는 아주 광범위한 효능을 가지고 있다. 이 그룹을 대표하는 것이 이미페넴(imipenem)과 실라스타틴(cilastatin)을 결합한 프리맥신이다. 실라스타틴은 항미생물 활성은 없지만 신장에서 결합약물이 분해되는 것을 막아준다. 실험 결과 프리맥신(Primaxin)은 환자에서 분리한 균주 98%에 효능이 있는 것으로 나타났다. 최근(2007년)에 소개된 몇 가지 항생제 중의 하나인 도리페넴(doripenem)은 카바페넴의 한 종으로 녹농균 감염 치료에 아주 효과적이다.

모노박탐

페니실린 분해효소의 작용을 피하기 위한 또 다른 방법은 새로운 계열의 항생제의 첫 주자인 아즈트레오남(aztreonam)에서 볼 수 있다. 이 항생제는 일반적인 베타-락탐 이중고리 대신에 단 한 개의 단일 고리만을 가진 합성 항생제이기 때문에 **모노박탐(monobactam)**이라 부른다. 아즈트레오남의 작용 범위는 페니실린-계열 화합물 중에는 주목할만한데, 독성은 매우 낮으면서도 슈도모나드(pseudomonads)와 대장균(*E. coli*)을 포함하는 특정 그람음성세균에만 작용한다.

세팔로스포린

세팔로스포린(cephalosporin)의 핵은 페니실린의 핵과 유사한 구조를 가진다(그림 20.9). 세팔로스포린은 본질적으로 페니실린과 같은 방법으로 세포벽 합성을 저해하며 다른 베타-락탐 계열 항생제보다 훨씬 더 널리 쓰인다. 이들의 베타-락탐 고리는 페니실린과 약간 다르지만 세균들은 이 구조를 불활성화시키는 분해효소를 개발하였다.

표 20.4에서는 계속해서 향상되는 활성에 따라 세팔로스포린을 세대별로 분류하였다.

폴리펩티드 항생제

바시트라신 바시트라신(bacitracin)[이 이름은 트래시(*Tracy*)라는 소녀의 상처에서 분리한 바실루스 간균(*Bacillus*)에서 유래되었다]은 포도상구균과 연쇄상구균과 같은 그람양성세균에 주로 효과적인 폴리펩티드 항생제다. 바시트라신은 페니실린과 세팔로스포린보다는 좀 더 초기 단계에서 세포벽 합성을 억제한다. 이는 펩티도글리칸의 직선 가닥 합성을 저해한다(85쪽 그림 4.13a 참조). 이 약은 외상 치료용으로 피부에만 바르도록 사용이 제한되어있다.

반코마이신 반코마이신(vancomycin)은 보르네오 정글에서 발견한 스트렙토마이세스 종에서 확인한 당펩티드 항생제의 작은 그룹의 하나로 그 이름은 격파하다는(*vanquish*) 뜻의 단어에서 유래되었다. 원래 반코마이신의 독성이 심각한 문제였지만, 정제 과정을 개선하여 이러한 문제점을 크게 줄였다. 세포벽 합성을 저해하는 반코마이신은 효능 범위는 매우 좁지만 MRSA의 문제점을 해결할 수 있는 아주 중요한 항생제이다(423쪽 참조). 반코마이신은 다른 항생제에 내성을 가지는 황색포도상구균의 치료를 위한 마지막 항생제로 간주된다. MRSA를 치료하기 위해 반코마이신을 남용한 결과 **반코마이신-내성 장구균(vancomycin-resistant enterococci, VRE)**이 출현하였다. 이들은 병원에서 특히 골치거리인 기회감염성 그람양성 병원체이다(416쪽과 423쪽 상자 참조). 효과적인 대체 약제가 거의 없는 상황에서 반코마이신-내성 병원체의 출현은 의학의 응급사태로 여겨진다.

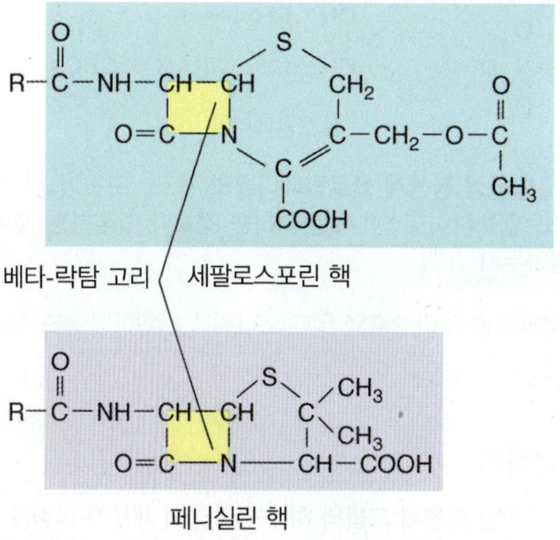

그림 20.9 **세팔로스포린과 페니실린의 핵심구조 비교**

Q 페니실린 G에 효과가 있는 베타-락타메이즈는 세팔로스포린에도 효과가 있는가?

항마이코박테리아 항생제

마이코박테리움(*Mycobacterium*)의 세포벽은 대부분의 다른 세균의 세포벽과 다르다. 이들의 세포벽에는 항산성(acid-fast) 염색이 가능하도록 해주는 한 가지 요인인 마이콜릭산(mycolic acid)이 들어 있다(87쪽). 이 속의 세균은 나병과 결핵의 원인균과 같은 중요한 병원체를 포함한다.

이소니아지드(isoniazid, INH)는 결핵균(*Mycobacterium tuberculosis*)에 매우 효과적인 합성 항생제이다. INH의 1차 효과는 마이코박테리아에만 존재하는 세포벽 구성성분인 마이콜릭산의 합성을 억제하는 것이다. 이는 다른 세균에는 거의 영향이 없다. 결핵을 치료할 때 INH는 리팜핀(rifampin) 또는 에탐뷰톨(ethambutol)과 같은 약물과 함께 사용한다. 이러한 병용 사용이 약물에 대한 내성 발생을 최소화한다. 결핵균은 주로 대식세포 안이나 조직 사이에서만 발견되기 때문에 모든 항결핵제는 이들에게 우선적으로 침투할 수 있어야만 한다.

에탐뷰톨은 단지 마이코박테리아에만 효과가 있다. 이 약물은 마이콜릭산이 세포벽으로 삽입되는 것을 확실하게 저해한다. 상대적으로 약한 항결핵제이며 내성 문제를 피하기 위한 2차 약제로 주로 사용한다.

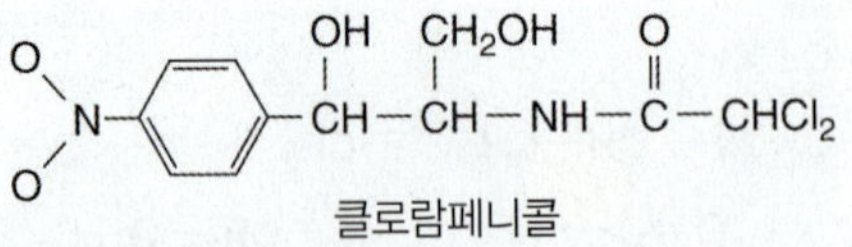

$O_2N-C_6H_4-CH(OH)-CH(CH_2OH)-NH-C(=O)-CHCl_2$

클로람페니콜

그림 20.10 **항균성 항생제 클로람페니콜의 구조.** 구조가 간단하기 때문에 이 약물을 스트렙토마이세스에서 분리하는 것보다 합성하는 것이 더 저렴하다는 것을 알아두자.

Q 클로람페니콜이 리보솜의 50S 소단위에 결합하면 세포에는 어떤 효과가 있는가?

이해도 확인하기

- 가장 성공적인 항생제 그룹의 하나는 세균의 세포벽 합성을 표적으로 하는 것이다. 왜 이러한 항생제가 포유동물 세포에는 영향을 주지 않는가? **20-6**
- 어떤 현상이 메티실린과 같은 첫 번째 반합성 항생제의 개발을 유도했는가? **20-7**
- 어떤 속 세균의 세포벽에 마이콜릭산이 들어 있는가? **20-8**

단백질 합성 저해제

클로람페니콜

클로람페니콜(chloramphenicol)은 70S 원핵세포 리보솜의 50S 소단위와 반응하여 늘어나는 폴리펩티드 사슬의 펩티드 결합 형성을 방해한다. 구조가 간단하기 때문에(그림 20.10) 스트렙토마이세스에서 분리하는 것보다 제약회사에서 화학적으로 합성하는 것이 더 경제적이다. 가격이 싸고 효능의 범위가 넓어서 저렴한 약값이 중요한 곳에서 주로 사용한다. 또한 분자 크기가 작기 때문에 확산을 통하여 대부분의 약들이 일반적으로 접근할 수 없는 신체의 구석까지 도달할 수 있다. 하지만 클로람페니콜은 심각한 부작용을 가지고 있는데 그 중 가장 중요한 것이 골수 활성을 억제하여 혈액세포의 생성에 영향을 주는 것이다. 따라서 의사들은 증세가 경미하거나 적당한 대체 의약품이 있는 경우 이 약의 사용을 권장하지는 않는다.

클로람페니콜처럼 리보솜의 결합위치에 결합하여 단백질 합성을 저해하는 다른 항생제로는 클린다마이신(clindamycin)과 메트로니다졸(metronidazole)이 있다(577쪽 참조). 이들 3가지 약은 구조적으로는 관련이 없지만 모두 다 비산소요구성 세균에 강력한 활성을 가지고 있다. 크린다마이신은 설사를 유발하는 클로스트리듐 디피실리(*Clostridium difficile*)와 관련해서 잘 알려져 있다(726쪽 참조). 비산소요구성 세균에 대한 이러한 효과 때문에 여드름 치료에 이 항생제를 사용한다.

아미노글라이코사이드

아미노글라이코사이드(aminoglycoside)는 아미노 당이 글라이코사이드 결합에 의해 연결된 항생제 그룹이다. 아미노글라이코사이드 항생제는 70S 원핵세포 리보솜의 30S 소단위의 모양을 변형시켜 단백질 합성의 초기 단계를 방해한다. 이러한 방해로 mRNA의 유전부호가 잘못 번역된다. 이들은 그람음성세균에 강력한 활성을 가지는 1차 항생제 중의 하나이다. 아마도 가장 잘 알려진 아미노글리코사이드는 1944년에 발견한 스트렙토마이신(streptomycin)이다. 스트렙토마이신은 아직도 결핵치료의 한 대체 약제로 사용한다. 하지만 빠르게 내성이 생기고 심각한 독성 효과도 있어서 그 효용성이 감소하고 있다.

아미노글라이코사이드는 청신경을 영구 손상시켜 청력에 문제를 일으킬 수 있고 신장에도 손상을 준다는 연구 결과가 있어 그 사용이 점점 감소하고 있다. 네오마이신(neomycin)은 처방전 없이 여러 바르는 연고에 사용한다. 젠타마이신(gentamicin)은 슈도모나스 감염에 특히 효과적인데 철자에 있는 "i"는 사상형세균인 마이크로모노스포라(*Micromonospora*)로부터 유래한 이들의 출처를 반영한 것이다. 슈도모나드 세균은 낭포성 섬유증(cystic fibrosis) 환자에게는 중대한 문제이다. 토브라마이신(tobramycin)은 이러한 낭포성 섬유증 환자에게 발생하는 감염을 조절하기 위해 분무형태로 사용하는 아미노글라이코사이드 항생제이다.

> **임상 사례**
>
> 싱 박사는 각막제공자에 대한 더 많은 정보를 안구은행에 의뢰하였다. 그녀는 각막 제공자가 30세의 건강한 남자로서 오토바이 사고로 입원하여 죽기 전 4일 동안 산소호흡기를 달고 있었다는 사실을 확인하였다. 제공자의 각막은 이식수술 3일전에 적취하여 100 µg/mL의 젠타마이신이 들어 있는 완충용액에 넣어 4°C에서 보관하였다.
>
> **이러한 녹농균의 젠타마이신에 대한 감수성을 어떻게 결정하겠는가?**
>
> 559 **570** 579 581 584 585

테트라사이클린

테트라사이클린(tetracycline)은 스트렙토마이세스 종들이 생산하는 광범위 항생제 그룹이다. 70S 리보솜의 30S 소단위에 아미노산을 운반해주는 tRNA의 부착을 방해함으로써 폴리펩티드 사슬에 새로운 아미노산이 연결되는 것을 막는다. 이들은 손상되지 않은 포유류 세포에는 잘 침투할 수 없기 때문에 포유류의 리보솜 활성은 저해하지 않는다. 하지만 세포 내 병원체인 리케차와 클라미디아가 테트라사이클린에 감수성인 것을 보면 적어도 조금은 숙주세포로 들어갈 수 있는 것 같다. 이 항생제의 선택적 독성은 리보솜 수준에서 세균의 감수성이 더 크기 때문이다. 테트라사이클린은 그람양성과 그람음성세균에 효과가 있을 뿐만 아니라 신체 조직에 잘 흡수되어 특히 리케차와 클라미디아 같은 세포 내 병원체에도 유용하다. 일반적으로 많이 사용하는 테트라사이클린 3가지는 옥시테트라사이클린[oxytetracycline, 약품명: 테라마이신(Terramycin)], 클로르테트라사이클린[chlortetracycline, 약품명: 오레오마이신(Aureomycin)]과 테트라사이클린 자체이다(그림 20.11).

독시사이클린(doxycycline)과 미노사이클린(minocycline) 같은 반합

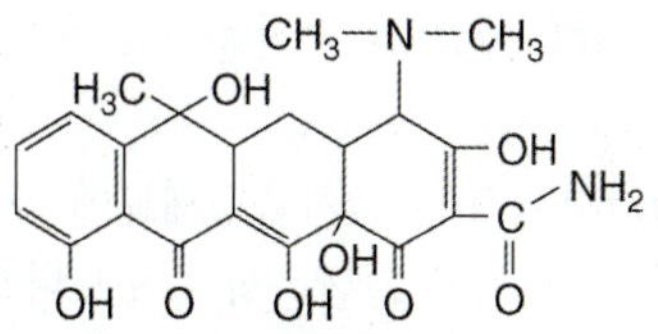

테트라사이클린

그림 20.11 항균성 항생제 테트라사이클린의 구조. 다른 테트라시이클린-타입 항생제들은 테트라사이클린의 4개의 순환고리 구조를 공유하며 서로 아주 유사하다.

테트라사이클린은 어떻게 세균에 영향을 미치는가?

성 테트라사이클린도 있는데 이들은 체내에 더 오래 머문다는 장점이 있다.

테트라사이클린은 여러 요로 감염, 마이코프라스마성 폐렴, 클라미디아와 리케차 감염을 치료하는 데 사용한다. 이들은 또한 매독과 임질 같은 성병의 대체 약제로도 자주 사용된다. 넓은 작용 범위 때문에 테트라사이클린은 종종 정상 장내 미생물상을 감소시켜 소화불량을 일으키고 종종 중복감염에 이르게도 하는데, 특히 진균인 칸디다 알비칸스에 의해 일어나는 감염이다. 이 항생제는 치아가 갈색으로 변색될 수도 있는 어린아이나 간이 손상될 수 있는 임산부에게는 사용을 권장하지 않는다. 이들은 빠르게 동물의 체중을 증가시킬 수 있어 동물사료에 첨가하는 가장 일반적인 항생제이다. 하지만 인체 건강에도 또한 문제를 일으킬 수 있다(583쪽 상자 참조).

글라이실사이클린

글라이실사이클린(glycylcycline)은 2000년도 이후에 개발된 새로운 종류의 항생제로 테트라사이클린과 구조가 유사하다. 가장 잘 알려진 것이 타이게사이클린[tygecycline, 약품명: 타이가실(Tygacil)]이다. 이 항생제는 광범위 세균 성장억제 항생제로 30S 리보솜 소단위에 결합하여 단백질 합성을 억제한다. 이 약물의 중요한 장점은 세균의 항생제 내성의 중요한 작용 원리의 하나인 약물의 빠른 방출 효과를 방해하는 것이다(580쪽 참조). 정맥을 통해 느리게 주사해야 하는 것이 단점 중의 하나이다. MRSA와 다약재내성 아시네토박터 바우마니(*Acinetobacter baumanii*) 균주에 특히 효과가 있다.

매크로라이드

매크로라이드(macrolide)는 매크로사이크릭 락톤 고리를 가진 항생제 그룹이다. 임상에서 가장 잘 알려진 것이 에리스로마이신(erythromycin)이다(그림 20.12). 작용 방식은 그림 20.4a에 보여준 늘어나는 폴리펩티드 사슬의 통로를 확실하게 막음으로써 단백질 합성을 억제하는 것이다. 그러나 에리스로마이신은 대부분의 그람음성 바실루스 간균의 세포벽을 통과할 수 없다. 따라서 이들의 효능 범위는 페니실린 G와 유사하며, 페니실린의 대체 약물로 주로 사용한다. 경구로 투여할 수 있기 때문에 오렌지 맛이 나는 에리스로마이신은 어린아이의 포도상구균과 연쇄상구균을 치료하기 위한

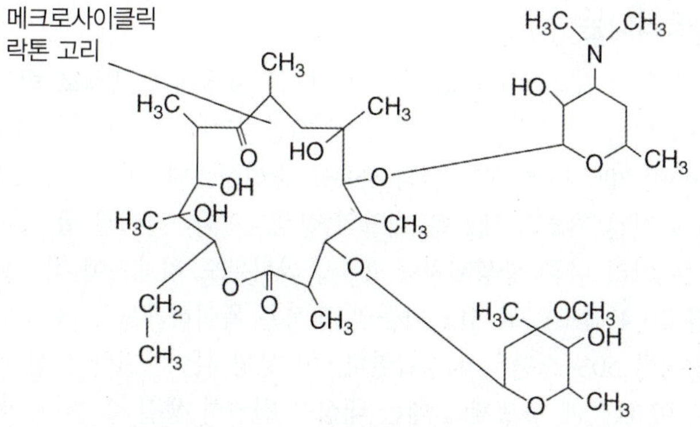

메크로사이클릭 락톤 고리

에리스로마이신

그림 20.12 메크로라이드 계열의 대표적 항균성 항생제인 에리스로마이신의 구조. 모든 메크로라이드는 그림에서 보여주는 메크로사이클릭 락톤 고리를 가지고 있다.

매크로라이드는 어떻게 세균에 영향을 미치는가?

페니실린의 대체 약물로 주로 사용한다. 에리스로마이신은 재향군인병(legionellosis), 마이코플라스마성 폐렴 및 여러 다른 감염을 치료하기 위한 약제로도 사용한다.

현재 사용하는 또 다른 매크로라이드에는 아지스로마이신(azithromycin)과 클라리스로마이신(clarithromycin)이 있다. 에리스로마이신과 비교해 보면 이들은 더 넓은 범위의 항미생물 효능이 있고 조직에 침투도 더 잘 된다. 특히 성병의 주 감염원인 클라미디아 같은 세포 내 세균의 치료에 중요하다.

차세대 반합성 메크로라이드인 **케톨라이드(ketolide)**는 다른 매크로라이드에 대한 내성 증가에 대처하기 위해 개발되었다. 이 세대 약물의 원조는 텔리스로마이신[telithromycin, 약품명: 케텍(Ketek)]이다. 하지만 이것은 독성과 연관된 여러 가지 중대한 제약이 있다.

스트렙토그라민

앞서 반코마이신-내성 병원체의 출현이 심각한 의료 문제를 일으킨다고 언급한 바 있다. **스트렙토그라민(streptogramin)**이란 독특한 그룹의 항생제가 이에 대한 해결책일 수 있다. 처음 출시된 이러한 항생제의 하나인 시너시드(Synercid)는 매크로라이드와 연관이 적은 두 개의 환상 펩티드인 퀴누프리스틴(quinupristin)과 달포프리스틴(dalfopristin)의 결합물이다. 이들은 클로람페니콜과 같은 다른 항생제처럼 리보솜의 50S 소단위에 결합하여 단백질 합성을 저해한다. 하지만 시너시드는 리보솜의 다른 특정 부위에 작용한다. 달포프리스틴은 단백질 합성의 초기 단계를 방해하고 퀴누프리스틴은 그 이후의 과정을 저해한다. 이들의 연합작용으로 불완전하게 합성된 펩티드 사슬이 리보솜에서 방출되고 단백질 합성 저해 효과가 상승된다(584쪽 참조). 시너시드는 다른 항생제에 내성을 가지는 여러 그람양성세균에 광범위하게 효과가 있다. 이러한 성질 때문에 이 항생제가 비싸고 심각한 부작용을 가지고 있기는 하지만 특별하게 가치가 있는 것이다.

옥사졸리디논

옥사졸리디논(oxazolidinone)은 또 다른 차세대 항생제로 반코마이신에 대한 내성을 해결하기 위해 개발되었다. 미국 식품의약국(FDA)이 2001년 이 항생제의 사용을 승인했는데, 이는 최근 25년 만에 승인된 최초의 새로운 계열의 항생제이다. 단백질 합성을 저해하는 여러 다른 항생제처럼 옥사졸리디논도 리보솜에 작용한다(그림 20.4 참조). 그러나 이들의 표적은 특이하게도 30S 소단위에 인접한 50S 소단위에 결합한다. 이 항생제는 완전한 합성 약물인데, 이 때문에 항생제에 대한 내성이 천천히 생길 수 있다. 이러한 항생제 그룹의 한 가지가 리네졸리드[linezolid, 약품명: 자이복스, (Zyvox)]이며 주로 MRSA 치료에 사용한다.

프레우로뮤틸린

프레우로뮤틸린(pleuromutilin) 유도체와 옥사졸리디논은 2000년도 이후에 개발된 두 개의 새로운 계열의 항생제를 대표한다(아래의 지질펩티드에 대한 설명 참조). 이 그룹의 가장 잘 알려진 두 개의 항생제는 뮤틸린(mutilin)과 렛파물린(retpamulin)이다. 이들은 매크로라이드와 같은 리보솜의 부위를 표적으로 하지만 매크로라이드에 대한 내성에는 영향이 없으며 그람양성세균에 효과적이다. 처음에는 프레우로티스 뮤틸러스(*Pleurotis mutilus*)라는 버섯에서 추출하였지만 지금은 대부분 반합성 유도체이다.

이해도 확인하기

✔ 매크로라이드 항생제인 에리스로마이신이 광범위 테트라사이클린과 유사한 작용 방식을 가지고 있으면서도 그람양성세균에 대해서는 아주 제한적인 활성 범위를 가지는 이유가 무엇인가? **20-9**

원형질막 손상

세균 원형질막의 합성에는 기본 구성물인 지방산의 합성이 필요하다. 새로운 항생제에 대한 매력적인 표적을 찾던 연구자들은 인간과 다른 세균의 독특한 지방산 생합성 대사과정에 특별한 관심을 가졌다. 여러 항생제와 항미생물 약물의 기본 원칙은 이 과정을 억제하는 것이었다. 하지만 이러한 접근 방법의 약점은 여러 세균 병원체가 혈청으로부터 지방산을 흡수할 수 있다는 것이다. 항생제를 생산하는 스트렙토마이세트 균이 존재하는 토양 환경에는 지방산이 없다. 지방산 합성을 표적으로 하는 우수한 항미생물제에는 결핵치료제인 이소니아지드(569쪽)와 주방용 항균 소독제인 트리클로산(triclosan, 192쪽)이 있다.

지질펩티드

최근에 개발한 새로운 계열의 항생제 중 하나가 **지질펩티드(lipopeptide)**이다. 한 스트렙토마이세트 균이 생산한 댑토마이신(daptomycin)이 그 예이며 그람양성세균에 작용한다. 세균의 세포막을 공격하는 것이 이들의 작용 원리로 보이는데, 그 결과 막 구조가 변하고 이로 인해 DNA와 RNA, 단백질 합성이 중지되어 세균이 빠르게 죽게 된다. MRSA 감염을 치료하기 위해 승인된 약물이다.

폴리믹신 B(polymyxin B)는 그람음성세균에 대한 효과적인 살균 항생제이다. 오랜 기간 동안 그람음성 슈도모나스 감염 치료에 사용하던 몇 안 되는 약물 중에 하나였다. 오늘날 폴리믹신 B는 피부감염에 대한 연고치료제 이외에는 사용하지 않는다.

바시트라신과 폴리믹신 B는 일반적으로 광범위 아미노글라이코사이드인 네오마이신과 섞어 살균효과가 있는 연고 형태로 사용하며 아주 드문 경우를 제외하고는 처방전 없이 구입할 수 있다.

585쪽에서 언급한 항미생물 펩티드의 대부분은 원형질막 합성을 표적으로 한다.

이해도 확인하기

✔ 처방전 없이 살 수 있는 세 가지 살균 연고(폴리믹신 B와 바시트라신, 네오마이신) 중 페니실린과 유사한 활성 방식을 가지는 것은 무엇인가? **20-10**

핵산(DNA/RNA) 합성 저해제

리파마이신

리파마이신(rifamycin) 계열의 항생제 중 가장 잘 알려진 것은 리팜핀이다. 이 약들은 구조적으로 매크로라이드와 연관이 있으며 mRNA 합성을 억제한다. 지금까지 리팜핀의 가장 중요한 사용은 마이코박테리아에 대항하여 결핵과 나병을 치료하는 것이다. 리팜핀의 중요한 특징은 조직에 침투하고 치료에 필요한 양이 뇌척수액과 농양에 도달할 수 있는 능력에 있다. 결핵균이 주로 조직이나 대식세포 안에 존재하기 때문에 이러한 특성이 아마도 항결핵 활성에 중요한 요인일 것이다. 드물게 리팜핀은 소변, 대변, 침, 땀과 심지어는 눈물까지 다홍색이 되는 부작용이 있다.

퀴놀론과 플루오로퀴놀론

1960년대 초반에 **퀴놀론(quinolone)** 그룹의 첫 번째 합성 항생제인 날리딕산(nalidixic acid)을 개발하였다. 이 약물은 DNA 복제에 필요한 DNA 자이레이즈(DNA gyrase)를 선택적으로 저해하는 특이한 살균효과를 발휘한다. 날리딕산은 단지 요로 감염에만 제한적으로 사용하지만 이는 1980년대에 수많은 합성 퀴놀론 그룹인 **플루오로퀴놀론(fluoroquinolone)** 개발의 선도적 역할을 했다.

플루오로퀴놀론은 여러 그룹으로 나누어지는데 각 그룹은 꾸준히 그 효능 범위를 넓혀가고 있다. 가장 초기 세대 약제에는 널리 사용되는 노르플록사신(norfloxacin)과 시프로플록사신(ciprofloxacin)이 포함된다. 후자는 시프로(Cipro)라는 약품명으로 더 잘 알려져 있으며 일반적으로 탄저병 치료에 사용한다. 새로운 그룹의 플루오로퀴놀론에는 가티플록사신(gatifloxacin), 제미플록사신(gemifloxacin), 목시플록사신(moxifloxacin) 등이 있다. 목시플록사신을 제외한 두 항생제는 요로 감염과 특정 형태의 폐렴 치료에 선택적으로 사용한다.

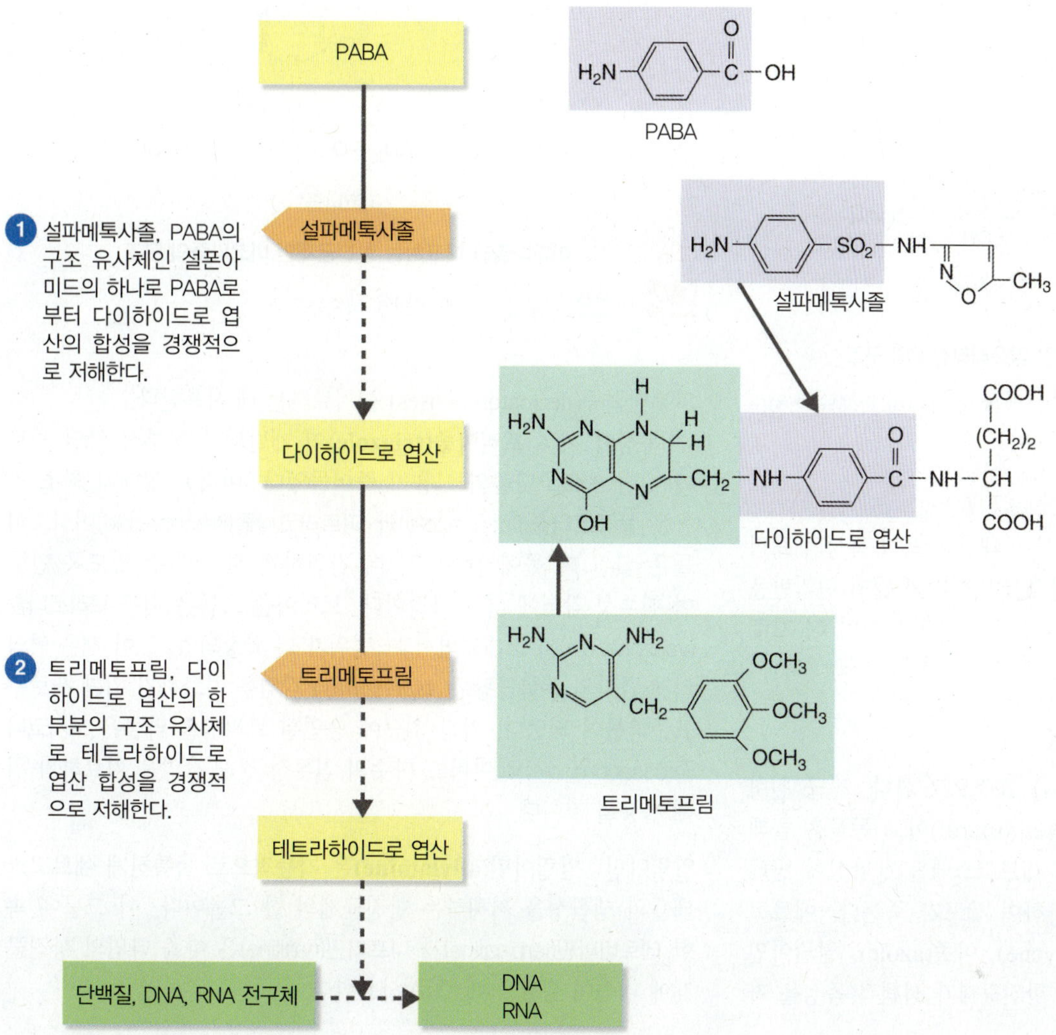

그림 20.13 합성 항균제 트리메토프림과 설파메톡사졸의 작용 원리. TMP-SMZ는 다른 단계에서 DNA와 RNA, 단백질 전구체의 합성을 저해한다. 이 약물을 함께 사용하면 상승작용이 있다.

Q 약의 상승작용을 정의하시오.

그룹으로 볼 때 플루오로퀴놀론은 상대적으로 독성이 없다. 이들에 대한 내성은 빠르게 생기는데 심지어 치료 중에도 생기기도 한다.

이해도 확인하기

✓ 어떤 그룹의 항생제가 DNA 복제 관련 효소인 DNA 자이레이즈의 활성을 억제하는가? 20-11

필수 대사산물 합성의 경쟁적 저해제

설폰아미드

앞서 언급한 대로 **설폰아미드(sulfonamide)** 또는 **설파제(sulfa drug)**는 미생물 질병을 치료하기 위해 사용한 첫 번째 합성 항미생물제이다. 화학치료에서 설파제의 중요성이 점차 감소하고 있지만 특정한 요로 감염 치료에 계속 사용하고 있고 또한 화상 환자의 감염을 조절하기 위해 실버 설파디아진(silver sulfadiazine)과 함께 사용한다. 설폰아미드는 주로 세균의 성장을 억제하는 약제로 이들의 활성은 파라-아미노벤조익산(*para*-aminobenzoic acid, PABA)과 구조가 유사하기 때문이다(118쪽의 구조식과 설명 참조). 인간은 음식물에서 PABA를 섭취하는 반면에 설파제에 민감한 미생물은 이것을 직접 합성해야만 한다.

오늘날 가장 널리 사용하는 설파제는 아마도 트리메토프림(trimethoprim)과 설파메톡사졸(sulfamethoxazole)의 혼합제(TMP-SMZ)이다. 이러한 혼합은 약제 **상승작용(synergism)**의 좋은 예이다. 혼합으로 사용하면 약을 따로 사용할 때에 필요한 농도의 단 10%만 있으면 된다. 혼합사용은 또한 더 넓은 범위의 효능을 갖게 하고 내성 균주의 출현도 크게 감소시킨다. (상승작용은 이 장 뒤에서 더 자세하게 설명한다. 그림 20.23 참조)

그림 20.13은 두 가지 약이 DNA, RNA 및 단백질의 전구체를 합성하는 대사 과정의 다른 단계를 어떻게 저해하는 지를 보여준다.

이해도 확인하기

✓ 인간과 세균 모두 필수 영양소인 PABA를 필요로 한다. 그런데 왜 세균만 설파제의 영향을 받는가? 20-12

항진균제

진핵생물인 진균은 고등동물과 같은 원리로 단백질과 핵산을 합성

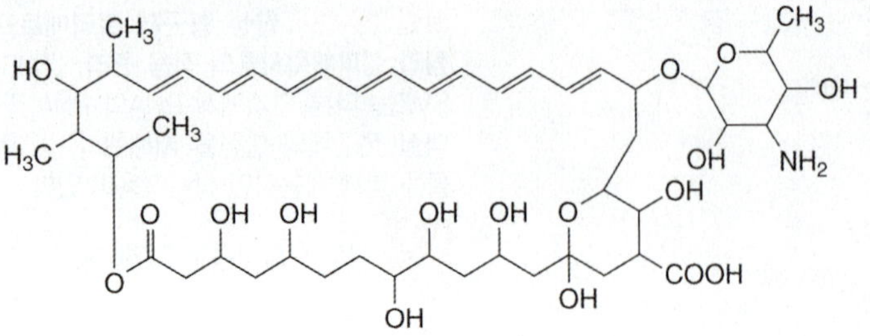

암포테리신 B

그림 20.14 폴리엔을 대표하는 항진균제인 암포테리신 B의 구조

Q 폴리엔은 왜 진균의 원형질막은 손상시키지만 세균의 막에는 영향이 없는가?

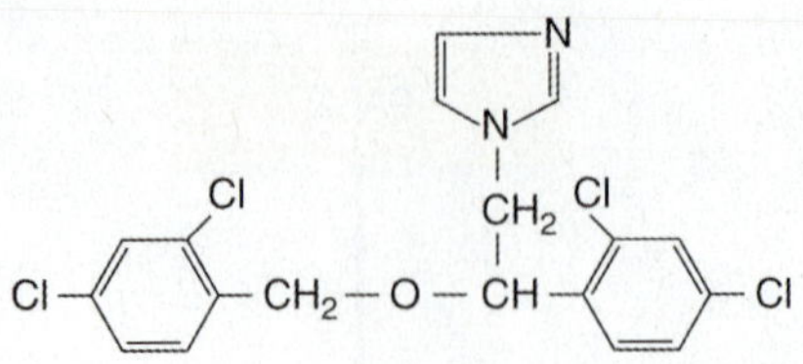

한다. 그래서 원핵생물보다는 진핵생물에 대한 선택적 독성의 표적을 찾는 것이 더 어렵다. 게다가 특히 AIDS 환자와 같이 면역반응이 억제된 사람에게 기회 감염으로 발생하는 진균 감염이 더 자주 일어난다.

진균의 스테롤에 영향을 주는 약물

여러 항진균제는 원형질막의 스테롤을 표적으로 한다. 진균 원형질막의 주된 스테롤은 에르고스테롤(ergosterol)이고 동물은 콜레스테롤(cholesterol)이다. 진균 막의 에르고스테롤 생합성이 방해를 받으면 막의 투과성이 크게 증가하여 세포가 죽는다. 에르고스테롤 생합성의 저해는 폴리엔(polyene), 아졸(azole), 알릴아민(allylamine) 그룹 등을 비롯한 여러 항진균제가 선택적 독성을 가지는 기본 원리이다.

폴리엔 암포테리신 B(amphotericin B)는 가장 많이 사용되는 항진균 **폴리엔 항생제(polyene antibiotics)**이다(그림 20.14). 토양 스트렙토마이세스 종이 만드는 암포테리신 B는 오래 동안 히스토플라스마증(histoplasmosis)과 콕시디오이데스 진균증(coccidioidomycosis), 분아균증(blastomycosis)과 같은 침투성 진균증을 치료하는 대표 약물이었다. 하지만 약의 독성, 특히 신장에 대한 독성 때문에 아주 제한적으로 사용한다. 지방으로 둘러싼 리포솜(*liposomes*) 형태로 투여하면 독성을 최소화할 수 있다.

아졸 가장 널리 사용하는 항진균제의 일부는 **아졸 항생제(azole antibiotics)**에 속한다. 이들이 개발되기 전에 침투성 진균 감염에 사용했던 유일한 약은 암포테리신 B와 플루사이토신(flucytocine)이다(뒤에서 다시 설명). 첫 번째 아졸은 클로트리마졸(clotrimazole)과 미코나졸(miconazole) 같은 **이미다졸(imidazole)**이다(그림 20.15). 이들은 현재 무좀과 여성 질의 효모감염과 같은 피부 진균증의 치료를 위해 처방전이 필요 없는 연고 형태로 판매한다. 이 그룹의 다른 중요한 약제로는 특이하게 진균에 대한 넓은 범위의 효능을 가진 케토코나졸(ketoconazole)이다. 케토코나졸을 복용하면 암포테리신 B의 대체 약물로 여러 침투성 진균감염을 치료할 수 있고, 연고형태는

미코나졸

그림 20.15 이미다졸을 대표하는 항진균제인 미코나졸의 구조

Q 아졸은 어떻게 진균에 영향을 미치는가?

피부진균증(dermatomycoses)을 치료하는 데 사용한다.

독성이 적은 **트리아졸(triazole)**이 개발되자 침투성 감염 치료에 대한 케토코나졸의 사용이 줄어들었다. 이러한 형태의 최초 약물은 플루코나졸(fluconazole)과 이트라코나졸(itraconazole)이다. 이들은 훨씬 더 물에 잘 녹고, 더 간편하게 사용할 수 있도록 만들어 침투성 감염에 더 효과적이다. 트리아졸 그룹은 최근 보리코나졸(voriconazole)이 소개되면서 그 범위가 더 확장되었고, 이 약은 면역억제 환자의 누룩곰팡이(*Aspergillus*) 감염을 치료하기 위한 새로운 표준약물이 되었다. 가장 최근에 승인된 트리아졸 약물은 포사코나졸(posaconazole)로 아마도 다수의 침투성 진균 감염을 치료하기 위해 사용될 것이다.

알릴아민 **알릴아민(allylamine)**은 기능적으로 독특하게 에르고스테롤의 생합성을 저해하는 항진균제의 한 그룹이다. 이 그룹에 속한 테르비나핀(terbinafine)과 나프티핀(naftifine)은 아졸 타입의 항진균제에 내성이 생겼을 때 주로 사용한다.

진균 세포벽에 영향을 주는 약물

진균의 세포벽은 특이한 화합물을 포함하고 있다. 에르고스테롤 이외의 선택적 독성의 주된 표적은 베타-글루칸(β-glucan)이다. 이러한 새로운 계열의 항진균제는 **에키노칸딘(echinocandin)**으로 글루칸 생합성을 저해하여 결과적으로 불완전한 세포벽을 만들어 세포가 용해된다. 에키노칸딘 그룹의 한 약물인 캐스포펀진[caspofungin, 약품명: 칸시다스(Cancidas)]은 면역체계가 제대로 발휘되지 않는 사람의 침투성 누룩곰팡이 감염을 치료하는 데 특히 효과적일 것으로 기대된다. 또한 이 약은 칸디다균과 같은 중요한 진균 치료에도 효과가 있다.

핵산을 저해하는 약물

피리미딘 사이토신의 유사체인 플루사이토신은 RNA 합성을 저해하여 결과적으로 단백질 합성을 방해한다. 이들의 선택적 독성은 플루사이토신을 5-플루오로우라실(5-fluorouracil)로 전환할 수 있는 진균의 능력에 달려 있으며 전환된 물질이 RNA에 삽입되어 결과적으로 단백질 합성을 저해한다. 포유동물 세포는 이 약을 전환시키는 효소가 없다. 플루사이토신은 효능 범위가 좁고 신장과 골수에 독성이 있어 제한적으로 사용된다.

기타 항진균제

그리세오풀빈(griseofulvin)은 한 종의 푸른곰팡이(*Penicillium*)가 생산하는 항생제이다. 복용약이지만 머리털과 손톱의 표피 진균 감염(두부백선 또는 백선)에 활성을 가지는 점이 흥미롭다. 이 약은 피부, 모낭 및 손톱에 존재하는 케라틴 단백질에 선택적으로 결합하는 것 같다. 작용 방식은 주로 미세소관(microtubule) 조립을 방해하여 세포분열을 억제하고 결과적으로 진균의 번식을 막는다.

톨네프테이트(tolnaftate)는 바르는 무좀치료제인 미코나졸의 일반적인 대용품으로 작용 방식은 알려져 있지 않다. 언데시레닉산(undecylenic acid)은 톨네프테이트나 이미다졸만큼 효과적이지는 않지만 무좀에 대한 항진균 활성을 가진 지방산이다.

펜타미딘(pentamidine)은 AIDS의 흔한 합병증인 뉴모시스티스성(pneumocystis) 폐렴 치료에 사용한다. 이 약은 또한 몇몇 원생동물이 유발하는 열대병의 치료에도 사용된다. 약의 작용 방식은 잘 모르지만 DNA에 결합하는 것 같다.

이해도 확인하기

✔ 진균 세포막의 어떤 스테롤 성분이 항진균 작용의 가장 일반적인 표적이 되는가? **20-13**

항바이러스제

선진국에서는 전염병의 적어도 60%는 바이러스가, 15%는 세균이 원인인 것으로 추산한다. 매년 미국 인구의 90% 이상이 바이러스성 질병으로 고통 받고 있다. 하지만 세균성 질병 치료에 사용하는 항생제 수에 비해 상대적으로 항바이러스제는 거의 없다. 최근 개발된 여러 항바이러스제는 유행하는 AIDS의 원인 병원체인 HIV에 대한 것이다. 따라서 실제 항바이러스제는 HIV의 화학치료제(542쪽 참조)와 HIV를 제외한 더 일반적인 바이러스 치료제로 나누어 설명한다(표 20.5 참조).

바이러스는 숙주세포 안에서 거의 숙주세포의 유전 및 대사 메커니즘을 이용하여 자신을 복제하기 때문에, 숙주의 세포 기구를 손상하지 않고 바이러스만을 표적으로 하는 것은 상대적으로 어렵다. 오늘날 사용하는 여러 항바이러스제는 바이러스 DNA와 RNA 구성물질의 유사체이다. 그러나 바이러스의 증식에 관한 정보가 늘어남에 따라 항바이러스 활성에 필요한 표적이 더 늘어나고 있다.

뉴클레오시드와 뉴클레오티드 유사체

초기에 항바이러스제의 분명한 표적은 인간 DNA에서는 사용하지 않는 RNA 바이러스에서 발견된 역전사효소(reverse transcriptase)였다(253쪽). 이 계열의 약제 대부분은 뉴클레오시드와 뉴클레오티드 유사체로 구성되었다. 뉴클레오시드 유사체 중에서는 아시클로비어(acyclovir)를 주로 사용한다(그림 20.16). 음부 포진 치료제로 잘 알려져 있지만, 일반적으로 대부분의 허피스(herpes) 바이러스 감염, 특히 면역반응이 억제된 사람의 바이러스 감염 치료에 이 약을 사용한다. 팜시클로비어(famciclovir)는 복용약이고 간시클로비어(ganciclovir)는 아시클로비어 유도체로 작용 방식은 유사하다. 리바비린(ribavirin)은 구아닌(guanine) 뉴클레오시드와 유사하며 원래 돌연변이율이 높은 RNA 바이러스의 돌연변이를 가속화시켜 축적된 돌연변이가 한계점에 도달하게 되면 바이러스는 죽는다. 뉴클레오시드 유사체인 라미부딘(lamivudine)은 B형 간염치료에 사용한다. 뉴클레오티드 유사체인 아데포비어 디피복실[adefovir dipivoxi, 상품명: 헵세라(Hepsera)]은 최근 라미부딘에 내성을 가지는 환자 치료에 사용한다. 뉴클레오시드 유도체인 시디포비어(cidofovir)는 현재 눈에 감염된 세포거대바이러스(cytomegalovirus) 치료에 사용한다. 그러나 이 약은 흥미롭게도 천연두 치료에도 효과가 있다.

다른 효소 활성 저해제

뉴라민가수분해효소(neuraminidase)의(699쪽) 두 가지 저해제인 자나미비어[zanamivir, 상품명: 리렌자(Relenza)]와 오셀타미비어[oseltamivir, 상품명: 타미플루(Tamiflu)]는 인플루엔자 독감 치료에 사용한다.

인터페론

바이러스에 감염된 세포는 종종 감염이 더 전파되는 것을 막아주는 인터페론을 생산한다. 인터페론은 17장에서 설명한 사이토카인으로 분류된다. 알파 인터페론(16장 471쪽 참조)은 현재 간염 바이러스 치료에 사용한다. 최근 개발된 항바이러스제인 이미퀴모드(imiquimod)는 인터페론 생산을 자극할 수 있다. 종종 생식기에 생기는 사마귀 치료용으로 이 약을 처방한다.

이해도 확인하기

✔ 가장 널리 사용되는 항바이러스제의 하나인 아시클로비어는 DNA 합성을 억제한다. 인간도 DNA를 합성하는데, 왜 바이러스 감염 치료에 이 약을 계속해서 사용하는가? **20-14**

AIDS/HIV를 치료하는 항바이러스제

전세계적 유행성 전염병인 HIV 감염을 효과적으로 치료하기 위한 관심 때문에 이들을 위해 개발한 여러 항바이러스제를 별도로 논의할 필요가 있다. HIV는 RNA 바이러스로 이들의 복제는 DNA로부터 RNA 합성을 조절하는 역전사효소에 의존한다(388쪽 참조). 사실상, **항레트로바이러스제(antiretroviral)**란 용어는 현재 HIV 감염을 치료하기 위해 사용하는 약을 의미한다(553쪽 HAART에 대한 설명 참조). 잘 알려진 **뉴클레오시드**와 **뉴클레오티드 유사체**의 한 예는 각각 지도부딘(zidovudine)과 테노포비어(tenofovir)이다. HIV 치료에 필요한 수많은 약제를 고려하고, 특히 내성을 가지는 바이러스의 생성을 최소화하기 위해 이러한 약들을 함께 사용하는 방법이 개발되었다. 그 예로 아트리프라(Atripla)라는 약은 테노포비어(tenofovir), 엠트리시타빈(emtricitabine)과 에파비렌즈(efavirenz)를 혼합한 것이다.

구아닌

데옥시구아노신

아시클로비어

(a) 아시클로비어는 뉴클레오시드 데옥시구아노신과 구조적으로 유사하다.

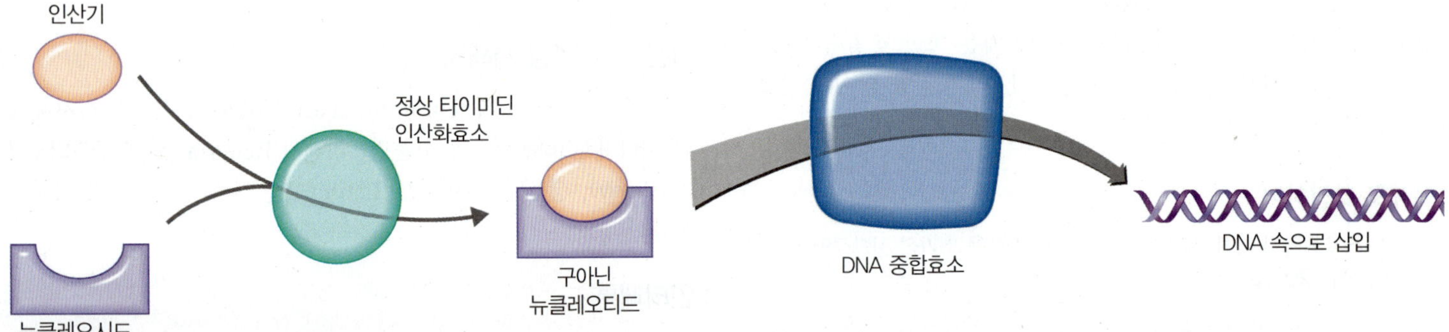

(b) 타이미딘 인산화효소는 인산기를 뉴클레오시드에 결합하여 뉴클레오티드를 합성하고 이는 다시 DNA 속으로 삽입된다.

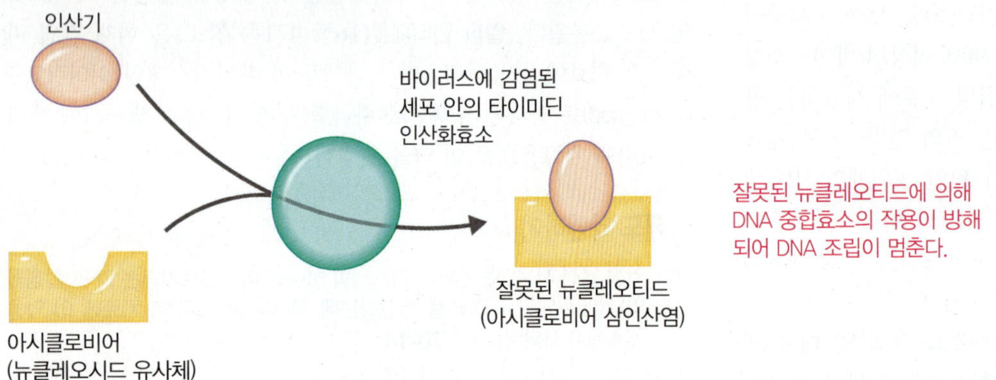

(c) 아시클로비어는 바이러스가 감염되지 않아 정상적인 타이미딘 인산화효소를 가지고 있는 세포에는 영향이 없다. 바이러스가 감염된 세포에서는 타이미딘 인산화효소가 변형되어 뉴클레오시드 데옥시구아노신의 유사체인 아시클로비어를 잘못된 뉴클레오티드로 전환시키고 이들이 결국 DNA 중합효소에 의한 DNA 합성을 중단시킨다.

그림 20.16 항바이러스제 아시클로비어의 구조와 기능

 바이러스 감염은 일반적으로 화학치료제로 치료하기가 어려운가?

역전사효소를 저해하는 모든 약제가 뉴클레오시드나 뉴클레오티드 유사체는 아니다. 예를 들면, 몇 개 안 되는 뉴클레오시드 유사체가 아닌 약 중의 하나인 네비라핀(nevirapine)은 다른 작용 원리로 RNA 합성을 억제한다.

HIV의 증식 방법이 잘 알려짐에 따라 이를 제어하는 다른 접근 방법이 개발되었다. HIV에 감염된 숙주세포가 새로운 바이러스를 만들 때 이 과정은 단백질 가수분해효소가 처음 합성된 미성숙한 커다란 단백질을 자름으로써 시작된다. 결과적으로 잘려진 단백질 조각들은 새로운 바이러스 조립에 사용된다. 큰 단백질과 유사한 아미노산 서열의 가진 펩티드가 이러한 단백질 가수분해효소의 활성을 간섭하는 경쟁적 저해제로 작용할 수 있다. **단백질 가수분해효소 저해제(prorease inhibitor)**인 아타자나비어(atazanavir)와 인디나비어(indinavir), 사퀴나비어(saquinavir)를 역전사효소 저해제와 함께 사용하면 아주 효과적이란 사실이 증명되었다.

HIV 증식의 새로운 표적을 이용하는 약이 개발 중에 있으며 몇 종은 현재 임상실험 중이다. 이러한 것들 중에는 바이러스 DNA를 감염된 세포의 DNA로 삽입시키는 효소를 방해하는 **인테그라아제 저해제(integrase inhibitor)**가 있다. 이러한 새로운 종류의 HIV 항바이러스제로 처음 승인을 받은 약은 랄테그라비어(raltegravir)이다.

바이러스 감염은 반드시 세포 내로 들어가야만 한다. **출입 저해제(entry inhibitor)**는 HIV가 세포 안으로 들어가기 전에 결합하는 CCR5와 같은 수용체를 표적으로 하는 항바이러스제를 포함한다(546쪽 그림 19.13 참조). 감염 단계에서 이러한 바이러스 출입을 표적으로 하여 개발된 첫 번째 약물은 마라비록(maraviroc)이다. HIV가 세포 안으로 들어가는 과정은 엔푸비르타이드(enfuvirtide)와 같은 **결합 저해제(fusion inhibitor)**에 의해서도 억제된다. 이 약은 합성 펩티드로 HIV-1 외피의 gp41 단백질의 한 부분을 흉내 내어 바이러스 침투와 세포 융합을 억제한다(그림 19.13 참조). 하지만 가격이 상당히 비싸고 하루 두 번 주사해야만 하는 번거로움이 있다.

항원생동물제와 항기생충제

수백 년 동안, 페루의 기나나무(cinchona tree) 껍질의 퀴닌(quinine) 성분이 말라리아(기생충 감염)를 치료하는 데 효과가 있다고 알려진 유일한 약이었다. 페루 원주민들은 퀴닌이 효과적인 근육이완제이고 퀴닌이 말라리아열에 의한 오한 증세를 조절한다는 사실을 알고 있었다. 사실, 말라리아의 원인인 기생충에 대한 퀴닌의 독성은 이러한 특성과는 무관하다. 이 약은 1600년도 초반에 유럽에 소개되어 "기나껍질 가루(Jesuit's powder)"로 알려졌다. 아직 대부분이 실험 중에 있기는 하지만 현재 몇 종의 항원생동물제와 항기생충제가 개발되어 있고 전문의가 이 약들을 사용한다. 미국 질병통제예방센터(CDC)에서는 상업적으로 이용할 수 는 없지만 요청이 있는 경우 이 약들을 제공한다.

항원생동물제

원생동물성 질병인 말라리아 치료에 퀴닌(quinine)을 여전히 사용하고 있지만, 대부분은 합성유도체인 클로로퀸(chloroquine)으로 대체되었다. 클로로퀸에 내성이 생긴 질병이 있는 지역의 말라리아의 예방에는 새로운 약인 메프로퀸[mefloquine, 상품명: 라리암(Lariam)]을 종종 사용하지만, 이 약은 심각한 정신의학적인 부작용이 있는 것으로 알려져 있다.

가장 널리 사용되고 가격이 가장 저렴한 약인 클로로퀸에 대한 내성이 거의 보편적인 것이 되자, 중국 관목의 생산물인 알테미시닌(artemisinin)과 알테미시닌 기반 복합치료법(artemisinin-based combination therapy, ACT)이 말라리아의 주요 치료 방법이 되었다. 알테미시닌은 열을 다스리기 위해 오랫동안 사용해온 중국 전통 한방약으로 중국 과학자들이 주도하여 1971년 이 약의 항말라리아 특성을 확인하였다. ACT는 무성생식 단계에 있는 혈액 내 열원충 종(*Plasmodium* spp.)을 죽이며(352쪽 그림 12.18), 모기에 의해 감염이 전파되는 유성생식 단계도 영향을 준다. 클로로퀸과 비교해보면 가격이 비싼 ACT는 말라리아가 발생하기 쉬운 지역에서는 문제가 된다. 그 결과 저가의 효력 없는 위조 ACT가 널리 만연하게 되었다. 이러한 위조약들의 일부는 간단한 검사를 통과할 정도의 진짜 약 성분을 포함하고 있지만 이러한 낮은 농도의 약 사용으로 약에 대한 내성 발생이 가속화되었다.

퀴나크린(quinacrine)은 원생동물성 질병인 편모충증(giardiasis)을 치료하는 약이다. 디아이오도하이드록시퀸(diiodohydroxyquin) 또는 아이오도퀴놀(*iodoquinol*)은 장에 발생하는 여러 아메바성 질병에 처방하는 중요한 약이지만 시신경의 손상을 피하기 위해 사용량을 신중하게 조절해야만 한다.

메트로니다졸[metronidazole, 상품명: 프라질(Flagyl)]은 가장 널리 사용되는 항원생동물제 중의 하나이다. 이 약은 특이하게 기생성 원생동물뿐만 아니라 절대 무산소 세균에도 활성을 가진다. 예를 들면, 항원생동물 치료제로서 질편모충(*Trichomonas vaginalis*)이 원인인 질염 치료에 사용된다. 또한 편모충증과 아메바성 이질 치료에도 사용된다. 작용 방식은 원생동물이 클로스트리듐(*Clostridium*)과 같은 특정 절대 무산소 세균과 우연하게 공유하게 된 무산소 대사과정을 간섭하는 것이다.

티니다졸(tinidazole)은 메트로니다졸과 유사한 약으로 편모충증과 아메바증(amebiasis), 질 트리코모나스증(trichomoniasis)의 치료에 효과적이다. 또 다른 항원생동물제인 니타족사니드(nitazoxanide)는 크립토스포르디움 호미니스(*Cryptosporidium hominis*)가 원인인 설사증세를 치료하는 약으로 승인된 첫 번째 약이다. 이 약은 편모충증과 아메바증 치료에도 활성이 있다. 흥미롭게도 이 약은 여러 기생충병의 치료는 물론 여러 비산소요구성 세균에도 효과가 있다.

항기생충제

날 생선으로 만든 일본 음식인 초밥의 수요가 증가하면서 CDC는 촌충 감염 사례가 증가하는 것을 인지하기 시작했다. 발생률을 추정하기 위해 CDC는 이러한 기생충 감염 치료에 일반적으로 사용하는 약인 니크로사미드(niclosamide)의 수요를 조사했다. 이 약은 유산소 조건에서 기생충의 ATP 생산을 억제하는 효과를 가지고 있다. 프라지콴텔(praziquantel)도 촌충의 치료에 니크로사미드만큼 효과적인데 이 약은 기생충의 원형질막의 투과성을 변화시켜 이들을 죽인다. 프라지콴텔은 광범위 효능을 가지고 있고 여러 흡충이 원인이 되는 질병, 특히 주혈흡충증(schistosomiasis)을 치료하는 데 아주 효과적이다. 이 약은 기생충에게 근 경련을 일으키고 또한 인체의 면역체계에 의한 공격에 감수성을 가지게 해준다. 이러한 활성은 기생충 표면의 항원을 노출시켜 항체가 작용하도록 해주기 때문인 것으로 보인다.

메벤다졸(mebendazole)과 알벤다졸(albendazole)은 부작용이 거의 없어 여러 장내 기생충 감염 치료에 사용되는 광범위 항기생충제이다. 이들의 작용 방식은 세포질의 미세소관 형성을 방해하여 기생충이 영양분을 흡수하지 못하도록 하는 것이다. 이 약들은 축산업에도 널리 사용하는데, 가축병 치료면에서 반추동물에 상대적으로 더 효과적이다.

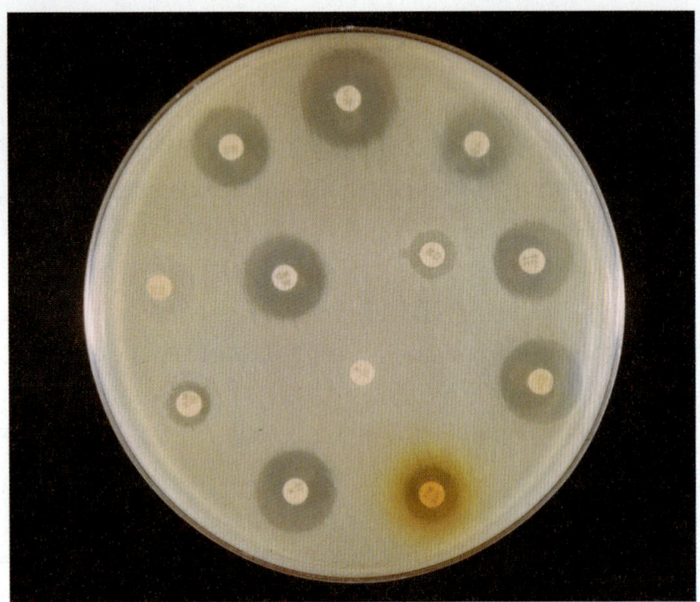

그림 20.17 **항미생물제의 활성을 결정하는 디스크-확산 검사법** 각 디스크에는 주변 한천배지로 확산되는 다른 화학치료제가 들어 있다. 투명한 지역은 한천배지 표면에 접종한 미생물의 성장이 억제된 것을 의미한다.

검사한 세균에 대해 가장 효과적인 약물은 무엇인가?

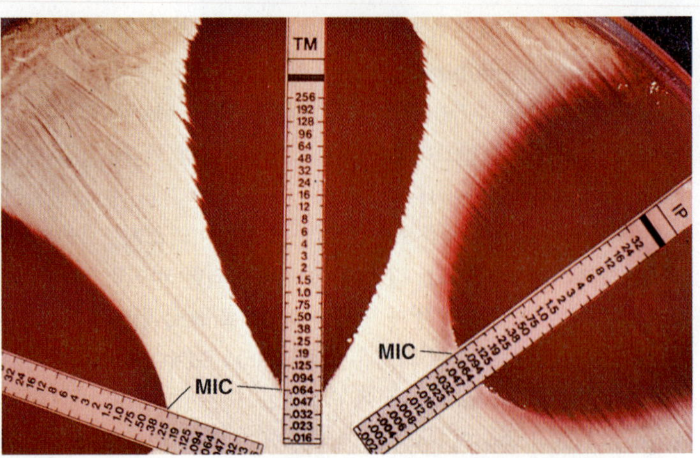

그림 20.18 **항생제 감수성을 결정하고 최소저해농도(MIC)를 추정하는 농도기울기 확산법인 E(epsilometer)검사.** 검사할 세균이 접종된 한천배지 표면에 올려놓은 플라스틱 띠에는 농도기울기에 따라 항생제가 들어 있다. MIC 농도(μg/ml)를 명확하게 보여준다.

왼쪽에 있는 E 검사의 MIC 농도는 얼마인가?

이베르멕틴(ivermectin)은 응용 범위가 넓은 약이다. 이 약은 일본의 한 골프장 토양에서 분리한 한 종의 방선균(*Streptomyces avermectinius*)에서만 생산되는 것으로 알려졌다. 이 약은 여러 선충(회충), 옴과 같은 응애류(mites), 진드기류(ticks) 및 머리 이와 같은 곤충에 효과적이다(어떤 응애류와 곤충들은 이 약의 영향을 받는 기생충과 유사한 대사 통로를 공유한다.). 이 약은 기본적으로 광범위 항기생충제 처럼 축산업에 사용된다. 정확한 작용 원리는 확실하지 않지만 궁극적으로 포유동물 숙주에 영향을 끼치지 않고 기생충을 마비시켜 죽인다.

이해도 확인하기

✔ 기생충 감염에 사용할 수 있는 첫 번째 약은 무엇인가? **20-15**

화학요법을 결정하기 위한 검사

학습 목표

20-16 화학치료제에 대한 미생물의 감수성을 조사하는 두 가지 검사법을 설명한다.

서로 다른 미생물 종은 다른 화학치료제에 대한 감수성의 정도가 다르다. 더욱이 미생물의 감수성은 심지어 특정 약물로 치료하는 동안에도 시시각각 변한다. 따라서 의사는 치료를 시작하기 전에 병원체의 감수성에 대해 알아야만 한다. 하지만 때로는 감수성 조사 결과를 기다릴 수 없어 의사들은 병의 원인이 되는 병원체에 가장 적합하다고 생각하는 "최상의 추측"에 근거하여 치료를 시작해야만 한다.

화학치료제가 특정 병원체에 대항할 가능성이 있는 지를 알아내기 위해 여러 검사들을 사용할 수 있다. 그러나 병원체가 예를 들어 녹농균, 베타 용혈성 연쇄상구균 또는 임균(gonococci)으로 확인되면 특별한 감수성 검사 없이 특정한 약을 선택할 수 있다. 검사는 감수성을 예측할 수 없을 때나 항생제 내성 문제가 발생했을 때 필요하다.

확산법

최상은 아니지만 가장 널리 사용하는 검사법은 커비-바우어 검(Kirby-Bauer test)로도 알려진 **디스크 확산법(disk-diffusion method)**이다(그림 20.17). 한천배지를 담은 페트리 접시 표면에 일정한 양의 검사 균주를 균일하게 접종한 다음 정해진 농도의 화학치료제가 묻어 있는 여과지 디스크를 고체화된 한천배지 표면에 올려놓는다. 배양기간 동안에 화학치료제는 디스크에서 한천으로 확산된다. 치료제가 디스크로부터 더 멀리 확산되면 그 농도는 더 낮아진다. 만일 화학치료제가 효과가 있다면 일정한 배양기간 후에 디스크 주위에 균 성장이 **저해된 투명한 지역**이 형성된다. 이러한 지역의 직경을 잴 수 있는데, 일반적으로 지역이 크면 클수록 미생물은 해당 항생제에 더 감수성을 가지는 것이다. 투명한 지역의 직경을 약과 농도에 대한 표준 목록과 비교하여 대상 미생물을 감수성(sensitive), 중간 내성(intermediate) 또는 내성(resistant)으로 기록한다. 그러나 용해도가 낮은 약의 경우에는, 미생물의 감수성을 의미하는 투명한 저해 지역의 직경이 용해도가 높아 확산이 더 잘되는 약의 직경보다 훨씬 더 작을 것이다. 이러한 디스크 확산법에 의해 얻어진 결과들은 여러 임상 목적으로 사용하기에는 가끔 부적당할 때가 있다. 그러나 검사가 간단하고 비용이 저렴하여 복잡한 실험시설이 없는 곳에서는 가장 많이 사용하는 방법이다.

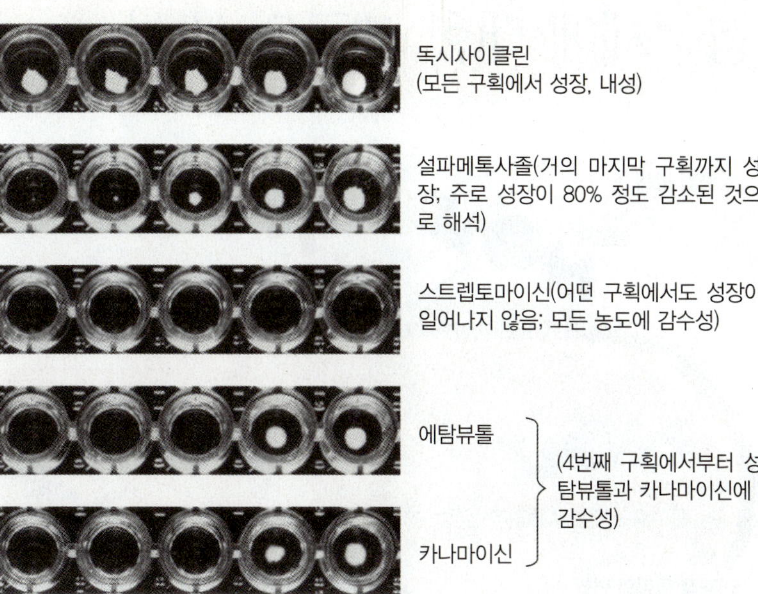

그림 20.19 항생제의 최소저해농도(MIC)를 검사하기 위해 사용하는 미세희석 또는 미세적정 평판. 이러한 평판은 정해진 농도의 항생제가 들어 있는 96개의 구획으로 구성되어 있다. 이들은 주로 냉동 또는 건조된 상태로 판매된다(168쪽). 검사할 미생물을 특별한 접종 도구를 가지고 조사할 항생제를 담은 한 줄의 모든 구획에 동시에 접종한다. 만일 항생제가 미생물에 효과가 없다면 미생물은 성장하게 되고 이 미생물은 해당 항생제에 감수성이 없는 것으로 판단한다. 만일 한 구획에서 성장이 일어나지 않는다면, 이 미생물은 그 구획에 있는 항생제 농도에 감수성이 있다. 미생물이 항생제가 없는 배지에서는 성장할 수 있다는 것을 확인하기 위해 항생제를 포함하지 않은 구획에도 미생물을 접종해야 한다(양성 대조군). 또한 원하지 않는 미생물의 오염 여부를 확인하기 위해 배지에 항생제와 미생물을 접종하지 않는 구획도 포함해야만 한다(음성 대조군).

 *MIC*란 무엇인가?

좀 더 발전된 확산 검사 방법인 **E 검사(E test)**를 통해 실험실 기사는 육안으로 볼 수 있을 정도로 세균의 성장을 억제하는 항생제 최소농도를 뜻하는 **최소저해농도(minimal inhibitory concentration, MIC)**를 결정할 수 있다. 항생제가 발라진 플라스틱 띠에는 항생제의 농도기울기가 형성되어 있고 MIC는 띠에 새겨진 눈금을 읽어 쉽게 결정할 수 있다(그림 20.18).

배양액 희석 검사

희석 방법의 단점은 약이 세균을 죽이는 것인지 아니면 단지 성장을 억제하는 것인지를 결정하지 못한다는 것이다. **배양액 희석 검사**는 종종 항미생물제의 MIC와 **최소성장지연농도(minimal bactericidal concentration, MBC)**를 결정하는 데 사용한다. 해당 항생제의 농도가 연속적으로 감소되게 만든 배양액에 검사할 세균을 접종하여 MIC를 결정한다(그림 20.19). MIC보다 농도가 높아서 성장이 일어나지 않은 배양액은 다시 항생제가 들어 있지 않은 배양액이나 한천배지로 옮겨 배양할 수 있다. 만일 이 배양액에서 성장이 일어난다면 이 항생제는 세균을 죽이는 것이 아니기 때문에 MBC를 결정할 수 있다. 비싼 항생제의 남용과 오용을 피하고 필요 이상으로 사용한 약 때문에 일어날 수 있는 독성 반응의 가능성을 줄일 수 있기 때문에, MIC와 MBC를 결정하는 것은 중요하다.

희석 검사는 주로 대부분이 자동화되어 있다. 항생제는 플라스틱 접시에 배열된 여러 작은 구멍 모양의 구획에 담긴 상태로 구입할 수 있다. 검사할 세균의 현탁액을 특별한 접종기구를 이용해 각 구획에 동시에 접종한다. 배양 후에 배양액의 혼탁도는 쉽게 읽을 수 있지만 작업량이 많은 임상 실험실에서는 특별한 스캐너를 이용해 플라스틱 상자의 혼탁도를 읽고 그 값을 연결된 컴퓨터에 보내 MIC 결과를 출력한다.

임상의사는 다른 검사법도 이용하는데 그 한 예로 베타-락타메이즈를 생산하는 미생물의 능력을 조사하는 방법이다. 한 가지 일반적이며 신속한 방법은 베타-락탐 고리가 깨졌을 때 색이 변하는 세팔로스포린을 이용하는 것이다. 한편, 독성이 있는 약을 사용할 때는 특히 혈청 내의 **약물 농도**를 측정하는 것이 중요하다. 이러한 조사 방법들은 약에 따라 다르며, 작은 실험실에는 이용이 적합하지 않은 것도 있다.

감염 통제 업무를 담당하는 병원관계자는 임상에서 접할 수 있는 생물체의 감수성을 기록한 **항생제 감수성 양상표(antibiogram)**라는 정기 보고서를 작성한다. 이 보고서들은 기관에서 사용하는 항생제에 내성을 띠는 변종 병원균의 출현을 감지하는 데 특히 유용하다.

이해도 확인하기

✓ 디스크 확산(커비-바우어) 검사에서 감수성을 나타내는 디스크 주위의 성장이 저해된 투명한 지역이 항생제에 따라 다양하다. 그 이유는? **20-16**

임상 사례

싱 박사는 분리한 녹농균을 CDC에 보내 분석을 의뢰하였다. (녹농균 사례의 다른 안과의사도 또한 시료를 보냈다) 배양액 희석 검사 결과 이 세균의 MIC는 100 μg/ml 이었다. 4℃에서 이 세균에 대한 젠타마이신의 1/10 감소시간(decimal reduction time, DRT)은 4일이었으며, 23℃에서는 20분이었다.

각 온도에서 200개의 세균 세포를 죽이는 데는 얼마의 시간이 필요한가? (힌트: 7장 참조)

559 570 **579** 581 584 585

토대 그림 20.20

항생제에 대한 세균의 내성

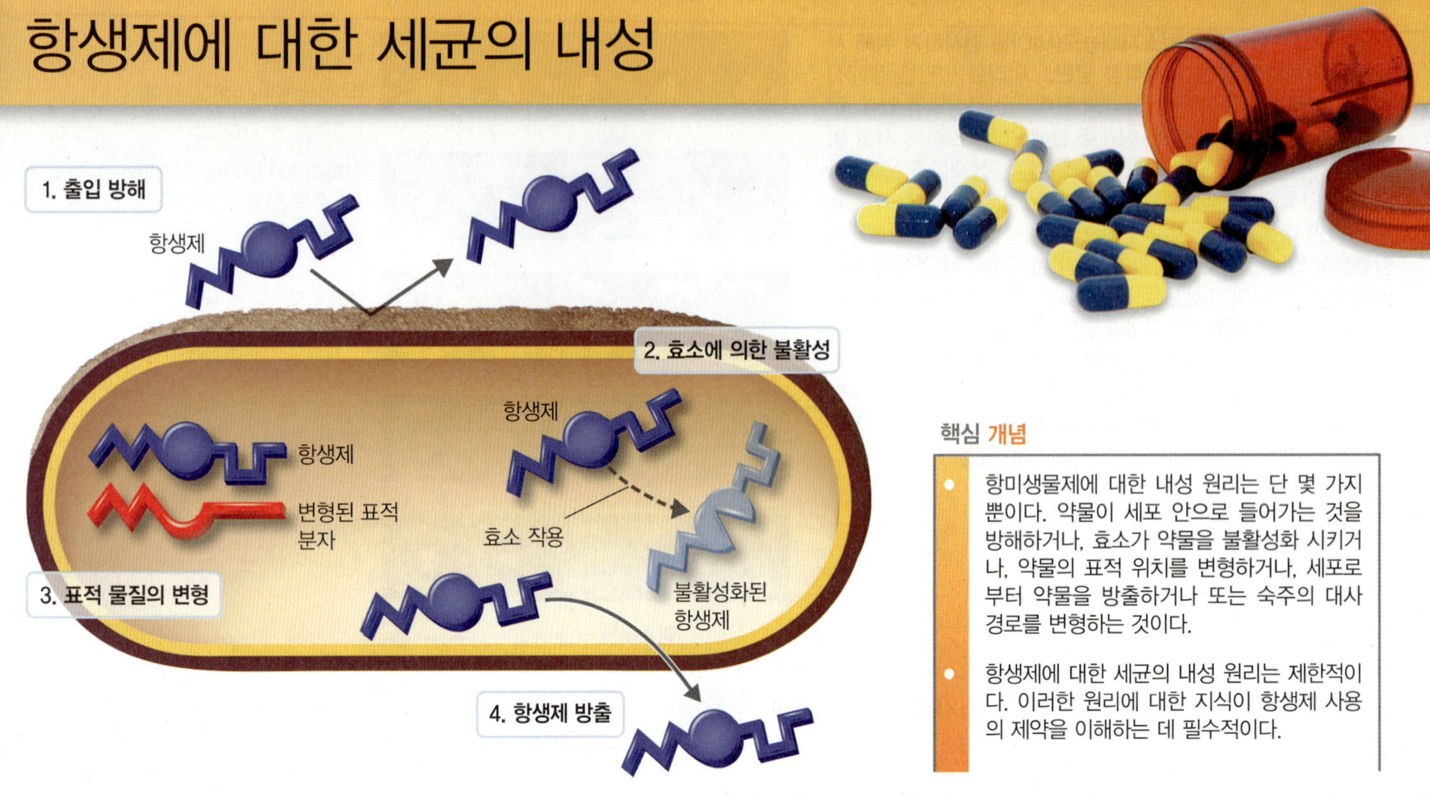

핵심 개념

- 항미생물제에 대한 내성 원리는 단 몇 가지 뿐이다. 약물이 세포 안으로 들어가는 것을 방해하거나, 효소가 약물을 불활성화 시키거나, 약물의 표적 위치를 변형하거나, 세포로부터 약물을 방출하거나 또는 숙주의 대사 경로를 변형하는 것이다.
- 항생제에 대한 세균의 내성 원리는 제한적이다. 이러한 원리에 대한 지식이 항생제 사용의 제약을 이해하는 데 필수적이다.

항미생물제에 대한 내성

학습 목표

20-17 약제 내성 원리를 설명한다.

현대 의학의 찬란한 업적 중의 하나는 항생제와 여러 항미생물제를 개발한 것이다. 그러나 표적 미생물들의 이들 약제에 대한 내성 증가로 우려가 커지고 있다. 우리 인간들도 여러 세대 동안 노출되어 왔던 질병에 종종 상대적인 저항성을 가진다는 점을 보면 이러한 현상을 이해하는 데에 도움이 된다. 예를 들면, 유럽인들이 처음 열대지역을 식민지화 했을 때 예전에 한번도 접해보지 못했던 질병에 큰 감수성을 나타내었지만, 원주민들은 그 병에 상대적으로 내성을 가지고 있었다. 어떤 의미에서는 세균에게 항생제는 질병이라고 할 수 있다. 새로운 항생제에 처음 노출되었을 때 미생물은 항생제에 높은 감수성을 보여 치사율 또한 높아서, 수십억 개체 중 단지 소수만이 생존할 수 있을 것이다. 살아남은 미생물들은 주로 생존의 이유가 되는 변화된 유전적 특징을 가지고 있고 이들의 자손도 유사한 내성을 가진다.

이러한 유전적 변화는 무작위 돌연변이 때문에 일어난다. 이러한 돌연변이는 접합(282쪽)이나 형질 도입(234쪽)과 같은 과정에 의해 세균간에 수평적으로 전파될 수 있다. 약제 내성은 플라스미드나 한 조각의 DNA에서 다른 조각의 DNA로 옮겨 다닐 수 있는 전이인자(transposons)라고 부르는 작은 DNA 조각에 의해 주로 전파된다(8장 237쪽). 내성 인자(R factor)라 부르는 플라스미드를 비롯한 몇 가지 플라스미드는 한 집단 내의 세균들 사이와, 다르지만 서로 연관이 있는 세균 집단 사이에서 전파가 가능하다(236쪽 그림 8.28a). R 인자들은 주로 여러 항생제에 내성을 띠는 유전자들을 가지고 있다.

그러나 한번 획득하면, 돌연변이는 정상적인 복제과정에 의해 전파되고 자손은 부모와 똑같은 유전형질을 가진다. 세균의 빠른 번식 속도 때문에 아주 짧은 시간만 지나도 전체 집단이 새로운 항생제에 실질적인 내성을 가지게 된다.

여러 항생제에 내성을 가지는 세균을 일반적으로 **슈퍼버그(superbugs)**라 부른다. 가장 대표적인 슈퍼버그는 MRSA지만(568쪽), 슈퍼버그란 그람양성과 그람음성세균 모두를 포함하는 한 무리의 세균을 지칭하기도 한다. 주로 인용되는 것으로는 엔테로코커스 패시움(*Enterococcus faecium*), 황색포도상구균, 폐렴간균(*Klebsiella pneumonia*), 아시네토박터 바우마니(*Acinetobacter baumanii*), 녹농균, 그리고 엔테로박터(*Enterobacter*) 종들이다.

내성 원리

세균이 화학치료제에 내성을 가지는 데는 몇 가지 원리만이 알려져 있다. 그림 20.20을 보자. 임상적으로 골치 아픈 세균의 하나인 아시네토박터 바우마니(*Acinetobacter baumanii*)는 그림 20.20에서 보여주는 5개의 주요 표적위치 모두를 이용하여 내성을 얻는다.

효소에 의한 약물을 파괴

효소를 이용한 파괴나 불활성화는 주로 페니실린과 세팔로스포린과 같은 천연물 항생제에 작용한다. 플루오로퀴놀론과 같이 완전히 합성된 화학 그룹들은 이 방법으로는 영향을 받지 않는 것 같다. 그러나 다른 방법으로 중화될 수는 있다. 이것은 미생물이 낯선 화학 구조에 적응하기 위해서는 시간이 많이 걸리지 않는다는 점을 반영한다. 페니실린/세팔로스포린 항생제, 그리고 카바페넴은 모두 베타-락타메이즈란 효소의 표적이 되는 베타-락탐 고리 구조를 가지고 있고 이 효소는 선택적으로 이 구조를 가수분해한다. 이 효소에 대해서 거의 200개의 변이가 알려져 있고 각각이 베타-락탐 고리 구조의 작은 변이에 효과를 가지고 있다. 이러한 문제가 처음 나타났을 때 기본 페니실린 분자를 변형시켰다. 이와 같이 페니실린 분해 효소에 내성을 갖는 첫 번째 약은 메티실린 이다(568쪽 참조). 하지만 메티실린에 대한 내성이 곧 나타났다. 이러한 내성 세균 가운데 가장 잘 알려진 것이 MRSA로 이는 단지 메티실린뿐만 아니라 사실상 모든 항생제에 내성을 가진다(423쪽 상자 참조). 최근 CDC는 이 세균에 의해 19,000명이 죽었다고 발표하였다. 병원 환자 가운데, MRSA의 침습성 감염은 20% 정도의 치사율의 원인이 된다. 또한 황색포도상구균만이 유일한 걱정 대상이 아니라 폐렴 연쇄상구균(*Streptococcus pneumoniae*)과 같은 또 다른 중요한 병원체도 베타-락탐 항생제에 내성을 가진다. 더욱이, MRSA는 페니실린의 작용 방식과는 전혀 다른 세포벽 합성을 방해하는 작용 방식을 가진 항생제인 반코마이신("최후의 항생제")과 같은 새로운 대체 항생제에도 계속해서 내성이 생기고 있다. 이렇게 적응을 아주 잘하는 세균은 심지어 베타-락타메이즈의 저해제로 특별히 개발된 클라불란산을 비롯한 복합항생제에(568쪽 참조) 대한 내성도 갖게 되었다. 초기에, MRSA는 병원과 병원 유사 기관에만 거의 국한된 문제점으로 혈류 감염의 약 20%를 차지하였다. 그러나 MRSA는 현재 일반 집단에도 빈번히 출현하고 더 치명적이며, 심지어는 건강한 사람에게도 영향을 미친다. 이러한 균주들은 감염에 1차적으로 대응하는 선천적 방어체계인 호중성 백혈구를 파괴하는 백혈구파괴소(leukocidin)를 생산한다. 결과적으로 현재 이를 설명하는 용어를 의료 연관(health care-associated) MRSA로부터 지역사회 연관(community-associated) MRSA로 세분화하여 사용한다. 감염을 차단하고 전파를 줄이기 위해 일반적으로 코에서 시료를 채취하여 MRSA 세균을 검출하는 신속한 검사가 반드시 필요하다. 이들 중 가장 확실한 검사는 PCR 기술을 기반으로 하는 것으로 1~2시간 이내에 명확한 결과를 알려준다.

미생물 안의 표적 위치를 통한 침투 방지

그람음성세균은 포린이란 통로를 통하여 여러 분자들의 흡수를 제한하는 세포벽의 특성 때문에 항생제에 상대적으로 더 내성을 나타낸다(86쪽 참조). 일부 세균 돌연변이체는 포린 통로를 변형하여 항생제가 주변세포질 공간(periplasmic space)으로 들어갈 수 없도록 한다. 아마 더 중요한 것은 베타-락타메이즈 효소는 너무 커서 변형되지 않은 포린은 통과하지 못하고 주변세포질 공간에 머무르는데, 변형된 포린은 통과할 수 있어서 세포 밖에 있는 항생제에 다다라 불활성화 시킬 수 있다는 것이다.

약의 표적 위치 변형

단백질 합성은 그림 20.4에서 보여준 대로 한 가닥의 전령 RNA를 따라 움직이는 리보솜의 활동과 연관이 있다. 특히 아미노글라이코사이드, 테트라사이클린과 매크로라이드 그룹과 같은 여러 항생제의 작용 방식은 이 위치에서 단백질 합성을 저해하는 것이다. 이 위치의 작은 변형은 세포 기능에 크게 영향을 주지 않고 항생제의 효과를 중화시킬 수 있다.

흥미롭게도 MRSA가 메티실린을 제압하는 주된 원리는 새로운 불활성 효소를 만드는 것이 아니라 세포막의 페니실린-결합 단백질(PBP)을 변형한 것이다. 베타-락탐 계열 항생제는 펩티도글리칸의 교차결합을 개시하고 세포벽을 형성하는 데 필수적인 PBP와 결합함으로써 작용한다. MRSA 균주는 추가적으로 변형된 PBP를 가지고 있기 때문에 항생제에 내성을 가지게 된다. 항생제는 정상 PBP의 활성을 계속해서 억제하여 이들이 세포벽 형성에 참여하는 것을 방해한다. 그러나 돌연변이체에 존재하는 추가된 PBP는 항생제와 약하게 결합하기는 하지만 여전히 MRSA가 생존하는 데 필요한 만큼의 세포벽을 합성할 수 있게 된다.

임상 사례

4°C에서 200개의 세포를 죽이는 데는 12일이 걸리고, 23°C에서는 60분이 걸린다. 젠타마이신은 따뜻한 온도에서 더 효과적이지만 이러한 온도에서 조직은 너무 빨리 상하게 될 것이다. 따라서 젠타마이신이 4°C에서 덜 효과적이지만 조직을 보호하기 위해 각막은 4°C에서 보관한다.

각막을 젠타마이신에 저장한 것이 어떻게 이러한 감염에 일조하였는가?

559 570 579 **581** 584 585

항생제의 신속한 유출(방출)

그람음성세균의 원형질막에 있는 특정 단백질은 항생제를 방출하는 펌프로 작용하여 이들이 효력을 가지는 농도에 도달하는 것을 막아준다. 이러한 방법은 항생제 테트라사이클린에서 최초로 발견하였지만 실제 거의 모든 종류의 항생제에 나타나는 내성이 이 방법에 의한 것이다. 세균은 독성 물질을 제거하기 위해 보통 이러한 방출 펌프를 많이 가지고 있다.

내성 원리의 변화

항생제 내성 원리 또한 변화한다. 예를 들면 어떤 미생물은 약의 표적이 되는 효소를 아주 대량으로 생산함으로써 트리메토프림에 내

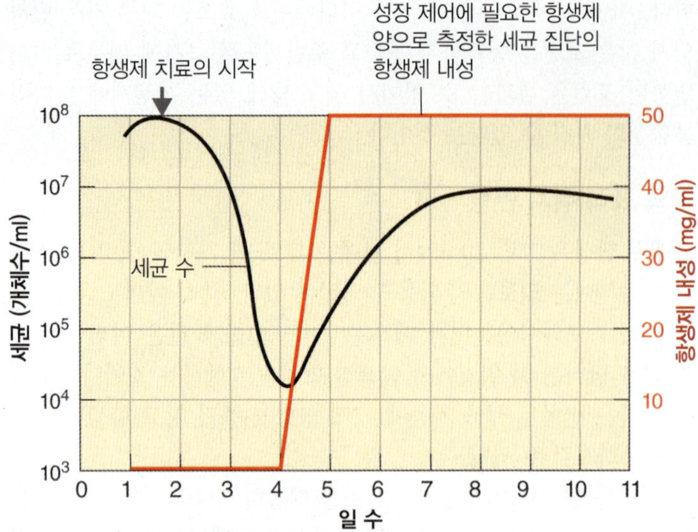

그림 20.21 항생제 치료 동안에 생기는 항생제-내성 돌연변이체의 발생. 그람음성세균이 원인인 만성신장염으로 고생하는 환자는 스트렙토마이신으로 치료한다. 치료 시작 후 약 4일이 경과할 때까지 모든 세균 집단은 기본적으로 항생제에 민감하다. 이 시기에 고농도(50,000 μg/ml)의 항생제를 필요로 하는 내성 돌연변이체가 나타나고 그 수는 급격히 증가한다. 검은 선은 환자의 세균 수를 표시한다. 항생제 치료가 시작된 후 세균 수는 4일까지 감소한다. 이 시기에 스트렙토마이신에 내성을 가진 돌연변이체가 나타난다. 이러한 내성 돌연변이체가 감수성이 있는 집단을 대체하면서 환자의 세균 집단은 증가한다.

 이 검사는 스트렙토마이신과 그람음성세균을 사용하였다. 만일 페니실린 G를 항생제로 사용했다면 어떤 결과의 그래프가 그려지겠는가?

성을 가진다. 반대로 미생물이 폴리엔 항생제의 표적인 스테롤을 적게 생산함으로써 항생제에 대한 내성을 가질 수 있다. 이런 내성 돌연변이가 감수성이 있는 정상균주를 빠르게 대체하는 것이 특히 걱정되는 점이다. 그림 20.21은 내성이 생기면서 얼마나 빠르게 내성 균의 수가 증가하는지를 보여준다.

항생제 남용

항생제는 심각하게 남용되고 있는데 특히 저개발 지역에서 더하다. 제대로 훈련된 인력은 특히 시골 지역에 부족한데, 이것이 거의 예외 없이 이들 지역에서는 처방전 없이 항생제를 구입할 수 있게 만든 하나의 이유가 되었다. 예를 들면 방글라데시 농촌의 설문조사에 따르면 단지 8%의 항생제만이 의사에 의해 처방되었다. 세계 대부분 지역에서 항생제는 두통을 치료하고 다른 부적절한 용도로 팔리고 있다(그림 20.22). 항생제의 사용이 적절한 경우에도 투약하는 양이 감염을 근절하는 데 필요한 양 보다 일반적으로 적어 결과적으로 내성 균주의 생존을 조장하고 있다. 유효기간이 지났거나, 순도가 떨어지고 심지어는 위조 항생제까지 흔하게 사용한다.

선진국도 항생제 내성 상승에 기여하고 있다. CDC는 미국에서 중이염의 30%와 일반적인 감기의 100%, 인후염의 50%에 대한 항생제 처방이 병원체를 치료하는 데 불필요하거나 부적절하다고 평

그림 20.22 항생제는 세계의 대부분 지역에서 수십 년 동안 처방전 없이 판매되고 있다.

 이러한 관행이 어떻게 내성 균주의 발생으로 이어지는가?

가하였다. 적어도 미국에서 매년 소비하는 10만 톤 이상의 항생제 절반이 병을 치료하기 위해 사용하는 것이 아니라 성장을 촉진하기 위해 가축사료에 사용하고 있어 많은 국민들이 통제가 필요하다고 생각한다(다음 쪽의 상자글 참조).

내성의 예방과 비용

항생제 내성은 명백하게 질병과 사망률을 더 높게 만드는 것 이외에도 여러 측면에서 많은 비용이 들게 한다. 효과를 잃은 약을 대신할 수 있는 새로운 약의 개발에도 많은 비용이 든다. 이러한 약 거의 모두가 더 비싸질 것이고 심지어는 선진국에서도 제공하기가 어려울 정도로 가격이 책정될 것이다. 세계의 대부분 지역에서는 그야말로 감당할 수 없는 비용이다.

환자와 의료 종사자들이 약제 내성의 발달을 방지하기 위해 채택할 수 있는 여러 전략이 있다. 자신이 회복됐다고 느끼더라도, 환자는 항생제 내성 미생물의 생존과 증식을 억제하기 위해 언제나 처방한 항생제를 끝까지 복용해야만 한다. 환자는 새로운 병을 치료하기 위해 전에 사용하고 남은 항생제를 사용하거나 다른 환자에게 처방된 항생제를 절대로 사용해서는 안 된다. 의사들은 불필요한 처방을 피하고 항생제의 선택과 용량이 상황에 적절한지 확인해야만 한다. 광범위 항생제 대신에 가능한 가장 확실한 항생제를 처방하는 것도 항생제가 환자의 정상 미생물상 가운데 의도하지 않은 내성을 일으킬 원인이 될 가능성을 줄여준다.

항생제에 내성을 띠는 세균 변종의 출현은 항생제가 항시 사용되는 장소인 병원에서 일하는 사람들에서 특히 흔한 일이다. 다른 것과 마찬가지로 항생제를 주사할 때 주사기는 항상 수직으로 들고, 항생제 용액이 에어로졸을 형성하는 원인이 되는 공기방울을 없애야만 한다. 간호사나 의사가 이러한 에어로졸을 흡입하게 되면 콧 구멍에 존재하는 미생물들이 이 약에 노출된다. 소독용 솜에

인간 질병과 연관있는 동물사료 속 항생제

이 임상 초점을 읽으면서 미생물학자들이 항생제 내성과 싸우면서 물어보는 일련의 질문들을 만나게 될 것이다. 다음으로 넘어 가기 전에 각 질문에 답해 보자.

1. 축산업자들은 세균 감염 수를 줄이고 동물 성장을 촉진하기 위해 축사에서 키우는 동물의 사료에 항생제를 사용한다. 오늘날 전 세계적으로 사용하는 항생제의 반 이상이 동물을 키우는 데 사용된다.
   소비자의 식탁에 올라온 육류와 우유에는 항생제가 심하게 들어 있지 않다. 그렇다면 동물사료에 항생제를 사용하는 것에는 어떤 위험이 있는가?

2. 이들 가축에 항생제가 지속적으로 존재하는 것은 "적자 생존"의 한 예이다. 항생제는 일부 세균을 죽이지만 다른 세균은 자신들이 생존할 수 있는 속성을 가지고 있다.
   세균은 어떻게 내성 유전자를 획득하는가?

3. 항미생물제에 대한 세균의 내성은 돌연변이가 원인이다. 이러한 돌연변이는 수평 유전자 이동을 통해 다른 세균으로 전파될 수 있다(그림 A).
   가축에 사용한 항생제가 내성을 촉진한다는 것을 보여주는 증거는 무엇인가?

4. 반코마이신 내성 장내구균(VRE)은 1986년 프랑스에서 처음 분리되었고 미국에서는 1989년에 발견되었다. 반코마이신과 다른 당펩티드인 아보파르신(avoparcin)은 유럽에서 동물사료에 널리 사용되었다. 1966년 독일은 아보파르신을 가축에 사용하는 것을 금지하였다. 이러한 금지 후에 VRE-양성 세균은 100%에서 25%로 감소했고 인간의 보균율은 12%에서 3%로 떨어졌다.
   캠필로박터 제주니(*Campylobacter jejuni*)는 가금류의 창자에 공생한다. 이 균이 일으키는 인체 질병은 무엇인가?

5. 미국에서는 매년 200만 건 이상의 음식물에 의한 감염이 캠필로박터에 의해 일어난다. 플루오로퀴놀론(FQ)-내성 캠필로박터 제주니가 1990년대에 인간에서 출현하였다(그림 B).
   인간 감염을 치료하기 위해 어떤 FQ들을 사용하는가?(힌트: 표 20.3 참조)

6. 이러한 내성 캠필로박터 제주니의 출현은 식품점에서 구입한 닭고기에 플루오로퀴놀론(FQ)-내성 캠필로박터 제주니가 존재하는 사실과 부합된다. 이 내성 균주는 이전에 FQ를 복용한 적이 있는 환자에서 분리되었다. 그러나 1997년부터 2001년 사이에는 병이 생기기 전에는 FQ를 복용하지 않았고 미국 밖을 여행한 적이 없는 환자에서 FQ-내성 캠필로박터가 분리되었다.
   FQ 내성 균주의 출현을 줄일 수 있는 방법을 제안해보시오.

7. FQ 내성을 줄이기 위해 2005년 닭 사료에 FQ의 사용을 금지하였다. 발병 가능성을 줄이기 위해 다양한 접근 방법이 있을 수 있는데 (1) 농장에서 가축들이 모여 있는 것을 피하고, (2) 도축장에서 닭을 가공하는 과정에서 분변에 의한 오염을 줄이며, (3) 적절한 보관과 요리법을 사용하는 것 등이다.

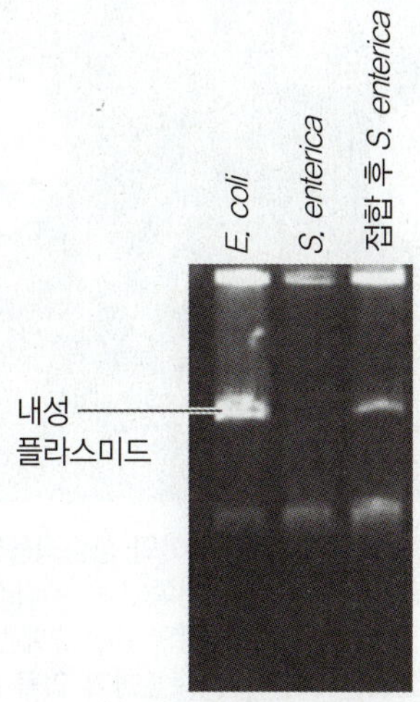

그림 A 칠면조의 장관 안에 있는 살모넬라 엔테리카(*Salmonella enterica*)와의 접합을 통해 전달된 대장균의 세팔로스포린 내성

출처: CDC and National Microbial Resistance Monitoring System.

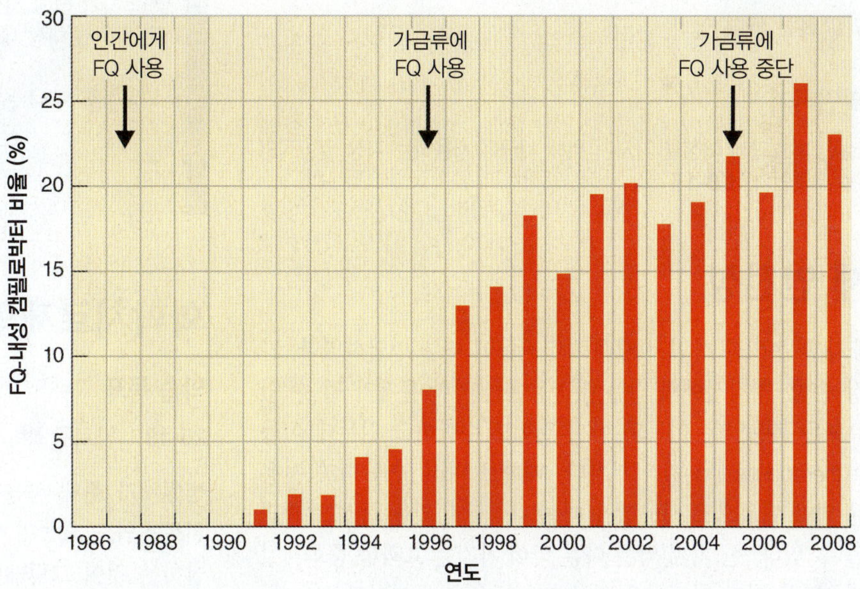

그림 B 1986에서 2008년 사이에 미국에서 발생한 플루로퀴노론-내성 캠필로박터 제주니 (*Campylobacter jejuni*)

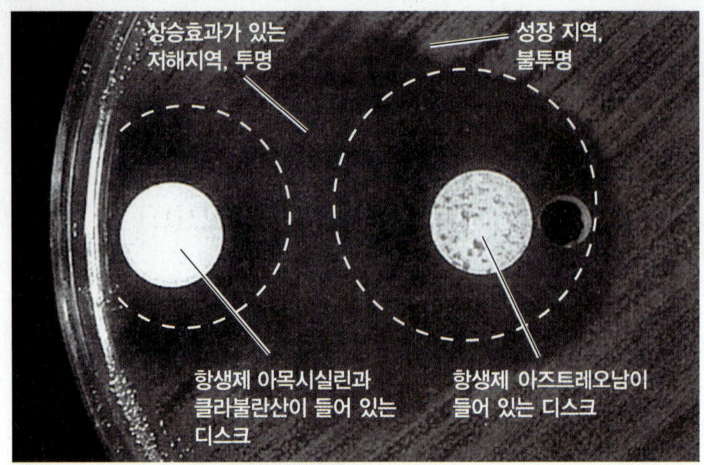

그림 20.23 **두 가지 다른 항생제사이의 상승작용의 예.** 사진은 세균이 접종된 페트리 접시 표면을 보여준다. 왼쪽의 종이 디스크에는 항생제 아목시실린과 클라불란산이 들어 있다. 오른쪽의 디스크에는 항생제 아즈트레오남이 들어 있다. 사진에 그려진 점선은 상승효과가 없을 때 세균의 성장이 억제된 각 디스크 주위의 투명한 영역을 보여준다. 이 두 영역과 그려진 원 밖 사이에 추가된 투명한 영역은 상승효과를 통한 세균의 성장 억제를 보여준다.

만일 두 항생제가 길항작용을 한다면 페트리 접시 표면은 어떤 모양을 하겠는가?

주사바늘을 집어넣는 것도 에어로졸의 생성을 막을 수 있다. 많은 병원들이 항생제의 사용을 효율성과 비용 측면에서 검토하는 특별한 감시위원회를 두고 있다.

이해도 확인하기

✓ 페니실린의 효과에 내성을 가지기 위해 세균이 사용하는 가장 일반적인 원리는 무엇인가? **20-17**

항생제 안전성

항생제에 대한 논의를 하면서 때때로 부작용에 대해 언급하였다. 간 또는 신장 손상, 청각장애와 같은 부작용은 심각한 문제가 될 수 있다. 거의 모든 복용약은 이득과 함께 위험도 수반하고 있는데 이를 치료 지수(therapeutic index)라 부른다. 때때로 여러 약을 함께 사용하는 것은 약을 단독으로 사용했을 때는 나타나지 않는 독성 효과의 원인이 될 수 있다. 한 가지 약은 다른 약이 가지는 효과를 중화시킬 수도 있다. 또한 어떤 사람들은 약에 과민반응을 보이기도 하는데, 페니실린이 이런 예 중 하나이다(537쪽 상자 참조).

임산부는 태아에게는 위험이 없는 것으로 미국 FDA에서 분류한 항생제만을 사용해야 한다.

복합치료제의 효과

학습 목표

20-18 상승작용과 길항작용의 유사성과 차이점을 알아본다.

두 가지 약을 동시에 사용할 때 나타나는 치료 효과가 약을 각각 따로 사용했을 때보다 더 좋은 경우가 종종 있다(그림 20.23). **상승작용(synergism)**이라 부르는 이러한 현상은 앞서 언급하였다. 예를 들면, 세균성 심내막염(endocarditis) 치료에 페니실린과 스트렙토마이신을 함께 사용하면 따로 사용하는 것보다 훨씬 더 효과적이다. 페니실린이 세균 세포벽을 손상시켜 스트렙토마이신이 더 쉽게 흡수되도록 만든다.

약의 혼합처방은 **길항작용(antagonism)**을 나타내기도 한다. 예를 들면, 페니실린과 테트라사이클린을 동시에 사용하면 각 약을 따로 사용하는 것보다 덜 효과적인 경우가 있다. 세균의 성장이 중지되면서 세균성장 억제제인 테트라사이클린은 세균의 성장을 필요로 하는 페니실린의 작용을 간섭하게 된다.

이해도 확인하기

✓ 테트라사이클린은 때때로 페니실린의 활성을 간섭한다. 어떻게 간섭하는가? **20-18**

임상 사례

완충저장용액에는 포도상구균과 그람음성 간균의 성장을 저해하는 페니실린이나 세팔로틴보다 젠타마이신이 더 효과적이라고 보고되었기 때문에 각막 보관에는 젠타마이신을 함유하는 판매용 저장용액을 사용한다. 젠타마이신의 첨가는 각막 조직을 살균하기 위해서가 아니라 사용하기 전에 저장용액을 보존하려는 것이다. 항생제를 첨가한 용액은 항생제 내성 세균을 만들 수 있다.

녹농균을 치료하는 데 가장 효과적인 항미생물제는 무엇인가?

559 570 579 581 **584** 585

화학치료제의 미래

학습 목표

20-19 새로운 화학치료제의 세 가지 연구 분야를 알아본다.

병원체가 현재 사용하는 화학치료제에 내성을 가지게 되면 새로운 치료제의 필요성이 더 시급해진다. 그러나 새로운 항미생물제를 개발하는 것이 그렇게 수익성이 있는 것은 아니다. 백신처럼, 항생제는 단지 제한된 시기에 필요한 경우에만 사용한다. 따라서 제약회사들이 환자가 수년간 규칙적인 복용을 필요로 하는 고혈압 약이나 당뇨병 약과 같은 만성 질환을 치료하는 약을 개발하는 데 더 관심을 가지는 것은 당연하다. 이것은 새로운 항생제 개발의 감소와 약에 대한 내성 증가가 동시에 발생하는 "완전한 폭풍(엎친 데 덮친 격)"이다.

기존의 항생제가 계속해서 내성에 대한 문제점에 직면하는 이유의 상당 부분은 항생제 개발이 제한된 범위의 표적에 의존해서 이루어지기 때문이다(그림 20.2 참조). 병원체를 통제하는 진정한 새로운 접근 방법은 독성인자를 생산하는 미생물보다는 독성인자를 표적으로 하는 것이다. 예를 들면, 콜레라 간균을 표적으로 삼는 대신에 콜레라 독소를 표적으로 하여 이를 무독화시키거나 파괴하는 약의 개발이다. 또 다른 가능성 있는 표적으로는 병원체가 성장에 필요로 하는 철분을 격리하는 것이다. 철분을 격리하는 약은 병원체의 증식을 제한할 수 있을 것이다.

MRSA와 반코마이신-내성 황색포도상구균을 저해하는 약을 개발하는 데 초점이 집중되고 있다. 그러나 그람음성세균, 특히 슈도모나드 가운데 기회감염 병원체는, 심지어 더 어려운 골치거리가 될 수 있다. 하나의 그룹으로 놓고 보면 그람음성세균은 항생제의 어려운 표적이다. 이들의 세포벽은 침투하기가 더 어렵고 특히 효율적인 방출 메커니즘을 가지고 있는 경향이 있다(581쪽). 심해 퇴적물 같은 새롭고 이국적인 생태계를 탐구할 필요가 있다. 극한 환경에 있는 생물체는 이러한 환경에 대처하기 위해 새로운 방식을 가지고 있을 것이라 생각한다. 미생물만이 항미생물 물질을 생산하는 유일한 생물체는 아니다. 여러 조류, 양서류, 식물 및 포유동물도 종종 항미생물성 펩티드를 생산한다. 사실상, 이러한 펩티드는 대부분의 생명체의 정상적인 방어체계의 일부분으로 실제로 수백 가지 이상이 확인되었다. 양서류의 피부샘은 세균막을 공격하는 항미생물 펩티드의 풍부한 원천이다. 이 가운데 가장 잘 알려진 것은 히브리어로 방패라는 뜻인 마게이닌(magainins)이다. 이 펩티드는 심각한 내성이 생기지 않고 무기한으로 존재하는 점이 아주 흥미롭다. 다른 항미생물질인 스콸라민(squalamine)이라 부르는 스테로이드는 상어에서 분리하였다.

새로운 항생제 개발에 이르는 확실한 새로운 연구 방향은 아마도 미생물의 기본 유전 구조에 대한 지식에 기반하는 것이다. 이러한 지식은 항미생물제 개발을 위한 새로운 표적을 알아내는데 도움을 줄 수 있다. 예를 들면, HIV의 단백질 가수분해효소 저해제의 개발과 같은 접근 방법이다. 퀴놀론과 옥사졸리디논과 같은 완전한 합성 분자들의 개발이 점점 더 중요해지고 있다.

아마도 **파지 치료법**(phage therapy)에 대한 관심이 새롭게 대두될 것이다. 한때 세균을 공격하는 바이러스인 박테리오파지가 특정 병원성세균을 죽일 수 있다는 것이 알려졌다. 파지 치료법을 이용한 초기 실험은 크게 성공적이지 않았다. 그러나 특히 러시아 과학자들이 파지 치료법에 대한 실험을 계속하고 있다.

운 좋은 또는 우연한 발견도 늘 고려해야 한다. 예를 들면, 처음 개발한 퀴놀론인 날리딕산은 항말라리아제인 클로로퀸의 합성 시 생성되는 중간산물로 개발되었고, 옥사졸리디논은 원래 식물에 생기는 병을 치료하다 발견하였다는 점은 언급할 가치가 있다.

마지막으로 바이러스와 기생충, 원생동물 같은 부류를 치료하는 약이 극히 제한적이기 때문에 이들을 치료할 수 있는 새로운 항바이러스제는 물론 항진균제와 항기생충제가 특히 필요하다.

이해도 확인하기

✓ 디펜신이 무엇인가? **20-19**

임상 사례 해결

싱 박사는 자신의 환자에게 도리페넴을 처방하였다. 도리페넴은 카바페넴의 하나로 아주 광범위한 효능을 가지고 있고 특히 녹농균에 효과가 있다. 그 환자는 감염에서 회복되었고 수술 후 다른 합병증은 없었다.

559 570 579 581 584 **585**

학습 개요

서론 (558쪽)

1. 항미생물제는 숙주 조직의 손상은 최소화하면서 병원성 미생물을 파괴하는 화학 물질이다.
2. 화학치료제는 몸의 질병과 싸우는 화학물질을 포함한다.

화학요법의 역사 (559~560쪽)

1. 폴 에를리히는 미생물 질병을 치료하기 위해 화학치료란 개념을 도입하였다. 그는 숙주에 해를 끼치지 않고 병원체를 죽이는 화학치료제의 개발을 예견하였다.
2. 설파제는 1930년도 후반부터 각광받기 시작했다.
3. 알렉산더 프레밍은 1928년 첫 항생제인 페니실린를 발견하였고, 이는 1940년에 처음으로 임상 시험에 사용하였다.

항미생물 작용 범위 (560~561쪽)

1. 항균제는 원핵세포 안의 여러 표적에 영향을 준다.
2. 진균, 원생동물 그리고 기생충 감염은 치료가 더 어려운 데 그 이유는 이들이 진핵세포이기 때문이다.
3. 좁은 범위 효능 항생제는 단지 제한된 그룹의 미생물, 예를 들면 그람음성 세포에만 영향을 미친다. 광범위 효능 약물은 더 다양한 범위의 미생물에 작용한다.
4. 작고 친수성인 약물은 그람음성 세포에 영향을 미칠 수 있다.
5. 항미생물제는 정상적인 미생물상에 큰 손상을 입혀서는 안 된다.
6. 병원체가 사용한 약물에 내성을 가지거나 또는 일반적으로 내성 미생물이 과도하게 증식할 때 중복감염이 일어난다.

항미생물제의 작용 (561~564쪽)

1. 항미생물제는 일반적으로 미생물의 직접 죽이거나(살균 작용) 또는 미생물의 성장을 억제하는(성장 억제 작용) 방법으로 작용한다.
2. 페니실린과 같은 약물은 세균의 세포벽 합성을 방해한다.
3. 클로람페니콜, 테트라사이클린 및 스트렙토마이신 같은 약물은 70S 리보솜에 작용하여 단백질 합성을 저해한다.
4. 항진균제는 세포막을 표적으로 한다.
5. 어떤 약물은 핵산 합성을 방해한다.
6. 설파닐아미드와 같은 약물은 효소활성을 경쟁적으로 저해할 수 있는 항대사산물 처럼 작용한다.

흔히 사용되는 항미생물제 조사 (564~578쪽)

항균 항생제: 세포벽 합성 저해제 (567~569쪽)

1. 모든 페니실린은 베타-락탐 고리를 포함한다.
2. 푸른곰팡이가 생산하는 천연 페니실린은 그람양성 구균과 스피로헤타에 효과가 있다.
3. 페니실린 분해효소(베타-락타메이즈)는 천연 페니실린을 파괴하는 세균의 효소이다.
4. 반합성 페니실린은 실험실에서 곰팡이에 의해 만들어진 베타-락탐 고리에 다른 곁가지를 붙여 합성한다.
5. 반합성 페니실린은 페니실린 분해효소에 내성이 있으며 천연 페니실린보다 더 넓은 범위의 효능을 가진다.
6. 카바페넴은 세포벽 합성을 저해하는 광범위 효능 항생제다.
7. 모노박탐 아즈트레오남은 단지 그람음성세균에만 효과가 있다.
8. 세팔로스포린은 세포벽 합성을 방해하고 페니실린 내성 균주 치료에 사용한다.
9. 바시트라신과 같은 폴리펩티드는 주로 그람양성세균의 세포벽 합성을 억제한다.
10. 반코마이신은 세포벽 합성을 억제하며, 페니실린 분해효소를 생산하는 포도상구균을 죽이는 데 사용할 수 있다.

항마이코박테리아 항생제 (569~570쪽)

11. 이소니아지드(INH)와 에탐뷰톨은 마이코박테리아의 세포벽 합성을 저해한다.

단백질 합성 저해제 (570~572쪽)

12. 클로람페니콜, 아미노글라이코사이드, 테트라사이클린, 글라이실사이클린, 매크로라이드, 스트렙토그라민, 옥사졸리디논과 프레우로무틸린은 70S 리보솜에 작용하여 단백질 합성을 방해한다.

원형질막 손상 (572쪽)

13. 리포펩티드인 폴리믹신 B와 바시트라신은 세포막에 손상을 준다.

핵산(DNA/RNA) 합성 저해제 (572~573쪽)

14. 리파마이신은 mRNA 합성을 저해하며 결핵치료에 사용한다.
15. 퀴놀론과 플루오로퀴놀론은 DNA 자이레이즈 활성을 억제하며 요도감염 치료에 사용한다.

필수 대사산물 합성의 경쟁적 저해제 (573쪽)

16. 설폰아미드는 엽산 합성을 경쟁적으로 방해한다.
17. TMP-SMZ는 디하이드로 엽산 합성을 경쟁적으로 방해한다.

항진균제 (573~575쪽)

18. 니스타틴과 암포테리신 B와 같은 폴리엔은 원형질막의 스테롤과 결합하여 진균을 죽인다.
19. 아졸과 알릴아민은 스테롤 합성을 간섭하며 피부 및 침투성 진균증 치료에 사용한다.
20. 에키노칸딘은 진균의 세포벽 합성을 방해한다.
21. 항진균제인 플루사이토신은 사이토신의 항 대사산물이다.
22. 그리세오풀빈은 진핵세포의 분열을 방해하며 진균성 피부 감염 치료에 주로 사용한다.

항바이러스제 (575~577쪽)

23. 아시클로비어와 지도부딘 같은 뉴클레오시드와 뉴클레오티드 유사체는 DNA 또는 RNA 합성을 방해한다.
24. 바이러스성 효소의 저해제는 인플루엔자 독감과 HIV감염을 치료하는 데 사용한다.
25. 알파 인터페론은 바이러스가 새로운 세포로 전파되는 것을 억제한다.
26. 출입 저해제와 융합 저해제는 HIV 부착과 수용체 위치에 결합한다.

항원생동물과 항기생충 약물 (577~578쪽)

27. 클로로퀸, 알테미시닌, 퀴나크린, 디아이도하이드록시퀸, 펜타미딘과 메트로니다졸은 원생동물 감염을 치료하기 위해 사용한다.
28. 항기생충제는 메벤다졸, 프라지콴텔과 이베르멕틴을 포함한다.

화학요법을 결정하기 위한 검사 (578~579쪽)

1. 검사는 어떤 화학치료제가 특정 병원체에 대항할 가능성이 높은 지를 결정하기 위해 실시한다.
2. 이러한 검사들은 감수성을 예상할 수 없거나 약에 대한 내성이 생겼을 때 실시한다.

확산법 (578~579쪽)

3. 커비-바우어 검사로도 알려진 디스크 확산 검사에서 배양한 세균을 한천배지에 접종하고 화학치료제가 스며들어 있는 거름종이 디스크를 위에 겹쳐 올려놓는다.
4. 배양 후, 투명한 저해지역의 직경은 생물체가 약물에 감수성, 중간 내성 또는 내성이 있는지를 결정하는 데 사용한다.
5. MIC는 미생물의 성장을 억제할 수 있는 약의 최저농도이다. MIC는 E-검사를 통하여 추정할 수 있다.

배양액 희석 검사 (579쪽)

6. 배양액 희석 검사에서는, 다른 농도의 화학치료제를 포함하는 배양액에 미생물을 키운다.
7. 세균을 죽이는 화학치료제의 최소 농도를 최소 성장지연 농도(MBC)라 부른다.

항미생물제에 대한 내성 (580~584쪽)

1. 전에는 항생제로 치료할 수 있던 많은 세균성 질병이 항생제에 내성을 갖게 되었다.
2. 슈퍼버그(superbugs)란 여러 항생제에 내성을 갖는 세균이다.
3. 플라스미드와 트랜스포존이 유전적인 약제 내성(R) 인자를 운반한다.
4. 효소가 약을 파괴하거나, 약이 표적 위치로 들어가는 것을 방해하거나, 표적 위치에서 세포 또는 물질 대사에 변화가 생기거나, 표적

위치를 바꾸거나, 또는 항생제의 빠른 방출 때문에 내성이 생긴다.

5. 적절한 농도와 양으로 약을 잘 사용하면 내성을 최소화할 수 있다.

항생제 안전성 (584쪽)

1. 위험(예: 부작용)과 혜택(예: 감염의 치료)은 항생제를 사용하기 전에 반드시 검토해야만 한다.

약의 혼합사용 효과 (584쪽)

1. 어떤 약물의 혼합사용은 상승효과가 있는데 이들은 함께 복용했을 때 더 효과적이다.
2. 어떤 약물의 혼합사용은 길항효과가 있는데 함께 사용하는 것이 단독으로 사용하는 것보다 덜 효과적이다.

화학치료제의 미래 (584~585쪽)

1. 식물과 동물이 생산하는 화학물질은 항미생물 펩티드라고 부르는 새로운 항미생물제를 제공한다.
2. 새로운 약물은 세균 독성인자를 방해할 수도 있다.

학습 질문

복습과 객관식 문제에 대한 해답은 책 뒤에 있음.

복습 문제

1. 그려보기 다음 항생제가 작용하는 곳을 아래 그림에 표시하시오: 시프로플록사신, 테트라사이클린, 스트렙토마이신, 반코마이신, 폴리믹신 B, 설파닐아미드, 리팜핀, 에리스로마이신

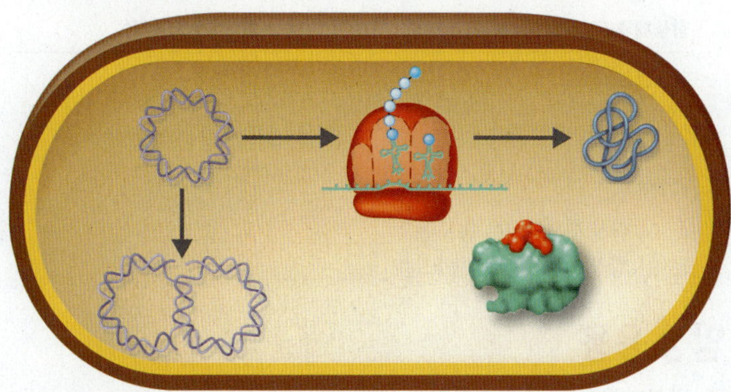

2. 효율적인 항미생물제를 확인하기 위해 사용하는 다섯 가지 기준을 열거하고 설명하시오.
3. 항바이러스제, 항진균제, 항원생동물제 및 항기생충제가 갖는 유사한 문제점은 무엇인가?
4. 약제 내성에 대해 설명하시오. 어떻게 생기는가? 약제 내성을 최소화하기 위해 취할 수 있는 조치는 무엇인가?
5. 한 질병을 치료하기 위해 두 가지 화학치료제를 동시에 사용할 때 생기는 장점을 열거하시오. 두 가지 약제를 사용할 때 생길 수 있는 문제점은 무엇인가?
6. 아래 항미생물 작용에 의해 세포는 왜 죽는가?
   a. 콜리스티메테이트는 인지질에 결합한다.
   b. 카나마이신은 70S 리보솜에 결합한다.
7. 아래 약물은 어떻게 단백질 합성을 저해하는가?
   a. 클로람페니콜
   b. 에리스로마이신
   c. 테트라사이클린
   d. 스트렙토마이신
   e. 옥사졸리디논
   f. 스트렙토그라민
8. 다이데옥시이노신(dideoxyinosine, ddI)은 구아닌의 항대사산물로 ddI의 3번째 탄소는 OH기가 없다. ddI는 어떻게 DNA 합성을 저해하는가?
9. 아래 약물 쌍의 작용 방법을 비교하시오:
   a. 페니실린과 에키노칸딘
   b. 이미다졸과 폴리믹신 B
10. 이름 답하기 이 미생물은 항생제 또는 신경근육 차단제에는 감수성이 없다. 하지만 단백질 가수분해효소 저해제에 감수성이 있다.

객관식 문제

1. 아래 보기 쌍 가운데 잘못 연결된 것은?
   a. 항기생충제 – 산화적 인산화과정 저해
   b. 항기생충제 – 세포벽 합성 저해
   c. 항진균제 – 원형질막의 손상
   d. 항진균제 – 세포분열 저해
   e. 항바이러스제 – DNA 합성 저해
2. 아래 보기 중 항바이러스제의 작용 방식에 대한 설명이 아닌 것은?
   a. 70S 리보솜의 단백질 합성 저해
   b. DNA 합성 저해
   c. RNA 합성 저해
   d. 탈피과정 저해
   e. 정답 없음
3. 아래 보기 중 진균을 죽이는 방식이 아닌 것은?
   a. 펩티도글리칸 합성 저해
   b. 세포분열 저해
   c. 원형질막 손상
   d. 핵산 합성 저해
   e. 정답 없음
4. 항미생물제는 아래 기준 모두를 충족시켜야만 한다. 아닌 것은?
   a. 선택적 독성
   b. 과민반응 생성
   c. 좁은 효능범위의 활성
   d. 약제 내성 결여
   e. 정답 없음

5. 약물이 나타낼 수 있는 가장 탁월한 항미생물 활성은?
   a. 세포벽 합성을 저해한다.
   b. 단백질 합성을 저해한다.
   c. 원형질막을 손상한다.
   d. 핵산 합성을 저해한다.
   e. 모두다 정답

6. 단백질 합성을 저해하는 항생제는 부작용이 있다. 그 이유는?
   a. 모든 세포는 단백질을 가지고 있기 때문에
   b. 단지 일부 세포만이 단백질을 만들기 때문에
   c. 진핵생물은 80S 리보솜을 가지고 있기 때문에
   d. 진핵생물의 70S 리보솜 때문에
   e. 정답 없음

7. 아래 보기 중 진핵세포에 영향을 미치지 않는 것은?
   a. 세포분열시 방추사 형성 저해
   b. 스테롤과의 결합
   c. 80S 리보솜과의 결합
   d. DNA와 결합
   e. 위의 보기 모두 다 영향이 있음

8. 세포막이 손상되면 세포는 죽는다. 그 이유는?
   a. 세포가 삼투압에 의해 용해되기 때문에
   b. 세포내용물이 빠져나오기 때문에
   c. 세포가 원형질 분리를 일으키기 때문에
   d. 세포가 세포벽이 없기 때문에
   e. 정답 없음

9. DNA에 끼어 들어갈 수 있는 약물은 아래와 같은 효과를 가진다. 이 중 가장 큰 것은?
   a. RNA 전사를 방해한다.
   b. 단백질 합성을 방해한다.
   c. DNA 복제를 간섭한다.
   d. 돌연변이의 원인이 된다.
   e. 단백질을 변형시킨다.

10. 클로람페니콜은 리보솜의 50S 소단위에 결합하여 어떤 과정을 방해하는가?
   a. 원핵세포의 전사과정
   b. 진핵세포의 전사과정
   c. 원핵세포의 번역과정
   d. 진핵세포의 번역과정
   e. DNA 합성

비판적 사고

1. 아래 보기 중 어느 것이 인간세포에 영향을 줄 수 있는가? 그 이유를 설명하시오.
   a. 페니실린
   b. 인디나비어
   c. 에리스로마이신
   d. 폴리믹신

2. 숙주세포도 DNA를 가지고 있다면 이독수리딘(idoxuridine)이 왜 효과적인가?

3. 일부 세균은 포린 단백질을 만들지 않기 때문에 테트라사이클린에 내성을 가진다. 그렇다면 호박산(succinic acid)과 같은 한 가지 탄소원만 포함하는 배지에서 자랄 수 없는 성질을 이용하여 포린-결핍 돌연변이체를 어떻게 발견할 수 있는가?

4. 아래 표는 디스크 확산 검사로부터 얻은 결과이다.

항생제	저해 지역
A	15 mm
B	0 mm
C	7 mm
D	15 mm

   a. 조사한 세균들에 대해 가장 효과가 큰 항생제는?
   b. 이러한 세균이 원인인 질병을 치료하기 위해 어떤 항생제를 추천하겠는가?
   c. 항생제 A는 살균 작용을 하는 약물인가 아니면 성장을 억제하는 약물인가? 어떻게 알 수 있는가?

5. 왜 스트렙토마이세스 그리세우스(*Streptomyces griseus*)가 스트렙토마이신을 불활성화시키는 효소를 생산한다고 생각하는가? 왜 이 효소는 대사 초기에 생산되는가?

6. 아래 표는 미생물 감수성을 조사하는 배양액 희석 검사 결과이다.

항생제 농도	성장	계대배양시 성장
200 μg/ml	−	−
100 μg/ml	−	+
50 μg/ml	+	+
25 μg/ml	+	+

   a. 이 항생제의 MIC 농도는?________________.
   b. 이 항생제의 MBC 농도는?________________.

임상 응용

1. 반코마이신-내성 엔테로코커스 패칼리스(*Enterococcus faecalis*) 균을 40세 남성의 감염된 발에서 분리하였다. 이 환자는 만성 당뇨병으로 인한 족부궤양을 가지고 있어 괴저가 진행된 발가락을 절단하였다. 이 환자의 상태는 이후 메티실린-내성 황색포도상구균에 의한 균혈증으로 발전하였다. 감염은 반코마이신으로 치료하였다. 일주일 후 환자는 반코마이신-내성 황색포도상구균(VRSA) 감염으로 발전하였다. 이것이 미국 내에서 보고된 첫 번째 VRSA 사례이다. VRSA의 가장 큰 원인은 무엇인가?

2. 방광염이 있는 한 환자가 날리딕산을 복용하였지만 증세가 회복되지 않았다. 약을 설폰아미드로 교체했을 때 왜 이 여성환자의 염증이 사라졌는지 설명하시오.

3. 연쇄상구균성 인후염을 앓는 환자가 열흘 치의 페니실린 처방을 받고 이틀간 복용하였다. 환자는 증세가 호전되었다고 느껴 나중을 위해 남은 약을 사용하지 않고 보관하였다. 3일 후 환자의 인후염이 재발하였다. 병이 재발한 원인은 무엇인지 설명하시오.

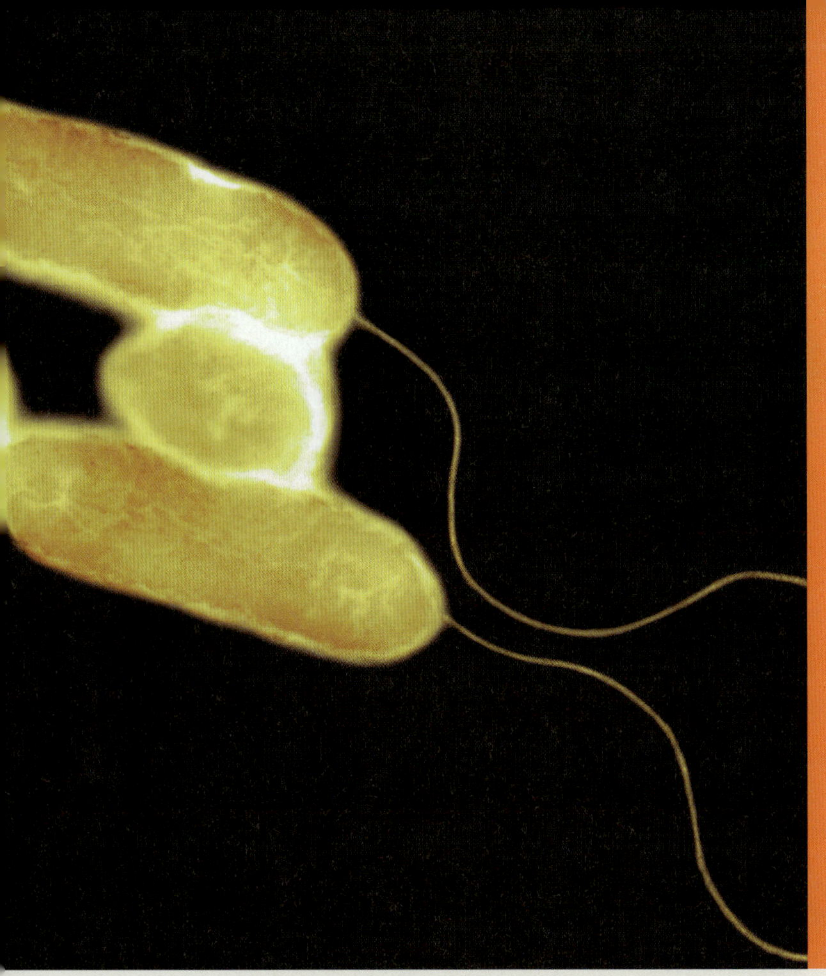

21

미생물에 의한 피부병과 눈병

몸을 덮고 보호하는 피부는 병원체에 대한 몸의 첫 번째 방어선이다. 물리적 장벽으로서, 미생물이 온전한 피부를 침투하기란 거의 불가능하다. 그러나 미생물은 잘 보이지 않는 피부의 틈새를 통해 들어갈 수 있고, 일부 기생충의 유충은 온전한 피부를 뚫고 들어갈 수 있다.

피부 분비물은 산성이고 대부분의 피부에는 수분이 거의 없기 때문에, 피부는 대부분의 미생물에게 살기 좋은 곳이 아니다. 하지만 겨드랑이와 사타구니 같은 신체의 특정 부위는 큰 세균 집단이 생존하기에 상대적으로 충분한 양의 습기를 가지고 있다. 두피와 같이 마른 부위도 적은 수의 미생물 성장을 도와준다. 피부에 서식하는 일부 미생물은 질병을 일으킬 수 있다. 녹농균(그림)은 일반적으로 토양에서 유기물을 분해하는 세균이다. 이번 장의 임상 사례는 이러한 기회감염 병원체가 어떻게 피부 감염의 원인이 될 수 있는지를 설명한다.

이러한 생태학적 요인들 이외에, 피부는 광범위한 항미생물 약효를 가진 디펜신(defensins)이란 펩티드 항생제를 가지고 있다(473쪽 참조). 이들은 또한 점막, 특히 위장관의 내벽에서도 발견된다.

피부의 구조와 기능

학습 목표

21-1 피부의 구조와 점막 그리고 병원체가 피부를 침입하는 방법에 대해 설명한다.

평균 성인의 피부는 약 1.9 m^2의 표면적을 차지하고 두께는 0.05에서 3.0 mm로 다양하다. 16장에서 언급한 것처럼, 피부는 두 가지 주요 부분, 표피와 진피로 구성되어 있다(그림 21.1). **표피(epidermis)**는 얇은 바깥 부분으로 여러 층의 상피세포로 구성되어 있다. 표피의 가장 바깥층인 각질층(stratum corneum)은 **케라틴(keratin)**이라는 방수 단백질을 비롯하여 여러 층의 죽은 세포들로 이루어져 있다. 손상하지 않으면 표피는 미생물에 대한 효과적인 물리적 장벽이다.

진피(dermis)는 피부 안쪽의 비교적 두꺼운 부분으로 주로 결합조직으로 구성되어 있다. 진피에 있는 모낭과 땀샘관, 기름샘관은 미생물이 피부에 들어가 더 깊은 조직으로 침투할 수 있는 통로를 제공한다.

땀(perspiration)은 미생물의 성장을 위한 수분과 약간의 영양분을 제공한다. 그러나 땀에는 여러 미생물을 방해하는 염분과 특정 세균의 세포벽을 파괴할 수 있는 효소인 리소자임(lysozyme) 및 항미생물 펩티드가 들어 있다.

기름샘에서 분비되는 **피지(sebum)**는 지방(불포화 지방산)과 단백질, 그리고 피부와 털이 마르지 않도록 해주는 염분의 혼합물이다. 지방산은 특정 병원체의 성장을 억제하지만, 땀처럼 피지도 또한 여러 미생물의 영양분이 된다.

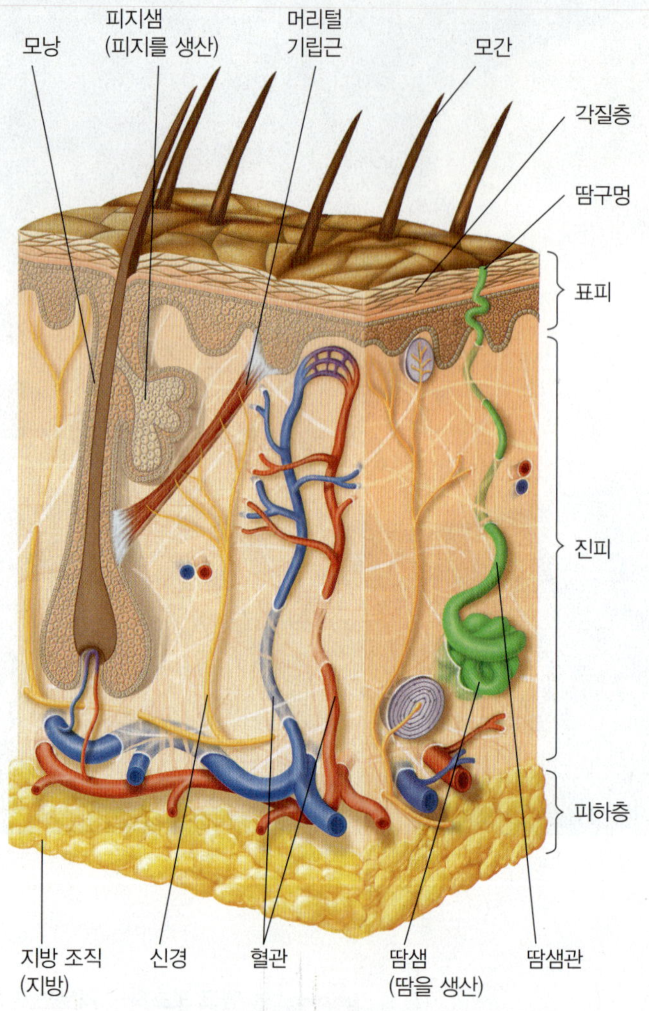

그림 21.1 인간 피부의 구조. 미생물이 더 깊은 조직으로 침투할 수 있는 모낭과 모간 사이의 통로를 주목하라. 미생물은 또한 땀구멍을 통해서도 피부로 침입할 수 있다.

Q 이 그림으로부터 온전한 피부를 침입해 그 밑의 조직에까지 미생물이 도달할 수 있게 해주는 약점이 무엇이라고 생각하는가?

점막

위장관, 호흡기관, 요관, 그리고 생식관과 연관된 체강 내벽의 바깥쪽 보호 장벽은 피부와는 다르게, 단단하게 채워진 **상피세포(epithelial cell)**층들로 구성되어 있다. 이 세포들의 바닥은 **기저막(basement membrane)**이라 부르는 세포외 물질층에 부착되어 있다. 이러한 세포들의 대부분이 점액을 분비하기 때문에 그 이름을 **점막(mucous membrane 또는 mucosa)**이라고 한다. 다른 점막세포들은 섬모를 가지고 있는데, 호흡기관에서는 점막이 미생물을 비롯한 입자들을 걸러내면 섬모가 이들을 몸 밖으로 밀어낸다(454쪽 그림 16.4 참조). 점막은 대개 산성이어서 미생물 개체수를 제한하는 경향이 있다. 또한 눈물은 눈의 막을 물리적으로 씻어주고 눈물 속의 리소자임은 특정 세균의 세포벽을 파괴한다. 점막은 표면적을 최대화하기 위해 주로 접혀 있으며 보통 인간의 점막 총 표면적은 약 400 m^2으로 피부 표면적보다 훨씬 더 넓다.

임상 사례: 수영 교습

소아과 임상 간호사인 몰리 시델(Molly Seidel)이 9살 난 도널드(Donald)와 6살 난 여동생 샤론(Sharon)을 검사하고 있다. 아이들 엄마에 따르면 두 아이는 저녁 식사시간 이전에 발진이 생겼는데, 아이들 배와 다리에 비슷하게 나타났다고 했다. 아이들이 가렵고 솟아 오른 돌기들을 긁었을 때 혼탁한 진물이 나왔다. 몰리는 오늘 이미 여러 건의 어린이 피부 발진 사례를 경험했다. 몰리는 두 아이를 수두로 진단하고 포도상구균성 모낭염(staphylococcal folliculitis)에 걸린 다른 아이와 함께 페니실린을 처방했다.

몰리는 다음에 무엇을 해야 하는가? 알아보자.

590 599 605 607 611

이해도 확인하기

✓ 땀이 공급하는 수분은 피부에서 미생물의 성장을 촉진한다. 땀의 어떤 요인들이 미생물의 성장을 방해하는가? **21-1**

피부의 정상 미생물상

학습 목표

21-2 피부의 정상 미생물상의 예를 들고 보통 이들이 있는 부위와 이들의 생태학적인 역할을 설명한다.

피부는 대부분의 미생물이 살기에는 일반적으로 적합하지 않지만, 정상 미생물상의 일부분으로 자리 잡은 특정 미생물의 성장은 지원한다. 피부 표면에서 특정 산소요구성 세균은 피지에서 지방산을 생산한다. 이러한 지방산은 많은 미생물을 억제하여 이에 더 잘 적응하는 세균들이 번성하게 한다.

피부를 만족스러운 환경으로 여기는 미생물들은 건조하고 상대적으로 높은 염분 농도에도 내성이 있다. 포도상구균과 단구균(micrococci)을 비롯하여 상대적으로 많은 수의 그람양성세균이 피부의 정상 미생물상을 차지한다. 그람양성 구균은 건조와 농축된 소금 또는 설탕 용액에서 나타나는 높은 삼투압 같은 환경 스트레스에도 상대적인 내성을 가지는 경향이 있다. 주사전자현미경으로 보면 피부 위의 세균은 작은 혹처럼 서로 뭉쳐 있는 경향이 있다. 강하게 세척하면 세균의 수를 줄일 수는 있지만 완전히 제거할 수는 없다. 세척 후 모낭과 땀샘에 남아 있는 미생물은 곧 다시 정상적인 개체군으로 회복될 것이다. 겨드랑이와 사타구니 같이 수분이 많은 신체 부위에는 더 많은 미생물 집단이 있다. 이들은 땀샘의 분비물을 대사하며 몸 냄새의 주범이다.

또한 디프테로이드균(diphtheroid)으로 부르는 그람양성 다형성 간균도 피부의 정상 미생물상의 일원이다. 프로피오니박테리움 에크니스(*Propionibacterium acnes*)와 같은 일부 디프테로이드균은 전형적인 비산소요구성으로 모낭에 서식한다. 곧 알게 될 것인데, 여드름이 생기는 한 요인인 기름샘의 분비물(피지)은 이 세균의 성장을 돕는다. 이러한 세균은 프로피온산(propionic acid)을 생산하여 피부의 pH를 3~5 사이로 낮게 유지하는 데 도움을 준다. 코리네박테리움 제로시스(*Corynebacterium xerosis*)와 같은 또 다른 디프테로이드균은 산소요구성으로 피부 표면을 차지한다. 몇 가지 그람음성세균, 특히 아시네토박터(*Acinetobacter*)도 피부에 서식한다. 효모인 말라세지아 펄펄(*Malassezia furfur*)은 기름성분의 피부 분비물에서 성장할 수 있으며 비듬(dandruff)으로 알려진 머리 피부가 벗겨지는 상태를 만드는 원인일 것으로 생각한다. 비듬을 치료하는 샴푸에는 항생제인 케토코나졸(ketoconazole), 아연 피리치온(zinc pyrithione) 또는 셀레니움 설파이드(selenium sulfide)가 들어 있다. 모두 다 이러한 효모에 효과가 있다.

이해도 확인하기

✔ 피부의 세균은 그람양성 또는 그람음성 중 주로 어느 쪽인가? **21-2**

미생물에 의한 피부병

학습 목표

21-3 연쇄상구균과 포도상구균을 구별하고, 각각에 의해 유발되는 여러 피부 감염의 이름을 말한다.

21-4 슈도모나스 피부염, 외이염(otitis externa), 여드름 및 부룰리(Buruli) 궤양의 원인 병원체와 전파 방식, 임상 증상을 열거한다.

21-5 아래와 같은 피부 감염의 원인 병원체와 전파 방식, 임상 증상을 열거한다: 사마귀, 천연두, 원숭이 수두(monkeypox), 수두, 대상포진, 입술발진, 홍역, 풍진, 제5병, 장미진.

21-6 피하 진균과 피부 진균을 구별하고 각각의 예를 들어본다.

21-7 칸디다증(candidiasis)의 원인 병원체와 유발 인자를 열거한다.

21-8 옴(scabies)과 이감염증(pediculosis)의 원인 병원체와 전파 방식, 임상 증상 및 치료 방법을 열거한다.

피부의 발진과 병변이 반드시 피부의 감염을 나타내는 것은 아니다. 사실상 피부 병변을 일으키는 많은 질병들이 실제로는 내부 장기에 영향을 주는 전신성 질병이다. 이러한 병변의 다른 모습이 종종 질병의 증상을 설명하는 데 유용하게 사용된다. 예를 들면 작고 액체로 채워진 병변이 **소포(vesicles)**이고(그림 21.2a), 직경이 1 cm보다 더 큰 소포를 **수포(bullae)**라 부른다(그림 21.2b). 편평하고 붉은 병변을 **반점(macules)**이라 하고(그림 21.2c), 솟아 오른 병변을 **구진(papules)**이라 부르는데 여기에 고름이 들어 있을 때에는 **농포(pustules)**라고 한다(그림 21.2d). 감염이 주로 온몸에서 일어난 다할지라도, 피부처럼 가장 명백하게 영향을 받는 장기에 따라 질병을 분류하는 것이 편리하다. 질병의 증세로 생기는 피부의 발진을 **피부발진(exanthem)**이라 부르고, 입 안쪽과 같은 점막에 생긴 발진을 **점막발진(enanthem)**이라 부른다.

피부와 연관된 질병의 예비 진단은 종종 발진의 모양을 기준으로 하며, 이것은 질병 초점 21.1, 21.2, 21.3에 요약하였다.

세균성 피부병

두 속(genus)의 세균, 포도상구균과 연쇄상구균은 피부-연관 질병의 잦은 원인이며 특별히 논의할 필요가 있다. 이러한 세균들에 대해서는 인체의 다른 장기와 상태를 다룬 다음 장에서도 설명한다. 피부 표면의 포도상구균과 연쇄상구균 감염은 아주 흔하다. 또한 두 세균 모두 침습성 효소와 유해 독소를 생산할 수 있다.

포도상구균성 피부 감염

포도상구균은 포도송이처럼 불규칙한 집단을 형성하는 구 모양의 그람양성세균이다(77쪽 그림 4.1d; 316쪽 그림 11.16 참조). 주로 임상 목적으로, 이 세균들은 혈액에 있는 섬유소(fibrin) 단백질을 응고시키는(혈전을 형성하는) **응고효소(coagulase)**를 생산하는 종과 그렇지 못한 종으로 나눌 수 있다.

표피 포도상구균과 같은 응고효소-음성 균주는 피부에 아주 흔하며, 피부의 정상 미생물상의 90%를 차지한다. 이들은 피부에 상

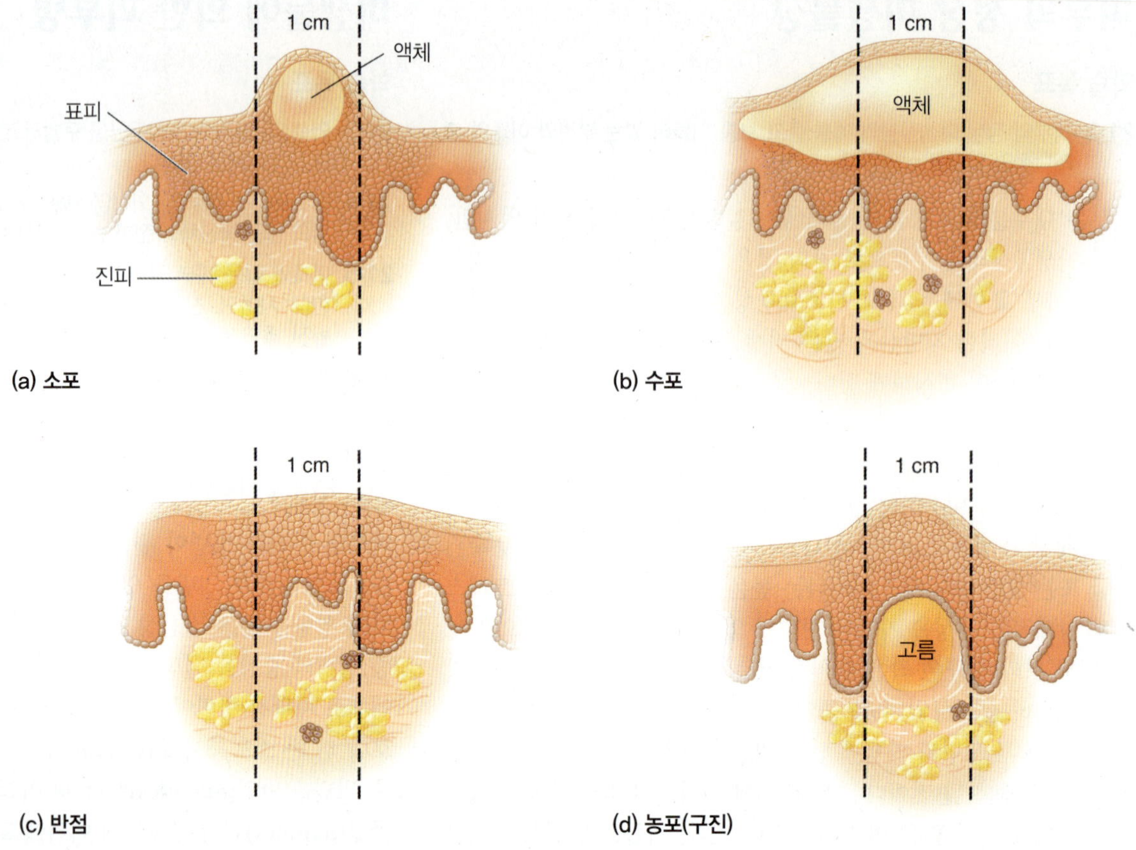

그림 21.2 피부 병변. (a) 소포는 작고, 액체로 가득찬 병변. (b) 수포는 크고 액체로 가득찬 병변. (c) 반점은 주로 붉은 평평한 병변. (d) 구진은 솟아 오른 병변으로 그림에서 처럼 고름이 들어 있으면 농포라 부른다.

이러한 피부 병변은 피부발진인가 아니면 점막 발진 인가?

처가 나거나 정맥에 도관을 삽입하고 제거하는 의료 시술에 의해 침해를 받았을 때만 일반적으로 병원성을 가진다. 도관의 표면에서(그림 21.3), 캡슐 물질의 점액층이 세균을 둘러싼다(56쪽과 160쪽의 생물막에 대한 설명 참조). 이것이 병원 내 감염 병원체로서 이 세균의 중요한 주요 요인인데 그 이유는 점액층이 건조와 소독제로부터 세균을 보호하기 때문이다.

황색포도상구균은 포도상구균 가운데 가장 병원성이 높다(20장 MRSA 설명도 참조). 보통 사람의 20%는 이 세균을 비강에 항시 가지고 있고, 추가로 60%의 사람은 가끔씩 이 세균을 비강에 보유하게 된다. 표면에 노출되어도, 몇 달 동안 생존할 수 있으며 일반적으로 노란 황금색의 콜로니를 형성한다. 이러한 색소는 햇빛의 항미생물 효과로부터 세균을 보호하며, 이 색소가 없는 돌연변이는 호중성 백혈구에 의한 살균작용에 더 민감하다. 더 무해한 사촌격인 표피 포도상구균과 비교해 볼 때, 황색포도상구균은 유전체에 약 30만 개의 염기쌍을 더 가지고 있으며 이들 대부분이 독성인자와 숙주 방어체계를 피하기 위한 수단을 생산하는 유전자를 부호화한다. 거의 모든 병원성의 황색포도상구균은 응고효소-양성이다. 이 세균의 응고효소 생성 능력과 유해 독소의 생산 사이에는 높은 상관관계가 있기 때문에 이 점은 중요하다. 그 중 몇 가지 독소는 조직에 세균의 전파를 촉진하여 조직을 손상하거나 숙주 방어에 치명적이다. 게다가 어떤 종은 생명을 위협하는 패혈증을 일으킬 수 있고(23장 646쪽), 다른 종은 위장관에 영향을 주는 **장독소**(enterotoxins)

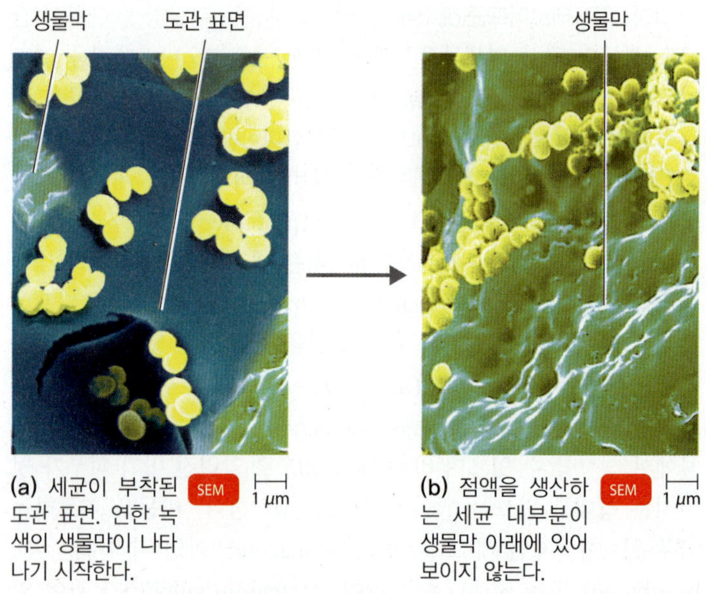

(a) 세균이 부착된 도관 표면. 연한 녹색의 생물막이 나타나기 시작한다.

(b) 점액을 생산하는 세균 대부분이 생물막 아래에 있어 보이지 않는다.

그림 21.3 응고효소-음성 포도상구균. 이러한 점액-생산 세균은 삽입 장치에 존재하는 가장 일반적인 감염의 원인 병인체이다. 이들은 사진에 있는 플라스틱 도관의 표면에 부착한다. 이들이 일단 표면에 부착하면 (a), 분열하기 시작하여 결국 (b) 표면 전체가 이 세균이 포함된 생물막으로 덮이게 된다.

도관에서 자랄 수 있는 가능성을 가진 세균에는 어떤 것이 있는가?

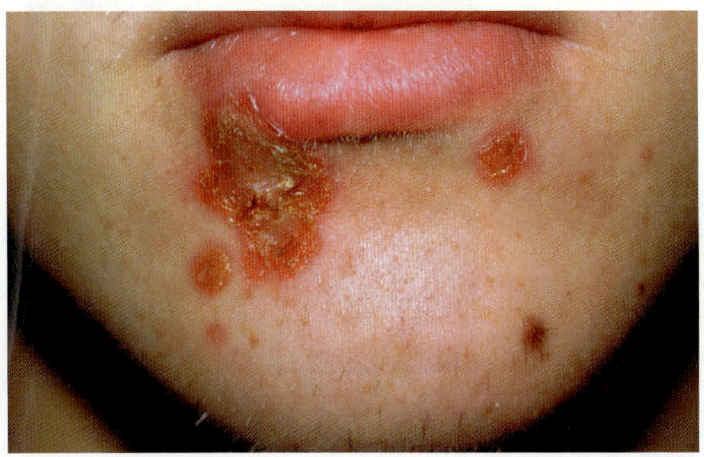

그림 21.4 **농가진의 병변.** 이 피부병은 딱딱하게 되는 고립된 농포가 특징적이다.

농가진의 가장 주된 원인 세균은 무엇인가?

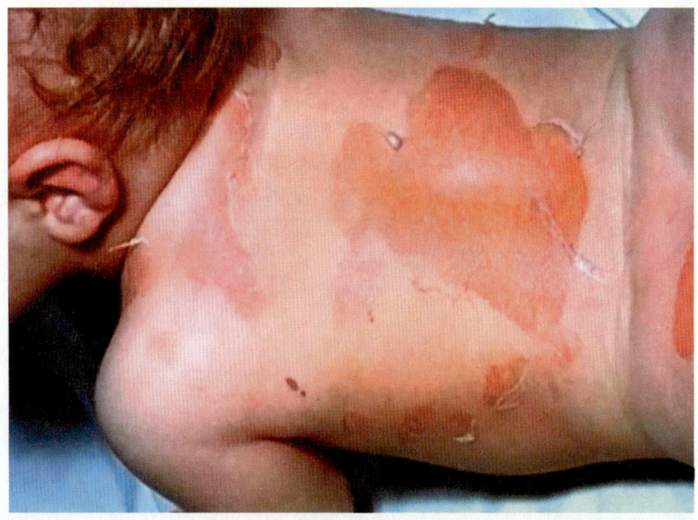

그림 21.5 **열상 피부 증후군의 병변.** 그림에 있는 유아의 등처럼, 일부 포도상구균은 피부가 얇은 층으로 벗겨지게 하는 독소를 생산한다. 이는 특히 2살 이하의 유아에게 일어난다.

이러한 증후군에서 생산되는 독소의 이름이 무엇인가?

를 생산한다(25장 717~718쪽 참조).

황색포도상구균이 일단 피부를 감염시키면, 강한 염증반응을 일으켜 대식세포와 호중성 백혈구가 감염 부위로 몰려들게 된다. 하지만 이 세균은 여러 방법으로 이러한 숙주의 정상 방어작용을 피하게 된다. 대부분의 병원체는 호중성 백혈구가 감염 부위로 모이는 주화성을 막는 단백질을 분비하고, 만일 이 세균이 식균 세포를 만나게 되면 종종 그들을 죽이는 독소를 생산한다. 세균은 흡수작용(460쪽 참조)에 저항할 수 있고, 설사 실패하더라도 식포 안에서 잘 생존할 수 있다. 이들이 분비하는 다른 단백질은 피부의 항미생물 펩티드인 디펜신을 중화시키고 이들 세균의 세포벽은 단백질 가수분해효소인 리소자임에 내성을 가진다(88쪽 참조). 세균은 때때로 슈퍼항원으로서 면역계에 반응하지만(439쪽 참조) 종종 적응 면역계를 완전하게 피할 수 있다. 모든 사람이 황색포도상구균에 대한 항체를 가지고 있지만 이들의 반복되는 감염을 효과적으로 막을 수는 없다. 항생제-내성 황색포도상구균이 출현하게 되면서 치료는 더 어렵게 되었다(423쪽 MRSA 설명 참조). 이러한 내성 균주는 병원과 지역 사회의 감염원이 되고 있다(598쪽 상자 참조).

이 세균은 인간의 비강에 흔하게 존재하기 때문에 종종 피부로 이동한다. 피부에서 모공과 같은 신체의 구멍을 통하여 몸속으로 들어갈 수 있다(그림 21.1 참조). 이러한 감염, 또는 **모낭염(folliculitis)**은 종종 여드름을 만든다. 속눈썹의 모낭이 감염된 것을 **눈다래끼(sty)**라 부른다. 더 심한 모낭 감염은 염증이 난 조직에 의해 둘러싸여 고름이 모여 있는 일종의 **농양(abscess)**인 **종기(furuncle** 또는 **boil)**이다. 항생제는 농양에 잘 침투할 수가 없어 이러한 감염은 치료가 어렵다. 흔히 농양에서 고름을 짜내는 것이 성공적인 치료를 위한 예비 단계이다.

인체가 종기를 차단하지 못하면, 주위 조직은 점진적으로 침범을 당할 수 있다. 피부 아래 조직에 딱딱하고 원형의 깊은 염증이 생긴 광범위한 손상을 **옹(carbuncle)**이라고 부른다. 이러한 감염 단계에서, 환자는 보통 발열과 함께 일반 질병의 증상을 나타낸다.

포도상구균은 **농가진(impetigo)**의 가장 중요한 원인균이다. 이 질병은 주로 2~5세의 어린이에게 발생하는 아주 전염성이 높은 피부 감염으로 사람 사이의 직접적인 접촉에 의해 전파된다. 곧 설명할 병원체인 화농성 연쇄상구균(*Streptococcus pyogenes*)도 사례가 많지는 않지만 농가진의 원인이다. 때때로 황색포도상구균과 화농성 포도상구균이 함께 연관이 되기도 한다. 이 병은 두 가지 형태가 있는데 **비수포성 농가진**(nonbullous impetigo)이 더 일반적인 형태이다(그림 21.2b의 수포 참조). 병원체는 일반적으로 피부에 생긴 작은 상처를 통해 침입한다. 감염은 또한 **자기 접종**(autoinoculation)이라 불리는 과정을 통해 주변 조직으로 퍼져나간다. 증상은 감염에 대한 숙주의 반응 결과이다. 그림 21.4에서 보는 것처럼, 병변은 결국 파열되어 옅은 색의 딱지를 형성한다. 국소 항생제를 때때로 피부에 바르기도 하지만, 병변은 일반적으로 치료를 하지 않아도 흉터 없이 치유된다.

다른 형태의 농가진인 **수포성 농가진**(bullous impetigo)은 포도상구균의 독소가 원인이며 포도상구균성 **열상 피부 증후군(scalded skin syndrome)**의 국부적 형태이다. 사실상 두 가지 혈청형의 독소가 있다. 즉, 독소 A는 국부적이며 수포성 농가진의 원인이고, 독소 B는 먼 곳을 순환하며 열상 피부 증후군의 원인이다. 그림 21.5에서처럼 두 독소는 피부층의 분리, 즉 박리(exfoliation)의 원인이다. 수포성 농가진의 발생은 병원 아기방에서 자주 일어나는 문제로 이러한 상태는 **신생아 천포창(pemphigus neonatorum)** 또는 **신생아 농가진**(impetigo of the newborn)으로 알려져 있다[7장 192쪽의 헥사클로로페네(hexachlorophene)에 대한 논의 참조].

질병 초점 21.1

반점성 발진

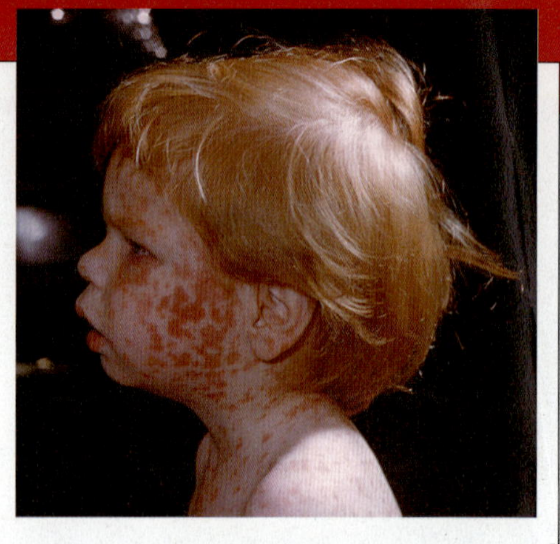

감별 진단은 환자를 검사하여 얻은 정보에 맞는 질병을 예상되는 질병 목록에서 확인하는 과정이다. 이러한 진단은 초기 치료 방법을 결정하고 실험실 검사를 위해 중요하다. 예를 들면, 기침과 결막염 증세가 있고 열이 38.3℃까지 올랐던 4살 난 남자아이가 현재는 반점이 생기는 발진이 얼굴과 목에 생기기 시작하여 온몸으로 퍼져가고 있다. 이러한 증상의 원인이 될 수 있는 감염을 확인하기 위해 아래 표를 사용하시오.

질병	병원체	침입경로	증상	전파 방법	치료
바이러스성 질병. 주로 임상적 증후나 증상으로 진단하고 혈청학 또는 PCR 검사로 확인할 수 있다.					
홍역	홍역 바이러스	호흡기	붉은 반점의 피부 발진이 얼굴에 처음 나타나서 몸과 사지로 퍼짐	에어로졸	치료 없음; 사전노출 백신
풍진 (독일 홍역)	풍진 바이러스	호흡기	홍역과 비슷한 반점성 발진을 가진 가벼운 질병이지만, 부위가 크지 않고 3일 이내에 사라짐	에어로졸	치료 없음; 사전노출 백신
제5병 (전염성 홍반)	인간 파보바이러스 B19	호흡기	반점성 얼굴 발진을 가진 약한 질병	에어로졸	없음
장미진	인간 허피스바이러스 6, 7	호흡기	반점성 몸 발진 뒤에 고열	에어로졸	없음
진균성 질병. 피부 표본의 그람염색을 통해 확인.					
칸디다증	칸디다 알비칸스	피부; 점막	반점성 발진	직접 접촉; 내인성 감염	미코나졸, 클로트리마졸(국부용)

또한 열상 피부 증후군은 나중 단계에서 **독성 쇼크 증후군(toxic shock syndrome, TSS)**의 특징을 가지고 있다. 이러한 잠재적으로 생명을 위협하는 상태에서 발열과 구토, 햇빛에 탄 것 같은 발진에 이어 쇼크가 오고 때로는 장기 부전, 특히 신장 부전이 뒤따른다. TSS는 흡수력이 높은 새로운 형태의 여성용 탐폰의 사용과 연계된 포도상구균의 증식에 의해 발생하는 것으로 원래 알려져 있으며, 탐폰을 교체하지 않고 너무 오래 사용하는 것과 이 질병에 걸리는 것이 높은 상관관계가 있다. **독성 쇼크 증후군 독소 1(TSST-1)**이라 부르는 새로운 포도상구균 독소가 균이 증식하는 곳에서 생성되어 혈류를 통해 온몸으로 순환한다. 증상은 독소의 슈퍼항원적 특성 때문에 나타나는 것으로 생각된다(497쪽의 사이토카인 폭풍에 대한 설명 참조).

오늘날 TSS의 소수 사례는 월경과 관련이 있다. 비월경 TSS는 외과적 절개 후 흡수 충진재가 사용된 코 수술 이후나 출산 직후의 여성에게 발생하는 포도상구균 감염에서 일어난다.

연쇄상구균성 피부 감염

연쇄상구균은 그람양성의 구형 세균이다. 포도상구균과는 달리, 연쇄상구균은 주로 사슬형태로 자란다(316쪽 그림 11.17 참조). 분열에 앞서, 개개의 구균은 사슬 축을 따라 늘어선 다음에 세포가 분리된다(77쪽 그림 4.1a 참조). 연쇄상구균은 이번 장에서 다루는 질병을 넘어서 광범위한 질병을 유발하는데 여기에는 수막염, 폐렴, 인후염, 중이염, 심내막염, 산욕열, 그리고 심지어 충치까지도 포함된다.

연쇄상구균은 자라면서 세균 종마다 다양한 독소와 효소, 독성인자를 분비한다. 이러한 독소 가운데 적혈구를 용해시키는 **용혈소(hemolysins)**가 있다. 생산하는 용혈소에 따라 연쇄상구균은 알파-용혈성과 베타-용혈성, 감마-용혈성(사실상 무용혈성) 연쇄상구균으로 분류한다(165쪽 그림 6.9 참조). 용혈소는 적혈구를 용해시킬 수 있을 뿐만 아니라 거의 모든 형태의 세포를 용해시킨다. 하지만 이들이 연쇄상구균 병원성에 어떤 역할을 하는지는 확실하지 않다.

베타-용혈성 연쇄상구균은 종종 인체 질병과 연관되어 있다. 이 그룹은 세포벽의 항원성 탄수화물에 따라, A에서 T로 명명된 혈청형 그룹으로 좀 더 세분화된다. 화농성 연쇄상구균 종과 동의어인 그룹 A 연쇄상구균(group A streptococci, **GAS**)이 가장 중요한 베타-용혈성 연쇄상구균이다. 이들은 가장 흔한 인간 병원체 중의 하나로 수많은 질병의 원인이며 그 중 일부는 치명적이다. 이 그룹의 병원체는 일부 균주에서 발견되는 M 단백질의 항원성에 따라 80가지 이상의 면역형으로 분류된다(그림 21.6). 이 단백질은 세포벽 외부의 흐릿한 섬유층에 존재한다. M 단백질은 보체(complement)의 활성화를 억제하며 미생물이 호중성 백혈구의 식균작용과 사멸

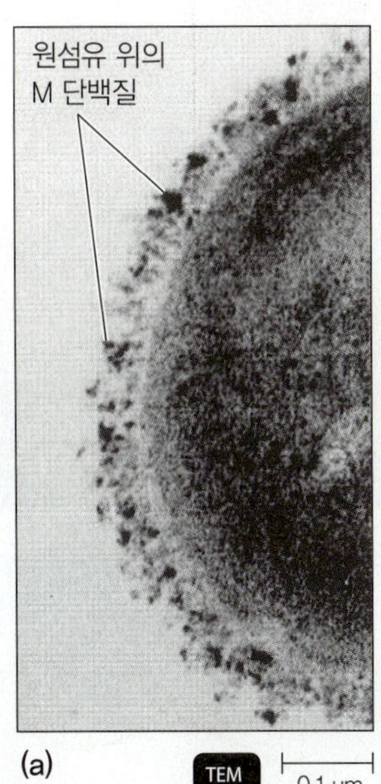

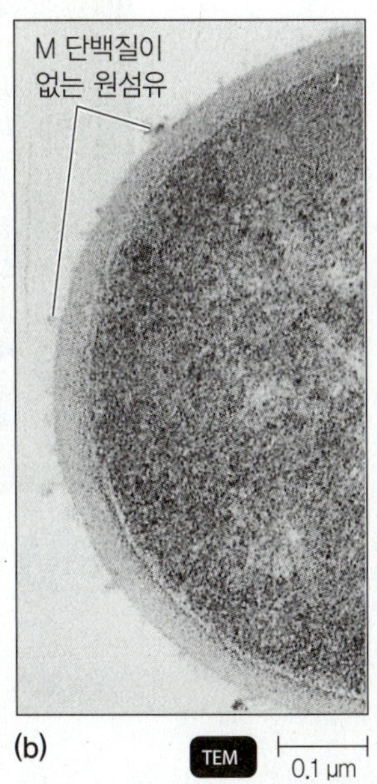

그림 21.6 그룹 A 베타-용혈성 연쇄상구균의 M 단백질. (a) 표면 원섬유의 부드러운 층에 M 단백질을 가지고 있는 세포의 단면. (b) M 단백질이 없는 세포의 단면.

 M 단백질이 다당류 캡슐보다 항원성이 더 높을 가능성이 있는가?

작용을 회피할 수 있도록 한다(456쪽 참조). 이 단백질은 또한 세균이 점막에 붙어 자리잡을 수 있도록 해준다. GAS의 또 다른 독성인자로는 캡슐에 있는 히알루론산(hyaluronic acid)이다. 유난히 높은 독성을 가진 균주는 두터운 캡슐 때문에 혈액-한천 배양 접시에서 점액성의 외관을 가지고 있으며 M 단백질도 풍부하다. 히알루론산은 면역성이 거의 없어(인간의 결합조직과 유사) 이러한 캡슐에 대한 항체가 거의 만들어지지 않는다.

GAS는 고름을 액체로 만들어 조직을 통하여 감염을 급속하게 퍼뜨리는 물질을 생산한다. 이들 가운데는 혈전을 용해하는 효소인 **스트렙토카이네이즈**(streptokinases), 세포가 서로 연결되도록 도와 주는 결합조직 내의 히알루론산을 용해하는 효소인 **히알루로니다아제**(hyaluronidase)와 DNA를 분해하는 **DNA 분해효소**(deoxyribonuclease)가 있다. 이들 연쇄상구균은 또한 **스트렙토리신**(streptolysin)이란 효소도 생산하는데 이 효소는 적혈구를 용해하고 호중성 백혈구에 유해하다.

연쇄상구균성 피부 감염은 일반적으로 국부적이지만 세균이 더 깊은 조직에 침투하면 아주 파괴적인 세균이 될 수 있다.

화농성 연쇄상구균이 피부의 진피층에 감염되었을 때는 **단독(erysipelas)**이라는 심각한 질병을 일으킨다. 이 병은 가장자리가 솟아 오른 붉은색 돌기들이 피부에 나타난다(그림 21.7). 이들은 국부적인 조직의 괴사로 진행되며 심지어는 혈류로 들어가 패혈증을 일으킨다(646쪽). 감염은 주로 얼굴에 처음 일어나고 종종 연쇄상구균성 인후염으로 진행되며 고열이 일반적이다. 다행인 것은 화농성 연쇄상구균이 베타-락탐 계열의 항생제, 특히 세팔로스포린에 아직까지는 민감하다는 것이다.

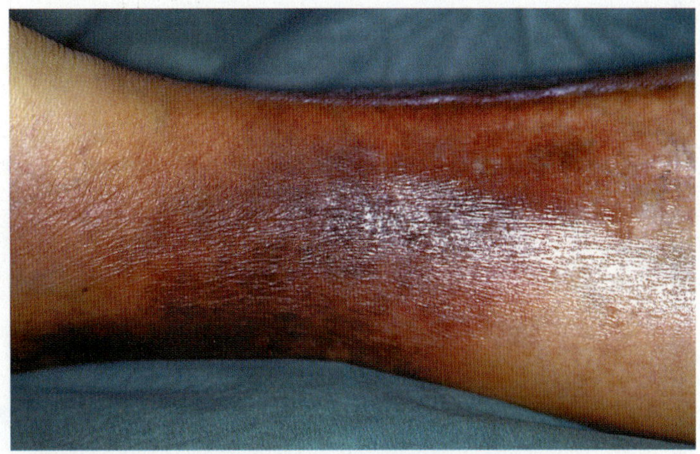

그림 21.7 그룹 A 베타-용혈성 연쇄상구균 독소가 원인인 단독의 병변

Q 피부 적색화를 유발하는 독소의 이름은 무엇인가? (힌트: 15장 참조)

미국에서는 매년 약 15,000건의 "살을 파먹는 세균"으로 알려진 전염성 GAS의 감염이 발생한다. 감염은 피부에 난 작은 상처로 촉발될 수 있으며 종종 초기 증상을 느끼지 못해 진단과 치료가 늦어져 심각한 상황에 이르기도 한다. 일단 병이 진전되면, **괴사성 근막염(necrotizing fasciitis)**이 외과수술로 제거해야 할 정도로 빠르게 조직을 괴사시키며 전신 독성에 의한 사망률은 40%를 넘는다(그림 21.8). 다른 세균도 유사한 상태를 일으키지만, 연쇄상구균이 가장 흔한 원인세균이다. 중요한 요인은 특정한 연쇄상구균 M 단백질 항원형에서 생산하는 외독소 A(exotoxin A)로 이는 슈퍼항원으로 작용하여 면역계를 손상시키는 원인이 된다. 다수의 세균 병원체가 존재할 가능성 때문에 주로 광범위 항생제를 처방한다.

괴사성 근막염은 주로 594쪽에서 언급한 포도상구균성 TSS와

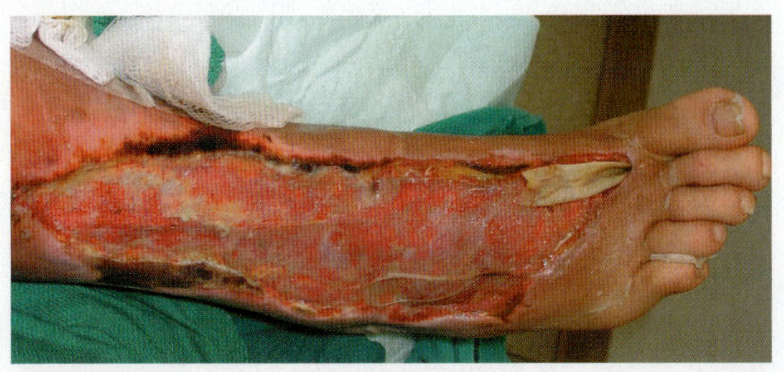

그림 21.8 그룹 A 연쇄상구균이 원인인 뇌사성 근막염. 근막(근육에 결합하는 결합조직의 얇은 판)에 광범위한 손상은 재건 수술이나 심지어 사지의 절단이 필요할 수도 있다.

 병원체에 의한 조직의 침해를 이끄는 기본 독소의 이름은 무엇인가?

소포 및 농포성 발진

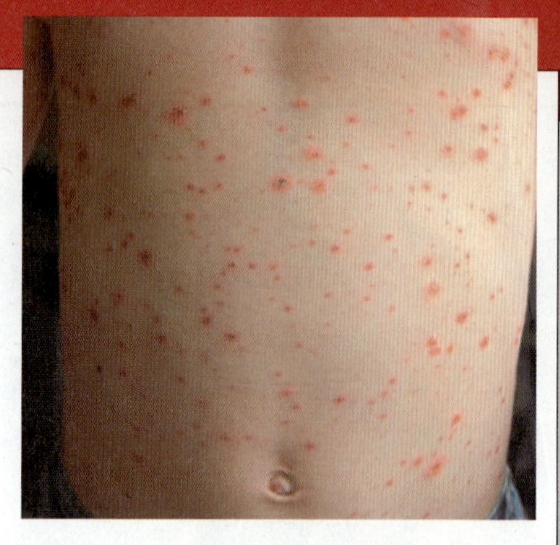

8살 난 소년의 목과 배 부위에 5일째 소포성 병변을 동반하는 발진이 나타났다. 5일 동안에, 이 소년이 다니는 초등학교의 73명의 학생에게 유사한 증상이 나타나는 질병이 생겼다. 이러한 증상의 원인이 될 수 있는 감염을 확인하고 감별 진단을 하기 위해 아래 표를 참조하시오.

질병	병원체	침입경로	증상	전파 방법	치료
세균성 질병. 주로 세균을 배양하여 진단한다.					
농가진	황색포도상구균	피부	피부의 소포	직접 접촉; 매개물	국부적 항생제
바이러스성 질병. 주로 임상적 징후와 증상에 의해 진단하고 혈청학 또는 PCR 검사로 확인한다.					
두창 (천연두)	두창(천연두) 바이러스	호흡기	피부의 다발성 농포	에어로졸	없음
원두	원두 바이러스	호흡기	농포, 천연두와 유사	감염된 작은 포유동물의 에어로졸 또는 직접 접촉	없음
수두	수두-대상포진 바이러스	호흡기	대부분의 경우 얼굴, 목 및 허리에 국한된 소포	에어로졸	면역억제 환자에게는 아시클로비어; 사전노출 백신
대상포진	두창-대상포진 바이러스	말초신경의 내재 감염*	일반적으로 한 쪽의 허리, 얼굴과 두피, 또는 가슴 상부의 소포	잠복한 천연두 감염의 재출현	아시클로비어; 예방 백신
단순포진	I 형 단순포진 바이러스	피부; 점막	입 주위의 소포; 또한 다른 지역의 피부와 점막에도 영향을 줄 수 있음	직접 접촉에 의한 최초 감염; 잠복 감염의 재출현	아시클로비어

* 내재 감염은 이미 숙주 미생물상의 일부인 미생물에 의한 감염이다.

유사한 **연쇄상구균성 독성 쇼크 증후군(streptococcal TSS)**과 연관이 있다. 연쇄상구균성 TSS의 경우, 발진이 생길 가능성은 적지만 대신에 균혈증이 발생할 가능성이 높다. 이러한 연쇄상구균의 표면에 돌출해 있는 M 단백질은 호중성 백혈구와 결합하는 섬유소원(fibrinogen) 단백질과 복합체를 형성한다. 이것은 호중성 백혈구를 활성화시키고 파괴 효소의 방출을 유도하여 결국 쇼크와 장기 손상을 유발한다. 치사율은 포도상구균성 TSS보다는 훨씬 높은 80% 이상으로 알려져 있다.

슈도모나드에 의한 감염

슈도모나드는 산소요구성, 그람양성 간균으로 토양과 물에 널리 분포한다. 수분이 있는 환경이라면 어디라도 생존할 수 있기 때문에, 비누막 또는 모자에 쓰는 접착제와 같은 소량의 특이한 유기물이 있는 곳에서도 자랄 수 있으며, 여러 항생제와 소독제에도 견딜 수 있다. 가장 잘 알려진 종은 녹농균으로 기회감염 병원체의 모델로 간주된다.

슈도모나드는 자주 **슈도모나스 피부염(*Pseudomonas* dermatitis)** 발생의 원인이 된다. 이 피부염은 약 2주간 지속되는 자기 제한적 발진으로, 주로 수영장, 수영장-형태 사우나 및 온수 욕조와 연관이 있다. 많은 사람이 이러한 시설을 이용하면, 물이 더 알카리성으로 되어 염소 이온의 효과가 줄게되고 동시에 슈도모나드의 성장을 도와주는 영양분의 농도가 증가한다. 온수는 모낭을 더 넓게 열어 주어 세균의 침입을 도와준다. 수영 선수들은 종종 "**수영선수의 귀**(swimmer's ear)" 또는 **외이염(otitis externa)**으로 고생하는데 이는 고막과 연결되는 외이도에 생기는 고통스러운 감염으로 주로 슈도모나드가 원인이다.

군데군데 생긴 홍반과 여드름 같은 발진 상태

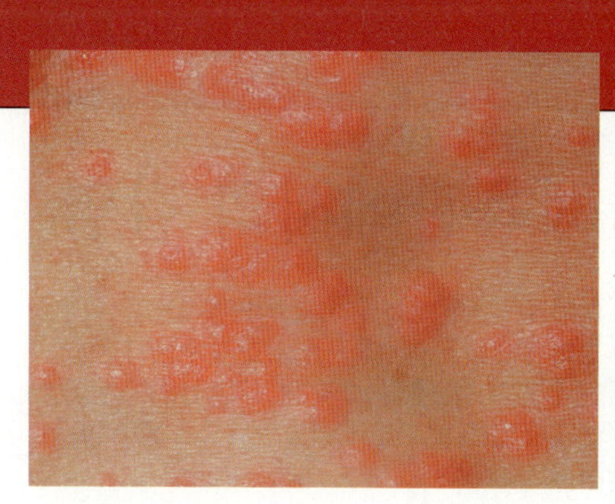

11살 소년이 팔에 가려운 붉은 발진이 일주일 동안 지속되어 병원을 찾아왔다. 발진은 밤에 더 소년을 괴롭혔고 열은 없었다. 이러한 증상의 원인이 될 수 있는 감염을 확인하고 감별 진단을 하기 위해 아래 표를 참조하시오.

질병	병원체	침입경로	증상	전파 방법	치료
세균성 질병. 주로 세균을 배양하여 진단한다.					
모낭염	황색포도상구균	모낭	모낭의 염증	직접 접촉; 매개체; 내재 감염*	고름을 짜냄; 국부적 항생제
독성 쇼크 증후군	황색포도상구균	외과적 절개	열, 발진, 쇼크	내재 감염*	감수성 정도(세균성 감도 검사)에 따른 항생제 사용
괴사성 근막염	화농성 연쇄상구균	피부 찰과상	광범위한 연성-조직 파괴	직접 접촉	외과적 조직 제거; 광범위-효능 항생제
단독	화농성 연쇄상구균	피부; 점막	피부의 붉은 반점; 주로 고열을 동반	내재 감염*	세팔로스포린
슈도모나스 피부염	녹농균	피부 찰과상	표면의 발진	수영장 물; 온수 욕조	주로 스스로 제어됨
외이염	녹농균	귀	외이도의 표면 감염	수영장 물	플루오로퀴놀론
여드름	프로피오니박테리움 아크네	피지 통로	모낭을 파열하는 피지의 축척으로 인한 염증성 병변	직접 접촉	과산화 벤조일, 아이소트레티노인, 아젤라산
부룰리 궤양	마이코박테리움 울세란스	피부	깊은 궤양으로 진행되는 지역적인 부어 오름이나 딱딱해짐	오염된 물	항마이코박테리아 약제
바이러스성 질병. 주로 임상적 징후와 증상에 의해 진단한다.					
사마귀	유두종바이러스	피부	세포의 증식에 의해 형성된 피부의 각질 돌기	직접 접촉	액체 질소 냉동요법, 전기 건조법, 산, 레이저로 제거
진균성 질병. 진단은 현미경 검사로 확인한다.					
백선	마이크로스포럼, 트리코파이톤, 에피더모파이톤	피부	매우 다양한 모양의 피부 병변; 두피에 국지적 머리털 손실이 있을 수 있음	직접 접촉; 매개체	그리세오풀빈(경구 복용); 미코나졸, 크로트리마졸(국부적 도포)
스포로트릭스증	스포로트릭스 쉔키	피부 찰과상	주변 림프 혈관으로 퍼져나가는 감염 지역의 궤양	토양	요오드화 칼륨 용액(경구 투여)
기생충 침입. 진단은 기생충의 현미경 검사로 확인한다.					
옴	살콥테스 스캐비에이(진드기)	피부	구진, 가려움	직접 접촉	감마 벤젠 헥사클로라이드, 페메트린(국부적)
이감염증 (이)	머릿니	피부	가려움	주로 직접 접촉; 침구, 빗과 같은 가능한 매개체	국부적 살충제 준비

* 내재 감염은 이미 숙주 미생물상의 일부인 미생물에 의한 감염이다

체육관에서의 감염

아래 문항들을 읽으면서 전염병학자들이 유행병이 출현했을 때 그 근원을 찾기 위해 자문하는 일련의 질문들을 보게 될 것이다. 각 질문에 반드시 답을 한 다음에 다음 문항으로 넘어가도록 하자.

1. 21살의 대학 미식축구 선수인 제이슨 F.(Jason F.)는 오른쪽 허벅지에 11 cm × 5 cm 크기의 홍반이 생겨 대학 건강센터를 찾았다. 홍반을 만져 보면 부어 있고 따뜻하며 부드러웠다. 그의 체온은 정상이었다. 제이슨는 설파메토사졸-트리메토프림을 처방받았다.
   제이슨의 예상되는 진단은 무엇인가?

2. 일종의 세균성 피부 감염인 것 같아, 제이슨은 치료를 위해 항생제를 처방받았다.

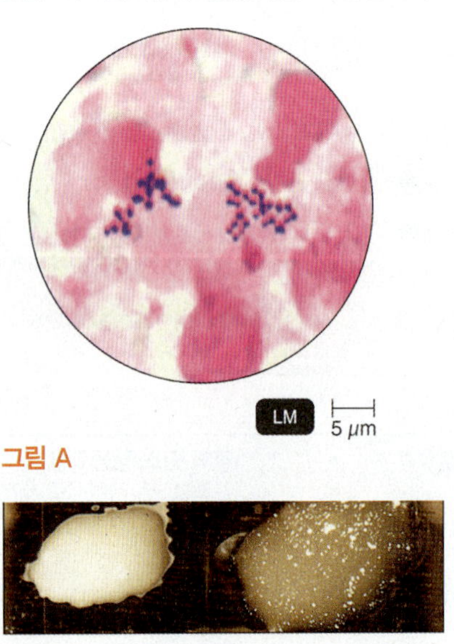

그림 A

그림 B

2일 후 제이슨이 다시 방문하여 상처 부위는 더 나빠졌다고 말했다. 검사를 해보니 홍반이 더 넓어졌다. 그는 봉와직염(cellulitis)으로 진단받았다. 농포를 절개하여 고름을 제거하였다.
이제 무엇을 해야 하는가?

3. 빼낸 고름은 배양을 하여 그람염색과 응고효소 검사를 위해 실험실로 보냈다. 그람염색과 응고효소 검사 결과는 **그림 A**와 **그림 B**에 각각 표시하였다.
   감염의 원인은 무엇인가?

4. 그람양성, 응고효소-양성 구균의 존재는 황색포도상구균을 나타내는 것이다. 항생제 감수성 검사를 위해 세균을 실험실로 보냈다.
   왜 감수성 검사가 필요한가?

5. 감수성 검사는 세균을 죽이는 데 가장 효과적인 항생제를 알아내기 위해서 필요하다. 결과는 **그림 C**에 표시하였다. (P = 페니실린, M = 메티실린, E = 에리스로마이신, V = 반코마이신, X = 트리메토프림-설파메토사졸)
   어떤 치료가 적절한가?

6. 감수성 검사를 기준으로 하면 가장 적절한 치료 항생제는 반코마이신이다. 3개월에 걸쳐, 10명의 대학 미식축구와 펜싱 팀 선수들이 건강센터에서 봉와직염을 진단받았다. 일곱 명은 병원에 입원했고, 한 명은 수술로 괴사 조직을 제거하고 피부 이식 수술을 받았다.
   메티실린-내성 황색포도상구균(MRSA)의 가장 큰 원인은 무엇인가?

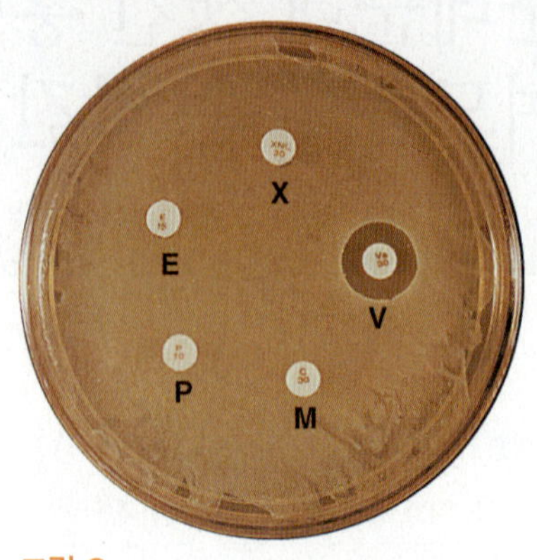

그림 C

이 보고서에 기술한 조사가 MRSA 전파의 근원을 확실하게 결정하지는 못했지만, 세 가지 요인이 이러한 발병의 전파에 기여할 수 있다. 첫째, 병원체의 침입을 용이하게 할 수 있는 찰과상과 다른 피부 외상은 어떤 스포츠에서는 흔하다. 둘째, 일부 스포츠는 선수들 사이의 신체 접촉이 자주 발생한다. 황색포도상구균과 다른 피부 미생물상은 직접적인 접촉을 통해 사람에서 사람으로 쉽게 전파될 수 있다. 셋째, 함께 쓰는 장비 또는 한 사람이 쓴 다음에 세탁이나 청소를 하지 않은 개인 용품들은 황색 포도상구균을 전파하는 수단이 될 수 있다.

프로 선수들 사이의 MRSA 발생에 대한 조사는 모든 감염이 (인조)잔디에 쓸려 생긴 상처 부위에서 발생하여 빠르게 수술로 고름을 제거해야만 하는 커다란 종기로 발전하는 것으로 나타났다. 욕조와 테이핑 젤에서 MRSA가 확인되었고 비강면봉검사를 통해 운동선수와 직원 84명 중 35명에서 MRSA가 검출되었다.

운동선수에게 감염된 상처 발생시, 만일 의사가 좀 더 일상적으로 배양 검사를 통한 결과를 얻을 수 있었다면 감염의 재발은 피할 수 있었을 것이다.

출처: Adapted from *MMWR* 58(3):52–55, January 30, 2009.

녹농균(*P. aeruginosa*) 병원성의 대부분은 이들이 생산하는 몇몇 외독소 때문이다. 이들은 또한 내독소도 가지고 있다. 녹농균은 종종 밀집된 생물막을(56쪽 상자 그림 B 참조)형성하며 자라는데, 이것이 몸 안에 들어가는 의료용 튜브 또는 장치의 병원내 감염에 일조를 한다. 이 세균은 또한 유전적 폐 질환인 낭포성 섬유증(cystic fibrosis) 환자에 대한 심각한 기회감염 병원체이며, 생물막 형성이 이 병에 중요한 역할을 한다.

녹농균은 또한 화상, 특히 2도와 3도 화상 환자에게 가장 일반적이고 심각한 기회감염 병원체이다. 감염으로 청녹색의 고름이 생기는데 이 색깔은 세균의 색소인 **피오시아닌(pyocyanin)** 때문이다. 많은 병원에서 걱정하는 것은 녹농균이 꽃 화병, 걸레 물, 심지어 희석된 소독제에서도 자란다는 것이다.

슈도모나드의 특징인 항생제에 대한 상대적인 내성은 여전히 문제다. 그러나 최근에 여러 새로운 항생제가 개발되어 이러한 감염을 치료하는 화학요법이 예전보다는 덜 제한적이다. 퀴놀론과 더 새로운 항슈도모나드 베타-락탐 항생제가 선택할 수 있는 유용한 약제이다. 실버 설파디아진(silver sulfadiazine)은 녹농균에 의한 화상 감염 치료에 가장 유용하다.

임상 사례

남매의 발진이 유사했기 때문에 몰리는 문진 기록들을 다시 조사했고 비슷한 발진으로 진료실을 방문한 아이들에게서 좀 더 자세한 정보를 얻었다.

아이들 부모와 이야기한 후 몰리는 5명의 아이들 모두 지난 72시간 안에 같은 동네 수영장에 다녀온 사실을 알아냈다. 몰리는 보건 당국에 통보하였고, 그들은 이 작은 마을의 유일한 다른 종합 의료 기관에 연락하여 유사한 사례의 목록을 얻을 수 있었다. 이 사례들을 보면 환자들은 가슴과 복부(90%), 엉덩이(67%), 팔(71%), 다리(86%) 그리고 손, 발, 머리와 목에 발진이 있었다.

어떤 병원체가 가렵고, 여드름 같은 발진을 일으킬 수 있는가?

590 **599** 605 607 611

부룰리 궤양

아프리카 우간다의 최근 개명한 지역에서 이름을 딴 **부룰리 궤양(Buruli ulcer)**은 서부와 중앙 아프리카에서 주로 발견되는 신종 질병이다. 열대 아프리카에 널리 퍼져 있지만, 이 병은 정확하게 1948년 호주에서 처음 보고되었고 그 이후 멕시코와 남아메리카 지역을 비롯하여 전 세계의 국지적 열대와 온대 지역에서 보고되었다. 이 병은 결핵과 나병의 원인인 마이코박테리움과 유사한 마이코박테리움 울세란스(*Mycobacterium ulcerans*)에 의해 일어난다. 병원균이 피부에 감염되면 병은 심각한 초기 징후나 증상 없이 천천히 진행된다. 그러나 결국 결과는 보통 크고 심각하게 손상되는 심한 궤양으로 발전한다. 치료하지 않으면 병은 더 커져 절단이나 성형 수술이 필요할 수도 있게 된다. 이러한 조직 손상은 마이코락톤(mycolactone)이란 독소가 생성되기 때문에 일어난다. 역학적으로, 감염은 늪지와 느리게 흐르는 물에 접촉하는 것과 연관되어 있다. 병원균은 작은 벤 상처나 곤충에게 물린 피부의 틈을 통해 감염되는 것 같다.

이 병의 발생 빈도가 증가하여 현재 어떤 지역에서는 나병과 심지어는 결핵의 발병률을 능가한다. 세계 보건기구는 최근 이 병을 공중 보건의 범세계적인 위협으로 확인했다.

발생지역에서 이에 대한 인식이 높아지고는 있지만 부룰리 궤양은 기본적으로 궤양의 출현으로 진단하고, 스트렙토마이신-리팜피신 복합약과 같은 항마이코박테리아제로 치료한다.

여드름

여드름(acne)은 아마도 가장 흔한 인간 피부병으로 미국에서만 약 1,700만 명 정도가 이 때문에 고생하는 것으로 추정하고 있다 . 모든 십대 청소년의 85% 이상이 어느 정도 여드름에 대한 문제를 가지고 있다. 여드름은 병변의 형태에 따라 3가지 부류로 나눌 수 있는데 면포성(comedonal) 여드름과 염증성(inflammatory) 여드름, 결절성 포낭(nodular cystic) 여드름이다. 각기 다른 치료 방법이 필요하다.

정상적으로 모낭 안쪽에 흩어져 있는 피부 세포는 떨어져 나갈 수 있지만, 이러한 세포가 정상적인 수보다 더 많게 되면 여드름이 발생한다. 이들은 피지와 결합하여 모낭을 막는다. 피지가 쌓이게 되면 흰 여드름(comedos)이 형성되고, 만일 막은 피지가 피부를 뚫고 나오게 되면 검은 여드름(comedone)을 형성한다. 검은 여드름의 검은색은 먼지가 붙은 것이 아니라 지방 산화와 다른 원인 때문이다. 여드름의 근본 원인은 에스트로젠이나 안드로젠과 같은 호르몬에 의한 피지 형성인데, 국부 치료제가 여기에는 영향을 주지 않는다. 음식이 피지 생산에 미치는 영향에 대해서는 알려진 바가 없지만, 임신과 일부 호르몬 기반의 피임법, 나이에 따른 호르몬 변화가 피지 형성을 감소시키고 여드름에 영향을 준다.

면포성(가벼운) 여드름은 주로 아젤라산[azelaic acid, 약품명: 아젤렉스, (Azelex)], 살리실산(salicyclic acid) 조제, 또는 레티노이드(retinoid), {트레티노인(tretinoin), 타자로텐[tazarotene, 약품명: 타조락(Tazorac)] 또는 아다팔렌[adapalene, 약품명: 디페린(Differin) 같은 비타민 A 유도체]} 같은 국부치료제로 치료한다. 이러한 국부치료제는 피지 형성에는 영향이 없다.

염증성(보통의) 여드름은 세균 활동, 특히 피부에 흔히 존재하는 산소비요구성 디프테리아 간균인 프로피오니박테리움 에크니스(*Propionibacterium acnes*)가 원인이다. 이 세균은 성장을 위해 피지에 있는 글리세롤을 필요로 하며 피지를 대사하여 염증반응에 원인이 되는 유리 지방산을 생성한다. 모낭벽을 손상시키는 효소를 분비하는 호중성 백혈구가 이곳으로 모여든다. 이 결과로 인한 염증은 농포와 구진을 생기게 한다. 이 시기에 치료는 주로 피지 생성을 억제하는 데 초점을 두며, 국부치료제는 효과가 없다.

염증성 여드름은 또한 프로피오니박테리움 에크니스를 표적으로 하는 항생제로도 치료할 수 있다. 처방전 없이 살 수 있는 잘 알려진 과산화 벤조일(benzoyl peroxide) 함유 여드름 치료제가 특히 이러한 세균에 효과적이며, 또한 막힌 모공을 느슨하게 하는 데 도움이 되는 건조한 상태를 유지하게 해준다. 과산화 벤조일은 젤과 크린다마이신[clindamycin, 약품명: 벤자크린(BenzaClin)] 및 에리스로마이신[약품명: 벤자마이신(Benzamycin)] 등의 항생제가 결합된 제품으로 구입할 수 있다. 처방전이 있어야 살 수 있는 상대적으로 새로운 치료제인 에피듀오(Epiduo)는 아다팔렌과 과산화 벤조일을 복합한 국부사용 젤이다.

미국 식품의약국(FDA)은 가벼운 여드름에서부터 보통의 여드름 치료에 화학치료를 대체하는 새로운 치료법을 승인하였다. 광선제거치료(Clear Light system)는 고광도 청색광선(405~420 μm)을 이용해 피부 표면을 세척하는 것이고, 부드러운 광선(Smoothbeam) 치료는 빠른 치료를 위해 레이저 광선을 피부 표면에 침투시켜 여드름이 형성되는 것을 막는다. 최근에는 간편하게 열을 병변에 전달하는 휴대용 기구인 열제거기(ThermaClear)도 승인하였다.

일부 환자의 여드름은 **결절성 포낭(심한) 여드름**으로 발전한다.

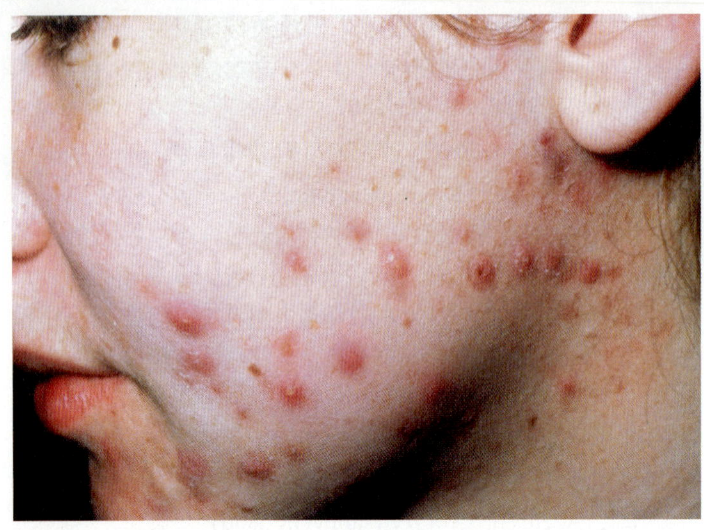

그림 21.9 심한 여드름

Q 아이소트레티노인은 종종 심한 여드름 치료에 극적인 효과를 내기도 한다. 하지만 어떤 주의사항을 지켜야만 하는가?

이 여드름은 피부 깊숙이 고름이 차 있는 염증성 병변인 결절이나 포낭이 특징이다(그림 21.9). 이것은 얼굴이나 상체에 뚜렷한 흉터를 남기며 종종 심리적 상처도 남긴다. 포낭 여드름의 효과적인 치료제는 피지 형성을 줄여주는 아이소트레티노인(isotretinoin)이다. 에큐탄(Accutane)이란 약품명으로 미국에서의 판매는 중단되었지만, 미국 밖에서는 로에큐탄(Roaccutane)이란 이름으로 판매된다. 이 약의 사용을 생각하는 사람은 모두 이 약이 임산부의 태아에게 심각한 손상을 줄 수 있는 기형발생물질(teratogenic)이란 점을 명심해야만 한다. 다른 부작용으로는 염증성 장 질환과 궤양성 대장염을 들 수 있다.

이해도 확인하기

- 어떤 세균 종이 독성인자 M 단백질을 만드는가? 21-3
- 외이염의 일반적인 이름은 무엇인가? 21-4

바이러스성 피부병

바이러스는 호흡기 또는 다른 경로를 통해 전신으로 전파되지만, 대부분 바이러스성 질병은 피부에 나타나는 효과가 가장 뚜렷하다.

사마귀

사마귀(wart) 또는 유두종(papillomas)은 일반적으로 바이러스가 원인인 양성 피부성장이다. 사마귀가 접촉, 심지어는 성적 접촉을 통해 사람에서 사람으로 전파될 수 있다는 사실은 오래 전부터 알려진 사실이지만, 1949년이 되어서야 비로소 사마귀 조직에서 바이러스를 확인하였다. 현재 종종 그 모양이 아주 다양한 다른 종류의 사마귀의 원인이 되는 50가지 이상의 유두종바이러스(*papillomavirus*)가 알려져 있다.

감염되면, 사마귀가 나타나기 전에 수 주일의 잠복기가 있다. 가장 흔한 사마귀 치료법에는 극히 차가운 액체 질소를 바르는 냉동요법(cryotherapy), 전류를 흘려 사마귀를 말려 버리는 전기건조법(electrodesiccation), 또는 산성 용액으로 사마귀를 태우는 방법 등이 있다. 살리실산이 들어 있는 화합물이 아주 효과적이란 증거가 있다. 포도필록스(podofilox) 또는 이미퀴모드[imiquimod, 약품명: 알다라(Aldara)] 같은 처방약을 국부적으로 바르는 것이 효과적인데 후자는 항바이러스성 인터페론의 생산을 자극한다. 다른 어떤 치료에도 반응하지 않는 사마귀는 레이저나 항암제인 브레오마이신(bleomycin)을 주사하여 치료할 수 있다.

사마귀는 암의 형태는 아니지만 일부 피부와 자궁경부 암은 특정 유두종바이러스와 관련이 있다. 생식기 사마귀의 발생 빈도는 (26장 참조) 이제 유행병 수준까지 도달했다.

두창(천연두)

중세 시대에는 유럽 인구의 약 80%가 일생 동안 한번은 **두창(smallpox, 천연두)***를 앓았다. 병에서 회복된 사람들은 얼굴에 흉터가 남았다. 식민지 개척자들에 의해 아메리카 대륙에 전파된 이 병은 이전에 이 병에 노출된 적이 없어서 이에 대한 내성이 거의 없었던 아메리카 원주민들에게 훨씬 더 엄청난 피해를 입혔다.

두창은 천연두 바이러스로 알려진 진성두창바이러스(orthopoxvirus)가 원인이다. 이 병은 두 가지 기본형이 있는 데 치사율이 20% 이상인 **대두창(variola major)**과 1% 미만인 **소두창(variola minor)**이다.

호흡기 경로로 전염되면 바이러스는 결국 혈류로 이동하기 전에 많은 내부 장기들을 감염하고, 피부를 감염하여 여러 알 수 있는 증상을 나타낸다. 피부의 표피층에 있는 바이러스가 증식하게 되면 10일 정도 후에 농포가 생기는 병변을 나타낸다(그림 21.10)

두창은 인위적으로 면역을 유도한 첫 질병이자(11쪽과 505쪽 참조) 인류로부터 근절된 첫 번째 질병이다. 자연 상태에서 두창의 마지막 희생자는 1977년 소말리아에서 소두창에서 회복된 사람일 것이라 생각한다. (그러나 이 사례가 있은 지 10개월 후에 영국에서 병원실험실에서 유출된 바이러스로 인한 두창 사망자가 있었다.) 두창의 박멸이 가능했던 이유는 효과적인 백신이 개발되었고 이 질병에 대한 동물 전염원이 없기 때문이다. 세계보건기구(WHO)가 전세계적으로 힘을 합친 예방 접종 노력을 주도했다.

오늘날 단 두 곳에서만 두창 바이러스를 보관하고 있는데 미국과 러시아다. 이렇게 보관한 바이러스를 영구히 파괴하려는 날짜를 정했다가 다시 연기하였다.

* 전하는 바에 따르면 두창(smallpox)란 이름의 기원은 15세기 후반 매독이 막 발생하기 시작한 프랑스에서 유래되었다. 이 환자들은 "큰 수두(the great pox)"라는 뜻의 프랑스어인 *la grosse verole* 라 부르는 심한 피부발진을 보였다. 이 발진은 그 당시 "작은 수두(the small pox)"라는 의미의 프랑스어인 *la petite verole* 로 불리던 풍토병의 발진과 비교되었다. 영국에서 그 풍토병이 smallpox로 불리게 되었다.

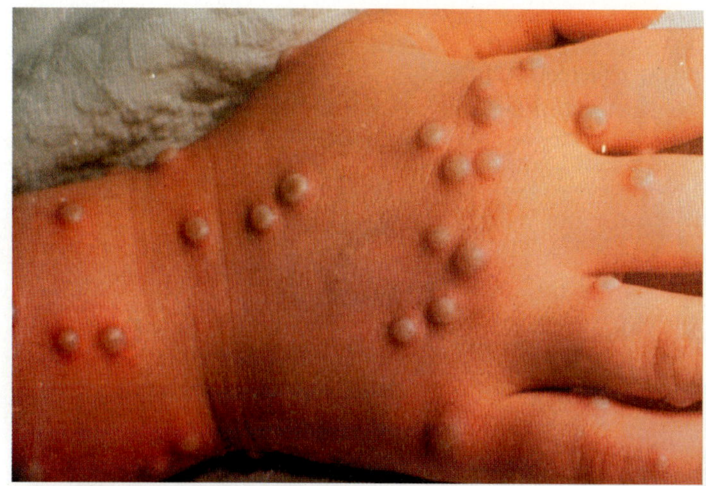

그림 21.10 **두창(천연두) 병변.** 일부 심한 경우에, 병변은 거의 함께 합쳐진다(융합성).

이러한 병변은 수두와 어떻게 다른가?

두창은 특히 생물테러(bioterrorism)에 사용될 수 있는 매우 위험한 병원체이다. 미국에서 두창 백신 접종은 1970년대 초에 중단되었다. 이 시기 이전에 예방접종을 받은 사람은 면역력을 잃어가고 있지만, 적어도 병을 약하게 앓게 하는 약간의 보호면역은 남아있다. 남은 두창 백신은 예방 조치로 비축하고 있다. 전체 인구를 대상으로 하는 일반 예방 접종 프로그램은 고려되지 않고 있다. 그러나 군인과 보건 의료 종사자 가운데 일부 그룹은 예외이다. 일반 인구 집단에 투여한다면 백신은 특히 면역반응이 억제된 사람들 중에 상당한 수의 사망을 초래할 수 있다.

두창 백신의 합병증은 바이러스에 대한 항체를 가지고 있는 우두 면역 글로불린으로 치료할 수 있다. 연구 중에 있는 항바이러스제인 시도포비어(cidofovir)도 투여할 수 있다.

천연두가 사라지게 되자, 유사한 질병인 **원숭이 수두**(원두, **monkeypox**)가 걱정거리가 되었다. 이 병은 아프리카와 동아시아가 원산지인 동물원 원숭이에게 처음 나타나 그곳에 있는 작은 동물들의 풍토병이 되었다. 이러한 지역의 사람들에서 가끔 이 병이 발생하였고, 2003년 미국에서 50건 이상이 발병한 경우에는 애완 동물인 프레리 독(prairie dogs)과의 접촉 때문이었다. 이 애완동물들은 서아프리카로부터 수입한 잠비아 거대쥐와 함께 애완동물 상점에서 있을 때 감염되었다. 원두의 증상은 천연두와 아주 유사하여 천연두가 풍토병이었을 때는 아마도 오진이 있었을 것이다. 아프리카 성인의 사망률은 일반적으로 1~10%이지만 어린아이들에게는 더 높다. 미국의 발병 사례에서는 사망자가 없었다. 두창 바이러스처럼 원두 바이러스(monkeypox virus)도 진성두창바이러스이며 천연두 예방접종을 받으면 보호 효과가 있다. 원두는 동물에서 인간으로는 옮겨진다고 알려져 있지만 다행히도 사람간의 전파는 극히 드물다. WHO는 사람 사이의 전염이 증가하는지를 알아보기 위해 최근 발생을 주시하고 있다.

수두와 대상포진

수두(chickenpox 또는 varicella)는 상대적으로 약한 어린이 병이다. 수두의 치사율은 아주 낮고 주로 뇌염(뇌의 감염) 또는 폐렴과 같은 합병증이 있다. 이러한 사망의 거의 반이 어른에게서 일어난다.

수두(그림 21.11a)는 수두-대상포진 바이러스(herpesvirus varicella-zoster)(잘 사용하지는 않지만 공식 명칭은 인간 허피스바이러스 3; 13장 참조)의 초기 감염의 결과이다. 이 질병은 바이러스가 호흡기에 들어가면 걸리게 되고, 감염은 약 2주 후에 피부세포에 자리잡는다. 감염된 피부는 3~4일 동안 소포을 형성한다. 이 시기 동안에 소포는 고름으로 가득 차게 되고 터지면서 치료되기 전에 딱지를 만든다. 병변은 대부분 얼굴, 목, 그리고 아래 등쪽에 국한되지만 또한 가슴과 어깨에 발생할 수도 있다. 만일 수두 감염이 임신 초기에 일어나면 약 2% 정도로 심각한 태아 손상을 초래한다.

라이 증후군(Reye's syndrome)은 종종 생기는 수두와 인플루엔자, 다른 바이러스성 질병의 심한 합병증이다. 초기 감염이 지나가고 수일 내에 환자는 계속해서 구토를 일으키고, 심하게 졸리거나 공격적인 행동과 같은 뇌 기능장애의 증세를 보인다. 혼수상태와 사망으로 이어질 수 있다. 한때 보고된 사례의 사망률은 90%에 달했지만, 이 비율은 개선된 관리를 통해 점점 줄어들어 질병을 제때 발견하고 치료를 한 경우 현재 30% 이하로 떨어졌다. 특히 아주 어린 생존자에게는 신경 손상이 있을 수 있다. 라이 증후군은 거의 집중적으로 어린아이와 십대 청소년에게 영향을 준다. 수두와 인플루엔자에 동반하는 미열을 치료하기 위해 아스피린을 사용하면 라이 증후군에 걸릴 확률이 높아진다.

모든 허피스바이러스처럼, 대상포진 바이러스의 특징은 몸 속에 잠복할 수 있는 능력이다. 초기 감염 후에 바이러스는 말초신경계에 들어가 중추신경절(중추신경계 바깥쪽에 있는 신경세포 그룹)로 이동하여 이곳에서 바이러스 DNA 형태로 잠복한다. 체액성 항체는 신경세포로 침투할 수 없고 바이러스 항원이 신경세포 표면에 발현되지 않기 때문에 세포독성 T 세포는 활성화되지 않는다. 따라서 어떤 특수한 면역계의 활성도 잠복된 바이러스를 공격할 수 없다.

잠복한 대상포진 바이러스는 척추 근처의 후근신경절(dorsal root ganglion)에 위치한다. 나중에, 아마도 수십 년 후에도 바이러스는 다시 활성화될 수 있다(그림 21.11b). 스트레스나 노화로 인한 면역력 저하가 활성유발자가 될 수 있다. 다시 활성화된 DNA에 의해 만들어지는 바이러스는 말초신경계를 따라 피부의 감각신경으로 이동하여 **대상포진(shingles** 또는 herpes zoster)의 형태로 바이러스의 새로운 출현을 야기한다.

대상포진의 소포는 수두와 비슷하지만 특정한 부위에만 발생한다. 얼굴, 가슴 위쪽과 등에도 또한 대상포진이 일어날 수 있지만, 이들은 전형적으로 허리(*shingles*란 단어는 거들이나 벨트를 뜻하는 라틴어 *cingulum*에서 유래하였음)에 분포한다(그림 21.11b 참조). 감염은 영향을 받은 피부 감각신경의 분포를 따라서 일어나며, 주로 몸의 한쪽에만 제한적으로 일어나는데 이는 이 신경들이 몸의

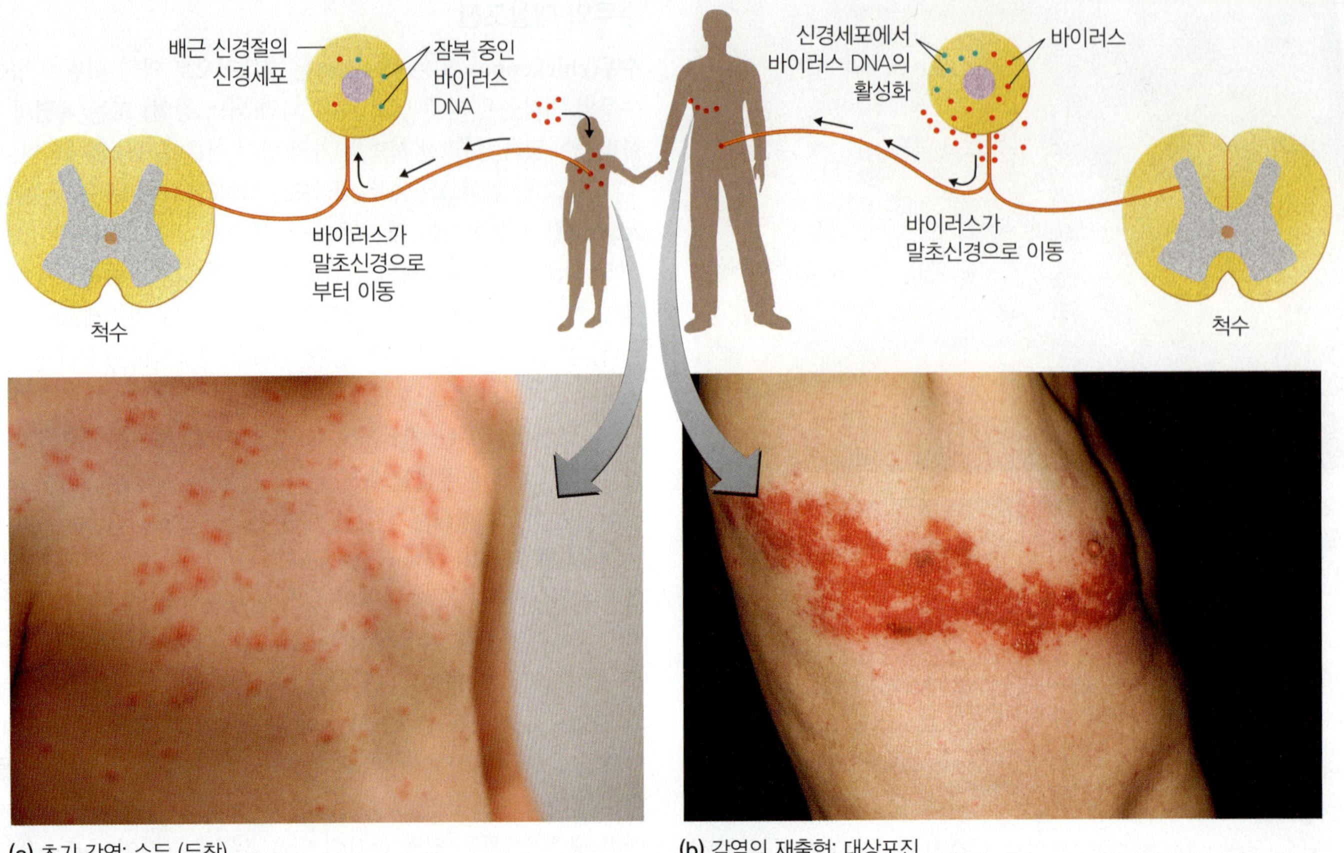

(a) 초기 감염: 수두 (두창)

(b) 감염의 재출현: 대상포진

그림 21.11 수두와 대상포진. (a) 주로 어린 시절 바이러스에 최초 감염이 수두를 일으킨다. 병변은 소포로 시작하여 결국 터져서 딱지를 형성하는 농포가 된다. 바이러스는 이때 척추 근처 배근 신경절로 이동하여 무기한 잠복하게 된다. (b) 나중에 주로 늦은 성인기에, 잠복한 바이러스는 다시 활성화되어 대상포진을 일으킨다. 스트레스나 약해진 면역계가 재활성화의 원인일 수 있다. 피부 병변은 소포이다.

Q (a)에 있는 그림은 수두의 초기 또는 늦은 시기 중 어느 것을 묘사하는가?

한쪽 면에만 배열되어 있기 때문이다. 경우에 따라 이러한 신경 감염은 신경을 손상시켜 시력장애나 심지어는 마비증세를 일으킨다. 심하게 화끈거리거나 바늘로 찌르는 것 같은 통증이 일반적인 증상이고, 때때로 이러한 **포진후 신경통**(postherpetic neuralgia)이라 부르는 상태가 여러 달에서 수 년 동안 지속된다.

단순히 대상포진은 수두를 일으키는 바이러스의 다른 표현형이다: 다른 이유는 수두를 앓은 환자는 대상포진 바이러스에 대한 부분적인 면역력을 가지기 때문이다. 아이들이 대상포진에 노출되는 것은 수두에 노출되는 것과 같다. 대상포진은 20세 이하의 사람에게는 거의 발생하지 않고 나이 들은 성인들에게 오히려 발생률이 가장 높다. 환자가 한번 이상 대상포진에 걸리는 것은 흔치 않은 일이다.

항바이러스제인 아시클로비어(acyclovir)와 발아시클로비어(valacyclovir), 팜시클로비어(famciclovir)가 대상포진 치료제로 승인되었다. 면역억제 환자의 치사율은 17% 정도이며, 눈이 감염된 환자는 반드시 항바이러스제 치료를 받아야 한다.

약독화된 수두 생백신은 1995년에 허가되었다. 그 이후로 이 질병 사례가 꾸준히 감소하고 있다. 초기에 약 97%에 달하는 백신의 효과는 시간이 경과함에 따라 감소한다는 증거가 있다. 새로 발생한 수두에 노출되었을 때 촉진 효과가 없는 것도 이러한 감소의 한 요인이다. 따라서 **극복 수두(breakthrough varicella)**라 부르는 이전에 백신접종을 받은 사람에게 나타나는 수두는 아주 흔하다. 백신이 적어도 부분적인 효과는 있기 때문에, 전형적인 수두와는 다른 발진이 나타나는 상대적으로 약한 질병이다. 결과적으로 수두를 완전히 통제하기 위해 백신의 추가 접종이 필요할 것이다.

또 다른 걱정은 유아기 예방접종의 효과 감소가 병을 더 심하게 앓을 수 있는 취약한 성인 집단으로 이어질 수 있다는 것이다. 따라서 현재 60세 이상의 성인에게는 이전에 수두나 대상포진 예방접종 여부에 상관없이 새로 승인된 대상포진 백신을 접종하라고 권고하고 있다.

단순포진

단순포진 바이러스(Herpes simplex viruse, HSV)는 HSV-1과 HSV-2라는 두 개의 확인된 그룹으로 나눌 수 있다. 여기서 사용하는 단순포진 바이러스란 용어는 통속적인 속칭이다. 공식명칭은 **인간 허피스바이러스 1형과 2형**(human herpesvirus 1, 2)이다. HSV-1은 주로 구강이나 호흡기를 통해 전파되며 감염은 주로 유아기에 발생한다.

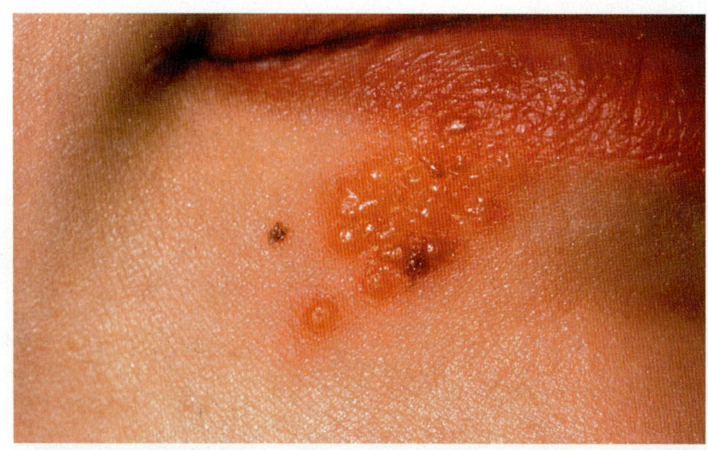

그림 21.12 **단순포진 바이러스에 의한 입술 발진 또는 열성 물집.** 병변은 주로 입술의 붉은 가장자리 주변에 생긴다.

 입술 발진은 왜 재발하며 또한 왜 같은 자리에 재발하는가?

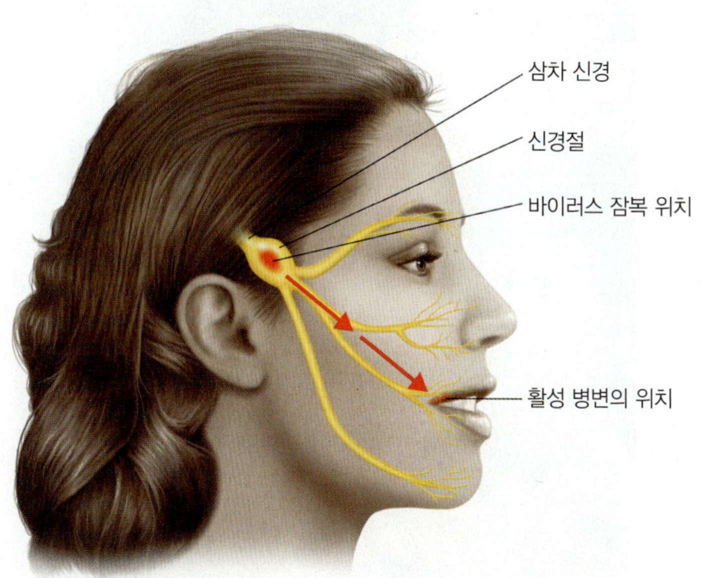

그림 21.13 **삼차신경절에 1형 단순포진 바이러스의 잠복 위치**

 왜 이 신경계의 이름을 삼차신경이라 부르는가?

혈청학적 조사에 따르면 미국 인구의 약 90%가 감염된 것으로 나타난다. 이러한 감염은 종종 무증상이지만 많은 경우에 **입술 발진(cold sore)**이나 고열에 의한 **입술 물집(fever blister)**으로 알려진 병변으로 발전한다. 이들은 입술의 붉은 가장자리 근처에 통증과 함께 잠시 나타났다가 사라지는 소포를 형성한다(그림 21.12).

허피스바이러스에 의해 생긴 입술 발진을 종종 **구강염(canker sore)**과 혼동한다. 구강염의 원인은 모르지만 이들의 출현은 주로 스트레스나 월경과 연관이 있다. 입술 발진과 생김새는 유사하지만 구강염은 대개 다른 부위에 나타난다. 이들은 혀, 뺨과 입술의 안쪽 면과 같이 움직이는 점막 위에 고통스런 발진으로 나타난다. 구강염은 일반적으로 며칠 안에 치유되지만 종종 다시 발병한다.

HSV-1은 주로 얼굴과 중추신경계 사이를 연락하는 삼차 신경절에 잠복한다(그림 21.13). 이것의 재발은 태양 자외선에 과다하게 노출되거나, 감정의 기복이 심하거나, 혹은 월경과 연관된 호르몬 변화 등에 의해 야기될 수 있다.

HSV-1 감염은 레슬링 선수들의 피부 접촉에 의해서 전파될 수 있어 이를 **검투사 허피스(herpes gladiatorum)**란 수식어로도 표현한다. 고등학교 레슬링 선수 가운데 3%까지의 높은 발생빈도를 나타낸다. 간호사와 의사, 치과의사들은 직업상 **허피스성 생인손(herpetic whitlow)**에 취약하다. 이것은 허피스성 구강 궤양을 가진 아이들에서처럼 HSV-1 병변과의 접촉으로 생기는 손가락 감염이다.

매우 유사한 바이러스인 HSV-2는 주로 성적 접촉에 의해 전파된다. 이것이 생식기 허피스의 일반적인 원인이다(26장 참조). HSV-2는 조직 배양시 세포에 대한 효과와 항원성에 의해서 HSV-1과 차이가 있다. 이 바이러스는 HSV-1과는 달리 척추 기저부 근처의 천골 신경절(sacral nerve ganglia)에 잠복한다.

매우 드물지만, 이러한 두 종류의 단순포진 바이러스는 뇌로 전파되어 **허피스 뇌염(herpes encephalitis)**을 일으킬 수 있다. HSV-2에 의한 감염이 더 심각한데, 치료하지 않으면 치사율은 70% 이상이다. 단지 10% 정도의 생존자가 건강한 삶을 유지할 수 있다. 신속히 투여하면, 아시클로비어가 주로 이러한 뇌염을 치료한다. 하지만 발병시 사망률은 여전히 28% 정도이고 생존자의 단지 38% 정도 만이 심각한 신경 손상을 피할 수 있다.

홍역

홍역(measles 또는 rubeola)은 아주 전염성이 높은 바이러스 질병(measles virus)으로 호흡기를 통해 전파된다. 홍역에 걸린 사람은 증상이 나타나기 이전에도 전염성을 갖기 때문에, 환자를 격리하는 것이 효과적인 예방법은 아니다.

현재 주로 MMR(홍역, 유행성 이하선염, 풍진; measles, mumps, rubella) 백신으로 투여하는 홍역 백신으로 미국에서는 홍역이 거의 사라졌다. 1963년 백신이 소개된 이래로, 홍역 사례는 연간 500만 건(실제로 40만 건이 보고됨)에서 사실상 없는 수준까지 줄어들었다. 천연두처럼 홍역에 대한 동물 전염원은 없지만, 홍역 바이러스는 천연두 바이러스보다 훨씬 더 전염성이 높기 때문에 집단 면역을 얻기가 어렵다. 따라서 박멸보다는 예방접종에 의해 홍역을 통제하는 것이 현재 전 세계적인 목표이다. 이러한 노력은 어느 정도 성공을 거두었는데, 전 세계에서 홍역으로 인한 한 해 사망자가 1999년에는 873,000명에서 2008년도에는 164,000건 정도로 줄어든 것으로 추산한다. 목표는 2010년까지 사망률 또한 90% 감소시키는 것이다(18장 510쪽의 상자 참조).

백신이 약 95%의 효과를 가지고 있지만, 충분한 면역력을 가지지 못한 사람들 사이에서 지속적으로 발생한다. 이러한 감염의 일부는 미국 밖에서 온 감염자들과의 접촉에 의한 것이다.

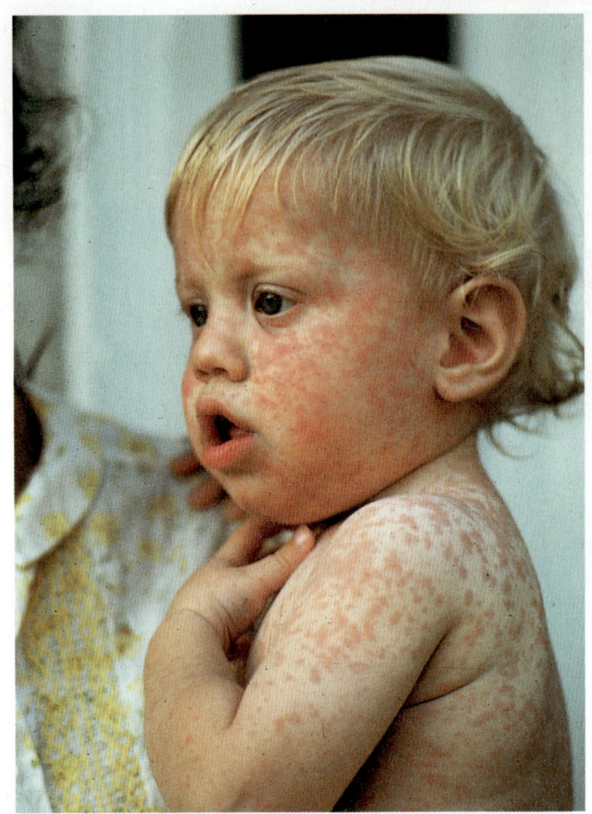

그림 21.14 **작게 솟아오른 홍역의 전형적인 반점의 발진.** 발진은 일반적으로 얼굴에서 시작하여 몸통과 사지로 확산된다.

 홍역을 근절하는 것이 왜 잠재적으로 가능한가?

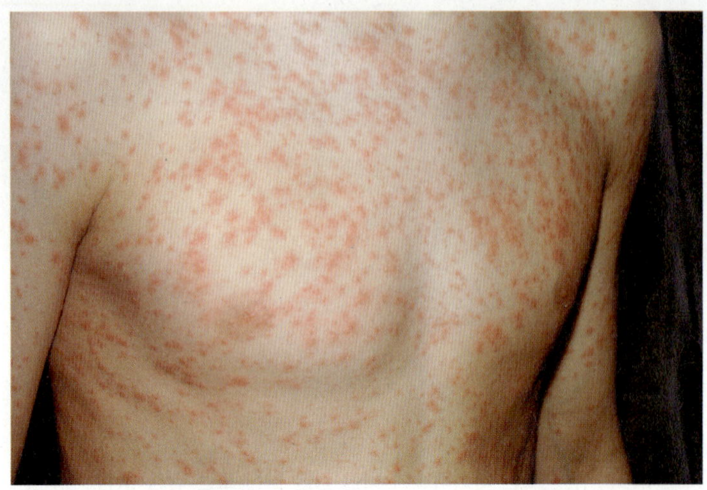

그림 21.15 **풍진의 특징적인 붉은 반점의 발진.** 반점은 주변 피부 위에는 발생하지 않는다.

 선천성 풍진 증후군은 무엇인가?

홍역 백신에 대해 예기치 못한 결과는 오늘날 홍역의 여러 사례가 1살 이하의 유아에게서 일어난다는 것이다. 홍역은 심각한 합병증이 나타날 수 있는 유아에게 특히 위험하다. 예방접종이 없던 시절에는, 홍역에서 회복한 엄마에서 만들어진 모성 항체에 의해 보호를 받았기 때문에 이러한 유아에게는 홍역이 거의 발생하지 않았다. 불행하게도, 백신 작용에 의해 만들어진 모성 항체는 병에 감염되었을 때 만들어지는 항체보다 홍역에 대한 보호작용이 약하다. 유아기 초기에 접종한 백신은 효과가 없기 때문에 12달 이전의 유아에게는 1차 예방백신을 접종하지 않는다. 따라서 유아는 상당한 기간 동안 홍역에 취약하다.

홍역의 발병은 천연두나 수두와 유사하다. 감염은 상부 호흡기에서 시작한다. 10~12일 정도의 잠복기를 거쳐 증상은 일반 감기와 유사하게 진행된다. 곧 반점성 발진이 얼굴에서 나타나기 시작해 몸과 팔다리로 퍼진다(그림 21.14). 입안의 병변은 어금니 반대쪽의 구강 점막에 파랗고 하얀 반점 중앙에 작은 붉은 반점을 띠는 **코플릭 반점**(Koplik's spots)을 포함한다. 코플릭 반점의 존재가 이 병을 진단하는 기준이다. 발진이 생긴 후 수일 안에 실시하는 혈청 검사를 통해 병을 확진할 수 있다(질병 초점 21.1 참조).

홍역은 특히 유아나 연세가 아주 높은 노인에게 아주 위험한 질병이다. 이 병은 주로 바이러스 자체나 아니면 2차 세균 감염에 의한 폐렴이나 중이염의 합병증으로 발전한다. 홍역으로 인한 희생자 천 명 중 대략 한 명 정도에서 뇌염이 발생하며, 이 경우 생존자는 주로 영구적인 뇌 손상을 가진다. 3,000건당 1건 정도가 치명적인데 대부분이 유아이다. **아급성 경화성 범뇌염(subacute sclerosing panencephalitis)**이 홍역의 아주 드문 합병증(약 100만 건당 1건)이다. 주로 남자에게 발병하며 홍역에서 회복 후 대략 1~10년 안에 나타난다. 심각한 신경학적 증상은 수 년 이내에 사망을 초래한다.

풍진

풍진(rubella) 또는 **독일 홍역**(German measles, 18세기에 독일 의사가 처음 언급했기 때문에 붙여진 이름)은 홍역보다 훨씬 더 약한 바이러스성 질병으로 종종 잘 발견되지 않고 지나간다. 작은 붉은 반점의 발진과 미열이 일반 증상이다(그림 21.15). 특히 어린이에게는 합병증이 잘 일어나지 않지만, 대부분 어른에게 6,000건당 1건 정도 뇌염이 발생한다. **풍진 바이러스**(rubella virus)는 호흡기를 통해 전파되며 일반적으로 2~3주 정도의 잠복기를 갖는다. 임상 또는 무증상 감염에서 회복하면 확실한 면역력을 얻게 된다.

선천성 풍진 증후군(congenital rubella syndrome)이라 부르는 심각한 선천성 이상이 임신 초기 3개월 기간에 발생한 산모의 감염과 관련되어 있다는 것이 알려진 1941년 이전에는 풍진의 심각성을 인식하지 못했다. 만일 임신한 여성이 이 기간 동안에 이 병과 접촉하면 난청, 백내장, 심장 결함, 정신 지체 및 사망 등의 심각한 태아 손상이 일어날 확률이 약 35%이다. 선천성 풍진 증후군을 가진 아이의 15%는 태어나서 1년 내에 죽는다. 미국에서 풍진이 중요한 풍토병으로 마지막으로 발생한 시기는 1964~1965년 동안이다. 적어도 2만 명의 심한 장애를 가진 어린아이들이 이 시기 동안에 태어났다.

그러므로 가임 연령대에서 풍진 예방접종을 받지 않은 여성을 확인하는 것은 중요하다. 미국 일부 주에서는 결혼 허가를 위해 필요한 혈액 검사에 풍진 항체 검사가 포함되어 있다. 혈청 내의 항체는 상용화된 여러 실험실 검사로 확인할 수 있다. 면역 상태를 정확히 진단하려면 항상 이러한 검사가 필요하며 단지 이전 기록만으로는 신뢰할 수 없다.

이러한 감시에 추가적으로 1969년에 풍진 백신이 도입되었다. 후속 연구에 따르면 백신을 접종 받은 사람의 90% 이상이 적어도 15년 동안은 보호된다고 한다. 이러한 예방을 통해, 현재 매년 10건 이하의 선천성 풍진 증후군이 보고된다.

백신접종은 임신한 여성에게는 추천하지 않는다. 그러나 추정한 임신일로부터 3개월 전, 후로 예방접종을 받은 수백 명의 여성가운데는 한 명도 선천성 풍진 증후군이 발생하지 않았다. 면역체계에 이상이 있는 사람은 어떠한 질병에 대해서도 생백신을 접종받아서는 안 된다.

임상 사례

황색포도상구균과 허피스바이러스, 녹농균은 지역사회-획득 감염의 원인일 것이다. 대조군을 찾기 위해, 보건 당국은 동시에 같은 수영장에 있었지만 발진이 생기지 않은 각각 두 명의 어른과 학생들을 불러 각 사례에 대해 질문하였다. 부모와 보호자에게도 어린아이의 사례에 대해 질문하였다.

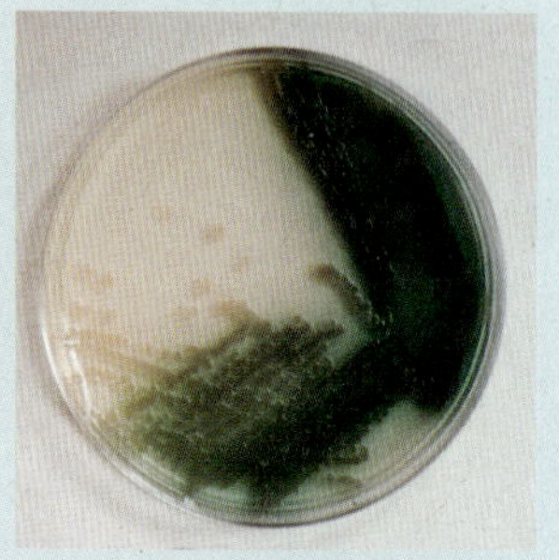

총 26건의 사례와 4건의 대조군을 확인하였다. 보건 당국은 발진에서 면봉으로 시료를 채취해 한천 영양배지에 접종한 후 35°C에서 24시간 동안 배양하였다. 결과는 위의 사진에 나타내었다.

그림에 따르면 이 세균은 어떤 것인가?

590 599 **605** 607 611

기타 바이러스성 발진

제5병(전염성 홍반) 어린아이들을 가진 부모들은 전에는 들어 본 적이 없는 제5병이란 진단에 종종 당황하게 된다. 이 이름은 피부 발진 질병의 1905년 목록에서 유래하였는데, 순서상 홍역, 성홍열(scarlet fever), 풍진, 필라토브 공작의 질병(Filatov Dukes' disease, 약한 형태의 성홍열) 다음에 있는 목록상 다섯 번째 질병이란 의미이다. **제5병(fifth disease)** 또는 **전염성 홍반(erythema infectiosum)**은 이 바이러스 [1989년 처음 확인한 인간 파보바이러스 B19(human parvovirus B19)]에 감염된 사람의 약 20%에서는 전혀 증상이 없다. 증상은 약한 인플루엔자 독감 증세와 유사하지만, 천천히 사라지는 "뺨 맞은 것 같은" 얼굴 발진이 특징적이다. 유아기에 예방 접종을 놓친 어른에게 이 병은 종종 빈혈, 관절염 또는 드물지만 유산을 유발한다.

장미진 **장미진(roseola)**은 약하고, 아주 흔한 어린이 질병이다. 이 병에 걸린 어린이는 며칠 동안 고열이 있은 후 온몸에 발진이 생겨 1~2일 동안 지속된다. 회복되면 면역력을 얻는다. 병원체는 인간 허피스바이러스 6(HHV-6)과 7(HHV-7)이며, 후자가 5~10%의 장미진을 일으킨다. 두 바이러스 모두 대부분 어른의 침샘에 존재한다.

이해도 확인하기

✔ 어떻게 제5병이라는 이상한 이름이 생겼는가? **21-5**

피부와 손톱의 진균성 질병

피부는 높은 삼투압과 낮은 수분에도 견딜 수 있는 미생물에 가장 취약하다. 그러므로 진균이 수 많은 피부 장애의 원인이 된다는 것은 놀라운 일이 아니다. 몸에 이러한 진균 감염을 **진균증(mycosis)**이라 부른다.

피부 진균증

머리카락과 손발톱, 표피의 외부층인 각질층에 서식하는 진균을(그림 21.1 참조) **피부사상균(dermatophytes)**이라 부르며, 이들은 자신의 서식처에 존재하는 케라틴 단백질을 먹고 자란다. **피부진균증(dermatomycoses)**으로 명명된 이러한 진균 감염은 비공식적으로 백선(tineas 또는 ringworm)으로 더 잘 알려져 있다. **두부백선(tinea capitis)**, 즉 두피에 생긴 백선은 초등학교 학생들 가운데는 흔한 것으로 원형탈모를 일으킨다. 이러한 특징 때문에 로마인들은 라틴어로 옷 나방이란 뜻의 백선이란 이름을 채택했으며, 이는 감염부위가 나방 유충이 털옷에 남긴 구멍과 유사하게 생겼기 때문이다. 감염은 원형으로 확장되는 경향이 있어 윤선(ringworm)이란 용어로도 불린다(그림 21.16a). 감염은 주로 매개물과의 접촉으로 인해 전파된다. 개나 고양이도 어린이에게 백선의 원인인 진균에 의해 자주 감염된다. 사타구니에 생긴 백선을 **완선(tinea cruris)**이라 부르며, 발의 백선 또는 무좀(athlete's foot)은 **족부백선(tinea pedis)**이라 부른다(그림 21.16b). 이러한 부위에 있는 습기가 진균 감염을 도와준다.

세 가지 속의 진균이 피부 진균증과 연관이 있다. 백선균(*Trichophyton*, trik-ō-fī'ton)은 머리카락, 피부 또는 손발톱을 감염할 수 있고, 소포자균(*Microsporum*, mī-krō-spô'rum)은 주로 단지 머리카락 또는 피부와 연관이 있으며, 표피사상균(*Epidermophyton*, ep-i-dėr-mō-fī'ton)은 피부와 손톱에만 영향을 준다. 처방전이 필요 없는 백선 감염에 사용하는 연고류에는 미코나졸(miconazole)과 클로트리마졸(clotrimazole)이 들어 있다. 무좀은 보통 완치하기가 어렵다. 테르비나핀(terbinafine) 또는 나프

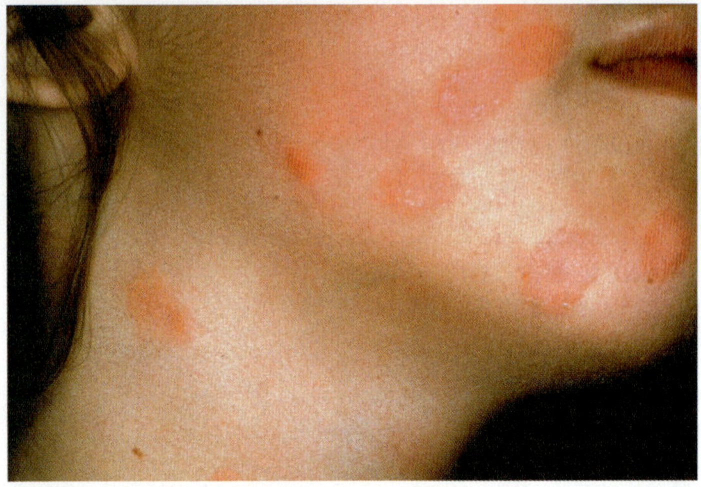

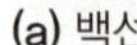

(a) 백선

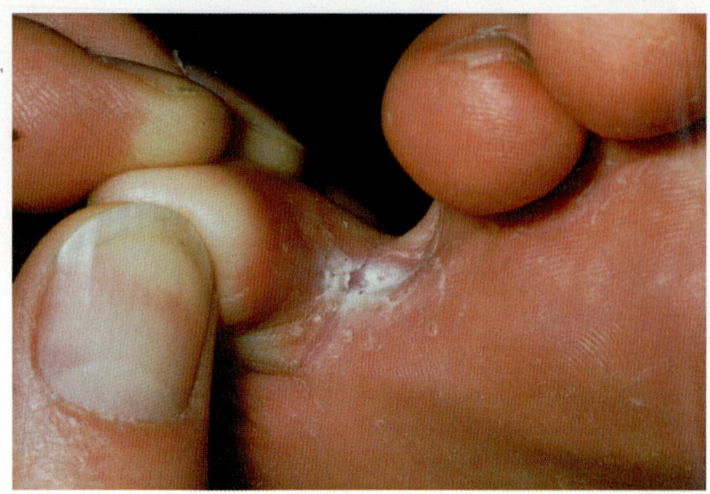

(b) 무좀

그림 21.16 피부진균증

백선은 기생충이 원인인가?

티핀(naftifine)이 함유된 국소 알릴아민(allylamine) 약품과 또 다른 알릴아민 약품인 부테나빈(butenavine)이 치료제로 추천되며 이들은 현재 처방전 없이 구입할 수 있다. 대개 꾸준히 오랫동안 사용해야 한다. 머리카락과 관련된 감염에는 국소 치료가 아주 효과적이지는 않다. 경구용 항생제인 그리세오풀빈은 종종 이러한 감염에 유용한데 그 이유는 이 약이 피부, 머리카락 또는 손발톱과 같은 케라틴성 조직에 들어갈 수 있기 때문이다. 손발톱에 감염이 생긴 **손발톱백선(tinea unguium)** 또는 손발톱진균증(onychomycosis)의 경우, 경구용 이트라코나졸과 테르비나핀을 처방하는데 이 치료는 여러 주가 걸리고 두 가지 약 모두 잠재적인 심각한 부작용이 있기 때문에 사용에 주의를 필요로 한다.

피하 진균증

피하 진균증은 피부 진균증보다 더 심각하다. 심지어 피부에 상처가 났을 때에도, 피부 진균은 각질층을 침투할 수 없을 것 같은데 그 이유는 이 진균이 표피와 진피에서 성장하기 위한 충분한 철분을 얻을 수 없기 때문이다. 일반적으로 피하 진균증은 토양, 특히 부패한 식물에서 서식하는 진균이 원인인데 작은 상처를 통해 피부를 통과하여 피하 조직으로 침투할 수 있게 된다.

미국에서 이러한 유형의 가장 일반적인 질병은 이형태성 진균인 **스포로트릭스 쉔키(Sporothrix schenkii)**에 의한 **스포로트리쿰증**(sporotrichosis)이다. 대부분의 사례는 정원사 또는 흙 작업을 하는 사람 사이에 발생한다. 감염은 주로 손에 작은 궤양을 형성한다. 진균은 종종 그 부위의 림프계로 들어가 유사한 병변을 만든다. 치명적인 경우는 거의 없으며, 희석한 요오드 칼륨 용액을 섭취함으로써 효과적으로 치료된다. 그러나 원인균이 체외 실험(*in vitro*)에서는 심지어 10%의 요오드 칼륨 용액에 의해서도 영향을 받지 않는다.

칸디다증

비뇨생식기와 구강 점막의 세균 미생물상은 대개 칸디다 알비칸스(*Candida albicans*) 같은 진균의 성장을 억제한다. 칸디다 트로피칼리스(*C. tropicalis*) 또는 칸디다 쿠르세이(*C. krusei*, krūs'ā-ē) 같은 다른 칸디다 균도 관여될 수 있다. 이들의 모양이 항상 효모 같지는 않으며 균사를 닮은 길쭉한 세포인 위균사(pseudohyphae)를 형성하기도 한다. 이러한 형태에서 칸디다 진균은 이들의 병원성의 한 요인일 수 있는 식균작용에 저항한다(그림 21.17a). 진균은 세균을 죽이는 항균제에는 영향을 받지 않기 때문에, 이들은 때때로 항생제가 정상 세균 미생물상을 억제할 때 점막조직에서 과성장할 수 있다. 정상 점막의 pH 변화도 유사한 효과를 낳는다. 칸디다 알비칸스의 이러한 과성장을 **칸디다증(candidiasis)**이라 부른다. 정상 미생물상이 완전히 자리잡지 않은 신생아는 종종 입안에 허옇게 과성장한 칸디다 진균으로 고통을 받는데, 이를 **아구창(thrush)**이라고 한다(그림 21.17b). 칸디다 알비칸스는 또한 여성 질염(vaginitis)의 매우 흔한 원인이다(26장 참조).

AIDS 환자를 비롯하여 면역반응이 억제된 사람은 피부와 점막에 칸디다 감염에 특히 취약하다. 비만이거나 당뇨병이 있는 사람은 피부 주위에 습기가 더 많아 이러한 진균에 더 잘 감염되는 것 같다. 감염된 부위는 밝은 붉은 색이 되고 주위 경계에 병변이 생긴다. 칸디다 알비칸스에 감염된 피부나 점막은 주로 연고 형태의 미코나졸, 크로트리마졸 또는 니스타틴(nystatin)으로 치료한다. 면역반응이 억제된 사람에게서 일어날 수 있는 것처럼 만일 칸디다증이 전신성이 되면, 갑자기 심하게 나타나는 폭발성 질병(*fulminating disease*)과 사망을 초래할 수 있다. 전신성 칸디다증의 치료제로는 보통 플루코나졸(fluconazole)을 선택한다. 몇 가지 새로운 치

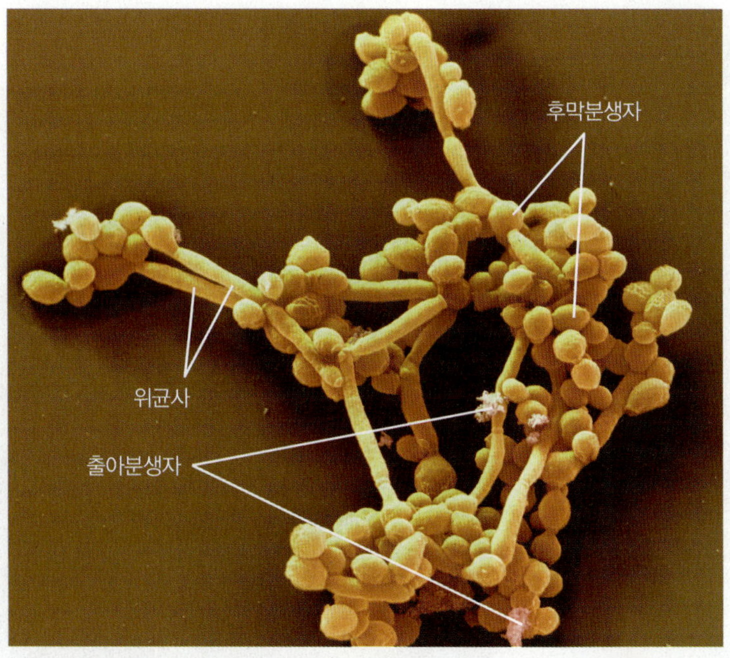

(a) 칸디다 알비칸스

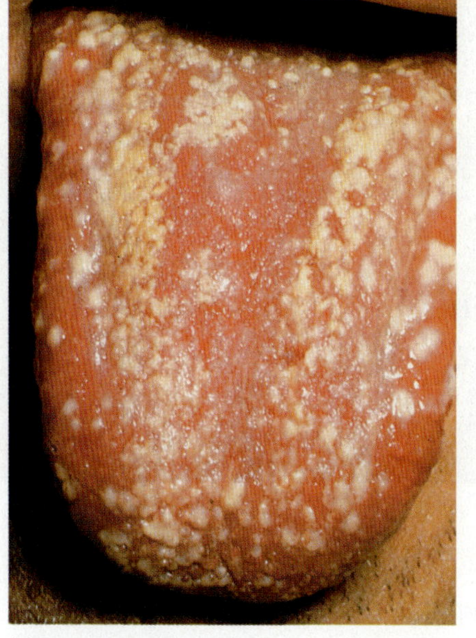

(b) 구강 칸디다증 또는 아구창

그림 21.17 칸디다증. (a). **칸디다 알비칸스.** 구형 후막포자(chlamydoconidia, 균사 세포에서 형성된 휴면체)와 더 작은 출아분생자(blastoconidia, 출아에 의해 생산되는 무성포자)를 주목하라(12장 참조). (b) 구강 칸디다증 또는 아구창의 경우 혀에 두껍고, 크림색의 막을 생산한다.

 어떻게 항세균 약물이 칸디다증을 일으킬 수 있는가?

료제도 있는데 예를 들면, 미카펀진(micafungin)과 아니듀라펀진(anidulafungin)과 같은 새로운 에키노칸딘 계열의 항진균제 몇 종이 이러한 용도로 승인되었다.

임상 사례

조사한 26건의 사례에서 녹농균이 분리되었다. 보건 당국은 수영장 물 시료를 확보하고, 어린이용 수영장 내의 18피트(5.5 m) 크기의 고무보트와 수영장 주변의 타일에서 면봉으로 시료를 채취하여 한천영양배지에서 배양하였다. 물의 염소 함량은 적정 수치였고 물에서는 세균이 검출되지 않았다. 녹농균은 고무보트와 수영장 얕은 쪽의 타일에서 검출되었다. 발진이 생긴 25명의 환자는 이 고무보트를 이용하였지만 대조군인 사람은 이용하지 않았다.

고무보트는 방수가 되지 않았고 사용하는 동안에 공기펌프를 이용해 물 위에 떠 있게 하였다. 고무보트는 하루에 약 1시간씩 1주일에 3일간 사용하였고, 사용하지 않을 때는 수영장 옆에 보관하였다. 고무보트 이음새에서 눈에 보이게 물이 스며 나오고 있었다.

녹농균이 왜 이러한 형태의 감염에 원인일 것이라고 생각하는가?

590 599 605 **607** 611

이해도 확인하기

- ✔ 스포로트릭스증과 무좀은 어떻게 다른가? 또한 어떤 점에서 이들은 유사한가? **21-6**
- ✔ 칸디다증 사례에 페니실린의 사용은 어떤 결과를 나타내는가? **21-7**

기생충의 피부 침입

몇 가지 원생동물과 기생충, 현미경으로 관찰할 수 있는 절지동물과 같은 기생 생물들은 피부에 침입하여 병을 유발할 수 있다. 흔한 두 가지 절지동물인 옴과 이의 침입에 대해 여기서 설명한다.

옴

인간에 발생한 질병과 현미경으로 볼 수 있는 생물체(330~450 μm) 사이에 처음으로 알려진 연결은 아마도 1687년 이탈리아의사에 의해 묘사된 **옴(scabies)**일 것이다. 이 병은 피부 밑을 파고들어가 알을 낳는 작은 진드기인 옴벌레(*Sarcoptes scabiei*)가 원인이며 국부적으로 심한 가려움을 유발한다(그림 21.18). 물린 자국은 주로 약 1 mm 두께의 약간 돌출되고 구불구불한 선 모양을 나타낸다. 그러나 옴은 다양한 형태의 피부 염증 병변을 나타내며, 긁게 되면 대부분이 2차 감염을 동반한다. 이러한 진드기는 성적 접촉을 비롯한 직접 접촉에 의해 전파되며 주로 대부분 가족간, 유아원 학생, 아이돌봄 아르바이트를 하다가 감염된 십대 청소년 등에서 볼 수 있다.

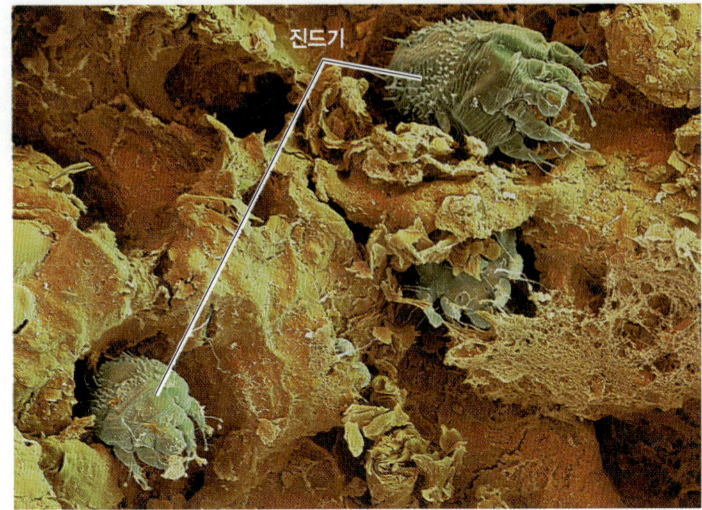

그림 21.18 피부의 옴 진드기

 이 병원균을 확인하기 위해 현미경이 필요한가?

미국에서는 매년 약 50만 건의 옴 치료 사례가 있으며, 개발도상국에서는 훨씬 더 만연해 있다. 진드기는 약 25일 동안 생존하지만 알이 부화되면 여남은 마리가 넘는 새끼가 생긴다. 옴은 주로 피부 부스러기의 현미경 검사로 진단하며 주로 페르메트린(permethrin) 연고로 치료한다. 치료가 어려운 경우에는 때때로 이베르멕틴을 복용하여 치료한다.

이감염증(이)

이감염증(pediculosis)이라 부르는 이의 침입은 수천 년 동안 인간에게 고통을 주었다. 주로 위생 상태가 안 좋은 곳에서만 발생한다고 사람들이 생각하지만, 미국의 중산층 또는 그 이상 가정의 학생들 사이에 머릿니의 발생도 흔하다. 부모는 대개 끔찍해 하지만, 머릿니는 서로 잘 아는 어린이들 사이에서 발생하는 것처럼 머리와 머리의 접촉에 의해 쉽게 전파된다. 머릿니(*Pediculus humanus capitis*)는 몸이(*Pediculus humanus corporis*)와는 다르다. 이들은 몸의 다른 부위에 적응한 페디큐러스 휴마너스(*Pediculus humanus*)의 변종들이다. 몸이만이 발진티푸스(epidemic typhus) 같은 질병을 전파한다.

이는(363쪽 그림 12.22a 참조) 숙주의 피를 필요로 하고 하루에 여러 차례 흡혈한다. 희생자는 이의 침샘에 민감해지는 결과로 몇 주일 뒤에 나타나는 가려움이 있기 전까지는 종종 이러한 무언의 침입자를 알지 못한다. 긁게 되면 2차 세균감염이 일어난다. 머릿니는 머리털을 움켜 잡기 위해 특별히 적응된 다리를 가지고 있다(그림 21.19a). 약 한 달 이상의 생활주기 동안에 암컷 이는 하루에 여러 개의 알, 즉 서캐(nits)를 생산한다. 알은 더 따뜻한 배양온도의 이득을 얻기 위해 두피 가까운 곳의 머리카락 자루에(그림 21.19b) 부착하며 약 1주일 안에 부화한다. 이의 아주 어린 시기를 서캐라고도 부른다. 빈 알 껍질은 흰색이고 더 잘 보인다. 이러한 껍질이 반드시 살아 있는 이의 존재를 나타내는 것은 아니다. 머리털이 자람에 따라(한 달에 약 1 cm의 비율로), 부착된 서캐는 두피로부터 멀리 이동한다.

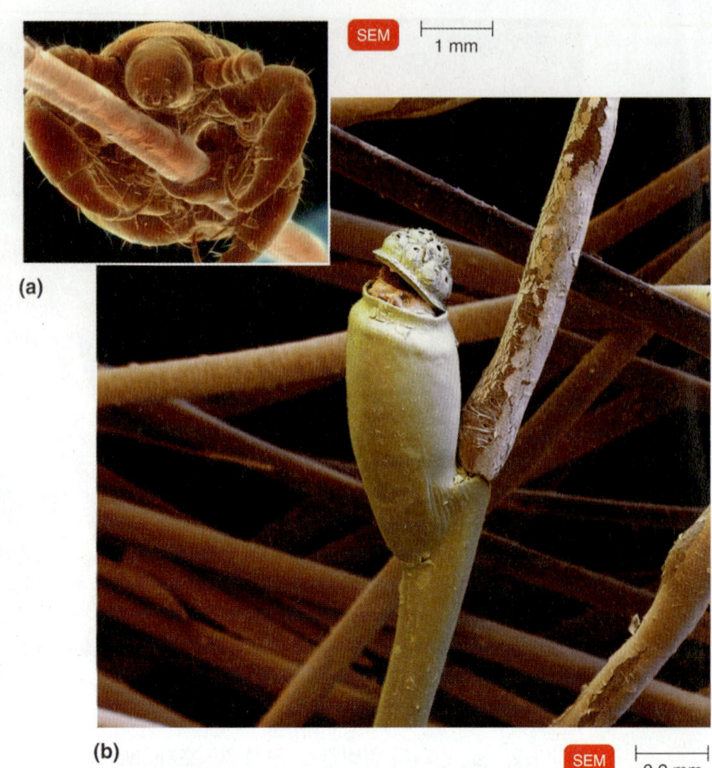

그림 21.19 이와 서캐. (a) 털을 잡고 있는 이의 성충. (b) 이 알집(서캐)에는 애벌레 시기의 이가 들어 있는데, 덮개(operculum)를 통해 나오는 중이다. 이 애벌레는 공기를 들이마셔 항문 밖으로 내보냄으로써 마치 샴페인 코르크처럼 튕겨져 나온다.

 이감염증은 어떻게 전파되는가?

흥미로운 점은 미국 흑인들 가운데 이감염증의 발생이 낮다는 것이며, 미국 이는 백인에서 발견되는 원통형 털줄기에 적응해 왔다. 아프리카 이는 흑인의 비원통형 털줄기에 적응해 왔다.

한 가지 증상에 여러 치료법이 있다는 의학 속담처럼 머릿니의 치료법은 아주 많은데, 그 이유는 아마도 이들 중에 정말로 좋은 방법은 없기 때문일 것이다. 처방전이 필요 없는 페르메트린 성분 살충제[약품명: 닉스(Nix)]와 피레트린 성분 살충제[약품명: 리드(Rid)]가 주로 1순위 치료제이지만 내성도 흔하다. 또한 말라티온[malathion, 약품명; 오비드(Ovide)]과 더 독성이 높은 린데인(lindane, 어떤 지역에서는 판매금지 되었음)과 같은 살충제를 비롯한 또 다른 국소 치료제가 판매되고 있다. 경우에 따라 경구용 이베르멕틴을 한 번만 처방하여 치료에 사용하기도 한다. 실리콘 기반 제품인 라이스엠디(LiceMD)가 효과가 있으며 무독성이다. 디메티콘(dimethicone)이란 활성 성분이 이의 호흡관을 막는다. 촘촘한 빗으로 서캐를 빗질해 제거하는 것도 한 치료 방법이다. 이 방법은 어렵고 시간을 소비하는 작업이라 어떤 도시에서는 전문적으로 이를 제거하는 서비스가 생겼지만 비싸다. 하지만 바쁜 엄마들에게는 그만큼의 값어치를 한다.

질병 초점 21.4

미생물에 의한 눈병

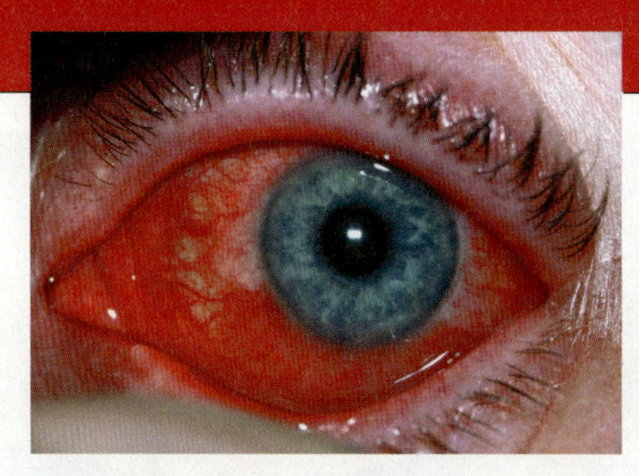

아침에 한 20세 남성의 눈이 충혈되고 표면에 점액이 생겼다. 이런 상태는 국소적인 항생제 치료로 해소되었다. 이러한 증상의 원인이 될 수 있는 감염을 확인하고 감별 진단을 제공하기 위해 아래 표를 참조하시오.

질병	병원체	침입경로	증상	전파 방법	치료
세균성 질병					
결막염	인플루엔자균	결막	충혈	직접 접촉; 매개체	없음
신생아 안염	임질균	결막	많은 고름을 형성하는 급성 감염	산도를 통하여	예방: 테트라사이클린, 에리스로마이신, 또는 포비돈-요오드
봉입 결막염	클라미디아 트라코마티스	결막	부어 오른 눈꺼풀; 점액 및 고름 형성	산도를 통하여; 수영장	테트라사이클린
트라코마	클라미디아 트라코마티스	결막	결막염	직접 접촉; 매개체; 파리	아지스로마이신
바이러스성 질병					
결막염	아데노바이러스	결막	충혈	직접 접촉	없음
허피스성 각막염	단순포진 1형 바이러스	결막; 각막	각막염	직접 접촉; 잠복 감염으로부터 재출현	트리플루리딘이 효과가 있음
원생동물성 질병					
아칸토아메바 각막염	아칸트아메바 종	각막 손상; 연질 콘택트렌즈가 눈 깜박임에 의한 아메바 제거를 막음	각막염	담수와 접촉	국부적 프로파미딘 이세티오네이트 또는 미코나졸; 각막 이식 또는 안구 제거 수술이 필요함

이해도 확인하기

✔ 머릿니에 의해 전염되는 질병은 있다면 무엇인가? **21-8**

미생물에 의한 눈병

학습 목표

21-9 결막염(conjunctivitis)을 정의한다.

21-10 다음과 같은 눈 감염의 원인체와 전파 방법, 임상학적 증상을 열거한다: 신생아 안염(ophthalmia neonatorum), 봉입 결막염(inclusion conjunctivitis), 트라코마(trachoma)

21-11 다음과 같은 눈 감염의 원인체와 전파 방법, 임상학적 증상을 열거한다: 허피스성 각막염(herpetic keratitis), 아칸트아메바 각막염(*Acanthamoeba keratitis*)

눈을 덮고 있는 상피세포는 피부나 점막의 연속으로 간주될 수 있다. 여러 미생물이 주로 눈꺼풀을 따라 안구의 바깥쪽 흰 표면을 덮고 있는 점막인 결막을 통해 눈을 감염할 수 있다. 결막은 피부를 대신하는 살아 있는 세포의 투명한 층이다. 눈병에 대해서는 질병의 초점 21.4에 요약하였다.

눈 점막의 염증: 결막염

결막염은 일반적으로 **충혈된 눈(red eye)** 또는 **유행성 결막염(pinkeye)**이라 흔히 부르는 결막의 염증이다. 인플루엔자균(*Haemophilus influenzae*)이 가장 일반적인 세균 감염원이며, 바이러스성 결막염은 주로 아데노바이러스(adenoviruses)가 원인이다. 그러나 광범위한 그룹의 세균과 바이러스 병원체뿐만 아니라 과민성 반응(엘러지)도 또한 이러한 상태를 유발할 수 있다.

콘택트렌즈가 유행하면서 눈의 감염이 크게 증가하였다. 이것은 종종 오랜 기간 동안 착용하는 다양한 소프트 렌즈 때문에 특히 더하다. 결막염을 일으키는 세균 병원체 가운데 심각한 눈 손상을 일으키는 슈도모나드 균이 있다. 감염을 막기 위해서 콘택트렌즈 사용자는 감염의 주된 근원인 집에서 만든 생리식염수를 사용하지 말아야 하며, 제조사가 권장하는 대로 꼼꼼하게 렌즈를 청소하고 소독해야만 한다. 렌즈를 소독하는 가장 효과적인 방법은 열처리를 하는 것인 데, 열처리를 할 수 없는 렌즈는 과산화수소수로 소독한 후 중화시킨다.

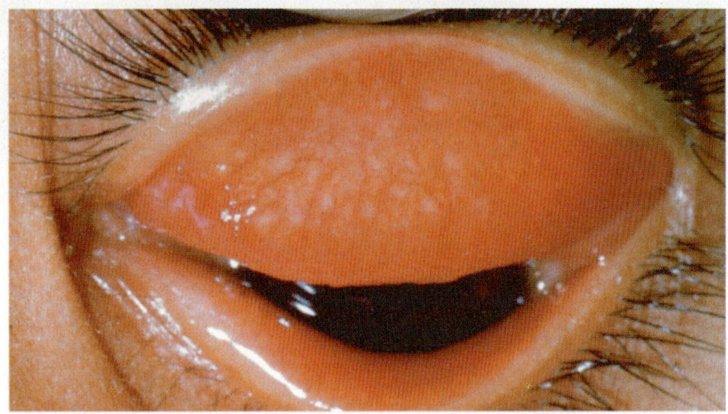

(a) 눈꺼풀의 만성 염증

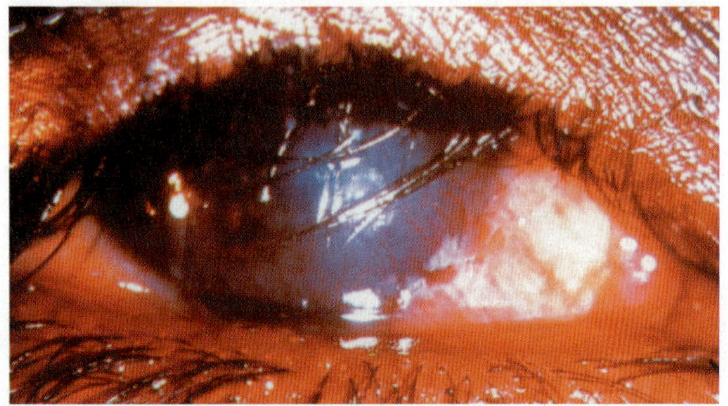

(b) 안으로 말린 속눈썹과 각막이 긁힌 눈썹 난생증

그림 21.20 트라코마. (a) 클라미디아 트라코마(*Chlamydia trachoma*)의 반복된 감염은 만성 염증의 원인이다. 각막과 접촉하고 있는 염증성 결정을 보여주기 위해서 눈꺼풀을 끌어올렸다. 이러한 접촉에 의한 긁힘은 각막에 손상을 주고 2차 감염에 걸리기 쉽게 만든다. (b) 트라코마의 후기 단계에서, 속눈썹은 여기에 보여준 대로 더 안쪽으로 말려들어가(눈썹 난생증) 각막을 더 긁게 된다.

 트라코마는 어떻게 전파되는가?

세균성 눈병

눈과 연관된 가장 일반적인 세균은 주로 피부와 상부 호흡기에서 유래한다.

신생아 안염

신생아 안염(ophthalmia neonatorum)은 임질의 원인균인 임질균(*Neisseria gonorrhoeae*)에 의한 심각한 상태의 결막염이다. 많은 양의 고름이 생성되고 치료가 늦어지면, 주로 각막에 궤양이 생긴다. 이 병은 유아가 산도를 통과할 때 획득하며 실명 위험이 높다. 20세기 초기에는 눈의 감염을 막는 아주 효과적인 치료 방법으로 입증된 1%의 질산은(silver nitrate) 용액으로 모든 신생아의 눈을 처리하는 것을 법으로 의무화했다. 1906~1959년 사이에, 신생아 안염 때문일 수 있는 맹아학교 입학 비율이 24%에서 단 0.3%로 줄어들었다. 성적 접촉으로 전파되는 클라미디아와 임구균(gonococci)에 의한 빈번한 동시감염 때문에 질산은 처치는 거의 모두가 항생제로 대체되었는데, 질산은 용액은 클라미디아에는 효과가 없다. 항생제의 가격이 엄두를 내지 못할 정도로 비싼 세계의 일부 지역에서는 희석한 포비돈-요오드(povidone-iodine) 용액의 효과가 입증되었다.

봉입 결막염

클라미디아성 결막염 또는 **봉입 결막염(inclusion conjunctivitis)**은 오늘날 아주 흔하다. 이 질병은 오직 절대 세포내 기생을 통해서만 성장할 수 있는 세균인 클라미디아 트라코마티스(*Chlamydia trachomatis*)가 원인이다. 출생 시 산도에서 감염된 유아의 경우, 상태는 몇 주 또는 몇 달 내에 자연적으로 치유되는 경우가 많지만 드물게 각막에 흉터가 남기도 한다. 클라미디아성 결막염은 또한 염소처리가 되지 않은 수영장물을 통해서도 전파되는데 이 경우를 수영장 결막염(swimming pool conjunctivitis)이라 부른다. 안과 연고에 첨가된 테트라사이클린이 효과적인 치료제이다.

트라코마

심각한 눈 감염이자 아마 전염성 질병에 의한 실명의 가장 큰 단일 원인은 **트라코마(trachoma)**인데, 그리스어로 거칠다는 의미에서 유래한 아주 오래된 이름이다. 이는 특정한 혈청형의 클라미디아 트라코마티스에 의해 일어나지만 생식기 감염의 원인이 되는 세균과 동일한 혈청형은 아니다(757, 758, 762쪽 참조). 아프리카와 아시아의 매우 건조한 지역에서는 거의 모든 어린이들이 그들의 삶 초기에 이 병에 감염된다. 전 세계적으로, 아마도 5억만 명이 병에 걸렸고 그 중 700만 명의 눈이 멀었다. 트라코마는 미국 남서부, 특히 아메리칸 원주민에서도 가끔 나타난다.

이 병은 대부분 손 접촉이나 수건과 같은 물건의 공유를 통해 전파되는 결막염이다. 파리도 또한 세균을 매개할 수 있다. 반복된 감염은 염증의 원인이 되어(그림 21.20a) 속눈썹이 안쪽으로 말리는 눈썹 난생증(trichiasis)을 일으키게 된다(그림 21.20b). 특히 속눈썹에 의한 각막의 긁힘은 결국 각막에 상처를 남기고 실명하게 된다. 눈썹 난생증은 고대 이집트인의 파피루스 종이에 그려진 방법과 같은 외과적 수술에 의해 치료할 수 있다. 다른 세균 병원체에 의한 2차 감염도 이 병의 한 요인이다. 클라미디아를 제거하는 항생제, 특히 아지스로마이신을 복용하는 것이 유용한 치료법이다. 병은 위생 관리와 보건 교육을 통해 통제할 수 있다.

이해도 확인하기

- 봉입 결막염의 일반적인 이름은 무엇인가? **21-9**
- 신생아 안염을 예방하기 위해 왜 덜 비싼 질산은 사용을 거의 전적으로 항생제로 바꾸었는가? **21-10**

기타 전염성 눈병

바이러스와 원생동물과 같은 미생물도 눈병의 원인이 될 수 있다. 여기서 설명하는 질병은 각막 염증이 특징인데, 각막염(keratitis)이라 부른다. 미국에서 각막염은 대부분 세균성이지만, 아프리카와 아시아에서 눈 감염은 대부분이 푸사리움(*Fusarium*)과 누룩곰팡이 같은 진균이 원인이다.

허피스성 각막염

허피스성 각막염(herpetic keratitis)은 인후염의 원인이고 삼차 신경에 잠복하는 같은 단순포진 1형 바이러스(herpes simplex type 1 virus)가 원인이다(그림 21.13 참조). 이 질병은 미국에서 전염성 실명의 가장 흔한 원인이 될 수 있는 각막 감염으로, 종종 깊은 궤양을 초래할 수 있다. 트리플루리딘(trifluridine)이 주로 효과적인 치료약이다.

아칸트아메바 각막염

아칸트아메바 각막염(*Acanthameoba* keratitis)의 첫 사례는 1973년 텍사스의 한 목장주인에서 보고되었다. 그 이후로 4,000건 이상이 미국에서 진단되었다. 이러한 아메바는 담수, 수돗물, 온수 욕조 및 토양에서 발견된다. 외상이나 감염에 의해 손상된 각막이 감염되기 쉽지만, 가장 최근의 감염 사례는 콘택트렌즈의 착용과 관련이 있다. 이에 기여하는 요인들에는 부적절하고, 비위생적이며, 잘못된 살균 절차[열로만 확실하게 낭포(cyst)를 죽일 수 있다], 집에서 만든 생리식염수와 콘택트렌즈의 밤샘 또는 수영 중 착용 등이 있다.

초기 단계에서 감염은 약한 염증만을 수반하지만, 이후 단계는 종종 심한 통증을 수반한다. 초기에 치료를 시작하면, 프로파미딘 이세티오네이트(propamidine isethionate) 안약과 국소용 네오마이신을 사용하여 성공적으로 치료할 수 있다. 손상이 너무 심해서 각막 이식이나 심지어는 안구의 적출을 필요로 하는 경우도 종종 있다. 진단은 각막을 긁어낸 시료의 염색을 통해 영양체(trophozoites)와 낭포의 존재를 확인하는 것이다.

임상 사례 해결

녹농균은 상대적으로 높은 농도의 염소에 견딜 수 있기 때문에 수영장에서 이를 박멸하기는 어렵다. 생물막을 만드는 이들의 능력이 이러한 어려움의 한 요인이다. 고무보트은 절대 마르지 않기 때문에 세균은 아마도 이들의 보관 중에 내부에서 성장한다. 세균은 이음새를 통해 새어 나와 고무보트와의 접촉으로 생길 가능성이 있는 작은 찰과상을 통해 인체로 침입한다. 발진의 양상은 고무보트를 다루는 것과 일치하였다. 다리에 발진이 생긴 한 여성 환자는 고무보트를 사용하지 않았고 그녀의 발진은 타일에서 얻은 것 같다.

슈도모나스 피부염의 발생은 주로 수영장과 온수 욕조에 낮은 농도의 물 소독제를 사용한 결과로 발생한다. 이 경우, 고무보트 안의 유기물에서 성장할 수 있는 슈도모나스의 능력이 질병의 발생에 원인이 되었다. 손상을 주지 않고 수영장 장비를 소독하는 관리 기준을 고안하고 있다.

590 599 605 607 **611**

이해도 확인하기

✔ 허피스성 각막염과 아칸트아메바 각막염에 의한 두 개의 눈 질병 가운데 콘택트렌즈를 위한 생리적 식염수에서 왕성하게 증식할 수 있는 생물에 의해 일어날 것 같은 질병은 어느 것인가? **21-11**

학습 개요

서론 (589쪽)

1. 피부는 미생물에 대한 물리적 보호장벽이다.
2. 피부의 습한 지역은 건조한 지역 보다 더 많은 세균 집단의 서식을 허용한다.
3. 인간 피부는 디펜신이란 항생제를 생산한다.

피부의 구조와 기능 (590쪽)

1. 피부의 바깥 부분(표피)은 방수막인 케라틴을 포함한다.
2. 피부의 안쪽 부분인 진피는 모낭, 땀관, 그리고 미생물의 통로역할을 하는 피지선을 포함한다.
3. 피지와 땀은 미생물의 성장을 억제할 수 있는 피부의 분비물이다.
4. 피지와 땀은 일부 미생물의 성장을 위한 영양분을 공급한다.
5. 체강은 상피세포로 이루어져 있다. 이 세포들이 점액을 분비할 때 이들은 점막을 구성한다.

피부의 정상 미생물상 (591쪽)

1. 피부에 사는 미생물은 고농도의 염분과 건조 상태에 저항할 수 있다.
2. 그람양성 구균이 피부에 주로 존재한다.
3. 정상 피부 미생물상은 씻기에 의해 완전하게 제거되지 않는다.
4. 프로피오니박테리움(*Propionibacterium*)속의 세균들은 피지선으로부터 기름을 대사하고 모낭에 군집을 이룬다.
5. 효모인 말라세지아 펄펄(*Malassezia furfur*)은 기름기 있는 분비물에서 성장하며 비듬의 원인이 될 수 있다.

미생물에 의한 피부병 (591~608쪽)

1. 소포는 액체로 가득찬 작은 병변이고; 1 cm보다 더 큰 소포를 수포라 하며; 반점은 평평하며 붉은 병변이고; 구진은 솟아 오른 병변이며; 농포는 고름이 들어 있는 솟아 오른 병변을 의미한다.

세균성 피부병 (591~600쪽)

2. 포도상구균은 주로 무리지어 자라는 그람양성세균이다.
3. 피부 미생물상은 대부분이 응고효소-음성 표피포도상구균(*Staphylococcus epidermidis*)으로 구성되어 있다.
4. 거의 모든 병원성 황색포도상구균은 응고효소를 생산한다.
5. 병원성 황색포도상구균은 장독소, 백혈구파괴소 및 표피박탈 독소(exfoliative toxin)를 생산할 수 있다.
6. 국소적 감염(다래끼, 여드름 및 종창)은 피부에 난 구멍을 통해 침

입한 황색포도상구균에 의해 일어난다.

7. 농가진은 황색포도상구균이 원인인 전염성이 높은 표면의 피부 감염이다.
8. 독소가 혈류에 들어가면 독혈증(toxemia)이 일어난다; 포도상구균에 의한 독혈증은 열상 피부 증후군 및 독성 쇼크 증후군을 포함한다.
9. 연쇄상구균은 주로 사슬 형태로 자라는 그람양성세균이다.
10. 연쇄상구균은 세포벽의 항원과 그들의 용혈 효소에 따라 분류한다.
11. 그룹 A 베타-용혈성 연쇄상구균(화농성 연쇄상구균 포함)은 인간에게 가장 중요한 병원체이다.
12. 그룹 A 베타-용혈성 연쇄상구균은 다음과 같은 독성인자를 생산한다: DNA 분해효소, 스트렙토카이네이즈, 그리고 히알루로니다아제.
13. 단독은 화농성 연쇄상구균이 원인이다.
14. 침입성 그룹 A 베타-용혈성 연쇄상구균은 심하고 빠른 조직 파괴를 일으킨다.
15. 슈도모나드는 그람음성 간균이다. 이들은 호기성 세균으로 주로 토양이나 물에서 발견되며 여러 소독제와 항생제에 내성이 있다.
16. 녹농균은 한 가지 내독소와 여러 외독소를 생산한다.
17. 녹농균이 원인인 질병은 외이염, 호흡기 감염, 화상 감염 및 피부염을 포함한다.
18. 감염은 피오시아닌 색소에 의한 특징적인 청녹색 고름을 만든다.
19. 퀴놀론은 녹농균 감염을 치료하는 데 유용하다.
20. 마이코박테리움 울세란스는 깊은 조직 궤양을 유발한다.
21. 프로피오니박테리움 에크니스는 모낭에 갇힌 피지를 대사할 수 있다.
22. 대사 최종산물(지방산)은 염증성 여드름을 일으킨다.
23. 트레티노인, 과산화 벤조일, 에리스로마이신 및 광선 요법은 여드름 치료에 사용된다.

바이러스성 피부병 (600~605쪽)

24. 유두종바이러스는 피부세포에 증식하여 사마귀나 유두종이라 부르는 양성 육종을 생성하는 원인이다.
25. 사마귀는 직접 접촉에 의해 전파된다.
26. 사마귀는 저절로 퇴화하거나 화학적 또는 물리적으로 제거할 수 있다.
27. 두창(천연두) 바이러스는 두 가지 형태의 피부 감염을 일으키는 데 대두창과 소두창이 있다.
28. 두창은 호흡 경로를 통해 전파되며 바이러스는 혈액을 통해 피부로 이동한다.
29. 두창의 유일한 숙주는 인간이다.
30. 두창은 세계 보건 기구의 예방접종 노력의 결과로 근절되고 있다.
31. 수두-대상포진 바이러스는 호흡계를 통해 전파되어 피부 세포에 소포성 발진을 일으킨다.
32. 수두의 합병증은 뇌염과 라이 증후군을 포함한다.
33. 수두를 앓은 후, 바이러스는 신경세포에 잠복하다가 나중에 대상포진으로 활성화된다.
34. 대상포진은 감염된 피부감각 신경을 따라 소포성 발진이 생기는 것이 특징이다.
35. 바이러스는 아시클로비어로 치료할 수 있다. 약독화된 생백신도 이용 가능하다.
36. 점막세포에 단순포진 감염은 입술의 발진과 경우에 따라 뇌염을 일으킨다.
37. 바이러스는 신경세포에 잠복해 있다가 바이러스가 재활성화되면 입술의 발진이 다시 생긴다.
38. HSV-1은 주로 구강과 호흡 경로를 통해 전파된다.
39. 허피스 뇌염은 단순포진 바이러스가 뇌에 감염되면 발생한다.
40. 아시클로비어가 허피스 뇌염 치료에 효과적인 것이 입증되었다.
41. 홍역은 홍역 바이러스가 원인이며 호흡 경로를 통해 전파된다.
42. 예방 접종은 효과적인 장기간 면역력을 제공한다.
43. 바이러스가 상부 호흡기에서 배양된 후 반점이 있는 병변이 피부에 나타나고, 코프릭 반점이 구강 점막에 나타난다.
44. 홍역의 합병증은 중이염, 폐렴, 뇌염 및 이차 세균 감염을 포함한다.
45. 풍진 바이러스는 호흡 경로를 통해 전파된다.
46. 감염된 사람은 붉은 발진과 가벼운 열을 경험하거나 증상이 없을 수 있다.
47. 선천성 풍진 증후군은 여성이 임신 후 첫 3주 동안에 풍진이 걸렸을 때 태아에게도 영향을 줄 수 있다.
48. 선천성 풍진 증후군의 손상은 사산, 난청, 백내장, 심장 결함 및 정신 지체를 포함한다.
49. 생 풍진 바이러스 백신은 기간을 알 수 없는 면역력을 제공한다.
50. 인간 파보바이러스 B19은 제5병을 일으키며, HHV-6는 장미진의 원인이다.

피부와 손톱의 진균성 질병 (605~607쪽)

51. 표피의 바깥층에 집락을 형성한 진균은 피부진균증의 원인이다.
52. 소포자균(*Microsporum*), 백선균(*Trichophyton*) 및 표피사상균(*Epidermophyton*)이 백선이라 부르는 피부진균증의 원인이다.
53. 이러한 진균들은 머리털, 피부, 손톱과 같은 케라틴을 포함하는 표피에서 성장한다.
54. 백선과 무좀은 주로 국소적 항진균 화학제로 치료한다.
55. 진단은 피부 부스러기 표본의 현미경 검사나 진균 배양을 통해 실시한다.
56. 스포로트릭스증은 상처를 통해 피부를 침투한 토양 진균에 의해 발생한다.
57. 진균은 성장하여 림프관을 따라 피하 결절을 생성한다.
58. 칸디다 알비칸스는 점막에 감염을 일으키며 질염과 구강 점막에 아구창을 일으키는 일반적인 원인이다.
59. 칸디다 알비칸스는 정상 세균 미생물무리가 억제될 때 증식할 수 있는 기회감염 병원체이다.
60. 국소적 항진균 화학제를 칸디다증을 치료하는 데 사용할 수 있다.

기생충의 피부 침입 (607~608쪽)

61. 옴은 피부를 파고 알을 낳은 진드기가 원인이다.
62. 이감염증은 페디큐러스 휴마너스에 의한 침입증이다.

미생물에 의한 눈병 (609~611쪽)

1. 안구를 덮고 눈꺼풀을 이루는 점막이 결막이다.

눈 점막의 염증: 결막염 (609쪽)

2. 결막염은 여러 세균이 원인이며 제대로 소독하지 않은 콘택트렌즈에 의해 전파될 수 있다.

세균성 눈병 (610쪽)

3. 눈의 세균 미생물상은 대개 피부와 상부 호흡기로부터 유래한다.
4. 신생아 안염은 출산 시 태아가 산도를 통과할 때 감염된 엄마로부터 임균이 전염됨으로써 일어난다.
5. 모든 신생아는 나이세리아(*Neisseria*)균과 클라미디아 감염을 예방하기 위해 항생제 치료를 한다.
6. 봉입 결막염은 클라미디아 트라코마티스가 원인인 결막의 감염이다. 이는 출생시 태아로 전파되며 염소 소독을 하지 않은 수영장 물에서도 감염된다.
7. 클라미디아 트라코마티스가 원인인 트라코마는 흉터 조직이 각막에 형성된다.
8. 트라코마는 손, 매개물 및 파리를 통해서도 전파된다.

기타 전염성 눈병 (610~611쪽)

9. 푸사리움(*Fusarium*)과 누룩곰팡이(*Aspergillus*) 진균도 눈을 감염할 수 있다.
10. 허피스성 각막염은 각막 궤양을 일으킨다. 원인은 중추신경계를 침범하고 재발할 수 있는 HSV-1이다.
11. 원생동물인 아칸트아메바(*Acanthamoeba*)는 물을 통하여 전파되며 심각한 형태의 각막염을 일으킬 수 있다.

학습 질문

복습과 객관식 문제에 대한 해답은 책 뒤에 있음.

복습 문제

1. 피부에 대한 세균의 일반적인 침입 양상을 논의하시오. 이러한 양상에 따라 세균의 피부 감염과 진균과 바이러스에 의한 감염을 비교하시오.
2. 어떤 세균이 응고효소 검사에서 양성을 나타내는가? 어떤 세균이 그룹 A 베타-용혈성 특징을 가지는가?
3. 그려보기 아래 그림에서 다음 감염의 부위를 표시하시오: 농가진, 모낭염, 여드름, 사마귀, 대상포진, 스포로트릭스증, 이감염증.

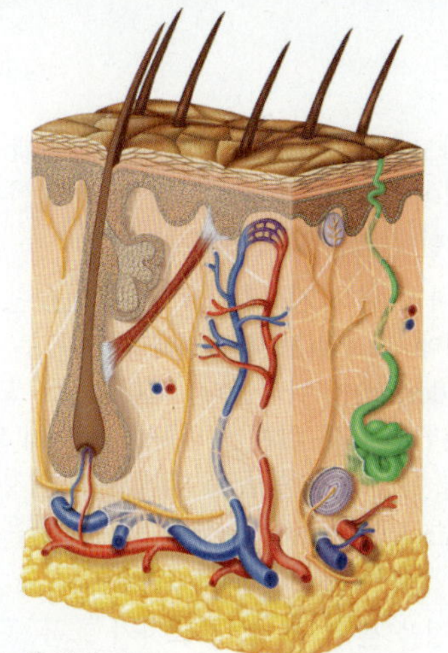

4. 아래 역학 표를 완성하시오.

질병	병 원인체	임상 증상	전파 양상
여드름			
뾰루지			
사마귀			
수두			
열 물집			
홍역			
풍진			

5. 어떤 주에서는 혼인신고서를 발행하기 전에 여성의 풍진에 대한 항체 검사가 왜 필요한가?
6. 아래 도표에서 증상에 따른 질병을 확인하시오.

증상	질병
코플릭 반점	
반점성 발진	
소포성 발진	
작은, 점 발진	
구강 점막의 "물집" 재출현	
각막 궤양과 림프절의 부종	

7. HSV-1 감염으로부터 일어날 수 있는 합병증은 무엇인가?
8. MMR 백신이란 무엇인가?
9. 한 환자에게서 몹시 가려운 염증성 피부 병변이 나타났다. 피부 절편의 현미경 검사에서 8개의 다리를 가진 절지동물이 발견되었다. 이 병의 진단은 무엇인가? 어떻게 치료하는가? 만일 6개의 다리를 가진 절지동물을 보았다면 결과가 어떻게 달라지는가?
10. 이름 답하기 이것은 피부에서 발견되는 혐기성, 그람양성 간균이다. 감염은 주로 레티노이드나 과산화 벤조일로 치료한다.

객관식 문제

1~2번 문제에 답하기 위해 다음 설명을 참고하시오.

6살 먹은 여자아이가 머리 뒤에 느리게 자라는 혹을 검사하기 위해 의사를 방문하였다. 혹은 4 cm 직경을 가진 솟아오른 병변이었다. 병변에서 채취한 조각의 진균 배양검사는 수많은 포자를 가진 한 진균에 대한 양성 반응을 나타내었다.

1. 이 여아의 질병은
   a. 풍진.
   b. 칸디다증.
   c. 피부진균증.
   d. 입술의 발진.
   e. 정답 없음.

2. 두피 이외에 이 질병이 발생할 수 없는 부위는
   a. 발.
   b. 손발톱.
   c. 사타구니.
   d. 피하 조직.
   e. 이 질병은 위의 모든 부위에서 발생할 수 있다.

3~4번 문제에 답하기 위해 다음 설명을 참고하시오.

12살 난 한 소년이 열, 발진, 인후염과 기침의 증세가 있었다. 그는 또한 몸, 얼굴 및 팔에 반점성 발진이 생겼다. 기도에서 채취한 시료의 배양 결과 화농성 연쇄상구균은 발견되지 않았다.

3. 이 소년의 가능한 병명은
   a. 연쇄상구균성 인후염.
   b. 홍역.
   c. 풍진.
   d. 천연두.
   e. 정답 없음

4. 이 병의 합병증이 아닌 것은?
   a. 중이염
   b. 폐렴
   c. 출산 장애
   d. 뇌염
   e. 정답 없음

5. 한 환자가 결막염에 걸렸다. 만일 이 환자의 마스카라 화장품에서 슈도모나드가 검출되었다면, 아래 설명 중 당신이 추측할 수 있는 결과가 아닌 것은?
   a. 마스카라가 감염원이다.
   b. 슈도모나드가 감염의 원인이다.
   c. 슈도모나드는 마스카라에서 자라고 있다.
   d. 마스카라는 생산업자로부터 오염되었다.
   e. 위의 답 모두 타당한 결론이다.

6. 아칸트아메바 각막염 환자로부터 채취한 시료를 현미경으로 검사할 때 볼 수 있는 것은?
   a. 없음
   b. 바이러스
   c. 그람양성 구균
   d. 진핵세포
   e. 그람음성 구균

7~9번 문제의 답을 다음 중에서 선택하시오.
   a. 슈도모나스
   b. 황색포도상구균
   c. 옴
   d. 스포로트릭스
   e. 바이러스

7. 환자의 발진으로부터 긁어 낸 시료를 현미경으로 검사했을 때 아무것도 보이지 않는다.

8. 환자의 궤양을 현미경으로 검사했을 때 10 μm 크기의 구형 세포를 볼 수 있다.

9. 환자의 발진으로부터 긁어 낸 시료를 현미경으로 검사했을 때 그람음성 간균이 보인다.

10. 아래 보기 쌍 가운데 잘못 연결된 것은?
   a. 실명의 주된 원인 – 클라미디아
   b. 수두 – 대상포진
   c. HSV-1 – 뇌염
   d. 부룰리 궤양 – 위산
   e. 정답 없음

비판적 사고

1. 황색포도상구균의 존재를 결정하기 위해 사용하는 한 실험적 검사는 만니톨(mannitol) 염분 배지에서 이 균의 성장을 알아보는 것이다. 배지는 7.5%의 소금(NaCl)을 포함한다. 왜 이것이 황색포도상구균을 위한 선택배지로 간주되는가?

2. 사마귀를 가진 환자는 치료가 필요하다. 간단히 설명하시오.

3. 아래 표의 결과는 9건의 결막염 사례를 분석한 것이다. 이 감염은 어떻게 전파되었는가? 또한 어떻게 예방할 수 있는가?

No.	병의 원인	눈 화장품이나 콘택트 렌즈에서 검출
5	표피 포도상구균	+
1	아칸트아메바	+
1	칸디다	+
1	녹농균	+
1	황색포도상구균	+

4. 어떤 요인이 천연두의 박멸을 가능하게 했는가? 다른 어떤 질병이 이러한 범주에 포함되는가?

임상 응용

1. 수술 후 회복하고 있는 한 입원환자에게 청록색 고름과 포도 같은 향이 나는 감염이 발생하였다. 가능한 병의 원인은 무엇인가? 환자는 어떻게 이러한 감염을 획득했는가?

2. 당뇨병을 관리하기 위해 지속적으로 피하 인슐린 주사를 맞는 12살 난 당뇨병 소녀에게 고열(39.4°C), 저혈압, 복부 통증, 그리고 홍색피부증(erythroderma)이 나타났다. 그녀는 요오드 용액으로 피부를 소독한 후 3일마다 주사 위치를 바꾸도록 되어 있었다. 하지만 그녀는 자주 10일 이상에 한 번꼴로 밖에 주사 위치를 바꾸지 않았다. 혈액 배양검사는 음성이었고, 주사 부위의 농양은 배양하지 않았다. 그녀의 증상의 가능한 원인은 무엇인가?

3. 인플루엔자 판정을 받은 한 십대 남자가 호흡 곤란 증세를 일으켜 병원에 입원하였다. 그는 고열, 발진 및 저혈압이었다. 황색포도상구균이 그의 호흡기 분비물에서 검출되었다. 그의 증상과 병의 원인 사이의 관계를 논하시오.

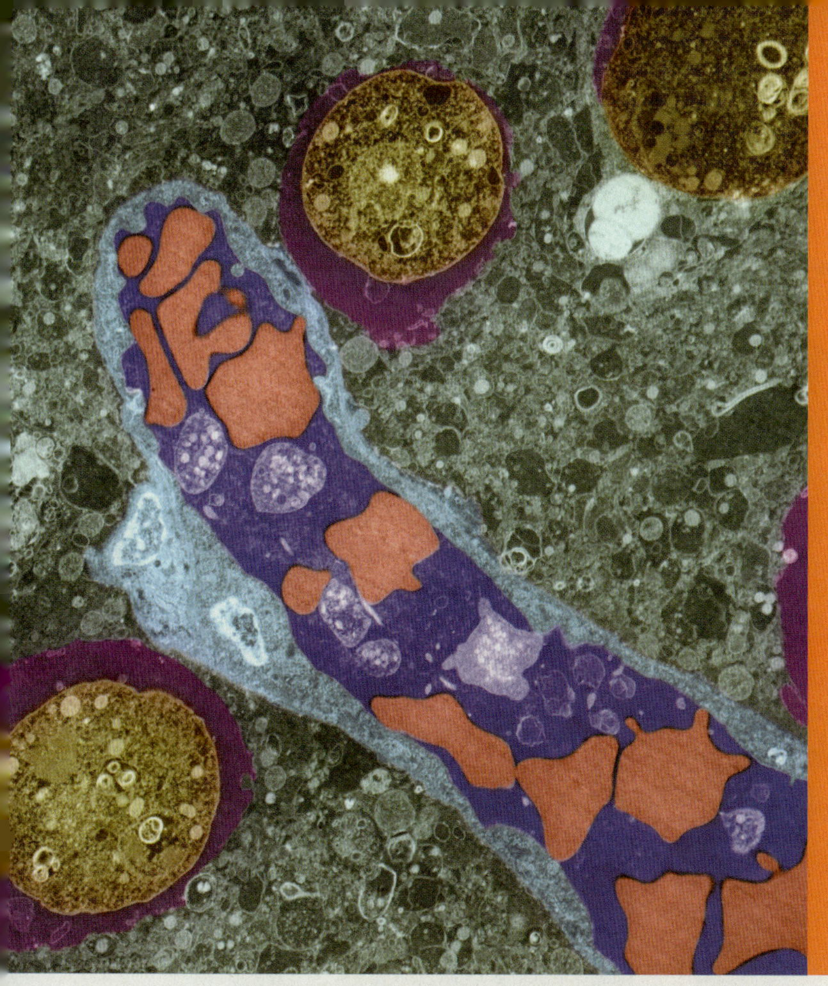

22

미생물에 의한 신경계 질병

가장 파괴적인 감염성 질병 중 일부는 뇌와 척수를 포함한 신경계를 타격하는 질병이다. 신경계 손상은 청력 상실, 시력 상실, 학습 장애, 마비, 사망 등에 이르게 할 수 있다. 신경계는 매우 중요하기 때문에, 뼈와 기타 구조에 의해 사고나 감염으로부터 튼튼하게 보호된다. 혈액에 순환하는 병원체들조차도 뇌혈류장벽에 막혀 뇌와 척수에는 보통 침투하지 못한다(그림 22.2). 간혹, 이러한 방어벽을 무너뜨리는 외상은 심각한 결과를 가져온다. 중추신경계의 액체인 뇌척수액에는 혈액에 존재하는 많은 방어 체계가 결핍되어 있기 때문에, 뇌척수액은 특히 감염에 취약하다. 신경계에 질병을 일으킬 수 있는 병원체들은 종종, 뇌혈류장벽을 뚫고 들어갈 수 있는 특별한 독성 무기를 가지고 있다. 예를 들어, 이러한 병원체는 말초신경에서 복제를 시작하여 점진적으로 뇌와 척수로 이동할 수 있다. 원생동물인 *Naegleria fowleri*(뇌먹는 아메바; 사진 속의 노란색)는 코에서 후각신경을 통하여 뇌로 들어갈 수 있다. 사진 속에서 혈관이 오른쪽 아래에서부터 왼쪽 가운데로 지나가며, 그 안에 적혈구(붉은색)와 백혈구(옅은 파란색)를 볼 수 있다. 이번 장의 임상 사례에서 *Naegleria*가 일으키는 수막뇌염을 설명할 것이다.

신경계의 구조와 기능

학습 목표

22-1 중추신경계 와 뇌혈류장벽의 정의를 설명한다.

22-2 수막염과 뇌염의 차이를 설명한다.

사람의 신경계는 중추신경계와 말초신경계로 나뉜다(그림 22.1). **중추신경계(central nervous system, CNS)**는 뇌와 척수로 구성된다. 중추신경계는 우리 몸 전체를 통제하는 중추로서, 외부에서 온 감각정보를 수집하고 해석하여 신경자극을 내보내어 신체 활동을 조율한다. **말초신경계(peripheral nervous system, PNS)**는 뇌와 척수에서 가지처럼 나온 모든 신경으로 이루어진다. 이 말초신경들이 중추신경계와 우리 몸의 여러 부분, 그리고 외부 환경 사이의 소통을 담당하는 끈이라 할 수 있다.

뇌와 척수는 **수막**(meninges)이라는 세 겹의 연속적인 막으로 덮여 보호된다(그림 22.2). 수막의 가장 바깥이 **경막**(dura mater), 중앙이 **거미막**(arachnoid mater), 가장 깊은 곳이 **연질막**(pia mater)이다. 연질막과 거미막 사이의 공간을 **지주막하강**(subarachnoid space)이라 하는데, 성인의 경우 이곳에 100~160 ml의 **뇌척수액**(cerebrospinal fluid, CSF)이 순환한다. CSF에는 보체 또는 순환 항체의 양이 적고 식세포가 거의 없기 때문에, 여기서는 세균이 거의 통제 없이 증식할 수 있다.

19세기 후반에, 동물의 몸에 염료를 주사한 실험 결과, 모든 기관이 염색되었으나 예외적으로 뇌는 염색되지 않았다. 거꾸로, CSF에 염료를 주입하면 뇌만 염색이 되었다. 이 놀라운 결과가 **뇌혈류장벽(blood-brain barrier)**의 중요한 해부학적 특징을 최초로 증거한 것이었다. 특정 모세혈관은 혈액에서 뇌로 일부 물질을 통과시킨다. 이런 혈관들은 몸의 다른 부위의 모세혈관에 비하면 투과성이 적어 통과할 수 있는 물질에 더 선택적이다.

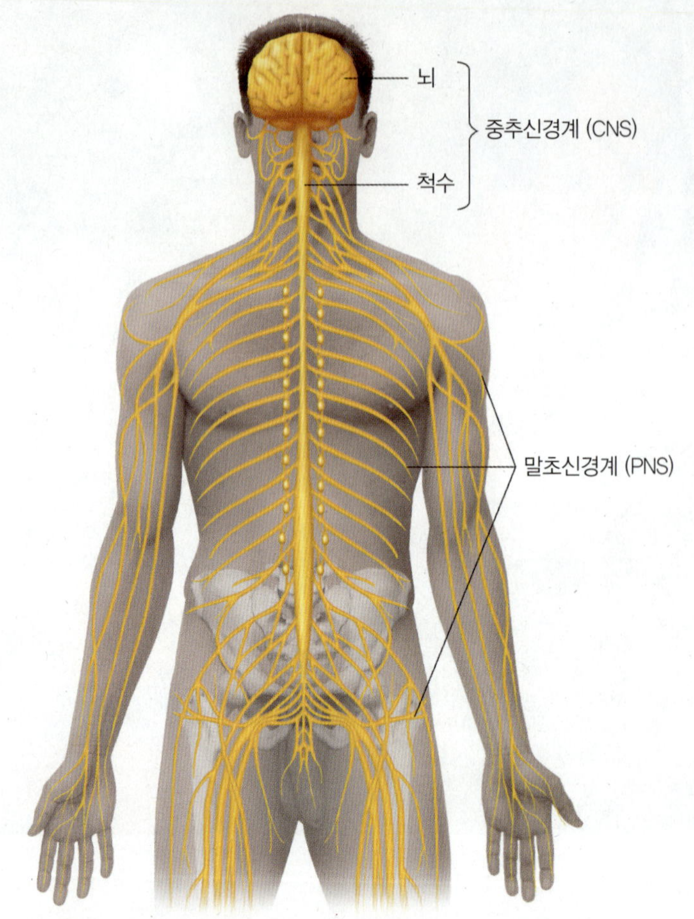

그림 22.1 사람의 신경계. 이 그림은 중추신경계와 말초신경계를 보여 준다.

Q 수막염은 중추신경계의 감염인가 아니면 말초신경계의 감염인가?

임상 사례: 수영할 때는 머리를 물 위로

부모가 지켜보는 가운데, 응급구조원들은 9세 여아인 파트리샤 스콧(Patricia Scott)을 구급차 뒤 칸에 실었다. 파트리샤의 어머니는 응급구조원에게 3일 전 파트리샤가 심한 두통을 호소했으며 이후 3일 동안 메스꺼움과 구토가 있었다고 알려주었다. 평소에 활기차던 파트리샤가 급격히 무기력해져 반응을 보이지 않자 파트리샤의 아버지가 응급구조대에 전화하였다.

파트리샤가 아프게 된 원인이 무엇이었을까? 알아보자.

616 621 622 635 637 639

지용성인 경우가 아니면 약물들이 뇌혈류장벽을 건너지 못한다. (포도당이나 대부분의 아미노산은 지용성이 아니지만 이들에 대한 특별한 수송체계가 있기 때문에 뇌혈류장벽을 건널 수 있다.) 지용성 항생제인 클로람페니콜(chloramphenicol)은 뇌에 쉽게 들어간다. 페니실린은 지용성이 아주 약하지만 많은 용량을 섭취하게 되면, 뇌에서 효과를 나타내기에 충분한 양이 뇌혈류장벽을 통과할 수 있다. 뇌의 염증은 뇌혈류장벽을 바꾸어, 감염이 없는 정상 조건에서는 통과할 수 없던 항생제들이 이 벽을 통과할 수 있도록 한다. 이렇게 염증이 뇌혈류장벽의 투과성을 바꾸었을 때에 중추신경계에 침투하는 가장 흔한 경로는 혈액과 림프계이다(23장 참조).

수막에 발생한 염증을 **수막염(meningitis)**이라 하며, 뇌 자체에 생긴 염증을 **뇌염(encephalitis)**이라 한다. 뇌와 수막 둘 다에 염증이 생기면 **수막뇌염(meningoencephalitis)**이라 한다.

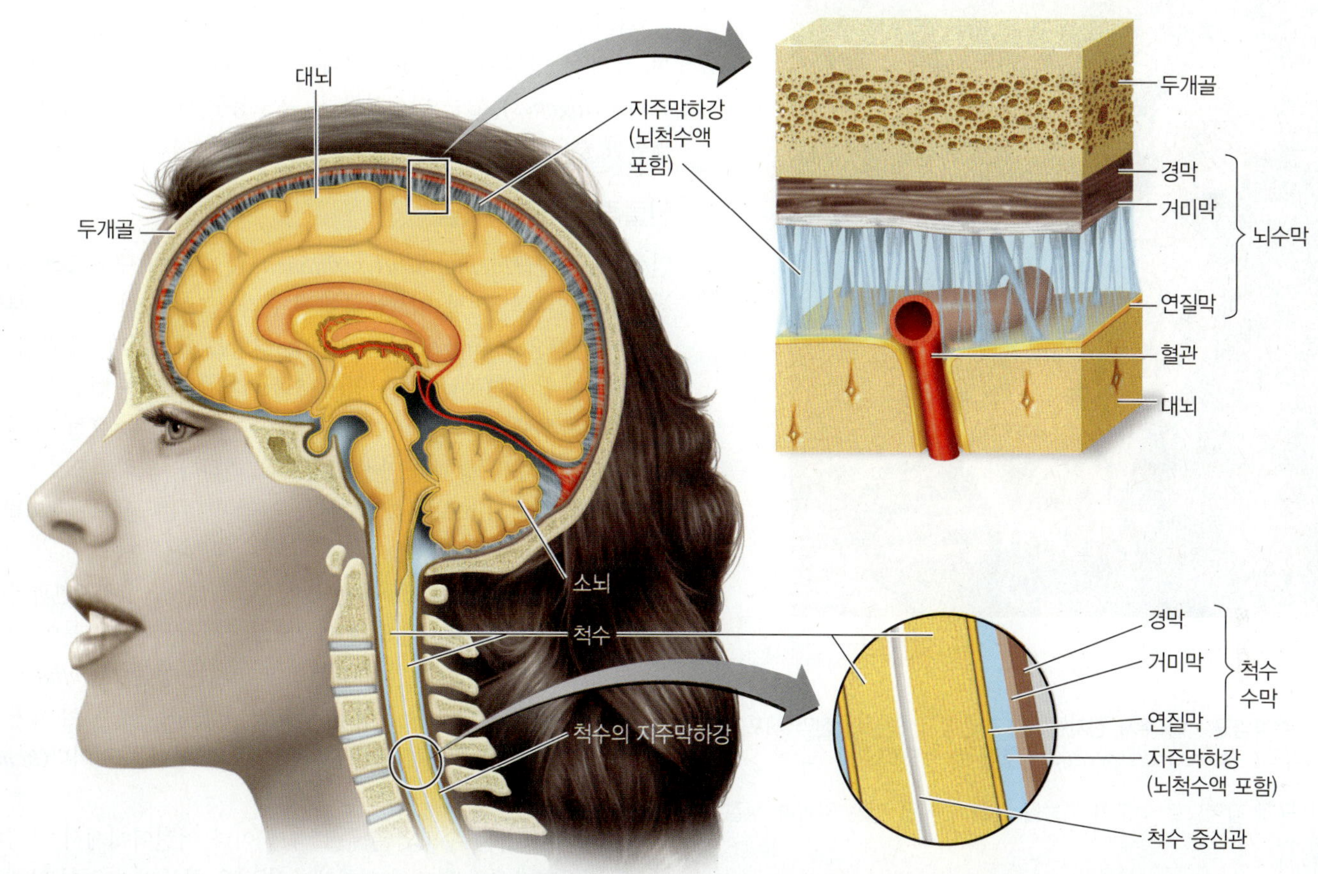

그림 22.2 **수막과 뇌척수액.** 두개골 또는 척추의 수막은 경막과 거미막, 연질막의 세 층으로 되어 있다. 거미막과 연질막 사이가 뇌척수액이 순환하는 지주막하강이다. 혈액에 미생물이 감염되면 혈관벽에서 뇌혈류장벽을 통과할 수 있으므로, 뇌척수액은 이로 인한 오염에 취약하다.

 수막염을 앓고 있는 어떤 환자에, 뇌염이 발생하려면 병원체가 어떤 장벽을 통과하여야 하는가?

이해도 확인하기

✔ 대부분의 다른 항생제와는 달리 클로람페니콜 항생제가 뇌혈류장벽을 쉽게 통과할 수 있는 이유는 무엇인가? **22-1**

✔ 뇌염은 어느 기관의 염증인가? **22-2**

세균성 신경계 질병

학습 목표

22-3 인플루엔자균(*Haemophilus influenza*), 수막염균(*Neisseria menigitidis*), 폐렴연쇄상구균(*Streptococcus pneumonia*), 리스테리아균(*Listeria monocytogenes*)에 의해 발생하는 수막염을 전염병학적으로 설명한다.

22-4 세균성 수막염의 진단 방법과 치료에 대하여 설명한다.

22-5 파상풍의 전염병학, 즉 감염경로, 병의 원인, 질병 증상, 예방법을 설명한다.

22-6 보툴리누스 중독의 원인 인자, 증상, 의심되는 식품, 치료법을 설명한다.

22-7 한센병의 전염병학, 즉 감염경로, 병의 원인, 질병 증상, 예방법을 설명한다.

중추신경계의 미생물 감염은 흔하지는 않지만 종종 심각한 결과를 가져온다. 항생제가 없던 시대에, 중추신경계 감염은 거의 치명적이었다.

세균성 수막염

수막염의 초기 증상은 별로 심하지 않아서 열과 두통, 뻣뻣한 목 등 세 가지로 나타난다. 메스꺼움과 구토가 종종 잇따르며 수막염이 결국 경련과 혼수상태로 진행될 수 있다. 치사율은 병원체에 따라 차이가 있으나 감염성 질병 치고는 대체로 높은 편이다. 수막염을 앓고 생존한 많은 사람들이 어느 정도의 신경 손상으로 고통 받는다.

수막염은 바이러스, 세균, 진균, 원생동물을 포함한 다양한 병원체에 의해 생길 수 있다. **바이러스성 수막염(viral meningitis**; 630

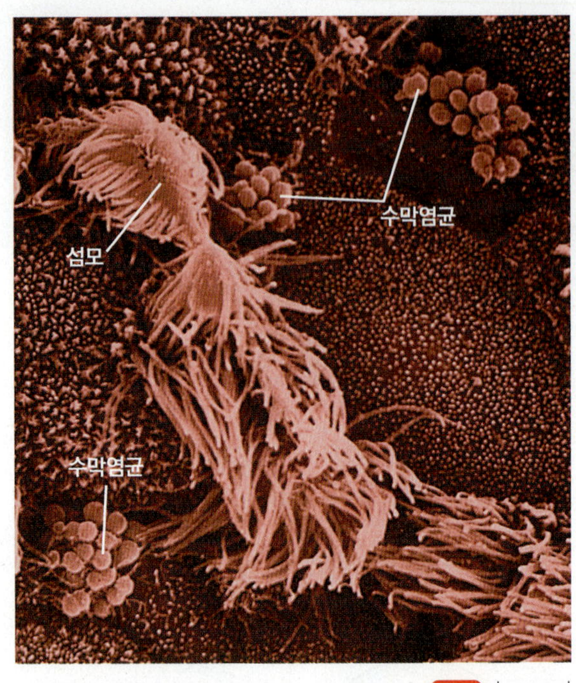

그림 22.3 수막염균. 이 주사 전자현미경 사진에서, 인두의 점막 세포에 부착된 수막염균(*Neisseria meningitidis*)의 군집을 볼 수 있다.

Q 이 세균의 감염으로 섬모가 기능을 못하게 되면 어떤 결과가 생길 것인가?

쪽 참조하여 바이러스성 뇌염과 혼동하지 말 것)은 세균성 수막염보다 훨씬 더 흔하지만 가벼운 병이다. 대부분의 경우 여름과 가을에 발생하며 장내바이러스(enteroviruses; 377쪽 표 13.2 참조)라고 하는 다양한 바이러스 군에 의해 주로 생긴다. 장내바이러스는 인후(목구멍)와 소화기 장관에서 잘 증식하여 주로 경미한 여러 가지 질병을 일으킨다. 바이러스성 수막염은 또한 볼거리와 수두, 독감 등과 같은 바이러스 감염의 합병증으로 종종 발생할 수 있다.

현재까지, 단 3종의 세균이 대부분의 수막염과 이와 관련한 사망의 원인이었다. B형 인플루엔자균(*Haemophilus influenzae* type B)에 의한 수막염은, 과거에 대부분 수막염의 원인이었지만 효과적인 백신이 나온 이후로 미국에서는 거의 사라졌다. 지금은 16세 이상의 성인 환자에서 약 80%의 경우를 수막염균(*Neisseria meningitidis*)과 폐렴연쇄상구균(*Streptococcus pneumonia*)가 일으킨다. *S. pneumoniae*에 대한 결합백신(conjugated vaccine)이 널리 사용됨에 따라 특히 어린이의 수막염 발생이 감소할 전망이다. 이 백신은 또한 결과적으로 집단면역을 만들어 성인 인구에도 유익을 줄 수 있다. 이 세 가지 병원체는 모두 협막(capsule)을 가지고 있어 식작용으로부터 보호되므로 혈액에서 빠르게 증식하고, 뇌척수액으로 들어갈 수 있다. 세균성 수막염으로 인한 사망은 흔히 매우 급속히 일어나는데, 그람음성세균의 내독소 또는 그람양성세균의 세포벽 조각(펩티도글리칸과 테코인산)의 방출로 인하여 발생하는 쇼크와 염증 때문인 것 같다.

거의 50종의 다른 세균이 경우에 따라 수막염을 일으키는 기회 감염성 병원체로 보고되었다. 특히 리스테리아균(*Listeria monocytogenes*), B군 연쇄상구균, 포도상구균과 일부 그람음성세균들이 중요하다.

인플루엔자균 수막염

인플루엔자균(*Haemophilus influenzae*)은 산소요구성 그람음성 세균으로 인후의 정상 미생물상에 속한다. 그러나 간혹, 인플루엔자균이 혈액으로 들어가 여러 침습성 질병을 일으킨다. 수막염 이외에도, 폐렴(693쪽)과 중이염(685쪽), 후두개염을 빈번히 일으킨다. 인플루엔자균의 탄수화물 협막이 병원성에 중요한 요인인데, 특히 b형 협막 항원을 가진 세균이 그러하다. 의학적으로 이 균주를, 머리글자 Hib로 흔히 부른다. 피막이 없는 균주는 **형별불능**(nontypable)이라 한다.

*Haemophilus influenzae*라는 명칭은 이 세균을 1889년과 1차 세계대전 당시 독감 유행병의 원인균으로 잘못 생각하여 붙인 것이다. 아마도 바이러스로 유발된 유행병이 퍼지는 동안 *H. influenzae*는 2차 감염체였을 것이다. *Haemophilus*가 뜻하는 것은 이 세균이 증식하려면 혈액에 존재하는 물질들을 필요로 한다는 것이다(*hemo* = 혈액; *philus* = 좋아함).

Hib이 일으키는 수막염은 주로 4세 이하 어린이에게서 발생하며, 특히 생후 6개월 정도에 엄마에게서 받은 항체의 효력이 약해질 때이다. 1988년에 도입된 Hib 백신 덕분에, 이로 인한 감염 사례는 감소하고 있다. 인플루엔자균 수막염이 보고된 세균성 수막염 사례의 대부분(45%)을 차지하며 약 6%의 치사율을 보인다.

수막구균성(*Neisseria*) 수막염

수막구균성 수막염(meningococcal meningitis)은 수막염균인 *Neisseria meningitidis*[**수막구균(meningococcus)**]에 의해 생긴다. 이 세균은 산소요구성 그람음성세균으로 다당류 협막이 독성에 중요한 역할을 하며, Hib과 폐렴균처럼, 질병을 일으키지 않고 보균자의 코와 인후에 주로 서식한다(그림 22.3). 인구의 40%에 이르는 보균자가 감염원이며, 비말 또는 분비물과의 직접 접촉으로 전염된다. 수막구균성 수막염의 증상은 주로 세균의 내독소에 의하여 급속히 유발되며 단 몇 시간 내로 사망에 이를 수도 있다. 가장 뚜렷한 증상은, 눌렀을 때 잘 사라지지 않는 반점이다. 수막구균성 수막염의 발병은 전형적으로 목 감염으로 시작하여 균혈증(bacteremia)과 결국에는 수막염에 다다른다. 보통 2세 이하의 어린이에게 발병하는데, 상당수의 어린이가 청각상실 등 후유증을 겪는다.

발열이 시작되고 몇 시간 내로 사망에 이를 수 있지만, 항생체 치료로 치사율이 9~12% 정도까지 줄었다. 약물 치료가 없으면 치사율이 80%에 이른다.

수막구균은 침습성 질병에 연관된 여섯 종류의 협막 혈청형(A, B, C, W-135, X, Y)으로 존재한다. 이 여섯 혈청형의 분포와 출현 빈도는 계속해서 달라진다. 교통수단의 발달로 지역에서 질병이 급속히 퍼지기 쉬워졌고 결과적으로 그 지역 인구는 그 전에 흔치 않았던 혈청형에 노출된다. 수막구균성 수막염은 세계적인 문제인데, 세계보건기구(WHO)의 추정에 따르면 세계적으로 연간 약 1200만 건이 발생하여 135,000명이 사망하며, 특히 개도국 사회에서 가장 큰 부담이 되고 있다.

최근에 B 혈청형과 C 혈청형이 미국과 그 밖의 선진국에서 주를 이룬다. 이런 나라에서의 발병 사례는 산발적이며 연령에 따라 다른데, 아직 항체가 만들어지지 않은 영아기에 가장 흔하다. 아프리카와 아시아의 사막 지역에서는, 건조한 기후로 인하여 코 안의 점막이 세균 감염에 대한 내성이 떨어지게 된다. 그리하여 주로 A와 C 혈청형의 전염이 만연하다. 특히, 사하라 이남의 아프리카에서는 정기적으로 A 혈청형이 파괴적으로 번진다.

미국에서는, 수막염 발생이 대학생들 사이에서 산발적으로 일어난다. 이것은 기숙사에서 취약한 집단이 함께 사는 생활 방식의 결과인 것으로 여겨진다. 1982년에 백신이 도입되기 전에, 수막염의 전염은 미군 신병 숙소에서 큰 문제 거리였다. A, C, Y, W-135 혈청형에 가장 흔히 분포하는 다당류 협막을 표적으로, 디프테리아 변성독소(toxoid)에 결합된 백신이 상용화 되었다. 이 백신은 2세부터 55세 사이의 연령에 적합하며 영아기 연령에서는 매우 약한 면역반응을 보인다. 이 백신은 기억 B세포의 반응을 잘 일으키지 못하여 3~5년 간격으로 재접종하여야 한다. 대학 신입생에게 흔히 예방접종이 권장되며, 예방접종을 입학의 의무사항으로 하는 학교도 있다.

특히 영아나 유아들을 위하여, 다당류 백신을 단백질 담체와 결합하여 그 효력을 향상시킬 수 있다. 이 방법이 세계적으로 시험 중인 몇몇 실험 백신의 기본 방향이다. 이러한 백신은 또한 효력이 더 오래 가며 종종 세균의 보균도 감소시킨다. 영국에서는 C 혈청형에 대한 이러한 백신을 통상적으로 영아에게 접종시키며 소아 및 청소년에게도 접종 캠페인을 벌이고 있다.

B 혈청형으로 생기는 질병이 골칫거리이다. 이들의 협막은 구조적으로 신생아 특정 조직과 동일하여, 면역 관용(immune tolerance)을 얻게 되어 면역반응이 거의 일어나지 못한다. 현재 B 혈청형에 대한 백신은 없으며 만든다 하더라도 우리 신체 조직을 공격할 항체를 만들 가능성이 있다.

폐렴구균성(*Streptococcus pneumoniae*) 수막염

폐렴구균(*Streptococcus pneumonia*)은, *H. influenzae*와 마찬가지로, 흔히 코인두(nasopharyngeal) 부분에 서식한다. 일반인의 약 70%가 건강한 보균자이다. 폐렴의 원인으로 가장 잘 알려져 있는 폐렴구균(24장 참조)은 그람양성이며 협막을 가진 쌍구균(diplococcus)이다. 폐렴구균은 세균성 수막염의 주요 원인균이며, 현재 이에 대하여 효과 있는 Hib 백신이 시용 중이다. 약 3,000 사례의 수막염 이외에도, 매년 *S. pneumoniae*가 50만 건의 폐렴과 수백만의 고통스러운 중이염을 일으킨다. 폐렴구균성 수막염의 대부분은 1개월에서 4세 사이의 아이들에게 발생한다. 세균성 질병치고는 사망률이 매우 높아, 어린이에서는 약 30%와 성인에서는 80%에 이른다.

Hib 백신을 본떠서 만들어진 접합백신이 도입되었는데, 이것은 2세 미만의 영아에게 권장된다(507쪽 표 18.3 참조). 이 백신의 예상치 않았던 장점은 중이염의 사례를 약 6~7% 정도 감소시킨다는 것이다. 폐렴구균의 혈청형이 많아서 모든 혈청형에 대한 백신을 만드는 것이 어렵다.

폐렴구균에 의한 수막염과 그 외 다른 질병들의 심각한 문제는 항생제 내성을 가진 균주의 출현이 증가하고 있는 것이다.

가장 흔한 종류의 세균성 수막염의 진단과 치료

세균성 수막염의 진단은 요추 천자(spinal tap 또는 lumbar puncture, 그림 22.4) 방법으로 뇌척수액을 뽑아 실시한다. 단순한 그람염색법이 흔히 사용되는데 상당히 정확하게 병원체를 확인할 수 있다. 추출한 뇌척수액에서 병원체를 배양할 수도 있는데, 이 경우에는 시료를 신속하고 주의 깊게 다루어야 한다. 왜냐하면 관련 병원체들이 매우 민감하여 보관 기간 동안 또는 온도 변화에도 잘 생존하지 못하는 경향이 있기 때문이다. 뇌척수액으로 시행되는 혈청학적 검사 중 가장 흔히 사용되는 것이 라텍스 응집 검사(latex agglutination test)이다. 결과는 20분 만에 확인되지만, 음성 결과라 하더라도 흔치 않은 세균성 병원체 또는 비세균성 원인체의 가능성을 배제할 수는 없다.

세균성 수막염은 생명에 위협이 되며 급속히 진행된다. 따라서 신속한 처치가 필수적이어서, 병원체를 완벽히 확인하기 전에, 일단 의심되는 원인균에 대한 화학요법을 보통 먼저 개시한다. 3세대 광범위 항생제인 세팔로스포린(cephalosporins)이 첫 번째 선택이지만 일부 전문가들은 반코마이신(vancomycin)도 같이 권장한다. 병원체가 확인되거나, 배양된 병원체의 항생제 민감성이 판정되면, 항생제 처방이 달라질 수 있다. 항생제는 또한 환자 외의 접촉으로 수막염 퍼지지 않도록 하는 데 중요한 역할을 한다.

리스테리아증

리스테리아균(*Listeria monocytogenes*)은 그람양성 막대균으로, 사람에게 질병을 일으키는 것이 알려지기 오래 전에 동물에서 사산과 신경계 질병을 일으키는 것으로 알려졌다. 이 세균은 동물의 대변으로 배출되어, 흙과 물에 널리 분포한다. 이 세균의 명칭은, 동물에 감염하였을 때 백혈구의 일종인 단핵구(monocyte) 안에서 증식하는 특성에서 유래했다. **리스테리아증(listeriosis)**은 그다지 중요하게 여겨지지 않다가 최근에 식품 업계나 보건 당국이 매우 염려하는 질병으로 이에 대한 인식이 바뀌었다. Hib 백신이 도입된 이후로, 리스테리아증은 세균성 수막염의 넷째 가는 원인이 되었다.

리스테리아증에는 두 가지 기본 형태가 있는데, 성인 감염과 태아 및 신생아의 감염이다. 사람의 경우 성인 감염은 대체로 경미하여 증상이 없지만, 세균이 때때로 중추신경계를 침투하여 수막염을

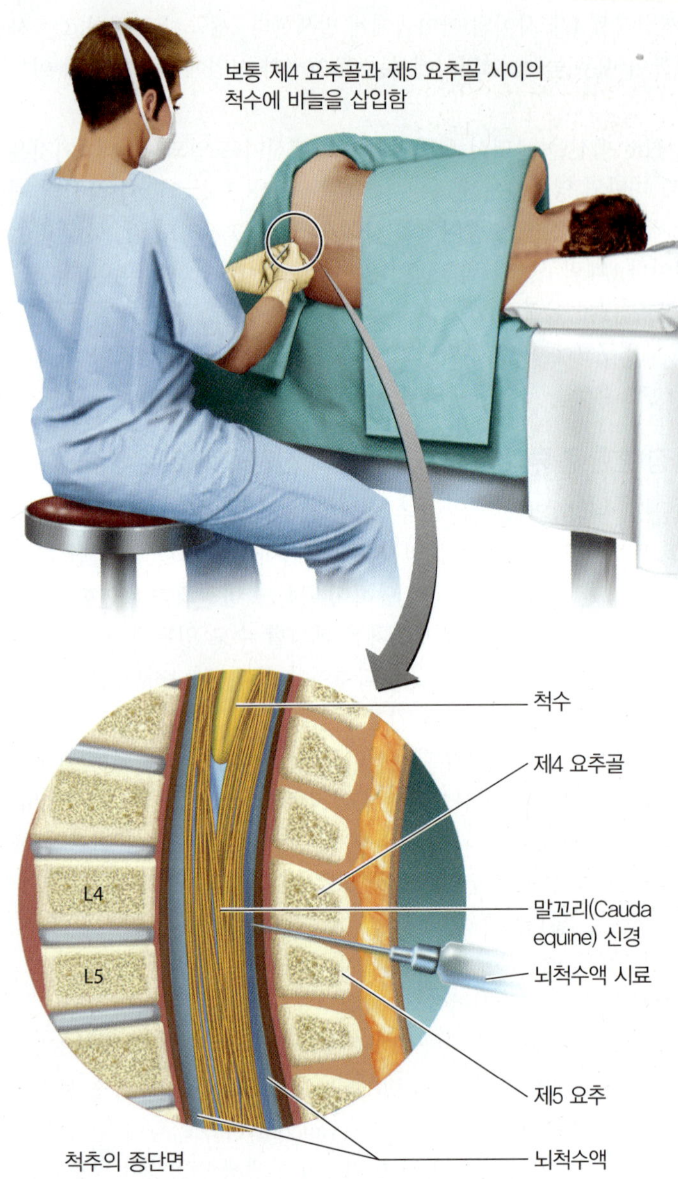

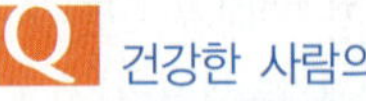

그림 22.4 요추 천자. 수막염처럼 중추신경계를 침범하는 질병을 진단하는 데 종종 요추 천자가 시행된다. 허리 척추뼈 사이에 바늘을 찌른다. 지주막하강(그림 22.2 참조)에 들어 있는 뇌척수액을 채집하여 실험실에서 검사한다.

Q 건강한 사람의 뇌척수액을 현미경으로 관찰하면 무엇을 볼 수 있나? 수막구균성 수막염 환자의 뇌척수액에는 무엇이 관찰되나?

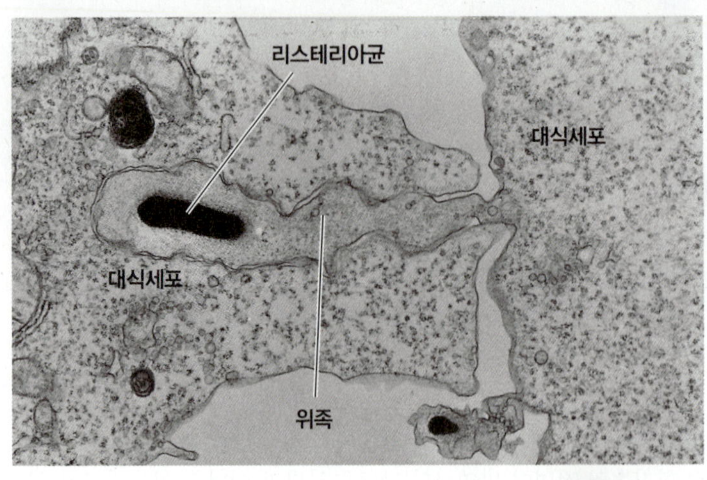

그림 22.5 리스테리아증의 원인균, *Listeria monocytogenes*의 세포간 전파. 세균이 자신이 있는 대식세포(오른쪽)에서 위족이 형성되도록 한다. 그 위족을 지금 왼쪽 대식세포가 삼키고 있다. 이 위족은 곧 잘려나갈 것이고 결과적으로 세균은 오른쪽 세포에서 왼쪽 세포로 넘어가게 된다.

Q 리스테리아증은 어떻게 걸리게 되나?

일으킨다. 이러한 경우는 주로 암과 당뇨병, 에이즈 등의 환자들이 면역계가 약해졌을 때, 또는 면역억제제를 투약 받는 사람들에게서 일어난다. 때로, *L. monocytogenes*가 혈액에 침투하여 다양한 질병, 특히 패혈증을 일으킨다. 리스테리아증에서 회복하였거나 또는 외관상 건강한 사람들도 종종 그들의 대변에 병원체를 계속 배출한다. 리스테리아균의 중요한 독성 요인은 이 세균이 식세포에 섭취되어도 파괴되지 않고 심지어 그 안에서 증식한다는 것이다. 주요 증식 기관은 간이다. 이 세균은 또한 하나의 식세포에서 인접한 다른 식세포로 바로 이동할 수 있는 특별한 능력도 있다(그림 22.5).

임신한 여성이 *L. monocytogenes*에 감염되면 특히 위험하다. 이 여성은 경미한 감기 증상 정도를 겪지만, 태아가 태반을 통하여 감염되면 흔히 유산이나 사산이 따른다. 어떤 경우에는 질병의 증상이 보이지 않다가 생후 몇 주에 수막염이 드러나 심각한 뇌 손상이 남거나 사망에 이르게 된다. 이 형태의 감염으로 인한 영아 사망률은 약 60%이다.

사람에게서 집단 발병하는 경우는 주로 음식물에 오염된 세균때문이다. 리스테리아균은 다양한 음식에서 분리되는데, 미리 가공된 육류 제품과 유제품이 여러 차례의 리스테리아증 전염의 원인이었다. *L. monocytogenes*는 냉장고 온도에서 증식할 수 있는 몇몇 병원체 중 하나로서, 음식물 보관 기간 동안 더 증식하여 세균의 숫자가 늘어날 수 있다. 미국 식품의약국(FDA)이 최근에, 최소한 170 종류의 *L. monocytogenes* 균주를 죽일 수 있는 박테리오파지가 들어 있는 스프레이를 미리 가공된 육류에 사용하는 것을 승인하였다. 소비자들이 이 방법을 받아들인다면, 다른 식품매개 병원체들을 통제하는 비슷한 스프레이 개발에 표본이 될 것이다

음식물에서 *L. monocytogenes*를 검출하는 방법을 향상시키는 연구가 진행 중이다. 선별적인 배양액과 신속한 생화학적 검사법에 상당한 진전이 이루어졌다. 그러나 결국에는 DNA 탐침과, 단일클론 항체를 이용한 혈청학적 검사가 가장 만족스러운 방법이 될 것이다(10장 참조). 사람의 리스테리아증을 진단하려면 이 병원체를 혈액이나 뇌척수액에서 분리하여 배양하여야 한다. 페니실린 G가 치

료에 가장 적합한 항생제이다.

수막염과 뇌염의 원인 미생물에 관하여 질병 초점 22.1에 요약되어 있다.

임상 사례

파트리샤가 응급실에 도착하였을 때, 담당 의사는 파트리샤의 신경학적 증상을 알아차리고 요추 천자로 세균을 배양하고 세포 숫자를 계수하기로 결정하였다. 그런데 요추 천자를 시행하는 동안 담당 의사는, 건강한 사람에서는 보통 투명한 뇌척수액이 파트리샤의 경우에는 피가 섞이고 혼탁한 것을 발견하였다. 실험실의 보고에 따르면 백혈구 숫자는 많았고 세균은 배양되지 않았다.

이 결과를 근거로, 담당 의사가 어떤 다른 진단을 내릴 수 있을까?

616 **621** 622 635 637 639

이해도 확인하기

- *Listeria monocytogenes* 병원체가 일으키는 수막염이 흔히 냉장 식품 섭취와 연관성이 있는 이유는 무엇인가? **22-3**
- 세균성 수막염을 진단하기 위해 어떤 체액을 시료로 채취하는가? **22-4**

파상풍

파상풍(tetanus)의 원인체인 파상풍균(*Clostridium tetani*)은 절대 무산소성이며 포자를 형성하는 그람양성 막대세균이다. 특히 동물의 배설물로 오염된 토양에 흔하게 존재한다.

파상풍의 증상은 매우 강력한 신경독소인 **테타노스파즈민**(tetanospasmin)에 의해 일어나는데, 이 독소는 세균의 사멸 또는 용해 시 방출된다(15장 참조). 파상풍 세균은 말초신경이나 혈액을 통해 중추신경계로 침투한다. 세균 자체는 감염부위에서 퍼지지 않아 염증은 일어나지 않는다.

정상적으로 근육이 작동할 때, 신경 충격이 근 수축을 개시한다. 동시에, 반대편 근육은 수축과 겨루지 않도록 이완 신호를 받는다. 파상풍 신경독소는 이완 경로를 방해하여 서로 반대되는 세트로 이루어진 근육이 양편 모두 수축하는 특이한 근육 경련을 일으킨다. 이 병의 초기에 턱의 근육에 이상이 생겨 입이 벌어지지 않고 턱이 뻣뻣해지는(lockjaw) 상태가 된다. 극단적인 경우에는, 등 근육에 경련이 생겨 머리와 발뒤꿈치가 뒤로 굽어지는 **후궁반장**(opisthotonos) 상태가 된다(그림 22.6). 점차적으로, 다른 골격근도 손상을 받아 삼킬 때 작동하는 근육에도 영향이 미친다. 마침내 호흡에 관여하는 근육에 경련이 오면 사망에 이르게 된다.

이 세균이 절대 무산소 생물(obligate anaerobe)이기 때문에, 이것이 침투하는 상처 부위에서 무산소 환경이 제공되어야만 한다. 예를 들어 오염된 녹슨 못에 찔린 깊은 상처 부위처럼 완전히 소독되지 않은 곳을 통하여 우리 몸에 침투한다. 특히 주입 마약 투여자들은 주사하는 과정에 위생을 먼저 고려하지 않고 종종 마약도 오염

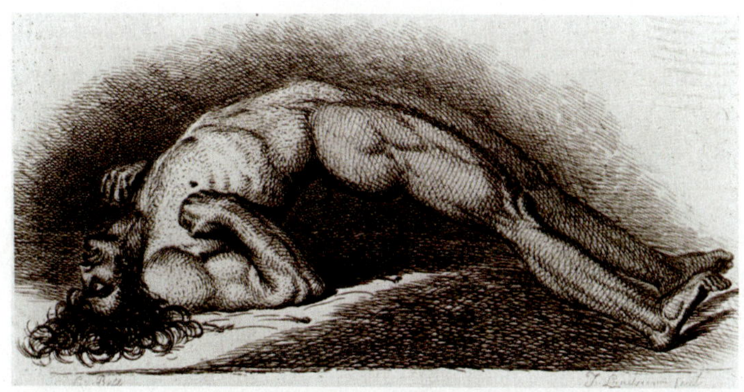

그림 22.6 파사풍이 진전된 사례. 나폴레옹 시대의 전쟁 중에 감염된 영국군의 그림. 활모양의 강직이 오면 사실상 척추 골절이 발생한다. 그림은 에든버러에 있는 왕립 외과 대학의 찰스 벨(Charles Bell)이 그린 것이다.

Q 활모양의 강직을 일으키는 독소의 이름은 무엇인가?

되어 있기 때문에 큰 위험에 노출되어 있다. 그러나 많은 사례의 파상풍은 압정 위에 앉았다던가 하는 매우 사소한 상처로 인하여 발생하기 때문에 의사들이 쉽게 찾아 내지 못한다.

파상풍에 효력 있는 백신은 1940년 대 이후 사용되었다. 예전에는 이에 대한 예방 접종이 흔치 않았으나 오늘날에는 어릴 때 맞는 기본 DTaP(디프테리아, 파상풍, 비세포 백일해) 백신에 포함되어 있다. 현재 미국에서, 6세 아동의 약 96%가 파상풍에 면역을 가지고 있으나, 70세의 경우에는 약 30%밖에 면역을 갖고 있지 않다. 파상풍 백신은 **변성독소**(toxoid), 즉 불활성화 독소로서 세균이 만드는 독소를 중화할 항체의 생산을 자극한다. 강한 면역을 유지하기 위해 10년에 한 번씩 추가 접종이 필요하지만, 대부분 사람들이 추가 접종을 받지 않는다. 혈청학적 조사에 따르면 미국 인구의 최소한 50%가 적절한 면역력을 갖고 있지 않다. 실제로, 미국에서 발생하는 파상풍의 70%는 50세 이상에 해당된다. 일부는 한번도 예방 접종을 받은 적이 없고 또 일부는 시간이 흐르면서 항체가 사라진 경우이다.

그렇기는 하지만, 예방접종 덕분에 파상풍은 미국에서 희귀한 질병이 되어, 일 년에 50 사례 이하로 발생한다. 1903년, 406명이 불꽃놀이로 인한 파상풍균 감염으로 사망하였다. (불꽃놀이에서 폭발할 때 튀기는 흙 알갱이는 우리 몸 깊이 박힐 수 있다.) 전 세계적으로, 매년 100만 건의 파상풍이 발생하며 그 중 절반이 신생아에게서 발생하는 것으로 추정된다. 세계의 많은 지역에서, 아기의 탯줄을 끊고 흙이나 점토 또는 심지어 소똥을 상처 위에 덮는다. 파상풍 사망률은 개발도상국에서 50%, 미국에서는 약 25%로 추정된다.

의사가 알아볼 만큼 상처가 심하다면, 파상풍 면역제를 쓸 것인지 결정해야 한다. 대부분의 경우, 변성독소를 주사하여 항체가 만들어지기를 기다릴 시간이 없다. 추가 접종인 경우라 할지라도 마찬가지이다. 그러나 면역력을 가진 사람의 혈청에서 얻은 **파상풍면역글로불린**(tetanus immune globulin, TIG)으로 일시적 면역을 제공할

수 있다. [제1차 세계대전 이전, 파상풍 변성독소가 상용화되기 훨씬 전에는, 이와 유사한 **항혈청**(antisera)이 사용되었다. 말에 접종하여 얻은 항혈청이 상처가 생긴 사람들의 파상풍 사례를 낮추는 데에 매우 효과적이었다.]

파상풍의 치료법은 주로 환자의 상처 난 부위가 얼마나 깊은지 그리고 예방접종 기록(환자가 잘 모를 수도 있지만)에 따라 정해진다. 상처가 심하고 최근 10년 내에 3회 이상의 변성독소를 예방접종 한 사람들은 충분한 면역력이 있을 것으로 여겨져 별다른 조치가 필요 없다. 상처가 깊은데 예방접종 이력이 불분명하거나 면역력이 약한 환자에게는, TIG를 주어 일시적 면역을 갖도록 치료한다. 또한 변성 독소 시리즈 접종의 첫 번째 접종도 함께 하여 더 영구적인 면역이 생기도록 한다. TIG와 변성독소를 둘 다 주사할 때에는 서로 다른 자리에 주사하여, TIG가 변성독소를 중화하지 못하게 한다. 성인의 경우에는 디프테리아에 면역력도 올리는 Td(파상풍과 디프테리아) 백신을 접종한다. 상처 부위에서 독소 생산이 최소화되도록 손상된 조직을 제거하는데, 이 과정을 **변연절제(debridement)**라 하며 항생제도 투여한다. 그러나 독소가 일단 신경에 부착되면 이러한 치료들이 거의 소용이 없다.

이해도 확인하기

✔ 파상풍 백신은 그 세균에서 유래된 것인가 아니면 세균이 만드는 독소에서 유래된 것인가? **22-5**

보툴리누스 중독

보툴리누스 중독(botulism)은 식중독의 한 종류로, 보툴리누스균(*Clostridium botulinum*)이 일으킨다. 이 세균은 절대 무산소성이며 포자를 형성하는 그람양성 막대균으로 흙과 수상 침전물에 서식한다. 포자를 삼키는 것은 보통 아무런 해가 되지 않는다. 이 부분은 곧 다시 설명하게 될 것이다. 그러나 밀폐된 캔과 같이 무산소 환경에서는 보툴리누스균이 외독소를 발생한다. 이 신경독소는 신경세포의 시냅스에 매우 특이적으로 작용하여, 신경 전달물질인 아세틸콜린 분비를 방해한다.

보툴리누스 중독에 걸린 사람들은 1~10일 동안 점차적으로 이완성 마비(*flaccid paralysis*)를 겪다가 호흡이나 심장 정지로 인하여 사망할 수 있다. 신경학적 증상이 나타나기 전에 구토를 먼저 할 수 있지만 열은 나지 않는다. 초기의 신경학적 증상은 다양하지만 거의 모든 환자들이 겹쳐 보이거나 또는 시력이 흐릿해지는 것을 겪는다. 다른 증상으로는 음식을 삼키기 어렵다거나 전신의 쇠약감 등이 있다. 잠복 기간은 다양하지만, 증상이 나타나는 것은 보통 하루 이틀 이내이다. 파상풍과 마찬가지로 독소의 양이 면역반응을 일으킬 만큼 충분하지 못하기 때문에, 병에서 회복되더라도 면역력이 생기지 않는다.

보툴리누스 중독은 1800년 대 초기에 처음으로 임상적 소견이 보고되었는데, 그 당시에는 소시지 병으로 알려졌다(라틴어로 *botulus*가 소시지를 뜻한다). 주로 관련되었던 소시지는, 돼지 위를 피와 다진 고기로 채우고 열린 부분을 묶은 다음 잠시 끓여 내어 장작 불에 훈제한 피 소시지(blood sausage)였다. 이것을 상온에서 보관하였는데, 이 상태는 보툴리누스균이 급증할 수 있는 조건이었다. 즉, 다른 세균들은 모두 죽었지만 열에 강한 보툴리누스균의 포자는 생존할 수 있었고, 독소 생산에 필요한 무산소 조건과 배양 시간을 제공한 셈이 되었다.

보툴리누스 독소는 끓이는 과정이 포함되는 대부분의 일상적인 요리법으로 파괴된다. 오늘날에는 소시지에 아질산염을 첨가하기 때문에 소시지로 인한 보툴리누스 중독이 거의 일어나지 않는다. 아질산염은 포자가 발아한 후에 보툴리누스균이 증식하지 못하도록 한다.

보툴리누스 독소는 pH 4.7 이하의 산성 음식에서는 생성되지 않는다. 그러므로 토마토 같은 산성 음식은 안전하게 보관될 수 있다. 산성 음식이 보툴리누스 중독을 유발한 사례가 있지만, 대부분의 이러한 사례는 곰팡이가 먼저 증식하면서 산을 분해시켜 보툴리누스균이 자랄 수 있는 환경이 마련되었던 경우이다.

임상 사례

파트리샤의 뇌척수액에서 세균이 자라지 않은 결과를 보고한 똑똑한 실험실 연구원이 의구심이 생겼다. 그는 뇌척수액이 혼탁한 이유가 분명히 있을 것이라 확신했다. 그래서 그는 뇌척수액 한 방울을 슬라이드 글라스에 올려(wet mount) 현미경으로 미생물이 있는지 확인해 보았다(그림 참조).

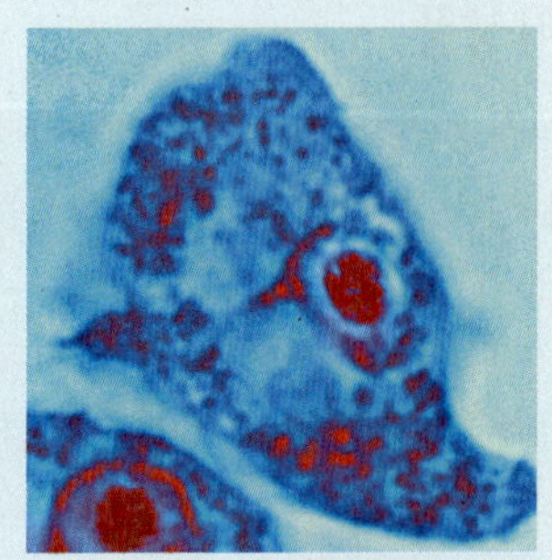

뇌척수액을 wet mount 방법으로 관찰하면 무엇을 알 수 있나? 이것이 담당 의사의 진단에 어떠한 영향을 줄 수 있나?

616 621 **622** 635 637 639

보툴리누스 독소의 종류

보툴리누스 독소는 여러 혈청형이 있는데, 각각 다른 보툴리누스 균주에 의해 만들어진다. 이러한 혈청형들은 독성 및 다른 요소에 있어 상당히 차이가 있다.

A형 독소(Type A toxin)는 가장 독성이 강하다. A형 독소를 함유한 음식을 삼키지 않고 맛만 보더라도 사망에 이른다. 실험실 시료로 다루는 과정에서 피부가 손상된 곳을 통하여 치명적인 분량이 흡

질병 초점 22.1

수막염과 뇌염

감별 진단(Differential diagnosis)이란, 가능한 질병 목록에서 환자를 진찰한 정보에 맞는 질병을 찾아내는 과정이다. 감별 진단은 초기 치료와 실험실 검사를 실시하는 데 중요하다. 예를 들어, 노스 다코다 주 동부의 어느 어린이집에서 근무하는 사람이 열, 발진, 두통, 복통 등의 증상을 보였다. 이 환자는 입원 첫 날 급작스럽게 증상이 나빠져 사망하게 되었다. 이 환자의 뇌척수액을 그람염색한 사진이 옆에 있다. 아래 표를 참조로 하여 어떤 감염이었을지 감별 진단해 보시오.

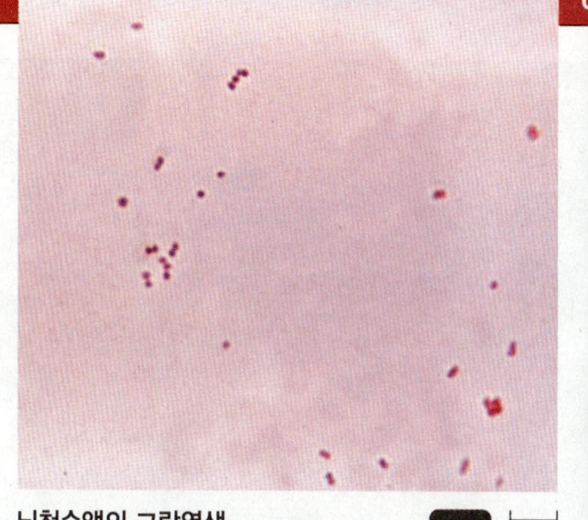

뇌척수액의 그람염색

질병	병원체	침입지점	감염경로	치료	예방
세균성 질병					
인플루엔자균 수막염	*H. influenzae*	호흡기관	내인성 감염; 액체 미립자	세팔로스포린	캡슐형 Hib 백신
수막구균 수막염	*Neisseria meningitidis*	호흡기관	액체미립자	세팔로스포린	혈청형 A, C, Y, W-135에 대한 캡슐형 백신
폐렴구균 수막염	*Streptococcus pneumoniae*	호흡기관	액체미립자	세팔로스포린	다당류 백신
리스테리아증	*Listeria monocytogenes*	입	식품 원인성 감염	페니실린 G	음식물 살균과 조리
진균성 질병					
크립토코커스증	*Cryptococcus neoformans, C. grubii, C. gattii*	호흡기관	포자에 오염된 흙 흡입	암포테리신 B, 플루사이토신	없음
원생동물성 질병					
아메바성 1차 뇌수막염	*Naegleria fowleri*	코 점막	수영	암포테리신 B	없음
아메바성 육아종 뇌염	*Acanthamoeba* 종; *Balamuthia mandrillaris*	점막	수영	암포테리신 B	없음

수될 수도 있다. 치료 받지 않으면 사망률은 60~70%에 이른다. A형 내생포자는 모든 *C. botulinum* 균주 가운데 가장 열에 강하다. 미국에서 주로 발견되는 주는 캘리포니아, 워싱턴, 콜로라도, 오리건, 뉴멕시코 등이다. A형 세균은 주로 단백질 분해력이 있어, 이 과정에 방출되는 아민 화합물이 악취를 풍긴다. 그러나 저단백 식품인 옥수수나 콩에서는 썩는 냄새가 항상 확실하게 나는 것은 아니다(그림 22.7).

B형 독소(type B toxin)는 유럽에서 발생한 대부분의 보툴리누스 중독의 원인이고, 미국 동부에서 가장 흔하게 발생하는 종류이다. 치료 받지 못한 경우의 사망률은 약 25%이다. B형 세균에는 단백질 분해형과 비분해형 두 균주가 있다.

E형 독소(type E toxin)는 해수 또는 담수 침전물에 존재하는 보툴리누스균이 만들어낸다. 그러므로 E형 독소와 관련된 발병은 해산물 섭취와 연관성이 있으며 특히 태평양 북서쪽, 알래스카와 오대호 연안에서 흔하다. E형 균주의 내생포자는 다른 균주보다 내열성이 약하여 대체로 끓이면 파괴된다. E형은 단백질 분해능이 없으며, 생선처럼 고단백 식품에 E형 독소가 오염된 것을 썩는 냄새로 확인하기는 어렵다. 이 병원체는 냉장 온도에서도 독소를 생산할 수 있으며 증식에 필요한 무산소 조건도 덜 까다롭다.

보툴리누스 중독의 발병과 치료

보툴리누스 중독은 흔한 질병은 아니다. 매년 몇 사례만이 보고되지만, 사람이 많이 모인 모임이나 식당에서 발생하면 20~30명이 감염되기도 한다. 약 절반의 사례는 A형이며, 나머지는 B형과 E형이 비슷한 비율을 차지한다. 세계적으로 알래스카 원주민들이 보툴리누스 중독에 걸리는 사례가 가장 많으며 주로 E형이다. 그 원인은 음식 조리 방법인데, 연료가 부족하여 음식을 만들 때 가급적 불을 사용하지 않는 풍습이 있다. 예를 들어, 알래스카에서 보툴리누스 중독에 관련된 음식 중에 먹턱(muktuk)이라는 것이 있다. 먹턱을 만드는 법은, 물개나 고래의 지느러미발을 가늘고 긴 조각으로 썰

그림 22.7 보툴리누스 중독이 휩쓸고 간 1924년 오리건 주에 어느 가족의 장례식장. 이 집단발병은 집에서 만든 껍질콩 통조림을 먹고 일어났다. 총 12명이 사망하였는데, 두 사람의 장례식은 다른 교회에서 치뤄졌다.

 오늘날에는 왜 이 같은 집단발병이 쉽게 일어나지 않을까?

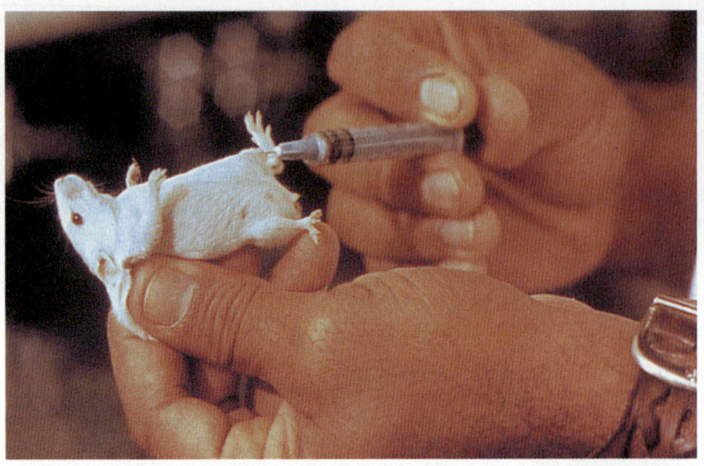

그림 22.8 보툴리누스 독소 종류를 확인하여 병을 진단하는 방법. 보툴리누스 독소가 존재하는지 확인하기 위해, 생쥐에 의심되는 음식물 추출액 또는 무세포배양액을 주사한다. 쥐가 72시간 이내에 죽으면 독소가 존재하는 것이다. 특정 종류의 독소를 확인하기 위해, 각 군의 동물에 A, B, 또는 E형의 *C. botulinum* 독소에 대한 항혈청으로 수용면역시킨다. 예를 들어, 어떤 군의 쥐가 살아남고 나머지 군의 쥐가 죽으면, 살아남은 쥐에 접종한 항혈청이 보호한 그 유형의 독소가 병의 원인이다.

 보툴리누스 중독의 증상은 무엇인가?

어 며칠간 말린다. 이것을 물개 기름이 담긴 용기에 무산소 상태로 몇 주간 보관하여 고기가 연하게 분해되도록 한다.

보툴리누스균은 우리 몸의 장 속에 정상 미생물상과의 경쟁에서 이기지 못하는 것 같다. 성인에서는 섭취된 보툴리누스균이 독소를 만들어 병을 일으키기 어렵다. 그러나 유아기에는 장의 정상 미생물상이 확립되지 못하여 **유아 보툴리누스증(infant botulism)**이 생길 수 있다. 이는 매년 미국에서 100 사례 가까이 발생하는데, 다른 형태의 보툴리누스 중독에 비하여 몇 배 더 많은 것이다. 유아기에는 흙이라든가 보툴리누스균의 내생포자에 오염된 것들을 삼키는 일이 많지만 많은 경우에 꿀을 먹고 유아 보툴리누스증에 걸린다. 꿀에 포함되어 있던 *C. botulinum* 세균의 내생포자는 빈번히 다시 증식하여 치사량에 해당하는 2,000개 세균 정도로 늘어날 수 있다. 그러므로 1세 이하의 유아에게는 꿀을 먹이지 않는 것이 좋다. 장내 정상 미생물상을 갖춘 더 큰 아이들이나 성인들에게는 문제가 되지 않는다. 성인 치료용으로 사용되는 항독소는 말에서 유래된 것이라 부작용이 크다. 그 부작용으로 혈청병(serum sickness)이라는 것이 있는데 이는 항독소에 포함되어 있는 항원에 대응하여 생긴 면역복합체로 인하여 발생한다. 또한 과민증(anaphylaxis)도 부작용으로 생길 수 있다. 이런 이유로, 유아 보툴리누스증 치료에는 사람의 면역글로불린을 주사하는 것이 더 안전하다고 권장된다.

보툴리누스 중독에 대한 진단은, 환자의 혈청, 대변 또는 구토물의 시료를 실험용 쥐에 접종하는 방법으로 이루어진다(그림 22.8). 각 다른 군의 쥐에 A, B, 또는 E형의 항독소를 예방 접종한다. 그 다음, 모든 쥐에게 정해진 시험 독소를 접종한다. 예를 들어, A형 항독소를 예방 접종한 쥐들만 살아남았다면 그 시험 독소는 A형으로 판정된다. 식품에 오염된 독소도 이와 유사한 방법으로 확인될 수 있다.

보툴리누스 병원체도 파상풍 또는 가스 괴저(23장 참조)를 일으키는 세균과 유사한 방식으로 상처 부위에서 증식할 수 있다. 이를 **외상성 보툴리누스증(wound botulism)**이라 하며 간혹 발생한다.

보툴리누스 중독의 치료에는 지지적 치료(supportive care)가 매우 중요하다. 회복은 신경 말단이 재생되어야 하므로 천천히 일어난다. 호흡 보조기에 장기간 의존할 수도 있으며 일부 신경 손상은 수 개월간 지속될 수도 있다. 독소가 이미 만들어 졌으므로 항생제는 거의 소용이 없다. A, B, E 독소를 중화하는 항독소가 상용화되어 있으며, 주로 함께 주사된다. 이 3가 항독소는 신경 말단에 이미 부착된 독소에는 영향을 미치지 못하며 A와 B형보다 E형 독소에 더 효과적이다.

보툴리누스균의 치명적인 독소인 보톡스(Botox)는 만성 두통을 포함한 여러 질병에 치료제로도 쓰인다. 뇌성마비, 파킨슨병, 다발성경화증 환자의 고통스러운 근 수축을 완화하는 데에도 유용하다. 안면 상처 부위에 주사하면 치유되는 동안 근육의 움직임이 일어나지 않아 흉터가 덜 흉하게 남는다. 또한 불수의적 눈꺼풀 떨림(blepharospasm)과 사시(strabismus), 다한증(hyperhidrosis) 치료에도 승인되었다. 다한증 치료로 연 2회 보톡스 주사비가 비싸긴 하지만 겨드랑이 땀을 방지할 수 있어, 고가의 디자이너 옷을 보호할 용도로 패션 모델들이 애호한다. 그러나 보톡스가 가장 대중적으로 이용되는 것은 미용적인 면에서이다. 보톡스를 정기적으로 주사하면 이마의 주름살을 펼 수 있다.

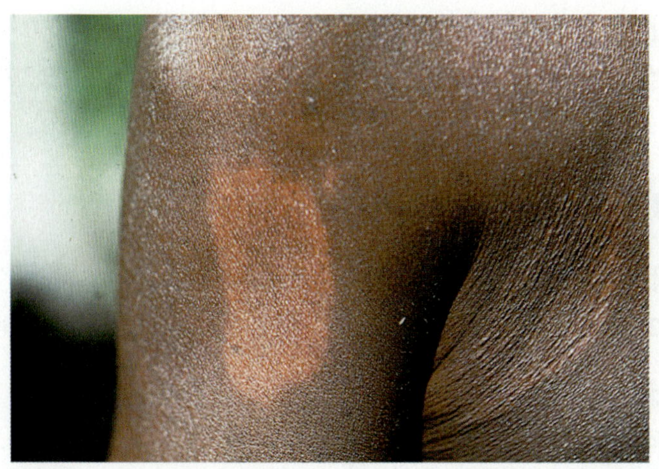
(a) 결핵양형 나병

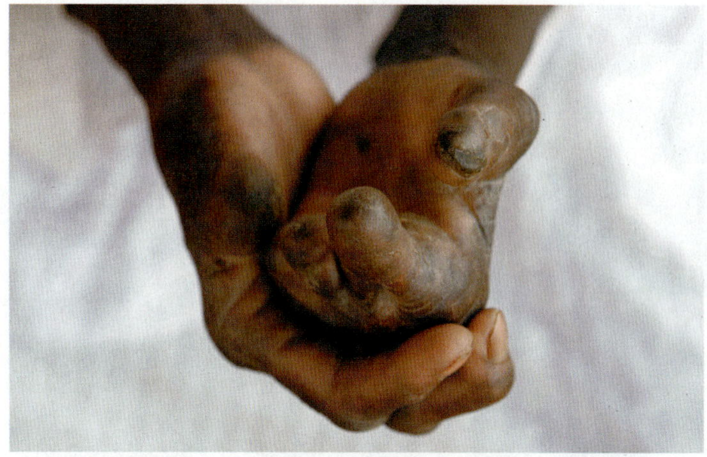
(b) 나종형 나병

그림 22.9 나병의 병변. (a) 결절로 된 경계로 둘러싸인 피부 부분에 색소가 빠진 것이 전형적인 결핵양형 나병이다. (b) 면역계가 이 병을 통제하지 못하면, 결과적으로 나종형 나병이 된다. 이처럼 모양이 심하게 손이 변형된 것은, 이 병의 후기 단계에 몸의 좀 더 차가운 부분에서 점차적으로 조직이 손상되기 때문이다.

Q 어느 형태의 나병이 면역이 저하된 사람들에게 더 잘 생기는가? 그 이유는 무엇인가?

이해도 확인하기

보툴리누스 중독이라는 병 이름은 소시지가 가장 주 원인이 되는 음식인 사실에서 유래되었다. 그런데 오늘날에는 왜 소시지가 이 병을 거의 일으키지 않는가? **22-6**

나병

나병균(*Mycobacterium leprae*)은 말초신경계에서 증식하는 유일한 세균으로 여겨졌었다. 그러나 2008년에 *M. lepromatosis*라는 나병균이 발견되면서 이 두 세균의 공통적인 특징이 되었다. 1870년경 노르웨이 의사였던 한센(Gerhard A. Hansen)이 처음으로 *M. leprae*를 분리하여 동정하였다. 이 발견은 어떤 특정한 세균과 질병 사이의 연관성을 처음으로 보여준 사례 중 하나이다. **한센병(Hansen's disease)**이 **나병(leprosy)**보다 더 공식적인 명칭이며 이 병에 대한 두려운 느낌을 피하려고 사용한다.

이 세균의 최적 증식 온도는 30°C이어서 우리 몸의 바깥 부위 더 시원한 곳에서 더 잘 증식한다. 대식세포 내에 섭취되어도 살아남아 결국 말초신경계의 미엘린 수초를 침투하며, 그곳에서 세포매개 면역반응을 야기하여 신경 손상을 일으킨다. *M. leprae*의 증식 기간은 매우 길어 약 12일 정도되며, 인공배지에서 배양된 적은 없다. 체온이 30~35°C인 아르마딜로에서 나병균을 배양할 수 있으며, 야생에서 이 동물은 종종 나병균에 감염된다. 아르마딜로가 많은 텍사스 주에서 실제로 여러 사람이 이 동물에 접촉하여 나병에 걸렸다. 그러나 누드 마우스(544쪽 그림 19.12 참조)의 발바닥에 *M. leprae*를 접종하는 것이 이 세균을 배양할 수 있는 가장 쉬운 방법이다. 동물에서 이 세균을 배양하는 것은 화학요법 약물의 효능을 평가하는 데 있어 매우 중요하다.

나병에는 크게 두 종류가 있는데(둘 사이 중간 단계도 있지만), 둘 다 숙주의 세포매개 면역계의 유효성을 반영하는 것 같다. 결핵양형(tuberculoid 또는 neural form)의 특징은, 피부에 경계가 선명한 결절로 둘러싸여 감각이 소실된 부위가 형성되는 것이다(그림 22.9a). 이 형태는 세계보건기구의 나병 분류체계에서 세균이 거의 관찰되지 않는 희균(*paucibacillary*) 나병과 대체로 동일하다. 결핵양형 나병은 면역반응이 잘 일어나는 사람에게 발생하므로 때때로 저절로 회복된다.

나종형(lepromatous 또는 progressive form)의 나병은 세계보건기구 체계의 다균(*multibacillary*) 나병과 거의 동일하며, 피부 세포가 감염되고 온몸에 보기 흉한 결절이 형성된다. 이 종류의 나병이 생긴 환자는 매우 약한 세포매개 면역반응을 가지고 있었던 사람들이며 따라서 이 병은 결핵양형 단계에서부터 진행된 것이다. 코의 점막이 침범되어 코가 주저 앉아, 사자 얼굴과 같은 모습이 된다. 손가락이 발톱 모양으로 변형되며 피부 조직이 심하게 괴사될 수 있다(그림 22.9b). 이 병은, 완화되었다가 급작스레 악화되는 것이 교대로 일어나 그 진행을 예측하기 어렵다.

나병균이 전염되는 경로는 아직 불확실하지만, 나종형 나병 환자는 많은 양의 콧물과 상처에서 스며나오는 누출액을 흘린다. 대부분, 병원체가 포함된 이러한 분비물이 코 점막에 닿아 감염되는 것으로 보인다. 그러나 나병은 전염성이 강하지 않아서 대체로 매우 가까이 장기간 접촉한 사람에게만 전염된다. 감염된 후 증상이 나타나는 기간은 주로 몇 년이며 어린이들은 훨씬 더 짧은 잠복기를 가진다. 나병 자체로 인하여 사망하지는 않지만 결핵이라던가 다른 합병증으로 사망에 이를 수 있다.

사람들이 나병을 두려워하는 이유는 이 병에 대한 성경과 역사적 언급 때문인 것 같다. 중세시대에 유럽에서는, 나병 환자들을 정상 사회에서 엄격히 배제하였고, 때로는 그들에게 방울까지 걸어

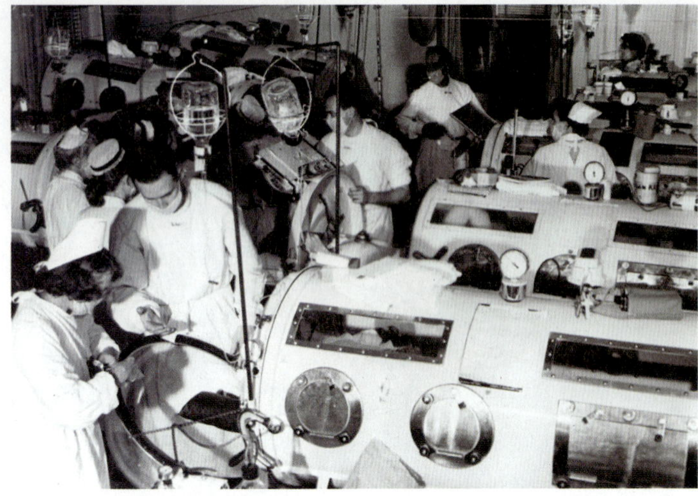

그림 22.10 **철로된 인공호흡 장치에 의존하는 소아마비 환자.** 다수의 소아마비 환자들은 이러한 기계 장치에 의존하여야만 숨을 쉴 수 있다. 사진 속 당시의 소아마비 전염에서 생존한 몇몇 사람들은 아직도 이 장치에 몇 시간이라도 의존한다. 다른 생존자들은 휴대용 인공호흡기를 사용할 수 있다.

 소아마비 사례의 몇 퍼센트 정도에서 마비가 일어나는가?

사람들이 피할 수 있도록 했다. 이러한 방식으로 격리시킨 결과 유럽에서는 이 병이 거의 사라지게 되었다. 그러나 이제는 나병 환자를 격리시킬 필요가 없는 것이, 설폰계(sulfone; 설포닐기를 가지는 유기 화합물) 약물을 투여하면 며칠 내에 비전염성으로 될 수 있기 때문이다. 루이지애나 주의 카르빌에 소재한 국립나병의료원에는 한때 수백 명에 달하는 환자들이 입원해 있었지만 1999년에 폐원하였다. 요즘에는 대부분의 환자들이 통원 치료를 받는다.

미국에서 나병 사례는 점차 증가하여 지금은 매년 약 100건이 보고된다. 대부분이 열대 기후의 풍토 국가에서 감염된 이민자들이 들어온 경우이다. 현재 주로 아시아와 아프리카, 브라질에 수백만 명의 나병 환자가 있으며 매년 50만 이상의 사례가 발생한다.

나병의 표준 진단법은 분명한 병변의 가장자리에서 채취한 피부생검(skin biopsy sample)이다. 이것을 정확하게 판단하기 위해서, 특징적인 조직 손상과 신경에 침투한 항산성 막대균(acid-fast bacillus)을 찾아야 하는데 이는 숙련된 병리학자가 할 수 있는 것이다. 피부도말검사(slit-skin smear) 등 관련된 다른 방법으로 피부에 감염된 항산성 간균을 상세히 확인할 수 있다. 혈청 검사 방법은 없다.

답손(설폰 약물), 리팜핀, 클로파지민, 지용성 염료를 혼합한 약물이 주요 치료제이다. 세계보건기구의 치료법에 따르면 희균 나병에는 6개월, 다균 나병에는 24개월의 약물 치료가 필요하다. 백신은 1998년 인도에서 상용화 되었으며 약물요법에 대한 보조 수단으로 사용된다. 예방 목적의 백신들이 개발 중이다. 한 가지 고무적인 것은, *Mycobacterium* 종에 속하는 세균이 일으키는 결핵에 대한 BCG (Bacillus Calmette-Guérin) 백신이 나병에 어느 정도 보호 효과가 있다고 알려진 것이다.

이해도 확인하기

✓ 누드 마우스와 아르마딜로가 나병 연구에 있어 중요한 이유는 무엇인가? 22-7

바이러스성 신경계 질병

학습 목표

22-8 전염 경로와 병의 원인, 병의 증상을 포함하여 소아마비와 광견병, 아르보바이러스 뇌염의 전염병학에 대해 알아본다.

22-9 솔크 소아마비 백신과 사빈 소아마비 백신을 비교하여 설명한다.

22-10 노출전과 노출후 광견병 치료를 비교하여 설명한다.

22-11 아르보바이러스 뇌염의 예방법을 설명한다.

신경계를 침범하는 대부분의 바이러스는 혈액 또는 림프 순환을 통하여 신경계에 침입한다. 그러나 일부는 말초 신경 축색돌기에 침입하여 이를 따라 중추신경계로 이동할 수 있다.

소아마비

소아마비 또는 **회백수염(poliomyelitis; polio)**은 마비의 원인으로 가장 잘 알려져 있다. 그러나 마비성 소아마비는 **폴리오바이러스**(poliovirus)에 감염된 사람의 1% 이하에서 발생한다. 거의 대부분의 경우에 무증상이거나 두통, 인후염, 열, 메스꺼움 등의 가벼운 증상만 보인다.

미국에서 소아마비가 처음으로 나타난 것은 1894년 여름 버몬트 주에서 집단 발병하였을 때이다. 그 이후로 수십 년 동안, 미국에서 여름철 유행성 전염병으로 두려움의 대상이었다. 이렇게 매년 발병하면서 청소년과 젊은 성인층에 타격이 증가하였으며 마비를 겪는 사례도 꾸준히 늘어났다. 호흡기 근육에 마비가 오면서 사망에 이르는 경우도 많았고, 수천 명의 유아와 청소년들이 팔 다리에 영구적인 불구 상태를 갖게 되었다. 20세기 후반에, 철로 된 인공호흡 장치(iron lung; 그림 22.10)가 개발되어 수천 명의 호흡계 마비 환자를 살렸다.

왜 갑자기 소아마비가 나타났을까? 이 질문에 대한 답은, 역설적이지만 공중 위생이 개선되었기 때문이다. 감염의 1차 경로는 바이러스가 들어 있는 배설물로 오염된 물을 섭취하는 것이다. 그런데 위생 환경이 좋아져서, 엄마에게서 받은 항체가 사라진 후에 뒤늦게 폴리오바이러스에 노출되기 때문이다. 예전에는 폴리오바이러스에 흔히 노출되었으며, 아직도 공중 위생이 열악한 지역에서는 그러하다. 유아기에 흔히 폴리오바이러스에 노출되지만 엄마에게서 받은 항체에 의해 보호되며, 그 결과 무증상으로 이 병을 치르고 일생 동안 면역력을 갖게 된다. 그런데 청결한 환경에서 청소년 때까지 감염이 지연되면, 마비성 소아마비가 더 쉽게 나타나는 것이다.

어릴 때 소아마비에 걸려 1980년대에 중년층이 된 사람들의 다수가 근력이 약해지는 **소아마비후 증후군**(postpolio syndrome)을 보이기 시작하였다. 그 이유는 아마 소아마비 감염에서 살아남은 신

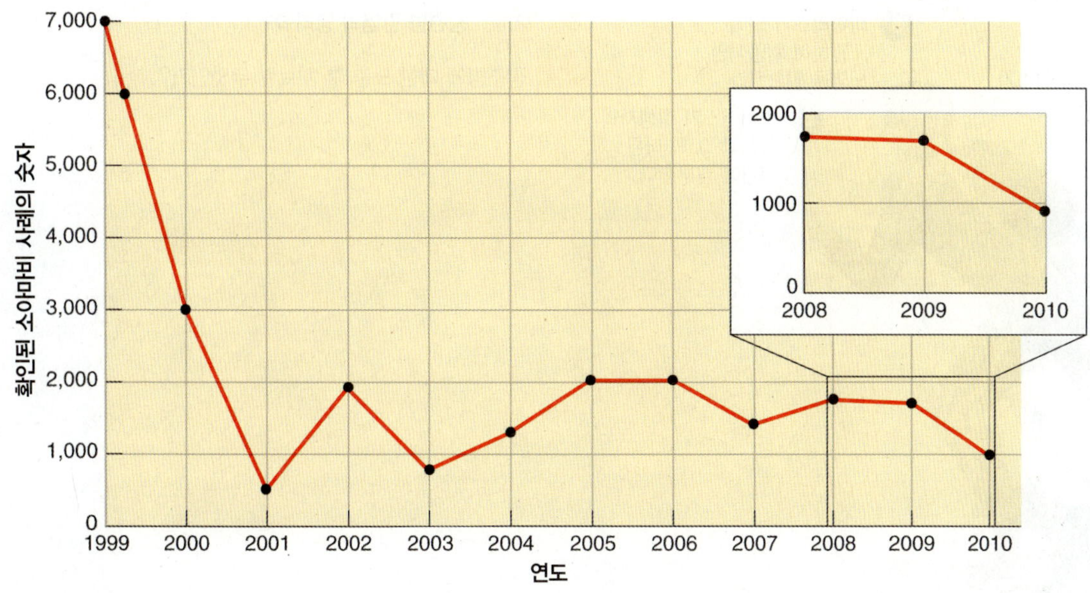

그림 22.11 전세계 소아마비의 연간 발생 사례. 야생형 바이러스 감염으로 생기는 소아마비는 선진국에서 거의 근절되었다. 이 병을 근절하려는 세계적 운동이 1988년에 시작되었다. 개발도상국가에서도 완전히 근절될 수 있을지는 의문이다.

Q 소아마비 근절은 가능하지만 파상풍은 그렇지 못한 이유는 무엇인가?

경세포들이 죽기 시작했기 때문이라고 여겨진다. 다행히, 이 증후군은 매우 서서히 진행된다.

감염이 폴리오바이러스의 섭취로 시작되므로, 이 바이러스의 1차 증식 지역은 인후와 소장이다. 이 때문에 초기에 인후염과 메스꺼움이 일어난다. 다음으로, 바이러스는 편도를 침범하며 목과 회장(소장의 마지막 부위)의 림프절에 침범한다. 바이러스가 림프절에서 혈액으로 들어가 **바이러스혈증**(viremia)을 일으킨다. 대부분의 경우에 바이러스혈증은 일시적이며, 감염이 림프계를 넘어 임상 증상을 보이는 상태로 진행되지 않는다. 그러나 바이러스혈증이 지속되면, 바이러스는 모세혈관벽을 침투하여 중추신경계로 들어갈 수 있다. 일단 바이러스가 중추신경계에 들어가면, 신경세포, 특히 상부 척수의 운동신경세포에 매우 강하게 부착한다. 폴리오바이러스는 말초신경이나 근육에는 감염하지 않는다. 운동신경세포 내에서 바이러스가 증식하면 세포는 죽게 되고 그 결과 마비가 오게 된다. 호흡계가 손상되면 사망에 이를 수 있다.

진단

소아마비의 진단은 주로 배설물이나 목에서 나오는 분비물 시료에서 바이러스를 분리하는 방법으로 수행된다. 분리한 바이러스를 배양된 세포에 접종하여, 세포변성효과를 조사한다(445쪽 표 15.4 참조).

백신

폴리오바이러스는 세 가지 혈청형, 즉 1, 2, 3형이 있다. 백신은 이 세 혈청형 모두에 대하여 면역력을 줄 수 있어야 한다.

두 종류의 백신이 사용되고 있다. 1955년에, **솔크백신**(Salk vaccine)이 도입되었다. 이 백신은, 포르말린으로 불활성화(사멸화)된 세 가지 혈청형으로 만들어졌다. 이를 **불활성화 소아마비백신**(inactivated polio vaccines, IPV)이라 하는데, 연속으로 주사한다. 효력이 증강된 제품이 1988년에 도입되었다.

다른 종류의 백신은 1963년에 도입되었는데, 살아 있는 약독화된 바이러스 변종을 현탁액의 상태로 섭취하는 것이다. 개발자의 이름을 따라 **사빈백신**(Sabin vaccine)이라 하는데, 흔히 **경구 소아마비 백신**(oral polio vaccine, OPV)이라 한다. 이 백신은 세 혈청형으로 구성되어 있어 3가(trivalent, tOPV)이다. 제조 가격이 비싸지 않으며, 투여하기 간편하여 숙련된 인력이나 장비가 필요하지 않다. 이 백신은 실제 감염과 비슷하게 일생 동안 남는 강한 면역을 유도한다. 그러나 면역결핍을 가진 사람에게는 사용하지 않는다. 백신을 접종받은 사람은 살아 있는 바이러스를 발산하기 때문에 공동체 내의 다른 사람도 면역을 갖게 하는 효과가 있다. 그러나 바로 이로 인하여 심각한 문제가 생길 수 있는데, 약독화된 변종이 간혹 원래 독성으로 되돌아가 병을 일으킬 수 있다. 이와 같은 사례는 지역에 따라 차이가 있지만 보통 75만 명 접종자 가운데 1명꼴로 발생한다.

미국에서 소아마비 백신의 역사는 솔크백신 주사로 시작되었다. 1963년에 OPV 백신이 허가되면서 투여 방식을 포함한 이 백신의 장점으로 인하여 거의 보편적으로 채택되었다. 결과적으로 예방접종율이 높아지면서, 백신에서 유래된 바이러스에 의해 매년 두 세 건 정도 발생하는 것을 제외하면, 소아마비가 사라졌다(그림 22.11). 미국에서는 2000년에, OPV 백신 접종에서 다시 IPV 백신으로 변경하기를 권장하였다.

소아마비 백신에 대한 연구는 계속되고 있는데, 특히 저개발 국가에서 사용할 백신에 대해서 그렇다. 효력은 약간 적지만 표준 용량의 5분의 1을 주사하여, 더 경제적으로 IPV를 시행할 전망이 나오고 있다. 용량을 줄이면, 주사 바늘을 사용하여 근육에 놓지 않고 대신에 피부에 바를 수 있다. 또한 일부 국가에서는 1형 또는 1형과 3형으로만 구성된 항원성이 더 강한 OPV를 사용하여 성공적인 효

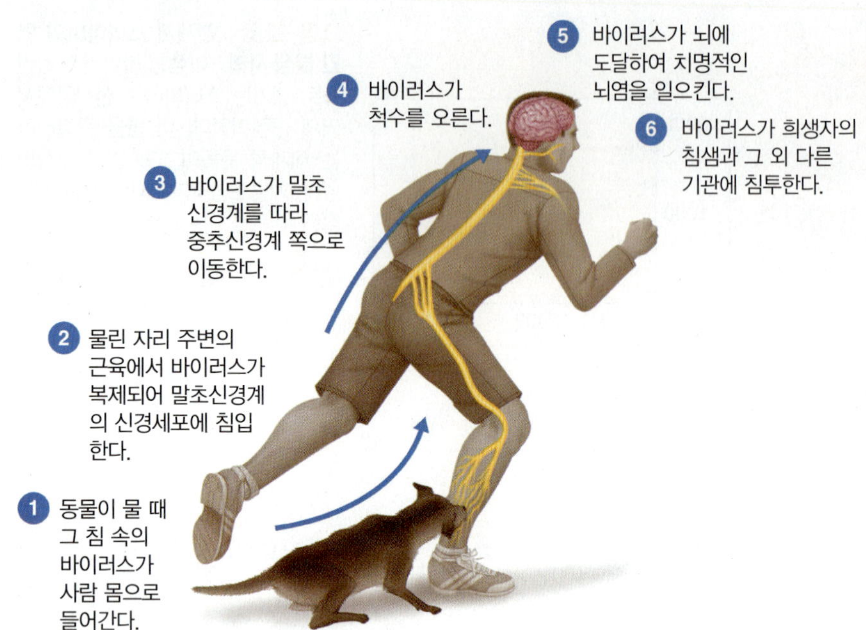

그림 22.12 광견병 감염의 병리학

Q 광견병에 대한 노출 후 치료란 무엇인가?

과를 거두고 있다. 이렇게 되면 OPV도 지속적으로 사용될 것이다.

전염병학적 측면과 근절책

폴리오바이러스 전염병학에서는 자연적으로 존재하는 야생형 바이러스(wild-type, WPV)와 백신유래 바이러스(vaccine-derived virus, VDPV)는 구별된다. VDPV는 약독화된 백신 바이러스가 독성을 회복하여 다시 활동하게 된 것이다.

1988년에 세계보건기구는 2000년까지 소아마비를 근절하려는 운동을 착수하였다. 사용된 백신은 tOPV였다. 비록 근절되지는 않았지만 큰 수확을 거두어, 보고되는 사례가 99% 감소하였다. 또한 고무적인 것은 WPV 2 폴리오바이러스가 절멸되어 다른 혈청형의 근절도 가능성이 있다는 것이다. 그러나 여러 이유로, 특히 파키스탄과 인도, 나이지리아 일부 지역에 WPV가 지속적으로 남아 있다. 중요한 이유는, 공중 위생이 열악하고 설사가 만연한 지역에서는 tOPV의 효력이 약하기 때문이다. 이러한 이유에서 WPV 1형과 3형은 꾸준히 활동하여, 면역이 충분치 않은 집단에 들어가게 된다. 또 다른 문제는 VDPV가 출현하여 마비성 소아마비를 일으킨 것이다. 그러나 먼저 WPV가 근절되면, 당연히 OPV를 중단하게 될 것이다. 지금도, IPV를 접종할 경제력이 있고 또한 그것을 다룰 수 있는 기반시설을 갖춘 나라에서는 대부분 IPV만 전적으로 사용한다.

이해도 확인하기

✔ 공중 위생이 좋은 지역에서 무증상 또는 경미한 증상의 감염보다 마비성 소아마비가 생길 확률이 더 높은 이유는 무엇인가? **22-8**

✔ 경구 소아마비 백신이 주사 솔크백신에 비해 더 효과적인 이유는 무엇인가? **22-9**

광견병

광견병(rabies; 라틴어로 격분 또는 광기에서 유래)은 거의 모든 경우에 치명적인 뇌염을 일으키는 질병이다. 그 원인체인 **광견병 바이러스(rabies virus)**는 총알 모양이 특징인 **리사바이러스(lyssavirus)속**에 포함된다(그림 13.18a와 390쪽 설명 참조). 리사바이러스(*lyssa*는 그리스어로 광란을 뜻함)는 단일가닥의 RNA 바이러스이며, 중합효소에 교정 활성이 없어 돌연변이 변종이 급속히 출현한다. 세계적으로 사람이 광견병 바이러스에 감염되는 경우는 보통 감염된 동물, 특히 개에게 물려 일어난다. 이 바이러스는 말초신경에서 증식하여 중추신경계로 이동하여 치명적인 타격을 준다(그림 22.12). 미국에서 광견병의 가장 흔한 원인은 은색털 박쥐에서 발견되는 변종 바이러스이다. (미국 내 개의 예방접종률은 높은 편이다.) 이 바이러스는 사람의 상피세포에서 증식한 뒤 말초신경을 침투할 수 있는 독특한 적응력을 가지고 있다. 그러므로 상처 나지 않은 피부에 접촉하여도 치사량의 바이러스가 주입될 수 있다. 광견병으로 인한 사망이라고 오진되는 경우가 빈번해서, 몇 건의 광견병이 각막과 같은 이식된 조직 때문인 것으로 밝혀졌다.

광견병은 독특하게 잠복기가 길어서, 감염 후 예방접종으로도 면역이 생길 수 있다. 이 바이러스가 상처에 침투할 때 면역반응을 일으키기에는 그 숫자가 너무 적어 이에 대한 면역반응이 약하다. 또한 광견병 바이러스는 혈액이나 림프계를 따라 이동하지 않기 때문에 면역계가 찾아 이를 내기 어렵다. 바이러스는 초기에 골격근과 결합조직에서 증식하여 며칠 내지 몇 달 동안 그 곳에 머무른다. 그 다음 운동 신경에 침입하여 말초신경을 따라 하루에 15~100 mm 속도로 이동하여 중추신경계에 도달하고 거기서 뇌염을 일으키게 된다. 극단적인 경우에 잠복기가 6년인 경우도 보고된 바 있으나,

평균 잠복기는 30~50일이다. 손이나 얼굴처럼 신경섬유가 밀집한 부위에 물리게 되면 더 위험하며 잠복기도 더 짧아진다.

바이러스가 일단 말초신경에 침입하면 면역계가 바이러스에 접근할 수 없으며, 중추신경계 세포들이 파괴되기 시작하면 뒤늦게 약한 면역반응이 일어난다.

초기 증상은 다른 감염과 비슷하게 경미한 여러 증상을 보인다. 이후에 중추신경계에 감염이 일어나면, 환자는 불안기와 평정기를 교대로 겪는 경향이 있다. 이 시기에 빈번한 증상으로는, 바람이 스칠 때 또는 액체를 삼킬 때 입과 인두의 근육에 경련이 일어나는 것이다. 실제로 물을 보거나 생각하기만 해도 경련이 일어날 수 있어 흔히 이 병을 **공수병**(hydrophobia; 물에 대한 공포)이라고도 한다. 마지막 단계에는 뇌와 척수신경에 심한 손상이 생긴다.

광조형(furious 또는 classical) 광견병에 걸린 동물은 먼저 불안 증세를 보이다가, 이어 매우 흥분하며 닿는 것은 무엇이든 달려들어 물어버린다. 무는 행동으로 인하여 동물 집단에서 바이러스가 유지된다. 사람도 이와 유사한 증상을 보이며 심지어 다른 사람을 물기도 한다. 마비가 오면, 삼키기 어려워지면서 침이 많이 흐르고, 점진적으로 신경 조절이 소실된다. 이 병은 며칠 이내에 거의 항상 목숨을 앗아간다.

일부 동물들은 **마비성(paralytic, dumb 또는 numb)** 광견병에 걸리는데, 이 경우에는 아주 최소한의 흥분 증세를 보인다. 주로 고양이가 마비성 광견병에 걸린다. 병에 걸려도 비교적 차분하며 주변을 의식하지 않지만, 만지면 격하게 물기도 한다. 사람에게도 이 형태와 비슷한 증상이 있지만 종종 길랑바레증후군(Guillain-Barré syndrome)이나 다른 신경계 질환으로 오진된다. 길랑바레증후군은 마비성 질환의 일종이며 대개 일시적이지만 때때로 치명적이다. 이 두 가지 질병이 약간 다른 바이러스에 의해 생기는 것이라는 추측도 있다.

진단

광견병은 주로 실험실에서 직접형광항체검사(direct fluorescent-antibody test, DFA) 방법으로 바이러스 항원을 확인하여 진단하게 된다. 이 검사는 민감도가 거의 100%이며 매우 특이적이다. 이 검사에서는 타액 시료나 몸의 바깥 조직의 생검 시료를 사용하며, 사후에 채집하는 시료는 주로 뇌에서 취한다. 미국 질병예방통제센터에서는 저개발국가를 위해서 최근에 **신속 면역조직검사**(rapid immunohistochemical test, RIT)를 개발하였다. 이 검사는 단지 평범한 광학현미경을 사용하며 표준 DFA 검사에 상당하는 민감도와 특이성을 갖추고 있다.

광견병 예방

통상적으로 고위험군에 속하는 실험실 근무자, 직업적으로 동물을 다루는 사람들이나 수의사의 경우에만 노출되기 전에 예방접종을 한다. 만약 동물에게 물리면, 상처를 비눗물로 철저히 씻어야 한다. 그 동물이 광견병에 양성이라면, 물린 사람은 **노출후 예방**(postexposure prophylaxis, PEP) 처치를 받아야 하는데, 이것은 일련의 항광견병 백신과 면역글로불린 주사로 구성된다. 항광견병 치료를 해야 할 또 다른 경우로는 스컹크, 박쥐, 여우, 코요테, 보브캣, 너구리 등에게 급작스레 물렸으나 그 동물들을 찾아 조사할 수 없을 때이다. 개나 고양이에게 물린 후 그 동물을 찾을 수 없다면, 그 일대에서 광견병이 어느 정도 퍼져 있는가를 판정하여 치료 방법을 결정한다. 박쥐에게 물린 것은 감지하지 못할 수도 있으며 또한 잠든 사람이나 어린 아이들에게 접근한 경우도 있을 수 있다. 그러므로 질병통제예방센터에서는, 박쥐를 접한 경우에 그 박쥐를 검사하여 광견병에 음성이라는 결과를 확신할 경우가 아니라면 PEP를 받으라고 권장한다.

원래 파스퇴르가 예방 접종에서 사용한 것은 광견병에 감염된 토끼의 척수를 말려 얻은 약화된 바이러스였으나, 오래 전에 **사람 2배체세포 백신**(human diploid cell vaccine, HDCV) 또는 닭 배아에서 배양된 백신으로 대체되었다. 이 백신들은 14일 동안 각 접종 사이에 간격을 두고 4회에 걸쳐 연속으로 주사된다. 동시에, 광견병에 면역을 가진 사람에게서 채취한 **사람 광견병 면역글로불린**(human rabies immune globulin, RIG)을 주사하여 수동면역도 제공한다.

광견병 치료

일단 광견병의 증상이 나타나면, 효과적인 치료는 거의 없다. 보고에 따르면 손가락으로 꼽을 수 있을 정도의 사람들만이 살아남았다. 다섯 명의 생존자는 증상이 나타나기 전에 PEP를 받았다. 단지 두 사례에 있어서 PEP를 받지 않은 생존자가 있었다. 그런 경우에 우선적인 치료법은 혼수상태를 길게 유도하여 항바이러스제를 주사하는 동안 흥분하지 않도록 하는 것이다. 이 방법은 위스콘신 주에서 광견병 고양이에게 물렸던 소녀의 치료에 처음으로 사용되었던 것인데, 밀워키 규범(Milwaukee Protocol)으로 불린다.

광견병의 분포

광견병은 전 세계적으로 대부분 개에 물려 발생한다. 애완동물의 예방접종 비용은 대부분의 아프리카와 라틴 아메리카, 아시아 지역에서는 엄두를 내기 어려울 정도로 비싸다. 이런 지역에서는, 매년 수만 명이 광견병으로 사망한다. 미국에서는 애완동물의 예방접종은 거의 보편적이다. 그러나 야생동물에서는 주로 박쥐, 스컹크, 여우, 너구리에 광견병이 만연되어 있고, 가축에서도 일부 발견된다(그림 22.13). 매년 4만 명의 사람들이 노출후 광견병 백신을 접종하며, 또한 물린 동물의 광견병 감염 상태를 알 수 없어 예방책으로도 흔히 접종한다. 다람쥐, 토끼, 쥐, 생쥐 등에서는 광견병이 거의 발견되지 않는다. 이 질병은 오래전부터 남아메리카의 흡혈박쥐에게 풍토병으로 되어 있다. 유럽과 북아메리카에서, 야생동물을 광견병 생백신으로 예방접종하는 실험이 진행되고 있다. 이 백신은 유전자 조작된 백시니아 바이러스에서 만들어지며, 동물들의 먹이감에 첨가해 떨어뜨려 놓는다. 미국 내에서는 특히 텍사스 주가 멕시코에서 광견병이 다시 들어오지 못하도록 미끼를 이용하여 진행하고 있다. 예를 들어, 회색 여우가 바닐라 향의 개밥 미끼를 좋아하여 그것을 이용

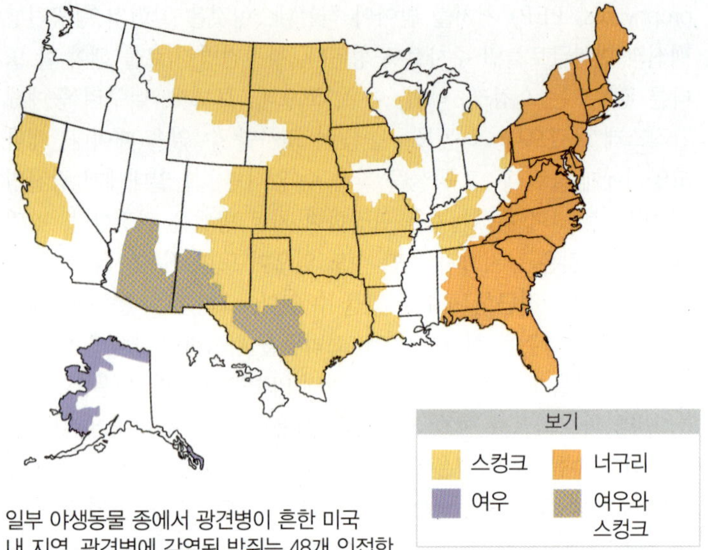

일부 야생동물 종에서 광견병이 흔한 미국 내 지역. 광견병에 감염된 박쥐는 48개 인접한 주 중에 47개 주에서 보고되었다. 동부에서는 너구리가 광견병에 감염된 주종을 이루며, 여우와 스컹크의 광견병 사례도 많이 보고되었다.

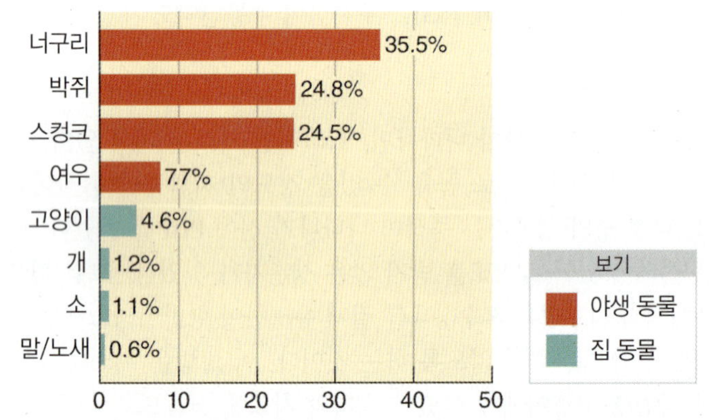

미국 내 다양한 야생동물과 가축에서 광견병 사례. 개와 고양이 등의 집에서 기르는 동물은 예방접종률이 높아 광견병 발생이 흔하지 않다. 너구리, 스컹크, 박쥐가 광견병에 가장 많이 감염되는 동물이다. (미국 내) 사람 광견병 사례의 대부분은 박쥐에게 물려서 발생한다. 세계적으로 대부분의 사람 광견병 사례가 개에게 물려서 발생한다.

그림 22.13 동물에서 발생한 광견변의 보고 사례. 여우에 발생한 광견병은 지리적으로 다른 지역에서 다른 종에 발생하였다. 출처: CDC 2010.

 여러분이 거주하는 지역에서 광견병의 가장 주요한 병원소는 무엇인가?

한다. 코요테는 가리는 게 전혀 없다. 유럽에서는 이러한 운동이 성공적이어서, 여러 국가에서 광견병이 사라졌다고 선언하였다.

미국에서 매년, 7,000~8,000 사례의 광견병이 진단되지만 최근 몇 년간 사람에게는 일 년에 단 1~6 사례만이 진단된다(옆쪽의 상자 참조).

광견병과 연관된 리사바이러스 뇌염

최근 광견병이 없는 곳으로 알려진 호주와 스코틀랜드에서 몇 건의 치명적인 뇌염이 발생하였는데, 임상 증상이 전형적인 광견병과 구별되지 않았다. 이 사례는 광견병 바이러스와 매우 가까운 유전자형을 가진 리사바이러스속(390쪽 참조)에 속하는 바이러스에 의해 일어난 것으로 알려져, **호주 박쥐 리사바이러스**(Australian bat lyssavirus, ABLV)와 **유럽 박쥐 리사바이러스**(European bat lyssavirus, EBLV)라 한다.* 전형적인 광견병은 리사바이러스속으로 알려진 11 종류의 바이러스 중 하나가 일으키며 이것이 전 세계에 퍼져 있는 것이다. 뇌염을 일으키는 다른 리사바이러스들은 유럽, 호주, 아프리카, 필리핀에 토착형이며 대부분 박쥐에 감염한다. 다른 종의 박쥐들은 각각 구별되는 변종의 광견병 바이러스에 감염된다.

이해도 확인하기

✓ 노출 후 예방접종이 현실적으로 좋은 방법이 될 수 있는 이유는 무엇인가? 22-10

아르보바이러스 뇌염

미국에서는 모기로 매개되는 바이러스인 **아르보바이러스**(Arbovirus)에 의한 뇌염이 더 흔하다. *Arbovirus*란 절지동물 매개(*ar*thropod-*bo*rne) 바이러스를 줄인 이름이며, 이 명칭은 분류학적 의미를 가진 것이 아니라 기능상 하나의 집단을 의미한다. 이 병의 발병 사례는 모기 성충이 늘어나는 여름 철에 증가한다. **감시 동물**(sentinel animal)로서 가두어 키운 닭들에게 아르보바이러스에 대한 항체가 생겼는지를, 정기적으로 검사한다. 이로써 그 지역에 바이러스 감염이 발생하였는지 또한 바이러스의 종류는 무엇인지에 대한 정보를 수집할 수 있다.

다수의 아르보바이러스 뇌염 종류가 임상적으로 확인되었는데, 모든 종류가 무증상에서부터 급작스러운 사망까지 이르는 심한 증상도 보인다. 바이러스의 활동성이 강한 경우에 오한과 두통, 열이 나며 진행될수록 정신이 혼미하여지고 혼수상태에 이른다. 생존하여도 영구적인 신경계 손상으로 고통 받을 수 있다.

사람뿐 아니라 말도 이 바이러스에 빈번히 감염되어, **동부 말 뇌염**(eastern equine encephalitis, EEE) 그리고 **서부 말 뇌염**(western equine encephalitis, WEE)을 일으키는 바이러스 변종이 있다. 이 두 변종이 사람에게 심한 뇌염을 일으키는 것으로 추정된다. EEE의 정도가 더 심하여 사망률이 30% 이상이며, 생존자들은 뇌 손상과 청력 소실 등 여러 신경학적 증상을 겪는 사례가 많다. EEE를 매개하는 주요 모기가 조류를 선호하기 때문에 EEE는 흔하지 않고 1년에 단지 100 사례 정도 보고된다. 최근에 WEE는 매우 드물게 보고되며 사망률은 약 5% 로 추정된다.

세인트루이스 뇌염(St. Louis encephalitis, SLE)은 그 이름을 초기 큰 집단발병의 장소에서 얻은 것이다. 뇌염의 전염에 모기가 관련

* 광견병 및 리사바이러스에 의한 질병뿐 아니라 사스(SARS), 에볼라(Ebola), 헨드라(Hendra), 니파(Nipah) 바이러스에 의해 생기는 많은 질병들이 모두가 박쥐에 의해 전염되는 것으로 알려졌다. 박쥐가 좋은 감염원인 이유가 여러 가지 있다. 먼저, 1,000종이 넘는 박쥐 종이 다양한 서식지를 차지하고 있으며, 수명이 길어(5~50년) 안정적인 감염원이 되며, 가까이 모여 매달려 있기 때문에 바이러스가 퍼지기 쉽고, 먹이를 찾아 꽤 멀리 날 수 있으며 일부는 계절에 따라 이동하기도 한다. 마지막으로, 박쥐는 감염을 없애지도 병을 앓지도 않으면서 장기간 바이러스를 보유할 수 있다.

신경계 질환

이 문제를 읽으면서, 임상의사들이 진단과 치료를 진행하면서 스스로 던지는 일련의 질문들을 마주하게 될 것이다. 다음 질문으로 넘어가기 전에 각 질문에 대하여 여러분 스스로 답을 해 보기 바란다.

1. 9월 30일에, 10세 소녀인 욜란다(Yolanda)가 오른 팔이 힘이 없고 아프며 열이 38.3℃(101℉)로 올랐다. 10월 3일에, 욜란다는 구토하기 시작했고 팔에 통증이 더 심해지며 무감각해졌다.
   이러한 증상들이 어떤 병의 징후일까?

2. 고열이 있다는 것은 세균성 또는 바이러스성 감염을 나타낸다. 욜란다를 진찰한 소아과 의사는 급성 A형 연쇄상 구균 항원 검사를 지시하였으나 결과는 음성으로 나왔다. 욜란다는 10월 7일에 입원하였고 그 당시에 삼키는 것이 어려웠다. 욜란다의 혀는 흰색으로 덮여 있었고 입 밖으로 나와 있었다.
   어떤 감염에 의한 것일까?

3. 혀가 흰색으로 덮인 것으로 보아 점막 칸디다증(candidiasis)일 수 있다. 그리하여 욜란다에게 항진균제인 루코나졸을 투여하였다. 10월 8일, 요추 천자 결과 뇌척수액에 백혈구 숫자가 증가되어 있었다.
   이 결과는 무엇을 의미하는가?

4. 욜란다의 뇌척수액에 백혈구가 증가하였다면 이것은 신경계에 어떤 병원체가 감염한 것을 나타낸다. 욜란다에게 뇌수막염 치료약인 반코마이신이 주어졌다. 그 후에 침이 과다하게 분비되고 무기력 상태가 되었다.
   이 상황으로 무엇을 짐작할 수 있나? 이 질병을 어떻게 확인할 수 있을까?

5. 피부 생검 조직에 직접 형광항체 염색을 하여 광견병 바이러스 항원이 확인되었다. 욜란다는 11월 2일에 사망하였다. 뇌간(brain stem)에 광견병 바이러스의 봉입이 많았다(그림 A).
   10월과 11월에 욜란다와 접촉한 사람들을 어떻게 치료할 것인가?

6. 욜란다와 같은 학교에 있던 31명을 포함하여 66명에게 노출 후 예방(PEP) 치료가 시행되었다.
   진단이 늦어져 이 병이 가져온 결과에 영향을 주었다고 생각하는가?

7. 조기 진단으로 대개 광견병 환자를 살리지는 못하지만, 바이러스에 노출 가능성을 줄이고 PEP 필요성을 최소화할 수 있다.
   이 사례에서 어떠한 점이 추가로 확인되어야 하는가?

8. 6월 중순에 욜란다가 밤중에 깨어나 엄마에게 말하기를, 자기 방 창문으로 박쥐 한 마리가 날아들어와 물고 갔다 하였다. 욜란다의 엄마는 비상약으로 가진 소독제로 딸의 팔에 난 작은 자국을 닦아주었지만 욜란다가 악몽을 꾸었으려니 하고 말았다. 이틀 후, 욜란다의 오빠는 집 마당에서 죽은 박쥐를 발견하고 내다버렸다. 엄마는 그 박쥐가 욜란다가 말한 박쥐일 줄은 모르고 딸에게 광견병 PEP 치료해 줄 생각을 못하였다.
   PCR 검사로 은색털박쥐에 감염하는 광견병 바이러스 변종의 DNA 서열이 확인되었다(그림 B).
   미국에서 광견병을 감시하고 발생 사례를 보고하는 것이 중요한 이유는 무엇인가?

9. 2000년부터 2010년 사이에, 미국에서 보고된 총 28건의 사람 광견병 발생 사례 중에서 21건이 미국에서 감염이 일어난 경우였다. 사람 광견병은 상처를 적절히 치료하고 임상 증상이 시작되기 전에 사람광견병면역글로불린을 시기 적절하게 접종하면 예방할 수 있다.

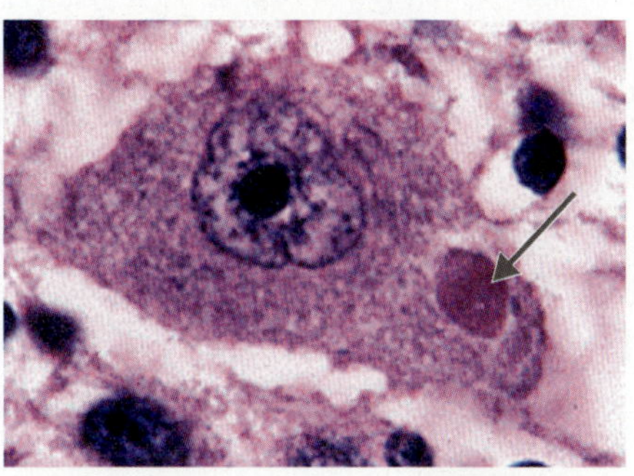

그림 A 화살표는 감염된 신경세포 내에 네그리 소체(Negri body)를 지시한다.

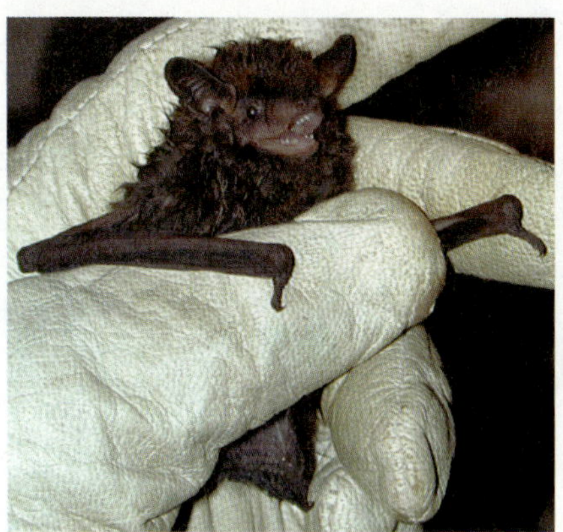
그림 B 은색털 박쥐

출처: Adapted from *MMWR* 57(8):197–200, February 29, 2008, and *MMWR* 59(38):1236–1238, October 1, 2010.

있다고 처음으로 알려진 장소이다. SLE는 남부 캐나다에서부터 아르헨티나까지 분포하지만 주로 미국의 중부와 동부에 퍼져 있다. 감염된 사람 중에서 1% 미만이 증상을 보이지만 증상을 보이는 환자들 중에서는 사망률이 20% 정도 되는 심각한 질병이다.

캘리포니아 뇌염(California encephalitis, CE)은 캘리포니아 주에서 처음으로 발생하였지만 대부분의 사례가 다른 지역에서 발생한다. 위스콘신 주의 라크로스에서 처음으로 분리된 라크로스 변종이 가장 흔히 감염하는 아르보바이러스이다(그림 22.14). 캘리포니아뇌염은 비교적 경미한 질병이며 목숨을 잃는 사례는 거의 없다.

지금은 잘 알려져 있지만, 당시로는 새로운 아르보바이러스 질병이 1999년 미국에서 발생하였다. 뉴욕시에서 처음 보고되었는데 곧, 웨스트나일바이러스(West Nile virus, WNV)가 일으키는 병으로 확인되었다. 이 바이러스는 SLE 바이러스처럼, 일본 뇌염(아래 내용 참조)을 일으키는 바이러스와 유사하다. 일본 뇌염은 조류-모기-조류로 순환하며 유지된다. 주 원인 모기는 집모기속(*Culex*)에 속하는 종으로, 온대 기후에서 성충으로 겨울을 날 수 있다. 조류는 숙주 집단의 크기를 증폭하는 역할을 하는데, 참새 등 일부 조류는 감염으로 바이러스혈증이 높은 상태에서도 죽지 않는다. 그러나 까마귀와 큰까마귀, 큰어치 등은 감염되면 사망률이 높아서, 공중 위생관리국에서는 이런 종류의 새들의 사체를 보면 신고해 줄 것을 당부하고 있다. 대부분의 사람 WNV 발병 사례에서는 무증상이거나 경미한 증상을 보이지만, 노인층에서는 소아마비와 비슷한 마비 또는

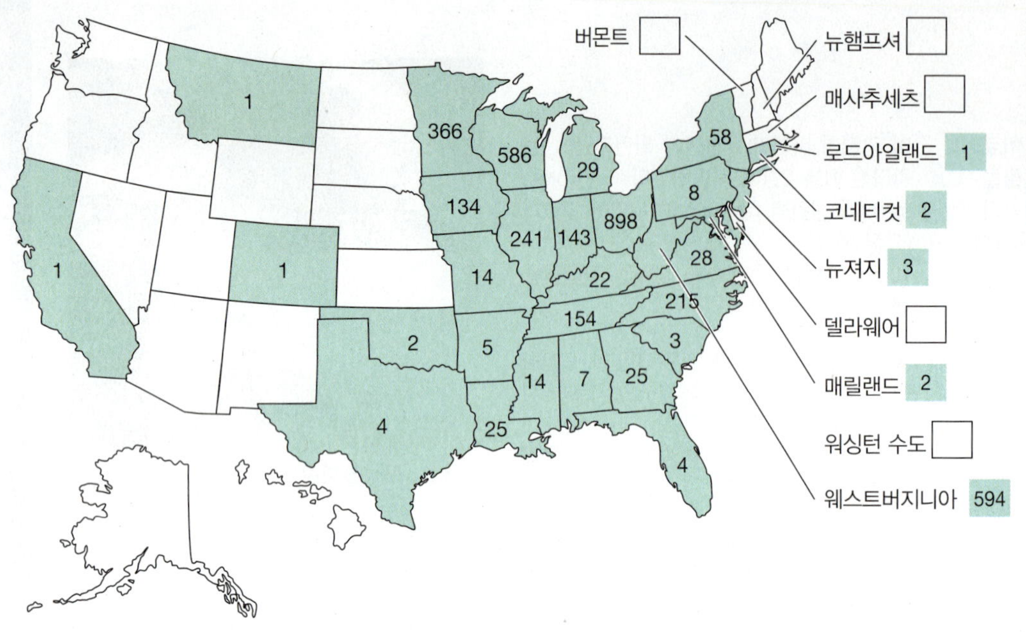

그림 22.14 캘리포니아 뇌염 사례: 1964~2009. 이 뇌염이 미국에서 가장 흔한 아르보바이러스 뇌염이다. 이 혈청형의 대다수는 라크로스(La Crosse) 바이러스이다. 출처: CDC 2010.

 아르보바이러스 감염이 여름철에 발생하는 이유는 무엇인가?

치명적인 뇌염도 발생한다. 미국의 아르보바이러스 질병에 대하여 634쪽에 질병 초점 22.2에 요약되어 있다.

극동 지역에서도 아르보바이러스 뇌염이 풍토병이다. 가장 잘 알려진 **일본 뇌염(Japanese encephalitis)**은 일본, 태국, 한국, 중국, 인도 등에서 심각한 공중 보건 문제이다. 이들 국가에서는 백신으로 이 질병을 통제하며 방문 여행자들에게도 종종 백신을 권장한다. 감염된 사람 중에서 단지 1% 정도 만이 발작이나 마비 등의 임상 증상을 보이며 사망률은 20~30%이다.

아르보바이러스 뇌염은 혈청 검사로 진단되는데, 주로 ELISA 검사로 IgM 항체를 확인한다. 가장 효과적인 예방책은 해당 지역에서 모기를 퇴치하는 것이다.

이해도 확인하기

✔ 어떤 지역에서 아르보바이러스 뇌염이 크게 집단 발병하였을 때, 전염을 최소화하기 위한 통상적인 방법은 무엇인가? **22-11**

진균성 신경계 질병

학습 목표

22-12 효모균증의 원인체와 감염원, 증상 및 치료에 대하여 설명한다.

진균류는 중추신경계에 거의 침투하지 못한다. 그러나 크립토코커스속의 한 병원성 진균은 뇌척수액에서 잘 자랄 수 있다.

크립토코커스 네오포만스 수막염(효모균증)

효모균증(cryptococcosis)은 크립토코커스(*Cryptococcus*)속의 진균이 일으키는 병이다. 이들은 효모와 비슷하게 구형의 세포이며, 출아법으로 증식하고, 매우 두터운 다당류 협막을 형성한다(그림 22.15). 사람에게 병을 일으키는 주요 종은 크립토코커스 네오포만스(*Cryptococcus neoformans*)와 크립토코커스 그루비(*C. grubii*)이다. 이들 진균은 널리 퍼져 있으며, 특히 1년에 25파운드(약 11 kg)를 배설하는 비둘기를 포함하여 새들의 배설물로 오염된 지역에 많이 분포한다. 주로 오염된 배설물이 마른 것을 흡입하게 되어 이 병에 전염된다. 흡입된 이 진균은 에이즈 환자처럼 면역계가 약해진 사람들의 체내에서 증식할 수 있고 중추신경계로 퍼져 수막염을 일으키는데, 사망률이 높다. 최근에 캘리포니아 주의 에이즈 환자들에서 효모균증이 집단 발병하였는데, 이전에 열대 지역에만 분

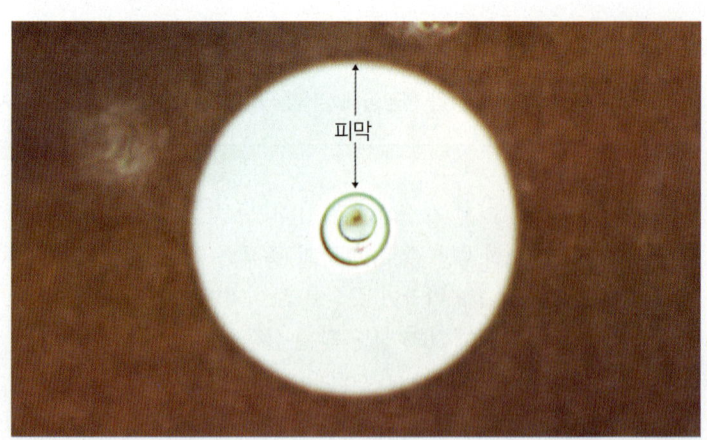

그림 22.15 크립토코커스 네오포만스(*Cryptococcus neoformans*). 이 진균은 효모처럼 생겼고 대개 두터운 협막을 가지고 있다. 희석한 먹물에 진균세포의 현탁액 현미경 사진 속에서 협막이 잘 보인다.

 *C. neoformans*가 가진 매우 두터운 다당류 협막의 중요성은 무엇인가?

포한다고 보고된 *C. gattii* 종에 의해서 발생하였다. 그러나 이제는, 아열대와 온대 지역이 원산지인 나무들과의 연관성도 알려졌다. 이 진균이 다 큰 나무가 썩어 속이 빈 생태 환경에 서식하기 때문이다. 332쪽에 임상 사례를 참조하기 바란다. 그 환경에서 담자포자(basidiospores; 338쪽 참조)가 주변 토양을 오염시키거나 목재 상품의 유통과 함께 퍼져 나갈 수 있다. 오늘날 북미 서부의 여러 지역에서 북쪽으로는 캐나다의 밴쿠버 섬까지 포함하는 지역에서 건강한 사람들도 *C. gattii* 종에 감염되어 효모균증이 발생하고 있다.

최선의 혈청학적 진단 검사는 라텍스 응집 검사(latex agglutination test)로 혈청이나 뇌척수액에서 크립토코커스 항원을 확인하는 것이다. 최선의 치료 방법은 암포테리신 B(amphotericin B)와 플루시토신(flucytosine)을 병행하여 투여하는 것이다. 그럼에도 불구하고, 사망률이 30%에 다다른다.

이해도 확인하기

✓ 공기 전염성 효모균증의 가장 흔한 근원은 무엇인가? **22-12**

원생동물성 신경계 질병

학습 목표

22-13 아프리카 수면병과 아메바성 수막뇌염의 원인균과 매개체, 증상 및 치료에 대하여 설명한다.

중추신경계를 침투할 수 있는 원생동물은 극히 드물지만, 이들이 중추신경계에 도달하게 되면 무서운 결과를 초래한다.

아프리카 수면병

아프리카 수면병(African trypanosomiasis)은 원생동물이 중추신경계를 침범하여 생기는 병이다. 1907년 윈스턴 처칠(Winston Churchill) 수상이 우간다에 수면병이 유행하는 것을 보고 "죽음의 아름다운 정원"이라고 묘사하였다. 오늘날에도, 약 50만 명의 아프리카 사람들이 감염되어 있으며, 해마다 약 10만 건의 새로운 발병 사례가 보고된다.

이 병은 사람에 감염할 수 있는 파동편모충(*Trypanosoma brucei*)에 의해 생기는데, 두 아형(subtype), 즉 감비아파동편모충(*Trypanosoma brucei gambiense*)과 로데시아파동편모충(*Trypanosoma brucei rhodesiense*)이 일으킨다. 이 둘은 형태로는 구분되지 않으나 전염 특성이 크게 다르다. 감비아파동편모충은 사람에게만 감염할 수 있으나 로데시아파동편모충은 가축을 비롯하여 많은 야생동물에 감염한다. 이들은 편모를 가지고 있으며(667쪽 그림 23.23에 나온 모양이 비슷한 생물 참조), 체체파리를 매개로 퍼진다. 인구가 밀집한 강변 지역에 서식하는 체체파리 종이 *T.b. gambiense*를 옮긴다. 체체파리가 아프리카 서부와 중앙에 널리 서식하기 때문에 종종 서부아프리카 수면병이라고도 한다. 사람에서 보고된 97% 이상의 발병 사례가 이 종류의 수면병이다. 사람이 일단 감염되면, 몇 주 또는 몇 달 동안 거의 증상이 없다. 마침내, 열과 두통, 기타 여러 증상이 나타나는 만성 질병으로 진행되어 중추신경계가 손상된 표시가 드러난다. 효과적인 치료를 받지 않으면 도리없이 혼수상태에 이르러 사망하게 된다.

반면에, *T.b. rhodesiense*의 감염은 아프리카 동부와 남부의 사바나(나무가 적은 초원)에 서식하는 체체파리 종이 옮긴다. 이 지역에 사는 야생동물들은 로데시아파동편모충에 잘 적응하여 거의 병에 걸리지 않는다. 하지만 사람과 가축은 급성으로 이 병에 걸린다. 거의 미국 땅 만한 사하라 이남 지역에서는 이 병이 지대한 영향을 미친다. 식용동물과 일에 부리는 동물들이 감염되기 때문에 사실상 농업이 발전하지 못하였다. 사람의 경우에는, *T.b. gambiense*에 의해 생기는 감염보다 더 급성으로 진행되어, 병의 증상이 감염 후 며칠 이내에 명백히 드러난다. 사망 사례도 몇 주 또는 몇 달 이내에 발생하며, 때때로 중추신경계에 타격이 오기 전에 심장에 문제가 생겨 사망한다.

수라민(suramin)과 펜타미딘(pentamidine)을 비롯하여 어느 정도 효과 있는 화학요법제가 약간 있지만, 일단 중추신경계에 침범하면 병의 진행을 막지는 못한다. 이 병의 진행을 막는 약물인 멜라소프롤(melarsoprol)은 독성이 매우 강하다. 이 약물의 독성이 다음과 같이 생생하게 묘사된 바 있다. 이것은 "플라스틱 주사기를 녹일 수 있고, 가성화상(caustic burn)을 입히며, 주사되면 극심한 통증을 유발하고, 환자의 약 5%를 죽인다." 1992년에 새로운 약물로 에플로니틴(eflornithine)이 도입되었는데, 이 약은 뇌혈류장벽을 통과하며 파동편모충의 증식에 필요한 효소를 저해한다. 이 약물은 여러 차례 연속으로 주사 맞아야 하지만 *T.b. gambiense*의 감염 후기 단계에도 매우 효과적이어서 부활 약물이라고까지 불린다. (*T.b. rhodesiense*에 대한 에플로니틴의 효과는 차이가 커서, 이에 대해서는 여전히 멜라소프롤이 권장된다.) 에플로니틴이 나오게 된 역사는, 가난에 시달리는 나라에 의료 혜택을 제공하는 데 문제가 많다는 점을 아주 잘 보여주는 예가 된다. 아프리카 수면병으로 고통받는 유일한 집단이 약을 구입할 수 있는 경제적 능력이 없어 이 약의 생산이 곧 중단되었다. 그러나 다행히, 여성들의 얼굴에 보기 싫은 털을 자라지 못하도록 하는 효과가 알려지면서 잘 사는 나라에서 이 약을 팔아 이윤을 남길 수 있게 되었다. 이로써 제약 회사에서는 이 약을 무료로 아프리카에 지속적으로 공급하고 있다.

아프리카 수면병을 퇴치하기 위한 주된 방안은 매개체인 체체파리를 없애는 것이다. 숙주 동물의 색깔과 냄새를 모방하여 만든 천막과 같은 덫에 살충제를 뿌려 설치하고 대량으로 불임 수컷을 방출하는 방법으로 탄자니아의 잔지바르 연안의 섬에서 체체파리를 제거하였다. (암컷 체체파리는 단 한번 짝짓기 하므로, 실험실에서 배양하여 방사선으로 불임 처리한 수컷을 대량으로 방출하면 이 수컷들과 짝짓기한 암컷들이 유충을 생산하지 못한다.) 파리가 멀리 날지 못하기 때문에, 보건당국에서는 대륙에서도 일정 지역을 정해 놓고 이 방법을 반복하여 이 파리를 박멸하고자 한다.

아르보바이러스 뇌염의 종류

아르보바이러스 뇌염의 특징은 주로 열과 두통, 혼란에서 혼수상태까지 이르는 정신 상태의 변화이다. 매개체인 모기와의 접촉을 줄이도록 모기 증식을 통제하는 것이 최선의 예방책이다. 모기를 통제할 방법은 고인 물을 없애고 야외에서는 곤충 퇴치제를 사용하는 것이다. 위스콘신 주의 시골에서 여덟 살 소녀가 오한과 두통, 열이 나는데 모기한테 물렸다고 한다. 각자가 내린 진단을 어떻게 확인할 수 있을까?

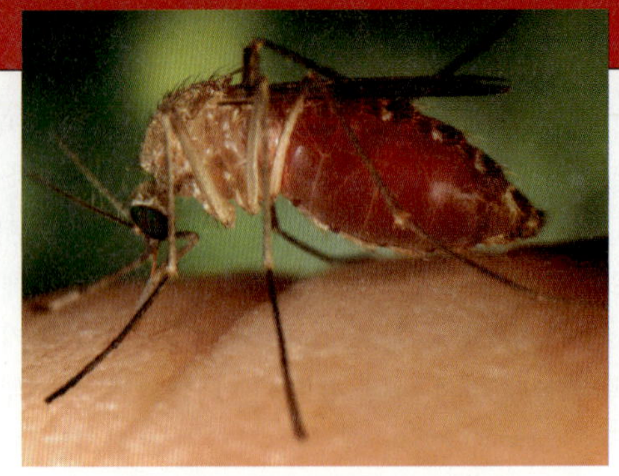

사람 피를 빨고 있는 *Culex* 모기

질병	병원체	매개 모기 종	병원소	미국내 분포	전염병학	사망률
서부 말 뇌염	WEE 바이러스 (토가바이러스)	*Culex*	새, 말		중증 질병; 특히 유아에게 빈번한 신경 손상	5%
동부 말 뇌염	EEE 바이러스 (토가바이러스)	*Aedes, Culiseta*	새, 말		WEE보다 더 심각; 주로 어린이와 청년 층 침범; 사람 감염은 흔하지 않음	>30%
세인트루이스 뇌염	SLE 바이러스 (플라바이러스)	*Culex*	새		주로 도시에서 발병; 주로 40세 이상의 성인에게 침범	20%
캘리포니아 뇌염	CE 바이러스 (분야바이러스)	*Aedes*	작은 포유동물		도시근교 또는 시골에서 주로 4~18세 군에 침범; 라크로스 균주 가장 주 원인균. 치명 사례는 희귀; 약10%가 신경 손상	입원 환자의 1%
웨스트나일 뇌염	WN 바이러스 (플라바이러스)	주로 *Culex*	주로 새, 여러 설치류, 큰 포유동물		대부분 무증상—증상이 있으면 경미한 정도부터 심각한 상태까지 다양; 연령이 높을수록 심각한 신경학적 증상과 사망률 높아짐	입원환 자의 4~18%

백신이 개발 중이지만 큰 장애물은, 파동편모충이 피막단백질을 최소 100번이나 바꿀 수 있어 단 한 종류 또는 두세 종류의 단백질을 겨냥하는 항체를 피할 수 있다는 점이다. 우리 몸의 면역체계가 성공적으로 파동편모충을 제압하고 나면 매번 또 다른 피막 항원을 가진 새로운 균주가 나타난다(그림 22.16).

아메바성 수막뇌염

대단히 파괴적인 신경계 질병인 아메바성 수막뇌염을 일으키는 원생동물은 두 종이 있다. 두 종 모두 수영장이라든가 휴양지 담수에서 발견되므로 사람이 이들에 많이 노출된다. 다행히 많은 사람들이 항체를 가지고 있어 증상이 나타나는 경우는 드물다. 네글레

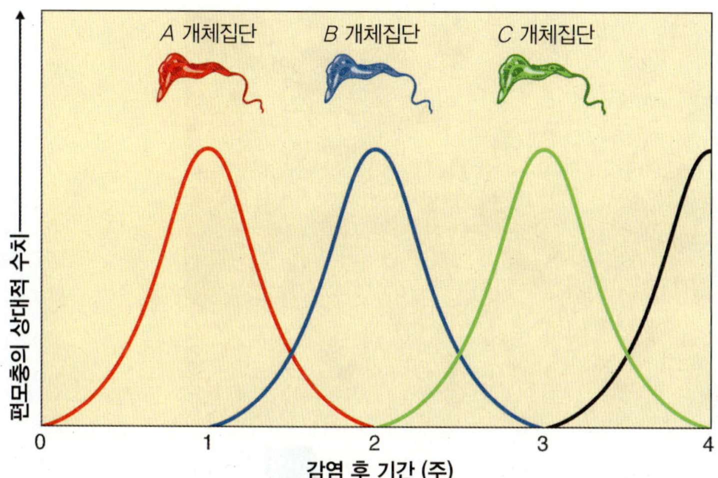

그림 22.16 **파동편모충이 면역계를 회피하는 방법.** 각 개체군의 파동편모충은 면역계에 의해 거의 완벽히 제압된다. 그러나 또 다른 표면 항원을 가진 새로운 군이 이전의 개체군을 대치한다. 검은색 선은 D 개체군을 나타낸다.

 세계적 유행병을 일으키는 어떤 다른 바이러스가 이와 같은 양상인가?

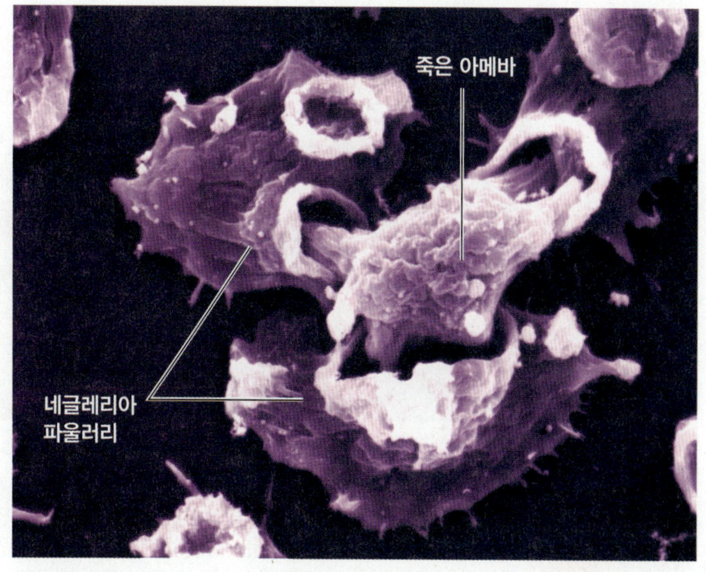

그림 22.17 **네글레리아 파울러리(*Naegleria fowleri*).** 이 사진에서, 죽은 아메바를 삼키기 시작하는 *N. fowleri*의 두 단계의 성장을 볼 수 있다. 빨아들이는 구조(amebatosome)가 식작용으로 주로 세균 또는 숙주 조직을 포함하는 여러 찌꺼기를 섭취하는 기능을 한다. 이 원생동물은 또한 구형의 포낭 단계에서 타원형이며 편모를 가져 수생 서식지에서 빠르게 움직일 수 있다(이 형태가 주로 감염성 있음).

Q 아메바성 수막뇌염은 어떻게 전염되는가?

리아 파울러리(*Naegleria fowleri*)가 **아메바성 1차 수막뇌염(primary amebic meningoencephalitis; PAM**, 그림 22.17)이라는 신경계 질병을 일으키는 아메바이다. 세계 대부분에서 발병 사례가 산발적으로 보고되지만, 미국에서는 해마다 단 두세 건만이 보고된다. 가장 많은 희생자는 따뜻한 연못이나 시내에서 수영하던 어린이들이다. 이 아메바는 초기에 코 점막에 감염하고 나중에 뇌에 침투하여 증식하며 뇌 조직을 먹어 치운다. 치사율이 거의 100%이며, 증상이 나타나고 며칠 이내로 사망하게 된다. 이 병이 드물기 때문에 "관찰과 주의"를 적게 기울이는 편이고, 또한 그 증상이 더 흔한 병원체가 일으키는 뇌염과 비슷하다. 일반적으로 진단은 부검을 통해 이루어진다. 아주 드물게 생존한 환자들은 항진균제인 암포테리신 B로 치료받았던 사람들이다.

유사한 질병으로 **육아종성 아메바성 뇌염(granulomatous amebic encephalitis, GAE)**이 있다. GAE는 아칸트아메바(*Acanthamoeba*)의 한 종이 일으키지만, 아칸트아메바 각막염(*Acanthamoeba keratitis*)이라고 하는 눈에 심각한 질병을 일으키는 종과는 다르다. GAE는 만성적으로 서서히 진행되어, 몇 주 또는 몇 달이 지나 치명적인 결과를 가져온다. 이 병의 잠복기는 알려진 바 없지만 수 개월일 것으로 짐작된다. 면역반응으로 온몸에 육아종(675쪽 그림 23.29 참조)이 생긴다. 침입 지점이 알려지지 않았지만 점막일 가능성이 크다. 뇌를 비롯하여 여러 기관, 특히 폐에 많은 병변을 만든다. GAE 중에서 많은 사례는 사실상, 맨드릴개코원숭이에서 1989년에 처음 보고된 *Balamuthia mandrillari*이라고 하는 유사한 원생동물에 의해 발생하였을 가능성이 있다.

임상 사례

뇌척수액에는 천천히 움직이는 아메바가 있었다. 파트리샤의 뇌척수액에 있는 이 특정한 미생물이 무엇인지 알아보기 위해 간접 면역형광 검사를 실시하였다. *Naegleria fowleri*에 대한 항체가 1:4096 희석에서 양성 반응이 보였다. 결과는 심각하다. 파트리샤가 아메바성 1차 수막뇌염에 걸렸는데, 급속히 생명을 위협할 수 있다는 것이다. 유글레나조류에 속하는 *N. fowleri*는 따뜻한 담수에 사는 아메바이다. 영양분이 적어지면, 영양체가 두 개의 편모를 가지고 빠르게 움직이는 세포를 형성한다. 저온 또는 건조한 환경이 되면 영양체가 포낭을 형성하였다가 환경이 좋아지면 다시 나타난다(그림 참조).

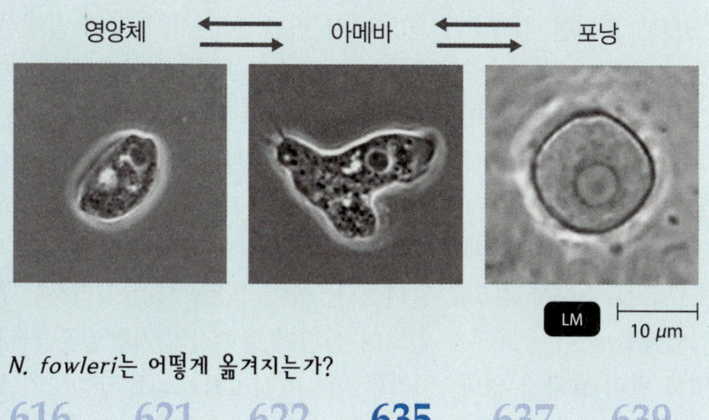

*N. fowleri*는 어떻게 옮겨지는가?

616 621 622 635 637 639

이해도 확인하기

아프리카 수면병의 매개체인 곤충은 무엇인가? 22-13

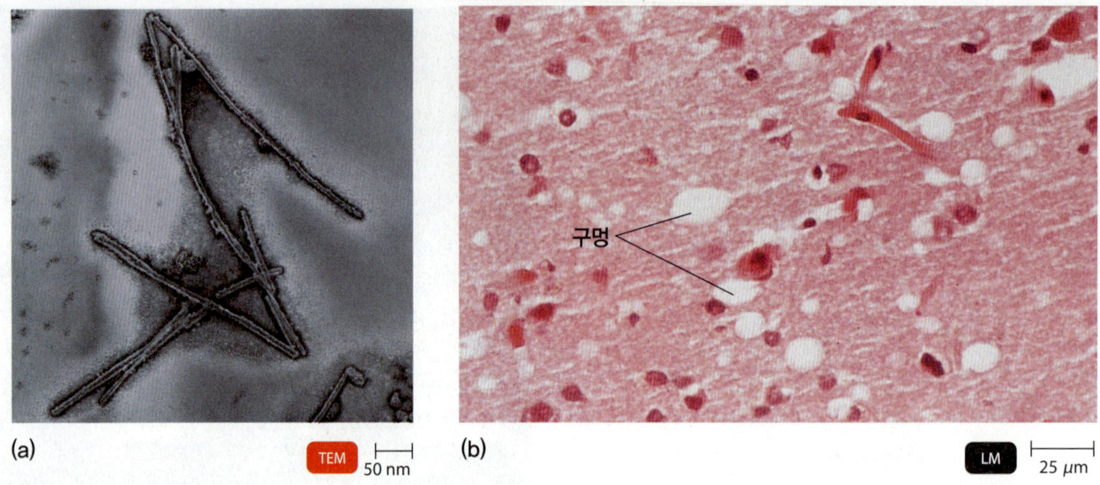

그림 22.18 해면양뇌증. 이 병은 프리온에 의해 발생하며, 소 해면양뇌증, 양의 스크래피, 사람의 크로이펠츠 야곱병을 포함한다. 모두 유사한 병리적 특성을 가진다. (a) 뇌 조직에는 프리온이 만들어내는 특징적인 섬유 응집이 생긴다. 이 불용성 응집은 비정상적으로 접힌 단백질(프리온)이다. 각 프리온은 아직 어떤 기술로도 관찰된 바 없다. (b) 뇌 조직에 보이는 분명한 구멍 때문에 스펀지 같은 모양이다.

프리온이란 무엇인가?

프리온이 일으키는 신경계 질병

학습 목표

22-14 프리온이 일으키는 질병의 특징을 설명한다.

프리온은 사람의 중추신경계를 침범하는 여러 치명적인 질병을 일으킨다. 프리온(prion)이라는 용어를 이해하기 위해서, 5장에서 효소에 대하여 설명할 때 효소의 단백질 모양이 그 활성에 필수적으로 중요하다고 했던 점을 기억할 필요가 있다. 어떤 단백질이 정상적으로 뇌 신경세포, 적색골수의 특정 줄기세포, 또한 신경세포가 될 신경 모세포의 표면에 발현되는데, 이를 **정상 단백질**(normal protein)이라고 하자. 이 단백질의 기능은 불확실하지만 신경세포의 분화를 도울 것이라는 실험 결과가 있다. 당연히 이 단백질의 모양이 해를 끼치지 않는다. 그러나 이 단백질은 두 가지의 접힌 모양을 띨 수 있는데 하나는 정상, 다른 하나는 비정상이다(아미노산 서열의 변동은 없다). 만약 정상 단백질이 **비정상으로 접힌 단백질**(abnormally folded protein), 즉 **프리온(prion)**을 접하면, 그 정상 단백질은 모양이 바뀌어 비정상으로 접힌 단백질로 변한다. 즉, 프리온으로 변하는 것이다. 사실상 이런 방식으로 단백질 잘못 접힘이 연쇄적으로 일어난다. 그러므로 하나의 프리온이 연쇄반응으로 새로운 프리온을 만들어 내고, 이들은 서로 뭉쳐 응집된 섬유를 형성하는데 이것이 프리온 질병에 걸린 뇌에서 발견되는 것이다. 그림 22.18a를 참조하시오. 프리온에 감염된 뇌 조직을 부검하면 스펀지처럼 구멍이 많은 특이한 퇴행성 변화를 볼 수 있다. (그림 22.18b; 13장 395쪽에 프리온에 대한 설명과 그림 13.22 참조.) 프리온 질병에 관한 최근들어 **전염성 해면양뇌증(transmissible spongiform encephalopathies, TSE)**이라는 병에 대한 연구가 가장 관심을 끄는 의학 미생물학 분야 중 하나이다.

동물에서 볼 수 있는 대표적인 프리온 질병은 **양 스크래피(sheep scrapie)**인데, 이 병은 영국에서 오래 전에 알려졌고 미국에서는 1947년에 처음으로 나타났다. 감염된 동물은 울타리나 벽에 대고 스스로 긁어 맨 살이 드러나는 지경이 된다. 몇 주 또는 몇 개월에 걸쳐, 감염된 동물들은 점차 운동 기능 조절이 안되고 죽게 된다. 실험적으로 프리온에 감염된 동물의 뇌 조직을 다른 동물에 주사하여 전염될 수 있다. 비슷한 질병이 밍크에도 생기는데, 양고기를 먹인 결과 발생하는 것으로 보인다. 또 다른 프리온 질병으로, **만성소모성질병**(chronic wasting disease)은, 미국 서부와 캐나다의 야생 사슴과 엘크에 생긴다. 이 병은 예외 없이 치명적이며, 사슴고기를 먹은 사람이 감염되고 결국 가축도 감염될 것으로 우려된다.

사람에게도 스크래피와 유사한 TSE 질병들이 생기는데, **크로이펠츠 야곱병(Creutzfeldt-Jakob disease, CJD)**이 그 중 하나이다. CJD는 희귀한 질병으로 미국에서 연간 200 사례 정도 발생한다. 흔히 가계 내에서 발생하여 유전 질환으로 보인다. 가족력을 보이는 CJD는 간혹 고전 CJD로 불리며, 비슷한 변종들과는 구분된다. 각막 이식과 부검 시행 중에 수술용 메스에 살짝 벤 상처를 통해 감염된다는 보고가 있기 때문에, 감염체가 존재한다는 것은 명백하다. 몇몇 건의 발병 사례에서는 그 원인이 사람의 조직에서 유래된 성장호르몬을 주사한 경우로 알려졌다. 끓이거나 방사선 처리하는 것이 감염체를 죽이는 효과가 없으며 심지어 일반적인 가압멸균 처리 방법도 달리 효과가 없다. 이러한 이유에서 CJD 노출 가능성이 있을 경우에는 외과의사들에게 일회용 기구 사용을 권장하고 있다. 현재 세계보건기구에서는 재사용 가능한 기구의 멸균 방법으로, 강한 염

표 22.1 고전 크로이펠츠 야곱병과 변종 크로이펠츠 야곱병의 특징 비교

특징	고전 CJD	변종 CJD
평균 사망 연령	68세(23~97세 범위)	28세(14~74세 범위)
정중 유병기간	4~5개월	13~14개월
임상적 양상	치매; 신경학적 증상 일찍 나타남	심리적 행동적 증상 뚜렷함; 신경학적 증상 늦게 나타남
유전자형*	다른 아미노산 조합	메티오닌/메티오닌

*병든 사람들은 각 부모에게서 물려받은 PrP 유전자의 129번째 코돈이 둘 다 메티오닌을 가지는 동형접합성이다. 백인의 37% 정도 만이 이 특징을 가지고 있으며, 나머지는 이 위치에 다른 아미노산 조합을 가지고 있다. 예외적으로 발린/발린 동형접합성 또는 메티오닌/발린 이형접합성에서 약간의 병의 발생 사례가 알려졌지만 현재까지 이러한 유전자형을 가진 사람들 중에서 vCJD에 걸린 사례는 없다.

기성의 수산화나트륨 용액에 처리한 후 134°C에서 더 오랜 시간 가압멸균할 것을 권장한다. 한편, 평범한 세제와 단백질 분해효소를 병행으로 사용하여 프리온을 파괴하는 것이 효과적인 해결책이라는 보고가 있다.

뉴기니의 일부 부족은 **쿠루(kuru**; 원주민 언어로 흔들림 또는 떨림이라는 뜻)라 하는 TSE 질병에 시달려 왔다. 쿠루의 전염은 그 부족들이 사람을 제물로 바치고 먹는 의식을 행하는 관습과 관련이 있어 보인다. 칼튼 가이듀섹(Carleton Gajdusek)이 쿠루에 대한 연구로 1976년 노벨 생리의학상을 수상하였다. 그러나 식인 의식이 사라지면서 이 병도 사라지고 있다.

광우병과 변종 크로이펠츠 야곱병

언론 보도에 많이 등장하는 TSE는 **소 해면양뇌증(bovine spongiform encephalopathy; BSE)**이다. 이 병은 광우병(mad cow disease)으로 더 잘 알려져 있는데, 병에 걸린 동물들의 행동 때문에 붙여진 이름이다. 영국에서 1986년에 시작된 집단 발병은 결국 엄청난 숫자의 동물을 살생시켜 통제되었다. 이 병의 원인으로 지목된 것은, 오랫동안 풍토병이었던 스크래피에 걸린 양고기를 먹이에 첨가하여 사육한 점이었다. 소 떼가 스크래피에 노출되어 BSE 증상을 보였다. 소에게 자연돌연변이가 일어난 결과 BSE가 생겼을 뿐 스크래피와는 아무런 관련성이 없을 가능성도 제기되었다.

살아있는 동물에서 증상이 없는 초기 단계에 BSE를 진단할 수 있는 정확한 검사 방법을 마련하는 것이 시급하다. 현재 유일한 검사는 사후 뇌 조직을 검사하는 것이며 이는 질병의 말기 상태 밖에 알 수가 없다. 미국에 BSE가 생기지 못하도록 막기 위해서, 어떤 경우에도 "다우너(downer)" 동물이라고 하는, 넘어지거나 일어나 걷지 못하는 소를 식용 고기로 사용하는 것과 동물 단백질을 사료에 첨가하는 것을 금하는 법이 있다. 미국 식품의약국에서는, 도축된 소에서 신경계 질병의 병원체가 포함될 가능성이 높은 특정 부위를 사람들이 소비하지 못하도록 금지하고 있다. 미국에서는 극히 일부의 도축 동물에 대해서만 BSE에 대한 검사를 하지만, 유럽과 일본에서는 사실상 도축된 모든 동물에 대하여 검사하고 있다.

만약 이 질병이 미국 내 가축에서 저절로 발생한다면, 경제적으로 엄청난 타격이 될 것이다. 또한 이 질병이 사람에게 전염되었을 가능성도 생겨난다. 영국을 비롯하여 세계의 몇몇 지역에서, 비교적 젊은 연령층에서 고전 CJD로 보이는 사례가 몇 건 발생하였다. 이 연령층에서는 CJD가 거의 발생하지 않으므로, BSE와의 관련 있을 것이라는 우려가 있었다. 연구 결과에 따르면 이 변종 CJD (vCJD)는 고전 CJD와 많이 달랐다(표 22.1). 지금까지 200 사례 미만이 확인되었다. 프리온 질병의 잠복기가 길다는 것과 대략 100만 마리의 소가 BSE에 감염되었던 것을 고려하면, 장래에 많은 사례의 vCJD 발병이 일어나지 않을까 우려되었다. 그러나 이러한 우려가 가라앉게 되었는데, 2000년에 작은 정점을 찍고부터 발병 사례가 감소하였으며 감염 환자들이 어떤 제한된 유전적 소인을 공유하고 있었다는 것이 알려지면서이다.

임상 사례

포낭(cyst)은 먼지와 함께 흡입될 수 있으며, 사람들이 물속에 다이빙할 때 아메바가 코로 들어갈 수 있다. 그런 다음 코 점막을 통과하여 중추신경계로 침입한다. 이 아메바는 가수분해효소를 분비하여 코 점막과 신경세포를 분해하고 지주막하강에 도달할 수 있으며, 분해된 신경세포를 양분으로 취하여 산다. 파트리샤 가족이 1주일 전에 천연 온천수가 나오는 딥 크릭 핫 스프링스(Deep Creek Hot Springs)에서 수영하였다. 파트리샤는 머리를 물 위에 내놓고 수영하라는 경고문을 따르지 않았다. 주치의는 파트리샤의 부모에게도 *N. fowleri*에 대한 항체 역가 검사를 하였다. 파트리샤의 아빠는 낮은 항체 역가(1:16)를 보이지만 증상이 없었으며, 파트리샤 엄마의 혈청은 음성 반응을 보였다.

아메바성 수막뇌염에 대한 치료 방법은 무엇인가?

616 621 622 635 **637** 639

이해도 확인하기

✔ 프리온 감염이 의심될 때 재사용 가능한 외과 기구를 멸균하는 방법으로 권장되는 것은 무엇인가? **22-14**

질병 초점 22.3

신경학적 증상 또는 마비를 일으키는 미생물 관련 질병

두 어린이가 통조림 칠리를 먹은 후에 뇌신경마비를 겪고 이어서 내려가면서 마비가 일어났다. 이 아이들은 지금 기계로 인공 호흡을 하는 상태이다. 남은 칠리 통조림은 실험용 쥐에 생체 시험 중이다. 아래 표를 감별진단에 이용하여 아이들의 증상이 어떤 감염에 의한 것인지 알아내 보시오.

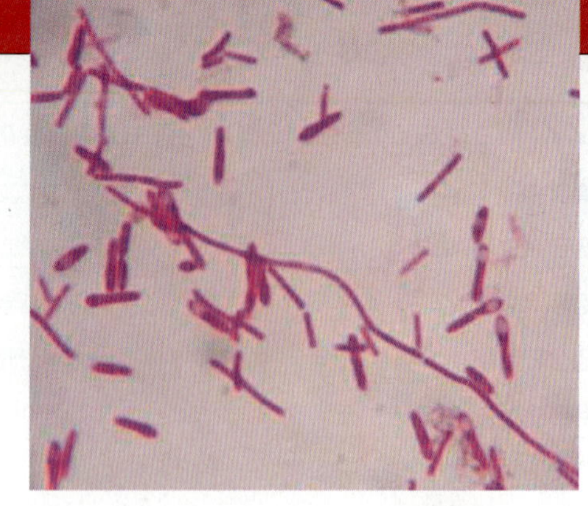

칠리 통조림 내용물의 그람염색 LM 5 μm

질병	병원체	증상	전염 경로	치료	예방
세균성 질병					
파상풍	*Clostridium tetani*	뻣뻣한 턱; 근육 경련	찔린 상처	파상풍 면역글로불린; 항생제	변성독소 백신 (DTaP, Td)
보툴리누스 중독	*Clostridium botulinum*	이완성 마비	식중독	항독소	올바른 통조림 제조; 유아는 꿀 섭취 금지
나병	*Mycobacterium leprae, M. lepromatosis*	피부 감각 소실; 보기 흉한 결절	나병균에 오염된 분비물에 장기간 접촉	답손, 리팜핀, 클로팍시민	BCG 백신 가능
바이러스성 질병					
소아마비	소아마비 바이러스	두통, 인후염, 목 경직; 운동신경이 감염되면 마비	오염된 물 섭취 (대변-구강 경로)	인공호흡 보조기	불활성화 소아마비 백신(E-IPV)
광견병	*Lyssavirus*	치명적; 흥분, 근육 경련, 삼키기 어려움	감염 동물에 물림	노출후 치료: 광견병 면역글로불린과 백신 병행	고위험군에 사람 2배체 세포 백신; 집에 기르는 동물에 예방접종
원생동물성 질병					
아프리카 수면증	*Trypanosoma brucei rhodesiense, T. b. gambiense*	치명적; 초기 증상(두통, 열) 혼수상태로 진행	체체파리	수라민; 펜타미딘	매개 곤충 통제
프리온 질병					
크로이펠츠 야곱병	프리온	치명적 감염; 떨림 등의 신경학적 증상	유전성; 섭취; 이식	없음	없음
쿠루	프리온	크로이펠츠 야곱병과 동일	접촉 또는 섭취	없음	없음

미확인 원인체에 의한 질병

학습 목표

22-15 만성피로증후군의 가능한 원인을 몇 가지 설명한다.

만성피로증후군

의학계에서는 오랫동안, 뚜렷한 원인 없이 일하기 힘들 정도로 항상 피로하다고 호소하는 환자들에 대하여 그 원인을 알아내지 못하였다. 이 환자들은 종종 여러 종류의 알레르기도 호소한다. **만성피로증후군(chronic fatigue syndrome, CFS)**은 몇 달 또는 몇 년 동안 지속되며 심신을 쇠약하게 하는 병이다. 오랜 기간 이 병은, 우울한 사람들의 불평이나 사소한 증상에 대한 불평 정도로만 간주되어 왔다. 그러나 CFS에 관한 최근 연구에서, 이 병은 "마음가짐에 달린" 증상이 아니라 면역계와 연관성이 크며 또한 유전적 요인도 있는 것으로 알려졌다. 지금은 더 인상적인 병명으로 **근육통성 뇌척수염**(myalgic encephalomyelitis, ME)이라 한다. CFS를 호소하는 사람들은 흔히 일상적인 스트레스에 잘 적응하지 못하며 면역계가 감염에 강하게 반응하지 못한다. CFS는 종종 감기 같은 증상으로 시작하는데, 그 증상이 없어지지 않는다. 일부에서는 이 병이, 감염성 단핵구증(엡스타인-바 바이러스가 일으킴)과 Q열, 라임병(Lyme disease) 등의 바이러스성 질환에 의해 시작된다고 추정한다. 2010년에, CFS 환자들이 XMRV라고 하는 레트로바이러스에 감염된 경우가 많다는 보고들이 나왔다. 이 바이러스는, 쥐에서 신경계 질병을 일으킨다고 알려진 쥐백혈병 바이러스-유사 바이러스(murine leukemia virus-related viruses, MLV)라는 바이러스 군에 속한다. 그러나, 다른 실험실에서는 이를 확인하지 못하였다.

미국 질병통제예방센터에서 마련한 CFS의 진단 규정에 의하면, 최소 6개월 설명이 되지 않는 피로가 지속되는 상태이다. 또한 인후염, 림프절 비대, 근육통, 여러 부위의 관절통, 두통, 개운하지 않은 잠, 운동 후 심한 피로감, 단기 기억과 집중력 장애로 열거되는 항목 중에 최소 네 가지 증상을 가진 경우이다. 미국에서는 이 병이 흔하지 않아 여성에 0.52%, 남성에 0.29%이며 전체적으로 약 80만~250만 명으로 추정된다.

CFS에 승인된 치료약은 없으나, 앰플리젠(Ampligen)이라는 실험 약물이 시험 중에 있다. 이 약은 항바이러스 활성을 가진 인터페론의 생산을 자극하도록 고안된 것이다.

임상 사례 해결

파트리샤에게 항생제 암포테리신 B와 리팜핀이 치료제로 주어졌다. *N. fowleri*가 널리 서식하지만 감염을 일으키는 경우는 드물다. 물 1리터 당 100마리 정도의 아메바 숫자가 되어야 감염을 일으킬 수 있다. 증상이 없는 감염도 드물지 않으며, 파트리샤 아버지의 낮은 항체 역가로 보아 그도 감염된 것이다. 파트리샤는 아메바성 1차 수막뇌염에 걸렸지만 생존한 것으로 보고된 10명 미만의 사람 중에 한 사람이다. 파트리샤가 살게 된 것은 실험실 연구원이 재빠르게 판단하여 이 아이의 감염이 신속히 진단되었고 결과적으로 아메바성 질환에 대한 치료가 즉각 이루어졌기 때문이다.

616 621 622 635 637 **639**

이해도 확인하기

✓ 만성피로증후군과 관련된 흔한 질병을 한 가지 제시하시오. **22-15**

* * *

질병 초점 22.3에 신경학적 증상과 마비를 일으키는 미생물 관련 질병의 주요 원인체들을 요약하였다.

학습 개요

신경계의 구조와 기능 (616~617쪽)

1. 중추신경계(CNS)는 두개골에 의해 보호되는 뇌와, 등뼈에 의해 보호되는 척수로 구성된다.
2. 말초신경계(PNS)는 중추신경계에서 뻗어 나온 신경으로 구성된다.
3. CNS는 경막, 거미막, 연질막의 세 층의 막에 덮여 있다. 뇌척수액(CSF)은 지주막하강에서 거미막과 연질막 사이에 순환한다.
4. 뇌혈류장벽은 정상적인 경우에 항생제를 포함한 많은 물질들이 뇌로 들어오는 것을 방지한다.
5. 미생물들은 외상을 통하여 말초신경계를 따라 혈액과 림프계를 통하여 CNS에 침입할 수 있다.
6. 수막에 일어나는 감염을 수막염이라 하고, 뇌에 감염이 생긴 경우를 뇌염이라 한다.

세균성 신경계 질병 (617~626쪽)

세균성 수막염 (617~621쪽)

1. 수막염은 바이러스, 세균, 진균, 원생동물에 의해 일어날 수 있다.
2. 세균성 수막염의 세 가지 주요 원인균은 인플루엔자균(*Haemophilus influenza*), 폐렴연쇄상구균(*Streptococcus pneumonia*), 수막염균(*Neisseria meningitides*)이다.
3. 거의 50종에 달하는 기회감염성 세균이 수막염을 일으킬 수 있다.
4. *H. influenzae*는 인후에 정상 미생물상을 이루는 한 종이다.
5. *H. influenzae*는 혈액 내 요소를 증식에 필요로 하며, 혈청형은 피막에 따라 분류된다.
6. *H. influenzae* b형이 4세 이하 아이들에게 수막염을 일으키는 가장 흔한 원인균이다.
7. 피막 다당류 항원에 대한 접합백신이 상용되고 있다.
8. *N. meningitidis*는 수막구균성 수막염을 일으킨다. 이 세균은 건강한 보유자의 인후에 서식하며, 기침 속 액체미립자 또는 분비물에 직접 접촉한 경우에 전염된다.
9. 이 세균은 혈액을 통하여 수막에 침범하며, CSF에서 백혈구 안에서 발견된다.
10. 내독소가 증상을 일으킨다. 이 질병은 어린 아이들에게 가장 빈번히 발생한다.
11. 분리된 피막 다당류 백신이 혈청형 A, C, Y, W-135에 대하여 상용되고 있다.
12. *S. pneumoniae*는 주로 코인두에 서식한다.
13. 어린아이들은 *S. pneumoniae* 수막염에 가장 민감하다. 치료받지 않으면 사망률이 높다.
14. 접합 백신이 상용되고 있다.
15. 진단 방법은 CSF 내에 있는 세균의 그람염색, 배양, 혈청학적 검사로 시행된다.
16. 병원체가 확인되기 전에 세팔로스포린을 투여되기도 한다.
17. *Listeria monocytogenes*는 신생아, 면역이 저하된 사람, 임신한 여성, 암 환자에서 수막염을 일으킨다.
18. 오염된 식품을 섭취하여 감염되지만, 건강한 사람들은 무증상일 수도 있다.

19. *L. monocytogenes*는 태반을 건너 자연 유산과 사산을 일으킬 수 있다.

파상풍 (621~622쪽)

20. 파상풍은 상처부위에 *Clostridium tetani*가 감염하여 일어난다.
21. *C. tetani*가 만들어 내는 신경독소인 테타노스파즈민이 파상풍의 증상을 일으키는데, 그 증상은 경련, 턱을 움직이는 근육의 수축으로 뻣뻣해짐, 호흡기 관을 둘러싸는 근육에 경련이 일어나 사망에 이른다.
22. *C. tetani*는 소독하기 어려운 깊은 상처에서 증식하는 혐기성 세균이다.
23. DTaP 접종으로 면역이 획득된다.
24. 예방 접종을 받았던 사람도 상해를 입은 후에 파상풍 변성독소 추가접종을 받을 수 있다. 예방 접종 받은 사람도 사람 파상풍 면역글로불린을 접종받을 수 있다.
25. 감염을 통제하기 위해 죽은 조직을 제거하고 항생제를 사용할 수 있다.

보툴리누스 중독 (622~624쪽)

26. 보툴리누스 중독은 *C. botulinum*이 식품에서 증식하면서 만들어 내는 외독소에 의해 발생한다.
27. 보툴리누스 독소는 혈청형에 따라 독성의 차이가 있는데, A형 독소가 가장 독성이 세다.
28. 이 독소는 신경 전달을 억제하는 신경 독소이다.
29. 하루 내지 이틀 지나서 시야가 흐릿해지며, 이어서 이완성 마비가 1~10일 동안 진행되어 호흡기와 심장이 멈추고 사망할 수 있다.
30. *C. botulinum*은 산성 음식이나 유산소 환경에서는 증식하지 못한다.
31. 통조림을 올바르게 제조하면 내생포자가 죽는다. Adding 식품에 아질산염을 첨가하면 *C. botulinum*의 증식이 억제된다.
32. 독소는 열에 약하여 100°C에서 5분간 끓이면 파괴된다.
33. 유아 보툴리누스증은 *C. botulinum*이 아기들의 장 속에서 증식하여 발생한다.
34. 외상성 보툴리누스증은 *C. botulinum*이 무산소 환경의 깊숙한 상처에서 증식하여 발생한다.
35. 진단 방법으로, 항독소로 면역된 쥐에 환자나 문제의 음식으로부터 분리한 독소를 접종한다.

나병 (625~626쪽)

36. *Mycobacterium leprae*가 나병, 또는 한센병을 일으킨다.
37. *M. leprae*는 인공배지에서 배양되지 않으며, 아르마딜로나 쥐 발바닥에서 배양될 수 있다.
38. 결핵양형 나병은 피부에 결절로 둘러싸여 감각이 소실된 부분들이 생기는 것이 특징이다.
39. 나종형 나병에서는, 결절이 퍼지고 조직 괴사가 일어난다.
40. 나병은 전염성이 강하지 않으며 누출액에 장기간 접촉하면 점염된다.
41. 치료받지 않으면 결핵과 같은 2차적인 세균 감염으로 종종 사망하게 된다.
42. 실험실에서의 진단은 피부생검에서 항산성 간균을 확인하는 것이다.
43. 나병 환자는 설폰계 약물로 치료한다.

바이러스성 신경계 질병 (626~632쪽)

소아마비 (626~628쪽)

1. 소아마비의 증상은 보통 인후염과 메스꺼움이며 1% 이하의 사례에서 간혹 마비도 발생한다.
2. 소아마비 바이러스는 배설물로 오염된 물을 섭취하여 전염된다.
3. 소아마비 바이러스는 목과 소장의 림프절을 먼저 침범한 후에, 바이러스혈증을 일으키고 척수를 침범한다.
4. 대변과 목 안에서 나오는 분비물에서 바이러스를 분리하여 진단한다.
5. 솔크백신[불활성화 소아마비 백신(IPV)]은 포르말린으로 불활성화된 바이러스를 주사하며 몇 년마다 추가접종 해야 한다. 사빈백신[경구 소아마비 백신(OPV)]은 약독화된 생바이러스의 세 균주를 경구 접종한다.
6. 소아마비는 예방접종으로 근절 가능성이 큰 질병이다.
7. 야생형(WPV) 바이러스와 백신유래(VDPV) 바이러스 사이에 전염병학적 차이가 있다.

광견병 (628~630쪽)

8. 광견병 바이러스(리사바이러스)가 광견병이라는 급성이며 대개 치명적인 뇌염을 일으킨다.
9. 광견병은 광견병에 걸린 동물에게 물리거나 또는 바이러스가 피부에 침투하여 걸리게 된다. 이 바이러스는 골격근과 결합조직에서 증식한다.
10. 바이러스가 말초신경을 따라 중추신경계로 이동하면 뇌염이 발생한다.
11. 광견병의 증상으로는, 입과 인후의 근육에 경련이 일어나며 뒤따라 뇌와 척수에 심한 손상이 생기고 사망하게 된다.
12. 실험실에서의 진단은 타액, 혈청, 뇌척수액 또는 뇌조직 도말 표본에 DFA검사로 이루어진다.
13. 미국에서 광견병의 병원소는 스컹크, 박쥐, 여우, 너구리 등이다. 집에서 기르는 소, 개, 고양이도 광견병에 걸릴 수 있다. 설치류와 토끼는 광견병에 거의 걸리지 않는다.
14. 노출후 치료 방법으로 사람 광견병 면역글로불린(RIG)과 함께 여러 차례 백신을 근육 주사하는 것이다.
15. 노출전 치료 방법은 예방접종이다.
16. 리사바이러스속의 다른 바이러스들도 광견병과 유사한 병을 일으킬 수 있다.

아르보바이러스 뇌염 (630~632쪽)

17. 이 뇌염의 증상으로 오한, 두통, 열이 나며 마침내 혼수상태에 이른다.
18. 모기에 의해 전염되는 아르보바이러스라 하는 많은 종류의 바이러스들이 이 뇌염을 일으킨다.
19. 아르보바이러스 뇌염의 발생은 모기가 많은 여름철에 증가한다.
20. 법정 아르보바이러스 감염병으로 동부 말 뇌염(EEE), 서부 말 뇌염(WEE), 세인트루이스 뇌염(SLE), 캘리포니아 뇌염(CE), 웨스트나일 바이러스(WNV) 감염 등이 있다.
21. 혈청학적 검사로 뇌염을 진단한다.
22. 매개체인 모기를 없애는 것이 뇌염을 통제하는 가장 효과적인 방법이다.

진균성 신경계 질병 (632~633쪽)

크립토코커스 네오포만스 수막염(효모균증) (632~633쪽)

1. *Cryptococcus* 종은 피막을 가지며 효모와 유사한 진균으로 효모균증을 일으킨다.
2. 이 병은 감염된 비둘기나 닭의 배설물이 말라 붙은 티끌을 흡입하면 걸릴 수 있다.
3. 이 병은 폐렴처럼 시작하여 뇌와 수막에 퍼질 수 있다.
4. 면역이 저하된 사람들이 효모균증에 가장 민감하다.
5. 혈청 또는 뇌척수액에서 크립토코커스균 항원을 유액응집반응 검사로 확인하여 진단한다.

원생동물성 신경계 질병 (633~635쪽)

아프리카 수면병 (633~634쪽)

1. 아프리카 수면병은 원생동물인 *Trypanosoma brucei gambiense*와 *T.b. rhodesiense*가 일으키며 체체파리에 물려 옮겨진다.
2. 이 병은 사람의 신경계를 침범하여 무기력증과 마침내 혼수상태를 일으킨다. 흔히 수면병이라 한다.
3. 이 원생동물이 표면 항원을 바꾸기 때문에 백신 개발에 걸림돌이 된다.

아메바성 수막뇌염 (634~635쪽)

4. 원생동물인 *Naegleria fowleri*가 일으키는 뇌염으로 거의 항상 치명적이다.
5. 육아종성 아메바성 뇌염은, *Acanthamoeba* 종과 *Balamuthia mandrillaris*가 일으키는 만성 질병이다.

프리온이 일으키는 신경계 질병 (636~637쪽)

1. 프리온은 자가복제 단백질이며 핵산을 포함하지 않는다.
2. 중추신경계에 병이 생기는데, 서서히 진행되어 스펀지처럼 뇌에 구멍이 뚫린 퇴행성 질병이 생긴다.
3. 전염성 해면양뇌증은 한 동물로부터 다른 종의 동물로 전염될 수 있다.
4. 크로이펠츠 야곱병과 쿠루는 스크래피와 유사한 사람 질병이다. 사람 사이에 전염될 수 있다.

미확인 원인체에 의한 질병 (638~639쪽)

만성피로증후군 (638~639쪽)

1. 만성피로증후군(CFS)은 미생물 감염에 의해 유발될 수 있다.

학습 질문

복습과 객관식 문제에 대한 해답은 책 뒤에 있음.

복습 문제

1. 만약에 *Clostridium tetani*가 페니실린에 비교적 민감하다면, 파상풍이 왜 페니실린으로 치료되지 못할까?
2. 아래와 같은 상황에서 파상풍에 대한 어떤 치료법이 사용되는가?
   a. 깊게 찔린 상처를 입기 이전
   b. 깊게 찔린 상처를 입은 후
3. 왜 다음과 같은 설명이 *C. tetani* 감염에 민감한 상처를 묘사하는데 사용되는가: ". . . 깨끗이 잘 소독되지 않은 깊이 찔린 상처. . . 피를 흘리지 않았거나 피가 거의 나지 않은 상처. . ."?
4. 소아마비에 대하여 다음 사항을 설명하시오: 병의 원인, 전염 경로, 증상, 예방. 솔크백신과 사빈백신이 소아마비 치료가 될 수 없는 이유는 무엇인가?
5. 아래 표를 채우시오.

수막염의 원인체	민감한 집단	전염	치료
N. meningitidis			
H. influenzae			
S. pneumoniae			
L. monocytogenes			
C. neoformans			

6. 아래 표를 채우시오.

질병	원인	전염	증상	치료
아르보바이러스 뇌염				
아프리카 수면증				
보툴리누스 중독				
나병				

7. **그려보기** 아래 그림에, *H. influenzae*, *C. tetani*, 보툴리누스 독소, *M. leprae*, 소아마비 바이러스, 리사바이러스, 아르보바이러스, *Acanthamoeba*의 침입 지점을 표시하시오.

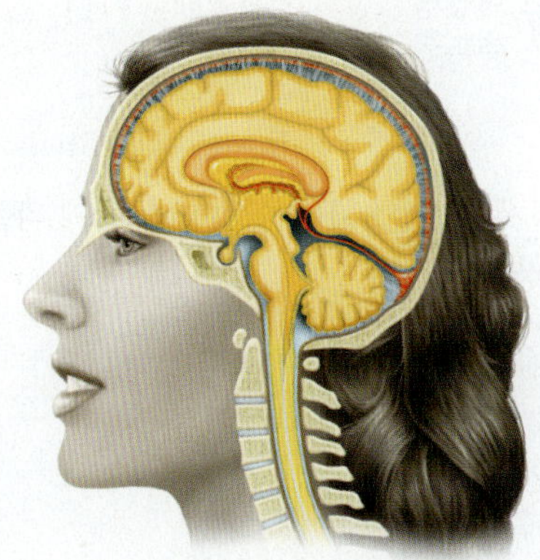

8. 광견병 노출 후 치료 방법의 개요를 설명하시오. 노출전 광견병 예방의 개요를 설명하시오. 두 상황에 대한 방법에 차이가 있는 이유는 무엇인가?

9. 크로이펠츠 야곱병이 전염체에 의해 생기는 병이라는 증거를 제시하시오.

10. 이름 답하기 이 병원체는 수막염을 일으키며 이것에 오염된 새 배설물이 마른 것을 흡입하면 전염된다. 치료제로 암포테리신 B와 플루시토신을 사용한다.

객관식 문제

1. 아래에서 틀린 것은?
   a. 녹슨 못에 찔린 상처만이 파상풍을 일으킨다.
   b. 설치류(예를 들어, 쥐나 생쥐)는 광견병에 거의 걸리지 않는다.
   c. 소아마비는 대변-구강 경로로 전염된다.
   d. 미국에는 아르보바이러스 뇌염이 흔하지 않다.
   e. 위의 모든 지문이 맞다.

2. 다음 중 어느 병이 동물 병원소 또는 동물 매개체를 가지지 않는가?
   a. 리스테리아증
   b. 효모균증
   c. 아메바성 수막뇌염
   d. 광견병
   e. 아프리카 수면증

3. 귈랑바레증후군으로 입원한 열두 살 어느 소녀가 지난 4일간 두통, 어지러움, 열, 인후염이 생기고 다리에 힘이 없었다. 경련이 2주 후에 시작되었다. 세균 배양 검사 결과는 음성이었다. 입원한 지 3주 지나 사망하였다. 부검 결과, 뇌세포 안에 봉입체가 면역형광 검사에 양성으로 나타났다. 이 소녀가 걸렸던 병은
   a. 광견병.
   b. 크로이펠츠 야곱병.
   c. 보툴리누스 중독.
   d. 파상풍.
   e. 나병.

4. 각막을 이식 받은 어느 여성에게 치매가 오고 운동 기능이 소실되었다. 그런 후에 혼수상태가 와 사망하였다. 세균 배양 결과 음성, 혈청학적 검사 결과도 음성이었다. 부검 결과 그녀의 뇌가 스펀지처럼 퇴행성 병변을 보였다. 그녀가 걸렸던 병은
   a. 광견병.
   b. 크로이펠츠 야곱병.
   c. 보툴리누스 중독.
   d. 파상풍.
   e. 나병.

5. 다음 중 어느 세균이 일으키는 증상이 내독소에 의한 것인가?
   a. *N. meningitidis*
   b. *S. pyogenes*
   c. *L. monocytogenes*
   d. *C. tetani*
   e. *C. botulinum*

6. 뇌염의 발생이 여름 철에 증가하는 이유는
   a. 바이러스의 증식.
   b. 온도가 높은 날씨.
   c. 모기 성충의 존재.
   d. 새 집단의 수 증가.
   e. 말 집단의 수 증가.

7~8번 문제의 답을 다음 중에서 선택하시오.
   a. 항광견병 항체 b. HDVC

7. 가장 장기적인 면역을 제공한다.

8. 수동 면역에 사용된다.

9~10번 문제의 답을 다음 중에서 선택하시오.
   a. *Cryptococcus*
   b. *Haemophilus*
   c. *Listeria*
   d. *Naegleria*
   e. *Neisseria*

9. 뇌척수액을 현미경 검사한 결과 그람양성 간균이 관찰되었다.

10. 대도시의 큰 건물에 유리 청소하는 사람의 뇌척수액을 검사한 결과 타원형의 세포가 관찰되었다.

비판적 사고

1. 우리들 대부분은 녹슨 못에 찔리면 파상풍이 생길 수 있다고 알고 있다. 이 정보의 근거가 무엇이라고 생각하는가?

2. OPV는 통상적인 예방 접종에 더 이상 사용되지 않는다. 이에 대한 근거를 설명하시오.

임상 응용

1. 한 살짜리 아기가 기운 없이 늘어지고 열이 난다. 병원에 입원하여, 그람음성세균인 약간 긴 모양의 구간균(*coccobacilli*)을 포함한 뇌농양이 여럿 있는 것을 알게 되었다. 이 병이 무엇인지, 그리고 병의 원인과 치료 방법은 무엇인지 답하시오.

2. 마흔 살의 조류 사육사가 병원에 입원하였는데 위턱 표면이 쓰리고, 시력이 점차 흐려지며, 방광 기능에 문제가 생겼다. 두 달 전에는 건강하였다. 몇 주 내로 그는 두 다리에 반사적인 반응을 못하더니 죽고 말았다. 뇌척수액을 검사하였더니 림프구가 관찰되었다. 병의 원인이 무엇일까? 이를 확인하기 위해 더 필요한 정보는 무엇인가?

3. 정상적인 어떤 아기가 약 12주 동안 몸무게가 증가하였다. 그러다가 먹지를 못하였다. 오른쪽 고막에 염증이 생겼고, 목이 뻣뻣해졌으며, 체온이 40°C였다. 뇌척수액 검사 결과 그람음성세균인 구간균이 관찰되었다. 이 병은 어떤 병이며 치료법은 무엇인가?

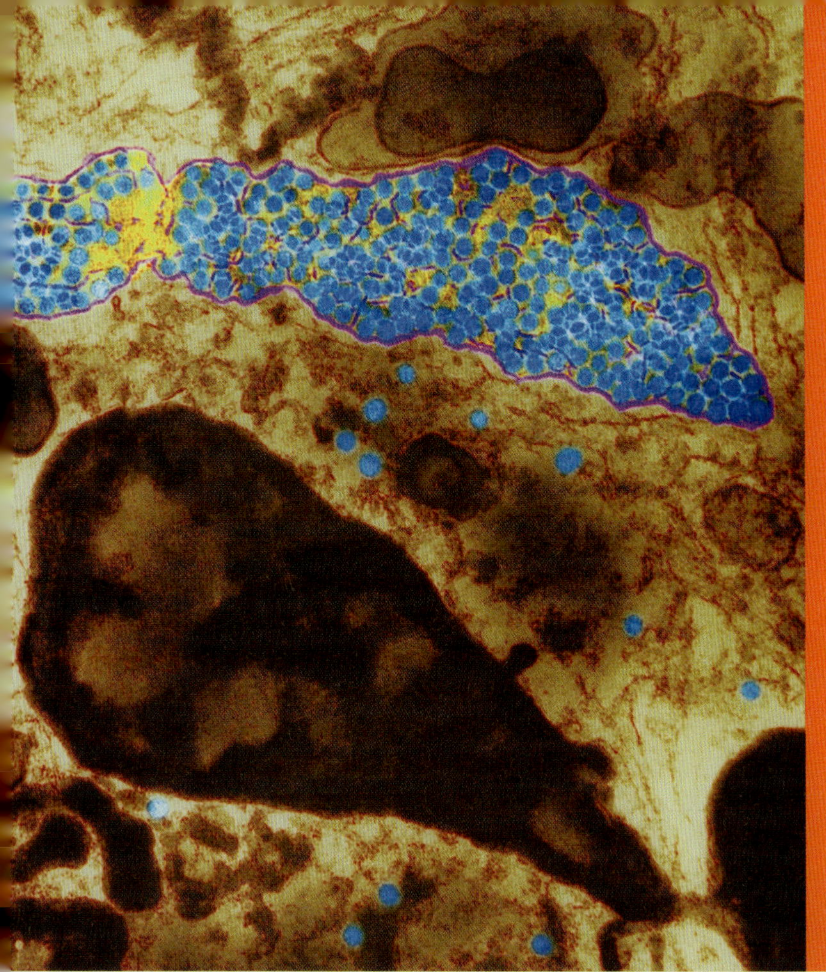

23

미생물에 의한 심혈관계와 림프계 질병

심혈관계는 심장과 혈액, 혈관으로 이루어진다. 림프계는 림프, 림프 혈관, 림프절, 그리고 편도선, 맹장, 지라 및 흉선 등의 림프 기관으로 구성되어 있다. 양쪽 계의 체액은 몸 전체를 순환하며 많은 조직 및 기관과 직접 접촉한다. 생리적으로, 혈액과 림프는 신체 조직에 영양분과 산소를 공급하고 노폐물을 운반한다. 그러나 심혈관계와 림프계의 바로 이 기능이 곤충에 물리거나, 바늘 또는 상처를 통해 피부를 침입한 병원체를 마찬가지로 순환시켜 전신으로 퍼지게도 한다. 이 때문에 신체의 선천적 방어체계의 대부분이 혈액과 림프에서 발견된다. 순환하는 포식세포는 특히 중요하며, 이들은 또한 림프절과 지라 같은 고정된 장소에도 존재한다. 혈액은 우리 몸의 적응 면역체계의 중요한 부분으로, 항체와 특수한 세포들이 혈액 내로 들어온 병원체를 차단하기 위해 몸 전체를 순환한다. 그러나 때때로 혈액 내의 이러한 방어체계가 제압되면, 병원균은 폭발적으로 증식하여 비참한 결과를 초래한다. 그림에서 보여주는 뎅기열 바이러스(Dengue fever virus)는 면역계의 대식세포 안에서 성장한다. 뎅기열은 이번 장의 임상 사례에서 설명한다.

심혈관계와 림프계의 구조와 기능

학습 목표

23-1 감염의 전파와 제거에 있어서 심혈관계와 림프계의 역할을 알아본다.

심혈관계의 중심은 심장이다(그림 23.1). 심혈관계의 기능은 혈액을 신체 조직으로 순환시켜 세포에 특정 물질을 전달하고 거기서 다른 물질을 제거하는 것이다.

혈액(blood)은 혈장이라 부르는 액체와 구성 인자들의 혼합물이다(16장 472쪽 상자 참조). 림프계는 혈액의 순환에 필수적인 부분이다(그림 23.2). 혈액이 순환하면, 혈장의 일부는 모세혈관에서 간극 공간(interstitial space)이라 부르는 조직세포 사이의 공간으로 여과되어 나간다. 이렇게 순환하는 액체를 간극 체액(interstitial fluid)이라 한다. 조직 세포를 둘러싸고 있는 미세 림프혈관을 **모세림프관(lymph capillary)**이라 부른다. 간극 체액이 조직세포 주위를 돌다가 모세 림프관에 의해 흡수되는데, 이때 이 용액이 **림프액(lymph)**이다.

모세 림프관은 투과성이 아주 높기 때문에 미생물이나 이들의 산물을 잘 받아들인다. 림프액은 모세 림프관에서 **림프관(lymphatic)**이라는 더 큰 관으로 운반되는데, 림프관은 림프액이 심장 쪽으로 움직이도록 해주는 판막을 가지고 있다. 결국 모든 림프액은 혈액이 심장으로 들어가기 직전에 혈액으로 되돌아간다. 이러한 순환의 결과로 혈장에서 스며 나왔던 단백질과 체액이 혈액으로 다시 돌아간다.

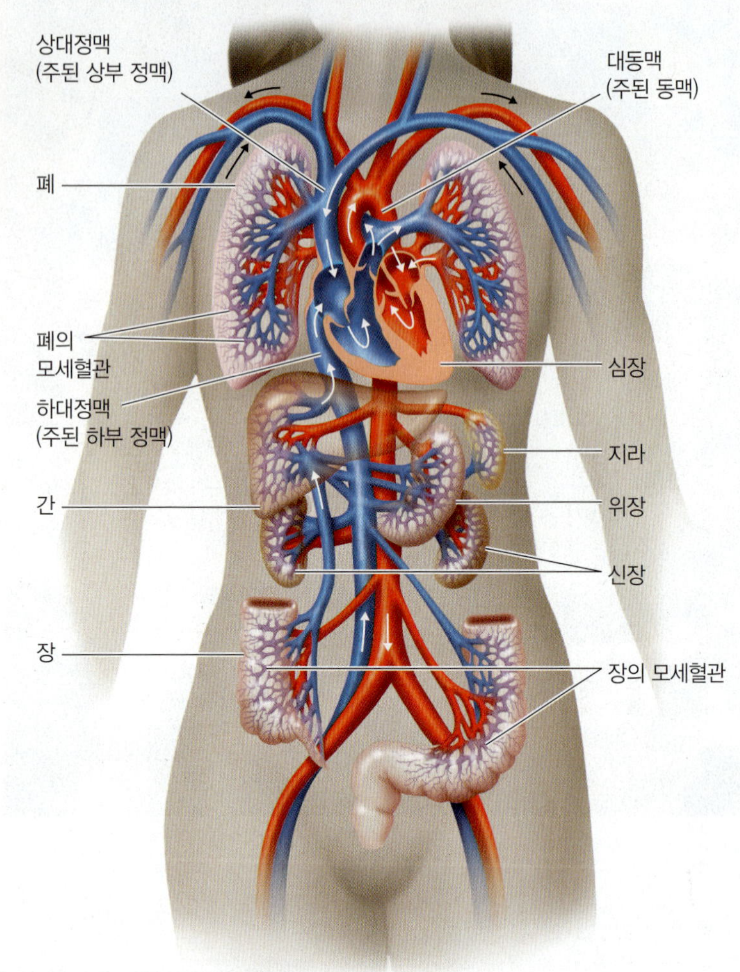

그림 23.1 인간의 심혈관계와 연관된 구조들. 머리와 사지의 상세한 순환 과정은 여기 단순한 그림에는 나타내지 않았다. 혈액은 심장에서부터 동맥계(붉은색)를 통해 폐와 신체의 다른 부분에 있는 모세혈관(보라색)으로 순환한다. 이러한 모세혈관에서 혈액은 정맥계(청색)를 통해 심장으로 되돌아온다.

Q 병소 감염이 어떻게 전신성이 되는가?

임상 사례: 모기로 인한 재난

대체로 건강했던 34세의 캐티 타나카(Katie Tanaka) 양이 1주간의 플로리다주 키 웨스트(Key West) 여행에서 방금 뉴욕주 로체스터(Rochester)로 돌아왔다. 캐티는 긴 여행으로 약간의 피로는 있을 것이라고 예상은 했지만 집에 돌아온 후 하루 만에 완전히 탈진한 것에 많이 놀랐다. 캐티는 발열과 두통, 오한이 발생한 날 오후에 담당 주치의에게 진료 예약을 하였다. 그녀의 주치의는 소변검사를 지시하였고, 검사 결과 소변에서 세균과 적혈구가 발견되었다. 의사는 그녀를 요로 감염에 걸린 것으로 진단하고 항생제를 처방하였다.

이틀 후 열은 내렸지만 캐티는 두통이 더 심해지고, 눈을 움직이면 눈 뒤쪽에 더 심한 통증을 있으며, 약간 어지러운 듯한 불쾌감에 의사를 다시 방문하였다. 캐티는 정신은 맑고 방향감각은 있었지만 두통으로 상당히 불편하였다. 의사가 눈을 감고 발을 모아 서 있어 보라고 했을 때 캐티는 흔들거리기 시작했는데, 이는 뇌에 손상이 있을 가능성을 나타내는 것이었다.

어떤 감염의 가능성이 있는가? 알아보자.

644 662 665 668 675

림프계의 여러 지점에는 림프액이 흘러 통과하는 림프절(몇 mm에서 크게는 2 cm 정도 크기의 콩 모양의 신체 물질) 이라는 알 모양의 구조가 있다(459쪽 그림 16.5 참조). 림프절 안에는 림프액에서 전염성 미생물을 제거하도록 도와주는 고정된 대식세포가 존재한다. 림프절 자체에 감염이 발생해 림프절이 부드러워지고 눈으로 부은 것이 보일 때가 있는데, 이렇게 부어 오른 림프절을 **가래톳(buboes)**이라 부른다(657쪽 그림 23.11 참조).

림프절은 또한 신체 면역계의 중요한 구성요소이다. 림프절에 들어가는 외부의 미생물은 두 가지 형태의 림프구(B세포와 T세포)

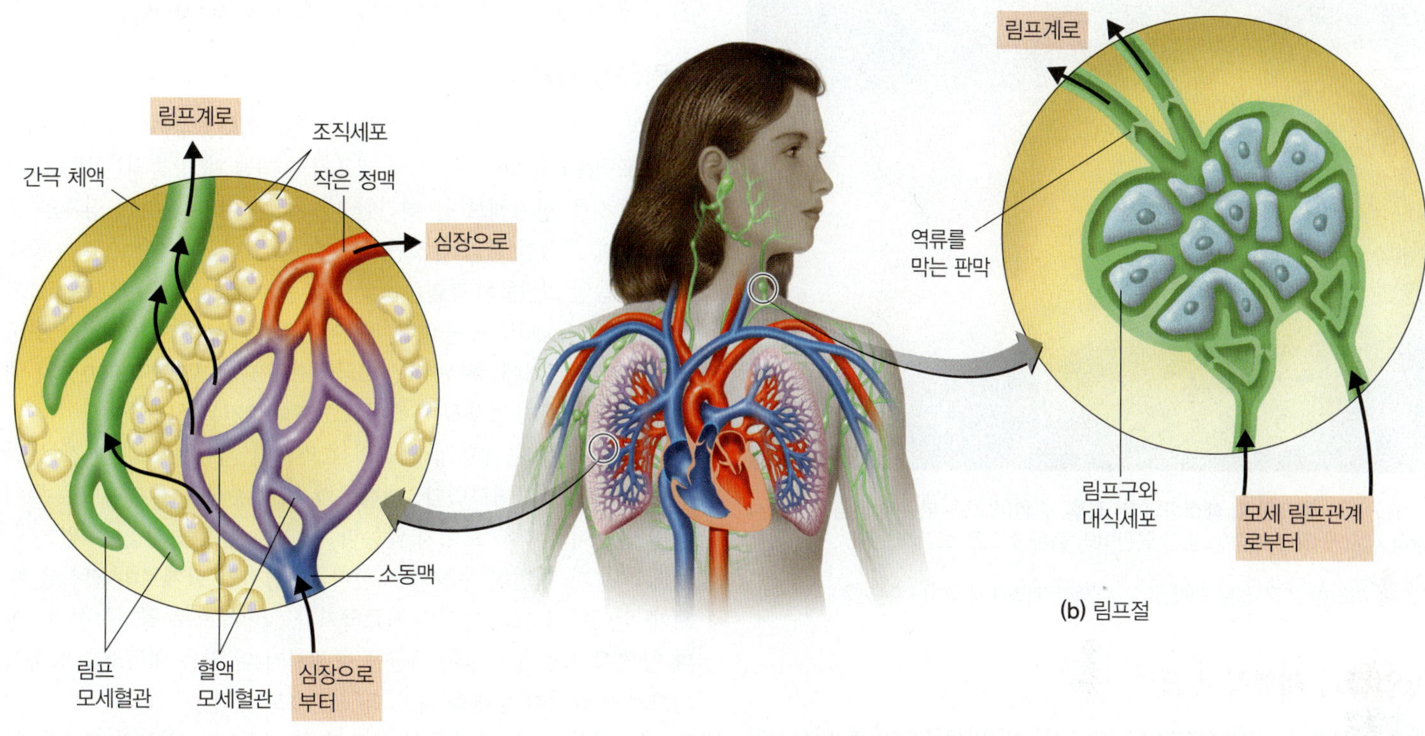

그림 23.2 **심혈관계와 림프계 사이의 관계.** (a) 혈액 모세혈관에서 일부 혈장이 주변 조직으로 걸러져 모세 림프관으로 들어간다. 림프액이라 부르는 이러한 액체는 림프액이 정맥으로 가는 통로인 림프관 순환계 (녹색)를 통해 심장으로 되돌아간다. (b) 심장으로 되돌아가는 모든 림프액은 적어도 한 림프절은 통과해야만 한다. (459쪽 그림 16.5 참조)

감염에 대한 방어에서 림프계의 역할은 무엇인가?

를 만나게 되는데, B세포는 자극을 받으면 체액성 항체를 생산하는 혈장세포로 변화하고, T세포는 세포-매개성 면역에 필수적인 실행 T세포로 분화한다.

이해도 확인하기

✓ 림프계는 왜 면역계의 활동을 위해 아주 중요한가? 23-1

심혈관계와 림프계의 세균성 질병

학습 목표

23-2 패혈증의 징후와 증상을 나열하고 패혈성 쇼크로 발전하는 감염의 중요성을 설명한다.

23-3 그람음성 패혈증과 그람양성 패혈증, 출산 패혈증을 세분화한다.

23-4 심내막염과 류머티즘열(rheumatic fever)의 역학을 설명한다.

23-5 야생토끼병(tularemia)의 역학을 설명한다.

23-6 브루셀라증(brucellosis)의 역학을 설명한다.

23-7 탄저병(anthrax)의 역학을 설명한다.

23-8 괴저(gas gangrene)의 역학을 설명한다.

23-9 동물에게 물리거나 긁힘으로써 전염되는 세 가지 병원체를 열거한다.

23-10 페스트(plague)와 라임병(Lyme disease), 록키산 홍반열(Rocky Mountain spotted fever)의 원인 병원체, 매개체, 보유체, 증상, 치료의 유사점과 차이점을 알아본다.

23-11 진드기에 의해 전염되는 다섯 가지 질병의 매개체와 병의 원인, 증상을 알아본다.

23-12 유행성 발진티푸스(typhus)와 풍토 쥐 발진티푸스, 홍반열(spotted fevers)의 역학을 설명한다.

세균이 일단 혈류에 들어가게 되면 널리 퍼지게 되는데, 일부 경우에는 급속하게 증식할 수도 있다.

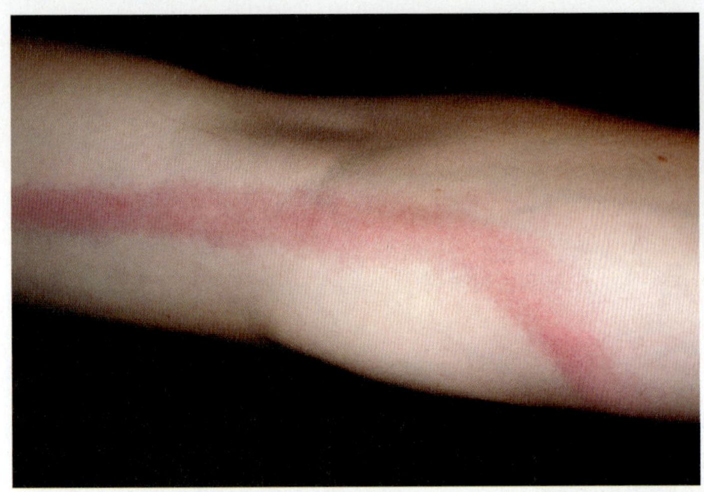

그림 23.3 **림프관염, 패혈증의 한 징후.** 감염이 최초 부위에서 림프 혈관을 따라 퍼지게 되면 염증이 생긴 혈관벽이 붉은 선으로 보이게 된다.

 이러한 붉은 선은 때때로 왜 특정한 지역에서 끝이 나는가?

패혈증과 패혈성 쇼크

혈액은 보통 무균상태이지만, 어느 정도의 미생물은 해를 일으키지 않고 혈류로 들어갈 수 있다. 입원 상태에서 혈액은 도관과 정맥주사용 튜브의 삽입과 같은 치료행위의 결과로 자주 오염된다. 혈액과 림프액에는 수많은 방어용 포식세포가 있다. 또한 혈액은 세균 성장에 필요한 가용 철분의 함량이 낮다. 그러나 심혈관계와 림프계의 방어가 실패하면 미생물은 혈액 내에서 증식할 수 있다. 혈액 내 병원성 미생물 또는 독소의 존재 및 지속성과 연관된 급성 질병을 **패혈증(septicemia)** 또는 **sepsis**이라고 한다. [패혈증을 일컫는 두 가지 용어, septicemia와 sepsis는 흔히 같이 사용한다. Sepsis는 혈액 내로 염증의 매개체를 방출하는 국소적 감염에 의해 일어나는 전신성 염증 반응 증후군(systemic inflammatory response syndrome, SIRS)으로 정의한다. 감염 부위 자체는 혈류를 필요로 하지 않으며, 이러한 사례의 약 절반 정도에서는 혈액에서 미생물을 발견할 수 없다. SIRS는 다음의 정해진 증상(발열, 빠른 심장박동 또는 호흡률, 높은 백혈구 수 등) 가운데 적어도 두 가지는 나타나야만 한다. 만일 감염된 세균이 적혈구를 용해시킨다면, 철이 들어 있는 헤모글로빈이 방출되어 세균 성장을 가속화시킬 수 있다.] 패혈증은 **림프관염(lymphangitis)**을 수반하는데 이는 감염 부위에서 팔이나 다리를 따라 뻗어 있는 피부 아래에 붉은 줄무늬처럼 보이는 림프 혈관의 염증이다(그림 23.3).

만일 몸의 방어체계가 감염과 수반되는 SIRS를 신속하게 조절하지 못하면, 결과는 진행성으로 흔히 치명적이다. 이러한 진행의 첫 단계가 패혈증이다. 감염에 따른 사이토카인의 방출과 순환으로 인해 체내의 염증반응이 일어난다. 가장 명확한 징후와 증상은 발열, 오한 그리고 호흡과 심장 박동률이 빨라지는 것이다. 패혈증이 혈압을 떨어 뜨려(쇼크) 적어도 장기 하나에 이상이 생길 때, 이를 심각한 패혈증으로 간주한다. 일단 장기의 기능이 떨어지게 되면 사망률이 매우 높아진다. 체액의 공급으로도 저혈압이 더 이상 조절되지 않게 될 때 마지막 단계인 **패혈성 쇼크(septic shock)**가 온다.

그람음성 패혈증

패혈성 쇼크는 주로 그람음성세균이 원인이다. 많은 그람음성세균의 세포벽(LPS, 86쪽 참조)에 세포가 용해될 때 방출되는 내독소가 있다는 것을 상기해보자. 이러한 내독소는 이와 연관된 징후와 증상과 함께 극심한 혈압 감소를 일으킬 수 있다. 패혈성 쇼크는 종종 다른 이름인 **그람음성 패혈증(gram-negative sepsis)** 또는 **내독소 쇼크(endotoxic shock)**로도 불린다. 백만 분의 일 mg 이하의 미량으로도 증상을 일으키기에 충분하다. 미국에서는 매년 약 750,000건의 패혈성 쇼크 사례가 발생하며 적어도 225,000건은 치명적이다.

심한 패혈증과 패혈성 쇼크의 효과적인 치료는 오랜 기간 동안 의학계의 우선 관심사였다. 패혈증의 초기 증상은 상대적으로 특이하지 않으며 심각해 보이지 않는다. 따라서 이것을 잡을 수 있는 항생제 치료가 빈번히 무시되곤 한다. 치명적인 단계로의 진전은 빠르게 일어나며 효과적으로 치료하기가 일반적으로 불가능하다. 이때 항생제 치료는 수많은 세균을 용해시켜 더 많은 내독소를 방출시킴으로써 심지어 상태를 더 악화시킬 수도 있다.

항생제와 더불어, 패혈성 쇼크의 치료로 LPS 성분과 염증을 일으키는 사이토카인을 중화시키는 시도를 한다. 미국 식품의약국(FDA)은 패혈증 사례의 사망률을 처음으로 감소시킨 드로트레코진 알파[drotrecogin alfa, 약품명: 지그리스(Xigris)]란 약을 승인하였다. 이 약은 심한 패혈증과 패혈성 쇼크 사례에서 그 양이 감소하는 것으로 알려진 천연 항응고제인 **인간 활성화 단백질 C(human activated protein C)**의 유전적 변형이다[C-반응 단백질(C-reactive protein)과 혼동하지 말 것]. 이 약은 장기 손상의 한 요인인 혈전을 감소시킨다. 지그리스는 패혈증 치료를 위해 찾고 있던 마법의 탄환과 같은 약은 아니다: 몹시 비싼데다 단지 소수의 사례에만 효과가 있다. 그럼에도 불구하고, 그람음성 패혈증과 수막구균성 수막염(meningococcal meningitis) 치료를 위해 널리 처방될 것으로 예상된다(618쪽 참조).

그람양성 패혈증

그람양성세균은 현재 패혈증의 가장 흔한 원인이다. 포도상구균과 연쇄상구균 두 가지 모두 21장(594쪽)에서 언급한 독혈증인, 독성 쇼크 증후군의 원인인 강력한 외독소를 생산한다. 병원에서 빈번하게 실시되는 외과 시술로 그람양성세균이 혈류로 들어가게 된다. 이러한 병원내 감염은 신장 기능장애로 인해 정기적인 투석을 받는 환자에게는 특히 위험하다. 그람양성 패혈증에서 패혈성 쇼크를 일으키는 세균의 성분은 확실하게 알려지지 않았다. 가능한 원인 성분은 그람양성세균의 세포벽에 있는 여러 성분들이나 심지어는 세균 DNA이다.

그람양성세균 중에서 특히 중요한 그룹은 여러 병원내 감염을 일으키는 장내구균이다. 장내구균은 인간의 결장에 존재하며 자주 피부를 오염한다. 한때는 상대적으로 해가 없는 것으로 간주되었지만, 특히 두 종의 엔테로코커스 패시움(*Enterococcus faecium*)과 엔테로코커스 패칼리스(*Enterococcus faecalis*) 세균은 현재 상처와 요로의 병원내 감염의 주된 원인으로 인식된다. 장내구균은 페니실린에 대해 자연 내성을 가지며 다른 항생제에 대한 내성도 빠르게 획득하고 있다. 이들이 만든 대표적인 의학적 긴급 사태는 반코마이신-내성 균주의 출현이다. 반코마이신(569쪽 참조)은 이러한 세균들에게 효과적인 유일하게 남아 있는 항생제이며, 특히 엔테로코커스 패시움은 이 항생제에 여전히 감수성을 가지고 있다. 병원내 감염 환자의 혈류에서 분리한 엔테로코커스 패시움 가운데 거의 90% 정도가 현재 반코마이신에 내성이 있다.

지금까지 연쇄상구균에 대한 논의는 혈청 그룹 A에 초점을 맞추어 왔다. 패혈증에 **그룹 B 연쇄상구균(group B streptococci, GBS)** 및 장내 구균에 대한 관심이 증가하고 있다. 스트렙토코커스 아갈락티에(*S. agalactiae*; ā´gal-act-ē-ī)가 유일한 GBS이며 생명을 위협하는 신생아 패혈증(neonatal sepsis)의 가장 흔한 원인이다. 미국질병예방통제센터(CDC)는 임산부 질의 GBS를 검사하고 만일 GBS가 확인되면 출산 동안에 항생제를 투여할 것을 권장한다.

산후 패혈증

산후열(puerperal fever)과 **출산열(childbirth fever)**로 불리는 **산후 패혈증(puerperal sepsis)**은 병원내 감염이다. 이는 출산 또는 유산의 결과로 인한 자궁의 감염으로 시작한다. 다른 미생물도 이러한 형태의 감염을 일으킬 수 있지만, 그룹 A 베타-용혈성 연쇄상구균인 화농성 연쇄상구균(*Streptococcus pyogenes*)이 가장 잦은 원인이다.

산후 패혈증은 자궁의 감염으로 시작하여 복강의 감염(복막염, peritonitis)과 많은 경우에 패혈증으로 발전한다. 1861년에서 1864년 사이 파리의 한 병원에서 9,886명의 산모 가운데 1,226명(12%)이 이러한 감염으로 죽었다. 이러한 죽음은 거의 피할 수 있었다. 약 20년 전에, 미국의 올리버 웬델 홈스(Oliver Wendell Holmes)와 오스트리아의 이그나즈 세멜바이스(Ignaz Semmelweis)는 이 병은 출산에 참여하는 산파나 의사의 손과 기구에 의해 전염되었고 손과 기구를 소독함으로써 이 병의 전염을 막을 수 있다는 것을 명확하게 증명하였다. 항생제, 특히 페니실린과 현대의 위생적인 분만으로 인해 현재 화농성 연쇄상구균성 산후 패혈증은 출산 시 발생하는 드문 합병증이 되었다.

이해도 확인하기

- 패혈증의 전신성 염증반응 증후군을 정의하는 두 가지 상태는 무엇인가? **23-2**
- 그람양성 또는 그람음성세균에서 패혈증을 일으키는 내독소는 무엇인가? **23-3**

심장의 세균 감염

심장의 벽은 세 가지 층으로 이루어져 있다. 심장내막(endocardium)

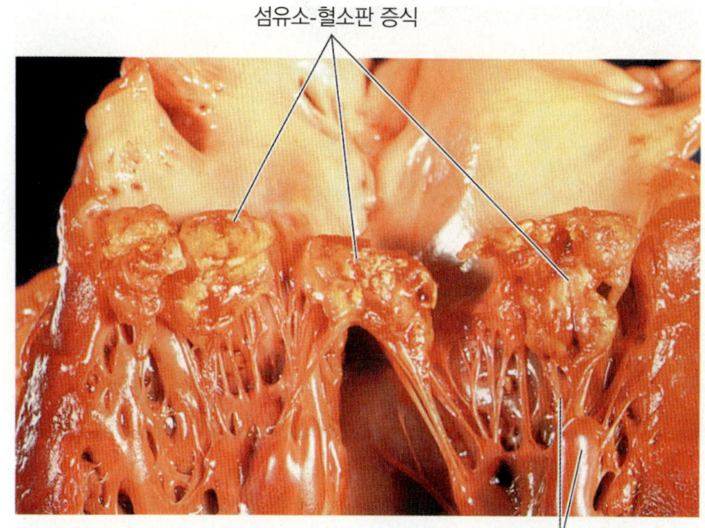

그림 23.4 **세균성 심내막염.** 이것은 수 주나 수개월에 걸쳐 발생한다는 의미의 아급성 심내막염 사례이다. 승모판(mitral valve)을 보여주기 위해 심장을 해부하였다. 끈 모양의 구조가 심장 판막과 작동 근육을 연결해준다.

심내막염은 세균이 표면에 붙어 증식하게 되면 발생하고, 손상을 일으켜 섬유소-혈소판 세균 증식물의 형성을 촉진시킨다. 이러한 증식물, 즉 생물막은 부착된 세균을 파묻어 이들이 숙주의 방어체계로부터 보호되어 증식할 수 있게 해주며, 세균이 추가될수록 생물막의 층이 확장된다.

증상은 주로 발열과 초음파 심장진단도에 의해 검출할 수 있는 약해진 심장승모판 기능 때문에 일어나는 심장 잡음이 있다. 고농도의 항생제 치료가 주로 효과적이다.

 혀에 구멍을 뚫는 것이 왜 아급성 세균성 심내막염을 일으키는가?

이란 안쪽 막은 심장근 자체와 판막을 덮고 있다. 이러한 심장내막의 염증을 **심내막염(endocarditis)**이라 한다.

세균성 심내막염의 한 형태인 **아급성 세균성 심내막염(subacute bacterial endocarditis)**은(느리게 발생하기 때문에 붙여진 이름, 그림 23.4 참조) 발열과 전신 허약, 심장 잡음이 특징적인 증세이다. 장내구균 또는 포도상구균이 종종 관련되기도 하지만, 구강 안에 흔한 알파-용혈성 연쇄상구균에 의해 주로 발생한다. 이 상태는 치아나 편도선 같은 신체 다른 부분의 감염원에서 시작되는 것 같다. 미생물은 발치나 편도선제거 수술 등에 의해 방출되어 혈류로 들어가 심장에까지 가게 된다. 심내막염 발생을 주도하는 더 색다른 감염원은 특히 코, 혀 및 심지어 젖꼭지에 하는 바디피어싱이다. 일반적으로 이러한 세균은 신체의 방어 기작에 의해 빠르게 혈액에서 제거되곤 한다. 그러나 선천성 심장 결함이나 류머티즘열과 매독 같은 병 때문에 심장 판막에 이상이 있는 사람에서는 이 세균이 이전에 존재하던 병변에 자리를 잡는다. 이러한 병변 안에서 세균은 증식하여 식균작용과 항체로부터 자신을 보호할 수 있는 혈전에 둘러싸이게 된다. 증식이 진행되고 혈전이 더 커지게 되면서 혈전의 조각들이 떨어져 나와 혈관을 막거나 신장에 자리를 잡을 수 있다. 결국 심장 판막

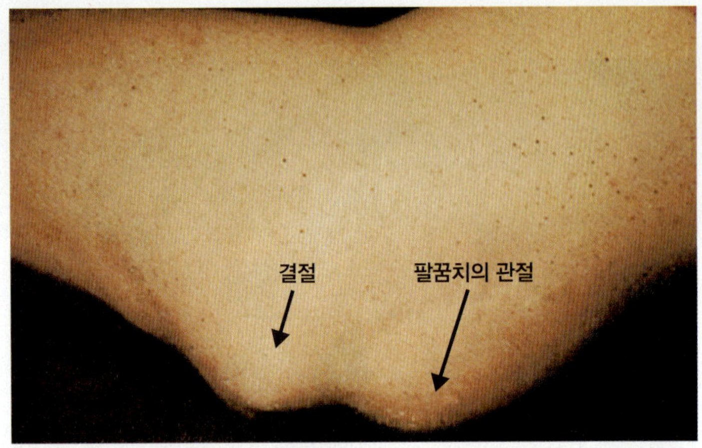

그림 23.5 **류머티즘열에 의한 결절.** 이 환자의 팔꿈치에 보이는 것과 같이 관절에 나타나는 특징적인 피하 결절을 일부 고려하여 류머티즘열이라는 이름이 붙여졌다. 그룹 A 베타-용혈성 연쇄상구균 감염은 때때로 이러한 자가면역 합병증을 일으킨다.

 류머티즘열은 세균 감염인가?

의 기능이 손상된다. 적절한 항생제로 치료하지 않으면 아급성 세균성 심내막염은 몇 달 안에 치명적이 된다.

좀 더 급진적으로 진행되는 세균성 심내막염은 주로 황색포도상구균(*Staphylococcus aureus*)이 원인인 **급성 세균성 심내막염(acute bacterial endocarditis)**이다. 세균은 최초 감염 부위에서 정상 또는 비정상 심장 판막으로 가는 길을 찾으며, 치료하지 않으면 수 일 또는 수 주 안에 심장 판막의 급속한 파괴로 주로 사망하게 된다. 연쇄상구균은 또한 심장 주위의 싸고 있는 주머니(심장막, pericardium)의 염증인 **심장막염(pericarditis)**을 일으킬 수 있다.

이해도 확인하기

✔ 어떤 의료 행위가 주로 심내막염의 원인이 되는가? **23-4**

류머티즘열

화농성 연쇄상구균과 같은 연쇄상구균의 감염은 일반적으로 자가면역질환 합병증으로 간주되는 **류머티즘열(rheumatic fever)**을 일으킨다. 이 병은 4~18세 사람에게 주로 발생하며 종종 연쇄상구균성 인후염으로 발전한다. 이 병은 우선 짧은 기간 동안의 관절염과 발열을 수반하며, 종종 관절의 피하 결절이 이 단계에 동반된다(그림 23.5). 감염된 사람의 약 절반 정도는 아마도 연쇄상구균 M 단백질에 대한 잘못된 면역반응에서 생긴 심장의 염증으로 인해 판막이 손상된다. 연쇄상구균에 의한 재감염은 면역 공격을 재개시킨다. 심장 판막의 손상은 결국 심장 정지와 사망을 초래할 정도로 심각할 수 있다.

20세기 초기에 미국에서 류머티즘열은 모든 다른 질병을 합한 것보다 더 많게 학교 갈 나이의 아이들을 죽게 했다. 그러나 1930년대에서 1940년대 동안 효과적인 항미생물제가 소개되기도 전에 선진국에서는 이 병의 발생빈도가 꾸준히 감소하여 아주 드물게 되었다. 많은 젊은 의사들은 이 병의 사례를 한번도 본 적이 없지만, 대부분의 저개발국에서는 아직도 젊은이 가운데 발생하는 심장병의 가장 주된 원인이다. 미국에서 류머티즘열의 감소는 돌고 있는 연쇄상구균의 독성의 일부 손실이 원인인 것으로 생각한다. 그러나 1980년대 이후로 미국에서는 특정 M-단백질 혈청형과 연관이 있는 몇 건의 지역적인 류머티즘열이 발생하였다. 이러한 혈청형은 초기 류머티즘열이 만연하는 동안에는 널리 퍼졌으나 유행병이 진행되면서 거의 사라졌다. 류머티즘열의 병력이 있던 사람은 연쇄상구균성 인후염에 반복해서 걸리면 이로 인해 재발된 면역계 손상을 입을 위험이 있다. 세균은 페니실린에 여전히 감수성을 가지고 있으며 재발과 같은 특별한 위험을 가진 환자는 종종 효능이 오래가는 페니실린 G 벤자틴을 예방 차원에서 매달 주사한다.

류머티즘열을 가진 사람의 10% 정도는 중세시대에는 성 바이터스의 춤(Saint Vitus' dance, 무도병) 이라 알려졌던 보기 드문 합병증인 **시드남 무도병(Sydenham's chorea)**으로 발전한다. 류머티즘열이 발생한 다음 수개월 후에 환자는(남자보다 여자에게 일어날 가능성이 훨씬 더 많은) 깨어 있는 시간 동안에 목적이 없고 무의식적인 동작을 하게 된다. 경우에 따라, 팔다리를 마구 움직여서 환자 자신이 부상당하는 것을 방지하기 위해 진정제 투여가 필요하다. 이러한 상태는 몇 달 후에 사라진다.

패혈증과 심장 감염은 '질병 초점' 23.1에 요약하였다.

야생토끼병

야생토끼병(tularemia)은 감염된 동물 가장 흔하게 토끼와 땅다람쥐 등과의 접촉에 의해 전염되는 질병, 즉 인수공통(zoonotic) 질병의 한 예이다. 이 같은 이름은 이 질병이 1911년 땅다람쥐에서 처음 발견된 곳인 캘리포니아주 튤라레(Tulare) 카운티에서 유래하였다. 병원체는 작은 그람음성 간균인 프란시셀라 튤라렌시스(*Francisella tularensis*)이다. 이 세균은 여러 경로를 통해서 인간에게 침입한다. 가장 일반적인 경로는 작은 찰과상이 생긴 피부를 침투하는 것이며 이 부위에 궤양이 생긴다. 감염 후 약 일주일 후에, 국소지역의 림프절이 커지고, 일부는 고름 주머니가 생긴다(651쪽 상자 참조). 세균은 대식세포 안에서 수천 배 이상 증식할 수 있다. 사망률은 일반적으로 3% 이하이다. 억제하지 않는다면, 프란시셀라 튤라렌시스의 증식은 패혈증과 다수 장기의 감염을 이끌 수 있다.

미국에서 거의 90%의 사례가 토끼와의 접촉과 관련이 있기 때문에 이 병은 지역에 따라 종종 토끼열(rabbit fever)로도 알려져 있다. 야생토끼병은 또한 어떤 지역에서는 진드기와 곤충에 의해서 전염되기 때문에, 이들 지역에서는 사슴파리열(deer fly fever)로 알려져 있다. 일반적으로 감염된 동물의 소변 또는 대변으로 오염된

질병 초점 23.1

인간 전염원으로부터의 감염

감별 진단(*differential diagnosis*)은 가능한 질병의 목록에서 환자 검사에서 나온 정보와 맞는 질병을 확인하는 과정이다. 이러한 진단은 실험실 검사와 초기 치료를 실시하는 데 중요하다. 혈류를 순환하는 미생물들은 심각하고 통제되지 않는 감염을 일으킬 수 있다. 예를 들면, 27세 여성이 5일 동안 열이 나고 기침을 했다. 그녀는 혈압이 떨어졌을 때 병원에 입원하였다. 체액과 대량의 항생제를 쓴 적극적인 치료에도 불구하고 그녀는 입원한 지 5시간 만에 죽었다. 그녀의 혈액에서 카탈라아제(catalase)-음성, 그람양성 구균이 분리되었다. 감별 진단에 필요한 자료를 제공하는 아래 표를 참조하여 이러한 증상을 일으킬 수 있는 감염을 알아내 보시오.

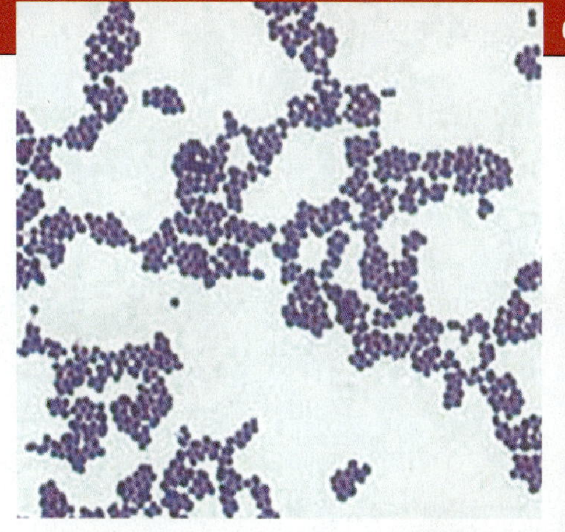

그람양성 구균 LM 10 μm

질병	병원체	증상	보유체	전파 방법	치료
세균성 질병					
패혈성 쇼크	그람음성세균, 장내구균, 그룹 B 연쇄상구균	발열, 오한, 증가된 심장박동률; 림프관염	인간 신체	주사; 도관 삽입	지그리스(그람음성); 항생제(그람양성)
산후 패혈증	화농성 연쇄상구균	복막염; 패혈증	인간 비인두	병원내 감염	페니실린
심내막염 **아급성 세균성** **급성 세균성**	주로 알파-용혈성 연쇄상구균; 황색 포도상구균	발열, 전신 허약, 심장 잡음; 심장 판막의 손상	인간 비인두	병소 감염으로부터	항생제
심장막염	화농성 연쇄상구균	발열; 전신 허약; 심장 잡음	인간 비인두	병소 감염으로부터	항생제
류머티즘열	그룹 A 베타-용혈성 연쇄상구균	관절염, 발열; 심장 판막의 손상	연쇄상구균 감염에 대한 면역반응		보완제. 예방: 연쇄상구균성 인후염을 치료하기 위한 페니실린
바이러스성 질병					
버킷 림프종	엡스타인-바(EB) 바이러스	종양	알려지지 않음	알려지지 않음	외과수술
전염성 단핵구증	EB 바이러스	발열, 전신 허약	인간	타액	없음
거대세포바이러스	거대세포바이러스	대부분 무증상; 임신 중에 걸린 최초 감염은 태아에게 손상을 줄 수 있다	인간	체액	간시클로비어, 포미빌센

먼지에 의한 호흡기 감염은 사망률이 30%를 넘는 급성 폐렴을 일으킬 수 있다. 감염량은 아주 적으며, 이 세균을 다루려면 바이오 안전성 레벨 3(biosafety level 3) 절차가 필요하다(165쪽 참조).

한때, 미국에서는 매년 얼마 안 되는 사례의 야생토끼병이(200건 미만) 보고되어 국가적으로 주목하는 질병의 목록에서 제거되었다. 그러나 생물학적 무기로 사용될 수 있는 우려 때문에 최근에는 이러한 목록에 다시 등록되었다. 그림 23.6은 미국에서 발생한 야생토끼병의 지역적인 분포를 나타낸 것이다. 이것은 또한 전 세계적으로 북반구의 여러 지역에서 발견된다.

세균이 세포 안에 위치하게 되면 치료하는 데 문제가 된다. 테트라사이클린 같은 항생제를 10~15일간 복용하는 것이 효과적인 치료방법이다.

이해도 확인하기

✔ 어떤 동물이 야생토끼병의 가장 흔한 전염원인가? 23-5

브루셀라증(파상열)

매년 50만 건 이상이 새롭게 인간에서 발생하는 브루셀라증(brucellosis)은 세계에서 가장 흔한 세균성 인수공통전염병(zoonosis)이다. 중동이 풍토지역이고, 이 지역의 몇몇 나라들이 전 세계에서 가장 높은 이 병의 발생률을 기록한다. 이것은 지중해 주변, 남동 유럽, 아시아, 라틴 아메리카, 그리고 카리브해 지역에 널리 퍼져 있다. 이는 또한 동물의 질병으로서 개발도상국에서는 경제적으로 중요하다. 인간에서 발생한 브루셀라증은 대개는 치명적

그림 23.6 미국의 야생토끼병 발생 사례들(2000~2008). 군의 주민들 가운데 1,133건의 발생사례가 보고되었다. 각 점은 하나의 발생사례를 나타낸다. 출처: CDC, 2010.

야생토끼병이 발생한 지역 가운데 당신에게 가장 가까운 곳이 어디인가?

이지 않지만, 이 질병은 세균이 숙주의 방어를 피하는 곳인 세망내피계(reticuloendothelial system)에(460쪽 참조) 지속적으로 남아 있는 경향이 있고, 여기서 이들은 특히 식균세포를 회피하는 데 능숙하다. 이러한 능력이 장기간 생존과 증식을 가능하게 해준다. 이 질병은 종종 만성이 되어 모든 장기에 영향을 미칠 수 있게 된다.

브루셀라균은 그람음성의 구형 간균으로 작고, 산소요구성이다. 실험실에서 취급하는 동안에 이들은 쉽게 공기로 운반되어 다루기 어려운 균으로 간주된다. 사실상 이들은 생물테러에 이용될 수 있는 잠재적 병원체로 간주된다. 3종의 브루셀라균이 가장 큰 관심을 끈다. 브루셀라 아볼터스(*Brucella abortus*)는 주로 소에서 발견되지만, 낙타와 들소 그리고 여러 다른 동물들도 감염한다. 브루셀라 수이스(*Brucella suis*)는 주로 돼지를 감염하는 종이지만 소가 돼지 무리와 지속적으로 접촉하게 되면 소도 감염되는 것으로 알려져 있다. 도축한 돼지를 다루는 도살장 직원들도 이러한 종에 의한 브루셀라증에 걸릴 위험이 있다. 가장 심각한 병원체이며 인간에게 가장 많이 감염되는 것은 브루셀라 메리텐시스(*Brucella melitensis*)이다. 이 종은 오늘날 염소와 양에게서 가장 흔하게 발견된다.

현재 대부분의 브루셀라증 사례는 브루셀라 메리텐시스가 원인이며 히스패닉계 주민들에게 주로 발생한다. 이 병은 멕시코에서 유행병이며, 염소 젖으로 만든 멕시칸 연질치즈와 같은 살균 처리하지 않은 식품 가공물을 통해 종종 미국으로 유입된다.

잠복기는 대개 1~3주 정도지만 훨씬 더 길어지기도 한다. 브루셀라증은 영향을 받는 장기와 병의 단계에 따라 광범위한 증상이 나타난다. 전형적인 증상으로는 발열[자주 올랐다가 내렸다 하여 파상열(undulant fever)이란 별칭을 얻음], 불안감, 식은 땀, 근육통 등이 있다. 여러 가지 혈청검사가 있기는 하지만 여전히 확정 진단 검사가 필요하다. 확정 진단 검사는 환자의 혈액이나 조직에서 브루셀라균을 분리하는 것이다. 이 질병은 흔하지 않기 때문에 진단은 주로 병이 유행하던 지역에서 접촉한 대상을 물어보는 환자 면담으로 시작해야만 한다.

항생제 치료가 가능하며 이 세균에서는 내성이 발생하지 않은 것으로 보인다. 그러나 치료는 주로 적어도 6주 정도로 아주 오래 걸리며 적어도 두 가지 항생제를 복합하여 사용한다.

이해도 확인하기

✔ 미국에서 어떤 인종 그룹이 가장 많이 브루셀라증에 걸리며, 그 이유는 무엇인가? **23-6**

탄저병

1877년, 로버트 코흐(Robert Koch)는 동물에게 **탄저병(anthrax)**을 일으키는 세균인 탄저균(*Bacillus anthracis*)을 분리하였다. 내생포자를 생성하는 이 간균은 크기가 큰 산소요구성 그람양성세균으로 특정 수분상태를 지닌 토양에서 느리게 성장할 수 있는 것 같다. 내생포자는 60일 이상 토양에서 견딜 수 있다는 검사결과가 있다. 이 병은 주로 소와 양과 같은 초식동물을 공격한다. 탄저균의 내생포자는 잔디와 함께 섭취되며 치명적인 급성 패혈증을 유발한다.

현재 미국에서 인간 탄저병의 발생은 드물지만, 초식동물에서의 출현은 그렇지 않다. 감염 위험이 있는 사람은 특정 외국에서 들어온 동물, 가죽, 양모 및 기타 동물성 제품을 취급하는 사람들이다(2장, 임상사례 참조).

탄저균에 의한 감염은 내생포자에 의해 시작된다. 일단 인체에 침입하면, 이들은 대식세포에 먹히게 되고 거기서 영양세포로 발아한다. 이들은 죽는 것이 아니라, 오히려 증식하여 결국 대식세포를 죽인다. 이때 방출된 세균은 다시 혈류로 들어가 빠르게 증식하며 독소를 분비한다.

탄저균의 주요 독성요인은 두 개의 외독소이다. 두 독소 모두 **보호 항원**(protective antigen)이라 부르는 세포수용체-결합 단백질인 제3의 독성 구성요소를 공유하는데, 이 단백질은 두 외독소를 표적세포에 결합시켜 세포 내로 출입을 가능하게 해준다. 한 가지 독소인 **부종 독소**(edema toxin)는 국부 부종(붓기)을 일으키며 대식세포에 의한 식균작용을 방해한다. 다른 독소인 **치사 독소**(lethal toxin)는 특히 대식세포를 표적으로 하여 죽임으로써 숙주의 핵심 방어를 무력화시킨다. 더욱이 탄저균의 협막(capsule)은 아주 특이하다. 이것은 다당류가 아니라 아미노산 잔기로 구성되어 있는데, 어떤 이유에서인지 면역계에 의한 보호 반응을 자극하지 않는다. 그러므로 탄저병 세균이 혈류로 일단 들어가면 그들은 어떠한 방해도 없이 ml당 수천만이 될 때까지 계속 증식한다. 이와 같이 엄청난 수의 독소-분비 세균은 궁극적으로 숙주를 죽인다.

탄저병은 세 가지 형태로 인간에 영향을 미친다: 피부 탄저병과

아픈 어린아이

아래 문항들을 읽으면서 1차 의료종사자들이 임상적인 문제를 풀어 나가면서 자신들에게 물어보는 질문들을 보게 될 것이다. 한 의료종사자 입장에서 각 질문에 답을 하도록 노력해 보시오.

1. 2월 15일에 타일러(Tyler)라는 3살 된 남자아이가 발열, 불안감, 왼쪽 겨드랑이 림프절의 통증 및 왼쪽 약지에 피부가 벗겨지는 증세로 담당 소아과의사를 찾았다. 항생제 아목시실린이 처방되었다.
   어떤 질병일 가능성이 있는가?

2. 타일러는 간헐적인 발열과 커진 림프절이 49일 동안 지속되자, 좌측 겨드랑이 림프절의 조직검사를 실시했다. 잘라낸 조직을 배양하였고 자란 세균의 그람염색 결과는 그림과 같다.
   어떤 추가 검사를 해야 하는가?

3. 혈청 검사는 아래의 결과를 나타내었다:

병원체	항체 역가
바르토넬라	0
에를리히	0
프란시셀라	4,096
거대세포바이러스	0
톡소포자충 곤디	0

   타일러는 시프로플록사신으로 치료한 후 좋아졌다.
   이 감염의 원인은 무엇인가?
   무엇을 알 필요가 있는가?

4. PCR을 이용하여 프란시셀라 튤라렌시스임을 확인하였다. 1월 2일과 2월 8일 사이에, 타일러 가족은 애완동물 상점에서 여섯 마리의 햄스터를 구입했다. 각 햄스터는 구입한 지 1주일도 안 되어서 설사로 인해 죽었다. 햄스터 한 마리가 소년의 왼쪽 약지를 물었다.
   어디에서 감염의 원인을 찾을 것인가?

5. 애완동물 상점의 직원은 1월과 2월 동안에 다른 동물은 괜찮았는데, 햄스터만 비정상적인 수로 죽었다고 보고하였다. 여덟 명의 다른 고객들도 구입한 지 2주 안에 그들의 햄스터도 죽었다고 보고했다. 남아 있는 햄스터는 혈청과 배양검사에서 프란시셀라 튤라렌시스 음성이었다. 애완동물 상점에서 키우던 두 마리 고양이 중 한 마리에서 프란시셀라 튤라렌시스 혈청검사 결과가 양성으로 나타났고 그 역가는 256이었다. 햄스터들은 예기치 않은 새끼를 가진 애완동물을 가진 고객으로부터 왔다.
   가장 가능성이 있는 김염원은 무엇인가?

6. 햄스터들은 여러 다른 곳에서 왔기 때문에 이들은 아마도 감염원이 아닐 것이다. 애완 고양이의 혈청검사 양성 반응이 암시하는 바는 감염된 야생 설치류가 상점에 들끓게 되고 이들이 햄스터 우리를 드나들며 소변과 대변을 봄으로써 햄스터에 감염을 확산시켰다는 것이다. 감염된 고양이는 감염된 야생 설치류를 잡거나 먹음으로써 인식하지 못한 병을 얻었을 수 있다.

   보건 당국은 애완 동물 설치류가 야생토끼병의 원인이 될 수 있다는 사실을 알아야만 한다. 이것은 생물테러의 잠재적 병원체이고, 종종 일반적으로 피부와 전신성 감염에 사용하는 항생제에 내성을 가지기 때문에 이러한 생물체를 확인하는 것은 중요하다.

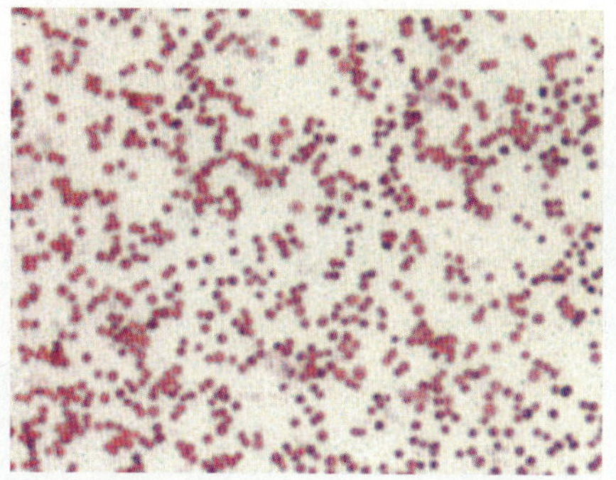

림프절에서 배양한 세균의 그람염색 LM 2 μm

출처: Adapted from *MMWR* 53(52):1202, January 7, 2005 and *MMWR* 54(7):170, February 25, 2005.

위장 탄저병, 흡입(폐) 탄저병.

피부 탄저병(cutaneous anthrax)은 탄저병 내생포자가 들어 있는 물질과의 접촉으로 발생한다. 인간에게 자연적으로 발생하는 탄저병의 90% 이상이 피부 탄저병인데 내생포자가 작은 피부 병변을 통해 침입한다. 작은 돌기가 생기고 이는 결국 소포가 되어 터지면 그림 23.7에서 볼 수 있는 검은 색 딱지로 덥힌 눌려진 궤양 부위를 형성한다. [탄저병(*anthrax*)이란 이름은 그리스어로 석탄이란 용어에서 유래되었다]. 대부분의 경우 병원체는 혈류로 들어가지 않으며 다른 증상은 약간의 발열과 불안감 등으로 국한되어 있다. 그러나 만일 세균이 혈류에 들어간다면, 항생제 치료를 하지 않을 경우 사망률이 20%에 달한다. 항생제 치료를 하면 사망률은 대개 1% 이하로 떨어진다.

상대적으로 드문 형태의 탄저병은 탄저균 내생포자가 들어 있는 익히지 않은 음식 섭취로 발생하는 **위장 탄저병(gastrointestinal anthrax)**이다. 증상은 구토와 복통, 피가 섞인 설사이다. 궤양성 병변이 입과 목구멍에서부터 주로 내장을 포함하는 위장관에 까지

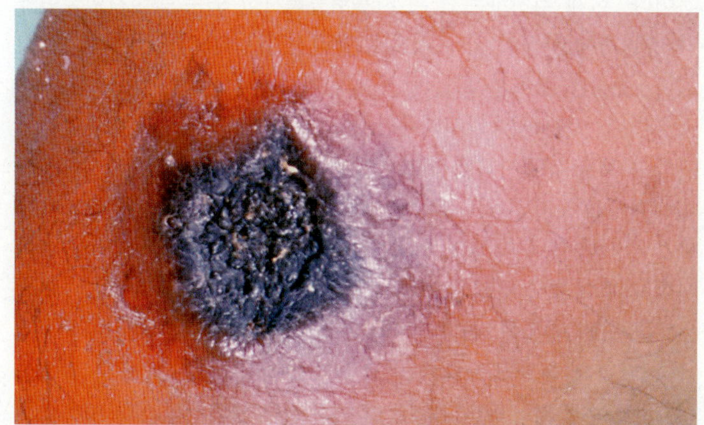

그림 23.7 **탄저병 병변.** 감염된 부위 주변에 형성되는 부어 오른 검은 딱지가 피부 탄저병의 특징이다.

Q 다른 형태의 탄저병에는 어떤 것이 있는가?

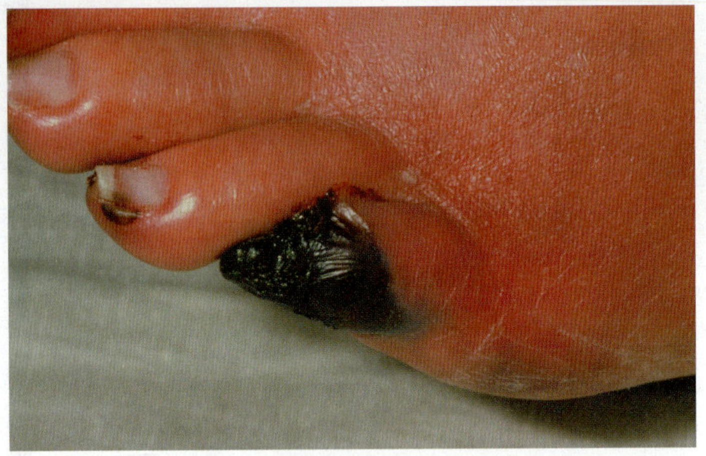

그림 23.8 **괴저에 걸린 환자의 발가락.** 이 질병은 웰치균과 다른 클로스트리디아가 원인이다. 상처나 혈액순환 저하로 생긴 검게 괴사된 조직은 이 세균의 무산소 성장 조건을 제공하고 계속해서 주변 조직을 파괴한다.

 괴저는 어떻게 예방할 수 있는가?

발생한다. 사망률은 대개 50% 이상이다.

인간에게 가장 위험한 형태의 탄저병은 **흡입(폐) 탄저병[inhalational (pulmonary) anthrax]**이다. 폐로 흡입된 내생포자는 혈류로 들어갈 확률이 높다. 감염 후 처음 수일 동안의 증상은 특별한 것이 없고 단지 미열, 기침, 그리고 일부 가슴 통증이다. 질병은 이 단계에서 항생제로 치료할 수 있지만, 탄저병 의심이 높지 않는 한 그들에게 약을 투여할 가능성은 없다. 세균이 혈류에 들어가 증식하게 되면 병은 2~3일 안에 패혈성 쇼크로 발전하며, 환자는 대개 24~36시간 안에 죽는다. 사망률은 예외적으로 높아 거의 100%에 달한다.

항생제는 제때에 투여하기만 한다면 탄저병을 치료하는 데 효과적이다. 현재 추천하는 약은 시프로플록사신 또는 독시사이클린에다 병원체에 활성이 있는 것으로 알려진 한두 가지 약을 복합한 것이다. 증상을 보이는 흡입 탄저병의 치료에 대한 최근의 발전은 독소 생성을 억제하는 락시바쿠맙(raxibacumab)의 사용이다. 이러한 단일 항체는 동물시험에서 효과가 있는 것으로 입증되었다. 탄저균 내생포자에 노출된 사람은 사전 대책으로 일정기간 동안 예방 차원에서 항생제를 투약받을 수 있다. 경험상 흡입된 내생포자가 발아하여 질병이 활성화되기 전까지 60일 이상이 경과할 수 있는 것으로 나타났기 때문에 이러한 투약 기간은 일반적으로 매우 길다.

탄저병에 대한 가축의 예방접종은 발생지역에서는 표준 절차이다. 가축에게 사용하는 효과적인 약독화된 생백신의 1회 사용량은 인간에게 사용할 경우 안전하지 않은 것으로 간주된다. 현재 인간에게 사용이 승인된 유일한 백신은 보호 항원 독소 불활성화된 형태가 들어 있는 것이며, 숙주세포로 다른 두 독소가 들어오는 것을 막도록 고안되었다. 이 백신은 18개월 동안 여섯 번의 접종에 이어 매년 추가 접종을 필요로 한다. 최근 생물테러 무기로서 탄저병이 사용된 점을 고려하면(654쪽 상자 참조), 더 실용적인 인간 백신의 필요성이 시급하게 되었다. 목표는 세 번 이상의 접종이 필요 없고, 탄저균 내생포자에 노출된 후에 신속하게 작용할 수 있는 백신을 만드는 것이다.

탄저병의 진단은 일반적으로 임상 시료에서 탄저균을 분리하고 확인하는 것인데, 이러한 방법은 생물테러의 발발을 검출하기에는 너무 느리다. 혈액검사는 흡입과 피부 탄저병 두 가지 사례 모두 한 시간 안에 검출할 수 있다. 또한 일부 우편물 분류 시설 같은 장소에는 탄저균 포자를 바로 감지할 수 있는 자동 전자 센서가 장착되어 있다.

이해도 확인하기

✓ 소와 같은 동물이 어떻게 탄저병에 희생되는가? 23-7

괴저

만일 상처에 혈액 공급이 중단되면, **국소빈혈(ischemia)**이라 알려진 상태가 되고 상처 부위는 무산소 상태가 된다. 국소빈혈은 **괴사(necrosis)** 또는 조직의 사멸로 이어진다. 혈액 공급이 중단된 결과로 일어난 연성 조직의 사멸을 **괴저(gangrene)**라 부른다(그림 23.8). 이러한 상태는 당뇨병의 합병증으로도 나타난다.

죽어가고 있거나 죽은 세포에서 방출되는 물질은 여러 세균들의 영양분이 된다. 그람양성이며, 내생포자를 만드는 비산소요구성 세균으로 토양과 인간이나 가축의 장관에서 널리 발견되는 클로스트리듐(*Clostridium*)속의 여러 종들은 이러한 상태에서 쉽게 성장한다. 웰치균은 괴저와 관련된 가장 일반적인 종이지만, 다른 클로스트리듐 종과 여러 다른 세균들도 또한 이러한 상처에서 성장할 수 있다.

일단 혈액공급 장애 때문에 일어난 국소빈혈에 이어 괴사가 발달하면 **가스 괴저(gas gangrene)**가 특히 근육조직에 일어난다. 웰치균은 자라면서 조직에 있는 탄수화물을 발효하여 조직을 부풀게 하는 가스(이산화탄소와 수소)를 생산한다. 세균은 근섬유 다발을 따라 이동하며 세포를 죽이고 오히려 성장에 도움이 되는 괴사 조직을 만드는 독소를 생산한다. 결국, 이러한 독소와 세균은 혈류로 들어가 전신성 질병을 일으킨다. 세균이 생산하는 효소는 콜라겐과 단백질성 조직을 분해하여 병의 전파를 도와준다. 치료하지 않으면 상태는 치명적이다.

부실하게 시술된 유산의 합병증 가운데 하나가 전체 여성 약 5%의 생식기에 존재하는 웰치균에 의한 자궁벽의 침범이다. 이러한 감염은 가스 괴저를 이끌 수 있으며 혈류에 목숨을 위협하는 침입이 있게 만든다.

괴사된 조직을 수술로 제거하거나 절단하는 것이 가스 괴저의 가장 일반적인 의학적 치료법이다. 가스 괴저가 복강과 같은 지역에 일어날 때, 환자는 **고압 산소실(hyperbaric chamber)**에서 치료받을 수 있다(그림 23.9). 산소가 감염된 조직을 포화시키면 절대

그림 23.9 **가스 괴저를 치료하기 위해 사용하는 고압 산소실.** 여러 명의 환자를 동시에 수용할 수 있는 다중 고압 산소실을 보여준다. 이러한 시설은 주로 큰 의료센터에 있으며 일산화탄소에 중독된 사람을 치료하는 데도 사용된다.

Q 고압 산소실에서 치료할 수 있는 다른 세균성 질병을 말해보라.

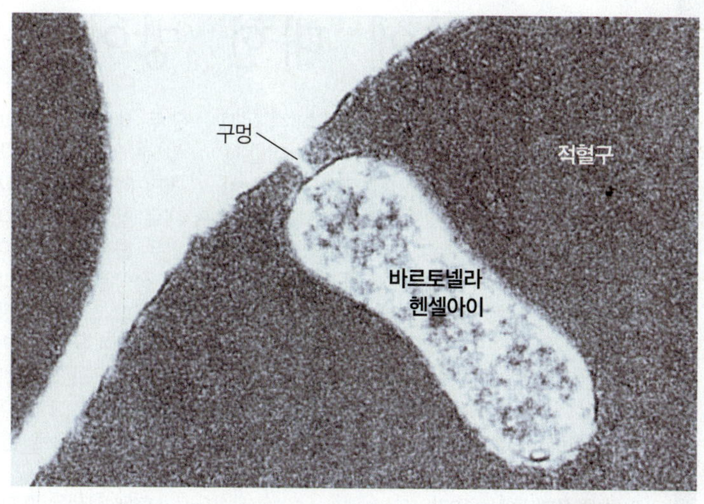

그림 23.10 **적혈구 안에 바르토넬라 헨셀아이의 위치를 보여주는 전자현미경 사진.** 단지 하나의 구멍이 세균과 세포 밖 체액을 연결해 준다.

Q 고양이는 왜 바르토넬라 헨셀아이(*B. henselae*)의 감염에 내성을 가질 수 있는가?

무산소 클로스트리디아의 성장이 억제된다. 괴저가 일어난 팔다리가 들어갈 수 있는 소형 시설도 있다. 심한 상처의 적절한 소독과 항생제 예방 치료가 가스 괴저를 막는 가장 효과적인 조치이다. 페니실린이 웰치균에 효과적이다.

이해도 확인하기

✔ 가스 괴저를 치료하는 데 고압산소실이 왜 효과적인가? **23-8**

동물에게 물리고 할퀴어 생기는 전신성 질병

동물에 물리면 심각한 감염을 초래할 수 있다. 미국에서는 매년 동물에게 물리는 사고가 약 440만 건 일어나며 병원 응급실을 찾는 환자의 약 1%가 이 때문이다.

보고된 동물에게 물린 사고의 적어도 80%는 개에 의한 것이며, 고양이는 단지 10%만을 차지한다. 그러나 고양이가 더 깊숙하게 물기 때문에 개에 의한 감염률(15~20%) 보다 더 높은 감염률(30~50%)을 나타낸다. 가정용 동물은 종종 페스트의 원인인 예르시니아(*Yersinia*) 균과 유사한 그람음성 간균인 파스퇴렐라 멀토시다(*Pasteurella multocida*)를 가지고 있다(655쪽). 파스퇴렐라 멀토시다는 주로 동물의 병원체로 패혈증을 일으킨다(*multocida*란 단어는 많이 죽인다라는 의미이다).

파스퇴렐라 멀토시다에 감염된 인간은 다양한 반응을 나타낸다. 예를 들면 심하게 붓고 고통스런 국부 감염이 상처 부위에 생길 수 있다. 폐렴과 패혈증의 형태로도 발전할 수 있으며 생명을 위협한다. 주로 페니실린과 테트라사이클린이 이러한 감염을 치료하는 데 효과적이다.

파스퇴렐라 멀토시다와 함께, 포도상구균과 연쇄상구균, 코리네박테리움(*Corynebacterium*)을 비롯한 일련의 비산소요구성 세균들이 종종 감염된 동물에게 물린 부위에서 발견된다. 대부분 싸움을 하다 사람에게 물린 것도 심각한 감염을 초래하기 쉽다. 사실상 항생제 치료가 있기 전에는, 인간에게 팔다리를 물린 희생자의 거의 20%가 절단을 해야 했지만 지금은 약 5% 정도가 절단이 필요하다.

고양이 발톱병

거의 주목을 받지 못했지만, **고양이 발톱병(cat-scratch disease)**은 놀라울 정도로 흔하다. 미국에서는 매년 잘 알려진 라임병보다도 많은 약 22,000건 이상의 사례가 발생한다. 고양이를 기르거나 가까이 지내는 사람이 위험대상이다. 병원체는 산소요구성, 그람음성세균인 바르토넬라 헨셀아이(*Bartonella henselae*)이다. 현미경 관찰을 통해 이 세균이 고양이의 일부 적혈구 안에서 살 수 있음이 밝혀졌다. 이 세균은 구멍을 통해 적혈구 외부와 주변의 세포외 체액과 연결되어 있다(그림 23.10). 이곳에 거주하면서 세균은 고양이에게 지속적인 균혈증을 일으키며, 50% 이상의 집과 야생 고양이가 혈액에 이 세균을 가지고 있는 것으로 추산한다. 일차적인 전파 방법은 고양이에게 할퀴는 것이며, 고양이 또는 고양이 벼룩에게 물리는 것이 인간에게 질병을 전파시키는 것인지는 확실치 않다. 그러나 고양이 사이에서 감염이 유지되는 데에 고양이 벼룩의 존재는 필수 조건이다. 바르토넬라 헨셀아이는 고양이 벼룩의 소화계에서 증식하며 벼룩 배설물에서 수일 동안 생존한다. 고양이 발톱은 그때 벼룩 배설물에 의해 오염된다.

초기 징후는 노출 후 3~10일쯤 감염부위에 생기는 구진이다. 림프절이 붓고 주로 불쾌감과 발열이 수주 안에 뒤따른다. 고양이 발톱병은 보통 수주 안에 자연치유되지만, 심한 경우에는 항생제 치료가 효과적일 수 있다.

생물테러에 대한 방어

생물학적 무기 또는 생물무기, 즉 적대적 목적으로 살아 있는 병원체를 사용하려는데 대한 생각은 새로운 것이 아니다. 생물학적 무기를 사용한 것으로 기록된 최초의 전쟁은 1346년에 일어났다. 타르타르(Tartar) 군대는 우크라이나의 카파(Kaffa) 성벽 너머로 페스트에 걸려 죽은 사람의 시체를 날려 보냈다. 카파가 함락된 후 패전한 도시에서 도망친 생존자들이 유럽에 페스트을 전달했다. 이로 인해서 1348~1350년 사이 페스트 대유행이 시작되었다. 청일전쟁 동안에(1937~1945), 일본군은 비행기를 이용해 페스트균(*Yersinia pestis*)을 옮기는 벼룩을 담은 용기를 중국에 투하하였다.

1979년, 소련 스벨드로브스크(Sverdlovsk)에서 생산된 탄저균(*Bacillus anthracis*)이 사고로 유출되었을 때 2주 동안에 100명이 죽었다.

역사적으로, 생물학적 무기는 군대 활동과 연관되어 왔다. 민간인과 정부를 위협하기 위해 생물학적 병원체를 사용하는 생물테러는 20세기 후반에 시작되었다.

- 1984년, 한 광신적 종교집단이 의도적으로 레스토랑과 슈퍼마켓의 음식에 살모넬라 엔테리카(*Salmonella enterica*) 균을 오염시켜서 오리건(Oregon) 주 달레스(Dalles) 주민들을 공격했다.
- 1996년, 한 실험실 근무자가 의도적으로 페스트리 빵을 시겔라 디센테리(*Shigella dysenteriae*)로 오염시켰을 때 15명이 입원이 필요한 심각한 위장염을 일으켰다.
- 2001년, 육군 연구원이 뉴욕시와 워싱턴 D.C. 에 탄저균을 전파하기 위해 미국 우편물 서비스를 사용하면서 다섯 명이 죽었다.

생물무기가 가진 문제 중의 하나는 그들이 살아 있는 생물체(표 참조)를 포함하고 있어 이들의 영향을 제어하거나 심지어 예상하기도 어렵다는 것이다. 생물학적 병원체의 사용 가능성이 있을 때, 의심되는 병원체의 백신이 존재한다면 군인과 첫 대응자(병원종사자 등)는 예방접종을 받아야 한다. 미생물로 공격하는 사건으로부터 민간인을 보호하기 위한 현재 계획은 천연두 대비 계획을 예로 들어 설명할 수 있다. 모든 사람에게 두창에 대한 예방접종을 실시하는 것은 실제로 할 수 없는 일이다. 확인된 천연두 출현에 대한 미국 정부의 현재 전략은 "연결고리 억제 및 자발적 예방 접종"을 포함한다. 연결고리 억제란 우선 감염된 사람을 확인하고, 그들과 접촉했던 사람들을 예방접종하며, 그 후 주변에 있는 사람을 추가적으로 연결하여 예방접종하는 것이다.

모든 전쟁을 중지하는 것은 가능하지 않지만, 생물무기에 대처하기 위한 공중 보건 시스템의 능력을 개선하고 있다. 생물무기로 인한 숙주의 유전적 변화를 심지어 증상이 나타나기 전에 검출하는 신속한 검사법들이 연구 중에 있다. 생물무기의 존재 시 형광을 내는 재조합 세포(그림 참조) 또는 DNA 칩과 같은 조기 경보 체계도 개발 중에 있다. 새로운 백신을 개발하고 있으며, 기존의 백신은 필요한 곳에 사용하기 위해 비축하고 있다.

카나리(Canary)라 부르는 생물무기 검출기는 특정한 세균 또는 바이러스에 특이적인 B 세포를 사용한다. B 세포는 그들의 표적 병원체를 감지했을 때 빛을 방출하도록 유전적으로 변형되었다.

"이상적인" 생물무기란 에어로졸에 의해 전파되어, 인간에서 인간으로 효율적으로 확산되고, 심신을 쇠약하게 하는 질병을 일으키며 쉽게 치료되지 않는 것이다. 잠재적 생물학적 무기의 목록은 주로 아래 열거한 생물체를 포함한다.

세균	바이러스
탄저균	아레나바이러스
브루셀라 종	한타바이러스, 뇌염 바이러스
클라미도필라 프시타시	출혈열 바이러스(에볼라, 마르부르그, 라사)
클로스트리듐 보툴리늄 독소	원숭이 수두
콕시엘라 버네티	니파 바이러스
프란시셀라 튤라렌시스	두창
발진티푸스 리케치아	
시겔라 종	
콜레라균	
페스트균	

서교열

대도시 지역에서도(심지어 미국에서도) 쥐의 개체수는 잘 조절되지 않으며 쥐에게 물리는 것은 꽤 흔한 일로, **서교열(rat-bite fever)**이란 질병을 일으킬 수 있다. 한때, 쥐에 물린 희생자는 수준 이하의 환경에서 사는 어린이들이었다. 오늘날, 쥐는 실험연구 동물과 심지어는 애완동물로서도 인기가 있다. 따라서 현재 잠재적인 환자는 주로 쥐를 다루는 실험실 연구원과 애완동물 주인, 애완동물 상점 점원들이다. 야생과 실험실 쥐 모두의 약 절반 정도가 세균성 병원체를 보유한 것으로 알려져 있지만, 쥐에 물린 단지 소수(약 10%)에게만 병이 발생한다.

유사하지만 분명히 다른 두 가지 질병이 있다. 북미에서 연쇄간균성 서교열(streptobacillary rat-bite fever)이라 부르는 아주 흔한 질병은 스트렙토바실루스 모닐리포르미스(*Streptobacillus moniliformis*)에 의해 일어난다[병원체가 음식물을 통해 감염되었을 때는 하버힐열(Haverhill fever)이라 부른다]. 배양하여 균을 분리하는 것이 가장 좋은 진단 방법이지만 이 균은 사상형으로, 매우 다형

질병 초점 23.2

직접 접촉으로 동물 전염원에서 전염되는 감염

다음과 같은 질병은 동물에 노출된 환자의 감별 진단에 포함되어야만 한다. 10살난 한 소녀가 12일 동안 고열(40℃)과 8일 동안 허리통증으로 고생한 후 지역 병원에 입원하였다. 조직에서 세균을 배양할 수 없었다. 이 소녀는 최근 개와 고양이에게 할퀸 적이 있었다. 그녀는 치료 없이 회복되었다. 아래 표를 참조하여 감별 진단을 하고 이러한 증상의 원인이 될 수 있는 감염을 찾아보시오.

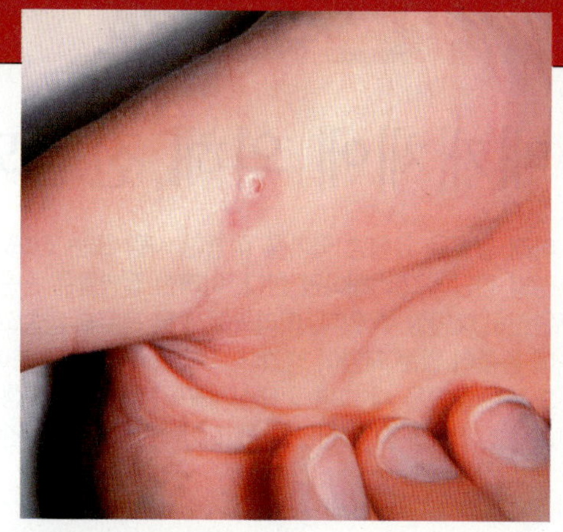

환자의 감염된 긁힌 부위

질병	병원체	증상	보유체	전파 방법	치료
세균성 질병					
브루셀라증	브루셀라 종	국지적 농양; 기복 있는 발열	초식 포유류	직접 접촉	테트라사이클린, 스트렙토마이신
탄저병	탄저균	구진(피부); 피투성이 설사(위장); 패혈성 쇼크(흡입)	토양; 큰 초식 포유류	직접 접촉; 섭취; 흡입	시프로플록사신; 독시사이클린
동물에 물림	파스퇴렐라 멀토시다	지역 감염; 패혈증	동물의 입	개/고양이에 물림	페니실린
서교열	스트렙토바실루스 모닐리포르미스, 스피릴럼 마이너스	패혈증	쥐	쥐에 물림	페니실린
고양이 발톱병	바르토넬라 헨셀아이	지속되는 발열	가정용 고양이	고양이에게 물리거나 긁힘, 벼룩	항생제
원생동물성 질병					
톡소포자충증	톡소포자충 곤디	약한 질병; 임신 중에 최초 감염은 태아에게 손상을 줄 수 있음; AIDS 환자에게는 심각한 질병	가정용 고양이	섭취	피리메타민, 설파다아진과 폴린산

성이며 배양이 어려운 까다로운 그람음성세균이다. 증상은 초기에 발열과 오한, 근육 및 관절통에 이어 며칠 안에 사지에 발진이 생긴다. 경우에 따라 더 심각한 합병증이 있고 만일 치료하지 않으면 사망률은 약 10%이다.

서교열을 일으키는 다른 세균 병원체는 스피릴럼 마이너스(*Spirillum minus*)이다. 이 경우 질병은 스피릴라열(spirillar fever)이라 부른다. 대부분의 사례가 발생하는 아시아에서는 서교증(sodoku)으로 알려져 있다. 이 병은 야생 설치류에 물려서 발생하는 것 같다. 증상은 연쇄간균성 서교열과 유사하다. 병원체를 배양할 수 없기 때문에, 그람음성, 나선형 세균을 현미경으로 관찰하여 진단한다. 페니실린 또는 독시사이클린 치료는 주로 두 가지 형의 서교열 모두에게 효과가 있다.

다른 동물과의 접촉에 의해 인간에게 전염되는 심혈관 감염은 질병 초점 23.2에 요약하였다.

이해도 확인하기

✔ 고양이 발톱병의 병원체인 바르토넬라 헨셀아이는 어떤 곤충에서 성장할 수 있는가? **23-9**

매개체-전염 질병

심혈관계의 매개체-유래 질병은 질병 초점 23.3에 요약하였다.

페스트

중세 시대에 흑사병으로 알려진 **페스트(plague)**보다 인간 역사에 더 극적인 영향을 미친 질병은 거의 없다. 이 용어는 이 병의 특성 중 하나인, 출혈로 인한 피부의 검푸른색 부위에서 유래하였다.

이 병은 그람음성 간균인 페스트균(*Yersinia pestis*)에 의해 일어난다. 일반적으로 쥐에서 발생하는 질병인 페스트는, 쥐벼룩인 제놉실라 케오피스(*Xenopsylla cheopis*)에 의해 한 쥐에서 다른 쥐로

질병 초점 23.3

매개체에 의해 전염되는 감염

아래 질병은 유행병 국가를 여행한 사람 또는 진드기와 곤충에 물린 적이 있는 환자의 감별 진단에 고려해야만 한다. 이러한 질병들은 곤충과 진드기에 물리지 않게 함으로써 완전히 예방할 수 있다. 이라크에서 군 복무를 마치고 돌아온 22살 난 여군이 피부 세 곳에 통증이 없는 궤양이 생겼다. 그녀는 매일 밤 곤충에 물렸다고 보고하였다. 광학현미경으로 관찰했을 때 그녀의 대식세포에서 난형의 원생동물 같은 몸체가 발견되었다. 아래 표를 참조하여 감별 진단을 하고 이러한 증상의 원인이 될 수 있는 감염을 찾아보시오

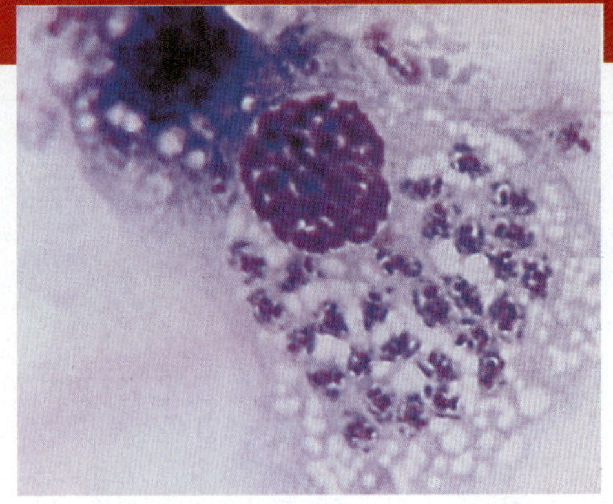

알모양 세포로 가득찬 대식세포 LM 5 μm

질병	병원체	증상	보유체	전파 방법	치료
세균성 질병					
야생토끼병	프란시셀라 튤라렌시스	국지적 감염; 폐렴	토끼; 땅 다람쥐	감염된 동물과의 직접 접촉, 사슴 파리에게 물림; 흡입	테트라사이클린
페스트	페스트균	확대된 림프절; 패혈성 쇼크	설취류	벼룩; 흡입	시프로플록사신; 독시사이클린
회귀열	보렐리아 종	반복되는 절정의 발열	설취류	물렁진드기	테트라사이클린
라임병	보렐리아 버그도르페리	황소-눈모양 발진; 신경 증상	들쥐	익소데스 진드기	항생제
에를리히증과 아나플라스마증	에를리히 종 아나플라스마 종	독감 같은	사슴	익소데스 진드기	테트라사이클린
유행성 발진티푸스	발진티푸스 리케차	고열, 혼수상태, 발진	다람쥐	몸 이	테트라사이클린; 클로람페니콜
풍토성 발진열	리케차 타이피	발열; 발진	설치류	제놉실라 케오피스 벼룩	테트라사이클린; 클로람페니콜
록키산 홍반열	리케차 리켓치	반점성 발진; 발열; 두통	진드기; 작은 포유동물	더마센토 진드기	테트라사이클린, 클로람페니콜
바이러스성 질병					
치쿤군야열	치쿤군야 바이러스	발열; 관절통	인간	숲모기	보조제
원생동물 질병					
샤가스병 (미국 파동편모충증)	크루즈파동편모충	위장관의 연동 운동 또는 심장근의 손상	설치류, 주머니쥐	침 노린재	니펄티목스
말라리아	열원충 종	주기적 발열과 오한	인간	아노펠레스 모기	마라론, 알테미시닌
리슈만편모충증	리슈만편모충 종	내장리슈만편모충: 전신성 질병; 피부리슈만편모충: 피부 염증; 피하리슈만편모충: 점막의 심한 손상	작은 포유동물	모래파리	안티몬 화합물
바베스열원충증	바베시아 마이크로티	주기적 발열과 오한	설치류	익소데스 진드기	아토바쿠온과 아지스로마이신

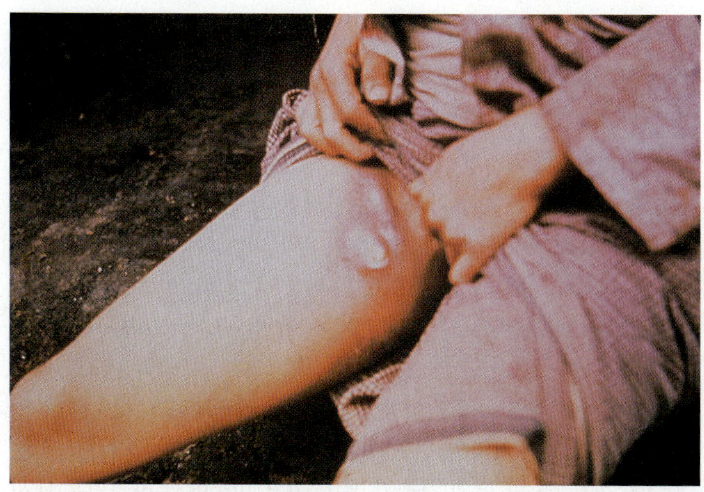

그림 23.11 가래톳 페스트의 한 사례. 가래톳 페스트는 페스트균이 원인이다. 이 사진은 환자의 허벅지에 나타난 가래톳(부어 오른 림프절)을 보여준다. 부어 오른 림프절은 일반적으로 전신성 감염의 발생을 의미한다.

Q 페스트가 전파되는 두 가지 방법은 무엇인가?

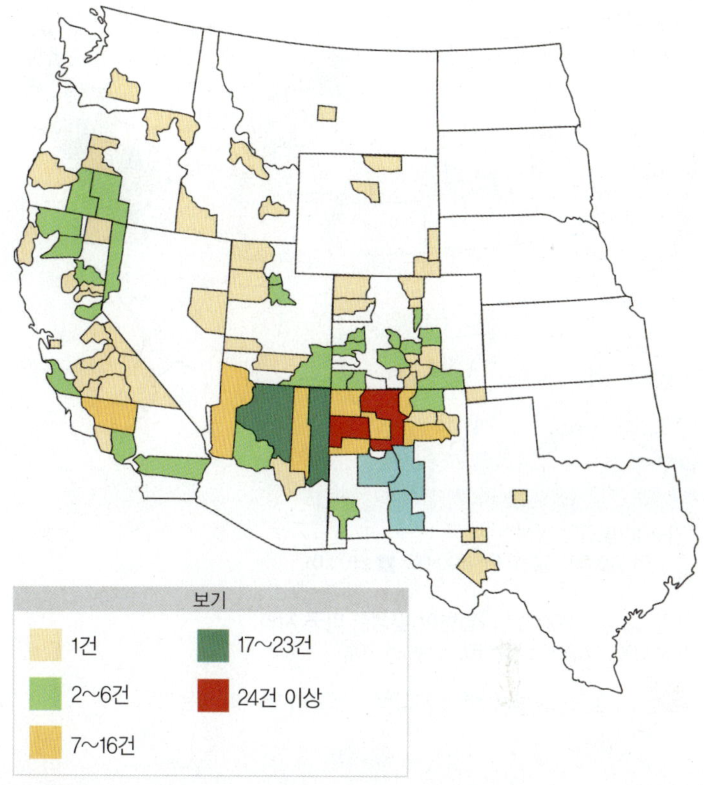

그림 23.12 1970년에서 2004년 사이에 미국에서 발생한 인간 페스트의 지리학적 분포

출처: CDC, 2007.

 페스트 발생이 보고된 지역 중 어느 곳이 당신이 사는 곳과 가장 가까운가?

전파된다(그림 12.33b, 363쪽 참조). 극서와 남서 지역에서 이 병은 야생 설치류, 특히 땅다람쥐와 프레리 독(prairie dog)의 풍토병이다.

숙주가 죽으면, 벼룩은 다른 설치류나 인간일 수 있는 대체 숙주를 찾는다. 벼룩은 약 3.5인치를 점프할 수 있다. 페스트균은 감염된 벼룩 안에서 성장하면서 생물막을 형성하여 벼룩의 소화관을 막히게 하는데, 이로 인해 흡입한 피가 빠르게 역류하기 때문에 해당 벼룩은 먹이에 굶주리게 된다. 페스트 전염에 절지동물 매개체가 항상 필요한 것은 아니다. 감염된 동물과의 피부 접촉(집 고양이가 할퀴거나, 물거나, 핥음과 같은)과 이와 유사한 일이 감염의 원인으로 알려져 있다.

주거 지역이 감염된 동물의 서식지역을 잠식하고 있기 때문에 미국에서 페스트에 대한 노출이 증가하고 있다. 쥐와 인간이 밀접한 것은 세계 대부분에서 흔한 일이기 때문에 이러한 근원으로부터의 감염은 여전히 널리 퍼져 있다.

벼룩이 물면 세균은 인간의 혈류로 들어가 림프와 혈액에서 증식한다. 페스트 세균의 독성의 한 요인은 대식세포를 파괴하기보다는 오히려 대식세포 안에서 생존하고 증식하는 이들의 능력이다. 결국 높은 독성을 가진 세균의 수가 증가하면서 압도적인 감염이 일어난다. 사타구니와 겨드랑이에 있는 림프절이 확대되고, 감염에 반응하는 신체의 방어 결과로 열이 발생한다. 가래톳(buboes)이라 부르는 이러한 부종 때문에 **가래톳 페스트(bubonic plague)**란 이름이 붙여졌다(그림 23.11). 이것이 가장 일반적인 형태로 오늘날 발생하는 사례의 80~95%를 차지한다. 치료하지 않은 가래톳 페스트의 사망률은 50~75%이다. 만일 발생한다면, 사망은 주로 증상이 나타난 후 일주일 안에 일어난다.

세균이 혈액에 들어가 증식하여 패혈성 쇼크를 일으킬 때 **혈성 페스트(septicemic plague)**라는 특히 위험한 상태가 발생한다. 최종적으로 혈액이 세균을 폐로 운반하면 **폐 페스트(pneumonic plague)**라는 형태의 질병을 일으킨다. 이러한 형태의 페스트의 사망률은 거의 100%이다. 발열이 시작된 지 12~15시간 이내에 병을 감지하지 못한다면 심지어 오늘날에도 이 질병은 거의 제어할 수 없다.

폐 페스트는 인간 또는 동물에서 공기로 운반되는 작은 물방울에 의해 쉽게 전파된다. 환자와 접촉하는 사람에게 공기를 통한 감염을 막기 위해서는 각별한 주의가 필요하다.

유럽은 반복되는 페스트의 유행으로 참혹한 피해를 입었는데, 542~767년까지 몇 년의 주기로 병이 반복적으로 발생하였다. 몇 세기가 지난 후, 14세기와 15세기에 이 질병은 치명적인 형태로 다시 발생하였다. 이 병으로 인구의 약 25% 이상이 사망한 것으로 추정하며, 결과적으로 유럽의 사회 및 경제 구조에 영구적인 영향을 주었다. 19세기의 유행은 주로 아시아권 국가에 영향을 끼쳤으며, 인도에서는 1,200만 명이 죽었다. 미국 도시 지역에서 쥐와 연관된 주요 질병의 마지막 발생은 1924년과 1925년에 로스엔젤러스에서 발생했다. 그 이후, 이 병은 1965년 남서부 나바호(Navajo) 보호구역에서 다시 발생할 때까지는 드물게 발생하는 병이었다. 페스트가 이 지역의 땅다람쥐와 프레리독 집단에 일단 자리 잡은 후 대부분의

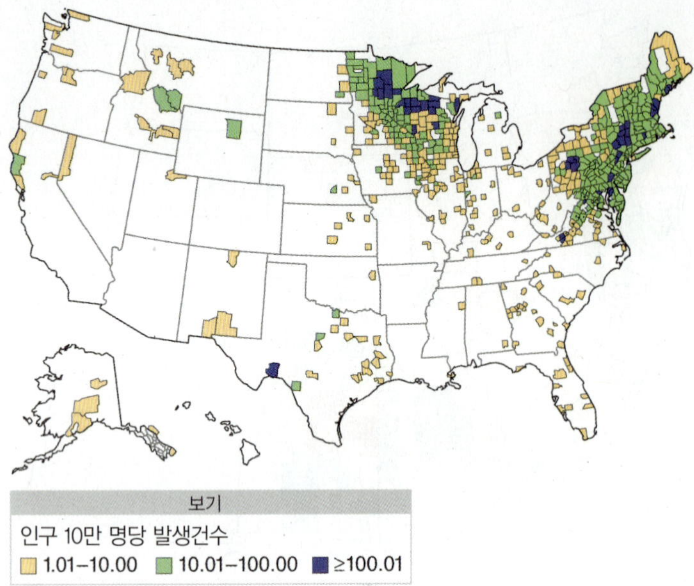

그림 23.13 2008년 라임병이 발생한 미국 지역
출처: CDC, *MMWR* 57(54):62, June 25, 2010.

어떤 요인이 라임병의 지리학적 분포와 연관이 있는가?

서부 지역으로 점차 퍼져나갔다(그림 23.12). 1983년에는 최고 40건까지 발생하였다. 일부 사례에서는 새로운 동물 전염원인 고양이와 도시 나무 다람쥐에서도 발생하였다.

페스트는 세균을 분리하고 이를 확인하기 위해 실험실에 보내는 것이 가장 일반적인 진단방법이다. 그러나 신속한 진단검사는 외진 현장 조건에서도 15분 안에 환자의 혈액과 체액에서 페스트균의 캡슐 항원의 존재를 확실하게 검출할 수 있다. 감염에 노출되는 사람은 항생제 예방 투여로 보호받을 수 있다. 스트렙토마이신과 테트라사이클린을 비롯한 일련의 항생제가 효과가 있다. 이 병에서 회복되면 확실한 면역력이 생긴다. 백신은 현장 작업 동안에 감염된 벼룩에 접촉할 가능성이 있는 사람 또는 병원체에 노출된 실험실 근무자를 위해 사용할 수 있다.

회귀열

라임병의(아래에서 논의) 원인이 되는 세균 종을 제외하고 스피로헤타속의 모든 보렐리아(*Borrelia*) 종이 **회귀열(relapsing fever)**을 일으킨다. 미국에서 이 병은 설치류를 흡혈하는 물렁진드기(soft tick)에 의해 전염된다. 회귀열의 출현은 설치류와 절지동물이 왕성하게 활동하는 여름에 증가한다.

이 병은 때때로 40.5°C를 넘는 고열과 황달, 장미빛 피부반점의 특징을 나타낸다. 3~5일 후 열이 가라앉는다. 3~4번 열이 재발할 수도 있는데, 각각은 최초 발열보다 짧고 덜 심하다. 재발은 기존의 면역을 회피하는 스피로헤타의 다른 항원형에 의해 발생한다. 진단은 환자의 혈액에서 세균을 관찰하는 것인데 이는 스피로헤타 질병에서는 흔치 않은 경우다. 테트라사이클린이 치료에 효과적이다.

라임병(라임 보렐리아증)

1975년, 처음에는 류마티스성 관절염으로 진단된 젊은이의 집단발병 사례가 코네티컷 주 라임(Lyme) 시에서 보고되었다. 계절에 따라 발생하고(여름 기간), 가족간에 전염이 일어나지 않았으며, 첫 증상 이전의 수 주 동안 나타나는 이상한 피부 발진 등의 증세로 보아 진드기유래 질병으로 생각하였다. 1983년에 한 스피로헤타 균이 원인인 것으로 확인되었고, 이것은 나중에 보렐리아 버그도르페리(*Borrelia burgdorferi*)로 명명되었다. **라임병(Lyme disease)**은 현재 미국에서 가장 흔한 진드기 유래 질병이다. 유럽과 아시아에서 이 병은 주로 **라임 보렐리아증(Lyme borreliosis)**으로 알려져 있다. 종종, 이러한 지역의 진드기와 보렐리아 종은 미국의 것들과는 다르다. 매년 몇 만 건의 사례가 보고된다. 미국에서 라임병은 대서양 연안지역에서 가장 많이 발생한다(그림 23.13).

들쥐가 가장 중요한 동물 전염원이다. 성충 진드기가 세균 병원체를 약 두 배 이상 더 보유할 수 있지만, 애벌레 단계의 진드기가 감염된 쥐를 흡혈하고 인간을 감염시킬 가능성이 가장 높은 것 같다. 그 이유는 애벌레 진드기가 작아 감염이 전파되기 전에는 알아채지 못하기 때문이다. 사슴은 진드기가 흡혈하고 번식하는 동물이기 때문에 이 질병의 지속에 중요하다. 사슴은 최종 숙주인데 감염되지는 않는다. 이들의 혈액에 약간의 병원체가 있기는 하지만, 애벌레를 지니거나 애벌레에 감염된 쥐보다는 훨씬 더 적다.

진드기[두 익소데스(*Ixodes*) 종 가운데 하나]는 생활사 동안에 세 번 흡혈을 한다(그림 23.14a). 유충과 그 다음 애벌레 시기의 첫 번과 두 번째 흡혈은 보통 들쥐에서 일어난다. 성충으로서 세 번째 흡혈은 주로 사슴에서 일어난다. 이러한 흡혈은 여러 달에 걸쳐 일어나며 질병내성 들쥐에서 살아 남는 스피로헤타의 능력이 야생에서 이 질병이 지속되는 데 매우 중요하다.

진드기는 주로 관목의 끝이나 풀에서 사람에 붙는다. 이들은 약 24시간 동안 흡혈을 하지 않으며 세균을 전달하고 감염이 일어나기 전에 보통 2~3일 동안 붙어 있는다. 아마도 진드기에 물린 것 중 약 1%만이 라임병을 일으킨다.

태평양 연안에서 라임병을 전파하는 진드기는 서부 검은 다리 진드기 익소데스 패시피커스(*Ixodes pacificus*)이다(363쪽 그림 12.32 참조). 나머지 지역에서는 익소데스 스카풀라리스(*Ixodes scapularis*)가 가장 주된 원인이다. 이러한 후자 진드기는 너무 작아 종종 잘 찾지 못한다(그림 23.14b). 대서양 연안에서 거의 모든 익소데스 진드기는 스피로헤타를 보유한다(그림 23.14c). 태평양 연안에서는 진드기가 스피로헤타를 사실상 지니지 않는 도마뱀을 흡혈하기 때문에 감염된 진드기는 거의 없다.

라임병의 첫 증상은 보통 물린 자리에 나타나는 발진이다. 이 발진은 가운데는 깨끗한 붉은 부위로 최대 직경 15 cm까지 커진다(그림 23.15). 이러한 독특한 발진이 약 75% 사례에서 일어난다. 발진이 가라앉으면서 몇 주 안에 감기 같은 증상이 나타난다. 이러한 시기 동안에 먹는 항생제는 병을 억제하는 데 아주 효과적이다.

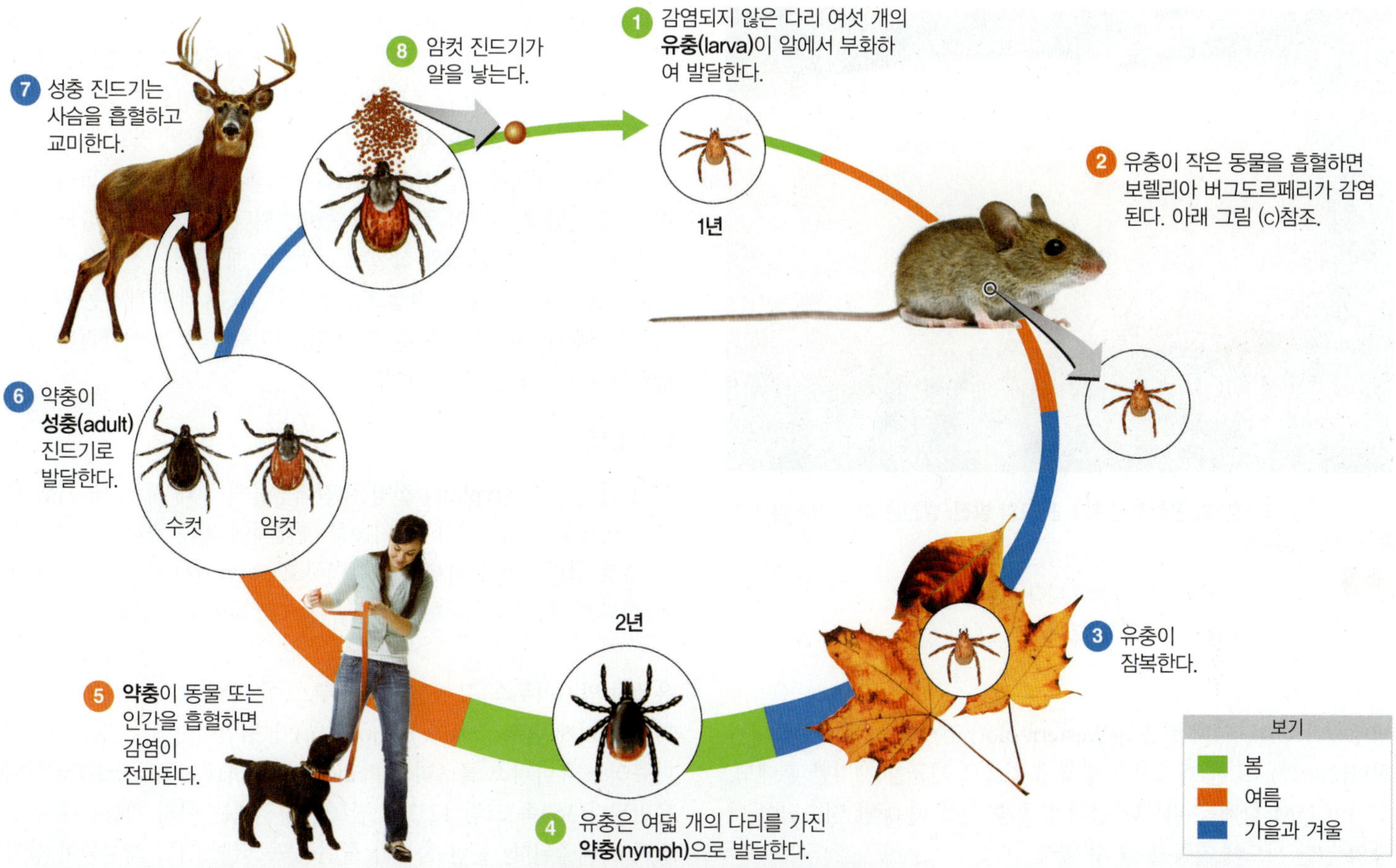

1 감염되지 않은 다리 여섯 개의 **유충(larva)**이 알에서 부화하여 발달한다.
1년
2 유충이 작은 동물을 흡혈하면 보렐리아 버그도르페리가 감염된다. 아래 그림 (c)참조.
3 유충이 잠복한다.
2년
4 유충은 여덟 개의 다리를 가진 **약충(nymph)**으로 발달한다.
5 **약충**이 동물 또는 인간을 흡혈하면 감염이 전파된다.
6 약충이 **성충(adult)** 진드기로 발달한다.
수컷
암컷
7 성충 진드기는 사슴을 흡혈하고 교미한다.
8 암컷 진드기가 알을 낳는다.
보기
봄
여름
가을과 겨울

(a) 진드기 익소데스 스카풀라리스(*Ixodes scapularis*)는 2년의 생활사 주기에서 세 번의 흡혈을 필요로 한다. 진드기는 첫 번째 흡혈에 의해 감염되고, 두 번째 흡혈에서 인간으로 감염이 전파된다.

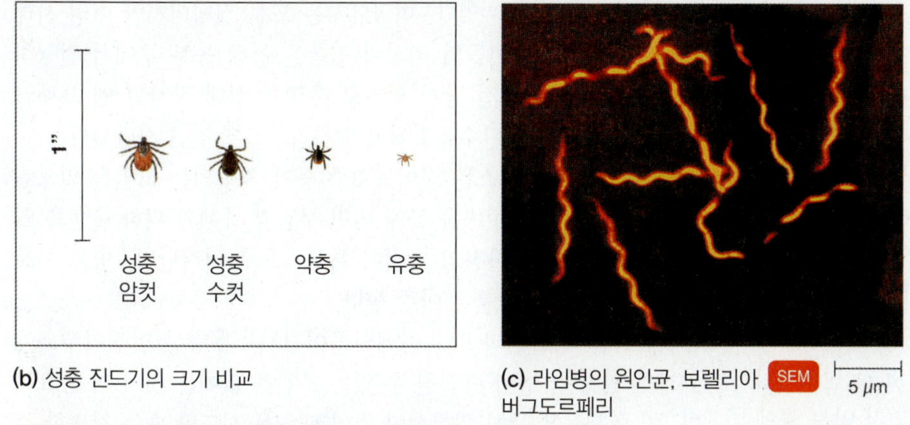

1"
성충 암컷
성충 수컷
약충
유충

(b) 성충 진드기의 크기 비교

SEM
5 μm

(c) 라임병의 원인균, 보렐리아 버그도르페리

그림 23.14 라임병을 일으키는 진드기 매개체의 생활사

Q 어떤 다른 질병이 진드기에 의해 전파되는가?

두 번째 단계에서 적절한 치료를 하지 않으면, 종종 심장에 영향을 미친다는 증거가 있다. 심장박동이 너무 불규칙해서 심박조율기가 필요할 수도 있다. 안면 마비와 답답한 피로감, 기억 상실과 같은 무기력한 만성 신경학적 증상들이 나타날 수 있다. 어떤 사례는 뇌염과 뇌막염을 일으킨다. 몇 달 또는 몇 년 후에 발생하는 세 번째 단계에서, 일부 환자에게는 여러 해 동안 영향을 줄 수 있는 관절염이 발생한다. 존재하는 세균에 대한 면역 반응이 아마도 이러한 관절 손상의 원인이다. 만성 라임병 증상의 대부분은 또한 스피로헤타가 원인인 매독 말기의 증상과 유사하다.

라임병의 진단은 부분적으로 증상과 지리학적 영역의 발생에 의거한 의심 지수에 의존한다. 혈청학적 검사 결과가 임상 증상 및 감염에 노출될 가능성과 함께 해석되어야 함을 의사들은 알아야만 한다. 혈청학적 검사는 해석에 의문이 있을 수 있기 때문에 초기 ELISA 양성 검사(519쪽) 또는 간접 형광-항체(FA) 검사(518쪽)를

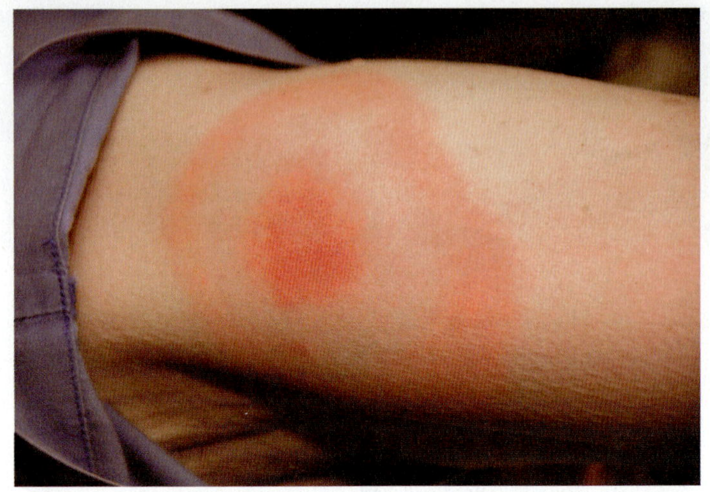

그림 23.15 라임병의 공통적인 황소-눈모양 발진. 발진은 이 그림처럼 항상 뚜렷하지는 않다.

 발진이 사라진 후 어떤 증상이 나타나는가?

병행해야 하며, 단백질 흡입(Western blot) 검사를 통해 확인해야만 한다(286쪽). 또한 효과적인 항생제 치료로 세균을 제거한 후에도, 심지어 IgM 항체를 비롯한 항체가 종종 여러 해 동안 지속되어 나중의 진단 시도에 혼동을 줄 수 있다.

마지막 단계에서는 많은 양이 필요할 수도 있지만 여러 항생제가 질병을 치료하는 데 효과가 있다.

에를리히증과 아나플라스마증

인간 단핵백혈구친화성 에를리히증(human monocytotropic ehrlichiosis, HME)은 에를리히아 차펜시스(*Ehrlichia chafeensis*)가 원인이다. 이것은 그람음성, 리케차-유사 절대 세포 내 세균이다. 라틴어로 오디란 뜻의 상실배(*morulae*)라 부르는 세균의 덩어리가 단핵백혈구(monocytes)의 세포질 안에 형성된다. 에를리히 차펜시스는 1986년 처음으로 인간에서 발견되었으며 이전에는 단순히 동물의 병원체로 간주되었다. HME는 진드기유래 질병으로 이들 매개체의 일반 이름은 론스타(Lone Star) 진드기이다. 이 질병의 사례는 때때로 이러한 진드기가 발견되지 않는 곳에서도 일어나기 때문에 다른 매개체가 있을 것이다. 흰꼬리 사슴이 주요 동물 전염원이지만 이것은 병의 징후를 보이지는 않는다.

유사한 진드기유래 질병인 **인간 과립성백혈구 아나플라스마증(human granulocytic anaplasmosis, HGA)**은 이전에는 인간 과립성백혈구 에를리히증(human granulocytic ehrlichiosis)으로 불렸다. 이전에 에를리히 그룹에 속했던 절대 세포 내 세균인 원인 병원체가 아나플라스마 파고사이토필럼(*Anaplasma phagocytophilum*)으로 이름이 바뀌면서 병명도 바뀌었다. 진드기 매개체는 라임병과 바베시아증(babesiosis)을 일으키는 세균과 같은 속의 매개체인 익소데스 스카풀라리스이다(363쪽).

이러한 질병들의 증상은 동일하며 HGA는 론스타 진드기가 알려지지 않은 위스콘신 주에서 한 사례가 발생했을 때 확인되었을 뿐이다. 환자는 고열 및 두통과 함께 감기 같은 질병으로 고생하며 사망률도 상당하다(5% 이하). 이 병은 아마도 보고된 것보다 훨씬 더 높은 빈도로 출현한다. HME와 HGA 사례는 둘 다 모두 널리 퍼지며 때때로 발생 지역이 겹치기도 한다. 일단 어느 질병이라도 의심되면(보통 혈액 표본에서 상실배를 검출하게 되면), 진단은 일반적으로 HME에 대해서는 간접 FA 검사와 HGA에 대해서는 중합효소연쇄반응(PCR) 검사로 할 수 있다(249쪽). 독시사이클린과 같은 항생제 치료가 보통 효과적이다.

발진티푸스

여러 발진티푸스(typhus) 질병은 진핵생물의 절대 세포 내 기생 세균인 리케차가 원인이다. 절지동물 매개체에 의해 전파되는 리케차는 주로 혈관계의 상피세포를 감염하고 그 안에서 증식한다. 이 결과로 생긴 염증이 작은 혈관을 국부적으로 막아 파괴한다.

유행성 발진티푸스 유행성 발진티푸스(이-매개 발진티푸스)는 발진티푸스 리케차(*Rickettsia prowazekii*)가 원인이며 인간 몸 이인 페디큐러스 휴마너스 콜포리스(Pediculus humanus corporis)에 의해 운반된다(363쪽 그림 12.33a 참조). 병원체는 이의 위장관에서 성장하고 배출된다. 물린 숙주가 물린 곳을 긁어 이의 배설물이 상처 속으로 문질러졌을 때 병이 전염된다. 병은 사람들로 붐비고 비위생적인 환경에서 번성하며, 이는 감염된 숙주에서 다른 새로운 숙주로 쉽게 전파될 수 있다. 미국에서는 드문 질병이지만 여러 사례가 날다람쥐 또는 이들의 서식처 접촉을 통해 동부 주에서 발생하였다. 제2차 세계대전 당시 일기로 유명한 십대 작가인 앤 프랭크(Anne Frank)는 집단수용소에서 발진티푸스에 걸려 사망했다.

유행성 발진티푸스는 적어도 2주 동안 지속되는 고열을 일으킨다. 리케차가 혈관 주변을 물게 되면 무감각 증세와 피하 출혈을 일으키는 작은 붉은 반점의 발진이 특징적으로 나타난다. 병을 치료하지 않았을 때 사망률은 아주 높다.

테트라사이클린과 클로람페니콜이 보통 유행성 발진티푸스에 효과가 있지만, 병이 만연될 수 있는 조건을 없애는 것이 더 중요하다. 이 미생물은 특히 위험성이 있어 배양을 시도할 때는 각별한 주의가 필요하다. 역사적으로 이 병에 아주 취약한 군인 집단에게 사용할 수 있는 백신이 있다.

풍토 발진열 풍토 발진열(murine typhus)은 유행성보다는 오히려 산발적으로 발생한다. 쥐(*murine*)란 용어는(라틴어로 쥐란 뜻에서 파생) 쥐와 다람쥐와 같은 설치류가 이러한 형태의 발진티푸스의 일반적인 숙주라는 사실에서 유래하였다. 풍토 발진열은 쥐 벼룩 제놉실라 케오피스(*Xenopsylla cheopis*)에 의해 전파되며(363쪽 그림 12.33b 참조), 이 병을 일으키는 병원체는 쥐에 흔한 서식균인 리케차 타이피(*Rickettsia typhi*)이다. 사망률은 5% 미만으로 이 질병은

보기
인구 1000만 명당 발생건수
0
1–14
≥15

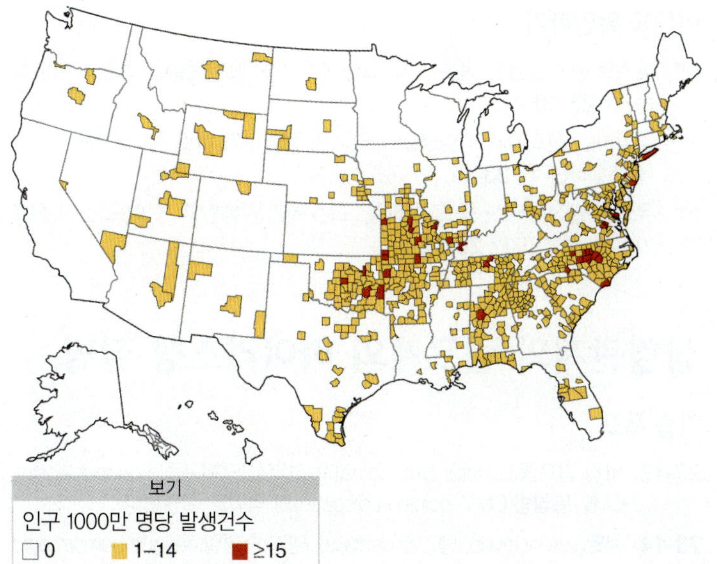

그림 23.16 2008년 미국에서 발생한 록키산 홍반열(진드기 유래 발진티푸스)의 지리학적 분포
출처: CDC, *MMWR* 57(54):67, June 25, 2010.

Q 지리학적으로 볼 때, 이것은 지방병 또는 도시병 중 어느 것인가?

유행성 발진티푸스보다는 훨씬 덜 심각하다. 병의 증세가 약하다는 것 말고는 풍토 발진열은 임상적으로 유행성 발진티푸스와 구별할 수가 없다. 테트라사이클린과 클로람페니콜이 풍토 발진열의 효과적인 치료제이고 쥐를 통제하는 것이 최상의 예방책이다.

홍반열 진드기유래 발진티푸스 또는 **록키산 홍반열(Rocky Mountain spotted fever)**은 아마도 미국에서 가장 잘 알려진 리케차 질병이다. 이는 리케차 리케치(*Rickettsia rickettsii*)가 원인이다. 이러한 이름(록키산 지역에서 처음 발견함)에도 불구하고, 미국 남동부 주와 동부의 애팔래치아(Appalachia) 지방에서 가장 흔하다(그림 23.16). 이 리케차는 진드기에 기생하며 주로 알을 통해 다음 세대로 전해지는 경난소 전파(transovarian passage)라는 방식으로 전파된다(그림 23.17). 조사에 의하면 발병 지역에서는 약 천 마리의 진드기당 한 마리가 감염된 것으로 나타난다. 미국의 다른 지역에서는 다른 진드기가 연관되어 있는데 서부 지역에서는 나무 진드기인 더마센토 안데르소니(*Dermacentor andersoni*,), 동부 지역에는 개 진드기인 더마센토 베리아빌리스(*Dermacentor variabilis*)이다.

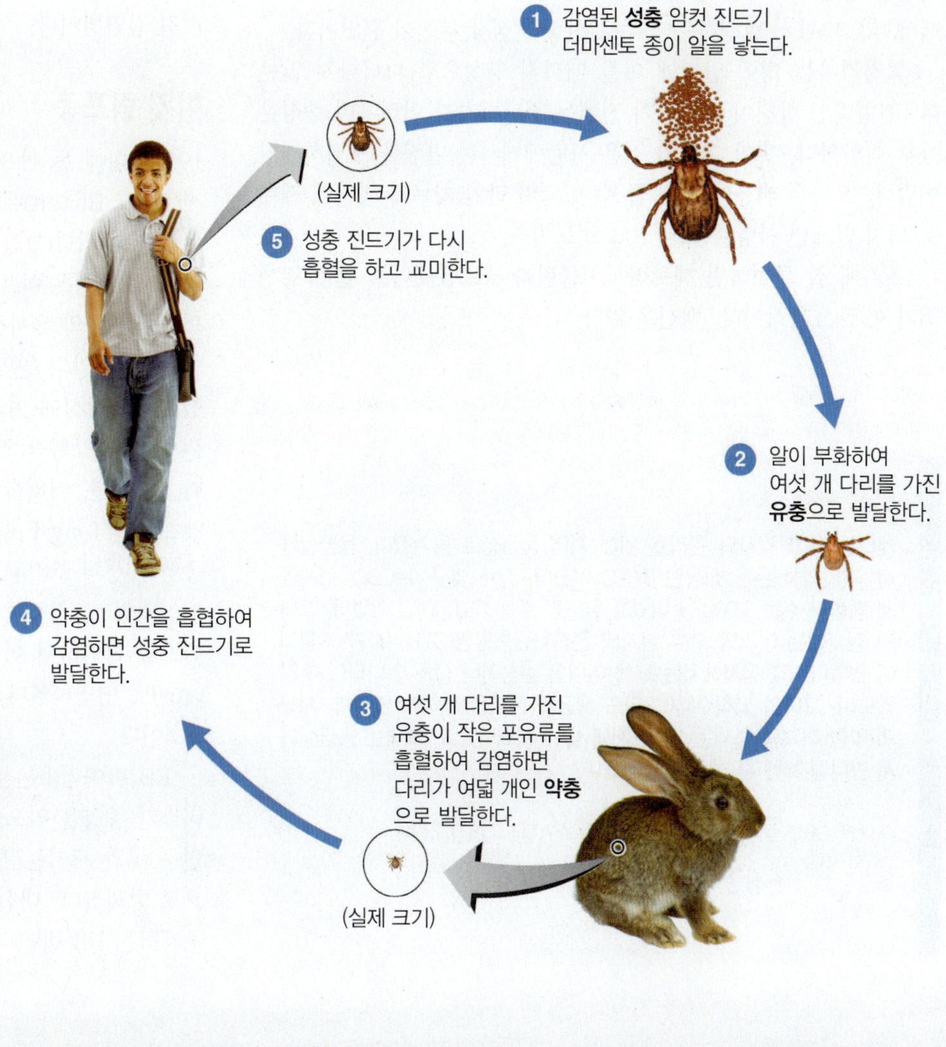

1 감염된 성충 암컷 진드기 더마센토 종이 알을 낳는다.
2 알이 부화하여 여섯 개 다리를 가진 유충으로 발달한다.
3 여섯 개 다리를 가진 유충이 작은 포유류를 흡혈하여 감염하면 다리가 여덟 개인 약충으로 발달한다.
4 약충이 인간을 흡협하여 감염하면 성충 진드기로 발달한다.
5 성충 진드기가 다시 흡혈을 하고 교미한다.
(실제 크기)
(실제 크기)

그림 23.17 록키산 홍반열의 진드기 매개체인 더마센토(*Dermacentor*) 종의 생활사. 포유류는 병원체인 리케차 리케치의 생존에 꼭 필요하지 않다. 진드기 집단에서 세균은 경난소 전파 (transovarian passage)에 의해 전파될 수 있으며 새로운 진드기는 부화하면서 감염된다. 흡혈은 생활사에서 진드기가 다음 단계로 넘어가기 위해서 필요하다.

Q 경난소 전파란 무엇인가?

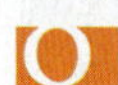

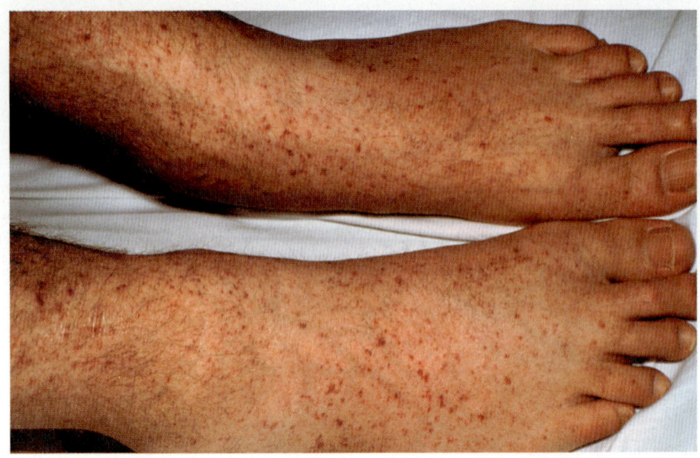

그림 23.18 **록키산 홍반열에 의해 생긴 발진.** 이러한 발진은 종종 홍역과 혼동된다. 피부가 검은 사람은 효과적인 치료를 하기에 충분할 만큼 일찍 발진을 인지하지 못하기 때문에 높은 치사율을 가지고 있다.

 록키산 홍반열은 어떻게 예방할 수 있는가?

진드기에 물린 후 약 1주일 안에 때때로 홍역으로 오인할 수 있는 반점성 발진이 나타난다(그림 23.18). 그러나 바이러스성 발진에서는 나타나지 않는 곳인 손바닥과 발바닥에 흔히 발진이 생긴다. 발진은 발열과 두통을 동반한다. 사망은 매년 보고되는 약 2,000 사례 중 약 3%에서 발생하는데 주로 신장과 심장 부전이 원인이다.

혈청검사는 병이 말기에 이를 때까지 양성으로 나타나지 않는다. 전형적인 발진이 나타나기 전에는 진단하기가 어려우며 증상은 아주 다양하다. 또한 피부가 검은 사람에게서는 발진을 구별하기가 어렵다. 오진은 비용이 많이 들 수 있으며 만일 치료가 적기에 제대로 되지 않으면 사망률은 약 20% 정도이다.

초기에 잘 투여하면 테트라사이클린과 클로람페니콜 같은 항생제가 아주 효과적이다. 백신은 없다.

임상 사례

캐티는 추가 검사와 관리를 위해 지역 응급실로 옮겨졌다. 응급실에서, 캐티의 체온은 정상인 37.1°C 이었다. 전체 혈구 수(CBC) 검사에서 백혈구 수는 3,900/μl 이었고 혈소판 수는 115,000/μl 이었다. 그녀의 검사에는 머리와 요추 천자의 전산화단층촬영(CT) 검사가 포함되어 있었다. CT 검사에서는 뇌에 어떠한 손상이나 상처가 나타나지 않았으며, 그녀의 뇌척수액(CSF)도 세균의 존재를 보이지 않았다. 케티의 약한 어지럼 증세는 그 날 저녁 늦게 해소되었고, 그녀는 응급실에서 반나절 보낸 후 집으로 돌아갔다.

그녀의 CBC 결과는 무엇을 나타내는가?(힌트: 16장 참조)

644 **662** 665 668 675

이해도 확인하기

- 페스트균에 감염된 벼룩은 왜 그렇게 열심히 포유동물을 흡혈해야만 하는가? **23-10**
- 감염하는 진드기가 라임병을 인간에게 전파하기 바로 전에 어떤 포유류를 흡혈하는가? **23-11**
- 유행성 발진티푸스, 풍토 발진열, 또는 록키산 홍반열 중 어느 것이 진드기 유래 질병인가? **23-12**

심혈관계와 림프계의 바이러스성 질병

학습 목표

23-13 버킷 림프종(Burkitt's lymphoma)과 전염성 단핵구증(mononucleosis), CMV 봉입병(CMV inclusion disease)의 역학을 설명한다.

23-14 황열(yellow fever), 뎅기열(dengue), 뎅기 출혈열(dengue hemorrhagic fever) 및 치쿤군야열(chikungunya fever)의 원인 병원체, 매개체, 보유체 및 증상의 유사점과 차이점을 알아본다.

23-15 에볼라 출혈열(Ebola hemorrhagic fever)과 한타바이러스 폐 증후군(*Hantavirus* pulmonary syndrome)의 원인 병원체와 보유체, 증상의 유사점과 차이점을 알아본다.

바이러스는 일부 심혈관 및 림프계 질병의 원인이며 대부분이 열대 지역에서 주로 발생한다. 그러나 이러한 형태의 한 바이러스 질병인 전염성 단핵구증은 미국 대학생 나이의 사람 가운데 특히 잘 알려진 전염병이다.

버킷 림프종

1950년대에 동 아프리카에서 근무하던 아일랜드 의사인 데니스 버킷(Denis Burkitt)은 급속히 자라는 암이 아이들의 턱에 자주 생긴다는 것을 알았다(그림 23.19). **버킷 림프종(Burkitt's lymphoma)**으로 알려진 이 병은 아프리카에서 가장 흔한 소아암이다. 중앙 아프리카의 말라리아와 유사하게 이 병도 일부 제한된 지역에만 발생한다.

버킷은 암의 원인이 바이러스이고 모기가 매개체일 것으로 의심했다. 그 당시에 여러 바이러스가 명백하게 동물 암과 연관이 있다는 것은 알았지만 인간의 암을 일으킨다고 알려진 바이러스는 없었다. 1964년, 이러한 가능성에 관심을 가진 영국 바이러스학자 토니 엡스타인(Tony Epstein)과 그의 학생 유본 바(Yvonne Barr)가 이 종양의 생체 조직검사를 시행했다. 이러한 물질에서 한 바이러스가 배양되었고, 전자현미경 관찰로 배양된 세포에서 허피스-유사 바이러스를 확인하여 이것을 엡스타인-바 바이러스(Epstein-Barr virus; EB virus)로 명명하였다. 이 바이러스의 공식 이름은 인간 허피스바이러스 4이다.

EB 바이러스는 확실하게 버킷 림프종과 연관이 있지만 이 바이러스가 종양을 일으키는 원리에 대해서는 알려지지 않았다. 그러나 연구 결과 모기는 사실상 바이러스 또는 질병을 전파하지 않는 것으로 밝혀졌다. 대신, 모기-유래 말라리아 감염이 거의 모든 성인에 존재하는 EB 바이러스에 대한 면역반응을 저해하여 버킷 림프종의

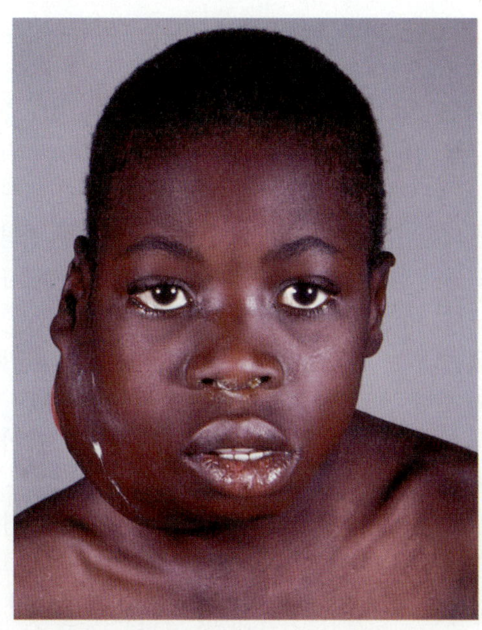

그림 23.19 버킷 림프종에 걸린 어린이. 엡스타인-바 바이러스(EB 바이러스)가 일으키는 턱의 암성 종양은 주로 어린이에게 나타난다. 이 어린이는 성공적으로 치료되었다.

 말라리아 지역과 버킷 림프종 지역 사이에는 어떤 연관성이 있는가?

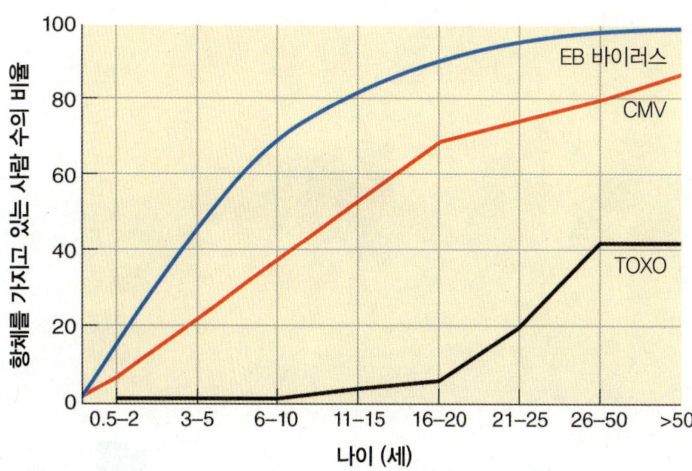

그림 23.20 미국에서 나이에 따른 엡스타인-바 바이러스(EB 바이러스), 거대세포바이러스(CMV), 그리고 톡소포자충(TOXO)에 대한 항체의 전형적인 유행

출처: Laboratory Management, June 1987, pp. 23ff.

Q 이 도표에서 보면 어느 질병이 유아기 초기에 감염을 일으킬 것 같은가?

발달을 촉진하는 것으로 보인다. 사실상, 이 바이러스는 인간에게 아주 잘 적응한 가장 효율적인 기생충 중 하나이다. 이 바이러스는 해가 없고 거의 질병을 일으키지 않은 채로 대부분의 사람들에게 감염되어 평생 존재한다(그림 23.20).

미국과 같이 풍토성 말라리아가 없는 지역에서 버킷 림프종은 드물고 보통 복부에 생긴다. AIDS 환자에서 림프종이 발생하는 것은 이 질병의 발병을 막는 데에 면역 감시가 중요함을 보여주는 것이다.

이해도 확인하기

✓ 곤충 매개체에 의한 질병이 아닌 데도 왜 버킷 림프종이 말라리아 지역에서 발견되는 가장 흔한 질병인가? **23-13**

전염성 단핵구증

EB 바이러스가 **전염성 단핵구증(infectious mononucleosis)**, 즉 모노(mono)의 원인임을 알아낸 것은 종종 과학을 발전시키는 우연한 발견 중 하나의 결과이다. EB 바이러스를 연구하는 실험실의 한 연구원이 이 바이러스의 음성 대조군의 역할을 하였다. 휴가 동안에 그녀는 발열, 인후염, 목의 부은 림프절 및 일반적인 무기력 증상이 특징적인 감염에 걸렸다. 이 연구원의 질병의 가장 흥미로운 점은 그녀가 혈청학적으로 EB 바이러스에 양성이라는 것이다. 곧 이어 버킷 림프종과 관련된 동일 바이러스가 거의 모든 종류의 전염성 단핵구증의 원인이라 사실도 확인되었다.

전 세계 개발도상국에서 EB 바이러스의 감염은 유아기에 일어나며 성인의 95% 이상은 항체를 가지고 있다. 미국 성인의 거의 20%가 입안 분비물에 EB 바이러스를 가지고 있다. 유아기 EB 바이러스의 감염은 주로 무증상이지만, 미국에서는 종종 일어나는 사례처럼 만일 감염이 청년기까지 지연된다면 강한 면역반응 때문에 아마도 더 심한 증상이 나타날 것이다. 미국의 경우 약 15~25세에 발병률이 가장 높다. 드물게 일어나는 사망의 주요 원인은 격렬한 육체 활동 동안에 확대된 비장의 파열(전신성 감염에 대한 일반적인 반응) 때문이다. 보통 몇 주 안에 완전하게 회복되며 면역은 영구적이다.

감염의 주된 경로는 예를 들면 음료수 잔을 함께 쓰거나 또는 키스에 의한 침의 전달이다. 이 병은 일상의 가정생활 접촉에서는 전파되지 않고 또한 에어로졸에 의해서도 전염되지 않는 것 같다. 증상이 나타나기 전 잠복기는 4~7주이다.

EB 바이러스가 타액에 존재하는 것을 보면 알 수 있듯이 입과 목에 지속적으로 감염되어 있다. 아마도 림프조직에 위치한 휴지기의 기억 B 세포(486쪽 그림 17.5 참조)가 복제와 잠복의 주된 위치일 것이다. 증상의 대부분은 감염에 대한 T 세포의 반응 때문에 일어난다.

병의 이름인 단핵구증(mononucleosis)은 급성 감염 동안에 혈액에서 증식하는 특이한 잎 모양의 핵을 가진 림프구를 의미한다(그림 23.21). 감염된 B 세포는 그리스어로 다른(*hetero*)과 친화력(*phile*)이란 의미인 이종친화성(heterophile) 항체들을 생산한다. 이들은 다특이적 활성을 가진 약한 항체로, 단핵구증을 진단하는 데 이들이 사용되기 때문에 중요하다. 만일 이러한 검사가 음성이면 증상은 거대세포바이러스(664쪽 참조) 또는 여러 다른 질병 때문에 일어나는 것이다. EB 바이러스에 대한 IgM 항체를 검출하는 형광-항체 검사가 가장 확실한 진단 방법이다. 대부분의 환자에게 특별히 추천하는 치료법은 없다.

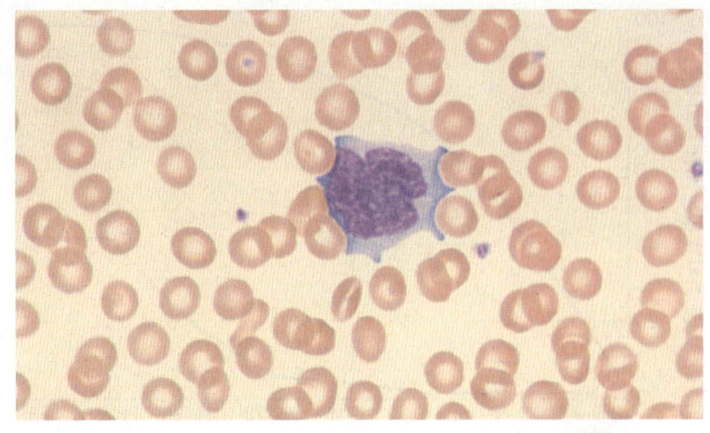

그림 23.21 단핵구증의 특징인 특이한 잎모양의 핵을 가진 림프구

 어떤 항체를 통해 환자가 전염성 단핵구증을 가졌음을 알 수 있는가?

다른 질병과 엡스타인-바 바이러스

EB 바이러스와 확실하게 관련이 있는 두 가지 질병, 버킷 림프종과 전염성 단핵구증에 대해 방금 설명하였다. EB 바이러스로 의심되지만 증명되지 않은 질병이 다수 존재한다. 여러 잘 알려진 이러한 질병 가운데는 신경계의 자가면역 공격인 **다발성 경화증(multiple sclerosis)**, 지라, 림프절 또는 간에 종양이 생기는 **호지킨병(Hodgkin's disease)**, 그리고 남동아시아의 특정 인종그룹과 이뉴잇족(Inuits) 가운데 코와 인두에 생기는 **비인두 암(nasopharyngeal cancer)** 등이 있다.

거대세포바이러스 감염

우리 거의 모두는 살아가는 동안에 거대세포바이러스(cytomegalovirus, CMV)에 한 번쯤은 감염된다. CMV는 매우 큰 허피스바이러스로 엡스타인-바 바이러스와 아주 유사하게 아마도 단핵백혈구, 호중성 백혈구, 그리고 T 세포와 같은 백혈구세포에 잠복해서 남아 있는다. 이것은 아주 느리게 복제하고, 접촉하고 있는 세포 간에 이동하여 항체의 작용을 피하기 때문에 면역계에 거의 영향을 받지 않는다. 바이러스 보균자는 침과 정액, 모유와 같은 체내 분비물에 바이러스가 퍼져 있다. CMV가 세포를 감염하면 현미경으로 볼 수 있는 독특한 봉입체(inclusion body)를 형성하게 된다. 이러한 봉입체가 쌍으로 존재하면 이들을 "올빼미 눈(owl's eyes)"이라고 하는데, 진단에 유용하게 사용된다. 이러한 봉입체는 선천성 기형을 가진 신생아의 특정 세포에서 1905년 처음 보고되었다. 세포는 거대세포(cytomegaly)라고 알려진 상태로 또한 커지는데, 이러한 점이 결국 이 바이러스의 이름을 결정하였다. 신생아에 발생한 이 질병은 거대세포 봉입병(cytomegalic inclusion disease, CID)이란 이름이 붙여졌다. 봉입체는 원래 원생동물의 생활사의 한 단계로 생각되었으며 1925년까지는 바이러스가 이 질병을 일으킨다고는 생각하지 않았다. 거대세포바이러스는 그 후 약 30년이 지나서야 비로소 분리되었다. 공식적인 이름은 인간 허피스바이러스 5이다.

미국에서 매년 약 8,000명의 유아가 고통스런 CID 증상을 가지고 태어나는데 가장 심각한 것은 심한 정신 지체 또는 청력 손실 등이다. 산모가 임신 전에 이미 감염되었다면, 태아로 전염되는 비율은 2%가 안 되지만 최초 감염이 임신 중에 일어나면 전염될 비율은 40~50%로 높아진다. 엄마의 면역 상태를 알아보는 검사들이 있으며 의사가 가임 여성 환자의 면역 상태를 알아보는 것을 추천한다. 면역력이 없는 모든 여성은 임신 중에 이러한 감염의 위험에 대해 알고 있어야 한다. 복잡한 요인 하나는 임신 전에 CMV 양성인 여성은 여전히 CMV의 새로운 변종에 감염될 수 있고 태아에게도 전달할 수 있다는 것이다.

건강한 성인이 CMV에 감염되면 증상이 없거나 전염성 단핵구증의 약한 사례와 유사한 증세를 일으킨다. 만일 CMV가 피부 발진을 동반한다면, 이것은 더 잘 알려진 어린이 질병 중의 하나일 것이다. 따라서 미국 인구의 80%가 이 바이러스를 보유한다고 추정하기 때문에 면역력이 약화된 사람에게 CMV가 흔한 기회감염 병원체란 것은 놀라운 일이 아니다. 그림 23.20은 CMV와 엡스타인-바 바이러스, 톡소포자충 곤디(*Toxoplasma gondii*, 668쪽)에 대한 항체가 널리 퍼져 있는 것을 보여준다. 개발도상국에서 CMV의 감염률은 100%에 가깝다. 면역력이 억제된 사람에게 CMV는 생명을 위협하는 폐렴의 잦은 원인이지만 거의 모든 장기가 영향을 받을 수 있다. AIDS 환자의 약 85%에게는 CMV로 인한 눈 감염인 거대세포바이러스 망막염(cytomegalovirus retinitis)이 나타난다. 치료하지 않으면 결국 시력을 잃게 된다. 이식수술 동안에 CMV의 전염을 막기 위해서 표준량의 항체가 들어 있는 면역글로불린 물질을 추천한다. CMV 병을 치료하기 위해서 간시클로비어와 시도포비어 같은 뉴클레오티드 항바이러스제를 주로 투여한다.

CMV는 키스와 같이 바이러스가 들어 있는 체액과 접촉하는 활동에 의해 주로 전염되며 보육시설에 있는 아이들에게는 아주 흔하다. 바이러스는 또한 성적 접촉, 수혈, 그리고 조직 이식 등에 의해서도 전염될 수 있다. 수혈에 의한 전염은 혈액에서 백혈구세포를 걸러내거나 제공자의 혈청 바이러스 검사를 통해 막을 수 있다. 이식되는 조직은 주로 바이러스 검사를 실시하며 기증된 조직에 존재하는 CMV를 중화시키는 항체가 들어 있는 제품들이 현재 가용하다. 백신은 개발 중이며 현재 사용할 수 있는 것은 없다.

치쿤군야열

웨스트 나일(West Nile) 바이러스의 최근 미국 내 유입은 열대 모기 유래 질병이 온대 기후에도 확산될 수 있다는 것을 보여준다. 여러 요인들 가운데, 쾌속 여행과 기후 온난화는 유사한 매개체 유래 질병을 세계적인 현상으로 만들고 있다. 현재 걱정을 일으키는 또 다른 열대 질병은 **치쿤군야열(chikungunya fever)**이다[이름은 치쿤군야로 발음하지만 병은 간단히 줄여서 칙(chik)이라고 부른다]. 이름은 아프리카어에서 유래하는 데 "비틀어 구부러지는 것"이란 의미이다. 증상은 고열과 특히 손목, 손가락과 발목이 심하게 손상된 관절통이 몇 주 또는 몇 달 동안 지속될 수 있다. 종종 발진과 심지어 커다란 물집이 생기며 사망률은 매우 낮다. 매개체는 숲모기(*Aedes*)인데, 주로 아시아와 아프리카에 널리 퍼져 있는 에이데스 에집티(*Aedes aegypti*)이다. 최근의 발생은 또한 에이데스 알보픽터스(*A. albopictus*)가 원인이다. 서부 말 뇌염(western equine encephalitis, WEE)과 동부 말 뇌염(eastern equine encephalitis, EEE)을(630쪽) 일으키는 바이러스와 관련된 한 돌연변이가 바이러스가 모기에서 증식하도록 적응시켰다. 동물 전염원이 있는지는 확실하지 않다. 병의 출현은 이미 이태리에서도 일어났다.

에이데스 알보픽터스는 밝고 하얀 줄무늬 때문에 아시아 호랑이 모기로도 알려져 있다. 도시의 주거지에 잘 적응한 것은 물론, 추운 기후에도 견디며 결국에는 심지어 미국의 북쪽 지역과 스칸디나비아의 해안 지역에도 아마 정착하게 될 것이다. 이 모기는 아주 공격적으로 낮 시간에 무는 곤충이기 때문에 옥외 활동 시에 몹시 귀찮은 존재이다. 에이데스 알보픽터스는 지금까지 치쿤군야열과 앞으로 간단히 설명할 질병인 뎅기열 두 가지 모두를 전파하는 것으로 알려져 있기 때문에 보건 담당자에게 더 큰 걱정거리이다.

고전적 바이러스성 출혈열

대부분의 출혈열은 인수 공통 질병으로 해당 병원체의 정상 동물 숙주와의 전염성 접촉을 통해서 인간에게 나타난다. 이 질병들의 일부는 의학적으로 너무 오랫동안 잘 알고 있어서 이들을 "고전적" 출혈열로 간주한다. 이러한 것 가운데 첫 번째는 **황열(yellow fever)** 이다. 황열 바이러스는 에이데스 에집티 모기에 의해 피부 속으로 주입된다.

이 질병의 심각한 사례의 초기 단계에서 사람은 발열과 오한, 두통에 이어 메스꺼움과 구토를 경험한다. 다음 단계로 이 질병의 이름이 된 피부가 노랗게 되는 황달이 뒤따른다. 이러한 착색은 간 손상을 반영하는 것으로 피부와 점막에 담즙 색소가 쌓이기 때문이다. 황열의 사망률은 약 20% 정도로 높다.

황열은 중앙 아메리카와 열대 남미, 중앙 아프리카와 같은 여러 열대 지역에서는 여전히 풍토병이다. 한때, 이 병은 미국에서 발생했고 필라델피아 같은 먼 북쪽에서도 일어났다. 미국에서 마지막 황열 사례는 1905년 루이지애나에서 일어났으며 이 발생 동안에 약 천 명이 죽었다. 미 육군 외과의사 월터 리드(Walter Reed)에 의해 시작된 모기 퇴치 캠페인은 미국에서 황열을 제거하는 효과가 있었다.

원숭이가 이 바이러스의 자연 전염원이지만 인간에서 인간으로의 전염이 이 병을 지속시킨다. 노출된 집단의 예방접종과 모기의 지역적인 통제가 도시 지역에서는 효과적인 방지법이다.

진단은 보통 임상적인 징후에 의하지만 혈액에서의 바이러스 분리 또는 항체 역가의 증가로 확인할 수 있다. 황열에 대한 특별한 치료법은 없다. 백신은 약독화된 생바이러스 종을 사용하며 아주 효과적인 면역력을 생성한다.

뎅기열(dengue)도 모기에 의해 전염되고 황열과 유사하지만 훨씬 더 약한 바이러스성 질병이다. 이 병은 매년 약 1억 건의 사례가 발생하는 카리브해와 다른 열대 환경에서는 풍토병이다. 발열과 심한 근육과 관절통, 발진이 특징적인 증상이다. **뼈가 부러지는 열(breakbone fever)**이란 이름에 걸맞게 고통스런 증상을 제외하면, 고전적인 뎅기열은 상대적으로 약한 질병으로 그렇게 치명적이지는 않다.

카리브해 주변의 국가에서 뎅기열 사례의 보고가 증가하고 있다. 거의 매년 미국에서는 100건 이상의 사례가 발생하는데 대부분이 카리브해와 남미에서 온 여행객들에 의한 것이다. 이 병은 동물 전염원이 없는 것 같다. 뎅기열에 대한 모기 매개체가 걸프만 국가에서는 흔하기 때문에 바이러스가 조만간 이 지역에 유입되어 풍토병이 될 수 있어 상당히 걱정된다. 보건 당국이 아시아 모기, 즉 이 바이러스에 대한 효율적인 매개체인 에이데스 알보픽터스가 미국에 유입되는 것을 우려하고 있다. 통제 조치는 숲모기를 제거하는 것이다.

심각한 형태의 뎅기열인 **뎅기출혈열(dengue hemorrhagic fever, DHF)**은 아마도 이전 감염에서 생긴 항체가 바이러스와 결합할 때 일어나는 것 같다. DHF는 희생자(주로 어린이)에게 쇼크를 유발할 수 있고 몇 시간 안에 죽인다. 이는 남동아시아 어린이에게 발생하는 질병 가운데 가장 주된 사망원인이다. 이 병은 또한 멕시코, 남미, 그리고 카리브해에서도 발생한다.

임상 사례

캐티의 낮은 백혈구 수치[백혈구 감소증(leukopenia)]는 바이러스 감염을 의미할 수 있다. 4일 후, 캐티는 잇몸에 출혈이 있고 "단지 느낌이 좋지 않아" 다시 그녀의 1차 진료 주치의를 방문하였다. 검사를 했을 때 열은 37.1°C 이었지만 다리에 발진이 생겼다. 의사가 질문을 했을 때 캐티는 이 발진은 키 웨스트에 있는 동안에 수많은 모기에게 물린 곳을 긁어서 생긴 것이라고 설명하였다. 캐티의 주치의는 그 발진이 모기에 물려서 생긴 것 같지 않다고 생각하여 검사를 위해 혈청 시료를 사설 연구소로 보냈다. 그녀의 혈청에서 뎅기열에 대한 IgM 항체가 검출되었다. 캐티의 주치의는 검사 결과를 보건당국에 보고한 후 캐티의 초기 혈청 시료와 CSF 시료, 추가 혈청 시료들을 확인 검사를 위해 CDC로 보냈다.

IgM 항체의 존재는 무엇을 의미하는가?

644 662 665 668 675

이해도 확인하기

✔ 모기 에이데스 알보픽터스가 왜 온대기후의 주민에게 특별한 걱정거리가 되는가? 23-14

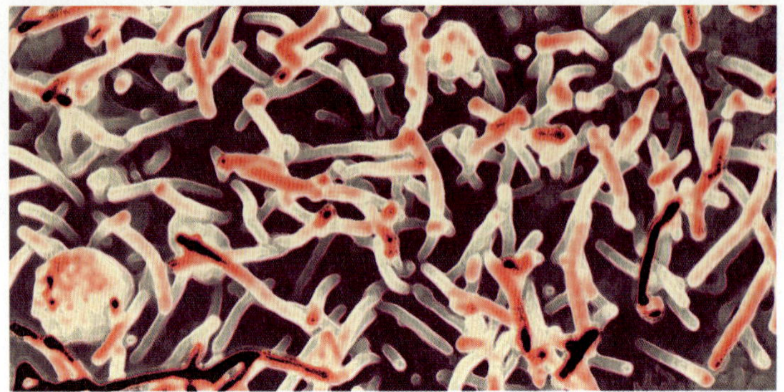

그림 23.22 **에볼라 출혈열 바이러스.** 사진은 에볼라 출혈열을 일으키는 바이러스를 보여준다. 이들은 혈액 응고 체계를 붕괴시킨다.

 에볼라 바이러스를 왜 필로바이러스라 부르는지 알겠는가?

신종 바이러스성 출혈열

어떤 다른 출혈성 질병은 새로운 또는 "신종" 출혈열로 간주된다. 1967년, 유럽으로 수입된 일부 아프리카 원숭이와 접촉한 후 31명이 병이 나서 7명이 죽었다. 이 바이러스는 이상하게 생겼으며[가는 실 모양의 필로바이러스(filoviruses)], 독일에서 발생한 지역의 이름을 따서 **마르부르그 바이러스(Marburg virus)** 또는 **녹색 원숭이 바이러스(green monkey virus)**라고 한다. 출혈열 바이러스에 감염된 증세는 처음에는 경미한 두통과 근육통이다. 하지만 며칠 후에 희생자는 고열로 고생하며 피를 토하기 시작하고, 코와 눈 같은 외부의 구멍과 몸 내부에서 모두 많은 출혈이 있다. 며칠 안에 장기 부전과 쇼크로 사망한다.

유사한 출혈열인 **라사열(Lassa fever)**은 1969년 서아프리카에서 출현하였으며 설치류 전염원을 찾아내었다. 아레나바이러스인 라사 바이러스는 설치류의 오줌에 존재한다. 라사열의 발병으로 수천 명이 죽었다.

7년 후, 아프리카에서 발생한 또 다른 높은 치사율을 가진 출혈열은 마르부르그 바이러스와 유사한 필로바이러스인 에볼라바이러스(ebolavirus)에 의한 것이다(그림 23.22). 혈관 벽이 손상되고 바이러스는 혈액응고를 방해한다. 혈액은 주변 조직으로 계속 새어나간다. 지역의 강 이름을 딴 **에볼라 출혈열(Ebola hemorrhagic fever)**은 지금은 잘 알려진 병이고 치사율은 90%에 근접한다. 에볼라바이러스의 자연 숙주 전염원은 아마도 동굴에 사는 과일 박쥐로 바이러스의 먹이로는 이용되지만 사실상 자신이 보유하는 바이러스에 의해 영향을 받지는 않는다. 일단 인간이 감염되고 피를 흘리게 되면, 감염은 피와 체액에 접촉하거나 여러 경우 환자에게 사용한 바늘을 재사용함으로써 전파된다. 매장하기 전에 시체를 씻는 지역적인 관습이 종종 새로운 감염을 야기한다.

남아메리카에서는 설치류 집단에 퍼져 있는 라사-유사 바이러스(아레나바이러스)가 원인인 여러 출혈열이 있다. **아르헨티나(Argentine)**와 **볼리비아 출혈열(Bolivian hemorrhagic fever)**은 설치류의 배설물 접촉을 통해 농촌 지역에서 전파된다. 최근 캘리포니아에서 소수의 사망자를 낸 질병은 나무 쥐를 전염원으로 하는 아레나바이러스인 화이트워터 **아로요 바이러스(Whitewater Arroyo virus)** 때문이다. 이들이 북반구에서 발생한 아레나바이러스 원인 출혈병의 첫 번째 보고이다.

분야바이러스(bunyavirus)의 한 종인 신 놈브레 바이러스(*Sin Nombre virus*)*가 일으키는 **한타바이러스 폐 증후군(*Hantavirus* pulmonary syndrome)**은 다수의 발생이 대부분 서부 주에서 일어났기 때문에 미국에서는 잘 알려지게 되었다. 이 병은 폐가 체액으로 가득 차는 치명적인 폐 감염으로 자주 나타난다. 주된 치료 방법은 기계 장치를 이용한 호흡이고 항바이러스제인 리바비린을 추천하지만 그 효과는 확실치 않다. 사실 이러한 성질의 질병은 특히 아시아와 유럽에서는 오랜 역사를 가지고 있다. 이곳에서 이 병은 신장 증후군을 가진 출혈열로서 더 잘 알려져 있으며 주로 신장 기능에 영향을 미친다. 이들과 관련된 모든 질병은 감염된 작은 설치류의 마른 오줌과 대변에 있는 바이러스를 들이마심으로써 전파된다. 전세계적으로 적어도 14종의 병을 일으키는 한타바이러스가 알려져 있다.

질병 초점 23.4에서 여러 바이러스성 출혈열에 대해서 서술하였다.

이해도 확인하기

에볼라 출혈열은 라사열과 한타바이러스 폐 증후군 중 어느 것과 더 유사한가? **23-15**

원생동물에 의한 심혈관계와 림프계 질병

학습 목표

23-16 샤가스병(Chagas' disease), 톡소포자충증, 말라리아, 리슈만편모충증(leishmaniasis)과 바베스열원충증의 원인 병원체, 전파 양상, 보유체, 증상 및 치료법의 유사점과 차이점을 알아본다.

23-17 이러한 질병들이 전세계적으로 인간 건강에 미치는 효과를 논의한다.

심혈관계와 림프계에 질병을 일으키는 원생동물은 주로 복잡한 생활사를 가지고 있으며 이들의 존재는 인간 숙주에 심각하게 영향을 줄 수 있다.

샤가스병(미국 파동편모충증)

미국 파동편모충증(American trypanosomiasis)으로도 알려진 **샤가스병(Chagas' disease)**은 원생동물성 심혈관계 질병이다. 원인 병원체는 편모를 가진 원생동물인 크루즈파동편모충(*Trypanosoma*

* 1993년 미국 남서부 네 모퉁이 지역(애리조나, 유타, 콜로라도, 뉴멕시코)에서 발생한 폐 한타바이러스의 원인인 바이러스는 원래 네 모퉁이 바이러스(Four Corners virus)라 불렀다. 지역 당국에서는 이러한 이름이 이 지역의 여행에 미칠 영향을 걱정하여 불만을 나타내었다. 따라서 스페인어로 이름이 없다는 의미인 신 놈브레(Sin Nombre)란 이름이 붙여졌다.

바이러스성 출혈열

바이러스성 출혈열은 열대 나라의 풍토병인데, 해당 지역에서 뎅기열을 제외하고는 모두 작은 포유동물에서 발견된다. 그러나 해외 여행의 증가로 미국에도 이러한 바이러스들의 유입되었다. 치료법은 없다.

CDC의 특수 병원체 분소는 혈청학과 핵산, 바이러스 배양을 통해 바이러스성 출혈열의 진단을 확인할 수 있는 전문 밀폐 시설을 가지고 있다. 아래 표를 참조하여 감별 진단을 하고 20세 여성의 발진과 심한 관절통의 원인을 찾아내시오.

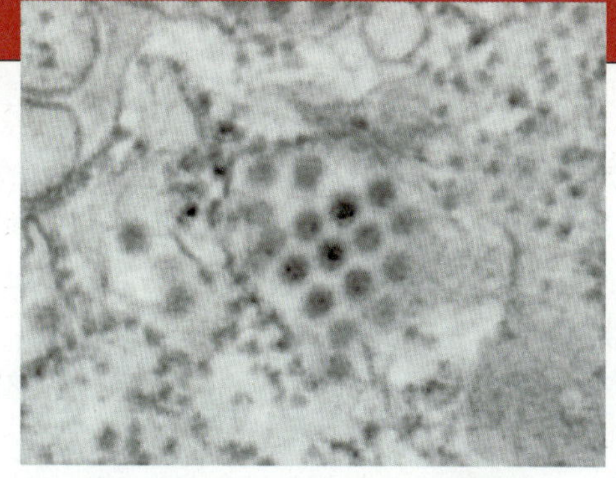

전자현미경으로 볼 수 있는 환자 조직의 작은 바이러스. 분리를 통해, 이들은 플라비바이러스(Flaviviridae) 과(family)의 단일가닥 RNA 바이러스로 확인되었다

질병	병원체	출입 경로	증상	보유체	전파 방법	예방
황열	플라비바이러스 (황열 바이러스)	피부	발열, 오한, 두통; 황달	원숭이	에이데스 에집티	예방접종; 모기 통제
뎅기열	플라비바이러스 (뎅기열 바이러스)	피부	발열, 근육과 관절통, 발진	인간	에이데스 에집티; 에이데스 알보픽터스	모기 통제
새롭게 출현하는 바이러스성 출혈열 (마르부르그, 에볼라, 라사)	필로바이러스, 아레나바이러스	점막	심한 출혈	과일 박쥐 또는 다른 소형 포유동물	혈액 접촉	없음
한타바이러스 폐 증후군	분야바이러스(신 놈브레 한타바이러스)	호흡기	폐렴	들쥐	흡입	없음

cruzi)이다(그림 23.23). 이 원생동물은 1910년 브라질 미생물학자인 카를로스 샤가스(Carlos Chagas)에 의해 곤충 매개체에서 발견되었다. 이 병은 중앙아메리카와 남아메리카 일부 지역에서 발생하는데, 이곳에서는 대략 1,800만 명이 만성적으로 감염되어 있고 매년 5만 명 이상이 죽는다. 이민으로 미국에 유입되었다. 2006년 혈액은행은 이 병에 대한 집단 검진을 시작했는데, 많은 사례 수를 확인하는 수단이 되었다.

크루즈파동편모충의 전염원은 설치류와 주머니쥐, 아마딜로 등을 비롯한 다양한 종류의 야생동물이다. 절지동물 매개체는 보통 사람의 입술 주위를 물기 때문에 "키스벌레"라고 부르는 침 노린재(reduviid bug)이다(그림 12.32d, 363쪽 참조). 이 곤충은 초가 지붕을 가진 진흙 또는 돌 오두막집의 균열과 틈새에 산다. 이 벌레의 장에 사는 파동편모충(trypanosomes)은 벌레가 숙주를 물고 먹이 섭취를 하는 동안 배변을 하게 되면 전파된다. 물린 사람이나 동물은 보통 다른 피부 찰과상이나 물린 상처를 긁거나 또는 눈을 비빔으로써 벌레의 배설물을 상처나 눈에 문지르게 된다. 감염은 시기별로 진행된다. 몇 주 동안 지속되는 발열과 분비샘이 부어 오르는 특징을 나타내는 급성 단계는 그렇게 큰 문제를 일으키지는 않는다. 그러나 감염된 20~30% 사람은 만성적인 질병으로 발전하는데 어떤 경우에는 20년 뒤에 나타나기도 한다. 식도나 결장의 연동 수축운동을 조절하는 신경의 손상은 음식물의 운반을 막을 수 있다. 이것은 거대식도(megaesophagus)와 거대결장(megacolon)으로 알려진 상태인 식도와 결장을 몹시 커지게 만드는 원인이 된다. 사망원인의 대부분은 만성 사례의 약 40%에서 일어나는 심장의 손상 때문이다.

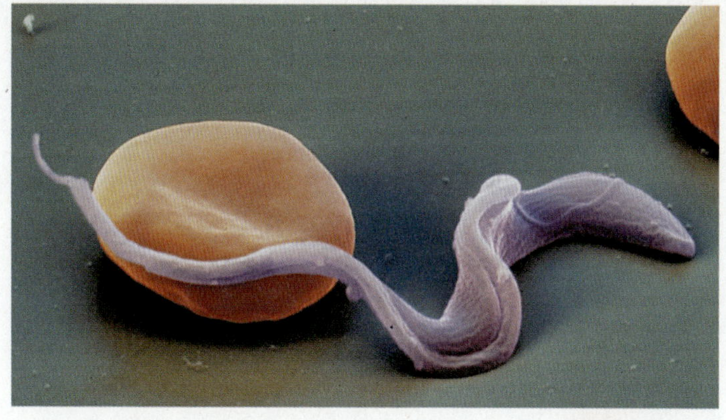

그림 23.23 **크루즈파동편모충(*Trypanosoma cruzi*), 샤가스병(미국 파동편모충증)의 원인.** 파동편모충은 물결치는 막을 가지고 있다. 편모는 막의 바깥쪽 가장자리를 따라 가다가 파동편모충의 몸체 너머로 돌출된다. 사진에 있는 적혈구를 주목하시오.

Q 세계의 다른 지역에서 발생하는 공통적인 파동편모충 질병을 말해보시오(힌트: 22장에서 논의하였다).

만성 단계에서 여성의 감염은 선천성 감염을 일으킬 수 있다.

풍토지역에서 진단은 주로 증상에 의한다. 급성 시기에 파동편모충은 때때로 혈액 시료에서 검출될 수 있다. 환자가 수혈과 장기 이식, 선천적으로 감염을 전파할 수 있다 할지라도 만성 단계에서는 검출되지 않는다. 만성 질병의 진단은 그다지 민감하거나 특이적이지 않다. 혈청 검사에 의존하는데, 두 번, 심지어는 세 번의 반복된 시료 채취를 필요로 한다.

만성, 진행성 단계에 도달하면 샤가스병의 치료는 매우 어렵다. 파동편모충은 세포 내에서 증식하기 때문에 화학치료가 어렵다. 현재 사용하는 유일한 약은 트리아졸 유도체인(574쪽 참조) 니펄티목스(nifurtimox)와 벤즈니다졸(benznidazole)이다. 벤즈니다졸 치료는 감염된 어린이의 약 60%에서 감염을 제거하며 니펄티목스 보다는 독성이 덜하다. 이러한 약들은 30~60일 동안 복용해야만 하며, 만성 단계에서는 어느 것도 효과가 없으며 또한 둘 다 모두 심각한 부작용이 있다.

톡소포자충증

혈관과 림프관의 질병인 **톡소포자충증(toxoplasmosis)**은 원생동물인 톡소포자충 곤디(*Toxoplasma gondii*)가 원인이다. 톡소포자충 곤디는 말라리아 기생충처럼 포자를 형성하는 원생동물이다.

고양이는 톡소포자충 곤디(*T. gondii*) 생활사의 필수적인 부분이다(그림 23.24). 도시 고양이를 무작위로 검사해 보면 많은 고양이가 이 병원체에 감염되어 있는데 고양이에서는 뚜렷한 증세가 나타나지 않는다. (설치류 감염의 신기한 점은 이 병이 고양이를 피하려는 쥐의 정상적인 행동을 잃게 만들어 해당 쥐가 고양이에게 쉽게 잡히게 하여 마치 고양이를 감염시키려는 것처럼 보인다는 것이다). 이 미생물은 고양이의 장관에서 단지 유성 단계만을 거친다. 그런 다음 수백만 개의 접합자낭이 7~21일 동안 고양이의 변에 퍼지고 다른 동물이 섭취할 수 있는 물과 음식물을 오염시킨다. **접합자낭**(oocyst)에는 포자소체가 들어 있다. **포자소체**(sporozoite)는 숙주세포를 침입하는 영양체(trophozoite)를 만드는데 이를 **빠른분열소체**(tachyzoite; 2~7 μm 정도로 커다란 세균의 크기임)라 부른다. 이 세포 내 기생충은 빠르게 번식한다[타키스(*tachys*)는 그리스어로 빠른 이란 의미이다]. 수가 증가되면 숙주세포가 파열되어 많은 빠른분열소체가 방출되고 그 결과로 강한 염증 반응이 생긴다.

면역계가 점차 효과적으로 되면, 이 병은 동물과 인간에서 만성 단계로 들어가고, 감염된 숙주세포는 벽이 발달하여 **조직 낭포**(tissue cyst)가 된다. 이러한 낭포[이 단계에서는 **느린분열소체**(bradyzoite)라 부르며, 브래디스(*bradys*)란 그리스어로 느린 이란 뜻이다] 안에서 수많은 기생충은 매우 느리게 증식하여 특히 뇌 안에서 수년간 지속된다. 이러한 낭포들은 중간 또는 최종 숙주가 섭취했을 때 전염성을 띠게 된다.

면역력이 있는 건강한 사람에게 톡소포자충증 감염은 단지 아주 약한 증상을 나타내거나 증상이 없다. 일부 조사에서 보면 대략 22~40%의 사람은 알아채지는 못하지만 결국 톡소포자충 곤디에 대한 항체를 가지고 있는 것으로 알려져 있다(그림 23.20 참조). 고양이 대변을 직접 접촉하여 병을 얻을 가능성이 있기는 하지만, 인간은 일반적으로 빠른분열소체 또는 조직 낭포가 들어 있는 익히지 않은 고기를 섭취함으로써 감염된다. 주된 위험은 태아의 선천성 감염인데, 이로 인해 사산되거나 심각한 뇌 손상 또는 시력 이상을 가지고 태어나게 된다. 이러한 태아의 손상은 오직 최초 감염이 임신 중에 생겼을 때만 일어난다. 미국에서 매년 4,000건 정도 발생하는 것으로 추산한다. 또 하나의 문제는 야생동물에게도 영향을 미친다는 것이다. 캘리포니아 해안에서는 톡소포자충 곤디가 원인인 수달의 치명적인 뇌염이 발생한다. 수달은 고양이 배설물 상자를 청소할 때 나오는 오염된 폐수 안에 있는 접합자낭에 의해 감염된 것으로 보인다. 가장 좋은 예로 AIDS와 같은 면역 기능의 손상은 불현성 감염이 조직 낭포에서 재활성화되게 한다. 이렇게 되면 종종 심각한 신경 손상을 일으키며 눈에서 조직 낭포가 재활성화되면 시력이 손상될 수 있다.

톡소포자충증은 혈청검사로 검출할 수 있는데 그 해석은 확실하지 않다. 일부 유럽 국가에서는 임신 중에 톡소포자충증 양성이 나온 사람에게는 유산을 권장하기 때문에 이러한 불확실성은 특히 중요하다. 최근에는 PCR 검사를 이용할 수 있다. 오염만 되지 않으면, 이 검사는 산전 진단의 혁명이라고 할 만큼인 100%의 정확도에 근접해 있다. 톡소포자충증은 피리메타민(pyrimethamine)을 설파디아진(sulfadiazine)과 폴린산(folinic acid)과 함께 사용하여 치료할 수 있다. 그러나 이것은 만성 느린분열소체 단계에는 효과가 없으며 인체에 아주 해롭다.

임상 사례

IgM 항체는 감염에 반응하여 만들어지는 첫 번째 항체로 상대적으로 수명이 짧다. 따라서 이들의 존재는 현재 감염되었다는 것을 의미한다. CDC 연구원은 캐티의 혈청 시료 두 가지 모두 뎅기 IgM 항체에 대해 양성인 것을 발견하였다. 역전사 중합효소 연쇄반응을 이용해 CSF 시료에서 뎅기 바이러스 혈청형 1(DENV-1)을 검출하였다. 캐티가 그녀의 초기 증상을 처음 보고한 후 보건 당국이 그녀를 면담하기까지 2주가 걸렸다. 캐티는 그 이후로 꾸준히 좋아져 현재는 거의 완전하게 회복되었다.

뎅기열은 어떻게 전파되는가?

644 662 665 **668** 675

말라리아

말라리아(malaria)는 오한과 발열이 특징이며 종종 구토와 심한 두통이 있다. 이러한 증상은 전형적으로 2~3일 간격으로 무증상기와 번갈아 나타난다. 말라리아는 모기 매개체인 아노펠레스(*Anopheles*)가 발견되는 곳마다 발생하며 거기에는 원생동물 기생

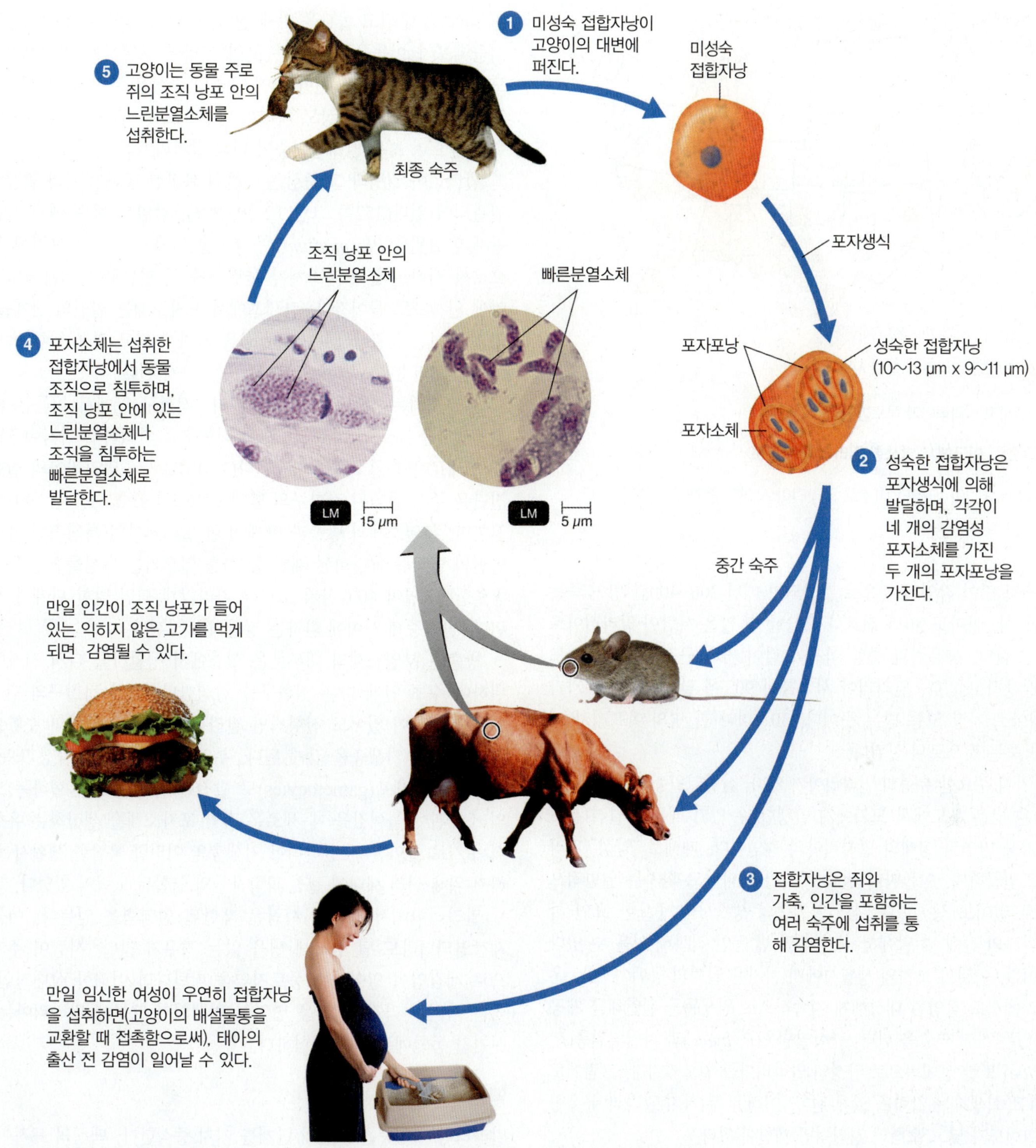

그림 23.24 톡소포자충증의 원인인 톡소포자충 곤디의 생활사. 가정용 고양이는 원생동물이 유성생식을 하는 최종 숙주이다.

Q 인간은 어떻게 톡소포자충증에 걸리는가?

충인 열원충(*Plasmodium*)에 대한 인간 숙주가 있다.

이 병은 한때 미국에서 널리 퍼졌었지만(그림 23.25), 효율적인 모기 퇴치와 인간 보균자 수의 감소로 보고된 사례는 1960년에 이르러 100건 이하로 떨어졌다. 그러나 최근 말라리아 지역에서 오는 이민자가 증가하고 말라리아 지역으로 여행이 늘고 말라리아가 전 세계적으로 재출현함에 따라 미국에서의 발생사례가 증가하는 추세이다. 때때로, 말라리아는 마약중독자들이 사용하는 소독하지 않은 주사기에 의해서도 전염된다. 또한 발생지역에 있는 사람으로부터의 수혈도 잠재적인 위험이다. 열대 아시아와 아프리카, 중앙 및 남아메리카에서 말라리아는 여전히 심각한 문제이다. 말라리아는 전 세계적으

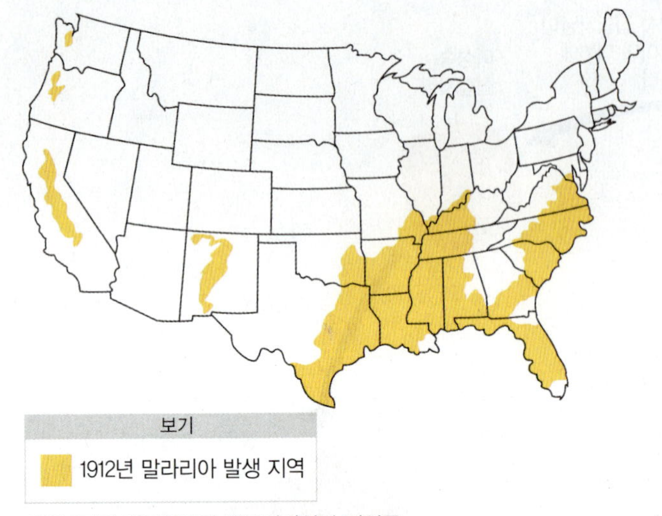

보기

1912년 말라리아 발생 지역

1912년까지 말라리아가 풍토병이었던 지역들

그림 23.25 미국에서 발생한 말라리아의 분포

 어떤 요인이 1990년 이후로 말라리아 사례의 증가에 기여했는가?

로 3~5억 명이 감염된 것으로 추산되며 매년 200~400만 명이 죽는다. 사실상, 아마도 30년 전보다 오늘날 더 많은 사람이 말라리아로 죽는 것 같다. 동유럽과 중앙 아시아 같이 거의 근절된 지역에서도 다시 발생하고 있다. 말라리아 사망률이 90%에 달하는 아프리카가 말라리아로 가장 고통 받는 곳이다. 30초마다 한 명의 아프리카 어린이가 죽는 것으로 추산된다.

네 가지 주요한 유형의 말라리아가 있다. 삼일열원충(*Plasmodium vivax*)은 낮은 온도에서 모기에게 발생할 수 있기 때문에 널리 분포하며 가장 만연된 형태의 말라리아의 원인이다. 때때로 "양성" 말라리아로 언급하며, 이틀마다 발작 주기가 나타나고 환자는 일반적으로 치료 없이도 생존한다. 삼일열원충의 생활사에 중요한 요인 하나는 환자의 간에 몇 달에서 심지어 몇 년 동안 잠복해 있을 수 있다는 것이다. 이것이 모기의 생활사에서 차가운 날씨의 공백이 있는 온대 국가에서도 감염된 대상에게 지속적으로 원생동물 원인체를 제공할 수 있는 가교 역할을 한다. 난형열원충(*P. ovale*)과 사일열원충(*P. malariae*) 또한 상대적으로 양성인 말라리아를 일으키지만, 그럼에도 불구하고 희생자는 기력을 잃게 된다. 이러한 두 가지 말라리아 유형은 출현빈도가 낮고 오히려 지리적인 제한이 있다.

가장 위험한 말라리아는 열대열원충(*P. falciparum*)이 원인이다. 아마도 이러한 유형의 말라리아의 독성에 대한 한 가지 이유는 인간과 기생충이 서로에게 적응할 수 있는 시간이 적었다는 것이다. 인간은 상대적으로 최근에 와서야(조류와 접촉을 통해) 이 기생충에 노출된 것으로 생각된다. "악성" 말라리아로 불리며, 치료하지 않으면 결국 감염된 사람의 절반 정도를 죽게 한다. 가장 높은 사망률은 어린 아이들에게 일어난다. 다른 형태의 말라리아보다 더 많은 적혈구가 감염되고 파괴된다. 이 결과로 생긴 빈혈이 희생자를 심하게 약하게 만든다. 더욱이, 적혈구는 표면에 혹이 생겨 모세혈관 벽에 붙게 되고 혈관을 막게 된다. 이렇게 되면 감염된 적혈구가 식균세포가 이들을 제거하는 곳인 지라에 도달하지 못하게 된다. 모세혈관의 차단으로 인한 혈액 공급의 손상은 조직의 괴사로 이어진다. 신장과 간의 손상도 이러한 양상으로 일어난다. 뇌도 종종 영향을 받으며 보통 열대열원충이 대뇌 말라리아의 원인이다.

말라리아 질병과 그 증상은 이들의 복잡한 생식 주기와 밀접하게 연관되어 있다(352쪽 그림 12.20 참조). 감염은 침 속에 포자소체 단계의 열원충(*Plasmodium*) 원생동물을 가지고 있는 모기에 물림으로써 시작된다. 포자소체가 물린 사람의 혈류로 들어가 약 30분 안에 간세포로 들어간다. 간세포에서 포자소체는 일련의 단계를 거쳐 번식하는 **분열생식**(schizogony)을 거치게 되고 결국 혈류 속으로 약 3만 개의 **분열소체**(merozoite)를 방출하게 된다.

분열소체는 적혈구를 감염시킨다. 적혈구 안에서 이들은 다시 분열생식을 하고 약 48시간 후에 적혈구를 파괴하고 각각이 약 20개의 새로운 분열소체를 방출한다(그림 23.26a). 말라리아의 실험실 진단은 주로 감염된 적혈구의 혈액표본(그림 23.26b)을 검사하여 실시한다. 분열소체의 방출과 함께 또한 말라리아의 특징적인 오한과 발열의 발작증세(강화된 재발 증상)를 일으키는 독성물질을 동시에 방출한다. 열이 40°C까지 오르다 가라앉게 되면 발한 단계가 시작된다. 발작증세 사이에 환자는 정상처럼 느낀다.

방출된 분열소체의 대부분은 혈류에서 생활사를 다시 시작하기 위하여 수초 안에 다른 적혈구를 감염한다. 만일 적혈구의 단 1%에만 기생충이 있어도 전형적인 말라리아 환자는 한번의 순환으로 약 1조 개의 기생충을 갖게 된다. 분열소체의 일부는 자성 또는 웅성 배우자모세포(gametocytes)로 발전한다. 이들이 흡혈하는 모기의 소화관에 들어갔을 때 새로운 감염 포자소체를 생산하는 유성생식 주기로 들어간다. 말라리아 기생충의 이러한 복잡한 생활사를 밝히기 위해 여러 세대에 걸친 과학자들의 연합된 노력이 있었다.

말라리아에서 생존한 사람은 제한된 면역력을 얻는다. 이들은 재감염되더라도 덜 심하게 병을 앓는 경우가 많다. 사람이 주기적으로 재감염이 일어나는 풍토지역을 떠난다면 이러한 상대적인 면역은 거의 사라진다. 적응 면역이 억제되기 때문에 말라리아는 임신기간 동안에는 특히 위험하다.

백신

말라리아 기생충은 일련의 단계를 거쳐 증식한다. 백신의 표적이 될 수 있는 기생충의 수는 이러한 단계들에 따라 아주 다양하다. 포자소체 단계에서는 병원체 수가 거의 없기 때문에 실험용 백신의 초기 표적이었다. 간 단계에 대한 백신은 수백의 병원체를 상대해야 한다. 일단 기생충이 혈액에서 증식하기 시작하면 그 수는 빠르게 1조에 도달한다. 이러한 단계를 표적으로 하는 백신은 단지 증상을 완화시키는 역할만 할 것 같다. 흥미를 끄는 발상은 **전파-방지 백신**(transmission-blocking vaccine)이다. 이러한 생각은 인간 숙주는 항체를 만들게 하고 이 항체를 무는 모기에게 전달하는 것이다. 수조 마리의 기생충을 다루는 대신에, 이 백신은 모기 안에 있는 상대적으

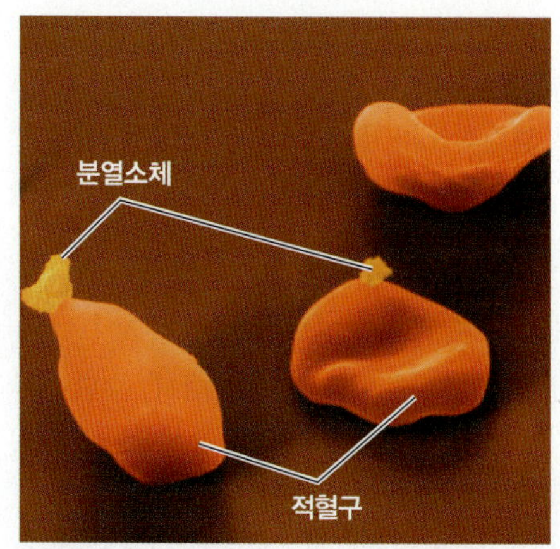

(a) 용해된 적혈구로부터 방출되는 분열소체 SEM 1.5 μm

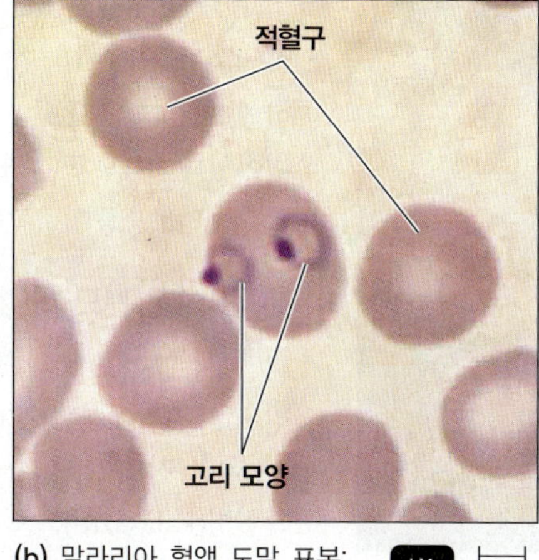

(b) 말라리아 혈액 도말 표본; 고리 모양을 주목하시오. LM 1.5 μm

그림 23.26 말라리아. **(a)** 일부 적혈구(RBCs)는 용해되어 새로운 적혈구를 감염할 분열소체를 방출한다. **(b)** 혈액 도말표본은 말라리아를 진단하는 데 사용한다. 자라는 원생동물은 적혈구 안에서 관찰할 수 있다. 초기 단계에서, 먹이를 먹는 원생동물은 적혈구 안에서 고리 모양과 유사하다. 원형의 고리 안에 밝은 중심 부위는 원생동물의 식포이며, 고리의 검은 점은 핵이다.

Q 그림 12.20의 말라리아 기생충의 생활사를 보시오. 사실상 (a) 또는 (b) 단계 중 어느 것이 먼저 일어나는가?

로 적은 수의 병원체만 상대하면 된다. 명백하게, 단점은 백신을 접종 받은 사람에게 여전히 병이 발생하는 것이지만 다른 사람에게 전파할 가능성이 거의 없다는 사실에 그나마 만족감을 느낄 수 있다면 다행이다.

아무튼, 막대한 양의 돈과 자원이 백신 개발에 쏠리고 있다. 진정한 범세계적인 말라리아 백신은 열대열원충뿐만 아니라 약하지만 널리 퍼져 있는 삼일열원충도 통제할 수 있어야만 한다. 말라리아 백신을 개발하는 데는 특별한 문제점이 있다. 예를 들면 여러 단계에서 이들 병원체는 변이할 수 있는 7,000개 이상의 유전자를 가지고 있다. 그 결과 기생충은 아주 효율적으로 인간의 면역반응을 피할 수 있다. 현재 개발하는 백신의 목표는 2015년까지 적어도 50%의 효율과 1년 이상 효과가 지속되는 것이고, 2025년까지는 80%의 효율과 적어도 4년 이상 효과가 지속되는 것이다.

진단

말라리아의 가장 흔한 진단 검사는 현미경을 이용한 혈액 도말표본 검사이다. 이 방법은 시간이 걸리고 또한 해석에도 숙련도가 필요하다. 잘 훈련 받은 인력이 있을 때 이 방법은 여전히 "최고의 표준 방법"이다. 신속하게 항원을 검출하고 최소한의 훈련을 받은 사람이 수행할 수 있는 진단 검사가 개발되고 있지만 상대적으로 비싸다. 저렴하고 현장 조건에서 믿을 수 있게 수행할 수 있는 고품질의 신속한 진단 검사가 절실히 필요하다. 풍토지역에서 말라리아는 주로 발열과 같은 그냥 간단히 관찰되는 증상에 의해 진단하지만 이것은 잦은 오진을 초래한다. 이렇게 항말라리아 약물을 처방 받은 환자의 단지 절반 정도만이 실제로 질병에 걸린 것으로 확인된다.

예방 및 치료

항말라리아 약물에는 예방을 위한 것과 치료를 위한 것, 두 가지 고려사항이 있다.

예방 아직 이 약에 내성이 없는 말라리아 지역을 여행한다면 예방약으로 클로로퀸을 선택한다. 클로로퀸 내성 지역에서는 아토바쿠온(atovaquone)과 프로과닐(proguanil)을 혼합한 약인 마라론(Malarone)을 가장 널리 사용한다. 말라리아 지역의 여행자에게는 주로 메프로퀸(약품명: 라리암)을 처방한다. 이것은 일주간만 복용하면 되지만, 환각증세를 비롯한 가능한 부작용에 대한 사용자의 주의가 필요하다.

치료 사용 가능한 항말라리아 약물은 많지만 비용과 내성 발전 가능성, 기타 요인에 따라 추천 및 요구 사항이 달라진다. 미국에서는 (매년 약 1,200건의 외국에서 들어오는 말라리아 사례가 있음) 세균 종을 확인할 수 없는 경우, 환자는 열대열원충에 감염된 것으로 간주한다. 만일 환자가 클로로퀸 내성이 없는 지역에서 왔다면 클로로퀸이 추천약이고 클로로퀸 내성 지역에서 온 환자에게는 여러 선택사항이 있다. 현재 선호하는 두 가지는 마라론 또는 독시사이클린과 같은 항생제가 첨가된 경구용 퀴닌이다.

WHO는 세계적인 말라리아 치료에 알테미시닌 혼합 치료(ACT)를 추천한다. 이들은 예방용으로는 사용되지 않는다. 알테미시닌 유도체의 예는 미국에서는 허가되지 않은 알테슈네이트(artesunate)와 알테메더(artemether)이다. 수명이 짧은 ACT의 알테미시닌 복합체는 대부분의 기생충을 제거하려는 목적이고, 활성기간을 연장한 동반 약물은 나머지 기생충을 제거하려는 목적이다. ACT의 예는 알테메더와 루메판트린(lumefantrine)이 복합된 코알템(Coartem)이다.

다른 열대 질병처럼, 감염된 사람들이 극빈자이기 때문에 약 구매가 제한적일 수밖에 없어서 이들 약물의 개발로 수익을 낼 수가 없다. 항말라리아제의 대부분의 수익은 아마도 예방목적으로 사용하는 말라리아 지역 여행객들에게서 얻을 수 있을 것이다.

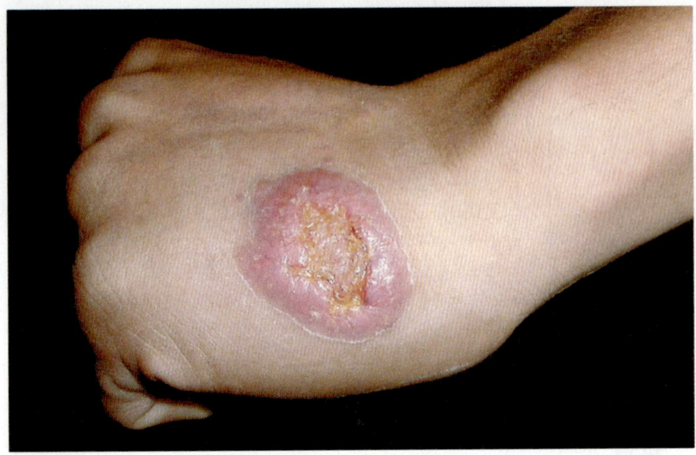

그림 23.27 **피부 리슈만편모충증.** 환자의 손등에 난 병변.

 이것은 내장 리슈만편모충증으로 발전할 수 있는가?

방지

말라리아의 효과적인 제어 방법은 아직 없다. 이것은 아마도 매개체 퇴치와 화학치료 및 면역학적 접근 등의 공동 작용을 필요로 한다. 현재 가장 믿을만한 방지 방법은 아노펠레스 모기가 밤에 활동하기 때문에 살충제를 처리한 침대 그물을 사용하는 것이다. 말라리아 지역에서 침실에는 흔히 수백 마리의 모기가 있으며 이들 중 1~5%는 전염성이 있다. 이러한 노력에 드는 비용과 말라리아 지역의 효과적인 정치 조직의 필요성이 의학연구의 발전과 함께 이 질병을 통제하는 데 아마도 중요할 것이다.

리슈만편모충증

리슈만편모충증(leishmaniasis)은 여러 임상형태를 가진 널리 퍼져 있고 복잡한 질병이다. 원생동물 병원체는 약 20개의 다른 종이 있는데, 편의상 간단하게 종종 3가지 그룹으로 분류한다. 한 그룹인 내장리슈만편모충(*Leishmania donovani*)은 기생충이 내부 장기를 침입하는 내장 리슈만편모충증(visceral leishmaniasis)을 일으킨다. 피부리슈만편모충(*L. tropica*)과 피하리슈만편모충(*L. braziliensis*)은 낮은 온도에서 잘 자라며 피부나 점막에 병변을 일으킨다. 리슈만편모충증은 지중해 주변과 대부분의 열대지역에서 발견되는 약 30종의 암컷 모래파리에 물림으로써 감염된다. 이 곤충은 모기보다 작으며 종종 일반 모기장 그물을 통과한다. 작은 포유동물은 원생동물의 영향을 받지 않는 전염원이다. 감염형인 **전편모형(promastigote)**은 곤충의 침샘에 존재한다. 이것이 포유동물 희생자의 피부를 침투하면 편모를 잃어버리고 대식세포 안에서 증식하는 **무편모형(amastigote)**이 되는데, 조직에서 거의 고정된 지역에 머무른다. 이러한 무편모형이 모래파리의 흡혈로 다시 섭취되면 생활사를 시작한다. 수혈을 통해 오염된 혈액을 접촉하거나 주사바늘을 공유하는 것 또한 감염을 일으킬 수 있다

대부분 피부에 일어난 수많은 리슈만편모충증 사례는 페르시아만 지역에서 전투 중인 군대에서 발생하였다. 이 병은 한때 스페인, 이태리, 포르투갈, 그리고 발칸반도와 같은 남유럽 국가에서 풍토병이었다. HIV에 감염된 사람의 기회감염 질병으로 가끔 발생하는 리슈만편모충증이 이러한 지역에서 다시 나타나고 있다.

내장리슈만편모충 감염(내장 리슈만편모충증)

내장리슈만편모충 감염 사례의 90%가 인도, 방글라데시, 수단, 그리고 브라질에서 발생하지만 열대지역 대부분에서 발생한다. 매년 약 50만 건 정도의 사례가 일어나는 것으로 추산한다. 인도에서는 흑혈병(kala azar)으로 알려진 내장 리슈만편모충증이 가끔씩 치명적이다. 길게는 일 년 후에도 나타나는 감염의 초기 증상은 말라리아의 오한 및 발한과 유사하다. 원생동물이 간과 지라에서 증식하면 이러한 장기들이 아주 커진다. 결국, 이렇게 장기에 침입되면 신장도 기능을 잃게 된다. 이는 심신을 쇠약하게 하는 병으로 치료하지 않으면 1~2년 안에 죽게 된다.

내장 리슈만편모충증을 진단하기 위해 쉽게 이용할 수 있는 비싸지 않은 몇 가지 혈청검사가 개발되어 있다. 기생충 확인을 위한 조직 및 혈액의 현미경 검사가 이러한 검사들로 일반적으로 대체되었다. PCR검사도 진단을 확인하기에 아주 좋지만 보통 중앙연구시설을 필요로 한다.

주된 치료법은 독성의 안티몬 금속이 들어 있는 나트륨 스티보글루코네이트(sodium stibogluconate)와 같은 약을 장기간 주사하는 것이다. 현재는 다른 약들이 안티몬 기반 약제를 대신하고 있다. 유럽과 미국의 일선 치료제는 리포솜 암포테리신 B(liposomal amphotericin B)이지만 풍토지역에서는 상대적으로 비싸다. 이러한 여러 지역에서는 기존 제제인 암포테리신 B를 사용한다. 일차로 효과적인 복용약은 밀테포신(miltefosine)이다. 이 약은 치료율이 82% 이상으로 높지만, 기형유발물질이고 내성이 빠르게 생기며 상당한 수의 복용자에게 독성을 나타낸다. 저렴하고 주사할 수 있는 아미노글라이코사이드 항생제인 파로모마이신(paromomycin)은 좋은 효과를 나타내지만 사용할 수 있는 사람은 제한적이다.

피부리슈만편모충 감염(피부 리슈만편모충증)

피부리슈만편모충과 큰리슈만편모충(*L. major*) 감염은 때때로 **동양궤양(oriental sore)**이라고 하는 피부에 리슈만편모충증을 일으킨다. 몇 주간의 잠복기 후에 물린 자리에 구진이 나타난다(그림 23.27). 구진에 궤양이 생기고 나은 후에는 심한 흉터가 남는다. 이러한 형태의 질병은 대부분의 아시아와 아프리카, 지중해 지역에서 가장 흔하다. 또한 멕시코와 중앙 아메리카, 남아메리카의 북쪽 지역에서도 보고되고 있다.

피하리슈만편모충 감염(피부점막 리슈만편모충증)

피하리슈만편모충 감염은 피부뿐만 아니라 점막에도 영향을 주기 때문에 피부점막 리슈만편모충증으로 알려져 있다. 코와 입, 목구

질병 초점 23.5

흙과 물로 전파되는 감염

일부 전신성 감염은 토양과 물을 접촉함으로써 걸린다. 병원체는 주로 피부의 틈을 통해 침입한다. 예를 들면, 다리에 혈액순환이 잘 안 되는 65세 남성 노인에게 발가락에 상처가 난 후에 감염이 생겼다. 죽은 조직이 오히려 순환을 더 감소시켜 두 발가락의 절단수술이 필요하였다. 아래 표를 참조하여 감별 진단을 하고 이러한 증상의 원인이 될 수 있는 감염을 찾아보시오.

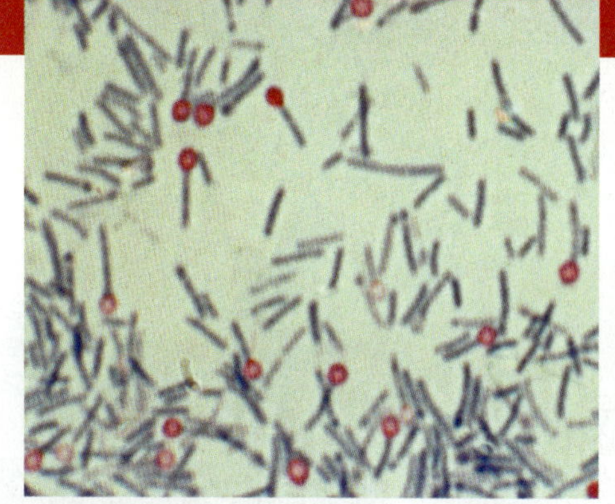

환자의 발가락에서 분리한 세균의 그람염색 LM 2.5 μm

질병	병원체	증상	보유체	전파 방법	치료
세균성 질병					
괴저	웰치균	감염 부위의 조직 괴사	토양	구멍난 상처	괴사 조직을 수술로 제거
기생충 질병					
주혈흡충증	주혈흡충 종	육아종 부위에 염증과 조직 손상(예: 간, 폐, 방광)	최종 숙주; 인간	유미유충이 피부를 침투	프라지콴텔; 옥삼니퀸 예방: 공중위생; 숙주인 달팽이 제거
물옴	인간 이외의 동물의 주혈흡충의 유충	국지적 염증	야생 조류	유미유충이 피부를 침투	없음

멍 위쪽에 흉한 손상을 일으킨다. 이러한 형태의 리슈만편모충증은 멕시코의 유카탄(Yucatán) 반도와 중앙 및 남아메리카의 열대 우림 지역에서 가장 흔하게 발견된다. 이 질병은 주로 씹는 껌을 만드는 데 사용하는 치클 수액을 수확하는 노동자에게 영향을 미친다. 이 병은 종종 미국 리슈만편모충증(*American leishmaniasis*)이라고도 한다.

이러한 질병이 풍토병인 지역에서 피부와 피부점막 리슈만편모충증의 진단은 주로 임상적인 형태와 병변 조직의 현미경 검사에 의존한다.

피부와 피부점막 질병의 약한 사례는 보통 자연적으로 치유되지만 필요하다면 안티몬 화합물 주사가 주로 효과적이다.

바베스열원충증

한때 동물에게만 국한된다고 생각했던 진드기유래 질병인 **바베스열원충증(babesiosis)**이 증가한다는 보고가 있다. 설치류가 야생의 전염원이고, 진드기 매개체는 가장 흔한 익소데스(*Ixodes*) 종이다. 의학 곤충학 분야는 텍사스 주의 소를 대상으로 19세기에 미국 미생물학자인 테오발드 스미스(Theobald Smith)가 수행한 소 바베스열원충증 또는 진드기 열에 대한 연구로부터 크게 발전하였다. 미국에서 사람에게 생기는 이 질병은 주로 바베시아 마이크로티(*Babesia microti*)라는 종의 원생동물에 의해 일어난다. 이 병은 여러 면에서 말라리아와 유사하여 오진을 하기도 한다. 기생충은 적혈구 안에서 증식하고 발열과 오한, 밤에 발한이 지속되는 병을 일으킨다. 면역억제 환자에게는 훨씬 더 심각하여 때로는 치명적이다. 예를 들면, 첫 번째 인간 사례는 지라를 제거하는 비장절제술(splenectomy)을 받은 환자에게서 관찰되었다. 아토바쿠온과 아지스로마이신 약물의 동시 사용이 효과적이다.

이해도 확인하기

- 혈액도말 검사를 했을 때 미국에서는 어떤 진드기 유래 질병을 가끔 말라리아로 오진하는가? **23-16**
- 말라리아 또는 샤가스병 중 어느 질병을 제거하는 것이 아프리카 주민의 복지에 커다란 영향을 미치겠는가? **23-17**

기생충에 의한 심혈관계와 림프계 질병

학습 목표

23-18 주혈흡충의 생활사를 그림으로 나타내고, 인간 질병을 막기 위해 차단할 수 있는 생활사 지점을 표시한다.

여러 기생충이 생활사의 한 부분으로 심혈관계를 이용한다. 주혈흡충은 이곳을 거주지로 삼고 알을 낳아 혈액으로 퍼져나가게 한다. 질병 초점 23.5를 참조하시오.

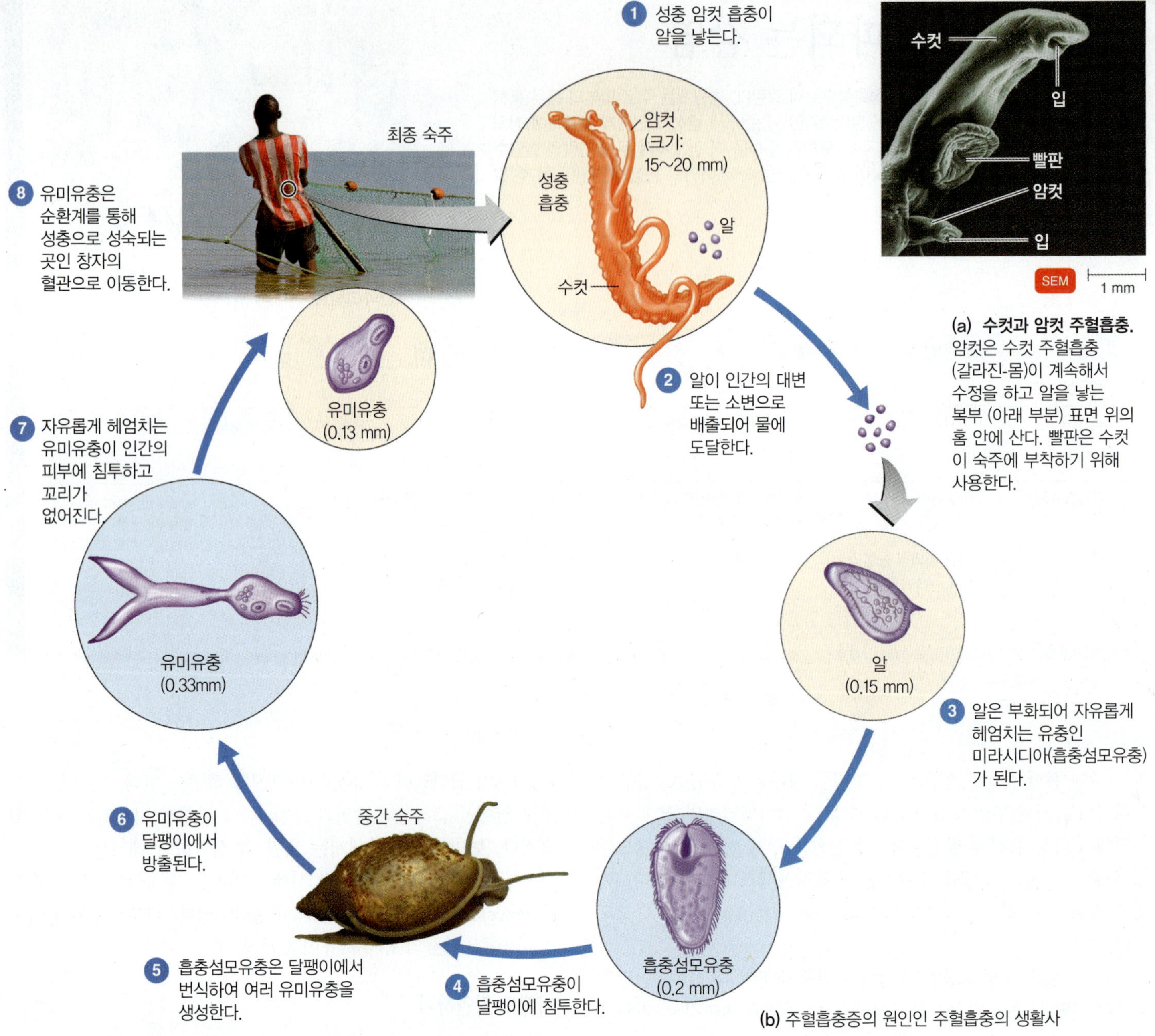

(a) 수컷과 암컷 주혈흡충. 암컷은 수컷 주혈흡충(갈라진-몸)이 계속해서 수정을 하고 알을 낳는 복부 (아래 부분) 표면 위의 홈 안에 산다. 빨판은 수컷이 숙주에 부착하기 위해 사용한다.

(b) 주혈흡충증의 원인인 주혈흡충의 생활사

그림 23.28 주혈흡충증

Q 한 집단에서 주혈흡충증이 유지되는 데에 달팽이와 공중 위생은 어떤 역할을 하는가?

주혈흡충증

주혈흡충증(schistosomiasis)은 심신을 쇠약하게 하는 질병으로 작은 흡충이 일으킨다. 이 병으로 죽거나 장애를 겪게 되는 사람의 수는 아마도 말라리아에 이어 두 번째일 것이다. 이 병의 증상은 인간 숙주에 있는 주혈흡충 성충이 퍼뜨린 알 때문에 일어난다. 이 성충 기생충은 길이가 15~20 mm이고, 가느다란 암컷은 수컷 몸 안의 홈에서 영구적으로 사는데 시스토솜(*schistosome*)이란 이름은 갈라진-몸이란 뜻이다(그림 23.28a). 수컷과 암컷 사이의 합체는 새로운 알을 끊임없이 생산한다. 이러한 알의 일부는 조직에 머무른다. 이러한 외부 기생충 알에 대한 인간 숙주의 방어 작용은 **육아종**

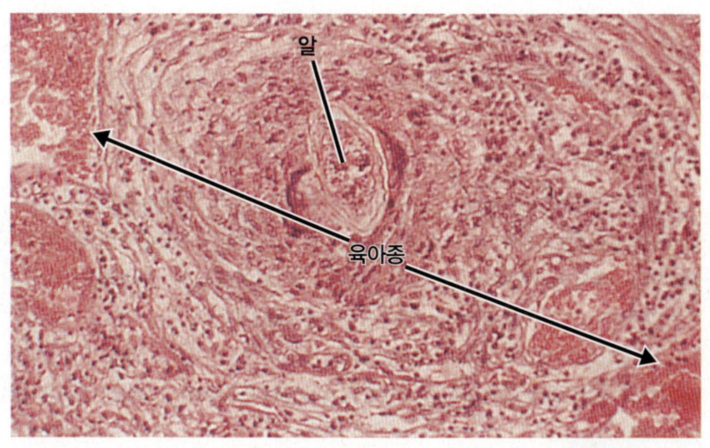

그림 23.29 주혈흡충을 가진 환자의 육아종. 성충 주혈흡충이 낳은 알의 일부가 조직에 자리 잡고 신체는 이러한 자극에 반응하여 주변에 흉터 같은 조직인 육아종을 형성한다.

Q 면역 체계는 왜 성충 주혈흡충에 대해서는 효과가 없는가?

(granulomas)이라는 국소 조직의 손상을 일으킨다(그림 23.29). 나머지 알은 배설되어 물로 들어가 생활사를 계속한다.

주혈흡충(*Schistosoma*)의 생활사는 그림 23.28b에 묘사되어 있다. 이 병은 주혈흡충의 알이 들어 있는 인간의 대변 또는 소변이 수원에 들어가고 인간이 이 물에 접촉하면 전파된다. 선진국에서는 하수와 상수도 처리가 공급되는 물의 오염을 최소화한다. 또한 특정한 종의 달팽이가 주혈흡충의 생활사의 한 단계에 필수적이다. 이들은 오염된 물에 들어간 사람의 피부를 침투하는 유미유충(cercariae)을 생산한다. 미국 대부분 지역에서 적합한 숙주 달팽이가 존재하지 않는다. 따라서 많은 이민자들이 주혈흡충 알을 발산할 것이라고 추정하지만 이 병은 전파되지 않을 것이다.

세 가지 주요한 형태의 주혈흡충증이 있다. 방광주혈흡충(*Schistosoma haematobium*)이 일으키는 질병은 때때로 비뇨기 주혈흡충증이라 부르는데, 방광벽에 염증을 일으킨다. 유사하게, 일본주혈흡충(*S. japonicum*)과 만손주혈흡충(*S. mansoni*)은 장에 염증을 일으킨다. 종에 따라서 주혈흡충증은 알이 혈류를 따라 다른 지역으로 이동할 때 여러 다른 장기에 손상을 일으킨다. 예를 들면, 간 또는 폐의 손상, 방광 암, 또는 알이 뇌에 자리 잡으면 신경학적 증상을 나타낸다. 지형학적으로 일본주혈흡충은 동아시아에서 발견된다. 방광주혈흡충은 아프리카와 중동, 그리고 아주 특별히 이집트에서 많은 사람을 감염한다. 만손주혈흡충도 유사한 분포를 가지고 있지만 이는 남아메리카와 푸에르토리코를 비롯한 카리브해 지역에서도 풍토병이다. 세계 인구의 2억 5,000만 명 이상이 영향을 받는 것으로 추산한다.

성충은 인간 면역계에 영향을 받지 않는 것으로 보인다. 이들은 숙주 조직을 흉내 내는 한 가지 층으로 자신들을 재빠르게 감싼다고 여겨진다.

실험실 진단으로는 대변과 소변 시료에서 알이나 흡충을 현미경으로 확인하거나, 피부내 검사, 보체고정과 침강 검사와 같은 혈청 검사 등이 있다.

기본적으로 프라지콴텔과 단지 만손주혈흡충에만 사용하는 옥삼니퀸(oxamniquine)이 미국에서 주혈흡충에 대한 사용을 승인받았다. 위생과 숙주 달팽이의 제거가 또한 유용한 형태의 통제 방법이다.

임상 사례 해결

뎅기열은 모기에 의해 전파된다. 전 세계적으로 매년 1억 건의 뎅기열 사례가 발생한다. 미국으로 귀국하는 여행자의 뎅기열 감염 사례는 지난 20년 동안 꾸준히 증가하고 있다. 뎅기열은 현재 카리브해와 남아메리카, 아시아에서 돌아오는 미국 여행자가 가장 많이 걸리는 급성 열성 질환이다. 이러한 여행자의 많은 수가 미국으로 돌아오면서 여전히 혈액 속에 바이러스를 가지고 있으며, 가능한 모기 매개체가 있는 사회집단으로 뎅기 바이러스를 옮길 수 있는 잠재력을 가지고 있다. 2009년에 일어난 캐티의 병은 1934년 이래로 플로리다 지역에 국지적으로 유입된 첫 사례이자, 1945년 이후 텍사스-멕시코 국경 밖에서 미국 대륙으로 유입된 첫 번째 뎅기열 사례이다 . 최근 미국 대륙에 뎅기열이 발생할 잠재적 가능성에 대한 우려가 증가하고 있다. 가장 효율적인 모기 매개체인 에이데스 에집티는 미국 남부와 남동부지역에서 발견된다. 두 번째 매개체인 에이데스 알보픽터스는 1985년 유입된 이후로 미국 남동부 지역에 퍼져 있으며 2001년 하와이에 발생한 뎅기열의 원인이었다.

644 662 665 668 **675**

이해도 확인하기

✔ 어떤 담수 생물이 주혈흡충증을 일으키는 병원체의 생활사에 필수적인가? **23-18**

물옴

미국 북쪽의 호수에서 헤엄치는 사람들은 때때로 **물옴(swimmer's itch)**으로 고생한다. 이것은 주혈흡충증과 유사하게 유미유충에 대한 피부 알레르기 반응이다. 그러나 이러한 기생충은 인간이 아닌 야생 조류에서만 성숙하게 되기 때문에 감염이 피부 침투와 국지적인 염증반응 이상으로는 진전하지 못한다.

학습 개요

서론 (643쪽)

1. 심장, 혈액, 그리고 혈관이 심혈관계를 구성한다.

2. 림프, 림프관, 림프절, 그리고 림프기관이 림프계를 구성한다.

심혈관계와 림프계의 구조와 기능 (644~645쪽)

1. 심장은 조직세포와 물질을 주고 받는 순환작용을 한다.

2. 혈액은 혈장과 세포의 혼합물이다.

3. 혈장은 용해된 물질을 운반한다. 적혈구는 산소를 운반하고 백혈구는 감염에 대한 몸의 방어에 관여한다.

4. 모세혈관으로부터 걸러져 조직 사이의 공간에 차 있는 액체를 간극 체액이라 부른다

5. 간극 체액이 모세 림프관으로 들어가면 림프라 부른다. 림프관이라 부르는 혈관을 통해 림프는 혈액으로 되돌아간다.

6. 림프절은 고정된 대식세포, B 세포, 그리고 T 세포를 포함한다.

심혈관계와 림프계의 세균성 질병 (645~662쪽)

패혈증과 패혈성 쇼크 (646~647쪽)

1. 패혈증은 감염의 병소로부터 독소나 세균의 전파에 의해 일어나는 염증반응이다. 패혈증(septicemia)은 혈액 내에 병원체의 증식을 수반하는 패혈증이다.

2. 그람음성 패혈증은 혈압이 떨어지는 특징을 가진 패혈성 쇼크를 이끌 수 있다. 내독소가 증상을 일으킨다.

3. 항생제-내성 장내구균과 그룹 B 연쇄상구균이 그람양성 패혈증을 일으킨다.

4. 산후 패혈증은 출산 또는 유산에 따른 자궁의 감염으로 시작하며, 복막염이나 패혈증으로 발전할 수 있다.

5. 화농성연쇄상구균(*Streptococcus pyogenes*)은 산후 패혈증의 가장 빈번한 원인이다.

6. 올리버 웬델 홈스(Oliver Wendell Holmes)와 이그나즈 세멜바이스(Ignaz Semmelweiss)는 산후 패혈증이 의사와 산파의 도구와 손에 의해 전파된다는 것을 입증하였다.

심장의 세균 감염 (647~648쪽)

7. 심장의 안쪽 층이 심장내막이다.

8. 아급성 세균성 심내막염은 일반적으로 알파-용혈성 연쇄상구균, 포도상구균, 또는 장내구균에 의해 발생한다.

9. 감염은 이를 뽑는 것과 같은 감염의 병소에서 일어난다.

10. 이전에 존재하던 심장 이상은 이 병에 걸리기 쉽게 하는 요인들이다.

11. 징후는 발열, 빈혈, 그리고 심장의 잡음을 포함한다.

12. 급성 세균성 심내막염은 주로 황색포도상구균(*Staphylococcus aureus*)이 원인이다.

13. 세균은 심장 판막의 급속한 파괴를 일으킨다.

류머티즘열 (648쪽)

14. 류머티즘열은 연쇄상구균 감염의 자가면역 합병증이다.

15. 류머티즘열은 심장의 염증 또는 관절염으로 표현된다. 이것은 심장의 영구적인 손상을 일으킬 수 있다.

16. 그룹 A 베타-용혈성 연쇄상구균에 대한 항체는 관절이나 심장 판막에 있는 연쇄상구균 항원과 반응하거나 심장 근육과 교차 반응한다.

17. 류머티즘열은 연쇄상구균성 인후염과 같은 연쇄상구균 감염 뒤에 발생할 수 있다. 류머티즘열이 발생한 때에는 연쇄상구균이 존재하지 않을 수 있다.

18. 연쇄상구균 감염의 적절한 치료는 류머티즘열의 발생을 감소시킬 수 있다.

19. 페니실린은 이후의 연쇄상구균 감염에 대한 예방 조치로서 투여한다.

야생토끼병 (648~649쪽)

20. 야생토끼병은 프란시셀라 튤라렌시스(*Francisella tularensis*)가 원인이다. 전염체는 작은 야생 포유동물, 특히 토끼이다.

21. 징후는 침입 위치에 궤양을 포함하며 패혈증과 폐렴이 뒤따른다.

브루셀라증(파상열) (649~650쪽)

22. 브루셀라증은 브루셀라 아볼터스(*Brucella abortus*), 브루셀라 메리텐시스(*B. melitensis*), 그리고 브루셀라 수이스(*B. suis*)에 의해 일어날 수 있다.

23. 세균은 피부나 점막의 작은 상처를 통해 침투해, 대식세포에서 증식하고, 림프관을 통해 간, 지라, 또는 골수로 전파된다.

24. 징후는 권태감과 매일 저녁 찌르는 듯한 열(파상열)을 포함한다.

25. 진단은 혈청검사를 근거로 한다.

탄저병 (650~652쪽)

26. 탄저균(*Bacillus anthracis*)이 탄저병의 원인이다. 토양에서 내생포자는 60년 이상 생존할 수 있다.

27. 초식 동물이 내생포자를 섭취하면 감염된다.

28. 인간은 감염된 동물의 가죽을 취급하면 탄저병에 걸린다. 내생포자는 피부의 상처, 호흡기, 또는 입을 통해 침입한다.

29. 피부를 통한 침입은 패혈증으로 발전할 수 있는 농포를 형성한다. 호흡기를 통한 침입은 패혈성 쇼크를 일으킬 수 있다.

30. 진단은 세균을 분리하고 확인하는 것을 근본으로 한다.

괴저 (652~653쪽)

31. 국소빈혈(혈액 공급의 손실)에 의한 연성 조직의 괴사를 괴저라 부른다.

32. 미생물은 괴저에 걸린 세포로부터 방출된 영양분을 이용해 성장한다.

33. 괴저는 가스 괴저의 원인체인 웰치균(*Clostridium perfringens*)과 같은 혐기성 세균의 성장에 특히 민감하다.

34. 웰치균은 적절하게 이루어지지 않은 유산과정에서 자궁벽을 침입할 수 있다.

35. 괴사된 조직의 외과적 제거, 고압 산소방, 그리고 절단 등이 가스 괴저의 치료에 사용된다.

동물에게 물리고 할퀴어 생기는 전신성 질병 (653~655쪽)

36. 개나 고양이에게 물림으로써 감염되는 파스퇴렐라 멀토시다(*Pasteurella multocida*)는 패혈증을 일으킬 수 있다.

37. 혐기성 세균은 동물에게 깊이 물리면 감염된다.
38. 고양이 발톱병은 바르토넬라 헨셀아이(*Bartonella henselae*)가 원인이다.
39. 서교열은 스트렙토바실루스 모닐리포르미스(*Streptobacillus moniliformis*)와 스피릴럼 마이너스(*Spirillum minus*)가 원인이다.

매개체-전염 질병 (655~662쪽)

40. 페스트는 페스트균(*Yersinia pestis*)이 원인이다. 매개체는 주로 쥐 벼룩인 제놉실라 케오피스(*Xenopsylla cheopis*)이다.
41. 회귀열은 보렐리아(*Borrelia*) 종에 의해 일어나며, 물렁진드기가 전파한다.
42. 라임병은 보렐리아 버그도르페리(*Borrelia burgdorferi*)가 원인이며 익소데스(*Ixodes*)란 진드기 종에 의해 전파된다.
43. 인간 에를리히증과 아나플라스마증은 에를리히아(*Ehrlichia*)와 아나플라스마(*Anaplasma*)가 원인이며 익소데스 진드기가 전파한다.
44. 발진티푸스는 진핵세포의 절대 세포내 기생충인 리케차에 의해 일어난다.

심혈관계와 림프계의 바이러스성 질병 (662~666쪽)

버킷 림프종 (662~663쪽)

1. 엡스타인-바 바이러스(EB 바이러스, HHV-4)가 버킷 림프종의 원인이다.
2. 버킷 림프종은 예를 들면 말라리아 또는 AIDS 환자처럼 면역계가 약해진 환자에게 발생하는 경향이 있다.

전염성 단핵구증 (663~664쪽)

3. 전염성 단핵구증은 EB 바이러스가 원인이다.
4. 바이러스는 귀밑샘에서 증식하고 침에 존재한다. 이것은 비정형성 림프구의 증식을 일으킨다.
5. 이 병은 감염된 사람의 침을 섭취함으로써 전파된다.
6. 간접적인 형광-항체 기술로 진단한다.
7. EB 바이러스는 암과 다발성 경화증을 포함하는 다른 질병을 일으킬 수 있다.

다른 질병과 엡스타인-바 바이러스 (664쪽)

거대세포바이러스 감염 (664쪽)

8. CMV(HHV-5)는 숙주세포의 거대화와 핵내 봉입체의 원인이다.
9. CMV는 침과 다른 체액에 의해 전파된다.
10. CMV 봉입병은 무증상이거나, 약한 질병을 일으키거나, 또는 악화되고 치명적일 수 있다. 면역반응이 억제된 환자에게 폐렴을 일으킬 수 있다.
11. 만일 바이러스가 태반을 통과하면 태아의 선천성 감염을 일으킬 수 있고, 정신발달 장애, 신경 손상, 그리고 사산을 초래한다.

치쿤군야열 (664~665쪽)

12. 발열과 심한 관절통을 일으키는 치쿤군야 바이러스는 숲모기(*Aedes*)에 의해 전파된다.

고전적 바이러스성 출혈열 (665쪽)

13. 황열은 황열바이러스가 일으킨다. 매개체는 에이데스 에집티(*Aedes aegypti*) 모기이다.
14. 징후와 증상은 발열, 오한, 두통, 메스꺼움, 그리고 황달을 포함한다.
15. 진단은 숙주의 바이러스-중화 항체의 존재를 기반으로 한다.
16. 치료법은 없지만, 약독화된 생 바이러스 백신이 있다.
17. 뎅기열은 뎅기열 바이러스가 원인이며 숲모기가 전파한다.
18. 징후는 발열, 근육과 관절통, 그리고 발진이다.
19. 모기 제거가 병을 조절하는 데 필요하다.
20. 뎅기출혈열(DHF)은 쇼크를 일으킬 수 있다.

신종 바이러스성 출혈열 (666쪽)

21. 마르부르그, 에볼라, 그리고 라사열 바이러스가 일으키는 인간 질병은 1960년도 후반에 처음 알려졌다.
22. 에볼라 바이러스는 과일 박쥐에서 발견되고, 라사열 바이러스는 설취류에서 발견된다. 설취류는 알젠틴과 볼리비안 출혈열의 보유체이다.
23. 한타바이러스 폐 증후군과 신장 증후군을 가진 출혈열은 한타바이러스가 원인이다. 이 바이러스는 쥐의 마른 소변이나 대변을 흡입하면 감염된다.

원생동물에 의한 심혈관계와 림프계 질병 (666~673쪽)

샤가스병(미국 파동편모충증) (666~668쪽)

1. 크루즈파동편모충(*Trypanosoma cruzi*)이 샤가스병을 일으킨다. 보유체는 여러 야생동물을 포함한다. 매개체는 "키스벌레"인 침노린재이다.

톡소포자충증 (668쪽)

2. 톡소포자충증은 톡소포자충 곤디(*Toxoplasma gondii*)가 원인이다.
3. 톡소포자충 곤디는 집 고양이의 장관에서 유성생식을 하며 접합자낭는 고양이 대변에서 제거된다.
4. 숙주 세포에서 포자소체는 조직을 침입하는 빠른분열소체나 느린분열소체를 형성하기 위해 분열한다.
5. 빠른분열소체를 섭취하거나, 감염된 동물의 익히지 않은 고기에 있는 조직 낭포, 또는 고양이 대변을 접촉하면 감염된다.
6. 선천성 감염이 일어날 수 있다. 징후와 증상은 심한 뇌 손상 또는 시력 문제를 포함한다.

말라리아 (668~672쪽)

7. 말라리아의 징후와 증상은 2~3일 간격으로 발생하는 오한, 발열, 구토와 두통이다.
8. 말라리아는 아노펠레스(*Anopheles*) 모기에 의해 전파된다. 원인 병원체는 네 종의 열원충(*Plasmodium*) 중의 하나이다.
9. 포자소체는 간에서 증식하고 혈류로 분열소체를 방출하는데 이곳에서 이들은 적혈구를 감염하고 더 많은 분열소체를 생산한다.

리슈만편모충증 (672~673쪽)

10. 모래파리에 의해 전파되는 리슈만편모충(*Leishmania*) 종들은 리슈만편모충증을 일으킨다.
11. 이 원생동물은 간, 지라, 그리고 신장에서 증식한다.
12. 안티몬 화합물을 치료에 사용한다.

바베스열원충증 (673쪽)

13. 바베스열원충증은 원생동물 바베시아 마이크로티(*Babesia microti*)가 원인이며 진드기에 의해 인간으로 전파된다.

기생충에 의한 심혈관계와 림프계 질병

(673~675쪽)

주혈흡충증 (674~675쪽)

1. 혈액 흡충 종인 주혈흡충(*Schistosoma*)이 주혈흡충증을 일으킨다.
2. 배변에서 제거된 알은 중간 숙주인 달팽이를 감염하는 애벌레로 부화한다. 자유롭게 헤엄칠 수 있는 유미유충은 달팽이로부터 방출되어 인간의 피부를 침투한다.
3. 성충 흡충은 인간의 방광 또는 간의 정맥에서 생활한다.
4. 육아종은 숙주의 방어로부터 알이 체내에 남아 있도록 해준다.
5. 대변에서 알이나 흡충의 관찰, 피부 검사, 또는 간접적인 혈청검사를 진단에 사용할 수 있다.
6. 화학치료가 병을 치료하기 위해 사용되며 청결과 달팽이의 박멸이 이 병을 예방할 수 있다.

물옴 (675쪽)

7. 물옴은 피부를 침투한 흡충에 대한 피부의 알레르기이다. 이 흡충의 최종적인 숙주는 야생조류이다.

학습 질문

복습과 객관식 문제에 대한 해답은 책 뒤에 있음.

복습 문제

1. 그려보기 심장막에 국소 감염된 연쇄상구균(*Streptococcus*)의 경로를 표시하시오. 크루즈파동편모충(*Trypanosoma cruzi*), 한타바이러스(*Hantavirus*), 그리고 거대세포바이러스의 침입 경로를 확인하시오.

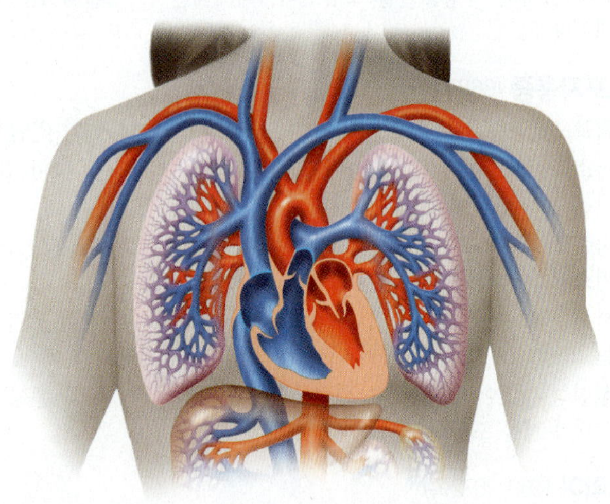

2. 아래 표를 완성하시오.

질병	주된 원인 병원체	걸리기 쉬운 상태
산후 패혈증		
아급성 세균성 심내막염		
급성 세균성 심내막염		
류머티즘열		

3. 유행성 발진티푸스, 풍토성 쥐 발진티푸스, 그리고 진드기유래 발진티푸스를 비교하고 대조하시오.

4. 아래 표를 완성하시오.

질병	원인 병원체	매개체	치료	말라리아
황열				
뎅기열				
회귀열				
리슈만편모충증				

5. 아래 표를 완성하시오.

질병	원인 병원체	전파	보유체	야생토끼병
브루셀라증				
탄저병				
라임병				
에를리히증				
거대세포 봉입병				
페스트				

6. 주혈흡충증, 톡소포자충증, 그리고 샤가스병의 원인 병원체, 전파 방법 및 보유체를 열거하시오. 어떤 병이 미국에서 가장 많이 발생할 것 같은가? 다른 질병들은 어느 지역에서 풍토병인가?
7. 고양이 발톱병과 톡소포자충증을 비교하고 대조하시오.
8. 웰치균(*Clostridium perfringens*)이 왜 괴저성 상처에 자랄 것 같은가?
9. 전염성 단핵구증의 원인 병원체와 전파 방법을 열거하시오.
10. 이름 답하기 대부분의 사람들은 주로 증상 없이 이러한 미생물에게 감염되어 왔다. 임신 중에 감염되면 신생아의 청각장애나 정신 지체를 일으킬 수 있다.

객관식 문제

1~4번 문제의 답을 다음 중에서 선택하시오.

a. 에를리히증
b. 라임병
c. 패혈성 쇼크
d. 톡소포자충증
e. 바이러스성 출혈열

1. 한 환자가 구토와 설사를 하고 이전에 발열과 두통 증세가 있었다. 혈액, CSF 및 대변의 세균배양검사는 음성이었다. 당신의 진단은

무엇인가?

2. 한 환자가 두통, 피로와 허리통증을 포함하는 점점 심해지는 증상과 계속되는 고열로 입원했다. 보렐리아 버그도르페리(*Borrelia burgdorferi*)에 대한 항체검사는 음성이었다. 당신의 진단은 무엇인가?

3. 한 환자가 두통을 호소했다. CT(컴퓨터단층촬영) 검사로 그녀의 뇌에 크기가 다양한 낭종이 확인되었다. 당신의 진단은 무엇인가?

4. 한 환자에게 정신 혼란과 빠른 호흡, 심장박동, 저혈압 증세가 있다. 이 병의 진단은 무엇인가?

5. 한 환자가 자기의 팔에 붉은 원형 발진이 생기고 발열, 불안감, 관절통이 있다. 가장 적절한 치료 방법은?
   a. 항생제
   b. 클로로퀸
   c. 항염증 약물
   d. 안티몬
   e. 치료법 없음

6. 다음 중 진드기유래 질병이 아닌 것은?
   a. 바베스열원충증
   b. 에를리히증
   c. 라임병
   d. 회귀열
   e. 야생토끼병

7~8번 문제의 답을 다음 중에서 선택하시오.
   a. 브루셀라증
   b. 말라리아
   c. 회귀열
   d. 록키산 홍반열
   e. 에볼라 출혈열

7. 환자의 열이 매일 밤마다 오른다. 산화효소-양성, 그람음성 구균이 이 환자 팔의 병변으로 부터 분리되었다. 당신의 진단은 무엇인가?

8. 환자가 발열과 두통으로 입원하였다. 그녀의 혈액에서 스피로헤타가 관찰되었다. 당신의 진단은 무엇인가?

9. 아래 질병 중 미국에서 가장 높은 발생빈도를 가지는 것은?
   a. 브루셀라증
   b. 에볼라 출혈열
   c. 말라리아
   d. 페스트
   e. 록키산 홍반열

10. 도살장 노동자 19명에게 발열과 오한이 발생하였고, 열은 매일 저녁 40°C까지 치솟았다. 이 질병의 전파 방법 중 가능성이 가장 높은 것은?
   a. 매개체
   b. 호흡기
   c. 찔린 상처
   d. 동물에게 물림
   e. 물

비판적 사고

1. 아래 표는 임신이라고 생각되는 3명의 25세 여성의 혈청에 대한 간접 형광-항체(FA) 검사 결과이다. 어느 여성이 톡소포자충증을 가지고 있는가? 톡소포자충증으로 생각되는 여성에게는 어떤 진찰이 필요한가?

	항체 역가		
환자	1일	5일	12일
환자 A	1024	1024	1024
환자 B	1024	2048	3072
환자 C	0	0	0

2. 말라리아와 뎅기열을 통제하기 위해 가장 효과적인 방법은 무엇인가?

3. 성인에게 두 번째 뎅기 바이러스 감염은 피부와 점막으로부터 출혈이 특징적인 뎅기 출혈열(DHF)을 일으킨다. DHF는 치명적일 수 있다. 1세 미만의 유아에게 첫 번째 뎅기 바이러스 감염은 DHF를 일으킨다. 이러한 이유에 대해 설명하시오.

임상 응용

1. 19세 남성이 사슴 사냥을 갔다. 사냥 도중에, 그는 부분적으로 절단된 토끼 시체를 발견하였다. 그 사냥군은 행운의 표시로 토기의 앞발을 주어 다른 사냥꾼 동료에게 주었다. 자동차 정비공으로 손에 멍이 들고 긁힌 상처가 있는 사냥꾼은 토끼를 맨손으로 다루었다. 이틀 후 그의 손, 다리 및 무릎에 곪은 상처가 생겼다. 이 사냥꾼은 어떤 전염병에 감염된 것으로 의심되는가? 이를 증명하기 위해서는 어떻게 해야 되는가?

2. 3월 30일에, 35세인 한 수의사가 발열, 오한과 구토를 일으켰다. 3월 31일에, 그는 설사, 왼쪽 겨드랑이에 가래톳, 그리고 이차 양측성 폐렴으로 입원하였다. 3월 27일에, 그는 X선 사진상 폐 침윤을 가진 호흡이 곤란한 고양이를 치료했다. 고양이는 3월 28일에 죽었고 폐기시켰다. 그 수의사에게는 클로람페니콜을 투여하였다. 4월 10일 그의 체온은 정상으로 돌아왔고 4월 20일에 퇴원하였다. 수의사와 접촉한 60명에게는 테트라사이클린을 복용시켰다. 이 사례의 잠복기와 전구증상기를 확인하라. 왜 60명의 접촉자도 치료를 받았는지 설명하시오. 원인 병원체는 무엇인가? 이 원인체를 어떻게 확인하겠는가?

3. 심장판막 이식 수술을 받은 5명의 환자 가운데 3명에게 균혈증이 발생했다. 원인 병원체는 엔테로박터 크로아케(*Enterobacter cloacae*)이다. 환자의 징후와 증상은 무엇인가? 이 세균을 어떻게 확인하는가? 수술에 사용한 압력계의 엔테로박터 크로아케에 대한 배양검사는 양성이었다. 이러한 오염의 가장 가능성 있는 출처는 무엇인가? 이러한 발생을 막을 수 있는 방법을 제안해 보시오.

4. 8월과 9월에, 같은 오두막에서 각각 다른 시기에 하룻밤을 묵은 6명에게 아래 도표에 그려진 열이 발생했다. 세 명은 테트라사이클린(TET) 치료 후에 회복되었고, 두 명은 치료 없이 회복되었으며, 한 명은 패혈성 쇼크로 입원하였다. 무슨 질병인가? 이 질병의 잠복기는 얼마인가? 주기적인 체온의 변화를 어떻게 설명하겠는가? 6번째 환자의 패혈성 쇼크의 원인은 무엇인가?

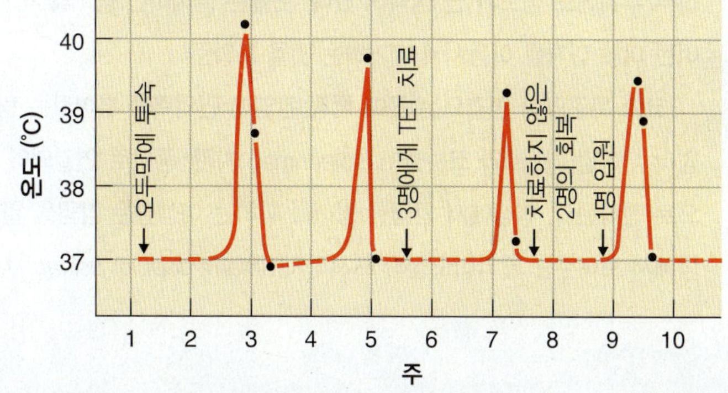

5. 67세 남자 노인이 수입한 염소 털을 직물로 가공하는 섬유공장에서 일했다. 그는 턱에 통증이 없이 약간 부은 여드름이 생긴 걸 확인하였다. 이틀 후 여드름 위치에서 1 cm 크기의 궤양이 생겼고 체온은 37.6°C였다. 그는 테트라사이클린으로 치료하였다. 이 병의 원인은 무엇인가? 이 병을 막는 방법을 제안하시오.

24

미생물에 의한 호흡계 질병

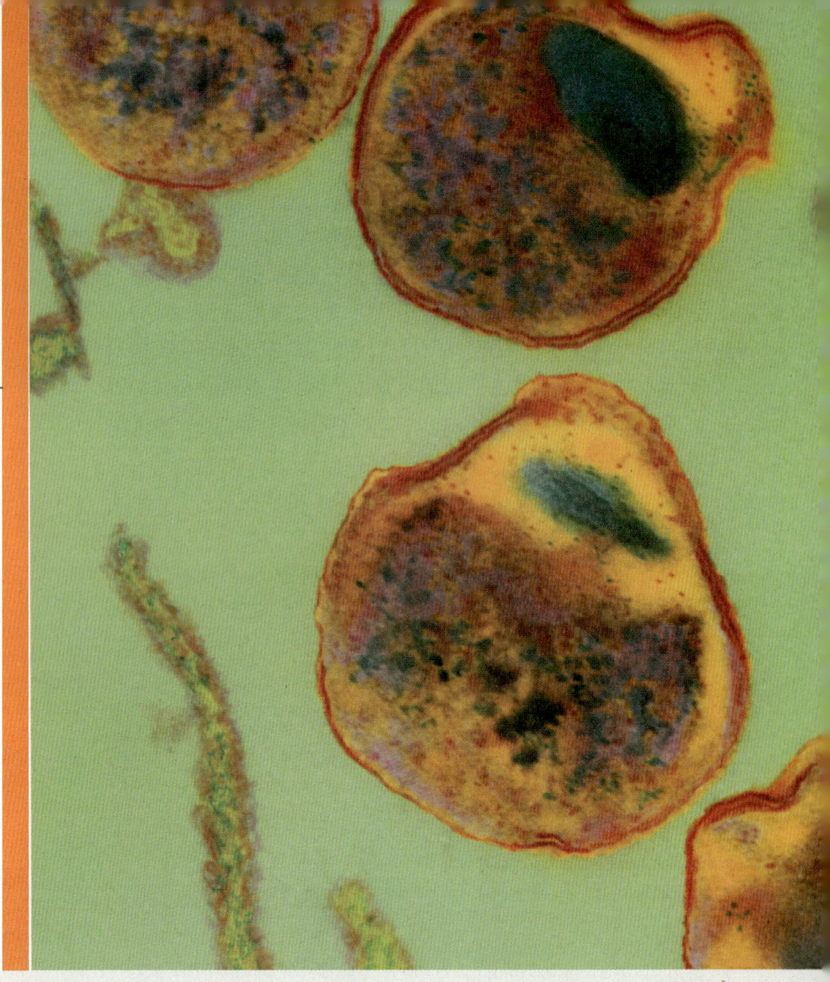

숨을 쉴 때마다 우리는 여러 미생물들을 들이마신다. 그러므로 상부 호흡계는 병원체의 주요 침입 경로이다. 사실상 호흡계 감염은 가장 흔한 형태의 감염이자 또한 가장 피해를 주는 감염이다. 호흡경로를 통해 침입하는 일부 병원체는 신체의 다른 부위를 감염할 수 있어 홍역, 유행성 이하선염, 그리고 풍진 같은 병을 일으킨다.

상부 호흡계는 공기매개 병원체에 대한 여러 해부학적인 방어체계를 가지고 있다. 코 안에 있는 굵은 털은 공기에서 큰 먼지 입자들을 걸러낸다. 코는 수많은 점액분비 세포와 섬모를 가지고 있는 점막으로 덮여 있다. 목의 상부 부위에도 섬모가 난 점막이 있다. 콧물은 들이마신 공기를 적셔 먼지와 미생물을 가둔다. 섬모는 입 쪽으로 이런 미세 입자를 이동시켜 제거하는 것을 도와준다.

코와 목구멍이 연결되는 곳에 특정 감염에 면역력을 부여하는 림프 조직 덩어리인 편도선이 있다. 코와 목구멍이 부비강(sinus)과 코눈물(nasolacrimal) 기관, 중이로 연결되어 있기 때문에 감염은 흔히 한 곳에서 다른 곳으로 전파된다. 이상에서 언급한 방어를 피하는 미생물은 감염을 일으킬 수 있다. 이번 장의 임상 사례에서는 그림에서 보여주는 클라미도필라 프시타시(*Chlamydophila psittaci*)가 유발하는 이러한 감염을 설명한다.

그림 24.1 **상부 호흡계의 구조**

Q 질병에 대한 상부 호흡계의 방어 작용에 대해 말해보시오.

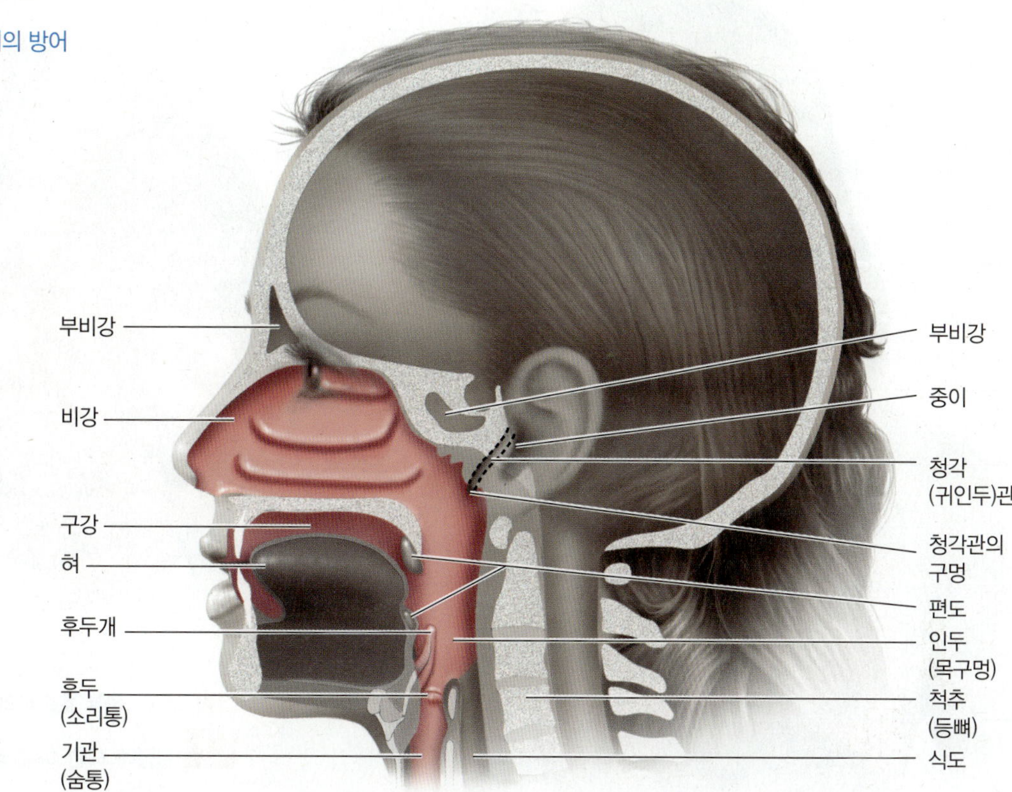

호흡계의 구조와 기능

학습 목표

24-1 인체가 미생물이 호흡계로 들어오는 것을 어떻게 방지하는지 설명한다.

호흡계는 상부 호흡계와 하부 호흡계의 두 가지 구획으로 구성되었다고 생각하는 것이 편리하다. **상부 호흡계(upper respiratory system)**는 코와 인두(목구멍), 중이 및 청각[귀인두(eustachian)]관을 비롯하여 이들과 연관된 구조로 이루어져 있다(그림 24.1). 부비강에서 오는 관과 눈물을 만드는 코눈물 기관은 비강 속으로 열려 있다(454쪽 그림 16.3 참조). 중이에서 오는 청각관은 목구멍의 상부로 열려 있다.

하부 호흡계(lower respiratory system)는 후두(음성 상자), 기관(바람관), 기관지, 그리고 폐포(alveoli) 등으로 이루어져 있다(그림 24.2). 폐포는 폐조직을 구성하는 공기 주머니로, 이들 안에서 폐와 혈액 사이에 산소와 이산화탄소가 교환된다. 우리의 폐는 3억 개 이상의 폐포를 가지고 있으며 성인은 가스교환을 위해서 평균적으로 70 m^2 이상의 면적을 가지고 있다. 폐를 싸고 있는 두 층으로 된 막이 가슴막(pleura)이다. 섬모가 난 점막이 하부 호흡계 아래 작은 기관지까지 가득 덮여 있어 미생물이 폐에 도달하지 못하도록 도와준다.

16장에서 논의한 대로 후두와 기관, 더 큰 기관지에 갇혀 있던 입자는 섬모 에스컬레이터(ciliary escalator)라 부르는 섬모작용에 의해 목구멍 위쪽으로 움직인다(454쪽 그림 16.4 참조). 미생물이 사실상 폐에 도달하면, 폐포의 대식세포(alveolar macrophages)라 부르는 식세포들이 보통 이들 대부분을 찾아내어 섭취한 후 파괴한다. 호흡기 점액과 침, 눈물과 같은 분비물 안에 있는 IgA 항체도 여러 병원체로부터 호흡계의 점막 표면을 보호하는 데 도움을 준다. 이와 같이 신체는 공기매개 감염의 원인이 되는 병원체를 제거하기 위한 여러 장치를 가지고 있다.

임상 사례: 새 때문에 일어난 일

지난 이틀 동안, 케일 응우엔(Caille Nguyen)은 열이 나고 몸이 편치 않았다. 사실 그녀의 가족 모두가 병이 났다. 케일의 세 자녀, 게비(Gabbie), 스티븐(Steven), 트레(Tre) 또한 열이 있었다. 케일의 남편 아트(Art), 그리고 게비와 스티븐은 식욕이 없고 체중이 감소하기 시작했다. 모두 다 마른 기침을 했다. 처음에 케일은 아이들이 자신이 사랑하던 왕관 앵무새 빗시(Bitsy)를 잃은 슬픔 때문에 단순히 슬퍼한다고 생각했다. 이 가족은 2개월 전 동네 애완동물 상점에서 그 왕관 앵무새를 구입했다. 불행하게도, 빗시는 점점 호흡이 어려워지면서 똑바로 서 있을 수도 없어 지난 주에 동네 수의사가 안락사를 시켜야만 했다.

응우엔 가족의 증상은 무엇 때문에 일어났는가? 알아보자.

681 696 697 699 701 704

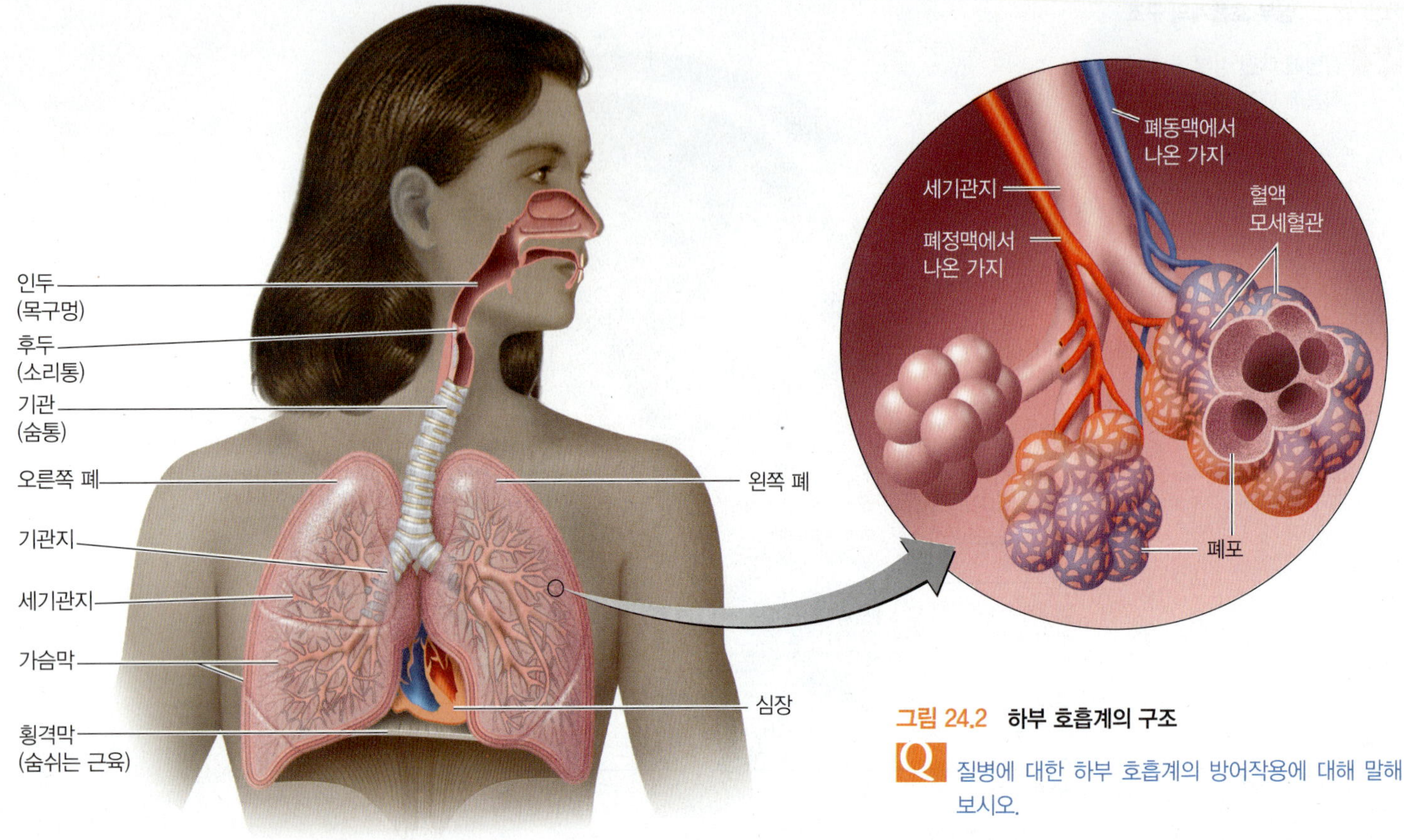

그림 24.2 하부 호흡계의 구조

Q 질병에 대한 하부 호흡계의 방어작용에 대해 말해 보시오.

이해도 확인하기

✔ 코 안 통로에서 털의 기능은 무엇인가? **24-1**

호흡계의 정상 미생물상

학습 목표

24-2 상부와 하부 호흡계의 정상 미생물상의 특성을 기술한다.

잠재적으로 병원성인 다수의 미생물이 상부 호흡계의 정상 미생물상의 일부이다. 그러나 정상 미생물상의 지배적인 미생물들이 영양분을 얻기 위해 서로 경쟁하고 저해물질을 생산함으로써 그들의 성장을 억제하기 때문에 이들은 대개 병을 일으키지 않는다.

대조적으로 하부 호흡기는 기관에 약간의 세균이 있기는 하지만, 기관지관 내 섬모 에스컬레이터가 정상 상태에서는 효율적으로 작동하기 때문에 세균이 거의 없다.

이해도 확인하기

✔ 보통 하부 호흡기는 거의 무균이다. 이것이 가능한 주요 방법은 무엇인가? **24-2**

상부 호흡계의 미생물 질병

학습 목표

24-3 인두염, 후두염, 편도선염, 부비강염 및 후두개염을 구별한다.

우리 대부분이 개인적인 경험에서 알듯이, 호흡계는 여러 가지 흔한 감염이 일어나는 곳이다. 목구멍의 점막에 생긴 염증인 **인두염(pharyngitis)** 또는 인후염(sore throat)에 대해서는 곧 설명한다. 후두가 감염부위일 때, 말하기 힘들게 하는 **후두염(laryngitis)**으로 고생한다. 후두염을 일으키는 미생물은 염증이 생긴 편도선 또는 **편도선염(tonsillitis)**도 일으킬 수 있다.

코의 부비강은 비강으로 열려 있는 특정 두개골 뼈 안의 공간이다. 여기에는 비강으로 계속 연결되는 점막 내벽이 있다. 심한 콧물과 연관이 있는 부비강의 감염을 **부비강염(sinusitis)**이라 한다. 부비강에서 점액이 나가는 구멍이 막히게 되면, 내부 압력이 생겨 통증 또는 부비강 두통을 일으킬 수 있다. 이러한 병은 보통 치료 없이도 회복된다는 점에서 거의 모두 스스로 제어되는(self-limiting) 병이다.

아마도 상부 호흡계의 가장 위험한 전염병은 후두개의 염증인 **후두개염(epiglottitis)**이다. 후두개는 섭취한 음식물이 후두로 들어가는 것을 막아주는 덮개 같은 연골구조이다(그림 24.1). 후두개염은 급속히 발전하는 병으로 몇 시간 안에 사망에 이를 수도 있다. 이것은 주로 b형 인플루엔자균(*Haemophilus influenzae* type b)과 같은 기회감염 병원체가 일으킨다. 새로 도입된 Hib 백신은 주로 수막염(meningitis)을 겨냥하지만(618쪽 그림 22.3 참조), 이 백신을 접종 받은 사람에게는 후두개염의 발생이 크게 감소하였다.

이해도 확인하기

✓ 다음 질병 중 어느 것이 두통과 가장 연관이 있을 것 같은가: 인두염, 후두염, 부비강염 또는 후두개염? **24-3**

상부 호흡계의 세균성 질병

학습 목표

24-4 연쇄상구균성 인두염, 성홍열, 디프테리아, 피부 디프테리아, 그리고 중이염에 대한 원인 병원체, 증상, 예방, 선호하는 치료와 실험실 확인 검사에 대해 열거한다.

공기매개 병원체는 상부 호흡계로 들어가면서 신체의 점막과 처음 접촉한다. 대부분의 호흡 또는 전신성 질병은 이곳에서 감염을 시작한다.

연쇄상구균성 인두염(패혈성 인두염)

연쇄상구균성 인두염(streptococcal pharyngitis, 패혈성 인두염)은 GAS(group A streptococci)가 일으키는 상부 호흡기 감염이다. 이러한 그람양성 세균 그룹은 연쇄상구균(*Streptococcus pyogenes*) 단독으로 구성되는데, 이 세균은 농가진과 단독 및 급성 세균성 심내막염과 같은 여러 피부와 연성 조직 감염도 일으킨다.

GAS의 병원성은 식균작용에 대한 이들의 내성 때문에 높아진다. 이들은 또한 섬유소 혈전을 용해시키는 스트렙토카이네이즈(*streptokinases*) 그리고 조직 세포와 적혈구, 보호성 백혈구에 세포독성을 가지는 **연쇄상구균용혈소**(streptolysins)와 같은 특별한 효소들을 생산한다.

한때, 인두염의 진단은 목구멍 면봉검사로 세균을 배양하는 것이 기본이었다. 그러나 그 결과가 하룻밤 또는 그 이상이 지난 후에 나왔기 때문에, 1980년대 초기를 시작으로 목구멍 면봉 검사에서 직접 GAS를 검출할 수 있는 신속한 항원진단 검사가 실시되었다. 첫 번째 신속검사는 라텍스 간접 응집법을 이용하였다(516쪽 그림 18.7 참조). 이들은 일반적으로 더 민감하고 더 쉽게 판독할 수 있는 **효소면역분석법(enzyme immunoassay, EIA)** 검사로 대체되었다. 매년 수백만의 환자가 치료를 받는다는 점을 반영하듯이, 현재 인두염 사례를 확인할 수 있는 여러 가지 신속한 검사법이 상용화되어 있다. 사실상, 인후염으로 보이는 대다수의 환자는 연쇄상구균 감염이 아니다. 일부 사례는 다른 세균이 원인이지만 대부분은 항생제 치료가 효과 없는 바이러스에 의한 것이다. 심지어 GAS의 존

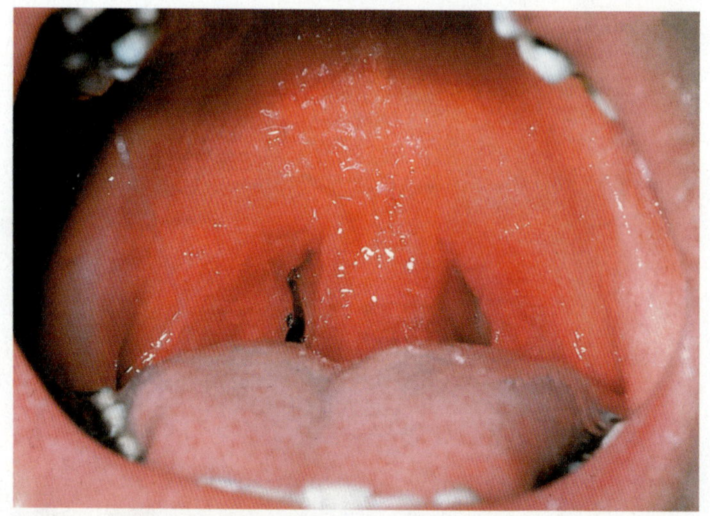

그림 24.3 연쇄상구균성 인두염. 염증을 주목하시오.

 패혈성 인두염은 어떻게 진단하는가?

재도 인후염으로 단정짓는 결정적인 징후는 아니다. 급성 류머티즘열이 발생하는 지역에서는 세균 배양과 빠른 검사를 함께 사용하는 것을 추천한다. 에리스로마이신에 대한 일부 내성이 나타나기는 하지만 다행히도 GAS는 페니실린에 여전히 감수성을 가지고 있다.

인두염은 국부적인 염증과 발열이 특징이다(그림 24.3). 편도선염이 자주 발생하고, 목의 림프절은 커지고 부드러워진다. 또 다른 흔한 합병증은 중이염(otitis media)이다(685쪽 참조).

인두염은 현재 호흡기 분비물에 의해 가장 흔하게 전염되지만, 저온 살균하지 않은 우유에 의해 전파되는 연쇄상구균성 인두염의 발생도 자주 일어난다.

성홍열

연쇄상구균성 인두염을 일으키는 화농성 연쇄상구균(*Streptococcus pyogenes*)이 발적(붉게 되는) **독소**(erythrogenic toxin)를 생산할 때 일어나는 감염을 **성홍열(scarlet fever)**이라 부른다. 세균이 이러한 독소를 생산할 때는 이 세균이 박테리오파지에 의해 용원화된 상태이다(그림 13.12, 383쪽 참조). 이것은 박테리오파지(세균의 바이러스)의 유전정보가 세균의 염색체로 삽입되어 결국 세균의 특성이 변경된다는 것을 의미한다는 점을 기억하기 바란다. 독소는 분홍빛이 도는 붉은 피부발진과 고열을 일으키는데, 피부발진은 아마도 순환하는 독소에 대한 피부의 과민성반응일 것이다. 혀는 점무늬가 있는 딸기 모양이 되고 위쪽 막을 잃게 되면서 더 붉고 커지게 된다. 통상 성홍열은 연쇄상구균성 인두염과 연관이 있다고 간주되어 왔으나 연쇄상구균성 피부 감염을 동반할 수도 있다.

그 심각성과 빈도에 있어서 성홍열의 발생은 시간이 지나면서 변하여 왔다. 오늘날에는 상대적으로 약하고 드문 질병이다.

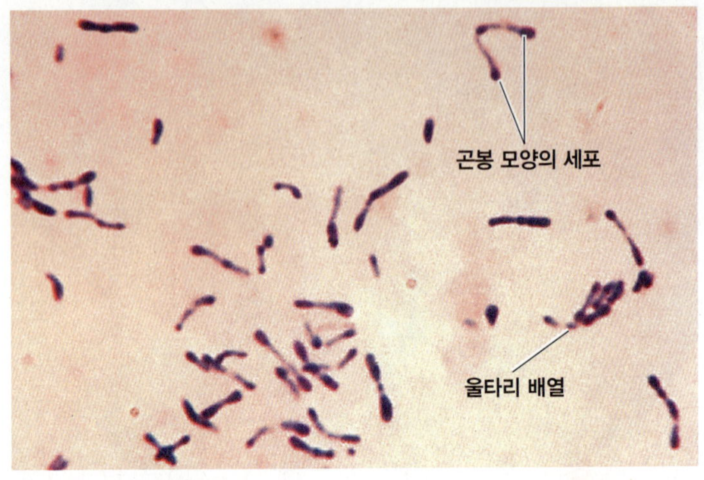

그림 24.4 **디프테리아균, 디프테리아의 원인.** 이 균의 그람염색은 곤봉 모양의 형태를 보여준다. 분열하는 세포가 V와 Y자 모양을 만든 것이 종종 관찰된다. 또한 울타리처럼 서로 접혀서 나란히 배열된 것을 주목하시오.

코리네박테리아는 그람양성과 그람음성 중 어느 것인가?

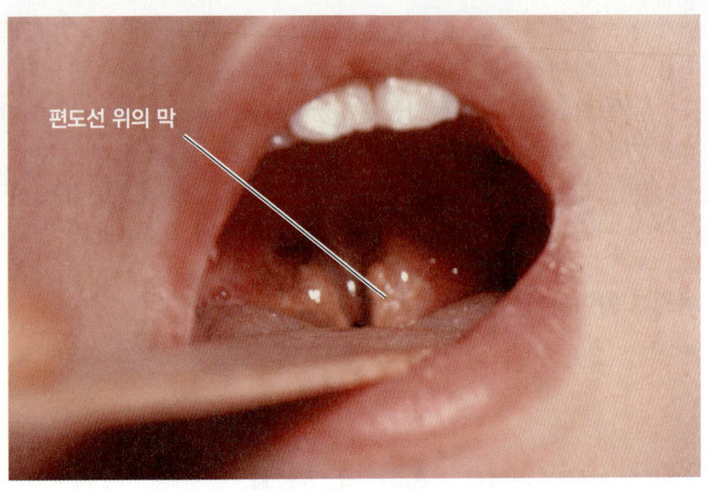

그림 24.5 **디프테리아 막.** 유아에게, 이러한 가죽 같은 막과 동반되는 기도의 부어 오름은 공기 공급을 막을 수 있다.

피부 디프테리아는 무엇인가?

디프테리아

상부 호흡계의 또 다른 세균 감염은 **디프테리아(diphtheria)**이다. 1935년까지 이것은 미국에서 어린이를 가장 많이 죽게 만든 전염병이었다. 병은 인후염과 발열로 시작해서 일반적인 불쾌감이 뒤따르고 목이 붓는다. 원인이 되는 생물체는 그람양성이며 내생포자를 형성하지 않는 간균인 디프테리아균(*Corynebacterium diphtheriae*)이다. 이 균의 형태는 다형성이고 주로 곤봉 모양이며 고르게 염색되지 않는다(그림 24.4).

DTaP 백신은 미국의 어린이 표준예방접종 프로그램에 들어 있다. 여기서 D는 신체가 디프테리아 독소에 대항하는 항체를 생산하도록 하는 불활성화된 독소인 디프테리아 변성 독소(diphtheria toxoid)의 첫 글자이다.

디프테리아균은 표준예방접종을 받은 집단에 적응해 왔으며, 상대적으로 비독성인 균주가 대부분의 무증상 보균자의 목구멍에서 발견되었다. 이 세균은 비말전파(droplet transmission)에 아주 적합하며 건조한 상태에 아주 잘 견딘다.

디프테리아(그리스어로 가죽이란 뜻)의 특징은 감염에 대한 반응으로 목구멍 안에 형성되는 질긴 잿빛 막이다(그림 24.5). 이것은 섬유소와 죽은 조직, 세균들로 되어 있으며, 폐로 가는 공기의 통로를 완전히 막을 수 있다.

세균이 조직을 침투하지 않더라도, 대식세포에 의해 용원화된 세균들은 강력한 외독소를 생산할 수 있다. 역사적으로 디프테리아는 독소가 일으키는 첫 질병으로 확인되었다. 혈류를 순환하면서 독소는 단백질 합성을 방해한다. 아주 유해한 이 독소는 약 0.01 mg 만으로도 치명적일 수 있다. 따라서 만일 항독소 치료가 효과를 거두려면, 독소가 조직 세포로 들어가기 전에 투여해야만 한다. 심장과 신장 같은 장기가 독소에 영향을 받으면 병은 급속하게 치명적일 수 있다. 신경세포가 연관된 경우에는 부분적인 마비가 일어난다.

매년 미국에서 보고되는 디프테리아 사례의 수는 현재 5건 이하이다. 이 병은 종교나 다른 이유로 예방접종을 받지 않는 집단의 어린아이에게 주로 일어난다. 디프테리아가 더 흔했을 때는 독소 생산 균주와의 반복된 접촉으로 면역력이 강화되었지만, 접촉이 없으면 이런 면역은 시간이 지나면서 약해진다. 많은 성인들은 현재 면역력이 결여되어 있는데, 이는 이들이 어렸을 때에는 예방접종이 일반적이지 않았기 때문이다. 일부 조사에 의하면 성인 집단의 20% 정도만이 효과 있는 면역력 수준을 가진 것으로 나타났다. 미국에서는 성인의 외상에 파상풍 변성독소(tetanus toxoid)가 필요할 때는 대개 디프테리아 변성독소와 함께 사용한다(Td 백신).

디프테리아는 **피부 디프테리아(cutaneous diphtheria)**로도 표현한다. 이러한 형태의 질병에서 디프테리아균이 피부, 주로 상처 또는 유사한 피부 병변을 감염하면 경미한 전신성 독소 순환이 일어난다. 피부 감염에서 세균은 회색막으로 덮인 채 느리게 치유되는 궤양을 일으킨다. 피부 디프테리아는 열대지역에서는 꽤 흔하다. 미국에서 이 병은 미국 인디언들과 낮은 사회 경제적 지위에 있는 성인 가운데 주로 발생한다. 보고된 디프테리아의 대부분의 사례는 30세 이상에서 일어난 것이다.

과거에, 디프테리아는 주로 비말감염에 의해 건강한 보균자에게 전파되었다. 호흡기 사례는 피부 디프테리아와의 접촉에 의해 발생한다고 알려져 있다.

세균을 확인하는 실험실 진단은 어렵고 여러 특이한 선별배지를 필요로 한다. 확인은 독소를 생산하지 않는 종과 독소 형성 종을 구별해야 하기 때문에 복잡해진다. 두 종 모두 같은 환자에서 발견될 수 있다.

페니실린과 에리스로마이신과 같은 항생제가 세균의 성장은 제어하지만 디프테리아 독소를 중화하지는 못한다. 따라서 항생제는 항독소와 연계해서 사용할 수밖에 없다.

이해도 확인하기

✔ 연쇄상구균성 인두염, 성홍열 또는 디프테리아 가운데 어느 두 질병이 같은 속의 세균에 의해 주로 일어나는가? **24-4**

중이염

일반적인 감기 또는 코나 목구멍의 감염의 더 불편한 합병증의 하나가 중간 귀의 감염인 **중이염(otitis media)** 또는 귓병이다. 병원체는 고막에 압력을 증가시키는 고름을 생성하고 이로 인해 염증과 통증이 동반된다(그림 24.6). 이 상태는 유아기 초기에 더 흔한데 그 이유는 중이를 목구멍으로 연결하는 유아의 청각관이 성인보다 작고 더 수평이어서 감염에 의해 더 쉽게 막히기 때문이다(그림 24.1 참조).

다수의 세균이 중이염을 일으킬 수 있다. 가장 흔하게 분리되는 병원체는 폐렴 연쇄상구균(*S. pneumoniae*)이다(사례의 약 35%). 자주 연관되는 다른 세균은 협막이 없는 인플루엔자균(*H. influenzae*, 20~30%), 모락셀라 카탈알리스(*Moraxella catarrhalis*, 10~15%), 화농성 연쇄상구균(*S. pyogenes*, 8~10%), 그리고 황색포도상구균(*S. aureus*, 1~2%) 등이다. 약 3~5% 사례에서는 세균이 검출되지 않는다. 이 경우는 바이러스 감염 때문일 수 있다. 호흡기 세포융합 바이러스(respiratory syncytial viruses, 699쪽 참조)가 가장 흔하게 분리되는 종이다.

중이염은 3세 이하 어린이 85%에 영향을 미치며 소아과를 방문하는 어린이의 거의 반을 차지하고 미국에서는 매년 약 8백만 명 정도가 걸린다. 치료는 항상 세균이 원인인 것으로 가정하며 귀 감염은 전체 항생제 처방의 약 1/4을 차지하는 것으로 추산한다. 아목시실린과 같은 광범위 페니실린이 주로 어린이를 위한 첫 번째 선택이다. 현재 많은 의사들이 이러한 약들이 병의 과정을 단축시키는지 확실하지도 않은 상태에서 항생제를 사용하는 것에 의문을 가지고 있다. 폐렴연쇄상구균이 유발하는 폐렴을 막기 위한 의도로 개발된 결합 백신이 하나 있다. 지금까지의 경험에 의하면 이 백신은 중이염의 발생을 6~7%까지 줄이는 받아들일만한 효과를 가진 것으로 알려져 있다. 이러한 감소율이 그렇게 큰 것 같지는 않겠지만 매년 백만 건 이상이 줄어드는 수치이다.

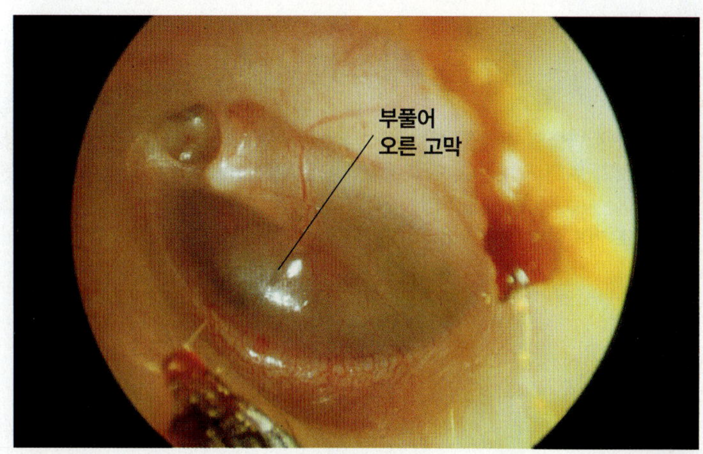

그림 24.6 **고막이 부풀어 오른 급성 중이염**

 중이염을 일으키는 가장 일반적인 세균은 무엇인가?

감기

한 가지 이상의 바이러스가 **감기(common cold)**의 병인과 관련이 있다. 사실상, 여러 다른 바이러스과에 속한 200여 가지 이상의 바이러스들이 감기를 일으킨다고 알려져 있다. 분리나 배양을 필요로 하는 확인 절차는 종종 감기의 원인을 확인하는 데 실패한다. 그러나 바이러스 DNA 또는 RNA를 찾는 PCR을 이용하는 새로운 기술은 배양을 필요 없게 만들고 이전에는 알려지지 않았던 감기 바이러스들을 자주 밝혀낸다. 대부분의 감기 바이러스는 리노바이러스(rhinoviruses, 30~50%)이며, 코로나바이러스(coronaviruses, 10~15%) 또한 중요하다. 그러나 감기를 일으키는 바이러스의 20~30%는 이전에는 알려지지 않은 것이다.

우리는 살아가는 동안에 감기 바이러스에 대한 면역력을 축적하는 경향이 있는데, 이것이 왜 주로 노인들이 감기에 적게 걸리는 이유 중의 하나일 수 있다. 면역력은 단일 혈청형에 대한 IgA 항체의 비율을 기반으로 하며 좋은 단기간 효과를 가진다. 격리된 집단에서는 집단 면역이 생길 수 있으며 새로운 바이러스가 도입되기 전까지 이러한 집단에서 감기는 없어진다.

감기의 증상은 우리 모두에게 잘 알려져 있다. 여기에는 재채기와 많은 콧물, 코막힘 등이 포함된다. 감염은 쉽게 목구멍에서 부비강, 하부 호흡계, 그리고 중이로 전파되며 후두염과 중이염의 합병증으로 발전한다. 단순한 감기는 일반적으로 발열을 동반하지 않는다. 감기를 일으키는 바이러스의 관심은 보통 감기에 걸린 사람을 너무 아프게 만들지 않는 것이며 숙주가 주변을 돌아다니면서 특히 점액으로 바이러스를 다른 사람에게 퍼뜨리게 하는 것이다.

리노바이러스는 외부 환경으로 열려 있는 상부 호흡계와 같이 정상 체온보다 약간 온도가 낮은 곳에서 잘 자란다. 온대 지역에서 추운 날씨에 왜 감기환자의 수가 증가하는지는 정확하게 알지 못한다. 좁은 실내에서의 접촉이 풍토형의 전파를 증진하는 것인지 아니면 생리적인 변화가 감수성을 증가시키는 것인지에 대해서는 알려져 있지 않다.

상부 호흡계의 바이러스성 질병

학습 목표

24-5 일반적인 감기의 원인 병원체와 치료법을 열거한다.

적어도 온대 지역에 살고 있는 인간에게 가장 만연하는 질병은 아마도 상부 호흡계에 영향을 주는 바이러스성 질병인 감기이다.

상부 호흡계의 미생물 질병

다음 질병들의 감별진단은 주로 임상 증세를 토대로 하며 목구멍 면봉 검사는 세균을 배양하기 위해 사용한다. 예를 들면, 한 환자가 발열과 목구멍에 붉게 염증이 생겼다가 나중에는 목구멍에 잿빛 막이 나타났다. 이 막에서 그람양성 간균이 배양되었다. 아래 표를 참조하여 감별 진단을 하고 이러한 증상의 원인이 될 수 있는 감염을 찾아보시오.

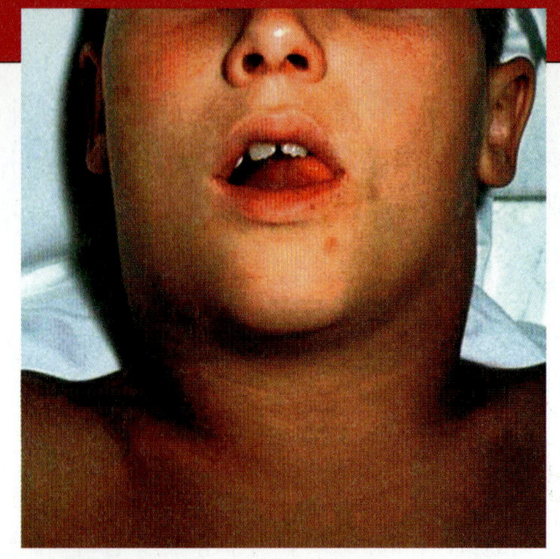

이 질병의 특징인 부어 오른 림프절

질병	병원체	증상	치료
세균성 질병			
후두개염	인플루엔자균	후두개의 염증	항생제; 기도 유지 예방: Hib 백신
연쇄상구균성 인두염 (패혈성 인두염)	연쇄상구균, 특히 화농성 연쇄상구균	염증이 생긴 목구멍의 점막	페니실린
성홍열	발적 독소를 생산하는 화농성 연쇄상구균 종	연쇄상구균 외독소는 피부와 혀를 붉게 만들고 침범된 피부를 벗김	페니실린
디프테리아	디프테리아균	목구멍에 잿빛 막 형성; 피부형도 발생함	페니실린과 항독소 예방: DTaP 백신
중이염	여러 원인체, 특히 황색 포도상구균, 폐렴 연쇄상구균 및 인플루엔자균	중이에 고름이 축적되면 고막에 고통스런 압력이 발생함	광범위-효능 항생제 예방: 폐렴구균 백신
바이러스성 질병			
감기	리노바이러스, 코로나바이러스	기침, 재채기, 콧물 등의 잘 알려진 증상	보조제

코 점막에 들어간 하나의 리노바이러스만으로도 종종 감기에 걸리기에 충분하다. 그러나 감기바이러스가 어떻게 코 안의 한 지점으로 전파되는지에 대해서는 놀랍게도 일치하는 설명이 거의 없다. 기니 피그와 독감바이러스를 이용한 실험을 통해 바이러스가 공기에 떠 다니는 작은 물방울에 들어 있는 것으로 알려졌다. 낮은 온도의 전형적인 건조한 공기(낮은 습도)에서 이러한 작은 물방울은 더 작아지고 공기 중에 더 오랫동안 남아 있어 사람에서 사람으로의 전파를 촉진시킨다. 동시에 더 차가운 공기는 섬모의 에스켈레이터 운동을 더 느리게 일어나도록 만들어 흡입된 바이러스가 상부 호흡계로 퍼지도록 해준다.

연구에 따르면 감기에 걸린 처음 3일 동안에 콧물에는 코 세포 안에서 증식한 높은 농도의 감기 바이러스가 들어 있다. (만일 콧물이 녹색이면, 그 이유는 병원체를 파괴하기 위한 철 함유 구성물을 가진 백혈구가 많기 때문이다.) 콧물 안의 바이러스는 접촉으로 오염된 손가락의 표면에서 적어도 몇 시간 동안 살아남을 수 있다. 통념상 바이러스는 콧구멍과 눈(눈물관은 코와 연결되어 있음)을 만진 손가락에 의해 주로 전파되는 것 같다. 전파는 또한 공기로 운반되는 작은 물방울 안에 있던 감기 바이러스가 기침이나 재채기에 의해 코와 눈의 적당한 조직에 내려 앉음으로써 일어난다.

감기는 바이러스가 원인이기 때문에, 치료에 항생제를 사용하지 않는다. 증상은 기침 억제제와 항히스타민제로 완화시킬 수 있지만 이러한 약물이 회복을 빠르게 하지는 않는다. 감기는 치료를 하면 7일, 치료를 하지 않아도 일주일이 지나면 회복된다는 의료 속담이 여전히 신빙성이 있다.

상부 호흡계에 영향을 미치는 질병은 질병 초점 24.1에 요약하였다.

이해도 확인하기

✔ 리노바이러스 또는 코로나바이러스 둘 중 어느 것이 일반 감기 사례의 약 절반의 원인인가? **24-5**

하부 호흡계의 미생물 질병

상부 호흡계를 감염하는 동일한 여러 세균과 바이러스가 또한 하부 호흡계를 감염할 수 있다. 기관지가 연관되기 때문에, **기관지염(bronchitis)** 또는 **세기관지염(bronchiolitis)**이 발생한다(그림 24.2 참조). 기관지염의 심각한 합병증은 폐의 폐포가 관련된 **폐렴(pneumonia)**이다.

하부 호흡계의 세균성 질병

학습 목표

24-6 백일해(pertussis)와 결핵(tuberculosis)의 원인 병원체, 증상, 예방, 선호하는 치료와 실험실 확인 검사에 대해 열거한다.

24-7 이번 장에서 논의하는 일곱 개의 세균성 폐렴의 유사점과 차이점을 설명한다.

24-8 멜리오이도시스(melioidosis)의 원인과 전파 방법, 증상을 열거한다.

하부 호흡계의 세균성 질병에는 결핵과 세균이 원인인 여러 형태의 폐렴이 포함된다. 또한 앵무새병(psittacosis)과 Q열처럼 덜 알려진 질병도 이 범주에 든다.

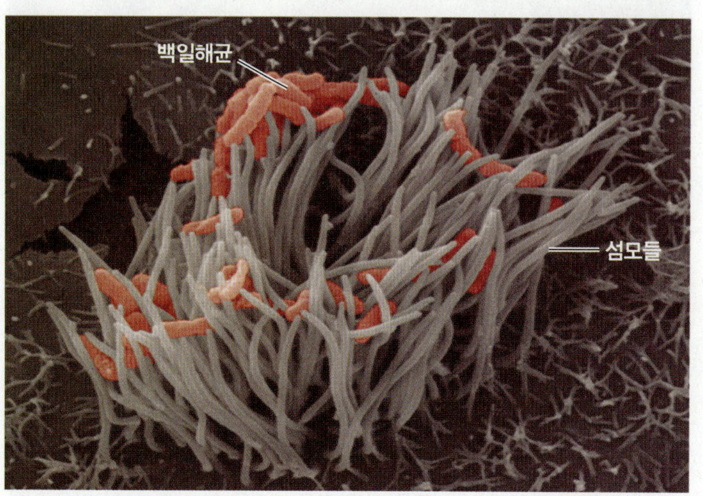

그림 24.7 백일해균에 감염된 호흡계의 섬모 세포. 백일해균이(오렌지색) 섬모 위에서 자라는 것을 볼 수 있다. 이들은 결국 섬모세포를 손상시킨다.

Q 섬모를 손상시키는 백일해균(*Bordetella pertussis*)이 생산하는 독소의 이름은 무엇인가?

백일해

백일해균(*Bordetella pertussis*)에 의한 감염은 **백일해(pertussis 또는 whooping cough)**를 일으킨다. 백일해균은 작고, 절대 산소요구성, 그람음성 간구균이다. 독성이 있는 종은 협막(capsule)을 가지고 있다. 세균은 특히 기관 내의 섬모세포에 부착하여 우선적으로 이들의 섬모 활동을 방해하고 점진적으로 세포를 파괴한다(그림 24.7). 이렇게 되면 섬모의 에스컬레이터 체계가 점액을 이동시킬 수 없게 된다. 백일해균은 여러 독소를 생산한다. 세균의 세포벽에 고정된 단백질인 **기관 세포독소(tracheal cytotoxin)**는 섬모세포의 손상을 유발하고 **백일해 독소(pertussis toxin)**는 혈류로 들어가 병의 전신성 증상을 일으킨다.

주로 어린이 질병인 백일해는 아주 심각할 수 있다. **카타르 단계(catarrhal stage)**로 불리는 초기 단계는 감기와 유사하다. 기침이 지속되는 고통스런 기간은 **발작 단계(paroxysmal stage)** 또는 2차 단계의 특징이다. [백일해(*pertussis*)란 이름은 '철저하게'라는 뜻의 라틴어 퍼(*per*)와 '기침'이란 의미의 튜시스(*tussis*)에서 유래하였다.] 섬모운동이 저하될 때 점액이 축적되고, 감염된 사람은 이렇게 축적된 점액을 뱉어내기 위해 필사적으로 기침을 시도한다. 어린아이들은 이러한 심한 기침에 의해 실제로 갈비뼈가 손상되기도 한다. 기침 사이의 가쁜 숨결은 씩씩거리는 소리를 내기 때문에 'whooping cough'라는 비공식적인 병명을 가진다. 이러한 기침 증상은 하루에 여러 차례, 1~6주 동안 계속된다. 세 번째 단계인 **회복기 단계(convalescence stage)**는 여러 달 동안 지속되기도 한다. 유아는 기도 유지를 위한 기침에 잘 대처 할 수 없기 때문에, 종종 회복이 불가능한 뇌 손상이 일어난다.

백일해의 역학이 변하고 있다. 1940년대 세포 자체를 열로 죽인 백신이 소개되기 전에, 백일해는 거의 모든 10세 이하의 어린이에게 영향을 주던 주요 질병이었다. 절반 이상이 어린이가 학교에 들어가기 전에 감염된 것으로 생각할 수 있다. DTP(디프테리아, 파상풍, 백일해) 백신의 도입으로 이러한 병의 사례가 크게 감소하게 되었다. 그러나 1980년대 이후로 백일해 사례가 크게 증가하였고(2004년도 최대 26,000건에 달함), 현재는 청소년과 성인 집단도 영향을 받는다. 청소년과 성인을 위한 새로운 백신(Tdap)이 유아기의 백신 효과가 감소함에 따라 면역력을 증강시키기 위해 추천된다. 이렇게 효과가 감소하는 것에 대해서는 여러 가지 이유가 있다. DTP 백신에 대한 면역력은 몇 년 후에 감소하여 약 12세가 되면 면역력이 거의 없어진다. 어린이를 위한 새로운 무세포 백신(DTaP)이 제공하는 보호작용이 얼마나 오래 지속될지는 불확실하다. 과거에는, 인식하지 못했거나 약하게 백일해를 앓은 환자와의 접촉은 예방접종을 받은 사람에게 병을 억제하는 데 도움을 주는 추가 접종의 효과를 제공하는 것 같았다. 마지막으로, 훨씬 더 민감한 PCR 진단 검사의 도입으로 인해 아마도 나이든 청소년과 성인에게 발생한 사례의 발견이 증가되었기 때문이다. 이러한 상황을 **가성 풍토병(pseudoepidemic)**이라 부른다.

백일해의 진단은 주로 임상적 징후와 증상을 기본으로 한다. 병

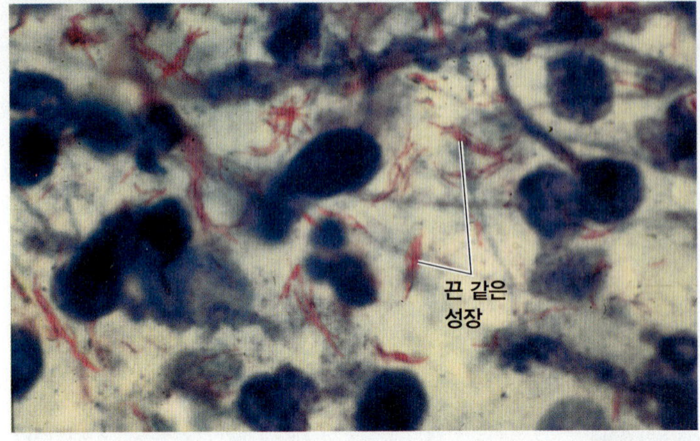

그림 24.8 **결핵균.** 폐 조직의 도말 표본에서 볼 수 있는 실모양의 붉게 염색된 진균 같은 성장이 이 생물체의 이름을 설명할 수 있다. 다른 상태에서 이 세균은 가느다란 개별 간균으로 성장한다. 세포의 밀랍 성분인 끈 같은 인자(cord factor)로 인해 이 세균은 밧줄 같은 배열을 하고 있다. 끈 같은 인자를 주입하면 결절 간균이 일으키는 것과 정확히 같은 병원체 효과를 일으킨다.

 이 세균의 어떠한 특징이 마이코(myco–)란 접두사를 사용하게 했는가?

원체는 가는 철사에 달린 면봉을 코를 통하여 목구멍에 집어 넣고 환자가 기침하는 동안에 목구멍에서 채취한 시료에서 배양할 수 있다. 까다로운 병원체의 배양은 주의를 요한다. 또한 배양의 대체 방법으로, PCR 방법을 사용할 수 있으며 이 방법은 유아의 질병을 진단하는 데 필수이다.

가장 일반적으로 에리스로마이신 또는 다른 매크로라이드 같은 항생제를 사용하는 백일해 치료는 발작성 기침 단계가 진행된 후에는 효과가 없지만, 전파를 감소시킬 수는 있다.

이해도 확인하기

✓ 백일해의 또 다른 이름은 씩씩거리는 기침(whooping cough)이다. 이러한 증상은 병원체가 어떤 세포를 공격하기 때문에 일어나는가? **24-6**

결핵

17~19세기 동안에 유럽에서는 **결핵(tuberculosis, TB)**이 모든 사망원인의 약 20~30%를 차지했다. 이것은 아마도 이러한 집단에서 TB에 대처하는 유전자들에 대한 강한 선택 압력으로 작용했을 것이다. 그러나 최근 몇십 년 동안에 HIV의 동시감염이 결핵균 감염에 대한 취약성을 증가시키고 또한 감염이 활성화된 병으로 급속하게 진전시키는 주된 요인이 되었다. 다른 요인으로는 노인들이나 영양상태가 좋지 않은 사람들에서뿐만 아니라 교도소와 기타 다른 밀집된 시설에서 취약한 인구집단이 증가한 것이다.

결핵은 가느다란 절대 산소요구성 간균인 결핵균(*Mycobacterium tuberculosis*)이 원인이다. 간균은 느리게 성장하며(20시간 이상의 세대시간) 때때로 가는 실 모양으로 뭉쳐서 자라는 경향이 있다(그림 24.8). 액체배지 표면에서 이들이 자라면 곰팡이처럼 보이는데, 마이코박테리움[*Mycobacterium*, 마이코(*myco*)는 진균을 의미한다]이라는 속명이 이를 암시한다.

다른 마이코박테리아 종인 소 결핵균(*Mycobacterium bovis*, bō′vis)은 소의 주된 병원체이다. 소 결핵균은 **소 결핵(bovine tuberculosis)**을 일으키며 오염된 우유나 식품을 통해 인간에게 전파된다. 소 결핵은 미국에서는 1% 미만의 TB 사례에 해당한다. 이것은 인간에서 인간으로는 전파되지 않는다. 그러나 우유를 저온살균 처리하지 않고 소 가축 무리의 투베르쿨린(tuberculin) 검사와 같은 통제 방법이 개발되기 이전 시대에는, 이 병은 인간에 발생하는 가장 흔한 형태의 결핵이었다. 소 결핵균은 주로 뼈나 림프계에 영향을 주는 TB를 일으킨다. 한때 이러한 유형의 TB의 공통적인 증상은 척추의 꼽추 변형이었다.

다른 마이코박테리아 질병은 말기 HIV 감염자에게 영향을 주기도 한다. 이들에게서 분리한 균주의 대다수는 마이코박테리움 아비움-인트라셀루라에(*M. avium-intracellulare*) 복합체로 알려진 연관된 그룹의 세균이다. 일반인에서 이러한 병원체의 감염은 드물다.

카볼-푹신(carbol-fuchsin) 염료로 염색되는 마이코박테리움은 산-알코올로 탈색이 안되기 때문에 항산성(acid-fast)으로 분류된다(69쪽 참조). 이러한 특성은 지질 함량이 높은 이들 세포벽의 특이한 구성성분 때문이다. 이러한 지질은 또한 마이코박테리아가 건조와 같은 환경적인 스트레스에 내성을 갖게 해준다. 사실상 이 세균들은 말라버린 가래에서 수주일 동안 생존할 수 있으며 소독제와 살균제로 사용되는 화학 항미생물제에 대한 내성이 크다(201쪽 표 7.7 참조).

결핵은 전염병에서 숙주와 기생체 사이의 생태학적인 균형에 대한 아주 좋은 예이다. 결핵 병원체의 인체 침입 시 90%의 경우는 퇴치되는데 보통 숙주는 이를 인식하지 못한다. 그러나 만일 면역 방어가 실패하면 숙주는 결과로 일어나는 병을 매우 잘 인식하게 된다.

개인의 저항성 차이 때문에 생긴 비극적인 예가 1926년 독일에서 일어나 루벡(Lübeck)의 재앙이다. 실수로 249명의 아기에게 약독화된 백신 균주 대신에 독성이 있는 결핵 세균을 접종하였다. 모든 아기에게 동일한 양을 접종하였지만 76명만이 죽었고 나머지는 심하게 병을 앓지 않았다.

결핵은 가장 흔하게 호흡을 통해 이 간균을 흡입함으로써 걸린다. 1~3개의 간균이 들어 있는 아주 미세한 입자만이 폐에 도달하는데 보통 여기서 폐포 안에 있는 대식세포의 식균작용을 받는다(그림 24.2 참조). 건강한 사람의 대식세포는 이 간균이 존재하면 활성화되어 이들을 대개 파괴한다. TB 사례의 3/4이 폐에 영향을 주지만 다른 장기도 또한 감염된다.

결핵의 발병

그림 24.9는 TB의 발병과정을 보여준다. 마이코박테리아의 병원성에 중요한 요인은 아마도 세포벽의 미콜산(mycolic acid)이 숙주의

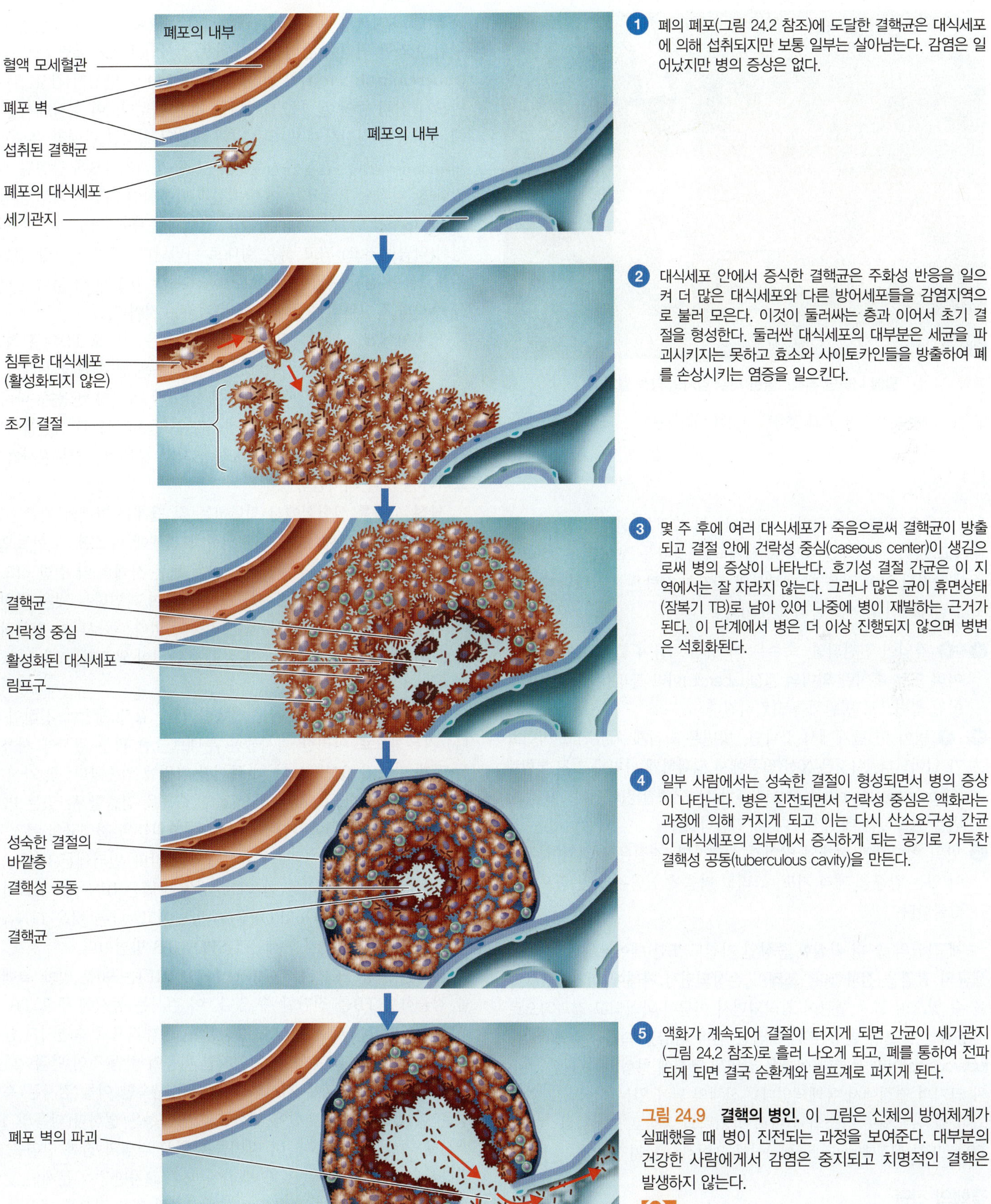

그림 24.9 결핵의 병인. 이 그림은 신체의 방어체계가 실패했을 때 병이 진전되는 과정을 보여준다. 대부분의 건강한 사람에게서 감염은 중지되고 치명적인 결핵은 발생하지 않는다.

Q 세계 인구의 거의 1/3이 결핵균에 감염되어 있다. 하지만 이 그림에서 보면 세계 인구의 1/3이 결핵에 감염된 것처럼 보이지는 않는다. 그 이유는?

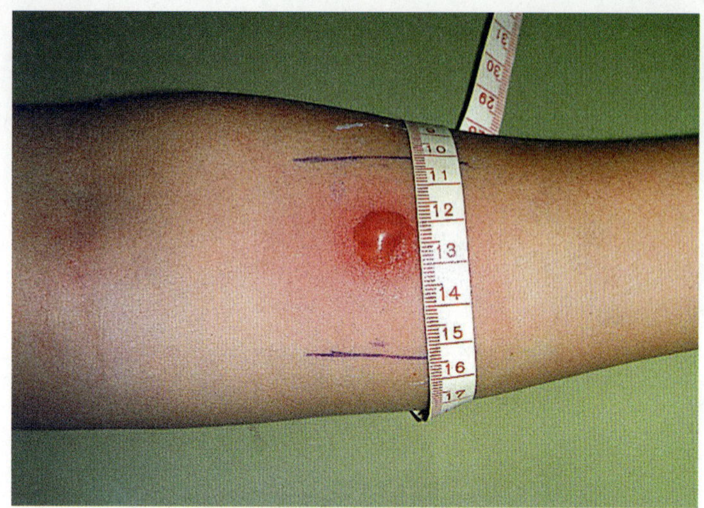

그림 24.10 팔에 나타난 투베르쿨린 피부 검사의 양성 결과

 투베르쿨린 피부 검사 양성은 무엇을 의미하는가?

염증반응을 강하게 자극하는 것이다. 이 그림은 신체의 방어가 실패하고 병이 치명적인 종말로 전개되는 상황을 보여준다. 그러나 특히 감염된 양이 적을 때 대부분의 건강한 사람은 활성화된 대식세포가 잠재적인 감염을 물리칠 것이다.

❶~❷ 감염이 진전되면, 숙주는 이 병의 이름이 붙여진 특징인 덩어리 또는 혹이란 의미의 **결절**(tubercle)이라 불리는 벽으로 나누어진 병변으로 병원체를 고립시킨다.

❸~❹ 병이 이 단계에서 끝나면, 병변은 느리게 치유되고 석회화가 일어난다. 이것은 X선 필름에서 명확하게 나타나고 **곤 복합체**(Ghon's complexes)로 부른다. [컴퓨터단층촬영(CT)이 TB의 병변을 검출하는 데 X선보다 더 민감하다.]

❺ 만일 이시기에 신체의 방어가 실패하면, 결절은 파괴되어 독성이 있는 간균을 폐의 기도, 그리고 다음에 심혈관계 및 림프계로 방출한다.

폐 감염의 좀 더 확실한 증상인 기침도 또한 에어로졸에 의해 이 세균의 감염을 전파한다. 조직이 손상되면서 가래에 피가 섞여 나올 수 있으며 결국 혈관이 침식되면서 이들이 파괴되고 결과적으로 치명적인 출혈이 발생한다. 이러한 전파 감염을 **속립성 결핵**(miliary tuberculosis)이라 부른다(이름은 감염된 조직에 형성된 수 많은 수수씨 크기의 결절에서 유래되었다). 신체의 남아 있는 방어력도 압도되어 환자는 체중 감소와 일반적인 기력의 손실로 고생한다. 한때, TB는 또한 **폐결핵**(consumption)이란 용어로도 알려졌었다.

결핵의 진단

결핵에 감염된 사람은 세균에 대해서 세포성 면역으로 반응한다. 체액성 면역과 다른 이러한 형태의 면역은 병원체가 주로 대식세포 안에 위치하기 때문에 일어난다. 감작된(sensitized) T세포가 관여된 이러한 면역이 감염을 선별하는 검사인 **투베르쿨린 피부 검사(tuberculin skin test)**의 원리이다(그림 24.10). 양성인 검사 결과가 반드시 진행 중인 질병을 나타내는 것은 아니다. 이 검사에서는 액체 배양액을 침전시켜 얻어낸 결핵 세균의 정제한 단백질 유도체를 피부에 주사한다. 만일 주사를 맞은 사람이 과거 TB에 감염된 적이 있다면, 감작된 T 세포는 이 단백질과 반응하여 지연된 과민성 반응이 약 48시간 안에 일어난다. 이러한 반응은 주사를 맞은 곳 주변에 경화(딱딱해지고) 되고 붉은 형태로 나타난다. 아마도 가장 정확한 투베르쿨린 검사는 **망투 검사**(Mantoux test)로 0.1 ml의 희석된 항체를 주사하고 피부의 반응 지역을 측정하는 것이다.

영유아에게 투베르쿨린 검사 양성 반응은 아마도 TB의 활성 사례를 의미한다. 나이든 사람에게 양성 반응은 현재 활성 사례가 아니라 이전의 감염이나 백신 때문에 일어난 과민성 반응을 나타낸다. 그럼에도 불구하고 이것은 세균의 분리 시도와 폐 병변을 검출하기 위한 CT 검사 또는 가슴 X선 검사와 같은 또 다른 검사가 필요하다는 것을 의미한다.

활성 사례를 실험실에서 진단하는 첫 단계는 가래와 같은 도말 시료의 현미경 검사이다. 최근 의학적 견해에 따르면, 일반적으로 사용하는 125년 전통의 현미경 검사는 모든 사례의 약 절반 정도를 놓친다고 한다. TB 진단을 세균을 분리하여 확인하는 것은 병원체가 너무 느리게 자라기 때문에 어려움이 있다. 콜로니가 형성되는 데 3~6주가 걸리고 믿을 수 있는 확인 과정이 완료되는 데에 또 다시 3~6주가 걸린다.

적어도 선진국에서는 최근 신속한 진단 검사 개발에 진전이 있다. 기본적으로 이러한 검사들은 투베르쿨린 피부 검사에 사용하는 정제 단백질 유도체보다 더 특이한 항원에 의존한다. 몇 가지 검사들은 가래나 다른 시료에서 직접 결핵균을 검출할 수 있는 PCR 방법을 사용한다(249쪽 참조). 이러한 항원들은 결핵균의 특정 항원에 반응하는 T 세포에 의해 유도되는 감마 인터페론(IFN-γ)의 방출을 자극한다. 이러한 한 가지 분석 방법은 IFN-γ를 검출하는 QuantiFERON-TB Gold(QFT-G) 방법이고, 다른 것은 IFN-γ를 생산하는 T세포의 숫자를 세는 T-SPOT.TB 방법이다.

새로운 자동 PCR 검사(Xpert MTB/RIF)는 90분 안에 결핵균을 검출하여 TB를 진단할 수 있다. 이 검사는 동시에 주요 TB 항생제인 리팜핀에 대한 내성도 결정한다. 상대적으로 숙련되지 않은 인력도 이 검사법을 수행할 수 있지만 비용이 비싼 것이 단점이다.

증거에 따르면 피부 검사와 비교해서 신속한 이들 검사는 특이성은 더 높고 BCG 백신에 대한 교차반응성은 덜하다(다음의 TB 백신에 대한 논의 참조). 이 방법들은 활성 감염과 잠복 감염을 구별하지는 못한다. 특히 BCG 백신에 따른 교차반응이 문제인 곳에서 이러한 분석법은 여러 용도로 투베르쿨린 피부 검사를 대신할 수 있을 것 같다. 이들이 전세계의 TB 치료 센터에 적용될 수 있다면 수백만의 TB와 연관된 사망을 막는 데 도움이 될 것이다.

결핵의 치료

TB 치료에 효과가 있는 최초의 항생제는 1944년에 소개된 스트렙토마이신이다. 스트렙토마이신은 아직도 사용하고 있고 현재 사용하는 모든 약은 수십 년 전에 개발되었다. 심지어 TB를 위한 단기간 치료법도(세균의 감수성과 다른 요인에 따라 다양한 투약방법이 있다) 환자가 적어도 6개월 동안 치료에 전념할 필요가 있다. 다약제 치료법은 내성이 있는 균주의 출현을 최소화하기 위해 필요하다. 이것은 전형적으로 **일선 약제(first-line drugs)**로 간주되는 네 가지 약, 이소니아지드, 에탐뷰톨, 피라지나미드(pyrazinamide), 그리고 리팜핀을 포함한다. 결핵균 종이 이 약제들에 감수성이 있으면 이 투약법은 치료를 이끌 수 있다. 많은 환자들이 130회 분량의 약을 복용해야 하는 이러한 장기간 투약법을 충실하게 지키지 못했기 때문에 내성이 발달할 가능성이 증가하고 있다.

일선 약제와 더불어, 주로 약제에 대한 내성이 발생하면 사용할 수 있는 다수의 **이선 약제(second-line drugs)**가 있다. 이것은 몇 가지 아미노글라이코사이드와 플루오로퀴놀론, 파라-아미노살리실릭산(para-aminosalicylic acid, PAS)를 포함한다. 이러한 약들은 일선 약제보다 덜 효과적이거나, 독성 부작용이 있거나, 또는 일부 국가에서는 구할 수 없다.

결핵 간균은 매우 느리게 성장하거나 또는 단지 잠복(잠복하는 간균에 대해 효과가 있는 유일한 약은 피라지나미드이다)하고 많은 항생제가 단지 성장하는 세포에 대해서만 효과적이기 때문에 지속적인 치료법이 필요하다. 또한 간균은 대식세포 안이나 항생제가 도달하기 어려운 다른 곳에서 오랜 기간 동안 숨어 있을 수 있다.

당연히, 문제는 **다약제 내성(multi-drug-resistant, MDR)** 균주가 일으키는 TB 사례에서 발생한다. 이것은 두 개의 가장 효과적인 일선 약제인 이소니아지드와 리팜핀에 내성이 생기는 것을 의미한다. 부가적으로, 플루오로퀴놀론 같은 가장 효과적인 이선 약제와 폴리펩티드인 카프레오마이신(*capreomycin*)은 물론 아미노글라이코사이드인 아미카신(amikacin) 또는 카나마이신 같은 세 개의 주사할 수 있는 이선 약제 가운데 적어도 하나에 내성이 있는 균주도 발생하였다. **광범위 약제 내성(extensively drug-resistant, XDR)**으로 규정된 이러한 사례들은 사실상 치료가 어려우며 전세계적으로 출현하고 있다. 부가되는 걱정은 전세계적으로 TB에 감염된 30~90%의 사람이 또한 면역계에 손상을 동반하는 HIV 양성이란 점이다. 한 연구에 따르면, HIV와 XDR 결핵 둘 다 양성으로 나타난 환자는 진단한 지 3개월 안에 죽었다.

명백하게 TB, 특히 XDR 사례를 치료할 새롭고 효과적인 약제가 절실하게 필요한 실정이다. 몇 가지 유망한 후보가 임상 시험 중에 있다.

약제 감수성 검사

가장 중요한 표준으로 간주되는 약제 감수성 검사를 위한 현재의 배양-기반 방법은 최종 결과를 얻기까지 적어도 4~8주가 걸린다. 새롭게 개발된 특정 분석법은 병원체가 액체배지에서 더 빠르게 자란다는 사실을 이용한 것이다. 이러한 방법은 진단과 약제 감수성 결정을 동시에 할 수 있다. 현미경관찰약제감수성 분석법(MODS)은 액체 배양에서 결핵균의 전형적인 실 모양의 성장을(그림 24.8 참조) 직접 관찰하는 것으로 단 6~8일이 필요하며 상대적으로 저렴하다. 리팜핀에 대한 감수성의 결과는 거의 100% 확실하며 다른 약제에 대한 잠정적인 내성의 표식으로 간주될 수 있다. Xpert MTB/RIF 진단 분석법도 리팜핀 내성에 대한 신속한 검사란 것을 기억하기 바란다. 다른 분석법인 Hain Genotype MTBDRplus는 믿을 만하고, 빠르며, 상대적으로 값싼 진단 검사로 약제 내성 균주를 검출하는 데도 사용할 수 있다. 심지어 가래 시료에 사용할 수 있는 PCR 분석법도 있다. 이것은 하루 이틀 안에 진단적으로 결핵균을 검출하고 또한 리팜핀과 이소니아지드에 대한 내성을 측정할 수 있다.

결핵 백신

BCG 백신은 인공배지에서 오랫동안 배양하여 독성이 없도록 만든 소 결핵균의 생 배양체이다. [BCG는 처음 이 균주를 분리한 프랑스 과학자 칼메트와 구에린의 간균(bacillus of Calmette and Guérin)의 첫 글자를 딴 것이다.] BCG 백신은 1920년 이후부터 사용되어 왔으며 세계에서 가장 널리 사용되는 백신 중의 하나이다. 1990년에는 전세계 취학아동의 70%가 BCG를 접종받은 것으로 추산한다. 그러나 현재 미국에서는 피부검사에 음성반응을 나타내는 고위험 특정 어린이에게만 이 백신을 추천하고 있다. 백신을 접종받은 사람은 투베르쿨린 피부검사에 양성 반응을 나타낸다. 이것이 항상 미국에서 이 백신을 널리 사용하는 것에 반대하는 주장이었다. BCG 백신의 전 세계적인 접종에 대한 또 다른 논쟁은 이 백신의 매우 고르지 못한 효과이다. 경험에서 보면 이 백신은 어린이에게 접종하면 꽤 효과적이지만, 청년이나 어른에게는 때때로 거의 효과가 없다. 더 나쁜 것은 정작 이 백신이 가장 필요한 HIV에 감염된 어린이는 종종 BCG 백신에 의해 치명적인 감염이 발생할 것이라고 알려진 것이다. 최근 연구는 종종 환경에서 접하는 마이코박테리움 아비움-인트라셀루라에 복합체에 노출되면 BCG 백신의 효과가 떨어진다고 제안했는데, 이 점이 아마도 이 백신이 왜 이러한 환경에 있는 마이코박테리아에게 많이 노출되지 않은 어린이에게 더 효과적인지를 설명한다. 다수의 새로운 백신이 제조 중에 있지만 이들을 평가하기 위해 많은 수의 인간 실험 대상자와 수년간의 추가 실험이 필요하다.

결핵의 전세계적인 출현

결핵은 범세계적인 유행병으로 떠오르고 있다(그림 24.11a). 매년 900만 명의 사람에게 활성결핵이 발생하고 이러한 감염으로 매년 200만 명 이상이 사망한다고 추정한다. (전세계적으로 1인당 TB 발생빈도가 매년 1%씩 떨어지고 있다. 그러나 세계인구는 매년 2%씩 증가하고 있기 때문에 결국 새로운 TB 사례의 총 숫자는 여전

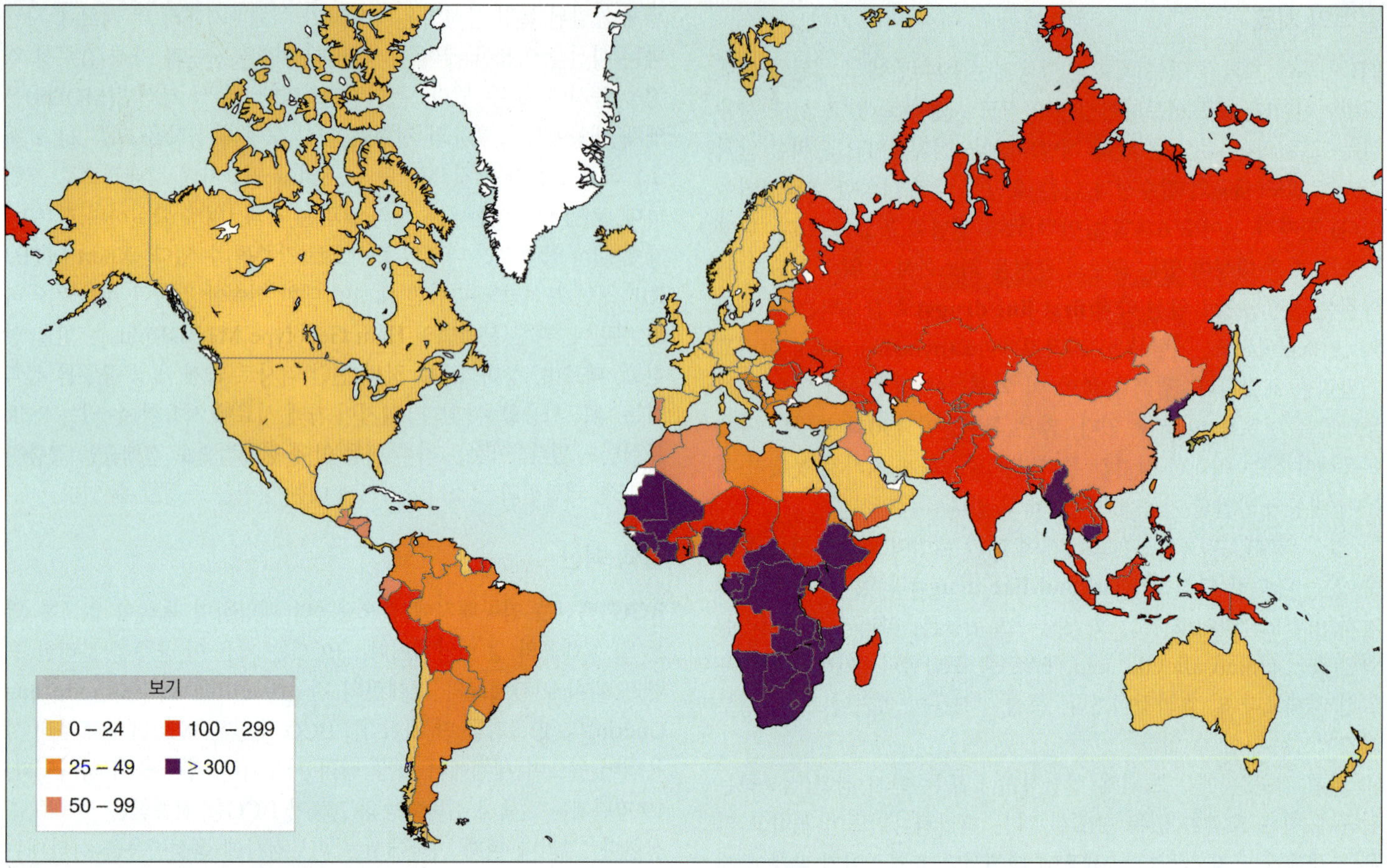

보기
0 – 24
25 – 49
50 – 99
100 – 299
≥ 300

(a) 인구 십만 명당 추정된 전 세계 결핵 발생률

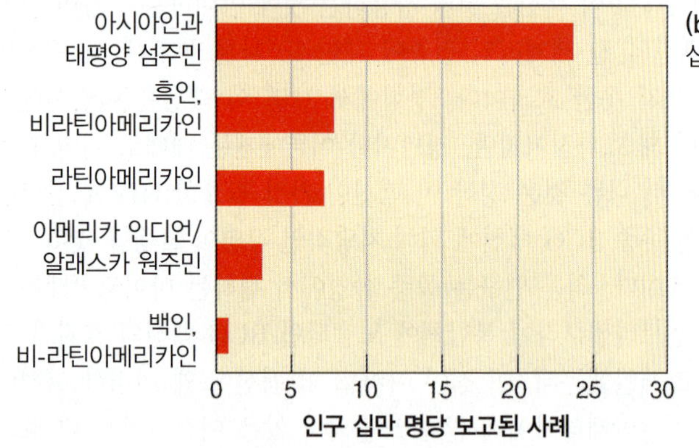

(b) 2009년 미국 인종 그룹 가운데 인구 십만 명당 보고된 결핵 사례

그림 24.11 결핵의 분포. (a) 전세계의 결핵 발생률. (b) 미국에서의 결핵 발생률. 미국 인종 그룹 중의 비율.
출처: World Health Organization (WHO), 2010; *MMWR* 59(10):289 – 294 March 19, 2010.

 결핵은 어떻게 제거될 수 있는가?

히 증가하고 있다.) 아마도 세계인구의 1/3이 감염되어 있다. 또한 HIV와 결핵은 거의 떼어 놓을 수 없으며, 결핵은 HIV에 걸린 세계의 많은 사람들 사망의 직접적인 주요 원인이다. 매년 약 14,000건 정도 미국에서 발생하는 결핵 사례의 대부분은 외국에서 태어난 사람들 중에서 발생한다(그림 24.11b).

세균성 폐렴

폐렴이란 용어는 폐의 여러 감염에 적용되는데 대부분이 세균에 의해 일어난다. 폐렴 연쇄상구균(*Streptococcus pneumoniae*)에 의한 폐렴은 전체 사례의 약 2/3 정도로 가장 흔하기 때문에 **전형적인 폐렴**(typical pneumonia)이라고 부른다. 진균, 원생동물, 바이러스, 그리고 다른 세균, 특히 마이코플라스마(mycoplasma)까지 포함하는 다른 미생물이 일으키는 폐렴을 **비전형적인 폐렴**(atypical pneumonia)이라고 한다. 이러한 구별은 사실상 점점 희미해지고 있다.

폐렴은 또한 영향을 주는 하부 호흡기의 부분 뒤에 이름을 붙이기도 한다. 예를 들면, 폐의 엽이 감염되면 이를 **엽성 폐렴**(lobar pneumonia)이라 하고 폐렴 연쇄상구균이 원인인 폐렴은 대개 이러한 형태이다. **기관지폐렴**(bronchopneumonia)은 기관지에 인접한 폐의 폐포가 감염된 것을 나타낸다. 가슴막염(pleurisy)은 종종 여러 폐렴들의 합병증으로 가슴막에 고통스러운 염증이 생기는 것이다(질병 초점 24.2 참조).

폐렴구균성 폐렴

폐렴 연쇄상구균이 일으키는 폐렴을 **폐렴구균성 폐렴(pneumococcal pneumonia)**이라 부른다. 폐렴 연쇄상구균은 알 모양의 그람양성 세균이다(그림 24.12). 이 미생물은 또한 중이염과 수막염, 패혈증의 공통적인 원인이다. 쌍으로 된 이 세균은 병원체가 식균작용에 내성을 갖도록 해주는 조밀한 협막으로 둘러싸여 있다. 이러한 협막은 또한 혈청학적으로 폐렴구균을 적어도 90개의 혈청형으로 구분하는 근거이다. 대부분의 인간 감염은 23개의 변종만이 일으키며, 이들이 현재 사용하는 백신의 주성분이다. 항생제 치료를 이용하기 전에는 이러한 협막 항원에 대한 항체가 병을 치료하는 데 사용되곤 하였다.

폐렴구균성 폐렴은 기관지와 폐포 모두에게 영향을 끼친다(그림 24.2 참조). 증상으로는 고열과 호흡곤란, 가슴 통증 등이 있다. (비전형적인 폐렴은 일반적으로 느린 발병과 작은 발열 및 가슴 통증이 있다.) 혈관이 팽창하기 때문에 폐는 붉은 빛을 띠는 외관을 가진다. 감염에 대한 반응으로 폐포는 주변 조직에서 오는 일부 적혈구와 호중성 백혈구(457쪽 표 16.1 참조), 체액으로 가득 찬다. 가래는 기침을 할 때 폐에서 나온 혈액 때문에 종종 녹빛이다. 폐렴구균은 혈류와 폐를 둘러싼 흉강, 경우에 따라 수막을 침입할 수 있다. 병원성과 확실하게 관련된 세균 독소는 없다.

추정적 진단은 목구멍과 가래, 다른 체액에서 폐렴구균을 분리함으로써 할 수 있다. 폐렴구균은 옵토친[optochin: 염화 에틸하이드로큐프린(ethylhydrocupreine hydrochloride)] 디스크 주변의 균성장 억제를 관찰하거나 담즙 용해도 시험을 통해 다른 알파-용혈성 연쇄상구균과 구별할 수 있다. 소변에서 폐렴 연쇄상구균의 특이 항원을 검출할 수 있는 새로운 검사는 의사 진료실에서 수행할 수 있으며 93%의 정확성을 가지고 15분 안에 진단할 수 있다.

다수의 건강한 폐렴구균 보균자가 있다. 세균의 독성은 주로 스트레스에 의해 낮아질 수 있는 보균자의 내성에 따르는 것 같다. 나이 먹은 어른들의 많은 질병들이 폐렴구균성 폐렴으로 끝이 난다.

폐렴구균성 폐렴의 재발은 드문 일은 아니지만 혈청형이 대개 다르다. 화학치료가 있기 전에는 사망률이 25%에 이를 정도로 높았다. 현재 질병 진행 초기에 치료한 젊은 환자의 경우 사망률은 1% 미만으로 낮아졌다. 병원에 입원한 노인 환자의 경우 사망률은 20%에 도달할 수 있다.

페니실린에 대한 내성이 문제점으로 부각되고 있으며, 특히 매크로리드와 플루오로퀴놀론 같은 여러 다른 약이 현재 페니실린을 대신하고 있다.

복합 폐렴구균 백신이 최근 도입되었는데, 이 안에 포함된 일곱 혈청형에 의한 감염 예방에 효과가 있다. 이 백신은 또한 폐렴구균이 원인인 중이염과 같은 다른 질병을 감소시켜서 간접 군집 효과도

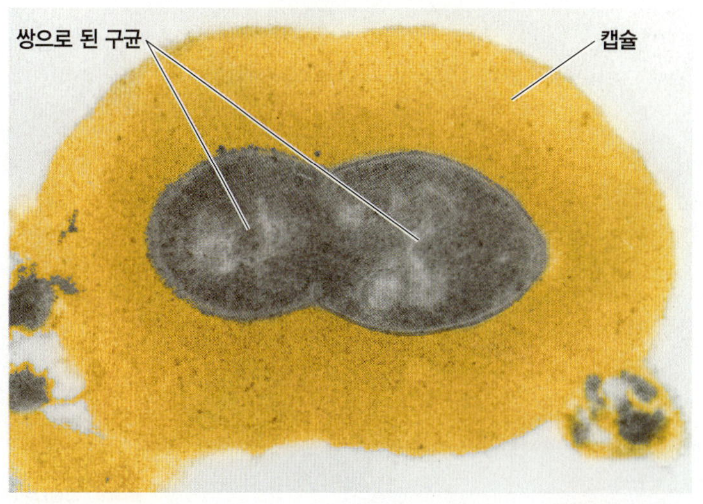

그림 24.12 **폐렴 연쇄상구균, 폐렴구균성 폐렴의 원인.** 세포의 쌍으로 된 배열을 주목하시오. 특이한 폐렴구균 항체와의 반응으로 부풀어 오른 캡슐이 더 뚜렷하게 보인다.

Q 세포의 어떤 구성성분이 주된 항원인가?

나타낸다.

인플루엔자균 폐렴

인플루엔자균(*Haemophilus influenzae*)은 그람음성 간구균으로, 가래의 그람염색을 통해 폐렴구균성 폐렴과 이러한 형태의 폐렴을 구별할 수 있다. 알코올중독, 영양실조, 암, 또는 당뇨병과 같은 상태의 환자는 특히 이 병에 걸리기 쉽다. 병원체의 진단적 확인은 X와 V 인자들에 대한 요구성을 알아보는 특수 배지를 사용한다(312쪽 참조). 2세대 항생제인 세팔로스포린은 여러 인플루엔자균이 생산하는 베타-락타메이즈에 내성이 있어 주로 선택하는 약이다.

마이코플라스마성 폐렴

세포벽이 없는 마이코플라스마는 대부분의 세균 병원체를 찾기 위해 보통 사용하는 조건에서는 성장하지 않는다. 이러한 특성 때문에 마이코플라스마가 원인인 폐렴은 종종 바이러스성 폐렴과 혼동된다.

폐렴 마이코플라스마(*Mycoplasma pneumoniae*)는 **마이코플라스마성 폐렴(mycoplasmal pneumonia)**의 원인 병원체이다. 이 폐렴은 이러한 비전형적인 감염이 병원체가 바이러스가 아님을 나타내는 테트라사이클린에 반응할 때 처음 발견되었다. 마이코플라스마성 폐렴은 젊은 성인과 어린이에게 흔한 형태의 폐렴이다. 이것은 보고할 의무가 있는 병은 아니지만 폐렴의 약 20% 정도를 차지한다. 3주 또는 그 이상 지속되는 증상은 미열과 기침, 두통이다. 경우에 따라 이러한 증상은 병원에 입원할 정도로 심해진다. 이 병의 다른 이름은 원발성비정형(primary atypical pneumonia, 즉 폐렴구균이 원인이 아닌 가장 흔한 폐렴이란 의미) 또는 걸어 다니는 폐렴(walking pneumonia)이다.

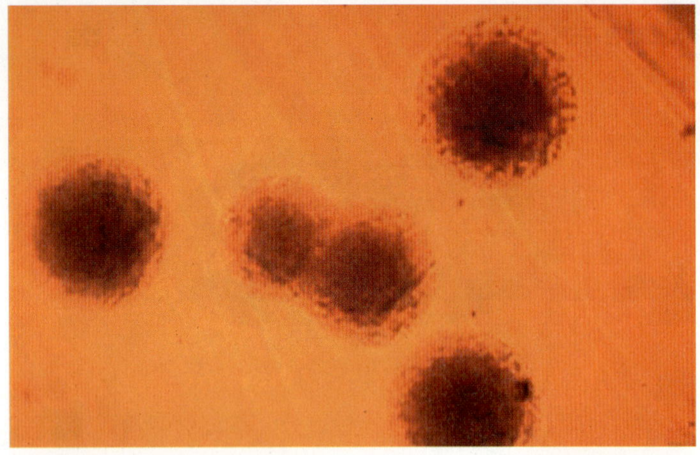

그림 24.13 마이코플라스마성 폐렴의 원인인 폐렴 마이코플라스마의 군체

Q 확대 없이 이러한 군체를 볼 수 있는가?

가래와 목구멍 면봉 검사에서 분리한 균이 말 혈청과 효모 추출액이 들어 있는 배지에서 성장할 때, 일부는 "달걀 프라이" 모양을 한 독특한 콜로니를 형성한다(그림 24.13). 콜로니는 너무 작아 확대경을 가지고 관찰해야만 한다. 마이코플라스마는 세포벽이 없기 때문에 모양이 아주 다양하다(318쪽 그림 11.18 참조).

병원체를 배양하는 것을 기본으로 하는 진단은 성장이 느린 균을 키우기에는 3주 이상의 시간이 필요하기 때문에 치료에는 도움이 되지 않는다. 그러나 진단 검사는 최근 몇 년 동안 크게 개선되고 있는데, PCR과 폐렴 마이코플라스마에 대한 IgM 항체를 검출하는 혈청학적 검사를 들 수 있다.

테트라사이클린과 같은 항생제 치료는 대개 증상이 빠르게 없어지게 할 수는 있지만 환자가 수 주 동안 계속해서 보유하는 세균을 제거하지는 못한다.

재향군인병

재향군인병(legionellosis) 또는 **재향군인의 병(legionnaires' disease)**은 필라델피아의 모임에 참석한 미국 재향군인회 회원들 가운데 일련의 사망자가 생긴 때인 1976년 처음 대중의 주목을 받았다. 명백한 원인이 되는 세균을 발견할 수 없었기 때문에 사망은 바이러스성 폐렴 때문일 것이라고 생각했다. 주로 의심되는 리케차 원인체를 찾기 위한 기술을 이용한 정밀 검사를 통해 결국 이전에는 알려지지 않았던 세균을 확인하였는데, 이것은 대식세포 안에서 복제를 할 수 있는 지금은 레지오넬라 뉴모필라(*Legionella pneumophila*)로 알려진 산소요구성 그람음성 간균이었다. 현재 44종 이상의 레지오넬라(*Legionella*)가 확인되었는데 모두가 병을 일으키지는 않는다.

병은 40.5°C의 고열과 기침, 일반적인 폐렴 증상이 특징이다. 사람 대 사람의 전파는 일어나지 않는 것 같다. 최근 연구는 세균이 자연수에서 쉽게 분리될 수 있음을 보여준다. 게다가 이 미생물은 에어컨 냉각탑의 물에서도 자랄 수 있다. 따라서 아마도 호텔과 도시 사무실 지역, 병원에서의 일부 발생은 공기매개 전파가 원인이었다. 최근 발생은 기포발생 욕조, 가습기, 샤워실, 장식 분수, 그리고 심지어 화분 흙이 원인이었다.

이 생물은 또한 여러 병원의 송수관에 서식하는 것으로 밝혀졌다. 대부분의 병원은 안전 조치로 상대적으로 낮은 온수 라인의 온도(43~55°C)를 유지하고, 이 라인의 온도가 더 낮은 부분은 우연하게 레지오넬라 균이 성장하기에 알맞은 온도를 가지게 된다. 이 세균은 대부분의 다른 세균에 비해서 염소에 대한 내성이 강하며, 염소 농도가 낮은 물에서 오랜 기간 동안 생존할 수 있다. 증거에 따르면 레지오넬라가 아주 보호적인 생물막에 주로 존재한다. 이 세균은 종종 수인성 아메바에 의해 섭취되면 이들 안에 있으면서 계속해서 증식하고, 심지어 포낭에 싸인 아메바 안에서 생존할 수 있다. 레지오넬라 오염을 통제할 필요가 있는 병원에서 물을 소독하는 가장 성공적인 방법은 구리-은 이온화 시스템을 갖추는 것이다.

이 병은 잘 알려지지는 않았지만 항상 꽤 흔하게 나타난다. 매년 1,000건 사례 이상으로 보고되지만 실제 발생률은 매년 25,000건 이상으로 추정한다. 특히 심한 흡연자, 알코올 중독자, 또는 만성적인 병을 가진 50세 이상의 남성이 재향군인병에 가장 많이 걸리는 것 같다(698쪽 상자 참조).

레지오넬라 뉴모필라는 또한 근본적으로 재향군인병의 다른 형태인 **폰티악 열병(Pontiac fever)**의 원인이다. 증상은 발열과 근육통 주로 기침이다. 상태는 가볍고 저절로 낫는다. 재향군인병이 만연하는 동안에는 두 가지 병이 함께 일어날 수 있다.

최고의 진단 방법은 숯효모추출액 선택배지에서 배양하는 것이다. 호흡기 검출물을 형광항체법으로 검사할 수 있으며 DNA 탐침 검사도 사용한다. 에리스로마이신과 아지스로마이신 같은 다른 매크로리드 항생제가 치료를 위해 선택되는 약이다.

앵무새병(비둘기병)

앵무새병(psittacosis)이란 용어는 잉꼬와 다른 앵무새 같은 앵무류의 새들과 연관된 질병에서 파생된 이름이다. 나중에 이 병은 비둘기, 닭, 오리, 그리고 칠면조와 같은 여러 다른 조류에서도 발생한다고 알려졌다. 그러므로 더 일반적인 용어인 **비둘기병(ornithosis)**도 함께 사용한다.

원인 병원체는 그람음성, 절대 세포내 기생 세균인 클라미도필라 프시타시(*Chlamydophila psittaci*)이다. 이 세균은 최근에 재분류되었는데, 속명이 클라미디아(*Chlamydia*)에서 클라미도필라(*Chlamydophila*)로 바뀌었다. 이러한 분류학적 변화는 폐렴 클라미도필라(*C. pneumoniae*)에서도 있었다(다음의 클라미디아성 폐렴에 대한 논의 참조). 클라미디알(chlamydial)과 클라미디에(chlamydiae)

흔한 세균성 폐렴

폐렴은 미국에서는 일곱 번째로 사망률이 높은 사례이자 전세계 어린이 질병 및 사망의 주된 원인이다. 폐렴은 다양한 바이러스와 세균, 진균에 의해 일어날 수 있다. 세균이 폐렴을 일으킨다는 것을 증명하기 위해 혈액이나 어떤 경우는 폐의 흡입액을 배양하여 세균을 분리한다.

천식을 앓은 적이 있는 27세 남자가 4일간 계속되는 기침과 2일 동안 오르내리는 발열 증세로 입원하였다. 혈액 시료에서 쌍으로 된 그람양성 구균이 배양되었다. 아래 표를 참조하여 감별 진단을 하고 이러한 증상의 원인이 될 수 있는 감염을 찾아보시오.

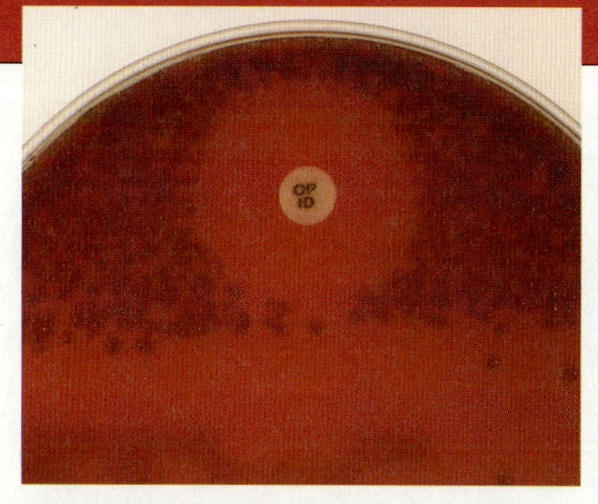

혈액배지에서 배양한 세균의 옵토친-저해 검사

질병	병원체	증상	보유체	진단	치료
폐렴구균성 폐렴	폐렴 연쇄상구균	감염된 폐의 폐포가 액체로 가득 참; 산소 흡입을 간섭함	인간	양성 옵토친 저해 검사 또는 담즙 용해도 검사; 세균의 혈청형 검사	플루오로퀴놀론 예방: 폐렴구균 백신
인플루엔자균 폐렴	인플루엔자균	증상은 폐렴구균성 폐렴과 유사	인간	분리; 특수한 영양분을 필요로 배지	세팔로스포린
마이코플라스마성 폐렴	폐렴 마이코플라스마	가볍지만 지속적인 호흡기 증상; 미열, 기침, 두통	인간	PCR과 혈청학적 검사	테트라사이클린
재향군인병	레지오넬라 뉴모필라	잠재적으로 치명적인 폐렴	물	선택배지에서 배양; DNA 탐침	에리스로마이신
앵무새병 (비둘기병)	클라미도필라 프시타시	증상, 있다면 발열, 두통, 오한	조류	달걀 또는 세포 배양에서 세균 성장	테트라사이클린
클라미디아성 폐렴	폐렴 클라미도필라	가벼운 호흡기 질병; 마이코플라스마성 폐렴과 유사	인간	혈청학적 검사	테트라사이클린
Q열	콕시엘라 버네티	1~2주 지속되는 가벼운 호흡기 질병; 때때로 심내막염 같은 합병증이 발생	큰 포유류; 저온 처리하지 않은 우유를 통해 전파될 수 있음	세포 배양에서 성장	독시사이클린과 클로로퀸

란 일반 용어는 계속 사용될 것이다. 클라미디에가 또한 절대 세포 내 기생 세균의 하나인 리케차와 다른 한 가지는 클라미디에는 생활사의 한 주기로서 작은 **기본소체(elementary body)**를 형성한다는 것이다(323쪽 그림 11.22 참조). 대부분의 리케차와는 달리, 기본소체는 환경 스트레스에 내성이 있어 공기를 통해 전파될 수 있으며 한 숙주에서 다른 숙주로 직접 병원체를 옮기기 위해 숙주를 물 필요가 없다.

앵무새병은 주로 발열, 기침, 두통, 그리고 오한을 일으키는 폐렴의 한 형태이다. 무증상 감염이 아주 일반적이며, 스트레스가 이 병에 대한 취약성을 증진시키는 것으로 보인다. 일부 사례에서 나타나는 방향감각 상실 또는 심지어 정신착란 증세는 신경계의 손상과 연관이 있는 것을 의미한다.

이 병은 사람에서 사람으로는 전염되지 않고, 주로 조류의 배설물과 분비물 접촉을 통해 전파된다. 가장 일반적인 전파방식의 하나는 배설물의 마른 입자를 흡입하는 것이다. 새 자체는 주로 설사, 주름진 깃털, 호흡기 질환, 그리고 일반적으로 축 늘어진 모습 등의 증상을 보인다. 상업적으로 파는 잉꼬나 앵무새는 보통(항상은 아니지만) 이 병을 가지고 있지 않다. 많은 새들이 증상 없이 병원체를 지라에 보유하고 있으며, 스트레스를 받았을 때에만 병이 발생한다. 애완동물 상점 직원이나 칠면조를 키우는 일에 관여하는 사람들이 이 병에 걸릴 위험이 가장 크다.

세포 배양이나 유정란에서 세균을 분리하여 진단한다. 혈청학적 검사를 분리한 생물체를 확인하는 데 사용할 수 있다. 백신은 없지만 동물과 인간을 치료하는 데 테트라사이클린이 효과적인 항생제이다. 혈청에 높은 역가의 항체가 존재하지만 병이 회복된 후 효과적인 면역력은 생기지 않는다.

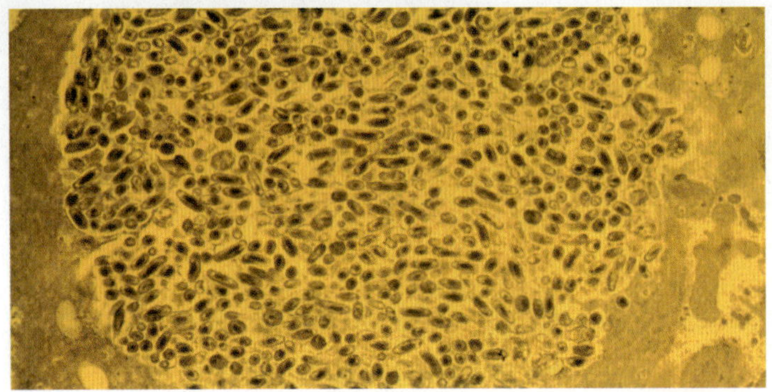

(a) 태반 세포에서 성장하는 콕시엘라 버네티의 덩어리. TEM 2 μm

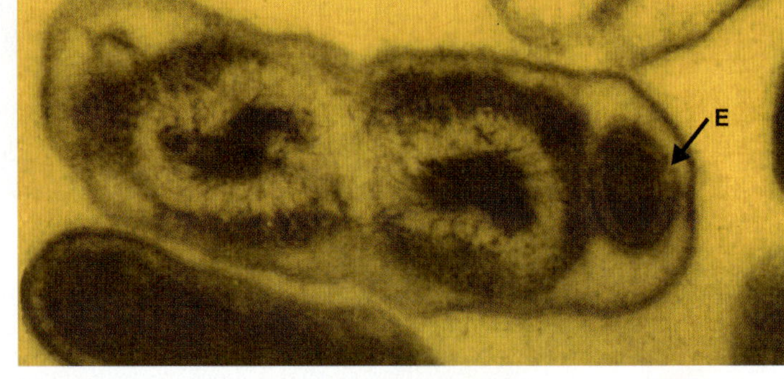

(b) 분열하고 있는 세포; 아마도 이 생물체의 상대적인 저항성을 설명하는 내생포자 유사체(E)를 주목하라. TEM 0.5 μm

그림 24.14 **콕시엘라 버네티, Q열의 원인**

Q열은 어떤 두 가지 방법에 의해 전파되는가?

미국에서는 거의 매년 100건 이하의 사례가 보고되고 사망하는 경우는 거의 없다. 주된 위험은 늦게 진단하는 것이다. 항생제 치료가 유용하지 않던 시절에 사망률은 약 15~20%이었다.

임상 사례

가족의 증상이 더 나빠지자, 케일은 가족 의사인 캔트웰(Cantwell) 박사에게 진료예약을 하였다. 가족들의 호흡기 증상 때문에 캔트웰 박사는 케일과 아트, 스티븐의 엽성 폐렴을 확인하기 위해 흉부 X선 검사를 지시했다. 의사의 진료실에 있는 동안 아이들은 캔트웰 박사에게 자신의 애완동물인 왕관 앵무새 빗시를 얼마나 그리워하는지에 대해 이야기하였다. 왕관 앵무새가 앵무과의 새란 것을 인지한 캔트웰 박사는 항체 검사를 위해 혈액을 채취하고, 테트라사이클린을 처방하였으며, 모두에게 한 달 뒤 회복기의 혈청 검사를 위해 병원에 다시 오라고 이야기하였다.

캔트웰 박사는 왜 혈청을 검사하길 원했는가?

681 **696** 697 699 701 704

클라미디아성 폐렴

대학생 집단에서 한 호흡기 질병의 집단 발병은 클라미디아가 원인인 것으로 밝혀졌다. 원래 이 병원체는 클라미디아 프시타시(*C. psittaci*)로 간주되었으나, 폐렴 클라미도필라(*Chlamydophila pneumoniae*)로 종의 이름이 바뀌었으며 이 병은 **클라미디아성 폐렴(chlamydial pneumonia)**으로 알려져 있다. 임상적으로 이것은 마이코플라스마성 폐렴과 유사하다. (또한 폐렴 클라미도필라와 지방의 침착으로 동맥이 막히는 병인 동맥경화증이 연관이 있다는 유력한 증거도 있다.)

이 병은 아마도 호흡기 경로를 통해 사람에서 사람으로 전파되는 것 같다. 미국 인구의 거의 절반이 이 생물체에 대한 항체를 가지고 있다는 점을 보면 이것은 흔한 질병이다. 여러 혈청학적 검사가 진단에 이용되지만 그 결과는 항원의 다양성으로 인해 복잡하다. 가장 효과적인 항생제는 테트라사이클린이다.

Q열

1930년대 중반 동안에 호주에서는, 이전에 보고되지 않은 감기 같은 폐렴이 출현하였다. 명백한 원인이 없었기 때문에 이러한 고통의 원인을 많은 사람들이 "X열"이라 부르기도 하였지만, 의문이란 의미의 **Q(*query*)열**이라 이름 지었다. 원인 병원체는 나중에 절대 기생성, 세포내 세균인 콕시엘라 버네티(*Coxiella burnetii*)로 확인되었다(그림 24.14a). 현재 이 균은 감마프로테오세균(gammaproteobacteria)의 일원으로 분류된다. 프란시셀라(*Franciscella*)와 레지오넬라(*Legionella*)속을 비롯한 이 그룹의 다른 세균들과 함께, 이들은 세포내에서 증식하는 능력을 가지고 있다. 리케차를 비롯한 대부분의 세포내 세균은 공기매개 전파에서 생존할 만큼 충분한 내성이 없지만 이 미생물은 예외이다.

Q열은 다양한 임상증세가 나타나며 체계적인 검사 결과는 약 60%의 사례가 심지어 무증상이었다. 급성 Q열 사례는 주로 고열, 두통, 근육통, 그리고 기침 등의 증상을 나타낸다. 불쾌한 느낌이 수 개월 동안 지속되기도 한다. 급성 환자의 약 2%는 심장이 연관되어 드물게 치명적일 수 있다. 만성 Q열의 경우 가장 잘 알려진 증세는 심내막염이다(647쪽 참조). 최초 감염과 심내막염의 출현 사이에는 5~10년의 기간이 경과할 수 있다. 따라서 이러한 환자들은 급성질병의 징후를 거의 보이지 않아 Q열과의 연관성을 종종 놓치게 된다. 항생제 치료와 초기 진단은 만성 Q열로 인한 사망률을 5% 아래로 낮출 수 있다.

콕시엘라 버네티는 여러 절지동물 특히 소 진드기의 기생충이며, 진드기에 물림으로써 동물 사이에서 전파된다. 감염된 동물로는 대부분의 포유류 애완동물과 소, 염소, 양 등을 들 수 있다. 동물에서 감염은 주로 무증상이다. 소 진드기는 유제품을 생산하는 가축 사이에 병을 전파하며 미생물은 대변과 우유, 감염된 소의 오줌에 퍼져 있다. 일단 병이 한 무리에 정착되면 에어로졸 전파에 의해 유지된다. 이 병은 저온살균 처리하지 않은 우유를 마시거나 특히 축사에서 새끼를 낳을 때 그램당 약 1억 마리의 세균이 들어 있는 태반에서 발생하는 미생물의 에어로졸을 흡입함으로써 인간에게 전파된다.

한 개의 병원체를 흡입하는 것으로도 감염을 일으키기에 충분하며 많은 낙농 종사자들이 적어도 무증상인 감염에 걸려 있다. 고기와 가축을 가공하는 공장의 근로자도 또한 위험에 처해 있다. 1956년부터 콕시엘라 버네티를 죽일 수 있도록 원래 결핵 간균의 제거가 목적인 우유 저온살균 처리의 온도를 약간 올렸다. 1981년, 이 세균의 열에 대한 내성을 설명할 수 있는 내생포자-유사체가 발견되었다(그림 24.14b). 이러한 저항체는 전형적인 세균 내생포자보다 클라미디아의 기본 소체와 더 유사하다.

병원체는 세포 배양이나 또는 달걀의 배아에서 배양하고 분리하여 확인할 수 있다. 환자의 혈청에서 콕시엘라(*Coxiella*) 특이 항체를 검사하는 실험실 연구원은 혈청학적 검사를 사용할 수 있다.

전 세계적으로 발견되는 질병인 Q열은 미국에서는 대부분 서쪽 주에서 발생한다. 이 병은 캘리포니아, 애리조나, 오리건, 그리고 워싱턴 주에서는 풍토병이다. 실험실 연구원과 다른 높은 위험이 있는 사람을 위한 백신이 있다. 치료를 위해 독시사이클린을 추천한다. 만성 감염에서 대식세포 내에서의 성장으로 콕시엘라 버네티에 내성이 생겼을 때는, 항말라리아제인 클로로퀸과 독시사이클린을 함께 사용함으로써 살균효과를 회복시킬 수 있다. 클로로퀸은 식포의 pH를 끌어올려 독시사이클린의 효과를 증가시킨다.

임상 사례

캔트웰 박사는 호흡기 질병의 증거와 최근 왕관 앵무새에 노출된 것 때문에 앵무새병을 의심하였다. 다음 달 회복기 혈청을 검사하기 위해 병원을 방문했을 때 응우엔 가족 모두는 훨씬 좋아졌다. 그들의 혈청에 대한 간접 FA 검사 결과는 아래와 같다.

응우엔 가족 구성원	클라미도필라 프시타시에(*C. psittaci*) 대한 항체 역가	
	급성기 혈청	회복기 혈청
케일	0	0
아트	32	16
게비	64	32
스티븐	64	32
트레	128	64

이러한 결과는 무엇을 의미하는가?

681 696 697 699 701 704

멜리오이도시스

1911년 버마(현재 미얀마) 랑군의 마약 중독자 중에서 새로운 질병이 보고되었다. 세균성 병원체인 버크홀데리아 슈도말레이(*Burkholderia pseudomallei*)는 이전에는 슈도모나스(*Pseudomonas*) 속에 속했던 그람음성 간균이다. 이것은 말의 질병인 마비저(glanders)를 일으키는 세균과 아주 유사하였다. 따라서, 이 질병을 그리스어로 멜리스(*melis*, 엉덩이의 급성 전염병)와 에이도스(*eidos*, 유사)를 합친 **멜리오이도시스(melioidosis)**라 이름 지었다. 이것은 현재 병원체가 습한 토양에 널리 분포하는 곳인 남동아시아와 호주 북쪽 지역에서는 주요 전염병으로 알려져 있다. 이 병은 면역력이 낮은 사람, 주로 당뇨병 환자와 같은 사람에게 아주 흔하게 발생한다. 아프리카, 카리브해, 중앙 및 남아메리카, 그리고 중동에서는 사례가 산발적으로 보고된다. 많은 동물 종 또한 이 병에 잘 걸린다.

임상적으로 멜리오이도시스는 폐렴으로 가장 흔하게 나타난다. 사망은 병이 퍼져서 패혈성 쇼크 때문에 발생한다. 사망률은 남동아시아에서는 약 50%, 호주에서는 20%에 달한다. 그러나 이것은 또한 뇌사성 근막염(595쪽 그림 21.8 참조)과 유사하게 여러 신체조직에 농양과 심한 패혈증, 심지어는 뇌염으로 나타날 수도도 있다. 전염은 주로 흡입에 의해 일어나지만 다른 전염 경로는 찔린 상처와 섭취를 통한 감염이다. 베트남에서 복귀한 미군의 약 7%는 이 세균에 노출된 혈청학적 증거를 보이며, 헬리콥터 승무원에서 가장 높았는데 아마도 흡입 때문인 것 같다. 아주 긴 잠복기를 가질 수 있으며 가끔 지연된 발생 사례가 이러한 집단에서 나타난다. 가장 최근에 여러 사례가 2004년 인도양 쓰나미(지진에 의해 발생한 해일) 대참사에서 생존한 사람들에서 보고되었다.

진단은 주로 체액에서 병원체를 분리하는 것이다. 풍토지역에서 혈청학적 검사는 유사한 비병원성인 세균이 널리 노출되어 있기 때문에 문제가 있다. 신속한 PCR 검사가 임상시험 중에 있다. 항생제 치료는 효과가 불확실하며, 가장 일반적으로 사용하는 것은 베타-락탐계 항생제인 세프타지딤(ceftazidime)이지만 여러 달의 복용기간이 필요할 수도 있다.

이해도 확인하기

- 어떤 그룹의 세균 병원체가 "걸어다니는 폐렴"이라고 비공식적으로 부르는 질병을 일으키는가? 24-7
- 인간에게 멜리오이도시스를 일으키는 세균이 또한 말에게는 어떤 질병은 일으키는가? 24-8

하부 호흡계의 바이러스성 질병

학습 목표

24-9 바이러스성 폐렴과 RSV, 인플루엔자에 대한 원인 병원체, 증상, 예방, 그리고 선호하는 치료법에 대해 열거한다.

갑작스런 발생

1. 64세 남자인 제리 로버츠(Jerry Roberts)가 발열, 권태감, 그리고 기침을 호소하며 일차 진료 의사를 방문하였다. 그는 지금까지 DTaP를 포함한 백신을 모두 예방접종 받았다. 그의 상태는 며칠 동안 악화되었으며, 숨쉬기가 곤란하고, 열은 40.4°C까지 올랐다. 로버츠는 입원했고 그의 폐는 얇은 수성 분비물과 함께 가벼운 염증의 징후를 보였다. 사진은 환자에서 분리한 세균의 그람염색 결과를 보여준다.
가능한 질병은 무엇인가?

2. 같은 날 37세 남자인 안토니오 비비아노(Antonio Viviano)는 가쁜 호흡, 피로, 그리고 기침 때문에 응급실을 찾았다. 발열과 오한이 있기 전 날 그의 최고 체온은 38.6°C였다.
두 환자에게는 어떤 추가 검사를 해야 하는가?

3. PCR과 실험실 배양, 혈청학적 검사를 두 환자에게 실시해야만 한다. 두 환자에서 레지오넬라 뉴모필라 혈청그룹 1에 대한 항체 역가는 1024 이상이었다. 지역 보건 당국은 두 환자가 재향군인병으로 입원했기 때문에 이들을 접촉했다.
이제 무엇을 알 필요가 있을까?

4. 두 환자에게 최근에 여행한 적이 있는지, 있다면 어디를 여행했는지를 질문해야만 한다. 입원하기 일주일 전에 두 사람은 하루 동안 같은 호텔에 묵었다. 6건의 재향군인병 추가 사례가 다른 병원에서 확인되었다. 위치, 숙박시설, 날짜, 그리고 감염에 대한 공통적인 노출원에 대한 정보를(표 참조) 포함하여 질병이 발생한 여행 과정을 확인하기 위해 8명의 환자 모두에게 후속 질문을 했다.
감염의 출처는 무엇이라 생각하는가?

환자들의 여행 기록	
나이	37~70 세 (평균: 60)
성별	남성 6명; 여성 2명
호텔 숙박일 수	1~4 (평균: 3)
당뇨병	4
면역억제자	1
흡연자	5
호텔에서 샤워한 사람	8
호텔 기포발생 욕조 사용자	1
호텔 수영장 사용자	6

5. 전염성의 재향군인병은 주로 레지오넬라 균에 오염된 물과 같은 환경적인 출처에서 발생한 에어로졸에 취약한 사람이 노출되면서 일어난다.
왜 출처를 확인하는 것이 중요한가?

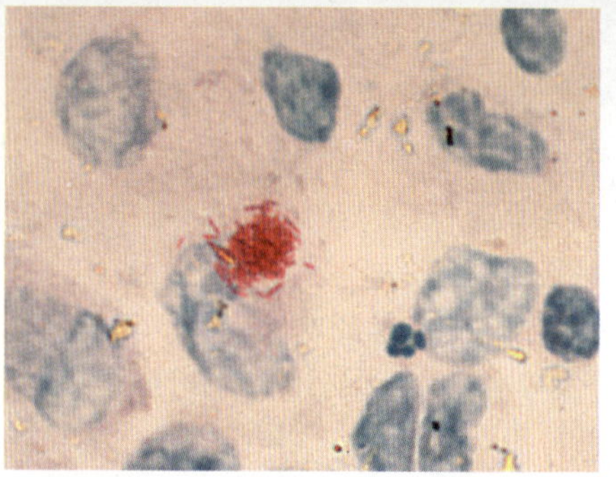

조직 시료 안에 세균을 보여주는 그람염색 LM 4 μm

6. 사례를 역추적하는 확인작업을 통해 통제와 상황 개선이 가능해 진다. 같은 단일 항체형의 레지오넬라 뉴모필라가 온수저장탱크와 냉각탑, 환자와 식구들이 묵은 호텔방의 샤워기와 수도꼭지에서 검출되었다.
왜 호텔의 다른 투숙객들은 아프지 않았는가?

7. 갑작스런 병의 발생 동안에 발병률은 노인과 흡연자, 면역력이 억제된 사람 등이 포함된 특정 고위험 그룹에서 가장 높게 일어나는 경향이 있다.
개선에 대한 권장사항은 무엇인가?

샤워기 대와 수도꼭지는 표백제로 소독하였다. 욕조 필터도 청소하였고 이동식 수도 시설은 고염소처리를 했다.

1976년 필라델피아 호텔 투숙객 가운데 처음 발생한 재향군인병 이래로 호텔은 이 병이 발생하는 흔한 장소가 되었다.

출처: Adapted from CDC data, 2010.

바이러스가 하부 호흡계에 도달해 병을 일으키려면 반드시 자신을 가둬서 파괴하려고 고안된 숙주의 여러 방어체계를 피해야만 한다. 그럼에도 불구하고 바이러스는 수많은 호흡기 질병을 일으킨다. 새로 도입된 xTAG 호흡기 판넬 검사는 여남은 종류의 이러한 질병들을 한번에 진단할 수 있다.

바이러스성 폐렴

바이러스성 폐렴(viral pneumonia)은 인플루엔자, 홍역, 또는 심지어 수두의 합병증 등으로 일어날 수 있다. 다수의 장바이러스와 다른 바이러스가 바이러스성 폐렴의 원인인 것으로 보이지만 임상 시료에서 적절하게 바이러스를 검사할 장비를 갖춘 실험실이 거의 없기 때문에, 단지 1% 미만의 폐렴형 감염에서만 바이러스가 분리되고 확인된다. 원인이 밝혀지지 않는 폐렴 사례의 경우 마이코플라스마성 폐렴을 배제한다면, 주로 바이러스가 원인인 것으로 가정한다.

호흡기 세포융합 바이러스(RSV)

호흡기 세포융합 바이러스(respiratory syncytial virus, RSV)는 아마도 유아에 발생하는 바이러스성 호흡기 질병의 가장 흔한 원인이다. 미국에서는 매년 RSV로 인해 약 4,500명이 사망하는데 대부분이 2~6개월 된 유아들이다. 이것은 또한 인플루엔자로 쉽게 오진될 수 있는 노인들에게 생명을 위협하는 폐렴을 일으킬 수 있다. 이 전염병은 겨울과 이른 봄 동안에 발생한다. 사실상 두 살까지의 모든 어린이에게 감염되며 약 1% 정도는 병원에 입원한다. RSV는 때때로 중이염 사례와 밀접하게 연관되어 있다고 앞서 언급한 적이 있다. 이 바이러스의 이름은 세포배양에서 성장할 때 세포 융합을 일으키는 이들의 특징에서 유래하였다[융합체(syncytium) 형성, 444쪽 그림 15.7b]. 증상은 일주일 이상 지속되는 기침과 쌕쌕거림이다. 발열은 오직 세균성 합병증이 있을 때만 일어난다. 바이러스와 항체를 모두 검출하기 위해 호흡기 분비물 시료를 사용하는 몇 가지 신속한 혈청검사가 현재 이용되고 있다.

자연적으로 획득되는 면역력은 아주 약하다. 면역글로불린 제품이 생명이 위협받을 정도로 폐에 문제가 있는 유아를 보호하기 위해 승인되었다. 보호 백신은 현재 임상시험 중에 있다. 비용이 들더라도 생명이 위태로운 상황에서는 화학요법으로, 때때로 항바이러스제인 리바비린을 에어로졸로 투여하여 심각한 증상을 완화시킬 수 있다. 주로 고위험 환자를 구하기 위해 가장 최근에 승인된 치료는 인간에 적응된 단일클론 항체인 파리비주맙[palivizumab, 약품명: 시나기스(Synagis)]이다.

임상 사례

항체 역가는 응우엔 가족이 앵무새병에 걸렸다는 켄트웰 박사의 의심을 확인시켜주었다. 감소하는 역가 수치는 그들이 회복 중에 있다는 것을 보여준다. 50건 이하의 인간 앵무새병 사례가 매년 보고된다. 감염은 다음과 같은 여러 이유 때문에 보고된 사례로 드러나는 것보다 더 자주 일어난다: (1) 클라미도필라 프시타시 감염은 단지 가벼운 증상을 띠며; (2) 의사들이 진단을 의심하지 않거나 환자들이 일시적으로 새와 접촉한 것을 기억하지 못하기 때문에, 의사들은 환자를 평가할 때 새와 접촉한 사실을 이끌어 낼 수 없으며; (3) 치료를 통해 임상적인 개선을 보인 환자에게서는 회복기 혈청 시료를 채취하지 않으며; 그리고 (4) 적절한 항생제 치료의 신속한 시작은 클라미도필라 프시타시에 대한 항체 반응을 무디게 하여 회복기 혈청의 효과가 소용없도록 만들기 때문이다. 켄트웰 박사는 빗시의 죽음에 대한 더 많은 정보를 얻기 위해 응우엔의 수의사에게 전화했다.

켄트웰 박사는 빗시에 대해 무엇을 알 필요가 있는가?

681 696 697 **699** 701 704

독감(인플루엔자)

세계 선진국에서는 아마도 일반적인 감기를 제외하고 어떤 다른 질병보다도 **독감(influenza, flu)**에 대해 더 많이 알고 있다. 독감은 오한, 발열, 두통, 그리고 근육통이 특징이다. 회복은 보통 수일 안에 일어나며 열이 내리면서 감기 같은 증세가 나타난다. 심지어는 유행이 되지 않은 해에도 여전히 30,000~50,000의 미국인이 매년 독감 때문에 죽는 것으로 추산된다. 설사는 이 병의 일반적인 증상이 아니며, 배가 아픈 "위장 독감(stomach flu)"이라고 알려진 장염은 아마도 다른 원인 때문인 것 같다.

독감바이러스

독감바이러스(*Influenzavirus*)속의 바이러스는 안쪽의 단백질층과 바깥쪽의 지질 이중층에 싸여 있는 길이가 다른 여덟 개의 RNA 분절로 구성되어 있다(373쪽 그림 13.3b, 그림 24.15). 바이러스를 특징짓는 수많은 돌기가 지질 이중층에 박혀 있다. 두 가지 형태의 돌기, 즉 적혈구응집소(hemagglutinin, HA) 돌기와 뉴라민가수분해효소(neuraminidase, NA) 돌기가 있다.

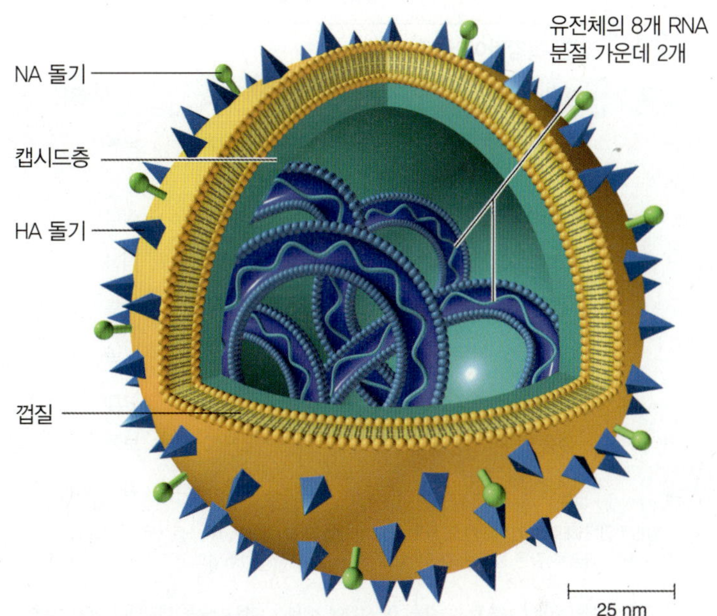

그림 24.15 독감바이러스의 상세 구조. 바이러스는 지방 이중층(껍질)과 두 가지 형태의 돌기로 덮여 있는 단백질 외피(캡시드)로 이루어져 있다. 유전체는 8개의 RNA 분절로 구성되어 있는데 6개는 내부 단백질, 2개는 HA와 NA 돌기 단백질을 부호화한다. 어떤 환경 상태에서 독감바이러스는 형태학적으로 실 모양을 한다고 추측된다.

Q 독감바이러스의 주요한 항원 구조는 무엇인가?

각 바이러스마다 약 500개가 있는 HA 돌기는 바이러스가 숙주세포를 감염하기 전에 세포를 인식하고 부착할 수 있게 해준다. 독감바이러스에 대한 항체는 주로 이러한 돌기들에 대해 만들어진다. **적혈구응집소**란 용어는 바이러스가 적혈구와 섞였을 때 일어나는 적혈구의 응집현상을 의미한다. 이러한 반응은 혈청학적 검사에 중요한데, 적혈구응집반응 방해 검사가 종종 인플루엔자와 일부 다른 바이러스를 구별하기 위해 사용된다.

바이러스마다 약 100개가 있는 NA 돌기는 모양이나 기능 면에서 HA 돌기와 다르다. 이들은 바이러스가 세포 안에서 증식한 후 나올 때 감염된 세포에서 바이러스가 분리되는 것을 도와주는 것 같다. NA 돌기도 또한 항체 생성을 자극한다. 그러나 이 항체는 HA 돌기에 반응하여 생산되는 항체보다 병에 대한 몸의 내성에는 덜 중요하다.

바이러스 균주(strain)는 HA와 NA 항원에 대한 변이에 따라 구분한다. 다른 형의 항원들은 예를 들면 H1, H2, H3, N1, 그리고 N2와 같이 할당된 번호가 있다. HA에 대한 16개의 아형과 NA에 대한 9개의 아형이 있다. 각 번호가 바뀌는 것은 돌기를 구성하는 단백질에 상당한 변형이 있음을 의미한다. 이러한 다양성은 두 가지 과정, 즉 항원 소변이(antigenic drift)와 항원 대변이(antigenic

표 24.1 인간 독감바이러스*

유형	항원 아류형	연도	병의 심각성
A	H3N2 (중국 남부에서 유래한 최초의 "근세의" 대유행)	1889	보통
	H1N1 (스페인)	1918	심함
	H2N2 (아시아)	1957	심함
	H3N2 (홍콩)	1968	보통
	H1N1 (러시아)[†]	1977	낮음
	H1N1 (멕시코)	2009	낮음
B	없음	1940	보통
C	없음	1947	아주 약함

* 일반적인 견해로 보면 H1과 H2, H3는 인간을 감염하는 종이고, H4, H5, H6, 그리고 H7은 주로 돼지와 가금류 같은 동물을 감염한다(조류 인플루엔자 종 H5N1과 H7N7은 인간 사상자를 냈다).

[†] 아마도 실험실에서 유출된 것 같음. 이 시기에 20세가 넘은 사람은 대부분이 1950년대와 금세기 초기에 순환했던 유사한 바이러스에 면역이 되었다.

출처: Adapted from C. Mims, J. Playfair, I. Roitt, D. Wakelin, and R. Williams, *Medical Microbiology*, 2nd ed. London: Mosby International, 1998.

shift)에 의해 결정된다. 높은 돌연변이 발생률은 DNA 바이러스의 "교정" 능력이 결여된 RNA 바이러스의 특징적인 것이다. 이러한 돌연변이의 축적인 **항원 소변이(antigenic drift)**는 결국 바이러스가 대부분의 숙주 면역을 피할 수 있게 해준다. 예를 들면, 바이러스가 여전히 H2N2로 명명된다고 해도 바이러스 균주에는 작은 항원성의 변이가 계속해서 일어나고 있다. 지금까지 정말로 인간에 적응한 바이러스는 단지 H1N1, H2N2, 그리고 H3N2뿐이다. 진화적인 측면으로 바이러스의 관점에서 보면 최소한의 병원성을 가지고 전파가 잘 되게 하는 돌연변이를 축적하는 것이 바람직하다. (만일 바이러스가 숙주를 빠르게 죽이거나 또는 몸져 눕게 만들면 전파는 거의 일어날 수 없다.)

항원 대변이(antigenic shift)는 인간 집단에서 발생한 대부분의 면역을 피하기에 충분한 큰 변화를 의미한다(13장 374쪽 상자 참조). 이것은 표 24.1에서 요약한 1918, 1957, 그리고 1968년의 대유행을 비롯한 갑작스런 독감 발생의 원인이다. 항원 대변이는 바이러스 RNA의 8개 절편(그림 24.15 참조)이 관여된 **재배열(reassortment)**이라 부르는 다수의 유전적 재조합과 연관이 있다. 재배열을 상상해 보려면, 카지노 슬롯머신을 돌릴 때 나오는 그림들을 떠올리면 된다.

이 바이러스는 조류와 포유류 종에서 발견되며 일반적으로 인간은 조류 종에 의해서는 감염되지 않는다. 그러나 돼지와 여러 야생조류는 조류와 포유류 종 둘 모두의 독감바이러스에게 감염될 수 있다. 그러므로 돼지는 재배열이 일어날 수 있는 좋은 "혼합 용기"이다. 바이러스에 감염된 오리와 다른 철새와 같은 야생조류는 넓은 지리적 지역에 걸쳐 바이러스를 전파하는 무증상의 전염병 매개체가 된다. 인간과 사육용 닭, 돼지가 서로 가깝게 밀집하여 함께 사는 지역(주로 동아시아와 동남아시아)이 재배열이 일어날 가능성이 가장 큰 곳이다. 이러한 지역에서는 1990년대 중국에서 나타난 H5N1과 같은 조류 독감 발생의 온상이 되는 거대한 규모의 농장에서 가금류가 사육되고 있다. 다행히도 이러한 농장의 감염된 조류에서 인간으로 바이러스가 전파되는 것은 극히 제한적이었다. 그러나 유전자 재배열은 인간 집단 사이에서 아주 빠르게 확산될 수 있는 새로운 조류 H5 변종을 생산할 수 있다는 우려가 있다.

독감의 역학

항상 전세계적인 대유행은 아닐지라도 거의 매년 독감이 유행하여 수많은 사람들에게 급속하게 퍼져나간다. 이 질병으로 인한 사망률은 주로 1% 이하로 높지 않지만, 사망은 주로 유아와 노인에서 일어난다. 그러나 워낙 많은 사람이 이런 주요한 유행병에 감염되기 때문에 대개 전체 사망자 수가 크게 증가하게 된다.

2009년에 발생한 가장 최근의 대유행은 H1N1 바이러스가 연관되었다. 1918년 치명적인 대유행(다음의 논의 참조)이 H1N1 바이러스가 원인이었기 때문에 이 변종은 항상 특별한 관심대상이다. 다행히도 2009년 바이러스는 특별한 독성이 없었다. 이 종은 멕시코와 중앙아메리카에 있는 돼지에게 계속해서 순환되었음이 확실하고 이 지역에서는 거의 역학조사를 하지 않았기 때문에 발견되지 않았었다. 돼지는 이러한 종류의 바이러스를 위한 "따듯한 냉동고"로 중요하게 작용할 수 있다. 독감바이러스의 돌연변이는 수명이 긴 인간 안에서 더 잘 일어날 것 같다. 바이러스는 축적된 면역학적 저항성을 피하기 위해 계속해서 변해야만 한다. 반대로 돼지와 가금류는, 특히 농장에서 사육된다면, 수명이 짧아서 이들에게 감염된 바이러스는 변이를 축적할 것 같지는 않다. 농장에서 사육하는 돼지에게는 H1N1 독감바이러스의 돌연변이에 대한 압박이 거의 없기 때문에 이들은 돼지에서 여러 세대를 거치면서도 거의 변하지 않고 남아 있는 경향이 있다.

독감 백신

지금까지, 일반 대중에게 장기 면역을 제공하는 독감 백신을 만드는 것은 불가능했다. 특별한 항원성의 바이러스 균주에 대한 백신을 만드는 것은 어렵지 않다 할지라도, 당해 연도 후반까지 새로운 백신을 개발하고 제공하기 위해서는 돌고 있는 각 바이러스의 새로운 변이주를 정해진 시간 내에 주로 2월까지는 확인해야만 한다. 독감바이러스의 변이주들은 세계 약 100여 개의 센터에서 수집된 후 중앙연구실에서 분석한다. 여기서 얻은 정보는 다음 독감 시기에 제공할 백신의 구성을 결정하기 위해 사용된다. 백신은 당시에 돌고 있는 세 가지 가장 중요한 변이주에 대처하기 위해 주로 다가(multivalent)이다. 두 가지 유형의 백신이 사용되는데, 불활성화된 방식인 주사용과 약독화된 생바이러스로 만들어진 코에 뿌리는 방식이다.

주된 문제점은 백신을 생산하는 방법이 바이러스를 달걀 배아에서 배양해야만 한다는 것이다. 이 과정은 노동 집약적이고 또한

6~9개월의 소요시간이 필요하다. CDC는 달걀에 의존하는 현행 방법에서 생산기간을 몇 주로 단축하는 방법을 개발하는 데 박차를 가하고 있다. 개발을 단축시키는 한 가지 방법은 빠르게 성장하는 변이주를 선별하여 바이러스를 최적화하는 것이다. 다른 방법은 백신 한 병에 필요한 항원의 양을 결정하는 데 현재 걸리는 시간을 단축하는 것이다.

백신을 생산하는 데 달걀을 사용하는 것은 **세포배양 기술**로 대체할 수 있는데, 이 경우 동물 신장에서 유래된 세포 배양 용기에서 바이러스를 키운다. 이러한 방법은 유럽에서 개발 중에 있으며 백신 생산 시간을 단축시킬 것으로 기대된다. 그러나 달걀을 사용하든 세포를 사용하든 바이러스를 키워야 하는 어떤 방법도 여전히 받아들이기 어려울 정도로 느린 증식 속도를 감내해야만 한다.

궁극적인 목표는 모든 독감 균주에 대해 보호받을 수 있는 독감 백신이다. 예를 들면 특정 **보존 단백질**(conserved protein)을 표적 항원으로 사용하는 것이다. 이러한 단백질은 모든 독감 바이러스에서 동일하거나 또는 거의 비슷해야 하며 바이러스에 필수적인 것이어야 한다. 이러한 표적은 심지어 바이러스 자체에 있는 것이 아니라 예를 들면 감염된 세포의 막에 있는 것 일수도 있다. 그러므로 보존 단백질을 표적으로 하는 것은 바이러스 자체뿐만 아니라 감염된 세포의 파괴를 이끌 수도 있다. 다른 예는 적혈구응집소 단백질 자루 안에 있다. 이 단백질의 구형 머리 부분은 빠르게 변하는 단백질로 구성되어 있지만, 역시 감염에 필요한 단백질의 자루는 변이 없이 잘 보존되어 있다. 이 경우, 보존 단백질은 항원성이 강하지는 않지만, 더 강한 반응을 이끌어 낼 수 있는 물질들을 그들에게 붙일 수는 있다.

1918~1919년 대유행

독감에 대해 논의할 때에는 1918~1919년의 대유행을 언급해야만 한다.* 미국에서만 대략 675,000명이 죽은 것을 포함해 전세계적으로 2,000~5,000만 명이 죽었다. 이것이 왜 이렇게까지 심하게 치명적이었는지에 대해서는 분명하지 않다. 오늘날은 아주 어리거나 아주 나이들은 사람들이 주된 희생자이지만, 1918~1919년에는 젊은 성인에서 가장 높은 치사율이 나타났으며 아마도 "사이토카인 발작(cytokine storm)"으로 인해 보통 몇 시간 안에 죽었다. 감염은 보통 상부 호흡계에 국한되었지만 독성이 일부 변하여 바이러스가 폐까지 침입할 수 있었고 치명적인 출혈을 일으켰다.

또한 바이러스가 신체의 여러 장기의 세포들을 감염할 수 있었다는 것을 시사하는 증거가 있다. 2005년, 독감으로 사망한 미군 병사의 폐에서 분리하여 보존된 시료와 알래스카의 얼은 땅에 영구히 묻혀 있던 희생자의 출토된 시신에서 채취한 시료를 분석하여 1918년 바이러스의 유전자 염기서열을 완전히 밝혀냈다. 그 다음 역유전학 조작 과정을 통해 바이러스를 재창조하여 이것을 닭 배아와 쥐에서 배양하였다.

세균 합병증이 또한 빈번히 감염에 동반되어 항생제 이전 시대였던 당시에는 종종 치명적이었다. 1918년의 바이러스 변이주는 미국의 돼지 집단에서 풍토병이었다고 하기 때문에 여기에서 시작된 것일 수도 있다(13장 374쪽 상자 참조). 때때로 인플루엔자는 이러한 전염원에서 여전히 인간에게 전파되지만, 질병이 1918년에 일어난 독성 질병처럼 전파되지는 않는다.

독감의 진단

수많은 호흡기 질병에 공통으로 나타나는 임상 증상에 의존하여 인플루엔자를 진단하기는 어렵다. 그러나 지금은 의사 진료실에서 채취한 시료(코 세척이나 면봉 검사로)로 20분 안에 인플루엔자 A와 B를 진단할 수 있는 여러 기술이 상용화되어 있다. 정교한 장비를 갖춘 중앙실험실은 바이러스 변이주를 확인하는 데 필요하다.

독감의 치료

항바이러스제인 아만타딘(amantadine)과 리만타딘(rimantadine)을 적절하게 투여한다면 인플루엔자 A의 증상은 크게 약화된다. 이들은 바이러스가 복제된 후 숙주 세포에서 자신을 분리하기 위해 사용하는 뉴라민가수분해효소의 저해제이다. 흡입하는 자나미비어(약품명: 리렌자)와 복용하는 오셀타미비어(약품명: 타미플루)가 있다. 인플루엔자가 시작된 지 30시간 안에 복용하면 이 약들은 바이러스 복제를 늦춘다. 이러한 작용은 면역계를 더 효과적으로 만들어 증상의 기간을 줄여주고 사망률을 낮추어 준다. 인플루엔자의 세균 합병증은 항생제 치료로 고칠 수 있다.

임상 사례

캔트웰 박사는 응우엔의 수의사에게 빗시를 안락사 시키기로 결정하기 전 빗시의 증상과 안락사 시킨 후 새에 대해 어떠한 검사를 했는지에 대해 질문하였다. 수의사는 자신의 노트를 살펴보고 캔트웰 박사에게 안락사한 왕관 앵무새의 배설강(창자)과 목구멍 면봉 시료의 ELISA 검사 결과 클라미디아 항원이 검출되었지만 클라미도필라 프시타시를 배양해 내지는 못했다고 말했다.

이러한 결과를 볼 때 가장 가능성 있는 전파 방법은 무엇이며 어떻게 전염을 막을 수 있겠는가?

681 696 697 699 **701** 704

* 이러한 가장 유명한 대유행의 기원에 관해서는 늘 불확실하다. 제일 믿을 수 있는 보고서는 1918년 3월에 캔사스 주 펀스톤(Funston) 부대의 미군 육군 신병들 중에서 발생한 최초로 잘 기록된 사례를 들 수 있다. 인플루엔자 독감의 첫 번째 파도는 밀집한 군대 병력 중에서 급속히 퍼진 상대적으로 가벼운 질병이었으나 이 병사들이 해외로 파병되면서 프랑스에 도달하였다. 이곳에서 바이러스는 전선의 양쪽 진영 병력을 심하게 무력화시킬 정도의 치명적인 돌연변이를 일으켰다. 군대 검열관은 이 사실을 숨겼고, 병이 중립군인 스페인 병사에게 전파되어 발병하자 신문에 처음 발표하였다. 따라서 이 대유행에 붙여진 이름이 **스페인 독감**(Spanish flu)이다. 높은 치사율을 가진 인플루엔자의 두 번째 파도는 곧 세계로 퍼졌고 1918년 가을과 겨울에 미국으로 다시 전파되었다.

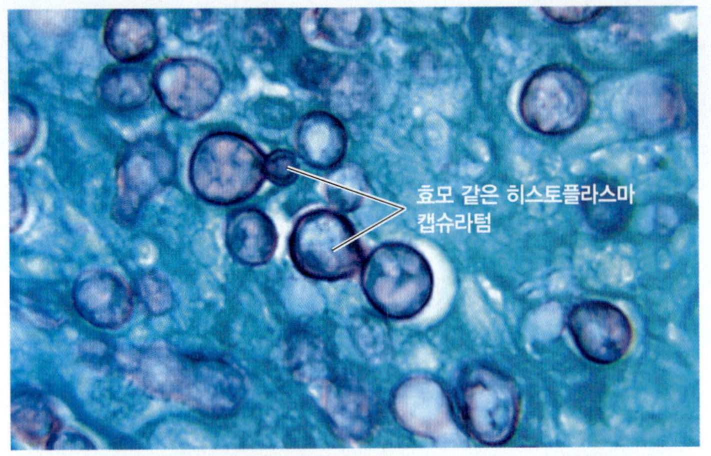

(a) 37℃ 조직에서의 전형적인 효모 같은 성장 형태. 중앙 왼쪽 편에 출아하고 있는 효모 같은 세포를 주목하시오.

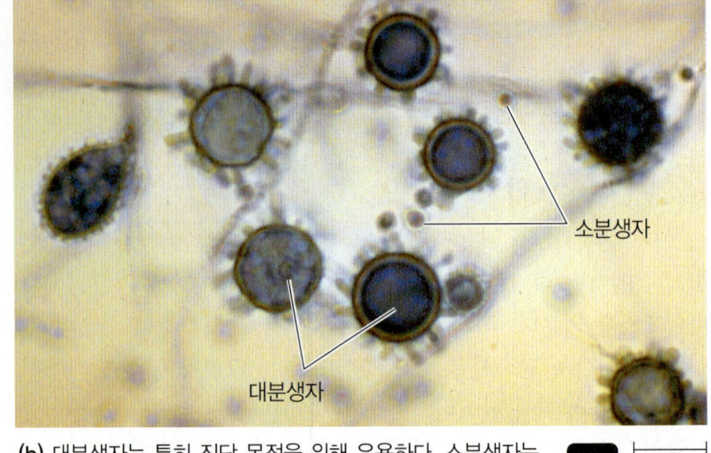

(b) 대분생자는 특히 진단 목적을 위해 유용하다. 소분생자는 균사에서 출아하고 전염성이 있는 형태이다. 37℃ 조직에서 이 생물체는 달걀 모양의 출아하는 효모로 구성된 효모 시기로 전환한다.

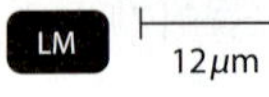

그림 24.16 히스토플라스마 캡슐라텀. 히스토플라스마증을 일으키는 이형성 진균

Q 이형성이란 용어는 무슨 뜻인가?

이해도 확인하기

독감바이러스 RNA 분절들의 재배열은 항원소변이나 항원대변이 중 어느 것을 일으키는가? **24-9**

하부 호흡계의 진균성 질병

학습 목표

24-10 호흡계의 네 가지 진균성 질병에 대한 원인 병원체, 전파 양상, 선호하는 치료법, 그리고 실험실 확인 검사들을 열거한다.

진균은 보통 공기를 통해 전파될 수 있는 포자를 생산한다. 그러므로 여러 심각한 진균성 질병이 하부 호흡계에 영향을 미치는 것이 놀라운 일이 아니다. 최근 진균 감염률은 계속 증가하고 있다. 기회감염성 진균은 면역반응이 억제된 환자에서 자랄 수 있으며 AIDS와 장기이식환자, 암환자에 사용하는 약들은 이전보다 더 많은 면역반응억제 환자를 만들었다.

히스토플라스마증

히스토플라스마증(histoplasmosis)은 외견상 결핵과 유사하다. 사실상 이 병은 투베르쿨린 검사에서 음성을 나타낸 많은 사람들이 X선 검사에서 폐에 병변이 보였을 때 미국에서 널리 퍼져 있는 질병으로 처음 인식되었다. 폐에 최초로 감염될 가능성이 가장 높다 할지라도, 병원체는 혈액과 림프로 퍼져 신체의 거의 모든 장기에 병변을 일으킨다.

증상은 거의 확인되지 않아 대부분이 무증상이어서 병은 가벼운 호흡기 감염 정도로 생각하게 된다. 아마도 0.1%도 안되는 드문 경우에 히스토플라스마증으로 발전하여 심각하고 전신에 퍼진 질병이 된다. 감염된 사람의 면역 체계가 제대로 발휘되지 않을 때 매우 심한 감염을 일으키거나 재발하게 된다.

원인생물체인 히스토플라스마 캡슐라텀(*Histoplasma capsulatum*)은 이형성(dimorphic) 진균으로 조직에서 성장할 때는 효모 같은 형태를 하고 있고(그림 24.16a), 토양 또는 인공 배지에서는 생식하는 분생자(conidia)를 지닌 사상 균사체를 형성한다(그림 24.16b). 체내에서 효모 같은 형태는 이들이 생존하고 증식하는 대식세포 내에서 발견된다.

히스토플라스마증은 전 세계적으로는 꽤 널리 퍼지고 있지만, 미국에서는 제한된 지역에서만 발생한다(그림 24.17). 일반적으로

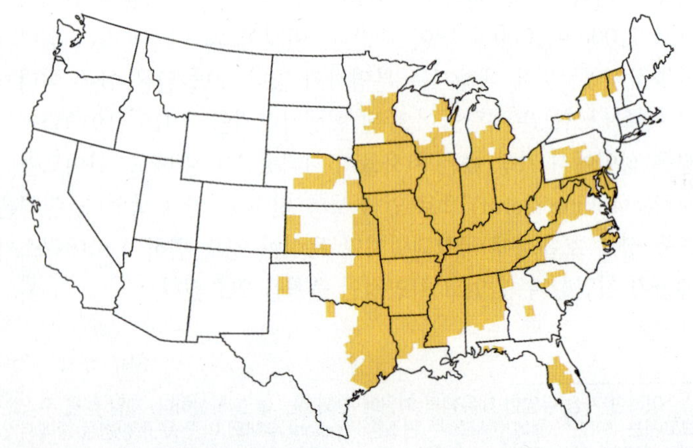

그림 24.17 히스토플라스마증의 분포. 금색은 미국 내의 지리학적 분포를 나타낸다.
출처: CDC.

Q 그림 24.19에 있는 지도에서 표시한 병의 분포와 비교하라. 연관된 두 진균에 대한 토양의 수분 필요성에 대해 당신은 어떤 것을 생각할 수 있는가?

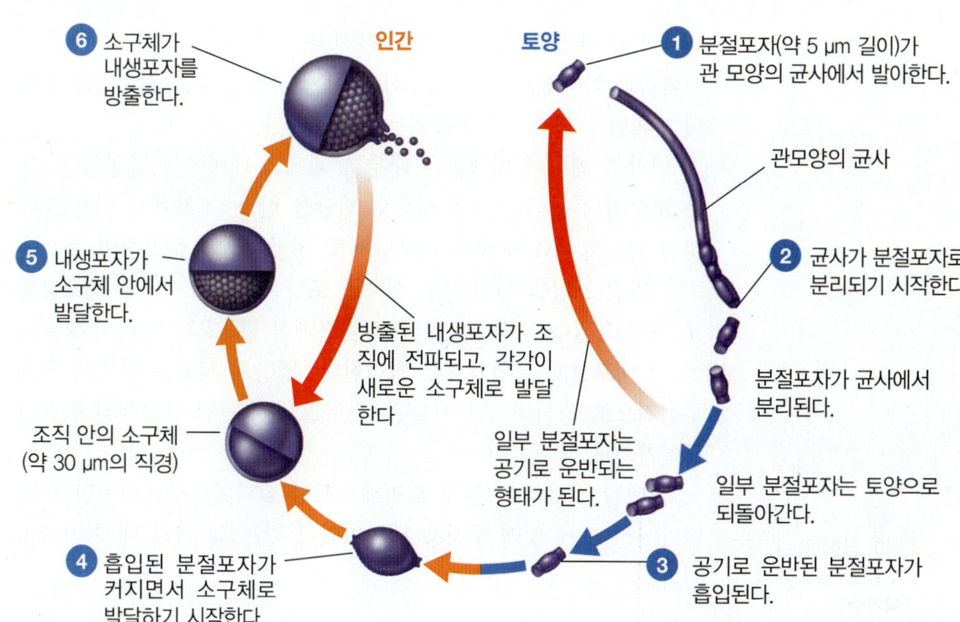

그림 24.18 콕시디오이데스 진균증의 원인인 콕시디오이데스 임미티스의 생활사

Q 콕시디오이데스의 자연 서식처는 무엇인가?

이 질병은 미시시피(Mississippi) 강과 오하이오(Ohio) 강 인접 주에서 발견된다. 이러한 일부 주들의 주민 75% 이상이 이 감염에 대한 항체를 가지고 있다. 다른 주, 예를 들면 메인(Maine) 주에서는 검사의 양성 결과가 거의 드물다. 미국에서는 매년 히스토플라스마증으로 대략 50명 정도가 사망한다.

인간은 적절한 습기와 pH 조건에서 생산되고 공기로 운반되는 분생자로부터 질병을 얻는다. 이러한 조건은 특히 새와 박쥐의 배설물이 쌓이는 곳에서 형성된다. 새 자체는 높은 체온 때문에 질병에 걸리지 않지만 이들의 배설물은 진균을 위한 영양분 특히 질소원을 제공한다. 새보다 낮은 체온을 가진 박쥐는 진균을 보유하고, 이를 배설물에 퍼뜨려 새로운 토양에 옮기게 된다.

임상적 징후와 병력 혈청학적 검사, DNA 탐침, 그리고 가장 중요한 조직시료에서 병원체를 분리하고 확인하는 것이 올바른 진단에 필요하다. 현재 가장 효과적인 화학치료는 암포테리신 B 또는 이트라코나졸이다.

콕시디오이데스 진균증

지리학적으로 제한된 또 다른 진균성 폐 질병은 **콕시디오이데스 진균증(coccidioidomycosis)**이다. 원인 병원체는 이형성 진균인 콕시디오이데스 임미티스(*Coccidioides immitis*)이다. 분절포자(arthroconidia)는 미국 남서부의 건조한 알카리성 토양과 남아메리카와 북 멕시코의 유사한 토양에서 발견된다. 캘리포니아 주의 산 조아퀸(San Joaquin) 계곡에서 자주 발생하기 때문에 이 병은 때때로 계곡열(Valley fever) 또는 산 조아퀸열(San Joaquin fever)로도 알려져 있다. 조직에서 이 생물체는 내생포자로 가득 찬 **소구체**(spherule)로 불리는 두꺼운 벽을 가진 구조를 형성한다(그림 24.18). 하지만 토양에서는 분절포자의 생성에 의해 재생산되는 사상형을 이룬다. 바람은 분절포자를 운반하여 감염을 전파한다. 분절포자는 종종 너무 많아 특히 먼지 폭풍이 일 때는 단지 풍토지역을 운전하고 지나가기만 해도 감염된다. 매년 약 10만 사례의 감염이 발생하는 것으로 추산한다.

대부분의 감염은 명확하지 않으며 거의 모든 환자가 치료 없이도 몇 주 안에 회복된다. 콕시디오이데스 진균증의 증상으로는 가슴 통증과 발열, 기침, 그리고 체중 감소 등이 있다. 1% 이하의 사례에서 결핵과 유사한 점진적 질병이 몸 전체로 퍼진다. 이 병이 발생하는 곳에 장기간 거주했던 성인들의 상당한 비율이 피부검사에서 이전에 콕시디오이데스 임미티스에 감염된 적이 있다는 증거가 있다.

콕시디오이데스 진균증의 발생은 최근 캘리포니아와 애리조나 주에서 증가하고 있다(그림 24.19). 증가 요인으로 노인 거주자 수가 증가하고 HIV/AIDS에 걸린 사람이 증가한 것을 들 수 있다. 갑작스런 발생은 지진이나 거대한 양의 토양이 뒤섞이는 다른 사건이 있은 후에 일어날 수 있다. 미국에서는 매년 50~100명이 이 병으로 죽는다.

진단은 주로 조직 또는 체액에서 소구체를 확인하는 것에 의존한다. 체액 또는 병변에서 병원체를 배양할 수 있지만, 실험실 연구원은 전염성의 에어로졸이 발생할 가능성 때문에 각별한 주의를 기울여야만 한다. 분리한 병원체를 확인하는 데 여러 혈청학적 검사와 DNA 탐침 검사를 사용한다. 투베르쿨린과 유사한 피부 검사를 탐색에 사용한다.

심한 사례를 치료하기 위해서는 암포테리신 B를 사용한다. 그러나 케토코나졸과 이트라코나졸과 같이 독성이 덜한 이미다졸 약제가 대체 약물로 사용된다.

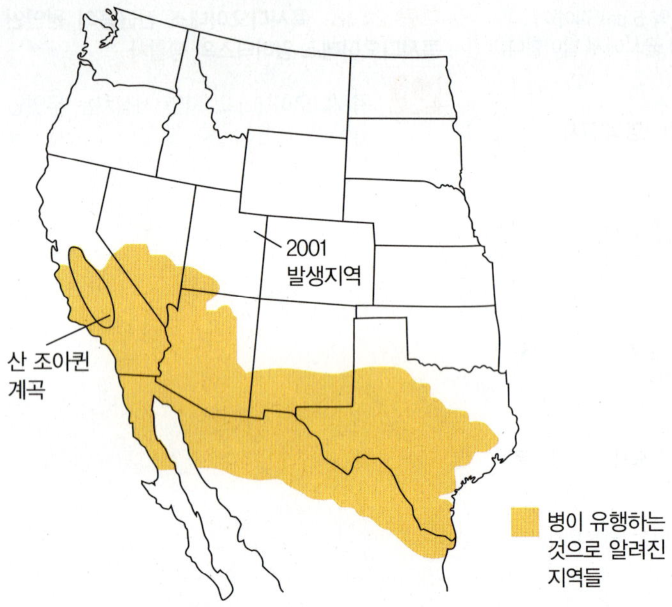

그림 24.19 **콕시디오이데스 진균증의 미국내 유행 지역.** 캘리포니아에 표시한 지역이 산 조아퀸(San Joaquin) 계곡이다. 이 지역에서의 매우 높은 발생 때문에 이 병은 또한 계곡열이라고도 불린다. 지도상에 표시한 유타 주 북동쪽의 작은 지역은 2001년 국립 공룡 유적에서 발굴 작업을 하던 10명이 감염되었던 발생지역을 나타낸다.
출처: CDC.

지진과 공사와 같은 생태학적인 교란 현상이 있은 후 왜 콕시디오이데스 진균증의 출현이 증가하는가?

뉴모시스티스 폐렴

뉴모시스티스 폐렴(*Pneumocystis* pneumonia)은 이전에 뉴모시스티스 카리니(*P. carinii*)였던 뉴모시스티스 예로베치(*Pneumocystis jirovecii*)가 원인이다(그림 24.20). 이 미생물의 분류학적 위치는 파동편모충의 한 발생 단계로 생각했던 1909년 처음 발견했을 때부터 확실하지 않았다. 그때 이후로 이들이 원생동물인지 진균인지에 대한 일치된 합의는 없다. 이것은 두 가지 그룹의 일부 특징들을 가지고 있다. 약간의 구조적인 특징들과 RNA 분석 결과, 이들은 일부 효모와 아주 밀접한 연관이 있는 것으로 나타났기 때문에 주로 진균으로 분류한다.

병원체는 때때로 건강한 사람의 폐에서도 발견된다. 면역력이 있는 어른은 거의 증상이 없지만, 새로 감염된 유아는 경우에 따라서 폐 감염의 증상을 보인다. 면역력이 억제된 사람이 증상이 나타나는 뉴모시스티스(*Pneumocystis*) 폐렴에 가장 취약하다. 이러한 집단은 또한 환경, 동물, 또는 아주 자주 건강한 사람에게서는 발견되지 않는 이 병원체의 전염원이 될 수 있다. 이러한 집단의 비율은 또한 최근 수십 년 동안 크게 확장되고 있다. 예를 들면 AIDS가 유행하기 전에는, 뉴모시스티스 폐렴은 흔하지 않은 질병으로 아마도 매년 100건 정도의 사례가 발생하였다. 1993년 이것은 매년 20,000건 이상이 보고되는 사례로, AIDS의 기본적인 지표가 되었다. 아마도 효과적인 면역 방어의 손상으로 인해 만성 감염이 재발된 것으로 추정한다. 이 질병에 크게 취약한 다른 그룹은 암 때문에 면역력이 약해졌거나, 조직이식에 대한 거부 반응을 최소화하기 위해 면역반응 억제제를 복용하는 사람들이다.

인간의 폐에서 미생물은 대부분 폐포의 내벽에서 발견된다. 보통 포낭이 검출되는 가래 시료로 진단을 한다. 폐포에서 이들은 유성생식의 일부로 구형의 내포낭체로 성공적으로 분열하여 두꺼운 벽을 가진 포낭를 형성한다. 성숙한 포낭은 8개의 이러한 내포낭체를 가지고 있다(그림 24.20 참조). 결과적으로 포낭가 터져 방출되면 각 내포낭체는 영양체로 발전한다. 영양체 세포는 분열에 의해 무성적으로 생산되지만 이들은 또한 포낭에 싸인 유성생식 단계로 들어가기도 한다.

선택된 치료약은 현재 트리메토프림-설파메토사졸이지만 크린다마이신 또는 정맥 주사용 펜타미딘과 같은 몇 가지 대체 약물이 있다.

임상 사례 해결

운송과 밀집, 사육은 병원체가 퍼지는 것을 촉진하기 때문에, 인간은 물론 국산 및 수입 애완 조류는 클라미도필라 프시타시의 전파에 의한 감염의 위험이 있다. 5% 이하의 빈도로 발생하는 조류의 감염은 이러한 상황에서는 100%까지 증가할 수 있다. 미국 농무부(USDA)는 뉴캐슬병(닭에 발생하는 바이러스 질병)의 유입을 막기 위해 모든 수입 조류에게 30일간의 검역기간을 요구한다. 이 기간 동안에 클라미도필라 프시타시의 전염을 막기 위해 USDA 직원은 크롤테트라사이클린(CT) 약제가 첨가된 사료를 앵무새들에게 먹인다. 치료가 45일 동안 지속되지 않는 한, 사육업자와 검역소에서 유통업자에게 전달된 감염된 조류는 클라미도필라 프시타시를 발산할 수 있고 소비자가 구입한 후에도 이러한 발산은 계속된다. 그러므로 향후의 인간에서 발생하는 앵무새병을 막기 위해서, 사육업자와 수입업자는 모든 국내의 새끼 새와 수입 조류에게 45일 동안 계속해서 예방차원의 CT를 투여해야 한다는 것을 명심해야만 한다.

681 696 697 699 701 **704**

분아균증(북미 분아균증)

분아균증(blastomycosis)은 보통 유사한 남미 분아균증과 구분하기 위해 **북미 분아균증(North American blastomycosis)**이라 부른다. 이 질병은 블라스토마이세스 더마타이티디스(*Blastomyces dermatitidis*)가 일으키는데, 이러한 이형성 진균은 아마도 이들이 토양에서 자라는 곳인 미시시피 강과 오하이오 강 계곡에서 가장 흔하게 발견된다. 대부분의 감염은 무증상이지만 대략 30~60명이 매년 이 병으로 죽는다고 보고된다.

감염은 폐에서 시작한다. 이 병은 세균성 폐렴과 유사하며 빠르게 전파될 수 있다. 피부 궤양이 흔히 나타나며, 커다란 농양이 형성되고 조직이 파괴될 수 있다. 병원체는 고름과 생검 시료에서 분리할 수 있다. 암포테리신 B 또는 이트라코나졸이 주로 효과적인 치료제이다.

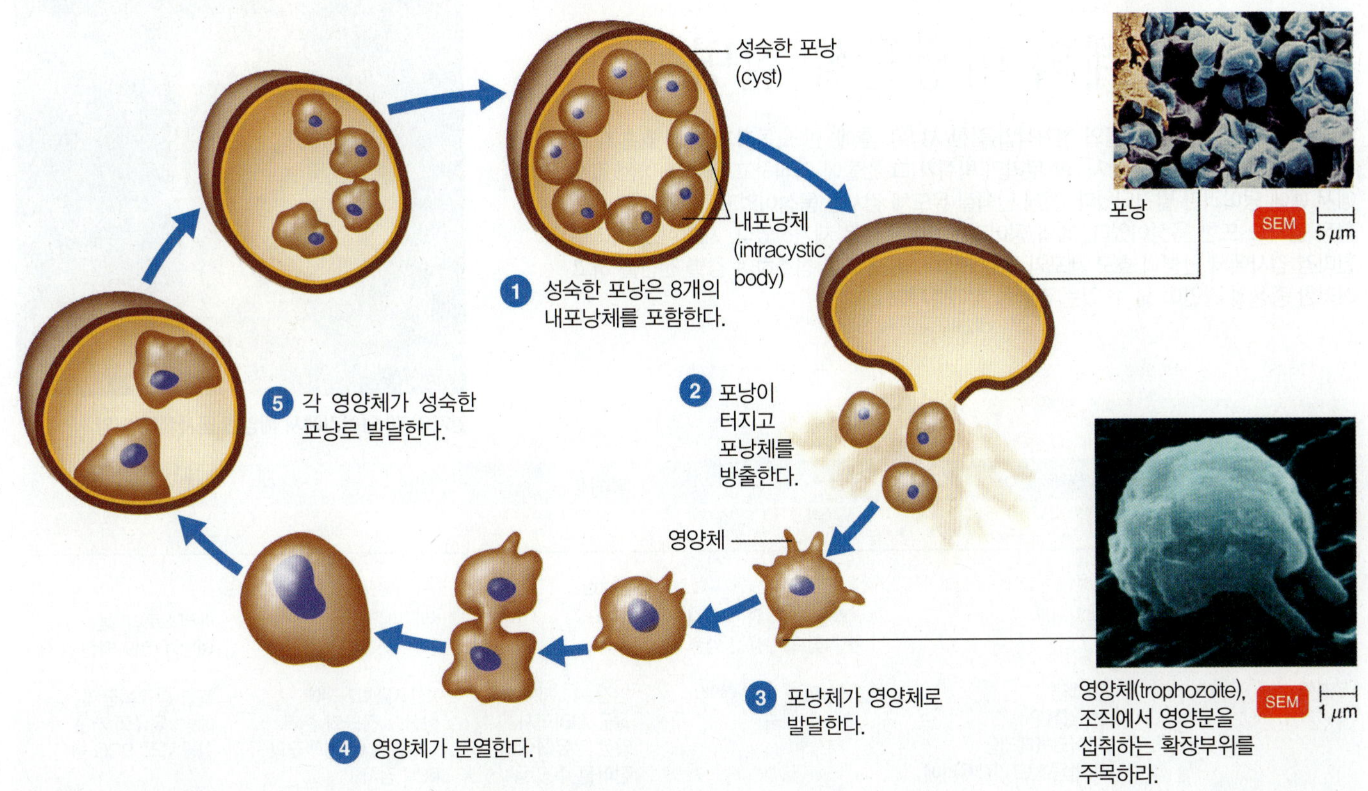

그림 24.20 뉴모시스티스 폐렴의 원인인 뉴모시스티스 예로베치의 생활사. 원생동물로 오랫동안 분류했지만 이 생물체는 현재 일반적으로 진균으로 간주한다. 그러나 양쪽 모두의 특징을 가지고 있다.

Q 이 생물체를 적절하게 분류하는 것이 어떤 가치가 있는가?

호흡기 질병과 관련 있는 다른 진균

여러 다른 기회감염성 진균은 특히 면역반응이 억제되었거나 또는 엄청난 수의 포자에 노출된 사람에게 호흡기 질병을 일으킬 수 있다. **국균증(aspergillosis)**이 중요한 예로 이것은 아스페르길루스 푸미가터스(*Aspergillus fumigatus*)의 분생자와 썩은 식물에 널리 퍼져 있는 다른 종의 누룩곰팡이(*Aspergillus*)가 일으키며 공기로 운반되는 질병이다. 퇴비 더미는 이상적인 성장 장소이며, 농부와 정원사는 대부분 병이 발생할 정도의 양의 분생자에 노출되어 있다.

유사한 폐 감염은 때때로 리조퍼스(*Rhizopus*)와 뮤콜(*Mucor*)과 같은 다른 곰팡이 속의 포자에 노출되었을 때 발생한다. 이러한 질병들 가운데 특히 폐 국균증의 침습성 감염은 아주 위험할 수 있다. 병에 걸리기 쉬운 요인으로는 손상된 면역계와 암, 당뇨병 등이 있다. 대부분의 전신성 진균 감염에 대해서는 단지 제한적으로만 사용할 수 있는 항진균제가 있는데, 암포테리신 B가 가장 유용하다고 알려졌다.

이해도 확인하기

✔ 찌르레기와 박쥐의 배설물은 모두 히스토플라스마 캡슐라텀의 성장을 도와준다. 실제로 이러한 두 동물 전염원 중 어느 것이 주로 진균에 의해 감염되는가? **24-10**

* * *

질병 초점 24.3은 이번 장에서 논의한 하부 호흡계에 영향을 미치는 미생물성 호흡기 질병을 요약하였다.

하부 호흡계의 미생물성 질병들

캔터키 주의 한 버려진 건물의 철거작업을 한 지 3주 후에, 한 노동자가 급성 호흡기 질병으로 입원하였다. 철거 당시, 한 무리의 박쥐가 그 건물에 서식하고 있었다. X선 검사에서 폐에 덩어리가 발견되었다. 정제 단백질 유도체 검사는 음성이었고, 암에 대한 세포학적 검사도 또한 음성이었다. 폐의 덩어리는 외과수술로 제거하였다. 제거한 덩어리의 현미경 검사에서 난형의 효모 세포가 발견되었다. 아래 표를 참조하여 감별 진단을 하고 이러한 증상의 원인이 될 수 있는 감염을 찾아보시오.

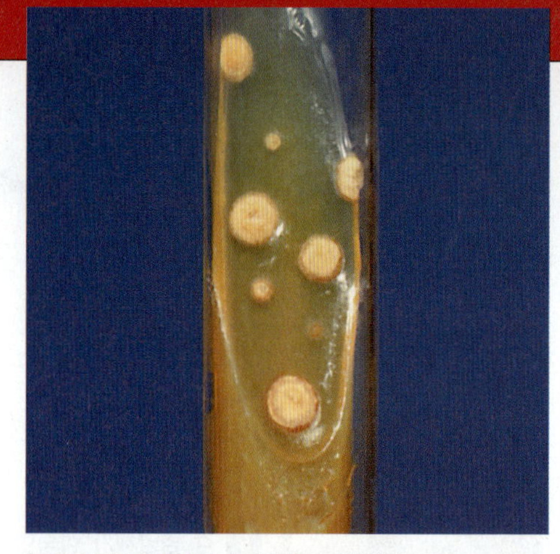

환자의 폐 덩어리에서 배양한 균사체의 배양

질병	병원체	증상	보유체	진단	치료
세균성 질병					
세균성 폐렴(695쪽 질병 초점 24.2 참조)					
백일해	백일해균	점액을 뱉기 위한 격렬한 기침으로 생긴 경련	인간	세균 배양	에리스로마이신 예방: DTaP 백신
결핵	결핵균 소 결핵균 마이코박테리움 아비움-인트라셀루라에	기침, 피가 섞인 점액	인간, 소: 저온 살균 처리되지 않은 우유에 의해 전파될 수 있음	X선 사진; 가래에 항산성 간균의 존재; IFN-γ 검사; 결핵균의 PCR 검사	복합-항결핵균제 예방: 우유의 저온 살균처리; BCG 백신
멜리오이도시스	버크홀데리아 슈도말레이	폐렴, 또는 조직 농양과 심한 패혈증	습한 토양	세균 배양	세프타지딤
바이러스성 질병					
호흡기 세포융합 바이러스(RSV) 질병	호흡기 세포융합 바이러스	유아의 폐렴	인간	혈청학적 검사	파리비주맙(생명을 위협할 경우)
독감	독감바이러스; 여러 혈청형	오한, 발열, 두통, 그리고 근육통	인간, 돼지, 조류	혈청학적 EIA 검사	아만타딘, 인산 오셀타미비어(타미플루)
진균성 질병					
히스토플라스마증	히스토플라스마 캡슐라텀	결핵과 유사	토양; 오하이오와 미시시피강 계곡에 널리 퍼짐	혈청학적 검사	암포테리신 B
콕시디오이데스 진균증	콕시디오이데스 임미티스	발열, 기침, 체중 감소	미국 남서부 사막의 토양	혈청학적 검사	암포테리신 B
뉴모시스티스 폐렴	뉴모시스티스 예로베치	폐렴	잘 모름; 아마도 인간 또는 토양	현미경	트리메토프림-설파메토사졸, 펜타미딘
분아균증	블라스토마이세스 더마타이티디스	농양; 큰 조직 손상	미시시피 계곡 지역의 토양	병원체의 분리	암포테리신 B

학습 개요

서론 (680쪽)

1. 상부 호흡계의 감염은 가장 흔한 형태의 감염이다.
2. 호흡계를 침입하는 병원체는 신체의 다른 부위를 감염할 수 있다.

호흡계의 구조와 기능 (681쪽)

1. 상부 호흡계는 코, 인두, 그리고 중이와 청각관 같은 연합된 구조로 이루어져 있다.
2. 코 속의 거친 털은 호흡계로 들어가는 공기로부터 큰 입자를 걸러준다.
3. 코와 목의 섬모가 난 점막은 공기 중의 입자들을 잡아 몸으로부터 이들을 제거한다.
4. 림프 조직, 편도선, 그리고 선양조직(adenoid)은 일부 감염에 대한 면역력을 제공한다.
5. 하부 호흡계는 후두, 기관, 기관지 및 폐포로 구성되어 있다.
6. 하부 호흡계의 섬모 에스컬레이터 작용은 미생물이 폐에 도달하는 것을 막는 데 도움을 준다.
7. 폐포의 대식세포는 폐에 있는 미생물을 식균작용할 수 있다.
8. 호흡기 점액은 IgA 항체를 포함한다.

호흡계의 정상 미생물상 (682쪽)

1. 비강과 목의 정상 미생물상은 병원성 미생물을 포함할 수 있다.
2. 하부 호흡계는 섬모 에스컬레이터 활동 때문에 보통은 균이 없다.

■ 상부 호흡계의 미생물 질병 (682~686쪽)

1. 상부 호흡계의 특정 지역들이 감염되면 인두염, 후두염, 편도염, 부비강염, 그리고 후두개염을 일으킬 수 있다.
2. 여러 세균과 바이러스, 때로는 이들이 함께 이러한 감염을 일으킬 수 있다.
3. 대부분의 호흡기 감염은 저절로 치료된다.
4. 인플루엔자균(*H. influenzae*) b형은 후두개염을 일으킬 수 있다.

상부 호흡계의 세균성 질병 (683~685쪽)

연쇄상구균성 인두염(패혈성 인두염) (683쪽)

1. 이러한 감염은 그룹 A 베타-용혈성 연쇄상구균이 일으키며, 이 그룹은 화농성 연쇄상구균(*Streptococcus pyogenes*)을 포함한다.
2. 이러한 감염의 증상은 점막의 염증과 발열이며 또한 편도선염과 중이염이 발생할 수 있다.
3. 효소 면역분석법으로 신속하게 진단한다.
4. 연쇄상구균 감염에 대한 면역은 유형-특이적이다.

성홍열 (683쪽)

5. 발적 독소를 생산하는 화농성 연쇄상구균이 원인인 패혈성 인두염은 성홍열로 끝난다.
6. 화농성 연쇄상구균은 대식세포에 의해 용원화되면 발적 독소를 생산한다.
7. 증상은 붉은 발진, 고열, 그리고 붉고 커진 혀를 포함한다.

디프테리아 (684~685쪽)

8. 디프테리아는 외독소를 생산하는 디프테리아균(*Corynebacterium diphtheriae*)에 의해 발생한다.
9. 외독소는 세균이 대식세포에 의해 용원화될 때 생산된다.
10. 섬유소와 인간과 세균의 죽은 세포들로 이루어진 막이 목에 생성되어 기도를 막을 수 있다.
11. 외독소는 단백질 합성을 방해하여 심장, 신장, 또는 신경 손상을 일으킨다.
12. 실험실 진단은 세균의 분리와 분화배지에서 자라는 모양을 근거로 한다.
13. 미국의 관례적인 예방접종은 DTaP 백신 안에 디프테리아 변성 독소를 포함한다.
14. 느리게 치유되는 피부 궤양은 피부 디프테리아의 특징이다.
15. 혈류에 극소의 외독소가 전파된다.

중이염 (685쪽)

16. 귓병 또는 중이염은 코와 목 감염의 합병증으로서 일어날 수 있다.
17. 고름이 축적되면 고막에 압력이 생긴다.
18. 원인 세균은 폐렴 연쇄상구균(*Streptococcus pneumoniae*), 캡슐이 없는 인플루엔자균, 모락셀라 카탈알리스(*Moraxella catarrhalis*), 화농성 연쇄상구균, 그리고 황색포도상구균(*Staphylococcus aureus*)을 포함한다.

상부 호흡계의 바이러스성 질병 (685~686쪽)

감기 (685~686쪽)

1. 대략 200가지 다른 바이러스 중의 하나가 감기를 일으킬 수 있으며 리노바이러스는 모든 감기의 약 50%의 원인이다.
2. 증상은 재채기, 콧물, 그리고 충혈을 포함한다.
3. 부비강 감염, 하부 호흡기 감염, 후두염, 그리고 중이염은 감기의 합병증으로서 발생할 수 있다.
4. 리노바이러스는 체온보다 약간 낮은 온도에서 가장 잘 자란다.
5. 감기의 발생은 찬 날씨 동안에 증가하는데, 이는 사람들 사이의 실내 접촉 증가 또는 생리학적 변화 때문인 것 같다.
6. 특정한 바이러스에 대한 항체가 만들어진다.

■ 하부 호흡계의 미생물 질병 (687~706쪽)

1. 상부 호흡계를 감염하는 동일한 미생물의 대부분이 또한 하부 호흡계도 감염한다.
2. 하부 호흡계의 질병은 기관지염과 폐렴을 포함한다.

하부 호흡계의 세균성 질병 (687~697쪽)

백일해 (687~688쪽)

1. 백일해는 백일해균(*Bordetella pertussis*)이 일으킨다.
2. 백일해의 초기 단계는 감기와 유사하며 카타르 단계라 부른다.

3. 기관 및 기관지의 점액의 축적은 발작(두 번째) 단계의 특징인 깊은 기침을 일으킨다.
4. 회복(세 번째) 단계는 여러 달 동안 지속될 수 있다.
5. 어린이의 정기 예방접종은 백일해 발생을 감소시킨다.

결핵 (688~692쪽)

6. 결핵은 결핵균(*Mycobacterium tuberculosis*)에 의해 일어난다.
7. 소 결핵균(*Mycobacterium bovis*)은 소의 결핵을 일으키며 저온살균처리하지 않은 우유에 의해 인간에 전파될 수 있다.
8. 마이코박테리움 아비움-인트라셀룰라에(*M. avium-intracellulare*) 복합체는 HIV 감염의 후기에 있는 환자를 감염한다.
9. 결핵균은 폐포의 대식세포에 의해 섭취될 수 있지만 만일 죽지 않으면 세균은 대식세포 안에서 증식한다.
10. 결핵균에 의해 형성된 병변을 결절이라 부르는데, 죽은 대식세포와 세균은 X선 영상에서 곤 복합체(Ghon's complex)로 나타나는 석회화된 건락성 병변(caseous lesion)을 형성한다.
11. 건락성 병변의 용해는 결핵균이 성장할 수 있는 결핵성 공동(cavity)을 만든다.
12. 감염의 새로운 병소는 건락성 병변이 터져 세균을 혈관이나 림프관으로 방출할 때 발생할 수 있는데 이것을 속립성 결핵이라 부른다.
13. 투베르쿨린 피부 검사 양성은 TB의 활성 사례, 이전의 감염, 또는 예방접종과 병에 대한 면역을 나타낼 수 있다.
14. 활성 감염은 IFN-γ의 검출 또는 결핵균에 대한 신속한 PCR 검사로 진단할 수 있다.
15. 화학치료는 주로 거의 6개월 동안 세 가지 또는 네 가지 약을 복용하는 것을 포함한다. 다약재 내성 결핵균이 만연하고 있다.
16. 결핵에 대한 BCG 백신은 소 결핵균의 살아 있는 무독성 배양체로 이루어져 있다.

세균성 폐렴 (692~697쪽)

17. 전형적인 폐렴은 폐렴 연쇄상구균(*S. pneumoniae*)이 원인이다.
18. 비전형적인 폐렴은 다른 미생물에 의해 일어난다.
19. 폐렴구균성 폐렴은 캡슐을 가진 폐렴 연쇄상구균이 일으킨다.
20. 알코올중독, 영양 결핍, 암, 그리고 당뇨병은 인플루엔자균 폐렴에 잘 걸리게 하는 요인들이다.
21. 폐렴 마이코플라스마(*Mycoplasma pneumoniae*)는 마이코플라스마성 폐렴을 일으킨다. 이것은 풍토병이다.
22. 재향군인병은 호기성 그람음성 간균인 레지오넬라 뉴모필라(*Legionella pneumophila*)가 원인이다.
23. 앵무새병(비둘기병)을 일으키는 세균인 클라미도필라 프시타시(*Chlamydophila psittaci*)는 오염된 조류의 배설물과 분비물을 접촉함으로써 전염된다.
24. 폐렴 클라미도필라(*Chlamydophila pneumoniae*)는 폐렴을 일으키며 사람에서 사람으로 전파된다.
25. 절대 기생성, 세포내 세균인 콕시엘라 버네티(*Coxiella burnetii*)는 Q열의 원인이다.

멜리오이도시스 (697쪽)

26. 버크홀데리아 슈도말레이(*Burkholderia pseudomallei*)가 원인인 멜리오이도시스는 흡입, 섭취, 또는 찔린 상처를 통해 전염된다. 증상은 폐렴, 패혈증, 그리고 뇌염을 포함한다.

하부 호흡계의 바이러스성 질병 (697~701쪽)

바이러스성 폐렴 (698쪽)

1. 다수의 바이러스가 인플루엔자와 같은 감염의 합병증으로서 폐렴을 일으킬 수 있다.
2. 바이러스를 분리하고 확인하는 것이 어렵기 때문에 병인은 임상 실험실에서 보통 확인되지 않는다.

호흡기 세포융합 바이러스(RSV) (698~699쪽)

3. RSV는 유아에 발생하는 폐렴의 가장 흔한 원인이다.

독감(인플루엔자) (699~701쪽)

4. 독감은 독감바이러스가 원인이며 오한, 발열, 두통, 그리고 일반적인 근육통이 특징이다.
5. 적혈구응집소(HA)와 뉴라민가수분해효소(NA) 돌기는 바이러스의 바깥쪽 지방 이중층에 돌출되어 있다.
6. 바이러스 종은 HA와 NA 돌기의 항원성 차이에 의해 확인하는데, 이들은 또한 단백질 외투의 항원성 차이(A, B, 그리고 C)에 의해서도 구분한다.
7. 분리한 바이러스는 적혈구응집소-저해 검사와 단클론 항체를 이용한 면역형광 검사로 확인한다.
8. HA와 NA 돌기의 항원 본성이 변경되는 항원 대변이는 자연 면역과 미심쩍은 정도의 예방접종을 일으킨다. 약간의 항원 변화는 항원 소변이를 일으킨다.
9. 독감 유행 동안에 사망은 주로 이차 세균 감염 때문이다.
10. 다가 백신은 노인과 다른 고위험군에 사용할 수 있다.
11. 아만타딘과 리만타딘은 인플루엔자 A 바이러스에 대한 효과적인 예방 및 치료 약물이다.

하부 호흡계의 진균성 질병 (702~706쪽)

1. 진균 포자는 쉽게 흡입되며 포자는 하부 호흡기에서 발아할 수 있다.
2. 진균성 질병의 출현이 최근 증가하고 있다.
3. 다음 절에서 설명하는 진균증들은 암포테리신 B로 치료할 수 있다.

히스토플라스마증 (702~703쪽)

4. 히스토플라스마 캡슐라툼(*Histoplasma capsulatum*)은 단지 경우에 따라 심각하고 포괄적인 질병으로 발전하는 무증상 호흡기 감염을 일으킨다.
5. 질병은 공기로 운반되는 분생자를 흡입함으로써 일어난다.
6. 조직 시료에서 진균을 분리하고 확인하는 것이 진단에 필요하다.

콕시디오이데스 진균증 (703~704쪽)

7. 콕시디오이데스 임미티스(*Coccidioides immitis*)의 공기로 운반되는 분절포자를 흡입하면 콕시디오이데스 진균증이 일어날 수 있다.
8. 대부분의 경우 무증상이지만 피로나 영양결핍과 같은 병에 잘 걸리는 요인이 있을 때는 결핵과 유사한 진행성 질병이 발생할 수 있다.

뉴모시스티스 폐렴 (704쪽)

9. 뉴모시스티스 예로베치(*Pneumocystis jirovecii*)는 건강한 인간의 폐에서 발견된다.
10. 뉴모시스티스 예로베치는 면역반응이 억제된 환자에게서 질병을 일으킨다.

분아균증(북미 분아균증) (704쪽)

11. 블라스토마이세스 더마타이티디스(*Blastomyces dermatitidis*)는 분아균증의 원인 병원체이다.
12. 감염은 폐에서 시작하며 커다란 농양을 일으키기 위해 전파될 수 있다.

호흡기 질병과 관련 있는 다른 진균 (705~706쪽)

13. 기회감염성 진균은 특히 많은 수의 포자를 흡입했을 때 면역반응이 억제된 숙주에서 호흡기 질병을 일으킬 수 있다.
14. 이러한 진균들 가운데는 누룩곰팡이(*Aspergillus*), 리조퍼스(*Rhizopus*), 그리고 뮤콜(*Mucor*)이 있다.

학습 질문

복습과 객관식 문제에 대한 해답은 책 뒤에 있음.

복습 문제

1. 그려보기 다음 질병의 위치를 표시하시오: 감기, 디프테리아, 콕시디오이데스 진균증, 독감, 폐렴, 성홍열, 결핵, 백일해

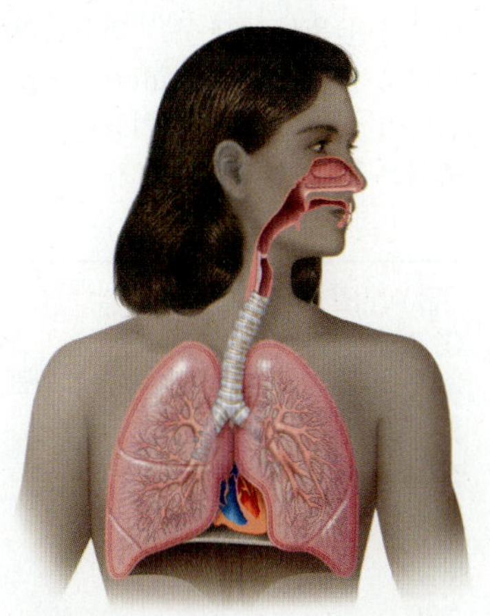

2. 마이코플라스마성 폐렴과 바이러스성 폐렴을 비교하고 대조하시오.
3. 호흡계의 네 가지 바이러스성 질병의 원인 병원체, 증상, 그리고 치료법을 열거하시오. 이들이 상부 또는 하부 호흡계 중 어디를 감염하는 지에 따라 질병을 분류하시오.
4. 아래 표를 완성하시오.

질병	원인병원체	증상	치료
연쇄상구균성 인두염			
성홍열			
디프테리아			
백일해			
결핵			
폐렴구균성 폐렴			
인플루엔자균 폐렴			
클라미디아성 폐렴			
중이염			
재향군인병			
앵무새병			
Q열			
후두개염			
멜리오이도시스			

5. 부생생물인 누룩곰팡이와 리조퍼스는 어떤 조건에서 감염을 일으키는가?
6. 한 환자가 폐렴에 걸린 것으로 진단되었다. 이것은 항미생물제로 치료를 시작하기 위한 충분한 정보가 되는가? 충분한 것인지 아닌 것인지에 대해 간단히 논의하시오.
7. 히스토플라스마증, 콕시디오이데스 진균증, 분아균증, 그리고 뉴모시스티스 폐렴에 대한 원인 병원체, 전파 방법, 그리고 풍토지역을 열거하시오.
8. 투베르쿨린 검사의 절차와 양성 결과에 대해 간단히 설명하고 양성 결과가 의미하는 것은 무엇인가?
9. 호흡기 감염과 관련 있는 세균과 아래 실험실 검사 결과를 바르게 연결하시오.

그람양성 구균
  카탈라아제-양성: a. ______
    카탈라아제-음성
      베타-용혈성, 바시트라신 저해: b. ______
        알파-용혈성, 옵토친 저해: c. ______
그람양성 간균
  비항산성: d. ______
    항산성: e. ______
그람음성 구균: f. ______
그람음성 간균
  산소요구성 생물
    구상간균: g. ______
    간균
      영양 한천배지에서 성장: h. ______
      특별한 배지가 필요: i. ______
조건부 산소비요구성 생물
  구상간균: j. ______
세포 내 기생충
  기본 소체를 생성: k. ______
  기본 소체를 생성하지 않음: l. ______
벽이 없음: m. ______

10. 이름 답하기 이러한 산소요구성 그람음성세균은 기관지의 섬모 세포를 죽이는 기관지 세포독소 생산한다.

객관식 문제

1. 한 환자가 발열, 호흡 곤란, 가슴 통증, 폐포 안에 액체가 찬 증세와 투베르쿨린 피부 검사에 양성을 나타내었다. 그람양성 구균이 가래로부터 분리되었다. 추천하는 치료법은?

a. 플루오로퀴놀론
b. 항독소
c. 이소니아지드
d. 테트라사이클린
e. 정답 없음

2. 폐렴에 걸린 환자의 가래에서는 세균 병원체가 분리되지 않았다. 항생제 치료는 효과가 없었다. 다음에 해야 할 일은 무엇인가?
   a. 결핵균의 배양
   b. 폐렴 마이코플라스마의 배양
   c. 진균의 배양
   d. 항생제 교체
   e. 없음; 더 할 일이 없음

3~6번 문제의 답을 다음 중에서 선택하시오.

a. 클라미도필라
b. 콕시디오이데스
c. 히스토플라스마
d. 마이코박테리움
e. 마이코플라스마

3. 폐렴환자로부터의 시료를 채취해 배양하였으나 자라는 것이 보이지 않았다. 그러나 평판배지를 100배 배율의 현미경으로 관찰했을 때 콜로니를 확인하였다.
4. 이러한 폐렴의 병인은 세포 배양이 필요하다.
5. 폐 생검의 현미경 검사는 대식세포 안에 난형의 세포가 보였다. 이것이 환자의 증상의 원인으로 의심했지만 배양 했을 때는 사상형의 생물체가 자랐다.
6. 폐 생검의 현미경 검사는 소구체가 보였다.
7. 샌프란시스코에서 10명의 동물 건강 관리 기사들이 130마리의 염소를 그들이 일하는 동물 보호소로 옮긴 뒤 2주 후에 폐렴이 발생했다. 다음 중 틀린 것은?
   a. 가래를 혈액 한천배지에서 배양함으로써 진단한다.
   b. 원인은 콕시엘라 버네티이다.
   c. 세균은 내생포자를 생산한다.
   d. 병은 에어로졸에 의해 전파된다.
   e. 항체에 대한 보체-고정 검사로 진단한다.
8. 다음 중 어느 것이 다른 모든 것보다 먼저 일어나는가?
   a. 카타르 단계
   b. 기침
   c. 섬모의 손실
   d. 점액의 축척
   e. 기관의 세포독소

9~10번 문제의 답을 다음 중에서 선택하시오.

a. 백일해균
b. 디프테리아균
c. 레지오넬라 뉴모필라
d. 결핵균
e. 정답 없음

9. 목에 걸쳐 막을 생성하는 원인은?
10. 식균세포에 의한 파괴에 내성을 가지는 것은?

비판적 사고

1. 성홍열의 원인인 화농성 연쇄상구균과 패혈성 인두염의 원인인 화농성 연쇄상구균을 구분하시오.
2. 독감 백신은 왜 다른 백신보다 덜 효과적인가?
3. 필수 유아 예방접종 중에 감기와 독감 백신을 포함하는 것이 왜 비실용적인지 설명하시오.

임상 응용

1. 8월에 버지니아 주의 24살 남자가 캘리포니아 주를 거쳐 운전한 지 두 달 후에 호흡곤란과 양측 폐엽에 침윤이 발생하였다. 최초 진료에서는 전형적인 폐렴을 의심해서 항생제 치료를 받았다. 그러나 폐렴으로 진단해서 치료한 노력은 성공하지 않았다. 10월에 후두에 덩어리가 발견되어 후두암을 의심해서 스테로이드와 기관지 확장제 치료를 했지만 상태가 나아지지 않았다. 폐 생검과 후두경 검사에서 확산된 과립성 조직이 발견되었다. 그는 암포테리신 B로 치료하였고 5일 후 퇴원했다. 병명은 무엇인가? 환자의 회복 시간을 3달에서 1주일로 줄이기 위해 다르게 한 일은 무엇인가?
2. 6개월 기간 동안에 72명의 임상 직원들이 투베르쿨린-양성이 되었다. 직원들 가운데 결핵균 감염의 가장 가능성 있는 출처를 결정하기 위해 사례-조절 연구가 이루어졌다. 총 16건의 사례와 34건의 투베르쿨린-음성 대조군을 비교하였다. TB 치료를 위해 펜타미딘 이세티오네이트(pentamidine isethionate)는 사용하지 않았다. 어떤 질병이 이러한 약으로 치료될 수 있는가? 가장 가능성 있는 감염의 출처는 무엇인가?

	사례	대조군
주당 40시간 이상 일함	100%	62%
TB 환자의 에어로졸 펜타미딘 이세티오네이트 치료 동안에 방에 있던 사람	31	3
환자 접촉	94	94
직원 숙소에서 먹은 점심	38	35
서부 팜 비치 거주자	75	65
여성	81	77
흡연자	6	15
TB로 진단받은 간호사와의 접촉	15	12
TB-양성 가래 시료를 채취하는 동안에 환기가 안 되는 방에 있던 사람	13	8

3. 2주 기간 안에 집중 치료실(ICN)의 8명의 유아에게 RSV가 원인인 폐렴이 발생했다. 보체-고정(CF) 탐색과 바이러스 항원에 대한 ELISA 검사가 감염을 진단하기 위해 수행되었다. RSV-양성 환자는 격리된 방에 입원시켰다. ICN에 인접한 신생아 유아실로부터 2주된 여아에게 또한 RSV 감염이 발생했다. 이러한 갑작스런 발생의 끝 무렵에 10명의 ICN 직원들에게 CF 검사와 직접적인 ELISA 검사가 실시되었다. ELISA-바이러스 항원 검사는 음성이었고, CF 검사에 의해 결정된 RSV 역가는 아래와 같다.

직원	RSV 역가
A	0
B	64
C	32
D	128
E	256
F	0
G	0
H	32
I	32
J	16

이러한 갑작스런 발생의 가능한 출처에 대해 논하시오. CF 검사와 ELISA 결과 사이의 명백한 차이를 설명하시오. 신생아실에서 RSV 감염은 어떻게 예방할 수 있는가?

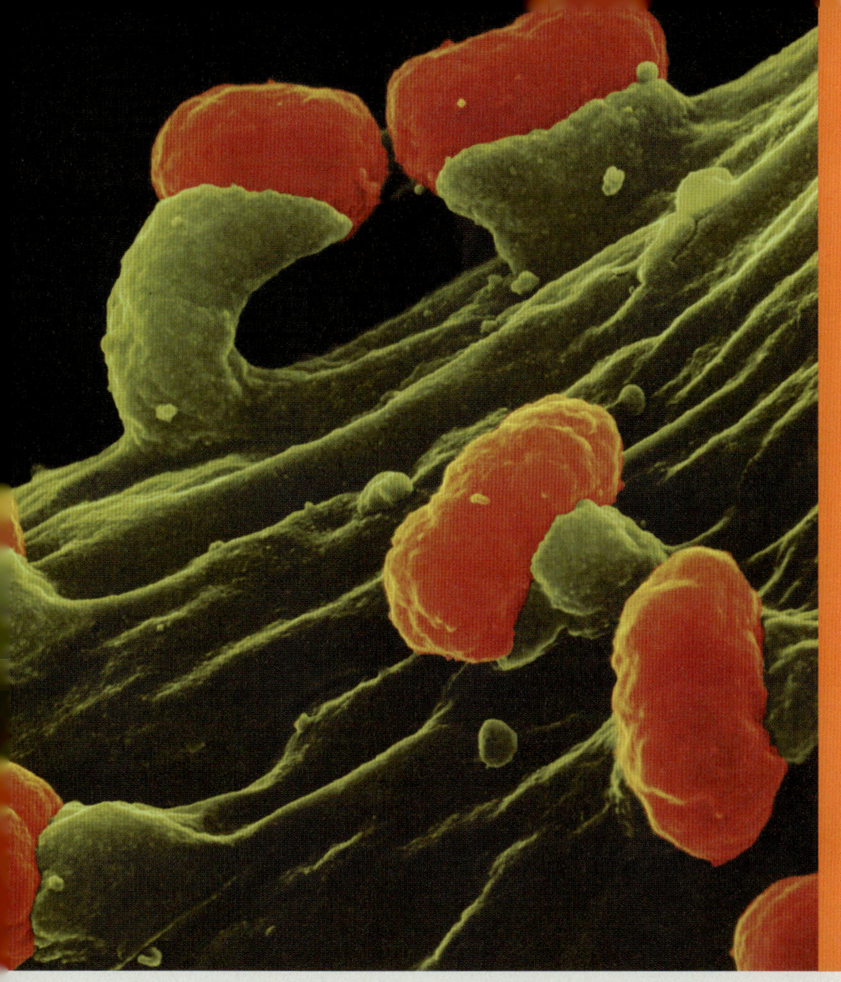

25

미생물에 의한 소화계 질병

미생물에 의한 소화계 질병은 미국 내 질병 원인 중에서 호흡기 질병 다음으로 많다. 이러한 질병의 대부분은 병원성 미생물 또는 그들의 독소로 오염된 음식이나 물을 섭취하여 일어난다. 이러한 병원체는 보통 감염된 동물이나 사람의 대변으로 퍼진 후 음식이나 물 공급원으로 들어간다. 그러므로 소화계의 미생물 질병은 일반적으로 **대변-구강 순환**에 의해 전파된다. 이러한 순환은 음식물을 생산하고 취급하는 데 효율적인 위생 처리를 실시함으로써 막을 수 있다. 하수 처리와 물 소독에 현대적 방법을 사용하는 것이 필수적이다. 또한 식품(부패하기 쉬운 상품)에서 병원체를 신속하고 확실하게 검출하는 새로운 검사의 필요성이 증가되고 있다.

질병예방통제센터(CDC)는 미국에서 매년 약 7,600만 건 사례의 식품매개 질병이 발생하고 약 5,000명 정도가 죽는다고 추산하였다. 특히 과일과 채소 같은 많은 식료품들이 위생 기준이 허술한 국가에서 재배되기 때문에 수입된 농산물과 함께 들어온 병원체로 인한 식품매개 질병의 발생이 증가할 것으로 예상된다. 일부 대장균(*Escherichia coli*)은 시가(Shiga) 독소로 불리는 독소를 생산하여 병을 일으킨다. 이러한 독소를 만드는 세균(사진에서 보여주는)을 시가 독소생산 대장균(Shiga toxin-producing *E. coli*, STEC)이라 부른다. STEC 감염은 이번 장의 임상 사례에서 다룬다.

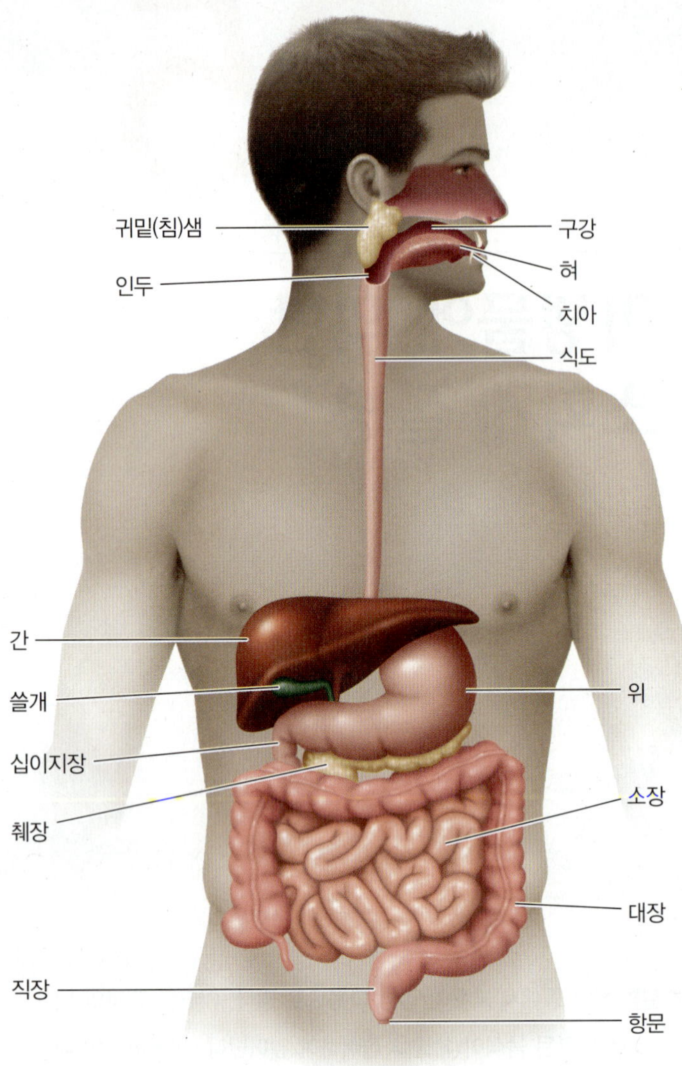

그림 25.1 **인간의 소화계**

미생물은 보통 소화계의 어느 곳에서 발견되는가?

> **임상 사례: 깜짝 생일파티**
>
> 나디아 아브라모비치(Nadia Abramovic)는 5살 난 딸 애나(Anna)가 걱정되었다. 문제의 주도 여느 때와 마찬가지로 시작되었다. 사실상 애나는 일주일 전부터 자기 생일파티에 대해 계속해서 이야기하였다. 그러나 지난 이틀 동안 애나는 창백하고 나른하며 배가 아프다고 칭얼거렸다. 애나가 피가 섞인 끈끈한 설사를 하는 것을 보고, 아브라모비치 부인은 즉시 소아과 병원에 전화를 하여 진료 예약을 했다. 담당 소아과 의사는 세균 배양을 위해 대변 시료를 근처 실험실에 보냈다.
>
> **애나가 아픈 원인을 확인하기 위해 실험실에서는 어떤 검사를 할 것인가? 알아보자.**
>
> **712** 723 727 734 742

소화계의 구조와 기능

학습 목표

25-1 음식과 접촉하는 소화계의 구조를 알아본다.

소화계(digestive system)는 본질적으로 **위장관**[GI tract(gastrointestinal)] 또는 **소화관**(alimentary canal)이라는 관 구조로 주로 입, 인두(목), 식도(위장에 이르는 음식관), 위장, 그리고 소장과 대장으로 이루어진다. 여기에는 또한 치아와 혀 같은 부속 구조도 포함된다. 침샘, 간, 담낭, 그리고 췌장과 같은 특정한 다른 부속 구조는 위장관 외부에 있으며 관을 통해 위장관으로 운반되는 분비물을 생산한다(그림 25.1).

소화계의 목적은 음식을 소화하는 것으로, 즉 음식물을 세포가 흡수하고 사용할 수 있도록 잘게 부수는 것이다. **흡수**(absorption)라 부르는 과정에서 이러한 소화의 최종산물은 몸의 세포들로 분배되기 위해 소장을 지나 혈액 또는 림프로 운반된다. 그 다음에 음식물은 물, 비타민, 영양분이 흡수되는 곳인 대장으로 운반된다. 평균 수명 기간에 약 25톤의 음식이 사람의 위장관을 통해 지나간다. **대변**(feces)이라 부르는 결과적으로 소화되지 않은 고형물은 항문을 통해 몸 밖으로 배출된다. 장내 가스 또는 **방귀**(flatus)는 들이마신 공기에서 온 질소와 미생물들이 만들어낸 이산화탄소와 수소, 메탄의 혼합물이다. 평균적으로 우리는 매일 0.5~2리터 정도의 방귀를 뀐다.

몸의 소화계와 면역계 사이에도 연관성이 있다. 면역계는 해로운 항원에 대해서는 반응하고 그렇지 않은 것은 무시하기 때문에, 유아의 위장관에 가장 먼저 자리를 잡는 세균은 면역반응을 그들 자신의 생존에 더 유리하도록 만든다. 살아가는 동안에 장 점막은 장의 미생물 무리와 섭취한 음식의 항원들에 의해 계속해서 도전을 받는다. 결과적으로 면역계의 약 80%는 장관, 특히 소장에 위치한다. 이러한 느슨하게 구성된 림프절과 페이에르판(Peyer's patch)과 같은 구조와 림프 조직을 **장-연관 림프 조직**(gut-associated lymphoid tissue, GALT)이라 총칭한다.

이해도 확인하기

✔ 외과의사가 장의 폴립을 제거하기 위해 스파크를 일으키는 기구를 사용할 때 작은 폭발이 일어나곤 한다. 무엇이 폭발하는 것인가? **25-1**

소화계의 정상 미생물상

학습 목표

25-2 정상 미생물상이 있는 위장관의 부분들을 알아본다.

세균은 소화계의 대부분에 다량으로 존재한다. 입안의 1 ml의 침 속에는 수백만의 세균이 들어 있을 수 있다. 위에서는 염산을 만들어내고 소장에서는 음식물이 빠르게 이동하기 때문에 위와 소장에는 비교적 미생물이 적다. 반대로 대장에는 대변 1그램당 1,000억 마리가 넘는 세균의 거대한 미생물 집단이 있다. (대변 질량의 40%까지가 미생물 세포 물질이다.) 대장의 미생물 집단은 주로 절대 무산소 세균과 조건부 산소비요구성 세균으로 구성되어 있다. 이들 세균 대부분은 음식물의 효소분해를 도와주는데, 특히 이들이 없다면 여러 다당류가 소화되지 못한다. 이들 중 일부는 유용한 비타민을 합성한다.

음식물이 신체와 접촉하고는 있지만, 관으로 된 위장관을 통해 지나가는 음식물은 계속해서 외부에 남아 있다는 것을 이해하는 것이 중요하다. 피부와 같은 몸의 외부와는 달리, 위장관은 이를 통해 지나가는 영양분을 흡수하도록 적응했다. 그러나 위장관에서 영양분이 흡수되는 것과 동시에, 물과 음식물과 함께 섭취된 해로운 미생물이 신체를 침입하는 것을 피해야만 한다. 이러한 방어에서 중요한 요인의 하나는 해로울 수 있는 섭취된 미생물을 제거하는 위의 강한 산성 성분이다.

소장에는 또한 가장 중요하게 파네스 세포(Paneth cells)라 부르는 특화되고 과립으로 차 있는 세포 수백만 개가 존재하는데 이들은 중요한 항미생물 방어를 담당한다. 이들은 식균작용을 할 수 있으며, 또한 디펜신(defensin)이라는 항균 단백질(항미생물 펩티드 참조, 585쪽)과 항균 효소인 리소자임(lysozyme)을 생산한다.

이해도 확인하기

✔ 정상 미생물상이 어떻게 입과 대장에 국한되어 있는가? **25-2**

입의 세균성 질병

학습 목표

25-3 충치와 치주 질환에 이르게 하는 사건들을 설명한다.

소화계의 입구인 입은 여러 많은 미생물 집단이 살 수 있는 환경을 제공한다.

충치(치아 부식)

몸의 다른 외부 표면과는 달리 치아는 딱딱하고 표면세포가 떨어져 나가지 않는다(그림 25.2). 이러한 성질 때문에 많은 미생물과 그들의 생산물이 축적된다. **치태(dental plaque)**라고 하는 이러한 축적은 일종의 생물막이며(6장 160쪽 참조), **충치(dental caries)** 또는 치아 부식과 긴밀하게 연관되어 있다.

구강세균은 설탕과 다른 탄수화물을 치아 에나멜을 공격하는 젖산으로 바꾼다. 치아 위나 주위의 미생물 집단은 매우 복잡하다. 리보솜 확인 방법(10장 292쪽의 FISH에 대한 설명 참조)으로, 700종 이상의 세균이 구강에서 확인되었다. 아마도 가장 중요한 충치 유발 세균은 중요한 독성 특징을 가지는 그람양성 구균인 스트렙토코커스 뮤탄스(*Streptococcus mutans*)이다(그림 25.3a). 스트렙토코커스 뮤탄스는 다양한 탄수화물을 대사할 수 있고, 강한 산성에

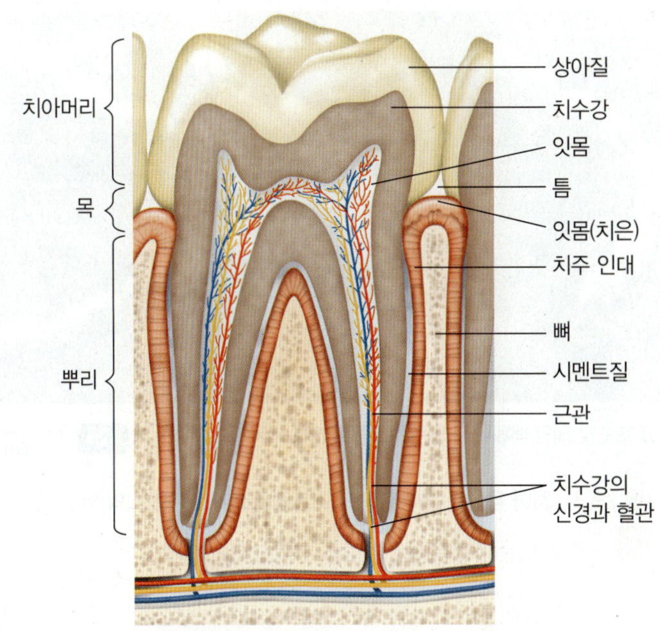

그림 25.2 건강한 인간의 치아

 생물막이 왜 치아에 축적될 수 있는가?

도 견디며, 포도당으로 된 덱스트란(dextran)을 합성하는데, 이것이 치태 형성에 중요한 요인인 점착성 다당류이다(그림 25.3b). 일부 다른 종의 연쇄상구균도 충치를 일으킬 수 있지만, 충치를 처음 유발하는 데의 역할은 적다.

충치의 시작은 치아에 스트렙토코커스 뮤탄스나 다른 연쇄상구균의 부착에 달려 있다. 이러한 세균들은 깨끗한 치아에는 부착하지 않지만 깨끗이 닦은 치아도 몇 분 안에 침에 있는 단백질로 된 박막(얇은 막)으로 덮이게 된다. 한두 시간 안에 충치 세균은 이러한 박막에 자리를 잡고 덱스트란을 생성하기 시작한다(그림 25.3b 참조). 덱스트란 생산에 있어서 세균은 먼저 설탕을 이것의 구성 단당류인 과당과 포도당으로 가수분해한다. 그 다음 글루코실전이효소(glucosyltransferase)가 포도당 분자를 덱스트란으로 조립한다. 남은 과당은 젖산으로 발효되는 일차 당류가 된다. 치아에 붙어 있는 덱스트란과 세균의 축적으로 치태가 만들어진다.

치태에는 400종 이상의 세균 집단이 들어 있지만 연쇄상구균과 사상형인 방선균(*Actinomyces*)속의 세균이 주를 이룬다. [치태가 오래되어 칼슘화된 축적물이 되면 치석(dental calculus 또는 tartar)이라 부른다.] 스트렙토코커스 뮤탄스는 치아에 균열이 생긴 곳 또는 침이나 저작작용 및 입 헹굼 등으로도 잘 씻겨나가지 않는 기타 다른 치아 부위를 특히 선호한다. 이런 부위에서 치태는 수백 개의 세포만큼이나 두껍게 축적될 수 있다. 치태는 침이 거의 투과하지 못하기 때문에 세균이 생산하는 젖산은 희석되거나 중화되지 않고 치태가 붙어 있는 치아의 에나멜을 파괴한다.

침에는 세균의 성장을 부추기는 영양분도 들어 있지만, 또한 노

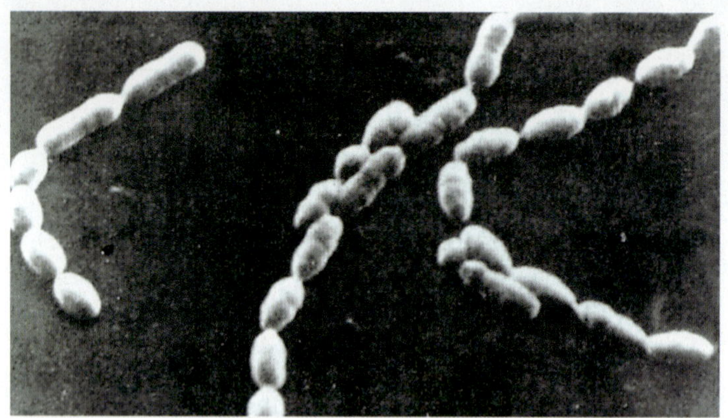

(a) 포도당 배양액에서 자라는 스트렙토코커스 뮤탄스

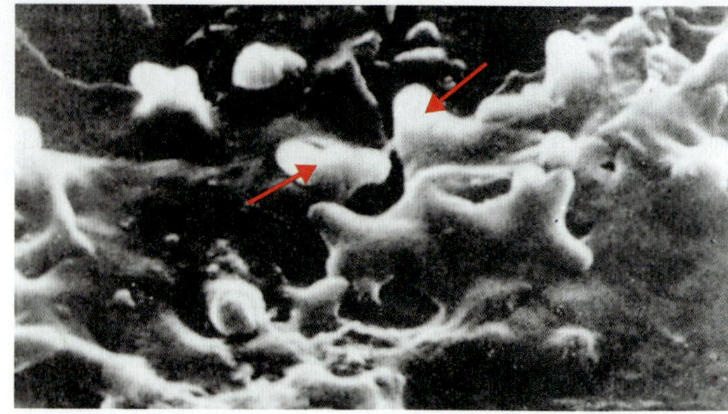

(b) 설탕 배양액에서 자라는 스트렙토코커스 뮤탄스; 축적된 덱스트란을 주목하라. 화살표는 스트렙토코커스 뮤탄스 세균을 가리킨다.

그림 25.3 치아 우식증에서 설탕과 스트렙토코커스 뮤탄스의 역할

 치아 플라크에 생물막을 만드는 것은 무엇인가?

출된 치아 표면을 보호하는 데 도움을 주는 리소자임과 같은 항미생물 물질도 들어 있다. 잇몸 틈새로 흐르는 조직 삼출액인 **열구액**(crevicular fluid)도 보호의 일부를 담당하는데(그림 25.2 참조) 이 액은 성분상 침보다는 혈청에 더 가깝다.

축적된 치태 안에서 국소적으로 생산되는 산성으로 인해 외부 에나멜은 점차 약해진다. 불소가 부족하면 에나멜은 산의 효과에 더 민감해진다. 이것이 치약과 물에 불소를 사용하는 이유인데, 미국에서 충치가 감소하게 된 중요한 요인이다.

그림 25.4는 치아의 부식 단계를 나타낸다. 에나멜에 최초로 침투한 충치를 치료하지 않고 남겨 두면 세균은 치아 안쪽으로 침투할 수 있다. 부식된 지역이 에나멜에서 **상아질**(dentin)로 퍼지는데 관련된 세균 집단의 구성은 처음 부식을 일으킨 세균 집단의 구성과는 전적으로 다르다. 우점 미생물은 그람양성 간균과 사상형 세균이며, 스트렙토코커스 뮤탄스는 적은 수로만 존재한다. 한때 충치의 원인으로 간주되었던 락토바실루스(*Lactobacillus*) 종은 사실상 충치를 시작하는 데 아무런 역할을 하지 않는다. 그러나 이들은 젖산을 많이 만들기 때문에 일단 충치가 생기면 충치가 진행되는 데에는 중요하다.

부식된 지역은 결국 턱뼈 조직과 연결되어 있으면서 혈액 공급도 하고 신경세포도 있는 **치수**(pulp)로까지 진전된다(그림 25.4 참조). 입의 정상 미생물상의 거의 모든 종을 감염된 치수와 뿌리에서 분리할 수 있다. 일단 이 단계에 도달하면 감염되어 죽은 조직을 제거하고 새로 발생할 감염을 억제하는 항미생물 약제의 접근이 가능하도록 근관 치료(root canal therapy)가 필요하다. 치료하지 않으

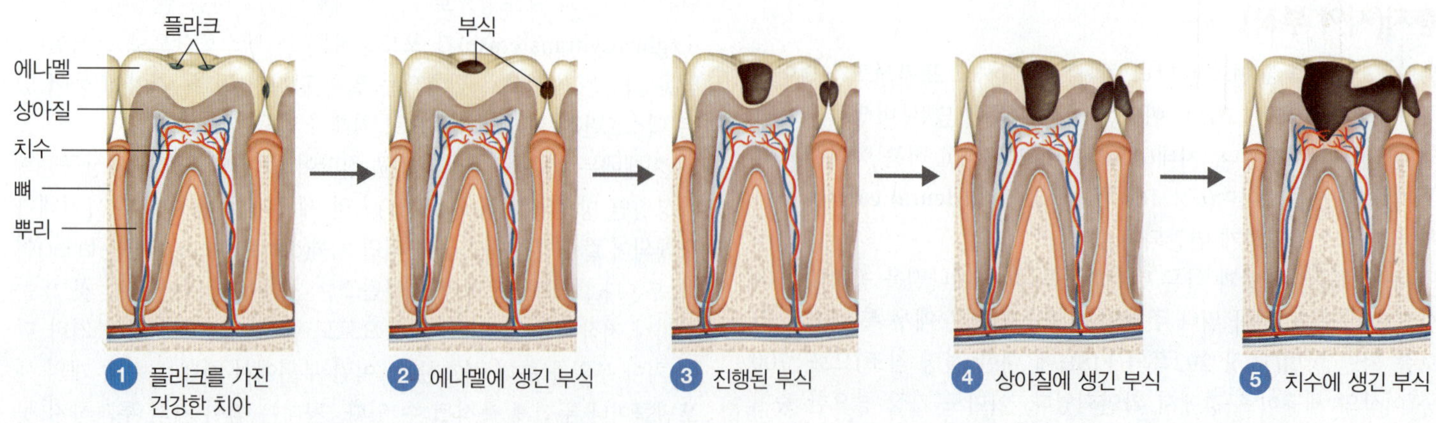

그림 25.4 치아 부식의 단계. ❶ 칫솔질이 어려운 지역에 축적된 플라크를 가진 치아. ❷ 에나멜이 세균에 의해 생성된 산성에 의해 공격을 받게 되면 부식이 시작된다. ❸ 부식이 에나멜을 뚫고 진행된다. ❹ 부식이 상아질 속으로 진행된다. ❺ 부식이 치수까지 진행되어 뿌리 주변의 조직에 농양을 형성할 수 있다.

Q 플라크의 형성이 어떻게 치아 부식을 일으키게 되는가?

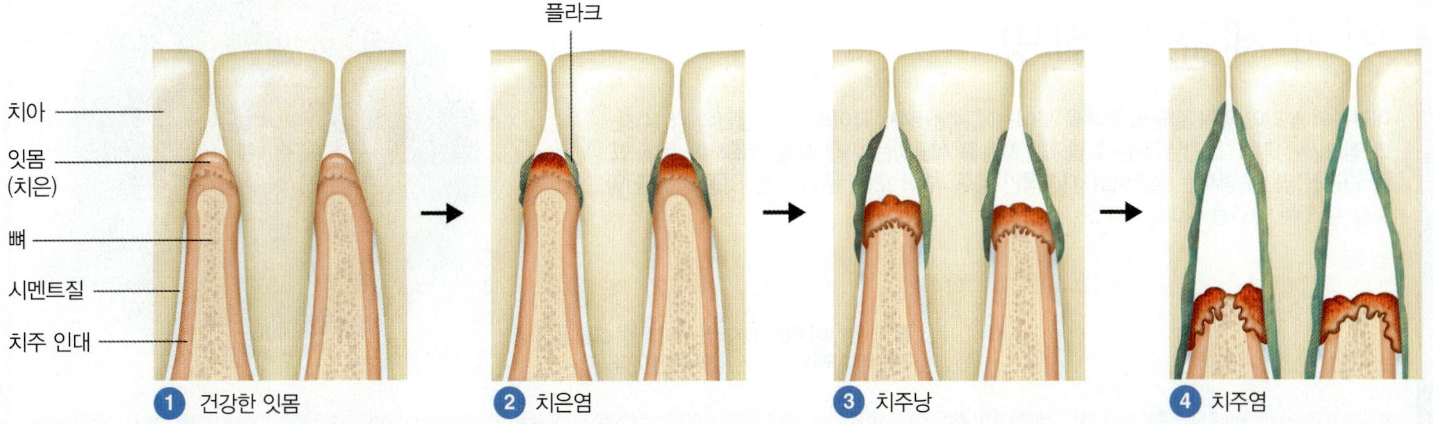

그림 25.5 치주 질환의 단계. ❶ 치아는 건강한 뼈와 잇몸 조직(치은)에 의해 견고하게 고정되어 있다. ❷ 플라크의 독소가 잇몸을 자극하여 치은염을 일으킨다. ❸ 치주낭은 치아가 치은으로부터 분리될 때 형성된다. ❹ 치은염은 치주염으로 발전한다. 독소는 치아를 지지하는 뼈와 치은, 뿌리를 보호하는 시멘트질을 파괴한다.

무엇이 "분홍색 칫솔질(양치질할 때 피가 나오는)"의 원인인가?

면 감염은 치아에서 연성 조직으로 퍼져 여러 산소비요구성 미생물이 포함된 혼합 세균 집단에 의해 일어나는 치아 농양이 생길 수 있다.

오늘날에는 충치가 인간의 가장 흔한 감염병 중 하나가 되었지만, 거의 17세기까지만 해도 서구 세계에서 충치는 드물었다. 더 오래 전 시대의 인간 유골에서는 단지 약 10%의 치아에만 충치가 있다. 음식물에 설탕을 넣기 시작한 것이 서구 세계에서 현재의 수준으로 충치가 발생한 것과 깊이 연관되어 있다. 연구에 따르면, 포도당과 과당으로 구성된 이당류인 설탕은 포도당 또는 과당 각각 보다는 훨씬 더 충치를 잘 일으키는 것으로 판명되었다(그림 25.3 참조). 전분 함량이 높은 음식(전분은 포도당으로 된 다당류이다)을 주식으로 하는 사람들에서는 설탕이 음식에 별도로 포함되지 않는 한 충치의 발생률이 낮다. 충치에 대한 세균의 역할은 무균 동물로 한 실험에서 알 수 있다. 이 동물들은 심지어 충치 형성을 촉진하도록 고안된 설탕이 풍부한 음식을 먹였을 때에도 충치가 발생하지 않았다.

설탕은 현대 서구 음식에 널리 퍼져 있다. 그러나 설탕을 하루 세끼 식사를 통해서만 섭취한다면, 신체의 보호 및 복구 장치에 큰 부담을 주지 않는다. 치아에 가장 해를 끼치는 것은 간식으로 섭취되는 설탕이다. 만니톨(mannitol)과 소르비톨(sorbitol), 자일리톨(xylitol) 등과 같은 당알코올은 충치를 일으키지 않는다. 자일리톨은 심지어 스트렙토코커스 뮤탄스의 탄수화물 대사를 억제하는 것으로 나타났다. 이것이 당알코올을 "무가당" 사탕과 씹는 껌 등의 감미제로 사용하는 이유이다.

충치를 막기 위한 최선의 전략은 최소한의 설탕 섭취, 칫솔질, 치실 치간 청소, 스케일링, 불소의 사용 등이다. 정기적인 스케일링은 치주 질환 방지에 도움이 된다.

치주 질환

충치가 없는 사람들도 나이가 들면서 **치주 질환(periodontal disease)**으로 치아를 잃을 수 있다(그림 25.5). 치주 질환이란 치아를 지지하는 구조의 염증과 퇴행 등이 특징인 여러 상태를 나타내는 용어이다. 치아의 뿌리는 시멘트질(cementum)이라는 특수 결합 조직으로 덮여 보호된다. 잇몸이 노화나 지나치게 심한 칫솔질로 약해지게 되면 시멘트질 위에 충치가 더 흔하게 형성된다.

치은염

치주 질환에서 감염은 주로 잇몸 또는 치은(gingivae)에 국한되는 경우가 대부분이다. **치은염(gingivitis)**이라 불리는 이러한 염증은 칫솔질을 하는 동안 잇몸에 출혈이 있는 것이 특징이다(그림 25.5 참조). 적어도 성인 집단의 절반이 이를 경험해 본 상태이다. 양치질을 하지 않고 치태 축적을 방치하면 몇 주 안에 치은염이 나타나는 것이 실험적으로 밝혀졌다. 연쇄상구균과 방선균, 산소비요구성 그람음성세균 등이 모여서 이러한 감염을 주도한다.

치주염

치은염은 일반적으로 거의 불편을 주지 않고 서서히 퍼지는 상태인 **치주염(periodontitis)**이라는 만성 상태로 진행될 수 있다. 약 35%의 성인이 치주염으로 고생하며, 고령에도 자신의 치아를 유지하는 사람이 많아짐에 따라 그 발생률이 증가하고 있다. 잇몸은 쉽게 염증과 출혈이 생긴다. 때때로 치아 주변의 치주낭(periodontal pocket)에 고름이 형성된다(그림 25.5 참조). 감염이 지속되면 이것은 뿌

입의 세균성 질병

대부분의 성인이 잇몸 질환의 징후를 보이는데, 45~54세 사이의 미국 성인의 약 14%는 그 정도가 심각하다. 감별 진단에 필요한 자료를 제공하는 아래 표를 참조하여, 치통 또는 민감성 및 입 냄새는 물론이고 지속적인 통증, 부어 오름, 충혈 또는 잇몸 출혈을 일으킬 수 있는 감염을 알아내 보시오.

혈액 한천배지에서 자라는 이러한 그람음성 간균이 사례의 거의 1/4의 원인이다.

질병	병원체	증상	치료	예방
충치	주로 스트렙토코커스 뮤탄스	치아 에나멜의 변색 또는 구멍	썩은 부위의 제거	칫솔질, 치실 치간 청소, 자당 섭취 감소
치주 질환	다수, 주로 폴피로모나스 종	잇몸 출혈, 치주낭에 고름	손상된 지역의 제거; 항생제	치태 제거
급성 괴사성 궤양성 치은염	프레보텔라 인터미디아	씹는데 통증, 입냄새	손상된 지역의 제거; 메트로니다졸	칫솔질, 치실 치간 청소

리 끝 쪽으로 진행된다. 치아를 지지하는 뼈와 조직이 파괴되면 결국 치아가 흔들리고 잃게 된다. 여러 다른 형태의 수많은 세균 중 주로 폴피로모나스(*Porphyromonas*) 종이 이러한 감염에서 발견되고, 이러한 세균의 출현으로 인한 염증반응에 의해 조직이 손상된다. 치주염은 외과적으로 치주낭을 제거함으로써 치료할 수 있다.

빈센트병(Vincent's disease) 또는 **참호성 구강염(trench mouth)**으로도 불리는 **급성 괴사성 궤양성 치은염(acute necrotizing ulcerative gingivitis)**은 더 흔한 심각한 구강 감염 중 하나이다. 이 병은 정상적인 씹기가 어려울 정도로 심한 고통을 일으킨다. 구취(입 냄새)도 또한 감염을 수반한다. 주로 이러한 상태와 연관된 세균 가운데 프레보텔라 인터미디아(*Prevotella intermedia*)가 있는데 평균적으로 분리한 균의 24% 이상이 이에 속한다. 이러한 병원체들은 주로 산소비요구성이기 때문에 산화제, 괴사 조직 제거술, 메트로니다졸 또는 항체의 투여 등과 같은 치료가 일시적으로 효과가 있을 수 있다. 입의 세균성 질병은 질병 초점 25.1에 요약하였다.

이해도 확인하기

✓ 사실상 당알코올이 들어 있는 "무가당" 사탕과 껌이 왜 충치를 일으키는 것으로 간주되지 않는가? **25-3**

하부 소화계의 세균성 질병

학습 목표

25-4 식중독, 시겔라증(shigellosis), 살모넬라증(salmonellosis), 장티푸스(typhoid fever), 콜레라(cholera), 위장염(gastroenteritis), 그리고 소화성 궤양(peptic ulcer disease)의 원인 병원체, 의심되는 음식, 징후와 증상, 그리고 치료법을 열거한다.

소화계의 질병은 본질적으로 감염과 중독 두 가지 형태가 있다.

감염(infection)은 병원체가 위장관에 들어가 증식을 할 때 일어난다. 미생물은 장 점막으로 침투하여 거기서 성장할 수 있거나 또는 다른 전신 기관으로 이동할 수 있다. 항원과 미생물들은 **M**[microfold(미세 주름)의 첫자]**세포**에 의해 상피의 다른 쪽으로 이동해서, 림프조직(페이에르 판)과 접촉하여 면역반응을 시작할 수 있다(489쪽과 그림 17.9 참조). 병원체의 수가 증가하거나 또는 영향을 주는 조직에 침투하는 동안에 위장 장애의 발생이 지연되는 것이 위장관의 감염의 특징이다. 또한 감염된 생물체에 대한 신체의 일반적인 반응의 하나인 발열이 보통 나타난다.

일부 병원체는 위장관에 영향을 주는 독소를 생산함으로써 병을 일으킨다. 이렇게 형성된 독소를 섭취하게 되면 **중독(intoxication)**이 일어난다. 황색포도상구균(*Staphylococcus aureus*)에 의해 일어나는 것과 같은 대부분의 중독은 위장 장애 증상이 아주 갑작스럽게 출현(보통 단지 몇 시간 안에)하는 것이 특징이다. 발열은 대개 잘 나타나지 않는다.

감염과 중독 모두 우리 대부분이 가끔 경험한 적이 있는 설사를 일으킨다. 혈액이나 점액이 섞여 나오는 심한 설사를 **이질(dysentery)**이라 부른다. 또한 이 두 가지 형태의 소화계 질병은 자주 복부 경련(abdominal cramps)과 메스꺼움(nausea), 구토(vomiting) 등이 함께 나타난다. 설사와 구토는 몸에서 해가 되는 물질을 제거하도록 고안된 두 가지 방어 장치이다.

일반적인 용어인 **위장염(gastroenteritis)**은 위장과 장 점막의 염증을 일으키는 질병을 말한다. 보툴리누스중독(botulism)은 생성된 해당 독소를 섭취하게 되면 위장관보다는 오히려 신경계가 영향을 받기 때문에 중독의 독특한 한 가지 사례이다(22장 622쪽 참조).

개발도상국에서 설사는 유아 사망률의 주요한 요인이다. 대략 4명당 1명의 유아가 5살 이전에 설사로 사망한다. 손실된 수분과 전해질을 보충해주는 **경구 수분보충 요법**(oral rehydration therapy)으로 설사로 인한 아동 사망률을 반으로 줄일 수 있다고 추산한다. 손실된 수분과 전해질을 보충해주는 용액에는 주로 염화나트륨, 염화칼륨, 포도당, 중탄산나트륨 등이 들어있다. 이러한 용액은 여러 상점의 유아용품부에서 판다. 최근에 세계보건기구(WHO)는 설사를 하는 동안에 손실된 아연은 정제된 아연 알약을 통해 보충할 것을 추천하였다. 이것은 설사 증세의 기간과 심각성을 줄이고 심지어 향후 발생할 설사를 2~3개월 동안 막는 것을 도와주는 것으로 알려졌다. 보통 보건 당국은 경구 수분보충 용액의 판매량에 대한 주간 보고에 의거하여 해당 집단에서의 설사 발생률을 결정한다.

소화계의 질병은 보통 음식물의 섭취와 연관이 있다.

포도상구균 식중독(포도상구균 장중독)

위장염의 주원인은 **포도상구균 식중독(staphylococcal food poisoning)**인데, 이것은 황색포도상구균이 생산한 장독소 섭취에 의한 중독이다. 316쪽에서 논의한 대로 포도상구균은 환경적 스트레스를 상대적으로 잘 견딘다. 이들은 또한 열에 대한 내성이 상당히 높아서, 성장 세포들은 60°C에서 30분 동안 견딜 수 있다. 건조 및 방사선에 대한 이들의 내성은 피부 표면에서 이들이 생존하는 것을 도와준다. 높은 삼투압에 대한 내성 덕분에 절인 햄처럼 염분에 의한 삼투압이 경쟁자의 성장을 방해하는 음식에서도 이들이 자랄 수 있다.

황색포도상구균은 보통 콧구멍에 있어서 손을 오염시킨다. 이것은 또한 손에 피부 병변을 자주 일으키기도 한다. 이러한 출처로부터 균은 쉽게 음식에 들어갈 수 있다. 만일 미생물이 **온도오용(temperature abuse)**이라 부르는 상황, 즉 음식물에서 자라게 방치되면 이들은 증식하여 음식으로 장독소를 방출한다. 포도상구균 중독의 집단 발병으로 이어질 수 있는 이러한 사건들이 그림 25.6에 설명되어 있다.

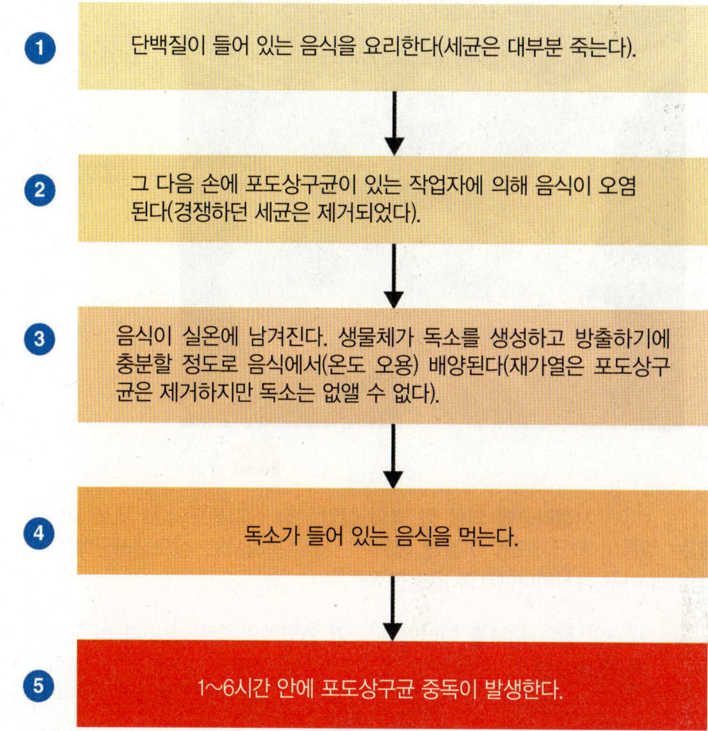

그림 25.6 전형적인 포도상구균 식중독의 발생이 일어나는 순서

Q 이것은 바이러스에 의해 일어나는 식품매개성 질병과 어떻게 다른가?

황색포도상구균은 조직을 손상하거나 미생물의 독성을 증가시키는 여러 독소를 생산한다. 혈청학적 A형의 독소(대부분의 사례의 원인임)의 생산은 보통 혈장을 응고시키는 효소의 생산과 연관된다. 이러한 세균을 **응고효소(coagulase)양성**으로 표시한다. 이 효소에 의해 직접적인 병원성 효과가 나타나는 것은 아니지만, 이것은 독성이 있을 가능성이 있는 유형임을 임시 확인하는 데에 유용하다.

이것은 황색포도상구균이 생산한 장독소 섭취에 의한 중독이다. 일반적으로 음식물 1그램당 약 100만 마리 정도의 세균이 있으면 병을 일으키기에 충분한 장독소를 생산할 것이다. 만일 그 음식물 안에서 경쟁하고 있는 미생물이 예를 들어 요리 과정에서 제거되었다면 이 미생물의 성장이 촉진된다. 또한 경쟁 세균이 정상보다 높은 삼투압이나 상대적으로 낮은 수분 함량에 의해 저해를 받는 경우에도 이 미생물이 더 잘 성장할 것이다. 황색포도상구균은 이러한 조건에서 대부분의 경쟁 세균들보다 더 빨리 성장하는 경향이 있다.

이런 위험이 높은 식품의 예로 커스터드와 크림 파이, 햄 등을 들 수 있다. 커스터드의 경우에는 경쟁 미생물이 설탕의 높은 삼투압과 요리 과정에 의해 최소화된다. 햄에서는 경쟁 미생물들은 소금과 방부제 같은 보존제에 의해 저해된다. 가금육 제품도 상온에서 다루어지고 방치되면 포도상구균이 생길 수 있다. 포도상구균은

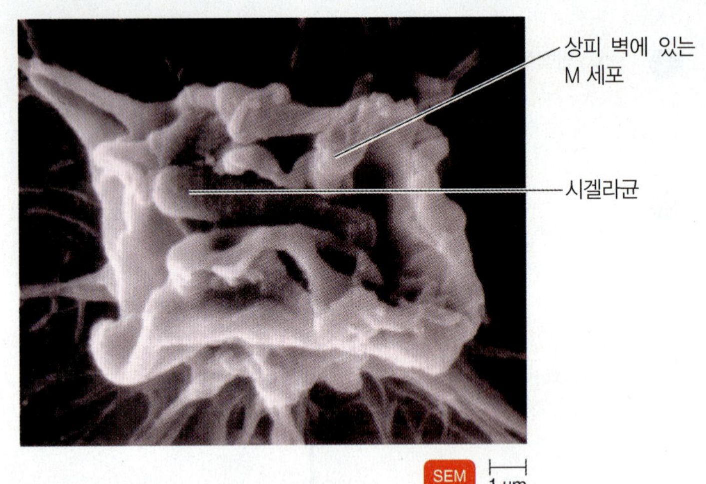

그림 25.7 **시겔라균에 의한 장 벽의 침입.** 장 상피세포의 M 세포 표면에 있는 주름이 세균세포를 어떻게 에워싸는지 주목하시오. 살모넬라균에 의한 침입과 아주 유사하다. (그림 15.2 참조.)

세균이 장의 내부를 떠나게 된다면 면역계의 어떤 요소가 이 세균에 작용하는가?

햄버거에 있는 대다수의 미생물과는 잘 경쟁하지 못하기 때문에, 이런 음식물을 통한 식중독 발생은 드물다. 미리 만들어서 제대로 냉장 보관이 되지 않은 식품은 모두 포도상구균 식중독의 잠재적인 대상이다. 식품을 취급하는 사람에 의한 오염을 완전하게 피할 수 없기 때문에 포도상구균 식중독을 막는 가장 믿을만한 방법은 식품을 보관하는 동안에 독소의 생성을 막기 위해 적절하게 냉장을 하는 것이다.

독소 자체는 열에 안정하여 끓여도 30분 이상 견딜 수 있다. 그러므로 일단 독소가 형성되면 음식물을 재가열해도 세균은 죽지만 독소는 파괴되지 않는다. 독소는 빠르게 뇌의 구토반사중추를 자극하고 복부 경련과 뒤이어 주로 설사를 일으킨다. 이러한 반응은 본질적으로 면역학적인 특성이며, 포도상구균의 장독소는 초항원(superantigen)의 대표적인 예이다(439쪽 참조). 보통 24시간 안에 완전하게 회복된다.

포도상구균 식중독의 사망률은 건강한 사람에게는 거의 제로이지만, 요양원에서 사는 사람들처럼 건강이 약해진 경우에는 높아질 수 있다. 회복 후에도 믿을만한 면역력은 생기기 않는다. 그러나 독소에 대한 개인의 감수성 차이가 아주 다양해서 이전에 균에 감염되어 얻은 면역력이 이러한 차이에 대한 일부 이유라고 생각된다.

보통 포도상구균 식중독의 진단은 특히 중독의 특징인 짧은 잠복기 같은 증상을 기초로 한다. 음식을 재가열하지 않아 세균이 죽지 않으면 병원체는 회복되어 자랄 수 있다. 분리된 황색포도상구균은 오염의 출처를 추적할 때 사용하는 방법인 파지 타이핑(phage typing)으로 검사할 수 있다(289쪽 그림 10.13 참조). 이 세균은 7.5%의 소금에서도 잘 자라기 때문에 이 농도를 주로 이 균의 선택적인 분리를 위한 배지에 사용한다. 병원성 포도상구균은 대개 만니톨을 발효하고 용혈소와 응고효소를 생산하며 황금빛 콜로니를 형성한다. 식품에서 성장할 때 이 세균은 뚜렷한 부패를 일으키지 않는다. 음식 시료에서 독소를 검출하는 것은 늘 어려운데 음식 100 그램당 단지 1~2 ng만이 존재하기 때문이다. 확실한 혈청학적 방법은 최근에 와서야 비로소 상용화되었다.

시겔라증(세균성 이질)

살모넬라증(salmonellosis)과 시겔라증 같은 세균 감염은 미생물이 숙주 안에서 자라기 위해 필요한 시간을 반영하는 잠복기가 보통 세균성 중독보다 길다(12시간에서 2 주). 세균 감염은 주로 감염에 대한 숙주의 반응인 발열이 특징이다.

아메바성 이질(amebic dysentery)과(738쪽) 구별하기 위해 **세균성 이질(bacillary dysentery)**로도 알려져 있는 **시겔라증(shigellosis)**은 시겔라(*Shigella*)속의 조건부 산소비요구성 그람음성 간균 그룹에 의해 일어나는 심한 설사병이다. 이 속은 일본 미생물학자인 키요시 시가(Kiyoshi Shiga)의 이름에서 유래하였다. 이 세균은 자연 상태에서 다른 동물 전염원이 없으며 사람에서 사람으로만 전파된다. 급작스런 발생은 대부분 가족과 보육원, 이와 유사한 집단에서 일어난다.

4종의 병원성 시겔라가 있는데 시겔라 손니(*S. sonnei*), 시겔라 디센테리에(*S. dysenteriae*), 시겔라 프렉스네리(*S. flexneri*), 그리고 시겔라 보이디(*S. boydii*)이다. 이러한 세균들은 오직 인간과 유인원, 원숭이의 장관에 서식한다. 이들은 병원성 대장균과 밀접한 연관이 있다. 미국에서 가장 일반적인 종은 시겔라 손니로 상대적으로 가벼운 이질을 일으킨다. 소위 여행자 설사의 많은 사례가 가벼운 형태의 시겔라증이다. 극단적인 경우인 시겔라 디센테리에의 감염은 종종 심각한 이질과 쇠약을 일으킨다. 원인이 되는 독소는 아주 독성이 강하며 **시가 독소(Shiga toxin)**로 알려져 있다(724쪽 장출혈성 대장균 참조). 시겔라 디센테리에는 미국에서 가장 드문 종이다.

병을 일으키는 데 필요한 감염양은 적으며 세균은 위장의 산도에 크게 영향을 받지 않는다. 이들은 소장에서 엄청난 수로 증식하지만 병이 주로 발생하는 곳은 대장이다. 이곳에서 세균은 특정 상피세포에 부착한다. 막성 세포 주름을 가진 **M 세포**는 세균을 세포 속으로 들여 보낸다(그림 25.7). 세균은 세포 안에서 증식하고 곧 주변 세포로 퍼져 조직을 파괴하는 시가 독소를 생산한다(그림 25.8). 이질은 장 벽이 손상된 결과이다.

시겔라증은 하루에 20번 정도까지 설사를 일으킬 수 있다. 감염의 추가 증상은 복부 경련과 발열이다. 시겔라균은 드물게 혈류로 침입한다. 대식세포는 섭취한 시겔라균을 죽이지 못할 뿐만 아니라 그들에 의해 죽는다. 진단은 주로 직장의 면봉 검사에서 미생물을 발견하는 것을 기본으로 한다.

CDC는 매년 45만 건의 시겔라증이 발생한다고 추산하는데, 대부분은 시겔라 손니가 일으키며 주로 5세 이하의 어린이에게 영향

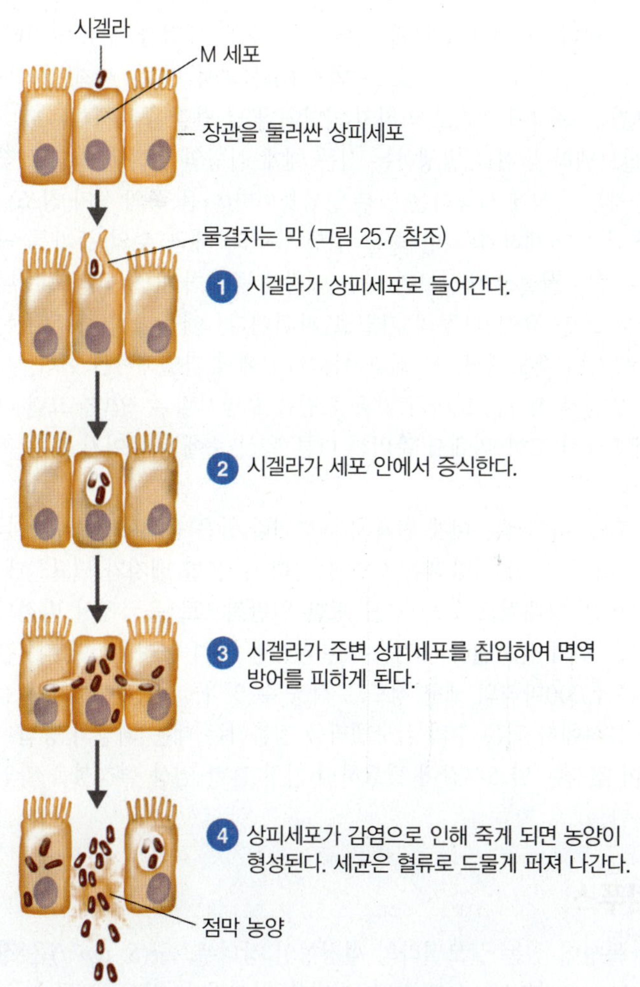

그림 25.8 시겔라증. 이 그림 장벽의 감염 순서를 보여준다. 세균은 페이에르 판(490쪽 그림 17.9 참조) 위에 있는 상피 벽의 M 세포(그림 25.7 참조)에 부착한다. 이곳은 장 점막을 가로질러 항원을 운반하는 것을 돕기 위해 적응된 지역이다.

Q 시겔라는 왜 혈류로 드물게 퍼져 나가는가?

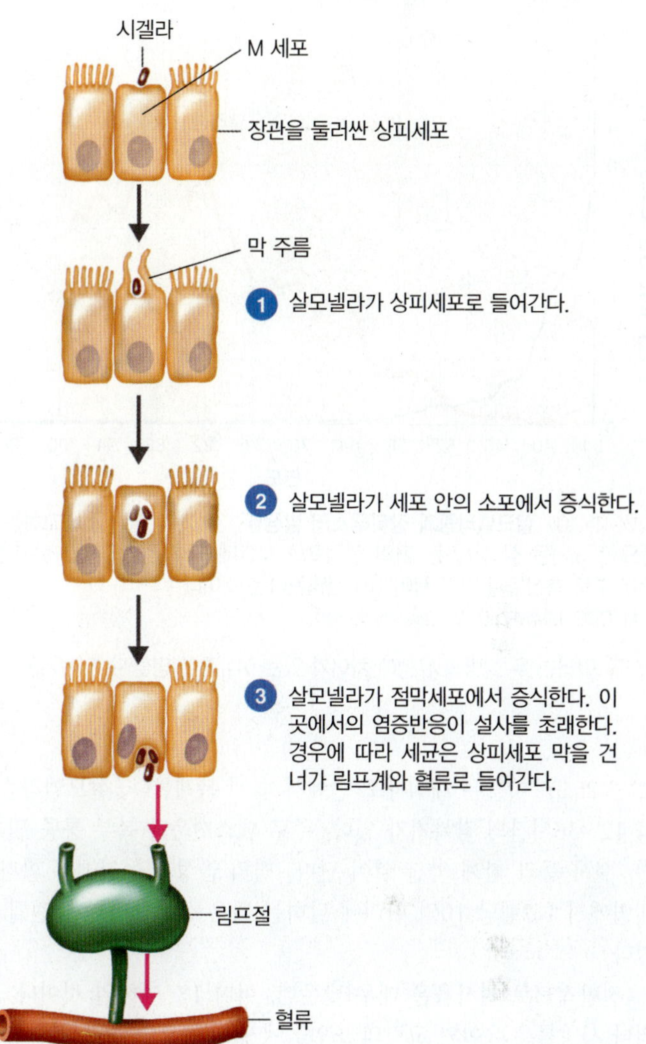

그림 25.9 살모넬라증. 이 그림 장벽의 감염의 순서를 보여준다. 시겔라의 감염을 보여주는 그림 25.8과 비교해 보시오. 자주 일어나지는 않지만 혈류로 침입하면 패혈성 쇼크가 일어날 수 있다.

Q 살모넬라증은 왜 세균의 중독보다 더 긴 잠복기를 가지는가?

을 준다. 그러나 시겔라 디센테리에는 사망률이 상당히 높아서 이것이 만연하는 열대 지역에서의 사망률은 20%까지 올라갈 수 있다. 회복 후에 일부 면역력이 생기는 것 같으나 만족할만한 백신은 아직 개발되지 않았다.

심한 시겔라증 사례에서는 항생제 치료와 경구 수분보충을 지시한다. 현재로서는 플루오로퀴놀론이 최상의 항생제이다.

살모넬라증(살모넬라 위장염)

살모넬라(*Salmonella*) 균은[발견자인 다니엘 살몬(Daniel Salmon)의 이름을 딴] 그람음성, 조건부 산소비요구성 간균으로 내생포자를 생성하지 않는다. 이들의 정상 서식처는 인간과 많은 동물의 장관이다. 모든 살모넬라는 어느 정도 병원성이 있으며 **살모넬라증** 또는 **살모넬라 위장염**을 일으킨다. 병원성에 따라 살모넬라는 장티푸스성 살모넬라(720쪽 장티푸스 참조)와 이보다 약한 살모넬라증을 일으키는 비장티푸스성 살모넬라로 나누어진다.

살모넬라의 명명법은 일반적인 것과는 다르다. 인정된 종들 말고 2,000개 이상의 혈청형이 있는데, 미국에서는 약 50개 정도만이 자주 분리된다(살모넬라의 명명법에 대한 논의는 310쪽 참조). 요약하면, 많은 분류학자들은 이들을 단 두 가지 종에 속한 것으로 간주하는데, 주로 살모넬라 엔테리카(*Salmonella enterica*)이다. 이런 이유로 전통적인 이름인 살모넬라 타이피머리움(*S. typhimurium*) 대신에 살모넬라 엔테리카 혈청형 타이피머리움이란 이름으로 불리는 걸 볼 수 있다.

살모넬라는 우선 장 점막에 침투하고 거기서 증식한다. 이들은 때때로 M 세포의 장 점막을 통과하여 림프계와 심혈관계로 들어가는데, 거기서부터 퍼져 나가 결국 여러 기관에 영향을 줄 수 있다

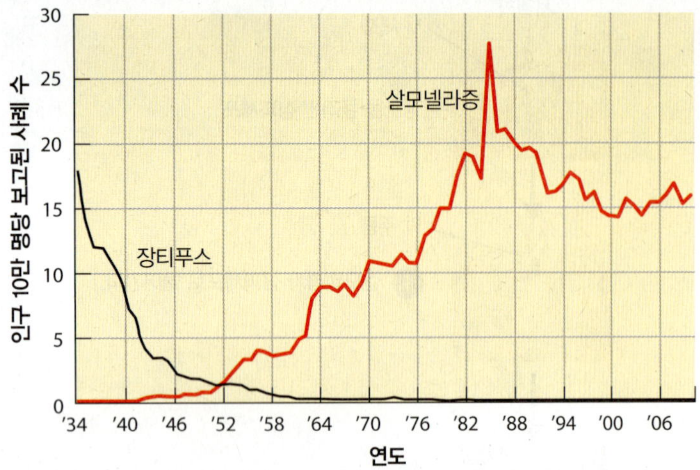

그림 25.10 살모넬라증과 장티푸스의 발생률. 두 가지 질병을 비교하는 데 중요한 요인은 장티푸스는 거의 전적으로 사람에 의해 전염되지만 살모넬라증은 주로 축산물과 인간 사이에서 전염된다는 것이다.

출처: CDC. MMWR 59(52), January 7, 2011.

이러한 두 질병의 유행에 차이가 있는 이유를 설명할 수 있는가?

(그림 25.9). 이들은 대식세포 안에서 쉽게 복제한다. 살모넬라증은 약 12~36시간의 잠복기가 있다. 주로 메스꺼움과 복부 통증 및 경련, 설사 등과 함께 약간 열이 난다. 병의 급성기 동안에는 환자의 대변에서 1그램당 10억 마리에 달하는 많은 살모넬라가 발견될 수 있다.

전반적으로 치사율은 매우 낮은데, 아마 1% 이하일 것이다. 그러나 사망률은 유아와 고령의 노인들에게 더 높으며 주로 패혈성 쇼크로 사망한다. 심각도와 잠복기는 섭취한 살모넬라의 수에 따라 다를 수 있다. 보통은 며칠 안에 완전히 회복되지만, 많은 환자들이 최대 6개월까지 대변을 통해 균을 계속해서 퍼뜨리게 된다. 살모넬라증 또는 사실상 여러 설사병을 치료에 항생제 요법은 별 효과가 없으며 경구 수분보충 요법 등이 치료에 이용된다.

살모넬라증은 실제보다 훨씬 더 적게 보고된다고 추정된다. 매년 대략 140만 건의 사례가 발생하고 400명이 죽는다(그림 25.10). 육류 제품은 특히 살모넬라 오염에 취약하다. 세균의 출처는 여러 동물의 장관이다. 거북이와 이구아나 같은 애완용 파충류도 또한 출처이며 이들의 보균율은 90% 정도로 높다. 어린이들이 거북이를 입에 집어 넣을 수 있는 위험 때문에 현재 FDA는 작은 거북이(<10 cm)를 애완동물로 판매하는 것을 사실상 금지하고 있다. 살모넬라 엔테리타이디스(*S. enteritidis*)와 살모넬라 타이피머리움은 특히 상업용 닭고기 제품에 잘 적응하였다. 암탉은 감염에 아주 취약해서 달걀은 세균으로 오염되기 쉽다. 이 세균은 리소자임(455쪽 참조)과 락토페린(lactoferrin; 세균에 필요한 철과 결합함) 같은 자연 방부제가 들어 있는 알부민(albumin) 단백질에서 성장하는 능력을 발달시켰다. 미국에서는 2만 개의 알당 1개가 살모넬라에 오염된 것으로 추정한다. 보건 당국은 대중에게 잘 요리된 달걀만을 먹으라고 경고를 한다. 흔히 의심하지 않는 한 요인은 네덜란드 소스(버터, 달걀노른자, 식초로 만든 소스-역자주)와 과자 반죽, 시저 샐러드 등과 같은 음식에 제대로 익히지 않았거나 날 달걀이 존재하는 것이다. 살모넬라 섭취로 발생하는 식품 매개 질병의 놀라울 정도로 잦은 출처는 음식에 사용하는 일부 양념들이다(다음 쪽의 상자 참조).

오염을 억제하기 위한 좋은 위생 습관과 세균 수의 증가를 막을 수 있는 적절한 냉장보관 또한 예방에 중요하다. 일반적으로 미생물은 보통 요리 과정의 가열로 파괴된다. 예를 들면 닭고기는 76~82°C의 온도에서, 간 쇠고기는 71°C에서 가열해야만 한다. 그러나 오염된 식품은 도마와 같은 표면을 오염시킬 수 있다. 그런 다음 계속해서 도마 위에서 준비한 다른 음식 중에는 끓이지 않는 것도 있다.

진단을 위해서는 대개 환자의 대변이나 남은 음식에서 병원체를 분리해야 한다. 분리하려면 특별한 선택 및 분별 배지가 필요한데, 이 방법은 상대적으로 느리다. 또한 일반적으로 음식에서 발견되는 적은 수의 살모넬라는 검출하는 데에는 특히 어려움이 있다. 감염양은 1,000마리의 세균 정도로 적을 수 있다. 현재 PCR 기반 검사가 음식에서 적은 수의 살모넬라를 검출하는 데는 최상의 방법이다. 이 검사는 약 5시간이 필요하며 가장 흔한 임상 혈청형을 확인해 준다.

장티푸스

가장 독성이 있는 살모넬라의 혈청형인 장티푸스균(*S. typhi*)은 **장티푸스(typhoid fever)**란 세균 질병을 일으킨다. 살모넬라증을 일으키는 살모넬라와는 달리 이 병원체는 동물에서는 발견되지 않고 오직 다른 사람의 대변으로 전파된다. 적절한 상하수 처리와 식품 위생이 없었던 시절에는 장티푸스가 매우 흔한 병이었다. 미국에서는 살모넬라증의 출현은 증가하고 있는 반면에 장티푸스의 발생률은 감소하고 있다(그림 25.10 참조). 위생상태가 좋지 않은 세계 일부 지역에서 장티푸스는 여전히 잦은 사망의 원인이다. 전 세계적으로 매년 2,100만 건의 사례가 발생하고 그 중 수만 명이 죽는 것으로 추산된다.

식균 세포에 의해 파괴되는 대신에 장티푸스균은 세포 안에서 증식하고 여러 기관, 특히 비장과 간으로 전파된다. 결국 식균 세포들은 용해되고 장티푸스균을 혈류로 방출한다. 이것에 필요한 시간이 장티푸스의 잠복기(2~3주)가 살모넬라증의 잠복기(12~36시간)보다 훨씬 더 긴 이유를 설명해 준다. 장티푸스에 걸린 환자는 약 40°C의 고열과 계속되는 두통으로 고통받는다. 설사는 두 번째나 세 번째 주에만 나타나며 그 다음에 열이 떨어지는 경향이 있다. 사망에 이를 수 있는 정도로 심한 경우에는 장 벽의 궤양과 천공이 일어날 수 있다. 항생제 치료가 이용되기 전에는 사망률이 보통 20%이었고, 치료가 가능한 오늘날에는 1% 이하이다.

회복된 환자의 상당수(약 1~3%)는 만성 보균자가 된다. 이들은 담낭에 병원체를 보유하면서 수개월 동안 계속해서 세균을 퍼뜨린

음식물매개 감염

아래 문항들을 읽으면서 1차 감역학자들이 임상적인 문제를 풀어 나가면서 자문하는 질문들을 보게 될 것이다. 감염학자의 입장에서 각 질문에 답을 하도록 노력해 보시오.

1. 6월 29일 오하이오 주의 36세의 조애니(Joanie)는 3일 동안 메스꺼움과 구토, 설사로 고생하다 입원하였다. 그녀는 체온이 39.5°C이고 탈수증세를 보였다.
조애니의 징후와 증상의 원인을 결정하기 위해 그녀에서 채취해야 하는 시료는 무엇인가?

2. 대변을 배양한 결과, 젖당을 발효하지 못하는 그람음성세균이 자랐다.
어떤 세균인지 알 수 있을까? (그림 참조)

3. 조애니는 44개의 주에서 발생한 살모넬라증 가운데 배양으로 확인한 272건의 사례 중 하나이다.
이러한 환자들에서 어떤 정보를 얻으려고 노력하겠는가?

4. 이러한 병의 출현과 관련된 음식점이나 음식점 체인은 한 곳도 없다.
감염의 출처를 어떻게 결정할 것인가?

5. 감염학자들은 같은 지역에서 53명의 건강한 사람과 53명의 환자들을 비교하는 사례조절 연구를 실시하였다. 총 106명의 사람들에게 먹은 음식물에 대한 설문조사를 완성하도록 부탁하였다(아래 표 참조).

   상대적 위험(relative risk, RR)은 해당 사건이 질병의 원인이 될 확률(위험) 값이다. RR은 노출된 출처 각각에 대해서 계산되어야 만한다.
   2 × 2 표를 참고하여, 감염의 가능성이 있는 출처를 결정하기 위한 나머지 계산을 완성하시오.

6. 질병과 살라미(소시지의 일종-역자주) 소비 사이에 큰 연관성이 있다. 연루된 살라미는 한 공장에서 생산된 것이다.
이제 무엇을 해야 할까?

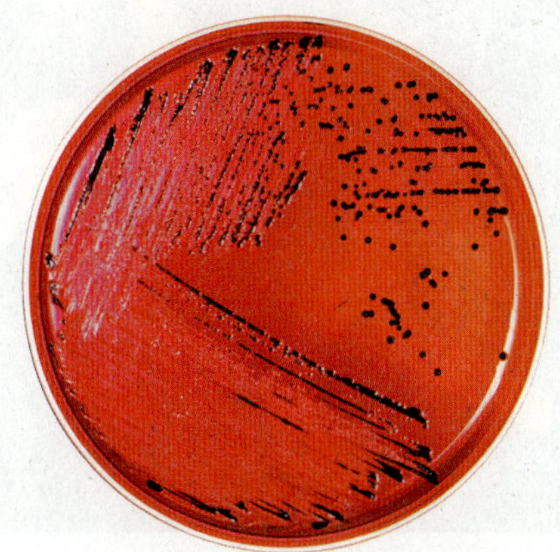

살모넬라가 생산하는 황화수소(H_2S)가 한천배지에서 철과 결합하면 검은 침전물을 만들기 때문에, XLD 한천배지에서 가운데가 검은 콜로니를 형성한다.

7. 살라미 생산 시설과 재료에 대한 시료 검사를 통해 살라미를 만드는 데 사용한 후추와 고추 양념에서 살모넬라가 분리되었다.
어떤 요인들이 후추와 고추 양념이 전파의 수단이 되는 데 기여하였을까?

후추와 고추 양념은 발효와 건조의 "치사 단계" 이후에 살라미에 첨가되었다. 미국 식품의약국(FDA)은 네 곳의 양념 공급업체에 대한 조사에 착수하였다. 두 공급업체의 양념에서, 발생한 살모넬라증에서 확인한 것과 같은 종인 살모넬라 몬테비디오(*Salmonella montevideo*)에 대한 양성반응이 나타났다. 역추적 조사 결과 이 양념의 원료가 된 후추와 고추는 3곳의 아시아 국가에서 생산된 것으로 밝혀졌다. 양념과 관련된 음식물매개 질병의 출현이 미국에서 증가하고 있는 추세에 있다고 보고되고 있다.

출처: Adapted from *MMWR* 59(50):1647–1650, December 24, 2010.

노출	노출됨		노출 안됨		상대적 위험도 (RR)
	(*a*) 아픔	(*b*) 아프지 않음	(*c*) 아픔	(*d*) 아프지 않음	
달걀	47	40	6	13	1.71
닭고기	32	20	21	33	
바나나	34	30	19	23	
우유	42	39	11	14	
살라미	47	24	6	29	

2 × 2 표를 이용한 상대적 위험도 계산

	아픔	아프지 않음	상대적 위험도
섭취 ________	(*a*)	(*b*)	$(e) = \frac{a}{a+b}$
섭취하지 않음 ________	(*c*)	(*d*)	$(f) = \frac{c}{c+d}$
상대적 위험도 =	$\frac{e}{f}$ = ________		= 이 지역을 방문함으로써 병이 발생할 것 같은 빈도 수

다. 다수의 이러한 보균자는 무한정 세균을 퍼뜨린다. 장티푸스 보균자의 대표적인 예는 장티푸스 메리(Typhoid Mary)라고도 알려진 메리 말론(Mary Mallon)이다. 그녀는 20세기 초에 뉴욕 주에서 요리사로 일하면서 여러 차례의 장티푸스 발병과 3명의 죽음에 책임이 있다. 그녀는 자신이 선택한 직장에서 일하는 것을 주 당국이 제지하려고 시도하면서 유명하게 되었다.

최근 미국에서는 매년 약 350~400건의 장티푸스가 발생하는데 그 중 70%가 해외 여행 동안에 걸린 것이다. 보통 연간 사망자 수는 3명 이하이다.

항생제 클로람페니콜이 1948년 처음 소개되었을 때 장티푸스는 치료 가능한 질병이었다. 대부분이 더 안전한(하지만 더 비싼) 항생제로 바뀌었다 할지라도 이 항생제는 세계의 유행 지역에서 여전히 사용되고 있다(단, 치료 과정에 250 캡슐이 필요하다). 더 효과적인 항 장티푸스 약제는 퀴놀론 또는 3세대 세팔로스포린이다. 만성 보균자의 치료는 수 주 동안 항생제 요법이 필요할 수 있다. 항생제 내성이 빈번한 문제이다.

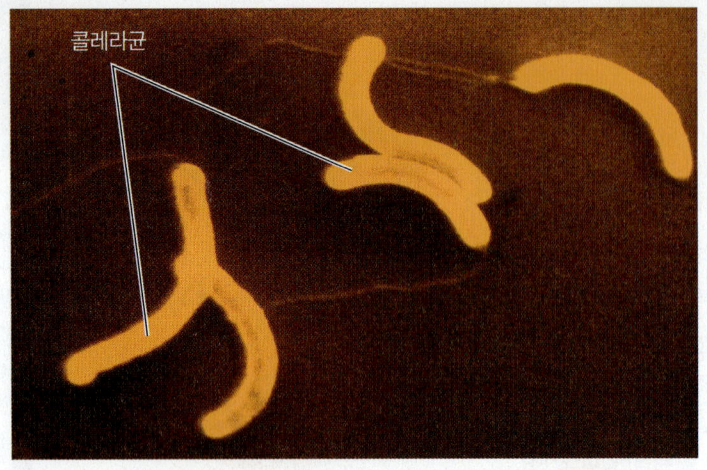

그림 25.11 콜레라균, 콜레라의 원인. 약간 굽은 모양을 주목하시오.

Q 콜레라균에 감염된 동안에 갑작스런 체액과 전해질 손실의 결과는 무엇인가?

장티푸스에서 회복되면 영구적인 면역력을 얻는다. 위험성이 높은 실험실이나 군인을 제외하고 선진국에서는 백신을 전혀 사용하지 않는다. 항생제의 효과가 감소되는 경향 때문에 저개발 국가에서는 백신에 대한 관심이 새롭게 생기고 있다. 오랫동안 사용해왔던 백신은 세균을 죽인 형태로 주사로 접종해야 되고 부작용 비율이 높다. 상당히 안전하고 2세 이상의 사람에게 사용할 수 있는 차세대 백신의 이용이 가능해졌다. 하나는, 소단위 백신으로 한번 주사를 맞으면 적어도 3년 동안은 보호 효과가 있다. 다른 하나는, 경구 약독백신으로 서너 번 복용하면 7년 정도까지 보호 효과가 있다.

이해도 확인하기

✓ 현대식 하수처리 시설을 갖춘 선진국에서 장티푸스는 거의 완전하게 제거된 반면, 살모넬라증은 그렇지 않은 이유는 무엇인가? **25-4**

콜레라

가장 심각한 위장 질병 중의 하나인 **콜레라(cholera)**의 원인 병원체는 그람음성 간균인 콜레라균(*Vibrio cholerae*)으로 약간 굽은 모양에 하나의 편모를 가지고 있다(그림 25.11). 콜레라 간균은 소장에서 자라고 숙주세포가 물과 전해질, 특히 칼륨을 분비하도록 하는 외독소인 **콜레라 독소**를 생산한다(439쪽 15장 참조). 그 결과 상피세포와 장 점막 덩어리가 들어있는 묽은 대변이 나오는데, 이를 모양 때문에 "미음(또는 쌀뜨물) 대변(rice water stool)"이라 부른다. 하루에 12~20리터의 체액을 잃을 수 있으며 이러한 체액과 전해질의 갑작스런 손실은 쇼크와 쇠약, 종종 사망을 일으킨다. 체액이 부족하면 혈액은 점성이 생겨 필수 장기들이 제대로 기능을 할 수 없게 된다. 또한 일반적으로 심한 구토가 발생한다. 이 미생물은 침습성이 아니어서 대개 열은 나지 않는다. 콜레라의 증세의 정도는 아주 다양하며 무증상인 경우도 여러 번 보고되었다. 콜레라는 적절한 관리와 치료를 하면 치사율은 대개 1% 미만이지만, 치료하지 않는 경우 그 치사율이 50%에 달할 수 있다. 진단은 증상과 대변에서 콜레라균의 배양 결과로 판단한다.

콜레라균과 비브리오(*Vibrio*)속의 다른 균들은 오염된 담수로도 쉽게 전파될 수 있지만, 대개 강어귀의 특징인 소금기 있는 물과 밀접하게 연관되어 있다. 이 세균들은 생물막을 형성하여 이들의 생존을 도와주는 요각류(작은 갑각류)와 조류(algae), 다른 수생식물 및 플랑크톤에 집단으로 서식한다. 이러한 성장 특성 때문에, 보통 곱게 짠 천(인도 여성이 입는 사리 같은)을 여러 겹 접어서 오염된 물을 거르면 붙어 있는 세균을 제거하고 물을 안전하게 마실 수 있다. 환경 조건이 나빠지면 콜레라균은 휴면 상태가 될 수 있고 세포는 배양할 수 없는 구형 상태로 줄어들게 된다. 환경이 좋아지면 그들은 성장할 수 있는 형태로 빠르게 바뀌게 된다. 두 가지 형태 모두 전염성이 있다.

이들이 수서 환경에 잘 견딘다 할지라도 콜레라균은 유난히 위산에 민감하다. 위산분비에 장애가 있거나 항산제를 복용하는 사람은 감염 위험이 더 높다. 정상적인 사람에게 심한 콜레라를 일으키기 위해서는 1억 마리 이상의 감염량이 필요할 수도 있다. 콜레라에서 회복되면 효과적인 면역력을 획득하지만 단지 같은 항원성의 특징을 가진 세균 종에만 작용한다. 1880년대에 대유행을 일으킨 O:1 혈청그룹(11장 311쪽 주석 참조)은 **대표 균주종**(classical strain)으로 알려져 있다. 뒤에 일어난 대유행은 엘 토르(*El Tor*)라고 명명된 O:1 생물형(biotype)에 의해 일어났다. 엘 토르라는 명칭은 이 세균이 처음 분리된 곳인 메카(Mecca)로 가는 순례자들의 엘 토르(El Tor) 격리 수용소에서 유래했다. 1990년대까지는 오직 콜레라균 O:1만이 유행성 콜레라를 일으켰지만, 새로운 혈청그룹인 O:139 기 인도와 방글라데시에 대규모의 콜레라 발병을 일으키면서 이러한 견해가 바뀌었다. 또한 콜레라균의 비유행성 종인 non-O:1/O:139 혈청형도 가끔 콜레라의 대규모 발병과 연관되어 있다. 이들은 때때로 상처 감염 또는 패혈증을 일으키는데, 특히 간 질환을 있거나 면역반응이 억제된 사람들이 취약하다.

미국에서는 O:1 혈청그룹에 의한 콜레라 사례가 가끔 발생한다. 이들 모두는 멕시코만 연안 지역에서 일어났고 병원체는 이 해안의 물에 풍토성일 수 있다. 높은 위생 기준으로 이 지역에서의 콜레라 발생을 제한한다. 대변 1그램당 1억 마리의 콜레라균이 있을 수 있기 때문에 위생이 최우선의 통제 수단이며 중요하다. 이런 상황이 얼마나 빠르게 바뀔 수 있는지는 카리브 해안 국가인 하이티(Haiti)에서 2010년 지진으로 대부분의 상수도 및 기타시설이 파괴되었던 사례에서 볼 수 있다. 아시아에서 주로 발견되는 콜레라 세균 종이 일부 외부 출처로부터 유입되어 수백 명의 목숨을 앗아간 콜레라가 발생하는 결과를 가져왔다. 사용할 수 있는 경구 백신은 상대적으로 짧은 기간의 면역력을 제공하고 중간 정도의 효과만을 가진다.

치료는 흔히 독시사이클린 같은 항생제를 사용하지만 더 효과적인 치료는 손실된 체액과 전해질을 정맥주사로 보충하는 것이다. 몇 시간 안에 환자 체중의 10%에 해당하는 만큼이나 많은 양이 필요할 수도 있다. 수분 보충 요법은 아주 효과가 좋아서, 예를 들어 방글라데시처럼 콜레라가 흔한 지역에서는 콜레라로 죽는 일은 "드문" 것으로 생각한다.

비콜레라성 비브리오

콜레라균과 더불어 적어도 11종의 비브리오가 사람에게 질병을 일으킬 수 있다. 대부분이 염분이 있는 연안수에 적응하여 생존한다. 장염비브리오균(*Vibrio parahaemolyticus*)은 세계 여러 지역의 강어귀에서 발견된다. 이 균은 형태학적으로 콜레라균과 유사하며 사람에서 비브리오 종에 의한 위장염의 가장 흔한 원인이다. 이 세균은 미국 대륙과 하와이 해안의 물에 존재한다. 새우와 게와 같은 갑각류와 생굴은 최근 몇 년에 미국에서 여러 차례 발생한 위장염(gastroenteritis)과 연관이 있다.

이러한 유사 콜레라의 징후와 증상에는 복통, 구토, 위가 타는 듯한 느낌, 설사 등이 있다. 보통 항생제 치료와 수분 보충이 효과가 있다. 잠복기는 보통 24시간 이내이다. 주로 며칠 안에 회복된다.

장염비브리오균은 나트륨과 높은 삼투압을 필요로 하기 때문에 2~4%의 염화나트륨이 포함된 분리배지를 이 병을 진단하는 데 사용한다.

또 다른 중요한 병원성 비브리오인 비브리오 벌니피커스(*Vibrio vulnificus*)도 강어귀에서 발견된다. 호염성인 이 세균을 분리하기 위해서는 1%의 염화나트륨이 들어 있는 배지가 필요하다. 이로 인한 감염으로 위장염이 생기는 경우는 소수이지만, 섭취된 세균이 혈류로 침입하면 생명을 위협할 수 있다. 면역체계가 제대로 기능하지 못하는 사람에게는 더 위험하다. 간 질환으로 고생하는 사람도 패혈증에 걸릴 위험이 높은데, 걸리면 약 50%가 치명적이다. 비브리오 벌니피커스는 연안수에서 생기는 작은 피부 상처를 통해 매우 위험한 감염을 종종 일으킨다. 이러한 감염은 빠르게 퍼지는 조직 파괴를 일으켜 사지의 절단수술이 필요할 수도 있으며, 만일 패혈증이 일어나면 치사율은 약 25%이다. 이러한 감염은 생명을 위협하기 때문에 성공적인 치료를 위해서는 조기에 항생제 치료가 필요하다.

임상 사례

대변 시료를 소르비톨-맥콘키(MacConkey) 한천배지에서 배양한다. 소르비톨 음성 콜로니는 젖당 발효 여부를 검사한다. 세균은 젖당으로부터 산을 생산하고 구연산염(citrate)을 유일한 탄소원으로 사용하지 않는다.

284쪽 그림 10.8의 식별표(identification key)를 사용하여 이 세균을 확인하시오. 애나 담당 소아과 의사는 그녀의 병력에 대해 무엇을 알 필요가 있는가?

712 **723** 727 734 742

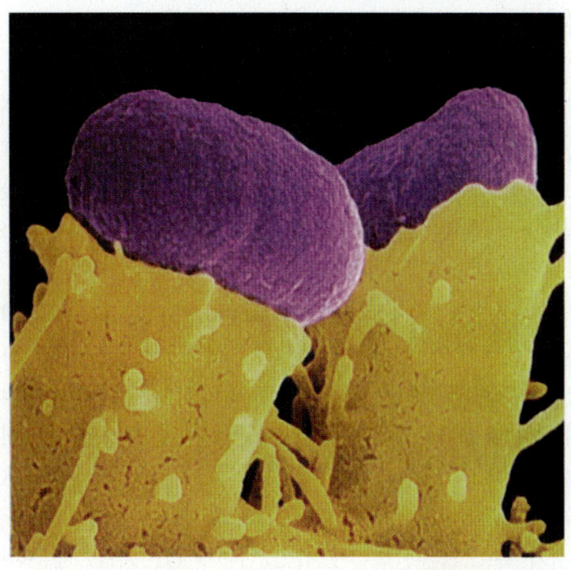

그림 25.12 **장출혈 대장균(EHEC) O157:H7에 의한 받침대 형성.** EHEC 세균(보라색)이 상피벽에 붙게 되면 그들은 표면의 미세융모를 파괴하고 받침대 같은 돌기(노란색)의 형성을 유발하여, 그 위에 자리잡는다. 액틴 단백질이 풍부한 이 조직의 기능은 확실하지 않지만 인접한 세포로 세균이 퍼져 나가는 것을 도와주는 것 같다.

 부착이 미생물의 병원성의 한 요인인가?

대장균 위장염

인간의 장관에 가장 풍부한 미생물 중의 하나가 대장균(*Escherichia coli*)이다. 이 균은 아주 흔하고 쉽게 배양할 수 있기 때문에 미생물학자들은 이를 종종 실험실의 애완동물 같은 것으로 간주한다. 대장균은 보통 해가 없지만 일부 종은 병원성이 있다. 전이유전인자(mobile genetic element)들은 대장균을 일련의 질병을 일으키는 고도로 적응된 병원체로 전환시킬 수 있다. 일부 독소를 분비하는 병원성 종들은 장의 상피세포를 침투할 수 있도록 잘 적응되어 대장균 위장염(*Escherichia coli gastroenteritis*)을 일으킨다. 요로와 혈류, 중추 신경계와 같은 다른 부위에도 또한 영향을 미칠 수 있다. 8종 이상의 병원성 변종[병원형(pathovar)] 대장균의 특성이 잘 밝혀져 있는데 그 중 다섯 가지 변종 병원형 그룹에 대해 논의할 것이다.

장병원성 대장균(enteropathogenic *E. coli*, EPEC)은 개발도상국에서 설사의 주된 원인이며 유아에게 잠재적으로 치명적이다. 세균이 장벽에 부착하게 되면 주변의 미세융모를 제거하고 숙주세포의 액틴(actin) 단백질을 자극하여 그들이 부착하는 곳 아래에 받침대를 만들게 한다(그림 25.12). EPEC 세균은 숙주세포 속으로 이동할 다수의 작동 단백질(effector protein)을 분비하는데 이들 중 일부가 설사를 유발한다.

장침입성 대장균(enteroinvasive *E. coli*, EIEC)은 일반적으로 시겔라와 본질적으로 동일한 것으로 취급되는데, 이들의 발병 기전이 같다. EIEC는 시겔라와 같은 방법으로 M 세포를(그림 25.8 참조) 통하여 장관의 점막밑층에 접근할 수 있다. 이러한 침입은 염증과 발열, 시겔라-유사 이질을 일으킨다.

장집합성 대장균(enteroaggregative *E. coli*, EAEC)은 인간에게서만 발견되는 대장균의 한 집단이다. 그들의 성장 특성 때문에 이런 이름이 붙었는데, 세균은 조직 배양 세포에서 "쌓아 놓은 벽돌" 형태를 이룬다. EAEC는 침습성이 아니며 물설사를 일으키는 장독소를 생산한다.

최근에 **장출혈성 대장균(enterohemorrhagic *E. coli*, EHEC)** 변종들이 미국에서 심각한 질병의 몇몇 집단발생을 일으켰다. 기전은 약간 다르다 할지라도 EHEC는 EPEC에서 관찰된 것과 같은 받침대 형성을 유발한다. 이러한 세균의 주된 독성인자는 시가 독소이며(718쪽 참조), 이들을 때때로 **시가독소생성 대장균(Shiga-toxin-producing *E. coli*, STEC)**으로도 부른다. 대부분의 집단발병은 시가 독소를 생산하는 EHEC 혈청형 O157:H7 때문이다. 덜 알려진 다른 종들로는 O121과 O104:H21 등이 있다. (이러한 숫자적인 명칭에 대한 설명은 311쪽 참조.) 세포가 용해되면서 독소가 방출되기 때문에 항생제 치료는 더 많은 독소의 방출을 일으켜 병을 더 악화시킨다.

병원체에 영향을 받지 않는 소가 주된 전염원이며, 감염은 오염된 음식이나 물에 의해 전파된다. 현재 2~3%의 가축용 소가 STEC을 보균하고 있는데, 도축장에서 사체를 오염시킨다. 간 고기, 특히 수출용은 이러한 대장균 종의 오염 검사가 필수이다. 때때로 가축 사육장의 유수에 의해서 잎채소도 또한 오염이 될 수 있다. 섭취한 음식이 유일한 감염원은 아니며 일부 사례는 동물을 만질 수 있는 동물원이나 농장을 아이들이 방문하는 것과 연관이 있다. 감염량은 아주 적은 것으로 추정되며 아마도 100마리 세균 이내이다.

인간에게 시가 독소는 보통 저절로 낫는 설사 정도만을 일으키지만, 감염된 사람의 약 6%에서 결장(직장 위에 있는 대장의 일부)에 많은 출혈이 생기는 염증을 유발하는데, 이를 **출혈성 대장염(hemorrhagic colitis)**이라고 한다. 시겔라와 달리 이러한 대장균은 장벽을 침입하지는 않지만(그림 25.8 참조), 대신 장 내강(공간)으로 독소를 방출한다.

또 다른 위험한 합병증은 **용혈성 요독 증후군(hemolytic uremic syndrome, HUS)**이다. 소변에 피가 섞여 나오고 종종 신장 부전을 일으키는 특징을 가진 HUS는 독소가 신장에 영향을 미칠 때 일어난다. 감염된 어린아이의 약 5~10%가 이러한 단계로 진전되며 사망률이 약 5%에 이른다. 이런 환자의 관리는 우선적으로 정맥을 통한 수분 보충과 혈청 전해질을 주의 깊게 관찰하는 것이다. HUS의 일부 생존자는 신장 투석이나 심지어는 이식이 필요할 수도 있다. 매년 대략 200~500명 정도가 사망한다.

이 병원체가 주목을 받고 있기 때문에, 과학자들은 시간이 걸리는 배양 방법을 사용하지 않고 음식에서 직접 이 세균의 존재를 탐색하는 신속한 방법을 개발하기 위한 연구를 하고 있으며 어느 정도 성공을 거두고 있다. 공공 보건 실험실이 주기적으로 STEC을 검사하는 것을 추천한다. 표준 방법은 소르비톨을 발효하지 못하는 이들의 성질을 이용해 이러한 세균을 구별하는 배지를 사용하는 것이다. 이어서 소르비톨 음성을 띠는 모든 콜로니는 세균의 아형을 결정하는 DNA 지문 기술인 **펄스장 젤 전기영동(pulsed-field gel electrophoresis, PFGE)**이라는 방법으로 검사를 해야만 한다. 결과 자료는 역학 정보를 비교할 수 있도록 하기 위해 국립 펄스넷(PulseNet) 데이터베이스에 입력한다.

소에서 O157: H7 세균 수를 크게 줄이는 백신이 허가를 받았지만 이것이 광범위하게 사용될 여부는 확실치 않다.

장독소성 대장균(enterotoxigenic *E. coli*, ETEC)이라 불리는 병원성 대장균 집단은 설사를 일으키는 장독소를 분비한다. 이 질병은 5살 미만의 어린이에게는 흔히 치명적이다. ETEC가 생산하는 장독소 중의 하나는 기능면에서 콜레라 독소와 유사하다. ETEC 세균은 침습성이 아니어서 장 내강에 남아 있는다.

여행자설사

여행이 마음은 넓히고 장은 느슨하게 한다는 것을 오랫동안 보아오면서 **여행자설사(traveler's diarrhea)**라는 일반적인 이름이 생기게 되었다. 가장 흔한 원인 세균은 ETEC이고 두 번째로 빈번하게 분리되는 세균은 EAEC이다. 여행자설사는 확인되지 않은 여러 병원성 세균과 바이러스, 원생동물 기생충은 물론 살모넬라와 시겔라, 캠필로박터(*Campylobacter*) 등과 같은 다른 위장 병원체들도 또한 원인일 수 있다. 사실상 대부분의 사례에서 원인 병원체는 전혀 확인되지 않고 화학치료도 시도하지 않는다. 일단 병에 걸리면 최고의 치료 방법은 모든 설사에 추천되는 대로 물을 마셔 수분을 섭취하는 것이다. 몇몇 경우에는 항미생물제가 필요할 수 있다. 처방된 항생제는 일부 보호작용을 하며 또 다른 선택은 펩토-비스몰(Pepto-Bismol) 같은 비스무트(bismuth) 금속이 포함된 조제약을 먹는 것이다. 그러나 위험한 지역에서의 최고의 충고는 감염을 막는 것이다.

캠필로박터 위장염

캠필로박터는 나선형으로 구부러진 저산소성(microaerophilic) 그람음성세균으로 미국에서 음식물매개 질병의 으뜸가는 원인으로 대두되고 있다. 이들은 동물 숙주, 특히 가금류의 장 환경에 잘 적응한다. 캠필로박터를 배양하려면 특별한 장치를 이용해 높은 이산화탄소와 낮은 산소 조건을 조성해야 한다. 약 42℃ 인 세균의 최적 성장 온도는 그들의 동물 숙주의 온도와 대략 비슷하지만 세균은 음식물에서는 증식하지 않는다. 거의 모든 소매용 닭은 캠필로박터로 오염되어 있다. 거의 60%의 소의 대변과 우유에 이 세균이 있지만, 판매용 소고기는 거의 오염되어 있지 않다.

미국에서는 매년 약 200만 건 이상의 **캠필로박터 위장염(*Campylobacter* gastroenteritis)** 사례가 발생하는데 주로 캠필로박터 제주니(*C. jejuni*)가 원인이다. 감염량은 1,000마리 세균 이하이다. 임상적으로 발열과 경련이 있는 복통, 설사 또는 이질이 특징적이다. 보통 일주일 안에 회복된다.

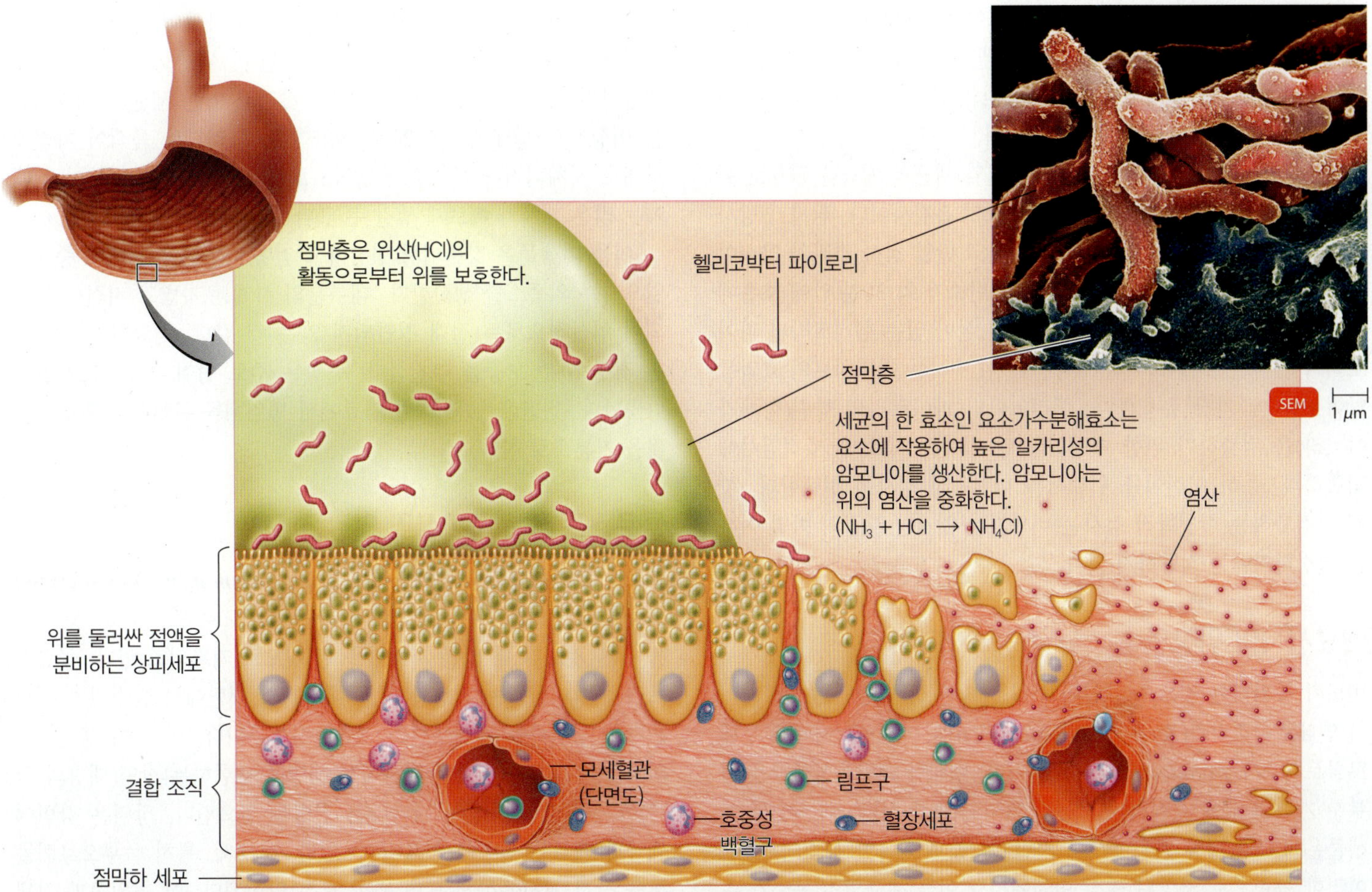

그림 25.13 위벽의 궤양을 일으키는 헬리코박터 파이로리의 감염. 위의 산성 환경에 견디기 위해 헬리코박터 파이로리 균은 염산(HCl)인 위산을 중화해야만 한다. 이들은 많은 양의 요소가수분해효소를 생산하여 이 일을 한다. 위로 보통 분비되는 요소는 이산화탄소와 암모니아로 전환된다[$(NH_2)_2CO + H_2O \rightarrow CO_2 + 2NH_3$]. 암모니아는 위의 염산을 중화시킨다($NH_3 + HCl \rightarrow NH_4Cl$).

헬리코박터 감염을 진단하기 위해 암모니아를 어떻게 사용할 수 있는가?

캠필로박터 감염의 드문 합병증은 약 1,000건당 1건 정도 발생하는 길랑-바레 증후군(Guillain-Barré syndrome)과 관련이 있는데, 이는 일시적인 마비증세를 보이는 신경 질병이다. 세균의 표면 분자는 신경조직의 지방 성분과 유사하여 자가면역 공격을 유발하는 것 같다.

헬리코박터 위궤양 질병

1982년 호주의 한 내과의사가 위궤양 환자의 조직검사에서 나선형의 저산소성 세균을 관찰하였다. 헬리코박터 파이로리(*Helicobacter pylori*)로 이름 지어진 이 세균은 현재 대부분의 **위궤양 질병(peptic ulcer disease)** 사례의 원인이라고 알려져 있다. 이 질병에는 위장과 십이지장 궤양이 포함된다. (십이지장은 소장의 처음 몇 인치 부분임.) 선진국에서는 인구의 약 30~50% 정도가 감염되어 있으며 다른 곳에서의 감염률은 더 높다. 이렇게 감염된 사람의 15% 정도만이 궤양으로 발전하기 때문에 아마도 어떤 숙주 요인이 관련된 것 같다. 예를 들면, 혈액형이 O형인 사람이 더 취약한데, 이는 또한 콜레라의 경우에도 사실이다(532쪽 참조). 헬리코박터 파이로리는 또한 발암성 세균으로도 알려져 있다. 이 세균에 감염된 사람의 약 3%에서 위암이 발생한다.

위 점막에는 단백질분해효소와 이 효소들을 활성화시키는 위산이 들어 있는 위액(gastric juice)을 분비하는 세포가 있다. 다른 특화된 세포는 위 자체를 소화로부터 보호하는 점막층을 생산한다. 이러한 방어가 파괴되면 위에 염증(위염)이 생긴다. 이러한 염증은 다시 궤양이 생긴 부위로 진전될 수 있다(그림 25.13). 흥미로운 적응을 통하여, 헬리코박터 파이로리는 대부분의 세균에게는 치명적인 위의 높은 산성 환경에서 자랄 수 있다. 헬리코박터 파이로리는 특히 효율적인 요소가수분해효소(urease)를 대량으로 생산하는데, 이 효소가 요소를 염기성의 암모니아 화합물로 전환시키게 되면 세균이 자라는 지역에 국부적으로 pH가 높아지게 된다.

항미생물 약제로 헬리코박터 파이로리를 박멸하면 보통 소화성 궤양이 없어진다. 주로 복합해서 투여하는 여러 항생제가 효과가 있다고 알려져 있다. 차살리실산 비스무트[bismuth subsalicylate, 약품명: 펩토-비스몰(Pepto-Bismol)]도 또한 효과가 있으며 종종 약 처방의 일부로 포함된다. 세균이 성공적으로 제거되었을 때 궤양의 재발률은 연간 단 약 2~4% 정도이다. 재감염은 여러 환경적인 요인에 의해 일어날 수 있지만 위생상태가 좋은 지역에서는 덜 발생한다. 사실상 헬리코박터 파이로리의 감염이 선진국에서는 서서히 사라지고 있다는 일부 증거가 있다.

가장 믿을만한 진단검사는 조직검사와 세균의 배양을 필요로 한다. 한 가지 흥미로운 진단 방법은 요소 호흡검사이다. 환자가 방사성 동위원소로 표지된 요소를 들이마시고 만일 검사 결과가 양성이라면 방사성 동위원소로 표지된 이산화탄소가 약 30분 안에 호흡에서 검출될 수 있다. 양성의 검사 결과는 살아 있는 헬리코박터 파이로리가 있다는 것을 의미하기 때문에 이 검사는 화학치료의 효과를 알아보는 데 가장 유용하다. 헬리코박터 파이로리의 항원(항체가 아니라)을 검출하기 위한 대변의 진단 검사는 치료 후 추적검사에 적합하다. 특히 어린이를 위해서는 비침습성 검사를 선택한다. 항체를 검출하는 혈청학적 검사는 비싸지는 않지만 세균의 박멸 여부를 결정하기에는 적당하지 않다.

예르시니아 위장염

빈도가 증가하는 것으로 확인되고 있는 다른 장 병원체는 예르시니아 엔테로콜리티카(*Yersinia enterocolitica*)와 예르시니아 슈도투베르쿨로시스(*Y. pseudotuberculosis*)이다. 이러한 그람음성세균은 대부분 가축의 장에 서식하며 보통 고기와 우유로 전파된다. 이 두 미생물은 4°C의 냉장 온도에서도 자랄 수 있는 독특한 능력이 있다. 이러한 능력으로 저장된 냉장 혈액에서도 이들 세균의 내독소가 수혈자에게 쇼크를 일으킬 수 있을 정도까지 그 수가 증가한다. 수혈된 혈액이 오염이 되었을 때 예르시니아(*Yersinia*)는 경우에 따라 심한 반응을 일으킬 수 있다.

이러한 병원체는 **예르시니아 위장염** 또는 **예르시니아증(yersiniosis)**을 일으킨다. 증상은 설사, 발열, 두통, 복통 등이다. 통증은 보통 맹장염으로 오진할 정도로 심하다. 진단은 이 세균의 배양을 필요로 하며 그 다음 혈청학적 검사에 의해 판단할 수 있다. 예르시니아증으로 고통 받는 성인은 대개 1~2주 안에 회복되지만 어린이는 조금 더 걸릴 수 있다. 항생제 치료와 경구 수분 보충이 도움이 된다.

웰치균 위장염

저평가되고 있지만 미국에서 식중독의 가장 흔한 형태의 하나는 크고 그람양성이며 내생포자를 생성하는 절대 무산소 간균인 웰치균(*Clostridium perfringens*)이 일으킨다. 이 세균은 또한 인간 가스괴저의 원인이기도 하다(23장 652쪽 참조).

웰치균 위장염(*Clostridium perfringens* gastroenteritis)의 대부분의 발생은 도축되는 동안에 동물의 장 내용물로 오염된 고기 또는 고기 스튜와 연관이 있다. 이러한 식품들에는 병원체에게 필요한 아미노산이 충분하고, 조리 과정에서 이 세균이 성장하기에 충분할 정도로 산소의 농도가 낮아지게 된다. 내생포자는 대부분의 일상적인 가열에도 생존할 수 있고, 자라고 있는 세균의 세대시간은 이상적인 상태에서는 20분 이하이다. 그러므로 음식이 차려진 상태로 지체되거나 부적절한 냉장으로 느리게 냉장이 이루어질 때에는 많은 개체가 빠르게 생길 수 있다.

이들 미생물은 장관에서 성장하고 전형적인 복통과 설사 증세를 일으키는 외독소를 생산한다. 대부분의 사례는 가볍고 저절로 치유되어 임상적으로는 절대 진단되지 않는 것 같다. 치료가 필요하다면 경구 수분 보충을 추천한다. 증상은 주로 섭취 후 8~12시간에 나타난다. 진단은 보통 대변 시료에서 병원체를 분리하고 확인하는 것을 기본으로 한다.

클로스트리듐 디피실리 연관 설사

클로스트리듐 디피실리 연관 설사(*Clostridium difficile*-associated diarrhea)는 최근 수십 년간에 나타난 질병으로 모든 다른 장 감염을 합친 것보다 더 많은 사망자를 낸 것으로 기록되고 있다. 클로스트리듐 디피실리는 건강한 성인 대부분의 대변에서 발견되며 내생포자를 생성하는 절대무산소 그람양성세균이다. 이 균이 생산하는 외독소는 가벼운 사례인 설사에서 생명을 위협하는 장염(대장의 염증)까지 다양한 증상이 나타나는 질병을 일으킨다. 장염은 장벽에 궤양과 때로는 천공을 일으킬 수 있다. 항생제, 특히 플루오로퀴놀론을 장기간 사용하게 되면 병이 보통 악화된다. 이 병원균과 경쟁관계에 있는 장내 세균 대부분이 제거되면 독소를 생산하는 클로스트리듐 디피실리가 빠르게 증식할 수 있다. 병원과 요양원에서 병원내 감염으로 주로 발생하던 클로스트리듐 디피실리 연관 설사는 지금은 지역 공동체 전체에도 영향을 미치고 있다. 갑작스런 발생이 주간보호시설에서 일어나는데, 돌보미가 환자로부터 감염되는 것으로 알려져 있다. 사망률은 노인 환자에서 가장 높다. NAP1/BI/027로 알려진 새로운 종은 훨씬 더 많은 외독소를 생산할 수 있고 거의 유행병 수준으로 발생하고 있다.

클로스트리듐 디피실리 연관 설사의 진단은 원인인 외독소를 검출하는 면역검사로 확인할 수 있다. 더 믿을 만한 검사는 세포독소 분석인데, 실시하기가 까다롭고 결과가 나올 때까지 48시간 이상이 걸린다. 물론 치료에는 병을 촉진하는 항생제 사용의 중단과 경구 수분 보충이 필요하다. 치료는 보통 절대무산소 세균의 대사과정을 표적으로 하는 약제인 메트로니다졸이나 항생제인 피닥소미신(fidaxomicin) 또는 반코마이신을 사용한다. 만일 병이 재발하면 리팍시민(rifaximin)이나 니타족사니드 같은 다른 약을 사용할 수 있다. 클로스트리듐 디피실리 독소를 중화시키도록 만든 단일클론 항체가 시험 중에 있다. 극히 예외적인 경우에, 인간의 대변이 들어있는 관장제를 이용하여 정상 미생물상의 복원을 시도할 수 있다. 꽤 성공적이기는 하지만 이 방법이 흔히 사용되지는 않는다.

바실루스 세레우스 위장염

바실루스 세레우스(*Bacillus cereus*)는 토양과 초목에 아주 흔하고 내생포자를 생성하는 큰 그람양성세균으로 보통은 해가 없다. 그러나 음식물매개 질병 집단발병의 원인으로 확인되고 있다. 음식을 가열하는 것이 항상 포자를 죽이는 것이 아니기 때문에 음식이 식게 되면 포자는 발아한다. 경쟁하던 미생물은 요리된 음식에서 제거되었기 때문에 바실루스 세레우스는 빠르게 성장하여 독소를 생산한다. 아시아 식당에서 제공하는 쌀 요리가 특히 취약한 것 같다.

바실루스 세레우스 위장염(*Bacillus cereus* gastroenteritis)의 일부 사례는 웰치균 중독과 유사하여 거의 모두 설사를 동반한다(섭취 후 대개 8~16시간 안에 나타남). 다른 증세로는 구역질과 구토 등이 있다(섭취 후 대개 2~5시간 안에 나타남). 독소에 따라 증상이 다른 것으로 의심된다. 두 증상의 질병 모두 저절로 낫는다. 의심되는 음식 1그램당 적어도 10^5개의 바실루스 세레우스를 분리해야만 이 질병인지를 식별할 수 있다.

위장관의 세균성 질병은 질병 초점 25.2에 요약하였다.

임상 사례

원인 세균은 대장균 O157로 확인되었다. 실험실에서는 후속 조치로 DNA 지문검사를 실시하여 이 대장균 종이 STEC O157 임을 알아냈다. 애나의 소아과 의사에게서 STEC O157 균 분리에 대해 보고를 받은 주정부 보건 당국은 재조사를 하고 접촉한 사람들을 추적하였다. 아브라모비치 부인은 상세한 여행 기록과 음식물 기록, 접촉한 동물 등에 초점을 맞춘 표준 설문지로 면담을 했다. 아브라모비치 부인에 따르면 애나는 덜 익힌 간 쇠고기와 살균처리되지 않은 우유 같은 고위험 음식물을 먹지는 않았지만, 증상이 나타나기 전 주말에 애나의 생일 파티를 동물을 만질 수 있는 동물원에서 가졌다고 했다. 애나는 동물들에게 먹이를 주었고 땅에서 놀았다. 가족이나 또는 가까운 접촉자들 가운데서 다른 사례는 발생하지 않았다.

보건 당국은 다음에 무엇을 해야 하는가?

712 723 **727** 734 742

바이러스성 소화계 질병

학습 목표

25-5 유행성 이하선염의 원인 병원체, 전파 방식, 감염 부위, 증상 등을 열거한다.

25-6 A형, B형, C형, D형, E형 간염을 구분한다.

25-7 바이러스성 위장염의 원인 병원체와 전파 방식, 증상을 열거한다.

바이러스는 세균처럼 소화계의 내용물에서 증식하지 못한다 할지라도 이들은 소화계와 관련된 여러 장기들을 침입한다.

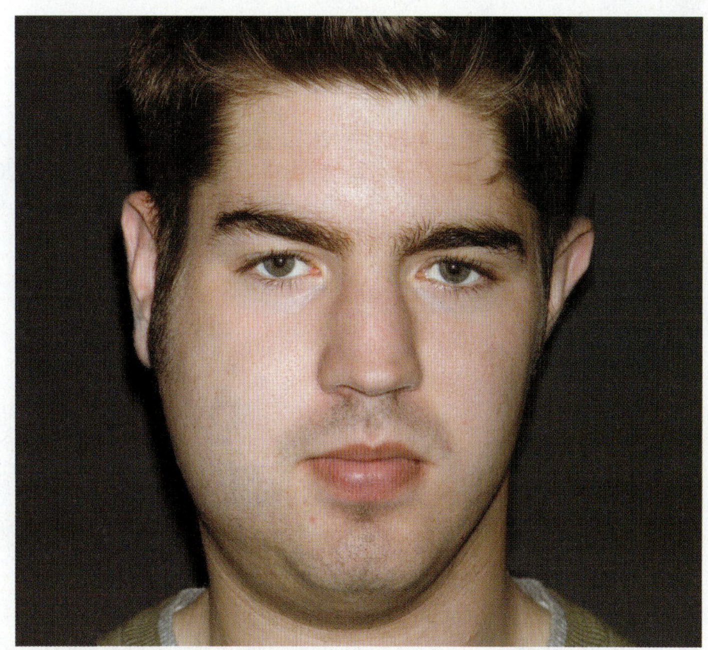

그림 25.14 **유행성 이하선염의 한 사례.** 이 환자는 유행성 이하선염의 전형적인 부어 오른 볼을 보여준다.

유행선 이하선염 바이러스는 어떻게 전파되는가?

유행성 이하선염(볼거리)

유행성 이하선염 바이러스의 표적인 귀밑샘은 귀 앞 바로 밑에 위치하고 있다(그림 25.1 참조). 귀밑샘은 소화계의 세 쌍의 침샘 중 하나이기 때문에 이번 장에서 유행성 이하선염에 대한 논의가 포함되는 것이 적절하다.

유행선 이하선염(mumps)은 대체로 바이러스에 노출된 후 16~18일 후에 한쪽 또는 양쪽 귀밑샘이 통증과 함께 붓는 것으로 시작된다(그림 25.14). 바이러스는 침과 호흡기 분비물에 전파되며 침입지점은 기도이다. 감염된 사람은 임상적인 증상이 나타나기 전 처음 48시간 동안에 다른 사람에게 가장 높은 전염성을 가진다. 일단 바이러스가 호흡기와 목 안의 국소 림프절에서 증식하기 시작하면 바이러스는 혈액을 통해 침샘에 도달한다. 바이러스혈증(viremia, 혈액에 바이러스가 존재하는 것)은 유행성 이하선염 증상과 바이러스가 침에 나타나기 며칠 전에 시작된다. 바이러스는 발병한 후 3~5일 동안 혈액과 침에 존재하며 약 10일 후에 오줌에 나타난다.

유행성 이하선염은 귀밑샘의 염증 및 부종과 발열, 목삼킴 시 통증 등이 특징이다. 증상이 나타난 지 약 4~7일에 **고환염**(orchitis)이라 불리는 상태인 고환에 염증이 생기기 시작한다. 이것은 사춘기가 지난 약 20~40% 남성에게 일어나며 불임이 생길 수 있지만 드물다. 다른 가능한 합병증에는 수막염과 난소의 염증, 췌장염 등이 있다.

하부 소화계의 세균성 질병

8살 소년이 3일 동안 설사, 오한, 발열(39.3℃), 복부 경련, 구토 증세 등이 있었다. 다음 달 그의 12살 난 형이 같은 증상을 경험했다. 처음 환자가 아프기 2주 전에 가족은 벼룩시장에서 작은(<10 cm) 붉은 귀 거북을 구입했다. 719~720쪽의 정보와 아래 표를 참조하여 이러한 증상들을 일으킬 수 있는 감염을 알아내 보시오.

어린이가 거북이를 입에 집어 넣는 것을 막기 위해서는 애완용 붉은 귀 거북은 10 cm(4인치) 이상이어야 한다

질병	병원체	증상	중독/감염	진단 검사	치료
포도상구균 식중독	황색포도상구균	구역질과 구토, 설사	중독 (장독소)	파지형 결정	없음
시겔라증 (세균성 이질)	시겔라 종	조직 손상과 이질	감염 (내독소와 시가 독소, 외독소)	선택배지에서 세균의 분리	퀴놀론
살모넬라증	살모넬라 엔테리카	구역질과 설사	감염 (내독소)	선택배지에서 세균의 분리, 혈청형 결정	경구 수분보충
장티푸스	장티푸스균	고열, 상당한 치사율	감염 (내독소)	선택배지에서 세균의 분리, 혈청형 결정	퀴놀론; 세팔로스포린
콜레라	콜레라균 O:1과 O:139	수분 손실이 큰 설사	감염 (외독소)	선택배지에서 세균의 분리	수분보충; 독시사이클린
장염비브리오균 위장염	장염비브리오균	콜레라와 유사하지만 보통 더 가벼운 설사	감염 (장독소)	2~4% 염화나트륨에서 세균 분리	수분보충; 항생제
비브리오 벌니피커스 위장염	비브리오 벌니피커스	급속히 퍼지는 조직 파괴	감염	1% 염화나트륨에서 세균 분리	항생제
대장균 위장염	EPEC, EIEC, EAEC, ETEC	물설사	감염 (외독소)	선택배지에서 세균의 분리, DNA 지문검사	경구 수분보충
시가 독소-생산 장출혈성 대장균	대장균 O157:H7	시겔라-유사 이질; 출혈성 대장염, HUS	감염, 시가 독소 (외독소)	분리, 소르비톨 발효 검사, DNA 지문검사	정맥을 통한 수분보충, 혈청 전해질 관찰
캠필로박터 위장염	캠필로박터 제주니	발열, 복통, 설사	감염	낮은 O_2와 높은 CO_2에서 분리	없음
헬리코박터 소화성 궤양 질병	헬리코박터 파이로리	소화성 궤양	감염	요소 호흡검사, 세균 배양	항미생물 약물
예르시니아 위장염	예르시니아 엔테로콜리티카	복통과 설사, 대개 가벼운 증세; 맹장염과 혼동할 수 있음	감염 (내독소)	배양, 혈청형 결정	경구 수분보충
웰치균 위장염	웰치균	주로 설사만 일어남	감염 (외독소)	세균 분리	경구 수분보충
클로스트리듐 디피실리와 연관된 설사	클로스트리듐 디피실리	가벼운 설사에서 대장염; 1~2.5%의 치사율	감염 (외독소)	세포독소 분석	메트로니다졸, 반코마이신
바실루스 세레우스 위장염	바실루스 세레우스	설사, 구역질, 구토가 생길 수 있음	중독	음식 1그램당 10^5개 이상의 바실루스 세레우스 분리	없음

효과적인 약독화 생백신이 있으며 보통 홍역(measles), 유행성 이하선염(mumps), 풍진[rubella (MMR)]에 대한 3가 백신의 일부로 투여된다. 재차 발병은 드물며, 한 쪽 귀밑샘 감염 사례 또는 무증상 사례(감염된 사람의 약 15~20%에서 발생)만으로도 양쪽 유행성 이하선염에 의해 생기는 면역력만큼 효과적인 면역력을 얻게 된다.

단지 증상에 의한 일반적인 진단을 확인할 필요가 있다면, 세포배양 또는 발육란을 이용해 바이러스를 분리하여 ELISA 검사로 확인할 수 있다.

이해도 확인하기

✔ 유행성 이하선염이 왜 소화계의 질병에 포함되는가? **25-5**

간염

간염(hepatitis)은 간의 염증이다. 적어도 다섯 가지 다른 종의 바이러스가 간염을 일으키며 아마도 더 발견되거나 더 잘 알려지게 될 종류들이 남아있다. 또한 엡스타인-바 바이러스(EBV) 또는 거대세포바이러스(CMV)와 같은 다른 바이러스의 감염에 의해서도 간염이 때때로 발생한다. 약물과 화학적인 독성도 또한 임상적으로 바이러스성 간염과 동일한 급성 간염을 일으킬 수 있다. 다양한 형태의 바이러스성 간염의 특징은 731쪽 질병 초점 25.3에 요약하였다.

A형 간염

A형 간염 바이러스(hepatitis A virus, HAV)가 **A형 간염**의 원인 병원체이다. 바이러스는 단일가닥 RNA를 가지고 있으며 외피(envelope)가 없다. 바이러스는 세포 배양으로 키울 수 있다.

보통 구강 경로를 통해 침입한 후에 HAV는 장관의 상피 내벽에서 증식한다. 결국 바이러스혈증이 일어나고 바이러스는 간과 신장, 지라로 퍼진다. 바이러스는 대변으로 발산되고 혈액과 오줌에서도 검출될 수 있다. 방출되는 바이러스의 양은 증상이 나타나기 전에 가장 많았다가 빠르게 감소한다. 그러므로 바이러스 전파를 초래하는 음식 취급자는 그 당시에는 아프지 않은 것으로 보일 수 있다. 바이러스는 도마 표면과 같은 곳에서 아마도 여러 날 동안 생존할 수 있다. HAV는 일상적으로 물에 사용하는 농도의 염소 소독제에 내성을 가지는데, 이러한 특성으로 배설물에 의한 음식이나 음료의 오염이 증가하게 된다. 또한 오염된 물에서 사는 굴과 같은 연체 동물도 감염원이다.

적어도 50%의 HAV 감염자, 특히 어린이는 무증상이다. 임상 사례에서 초기 증상은 식욕 부진(식욕 감퇴), 권태감, 구역질, 설사, 복부의 약한 통증, 발열, 오한 등이다. 이러한 증상은 주로 성인에게 나타나며, 2~21일간 지속되고 사망률은 낮다. 국가차원의 유행은 약 매 10년마다 일어나며 주로 14세 이하의 사람에게 발생한다. 일부 사례에서는 간 감염의 전형적인 증세인 황달(피부가 노랗게 되고 눈이 하얗게 되는 징후)과 검은 소변이 생기기도 한다. 이러한 경우에 간은 약해지고 커지게 된다.

만성 형태의 A형 간염은 없고 바이러스는 보통 오직 병의 급성 단계에서만 발산된다. 잠복기는 평균 4주로 2~6주의 범위에 있는데, 이것이 감염의 출처에 대한 역학적인 연구를 어렵게 만든다. 동물 보유체는 없다.

미국에서 HAV에 감염되는 비율은 중산층과 고소득층(18~30%)보다는 저소득층(72~88%)에서 훨씬 더 높다. 매년 미국에서 보고되는 30,000건 이상의 사례는 실제 발생 건수의 일부만을 나타낸다.

급성 질병은 항-HAV IgM을 검출함으로써 진단하는데, 그 이유는 이러한 항체가 감염 후 약 4주에 나타났다가 약 3~4개월 후에 사라지기 때문이다. 회복되면 평생 면역력을 얻는다.

이 질병에 대한 특별한 치료법은 없지만, 노출의 위험이 있는 사람이나 A형 간염에 노출된 사람은 여러 달 동안 보호 효과가 있는면역글로불린을 투여받을 수 있다. 불활성화된 백신이 현재 나와 있으며 동성애 남성과 주사 마약 사용자(injecting drug users, IDUs) 같은 고위험 집단과 병이 유행하는 지역을 여행하는 사람들에게 추천한다. 현재 HAV 백신은 추천되는 유아기예방접종 계획의 일부이다.

B형 간염

B형 간염은 B형 간염 바이러스(hepatitis B virus, HBV)가 원인이다. HBV와 HAV는 완전히 다른 바이러스이다. HBV는 더 크고, 이들의 유전체는 이중가닥 DNA이며 외피를 가지고 있다. HBV는 특이한 DNA 바이러스로 자신의 DNA를 직접 복제하는 대신에 레트로바이러스(retrovirus)와 유사한 중간 RNA 단계를 거친다. HBV는 보통 수혈에 의해 전파되기 때문에 오염된 혈액을 식별하는 방법을 찾기 위해 이 바이러스에 대한 연구가 집중적으로 수행되어 왔다.

B형 간염에 걸린 환자의 혈청에는 세 개의 독특한 입자가 있다(그림 25.15). 가장 큰 것은 완전한 바이러스인데 이것은 전염성이 있고 복제할 수 있다. 이것을 처음 발견한 바이러스학자의 이름을 따 종종 데인 입자(Dane particle)라 부른다. 또한 완전한 바이러스 크기의 약 절반 정도인 더 작은 **구형 입자**(spherical particle)와 직경은 구형 입자와 비슷하지만 길이가 열 배 정도 긴 관 모양의 입자인 **사상형 입자**(filamentous particle)가 있다. 구형과 사상형 입자들은 핵산이 없는 바이러스의 조립되지 않은 성분들인데, 조립은 사실상 아주 효율적인 과정이 아니어서 이러한 조립되지 않은 많은 수의 성분들이 축적된다. 다행히도 이러한 수많은 조립되지 않은 입자도 항체로 검출할 수 있는 **B형 간염 표면 항원**(HB_sAg)을 가지고 있다. 이러한 항체검사로 혈액에서 HBV를 손쉽게 검출할 수 있게 되었다.

의료 종사자와 매일 혈액을 직접 접촉하는 사람들은 보통 사람들보다 B형 간염에 걸리 확률이 상당히 높다. 미국에서는 매년 수천명의 의료종사자가 감염되는 것으로 추정된다. 연방정부의 법규에 의하면 고용주는 혈액을 취급하는 근로자에게 무료 예방접종을 제공해야 한다고 규정되어 있다. 또한 외과의사와 치과의사에서 환

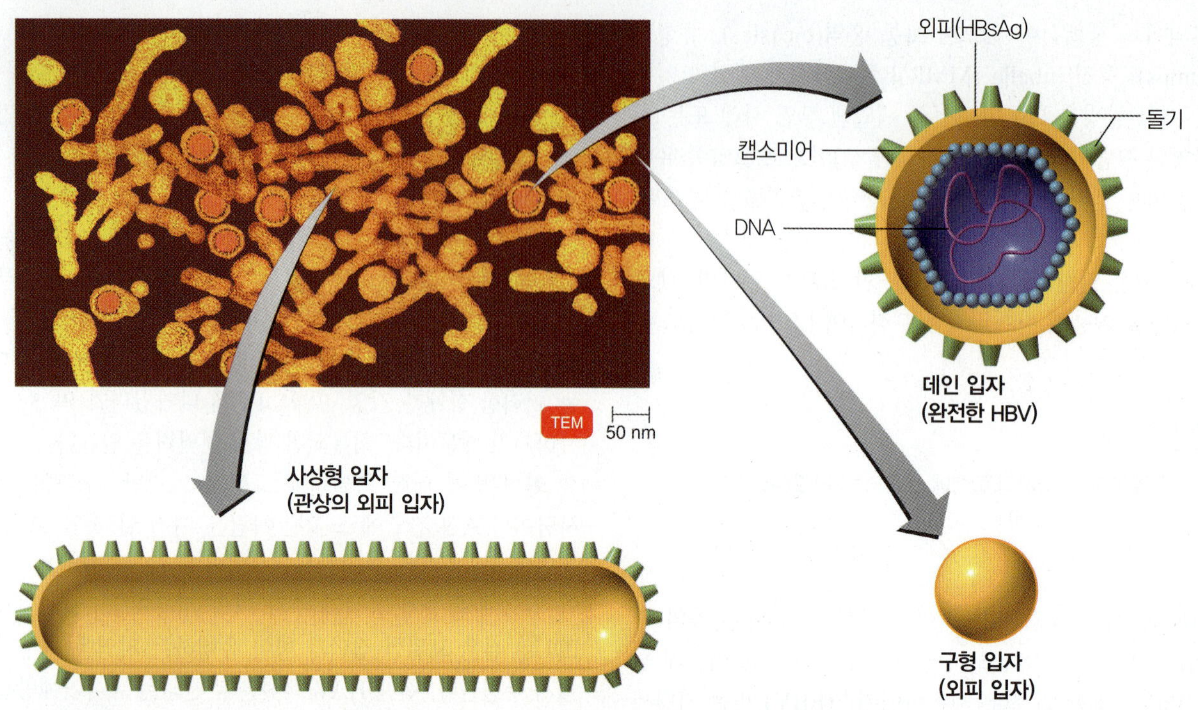

그림 25.15 B형 간염 바이러스(HBV). 현미경사진과 삽화는 본문에서 논의한 HBV 입자의 독특한 형태를 묘사한다.

Q 바이러스성 간염의 또 다른 원인은 무엇인가?

자로 전염된 사례도 있다. 환자마다 일회용 주사기와 바늘을 사용하는 것이 가장 안전하다. 정맥주사를 통한 마약 사용자는 보통 적절하게 소독처리하지 않은 주사와 바늘을 함께 사용한다. 따라서 결과적으로 이들도 또한 B형 간염에 걸릴 확률이 높다. 혈액 1 ml 당 1억 이상의 바이러스가 들어 있을 수 있다. 그러므로 바이러스가 혈액이 닿지 않는 대변 또는 소변에는 없지만 침과 모유, 정액과 같은 여러 체액에도 존재하는 것은 놀라운 일이 아니다. 인공 수정을 위해 기증된 정액에 의한 전염이 보고된 바 있고, 정액은 다수의 상대를 가진 이성애자와 남성 동성애자 사이에서의 전염에도 연루되어 있다. HIV 전염을 예방하기 위해 취해진 주의사항은 HBV 감염의 발생에도 또한 영향을 미친다. HBsAg에 대해 양성인 엄마가 특히 만성 보균자라면, 보통 태어날 때 아이는 이 병에 감염될 수 있다. 대부분의 사례에서 이러한 형태의 전염은 태어나는 즉시 아이에게 B형 간염 면역글로불린(HBIG)을 주사함으로써 예방할 수 있다. 이러한 아이들은 또한 예방접종도 받아야만 한다.

세계인구의 1/3은 이미 감염되었던 혈청학적인 증거를 보이지만 대부분의 사람에게 바이러스는 없다. 3억 5,000만 명 이상의 사람이 이 바이러스의 만성 보균자이다. 이러한 보균자의 대부분은 아시아와 아프리카 사람들인데, 지중해 국가 출신이 상당한 비율을 차지한다. 그들은 태어나면서 또는 생후 처음 1~2년 사이에 감염된 것이다. 많은 만성 보균자들은 결국 간암 또는 간경변(딱딱해지고 퇴화됨, 731쪽 사진 참조)으로 죽게 된다.

HBV는 다양한 감염 경로가 있다. 급성과 만성 HBV 감염 사이에는 현저한 차이가 있다. 한 사람이 HBV에 감염되면 급성 간염이 일어날 수 있다. 이러한 사례의 대부분은 환자에게서 바이러스가 없어짐에 따라 자연적으로 치료될 것이다. 급성 B형 간염 사례의 약 5%는 만성 B형 간염으로 발전한다.

급성 B형 간염 급성 B형 간염의 많은 사례가 무증상으로 감염된 사람은 보통 전혀 알지 못한다. 사례의 약 1/3에서 환자는 병의 증상을 보이는데, 환자는 몸이 편치 않음을 느끼고 보통 낮은 정도의 발열과 메스꺼움, 복통 등으로 고생한다. 결국 황달과 검은 오줌, 간 손상의 다른 증거들이 나타난다. 손상된 간이 회복되면서 피로와 권태감이 나타나는 오랜 기간의 점진적인 회복기가 뒤따른다. 그러나 아주 적은 사례(1% 미만)에서 환자에게 갑작스럽게 중증의 간 손상을 일으키는 **전격성 간염**(fulminant hepatitis)이 일어나며, 간 이식 없이는 생존이 어렵다. 간염이 6개월 이상 지속된다면 상태는 만성이 되었다고 간주한다.

만성 B형 간염 급성 B형 간염으로 고생하던 대부분의 사람은 바이러스를 성공적으로 제거한다. 하지만 일부는 이렇게 하는 데 실패하여 만성 B형 간염으로 발전한다. 아주 어렸을 때 감염된 사람이 주로 만성 보균자가 되는 것 같다. 유아의 위험은 약 90%이고, 1~5살 난 어린이는 약 25~50%이다. 청소년과 젊은이는 단 6~10% 정도로 위험이 훨씬 더 낮다. 전체적으로, 감염된 환자의 10% 정도가 바이러스에 대한 만성 보균자가 된다. 일부의 경우, 상태는 근본적으로 무증상이며 이들은 비활성 보균자로 간주되어

바이러스성 간염의 특징

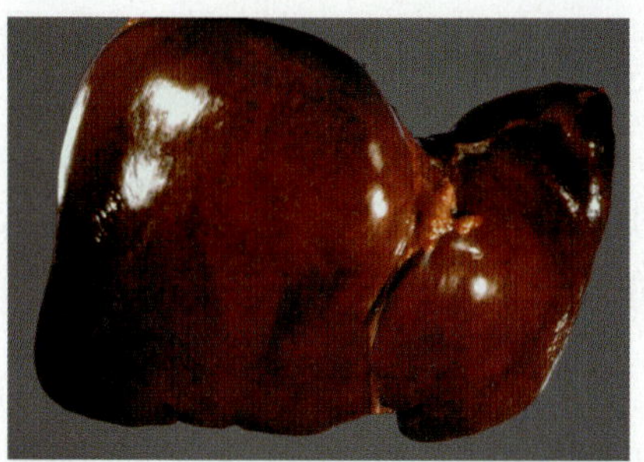

건강한 간

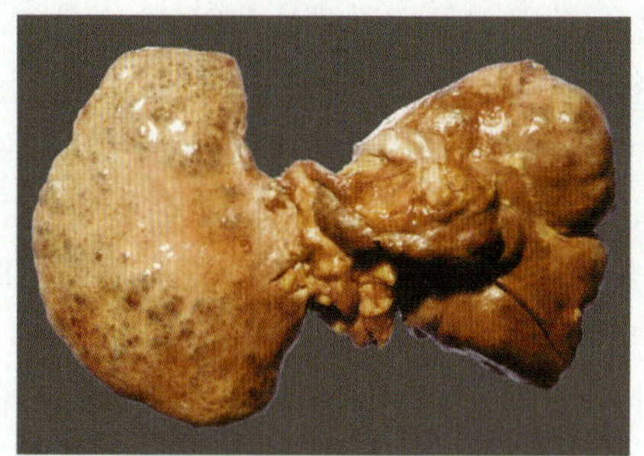

C형 간염으로 손상된 간

간염은 간의 염증이다. 만성 간염은 아마도 무증상이거나 간 경변 또는 간암을 비롯한 간 질환을 일으킬 수 있다. 간염은 다양한 종류의 바이러스, 술, 또는 마약에 의해 일어날 수 있다. 하지만 아래 바이러스들 중의 하나에 의해 가장 흔히 발생한다. 예를 들면, 한 식당에서 식사를 한 후 355명이 같은 간염 바이러스에 감염된 것으로 진단되었다. 아래 표를 참조하여 바이러스가 이러한 감염의 가능한 원인이라는 것을 알아내 보시오.

질병	병원체	증상	잠복기	전파 방법	진단 검사	치료	백신
A형 간염	A형 간염바이러스, 피코르나바이러스과	대부분 무증상; 발열, 두통; 불쾌감, 심한 경우에 황달; 만성질환 없음	2~6주	섭취	IgM 항체	면역글로불린	불활성화된 바이러스. 면역글로불린의 사후노출
B형 간염	B형 간염바이러스, 헤파드나바이러스과	종종 무증상; HAV와 유사하지만 두통 없음; 심각한 간 손상으로 진행할 가능성이 높음; 만성 질환이 일어남	4~26주	비경구적(주사투여); 성적 접촉	IgM 항체	인터페론 알파와 뉴클레오시드 유사체	효모에서 생산한 유전자 변형 백신
C형 간염	C형 간염바이러스, 플라비바이러스과	HBV와 유사, 만성이 될 가능성이 높음	2~22주	비경구적(주사투여)	바이러스 RNA의 PCR 검사	페그인터페론과 리바비린	없음
D형 간염	D형 간염바이러스, 델타바이라스과	심각한 간 손상; 높은 치사율; 만성질환이 일어날 수 있음	6~26주	비경구적(주사투여); B형 간염과 동시 감염이 필요함	IgM 항체	없음	HBV 백신이 보호작용이 있음
E형 간염	E형 간염바이러스, 칼리시바이러스과	HAV와 유사, 하지만 임산부에게는 높은 치사율을 가질 수 있음; 만성질환 없음	2~6주	섭취	IgM 항체, 바이러스 RNA의 PCR 검사	없음	HAV 백신이 보호작용이 있음

임상 질병으로 진행될 위험이 낮다. 많은 사람들이 불안감과 식욕상실, 일반적인 피로 등으로 고통을 받지만 대개 황달 증상은 없다. 만성 감염이 간 경변으로 나타나는 사례에 있어 환자는 심하게 아프게 된다. 보통 간 기능 검사를 통해 진단을 하게 된다. 치료하지 않으면 예후는 좋지 않지만 결과는 다양하다. 일부 사례는 간암으로 발전한다. 사실상 간암은 B형 간염이 아주 흔한 곳인 사하라 사막 이남의 아프리카와 동아시아에서는 가장 유행하는 형태의 암이다.

간염은 전 세계적인 질병이다. 그러나 높은 발생지역과 낮은 발생지역 사이에 간염의 임상적인 표현에는 상당한 차이가 있다.

높은 발생국가(아시아)에서 HBV 감염은 감염된 엄마로부터 출산 시기(임신 20주 이후 분만 28일 사이의 주산기에)쯤에 일어나는 경향이 있다. 결과적으로 면역계는 바이러스와 숙주 사이의 차이점을 인식하지 못해서, 높은 수준의 면역학적 내성이 뒤따르게 된다. 이러한 내성으로 인하여 감염은 급성 간염을 동반하지는 않지만 그 대신 만성, 즉 평생 감염이 일어난다. 이러한 사례는 감염된 사람의 약 90%에서 일어난다. HBV에 대한 면역학적인 내성에도 불구하고 일부 간 손상이 발생하며, 특히 남성의 경우 간 질환으로 인한 사망 위험이 높다.

반대로, 낮은 발생(서구)국가에서 HBV에 의한 대부분의 급성 감염은 감염된 혈액이나 다른 체액에 노출됨으로써 일어난다. 이것은 예를 들면 마약 주사 사용이나 난잡한 성행위와 같은 위험한 행동을 하는 젊은 성인에게 종종 발생하는 질병이다. 감염된 사람과 성행위가 아닌 장기간 친밀한 신체접촉을 통해서도 또한 HBV가 전염될 수 있다. 면역 능력이 있는 사람에게 감염되면 강한 면역반응이 발달하여 바이러스는 단지 감염된 사람의 약 1%에서만 남아있게 된다. 이러한 환자들에게는 만성 질환과 간암이 훨씬 적게 발생한다.

HBV는 보통 증상으로 진단하며 간 기능 검사를 추가로 실시한다. 혈청학적 검사는 HBV 항원과 항체를 검출할 수 있다. B형 간염 표면 항원(HB_sAg)의 존재는 혈액에 바이러스가 존재한다는 것을 의미한다. 바이러스가 없어진 후 항-HB(표면 항체)가 나타나면 환자는 면역력이 생긴 것으로 간주한다. 바이러스의 핵심 표식인 B형 간염 "e" 항원(HBeAg)이 검출되면 보통 바이러스가 활발하게 복제되고 있다는 것을 의미한다. 이러한 항원이 사라지고 이에 대한 항체가 생긴다면 이것은 보통 바이러스 증식과 연관된 간 질환이 줄어든 것을 의미한다. 이것은 또한 환자가 다른 사람에 대한 전염성이 줄었다는 것을 의미한다.

HBV 감염의 예방에는 여러 전략이 있다. 이들 가운데 중요한 것은 일회용 바늘과 주사기 사용 및 차단방식의 피임을 하는 것과 같은 예방 조치이다. 수혈하는 혈액의 적격검사도 또한 위험을 크게 감소시킨다. HBV 백신의 도입이 전세계적으로 널리 퍼져 있으며 미국에서는 현재 유아기예방접종 계획에 포함되어 있다. HBV 감염의 발생률은 백신을 사용하는 지역에서는 급격하게 감소하고 있어 질병의 실질적인 제거도 생각할 수 있다.

소아마비, 유행성 이하선염, 홍역, 풍진 등에 대한 백신 개발에 필요했던 단계인 세포 배양을 이용해 HBV를 배양하는 것은 불가능하다. 사용 중인 HBV 백신은 유전자 변형 효모에서 생산한 HB_sAg를 사용한다. 백신은 고위험 집단에 추천하는데 이 집단의 목록 일부를 보면 혈액과 혈액 산물에 노출된 의료 종사자, 혈액투석을 받는 사람, 정신 보건 시설의 환자와 직원, 정맥주사 마약 사용자(IDUs), 왕성한 동성애 남자 등이 포함되어 있다.

급성 HBV에 대한 특별한 치료법은 없다. 만성 HBV 감염에 대해서는 현재 일곱 가지 승인된 치료법이 있다. 그러나 바이러스 DNA가 주로 숙주의 유전체에 삽입되기 때문에 이러한 것들 중에 확실하게 치료효과를 가진 것은 없다. 만성 HBV 감염의 치료 목적은 PCR 분석으로 검출할 수 없는 수준까지 바이러스 DNA를 감소시키는 것이다. 치료법은 환자의 나이와 질병의 단계와 같은 여러 요인들을 기준으로 하여 결정한다. 종종 HIV와 함께 감염되어 치료를 복잡하게 만든다. 쓸 수 있는 항바이러스제는 알파 인터페론(일반적인 명칭은 인터페론 알파이다)과 페그인터페론(peginterferon, 471쪽 인터페론에 대한 논의 참조)은 물론 라미부딘, 아데포비어, 엔테카비어(entecavir), 텔비부딘(telbivudine), 테노포비어 DF 등과 같은 여러 뉴클레오시드 유사체를 포함한다. 치료 과정은 일반적으로 여러 달이 걸린다. 내성이 발생하는 것을 최소화하기 위해 적어도 두 가지 약제를 함께 사용하는 것을 추천한다. 보통 간 이식이 치료의 최종 선택이다.

C형 간염

1960년대에, 이전에는 생각지도 않았던 수혈로 전파된 간염의 형태가 나타났다. 지금은 이를 **C형 간염**이라고 한다. 수혈에 공급되는 혈액에서 HBV의 제거를 확인하는 검사를 하게 되면서 이러한 새로운 형태의 간염은 수혈로 전파되는 간염의 곧 거의 모두를 차지하게 되었다. 결국 C형 간염 바이러스(HCV) 항체를 검출하는 혈청학적 검사가 개발되었고, 마찬가지로 HCV 전파를 매우 낮은 수준까지 감소시켰다. 그러나 감염과 검출할만한 양의 HCV 항체의 출현 사이에는 약 70~80일 정도의 공백 기간이 있다. 이러한 기간 동안에는 오염된 혈액에서 HCV의 존재를 검출할 수 없으며, 약 10만 건의 수혈당 한 건 정도는 여전히 감염을 초래할 수 있다. 현재 미국의 혈액수집 시설에서는 감염 25일 안에 HCV에 오염된 혈액을 검출할 수 있다. (다음 쪽의 안전한 혈액 공급에 대한 설명 참조.) PCR 검사는 감염 후 1~2주 안에 바이러스 RNA를 검출할 수 있다.

HCV는 단일가닥 RNA를 가지고 있으며 외피로 싸여 있다. 바이러스는 감염된 세포를 죽이지 않지만, 감염을 없애거나 또는 느리게 간을 파괴하는 면역 염증반응을 야기한다. (731쪽 사진 참조.) 바이러스는 빠르게 유전적인 변형을 일으켜 면역계를 회피할 수 있다. 이러한 특징이 현재로서는 바이러스를 아주 비효율적으로 밖에 배양할 수 없다는 사실과 함께, 효과적인 백신 발굴 연구를 어렵게 만든다.

미국에서 C형 간염은 AIDS보다 소리 없이 유행하면서 더 많은 사람을 죽이는 질병으로 언급되고 있다. 이것은 보통 임상적으로 불분명하여 약 20년이 경과할 때까지 증상을 인지하는 사람이 거의 없다. 아마도 HCV에 감염된 사람의 약 1/3 정도에서 바이러스는 저절로 없어진다. 심지어 현재에도 단지 소수의 감염만이 진단되고 있다. 보통 C형 간염은 보험이나 헌혈 같은 일부 일상적인 검사 과정에서만 검출된다. 아마도 85% 이상의 대부분의 사례가 만성 감염으로 발전하며 이는 HBV보다 훨씬 더 높은 비율이다. 조사에 따르면 미국 인구 중 320만 명 정도가 만성적으로 감염되어 있다고 추산된다. 만성 감염환자의 약 25%에서 간 경변이나 간암으로 발전한다. C형 간염은 아마도 간 이식의 주된 이유일 것이다. HCV에 감염된 사람은 반드시 HAV와 HBV에 대한 예방접종(현재 이 둘에 대한 복합 백신이 나와 있음)을 받아야만 하는데, 이들은 또 다른

안전한 혈액 공급

혈액을 보관하기 전에 의사는 정확한 혈액형을 알 때까지 환자 친구들의 혈액형을 검사하였다. 1940년대에 혈액 보관 기술의 발달과 함께 혈액 보관은 일차 진료의사가 아닌(사진 참조) 전문가의 업무가 되었다. 혈액 제품의 안전성은 특히 혈우병을 가진 사람에게는 중요하다. 전염성 병원체로부터 공급 혈액을 보호하는 것의 중요한 진전은 1979년 모두 자발적인 헌혈 체계로 바꾼 것이다. (헌혈자는 매혈자보다 감염률이 더 낮다.)

1980년대 초반에 HIV에 감염된 다수의 혈우병 환자들로 인해 공급 혈액의 안전성에 대한 새로운 문제점들이 발생하였다. 헌혈된 혈액에서 특정 바이러스와 세균, 원생동물 등의 존재 여부를 확인하기 위해 현재 혈청학적 검사를 일상적으로 수행한다.

불행하게도 새롭게 감염된 헌혈자의 혈액의 오염은 감염과 항체가 나타나는 시기 사이의 공백기 때문에 혈청학적 검사로 검출되지 않을 수도 있다. 지금은 사실상 모든 헌혈된 전혈과 혈장을 대상으로 바이러스 핵산을 직접 검출하는 핵산 검사(nucleic acid testing, NAT)를 통해 HCV와 HIV, 웨스트 나일 바이러스(West Nile virus) 등에 대한 사전 검색을 한다. NAT는 새롭게 획득한 감염을 검출하기 위해 공백기를 HCV에 대해서는 약 25일, HIV에 대해서는 12일까지 단축하였다. 그러나 NAT는 완료하기 위해서는 수일이 걸린다. 5일이 지나면 쓸모없게 되는 혈소판의 경우는 NAT를 완료하기 전에 공급된다.

HIV에 의한 혈액의 잠재적인 오염에 대한 우려는 남성과 성행위를 하는 남성은 헌혈을 금지하는 정책을 만들게 했다. 새로운 기술들은 많은 바이러스들이 잠복해 있는 백혈구를 99.9%까지 혈액에서 제거할 수 있게 한다. 또 다른 기술은 혈액에 있는 어떠한 세균이나 바이러스들을 불활성화시킨다. 미국 적십자사는 이미 혈장을 바이러스-불활성화 처리를 하도록 요구하고 있다.

목적은 가능한 한 안전하게 혈액을 공급하는 것이다. 언젠가는 합성 혈액 대체품이 헌혈의 필요성을 대신할 것이다.

미국 의사인 찰스 드류(Charles Drew)가 혈액을 저장할 수 있게 한 혈장 분리 기술을 개발하였다

간 손상의 위험을 감당할 수 없기 때문이다.

HCV의 예방은 감염에 노출되는 것을 최소화하는 것으로 국한되는데 심지어 면도칼, 칫솔 또는 손톱깎이와 같은 물건을 함께 사용하는 것도 위험하다. 감염의 흔한 출처는 주사 마약 사용자 가운데 주사 장비를 함께 쓰는 것이다. 이러한 집단의 적어도 80%는 HCV에 감염되어 있다. 한 예외적인 사례에서 보면, 병이 코카인을 흡입하는데 사용하는 빨대를 함께 사용함으로써 전파되었다. 흥미롭게도 1/3 이상의 사례에서는 전파 경로가 오염된 혈액인지, 성적 접촉인지 아니면 기타 다른 수단인지를 확인할 수가 없다.

선호되는 치료법은 페그인터페론과 리바비린을 혼합한 약이다. 이 치료의 단점은 비용이 매우 높고 여러 달의 치료 기간이 필요하다는 것이다. 또한 여러 잠재적인 심각한 부작용도 있다. 그러나 HCV의 완전한 박멸도 여러 사례에서 이루어졌다. 두 가지 임상시험 중인 약제인 단백질가수분해효소 저해제 텔레프레비어(teleprevir)와 보세프레비어(boceprevir)는 다른 약들에 반응하지 않는 환자에게 희망적인 치료를 제공할 수 있을 것 같다.

D형 간염(델타 간염)

1977년에 지금은 D형 간염 바이러스(hepatitis D virus, HDV)로 알려진 새로운 간염 바이러스가 이탈리아의 HBV 보균자에서 발견되었다. 소위 델타 항원(delta antigen)을 보유하면서 또한 HBV에 감염된 사람들에서는 HBV에 대한 항체만 가진 사람보다 훨씬 더 높은 사망률과 훨씬 더 높은 심각한 간 손상 발생률이 나타났다. 시간이 지나면서 **D형 간염**이 급성(동시감염 형태)이나 만성(중복감염 형태) 간염으로 될 수 있다는 것이 명백하게 되었다. 저절로 낫는 급성 B형 간염 사례를 가진 사람에게서 HDV와의 동시감염은 HBV가 제거되면서 사라지고, 상태는 전형적인 급성 B형 간염 사례와 유사하다. 그러나 만일 HBV 감염이 만성 단계로 진전되면, HDV와의 중복감염이 종종 동반되어 급진적인 간 손상이 일어나 HBV에만 감염된 사람보다 몇 배나 더 높은 치사율을 보인다.

D형 간염은 B형 간염의 병인학과 연결되어 있다. 미국과 북유럽에서 이 병은 IDU와 같은 고위험 집단에서 주로 발생한다.

구조적으로 HDV는 다른 어떤 동물감염 바이러스보다 더 짧은 단일가닥 RNA를 가지고 있다. 입자는 감염을 일으키지 못한다. HBV 유전체에 의해 생성이 조절되는 바깥쪽 외피의 HBsAg가 HDV 단백질 코어를 덮게 되면 입자는 전염성이 된다(델타 항원; 그림 25.15 참조).

E형 간염

E형 간염은 임상적으로 비슷한 A형 간염과 아주 유사하게 대변-구

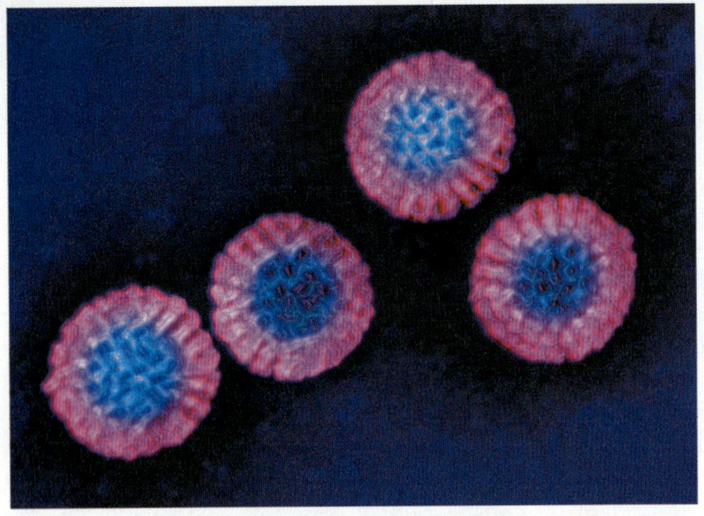

그림 25.16 **로타바이러스.** 이 음성 염색한 전자현미경 사진은 바이러스에게 이러한 이름을 붙이게 한 로타바이러스[로타(*rota*) = 바퀴]의 모양을 보여준다.

로타바이러스는 어떤 질병을 일으키는가?

> **임상 사례**
>
> 보건당국은 애나가 접촉했던 동물들을 조사하기 위해 동물을 직접 만질 수 있는 동물원을 방문했다. 동물원의 여러 동물들에서 직장 면봉과 대변 시료를 배양하였다(표 참조).
>
> **동물원에서 채취한 대변 시료/직장 면봉 시료로부터 STEC O157의 분리**
>
> | 동물 | 동물의 수 | 애나의 STEC O157의 DNA 양상과 동일한 세균 분리체를 가진 동물의 수 |
> |---|---|---|
> | 사슴 | 8 | 1 |
> | 당나귀 | 1 | 0 |
> | 염소 | 8 | 2 |
> | 뿔닭 | 5 | 0 |
> | 라마 | 1 | 0 |
> | 공작 | 1 | 0 |
> | 돼지 | 1 | 0 |
> | 토끼 | 10 | 0 |
> | 양 | 4 | 3 |
>
> 이러한 결과에 근거해서 가장 가능성 있는 전파 방식은 무엇이며, 어떻게 전파를 예방할 수 있는가?
>
> 712 723 727 734 742

강 전염에 의해 전파된다. E형 간염 바이러스(hepatitis E virus, HEV)로 알려진 병원체는 위생 상태가 열악한 세계의 지역, 특히 인도와 동남아시아에서 풍토병이다. 미국에서는 이 병이 드물게 진단되지만 놀랍게도 특정 인구집단에서는 21%나 되는 사람들이 이 질병에 대한 항체를 가지고 있다. HAV처럼, HEV는 단일가닥 RNA를 가진 외피가 없는 바이러스지만, HEV와 HAV는 혈청학적으로 관련이 없다. HAV처럼, HEV는 만성 간 질환을 일으키지는 않지만, 설명할 수 없는 어떤 이유로 임신한 여성에서는 20%를 넘는 사망률을 나타낸다.

다른 형태의 간염

분자생물학과 혈청학의 새로운 기술들은 F형 간염(hepatitis F, HFV)과 G형 간염(hepatitis G, HGV)으로 알려진 혈액으로 전파되는 바이러스의 증거를 제공하였다. HGV는 전 세계적으로 발견되며 미국에서는 HCV보다 더 널리 퍼져 있다. HGV는 HCV와 밀접하게 연관되어 있으며 때때로 GB 바이러스 C(GBV-C)라고 부른다. 그러나 이 바이러스는 인간 숙주에 너무 잘 적응하여 심각한 병을 일으키지는 않는 것 같다. 만성 간 질환의 약 5% 사례가 A형부터 E형까지의 알려진 어떤 간염에도 속할 수가 없다. 이들이 결국 HFV, HGV, 또는 이러한 알파벳 순서에 추가될 어떤 다른 부류에 속할지에 대한 여부는 알 수 없다.

이해도 확인하기

✔ 여러 간염 질병 바이러스인 HAV, HBV, HCV, HDV, HEV 가운데 현재 어느 두 가지에 대해 효과적인 예방 백신이 있는가? **25-6**

바이러스성 위장염

급성 위장염은 인간의 가장 흔한 질병 중 하나이다. 급성 바이러스성 위장염의 약 90% 사례는 노왁(Norwalk)과(family) 바이러스[노로바이러스(noroviruses = Norwalk + virus)라고 총칭]로 더 잘 알려진 인간 칼리시바이러스(caliciviruses) 또는 로타바이러스(rotavirus)가 원인이다.

로타바이러스

로타바이러스(rotavirus, 그림 25.16)는 아마도 바이러스성 위장염의 가장 흔한 원인으로 특히 어린이에게 많다. 미국에서는 매년 약 300만 건의 사례가 발생하는 것으로 추산되지만, 사망자는 100명 이내이다. 치사율은 저개발 국가에서 훨씬 더 높은데, 그 이유는 수분보충 요법이 그만큼 가용하지 않기 때문이다. 미국에서는 90% 이상의 어린이가 3세 이전에 감염된다. 일부 경우 부모도 또한 감염된다. 특정 종을 제외하고는, 획득한 면역력으로 인해 성인에게 로타바이러스 감염은 훨씬 덜 흔하다. 대부분의 사례에 있어 2~3일의 잠복기를 거쳐 환자는 약 1주일 정도 지속되는 낮은 정도의 발열과 설사, 구토 등으로 고생한다.

로타바이러스는 보통 추운 겨울 기간 동안에 가장 활성화된다. 감염량은 100개보다 적은 바이러스로 추정하며 환자는 대변 1그램당 수십억 개의 바이러스를 발산한다. 1998년에 나온 최초의 로타바이러스 예방 백신은 심각한 문제점이 나타나 취소되었다. 2006년에 경구용 생백신이 허가를 받았다. 로타바이러스 감염은 효소 면역분석법과 같은 여러 형태의 상용화된 검사를 통해 일상적으로 진단한다. 치료는 보통 경구 수분보충 요법으로 국한되어 있다.

노로바이러스

노로바이러스는 1968년 오하이오주 노왁(Norwalk)에서 갑작스럽게 발생한 위장염에서 처음 확인되었다. 원인 병원체는 1972년에 확인되었으며 노왁바이러스로 명명하였다. 이후 여러 유사한 바이러스가 확인되었고 이 그룹을 노왁-유사 바이러스(Norwalk-like viruses)라 부른다. 이들 모두는 칼리시바이러스[라틴어로 칼릭스(*calyx*)란 말은 컵을 의미하며 컵모양의 함몰이 바이러스에서 보인다]에 속하는 것으로 현재는 노로바이러스라고 부른다. 이들은 사실상 배양할 수 없으며 일반적인 실험 동물을 감염하지도 못한다. 인간은 음식과 물, 심지어는 구토로 생긴 에어로졸로부터 대변-구강 전염을 통해 감염된다. 감염량은 10개의 바이러스만큼이나 낮을 수 있다. 바이러스는 환자의 증상이 없어진 후에도 수일 동안 계속해서 발산될 수 있다. 미국에서는 매년 2,000만 건 이상의 노로바이러스 위장염이 발생하지만 약 300명 정도만 사망한다. 미국 성인의 약 절반 정도가 그들이 감염된 적이 있다는 혈청학적인 증거를 나타낸다. (9장 265쪽 상자 참조.) 현재 노로바이러스의 우점종은 2002년 무렵에 나타난 것인데, 몇 가지 가능한 요인이 있다. 이 종은 독성이 더 강하거나 혹은 환경에서 더 안정하다. 또한 이전 감염으로 이 종에 내성을 가지는 사람이 거의 없다. 특별한 종에 대한 자연적인 내성은 단지 몇 개월 동안 지속되며 길어야 3년 이다.

예를 들면, 유람선 또는 식당에서 병이 갑작스럽게 발생한 것을 보면 전파를 예방하고 근절하는 것은 힘든 문제라는 것이 입증되었다. 바이러스는 문 손잡이나 엘리베이터 버튼과 같은 주위의 표면에서 대단히 잘 견딘다. CDC는 62% 이상의 에탄올이 포함된 퓨렐(Purell) 같은 손 소독용 젤의 사용을 추천한다. 노로바이러스는 지방 외피가 없기 때문에 에탄올에 의해 확실하게 비활성화되지 않는다. 이러한 대책의 효과 대부분은 아마도 손을 비누로 씻는 물리적인 제거 방법과 연관이 있다. 딱딱하고 구멍이 없는 표면의 오염을 제거하기 위해서는 1000~5000 ppm의 차아염소산염(hypochlorite, 각각 1:50 또는 1:10 비율의 5.26% 표백제 희석용액)가 들어 있는 용액이 필요하다. 미국 환경보호국(EPA)은 표면에 오염된 바이러스를 제거하기 위해 벌콘-S(Virkon-S)라 부르는 산소화합물(199쪽 참조)의 사용을 추천한다.

대변 시료에서 노로바이러스를 검출하기 위해서 실험실에서는 민감한 PCR과 EIA 검사를 사용한다. 이렇게 새롭고 민감한 분석법이 개발되면서 노로바이러스가 비세균성 위장염의 가장 흔한 원인(미국에서는 적어도 현재 발생하는 음식물매개 위장염의 절반을 차지한다)으로 인식하기에 이르렀다.

18~48시간의 잠복기가 지나면 환자는 2~3일 동안 구토 또는 설사, 아니면 두 가지 증세 모두로 고생한다. 구토는 어린이에게 가장 일반적인 증세이고, 많은 성인 환자에서 단지 구토만 일어나기는 하지만 대부분의 어른은 설사를 경험한다. 증상의 심각성은 보통 감염량의 크기에 달려 있다.

바이러스성 위장염의 유일한 치료법은 경구 수분보충이나 예외적인 경우에 정맥주사를 통한 수분보충을 한다. 위장관의 바이러스 질병은 질병 초점 25.4에 요약하였다.

이해도 확인하기

✔ 바이러스성 위장염의 두 가지 가장 흔한 원인은 로타바이러스와 노로바이러스에 의한 것이다. 현재 이들 중 어느 것을 백신으로 예방할 수 있는가? **25-7**

진균성 소화계 질병

학습 목표

25-8 맥각(ergot) 중독과 아플라톡신(aflatoxin) 중독의 원인을 알아본다.

일부 진균은 진균독소(*mycotoxins*)라 부르는 독소를 생산한다. 섭취되면 이러한 독소는 혈액 질환, 신경계 이상, 신장 손상, 그리고 심지어 암을 일으킨다. 다수의 환자가 유사한 징후와 증상을 가질 때 진균독소 중독으로 간주한다. 진단은 보통 의심이 되는 음식에서 진균독소나 진균을 발견하는 것을 기본으로 한다(740쪽, 질병 초점 25.5).

맥각 중독

일부 진균독소는 곡물 작물에 깜부기병을 일으키는 진균인 클라비셉스 펄푸레아(*Claviceps purpurea*)에 의해 생산된다. 클라비셉스 펄푸레아가 생산하는 진균독소는 진균에 오염된 호밀이나 다른 곡물의 섭취로 발생하는 **맥각 중독(ergot poisoning** 또는 *ergotism*)을 일으킨다. 독소는 사지로 가는 혈액의 흐름을 제한해 괴저를 일으킬 수 있다. 이것은 또한 환각 증상을 일으켜, LSD가 유발하는 것과 유사한 이상한 행동을 하게 한다.

아플라톡신 중독

아플라톡신(aflatoxin)은 흔한 곰팡이인 아스페르길루스 플라버스(*Aspergillus flavus*)가 생산하는 진균독소이다. 아플라톡신은 여러 식품에서 발견되지만 특히 땅콩에서 잘 발견된다. 가축 사료가 아스페르길루스 플라버스에 오염되면, 아플라톡신 중독은 가축에 심각한 손상을 일으킬 수 있다. 인간에 대한 위험은 알려져 있지 않지만 음식이 아플라톡신에 오염되기 쉬운 곳인 인도와 아프리카 같은 세계 일부 지역에서는 아플라톡신이 간암과 간 경변의 한 원인이 된다는 강력한 증거가 있다.

질병 초점 25.4

바이러스성 소화계 질병

설사의 집단발병이 6월 중순에 발생하기 시작하여 8월 중순에 최고점에 달했다가 9월에 줄어들었다. 하나의 임상 사례가 수영클럽의 회원에게 발생한 설사(24시간 동안에 세 명이 대변을 멈출 수가 없었다)로 밝혀졌다. 오른쪽 사진에 보이는 바이러스는 한 환자에게서 분리한 것이다. 아래 표를 참조하여 이러한 증상들을 일으킬 수 있는 감염을 알아내 보시오.

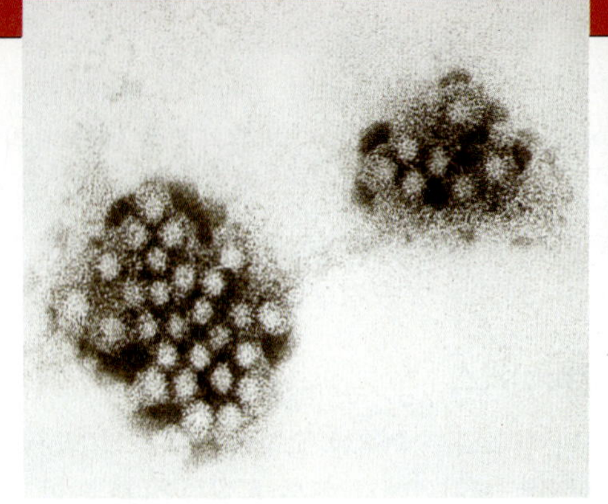

환자의 대변에서 배양한 바이러스

질병	병원체	증상	잠복기	진단 검사	치료법
유행성 이하선염	유행성 이하선염 바이러스, 파라믹소바이러스과	귀밑샘의 아픈 부기	16~18일	증상; 바이러스 배양	예방 백신
바이러스성 위장염	로타바이러스	구토, 1주일 동안의 설사	1~3일	대변에서 바이러스 항원을 검출하는 효소 면역분석	경구 수분보충
	노로바이러스	구토, 2~3일 동안의 설사	18~48시간	PCR	경구 수분보충
간염 (731쪽 질병 초점 25.3 참조)					

이해도 확인하기

✔ 맥각 중독에 의해 때때로 나타나는 환각 증상과 현대의 불법 마약 사이의 관계는 무엇인가? **25-8**

원생동물에 의한 소화계 질병

학습 목표

25-9 편모충증, 와포자충증(*cryptosporidiosis*), 사이클로스포라(*Cyclospora*) 설사 감염, 아메바성 이질 등의 원인 병원체와 전파 방식, 증상 및 치료법을 열거한다.

여러 병원성 원생동물은 인간 소화계에서 그들의 생활사를 완성한다(740쪽 질병 초점 25.5). 이들은 주로 견고한 전염성 낭포 상태로 섭취되어 낭포로 새로 만들어져 그 수가 엄청나게 증가된다.

편모충증

람블편모충[*Giardia lamblia*; CDC에서 사용하는 용어인 지알디아 인테스티날리스(*G. intestinalis*)로도 흔히 알려져 있고, 경우에 따라서는 지알디아 듀오데날리스(*G. duodenalis*)라고도 함]은 인간의 장벽에 단단하게 부착할 수 있는 편모를 가진 원생동물이다(그림 25.17). 1681년 반 레벤후크(van Leeuwenhoek)는 이들을 “몸은… 넓지 않고 다소 길며 편평한 것 같은 이들의 배는 잡다한 작은 발로 가득 차 있다”라고 묘사하였다.

람블편모충은 장기간 계속되는 설사병인 **편모충증(giardiasis)**을 일으킨다. 때론 수 주간 지속되는 편모충증은 불쾌감, 구역질, 헛배 부름(장내 가스), 허약, 체중 감소, 복부 경련 등이 특징이다. 종종 숨쉴 때와 대변에서 황화수소의 독특한 냄새가 날 수 있다. 원생동물은 때때로 장벽 대부분을 점유하여 음식 흡수를 방해한다.

미국에서 편모충증의 발생은 특히 캠핑과 수영철에 종종 일어난다. 인구의 약 7%가 건강한 보균자이며 대변으로 낭포를 발산한다. 병원체는 또한 다수의 야생 포유류, 특히 비버에 퍼져 있으며 정수되지 않은 자연수를 마신 등산객 등이 병에 걸린다.

대부분의 집단발병은 오염된 물이 공급으로 전염된다. 미국의 지방 자치 정부에서 최근 실시한 지표수에 대한 전국적인 조사에 따르면 이 원생동물은 약 18%의 시료에서 검출되었다. 낭포 단계는 상대적으로 염소에 덜 민감하기 때문에 물에서 낭포를 제거하려면 공급된 물을 보통 정수하거나 끓여야 한다.

람블편모충이 현미경 검사로 대변에서 항상 확실하게 발견되는 것이 아니기 때문에 실 검사(string test)가 때때로 진단에 사용된다. 이 검사는 약 140 cm의 가느다란 실에 달린 젤라틴 캡슐을 환자가 삼키고 줄의 한 쪽 끝은 뺨에 붙여 놓는다. 젤라틴 캡슐이 위에서 녹으면서 줄에 달린 채로 그 안에 있던 무게가 있는 고무 봉지가 위쪽 장으로 들어간다. 몇 시간 후에 줄을 입을 통해 끌어 내어 람블편모충의 영양체(trophozoite) 존재 여부를 검사한다. 몇 가지 상용화된 ELISA 검사는 대변 시료에서 알과 기생충을 모두 검출한다. CDC는 현재 낭포를 검출하는 직접 형광-항체(FA) 검사(520쪽 그림 18.11a 참조)를 추천한다. 이러한 검사들은 특히 역학조사에 유용하다. 먹는 물에서 지알디아(*Giardia*)를 검사하는 것은 어렵지만

그림 25.17 편모충증을 일으키는 편모를 가진 원생동물인 람블편모충의 영양체 형태. 기생충이 자신을 부착하는데 사용하는 복부의 빨판에 의해 장벽에 남겨진 원형의 자국을 주목하시오. 등쪽은 부드러운 유선형으로 장 내용물이 부착된 미생물 주변으로 쉽게 이동한다.

편모충증을 진단하기 위한 줄 검사란 무엇인가?

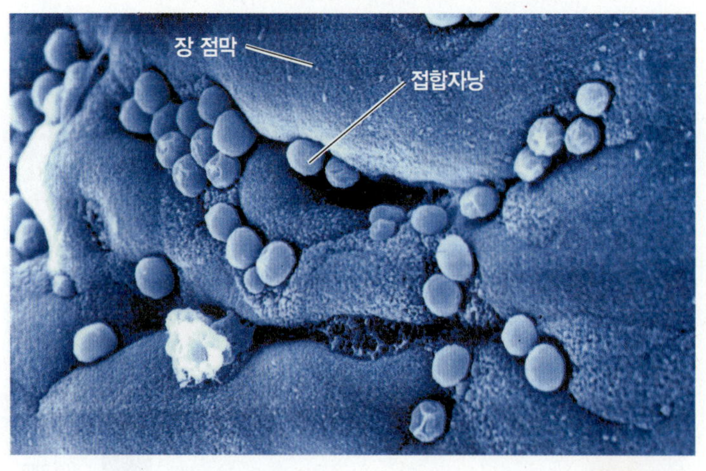

그림 25.18 와포자충증. 이 사진은 장 점막에 박혀 있는 크립토스포리디움 호미니스의 접합자낭을 보여준다.

Q 와포자충증은 어떻게 전파되는가?

보통 병의 발생을 예방하고 추적하기 위해서는 해야 한다. 이러한 검사들은 다음 절에서 다루는 와포자충(*Cryptosporidium*) 원생동물에 대한 검사와 자주 함께 사용된다.

메트로니다졸 또는 염산 퀴나크린을 이용한 치료는 주로 1주일 안에 효과가 있다. 미국 식품의약국(FDA)은 최근 와포자충증과(그림 25.18 참조) 편모충증을 치료를 위한 새로운 경구 약인 니타족사니드를 승인하였다. 메트로니다졸처럼, 이것은 무산소 대사 경로에 영향을 미치지만 치료 기간이 더 짧다.

이해도 확인하기

✓ 낭포 또는 접합자낭을 섭취하면 편모충증이 발생하는가? **25-9**

와포자충증

와포자충증(cryptosporidiosis)은 원생동물 와포자충(*Cryptosporidium*)이 원인이다. 인간에게 영향을 미치는 가장 일반적인 종은 작은와포자충(*C. parvum*)과 크립토스포리디움 호미니스(*C. hominis*)이다. 와포자충증[의료 종사자들은 보통 이것을 간단하게 크립토(crypto)라고 언급한다]이란 용어는 이들 중 하나에 감염된 것을 의미한다. 감염은 인간이 와포자충 접합자낭을 섭취하면 발생한다(그림 25.18). 접합자낭은 결국 소장으로 포자소체(sporozoite)를 방출한다. 운동성이 있는 포자소체는 장의 상피세포를 침투하여 결국 접합자낭을 대변으로 배출하는 생활사를 거친다[669쪽 그림 23.24의 톡소포자충(*Toxoplasma gondii*)의 유사한 생활사와 비교하시오]. 병은 10~14일간 지속되는 콜레라와 유사한 설사를 일으킨다. AIDS 환자를 비롯한 면역력이 결핍된 사람에게는 설사가 점점 더 심해져 생명을 위협하게 된다.

감염은 주로 동물 분비물, 특히 소에서 유래한 와포자충의 접합자낭으로 오염된 물놀이용 물 또는 먹는 물 체계를 통해 주로 인간에게 전염된다. 미국에서의 조사에 따르면 대부분은 아니지만 많은 호수와 개울, 심지어는 우물도 오염되었다고 한다. 람블편모충의 낭포처럼 이들의 접합자낭은 염소처리에 내성이 있기 때문에 물을 여과하여 제거해야만 한다. 심지어 때때로 여과도 실패한다. 염소처리와 여과 체계 모두 접합자낭을 효과적으로 제거하지 못하는 곳인 수영장에서는 특히 더 그렇다. 통상적인 염소처리의 대체 방법으로는 자외선 조사와 오존, 이산화염소 처리법 등이 있다. 12장의 임상 초점을 참조하시오(357쪽). 감염량은 10개의 접합자낭만큼이나 적을 수 있다. 열악한 위생상태가 원인인 대변-구강 전염도 또한 일어나며, 많은 집단발병이 보육시설에서 일어난다.

물 검사는 중요하지만 현재 사용하는 방법은 복잡하고, 시간이 걸리며, 비효율적인 것으로 알려져 있다. 가장 널리 사용되는 것은 람블편모충의 낭포와 와포자충의 접합자낭을 동시에 검출할 수 있는 FA 검사이다. 아마도 정기적인 물 검사가 의무화될 것이며, 더 간단하고 더 신뢰할 수 있는 방법의 개발이 공중보건학의 최우선 연구 과제 중 하나가 될 것이다.

치료에 권장하는 약은 새로 나온 니타족사니드(nitazoxanide)인데, 이것은 편모충증 치료에도 효과가 있다.

와포자충증은 대변 시료에서 현미경으로 접합자낭을 검출하는 것이 가장 믿을만한 실험실 진단인데, 때때로 FA 검사로 항체 분석을 함께 하기도 한다. 직접 FA 검사가 "표준검사(gold standard)"로 간주된다. 또한 상용화된 면역분석 검사를 이용하여 대변 시료에서 접합자낭 또는 포자소체 항원의 존재 여부를 결정할 수 있다.

사이클로스포라 설사 감염

1993년에 발견된 한 원생동물이 최근에 발생한 일련의 설사병의 원

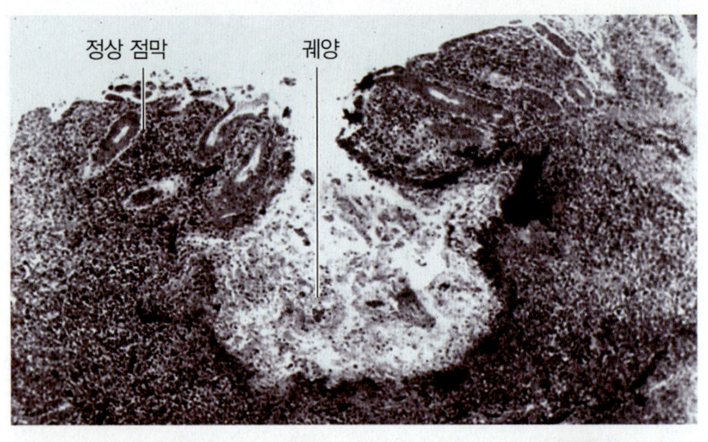

그림 25.19 이질아메바가 일으키는 전형적인 플라스크 모양의 궤양을 보여주는 장벽의 절편 사진

이러한 병변이 크게 진행되면 생명을 위협할 수 있는가?

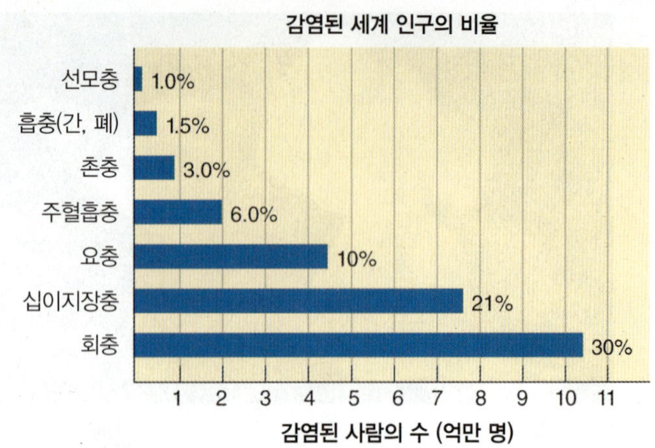

그림 25.20 선별된 장 기생충에 의한 인간 감염의 전 세계적 출현빈도

출처: World Health Organization(WHO, 세계보건기구).

Q 이러한 질병은 어떻게 전파되는가?

인이다. 이후로 이 병원체를 원포자충(*Cyclospora cayetanensis*)이라고 명명하였다.

사이클로스포라(*Cyclospora*) 설사 감염(diarrheal infection)의 증상은 며칠 동안의 물설사이지만 일부 사례에서는 수 주간 지속된다. 이 병은 특히 AIDS 환자 같은 면역반응이 억제된 사람을 쇠약하게 한다. 인간이 이 원생동물의 유일한 숙주인지는 불분명하다. 대부분의 집단발병은 물, 오염된 딸기류, 또는 익히지 않은 유사한 음식물에 있는 접합자낭을 섭취하는 것과 연관이 있다. 음식물은 야생 새들이나 인간의 대변에서 발산된 접합자낭에 의해 오염되는 것으로 추정한다.

현미경 검사로 와포자충의 접합자낭보다 약 두 배 크기의 직경을 가진 접합자낭을 확인할 수 있다. 실제로 오염된 음식물을 검출할 수 있는 만족할 만한 검사는 없다. 항생제 트리메토프림과 설파메토사졸을 함께 사용하여 치료한다.

아메바성 이질(아메바증)

아베바성 이질(amebic dysentery) 또는 **아메바증(amebiasis)**은 원생동물 아메바인 이질아메바(*Entamoeba histolytica*)의 낭포로 오염된 음식이나 물에 의해 주로 퍼지게 된다(351쪽 그림 12.19b 참조). 위산은 영양체를 파괴할 수 있지만 낭포는 영향을 받지 않는다. 장관에서 낭포 벽이 소화되면 영양체가 방출된다. 그 다음 영양체는 대장 벽의 상피세포에서 증식한다. 심한 이질이 발생하며, 대변에 피와 점액이 섞여 나오는 것이 특징이다. 영양체는 위장관의 조직을 먹고 산다(그림 25.19).

장벽이 천공되면 심각한 세균 감염이 일어난다. 농양은 외과적 수술로 치료해야 하며 다른 기관, 특히 간의 침입은 드문 일이 아니다. 아마도 미국 인구의 5%가 무증상의 이질아메바 보균자이다. 전 세계적으로 10명당 한 명이 감염된 것으로 추산하며 대부분이 무증상이고, 이러한 감염의 약 10%는 더 심각한 단계로 진전된다.

진단은 주로 대변에서 병원체를 찾아내어 확인하는 것에 의존한다. (아메바가 장 조직을 먹은 결과로 영양체 안에서 관찰되는 적혈구가 이질아메바를 확인하는 데 도움이 된다.) 라텍스 응집과 형광-항체 검사를 비롯한 여러 혈청학적 검사를 또한 진단에 이용할 수 있다. 이러한 검사들은 영향을 받은 부위가 장관 밖에 있고 환자가 아메바를 옮기지 않을 때에 특히 유용하다.

메트로니다졸에 아이오도퀴놀을 함께 사용하는 것이 널리 쓰이는 치료 방법이다.

기생충에 의한 소화계 질병

학습 목표

25-10 촌충, 포충병, 요충, 십이지장충, 편충, 회충증, 선모충증 등에 대한 원인 병원체와 전파 방식과 증상, 치료법에 대해 알아본다.

기생충은 특히 열악한 위생 상태에서 사는 사람의 장관에 아주 흔하다. 그림 25.20은 전 세계적으로 추산된 일부 장 기생충 감염률을 보여준다. 그 크기와 무시무시한 외모에도 불구하고 이들은 보통 거의 증상을 일으키지 않는다. 이들이 인간 숙주에 너무 잘 적응했거나 그 반대의 경우일 수도 있어서 이들의 존재가 드러나는 것은 보통 놀라운 일이다.

촌충

전형적인 **촌충(tapeworm)**의 생활사는 세 단계로 구분된다. 성충은 알을 낳아 대변으로 내보내는 곳인 인간 숙주의 장에서 살아간다

(360쪽 그림 12.27 참조). 알은 풀을 뜯어 먹는 소와 같은 동물에 의해 섭취되면 부화하여 동물의 근육에 자리잡는 **낭미충**(cysticercus, 복수형: *cysticerci*)이라 불리는 유충이 된다. 촌충에 의한 인간 감염은 낭미충이 들어 있는 덜 익은 쇠고기, 돼지고기, 또는 생선 등의 섭취로 시작된다. 낭미충은 머리마디(scolex)의 빨판을 이용하여 장벽에 부착하는 성충 촌충으로 발달한다(그림 12.27의 사진 참조).

성충 쇠고기 촌충인 민촌충(*Taenia saginata*)은 애매한 복부 불쾌감 이상의 특별한 증상을 전혀 일으키지 않는다. 그러나 1미터 또는 그 이상의 잘려진 분절[편절(proglottids)]이 가끔 예기치 않게 항문 밖으로 미끄러져 빠져나올 때 심리적인 스트레스를 받는다.

돼지 촌충인 갈고리촌충(*Taenia solium*)은 쇠고기 촌충과 유사한 생활사를 가지고 있다. 중요한 차이점은 갈고리촌충은 인간 숙주에서 유충 단계를 만들 수 있다는 것이다. **촌충증(taeniasis)**은 성충 촌충이 인간의 장을 감염했을 때 발생한다. 이것은 일반적으로 양성의 무증상 상태이지만 숙주는 열악한 위생상태에서 손과 음식물을 오염시키는 갈고리촌충의 알을 계속해서 배출한다. 유충 단계의 감염인 **낭미충증(cysticercosis)**은 인간이나 돼지가 갈고리촌충의 알을 섭취했을 때 발생할 수 있다. 이 알들은 소화관을 떠나 조직(주로 뇌나 근육)에 자리 잡는 유충으로 발전할 수 있다. 근육조직에서 낭미충은 비교적 양성으로 심각한 증상을 거의 일으키지 않지만 유충은 가끔 눈에 자리를 잡아 **눈낭미충증(ophthalmic cysticercosis)**을 일으키고 시력에 영향을 준다(그림 25.21). 가장 심하고 훨씬 더 흔한 병은 유충이 뇌와 같은 중추신경계 부위에서 성장할 때 일어나는 **신경유구낭미충증(neurocysticercosis)**이다. 멕시코와 중앙 아메리카에서는 풍토병인 신경유구낭미충증은 멕시코와 중앙 아메리카 이민자들이 있는 미국의 일부 지역에서는 꽤 흔하다.

증상은 보통 뇌종양이나 간질 증상과 거의 같다. 보고된 다수의 사례 진단에 전산화단층(CT) 촬영 또는 장기공명 영상(MRI) 장치가 일부 사용되었다. 풍토지역에서 신경이상 환자는 갈고리촌충에 대한 항체의 혈청학적 검사로 검진할 수 있다.

물고기 촌충인 긴촌충(*Diphyllobothrium latum*; dī-fil-lō-bo'thrē-um lā'tum)은 창꼬치, 송어, 농어, 연어 등에서 발견된다. CDC는 점점 더 대중적인 음식이 되고 있는 생선회와 초밥에 의한 물고기 촌충 감염의 위험성을 경고하고 있다. 생생한 예를 들어 보면 식사 후 열흘쯤 되었을 때, 한 사람에게 복부 팽만, 헛배부름, 트림, 간헐적 복부 경련, 설사 증상 등이 생겼다. 8일 후 환자에게서 열두조충(*Diphyllobothrium*)의 한 종으로 확인된 1.2 m(4 ft)의 촌충이 나왔다.

촌충의 실험실 진단은 대변에서 촌충 알이나 분절을 확인하는 것으로 이루어진다. 장에 기생하는 성충 촌충은 프라지콴텔과 알벤다졸과 같은 항기생충 약물로 제거할 수 있다. 신경유구낭미충증의 사례는 간혹 약으로 치료될 수 있지만 이들은 종종 상황이 더 나빠져 낭미충을 제거하기 위한 수술이 필요할 수도 있다.

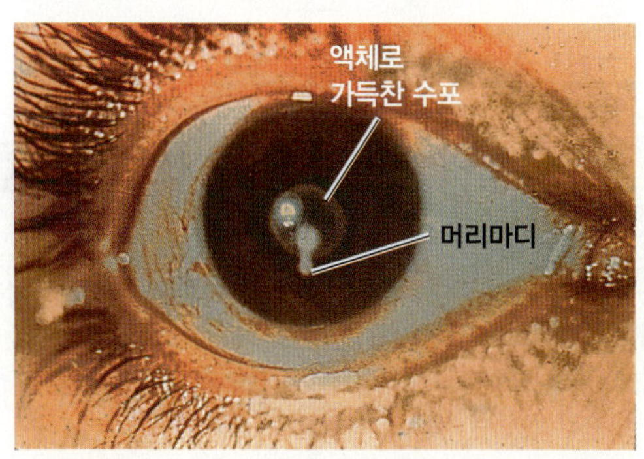

그림 25.21 **눈낭미충증.** 낭미충증의 일부 사례는 눈에 영향을 미친다.

Q 어떤 기관이 신경유구낭미충증에 가장 영향을 받을 것 같은가?

이해도 확인하기

✔ 어떤 종의 촌충이 낭미충증을 일으키는가? **25-10**

포충병

가장 위험한 촌충의 하나는 단지 몇 밀리미터 길이의 단방조충(*Echinococcus granulosus*)이다(361쪽 그림 12.28 참조). 성충은 개와 늑대 같은 육식동물의 장관에서 산다. 일반적으로 인간은 촌충의 낭포가 들어 있는 양고기나 사슴고기를 먹고 감염된 개의 대변을 통해 감염된다. 불행하게도 인간은 중간 숙주가 될 수 있으며 낭포는 체내에서 발달할 수 있다. 병은 양을 키우거나 야생동물을 사냥하거나 포획하는 사람들에게 가장 빈번하게 발생한다.

인간이 일단 섭취하면, 단방조충의 알은 체내의 여러 조직으로 이동할 수 있다. 간과 폐가 가장 흔한 조직이지만 뇌와 많은 다른 곳도 또한 감염될 수 있다. 일단 각 장소에서 알은 몇 개월 안에 직경 1 cm로 자랄 수 있는 **포충 낭포(hydatid cyst)**로 발전한다(그림 25.22). 일부 부위에서는 낭포가 여러 해 동안 보이지 않을 수도 있다. 자유롭게 커질 수 있는 곳에 있으면 일부는 최대 15리터(4갤론)의 액체를 함유할 수 있을 정도로 커지게 된다.

뼈 속이나 뇌와 같은 부위에서는 낭포의 크기 때문에 위험이 생길 수 있다. 낭포가 숙주 안에서 터지면 상당히 많은 딸 낭포가 만들어질 수 있다. 이러한 낭포의 병원성에 대한 또 다른 요인은 안에 있는 액체에 숙주를 민감하게 할 수 있는 단백질성 물질들을 포함되어 있다는 것이다. 낭포가 갑자기 터지면 생명을 위협하는 과민성 쇼크가 일어날 수 있다.

진단을 위해서 순환하는 항체를 검출하는 여러 혈청학적 검사가 검진에 사용된다. 할 수 있다면 X선 검사와 CT, MRI 같은 물리적 영상 촬영 방법이 가장 좋다.

진균과 원생동물, 기생충에 의한 하부 소화계 질병

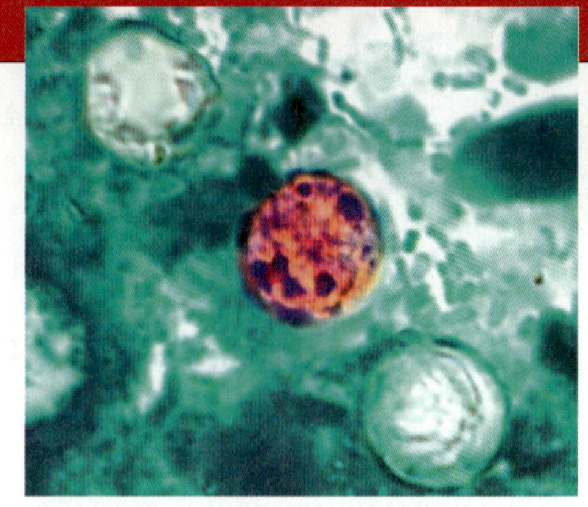

환자 대변의 항산성 염색 LM 3 μm

펜실베니아 주의 보건당국에 한 거주 시설과 연관된 사람(거주자와 직원, 자원봉사자 등)들 가운데 물설사 사례를 발생했는데, 자주 화장실에 가고 때로는 아주 심하게 배변을 한다는 연락이 왔다. 그 질병은 깍지 완두콩을 먹은 것과 연관이 있었다. 아래 표를 참조하여, 이러한 증상의 가능한 원인을 알아내 보시오.

질병	병원체	증상	보유체 또는 숙주	진단 검사	치료법
진균성 질병					
맥각 중독	클라비셉스 펄푸레아	사지로 혈액 흐름이 제한됨; 환각증세	곡물에서 자라는 진균이 생산하는 진균독소	음식물에서 진균 균핵(sclerotia)을 발견함	없음
아플라톡신 중독	아스페르길루스 플라버스	간 경변; 간암	음식물에서 자라는 진균이 생산하는 진균독소	음식물에서 독소에 대한 면역분석법	없음
원생동물 질병					
편모충증	람블편모충	원생동물이 장벽에 붙어서 영양분 흡수를 저해할 수 있음; 설사	물; 포유동물	형광-항체 검사	메트로니다졸; 퀴나크린
와포자충증	크립토스포르디움 호미니스, 작은와포자충	저절로 낫는 설사; 면역반응이 억제된 환자에서는 생명이 위험할 수 있음.	소; 물	항산성 염색; 형광-항체 검사; ELISA	구강 수분보충
사이클로스포라 설사 감염	원포자충	물설사	인간; 조류; 주로 과일과 채소를 섭취하여	항산성 염색	트리메토프림과 설파메토사졸
아메바성 이질 (아메바증)	이질아메바	아메바가 장의 상피세포를 용해시켜, 농양을 일으키고; 상당한 치사율이 있음.	인간	현미경검사; 혈청검사	메트로니다졸
기생충 질병					
촌충	민촌충, 갈고리촌충, 긴촌충	기생충은 거의 증상이 없음; 돼지 촌충은 유충이 여러 장기에서 생성될 수 있으며(신경유구낭미충증) 손상을 줌.	중간 숙주: 소, 돼지, 생선; 최종 숙주: 인간	대변의 현미경 검사	프라지콴텔; 알벤다졸
포충병	단방조충	신체에 유충 형태; 매우 커질 수 있고 손상을 줌.	중간 숙주: 인간; 최종 숙주: 개	혈청검사; X선 검사	외과수술로제거; 알벤다졸
요충	엔테로비우스 버미큘라리스	항문 주위의 가려움증	중간 및 최종 숙주: 인간	현미경 검사	피란텔 파모에이트
십이지장충	아메리카구충, 두비니구충	다량의 감염은 빈혈을 일으킬 수 있음.	유충이 토양에서 피부로 들어감; 최종 숙주: 인간	현미경 검사	메벤다졸
회충증	회충	기생충은 소화되지 않은 장 내용물로 살아가고, 증상은 거의 없음.	중간 및 최종 숙주: 인간	현미경 검사	메벤다졸
편충	편충	설사, 영양실조	중간 및 최종 숙주: 인간	대변의 현미경 검사	알벤다졸, 메벤다졸
편모충증	편모충	유충이 횡문근에서 포낭에 싸임; 거의 증상이 없지만 다량의 감염은 치명적일 수 있음.	중간 및 최종 숙주: 포유류 (인간 포함)	조직검사; ELISA	메벤다졸; 코르티코스테로이드

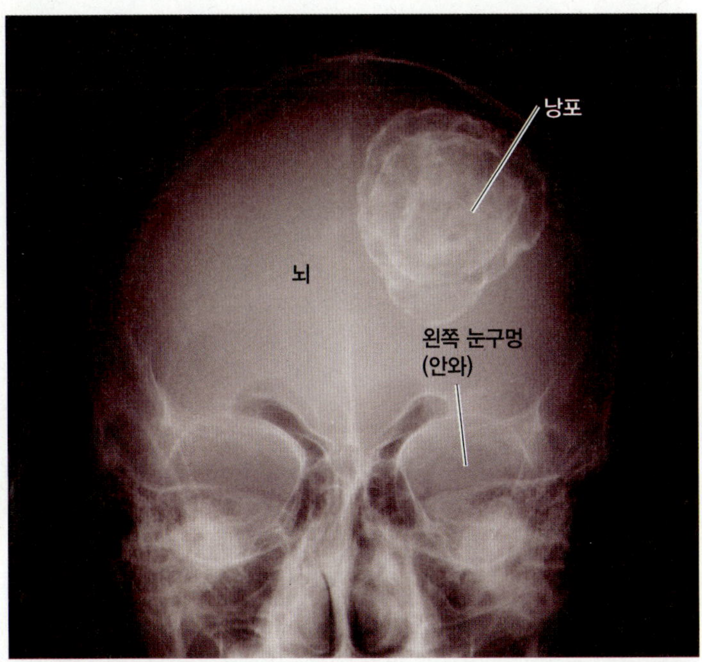

그림 25.22 단방조충에 의해 형성된 포충 낭포. 감염된 사람의 뇌의 X선 영상사진에서 커다란 낭포 하나가 보인다.

 포충 낭포는 몸에 어떤 영향을 미치는가?

치료는 보통 제거 수술이지만, 체액의 방출과 잠재적인 감염의 전파나 과민성 쇼크를 피하기 위해 주의를 기울여야만 한다. 제거가 여의치 않을 때는 알벤다졸(albendazole) 약제로 낭포를 죽일 수 있다.

선충류

요충

대부분 사람들은 **요충(pinworm)**인 엔테로비우스 버미쿨라리스(*Enterobius vermicularis*)에 대해 잘 알고 있다(362쪽 그림 12.29 참조). 이 작은 벌레(암컷은 길이가 8~13 mm이고 수컷은 2~5 mm이다)는 알을 낳기 위해 숙주인 인간의 항문 밖으로 나와 국소 가려움증을 일으킨다. 전 가족이 감염될 수 있다. 진단은 보통 항문 주변에서 알을 찾는 것에 의존한다. 투명한 셀룰로오스 테이프의 끈끈한 면을 피부에 대고 누른 다음 이 테이프를 현미경 슬라이드에 옮기고 현미경으로 관찰하면 알을 볼 수 있다. 종종 처방전 없이 살 수 있는 피란텔 파모에이트(pyrantel pamoate)와 메벤다졸 같은 약이 주로 치료에 효과적이다.

십이지장충

십이지장충(hookworm) 감염은 한때 미국 남동부 주에서는 아주 흔한 기생충 질병이었다. 미국에서 가장 흔하게 나타나는 종은 아메리카구충(*Necator americanus*)이다. 다른 종인 두비니구충(*Ancyclostoma duodenale*)는 전 세계적으로 널리 분포해 있다.

십이지장충은 장벽에 붙어서 부분적으로 소화된 음식보다는 혈액과 조직을 먹고 자란다(그림 25.23). 따라서 많은 수의 기생충이 존재하면 빈혈과 혼수 상태를 유발할 수 있다. 심한 감염은 또한 천을 빳빳하게 만들기 위해 사용하는 풀이나 특정한 형태의 진흙이 들어 있는 흙과 같은 특이한 음식을 갈망하는 이식증(pica)으로 알려진 기괴한 증상을 이끌 수 있다. 이식증은 철분이 결핍된 빈혈의 한 증상이다.

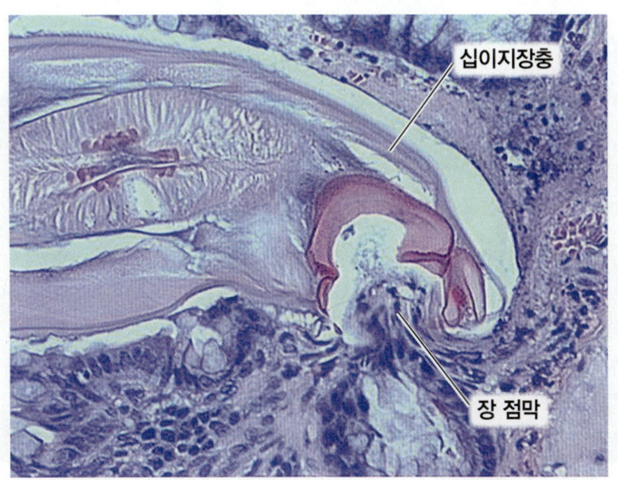

그림 25.23 장 점막에 부착된 엔사이클로스토마(*Ancylostoma*) 십이지장충. 기생충의 입이 조직을 먹고 살기 위해 어떻게 적응되었는지를 주목하시오.

 십이지장충 감염이 왜 빈혈을 유발할 수 있는가?

십이지장충의 생활사는 인간의 대변이 토양으로 들어가고 맨 살이 오염된 토양과 접촉하는 것이 필요하기 때문에 신발을 신는 습관과 개선된 위생 상태로 병의 출현이 크게 감소하였다. 십이지장충 감염은 대변에서 기생충 알을 발견하여 진단하고 메벤다졸로 효과적으로 치료할 수 있다.

회충증

가장 널리 퍼진 기생충 감염의 하나인 **회충증(ascariasis)**은 회충(*Ascaris lumbricoides*)이 원인이다. 이러한 상태는 많은 미국 의사들에게는 친숙하다. 미구 남동부에서 이 병은 어린이 인구의 20~60% 정도 발생한다고 보고될 정도로 아주 흔하다. 전 세계적으로 약 25%의 인구가 감염되어 있다. 12장에 설명한 것처럼(360쪽) 종종 성충이 항문, 입, 또는 코를 통해 방출될 때 진단을 내린다. 이 기생충은 길이가 30 cm(약 1 ft)까지 아주 길어질 수 있다(그림 25.24). 장관에서 이들은 부분적으로 소화된 음식물로 살아가며 증상은 거의 없다.

알(하루에 200,000개 이상)이 환자의 대변에 방출되어 열악한 위생 상태에서 다른 사람에 의해 섭취되면 회충의 생활사가 시작된다. 장 상부에서 알은 작은 벌레 같은 유충으로 부화하여 혈류로 들어간 다음 폐로 이동한다. 이곳에서 목구멍으로 이동하고 삼켜진다. 유충은 장에서 알을 낳은 성충으로 발달한다.

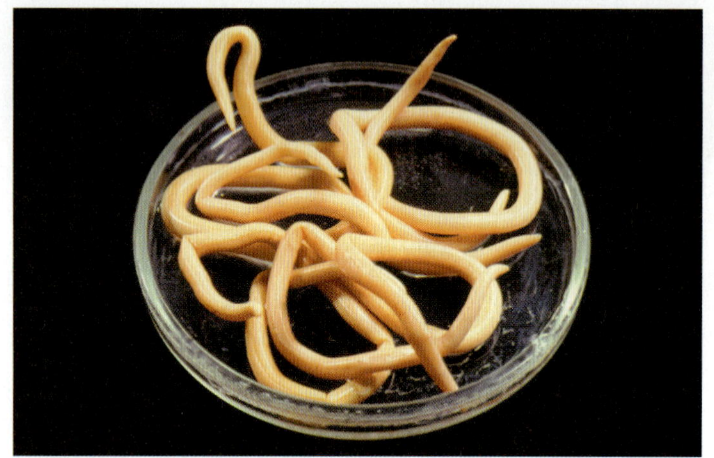

그림 25.24 회충, 회충증의 원인. 이러한 장 기생충은 크며, 암컷은 길이가 약 30 cm에 이른다.

 회충의 생활사의 주요한 특징은 무엇인가?

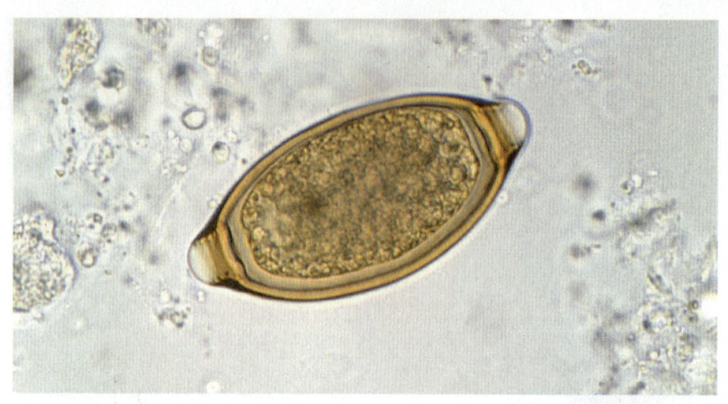

그림 25.25 편충의 알. 이러한 독특한 알은 손잡이가 달린 차 쟁반과 유사하다.

 편모충증은 어떻게 전파되는가?

폐에서 작은 유충은 일부 폐 증상을 일으킬 수 있다. 극단적으로 많은 수가 발생하면 창자, 담관, 또는 췌장관을 막을 수 있다. 회충은 대개 심한 증상을 일으키지 않지만 그들의 존재는 비참한 방식으로 드러날 수 있다. 회충 감염의 가장 극적인 결과는 성충의 이동에서 나타난다. 기생충은 배꼽을 통해 어린아이의 몸에서 나오고 잠자는 사람의 콧구멍을 통해 탈출하는 것으로 알려져 있다. 대변에서 현미경으로 알을 검사하는 것이 진단에 사용된다. 일단 회충증으로 진단되면 메벤다졸 또는 알벤다졸로 효과적으로 치료할 수 있다.

편충(*Trichuris trichiura*)

편충증(trichuriasis)으로 알려진 편충의 침입은 세계의 열대 지역, 특히 아시아에 널리 퍼져 있다. 편충이란 선충의 이름은[그리스어로 트리코스(*trichos*)는 털, 그리고 오우라(*oura*)는 꼬리란 뜻] 이들의 모양에서 유래하였다. 편충의 길이는 30~50 mm이다. 본체는 가늘고 털 같지만 뒤쪽 끝이 갑자기 두꺼워져 손잡이가 있는 감겨진 채찍과 유사하기 때문에 이들의 일반적인 이름이 **편충**(whipworm)인 것이다. 미국에서 편충의 분포와 출현은 회충과 유사하다. 현미경으로 대변 시료를 검사하는 의료 기사들은 가끔 편충의 독특한 알을 목격하게 되는데(**그림 25.25**), 촌충 알은 미국 전역에 걸쳐 약 1% 남짓의 인구에 존재한다. 남동부 주에서 어린이는 오염된 토양에서 감염성의 알을 얻는데, 이 지역에서 어린이에게 편충의 출현율은 약 20%이다.

섭취된 알은 부화하여 장선[장액을 분비하는 세포들로 나열된 깊은 틈인 리베르퀸선(crypts of Lieberkühn)]으로 들어간다. 이곳에서 편충은 자라 느리게 내부 장 표면으로 다시 파고들어가기 시작한다. 결국 편충은 몸의 뒤쪽 끝은 장의 속공간으로 뻗어 있고 머리카락 같은 앞부분은 점막에 묻힌 채로 남아 있게 된다. 편충은 이곳에서 조직 기생충으로 몇 년을 살며 세포 내용물과 혈액을 먹고 산다. 약 100마리 이하의 적은 기생충에 의한 가벼운 감염은 보통 알지 못하고 지나가지만 아주 심한 체내 침입은 복통과 설사를 일으킬 수 있다. 편충증은 또한 빈혈과 영양 부족을 초래할 수 있으며 결과적으로 상당한 체중 감소와 성장 지연을 일으킨다. 대부분의 사례는 의학적 처치가 필요하지 않지만 치료는 메벤다졸 또는 알벤다졸로 한다.

임상 사례 해결

애나는 동일한 대장균 종을 가진 세 가지 다른 동물들과 접촉했기 때문에 동물원에서 접촉했던 동물들에게서 확실히 감염된 것 같다. 동물을 만질 수 있는 동물원과 연관된 STEC O157은 직접적인 동물 접촉(만지거나 먹이를 주는 것), 간접적 접촉(톱밥을 만지거나 털을 깍는 등), 오염된 옷, 신발, 유모차 또는 다른 접촉 매개물에 노출되는 것과 연관이 있다.

동물을 만질 수 있는 동물원의 방문은 인기 있는 여가 활동이며 또한 어린이 교육에도 중요한 부분이 되었다. 많은 수의 방문자에 비해 매년 상대적으로 적은 수의 인간감염 사례가 나타나는 것을 보면 이러한 동물원 방문자들이 가축 또는 농장 환경으로부터 STEC O157에 감염될 위험은 작은 것 같다. 양과 염소와 같은 다른 반추동물과 소는 STEC O157의 중요한 자연 전염원이다. 이 동물들은 보통 임상 증상을 나타내지 않고 발산은 간헐적이고 일시적인 것으로 보이기 때문에 STEC O157을 보유하는 동물을 차단하려고 노력하는 것은 효과적이지 않다. STEC O157이 소에 자리를 잡는 데 걸리는 기간은 일반적으로 두 달 또는 그 이하이다. CDC는 동물 공원이 적절하게 손을 씻을 수 있는 장소와 동물이 있는 지역을 떠난 후에는 손을 씻으라고 방문자에게 알려주는 안내판을 설치하라고 추천한다. 애나는 충분한 액체를 섭취하고 5일 후에 회복되었다.

712 723 727 734 **742**

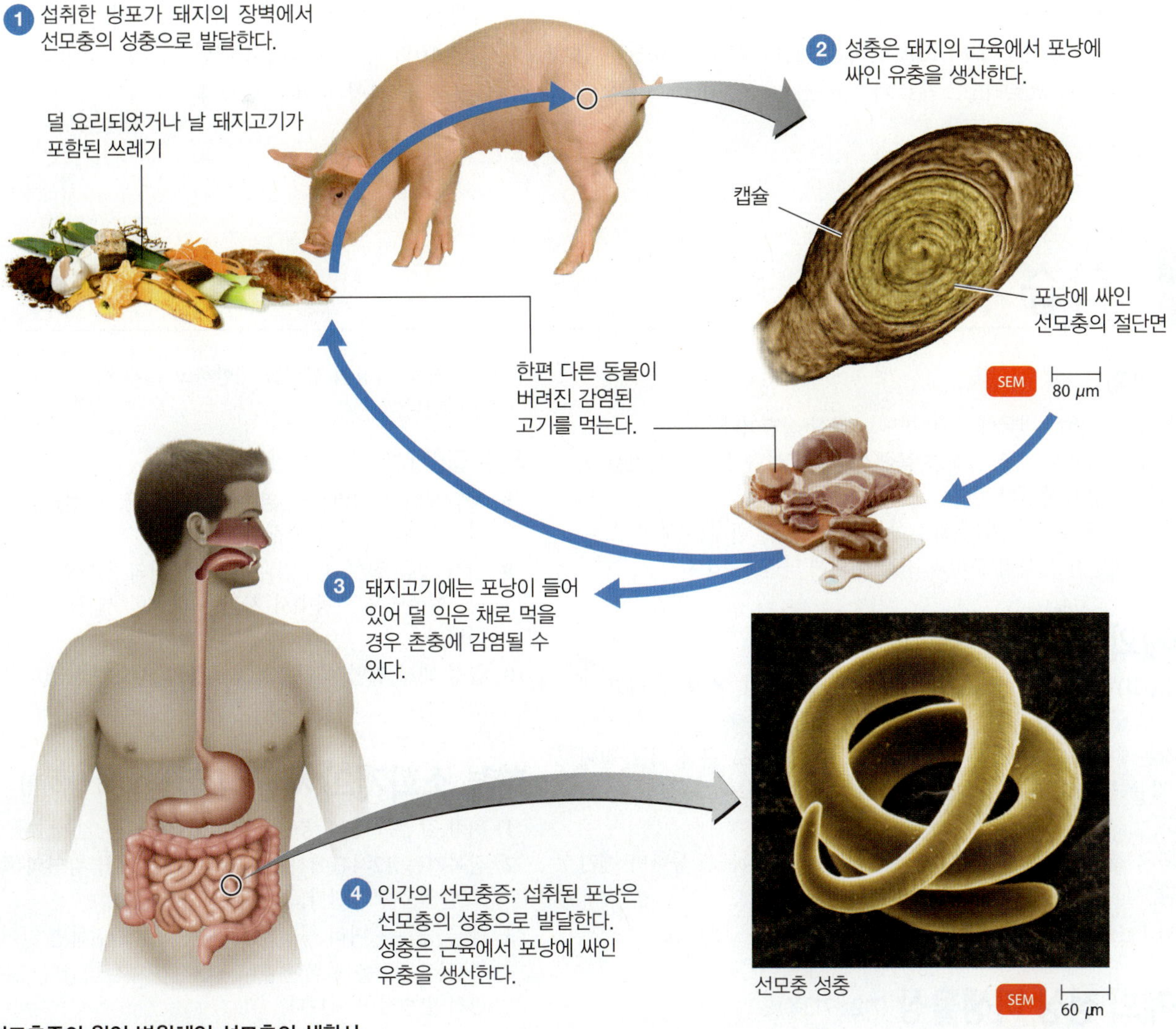

1 섭취한 낭포가 돼지의 장벽에서 선모충의 성충으로 발달한다.

덜 요리되었거나 날 돼지고기가 포함된 쓰레기

2 성충은 돼지의 근육에서 포낭에 싸인 유충을 생산한다.

캡슐

포낭에 싸인 선모충의 절단면

SEM 80 μm

한편 다른 동물이 버려진 감염된 고기를 먹는다.

3 돼지고기에는 포낭이 들어 있어 덜 익은 채로 먹을 경우 촌충에 감염될 수 있다.

4 인간의 선모충증; 섭취된 포낭은 선모충의 성충으로 발달한다. 성충은 근육에서 포낭에 싸인 유충을 생산한다.

선모충 성충

SEM 60 μm

그림 25.26 선모충증의 원인 병원체인 선모충의 생활사

 선모충 감염의 가장 흔한 운반체는 무엇인가?

선모충증

작은 회충인 선모충(*Trichinella spiralis*)에 의한 감염인 **선모충증** [**trichinellosis**(이전에는 trichinosis로 불렀음)]의 대부분은 대수롭지 않다. 포낭에 싸인 형태인 유충은 숙주의 근육에 위치한다. 1970년에, 인간의 횡격막 근육의 일상적인 부검 결과, 검사한 시체의 약 4% 정도가 이 기생충을 가진 것으로 나타났다.

이 병의 심각성은 보통 감염된 유충의 수에 비례한다. 덜 익은 돼지고기를 먹는 것이 아마도 가장 흔한 감염 방식이지만(그림 25.26), 쓰레기를 먹는 동물(예를 들면 곰 같은)의 고기를 먹는 것도 이 병의 출현이 증가하는 한 원인이다. 몇 건 되지 않는 선모충증의 인간 사례는 미국에서 감염된 말고기를 사용하는 프랑스 식당에서 발생하였다. 간혹 심각한 사례는 단 며칠 안에 치명적이 될 수 있다.

모든 간 고기는 앞서 감염된 고기를 가는 데 사용한 기계로부터 오염될 수 있다. 익히지 않은 소시지나 햄버거를 먹는 것은 위험한 습관이다. 한 사람은 감염된 돼지를 다룬 후 손톱을 씹었다가 선모충증에 걸렸다. 장기간 동안 돼지고기를 냉동하면(예를 들면, −23°C에서 10일 동안) 선모충이 죽는다. 그러나 사냥감에서 발견되는 트리키넬라 나티바(*Trichinella nativa*)와 같은 일부 종은 냉동을 해도 죽지 않는다.

돼지와 같은 중간 숙주의 근육에서 선모충의 유충은 길이가 약 1 mm인 작은 기생충의 형태로 포낭에 싸여 있다. 인간이 감염된 동물의 고기를 섭취할 때 창자의 소화 활동으로 낭포 벽이 제거된다. 그 다음 생물체는 성충으로 성숙해진다. 성충은 장 점막에서 단 약 1주일을 보낸 후 조직을 침입하는 유충을 생산한다. 결국 포낭에 싸인 유충은 조직검사 시료에서는 거의 볼 수 없는 곳인 근육(흔한 위치는 횡격막과 눈 근육 등이다.)에 자리잡는다.

선모충증의 증상에는 발열과 눈 주위의 부기, 위장의 불편함 등이 있다. 손톱 아래에 작은 출혈이 종종 관찰된다. 다수의 혈청학적 검사뿐만 아니라 조직검사를 진단에 사용할 수 있다. 고기에서 기생충을 검출하는 혈청학적 ELISA 검사가 개발되었다. 치료법은 염증을 줄이기 위한 코르티코스테로이드(corticosteroids)와 장에 있는 기생충을 죽이는 알벤다졸 또는 메벤다졸을 복용하는 것이다.

지난 10년 동안 미국에서 매년 보고된 사례의 수는 16~129건으로 다양하다. 사망은 아주 드물다.

학습 개요

서론 (711쪽)

1. 소화계의 질병은 미국에서 두 번째로 흔한 질병이다.
2. 소화계의 질병은 보통 음식과 물에서 미생물이나 그들의 독소를 섭취하게 되면 발생한다.
3. 전염의 대변-구강 주기는 하수의 적절한 처리, 마시는 물의 소독, 그리고 적절한 음식의 조리와 저장에 의해 막을 수 있다.

소화계의 구조와 기능 (712쪽)

1. 위장(GI)관 또는 소화 경로는 입, 인두, 식도, 위, 소장, 그리고 대장으로 구성된다.
2. 위장관에서 보조 구조의 기계적, 화학적 도움으로 큰 음식 물질이 더 작은 물질로 쪼개져서 혈액과 림프에 의해 세포로 운반될 수 있다.
3. 소화의 결과로 만들어지는 고형물질인 대변은 항문을 통하여 제거된다.
4. GALT는 면역계의 일부분이다.

소화계의 정상 미생물상 (712~713쪽)

1. 많은 수의 세균이 입에 살고 있다.
2. 위와 소장에 거주하는 미생물은 거의 없다.
3. 대장에 있는 세균은 음식을 분해하고 비타민을 합성하는 데 도움을 준다.
4. 대변 질량의 40% 정도가 미생물 세포들이다.

입의 세균성 질병 (713~716쪽)

충치(치아 부식) (713~715쪽)

1. 충치는 치아의 에나멜과 상아질이 부식되고 펄프가 세균 감염에 노출될 때 시작된다.
2. 입에서 발견되는 스트렙토코커스 뮤탄스는 과당으로부터 젖산을 포도당으로부터 덱스트란을 생성하기 위해 설탕을 이용한다.
3. 세균은 끈적한 덱스트란에 의해 치아에 부착하고 치석을 형성한다.
4. 탄수화물 발효 동안에 생산되는 산은 치석이 생기는 위치의 치아 에나멜을 파괴한다.
5. 그람양성 간균과 사상형 세균은 상아질과 펄프를 침투할 수 있다.
6. 전분, 만니톨, 소르비톨, 그리고 자일리톨 같은 탄수화물은 덱스트란을 생산하는 우식성 세균에 의해 이용되지 않고 충치도 진행시키지 않는다.
7. 우식증은 자당의 섭취를 제한하고 물리적으로 치석을 제거함으로써 예방한다.

치주 질환 (715~716쪽)

8. 백악질의 충치와 치은염은 연쇄상구균, 방선균, 그리고 혐기성 그람음성세균에 의해 발생한다.
9. 만성 잇몸 질환(치주염)은 뼈의 파괴와 치아의 손실을 일으킬 수 있다. 치주염은 잇몸에서 자라는 다양한 세균의 염증반응에 의해 일어난다.
10. 급성 괴사 궤양성 치은염은 종종 프리보텔라 인터미디아에 의해 발생한다.

하부 소화계의 세균성 질병 (716~727쪽)

1. 위장 감염은 장에 병원체가 성장함으로써 일어난다.
2. 잠복기는 12시간에서 2주 범위에 이른다. 감염의 증상은 일반적으로 발열을 포함한다.
3. 세균 중독은 미리 형성된 세균 독소를 섭취하면 일어난다.
4. 증상은 독소를 섭취한 후 1~48시간에 나타난다. 발열은 중독의 일반적인 증상이 아니다.
5. 감염과 중독은 설사, 이질, 또는 위장염을 일으킨다.
6. 이러한 상태는 보통 체액과 전해질을 보충하여 치료를 한다.

포도상구균 식중독(포도상구균 장중독) (717~718쪽)

7. 포도상구균 식중독은 부적절하게 보관된 음식물에서 생성된 장독소의 섭취에 의해 발생한다.
8. 황색포도상구균은 조리 도중에 음식 속으로 들어간다. 세균은 성장하여 실온에서 보관한 음식에서 장독소를 생산한다.
9. 30분 동안 끓이는 것은 외독소를 변성시키는 데 충분하지 않다.
10. 삼투압이 높은 음식과 먹기 전에 바로 만들어지지 않은 음식들은 포도상구균 내독소의 가장 일반적인 감염원이다.
11. 음식으로부터 분리한 황색포도상구균을 실험실에서 확인하는 것은 오염원을 추적하는 데 이용된다.

시겔라증(세균성 이질) (718~719쪽)

12. 이질은 네 종의 시겔라 중 어느 종에 의해서도 일어난다.
13. 증상은 대변에 피와 점액이 섞여 나오고, 복부 경련, 그리고 발열을 포함한다. 시겔라 디센테리에에 감염되면 장 점막에 궤양이 발생한다.

살모넬라증(살모넬라 위장염) (719~720쪽)

14. 살모넬라증 또는 살모넬라 위장염은 여러 혈청형의 살모넬라 엔테

리카가 원인이다.

15. 증상은 메스꺼움, 복통, 그리고 설사를 포함하며 많은 수의 살모넬라를 섭취한 후 12~36시간에 시작한다. 패혈성 쇼크가 유아와 장년들에게서 일어날 수 있다.
16. 사망률은 1%보다 낮으며 회복되면 보균상태가 될 수 있다.
17. 음식을 조리하면 살모넬라는 보통 죽는다.

장티푸스 (720~722쪽)

18. 장티푸스균은 장티푸스를 일으킨다. 세균은 인간의 대변과 접촉하면 전파된다.
19. 발열과 불쾌감이 2주의 잠복기 후에 일어난다. 증상은 2~3주간 지속된다.
20. 장티푸스균은 보균자의 담낭에 자리잡는다.
21. 장티푸스는 퀴놀론과 세팔로스포린으로 치료하며 백신은 고위험자들을 위해 이용할 수 있다.

콜레라 (722~723쪽)

22. 콜레라균 O:1과 O:139는 장 점막의 투과성을 변화시키는 외독소를 생산하고 그 결과로 생기는 구토와 설사로 인해 체액이 손실된다.
23. 증상은 며칠간 지속되며 치료하지 않으면 사망률은 50%이다.

비콜레라성 비브리오 (723쪽)

24. 다른 콜레라균 혈청형의 섭취는 가벼운 설사를 일으킬 수 있다.
25. 비브리오 위장염은 장염비브리오균과 비브리오 벌니피커스에 의해 일어날 수 있다.
26. 이 질병들은 오염된 갑각류나 오염된 연체동물을 먹으면 걸리게 된다.

대장균 위장염 (723~724쪽)

27. 장독소성, 장침입성, 그리고 장집합성 대장균 종들은 설사를 일으킨다.
28. 대장균 O157:H7과 같은 장출혈성 대장균은 출혈성 장염과 용혈성 요독 증후군을 포함하는 직장의 염증과 출혈을 일으키는 시가 독소를 생산한다.
29. 여행자의 설사의 가장 일반적인 원인은 장독소성과 장집합성 대장균이다.

캠필로박터 위장염 (724~725쪽)

30. 캠필로박터는 미국에서 두 번째로 흔한 설사의 원인이다.
31. 캠필로박터는 소의 우유로 전파된다.

헬리코박터 위궤양 질병 (725~726쪽)

32. 헬리코박터 파이로리는 위산을 중화시키는 암모니아를 생산하며, 세균은 위 점막에 살면서 위궤양을 일으킨다.
33. 비스무트와 여러 항생제는 위궤양을 치료하는 데 사용될 수 있다.

예르시니아 위장염 (726쪽)

34. 예르시니아 엔테로콜리티카와 예르시니아 슈도투베르쿨로시스는 고기와 우유로 전파된다.
35. 예르시니아는 냉장 온도에서도 자랄 수 있다.

웰치균 위장염 (726쪽)

36. 웰치균은 스스로 치유되는 위장염을 일으킨다.
37. 내생포자는 열에 견디며 음식(주로 고기)을 실온에서 보관할 때 발아한다.
38. 세균이 장에서 성장할 때 생산하는 외독소가 증상을 일으킨다.
39. 진단은 대변 시료에서 세균을 분리하고 확인하는 것을 기본으로 한다.

클로스트리듐 디피실리 연관 설사 (726쪽)

40. 항생제 치료 뒤에 일어나는 클로스트리듐 디피실리의 성장은 가벼운 설사나 장염을 일으킬 수 있다.
41. 병은 주로 보건소와 보육원과 연관되어 있다.

바실루스 세레우스 위장염 (727쪽)

42. 토양 부생세균인 바실루스 세레우스에 오염된 음식을 섭취하면 설사, 메스꺼움, 그리고 구토를 일으킬 수 있다.

바이러스성 소화계 질병 (727~735쪽)

유행성 이하선염(볼거리) (727~729쪽)

1. 유행성 이하선염 바이러스는 호흡관을 통해 몸으로 들어간다.
2. 노출 후 약 16~18일에 바이러스는 귀밑샘에 염증, 발열, 그리고 삼킬 때 통증을 일으킨다. 약 4~7일 후에 고환염이 일어날 수 있다.
3. 증상이 발생한 후 바이러스는 혈액, 침, 그리고 소변에서 발견된다.
4. 홍역, 유행성 이하선염, 풍진(MMR) 백신을 이용할 수 있다.

간염 (729~734쪽)

5. 간의 염증을 간염이라 부른다. 증상은 식욕 상실, 불쾌감, 발열, 그리고 황달을 포함한다.
6. 간염의 바이러스 원인은 간염 바이러스, 엡스타인-바 바이러스(EBV), 그리고 거대세포바이러스(CMV)를 포함한다.
7. A형 간염 바이러스(HAV)는 A형 간염을 일으킨다. 모든 사례의 적어도 50%는 무증상이다.
8. B형 간염 바이러스(HBV)는 종종 위험한 B형 간염을 일으킨다.
9. C형 간염 바이러스(HCV)는 혈액을 통해 전파된다.
10. D형 간염 바이러스(HDV)는 환상의 RNA 가닥을 가지고 있으며 외피에 HBsAg를 사용한다.
11. E형 간염 바이러스(HEV)는 대변-구강 경로를 통해 전파된다.
12. F와 G 형 간염의 존재에 대한 증거가 있다.

바이러스성 위장염 (734~735쪽)

13. 바이러스성 위장염은 로타바이러스 또는 노로바이러스에 의해 가장 자주 발생한다.
14. 잠복기는 2~3일이고, 설사는 1주일간 지속된다.

진균성 소화계 질병 (735~736쪽)

1. 진균독소는 일부 진균에 의해 생산되는 독소이다.
2. 진균독소는 혈액, 신경계, 신장, 또는 간에 영향을 미친다.

맥각 중독 (735쪽)

3. 맥각 중독은 클라비셉스 펄푸레아가 생산하는 진균독소에 의해 일어난다.
4. 시리얼 곡물은 클라비셉스 진균독소에 가장 자주 오염되는 곡물이다.

아플라톡신 중독 (735~736쪽)

5. 아플라톡신은 아스페르길루스 플라버스에 의해 생산되는 진균독소이다.
6. 땅콩은 아플라톡신에 가장 자주 오염되는 곡물이다.

원생동물에 의한 소화계 질병 (736~738쪽)

편모충증 (736~737쪽)

1. 람블편모충은 인간과 야생 동물의 장에서 성장하며 오염된 물로 전파된다.
2. 편모충증의 증상은 권태감, 메스꺼움, 헛배 부름, 허약, 그리고 수주 동안 지속되는 복부 경련이다.

와포자충증 (737쪽)

3. 와포자충 종은 설사를 일으키며 면역반응이 억제된 환자에서 병은 여러 달 동안 지속된다.
4. 병원체는 오염된 물로 전파된다.

사이클로스포라 설사 감염 (737~738쪽)

5. 원포자충은 설사를 일으키며 이 원생동물은 1993년 처음 확인되었다.
6. 이것은 오염된 생산물에 의해 전파된다.

아메바성 이질(아메바증) (738쪽)

7. 아메바성 이질은 대장에서 성장하는 이질아메바에 의해 일어난다.
8. 아메바는 적혈구와 위장관 조직을 먹고 자란다. 심한 감염은 농양을 일으킨다.

기생충에 의한 소화계 질병 (738~744쪽)

촌충 (738~739쪽)

1. 촌충은 유충(낭미충)을 포함하는 익히지 않은 쇠고기, 돼지고기, 또는 포낭에 싸인 생선을 섭취함으로써 얻게 된다.
2. 촌충의 머리마디는 인간(최종 숙주)의 장 점막에 부착하여 성충 촌충으로 성숙한다.
3. 알은 대변으로 퍼지고 중간 숙주에 의해 섭취되어야만 한다.
4. 성충 촌충은 인간에서 진단이 안될 수 있다.
5. 인간의 신경유구낭미충증은 돼지 촌충 유충이 인간에서 포낭에 싸일 때 발생한다.

포충병 (739~741쪽)

6. 촌충인 단방조충에 감염된 인간은 그들의 폐나 다른 기관에 포충낭포를 가질 수 있다.
7. 개와 늑대가 보통 단방조충의 최종 숙주이고, 양 또는 사슴이 중간 숙주이다.

선충류 (741~744쪽)

8. 인간은 요충인 엔테로비우스 버미쿨라리스의 최종 숙주이다.
9. 십이지장충 유충은 피부를 뚫고 들어가 성충으로 성숙하기 위해 장으로 이동한다.
10. 회충의 성충은 인간의 장에 산다.
11. 섭취한 편충 알은 대장에서 부화한다. 유충은 장 내막에 부착하여 산다.
12. 선모충 유충이 인간과 다른 포유동물의 근육에서 포낭에 싸이면 선모충증이 발생한다.

학습 질문

복습과 객관식 문제에 대한 해답은 책 뒤에 있음.

복습 문제

1. 다음 표를 완성하시오.

질병	원인 병원체	전파 방법	증상	치료법
아플라톡신 중독				
와포자충증				
요충				
편충				

2. 다음 표를 완성하시오.

원인 병원체	의심가는 음식물	치료법	예방
장염비브리오균			
콜레라균			
대장균 O157			
캠필로박터 제주니			
예르시니아 엔테로콜리티카			
웰치균			
바실루스 세레우스			
황색포도상구균			
살모넬라 엔테리카			
시겔라 종			

3. 그려보기 다음 생물체들이 군체를 형성하는 위치를 확인하시오: 단방조충, 엔테로비우스 버미쿨라리스, 편모충, 헬리코박터 파이로리, B형 간염 바이러스, 유행성 이하선염 바이러스, 로타바이러스, 살모넬라, 시겔라, 스트렙토코커스 뮤탄스, 선모충, 편충.

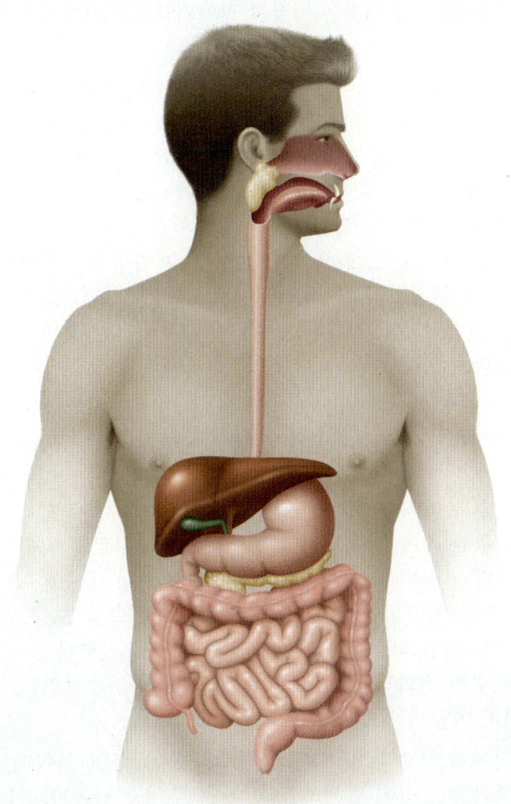

4. 대장균은 장의 정상 미생물 무리의 일부분으로 위장염을 일으킬 수 있다. 이러한 세균종이 왜 유익할 뿐만 아니라 해롭기도 한지 설명하시오.

5. 진균독소를 정의하라. 진균독소의 예를 하나 들어보시오.

6. 다음 질병들의 유사점과 차이점을 설명하라: 편모충증, 아메바성 이질, 사이클로스포라 설사 감염, 그리고 와포자충증.

7. 세균 중독과 감염에 대한 다음 요인들을 구별하시오: 필요 조건, 원인 병원체, 발병, 증상 기간, 그리고 치료법.

8. 다음 표를 완성하시오.

질병	원인 병원체	전파 방법	감염 부위	증상	예방
유행성 이하선염					
A형 간염					
B형 간염					
바이러스성 위장염					

9. 인간 촌충과 선모충증에 대한 생활사 그림을 보라. 이러한 병을 예방하기 위해 쉽게 끊을 수 있는 생활사의 단계를 표시해 보시오.

10. 이름 답하기 이러한 편모를 가진 생물체의 낭포는 물에서 생존한다. 섭취하면 영양체가 장에서 자라 설사를 일으킨다.

객관식 문제

1. 다음 중 여가의(예를 들면 수영 같은) 물놀이 활동에 의해서 전염될 수 있는 질병이 아닌 것은?
   a. 아메바성 이질
   b. 콜레라
   c. 편모충증
   d. B형 간염
   e. 살모넬라증

2. 식사 후 5시간 안에 메스꺼움, 구토, 그리고 설사를 일으키는 환자에게 가장 적합한 병명은?
   a. 시겔라증
   b. 콜레라
   c. 대장균 위장염
   d. 살모넬라증
   e. 포도상구균 식중독

3. 대변 시료에서 대장균이 분리되었다면 이 환자의 진단은
   a. 콜레라.
   b. 대장균 위장염.
   c. 살모넬라증.
   d. 장티푸스.
   e. 정답 없음.

4. 위궤양의 원인은?
   a. 위산
   b. 헬리코박터 파이로리
   c. 매운 음식
   d. 산성 음식
   e. 스트레스

5. 환자의 대변 배양체를 현미경으로 검사했을 때 콤마-모양의 세균이 보였다. 이 세균의 성장에는 2~4%의 소금(NaCl)이 필요하다. 이 세균은 어떤 속의 세균일 가능성이 있는가?
   a. 캠필로박터
   b. 에스케리시아(*Escherichia*)
   c. 살모넬라
   d. 시겔라
   e. 비브리오

6. 페루에서 발생한 콜레라 전염병은 다음의 특징 모두를 가지고 있다. 이들 중 가장 우선하는 것은?
   a. 생선을 날로 먹는 것
   b. 물의 하수 오염
   c. 오염된 물에서 물고기 잡기
   d. 생선 내장에 있는 비브리오
   e. 생선 내장을 함께 먹는 것

7~10번 문제의 답을 다음 중에서 선택하시오.
   a. 캠필로박터
   b. 크립토스포리디움
   c. 에스케리시아
   d. 살모넬라
   e. 트리키넬라

7. 확인은 대변에서 접합자낭을 관찰하는 것을 기본으로 한다.

8. 이러한 미생물에 의해 일어나는 특징적인 질병 증상은 눈 주위가 붓는 것이다.

9. 대변 시료의 현미경 관찰은 그람음성의 나선형 세포가 나타났다.

10. 이 미생물은 익히지 않는 알에 의해 종종 인간으로 전파된다.

비판적 사고

1. 선모충증의 인간 감염이 왜 기생충의 종점으로 간주되는가?
2. 다음 표를 완성하시오.

질병	미생물의 성장에 필요한 조건들	진단의 근거	예방
포도상구균 식중독			
살모넬라증			
클로스트리듐 디피실리 설사			

3. A열의 식품과 가장 오염이 잘 일어날 것 같은 미생물(B열)을 바르게 연결하시오.

A열	B열
________ a. 쇠고기	1. 비브리오
________ b. 조제식품 고기	2. 캠필로박터
________ c. 닭고기	3. 대장균 O157:H7
________ d. 우유	4. 리스테리아
________ e. 굴	5. 살모넬라
________ f. 돼지고기	6. 트리키넬라

각 미생물은 어떤 질병을 일으키는가? 이러한 질병은 어떻게 예방할 수 있는가?

4. 수영장이나 호수에서는 어떤 위장관 질병을 얻을 수 있는가? 이러한 질병은 왜 바다에서 수영하는 동안에는 감염될 것 같지 않은가?

임상 응용

1. 4월 26일 뉴욕에서 환자 A가 이틀간의 설사증세로 입원하였다. 한 조사에 따르면 환자 B에게 4월 22일 물설사가 일어났다. 4월 24일 다른 세 명(환자 C, D, 그리고 E)에게 설사증세가 생겼다. 이 세 사람 모두의 비브리오 사멸 항체 역가는 ≥ 640이었다. 4월 20일 에콰도르에서 환자 B는 껍질이 있는 삶은 게를 샀다. 그는 게살을 다른 두 사람(F와 G)과 나누어 먹었고 남은 게는 봉투에 넣어 얼렸다. 환자 B는 그의 여행가방에 게살을 담은 봉투를 넣고 4월 21일 뉴욕으로 돌아왔다. 그 봉투는 냉동고에 집어 넣고 밤새 보관했으며 4월 22일 꺼내 이중 찜통에서 20분 동안 해동하였다. 게살은 2시간 후 게살 샐러드에 사용하였다. 게살은 6시간의 기간 동안에 A, C, D, 그리고 E가 먹었다. F와 G 두 사람은 병에 걸리지 않았다. 이 병의 원인은 무엇인가? 이것은 어떻게 전파되었으며 어떻게 예방할 수 있는가?
2. 4월 2일 학생과 직원이 2130명인 한 공립학교에서 설사병이 생겼다. 학교식당은 그 날 닭고기를 제공하였다. 4월 1일 닭고기 일부를 물을 채운 냄비에 넣고 177°C로 맞춰 놓은 오븐에서 2시간 동안 요리했다. 오븐이 꺼지고 닭고기는 따뜻한 오븐에 밤새 남겨져 있었다. 나머지 닭고기는 찜 요리기에서 2시간 동안 요리된 후 이 요리기의 가장 낮은 온도에서(43°C) 밤새 보관하였다. 32명의 환자에게서 두 가지 혈청형의 그람음성, 시토크롬 산화효소-음성, 유당-음성 간균이 분리되었다. 병원체는 무엇인가? 이러한 병의 발생은 어떻게 예방할 수 있는가?
3. 31세 남자가 아이다호(Idaho)의 한 휴가 휴양지에 도착한 지 4일 후에 열병이 생겼다. 휴양지에 머무는 동안 그는 휴양지와는 관련이 없는 식당 두 곳에서 식사를 했다. 휴양지에서는 그는 얼음을 넣은 음료수를 마시고 온수 욕조를 사용했으며 낚시를 했다. 휴양지는 3년 전에 판 우물을 사용하고 있었다. 그는 구토와 피를 포함한 설사가 나자 병원을 찾았다. 그람음성, 유당-음성 세균이 이 남자의 대변으로부터 배양되었다. 환자는 정맥으로 체액을 보충 받은 후 회복되었다. 어떤 미생물이 가장 이러한 증상을 일으킬 것 같은가? 이 병은 어떻게 전파되는가? 그의 감염의 가장 가능성이 있는 출처는 무엇이며 어떻게 이것을 증명하겠는가?
4. 한 식당에서 추수감사절 저녁을 먹은 후 3~5일 사이에, 112명에게 발열과 위장염이 발생하였다. 개를 주려고 남은 음식을 넣은 다섯 봉투를 제외하고 모든 음식은 다 소비되었다. 봉지 안의 섞인 내용물(구운 칠면조, 내장 육즙으로 만든 그래비 소스, 그리고 으깬 감자 요리를 포함)의 세균 분석은 환자에게서 분리한 것과 같은 세균이 확인되었다. 그래비 소스는 조리에 앞서 3일 동안 냉장고에 보관한 43마리 칠면조의 내장으로 만들어졌다. 익히지 않은 내장은 믹서기로 갈아 걸쭉해진 뜨거운 육즙 혼합물에 집어넣었다. 그래비 소스는 다시 끓이지 않고 추수감사절까지 실온에서 보관하였다. 이 병의 출처는 무엇인가? 가장 가능성 있는 병의 원인체는 무엇인가? 이것은 감염인가 아니면 중독인가?

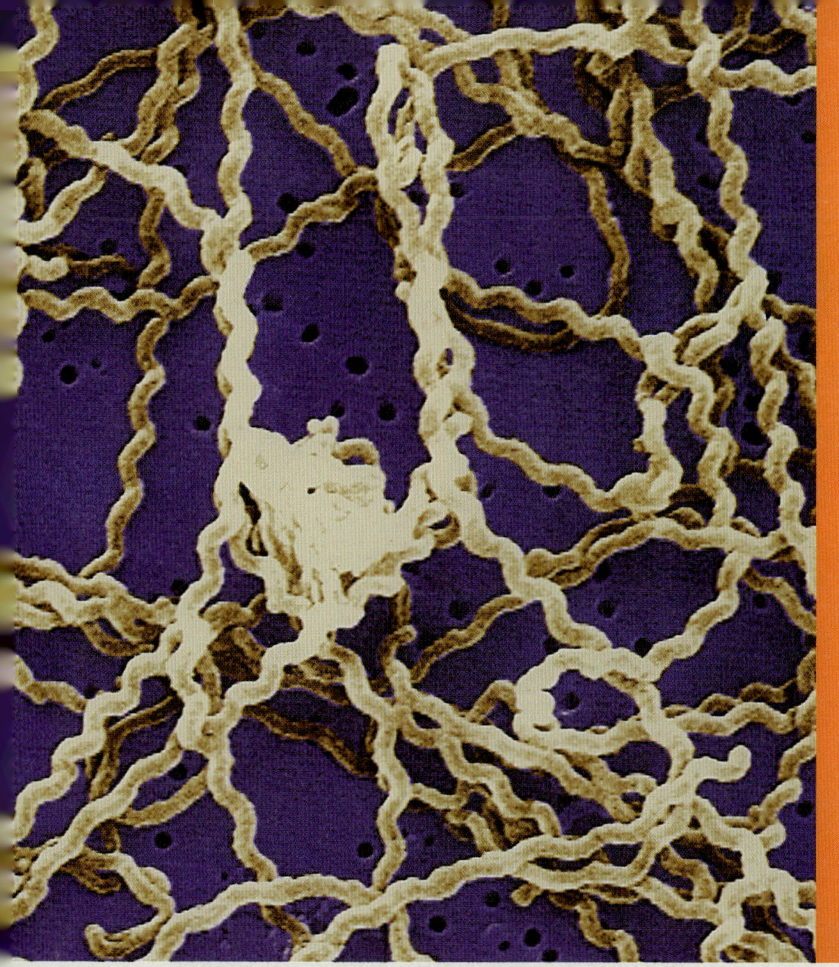

26

미생물에 의한 비뇨생식계 질병

비뇨기계는 혈액의 화학적 구성과 양을 조절하는 기관으로 이루어져 있으며 결과적으로 주로 질소성분의 노폐물과 물을 배출한다. 외부 환경으로 열린 출구를 제공하기 때문에 비뇨기계는 외부 접촉에 의한 감염이 일어나기 쉽다. 비뇨기계를 싸고 있는 점막은 습기가 있어 피부와 비교해 보면, 세균 성장에 더 도움이 된다. 사진에서 보여주는 세균인 렙토스피라 인테로간스(*Leptospira interrogans*)는 신장을 감염하지만[렙토스피라병(leptospirosis)], 코나 입의 점막이나 상처를 통해 침입한다. 렙토스피라병은 이번 장의 임상 사례의 주제이다.

생식계(reproductive system)는 비뇨기계의 여러 기관과 중복된다. 그 기능은 종을 번식하기 위해 생식세포를 생산하고, 여성에서는 발달하는 배아와 태아를 보조하고 영양분을 공급하는 것이다. 비뇨기계와 같은 양상으로 생식계도 외부 환경으로 열린 출구를 가지고 있기 때문에 감염이 일어나기 쉽다. 은밀한 성적 접촉은 개인 간의 미생물 병원체의 교환을 촉진할 수 있기 때문에 더욱 그렇다. 그러므로 특정 병원체가 이러한 환경과 성적 취향에 적응하여 전파되는 것은 놀라운 일이 아니다. 보통 이들은 더 힘든 환경에서 생존할 수 있는 능력을 상실하는 대가로 이렇게 할 수 있게 되었다.

비뇨기계의 구조와 기능

학습 목표

26-1 비뇨기계의 항미생물 특성에 대해 열거한다.

비뇨기계(urinary system)는 두 개의 신장(kidney)과 두 개의 요관(ureter) 및 하나의 방광(urinary bladder), 하나의 요도(urethra)로 구성되어 있다(**그림 26.1**). 합쳐서 소변이라 부르는 특정한 노폐물은 혈액이 신장을 통하여 순환하면서 혈액에서 제거된 것이다. 소변은 요관을 거쳐 방광으로 지나가는데 이곳은 소변이 요도를 통해 몸 밖으로 배출되기에 앞서 저장되는 곳이다. 여성의 경우 요도는 소변만을 외부로 운반하지만, 남성에서 소변과 정액 둘 다를 운반한다.

요관이 방광에 연결되는 곳에는 물리적인 밸브가 있어 소변이 신장으로 역류하는 것을 막아준다. 이러한 장치는 하부 비뇨기계 감염으로부터 신장을 보호하는 데 도움을 준다. 또한 정상적인 소변은 일부 항미생물성 특성을 가지고 있다. 배뇨시 소변의 세척 작용은 또한 실질적으로 전염성 미생물 제거에 기여한다.

이해도 확인하기

✔ 소변의 pH는 대부분의 세균의 성장을 가능하게 하는가? **26-1**

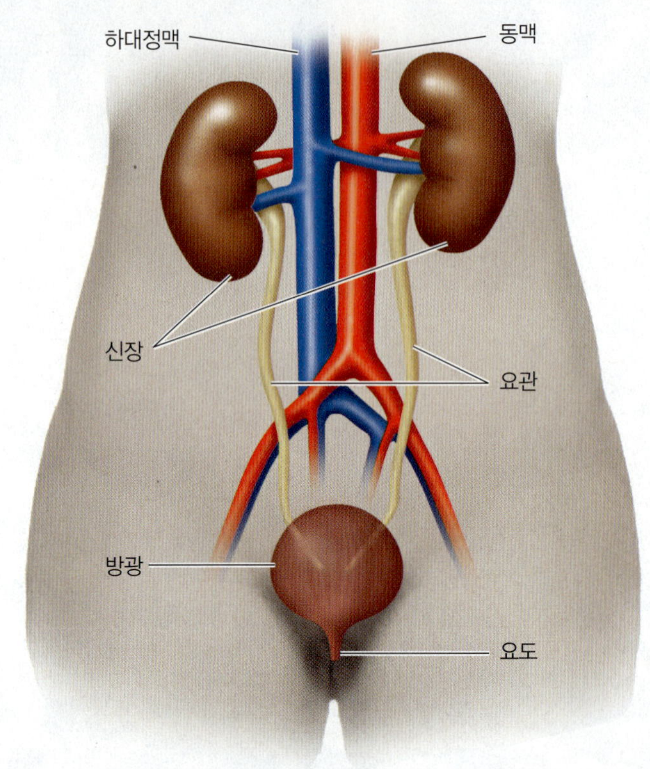

그림 26.1 **인간 비뇨기계의 기관, 여기서는 여성의 기관을 보여준다**

Q 비뇨기계의 어떤 특징들이 미생물이 자리잡는 것을 막아주는데 도움을 주는가?

임상 사례: 강을 거슬러 올라가는 수영

25세의 직업 자유형 카약선수인 마리셀 퀴무욕(Maricel Quimuyog)이 그녀의 다음 카약 경기를 위한 훈련에 어려움을 겪고 있었다. 마리셀은 정상적으로 야외 훈련을 즐기고 좋은 체격을 가지고 있었지만 몸이 좋지 않은 것을 느꼈다. 두통과 발열, 근육통 등이 생기자 처음에는 단순한 독감이라고 생각하고 마리셀은 대수롭지 않게 생각하려 했다. 그러나 피부와 눈의 흰자위에 황달 증세가 나타나기 시작하고 숨쉬기가 힘들어지게 되자 마리셀은 걱정이 되어 담당 내과의를 찾아갔다. 체력 검사에서 마리셀은 민첩했고 그녀의 폐는 깨끗했다. 그녀의 의사는 혈구 수 검사와 배양을 위해 혈액과 소변 시료를 지역 실험실에 보냈고, 검사 결과 혈구 수는 9500 백혈구/mm^3 (88% 호중성 백혈구와 10% 림프구, 2% 단핵구)이었다. 그러나 마리셀의 24시간 소변량은 정상치의 거의 두 배였다. 마리셀의 주치의는 소변에서 나트륨과 마그네슘이 감소하였고 탈수 증세가 있어 걱정하였다.

마리셀의 증상을 일으키는 것은 무엇인가? 알아보자.

750 754 756 763

생식계의 구조와 기능

학습 목표

26-2 여성과 남성 생식계로 미생물이 침입하는 경로를 알아본다.

여성 생식계(female reproductive system)는 두 개의 난소, 두 개의 자궁[나팔(fallopian)]관, 경부를 포함하는 자궁(uterus), 질(cervix), 그리고 외부 생식기(external genitals)로 이루어져 있다(**그림 26.2**). 난소는 여성 호르몬과 난자(알)를 생산한다. 난자가 배란 과정 동안에 방출되면, 살아 있는 정자가 존재할 때 수정이 일어나는 곳인 자궁관으로 들어간다. 수정된 난자[접합자(zygote)]는 관 아래로 내려가 자궁으로 들어간다. 이것은 자궁의 내벽에 착상하고 이곳에 머물면서 배아와 나중에 태아로 발달한다. 외부 생식기(외음부)는 음핵과 음순, 성교하는 동안 윤활성의 분비물을 생산하는 분비샘으로 이루어진다.

남성 생식계(male reproductive system)는 두 개의 정소(testis), 일련의 관(duct)들, 부속샘(accessory gland), 그리고 음경(penis)으로 구성되어 있다(**그림 26.3**). 정소는 남성 호르몬과 정자를 생산한다. 몸에서 방출되기 위해 정자세포는 일련의 관들: 부정

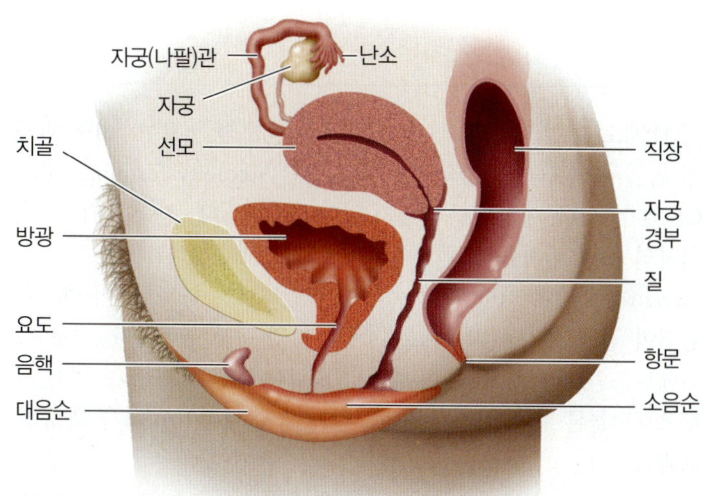

(a) 생식 기관을 보여주는 여성의 골반 옆 단면도

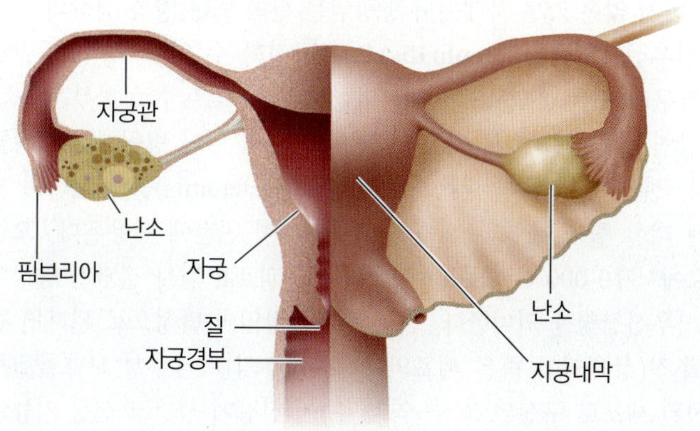

(b) 왼쪽 자궁관과 난소의 단면 그림을 포함하는 여성 생식 기관의 정면도. 핌브리아는 난자가 자궁관으로 이동하기 위한 액체 운동을 생성하기 위해 움직인다.

그림 26.2 여성 생식 기관들

 여성 생식계에서 발견되는 정상 미생물무리는 어디에 있는가?

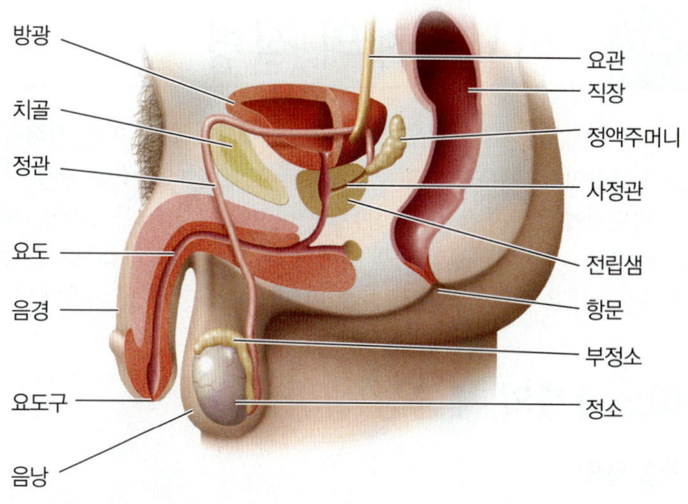

남성 골반의 옆 단면

그림 26.3 남성의 생식과 비뇨기 기관들. 남성 골반의 옆 단면.

 어떤 인자들이 남성 비뇨기와 생식계를 감염으로부터 보호하는가?

소(epididymis), 정관[ductus(vas) deferens], 사정관(ejaculatory duct)과 요도를 통과한다.

이해도 확인하기

✔ 그림 26.2를 보시오. 여성 생식계(자궁 등)로 들어가는 미생물은 반드시 방광에도 들어가서 방광염(cystitis)을 일으키는가? **26-2**

비뇨계와 생식계의 정상 미생물상

학습 목표

26-3 상부 비뇨기관과 남성 요도, 여성의 요도 및 질의 정상 미생물상을 설명한다.

보통 오줌은 무균이지만 요도를 거치면서 요도 끝에 있는 피부의 미생물상에 의해 오염될 수 있다. 따라서 방광에서 직접 모은 오줌은 배출된 오줌에 비해 미생물 오염이 거의 없다.

여성의 질에 가장 많은 세균은 젖산간균(lactobacilli)이다. 이 세균은 젖산을 생산하여 대부분의 다른 미생물의 성장을 저해하고 질의 산도를 산성 pH(3.8~4.5)로 유지한다. 대부분의 질 젖산간균은 또한 다른 세균의 성장을 억제하는 과산화수소수(hydrogen peroxide)를 생산한다. 에스트로겐(estrogen, 성 호르몬)은 질의 상피세포에 의한 글리코겐(glycogen)의 생산을 향상시킴으로써 젖산간균의 성장을 증진시킨다. 글리코겐은 포도당으로 빠르게 분해되는데, 이를 젖산간균이 젖산으로 대사하게 된다.

연쇄상구균과 여러 산소비요구성 세균, 일부 그람음성세균 등과 같은 다른 세균도 질에서 발견된다. 효모와 유사한 진균인 칸디다 알비칸스(*Candida albicans*)는(765~766쪽 참조) 심지어 증상을 나타내지 않을 때에도 10~25%의 여성에서 정상 미생물상의 일부를 차지한다.

임신과 폐경기는 보통 높은 비율의 비뇨기관 감염과 연관되어 있다. 그 이유는 낮은 에스트로겐 수준으로 인해 젖산간균의 개체수가 줄어들고 그 결과 질의 산도가 떨어지기 때문이다.

남성의 요도는 외부 입구 근처에 약간의 미생물이 오염된 것을 제외하고는 일반적으로 무균이다.

이해도 확인하기

✔ 에스트로겐과 질의 미생물상 사이에는 어떤 연관성이 있는가? **26-3**

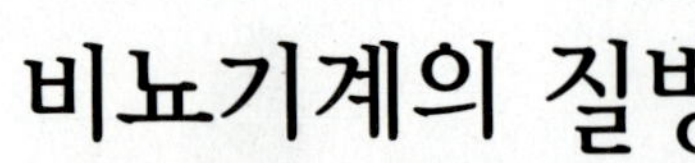

비뇨기계의 질병

비뇨기계는 보통 거의 미생물이 없지만, 상당히 골치 아픈 기회감염의 대상이다. 때때로 주혈흡충 기생충과 원생동물, 진균 등과 같은 병원체에 의한 감염이 일어나기는 하지만, 거의 모든 감염은 세균에 의한 것이다. 아울러 이번 장에서 다루게 될 성적 접촉으로 감염되는 질병은 주로 생식계는 물론 비뇨기계에도 영향을 미친다.

비뇨기계의 세균성 질병

학습 목표

26-4 비뇨기계와 생식계 감염의 전염 방식을 설명한다.

26-5 방광염과 신우신장염, 렙토스피라병을 일으키는 미생물을 나열하고 이들 질병에 걸리기 쉽게 만드는 요인들을 열거한다.

비뇨기계 감염은 가장 빈번하게 요도의 염증 또는 **요도염**(urethritis)으로 시작된다. 방광의 감염을 **방광염**이라 부른다. 하부 비뇨기관 감염으로 발생하는 가장 심각한 위험은 병원균이 요관 쪽으로 이동하여 신장에 영향을 미쳐 **신우신장염**을 일으키는 것이다. 경우에 따라 신장은 **렙토스피라병**과 같은 전신성 세균질병에 걸리게 된다. 이러한 질병을 일으키는 병원체는 배설된 오줌에서 발견된다.

비뇨기계의 세균성 질병은 외부 출처에서 들어온 미생물에 의해 주로 일어난다. 미국에서는 매년 약 700만 건의 비뇨기관 감염이 발생한다. 약 90만 건의 사례가 병원 내 감염에 의해 일어나며 아마도 이들의 90%가 비뇨기 도관(catheter)과 연관이 있다. 항문이 비뇨기 출구 근처에 있기 때문에 장내 세균이 비뇨기관 감염의 대부분을 차지한다. 비뇨기관의 대부분의 감염은 대장균(*Escherichia coli*)이 원인이다. 항생제에 대한 자연 내성 때문에 슈도모나스(*Pseudomonas*)에 의한 감염이 특히 문제가 된다.

비뇨기계의 질병은 질병 초점 26.1에 요약하였다.

방광염

방광염(cystitis)은 여성의 방광에 흔히 발생하는 염증이다. 보통 배뇨장애(배뇨가 급하고, 힘들고, 통증이 있음)와 **고름뇨**(pyuria)가 증상으로 나타난다.

여성 요도의 길이는 2인치가 채 안되기 때문에 미생물이 쉽게 이곳을 통과한다. 또한 남성 요도보다 항문에 더 가깝기 때문에 장내 세균의 감염에도 더 취약하다. 여성의 비뇨기관 감염 비율이 남성의 경우보다 8배나 높다는 사실이 이러한 점들을 반영한다. 성별에 상관 없이 대부분의 사례는 대장균에 의한 감염 때문인데, 이 세균은 맥콩키 한천배지(MacConkey's agar)와 같은 분별배지에서 배양하면 확인할 수 있다. 또 다른 흔한 원인 세균은 응고효소-음성 스태필로코커스 사프로피티쿠스(*Staphylococcus saprophyticus*)이다.

대체로 여성 방광염 환자에서 채취한 오줌 시료 1 ml당 잠재적 병원체(대장균 같은)의 콜로니 형성단위(colony forming units, CFU)가 100개 이상이면 의미가 있다고 간주한다. 진단을 위해서는 환자의 소변 검사를 통해 백혈구 에스테르가수분해효소(*leukocyte esterase*, LE)에 대한 양성 여부가 확인되어야 하는데, 이 효소는 감염이 진행 중임을 나타내는 호중성 백혈구가 생산한다. 보통 트리메토프림-설파메토사졸이 방광염 치료에 빠른 효과를 보인다. 플루오로퀴놀론 항생제 또는 암피실린은 약제 내성이 생겼을 때 주로 효과적이다.

신우신장염

치료하지 않은 25% 사례에서 방광염은 한쪽 또는 양쪽 신장의 염증인 **신우신장염(pyelonephritis)**으로 발전할 수 있다. 증상은 발열과 옆구리 또는 등의 통증이다. 여성에게 이 병은 주로 하부 비뇨기관 감염의 합병증이다. 이 사례의 약 75%의 원인 병원체는 대장균이다. 신우신장염은 일반적으로 혈균증(bacteremia)을 초래하며 세균에 대한 혈액 배양과 오줌의 그람염색이 진단에 사용된다. 오줌 시료에서 10,000 CFUs/ml 이상의 세균과 LE 검사 결과가 양성이면 신우신장염을 의미한다. 만일 신우신장염이 만성으로 된다면 반흔 조직(상해되어 죽은 세포와 그 주변부의 비삼투성 보호물질로 형성된 세포로 구성된 조직–역자 주)이 신장에 생기고 신장 기능이 심각하게 손상된다. 신우신장염은 잠재적으로 생명을 위협하는 상태이기 때문에 치료는 주로 제 2- 또는 3-세대 항생제인 세팔로스포린과 같은 광범위 항생제를 정맥으로 장기간 투여하는 것으로 시작한다.

렙토스피라병

렙토스피라병(leptospirosis)은 본래 가축이나 야생동물의 질병이지만 때때로 인간에게 전파되어 심각한 신장이나 간 질환을 일으킬 수 있다. 원인 병원체는 그림 26.4에서 보여주는 스피로헤타인 렙토스피라 인테로간스(*Leptospira interrogans*)이다. 렙토스피라(*Leptospira*)는 특징적인 모양을 하고 있는데, 단지 직경이 약 0.1 μm인 대단히 미세한 나선이 아주 단단히 감겨 있어서 암시야 현미경을 이용해야 겨우 식별할 수 있다. 다른 스피로헤타처럼, 렙토스피라 인테로간스(구부러진 끝이 물음표와 같다고 해서 붙여진 이름)는 염색이 잘 안되고 일반 광학현미경으로는 보기가 어렵다. 이 균은 토끼 혈청이 첨가된 다양한 인공배지에서 성장할 수 있는 절대산소요구성이다.

스피로헤타에 감염된 동물은 오랜 기간 동안 오줌으로 세균을 발산한다. 쥐에서, 이 세균은 면역학적으로 특권을 가진 곳인 신장

비뇨기계의 세균성 질병

20세의 여성이 소변을 볼 때 찌르는 듯한 감각을 느끼고 급하게 소변이 나올 것 같은 느낌이 있지만 소변이 거의 나오지 않는 증세가 있었다. 아래 표를 참조하여 이러한 증상들을 일으킬 수 있는 감염을 알아내 보시오.

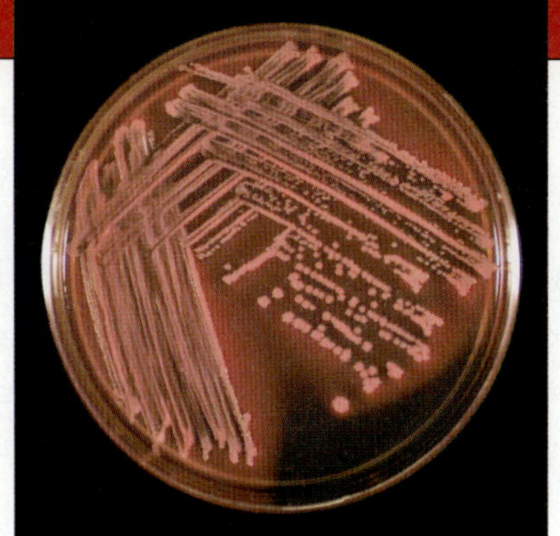

환자의 오줌에서 배양한 맥콩키 한천배지

질병	병원체	증상	진단	치료법
방광염 (방광 감염)	대장균, 스태필로코커스 사프로피티쿠스	소변 보기가 어렵거나 소변 볼 때 통증이 있음	100 CFU/ml 이상의 잠재적인 병원체와 LE 검사 양성	트리메토프림-설파메토사졸
신우신장염 (신장 감염)	주로 대장균	발열; 등 또는 옆구리 통증	>10^4 CFU/ml과 LE 검사 양성	세팔로스포린
렙토스피라병 (신장 감염)	렙토스피라 인테로간스	두통, 근육통, 발열, 신장 부전 및 가능한 합병증	혈청학 검사	독시사이클린

세뇨관에 존재하면서 계속해서 증식하고 여러 달 동안 오줌에 매우 많은 균을 퍼뜨린다. 전 세계적으로 렙토스피라병은 아마도 가장 흔한 인수전염병으로 하와이 주를 포함하여 열대 환경에서 풍토병이다. 인간은 오줌으로 오염된 담수 호수나 개울의 물, 토양, 또는 때때로 동물 조직과 접촉함으로써 감염된다. 동물이나 축산물에 노출되는 직업을 가진 사람이 대부분 위험하다. 병원체는 대개 피부나 점막의 작은 찰과상을 통해 들어간다. 섭취되면 균은 상부 소화계의 점막을 통해 들어간다. 미국에서는 개와 쥐가 가장 흔한 전염원이다. 집에서 기르는 개는 상당한 비율로 감염되어 있어 심지어 예방접종을 받아도 계속해서 렙토스피라를 발산할 수 있다.

1~2주간의 잠복기 후에 두통과 근육통, 오한 및 발열이 갑자기 나타난다. 며칠 지나면 급성 증상들은 사라지고 체온은 정상으로 돌아온다. 그러나 며칠 후에 두 번째 주기의 발열이 시작될 수 있다. 감염된 환자의 비식균세포 안에서 렙토스피라가 관찰된다. 병원체가 숙주세포에 어떻게 들어가는지는 불확실하지만 그들은 이것을 표적 기관으로 퍼져나가고 면역계를 피하는 방법으로 사용한다. 이로 인해 면역반응은 혈액과 조직에서 개체가 엄청난 수에 도달하기에 충분할 만큼 오랫동안(1 또는 2주) 지연된다. 소수의 사례에서 신장과 간이 심각하게 감염되고[웨일스병(Weil's disease)], 신장 부전이 가장 흔한 사망의 원인이다. 신종 렙토스피라병인 **폐 출혈 증후군**(pulmonary hemorrhagic syndrome)이 전세계적으로 나타나고 있다. 이 병은 많은 출혈로 폐에 영향을 주어서 50% 이상의 사망률을 나타낸다. 회복되면 확고한 면역력을 얻지만 단지 특정한 혈청형에만 국한된다. 미국에서는 매년 대개 약 50건의 사례에서 웨일스병이 보고되지만 임상 증상이 뚜렷하지 않기 때문에 아마도 많은 사례가 진단되지 않고 지나가는 것 같다. 미국 동부의 한 대도시에서 도시 빈민자를 치료하는 한 진료소의 최근 연구에서 환자의 16%가 감염에 양성인 것이 발견되었다.

렙토스피라병의 대부분 사례는 복잡한 혈청학적 검사로 진단하

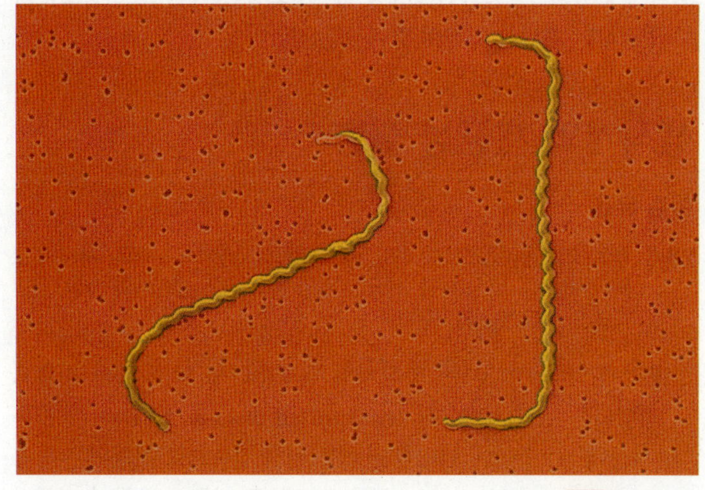

그림 26.4 **렙토스피라 인테로간스, 렙토스피라증의 원인.** 이 사진은 단단하게 감겨진 두 개의 스피로헤타를 보여준다.

Q 렙토스피라 인테로간스라는 이름을 지은 근거는 무엇인가?

며 주로 중앙 표준 실험실에서 실시한다. 그러나 다수의 빠른 혈청학적 검사가 예비 진단을 위해 이용된다. 또한 진단은 혈액, 소변, 또는 기타 체액을 채취하여 이 균 자체나 균 DNA의 존재 유무를 조사함으로써 이루어질 수 있다. 독시사이클린(일종의 테트라사이클린)이 치료를 위해 추천된 항생제이다. 그러나 병의 후반기에 복용한 항생제는 보통 효과가 만족스럽지 못하다. 이것은 면역반응이 이 시기의 발병의 원인이라는 것으로 설명할 수 있다.

이해도 확인하기

- 요도의 감염인 요도염이 왜 비뇨기관의 다른 감염에 앞서 빈번히 일어나는가? **26-4**
- 대장균이 왜 특히 여성의 방광염에 가장 흔한 원인인가? **26-5**

임상 사례

마리셀의 주치의는 그녀의 혈액과 소변 배양검사의 결과를 받았다. STI와 HIV에 대한 혈청학적 검사는 음성이었다. 여행 중에 병원체에 노출되었을 가능성에 대한 주치의의 질문에 대해 마리셀은 지난 달 코스타리카에 2주 동안 카약 여행을 다녀왔다고 이야기하였다. 그 여행 중에 외딴 시골 마을 근처의 개울에서 카약도 했기 때문에 마리셀은 여행이 정말로 즐거웠고, 따라서 그녀는 "진짜" 코스타리카를 느낄 수 있었다.

마리셀의 주치의는 그 다음에 어떤 검사를 해야만 하는가?

750 **754** 756 763

생식계의 질병

생식계에 감염을 일으키는 미생물은 주로 환경적인 스트레스에 아주 민감하며 친밀한 접촉이 있어야만 전염이 된다.

생식계의 세균성 질병

학습 목표

26-6 임질, 비임균성 요도염(NGU), 골반 염증성 질환(PID), 매독, 서혜 림프육아종(LGV), 연성 하감, 세균성 질염 등의 원인 병원체와 증상, 진단 방법 및 치료법을 열거한다.

성행위에 의해 전파되는 생식계의 대부분의 질병을 **성적 접촉으로 전염되는 질병(sexually transmitted disease, STD)**이라 부른다. 최근 몇 년 동안에 이러한 용어를 **성적 접촉으로 전염되는 감염(sexually transmitted infection, STI)**으로 바꾸는 운동이 진행되었고 이러한 변화는 유럽에서는 이미 보편화되었다. 그 이유는 "질병"이란 개념은 명백한 징후와 증상을 포함하기 때문이다. 더 흔하게 성적 접촉으로 전염되는 병원체에 의해 감염된 많은 사람들이 명백한 징후나 증상을 가지지 않기 때문에 STI란 용어가 보통 더 적절한 것 같아 이 책에서도 사용하기로 한다. 30가지 이상의 세균, 바이러스 또는 기생충 감염이 성적 접촉으로 전염되는 것으로 확인되었다. 미국에서는 매년 1,500만 건 이상의 새로운 STI 사례가 발생하는 것으로 추산된다. 이러한 감염들의 대부분은 항생제로 성공적으로 치료될 수 있고 콘돔을 사용함으로써 크게 예방할 수 있다.

임질

미국에서 가장 일반적으로 보고하거나 신고해야 되는 전염병 중의 하나가 그람음성 쌍구균인 임질균(*Neisseria gonorrhoeae*)이 원인인 STI, 즉 **임질(gonorrhea)**이다. 아주 오래 전에 알려진 질병인 임질은 기원전 150년에 고대 그리스 내과의사 갈렌(Galen)이 현재의 이름을 붙여서 기록하였다[곤(*gon*)은 정액, 레아(*rhea*)는 흐름, 즉 정액의 흐름이란 뜻인데, 그는 고름을 정액으로 혼동했던 것 같다]. 임질의 발생률은 최근 감소하는 경향이 있지만 미국에서 매년 30만 건 이상의 사례가 여전히 보고되고 있다(**그림 26.5a**). 실제 사례의 수는 아마 훨씬 더 커서 보고된 것의 두세 배는 될 것이다(**그림 26.5b**). 임질에 걸린 환자의 60% 이상이 15~24세이다.

감염하려면 임질구균(gonococcus)은 핌브리아(fimbria)를 이용하여 상피 벽의 점막세포에 붙어야만 한다. 병원체는 구강-인두 부위, 눈, 직장, 요도, 자궁경부 입구, 사춘기 이전 여성의 외부 생식기 등에서 발견되는 원주형 상피세포들 사이의 공간에 침입한다. 침입은 염증을 일으키고 백혈구가 염증 지역으로 이동하면 특징적인 고름이 형성된다. 남자에게 있어 한번의 보호되지 않은 성적 접촉으로 임질에 걸릴 가능성은 20~35%이다. 여성에게는 한번의 접촉으로 60~90%가 감염된다.

남성은 소변을 볼 때 통증과 함께 요도에서 고름 섞인 물질이 나오는 것으로 임질에 걸린 사실을 알게 된다(**그림 26.6**). 감염된 남성의 약 80%는 이렇게 명백한 증세가 단지 며칠의 잠복기 후에 나타난다. 나머지도 일주 이내에 증상이 나타난다. 항생제 치료가 없던

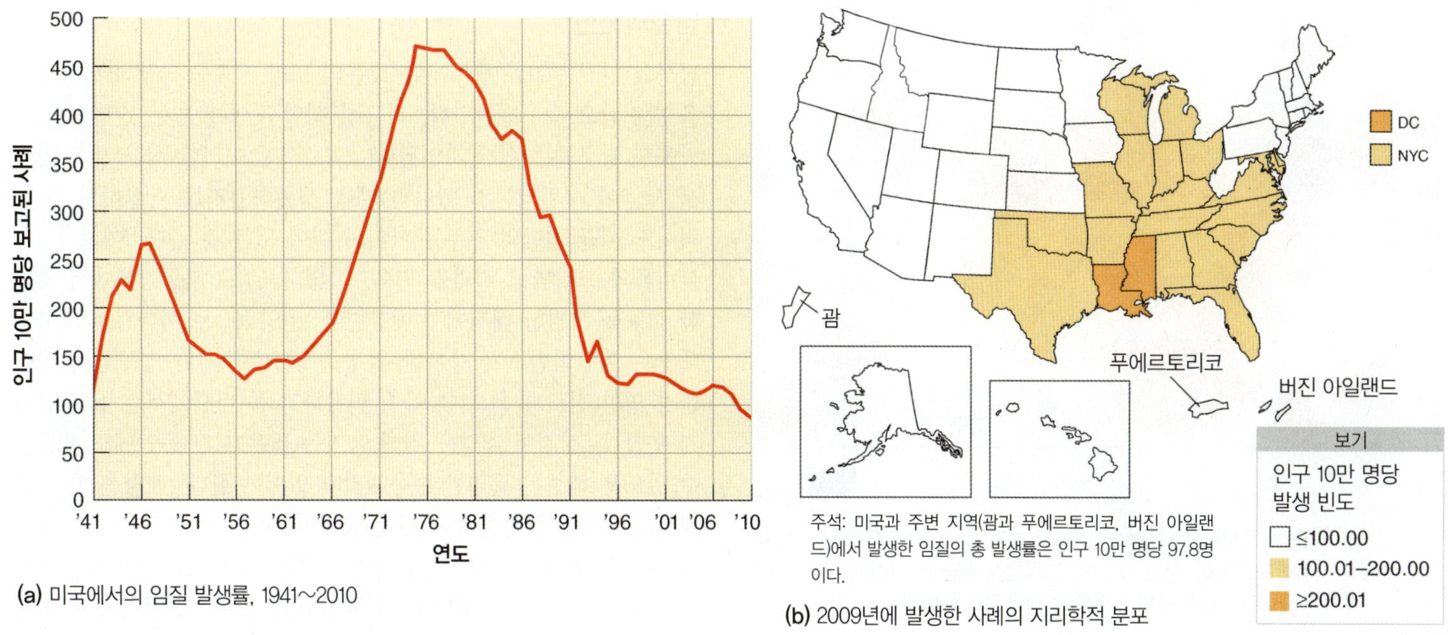

(a) 미국에서의 임질 발생률, 1941~2010

(b) 2009년에 발생한 사례의 지리학적 분포

그림 26.5 임질의 미국 내 분포와 발생률. 출처: CDC, 2011.

Q 임구균은 어떻게 점막의 상피세포에 부착하는가?

시절에는 증상이 수주간 지속되었다. 일반적인 합병증이 요도염이기는 하지만 이것은 뒤에 간단히 설명할 클라미디아(*Chlamydia*)의 동시감염에 의해 일어날 가능성이 더 높다. 흔하지 않은 합병증은 부정소의 염증인 **부정소염**(epididymitis)이다. 대개 한 쪽 방향으로만 일어나는 이 병은 요도와 정관을 따라 위쪽으로 일어나는 감염의 결과로 발생하는 고통스런 상태이다(그림 26.3 참조).

여성에서는 이 병이 더 서서히 퍼진다. 원주형 상피세포가 있는 자궁경부에만 감염된다. 여성의 질 벽은 곧은 비늘 모양의 상피세포로 구성되어 있는데, 여기에는 임구균이 자라지 못한다. 여성은 감염 사실을 거의 알지 못한다. 병의 후반기에 골반 염증 질환과 같은 합병증으로 복통이 있을 수 있다(758쪽에서 논의).

남녀 모두에게 치료되지 않은 임질은 전파되어 심한 전신성 감염이 될 수 있다. 임질의 합병증은 관절, 심장(**임질성 심내막염**), 수막(**임질성 수막염**), 눈, 인두, 또는 다른 신체 부위와 연관될 수 있다. 관절의 액체에 임구균이 자라서 일어나는 임질성 관절염은 약 1%의 임질 사례에 발생한다. 주로 영향을 받는 관절은 손목과 발목, 무릎 등이다.

만일 엄마가 임질에 걸리면 아기가 산도를 통과할 때 눈에 감염될 수 있다. 이러한 상태인 **신생아 안염(ophthalmia neonatorum)**으로 시력을 잃을 수 있다. 이 병의 심각성과 산모가 확실하게 임질에 걸리지 않았다는 것을 확인하기가 어렵기 때문에 모든 새로 태어난 신생아의 눈에는 항생제를 처리한다. 엄마가 감염된 것을 안다면 신생아에게도 항생제 근육주사를 놓는다. 미국의 대부분 주에서 어떤 형태로든 예방대책이 법으로 의무화되어 있다. 임질 감염은 손 접촉에 의해 감염된 부위에서 성인의 눈으로도 전염될 수 있다.

임질 감염은 성적으로 접촉한 모든 부위에서 생길 수 있으며 **인**

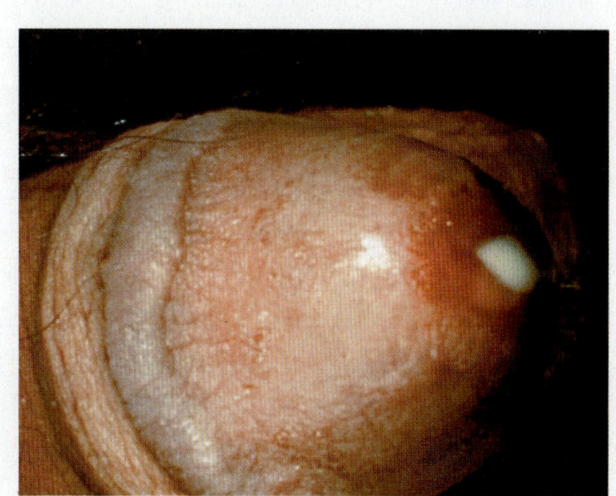

그림 26.6 급성 사례의 임질에 걸린 남성의 요도에서 나오는 고름이 들어 있는 배출물

 무엇이 임질에서 고름이 생기게 하는가?

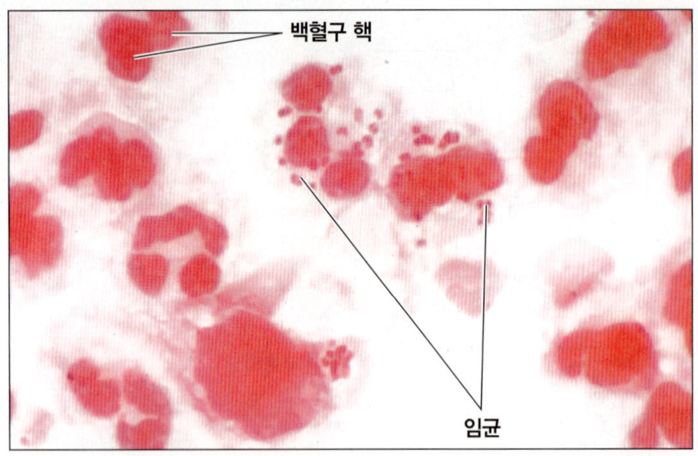

그림 26.7 임질에 걸린 환자로부터 고름의 도말 검사. 임균은 식균작용을 하는 백혈구 안에 포함되어 있다. 이러한 그람음성 세균은 여기에 보이는 것처럼 한 쌍의 구균이다. 넓게 염색된 몸체는 백혈구의 핵이다.

임질은 어떻게 진단하는가?

두 임질(**pharyngeal gonorrhea**)와 항문 임질(**anal gonorrhea**)도 드물지 않다. 인두 임질의 증상은 보통 일반적인 패혈성 인후염의 증상과 유사하다. 항문 임질은 통증이 심하고 고름이 나올 수 있다. 그러나 대부분의 사례에서 증상은 가려움에 국한되어 있다.

여러 상대와의 성행위 증가와 여성이 병을 인지하지 못한다는 점이 1960, 70년대에 걸쳐 임질과 다른 STI의 발생률이 증가하는 데에 상당한 기여를 했다. 경구 피임약을 널리 사용하는 것도 또한 병의 증가에 일조하였다. 보통 경구 피임약이 병의 전파를 막는 데 도움을 주는 콘돔과 살정자제를 대체하였다.

임질에 대한 효과적인 획득면역은 없다. 그 이유에 대한 일반적인 설명은 임구균이 엄청난 항원 다양성을 가진다는 것이고, 이것은 사실이다. 하지만 최근에 이러한 이유에 추가 작동원리를 더한 대안적 이론이 나왔다. 임구균은 오파(Opa, 15장 433쪽 참조) 단백질이라는 특정 단백질을 가지고 있는데, 이것은 세균이 숙주의 비뇨기관과 생식관을 싸고 있는 세포에 결합하는 데에 꼭 필요하다. 최근 연구는 한 오파 단백질 변종이 세포의 증식과 활성화에 필요한 $CD4^+$ T 세포의 특정 수용체(CD66)에 결합한다는 것을 보여주었다. 이것은 임구균에 대한 면역학적 기억 반응이 생기는 것을 방해한다. 임상에서 분리한 거의 모든 임구균은 이러한 오파 단백질 변종을 가지고 있는 것으로 밝혀졌다. 또한 이러한 면역의 억제는 임질에 걸린 사람이 HIV를 비롯한 다른 STI에 더 취약한 이유에 대한 하나의 설명이 될 수도 있다.

임질의 진단

남성의 임질은 요도에서 나온 고름의 도말 시료를 염색하여 임구균을 발견함으로써 진단한다. 식균성 백혈구 안에 있는 전형적인 그람음성 쌍구균은 쉽게 확인된다(그림 26.7). 이러한 식균 세포 안에서 세균이 사멸되는지 아니면 계속 생존하는지는 확실하지 않다. 적어도 세균 집단의 일부는 아마도 살아 있는 것 같다. 여성에서는 분비물의 그람염색 결과를 믿을 수 없다. 주로 자궁경부에서 채취한 시료를 특별한 배지에서 배양한다. 영양적으로 까다로운 세균의 배양은 이산화탄소가 풍부한 환경을 필요로 한다. 임구균은 극한 환경 영향(건조나 온도)에 아주 민감하고 몸 바깥에서는 잘 생존하지 못한다. 심지어 배양을 위해 옮기는 짧은 시간 동안에도 생존할 수 있도록 해주는 특별한 수송배지가 있어야 한다. 배양을 하면 항생제 감수성을 결정할 수 있다는 장점이 있다.

요도의 고름이나 자궁경부 면봉 시료에서 3시간 안에 아주 정확하게 임균을 검출하는 ELISA가 개발되어 임질의 진단이 쉬워졌다. 현재 사용되는 다른 신속한 검사는 임구균 표면의 항원에 대한 단일클론 항체를 사용하는 것이다. 핵산 증폭 검사는 의심되는 사례에서 분리한 임상균을 아주 정확하게 파악해 준다.

임질의 치료

내성이 나타남에 따라 임질 치료 지침은 계속 개정을 해야 한다(다음 쪽의 임상 초점 참조). 자궁경부, 요도 또는 직장 조직에 영향을 주는 임질의 경우 현재 추천하는 것은 처음에 세프트리악손(ceftriaxone) 또는 세픽심(cefixime) 같은 세팔로스포린을 사용하는 것이다. 세프트리악손은 인두 감염 사례에도 추천하는 약이다. 플루오로퀴놀론은 내성이 빠르게 생기기 때문에 더 이상 추천하지 않는다. 클라미디아 트라코마티스(*Chlamydia trachomatis*)에 의한 동시감염을(다음 절의 비임균성 요도염에 대한 논의 참조) 배제할 수 없는 환자는 이 미생물에 대한 치료도 또한 받아야만 한다. 재감염의 위험을 줄이고 전반적으로 STI의 발생률을 감소시키기 위해 환자의 성관계 상대를 함께 치료하는 것이 또한 표준적인 조치이다.

임상 사례

내과의사는 마리셀의 혈액에 대한 항렙토스피라 항체 검사를 의뢰했다. 그 결과 역가가 1:100으로 나왔는데, 이는 마이셀이 렙토스피라 인테로간스에 감염된 적이 있거나 또는 현재 감염되어 있다는 것을 의미한다. 마리셀이 아픈 지 15일째인 현재, 의사는 두 번째 현미경 응집반응 검사를 위해 또 다른 혈액 시료를 뽑았다. 현재 역가는 1:800 이었다.

두 번째 혈청학적 검사는 왜 필요한가?

750 754 **756** 763

적자생존

아래 문항들을 읽으면서 의료종사자들이 임상적인 문제를 풀어 나가면서 자신들과 서로에게 물어보는 질문들을 보게 될 것이다. 문제를 읽으면서 각 질문에 답을 하도록 노력해 보시오.

1. 5월 24일, 35세 남성인 제이슨(Jason)은 대략 1개월 동안 배뇨 시 통증과 요도 분비물로 인해 덴버 STI 진료소를 방문했다.
   제이슨의 병력에 대해 어떤 다른 정보가 필요한가?

2. 3월 11일, 제이슨은 태국 "매춘관광"을 마치고 돌아왔다. 여행 동안에 그는 7~8명의 여성 매춘부와 성관계를 가졌다. 하지만 미국에 돌아온 후에는 어떤 성행위도 하지 않았다고 했다.
   어떤 시료를 채취해야 하고, 어떻게 검사해야 하나?

3. 요도 분비물의 PCR 검사에서 임균이 확인되었다. 제이슨은 500 mg의 시프로플록사신을 한 차례 경구 복용하는 치료를 받았다.
   진단을 위해 배양체에 대한 PCR과 효소면역분석(EIA) 검사의 장점은 무엇인가?

4. PCR과 EIA 검사는 불과 몇 시간 안에 결과가 나와 환자가 치료를 위해 다시 올 필요가 없다. 제이슨은 계속되는 증상으로 6월 7일 진료소를 다시 방문했다. 임질균이 요도 분비물에서 다시 검출되었다. 제이슨은 지난 방문 이후로 어떠한 성적인 접촉도 가지지 않았다고 주장하였다. 담당 의사는 임균 분리체에 대한 항미생물제 감수성 검사를 요청하였다.
   의사는 왜 환자의 시료에 대한 항미생물제 감수성 검사 결과에 관심을 가지는가?

5. 시프로플록사신 치료가 제이슨에게 실패한 한 가지 이유는 플루오로퀴놀론-내성 임균에 감염되었기 때문인 것 같다. 감수성 검사는 이러한 가능성을 확인하는 데 도움이 될 것이다.
   임질의 치료와 제어는 항미생물 약제에 내성을 가진 임균의 능력에 따라 복잡해진다(도표 참조).
   항생제 내성은 어떻게 출현하는가?

6. 항생제로 가득 찬 환경에서 항생제 내성 돌연변이를 가진 세균은 선택적인 장점을 가지게 되어 생존하는데 "가장 적합한(적자)" 것이 된다.
   항생제 감수성은 어떻게 결정하는가?

7. 항미생물제 감수성 조사를 위한 배양액희석 검사나 디스크 확산 검사를 위해서는 임균을 배양해야만 한다. 임질 진단에 PCR과 EIA 같은 비배양 방법의 사용이 증가하면서 임균의 항미생물제 내성 확인에 큰 어려움을 겪고 있다.

출처: Data from CDC. *Sexually Transmitted Disease Surveillance 1998* and *2008*.

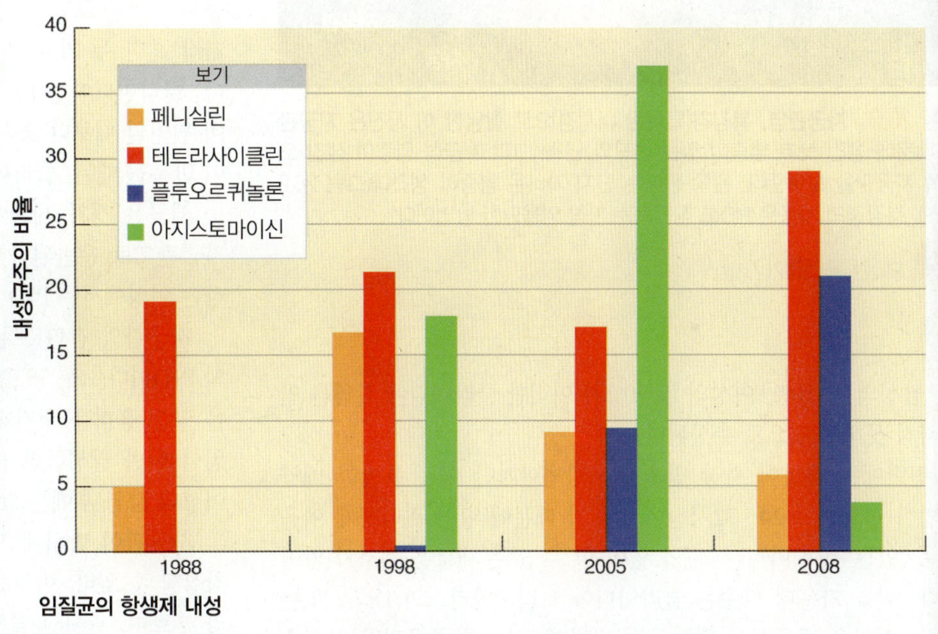

임질균의 항생제 내성

비임균성 요도염(NGU)

비특이적 요도염(nonspecific urethritis, NSU)으로도 알려진 **비임균성 요도염(Nongonococcal urethritis, NGU)**은 임균이 원인이 아닌 요도의 모든 염증을 가리킨다. 증상은 배뇨 시 통증과 묽은 분비물 등이다.

클라미디아 트라코마티스

NGU와 연관된 가장 흔한 병원체는 클라미디아 트라코마티스이다. 임질로 고통 받는 많은 사람들이 임구균과 마찬가지로 같은 원주형 상피세포를 감염하는 클라미디아 트라코마티스에 동시 감염되어 있다. 클라미디아 트라코마티스는 또한 STI인 서혜림프 육아종(762쪽에서 논의)과 트라코마(610쪽 참조)의 원인이기도 하다. 남성보다 여성에게 5배 정도 많은 사례가 보고된다는 사실이 특히 중요한 점이다. 여성에게 이 균은 눈 감염과 감염된 엄마에게서 태어난 유아의 폐렴과 더불어 골반 염증 질환(758쪽에서 논의)의 많은 사례를 일으킨다. 생식기 클라미디아 감염은 자궁경부암에 걸릴 위험이 증가하는 것과도 연관이 있다. 클라미디아 감염이 이러한 위험에 독립적으로 작용하는 요인인지 아니면 인간유두종바이러스(764쪽)와의 동시 감염과 연관되어 있는 지는 불확실하다.

보통 증상이 남성에게는 가볍고 여성에게는 무증상이기 때문에 NGU의 많은 사례는 치료없이 지나간다. 합병증이 흔하지는 않지만 심각해질 수 있다. 남성은 부정소에 염증이 발생할 수 있다. 여성에서는 자궁관의 염증이 흉터를 만들어 불임이 될 수 있다. 이러한 사례의 60% 정도가 임구균 감염보다는 클라미디아 감염일 수 있

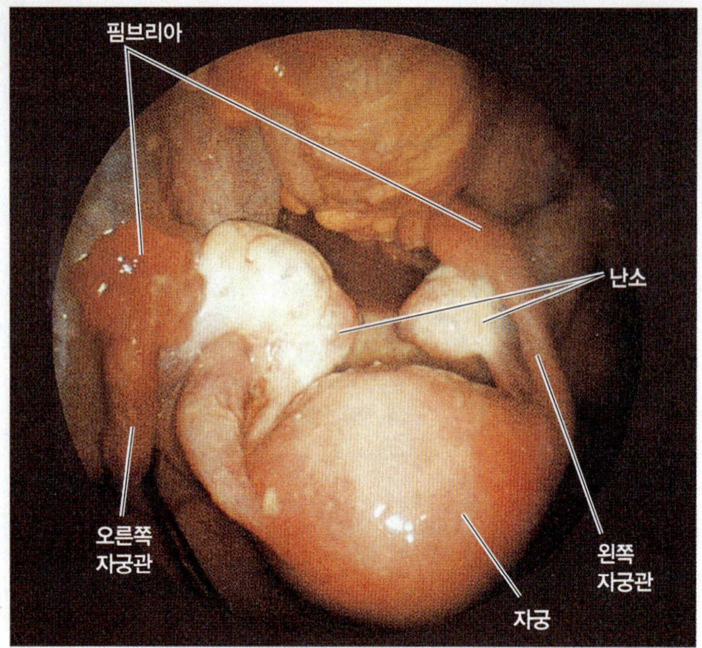

그림 26.8 **자궁관염.** 복강경(특화된 내시경)으로 촬영한 이 사진은 자궁관염 때문에 생긴 붓고 염증이 있는 선모와 난소, 그리고 급성 염증이 생긴 오른쪽 자궁관을 보여준다. 왼쪽 관에는 단지 가벼운 염증이 생겼다(그림 26.2 참조). 복강경의 사용은 PID를 진단하는 가장 믿을만한 방법이다.

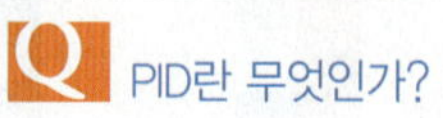 PID란 무엇인가?

다. 남성의 약 50%, 여성의 약 70%가 이러한 클라미디아 감염을 인지하지 못하는 것으로 추산된다.

진단에는 배양이 가장 믿을만한 방법이지만 이는 특별한 배양 방법이 필요하고 24~72시간이 걸리기 때문에 항상 편리하게 이용할 수 있는 것이 아니다. 배양 없이 할 수 있는 새로운 검사가 많이 있다. 이들 가운데 다수는 클라미디아 트라코마티스의 DNA 또는 RNA 서열을 증폭하여 확인하는 것이다. 이러한 증폭검사는 신속하게 할 수 있고 80~91%의 범위에서 아주 민감하여 이들의 특이성은 100%에 가깝다. 그러나 이들은 상대적으로 비싸고 특별한 장비를 갖춘 실험실이 필요하다. 소변 시료를 사용할 수도 있으나 그 민감도는 면봉 시료보다 낮다. 증폭 검사에서 가장 최근의 발전은 대부분의 환자가 원하는 환자 자신이 채취한 면봉 시료(사례에 따라 요도 또는 질에서)를 사용하는 것이다.

종종 클라미디아 트라코마티스 감염과 연관된 심각한 합병증 때문에 의사는 성적으로 왕성한 25세나 그 이하의 여성의 감염 여부를 정기적으로 검진하는 것을 추천한다. 또한 또 다른 고위험 그룹에게도 이러한 검진을 추천하는데, 미혼으로 STI의 위험이 높고 다수의 성적 상대자를 가진 사람 등이 여기에 속한다.

클라미디아 트라코마티스가 아닌 다른 세균도 또한 NGU를 일으킨다. 요도염과 불임의 또 다른 원인은 우레아플라스마 우레아리티컴(*Ureaplasma urealyticum*)이다. 이 병원체는 마이코플라스마(세포벽이 없는 세균)의 일원이다. 다른 마이코플라스마인 마이코플라스마 호미니스(*Mycoplasma hominis*)는 흔히 정상적으로 질에 서식하지만 기회감염적으로 자궁관 감염을 일으킬 수 있다.

클라미디아와 마이코플라스마 둘 다 독시사이클린과 같은 테트라사이클린 계열의 항생제나 아지스로마이신과 같은 매크로리드 계열의 항생제에 민감하다.

골반 염증 질환(PID)

골반 염증 질환(pelvic inflammatory disease, PID)은 여성 골반 기관, 특히 자궁, 자궁경부, 자궁관 또는 난소에 발생하는 광범위한 세균 감염을 총칭하는 용어이다. 가임 기간 동안에 여성 10명 중 1명이 PID로 고생하며, 이들 4명 중의 1명은 불임 또는 만성 통증 같은 심각한 합병증을 가지게 된다.

골반 염증 질환은 다미생물 감염(*polymicrobial infection*), 즉 동시 감염을 포함해 다수의 다른 병원체가 원인인 것으로 여겨진다. 가장 흔한 두 가지 미생물은 임질균과 클라미디아 트라코마티스이다. 클라미디아성 PID의 발병은 상대적으로 서서히 퍼지며 임질균이 원인일 때보다 초기 염증 증상이 훨씬 덜하다. 그러나 특히 감염이 반복될 때는, 클라미디아에 의한 자궁관의 손상이 더 클 수 있다.

세균은 정자 세포에 부착하여 이들에 의해 자궁경부 지역에서 자궁관으로 운반된다. 차단식 피임약(특히 살정력이 있는)을 사용하는 여성에서는 PID 발생률이 아주 낮다.

자궁관의 감염 또는 **자궁관염(salpingitis)**은 가장 심각한 형태의 PID이다(그림 26.8). 자궁관염은 난소에서 자궁으로 난자의 이동을 막는 흉터를 생기게 하여 불임을 일으킬 가능성이 있다. 자궁관염이 한번 발생하면 10~15%의 여성에게 불임이 일어나며, 세 번 이상의 감염 후에는 50~75%가 불임이 된다.

자궁관이 막히게 되면 수정된 난자는 자궁보다는 오히려 관에 착상할 수 있다. 이것을 자궁 외(또는 관) 임신(ectopic pregnancy)이라 부르며, 관이 파열될 가능성과 이로 인한 출혈 때문에 생명이 위험할 수 있다. PID의 발생의 증가에 부합하여 자궁 외 임신 사례의 보고가 꾸준히 늘어나고 있다.

PID의 진단은 자궁경부에 클라미디아 또는 임구균 감염이 있다는 검사 결과와 함께 징후와 증상에 크게 의존한다. PID의 추천된 치료는 독시사이클린과 세폭시틴(cefoxitin, 세팔로스포린의 일종)을 동시에 투여하는 것이다. 이러한 약의 조합은 임구균과 클라미디아 모두에 효과가 있다. 이러한 추천은 끊임없이 검토되고 있다.

매독

매독(syphilis)의 원인 병원체는 그람음성 스피로헤타인 매독균(*Treponema pallidum*)이다(그림 26.9). 가늘고 단단하게 감긴 코일 형태의 매독균은 일반적인 세균 염색법으로는 잘 염색되지 않는다(세균의 이름은 꼬인 실과 희미하다는 그리스어에서 유래하였다). 매독균은 여러 복합 분자의 합성에 필요한 효소들이 결여되어 있기 때문에 살아가기 위해 필요한 많은 화합물을 숙주에서 얻는다. 이

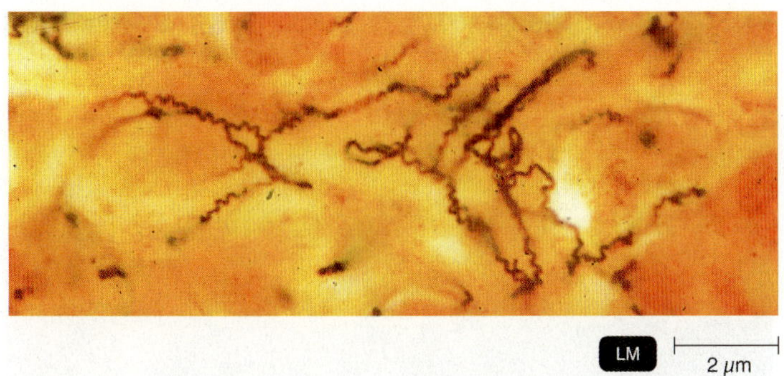

그림 26.9 **매독균, 매독의 원인.** 이 미생물은 특별한 은 염색을 한 다음에 광시야 현미경으로 보면 더 잘 보인다.

Q 매독의 진단 방법은 암시야 현미경을 사용하는 것이다. 왜 광시야 현미경을 사용하면 안 되는가?

세균은 포유동물 숙주 밖에서는 단시간 내에 감염성을 잃는다. 연구 목적으로 이 균을 보통 토끼에서 증식시키지만, 세대시간이 30시간을 넘어서 성장속도가 느리다. 이 균은 낮은 농도의 산소 조건하에서 세포배양을 통해 키울 수도 있지만 단지 몇 세대 동안만 가능하다.

매독균은 독소와 같은 명백한 독성인자는 없지만, 염증 면역반응을 유도하는 여러 지질 단백질을 생산한다. 이것이 매독이 조직을 파괴하는 이유라고 생각된다. 거의 감염과 동시에 이 균은 빠르게 혈류로 들어가 더 깊은 조직으로 침투하고 세포 간 접합부위를 쉽게 통과한다. 이들은 나선형의 코르크따개가 코르크를 통과하는 것과 비슷한 방식의 운동성으로 젤 같은 조직액을 쉽게 헤엄쳐 다닐 수 있다.

매독의 최초 보고는 콜럼부스(Columbus)가 신세계에서 돌아와 그의 선원들이 매독을 유럽으로 전파했다는 가설을 불러일으킨 때인 15세기 말로 거슬러 올라간다. 이미 1547년에 한 영국 서사시에서는 매독을 "몰버스 갈리커스[Morbus Gallicus, 프랑스 병(French disease)이란 뜻으로 매독의 다른 이름]"라고 명확하게 표현한 것 같고 병의 전염은 "이 병은 얼굴에 마마자국이 있는 사람이 다른 사람과 음란한 행위를 했을 때 걸렸다"라고 묘사하였다.

매독균의 아종(*T.p. pertenue*)들은 **딸기종(yaws)** 같은 특정 열대성 풍토 피부병을 일으킨다. 이것은 피부 병변을 일으키지만 성적 접촉으로는 전파되지는 않는다. 그러나 역사적으로 매독과 연관이 있다는 증거가 있다. 트레포네마(*Treponema*) 종의 유전자 분석을 토대로 한 최근 연구를 보면 카리브해 인근 남아메리카에서 발견한 딸기종의 병원체는 유럽 탐험가와의 접촉을 통해 성병을 일으키는 병원체로 돌연변이가 일어났음을 알 수 있다.

미국에서 새롭게 발생하는 매독 사례의 수는 임질(그림 26.5 참조)과 비교했을 때 상당히 안정적으로 유지되고 있다(그림 26.10). 매독 발생률이 상대적으로 안정하게 유지되는 것은 두 질병의 역학이 아주 유사하고 동시 감염이 드문 것이 아니기 때문에 특이한 것이다. 이에 대한 한 가지 요인으로는 임질로부터는 면역력이 생기지 않는 반면에, 불완전하기는 하지만 매독에 대해서는 상당한 면역력이 생긴다는 점이다.

미국의 많은 주에서 사례가 거의 없기 때문에 결혼 전 매독에 대한 사전 검사 의무를 폐지하였다. 현재 매독 위험 집단 대부분은 가난한 도시 내 거주자로 특히 마약을 사용하는 남성과 여성 매춘부들이다. 부유한 계층에서는 상대적으로 드물다.

매독은 감염된 생식기 또는 다른 신체 부위를 통한 모든 종류의

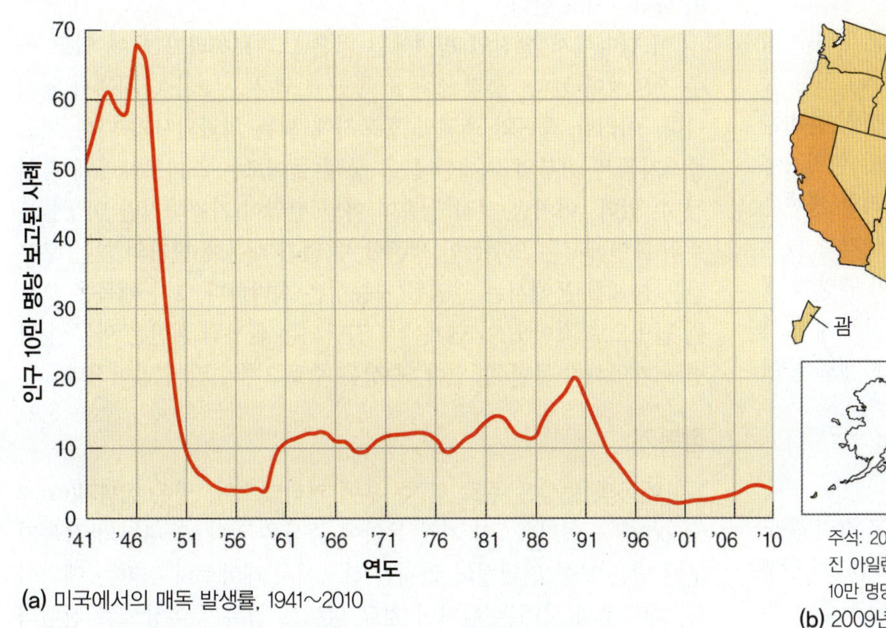

(a) 미국에서의 매독 발생률, 1941~2010

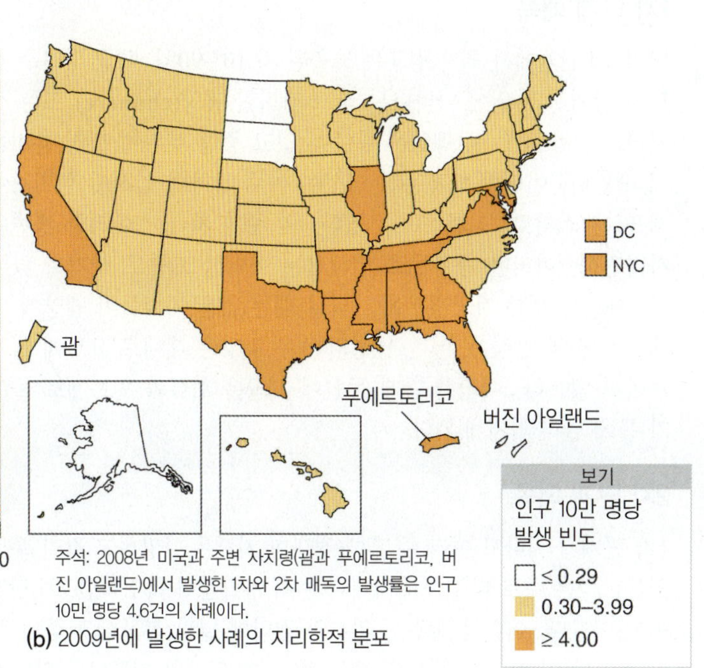

주석: 2008년 미국과 주변 자치령(괌과 푸에르토리코, 버진 아일랜드)에서 발생한 1차와 2차 매독의 발생률은 인구 10만 명당 4.6건의 사례이다.

(b) 2009년에 발생한 사례의 지리학적 분포

그림 26.10 **미국의 1차 및 2차 매독의 발생률과 분포.** 출처: CDC, 2011.

Q 매독은 어떻게 진단하는가?

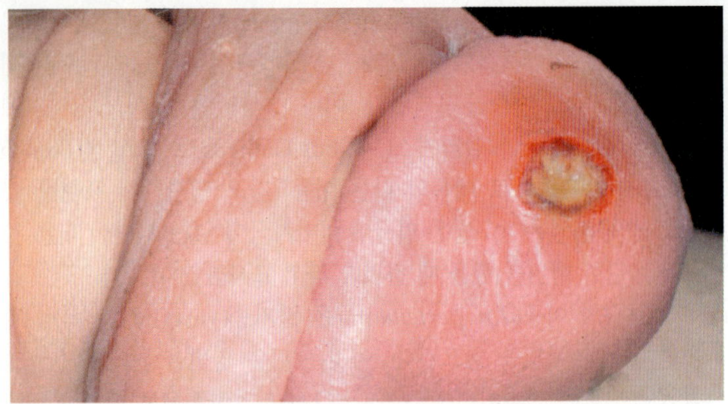

(a) 남성 생식기에 생긴 1차 단계의 궤양

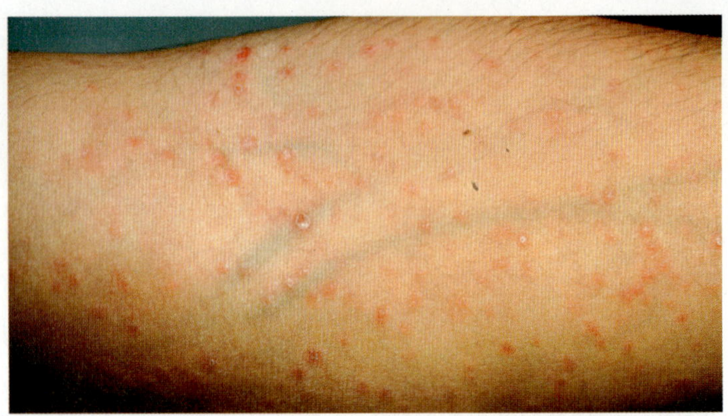

(b) 팔뚝에 생긴 2차 매독 발진의 병변; 몸 표면 전체가 이러한 병변으로 고통받을 수도 있다.

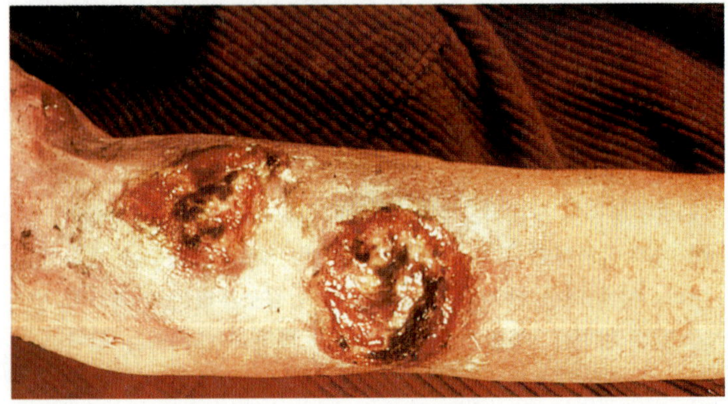

(c) 팔뚝 뒤에 생긴 3차 단계의 고무종; 이러한 고무종은 오늘날과 같은 항생제를 사용하는 시대에는 거의 나타나지 않는다.

그림 26.11 매독의 여러 단계와 연관된 특징적인 병변

1차와 2차, 3차 단계의 매독은 어떻게 구별하는가?

성적 접촉으로 전염된다. 잠복기는 2주에서 여러 달 등으로 다양하지만 평균 3주이다. 병은 여러 구별되는 단계를 거쳐 진행된다.

1차 단계 매독

병의 1차 단계에서 초기 징후는 노출된 지 10~90일, 평균 약 3주 정도에 감염된 부위에 나타나는 작고 딱딱한 **궤양(chancre)** 또는 상처이다(그림 26.11a). 궤양은 통증이 없고 중앙 부위에 혈청 분비물이 생긴다. 이러한 액체는 전염성이 아주 강하며 암시야 현미경에서 많은 스피로헤타를 볼 수 있다. 몇 주가 지나면 이러한 병변은 사라진다. 이러한 증상들로 인해서는 어떠한 고통도 생기지 않는다. 사실상 보통 자궁경부에 나타날 때는 많은 여성들이 궤양에 대해서는 전혀 알지 못한다. 남성의 경우 궤양은 때때로 요도에 생겨 보이지 않는다. 이러한 단계 동안에 세균은 혈류와 림프계로 들어가 몸에 널리 퍼지게 된다.

2차 단계 매독

1차 단계가 지나고 여러 주 후에(정확한 기간은 다양하고 겹칠 수도 있음), 병은 주로 다양하게 나타나는 피부 발진이 특징적인 2차 단계에 들어간다. 이러한 발진은 피부와 점막에 널리 분포하고 특히 손바닥과 발바닥에 나타난다(그림 26.11b). 이 단계와 이후 3차 단계에서 조직에 나타나는 손상은 여러 신체 부위에 자리잡은 순환하는 면역 복합체의 염증반응에 의해 생긴다. 관찰된 다른 증상들은 주로 모발의 손상과 불쾌감, 미열 등이다. 일부 사람에게는 신경성 증상이 나타나기도 한다.

이 단계에서 발진의 병변에는 많은 스피로헤타가 들어 있고 아주 전염성이 높다. 성적 접촉을 통한 전염은 1, 2차 단계에서 일어난다. 이러한 병변의 액체와 접촉하게 되는 치과의사와 다른 의료 종사자들은 피부의 미세한 틈을 통해 들어오는 스피로헤타에 감염될 수 있다. 이처럼 성적 접촉이 아닌 전염이 가능하지만 미생물은 주위 표면에서는 오랫동안 생존할 수 없기 때문에 변기의 앉는 부분 같은 물체를 통해서는 전염될 가능성은 희박하다. 2차 매독은 모호한 질병으로 적어도 이 단계에서 진단되는 환자의 절반은 아무런 병변도 기억하지 못할 수 있다. 증상은 주로 3개월 안에 없어진다.

잠복기

2차 매독의 증상은 주로 몇 주 후에 가라앉으며, 병은 **잠복기(latent period)**에 들어간다. 이 기간 동안에 증상은 없다. 2~4년의 잠복기 후에 병은 보통 전염성이 없지만 산모에서 태아로의 전파는 예외이다. 대부분의 사례는 심지어 치료 없이도 잠복기 이상으로 진행되지는 않는다.

3차 단계 매독

1차와 2차 매독의 증상은 신체를 상하게 하지 않기 때문에 사람들은 의료 치료를 받지 않고 잠복기에 들어간다. 치료하지 않은 사례의 25% 정도에서 병은 3차 단계로 다시 나타난다. 이 단계는 잠복 단계 시작되고 몇 년의 기간이 지난 후에야 발생한다.

매독균은 효과적인 면역반응, 특히 세포를 파괴하는 보체반응을 거의 일으키지 않는 외부 지방층을 가지고 있다. 이것을 "테프론(Teflon, 무시하는) 병원체"로 묘사한다. 그럼에도 불구하고 3차 매독의 증상 대부분은 살아남은 스피로헤타에 대한 몸의(세포 매개 성격의) 면역반응 때문에 일어나는 것 같다.

3차, 또는 후기 매독은 일반적으로 영향 받은 조직이나 병변의 형태에 따라 분류될 수 있다. 고무종 매독(*Gummatous syphilis*)은 약 15년 후에 여러 기관(가장 흔하게 피부와 점막, 뼈)에서 조직의 고무 같은 덩어리로 나타나는 진행성 염증의 형태인 **고무종(gummas)**이 특징이다(그림 26.11c). 매독균은 이러한 조직들의 국소적인 파괴를 일으키지만 대개 정상 생활을 못하게 하거나 죽음에 이르게 하지는 않는다.

심혈관계 매독(*Cardiovascular syphilis*)은 가장 심하게 동맥을 약하게 한다. 항생제가 없던 시절에는 흔한 매독의 증상 중 하나였지만 지금은 드물다.

신경매독(*Neurosyphilis*)은 병을 치료하지 않으면 약 10% 정도의 환자에게서 발생한다. 중추신경계의 일부가 영향을 받게 됨에 따라 다양한 징후와 증상이 나타날 수 있다. 환자는 성격이 변하고, 치매의 다른 징후(부전마비), 발작, 수의 운동의 조정 손상[척수 매독(*tabes dorsalis*)], 부분적 마비, 언어 사용 능력의 손상, 시력 또는 청력 손상, 장과 방광 조절 손상 등의 고통을 받을 수 있다. 이러한 3차 단계의 병변에서 병원체는 거의 발견되지 않으며 높은 전염성이 있다고 간주하지 않는다. 오늘날 이러한 단계로 진행하는 매독의 사례는 드물다.

선천성 매독

가장 고통스럽고 위험한 형태의 매독 중의 하나인 **선천성 매독(congenital syphilis)**은 태반을 거쳐 태어나지 않은 태아로 전파된다. 정신 발달 장애와 다른 신경학적인 증상이 더 심각한 결과이다. 이러한 형태의 감염은 병의 잠복기 동안에 임신을 했을 때 가장 많이 일어난다. 1차 또는 2차 단계 동안에 임신하면 사산되기 쉽다. 임신 처음 두 번의 3개월(총 6개월) 동안에 항생제로 산모를 치료하면 대개 선천성 전파를 막을 것이다.

매독의 진단

매독의 진단은 병의 각 단계마다 독특한 요건이 있기 때문에 복잡하다. 검사는 크게 3가지 그룹[현미경 육안 검사와 비트레포네마(nontreponemal) 혈청학적 검사, 트레포네말(treponemal) 혈청학적 검사]으로 나누어진다. 사전 검진을 위해 실험실에서는 비트레포네말 혈청학적 검사나 또는 병변에서 나오는 분비물의 현미경 검사를 실시한다. 만일 사전 검사가 양성이면, 그 결과는 트레포네말 혈청학적 검사로 확인한다.

현미경 검사는 1차 매독의 검진에 중요하다. 그 이유는 항체가 생기려면 1~4주 걸려서 이 단계에서의 혈청학적 검사는 믿을 수 없기 때문이다. 스피로헤타는 암시야 현미경으로 병변의 분비물에서 발견할 수 있다(60쪽 그림 3.4b 참조). 세균은 염색이 잘 안되고 직경이 약 0.2 μm밖에 안돼 광학현미경의 해상도 한계점에 가깝기 때문에 암시야 현미경이 필요하다. 단일클론 항체(520쪽 그림 18.11a 참조)를 사용하는 직접 형광-항체 검사(DFA-TP)도 스피로헤타를 관찰하고 확인하는 두 가지를 다할 수 있다. 그림 26.9는 특별히 은이 스며들게 하는 염색법을 이용하여 명시야 조명하에 관찰이 가능하게 만든 매독균을 보여준다.

스피로헤타가 거의 모든 신체 기관을 침범할 때인 2차 단계에서는 혈청학적 검사가 반응을 나타낸다. 비트레포네말(nontreponemal) 혈청학적 검사는 이 방법이 비특이적이기 때문에 붙여진 이름인데, 스피로헤타 자체에 대해 만들어진 항체를 검출하는 것이 아니라 리아긴 형태(reagin-type)의 항체를 검출한다. 일반적으로 이 방법은 검진을 위해 사용된다. 리아긴 형태의 항체는 스피로헤타의 감염에 대한 간접 반응으로 체내에서 생성되는 지질 물질에 대한 반응인 것 같다. 따라서 이러한 검사에서 사용되는 항원은 매독 스피로헤타가 아니라 리아긴 형태의 항체 생산을 자극하는 항원과 유사한 지질이 들어있는 소 심장 추출물[카디오리핀(cardiolipin)]이다. 이러한 검사는 1차 매독 사례의 경우에는 약 70~80% 만을 검출하지만 2차 매독 사례는 99%를 검출한다. 비트레포네말 검사의 한 예는 슬라이드 응집 **VDRL**(Venereal Disease Research Laboratory) **검사**이다. 또한 유사한 **혈장 리아긴 급속(rapid plasma regain, RPR) 검사**의 변형된 방법도 사용한다. 가장 최신의 비트레포네말 검사는 VDRL 항원을 사용하는 ELISA 검사이다.

스피로헤타에 직접 반응하는 트레포네말 형태의 혈청학적 검사도 있다. 특정 **효소면역분석(enzyme immunoassay, EIA)** 트레포네말 검사는 많은 실험실에서 시행할 수 있으며 고속 대량 스크리닝이 가능하다. 또한 의사 진료실에서 손가락을 찔러 채취한 혈액 시료로 조사할 수 있는 형태의 간단한 **급속 진단 검사(rapid diagnostic test, RDT)**도 있다. 이러한 그룹의 검사 중 어느 것도 감염이 활성화되기 이전에는 구별할 수 없으며 주로 중앙 표준 실험실에서 실시해야만 하는 확인 검사가 필요하다.

오직 트레포네말 형태의 검사만이 확증을 위한 검사로 사용된다. 한 예는 간접 형광항체 검사인 **형광 트레포네말 항체 흡수 검사(fluorescent treponemal antibody absorption test)** 또는 **FTA-ABS**이다(520쪽 그림 18.11b 참조). 트레포네말 검사는 결과의 약 1%가 거짓양성이기 때문에 사전 검진을 위해서는 사용하지 않지만, 트레포네말과 비트레포네말 형태 모두에서 나온 양성 결과는 아주 명확한 것이다.

매독의 치료

체내에서 약 2주 동안 효과를 나타내는 지속성 약제인 벤자틴 페니실린(benzathine penicillin)이 매독의 일반적인 치료 항생제이다. 이 항생제의 혈청내 농도는 낮지만, 스피로헤타는 이렇게 낮은 농도의 항생제에도 아주 높은 민감성을 보인다.

페니실린에 민감한 사람을 위해서는 아지스로마이신과 독시사이클린, 테트라사이클린 등과 같은 여러 다른 항생제가 또한 효과가 있는 것으로 입증되었다. 임질과 다른 감염을 치료하기 위한 항생제 요법은 성장이 느린 스피로헤타에게 영향을 미치기에는 너무 짧은 기간 동안만 투여하기 때문에 효과적으로 매독을 제거할 것 같지는 않다.

서혜림프 육아종(LGV)

미국에서는 보기 드문 여러 STI가 세계의 열대 지역에서는 종종 발생한다. 예를 들면, NGU의 주요 원인이자 눈감염 트라코마의 원인인 클라미디아 트라코마티스는 또한 열대와 열대 인근 지역에서 발견되는 질병인 **서혜림프 육아종(lymphogranuloma venereum, LGV)**의 원인이기도 하다. 림프조직을 침입하고 감염하는 경향이 있는 클라미디아 트라코마티스의 혈청형들이 이 병을 일으키는 것 같다. 미국에서는 매년 대개 200~400건의 사례가 발생하는데, 환자 대부분이 동성애 남성들이며 이들 가운데 많은 사람이 또한 HIV-양성이다.

미생물은 림프계를 침입하여 그 부위의 림프절을 확대시키고 상하게 만든다. 화농(고름의 방출)도 일어날 수 있다. 림프절의 염증은 흉터를 만드는데 이것이 가끔 림프혈관을 막는다. 이러한 차단은 때때로 남성 외부 생식기를 크게 확대시킨다. 여성의 경우 직장 부위의 림프절이 연관되면 직장이 좁아지게 된다. 이러한 상태는 결국 수술이 필요할 수도 있다.

진단을 위해서는 질병을 일으키는 클라미디아 트라코마티스 혈청형에 대한 혈액의 항체 검사가 가장 만족스럽다. 분리한 미생물을 세포 배양이나 발육계란을 이용해 키울 수도 있지만 모든 실험실이 이러한 배양 시설을 갖추고 있지는 않다. 치료를 위해 선택하는 약은 독시사이클린이다.

무른궤양

무른궤양(chancroid 또는 soft chancre)으로 알려진 STI는 열대지역에서 가장 빈번히 발생하는데, 이 지역에서는 매독보다 더 자주 나타난다. 미국에서 보고된 사례의 수는 1988년 5,000건을 정점으로 감소하고 있다. 거의 모두가 뉴욕, 텍사스, 캘리포니아, 플로리다, 조지아 주에서 발생한다. 매독처럼 이 병의 발생률은 마약의 사용과 크게 연관이 있다. 무른궤양은 매우 드물어서 일부 의사들은 본 적도 없고 진단하기 어렵기 때문에 실제 사례보다 적게 보고되었을 것이다. 이 병은 아프리카와 아시아, 라틴 아메리카에서는 아주 흔하다.

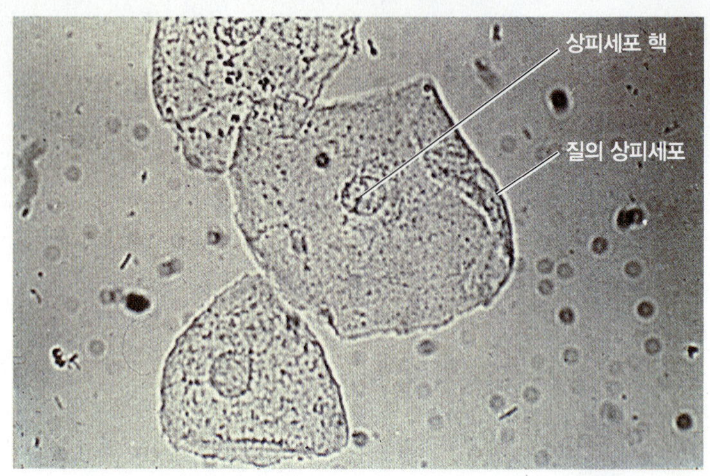

(a) 정상적인 질의 상피세포

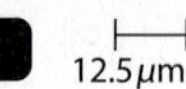

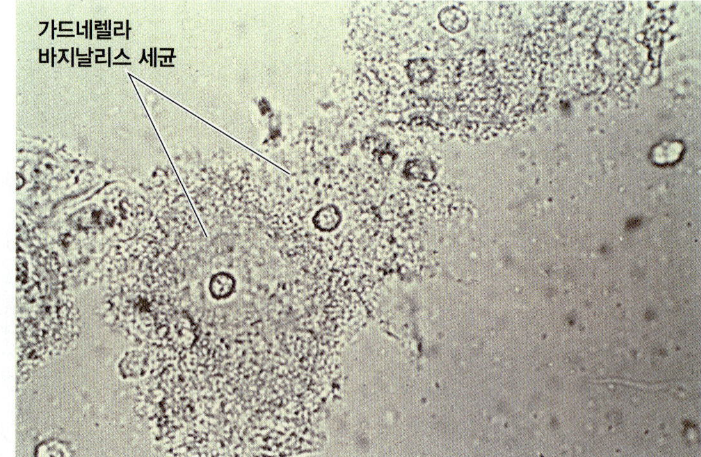

(b) 단서 세포

그림 26.12 단서 세포. 가드네렐라 세균이 질의 상피세포 표면을 덮고 있다.

Q 어떤 증상이 생기면 단서 세포를 찾게 되는가?

무른궤양에서 생식기에 생긴 붓고 아픈 궤양은 인접한 림프절의 감염과 연관이 있다. 사타구니 주변의 감염된 림프절은 때때로 파괴되어 표면으로 고름을 방출한다. 이러한 병변은 특히 아프리카에서 성적 접촉으로 인한 HIV의 전파에 한 중요한 요인이다. 병변은 또한 혀와 입술 같은 다양한 지역에서 나타난다. 원인 병인체는 병변의 분비물에서 분리할 수 있는 작은 그람음성 간균인 헤모필루스 두크래이(*Haemophilus ducreyi*)이다. 이 세균의 배양과 증상이 진단의 1차적인 수단이다. 추천하는 항생제로는 에리스로마이신과 세프트리악손 등이 있다.

세균성 질증

감염에 의한 여성 질의 염증, 또는 **질염(vaginitis)**은 다음과 같은 여러 미생물 중의 하나에 의해 가장 흔하게 일어난다: 주로 진균인 칸디다 알비칸스(*Candida albicans*), 원생동물인 질편모충(*Trichomonas vaginalis*), 또는 작은 다형성의 그람가변성 막대세균인 가드네

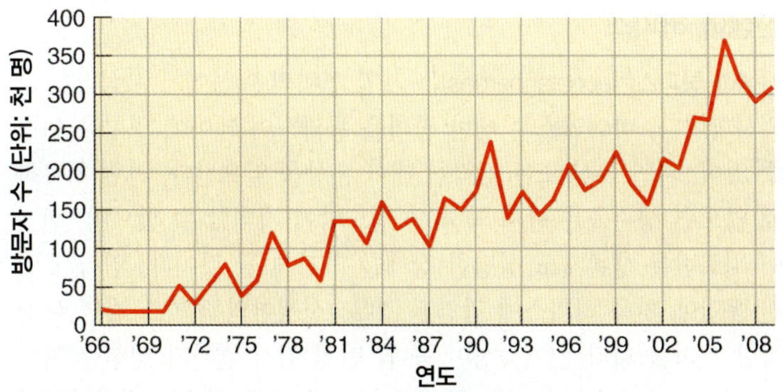

그림 26.13 **생식기 허피스: 1996년에서 2009년 사이 미국에서 처음 내원한 환자 수.** 출처: CDC, 2011.

이 도표에서 보여주는 것처럼 병의 발생률이 변하는 가능한 이유는 무엇인가?

렐라 바지날리스(*Gardnerella vaginalis*) 등이다(766쪽 질병 초점 26.2 참조). 이러한 사례들의 대부분은 가드네렐라 바지날리스의 존재에 기인하며 **세균성 질증(bacterial vaginosis)**이라 부른다[염증의 징후가 없기 때문에 질염(vaginitis)보다는 질증(vaginosis)이란 용어가 더 선호된다].

병의 상태는 생태학적으로 불가사의한 점이 있다. 정상적으로 과산화수소를 생산하는 락토바실루스(*Lactobacillus*) 질 세균의 수가 감소하는 어떤 사건에 의해 세균성 질증이 촉발된다고 믿고 있다. 이러한 생존경쟁의 변화는 특히 pH를 오히려 증가시키는 아민(amine)을 생산하는 가드네렐라 바지날리스 같은 세균의 증식을 증진시킨다. 무증상인 여성의 질에서 흔히 발견되는 대부분의 이러한 여러 세균들은 대사적으로 서로 의존하는 것으로 추정된다. 이러한 상황 때문에 특정 병인을 알아내기 위하여 코흐 원칙(Koch postulates)을 적용하는 것은 적합하지 않다. 남성에게는 이에 상응하는 질병의 상태는 없지만 가드네렐라 바지날리스는 종종 남성의 요도에 존재한다. 그러므로 이 병은 성적 접촉으로 전파될 수 있지만 경우에 따라서는 성 경험이 전혀 없는 여성에서도 발생한다.

세균성 질증은 질의 pH가 4.5 이상으로 올라가고 거품이 있는 다량의 질 분비물이 나오는 것이 특징이다. 이러한 질의 분비물에는 가드네렐라 바지날리스가 생산하는 아민이 들어 있기 때문에 수산화칼륨 용액으로 검사를 하면 생선 비린내가 난다. 진단은 질의 pH와 비린내[휘프 검사(whiff test)], 분비물에서 단서 세포(clue cell)를 현미경으로 검사하는 것을 기본으로 한다. 이들 단서 세포는 가드네렐라 바지날리스가 대부분인 세균들의 생물막으로 덮여 있는 질의 상피세포들이 벗겨진 것이다(그림 26.12). 이 병은 심각한 감염이라기보다는 성가신 것으로 간주한다. 그러나 지금은 많은 조산과 저체중아의 한 요인으로 여겨진다.

치료에는 주로 메트로니다졸을 사용하는데, 이 약은 병의 지속에 필수적인 산소비요구성 세균을 박멸하여 정상 젖산간균이 질에 다시 거주하도록 해준다. 정상 젖산간균 집단의 회복을 위해 초산 젤과 심지어 요거트를 바르는 것과 같은 치료의 효과는 입증된 바가 없다.

임상 사례 해결

렙토스피라 인테로간스에 대한 IgG 항체는 여러 해 동안 지속할 수 있으며 그들의 존재는 단지 이전의 노출을 의미할 수 있다. 2차 검사에서 항체 역가의 증가는 현재의 감염을 의미한다. 마리셀은 렙토스피라증을 독시사이클린으로 치료했고, 다음 카약 대회를 위해 훈련을 곧 재개할 수 있다.

대체로 사람에서 렙토스피라증 사례의 30~50%는 직업적인 노출에 의해 일어난다. 위험한 상태에 있는 주된 직업군으로는 농장 노동자, 수의사, 애완 동물 가게 주인, 배관 및 하수관 노동자, 고기 취급자와 도살장 노동자, 군병력 등이 있다. 그러나 1970년 이래로 여가 활동과 연관된 렙토스피라증이 증가하고 있다. 예를 들면, 수영으로 장시간 물에 노출되거나 호수나 계곡의 담수에서 카약을 하는 것이 렙토스피라 인테로간스 감염과 연관되어 왔다.

750 754 756 **763**

이해도 확인하기

✔ 주로 가드네렐라 바지날리스의 성장으로 인한 여성 생식계의 질병 상태를 왜 질염보다는 질증이라고 하는가? **26-6**

생식계의 바이러스성 질병

학습 목표

26-7 생식기 허피스와 생식기 사마귀의 역학에 대해 논의한다.

바이러스성 생식계 질병은 치료하기가 어려워서 건강 문제로 대두되고 있다.

생식기 허피스

생식기 허피스(genital herpes)는 널리 알려진 STI로 주로 2형 단순포진 바이러스(herpes simplex virus type 2, HSV-2)가 원인이다. (단순포진 바이러스는 1형 또는 2형으로 존재한다.) 1형 단순포진 바이러스(HSV-1)는 주로 입술 발진 또는 단순포진을 일으키지만(603쪽 참조), 이 또한 생식기 허피스를 일으킬 수도 있다. 공식 명칭은 인간 허피스바이러스 1과 2이다.

미국에서는 30세 이상의 사람 4명 가운데 1명이 HSV-2에 감염되어 있고 대부분은 자신이 감염된 것을 모른다(그림 26.13). 주로 구강-생식기 접촉에 의해 걸리는 생식기 HSV-1 감염이 현저하게 증가하고 있는데, 이것은 현재 미국의 생식기 허피스 사례의 약 절반을 차지한다.

생식기 허피스의 병변은 1주 정도의 잠복기 이후에 나타나며 타는 듯한 느낌을 일으킨다. 그 뒤에 소포가 나타난다(그림 26.14). 남성과 여성 모두에게 소변을 볼 때 통증이 있을 수 있으며, 걷기가 매우 불편하고 환자는 심지어 옷에 의해서도 자극을 받는다. 보통 소포는 몇 주 안에 치료된다.

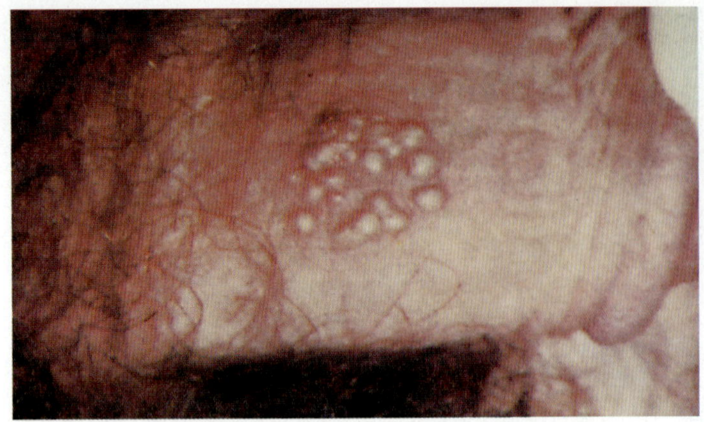

그림 26.14 음경에 생긴 생식기 허피스의 소포들

 어떤 미생물이 생식기 허피스를 일으키는가?

소포에 전염성이 있는 액체가 들어 있지만 이 병은 증상이나 병변이 명확하지 않을 때에도 자주 전염된다. 정액에도 바이러스가 있을 수 있다. 여성에서는 소포가 주로 외부 생식기(자궁경부에는 전혀 없고 질 안에)에 있고 남성의 경우에는 소포가 음경의 기부에 있기 때문에 콘돔은 보호 작용을 제공할 수 없다.

생식기 허피스의 가장 고민이 되는 특징 가운데 하나는 재발의 가능성이다. "사랑과 달리 허피스는 영원하다"는 의료 속담에서 이러한 사실을 느낄 수 있다. 입술 발진이나 수두-대상포진과 같은 다른 허피스 감염에서처럼, 바이러스는 신경세포에서 평생 동안 잠복 상태로 들어간다. 어떤 사람에서는 일 년에 여러 번 재발하기도 하지만 또 다른 사람에서는 거의 재발하지 않는다. 여성보다는 남성에서 더 잘 재발하는 것 같다. 재활성화는 월경, 감정적인 스트레스 또는 병(특히 발열을 동반한다면. 이는 입술 발진의 출현과 연관된 요인이기도 함), 그리고 아마도 감염 부위를 긁는 것 등을 비롯한 여러 요인들에 의해 시작된다. HSV-2를 가진 환자의 약 90%와 HSV-1을 가진 환자의 약 50% 정도에서 재발이 있다. 재발율은 치료와는 상관 없이 시간에 따라 감소한다.

생식기 허피스의 진단은 소포에서 얻은 바이러스의 배양을 통해서 할 수 있지만, 이러한 시료를 PCR로 검사하는 것이 더 민감하고 더 빠른 것으로 증명되었다. 만일 시료를 채취할 병변이 없다면 혈청학적인 검사로 HSV 감염을 확인하거나 증상에 의한 임상적인 진단으로 확인한다.

예방과 치료에 대한 집중적인 연구에도 불구하고 생식기 허피스에 대한 치료법은 없다. 화학요법을 논할 때에도 치료(cure)보다는 억제(suppression) 또는 관리(management)와 같은 용어를 사용한다. 현재 항바이러스 약물인 아시클로비어와 팜시클로비어, 발라시클로비어(valacyclovir) 등을 치료에 추천한다. 이들 약물은 1차적인 발병의 증상을 완화시키는 데 상당히 효과적이며 통증을 일부 완화시키고 좀 더 빨리 낫게 해준다. 여러 달 동안 복용하게 되면 이 기간 동안에는 재발의 가능성을 낮추어준다.

신생아 허피스

신생아 허피스(Neonatal herpes)는 가임 연령의 여성에게는 심각한 고려사항이다. 바이러스는 태반 장벽을 통과하여 태아에 영향을 미칠 수 있어, 자연 유산 또는 심각한 태아 손상을 일으킨다. 만일 치료하지 않으면 생존율은 단지 약 40% 정도밖에 기대할 수 없으며, 심지어 치료받은 생존자도 상당한 장애를 가지게 될 것이다. 엄마가 임신 동안에 처음 허피스에 감염된 경우, 신생아의 허피스 감염은 심각한 결과를 나타낼 가능성이 높다. 만일 검사 결과가 임신한 여성이 허피스바이러스에 대한 항체를 가지지 않은 것으로 나타난다면 산모는 최초 감염을 피하기 위해 특별한 상담이 필요하다. 재발 또는 무증상의 허피스에 노출되어 태아가 손상을 입을 가능성은 훨씬 적은데, 아마도 엄마의 항체에 의한 보호 때문인 것 같다.

신생아에서 대부분의 감염은 출산 동안에 HSV에 노출되어 발생한다. HSV-2 감염이 HSV-1 감염보다 더 심각한 것 같다. 만일 출산 시기에 허피스 감염에 의해 일어날 수 있는 생식기 발진이 나타나면 시료를 채취해 분리한 바이러스가 HSV-1 또는 HSV-2인지를 결정하기 위해 검사한다. 배양 결과는 음성이지만 허피스 감염이 여전이 의심스러우면 바이러스 DNA를 대상으로 하는 PCR 검사를 할 수 있다. 임신한 여성이 감염에 대한 아무런 증거를 나타내지 않는다 해도 그들이 HSV-2를 발산하는 것은 상당히 흔한 일이다. 그럼에도 불구하고 1% 이하의 신생아에서 신생아 허피스가 발생하는데, 이 또한 엄마의 항체에 의한 보호 때문인 것 같다.

일부 신생아에서는 피부와 점막, 눈에 국한된 감염이 일어난다. 적절하게 치료하면 이러한 사례의 결과는 대개 좋다. 그러나 이러한 사례의 약 30%는 발달 지연, 실명, 청각 손실 또는 간질을 일으킬 수 있는 중추신경계(CNS)의 손상과 연관된다. 바이러스 감염이 확산되면 신생아의 사망을 초래할 수 있다.

바이러스의 배양과 확인은 며칠이 걸리지만 형광 항체 검사는 신속하게 바이러스 단백질을 검출할 수 있고, PCR 검사는 바이러스 DNA의 존재를 검출할 수 있다. 치료는 보통 아시클로비어를 정맥으로 주사하는 것이다. 현재 이용할 수 있는 백신은 없다.

생식기 사마귀

사마귀는 유두종바이러스(palillomaviruse)로 알려진 바이러스가 일으키는 전염병이다. (더 익숙한 피부 관련 사마귀는 21장을 참조.) 많은 유두종바이러스가 선호하는 성장 위치는 피부가 아니라 호흡기와 입, 항문 및 외부생식기와 같은 기관을 싸고 있는 점막이다. 이러한 **생식기 사마귀[genital warts** 또는 뾰족 콘딜로마(condyloma acuminata)]는 주로 성적 접촉으로 전파되며 증가하고 있는 문제이다. 거의 백만 건의 새로운 사례가 미국에서 매년 발생하는 것으로 추산되는데 최근 조사에서는 미국의 14~59세의 여성의 1/4 이상이 감염된 것으로 나타났다. 전 세계적으로 생식기 사마귀가 가장 흔한 STI일 것이다.

60종 이상의 인간유두종바이러스(HPV)가 있으며 특정 혈청형이 생식기 사마귀의 특정한 형태와 연관되어 있는 경향이 있다. 예를 들면, 어떤 생식기 사마귀는 아주 큰데, 손가락 같은 돌기를 많이 가진 꽃양배추(cauliflower)와 같은 반면 다른 것은 상대적으로 매끈하거나 편평하다(그림 26.15).

음경의 병변은 남성에서 여성으로의 전파에 중요한 요인으로 보통 편평하고 아주 불분명하다. 잠복기는 대개 몇 주에서 몇 달 정도이다. 눈에 보이는 생식기 사마귀는 주로 혈청형 6과 11에 의해 일어난다. 이러한 혈청형들은 이 감염의 가장 심각한 걱정거리인 암은 거의 일으키지 않는다. 암을 가장 잘 일으킬 것 같은 혈청형은 16과 18형이지만 상대적으로 낮은 출현빈도를 가진다. 그렇다 해도 HPV가 원인인 자궁경부암은 미국에서 매년 적어도 4천 명 여성의 생명을 앗아간다. 구강과 항문, 음경 암도 또한 HPV 감염 때문에 일어난다.

암을 일으킬 가능성이 있는 HPV에 효과가 있는 두 가지 백신[가다실(Gardasil)과 서바릭스(Cervarix)]이 사용허가를 받았다. 백신은 12세 이상의 여성에게 추천되며 일부 지역에서는 심지어 필수사항이다. 백신은 또한 남성에서 사마귀와 부수적으로 항문 암을 일으키는 HPV를 예방하기 위해 사용된다(많이 이용되지는 않지만). 백신에 대한 면역반응은 상대적으로 약한 자연적인 감염에 의한 것보다 훨씬 더 효과적이다.

사마귀는 완치할 수는 없지만 치료할 수는 있다(600쪽의 논의 참조). 그러나 대략 90%의 사례에서 2년 안에 자연적으로 없어진다. 수술이나 냉동요법과 같은 사마귀 치료에 사용하는 방법들은 생식기 사마귀에 대해서는 그렇게 효과적이지 않다. 환부에 바르는 두 가지 젤인 포도필록스와 이미퀴모드가 주로 유용한 치료법이다. 이미퀴모드(약품명 알다라)는 신체가 항바이러스 활성이 있는 인터페론을 생산하도록 자극한다(471쪽).

에이즈

에이즈(AIDS) 또는 HIV 감염은 성적 접촉에 의해 자주 전파되는 바이러스 질병이다. 그러나 이것의 병원성은 545~554쪽에서 논의한 것처럼 면역계의 손상에 근거한다. 세균과 바이러스가 원인인 많은 질병으로 생긴 병변이 HIV의 전파를 촉진한다는 것을 기억하는 것이 중요하다.

이해도 확인하기

✓ 생식기 허피스와 생식기 사마귀 모두 다 바이러스가 원인인데 어느 것이 임신에 더 위험한가? 26-7

생식계의 진균성 질병

학습 목표

26-8 칸디다증의 역학에 대해 논의한다.

여기에서 설명하는 진균 질병은 처방전이 필요 없는 치료제의 광고로 잘 알려진 효모 감염이다.

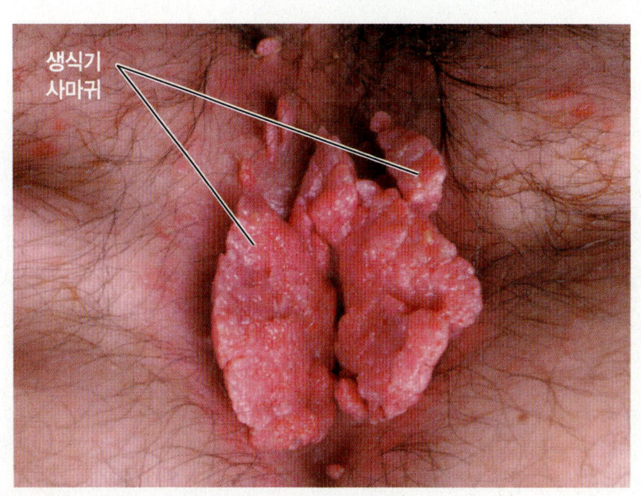

그림 26.15 **여성 외음부에 생긴 생식기 사마귀**

Q 생식기 사마귀와 자궁경부암의 연관성은 무엇인가?

칸디다증

칸디다(*Candida*)속의 효모와 유사한 진균에 의한 질 감염은 매년 수백만 명이 병원을 방문하게 하는 원인이다. 25살이 될 때까지 여대생의 약 절반이 적어도 한번은 이 병으로 의사의 진단을 받게 될 것이다. 이러한 감염을 치료하기 위한 처방전이 필요 없는 항진균 치료제는 미국에서 가장 많이 팔리는 일반의약품 가운데 하나이다. 칸디다 알비칸스가 가장 흔한 종으로 85~90% 사례의 원인이다. 칸디다 글라브라타(*C. glabrata*)와 같은 다른 종에 의한 감염은 항진균제에 내성이 생기고 만성 또는 재발 가능성이 더 크다.

칸디다 알비칸스는 흔히 입과 장관, 비뇨생식기관의 점막에서 자란다(질병 초점 26.2; 607쪽 그림 21.17 참조). 대개 감염은 항생제 또는 다른 요인에 의해 경쟁 미생물 무리의 성장이 억제될 때 기회감염성 미생물의 과다성장의 결과로 일어난다. 21장에서 논의한 것처럼 칸디다 알비칸스는 **구강 칸디다증(oral candidiasis)** 또는 아구창의 원인이다. 이것은 또한 남성에게서 때때로 NGU 사례를 일으키며 질염의 가장 흔한 원인인 **외음부질(vulvovaginal) 칸디다증**을 일으킨다. 모든 여성의 약 75%가 적어도 한번은 경험한다.

외음부질 칸디다증의 병변은 아구창의 병변과 유사하지만 많은 불편함을 야기한다: 심한 가려움과 노란색의 치즈 같은 걸쭉한 분비물, 퀴퀴한 냄새나 또는 냄새가 없는 증세 등. 대부분의 사례를 일으키는 칸디다 종인 칸디다 알비칸스는 기회감염성 병원체이다. 병에 걸리기 쉬운 상태로는 구강 피임약의 사용과 임신을 들 수 있는데, 이로 인해 질에 글리코겐 증가하게 된다(이번 장 초반부의 질의 정상 미생물상에 대한 논의 참조). 아마도 호르몬이 한 요인인 것 같으며, 칸디다증은 사춘기 이전의 여자나 폐경기 이후의 여성에게는 훨씬 드물다. 효모 감염은 당뇨병 치료를 제대로 하지 않는 여성에게 자주 일어나는 증상이며 또한 광범위 항생제의 사용은 정상 경쟁 세균 미생물상을 억제하여 기회감염성 진균 감염에 이르게 한다. 이와 같이 당뇨병과 항생제 요법은 칸디다 알비칸스 질염에 걸리기 쉽게 만드는 요인들이다.

질병 초점 26.2

가장 흔한 형태의 질염과 질증의 특징

질염, 또는 질의 염증은 주로 질의 감염을 동반한다. 질염은 미생물의 감염에 의해 일어날 수 있다. 질염의 원인은 단지 건강검진 또는 증상만을 기초로 해서는 결정할 수 없다. 주로 진단은 현미경으로 질 분비물 시료를 검사하는 것을 포함한다(사진 참조). 아래 표를 참조하여 그림에 있는 생물체가 일으키는 감염을 알아내 보시오.

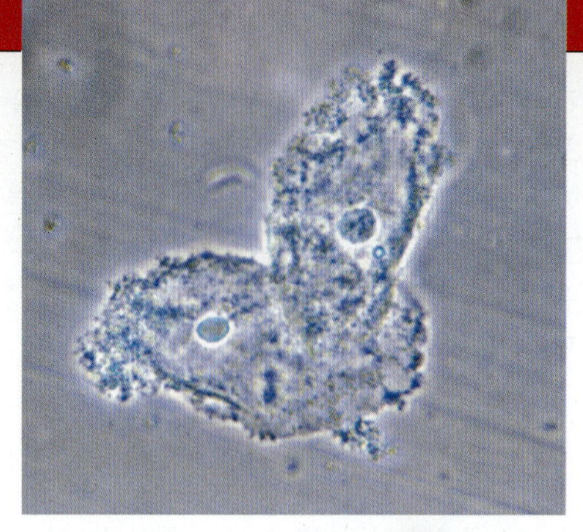

질의 면봉시료에서 막대 모양의 세균으로 덮여 있는 상피세포

질병	병원체	증상				진단	치료법
		배출물의 냄새와 색깔, 농도	배출물의 양	질 점막의 모습	pH (정상 pH: 3.8~4.2)		
칸디다증	진균, 칸디다 알비칸스	퀴퀴한 냄새 또는 무취, 흰색, 굳어진 형태	다양	건조, 붉은색	< 4	현미경 검사	크로트리마졸; 플루코나졸
세균성 질증	세균, 가드네렐라 바지날리스	생선비린내; 회색-흰색, 얇고, 거품이 있음	많음	분홍색	> 4.5	단서 세포의 존재	메트로니다졸
트리코모나스증	원생동물, 질편모충	악취, 녹색을 띠는 노란색; 거품이 있음	많음	부드러움, 붉은색	5~6	현미경 검사; DNA 탐침; 단일클론 항체	메트로니다졸

효모 감염은 배양에서 진균을 분리하거나 병변을 긁어서 채취한 시료에서 현미경으로 진균을 확인함으로써 진단한다. 치료는 보통 크로트리마졸과 미코나졸과 같은 처방전이 필요 없는 항진균 약물을 국부에 바르는 것을 포함한다. 다른 치료법은 플루코나졸을 한 차례 경구투여하거나 다른 아졸 형태의 항진균제를 사용한다.

이해도 확인하기

✔ 질의 세균 미생물상의 어떠한 변화가 효모 칸디다 알비칸스의 성장에 또한 도움을 주게 되는가? 26-8

생식계의 원생동물성 질병

학습 목표

26-9 트리코모나스증의 역학에 대해 논의한다.

26-10 선천성과 신생아 감염을 일으킬 수 있는 생식계 질병을 열거하고 이러한 감염을 어떻게 예방할 수 있는지 설명한다.

원생동물이 일으키는 유일한 STI는 주로 젊고, 성욕이 왕성한 여성에게 영향을 미친다. 이것은 미국에서는 매년 거의 8백만 건 이상이 보고될 정도로 가장 흔한 STI일 수 있지만 널리 알려져 있지는 않다.

트리코모나스증

산소비요구성 원생동물인 질편모충은 주로 많은 남성의 요도와 여성의 질에 정상적으로 사는 생물체이다(그림 26.16). 이것은 주로 성적 접촉으로 전파된다. 질의 정상적인 산도가 교란되면 원생동물이 생식기 점막의 정상 미생물상에서 과성장하여 **트리코모나스증(trichomoniasis)**을 일으킬 수 있다. (남성에게는 원생동물이 존재하여도 어떠한 증상도 잘 나타나지 않는다.) 이것은 종종 임질과 동시감염으로 나타난다. 일부 STI 진료소에서 이 병의 유병률은 25% 이상이다. 원생동물 감염에 반응하여 신체는 감염부위에 백혈구를 축적한다. 그 결과로 생기는 배출물은 양이 많고, 녹색을 띠는 노란색이며, 악취가 특징이다. 이러한 배출물은 염증과 가려움을 동반한다. 그러나 사례의 절반 정도가 무증상이다.

트리코모니스증의 발생률은 임질 또는 클라미디아 보다는 더 높지만 상대적으로 양성이며 신고 의무가 있는 병은 아니다. 그러나 저체중으로 출산되는 신생아와 연관된 문제와 조산을 일으키는 것

미생물에 의한 생식계 질병

26세 여성에게 복통과 배뇨 통증, 발열 증세가 나타났다. 고농도 이산화탄소 조건에서의 배양을 통해 그람음성 쌍구균이 나타났다. 아래 표를 참조하여 이러한 증상을 일으킬 수 있는 감염을 알아내 보시오.

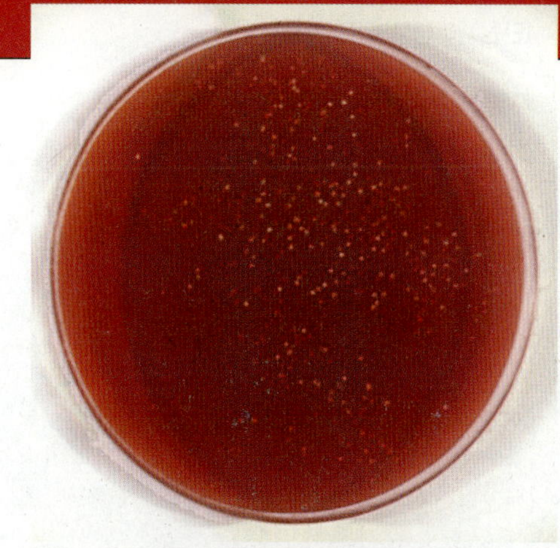

타예르-마틴 한천배지 위의 그람음성 쌍구균

질병	병원체	증상	치료법
세균성 질병			
임질	임질균	남성: 배뇨 시 통증과 고름이 나옴. 여성: 거의 무증상, 그러나 PID 같은 합병증이 생길 수 있음.	세팔로스포린
비임균성 요도염(NGU)	클라미디아 트라코마티스, 마이코플라스마 호미니스, 우레아플라스마 우레아리티컴	배뇨 시 통증과 묽은 배출물. 여성에게는 PID 같은 합병증이 생길 수 있음.	독시사이클린, 아지스로마이신
골반 염증 질환(PID)	임균, 클라미디아 트라코마티스	만성 복통; 불임의 가능성	독시사이클린과 세포시틴
매독	매독균	감염 부위의 초기 발진, 뒤에 피부 발진과 가벼운 발열; 최종 단계에서 심한 병변으로 심혈관과 신경계에 손상이 생길 수 있음.	벤자틴 페니실린
서혜림프 육아종(LGV)	클라미디아 트라코마티스	사타구니의 림프절이 부어 오름	독시사이클린
무른궤양	헤모필루스 두크레이	생식기의 통증이 있는 궤양; 사타구니의 림프절이 부어 오름	에리스로마이신; 세프트리악손
세균성 질증	질병 초점 26.1 참조, 753쪽		
바이러스성 질병			
생식기 허피스	2형 단순포진 바이러스; 1형 HSV	생식기에 통증이 있는 소포	아시클로비어
생식기 사마귀	인간유두종바이러스	생식기에 사마귀	포도필록스; 이미퀴모드; 예방 백신
에이즈	19장 참조, 545~554쪽		
진균 질병			
칸디다증	질병 초점 26.2 참조, 766쪽		
원생동물 질병			
트리코모나스증	질병 초점 26.2 참조, 766쪽		

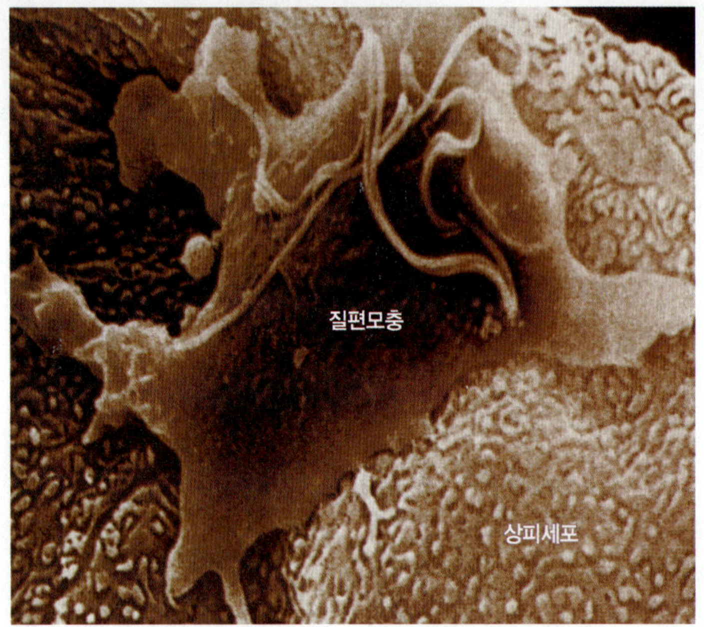

그림 26.16 **세포 배양에서 상피세포의 표면에 붙어 있는 질편모충.** 편모가 선명하게 보인다.

출처: D. Petrin et al., "Clinical and Microbiological Aspects of *Trichomonas vaginalis*." *ASM Clinical Microbiology Reviews* 11 (1998):300–317.

Q 이러한 원생동물에 감염되면 어떠한 해로운 영향이 있는가?

으로 알려져 있다.

주로 배출물을 현미경으로 검사하여 생물체를 확인하여 진단한다. 이들은 또한 실험실 배지에서 분리, 배양할 수 있다. 병원체는 남성 보균자의 오줌과 정액에서 발견될 수 있다. DNA 탐침과 단일클론 항체를 이용하는 새로운 신속한 검사를 현재 이용할 수 있다. 치료는 감염을 손쉽게 없애기 위해 성행위 상대 모두에게 메트로니다졸을 복용하게 한다. 미생물에 의한 비뇨계와 생식계의 주요 질병은 질병 초점 26.3에 요약하였다.

토치(TORCH) 패널 검사

우리는 이번 장과 이전 장에서 임신한 여성이 감염되었을 때 신생아의 선천적 장애를 일으킬 수 있는 다수의 질병을 보았다. 토치(TORCH)는 임신한 여성에게서 이러한 감염에 대한 항체를 탐색하는 패널 검사의 약자이다. 확진은 추가 검사가 필요할 수도 있다. 패널은 다음과 같이 구성되어 있다: **T** (Toxoplasmosis, 톡소포자충증); **O** (Others; 매독, B형 간염, 장바이러스, 엡스타인-바 바이러스, 수두-대상포진 바이러스 등); **R** (Rubella, 풍진); **C** (Cytomegalovirus, 거대세포바이러스); **H** (Herpes simplex virus, 단순포진 바이러스).

이해도 확인하기

✓ 남성 생식계에 질편모충이 존재할 때 나타나는 증상은 무엇인가? **26-9**
✓ 토치(TORCH) 패널 검사의 목적은 무엇인가? **26-10**

학습 개요

서론 (749쪽)

1. 비뇨기계는 혈액의 양과 화학적인 조성을 조절하며 질소 노폐물과 물을 배출한다.
2. 생식계는 생식을 위한 생식세포를 생산하며, 여성에서는 배아의 성장을 보조한다.
3. 이러한 계들의 미생물 질병은 정상 미생물무리의 구성원에 의한 기회적인 감염이나 외부 출처로부터 감염된 결과이다.

비뇨기계의 구조와 기능 (750쪽)

1. 소변은 신장으로부터 요관을 통해 방광으로 운반되며 요도를 통해 배출된다.
2. 판막은 소변이 방광과 신장으로 다시 흘러들어가는 것을 막아준다.
3. 소변의 세척 작업과 정상 소변 자체도 상당한 항미생물 역할을 한다.

생식계의 구조와 기능 (750~751쪽)

1. 여성 생식계는 두 개의 난소, 두 개의 자궁관, 자궁, 자궁 경부, 질, 그리고 외부 생식기로 구성되어 있다.
2. 남성 생식계는 두 개의 정소, 관, 부속샘, 그리고 음경으로 구성되어 있으며 정액은 요도를 통해 남성 몸에서 방출된다.

비뇨계와 생식계의 정상 미생물상 (751쪽)

1. 방광과 상부 비뇨기관은 보통 상태에서는 무균이다.
2. 젖산간균은 가임 기간 동안에는 가장 우세한 질의 미생물무리이다.
3. 남성의 요도는 보통은 무균이다.

■ 비뇨기계의 질병 (752~754쪽)

비뇨기계의 세균성 질병 (752~754쪽)

1. 요도염, 방광염, 그리고 요관염(ureteritis)은 하부 비뇨기관 조직의 염증을 나타내는 용어이다.
2. 신우신장염은 전신성 세균 감염이나 하부 비뇨기관 감염으로부터 생길 수 있다.
3. 장에서 유래한 기회감염성 그람음성 세균은 종종 비뇨기관 감염을 일으킨다.
4. 삽관(catheterization)에 따른 병원내 감염이 비뇨기계에 일어난다. 대장균이 이러한 감염 반 이상의 원인이다.
5. 비뇨기관 감염의 치료는 원인 병원체의 분리와 항생제 감수성 검사에 의존한다.

방광염 (752쪽)

6. 방광의 염증, 또는 방광염은 여성에게 흔하다.
7. 요도 입구와 요도를 따라 존재하는 미생물, 부주의한 개인 위생, 그리고 성행위는 여성에게서 방광염이 높은 비율로 발생하는 데 기여한다.
8. 가장 일반적인 병의 원인은 대장균과 스태필로코커스 사프로피티쿠스이다.

신우신장염 (752쪽)

9. 신장의 염증, 또는 신우신장염은 주로 하부 비뇨기관 감염의 한 합병증이다.
10. 약 75%의 신우신장염 사례는 대장균이 원인이다.

렙토스피라증 (752~754쪽)

11. 스피로헤타인 렙토스피라 인테로간스가 렙토스피라증의 원인이다.
12. 이 병은 소변으로 오염된 물에 의해 인간으로 전파된다.
13. 렙토스피라증은 오한, 발열, 두통, 그리고 근육통이 특징적이다.

■ 생식계의 질병 (754~768쪽)

생식계의 세균성 질병 (754~763쪽)

1. 생식계의 대부분 질병은 성적 접촉으로 전파되는 질병(STD)인데 현재는 성적 접촉으로 전파되는 감염(STI)이라고 부른다.
2. 대부분의 STI는 콘돔을 사용함으로써 예방할 수 있고 항생제로 치료한다.

임질 (754~756쪽)

3. 임질균이 임질을 일으킨다.
4. 임질은 미국에서 흔하게 보고되는 전염성 질병이다.
5. 임균은 돌기를 이용해 구강-인두 지역, 생식기, 눈, 그리고 직장의 점막세포에 부착한다.
6. 남성에게 증상은 소변볼 때 통증과 고름이 나온다. 요도가 막히고 불임이 치료하지 않는 경우의 합병증이다.
7. 여성은 감염이 자궁과 자궁관에 퍼지지 않으면 무증상이다(골반 염증 질환 참조).
8. 임질성 심내막염, 임질성 수막염, 그리고 임질성 관절염은 임질 감염을 치료하지 않으면 남성, 여성 모두에게 영향을 줄 수 있는 합병증이다.
9. 신생아 안염은 감염된 엄마의 산도를 통과하는 동안에 유아가 얻는 눈 감염이다.
10. 임질은 ELISA 또는 핵산의 증폭으로 진단한다.

비임균성 요도염(NGU) (757~758쪽)

11. 비임균성 요도염(NGU) 또는 비특이성 요도염(NSU)은 임균이 원인이 아닌 요도의 염증이다.
12. NGU의 대부분의 사례는 클라미디아 트라코마티스가 원인이다.
13. 클라미디아 트라코마티스 감염은 가장 일반적인 STI이다.
14. NGU의 증상은 자궁관 염증과 불임이 일어날 수 있지만 대개는 가볍거나 없다.
15. 클라미디아 트라코마티스는 출산시 유아의 눈에 전염될 수 있다.
16. 진단은 소변에서 클라미디아 DNA를 검출하는 것을 기본으로 한다.
17. 우레아플라스마 우레아리티컴과 마이코플라스마 호미니스도 또한 NGU를 일으킨다.

골반 염증 질환(PID) (758쪽)

18. 여성의 골반 기관 특히 생식계의 광범위한 세균 감염을 골반 염증 질환(PID)이라 부른다.
19. PID는 임균, 클라미디아 트라코마티스, 그리고 자궁관에 접근할 수 있는 다른 세균에 의해 일어난다. 자궁관의 감염을 자궁관염(salpingitis)이라 부른다.
20. PID는 자궁관을 막히게 하고 불임을 일으킬 수 있다.

매독 (758~762쪽)

21. 매독은 체외에서는 배양할 수 없는 스피로헤타인 매독균이 원인이다. 실험실에서의 배양은 토끼나 세포 배양을 통해 성장시킨다.
22. 1차 병변은 감염된 부위에 생기는 작고 딱딱한 궤양이다. 그 다음 세균은 혈액과 림프계를 침입하고 궤양은 저절로 치유된다.
23. 피부와 점막에 널리 퍼지는 발진이 생기면 2차 단계로 진행된 것을 의미한다. 스피로헤타는 발진의 병변에 존재한다.
24. 환자는 2차 병변이 저절로 나은 후에 잠복기로 들어간다.
25. 2차 병변이 생긴 지 적어도 10년 후에 고무종이라 부르는 3차 병변이 많은 기관에 생길 수 있다.
26. 잠복기 동안에 매독균이 태반을 통과하게 되면 생기는 선천성 매독은 신생아에게 신경학적 손상을 일으킬 수 있다.
27. 매독균은 1차와 2차 병변으로 부터 채취한 체액을 암시야 현미경을 통해 확인한다.
28. VDRL, RPR, 그리고 FTA-ABS와 같은 여러 혈청학적 검사는 병의 어느 단계에서나 매독균에 대한 항체의 존재를 검출하는 데 사용할 수 있다.

서혜림프 육아종(LGV) (762쪽)

29. 클라미디아 트라코마티스는 주로 열대와 아열대 지역의 질병인 서혜림프 육아종(LGV)을 일으킨다.
30. 초기 병변은 생식기에 나타나며 흔적 없이 치유된다.
31. 세균은 림프계로 퍼져 림프절 확대, 림프 혈관의 파괴, 그리고 외부 생식기의 부종을 일으킨다.
32. 주로 클라미디아 트라코마티스의 항체를 검출하여 진단한다.

무른궤양 (762쪽)

33. 생식기나 입의 점막에 나타나는 붓고 통증이 있는 궤양인 무른궤양은 헤모필루스 듀크레이가 원인이다.

세균성 질증 (762~763쪽)

34. 세균성 질증은 가드네렐라 바지날리스가 일으키는 염증이 없는 감염이다.
35. 가드네렐라 바지날리스의 진단은 증가된 질의 pH, 생선비린 냄새, 그리고 단서 세포의 존재를 근거로 한다.

생식계의 바이러스성 질병 (763~765쪽)

생식기 허피스 (763~764쪽)

1. 단순포진 바이러스(HSV-1과 HSV-2)가 생식기 허피스를 일으킨다.
2. 감염의 증상은 소변볼 때의 통증, 생식기의 염증, 그리고 액체로 가

득찬 소포들이다.

3. 바이러스는 잠복기에 신경세포로 들어갈 수 있다. 소포는 외상과 호르몬 변화 뒤에 재발할 수 있다.
4. 신생아 허피스는 태아의 발달 또는 출산 동안에 발생한다. 이것은 신경학적인 손상 또는 유아의 사망을 초래할 수 있다.

생식기 사마귀 (764~765쪽)

5. 인간 유두종바이러스가 사마귀의 원인이다.
6. 생식기 사마귀를 일으키는 일부 인간유두종바이러스는 자궁경부의 암과 연관이 있다.

에이즈 (765쪽)

7. 에이즈는 성적 접촉으로 전파되는 면역계의 질병이다(19장 545~554쪽 참조).

생식계의 진균성 질병 (765~766쪽)

칸디다증 (765~766쪽)

1. 칸디다 알비칸스는 남성에게는 NGU를 여성에게는 질 칸디다증 또는 효모 감염을 일으킨다.
2. 외음부질 칸디다증은 가려움과 염증을 생성하는 병변이 특징적이다.
3. 병이 잘 걸리는 요인은 임신, 당뇨병, 종양, 그리고 광범위-효능 항세균 화학요법 등이다.
4. 진단은 병변으로부터 진균을 관찰하고 분리하는 것을 근본으로 한다.

생식계의 원생동물성 질병 (766~768쪽)

트리코모나스증 (766~768쪽)

1. 질편모충은 질의 pH가 증가할 때 트리코모나스증을 일으킨다.
2. 진단은 감염부위의 화농성 배출물에서 원생동물을 관찰하는 것을 근본으로 한다.

토치(TORCH) 패널 검사 (768쪽)

3. 태아를 감염할 수 있는 특별한 질병에 대한 항체는 토치(TORCH) 검사로 검출할 수 있다.

학습 질문

복습과 객관식 문제에 대한 해답은 책 뒤에 있음.

복습 문제

1. 그려보기 방광염을 일으키기 위해 대장균이 감염되는 경로를 그리시오. 신우신장염에 대해서도 대장균의 감염 경로를 그리시오. PID를 일으키기 위해 임균이 감염되는 경로를 그리시오.

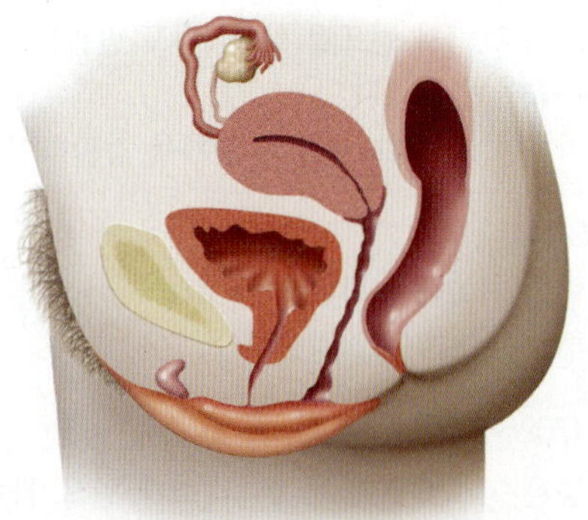

2. 비뇨기관 감염은 어떻게 전파되는가?
3. 왜 대장균이 여성의 방광염에 자주 연관되는지를 설명하시오. 방광염을 잘 걸리게 하는 몇 가지 요인을 들어보시오.
4. 신우신장염을 일으키는 생물체 한 가지를 말해보시오. 신우신장염을 일으키는 미생물의 출입 통로는 어디인가?
5. 아래 표를 완성하시오.

질병	원인 병원체	증상	진단 방법	치료법
세균성 질증				
임질				
매독				
골반 염증 질환				
비임균성 요도염				
서혜림프 육아종				
무른궤양				

6. 생식기 허피스의 증상을 설명하시오. 원인 병원체는 무엇인가? 이러한 감염은 언제 가장 덜 전파될 것 같은가?
7. 생식계 감염을 일으킬 수 있는 진균과 원생동물 한 가지씩만 말해보시오. 어떠한 증상이 이러한 감염을 의심하게 하는가?
8. 선천성과 신생아 감염을 일으키는 생식기 감염을 열거하시오. 태아나 신생아에 전파되는 것을 어떻게 예방할 수 있는가?
9. 이름 답하기 이러한 그람음성 세균의 세포내 망상체는 새로운 숙주세포를 감염할 수 있는 기본 소체로 전환된다.

객관식 문제

1. 다음 중 어느 것이 오염된 물에 의해서 주로 전파되는가?
   a. 클라미디아
   b. 렙토스피라증
   c. 매독
   d. 트리코모나스증
   e. 정답 없음

2~5번 문제의 답을 다음 중에서 선택하시오.

a. 칸디다
b. 클라미디아
c. 가드네렐라
d. 나이세리아
e. 트리코모나스

2. 질 도말시료의 현미경 검사에서 편모가 있는 진핵생물이 관찰되었다.
3. 질 도말시료의 현미경 검사에서 알 모양의 진핵세포가 관찰되었다.
4. 질 도말시료의 현미경 검사에서 세균을 덮고 있는 상피세포가 관찰되었다.
5. 질 도말시료의 현미경 검사에서 식균세포 안에 그람음성 구균이 관찰되었다.

6~8번 문제의 답을 다음 중에서 선택하시오.

a. 칸디다증
b. 세균성 질증
c. 생식기 허피스
d. 서혜림프 육아종
e. 트리코모나스증

6. 화학요법으로 치료하기가 어려운
7. 액체로 차 있는 소포
8. 거품과 생선 비린내가 나는 분비물

9~10번 문제의 답을 다음 중에서 선택하시오.

a. 클라미디아 트라코마티스
b. 대장균
마이코플라스마 호미니스
c. 마이코플라스마 호미니스
d. 스태필로코커스 사프로피티쿠스

9. 방광염의 가장 흔한 원인.
10. 비임균성 요도염 경우에, 진단은 미생물의 DNA를 검출하기 위해 PCR을 사용한다.

비판적 사고

1. 딸기종이라 부르는 열대 피부병은 직접 접촉에 의해 전염된다. 이것의 원인 병원체는 매독균과 구별할 수 없는 트레포네마 팔리덤 펠테뉴이다. 유럽에서 매독의 유행은 콜럼부스(Columbus)가 신세계로부터 돌아온 것과 일치한다. 유럽의 온대 기후에서 트레포네마 팔리덤 펠테뉴가 어떻게 매독균으로 진화했는가?
2. 빈번한 질 세정이 왜 세균성 질증, 외음부질 칸디다증 또는 트리코모나스증에 잘 걸리는 요인인가?
3. 나이세리아는 초콜릿 한천과 니스타틴을 포함하는 타예르-마틴(Thayer-Martin) 배지를 이용하여 5%의 이산화탄소 환경에서 배양한다. 이것으로 어떻게 나이세리아를 선별하는가?
4. 아래 목록은 비뇨생식기 감염을 일으키는 미생물을 선별하기 위한 요소이다. 이들 각자의 특징을 나타내는 빈칸을 이 장에서 논의한 속의 미생물을 열거함으로써 이러한 요소를 완성하시오.

그람음성세균
 스피로헤타
  유산소성 ______
  무산소성 ______
 구균
  산화효소-양성 ______
 바실루스, 비운동성
  X 인자를 필요로 함 ______
 그람양성 세포벽 ______
절대 세포내 기생충 ______
세포벽의 결핍
 요소가수분해효소-양성 ______
 요소가수분해효소-음성 ______
진균
 가성균사 ______
원생동물 ______
 편모
환자로부터 관찰되거나 배양된 생물체가 없음 ______

임상 응용

1. 건강했던 19살의 여성이 메스꺼움, 구토, 두통, 그리고 목이 뻣뻣해지는 증상이 있은 지 이틀 후에 병원에 입원하였다. 뇌척수액과 자궁경부의 배양에서는 백혈구 안에 그람음성 쌍구균이 관찰되었으며 혈액의 배양에서는 균이 나타나지 않았다. 그녀는 어떤 병에 걸렸는가? 이 병은 어떻게 걸린 것 같은가?
2. 28세 여성이 왼쪽 무릎에 일주일 동안 관절염으로 고생하다 위스콘신(Wisconsin) 병원에 입원하였다. 4일 후 32세 남성이 2주간의 요도염과 왼쪽 손목이 붓고 통증이 있어 검사를 받았다. 필라델피아(Philadelphia) 병원을 찾은 20세 여성은 3일 동안 오른쪽 무릎, 왼쪽 관절, 그리고 왼쪽 손목에 통증이 있었다. 활액(synovial fluid) 또는 요도로부터 배양한 병원체는 성장하는 데 프롤린(proline)을 필요로 하는 그람음성 쌍구균이었다. 항생제 감수성 검사는 다음의 결과를 나타내었다:

항생제	조사한 MIC (μg/ml)	감수성 MIC (μg /ml)
세포시틴	0.5	≤ 2
페니실린	8	≤ 0.06
스펙티노마이신	64	≤ 32
테트라사이클린	4	≤ 0.25

병원체는 무엇이며 이 병은 어떻게 전파되었는가? 어떤 항생제를 치료에 사용해야만 하는가? 이러한 사례와 연관된 증거는 무엇인가?

3. 아래의 정보를 사용하여 병이 무엇이고 유아의 병을 어떻게 예방해야 하는지를 결정하시오:

5월 11일: 23세 여성이 그녀의 첫 번째 산전 검사를 받았다. 그녀는 임신 4개월이었다. 그녀의 VDRL 결과는 음성이다.
6월 6일: 그녀는 며칠 동안 입술에 생긴 병변 때문에 의사를 방문하였다. 생검은 종양에 대해 음성이었으며 허피스 검사도 음성이었다.
7월 1일: 그녀는 입술의 병변에서 계속해서 통증을 느꼈기 때문에 다시 의사를 방문하였다.
9월 15일: 태아의 아버지도 음경에 다수의 병변과 일반적인 몸의 발진이 생겼다.
9월 25일: 그녀는 아기를 낳았다. 그녀의 RPR 수치는 32이었고 태어난 아이는 128이었다.
10월 1일: 아기가 혼수상태이었기 때문에 그녀는 아기를 소아과의사에게 데리고 갔다. 아기는 건강하고 걱정할 것 없다는 이야기를 들었다.
10월 2일: 아기의 아버지에게는 지속적으로 몸과 손바닥, 발바닥에 발진이 생겼다.
11월 8일: 유아는 급성 폐렴증세가 있어 입원하였다. 담당의사는 연골염(osteochondritis)의 징후를 발견하였다.

27

환경미생물학

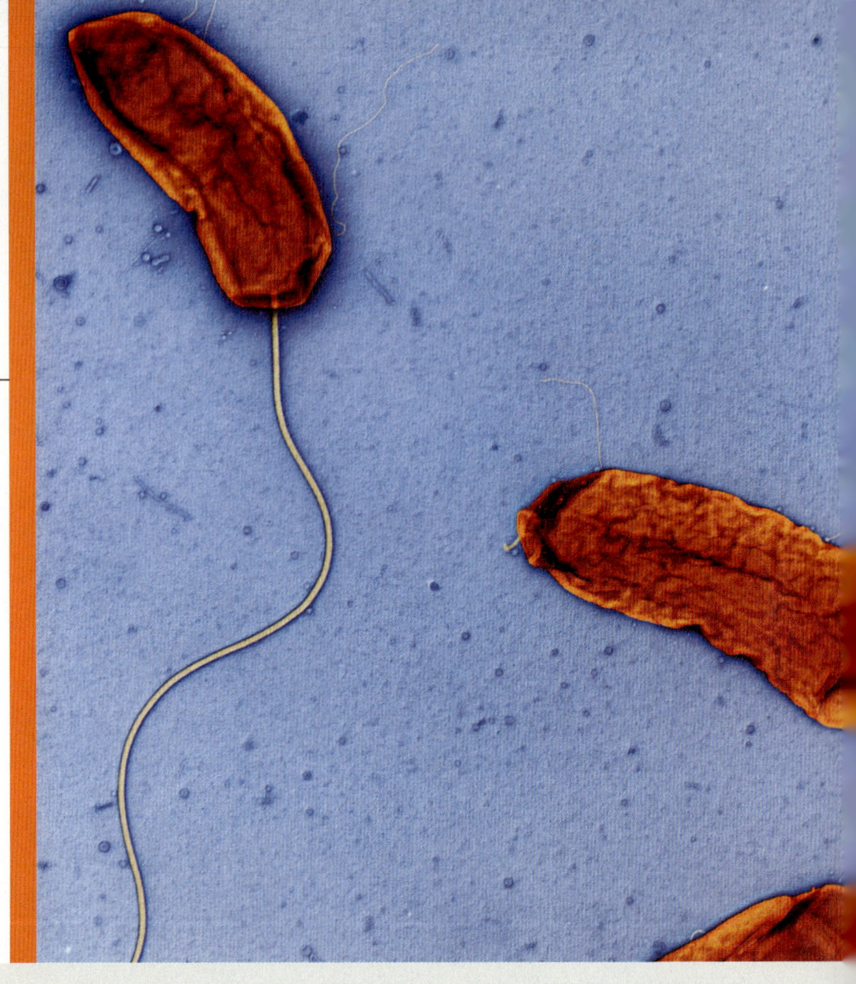

앞장에서는 주로 병원성 미생물에 대해 다루었다. 환경보건 담당자들은 정기적으로 먹는 물을 검사하여 병원성 미생물의 오염 여부를 확인한다. 이에 대해서는 이번 장의 '임상 사례'에서 다루는 대표적 병원성 미생물인 *Vibrio cholerae*를 통해서 살펴볼 것이다. 물론 환경에서 유익한 기능을 수행하는 미생물에 대해서도 알아볼 것이다. 사실, 세균을 비롯한 대다수의 미생물은 지구상 생물들의 삶을 유지하는 데에 없어서는 안 되는 존재이다.

특히 박테리아(Bacteria)와 고세균(Archaea) 영역(Domain)에 속하는 미생물들은 지구의 다양한 서식지에 널리 퍼져 있다. 뜨거운 온천 물에도 살고 있고, 남극의 눈 1밀리리터에서 무려 5,000여 마리에 달하는 세균이 분리되었다. 지하 1킬로미터가 넘는 곳에 있는 암석의 작은 구멍에서도 미생물을 분리하였다. 심해 탐사 결과, 엄청나게 많은 수의 미생물이 상상을 초월하는 압력받으며 영원한 암흑 세상에서 살고 있음이 밝혀졌다. 그리고 빙하가 녹아 흐르는 산 속의 맑은 시냇물에서도, 사해(Dead Sea)처럼 거의 포화상태인 소금물에서도 미생물은 발견된다.

미생물 다양성과 서식지

학습 목표

27-1 극한생물(extremophile)을 정의하고, 두 개의 극한 서식지를 알아본다.

27-2 공생(symbiosis)을 정의한다.

27-3 균근(mycorrhiza)을 정의하고 내균근(endomycorrhizae)과 외균근(ectomycorrhizae)을 구별한 다음, 각각 해당 예를 제시한다.

특정 환경에 다양한 미생물 집단이 살고 있다는 것은 미생물들이 그 환경에서 가용한 자원을 잘 이용하고 있음을 나타낸다. 불과 토양 몇 밀리미터 범위 내에서도 산소와 빛, 영양분의 양이 달라진다. 산소 요구성 생물들이 주변에 있는 산소를 소모함에 따라 산소비요구성 미생물이 성장할 수 있는 환경이 조성된다. 지렁이의 활동이나 밭갈이 등을 통해 토양에 산소가 들어오게 되면 산소 요구성 생물들이 다시 살 수 있게 되고, 이러한 천이는 반복된다.

극한 온도나 pH, 높은 염분 농도 등 대부분의 생물들은 견딜 수 없는 척박한 환경에서 살아가는 미생물을 일컬어 **극한생물(extremophile)**이라고 하는데, 대부분 Archaea에 속하는 미생물이다. 이들의 성장을 가능하게 하는 효소(**극단효소, extremozyme**)는 보통 효소들이 불활성화되는 온도와 염도, pH에서도 활성을 유지할 수 있기 때문에 산업계의 큰 관심을 받고 있다. 일례로 PCR 방법(249쪽 참조)에 필수적인 효소인 Taq polymerase 효소는 미국 옐로스톤 국립공원의 온천에서 발견된 *Thermus aquaticus*에서 유래한 것이다. 이 효소는 물이 거의 끓는 온도인 95°C에서도 정상 기능을 하는데, 사실 이것이 *T. aquaticus*의 서식지 온도이다. 이와는 반대로 남극과 그린란드 대륙빙 속에서 발견된 세균들은 두께가 단지 물 분자 세 개 정도인 수막에 둘러싸여 영하 40°C에서도 생존한다. 칠레의 아타카마(Atacama) 사막에서 발견된 남세균(cyanobacteria)의 한 종(species)은 소금 결정 안에서 산다. 이 세균에게 유일한 수분은 밤에 대기에서 흡수하는 것뿐이고, 햇빛을 에너지원으로 이용한다.

미생물들은 경쟁이 치열한 환경에서 살기 때문에 가용한 자원을 최대한 이용할 수 있어야만 한다. 다른 미생물이 이용할 수 있는 영양분을 더 빨리 대사하거나 경쟁자가 대사하지 못하는 영양소를 이용하기도 한다. 유제품 생산에 이용되는 유산균처럼 경쟁 상대가 살기 힘든 환경 여건을 조성할 수 있는 미생물도 있다. 유산균은 산소를 전자수용체로 사용하지 못하고 당을 젖산으로만 발효할 수 있어서 당에 있는 대부분의 에너지를 사용하지 못한다. 그러나 생성된 젖산의 산성도 덕분에 더 우세한 경쟁자의 성장을 억제할 수 있게 된다.

공생

14장에서 공부한 내용을 상기해 보면, **공생(symbiosis)**이란 상이한 두 생물이 한쪽 또는 양쪽 모두에게 이득이 되는 긴밀한 관계 속에서 살고 있는 것이다. 경제적인 측면에서 동물과 미생물의 가장 중요한 공생 사례는 반추위(rumen)라는 소화 기관을 가진 반추동물에서 볼 수 있다. 소와 양 같은 반추동물들은 섬유소가 풍부한 풀을 뜯는다. 반추위에 서식하는 세균들이 섬유소를 분해하여 해당 동물의 혈액으로 흡수되어 탄소 및 에너지원으로 사용될 수 있는 화합물을 만들어준다. 반추위 원생동물(protozoa)은 세균을 섭식하여 세균 수를 적정 수준으로 유지하는 데에 기여한다.

균근(mycorrhizae) 또는 균근 공생체[mycorrhizal symbionts (*myco* = 곰팡이, *rhiza* = 뿌리)]는 식물 성장에 매우 큰 도움을 주는데, 크게 내생균근(endomycorrhizae)과 외생균근(ectomycorrhizae) 두 가지 형태가 있다. 내생균근은 균낭성-균지상 균근(vesicular-arbuscular mycorrhizae)이라고도 한다. 두 가지 균근 모두 식물의 뿌리털과 같은 기능을 수행한다. 즉, 표면적을 증가시켜 식물의 영양분 흡수를 돕는데, 특히 인(phosphorus)처럼 토양에서 이동성이 매우 작은 물질의 흡수에 중요하다.

균낭성-균지상 균근은 흙을 채로 거르면 쉽게 분리할 수 있을 만큼 큰 포자를 만든다. 발아하는 포자에서 나온 균사(hyphae)가 식물 뿌리를 파고들어가 두 가지 구조—균낭과 균지—를 형성한다. **균낭(vesicle)**은 매끈한 타원 모양의 구조로서 저장 기능을 수행하는 것으로 생각된다. 작은 덤불 같은 **균지(arbuscule)**는 식물 세포 안에서 만들어진다(그림 27.1a). 곰팡이 균사를 통해 토양에서 균지에 도달한 영양분은 서서히 분해되어 식물에게 방출된다. 놀랍게도 이들 곰팡이는 대부분의 잔디와 다른 많은 식물들의 적절한 성장을 좌우하며, 거의 모든 식물에 존재한다.

외생균근은 소나무와 참나무 등에서 주로 자라는데, 균사체 껍질(mycelial *mantle*)을 형성하여 해당 나무의 작은 뿌리를 감싼다(그림 27.1b). 외생균근은 균낭이나 균지를 만들지 않는다. 소나무를 상업적으로 키운다면 적합한 균근이 들어 있는 토양에 묘목을 심도록 주의를 기울여야만 한다(그림 27.2a).

진미로 여겨지는 트러플(truffle)은 참나무 뿌리에서 자라는 균근이다(그림 27.2b). 생물학자들은 이것을 "땅속 버섯"(바람에 의존하지 않고 포자를 퍼뜨리는 또 다른 방법을 개발한 버섯)으로 간주한다. 이러한 분산 방법의 핵심은 동물이 트러플을 먹고 다른 곳에

임상 사례: 깨끗한 물 - 삶과 죽음의 문제

이틀 전, 마이에미(Miami)에 사는 48살의 저널리스트인 채리티(Charity)는 지진을 피해를 입은 여러 나라들의 복구 작업에 대해 조사하며 6주간 세계 곳곳을 방문하고 미국으로 돌아왔다. 집에 온 직후 그녀는 설사를 하기 시작했고, 날이 갈수록 증상은 점점 더 심해졌다. 이튿날까지 심한 설사를 하다가 다리에 통증까지 느끼기 시작한 그녀는 결국 병원 외래 진료를 받아야 했다. 채리티는 병원에서 구토나 열은 없었으나 10회에 걸쳐 설사를 했고 그 설사엔 피나 점액이 섞여 나오지는 않았다고 말했다.

그녀에게 당장 어떠한 조치가 필요할까? 알아보자.

773 784 787 792 793 795

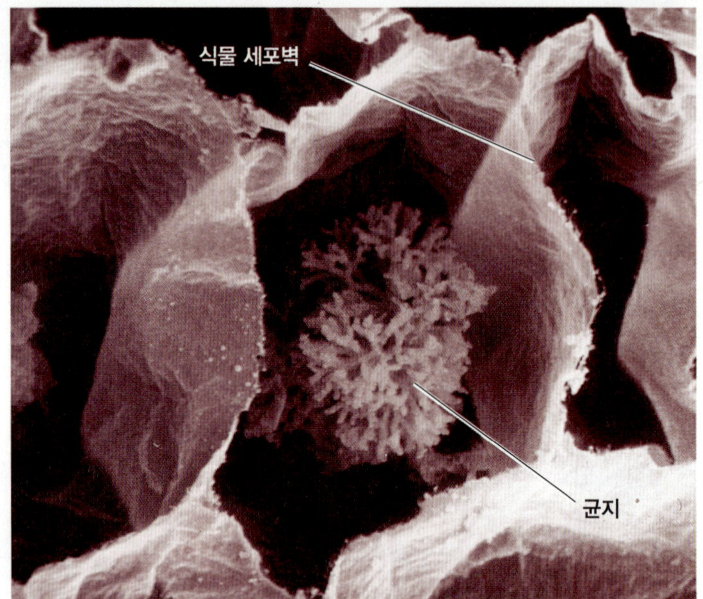

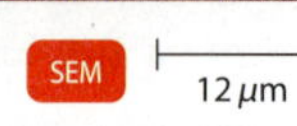

(a) 내생균근(균낭성-균지상 균근). 식물 세포 안에 있는 내생균근의 완전히 발달된 균지(균지의 영문명인 '*arbuscule*'은 '작은 관목'이라는 뜻). 균지는 분해되면서 식물에게 양분을 준다.

SEM 12 μm

(b) 외생균근. 유칼립투스(*Eucalyptus*) 나무 뿌리를 감싸고 있는 전형적인 외생균근의 균사체 껍질

SEM 100 μm

그림 27.1 균근

식물에게 균근은 어떤 가치가 있는가?

다 소화되지 않은 포자를 배설하도록 동물을 유인하는 트러플의 능력이다. 블랙 페리고르 트러플(European black Perigord truffle)과 화이트 트러플(Italian white truffle)은 수컷 돼지의 침에서 발견되는 성 호르몬인 아드로스테놀(adrostenol)을 발산하여 암컷 돼지를 유인한다. 오래 전부터 암컷 돼지는 땅속에 묻혀 있는 트러플을 찾는 데 이용되었다. [로맨틱하지 않은 이야기이지만, 실험 결과에 따르면 암컷 돼지는 디메틸설파이드(dimethyl sulfide) 냄새에 이끌리는데, 이는 양배추 냄새의 성분이기도 하다.] 요즘에는 트러플 탐색에 훈련된 개가 더 많이 이용되고 있다. 전 세계적으로 여러 다른 종류의 트러플이 발견되고 있는데, 이들은 모두 그 지역 동물을 유인한다. 트러플 재배는 점점 더 농업산업화 되어가고 있다. 즉, 숲에 심은 참나무에 실험실 배양을 통해서 또는 숙성한 트러플에서 얻은 포자를 인위적으로 접종한다.

(a) 균근 감염은 많은 식물의 성장에 영향을 미친다. 사진 왼쪽의 소나무는 균근이 접종된 것이고 오른쪽 묘목은 그렇지 않은 것이다.

(b) 트러플. 주로 참나무 발견되는 균근의 한 종류

그림 27.2 균근과 이들의 상업적 가치

균근이 인의 흡수에 중요한 이유는 무엇인가?

이해도 확인하기

- ✓ 극한생물이 사는 서식지 두 개를 알고 있는가? **27-1**
- ✓ 공생을 정의할 수 있는가? **27-2**
- ✓ 트러플은 내생균근과 외생균근 중 어느 것의 사례인가? **27-3**

토양 미생물학과 생물지화학 순환

학습목표

27-4 생물지화학 순환(biogeochemical cycle)을 정의한다.
27-5 탄소순환을 개관하고 관여 미생물의 역할을 설명한다.
27-6 질소순환을 개관하고 관여 미생물의 역할을 설명한다.
27-7 암모니아화(ammonification), 질소화(nitrification), 탈질소화(denitrification), 질소고정(nitrogen fixation) 등을 정의한다.
27-8 황순환을 개관하고 관여 미생물의 역할을 설명한다.
27-9 빛에너지 없이 어떻게 생태 군집이 존재할 수 있는지를 설명한다.
27-10 탄소순환과 인순환을 비교한다.
27-11 세균을 이용한 오염 물질 제거 사례를 두 가지 제시한다.
27-12 생물정화(bioremediation)를 정의한다.

미생물에서부터 상대적으로 크기가 큰 곤충과 지렁이에 이르기까지 무수히 많은 생물들이 토양의 생기 넘치는 생명의 군집을 이루고 있다. 보통 토양 1그램에는 수백만 마리 이상의 세균이 들어 있다. 토양 1그램은 작은 시료인 것 같지만, 여기에서 놀라운 통계 수치에 나오기도 한다. 1그램 토양의 표면적은 20,000 m^2에 이르는 것으로 추정된다. 여기에는 1조에 달하는 세균(비록 1% 정도만 배양이 가능하지만)과, 1 km 이상의 곰팡이 균사가 들어 있을 수 있다. 그렇기는 하지만, 이 토양 시료의 가용한 표면적 중 아주 일부에만 미생

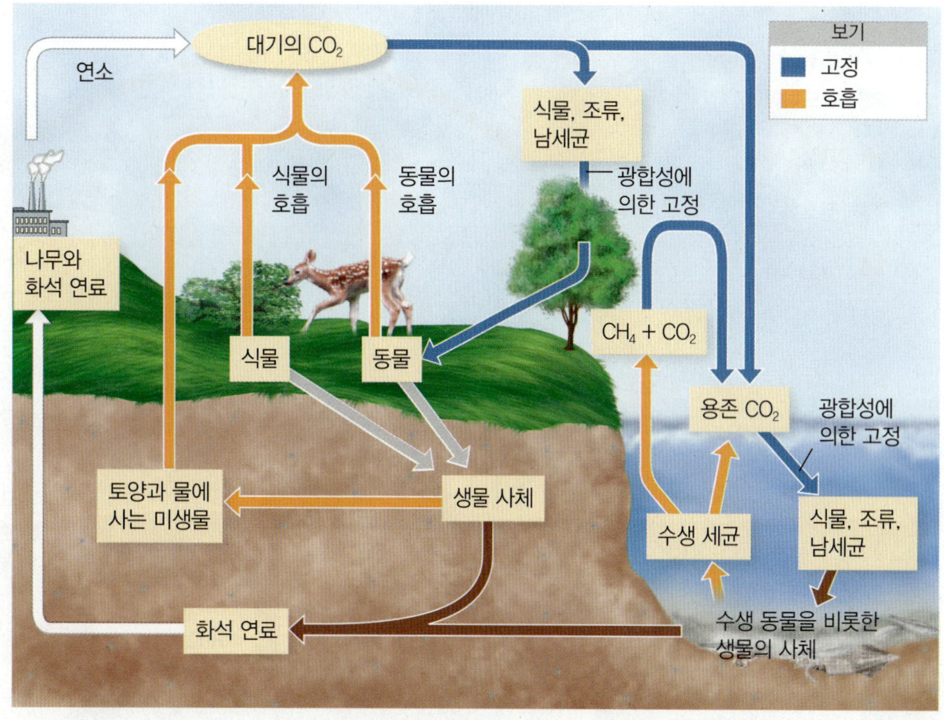

그림 27.3 탄소순환. 지구 전체로 보면, 호흡에 의해 대기로 돌아오는 CO_2 양과 광합성에 의해 제거되는 CO_2 양은 거의 균형을 이룬다. 그러나 화석연료 등의 연소에서 발생한 CO_2가 추가로 대기에 유입된다. 삼림과 습지의 파괴는 CO_2를 고정하는 생물을 제거하여, 결과적으로 대기 중 CO_2 양은 계속해서 증가하고 있다.

대기에 이산화탄소가 축적되는 것이 지구 기후에 어떤 영향을 끼치는가?

물이 서식하고 있다. 토양 미생물은 흙의 가장 윗부분 몇 센티미터에 가장 많고, 이후 깊이에 따라 그 수가 급격히 감소한다. 토양에 가장 많은 생물은 세균이다. 종종 별도로 여겨지기도 하지만 방선균(actinomycetes)도 세균이다.

토양 내 세균 수는 보통 영양배지를 이용한 평판계수(plate count) 방법으로 측정하는데, 이렇게 계산된 수치는 실제 세균 수를 크게 밑도는 것이다. 어떤 영양배지도 토양 미생물의 성장에 필요한 모든 영양 성분을 제공할 수가 없기 때문이다.

토양을 "생물학적 불"이라고 생각할 수 있다. 토양 미생물이 낙엽에 들어 있는 유기물질을 대사함에 따라 이 불은 해당 낙엽을 태우는 셈이다. 잎에 있던 원소들은 **생물지화학 순환(biogeochemical cycles)**에 들어가는데, 이번 장에서는 여기에 대해 논하기로 한다. 생물지화학 순환에서 원소들은 미생물의 대사 필요에 따라 산화되고 환원된다. (5장, 120쪽 산화-환원 설명 참조.) 생물지화학 순환이 없다면 지구상 모든 삶은 종말을 고하게 될 것이다.

탄소순환

가장 기본이 되는 생물지화학 순환은 **탄소순환(carbon cycle)**이다(그림 27.3). 동식물과 미생물을 막론하고 모든 생물은 섬유소, 녹말, 지방, 단백질 등과 같은 유기화합물의 형태로 상당히 많은 양의 탄소를 가지고 있다. 이러한 유기화합물이 어떻게 생성되는지 좀 더 자세히 알아보자.

5장에서 보았듯이 독립영양생물(autotroph)은 이산화탄소를 유기물로 환원시킴으로써 지구상 모든 생명체에게 꼭 필요한 기능을 수행한다. 언뜻 보고 나무라는 실체가 뿌리를 내리고 있는 토양에서 왔다고 생각할 수도 있다. 사실은, 섬유소 성분의 대부분은 공기의 0.03%를 차지하는 이산화탄소에서 유래한다. 즉, 광합성의 결과로 생긴 것이다. 탄소순환의 첫 번째 단계인 광합성은 남세균, 녹색식물, 조류, 녹색세균(green bacteria), 자색황세균(purple sulfur bacteria) 등과 같은 광독립영양생물(photoautotroph)들이 태양에너지를 이용하여 이산화탄소를 유기물로 고정하는 과정이다.

그 다음 단계에서는 동물과 원생동물 같은 화학종속영양생물(chemoheterotroph)들이 독립영양생물을 먹고 다시 다른 동물에게 잡아 먹히게 된다. 결국, 독립영양생물에 있던 유기 화합물이 소화되어 다시 합성되는 과정을 거치면서 이산화탄소에 있던 탄소 원자는 한 생명체에서 다른 생명체로 먹이사실을 따라 전달된다.

동물을 비롯한 화학종속영양생물은 일부 유기 분자를 이용하여 에너지 필요를 충족시킨다. 에너지가 호흡을 통해 만들어지면서 방출되는 이산화탄소는 광합성에 사용될 수 있고, 다시 탄소순환을 시작하게 된다. 대부분의 탄소는 해당 생명체가 사망할 때까지 그 안에 머무른다. 동식물이 죽으면 세균과 곰팡이가 거기에 있던 유기화합물을 분해하는데, 이 과정에서 유기화합물은 궁극적으로 이산화탄소로 산화되어 다시 탄소순환에 들어간다.

석회석($CaCO_3$)과 같은 암석에 저장되어 있는 탄소는 탄산이온(CO_3^{2-}) 형태로 바다에 녹아 들어간다. 화석화된 유기 퇴적물의 엄청난 양은 석탄과 석유 같은 화석 연료의 형태로 존재한다. 이런 화

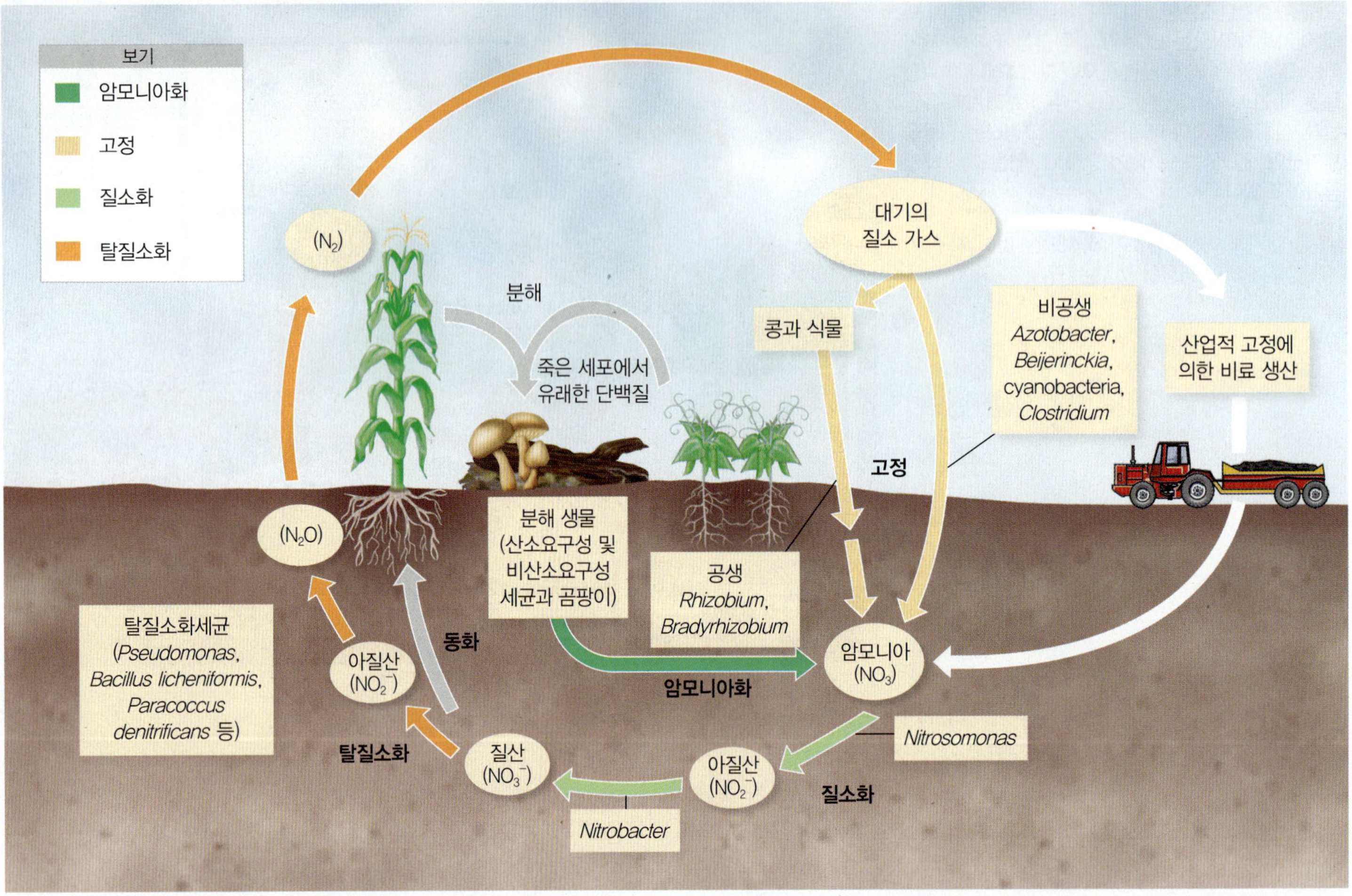

그림 27.4 **질소순환.** 일반적으로 대기에 있는 질소는 질소고정과 질소화, 탈질소화 과정을 거친다. 질소화 반응을 거쳐서 동식물 내로 동화되는 질산은 다시 분해 과정과 암모니아화 및 질소화 반응을 거친다.

세균에 의해서만 수행되는 반응에는 어떤 것들인가?

석 연료를 태우면 이산화탄소가 발생하여 대기 중 이산화탄소를 증가시킨다. 많은 과학자들이 증가된 대기 이산화탄소가 **지구온난화(global warming)**의 원인이라고 믿고 있다.

탄소순환에서 또 하나 흥미로운 것은 메탄(CH_4) 가스이다. 해저 침전물에는 10조 톤에 달하는 메탄이 있는 것으로 추정되는데, 이는 석탄과 석유를 비롯한 지구 화석 연료 퇴적물의 두 배에 이르는 양이다. 게다가 심해에서는 메탄 생성 세균들이 끊임없이 메탄을 생성하고 있다. 메탄은 이산화탄소보다 훨씬 더 강력한 지구온난화 가스이기 때문에 모든 메탄 가스가 대기로 빠져나가게 된다면 지구 환경은 위험한 수준으로 변화될 것이다.

이해도 확인하기

- 지구온난화를 가중시키는 것으로 널리 알려진 생물지화학 순환은 무엇인가? **27-4**
- 숲을 이루고 있는 섬유소에 있는 탄소의 원천은 무엇인가? **27-5**

질소순환

그림 27.4는 **질소순환(nitrogen cycle)**을 도식화 한 것이다. 단백질과 핵산, 기타 질소화합물을 합성하기 위해서 모든 생명체는 질소를 필요로 한다. 질소 분자(N_2)는 지구 대기의 거의 80% 수준까지 차지한다. 식물은 질소 분자를 직접 이용할 수 없기 때문에 질소 기체는 먼저 식물이 이용할 수 있는 형태로 고정되어야만 한다. 이처럼 식물에게 가용한 질소 형태로 전환하는 데에는 특정 미생물들의 역할이 중요하다.

암모니아화

토양에 있는 거의 대부분의 질소는 주로 단백질 형태로 존재한다. 생물의 사체는 미생물에 의해 가수분해되어 아미노산으로 분해되고, **탈아미노화(deamination)** 과정을 통해 아미노산의 아미노기가 분리되어 암모니아(NH_3)로 전환된다. 이렇게 암모니아가 방출되는 것을 **암모니아화(ammonification)**라고 한다(그림 27.4 참조). 다양한 세균과 곰팡이가 아래와 같이 암모니아화를 수행한다.

죽은 세포나 배설물에서 유래한 단백질 $\xrightarrow{\text{미생물에 의한 분해}}$ 아미노산

아미노산 $\xrightarrow{\text{미생물에 의한 암모니아화}}$ 암모니아(NH_3)

미생물은 자라면서 세포 밖으로 단백질 분해효소를 방출하여 주변의 단백질을 분해한다. 그 결과 생긴 아미노산은 암모니아화 반응이 일어나는 미생물 세포 안으로 운반된다. 암모니아화에 의해 생긴 암모니아의 운명은 토양 조건에 따라 달라진다. (뒤에 있는 탈질소화에 대한 설명 참조). 암모니아는 기체이기 때문에 마른 토양에서는 신속하게 날아가 버리지만, 젖은 토양에서는 물에 녹아 암모늄이온(NH_4^+)이 만들어지게 된다:

$$NH_3 + H_2O \longrightarrow NH_4^+ OH \longrightarrow NH_4^+ + OH^-$$

위와 같은 일련의 반응을 거쳐 생성된 암모늄이온은 세균과 식물이 아미노산 합성을 하는 데에 이용한다.

질소화

질소순환의 다음 반응은 암모늄이온의 질소가 산화되어 질산이 생기는 과정으로, **질소화(nitrification)**라고 한다. 토양에는 *Nitrosomonas*와 *Nitrobacter*속(genus) 세균과 같은 독립영양 질소화 세균이 살고 있다. 이들 미생물은 암모니아를 질산으로 산화하면서 에너지를 얻는다. 첫 번째 단계에서는 *Nitrosomonas* 등이 암모니아를 아질산으로 산화시킨다:

$$\underset{\text{암모늄이온}}{NH_4^+} \xrightarrow{\textit{Nitrosomonas}} \underset{\text{아질산이온}}{NO_2^-}$$

두 번째 단계에서는 *Nitrobacter* 등이 아질산을 질산으로 산화시킨다:

$$\underset{\text{아질산이온}}{NO_2^-} \xrightarrow{\textit{Nitrobacter}} \underset{\text{질산이온}}{NO_3^-}$$

식물은 질소원으로 질산을 이용하는 경향이 있는데, 이는 토양에서 질산의 이동성이 매우 커서 암모늄이온보다 식물 뿌리와 접하게 될 확률이 더 높기 때문이다. 암모늄이온을 이용하면 더 적은 에너지로 단백질을 합성할 수 있기 때문에 실질적으로는 암모늄이온이 더 효율적인 질소원이 될 수 있다. 그러나 양성인 암모늄이온은 음성을 띠고 있는 토양 입자에 결합한 상태로 주로 존재하는 반면, 음성인 질산이온은 결합하지 않은 상태로 존재한다.

탈질소화

질소화 반응 결과 생긴 질소는 완전히 산화된 상태로 여기에는 생물학적으로 가용한 에너지가 더 이상 없다. 하지만 산소가 없는 상태에서 다른 유기물을 대사하는 미생물이 이를 전자수용체로 이용할 수 있다. (5장에서 논의한 무산소 호흡 참조.) **탈질소화(denitrification)**라고 하는 이 반응은 질소를 대기로 보내는(특히 기체 질소 상태로) 결과를 초래한다.

탈질소화는 다음과 같이 요약될 수 있다:

$$\underset{\text{질산이온}}{NO_3^-} \longrightarrow \underset{\text{아질산 이온}}{NO_2^-} \longrightarrow \underset{\text{아산화 질소}}{N_2O} \longrightarrow \underset{\text{질소 기체}}{N_2}$$

탈질소화는 물에 잠긴 토양에서 일어나는데, 이곳에는 가용한 산소가 거의 없다. 전자 수용체로 이용할 산소가 없으면 탈질소세균은 농업비료인 질산을 대체 전자 수용체로 이용한다. 이는 곧 소중한 질산이 기체 질소로 바뀌어 대기로 날아가 버리는 것이기 때문에 상당한 경제적 손실을 의미한다.

질소고정

우리는 질소 기체의 바다 밑바닥에 살고 있다. 우리가 숨쉬는 공기의 약 79%가 질소이고, 약 1에이커당(4,000 m^2, 미식 축구 경기장 면적에 해당) 32,000톤에 달하는 질소 기둥이 서 있는 셈이다. 그러나 남세균을 비롯한 소수의 세균 종(species)만이 질소 기체를 직접 질소원으로 이용할 수 있다. 이들이 질소 기체를 암모니아로 전환하는 과정을 **질소고정(nitrogen fixation)**이라고 한다.

질소고정을 수행하는 세균들은 모두 니트로게나아제(nitrogenase)라고 하는 질소고정효소를 이용한다. 이 소중한 효소의 지구 전체 공급량은 커다란 양동이에 하나에 담을 수 있는 정도라고 추정된다. 니트로게나아제는 산소에 의해 불활성화된다. 따라서 지구 탄생 역사에서 대기에 산소가 축적되기 전 그리고 유기물 분해를 통해 질소 함유 화합물이 만들어지기 전에 먼저 진화한 것으로 추측된다. 두 부류의, 즉 자유생활(free-living)과 공생(symbiotic) 미생물이 질소고정을 수행한다. (농업비료는 산업적 물리-화학 공정을 통해 고정된 질소로 만들어진다.)

자유생활 질소고정 세균 자유생활 질소고정 세균은 특히 식물 뿌리에서 약 2 mm 이내의 지역인 **근권**(rhizosphere)에서 발견된다. 근권은 토양의 영양분 오아시스와도 같은 곳으로, 특히 초원에서는 그러하다. 질소를 고정할 수 있는 자유생활 세균으로는 대표적으로 *Azotobacter* 종(species)들을 꼽을 수 있다. 이들 산소요구성 세균들은 무엇보다도 매우 빠르게 산소를 소비함으로써 니트로게나아제가 위치한 세포 내부로 산소가 확산되는 것을 최소화하여, 산소에 민감한 효소를 보호하는 것으로 보인다.

질소를 고정하는 또 다른 자유생활 절대 산소요구성 세균은 *Beijerinckia*이다. *Clostridium* 종을 비롯한 일부 비산소요구성 세균도 질소고정을 하는데, 절대 비산소요구성인 *C. pasteurianum*이 잘 알려진 예이다.

산소요구성 광합성 남세균 중에도 질소고정을 하는 종들이 많이 있다. 이들은 토양 또는 물에 있는 탄수화물과 무관하게 에너지를 얻기 때문에 해당 환경의 질소 공급자로서 특히 유용하다. 일반

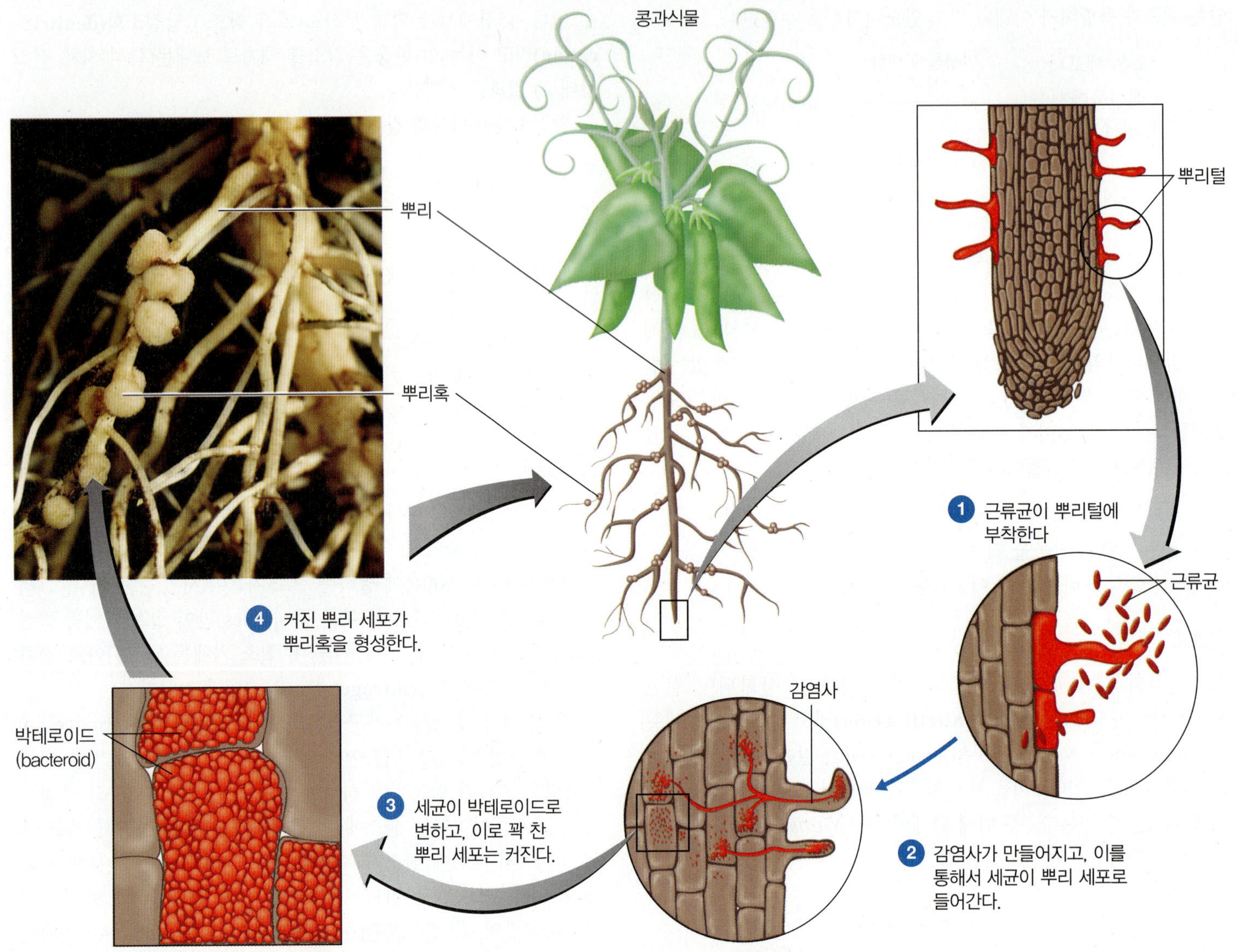

그림 27.5 뿌리혹의 형성. *Rhizobium*과 *Bradyrhizobium* 속(genus) 질소소정 세균은 콩과 식물 뿌리에 이런 혹을 만든다. 이와 같은 공생 관계는 해당 식물과 세균에게 모두 유익하다.

Q 자연에서 콩과 식물은 비옥한 농지와 척박한 사막 중 어디에서 더 가치가 있을 것 같은가?

적으로 남세균은 질소고정을 위한 무산소 조건을 제공하는 **이질세포(heterocyst)**라는 특수 구조 안에 니트로게나아제를 가지고 있다(321쪽 그림 11.21 참조).

대부분의 자유생활 질소고정 세균들은 실험실 조건에서 많은 양의 질소를 고정할 수 있다. 그러나 일반적으로 토양에서는 질소 분자를 단백질에 유입될 암모니아로 환원시키는 데에 필요한 에너지원으로 사용할 탄수화물이 부족하다. 그럼에도 불구하고 이들 질소고정 세균들은 초원과 숲, 북극 툰드라 등과 같은 지역의 질소 공급에 중요한 기여를 한다.

공생 질소고정 세균 공생 질소고정 세균들은 식량 생산용 식물의 성장에 훨씬 더 중요한 역할을 한다. *Rhizobium*과 *Bradyrhizobium* 속 등의 세균은 콩, 완두콩, 땅콩, 알팔파, 클로버 같은 콩과 식물 뿌리를 감염한다. (이러한 주요 작물은 알려진 수천 종의 콩과 식물의 극히 일부이다. 많은 종류의 콩과 식물은 세계 각지의 척박한 땅에서 발견되는 관목이나 작은 나무들이다.) 보통 근류균(*rhizobia*)이라고 알려진 이들 세균은 특정 콩과 식물 종에 특이적으로 적응하여 **뿌리혹(root nodule)**을 형성한다(그림 27.5). 그 결과 식물과 해당 세균의 공생 과정을 통해서 질소가 고정된다. 식물은 세균에게 무산소 환경과 영양분을 제공하고, 세균은 식물의 단백질로 합성될 수 있는 질소를 고정하는 것이다.

공생 질소고정의 유사 사례는 오리나무(alder tree)와 같은 비콩과 식물에서도 볼 수 있다. 이들은 산불이나 빙하작용 이후에 처음 숲에 등장하는 나무들이다. 오리나무는 방선균(actinomycete)의 일종인 *Frankia*와 공생 관계를 맺어 질소고정 뿌리혹을 형성한다. 1에이커(약 4,000 m^2)에서 자라는 오리나무는 연간 약 50 kg의 질소를 고정하여 숲의 토양 경제에 큰 기여를 한다.

숲의 질소 경제에 중요한 기여를 하는 또 다른 존재는 곰팡이와 남세균의 상리공생 관계로 이루어진 **지의류(lichens)**이다(343쪽 그림 12.11 참조). 이 지의류를 이루는 공생체 중 하나가 질소고정 남세균이기 때문에 그 산물은 고정된 질소이고, 이는 궁극적으로 숲의 토양을 비옥하게 한다. 자유생활 남세균은 비 온 뒤 사막과 북극 툰드라 토양에서 상당량의 질소를 고정할 수 있다. 논은 이러한 질소고정 미생물들의 성장이 매우 활발한 곳이다. 이들 남세균은 논물에서 밀집되어 자라는 작은 부유 양치식물인 아졸라(*Azolla*)와 공생을 하기도 한다(그림 27.6). 아주 많은 양의 질소가 이들 미생물에 의해 고정되기 때문에 많은 경우 쌀 재배에는 다른 질소비료가 필요하지 않다.

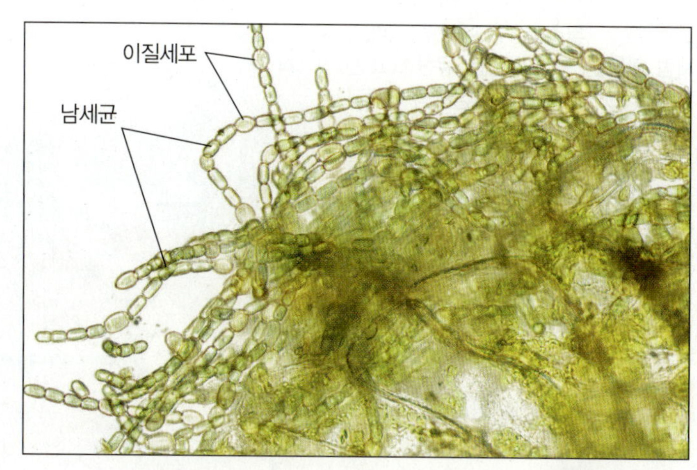

그림 27.6 **아졸라-남세균 공생.** 민물 양치류인 아졸라(*Azolla*) 잎의 단면. 잎 구멍 안에 사슬처럼 연결된 남세균(*Anabaena azollae*) 세포들이 보인다.

Q 남세균이 공생체에게 크게 기여하는 것은 무엇인가?

이해도 확인하기

- 토양 질소를 산화시켜 토양에서의 이동성을 증가시키고 식물이 양분으로 사용하기 좋은 형태로 만드는 미생물 집단을 일반적으로 부르는 이름은? **27-6**
- 산소가 없는 상태에서 *Pseudomonas*속 세균들은 완전히 산화된 질소를 전자수용체로 이용한다. 질소순환에서 이 과정을 무엇이라고 하는가? **27-7**

황순환

황순환(sulfur cycle, 그림 27.7)과 질소순환은 과정 중에 원소들이 여러 산화 상태를 가진다는 점에서 유사하다. 가장 환원된 상태의 황은 냄새가 나는 황화수소(H_2S)와 같은 황화물(sulfides)이다. 질소순환에서 암모니아 이온처럼 황화수소도 일반적으로 무산소 조건에서 생성되는 환원된 화합물로서 독립영양 세균이 에너지원으로 이용할 수 있다. 이들 세균은 황화수소의 환원된 황을 원소 황 입자(elemental sulfur granule)와 완전히 산화된 상태인 황산이온(SO_4^{2-})으로 전환시킨다.

종종 분해 미생물들은 원소 황을 방출한다. 원소 황은 기본적으로 온대성 물에는 녹지 않기 때문에 미생물들이 이를 흡수하기는 어렵다. 이로 인해서 유사 이전에 엄청난 양의 황이 지하에 쌓이게 된 것 같다.

녹색황세균과 자색황세균을 비롯한 몇몇 광합성 세균들도 황화수소를 산화시켜, 세포 안에 색깔이 있는 황 과립을 생성한다(325쪽 그림 11.25 참조). 이들은 *Beggiatoa*와 마찬가지로 황을 황산이온으로까지 더 산화시킨다. 명심해야 할 점은 이 세균들의 에너지원은 빛이고, 황화수소는 이산화탄소를 환원시키는 데에 이용된다는 것이다(5장 138쪽 참조).

*Thiobacillus*는 황화수소를 에너지원으로 이용할 수 있는데, 이 과정에서 황산이온과 황산이 만들어진다. *Thiobacillus*는 pH 2에서도 잘 자랄 수 있어서 채광에 실제로 이용된다(813쪽 그림 28.14 참조). 식물과 세균은 황산염을 흡수하여 인간을 비롯한 동물들에게 필요한 황 함유 아미노산의 구성 성분이 되게 한다. 아미노산에 들어 있는 황은 2황화결합(disulfide link)을 통해서 단백질 구조 형성에 기여한다. **이화작용(dissimilation)**에서 단백질이 분해되면 황은 황화수소 형태로 방출되어 다시 순환에 들어간다.

암흑 속의 삶

흥미롭게도, 전체 생물 군집이 광합성 없이 황화수소의 에너지를 이용하여 살아갈 수 있다. 11장에서(324쪽) 소개된 화학반응식을 보면 광합성과 황화수소의 독립영양적 이용은 유사한 측면이 있다. 이러한 군집의 사례는 심해열수 등에서 볼 수 있다. 햇빛이 완전히 차단된 깊은 동굴에서도 이런 군집이 발견된다. 이런 곳에서는 광합성 식물이나 광합성 미생물이 아니라 화학독립영양(chemoautotrophic) 세균이 **1차 생산자(primary producer)** 역할을 한다.

혈암과 화강암, 현무암 등의 암반 속으로 1 km 이상 들어간 곳에서 햇빛과 동떨어져 작동하는 또 다른 미생물 생태계가 최근에 발견되었다. **암석속생물(endolith**; '돌 안'이라는 의미)이라고 부르는 이런 세균들은 산소가 거의 없는 상태에서 최소한의 영양분만 있어도 성장할 수 있어야 한다. 또한 이러한 암반 속에서는 화학반응과 방사능에 의해서 물이 분해되어 수소가 만들어져 독립영양 암석속 세균들의 에너지원으로 이용될 수 있다. 물에 용해된 이산화탄소가 탄소원으로 이용되어 세포의 유기물이 만들어진다. 유기물은 세포 밖으로 일부 분비되기도 하고 해당 미생물이 죽어 분해되면 방출되어 다른 미생물의 성장에 이용될 수 있다. 이러한 환경에서는 특히 질소와 같은 영양분의 유입이 극히 적어서 세대기간(generation

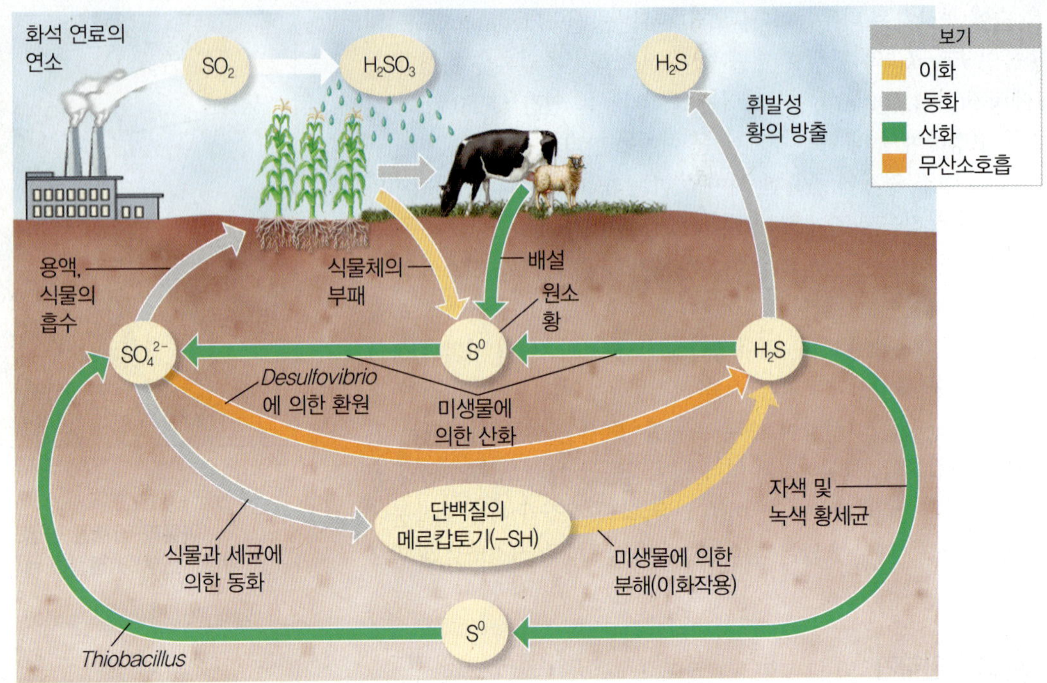

그림 27.7 황순환. H_2S와 원소 황(S^0)처럼 환원된 형태의 황은 유산소 또는 무산소 조건에서 일부 미생물의 에너지원이 된다. 무산소 조건에서 자색황세균과 녹색황세균은 H_2O 대신에 H_2S를 광합성에 이용하여 S^0를 생성한다(324쪽 참조). 일부 세균들은 무산소 조건에서 황산염(SO_4^{2-})처럼 산화된 형태의 황을 산소 대신 전자수용체로 이용한다. 많은 생물들이 황산염을 동화하여 SH기가 들어 있는 단백질을 만든다.

Q 모든 생물이 황 공급원이 필요한 이유는?

time)이 몇 년에 달하기도 한다. 최소 영양분을 가지고 살아가기 위한 다양한 생존 전략이 생겨났다. 일례로 생사의 갈림길 상황에서 어떤 미생물들은 극단적으로 크기가 작아진다. 화성처럼 척박한 환경에서 발견될 수 있는 생명의 형태를 추정하는 생태학자들은 암석 속생물에 매우 큰 관심을 가지고 있다.

인순환

생물지화학 순환의 한 부분을 차지하는 또 하나의 중요한 영양 원소는 인이다. 한 지역에서 식물 등의 생물이 성장할 수 있는지의 여부는 인의 가용성에 따라 달라진다. 인이 지나치게 많아서 생기는 문제(부영양화, eutrophication)는 이번 장의 뒤에서 설명하기로 하다.

인은 기본적으로 인산이온 형태(PO_4^{3-})로 존재하며 산화 상태가 거의 변화지 않는다. 그 대신 **인순환(phosphorus cycle)**은 용해성-불용해성 및 유기-무기 인으로의 변화를 수반하는데, 이런 변화는 주로 pH와 관련된다. 예를 들어, 암석에 있는 인이 *Thiobacillus* 와 같은 세균이 생산한 산에 의해 녹아서 가용해질 수 있다. 인순환에는 이산화탄소와 질소 및 아황산 가스 등이 대기를 오가는 것과 같은 식으로 움직이는 휘발성 인 화합물이 없다는 것이 다른 순환과의 큰 차이점이다. 따라서 인은 바다에 축적되는 경향이 있다. 인은 먼 옛날 바다였던 지상의 퇴적물에서 대부분 인산 칼슘(석회) 퇴적물 형태로 채굴하여 회수할 수 있다. 바닷새들은 물고기를 잡아먹고 여기에 있던 인을 구아노(guano, 새의 배설물) 형태로 배설함으로써 바다로부터 인을 채굴하는 셈이다. 이와 같은 새들이 서식하는 작은 섬들은 오랫동안 인산 비료 원료를 얻기 위한 채굴 장소로 이용되어 왔다.

이해도 확인하기

- 비광합성 세균 중에는 세포 안에 황과립을 축적하는 것들이 있었다. 이들 세균이 황화수소 또는 황산염을 에너지원으로 이용하였는가? **27-8**
- 일반적으로 어떤 화합물들이 암흑 속에서 생존할 수 있는 생명체들에게 에너지원으로 제공될 수 있는가? **27-9**
- 왜 인은 바다에 축적되는 경향이 있는가? **27-10**

토양과 물에서 합성 화합물의 분해

사람들은 토양 미생물들이 토양으로 유입되는 물질을 분해하는 것을 당연시 여기는 것 같다. 낙엽이나 동물의 잔해 같은 자연 유기물은 실제로 잘 분해된다. 그러나 플라스틱처럼 자연에 존재하지 않는 산업화 시대의 **인공합성물질(xenobiotics**, 제노바이오틱스)들이 엄청나게 토양으로 들어오고 있다. 실제로 플라스틱은 도시에서 나오는 쓰레기의 약 1/4을 차지한다. 이 문제에 대한 하나의 해결책으로 젖산발효에서 만들어지는 폴리락타이드(polylactide, PLA)를 원료로 생분해성 플라스틱을 개발하자는 의견이 제안되었다. PLA 플라스틱은 비료화처리(composting)를 통해(782쪽 그림 27.10 참조) 몇 주면 분해된다. 일회용 물병과 컵 등을 비롯하여 PLA 기반 플라스틱은 다양한 상품으로 등장하고 있다. 또 다른 형태의 생분해성 플라스틱은 폴리히드록시알카노에이트(polyhydroxyalkanoate) 또는 PHA라고 하는 것인데, 역시 발효된 옥수수 전분으로 만들어진다. PHA로 만들어진 제품(Mirel)은 더 쉽게 분해되고 더 높은 온도에서 사용할 수 있지만, PLA보다 더 비싸다는 것이 단점이다. 장벽은 기술이 아니라 경제인 것이다. 살충제를 비롯한 많은 합성 화합물은 미생물이 분해하기가 극히 어렵다. 잘 알려진 예로 살충제 DDT는 환경에 위험한 수준까지 축적될 정도로 잘 분해가 되지 않

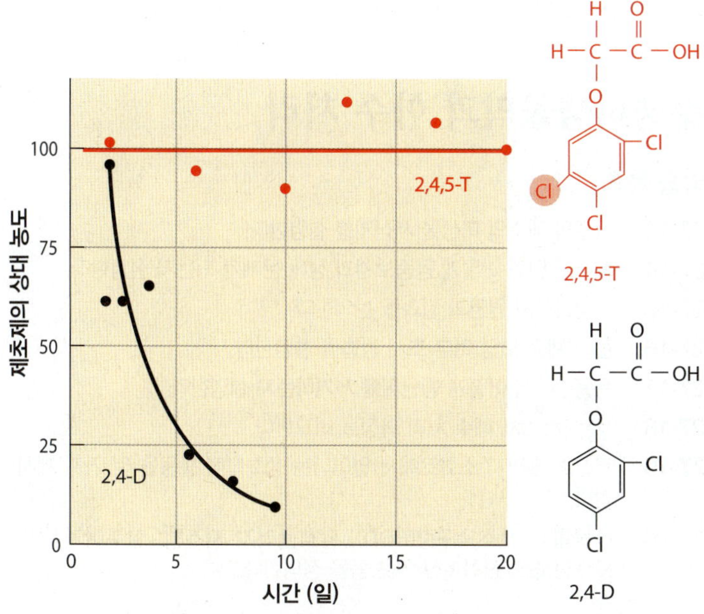

그림 27.8 **2,4-D(흑색)와 2,4,5-T(적색).** 이 도표는 제초제인 2,4-D(흑색)와 2,4,5-T(적색)의 구조와 미생물에 의한 분해 속도를 보여준다.

두 제초제 중에서 어느 것의 분해가 더 용이한가?

그림 27.9 **알래스카 원유 유출 생물정화.** 실험실 책임자가 원유 유출 사고가 난 멕시코 만의 기름 섞인 바닷물의 처리 전후를 비교하고 하고 있다. 기름 분해 세균으로 30일간 처리한 물이 오른쪽 수조에 담겨 있다.

대부분의 석유 제품 화학 조성에 질소 또는 인이 포함되어 있는가? (힌트: 2장 32쪽 상자 참조)

는 것으로 판명되었다.

일부 합성 화합물은 세균의 효소가 공격할 수 있는 결합과 소단위를 이용하여 만들어진다. 화학 구조의 작은 차이는 생분해성(biodegradability)에 큰 차이를 낳을 수 있다. 두 가지 제초제, 즉 2,4-D(잔디 밭 잡초 제거에 흔히 사용되는 화학물질)와 2,4,5-T(관목 제거에 사용)의 경우가 좋은 사례이다. 둘 다 베트남 전쟁 중에 고엽제로 쓰였던 에이전트 오렌지(Agent Orange)의 구성 성분이다. 2,4-D 구조에 염소 원자가 하나 추가됨으로써, 토양에서의 수명이 며칠에서 거의 영구적으로 늘어나게 되었다(그림 27.8).

생분해되지 않거나 매우 느리게 분해되는 독성 물질이 지하수로 스며드는 것도 점점 커지는 문제이다. 이들 유독 물질의 오염원으로는 매립과 불법 산업폐기물 투기, 농작물에 살포된 농약 등을 들 수 있다.

생물정화

오염물질을 해독 또는 분해시키기 위해서 미생물을 사용하는 것을 **생물정화(bioremediation)**라고 한다. 화학물질 오염 사례로 가장 극적인 사례는 유조선 난파와 원유 시추 사고로 원유가 유출되는 경우에서 볼 수 있다. 유산소 조건에서 미생물들이 원유를 분해하게 되면 생물정화는 자연스럽게 진행된다. 문제는 미생물들은 보통 물에 녹아 있는 상태로 영양분을 섭취하는데, 유류를 주성분으로 하는 물질들은 상대적으로 물에 녹지 않는다. 또한 유류 탄화수소에는 질소와 인 같은 필수 영양소가 결핍되어 있다. 질소와 인이 함유된 첨가제(fertilizer)를 공급하면 유출된 기름의 생물정화를 크게 향상시킬 수 있다(그림 27.9). 2010년에 발생한 심해 원유 시추 사고인 멕시코 만 원유 유출을 통해서, 분산제 자체의 생물학적 안전성은 아직 검증되지 않았지만, 기름을 미세한 방울로 쪼개는 화학 분산제가 미생물 분해를 촉진한다는 것은 확인되었다. 이보다 훨씬 전에 알래스카에서 일어났던 엑손밸디즈(*Exxon Valdez*) 유조선 참사와 비교해보면, 분산제를 처리한 원유가 더 빨리 분해되고 있음을 알 수 있다. 한 가지 짚어볼 점은, 멕시코 만의 수온이 알래스카보다 높다는 것이다. 연구 보고에 의하면 온도가 10°C씩 떨어질 때마다 미생물 대사가 2~3배 느려진다고 한다. 멕시코 만 오일 분해에서도 온도는 중요한 요인이다. 멕시코 만의 해수면 온도는 상대적으로 따뜻하지만, 기름 유출 장소는 거의 1.6 km 깊이에 있으며 이곳의 온도는 약 4°C이다. 특정 오염 물질에서 잘 자라게 선택된 미생물 또는 석유 제품 분해를 잘 하도록 유전적으로 조작된 세균을 생물정화에 이용할 수도 있다. 이렇게 특화된 미생물을 첨가하는 것을 **생물증진(bioaugmentation)**이라고 한다(2장 32쪽 상자 참조).

고형 도시 폐기물

고형 도시 폐기물(생활 쓰레기)의 경우에는 거대한 매립지에 매립하는 것이 가장 일반적인 처리 방법이다. 대부분 무산소 조건이어서 종이처럼 생분해가 가능하다고 여겨지는 물질도 미생물이 그렇게 효과적으로 분해하지 못한다. 실제로 20년이 지난 신문이 여전히 읽을 수 있는 상태로 발견되는 것이 전혀 드문 일이 아니다. 그러나 무산소 조건에서는 폐수 처리용 무산소 슬러지 소화조

특별히 설계된 기계로 고형 도시 폐기물을 처리하고 있는 모습

그림 27.10 도시 폐기물의 비료화(composting)

Q 풀과 낙엽으로 된 비료 더미에는 탄소 함량이 매우 높다; 질소 함량도 높은가?

(anaerobic sludge digester)에서 이용되는 것과 같은 메탄생성세균(methanogens) 활성이 촉진된다(792쪽 참조). 이들이 생성하는 메탄은 천공(drill hole)을 통해 포집하여 전기 생산에 이용할 수도 있고, 정제하여 천연가스 수송관 시스템으로 보낼 수도 있다(814쪽 그림 28.15 참조). 이러한 시스템은 미국 내 많은 대형 매립지 설계에 포함되어 있는데, 일부는 산업체 공장과 가정에 에너지를 공급한다.

처음부터 생분해 가능 여부에 따라 분리 수거가 되면 매립지로 들어오는 유기물의 양을 상당히 줄일 수 있다. **비료화처리(composting)**는 정원사들이 식물 잔해를 자연 부식토에 상당하는 물질로 전환시키는 데에 사용하는 방법이다(그림 27.10). 낙엽이나 깎은 잔디 더미를 미생물이 분해하는 것이다. 조건만 적절하면 2~3일 내에 호열성 세균(thermophilic bacteria)들이 퇴비 더미(compost)의 온도를 55~60℃까지 끌어올린다. 온도가 떨어진 다음에 퇴비 더미를 뒤집어 산소를 다시 공급하면 두 번째 온도가 올라간다. 시간이 지나면서 호열성 미생물 집단이 중온성(mesophilic) 집단으로 대체되는데, 이들이 식물 성분을 부식토와 유사한 물질로 전환시키는 과정을 지속적으로 천천히 진행한다. 공간이 있다면, 윈드로(windrows, 이랑 같은 것)를 만들어 도시 쓰레기를 펼쳐 놓고 특수 설비를 이용하여 주기적으로 뒤집어 주면서 비료화 처리를 할 수 있다. 도시 쓰레기 처리에 비료화 처리 방법의 사용이 증가하고 있다.

이해도 확인하기

✔ 석유 제품의 어떤 특성 때문에 대부분의 세균들이 잘 분해하지 못하는가? **27-11**

✔ 생물정화의 정의는 무엇인가? **27-12**

수생미생물학과 하수 처리

학습 목표

27-13 담수와 해수의 미생물 서식지를 설명한다.
27-14 폐수 오염이 어떻게 공중보건과 생태 문제가 되는지 설명한다.
27-15 부영양화의 원인과 결과를 논의한다.
27-16 물의 세균 오염 여부 조사 방법을 설명한다.
27-17 음용수에서 어떻게 병원체를 제거하는지 설명한다.
27-18 1차, 2차, 3차 폐수 처리 과정을 비교한다.
27-19 무산소 슬러지 소화조에서 일어나는 생화학적 활동을 몇 가지 제시한다.
27-20 생물학적 산소요구량(BOD), 활성슬러지 시스템, 살수여과상법, 오수정화조, 산화촉진 연못 등을 정의한다.

수생미생물학(aquatic microbiology)은 호수, 연못, 개울, 강, 강어귀, 바다 등과 같은 자연수에 사는 미생물과 그들의 활동을 연구하는 학문이다. 가정과 공장 폐수는 호수와 개울로 들어가는데, 이것의 분해와 이것이 미생물에 미치는 영향이 수서미생물학에서 중요한 분야이다. 또한 도시 폐수처리 방법이 자정작용 과정을 모방하고 있음도 알게 될 것이다.

수생미생물

일반적으로 물속에 미생물이 많은 양으로 존재한다는 것은 그 물에 영양분이 많다는 것을 가리킨다. 폐수나 생분해성 산업 유기 폐기물로 오염된 물에는 상대적으로 세균의 수가 많다. 마찬가지로 강이 바다로 유입되는 어귀도 영양분의 농도가 높아서 다른 해변의 해수에 비해서 많은 미생물이 존재한다.

물에서, 특히 영양분의 농도가 낮은 경우에, 미생물들은 흐름이 없는 수면이나 입자성 물질의 표면에서 자라는 경향이 있다. 물 흐름에 따라 임의로 떠 다니는 것보다는 이렇게 할 때 미생물이 더 많은 영양분을 접할 수 있다. 물에 사는 많은 세균들은 다양한 표면에 붙을 수 있는 부속지(appendage)와 부착기(holdfast)를 가지고 있는 경우가 많다. *Caulobacter*가 이런 예 중 하나이다(305쪽 그림 11.2 참조).

담수 미생물상

전형적인 호수나 연못은 물속의 다양한 층과 거기서 발견되는 미생물상(microbiota)의 종류를 볼 수 있는 좋은 예이다. 물가 지역인 **연안대(littoral zone)**에는 뿌리를 내리고 있는 식물들이 있고 빛이 투과한다. **준조광대(limnetic zone)**는 물가에서 떨어져 있는 개방수면 수역이다. **심저대(profundal zone)**는 준조광대 아래의 깊은 곳이다. **저생대(benthic zone)**는 밑바닥 저지를 말한다.

담수의 미생물 집단은 주로 산소와 빛의 가용성에 영향을 받는다. 여러 측면에서 빛이 더 중요한 자원인데, 호수에서는 광합성 조류가 주요 유기물원, 즉 에너지원이 되기 때문이다. 이들 조류가 세균과 원생동물, 물고기 및 기타 수서 생물을 먹여 살리는 호수의 1차생산자이다. 광합성 조류들은 준조광대에 서식한다.

준조광대 중 산소가 충분한 곳에는 슈도모나드와 *Cytophaga*, *Caulobacter*, *Hyphomicrobium*종(species) 세균들이 있다. 어항을 관리해 본 사람들은 알겠지만, 산소는 물에 잘 녹지 않는다. 정체된 물에서 영양분을 소비하여 자라는 미생물은 물속에 녹아 있는 산소를 빠르게 소모해 버린다. 용존 산소가 고갈되면 물고기가 죽게 되고, 무산소 활성(anaerobic activity)으로 인해 악취가 나게 된다. 얕은 수층의 물결과 강의 흐름 등은 물속 전반에 걸쳐 산소량 증가에 기여하여 산소요구성 세균들의 성장에 도움을 준다. 즉, 물의 흐름은 수질을 개선하고 오염 유기물 분해를 촉진시킨다.

심저대와 저생대처럼 더 깊은 곳에 있는 물에는 산소 농도도 낮고 빛도 적다. 수면 근처에서 자라는 조류가 빛을 거르기 때문에 더 깊은 물속에 사는 광합성 미생물이 수면의 광합성 생물이 사용하는 것과 다른 파장의 빛을 이용하는 것이 특이한 것은 아니다(344쪽 그림 12.12a 참조).

자색황세균과 녹색황세균은 심저대에서 발견된다. 산소를 발생시키지 않는 광합성 생물인 이들 세균은 저생대의 바닥 퇴적물에서 황화수소(H_2S)를 황(S)과 황산염(SO_4^{2-})으로 전환시킨다.

저생대의 퇴적물에는 SO_4^{2-}를 최종 전자수용체로 이용하여 이를 H_2S로 환원시키는 *Desulfovibrio* 같은 세균들이 있다. 메탄 생성 세균들도 산소비요구성 저생대 미생물 집단의 일원이다. 이들은 늪과 습지, 바닥 퇴적물 등에서 메탄 가스를 생성한다. *Clostridium*속 세균들도 바닥 침전물에 흔히 있고 보툴리누스 중독(botulism)을 유발하는 종도 포함되어 있는데, 특히 이는 물새의 보툴리누스 중독 창궐의 원인이다.

해수 미생물상

주로 리보솜 RNA 분석(10장 292쪽 FISH 설명 참조)에 의해서 해양 미생물에 대한 지식이 증가하면서 생물학자들은 해양 미생물의 중요성에 대해 점점 더 주목하고 있다. 많은 종류의 세균 집단이 해저 퇴적물에서 발견되고 있다. 이들은 대부분 고세균인데, 환경 스트레스에 잘 적응하고 에너지 요구량도 낮다. 현재까지 내려진 결론 하나는, 지구상 모든 생명체의 거의 1/3이 해양수가 아니라 해저에 사는 미생물이라는 것이다. 이 미생물들이 엄청난 양의 메탄 가스를 만들어내는데, 대기로 방출된다면 환경 피해를 입힐 것이다.

비교적 햇빛을 잘 받는 해양의 상층부에는 *Synechococcus*와 *Prochlorococcus*속(genus)의 광합성 남세균이 많다. 깊이에 따라 가용한 빛의 파장에 적응한 다양한 세균 집단이 존재한다. 바닷물 한 방울에는 직경이 채 0.7 μm도 되는 않는 작은 구균인 *Prochlorococcus*가 20,000개 정도 들어 있다. 눈에 보이지 않는 이 미세한 생물 집단이 해양 상층부 100미터를 채우고 있으며 지구상 생물의 삶에 큰 영향력을 발휘하고 있다. 해양 생물들의 삶은 **해양 식물플랑크톤(phytoplankton**; 방랑하는 식물이라는 뜻의 그리스어에서 유래)인 이러한 미세 광합성 생물들에게 크게 의존하고 있다.

이상에서 언급한 광합성 세균들은 해양 먹이사슬의 근간을 이룬다. 바닷물 1리터당 10억 마리에 달하는 이들 세균은 수일 만에 두 배로 증식하는데, 거의 같은 속도로 미생물 포식자들에게 잡혀 먹는다. 이러한 광합성 세균은 이산화탄소를 고정하여 유기물을 만드는데 이는 궁극적으로 용존 유기물로 방출되고, 종속영양 해양 세균들은 이를 이용한다. *Trichodesmium*이라는 남세균은 질소를 고정함으로써, 생물이 죽어 가라앉아 유실되는 질소를 보충하는 데에 기여한다. *Pelagibacter ubique*라는 또 다른 세균의 거대 집단은 이들 광합성 미생물 집단의 배설물을 대사한다(327쪽 미생물 다양성에 대한 설명 참조). 많은 종류의 세균들이 연속적으로 더 큰 소비자의 입자성 먹이원이 된다. 첫 번째 소비자는 원생동물인데, 이들은 다시 다세포 동물플랑크톤(zooplankton; 크릴 새우와 같은 부유동물)의 먹이가 된다. 이들 동물플랑크톤도 결국에는 물고기의 먹이가 된다. 세균과 원생동물, 동물플랑크톤 등의 대사 활동에서 방출된 이산화탄소와 무기 영양분의 대부분은 광합성 식물플랑크톤이 재사용한다.

수심 100미터 아래부터는 고세균이 미생물 세계를 지배하기 시작한다. *Crenarchaeota*속의 부유성 구성원들이 해양 미생물량의 대부분을 차지한다. 이들은 깊은 바다의 차가운 온도와 낮은 산소 농도에 잘 적응하였다. 이들을 이루는 탄소는 주로 물에 녹아 있는 이산화탄소에서 온 것이다.

미생물 **생물발광(bioluminescence)**은 심해 생명체의 흥미로운 부분이다. 많은 세균들이 발광성이고, 일부는 해저 서식 어류와 공생관계를 맺고 있다. 이런 물고기들은 심해의 완전한 암흑에서 먹이감을 유인하고 잡는 데에 공생 세균이 발하는 빛을 이용하기도 한다(그림 27.11). 이들 생물발광 세균들은 **루시퍼라제(luciferase)**라고 부르는 발광효소를 가지고 있는데, 이 효소는 전자전달계의 플래빈 단백질(flavoprotein)에서 전자를 취하여 전자 에너지의 일부를 빛의 광자로 발산한다(786쪽 상자 참조).

이해도 확인하기

자색황세균과 녹색황세균은 광합성 생물이지만, 표면보다는 일반적으로 민물의 깊은 곳에서 발견된다. 왜 그럴까? **27-13**

그림 27.11 **물고기 조명 기관으로서의 발광 세균.** 사진은 심해 발광 물고기의 한 종류(*Photoblepharon palpebratus*)이다. 눈 밑의 발광 기관은 조직 덮개로 덮일 수 있다.

생물발광을 내는 효소는 무엇인가?

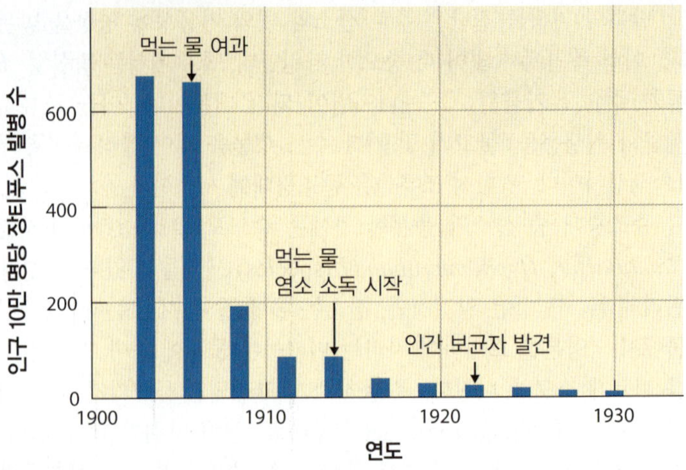

그림 27.12 **1900~1930년 미국 필라델피아 장티푸스 발생 빈도.** 이 도표는 수 처리가 장티푸스에 미친 영향을 명확하게 보여준다.

Q 장티푸스 발생이 감소한 이유는 무엇이가?

수질과 관련된 미생물의 역할

자연에서 물이 순수한 상태로 존재하는 경우는 거의 없다. 빗물도 땅으로 내리는 동안 이물질을 함유하게 된다.

수질 오염

수질 오염 중에서 최우선 관심의 대상은 미생물, 특히 병원성 미생물의 오염 여부이다.

전염병의 전파 물이 땅속으로 이동하는 과정에서 대부분의 미생물이 걸러진다. 샘물이나 심층수의 수질이 일반적으로 좋은 것이 바로 이런 이유 때문이다. 가장 위험한 형태의 수질 오염은 동물의 배설물이 식수원에 들어갔을 때 발생한다. 사람이나 동물의 배설물에 섞여 배출된 병원균이 물을 오염시키고 그 물을 섭취되는 과정인 대변 구강 경로(fecal-oral route) 전파를 통해서 많은 병들이 계속해서 전염된다(25장 참조). 미국 질병통제예방센터(Centers for Disease Control and Prevention, CDC)는 매년 90만 명의 미국인이 수인성 질병에 걸리는 것으로 추산하고 있다. 전 세계에서 매년 200만 이상의 사람이 수인성 질병으로 사망하는 것으로 추정되는데, 희생자 대부분이 5세 이하의 어린이들이다. 이 수치는 매일 20대의 점보 여객기 충돌 사고에 버금가는 것이며 이 연령 집단의 전체 사망자 수의 15%에 해당한다.

이런 질병의 대표적인 예로 장티푸스와 콜레라를 들 수 있는데, 인간의 대변을 통해서만 배출되는 세균에 의해서 발병된다. 약 100년 전, 미국의학협회지 보고에 따르면 시카고의 장티푸스 사망률이 1891년 10만 명당 159.7명에서 1894년에는 31.4명으로 감소했다. 이와 같은 공중 위생의 개선에는 미시간 호수에서 도시로 수돗물을 공급하는 관을 물가에서 약 6.5 km 멀리 떨어진 곳으로 연장한 것이 큰 몫을 했다. 이렇게 한 것이 당시에는 처리되지 않은 채로 유입되어 식수원을 오염시키는 폐수를 희석시켰다는 것이 미국의학협회지의 논평이었다. 같은 논문에서 특정 질병을 일으키는 미생물 제거의 필요성에 대해서도 언급하면서, 당시 유럽에서는 이미 널리 쓰이고 있던 모래 여과상(sand filter bed)의 사용이 제안되었다. 모래여과는 샘물의 자연 정수 작용을 본뜬 것이다. 그림 27.12는 상수원에 이런 여과를 도입한 것이 필라델피아에서 장티푸스 발병에 끼친 효과를 보여준다.

임상 사례

의사는 소량의 독시사이클린(doxycycline)을 처방하고 채리티에게 물을 자주 마시라고 했다. 그리고 그녀에게 어느 나라들을 방문했는지도 물었다. 그녀는 중국, 필리핀, 아이티, 칠레, 인도네시아 등을 방문했다고 말했다. 그녀는 이번에 아프기 전까지는 아주 건강했었다. 그녀는 아이티에서 본국으로 돌아오기 직전 식사로 그 지역 시장에서 산 새우튀김과 새우요리 등을 먹었다고 했다. 그리고 식사와 함께 물도 마셨다고 했는데, 다만 그 물이 병에 들은 생수였는지 여부는 모른다고 하였다.

의사는 그녀의 설사 원인이 무엇이라 생각하여야 할까?

773 **784** 787 792 793 795

화학 오염 화학 물질에 의한 수질 오염 방지도 어려운 문제이다. 토양에서 침출된 산업 및 농업 화학물질은 엄청난 양에다가 생분해가 어려운 형태로 담수로 유입된다. 흔히 농경지 물에는 비료에서 유래한 질산염(NO_3^-)이 과도하게 들어 있다. 질산염이 체내로 섭취되면 장내 세균에 의해 아질산염(NO_2^-)으로 전환된다. 아질산염은 혈액에서 산소와 경쟁하여 특히 유아에게 치명적일 수 있다.

산업 폐수 수질 오염으로 악명 높은 사례는 제지 공장 폐수에 들어 있는 수은과 관련되어 있다. 금속형 수은이 폐기물로 하수로 버려지는 것이 허용되던 때가 있었다. 이 상태의 수은은 비활성이어서 바닥에 가라앉아 분리된 상태로 있을 것이라 생각했었기 때문이다. 그러나 바닥 침전물에 서식하는 일부 세균들이 금속형 수은을 수용성 메틸수은(methyl mercury)으로 바꾸어 놓았고, 물고기와 다른 수생 무척추동물이 이 수은을 섭취하게 되었다. 이렇게 수은이 들어 있는 해산물을 사람이 계속 먹게 되면 신경계에 치명적인 영향을 미칠 수 있는 수준으로 수은이 농축될 수 있다. 미국 식품의약국(U.S. FDA)은 임산부나 수유를 하는 여성들에게 수은 함량이 높을 수 있는 참치와 상어 등의 생선은 먹지 말 것을 권고하고 있다.

또 다른 화학 오염 사례는 2차 세계대전 직후 개발된 합성 세제이다. 당시 사용되던 비누를 급속히 대체한 이 새로운 세제는 생분해되지 않기 때문에 하천에 빠른 속도로 축적되었다. 어떤 강에서는 세제 거품 뭉쳐서 커다란 뗏목처럼 떠내려가는 것이 목격되기도 하였다. 결국 이들 세제는 생분해성 합성 제제로 바뀌게 되었다.

그러나 생분해성 세제도 보통 인을 함유하고 있어서 여전히 주요 환경 문제가 되고 있다. 불행히도 인은 거의 변하지 않고 하수처리 시스템을 통과하여 강이나 호수에 **부영양화(eutrophication)**를 일으킨다.

부영양화의 개념을 이해하기 위해서 조류와 남세균이 에너지와 탄소를 각각 햇빛과 물에 녹아 있는 이산화탄소에서 얻는다는 사실을 상기해 보자. 대부분의 물에서는 질소와 인의 양이 조류 성장에 충분하지 않다. 폐수 처리가 없거나 효율이 떨어질 경우, 가정과 농장, 공장 하수에 들어 있는 이 두 가지 영양분이 하천으로 들어갈 수 있다. 이렇게 유입된 추가 영양분은 물에서 조류가 밀집하여 증식하는 현상인 **조류 대증식(algal bloom)**을 유발한다. 대부분의 남세균이 질소를 고정할 수 있기 때문에 소량의 인만 있으면 대량 증식을 시작한다. 부영양화가 조류나 남세균의 대량 증식으로 이어지면 궁극적으로 생분해 가능한 유기물이 투기된 것과 똑같은 결과가 초래된다. 단기적으로는 이들 조류와 남세균이 산소를 생산하지만, 결국은 죽어서 세균에 의해 분해된다. 이렇게 분해가 진행되는 동안 물속의 산소가 고갈되어 물고기가 폐사하게 된다. 분해되지 않은 유기물 찌꺼기는 바닥으로 가라앉아서 호수 바닥 퇴적을 가속화시킨다.

12장에서 설명한 독소 생산 식물플랑크톤에 의한 적조(red tide, 그림 27.13)도 하층 해수의 용승 또는 육지 폐기물에서 유래한 과도한 영양분에 의해서 유발되는 것으로 추정된다. 이런 종류의 생물 대량증식은 부영양화 영향 이외에도 인간의 건강에도 영향을 미칠 수 있다. 특히 이런 플랑크톤을 잡아먹은 조개류 같은 유사 연체동물 해산물은 인간에게 유독할 수 있다.

그림 27.13 **적조.** 이 바다의 조류 대량 증식의 원인은 물에 유입된 과다한 영양분 때문이다. 사진에서 보이는 색깔은 와편모조류(dinoflagellate)의 색소 때문이다.

Q 이와 같은 조류 대증식을 일으킨 와편모조류의 주된 에너지원은 무엇인가?

호수와 개울에 유입되는 인은 주로 도시 하수에 들어 있는 세제에서 온다. 따라서 인 함유 세제나 잔디용 비료는 많은 지역에서 사용이 금지되어 있다.

탄광 폐기물, 특히 미 동부지역의 것에는 주로 황철석(FeS_2) 형태로 많은 양의 황이 들어 있다. 제1철이온(Fe^{2+})을 산화하여 에너지를 얻는 과정에서 *Thiobacillus ferrooxidans*와 같은 세균들은 FeS_2를 황산염으로 전환시킨다. 이렇게 만들어진 황산염은 물에 들어가 황산이 되어 물속 pH를 낮추어 수생 생물에게 피해를 준다. 낮은 pH는 불용성인 수산화철 생성을 촉진하여, 종종 노란색 침전물로 흐려진 탄광 폐수를 볼 수 있다.

수질 검사

역사적으로 수질에 대한 주된 관심사는 전염병 확산과 관련되어 왔기 때문에 물의 안전성 여부를 결정하는 검사법이 많이 개발되었는데, 대부분이 식품에도 적용할 수 있다.

그러나 상수원에서 병원균만 조사하는 것으로는 현실성이 없다. 우선 한 가지 이유는, 장티푸스나 콜레라 원인균을 발견한다면 그 질병의 발생을 막기에는 이미 늦어버린 것이다. 게다가 이런 병원균들은 소수로 존재하는 경우가 많기 때문에 검사 시료에 포함되지 않을 수도 있다.

현재 사용되고 있는 수질 검사법은 특정 **지표생물(indicator organism)** 검출을 목표로 한다. 지표생물은 몇 가지 기준을 만족

바이오센서: 오염물질과 병원균을 감지하는 세균

미국의 산업공장은 매년 2억 6,500만 톤의 유해 폐기물을 배출하는데, 이 중 80%가 매립된다. 그러나 매립한다고 해서 이들 화학물질을 생태계에서 격리시키는 것은 아니다. 그저 장소만 옮겨졌을 뿐, 여전히 폐기물은 물줄기로 들어올 수 있다. 전통적인 화학 분석 방법으로 이들 화학물질을 추적하는 것은 비용이 많이 들 뿐만 아니라 환경에서 생명체에 영향을 주는 것과 그렇지 않은 것을 구분할 수가 없다.

이러한 문제 때문에 생태계에 위험이 되는 오염물질을 구분할 수 있는 세균, 즉 바이오센서를 개발 중에 있다. 바이오센서를 이용하면 비싼 시약이나 장비 없이 몇 분 이내에 검사를 빨리 끝낼 수 있다.

바이오센서는 보고원(reporter)과 수용원(receptor)이 필요하다. 수용원은 오염물질을 감지하여 활성화되고 보고원은 그 변화를 가시적으로 만들어준다. *Aliivibrio* 또는 *Photobacterium*의 *lux* 오페론이 보고원로 사용한다. 이 오페론은 루시퍼라아제 효소 유전자와 유발원(inducer)을 갖고 있다. $FMNH_2$라는 조효소를 만나면 루시퍼라아제는 이 분자와 반응하여 효소-기질 복합체(enzyme-substrate complex)를 만들어 청록색의 빛을 발산한다. 이렇게 되면 $FMNH_2$가 산화되어 FMN이 만들어진다. 따라서 수용원이 활성화되었을 때 *lux* 오페론을 갖고 있는 세균은 가시광선을 발산할 것이다. (사진 참조)

lux 오페론은 대부분 세균에 손쉽게 집어넣을 수 있다. 토양이나 물에서 유해 화학물질을 감지하기 위해 *lux* 오페론이 들어 있는 *E. coli*를 활용하는 방안이 몇 개의 나라에서 연구 중이다. 우선 유전자 조작된 대장균이 담긴 시험관에 토양이나 물 시료를 집어넣는다. 시료에 이상이 없다면 이 균주는 빛을 발산할 것이다. 그러나 오염물질에 의해 죽는다면 더 이상 빛을 내지 못할 것이다.

다른 응용 사례로 치즈 생산용 우유에 항생제가 들어 있는지를 감지하는 *Lactococcus*를 들 수 있는데, 여기에도 *lux* 오페론이 들어 있다. 살아 있는 세포가 있어야 빛이 나기 때문에 항생제 존재 여부는 재조합 *Lactococcus*가 만들어내는 빛의 감소로 측정한다.

또 다른 바이오센서로는 해파리의 녹색형광단백질(green fluorescent protein, GFP) 유전자를 갖고 있는 재조합 미생물이 있는데, 오염물질이나 항생제에 의해서 GFP 유전자의 발현이 유도된다. 예를 들어 포유류의 후각 수용체와 GFP를 부호화하는 유전자를 가진 이스트는 TNT가 있으면 형광을 낸다. 오염물질 확인 후에는 이를 제거하기 위한 생물정화 과정이 필요하다.

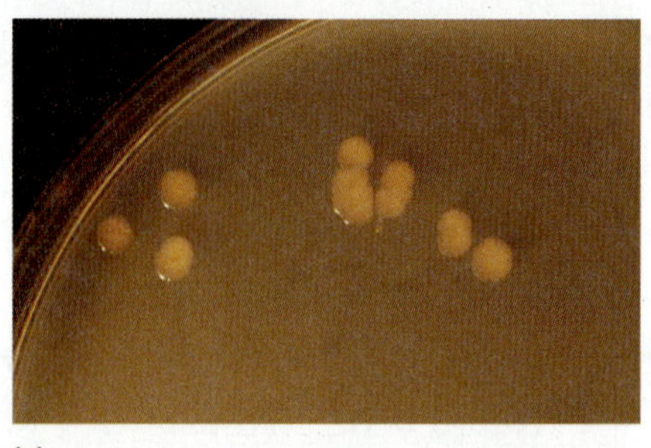

(a)

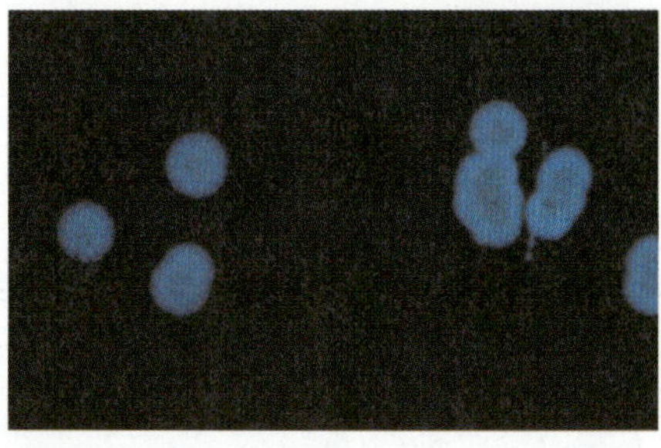

(b)

*Aliivibrio fischeri*는 루시퍼라아제에 전자가 전달되면서 에너지가 방출될 때 발광한다. 여기 *A. fischeri*의 콜로니를 (**a**)낮에 본 모습과 (**b**) *A. fischeri*의 콜로니가 어둠 속에서 스스로 발광하는 사진이 있다.

시켜야 한다. 가장 중요한 기준은 그 미생물이 인분에 충분한 개체수로 항상 존재해서, 이것이 검출되면 사람의 배설물이 유입되었다고 판단하는 신뢰성의 근거가 되어야 한다. 또한 지표생물은 최소한 병원균만큼은 물에서 생존해야만 하고, 미생물에 대한 지식이 거의 없는 사람도 할 수 있는 간단한 검사로 검출되어야 한다.

미국에서는 대장균류 세균(*coliform bacteria*)*이 담수를 대상으로 주로 사용되는 지표 생물이다. **대장균류(coliform)**는 산소요구성 또는 조건적 산소비요구성 그람음성 간균으로 내생포자를 만들지 않고, 35°C에서 젖산 액체배지에 두면 젖산을 발효하여 48시간 이내에 가스를 생성한다. 몇몇 대장균류는 장내에서만이 아니라 식물과 토양 시료에서 더 흔하게 발견되기 때문에 일반적으로 식품과 식수 기준으로 분변 대장균류(*fecal coliforms*)의 검출 여부를 명시하고 있다. 가장 흔한 분변 대장균은 사람의 장내미생물 집단의 상당 부분을 차지하고 있는 *E. coli*이다. 별도의 시험을 통해서 분변 대장균과 비분변 대장균을 구별할 수 있다. 일부가 설사(25장 723쪽 참조)와 기회 요로 감염(26장 752쪽 참조)을 유발할 수는 있지만, 정상적인 환경에서 대장균류 자체는 병원균이 아니다.

물의 대장균류 오염 검사 방법은 주로 이들의 젖산발효 능력에 근거한 것이다. 여러 개의 시험관을 가지고 최확수법[most probable number, MPN(174쪽 그림 6.19 참조)]을 이용하여 대장균류 수를 추정할 수 있다. 막여과(membrane filtration)는 대장균류의 존재 여부와 수를 더 직접적으로 결정할 수 있는 방법으로 북

* 미국 환경보호국(Environmental Protection Agency, EPA)는 바다와 만에서 채취한 물의 안전 지표로 장내구균(*Enterococcus*)을 사용할 것을 권장한다. 장내구균의 개체수는 담수와 해수 모두에서 대장균류에 비해 더 균일하게 감소한다.

미와 유럽에서 가장 널리 사용되고 있으며, 그림 7.4(188쪽)에 있는 것과 유사한 여과 기구를 사용한다. 이 경우, 분리이동이 가능한 여과막의 표면에 모아진 세균들을 적절한 배지 위에서 배양한 다음, 고유의 특이한 모습을 보이는 대장균류 콜로니 수를 센다. 이 방법은 여과막을 막히게 하지 않을 정도로 혼탁도가 낮고 결과를 가릴 수 있는 비대장균류(noncoliform) 세균의 수가 상대적으로 적은 물 시료에 적합하다.

특히 분변 대장균 *E. coli*를 검출하는 더 편리한 방법으로는 두 가지 기질[o-nitrophenyl-β-D-galactopyranoside (ONPG), 4-methylumbelliferyl-β-D-glucuronide (MUG)]이 들어 있는 배지를 사용하는 것이 있다. 대장균류가 만드는 베타-갈락토시다제(β-galactosidase)라는 효소는 ONPG에 작용하여 노란색을 만들기 때문에 해당 시료에 그 존재를 알 수 있다. 대장균류 중에서 *E. coli*는 거의 항상 베타-글루쿠로니다아제(β-glucuronidase)라는 효소를 생산한다는 점에서 독특한데, 이 효소는 MUG에 작용하여 장파장의 자외선을 받으면 파란색으로 빛나는 형광물질을 만든다(그림 27.14). 이렇게 간편한 검사법과 약간 변형된 방법을 이용하면 대장균류 또는 *E. coli*의 존재 여부를 알 수 있고 위에서 언급한 MPN 방법과 연계하면 정량도 가능하다. 이 방법은 막 여과법 등에서 사용되는 고체배지에도 적용할 수 있다. 자외선을 조사하면 해당 콜로니는 형광을 내게 된다.

대장균류는 수돗물 소독에서 매우 유용한 지표 생물이지만, 몇 가지 한계점을 가지고 있다. 우선 대장균류가 수도관 안쪽 면에 형성된 생물막(biofilm)에 박혀서 자라는 경우를 들 수 있다. 이들 대장균류는 수돗물의 분변 오염을 나타내는 것이 아니기 때문에 공중위생에 대한 위협은 아니다. 규정상 수돗물에서 대장균류가 검출되면 반드시 보고해야 하는데, 가끔씩 이런 대장균류가 검출되는 경우도 있다. 이렇게 되면 물을 끓여서 사용하라는 불필요한 당국의 명령이 떨어지게 된다.

더 심각한 문제는 일부 병원균, 특히 바이러스와 원생동물의 포낭(cyst)과 접합자낭(oocyst)은 화학 소독에 대해 대장균류보다 더 내성이 강하다는 것이다. 바이러스를 검출할 수 있는 정밀한 방법으로 검사를 해보면, 화학 소독으로 대장균류가 제거된 물이라도 장내 바이러스로 오염된 경우가 종종 있다. *Giardia lamblia* 포낭과 *Cryptosporidium* 접합자낭은 염소 소독에 대해 내성이 너무 강해서 이 방법으로 이를 완전히 제거한다는 것은 현실적으로 불가능해서, 여과와 같은 기계적인 방법이 필요하다. 염소 소독의 일반 규칙은 바이러스는 *E. coli*보다 염소 소독에 저항성이 강하고, *Cryptosporidium*와 *Giardia*의 포낭은 바이러스보다 100배 더 강하다는 것이다.

그림 27.14 ONPG 및 MUG 대장균류 검사. 노란색(ONPG 양성)은 대장균류(coliforms)의 존재를 가리킨다. 파란색 형광(MUG 양성)은 분변 대장균류 *E. coli*가 있음을 나타낸다. 투명한 배지는 시료가 오염되지 않았음을 나타낸다.

Q MUG 검사 양성 반응에서 형광물질을 만드는 것은 무엇인가?

임상 사례

의사는 콜레라를 의심하고 대변 시료를 지역 검사소로 보냈다. 그 시료를 배양하였더니 *Vibrio cholerae*로 추정되는 콜로니가 나타났고, 시 보건소 실험실에서 이를 확인해 주었다. 주 보건 당국은 라텍스 응집 검사(Latex agglutination tests)를 통해 이들 콜로니가 콜레라 독소를 분비함을 확인하였다. CDC에서의 추가적인 실험에서도 그 분리균이 *V. cholerae* O: 1의 El Tor 생물형(biotype)임을 확인했다. 또한 DNA 지문검사를 통해 이 세균이 아이티에서 전염병을 일으키고 있는 *V. cholerae*와 같은 계통의 균주임을 알 수 있었다.

콜레라는 어떻게 전염되는가? 어떻게 지진이 콜레라 전염을 촉진하는가?

773 784 **787** 792 793 795

이해도 확인하기

- 콜레라와 인플루엔자 중에서 수질 오염에 의해 전파되기가 더 쉬운 것은? **27-14**
- 에너지원이나 질소원으로 사용할 유기물이 없어도 소량의 인만 있으면 물에서 성장할 수 있는 미생물 이름을 하나 대시오. **27-15**
- 대장균류(coliforms)는 미국에서 건강을 위협하는 수질 오염 조사를 위해 가장 널리 사용되는 지표 세균이다. 이때 보통 분변계 대장균(fecal coliform)이라고 명시해야 할 필요가 있는 이유는 무엇인가? **27-16**

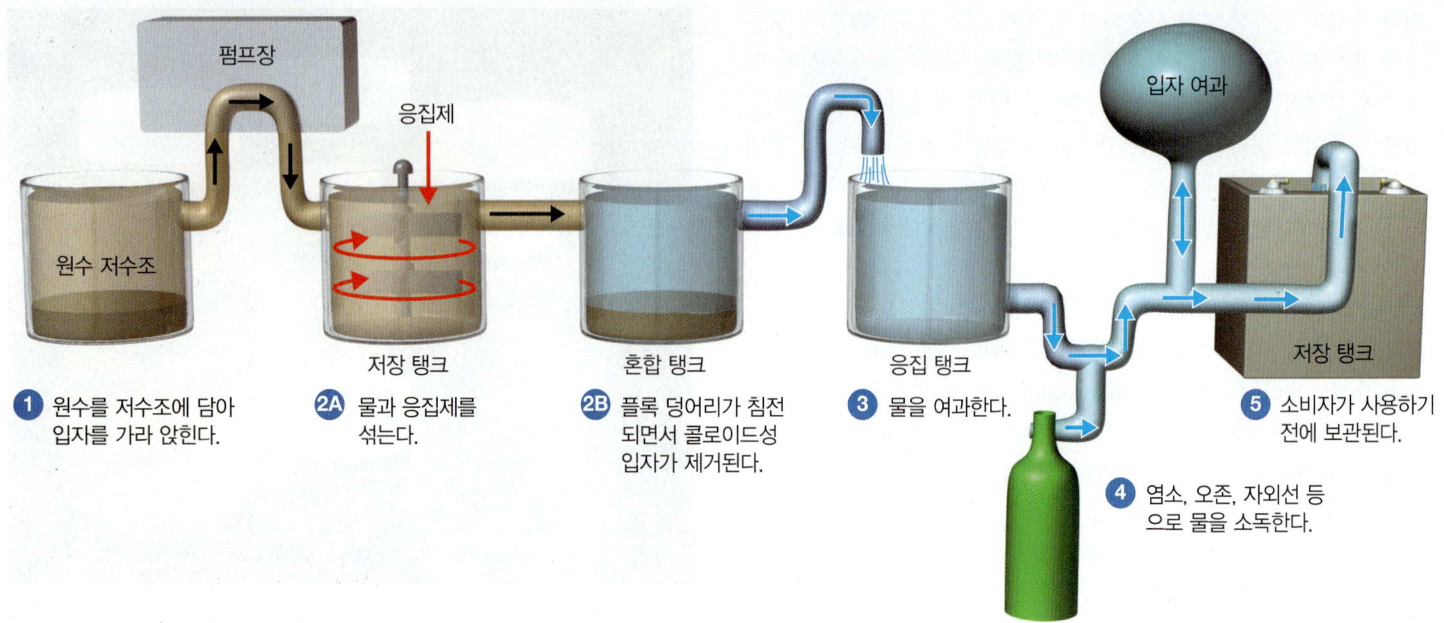

그림 27.15 일반 도시 정수장의 수 처리

 응집에 의한 "콜로이드 입자" 제거에 관여하는 생물은?

물 처리

맑은 계곡물이나 암반수처럼 오염되지 않은 식수원이라면 최소한의 처리만으로 안전한 먹는 물을 공급할 수 있다. 그러나 대부분의 도시는 생활 하수와 공장 폐수가 유입되는 강과 같이 심하게 오염된 물에서 식수를 얻어야 한다. 그림 27.15는 이런 물을 정화하는 과정을 보여준다. 물 처리(water treatment)의 목적은 멸균수가 아니라 질병을 일으키는 미생물이 없는 물을 생산하는 하는 것이다.

응집과 여과

심하게 탁한 물은 한 동안 저수조에 그대로 담아 두어서 입자성 부유물이 최대한 많이 가라앉도록 한 다음, 점토처럼 너무 작아서 (10 μm 이하) 물속에 그냥 두면 계속 떠 있는 콜로이드성 물질의 제거 과정인 **응집(flocculation)**을 거친다. 황산 알루미늄 칼륨(aluminum potassium sulfate, alum)과 같은 응집제는 미세 부유 물질을 결합시켜 **플록**(floc)이라고 하는 응집덩어리를 만든다. 이 응집물이 천천히 가라앉으면서 콜로이드성 물질을 붙잡아 침전시킨다. 많은 수의 바이러스와 세균도 이런 식으로 제거된다. 알룸(alum)은 질병의 세균 병원설(germ theory of disease)이 정립되기 오래 전인 19세기 전반에 미국 서부의 군부대들에서 탁한 강물을 맑게 하는 데에 사용되었다.

응집 처리된 물은 약 60~120 cm 두께의 가는 모래나 으깬 무연탄 층을 통과하는 **여과(filtration)**를 거친다. 앞서 언급된 바와 같이 일부 원생동물의 포낭과 접합자낭은 이러한 여과처리를 통해서만 제거된다. 이런 미생물들은 주로 표면흡착에 의해서 모래 입자에 붙게 된다. 비록 모래 입자 사이의 간극이 미생물이 빠져나갈 수 있을 정도로 크지만 미생물은 이 구불구불한 경로를 통과해 나가지 않는다. 이 여과기는 내부에 쌓인 물질을 제거하기 위해서 주기적으로 역류시킨다. 독성 화합물에 대한 우려가 매우 큰 도시의 상수도 처리 시스템의 경우에는 모래 여과에 활성탄 여과를 추가한다. 활성탄은 입자성 물질뿐만 아니라 물에 녹아 있는 유가 오염물질도 제거한다. 정상 가동되는 수돗물 처리장(세균과 원생동물보다 제거하기가 더 어려운)은 바이러스를 대략 99.5%에 달하는 효율로 제거한다. 최근에는 **저압 막여과 시스템**(membrane filtration system)이 도입되고 있다. 이들 시스템의 구멍 크기는 0.2 μm 정도로 작기 때문에 *Giardia*와 *Cryptosporidium*의 제거를 더 신뢰할 수 있다.

소독

여과된 물은 도시의 수돗물 공급 시스템으로 들어가기 전에 염소 소독을 한다. 유기 물질은 염소를 중화시키기 때문에 시설 운영자들은 적정 수준의 염소량을 유지하는 데에 주의를 기울여야만 한다.

7장에서 소개한 대로(199쪽), 또 다른 수돗물 소독 방법은 오존 처리이다. 오존(O_3)은 반응성이 매우 높은 산소의 한 형태로서 전기 스파크 방전과 자외선에 의해서 만들어진다. (뇌우가 온 다음이나 자외선 전등 근처의 신선한 공기 냄새가 오존 때문이다.) 수돗물 처리용 오존은 현장에서 전기를 이용하여 생산한다(그림 27.16). 오존 처리 후에 아무런 맛과 냄새가 남지 않는다는 것도 큰 장점이다.

잔류 효과가 거의 없기 때문에 보통 오존을 일차 소독 처리로 이용하고 이어서 염소 소독을 한다. 자외선도 화학 소독의 보조 또는 대체 수단으로 이용된다. 자외선은 투과력이 낮기 때문에 물이 자외선 전등을 가까이 흘러지나가도록 관형 전등을 배열한다.

이해도 확인하기

✓ 황산 알루미늄 칼륨(alum)과 같은 응집제가 미생물을 비롯하여 물에 있는 콜로이드성 불순물을 어떻게 제거하는가? **27-17**

하수(폐수) 처리

하수, 혹은 폐수는 씻는 물에서부터 변기의 물까지 가정에서 쓰이는 모든 물을 포함한다. 거리의 하수구로 흘러들어가는 빗물과 어느 정도의 공업 폐수도 많은 도시에서 하수도로 들어온다. 하수는 대부분 물로 이루어져 있고 0.03% 내외의 약간의 입자상 물질을 포함한다. 그럼에도, 대다수 대도시의 하수에서 고체가 차지하는 양이 하루에 1000톤 이상에 달하기도 한다.

환경에 대한 인식이 강화되기 전에는 놀랄만한 수의 미국 대도시들이 아주 기초적인 하수 처리 시스템을 가지고 있거나 아예 이조차도 없었다. 아무런 처리과정을 거치지 않은 하수가 그대로 강이나 바다에 버려졌다. 산소도 풍부하고 꾸준히 흐르는 개울은 상당한 자정 능력을 가지고 있다. 그래서 늘어나는 인구와 그에 따르는 폐기물들이 이 자정 능력을 초과하기 전까지는, 이렇게 안일한 폐기 처리 방법이 아무런 문제가 되지 않았다. 미국에서 이런 무단 방류는 대부분 개선되었다. 그러나 전세계를 놓고 보면 전혀 다른 그림이 그려진다. 지중해에 맞닿은 많은 지역 사회에선 아무런 처리를 하지 않은 하수를 그대로 바다에 버린다. 한 아시아의 관광 리조트 호텔에는 화장실 휴지를 변기에 버리지 말라는 안내문이 붙어 있다—짐작하건대 떠다니는 휴지 조각들은 하수구가 바닷가 바로 근처에 있다는 좋은 증거물이 될 것이다.

1차 하수 처리

보통 하수 처리과정의 첫 단계를 **1차 하수 처리(primary sewage treatment**, 그림 27.17a)라고 한다. 이 과정에서는 유입 하수에 떠 있는 큰 부유물들이 걸러진 다음, 침전조를 통과하면서 모래나 비슷한 알갱이 물질들이 제거된다. 또 스키머(skimmer)로 떠 있는 기름을 제거하고, 떠 있는 찌꺼기들은 분쇄한다. 이 과정 이후에 추가 침전과정을 거쳐 하수의 고체 물질을 더 침전시킨다. 바닥에 가라앉은 침전물들을 **슬러지(sludge)**라고 하는데, 이 단계에서는 1차 슬러지(primary sludge)라고 부른다. 이 침전과정을 통해 40~60%의 부유 고체 물질이 제거되고, 때때로 이 단계에서 정화 효율을 높이기 위해 응집제가 투여되기도 한다. 1차 하수 처리 단계에서는 생물학적 활성이 중요하지는 않지만, 오랜 시간 머물면 일부 슬러지와 용존 유기물의 분해가 일어날 수도 있다. 슬러지의 제거는 지속적이거나 간헐적으로 시행되고, 이후 하수는 2차 처리과정을 밟게 된다.

그림 27.16 **오존 생산.** 정수처리장에서는 그림에서 보는 것과 같은 오조네이터(ozonator)라고 하는 탱크 안에서 마른 공기를 고압 전극 사이로 통과시켜 오존을 만든다.

Q 물 오존 처리의 큰 단점은 무엇인가?

생화학적 산소 요구량

하수 처리와 일반 생태학의 오수 관리에서 중요한 개념인 **생화학적 산소 요구량(biochemical oxygen demand, BOD)**은 생물학적으로 분해 가능한 수중 유기물의 양을 나타내는 수치이다. 1차 처리는 하수 내 25~35% 정도의 BOD를 제거한다.

BOD는 세균이 유기물을 대사하는 데에 필요한 산소량으로 결정한다. 전형적인 측정 방법은 공기를 통하지 않게 하는 마개가 달린 특수한 병을 이용하는 것이다. 먼저 각 병에 측정하고자 하는 물 시료 원액 또는 희석액을 가득 채운다. 물 시료에 공기를 불어넣어 용존산소량을 상대적으로 높게 하고 필요한 경우에는 세균을 접종하기도 한다. 이렇게 꽉 채워진 병을 빛이 차단된 배양기에 넣어 20°C에서 5일간 보관한 다음, 화학적 또는 전자식 방법으로 감소된 용존산소량을 측정한다. 세균이 시료에 들어 있는 유기물을 분해할수록 더 많은 산소가 소비되므로 BOD도 그만큼 커지게 된다. BOD는 일반적으로 물 1리터당 산소량을 밀리그램으로 표시한다. 일반적으로 물에 녹아 들어갈 수 있는 산소량은 대략 10 mg/L인데, 보통 하수의 BOD는 이것의 20배에 이른다. 이런 하수가 호수로 흘러들어간다면, 호수에 사는 세균들이 이처럼 높은 BOD가 필요한 유기물 분해를 시작하여 호숫물에 있는 산소를 급속하게 고갈시킬 것이다. (785쪽 부영양화 설명 참조.)

2차 하수 처리

1차 처리를 거친 폐수에 남아 있는 대부분의 BOD는 용존 유기물 형태이다. 대부분 생물학적 과정인 **2차 하수 처리(secondary sewage treatment)**는 용존 유기물 대부분을 제거하여 BOD를 낮추도록 고안되어 있다(그림 27.17b). 이 과정에서는 폐수에 강력한 폭기를 하여 용존 유기물을 이산화탄소와 물로 분해하는 산소요구성 세

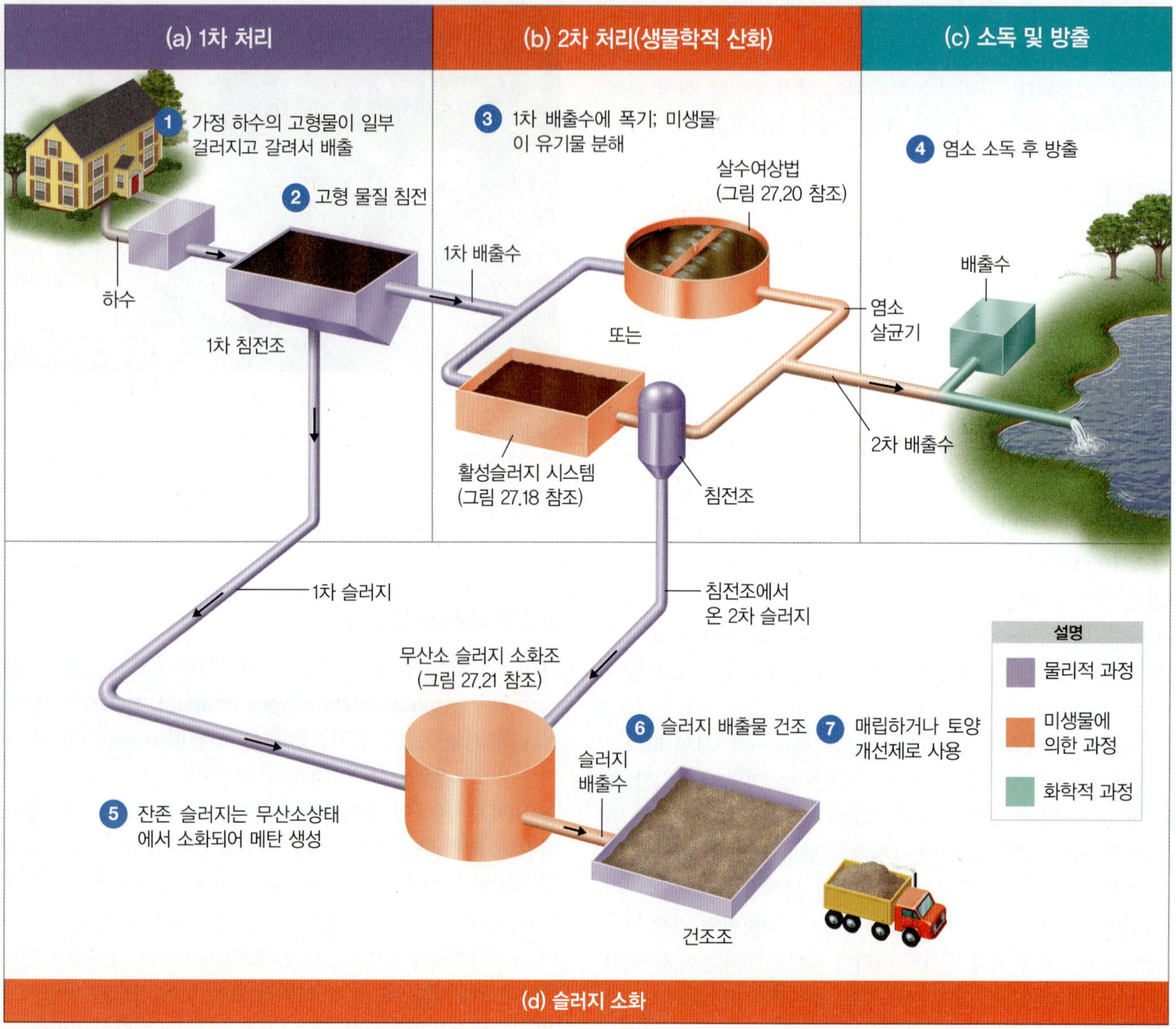

그림 27.17 **일반 하수 처리 단계.** 살수여과상 필터나 활성 슬러지 폭기조에서는 미생물의 활동에 산소가 필요한 반면, 무산소 슬러지 소화조에서는 필요하지 않다. 그림에서 보는 대로 시스템에 따라 활성슬러지 폭기조와 살수여과상 필터 중 하나를 사용하지, 두 개를 함께 사용하지는 않는다. 슬러지 소화과정에서 나온 메탄은 태워버리거나, 난방기나 펌프 모터를 작동하는 데에 사용한다.

어떤 과정이 산소를 필요로 하는가?

균을 비롯한 미생물의 성장을 촉진시킨다. 흔히 사용되는 2차 처리의 두 가지 방법은 활성슬러지 시스템과 살수여과상법(trickling filter)이다.

활성슬러지 시스템(activated sludge system)의 폭기조에서 공기 또는 순수한 산소를 1차 처리한 폐수에 불어넣는다(그림 27.18). 활성슬러지 시스템이라는 이름은 유입되는 폐수에 이전 처리과정에서 나온 슬러지 일부를 첨가한다고 해서 붙여진 것이다. 첨가되는 슬러지를 활성슬러지(activated sludge)라고 명명한 이유는 여기에 폐수 분해 미생물이 많이 들어 있기 때문이다. 이들 산소요구성 미생물의 활동으로 많은 양의 폐수 유기물이 이산화탄소와 물로 산화된다. 이 미생물 군집의 특히 중요한 구성원은 *Zoogloea* 종(species) 세균들인데, 이들은 폭기조에서 플록(floc) 또는 슬러지 과립(sludge granules)이라고 부르는 세균이 포함된 덩어리를 형성한다(그림 27.19). 폐수의 용존 유기물은 플록과 플록 내 미생물로 유입된다. 4~8시간 후에 폭기를 중단하고 폭기조 내 폐수를 침전조로 옮겨서, 플록을 가라앉혀 많은 양의 유기물을 제거한다. 그 다음 이 고형물은 곧 설명하게 될 무산소 슬러지 소화조에서 처리된다. 상대적으로 짧은 시간 동안 이루어지는 미생물의 산화보다 침전과정을 통해서

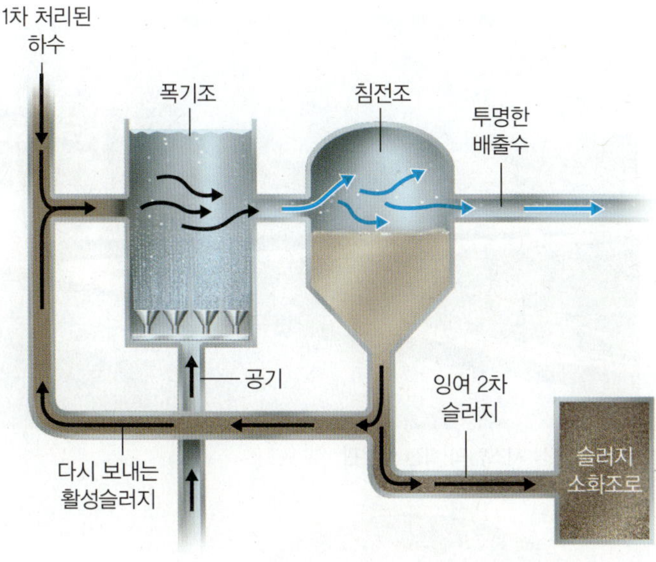

(a) 활성슬러지 시스템 도식

(b) 처리되고 있는 하수 표면에 폭기로 인해 거품이 일고 있는 폭기조

그림 27.18 2차 하수 처리의 활성슬러지 시스템

 포도주 양조와 활성슬러지 하수 처리 간에 비슷한 점은 무엇인가?

더 많은 유기물이 제거되는 것 같다. 투명해진 폐수는 소독하여 방류한다.

가끔씩 슬러지가 침전되지 않고 물에 뜨는 경우가 있는데, 이런 현상을 **벌킹(bulking)**이라고 한다. 이런 일이 발생하면 플록 안에 있는 유기물이 방류수와 함께 흘러나가서 결국 해당 지역이 오염된다. 다양한 종류의 사상균의 성장이 벌킹의 원인인데, 주로 *Sphaerotilus natans*와 *Nocardia* 종(species) 세균들이 주범이다. 활성슬러지 시스템은 상당히 효율적이어서 75~95% 에 달하는 BOD를 폐수에서 제거한다.

살수여과상법은 많이 사용되는 다른 2차 폐수 처리법이다. 이 방법에서는 자갈 또는 플라스틱제 등의 매체로 채워진 반응조 위로 폐수를 뿌린다(그림 27.20a). 매질은 반응조 바닥까지 공기가 도달할 수 있을 정도의 큰 크기여야 하면서도 미생물 활동에 필요한 표면적을 최대화할 만큼은 작아야 한다. 산소요구성 미생물이 자라서 자갈과 플라스틱제 표면에 생물막[biofilm(160쪽 참조)]을 형성한다(그림 27.20b). 공기가 자갈층을 순환하기 때문에 점질층(slime layer)에 싸여 있는 이 산소요구성 미생물들은 표면에 조금씩 떨어지는 유기물의 대부분을 이산화탄소와 물로 산화시킨다. 살수여과상법은 BOD의 80~85%를 제거하므로, 일반적으로 활성슬러지 시스템보다는 효율이 떨어진다. 그러나 이 방법은 운용하기가 덜 까다롭고 하수의 과부하나 독성 폐수 때문에 생기는 문제가 적다. 살수여과상법에서도 슬러지는 나온다는 것을 기억하자.

회전원판법(rotating biological contactor) 생물막에 기반한 또 다른 2차 하수 처리 방법이다. 약 1 m 정도 직경의 원판 여러 개를 묶어 폐수 속에 40% 정도 잠기게 설치한 다음 천천히 회전시킨다. 회전을 통해 공기가 공급되고 원판의 생물막과 폐수가 접촉하게 된다. 또한 생물막이 너무 두꺼워지면 회전에 의해서 일부가 벗겨져 나온다. 이렇게 분리된 생물막은 활성슬러지 시스템에서 축적되는 플록에 해당한다.

그림 27.19 활성슬러지 시스템에서 생성된 플록. 끈적거리는 플록 덩어리는 *Zoogloea* 세균 종에 의해서 만들어진다. 만약 사진에서 보이는 사상균이 지배적이 되면 플록이 떠오르는 벌킹이라는 바람직하지 않은 현상이 생기게 된다.

 활성슬러지 탱크에 폭기가 종료되면 부유 플록에 어떤 일이 생기는가?

임상 사례

*V. cholera*는 대변-구강 경로(fecal–oral route)를 통해 전염된다. 대지진 이전, 아이티 인구의 단 63% 정도만이 조금이라도 깨끗한 물(밀폐 우물, 염소 처리된 물 또는 여과하여 안전한 용기에 담긴 물)을 마실 수 있었고, 17%만이 제대로 소독된 물을 마실 수 있었다. 대부분의 사람들이 샘물을 식수로 삼았다. 지진 이후 9개월 뒤, 깨끗한 물 및 위생시설의 부족과 수많은 난민들이 원인이 되어 콜레라가 순식간에 퍼져 나갔으며 치사율은 3.3%에 육박했다.

Charity는 별 탈 없이 회복 했다; 허나 아이티에선 왜 그렇게 치사율이 높을까?

773 784 787 **792** 793 795

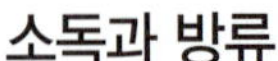

소독과 방류

처리된 하수는 방류되기 전에 통상 염소 소독을 한다(그림 27.17c). 인과 중금속에 의한 수질 오염 방지를 위해서 종종 살수관수장(spray irrigation field)이 이용되기도 하지만 하수는 보통 바다나 강으로 방류된다.

하수는 먹는 물로 사용될 수 있을 정도까지 처리될 수도 있다—애교 있게 말해서 "화장실에서 수도로"라고 한다. 이런 방법은 현재 미국의 몇몇 건조한 지역에 위치한 도시에서 사용되고 있으며 확대될 전망이다. 보통 필터를 이용해서 처리된 하수에서 미세부유물질을 제거한 다음, 이를 역삼투 정수 시스템에 통과시켜 미생물을 제거한다. 자외선 조사와 과산화수소 처리로 잔존 미생물을 죽인다.

슬러지 분해

1차 슬러지는 1차 처리 침전조에 쌓이는데, 활성슬러지법과 살수여과상법에서도 축적되는 슬러지가 있다. 이들 슬러지는 보통 **무산소 슬러지 소화조(anaerobic sludge digester)**로 보내져 더 처리된다.(그림 27.17d과 그림 27.21). 슬러지 분해 공정은 산소가 거의 없는 큰 탱크에서 수행된다.

2차 하수 처리의 주안점은 유기물이 이산화탄소와 물 그리고 침전될 수 있는 고형물로 전환되도록 유산소 조건을 유지하는 것이다. 반면 무산소 슬러지 소화조는 산소비요구성 세균의 성장을 촉진하도록 고안되어 있는데, 특히 유기 고형물을 수용성 물질과 메탄(60~70%), 이산화탄소(20~30%)와 같은 가스로 분해하여 유기 고형물의 양을 줄여주는 메탄 생성 세균이 잘 자라도록 한다. 메탄과 이산화탄소는 상대적으로 무해한 최종 산물로서, 유산소 처리 과정에서 나오는 이산화탄소와 물에 상당한다. 메탄은 보통 소화조 난방 연료로 쓰이고 종종 하수 처리장의 동력 설비를 작동시키는 데에도 이용된다.

(a) 살수여상 시스템의 회전 살수관

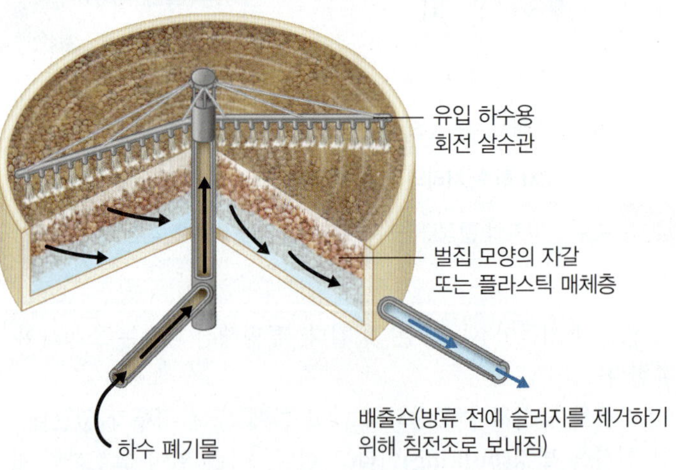

(b) 살수여상 시스템의 단면도

그림 27.20 2차 하수 처리의 살수여과상법. 하수는 회전파이프 시스템에서 자갈과 플라스틱 매체가 채워진 벌집 모양의 여과상으로 뿌려진다. 이 여과상은 표면적을 최대화하고 산소가 안쪽까지 깊이 들어갈 수 있도록 설계된 것이다.

Q 모래와 골프 공 중에서 어느 것이 살수여과상 시스템에 더 효율적인 매체가 될까?

무산소 슬러지 소화조의 공정은 크게 세 단계로 나눌 수 있다. 첫 번째 단계는 다양한 산소비요구성 및 조건부 산소비요구성 미생물이 슬러지를 발효하여 이산화탄소와 유기산을 발생시키는 것이다. 두 번째 단계에서는 이 유기산들이 대사과정을 거쳐 아세트산과 같은 유기산뿐만 아니라 수소와 이산화탄소가 생성된다. 이들 물질은 메탄 생성 세균에 의해 메탄이 만들어지는 세 번째 단계의 원재료가 된다. 이 메탄의 대부분은 수소 가스에서 이산화탄소로 전자가 전달되어 이산화탄소가 환원되면서 에너지가 생산되는 과정에서 나온다:

$$CO_2 + 4H_2 \longrightarrow CH_4 + 2H_2O$$

(a) 미국 캘리포니아의 한 하수처리장에 있는 무산소 슬러지 소화조. 거의 대부분의 소화조는 지하에 위치한다. 특히 추운 지방에서는 반드시 그렇다. 흔히 이런 소화조에서 나오는 메탄은 해당 처리장에서 펌프나 난방기를 가동하는 데에 사용된다. 잉여 메탄은 이 사진의 소화조 꼭대기에 보이는 것처럼 태워버린다.

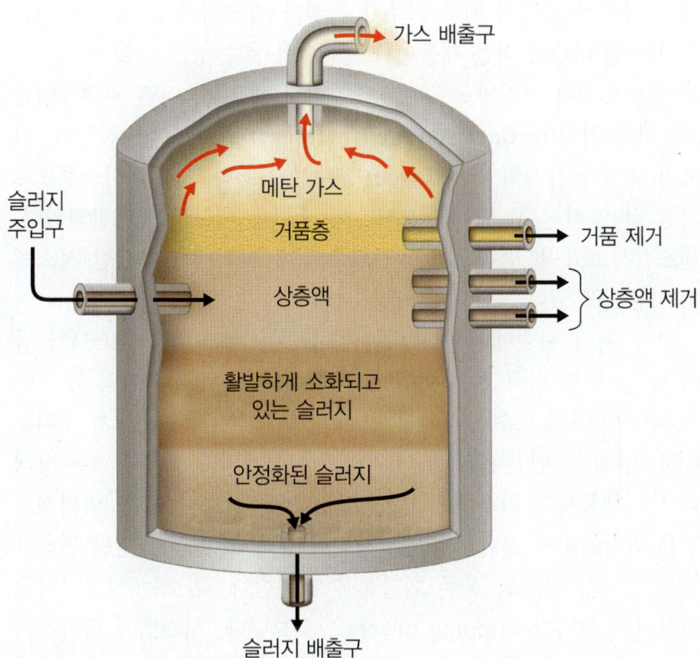

(b) 슬러지 소화조의 단면. 고형물에서는 거품과 상층액 층이 줄어들기 때문에 2차 처리를 거치는 동안 재순환된다.

그림 27.21 슬러지 소화

Q 안정화된 슬러지의 가능한 용도에는 어떤 것이 있는가?

또 다른 메탄 생성 미생물들은 아세트산(CH_3COOH)을 분해하여 메탄과 이산화탄소를 만든다:

$$CH_3COOH \longrightarrow CH_4 + CO_2$$

무산소 소화가 끝난 후에도 많은 양의 소화되지 않은 슬러지가 남게 되는데, 상대적으로 안정하고 활성이 없다. 부피를 줄이기 위해서 이 슬러지는 얕은 건조조나 수분제거용 필터로 펌프질된다. 이 과정을 거치고 나면 슬러지는 매립되거나, 바이오고형물(biosolids)이라고도 부르는 토양 개량제로 사용될 수 있다. 슬러지는 크게 두 개의 등급으로 나뉜다: A등급 슬러지에서는 병원체가 검출되지 않고, B등급 슬러지는 병원체의 수가 특정 수준 이하가 되도록 처리된 것이다. 대부분의 슬러지는 B등급으로 이것이 뿌려진 곳에는 일반인의 접근이 제한된다. 슬러지의 식물 성장 촉진 효과는 시중에서 팔리고 있는 잔디 비료 대비 약 1/5 정도이지만, 부엽토와 뿌리 덮개와 같은 기능으로 토양을 개량하는 가치를 가지고 있다. 식물에게 해로운 중금속 오염이 이런 슬러지의 잠재적 문제점이다.

임상 사례

콜레라는 조기 발견과 동시에 적절한 수분 공급 치료(722~723쪽 참조)를 하면 치사율이 1% 미만이다. 그러나 감염자들의 만성 영양 불균형과 수분 공급 치료를 위한 물 부족이 높은 치사율에 큰 몫을 했다. 더 나아가 아이티에서는 콜레라가 역병이 된 전례가 없었다; 따라서 아이티 국민 대부분은 *V. cholera*에 면역력이 약할 수밖에 없고 이에 감염되기도 훨씬 쉬웠다.

아이티의 자료들을 통해 여러분은 어떤 조언을 하고 싶은가?

물 종류	100 ml 당 대장균류 수
처리되지 않은 물	323
염소 처리된 물(1리터에 가정용 표백제 두 방울 넣고 30분간 방치)	0
세라믹 필터로 처리한 물	0

773 784 787 792 793 795

오수 정화조

인구 밀도가 낮아서 도시의 하수 처리 시스템에 연결되지 않는 가정과 회사에서는 1차 하수 처리와 유사한 방식으로 작동하는 **오수 정화조(septic tank)**를 보통 사용한다(그림 27.22). 오수 탱크에서 하수의 부유 물질을 가라앉히고, 탱크 안의 슬러지는 주기적으로 펌프로 퍼내어 처리해야만 한다. 배출수는 천공관 시스템을 통해 침출지(또는 토양 배수지)로 흘러간다. 토양에 유입된 배출수는 토양 미생물에 의해서 분해된다. 항균 비누, 하수관 세척제, 의약품, 화장실 물을 내릴 때마다 나오는 변기 청정제, 표백제 등이 과도하게 섞여 있으면 오수 정화조의 원활한 작동에 필요한 미생물의 활동이 저해된다.

이 시스템은 과부하가 걸리지 않고 배수 시스템의 크기가 용량과 토양 종류에 맞게 되어 있을 때 원활하게 작동한다. 찰진 진흙의 경우에는 낮은 토양 투과성 때문에 배수 시스템의 그만큼 커야 한다. 모래 토양처럼 공극률이 크면 화학물질이나 세균이 근처 상수원을 오염시킬 수 있다.

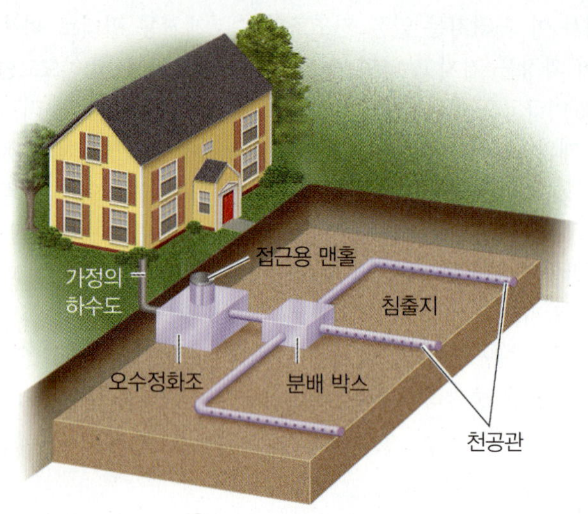

(a) 전체 도면. 대부분의 가용성 유기물은 토양으로 스며들어 처리된다.

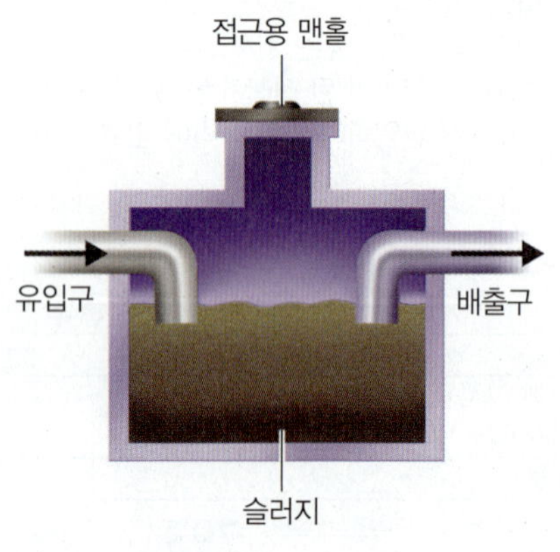

(b) 오수 정화조의 단면

그림 27.22 **오수 정화조 시스템**

찰흙과 모래 중에서 더 큰 배수 면적을 필요로 하는 것은?

산화 촉진 연못

많은 산업체와 소규모 주거 공동체에서는 라군(lagoon) 또는 안정화 연못(stabilization pond)이라고도 부르는 **산화 촉진 연못(oxidation pond)**을 이용하여 하수를 처리한다. 이 시설물은 설치와 작동 비용이 저렴한 대신 넓은 땅을 필요로 한다. 다양한 형태가 있지만 대부분 두 단계로 이루어진다. 첫 단계는 1차 하수 처리와 비슷하다. 오수를 모아두는 인공 연못은 산소가 거의 없을 정도로 깊다. 이 단계에서 슬러지가 침전된다. 대략 2차 하수 처리에 해당하는 두 번째 단계에서는 하수를 인접해 있는 연못으로 보내는데, 여기는 물결만으로 공기가 충분히 공급될 정도로 얕다. 유기물이 아주 많을 경우 연못에서 세균이 잘 자랄 수 있는 유산소 조건을 유지하는 것이 어렵기 때문에 조류를 함께 키워서 산소를 공급하도록 권장하고 있다. 하수에 있는 유기물을 세균이 분해하는 과정에서 이산화탄소가 발생한다. 조류는 광합성을 통해 이산화탄소를 소모하여 성장하면서 산소를 발생함으로써, 하수에 있는 산소요구성 미생물의 활동을 촉진한다. 많은 양의 유기물이 조류의 형태로 축적되지만, 자연 호수와는 달리 산화 촉진 연못은 이미 많은 양의 양분이 있는 곳이기 때문에 이것은 별 문제가 되지 않는다.

외딴 캠핑장이나 고속도로 휴게소처럼 적은 양의 하수를 발생하는 시설에서는 하수 처리에 산화구(oxidation ditch)를 이용하기도 한다. 이 방법에서는 경주 트랙 형태의 작은 원형 수로에 하수를 채운 다음, 수차(paddle wheel)로 물을 밀면서 공기를 공급한다.

3차 하수 처리

이상에서 살펴본 대로 1, 2차 하수 처리에서 생물학적으로 분해 가능한 유기물을 모두 제거할 수는 없다. 남아 있는 유기물의 양이 그리 많지 않으면 그대로 방류해도 큰 문제가 되지 않는다. 그러나 결국에는 인구 증가로 인해 자연수의 자정 능력이 감당할 수 있는 한계를 넘어설 것이기 때문에 추가 처리가 필요해진다. 심지어 지금도 처리된 하수가 작은 개울이나 물놀이용 호수 등으로 들어가는 경우에는 1, 2차 처리만으로는 불충분하다. 따라서 어떤 지역에서는 **3차 하수 처리(tertiary sewage treatment)** 시설을 개발하였다. 시에라 네바다 산맥의 타호(Tahoe) 호수는 3차 하수 처리 시스템으로 가장 잘 알려진 곳 중 하나인데, 이 주변은 대규모로 개발되었다. 샌프란시스코 만 남쪽으로 유입되는 하수 처리에도 유사한 시스템이 사용되고 있다.

2차 처리 시설에서 배출되는 하수에는 어느 정도 BOD가 남아 있다. 또한 처리 전 하수에 있던 질소의 약 50%와 인의 약 70%가 남아 있어서 호수 생태계에 큰 영향을 미칠 수 있다. 3차 처리는 BOD와 질소, 인 등을 모두 제거하도록 설계된다. 3차 처리는 상대적으로 생물학적 처리에 덜 의존한다. 인은 석회와 명반, 염화철과 같은 화학물질과 결합시켜 침전시킨다. 가는 모래와 활성탄 필터로 작은 입자상 물질과 용존 화합물을 제거한다. 질소는 암모니아로 전환시켜 탈기탑(stripping tower)으로 보낸다. 시스템에 따라서는 탈질 세균을 이용하여 질소 가스로 만들어 방출하기도 한다. 마지막에 염소처리로 물을 소독한다.

3차 처리를 거친 물은 마실 수 있을 정도로 깨끗하지만, 처리 비용이 매우 많이 든다. 2차 처리는 비용 면에서는 저렴하지만, 2차 처리만 거친 물에는 여전히 꽤 많은 오염 물질이 남아 있다. 2차 처리된 물을 농업 용수로 사용할 수 있도록 2차 처리 시설을 설계하는 데에 많은 연구가 진행되고 있다. 이러한 연구가 성공하면 수질 오염원을 제거하고, 식물에 양분도 공급하고, 이미 부족 상태인 물 공급에 대한 부담을 줄일 수 있을 것이다. 즉, 이렇게 처리된 하수가 토양에 뿌려지면, 그 토양이 하수가 지하수와 상수원 표면에 도달하기 전에 화학물질과 미생물을 제거하는 살수여과상 필터 역할을 하는 것이다.

임상 사례 해결

콜레라의 확산을 막기 위해서는 수질과 위생 개선이 필요하다. 이 병은 순식간에 탈수와 쇼크, 죽음에 이르게 할 수 있으므로 신속하게 수분을 보충하는 것이 치료의 핵심이다. 그러나 수분 공급 치료에는 깨끗한 물이 필수이기 때문에 물 처리 비용이 저렴해야 한다.

773 784 787 792 793 **795**

이해도 확인하기

- 어떤 하수처리 방법이 하수에서 거의 모든 인을 제거할 수 있도록 설계되어 있는가? **27-18**
- 슬러지 소화 시스템 가동으로 어떤 대사 능력을 가진 산소비요구성 세균들의 성장이 특히 촉진되는가? **27-19**
- BOD와 물고기의 생존과는 어떤 관계가 있는가? **27-20**

학습 개요

미생물 다양성과 서식지 (773~774쪽)

1. 대사 다양성과 다양한 탄소 및 에너지원 이용 능력, 다양한 물리적 환경에서 성장할 수 있는 능력 때문에 미생물은 매우 다양한 서식지에서 살고 있다.
2. 극한생물은 극단의 온도, pH 또는 염도 조건에서 살고 있다.

공생 (773~774쪽)

3. 공생은 상이한 두 생물체 또는 생물 집단 사이의 관계이다.
4. 균근이라고 부르는 공생 곰팡이는 식물의 뿌리 표면과 내부에 사는데, 해당 식물의 표면적을 증가시켜서 양분 흡수 돕는다.

토양 미생물학과 생물지화학 순환 (774~782쪽)

1. 생물지화학 순환에서 화학 원소들은 생물체와 비생물체를 오가며 순환되다.
2. 토양 미생물은 유기물을 분해하여 탄소와 질소, 황 함유 화합물 등을 가용한 형태로 전환시킨다.
3. 미생물은 생물지화학 순환을 지속시키는 데에 필수적이다.
4. 생물지화학 순환 동안 원소들은 미생물에 의해 산화되고 환원된다.

탄소순환 (775~776쪽)

5. 이산화탄소는 광독립영양 생물과 화학독립영양 생물에 의해서 유기화합물로 들어가게 된다.
6. 이들 유기 화합물은 화학종속영양 생물의 영양분이 된다.
7. 화학종속영양 생물은 이산화탄소를 방출하고, 광독립영양 생물은 이를 사용한다.
8. 탄소가 $CaCO_3$ 또는 화석 연료 같은 형태가 되면 순환 고리에서 제외된다.

질소순환 (776~779쪽)

9. 미생물은 죽은 세포의 단백질을 분해하여 아미노산을 방출시킨다.
10. 미생물이 암모니아화 과정을 통해 아미노산을 분해하면 암모니아가 발생한다.
11. 질소화 세균은 암모니아에 들어 있는 질소를 산화하여 에너지를 얻고 질산을 생성한다.
12. 탈질소화 세균은 질산에 있는 질소를 질소 분자(N_2)로 환원시킨다.
13. N_2는 질소 고정 세균에 의해 암모니아로 전환된다.
14. 질소 고정 세균에는 *Azotobacter*와 *cyanobacteria*처럼 자유생활을 하는 것과 *Rhizobium*과 *Frankia* 같은 공생 세균이 있다.
15. 세균과 식물은 암모니아와 질산을 이용하여 단백질의 구성 단위인 아미노산을 합성한다.

황순환 (779쪽)

16. 독립영양 세균은 황화수소(H_2S)를 이용하는데, 이 과정에서 황은 S^0또는 SO_4^{2-} 형태로 산화된다.
17. 식물과 일부 미생물은 SO_4^{2-}를 환원시켜 특정 아미노산을 만든다. 순차적으로 동물은 이들 아미노산을 사용한다.
18. 이와 같은 아미노산의 부폐 또는 이화 과정에서 H_2S가 방출된다.

암흑 속의 삶 (779~780쪽)

19. 화학독립영양 생물은 심해 열수 분출구와 암석 속에서 1차 생산자이다.

인순환 (780쪽)

20. 인(PO_4^{3-})은 암석과 새의 구아노에서 발견된다.
21. 미생물이 만든 산에 의해서 용해가 되면 PO_4^{3-}는 식물과 미생물이 이용할 수 있다.
22. 단단한 돌 안에 사는 암석속 세균은 독립영양 세균으로 수소를 에너지원으로 이용한다.

토양과 물에서 합성 화합물의 분해 (780~782쪽)

23. 살충제를 비롯한 많은 합성 화합물은 미생물이 잘 분해하지 못한다.
24. 생물정화란 오염물질을 제거에 미생물을 이용하는 것이다.
25. 질소와 인 첨가제를 공급하여 기름 분해 세균의 성장을 증진시킬 수 있다.
26. 도시의 쓰레기 매립지는 수분과 산소가 부족하기 때문에 고형 폐기물이 잘 분해되지 않는다.
27. 일부 매립지에서는 메탄생성 세균이 만들어낸 메탄을 화수하여 에너지로 사용한다.

28. 비료화 처리를 이용하면 유기물의 생분해를 촉진시킬 수 있다.

수생미생물학과 하수 처리 (782~795쪽)

수생미생물 (782~784쪽)

1. 자연수에 서식하는 미생물과 이들의 기능을 연구하는 학문 분야를 수생미생물학이라고 한다.
2. 자연수에는 호수, 연못, 개울, 강, 강어귀, 바다 등이 있다.
3. 수중 세균의 밀도는 해당 물에 들어 있는 유기물질의 양에 비례한다.
4. 대부분의 수생 세균은 자유 부유 상태보다는 표면 위에서 자라는 경향이 있다.
5. 담수 미생물상의 숫자와 위치는 산소와 빛의 가용성에 따라 좌우된다.
6. 광합성 조류는 호수의 1차 생산자인데, 준조광대에서 발견된다.
7. *Pseudomonads*, *Cytophaga*, *Caulobacter*, *Hyphomicrobium* 등은 산소가 풍부한 준조광대에서 발견된다.
8. 고여 있는 물의 미생물은 가용한 산소를 소진시켜 악취와 물고기 폐사를 초래할 수 있다.
9. 물결 운동은 용존 산소량을 증가시킨다.
10. 자색황세균과 녹색황세균은 심저대에서 발견되는데, 여기에는 빛이 도달하고 황화수소(H_2S)는 있지만 산소는 없다.
11. *Desulfovibrio*는 저생대 진흙에서 SO_4^{2-} 를 H_2S로 환원시킨다.
12. 메탄 생성 세균들도 저생대에서 발견된다.
13. 먼 바다에서는 식물성 플랑크톤이 1차 생산자이다.
14. *Pelagibacter ubique*는 해수의 분해자이다.
15. 수심 100미터 이하에서는 고세균이 지배적이다.
16. 일부 조류와 세균은 루시퍼라제라는 효소를 가지고 있어서 빛을 낸다.

수질과 관련된 미생물의 역할 (784~787쪽)

17. 지하수 저장소로 물이 스며드는 과정에서 물속 미생물이 걸러진다.
18. 일부 병원성 미생물은 먹는 물과 놀이용 물을 통해서 사람에게 전염된다.
19. 난분해성 화학 오염물질은 수생 생태계 먹이사슬에서 농축될 수 있다.
20. 수은은 특정 세균에 의해 물에 녹을 수 있는 화합물로 대사되어 동물에서 농축된다.
21. 인과 같은 양분은 조류 대증식 현상을 초래하는데, 이는 수생 생태계의 부영양화로 이어질 수 있다.
22. 부영양화는 오염물질 또는 자연 영양물질이 첨가된 결과이다.
23. *Thiobacillus ferrooxidans*는 탄광지에서 황산을 만든다.
24. 세균 오염 수질 검사는 지표생물의 존재 여부에 근거하는데, 가장 널리 사용되는 지표생물은 대장균류이다.
25. 대장균류는 산소요구부 또는 조건부 산소비요구성이면서 내생포자를 생성하지 않는 그람음성 간균으로 35°C에서 48시간 이내에 젖산을 발효시켜 산과 가스를 발생한다.
26. 주로 *E. coli*인 분변 대장균류가 발견되면 인분 오염을 의미한다.

물 처리 (788~789쪽)

27. 상수원으로 사용될 물은 저수조에 부유물질이 가라앉을 만큼 충분한 시간 저수조에 담아 놓는다.
28. 응집처리는 알룸과 같은 화학물질을 이용하여 콜로이드성 물질을 덩어리지게 하여 가라앉힌다.
29. 여과를 통해 원생동물의 포낭과 기타 미생물을 제거할 수 있다.
30. 염소 소독으로 먹는 물의 잔존 병원성 세균을 죽인다.

하수(폐수) 처리 (789~795쪽)

31. 생활 폐수를 하수라고 하는데, 여기에는 가정 폐수와 화장실 오물, 빗물 등이 포함된다.
32. 1차 하수 처리는 슬러지라고 하는 고형물을 제거하는 것이다.
33. 1차 처리에서는 생물학적 활성이 그다지 중요하지 않다.
34. 생화학적 산소요구량(BOD)은 해당 물에서 생물학적으로 분해 가능한 유기물을 측정하는 한 방법이다.
35. 1차 처리에서는 대략 25~35% 정도의 BOD가 하수에서 제거된다.
36. BOD는 세균이 해당 유기물을 분해하는 데에 필요한 산소량을 측정하여 결정한다.
37. 2차 하수 처리는 1차 처리 후에 남은 유기물질을 생물학적으로 분해하는 것이다.
38. 2차 하수 처리 방법에는 활성슬러지 시스템과 살수여상법, 회전원판법 등이 있다.
39. 미생물은 산소를 이용하여 유기물질을 분해한다.
40. 2차 처리에서 최대 95%까지 BOD를 제거한다.
41. 처리된 하수를 자연 환경으로 방출하기 전에 주로 염소로 소독을 한다.
42. 슬러지는 무산소 슬러지 소화조에서 처리된다. 세균이 유기물을 분해하여 더 간단한 유기화합물과 메탄, 이산화탄소 등을 생산한다.
43. 무산소 슬러지 소화조에서 생산된 메탄은 소화조의 열공급이나 다른 기기 운용에 이용된다.
44. 과도한 슬러지는 주기적으로 소화조에서 제거하여 말린 다음, 처리하거나(매립 또는 토양 개량제) 소각한다.
45. 오수 정화조는 시골에서 1차 하수 처리하는 데에 사용될 수 있다.
46. 소규모 주거지에서는 2차 처리를 위해서 산화 촉진 연못을 사용한다.
47. 이런 시설은 인공 호수를 만들 수 있는 넓은 공간을 필요로 한다.
48. 3차 처리에서는 하수에 남아 있는 BOD와 질소, 인 등을 모두 제거하기 위해서 물리적인 여과와 화학적 침전을 이용한다.
49. 3차 처리를 하면 마실 수 있는 물을 공급할 수 있는 반면, 2차 처리까지만 거친 물은 관개용수로만 사용할 수 있다.

학습 질문

복습과 객관식 문제에 대한 해답은 책 뒤에 있음.

복습 문제

1. 코알라는 초식동물이다. 코알라의 소화 기관에 대해 어떤 유추를 할 수 있겠는가?
2. 곰팡이는 박테리아에 감염되지 않는다는 점을 감안하여 왜 *Penicillium*이 페니실린을 만들어내는지 대한 가능한 이유를 설명해 보시오.
3. 황순환에서 미생물은 (a)_______와(과) 같은 유기 황 화합물을 분해하여 H_2S를 배출하는데, H_2S는 *Thiobacillus*에 의해 (b)_______(으)로 산화될 수 있다. 이 이온은 (c)________에 의해 아미노산으로 동화되거나 *Desulfovibrio*에 의해 (d)______(으)로 환원될 수 있다. 광독립영양 세균은 H_2S를 전자공여체로 사용하여 (e)________을(를) 합성한다. 이 대사에 의한 부산물 중 황이 포함된 것은 (f)________ 이다.
4. 인순환이 중요한 이유는 무엇인가?
5. 그려보기 아래 그림에 다음에 열거한 작용이 어디에서 일어나는지 표시하고, 각 작용에 관여하는 생물을 한 가지 이상 적으시오: 암모니아화 반응, 분해, 탈질소 반응, 질소화 반응, 질소고정.

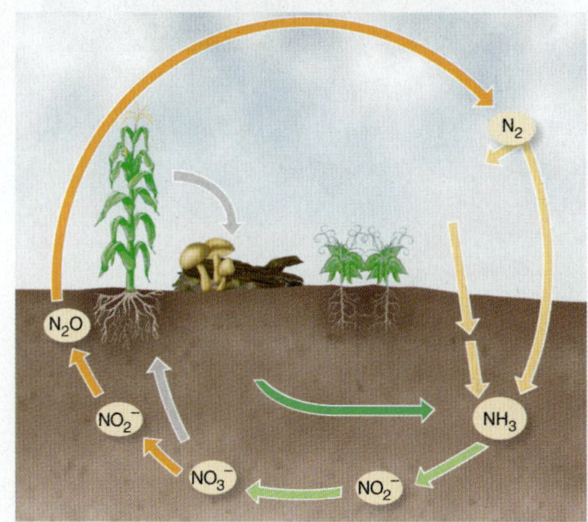

6. 다음 생물들은 식물과 곰팡이의 공생체로서 중요한 역할을 담당한다. 각 생물과 그 숙주의 공생관계를 설명하시오: 남세균, 균근, *Rhizobium*, *Frankia*.
7. 수돗물(먹는 물) 처리과정의 개요를 서술하시오.
8. 다음 과정들은 폐수처리의 일부분이다. 하수 처리의 각 단계에 알맞은 과정을 짝지으시오. 각 처리 단계는 여러 번 쓰일 수도, 한 번 쓰일 수도, 혹은 쓰이지 않을 수도 있다.

과정	처리 단계
__________ a. 침출지	1. 1차
__________ b. 고형물 제거	2. 2차
__________ c. 생물학적 분해	3. 3차
__________ d. 활성슬러지 시스템	
__________ e. 인의 화학적 침전	
__________ f. 살수여과상법	
__________ g. 먹을 수 있는 물 생산	

9. 생물정화는 오염물질을 제거하는 데 살아 있는 생물을 사용하는 것을 일컫는다. 생물정화의 예를 세 가지 드시오.
10. 이름 답하기 질소고정 작용을 돕는 이 원핵생물은 논에 질소비료를 공급한다. 민물 식물인 *Azolla*의 세포에 공생하는 이것은 무엇인가?

객관식 문제

1~4번의 답을 다음 중에서 선택하시오.

a. 유산소 상태에서 일어난다.
b. 무산소 상태에서 일어난다.
c. 공기의 유무는 아무 상관이 없다.

1. 활성슬러지법
2. 탈질소화반응
3. 질소고정
4. 메탄 생산
5. 병원에서 정맥주사용 용액을 만들기 위해 사용되는 물에 내독소가 포함되어 있었다. 감염 관리 직원이 이 세균이 어디서 왔는지 알아내기 위해서 평판계수 실험을 수행하였다. 그 결과는 다음과 같다:

	세균 수/100 ml
도시 수도관	0
보일러	0
온수 공급관	300

다음 중 이 결과에 근거해서 이 세균에 대해 내릴 수 없는 결론은?

a. 세균이 생물막 형태로 송수관 속에 존재했다.
b. 이 세균은 그람음성이다.
c. 이 세균은 분변 오염에서 왔다.
d. 이 세균은 도시의 수도관에서 왔다.
e. 답 없음

6~8번의 답을 다음 중에서 선택하시오.

a. 유산소 호흡
b. 무산소 호흡
c. 산소 비발생 광독립영양 생물
d. 산소 발생 광독립영양 생물

6. $CO_2 + H_2S \xrightarrow{\text{빛}} C_6H_{12}O_6 + S^0$
7. $SO_4^{2-} + 10H^+ + 10e^- \rightarrow H_2S + 4H_2O$
8. $CO_2 + 8H^+ + 8e^- \rightarrow CH_4 + 2H_2O$
9. 다음 중 수질오염으로 인한 결과는?
   a. 전염병 확산
   b. 부영양화 증가
   c. BOD 증가
   d. 조류 성장 증가
   e. 답 없음
10. 대장균류가 하수의 오염 정도를 나타내는 지표생물로 사용되는 이유는 무엇인가?
   a. 병원균이기 때문에

b. 젖당을 발효하기 때문에
c. 인간의 장에 많기 때문에
d. 48시간 이내에 성장하기 때문에
e. 이상 모두 정답

비판적 사고

1. 다음은 생산되고 있는 두 종류의 세제 화학식이다. 어떤 것이 더 생분해되기 어려울까? 또 미생물이 쉽게 분해할 수 있는 것은 어떤 것인가? (힌트: 5장에 나오는 지방산의 분해를 참고하시오.)

```
C—C—C—C—C—C—C—C—C—C. . .

             C
             |
             C     C
             |     |
C—C—C—C—C—C. . .
   |
   C
```

2. 연못의 부영양화를 중심으로 연못에 처리되지 않은 하수를 버리면 발생하는 일을 설명하시오. 1차 처리를 거친 하수의 경우는? 2차 처리까지 거친 하수의 경우는? 각자의 답변을 각각의 하수가 유속이 빠른 강물에 미치는 영향과 비교하시오.

임상 응용

1. 미국 유타주 투엘(Tooele)에서 2주간의 폭우로 인한 홍수 후에 설사 발병률이 급증했다. 환자 중 25%에서 *G. lamblia*가 분리되었다. 약 100 km 떨어진 마을과 비교해서 조사한 결과, 면담을 한 103명 중 2.9% 가 설사병을 앓은 것으로 나타났다. 투엘은 자체 상수도 시설과 하수 처리 시설을 가지고 있다. 투엘에서 설사가 유행하게 된 이유를 추측해보고 이를 해결할 방법을 제시하시오. 분변 대장균류 검사를 했었다면 어떤 결과가 나왔었을까?

2. 사진에 있는 생물정화 과정은 석유로 오염된 토양에서 벤젠과 기타 다른 탄화수소를 제거할 때 사용하는 것이다. 관을 이용하여 질산염과 인산염, 공기, 물을 넣는데, 각각을 첨가하는 이유는 무엇인가? 반드시 세균을 첨가하지 않아도 되는 이유는 무엇인가?

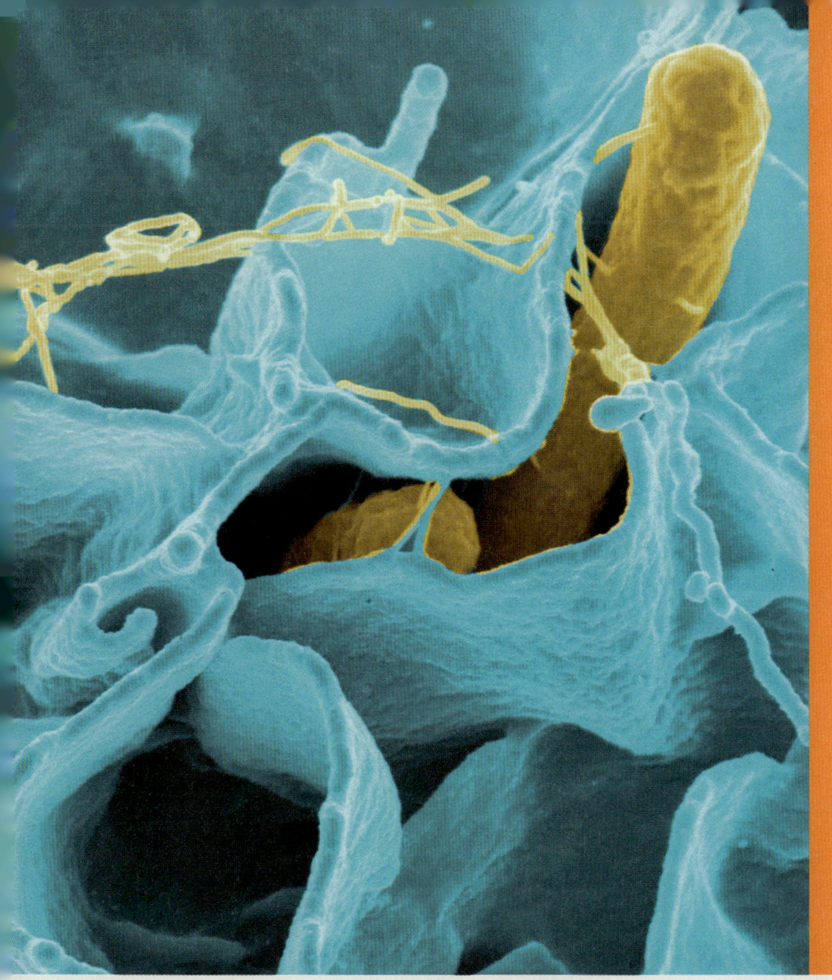

28

응용 산업 미생물학

27장에서 보았듯이 지구상 생물의 삶을 가능케 하는 대부분의 자연 현상에 미생물이 중요한 역할을 하고 있다. 28장에서는 산업과 음식 제조에 미생물이 어떻게 활용되는지를 다룰 것이다. 특히 빵이나 맥주, 와인, 치즈 제조 등을 비롯한 많은 방법이 역사적으로 굉장히 오래되었다.

현대 문명에서 대도시의 형성은 음식의 보존이 불가능했으면 이룩하지 못했을 일이다. 문명 또한 농업을 통해 일 년 내내 안정적으로 식량을 확보할 수 있어서 사냥과 채집 생활에서 벗어난 후에 발생하지 않았는가?

9장에서 첨단 분자생물학 기술로 유전자 개량된 미생물을 산업적으로 활용하는 것을 다뤘다. 이제 이러한 응용은 현대 산업에서 중요한 비중을 차지하고 있다(1장 3쪽 상자글 참조). 이번 장에서는 미생물을 이용하여 생산하는 음식과 약, 화학물질에 대해 다룰 것이다. 임상 사례에서는 *Salmonella*(사진)와 같은 병원균에 식품이 오염되지 않도록 하는 데에 미생물학자가 어떤 역할을 하는지 보여준다.

식품 미생물학

학습 목표

28-1 고온성 무산소 부패와 중온성 세균에 의한 플랫 사우어(flat sour) 부패를 설명한다.

28-2 통조림, 살균 처리 포장, 방사선, 고압 등을 이용한 식품 보존법의 유사점과 차이점을 알아본다.

28-3 인간에게 유익한 미생물의 활동 4가지를 제시한다.

오늘날 우리가 사용하는 식품 보존법 대부분은 아마 오래 전에 우연히 알려졌을 것이다. 문화의 초기 단계에 사람들은 말린 고기와 절인 생선이 덜 상한다는 것을 발견했다. 유목민들은 우유가 시어지면 부패를 막을 수 있으면서 여전히 맛있다는 것을 알았을 것이다. 더 나아가 시어진 우유를 응고시켜 수분을 제거하고 숙성시키면(사실상 치즈 제조) 보존하기가 더 쉬워지고 맛이 더 좋아졌다. 농부들은 곡식을 말리면 곰팡이가 슬지 않는다는 것을 알았다.

음식과 질병

점점 더 많은 식품이 중앙 생산 시설에서 생산되어 널리 유통됨에 따라, 먹거리가 질병을 널리 퍼뜨리는 원인이 될 가능성도 그만큼 높아지고 있다. 이를 최소화하기 위해 지역사회에서는 낙농장과 식당을 관리감독하는 기관을 설립했다. 미국 식품의약국(FDA)과 농무부(USDA)도 항구와 중앙처리지역에 대한 감시 시스템을 가동하고 있다. 이 분야의 새로운 진전은 **위해 요소 중점 관리(Hazard Analysis and Critical Control Point, HACCP)** 제도의 도입인데, 이는 식료품의 생산에서 소비에 이르기까지 안전을 보장하기 위해 구축된 시스템이다. 이 제도의 도입 전에는 정부 기관의 주된 업무는 식품의 오염 여부를 확인하기 위해 표본 조사를 하는 것이었다. 오염 여부를 조사하기 위한 이런 표본 추출도 계속 필요하겠지만, HACCP 제도는 식품이 유해 미생물에 오염될 만한 요소를 찾아내 오염을 막기 위해 만들어진 것이다. 이렇게 유해 요소를 감시하여 미생물이 들어오는 것이나, 혹시 들어온 경우 이것이 확산되는 것을 막을 수 있다. 예를 들어 HACCP 제도를 통해 육류 가공 과정 중 어느 단계에서 동물의 내장 물질로 오염될 가능성이 높은지를 알아낼 수 있다. 또한 HACCP 제도에는 병원균의 살균을 위한 적정 온도와 이들의 증식 억제를 위한 적정 저장 온도의 모니터링도 포함되어 있다.

임상 사례: 장 박사와 초콜릿 공장

미국 질병통제예방센터(CDC)의 데릭 장(Derrick Chang) 박사는 식품매개질환 원인병원체 유전자지문 추적감시망인 PulseNet에서 경보를 받았다. 미국 내에 유전적으로 동일한 살모넬라균(*Salmonella typhimurium*)이 널리 확산하고 있었다. 지난 60여 일간 무려 23개 주에서 120개의 균주의 분리가 보고된 것이다.

무엇이 이 사태를 발생시키고 있는 것일까? 알아보자.

800 802 807 811 813 815

통조림 산업

7장에서 우리는 집에서도 만드는 통조림처럼 음식을 밀폐된 용기에 담아 가열함으로써 보존을 하는 것이 어렵지 않다는 것을 확인했다. 통조림 제조에서 까다로운 부분은 내생포자를 형성하는 *Clostridium botulinum*과 같은 해로운 미생물이나 부패를 유발할 수 있는 생물은 죽이면서도 음식의 모양과 맛은 떨어지지 않도록 적당한 온도로 가열하는 것이다. 대부분의 연구도 부패의 방지와 맛이라는 두 마리 토끼를 잡을 수 있는 적정 온도를 찾는 데 중점을 두고 있다.

공장의 통조림 제조에는 집에서 만드는 통조림보다는 훨씬 더 정교한 기술이 필요하다(그림 28.1). 통조림 제조과정에서 음식물은 거대한 증류기 안에서 압력을 받으며 증기로 살균되는 **공업 살균(commercial sterilization)** 과정을 거친다(그림 28.2). 이는 고압멸균기와 원리가 같다(186쪽 그림 7.2 참조). 공업살균은 *C. botulinum* 내생포자를 없애기 위한 작업이며 완전 살균만큼 강하지는 않다. *C. botulinum* 내생포자가 파괴될 정도면 다른 해로운 세균도 죽는다.

공업살균을 확실히 하기 위해 **12D 처리(12D treatment)**에 충분한 열이 가해지는데, 이렇게 하면 이론상으로 *C. boltulinum*의 개체수가 12로그 주기로 줄어든다(183쪽 그림 7.1과 표 7.2 참조). 즉, 통조림에 10의 12제곱(1,000,000,000,000)만큼의 내생포자가 있다면 공업살균처리 후에는 단 1마리만 남게 된다. 10의 12제곱은 비현실적으로 많은 양이기 때문에, 공업살균은 상당히 안전한 것이라 여겨진다. 일부 호열성 세균이 만드는 내생포자는 *C. botulinum*이 생성하는 내생포자보다 열에 더 강하다. 그러나 이들은 높은 온도에서만 활동하고 섭씨 45°C 이하에서는 거의 휴면상태이기 때문에 일반적인 보존 온도에서는 부패나 오염과 같은 문제를 일으키지 않는다.

통조림 식품의 부패

만일 뜨거운 태양 아래의 트럭이나 난방기 옆 등과 같은 높은 온도에 통조림이 방치된다면, 일반 살균과정에서 살아남은 호열성 세균이 증식할 수도 있다. 따라서 **고열성 무산소부패(thermophilic anaerobic spoilage)**는 산도가 낮은 통조림의 부패의 주 원인이 된다. 해당 캔은 보통 가스로 부풀어 오르며, 내용물은 pH가 떨어지고 신 냄새가 난다. 다수의 호열성 *Clostridium*종이 이러한 부패를 유발할 수 있다. 호열성 부패가 발생했으나 통조림 캔이 가스로 부풀어 오르지 않았다면 이를 **플랫사우어 부패(flat sour spoilage)**라고 한다. 이러한 종류의 부패는 식품에 사용되는 녹말과 설탕 등에

그림 28.1 통조림 제조 공장에서의 공업살균 과정

Q 공업살균과 완전살균은 어떤 차이가 있는가?

서 발견되는 *Geobacillus stearothermophilus* 등과 같은 호열성 미생물 때문에 생긴다. 대부분의 산업에서 원자재에 허용되는 호열성 세균의 양에 대한 기준이 마련되어 있다. 두 종류의 부패 모두 통조림이 실온보다 높은 온도에 보관되었을 때 발생하는데, 일반 가공과정에서 제거되지 않는 내생포자를 가진 세균의 증식 때문이다.

통조림 제품의 살균이 충분하지 않았거나 샐 경우에는 중온성 세균이 식품을 오염시킬 수 있다. 살균이 부족하면 내생포자 생성 세균으로 오염될 가능성이 더 커진다. 내생포자를 생성하지 않는 세균이 검출되면 내용물이 새는 경우가 많다. 통조림이 새면 열 처리 이후의 냉각과정에서 오염되기가 쉽다. 가열된 통조림에는 찬물을 뿌리거나 통조림을 물로 가득 찬 통에 통과시킨다. 통조림이 식으면서 안에는 진공상태가 되는데, 열처리로 인해 통조림 뚜껑 이음매 밀폐제가 약해져 생긴 틈새로 밖에서 물이 들어올 수 있다(그림 28.3). 물이 들어오면서 오염 위험이 있는 세균도 같이 들어온다. 잘못된 살균이나 내용물의 누출로 부패가 되면 악취가 나는데, 적어도 고단백 식품은 그렇다. 그리고 이런 부패는 상온에서 일어난다. 이런 경우에는 보툴린 독소를 생산하는 세균이 있을 가능성이 항상 있다.

토마토나 보존된 과일과 같은 일부 산성 식품은 100°C 이하에서 가공되어 보관되는데, 그 논리는 이러하다. 산성 식품에서 자라는 부패성 생물은 주로 곰팡이와 효모, 영양세포 상태에 있는 몇 종류의 세균인데, 이들은 모두 100°C에서 죽기 때문이다.

산성 식품에서 종종 발생하는 문제는 내열성이면서 내산성인 몇 가지의 미생물 때문에 생긴다. 내열성의 곰팡이의 예로는, 내열성 자낭포자(heat-resistant ascospore)를 만드는 *Byssochlamys fulva*와 특히 균핵(sclerotia)이라고 부르는 특화된 내성체를 만드는 *Aspergillus* 종을 비롯한 몇몇 다른 곰팡이를 들 수 있다. 포자 생성 세균인 *Bacillus coagulans*는 거의 pH 4.0에서도 살 수 있다는 점

그림 28.2 공업용 레토르트 통조림 제조. 이 장비들은 대부분의 미생물 실험실이나 병원에서 사용하는 고압멸균기보다 훨씬 더 크다.

레토르트 통조림 제조 장비와 병원 고압멸균기 사이에 어떤 기본적인 차이가 있는가?

그림 28.3 **금속 캔의 구조.** 1904년경에 도입된 이음매의 구조에 주목하시오. 멸균 후 식히는 동안(그림 28.1의 6번째 단계 참조) 캔 안에 생기는 진공 때문에 물과 함께 오염시키는 미생물이 캔 안으로 들어올 수 있다.

 증기실에 넣기 전에 캔을 밀봉할 수 없는 이유는 무엇인가?

에서 독특하다. 표 28.1에 저산성 식품과 중간 산성 식품에 생기는 부패의 종류가 나타나 있다.

살균 포장

식품 보존을 위해 **살균 포장(aseptic packaging)**을 사용하는 비율이 점차 늘어나고 있다. 대부분의 포장 용기는 보통 합판지나 플라스틱처럼 재래식 열처리를 견딜 수 없는 재질로 되어 있다. 두루마리 형태로 제공되는 포장재료는 컨베이어벨트를 따라 고온의 과산화수소수로 살균하는 기계에 들어가는데, 종종 자외선 살균이 더해지기도 한다(그림 28.4). 금속 재질의 용기는 고온의 증기 등 높은 온도를 이용한 방법으로 살균할 수 있다. 고에너지 전자빔도 포장의 살균에 사용될 수 있다. 무균 환경에서 포장용기를 만든 다음, 여기에 일반적인 열처리 방법으로 살균된 액체 식품을 담는다. 용기가 밀봉된 후에는 살균하지 않는다.

그림 28.4 **살균 포장.** 사진 가장 앞면과 오른쪽 중앙에 포장재료 롤과 포장된 제품이 각각 보인다.

 최근 들어 이런 포장 방법의 사용이 증가하는 이유는 무엇인가?

임상 사례

장 박사는 *S. typhimurium* 감염이 보고되었던 주의 보건당국 대표자들과 사례 대조 연구를 시작했다. 각각 사례를 통해 감염 매개체로 의심되는 15개의 항목들을 추려내었다. 담당 공무원들은 각각의 의심 항목을 환자들이 발병 전 3일 내에 섭취 혹은 사용했는지를 조사했다. 각 환자의 가족에 대해 환자와 성별과 나이가 같은 인접 대조군을 찾아, 지난 한 달 동안 15개의 항목의 섭취 여부를 제외하고 환자들에게 한 것과 동일한 질문을 했다. 수집된 자료는 아래 표에 정리되어 있다.

포일 포장 초콜릿 볼	사례	대조군
섭취함	38	12
섭취하지 않음	7	79

이 음식에 대한 상대적 위험도를 계산하시오. (힌트: 721쪽 참조)

800 802 807 811 813 815

표 28.1 중저산성(pH 4.5 이상) 통조림 식품에서 흔한 부패 양상

부패 형태	부패 징후	
	캔 모양	캔 내용물
플랫사우어 (*Geobacillus stearothermophilus*)	부풀어오르지 않음	보통 외양은 변하지 않음; pH가 현저하게 떨어짐; 시어짐; 약간 이상한 냄새가 날 수 있음; 종종 액체가 뿌옇기도 함
고열성 무산소 (*Thermoanaerobacterium thermosaccharolyticum*)	부풀어 오름	발효된 시큼한 치즈 또는 부티르산(butyric acid) 냄새
산소비요구성 부패 (*Clostridium sporogenes*; *C. botulinum*일 수도 있음)	부풀어 오름	분해가 불완전할 수 있음; 정상보다 약간 높은 pH; 전형적인 악취

방사선과 산업적 식품 보존

미생물에게 방사선이 치명적이라는 것은 오랫동안 알려져 있었다. 사실, 영국에서는 1905년에 이온화방사선을 이용한 식품 상태 개선 방법에 특허가 부여되기도 했다. X-선은 1921년에 돼지고기에 있는 선모충증(trichinellosis)의 원인이 되는 유충을 죽이기 위한 방법으로 제안되었다. 이온화방사선은 DNA 합성을 방해하여 미생물과 곤충, 식물 등의 번식을 효과적으로 억제한다. 이온화방사선은 보통 방사성 코발트-60에 의해 생성되는 X-선 또는 감마선이다. 어느 정도의 에너지 수준까지는 전자가속기에 의해 발생하는 고에너지 전자도 사용된다. 이 둘의 주된 차이점은 침입 정도이다. 이들은 표적 생물은 비활성화시키면서 해당 식품이나 포장재에는 방사능을 일절 생성하지 않는다. 다양한 생물을 제거하는 데 필요한 상대적인 방사선의 양이 표 28.2에 표기되어 있다. 방사선을 측정하는 단위는 초기 방사선과 의사의 이름을 딴 그레이(Gray)이고, 1,000 그레이를 kGy로 줄여서 쓴다.

- 적은 양의 방사선(1 kGy 이하)은 해충 구제나 발아 억제에 사용된다. 또한 보관 중인 과일의 숙성을 지연시키는 역할을 하기도 한다.
- 1~10 kGy의 저온살균 양(pasteurizing doses)은 육류나 가금류에 있는 병원균을 현저하게 줄이거나 없앨 때 사용된다.
- 많은 양의 방사선(10 kGy 이상)은 향신료를 멸균하거나 적어도 세균 수를 현저하게 줄이기 위해 흔히 사용된다. 대부분은 건강에 특별히 지장을 주지는 않지만, 향신료에 1그램당 보통 100만 여 마리의 세균이 존재한다.

미국에서는 우주비행사가 먹는 고기를 살균하는 것이 방사선 사용의 특수한 목적 중 하나다. 또 몇몇 의료시설에서도 면역계가 손상된 환자들이 섭취하는 음식을 살균하기 위해 방사선을 사용한다. 심박동조율기처럼 인체에 이식되는 수많은 의료용품도 방사능 처리된다. 미국에서는 방사능 처리된 식품을 래듀라(radura) 표시(그림 28.5)와 함께 별도의 안내문으로 알리고 있다. 그런데 안타깝게도 래듀라 마크가 본래 의도인 식품의 적절한 처리나 보관에 대한 인증보다는 경고로 인식되는 경우가 많다. 흔히 오해를 하지만, 방사능 처리된 식품은 방사성의 띠지 않는다. 병원에 있는 X-선 진찰대가 지속적으로 전리 방사선에 노출되지만 전혀 방사성을 띠지 않는 것처럼 말이다. 최근에 미국식품의약국(US FDA)은 "방사(irradiation)"라는 용어 대신 "저온살균(pasteurization)"을 사용할 수 있도록 승인하였다.

깊은 침투가 요구되는 상황이라면 코발트-60의 감마 레이가 권장된다. 그러나 이런 처리는 보호벽으로 격리된 곳에서 몇 시간 동

표 28.2 여러 종류의 생물 제거에 필요한 대략적인 방사선 양 (프리온은 영향 받지 않음)

생물	양 (kGy)*
고등동물 (전신)	0.005~0.1
곤충	0.01~1
내생포자를 만들지 않는 세균	0.5~10
세균의 내생포자	10~50
바이러스	10~200

*Gray는 이온화방사선의 측정 단위임; kGy는 1000 Gray임.
출처: J. Farkas, "Physical Methods of Food Preservation," in *Food Microbiology: Fundamentals and Frontiers*, 2d ed., M.P. Doyle et al. (eds) (Washington, DC: ASM Press, 2001).

그림 28.5 **방사선 조사 로고.** 국제 래듀라(radura) 표시인 이 로고는 해당 식품이 방사선 조사 처리되었음을 나타낸다.

 방사선 조사와 화학물질 첨가가 같은 것인가?

처리 기간 동안 저장조에서 들어 올려지는 조사원 (irradiation source)
조사 대상 물질
조사 위치로 물질을 출입시키는 컨베이어
보호벽
보호벽

(a) 조사 대상 물질의 경로를 보여주는 조사시설

(b) 조사원은 저장조에 잠겨 있다. 수중에서는 빛보다 빠른 충전된 입자에 의해 생기는 체렌코프 방사(Cerenkov radiation)가 파란 불빛으로 보인다.

그림 28.6 감마선 조사 시설

 전자레인지를 사용하여 식품을 멸균할 수 있는가?

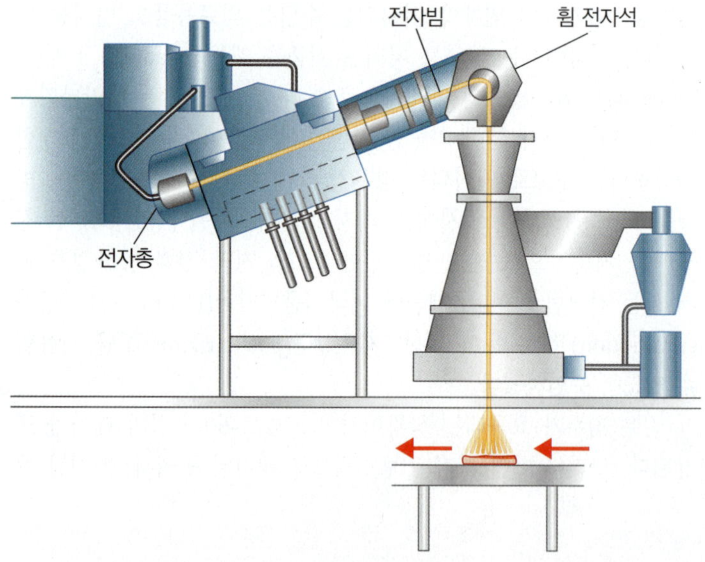

그림 28.7 전자빔 가속기. 이들 기계가 만들어낸 전자류(electron stream)는 반대 극성을 띤 전자석에 이끌려 긴 관을 따라 내려가면서 가속된다. 그림에서 전자빔은 "휨 전자석(bending magnet)"에 의해 꺾인다. 이렇게 하면 원치 않는 에너지 준위의 전자가 걸러져 일정한 에너지의 빔이 공급된다. 표적이 통과하여 지나가는 과정에서 수직 빔이 표적 위를 훑어준다. 이 빔의 투과력은 제한적이다. 즉, 표적 물질을 물의 등가두께로 나타내면, 최대값은 약 3.9 cm (1.5 in)이다. 이에 반해서 X-선은 약 23 cm (9 in)를 투과한다.

Q 고에너지 전자가 이온화 방사선인가?

안 진행되어야 한다(그림 28.6).

고에너지 전자 가속기(그림 28.7)는 더 빠르게, 몇 초 만에 살균을 하지만 투과력이 약해 얇게 썬 육류나 베이컨 등에만 사용 가능하다. 미생물학 실험에서 사용되는 대부분의 플라스틱 용품이 이러한 방식으로 살균된다. 최근에는 탄저균 내생포자 등의 생물학무기로 인한 테러를 막으려는 목적으로도 우편물에 방사능을 쪼이기도 한다.

고압 식품 보존

식품 보존법(pascalation)의 최근 동향 중 하나는 고압가공기술의 사용이다. 과일과 델리용 육류, 미리 조리된 닭고기 조각 등의 포장된 식품을 가압된 물 탱크에 담는데, 압력은 87,000 psi (pounds per square)에 이른다. 이는 동전 위에 코끼리 세 마리가 올라서는 것과 비슷한 압력이다. 이 공정은 많은 세포 기능을 파괴시킴으로써 살모넬라(*Salmonella*)와 리스테리아(*Listeria*), 병원성 대장균 등을 비롯한 많은 세균을 없앤다. 또한 이 과정에서 다른 비병원성 미생물도 함께 죽기 때문에 식품의 보관 기간을 늘어난다.

이 과정에는 어떠한 첨가물도 들어가지 않기 때문에 별다른 승인이 필요 없다. 다른 어떤 방법보다도 식품의 빛깔과 맛을 잘 보존하고 방사능과 관련된 우려를 일으키지도 않는다.

(a) 레닌의 작용으로 응고된 우유에(응유 형성)에 숙성 세균을 접종하여 맛과 산도를 낸다. 이 사진에서는 담당 직원들이 응유를 기다란 조각으로 자르고 있다.

(b) 응유를 깍두기 모양으로 잘게 잘라 유장이 잘 빠져나가게 한다.

(c) 응유를 갈아서 유장을 더 제거하고 네모난 덩어리로 압축시켜 더 숙성시킨다. 숙성 기간이 길수록 치즈는 산성(쏘는 맛)이 더 강해진다.

그림 28.8 체다 치즈 제조

Q 완제품 치즈에 살아 있는 세균이 있는가?

식품 생산과 미생물의 역할

식품산업에 사용되는 미생물은 19세기 말에 최초로 순수배양되었다. 이러한 발전은 특정 미생물과 그들의 활동 및 생산물 사이의 관계에 대한 이해의 증진으로 이어졌다. 이때를 식품산업 미생물학의 출발점으로 보아도 무방하다. 예를 들어 특정한 조건에서 배양된 효모가 맥주를 발효하고 특정 세균은 맥주를 상하게 한다는 것을 알게 되면서 양조업자는 맥주의 품질을 더 잘 유지하고 관리할 수 있었다. 몇몇 업체에서는 미생물에 대한 연구를 활발히 진행하여 자신들만의 특색이 있는 제품 생산을 위한 미생물을 선별하게 되었다. 양조업계에서는 효모의 분리 동정을 집중적으로 수행하여 알코올을 더 많이 만들어내는 균주를 찾아냈다. 이번 절에서는 일상적으로 접하는 몇몇 식품에서 미생물이 어떤 역할을 하는지에 대해 알아보기로 한다.

치즈

미국은 매년 수백만 톤의 치즈를 생산하며 전세계의 치즈산업을 주도하고 있다. 치즈는 종류가 다양하지만, 모두 **응유(curd)**가 있어야 만들 수 있다. 응유는 우유의 액체 부분인 **유장(whey)**에서 분리할 수 있다(그림 28.8). 단백질인 **카제인(casein)**으로 된 응유는 보통 **레닌(renin** 또는 chymosin)이라는 효소의 작용으로 만들어지는데, 이 작용에는 특정 젖산 생산 세균에 의해 조성되는 산성 조건이 도움이 된다. 유제품이 숙성되는 동안, 접종된 젖산균은 발효 유제품 특유의 맛과 향을 만든다. 리코타 치즈나 코티지 치즈 같은 숙성시키지 않은 치즈를 제외하고는 응유는 미생물에 의한 숙성 과정을 거친다.

일반적으로 단단한 정도에 따라 치즈를 분류하는데, 치즈의 단단함은 숙성과정에서 결정된다. 응유에서 수분이 많이 빠질수록, 또 더 응축될수록 치즈가 단단해진다.

단단한 체다 치즈와 스위스 치즈는 산소가 없는 상태에서 자란 젖산균에 의해 숙성된다. 이러한 치즈는 크기가 꽤 큰 경우도 있다. 숙성시간이 길수록 치즈는 더 산성을 띠고 쏘는 맛이 강해진다. 스위스 치즈에 있는 구멍은 *Propionibacterium*종이 방출하는 이산화탄소에 의해 만들어진다. 림버거(Limburger)처럼 좀 더 부드러운 치즈는 표면에서 자라는 세균과 다른 주변 미생물에 의해 숙성된다. 블루치즈와 로퀴포트(Roquefort) 치즈는 접종된 푸른곰팡이에 의해 숙성된다. 치즈의 조직이 느슨해 산소요구성 곰팡이에게 필요한 산소가 공급될 수 있다. 블루치즈에서 보이는 청록색 물질이 바로 푸른곰팡이가 자란 것이다. 부드러운 카망베르(Camembert) 치즈는 작은 통에서 숙성된다. 표면에서 자라는 푸른곰팡이가 치즈 속으로 스며들어 숙성시킬 수 있도록 하기 위해서다. 808쪽의 상자에서는 유제품 생산의 부산물로서 만들어진 유장의 한 가지 이용법을 소개한다.

기타 유제품

버터는 버터밀크에서 지방구(fatty globule)가 분리될 때까지 크림(cream; 우유에서 분리된 연한 황색을 띤 유지방-역자주)을 휘저어 버터를 만든다. 버터 특유의 맛과 향은 **다이아세틸**(diacetyl) 때문이다. 다이아세틸은 두 개의 아세트산 분자로 구성되는데, 이는 젖산균 발효의 최종산물이다. 현재 시판되고 있는 버터밀크 대부분은 버터 제조과정에서의 부산물이 아니라 탈지유에 젖산과 다이아세틸을 만드는 세균을 접종해서 만들어진 것이다. **배양발효크림**(cultured sour cream)은 버터밀크에 사용되는 것과 유사한 미생물을 크림에 접종해서 만든다.

약산성 유제품인 요거트는 세계적인 식품이고 미국에서도 인기가 많다. 시중에서 유통되는 요거트는 우유로 만드는데, 수분의 1/4분 이상을 진공 팬에서 증발시킨 상태다. 수분이 없어 고체에 가까워진 우유에 산 생성을 위한 *Streptococcus thermophilus*과 맛과 향을 내기 위한 *Lactobacillus delbrueckii bulgaricus*를 접종한다. 발효는 약 45°C에서 몇 시간 정도 이루어지며 그 동안 *S. thermophilus*는 *L.d. bulgaricus*보다 많아진다. 맛을 내는 미생물과 산을 생성하는 미생물 간의 균형을 맞추는 것이 요거트 생산의 비법이다.

케피어(kefir)와 **쿠미스**(kumiss)는 발효유 음료이며 동유럽에서 많이 마신다. 이 음료에는 보통 젖산을 만드는 세균에 젖당 발효 효모가 추가되어 알코올 함유량이 1~2% 정도 된다.

비유제품 발효

역사적으로 우유의 발효기술을 통해 유제품을 보관해 두었다가 나중에 소비할 수 있게 되었다. 다른 미생물 발효를 이용하여 특정 식물을 먹을 수 있게 만들었다. 예를 들어 중앙 아메리카와 남아메리카의 원주민들은 카카오 열매를 발효시켜 먹는 법을 알았다. 발효 중에 나오는 미생물의 산물이 초콜릿 맛을 낸다.

미생물은 제빵에도 활용된다. 효모가 밀가루 반죽에 있는 당분을 발효시킨다. 제빵에 사용되는 효모는 *Saccharomyces cerevisiae*이다. 이 효모는 맥주나 와인을 만들 때도 사용된다(한때 *S. cerevisiae*가 *S. carlsbergensis*, *S. uvarum*, *S. ellipsoideus* 등 여러 종으로 분류되었었는데, 예전 문헌에서는 이와 같은 이름들을 종종 발견할 수 있다.) *S. cerevisiae*는 산소가 있든 없든 잘 자라지만, 조건부 산소비요구성인 대장균과는 달리 산소가 없는 상태에서 영원히 성장하지는 못한다. 지난 1세기 동안 다양한 *S. cerevisiae* 균주가 개발되었으며, 각각 특정한 발효에 맞게 특화되었다.

효모는 산소가 없어야 에탄올을 만들기 때문에 무산소 조건은 양조과정에 필수적이다. 제빵과정에서는 이산화탄소가 기포를 일으켜 빵이 부풀게 한다. 이산화탄소가 만들어지려면 유산소 조건이 유리하므로 가능한 이 조건이 충족되어야 한다. 이 때문에 빵을 만들 때 반죽을 자꾸 주무르는 것이다. 이 과정에서 만들어지는 에탄올은 굽는 동안 날아간다. 호밀빵이나 사워도우 등의 빵에서는 젖산균이 특유의 시큼한 향을 만들어낸다.

이외에도 발효를 활용한 음식은 **사우어크라우트**, **피클**, **올리브**, **코코아**, 그리고 원두가 발효과정을 거치는 커피까지 매우 다양하다.

주류 및 식초

제조과정에 미생물이 관여하지 않는 주류는 거의 없다. 맥주와 에일은 효모로 곡물의 전분을 발효시켜 만든다. **맥주(beer)**는 밑에 쌓인 **효모**(bottom yeast)에 의해 천천히 발효된다. 에일은 고온에서 상대적으로 빠르게 발효되는데, 이산화탄소에 의해 위로 떠올라 보통 덩어리를 형성하는 **효모**(top yeast)가 이용된다. 효모는 전분을 직접 이용할 수 없기 때문에 곡물의 전분이 먼저 포도당과 엿당으로 변환되어야만, 효모가 이를 에탄올과 이산화탄소로 발효시킬 수 있다. 맥아 **제조(malting)**라고 부르는 이 전환과정에서 보리와 같이 전분을 함유한 곡물을 발아시킨 다음 말려서 가루로 빻는다. 이렇게 만들어진 **맥아(malt)**에는 녹말분해효소인 아밀라아제(amylase)가 들어 있는데, 이 효소가 곡물의 전분을 효모가 발효시킬 수 있는 형태의 탄수화물로 전환시킨다. 라이트 비어를 만들 때는 아밀라아제 또는 선별된 효모 균주를 사용하여 전분을 포도당과 엿당으로 더 많이 전환시킨다. 그 결과 탄수화물은 적어지고 그 만큼 알코올은 많아진다. 그 다음에 맥주를 희석하여 알코올 함량을 보통 수준으로 낮춘다. 쌀로 만드는 일본 정종인 **사케(sake)**는 맥아 없이 쌀로 만들어지는데, 누룩곰팡이(*Aspergillus*)가 쌀의 전분을 발효 가능한 당으로 변환시킨다[811쪽에 있는 코지(koji)에 대한 설명 참조]. 위스키와 보드카, 럼과 같은 증류주(*distilled spirit*)를 만들 때는 곡물과 감자, 당밀 등에 있는 탄수화물을 알코올로 발효시킨다. 그 다음 발효된 알코올을 증류시켜 도수가 높은 술을 만든다.

보통 **와인**(wine)은 과일 중에서도 특히 효모가 직접 발효 가능한 당이 풍부한 포도로 만든다. 따라서 와인 제조에는 맥아 제조과정이 필요가 없다. 포도로 만들 경우 당을 보충할 필요가 없지만, 다른 과일을 사용하면 알코올 생산량을 맞추기 위해 당을 더 첨가해야 할 때도 있다. 와인 제조과정은 그림 28.9에 나타나 있다. 말산(malic acid) 농도가 높아서 산성이 강한 포도로 와인을 만들 때는 젖산균의 역할이 중요하다. 이들 젖산균이 **감산발효(malolactic fermentation)**를 통해 말산을 산성이 약한 젖산으로 변환시키기 때문이다. 이러한 과정을 지나 산성이 약하고 맛이 더 좋은 와인이 생산된다.

와인을 공기에 노출시키면 산소요구성 세균이 자라서 와인 속의 에탄올을 아세트산으로 변환시켜 맛이 시큼해진다. 즉, 식초[*vinegar* (*vin* = 와인; *aigre* = 신)]가 되어버린 것이다. 현재는 애초부터 식초를 만들 목적으로 이 방법을 사용한다. 먼저 효모에 의한 탄수화물의 무산소 발효로 에탄올이 만들어진다. 이렇게 생성된 에탄올을 아세트산 생산 세균 속인 **아세토박터**(Acetobacter)와 **글루코노박터**(Gluconobacter)가 아세트산으로 산화시킨다.

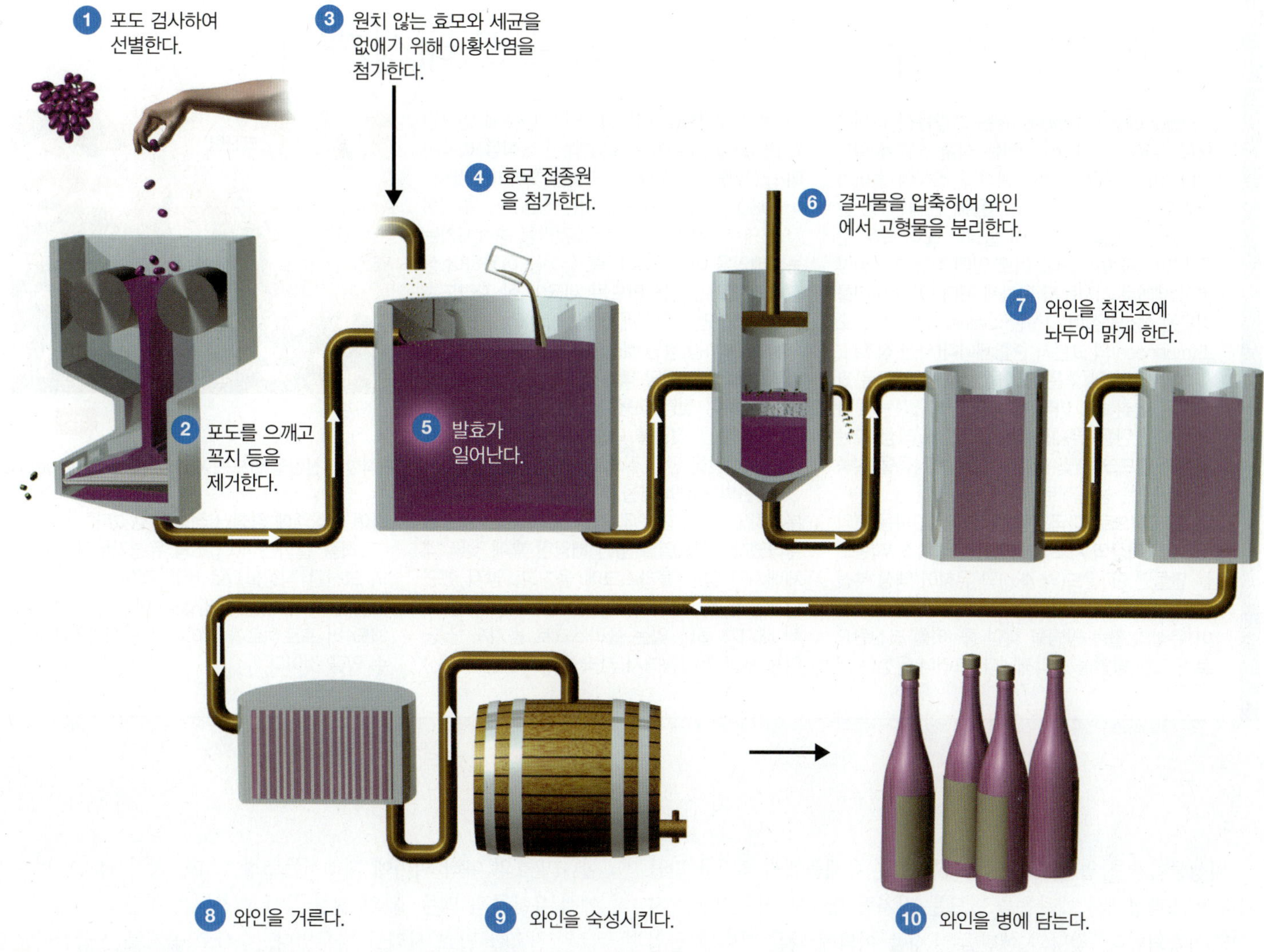

그림 28.9 적포도주 양조의 기본 단계. 백포도주를 만들기 위해서는 발효에 앞서 압착을 하여 고형물에서 색깔이 빠져나오지 않게 한다.

Q 5단계에서 공기가 들어가면 어떤 일이 생기는가? 10단계에 들어간다면?

임상 사례

S. typhimurium 감염으로 인한 병은 알루미늄 호일 포장의 초코볼을 먹은 것과 큰 관련이 있었다(상대적 위험도 = 9.3). 장 박사는 환경 조사를 통해 감염의 원인을 추적해 나갔다. 가족들에게 묻는 걸로 시작해서 각 점포의 거래 내역서까지 확인해 조사원들은 해당 초콜릿 제품을 찾아냈다(제품번호로 확인하였음). 주 보건당국 실험실에서 확인한 결과 이 초콜릿 시료 중 최소 22개의 제품에 *S. typhimurium* 균이 들어 있음이 발견되었다.

감염원을 찾기 위해 장 박사는 어떻게 해야 할까?

800 802 **807** 811 813 815

이해도 확인하기

- 호열성 상태와 중온성 상태 중 어느 쪽에서 통조림 식품의 보툴리누스 식중독 위험이 더 큰가? **28-1**
- 통조림 식품은 주로 철제 용기로 포장되는데, 무균 상태로 포장된 식품의 경우에는 어떤 재질의 용기를 사용하는가? **28-2**
- 로크포르와 블루치즈는 중간중간 청록색의 덩어리가 있는 것이 특징인데, 청록색 덩어리는 무엇인가? **28-3**

산업 미생물학

학습 목표

28-4 공업발효와 생물반응기를 정의한다.
28-5 1차 대사산물과 2차 대사산물을 구별한다.
28-6 공업용 화합물과 의약품 생산에 있어 미생물의 역할을 설명한다.
28-7 생물전환을 정의하고 그 장점을 열거한다.
28-8 미생물로 만들 수 있는 생물연료를 열거한다.

식물 질병에서부터 샴푸와 샐러드 드레싱까지

*Xanthomonas campestris*는 **그람음성 막대균으로** 흑균병(black rot)이라는 식물 질병을 일으킨다. 이 세균은 식물의 관다발 조직에 들어가 거기로 운반된 포도당을 이용해 끈적한 껌 같은 물질을 만들어낸다. 이 물질이 모여 고무 같은 덩어리를 이루는데, 이로 인해 식물에서 영양분이 제대로 퍼지는지 못하게 된다. 이 덩어리를 이루는 점성물질이 크산탄(xanthan)인데, 만노오스(mannose)의 고분자 중합체이다(사진 참조).

식물에는 안 좋은 영향을 주지만, 사람은 크산탄을 섭취해도 아무 영향을 받지 않는다. 따라서 크산탄은 유제품 및 샐러드 드레싱 같은 식품과 콜드크림 및 샴푸와 같은 화장품을 걸쭉하게 만드는 농축제로 사용될 수 있다.

평균적으로 미국인들은 1년에 30파운드(약 13.6 kg) 이상의 치즈를 섭취하는데 치즈 1파운드를 만들면 9파운드(약 4kg)의 유청이 액상 부산물로 만들어진다. 미국 농무부(USDA)의 연구진이 유청의 활용 방법을 찾던 중, 이를 크산탄으로 만드는 방안을 생각해냈다. 그러나 유청은 거의 물과 젖당으로 이루어져있기 때문에 연구진은 *X. campestris*가 포도당 대신 젖당을 이용하여 크산탄을 만들게 하는 방법을 찾아야만 했다.

USDA와 공동연구를 하는 Stauffer 화학회사의 연구진은 단 두 가지 조건만을 충족시키는 농화배양을 이용하였다. 즉, 유청을 이용하여 성장하면서 크산탄을 만드는 세균이 잘 자라도록 한 것이다. 먼저 유청배지에 *X. campestris*를 접종하고 24시간 동안 배양했다. 그 다음에 이 배양액의 일부를 젖당 액체배지가 담긴 플라스크에 접종하여 젖당 이용 세균을 선별하였다. 이제 이 세균은 젖당을 이용하여 자라면 되기 때문에 크산탄을 만들 필요가 없다.

일련의 계대배양을 통해 젖당 이용 세균을 분리하였고, 이 가운데 가장 잘 자라는 세균을 골라냈다. 이를 열흘 동안 배양한 후에 젖당 액체배지가 있는 플라스크에 옮기고, 앞서 했던 단계를 두 번 더 반복했다. 그러고 나서 유청 액체 배지가 들어 있는 플라스크로 옮기자, 젖당 이용 세균은 유청에서 자라면서 크산탄을 생산하여 배양액에 엄청난 점성이 생겼다.

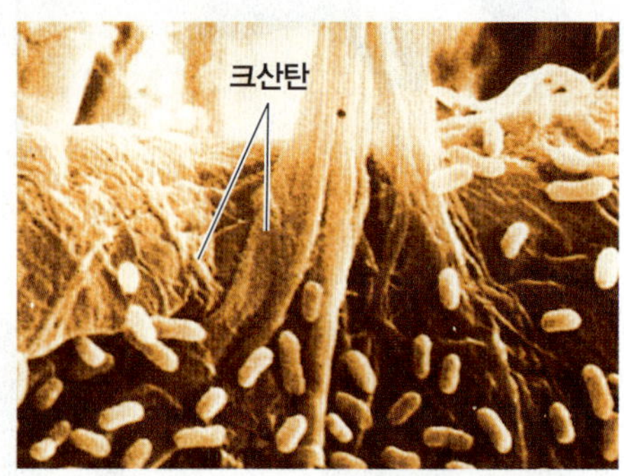

끈적한 크산탄을 만드는 *Xanthomonas campestris*

최종 결과는 40 g/L의 유청가루가 30 g/L의 크산탄 점성물질로 바뀐 것이다. 동네 슈퍼마켓에 가서 식품의 라벨을 한번 슬쩍 보기만 해도 이 프로젝트가 얼마나 성공적이었는지 알 수 있을 것이다.

미생물학을 산업 분야에 응용하는 일은 유제품에서 젖산을 만들거나 양조과정에서 에탄올을 만드는 것처럼 대규모 식품 발효에서부터 시작되었다. 젖당과 에탄올은 식품 이외에 다른 분야의 산업에서도 활용 가치가 높은 것으로 나타났다. 제1, 2차 세계대전 때 미생물 발효와 관련 기술들이 글리세롤과 아세톤과 같은 군사 관련 화합물을 만드는 데 사용되었다. 현재의 산업 미생물학은 제2차 세계대전 이후에 개발된 항생제 제조법에서부터 시작되었다. 최근에 이 고전적인 미생물학적 발효가 재조명되고 있는데, 특히 이를 이용해서 재생 가능한 제품을 생산하거나 이상적으로는 폐기물을 활용할 수 있기 때문이다.

최근 들어 이른바 **생명공학(biotechnology)**이라는 유전자 변형 기술이 보급되면서 산업 미생물학은 크게 도약했다. 786쪽에 오염을 감지하기 위해 유전공학적으로 만들어진 바이오센서(biosensor)가 설명되어 있다. 9장에서는 재조합 DNA 기술을 통해 유전자 변형 생물체를 만드는 기술과 이들 생물에서 유래한 일부 제품에 대해 다룬 바 있다.

발효 기술

미생물학을 응용한 산업 제품은 대부분 발효 과정을 거친다. 상업적으로 가치가 있는 물질을 생산하기 위하여 미생물 또는 기타 단일 세포를 대규모로 배양하는 것을 공업발효(industrial fermentation)라고 한다(발효의 여러 의미에 대해서는 5장 134쪽 상자 참조). 바로 앞에서 유제품과 맥주, 와인 생산 등에 이용되는 무산소 식품 발효와 같은 친숙한 발효 사례를 다루었다. 수시로 공기를 공급한다는 점 말고는 거의 같은 기술로 유전자 변형 미생물에서 인슐린이나 인간 성장호르몬과 같은 산업 제품을 생산할 수 있다. 공업발효는 또한 생명공학 분야에서도 이용되어 유전자 변형 동식물 세포에서 유용한 산물을 생산하고 있다(9장 참조). 예를 들어, 동물세포는 단일클론 항체 생산에 이용된다(18장 512쪽 참조).

공업발효에 사용되는 용기를 **생물반응기(bioreactor)**라고 한다. 이는 pH 조절과 온도 조절, 통기 등을 세밀하게 할 수 있도록 설계되어 있다. 여러 디자인이 있지만 가장 널리 사용되는 생물반응기는 지속적으로 휘젓는 방식이다 (그림 28.10). 하단의 공기 확산기(유입되는 공기의 흐름을 분산시켜 통기를 최대화시킴)를 통해 공기가 유입되고, 일련의 임펠러 패들(impeller paddle)과 고정된 정류벽에 의해 미생물 현탁액이 계속 교반된다. 산소는 물에 잘 녹지 않기 때문에 걸쭉한 미생물 현탁액을 통기가 잘 되는 상태로 유지하기는 어렵다. 통기 및 기타 성장 조건(배지 조성 등)의 효율을 극대화하기 위해 매우 정교한 설계를 개발하고 있다. 유전자 변형된 미생물과 진핵세포의 높은 가치 때문에 다양한 형태의 생물반응기 개발에 박차가 가해져 컴퓨터로 제어하는 것도 개발되었다.

50만 리터를 수용할 정도로 크기가 큰 생물반응기도 있다. 발

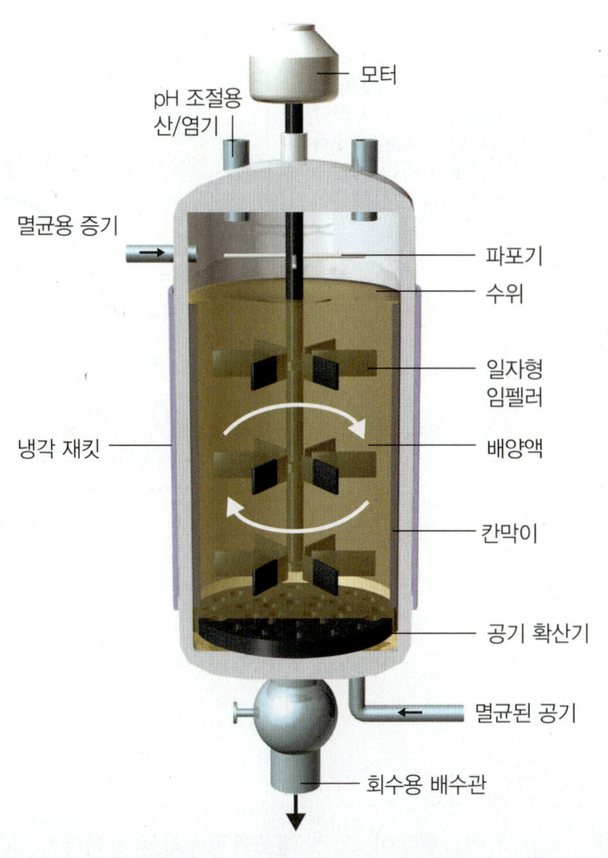

(a) 연속 교반 생물반응기의 단면

(b) 생물반응기 탱크, 왼쪽

그림 28.10 공업발효용 생물반응기

그림에 있는 생물반응기와 맥주 양조용 통의 가장 중요한 차이점 한 가지를 설명하시오.

효의 종료 단계에서 발효 산물을 회수하면 이를 간헐생산(batch production)이라고 한다. 다른 형태의 발효기도 있다. **연속배양생산**(continuous flow production)의 경우에는 고정된 효소나 배양되는 세포로 기질(주로 탄소원)이 지속적으로 공급되고, 사용된 배지와 원하는 산물은 지속적으로 제거된다.

일반적으로 공업발효에서 미생물은 에탄올과 같은 1차 대사산물이나 페니실린과 같은 2차 대사산물을 만들어낸다. **1차 대사산물(primary metabolite)**은 기본적으로 새로운 세포가 만들어지는 것과 동시에 생산되어, 생산곡선은 세포의 집단의 성장곡선과 거의 일치한다(아주 약간 뒤처지기는 하지만)(그림 28.11a). **2차 대사산물(secondary metabolite)**은 해당 미생물이 **영양기(trophophase)**라고 하는 지수성장기 거의 끝내고 성장의 정지기로 접어들어야 비로소 만들어진다(그림 28.11b). 대부분의 2차 대사산물이 만들어지는 이 시기를 **생산기(idiophase)**라고 한다. 2차 대사산물은 1차 대사산물이 미생물에 의해 전환된 것일 수 있다. 아니면, 해당 미생물의 세포수가 상당한 숫자에 도달한 다음에 만들어지는 성장배지 성분의 대사산물이거나 1차 대사산물이 축적된 것일 수도 있다. 세포 대사는 세포과정의 저분자 화합물 지문, 즉 대사의 프로필을 남긴다. 이러한 화합물 지문을 이용하여 대사물질을 포함한 세포과정을 연구하는 분야를 **대사체학(metabolomics)**이라고 한다.

균주 개량도 산업 미생물학 분야에서 꾸준하게 진행되고 있는 연구 활동이다. [미생물 **균주(strain)**는 생리학적으로 어느 정도 차이를 보인다. 예를 들어, 한 균주가 일부 부가적 활성을 가지거나 아니면 이런 능력이 없을 수도 있지만, 이런 차이가 종의 정체성을 바꿀 만큼은 아니다.] 잘 알려진 예로 페니실린 생산에 사용되는 사상균 균주를 들 수 있다. 원래의 *Penicillium* 균주는 산업적으로 이용할 수 있을 만큼의 페니실린을 만들지 않았다. 일리노이 주 피오리아(Peoria)시의 한 슈퍼마켓에 있던 곰팡이 핀 칸탈루프(cantaloupe; 껍질은 녹색에 과육은 오렌지색인 메론의 일종-역자주)에서 더 효율적인 균주가 분리되었다. 이 균주에 자외선과 X-선, 질소 머스터드(화학적 돌연변이 유발원) 등으로 다양한 처리를 하였다. 일부 자연발생 된 것을 포함하여 돌연변이체들을 분리하여 신속하게 생산량을 100배 이상 증가시켰다. 현재 사용하고 있는 페니실린 생산 균주는 원래 균주처럼 5 mg/L가 아니라 60,000 mg/L을 생산한다. 여기서 그치지 않고 발효 기술의 발전이 이 생산량을 거의 3배로 만들었다. 농화배양과 선택에 의한 균주의 개발 사례가 808쪽 상자에 설명되어 있다.

(a) 효모가 만드는 에탄올과 같은 1차 대사산물은 생산곡선은 세포의 성장곡선에 약간만 뒤처진다.

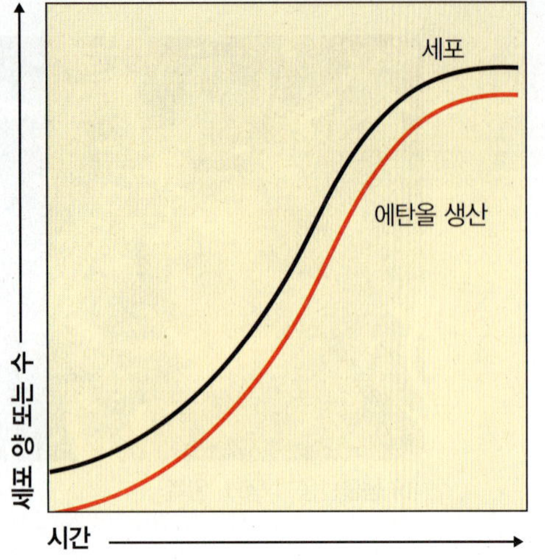

(b) 사상균이 만드는 페니실린과 같은 2차 대사산물의 생산은 세포의 지수성장기(영양기)가 끝난 이후에만 시작된다. 2차 대산산물의 주된 생산은 세포 성장의 정지기(생산기)에 일어난다.

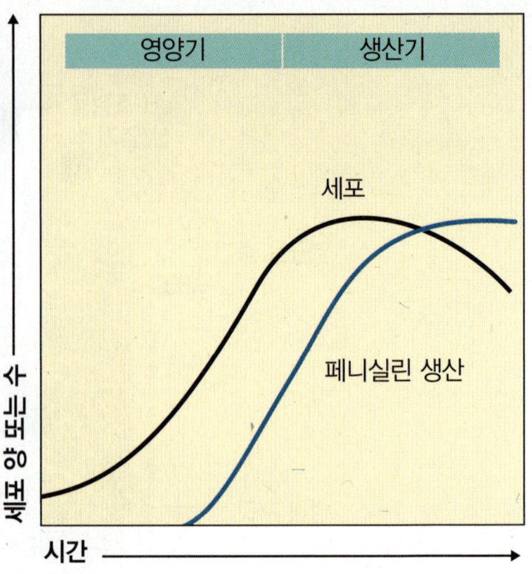

그림 28.11 1차 및 2차 발효

2차 대사산물의 원래 어디에서 유래하는가?

고정화 효소와 미생물

여러 가지 면에서 미생물은 효소의 집합체이다. 산업계에서 액상과당과 종이, 직물 등을 비롯한 많은 제품 생산에 미생물에서 분리한 효소를 사용하는 경우가 늘어나고 있다. 이러한 효소는 특이적이고 처리 비용이 많이 들거나 유독한 폐기물을 만들지 않기 때문에 이에 대한 수요가 높다. 그리고 열이나 산을 필요로 하는 기존의 화학 공정과는 달리, 효소는 적당한 조건에서 반응을 수행하고 안전하며 생분해성이다. 대부분 산업의 목적상, 효소는 어떤 고체 지지대 고정되든지 아니면 다른 방법으로 효소의 손실 없이 연속적으로 흐르는 기질을 산물로 전환시켜야만 한다.

연속배양 기법은 살아 있는 전세포(whole cell)와 때로는 심지어 죽은 세포에도 적용된다(그림 28.12). 전세포 시스템은 통기가 어렵고, 고정화 효소와 같은 단일 효소 특이성은 없다. 그러나 해당 공정이 해당 미생물에 있는 여러 효소에 의해 수행되는 일련의 반응을 필요로 한다면 전세포가 유리하다. 또한 전세포는 높은 반응 속도로 작동하고 있는 대량의 세포를 이용하여 연속배양 공정을 가능하게 한다는 장점도 있다. 보통 미세 구체나 섬유에 붙어 있는 고정화 세포가 액상과당과 아스파르트산(aspartic acid), 기타 여러 생명공학 제품의 생산에 현재 이용되고 있다.

이해도 확인하기

- 생물반응기는 유산소 상태로 운영되게 고안되는가? 아니면 무산소 운영되게 고안되는가? 28-4
- 페니실린은 발효과정에서 영양기 후에 가장 많이 만들어진다. 이것은 1차 대사산물인가, 2차 대사산물인가? 28-5

공업 제품

앞서 언급했듯이, 치즈 제조과정에서 유장이라는 유기 폐기물이 나온다. 유장은 폐수로 처리되거나 아니면 건조시켜 고형 폐기물로 소각 처리해야만 한다. 이 두 가지 과정 모두 비용이 많이 들고 생태학적으로 문제가 된다. 그러나 808쪽 상자에 설명된 것처럼, 미생물학자들이 유장의 다른 용도를 발견했다. 이런 식으로 미생물학자들은 폐기물을 이용해서 새로운 물질을 만드는 방법을 고안하고 있다. 이번 절에서는 더 중요한 미생물 제품 몇 가지와 성장하고 있는 대체에너지 산업에 대해서 살펴보기로 한다.

아미노산

아미노산은 미생물을 이용해서 생산하는 주요 산업 제품이다. 일례로, MSG로 잘 알려져 있는 조미료인 글루탐산일나트륨(monosodium glutamate) 제조에 사용되는 **글루탐산**[glutamic acid (L-glutamate)]은 매년 100만 톤 이상 생산되고 있다. **리신**(lysine)과 **메티오닌**(methionine) 등 일부 아미노산은 동물이 합성할 수 없는데, 보통 음식에는 그 함량이 낮다. 따라서 곡물식품 보충제로 사용하기 위해 리신 및 기타 필수 아미노산을 합성하는 것은 중요한 산업이다. 리신과 메티오닌 각각 매년 25만 톤 이상 생산된다.

미생물을 이용해 만드는 두 가지 아미노산인 **페닐알라닌**(phenylalanine)과 **아스파르트산**[aspartic acid (L-aspartate)]은 무설탕 감미료(NutraSweet)의 성분으로 중요해졌다. 이들 각 아미노산은 미국에서만 매년 약 7,000~8,000톤씩 생산되고 있다.

자연 상태에서는 되먹임 억제가 1차 대사산물의 낭비적인 생산을 막기 때문에 미생물은 자신들의 필요 이상으로 과다하게 아미노산을 만들지 않는다(5장 118쪽). 미생물을 이용하여 아미노산을 산업적으로 생산하려면 특별하게 선택한 돌연변이체와 때로는 기발한 방법으로 대사회로를 조작해야 한다. 예를 들어, L-형태의 아미노산만이 필요한 경우에는 미생물학적 생산이 화학적 생산보다 더 유리하다. 왜냐하면 전자에서는 L-형태만을 만들지만 후자의 경우에는 **D-형태(D-isomer)**와 **L-형태(L-isomer)**가 모두 생성되기 때문이다(43쪽 그림 2.13 참조).

시트르산

시트르산(citric acid)은 오렌지와 레몬 같은 감귤류의 구성 성분인데, 한때는 이런 과일이 시트르산의 유일한 산업적 공급원이었다. 그러나 100여 년 전에 시트르산이 사상균 대사의 산물로 알려지게 되었다. 제1차 세계대전으로 이탈리아에서 레몬 수확이 어려워지자 이 발견이 처음으로 산업 공정에 사용되었다. 시트르산은 식품의 신맛과 향을 내는 분명한 용도를 훨씬 뛰어 넘어서 매우 다양하게 사용된다. 많은 식품에서 시트르산은 항산화 및 pH 조절 물질이며, 유제품에서는 유화제로 흔히 사용된다. 전세계적으로 매년 160만 톤이 넘는 시트르산이 생산된다. 이 가운데 대부분은 당밀을 기질로 하여 사상균인 *Aspergillus niger*를 이용하여 만든다.

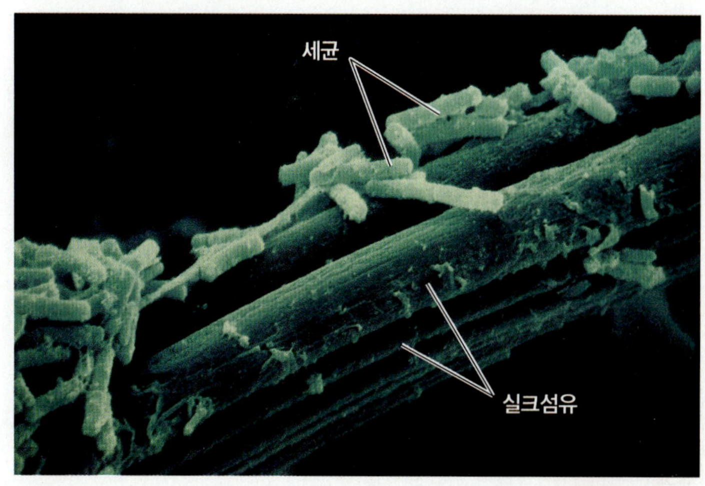

그림 28.12 **고정화 세포.** 일부 산업 공정에서는 그림에서 보는 것처럼 실크섬유 같은 표면에 세포를 고정시킨다. 기질이 고정된 세포 위로 흘러간다.

Q 이 공정과 하수 처리의 살수여과상법이 어떤 면에서 유사한가?

임상 사례

다음은 밀크 초콜릿을 만들기 위한 재료들이다: 카카오 원두, 코코아 버터(카카오 원두에서 추출한 지방), 설탕, 레시틴, 바닐린, 소금. 가나, 나이지리아, 브라질, 에콰도르 등에서 온 카카오 원두들은 125°C에서 30분 동안 혼합하여 볶는다. 그러고 나서 이 원두들은 자연풍으로 식혀서 곱게 간다. 가공실에서는 건재료들(소금, 설탕, 간 원두)과 브라질산 코코아 버터와 혼합해 3톤 분량의 몰딩용 원재료 만든다.

공장에는 원료가 공장에 들어올 때 병원체가 오염 여부를 확인하는 책임을 맡고 있는 미생물학자가 있다. 이전에 이 담당자는 살모넬라균이 검출된 코코넛 과즙와 달걀을 불량품 처리한 적이 있다. 최근에는 진균독(mycotoxin) 양성 반응이 나온 땅콩도 불량처리하였다. 장 박사는 이 담당자에게 생산 라인의 몇몇 항목에 대해 배양을 요구했다. 그 결과는 아래 표와 같다.

	시료 수	*S. typhimurium* 양성 반응 수
원자재 보관 지역	56	0
원두 로스팅실	16	2
원두	14	0
코코아 버터	9	0
레시틴	7	0
바닐린	1	0
원두 보관실	11	2
혼합실	14	0
폐기장	7	0
청소 물품	10	0
초콜릿 성형틀	62	2
수돗물	5	0
생산 라인 초콜릿 시료	25	0

장 박사는 이제 어디를 확인해야 할까?

800 802 807 **811** 813 815

효소

효소는 여러 산업에서 널리 사용된다. 예를 들어, 아밀라아제(amylase)는 옥수수 전분으로 시럽을 만들고, 종이를 매끄럽게(바로 이 쪽처럼) 만드는 데에 이용되며, 전분에서 포도당을 생산하는 데에도 이용된다. 미생물을 이용한 아밀라아제의 생산은 미국 최초의 생명공학 특허인데, 일본 과학자인 조키치 타카미네(Jokichi Takamine)에게 주어졌다. 곰팡이를 이용하여 **코지(koji)**라고 하는 효소액을 만드는 기본 과정은 일본에서 발효 콩 식품을 만드는 데 수백 년간 사용되어 온 것이었다. 코지는 곰팡이가 피었다는 뜻을 지닌 일본 단어의 약어인데, 이것은 쌀이나 밀과 콩 혼합물과 같은 곡물에 사상진균(*Aspergillus*)이 침투했음을 나타낸다. 우선, 코지에 있는 아밀라아제가 전분을 당으로 전환시킨다. 그러나 코지에는 단백질분해효소도 있어서 콩 단백질을 더 소화가 잘 되고 맛도 좋은 형태로 만든다. 간장과 미소(miso; 고기 냄새가 나는 일본 된장) 같은 일본 음식의 핵심은 콩 발효를 기본으로 한다. 잘 알려진 일본 곡주인 사케(sake)는 코지의 아밀라아제를 이용하여 쌀에 있는 전분을 효모가 알코올 생산에 이용할 수 있는 형태로 바꾼다. 이것은 맥주 양조에 사용되는 보리 몰트(806쪽)에 해당한다고 볼 수 있다.

포도당 이성화효소(glucose isomerase)도 중요한 효소인데, 아밀라아제에 의해 전분에서 만들어진 포도당을 과당으로 전환시킨다. 과당은 많은 식품에서 단 맛을 내는 데 설탕 대신 사용된다. 아마도 미국에서 만들어지는 빵의 절반에 단백질가수분해효소(protease)가 이용된다. 이 효소는 밀에 들어 있는 글루텐(단백질의 일종)의 양을 조절하여 빵의 질을 향상시키고 일정하게 만들어 준다. 다른 단백질가수분해효소는 연육제 또는 단백질성 때를 제거하는 세제 첨가제로 이용된다. 전체 산업 효소의 약 1/3이 이런 목적으로 사용된

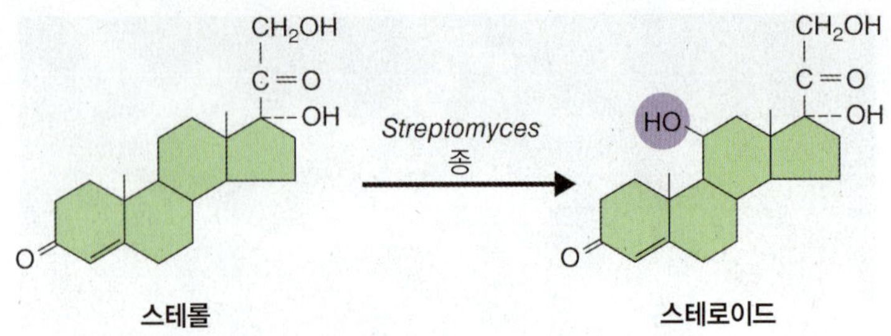

그림 28.13 **스테로이드 생산.** 이 그림은 *Streptomyces*가 스테롤과 같은 전구화합물을 전환시키는 과정을 보여준다. 화학적인 방법으로 11번 탄소에 수산기를 첨가하려면(스테로이드에 보라색으로 강조) 30여 단계가 필요하지만, 이 미생물은 단 한 번에 이를 수행한다.

 스테로이드 상품의 이름 하나를 대시오.

다. 우유에서 응유를 생성하는 효소인 레닌(rennin)은 보통 곰팡이를 이용해서 상업적으로 생산되는데, 최근에는 유전자 조작된 세균이 이용되고 있다. 효소를 이용하여 만들어지는 인기 있는 옷의 예가 1장의 3쪽 상자에 나와 있다.

비타민

비타민은 알약과 씹어 먹는 약, 물약 등의 형태로 엄청나게 팔리고 있고 식품 보조제로도 쓰인다. 미생물은 일부 비타민의 값싼 공급원이다. *Pseudomonas*와 *Propionibacterium* 종들은 비타민 B_{12}를 생산한다. 리보플라빈[*Riboflavin* (B_2)]은 주로 *Ashbya gossypii* 같은 진균의 발효로 만들어지는 또 다른 비타민이다. 비타민 C (ascorbic acid)는 연간 6만 톤 정도 생산되는데, *Acetobacter* 종이 포도당을 복잡하게 변형시킨 결과물이다.

의약품

현대식 제약 미생물학은 항생제가 도입된 시기인 2차 세계대전 후부터 발달하였다.

모든 항생제는 원래 미생물의 대사산물이다. 대부분이 여전히 미생물 발효로 생산되고 있고 영양학적, 유전학적 조작을 통해서 더 생산성이 뛰어난 돌연변이체를 선별하는 연구가 계속되고 있다. 최소한 6,000개의 항생제가 알려져 있다. *Streptomyces hygroscopius*라는 한 종의 다른 몇 균주가 거의 200개의 서로 다른 항생제를 만든다. 항생제의 산업적 생산은 보통 성장배지에 적절한 사상균 또는 방선균의 포자를 접종하고 공기를 세게 공급하여 이루어진다.

백신도 산업 미생물의 생산품이다. 대부분의 항바이러스 백신은 유정란이나 세포 배양에서 대량 생산된다. 일반적으로 세균성 질병에 대한 백신을 생산하려면 세균을 대량으로 키워야 한다. 소단위 백신의 개발 및 생산에서 재조합 DNA 기술의 중요성이 증가하고 있다(18장 508쪽 참조).

스테로이드(steroid)는 매우 중요한 화합물 그룹이며, 여기에는 항염증제로 사용되는 코르티손(cortisone)과 경구 피임약에 사용되는 에스트로겐(estrogen) 및 프로게스테론(progesterone) 등이 포함된다. 스테로이드를 동물에서 얻는 것이나 화학적으로 합성하는 것은 어려운 일이다. 그러나 미생물은 스테롤(sterol) 또는 쉽게 얻을 수 있는 관련 화합물에서 스테로이드를 합성할 수 있다. 일례로, 그림 28.13은 스테롤이 값비싼 스테로이드로 바뀌는 과정을 보여준다.

리칭(leaching)에 의한 구리 추출

*Thiobacillus ferrooxidans*는 구리 함량이 0.1% 정도밖에 되지 않아 수익성이 없는 저급의 구리 광석에서 구리를 뽑아내는 데 사용된다. 전 세계 구리의 최소한 25%는 이런 방식으로 생산된다. *Thiobacillus* 세균은 황화제1철(ferrous sulfide)의 환원형 철(Fe^{2+})을 황산제2철(ferric sulfate)의 산화형 철(Fe^{3+})로 산화시키면서 에너지를 얻는다. 황산(H_2SO_4)도 이 반응의 산물 중 하나이다. Fe^{3+}가 들어 있는 이 산성 용액을 스프링클러로 뿌려서 구리 광석에 스며들게 한다(그림 28.14). 2가철(Fe^{2+})과 *T. ferrooxidans*은 구리 광석에 보통 존재하기 때문에 이 반응을 계속 일어나게 한다. 살수되는 물에 있는 Fe^{3+}는 구리 광석에 황화구리(copper sulfide) 형태로 있는 불용성 구리와 반응하여 황산구리(copper sulfate) 형태의 수용성 구리(Cu^{2+})를 생성한다. pH를 충분히 낮게 유지하기 위해서, 황산을 첨가할 수도 있다. 이 수용성 황산구리는 수집조로 흘러 내려가서 쇠 부스러기와 접촉하게 된다. 황산구리는 철과 화학적으로 반응하여 금속성 구리(Cu^0)로 침전된다. 이 반응에서 금속성 철(Fe^0)은 2가철(Fe^{2+})로 전환되어 산화촉진연못으로 보내지는데, 여기서 *Thiobacillus* 세균이 이것을 에너지원으로 이용하여 같은 과정을 반복한다. 시간은 아주 많이 걸리지만, 이 과정은 경제적이고 원석에 있던 구리의 70%까지 추출해 낼 수 있다. 우라늄과 금, 코발트 광석 등도 비슷한 방법으로 처리한다. 이 과정의 전체 배열은 연속 흐름 생물배양기와 비슷하다.

산업제품으로서의 미생물

종종 미생물 자체가 산업제품이 된다. 빵효모[baker's yeast (*S. cerevisiae*)]는 거대한 통기 발효조에서 생산된다. 발효의 마지막 단계에서 발효조의 내용물의 약 4%가 효모 고형물이다. 이 효모를 연속 원심분리로 모은 다음 압축하여, 흔히 보는 제빵용 효모 덩어리나 팩에 포장된 효모를 생산한다. 도매 제빵업체들은 효모를 50파운드(약 23 kg) 상자 단위로 구입한다.

산업적으로 중요하게 팔리는 또 다른 미생물은 공생 질소고정 세균인 *Rhizobium*과 *Bradyrhizobium*이다. 이 세균들은 수분을 보존하기 위해서 보통 피트모스(peat moss; 이끼류가 죽어 퇴적된 후 탄화된 유기물질-역자주)와 혼합된다. 농부는 이 혼합물을 콩과식물의 씨와 섞어서 해당 식물이 효율적인 질소고정 균주에 확실히 감

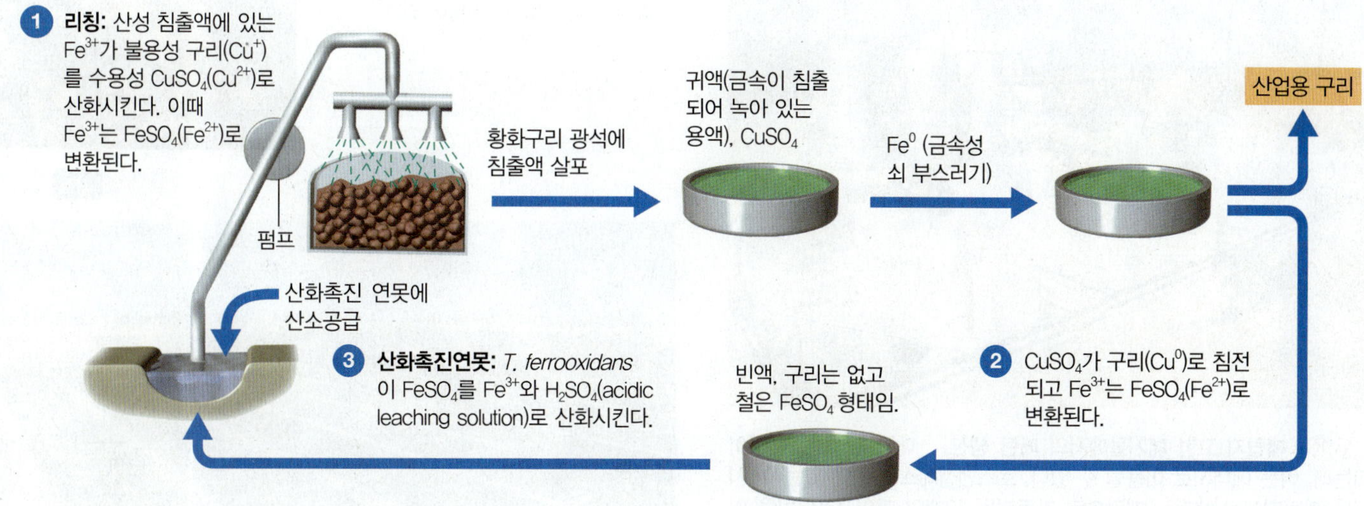

그림 28.14 **구리 광석의 생물학적 리칭.** 이 과정의 화학은 이 그림에 나타낸 것보다 훨씬 더 복잡하다. 광석에 들어 있는 불용성 구리를 수용성으로 바꾸는 생물학적/화학적 과정에 *Thiobacillus ferrooxidans* 세균를 사용하여 광석에서 구리를 뽑아내고 금속성으로 침전시킨다. 이 용액은 계속해서 순환된다.

 이와 유사한 방법으로 추출하는 또 다른 금속의 이름을 대시오.

염되도록 한다(27장 참조). 채소를 재배하는 사람들은 잎을 갉아 먹는 곤충의 애벌레를 제어하기 위해서 곤충의 병원체인 *Bacillus thuringiensis*를 다년간 이용해 왔다. 이 세균이 생산하는 독소(Bt-독소)를 일부 나방과 딱정벌레, 파리 등의 애벌레가 먹게 되면 그 곤충은 죽게 된다. *B. thuringiensis*의 아종인 *israelensis*는 특히 모기에 효과적인 Bt-독소를 생산하여 지역 방역 프로그램에 널리 이용되고 있다. Bt-독소와 *B. thuringiensis*의 내생포자가 들어 있는 제품이 시판되고 있다. 화학물질의 검출 목적으로 개발된 미생물의 사례는 786쪽에 있는 상자를 참조한다.

임상 사례

가장 유력한 감염원은 원두로 보였다. 장 박사는 원두가 어떻게 수확되고 보관되는지 물었다. 그는 카카오 원두들이 수확 후 주로 바나나 잎사귀로 덮인 나무상자에서 발효 작업을 거친다는 답을 들을 수 있었다. 또한 기록상 원두가 살모넬라균에 딱 한번 감염된 적이 있다는 보고도 받았다. 장 박사는 결국 감염은 공장의 원두 보관소에서 일어났을 것이라 판단했다. 원두 보관소를 관찰하던 도중 그는 천장의 파이프에 변색된 부분이 있음을 발견했다. 아무도 물이 새고 있다는 사실을 알아차리지 못하고 있었던 것이다. 담당 미생물학자는 변색 부위에서 살모넬라균이 자라고 있다는 사실을 확인했다.

초콜릿의 어떠한 성질이 미생물의 번식을 막을까?

800 802 807 811 **813** 815

이해도 확인하기

✔ 한때는 시트르산이 레몬과 기타 감귤류에서 산업적인 규모로 추출되었다. 현재에는 어떤 생물을 이용하여 시트르산을 생산하는가? 28-6

미생물을 이용한 대체 에너지원

화석연료의 고갈과 가격 상승으로 인해 재생 가능한 에너지 자원에 대한 관심이 쏠릴 수밖에 없다. 이들 중 가장 두드러지는 것은 **바이오매스(biomass)**이다. 바이오매스는 생명체에서 유래하는 다양한 유기물질을 뜻하는데, 농작물과 나무, 도시 폐기물 등도 포함한다. 바이오매스를 대체 에너지 자원으로 가공하는 과정인 **생물전환(bioconversion)**에 미생물이 활용 될 수 있다. 또한 생물전환은 폐기 처분해야 하는 폐기물의 양을 줄여줄 수 있다.

메탄(methane)은 생물전환으로 생산되는 가장 유용한 에너지 자원 중 하나이다. 많은 지역에서 매립지 폐기물로부터 상당한 양의 메탄을 만들어 낸다(그림 28.15). 대형 목장에는 당연히 엄청난 양의 분뇨가 있는데, 여기서 메탄을 생산해내는 실용 기술 개발을 위한 많은 노력이 있었다. 대량 메탄 생산 계획의 덜미를 잡는 큰 문제는 바로 널리 흩어져 있는 바이오매스를 경제적으로 집중시키는 일이었다. 만일 바이오매스를 효율적으로 한 곳에 모을 수 있다면, 미국 내 사람들과 동물의 배설물이 현재 화석 연료와 천연 가스로 공급되고 있는 미국 에너지의 많은 부분을 대체할 수 있을 것이다.

이해도 확인하기

✔ 매립지는 생물전환의 주요 형태 중 하나이다. 무엇이 생산되는가? 28-7

그림 28.15 매립지 고형 폐기물에서의 메탄 생산. 매립지에서는 메탄이 축적되는데, 이는 에너지로 이용될 수 있다. 로스앤젤레스 인근에 있는 이 시설에서는 매립지에서 생기는 메탄으로 가동되는 50개의 마이크로터빈을 이용하여 전기를 생산한다. 마이크로터빈 바로 뒤에 있는 5개의 가스분출기둥이 있어서 과도한 메탄 연소로 생기는 불꽃을 가려준다. 이것은 비행기가 공항 조명으로 오인하는 것을 막기 위해 꼭 필요하다.

 매립지에서는 어떻게 메탄이 만들어지는가?

(a) 현미경 사진: 이 녹조류 배양 염색에서 작은 기름 방울이 노란색으로 보인다. 빨간색 부위에는 엽록소가 들어 있다.

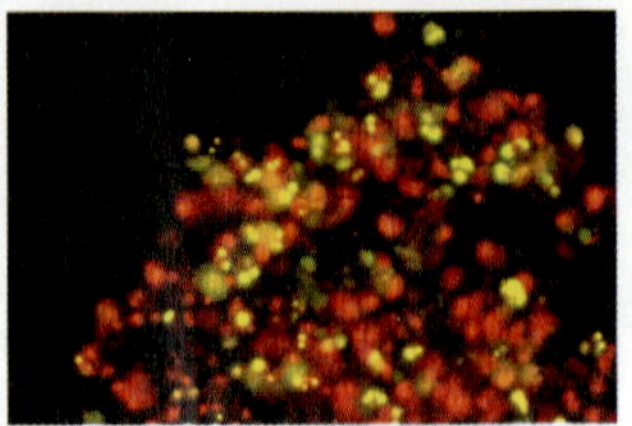

(b) 산업적 규모로 생물연료를 생산할 수 있는 조류 생물반응기 공장의 조감도.

그림 28.16 조류 생물반응기. (a) 현미경 사진: 이 녹조류 배양 염색에서 작은 기름 방울이 노란색으로 보인다; 빨간색 부위에는 엽록소가 들어 있다. (b) 산업적 규모로 생물연료를 생산할 수 있는 조류 생물반응기 공장의 조감도.

 이와 같은 조류 배양 생물반응기 공장의 위치로 애리조나 주와 아이오와 주 중에 어디가 더 적합할까?

생물연료

화석 연료가 점점 비싸지고 공급이 불확실해지면서 재생 가능 에너지인 **생물연료(biofuel)**에 대한 관심이 증가하고 있다. 초기에는 이미 가솔린의 보조제로 널리 쓰이며 기술도 확실히 자리 잡은 (90% 가솔린 + 10% 에탄올) **에탄올(ethanol)**에 관심이 집중되었다. 이를 테면 브라질에서는 교통수단 연료의 1/3에 버금가는 많은 양의 에탄올을 사탕수수에서 생산해낸다. 미국에선 일부 자동차들이 E85 연료(15% 가솔린 + 85% 에탄올)로 움직인다. 하지만 에탄올은 몇 가지 단점이 있다: 에탄올은 기존 송유관에 적합하지 않고(물을 너무 잘 흡수하기 때문에), 가솔린에 비해 에너지 함량이 30% 적다. 또한 옥수수 등에서 에탄올을 생산하면 소중한 식량의 공급과 가격 형성에 타격이 갈 수 있다.

이러한 결점들은 옥수수대, 나무, 폐휴지, 그리고 먹지 않는 식물 종들인 자트로파, 카멜리나, 미스칸투스 등의 섬유질에서 뽑아내는 생물연료로 관심을 돌리게 만들었다. 미국 내에서는 한때 중서부 지방의 대초원을 수놓았던 스위치그라스(switchgrass)에 특별한 관심이 있다. 이 식물은 다년생이면서 특별한 관리 없이 수확할 수 있다. 섬유소에서 에탄올을 생산하는 기술은 옥수수나 사탕수수에서 에탄올을 생산하는 기술보다 비용이 많이 들고 덜 알려져 있다. 섬유소를 구성하고 있는 당 분자는 효소를 이용하여 쪼개낼 수 있다. 실제로 이런 효소를 합성하는 유전자를 유전적으로 대장균에 도입하였다. 섬유소(celluose)가 들어 있는 원래 물질에는 비슷한 성분인 헤미셀룰로오스(hemicellulose)도 상당량 들어 있어서, 이를 분해하려면 또 다른 미생물이 필요한데, 아마도 유전적으로 조작된 미생물일 것이다. 난분해성 섬유질 성분인 리그닌(lignin)은 태워서 발효 과정의 초기 단계에 필요한 열로 쓸 수 있다.

탄소 사슬이 더 긴 부탄올(butanol) 같은 "상위" 알코올과 특히 이소부탄올(isobutanol) 및 이소부틸알데하이드(isobutyraldehyde) 같은 분기 알코올은 기존 알코올보다 이점이 있다. 이들은 물을 덜 흡수하며 에너지 효율도 더 높다. 포도당에서 다양한 상위 알코올을 만들기 위해 세균을 유전자 조작하였다. 미생물을 이용한 생물연료 생산에서 중요한 관건은 연료 회수를 위해 미생물을 모으는 고비용 과정을 배제할 수 있도록 미생물이 연료를 분비하게 만드는 것이다.

조류는 이론적으로 아주 매력적인 생물연료 추출원이다. 조류는 여러 장점들을 가지고 있다. 첫 번째로 재배하기 위해 넓은 땅을 필요로 하지 않는다. 또한 해조류는 1에이커(약 4000 m^2) 기준으로 옥수수보다 40배의 에너지를 더 생산해낸다. 게다가 해조류 재배에는 비옥한 땅이 필요한 것도 아니고 그저 풍부한 햇빛만 있으면 된다(그림 28.16). 시험운행 중인 몇몇 해조류 생산지에선 심지어 발전소에서 방출되는 이산화탄소로 성장을 촉진하기도 했다. 해조류는 거의 하루 단위로 수확할 수 있다. 여기서 짜낸 기름은 바이오 디젤, 그리고 아마도 제트 연료로 까지도 가공될 수 있다. 보통 조류는 무게의 20% 이상을 기름으로 내놓는다(그림 28.16a 참조). 추출

후 남은 찌꺼기는 탄수화물과 단백질이 풍부해서 에탄올 생산에 이용할 수도 있고 동물의 사료로 쓸 수도 있다.

수소도 이상적인 화석 연료 대체 후보인데, 특히 물을 분해해서 수소를 생산해낼 수 있다면 더욱 그렇다. 수소는 연료 전지에 쓰여 전기를 생산할 수 있으며, 연소시켜도 유해한 잔여물이 남지 않는다. 대부분의 수소 생산 연구는 물리적, 화학적 방법에 집중되고 있지만, 다양한 폐기물의 발효작용이나 광합성 작용의 변화를 통해 세균이나 조류에서 수소를 생산하는 방법도 잠재적으로 가능하다.

위에 제시한 기술들이 제대로 쓰이기 위해서는 시간이 더 필요하다. 모든 기술들이 초기에는 다 그렇듯이, 현재로서는 이를 뒷받침할 과학이 아직 걸음마 수준이다.

이해도 확인하기

✓ 미생물이 어떻게 자동차의 연료나 전기를 제공할 수 있을까? **28-8**

산업 미생물학과 미래

미생물은 우리가 존재조차 알지 못했을 때부터 인류에게 늘 큰 도움이 되었다. 미생물은 앞으로도 대부분의 식품 가공 기술의 핵심 역할을 계속 수행할 것이다. 재조합 DNA 기술의 발전은 새로운 제품과 응용에 대한 잠재력을 확장시켜 산업 미생물학에 대한 관심을 증폭시켰다(1장 3쪽 상자 참조). 화석 연료의 공급이 점점 고갈되어 가면서 수소나 에탄올과 같은 재생 가능한 에너지 자원에 대한 관심은 높아져만 갈 것이다. 이러한 제품을 산업적 규모로 생산하기 위한 맞춤형 미생물의 활용 기술도 그만큼 중요해질 것이라 전망된다. 생명공학의 신기술과 신제품들이 시장에 등장하게 되면 지금으로서는 제대로 상상할 수도 없는 방식으로 우리의 삶과 안녕에 영향을 미칠 것이다.

임상 사례 해결

초콜릿은 낮은 수분 함량과 높은 지방 및 설탕 함량 때문에 세균 증식이 쉽지 않지만, 세균의 내열성은 상당히 증가시킨다. 결과적으로, 세균이 로스팅 과정에서 살아남을 수도 있다는 것이다.

살모넬라균으로 생기는 위험에 대처하기 위해서 모든 식품안전기관들이 먹이 사슬에서 병원균의 퍼지는 것을 줄이기 위한 전략을 끊임없이 수립하고 있다. 그러나 이런 노력에도 불구하고 살모넬라 식중독 사례는 여전히 잦다.

800 802 807 811 813 **815**

학습 개요

식품 미생물학 (800~807쪽)

1. 최초의 식품 보존법은 건조, 소금 또는 설탕 절임, 발효 등이었다.

음식과 질병 (800쪽)

2. 미국에서는 식품의약국과 농무부가 식품안전을 관리감독하며 위해요소중점관리(HACCP) 제도도 시행하고 있다.

통조림 산업 (800~802쪽)

3. 식품의 공업살균은 레토르트에서의 고압 증기로 이루어진다.

4. 공업살균에서는 식품의 변질을 최소화하면서 *Clostridium botulinum*의 내생포자를 제거할 수 있는 최소한의 열처리한다.

5. 공업살균 과정에서는 *C. botulinum* 개체군을 12로그주기로 감소시키기에 충분한 열을 사용한다(12D 처리).

6. 호열성 세균의 내생포자는 공업살균을 견디어 낼 수도 있다.

7. 통조림 식품이 45°C 이상에서 보관되면 산소비요구성 미생물에 의한 부패가 생길 수 있다.

8. 호열성 산소비요구성 미생물에 의한 부패는 종종 가스 생산을 동반한다; 가스가 생기지 않는 경우를 플랫사우어 부패(flat sour spoilage)라고 한다.

9. 중온성 세균에 의한 부패는 보통 부적절한 열처리 과정이나 포장제의 누출 때문에 생긴다.

10. 산도가 높은 식품은 100°C의 열처리로 보존할 수 있는데, 이 과정에서 살아남은 미생물은 낮은 pH에서 성장할 수 없기 때문이다.

11. *Byssochlamys*, *Aspergillus*, *Bacillus coagulans* 등은 내산성 및 내열성 미생물로 산성 식품을 부패시킬 수 있다.

살균 포장 (802~803쪽)

12. 멸균된 자재로 조립한 포장용기에 열로 살균한 식품을 무균 기술을 이용하여 담는다.

방사선과 산업적 식품 보존 (803~804쪽)

13. 감마선과 X-선은 식품의 멸균, 곤충 및 기생충 제거, 과일 및 채소의 싹틈 방지 등을 목적으로 사용된다.

고압 식품 보존 (804쪽)

14. 가압수는 과일 및 육류에 있는 세균을 제거하는 데에 사용된다.

식품 생산과 미생물의 역할 (805~807쪽)

15. 우유 단백질인 카제인은 젖산 발효균 또는 레닌 효소의 작용 때문에 액체 상태인 우유에서 분리된다.

16. 옛날식 버터밀크는 버터 제조과정에서 자라는 젖산균에 의해서 만들어진다.

17. 효모는 빵 반죽에 있는 당을 에탄올과 CO_2로 발효시킨다. CO_2는 빵을 부풀어 오르게 한다.

18. 효모를 이용하여 곡물과 감자, 당밀 등을 에탄올로 발효시켜 맥주, 아일, 사케, 증류주 등을 생산한다.

산업 미생물학 (807~815쪽)

1. 미생물은 산업공정에서 사용되는 알코올과 아세톤을 생산한다.
2. 유전자 조작을 통해 여러 신제품을 생산할 수 있는 능력 때문에 산업 미생물학에 큰 변화를 일어나고 있다.
3. 생명공학은 살아 있는 생물을 이용하여 상품을 만드는 하나의 방법이다.

발효 기술 (808~810쪽)

4. 대규모의 세포 배양을 공업 발효라고 한다.
5. 공업 발효는 통기와 pH, 온도 등을 제어할 수 있는 생물반응기에서 이루어진다.
6. 에탄올과 같은 1차 대사산물은 세포가 자라는 영양기 동안에 만들어진다.
7. 페니실린과 같은 2차 대사산물은 정지기(또는 생산기) 동안에 만들어진다.
8. 원하는 산물을 만드는 돌연변이 (균)주를 선별할 수 있다.
9. 효소나 전체 세포를 고체 구나 섬유에 고정시킬 수 있다. 기질이 표면 위를 지나가면서 효소반응이 일어나 기질이 원하는 산물로 전환된다.

공업 제품 (810~813쪽)

10. 식품과 의약품에 사용되는 아미노산의 대부분은 세균을 이용하여 생산한다.
11. 미생물을 이용하여 아미노산을 생산하면 L-이성질체를 만들 수 있다. 화학적 방법을 이용하면 D-이성질체와 L-이성질체가 혼합된 상태로 만들어진다.
12. 식품에 사용되는 구연산은 *Aspergillus niger*를 이용하여 만든다.
13. 식품과 의약품, 기타 제품의 제조에 이용되는 효소는 미생물이 만든 것이다.
14. 식품 보조제로 쓰이는 일부 비타민은 미생물이 만든 것이다.
15. 백신과 항생제, 스테로이드 등은 미생물 성장의 산물이다.
16. *Thiobacillus ferrooxidans*의 대사 능력을 이용하여 원석에서 우라늄과 구리를 추출할 수 있다.
17. 포도주 양조와 제빵용으로 효모를 배양한다; 기타 다른 미생물(*Rhizobium*과 *Bradyrhizobium*, *Bacillus thuringiensis* 등)도 농업에 사용할 목적으로 배양한다.

미생물을 이용한 대체 에너지원 (813~814쪽)

18. 바이오매스라고 하는 유기 폐기물은 미생물에 의해서 대체 에너지인 메탄으로 전환될 수 있는데, 이 과정을 생물전환이라고 한다.
19. 미생물 발효로 생산되는 연료로는 메탄과 에탄올, 수소 등이 있다.

생물연료 (814~815쪽)

20. 생물연료에는 알코올과 수소(미생물 발효로 생산), 오일(조류에서 얻음) 등이 포함된다.

산업 미생물학과 미래 (815쪽)

21. 재조합 DNA 기술은 앞으로 의약품 및 기타 유용 산물을 생산할 수 있는 산업 미생물학의 능력을 계속 발전시켜 나갈 것이다.

학습 질문

복습과 객관식 문제에 대한 해답은 책 뒤에 있음.

복습 문제

1. 산업 미생물학이란 무엇이고 이것이 왜 중요한가?
2. 병원이나 실험실에서 사용하는 멸균과정과 공업살균은 어떻게 다른가?
3. 공업살균에서 통조림용 검은 딸기를 최소 116°C 대신에 통상 100°C로 열처리하는 이유는 무엇인가?
4. 치즈 생산과정의 개요를 설명하고, 단단한 치즈와 부드러운 치즈의 생산과정을 비교하시오.
5. 맥주는 물과 맥아, 효모로 만든다. 홉은 풍미를 위해서 첨가된다. 물과 맥아, 효모의 사용 목적은 무엇인가? 맥아란 무엇인가?
6. 공장에서 항생제를 생산하는 데에 거대한 플라스크보다 생물반응기가 더 좋은 이유는 무엇인가?
7. 종이를 제조하는 과정에서 표백제와 포름알데히드 성분의 접착제가 사용된다. 미생물 효소인 자일라나제(xylanase)는 검은 리그닌을 분해하여 종이를 희게 만든다. 옥시다제(oxidase)는 섬유질을 서로 붙게 하며, 섬유소분해효소(cellulase)는 잉크를 제거한다. 기존의 화학적 방법에 비해서 종이 제조에 이들 미생물 효소를 이용하여 얻을 수 이점을 세 가지 열거하시오.
8. 생물전화의 한 가지 예를 설명하시오. 결과적으로 연료를 생산할 수 있는 대사과정에는 어떤 것이 있는가?
9. 그려보기 이 그래프에 영양기(trophophase)와 생산기(idiophase)를 표시하시오. 1차 대사산물과 2차 대사산물이 만들어지는 때를 표시하시오.

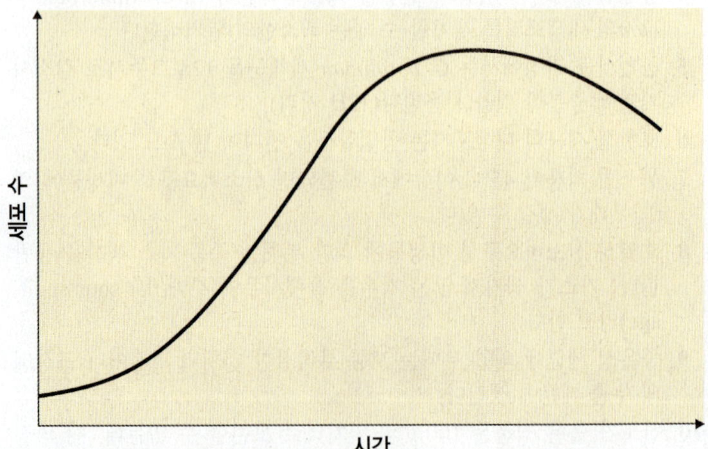

10. 이름 답하기 핵과 세포벽이 있고 출아법을 이용하는 이 미생물은 루벤후크가 최초로 관찰하였다. 비록 역사가 기록되기 이전부터 인간은 이 미생물을 사용하고 있었지만, 이것이 어떤 작용을 하는지를 처음으로 알아낸 사람은 파스퇴르였다.

객관식 문제

1. 전자레인지용 플라스틱에 담긴 식품은
   a. 탈수되었다.
   b. 동결건조되었다.
   c. 무균 상태로 포장되었다.
   d. 공업살균되었다.
   e. 고온고압멸균되었다.
2. 비타민 C 생산 과정 중에서 *Acetobacter*는 단 하나의 단계에만 필요하다. 이 단계를 실행하는 가장 쉬운 방법은
   a. 기질과 *Acetobacter*를 함께 시험관에 넣는 것이다.
   b. *Acetobacter*를 특정 표면에 부착시키고 그 위로 기질을 흘리는 것이다.
   c. 기질과 *Acetobacter*를 함께 생물반응기에 넣는 것이다.
   d. 이 단계의 대체 방안을 찾는 것이다.
   e. 답 없음

3~5번 문제의 답을 다음 중에서 선택하시오.
   a. *Bacillus coagulans*
   b. *Byssochlamys*
   c. 플랫사우어 부패
   d. *Lactobacillus*
   e. 고열성 무산소 부패

3. 부적절한 처리로 인해 생기는 통조림 식품의 부패로 가스 생산이 동반됨.
4. *Geobacillus stearothermophilus*이 일으키는 통조림 식품의 부패.
5. 산성 식품의 부패를 일으키는 내열성 곰팡이.
6. *12D* 처리라는 용어가 의미하는 것은?
   a. 12마리 세균을 사멸시키기에 충분한 열처리.
   b. 식품 보존을 위해서 12가지의 다른 처리를 하는 것.
   c. *C. botulinum*의 내생포자가 10^{12} 만큼 감소하는 것.
   d. 호열성 세균을 제거하는 한 방법.
7. 다음 중 미생물이 생산하는 연료가 아닌 것은?
   a. 조류 기름
   b. 에탄올
   c. 수소
   d. 메탄
   e. 우라늄
8. 식품 보존에 사용되는 방사선은?
   a. 이온화
   b. 비이온화
   c. 전파
   d. 마이트로파
   e. 이상 모두
9. 다음 중 포도주 양조과정에서 바람직하지 않은 반응은?
   a. 설탕 → 에탄올
   b. 에탄올 → 초산
   c. 말산 → 젖산
   d. 포도당 → 피루브산
10. 다음 반응 중 *Thiobacillus ferrooxidans*가 수행하는 산화반응은?
   a. $Fe^{2+} \rightarrow Fe^{3+}$
   b. $Fe^{3+} \rightarrow Fe^{2+}$
   c. $CuS \rightarrow CuSO_4$
   d. $Fe^0 \rightarrow Cu^0$
   e. 답 없음

비판적 사고

1. 식품 생산에 가장 흔하게 사용되는 세균은 무엇인가? 그 이유를 설명하시오.
2. *Methylophilus methylotrophus*는 메탄(CH_4)을 단백질로 바꿀 수 있다. 아미노산은 다음 구조로 표시된다.

$$H_2N-\underset{R}{\overset{H}{\overset{|}{\underset{|}{C}}}}-C\begin{matrix}\nearrow O \\ \searrow OH\end{matrix}$$

   최소한 하나의 아미노산 생산과정을 보여주는 경로를 그리시오.
3. 섬유소분해효소를 이용하여 "돌 세척 처리(stone-washed)"라고 하는 부드러운 데님을 만들 수 있다. 섬유소분해효소가 어떻게 이런 모양과 느낌을 만들 수 있는가? 섬유소분해효소의 출처는 어디인가?

임상 응용

1. 성장과정에서 자기 자신을 수일 내에 죽게 할 수 있는 양의 젖산을 만드는 미생물을 배양하고 있다고 가정하자.
   a. 생물반응기를 이용하여 어떻게 이 배양을 몇 주 또는 몇 개월 동안 지속시킬 수 있을까? 이 생물반응기의 조건은 아래 도표에 나타나 있다:

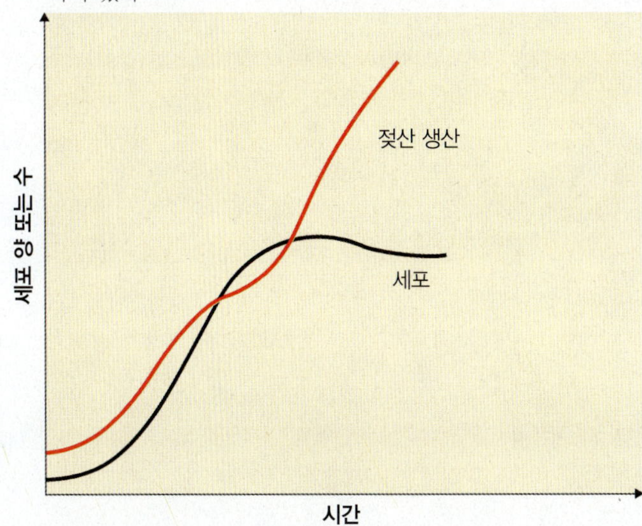

   b. 원하는 산물이 2차 대사산물이라면, 언제부터 이것을 회수해야 할까?
   c. 원하는 산물이 세포 그 자체이고 연속 배양 조건을 유지하고 싶다면, 언제 회수를 시작해야 할까?

2. CDC의 과학자들이 애플 사이다(pH 3.7)에서 *E. coli* O157:H7 이 어떻게 되는지 알아보기 위하여 애플 사이다 1 ml 당 105마리의 *E. coli* O157:H7을 접종하였다. 이 실험의 결과는 다음과 같다.

	25일 후 1 ml 당 **_E. coli_ O157:H7 세포 수**
25°C에 보관한 애플 사이다	10^4(10일째부터 곰팡이 성장이 뚜렷함)
소르브산칼륨(potassium sorbate)과 함께 25°C에 보관한 애플 사이다	10^3
8°C에 보관한 애플 사이다	10^2

이상의 결과에서 어떤 결론을 내릴 수 있는가? *E. coli* O157:H7이 일으키는 질병은 무엇인가? (힌트: 25장 참조.)

3. *Efrotomycin* 항생제는 *Streptomyces lactamdurans*가 생산한다. *S. lactamdurans*를 40,000리터의 배지에서 배양하였다. 이 배지에는 포도당, 말토오스, 콩기름, $(NH_4)_2SO_4$, NaCl, KH_2PO_4, Na_2HPO_4 등이 들어 있다. 배양액은 공기를 공급하면서 28°C로 유지하였다. 세균이 자라는 동안에 배양액을 분석하여 다음과 같은 결과를 얻었다:

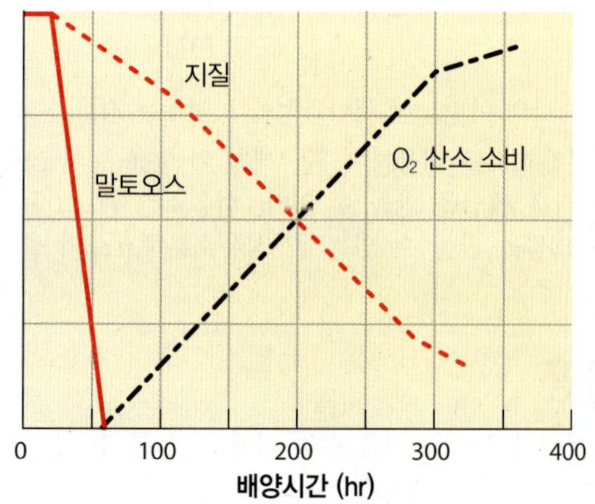

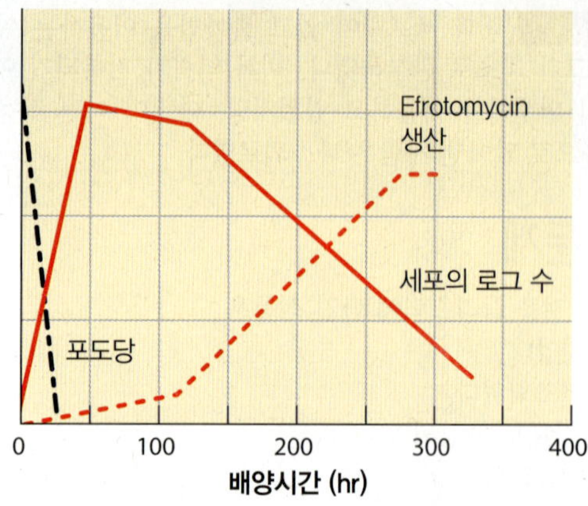

a. 어떤 조건에서 efrotomycin이 가장 많이 생산되는가? 이것은 1차 대사산물인가? 2차 대사산물인가?

b. 포도당과 말토오스 중 어느 것이 먼저 사용되는가? 이에 대한 이유를 한 가지 제안하시오.

c. 이 배지에서 각 구성 성분의 목적은 무엇인가? (힌트: 6장 참조.)

d. *Streptomyces*란 무엇인가? (힌트: 11장 참조.)

복습과 객관식 문제 해답

제1장

복습 문제

1. 사람들은 거름에서 나오는 파리와 죽은 동물에서 나오는 구더기 그리고 액체에서 하루 이틀 후에 미생물이 나타나는 것을 볼 수 있기 때문에 살아 있는 생물은 무생물에서 발생한다고 믿게 되었다.

2. a. 어떤 미생물은 곤충에 질병을 일으킨다. 곤충을 죽이는 미생물은 해충에 특이적이고 환경에 지속되지 않기 때문에 효과적인 생물학적 제어제가 될 수 있다.

b. 탄소와 산소, 질소, 황, 인은 모든 생명체에 요구된다. 미생물은 이런 원소를 다른 생명체가 유용한 형태로 전환한다. 많은 세균이 물질을 분해하고 대기로 식물이 사용하는 이산화탄소를 방출한다. 일부 세균은 대기에서 질소를 취할 수 있어 이를 식물과 다른 미생물이 사용할 수 있는 형태로 전환한다.

c. 정상미생물상은 사람 몸 안팎에서 발견되는 미생물이다. 이들은 보통 질병을 일으키지 않고 이로울 수 있다.

d. 하수에 있는 유기물질은 하수처리시설에서 세균에 의해 분해되어 이산화탄소와 질산, 인산, 황산, 다른 무기 화합물이 된다.

e. 유전자재조합 기술로 세균에 인슐린 생산을 위한 유전자를 삽입하게 되었다. 이 세균은 인간 인슐린을 비싸지 않게 생산할 수 있다.

f. 미생물은 백신으로 이용될 수 있다. 일부 미생물은 유전적으로 백신 성분을 생산하기 위해 변형된다.

g. 생물막은 세균이 서로간에 그리고 고체표면에 부착된 세균 집합체이다.

3. a. 1, 3　c. 1, 4, 5　e. 5　g. 4
b. 8　d. 2　f. 3　h. 7

4. a. 7　c. 3　e. 6　g. 1
b. 4　d. 2　f. 5

5. a. 11　e. 3　i. 1　m. 7　q. 13
b. 14　f. 9　j. 12　n. 5　r. 16
c. 15　g. 10　k. 18　o. 6
d. 17　h. 2　l. 4　p. 8

6. *Erwinia amylovora*는 학명을 올바르게 쓴 것이다. 학명은 과학자의 이름으로부터 유래될 수 있다. 이 경우, *Erwinia*는 미국 식물 병리학자 Erwin D, Smith에서 왔다. 학명은 또한 미생물의 서식지 혹은 활동영역을 설명하기도 한다. *E. amylovora*는 식물 병원균이다(*amylo-* = 전분; *vora* = 먹다).

7. a. *B. thuringiensis*는 생물학적 살충제로 판매된다.

b. *Saccharomyces*는 효모로 빵과 와인, 맥주를 제조하기 위해 판매된다.

8.

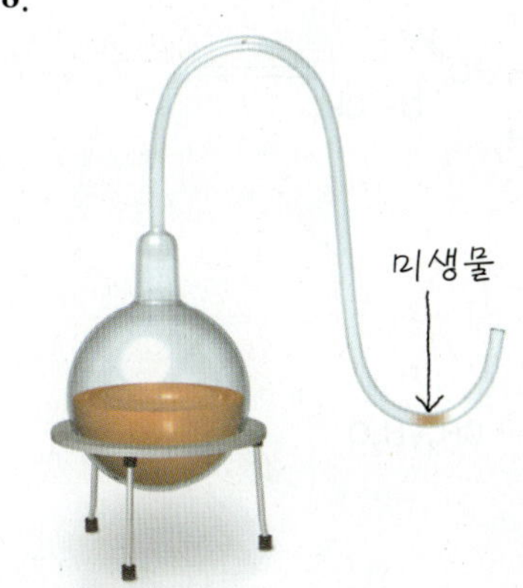

9. 세균

객관식 문제

1. a　**6.** e
2. c　**7.** c
3. d　**8.** a
4. c　**9.** c
5. b　**10.** a

제2장

복습 문제

1. 같은 원자가와 화학적 성질을 갖는 원자를 화학원소로 분류한다.

2.

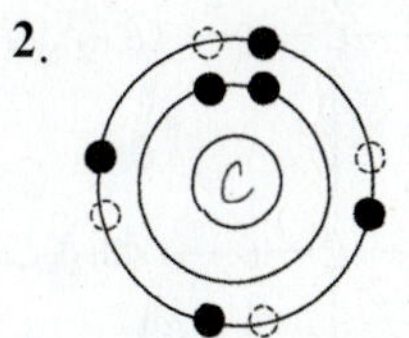

3. a. 이온결합
b. 단일 공유결합
c. 이중 공유결합
d. 수소결합

4. a. 합성반응, 축합반응, 혹은 탈수합성
b. 분해반응, 소화 혹은 가수분해
c. 교환반응
d. 가역반응

5. 효소는 반응에 필요한 활성화에너지를 낮추어 이런 분해반응이 빨라지게 한다.

6. a. 지질
   b. 단백질
   c. 탄수화물
   d. 핵산

7. a. 아미노산
   b. 오른쪽에서 왼쪽
   c. 왼쪽에서 오른쪽

$H_2N-CH(CH_2COOH)-COOH + H-NH-CH(CH_2C_6H_5)-CO-O-CH_3 \rightleftharpoons H_2N-CH(CH_2COOH)-CO-NH-CH(CH_2C_6H_5)-CO-O-CH_3 + H_2O$

e

8. 전체 단백질은 이황화다리로 연결된 3차구조를 보여준다. 4차구조는 없다.

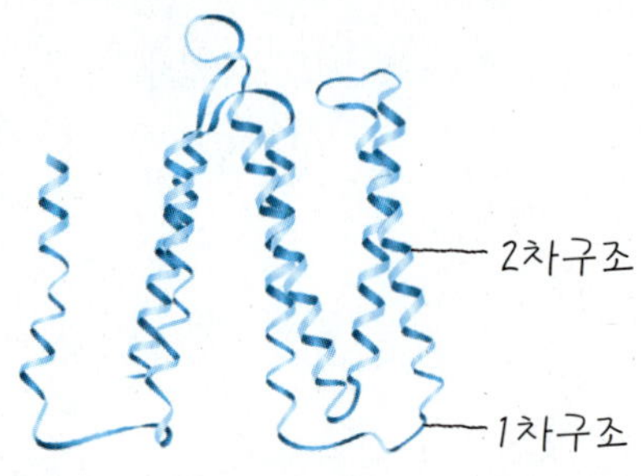

9.

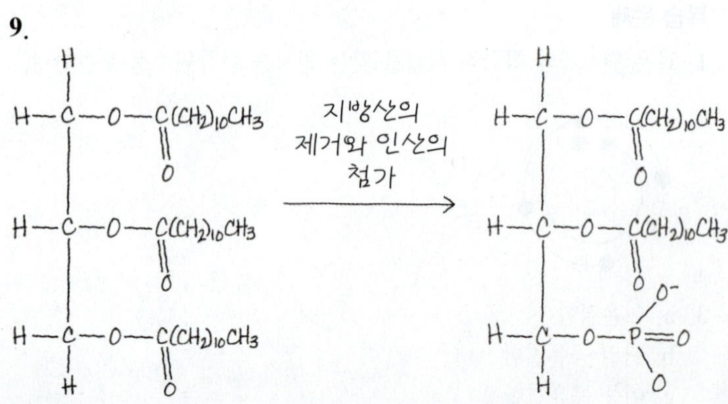

10. 균류

객관식 문제

1. c 3. b 5. b 7. a 9. b
2. b 4. e 6. c 8. a 10. c

제3장

복습 문제

1. a. 10^{-6} m; b. 1 nm; c. 10^3 nm

2. a. 복합광학현미경
   b. 임시야현미경
   c. 위상차현미경
   d. 형광현미경
   e. 전자현미경
   f. 차등간섭대비현미경

3.

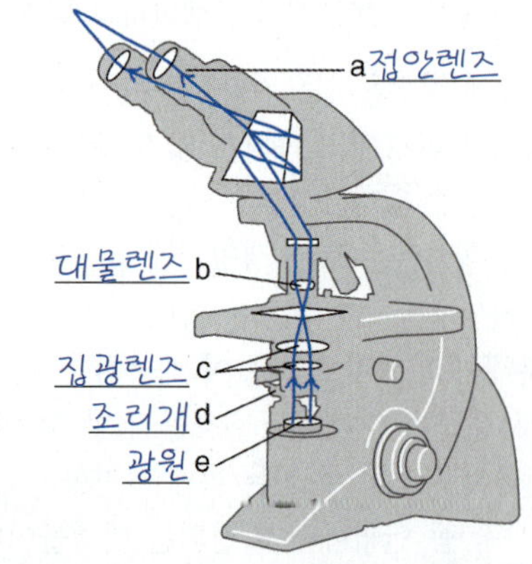

4. 접안렌즈 배율 × 유침용 대물렌즈 배율 = 시료의 총 배율

10× 100× 1,000×

5. a. 2,000×
   b. 100,000×
   c. 0.2 μm
   d. 0.0025 μm
   e. 자세한 3차원 형태를 보기

6. 그람염색에서 매염제는 기본 염료와 조합되어 복합체를 형성한다. 이것은 그람양성 세포에서 씻겨나가지 않는다. 편모염색에서 매염제는 편모에 축적되어 이들을 광학현미경으로 볼 수 있다.

7. 대응염색은 색이 없는 비항산성 세포를 염색하여 이들을 현미경으로 쉽게 관찰할 수 있다.

8. 그람염색에서 탈색제는 그람음성 세포에서 색을 제거한다. 항산성염색에서 탈색제는 비항산성 세포에서 색을 제거한다.

9. a. 보라색 e. 보라색
   b. 보라색 f. 보라색
   c. 보라색 g. 무색
   d. 보라색 h. 적색

10. 항산성세균(*Mycobacterium*)

객관식 문제

1. c 3. b 5. a 7. d 9. a
2. d 4. a 6. e 8. b 10. c

제4장

복습 문제

1.

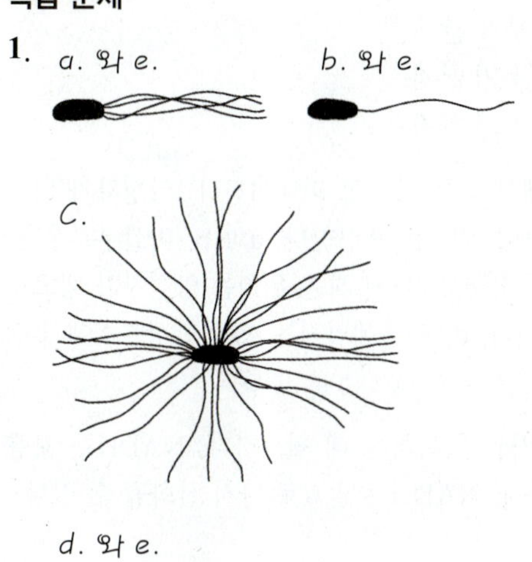

2. a. 포자생식
b. 어떤 열악한 환경조건
c. 발아
d. 선호하는 환경조건

3.

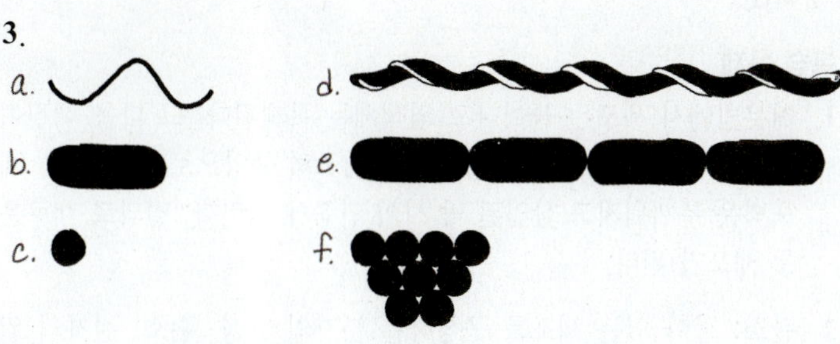

4. a. 4
b. 6
c. 1
d. 3
e. 1, 5
f. 3, 9
g. 2, 8
h. 7

5. 내생포자는 하나의 세포에게 성장과 분열의 반대로서 "휴지" 혹은 생존하는 방법을 제공하기에 휴지 구조라고 불린다. 왜냐하면 이것은 보호적인 내생포자 벽은 세균이 열악한 조건의 환경을 견뎌내게 한다.

6. a. 둘 다 물질을 높은 농도에서 낮은 농도로 원형질막을 에너지의 소모 없이 건너게 한다. 촉진확산은 수송단백질이 필요하다.
b. 둘 나 효소가 원형질막을 선너 물실을 옮기는 데 필요하다. 능동수송에서 에너지가 소모된다.
c. 둘 다 물질을 에너지 소비와 함께 원형질막을 가로질러 옮긴다. 그룹전위에서 기질은 막을 건넌 다음 변한다.

7. a. 그림 (a)는 지질다당류-인지질-지질단백질 층이 없기 때문에 그람양성세균을 말한다.
b. 그람음성세균은 초기에 바이올렛 염색이 유지된다. 그러나 탈색제에 의해 외막이 녹을 때 이것은 방출된다. 염료-요오드 복합체가 들어간 다음, 이것은 그람양성 세포의 펩티도글리칸에 붙잡히게 된다.
c. 그람음성 세포의 외층은 페니실린이 세포로 들어가는 것을 막는다.
d. 필수적인 분자는 그람양성 벽을 통해 확산된다. 그람음성 외막에 있는 포린과 특수한 통로단백질은 작은 수용성 분자를 통과시킨다.
e. 그람음성

8. 세포외효소(아밀라제)는 전분을 이당류(맥아당)와 단당류(포도당)로 가수분해한다. 말타아제가 맥아당을 가수분해하고 수송단백질이 포도당을 세포로 옮긴다. 포도당은 그룹이동에 의해 포도당-6-인산으로 수송될 수 있다.

9. a. 3
b. 4
c. 7
d. 1
e. 6
f. 2
g. 5

10. 방선균류(Actinomycete)

객관식 문제

1. e **3.** b **5.** d **7.** b **9.** a
2. d **4.** a **6.** e **8.** e **10.** b

제5장

복습 문제

1. (a)은 캘빈-벤슨 회로, (b)는 해당과정, 그리고 (c)는 크렙스회로이다.
a. 글리세롤은 경로 (b)에 의해 디히드록시아세톤 인산으로 분해된다. 지방산은 경로 (c)로 아세틸기로 들어간다.
b. 경로 (c), α-케토글루타르산에서
c. 글리세르알데히드-3-인산은 캘빈-벤슨 회로에서 해당과정으로 들어간다. 해당과정에서 피루브산은 탈탄산되어 크렙스회로로 들어갈 아세틸기를 만든다.
d. (a)에서 포도당과 글리세르알데히드-3-인산 사이
e. 피루브산의 아세틸기로 전환, 이소시트르산의 α-케토글루타르산으로 전환, α-케토글루타르산의 숙시닐-조효소A로 전환
f. 아세틸기로 경로 (c)에 의해

g.

	소모	생산
캘빈-벤슨 회로	6 NADPH	
해당과정		2 NADH
피루브산 → 아세틸		1 NADH
이소시트르산 → α-케토글루타르산		1 NADH
α-케토글루타르산 → 숙시닐~조효소 A		1 NADH
숙신산 → 푸마르산		1 $FADH_2$
말산 → 옥살로아세트산		1 NADH

h. 디히드록시아세톤 인산; 아세틸; 옥살로아세트산; α.-케토글루타르산

2.

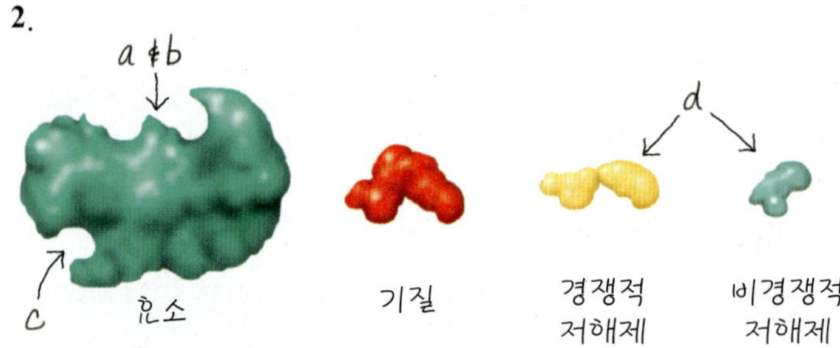

e. 효소와 기질이 결합될 때 기질 분자는 전환될 것이다.
경쟁적 저해제가 효소에 결합하면 효소는 기질과 결합할 수 없을 것이다.
비경쟁적 저해제가 효소에 결합하면 효소의 활성자리는 변할 것이고 이로 인해 효소는 기질과 결합하지 못한다.

3.

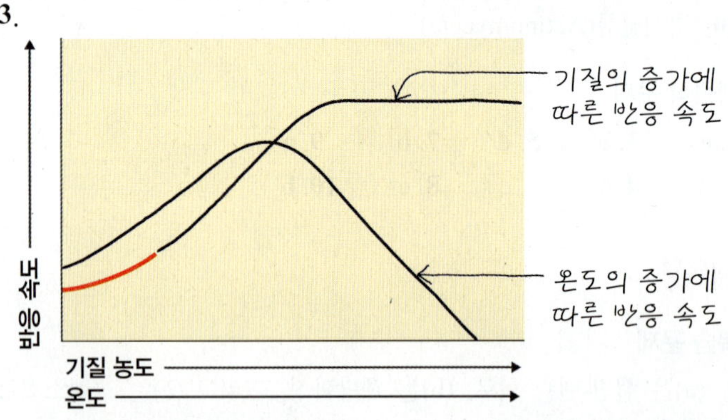

4. 산화-환원: 한 기질이 전자를 잃고 다른 기질이 전자를 얻는 연동된 반응
   a. 유산소 호흡에서 최종 전자수용체는 산소 분자이다; 무산소 호흡에서 이것은 다른 무기 분자이다.
   b. 전자전달사슬은 호흡에서 이용되지만 발효에서는 이용되지 않는다. 호흡에서 최종 전자수용체는 보통 무기물이다; 발효에서 이것은 보통 유기물이다.
   c. 순화적 광인산화에서 전자는 엽록소로 돌아간다. 비순환적 광인산화에서 엽록소는 전자를 수소 원자로부터 받는다.

5. a. 광인산화
   b. 산화적 인산화
   c. 기질수준의 인산화

6. 산화

7. a. CO_2 e. CO_2
   b. 빛 f. 무기 분자
   c. 유기 분자 g. 유기 분자
   d. 빛 h. 유기 분자

8. 양성자는 막의 한쪽에서 다른 쪽으로 퍼내어진다; 양성자가 막을 건너 되돌아오는 이동이 ATP를 생산한다. a와 b. 바깥부분은 산성이고 양전하를 가진다. c. 에너지-보존 위치는 양성자가 밖으로 퍼내는 세 개의 자리이다. d. 운동에너지는 ATP 합성효소에서 실체화된다.

9. NAD^+가 더 많은 전자를 획득하는 데 필요하다. NADH는 보통 호흡으로 다시 산화된다. NADH는 발효로 다시 산화될 수 있다.

10. 화학독립영양생물

객관식 문제

1. a	3. b	5. c	7. b	9. c
2. d	4. c	6. b	8. a	10. b

제6장

복습 문제

1. 이분법에서 세포는 늘어나고 염색체는 복제된다. 그 다음 핵질이 균등하게 나누어진다. 원형질막은 세포의 중앙으로 함입된다. 세포벽은 두꺼워지고 함입된 막 사이 안쪽에 자란다; 결과로 새로운 두 세포가 된다.

2. 탄소: 살아 있는 세포를 구성하는 분자의 합성. 수소: 전자의 원천이고 유기 분자의 성분. 산소: 유기 분자의 성분; 유산소생물의 전자수용체. 질소: 아미노산의 성분. 인: 인지질과 핵산에. 황: 일부 아미노산에.

3. a. H_2O_2을 O_2와 H_2O로 분해한다.
   b. H_2O_2; 과산화물 이온은 O_2^{2-}이다.
   c. H_2O_2의 분해를 촉매;

$$NADH + H^+ + H_2O_2 \xrightarrow{\text{과산화효소}} NAD^+ + 2H_2O$$

   d. O_2^-; 이 음이온은 하나의 비공유 전자를 가진다.
   e. 초과산화물을 O_2와 H_2O_2로 전환시킨다;

$$2O_2^- + 2H^+ \xrightarrow{\text{과산화물제거효소}} O_2 + H_2O_2$$

   이 효소들은 호흡 동안 생성되는 강한 산화제, 과산화물과 초과산화물로부터 세포를 보호하는데 중요하다.

4. 직접측정법은 미생물이 보고 세는 것이다. 직접측정법은 직접현미경계수, 평판계수법, 여과법과 최확수법이 있다.

5. 세균의 성장 속도는 온도가 낮아짐에 따라 늦어진다. 중온성세균은 냉장 온도에서 천천히 자랄 것이고 냉동고에서 유지상태로 남

을 것이다. 세균은 냉장고에서 식품을 빨리 상하게 하지 않을 것이다.

6. 세포 수 × $2^{n\ 세대}$ = 총 세포 수

$$6 \times 2^7 = 768$$

7. 석유는 기름분해세균의 탄소와 에너지 요구에 적합하다; 그러나 질소와 인산은 다량으로 가능하지 않다. 질소와 질소와 인산은 단백질과 인지질, 핵산과 ATP를 만드는 데 필수적이다.

8. 화학 한정배지는 정확한 화학조성이 알려진 배지이다. 복합배지는 정확한 화학조성을 모르는 배지이다.

9.

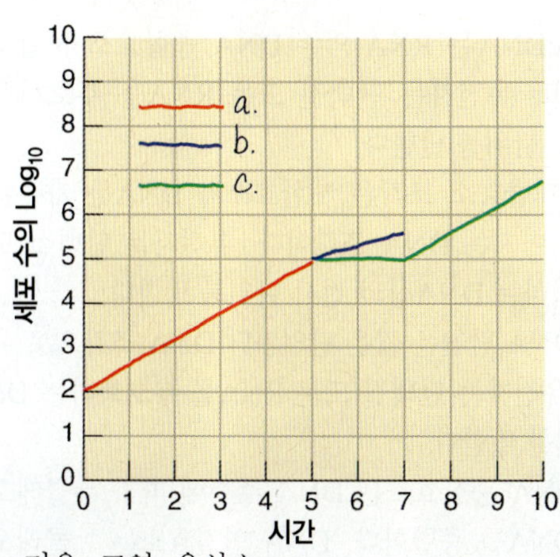

10. 저온, 고염, 유산소

객관식 문제

1. c	3. 3	5. c	7. e	9. b
2. a	4. 1	6. d	8. c	10. b

제7장

복습 문제

1. 가압증기멸균기. 아주 독특한 물의 열 때문에 습열은 세포에 즉시 전달된다.

2. 저온살균은 질병이나 식품의 빠른 손상을 일으키는 대부분의 생물을 제거한다.

3. 열사멸온도의 결정에 영향을 주는 변수는
   - 세균 종의 타고난 열내성
   - 냉동 건조되었든지, 젖었든지 등의 배양의 과거 보관상태
   - 검사 동안 세포의 응집
   - 수분의 함량
   - 유기물질의 함량
   - 가열 후 배양의 생존율을 결정하는데 사용되는 배지와 배양온도

4. a. 전리방사선이 DNA를 직접 부수는 능력. 그러나 세포 내 물의 함량이 높기 때문에 DNA 가닥을 부수는 자유라디칼(H· 과 OH·)이 형성될 가능성이 높다.
   b. 티민 이량체

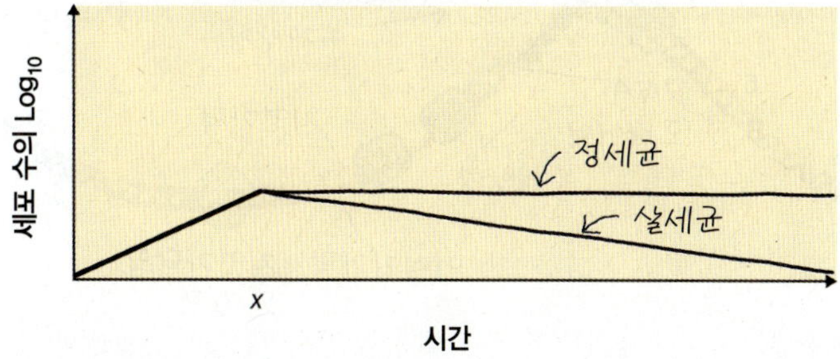

6. 세 과정 모두 미생물을 죽인다; 그러나 습기와/또는 온도가 증가함에 따라 짧은 시간이 같은 결과를 달성하는 데 필요하다.

7. 소금과 설탕은 고장액 환경을 만든다. 소금과 설탕(보존제로)은 세포 구조나 대사에 직접 영향을 주지는 않는다; 대신 이들은 삼투압을 변경시킨다. 잼과 젤리는 설탕으로 보존된다; 고기는 보통 소금으로 보존된다. 곰팡이는 세균보다 높은 삼투압에서 성장하는 능력이 있다.

8. 소독제 B가 더 희석가능하고 효과가 유지되어 선호된다.

9. 4차암모늄화합물은 그람양성세균에 가장 효과적이다. 욕조의 갈라진 틈이나 배수구 주변에 껴 있는 그람음성세균은 욕조를 씻을 때 씻겨나가지 않는다. 그람음성세균은 세척과정에서 살아남을 수 있다. 일부 슈도모나드는 축적된 4차암모늄화합물에서 성장할 수 있다.

10. 슈도모나드(*Pseudomonas*와 *Burkholderia*)

객관식 문제

1. d	3. d	5. b	7. b	9. a
2. b	4. d	6. b	8. a	10. b

제8장

복습 문제

1. DNA는 DNA는 데옥시라이보스 당과 인산기가 반복적으로 연결된 실과 같은 구조로 이루어져 있으며 각각의 당에는 질소함유 염기가 부착되어 있다. 아데닌, 티민, 사이토신, 구아닌의 네 종류 염기가 DNA에 들어 있다. 세포 안에서 DNA는 두 가닥이 서로 꼬여 이중나선을 형성한다. 두 가닥의 염기 사이에 수소결합이 형성되어 두 개의 가닥이 서로 결합할 수 있다. 염기는 특수하게 서로 상보적인 관계를 지닌 A와 T, 그리고 C와 G가 서로 짝을 이룬다. DNA의 뉴클레오티드 서열에 담겨 있는 정보에 따라 세포 안에서 RNA와 단백질 합성이 일어난다.

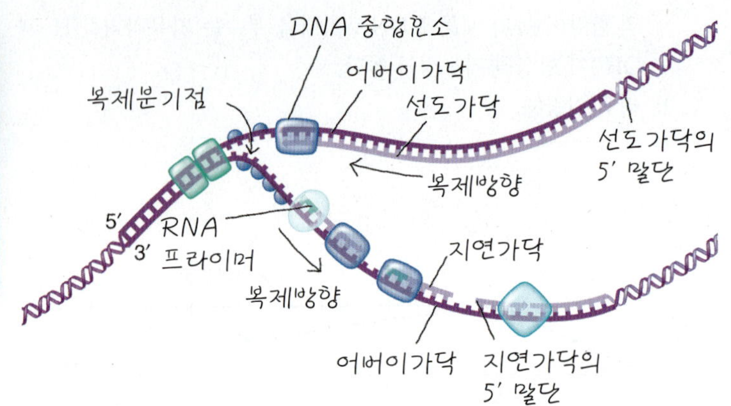

3. a. 2
   b. 4
   c. 3
   d. 1
   e. 5

4. a. ATATTACTTTGCATGGACT.
   b. met-lys-arg-thr-(종결).
   c. TATAATGAAACGTTCCTGA.
   d. 변화 없음.
   e. 아르지닌이 시스테인으로 치환.
   f. 스레오닌이 프롤린으로 치환(미스센스 돌연변이).
   g. 틀변환 돌연변이.
   h. 인접한 타이민 염기가 결합하여 이량체를 형성한다.
   i. ACT.

5. 철이 부족하면 철을 필요로 하는 단백질을 암호화하는 RNA에 상보적인 서열을 갖는 miRNA의 합성이 촉진된다.

6. a. 번역 이후.
   b. 전사 이후.
   c. 전사 이전.
   d. 전사 이전.

7. CTTTGA. 세균에 존재하는 내생포자와 색소 등은 자외선에 의한 손상으로부터 유전자를 보호한다. 이와 더불어 손상된 DNA를 수선함으로써 타이민 다량체를 제거하고 원래의 DNA 상태로 복구할 수 있기 때문이다.

8. a. 배양액 1에서는 아무런 변화가 일어나지 않는다. 배양액 2에서는 F^+ 로 변하지만 원래의 유전형은 바뀌지 않는다.
   b. 공여세포와 수용세포의 DNA 사이에서 서로 재조합이 일어나서 $A^+B^+C^+$와 $A^-B^-C^-$ 유전형 사이의 모든 조합이 생겨날 수 있다. 만약 F 플라스미드 또한 모두 전달된다면 수용세포가 F^+로 전환될 가능성도 있다.

9. 돌연변이와 재조합은 유전적 다양성을 제공한다. 환경 인자들은 자연선택 과정을 통해 개체의 생존에 유리한 형질을 선택한다. 유전적 다양성은 일부 개체가 자연선택과정에서 생존하는 데 유리한 형질을 보유할 수 있는 가능성을 높인다. 생존한 개체는 계속 유전자의 변화를 겪게 될 것이고 이와 같은 과정을 통해 종의 진화가 이루어진다.

10. 대장균(*Escherichia coli*)

객관식 문제

1. c	3. c	5. c	7. a	9. d
2. d	4. d	6. b	8. c	10. a

제9장

복습 문제

1. a. 둘 다 DNA. cDNA는 RNA-의존 DNA 중합효소가 합성한 DNA를 말하고, 유전자는 단백질 또는 RNA를 부호화하는 DNA상의 전사 단위를 말한다.
   b. 둘 다 DNA. 제한효소 조각은 제한효소가 DNA를 가수분해하였을 때 만들어지는 DNA 조각이다. 유전자는 단백질 또는 RNA를 부호화하는 DNA상의 전사 단위를 말한다.
   c. 둘 다 DNA. DNA 탐침은 짧은 단일가닥 DNA 조각으로 유전자가 아니다. 유전자는 단백질 또는 RNA를 부호화하는 DNA상의 전사 단위를 말한다.
   d. 둘 다 효소. DNA 중합효소는 DNA 주형에 따라 뉴클레오티드를 재료로 DNA를 중합한다. DNA 연결효소는 뉴클레오티드 중합체 조각을 서로 연결한다.
   e. 둘 다 DNA. 재조합 DNA는 서로 다른 두 개체의 DNA가 합해지면서 만들어진다. cDNA는 RNA 가닥을 주형으로 만들어진 DNA를 말한다.
   f. 단백질체는 유전체가 발현되면서 전체 세포에서 만들어지는 단백질의 총합을 말한다. 유전체는 개체가 갖는 유전정보의 총합이다. 유전체가 부호화하는 단백질이 단백질체를 이룬다.

2. 원형질체 융합에서 세포벽이 제거된 두 개의 세포가 합쳐지면서 DNA는 다양한 형태로 새로운 조합을 이룰 수 있다. 따라서 이 과정에서 다양한 유전형이 만들어질 수 있다. b, c, d를 이용하면 특정한 유전자만을 세포 안으로 삽입시킬 수 있다.

3. a. *Bam*HI, *Eco*RI, *Hin*dIII.
   b. 동일한 제한효소를 이용해서 만들어진 DNA 조각은 서로 상보적인 끈적 말단이 염기쌍을 형성하면서 저절로 이어질 수 있다.

4. 유전자를 플라스미드에 재조합하여 세균세포 안으로 형질전환시킬 수 있다. 형질전환된 세포가 분열함에 따라 플라스미드의 수도 많아진다. PCR은 DNA 중합효소와 해당 유전자의 양쪽에 결합하여 이를 증폭시킬 수 있는 프라이머를 이용하여 유전자 사본을 대량으로 증폭시킬 수 있다.

5.

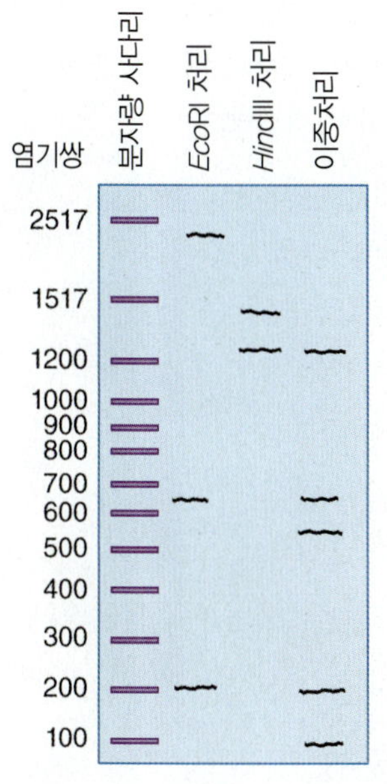

HindIII 처리반응에서 tet^R 유전자를 포함하는 가장 작은 조각을 얻을 수 있다.

6. 진핵세포에서 RNA 중합효소는 DNA를 전사하며 mRNA로 가공되는 과정에서 인트론을 제거하고 엑손 부분만 남긴다. mRNA와 역전사효소를 이용하여 cDNA를 만들 수 있다.

7. 표 9.2 및 9.3 참조.

8. 실험에서 형질전환된 소수의 식물세포를 배양 접시에서 선택하게 된다. 이때 배지에 테트라사이클린을 넣어 배양하면 플라스미드로 형질전환된 세포만 자라서 형질전환 세포를 선택하기 쉽다.

9. RNAi에서 siRNA는 mRNA에 결합하여 이중가닥 RNA를 형성하고 형성된 이중가닥 RNA는 효소에 의해 분해된다.

10. 레트로바이러스

객관식 문제

1. b	3. b	5. c	7. c	9. e
2. b	4. b	6. d	8. b	10. a

제10장

복습 문제

1. A와 D가 유사한 G~C%를 지니므로 가장 밀접하게 연관되어 있는 것으로 보인다. 같은 종에 속하는 것은 없다.

2. A와 D가 가장 밀접하게 연관되어 있다.

3. 분기도는 생물들 사이의 유사도를 한눈에 보여주기 위한 목적으로 작성한다. 이분검색표는 동정에는 활용할 수 있으나 분기도와 같이 유사성을 보여주지는 못한다. 마이코플라스마속의 폐렴균과 대장균은 검색표에서 같은 가지의 끝에 위치하지만 분기도를 보면 마이코플라스마속은 클로스트리디움속과 더 밀접하게 연관되어 있음을 알 수 있다.

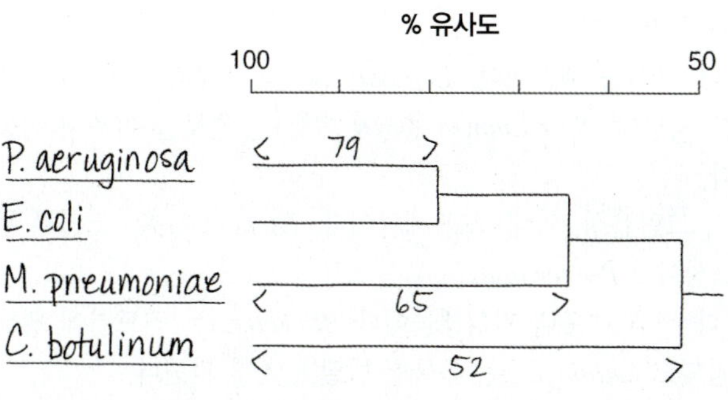

4. 한 가지 가능한 예는 다음과 같다. 형태 또는 포도당 발효와 같은 특성에서 시작하는 또 다른 양식의 검색표를 작성할 수도 있다.

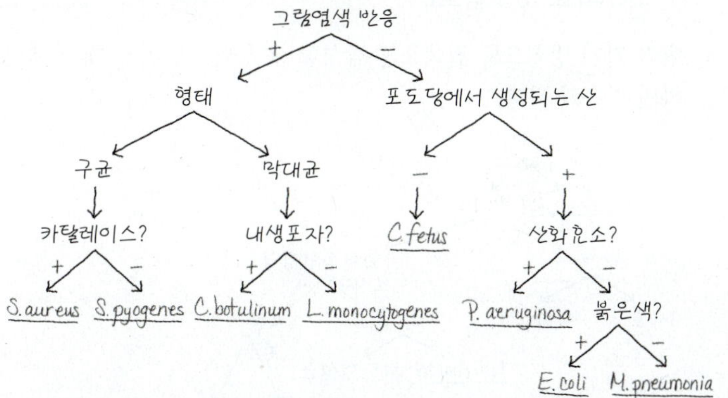

5. *Bordetella bronchiseptica*

객관식 문제

1. b	3. d	5. e	7. a	9. a
2. e	4. b	6. a	8. e	10. b

제11장

복습 문제

1. a. *Clostridium*
   b. *Bacillus*
   c. *Streptomyces*
   d. *Mycobacterium*
   e. *Streptococcus*
   f. *Staphylococcus*
   g. *Treponema*
   h. *Spirillum*
   i. *Pseudomonas*
   j. *Escherichia*
   k. *Mycoplasma*
   l. *Rickettsia*
   m. *Chlamydia*

2. a. 둘 다 산소발생 광독립영양생물이다. 남세균은 원핵생물이나 조류는 진핵생물이다.
   b. 둘 다 화학종속영양생물로 균사를 형성할 수 있다. 일부는 분생포자를 형성한다. 방선균은 원핵생물이고 진균은 진핵생물이다.
   c. *Bacillus*는 내생포자를 형성하고 *Lactobacillus*는 내생포자를 형성하지 않는 발효균이다.
   d. 둘 다 작은 막대 모양의 세균이다. *Pseudomonas*는 산화적 대사과정을 지니고 *Escherichia*는 발효도 가능하다. *Pseudomonas*에는 극편모가 있고 *Escherichia*에는 주모성 편

모가 달려 있다.

e. 둘 다 나선형 세균이다. *Leptospira*(스피로헤타에 속함)는 축사를 지닌다. *Spirillum*(나선균에 속함)은 편모를 이용해 이동한다.

f. 둘 다 그람음성, 막대 모양 세균이다. *Escherichia*는 조건부 무산소성이고 *Bacteroides*는 무산소성이다.

g. 둘 다 절대 세포내 기생생물이다. *Rickettsia*는 진드기에 의해 전염되고 *Chlamydia*는 독특한 발달 단계를 지닌다.

h. 둘 다 펩티도글리칸으로 이루어진 세포벽을 지니지 않는다. *Ureaplasma*는 고세균에 속하고 *Mycoplasma*는 진정세균에 속한다(표 10.1 참조).

3. 여러 가지 방식으로 검색표를 작성할 수 있다. 한 가지 예를 제시하면 다음과 같다.

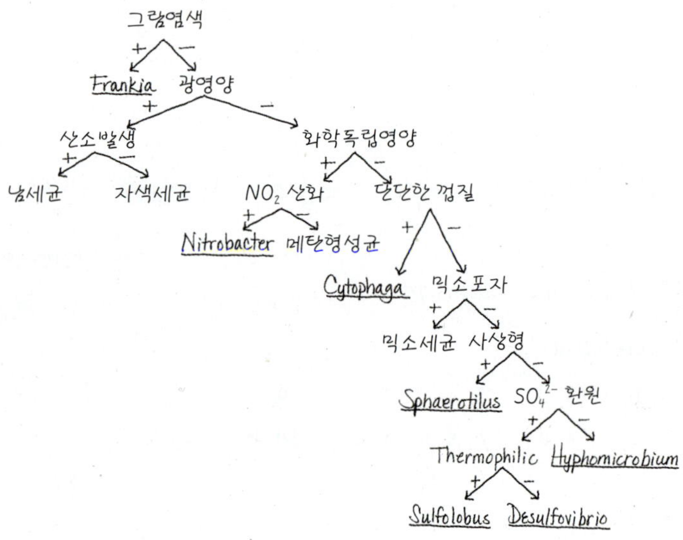

4. 메탄생성균

객관식 문제

1. b **3.** e **5.** b **7.** e **9.** b
2. b **4.** a **6.** c **8.** b **10.** a

제12장

복습 문제

1. a. 전신성
b. 피하성
c. 피부성
d. 표면성
e. 전신성

2. a. *E. coli*
b. *P. chrysogenum*

3. 새로 노출된 바위나 흙 표면에 최초로 군집을 형성하는 지의류는 거대한 무기물 입자를 화학적으로 부식시켜 그 결과 흙을 축적하는 작용을 한다.

4. 세포성 점균은 아메바형 세포로 따로 존재한다. 변형체성 점균은 다핵성 원형질 덩어리의 형태로 존재한다. 두 종류 모두 포자를 형성하여 어려운 환경 조건을 이겨낸다.

5. a. 편모
b. *Giardia*
c. 없음
d. *Nosema*
e. 위족
f. *Entamoeba*
g. 없음
h. *Plasmodium*(열원충속)
i. 섬모
j. *Balantidium*
k. 편모
l. *Trypanosoma*(파동편모충속)
m. 편모
n. *Trichomonas*(세포편모충속)

6. *Trichomonas*(파동편모충)은 숙주 바깥에서 오래 생존할 수 없다. 세포를 보호하는 피낭이 없기 때문이다. 따라서 파동편모충은 반드시 숙주에서 다른 숙주로 빨리 전파되어야만 한다.

7. 섭취.

8. 웅성 생식기가 한 개체에 들어 있고 암컷 생식기는 또 다른 기체에 들어 있는 생물들을 말한다. 선형동물은 대형동물문(*Phylum Aschelminthes*)에 속한다.

9. 유절분생자(*Trichophyton*)

10.

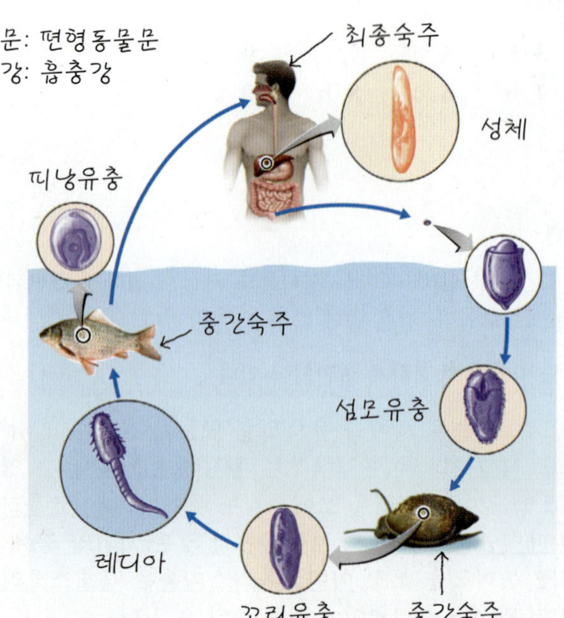

객관식 문제

1. d	**3.** b	**5.** e	**7.** a	**9.** a
2. b	**4.** a	**6.** b	**8.** d	**10.** c

제13장

복습 문제

1. 바이러스가 증식하려면 반드시 살아 있는 숙주세포가 필요하기 때문이다.

2. 바이러스는

- DNA 또는 RNA를 포함한다.
- 핵산을 단백질 껍질이 둘러싸고 있다.
- 세포의 합성 기구를 이용하여 살아 있는 세포 안에서만 증식한다.
- 바이러스 입자를 합성한다.

바이러스 입자(virion)는 바이러스의 핵산을 다른 세포로 전달하여 바이러스 증식을 시작할 수 있는 완전히 발달한 형태의 바이러스를 말한다.

3. 다각형(그림 13.2); 나선형(그림 13.4); 외피형(그림 13.3); 복합형(그림 13.5).

4.

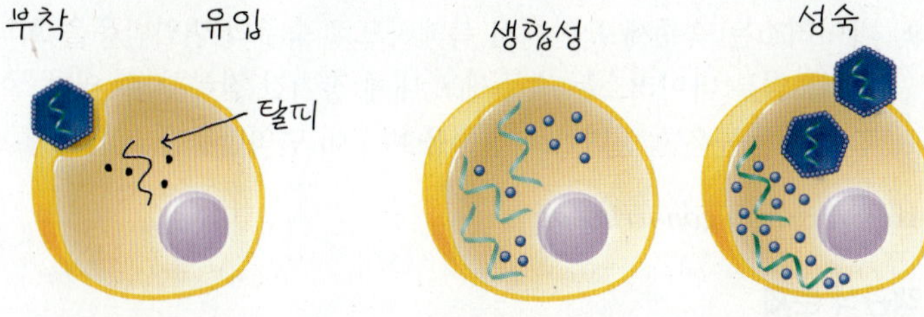

5. 두 종류의 바이러스 모두 − 가닥이 더 많은 + 가닥을 합성하는 주형이 되어 이중가닥 RNA를 생성한다. 두 종류 모두에서 + 가닥은 mRNA로 작용한다.

6. 황색포도상구균(*S. aureus*)에 항생체를 처치하면 프로파지에 존재하는 P-V leukocidin 유전자의 발현이 활성화된다.

7. a. 바이러스는 숙주의 조직에서 쉽게 관찰되지 않을 수 있다. 바이러스는 새로운 숙주에 접종하기 위해 배양하기가 쉽지 않다. 게다가 바이러스는 숙주와 숙주의 세포 종류에 특이적이어서 코흐의 가설 세 번째 단계에 필요한 실험 동물을 구하기 어려울 수 있다.
b. 일부 바이러스는 세포를 감염시켜도 암을 일으키지 않는다. 암은 감염된 이후 오랫동안 발생하지 않을 수도 있다. (따라서) 암은 전염되는 것으로 보이지 않다.

8. a. 아급성 경화성 범뇌염(Subacute sclerosing panencephalitis)
b. 일반적인 바이러스
c. 다양한 답이 가능하다. 예시, 잠재성 또는 비정상적인 조직에서 자랄

9. a. 단단한 세포벽
b. 수액을 빠는 곤충 등의 매개체
c. 식물 원형질체나 곤충 세포 배양액

10. 허피스바이러스과

객관식 문제

1. e	**3.** b	**5.** b	**7.** c	**9.** d
2. c	**4.** c	**6.** e	**8.** d	**10.** c

제14장

복습 문제

1. a. 병인학이란 어떤 병의 원인에 대해서 연구하는 학문이며, 병리는 병이 발생하는 방식을 뜻한다.
b. 감염이란 어떤 미생물이 우리 몸에 대량 서식하는 상태이다. 질병이란 건강한 상태를 벗어나는 우리 몸의 변화이다. 감염으로 병이 생길 수 있지만, 감염된다고 반드시 병이 생기는 것은 아니다.
c. 전염병은 한 사람으로부터 다른 사람으로 퍼지는 병이며, 비전염병은 한 사람에게서 다른 사람에게로 옮지 않는 병이다.

2. 공생이란 같이 살아 가는 다른 생명체들을 뜻한다. 편리공생—한 편이 이득을 얻고 다른 편은 득도 해도 입지 않는다; 예, 눈 표면에 서식하는 corynebacteria(코리네세균). 상리공생—양쪽 모두 이득을 얻는다; 예, *E. coli*(대장균)은 대장에서 양분을 취하고 일정한 온도를 제공받으며, 사람 숙주가 필요로 하는 비타민 K와 비타민 B 일부를 생산한다. 기생—한 편은 이득을 얻고 다른 편은 해를 입는다; 예, *Salmonella enterica*(장티푸스균)은 대장의 따뜻한 환경에서 양분을 얻지만, 사람 숙주는 위장염 또는 장티푸스에 걸린다.

3. a. 급성
b. 만성
c. 아급성

4. 입원 환자들은 면역이 약해진 상태일 수 있어 감염에 걸리기 쉽다. 병원성 미생물은 주로 접촉성 전염과 공기 전염으로 환자에게 전염된다. 병원소는 병원 직원, 방문객 및 다른 환자들이 될 수 있다.

5. 환자가 느끼는 몸 상태의 변화를 **증상**(symptom)이라 한다. 무기력증 또는 통증과 같은 증상은 의사가 측정할 수 없는 것이다. 의사가 관찰 또는 측정할 수 있는 객관적 변화를 일컬어 **징후** (sign)라 한다.

6. 국부 감염한 미생물이 혈액 또는 림프관으로 들어가 전신에 퍼지면, 전심 감염을 일으킬 수 있다.

7. 상리공생 미생물은 숙주에게 필수적인 화학물질 또는 환경을 제공한다. 어떤 편리공생 생명체가 필수적이지는 않으며, 또 다른 미생물도 그 역할을 할 수 있다.

8. 잠복기, 전구기, 급성기, 호전기(위기의 가능성), 회복기.

9. *Escherichia coli*

10.

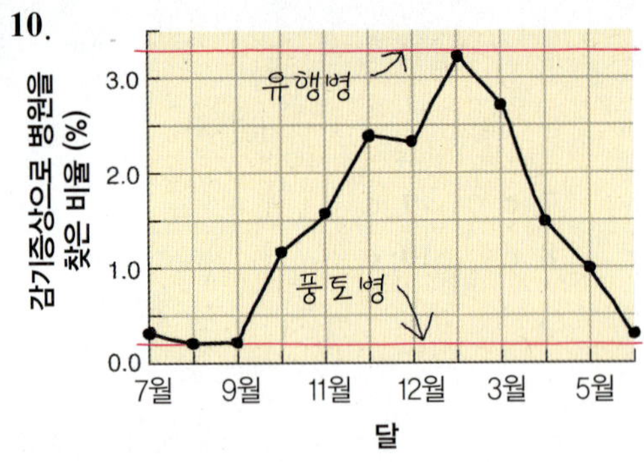

객관식 문제

1. a 3. a 5. a 7. c 9. c
2. b 4. d 6. a 8. a 10. b

제15장

복습 문제

1. 미생물이 병을 일으킬 수 있는 능력을 **병원성**(pathogenicity)이라 한다. 병원성의 세기를 **독성**(virulence)이라 한다.

2. 피막을 가진 세균은 식작용에 자항성을 가져 이를 회피함으로써 계속 증식할 수 있다. *Streptococcus pneumoniae*와 *Klebsiella pneumoniae*는 독성을 가지는 피막을 만든다. *Streptococcus pyogenes*의 세포벽에 있는 M 단백질과 *Staphylococcus aureus*의 세포벽에 A 단백질은 이들이 식작용을 받지 않도록 해준다.

3. 헤모리신은 적혈구를 파괴한다; 적혈구가 용해되면 세균의 증식에 필요한 양분이 공급된다. 류코시딘(백혈구파괴소)은 식작용이 활발한 호중성백혈구와 대식세포를 파괴한다; 이로 인해 감염에 대한 숙주 저항성이 감소한다. 응고효소 혈액 내 피브리노겐을 응고시킨다; 응고물은 세균을 식작용과 그 외의 숙주 방어로부터 보호한다. 세균의 인산화효소가 피브린을 분해한다; 인산화효소는 세균을 격리하는 혈액응고를 파괴할 수 있어 세균이 퍼질 수 있게 된다. 히알루로니다아제는 세포들을 서로 붙여주는 히알루론산을 가수분해한다; 이로써 세균이 조직 내에 퍼질 수 있게 된다. 시더로포어는 숙주의 철수송 단백질로부터 철분을 빼앗아, 세균 증식에 필요한 철분을 얻는다. IgA 단백질분해효소는 IgA 항체를 분해한다; IgA 항체는 점막 표면을 보호한다.

4. a. 세균을 억제할 것이다.
   b. *N. gonorrhoeae*의 부착을 방해할 것이다.
   c. *S. pyogenes*이 숙주세포에 부착하지 못하고 식작용을 더 잘 받게 될 것이다.

5.

	외독소	내독소
근원 세균	그람 +	그람 −
화학적 성질	단백질	지질 A
독소생산성	높음	낮음
약리 작용	세포의 일부분이나 정상 기능을 파괴함	전신적, 열, 무기력감, 통증과 쇼크
예	보툴리누스 독소	살모넬라증

6.

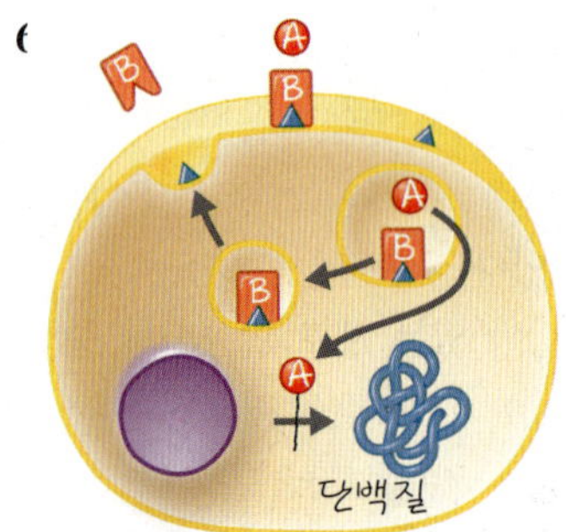

7. 병원성 진균은 특별한 독성인자를 갖고 있지 않다; 피막, 대사산물, 독소, 알레르기반응으로 독성을 나타낸다. 일부 진균은 독소를 만드는데, 이것을 섭취하면 병이 생긴다. 원생동물과 연충은 숙주 조직을 파괴하고 독성 대사노폐물을 만들어 증상을 유발한다.

8. 레지오넬라.

9. 바이러스는 숙주세포 안에서 복제하므로 숙주의 면역반응을 회피한다; 일부 바이러스는 숙주세포 내에 장기간 잠복할 수 있다. 어떤 원생동물은 돌연변이로 항원을 바꾸어 면역반응을 피한다.

10. *Neisseria gonorrhoeae*

객관식 문제

1. d 3. d 5. c 7. b 9. d
2. c 4. a 6. a 8. a 10. c

제16장

복습 문제

1. a. 물리적: 밖으로 내보냄; 화학적: 리소자임; 산
   b. 물리적: 밖으로 내보냄; 화학적: 여성의 경우에 산성 환경

2. 염증은 조직 손상에 대한 우리 몸의 반응이다. 염증의 특징적인 증상은 빨갛게 됨, 통증, 발열, 부어 오름이다.

3. 인터페론은 방어 단백질들이다. 알파 인터페론과 베타 인터페론은 감염되지 않은 세포가 항바이러스 단백질을 생산하도록 유도한다. 감마 인터페론은 림프구에서 만들어져 호중성백혈구가 세균을 살생하도록 활성화시킨다.

4. 내독소가 C3b에 결합하여, C5~C9을 활성화시키고 결과적으로 세포 용해가 일어난다. 이렇게 되면 세포벽 조각이 떨어지고 여기

에 더 많은 C3b가 결합하여 숙주세포막에 C5~C9로 인한 손상이 발생한다.

5. 독성 산소반응물이 병원체를 살생할 수 있다.

6. 수혜자의 항체가 제공자의 항원과 결합하여 보체에 결합하면, 활성화된 보체가 적혈구용혈을 일으킨다.

7. C3b 형성 억제; MAC 형성 방해; C5a 가수분해.

8.

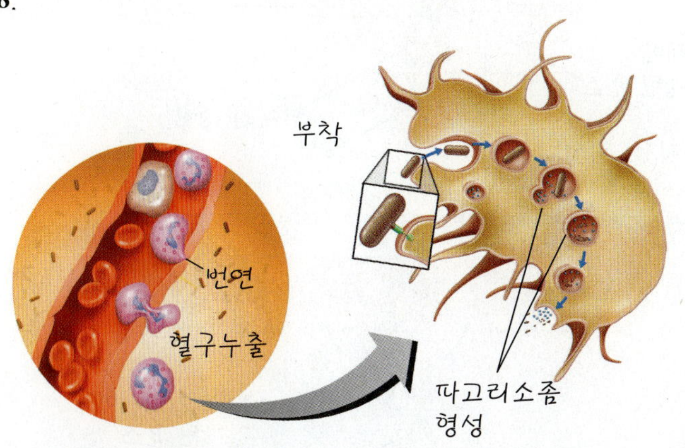

9. a. 선천성. 식세포와 병원체의 부착을 용이하게 한다.
   b. 선천성. 철분에 결합한다.
   c. 선천성. 세균을 살생하거나 억제한다.

10. 단핵구(대식세포)

객관식 문제

1. a	**3.** c	**5.** b	**7.** c	**9.** d
2. d	**4.** d	**6.** a	**8.** b	**10.** e

제17장

복습 문제

1. a. 후천성 면역이란 개인이 일생 동안 얻게 되는 감염에 대한 저항성이다; 후천성 면역은 항체 생산과 T세포로 인하여 작동한다. 선천성 면역은 어떤 질병에 대하여 종(species) 또는 개인이 가지는 저항성을 뜻하며 항원-특이적 면역이 아니다.
   b. 체액성 면역은 항체(그리고 B 세포)에 의한 것이다. 세포성 면역은 T세포에 의한 것이다.
   c. 능동면역이란 한 개인에게서 만들어진 항체를 그가 가진 경우이다. 수동면역은 다른 개체에서 만들어진 항체가 그것을 필요로 하는 사람에게 전해진 경우이다.
   d. T_H1 세포는 T세포를 활성화하는 사이토카인을 생산한다. T_H2가 만드는 사이토카인은 B세포를 활성화시킨다.
   e. 자연면역이란 자연적으로 획득된 면역, 즉 엄마로부터 신생아에게 전해지거나 감염 후에 얻어진 면역이다. 인위적으로 획득된 면역은 의약치료, 즉 항체의 주입 또는 예방접종으로 얻어진 면역이다.
   f. T세포-의존 항원: 어떤 항원은 자기 항원과 결합하여야, T_H 세포와 또한 그 후에 B 세포가 인식할 수 있다. T세포-비의존 항원은 T세포 없이도 항체반응을 유발할 수 있다.
   g. T세포는 그들의 표면 항원에 의해 분류된다: T_H 세포는 CD4 항원을 가지고 있으며; T_C 세포는 CD8 항원을 가지고 있다.
   h. 면역글로불린 = 항체; TCR = T세포 표면의 항원 수용체.

2. 주조직적합성복합체(MHC)는 자기 항원이다. T_H 세포는 MHC II와 반응하며; T_C 세포는 MHC I과 반응한다.

3.

가변부: 항원결합 부위
가벼운 사슬
가벼운 사슬
S-S
F_C 부분
무거운 사슬
IgM

4. 그림 17.20 참조.

5. 활성화된 T_C 세포(CTL)는 결합한 표적세포를 파괴한다. T_H 세포는 항원과 결합하여 그것을 B세포에 "표출"하여 항체가 만들어지도록 한다. T_R 세포는 면역반응을 억제한다. 사이토카인은 세포에서 분비되는 화학물질로서 다른 세포에서 반응이 일어나도록 유도한다.

6.

(a)
(b)
항체 역가
A
B
시간 (주)

7. 둘 다 병원체의 부착을 방해할 것이다; (a) 병원체에 있는 부착 부위를 방해한다 (b) 병원체에 대한 수용체의 부위를 방해한다.

8. 배아 발생기에 가변부(V region) 유전자가 재조합되어 각 다른 항체 유전자를 가진 B세포가 생겨난다.

9. 그 병원체에 대한 항체를 만들었기 때문에 그 사람은 회복하였다. 기억반응이 동일한 병원체로부터 그 사람을 계속적으로 보호할 것이다.

10. 수지상세포

객관식 문제

1. d **6.** e
2. e **7.** c
3. b **8.** d
4. c **9.** c
5. d **10.** d

제18장

복습 문제

1. a. 병원체 전체. 돌연변이가 일어나 독성을 다시 가지면 그 병을 일으킬 수 있는 약독화된 생바이러스.
b. 병원체 전체; (열로) 사멸화된 세균.
c. 소단위; (열- 또는 포르말린-) 불활성화 독소.
d. 소단위
e. 소단위
f. 접합
g. 핵산

2. a. 일부 바이러스는 적혈구를 응집시킬 수 있다. 이 반응은 적혈구응집을 일으킬 수 있는 대량의 바이러스 입자의 존재 유무를 확인하는 데 사용된다(예, 인플루엔자바이러스).
b. 적혈구응집을 일으킬 수 있는 바이러스에 대응하여 만들어진 항체는 이 응집을 억제한다. 적혈구응집 억제 검사는 이러한 바이러스들에 대한 항체의 존재 유무를 확인하는 데 사용될 수 있다.
c. 먼저 불용성 라텍스 구에 가용성 항원을 부착시킨 후에 그 항원에 반응하는 항체를 확인하는 방법이다. 이 방법은 일부 진균 또는 연충 감염 동안에 생기는 항체의 존재를 확인하는데 사용될 수 있다.

3.

(a) 직접: 확실한 증거 (b) 간접

4. 그림 18.2 참조.

5. 항체가 과하게 존재하면, 하나의 항원이 여러 항체 분자에 결합할 것이다. 항원의 양이 과하면, 한 항체가 여러 항원과 결합할 것이다. 그림 18.3을 참조한다.

6.

(a) 직접: 확실한 증거

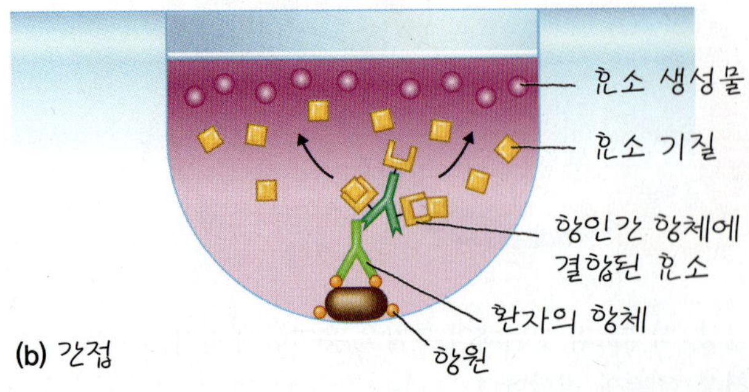

(b) 간접

7. 입자성 항원은 응집반응에서 반응한다. 이러한 항원은 세포 또는 합성 입자에 부착된 가용성 항원이다. 가용성 항원은 침강반응에 참여한다.

8. a. 5 d. 3
b. 4, 6 e. 6
c. 1 f. 2, 4

9. a. 5 d. 6
b. 3 e. 2
c. 1 f. 4

10. 양성 투베르쿨린 피부 검사; 이 사람은 *M. tuberculosis*에 대한 항체를 가지고 있다.

객관식 문제

1. c **3.** b **5.** a **7.** c **9.** b
2. d **4.** c **6.** b **8.** a **10.** c

제19장

복습 문제

1.

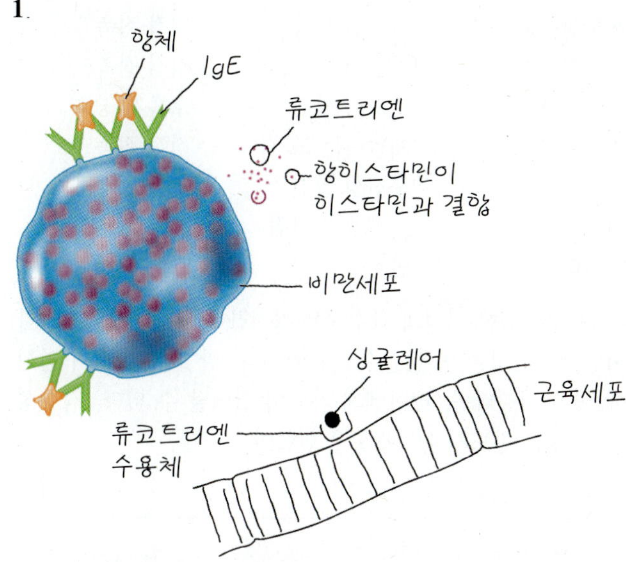

2. 수혜자의 혈청은 보체를 포함한다; 활성화된 보체는 적혈구용혈을 일으킨다.

3. 수혜자의 항체는 제공자의 조직과 반응한다.

4. 그림 19.7을 참조한다.
   a. 드러난 증상은 림포카인 때문이다.
   b. 어떤 사람이 옻나무에 처음 접촉하면, 그 항원(잎에 카테콜)이 조직 세포에 부착하고 식세포의 식작용을 받아 T세포 표면의 수용체에 표출된다. 항원과 이에 적합한 T세포가 결합하면 그 T세포는 자극을 받아 증식하고 결과적으로 민감화된다. 동일한 항원에 다시 노출되면, 민감화된 T세포가 림포카인을 분비하여, 지연성 과민증이 일어난다.
   c. 적은 양의 항원에 반복적으로 노출되면 IgG(차단) 항체가 만들어질 것이다.

5. 전신성 홍반성 낭창 환자들은 그들 자신의 DNA에 대항하는 항체를 가지고 있다.

6. 세포독성: 항체가 세포 표면의 항원과 반응한다.
   면역복합체: 항체-보체 복합체가 조직에 쌓인다.
   세포매개: T세포가 자기세포를 파괴한다. 표 19.1 참조.

7. 자연적
      선천성
      바이러스 감염, 특히 HIV
   인위적
      면역억제제로 유도됨
   결과: 면역결핍의 종류에 따라 다양함 감염에 민감성이 증가.

8. 종양세포는 TSTA라든가 T 항원과 같은 종양특이항원을 가진다. 민감화된 T_C 세포는 종양특이항원과 반응하여, 종양세포의 용해를 유발할 수 있다.

9. 일부 악성 세포는 항원변이 또는 면역증강에 의해 면역계를 회피할 수 있다. 면역치료는 면역증강을 유발할 수 있다. 암에 대한 우리 몸의 방어는 체액성이 아니라 세포매개성 면역이다. 림프구를 전달하면 조직편대숙주반응을 일으킬 수 있다.

10. IgE 항체

객관식 문제

1. b	**3.** b	**5.** d	**7.** a	**9.** c
2. b	**4.** a	**6.** e	**8.** d	**10.** b

제20장

복습 문제

1.

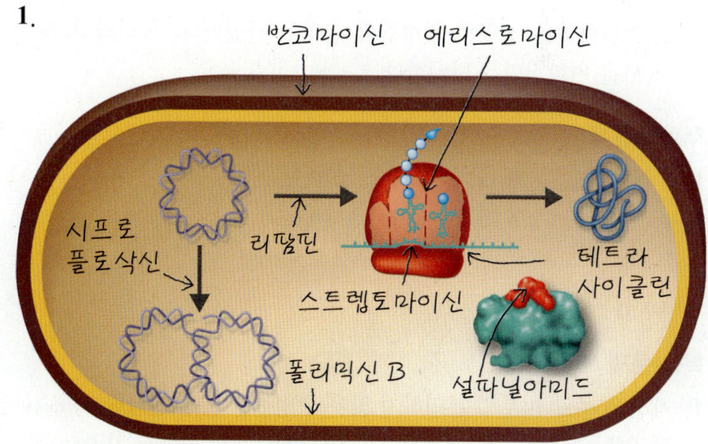

2. 항미생물제는 (1) 선택적 독성을 발휘해야만 하고; (2) 광범위-효능을 가지고 있어야 하고; (3) 숙주 내에서 과민반응을 일으키지 말아야 하고; (4) 약제 내성을 생성하지 않아야 하고; (5) 정상 미생물상을 해치지 말아야 한다.

3. 바이러스는 숙주세포의 대사 기구를 이용하기 때문에 숙주에 해를 끼치지 않고 바이러스만을 손상하는 것은 어렵다. 진균, 원생동물 그리고 기생충은 진핵세포로 이루어져 있다. 따라서 항바이러스, 항진균, 항원생동물, 그리고 항기생충 약물들도 또한 진핵세포에 반드시 영향을 준다.

4. 약제 내성은 화학치료제에 대한 미생물의 감수성이 없어진 것이다. 약제 내성은 미생물이 항미생물제에 지속적으로 노출되었을 때 생길 수 있다. 약제-내성 미생물의 발생을 최소화하는 방법에는 항미생물제를 신중하게 사용하거나, 처방에 따라 약을 복용하거나, 또는 두 가지 이상의 약을 동시에 복용하는 것을 포함한다.

5. 두 가지 치료제를 동시에 사용할 때 생기는 장점으로는 내성을 가지는 미생물 종의 발생을 막을 수 있고, 상승 효과의 이점을 얻을 수 있으며, 진단을 내릴 때까지 치료를 제공하고, 함께 사용함으로써 각 약물의 사용량이 감소하여 개별 약물에 의한 독성이 줄어드는 것 등이 있다. 두 가지 약제를 사용할 때 생길 수 있는 한 가

지 문제점은 두 약제의 길항효과이다.

6. a. 폴리믹신 B처럼, 원형질막 누설을 일으킨다.
   b. 단백질 번역과정을 간섭한다.

7. a. 펩티드결합의 형성을 방해한다.
   b. mRNA를 따라 리보솜이 이동하는 것을 막는다.
   c. mRNA-리보솜 복합체에 tRNA의 부착을 간섭한다.
   d. 리보솜의 30S 소단위의 모양을 변화시켜 결과적으로 mRNA의 번역과정에 오류를 일으킨다.
   e. 70S 리보솜의 형성을 막는다.
   f. 리보솜으로부터 펩티드의 방출을 막는다.

8. DNA 중합효소는 3′-OH 기에 염기를 더해준다.

9. a. 페니실린은 세균의 세포벽 합성을 저해한다. 에키노칸딘은 진균의 세포벽 합성을 저해한다.
   b. 이미다졸은 진균의 원형질막 합성을 간섭한다. 폴리믹신 B는 모든 원형질막을 방해한다.

객관식 문제

1. b **3.** a **5.** a **7.** e **9.** c
2. a **4.** b **6.** d **8.** b **10.** c

제21장

복습 문제

1. 세균은 주로 피부의 분명하지 않은 구멍들을 통해 침입한다. 진균 병원체들은 (피하를 제외하고) 종종 피부 자체 위에서 자란다. 피부의 바이러스 감염은 (사마귀와 단순포진을 제외하고) 주로 호흡기 관을 통하여 인체에 접근한다.

2. 황색포도상구균; 화농성 연쇄상구균

3.

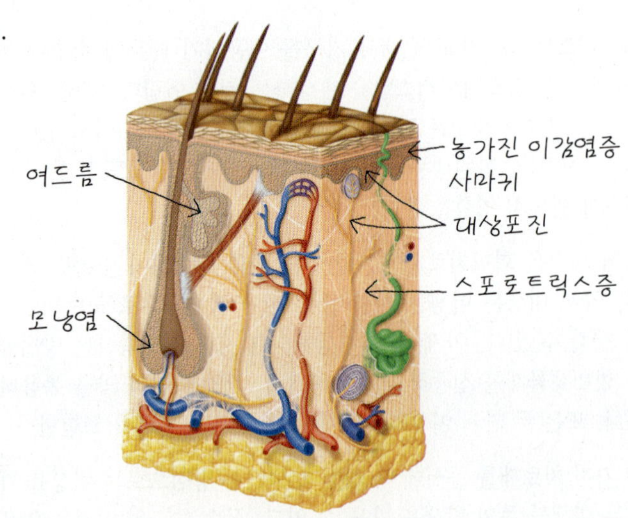

4.

병 원인체	임상 증상	전파 양상
프로피오니박테리움 에크니스	감염된 기름샘	직접 접촉
황색포도상구균	감염된 모낭	직접 접촉
유두종바이러스	양성 종양	직접 접촉
허피스바이러스	소포성 발진	호흡기 경로
허피스바이러스	재발하는 "물집"	직접 접촉
파라믹소바이러스	구진성 발진, 코플릭 반점	호흡기 경로
토가바이러스	반점성 발진	호흡기 경로

5. 검사는 풍진에 대한 여성의 감수성을 결정한다. 만일 검사 결과가 음성이면, 이 여성은 병에 감수성을 가진다. 만일 이 여성이 임신 동안에 병에 걸린다면, 태아에게 감염이 일어날 수 있다. 감수성이 있는 여성은 반드시 예방접종을 받아야만 한다.

6.

증상	질병
코플릭 반점	홍역
반점성 발진	홍역
소포성 발진	수두
작은, 점 발진	독일 홍역
"물집"	입술 발진
각막 궤양	각결막염

7. 중추신경계는 각결막염 이후에 감염될 수 있다. 이것은 결과적으로 뇌염을 일으킨다.

8. 약독화된 홍역, 유행성 이하선염 그리고 풍진 바이러스에 대한 백신이다.

9. 이 환자는 피부에 진드기 감염인 옴에 걸렸다. 살충제인 펄메트린 연고나 감마 육염화 벤젠(gamma benzene hexachloride)으로 치료한다. 6개의 다리를 가진 절지동물(곤충)의 존재는 이감염증(이)을 의미한다.

10. 프로피오니박테리움 에크니스

객관식 문제

1. c **3.** b **5.** d **7.** e **9.** a
2. d, **4.** c **6.** d **8.** d **10.** d

제22장

복습 문제

1. 파상풍의 증상은 신경독소에 의한 것이며, 세균 증식(감염과 염증) 자체로 인한 것이 아니다.

2. a. 파상풍 변성 독소로 예방접종.
   b. 항파상풍독소 항체로 면역 접종.

3. "적절히 소독되지 않았음" 그 이유는 상처에 오염되었을 수도 있는 흙에서 *C. tetani*가 서식하기 때문이다. "깊이 찔린 상처" 그 이유는 이런 상처가 무산소 환경이기 때문이다. "출혈 없음" 그 이유는 피가 흐르면 유산소 환경이며 또한 상당히 씻기기 때문이다.

4. 병인—Picornavirus(소아마비 바이러스).
전염 경로—오염된 물 섭취.
증상—두통, 인후염, 열, 메스꺼움; 드물게 마비.
예방—하수 처리.
이러한 예방접종은 인위적으로 획득된 능동면역을 준다. 그 이유는 항체 생산을 일으키지만 신경 소상을 예방하거나 고치지는 못하기 때문이다.

5.

원인체	민감한 집단	전염경로	치료
N. meningitidis	어린이; 신병	호흡기	페니실린
H. influenzae	어린이	호흡기	리팜판
S. pneumoniae	어린이; 노인	호흡기	페니실린
L. monocytogenes	누구나	식품매개	페니실린
C. neoformans	면역저하 환자	호흡기	암포테리신 B

6.

질병	병인	전염 경로	증상	치료
아르보바이러스 뇌염	Togaviruses, Arboviruses	모기 (Culex)	두통, 열, 혼수상태	면역 혈청
아프리카 파동편모충증	*T. b. gambiense*, *T. b. rhodesiense*	체체파리	육체적 정신적 활동이 둔해짐	수라민; 멜라소프롤
보툴리누스 중독	*C. botulinum*	섭취	이완성 마비	항독소
나병	*M. leprae*	직접 접촉	피부에 감각 소실 부위 생김	답손

7.

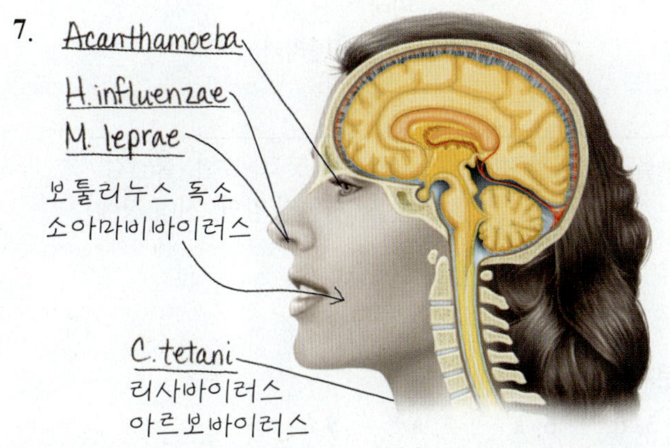

8. 노출후 치료—항체와 HDCV의 면역접종에 따르는 수동 면역. 노출전 치료—HDCV의 능동 면역접종.
광견병 노출 후에, 그 바이러스를 즉각 불활성화시킬 항체가 필요하다. 수동면역이 이러한 항체를 제공한다. 능동 면역접종에서는 항체가 장기간 제공되며, 즉각 형성되지는 않는다.

9. 크로이펠츠 야곱병(CJD)의 원인체는 전염성이다. 이 병의 유전성 형태에 대한 증거도 있지만, 이 병은 조직 이식으로 전염된다. 바이러스와 유사한 점은 (1) 프리온은 전형적인 세균학적 기법으로 배양될 수 없다, (2) 프리온은 CJD 환자에서 쉽게 관찰되지 않는다.

10. *Cryptococcus neoformans*

객관식 문제

1. a 3. a 5. a 7. b 9. c
2. c 4. b 6. c 8. a 10. a

제23장

복습 문제

1.

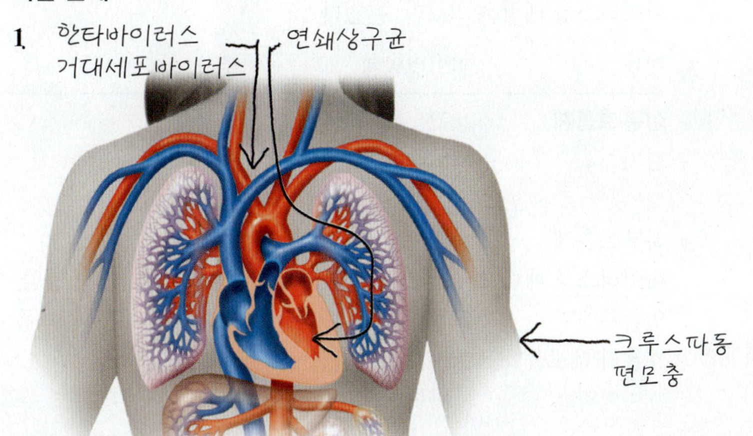

2.

질병	주된 원인 병원체	걸리기 쉬운 상태
산후 패혈증	화농성 연쇄상구균	유산 또는 출산
아급성 세균성 심내막염	알파-용혈성 연쇄상구균	이전에 존재하던 병변
급성 세균성 심내막염	황색포도상구균	비정상적인 심장 판막
류머티즘열	화농성 연쇄상구균	자가면역

3. 모두 다 매개체 유래 리케차 질병이다. 이들은 각각 다음과 같은 면에서 다르다 (1) 원인 병원체, (2) 매개체, (3) 심각성과 사망률, 그리고 (4) 발생률(예: 유행성, 산발성).

4.

질병	원인 병원체	매개체	치료
말라리아	열원충	아노펠레스	퀴닌 유도체
황열	플라비 바이러스	모기에이데스 에집티	없음
뎅기열	플라비 바이러스	모기에이데스 에집티 모기	없음
회귀열	보렐리아	물렁진드기	테트라사이클린
리슈만 편모충증	리슈만편모충	모래파리	안티몬

5.

질병	원인 병원체	전파	보유체
야생토끼병	프란시셀라 튜라렌시스	피부 찰과상, 섭취, 흡입, 물림	토끼
브루셀라증	브루셀라 종	우유 섭취, 직접 접촉	소
탄저병	탄저균	피부 찰과상, 흡입, 섭취	토양, 소
라임병	보렐리아 버그돌페리	진드기에 물림	사슴, 생쥐
얼리키아증	얼리키아 종	진드기에 물림	사슴
거대세포 봉입병	인간 허피스바이러스 5	침, 혈액	인간
페스트	페스트균	벼룩에 물림, 흡입	설취류

6.

질병	원인 병원체	전파	보유체	풍토 지역
주혈흡충증	주혈흡충	피부를 침투	수생 달팽이	아시아, 남미
톡소포자충증	톡소포자충 곤디	섭취, 흡입	고양이	미국
샤가스병	크루스파동편모충	"키스 벌레"	설취류	중앙 아메리카

7.

질병	보유체	병인체	전파	증상
고양이 발톱병	고양이	발토넬라 헨셀아이	긁힘; 눈을 만지거나 벼룩	림프절이 붓고, 발열, 불안감
톡소포자충증	고양이	톡소포자충 곤디	섭취	없음, 선천적 감염, 신경 장애

8. 괴저에 걸린 조직은 산소비요구성이며 웰치균을 위한 적절한 영양분을 포함하고 있다.

9. 전염성 단핵구증은 EB 바이러스가 원인이며 구강 분비물에 의해 전파된다.

10. 풍진 바이러스

객관식 문제

1. a 2. e 3. d 4. c 5. a 6. c 7. a 8. c 9. c 10. c

24장

복습 문제

1.

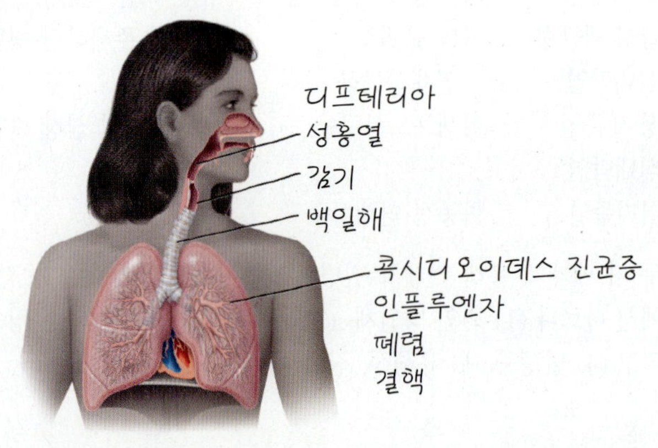

2. 마이코플라스마성 폐렴은 폐렴 마이코플라스마 세균이 원인이다. 바이러스성 폐렴은 여러 가지 다른 바이러스가 원인일 수 있다. 마이코플라스마성 폐렴은 테트라사이클린으로 치료할 수 있지만 바이러스성 폐렴은 치료할 수 없다.

3.

질병	원인병원체	증상
상부 호흡계		
감기	코로나바이러스	재채기, 과도한 코 분비물, 충혈
하부 호흡계		
바이러스성 폐렴	여러 가지 바이러스	열, 숨가쁨, 가슴 통증
인플루엔자	인플루엔자바이러스	오한, 열, 두통, 근육통
호흡기 세포융합 바이러스	호흡기 세포융합 바이러스	기침, 쌕쌕거림

아만타딘은 인플루엔자를 치료하는 데 사용하고; 생명을 위협하는 호흡기 세포융합 바이러스는 파리비주맙으로 치료한다.

4.

질병	증상
연쇄상구균성 인두염	인두염과 편도선염
성홍열	발진과 발열
디프테리아	목구멍에 걸쳐 막이 생김
백일해	발작성 기침
결핵	결절, 기침
폐렴구균성 폐렴	불그스름한 폐, 열
인플루엔자균 폐렴	폐렴구균성 폐렴과 유사
클라미디아성 폐렴	미열, 기침, 그리고 두통
중이염	귓병
재향군인병	열과 기침
앵무새병	열과 두통
Q열	오한과 가슴 통증
후두개염	염증과 종기가 생긴 후두개
멜리오이도시스	폐렴

이 표를 완성하기 위해서는 질병 초점 24.1, 24.2, 그리고 24.3을 인용하시오.

5. 누룩곰팡이나 리조퍼스로부터 많은 양의 포자를 흡입하면 면역체계의 장애, 암, 그리고 당뇨병을 가진 사람에게 감염이 일어날 수 있다.

6. 충분하지 않다. 여러 다른 생물체(그람양성세균, 그람음성세균, 그리고 바이러스)가 폐렴을 일으킬 수 있다. 이러한 생물체 각각은 다른 항미생물제에 대한 감수성이 있다.

7.

질병	미국에서 풍토병인 지역
히스토플라스마증	미시시피와 오하이오 강에 인접한 주들
콕시디오이데스 진균증	미국 남서부
분아균증	미시시피
뉴모시스티스 폐렴	어디에나 존재함

이 표를 완성하기 위해서는 질병 초점 24.3을 인용하시오.

8. 투베르쿨린 검사는 결핵균으로부터 순화한 단백질 파생물(PPD)을 피부에 주사한다. 주사 부위 주변이 딱딱해지고 붉게 되는 것은 현재 감염이 활성화되어 있거나 결핵에 대한 면역력이 생겼다는 것을 의미한다.

9. a. 황색포도상구균
b. 화농성 연쇄상구균
c. 폐렴 연쇄상구균
d. 디프테리아균
e. 결핵균
f. 모락셀라 카탈알리스
g. 백일해균
h. 버크홀데리아 슈도말레이
i. 레지오넬라 뉴모필라
j. 인플루엔자균
k. 클라미도필라 프시타시
l. 콕시엘라 버네티
m. 폐렴 마이코플라스마

10. 백일해균

객관식 문제

1. a **3.** e **5.** c **7.** a **9.** b
2. c **4.** a **6.** b **8.** e **10.** d

제25장

복습 문제

1.

질병	원인 병원체	전파 방법
아플라톡신 중독	아스페르길루스 플라버스	독소의 섭취
와포자충증	크립토스포리디움 호미니스	섭취
요충	엔테로비우스 버미쿨라리스	섭취
편충	편충(트리쿠리스 트라키우라)	섭취

이 표를 완성하기 위해 질병 초점 25.5를 인용하시오.

2.

원인 병원체	의심가는 음식물	예방
장염비브리오균	굴, 새우	조리
콜레라균	물	
대장균 O157	물, 채소, 간 소고기	조리
캠필로박터 제주니	닭	조리
예르시니아 엔테로콜리티카	고기, 우유	조리
웰치균	고기	조리 후에 냉장 보관
바실루스 세레우스	밥 요리	조리 후에 냉장 보관
황색포도상구균	크림, 소금이 들어간 음식	냉장 보관
살모넬라 엔테리카	달걀, 가금류, 채소	조리
시겔라 종	물, 환경적인 분변 오염	소독

이 표를 완성하기 위해 질병 초점 25.2를 인용하시오.

3. 위장관 감염은 또한 여성에 있어 방광염에 잘 걸리게 하는 요인이다.

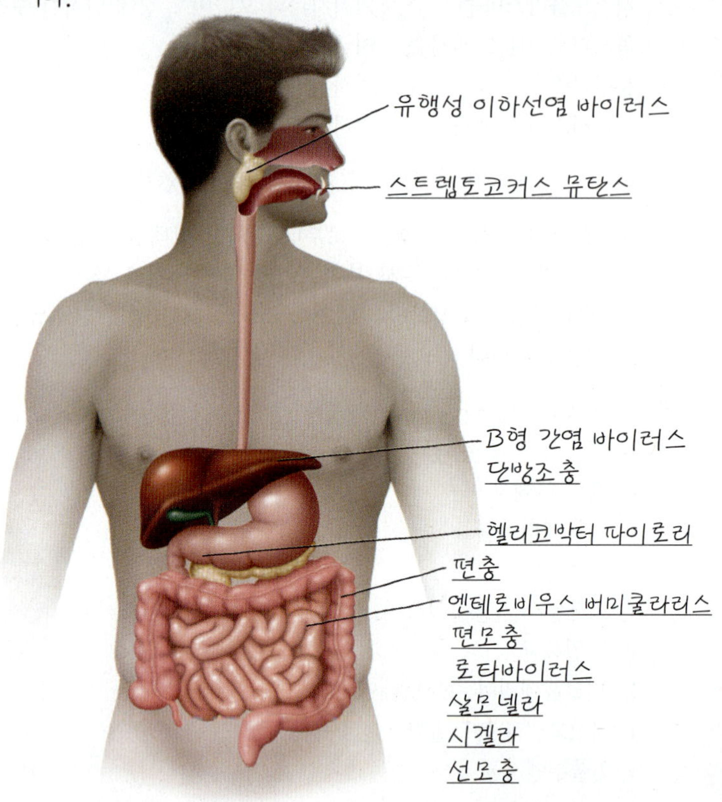

4. 특정 대장균 종은 장독소를 생산하거나 대장의 상피세포를 침입할 수 있다.

5. 진균에 의해 생산되는 독소; 735쪽을 참조하시오.

6. 네 가지 모두 원생동물이 원인이다. 오염된 물에 존재하는 원생동물을 섭취함으로써 감염된다. 편모충증은 지속되는 설사를 일으킨다. 아메바성 이질은 대변에 피와 점액이 섞여 나오는 가장 심한 이질이다. 와포자충과 사이클로스포라는 면역력이 결핍된 사람에게 심한 질병을 일으킨다.

7. **음식 중독:** 미생물은 준비하는 시간부터 섭취하는 시간까지 음식에서 성장이 가능해야만 한다. 이것은 주로 음식물을 부적절한 통이나 냉장 보관하지 않을 때 발생한다. 병인체[황색포도상구균 또는 클로스트리듐 보툴리늄(*Clostridium botulinum*)]는 외독소를 생산해야만 한다. 시작: 1~ 48시간. 기간: 수 일 정도. 치료: 항미생물제는 효과가 없다. 환자의 증상은 치료될 수 있다.

   음식 감염: 살아있는 미생물이 음식이나 물과 함께 섭취되어야만 한다. 생물체는 음식을 준비하는 동안에 들어가서 조리하는 동안에 살아남거나 나중에 취급하는 동안에 접종될 수 있다. 병인체는 주로 내독소를 생산하는 그람음성세균(살모넬라, 시겔라, 비브리오와 대장균)이다. 웰치균은 음식 감염을 일으키는 그람양성세균이다. 시작: 12시간에서 2주. 기간: 미생물이 환자 안에서 자라고 있기 때문에 중독보다 더 길다. 치료: 수분 보충.

8.

질병	감염 부위	증상
유행성 이하선염	귀밑샘	귀밑샘의 염증과 발열
A형 간염	간	식욕 부진, 열, 설사
B형 간염	간	식욕 부진, 열, 관절통, 황달
바이러스성 위장염	하부 위장관	메스꺼움, 설사, 구토

   이 질문을 완성하기 위해 질병 초점 25.3과 25.4를 인용하시오.

9. 고기를 철저히 요리한다. 소와 돼지의 오염원을 제거한다.

10. 편모충

객관식 문제

1. d	3. e	5. e	7. b	9. a
2. e	4. b	6. b	8. e	10. d

제26장

복습 문제

1.

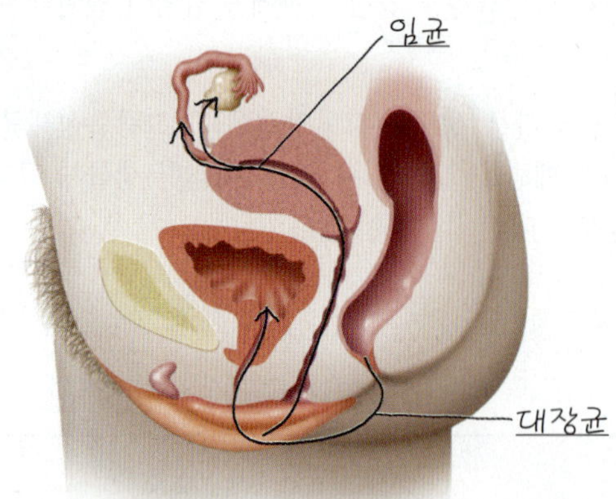

2. 비뇨기관 감염은 부적절한 개인 위생과 의료 행위 동안의 오염에 의해서 전염될 수 있다. 이들 감염은 때때로 기회감염성 병원체에 의해 일어난다.

3. 항문이 요도에 가깝고 남성에 비해 짧은 요도의 길이 때문에 여성에게 비뇨기 방광의 오염이 더 잘 일어날 수 있다. 위장감염이 또한 여성이 방광염에 잘 걸리게 하는 요인이다.

4. 대장균이 신우신장염 사례 약 75%의 원인이다. 출입 통로는 하부 비뇨기관으로부터 일어나거나 또는 전신 감염이다.

5.

질병	증상	진단 방법
세균성 질증	비린 생선 냄새	냄새, pH, 단서 세포
임질	통증을 동반한 배뇨	나이세리아균(*Neisseria*)의 분리
매독	궤양	FTA-ABS 검사
골반 염증 질환	복통	병원체의 배양
비임균성 요도염	요도염	나이세리아균의 부재
서혜 림프 육아종	병변, 림프절 확대	세포 안에서 클라미디아 발견
무른궤양	부어 오른 궤양	헤모필루스의 분리

표를 완성하기 위해 질병 초점 26.2와 26.3을 인용하시오.

6. 증상 – 작열감, 소포, 통증을 동반한 배뇨.
병인 – 2형 단순포진 바이러스(때때로 1형). 병변이 존재하지 않을 때 바이러스는 잠복하고 비전염성이다.

7. 칸디다 알비칸스 – 심한 가려움; 두껍고 노란 치즈 형태의 분비물
질편모충 – 고약한 냄새를 가진 다량의 노란색 분비물

8.

질병	선천성 질병의 예방
임질	신생아의 눈 치료
매독	산모의 질병 치료 및 예방
비임균성 요도염	신생아의 눈 치료
생식기 허피스	왕성한 감염 동안에는 제왕절개 분만

9. 클라미디아 트라코마티스

객관식 문제

1. b **3.** a **5.** d **7.** c **9.** b
2. e **4.** c **6.** c **8.** b **10.** a

제27장

복습 문제

1. 코알라는 섬유소를 분해하는 많은 미생물을 수용할 수 있는 기관을 가지고 있어야 한다.

2. *Penicillium*은 페니실린을 생산하여 더 빨리 자라는 세균들과의 경쟁을 줄일 수 있다.

3. a. 아미노산
b. SO_4^{2-}
c. 식물과 세균
d. H_2S
e. 탄수화물
f. S^0

4. 인은 모든 생물이 이용할 수 있어야만 한다.

5.

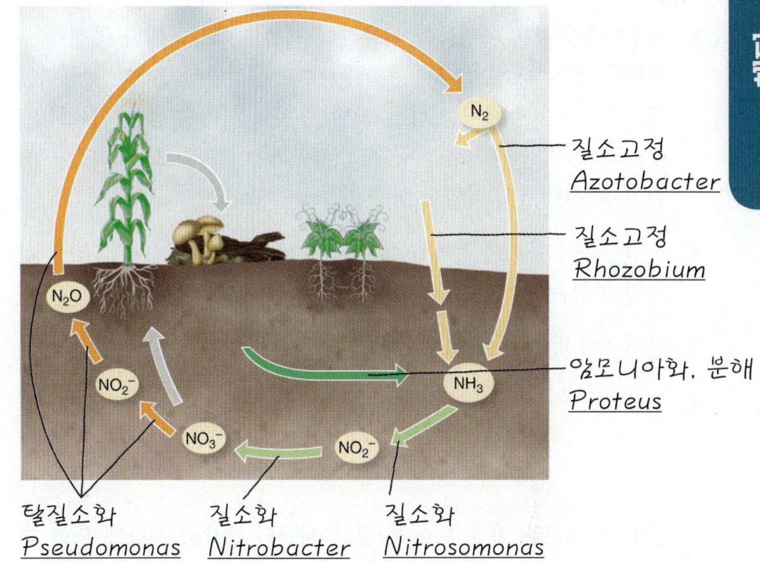

6. 남세균: 지의류에서 진균과 짝을 이루어 광독립영양을 담당하며, 질소고정을 하기도 한다. 민물 식물인 *Azolla*와 공생하여 질소고정을 한다.
균근: 고등 식물의 뿌리 내부 또는 표면에 자라는 곰팡이로 영양분의 흡수를 돕는다.
Rhizobium: 콩과식물의 뿌리혹에서 질소를 고정한다.
Frankia: 오리나무와 장미, 기타 식물의 뿌리혹에서 질소를 고정한다.

7. 침강
응집처리
모래 여과(또는 활성탄 여과)
염소 소독
염소 소독이 이전의 처리 정도는 해당 물에 들어 있는 무기 및 유기물의 양에 달려 있다.

8. a. 2 e. 3
b. 1 f. 2
c. 2 g. 3
d. 2

9. 하수, 제초제, 오일 또는 PCB의 생분해

10. 남세균(*Anabaena*)

객관식 문제

1. a **3.** b **5.** c **7.** b **9.** e
2. b **4.** b **6.** c **8.** b **10.** c

제28장

복습 문제

1. 산업미생물학은 미생물을 이용하여 제품을 생산하거나 공정을 운용하는 것에 대해 연구하는 학문이다. 산업미생물학이 제공하는 것으로는 (1) 항체처럼 다른 방법으로는 얻을 수 없는 화학물질, (2) 오염물질을 제거하는 공정, (3) 원하는 풍미와 보관 기간을 늘린 발효 식품, (4) 다양한 상품 제조용 효소 등이 있다.

2. 공업살균의 목적은 부패균 및 병원체를 제거하는 것이다. 병원 살균의 목적은 완전한 멸균이다.

3. 딸기류에 있는 산이 일부 미생물의 성장을 막기 때문이다.

4. 우유 $\xrightarrow{\text{젖산 세균}}$ 응유 + 유장

응유 ↓ 치즈, 유장 ↓ 폐기물

단단한 치즈는 응유 안에서 젖산 세균의 무산소 성장에 의해 숙성된다. 부드러운 치즈는 응유 겉에서 사상균의 유산소 성장에 의해 숙성된다.

5. 영양분이 물에 녹아야만 한다. 물은 가수분해에도 필요하다. 맥아는 효모가 발효하여 알코올을 만드는 탄소 및 에너지원이다. 곡물(예, 보리)에 있는 전분에 아밀라아제가 작용한 결과로 맥아에는 포도당과 맥아당이 들어 있다.

6. 생물반응기는 단순한 플라스크에 보다 다음과 같은 이점을 제공한다.

- 더 큰 부피로 배양할 수 있다.
- pH, 온도, 용존 산소, 공기 공급 등과 같은 중요한 환경 조건을 모니터링하고 조절하는 공정 계측장치를 사용할 수 있다.
- 멸균 및 세정 시스템을 장착할 수 있다.
- 공정 진행 중에 무균 상태로 시료를 채취할 수 있는 시스템을 제공한다.
- 공기 공급과 혼합 특성이 향상되어 세포 성장 및 최종 세포 밀도가 증가한다.
- 고도의 자동화가 가능하다.
- 공정의 재현성이 향상된다.

7. (1) 효소는 유해한 폐기물을 만들지 않는다. (2) 효소는 적절한 조건에서 작용한다. 예를 들면, 효소는 높은 온도나 산도를 필요로 하지 않는다. (3) 효소를 사용하면 알코올과 아세톤 같은 용매 합성에 석유를 사용할 필요가 없다. (4) 효소는 생분해된다. (5) 효소는 유독하지 않다.

8. 옥수수에서 에탄올 생산 또는 하수에서 메탄 생산. 알코올과 수소는 발효에 의해서, 메탄은 무기호흡에 의해서 생산된다.

9.

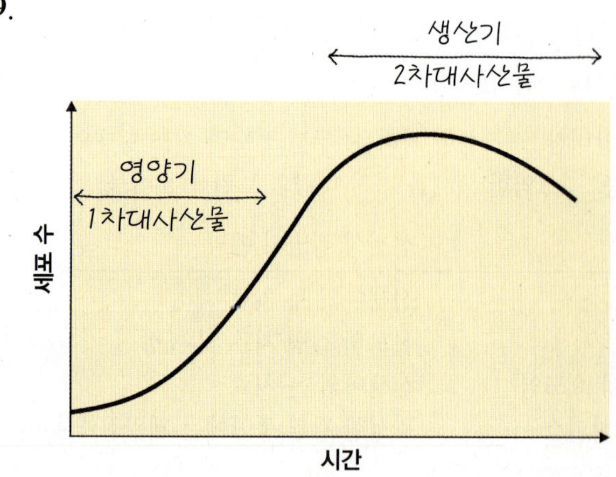

10. *Saccharomyces cerevisiae*

객관식 문제

1. c **3.** e **5.** b **7.** e **9.** b
2. b **4.** c **6.** c **8.** a **10.** a

부록 A

대사경로

그림 A.1 **광합성 탄소 대사의 캘빈-벤슨 회로.**

❶~❸ 탄소 고정 및 환원이 처음으로 일어나 3탄소 화합물인 glyceraldehyde 3-phosphate 와 dihydroxyacetone phosphate가 생성되는데, ❹ 이들은 상호 전환 가능하다. Ⓐ~Ⓓ 평균적으로, 3탄소 분자 12개마다 2개가 포도당 합성에 사용 된다. ❺ 3탄소 분자 12개 마다 10개는 복잡한 일련의 과정을 통해서 ribulose 5-phosphate를 만드는 데 사용된다. ❻ 이후 ATP가 소모되면서 ribulose 5-phosphate에 인산기가 첨가되어, 회로를 시작하는 수용체 분자인 ribulose 1,5-diphosphate가 만들어진다. (간략한 캘빈-벤슨 회로는 140쪽 그림 5.26 참조.)

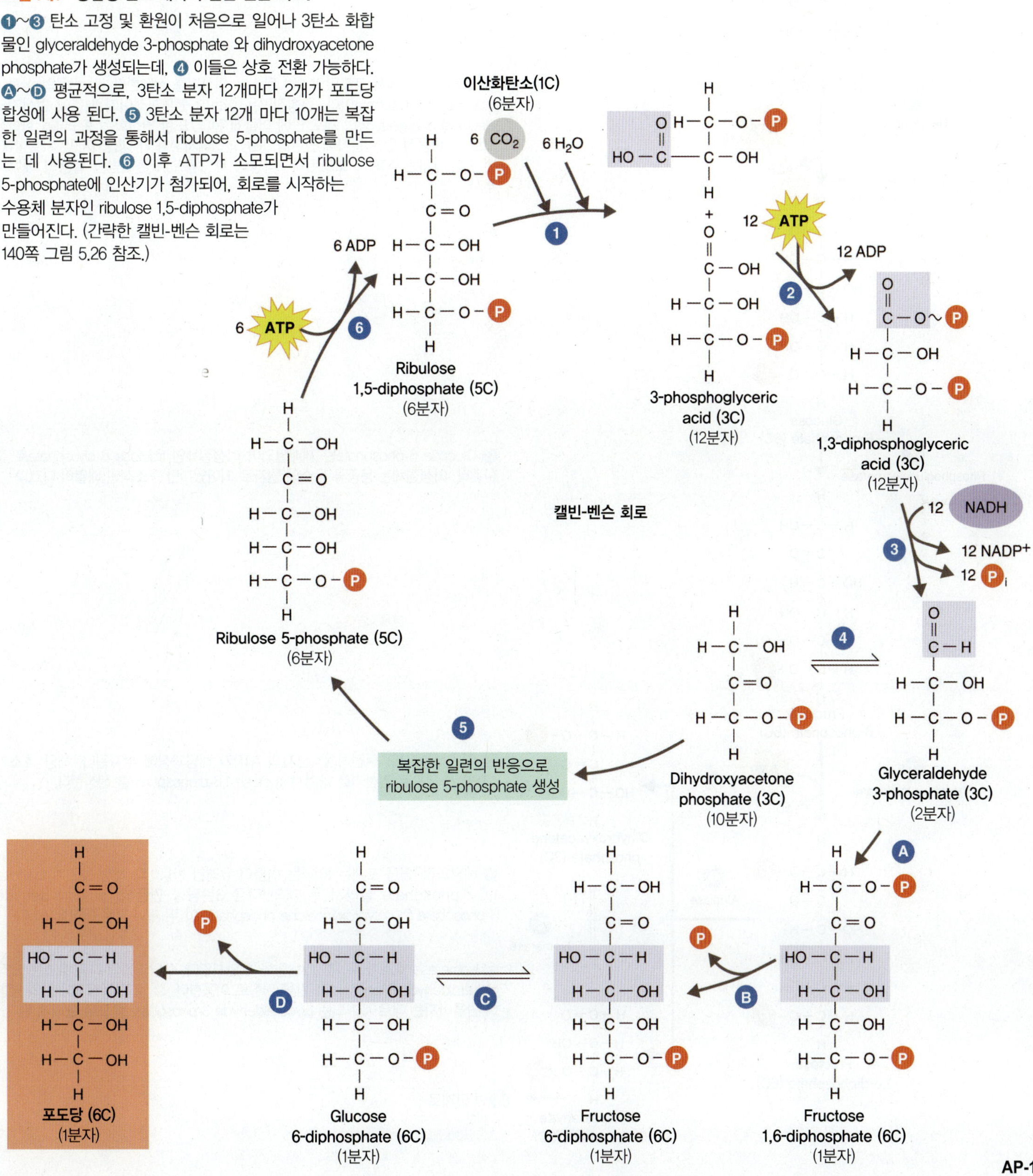

부록

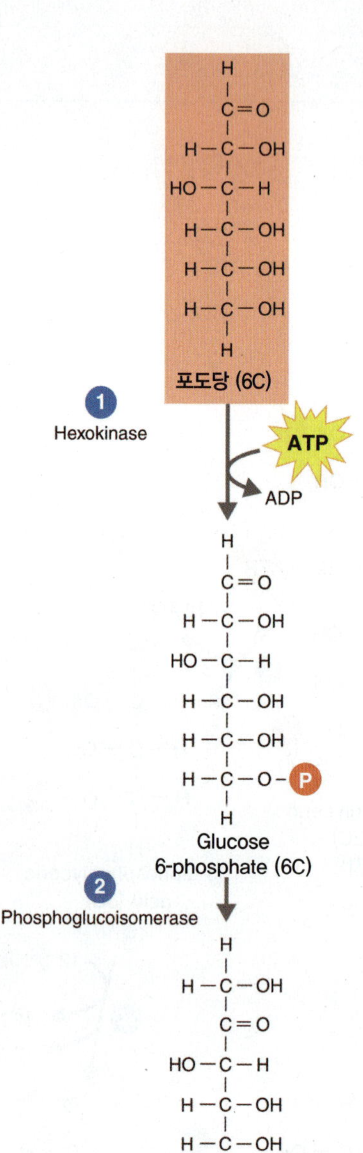

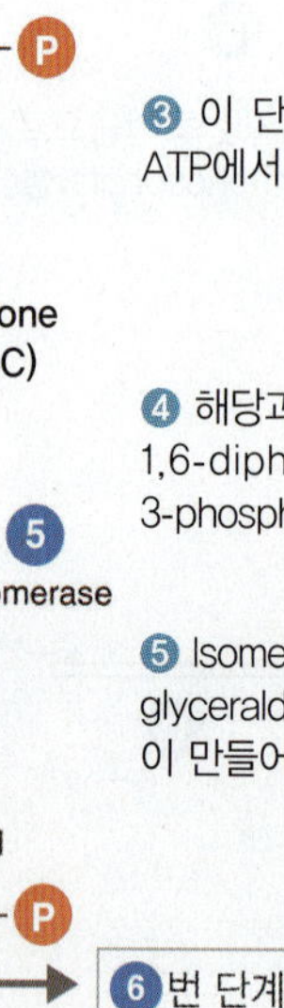

그림 A.2 해당과정 (엠덴-마이어호프경로).
해당과정의 10단계는 각각 특정한 효소에 의해 촉매된다. 해당 효소의 이름은 각 단계 번호 아래에 표시되어 있다. (간략한 해당과정은 124쪽 그림 5.12 참조.)

❶ 효소가 ATP에서 포도당의 6번 탄소로 인산기를 전달한다. 이 반응의 산물이 glucose 6-phosphate이다. 원형질막은 이온에 불투과성이기 때문에 인산기의 electrical charge로 당이 세포 안에 머물게 된다. 또한 인산화는 포도당을 화학적으로 더 반응성 있는 분자로 만든다. 해당과정에서 ATP가 생산되지만, 사실상 ❶번 단계에서는 ATP가 소모된다—나중에 배당금으로 돌려받는 일종의 에너지 투자.

❷ Glucose 6-phosphate는 재배열되어 이성질체인 fructose 6-phosphate로 전환된다. 이성질체는 동종류 동수의 원자로 되어있지만 구조적인 배열이 다르다.

❸ 이 단계에서도 여전히 한 분자의 ATP가 해당과정에 투자된다. 해당 효소가 ATP에서 당으로 인산기를 옮겨서 fructose 1,6-diphosphate를 생성한다.

❹ 해당과정("당을 쪼개는")이라는 이름이 유래한 반응이다 해당 효소가 fructose 1,6-diphosphate 잘라서 두 개의 다른 3탄당을 만든다: glyceraldehyde 3-phosphate 와 dihydroxyacetone phosphate. 이 두 개의 당은 이성질체이다.

❺ Isomerase 효소가 두 개의 3탄당을 호환시킨다. 해당과정의 다음 효소는 오직 glyceraldehyde 3-phosphate 만을 기질로 이용한다. 그 결과 두 3탄당 간의 평형이 만들어지는 대로 제거되는 glyceraldehyde 3-phosphate 쪽으로 쏠리게 된다.

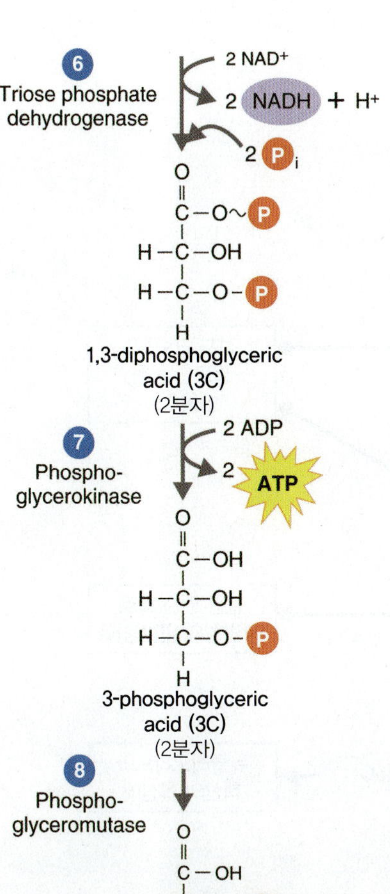

⑥ 이 효소는 glyceraldehyde 3-phosphate를 활성부위에 잡은 채로 두 개의 연속 반응을 촉매한다. 먼저 1번 탄소가 산화되고 NAD^+ 가 환원되면서 NADH + H^+ 가 만들어진다. 그 다음에 이 효소는 이 반응을 산화된 기질의 1번 탄소에 고에너지 인산결합을 만드는 것과 연계시킨다. 인산의 공급원은 세포 내에 항상 존재하는 무기인산이다. 반응의 산물로 효소는 NADH + H^+ 와 1,3-diphosphoglyceric acid를 방출한다. 그림에서 새로운 인산결합이 고에너지 결합으로 표시(~)되어 있음을 주목하자. 이는 이 결합이 최소한 ATP에 있는 인산 결합만큼의 에너지를 가지고 있음을 나타낸다

⑦ 이 단계에서 해당과정이 ATP를 생산한다. 고에너지 결합이 있는 인산기가 1,3-diphosphoglyceric acid에서 ADP로 전달된다. 당이 쪼개진 다음에는(4번 단계) 모든 산물이 두 배가 되기 때문에 7번 단계에서는 해당과정에 들어온 포도당 각 분자당 2 분자의 ATP가 만들어진다. 물론, 당을 쪼개기 위한 준비 과정에서 두 분자의 ATP가 투자되었다. 이제 장부의 ATP 양은 0이된 셈이다. 이 단계의 마지막에 포도당은 두 분자의 3-phosphoglyceric acid로 전환된다.

⑧ 다음으로, 8번 단계를 촉매하는 효소는 3-phosphoglyceric acid의 남아 있는 인산기를 재배치하여 2-phosphoglyceric acid를 만든다. 이것은 다음 반응을 위한 기질을 준비하는 것이다.

⑨ 9번 단계를 촉매하는 효소는 2-phosphoglyceric acid에서 한 분자의 물을 제거하여 phosphoenolpyruvic acid를 만든다. 이것은 남아 있는 인산결합이 매우 불안정해지도록 기질에 있는 전자가 배열되는 결과를 가져온다.

⑩ 해당과정의 마지막 반응에서 phosphoenolpyruvic acid에서 ADP로 인산기를 전달되어 또 한 분자의 ATP 가 만들어진다. 각 포도당 분자당 이 단계는 두 번씩 일어나기 때문에 이제 장부에 기록된 ATP 양은 2분자의 순이익이다. 따라서 포도당 한 분자가 해당과정을 거치면 두 분자의 피루브산과 두 분자의 NADH + H^+, 두 분자의 ATP가 생긴다. 이제 피루브산 각 분자는 호흡 또는 발효를 거칠 수 있다.

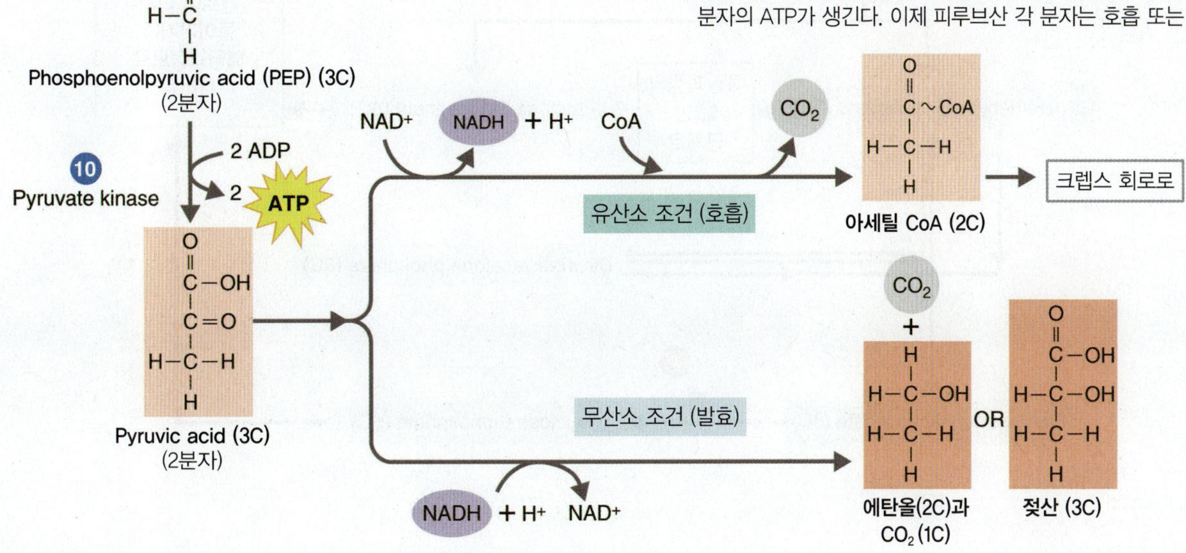

부록

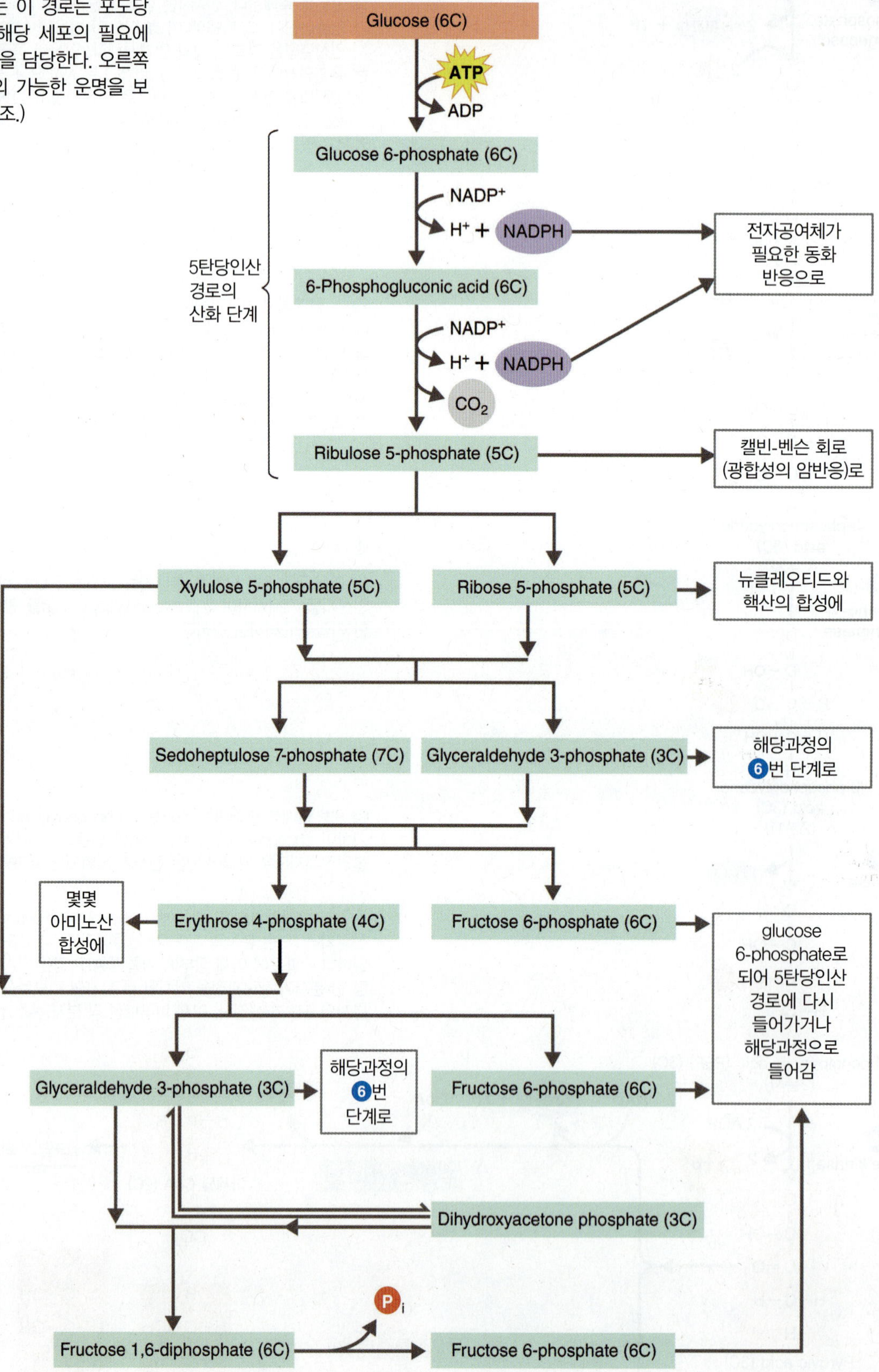

그림 A.3 5탄당인산 경로. 해당과정과 동시에 가동되는 이 경로는 포도당의 대체 경로를 제공하여 해당 세포의 필요에 따른 생체 분자 합성에 일익을 담당한다. 오른쪽 상자는 다양한 중간대사물의 가능한 운명을 보여준다. (5장, 123~125쪽 참조.)

부록

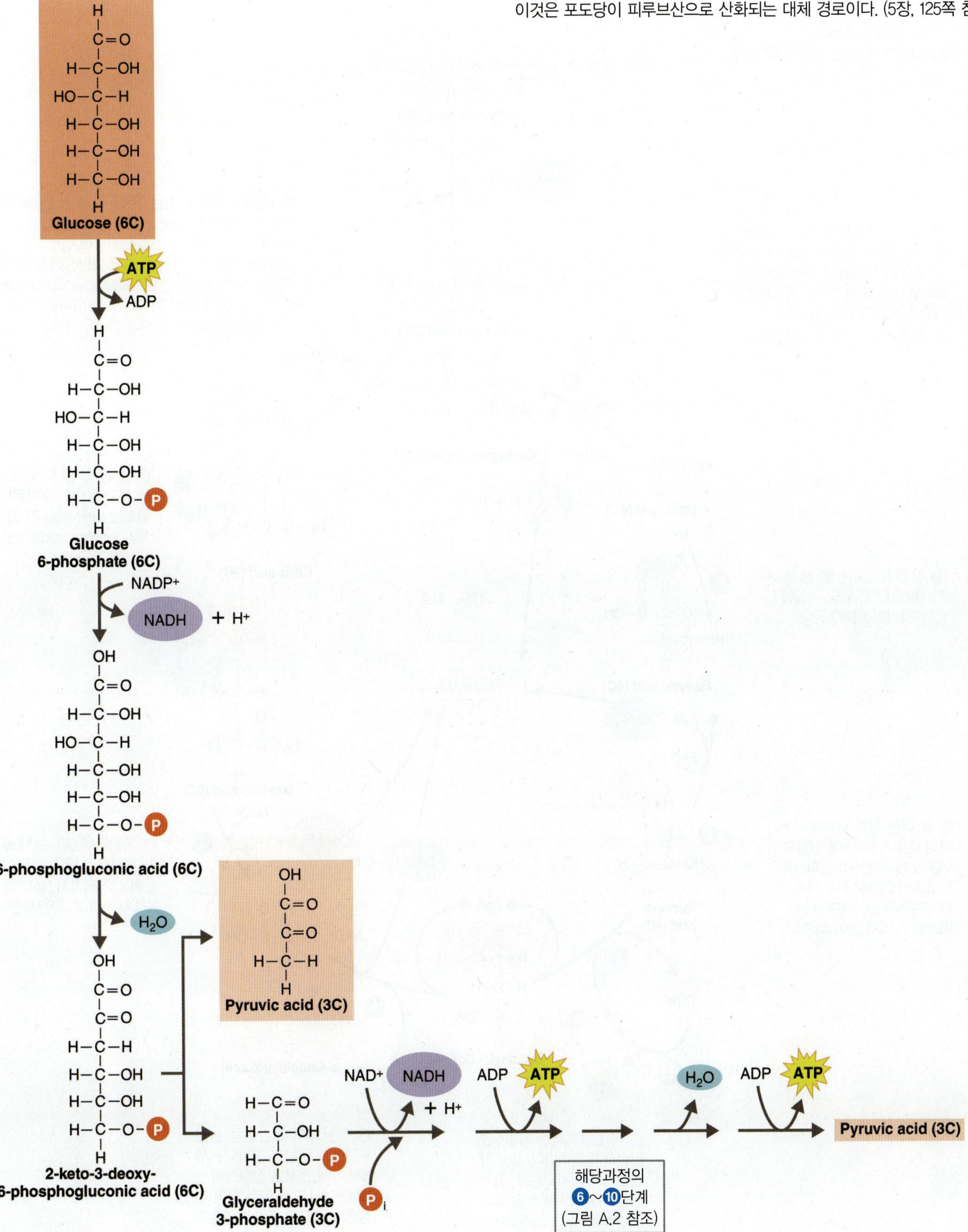

그림 A.4 엔트너-도우도로프 경로.
이것은 포도당이 피루브산으로 산화되는 대체 경로이다. (5장, 125쪽 참조.)

그림 A.4 크렙스 회로.
요약본은 126쪽에 있는 그림 5.13 참조.

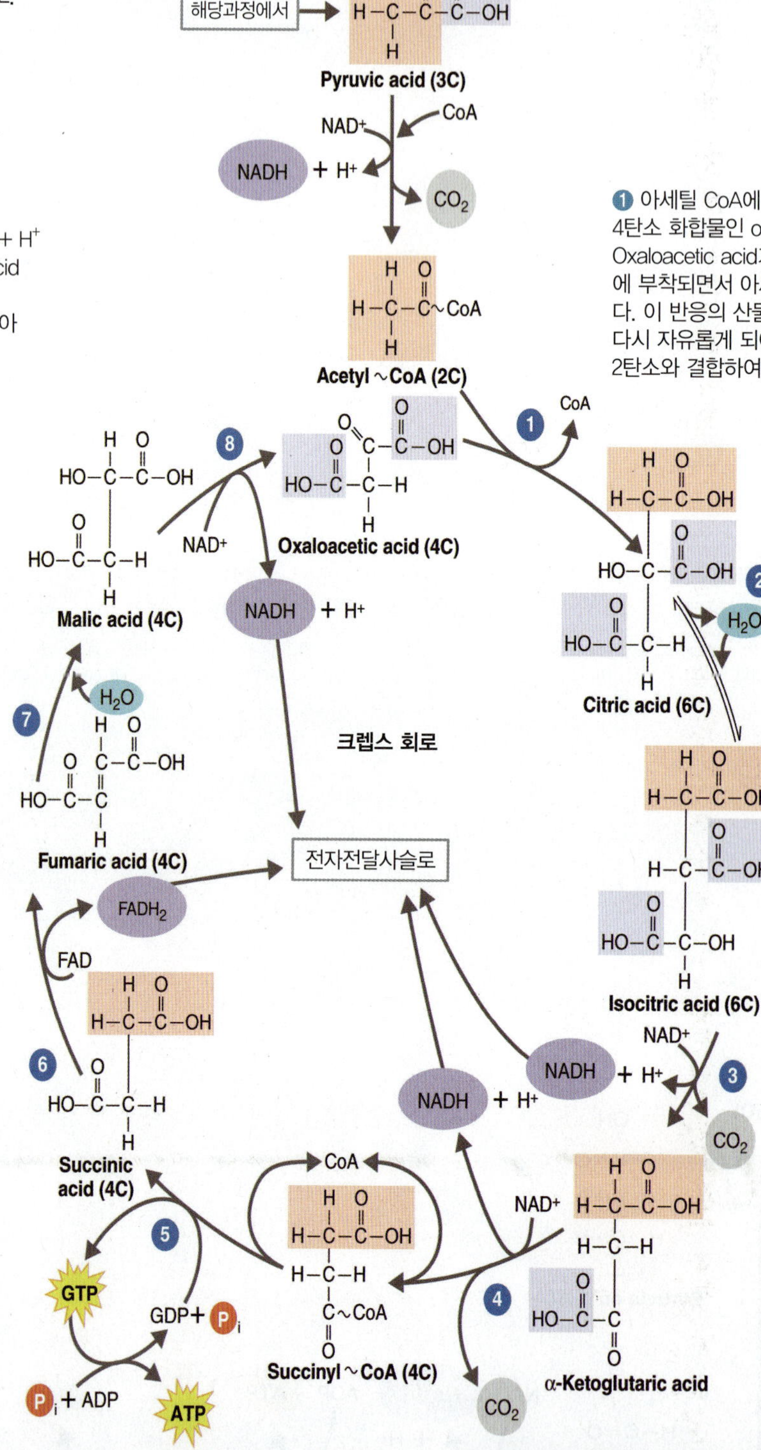

❶ 아세틸 CoA에 있는 2탄소 아세틸기(분홍색)이 4탄소 화합물인 oxaloacetic acid에 결합한다. Oxaloacetic acid가 조효소를 분리시키고 아세틸기에 부착되면서 아세틸 CoA의 불안정한 결합이 깨진다. 이 반응의 산물은 6탄소 citric acid이다. CoA 다시 자유롭게 되어 피루브산에서 유래된 다른 2탄소와 결합하여 아세틸 CoA를 만든다.

❷ 물 분자가 제거되고 다른 물 분자가 다시 추가된다. 그 결과는 citric acid 가 이성질체인 isocitric acid로 전환되는 것이다.

❸ 기질에서 CO_2 분자(*회색*)가 제거되고 남은 5탄소 화합물이 산화되면서 NAD^+를 NADH + H^+로 환원시킨다.

❹ CO_2(*회색*)가 손실됨; 남은 4-탄소 화합물이 산화되면서 NAD^+ 에 전자를 전달하여 NADH + H^+ 를 만든 다음, 불안정한 결합으로 CoA에 붙는다.

❺ 이 단계에서는 기질수준 인산화가 일어난다. CoA가 인산기로 대치되는데, 이 인산기는 GDP에 전달되어 guanosine triphosphate (GTP)를 만든다. GTP는 ATP와 유사한데, 인산기를 ADP에 전달한다.

❻ 또 다른 산화 단계에서 두 개의 수소가 FAD 에 전달되어 $FADH_2$가 만들어진다. 이 조효소의 기능은 NADH + H^+와 비슷하지만, $FADH_2$에는 저장된 에너지 양이 더 적다.

❼ 이 단계에서는 물 한 분자가 추가됨으로 해당 기질에 있는 결합이 재배열된다.

❽ 최종 단계에서 또 다른 NADH + H^+ 분자가 만들어지고 oxaloacetic acid 이 재생된다. Oxaloacetic acid는 acetyl CoA 에서 2탄소 조각을 받아 크렙스 회로를 다시 시작한다.

부록 B

지수, 지수 표기법, 로그 및 세대기간

지수와 지수 표기법

4,650,000,000이나 0.00000032처럼 매우 크거나 작은 수는 다루기가 힘들다. 이런 수는 지수 표기법, 즉 10의 배수로 나타내면 훨씬 편하게 수를 다룰 수 있다. 예를 들어 4.65×10^9는 표준 지수 표기법 또는 **과학적 표기법(scientific notation)**이라고도 하는데, 4.65는 **계수(coefficient)**이고 9는 **지수(exponent)**이다. 표준 지수 표기법에서 계수는 항상 1과 10 사이의 숫자고 지수는 양수이거나 음수다.

지수 표기법으로 숫자를 나타내려면 다음의 단계를 따르면 된다. 우선 소수점을 옮겨서 계수가 한 자리 정수가 한다. 예를 들어

0.0000003 2

0.00000032의 지수는 3.2가 된다. 다음으로 지수를 만들기 위해 소수점을 옮긴 횟수를 세어 지수를 정한다. 소수점을 왼쪽으로 옮겼으면 지수는 정수가 되고 오른쪽으로 옮겼으면 지수는 음수가 된다. 예시에서는 소수점을 오른쪽으로 7번 옮겼기 때문에 지수는 −7이다. 따라서

$$0.00000032 = 3.2 \times 10^{-7}$$ 이 된다.

이제 작은 수 대신 매우 큰 수를 다루는 경우를 살펴보자. 같은 방법을 사용하는데, 지수 값이 양수가 될 것이다. 예를 들어

$$4,650,000,000 = 4.65 \times 10^9$$ 이다.

아래와 같이 지수 표기법으로 표기된 수끼리 곱할 때는 계수끼리는 곱하고 지수끼리는 더한다. 예를 들어

$$(3 \times 10^4) \times (2 \times 10^3) = (3 \times 2) \times (10^{4+3}) = 6 \times 10^7$$

다음 예처럼, 나눌 때는 계수끼리 나누고 지수끼리 뺀다.

$$\frac{3 \times 10^4}{2 \times 10^3} = \frac{3}{2} \times 10^{4-3} = 1.5 \times 10^1$$

미생물학자들은 이 지수 표기법을 자주 사용한다. 예를 들어 개체군 내의 미생물 수를 나타낼 때 지수 표기법을 사용한다. 이런 수는 보통 매우 크다(6장 참조). 배지 성분(6장), 살균제(7장), 항생제(20장) 등과 같이 화학물질이 녹아 있는 용액의 농도를 나타낼 때도 지수 표기법을 사용한다. 이 경우에는 주로 작은 수를 다루게 된다. 미터법에서 단위를 전환할 때 10의 제곱으로 곱하거나 나누는데, 이때 지수 표기법을 사용하면 편리하다.

로그

로그(log)를 사용하면 기수의 거듭제곱으로 증가하여 주어진 수가 산출된다. 주로 10을 기수로 하는 로그를 사용하며, $\log_{10}$으로 표기한다. 어떤 숫자의 로그 값을 알기 위해서는 먼저 해당 숫자를 표준 지수 표기법으로 써야 한다. 다음 예처럼, 계수가 정확히 1이라면 로그 값은 지수와 일치한다.

$$\log_{10} 0.00001 = \log_{10}(1 \times 10^{-5}) = -5$$

대부분의 경우에는 계수가 1이 아닌데, 이때는 계산기를 이용해야만 로그 값을 알 수 있다.

미생물학자들은 pH 수치를 계산하거나 배양액의 미생물 수를 도표로 나타낼 때 로그를 사용한다(6장 참조).

세대기간 계산

세포가 분열하면서 개체수는 기하급수적으로 증가한다. 숫자상으로는 세포분열 횟수(세대)만큼 2(하나의 세포가 두 개로 분열하므로)를 제곱하면 된다:

$$2^{\text{세대 수}}$$

최종 세포 수를 계산하려면 다음과 같이 계산하면 된다:

$$\text{초기 세포 수} \times 2^{\text{세대 수}} = \text{최종 세포 수}$$

예를 들어 5개의 세포가 9번 분열한다면

$$5 \times 2^9 = 2560\text{개}$$

의 세포가 될 것이다. 해당 배양 세포군이 몇 세대를 지나왔는지 알기 위해서는 세포 수를 로그로 변환해야만 한다. 표준의 로그 값은 10을 기수로 한다. 이 경우에는 기수가 2인 로그 값(0.301)을 이용하는데, 하나의 세포가 두 개로 분열하기 때문이다.

$$\text{세대 수} = \frac{\text{세포 수(끝)} - \text{세포 수(시작)}}{0.301}$$

개체군의 세대기간 계산 방법:

$$\frac{60\ \text{min/hr} \times \text{시간}}{\text{세대 수}} = \text{분/세대}$$

예를 들어, 100개의 세균 세포가 5시간 생장하여 1,720,320개의 세포가 생긴 경우의 세대 시간을 계산하면:

$$\frac{\log 1,720,320 - \log 100}{0.301} = 14\text{세대}$$

$$\frac{60\ \text{min/hr} \times 5\text{시간}}{14\text{세대}} = 21\text{분/세대}$$

새로 개발된 방부제의 효과를 확인하는데 이와 같은 계산이 실제로 사용된다. 배양배지에 해당 방부제가 첨가된 것 말고는 앞의 예와 동일한 조건에서 동종의 세균 900마리가 자랐다고 가정하자. 15시간 뒤에 3,176,800개의 세포가 되었다. 세대 기간을 계산하고, 방부제가 성장을 억제했는지 알아내보시오.

답: 75분/세대. 방부제가 분열을 억제했다.

부록 C

임상 시료 채취 방법

병을 진단하기 위해서는 보통 발병의 원인이 되는 미생물이 들어있다고 의심되는 시료 물질이 필요하다. 시료는 무균적인 방법으로 채취해야 한다. 시료를 담는 용기에는 환자의 이름과 (입원한 경우라면) 병실 번호와 날짜 및 시간, 환자가 복용하고 있는 약이 기입되어야 한다. 배양이 필요한 시료는 실험실로 즉시 옮겨야 한다. 운반이 늦어지면 다른 생물이 자랄 수 있으며 병원체의 독성 물질이 다른 생물을 죽일 수도 있다. 병원체는 까다로워서 최적 환경 조건이 아니면 쉽게 죽는 경우가 다반수다.

실험실에서는 병원균 또는 해당 조직에서 보통은 발견되지 않는 미생물을 분리, 동정하기 위한 노력으로 감염된 조직에서 추출한 시료를 분별 및 선택 배지에서 배양한다.

예방수칙*

환자와의 접촉이나 혈액 또는 기타 체액과 관련된 일을 하는 모든 의료 종사자(학생 포함)는 다음 절차를 따라야 한다. 이 절차는 의료 치료 환경에서 HIV 또는 AIDS의 전염 위험을 최소화하기 위해 개발되었지만, 이를 준수하면 모든 병원내 감염 전파를 최소화할 수 있다.

1. 혈액이나 체액, 점막, 손상된 피부를 만질 때나 체액 또는 혈액으로 뒤덮인 것을 다룰 때는 항상 장갑을 착용한다. 매 환자마다 새 장갑을 갈아 껴야 한다.
2. 혈액이나 체액이 손이나 다른 피부에 닿으면 즉시 깨끗이 씻어야 한다. 또 장갑을 벗는 즉시 손을 씻어야 한다.
3. 혈액이나 체액이 튈 염려가 있는 단계에서는 마스크와 보안경을 착용한다.
4. 혈액이나 체액이 넓게 튈 염려가 있는 단계에서는 가운이나 앞치마를 착용한다.
5. 주사 바늘에 찔리는 것을 방지하기 위해 바늘 뚜껑을 다시 닫거나 바늘을 구부리거나 부러뜨리는 행위, 또 손으로 바늘을 다루는 행위를 하지 말아야 한다. 일회용 주사기나 바늘, 메스 등 날카로운 도구를 사용한 후에는 바늘에 뚫리지 않는 안전한 용기에 담아 처리한다.
6. HIV는 타액으로 전염되지 않지만 소생술이 필요한 상황이 예상되는 곳에는 마우스피스와 인공호흡백, 기타 인공호흡 기구가 비치되어 있어야 한다. 구강대구강 인공호흡의 실시는 최소화하여 응급 상황에서만 해야 한다.
7. 삼출성 병변이나 습윤성 피부염이 있는 의료 종사자는 환자를 직접 돌보거나 치료용 의료기구를 다루지 말아야 한다.
8. 임산부가 일반인보다 HIV에 감염될 위험이 더 크다고 알려진 바는 없다. 그러나 임신 기간 동안에 HIV에 감염되면 태아도 감염될 위험이 있기 때문에 임신한 의료 종사자는 HIV 예방 방법을 특히 더 잘 숙지하고 철저하게 따라서 HIV 전염 위험을 최소화하도록 주의를 기울여야 한다.

특정 부위 시료 채취 방법

상처 또는 종기

1. 멸균된 식염수를 적신 면봉으로 상처부위를 닦는다.
2. 70%의 에탄올이나 요오드액으로 상처부위를 소독한다.
3. 종기가 자연적으로 터지지 않으면 의사는 살균된 메스로 이를 절개한다.
4. 처음 나온 고름을 닦아낸다.
5. 주변 조직에 손상이 가지 않게 하면서 살균된 면봉에 고름을 묻힌다.
6. 면봉을 용기에 담고 양식에 따라 기입한다.

귀

1. 피부와 이도를 1%의 요오드팅크로 닦는다.
2. 감염된 부위를 살균된 면봉으로 닦아낸다.
3. 면봉을 용기에 담는다

눈

이 방법은 안과의사가 흔히 사용한다.

1. 멸균된 마취액으로 눈을 국소 마취한다.
2. 멸균된 식염수로 눈을 씻어낸다.
3. 감염된 부위의 조직을 면봉으로 채취하고 면봉을 용기에 담는다.

혈액

1. 오염을 막기 위해 창문을 닫는다.
2. 채혈할 혈관 주변의 피부를 면봉을 이용해 2%의 요오드팅크로 닦는다.
3. 마른 요오드는 80%의 이소프로필 알코올을 묻힌 거즈로 닦아낸다.

---

* 출처: Centers for Disease Control and Prevention and National Institutes of Health. *Biosafety in Microbiological and Biomedical Laboratories*.

4. 정맥의 혈액을 몇 밀리리터 뽑는다.
5. 채혈한 곳에 무균의 밴드를 붙인다.

소변

1. 환자에게 멸균된 용기를 나눠준다.
2. (관계없는 피부 미생물상 세균을 씻어내기 위해) 처음 소변의 일부를 흘려 보낸 뒤에 소변을 담도록 환자에게 주지시킨다.
3. 소변 시료는 24시간까지 냉장(4~6℃) 보관할 수 있다.

대변

세균학적 시험을 위해서는 소량의 시료만 있으면 된다. 직장 또는 배설물에 면봉을 넣어 채취할 수 있다. 추출 후 면봉은 멸균된 농화 배양액이 들어 있는 시험관에 담아 연구실로의 운반한다. 기생충의 존재 여부를 확인하기 위해서는 아침 배변에서 소량의 시료를 채취해야 한다. 해당 시료를 방부제(폴리비닐알콜, 완충된 글리세롤, 식염수 또는 포르말린)에 넣은 다음 기생충의 알 및 성충을 현미경으로 조사한다.

객담

1. 환자가 자는 동안 미생물이 축적되므로 아침에 시료를 얻는 것이 좋다.
2. 음식물 찌꺼기와 정상 미생물상을 제거하기 위해 환자의 입 안을 잘 헹궈야 한다.
3. 폐에서부터 나오게 기침 세게 하면서 입구가 넓은 멸균된 유리 용기에 가래를 뱉는다.
4. 의료 종사자는 감염을 막기 각별히 주의해야 한다.
5. 결핵처럼 가래의 양이 적은 경우 복식호흡이 필요하다.
6. 유아와 소아는 가래를 삼키는 경향이 있다. 이런 경우에는 대변 시료를 이용할 수 있다.

부록 D

학명 발음하기

발음 규칙

새로운 것을 배우는 가장 빠른 방법은 그것에 대해 이야기를 하는 것인데, 미생물학에서 그렇게 하려면 학명을 말할 수 있어야 한다. 학명을 처음으로 접하면 어려워 보이지만, 보통 모든 음절(syllable)을 발음된다고 알고 있으면 된다. 학명을 쉽게 사용하기 위해서는 대화에서 자연스럽게 쓸 줄 알아야 한다.

학명의 발음법은 어원과 모음의 발음에 따라 일부 달라진다. 여기에 일반적인 지침을 기술한다. 발음이 정해진 규칙을 따르지 않는 경우도 종종 있는데, 관용적으로 쓰는 말은 인정하거나 어원을 알 수가 없기 때문이다. 많은 학명에서 올바른 발음이 한 개 이상이다.

모음

학명에 있는 모든 모음을 발음한다. 두 개의 모음이 하나로 발음되는 것을 이중모음(diphthong)이라고 한다(*sound*의 *ou*). *-i*나 *-ae*로 끝나는 단어에는 별도의 설명이 필요하다. 각각 두 가지 방법으로 발음을 할 수 있는데 이 책에서는 *-i*에서는 긴 *e* (ē) 발음을, *-ae*는 긴 *i* (ī) 발음을 주로 제시한다. 그러나 두 개를 바꿔서 발음해도 틀린 것은 아니며 때로는 그렇게 발음하는 것이 맞는 경우도 있다. 예를 들어 *coli*는 주로 kō′lī로 발음된다.

자음

*c*나 *g* 다음에 *ae*, *e*, *oe*, *i*, *y*가 오면 부드럽게 발음한다. *c*나 *g* 다음에 *a*, *o*, *oi*, *u*가 오면 강한 소리가 난다. *c* 다음에 *e*, *i*, *y*가 오면 *ks* 소리가 난다(예를 들어 *cocci*).

강세

강세가 있는 음절은 끝에서 두 번째나 끝에서 세 번째 음절인 경우가 많다.

1. 끝에서 두 번째에 강세가 있는 경우
   a. 두 음절로 구성된 학명. 예를 들어 pes′tis
   b. 끝에서 두 번째 음절이 이중모음인 경우. 예를 들어 a-kan-thä-mē′bä.
   c. 끝에서 두 번째 음절의 모음이 긴 경우. 예를 들어 tre-pō-nē′mä. 다음의 접미사가 오는 단어의 끝에서 두 번째 음절의 모음이 길게 발음된다:

접미사	예
-ales	Eubacteriales과 같은 목(order)
-ina	*Sarcina*
-anus, *-anum*	*pasteurianum*
-uta	*diminuta*

   d. 다음과 같은 접미사로 끝나는 단어:

접미사	예
-atus, *-atum*	*Caudatum*
-ella	*Salmonella*

2. 과(family)의 이름의 경우 끝에서 세 번째 음절에 강세가 온다. *-aceae*로 끝나는 과의 이름은 항상 *-ā-sē-ē*.로 발음한다.

이 책 본문에 있는 미생물의 발음

발음기호:

a hat	ē see	o hot	th thin
ā age	ė term	ō go	u cup
ã care	g go	ô order	ü put
ä father	i sit	oi oil	ü rule
ch child	ī ice	ou out	ū use
e let	ng long	sh she	zh seizure

Acanthamoeba polyphaga a-kan-thä-mēabä polbif-ä-gä
Acetobacter a-sēatō-bak-tėr
Acinetobacter baumanii aasin-ē-tō-bak-tėr bousman-ē-ē
Actinomyces israelii ak-tin-ō-mīasēs is-rāslē-ē
Aedes aegypti āāē-dēz ē-jipētē
A. albopictus al-bō-pikatus
Aeromonas hydrophilia ārāō-mō-nas hīōdro-fil-ē-ä
Agrobacterium tumefaciens agarō-bak-tirrē-um türme-fāsh-enz
Ajellomyces capsulata ääjel-lō-mī-sēs kapjsü-lä-ta
A. dermatitidis dėrdmä-tit-i-dis
Alcaligenes alakä-li-gen-ēs
Alexandrium aaleks-an-drē-um
Aliivibrio fischeri aalē-ē-vib-rē-ō fishlėr-ē
Amanita phalloides am-an-īata fal-loitdēz
Anabaena azollae an-ä-bēanä ānzō-lī
Anaplasma phagocytophilum anaä-plaz-mä fāgäo sī-to-fil-um
Ancylostoma duodenale an-sil-osatō-mä düto-den-al-ē
Anopheles an-ofae-lēz
Aquaspirillum serpens ä-kwä-spī-rilälum sėrlpenz
Arcanobacterium phocae äräkā-nō-bak-ti-rē-um fōksī
Arthroderma ärāthrō-dėr-mä
Ascaris lumbricoides asakar-is lum-bri-koikdēz
Ashbya gossypii ashabē-ä gos-sipbē-ē
Aspergillus flavus a-spėr-jilalus flālvus

A. fumigatus füfmi-gä-tus
A. niger nī jer
A. rouxii rō ē-ē
Azolla ā-zō lä
Azomonas ā-zō-mō nas
Azospirillum ā-zō-spī ril-lum
Azotobacter ä-zo tō-bak-tėr
Babesia microti ba-bē sē-ä mī-krōstē
Bacillus amyloliquefaciens bä-sil lus almil-ō-li-kwi-fa-shens
B. anthracis an-thrā sis
B. cereus se rē-us
B. circulans sėr ku-lans
B. coagulans kō-ag ū-lanz
B. licheniformis lī-ken-i-fôr mis
B. sphaericus sfe ri-kus
B. subtilis su til-us
B. thuringiensis thr-in-jē-enrsis
Bacteroides bak-tė-roi dēz
Balamuthia mandrillaris balbam-üth-ē-ä manadril-lãr-is
Balantidium coli bal-an-tid ē-um kōēlī (or kōllē)
Bartonella henselae bär tō-nel-lä hentsel-ī
Baylisascaris procyonis bā lis-as-kar-is prōlsē-on-is
Bdellovibrio bacteriovorus del-lō-vib rē-ō bak-tė-rē-orvô-rus
Beggiatoa alba bej jē-ä-tō-ä aljbä
Beijerinckia bī-yė-rink ē-ä
Bifidobacterium bī-fi-dō-bak-ti rē-um
Blastomyces dermatitidis blas-tō-mī sēz dėr-mä-titsi-dis
Bordetella bronchiseptica bron kē-sep-ti-kä
B. pertussis bôr de-tel-lä pėr-tusdsis
Borrelia burgdorferi bôr rel-ē-ä burg-dôrrfėr-ē
Bradyrhizobium brad-ē-rī-zō bē-um
Brevibacterium bre vē-bak-ti-rēvum
Brucella abortus brü sel-lä ä-bôrstus
B. melitensis me-li-ten sis
B. suis sü is
Burkholderia bėrk hōld-ėr-ē-ä
B. cepacia se-pā sē-ä
B. pseudomallei sū-dō-mal le-ē
Byssochlamys fulva bis-sō-klam is fülivä
Campylobacter fetus kam pi-lō-bak-tėr fēptus
C. jejuni jē-ju nē
Candida albicans kan did-ä aldbi-kanz
Capnocytophaga canimorsus kap no-sī-täf-äg-ä kanni-môr-sus
Carsonella rudii kar son-el-lä rusdē-ē
Caulobacter kô-lō-bak tėr
Cephalosporium sef-ä-lō-spô rē-um
Ceratocystis ulmi sē-rä-tō-sis tis ultmē
Chilomastix kē lō-ma-sticks
Chlamydia trachomatis kla-mi dē-ä trä-kōdmä-tis
Chlamydomonas klam-i-dō-mō näs
Chlamydophila pneumoniae kla-mi-do fil-ä nü-mōfnē-ī
C. psittaci sit tä-sē
Chlorobium klô-rō bē-um
Chloroflexus klô-rō-flex us
Chromatium krō-mā tē-um
Chrysops krī sops
Citrobacter sit rō-bak-tėr
Claviceps purpurea kla vi-seps pr-p-rē-ä
Clonorchis sinensis klo-nôr kis si-nenksis
Clostridium acetobutylicum klôs-tri dē-um a-sē-tō-bū-tildi-kum
C. botulinum bo-tū-lī num
C. difficile dif fi-sil
C. pasteurianum pas-tyėr-ē-ā num
C. perfringens pėr-frin jens
C. sporogenes spô-rä jen-ēz
C. tetani te tan-ē
Coccidioides immitis kok-sid-ē-oi dēz imdmi-tis
Coniothyrium minitans kon ē-ō-ther-ē-um miēni-tanz
Corynebacterium diphtheriae kôr ī-nē-bak-ti-rē-um dif-thiīrē-ī
C. xerosis ze-rō sis
Coxiella burnetii käks ē-el-lä bėr-neētē-ē
Cryphonectria parasitica kri-fō-nek trē-ä par-ä-sitti-kä
Cryptococcus gattii krip tō-kok-kus gatttē-ē
C. grubii grub ē-ē
C. neoformans nē-ō-fôr manz
Cryptosporidium hominis krip tō-spô-ri-dē-um hotmin-is
C. parvum pär vum
Culex kū leks
Culiseta kū-li se-tä
Cupriavidus kü prē-ä-vid-us
Cyanophora paradoxa sī an-o-fôr-ä paraä -docks ä
Cyclospora cayetanensis sī klō-spô-rä kīkē-tan-en-sis
Cytophaga sī täf-äg-ä
Deinococcus radiodurans dē nō-kok-kus rāōdē-ō-dür-anz
Dermacentor andersoni dėr-mä-sen tôr an-dėr-sōntē
D. variabilis vãr-ē-a bil-is
Desulfovibrio desulfuricans dē sul-fō-vib-rē-ō dē-sul-fėrsi-kans
Dictyostelium dik tē-ō-stel-ē-um

부록

Diphyllobothrium latum dī-fil-lō-bo thrē-um lā tum
Dipylidium caninum dī pil-i-dē-um kan-i-num
Dirofilaria immitis di rō-fi-lãr-ē-ä imrmi-tis
Dracunculus medininsis dra-kun ku-lus med-inkin-sis
Echinococcus granulosus ē-kīn-ō-kok kus graknū-lō-sus
E. multilocularis mul tē-lok-ū-lãr-is
Ectothiorhodospira mobilis ek tō-thī-rō-dō-spī-rä mōtbil-is
Ehrlichia chaffeensis ër lik-ē-ä chaflfē-en-sis
Encephalitozoon intestinalis en sef-ä-lit-ō-zō-on instes-tin-al-is
Entamoeba coli en-tä-mē bä kōblē
E. dispar dis par
E. histolytica his-tō-li-ti-kä
Enterobacter aerogenes en-te-rō-bak tėr ā-rätjen-ēz
E. cloacae klō-ā kē
Enterobius vermicularis en-te-rō bē-us ver-mi-kū-larbis
Enterococcus faecalis en-te-rō-kok kus fē-kāklis
E. faecium fē sē-um
Entomophaga en tō-mo-fäg-ä
Epidermophyton ep-i-dėr-mō-fī ton
Epulopiscium fishelsoni ep ū-lō-pis-sē-um fishūel-sō-nē
Erwinia amylovora ėr-wi nē-ä amni-lo-vôr-ä
Erysipelothrix rhusiopathiae ãr-i-si-pel ō-thrix rus-ē-ō-pathōē-ī
Escherichia coli esh-ë-rik ē-ä kōēlī (or kōllē)
Eucalyptus ū kal-ip-tus
Euglena ū-glē nä
Eunotia serra u nō-tē-ä sernrä
Filobasidiella fi-lō-ba-si-dē-el lä
Francisella tularensis fran sis-el-lä tüslä-ren-sis
Frankia frank ē-ä
Fusarium fu sãr-ē-um
Fusobacterium fü-sō-bak-ti rē-um
Gambierdiscus toxicus gam bē-ėr-dis-kus toksbi-kus
Gardnerella vaginalis gärd-në-rel lä va-jin-allis
Gemmata obscuriglobus jem mä-tä obmskėr-ē-glob-us
Geobacillus stearothermophilus gē ō-bä-sil-lus ste-rō-thėr-mäōfil-us
Giardia duodenalis jē-är dē-ä düdō-den-al-is
G. intestinalis in tes-tin-al-is
G. lamblia lam lē-ä
Gloeocapsa glē-ō-kap sä
Glossina gläs-sē nä
Gluconacetobacter xylinus glü kon-a-sē-tō-bak-tėr zyklin-us
Gluconobacter glü kon-ō-bak-tėr
Gracilaria gra sil-ãr-ē-ä
Gymnoascus jim-nō-as kus
Haemophilus aegyptius hē-mä fil-us efjip-tē-us
H. ducreyi dü-krā ē
H. influenzae in-flü-en zī
Haloarcula hā lō-är-kū-lä
Halobacterium ha-lō-bak-ti rē-um
Halococcus hāhlō-kok-kus
Helicobacter pylori hē lik-ō-bak-tėr pīllô-rē
Histoplasma capsulatum his-tō-plaz mä kap-su-lämtum
Homo sapiens hō mō sāmpē-ens
Hyphomicrobium hī-fō-mī-krō bē-um
Isospora ī-so spô-rä
Isthmia nervosa isth mē-ä nėrmvō-sä
Ixodes scapularis iks-ō dēs skap-ū-lãrdis
I. pacificus pas-i fi-kus
Karenia brevis kãräen-ē-ä breve is
Klebsiella pneumoniae kleb-sē-el lä nü-mōlnē-ī
Komagataella pastoris kōkmä-gä-tā-el-kä pasmtôr-is
Lactobacillus acidophilus lak-tō-bä-sil lus alsid-o-fil-us
L. delbrueckii bulgaricus del-brkke-e bulega-ri-kus
L. plantarum plan-tä rum
L. sanfranciscensis san-fran-si sken-sis
Lactococcus lak-tō-kok kus
Laminaria japonica lam i-när-e-ä ja-ponii-kä
Legionella pneumophila lē-jä-nel lä nü-mōlfi-lä
Leishmania braziliensis lish mā-nē-ä brä-silmē-en-sis
L. donovani don ō-van-ē
L. tropica trop i-kä
Leptospira interrogans lep-tō-spī rä in-tėrrrä-ganz
Leuconostoc mesenteroides lü-kō-nos tok mes-en-ter-oitdēz
Limulus polyphemus lim ū-lus pol-ifūi-mus
Listeria monocytogenes lis-te rē-ä mo-nō-sī-tôôje-nēz
Macrocystis ma krō-sis-tis
Magnetospirillum magnetotacticum mag-nē-tō-spī-ril-lum mag-ne-tō-tak ti-kum
Malassezia furfur mal as-sēz-ē-a furafur
Mannheimia haemolytica man-hī me-ä hēmmō-li-ti-kä
Metarrhizium me tär-rī-zē-um
Methanobacterium meth an-ō-bak-ti-rē-um
Methanococcus meth an-ō-kok-kus
Methanosarcina meth an-ō-sär-sī-nä
Methanothermococcus okinawensis meth an-ō-thėrm-ō-kok-kus ōaki-n-wen-sis
Methylophilus methylotrophus meth-i-lo fi-lus meth-i-lō-trōflus

Microcladia mī-krō-klād ē-ä
Micrococcus luteus mī-krō-kok kus lūktē-us
Micromonospora purpurea mī-krō-mo-nä spô-rä p-p-rē-ä
Microcystis aeruginosa mī-krō-sis-tis ā-rü-ji-nōmsä
Microsporum mī-krō-spô rum
Mixotricha mix-ō-trik ä
Moraxella catarrhalis mô-raks-el lä ka-tärlal-is
M. lacunata la-kü-nä tä
Mucor indicus mū kôr in di-kus
Mycobacterium abscessus mī-kō-bak-ti rē-um abrses-sus
M. avium-intracellulare ā vē-um-invträ-cel-ū-lä-rē
M. bovis bō vis
M. leprae lep rī
M. lepromatosis lep rō-mä-tō-sis
M. tuberculosis tü-bėr-kū-lō sis
M. ulcerans ul sėr-anz
Mycoplasma mī-kō-plaz mä
M. capricolum kap ri-kō-lum
M. mycoides mīmkoi-dēz
M. pneumoniae nu-mō nē-ī
Myxococcus fulvus micks-ō-kok kus fulkvus
M. xanthus zan thus
Naegleria fowleri nī-gle rē-ä fourlėr-ē
Necator americanus ne-kā tôr ä-me-ri-katnus
Neisseria gonorrhoeae nī-se rē-ä go-nôr-rērī
N. meningitidis me-nin-ji ti-dis
Nitrobacter nī-trō-bak tėr
Nitrosomonas nī-trō-sō-mō näs
Nocardia nō-kär dē-ä
Nosema locustae nōnsē-mä lōskus-tē
Oocystis ō-ō-sis tis
Ornithodorus ôr-nith-ō dô-rus
Paecilomyces fumosoroseus pī sil-ō-mī-cēs fūsmō-sō-rō-sē-us
Paenibacillus polymixa pi nē-bä-sil-lus po-lē-miks-ä
Pantoea agglomerans pan tō-ē-ā ägtglom-ér-anz
Paracoccus denitrificans păr-ä-kok kus dē-nī-trikfi-kanz
Paragonimus kellicotti păr-ä-gōn e-mus keleli-kot-tē
Paramecium multimicronucleatum păr-ä-mē sē-um mulstē-mī-krō-nü-clē-ä-tum
Pasteurella multocida pas-tyėr-el lä mul-tōlsi-dä
Pediculus humanus capitis ped-ik ū-lus hüūma-nus kapmi tis
P. humanus corporis hü ma-nus kôrmpô-ris
Pediococcus pe-dē-ō-kok kus
Pelagibacter ubique pel-aj ē-bak-tėr ūēbēk
Penicillium chrysogenum pen-i-sililē-um krī-soljen-um
P. griseofulvum gri-sē-ō-fllvum
P. notatum nō ta-tum
Peridinium per-i-din ē-um
Pfiesteria fēfster-ē-ä
Phlebotomus fle bo-to-mus
Photobacterium fō tō-bak-ti-rē-um
Photoplepharon palpebratus fōftō-ble-fėr-on palōpi-brä-tus
Physarum fī sãr-um
Phytophthora cinnamoni fī-tof thô-rä cintnä-mō-nē
P. infestans in-fes tans
P. ramorum ra môr-um
Planctomyces plānk tō-mī-sēs
Plasmodium falciparum plaz-mō dē-um fal-sipdär-um
P. malariae mä-lā rē-ī
P. ovale ō-vä lē
P. vivax vī vaks
Plesiomonas shigelloides ple-sē-ō-mō nas shi-gel-loindes
Pleurotus multilus plür ō-tus mūōtil-us
Pneumocystis jirovecii nü-mō-sis tis ye-rōtvet-zē-ē
Porphyromonas pôr fī-rō-mō-nas
Prevotella intermedia preveō-tel-la inōtėr-mē-dē-ä
Prochlorococcus prō-klôrpō-kok-kus
Propionibacterium acnes prō-pē-on ē-bak-ti-rē-um akēnēz
P. freudenreichii froi-den-rīk ē-ē
Proteus mirabilis prō tē-us mi-ratbi-lis
Pseudomonas aeruginosa sū-dō-mō nas ā-rü-ji-nōnsä
P. carboxydohydrogena kär boks-i-dō-hī-drō-je-nä
P. fluorescens flôr-es ens
P. putida pü tē-dä
P. syringae sėr-in jī
Pyrococcus furiosus pīprō-kok-kus firrē-ō-sus
Pyrodictium abyssi pī rō-dik-tē-um a-bisrsē
Quercus kwer kus
Ralostonia mannitolilytica räl stō-nē-ä mansni-tôl-li-li-ti-kä
Rhizobium meliloti rī-zō bē-um melbli-lo-tē
Rhizopus stolonifer rī zō-ps stōslon-i-fėr
Rhodococcus bronchialis rō-dō-kok kus bron-kēkal-is
Rhodopseudomonas rō-dō-su-dō-mō nas
Rhodospirillum rubrum rō-dō-spī-ril um rūburum
Ribeiroia rī bėr-oi-ä
Rickettsia prowazekii ri-ket sē-ä prou-wä-zeskē-ē
R. rickettsii ri-ket sē-ē
R. typhi tī fē

Saccharomyces carlsbergensis sak-ä-rō-mī sēs kärlssbėrg-en-sis
S. cerevisiae se-ri-vissē-ī
S. ellipsoideus ē lip-soi-dē-us
S. exiguus egz-ij ū-us
S. uvarum ü vãr-um
Salmonella bongori sal mön-el-lä bonmgôr-ē
S. enterica en-ter i-kä
Saprolegnia ferax sa prō-leg-nē-ä fepraks
Sarcina sär sī-nä
Sarcoptes scabiei sär-kop tēs skātbē-ē
Sargassum sär-gas sum
Schistosoma haemotobium shis-tō-sō mä (or skis-tō-sōmmä) hēmmō-tō-bē-um
S. japonicum ja-ponji-kum
S. mansoni manmson-ē
Schizosaccharomyces skiz-ō-sak-ä-rō-mī sēs
Serratia ser-rä tē-ä
Shigella boydii shi-gel lä boildē-ē
S. dysenteriae dis-en-te rē-ī
S. flexneri fleks nėr-ē
S. sonnei sōn ne-ē
Sphaerotilus natans sfe-rä ti-lus nāttans
Spirillum minus spī ril-lum mīrnus
S. volutans vō lū-tans
Spiroplasma spī-rō-plaz mä
Spirulina spī-rü-lī nä
Sporothrix schenkii spô-rō thriks shentkē-ē
Stachybotrys stak ē-bo-tris
Staphylococcus aureus staf i-lô-koki-kus ô-rē-us
S. epidermidis e-pi-der mi-dis
S. saprophyticus sasprō-fi-ti-kus
Stella stel lä
Stigmatella stig mä-tel-lä
Streptobacillus moniliformis strep tō-bä-sil-lus montil-i-fôr-mis
Streptococcus agalactiae strep tō-kok-kus ātgal-act-ē-ī
S. equisimilis e kwi-si-mi-lis
S. mutans mūtans
S. pneumoniae nü-mō nē-ī
S. pyogenes pī-äj en-ēz
S. salivarius sal vãr-e-us
S. sobrinus so brī-nus
S. thermophilus thėr-mo fil-us
Streptomyces aureofaciens strep tō-mītsēs ô-rē-ō-fassi-ens
S. erythraea ā-rith rē-ä
S. fradiae frā dē-ī
S. griseus gri sē-us
S. nodosus nō-dō sus
S. venezuelae ve-ne-zü-e lī
Sulfolobus sul fō-lō-bus
Synechococcus sinsē-kō-kok-kus
Taenia saginata te nē-ä sanji-nä-tä
T. solium sō lē-um
Talaromyces ta-lä-rō-mī sēs
Taxomyces tacks ō-mī-sēs
Tetrahymena tet-rä-hī me-nä
Thermoactinomyces vulgaris thėr-mō-ak-tin-ō-mī sēs vulgasris
Thermoanaerobium thermosaccharolyticum thėr mō-an-e-rō-bē-um thėr-mō-sak-kär-ō-limti-kum
Thermococcus litoralis thér mō-kok-kus litmôr-al-is
Thermoplasma thėr-mō-plaz mä
Thermotoga thėr mō-tō-gä
Thermovibrio ammonificans thėr mō-vib-rē-ō ammmō-ni-fí-kanz
Thermus aquaticus thėr mus ämkwä-ti-kus
Thiobacillus ferrooxidans thī-ō-bä-sil lus fer-rō-oksli-danz
T. thiooxidans thī-ō-oks i-danz
Thiomargarita namibiensis thī ō-mär-gär-ē-tä naōmi-bē-en-sis
Toxocara canis tokstō-kãr-a kāōnis
Toxoplasma cati toks-ō-plaz mä katmē
Treponema pallidum pertenue trep ō-nē-mä palōli-dum pėrlten-ū
Tribonema vulgare trī bō-nē-mä vulbgãr-ē
Trichinella nativa trik-in-eltlä naltē-vä
T. spiralis spī-ra lis
Trichoderma viride trik ō-dėr-mä virōi-dä
Trichodesmium trik ō-des-mē-um
Trichom `trik ėr-is trik-ē-yėrėa
Tridacna trī-dak nä
Tropheryma whipplei trō-fer-ēōmä whipmplē-ī
Trypanosoma brucei gambiense tri-pa nō-sō-mä brüsnē gam-bē-ensē
T. brucei rhodesiense rō-dē-sē-ens
T. cruzi kruz ē
Ulva ul vä
Ureaplasma urealyticum ū-rē-ä-plaz mä ū-rē-ä-litmi-kum
Usnea üs nē-ä

Veillonella vī yo-nel-lä
Vibrio cholerae vib rē-ō kolrėr-ī
V. parahaemolyticus pa-rä-hē-mō-li ti-kus
V. vulnificus vul ni-fi-kus
Volvox volvvoks
Vorticella vôr ti-sel-lä
Wolbachia wol-ba kē-ä
Xanthomonas campestris zanzthō-mō-nas kamtpe-stris
Xenopsylla cheopis ze-noposil-lä kē-ōspis
Yersinia enterocolitica yėr-sin ē-ä enētėr-ō-kōl-it-ik-ä
Y. pestis pes tis
Y. Pseudotuberculosis sū dō-tü-bėr-kū-lō-sis
Zoogloea zō ō-glē-ä

부록 E

미생물학에서 사용되는 어근

학명의 단수나 복수형에 라틴어 문법이 남아 있다.

	성		
	여성	남성	중성
단수	-a	-us	-um
복수	-ae	-i	-a
예	alga, algae	fungus, fungi	bacterium, bacteria

a-, an- 없음, 결핍. 예: abiotic, 생물이 없는; anaerobic, 공기가 없는.

-able 할 수 있는, 능력이 있는. 예: viable, 살거나 생존할 능력이 있는.

actino- 방사선 모양의. 예: actinomycetes, 별 모양(방사선이 있는) 균체를 형성하는 세균.

aer- 공기. 예: aerobic, 공기가 있는; aerate, 공기를 불어 넣다.

albo- 하얀, 흰. 예: *Streptomyces albus*는 흰색 균체를 만든다.

ameb- 변화. 예: ameboid, 형태가 변하면서 움직이는 것.

amphi- 둘레, 양(兩). 예: amphitrichous, 세포의 양쪽 끝에 편모가 있는.

amyl- 전분. 예: amylase, 전분분해효소.

ana- 상(上). 예: anabolism, 동화작용.

ant-, anti- 반대하는, 방지하는. 예: antimicrobial, 미생물 생장을 억제하는 물질.

archae- 고대의, 원시적인. 예: archaeobacteria, "고" 세균, 최초의 생명체와 유사하다고 생각됨.

asco- 주머니, 낭. 예: ascus, 포자가 들어 있는 주머니와 같은 구조.

aur- 금. 예: *Staphylococcus aureus*, 황금색 균체를 형성함.

aut-, auto- 자기, 자가. 예: autotroph, 자가영양.

bacillo- 작은 막대기. 예: bacillus, 막대기 모양의 세균.

basid- 토대, 받침대. 예: basidium, 포자가 들어 있는 세포.

bdell- 거머리. 예: *Bdellovibrio*, 세균을 빨아먹어 죽이는 세균.

bio- 생명. 예: biology, 생명과 살아있는 생물을 연구하는 학문.

blast- 배(胚), 아(芽). 예: blastospore, 출아로 만들어진 포자.

bovi- 소. 예: *Mycobacterium bovis*, 소에서 발견되는 *Mycobacterium* 세균.

brevi- 짧은. 예: *Lactobacillus brevis*, 짧은 *Lactobacillus* 세균.

butyr- 버터. 예: butyric acid, 버터에서 생성되고 기름기가 든 음식이 산패되었을 때 나는 냄새의 원인임.

campylo- 곡선의, 약간 굽은. 예: *Campylobacter*, 굽은 간균.

carcin- 암. 예: carcinogen, 발암물질.

caseo- 치즈. 예: caseous, 치즈 같은.

caul- 줄기. 예: *Caulobacter*, 부속지나 줄기가 있는 세균.

cerato- 뿔. 예: keratin, 피부와 손톱 등을 구성하는 각질.

chlamydo- 덮개. 예: chlamydoconidia, 균사 안에서 만드러지는 분생자.

chloro- 초록, 연두. 예: chlorophyll, 초록색 분자.

chrom- 색. 예: chromosome, 염색이 잘 되는 구조물; metachromatic, 색을 띤 세포 내 과립.

chryso- 황색의, 금빛의, 금의. 예: *Streptomyces chryseus*, 균체가 황색임.

-cide 죽임, 살해. 예: bactericide, 세균을 죽이는 물질.

cili- 속눈썹. 예: cilia, 털 같은 소기관.

cleisto- 닫힌. 예: cleistothecium, 완전히 폐쇄된 자낭.

co-, con- 함께. 예: concentric, 동심원의, 중심에 함께 있는.

cocci- 알. 예: coccus, 알 모양 세균, 구균.

coeno- 공통의. 예: coenocyte, 격막으로 분리되지 않고 여러 개의 핵이 있는 세포.

col-, colo- 대장, 결장. 예: colon, 대장; *Escherichia coli*, 대장에서 발견되는 세균의 한 종.

conidio- 가루. 예: conidia, 기균사의 끝에서 발생하는 포자인데 절대로 싸여 있지 않음.

coryne- 곤봉. 예: *Corynebacterium*, 곤봉 모양의 세균.

-cul 작은 형태. 예: particle, 작은 조각.

-cut 피부. 예: Firmicutes, 그람양성세균으로 단단한 세포벽을 지님.

cyano- 남색. 예: cyanobacteria, 청록색을 띤 세균, 남세균.

cyst- 낭(囊). 예: cystitis, 방광에 생긴 염증, 방광염.

cyt- 세포. 예: cytology, 세포를 연구하는 학문, 세포학.

de- 반(역), 분리, 제거. 예: deactivation, 불(비)활성화.

di-, diplo- 두 번, 두 배. 예: diphlococci, 쌍구균.

dia- 통해서, 사이. 예: diaphragm, 두 지역을 통하거나 나누는 벽.

dys- 곤란, 불량, 악화. 예: dysfunction, 기능 장애.

ec-, ex-, ecto 외부, ~에서 떠나서. 예: excrete, 몸에서 물질을 제거하다, 배설하다.

en-, em- 안, ~속에 넣다 예: encysted, 포낭(cyst)으로 둘러싸인.

entero- 장, 창자. 예: *Enterobacter*, 장에서 발견되는 세균의 한 종.

eo- 초기의. 예: Eobacterium, 34억 년 된 화석화된 세균.

epi- 위(上), 더하여. 예: epidemic, 보통 예상되는 수보다 많은 질병의 사례 질병, 유행성 전염병.

erythro- 빨간(홍, 적). 예: erythema, 피부가 빨개지는 것(홍반).

eu- 좋은, 적절한. 예: eukaryote, 진핵생물.

exo- 외부, 외층. 예: exogenous, 몸 밖에서부터.

extra- 외부, ~을 넘어서. 예: extracellular, 세포외.

firmi- 강한. 예: *Bacillus firmus* 는 견고한 내생포자를 만든다.

flagell- 채찍. 예: flagellum, 편모; 진핵세포에서는 채찍과 같은 움직임으로 세포를 끌어당김.

flav- 노란, 황색. 예: *Flavobacterium* 세포는 노란 색소를 생산한다.

fruct- 과일. 예: fructose, 과당.

-fy 만들다. 예: magnify, 크게 만들다.

galacto- 젖, 우유. 예: galactose, 젖당에서 유래하는 단당류.

gamet- 짝짓다. 예: gamete, 생식세포(배우자).

gastr- 위. 예: gastritis, 위염.

gel- 응고시키다, 굳히다. 예: gel, 응고된 콜로이드.

-gen 유발 물질. 예: pathogen, 병원체.

-genesis 생성. 예: pathogenesis, 질병의 발생.

germ, germin- 싹, 봉오리. 예: germ, 발생 능력이 있는 생물의 부분.

-gony 생식, 번식. 예: schizogony, 분열생식.

gracili- 얇은. 예: *Aquaspirillum gracile*은 얇은 세포를 가짐.

halo- 염. 예: halophile, 높은 염분 농도에서 살 수 있는 생물.

haplo- 하나, 혼자. 예: haploid, 반 수의 염색체 또는 한 벌의 염색체.

hema-, hemato-, hemo- 혈액. 예: *Haemophilus*, 적혈구에서 유래한 영양분이 꼭 필요한 세균.

hepat- 간. 예: hepatitis, 간염

herpes 기는. 예: herpes, 또는 shingles, 피부에 천천히 퍼지는 병변.

hetero- 다른. 예: heterotroph, 다른 생물에서 유기 영양분을 얻는 생물.

hist- 조직. 예: histology, 조직학.

hom-, homo- 같은. 예: homofermenter, 탄수화물을 발효하여 오직 젖산만을 만드는 생물.

hydr-, hydro- 물. 예: dehydration, 탈수.

hyper- 과다. 예: hypertonic, 상대적으로 삼투압이 더 높은.

hypo- 아래, 부족한. 예: hypotonic, 상대적으로 삼투압이 더 낮은.

im- ~아니다, 안에. 예: impermeable, 통과할 수 없는.

inter- 사이. 예: intercellular, 세포 사이.

intra- 내부의, 안에. 예: intracellular, 세포 내.

io- 보라색. 예: iodine(요오드), 보라색 기체를 내는 화학원소.

iso- 같은. 예: isotonic, 비교 대상과 삼투압이 같은.

-itis 염증의. 예: colitis, 대장염.

-karyo, -caryo 핵. 예: eukaryote, 진핵생물.

kin- 움직임. 예: streptokinase, 피브린을 분해하거나 움직이는 효소.

lacti- 우유, 젖. 예: lactose, 젖당.

lepis- 비늘. 예: leprosy, 한센병(피부 손상이 특징임).

lepto- 가는. 예: *Leptospira*, 가는 스피로헤타.

leuko- 흰. 예: leukocyte, 백혈구 세포.

lip-, lipo- 지방, 지질. 예: lipase, 지방분해효소.

-logy −학, −연구. 예: pathology, 병리학.

lopho- 술, 타래. 예: lophotrichous, 세포의 한쪽 끝에 일군의 편모를 지닌.

luc-, luci- 빛. 예: luciferin, 특정 생물에 존재하는 물질로 발광효소 작용을 받아 빛을 발함.

lute-, luteo- 노란. 예: *Micrococcus luteus*, 콜로니가 노란색임.

-lysis 분해. 예: hydrolysis, 가수분해.

macro- 큼, 거대. 예: macromolecules, 거대 분자.

meningo- 막. 예: meningitis, 뇌막염.

meso- 중간. 예: mesophile, 중온성생물.

meta- 넘어, 사이, 변화. 예: metabolism, 살아 있는 생물체 안에서 일어나는 화학적 변화.

micro- 작음(소), 미. 예: microscope, 현미경.

-mnesia 기억. 예: amnesia, 기억 상실; anamnesia, 기억 회복.

molli- 부드러운. 예: Mollicutes, 세포벽이 없는 진정 세균의 한 강(class).

-monas 단위체. 예: *Methylomonas*, 메탄을 탄소원으로 이용하는 단위체(세균).

mono- 단일. 예: monotrichous, 편모가 하나인.

morpho- 형태. 예: morphology, 형태학.

multi- 다수. 예: multinuclear, 다핵성.

mur- 벽. 예: murein, 세균 세포벽의 한 성분.

mus-, muri- 쥐. 예: murine typhus, 쥐에서 풍토병인 발진 티푸스의 한 형태.

mut- 변화. 예: mutation, 돌연변이.

myco-, -mycetoma, -myces 곰팡이. 예: *Saccharomyces*, 효모의 한 속으로 당을 이용하는 곰팡이.

myxo- 점액, mucus. 예: Myxobacteriales, 점액을 생산하는 세균의 한 목.

necro- 시체. 예: necrosis, 세포 또는 일부 조직이 죽는 것.

-nema 실. 예: *Treponema*는 긴 실과 같은 세포를 가지고 있다.

nigr- 검은. 예: *Aspergillus niger*, 검은 색 분생자를 만드는 진균

의 일종.

ob- –앞에, –에 반대하여. 예: obstruction, 방해.

oculo- 눈. 예: monocular, 단안의.

-oecium, -ecium 집. 예: perithecium, 포자가 담고 있는 자낭으로 열린 구멍이 있음; ecology, 생물과 생물 그리고 생물과 환경 간의 관계를 연구하는 학문.

-oid 같은, 비슷한. 예: coccoid, 구균성의.

oligo- 작은, 적은. 예: oligiosaccharide, 몇 개(7~10)의 단당류로 이루어진 탄수화물.

-oma 종양. 예: lymphoma, 림프종.

-ont 있는, 존재하는. 예: schizont, 분열생식의 결과로 존재하는 세포.

ortho- 곧은, 직접의. 예: orthomyxovirus, 곧은 관모양 캡시드를 가진 바이러스.

-osis, -sis –상태의. 예: lysis, 느슨해진(풀어진) 상태; symbiosis, 함께 사는 상태.

pan- 전체, 모두. 예: pandemic, 넓은 지역에 걸쳐 유행하는 병.

para- 옆에, 근처. 예: parasite, 다른 생물에 붙어서 먹이를 섭취하는 생물.

peri- 주변, 둘레. 예: peritrichous, 전체 표면에 편모가 있는.

phaeo- 갈색. 예: Phaeophyta, 갈조류.

phago- 먹다. 예: phagocyte, 식세포.

philo-, -phil 좋아하는, 선호하는. 예: thermophile, 호열성 생물.

-phore 지니다, 낳다. 예: conidiophore, 분생자를 만드는 균사.

-phyll 잎. 예: chlorophyll, 엽록소.

-phyte 식물. 예: saprophyte, 부생식물.

pil- 털, 모. 예: pilus, 선모.

plankto- 방랑하는, 배회하는. 예: plankton, 물에 떠다니는 생물.

plast- 형성된. 예: plastid, 색소체.

-pnoea, -pnea 호흡. 예: dyspnea, 호흡 곤란.

pod- 발. 예: pseudopod, 위족.

poly- 많은, 다수. 예: polymorphism, 다형.

post- 후의, 뒤의. 예: posterior, 뒷부분.

pre-, pro- 전의, 앞의. 예: prokaryote, 원핵세포; pregnant, 임신된(출생 전).

pseudo- 가짜. 예: pseudopod, 위족.

psychro- 차가운. 예: psychrophile, 호저온성 생물.

-ptera 날개. 예: Diptera, 두개의 날개가 있는 곤충목.

pyo- 고름, 농. 예: pyogenic, 화농성의.

rhabdo- 막대, rod. 예: rhabdovirus, 긴 총알 모양의 바이러스.

rhin- 코. 예: rhinitis, 비염.

rhizo- 뿌리. 예: *Rhizobium*, 식물 뿌리에서 자라는 세균; mycorrhiza, 식물의 뿌리 안 또는 표면에 사는 진균.

rhodo- 빨간. 예: *Rhodospirillum*, 적색 색소를 가진 나선형 세균.

rod- 갉다. 예: rodents, 설치류.

rubri- 빨간. 예: *Clostridiium rubrum*, 빨간 색 콜로니를 만드는 한 세균 종.

rumin- 목구멍. 예: *Ruminococcus*, rumen (변형된 식도)과 관련된 한 세균 종.

saccharo- 당. 예: disaccharide, 이당류.

sapr- 썩은, 부패한. 예: *Saprolegnia*, 죽은 동물에 사는 곰팡이.

sarco- 살, 육체. 예: sarcoma, 육종.

schizo- 쪼개진, 분할된. 예: schizomycetes, 분열균류.

scolec- 벌레. 예: scolex, 촌충의 머리.

-scope, -scopic 보는 것. 예: microscope, 현미경.

semi- 반. 예: semicircular, 반원형의.

sept- 썩게하는. 예: septic, 부패성의.

septo- 구획, 칸막이. 예: septum, 격벽.

serr- 톱니모양의. 예: serrate, 가장자리가 톱니모양인.

sidero- 철. 예: *Siderococcus*, 철을 산화할 수 있는 세균.

siphon- 관. 예: Siphonaptera, 관상 입을 가진 곤충의 목.

soma- 몸. 예: somatic cells, 체세포.

speci- 특정한 것. 예: species, 종; specify, 정확하게 표시하다, 일일이 열거하다.

spiro- 코일. 예: spirochete, 코일 모양의 세균.

sporo- 포자. 예: sporangium, 포자낭.

staphylo- 포도송이 같은. 예: *Staphylococcus*, 포도상구균.

-stasis 정지, 고정. 예: bacteriostasis, 세균의 성장 정지.

strepto- 뒤틀린. 예: *Streptococcus*, 뒤틀린 세포 사슬을 형성하는 세균.

sub- 아래, 밑에. 예: subcutaneous, 피부 바로 밑에.

super- 위의, 상위의. 예: superior, 다른 것보다 더 높은 질이나 상태.

sym-, syn- 함께. 예: synapse, 두 개의 신경세포 사이의 자극 전달 부위; synthesis, 합성.

-taxi 접촉하다. 예: chemotaxis, 화학물질의 존재(접촉)에 대한 반응.

taxis- 정돈된 배열. 예: taxonomy, 분류학.

tener- 부드러운. 예: Tenericutes, 세포벽이 없는 진정세균이 포함된 문(phylum).

thallo- 식물체. 예: thallus, 맨눈으로 보이는 진균의 전체 구조.

therm- 열. 예: *Thermus*, 온천(75°C까지)에서 자라는 세균.

thio- 황. 예: *Thiobacillus*, 황 화합물 산화 능력이 있는 세균.

-thrix trich– 참조.

-tome, -tomy 자르다. 예: appendectomy, 맹장 절제 수술.

-tone, -tonic 힘. 예: hypotonic, 힘이 더 약한(삼투압).

tox- 독소. 예: antitoxin, 항독소.

trans- 가로질러, 통해서. 예: transport, 물질 이동.

tri- 셋. 예: trimester, 3개월 기간.

trich- 털. 예: peritrichous, 주모성.

-trope 회전, 전향. 예: geotropic, 향지성(중력에 끌려).

-troph 음식, 영양. 예: trophic, 영양에 관한.

-ty 조건, 상태. 예: immunity, 질병이나 감염에 내성이 있는 상태.

undul- 물결 이는, 파도 치는. 예: undulating, 물결 모양의.

uni- 하나. 예: unicellular, 단세포.

vaccin- 소. 예: vaccination, 백신 주사(원래 소와 관련됨).

vacu- 빈. 예: vacuoles, 액포, 공포.

vesic- 주머니. 예: vesicle, 소낭, 소포.

vitr- 유리. 예: in vitro, 시험관에서.

-vorous 먹다. 예: carnivore, 육식동물.

xantho- 노란. 예: *Xanthomonas*, 노란색 콜로니를 생성.

xeno- 이상한, 외부의. 예: axenic, 무균의, 외부 생물이 없는.

xero- 마른, 건조한. 예: xerophyte, 건생 식물.

xylo- 나무. 예: xylose, 나무에서 얻는 당.

zoo- 동물. 예: zoology, 동물학.

zygo- 연결, 합류. 예: zygospore, 접합포자.

-zyme 발효. 예: enzyme, 효소.

부록 F

버지편람에 따른 원핵생물의 분류*

영역: 고세균
크렌아케오타문(**Crenarchaeota**)
강: Thermoprotei
목: Desulfurococcales
과: Desulfurococcaceae
Desulfurococcus
과: Pyrodictiaceae
Pyrodictium
목: Sulfolobales
과: Sulfolobaceae
Sulfolobus
유리아케오타문(**Euryarchaeota**)
강: Methanobacteria
목: Methanobacteriales
과: Methanobacteriaceae
Methanobacterium
강: Methanococci
목: Methanococcales
과: Methaococcaceae
Methanothermococcus
강: Halobacteria
목: Halobacteriales
과: Halobacteriaceae
Haloarcula
Halobacterium
Halococcus
강: Thermoplasmata
목: Thermoplasmatales
과: Thermoplasmataceae
Thermoplasma
강: Thermococci
목: Thermococcales
과: Thermococcaceae
Pyrococcus
Thermococcus
영역: 세균
미분류
Thermovibrio
열포균문(**Thermotogae**)
강: Thermotogae
목: Thermotogales
과: Thermotogaceae
Thermotoga
이상구균-서열균문(Deinococcus-Thermus)
강: Deinococci
목: Deinococcales
과: Deinococcaceae
Deinococcus
목: Thermales
Thermus
크리시오게네스균문(**Chrysiogenetes**)
녹만균문(**Chloroflexi**)
강: Chloroflexi
목: Chloroflexales
과: Chloroflexaceae
Chloroflexus
남세균문(**Cyanobacteria**)
강: Cyanobacteria
Gloeocapsa
Prochlorococcus
Synechococcus
Spirulina
Anabaena
녹균문(**Chlorobi**)
강: Chlorobia
목: Chlorobiales
과: Chlorobiaceae
Chlorobium
가변세균문(**Proteobacteria**)
강: 알파가변세균(Alphaproteobacteria)
목: Rhodospirillales
과: Rhodospirillaceae
Azospirillum
Magnetospirillum
Rhodospirillum
과: Acetobacteraceae
Acetobacter
Gluconacetobacter
Gluconobacter
Stella
목: Rickettsiales
과: Rickettsiaceae
Rickettsia
과: Anaplasmataceae
Anaplasma
Ehrlichia
Wolbachia
미분류
Pelagibacter
목: Rhodobacterales
과: Rhodobacteraceae
Paracoccus
목: Caulobacterales
과: Caulobacteraceae
Caulobacter
목: Rhizobiales
과: Rhizobiaceae
Agrobacterium
Rhizobium
과: Bartonellaceae
Bartonella
과: Brucellaceae
Brucella
과: Beijerinckiaceae
Beijerinckia
과: Bradyrhizobiaceae
Bradyrhizobium
Nitrobacter
Rhodopseudomonas
과: Hyphomicrobiaceae
Hyphomicrobium

* 분류는 세균 분류를 위한 버지편람(*Bergey's Manual of Systematic Bacteriology*) 2판 5권(2004)을 따랐다. 배양 가능한 세균과 고세균 동정을 위해서는 세균 동정을 위한 버지편람(*Bergey's Manual of Determinative Bacteriology*) 9판(1994)을 사용해야 한다.

강: 베타가변세균(Betaproteobacteria)
목: Burkholderiales
과: Burkholderiaceae
Burkholderia
Cupriavidus
Ralstonia
과: Alcaligenaceae
Alcaligenes
Bordetella
미분류
Sphaerotilus
목: Hydrogenophilales
과: Hydrogenophilaceae
Thiobacillus
목: Methylophilales
과: Methylophilaceae
Methylophilus
목: Neisseriales
과: Neisseriaceae
Aquaspirillum
Neisseria
목: Nitrosomonadales
과: Nitrosomonadaceae
Nitrosomonas
과: Spirillaceae
Spirillum
목: Rhodocyclales
과: Rhodocyclaceae
Propionibacter
Zoogloea
강: 감마가변세균(Gammaproteobacteria)
목: Chromatiales
과: Chromatiaceae
Chromatium
Thiocapsa
과: Ectothiorhodospiraceae
Ectothiorhodospira
목: Xanthomonadales
과: Xanthomonadaceae
Xanthomonas
목: Thiotrichales
과: Thiotrichaceae
Beggiatoa
Thiomargarita
과: Francisellaceae
Francisella
목: Legionellales
과: Legionellaceae
Legionella
과: Coxiellaceae
Coxiella
목: Pseudomonadales
과: Pseudomonadaceae
Azomonas
Azotobacter
Pseudomonas
과: Moraxellaceae
Acinetobacter
Moraxella
목: Vibrionales
과: Vibrionaceae
Aliivibrio
Photobacterium
Vibrio
목: Aeromonadales
과: Aeromonadaceae
Aeromonas
목: Enterobacteriales
과: Enterobacteriaceae
Citrobacter
Enterobacter
Erwinia
Escherichia
Klebsiella
Pantoea
Plesiomonas
Proteus
Salmonella
Serratia
Shigella
Yersinia
목: Pasteurellales
과: Pasteurellaceae
Haemophilus
Pasteurella
Mannheimia
미분류
Carsonella
강: 델타가변세균(Deltaproteobacteria)
목: Desulfovibrionales
과: Desulfovibrionaceae
Desulfovibrio
목: Bdellovibrionales
과: Bdellovibrionaceae
Bdellovibrio
목: Myxococcales
과: Myxococcaceae
Myxococcus
강: 입실론가변세균(Epsilonproteobacteria)
목: Campylobacterales
과: Campylobacteraceae
Campylobacter
과: Helicobacteraceae
Helicobacter
후벽균문(Firmicutes)
강: Bacilli
목: Bacillales
과: Bacillaceae
Bacillus
Geobacillus
과: Listeriaceae
Listeria
과: Paenibacillaceae
Paenibacillus
과: Staphylococcaceae
Staphylococcus
과: Thermoactinomycetaceae
Thermoactinomyces
목: Lactobacillales
과: Lactobacillaceae
Lactobacillus
Pediococcus
과: Leuconostocaceae
Leuconostoc
과: Streptococcaceae
Lactococcus
Streptococcus
강: Clostridia
목: Clostridiales
과: Clostridiaceae
Clostridium
과: Peptococcaceae
Desulfotomaculum
과: Veillonellaceae
Veillonella
미분류
Epulopiscium
목: Thermoanaerobacteriales

과: Thermoanaerobacteriaceae
Thermoanaerobacterium
테네리쿠테스문(Tenericutes)
목: Mycoplasmatales
과: Mycoplasmataceae
Mycoplasma
Ureaplasma
목: Entomoplasmatales
과: Spiroplasmataceae
Spiroplasma
목: Anaeroplasmatales
과: Erysipelotrichidae
Erysipelothrix
방선균문(Actinobacteria)
강: Actinobacteria
목: Actinomycetales
과: Actinomycetaceae
Actinomyces
Arcanobacterium
목: Micrococcineae
과: Micrococcaceae
Micrococcus
과: Brevibacteriaceae
Brevibacterium
과: Cellulomonadaceae
Tropheryma
과: Corynebacteriaceae
Corynebacterium
과: Mycobacteriaceae
Mycobacterium
과: Nocardiaceae
Nocardia
Rhodococus
과: Micromonosporaceae
Micromonospora
과: Streptomycetaceae
Streptomyces
과: Frankiaceae
Frankia
목: Bifidobacteriales
과: Bifidobacteriaceae
Bifidobacterium
Gardnerella
부유균문(Planctomycetes)
목: Planctomycetales
과: Planctomycetaceae
Gemmata
클라미디아균문(Chlamydiae)
목: Chlamydiales
과: Chlamydiaceae
Chlamydia
Chlamydophila
스피로헤타문(Spirochaetes)
강: Spirochaetes
목: Spirochaetales
과: Spirochaetaceae
Treponema
과: Leptospiraceae
Leptospira
의간균문(Bacteroidetes)
강: Bacteroidetes
목: Bacteroidales
과: Bacteroidaceae
Bacteroides
과: Porphyromonadaceae
Porphyromonas
과: Prevotellaceae
Prevotella
강: Flavobacteria
목: Flavobacteriales
과: Flavobacteriaceae
과: Blattabacteriaceae
Blattabacterium
강: Sphingobacteria
목: Sphingobacteriales
과: Flexibacteraceae
Cytophaga
푸소박테리움문(Fusobacteria)
강: Fusobacteria
목: Fusobacteriales
과: Fusobacteriaceae
Fusobacterium
Streptobacillus

용어해설

9 + 2 array(9 + 2 배열) 진핵세포의 편모와 섬모에서 미세소관의 부착 방식; 가운에 한 쌍의 미세소관을 9쌍 미세소관이 둘러싼 형태.

12D treatment(12D 처리) *Clostridium botulinum*의 내생포자 수를 12로그주기로 감소시키는 살균 방법.

ABO blood group system(ABO식 혈액형) A, B 탄수화물 항원 존재 여부에 따른 적혈구 세포 분류체계.

abscess(농양) 고름이 국부적으로 축적된 것.

A-B toxin(A-B 독소) 두 개의 폴리펩티드로 이루어진 세균의 외독소.

acellular vaccine(비세포성 백신) 세포의 항원부위로 이루어진 백신.

acetyl group / acetyl (아세틸기 / 아세틸)

$$H_3C{-}\overset{\overset{\displaystyle O}{\|}}{C}{-}$$

acid(산) 하나 또는 그 이상의 수소원자(H^+)와 음이온으로 분리되는 물질.

acid-fast stain(항산성 염색) 산-알코올 처리로 탈색되지 않는 세균을 확인에 사용하는 분별염색.

acidic dye(산성 염료) 음이온 상태에서 색깔을 내는 염; 음성염색에 사용됨.

acidophile(호산성 세균) pH 4 이하에서 자라는 세균.

acquired immunodeficiency(후천성면역결핍) 약물이나 질병 등으로 인해서 특정 항체나 T 세포를 생산하지 못하는 불능 상태.

activated macrophage(활성화된 대식세포) 항원 자극 후 T세포에서 방출된 조절물질에 노출되어 식세포 능력 및 다른 기능이 향상된 대식세포.

activated sludge system(활성슬러지 시스템) 폭기조에 담긴 일정량의 하수에 강하게 공기를 불어 넣는 2차 하수처리의 한 공정; 하수 분해 미생물이 확실하게 들어 있게 하기 위해서 이전 처리에서 나온 슬러지의 일부를 다음 처리하는 하수에 첨가함.

activation energy(활성화 에너지) 어떤 화학반응이 일어나는 데에 필요한 최소한의 충돌에너지.

active site (활성부위) 기질과 상호작용하는 효소부위.

active transport(능동수송) 해당 물질이 농도기울기에 반해서 세포막을 가로질러 이동하는 현상; 세포의 에너지 지출이 따름.

acute disease(급성 질환) 갑자기 증상이 나타나지만 단기간만 지속되는 질병.

acute-phase proteins(급성기 단백질) 염증이 있는 동안 적어도 25% 이상 농도가 변하는 혈청 단백질.

adaptive immunity(적응면역) 특정 항체나 T세포를 생산하는 능력으로 후천적으로 획득됨.

adenosarcoma(선육종) 선상 상피조직 암.

adenosine diphosphate (ADP)(아데노신2인산) ATP가 가수분해되어 에너지를 방출하면서 생기는 물질.

adenosine triphosphate (ATP)(아데노신3인산) 중요한 세포 내 에너지원.

adherence(흡착) 미생물이나 식세포가 다른 원형질막이나 기타 표면에 부착하는 것.

adhesin(부착소) 원핵세포에서 돌출된 탄수화물-특이 결합 단백질; 흡착에 사용되며 리간드라고도 부름.

adjuvant(항원보강제) 백신의 효과를 증강시키기 위해 첨가하는 물질.

aerobe(산소요구성 생물) 생장에 산소 분자(O_2)를 필요로 하는 미생물.

aerobic respiration(유산소 호흡) 전자전달계의 최종 전자 수용체로 산소 분자(O_2)를 이용하는 호흡.

aerotolerant anaerobe(산소내성 비산소요구성 생물) 산소 분자(O_2)를 이용하지 않는 생물 중에서 산소에 의해 생장저해를 받지 않는 생물.

aflatoxin(아플라톡신) *Aspergillus flavus*가 생산하는 발암성 독소.

agar(한천) 해양 조류에서 추출한 다당류 복합체로 배양배지의 고형화 물질로 사용됨.

agglutination(응집) 세포가 서로 붙거나 뭉쳐지는 현상 또는 그 덩어리.

agranulocyte(무과립 백혈구) 세포질에 뚜렷한 과립이 없는 백혈구; 단핵구와 림프구를 포함함.

alarmone(알라몬) 환경 스트레스에 대한 세포의 반응을 촉진하는 화학 신호.

alcohol(알코올) -OH 작용기가 있는 유기 분자.

alcohol fermentation(알코올발효) 해당과정으로 시작하여 NADH를 재산화하기 위해서 알코올을 생산하는 이화과정.

aldehyde(알데히드) 알데히드 작용기가 있는 유기 분자

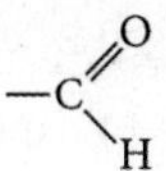

alga(복수형: algae)(조류) 광합성 진핵미생물; 단세포, 실모양, 또는 다세포이며, 식물에서 발견되는 조직은 없음.

algal bloom(조류 대증식) 미세조류들이 대량으로 성장하여 자연에서 확연하게 보이는 군체가 생기는 현상.

align(알긴) 만누론산($C_6H_8O_6$)의 소듐(나트륨) 염; 갈조류에서 발견됨.

allergen(알레르기항원) 과민반응을 일으키는 항원.

allergy(알레르기) 과민반응(hypersensitivity) 참조.

allograft(동종이식편) 유전적으로 동일은 공여자(즉, 자신 또는 일란성 쌍둥이)에서 유래하지 않은 이식 조직.

allosteric inhibition(다른자리입체성 억제) 다른자리입체성 자리 결합으로 인해 효소의 활성이 악제되는 변하는 과정.

allosteric site(다른자리입체성 자리) 비경쟁적 저해제가 결합하는 효소부위.

allylamines(알릴아민) 스테롤 합성을 방해하는 항진균제.

amanitin(아마니틴) *Amanita* 종 균주들이 만드는 폴리펩티드 독소로 RNA 중합효소를 억제함.

Ames test(에임스 검사) 세균을 이용하여 잠재적 발암물질을 알아내는 방법.

amination(아미노화) 아미노기 첨가.

amino acid(아미노산) 아미노기와 카르복실기를 가지고 있는 유기산. 알파 아미노산의 경우, 아미노기와 카르복실기가 같은 탄소에 붙어 있는데, 이 탄소를 알파 탄소라고 함.

aminoglycoside(아미노글리코시드) 스트렙토마이신과 같이 아미노당과 아미노사이클리톨 고리로 이루어진 항생제.

amino group (아미노기) $—NH_2$.

ammonification(암모니아화) 미생물 작용에 의해 질소 함유 유기물에서 암모니아가 방출되는 반응.

amphibolic pathway(양방향성 대사) 동화작용과 이화작용을 함께 수행하는 대사과정.

amphitrichous(양모성) 세포의 양쪽 끝에 편모가 있는.

anabolism(동화작용) 살아 있는 생명체 안에서 일어나는 모든 합성반응; 더 간단한 분자로부터 복잡한 유기 분자를 만드는 과정.

anaerobe(산소비요구성 미생물) 성장에 산소 분자(O_2)를 필요로 하지 않는 미생물.

anaerobic respiration(무산소 호흡) 전자전달계의 최종 전자 수용체로 산소 분자(O_2) 대신에 다른 무기 분자를 이용하는 호흡; 예를 들어, 질산이온 또는 이산화탄소.

anaerobic sludge digester(무산소 슬러지 소화조) 2차 하수 처리에서 사용되는 무산소 분해조.

anal pore 특정 원생동물에서 배설물을 제거하는 부위.

analytical epidemiology(분석전염병학) 질병의 원인을 결정하기 위하여 환자 집단과 건강한 집단을 비교연구하는 분야.

anamnestic response(기억반응) memory response(기억반응) 참조.

anamorph(무성세대) 유성생식 능력을 상실한 자낭균; 곰팡이의 무성생식 단계.

anaphylaxis(과민증) IgE 항체, 비만세포, basophils 등이 관여된 과민반응.

Angstrom (Å)(옹스트롬) 10^{-10} m 또는 0.1 nm에 해당하는 측정 단위.

Animalia(동물계) 세포벽이 없는 다세포 진핵생물로 이루어진 생물계.

anion(음이온) 음전하를 띤 이온.

anoxygenic(산소비발생) 산소 분자를 생산하지 않는; 순환성 광인산화의 대표적 특징임.

antagonism(길항작용) 대항; (1) 두 가지 약이 함께 있으면 각기 따로 있을때보다 효과가 떨어지는 현상. (2) 미생물 간의 경쟁.

antibiogram(항생제 감수성 분석) 해당 세균의 항생제 감수성에 대한 보고.

antibiotic(항생제) 세균이나 곰팡이가 자연적으로 생산하는 항미생물제.

antibody(항체) 항원에 반응하여 몸에서 만들어지는 단백질로 그 항원과 특이적으로 결합할 수 있음.

antibody-dependent cell-mediated cytotoxicity (ADCC)(항체 의존 세포매개 세포독성) 자연살해세포나 백혈구가 표면에 항체가 붙어 있는 있는 세포(antibody-coated cell)를 죽이는 것.

antibody titer(항체 역가) 혈청 내 항체의 양.

anticodon(안티코돈) mRNA의 코돈을 인식하여 염기쌍을 이루는 tRNA에 존재하는 3개의 염기서열.

antigen(항원) 항체 생성을 유발하는 모든 물질; 면역원(immunogen)이라고도 함.

antigen–antibody complex(항원-항체 복합체) 항원과 이에 특이적인 항체의 결합; 면역 보호와 많은 진단 검사의 기본 원리.

antigen-binding sites(항원결합부위) 항원결정기가 결합하는 항체의 부위.

antigenic determinant(항원결정기) 항원 표면의 특정 부위로 이것에 대항해서 항체가 만들어짐; 에피토프(epitope)라고도 함.

antigenic drift(항원 부동) 시간이 지나면서 인플루엔자 바이러스 항원 구성에 생기는 미세 변화.

antigenic shift(항원이동) H 와 N 항원에서의 변화를 유발하는 인플루엔자 바이러스의 큰 유전적 변화.

antigenic variation(항원변이) 미생물 집단에서 일어나는 표면 항원들의 변화.

antigen-presenting cell (APC)(항원제시 세포) 항원을 집어삼켜 해당 항원의 조각을 T 세포에 제시하는 대식세포, 수지상세포, B 세포 등.

anti-human immune serum globulin (anti-HISG)(항인간면역혈청 글로불린) 사람의 항체와 특이적으로 반응하는 항체.

antimetabolite(대사저해물질) 경쟁적 억제제.

antimicrobial peptide(항균 펩티드) 살세균성이고 작용 범위가 넓은 항생제; bacteriocin(박테리오신) 참조.

antisense DNA(안티센스 DNA) 단백질을 부호화하는 DNA에 상보적인 DNA; 여기서 유래한 안티센스 RNA 전사체는 해당 단백질을 부호화하는 mRNA에 결합하여 단백질 합성을 방해함.

antisense strand (− strand)(안티센스 사슬) mRNA로 기능을 할 수 없는 바이러스.

antisepsis(소독) 피부나 점막 소독을 위한 화학적 방법; 해당 화학 물질을 소독제(antiseptic)라고 함.

antiserum (항혈청) 항체가 들어 있는 혈액 유래 액체.

antitoxin(항독소) 세균 독소 또는 변성 독소에 반응하여 몸이 만들어내는 특이 항체.

antiviral protein (AVP)(항바이러스 당백질) 바이러스 증식을 막는 인터페론에 반응하여 만들어진 단백질.

apoenzyme(주효소) 효소의 단백질 부위로 조효소에 의한 활성화가 필요함.

apoptosis(세포자살) 자연적으로 예정된 세포의 죽음; 남은 조각은 식세포 작용에 의해서 처리됨.

aquatic microbiology(수생 미생물학) 자연수에 존재하는 미생물과 그들의 작용을 연구하는 분야.

arbuscule(균지) 식물 뿌리 세포에 있는 곰팡이 균사.

archaea(고세균) 펩티도글리칸이 없는 원핵생물 영역(domain); 세 개의 영역 중 하나.

arthroconidia(유절분생자) 유격 균사(septate hypha)가 분절되어 생기는 곰팡이의 무성 포자.

Arthus reaction(아르투스 반응) 면역 복합체 형성 때문에 이종혈청 주사 자리에 생기는 염증과 괴사.

artificially acquired active immunity(인위적으로 획득된 능동면역) 백신 접종에 대한 반응으로 몸에서 항체를 만드는 것.

artificially acquired passive immunity(인위적으로 획득된 수동면역) 다른 사람의 몸에서 만들어진 체액성 항체를 이를 받을 수 있는 사람에게 전이시키는 것으로 항혈청 주사를 통해 이루어짐.

artificial selection(인위선택) 개체군에서 원하는 형질을 가진 특정 개체를 선택하여 키우는 것.

ascospore(자낭포자) 자낭균류가 만드는 무성 곰팡이 포자로 자낭에서 만들어짐.

ascus(자낭) 자낭포자가 들어 있는 주머니와 같은 구조; 자낭균류에서 발견됨.

asepsis(무균상태) 원하지 않는 생물에 의한 오염이 없는 상태.

aseptic packaging(무균 포장) 무균 상태의 식품을 무균 용기에 넣는 상업적 식품 보존법.

aseptic surgery(무균 수술) 수술 시 환자의 미생물 감염 방지를 위해 사용되는 기법.

aseptic techniques(무균기법) 오염을 최소화하는 실험실 기법.

asexual spore(무성 포자) 유사분열 및 세포분열(진핵생물) 또는 이분법(방선균류)에 의해서 만들어지는 생식세포.

atom(원자) 화학반응에 참여할 수 있는 물질의 최소 단위.

atomic force microscopy(원자간힘현미경) scanned-probe microscopy(주사탐침현미경) 참조.

atomic number(원자 번호) 원자의 핵에 있는 양성자 수.

atomic weight(원자량) 원자의 핵에 있는 양성자와 중성자의 총수.

atrichous(무편모성) 편모가 없는 세균을 지칭.

attenuated vaccine(약독 백신) 약화된 살아 있는 미생물이 들어 있는 백신.

autoclave(고압멸균기) 보통 15 psi의 압력과 120℃ 온도에서 증기로 살균하는 장비.

autograft(자가이식) 자신에서 유래한 조직 이식.

autoimmune disease(자가면역 질환) 면역계가 자기 자신의 기관에 손상을 주는 질환.

autotroph(독립영양체) 이산화탄소(CO_2)를 탄소원으로 이용하는 생물. 화학독립영체(chemoautotroph), 광독립영양체(photoautotroph).

auxotroph(영양요구체) 야생형과는 달리 성장을 위해 특정 영양소를 필요로 하는 돌연변이체.

axial filament(축사) 스파이로헤타에서 발견되는 운동 기구; endoflagellum이라고도 함.

azole(아졸) 스테롤 합성을 방해하는 항진균제.

bacillus (복수형: bacilli)(간균, 막대균, 바실루스) (1) 막대 모양의 세균. (2) 속명(*Bacillus*)으로 쓰인 경우에는, 내생포자를 생성하는 막대 모양의 조건적 비산소요구성 그람양성세균을 의미함.

bacteremia(균혈증) 혈액 속에 세균이 존재하는 상태.

bacteria(세균) 펩티도글리칸 세포벽을 지닌 원핵생물의 한 영역; 단수형 **bacterium**은 하나의 해당 세균을 지칭.

bacterial growth curve(세균 생장곡선) 시간 경과에 따른 세균 개체군의 생장을 보여주는 도표.

bactericide(살균제) 세균을 죽일 수 있는 물질.

bacteriocin(박테리오신) 세균이 생산하는 항미생물 펩티드로 다른 세균을 죽임.

bacteriochlorophyll(세균 엽록소) 광인산화를 위한 전자를 전달하는 광합성 색소; 비산소발생 광합성 세균에서 발견됨.

bacteriology(세균학) 세균과 고세균을 포함하는 원핵생물을 연구하는 학문 분야.

bacteriophage (phage)(살균 바이러스, 파지) 세균세포를 감염하는 바이러스.

bacteriostasis(세균발육저지) 세균의 성장을 억제할 수 있는 처리.

base(염기) 하나 또는 그 이상의 수산이온(OH^-)과 양이온으로 분리되는 물질.

base pairs(염기쌍) 수소결합에 의한 핵산 내 질소 염기들의 배열; DNA의 경우, A-T, G-C 염기쌍; RNA의 경우, A-U, G-C 염기쌍.

base substitution(염기치환) DNA을 이루는 염기 하나가 다른 염기로 바뀌는 현상으로 돌연변이를 유발함; 점돌연변이(point mutation)라고도 함.

basic dye(염기성 염료) 양이온 상태에서 색깔을 내는 염; 세균 염색에 사용됨.

basidiospore(담자포자) 담자기에서 만들어지는 유성 곰팡이 포자로 담자균의 특성임.

basidium(담자기) 담자포자를 생산하는 받침대; 담자균에서 발견됨.

basophil(호염기백혈구, 호염기세포) 염기성 염기를 잘 염색되는 과립구(백혈구)로 식세포는 아님; IgE Fc 부위에 대한 수용체를 가지고 있음.

batch production(간헐 생산) 일정 기간 세포 배양을 한 다음, 생산물을 모으는 산업 공정.

B cell(B세포) 림프구의 한 종류; 항체를 분비하는 플라즈마 세포와 기억 세포로 분화함.

BCG vaccine (BCG 백신) 결핵에 대한 면역 제공을 위해 사용되는 살아있지만 약화된 *Mycobacterium bovis* 균주.

beer(맥주) 전분 발효로 만들어지는 알코올 음료.

benthic zone(저생대) 담수 등 물 밑바닥 침전물이 있는 지역.

***Bergey's Manual*(버지편람)** *Bergey's Manual of Systematic Bacteriology*의 약자로 세균 분류의 표준 참고 도서; 세균 분류를 위한 표준 실험서인 *Bergey's Manual of Determinative Bacteriology*를 가리키기도 함.

β-lactam(베타-락탐) 페니실린의 중심 구조.

beta oxidation(베타 산화) 지방산에서 탄소를 두 개씩 제거하여 아세틸 CoA를 만드는 반응.

binary fission(이분법) 두 개의 딸세포로 분열하는 원핵세포의 번식 방법.

binomial nomenclature(2명법) 각 생물종에 대하여 두 가지 이름(속명과 종명)을 부여하는 명명 체계.

bioaugmentation(생물증진) 생물정화를 목적으로 오염물질에 적응되었거나 유전 조작된 미생물을 이용하는 것.

biochemical oxygen demand (BOD)(생화학적 선소요구량) 물에 존재하는 생물학적으로 분해 가능한 유기물의 양을 측정하는 척도.

biocide(살생제) 미생물을 죽일 수 있는 물질.

bioconversion(생물전환) 미생물 성장에 의해 유기물에 생기는 변화.

bioenhancer(생물촉진제) 미생물 성장을 촉진하는 질산염과 인 같은 영양분.

biofilm(생물막) 보통 표면에 점액성 층으로 형성되는 미생물 군집.

biofuels(생물연료) 살아 있는 생명체가 만들어내는 에너지원으로 주로 바이오매스에서 유래. 예) 에탄올, 메탄 등.

biogenesis(생물속생설) 기존 세포에서만 살아 있는 세포가 생긴다는 이론.

biogeochemical cycle(생물지화학순환) 화학 원소가 특정 미생물에 의해 다른 미생물이 사용할 수 있는 형태로 바뀌며 재활용되는 과정.

bioinformatics(생물정보학) 컴퓨터 프로그램을 이용하여 유전자의 기능 규명을 하는 학문 분야.

biological transmission(생물 전파) 병원체가 매개체 안에서 번식할 때 한 숙주에서 다른 숙주로 전달되는 것.

bioluminescence(생물발광) 전자 전달을 통한 빛 발산; 루시퍼라제 효소가 필요함.

biomass(생물량) 살아 있는 생명체가 생산하는 유기물질로 중량으로 측정함.

bioreactor(생물반응기) 온도와 pH 같은 환경 조건 조절이 가능한 발효조.

bioremediation(생물정화) 미생물을 사용하여 환경 오염물질을 제거하는 것.

Biosafety Level (BSL)(생물안전등급) 살아 있는 미생물을 대상으로 연구하는 실험실의 안전 권고 기준으로 BSL-1에서 BSL-4까지 4등급이 있음.

biosynthetic(생합성) anabolism(동화작용) 참조.

biotechnology(생명공학) 유용한 제품을 생산하기 위한 미생물, 세포, 세포 구성물질 등의 산업적 응용.

bioterrorism(생물테러리즘) 살아 있는 생물이나 산물을 이용한 테러.

biotype(생물형) biovar(생물형) 참조.

biovar(생물형) 생화학적 또는 생리학적 특성에 근거한 혈청형(**serovar**)의 하위 집단; biotype(생물형)이라고도 함.

bioweapon(생물무기) 살상 목적으로 사용되는 살아 있는 생명체 또는 그 산물.

bisphenol(비스페놀) 연결된 두 개의 페놀기를 가지고 있는 페놀류.

blade(잎몸) 다세포 조류의 잎과 같은 납작한 구조.

blastoconidium(출아형 분생자) 부모 세포에서 출아로 만들어지는 곰팡이의 무성 포자.

blebbing(수포) 세포가 죽을 때 원형질막이 불거지는 것.

blood-brain barrier(혈액뇌장벽) 혈액에서 뇌로의 선택적 물질 이동을 제어하는 세포막.

brightfield microscope(명시야현미경) 가시광선을 조명에 이용하는 현미경; 밝은 바탕에 대비시켜 시료를 관찰함.

broad-spectrum antibiotic(광범위 항생제) 다양한 그람양성세균과 그람음성세균에 효과가 있는 항생제.

broth dilution test(배양액 희석 시험) 단계 희석 용액을 이용하여 해당 항미생물제의 최소저지농도를 구하는 방법.

bubo(가래톳) 염증으로 림프절이 붓는 것.

budding(출아) (1) 부모 세포의 한 부분의 돌출로 시작하여 이것이 자라서 딸세포가 되는 무성생식 방법. (2) 동물세포의 원형질막을 통해 막으로 싸인 바이러스가 방출되는 것.

budding yeast(출아효모) 유사분열 후, 비대칭적 분열을 통해 부모 세포에서 작은 세포(bud)를 만드는 효모 세포.

buffer(완충액) 용액의 pH를 안전화 시키는 경향이 있는 물질.

bulking(벌킹) 2차 하수처리에서 슬러지가 잘 가라앉지 않고 떠오르는 상태.

bullae(단수형: **bulla)(물집)** 피부에 생긴 혈청이 찬 소낭.

bursa of Fabricius(파브리시우스낭) 닭에서 면역계의 성숙을 담당하는 기관.

Calvin-Benson cycle(캘빈-벤슨 회로) CO_2를 환원된 유기 화합물로 고정하는 회로; 독립영양 생물이 사용함.

capnophile(호탄산가스성 생물) 상대적으로 높은 CO_2 농도에서 가장 잘 자라는 생물.

capsid(캡시드) 바이러스의 핵산을 둘러싸고 있는 단백질 외피.

capsomere(캡소미어) 바이러스 캡시드의 단백질 소단위.

capsule(캡슐) 일부 세균을 둘러싸고 있는 점액성 층으로 다당류 또는 단백질로 이루어짐.

carbapenems(카바페넴) 베타-락탐 항생제와 실라스타틴(cilastatin)를 함유하고 있는 항생제.

carbohydrate(탄수화물) 탄소, 수소, 산소로 이루어진 유기화합물로 수소와 산소가 2:1 비율로 존재; 전분, 설탕, 섬유소 등이 있음.

carbon cycle(탄소순환) 자연에서 CO_2를 유기물질로 전환하고, 다시 CO_2로 돌려보내는 일련의 과정들.

carbon fixation(탄소고정) CO_2에 있는 탄소를 이용하여 당을 합성하는 것. Calvin-Benson cycle(캘빈-벤슨 회로) 참조.

carbon skeleton(탄소골격) 분자에 있는 탄소원자의 기본 사슬이나 고리; 예) —C—C—C— (각 C에 위아래 결합선)

carboxyl group(카르복실기) $-C(=O)OH$

carboxysome(카르복시솜) ribulose biphosphate carboxylase (RubisCO)가 들어 있는 원핵세포의 봉입.

carcinogen(발암물질) 암을 유발하는 물질.

carrier(보균자) 질병의 증세를 나타내지는 않으나 병원체를 가지고 있어서 이를 다른 개체에게 전파하는 생명체(보통 사람을 지칭).

casein(카제인) 우유 단백질.

catabolism(이화작용) 살아 있는 생명체 안에서 일어나는 모든 분해반응; 복잡한 유기화합물이 더 간단한 형태로 분해되는 것.

catabolite repression(이화물질 억제) 포도당에 의한 대체 탄소원 대사 억제 현상.

catalase(카탈라아제) 과산화수소를 담으과 같이 분해하는 효소: $2H_2O_2 \rightarrow 2H_2O + O_2$

catalyst(촉매) 자체는 변하지 않고 화학반응 속도를 증가시키는 물질.

cation(양이온) 양전하를 띤 이온.

CD (cluster of differentiation)(분화클러스터) 단일 항원의 항원결정기(epitope)에 부여된 숫자. 일례로 T 도움 세포에서 발견되는 CD4 단백질.

cDNA (complementary DNA)(상보 DNA) 생체 밖에서 RNA를 주형으로 하여 만든 DNA.

cell culture(세포 배양) 배양배지에서 자란 진핵세포; 조직 배양(tissue culture)이라고도 함.

cell theory(세포설) 모든 살아 있는 생물은 세포로 이루어져 있고 기존의 세포에서 유래한다는 이론.

cellular immunity(세포성 면역) 항원 제공 세포에 있는 항원에 T세포가 결합하는 것을 수반하는 면역반응; 이후 T세포는 여러 형태의 효과기 T세포(effector T cell)로 분화됨.

cellular respiration(세포호흡) respiration(호흡) 참조.

cell wall 거의 모든 세균과 곰팡이, 조류, 식물 세포의 맨 바깥층; 세균에서는 펩티도글리칸으로 이루어짐.

Centers for Disease Control and Prevention (CDC)(질병통제예방센터) 미국 보건당국의 한 기관으로 질병 역학 정보 제공의 중심 역할 등을 함.

central nervous system (CNS)(중추신경계) 뇌와 척수. peripheral nervous system(PNS, 말초신경계) 참조.

centriole(중심립) 미세소관 세쌍 9개로 이루어진 구조로 진핵세포에서 발견됨.

centrosome(중심체) 중심립주변물질(단백질 섬유)과 한 쌍의 중심립으로 이루어진 진핵세포의 부위; 방추체 형성에 관여함.

cercaria(세르카리아, 유미유충) 흡충류의 자유 유영 유충.

CFU (colony-forming unit)(균체 형성 단위) 고체 배지 상에서 맨눈으로 볼 수 있는 세균의 균체.

chancre(하감) 딱딱한 상처로 궤양의 중심.

chemical bond(화학 결합) 분자를 생성하는 원자 간에 끌리는 힘.

chemical element(화학 원소) 같은 원자 번호를 가지고 화학적으로 동일하게 행동하는 원자로 구성된 기본 물질.

chemical energy(화학에너지) 화학반응의 에너지.

chemical reaction(화학반응) 원자간의 결합을 만들거나 끊는 과정.

chemically defined medium(화학 정성 배지) 정확한 화학 조성을 알고 있는 배양배지.

chemiosmosis(화학삼투) 농도 차이를 이용하여 양성자가 세포막을 가로지르며 ATP를 생산하는 것.

chemistry(화학) 원자와 분자 간의 상호작용을 연구하는 학문.

chemoautotroph(화학독립영양생물) 무기화합물과 CO_2를 각각 에너지원과 탄소원으로 이용하는 생물.

chemoheterotroph(화학종속영양생물) 유기화합물을 에너지원과 탄소원으로 이용하는 생물.

chemokine(케모카인) 주화성에 의해서 백혈구를 감염 지역 이동하게 하는 사이토카인.

chemotaxis(주화성) 화학물질의 존재에 대한 반응에 따른 움직임.

chemotherapy(화학요법) 화학물질을 이용한 질병 치료.

chemotroph(화학영양생물) 산화-환원 반응을 주 에너지원으로 이용하는 생물.

chimeric monoclonal antibody(키메라 단일클론 항체) 유전공학적으로 만들어진 항체로 인간의 항체의 불변부와 쥐 항체의 가변부로 이루어져 있음.

chlamydoconidium(후막포자) 균사 안에서 만들어지는 곰팡이 무성 포자.

chlorophyll *a*(엽록소 *a*) 광인산화용 전자를 전달하는 광합성 색소; 식물, 조류, 남세균에서 발견됨.

chloroplast(엽록체) 광독립영양 진핵생물에서 광합성을 수행하는 소기관.

chlorosome(엽록소체) 세균엽록소를 가지고 있는 녹황세균에서 원형질막이 접혀진 주름 모양의 구조.

chromatin(염색질) 진핵세포의 간기에 나타나는 실처럼 응축되지 않은 DNA.

chromatophore(색소포) 광독립영양 세균에서 원형질막이 접힌 것으로 세균엽록소가 있음.

chromosome(염색체) 유전정보를 지니고 있는 구조로 여기에 유전자들이 위치함.

chronic infection(만성감염) 서서히 진전되면서 오랫 기간 지속되거나 재발하는 질병.

ciliary escalator(섬모상승) 기도 아래쪽에 있는 섬모 점액 세포로 들어온 입자를 폐로 가지 못하게 밀어냄.

cilium (복수형: cilia) 일부 진핵세포에 있는 상대적으로 짧은 세포 돌기로 2개 + 9쌍의 미세소관으로 이루어짐. flagellum 참조.

cis(시스, 수평의) 지방산에서 이중결합의 같은 쪽에 수소원자가 위치하는 것.

cistern(시스턴) 소포체와 골지체에 있는 막으로 된 납작한 낭.

clade(계통군) 특정 공통조상을 공유하는 생물 집단; 분기도의 한 가지.

cladogram(분기도) 가지가 반복적으로 두 갈래로 갈라지는 계통수로 진화과정에서 출현한 순서에 기반한 분류를 나타냄.

class(강) 문과 목 사이의 분류 집단.

class switching(종류변환) 하나의 항원에 대한 다른 종류의 항체를 생산하는 B세포의 능력.

clonal deletion(클론제거) 자기와 반응하는 B세포와 T세포를 제거하는 것.

clonal selection(클론선택) 특정 항원에 대한 B세포와 T세포 클론의 발달.

clone(클론) 단일 부모 세포에서 유래한 세포들의 집단.

clue cell(단서 세포) 질 세포 표면에 붙어 있는 *Gardnerella vaginalis* 떨어져 나오는 것.

coagulase(응고효소) 혈장 응고를 유발하는 세균 효소.

coccobacillus(복수형: coccobacilli)(구상간균) 길쭉한 타원형 세균.

coccus(복수형: cocci)(구균) 구형 또는 타원형 세균.

codon(코돈) 폴리펩티드에 들어갈 특정 아미노산을 부호화하는 mRNA상의 3개의 염기서열.

coenocytic hypha(다핵균사) 격막이 없어서 단핵세포와 같은 단위로 분열하지 않는 곰팡이 균사.

coenzyme(조효소) 효소와 연관되고 효소를 활성화시키는 비단백질 물질.

coenzyme A (CoA)(조효소 A) 탈카르복실화 반응에서 기능을 하는 조효소.

coenzyme Q(조효소 Q) ubiquinone(유비퀴논) 참조.

cofactor(보조인자) (1) 효소의 비단백질 구성요소. (2) 다른 것과 함께 작용하여 병을 유발하거나 발병 가능성을 높이는 미생물 또는 분자.

coliforms(대장균형) 산소요구성 또는 조건적 비산소요구성이며 내생포자를 만들지 않는 그람음성 간균으로 35℃에서 젖산을 발효하여 48시간 이내에 산과 가스를 생성함.

collagenase(콜라게나제) 콜라겐을 가수분해하는 효소.

collision theory(충돌 이론) 입자가 충돌하면서 에너지가 획득되기 때문에 화학반응이 일어난다는 이론.

colony(콜로니, 군체) 맨눈으로 볼 수 있는 미생물 세포 덩어리로 하나의 세포 또는 같은 미생물 집단에서 유래.

colony hybridization (콜로니 혼성화) 표적 유전자에 상보적인 DNA 탐침을 이용하여 원하는 유전자를 가지고 있는 군체를 찾아내는 방법.

colony-stimulating factor (CSF)(콜로니 자극인자) 특정 세포의 증식 또는 분화를 유도하는 물질.

commensalism(편리공생) 한쪽은 이득이 있지만 상대방은 이득도 손해도 없는 두 생물의 공생 관계.

commercial sterilization(상업적 살균) *Clostridium botulinum*의 내생포자 파괴를 목적으로 통조림 제품을 처리하는 과정.

communicable disease(전염병) 한 숙주에서 다른 숙주로 퍼질 수 있는 모든 질병.

competence(형질전환능) 외부에서 큰 DNA 조각을 받아들일 수 있는 수용세포 생리학적 상태.

competitive exclusion(경쟁배타원리) 경쟁 관계에서 특정 미생물의 성장이 다른 미생물의 성장을 막는 현상.

competitive inhibitor(경쟁적 억제제) 효소의 활성 부위를 놓고 정상 기질과 경쟁하는 화학물질. noncompetitive inhibitor(비경장 억제제) 참조.

complement(보체) 세균의 식균작용과 용해에 관여하는 일단의 혈청 단백질.

complementary DNA (cDNA)(상보성 DNA) 해당 mRNA를 가지고 생체 밖에서 만든 DNA.

complement fixation(보체 고정) 보체가 항체-항원 복합체와 결합하는 과정.

complex medium(복합배지) 화학 조성을 정확히 알지 못하는 배양배지.

complex virus(복합 바이러스) 파지처럼 복잡한 구조를 가지고 있는 바이러스.

composting(비료화처리) 미생물의 분해 능력을 부추겨 주로 식물 물질 등과 같은 고형 폐기물을 처리하는 방법.

compound(화합물) 두 개 또는 그 이상의 서로 다른 화학 원소로 이루어진 물질.

compound light microscope(복합광학현미경) 두 벌 렌즈로 가시광선을 이용하여 시료를 관찰하는 현미경.

compromised host(타협숙주) 감염에 저항력이 약화된 숙주.

condensation reaction(응축반응) 물 분자가 방출되는 화학 반응; 탈수합성이라고도 함.

condenser(집광기) 현미경 스테이지 밑에 있는 렌즈 시스템으로서 광선이 시료를 통과하도록 보내줌.

confocal microscopy(공초점현미경기술) 형광염색과 레이저를 이용하여 2차원 또는 3차원 영상을 만드는 광학현미경.

congenital(선천성) 태어나면서부터 가지고 있는; 유전되었거나 태어나기 전에 획득한.

congenital immunodeficiency(선천성 면역결핍) 유전적 원인으로 특정 항체나 T세포를 만들지 못하는 것.

conidiophore(분생자자루) 분생자를 가지고 있는 기균사.

conidiospore(분생포자) conidium(분생자) 참조.

conidium(분생자) 분생포자에서 사슬형태로 만들어지는 무성 포자.

conjugated monoclonal antibody(결합단일클론항체) immunotoxin(면역독소) 참조.

conjugated vaccine(결합백신) 표적 항원과 다른 단백질로 이루어진 백신.

conjugation(접합) 세포-세포 접촉을 통해서 하나의 원핵세포에서 다른 세포로 유전물질이 전달되는 것.

conjugative plasmid(접합 플라스미드) 성선모와 해당 플라스미드를 다른 세포로 전달하는 데에 필요한 단백질 유전자를 가지고 있는 원핵세포의 플라스미드.

constitutive enzyme(항시발현효소) 항상 만들어지는 효소.

contact inhibition(접촉저해) 다른 세포와 접촉의 결과로 동물세포의 이동과 분열이 멈추는 것.

contact transmission(접촉전염) 직간접 접촉이나 비말에 의해 병이 퍼지는 것.

contagious disease(접촉전염병) 사람에서 사람으로 쉽게 퍼지는 질병.

continuous cell line(지속세포주) 생체 밖에서 무한 세대에 걸쳐 배양할 수 있는 동물세포.

continuous flow(연속배양) 지속적인 영양분 공급과 노폐물 및 생산물 제거를 통해 해당 세포가 무한히 성장하도록 하는 산업적 발효.

corepressor(보조억제인자) 억제 단백질에 결합하여 그것이 작동 유전자에 결합하지 못하게 하는 분자.

cortex(피층) 지의류의 곰팡이 보호층.

counterstain(대비염색) 1차 염색과의 대비를 위하여 행하는 2차 염색.

covalent bond(공유결합) 두 원자 사이에 전자 공유를 통해 화학결합.

crisis(발증) 혈관 확장과 발한이 특징인 발열 단계.

crista (복수형: cristae)(크리스타) 미토콘드리아의 주름진 내막.

crossing over(교차) 한 염색체의 일부분이 다른 염색체의 일부분과 교환되는 과정.

CTL (cytotoxic T lymphocytes)(세포독성 T 림프구) 활성화된 T_C 세포; 내생 항원을 보이는 세포를 죽임.

culture(배양) 배양배지에서 성장하여 증식하는 미생물.

culture medium(배양배지) 실험실에서 미생물을 키우기 위해 준비하는 영양물질.

curd(응유) 예를 들어 치즈를 만드는 과정에서 우유 액체(유장)에서 분리되는 고형물 부분.

cutaneous mycosis(피부 진균증) 표피, 손발톱, 머리카락 등의 곰팡이 감염.

cuticle(각피) 유충(helminth)의 바깥 껍데기.

cyanobacteria(남세균) 산소를 생산하는 광독립영양 원핵생물.

cyclic AMP (cAMP)(고리형 AMP) ATP에서 유래한 분자로, 인산기가 고리 구조를 가지고 있음; 세포에서 전령 역할을 함.

cyclic photophosphorylation(순환적 광인산화) 엽록소에서 전자가 일련의 전자 수용체들을 거쳐 이동하여 다시 엽록소로 돌아오는 과정; 산소 발생하지 않음; 자색 및 녹색 세균의 광인산화.

cyst(포낭) 액체나 기타 물질이 들어 있는 낭으로 별도의 벽을 가지고 있음; 또는 일부 원생동물의 보호 캡슐.

cysticercus(낭미충) 촌충의 피포 유충.

cytochrome(시토크롬) 세포호흡과 광합성에서 전자 운반체로 기능을 하는 단백질.
cytochrome *c* oxidase(시토크롬 *c* 산화효소) 시토크롬 *c*를 산화시키는 효소.
cytokine(사이토카인) 면역반응을 조절하는 인간 세포에서 분비되는 작은 단백질; 직간접적으로 열, 통증, 또는 T세포 증식을 유도할 수 있음.
cytokine storm(사이토카인 발작) 사이토카인 과다 생산; 인체에 해를 끼칠 수 있음.
cytolysis(세포용해) 세포막 손상으로 인한 세포 파괴로 세포 물질이 누출됨.
cytopathic effect (CPE)(세포병변효과) 바이러스가 유발하는 숙주세포의 뚜렷한 변화로 숙주세포의 손상 또는 사멸의 결과를 가져올 수 있음.
cytoplasm(세포질) 원핵세포의 경우, 원형질막 안에 있는 모든 내용물; 진핵세포의 경우, 핵을 제외하고 원형질막 안에 있는 모든 내용물.
cytoplasmic streaming(세포질유동) 진핵세포에서 세포질의 움직임.
cytoskeleton(세포골격) 진핵세포 세포질을 지지하고 움직일 수 있게 하는 미세섬유와 중간섬유, 미세소관.
cytosol(세포기질) 세포질의 액체 부분.
cytostome(세포입) 일부 원생동물에 있는 입과 같은 개구부.
cytotoxin(세포독소) 숙주를 죽이거나 기능을 변화시키는 세균 독소.
darkfield microscope(암시야현미경) 조명기에서 오는 빛을 산란시키는 장치를 가진 현미경으로 시료가 검은 배경에 흰색으로 보임.
deamination(탈아미노화) 아미노산에서 아미노기를 제거하여 암모니아를 만드는 과정. ammonification(암모니아화) 참조.
death phase(사멸기) 세균 개체군이 기하급수적으로 감소하는 기간; 로그 쇠퇴기(logarithmic decline phase)라고도 함.
debridement(변연절제) 수술에 의한 괴사 조직의 제거.
decarboxylation(탈카르복실화) 아미노산 등에서 CO_2를 제거하는 것.
decimal reduction time (DRT)(1/10감소시간) 주어진 온도에서 해당 세균 개체군의 90%를 죽이는 데에 필요한 시간(분단위); D값이라고도 함.
decolorizing agent(탈색제) 염색 제거과정에 사용되는 용액.
decomposition reaction(분해반응) 결합이 끊어져서 큰 분자에서 더 작은 분자들이 만들어지는 화학반응.
deep-freezing(심온동결) −50°C ~ −95°C에서 세균 시료를 보관하는 것.
defensins(디펜신) 인간 세포에서 만들어지는 작은 펩티드 항생제.
definitive host(종결숙주) 성적으로 성숙한 기생생물의 성체를 가지고 있는 생명체.
degeneracy(축중) 유전부호의 중복성; 즉, 대부분의 아미노산은 하나 이상의 코돈에 의해 부호화됨.
degerming(제균) 해당 지역에서 미생물을 제거하는 것; degermation이라고도 함.
degranulation(탈과립) 과민증(anaphylaxis)이 지속되는 동안에 비만세포 또는 호염기백혈구(basophil)에서 분비과립의 내용물을 방출하는 것.
dehydration synthesis(탈수합성) condensation reaction(응축반응) 참조.
dehydrogenation(탈수소화반응) 기질이 수소 원자를 잃는 것.
delayed hypersensitivity(지연성 과민반응) 세포 매개 과민반응.
denaturation(변성) 단백질 분자 구조의 변화로 보통 해당 단백질이 제 기능을 하지 못하게 함.
dendritic cell(수지상 세포) 기다란 손가락 모양의 외연이 특징인 항원 제시 세포의 한 종류.
denitrification(탈질소화) 질산염 또는 아질산염에 있는 질소가 질소 가스로 환원되는 것.
dental plaque(치석) 세균 세포, 덱스트란, 찌꺼기 등으로 된 조합물로 치아에 붙어 있음.
deoxyribonucleic acid (DNA)(디옥시리보핵산) 모든 세포와 일부 바이러스의 유전물질인 핵산.
deoxyribose(디옥시리보오스) DNA 뉴클레오티드에 있는 5탄당.
dermatomycosis(피부진균증) 곰팡이에 의한 피부 감염; 백선(tinea 또는 ringworm)으로도 알려져 있음.
dermatophyte(피부진균) 피부진균증을 유발하는 곰팡이.
dermis(진피) 피부의 안쪽 부분.
descriptive epidemiology(기술역학) 질병 관련 자료를 수집하고 분석하여 그 원인을 규명하는 학문 분야.
desensitization(탈감작) 알레르기성 염증 반응 억제.
desiccation(건조) 물의 제거.
diapedesis(혈구누출) 식세포가 혈관 밖으로 빠져나오는 과정.
dichotomous key(이분형검색표) 연속 질문쌍에 근거한 식별 체계; 해당 생물이 식별될 때까지 하나의 질문에 답하면 다음 질문쌍으로 이어짐.
differential interference contrast (DIC) microscope(미분간섭현미경) 3차원의 확대 영상을 제공하는 현미경.
differential medium(분별배지) 원하는 생명체의 구별을 더 쉽게 해주는 고체 배양배지.
differential stain(분별염색) 염색과정에 대한 반응을 근거로 시료를 구별하는 염색법.
differential white blood cell count(분별백혈구계수) 전체 백혈

구 100개당 각 종류별 백혈구 수.

diffusion(확산) 상대적으로 농도 높은 지역에서 농도가 낮은 지역으로의 분자나 이온이 순이동.

dimorphism(2형성) 두 가지의 성장 양상을 가지는 특성. sexual dimorphism(성적 이형) 참조.

dioecious(암수딴몸의, 자웅이주의) 다른 생식기관이 각각 다른 개체에 존재하는 것.

diplobacilli(단수형: **diplobacillus**)**(쌍간균)** 두 개가 쌍으로 붙어 있는 간균.

diplococci(단수형: **diplococcus**)**(쌍구균)** 두 개가 쌍으로 붙어 있는 구균.

diploid cell(2배체세포) 두 벌의 염색체를 가지고 있는 세포; 2배체는 진핵세포의 정상 상태임.

diploid cell line(2배체세포주) 생체 밖에서 키운 진핵세포.

direct agglutination test(직접응집검사) 알고 있는 항체를 사용하여 모르는 세포-결합 항원을 찾아내는 검사.

direct contact transmission(직접접촉전염) 한 숙주에서 다른 숙주로 긴밀한 접촉을 통해 감염이 퍼져나가는 것.

direct FA test(직접형광항체검사) 형광항체를 이용한 항원 검출법.

direct microscopic count(직접현미경계수) 현미경 관찰을 통해 세포 수를 세는 것.

disaccharide(2당류) 두 개의 단순당 또는 단당류로 구성된 당.

disease(질병) 병원균이나 기타 요인에 의해 숙주의 기능구성을 손상시켜 숙주에 해를 입히는 것.

disinfection(소독) 미생물을 죽이거나 성장을 억제하기 위해 무생물체에 사용되는 처리 방법.

disk-diffusion method(디스크 확산법) 화학 치료제에 대한 미생물의 감수성을 측정하기 위해 사용되는 한천을 이용한 확산 검사; 커비 바우어(Kirby-Bauer) 검사라고도 함.

D-isomer(D-이성질체) 하나의 탄소에 붙은 서로 다른 4개의 원자 또는 원자단의 배열. L-isomer 참조.

dissimilation(이화작용) 영양분이 동화되는 것이 아니라 암모니아, 황화수소 등으로 배설되는 대사 과정.

dissimilation plasmid(분해 플라스미드) 어떤 특이한 당이나 탄화수소의 분해효소 유전자를 가지고 있는 플라스미드.

dissociation(해리) 용액 상태에서 화합물이 양이온과 음이온으로 분리되는 것. Ionization(이온화) 참조.

disulfide bond(2황화결합) 두 개의 황원자를 연결시키는 공유결합.

DNA base composition(DNA 염기조성) 해당 생물에서 구아닌과 시토신 합의 몰 퍼센트.

DNA chip (microassay) (DNA칩) **DNA** 탐침이 붙어 있는 얇은 실리카 조각; 검사하려는 시료에서 DNA를 확인하는 데 사용됨.

DNA fingerprinting (DNA 지문분석) 전기영동에 의한 DNA의 제한효소 조각 분석.

DNA gyrase (DNA 자이라제) topoisomerase(DNA 회전효소) 참조.

DNA ligase (DNA 연결효소) 한 뉴클레오티드의 탄소원자를 다른 뉴클레오티드의 인산기와 공유결합시키는 효소.

DNA polymerase (DNA 중합효소) DNA 가닥을 주형으로 이용하여 새로운 DNA 가닥을 합성하는 효소.

DNA probe (DNA 탐침) 많은 DNA 중에서 특정 상보 가닥을 찾아내는 데 사용되는 한 가닥의 짧은 표지된 DNA.

DNA sequencing (DNA 염기순서결정) DNA의 뉴클레오티드 순서를 결정하는 과정.

domain(영역) rRNA 유전자 염기 순서에 근거한 분류 체계; 계(kingdom)보다 높은 분류 단계.

donor cell(공여세포) 유전자 재조합 과정에서 수용세포에게 DNA를 주는 세포.

droplet transmission(비말전파) 미생물이 들어 있는 미세 액체 방울에 의한 감염의 전파.

DTaP vaccine (DTaP vaccine) 강한 면역을 제공하기 위해서 사용되는 복합 백신으로 diphtheria와 tetanus 독소, *Bordetella pertussis* 세포 조각 등이 들어 있음.

D value decimal reduction time 참조.

dysentery(이질) 피와 점액이 섞여있는 설사를 자주하는 것이 특징인 질병.

eclipse period(음성기) 바이러스 증식 중 감염력이 있는 완전한 바이러스 입자가 없는 시기.

ecology(생태학) 생물과 환경 간의 상호관계를 연구하는 학문.

edema(부종) 신체의 일부 또는 조직에 interstitial fluid가 비정상적으로 축적되는 것으로 붓기를 유발함.

electron(전자) 원자의 핵 주위를 도는 음(-)으로 하전된 입자.

electron acceptor(전자수용체) 다른 원자에서 소실된 전자를 받아들이는 이온.

electron donor(전자공여체) 다른 원자에게 전자를 주는 이온.

electronic configuration(전자배치) 원자의 전자각 또는 에너지 준위에서의 전자들의 배치.

electron microscope(전자현미경) 빛 대신에 전자를 이용하여 영상을 만드는 현미경.

electron shell(전자각) 원자에서 전자가 핵 주위를 돌고 있는 지역으로 에너지 준위에 해당.

electron transport chain, electron transport system(전자전달사슬, 전자전달계) 하나의 화합물에서 다른 화합물로 전자를 전달하는 일련의 화합물을 말하며 산화적 인산화에서 ARP를 생산함.

electroporation(전기천공법) 전류를 사용하여 세포 안으로 DNA를 주입하는 기법.

elementary body(기본소체) 클라미디아의 감염성이 있는 형태.

ELISA (enzyme-linked immunosorbent assay)(효소결합면역흡착검사) 효소반응을 지표로 이용하는 일단의 혈청학적 검사.

embryonic stem cell (ESC)(배아줄기세포) 배아에서 유래한 세포로 여러 가지 매우 다양한 세포로 분화될 수 있는 잠재력을 가짐.

emerging infectious disease (EID)(신종전염병) 발생빈도가 증가하고 있거나 가까운 장래에 증가할 가능성이 있는 새로운 또는 변화된 감염성 질병.

Embden-Meyerhof pathway(엠덴-마이어호프경로) glycolysis(해당과정) 참조.

enanthem(점막진) 점막에 생기는 발진. exanthema 참조.

encephalitis(뇌염) 뇌의 감염.

encystment(피낭형성) 낭포(cyst)가 만들어지는 과정.

endemic disease(풍토병) 특정 인구 집단에게 계속해서 발생하는 질병.

endergonic reaction(흡열반응) 에너지를 필요로 하는 화학반응.

endocarditis(심내막염) 심장내막(endocardium)에 생기는 감염.

endocytosis(세포내도입) 물질을 진핵세포 안으로 이동시키는 과정.

endoflagellum(내편모) axial filament(축사) 참조.

endogenous(내생성, 내인성) (1) 개체 자신의 정상미생물상에 있는 기회적 병원균에 의해 유발되는 감염성. (2) 감염의 결과로 인간 세포에 만들어지는 표면 항원성.

endolith(암석속생물) 암석 안에서 사는 생물.

endoplasmic reticulum (ER)(소포체) 진핵세포의 내막계로 원형질막과 핵막을 연결시킴.

endospore(내생포자) 일부 세균의 내부에서 발견되는 휴면 구조물.

endosymbiotic theory(내부공생설) 숙주 안에 살았던 원핵세포에서 세포소기관이 유래되어 진핵세포가 진화되었다고 주장하는 이론.

endotoxic shock(내독소쇼크) gram-negative sepsis(그람음성 패혈증) 참조.

endotoxin(내독소) 대부분 그람음성세균의 세포벽 외막의 일부분(lipid A); 세포가 파괴되면 방출됨.

end-product inhibition(최종산물저해) feedback inhibition(되먹임억제) 참조.

energy level(에너지 준위) 원자에서 전자의 위치에너지. electron shell 참조.

enrichment culture(농화배양) 특정 미생물의 성장이 선호되도록 하는 예비 분리 과정에 사용되는 배양 또는 배양배지.

enteric(장내) Enterobacteriaceae 과 세균을 통칭하는 수식어.

enterotoxin(장독소) 위장염을 일으키는 외독소로 *Staphylococcus*, *Vibrio*, *Escherichia* 등이 만들어냄.

Entner-Doudoroff pathway(엔트너-도우도로프경로) 포도당을 피루브산으로 산화시키는 대체 경로.

envelope(외피) 일부 바이러스의 캡시드를 둘러싸고 있는 외부막.

enzyme(효소) 살아 있는 생명체에서 생화학 반응을 촉매하는 분자로 보통 단백질임. Ribozyme 참조.

enzyme immunoassay (EIA)(효소면역분석법) ELISA 참조.

enzyme-linked immunosorbent assay ELISA 참조.

enzyme-substrate complex(효소-기질복합체) 효소와 해당 기질의 일시적 합체.

eosinophil(호산구) 에오신 염료로 염색되는 과립을 가지 과립백혈구.

epidemic disease(유행성 전염병) 단 기간 동안 특정 지역에서 많은 환자가 발생하는 질병.

epidemiology(전염병학) 질병이 언제, 어디서 발생하여 어떻게 전파되는지를 연구하는 학문.

epidermis(표피) 피부의 맨 바깥 부분.

epitope(에피토프) antigenic determinant 참조.

equilibrium(평형) 균등한 분포의 점.

equivalent treatments(동등처리) 미생물 성장을 통제하는 효과가 동일한 다른 방법들.

ergot(맥각) *Claviceps purpurea* 곰팡이의 균핵(sclerotia)에서 만들어지는 독소로 맥각중독(ergotism)을 일으킴.

ester linkage(에스테르 결합) 세균과 진핵세포의 인지질에서 지방산과 글리세롤 간의 결합:

$$\cdots\text{C}-\text{O}-\overset{\overset{\displaystyle\text{O}}{\|}}{\text{C}}\cdots$$

E test(E 검사) 다양한 농도의 항생제가 침윤된 플라스틱 조각을 이용하여 항생제 감수성을 알아보는 한천 확산 검사.

ethambutol(에탐부톨) RNA 합성을 방해하는 합성 항미생물제.

ethanol(에탄올)

$$\text{H}-\underset{\underset{\displaystyle\text{H}}{|}}{\overset{\overset{\displaystyle\text{H}}{|}}{\text{C}}}-\underset{\underset{\displaystyle\text{H}}{|}}{\overset{\overset{\displaystyle\text{H}}{|}}{\text{C}}}-\text{OH}$$

ether linkage(에테르결합) 고세균 인지질에서 지방산과 글리세롤 간의 결합: -----C—O—C-----

etiology(병인론) 질병의 원인에 대해 연구하는 학문.

eukarya(진핵생물계) 모든 진핵생물(동물, 식물, 곰팡이, 원생동물); Eukarya 영역의 구성원 전체.

eukaryote(진핵세포) 단위막으로 둘러싸인 핵 안에 DNA를 가지고 있는 세포.

eukaryotic species 긴밀하게 연관되어 있어서 상호 교배가 가능한 생물들의 집단.

eutrophication(부영양화) 유기물의 첨가에 이어 해당 물에서 산소가 고갈되는 것.

exanthem(발진) 피부 발진. Enanthem(점막진) 또한 참조.

exchange reaction(교환반응) 구성 성분의 합성과 분해가 함께 일어나는 반응.

exergonic reaction(발열반응) 에너지가 방출되는 반응.

exon(엑손) 단백질을 부호화하고 있는 진핵세포의 염색체 부위.

exotoxin(외독소) 살아 있는 세균(주로 그람음성)에서 분비되는 단백질 독소.

experimental epidemiology(실험전염병학) 통제된 실험을 사용하는 전염병학.

exponential growth phase(지수성장기) log phase(로그기) 참조.

extracellular polymeric substance (EPS)(세포외중합물질) 세균이 다양한 표면에 부착할 수 있게 하는 당질피질(glycocalyx).

extreme thermophile(극호열세균) hyperthermophile(초고온성생물) 참조.

extremophile(극한생물) 온도, 산도, 염기도, 염도, 또는 압력 등의 환경 조건이 극단적인 곳에서 사는 미생물.

extremozymes(극단효소) 극한생물(extremophile)이 생산하는 효소.

facilitated diffusion(촉진확산) 원형질막을 사이에 두고 고농도 지역에서 저농도 지역으로 해당 물질이 이동하는 현상으로, 수송단백질에 의해 매개됨.

facultative anaerobe(조건부산소비요구성생물) 산소 분자 유무에 상관 없이 성장할 수 있는 생물.

facultative halophile(조건호염생물) 1~2% 염분 농도에서 성장할 수는 있지만 이를 필요로 하지는 않는 생물.

FAD 플래빈 아데닌 디뉴클레오티드(flavin adenine dinucleotide); 기질 분자에서 수소이온(H^+)과 전자를 떼어내어 전달하는 과정에 참여하는 조효소.

FAME 지방산 메틸 에스테르(fatty acidmethyl ester); 특정 지방산 존재에 의해 미생물을 동정하는 기법.

family(과) 목(order)과 속(genus) 사이의 분류 집단.

feedback inhibition(되먹임억제) 대사회로의 최종산물이 축적되어 해당 경로의 특정 효소를 억제하는 현상.; 최종산물억제(end-product inhibition)라고도 함.

fermentation(발효) 최종 전자수용체가 유기 분자인 효소에 의한 탄수화물 분해과정으로 기질수준 인산화에 의해 ATP가 합성됨.

fermentation test(발효검사) 해당 세균 또는 효모가 특정 탄수화물을 발효하는 여부를 알아보는 방법; 보통 해당 탄수화물과 pH 지시약, 거꾸로 된 가스 포집용 튜브가 들어 있는 펩톤 액체배지를 이용하여 실시함.

fever(열) 비정상적으로 높은 체온.

F factor (fertility factor)(F 인자) 세균의 접합의 공여 세포에서 발견되는 플라스미드.

fibrinolysin(섬유소용해소) 연쇄구균이 생산하는 인산화효소(kinase)의 일종.

filtration(여과) 액체 또는 기체가 채와 같은 물질을 통과하는 것; 0.45 μm 필터는 대부분의 세균을 제거함.

fimbria (복수형: fimbriae)(핌브리아) 세균 세포에 있는 짧은 부속지로 표면 흡착에 사용됨.

FISH 형광현장혼성화(fluorescentin-situ hybridization); rRNA 탐침을 이용하여 배양을 하지 않고 미생물을 동정하는 방법.

fission yeast(분열효모) 체세포분열 후, 균등하게 분열하여 두 개의 새로운 세포를 만드는 효모.

fixed macrophage(고정대식세포) 특정 기관 또는 조직(예, 간, 폐, 비장, 림프절 등)에 있는 대식세포; 조직구(histiocyte)라고도 함.

fixing(고정) (1) 현미경 관찰을 위한 슬라이드 준비과정에서 표본을 슬라이드에 붙이는 과정. (2) 화학 원소에 대해서는, 원소들을 결합하여 주요 원소가 먹이사슬로 들어오도록 하는 과정. Calvin-Benson cycle 참조; 질소 고정.

flaccid paralysis 근육 운동의 상실, muscle tone의 상실.

flagellum (복수형: flagella) 세포의 표면에서 나온 가는 부속지; 세포 이동에 사용됨; 원핵세포에서는 flagellin이라는 단백질로, 진핵세포에서는 9 + 2 미세소관으로 이루어짐.

flaming 접종 루프를 직접 불꽃에 대서 멸균하는 과정.

flat sour spoilage(플랫사우어 부패) 가스 생산이 동반되지 않는 통조림 제품의 호열성 부패.

flatworm(편형동물류) Platyhelminthes 문에 속하는 동물.

flavoprotein(플라보단백질) 플라빈 조효소가 함유된 단백질. 전자전달계에서 전자전달체의 기능을 함.

flocculation(응집) 정수과정에서 콜로이드성 입자들이 뭉치게 하는 화학물질을 처리하여 이를 제거하는 것.

flow cytometry(유동 세포측정) flow cytometer를 이용하여 세포 수를 세는 방법으로 세포 표면에 있는 형광 표지에 의해 세포를 감지함.

fluid mosaic model(유동모자이크 모델) 원형질막을 구성하는 인지질과 단백질의 역동적인 배열 방식을 설명하는 모델.

fluke(흡충류) Trematoda 강에 속하는 편형동물.

fluorescence(형광) 한 종류 색깔의 빛에 노출되었을 때 다른 색의 빛을 발하는 특정 물질의 능력.

fluorescence-activated cell sorter (FACS)(형광이용세포분리기) 형광항체로 표지된 세포를 세고 부류하는 기기로 flow cytometer의 변형임.

fluorescence microscope(형광현미경) 자외선을 광원으로 이용하는 현미경으로 자외선을 표본에 조사하면 형광을 발함.

fluorescent-antibody (FA) technique(형광항체기법) 형광색소로 표지된 항체를 이용하는 진단 기법으로 형광현미경으로 관찰함; immunofluorescence라고도 함.

FMN Flavin mononucleotide; 전자전달계에서 전자전달 기능을 수행하는 조효소.

focal infection 한 지점에서 시작된 systemic infection.

folliculitis 모낭의 감염으로 종종 여드름으로 나타남.

fomite(매개물) 전염을 퍼뜨릴 수 있는 비생물체.

forespore 염색체, 염색질, 내생포자 막 등으로 구성된 구조물로 세균 세포 안에 있음.

frameshift mutation DNA 염기의 하나 또는 그 이상상이 첨가되거나 빠져서 생기는 돌연변이.

free radical(자유라디칼) 쌍을 이루지 못한 전자를 가진 화합물. Superoxide 참조.

free wandering macrophage 혈액을 떠나 감염된 조직으로 이동하는.

freeze-drying(동결건조) lyophilization 참조.

FTA-ABS test 매독 확인을 위해 사용되는 간접 형광항체 검사.

fulminating 빠르고 급격하게 고통이 증가하는 상황.

functional group(작용기) 유기 분자에 있는 원자 배열로 해당 분자의 화학적 특성 대부분을 담당함.

fungus(복수형: fungi) Fungi 계에 속하는 생물; 흡수성의 진핵 화학나가영양생물.

furuncle 모낭의 감염.

fusion(융합) 상이한 두 세포 원형질막의 합병으로 결과적으로 원래 두 세포의 세포질을 들어있는 하나의 세포가 만들어짐.

gamete(배우자) 웅성 또는 자성 생식세포.

gametocyte(배우자모세포) 웅성 또는 자성 원생동물 세포.

gamma globulin(감마글로불린) 면역글로불린(항체)이 들어 있는 혈청 분획; immune serum globulin이라고도 함.

gastroenteritis 위와 장의 염증.

gas vacuole(가스포) 부력 보상을 위한 원핵세포의 봉입체.

gel electrophoresis(겔 전기영동) 전기장에서 이동 속도에 따라 (혈청단백질 또는 DNA 같은) 물질을 분리하는 기법.

gene(유전자) 기능이 있는 산물에 대한 정보를 가진 DNA 조각 (DNA 염기서열).

gene silencing(유전자침묵) 유전자 발현을 억제 메커니즘의 하나. RNAi 참조.

gene therapy(유전자 치료) 비정상 유전자 대체를 통한 질병 치료.

generalized transduction(보편형 형질도입) 살균 바이러스(파지)에 의해서 한 세균의 염색체 조각이 다른 세균으로 전달되는 현상.

generation time(세대기간) 개체 또는 개체군의 수가 2배로 증가하는 데 걸리는 시간.

genetic code(유전부호) mRNA 코돈과 이들이 부호화하는 아미노산들.

genetic engineering(유전공학) recombinant DNA technology (재조합 DNA 기술) 참조.

genetic recombination(유전적 재조합) 근원이 다른 DNA 조각들을 연결시키는 과정.

genetics(유전학) 유전현상과 유전자 기능을 연구하는 학문.

genetic testing(유전자 검사) 해당 세포의 유전체에 어떤 유전자들이 있는지를 알아내는 기술.

genome(유전체) 세포에 존재하는 유전 정보 전체.

genomic library(유전자 도서관) 제한효소로 잘라 클론한 DNA 조각을 가지고 있는 세균, 효모, 또는 파지의 모음집.

genomics(유전체학) 유전자와 그 기능을 연구하는 학문.

genotype(유전형) 한 개체의 유전자 조성.

genus(복수형: genera) 과학 명명법(이명법)의 첫 번째 이름; 종과 과 사이의 분류군(taxon).

germicide(살균제) biocide 참조.

germination(발아) 포자나 내생포자에서 성장이 시작되는 과정.

germ theory of disease(세균병원설) 미생물이 질병을 일으킨다는 원칙.

global warming(지구온난화) 대기에서 태양열이 가스에 의해 잔류되는 현상.

globulin(글로불린) 항체를 포함하는 구상단백질 부류. immunoglobulin(면역글로불린) 참조.

glycocalyx(당질피질) 세포를 둘러싸고 있는 젤라틴 중합체.

glycolysis(해당과정) 포도당을 피루브산으로 산화시키는 주요 경로; Embden-Meyerhof 경로라고도 부름.

Golgi complex(골지체) 특정 단백질의 분비에 관여하는 소기관.

graft-versus-host (GVH) disease(이식편대숙주병) 이식 받은 환자가 이식된 조직에 면역반응을 나타낼 때 발생하는 상황.

gram-negative bacteria(그람음성세균) 알코올 탈색 후 크리스탈 바이올렛이 빠져나오는 세균; 사프라닌 처리 후 분홍색으로 염색됨.

gram-negative sepsis(그람음성 패혈증) 그람 음성 내독소가 유발하는 패혈 쇼크.

gram-positive bacteria(그람양성 세균) 알코올 탈색 후에도 크리스탈 바이올렛을 보유하는 세균; 짙은 보라색으로 염색됨.

gram-positive sepsis(그람양성 패혈증) 그람양성 세균이 유발하는 패혈 쇼크.

Gram stain(그람염색) 세균을 그람양성과 그람음성으로 대별해 주는 분별염색.

granulocyte(과립백혈구) 세포질에 뚜렷한 과립이 있는 백혈구; 호염구와 호산구, 호중구가 있음.

granuloma(육아종) 염증이 생긴 조직 덩어리로 대식세포가 들어있음.

granum(그라나) 틸라코이드막이 겹겹이 쌓인 더미.

granzymes(과립효소) 세포사멸을 유도하는 단백질분해효소.

green nonsulfur bacteria(녹색비황세균) 그람음성으로 프로테오박테리아가 아님; 비산소요구성이고 광영양을 함; 환원된 유기화합물을 전자공여체로 이용하여 CO_2 를 고정함.

green sulfur bacteria(녹색황세균) 그람 음성으로 프로테오박테리아가 아님; 절대 비산소요구성이고 광영양을 함; 빛이 없으면 자리지 못함; 환원된 황 화합물을 전자공여체로 이용하여 CO_2 를 고정함.

group translocation(그룹이동) 원핵생물에서 기질이 원형질막을 통과해 운반되면서 화학적으로 변화가 생기는 능동수송.

gumma(고무종) 제3기 매독의 특징인 고무 같은 조직 덩어리.

HAART (highly active antiretroviral therapy)(고도 항레트로바이러스 치료) 두 가지 이상의 약물을 조합하여 HIV 감염을 치료하는 것.

halogen(할로겐) 다음 원소들: 불소, 염소, 브롬, 요오드, 아스타틴.

halophile(호염성생물) 성장에 고농도의 염분을 필요로 하는 생물.

H antigen(H 항원) 장내세균의 편모 항원으로 혈청검사로 알 수 있음.

haploid cell(반수체) 한 벌의 염색체만을 지닌 진핵세포 또는 생물.

hapten(합텐) 작은 분자량을 가진 물질로서 단독으로는 못하지만 매개분자와 결합되면 항체의 생성을 유도함.

HA (hemagglutinin) spike (HA[적혈구응집소] 돌기) 인플루엔자 바이러스 바깥쪽 지질이중막에서 나온 항원 돌기.

Hazard Analysis and Critical Control Point (HACCP)(위해요소중점관리기준) 식품 안전을 위한 유해 요인 방지 체계.

health care-associated infection (HAI)(건강관리-연관 감염) nosocomial infection(병원 감염) 참조.

helminth(연충류) 기생 회충 또는 편충.

hemagglutination(적혈구응집반응) 적혈구 세포가 뭉치는 것.

hematopoietic cytokines(조혈사이토카인) 조혈모세포의 발생을 조절하는 사이토카인.

hemoflagellate(주혈편모충류) 숙주의 순환계에서 발견되는 기생 편모충.

hemolysin(용혈소) 적혈구 세포를 용해시키는 효소.

herd immunity(집단면역) 해당 집단 내 다수의 면역.

hermaphroditic(암수 한 몸의, 자웅동체의) 암수 생식 능력을 모두 가지고 있는.

heterocyst(이형세포) 특정 남세균에 있는 큰 세포; 질소 고정이 일어나는 곳.

heterolactic(이형젖산의) 발효의 최종산물로 젖산과 다른 산 또는 알코올을 생산하는 생물을 이르는 용어; 예) *Escherichia*.

heterotroph(종속영양생물) 탄소원으로 유기 탄소를 필요로 하는 생물; 유기영양생물(organotroph)이라고도 함.

Hfr cell (Hfr 세포) F 인자가 염색체에 삽입되어 있는 세균 세포; Hfr은 high frequency of recombination(고빈도재조합)의 약자임.

high-efficiency particulate air (HEPA) filter(고성능 미립자제거필터) 0.3 μm보다 큰 입자를 공기에서 제거하는 가리개와 같은 물질.

high-temperature short-time (HTST) pasteurization(고온순간살균) 72°C에서 15초간 살균.

histamine(히스타민) 조직세포에서 분비되는 물질로 혈관확장, 모세혈관투과성, 평활근수축 등을 유발함.

histocompatibility antigen(조직적합성 항원) 인간 세포의 표면에 있는 항원.

histone(히스톤) 진핵생물 염색체에서 DNA와 결부되어 있는 단백질.

holdfast(부착기) 조류 줄기의 분기된 기저부.

holoenzyme(전효소) 주효소와 보조인자로 이루어진 효소.

homolactic(동형젖산의) 발효를 통해 오직 젖산만을 생산하는 생물을 이르는 용어; 예) *Streptococcus*.

horizontal gene transfer(수평유전자이동) 같은 세대에 있는 두 개체 사이에 일어나는 유전자 전달.

host(숙주) 병원체가 감염하는 생명체. definitive host; intermediate host 참조.

host range(숙주범위) 해당 병원체가 감염할 수 있는 종, 균주 또는 세포형.

hot-air sterilization(열기멸균) 오븐을 이용하여 170°C에서 약 2시간 살균.

human leukocyte antigen (HLA) complex(인간백혈구항원 복합체) 인간 세포 표면 항원. major histocompatibility complex(주조직적합성 복합체) 참조.

Human Microbiome Project(인간 미생물군집 프로젝트) 인체에서 발견되는 미생물 군집들의 특성을 규명하려는 프로젝트.

humanized antibody(인화항체) 유전자 조작된 쥐에서 생산되는 인간 항체.

humoral immunity(체액성면역) 체액에 들어 있는 항체가 만드는 면역으로 B세포가 매개함; 항체-매개 면역이라고도 부름.

hyaluronidase(히알루로니다아제) 특정 세균이 분비하는 효소로 히알루론산을 가수분해하고 미생물이 감염 시작부위에서 퍼져나가는 것을 촉진함.

hybridoma(하이브리도마) 항체를 생산하는 B 세포와 암세포를 융합시켜 만든 세포.

hydrogen bond(수소결합) 산소나 질소에 공유결합된 수소원자와 마찬가지로 공유결합된 다른 수소 원자 사이의 결합.

hydrolysis(가수분해) 화합물이 물 분자의 H^+, OH^- 와 반응하는 과정에서 일어나는 분해과정.

hydroxide(수산화물) OH^-; 염을 생성하는 음이온.

hydroxyl(수산기) $-OH$; 분자에 공유결합하여 해당 알코올을 생성함.

hydroxyl radical(수산 라디칼) 이온화 방사선과 유산소 호흡에 의해 세포질에서 만들어지는 독성 산소 형태(OH •).

hyperacute rejection(초급성거부반응) 매우 급속한 이식 조직 거부 반응으로 보통 사람의 조직이 아닌 경우에 일어남.

hyperbaric chamber(고압실) 1기압보다 높은 압력을 유지하는 장치 또는 공간.

hypersensitivity(과민반응) 병리학적 변화에 이른 변형 촉진된 면역반응; 알레르기라고도 함.

hyperthermophile(초고온성생물) 최적 성장 온도가 최소 80℃ 이상인 생물; extreme thermophile이라고도 함.

hypertonic solution(고장액) 용질의 농도가 등장액보다 더 높은 용액.

hypha(균사, 팡이실) 곰팡이 또는 방선균에서 볼 수 있는가는 실 모양의 세포.

hypotonic solution(저장액) 용질의 농도가 등장액보다 더 낮은 용액.

ID_{50}(중간감염량) 시험 대상 숙주 집단 50%에서 감염을 나타내는 데 필요한 미생물의 수.

idiophase(생산기) 산업용 세포 집단의 생산 곡선에서 2차 대사산물이 생산되는 기간; 빠른 성장기 뒤에 오는 정지기. trophophase 참조.

IgA(면역글로불린 A) 분비물에서 발견되는 항체 부류.

IgD(면역글로불린 D) B 세포에서 발견되는 항체 부류.

IgE(면역글로불린 E) 과민반응에 관여하는 항체 부류.

IgG(면역글로불린 G) 혈청에 가장 많은 항체 부류.

IgM(면역글로불린 M) 항원에 노출 시 가장 먼저 나타나는 항체 부류.

immune complex(면역복합체) 순환하는 특정 항원-항체의 집합체로 보체 고정 능력이 있음.

immune serum globulin(면역혈청글로불린) gamma globulin(감마 글로불린) 참조.

immune surveillance(면역감시) 암에 대한 신체의 면역반응.

immunity(면역) adaptive immunity(적응면역), innate immunity(선천성 면역)참조.

immunization(면역법, 예방접종) vaccination 참조.

immunodeficiency(면역결핍) 적당한 면역반응이 없는 상태; 선천성 또는 후천성일 수 있음.

immunodiffusion test(면역확산검사) 한천 겔 배지에서 수행되는 침전반응 검사.

immunoelectrophoresis(면역전기영동) 전기영동 분리에 의한 단백질 확인 방법으로 혈청학적 검사가 뒤따름.

immunofluorescence(면역형광) fluorescent-antibody technique 참조.

immunogen(면역원) antigen(항원) 참조.

immunoglobulin (Ig)(면역글로불린) 특정 항원에 대하여 만들어지는 특정 단백질로 해당 항원과 반응할 수 있음.

immunology(면역학) 병원체에 대한 숙주의 방어를 연구하는 대한 학문 분야.

immunosuppression(면역억제) 면역반응 억제.

immunotherapy(면역치료) 면역계를 이용하여 암세포를 공격하는 것으로 정상 면역반응을 향상시키거나 독소를 지닌 특정 항체를 사용하기도 함. immunotoxin(면역독소) 참조.

immunotoxin(면역독소) 단일클론 항체에 결합된 독소가 있는 면역 치료제.

inapparent infection(불현성 감염) subclinical infection 참조.

incidence(발병률) 특정 집단 내에서 일정 기간 동안 해당 질병에 병에 걸린 사람의 수.

inclusion(봉입) 세포 안에 들어 있는 물질로 종종 저장 침전물을 이룸.

inclusion body(봉입체) 세포질 또는 일부 감염된 세포의 핵에 있는 과립 또는 바이러스 입자; 감염을 일으킨 바이러스 확인에 중요함.

incubation period(잠복기) 실제 감염에서 질병의 증상이 처음 나타나기까지의 시간 간격.

indicator organism(지표생물) 대장균형(coliform)과 같은 미생물로 이들이 발견되면 해당 식품이나 물이 분변 오염되었음을 의미함.

indirect (passive) agglutination test(간접응집검사) 라텍스 또는 기타 작은 입자에 부착된 가용 항원을 이용한 응집 검사.

indirect contact transmission(간접접촉감염) 매개물(무생물체)에 의한 병원체의 전파.

indirect FA test(간접 FA 검사) 특정 항체의 존재를 검출하는 형광 항체 검사.

inducer(유도물질) 특정 유전자의 전사를 유도하는 화학물질 또는 환경 자극.

induction(유도) 해당 유전자의 전사를 시작하게 하는 과정.

infection(감염) 몸에서 몸생물이 성장하는 것.

infectious disease(감염증) 병원체가 취약한 숙주에 침투하여 그 숙주 안에서 최소한 생활사의 보내는 질병.

inflammation(염증) 조직 손상에 대한 숙주의 반으로 발진, 통증, 발열, 붓기 등이 특징임; 종종 기능 상실도 생김.

innate immunity(선천성 면역) 모든 병원체에 대해 보호를 하는 숙주의 방어. adaptive immunity(적응면역) 또한 참조.

inoculum(접종원) 배양을 시작하기 위하여 배양액에 도입하는 미생물.

inorganic compound(무기화합물) 탄소와 수소가 들어 있지 않는 작은 분자.

insertion sequence (IS)(삽입서열) 가장 단순한 형태의 전이인자(transposon).

integrase(통합효소) HIV가 만드는 효소로 HIV DNA가 숙주세포의 DNA로 삽입되어 통합되게 함.

interferon (IFN)(인터페론) 특정 그룹의 사이토카인. 알파-IFN과 베터-IFN은 바이러스 감염에 대한 반응으로 특정 동물세포가 생산하는 항바이러스 단백질임.

interleukin (IL)(인터루킨) T세포 증식을 유발하는 화학물질. cytokine(사이토카인) 참조.

intermediate host(중간숙주) 유충 또는 무성 단계의 연충 또는 원생동물을 가지고 있는 생물.

intoxication(중독) 미생물이 생산한 독소를 섭취한 결과로 생기는 상태.

intron(인트론) 진핵생물의 유전자에서 단백질이나 mRNA를 부호화하지 않는 부위.

intubation(삽관) 몸 안으로 관을 넣는 것; 기관 삽관을 통해 폐로 공기를 들여보낼 수 있음.

invasin(인베이진) *Salmonella typhimurium*와 *Escherichia coli*가 생산하는 표면 단백질로 숙주세포의 세포골격에서 액틴 필라멘트를 재배열시킴.

iodophor(아이오도포) 요오드와 세제의 복합체.

ion(이온) 음전하 또는 양전하를 가진 원자 또는 원자 그룹.

ionic bond(이온결합) 원자가 최외각 에너지 준위에서 전자를 얻거나 잃을 때 형성되는 결합.

ionization(이온화) 분자가 이온으로 분리(해리)되는 것.

ionizing radiation(이온화 방사선) 1 nm 이하 파장의 고에너지 방사선; 이온화를 일으킴. 예로 X-선과 감마선을 들 수 있음.

ischemia(허혈) 국소적인 혈류 저하.

isograft(동계이식) 일란성 쌍둥이처럼 유전적으로 동일한 근원에서 유래한 조직 이식.

isomer(이성질체) 화학 분자식은 같지만 구조가 다른 하나 또는 두 개의 분자.

isotonic solution(등장액) 세포를 담그었을 때, 세포막을 사이에 두고 삼투압이 같은 용액.

isotope(동위원소) 핵 안의 중성자 개수가 서로 다른 동일한 화학원소의 형태.

karyogamy(핵융합) 두 세포 핵의 융합; 곰팡이 생활환 중 유성시기에 일어남.

kelp(대형갈조) 다세포 갈조류.

keratin(케라틴) 표피, 머리카락, 손발톱 등에서 발견되는 단백질.

ketolide(케톨리드) 준합성 매크로라이드(macrolide) 항생제; 매크로라이드 내성 세균에 효과적임.

kinase(인산화효소) (1) ATP에서 Ⓟ를 떼어내어 다른 분자에 붙이는 효소. (2) 피브린(혈전)을 분해하는 세균 효소.

kingdom(계) 영역과 문 사이의 분류 단위.

Kirby-Bauer test(커비 바우어 검사) disk-diffusion method 참조.

Koch's postulates(코흐 원칙) 감염증의 원인체 규명에 사용되는 기준.

koji(코지) 쌀에 미생물(보통 *Aspergillus oryzae*)을 접종하여 발효한 것; 아밀라아제 생산에 이용됨.

Krebs cycle(크렙스 회로) NAD^+ 와 다른 운반체에 전자를 전달하며 2탄소 화합물을 CO_2로 전환하는 회로; 3카르복실산(tricarboxylic acid, TCA) 회로 또는 구연산(citric acid) 회로라고도 함.

lactic acid fermentation(젖산발효) 해당과정으로 시작하여 젖산을 만들면서 NADH를 재산화시키는 이화과정.

lagging strand(지체가닥) DNA 복제 동안 비연속적으로 합성되는 딸가닥.

lag phase(유도기) 세균 성장곡선에서 성장이 일어나지 않는 시기.

larva(유충, 유생, 애벌레) 연충 또는 절지동물의 성적으로 미성숙한 단계.

latent disease(잠복병) 병원체가 활동하지 않아 증상이 나타나지 않는 기간이 있는 것이 특징인 질병.

latent infection(잠복감염) 병을 일으키지 않으면서 병원체가 오랫동안 숙주 안에 머무르는 상태.

LD_{50}(반치사량) 해당 물질을 투여한 숙주의 50%를 일정 시간 내에 죽게 하는 양.

leading strand(선도가닥) DNA 복제 동안 연속적으로 합성되는 딸가닥.

lectin(렉틴) 세포 표면에 있는 탄수화물 결합 단백질로 항체는 아님.

lepromin test(레프로민시험) 한센병 원인균인 *Mycobacterium leprae*에 대한 항체 존재 여부를 알아내는 피부 검사.

leukocidins(류코시딘) 일부 세균이 만드는 물질로 호중구와 대식세포를 파괴할 수 있음.

leukocyte(백혈구) 백혈구.

leukotriene(류코트리엔) 비만세포와 호염기백혈구가 만드는 물질로 혈관의 투과성을 증가시키고 식세포가 병원체와 결합하는 것을 도움.

L form(L형균) 세포벽이 없는 원핵세포; 세포벽이 있는 상태로 돌아올 수 있음.

lichen(지의류) 곰팡이와 조류 또는 남세균 간의 상리공생 관계.

ligand(리간드, 배위자) adhesion(부착소) 참조.

light-dependent (light) reaction(명반응) 빛에너지를 이용하여 ADP와 인산염을 ATP로 바꾸는 과정. Photophosphorylation 또한 참조.

light-independent (dark) reactions(암반응) ATP에서 오는 전자와 에너지를 이용하여 CO_2를 당으로 환원시키는 과정. Calvin-Benson cycle 참조.

light-repair enzyme(광수선효소) photolyase 참조.

limnetic zone(준조광대) 물가에서 떨어져 있는 담수의 수면 수역.

Limulus amebocyte lysate (LAL) assay(리물루스 아메보사이트 라이세이트 검사) 세균의 내독소 검사법.

lipase(지질가수분해효소, 리파아제) 트리글리세리드(triglyceride)를 그 구성 성분인 글리세롤과 지방산으로 분해하는 효소.

lipid(지질) 트리글리세리드, 인지질, 스테롤 등을 비롯한 불용성 유기 분자.

lipid A(지질 A) 그람음성세균 외막의 구성 성분 중 하나A; 내독소임.

lipid inclusion(지질봉입) inclusion 참조.

lipopolysaccharide (LPS)(지질다당류) 지질과 다당류로 이루어진 분자로 그람음성세균의 외막을 형성함.

L-isomer(L-이성질체) 하나의 탄소에 붙은 서로 다른 4개의 원자 또는 원자단의 배열. **D**-isomer 참조.

lithotroph(무기영양생물) autotroph(독립영양체) 참조.

littoral zone(연안대) 상당한 양의 식생이 있고 빛이 바닥까지 투과하는 바다나 큰 호수의 연안 지역.

local infection(국소감염) 병원체가 몸의 작은 부위에 제한되어 일으키는 감염.

localized anaphylaxis(국소과민증) 피부나 점막의 제한된 부위에 국한된 즉각적인 과민반응; 예로 건초열, 피부발진, 천식 등이 있음. systemic anaphylaxis 참조.

logarithmic decline phase (로그쇠퇴기) death phase(사멸기) 참조.

log phase(로그기) 세균 성장 또는 세포 수가 기하급수적으로 증가하는 기간; 지수성장기라고도 함.

lophotrichous(총모성) 세포의 한쪽 끝에 두 개 또는 그 이상의 편모를 지닌.

luciferase(발광효소) 플라보단백질에서 전자를 받아 생물발광에서 광자를 발하는 효소.

lymphangitis(림프관염) 림프관에 생긴 염증.

lymphocyte(림프구) 특정 면역반응에 관여하는 백혈구.

lyophilization(또는 freeze-drying)(동결건조) 진공 상태에서 해당 물질을 얼려 얼음을 승화시키는 것.

lysis(용해, 용균) (1) 원형질막 파열에 의한 세포 파괴로 세포질이 손실됨. (2) 질병의 경우, 점진적인 하강기.

lysogenic conversion(용원화변환) 용원성 파지(lysogenic phage)의 감염으로 숙주 세균이 새로운 특성을 획득하는 현상.

lysogenic cycle(용원성 생활사) 세균 바이러스의 숙주 감염 시, 바이러스의 DNA가 숙주의 DNA로 끼어 들어가는 일련의 과정.

lysogeny(용원성) 파지 DNA가 숙주 DNA에 삽입되어 용균을 일으키지 않고 있는 상태.

lysosome(리소좀) 분해효소가 들어 있는 세포내 소기관.

lysozyme(리소자임) 세균의 세포벽을 가수분해할 수 있는 효소.

lytic cycle(용균성 생활사) 파지의 증식 결과 용균이 일어나는 과정.

macrolide(매크로라이드) 단백질 합성을 억제하는 항생제의 한 종류; 예) 에리트로마이신.

macromolecule(거대분자) 분자량이 큰 유기 분자.

macrophage(대식세포) 일종의 식세포; 성숙한 단핵백혈구의 일종. fixed macrophage, free wandering macrophage 참조.

macule(반점) 편평하고 붉은 피부 병변.

maculopapular(반구진) 반점과 구진이 동반된 발진.

magnetosome(마그네토좀) 일부 그람음성세균이 만드는 산화철 입자로 자석과 같은 기능을 함.

major histocompatibility complex (MHC)(주조직적합성 복합체) 주조직 항원을 부호화하는 유전자; 사람백혈구항원(human leukocyte antigen, HLA) 복합체라고도 함.

malolactic fermentation(말로락틱 발효) 젖산세균이 사과산(malic acid)을 젖산으로 전환시키는 것.

malt(맥아) 맥아당(maltose)과 포도당, 아밀라아제 등이 들어 있는 발아된 보리알.

malting(맥아제조) 전분이 들어 있는 곡물 알갱이를 발아시켜 포도당과 맥아당을 생산하는 것.

margination(변연) 식세포가 혈관벽에 부착하는 과정.

mast cell(비만세포) 전신에 퍼져 있는 세포로 히스타민 및 기타 혈관 확장 물질이 들어 있음.

matrix(기질) 미토콘드리아 안에 있는 액체.

maximum growth temperature(최고성장온도) 해당 종이 증식할 수 있는 가장 높은 온도.

M (microfold) cell(M 세포) 항원을 흡수하여 림프구에 전달하는 세포로 페이에르판(Peyer's patch)에 있음.

mechanical transmission(기계적 전이) 절지동물의 발 등에 병원체가 묻어서 전염이 전파되는 과정.

medulla(수질, 수, 수층) 조류(또는 남세균)와 곰팡이로 이루어진 지의류의 몸체.

meiosis(감수분열) 염색체 수가 원래 세포의 절반으로 줄어든 세포가 만들어지는 진핵세포의 복제과정.

membrane attack complex (MAC)(막공격복합체) 세포막에서 손상을 일으켜 세포 사멸에 이르게 하는 보체단백질 C5~C9.

membrane filter(막여과기) 미생물이 통과할 수 없을 정도의 작은 구멍이 있는 막; 대부분의 세균은 0.45 μm 필터를 통과하지 못함.

memory cell(기억세포) 기억 또는 2차 반응을 담당하는 수명이 긴 B 또는 T 세포.

memory response(기억반응) 해당 항원에 대한 최초 반응 후 그 다음에 노출 시 항체 역가가 급격히 증가하는 것; 기왕(성)반응 또는 2차반응이라고도 함.

meningitis(수막염) 뇌와 척수를 덮고 있는 세 개의 막인 뇌척수막에 생기는 염증.

merozoite(분열소체, 난충) 적혈구 또는 간 세포에서 발견되는 *Plasmodium*의 영양체.

mesophile(중온성 생물) 약 10℃ ~ 50℃ 범위에서 사는 생물; 중온성 미생물.

mesosome(메소좀) 원핵세포의 원형질막에 있는 불규칙한 주름으로 현미경 관찰용 시료 제작 과정에서 생긴 인공물임.

messenger RNA (mRNA)(전령 RNA) 아미노산이 단백질로 합성되는 것을 지시하는 RNA 분자.

metabolic pathway(대사경로) 세포 안에서 일어나는 일련의 효소 촉매반응.

metabolism(물질대사) 살아 있는 세포 안에서 일어나는 모든 화학반응의 합.

metabolomics(대사체학) 성장하는 세포와 관련하여 그 내부와 주변에 생기는 작은 분자들을 연구하는 학문 분야.

metacercaria(메타세르카리아, 피낭유충) 최종 중간숙주 안에서 흡충이 포낭으로 싸여 있는 단계.

metachromatic granule(이염색성 과립) 무기인산염의 저장 과립으로 파란색의 특정 염료에 의해 빨간색으로 염색됨; *Corynebacterium diphtheriae*의 특징. volutin이라고 총칭함.

metagenomics 배양을 거치지 않고 환경 시료에서 직접 DNA를 분리하고 염기서열을 결정하여 해당 시료에 존재하는 유전체를 연구하는 학문.

methane(메탄) 미생물이 유기물질을 분해할 때 발생하는 가연성 가스로 CH_4로 표기함; 천연가스.

methylase(메틸화효소) 해당 분자에 메틸기($-CH_3$)를 붙이는 효소; 메틸화된 시토신은 제한효소의 절단에서 보호됨.

microaerophile(저산소성 생물) 산소의 농도가 보통 공기보다 낮은 환경에서 성장하는 생물.

microarray(유전자미세배열) 유리 표면에 부착된 DNA 탐침들로 해당 시료 DNA에서 특정 염기서열을 찾아내는 데에 사용됨.

micrometer (μm)(마이크로미터) 10^{-6} m에 해당하는 길이의 단위.

microorganism(미생물) 작아서 맨눈으로는 볼 수 없는 생물; 세균, 곰팡이, 원생동물, 미세조류 등이 있음; 바이러스도 포함됨.

microRNA (miRNA)(미소 RNA) 상보적인 mRNA의 번역을 막는 단일가닥의 작은 RNA.

microtubule(미세소관) 튜뷸린(tubulin) 단백질로 이루어진 속이 빈 관; 진핵생물의 편모와 중심립의 구조적 단위.

microwave(마이크로파) 10^{-1}, 10^{-3} m 범위의 파장을 갖는 전자기방사선.

minimal bactericidal concentration (MBC)(최소살균농도) 해당 미생물을 죽일 수 있는 화학요법제의 최소 농도.

minimal inhibitory concentration (MIC)(최소억제농도) 해당 미생물의 성장을 억제하는 화학요법제의 최소 농도.

minimum growth temperature(최저생육온도) 해당 생물종이 성장할 수 있는 가장 낮은 온도.

miracidium(흡충섬모충) 알에서 부화된 흡충의 애벌레로 섬모가 있고 자유유영을 함.

missense mutation(과오돌연변이) 단백질에서 아미노산 치환의 결과를 초래하는 돌연변이.

mitochondrion(복수형: mitochondria)(미토콘드리아) 크렙스 회로 효소와 전자전달계가 들어 있는 세포내소기관.

mitosis(유사분열, 체세포분열) 염색체가 2벌로 복제되는 진핵생물의 세포 복 과정; 보통 세포질분열이 뒤따름.

mitosome(미토솜) 퇴화된 미토콘드리아에서 유래된 진핵생물의 소기관으로 *Trichomonas*와 *Giardia*에서 발견됨.

MMWR 주간 질병과 사망 소식지(*Morbidity and Mortality Weekly Report*); 법정전염병과 주요 관심 질병에 대한 자료가 수록된 미국 질병통제예방센터(CDC)의 간행물.

mole(몰) 해당 화합물 분자에 있는 모든 원자의 원자량과 같은 그 화합물의 양.

molecular biology(분자생물학) 살아 있는 생물의 DNA와 단백질 합성 등을 다루는 생물학 분야.

molecular clock(분자시계) 생물의 염기서열에 근거한 진화의 시각표.

molecular weight(분자량) 한 분자를 구성하고 있는 모든 원자들의 원자량의 합.

molecule(분자) 특정 화합물을 이루고 있는 원자들의 조합.

monoclonal antibody (Mab)(단일클론 항체) 생체 밖에서 암세포에 결합된 B 세포의 단일클론으로부터 만들어진 항체.

monocyte(단핵백혈구) 대식세포의 전구체인 백혈구.

monoecious(암수한몸의, 암수동주의) 암수의 생식능력을 모두 가지고 있는.

monomer(단량체) 중합체의 조립 단위가 되는 작은 분자.

monomorphic(단현성의, 동형의) 한 가지의 형태만 가지는; 대부분의 세균의 모양은 항상 유전적으로 결정됨. pleomorphic 참조.

mononuclear phagocytic system(단핵식세포계) 비장, 간, 림프절 및 적색골수에 있는 고정된 대식세포계.

monosaccharide(단당류) 3~7개의 탄소 원자로 이루어진 당.

monotrichous(단모성) 편모가 하나인.

morbidity(이환수, 이환상태) (1) 특정 질병의 발병 수. (2) 병이 걸린 상태.

morbidity rate(이환율) 전체 인구와 대비하여 일정 기간 동안에 해당 병에 걸린 사람의 수.

mordant(매염제) 염색을 더 강화시키기 위해서 염색용액에 첨가하는 물질.

mortality(사망자 수) 특정 법정전염병으로 인한 사망자 수.

mortality rate(사망률) 전체 인구와 대비하여 일정 기간 동안에 발생한 해당 병에 의한 사망자 수.

most probable number (MPN) method(최확수법) 물 100 ml 당 또는 음식 100 g 당 존재하는 대장균류 수를 통계적으로 계수하는 방법.

motility(운동성) 스스로 움직이는 생물의 능력.

M protein(M 단백질) 연쇄상구균의 세포벽 및 피브릴(fibril)의 내열 및 내산 단백질.

mucous membranes(점막) 외부로 열려 있는 장관을 비롯하여 외부 환경과 접하는 신체의 노출 부위를 싸고 있는 막; mucosa라고도 함.

mutagen(돌연변이유발원) 돌연변이를 일으키는 환경 물질.

mutation(돌연변이) DNA에 있는 염기서열의 변화.

mutation rate(돌연변이율) 세포가 분열할 때마다 해당 유전자에 돌연변이가 생길 확률.

mutualism(상리공생) 공생의 한 형태로서 두 생물체 모두에게 이익이 되는 관계.

mycelium(균사체) 분기되고 뒤얽혀 있는 긴 실과 같은 세포들의 덩어리.

mycolic acid(미콜산) *Mycobacterium* 속 세균의 특징인 분기된 긴 지방산 사슬.

mycology(균학) 곰팡이를 다루는 학문 분야.

mycorrhiza(균근) 식물 뿌리와 공생 관계로 자라는 곰팡이.

mycosis(진균증) 균류에 의한 감염.

mycotoxin(진균독소) 곰팡이가 만드는 독소.

NAD^+(니코틴아미드아데닌뉴클레오티드) 기질 분자에서 수소이온(H^+)과 전자를 떼어내고 운반하는 기능을 하는 조효소.

$NADP^+$(니코틴아미드아데닌뉴클레오티드인산) NAD^+와 유사한 조효소.

nanobacteria(나노세균) 일반적으로 받아들여지고 있는 세균의 최소 직경(약 200 nm)보다 훨씬 작은 것으로 가정된 세균.

nanometer (nm)(나노미터) 10^{-9} m 또는 10^{-3} μm에 해당하는 길이의 단위.

nanotechnology(나노기술) 분자 또는 원자 크기의 제품을 만드는 기술.

NA (neuraminidase) spikes(NA 스파이크) *Influenzavirus*의 외부 지질 이중막에서 돌출된 항원.

natural killer (NK) cell(자연살생세포) 종양 세포와 바이러스에 감염된 세포 등을 파괴하는 림프계 세포.

naturally acquired active immunity(자연획득능동면역) 해당 질병에 반응으로 나타나는 항체의 생산.

naturally acquired passive immunity(자연획득수동면역) 태반을 통한 전달처럼 체액성 항체의 자연 전달.

natural selection(자연선택) 특정 유전 형질을 지닌 생명체가 다른 형질을 지닌 생명체보다 더 잘 생존하여 번식하는 과정.

necrosis(괴사) 조직의 사멸.

negative (indirect) selection(음성선별) 복제평판(replica plating)을 이용하여 특정 조건에서 자라지 못하는 세포를 선별하여 돌연변이를 찾아내는 과정.

negative staining(매질염색) 염색된 배경에 세균이 무색으로 보이게 하는 염색과정.

neurotoxin(신경독) 정상적인 신경자극전달을 방해하는 외독소.

neutralization(중화) 세균의 외독소 또는 바이러스를 불활성화시키는 항원-항체 반응.

neutron(중성자) 원자의 핵에 있는 하전되지 않은 입자.

neutrophil(호중구) 식작용이 매우 강한 과립성 백혈구; 다형핵백혈구[polymorphonuclear leukocyte (PMN) 또는 polymorph]라고도 함.

nitrification(질소화) 암모니아 질산염으로 산화되는 과정.

nitrogen cycle(질소순환) 자연에서 질소 기체(N_2)가 유기질소로 전환되었다가 다시 돌아오는 일련의 과정.

nitrogen fixation(질소고정) 질소 기체(N_2)가 암모니아로 전환되는 과정.

nitrosamine(니트로사민) 아질산과 아미노산이 결합하여 생성되는 발암물질.

noncommunicable disease(비전염성질병) 한 사람에서 다른 사람으로 전파되지 않는 질병.

noncompetitive inhibitor(비경쟁억제제) 효소의 활성부위를 놓고 기질과 경쟁하지 않는 억제 화합물. allosteric inhibition 참조.

noncyclic photophosphorylation(비순환적 광인산화) 엽록소에서 NAD^+로의 전자의 이동; 식물과 남세균의 광인산화.

nonionizing radiation(비이온 방사선) 이온화를 유발하지 않는 단파장의 방사선; 자외선(UV)이 한 예임.

non-nucleoside reverse transcriptase inhibitor(비뉴클레오시드 역전사효소 저해제) HIV의 역전사효소에 직접 결합해 이 효소의 작용을 억제하는 약물.

nonsense codon(정지코돈) 어떤 아미노산도 부호화하지 않는 코돈.

nonsense mutation(정지돌연변이) 비인식 코돈을 초래하는 염기의 치환.

normal microbiota(정상미생물상) 질병을 유발하지 않고 숙주에 서식하는 미생물의 총칭; normal flora라고도 함.

nosocomial infection(병원감염) 입원 시에는 없었으나 입원 중에 생긴 감염; 의료관리시설에서 통해 획득되는 감염.

notifiable infectious disease(법정전염병) 의사가 보건 당국에 보고해야만 하는 질병; reportable disease라고도 함.

nuclear envelope(핵막) 진핵세포에서 세포질과 핵을 분리해주는 이중막.

nuclear pore(핵공) 핵막에 있는 구멍으로 이를 통해 물질이 핵을 출입함.

nucleic acid(핵산) 뉴클레오티드로 이루어진 거대분자; DNA와 RNA가 핵산임.

nucleic acid amplification test (NAAT)(핵산증폭검사) 배양을 하지 않고 표적 생물의 특이적인 핵산 서열을 증폭함으로써 그 생물을 확인하는 검사.

nucleic acid hybridization(핵산잡종형성) 상보적인 DNA 가닥에 결합시키는 과정.

nucleic acid vaccine(핵산백신) DNA로 된 백신으로 보통 플라스미드 형태임.

nucleoid(핵양체) 세균 세포에서 염색체가 모여 있는 지역.

nucleolus (복수형: nucleoli)(인) 진핵생물의 핵에서 rRNA 합성이 일어나는 지역.

nucleoside(뉴클레오시드) 퓨린 또는 피리미딘 염기와 5탄당으로 이루어진 화합물.

nucleoside reverse transcriptase inhibitor(뉴클레오시드 역전사효소저해제) 뉴클레오시드와 유사한 항레트로바이러스 약물.

nucleotide(뉴클레오티드) 퓨린 또는 피리미딘 염기와 5탄당, 그리고 인산으로 이루어진 화합물.

nucleotide (or nucleoside) analog[뉴클레오티드(또는 뉴클레오시드) 유사체] 정상 뉴클레오티드 또는 뉴클레오시드와 그 구조가 유사하지만 염기 결합이 특성이 다른 화학물질.

nucleotide excision repair(뉴클레오티드절제수선) 잘못된 뉴클레오티드를 제거하고 제대로 된 것으로 교체하는 DNA 수선.

nucleus(핵) (1) 원자에서 양성자와 중성자로 구성된 부분. (2) 진핵세포에서 유전물질이 들어 있는 곳.

numerical identification(수리동정) 시험 결과를 번호로 부여하는 세균 동정법.

nutrient agar(영양한천) 영양액이 들어 있는 한천.

nutrient broth(영양액) 소고기 추출물과 펩톤으로 만든 복합배지.

O antigen(O 항원) 그람음성세균 외막에 있는 다당류 항원으로 혈청학적 검사로 알 수 있음.

objective lenses(대물렌즈) 복합현미경에서 시료에 가까운 렌즈.

obligate aerobe(절대 산소요구성 생물) 생존에 산소 분자(O_2)가 반드시 있어야 하는 생물.

obligate anaerobe(절대 무산소 생물) 산소 분자(O_2)를 사용하지 못할 뿐만 아니라 (O_2)가 있으면 죽는 생물.

obligate halophile(절대 호염성 생물) 고농도의 NaCl처럼 높은 삼투압을 필요로 하는 생물.

ocular lens(대안렌즈) 복합현미경에서 관찰자의 눈에 가까운 렌즈; eyepiece라고도 함.

oligodynamic action(미량금속독작용) 미량의 중금속 화합물이 항미생물 효과를 나타내는 현상.

oligosaccharide(올리고당) 대략 2~20개의 단당류로 이루어진 탄수화물.

oncogene(암유전자) 악성변환(종양형성)을 유발하는 유전자.

oncogenic virus(종양바이러스) 종양을 일으킬 수 있는 바이러스; oncovirus라고도 함.

oocyst(접합자낭) 다음 감염 단계를 위한 세포분열이 일어나고 있는 포낭에 싸인 아피콤플렉산 배우체.

Opa 세균 외부막 단백질의 일종; Opa가 있는 세포는 뿌연 군체(colony)를 형성함.

operator(작동유전자) 구조유전자에 인접해 있는 DNA 부위로 그 구조유전자의 전사를 제어함.

operon(오페론) 작동유전자(operator) 및 촉진유전자(promoter) 부위와 이들이 조절하는 구조유전자 전체.

opportunistic pathogen(기회감염병원체) 보통은 병을 일으키지 않지만 특정 환경에 처하면 병원성이 될 수 있는 미생물.

opsonization(옵소닌작용) 특정 혈청 단백질(옵소닌, opsonin)로 미생물을 감싸서 식균작용을 증가시키는 것; 면역부착반응(immune adherence)이라고도 함.

optimum growth temperature (최적성장온도) 해당 생물종이 가장 잘 자라는 온도.

order(목) 강(class)과 과(family) 사이의 분류군.

organotroph(유기영양생물) heterotroph 참조.

organelle(소기관) 진핵세포에 존재하는 막으로 둘러싸여 있는 구조물.

organic compound(유기화합물) 탄소와 수소를 가지고 있는 분자.

organic growth factor(유기성장인자) 해당 생물이 합성할 수 없는 필수 유기 화합물.

osmosis(삼투) 저농도의 용질이 있는 구역에서 고농도의 용질이 있는 구역으로 선택적 투과막을 통한 용매의 순이동.

osmotic lysis(삼투용해) 세포 안으로의 물 이동 때문에 생기는 원형질막의 파열.

osmotic pressure(삼투압) 저농도 용액에서 고농도 용액으로 용매가 이동하여 생기는 힘.

용어해설

oxidation(산화) 분자에서 전자를 제거하는 것.

oxidation pond(산화 촉진 연못) 정체된 얕은 연못에서 미생물 활성을 이용한 2차하수처리 방법.

oxidation-reduction(산화-환원) 한 물질이 산화되면서 다른 하나가 환원되는 짝반응; redox 반응이라고도 함.

oxidative phosphorylation(산화적 인산화) 전자전달과 연계된 ATP 합성.

oxygenic(산소발생성) 식물과 남세균의 광합성에서처럼 산소를 발생하는.

ozone(오존) O_3.

PAMP (pathogen-associated molecular patterns)(병원체관련 분자구조) 병원체에 존재하는 분자로 숙주가 비자기로 인식함.

pandemic disease(범세계적 전염병) 전세계적으로 일어나는 전염병.

papule(구진, 여드름) 피부에 난 작고 단단한 돌기.

parasite(기생체, 기생생물) 살아있는 숙주에서 영양분을 흡수하는 생물.

parasitism(기생) 하나의 생물(기생체)이 상대방(숙주)에게 아무런 이득을 주지 않고 이용하는 공생 관계.

parasitology(기생충학) 기생 원생동물과 기생충을 연구하는 학문 분야.

parenteral route(비경구 경로) 병원체가 피부와 점막 아래의 조직으로 직접 들어갈 수 있는 입구.

pasteurization(저온살균법) 특정 부패 미생물 또는 병원체를 상대적으로 약한 열로 죽이는 방법.

pathogen(병원체) 질병을 일으키는 미생물.

pathogenesis(병원론, 병인론) 질병이 생겨나는 방식.

pathogenicity(병원성) 해당 미생물이 숙주의 방어를 극복하고 병을 일으키는 능력.

pathology(병리학) 질병을 연구하는 학문 분야.

pellicle(박막, 외피, 피막) (1)일부 원생동물의 유연성 있는 껍데기. (2) 액체 배지 표면에 떠있는 더껑이.

penicillin(페니실린) *Penicillium*이 생산하거나(천연 페니실린) 또는 베타-락탐 고리에 곁사슬을 첨가하여 만든 일군의 항생제.

pentose phosphate pathway(5탄당 인산경로) 해당과정과 동시에 진행되어 ATP 생산 없이 오탄당과 NADH를 생산할 수 있는 대사경로; hexose monophosphate shunt라고도 함.

peptide bond(펩티드 결합) 한 분자의 물이 빠지면서 한 아미노산의 아미노기와 다른 아미노산의 카르복실기가 연결되는 결합.

peptidoglycan(펩티도글리칸) N-아세틸글루코사민(N-acetylglucosamine)과 N-아세틸뮤람산(N-acetylmuramic acid), 펩티드 곁사슬로 이루어진 세균 세포벽의 구조 분자.

perforin(퍼포린) 표적 세포막에 구멍을 내는 단백질로 세포독성 T 림프구에서 분비됨.

pericarditis(심막염) 심장을 둘러싼 막인 심막의 염증.

period of convalescence(회복기) 병에 걸리기 이전의 몸 상태로 회복되고 있는 기간.

peripheral nervous system (PNS)(말초신경계) 중추신경계와 몸의 주변 부위를 연결하는 신경들.

periplasm(주변세포질) 그람음성세균에서 세포막과 외막 사이의 지역.

peritrichous(주모성) 세포 전체에 걸쳐 편모가 있는.

peroxidase(과산화효소) 과산화수소를 분해하는 효소: $H_2O_2 + 2H^+ \rightarrow 2H_2O$

peroxide anion(과산화물 음이온) 두 개의 산소 원자로 된 산소 음이온(O_2^{2-}).

peroxisome(퍼옥시좀) 아미노산, 지방산, 알코올 등을 산화시키는 소기관.

peroxygen(퍼옥시젠) 산화형 소독제의 일종.

persistent viral infection(지속바이러스감염) 장기간에 걸쳐 점진적으로 일어나는 질병 과정.

Peyer's patches(페이에르판) 장관 벽에 있는 림프성 기관.

PFU (plaque-forming units)(용균반형성단위) 박테리오파지에 의해서 세균 세포가 용해되어 생기는 육안으로 보이는 투명한 부위.

pH 수소이온(H^+) 농도 기호; 용액의 상대적인 산성도 또는 알칼리도 측정.

phage(파지) bacteriophage(박테리오파지) 참조.

phage conversion(파지전환) 박테리오파지에 의한 감염 때문에 숙주세포에 생기는 유전적 변화.

phage typing(파지유형분석) 특정 박테리오파지를 이용하여 세균을 동정하는 방법.

phagocyte(식세포) 몸에 해로운 입자성 물질을 집어삼켜 분해하는 능력이 있는 세포.

phagocytosis(식작용) 진핵세포에 의한 입자성 물질의 섭취.

phagolysosome(파고리소좀) 파고좀과 리소좀이 융합되어 형성된 소포.

phagosome(파고솜) 식세포 안에 있는 식포; phagocytic vesicle이라고도 함.

phalloidin(팔로이딘) *Amanita phalloides*가 생산하는 펩티드 독소로 원형질막 기능에 영향을 미침.

phase-contrast microscope(위상차현미경) 특수 집광 렌즈를 이용하여 세포 내부 구조의 관찰을 가능하게 하는 복합광학현미경.

phenol(페놀) 석탄산(carbolic acid)이라고도 함.

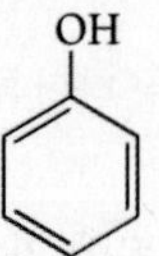

phenolic 소독제로 사용되는 페놀 유도체의 일종.

phenotype(표현형) 해당 생물의 유전형(genotype) 또는 유전적 조성이 밖으로 나타나는 것.

phosphate group(인산기) 다른 분자에 붙어 있는 인산 분자 부분, Ⓟ,

$$PO_4^{3-}, \ {}^-O-\overset{\overset{\displaystyle O}{\|}}{\underset{\underset{\displaystyle O^-}{|}}{P}}-O^-$$

phospholipid(인지질) 글리세롤과 두 개의 지방산, 한 개의 인산기로 이루어진 복합 지질.

phosphorous cycle(인순환) 환경에서 인의 다양한 가용성 단계들.

phosphorylation(인산화) 유기 분자에 인산기를 첨가하는 것.

photoautotroph(광독립영양생물) 빛과 이산화탄소(CO_2)를 각각 에너지원과 탄소원으로 이용하는 생물.

photoheterotroph(광종속영양생물) 빛과 유기물을 각각 에너지원과 탄소원으로 이용하는 생물.

photolyase(포토리아제) 가시광선 하에서 티민2합체를 자르는 효소.

photophosphorylation(광인산화) 일련의 산화-환원 반응을 통한 ATP 생산; 엽록소에서 유래한 전자가 반응을 시작함.

photosynthesis(광합성) 태양에서 온 빛 에너지를 화학 에너지로 전환시키는 과정; 빛을 이용하여 이산화탄소(CO_2)로 탄수화물 합성하는 과정.

phototaxis(주광성) 빛을 향한 움직임.

phototroph(광영양생물) 빛을 주요 에너지원으로 사용하는 생물.

phylogeny(계통학) 특정 생물 집단의 진화적 역사; 계통학적 관계는 진화적 관계임.

phylum(문) 계(kingdom)와 강(class) 사이의 분류군.

phytoplankton(식물플랑크톤) 부유성 광독립영양생물.

pilus(복수형: pili)(선모) 접합과 활주 운동에 사용되는 세균 세포의 부속지.

pinocytosis(음세포작용) 진핵생물에서 원형질막을 함입하여 분자를 받아들이는 것.

plankton(플랑크톤, 부유생물) 유동성 수생 생물.

Plantae(식물계) 섬유소 세포벽을 가진 다세포 진핵생물로 구성된 생물계.

plaque(용균반) 한천 배지에 자란 세균층(bacterial lawn)에 파지에 의한 용균으로 투명하게 된 부위. dental plaque 참조.

plasma(혈장, 플라스마) (1) 혈액의 액체 부분. (2) 멸균에 사용되는 여기된 가스(excited gas).

plasma cell(형질세포) 활성화된 B 세포로 분화되는 세포; 형질세포는 특정 항체를 생산함.

plasma (cytoplasmic) membrane[원형질(세포질)막] 세포질을 둘러싸고 있는 선택적 투과막; 동물세포 에서는 외막이고, 다른 생물에서는 세포벽 안쪽에 있음.

plasmid(플라스미드) 염색체와는 독립적으로 복제하며 보통은 작은 환형의 DNA 분자임.

plasmodium(변형체, 열원충) (1) 변형채성 점균규 등에서 볼 수 있는 다핵성의 원형질 덩어리. (2) 속명으로 쓰이면, 말라라리아의 원인체를 의미함.

plasmogamy(원형질융합) 두 세포의 원형질 융합; 진균의 생활사 중 유성 단계에 일어남.

plasmolysis(원형질분리) 고장액 환경에 있는 세포에서 물이 소실되는 것.

plate count(평판계수) 고체 배양배지에 생성된 군체(colony) 수를 계산하여 세균의 수를 결정하는 방법.

pleomorphic(다형성의) 일부 세균의 특징으로 여러 형태를 지니는.

pluripotent(전분화능의) 여러 가지 다른 형태의 조직으로 분화할 수 있는 세포를 이르는 말.

pneumonia(폐렴) 폐에 생기는 염증.

point mutation(점돌연변이) base substitution 참조.

polar flagella(극성편모) 세포의 한쪽 또는 양쪽 끝에 편모가 있는.

polar molecule(극성 분자) 전하의 분포가 균일하지 않은 분자.

polymer(중합체) 일련의 유사한 분자 또는 단량체로 이루어진 분자.

polymerase chain reaction (PCR)(중합효소연쇄반응) 생체 밖에서 DNA 중합효소를 사용하여 해당 주형 DNA를 증폭하는 방법. cDNA 또한 참조.

polymorphonuclear leukocyte (PMN)(다형핵 백혈구) neutrophil 참조.

polypeptide(폴리펩티드) (1) 아미노산 사슬. (2) 일균의 항생제.

polysaccharide(다당류) 탈수합성으로 연결된 8개 또는 그 이상의 단당류로 이루어진 탄수화물.

porins(포린) 그람음성세균의 외막에 있는 단백질의 한 형태로 작은 분자들이 통과함.

portal of entry(침입지점) 병원체가 몸 안으로 들어오는 경로.

portal of exit(출구지점) 병원체가 몸 밖으로 나가는 경로.

positive (direct) selection(양성선별) 해당 조건에서 자라는 돌연변이 세포를 골라내는 방법.

pour plate method(주입평판법) 녹은 한천배지에 세균을 섞은 다음, 이 혼합액을 고체 영양배지 위에 부어 굳히는 방법.

prebiotics(프리바이오틱스) 몸에 이로운 세균의 생장을 촉진하는 화학물질.

precipitation reaction(침전반응) 가용성 항원과 다가 항체 간의 반응으로 맨눈으로 볼 수 있는 응집을 형성함.

precipitin ring test(침강고리검사) 모세관을 이용한 침강 검사.

predisposing factor(소인) 병에 걸리기 쉽게 만들거나 질병 과정을 변화시키는 모든 요인.

prevalence(만연도) 주어진 기간 동안 특정 질병에 걸린 집단의 비율.

primary cell line(1차세포주) 생체 밖에서 단지 몇 세대만 자란 인간 조직 세포.

primary infection(1차 감염) 처음 질병을 유발하는 급성 감염.

primary metabolite(1차 대사산물) 산업용 세포 집단에서 지수성장기에 만들어지는 산물. secondary metabolite 참조.

primary producer(1차 생산자) 화학영양 또는 광영양을 하는 자가영양생물로 이산화탄소를 유기화합물로 전환시킴.

primary response(1차 반응) 항원과의 최초 접촉에 따른 항체 생산. memory response 참조.

primary sewage treatment(1차하수처리) 침전조 등에 하수를 일시적으로 가두어 고형물을 가라앉혀 이를 제거하는 방법.

prion(프리온) 자기복제 단백질로 이루어진 감염원으로 된 핵산이 검출되지 않음.

privileged site (tissue)(면역특혜부위) 면역반응이 유도되지 않는 신체 부위(또는 조직).

probiotics(프로바이오틱스, 생균제) 해당 생태적지위(niche)를 점하여 병원체의 성장을 억제하도록 숙주에 투여되는 미생물.

prodromal period(전구기) 잠복기 이후 해당 질병의 증상이 분명하게 나타나기에 앞서서 불특정의 증상이 나타나는 기간.

profundal zone(심저대) 담수에서 준조광대(limnetic zone) 아래의 깊은 수역.

proglottid(편절, 마디) 자웅 생식기관을 모두 가지고 있는 촌충의 체절.

prokaryote(원핵생물) 유전물질이 핵막으로 싸여 있지 않은 세포.

prokaryotic species(원핵생물적 종) 특정 rRNA 염기서열을 공유하는 미생물 집단; 전통적인 생화학적 검사를 해도 비슷한 특징을.

promoter(프로모터) RNA 중합효소가 전사를 시작하는 DNA 부위.

prophage(프로파지) 숙주세포의 DNA에 삽입되어 있는 파지 DNA.

prophylactic(예방법, 예방약) 질병을 예방에 사용되는 모든 방법.

prostaglandin(프로스타글란딘) 손상된 세포에서 분비되는 호르몬 유사 물질로 염증을 더하게 함.

prostheca(프로스테카) 원핵세포에서 나온 자루(stalk) 또는 봉오리(bud).

protease(단백질분해효소) 단백질을 분해하는 효소(proteolytic enzymes).

protein(단백질) 탄소 수소, 산소, 질소(및 황)이 들어 있는 거대분자; 일부 단백질은 나선 구조이고 다른 일부는 병풍 구조임.

protein kinase(단백질인산화효소) ATP에서 Ⓟ을 떼어 단백질에 첨가함으로써 그 단백질을 활성화시키는 효소.

proteobacteria(프로테오박테리아) rRNA의 특정한 고유염기서열(signature sequence)을 가지고 있는 화학종속영양 그람음성세균.

proteomics(단백질체학) 세포에서 발현되는 모든 단백질을 결정하는 연구 분야.

protist(원생생물) 단세포 및 단순한 다세포 진핵생물을 지칭하는 용어; 보통 원생동물과 조류.

proton(양성자) 원자의 핵에서 양전하를 띠는 입자.

protoplast(원형질체) 세포벽이 제거된 그람양성세균 또는 식물세포.

protoplast fusion(원형질융합) 세포벽을 먼저 제거하여 두 개의 세포를 합치는 방법; 유전공학에서 사용됨.

protozoan(복수형: protozoa) 단세포 진핵생물; 보통 화학종속영양임.

provirus(프로바이러스) 숙주세포 DNA에 삽입되어 있는 바이러스 DNA.

pseudohypha(가성균사) 출아 후 딸세포의 분리가 이루어지지 않은 결과로 생긴 진균 세포의 짧은 사슬.

pseudopod(위족, 헛다리, 위병) 이동과 섭식에 사용되는 진핵세포의 연장 부위.

psychrophile(호저온성생물) 약 15°C에서 가장 잘 자라고 20°C 이상에서는 자라지 못하는 생물; 호저온 미생물.

psychrotroph(저온생장생물) 0°C와 30°C 온도 범위에서 자랄 수 있는 생물.

purines(푸린) 아데닌과 구아닌이 포함된 핵산 염기의 종류.

purple nonsulfur bacteria(자색비황세균) 알파프로테오박테리아(alphaproteobacteria); 절대비산소요구성 및 광영양성; 빛 없이 효모추출물에서 자람; 환원된 유기화합물을 전자 공여체로 이용하여 CO_2를 고정함.

purple sulfur bacteria(자색유황세균) 감마프로테오박테리아(gammaproteobacteria); 절대비산소요구성 및 광영양성; 환원된 황화합물을 전자 공여체로 이용하여 CO_2를 고정함.

pus(고름, 농) 죽은 식세포, 죽은 세균, 체액 등이 축적된 것.

pustule(농포) 고름이 차서 피부가 약간 솟아오른 것.

pyocyanin(피오시아닌) 녹농균(*Pseudomonas aeruginosa*)이 생산하는 청록의 색소 .

pyrimidines(피리미딘) 우라실, 티민, 시토신이 포함되는 핵산염기의 종류.

quaternary ammonium compound (quat)(4차암모늄화합물) 암모늄염의 질소에 4개의 유기 그룹이 붙어 있는 양이온 세척제; 소독제로 사용됨.

quorum sensing(정족수감지) 신호 분자를 통해서 연락하고 행동을 조율하는 세균의 능력.

R 분자의 비작용기(nonfunctional group)을 표시함. resistance factor 또한 참조.

rapid diagnostic test (RDT)(빠른 진단검사) 수 분 이내에 질병을 진단할 수 있는 검사.

rapid identification methods(빠른 동정 방법) 몇 가지 생화학적 검사를 동시에 수행하는 세균 동정 기법.

rapid plasma reagin (RPR) test 매독의 혈청학적 검사.

r-determinant(r-결정인자) R 인자에 있는 일군의 항생제 내성 유전자.

RecA DNA 가닥의 연결을 촉매하여 DNA 재조합을 가능하게 함.

receptor(수용체, 수용기, 감각기) 병원체가 결합하는 숙주세포에 있는 부착물.

receptor-mediated endocytosis(수용체매개세포내섭취) 원형질막 단백질에 결합된 분자가 막의 접힘에 의해 흡수되는 음세포 작용(pinocytosis)의 한 형태.

recipient cell(수용세포) 유전자 재조합 동안에 공여세포에서 DNA를 받는 세포.

recombinant DNA (rDNA)(재조합 DNA) 근원이 다른 두 개의 DNA가 연결되어 만들어진 DNA 분자.

recombinant DNA (rDNA) technology(재조합 DNA 기술) 생체 밖에서 유전물질을 만들고 조작하는 기술; 유전공학(genetic engineering)이라고도 함.

recombinant vaccine(재조합 백신) 재조합 DNA 기술로 만든 백신.

redia(레디아) 무성생식으로 유미유충(cercaria)을 만드는 흡충류의 유생 단계.

redox reaction(산화환원 반응) oxidation-reduction 참조.

red tide(적조) 부유성 쌍편모조류(planktonic dinoflagellate)의 대량 증식.

reducing medium(환원배지) 비산소용구성 세균이 자랄 수 있게 배지에서 용존 산소를 제거하는 성분이 들어 있는 배양배지.

reduction(환원) 분자에 전자를 첨가하는 것.

refractive index(굴절률) 빛이 해당 물질을 통과하는 상대 속도.

relative risk(상대위험) 두 집단의 질병 발생을 비교하는 것.

rennin(레닌) 발효 유제품의 일부로 응유(curd)를 생성하는 효소; 원래는 송아지의 위에서 얻지만, 지금은 곰팡이와 세균에서 생산함.

replica plating(복제평판법) 하나의 원형 평판에서 여러 개의 고체 배양배지로 미생물을 접종하는 방법으로 각 평판에 동일한 유형의 군체(colony)가 생김.

replication fork(복제포크) DNA 가닥이 분리되어 새로운 가닥이 합성되는 지점.

repression(억제) 억제 단백질이 단백질 합성을 중단시키는 과정.

repressor(억제인자) 작동유전자(operator)에 결합하여 전사를 막는 단백질.

reservoir of infection(감염원) 감염의 지속적인 근원.

resistance(내성) 선천성 및 후천성 면역을 통해서 질병을 물리치는 능력.

resistance (R) factor(내성인자) 항생제 내성 유전자를 가지고 있는 플라스미드.

resistance transfer factor (RTF)(내성전달인자) 내성인자(R factor) 상에 있는 복제와 접합에 관련된 일군의 유전자

resolution(해상도) 미세한 물체들을 명확하게 분리된 것으로 구별해낼 수 있는 현미경의 능력; 해상력(resolving power)이라고도 함.

respiration(호흡) 막에서 일어나는 일련의 반응으로 ATP를 생산함; 최종 전자수용체는 보통 무기 분자임.

restriction enzyme(제한효소) 특정 DNA 부위를 인식하여 절단하는 효소.

reticulate body(망상체) 클라미디아의 숙주 내 생장 단계.

reticuloendothelial system(세망내피계) mononuclear phagocytic system 참조.

retort(레토르트) 압력 증기를 이용하여 통조림 식품의 상업적 멸균에 이용되는 기기; 고압멸균기(autoclave)와 똑같은 원리로 운용되지만 규모가 훨씬 더 큼.

reverse genetics(역유전학) 유전자 서열로부터 유전자의 기능을 찾아내려는 연구 분야.

reverse transcriptase(역전사효소) RNA-의존 DNA 중합효소; RNA 주형에서 상보적인 DNA를 합성하는 효소.

reversible reaction(가역반응) 최종산물을 원래의 분자로 손쉽게 되돌릴 수 있는 화학 반응.

RFLP 제한단편길이다형성(restriction fragment length polymorphism); 제한효소에 의한 DNA 절단의 결과로 생긴 조각.

Rh factor(Rh 인자) 대부분의 사람과 붉은털원숭이(rhesus monkey)의 적혈구 세포에 있는 항원; 이것이 있으면 Rh^+ 세포가 됨.

rhizine(가근체) 곰팡이를 표면에 고정시키는 뿌리와 같은 균사.

ribonucleic acid (RNA)(리보핵산) 전령 RNA, 리보솜 RNA, 운반 RNA 등을 이루는 핵산의 종류.

ribose(리보오스) 리보뉴클레오티드(ribonucleotide) 분자와 RNA의 일부를 이루는 5탄당.

ribosomal RNA (rRNA)(리보솜 RNA) 리보솜을 이루고 있는 RNA 분자.

ribosomal RNA (rRNA) sequencing(리보솜 RNA 시퀀싱) 리보솜 RNA의 뉴클레오티드 염기 순서를 결정하는 것.

ribosome(리보솜) 세포 내 단백질 합성 장소로 RNA와 단백질로 구성됨.

ribotyping(리보타이핑) rRNA 유전자에 근거하여 세균을 분류 또는 동정하는 것.

ribozyme(리보자임) RNA 가닥에 특이적으로 작용하여 인트론을 제거하고 엑손을 연결시키는 RNA 효소.

ring stage(고리 단계) 적혈구 세포 안에서 고리처럼 보이는 덜 성숙된 *Plasmodium* 영양체.

RNAi RNA 간섭; 짧은 간섭 RNA를 이용하여 RNA 이중가닥을 만듦으로써 전사 단계에서 유전자 발현을 중단시킴.

RNA-induced silencing complex (RISC) 상보적인 mRNA에 결합하는 siRNA 또는 miRNA와 단백질로 이루어진 복합체로 해당 mRNA의 전사를 막음.

RNA primer (RNA 시발체) DNA 지연가닥의 합성과 PCR 개시에 사용되는 짧은 RNA 가닥.

root nodule(뿌리혹) 공생 질소고정 세균을 가지고 있는 식물의 뿌리에 생기는 종양처럼 자란 것.

rotating biological contactor(회전원판법) 큰 원판 여러 개를 묶어 폐수 속에 부분적으로 잠긴 상태로 회전시켜 공기를 공급하고 미생물과 폐수를 접촉하게 하는 2차 하수 처리 방법.

rough ER(조면소포체) 표면에 리보솜이 붙어있는 소포체.

roundworm(선충류) Nematoda 문에 속하는 동물.

S (Svedberg unit)(스베드베리단위) 초고속 원심분리에서 상대적인 침강율을 나타냄.

salt(염) 물에 녹아서 H^+ 와 OH^-가 아닌 양이온과 음이온을 해리되는 물질.

sanitization(위생처리) 식기 및 음식 조리 지역에서 미생물을 제거하는 것.

saprophyte(부생식물, 부생균) 사체 유기물에서 영양분을 얻는 생물.

sarcina(복수형: **sarcinae)** (1) 분열 후에 꾸러미처럼 붙어 존재하는 8개 세균의 집단. (2) 속명으로 쓰이면, 비산소요구성 그람음성 구균을 의미함.

saturation(포화) (1) 효소의 활성부위가 기질 또는 산물로 계속 채워진 상태. (2) 지방산의 경우 이중결합이 전혀 없는 상태.

saxitoxin(삭시토신) 일부 쌍편모조류(dinoflagellate)가 생산하는 신경 독소.

scanned-probe microscopy(주사탐침현미경) 시료의 분자 형태의 영상 확보, 화학적 특성 결정, 내부 온도 변이 조사 등에 사용되는 현미경 기술.

scanning acoustic microscope (SAM)(초음파현미경) 표면을 통과에 고파장의 초음파를 사용하여 현미경.

scanning electron microscope (SEM)(주사전자현미경) 1,000~10,000배까지 확대된 시료의 3차구조 관찰이 가능한 전자현미경.

scanning tunneling microscopy(주사터널링 현미경) scanned-probe microscopy 참조.

schizogony(분열생식) 하나의 생명체가 분열하여 많은 딸세포를 생산하는 다분열 과정.

scientific nomenclature(과학명명법) binomial nomenclature 참조.

sclerotia(균핵) 감염된 호밀꽃에 있는 진균 *Claviceps purpurea*의 단단해진 균사체 덩어리; 맥각(ergot) 독소를 생산함.

scolex(머리마디, 두절) 촌충의 머리로 빨판과 갈고리가 있음.

secondary infection(2차감염) 1차 감염으로 숙주의 방어체계가 약화된 다음 기회감염 미생물이 일으키는 감염.

secondary metabolite(2차 대사산물) 지수성장기가 거의 끝나고 정지기에 있는 산업용 세포 집단에서 만들어지는 산물.

secondary response(2차반응) memory response 참조.

secondary sewage treatment(2차하수처리) 1차하수처리에 이어서 폐수에 들어있는 유기물을 생물학적으로 분해하는 과정.

secretory vesicle(분비소포) 막으로 싸인 낭으로 ER에서 만들어짐; 합성된 물질을 세포질로 운반함.

selective medium(선택배지) 원하지 않는 미생물의 성장은 억제되고 원하는 미생물의 성장은 촉진되도록 만들어진 배양 배지.

selective permeability(선택적 투과성) 다른 물질의 이동은 제한하면서 특정 분자와 이온의 이동은 허용하는 원형질막의 특성.

selective toxicity(선택독성) 미생물에게는 유해하지만 숙주에게는 무해한 일부 항미생물제의 특성.

self(자기) 숙주의 조직.

semiconservative replication(반보존적 복제) 새로 합성되는 DNA 분자의 두 가닥이 각각 원래 가닥과 새로 합성된 가닥으로 이루어지는 DNA 복제과정.

sense codon(인식코돈) 아미노산을 부호화하는 코돈.

sense strand (+ strand)(전사가닥) mRNA 기능을 하는 바이러스의 RNA.

sensitivity(민감도) 진단검사에서 양성 시료를 정확하게 검출하는 백분율.

sentinel animal(감시동물) 체내 변화로 외부 환경 오염 정도를 측정하여 이를 인간의 건강과 연관시킬 수 있는 동물.

sepsis(패혈증) 혈액과 조직에 독소 또는 병원체가 존재하는 상태.

septate hypha 단일핵 세포와 같은 단위로 이루어진 균사.

septicemia(패혈증) 혈액 내 병원체의 증식으로 열이 동반됨; 때때로 기관 손상을 유발함.

septic shock(패혈쇼크) 세균 독소에 의한 급격한 혈압 하강.

septum(격막, 격벽, 사이막) 곰팡이 균사의 가로벽.

serial dilution(단계희석) 해당 시료를 여러 번 희석하는 과정.

seroconversion(혈청변환, 혈청전환) 혈청검사에서 해당 항원에 대한 피검자의 반응 변화.

serological testing(혈청학 시험) 항체와의 반응에 근거한 미생물 동정 기법.

serology(혈청학) 면역학의 한 분야로 생체 밖에서 혈청과 항원-항체 반응 등을 연구함.
serotype(혈청형) serovar 참조.
serovar(혈청형) 종(species) 내의 변이형; serotype이라고도 함.
serum(혈청) 혈장 응고 후에 남은 액체; 항체(면역글로불린)가 들어 있음.
sexual dimorphism(성적 이형) 성체 수컷과 암컷의 확연하게 다른 외양.
sexual spore(유성포자) 유성생식으로 생긴 포자.
Shiga toxin(쉬가독소) *Shigella dysenteriae* 및 장출혈성 대장균이 생산하는 외독소.
shock(쇼크) 생명을 위협하는 수준의 혈압 저하. septic shock 참조.
short tandem repeats (STRs)(짧은 직렬반복) 2 ~ 5개의 뉴클레오티드로 된 반복서열.
shotgun sequencing(샷건 염기서열분석) 해당 생명체의 유전체 염기서열을 결정하는 방법의 하나.
shuttle vector(셔틀벡터) 몇 종의 다른 생물에서 복제할 수 있는 플라스미드; 유전공학에서 사용됨.
siderophore(시더로포어) 철과 결합하는 세균 단백질.
sign(증후) 환자가 지각할 수 있는 질병으로 인한 변화.
simple stain(단순염색) 한 종류의 염기성 염료로 미생물을 염색하는 방법.
singlet oxygen(일중항 산소) 반응성이 매우 높은 산소 분자 (O_2^-).
siRNA 작은 간섭 RNA; 긴 RNA 이중가닥이 짧은(~21 뉴클레오티드) RNA 이중가닥으로 잘라지는 RNA 간섭 과정의 중간 생성물.
site-directed mutagenesis(위치지정돌연변이) 유전자의 특정 부위를 변형시켜 원하는 단백질을 생산하는 기법.
slide agglutination test(슬라이드응집검사) 슬라이드 위에서 특정 항체에 결합시켜 해당 항원을 알아내는 방법.
slime layer(점액질층) 조직화되지 않고 느슨하게 세포벽에 붙어 있는 당질피질(glycocalyx).
sludge(슬러지) 하수처리 과정에서 나오는 고형물.
smear(도말표본) 미생물이 들어 있는 시료를 슬라이드 위에 얇게 발라놓은 것.
smooth ER(활면소포체) 리보솜이 없는 소포체.
SNP ["스닙(snip)"으로 발음함] 단일염기다형성(single nucleotide polymorphism). 개체군의 유전체에 있는 염기쌍 1개의 변이로 적어도 해당 개체군의 1%에서 발견됨.
snRNP ["스너프(snurp)"로 발음함] **핵내소형리보핵산단백질(Small nuclear ribonucleoprotein).** 짧은 RNA 전사체와 단백질이 합쳐진 것으로 pre-mRNA와 결합하여 인트론을 제거하고 엑손을 연결시킴.
solute(용질) 다른 물질에 녹는 물질.
solvent(용매) 다른 물질을 녹이는 매질.
Southern blotting(서던블롯팅) 전기영동으로 분리된 제한효소 절단 조각에서 DNA 탐침을 이용하여 특정 DNA를 찾아내는 기법.
specialized transduction(특수형질도입) 프로파지에 인접한 숙주의 DNA 조각을 다른 세포로 전달하는 과정.
species(종) 분류위계체계에서 가장 구체적인 수준. bacterial species; eukaryotic species; viral species 등도 참조.
specific epithet(종소명) 이명법에서 두 번째 오는 이름 또는 종명 species 참조.
specificity(특이성) 진단검사에서 나오는 허위양성 결과의 백분율.
spectrum of microbial activity(미생물활성 스펙트럼) 특정 항미생물제에 의해 영향을 받는 미생물의 범위; 범위가 넓으면 광범위항미생물제임.
spheroplast(스페로플라스트) 세포벽이 손상되도록 처리된 그람음성세균으로 구형의 세포 모양을 보임.
spicule(침골, 골편) 수컷 회충의 두 개의 외부 구조 중 하나로 정자를 인도하는 데에 사용됨.
spike(스파이크) 일부 바이러스 표면에서 돌출된 탄수화물-단백질 복합체.
spiral(나선상의) spirillum 및 spirochete 참조.
spirillum (복수형: spirilla)(나선균) (1) 나선형 또는 코르크 마개뽑이 모양의 세균. (2) 속명으로 쓰이면, 극성편모 다발을 가진 산소요구성 나선형 세균을 의미함.
spirochete(스피로헤타) 축사(axial filament)가 있는 코르크 마개뽑이 모양의 세균.
spontaneous generation(자연발생설) 무생물에서 자연적으로 생명체가 탄생한다는 생각.
spontaneous mutation(자연 돌연변이) 돌연변이원 없이 생기는 돌연변이.
sporadic disease(산발형 질환) 집단 내에서 이따금 발생하는 질병.
sporangiophore(포자낭자루) 포자낭을 지지하는 기균사(aerial hypha).
sporangiospore(포자낭포자) 포자낭 안에서 만들어진 곰팡이의 무성 포자.
sporangium(포자낭) 하나 또는 그 이상의 포자가 들어 있는 주머니.
spore(포자) 진균과 방선균이 만드는 생식 구조. Endospore 참조.
sporogenesis(포자형성) sporulation 참조.
sporozoite(포자소체) 모기에서 발견되는 *Plasmodium*의 영양체로 , 사람에게 전염됨.

sporulation(포자형성) 포자 및 내생포자가 만들어지는 과정; **sporogenesis**라고도 함.

spread plate method(도말평판법) 접종물을 고체 배양배지 위에 고르게 펼쳐서 수행하는 평판계수법.

staining(염색) 현미경 관찰이나 특정 구조를 보기 위해서 염료로 시료에 색을 입히는 것.

staphylococci (단수형: **staphylococcus)(포도상구균)** 포도송이나 넓은 종이 모양의 구균.

stationary phase(정지기) 세균의 성장곡선에서 분열하는 세포 수와 사멸하는 세포 수가 같은 기간.

stem cell(줄기세포) 다양한 종류의 특화된 세포로 분화될 수 있는 미분화 세포.

stereoisomers(입체이성질체) 동일한 원자로 이루어진 두 개의 분자로 원자의 배열 방식은 같지만 상대적인 위치가 다름; 거울상 형태; D-이성질체와 L-이성질체라고 부름.

sterile(멸균된) 살아 있는 미생물이 없는.

sterilization(멸균) 내생포자를 포함하여 모든 미생물을 제거하는 것.

steroid(스테로이드) 콜레스테롤과 호르몬을 비롯한 특정 지질 그룹.

stipe(대, 자루, 줄기부) 다세포 조류와 담자균(basidiomycete)에 있는 줄기와 같은 지지 구조.

storage vesicle(저정소포) 골지체에서 만들어지는 소기관; 조면소포체에서 만들어져 골지체에서 가공된 단백질이 들어 있음.

strain(균주) 같은 클론 내에서 유전적으로 다른 세포. serovar 참조.

streak plate method(획선평판법) 고체 배양배지 위에 미생물을 펼쳐서 배양하여 특정 미생물을 분리하는 방법.

streptobacilli(단수형: **streptobacillus)(연쇄상간균)** 세포분열 후에 사슬 형태로 남아 있는 간균.

streptococci (단수형: **streptococcus)(연쇄상구균)** (1) 세포분열 후에 사슬 형태로 남아 있는 구균. (2) 속명으로 쓰이면, 카탈라아제-음성, 그람양성세균을 의미함.

streptokinase(스트렙토키나제) 베타-용혈성 연쇄상구균이 생산하는 혈전용해효소.

streptolysin(스트렙토리신) 연쇄상구균이 생산하는 용혈효소.

structural gene(구조유전자) 단백질의 아미노산 서열을 결정하는 유전자.

subacute disease(아급성질병) 급성과 만성 질병의 중간 정도 증상을 보이는 질병.

subclinical infection(무증상감염) 자각 증상이 없는 감염; 불현성감염(inapparent infection)이라고도 함.

subcutaneous mycosis(피하진균증) 곰팡이에 의한 피부 아래 조직 감염.

substrate(기질) 효소와 반응하는 모든 화합물.

substrate-level phosphorylation(기질수준 인산화) 중간대사화합물의 고에너지 인산기를 직접 ADP에 전달하여 ATP를 합성하는 것.

subunit vaccine(소단위백신) 항원 조각으로 구성된 백신.

sulfhydryl group(설프히드릴기) —SH.

sulfur cycle(황순환) 환경에 존재하는 황의 다양한 산화 및 환원 단계로, 대부분 미생물의 작용에 의함.

sulfur granule(황과립) inclusion 참조.

superantigen(초항원) 많은 T 세포를 활성화시키는 항원으로, 결과적으로 큰 면역반응을 유도함.

superbug(슈퍼버그) 많은 종류의 항생제에 내성이 있는 세균.

superficial mycosis(표재성 진균증) 곰팡이에 의해 표면 표피세포 및 모간(털줄기)에 생기는 감염.

superinfection(중복감염) 사용중인 항미생물제에 내성이 생긴 병원체의 성장.

superoxide dismutase (SOD)(과산화물제거효소) 초과산화물을 제거하는 효소: $O_2^- + O_2^- + 2H^+ \rightarrow H_2O_2 + O_2$

superoxide radical(초과산화 라디칼) 짝 안지은 전자가 있는 유해한 산소 음이온(O_2^-).

surface-active agent(계면활성제) 액체의 표면장력을 줄여주는 화합물; surfactant라고도 함.

susceptibility(병걸림성) 질병에 대한 내성 부족.

symbiosis(공생) 서로 다른 생물 또는 개체군이 함께 사는 것.

symptom(증상) 질병의 결과로 환자가 느끼는 신체 기능의 변화.

syncytium(다핵질, 합포체) 특정 바이러스 감염의 결과로 생기는 다핵의 거대 세포.

syndrome(증후군) 해당 질병에 동반되는 특정한 징후 또는 증상.

synergism(상승작용) 두 가지의 약물이 함께 사용되면 각기 단독으로 사용될 때보다 효과가 증가하는 원리.

synthesis reaction(합성반응) 두 개 또는 그 이상의 원자가 결합하여 더 큰 새로운 분자를 만드는 화학반응.

synthetic drug(합성의약품) 실험실에서 화학물질로 만든 화학치료제.

systematics(분류학) 생물의 위계적인 분류를 다루는 학문 분야.

systemic anaphylaxis(전신과민증) 혈관확장을 유발하여 쇼크를 가져오는 과민반응; 과민성 쇼크(anaphylactic shock)라고도 함.

systemic (generalized) infection(전신성 감염) 몸 전체에 퍼진 감염.

systemic mycosis(심부진균증) 깊은 조직에 생기는 진균 감염.

tachyzoite(빠른분열소체) 원생동물의 빠르게 성장하는 영양체 형태.

T antigen(T 항원) 암세포의 핵에 있는 항원.

tapeworm(촌충류) 촌충강(Cestoda)에 속하는 편형동물.

target cell(표적세포) 면역계의 방어세포가 결합하는 감염된 숙주 세포.

taxa(분류군) 영역(domain), 계(kingdom), 문(phylum) 등처럼 생물 분류에 사용되는 세부 구분.

taxis(주성) 환경 자극에 대한 반응으로 나타나는 움직임.

taxonomy(분류학) 생물을 분류하는 학문 분야.

T cell(T세포) 갑상선에서 가공된 줄기세포에서 발달한 림프구의 한 형태로, 세포성 면역을 담당함. 세포독성 T 세포(T cytotoxic cell), 도움 T 세포(T helper cell), 조절 T 세포(T regulatory cell) 등도 참조.

TCR (T cell receptor)(T세포수용체) 항원을 인식하는 T 세포에 있는 분자.

T cytotoxic (T_C) cell(세포독성 T 세포) 세포독성 T 림프구의 전구세포.

T helper (T_H) cell(도움 T 세포) 흔히 B세포 이전에 항원과 상호작용하는 특수한 T 세포.

T regulatory (T_{reg}) cells(조절 T 세포) 다른 T세포를 억제하는 것으로 보이는 림프구.

T-dependent antigen(T세포의존항원) 도움T세포의 지원이 있어야만 항체 생성을 자극하는 항원. T-independent antigen 참조.

teichoic acid(테이코산) 그람 양성 세균에서 발견되는 다당류.

telomere(텔로미어) 진핵생물의 염색체 끝에 있는 비부호화 부분.

teleomorph(유성세대) 진균의 생활사 중 유성 단계; 유성과 무성 포자 모두를 생산하는 진균을 이르기도 함.

temperate phage(온건성 파지) 용원성(lysogeny) 능력이 있는 파지.

temperature abuse(온도 오용) 세균 성장이 용이한 온도에 음식물을 부적절하게 보관하는 것.

terminator(종결자) 전사가 끝나는 DNA 가닥의 위치.

tertiary sewage treatment(3차하수처리) 일반적인 2차하수처리에 이어지는 하수처리 방법; 보통 화학적 또는 물리적 수단으로 생분해되지 않는 오염물질 및 무기 염류를 제거함.

tetrad(4련구균) 4개의 구균 집단.

thallus(엽상체, 영양체) 곰팡이, 지의류, 조류 등의 전체 영양구조 또는 몸체.

thermal death point (TDP)(열사멸온도) 10분 동안에 액체 배양액에 있는 세균을 모두 죽이는 데 필요한 온도.

thermal death time (TDT)(열사멸시간) 해당 온도에서 액체 배양액에 있는 세균을 모두 죽이는 데 걸리는 시간.

thermoduric(내열성) 열에 내성이 있는.

thermophile(호열성생물) 최적 성장 온도가 50°C ~ 60°C인 생물; 호열성 미생물.

thermophilic anaerobic spoilage(고열성 무산소 부패) 호열성 세균의 성장으로 인한 통조림 식품의 부패.

thylakoid(틸라코이드) 엽록체에서 엽록소가 들어 있는 막. 세균의 틸라코이드는 색소포(chromatophore)라고도 함.

thymus(흉선) 면역계의 성숙을 담당하는 포유류의 기관.

thymic selection(흉선선택) 자기항원(주조직적합성 복합체, MHC)을 인식하지 못하는 T세포의 제거.

tincture(팅크처) 수성 알코올로 만든 용액.

T-independent antigen(T세포독립항원) 도움T세포의 지원 없이 항체 생성을 자극하는 항원. T-dependent antigen 참조.

tinea(백선) 머리카락, 피부, 손발톱 등의 진균 감염.

Ti plasmid(Ti 플라스미드) 숙주 식물의 염색체에 삽입되어 들어갈 수 있는 종양유발 플라스미드; *Agrobacterium*에서 발견됨.

titer(역가) 해당 용액에 존재하는 항체 또는 바이러스의 양에 대한 추정치.

TLR (toll-like rceptor)(톨유사수용체) 병원체를 인식하여 이에 대한 면역반응을 활성화시키는 면역세포의 막관통단백질.

topoisomerase(DNA 회전효소) 복제포크 앞에서 DNA의 슈퍼코일링을 풀어주는 효소; DNA 복제가 끝날 때 DNA 환을 분리시킴.

total magnification(총배율) 접안렌즈의 배율과 대물렌즈의 배율을 곱해서 계산된 현미경의 배율.

toxemia(중독증) 혈액에 독소가 존재하는 것.

toxigenicity(독소생성도) 독소를 생산하는 미생물의 능력.

toxin(독소) 미생물이 생산하는 모든 독성 물질.

toxoid(변성독소) 불활성화된 독소.

T plasmid(T 플라스미드) *Agrobacterium*의 플라스미드로 식물에서 종양을 유발하는 유전자를 가지고 있음.

trace element(미량원소) 성장에 미량만 필요한 화학 원소.

trans(트랜스) 지방산에서 이중결합을 반대쪽에 수소원자가 있는 것. cis 참조.

transamination(아미노기전달) 아미노산에서 다른 유기산으로 아미노기를 전달하는 것.

transcription(전사) DNA 주형에서 RNA를 합성하는 과정.

transduction(형질도입) 박테리오파지에 의해 한 세포에서 다른 세포로 DNA가 전달되는 것. generalized transduction 및 specialized transduction 참조.

transferrin(트랜스페린) 병원체에게 가용한 철분을 감소시키는 사람의 철결합 단백질 중 하나.

transfer RNA (tRNA)(운반 RNA) 단백질에 도입될 수 있도록 아미노산을 리보솜으로 가져오는 RNA 분자.

transfer vesicle(운반소포) 골지체에서 세포 내 특정 위치로 단백질을 이동시키는 막결합낭.

transformation(형질전환) (1) 용액에 노출된 상태로 DNA가 한 세균에서 다른 세균으로 전달되는 과정. (2) 정상 세포가 암세포로 변하는 것.

transient microbiota(일과성 미생물상) 질병을 유발하지 않고 동물에 일시적으로 존재하는 미생물.

translation(번역) mRNA를 주형으로 이용하여 단백질을 합성하는 것.

transmission electron microscope (TEM)(투과전자현미경) 시료의 박편을 10,000배에서 100,000배까지 확대할 수 있는 전자현미경.

transport media(수송배지) 시료 채취에서 실험실 검사에 이르는 동안 미생물을 살아 있는 상태로 유지하기 위해서 사용하는 배지.

transport vesicle(수송소포) 조면소포체에서 골지체로 단백질을 이동시키는 막결합낭.

transporter protein(수송단백질) 원형질막에 있는 운반단백질.

transposon(트랜스포손) 하나의 DNA 분자에서 다른 DNA 분자로 이동할 수 있는 작은 DNA 조각.

trickling filter(살수여과상법) 자갈층 또는 유사한 매체 위로 폐수를 뿌려 폐수가 유산소 조건과 미생물에 노출되도록 하는 2차하수처리 방법.

triglyceride(트리글리세리드) 글리세롤과 3개의 지방산으로 구성된 단순 지질.

triplex agent DNA 이중가닥의 표적 위치에 결합하여 전사를 막는 짧은 DNA 조각.

trophophase(영양기) 산업용 세포 집단의 생산곡선에서 1차 대사산물이 만들어지는 기간; 급속한 지수성장. Idiophase 참조.

trophozoite(영양체) 원생동물의 영양형.

tuberculin skin test(결핵 피부반응 검사) *Mycobacterium tuberculosis*에 대한 항체의 존재 여부를 알아보는 피부 검사.

tumor necrosis factor (TNF)(종양괴사인자) 세균의 내독소에 반응하여 식세포가 분비하는 폴리펩티드.

tumor-specific transplantation antigen (TSTA)(종양특이 이식항원) 종양세포로 전환된 세포 표면에 있는 바이러스 항원.

turbidity(탁도) 현탁액의 흐린 정도.

turnover number(회전수) 초당 효소 분자에 작용하는 기질 분자의 수.

two-photon microscope(2광자 현미경) 형광염색과 장파장 빛을 사용하는 광학현미경.

ubiquinone(유비퀴논) 전자전달계에 존재하는 저분자량의 비단백질 전자 운반체; coenzyme Q라고도 함.

ultra-high-temperature (UHT) treatment(초고온처리) 고온에서(140~150°C) 아주 짧은 식품을 처리하여 멸균함으로써 상온 보관이 가능하게 하는 방법.

uncoating(탈외피) 단백질 껍데기에서 바이러스의 핵산이 분리되는 것.

undulating membrane(파동막, 물결모양막) 일부 원생동물에 있는 많이 변형된 편모.

unsaturated(불포화의) 하나 이상의 이중결합이 있는 지방산을 지칭하는 형용사.

use-dilution test(사용-희석 시험) 연속적인 희석을 통하여 살균제의 효과를 결정하는 방법.

vaccination(예방접종) 백신을 접종하여 면역성이 생기게 하는 과정; 면역화(immunization)라고도 함.

vaccine(백신) 후천성 면역을 인위적으로 유도하기 위하여 사멸, 불활성화 또는 약화된 미생물이나 변성독소로 만든 조제약품.

vacuole(액포) 진핵세포에서 원형질막으로 둘러싸인 세포내 봉입체; 원핵세포에서는 단백질성 막으로 둘러싸여 있음.

valence(원자가, 결합가) 원자나 분자의 결합 능력.

vancomycin(반코마이신) 세포벽 합성을 방해하는 항생제.

variolation(우두접종) 환자에서 채취한 감염 물질을 사용하는 초기의 예방접종 방법.

vasodilation(혈관확장) 혈관의 팽창 또는 확대.

VDRL test(VDRL 검사) *Treponema pallidum*에 대한 항체의 존재 여부를 검출하는 신속한 검사. (VDRL은 Venereal Disease Research Laboratory의 약자임.)

vector(벡터, 매개체) (1) 유전공학에서 유전자를 세포에 주입하기 위해 사용하는 플라스미드 또는 바이러스. (2) 한 숙주에서 다른 숙주로 병원균을 옮기는 절지동물.

vegetative(영양성) 생식과 대비해서 영양분 섭취에 관여하는 세포를 일컬음.

vehicle transmission(수송원전파) 비생물 감염원에 의한 병원체의 전파.

vertical gene transfer(수직유전자이동) 부모 개체 또는 세포에서 다음 세대로 유전자가 전달되는 것.

vesicle(소포, 소낭, 구낭) (1) 안에 혈청이 차서 피부가 약간 도드라진 것. (2) 균근에 의해서 식물 뿌리에 생긴 매끄러운 타원체.

V factor(V 인자) NAD^+ 또는 $NADP^+$.

vibrio(비브리오) (1) 곡선 또는 쉼표 모양의 세균. (2) 속명 *Vibrio*로 쓰인 경우에는 운동성이 있고 조건적 비산소요구성 그람음성인 굽은 간균을 뜻함.

viral hemagglutination(바이러스혈구응집) 생체 밖에서 적혈구 세포의 응집을 유발하는 특정 바이러스의 능력.

viral hemagglutination inhibition test(바이러스혈구억제검사) 생체 밖에서 특정 바이러스에 대한 항체를 이용하여 해당 바이러스에 의한 적혈구 세포 응집을 막는 중화 검사.

viral species(바이러스종) 동일한 유전정보와 생태적 지위를 공유하는 바이러스 집단.

viremia(바이러스혈증) 혈액에 바이러스가 존재하는 상태.

virion(비리온) 완전하게 만들어진 바이러스 입자.

viroid(비로이드) 감염성 RNA.

virology(바이러스학) 바이러스를 연구하는 학문 분야.

virulence(독성) 미생물의 병원성 정도.

virus(바이러스) 핵산과 이를 둘러싼 단백질 껍데기로 이루어진 초현미경적인 기생체.

volutin 원핵세포에서 저장된 무기 인산염. metachromatic granule 참조.

Western blotting(웨스턴블롯팅, 단백질흡입법) 항체를 이용하여 전기영동으로 분리된 특정 단백질의 존재를 검출하는 방법.

whey(유장) 우유의 응고 성분과 구분되는 액상 성분.

xenobiotics(인공합성물질) 미생물이 분해하기 어려운 합성 화학물질.

xenodiagnosis(체외진단법) 기생체에 감염되지 않은 숙주를 기생체에 노출시킨 다음 그 숙주에서 기생체 존재 여부를 검사하는 방법. 예를 들어, 실험실에서 감염되지 않은 흡혈노린재에게 환자를 물리게 하고 10~30일 후에 충체를 검출하는 샤가스병 진단법.

xenotransplantation product(이종기관이식) 다른 종에서 유래한 조직 이식; 이종이식(xenograft)이라고도 함.

X factor(X 인자) 혈액 헤모글로빈의 헴(heme) 부위에서 유래한 물질.

yeast(효모) 사상 형태가 아닌 단세로 곰팡이 진균류.

yeast infection(효모감염) 취약한 숙주에서 특정 효모의 성장으로 생기는 질병.

zone of inhibition 항미생물제 디스트 확산 방법에서 세균이 자라지 못하는 지역

zoonosis(인수공동전염병) 1차적으로 야생 또는 가축 동물에서 발생하지만 사람에게도 전파될 수 있는 질병.

zoospore(유주자, 동포자) 무성 단계의 조류 포자; 두 개의 편모를 가짐.

zygospore(접합포자) zygomycete의 특징인 유성 곰팡이 포자

zygote(접합자) 두 개의 반수체 배우자가 융합하여 만들어진 2배체 세포.

찾아보기

한글찾아보기

ㄱ

ㄴ

ㅇ

ㅈ

영문찾아보기

A

B

C

G

H

I

T

U

V

W

X

Y

Z

기타